工程地质手册

（第五版）

《工程地质手册》编委会

中国建筑工业出版社

图书在版编目(CIP)数据

工程地质手册/《工程地质手册》编委会. —5版. —北京：中国建筑工业出版社，2018.4（2025.1重印）

ISBN 978-7-112-21642-0

Ⅰ.①工… Ⅱ.①工… Ⅲ.①工程地质-手册 Ⅳ.①P642-62

中国版本图书馆CIP数据核字(2017)第306923号

本手册主要介绍工程地质和岩土工程的系统资料和数据。这次第五版除了对原有章节做了适当调整、修改和补充外，还增写了一些新的章节。全书共9篇67章和4个附录。新增了冻土地貌、岩石的野外鉴定、管波探测、常用的卫星导航测量技术和GNSS施测的几个注意问题、土的热物理指标、钻孔剪切试验、水压致裂法测试、动三轴试验、共振柱试验、弯曲元法测试、土的热响应参数测试、珊瑚礁、造地工程、自平衡法静载试验、声波透射法、钻芯法、桩网复合地基、止水帷幕等内容，删除了“低应变机械阻抗法”内容。其他内容也根据新规范做了相应调整。

本书可供工程勘察、设计、施工技术人员及高等院校有关专业师生参考使用。

* * *

责任编辑：杨　允
责任校对：李美娜

工程地质手册
（第五版）
《工程地质手册》编委会
*
中国建筑工业出版社出版、发行（北京海淀三里河路9号）
各地新华书店、建筑书店经销
北京红光制版公司制版
河北鹏润印刷有限公司印刷
*
开本：787毫米×1092毫米　1/16　印张：89　插页：1　字数：2223千字
2018年4月第五版　2025年1月第五十三次印刷
定价：**258.00**元
ISBN 978-7-112-21642-0
（36940）

《工程地质手册》(第五版)编委会

主　　编　化建新　郑建国

副 主 编　(以姓氏笔画为序)

王笃礼　张继文　赵杰伟　徐四一

编　　委　(以姓氏笔画为序)

王红贤　王笃礼　化建新　刘争宏　刘金光

李宏义　杨建生　何　剑　张继文　陈追田

郑建国　赵杰伟　南亚林　徐四一　郭志强

郭密文　彭满华　温国炫

顾问主编　张苏民　项　勃　张文龙

购正版图书　享增值服务

本手册提供网络增值服务，读者可凭封底上的增值服务码，免费享受各章重点知识问答等内容，使用方法如下：

1. 计算机用户

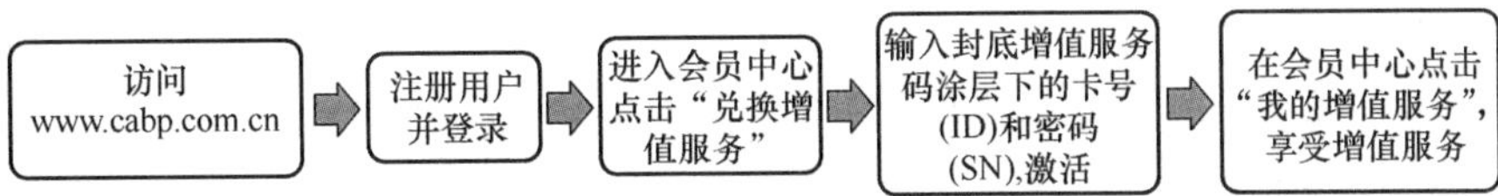

2. 移动端用户

第五版前言

工程地质手册（第四版）从2007年出版以后，我国各种技术标准进行了大量修订，并颁发了一些新的规范、规程，《工程地质手册》（第四版）已不能适应这种形势需要；其次，从2000年前后开始，我国岩土工程界推行了“注册工程师”制度，《工程地质手册》作为“注册土木工程师（岩土）”执业资格考试的主要参考书之一。为了适应广大工程技术人员学习工程地质和岩土工程方面的知识和技能的需要，我们对《工程地质手册》（第四版）作了修订，出版了这本《工程地质手册》（第五版）。

负责组织和参加编写的单位有：中兵勘察设计研究院、机械工业勘察设计研究院有限公司、中航勘察设计研究院有限公司、中船勘察设计研究院有限公司、中节能建设工程设计院有限公司、中机三勘岩土工程有限公司、机械工业第四设计研究院有限公司、核工业工程勘察院、河北中核岩土工程有限责任公司、信息产业部电子综合勘察研究院、中国兵器北方勘察设计研究院有限公司、航天建筑设计研究院有限公司。

这次修订的《工程地质手册》（第五版），共9篇67章和4个附录。在修订过程中除了对原有章节作了适当调整、修改和补充外，还增写了一些新的章节。

这次修订主要有下列几方面：

一、第一篇增加了“冻土地貌”和“岩石的野外鉴定”内容。

二、第二篇第五章地球物理勘探中增加了“管波探测”一节，在“勘探点的测量”中增写了“常用的卫星导航测量技术和GNSS施测的几个注意问题”内容。

三、第三篇增写了“土的热物理指标”、“钻孔剪切试验”、“水压致裂法测试”、“动三轴试验”、“共振柱试验”、“弯曲元法测试”和“土的热响应参数测试”内容。

四、第七篇增写了“珊瑚礁”和“造地工程”内容。

五、第八篇增加“自平衡法静载试验”、“声波透射法”、“钻芯法”、“桩网复合地基”，删除了“低应变机械阻抗法”内容。

六、第九篇增写了“止水帷幕”内容。

本版第六篇第三章、第四章内容，请刘传正研究员作了审查，第八篇第四章内容请伍法权研究员作了审查，提出了许多具体的修改意见，编者表示深深的谢意。目前国内外岩土工程和工程地质技术标准种类繁多，为了便于大家查阅，郭明田副总工程师（建设综合勘察研究设计院有限公司）在《工程地质手册》（第四版）的基础上，对国内外岩土工程和工程地质标准进行了补充完善，作为本手册的附录4，编者表示深切的谢意。

本手册在各篇篇末均附有主要参考文献，编者特向这些参考文献的作者们深表谢意。

由于手册内容较多，涉及的专业又相当广泛，也限于编者的水平，疏漏和错误之处在所难免，敬请广大读者批评指正，有关意见和建议请寄至北京西城区西便门内大街79号中兵勘察设计研究院化建新收，邮编100053，也可把意见和建议发到邮箱zgbkhjx@126.com。

编　者

2017年7月18日

第四版前言

进入21世纪后，我国各种技术标准都进行了修订，并颁发了一些新的规范、规程，《工程地质手册》(第三版）已不能适应这种形势需要了；其次，从2000年前后开始，我国岩土工程界推行了“注册工程师”制度，《工程地质手册》作为“注册土木工程师（岩土)”执业资格考试的主要参考书之一。为了适应广大工程勘察技术人员学习工程地质和岩土工程方面的知识和技能的需要，我们对《工程地质手册》(第三版）作了修订，出版了这本《工程地质手册》(第四版)。

负责组织和参加编写的单位有：中兵勘察设计研究院、机械工业勘察设计研究院、中航勘察设计研究院、中船勘察设计研究院、中机工程勘察设计研究院、机械工业第三勘察设计研究院、机械工业第四设计研究院、核工业工程勘察院、河北中核岩土工程有限责任公司、信息产业部电子综合勘察研究院、中兵北方勘察设计研究院、北京航天勘察设计研究院。

这次修订的《工程地质手册》(第四版)，共9篇65章和4个附录，约200万字。在修订过程中除了对原有章节作了适当调整、修改和补充外，还增写了一些新的章节。

这次修订主要有下列几方面：

一、第一篇由7章缩为3章，仅保留了地质学方面的基本知识和岩土分类，删去了不常用的“地质力学及其在工程地质方面的应用”等内容。

二、第二篇增加了“地理信息系统”一章。“地球物理勘探”中增加了“层析成像”一节，删去了“重力勘探”和“磁法勘探”的内容。在“勘探点的测量”中增写了“GPS测量技术”一节。

三、第三篇增写了“扁铲侧胀试验”、“土壤氡测试”。“水、土腐蚀性测试”和“标准贯入试验”分别从“地下水”和“动力触探”中划出，单独成章。删去了“放射性同位素测试”。“桩的动力测试”作了增删后移到第八篇“深基础”。

四、第六篇增写了“地质灾害危险性评估”一章；将原第二章边坡的内容划入第八篇“边坡工程”后更名为“滑坡和崩塌”。

五、第七篇第一章增加了一般房屋建筑的勘察内容后更名为“房屋建筑和构筑物”。增写了“固体废弃物堆场”，删去了“建筑材料”。

六、第八篇作了重大调整、修改和增补，内容作了较大的扩充；章名也作了修正和调整，并增写了“边坡工程”一章。

七、第九篇对“地下水的不良作用”一章作了较大的修改和补充。

目前国内外岩土工程和工程地质技术标准种类繁多，为了便于大家查阅，卞昭庆大师（中煤国际工程集团北京华宇工程有限公司）和顾宝和大师（建设综合勘察研究设计院）特为本手册提供了“国内外岩土工程和工程地质标准目录”作为本书的附录，编者向他们表示深切的谢意。

本手册在各篇篇末均附有主要参考文献，编者特向这些参考文献的作者们深表谢意。

由于新增内容较多，涉及的专业又相当广泛，也限于编者的水平，疏漏和错误之处在所难免，敬请广大读者指正。

编　者

2006年7月31日

第三版前言

改革开放十年来，我国工程地质事业和全国经济建设一样取得了巨大的成绩和惊人的发展。我们从《工程地质手册》的多次印刷和发行中感到了这一发展势头还在不断地增长。与此同时，在广大读者的热忱反映中，我们也感到了手册（第二版）无论从内容方面，还是从水平方面，已不适应这一发展的需要，特别自原国家计划委员会在1986年正式要求全国工程建设界逐步推广岩土工程体制以来，这一不足就暴露得愈加明显。为了满足广大读者的需要，为了手册能在我国国民经济建设中发挥更大的作用，为了适应新的《岩土工程勘察规范》、《建筑地基基础设计规范》、《建筑抗震设计规范》及湿陷性黄土、膨胀土、软土规范和其他地区的勘察设计规范的需要和贯彻执行，也为了更好地适应、推广和健全岩土工程体制的需要，使工程地质这门学科不仅在认识自然方面，而且能在改造自然方面得到更好的发展，我们对手册在第二版的基础上进行了新的修订工作。

这次修订后的《工程地质手册》共9篇66章及5个附录。在修订过程中除了对原有章节吸收了近年来国内外新的成就，进行了适当的调整、修改与补充外，又增写了新章20章：为了促进工程地质勘察技术向定性与定量并重的方向发展，第一篇增写了“常用数学地质方法”；为了充分利用新的测试技术和手段以更快更省更准确地测定有关工程地质参数，第三篇增写了“波速测试”、“岩石原位测试”、“桩的动力测试”；为了更全面地介绍各种特殊性土的性质和勘察方法，第五篇增写了“混合土”、“污染土”、“风化岩及残积土”；为了适应各种特殊地质条件和特殊工程建设的需要，第六篇增写了“地面沉降”，第七篇增写了“水上工程”、“核电站”、“尾矿坝”、“建筑材料”、“建筑物的加层（加载）与加固”、“罐、仓、塔等构筑物”；为了适应工程地质勘察向岩土工程体制发展的需要，增写了第八篇“基础工程与地基处理”，包括“基坑开挖与支护”、“支挡结构”、“桩基与墩基”、“地基基础设计”及“现场检验与观测”。

这次修订编写工作和以往一样，得到了很多兄弟单位和同行的支持与帮助，特别是出版社石振华编审、（教授级）高级工程师的指导与帮助。为此，特表谢意。

本版新增写的第八篇书稿，请建设部建筑设计院谈德鸿高级工程师作了审查，提出了许多具体的修改意见，对他的帮助，编者表示深深的谢意。由于新增的内容较多和受编写人员水平所限，错漏之处定会不少，敬请读者批评指正。如蒙写出书面意见并惠赠有关资料请迳寄北京573信箱项勃收（邮政编码：100053）。

《工程地质手册》编写委员会

1990年11月

第二版前言

《工程地质手册》自一九七五年出版以来，受到广大工程地质和土建设计人员的重视，在实际工作中发挥了一定的作用。但是，近几年来，随着我国建设事业的发展，对工程勘察工作提出了新的、更高的要求；工程地质这门学科从理论上和技术上也在不断地发展和革新；同时，一些规范也相继制订或修订出版。因此，原手册有的内容显得陈旧与落后，已不能适应工程地质勘察工作的现状。鉴于上述原因，我们对手册作了较大的修改和补充。第一版的编写组成员均参加了这次的修订工作。

增订后的《工程地质手册》，共8篇50章及7个附录。增订过程中除对原来的篇章节作了若干调整、修改和补充外，还着重补写了以下十一章：第二篇补写了“工程地质勘察的基本要求”、“航空摄影像片工程地质解译”和“地球物理勘探”三章；第三篇补写了“旁压试验”和“放射性同位素测试”二章；第四篇补写了“地基土中的应力分布”一章；第六篇补写了“地震效应勘察”一章；第七篇补写了“高层建筑的地基勘察”、“动力机器基础的地基勘察”和“线路及桥涵的地基勘察”三章；第八篇补写了“地下水的不良作用和降低地下水的方法”一章。

自手册第一版出版以来，收到了不少单位和读者的来信，对手册的内容提出了许多中肯的意见和建议，有的读者还寄来了宝贵的资料，在第一版和这次第二版的编写过程中，不少兄弟单位为我们提供了大量宝贵的资料，对此我们一并在此表示衷心的感谢。

本手册第一版书稿的有关章节分别请胡定、黄熙龄、王钟琦、潘复兰、秦宝玖、王家钧等进行了审阅，特予追记，并对他们致谢。

这一版书稿请林在贯、樊颂华作了审查，他们分别对全部书稿逐章逐节仔细地进行了审校，提出了非常宝贵的审阅意见，使本书减少了错误，充实了内容，对他们的帮助编者表示深切的谢意。

这次我们附了“主要参考资料”，由于参考的资料较多，遗漏而未列出者一定不少，特别是本书的第一版未列参考资料，因而引用第一版的大量内容时，难以查证原来的参考资料。为此，对未能列出资料名称的单位和作者表示歉意。

尽管我们作了很大的努力，但由于我们水平不高，经验不足，手册中仍难免有不少的缺点和错误，恳请读者批评指正。

本手册第一篇由杨耀坤编写；第二篇第一、二、三、五、六章和第三篇第七章由汤福南编写；第二篇第四章和第三篇第八章由黄志仑编写；主要符号、第二篇第七章、第六篇第五章、第七篇第一、二、三、五章和附录由陈群编写；第三篇第一、二章和第六篇第三章由张苏民编写；第三篇第三章、第四篇第五章和第五篇第一章由钟龙辉编写；第三篇第四、五、六章，第六篇第一、四章和第七篇第六章由项勃编写；第四篇第一、四章由王钟祥编写；第四篇第二、三、六章，第五篇第三章和第六篇第二章由徐应炳编写；第五篇第二、四、五、六、七章和第七篇第四章由周鉴编写；第八篇由钟文奇编写。全书由陈群、项勃总成。

编　者
1981年8月

第 一 版 前 言

随着我国社会主义革命和建设的飞跃发展，工程地质勘测的发展也非常迅速。通过大量的工程实践，培养了大批勘测人员，也积累了丰富的经验和资料。为了总结和交流经验，便利生产实践，我们编写了这本《工程地质手册》。

勘测时大量的工作是野外作业，因此，本手册力求多编入有关资料和数据，以便于查考；同时为便于有实践经验的工人和新从事勘测工作的同志们学习技术理论，还选编了工程地质学的一些基本知识。本手册取材多为国内有关单位的先进经验与资料，同时遵照“洋为中用”的方针，摘录了国外部分参考资料。本手册中有些资料已被广泛应用，有的只是初步总结，有的是参考性意见。希望同志们在阅读和使用本手册时，要注意根据工程的具体情况加以分析和对比。至于一些理论分析、公式和方法也有待于通过实践进一步检验。由于水平所限，本手册中的缺点、错误在所难免，希望同志们批评指正，以便再版时订正。

编　者

1975 年 7 月

主 要 符 号

符 号	代 表 意 义
A	基础底面面积
A	土的活动度
A	触探探头锥底面积
A	孔隙水压力系数
A	振幅
A_r	取土器面积比
A	基础底面外边线至坡顶水平距离
a_{1-2}	土的压缩系数（在 100 ～ 200kPa 压力下）
B	孔隙水压力系数
BQ	岩体基本质量指标值
b	基础宽度
b	载荷试验承压板宽度
b	洞室开挖宽度之半
C_{ae}	次固结系数
CBR	加州承载比
C_c	压缩指数；曲率系数（级配系数）
C_e	再压缩指数
C_s	回弹指数
C_h	水平向固结系数
C_v	垂直向固结系数
C_i	取土器内间隙比
C_o	取土器外间隙比
C_u	不均匀系数
C_V	固结系数
C_Z	地基抗压刚度系数
C_X	地基抗剪刚度系数
C_φ	地基抗弯刚度系数
C_Ψ	地基抗扭刚度系数
c	岩土的黏聚力
c	比热容
c_d	土的动黏聚力
c_m	黏聚力平均值
c_r	土的残余抗剪强度
c_u	土的不排水抗剪强度
D	十字板头直径
D_e	取土器刃口内径
D_r	砂土相对密实度
D_s	取样管（或衬管）内径
D_t	取样管外径
D_w	取土器管靴外径
d	基础埋置深度；承压板直径
d	桩的直径
d_a	大气影响深度
d_{10}	土的有效粒径
d_{30}	土的中间粒径
d_{50}	土的平均粒径
d_{60}	土的界限粒径
E	弹性模量
E_0	岩土的变形模量
E_a	主动土压力
E_D	侧胀模量
E_d	岩土动弹性模量
E_m	旁压模量
E_p	被动土压力
E_{ri}	回弹模量
E_{rci}	回弹再压缩模量
E_s	土的压缩模量
$\overline{E}_s$	压缩模量的当量值
e	土的孔隙比
e	偏心距

符　号	代　表　意　义
e_{max}	最大孔隙比
e_{min}	最小孔隙比
F	基础顶面竖向力
F_a	场地地震动峰值加速度调整系数
F_s	安全系数
f_a	修正后的地基承载力特征值
f_{aE}	调整后的地基抗震承载力
f_{ak}	地基承载力特征值
f_{cu}	立方体抗压强度
f_0	地基承载力基本值
f_k	地基承载力标准值
f_{pk}	桩体单位截面积承载力特征值
f_r	地基承载力极限值
f_{rk}	岩石饱和单轴抗压强度标准值
f_s	静力触探侧阻力
f_{sk}	桩间土承载力特征值
f_{spk}	复合地基承载力特征值
K_φ	地基抗弯刚度
f_u	地基极限承载力
G	剪切模量
G_d	动剪切模量
G_M	旁压剪切模量
G_s	土的比重
g	重力加速度
H	十字板头高度
H	边坡高度
H	深度
H_0	基础高度
H_f	自基础底面算起的建筑物高度
H_g	自室外地面算起的建筑物高度
h	土层厚度
h	土样高度

符　号	代　表　意　义
h_c	毛细管上升最大高度
h_0	土试样原始高度
I	水力比降
I	电流强度
I	水力梯度
I_D	扁胀指数
I_L	液性指数
I_{lE}	液化指数
I_p	塑性指数
I_{Ra}	内照射指数
I_r	红黏土的液塑比
J	土的水力比降
K	十字板常数
K	滑坡稳定性系数
K_0	静止土压力系数
K_a	主动土压力系数
K_D	侧胀水平应力指数
K_f	岩石风化系数
K_j	裂隙率
K_p	被动土压力系数
K_{PZ}	桩基抗压刚度
K_R	岩石软化系数
K_s	边坡稳定性系数
K_v	完整性指数
K_v	基床系数
K_w	岩石的饱和系数
K_X	地基抗剪刚度
K_Z	地基抗压刚度
K	地基抗扭刚度
K_φ	地基抗弯刚度
k	岩土的渗透系数
L	土样长度
L	建筑物长度或沉降缝分隔的单元长度
L	波长
L	静探头有效侧壁长度
L	锚杆长度
L_a	锚杆锚固段长度

符　号	代 表 意 义
l	基础底面长度
M	地震震级
M	力矩、弯矩
M_b、M_c、M_d	承载力系数
m	地基土水平抗力系数的比例系数；面积置换率
m_0	参振质量
m_v	土的体积压缩系数
N	标准贯入试验锤击数
N_{10}	轻型动力触探试验锤击数
$N_{63.5}$	重型动力触探试验锤击数
N_{120}	超重型动力触探试验锤击数
N_c、N_d、N_b	承载力系数
N_{cr}	液化判别标准贯入锤击数临界值
N_0	液化判别标准贯入锤击数基准值
N_t	氡浓度
n	土的孔隙率；桩土应力比
OCR	土的超固结比
P	总压力、总荷载、总贯入阻力
P	纵波(压缩波)
P	山体压力
P_a	朗肯主动土压力强度
P_p	朗肯被动土压力强度
P_o	静止土压力强度
p_0	载荷试验比例界限；旁压试验初始压力
p_0	基础底面处平均附加压力
p_c	土的先期固结压力
p_c	基础底面处土的自重压力
p_{cz}	软弱下卧层顶面处土的自重压力值
p_z	软弱下卧层顶面的附加应力
p_e	岩土的膨胀力
p_f	旁压试验临塑压力
p_f	失效概率
p_k	标准组合时，基础底面的平均压力值
p_L	旁压试验极限压力
p_s	静力触探的比贯入阻力
p_{sh}	湿陷起始压力
p_u	载荷试验极限压力
$[P]$	桩的容许承载力
Q	流量；涌水量
Q	巴顿的围岩分类
Q_d	单桩轴向承载力设计值
Q_k	荷载效应标准组合时，桩基中单桩所受竖向力
Q_m	设计泥石流流量
Q_{uk}	单桩极限承载力标准值
q	荷载；透水率
q_c	双桥探头锥尖阻力
q_d	动力触探贯入阻力
q_{pa}	桩端土的承载力特征值
q_{sa}	桩周土摩擦力特征值
q_t	总锥头阻力
q_u	无侧限抗压强度
R	抗力的设计值
R	影响半径
R	Rayleigh 波
R	土壤表面氡析出率
R_a	单桩竖向承载力特征值
R_b	岩石饱和单轴极限抗压强度
R_c	岩石干燥单轴极限抗压强度
R_f	静力触探摩阻比
R_s	岩石的抗剪强度
R_t	岩石的抗拉强度
r	土的主固结比
S	横波(剪切波)
S	岩土的抗剪强度
S	释水系数
S_r	土的饱和度
S_r	土的残余抗剪强度
S_t	土的灵敏度
$S_{\delta0}$	盐渍土地基总溶陷量
s	基础最终沉降量

符号	代表意义
s	载荷试验沉降量
s_e	膨胀变形量
s_s	收缩变形量
s	地基胀缩变形量
s_c	地基土分级变形量
s_c	地基的回弹变形量
T	土的卓越周期
T	导水系数
T	地表移动的延续时间
T_{uk}	基桩抗拔极限承载力标准值
t	时间
U	桩身周长
U	土的固结度
U_D	侧胀孔压指数
u	孔隙水压力
u	土的含水比
V_a	土中空气体积
V_s	土颗粒体积
V_w	土中水的体积
v	地下水流速;水的渗透速度
v_m	泥石流断面平均流速
v_p	纵波(压缩波)速度
v_R	面波(瑞雷波)速度
v_s	横波(剪切波)速度
W_u	有机质含量
w	土的含水量(含水率)
w_L	土的液限(由圆锥仪测定)
w'_L	土的液限(由碟式仪测定)
w_{op}	填料的最优含水量
w_p	土的塑限
w_{sr}	土的饱和含水量
w_0	冻土的总含水量
z_0	土的标准冻深
z_n	地基沉降计算深度
Δ_s	湿陷量的计算值,总湿陷量
Δ_{zs}	湿陷性黄土场地自重湿陷量的计算值
α	触探杆长修正系数
α	附加应力系数
α	地震影响系数
α	导温系数
α	基础的振动加速度
α_{max}	场地地震动峰值加速度
α_w	红黏土的含水比
β	岩层倾角
β	边坡坡角
β	可靠性指标
γ	岩土的重度
γ'	土的水下浮重度
γ_m	基础底面以上土的加权平均重度地下水位以下取浮重度
γ_{sr}	土的饱和重度
γ_w	水的重度
δ	变异系数
δ	溶陷系数
δ_0	冻土融化下沉系数
δ_{ef}	膨胀土的自由膨胀率
δ_{ep}	膨胀土的膨胀率
δ_s	湿陷系数;线缩率
δ_{zs}	自重湿陷系数
λ	大地中电磁波波长
λ	导热系数
λ_c	压实系数
λ_s	收缩系数
μ	基底摩擦系数
μ	岩土层给水度
μ	平均值
ζ	土的侧压力系数
ζ	阻尼比
ζ_c、ζ_d、ζ_b	基础形状系数
η	冻胀率
ν	岩土泊松比
ρ	岩土电阻率
ρ	土的密度
ρ_c	黏粒含量
ρ_d	土的干密度

符号	代表意义
σ	剪切面上的法向应力
σ'	剪切面上的有效应力
σ	标准差
τ	抗剪强度；剪应力
φ	岩土的内摩擦角
φ_c	土的有效内摩擦角
φ_d	土的动内摩擦角
φ_m	内摩擦角平均值
φ_r	土的残余抗剪强度
ψ	滑坡传递系数
ψ_s	沉降计算经验系数
φ_w	土的湿度系数

目　录

第一篇　地质基本知识和岩土分类

第一章　地貌和第四纪地质

第一节　地貌单元的分类

地貌单元可按表 1-1-1 划分。

地貌单元分类　　表 1-1-1

<table>
<tr><th>成　因</th><th colspan="2">地貌单元</th><th>主 导 地 质 作 用</th></tr>
<tr><td rowspan="6">构造、剥蚀</td><td rowspan="3">山地</td><td>高山</td><td>构造作用为主，强烈的冰川刨蚀作用</td></tr>
<tr><td>中山</td><td>构造作用为主，强烈的剥蚀切割作用和部分的冰川刨蚀作用</td></tr>
<tr><td>低山</td><td>构造作用为主，长期强烈的剥蚀切割作用</td></tr>
<tr><td colspan="2">丘陵</td><td>中等强度的构造作用，长期剥蚀切割作用</td></tr>
<tr><td colspan="2">剥蚀残丘</td><td>构造作用微弱，长期剥蚀切割作用</td></tr>
<tr><td colspan="2">剥蚀准平原</td><td>构造作用微弱，长期剥蚀和堆积作用</td></tr>
<tr><td rowspan="4">山麓斜坡堆积</td><td colspan="2">洪积扇</td><td>山谷洪流洪积作用</td></tr>
<tr><td colspan="2">坡积裙</td><td>山坡面流坡积作用</td></tr>
<tr><td colspan="2">山前平原</td><td>山谷洪流洪积作用为主，夹有山坡面流坡积作用</td></tr>
<tr><td colspan="2">山间凹地</td><td>周围的山谷洪流洪积作用和山坡面流坡积作用</td></tr>
<tr><td rowspan="5">河流侵蚀堆积</td><td rowspan="4">河　谷</td><td>河床</td><td>河流的侵蚀切割作用或冲积作用</td></tr>
<tr><td>河漫滩</td><td>河流的冲积作用</td></tr>
<tr><td>牛轭湖</td><td>河流的冲积作用或转变为沼泽堆积作用</td></tr>
<tr><td>阶地</td><td>河流的侵蚀切割作用或冲积作用</td></tr>
<tr><td colspan="2">河间地块</td><td>河流的侵蚀作用</td></tr>
<tr><td rowspan="2">河流堆积</td><td colspan="2">冲积平原</td><td>河流的冲积作用</td></tr>
<tr><td colspan="2">河口三角洲</td><td>河流的冲积作用，间有滨海堆积或湖泊堆积</td></tr>
<tr><td rowspan="2">大陆停滞水堆积</td><td colspan="2">湖泊平原</td><td>湖泊堆积作用</td></tr>
<tr><td colspan="2">沼泽地</td><td>沼泽堆积作用</td></tr>
<tr><td rowspan="2">大陆构造-侵蚀</td><td colspan="2">构造平原</td><td>中等构造作用，长期堆积和侵蚀作用</td></tr>
<tr><td colspan="2">黄土塬、梁、峁</td><td>中等构造作用，长期黄土堆积和侵蚀作用</td></tr>
<tr><td rowspan="7">海　成</td><td colspan="2">海岸</td><td>海水冲蚀或堆积作用</td></tr>
<tr><td colspan="2">海岸阶地</td><td>海水冲蚀或堆积作用</td></tr>
<tr><td colspan="2">海岸平原</td><td>海水堆积作用</td></tr>
<tr><td colspan="2">海蚀崖</td><td>海水侵蚀作用</td></tr>
<tr><td colspan="2">海蚀柱</td><td>海水侵蚀作用和海水溶蚀作用</td></tr>
<tr><td colspan="2">海蚀洞穴</td><td>海水侵蚀作用和海水溶蚀作用</td></tr>
<tr><td colspan="2">海蚀台地</td><td>海水侵蚀作用和海水溶蚀作用</td></tr>
</table>

续表

成因	地貌单元		主导地质作用
岩溶（喀斯特）	岩溶盆地		地表水、地下水强烈的溶蚀作用
	峰林地形		地表水强烈的溶蚀作用
	石芽残丘		地表水的溶蚀作用
	溶蚀准平原		地表水的长期溶蚀作用及河流的堆积作用
冻土	石海石河		冻裂作用和冻融作用
	构造土		冻裂作用和冻融作用
	冰丘冰锥		冻融作用
	石冰川		冻融作用
冰川	冰斗		冰川刨蚀作用
	幽谷		冰川刨蚀作用
	冰蚀凹地		冰川刨蚀作用
	冰碛丘陵、冰碛平原		冰川堆积作用
	终碛堤		冰川堆积作用
	冰前扇地		冰水堆积作用
	冰水阶地		冰水侵蚀作用
	蛇堤		冰川接触堆积作用
	冰碛阜		冰川接触堆积作用
风成	沙漠	石漠	风的吹蚀作用
		沙漠	风的吹蚀和堆积作用
		泥漠	风的堆积作用和水的再次堆积作用
	风蚀盆地		风的吹蚀作用
	砂丘		风的堆积作用

第二节 构造、剥蚀地貌

构造、剥蚀地貌可按表 1-1-2 划分。

构造、剥蚀地貌分类 **表 1-1-2**

地貌类型	成因与特征
山地	按构造形式的分类及特征见表 1-1-3 按地貌形态的分类及特征见表 1-1-4
丘陵	相对高度小于 200m；丘陵地区基岩一般埋藏较浅，顶部常直接裸露，风化现象严重，有时表层为残积物覆盖；谷底堆积有较厚的洪积物、坡积物或冲积物，有时还有淤泥等，在边缘地带常堆积有结构松散的新近堆积物；丘陵地区地下水的分布较复杂，一般丘顶部分无地下水，边缘和谷底常有上层滞水或潜水型的孔隙水
剥蚀残丘	低山在长期的剥蚀过程中，极大部分的山地都被夷平成为准平原，但在个别地段形成了比较坚硬的残丘，称剥蚀残丘；一般常呈几个孤零屹立的小丘，有时残丘与河谷交错分布

续表

地貌类型	成因与特征
剥蚀准平原	剥蚀准平原是低山经过长期的剥蚀和夷平，外貌显得更为低缓平坦，具有微弱起伏的地形，其分布面积一般不大；由于长期受到剥蚀，因而基岩常裸露地表，有时低洼地段覆盖有不厚的残积物、坡积物、洪积物等；剥蚀准平原的地下水一般埋藏较深，或只有一些上层滞水，地下水位随地形的起伏而略有起伏

山地按构造形式分类参见表1-1-3。

山地按构造形式的分类 **表1-1-3**

山地名称	成 因 与 特 征
断块山	由断裂作用上升所致，最初形成时，有完整断层面与明显的断层线，断层面为山前的陡崖，外形一般为三角形；断层线为谷底的轮廓线，但经长期的风化和剥蚀，断层面被破坏并向后退却，断层线被巨厚的碎屑物所覆盖
褶皱断块山	在构造形态上具有由褶皱断裂作用所致的特征，其所处位置曾经是构造运动剧烈且频繁的地区
褶皱山	由褶皱作用所致，除了简单的背斜或向斜褶曲外，尚有次生的小褶曲，山脉走向与褶曲的方向常相一致，在向斜构造及背斜构造的褶皱山区容易产生狭长的槽沟地形

山地按地貌形态分类参见表1-1-4。

山地按地貌形态分类 **表1-1-4**

山地名称		绝对高度（m）	相对高度（m）	主要特征
最高山		＞5000	＞5000	其界线大致与现代冰川位置和雪线相符
高山	高山	3500～5000	＞1000	以构造作用为主，具有强烈的冰川刨蚀切割作用
	中高山		500～1000	
	低高山		200～500	
中山	高中山	1000～3500	＞1000	以构造作用为主，具有强烈的剥蚀切割作用和部分的冰川刨蚀作用
	中山		500～1000	
	低中山		200～500	
低山	中低山	500～1000	500～1000	以构造作用为主，受长期强烈剥蚀切割作用
	低山		200～500	

第三节 山麓斜坡堆积地貌

山麓斜坡堆积地貌可按表1-1-5分类。

山麓斜坡堆积地貌分类 **表1-1-5**

地貌分类	成 因 与 特 征
洪积扇	山区洪流沿河谷流出山口时，流速减小，搬运能力急剧减弱，洪流搬运的碎屑物质在山口逐渐堆积下来，形成洪积扇，它一般是由山口向山前倾斜的半圆扇形锥状堆积体
坡积裙	山坡上的面流将碎屑物搬运到山麓下，并围绕坡脚堆积而成的裙状地貌；坡积物分选性差，大小颗粒混杂在一起，由于重力作用，粗颗粒堆积在邻近山麓，细颗粒则堆积在较远的部位

续表

地貌分类	成 因 与 特 征
山前平原	暂时性流水在山前堆积了大量的洪积物，这些洪积物与山坡上面流水所挟带的坡积物堆积在一起，形成宽广的山前倾斜平原，靠近山麓较高，远离山麓较低，地形狭长，波状起伏；在新构造运动上升区，洪积扇向下方移动，山前平原不断扩大；如果山区上升过程中曾有过几次间歇，在山前平原上就会产生高差明显的山麓阶地
山间凹地	被环绕的山地所包围而形成的堆积盆地，称为山间凹地；通常由周围的山前平原继续扩大所组成，凹地边缘颗粒粗大，一般呈亚角形；凹地中心，颗粒逐渐变细；地下水位浅，有时形成大片沼泽洼地

第四节 河流侵蚀堆积地貌

河流侵蚀堆积地貌可按表 1-1-6 划分。

河流侵蚀堆积地貌分类 **表 1-1-6**

地貌类型		成 因 与 特 征
河谷	河床	河床是谷底河水经常流动的地方，由于受河流的侧向侵蚀作用而弯来弯去，经常改变河道的位置，河床底部的冲积物就复杂多变；一般来说，山区河流河床底部大多为坚硬的岩石或大块的碎石、卵石，但由于侧向侵蚀的结果常带来大量的细小颗粒，并可能有软土存在，特别是当河流两旁有许多冲沟支岔时，这些冲沟支岔带来的细小颗粒往往和河流挟带来的粗大颗粒交错在一起，使河床下的堆积物变得复杂化 山区河流河床底部的堆积物本身也往往是不固定的，当下一次较大的洪水下来时，原来堆积的物质被搬运走了，而又堆积下来新的物质。平原地区河流的河床，一般是由河流自身堆积的细颗粒物质构成
	河漫滩	分布在河床两侧，经常受洪水淹没的浅滩称为河漫滩；河流上游，河漫滩往往由大块碎石所构成，且处于不稳定状态，再一次洪水到来时可能把它冲走；河流中游，河漫滩一般由砂土组成；河流下游，河漫滩一般由黏性土组成；河漫滩的地下水位一般都较浅，在干旱地区往往形成盐渍地；由于河流挟带的碎屑物不断堆积在河床的两侧，这样有时靠河床一侧的河漫滩地形较其他部分为高，河漫滩上的低洼部分则逐渐形成河漫滩湖泊或河漫滩沼泽地
	牛轭湖	是河流产生蛇曲的结果；当河流弯曲得十分厉害，一旦河流截弯取直，原来弯曲的河道淤塞，就成了牛轭湖；在枯水和平水期间，牛轭湖内长满了水草，渐渐淤积成为沼泽；在洪水期间，牛轭湖有时就和河流相接成为溢洪区；牛轭湖一般是泥炭、淤泥堆积的地区
	阶地	是地壳上升、河流下切形成的地貌，当上升过程中有几次停顿的阶段，就形成几级阶地；阶地由河漫滩以上算起，分别称为一级阶地、二级阶地等等；高阶地靠山坡的一侧也可能有新近堆积的坡积层、洪积层，其压缩性高，结构强度低；在低阶地，地下水位较浅。特别要注意低阶地上地形比较低洼的地段，这些地方有时积水，生长一些水草，这往往曾是河漫滩湖泊和牛扼湖的地方；有时河漫滩湖泊或牛扼湖的堆积物埋藏很深，成为透镜体或条带状的淤泥 阶地根据地貌形态可分为：横阶地、纵阶地；纵阶地据成因又可分为：侵蚀阶地、堆积阶地（又可细分上叠阶地和内叠阶地）和基座阶地

续表

地貌类型		成　因　与　特　征
河谷	河间地块	河谷相互之间所隔开的广阔地段，称为分水岭；在山区分水岭通常是峻高的山脊；在平原地区，分水岭常表现为较平坦的地形，外表上不很明显，水仅从一个微高的地段流向两条不同的河流，这种分水岭称为河间地块；河间地块本身的地质构成可能是多种多样的，有的原先是构造平原，受相反方向两条河流的切割而成为剥蚀准平原类型；有的原先是洪积扇或阶地，为几条支流同时切割而成了河间地块；河间地块的地表水分别流入各自的河流，地下水也分别补给各自的河流，地表水的分水岭常与地下水的分水岭相一致（岩溶地区除外），地下水位随地形的起伏而变化

第五节　河流堆积地貌

河流堆积地貌可按表1-1-7划分。

河流堆积地貌分类　　**表1-1-7**

地貌类型	成　因　与　特　征
冲积平原	由大河流中、下游发生大量堆积而形成；岩体埋藏一般很深，其堆积巨厚的第四纪沉积物，以细颗粒为主，地下水位很浅；凡是地形较低洼或水草茂盛的地方，过去曾是河漫滩湖泊或牛轭湖，常分布较厚的条带状淤泥；有时被风成砂所掩盖，形成复杂的砂丘地貌；冲积平原又可分为山前平原、中部平原和滨海平原
河口三角洲	河流在入海或入湖的地方堆积了大量的碎屑物，构成了一个三角形的地段，称为河口三角洲；由于河口三角洲是河流的最末端，入口处经常受到海浪或潮汐的顶托作用，流速几乎为零，使淤泥等最细小的颗粒也能全部堆积下来，形成巨厚的淤泥层；河口三角洲地下水位一般很浅，地基土的承载力比较低，常为软土地基 在新构造运动上升的地区，海岸线不断往海域方向移动，河口三角洲的面积日益扩大；反之，则渐趋缩小 在河口三角洲形成的时期，河流流速迅速减小，产生了大量的分流，形成一个复杂的水系网；小的分流往往成为许多纵横交错的小河沟，这些小河沟后来又被河流冲积物或人工堆填所覆盖，成为暗浜或暗沟

第六节　大陆停滞水堆积地貌

大陆停滞水堆积地貌可按表1-1-8划分。

大陆停滞水堆积地貌分类　　**表1-1-8**

地貌类型	成　因　与　特　征
湖泊平原	由于地表水流将大量的风化碎屑物带到湖泊洼地，使湖岸堆积、湖边堆积和湖心堆积不断地扩大和发展，形成了大片向湖心倾斜的平原，称为湖泊平原 湖泊平原由于是在静水条件下堆积起来的，淤泥和泥炭的总厚度很大，其中往往夹有数层很薄的水平的细砂或黏土夹层，很少见到圆砾或卵石，土的颗粒由湖岸向湖心逐渐变细 湖泊平原上地下水位一般都很浅，土质也较软弱

续表

地貌类型	成 因 与 特 征
沼泽地	湖泊洼地中水草茂盛，大量有机物在洼地中积聚，久而久之产生了湖泊的沼泽化，当喜水植物渐渐长满了整个湖泊洼地时，便形成了沼泽地 在平原上河流弯曲的地段容易产生沼泽地，大多曾是河漫滩湖泊或牛轭湖的地方；另一方面，当河流流经沼泽地时，由于沼泽地的土质松软，侧向侵蚀强烈，河道往往迂回曲折，有时形成许多小的牛轭湖 在山区，山坡较平缓的地段，由于地表水排泄不畅或由于地下水的出露亦可形成沼泽地

第七节 大陆构造-侵蚀地貌

大陆构造-侵蚀地貌可按表 1-1-9 划分。

大陆构造-侵蚀地貌分类 **表 1-1-9**

地貌类型	成 因 与 特 征
构造平原	由于地壳的缓慢上升，海水不断退出陆地，所形成的向海洋微微倾斜的平原，称为构造平原 构造平原分布极广，依照其所处的绝对标高的高度可分为： 1. 洼地：位于海平面以下的平展的内陆低地。这种低地为荒漠或半荒漠地区的内陆盆地，表面切割微弱 2. 平原：绝对标高在 200m 以下的平展地带 3. 高原：绝对标高在 200m 以上的顶面平坦的高地
黄土塬、梁、峁	黄土沟间地又称黄土谷间地，包括黄土塬、梁、峁等，黄土塬、梁、峁是黄土地貌的主要类型；由黄土覆盖的高原称为黄土高原，黄土高原地形平坦，但常被冲沟切割得支离破碎，这种被冲沟切割后还保持大片平缓倾斜的黄土平台，称为黄土塬；黄土塬上受两条平行的冲沟切割而成条状的高地，称为黄土梁；黄土梁进一步受冲沟的切割而成孤立的或连续的馒头状的高地或者由于古地面的影响而成单个孤立的丘陵，称为黄土峁 黄土沟谷有细沟、浅沟、切沟、悬沟、冲沟、坳沟（干沟）和河沟等 7 类；前 4 类是现代侵蚀沟，后两类为古代侵蚀沟；冲沟有的属于现代侵蚀沟，有的属于古代侵蚀沟 由于部分地区的黄土浸水后具有湿陷性，在自重湿陷性地区地表常有漏斗、碟形洼地、天生桥、黄土柱等特殊地貌景观 黄土大多具有垂直的沟孔和孔隙，地表水容易渗透到底部，因此黄土高原上地下水一般埋藏都较深

第八节 海 成 地 貌

海成地貌可按表 1-1-10 划分。

海成地貌分类 **表 1-1-10**

地貌类型	成 因 与 特 征
海岸	海岸是海洋与陆地的边界，根据地貌形态可分为： 1. 海岸悬崖：是直立突出的海岸 2. 崖麓：是海岸悬崖的下面部分，它是由悬崖上的崩塌物和海浪冲来的滨海堆积物混合组成

续表

地貌类型	成　因　与　特　征
海　岸	3. 海滩：海滩是平行于海岸线而伸展的平缓地形，它是由滨海堆积物所构成，海滩面微微倾向大海 在上升海岸，海岸线逐渐向海中推移，海滩就会变得宽阔起来；在下降海岸，海岸线逐渐向海岸上移，海滩的范围也就逐步缩小 海岸因海水的堆积作用常产生各种各样的堆积地形： 1. 砂坝和砂堤：底流携带泥砂流回大海时，遇到后浪作用，流速抵消，堆积成为砂坝；砂坝一般与海岸线平行，砂坝经不断的堆积后，起初形成暗滩，当突出海面后就成为砂堤 2. 泻湖和海滨沼泽：砂堤和海岸之间与大海隔离的部分海面称为泻湖，当泻湖为水草填满时，就成为海滨沼泽 3. 砂嘴：当岸流顺着海岸流动，在海岸拐角的地方，岸流一直流入大海中，海水变深，流速降低；或者由于两股岸流同向一个拐角处流动，相遇之后，流速抵消，泥砂就堆积成为一个顶部向大海突出的砂嘴 海岸由于海浪的冲蚀作用可能引起海岸滑坡、崩塌等不良地质作用的产生；海岸被海水冲蚀破坏的速度与岩石的成分和产状有关；如系一种岩层组成，且具水平产状，那么它被冲蚀后就会变成陡峭的悬崖，底部被海浪掏空，形成浪龛；当岩层向大海倾斜时，破坏速度就较缓慢；如果向陆地方向倾斜，这时岩石就突出海岸成为高耸的悬崖
海岸阶地	位于海滨的阶地称为海岸阶地，海岸阶地可分为： 1. 冲蚀阶地：由海浪的冲蚀作用和海岸的上升作用所形成，大多分布在多山地区的海岸，阶地前缘多有崩塌、滑坡等现象 2. 堆积阶地：由海水的堆积作用和海岸的上升作用所形成，常见于平原地区的海岸，常有软土、淤泥等分布 海岸阶地一般都是向大海倾斜的，阶地的外缘与海岸线大致平行，冲蚀阶地的宽度一般比较窄；堆积阶地一般比较宽阔
海岸平原	海岸平原是新的砂堤随着海岸线的下降而扩展形成的，海岸平原的地形开阔平坦，地面缓缓倾向大海；海岸平原上常有许多砂丘，有时微呈波状地形 海滨沼泽再进一步也会形成海岸平原，这种类型的海岸平原在外表上看来成一碟形洼地，洼地的底部多为泥炭和淤泥堆积
海蚀崖	海蚀崖多见于岸坡较陡、波浪作用较强烈的岸段，尤其是在岬角和岛屿处最为广泛，崖壁陡峭，最高 20～30m
海蚀柱	海蚀柱有的是由于海蚀洞上部被侵蚀坍落逐渐形成的；有的原是海岛被侵蚀而成的；有的原是岬角，其后侧被侵蚀掉则成孤岛，最后继续遭侵蚀而形成海蚀柱
海蚀洞穴	又称海蚀槽，海蚀岩岸与海面（高潮海面）接触处受海蚀作用形成的断续凹槽；深度大于宽度的称海蚀洞，深度小于宽度者称海蚀龛或海蚀壁龛；多位于海蚀崖和浪蚀台前缘陡坎基脚处
海蚀台地	指山地海岸在长期的海面稳定，或者地壳稳定或轻微下沉的情况下，由波浪作用形成的，位于岩滩外侧、规模更大而平缓的基岩侵蚀面

第九节　冻　土　地　貌

冻土地貌可按表 1-1-11 划分。

冻土地貌分类　　表 1-1-11

地貌类型	成 因 与 特 征
石海石河	基岩经剧烈的冻融风化破坏产生一大片巨石角砾，就地堆积在平坦地面上，形成石海；当山坡上冻融崩解产生的大量碎屑充塞凹槽或沟谷时，由于厚度加大，可在重力作用下发生整体运动，形成石河
构造土	构造土是多年冻土地区广泛分布的一种微地貌形态，由松散沉积物组成的地表因冻裂作用和冻融分选作用而形成网格式地面，单个网眼近于对称的几何形态，如环形、多边形或带状。根据组成成分和作用性质的差别，可分为泥制构造土和石制构造土两类 泥制构造土又称多边形土，土层冻结之后，如温度继续降低，可引起地面收缩，产生裂隙，或者层干缩，也能形成裂隙，这些裂隙在平面上组成多边形，裂隙所围绕的中间地面略有突起，这种形态称为泥制构造土，通称多边形土 石制构造土也称石环，石环是指以细粒土或碎石为中心、边缘为粗粒所环绕的石制多边形土
冰丘冰锥	地下水受冻结地面和下部多年冻结层的遏阻，在薄弱地带冻结膨胀，使地表变形、隆起或成为土丘，称为冰丘或冻胀丘 在寒季流出封冻地表的地下水和流出冰面的河水冻结后形成丘状隆起的冰体，称为冰锥
石冰川	冰川退缩后，聚集在冰斗和槽谷中的冰碛物或寒冻崩解的岩块，在融冻作用下顺谷地下移所成

第十节　岩溶（喀斯特）地貌

岩溶地貌可按表 1-1-12 划分。

岩溶地貌分类　　表 1-1-12

地貌类型	成 因 与 特 征
岩溶盆地	岩溶盆地是一种漏斗状或盆状的凹地，常以较高、较陡的悬崖与周围相隔离，盆地的规模大小不一，形态上变化也很大，有时由数个岩溶盆地串通而成狭长形的带状凹地 岩溶盆地的底部比较平坦（底部低洼部分常有软土、淤泥存在），地表河流或地下暗河流经其中，并常有漏斗、竖井、落水洞等分布，在盆地边缘常有石灰岩的风化残积物（红黏土）及悬崖崩塌物的堆积 岩溶盆地的周围常有岩溶下降泉出露，地表水及周围的下降泉均由无数的落水洞或暗河所排泄；当洪水期间，这些落水洞或暗河被堵，排泄不畅时，则形成暂时积水，淹没盆地底部或成为一个季节性的岩溶湖泊 岩溶盆地常一连串地沿着断层线、褶皱轴或主要节理方向发育，因这些构造形迹的存在，使岩溶盆地更易发育 落水洞、竖井：是由于地表水沿着石灰岩凹地、高倾角节理、裂隙密集交叉处溶蚀扩大而成，起着近代地表水流入地下的通道作用者称落水洞，不起近代地表水流入地下通道作用者，称竖井或天然井 漏斗：为倒圆锥状或漏斗状的低洼地形，由于水的侵蚀作用并伴随着塌陷而成 溶洞、暗河：是以岩溶水的溶蚀作用为主，间有潜蚀和机械塌陷作用而造成的近于水平方向延伸的洞穴称溶洞；当溶洞中有经常性的水流，而流量又较大时，则称为暗河

续表

地貌类型	成因与特征
峰林地形	岩溶盆地的边缘进一步受到溶蚀破坏，使连续的石灰岩悬崖切割分离而成柱形或锥形的陡峭石峰，就形成了峰林地形 许多石峰分布在一起的称峰丛或峰林；当峰林地形形成后，由于地表河流的侧蚀作用和进一步的溶蚀作用，石峰的高度减低，相互间的距离增大，形成了孤立挺拔的孤峰，有时称为残峰；在厚层水平的石灰岩地区，当垂直节理发育时，经强烈的溶蚀作用而成密集壁立的石峰称为石林 峰林地区的地面常崎岖不平，常有石芽发育，并伴有漏斗、竖井、落水洞、暗河等分布 峰林往往顺岩层走向排列，在背斜的轴部峰林最易形成，而且发育也较完善；在产状平缓、层厚、质纯的石灰岩地区，峰林则常呈星点状分布
石芽残丘	当地表水沿石灰岩的表面或裂隙流动时，常将岩石溶切成很深的沟槽，其长度小于五倍宽度者，称为溶沟，大于五倍者称为溶槽；溶沟之间凸起的石脊，称为石芽，石芽分布在石灰岩裸露的地面上，称为石芽残丘 石芽的形态表现多种多样，有山脊式、棋盘式和石林式，或裸露于地面，或隐伏于地下；石芽之间溶沟底部的红黏土，一般含水量较大，土质较软
溶蚀准平原	岩溶盆地经过长期的溶蚀破坏，形成比较开阔的平原称溶蚀准平原，其上常有稀落低矮的残峰分布，地表为河流冲积层或石灰岩的风化残积物（红黏土）所覆盖，河流两旁或河床底部有时有灰岩出露，地面分布着漏斗或落水洞，或有石芽出露地表，暗河时出时没，常见有地表塌陷及造成塌陷的土洞

第十一节　冰　川　地　貌

冰川地貌可按表 1-1-13 划分。

冰川地貌分类　　**表 1-1-13**

地貌类型		成因与特征
冰蚀地貌	冰斗	在山谷或山坡低洼的地方，当气候变为严寒时，可能形成冰窝，经过冰川的刨蚀和冰胀作用，造成三面为陡崖包围的簸箕状的凹地，称为冰斗 当气候变暖，冰窝中的冰川消失，这时冰斗便积水成湖，称为冰斗湖，在高山地区往往称为天池 当冰斗湖渐渐被三面陡崖的风化碎屑物所填充时，变成平坦的低湿地，有时形成沼泽地
	幽谷	冰川移动的山谷称为幽谷，冰川的底蚀和侧蚀力量很强烈，因而幽谷两壁陡立，横剖面呈“U”字形，且具有明显的冰川擦痕及磨光面等特征，纵剖面往往成台阶状，坚硬的岩石则成为羊背石 幽谷有主谷和支谷，由于冰川刨蚀力大，主谷加深的速度一般大于支谷，这样，主谷中的冰川就将支沟的尾部切去，形成高悬的支谷，称为悬谷 冰蚀后的山脊常成尖鳍状，称为鳍脊，顶峰成尖角状，称为角峰
	冰蚀凹地	由于冰川具有强大的挖掘能力，常在冰川移动的幽谷中挖掘成凹地，称为冰蚀凹地冰川退缩后，凹地中的潴水成了冰川湖，有时冰川在前进的道路上沿途挖掘，形成一连串的凹地、潴水后称为串珠湖

续表

地貌类型		成因与特征
冰碛地貌	冰碛丘陵 冰碛平原	当冰川退缩时，冰碛物全部堆积下来，成为底冰碛，底冰碛的厚度可达数十米；当冰碛物堆积于冰期以前的丘陵上时，就形成了冰碛丘陵；当冰碛物的分布面积很广，就形成了坡度缓和呈波浪起伏的冰碛平原
	终碛堤	在冰川尽头的地方，所有冰川搬运的物质全部堆积下来，形成堤坝状的堆积物，称为终碛堤 终碛堤是很复杂的，当冰川退缩时，终碛堤可能有数条，长度可达数百公里，其高度不超过数十米；终碛堤有时横越谷地，将谷地堵塞，在终碛堤和后退的冰川之间，形成了冰碛湖盆地
	冰前扇地	从冰川末端往外，由冰川中融化所成的冰下水挟带了大量的泥砾和冰川研磨所形成的细泥，堆积在终碛堤的边缘，形成了向外扩展的、坡度愈向外愈平缓的扇形地，称为冰前扇地 冰前扇地具有宽广的平面，有时有大片的砂土覆盖，形成无数砂丘；冰前扇地上基岩埋藏不深，地下水很浅，河流在切割很浅的河谷中流动，水量很小，往往形成一片沼泽地
	冰水阶地	大量的冰川中融化所成的冰下水沿着深谷以巨大的流速奔腾，又一次切割原先堆积的冰碛物，形成冰水阶地 谷地中，冰水阶地常分为好几层；河流流出谷地后，冰水阶地的形态常不清楚，只有在出口的地方较为明显
	蛇　堤	蛇堤是冰川接触堆积作用所形成的一种狭长形的高地，蛇堤常沿冰川流动方向延伸，具有对称的外形，顶部平缓而狭窄，宽高各数十米，长达数百米至数十公里；在丘陵地区，蛇堤分布在高地斜坡上，外形上很像阶地，蛇堤常沿它的伸展方向形成个别的小丘
	冰碛阜	绝大多数冰碛阜是在冰川边缘内侧的凹地中形成的，有些冰碛阜产生在为冰水堆积物所覆盖的大片冰面上；当大片冰面融化后，冰碛物塌陷，分裂为小丘，在小丘之间形成了洼地；冰碛阜上常有因冰块融化而塌陷成的锅穴，甚至还有尚未塌陷而保留的空洞

第十二节 风成地貌

风成地貌可按表 1-1-14 划分。

风成地貌分类 **表 1-1-14**

地貌类型	成因与特征
石漠	地面平坦，满布砾石或者是光秃的岩石露头，很少有植物和砂，它是风把砂和尘土吹走以后留下来的岩块，或者是古老的砾石滩，或者是基岩直接暴露地表所形成的，也称之为“戈壁滩”
沙漠	是风积的细砂广泛分布的地区，沙漠的面积往往非常广阔，沙漠中的砂多成起伏的砂丘，形态上成为波状地形

续表

地貌类型	成　因　与　特　征
泥漠	沙漠中的黏土颗粒被雨水搬运到低洼的地方堆积下来，就形成了泥漠 泥漠地区一般地面平坦、植物稀少，由于这些低洼地往往含有大量盐分（氯化物、硫酸盐和碳酸盐等），盐分吸水则膨胀，经常处于潮湿状态中，形成了盐沼泥漠，当盐沼泥漠干燥后就形成了龟裂地
风蚀盆地	在干旱地区，因风的吹蚀作用可将地面风化碎屑物吹走，从而形成宽广且轮廓不明显的洼地 风蚀盆地大多呈椭圆形成排分布，并向主要风向伸展，有时形成巨大的马蹄形洼地，风蚀盆地因常积水并含有大量的盐分，则成为盐湖
砂丘	在风力作用下形成具有一定形状的堆积体，又分为新月形砂丘、砂垅、砂地、岸堤砂丘等形式

第十三节　第四纪堆积物的成因类型和特征

一、第四纪堆积物的成因类型

第四纪堆积物的成因类型详见表 1-1-15。

第四纪堆积物的成因类型　　**表 1-1-15**

成　因	成因类型	主导地质作用
风化残积	残积	物理、化学风化作用
重力堆积	坠积 崩塌堆积 滑坡堆积 土溜	较长期的重力作用 短促间发生的重力破坏作用 大型斜坡块体重力破坏作用 小型斜坡块体表面的重力破坏作用
大陆流水堆积	坡积 洪积 冲积 三角洲堆积（河、湖） 湖泊堆积 沼泽堆积	斜坡上雨水、雪水间由重力的长期搬运、堆积作用 短期内大量地表水流搬运、堆积作用 长期的地表水流沿河谷搬运、堆积作用 河水、湖水混合堆积作用 浅水型的静水堆积作用 潴水型的静水堆积作用
海水堆积	滨海堆积 浅海堆积 深海堆积 三角洲堆积（河、海）	海浪及岸流的堆积作用 浅海相动荡及静水的混合堆积作用 深海相静水的堆积作用 河水、海水混合堆积作用
地下水堆积	泉水堆积 洞穴堆积	化学堆积作用及部分机械堆积作用 机械堆积作用及部分化学堆积作用
冰川堆积	冰碛堆积 冰水堆积 冰碛湖堆积	固体状态冰川的搬运、堆积作用 冰川中冰下水的搬运、堆积作用 冰川地区的静水堆积作用
风力堆积	风积 风一水堆积	风的搬运堆积作用 风的搬运堆积作用后，又经流水的搬运堆积作用

二、主要第四纪堆积物的特征

几种主要成因类型第四纪堆积物的特征如表 1-1-16 所示。

主要成因类型第四纪堆积物特征　　表 1-1-16

成因类型	堆积方式及条件	堆积物特征
残积	岩石经风化作用而残留在原地的碎屑堆积物	碎屑物自表部向深处逐渐由细变粗，其成分与母岩有关，一般不具层理，碎块多呈棱角状，土质不均，具有较大孔隙，厚度在山丘顶部较薄，低洼处较厚，厚度变化较大
坡积或崩积	风化碎屑物由雨水或融雪水沿斜坡搬运；或由本身的重力作用堆积在斜坡上或坡脚处而成	碎屑物岩性成分复杂，与高处的岩性组成有直接关系，从坡上往下逐渐变细，分选性差，层理不明显，厚度变化较大，厚度在斜坡较陡处较薄，坡脚地段较厚
洪积	由暂时性洪流将山区或高地的大量风化碎屑物携带至沟口或平缓地带堆积而成	颗粒具有一定的分选性，但往往大小混杂，碎屑多呈亚棱角状，洪积扇顶部颗粒较粗，层理紊乱呈交错状，透镜体及夹层较多，边缘处颗粒细，层理清楚，其厚度一般高山区或高地处较大，远处较小
冲积	由长期的地表水流搬运，在河流阶地、冲积平原和三角洲地带堆积而成	颗粒在河流上游较粗，向下游逐渐变细，分选性及磨圆度均好，层理清楚，除牛轭湖及某些河床相沉积外，厚度较稳定
冰积	由冰川融化携带的碎屑物堆积或沉积而成	粒度相差较大，无分选性，一般不具层理，因冰川形态和规模的差异，厚度变化大
淤积	在静水或缓慢的流水环境中沉积，并伴有生物、化学作用而成	颗粒以粉粒、黏粒为主，且含有一定数量的有机质或盐类，一般土质松软，有时为淤泥质黏性土、粉土与粉砂互层，具清晰的薄层理
风积	在干旱气候条件下，碎屑物被风吹扬，降落堆积而成	颗粒主要由粉粒或砂粒组成，土质均匀，质纯，孔隙大，结构松散

第二章　地质构造和岩体结构

第一节　地　质　构　造

一、沉积岩的原生构造

（一）岩层和层理的分类

1. 按岩层厚度分类（表 1-2-1）

岩层厚度分类　　表 1-2-1

分类名称	薄层	中厚层	厚层	巨厚层
单层厚度 h（m）	$h\leqslant0.1$	$0.1<h\leqslant0.5$	$0.5<h\leqslant1$	$h>1$

2. 按层理形成条件的分类（表 1-2-2）。

层理按形成条件的分类　　表 1-2-2

类　型	形　成　过　程	形　成　环　境
水平层理	在沉积环境相当稳定的条件下形成	牛轭湖、泻湖、沼泽、闭塞海湾
波状层理	沉积介质在波浪振荡运动环境中形成	湖泊浅水带、海湾或河漫滩
斜层理	在单向运动的沉积环境中形成	河流的三角洲、海岸的潮汐带
块状层理	沉积介质快速沉积形成	浊流沉积环境，洪积或冰碛

（二）岩层的产状和接触关系

1. 岩层的产状要素由走向、倾向和倾角（真倾角、假倾角）组成；

2. 岩层的接触关系从成因特征上可分为整合和不整合两种基本类型（表 1-2-3）。

岩层的接触关系　　表 1-2-3

接触关系		产　状　特　征
整合		岩层在沉积时间上没有间断，形成连续的平行层理，各层的走向和倾向一致
不整合	平行不整合（假整合）	沉积物在沉积过程中发生过间断，虽然不同地质时代的各个岩系相互接触，层理彼此平行，但在接触面上通常可见冲刷或风化的痕迹，常有底砾岩分布
	角度不整合（斜交不整合）	较老的岩层经过构造运动发生褶曲和错动，再经长期侵蚀作用后，新的沉积物覆盖其上，新老岩层之间呈显著的角度切交现象
	假角度不整合	在平行不整合中，由于交错层理的出现而造成

二、褶皱

（一）褶皱的基本概念

岩层受挤压作用发生弯曲变形称褶皱；褶皱的基本类型有背斜和向斜两种；背斜两侧岩层倾向相背，中部为老岩层；向斜两侧岩层倾向相向，中部为新岩层。

（二）褶皱主要形态的分类

1. 按横剖面的形状分为：背斜褶皱和向斜褶皱；

2. 按轴面的空间位置和翼部的倾斜分为：直立褶皱（对称褶皱）、歪斜褶皱（不对称褶皱）、倒转褶皱、平卧褶皱；

3. 按两翼和顶部的形态分为：尖顶褶皱、圆顶褶皱、箱形褶皱、扇形褶皱、斜褶皱等；

4. 按顶部和翼部岩层厚度的变化分为：平行褶皱、相似褶皱、薄顶褶皱、底辟褶皱；

5. 按脊线的长短和两翼的倾斜方向分为：线状褶皱、短轴褶皱、穹窿构造、盆地构造；

6. 按剖面组合形态分为：复背斜褶皱、复向斜褶皱、隔挡式褶皱、隔槽式褶皱。

三、裂隙（节理）

岩石中的断裂，沿断裂面没有（或有很微小）位移称裂隙（节理）。裂隙的主要类型有：

1. 按成因分为：原生裂隙和次生裂隙；

2. 按力的来源分为：构造裂隙和非构造裂隙；

3. 按力的性质分为：剪裂隙和张裂隙；

（1）剪裂隙：产状较稳定，沿走向和倾向延伸较远；裂隙面平直、光滑；裂隙面常有擦痕和摩擦镜面；裂隙多呈闭合状；由于发育较密，常形成裂隙密集带；

（2）张裂隙：产状不稳定，往往延伸不远即消失；裂隙面粗糙不平，呈弯曲状或锯齿状；裂隙呈开口状或楔形；由于发育稀疏，很少构成裂隙密集带。

4. 按其与岩层走向关系分为：走向裂隙、倾向裂隙、斜向裂隙和顺层裂隙；

5. 按其与褶曲轴向关系分为：纵裂隙、横裂隙、斜裂隙。

四、断层

断裂两侧的岩石沿断裂面发生明显位移者称断层。

（一）断层的基本要素（图 1-2-1）

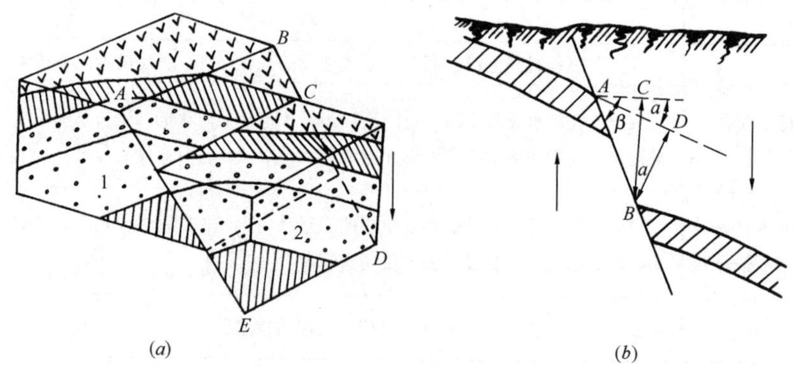

图 1-2-1　断层的基本要素

（*a*）断层要素；（*b*）断层断距

1—下盘；2—上盘；（*a*）中的 *ABCDE* 面—断层面；（*a*）中的 *AB* 线—断层走向线；（*a*）中的 *AE* 线—断层倾向线；（*b*）中的 *AB* 线—总断距；（*b*）中的 *CB* 线—垂直断距；（*b*）中的 *AC* 线—水平断距

（二）断层的类型

1. 按断层两盘的相对位移可分为：正断层、逆断层（冲断层、逆掩断层、辗掩断层、叠瓦式断层）和平移断层；

2. 按断层走向与岩层走向的关系分为：走向断层、倾向断层和斜交断层；

3. 按断层走向与褶曲轴向的关系分为：纵断层、横断层和斜断层；

4. 按断层组合形态可分为：阶梯状断层、地垒、地堑、叠瓦式断层。

（三）断层的识别

1. 地形上的特征：表现为陡坡悬崖或河流纵坡突变或山峰中断，有时沿断层方向出现溪谷，沿断层往往有多个泉水出露；

2. 岩层排列上的特征：岩脉的移动，地层的重复或缺失，岩层的突然中断；沿岩层走向观察如岩层突然中断等，都可能有断层；

3. 断层面及破碎带上的特征：

(1) 擦痕：断层面上因两盘摩擦而产生断层擦痕，从擦痕方向可推知断层运动方向，但有些断层面因长期风化和侵蚀，擦痕可能不清楚；

(2) 破碎带：由于断层两盘相对运动的结果，常使断层面附近岩石破碎成碎石和粉末，形成断层角砾岩和断层泥，角砾岩的石质和断层附近的岩体岩性相同；在正断层中，角砾岩岩块多呈棱角，堆积较无次序，混杂物质很普遍；在逆掩断层中角砾岩岩块多磨圆或磨光，不出现其他混杂物质；

(3) 断层的拖曳现象：断层两盘相对运动，常使断层面两侧的岩石发生一定的塑性变形，形成小的弯曲，一般从拖曳弯曲方向可推知断层的运动方向。

(四) 活动性断裂

1. 活动性断裂划分的时间界线

在我国由于第四纪的早更新世和中更新世之间的构造运动是一次大范围的大地运动，它引起的断裂活动基本上是一直延续至今的，而且由中更新世至今几十万年间的具体活动部位也没有多大改变，这个时期以来的活动性断裂与现代地震活动在空间分布上大体也相吻合，所以把中更新世以来有过活动痕迹的断裂，定为划分活动性断裂的时间界线比较适宜；也可根据工程建设的需要，在近代地质时期（一万年）内有过较强烈地震活动或近期正在活动、在将来（今后一百年）可能继续活动的断裂定为全新活动断裂。

2. 活动性断裂的判别特征

(1) 中更新统以来的第四系地层中发现有断裂（错动）或与断裂有关的伴生褶曲；

(2) 断裂带中的侵入岩，其绝对年龄新或者对现场新地层有扰动或接触烘烤剧烈；

(3) 在实际工作中遇到上列两条有充分依据来判断活动性断裂的情况是不多的，可寻找一些间接地质现象作为判断活动性断裂的佐证；比如：活动性断裂常常表现在山区和平原上有长距离的平滑分界线；沿分界线常有沼泽地、芦苇地呈串珠状分布；泉水呈线状分布；有的泉水有温度升高和矿化度明显增大的现象；有的在地表有一定规律的形态完整的构造地裂缝；有的在断层面上有一种新的擦痕叠加在有不同矿化现象的老擦痕之上；另外，由断层新活动引起河流横向迁移，阶地发育不对称，河流袭夺，河流一侧出现大规模的滑坡，文化遗迹的变位，植被被不正常干扰等。

第二节 岩 体 结 构

一、结构面和结构体

岩体结构包括两个要素，即结构面和结构体。

结构面：是指岩体中存在的不同成因、不同特性的各种地质界面的统称，它包括物质分异面及不连续面，是在地质发展的历史中，在岩体内形成的具有不同方向、不同规模、不同形态以及不同特性的面、缝、层、带状的地质界面。

结构体：是由结构面切割而成的块体或岩块单元体。

二、岩体结构的类型及其特征

岩体结构类型及特征如表 1-2-4 所列，岩体结构是岩体内岩块的组合排列形式。

岩体按结构类型分类　　表 1-2-4

岩体结构类型	岩体地质类型	结构体形状	结构面发育情况	岩土工程特征	可能发生的岩土工程问题
整体状结构	巨块状岩浆岩和变质岩，巨厚层沉积岩	巨块状	以层面和原生、构造节理为主，多呈闭合型，间距大于 1.5m，一般为 1～2 组，无危险结构	整体性强度高，岩体稳定，可视为均质弹性各向同性体	要注意由结构面组合而成的不稳定结构体的局部滑动或坍塌，深埋洞室要注意岩爆
块状结构	厚层状沉积岩，块状岩浆岩和变质岩	块状 柱状	有少量贯穿性节理裂隙，结构面间距 0.7～1.5m，一般为 2～3 组，有少量分离体	整体强度较高，结构面互相牵制，岩体基本稳定，接近弹性各向同性体	
层状结构	多韵律的薄层、中厚层状沉积岩，副变质岩	层状 板状	有层理、片理、节理，但以风化裂隙为主，常有层间错动	岩体接近均一的各向异性体，其变形及强度受层面控制，可视为各向异性弹塑性体，稳定性较差	可沿结构面滑塌，软岩可产生塑性变形
碎裂状结构	构造影响严重的破碎岩层	碎块状	断层、节理、片理、层理发育，结构面间距 0.25～0.50m，一般 3 组以上，有许多分离体	完整性破坏较大，整体强度很低，并受软弱结构面控制，呈弹塑性体，稳定性很差	易引起规模较大的岩块失稳，地下水加剧失稳
散体状结构	断层破碎带，强风化及全风化带	碎屑状	构造和风化裂隙密集，结构面错综复杂，多充填黏性土，形成无序小块和碎屑	完整性遭极大破坏，稳定性极差，岩体属性接近松散体介质	

第三章　岩土分类及其鉴别特征

第一节　岩石的分类

一、岩石按成因分类

岩石按成因可分为：岩浆岩（火成岩）、沉积岩和变质岩三大类。

（一）岩浆岩

岩浆在向地表上升过程中，由于热量散失逐渐经过分异等作用冷凝而成岩浆岩。

在地表下冷凝的称侵入岩；喷出地表冷凝的称喷出岩；侵入岩按距地表的深浅程度又分为：深成岩和浅成岩。

岩浆岩的产状如图 1-3-1 所示。

岩基和岩株为深成岩产状，岩脉、岩盘和岩枝等为浅成岩产状，火山锥和岩钟为喷出岩产状。

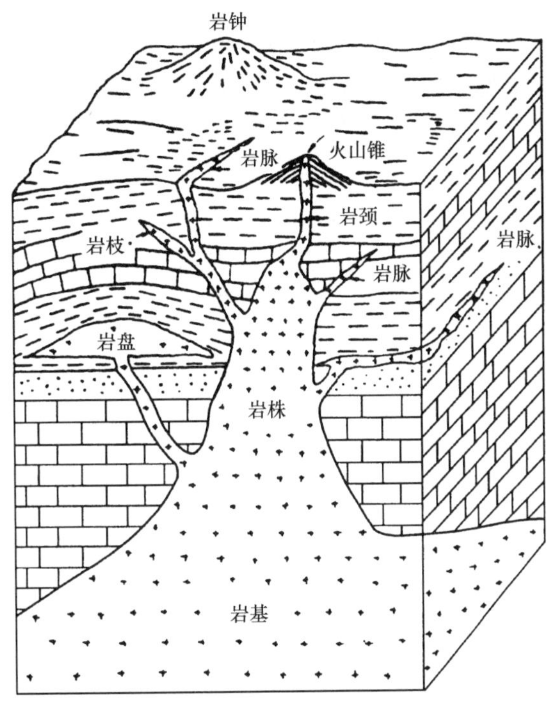

图 1-3-1　岩浆岩的产状

岩浆岩的分类如表 1-3-1 所示。

岩浆岩的分类　表 1-3-1

<table>
<tr><td colspan="2">化学成分</td><td colspan="3">含 Si、Al 为主</td><td colspan="2">含 Fe、Mg 为主</td><td rowspan="3">产状</td></tr>
<tr><td colspan="2">酸基性</td><td>酸性</td><td colspan="2">中性</td><td>基性</td><td>超基性</td></tr>
<tr><td colspan="2">颜色</td><td colspan="3">浅色的（浅灰、浅红、红色、黄色）</td><td colspan="2">深色的
（深灰、绿色、黑色）</td></tr>
<tr><td colspan="2" rowspan="2">矿物成分
成因及结构</td><td colspan="2">含正长石</td><td colspan="2">含斜长石</td><td>不含长石</td><td rowspan="2">产状</td></tr>
<tr><td>石英、云母、角闪石</td><td>黑云母、角闪石、辉石</td><td>角闪石、辉石、黑云母</td><td>辉石、角闪石、橄榄石</td><td>辉石、橄榄石角闪石</td></tr>
<tr><td>深成的</td><td>等粒状，有时为斑状，所有矿物皆能用肉眼鉴别</td><td>花岗岩</td><td>正长岩</td><td>闪长岩</td><td>辉长岩</td><td>橄榄岩
辉　岩</td><td>岩基
岩株</td></tr>
<tr><td>浅成的</td><td>斑状（斑晶较大且可分辨出矿物名称）</td><td>花岗斑岩</td><td>正长斑岩</td><td>玢岩</td><td>辉绿岩</td><td>苦橄玢岩
（少见）</td><td>岩脉岩
枝岩盘</td></tr>
<tr><td rowspan="2">喷出的</td><td>玻璃状，有时为细粒斑状，矿物难于用肉眼鉴别</td><td>流纹岩</td><td>粗面岩</td><td>安山岩</td><td>玄武岩</td><td>苦橄岩
（少见）
金伯利岩</td><td>熔岩流</td></tr>
<tr><td>玻璃状或碎屑状</td><td colspan="5">黑曜岩、浮石、火山凝灰岩、火山碎屑岩、火山玻璃</td><td>火山喷出的堆积物</td></tr>
</table>

(二)沉积岩

沉积岩是由岩石、矿物在内外力作用下破碎成碎屑物质后,经水流、风吹和冰川等的搬运,堆积在大陆低洼地带或海洋,再经胶结、压密等成岩作用而成的岩石;沉积岩的主要特征是具有层理。

沉积岩的分类如表1-3-2所示。

沉积岩的分类 **表1-3-2**

成因	硅质的	泥质的	灰质的	其他成分
碎屑沉积	石英砾岩、石英角砾岩、燧石角砾岩、砂岩、石英岩	泥岩、页岩、黏土岩	石灰砾岩、石灰角砾岩、多种石灰岩	集块岩
化学沉积	硅华、燧石、石髓岩	泥铁石	石笋、石钟乳、石灰华、白云岩、石灰岩、泥灰岩	岩盐、石膏、硬石膏、硝石
生物沉积	硅藻土	油页岩	白垩、白云岩、珊瑚石灰岩	煤炭、油砂、某种磷酸盐岩石

(三)变质岩

变质岩是岩浆岩或沉积岩在高温、高压或其他因素作用下,经变质所形成的岩石。

变质岩的分类如表1-3-3所示。

变质岩的分类 **表1-3-3**

岩石类别	岩石名称	主要矿物成分	鉴定特征
片状岩石类	片麻岩	石英、长石、云母	片麻状构造,浅色长石带和深色云母带互相交错,结晶粒状或斑状结构
	云母片岩	云母、石英	具有薄片理,片理面上有强的丝绢光泽,石英凭肉眼常看不到
	绿泥石片岩	绿泥石	绿色,常为鳞片状或叶片状的绿泥石块
	滑石片岩	滑石	鳞片状或叶片状的滑石块,用指甲可刻划,有滑感
	角闪石片岩	普通角闪石、石英	片理常常表现不明显,坚硬
	千枚岩、板岩	云母、石英等	具有片理,肉眼不易识别矿物,锤击声清脆,并具有丝绢光泽,千枚岩表现得很明显
块状岩石类	大理岩	方解石、少量白云石	结晶粒状结构,遇盐酸起泡
	石英岩	石英	致密的、细粒的块体,坚硬,莫氏硬度为7,玻璃光泽、断口贝壳状或次贝壳状

二、岩石按坚硬程度分类

1. 岩石坚硬程度按饱和单轴抗压强度分类，如表 1-3-4 所示。

岩石按坚硬程度分类　表 1-3-4

坚硬程度	坚硬岩	较硬岩	较软岩	软岩	极软岩
饱和单轴抗压强度（MPa）	$f_r>60$	$60\geqslant f_r>30$	$30\geqslant f_r>15$	$15\geqslant f_r>5$	$f_r\leqslant 5$

注：1. 当无法取得饱和单轴抗压强度数据时，可用点荷载试验强度换算，换算方法按 $f_r=22.82I_{s(50)}^{0.75}$；$I_{s(50)}$ 为实测的岩石点荷载强度指数。

2. 当岩体完整程度为极破碎时，可不进行坚硬程度分类。

2. 岩石坚硬程度定性划分，如表 1-3-5 所示。

岩石按坚硬程度分类　表 1-3-5

坚硬程度等级		定性鉴定	代表性岩石
硬质岩	坚硬岩	锤击声清脆，有回弹，震手，难击碎，基本无吸水反应	未风化—微风化花岗岩、闪长岩、辉绿岩、玄武岩、安山岩、片麻岩、石英岩、石英砂岩、硅质砾岩、硅质石灰岩等
	较硬岩	锤击声较清脆，有轻微回弹，稍震手，较难击碎，有轻微吸水反应	1. 微风化坚硬岩； 2. 未风化—微风化大理岩、板岩、石灰岩、白云岩、钙质砂岩等
软质岩	较软岩	锤击声不清脆，无回弹，较易击碎，浸水后指甲可刻出印痕	1. 中等风化—强风化坚硬岩或较硬岩； 2. 未风化—微风化凝灰岩、千枚岩、泥灰岩、砂质泥岩等
	软岩	锤击声哑，无回弹，有凹痕，易击碎，浸水后手可掰开	1. 强风化坚硬岩或较硬岩； 2. 中等风化—强风化较软岩； 3. 未风化—微风化页岩、泥岩、泥质砂岩等
极软岩		锤击声哑，无回弹，有较深凹痕，手可捏碎，浸水后可捏成团	1. 全风化的各种岩石； 2. 各种半成岩

三、岩石按风化程度分类

岩石按风化程度划分如表 1-3-6 所示。

岩石按风化程度分类　　表 1-3-6

风化程度	野外特征	风化程度参数指标	
		波速比（K_v）	风化系数（K_f）
未风化	岩质新鲜，偶见风化痕迹	0.9～1.0	0.9～1.0
微风化	结构基本未变，仅节理面有渲染或略有变色，有少量风化裂隙	0.8～0.9	0.8～0.9
中等风化	结构部分破坏，沿节理面有次生矿物、风化裂隙发育，岩体被切割成岩块，用镐难挖，岩芯钻方可钻进	0.6～0.8	0.4～0.8
强风化	结构大部分破坏，矿物成分显著变化，风化裂隙很发育，岩体破碎，用镐可挖，干钻不易钻进	0.4～0.6	<0.4
全风化	结构基本破坏，但尚可辨认，有残余结构强度，可用镐挖，干钻可钻进	0.2～0.4	—
残积土	组织结构全部破坏，已风化成土状，锹镐易挖掘，干钻易钻进，具可塑性	<0.2	—

注：1. 波速比 K_v 为风化岩石与新鲜岩石压缩波速度之比；
2. 风化系数 K_f 为风化岩石与新鲜岩石饱和单轴抗压强度之比；
3. 岩石风化程度，除按表列野外特征和定量指标划分外，也可根据当地经验划分；
4. 花岗岩类岩石，可采用标准贯入试验划分，$N \geqslant 50$ 为强风化，$50 > N \geqslant 30$ 为全风化，$N < 30$ 为残积土；
5. 泥岩和半成岩，可不进行风化程度划分。

四、岩石按软化程度分类

岩石按软化系数 K_R 可分为软化岩石和不软化岩石。当软化系数 K_R 值小于或等于 0.75 时，为软化岩石；当软化系数 K_R 大于 0.75 时，为不软化岩石。

当岩石具有特殊成分、特殊结构或特殊性质时，应定为特殊性岩石，如易溶性岩石、膨胀性岩石、崩解性岩石、盐渍化岩石等。

五、岩体按完整程度分类

1. 岩体完整程度的定量划分，如表 1-3-7 所示。

岩体完整程度分类　　表 1-3-7

完整程度	完整	较完整	较破碎	破碎	极破碎
完整性指数（K_v）	$K_v > 0.75$	$0.75 \geqslant K_v > 0.55$	$0.55 \geqslant K_v > 0.35$	$0.35 \geqslant K_v > 0.15$	$K_v \leqslant 0.15$

注：岩体完整性指数（K_v）为岩体与岩块的压缩波速度之比的平方，选定岩体和岩块应注意其代表性。

2. 岩体完整程度的定性划分如表 1-3-8 所示。

岩体完整程度的定性分类　　表 1-3-8

完整程度	结构面发育程度		主要结构面的结合程度	主要结构面类型	相应结构类型
	组数	平均间距（m）			
完整	1～2	>1.0	结合好或结合一般	裂隙、层面	整体状或巨厚层状结构
较完整	1～2	>1.0	结合差	裂隙、层面	块状或厚层状结构
	2～3	1.0～0.4	结合好或结合一般		块状结构

续表

完整程度	结构面发育程度		主要结构面的结合程度	主要结构面类型	相应结构类型
	组数	平均间距（m）			
较破碎	2～3	1.0～0.4	结合差	裂隙、层面、小断层	裂隙块状或中厚层状结构
	≥3	0.4～0.2	结合好		镶嵌碎裂结构
			结合一般		中、薄层状结构
破碎	≥3	0.4～0.2	结合差	各种类型结构面	裂隙块状结构
		≤0.2	结合一般或结合差		碎裂状结构
极破碎	无序	—	结合很差	—	散体状结构

注：平均间距指主要结构面（1～2组）间距的平均值。

六、岩体基本质量等级分类

岩体基本质量等级划分，如表1-3-9所示。

岩体基本质量等级分类　　表1-3-9

坚硬程度＼完整程度	完整	较完整	较破碎	破碎	极破碎
坚硬岩	Ⅰ	Ⅱ	Ⅲ	Ⅳ	Ⅴ
较硬岩	Ⅱ	Ⅲ	Ⅳ	Ⅳ	Ⅴ
较软岩	Ⅲ	Ⅳ	Ⅳ	Ⅴ	Ⅴ
软岩	Ⅳ	Ⅳ	Ⅴ	Ⅴ	Ⅴ
极软岩	Ⅴ	Ⅴ	Ⅴ	Ⅴ	Ⅴ

七、岩体按岩石的质量指标（RQD）分类

岩体按岩石质量指标分类如表1-3-10所示。

岩体按岩石的质量指标（RQD）分类　　表1-3-10

岩体RQD分类	好	较好	较差	差	极差
RQD（%）	RQD>90	90≥RQD>75	75≥RQD>50	50≥RQD>25	RQD≤25

注：RQD指钻孔中用N型（75mm）二重管金刚石钻头获取的大于10cm的岩芯段长度与该回次钻进深度之比。

八、岩体按结构类型分类

岩体按结构类型分类参见表1-2-4。

第二节　土　的　分　类

一、国家标准《土的工程分类标准》GB/T 50145—2007分类

根据土颗粒组成特征、土的塑性指标、土中有机质存在情况进行分类；按其不同粒组的相对含量划分为巨粒类土、粗粒类土、细粒类土三类；粒组的划分见表1-3-11。

1. 巨粒类土应按粒组划分，巨粒类土的分类如表1-3-12所示；

2. 粗粒类土应按粒组、级配、细粒土含量划分；砾类土的分类见表1-3-13，砂类土的分类见表1-3-14。

粒组划分 **表 1-3-11**

粒组统称	粒组名称		粒径（d）的范围（mm）
巨粒	漂石（块石）粒		$d>200$
	卵石（碎石）粒		$200\geqslant d>60$
粗粒	砾粒	粗砾	$60\geqslant d>20$
		中砾	$20\geqslant d>5$
		细砾	$5\geqslant d>2$
	砂粒	粗砂	$2\geqslant d>0.5$
		中砂	$0.5\geqslant d>0.25$
		细砂	$0.25\geqslant d>0.075$
细粒	粉粒		$0.075\geqslant d>0.005$
	黏粒		$d\leqslant 0.005$

巨粒类土的分类 **表 1-3-12**

土类	粒组含量		土代号	土名称
巨粒土	巨粒含量>75%	漂石粒含量大于卵石含量	B	漂石（块石）
		漂石粒含量不大于卵石含量	Cb	卵石（碎石）
混合巨粒土	75%≥巨粒含量>50%	漂石粒含量大于卵石含量	BSl	混合土漂石（块石）
		漂石粒含量不大于卵石含量	CbSl	混合土卵石（块石）
巨粒混合土	50%≥巨粒含量>15%	漂石粒含量大于卵石含量	SlB	漂石（块石）混合土
		漂石粒含量不大于卵石含量	SlCb	卵石（碎石）混合土

砾类土的分类 **表 1-3-13**

土类	粒组含量		土代号	土名称
砾	细粒含量<5%	级配：$C_u\geqslant5$，$3\geqslant C_c\geqslant1$	GW	级配良好砾
		级配：不同时满足上述要求	GP	级配不良砾
含细粒土砾	5%≤细粒含量<15%		GF	含细粒土砾
细粒土质砾	15%≤细粒含量<50%	细粒组中粉粒含量不大于 50%	GC	黏土质砾
		细粒组中粉粒含量大于 50%	GM	粉土质砾

砂类土的分类 **表 1-3-14**

土类	粒组含量		土代号	土名称
砂	细粒含量<5%	级配：$C_u\geqslant5$，$3\geqslant C_c\geqslant1$	SW	级配良好砂
		级配：不同时满足上述要求	SP	级配不良砂
含细粒土砂	5%≤细粒含量<15%		SF	含细粒土砂
细粒土质砂	15%≤细粒含量<50%	细粒组中粉粒含量不大于 50%	SC	黏土质砂
		细粒组中粉粒含量大于 50%	SM	粉土质砂

3. 细粒类土应按塑性图、所含粒组类别以及有机质含量划分。

细粒土应根据塑性图 1-3-2 分类。

当采用图 1-3-2 所示的塑性图确定细粒土时，按表 1-3-15 分类。

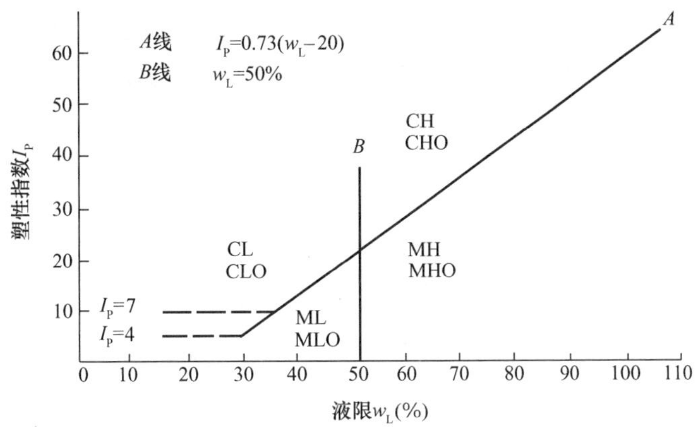

图 1-3-2 塑性图

注：1. 图中横坐标为土的液限 w_L，纵坐标为塑性指数 I_P；
2. 图中的液限 w_L 为用碟式仪测定的液限含水率或用质量 76g、锥角为 30°的液限仪锥尖入土深度 17mm 对应的含水率；
3. 图中虚线之间区域为黏土粉土过渡区。

细粒土的分类 **表 1-3-15**

土的塑性指标在塑性图中的位置		土代号	土名称
塑性指数 I_P	液限 w_L		
$I_P \geqslant 0.73$ (w_L-20) 和 $I_P \geqslant 7$	$w_L \geqslant 50\%$	CH	高液限黏土
	$w_L < 50\%$	CL	低液限黏土
$I_P < 0.73$ (w_L-20) 和 $I_P < 4$	$w_L \geqslant 50\%$	MH	高液限粉土
	$w_L < 50\%$	ML	低液限粉土

注：黏土—粉土过渡区（CL～ML）的土可按相邻土的类别细分。

二、国家标准《岩土工程勘察规范》GB 50021—2001（2009 年版）的分类

（一）按地质成因分类

可划分为残积土、坡积土、洪积土、冲积土、淤积土、冰积土和风积土等。

（二）按沉积时代分类

1. 老沉积土：晚更新世及其以前沉积的土；
2. 新近沉积土：全新世中近期沉积的土。

（三）按颗粒级配和塑性指数分类

土按颗粒级配和塑性指数可分为碎石土、砂土、粉土和黏性土。

1. 碎石土：粒径大于 2mm 的颗粒质量超过总质量 50％的土。碎石土的分类见表 1-3-16。

碎石土分类 **表 1-3-16**

土的名称	颗 粒 形 状	颗 粒 级 配
漂 石	圆形及亚圆形为主	粒径大于 200mm 的颗粒质量超过总质量 50％
块 石	棱角形为主	

续表

土的名称	颗粒形状	颗粒级配
卵　石	圆形及亚圆形为主	粒径大于 20mm 的颗粒质量超过总质量 50%
碎　石	棱角形为主	
圆　砾	圆形及亚圆形为主	粒径大于 2mm 的颗粒质量超过总质量 50%
角　砾	棱角形为主	

注：定名时应根据颗粒级配由大到小以最先符合者确定。

2. 砂土：粒径大于 2mm 的颗粒质量不超过总质量 50%，粒径大于 0.075mm 的颗粒质量超过总质量 50%的土。砂土的分类见表 1-3-17。

砂土分类　　表 1-3-17

土的名称	颗粒级配
砾　砂	粒径大于 2mm 的颗粒质量占总质量 25%～50%
粗　砂	粒径大于 0.5mm 的颗粒质量超过总质量 50%
中　砂	粒径大于 0.25mm 的颗粒质量超过总质量 50%
细　砂	粒径大于 0.075mm 的颗粒质量超过总质量 85%
粉　砂	粒径大于 0.075mm 的颗粒质量超过总质量 50%

注：定名时应根据颗粒级配由大到小以最先符合者确定。

3. 粉土：粒径大于 0.075mm 的颗粒质量不超过总质量的 50%，且塑性指数等于或小于 10 的土。

4. 黏性土：塑性指数大于 10 的土为黏性土，黏性土又分为粉质黏土、黏土；塑性指数大于 10，且小于或等于 17 的土为粉质黏土，塑性指数大于 17 的土为黏土。

注：确定塑性指数应由 76g 圆锥仪沉入土中深度为 10mm 测定的液限计算而得，塑限以搓条法为准。

（四）按工程特性分类

具有一定分布区域或工程意义上具有特殊成分、状态和结构特征的土称特殊性土，根据工程特性分为湿陷性土、红黏土、软土（包括淤泥和淤泥质土）、冻土、膨胀土、盐渍土、混合土、填土和污染土。

（五）按有机质含量分类

根据有机质含量分类见表 1-3-18。

土按有机质含量分类　　表 1-3-18

分类名称	有机质含量 W_u（%）	现场鉴别特征	说　明
无机土	$W_u<5\%$	—	—
有机质土	$5\%\leqslant W_u\leqslant 10\%$	深灰色，有光泽，味臭，除腐殖质外尚含少量未完全分解的动植物体，浸水后水面出现气泡，干燥后体积收缩	1. 如现场能鉴别有机质土或有地区经验时，可不做有机质含量测定； 2. 当 $W>W_L$，$1.0\leqslant e<1.5$ 时称淤泥质土； 3. 当 $W>W_L$，$e\geqslant 1.5$ 时称淤泥

续表

分类名称	有机质含量 W_u（%）	现场鉴别特征	说　明
泥炭质土	$10\% < W_u \leq 60\%$	深灰或黑色，有腥臭味，能看到未完全分解的植物结构，浸水体胀，易崩解，有植物残渣浮于水中，干缩现象明显	根据地区特点和需要按 W_u 细分为： 弱泥炭质土（$10\% < W_u \leq 25\%$） 中泥炭质土（$25\% < W_u \leq 40\%$） 强泥炭质土（$40\% < W_u \leq 60\%$）
泥炭	$W_u > 60\%$	除有泥炭质土特征外，结构松散，土质很轻，暗无光泽，干缩现象极为明显	—

注：有机质含量 W_u 按灼失量试验确定。

三、行业标准《水运工程岩土勘察规范》JTS 133—2013 的分类

（一）根据土的地质成因可分为残积土、坡积土、洪积土、冲积土、湖积土、海积土、风积土、人工填土和复合成因的土等。

（二）根据土的堆积年代可分为以下三类：

1. 老沉积土：第四纪晚更新世（Q_3）及其以前沉积的土，一般具有较高的强度和较低的压缩性；

2. 一般沉积土：第四纪全新世（Q_4）文化期以前沉积的土，一般为正常固结土；

3. 新近沉积土：第四纪全新世（Q_4）文化期以来新近沉积的土，其中黏性土一般为欠固结的土，且具有强度较低和压缩性较高的特征。

（三）碎石土、砂土、粉土、黏性土及有机质土；其分类同《岩土工程勘察规范》GB 50021—2001（2009 年版）。

（四）淤泥性土：在静水或缓慢的流水环境中沉积，天然含水率大于或等于 36%且大于液限、天然孔隙比大于或等于 1.0 的黏性土；淤泥性土按表 1-3-19 可分为淤泥质土、淤泥和流泥。

淤泥性土的分类　　表 1-3-19

指标 \ 名称	淤泥质土	淤　泥	流　泥
孔隙比 e	$1.0 \leq e < 1.5$	$1.5 \leq e < 2.4$	$e \geq 2.4$
含水率 w（%）	$36 \leq w < 55$	$55 \leq w < 85$	$w \geq 85$

注：淤泥质土应根据塑性指数 I_P 划分为淤泥质黏土或淤泥质粉质黏土。

（五）混合：粗细两类土呈混合状态存在的，具有颗粒级配不连续、中间粒组颗粒含量极少、级配曲线中间段极为平缓等特征的土。混合土分两类；

1. 淤泥和砂的混合土：淤泥含量超过总质量的 30%时为淤泥混砂，淤泥含量超过总质量的 10%且小于或等于总质量的 30%时为砂混淤泥；

2. 黏性土和砂或碎石的混合土：黏性土的质量超过总质量的 40%时为黏性土混砂或碎石，黏性土的质量大于 10%且小于或等于总质量的 40%时为砂或碎石混黏性土。

（六）层状构造土：两类不同的土层相间成韵律沉积，具有明显层状构造特征的土。

根据两类土层的厚度比可分为：

1. 互层土：具互层构造，两类土层厚度相差不大，厚度比一般大于1∶3；

2. 夹层土：具夹层构造，两类土层厚度相差较大，厚度比为1∶3～1∶10；

3. 间层土：常呈黏性土间极薄层粉砂的特点，厚度比小于1∶10。

（七）花岗岩残积土：花岗岩风化的最终产物，并残留在原地未经搬运，除石英外其他矿物均已变为土状的土。可根据其大于2mm的颗粒含量（%）按表1-3-20分为：砾质黏性土、砂质黏性土和黏性土。

花岗岩残积土分类　　**表1-3-20**

名　称	黏性土	砂质黏性土	砾质黏性土
大于2mm颗粒含量 X（%）	$X<5$	$5\leqslant X\leqslant 20$	$X>20$

（八）填土：由人类活动堆积的土，根据其物质组成和堆填方式可分为：

1. 冲填土：由水力冲填的砂土、粉土或淤泥性土；

2. 素填土：由碎石类土、砂土、粉土和黏性土等组成的填土；

3. 杂填土：含有建筑垃圾、工业废料或生活垃圾等的填土。

四、水利部行业标准《土工试验规程》SL 237—1999的分类

（一）一般程序

1. 根据土中未完全分解的动植物残骸和无定型物质判定是有机土还是无机土。有机土呈黑色、青黑色或暗色，有臭味，手触有弹性和海绵感。也可根据土试验结果确定；

2. 对于无机土，则按巨粒土、粗粒土和细粒土进行细分类；粒组的划分见表1-3-11。

（二）巨粒土和含巨粒土的分类和定名

1. 试样中巨粒组质量大于总质量50%的土称巨粒类土；

2. 试样中巨粒组质量为总质量15%～50%的土为巨粒混合土；

3. 试样中巨粒组质量小于总质量15%的土，可扣除巨粒，按粗粒土或细粒土的相应规定分类、定名；

4. 巨粒土和含巨粒土的分类、定名，应符合表1-3-21的规定。

巨粒土和含巨粒土的分类　　**表1-3-21**

土类	粒组含量		土代号	土名称
巨粒土	巨粒含量 100%～75%	漂石粒含量>50%	B	漂石
		漂石粒含量≤50%	Cb	卵石
混合巨粒土	巨粒含量 小于75%，大于50%	漂石粒含量>50%	BSI	混合土漂石
		漂石粒含量≤50%	CbSI	混合土卵石
巨粒混合土	巨粒含量 50%～15%	漂石粒含量>卵石含量	SIB	漂石混合土
		漂石粒含量≤卵石含量	SICb	卵石混合土

（三）粗粒土的分类和定名

1. 试样中粗粒组质量大于总质量50%的土称粗粒类土；

2. 粗粒类土中砾粒组质量大于总质量50%的土称砾类土；砾粒组质量小于或等于总质量50%的土称砂类土；

3. 砾类土应根据其中细粒含量及类别、粗粒组的级配，按表 1-3-13 分类和定名；

4. 砂类土应根据其中细粒含量及类别、粗粒组的级配，按表 1-3-14 分类和定名。

（四）细粒土分类和定名

1. 试样中细粒组质量大于或等于总质量 50%的土称细粒类土；

2. 细粒类土应按下列规定划分：

（1）试样中粗粒组质量小于总质量 25%的土称细粒土；

（2）试样中粗粒组质量为总质量 25%～50%的土称含粗粒的细粒土；

（3）试样中含有部分有机质（有机质含量 $5\% \leqslant O_u \leqslant 10\%$）的土称有机质土。

3. 细粒土应根据塑性图分类。塑性图的横坐标为土的液限（w_L），纵坐标为塑性指数（I_P）。塑性图中有 A、B 两条界限线。

（1）A 线方程式：$I_P = 0.73(w_L - 20)$。A 线上侧为黏土，下侧为粉土；

（2）B 线方程式：$w_L = 50$。$w_L \geqslant 50$ 为高液限，$w_L < 50$ 为低液限；

（3）本标准的塑性图见图 1-3-2。

4. 细粒土应按塑性图中的位置确定土的类别，并按表 1-3-22 分类和定名。

细粒土分类　　**表 1-3-22**

土的塑性指标在塑性图中的位置		土代号	土名称
塑性指数（I_P）	液限（w_L）		
$I_P \geqslant 0.73(w_L - 20)$ 和 $I_P \geqslant 10$	$w_L \geqslant 50\%$	CH	高液限黏土
	$w_L < 50\%$	CL	低液限黏土
$I_P < 0.73(w_L - 20)$ 和 $I_P < 10$	$w_L \geqslant 50\%$	MH	高液限粉土
	$w_L < 50\%$	ML	低液限粉土

5. 含粗粒土的细粒土先按表 1-3-22 规定确定细粒土名称，在按下列规定最终定名。

（1）粗粒中砾粒占优势，称含砾细粒土，应在细粒土名代号后缀以代号 G。

示例：CHG——含砾高液限黏土；

MLG——含砾低液限粉土。

（2）粗粒中砂粒占优势，称含砂细粒土，应在细粒土名代号后缀以代号 S。

示例：CHS——含砂高液限黏土；

MLS——含砂低液限粉土。

6. 有机质土可按表 1-3-26 规定划分定名，在各相应土类代号后缀以代号 O。

示例：CHO——有机质高液限黏土；

MLO——有机质低液限粉土。

（五）特殊土分类

1. 黄土、膨胀土和红黏土等特殊土类在塑性图中的基本位置见图 1-3-3。其相应的初步判别见表 1-3-23；

2. 黄土、膨胀土和红黏土等特殊土的最终分类和定名尚应遵照相应的专门规范。本手册仅规定在塑性图中的基本位置和相应的学名。

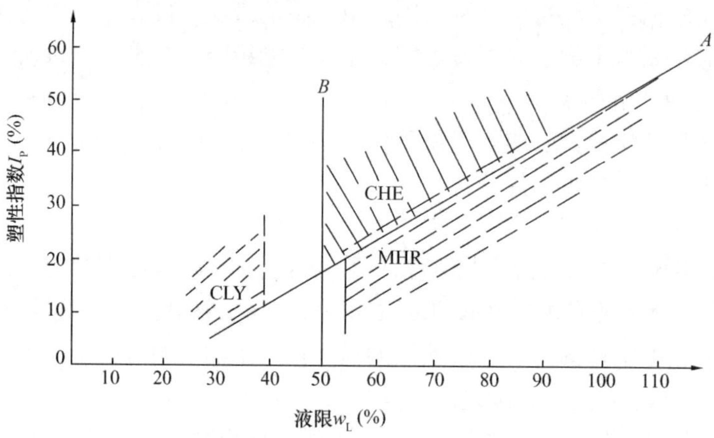

图 1-3-3　特殊土塑性图

黄土、膨胀土和红黏土的判别　　**表 1-3-23**

土的塑性指标在塑性图中的位置		土代号	土名称
塑性指数（I_P）	液限（w_L）		
$I_P \geqslant 0.73(w_L-20)$ 和 $I_P \geqslant 10$	$w_L<40\%$	CLY	低液限黏土（黄土）
	$w_L>50\%$	CHE	高液限黏土（膨胀土）
$I_P<0.73(w_L-20)$ 和 $I_P<10$	$w_L>55\%$	MHR	高液限粉土（红黏土）

五、行业标准《铁路桥涵地基和基础设计规范》TB 10093—2017 的分类

1. 土的颗粒分类见表 1-3-24。

土的颗粒分组　　**表 1-3-24**

颗粒分类		粒径 d (mm)
漂石（浑圆、圆棱）或块石（尖棱）	大	$d>800$
	中	$400<d\leqslant 800$
	小	$200<d\leqslant 400$
卵石（浑圆、圆棱）或碎石（尖棱）	大	$100<d\leqslant 200$
	小	$60<d\leqslant 100$
粗圆砾（浑圆、圆棱）或角砾（尖棱）	大	$40<d\leqslant 60$
	小	$20<d\leqslant 40$
细圆砾（浑圆、圆棱）或角砾	大	$10<d\leqslant 20$
	中	$5<d\leqslant 10$
	小	$2<d\leqslant 5$
砂　粒	粗	$0.5<d\leqslant 2$
	中	$0.25<d\leqslant 0.5$
	细	$0.075<d\leqslant 0.25$
粉　粒		$0.005<d\leqslant 0.075$
黏　粒		$d<0.005$

2. 碎石类土分类见表 1-3-25。

碎石类土的分类　　**表 1-3-25**

土的名称	颗粒形状	土的颗粒级配
漂　石　土	浑圆或圆棱状为主	粒径大于 200mm 的颗粒超过全重 50%
块　石　土	尖棱状为主	
卵　石　土	浑圆或圆棱状为主	粒径大于 60mm 的颗粒超过全重 50%
碎　石　土	尖棱状为主	
粗圆砾土	浑圆或圆棱状为主	粒径大于 20mm 的颗粒超过全重 50%
粗角砾土	尖棱状为主	
细圆砾土	浑圆或圆棱状为主	粒径大于 2mm 的颗粒超过全重 50%
细角砾土	尖棱状为主	

注：定名时应根据粒径分组，由大到小以最先符合者确定。

3. 砂类土的分类见表 1-3-26。

砂类土的分类　　**表 1-3-26**

土名	土　的　颗　粒　级　配
砾　砂	粒径大于 2mm 颗粒的质量占总质量的 25%～50%
粗　砂	粒径大于 0.5mm 颗粒的质量超过总质量的 50%
中　砂	粒径大于 0.25mm 颗粒的质量超过总质量的 50%
细　砂	粒径大于 0.075mm 颗粒的质量超过总质量的 85%
粉　砂	粒径大于 0.075mm 颗粒质量超过总质量的 50%

注：定名时应根据颗粒级配，由大到小，以最先符合者确定。

4. 粉土、黏性土分类见表 1-3-27。

黏性土分类　　**表 1-3-27**

土　的　名　称	塑　性　指　数 I_P
粉　　土	$I_P \leqslant 10$
粉质黏土	$10 < I_P \leqslant 17$
黏　　土	$I_P > 17$

注：1. 塑性指数等于土的液限含水率与塑限含水率之差；
　　2. 液限含水率试验采用圆锥仪法。圆锥仪总质量为 76g，入土深度 10mm；
　　3. 塑限含水率试验采用搓条法；
　　4. 粉土为 $I_P \leqslant 10$，且粒径大于 0.075mm 的颗粒少于全重 50%的土。

5. 冻土的分类见表 1-3-28、表 1-3-29。

多年冻土季节融化土层的冻胀性分级划分表　　**表 1-3-28**

土的类别	冻前天然含水量 w（%）	冻结期间地下水位距冻结面的最小距离 h_w（m）	平均冻胀率 η（%）	冻胀等级	冻胀类别
粉黏粒质量不大于15%的粗颗粒土（包括碎石类土、砾、粗、中砂，以下同），粉黏粒质量不大于10%的细砂	不考虑	不考虑	$\eta \leqslant 1$	Ⅰ	不冻胀
粉黏粒质量大于15%的碎石、砂类土，粉黏粒质量大于10%的细砂	$w \leqslant 12$	>1.0			
粉砂	$w \leqslant 14$	>1.0			
粉土	$w \leqslant 19$	>1.5			
黏性土	$w \leqslant w_p+2$	>2.0			
粉黏粒质量大于15%的粗颗粒土，粉黏粒质量大于10%的细砂	$w \leqslant 12$	≤1.0	$1<\eta \leqslant 3.5$	Ⅱ	弱冻胀
	$12<w \leqslant 18$	>1.0			
粉砂	$w \leqslant 14$	≤1.0			
	$14<w \leqslant 19$	>1.0			
粉土	$w \leqslant 19$	≤1.5			
	$19<w \leqslant 22$	>1.5			
黏性土	$w \leqslant w_p+2$	≤2.0			
	$w_p+2<w \leqslant w_p+5$	>2.0			
粉黏粒质量大于15%的粗颗粒土，粉黏粒质量大于10%的细砂	$12<w \leqslant 18$	≤1.0	$3.5<\eta \leqslant 6$	Ⅲ	冻胀
	$w>18$	>0.5			
粉砂	$14<w \leqslant 19$	≤1.0			
	$19<w \leqslant 23$	>1.0			
粉土	$19<w \leqslant 22$	≤1.5			
	$22<w \leqslant 26$	>1.5			
黏性土	$w_p+2<w \leqslant w_p+5$	≤2.0			
	$w_p+5<w \leqslant w_p+9$	>2.0			
粉黏粒质量大于15%的粗颗粒土，粉黏粒质量大于10%的细砂	$w>18$	≤0.5	$6<\eta \leqslant 12$	Ⅳ	强冻胀
粉砂	$19<w \leqslant 23$	≤1.0			
粉土	$22<w \leqslant 26$	≤1.5			
	$26<w \leqslant 30$	>1.5			
黏性土	$w_p+5<w \leqslant w_p+9$	≤2.0			
	$w_p+9<w \leqslant w_p+15$	>2.0			
粉砂	$w>23$	不考虑	$\eta>12$	Ⅴ	特强冻胀
粉土	$26<w \leqslant 30$	≤1.5			
	$w>30$	不考虑			
黏性土	$w_p+9<w \leqslant w_p+15$	≤2.0			
	$w>w_p+15$	不考虑			

注：1. η 为地表冻胀量与冻层厚度减地表冻胀量之比；
2. w_p 为塑限含水量；
3. 盐渍化冻土不在表列；
4. 塑性指数大于22，冻胀性降一级；
5. 碎石类土当充填物大于全部质量的40%时，其冻胀性按填充物土的类别判定；
6. 粗颗粒土指中砂、粗砂、砾砂和碎石类土，粉黏粒指粒径小于0.075mm的颗粒。

多年冻土的含水率与融沉等级对照表　　表 1-3-29

<table>
<tr><th>多年冻土类型</th><th>土的名称</th><th>总含水率 w_A（%）</th><th>融化后的潮湿程度</th><th>平均融沉系数 δ_0</th><th>融沉等级及类别</th></tr>
<tr><td rowspan="5">少冰冻土</td><td>碎石类土、砾砂、粗砂、中砂（粉黏粒质量不大于 15%）</td><td>$w_A<10$</td><td>潮　湿</td><td rowspan="5">$\delta_0\leqslant 1$</td><td rowspan="5">Ⅰ级不融沉</td></tr>
<tr><td>碎石类土、砾砂、粗砂、中砂（粉黏粒质量大于 15%）</td><td>$w_A<12$</td><td rowspan="3">稍　湿</td></tr>
<tr><td>细砂、粉砂</td><td>$w_A<14$</td></tr>
<tr><td>粉土</td><td>$w_A<17$</td></tr>
<tr><td>黏性土</td><td>$w_A<w_p$</td><td>坚　硬</td></tr>
<tr><td rowspan="5">多冰冻土</td><td>碎石类土、砾砂、粗砂、中砂（粉黏粒质量小于 15%）</td><td>$10\leqslant w_A<15$</td><td>饱　和</td><td rowspan="5">$1<\delta_0\leqslant 3$</td><td rowspan="5">Ⅱ级弱融沉</td></tr>
<tr><td>碎石类土、砾砂、粗砂、中砂（粉黏粒质量大于 15%）</td><td>$12\leqslant w_A<15$</td><td rowspan="2">潮　湿</td></tr>
<tr><td>细砂、粉砂</td><td>$14\leqslant w_A<18$</td></tr>
<tr><td>粉土</td><td>$17\leqslant w_A<21$</td><td rowspan="2">坚　硬</td></tr>
<tr><td>黏性土</td><td>$w_p\leqslant w_A<w_p+4$</td></tr>
<tr><td rowspan="5">富冰冻土</td><td>碎石类土、砾砂、粗砂、中砂（粉黏粒质量不大于 15%）</td><td rowspan="2">$15\leqslant w_A<25$</td><td>饱和出水（出水量小于 10%）</td><td rowspan="5">$3<\delta_0\leqslant 10$</td><td rowspan="5">Ⅲ级融沉</td></tr>
<tr><td>碎石类土、砾砂、粗砂、中砂（粉黏粒质量大于 15%）</td><td rowspan="3">饱　和</td></tr>
<tr><td>细砂、粉砂</td><td>$18\leqslant w_A<29$</td></tr>
<tr><td>粉土</td><td>$21\leqslant w_A<32$</td></tr>
<tr><td>黏性土</td><td>$w_p+4\leqslant w_A<w_p+15$</td><td>软　塑</td></tr>
<tr><td rowspan="3">饱冰冻土</td><td>碎石类土、砾砂、粗砂、中砂（粉黏粒质量不大于 15%）</td><td>$15\leqslant w_A<25$</td><td rowspan="2">饱和出水（出水量小于 10%）</td><td rowspan="3">$10<\delta_0\leqslant 25$</td><td rowspan="3">Ⅳ级强融沉</td></tr>
<tr><td>碎石类土、砾砂、粗砂、中砂（粉黏粒质量大于 15%）</td><td>$25\leqslant w_A<44$</td></tr>
<tr><td>黏性土</td><td>$w_p+15\leqslant w_A<w_p+35$</td><td>软　塑</td></tr>
<tr><td rowspan="3">含土冰层</td><td>碎石类土、砂类土、粉土</td><td>$w_A\geqslant 44$</td><td>饱和大量出水（出水量为 10%～20%）</td><td rowspan="3">$\delta_0>25$</td><td rowspan="3">Ⅴ级融陷</td></tr>
<tr><td>黏性土</td><td>$w_A\geqslant w_p+35$</td><td>流　塑</td></tr>
<tr><td colspan="2">厚度大于 25cm 或间隔 2cm～3cm 冰层累计超过 25cm</td><td></td></tr>
</table>

注：1. 总含水率包括冰和未冻水；

2. 盐渍化冻土、泥炭化冻土、腐殖土、高塑性黏土不在表列；

3. w_p 为塑限含水量。

六、行业标准《公路土工试验规程》JTGE 40—2007 的分类

根据土颗粒组成特征、土的塑性指标、土中有机质存在情况进行分类；粒组的划分基本同表 1-3-11，只是粉粒与黏粒的界限粒径为 0.002。

（一）巨粒土分类

1. 巨粒组质量多于总质量 50％的土称巨粒土，分类体系见图 1-3-4。

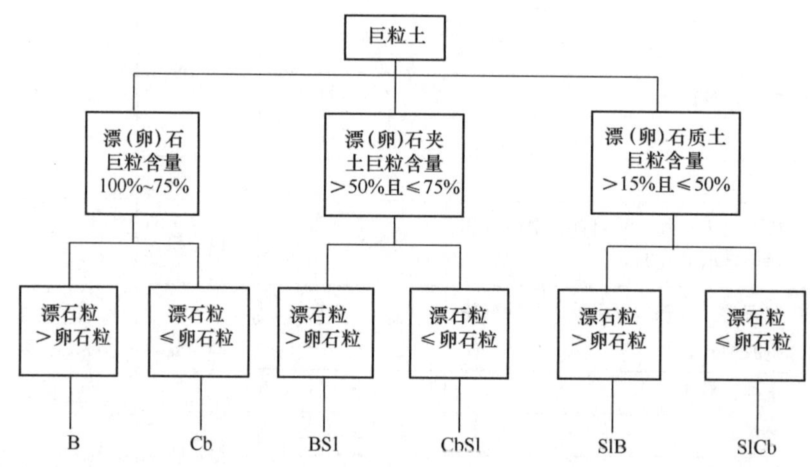

图 1-3-4 巨粒土分类体系

注：①巨粒土分类体系中的漂石换成块石，B 换成 B_a，即构成相应的块石分类体系；
②巨粒土分类体系中的卵石换成小块石，Cb 换成 Cb_a，即构成相应的小块石分类体系。

（1）巨粒组质量多于总质量 75％的土称漂（卵）石；

（2）巨粒组质量为总质量 50％～75％（含 75％）的土称漂（卵）石夹土；

（3）巨粒组质量为总质量 15％～50％（含 50％）的土称漂（卵）石质土；

（4）巨粒组质量少于或等于总质量 15％的土，可扣除巨粒，按粗粒土或细粒土的相应规定分类定名。

2. 漂（卵）石按下列规定定名：

（1）漂石粒组质量多于卵石粒组质量的土称漂石，记为 B；

（2）漂石粒组质量少于或等于卵石粒组质量的土称卵石，记为 Cb。

3. 漂（卵）石夹土按下列规定定名：

（1）漂石粒组质量多于卵石粒组质量的土称漂石夹土，记为 BSl；

（2）漂石粒组质量少于或等于卵石粒组质量的土称卵石夹土，记为 CbSl。

4. 漂（卵）石质土应按下列规定定名：

（1）漂石粒组质量多于卵石粒组质量的土称漂石质土，记为 SlB；

（2）漂石粒组质量少于或等于卵石粒组质量的土称卵石质土，记为 SlCb；

（3）如有必要，可按漂（卵）石质土中的砾、砂、细粒土含量定名。

（二）粗粒土分类

1. 巨粒组土粒质量少于或等于总质量的 15％，且巨粒组土粒与粗粒组质量之和多于总质量 50％的土称粗粒土；

2. 粗粒土中砾粒组质量多于砂粒组质量的土称砾类土，砾类土应根据其中细粒含量和类别以及粗粒组的级配进行分类，分类体系见图 1-3-5。

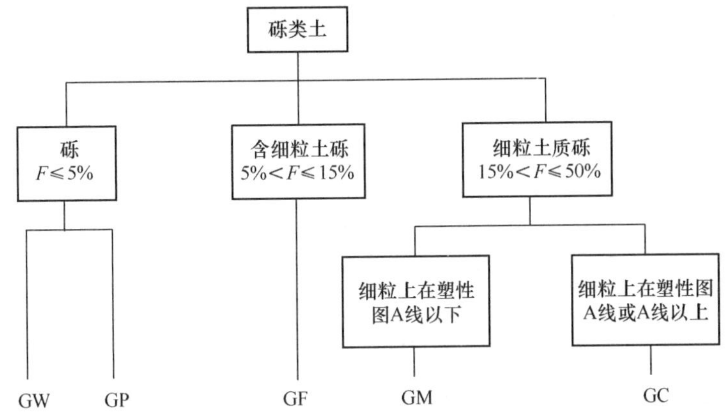

图 1-3-5　砾类土分类体系

（砾类土分类体系中的砾石换成角砾，G 换成 Ga，即构成相应的角砾土分类体系）

（1）砾类土中细粒组质量少于或等于总质量 5%的土称砾。当 $C_u \geqslant 5$，$C_c = 1 \sim 3$ 时，称级配良好砾，记为 GW。当不能同时满足上述条件时，称级配不良砾，记为 GP；

（2）砾类土中细粒组质量为总质量 5%～15%（含 15%）的土称含细粒土砾，记为 GF；

（3）砾类土中细粒组质量大于总质量的 15%，并小于或等于总质量的 50%时，称细粒土质砾，按细粒土在塑性图中的位置定名：

1）当细粒土位于塑性图 A 线以下时，称粉土质砾，记为 GM；

2）当细粒土位于塑性图 A 线或 A 线以上时，称黏土质砾，记为 GC。

3. 粗粒土中砾粒组质量少于或等于砂粒组质量的土称砂类土，砂类土应根据其中细粒含量和类别以及粗粒组的级配进行分类，分类体系见图 1-3-6。

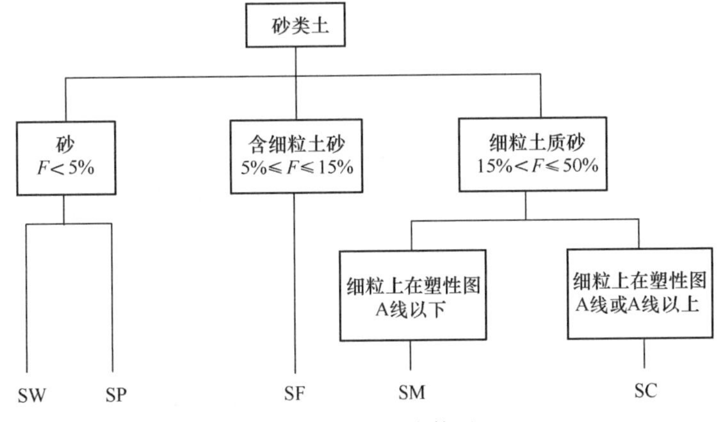

图 1-3-6　砂类土分类体系

（需要时，砂可进一步细分为粗砂、中砂和细砂；粗砂　粒径大于 0.5mm 颗粒多于总质量 50%；中砂　粒径大于 0.25mm 颗粒多于总质量 50%；细砂　粒径大于 0.075mm 颗粒多于总质量 75%。）

根据粒径分组由大到小，以首先符合者命名。

（1）砂类土中细粒组质量少于总质量5%的土称砂，按下列级配指标定名：当$C_u \geqslant 5$，且$C_c = 1 \sim 3$时，称级配良好砂，记为SW；不同时满足时，称级配不良砂，记为SP；

（2）砂类土中细粒组质量为总质量5%～15%（含15%）的土称含细粒土砂，记为SF；

（3）砂类土中细粒组质量大于总质量的15%并小于或等于总质量的50%时，按细粒土在塑性图中的位置定名：

1）当细粒土位于塑性图A线以下时，称粉土质砂，记为SM；

2）当细粒土位于塑性图A线或A线以上时，称黏土质砂，记为SC。

（三）细粒土分类

1. 细粒组质量多于或等于总质量50%的土称细粒土，分类体系见图1-3-7。

2. 细粒土应按下列规定划分为黏质土、含粗粒的黏质土和有机质土。

（1）细粒土中粗粒组质量少于或等于总质量25%的土称粉质土或黏质土；

（2）细粒土中粗粒组质量为总质量25%～50%（含50%）的土称含粗粒的粉质土或含粗粒黏质土；

（3）含有机质含量多于或等于总质量的5%，且少于总质量的10%的土称有机质土；有机质含量多于或等于10%的土称有机土。

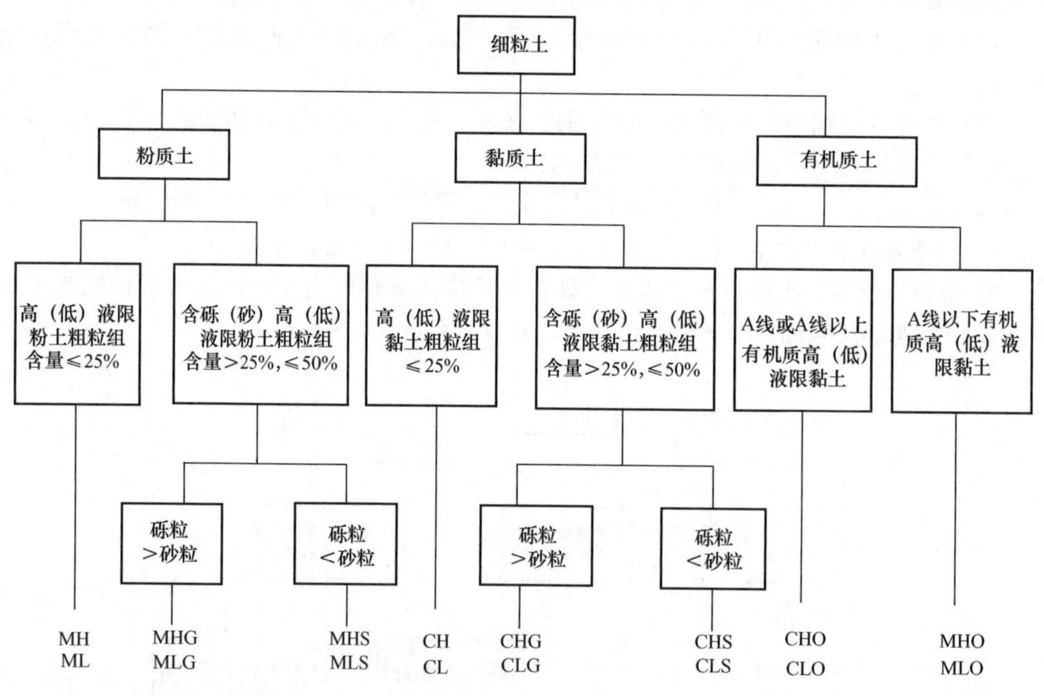

图1-3-7　细粒土分类体系

3. 细粒土应按塑性图1-3-2分类。

采用下列液限分区：低液限$w_L < 50\%$；高液限$w_L \geqslant 50\%$。

4. 细粒土应按其在塑性图（图1-3-2）中的位置确定土名称：

(1) 当细粒土位于塑性图 A 线或 A 线以上时，按下列规定定名：在 B 线以右，称高液限黏土，记为 CH；在 B 线以左，$I_P=7$ 线以上，称低液限黏土，记为 CL；

(2) 当细粒土位于 A 线以下时，按下列规定定名：在 B 线以右，称高液限粉土，记为 MH；在 B 线以左，$I_P=4$ 线以下，称低液限粉土，记为 ML；

(3) 黏土—粉土过渡区（CL～ML）的土可以按相邻土层的类别考虑细分。

5. 含粗粒的细粒土应先按上述（三）4 条的规定确定细粒土部分的名称，再按以下规定最终定名：

(1) 当粗粒组中砾粒组质量多于砂粒组质量时，称含砾细粒土，应在细粒土代号后缀以代号“G”；

(2) 当粗粒组中砂粒组多于或等于砂粒组质量时，称含砂细粒土，应在细粒土代号后缀以代号“S”。

6. 土中有机质包括未完全分解的动植物残骸和完全分解的无定形物质。后者多呈黑色、青黑色或暗色，有臭味，有弹性和海绵感。借助目测、手摸及嗅感判别。也可用土试验确定；

7. 有机质土应根据图 1-3-2 按下列规定定名：

(1) 位于塑性图 A 线或 A 线以上：在 B 线或 B 线以右，称有机质高液限黏土，记为 CHO；在 B 线以左，$I_P=7$ 线以上，称有机质低液限黏土，记为 CLO；

(2) 位于塑性图 A 线以下：在 B 线或 B 线以右，称有机质高液限粉土，记为 MHO；在 B 线以左，$I_P=4$ 线以下，称有机质低液限粉土，记为 MLO；

(3) 黏土—粉土过渡区（CL～ML）的土可以按相邻土层的类别考虑细分。

（四）特殊土分类

1. 本分类给出黄土、膨胀土和红黏土在塑性图中的位置及其学名，以及盐渍土的含盐量标准和冻土的分类标准。

2. 黄土、膨胀土和红黏土按图 1-3-8 定名。

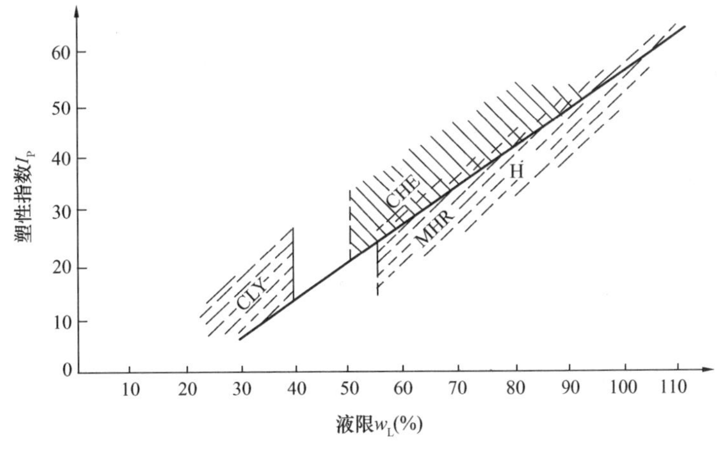

图 1-3-8 特殊土塑性图

(1) 黄土：低液限黏土（CLY），分布范围，大部分在 A 线以上，$w_L<40\%$；

(2) 膨胀土：高液限黏土（CHE），分布范围，大部分在 A 线以上，$w_L>50\%$；

（3）红黏土：高液限粉土（MHR），分布范围，大部分在A线以下，w_L＞55％。

3. 盐渍土按表1-3-30的规定划分

盐渍土分类　　表1-3-30

名　称	被利用的土层中平均总盐量（以质量百分数计）			
	氯盐渍土	亚氯盐渍土	亚硫酸盐渍土	硫酸盐渍土
弱盐渍土	0.3～1.5	0.3～1.0	0.3～0.8	0.3～0.5
中盐渍土	1.5～5.0	1.0～4.0	0.8～2.0	0.5～1.5
强盐渍土	5.0～8.0	4.0～7.0	2.0～5.0	1.5～4.0
过盐渍土	＞8.0	＞7.0	＞5.0	＞4.0

注：表中所指含盐种类名称的定性区分标准为：氯盐渍土 Cl^-/SO_4^{2-}＞2，亚氯盐渍土 Cl^-/SO_4^{2-}＝2～1，亚硫酸盐渍土 Cl^-/SO_4^{2-}＝1～0.3，硫酸盐渍土 Cl^-/SO_4^{2-}＜0.3。

4. 冻土按表1-3-31的规定划分

冻土按冻结状态持续时间分类　　表1-3-31

类型	持续时间 t（年）	地面温度（℃）特征	冻融特征
多年冻土	$t \geqslant 2$	年平均地面温度≤0	季节融化
隔年冻土	$2 > t \geqslant 1$	最低月平均地面温度≤0	季节冻结
季节冻土	$t < 1$	最低月平均地面温度≤0	季节冻结

第三节　土的野外鉴别

一、碎石土密实程度的野外鉴别（表1-3-32）

二、砂土的野外鉴别（表1-3-33）

三、黏性土、粉土的野外鉴别（表1-3-34）

四、新近沉积土的野外鉴别（表1-3-35）

五、细粒土的简易鉴别（表1-3-36）

六、有机质土的野外鉴别（表1-3-18）

碎石土密实度的野外鉴别　　表1-3-32

密实度	骨架颗粒含量和排列	可挖性	可钻性
密实	骨架颗粒质量大于总质量的70％，呈交错排列，连续接触	锹镐挖掘困难，用撬棍方能松动，井壁较稳定	钻进困难，钻杆、吊锤跳动剧烈，孔壁较稳定
中密	骨架颗粒质量占总质量的60％～70％，呈交错排列，大部分接触	锹镐可挖掘，井壁有掉块现象，从井壁取出大颗粒处，能保持颗粒凹面形状	钻进较困难，钻杆、吊锤跳动不剧烈，孔壁有坍塌现象
松散	骨架颗粒质量小于总质量的60％，排列混乱，大部分不接触	锹可以挖掘，井壁易坍塌，从井壁取出大颗粒后，立即塌落	钻进较容易，钻杆稍有跳动，孔壁易坍塌

注：密实度应按表列各项特征综合确定。

砂土的野外鉴别　表 1-3-33

鉴别特征	砾　砂	粗　砂	中　砂	细　砂	粉　砂
观察颗粒粗细	约有 1/4 以上颗粒比荞麦或高粱粒（2mm）大	约有一半以上颗粒比小米粒（0.5mm）大	约有一半以上颗粒与砂糖或白菜籽（＞0.25mm）近似	大部分颗粒与粗玉米粉（＞0.1mm）近似	大部分颗粒与小米粉（＜0.1mm）近似
干燥时状态	颗粒完全分散	颗粒完全分散，个别胶结	颗粒基本分散，部分胶结，胶结部分一碰即散	颗粒大部分分散，少量胶结，胶结部分稍加碰撞即散	颗粒少部分分散，大部分胶结（稍加压即能分散）
湿润时用手拍后的状态	表面无变化	表面无变化	表面偶有水印	表面有水印（翻浆）	表面有显著翻浆现象
黏着程度	无黏着感	无黏着感	无黏着感	偶有轻微黏着感	有轻微黏着感

黏性土、粉土的野外鉴别　表 1-3-34

鉴别方法	分　类		
	黏土	粉质黏土	粉土
	塑　性　指　数		
	$I_P>17$	$10<I_P\leqslant17$	$I_P\leqslant10$
湿润时用刀切	切面非常光滑，刀刃有黏腻的阻力	稍有光滑面，切面规则	无光滑面，切面比较粗糙
用手捻摸时的感觉	湿土用手捻摸有滑腻感，当水分较大时极易黏手，感觉不到有颗粒的存在	仔细捻摸感觉到有少量细颗粒，稍有滑腻感，有黏滞感	感觉有细颗粒存在或感觉粗糙，有轻微黏滞感或无黏滞感
黏着程度	湿土极易黏着物体（包括金属与玻璃），干燥后不易剥去，用水反复洗才能去掉	能黏着物体，干燥后较易剥掉	一般不黏着物体，干燥后一碰就掉
湿土搓条情况	能搓成小于 0.5mm 的土条（长度不短于手掌），手持一端不易断裂	能搓成 0.5～2mm 的土条	能搓成 2～3mm 的土条
干土的性质	坚硬，类似陶器碎片，用锤击方可打碎，不易击成粉末	用锤易击碎，用手难捏碎	用手很易捏碎

新近沉积土的野外鉴别　表 1-3-35

沉积环境	颜　色	结构性	含　有　物
河漫滩、山前洪、冲积扇（锥）的表层、古河道，已填塞的湖、塘、沟、谷和河道泛滥区	较深而暗，呈褐、暗黄或灰色，含有机质较多时带灰黑色	结构性差，用手扰动原状土时极易变软，塑性较低的土还有振动水析现象	在完整的剖面中无粒状结核体，但可能含有圆形及亚圆形钙质结核体（如礓结石）或贝壳等，在城镇附近可能含有少量碎砖、瓦片、陶瓷、铜币或朽木等人类活动遗物

细粒土的简易鉴别　　表 1-3-36

干强度	手捻试验	搓条试验		摇振反应	土类代号
		可搓成土条的最小直径（mm）	韧性		
低—中	粉粒为主，有砂感，稍有黏性，捻面较粗糙，无光泽	3～2	低—中	快—中	ML
中—高	含砂粒，有黏性，稍有滑腻感，捻面较光滑，稍有光泽	2～1	中	慢—无	CL
中—高	粉粒较多，有黏性，稍有滑腻感，捻面较光滑，稍有光泽	2～1	中—高	慢—无	MH
高—很高	无砂感，黏性大，滑腻感强，捻面光滑，有光泽	＜1	高	无	CH

注：1. 摘自《土的工程分类标准》GB/T 50145—2007；
2. 凡呈灰色或黑色且有特殊气味的，应在相应土类代号后加代号“O”，如 MLO、CLO、MHO、CHO；
3. 干强度可根据用力的大小区分；很难或用力才能捏碎或掰断者为干强度高；稍用力即可捏碎或掰断者为干强度中等；易于捏碎和捻成粉末者为干强度低；
4. 韧性可根据再次搓条的可能性，分为：能揉成土团，再搓成条，捏而不碎者为韧性高；可再揉成团，捏而不易碎者为韧性中等；勉强或不能再揉成团，稍捏或不捏即碎者，为韧性低；
5. 摇振反应根据上述渗水和吸水反应快慢，可区分为：立即渗水及吸水者为反应快；渗水及吸水中等者为反应中等；渗水吸水慢及不渗不吸者为反应慢或无反应。

第四节　岩石的野外鉴别

一、岩石坚硬程度等级划分（表 1-3-5）。

二、岩体完整程度等级划分（表 1-3-8）。

三、岩体根据结构类型划分（表 1-2-4）。

四、岩石按风化程度划分（表 1-3-6）。

广西壮族自治区根据地方经验对泥岩根据标准贯入试验按表 1-3-37 划分。

新近系、古近系泥岩风化程度分类　　表 1-3-37

风化程度	全风化	强风化	中等风化
N	$N\leqslant30$	$30<N\leqslant50$	$N>50$

注：标准贯入试验锤击数 N 为修正后标准贯入试验锤击数确定。

主要参考文献

1.《简明工程地质手册》编写委员会．简明工程地质手册［M］．北京：中国建筑工业出版社，1998
2. 长江水利委员会长江科学院．GB 50218—2014 工程岩体分级标准［S］．北京：中国计划出版社，2015
3. 南京水利科学研究院．GB/T 50145—2007 土的工程分类标准［S］．北京：中国计划出版社，2008
4. 建设部综合勘察研究设计院．GB 50021—2001（2009 年版）岩土工程勘察规范［S］．北京：中国建筑工业出版社，2009

5. 中国建筑科学研究院．GB 50007—2011 建筑地基基础设计规范［S］．北京：中国建筑工业出版社，2012
6. 中交第二航务工程勘察设计院有限公司．JTS133—2013 水运工程岩土勘察规范［S］．北京：人民交通出版社，2013
7. 南京水利科学研究院．SL 237—1999 土工试验规程［S］．北京：中国水利水电出版社，1999
8. 交通部公路科学研究院．JTGE 40—2007 公路土工试验规程［S］．北京：人民交通出版社，2007
9. 铁道第三勘察设计院．TB 10093—2017 铁路桥涵地基和基础设计规范［S］．北京：中国铁道出版社，2017
10. 华蓝设计（集团）有限公司，广西华蓝岩土工程有限公司．DBJ 45/003—2015 广西建筑地基基础设计规范［S］．广西：2015

第二篇　工　程　勘　察

第一章　工程勘察的基本要求

第一节　工程勘察的基本技术准则

一、工程重要性等级

根据工程的规模和特征，以及由于岩土工程问题造成工程破坏或影响正常使用的后果，按表 2-1-1 可分为三个工程重要性等级。

工程重要性等级　　**表 2-1-1**

工程重要性等级	破坏后果	工程类别
一级	很严重	重要工程
二级	严重	一般工程
三级	不严重	次要工程

注：工程重要性等级可参考《岩土工程勘察规范》GB 50021—2001（2009 年版）具体划定。

二、场地等级

根据场地的复杂程度，可按表 2-1-2 划分为三个场地等级。

场地等级　　**表 2-1-2**

场地等级	对建筑抗震	不良地质作用	地质环境	地形地貌	地下水
一　级	符合下列条件之一				
	危险地段	强烈发育	已经或可能受到强烈破坏	复杂	有影响工程的多层地下水、岩溶裂隙水或其他水文地质条件复杂，需专门研究的场地
二　级	符合下列条件之一				
	不利地段	一般发育	已经或可能受到一般破坏	较复杂	基础位于地下水位以上
三　级	符合下列条件				
	有利地段（或抗震设防烈度等于或小于 6 度）	不发育	基本未受到破坏	简单	地下水对工程无影响

注：1. 从一级开始，向二级、三级推定，以最先满足的为准；

2. 对建筑抗震有利、不利或危险地段的划分，应按《建筑抗震设计规范》GB 50011—2010 的规定确定；

3. 不良地质作用是指泥石流、崩塌、滑坡、土洞、塌陷、沟谷、岸边冲刷、地下水潜蚀等；

4. 地质环境是指地下采空、地面沉降、地裂缝、化学污染、地下水位上升等。

三、地基等级

根据地基复杂程度，可按表 2-1-3 划分为三个地基等级。

地基等级　　表 2-1-3

地基等级	岩土条件	特殊性岩土
一级（复杂）	符合下列条件之一	
	岩土种类多，很不均匀，性质变化大，需特殊处理	严重湿陷、膨胀、盐渍、污染的特殊性岩土，以及其他情况复杂，需作专门处理的岩土
二级（中等复杂）	符合下列条件之一	
	岩土种类较多，不均匀，性质变化较大	除上述规定以外的特殊性岩土
三级（简单）	符合下列条件	
	岩土种类单一，均匀，性质变化不大	无特殊性岩土

注：1. 从一级开始，向二级、三级推定，以最先满足的为准；
2. 多年冻土情况特殊，勘察经验不多，应列为一级地基。

四、岩土工程勘察等级

根据工程重要性等级、场地复杂程度等级和地基复杂程度等级，可按表 2-1-4 划分为三个岩土工程勘察等级。

岩土工程勘察等级　　表 2-1-4

勘察等级	评定标准
甲级	工程重要性等级、场地复杂程度等级、地基复杂程度等级有一项或多项为一级
乙级	除勘察等级为甲级和丙级以外的勘察等级
丙级	工程重要性等级、场地复杂程度等级、地基复杂程度等级均为三级

注：建筑在岩质地基上的一级工程，当场地复杂程度和地基复杂程度等级均为三级时，岩土工程勘察等级可定为乙级。

第二节　勘　察　阶　段

一、勘察阶段的划分

勘察阶段的划分取决于不同设计阶段对工程勘察工作的不同要求。由于勘察的对象不同，设计对勘察工作的要求也不尽相同，因此勘察阶段的划分和所采用的规范也不尽相同。

勘察阶段的划分及采用的规范见表 2-1-5。

勘察阶段的划分　　表 2-1-5

勘察对象	勘　察　阶　段				采用的勘察规范
房屋建筑和构筑物	可行性研究勘察	初步勘察	详细勘察	施工勘察（不是固定阶段）	GB 50021—2001（2009 年版）
地下洞室	可行性研究勘察	初步勘察	详细勘察	施工勘察	
岸边工程	可行性研究勘察	初步设计阶段勘察	施工图设计阶段勘察	—	

续表

<table>
<tr><th>勘察对象</th><th colspan="7">勘　察　阶　段</th><th>采用的勘察规范</th></tr>
<tr><td>管道工程</td><td colspan="4">选线勘察</td><td>初步勘察</td><td>详细勘察</td><td>—</td><td rowspan="5">GB 50021—2001（2009 年版）</td></tr>
<tr><td>架空线路工程</td><td colspan="4">—</td><td>初步勘察</td><td>施工图设计勘察</td><td>—</td></tr>
<tr><td>废弃物处理工程</td><td colspan="4">可行性研究勘察</td><td>初步勘察</td><td>详细勘察</td><td>—</td></tr>
<tr><td>核电厂</td><td colspan="2">初步可行性研究勘察</td><td colspan="2">可行性研究勘察</td><td>初步设计勘察</td><td>施工图设计勘察</td><td>工程建造勘察</td></tr>
<tr><td>边坡</td><td colspan="4">—</td><td>初步勘察</td><td>详细勘察</td><td>施工勘察</td></tr>
<tr><td rowspan="2">公路</td><td colspan="4">可行性研究勘察</td><td rowspan="2">初步工程地质勘察</td><td rowspan="2">详细工程地质勘察</td><td rowspan="2"></td><td rowspan="2">JTG C 20—2011</td></tr>
<tr><td colspan="2">预可勘察</td><td colspan="2">工可勘察</td></tr>
<tr><td>铁路</td><td colspan="2">踏勘</td><td colspan="2">初测</td><td>定测</td><td>补充定测</td><td>根据施工、运营需要开展工程地质工作</td><td>TB 10012—2007</td></tr>
<tr><td>水电</td><td>规划勘察</td><td colspan="2">预可行性研究勘察</td><td>可行性研究勘察</td><td>招标设计阶段工程地质勘察</td><td colspan="2">施工详图设计阶段工程地质勘察</td><td>GB 50287—2016</td></tr>
<tr><td>港　口</td><td colspan="4">可行性研究阶段勘察</td><td>初步设计阶段勘察</td><td>施工图设计阶段勘察</td><td>施工期勘察</td><td>JTS 133—2013</td></tr>
</table>

二、各勘察阶段的勘察目的、方法

从表 2-1-5 可以看出，虽然不同勘察对象勘察阶段的划分有所不同，但总体上可以归纳为四个阶段：可行性研究勘察、初步设计阶段勘察（初勘）、施工图设计阶段勘察（详勘）和施工勘察。各勘察阶段的勘察目的、要求和主要工作方法如表 2-1-6 所列。

各勘察阶段的勘察目的、要求和主要方法　　　**表 2-1-6**

勘察阶段	可行性研究勘察	初步设计阶段勘察（初勘）	施工图设计阶段勘察（详勘）	施工勘察
设计要求	满足确定场址方案	满足初步设计	满足施工图设计	满足施工中具体问题的设计，随勘察对象不同而不同
勘察目的	对拟选场址的稳定性和适宜性做出评价	初步查明场地岩土条件，进一步评价场地的稳定性	查明场地岩土条件，提出设计、施工所需参数，对设计、施工和不良地质作用的防治等提出建议	解决施工过程出现的岩土工程问题
主要工作方法	搜集分析已有资料，进行场地踏勘，必要时进行一些勘探和工程地质测绘工作	调查、测绘、物探、钻探、试验，目的不同侧重点不同	根据不同勘察对象和要求确定，一般以勘探和室内外测试、试验为主	施工验槽、钻探和原位测试

第三节 岩土工程分析评价

一、岩土工程分析评价的内容和要求

（一）岩土工程分析评价的内容

岩土工程分析评价应在工程地质调查、勘探、测试和搜集已有资料的基础上，结合工程特点和要求进行，可包括下列内容：

1. 场地稳定性与适宜性；

2. 为设计提供地层结构、地下水的类型（包括地层和地下水空间分布情况）以及岩土体工程性状的设计参数；

3. 提出地基与基础设计、边坡工程、地质灾害等各项岩土工程方案或治理的建议；

4. 预测施工过程中可能出现的岩土工程问题，并提出相应的防治措施和合理的施工建议；

5. 预测拟建工程对环境的影响及环境变化对工程的可能影响。

（二）岩土工程分析评价的要求

岩土工程分析评价应符合下列要求：

1. 充分了解工程结构的类型、特点和荷载组合情况，分析强度和变形的风险和储备；

2. 掌握场地地质背景和环境条件，考虑岩土材料的非均质性、各向异性、随时间和环境的可能变化（岩土参数具时间和空间效应），评估岩土参数的不确定性，确定其最佳估值；

3. 参考类似工程的实践经验；

4. 对理论依据不足、实践经验不多的岩土工程，可通过现场模型试验或足尺试验的成果进行分析评价。需要时可根据施工监测资料，建议调整和修改设计、施工方案。

二、定性分析与定量分析

（一）定性分析

定性分析是岩土工程评价的首要步骤和基础。对下列问题，可仅作定性分析。

1. 工程选址及场地对拟建工程的适宜性；

2. 场地地质条件的稳定性。

（二）定量分析

定量分析应在定性分析的基础上进行。定量分析可采用解析法（可分为定值法和概率分析法）、图解法或数值法。一般工程采用定值法（也称稳定性系数法或安全系数法），对特殊工程需要时可辅助概率法或数值法进行综合评价。对下列问题宜做定量分析。

1. 岩土体的变形性状及其极限值；

2. 岩土体的强度、稳定性及其极限值，包括斜坡及地基的稳定性；

3. 岩土压力及岩土体中应力的分布与传递；

4. 其他各种临界状态的判定问题。

三、极限状态设计原则

（一）按承载能力极限状态设计计算

1. 定义：承载能力极限状态是指结构达到最大承载能力或不适于继续承载的变形的极限状态。

2. 适用范围：可用于评价挡土墙土压力、地基或斜坡稳定及滑坡推力问题，包括地基的过度塑性变形或液化。

3. 表达式

$$\gamma_0 S \leqslant R \tag{2-1-1}$$

式中 γ_0——结构重要性系数；

R——抗力的设计值；

S——荷载效应的基本组合值。

当用定值法计算时，可按式（2-1-2）进行计算。

$$F_s = \frac{R}{\gamma_0 S} \geqslant 1 \tag{2-1-2}$$

式中 F_s——安全系数，按表 2-1-7 选用。

当用概率法计算时，可按式（2-1-3）、（2-1-4）进行计算。

$$p_f = \phi(-\beta) \tag{2-1-3}$$

$$p_s = 1 - p_f \tag{2-1-4}$$

式中 p_f——失效概率；

β——可靠性指标；

p_s——可靠度；

ϕ——标准正态分布函数。

各类工程问题的安全系数 **表 2-1-7**

破坏、失稳类型	工程设计类型	安全系数 F_s
剪切	土工构筑物	1.3～1.5
	挡土构筑物	1.5～2.0
	板桩、围堰	1.2～1.6
	有支撑的开挖	1.2～1.5
	独立基础和条形基础	2.0～3.0
	筏形基础	1.7～2.5
	上拔力基础	1.7～2.5
渗透	隆起、浮托力	1.5～2.5
	管涌	3.0～5.0

注：安全系数的上限值适用于正常工作条件下的稳定分析，下限适用于最大荷载条件下（不包括地震荷载）和临时性工程。

$$\beta = \frac{\mu_R - \mu_s}{\sqrt{\sigma_R^2 + \sigma_s^2}} \tag{2-1-5}$$

式中 μ_s、σ_s——荷载效应的平均值和标准差；

μ_R、σ_R——抗力的平均值和标准差；

对于土工构筑物和挡土墙，β=2.3～2.9；对于基础，β=2.9～3.7。

对于甲级岩土工程勘察，可在使用定值法的同时辅以概率法，进行综合评价。

（二）按正常使用极限状态设计计算

1. 定义：正常使用极限状态是指结构达到正常使用或耐久性能的某项规定限值的极限状态。

2. 适用范围：可用于评价岩土体的变形、承载力、动力反应、涌水量等。

3. 地基按正常使用极限状态设计的要求

（1）满足承载力条件，表达式为：

$$P \leqslant f(c、\varphi、\gamma、b、d) \tag{2-1-6}$$

式中　P——上部结构传至地基的荷载组合值（标准组合）；

f——地基承载力特征值；

c、φ——地基土的强度参数；

γ——地基土的天然重度；

b、d——基础的宽度和埋深。

（2）满足变形条件，表达式为：

$$S \leqslant C \tag{2-1-7}$$

式中　S——变形计算值；

C——根据实测变形按出现微裂缝或根据工艺使用要求规定的容许变形值。

第二章　工程地质测绘

第一节　工程地质测绘的目的和要求

工程地质测绘是岩土工程勘察中一项最重要最基本的勘察方法，它是运用地质、工程地质理论对与工程建设有关的各种地质现象进行详细观察和描述，并按照精度要求将它们如实地反映在一定比例尺的地形图上；对岩石出露或地貌、地质条件较复杂或有特殊要求的工程项目场地，应进行工程地质测绘；对地质条件简单的场地，可用调查代替工程地质测绘。工程地质测绘宜在可行性研究或初步勘察阶段进行，在详细勘察阶段可对某些专门地质问题做补充测绘。测绘目的是为了研究拟建场地的地层、岩性、构造、地貌、水文地质条件和不良地质作用的空间分布和各要素之间的内在联系，为场址选择和勘察方案的布置提供依据。

一、测绘范围和测绘比例尺

（一）测绘范围的确定

工程地质测绘的范围应包括建设场地及其附近地段，以解决实际问题为前提。具体可考虑如下要求：

1. 工程建设引起的工程地质现象可能影响的范围；

2. 影响工程建设的不良地质作用的发育阶段及其分布范围；

3. 对查明测区地层岩性、地质构造、地貌单元等问题有重要意义的邻近地段；

4. 地质条件特别复杂时可适当扩大范围。

（二）比例尺的选择

工程地质测绘的比例尺一般分为以下三种：

1. 小比例尺测绘：比例尺 1∶5000～1∶50000，一般在可行性研究勘察（选址勘察）时采用；

2. 中比例尺测绘：比例尺 1∶2000～1∶5000，一般在初步勘察时采用；

3. 大比例尺测绘：比例尺 1∶500～1∶2000，适用于详细勘察阶段，当地质条件复杂或建筑物重要时，比例尺可适当放大。

二、测绘精度要求

测绘的精度要求主要是指图幅的精确度；精确度包括测绘填图时所划分单元的最小尺寸以及实际单元的界线在图上标定时的误差大小两个方面。

1. 测绘填图时所划分单元的最小尺寸，一般为 2mm，即大于 2mm 者均应标示在图上。根据这一要求，各种单元体标示在图上的容许误差为 2mm 乘上图幅比例尺分母。在实际工作中还应结合工程的要求，对建筑工程具有重要影响的地质单元，即使小于 2mm，也应用扩大比例尺的方法标示在图上，并注明其实际数据；对与建筑工程关系不大且相近似的几种单元，可合并标示；

2. 测绘精度，目前国内无统一规定

水利水电及铁路系统规定，在图上的误差为 2mm；

《岩土工程勘察规范》GB 50021—2001（2009 年版）规定"地质界线和地质观测点的测绘精度，在图上不应低于 3mm"；

《公路工程地质勘察规范》JTG C20—2011 规定"工程地质图上的地质界线与实际地质界线的误差在图上的距离不应大于 3mm"；

中国有色金属工业协会《工程地质测绘规程》YS 5206—2000 规定"地质界线误差，建筑地段的应不超过相应比例尺图上的 3mm，其他地段应不超过 5mm"，"实测剖面允许图面误差不大于 3mm"；

3. 为了达到精度要求，一般在野外测绘填图时，采用比提交成图比例尺大一级的地形图作为填图底图，如：进行 1∶10000 比例尺测绘时，常采用 1∶5000 的地形图作为外业填图底图，外业填图完成后再缩成 1∶10000 比例尺成图。

三、观测点、线布置

1. 布置原则

根据测绘精度要求，需在一定面积内满足一定数量的观测点和观测路线；观测点的布置应尽量利用天然露头，当天然露头不足时，可布置少量的勘探点，并选取少量的土试样进行试验，在条件适宜时，可配合进行一定的物探工作；

每个地质单元体均应有观测点；观测点一般应定在下列部位：不同时代的地层接触线、岩性分界线、地质构造线、标准层位、地貌变化处、天然和人工露头处、地下水露头和不良地质作用分布处。

2. 观测点数量、间距

《岩土工程勘察规范》GB 50021—2001（2009 年版）规定地质观测点的密度应根据场地的地貌、地质条件、成图比例尺和工程要求等确定，并应具代表性；

《水利水电工程地质测绘规程》SL 299—2004 规定地质点的间距应控制在相应比例尺图上距离 2～3cm；

《公路工程地质勘察规范》JTG C20—2011 规定“工程地质调绘点在图上的密度每100mm×100mm 不得少于 4 个。”

第二节　测绘的准备工作

一、资料搜集和研究

1. 区域地质资料：如区域地质图、地貌图、构造地质图、矿产分布图、地质环境及地质灾害区划图、地质剖面图、柱状图等及其文字说明，应着重研究地貌、岩性、地质构造和新构造运动的活动迹象；

2. 遥感资料：地面摄影和航片、卫片及解译资料；

3. 气象资料：区域内主要气象要素，如气温、气压、湿度、风速、风向、降水量、蒸发量、降水量随季节变化规律以及冻结深度；

4. 水文资料：水系分布图、水位、流速、流量、流域面积、径流系数及动态、洪水淹没范围等资料；

5. 水文地质资料：地下水的主要类型、埋藏深度、补给来源、排泄条件、变化规律和岩土的透水性及水质分析资料；

6. 地震资料：测区及其附近地区地震发生的次数、时间、地震烈度、造成的灾害和破坏情况，并应研究地震与地质构造的关系；

7. 地球物理勘探和矿藏资料；

8. 工程地质勘察资料：各类工程的工程地质勘察资料，并研究各类岩土的工程性质和特征，了解不良地质作用的位置和发育程度；

9. 建筑经验：已有建筑物的结构、基础类型和埋深，采用的地基承载力，地基处理方法，建筑变形情况、沉降观测资料等。

二、踏勘

现场踏勘是在搜集资料的基础上进行的，目的在于了解测区地质情况和问题，以便合理地布置观测点和观察路线，正确布置实测地质剖面位置，拟定野外工作方法。

踏勘的方法和内容：

1. 根据地形图，在测区内按固定路线进行踏勘，一般采用“之”字形、曲折迂回而不重复的路线，穿越地形、地貌、地层、构造、不良地质作用等有代表性的地段，初步掌握地质条件的复杂程度；

2. 为了解全区的岩层情况，在踏勘时应选择露头良好、岩层完整有代表性的地段做出野外地质剖面，以便熟悉地质情况和掌握地区岩层的分布特征；

3. 访问和搜集洪水及其淹没范围等；

4. 寻找地形控制点的位置，并抄录坐标、高程资料；

5. 了解测区的交通、经济、气候、食宿等条件。

三、编制测绘纲要

测绘纲要是进行测绘的依据，勘察任务书或勘察纲要是编制测绘纲要的重要依据。必须充分了解设计内容、意图、工程特点和技术要求，以便按要求进行工程地质测绘。测绘纲要一般包括在勘察纲要内，特殊情况也可单独编制。

测绘纲要内容包括以下几个方面：

1. 工程任务情况：测绘目的、要求、测绘范围和比例尺；

2. 测区自然地理条件：位置、交通、水文、气象、地形、地貌特征；

3. 测区地质概况：地层、岩性、构造、地下水、不良地质作用；

4. 工作量、工作方法和精度要求。工作量包括观察点、勘探点、室内和野外测试工作；

5. 人员组织和经济预算；

6. 设备、器材和材料计划；

7. 工作计划、工期及实施步骤；

8. 要求提交的资料、图件。

第三节 测 绘 方 法

一、像片成图法

利用地面摄影或航空（卫星）摄影像片，先在室内进行解译，划分地层岩性、地质构造、地貌、水系和不良地质作用等，并在像片上选择若干点和路线，去实地进行校对修正，绘成底图，然后再转绘成图。

《岩土工程勘察规范》GB 50021—2001（2009 年版）规定，利用遥感影像资料解译进行工程地质测绘时，现场检验地质观测点数宜为工程地质测绘点数的 30％～50％。野外工作应包括下列内容：

1. 检查解译标志；

2. 检查解译结果；

3. 检查外推结果；

4. 对室内解译难以获得的资料进行野外补充。

二、实地测绘法

常用的方法有三种：路线法、布点法和追索法。

（一）路线法

沿着一定的路线，穿越测绘场地，把走过的路线正确地填绘在地形图上，并沿途详细观察地质情况，把各种地质界线、地貌界线、构造线、岩层产状和各种不良地质作用等标绘在地形图上；路线形式有“S”形或“直线”形。路线法一般用于中、小比例尺。

在路线测绘中应注意以下问题：

1. 路线起点的位置，应选择有明显的地物，如村庄、桥梁或特殊地形，作为每条路线的起点；

2. 观察路线的方向，应大致与岩层走向、构造线方向和地貌单元相垂直，这样可以用较少的工作量获得较多的成果；

3. 观察路线应选择在露头及覆盖层较薄的地方。

（二）布点法

布点法是工程地质测绘的基本方法，也就是根据不同的比例尺预先在地形图上布置一定数量的观察点和观察路线，观察路线长度必须满足要求，路线力求避免重复，使一定的观察路线达到最广泛的观察地质现象的目的。

（三）追索法

这是一种辅助方法，是沿地层走向或某一构造线方向布点追索，以便查明某些局部的复杂构造。

三、测绘对象的标测方法

根据不同比例尺的要求，对观察点、地质构造及各种地质界线的标测采用目测法、半仪器法和仪器法。

（一）目测法

目测法是根据地形、地物目估或步测距离，目测法适用于小比例尺工程地质测绘。

（二）半仪器法

半仪器法是用简单的仪器（如罗盘仪、气压计等）测定方位和高程，用徒步仪或测绳量距离；半仪器法的具体标测方法有下面三种：

1. 三点交会法：当地形、地物明显时采用；
2. 根据气压计结合地形测定；
3. 导线法：从较标准的基点（如三角控制点、水准点或较准确的地物点），向被测目标作导线，用测绳及罗盘测定。

半仪器法适用于中比例尺的工程地质测绘，重要的观测点应采用仪器法测定。

（三）仪器法

仪器法适用于大比例尺工程地质测绘，用全站仪等较精密的仪器测定观测点的位置和标高。

《岩土工程勘察规范》GB 50021—2001（2009 年版）规定，地质观测点的定位应根据精度要求选用适当方法；地质构造线、地层接触线、岩性分界线、软弱夹层、地下水露头和不良地质作用等特殊地质观测点，宜用仪器定位。

第四节 测 绘 内 容

一、地貌

1. 调查地貌的成因类型和形态特征，划分地貌单元，分析各地貌单元的发生、发展及其相互关系，并划分各地貌单元的分界线；
2. 调查微地貌特征及其与地层岩性、地质构造和不良地质作用的联系；
3. 调查地形的形态及其变化情况；
4. 调查植被的性质及其与各种地形要素的关系；
5. 调查阶地分布和河漫滩的位置及其特征，古河道、牛轭湖等分布和位置。

二、地层岩性

（一）在沉积岩地区

1. 了解岩相的变化情况、沉积环境、接触关系，观察层理类型、岩石成分、结构、厚度和产状要素；
2. 对岩溶应了解岩溶发育规律和岩溶形态的大小、形状、位置、充填情况及岩溶发育与岩性、层理、构造断裂等的关系；
3. 对整个测区应绘制地层岩性剖面图，以了解地层岩性的变化规律和相互关系。

（二）在岩浆岩地区

应了解岩浆岩的类型、形成年代、产状和分布范围，并详细研究：

1. 岩石结构、构造和矿物成分及原生、次生构造的特点；

2. 与围岩的接触关系和围岩的蚀变情况；

3. 岩脉、岩墙等的产状、厚度及其与断裂的关系，以及各侵入体间的穿插关系。

（三）在变质岩地区

1. 调查变质岩的变质类型（区域变质、接触变质、动力变质、混合变质等）和变质程度，并划分变质带；

2. 确定变质岩的产状、原始成分和原有性质；

3. 了解变质岩的节理、劈理、片理、带状构造等微构造的性质。

三、地质构造

1. 调查各构造形迹的分布、形态、规模和结构面的力学性质、序次、级别、组合方式以及所属的构造体系，要特别注意对软弱结构面（或软弱夹层）产状和性质的研究；

2. 研究褶皱的性质、类型和两翼的产状、对称性及舒展程度；建筑区还应注意褶皱轴部岩层的破碎和两翼层间错动情况，以及水文地质、工程地质特性；

3. 研究断裂构造的性质、类型、规模、产状、上下盘相对位移量及断裂带宽度、充填物和胶结程度；对建筑区，应特别注意断裂交汇带的情况，并着重研究断裂破碎及影响带的宽度和构造岩的水文地质、工程地质特性，以及断裂的产状、规模和性质在不同地段的变化情况；

4. 研究新构造运动的性质、强度、趋向、频率，分析升降变化规律及各地段的相对运动，特别是新构造运动与地震的关系；

5. 调查节理、裂隙的产状、性质、宽度、成因和充填胶结程度；对大、中比例尺工程地质测绘，应结合工程建筑的位置，选择有代表性的地段和适当的范围，进行节理裂隙的详细调查，为研究岩体工程地质特性，进行有关工程地质问题分析和评价提供资料。

对裂隙，测绘调查的结果应进行下列计算和绘制有关图件：

(1) 裂隙发育方向玫瑰图

裂隙走向玫瑰图的编制方法：作任意大小的半圆，画上方向和刻度，将裂隙走向按每5°或10°分组，统计每一组内的裂隙条数和平均走向，自半圆中心沿半径引辐射直线，直线长度（按比例）代表每一组裂隙的条数，直线的方位代表每一组裂隙平均走向的方位，然后将各组裂隙辐射线的端点连起来，即成玫瑰图（图 2-2-1）。

(2) 裂隙数量的统计，用裂隙率表示；

裂隙率（K_j）即一定露头面积内裂隙所占的面积，其计算式如下：

$$K_j = \frac{\sum A_j}{F} \tag{2-2-1}$$

式中 $\sum A_j$——裂隙面积的总和（m^2）；

F——所测量的露头面积（m^2）。

裂隙发育程度按裂隙率分为：

弱裂隙性：$K_j \leqslant 2\%$；中等裂隙性：$2\% < K_j \leqslant 8\%$；强裂隙性：$K_j > 8\%$。

四、不良地质作用

1. 调查滑坡、崩塌、岩堆、泥石流、地面塌陷、地裂缝、地面沉降、蠕动变形、移动砂丘等不良地质作用的形成条件、规模、性质及发展状况；

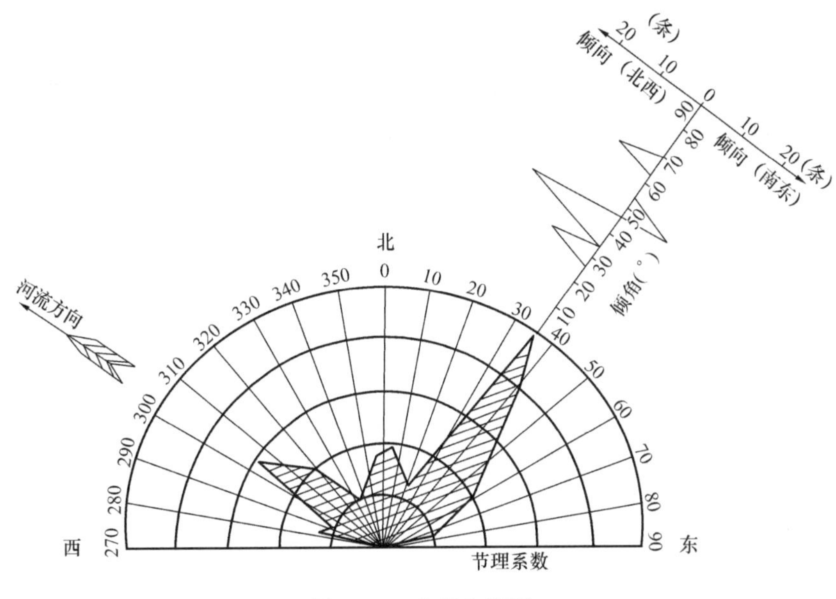

图 2-2-1 节理玫瑰图

2. 当基岩裸露地表或接近地表时，应调查岩石的风化程度；研究建筑区的岩体风化情况，分析岩体风化层厚度、风化物性质及风化作用与岩性、构造、气候、水文地质条件和地形地貌等因素的关系。

五、第四纪地质

1. 确定沉积物的年代：确定地质年代的方法有：生物地层学法、历史考古学法、岩相分析法、地貌学法、元素测定法；

2. 划分成因类型：第四纪沉积物的成因类型很多，具体成因类型可见第一篇第一章表 1-1-15；

3. 第四纪沉积物的岩性分类及其变化规律

(1) 根据第四纪沉积物的沉积环境、形成条件、颗粒组成、结构、特征、颜色、浑圆度、湿度、密实程度等因素进行岩性划分，并确定土的名称；

(2) 第四纪沉积物的岩性、成分和厚度很不稳定，必须详细研究沉积物在水平和垂直方向上的变化规律；

(3) 特殊性土的研究：特殊性土主要包括湿陷性黄土、红黏土、软土、填土、冻土、污染土、膨胀性土和盐渍土等，其研究内容及评价参阅本手册第五篇的有关内容。

六、地表水和地下水

1. 调查河流及小溪的水位、流量、流速、洪水位标高和淹没情况；

2. 了解水井的水位、水量、变化幅度及水井结构和深度；

3. 调查泉的出露位置、类型、温度、流量和变化幅度；

4. 查明地下水的埋藏条件、水位变化规律和变化幅度；

5. 了解地下水的流向和水力梯度；

6. 调查地下水的类型和补给来源以及地表水的联系；

7. 了解水的化学类型、化学成分及其对各种建筑材料的腐蚀性。

七、建筑砂石料

按其粒径的大小可分为块石料、碎石（卵、砾）料、砂料、粉土、黏性土料等；按其用途又可分为填筑料、防渗土料、反滤料、护坡料、混凝土骨料、水泥掺合料等。

（一）建筑砂石料的调查内容

1. 对于块石料主要调查：

（1）岩石名称、矿物成分、结构、粒度等，对于层状岩石，尚需查明开采岩层的分布情况、地质构造、岩层的厚度、产状、胶结物性质及胶结程度、顶底板的接触关系；

（2）风化程度及其分带性，各风化带的厚度；

（3）裂隙发育程度、产状、裂隙面风化及充填情况；

（4）岩石的物理力学性质。

2. 对于砂、碎石料主要调查：

（1）砂和碎石层的层位、层数、各层的厚度、长度、宽度、水平层理或交错层理的分布情况，顶底板的岩性及接触关系；

（2）颗粒级配、磨圆度、矿物及岩石成分；

（3）黏性土、粉土和粉砂含量；

（4）覆盖层厚度及其变化；

（5）当砂、碎石料埋藏在地下水位以下时，应了解地下水位的变化幅度，砂、碎石料的透水性、涌水量以及与其他含水层和地表水体的水力联系。

3. 对于粉土、黏性土料主要调查：

（1）粉土、黏性土层的成因及其分布规律、厚度、长度、宽度；

（2）覆盖层的厚度、性质和分布情况；

（3）颗粒级配、可溶盐含量、有机质含量等。

各类建筑材料的试验项目，应结合技术指标的要求进行试验。

（二）建筑砂石料的储量计算

1. 确定计算范围和计算指标

（1）计算储量范围内有效层的面积；

（2）有效系数（有效层与无效层的比值）一般不应少于 2；

（3）有效层的平均厚度；

（4）计算块体平均密度；

（5）有效层的体积；

（6）无效层（剥离层、夹层）的体积。

2. 建筑材料储量的计算方法

（1）算术平均法：适用于有效层厚度变化不大、钻探点分布不均匀的产地或地段；先圈定钻探范围的水平投影，然后根据有效层的平均厚度，算出总储量；

（2）平均断面法：适用于有效层倾斜角度不大、勘探线平行或接近平行的情况；先计算垂直断面的面积，并把相邻两剖面相加求出平均值，然后计算各相邻剖面间的储量，各剖面间储量之和即为总储量；

（3）最近点法：适用于钻探点较密的地段；在平面图上，以每一个钻探点为中心，分成许多多角形，其数量与面积上的钻探点的数量相同，在此多角形面积内的各点与该中心钻探点间距应比其他钻探点为近，该面积内厚度即按中心钻探点资料计算；

（4）三角形法：适用于有效层厚度变化大、钻探点数量较多的情况；在绘有钻探点的平面图上，用直线将最近的钻探点连接起来，形成许多三角形，将有效层的整个体积分割成许多三角柱，这些三角形就是三角柱的顶面，将每一个柱的体积相加即为总储量。

第五节　资　料　整　理

一、检查外业资料

1. 检查各种野外记录所描述的内容是否齐全；

2. 详细核对各种原始图件所划分的地层、岩性、构造、地形地貌、地质成因界线是否符合野外实际情况，在不同图件中相互间的界线是否吻合；

3. 检查野外所填的各种地质现象是否正确；

4. 核对搜集的资料与本次测绘资料是否一致，如出现矛盾，应分析其原因；

5. 整理核对野外采集的各种标本。

二、编制图表

根据工程地质测绘的目的和要求，编制有关图表。

工程地质测绘的图件包括实际材料图、综合工程地质图、工程地质分区图、综合地质柱状图、综合工程地质剖面图、工程地质剖面图以及各种素描图、照片和有关文字说明；对某个专门的岩土工程问题，尚可编制专门的图件。

工程地质测绘完成后，一般不单独提出测绘成果，往往把测绘资料依附于某一勘察阶段，使某一勘察阶段在测绘的基础上作深入工作。

第三章　遥 感 影 像 解 译

第一节　遥感的基本概念及类型

一、遥感的基本概念

遥感是不直接接触目标物或现象而搜集信息，通过对信息的分析、研究，确定目标物的属性和目标物之间的相互关系。它是根据电磁辐射的理论，应用现代技术中的各种探测器，对远距离目标辐射来的电磁波信息进行接收的一种技术。

从地面到高空的各种对地球、天体观测的综合性技术系统称为遥感技术。它是通过传递到地面接收站加工处理成图像或数据（遥感资料）来探测、识别目标物的整个过程。

遥感图像解译是根据人们对客观事物所掌握的解译标志和实践经验，通过各种手段和方法，对图像进行分析，达到识别目标物的属性和含义的过程。利用地质学、工程地质学等知识来识别与工程建设有关的地形地貌、地层岩性、地质构造、不良地质作用、水文地质条件等地质作用和地质现象的过程，称为遥感图像的工程地质解译。

二、遥感的类型

（一）根据遥感的运载工具（遥感平台）划分

1. 航空遥感：用飞机等作运载工具的遥感，又称机载遥感。飞机灵活性大，航高小，获得的图像清晰度好，分辨力高，简便；

2. 航天（星载）遥感：指在地球高空或太阳系内各行星之间，用太空飞行器作运载工具的遥感。

航天遥感能系统地搜集地面及其周围环境的各种信息，并能对同一地区同时成像或周期性地重复成像。

（二）根据电磁辐射的来源划分

1. 被动式遥感：利用遥感仪器（传感器）直接接收、记录目标物反射太阳的或目标物本身反射的遥感。目标物反射的电磁波以可见光为主；

2. 主动式遥感：利用仪器主动地向目标物发射一定频率的电磁波，然后接收、记录被测物反射的回波的遥感。

（三）根据传感器的波段划分

1. 紫外遥感：探测波段在 0.05～0.38μm 之间；

2. 可见光遥感：探测波段在 0.38～0.76μm 之间；

3. 红外遥感：探测波段在 0.76～1000μm 之间；

4. 微波遥感：探测波段在 1～1000mm 之间；

5. 多波段遥感：指探测波段在可见光波段和红外波段范围内，再分成若干窄波段来探测目标物。

三、工程地质遥感技术的适用范围

遥感技术适用于下列地区：

1. 地形、地质条件复杂的山区，不良地质作用发育、水文地质条件复杂的地区；

2. 水文网密布、河流变迁频繁的平原地区；

3. 沙漠、石漠、荒漠地区和干旱、半干旱地区；

4. 目标物解释标志明显的其他地区。

四、遥感影像在工程地质的应用

在工程地质测绘中，遥感主要用于：

1. 划分地貌单元，确定地貌类型、形态、特征，以及地形地貌与地质构造的关系；

2. 判定新构造活动情况和区域构造（大型构造断裂、环状构造）的位置和性质，推定断层破碎带、隐伏断层、节理密集带的位置和延伸方向；

3. 划分地层岩性的界线，确定地层的展布、厚度；大致确定岩层的产状要素；

4. 不良地质作用类型、范围、成因、规模及其动态分析；特殊岩土的类型和分布范围；

5. 地下水露头（泉、井）的位置，地下水与地形地貌、地层岩性、地质构造的关系；

6. 工程地质、水文地质条件的初步评价，进行工程地质、水文地质分区；

7. 圈定火山位置和火山喷发中心与构造的关系；

8. 圈定蚀变岩及查明矿化远景地段，等等。

第二节　遥感解译的内容和方法

工程地质遥感工作一般分为准备工作、初步解译、外业验证调查与复核解译、最终解译和资料编制等内容。

一、准备工作

准备工作包括资料搜集、遥感图像的质量检查和编录、整理等内容。

资料搜集应包括下列内容：

1. 搜集所需比例尺的地形图；

2. 各种陆地卫星图像或图像数字磁带；

3. 各种航空遥感图像（包括黑白航空像片和其他航空遥感图像）；热红外扫描图像（注意成像时间、气象条件、扫描角度、温度灵敏度、地面测温等资料）；

4. 典型的地物波谱特性资料。

航空遥感图像的质量检查的内容应包括：范围、重叠度、成像时间、比例、影像清晰度、反差、物理损伤、色调和云量等。

二、初步解译

初步解译前应根据工程需要、地质条件、遥感图像的种类及其可解译程度等，确定解译范围和解译工作量，制定解译原则和技术要求，建立区域解译标志。

1. 可解译程度划分

对基岩和地质构造的可解译程度可按表 2-3-1 划分。

基岩和地质构造的可解译程度划分 **表 2-3-1**

可解译程度	测区条件
良好	植被和乔木很少，基岩出露良好，解译标志明显而稳定，能分出岩类和勾绘出构造轮廓，能辨别绝大部分的地貌、地质、水文地质细节
较好	虽有良好的基岩露头，但解译标志不稳定，或地质构造较复杂，乔木植被和第四纪覆盖率小于50%，基岩和地质构造线一般能勾绘出来
较差	森林（植被）和第四纪地层覆盖率达50%以上，只有少量基岩露头，岩性和构造较复杂，解译标志不稳定，只能判别大致轮廓和个别细节
困难	大部分面积被森林（植被）和第四纪地层覆盖，或大片分布湖泊、沼泽、冰雪、耕地、城市等，只能解译一些地貌要素和地质构造的大体轮廓，一般分辨不出细节

2. 遥感图像调绘面积的确定

遥感图像解译成果需用航测仪器成图时，应按规定划定调绘面积。调绘范围应在像片调绘面积内或在压平线范围内进行；当像片上无压平线时，距像片边缘不应小于 1.5cm。

3. 遥感图像解译的方法和技术要求应满足下列几点：

（1）对立体像对的图像，应利用立体解译仪器进行观察；

（2）遥感图像在解译过程中，应按“先主后次，先大后小，从易到难”的顺序，反复解译、辨认；重点工程应仔细解译和研究；

（3）应按规定的图例、符号和颜色，在航片上进行地质界线勾绘和符号注记。

4. 遥感图像调绘和解译应包括下列内容

（1）居民点、道路、山脊线、垭口等一般地物、地貌；

（2）水系、地貌、地层、岩组、地质构造、不良地质作用与特殊性岩土、水文地质条件等。

5. 水系的解译应包括下列内容：

(1) 水系形态的分类、水系密度和方向性的统计，冲沟形态及其成因；

(2) 河流袭夺现象、阶地分布情况及特点；

(3) 水系发育与岩性、地质构造的关系；

(4) 岩溶地区的水系应标出地表分水岭的位置。

6. 地貌的解译应包括下列内容：

(1) 各种地貌形态、类型以及地貌分区界线；

(2) 地貌与地层（岩性）、地质构造之间的关系；

(3) 地貌的个体特征、组合关系和分布规律。

7. 地层、岩性（岩组）的解译应包括下列内容：

(1) 根据已有的地质图，确定地层、岩性（岩组）的类型，并进行地层、岩性（岩组）划分，估测岩层产状；

(2) 对工程地质条件有直接影响的单层岩石应单独勾绘出来；

(3) 确定第四纪地层的成因类型和时代；

(4) 不同地层、岩性（岩组）的富水性和工程地质条件等的评价。

8. 地质构造的解译应包括下列内容：

(1) 褶皱的类型、褶皱轴的位置、长度和倾伏方向；

(2) 断层的位置、长度和延伸方向，断层破碎带的宽度；

(3) 节理延伸方向和交接关系，节理密集带分布范围；

(4) 隐伏断层和活动断层的展布情况。

9. 不良地质作用与特殊岩土的解译应包括下列内容：

(1) 各种不良地质作用的类型及其分布范围；

(2) 不良地质作用的分布规律、产生原因、危害程度和发展趋势；

(3) 特殊岩土的类型及其分布范围。

10. 水文地质条件解译应包括下列内容：

(1) 大型泉水点或泉群出露的位置和范围；

(2) 湿地的位置和范围；

(3) 潜水分布与第四纪地层的关系。

初步解译后，应编制遥感地质初步解译图，其内容应包括各种地质解译成果、调查路线和拟验证的地质观测点等。

三、外业验证调查与复核解译

（一）外业验证调查主要解决下列问题：

1. 对工程有影响或有疑问的地质现象或地质体；

2. 对工程有影响的重大不良地质作用和特殊性岩土；

3. 尚未确定的地层、岩性（岩组）界线、地质构造线等；

4. 解译结果和现有资料有矛盾的地质问题。

（二）外业验证调查点的平均密度应符合下列规定：

1. 在遥感图像上，每条地质界线应布设 1 个验证点，当地质界线显示不清晰时应增设验证点。

2. 航空遥感工程地质外业验证点平均密度可按表 2-3-2 确定。

航空遥感工程地质外业验证点平均密度 **表 2-3-2**

测图比例	验证点数（个/km^2）	
	第四纪覆盖地区	基岩裸露区
1∶50000	0.1～0.3	0.5～1.0
1∶25000	0.2～1.0	1.0～2.5
1∶10000	0.5～2.0	1.5～4.5
1∶2000～1∶5000	2.0～5.0	6.0～15.0

3. 外业验证调查中应搜集和验证遥感图像的地质样片。

四、最终解译和资料编制

外业验证调查结束后，应进行遥感图像的最终解译，全面检查遥感解译成果，并应做到各种地层、岩性（岩组）、地质构造、不良地质作用等的定名和接边准确。遥感图像和遥感工程地质成图的比例关系应符合有关规定。

第三节 遥感图像的解译

一、解译的概念

遥感图像客观地反映了地质体的光学和几何特征，而且可提供在一定深度下的某些透视信息。因此，遥感图像是地壳表层景观的综合缩影。对遥感图像进行地质分析和研究的过程，称为遥感图像的解译，又称遥感图像判读。在遥感图像上能反映和判别目标物属性的图像特征称为解译标志（又称判释标志）。它包括目标物的形状、大小、阴影、色调、纹理、图案、位置、布局等等。解译标志可分为直接解译标志和间接解译标志。

二、直接解译标志

凡是能直接反映地质体和地质现象的影像特征，称为直接解译标志。直接解译标志如表 2-3-3 所列。

直接解译标志 **表 2-3-3**

直接解译标志	反映的地质体或地质现象
形状	指目标物的外部轮廓，地面的物体均具有一定的几何形状，在像片上都能得到相应的形象，比例尺越大形状越清楚。遥感图像所反映的常是物体的顶部形状
大小	指地物的表面积或体积，地物的大小取决于遥感图像的比例尺。解译前首先要确定图像的比例尺，根据地物尺寸来判明地物
阴影	地面上凸出的或凹下的地物，在阳光照射下都会产生阴影。地物的阴影分本影和射影两种： 本影：被摄地物未被阳光直接照射到的阴暗部分称为本影。本影多呈不同的灰色色调，它有助于获得立体感 射影：是地物落在地面上的投影，亦称落影。射影可以帮助量测物体的高度。例如圆柱体，圆锥体在航片上的顶部形状，都呈现为圆点状，但根据其落影就能够分辨出两者的实际形状。特别是当阳光与地面的夹角成 45°时的航片，地面落影的长度等于物体本身的高度

续表

直接解译标志	反映的地质体或地质现象
色调	是指像片黑白深浅的程度。色调的深浅与地物背景的反光能力和光线照明的强弱有关，背景的反光能力越强，阴影片色调就越浅。影响色调变化的主要因素有摄影材料、像纸质量、滤光片类型和洗印技术等。一般将色调划分为10级： 1. 白色；2. 灰白色；3. 淡灰色；4. 浅灰色；5. 灰色；6. 暗灰色；7. 深灰色；8. 淡黑色；9. 浅黑色；10. 黑色
反射差	是指物体对光线反射强弱的不同程度。一般反光强的地物具有浅色调，反光弱的地物具有深色调
图案	指由个体较小的地物影像所构成的花纹和图案。根据花纹和图案可以帮助区分岩性和辨认构造、分水岭和微地貌类型。花纹和图案有斑、点、线、条、波、格、栅、垅、链等

三、间接解译标志

对与解译对象有密切相关的一些现象进行分析、研究、推理、判断，从而达到识别地物的目的，这些现象称为解译的间接标志。经常用到的间接标志有：

（一）水系的分析

水系的类型及其连续性是地质解译的基础，由于水系的发育与地貌、岩性、地质构造的关系密切，一定的水系反映了一定的岩性和地质构造。

1. 水系的密度：水系由主流、支流、支沟等多级组成，或称为水文网。各地区水文网的密度不一；

2. 沟谷的形态：沟谷形态与岩性有关，黏性土地区沟谷的横断面多呈U形；黄土地区沟谷的横断面多呈箱形；较坚硬岩石地区沟谷的横断面多呈V形；

3. 水系分布的均匀性：水系分布均匀，反映了地层岩性均一稳定，地质构造简单；

4. 水系的类型：水系类型与地层岩性、构造特征、岩层产状、气候条件和侵蚀基准面等有关。

水系类型一般分为下列几种：

（1）树枝状水系：水系的所有支流均以锐角流入主流，并向下游发展。树枝状水系多出现在地面平缓倾斜、地质结构简单、岩层分布比较均匀的地区，一般在页岩、砂岩和花岗岩地区比较常见（图2-3-1）。

（2）格状水系：支流与小支流彼此平行而成直角相交。格状水系受垂直交叉的断裂、裂隙所控制，在平面上形成方格状。在板岩、片岩和砂岩地区最常见（图2-3-2）。

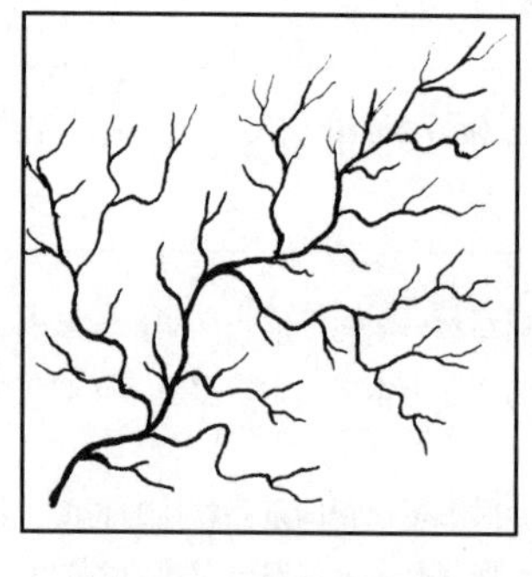

图2-3-1　树枝状水系

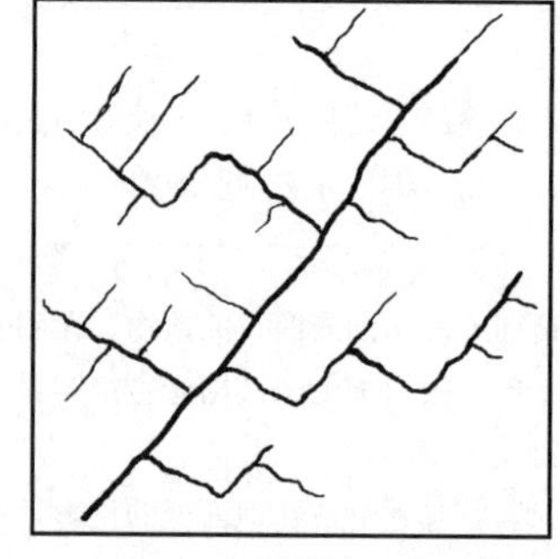

图2-3-2　格状水系

（3）羽毛状水系：支流短而密，主流、支流长而稀，支流与支流的交汇角较大，近似于直角相交（图 2-3-3）。

（4）平行状水系：主流与支流大致平行，在单斜山一侧最为常见。主要的河流常存在大断裂或破碎带（图 2-3-4）。

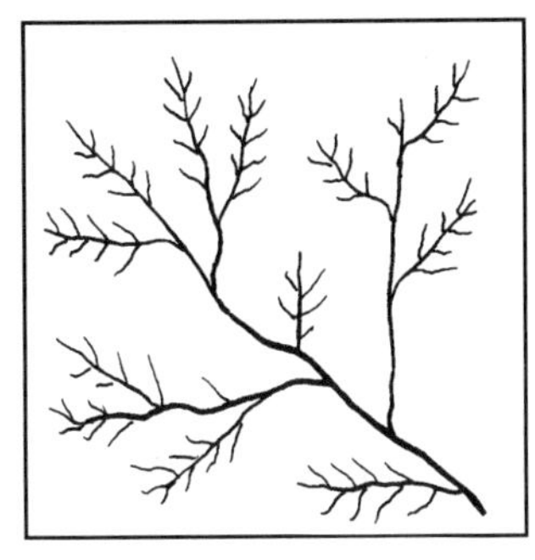

图 2-3-3　羽毛状水系

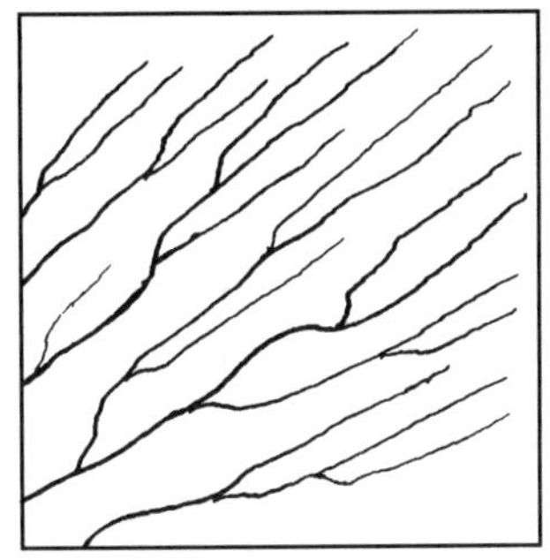

图 2-3-4　平行状水系

（5）放射状水系：河流围绕隆起区的四周分布，呈放射状由中心向外扩散。一般分布在火山、孤山和穹窿构造地区（图 2-3-5）。

（6）环状水系：其形成条件与放射状水系基本相同，但其主要集水河流环绕隆起区的坡底通过，故在穹窿构造区较为发育（图 2-3-6）。

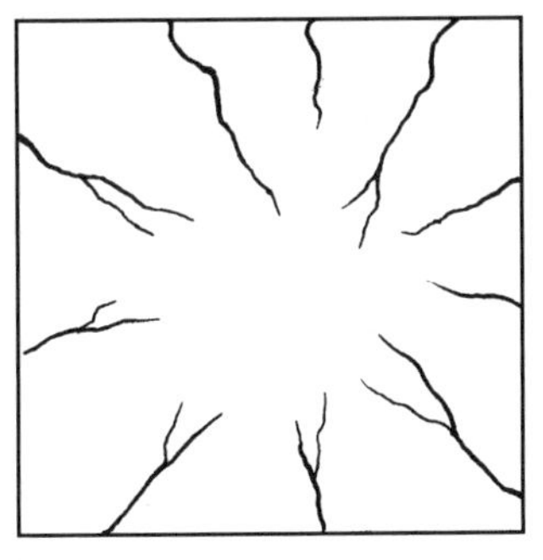

图 2-3-5　放射状水系

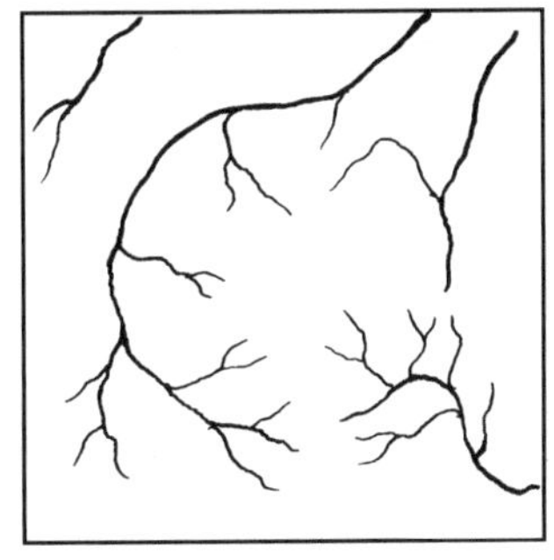

图 2-3-6　环状水系

（7）向心水系：发育于盆地或局部沉陷地区，是放射状水系的变种。水流由四周流向中心（图 2-3-7）。

（8）倒钩状水系：由于构造运动影响，产生河流袭夺现象。水流流向多呈反向，成为倒钩状水系（图 2-3-8）。

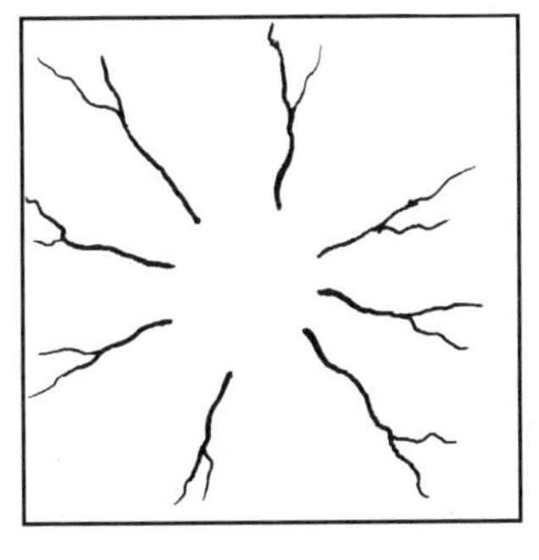

图 2-3-7　向心水系

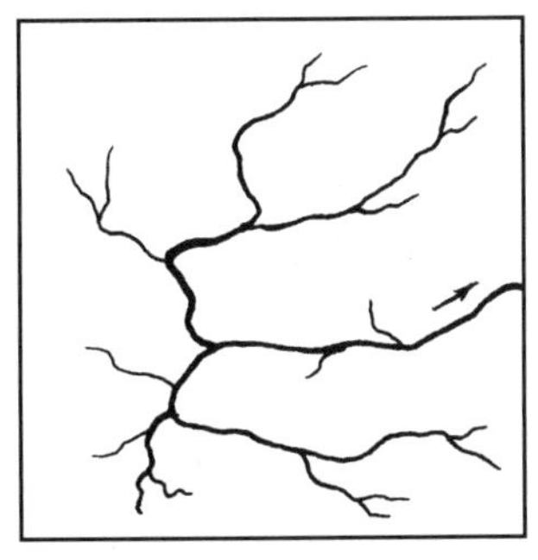

图 2-3-8　倒钩状水系

(9) 扇状水系：发育在三角洲和洪积扇地区，呈放射状，具有扇状形态（图 2-3-9）。

(10) 菱形格状水系：是格状水系的变种。菱形格状水系受两组互相平行的断裂、裂隙所控制，在平面上呈菱形（图 2-3-10）。

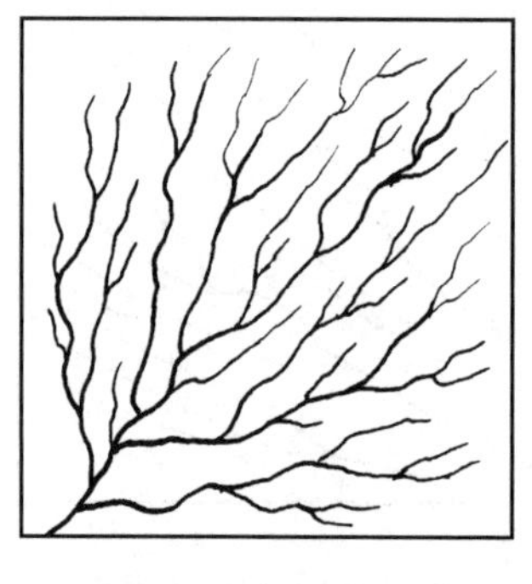

图 2-3-9　扇状水系

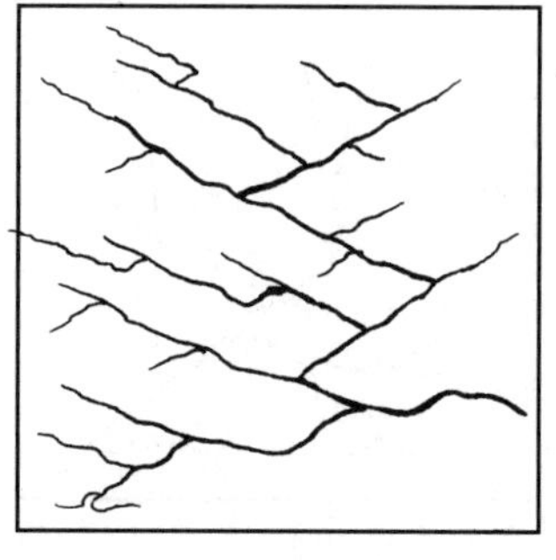

图 2-3-10　菱形格状水系

(11) 钳状沟头树枝状水系：在上游沟头多呈钳状，为树枝状水系的变种。在花岗岩或基性侵入岩等块状岩石分布地区最为常见（图 2-3-11）。

(12) 紊乱水系：在河流下游平原地区，水系纵横交错，河流蜿蜒曲折，并有废弃河道、牛轭湖、支流交织而成的水系（图 2-3-12）。

图 2-3-11　钳状沟头树枝状水系

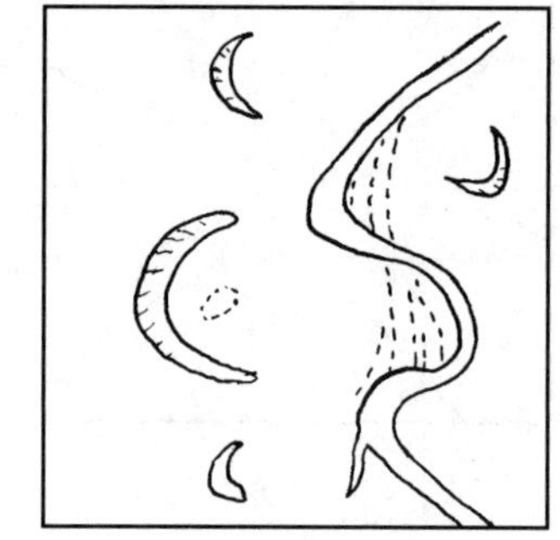

图 2-3-12　紊乱水系

(二) 地貌形态分析

地貌形态通常反映了岩性与构造的差异，一些地貌界线往往也是地质界线。例如，穹窿构造、火山锥、沙丘、洪积锥、倾伏背斜等。

(三) 植物标志

植物的密度变化和选择性生长以及植物的缺失或排斥都可用来分析地质现象。例如泥岩和页岩上的植物较砂岩和灰岩上的要密，又如植物呈线性排列常表现为节理和断裂的方向等。

(四) 水文标志

水文标志主要包括小溪、河流、湖泊、沼泽、地下水溢出区，土及岩石的渗透性、含水性，温泉以及水化学异常等，对航片解译具有一定的指示意义，在干旱和半干旱地区这种依附关系更为明显。

（五）土壤标志

土壤类别、分布、颜色、含水性、纹影特征、附生植物、农林垦植活动等对解译都有一定的指示意义。

（六）环境地质和人工标志

人类在与自然界做斗争的长期活动中，留下了大量的痕迹，如采矿冶炼、地质勘探、道路、建筑、水利、农垦活动和因抽水引起的地面塌陷，都可作为地质解译的间接标志。

（七）景观标志

地质体在复杂的自然因素长期作用下，构成了独特的外貌。往往由某几项最易辨认的特征组合起来构成异常景观。如花岗岩地区的地貌；一次侵入的花岗岩常表现为和缓低山丘陵的外貌，且有球状风化的“馒头”山景观，而多次侵入的花岗岩体，由后期侵入伟晶花岗岩构成骨架，却可形成陡峻的山形，如千山、华山、泰山等。

第四节 地形、地貌和地物的解译

一、地形、地物解译

（一）交通线

1. 公路：呈白色色调，宽度一致，多弯曲，但转弯和缓；

2. 铁路：呈灰色色调，平直的线，弯曲少，曲率半径大；

3. 小道：呈白色或浅灰色色调，宽度窄，常有交叉和急转弯。

（二）居民点和工厂

1. 农村居民点：有一定的几何形状，有庭院、围墙或菜园；

2. 工厂：为规则的几何形状排列，房顶受太阳光照射的部分呈白色或浅灰色。

（三）耕地和菜地

1. 干燥未耕的耕地：浅色；2. 潮湿的耕地：深色；3. 有农作物的耕地：灰色；4. 斜坡上的耕地：呈阶梯状。

（四）草原

为灰色色调，有草皮的河谷和山坡的色调也类似。

（五）林区

林木呈暗色粒状斑点，砍伐区、植林区为浅色带，有线边界。

（六）河、溪、渠

水面的色调大多为暗色，色调与水色、流速、深浅等有关。静止的水呈暗色色调，流动的水为浅色色调。

（七）湖泊

呈深色色调，且具有一定的水域面积。

（八）丘陵

地形有起伏，相对高差较小，阴影不太发育，与山区相比色调较为均匀。

（九）山区

山坡有一定坡度，相对高差大，有阴影，色调较深，山脊线和河谷线较明显。

（十）平原

地面平坦，色调均匀，一般呈浅色色调。河网稀疏，河流迂回曲折。

二、地貌的解译

（一）山地地貌

1. 按成因类型解译

（1）构造坡：由构造作用形成，坡向与岩层倾斜方向一致，阴影明显。

（2）侵蚀坡：由遭受强烈切割作用形成。坡上冲沟发育，沟底呈“V”字形，阴影明显。

（3）剥蚀坡：坡面长期遭受面流作用冲刷而成。冲沟不十分发育，阴影不太明显。

2. 按形态类型解译

（1）尖顶山：为坚硬岩石的标志。山坡坡度陡峻，山顶多呈尖棱角状、齿状、锥状等外貌，阴影明显。

（2）圆顶山：一般都是由软质岩石组成。但在风化剥蚀作用强烈地区的硬质岩石也可形成，如粗粒花岗岩。一般多呈浅色色调。

（3）平顶山：多数为水平岩层或喷出岩遭受剥蚀作用而成。山顶呈平台形或帽盖状，色调均匀。山坡常呈阶梯状陡坎，在像片上形成阴暗区。

（二）河流阶地

河流阶地有明显的陡坎，阶地面向河谷中心，缓倾斜，阶地色调与土的含水量和植物生长特点有关。河漫滩一般呈浅色色调，河床有水部分呈暗色条带。

（三）洪积扇

呈扇形，浅色色调，分布在山麓坡脚和河流出口处，表面常可看到密集的、分枝状的细流。

（四）古河道

古河道地面低洼，常呈河曲和牛轭湖的图形。古河道水量丰富，一般具深色色调，使用彩色红外波段扫描获得的像片效果较好。在地震区的古河道常出现裂缝状的喷水冒砂迹象。

（五）岩溶

岩溶地貌的影像是很独特的，负地形比较发育，地形杂乱，没有明显的倾斜方向，有的地区常构成互不联系的孤峰和石林，在洼地中常残积着红黏土，在像片上表现为浅色斑点。

在岩溶作用强烈地段，地表植被稀少，呈平行排列的溶沟发育，溶沟、石芽地貌在影像上形成白色粗而短的树枝状纹影。在封闭洼地、溶蚀漏斗内有水积聚时呈黑色斑点图案。

岩溶地区常有河流突然消失或潜水突然流出地面的景观。

（六）砂丘

干旱地区的砂丘在像片上的色调很浅，地面几乎不生长植物。新月形砂丘和砂垅都是风积地貌的典型景观。其规模随着风向、风速、砂粒大小、砂源丰富程度、堆积的地形部位等因素的变化而变化。

第五节　岩石和第四纪沉积物的解译

岩石影像的特征与岩石的颜色、力学性质、化学稳定性、透水性和气候、植被、水文地质、地质体产状等因素有关。同一种岩石由于受地形、光照、植被、含水量和风化作用的影响，在像片上显示的色调往往是有差异的。进行解译时，必须根据直接解译标志和间接解译标志综合分析确定。

一、岩浆岩解译

（一）花岗岩、花岗闪长岩、正长岩、闪长岩等中酸性侵入岩

1. 边界线多呈参差不齐的圆穹状或呈透镜状、串珠状，地形上多呈穹窿状的正地形，在山区往往构成陡峭的分水岭，有时也可形成低丘或中低山地貌；

2. 呈单一的均匀的浅色调，有时能显示出岩体边缘相或蚀变带的存在；

3. 具有独特的网格状、放射状、环状、菱形等裂隙，遭受强风化作用的花岗岩，常见球状风化物，在像片上呈深色杂斑；

4. 在潮湿气候条件下，残积层厚，植被较发育；

5. 水系以树枝状为主，也可见到角形树枝状、放射状，冲沟多呈钳形、钓钩形等。

（二）辉绿岩、辉长岩等基性和超基性侵入岩

1. 岩体一般较小，往往受区域构造和线形构造控制，呈定向延伸；

2. 大型侵入体为正地形，植物少，色调较深，小型侵入体绝大多数形成负地形，残积物厚，植被较多；

3. 一般侵入体内的节理裂隙和岩脉不如酸性侵入体发育和清晰。

（三）流纹岩、玄武岩、凝灰岩等喷出岩

1. 地形上多呈火山地貌，熔岩垄岗、熔岩台地、“桌状山”、熔岩被、舌状熔岩流、熔岩穹丘以及火山熔岩被破坏后形成的平台、陡壁、猪背岭等；

2. 表面影像多呈绳状流动、海绵结构、熔碴结构以及熔岩的冷凝裂隙等；

3. 熔岩流的色调变化较大，通常酸性熔岩流色调偏浅，基性熔岩流偏深；大面积出露的火山熔岩系的色调比较均匀，多期的熔岩流形成复杂的色调；

4. 水系多呈树枝状、环状和放射状等。

（四）脉岩

1. 脉岩平面形状多呈带状、链状、透镜状、串珠状、蠕虫状等；

2. 酸性脉岩呈灰白色或浅灰色，基性和超基性脉岩呈灰、暗灰色调；

3. 由于脉岩与围岩的坚硬程度并不完全相同，在地表往往形成岩墙或凹陷的沟槽地形；

4. 不同的岩性往往生长不同的植物。因此，根据不同的植物呈线性排列或呈稀疏的条带状分布往往是脉岩的标志。

二、沉积岩解译

沉积岩具有层状构造，在倾斜岩层中常有黑白相间的纹影。水系形式多为树枝状、平行状和羽毛状。

（一）砾岩

1. 层理多不明显，在强烈切割地区，地形崎岖，分水岭尖峭，常形成奇形怪状的岩石和脊状垅岗、残余岩链、陡崖、陡坎等地貌，有时形成类似连座峰林的地貌；

2. 与其他沉积岩系以假整合或不整合接触者，其接触处有似城垣形状清晰的界面，是砾岩解译的特殊标志；

3. 砾岩色调深浅均有，特别是成分复杂的砾岩，具有各种不同的色调；

4. 节理数量少但明显，往往控制沟谷的发育方向；

5. 影像结构较粗糙，残积物少，坡积物多，植被分布不均匀，地面水系不发育。

（二）砂岩

1. 层理较明显而且稳定，当覆盖层和植被较少时，在航片上其层理影像清楚；

2. 在分水岭上常形成坡陡的块状山地，倾斜产状的砂岩多构成单面山形态，产状较平缓的厚层坚硬砂岩，在山坡上常形成石檐和陡坎；

3. 影像色调呈深灰至灰色；

4. 节理较发育，节理对末级水系和冲沟的发育有明显的控制作用；

5. 砂岩地层受构造影响小时，水系多呈稀疏的树枝状；受构造影响大时，水系则以角形树枝状为主。

（三）页岩

1. 多形成低矮浑圆、波状起伏的岗丘地貌；

2. 影像一般呈淡灰色调，含碳质较多时，呈较深的色调；

3. 岩层很少大面积裸露，多被残积、坡积物所覆盖；

4. 地表径流发育，常形成稠密的树枝状水系；

5. 断裂和节理裂隙较少，在航片上一般无显示。

（四）碳酸盐类岩石

1. 湿热地区石灰岩常构成独特的岩溶地貌形态，植被稀疏，泉水出露处植被茂盛；干旱地区岩溶不发育，灰岩裸露光秃，坡积、残积物较少，山坡陡峻，分水岭尖峭，也有呈浑圆状的；

2. 水系较少，色调较浅，风化后色调较深。湿热地区石灰岩洼地、漏斗等被残积土所充填，构成斑点状图案；

3. 白云岩在航片上影像较石灰岩深，且具粗糙感。其他解译特征同石灰岩；

4. 泥灰岩地区地形较平缓，在航片上色调较浅，岩溶现象不明显；在干旱地区影像多呈灰白色色调。

三、变质岩解译

变质岩的解译与其原岩性质、变质作用、成因类型和变质程度等因素有关。这些因素影响着岩石的色调和地貌形态、水系分布等解译标志。变质岩的层理模糊，线状构造发育，在接触带有晕圈色斑。

（一）石英岩、大理岩

1. 石英岩岩性坚硬，层理不甚明显，节理发育，多构成高山峻岭，岩壁陡峭；当受强烈构造影响后，岩层破碎在陡壁下普遍形成岩堆裙；裸露的石英岩影像呈浅色色调；

2. 大理岩构成的山脊多呈浑圆形，影像色调较浅，有时见有岩溶现象。

（二）片岩、千枚岩、板岩

1. 干旱地区片岩常形成梳状地形，地形较崎岖，沿片理倾向的山坡，常产生大量坍塌，大片坡麓堆积，沟谷横断面多呈 V 形；湿润地区的片岩，由于被厚层残积物覆盖，而形成圆滑的山脊。片岩构成了棱形的线形构造，片理明显，往往构成一组大体平行的密集细纹。片岩的色调变化较大，随矿物色调的变化而变化。水系呈树枝状、羽毛状，有时也呈“丰”字形水系；

2. 千枚岩的地形呈鳞片状和梳状，具有固定的网状图形和沿劈理方向发育着平行的水系和树枝状紧密相间的水系形式。千枚岩地区地形平缓山坡凹凸不平，多出现滑坡地貌；

3. 板岩地形通常崎岖不平，呈密棱角纹形，山坡坡度较陡，且具有大致相等的高度。影像一般呈深色调。水系多呈角形树枝状和羽毛状，常见直角状水系。

（三）片麻岩

1. 一般分布在分水岭地段。地貌形态与色调较稳定，植被比较茂盛；

2. 山脊延伸一般呈平行排列，较规则，地形有陡也有缓。水系多为角状、树枝状；

3. 有深浅交替的条带排列，反映了片麻岩的片理方向，有时有片麻岩构造控制沟谷发育，构成一系列平行的沟谷。

（四）混合岩：似肠状的黑白相间的色带可作为混合岩的解译标志。

四、第四纪沉积物的解译

第四纪沉积物为松散物质所组成，色调不均匀，沟谷河流发育，多为格状田地或建筑群所掩盖。

（一）坡积物

坡积物在低山丘陵区分布较为普遍。一般凹形山坡的坡积物厚度比凸形山坡的厚度要大。

1. 表层植被发育或生长有林木；

2. 像片上具有较深的色调，对光线的反射能力较弱；

3. 坡积物在山坡脚下易形成坡积裙或扇形地貌形态；

4. 坡积物堆积区常发育有冲沟。

（二）冲积物

冲积物的基本解译标志是河谷和湖盆地的地貌要素，必须掌握地貌形态与冲积物形成条件之间的关系。

1. 地面平坦，地表多为格状田地；

2. 冲积物有明显的地貌特征，如河流、河漫滩、古河道、牛轭湖和冲积阶地等；

3. 冲积物色调不均匀，在温度高、植物密布的地区呈深色，砂滩、砂洲为浅色。

（三）洪积物

1. 分布在沟谷的出口处及其山前开阔地带，易形成洪积扇、洪积裙和洪积平原等地貌景观；

2. 洪积物呈均匀的淡灰、灰色色调。

（四）特殊岩土的解译

1. 黄土

（1）地貌呈沟谷纵横，支离破碎，并有黄土陷穴、黄土柱等溶蚀地貌。垂直节理和冲沟发育，谷壁陡峭；黄土冲沟网一般呈掌状、树枝状、羽状、平行状和格状；

（2）沟谷上游冲沟横断面呈 V 形，沟头多呈楔形；中下游冲沟横断面多呈 U 形，沟头多呈半圆形，沟底平坦；

（3）图像上色调呈均匀的浅色调。

2. 膨胀土

(1) 多位于大型洪积平原前端、湖盆地区等处，一般呈平顺圆滑的低丘岗坳地形，色调较均一，如产生滑坡，则破坏了平顺圆滑感，色调也变得不均一；滑坡表面多呈凹凸不平的缓坡，有时呈现斑状色调；

(2) 可见到坡脚堆积小土块和众多滑坡地貌同时出现的现象；

(3) 冲沟很发育，细沟密集，冲沟横断面呈U形，植被一般较发育。

3. 软土

(1) 一般位于平坦地区，如大河两侧的冲积平原、海滨平原等处，但在山区也有位于高处的；

(2) 多呈灰色色调。应先了解古沉积环境和沉积规律间内在的因果关系后，才能查明区域性的软土分布规律和成因，从而确定是否有软土分布。

4. 盐渍土

(1) 多分布在地表平坦地区，但有时地表见微微凹凸不平状；

(2) 盐渍土地区常可见薄层的风积沙和沼泽等出现；

(3) 在干旱季节摄影时，航片上多呈白色一灰白色色调或白色杂斑，有时可见呈雪状覆盖物和龟裂现象；潮湿季节摄影时，影像呈深灰一浅黑色色调。当盐渍土生长耐碱植物时，在黑白航片上见有斑点状深色调。

5. 多年冻土

(1) 多年冻土形成的各种不良地质作用多位于平坦地区、低洼地或河漫滩上，也有的发生在斜坡上，在黑白航片上色调多呈斑状；

(2) 可见融冻泥流、热融滑塌、冻胀斑土、构造土、冻土沼泽化湿地、热融沉陷、热融湖（塘）、冰锥、冻胀丘等冻土不良地质作用。

第六节 地质构造的解译

一、水平岩层的解译

1. 未受切割的水平岩层，在像片上表现为单一的色调和地貌形态，反映不出内部构造；

2. 遭受切割的水平岩层，岩层轮廓线表现为深浅相间的呈连续或不连续的条纹，该条纹与地形等高线一致或近乎一致地展布；

3. 水平岩层地区有时出现峡谷——方山形景观。方山山坡或峡谷两侧皆呈阶梯状，往往形成环状或放射状水系；

4. 在分水岭或孤立的残山上，水平岩层露头形成圆滑弯曲的弧形、封闭的圆形或椭圆形轮廓；

5. 喷出岩或水平岩层中的侵入岩盖也具有水平岩层的特点，应注意其独特的色调及其界线附近的特殊影像；

6. 不同岩石上生长的植物的颜色和密度往往是有差异的，有助于确定水平岩层的分界线。

二、倾斜岩层的解译

1. 倾斜岩层在地貌上多呈带状陡坡或缓坡。地层单元所显示的色调、纹影方向性强。

在倾斜岩层地区常发育与岩层走向相一致的冲沟。地貌上表现为平行状水系的特点。

2. 直立岩层在像片上表现为栅栏状的纹影特征。

3. 根据航片用图解法近似确定倾斜岩层产状的方法如下：

（1）分别在左右两张像片上选定同一岩层面上的三个点 A_1、B_1、C_1（左像片）和 A_2、B_2、C_2（右像片），见图 2-3-13。

（2）根据像片框标作十字线求出像主点 O_1（左像片）及 O_2（右像片），再在左像片上找到右像片上的像主点 O'_2（即 O_2 在左像片上的构象），同样，在右像片上找到 O'_1。

（3）用透明纸先蒙在右像片上把 O'_1、O_2 点画到透明纸上，连接 O'_1 和 O_2 即作像片的基线（基线与像片边框不一定平行）。并在透明纸上透出 A_2、B_2、C_2 三点。

（4）将透明纸移到左像片上，使 O_2 重合于 O'_1，使基线通过 O'_2，在透明纸上透出 A_1、B_1、C_1 三点。

（5）延长 B_1A_1、B_1C_1 及 B_2A_2、B_2C_2 相交于 A_0 和 C_0 两点，A_0 与 C_0 点的连线就是岩层的走向线。

（6）自 O_2 作走向线的垂线 O_2M，即为岩层倾向线的投影。再通过 O_2 点垂直 O_2M 取线段 $O_2E=f_e$（f_e 为摄影机焦距，一般为 6～7cm），再连接 EM 得 $\triangle O_2ME$、$\angle O_2ME$ 即为岩层倾角。实际上 $\triangle O_2ME$ 是一个垂直纸面的三角形，为方便起见，将它转 90°使它倒在纸面上。

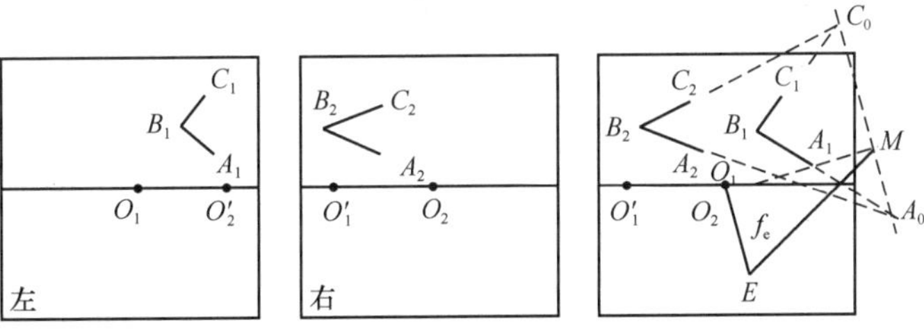

图 2-3-13　图解法确定岩层产状

三、褶皱的解译

（一）一般褶皱的解译

1. 平面呈现出椭圆状、环状、藕节状、弧状、“之”字形等不同色调带（纹）的影像。解译时要注意水平产状的岩石、迂徙的湖泊和构成孤山岩体的周边，有时也会出现类似的影像特征；

2. 显示对称分布的地貌、岩层、裂隙色调、植被、水文网等花纹图案；

3. 同一层位地下水出露点的连线呈封闭状，或相同的岩溶现象呈闭合圈出现。

（二）向斜和背斜的解译

1. 图像上两翼岩层倾向相向或两翼分水岭上岩层三角面尖端相背的是向斜；两翼岩层倾向相背或两翼分水岭上岩层三角面尖端相向的是背斜；

2. 背斜转折端向枢纽倾伏的方向，即突向新的岩层，岩层一律向外倾斜；向斜转折端指向翘起的方向，即突向老的岩层，岩层一律向内倾斜；

3. 向斜两翼岩层所形成的单面山陡坡彼此相背，背斜的则相对；

4. 一般情况下，向斜的水系多为向内收拢，背斜多为向外散开。

四、断裂构造的解译

（一）一般断层

1. 断裂构造形态的直接解译标志

(1) 破碎带的直接出露一般都构成负地形，具粗糙感；

(2) 地质体被切断或错开，包括地层、侵入体、岩脉、矿脉、褶皱、不整合面等各种地质体被切断错开以及老断层被新断层切断、错开等；

(3) 沉积岩地区地层的重复或缺失，但应注意与褶皱和不整合接触所造成的岩层重复和缺失的区别。

2. 断裂构造形态的间接解译标志

(1) 线性负地形和串珠状地形：包括断层崖、断层三角面、断层垭口、断层沟谷、断裂裂口、串珠状盆地和串珠状湖泊、洼地等；

(2) 沿着某些方向，岩层产状发生突然变化，但褶皱、不整合接触也发生此现象，应注意区别；

(3) 沉积岩相在一线上发生突然的变化；

(4) 侵入体、火山锥、矿体、松散沉积物呈线（带）状分布；

(5) 两种不同地貌单元截然相接；

(6) 山脊线、阶地、夷平面、洪积扇等地貌要素错动；

(7) 水系的变异，包括一系列平行的直线河段、角状水系、断头河、对口河、钓钩河、相邻河流均沿某一方向拐弯等；

(8) 泉（包括温泉）、湿地的成串出露；

(9) 在第四纪沉积层的平坦地区出现呈直线形分布的垅岗状地形；但应注意风沙、冰川作用也可能形成这种地貌；

(10) 靠近断裂附近的伴生构造产状明显差异；

(11) 冲积扇裙（洪积扇裙）、冲积扇（洪积扇）沿直线叠加或呈串珠状展布；

(12) 不良地质作用呈线状分布。

（二）活动断层

1. 断层崖、断层三角面保留得很明显，且在断层线影像上见有断层裂缝等；

2. 沿断层线形成断层裂口，多被视为仍在活动的断层；

3. 相邻河谷均出现跌水现象或形成瀑布等，往往与活动断裂有关；

4. 沿断裂分布的水系往往是直线状分布，水系与断裂相交处常发生同步扭曲；

5. 平坦的第四纪沉积层地区沿断层线出现垅岗状地貌，并多见有泉水出露；

6. 沿断裂线分布一系列地震震中、泉水和温泉等，往往也是活动断裂的标志；

7. 洪积扇、冲积扇前缘被切成直线，沿切线有泉水或湿地分布；

8. 在第四纪地层分布的平坦地区出现异常的色线（色带），往往是下伏活动断裂的表现。

（三）隐伏断裂

1. 在平原地区呈现影像结构和色调深浅差异的界线，往往是隐伏断裂所造成；

2. 山前的一系列洪积扇、冲积扇被切割，第四纪地层见串珠状的泉水、湿地出露；

3. 第四纪地层上见多条相互平行的河段或相邻河流突然同时拐弯；

4. 第四纪地层上的水系变异，断头河、成排河流沿某一地段成伏流等；

5. 平原地区河道出现一些特征点，如汇流点、分流点等；

6. 在第四纪地层分布的平坦地区出现直线状分布的垅岗地貌，并见有泉水或湿地分布。

第七节 不良地质作用的解译

一、滑坡和错落的解译

（一）一般滑坡的解译

1. 呈簸箕形、舌形、梨形等平面形态和不平顺、不规则等的坡面形态，可见到滑坡壁、滑坡台阶、滑坡鼓丘、封闭洼地、滑坡舌、滑坡裂缝等微地貌形态；

2. 有时还可见到滑坡地表的湿地、泉水，以及醉汉林或马刀树等；

3. 滑坡多在峡谷中的缓坡、分水岭的阴坡、侵蚀基准面急剧变化的主沟与支沟交汇处及其沟头等处发育。

（二）古滑坡的解译

1. 滑坡后壁一般较高，坡体纵坡较缓有时生长树木；

2. 滑体规模一般较大，表面平整，土体密实，无明显的沉陷不均现象，无明显裂缝，滑坡台阶宽大且已夷平；

3. 滑坡体上冲沟发育，滑坡两侧自然沟切割较深，有双沟同源现象；

4. 滑坡前缘斜坡较缓，长满树木，有的形成马刀树，滑体无松散坍塌现象，前缘迎河部分有时出现大孤石；

5. 滑坡台已远离河道，有的舌部已有不大的漫滩阶地；

6. 泉水在滑坡边缘呈点状或串珠状分布，水体较清，在黑白航片上呈黑色；

7. 滑坡体上多辟为耕地，甚至有居民点、寺庙、电线杆等分布。

（三）活动滑坡

1. 滑坡体地形破碎，起伏不平，斜坡表面有不均匀陷落的局部平台；

2. 斜坡较陡长，虽有滑坡平台，但面积不大，有向下缓倾的现象；

3. 有时可见到滑坡体上的裂缝，特别是黏土滑坡和黄土滑坡，地表裂缝明显，裂口大；

4. 滑坡体地表湿地、泉水发育，呈斑状或点状深色调；

5. 滑坡体上无巨大的直立树木，可见小树木或醉林，且有新生冲沟，沟床窄而深；

6. 滑坡体上土石松散，有小型崩塌。

二、危石、落石和崩塌的解译

（一）危岩的解译

凡位于陡崖上的岩石，参差不齐的岩体或个别岩块均可确定为危岩。

（二）落石的解译

1. 落石发育在悬崖、陡壁或呈参差不齐的岩块处；

2. 在大比例航片上见到悬崖、陡壁下有巨大岩块者为落石，有时可见巨石形成的阴影，呈粒状，有时落石滚落在距坡脚较远处；

3. 落石多发生在节理发育的坚硬岩石地区，山体本身基本是稳定的，只是个别岩块沿结构面突然坠落。

（三）崩塌的解译

1. 位于陡峻的山坡地段，其纵断面形态上陡下缓；

2. 崩塌轮廓线明显，崩塌壁呈灰白色调，不生长植被；

3. 崩塌体堆积在谷底或斜坡平缓地段，表面坎坷不平，影像具粗糙感；

4. 崩塌体上部外围有时可见到张节理形成的裂缝；

5. 有时巨大的崩塌体堵塞了河谷，在崩塌体上游形成堰塞湖，崩塌体处形成有瀑布的峡谷。

三、岩堆的解译

1. 位于陡崖或陡坡下的山坡或坡脚下，岩堆表面坡度多在30°～40°之间；

2. 平面形态多呈沿山坡逐渐向下方展开的条带。一般呈楔形、舌形、三角形、梨形、岩堆裙等；

3. 纵断面形态呈凹形、直线形、凸形或它们的组合；横断面形态呈微微凸起；

4. 岩堆表面色调比较均匀，一般呈灰白至暗灰色色调；

5. 趋向稳定的岩堆表面有植被，呈黑色点状或斑块状。

四、泥石流的解译

1. 标准型泥石流沟可清楚地看到形成区、流通区和堆积区三个区；

2. 形成区呈瓢形，山坡陡峻，岩石风化严重，松散固体物质丰富，常有滑坡、崩塌发育；

3. 流通区沟床较短直，纵坡较形成区地段缓，但较堆积区地段陡；

4. 堆积区位于沟谷出口处，纵坡平缓，成扇状，呈浅色色调，扇面上可见固定沟槽或漫流状沟槽，还可见到导流堤等人工构筑物。

五、岩溶的解译

1. 岩溶地区地形起伏不平，地表水系不发育，未见明显的分水岭；

2. 岩溶地区特有的地貌，如溶沟、石芽、溶蚀洼地、坡立谷、盲谷、峰丛、峰林、落水洞、竖井、漏斗、暗河等，在航片上极易辨认；

3. 岩溶地区的漏斗非常发育，往往成群出现，在航片上呈圆形、椭圆形或不规则的圆形洼地，上大下小，底部呈深灰至淡黑色色调，但常被第四纪沉积物充填而呈灰白色色调。

六、采空区的解译

1. 分布在煤系地层地区；

2. 煤窑洞口附近地表见弃碴或煤堆；

3. 在航片上弃碴或煤堆呈黑至浅黑色色调，形态呈点状或斑块状；

4. 煤窑沿着煤层的走向分布；

5. 可见有小路通往煤窑洞口。

七、液化（喷水冒砂）的解译

喷水冒砂在像片上呈圆形、弧形、线状、星点状等图像，并组合成串珠状、条带状、裂缝状、扫帚状、鱼鳞状等形态，而且裂缝状喷水冒砂方向与古河道延伸方向是相吻合的。

在彩色红外照片上冒出地表的砂，一般呈白色和浅色，当有水存在时，呈蓝色至深蓝色。对上述不良地质作用的判释，在有条件时，应搜集不同时期的航片进行对比分析，以便了解其发展变化。

八、风沙的解译

1. 干旱地区的沙丘在像片上的色调很浅，地面几乎不生长植物；

2. 新月形沙丘及沙垅都是风积地貌的典型景观。可以很清楚地看出风的主导方向和垂直于主导风向的波纹或其他不规则的纹形；

3. 固定沙丘植物生长茂盛，覆盖度达 60％以上，形态较简单，一般在航片呈斑状图案；半固定沙丘上长有部分植物。

九、盐渍土的解译

1. 根据土的含盐程度不同，分为干盐渍土、湿盐渍土和碱地三种；

2. 干盐渍土分布在湿盐渍土的外围，在航片上反映为有光泽和无光泽的水状和雪状覆盖；

3. 湿盐渍土分布在最低的地方或湖沼边缘，地表不生长植物，地下水位很高，在航摄像片上显示有白色的狭条、白色的斑块和黑色的斑块；

4. 碱地一般呈淡白色，有时有轻微的龟裂现象。

第四章　地理信息系统（GIS）

第一节　地理信息系统的概念

地理信息系统，是在计算机硬、软件系统支持下，对现实世界（资源与环境）各类空间数据及描述这些空间数据特性的属性进行采集、储存、管理、运算、分析、显示、描述和综合分析应用的技术系统，它作为集计算机科学、地理学、测绘遥感学、环境科学、城市科学、空间科学、信息科学和管理科学为一体的新兴边缘学科而迅速地兴起和发展起来。地理信息系统中“地理”的概念并非指地理学，而是广义地指地理坐标参照系统中的坐标数据、属性数据以及以此为基础而演义出来的知识。地理信息系统具备公共的地理定位基础、标准化和数字化、多重结构和具有丰富的信息量等特征。

当前 GIS 技术与物联网、互联网、通信技术的紧密结合和快速发展，使得 GIS 应用更加广泛、更具影响力。主要应用如下：

WebGIS 是 Internet 技术应用于 GIS 开发的产物。是一个交互式的、分布式的、动态的地理信息系统，是由多个主机、多个数据库的无线终端，并由客户机与服务器（HTTP 服务器及应用服务器）相连所组成的。GIS 通过 WWW 功能得以扩展，真正成为一种大众使用的工具。从 WWW 的任意一个节点，Internet 用户可以浏览 WebGIS 站点中的空间数据、制作专题图，以及进行各种空间检索和空间分析，从而使 GIS 进入千家万户。

物联网通过 RFID（射频识别）、红外感应器、全球定位系统、激光扫描器等信息传感技术，与互联网结合起来，将物与物连接起来，实现智能识别和管理。物联网中接入的大量的基础物理设备都具有空间点位信息，通过GIS平台显示、管理、操控。

第二节　地理信息系统的功能

从应用的角度，地理信息系统由硬件、软件、数据、人员和方法五部分组成。硬件和软件为地理信息系统建设提供环境；硬件主要包括计算机和网络设备，存储设备，数据输入、显示和输出的外围设备等等。GIS软件的选型，直接影响其他软件的选择，影响系统解决方案，也影响着系统建设周期和效益。数据是GIS的重要内容，也是GIS系统的灵魂和生命。数据组织和处理是GIS应用系统建设中的关键环节。方法为GIS建设提供解决方案，采用何种技术路线，采用何种解决方案来实现系统目标，方法的采用会直接影响系统性能，影响系统的可用性和可维护性。人员是系统建设中的关键和能动性因素，直接影响和协调其他几个组成部分。

地理信息系统的功能包括：①数据的输入，存贮、编辑功能；②运算功能；③数据的查询、检查功能；④分析功能；⑤数据的显示、结果的输出功能；⑥数据的更新功能。

一、数据的输入、存贮、编辑功能

任何方式的地理系统必须对多种来源的信息，各种形式的信息（影像、图形、数字、文档）实现多种方式（人工、自动、半自动）的数据输入，建立数据库，数据的输入是把外部的原始数据输入到系统内部，将这些数据从外部格式转化为计算机系统便于处理的内部格式。

数据的存贮是将输入的数据以某种格式记录在计算机内部或外部存贮介质上。

数据的编辑功能为用户提供了修改、增加、删除、更新数据的可能。

二、操作运算

为满足用户的各种查询条件或必要的数据处理而进行的系统内部操作。

三、数据的查询、检查

满足用户采用多种查询方式从数据库数据文件或贮存装置中查找和选取所需的数据。

四、应用分析

满足用户分析评价有关问题，为管理决策提供依据，可在操作系统的运算功能支持中建立专门的分析软件来实现，地理信息系统的分析功能的强弱决定了系统在实际应用中的灵活性和经济效益，也是判断系统本身好坏的重要标志。

五、数据显示，结果输出

数据显示是中间处理过程和最终结果的屏幕显示，包括数字化与编辑以及操作分析过程的显示，如显示图形、图像、数据等。

将有关的图形、图像、文档、表格等结果通过输出设备进行输出。

六、数据更新

由于某些数据不断在变化，因而地理信息系统必须具备数据更新的功能，数据更新是地理信息系统建立数据的时间序列，满足动态分析的前提。

第三节　地理信息系统的建立

地理信息系统的建立应当采用系统工程的方法，从以下六个方面进行。

一、地理信息系统工程的目标

根据客户的需要，确立系统的目标使用所需的各种资源，按一定的结构框架、设计、组织形成一个满足客户要求的地理信息系统。

应在充分调研的基础上，分析客户的要求，将其形成文字，地理信息系统的目标是整个工程建设的基础。

二、地理信息系统工程的数据流程与工作流程

（一）地理信息系统的空间数据流程（图 2-4-1）

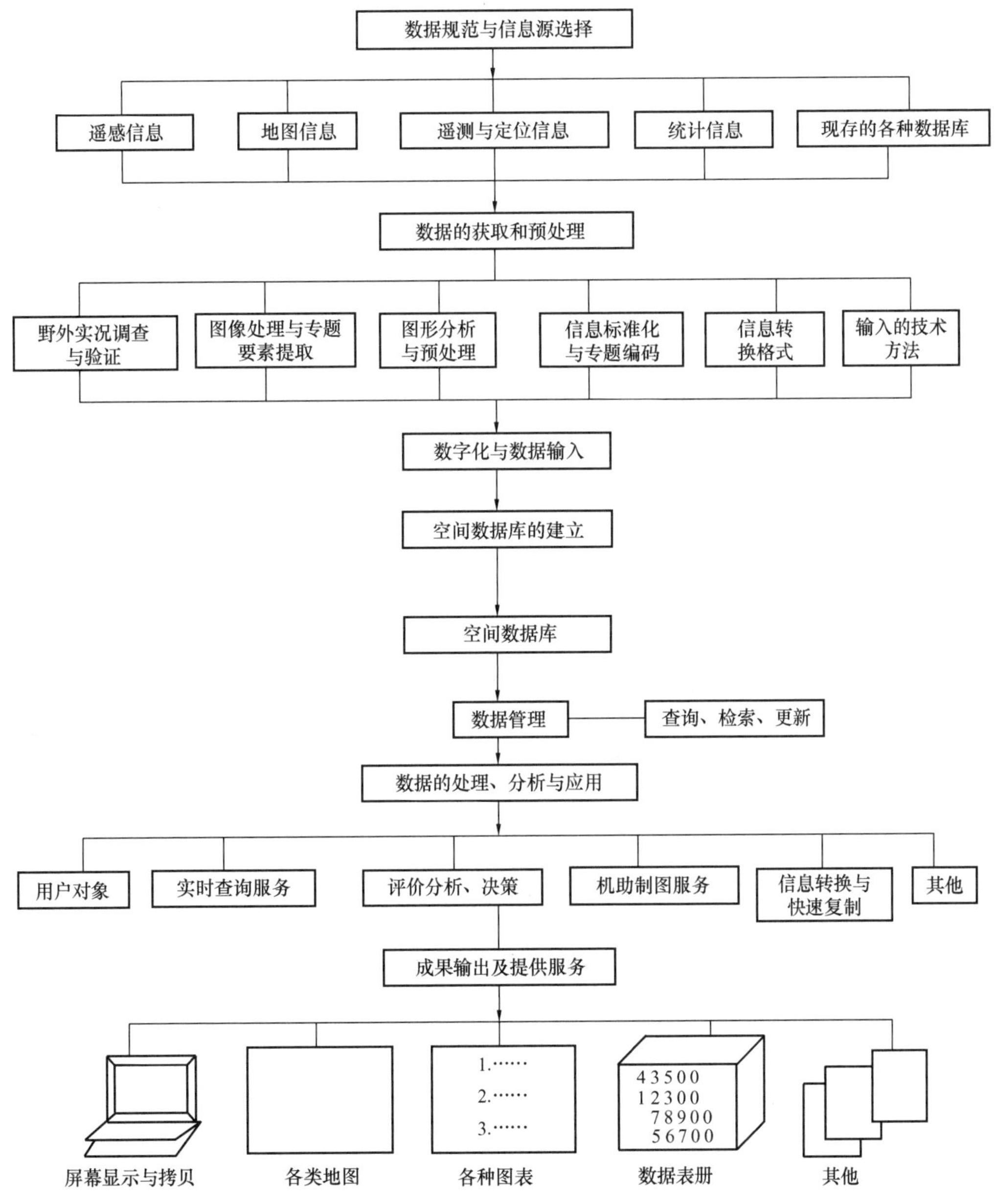

图 2-4-1　空间数据流程

1. 数据规范与信息源的选择
2. 数据的获得与标准化预处理
3. 数据输入与数据库建库
4. 数据管理
5. 数据的处理分析与应用
6. 成果的输出与提供服务

（二）地理信息系统工程的工作流程（图 2-4-2）

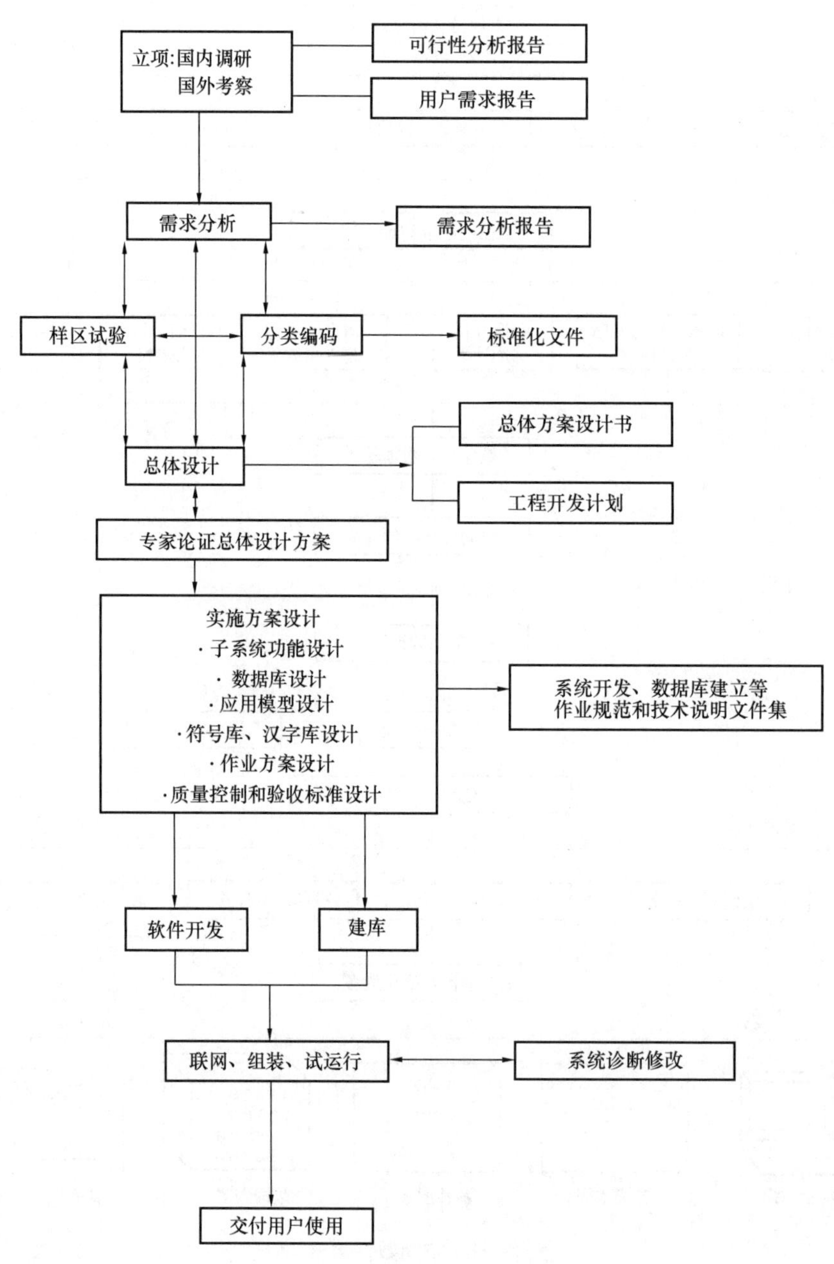

图 2-4-2　地理信息系统的工作流程

建立一个实用系统的工作流程分为 4 部分：

1. 前期准备：立项、调研、可行性分析、用户要求分析；
2. 系统设计：总体设计、标准集的产生、系统详细设计、数据库设计；
3. 施工、软件开发、建库、组装、试运行、诊断；
4. 运行、系统交付使用和更新。

三、地理信息系统的实体框架

系统的实体框架是由系统的核心数据库和应用子系统构成。子系统可以是多个，它也是一个系统，子系统还可以分成更细一级的子系统，每个子系统都有其自身的目标、边界、输入、输出、内部结构和各种流程。

四、地理信息系统的运行环境

地理信息系统运行的环境选择应：

1. 最大限度地满足用户的工作要求；
2. 在保证实现系统功能的前提下，尽可能降低资金的投入；
3. 考虑一定时期内技术的相对先进性以及软硬件之间的相互兼容性。

硬件的配件应选择性能价格比较高，维护性好，可靠性高，硬件的运行速度及容量满足系统用户的要求，便于扩展，硬件商有高的技术实力，好的售后服务。

软件配置包括其他软件和供用户进行二次开发的 GIS 基本软件。

五、地理信息系统的标准

为确保地理信息系统中的各数据库和各子系统数据分类，编码及数据文件命名的系统性、唯一性，保证本系统与后继系统以及省内或国内外其他信息系统的联网，实现系统相互兼容，信息共享，地理信息系统的设计必须充分考虑到工程的技术标准，对规范化，标准化原则予以重视，在遵守已有国家标准、行业标准、地方标准的情况下，还应根据系统本身的需要制定必要的标准、规则与规定。

六、地理信息系统的更新

地理信息系统是在动态中进行的，应在设计阶段充分考虑系统的更新，确保系统具有旺盛的生命力，满足不同阶段客户和社会的需要。

系统的更新包括：硬件更新、系统软件更新、运行数据更新、系统模型更新、系统维护的技术人员知识更新等。

第四节　地理信息系统在我国勘察行业中的应用

MAPGIS 工程勘察 GIS 信息系统，旨在利用 GIS 技术对以各种图件、图像、表格、文字报告为基础的单个工程勘察项目或区域地质调查成果资料以及基本地理信息，进行一体化存储管理，并在此基础上进行二维地质图形生成及分析计算，利用钻孔数据建立区域三维地质结构模型，采用三维可视化技术直观、形象地表达区域地质构造单元的空间展布特征以及各种地质参数，建立集数字化、信息化、可视化为一体的空间信息系统，为相关部门提供有效的工程地质信息和科学决策依据。系统主要由以下几个功能模块组成：

一、数据管理

数据管理子系统主要实现对地理底图、工程勘察所获取的资料和成果的录（导）入、转换、编辑、查询等功能。

（一）数据建库

地理底图库：可用数字化仪输入、扫描输入、GPS输入、全站仪输入和文件转换输入，采用海量数据库进行管理。

工程勘察数据库：可用直接导入、手工输入、数据转换（支持属性类数据的批量导入）等多种方法录入，利用大型商用数据库进行管理。

（二）数据管理查询功能

1. 提供与钻孔相关的试验表类属性数据与图形数据的关联存储管理功能；

2. 提供对各种三维地质模拟结果、成果资料的存储管理；

3. 提供与钻孔相关的各种基本信息及试验结果等属性信息的查询；

4. 提供对多种成果图件及统计分析表单等系统资料的查询；

5. 对数据的统计功能。

二、工程地质分析及应用

1. 生成与钻孔相关的钻孔平面布置图、土层柱状图、岩石柱状图和工程地质剖面图；

2. 生成各种等值线（彩色、填充），包括地层等值线（层顶、层底、层厚）、第四纪土等值线（层底、层厚）、基岩面等值线、地下水位等值线及其他等值线等；

3. 生成各种试验曲线：单桥静探曲线图、双桥静探曲线图、动力触探曲线图、波速曲线、十字板剪切试验曲线、孔压静力触探曲线图、三轴压缩试验曲线图、塑性图、e-p关系曲线、土的粒径级配曲线、直剪试验曲线图等；

4. 与办公自动化OA的完美结合：根据工程勘察所获取的数据自动生成工程勘察报告。

三、三维地质结构建模及可视化

（一）快速、准确地建立三维地质结构模型

系统根据用户选定的分析区域内的钻孔分层数据自动建立起表达该区域地质构造单元（地层）空间展布特征的三维地质结构模型；对于地质条件比较复杂的区域，可通过用户自定义剖面干预建模，处理夹层、尖灭、透镜体等特殊地质现象。

（二）三维可视化表现功能

系统提供如下模型显示、表现功能：

1. 系统提供对三维模型的放大（开窗放大）、缩小，实时旋转、平移、前后移动等三维窗口操作功能，支持鼠标和键盘两种操作方式；

2. 钻孔数据的多种三维表现形式；

3. 提供对钻孔数据立体散点表现形式及立体管状表现形式；

4. 三维地质模型与钻孔数据的组合显示；

5. 可对某些感兴趣的地层进行单独显示和分析。

（三）三维可视化分析功能

1. 任意方向切割模型；

2. 立体剖面图生成；

3. 三维空间量算功能。

四、成果生成与输出

（一）资料图件输出

输出指定范围内已有资料中的多种基础平面图图件，包括本区基础地理底图、水系分布图、地貌分区图、地质图、基岩地质图、水文地质图、工程地质图等。

（二）表格数据输出

提供对各类表格数据、报表的输出。

（三）平面成果图件生成

1. 生成与钻孔相关的钻孔平面布置图、柱状图、剖面图；

2. 生成各种等值线（彩色、填充），包括地层等值线（层顶、层底、层厚）、第四纪土等值线（层底、层厚）、基岩面等值线等。

（四）三维地质模拟结果输出

1. 立体剖面栅状图；

2. 针对三维地质模型的空间分析、量算结果；

3. 三维地质模型静态效果图；

4. 三维地质模型漫游动画。

第五章 地球物理勘探

利用地球物理的方法来探测地层、岩性、构造等地质问题，称为地球物理勘探，简称物探；几种主要物探方法的应用范围和适用条件见表 2-5-1。

几种主要物探方法的应用范围和适用条件 表 2-5-1

<table>
<tr><th colspan="3">方法名称</th><th>应用范围</th><th>适用条件</th></tr>
<tr><td rowspan="6">电法勘探</td><td rowspan="3">电阻率法</td><td>电阻率剖面法</td><td>探测地层岩性、地质构造在水平方向的电性变化，解决与平面位置有关的问题</td><td>被测地质体有一定的宽度和长度，电性差异显著，电性界面倾角大于 30°；覆盖层薄，地形平缓</td></tr>
<tr><td>电阻率测深法</td><td>探测地层在垂直方向的电性变化，解决与深度有关的地质问题</td><td>被测岩层有足够厚度，岩层倾角小于 20°；相邻层电性差异显著，水平方向电性稳定；地形平缓</td></tr>
<tr><td>高密度电阻率法</td><td>探测浅部不均匀地质体的空间分布</td><td>被测地质体与围岩的电性差异显著，其上方没有极高阻或极低阻的屏蔽层；地形平缓，覆盖层薄</td></tr>
<tr><td colspan="2">充电法</td><td>用于钻孔或水井中测定地下水流向流速；测定滑坡体的滑动方向和速度</td><td>含水层埋深小于 50m，地下水流速大于 1m/d；地下水矿化度微弱；覆盖层的电阻率均匀</td></tr>
<tr><td colspan="2">自然电场法</td><td>判定在岩溶、滑坡及断裂带中地下水的活动情况</td><td>地下水埋藏较浅，流速足够大，并有一定的矿化度</td></tr>
<tr><td colspan="2">激发极化法</td><td>寻找地下水，测定含水层埋深和分布范围，评价含水层的富水程度</td><td>在测区内没有游散电流的干扰，存在激电效应差异</td></tr>
</table>

续表

方法名称		应用范围	适用条件
电磁法勘探	频率测深法	探测地层在垂直方向的电性变化，解决与深度有关的地质问题	被测地质体与围岩电性差异显著；没有极低阻屏蔽层，没有外来电磁干扰
	瞬变电磁法	可在基岩裸露、沙漠、冻土及水面上探测断层、破碎带、地下洞穴及水下第四系厚度等	被测地质体相对规模较大，且相对围岩呈低阻；其上方没有极低阻屏蔽层；没有外来电磁干扰
	可控源音频大地电磁测深法	探测中、浅部地质构造	被测地质体有足够的厚度及显著的电性差异；电磁噪声比较平静；地形开阔、起伏平缓
	探地雷达	探测地下洞穴、构造破碎带、滑坡体；划分地层结构；管线探测等	被测地质体上方没有极低阻的屏蔽层和地下水的干扰；没有较强的电磁场源干扰
地震勘探	直达波法	测定波速，计算岩土层的动弹性参数	—
	反射波法	探测不同深度的地层界面、空间分布	被探测地层与相邻地层有一定的波阻抗差异
	折射波法	探测覆盖层厚度及基岩埋深	被测地层的波速应明显大于上覆地层波速
	瑞雷波法	探测覆盖层厚度和分层；探测不良地质体	被测地层与相邻层之间、不良地质体与围岩之间，存在明显的波速和波阻抗差异
声波探测		测定岩体的动弹性参数；评价岩体的完整性和强度；测定洞室围岩松动圈和应力集中区的范围	—
层析成像		评价岩体质量、划分岩体风化程度、圈定地质异常体、对工程岩体进行稳定性分类；探测溶洞、地下暗河、断裂破碎带等	被探测体与围岩有明显的物性差异；电磁波 CT 要求外界电磁波噪声干扰小
管波探测		桩位岩溶勘察、评价桩基持力层完整性；钻孔岩土分层；钻孔含水层划分；桩基质量检测等	测试段无金属套管、有孔液
综合测井	电测井	划分地层，区分岩性，确定软弱夹层、裂隙破碎带的位置和厚度；确定含水层的位置、厚度；划分咸、淡水分界面；测定地层电阻率	无套管、清水洗孔
	声波测井	区分岩性，确定裂隙破碎带的位置和厚度；测定地层的孔隙度；研究岩土体的力学性质	无套管、清水洗孔
	放射性测井	划分地层；区分岩性，鉴别软弱夹层、裂隙破碎带；确定岩层密度、孔隙度	钻孔有无套管及井液均可进行
	电视测井	确定钻孔中岩层节理、裂隙、断层、破碎带和软弱夹层的位置及结构面的产状；了解岩溶洞穴的情况；检查灌浆质量和混凝土浇筑质量	无套管和清水钻孔中进行
	井径测量	划分地层；计算固井时所需的水泥量；判断套管井的套管接箍位置及套管损坏程度	有无套管及井液均可进行
	井斜测量	测量钻孔的倾角和方位角	在无铁套管的井段进行

第一节 电 法 勘 探

在自然界中，由于岩土的种类、成分、结构、湿度和温度等因素的不同，而具有不同的电学性质；电法勘探是以这种电性差异为基础，利用仪器观测天然或人工的电场变化或岩土体电性差异，来解决某些地质问题的物探方法。

电法勘探根据其电场性质的不同可分为电阻率法、充电法、自然电场法和激发极化法等。

一、电阻率法

（一）基本原理

不同岩层或同一岩层由于成分和结构等因素的不同，而具有不同的电阻率；通过接地电极将直流电供入地下，建立稳定的人工电场，在地表观测某点垂直方向或某剖面的水平方向的电阻率变化，从而了解岩层的分布或地质构造特点。

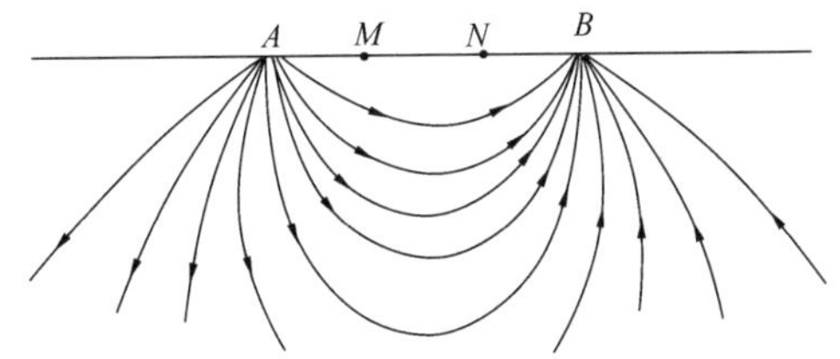

图 2-5-1 均匀介质中电流线分布图

均质各向同性岩层中电流线的分布如图 2-5-1，AB 为供电电极，MN 为测量电极，当 AB 供电时用仪器测出供电电流 I 和 MN 处的电位差 ΔV，则岩层的电阻率按下式计算：

$$\rho = K\frac{\Delta V}{I} \tag{2-5-1}$$

式中 ρ——岩层的电阻率（Ω·m）；

ΔV——测量电极间的电位差（mV）；

I——供电回路的电流强度（mA）；

K——装置系数（m），与供电和测量电极间距有关，按表 2-5-2 所列公式计算。

K 值计算公式 **表 2-5-2**

电探方法	K 值计算公式
对称测深、对称剖面	$K=\pi\frac{AM\cdot AN}{MN}$
三极测深、三极剖面、联合剖面	$K=2\pi\frac{AM\cdot AN}{MN}$
轴向偶极测深、偶极剖面	$K=\frac{2\pi\cdot AM\cdot AN\cdot BM\cdot BN}{MN\cdot(AM\cdot AN-BM\cdot BN)}$
赤道偶极测深	$K=\frac{AM\cdot AN}{AN-AM}$
双电极剖面	$K=2\pi\cdot AM$
中间梯度	$K=\frac{2\pi\cdot AM\cdot AN\cdot BM\cdot BN}{MN\cdot(AM\cdot AN+BM\cdot BN)}$

在各向同性的均质岩层中测量时，从理论上讲，无论电极装置如何，所得的电阻率应相等，即岩层的真电阻率；但实际工作中所遇到的地层既不同性又不均质，所测得的电阻率为视电阻率 ρ_s，是不均质体的综合反映。

一些岩土的电阻率可参考表 2-5-3。

部分岩土的电阻率参考值　　表 2-5-3

物质种类	电阻率（Ω·m）	物质种类	电阻率（Ω·m）
黏土	$n\times0.1\sim n\times10$	辉长岩	$n\times10^2\sim n\times10^5$
白云岩	$n\times10\sim n\times10^2$	片麻岩	$n\times10^2\sim n\times10^4$
石灰岩	$n\times10^2\sim n\times10^3$	花岗岩	$n\times10^2\sim n\times10^5$
砾岩	$n\times10\sim n\times10^3$	河水	$n\times10\sim n\times10^2$
砂岩	$n\times0.1\sim n\times10^3$	海水	$n\times0.1\sim n\times1$
泥质页岩	$n\times10\sim n\times10^3$	潜水	<100
玄武岩	$n\times10^2\sim n\times10^5$	矿井水	$n\times1$

注：n——1～9 的任一数。

（二）电阻率法的分类

为了解决不同的地质问题，常采用不同的电极排列形式和移动方式（简称为装置）；根据装置的不同将电阻率法分为电剖面法、电测深法和高密度电阻率法。

1. 电剖面法

电剖面法是测量电极和供电电极的固定排列装置不变，而测点沿测线移动，来探测某深度范围内岩层视电阻率 ρ_s 水平变化的方法；解决与平面位置有关的地质问题，如断层、岩层接触界面等。

（1）电剖面法根据装置的不同可分为下列各种，见图 2-5-2。

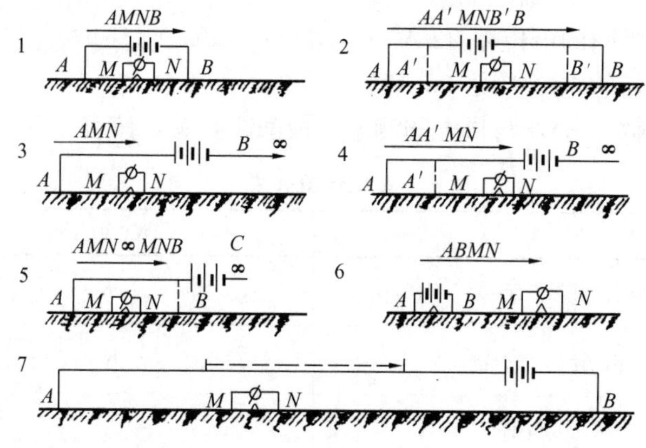

图 2-5-2　电测剖面装置

1—对称四极剖面；2—复合对称四极剖面；3—三极剖面；
4—复合三极剖面；5—联合剖面；6—偶极剖面；
7—中间梯度法

1）对称四极剖面：$AMNB$ 布置在一条直线上，$AM=NB$，测量时 $AMNB$ 的间距不变，四个电极同时沿测线方向移动；当取 $AM=MN=NB=a$ 时，称为温纳装置。

2）复合对称四极剖面：电极布置同对称四极剖面，但增加了两个供电电极 $A'B'$，即

同时可测两个 AB 深度的 ρ_s 值；如图 2-5-3 为两种不同地质情况，用对称四极剖面法测得的曲线形状相同；若用复合对称四极剖面法则测得的曲线类型不一，即能分辨出两种不同地质情况。

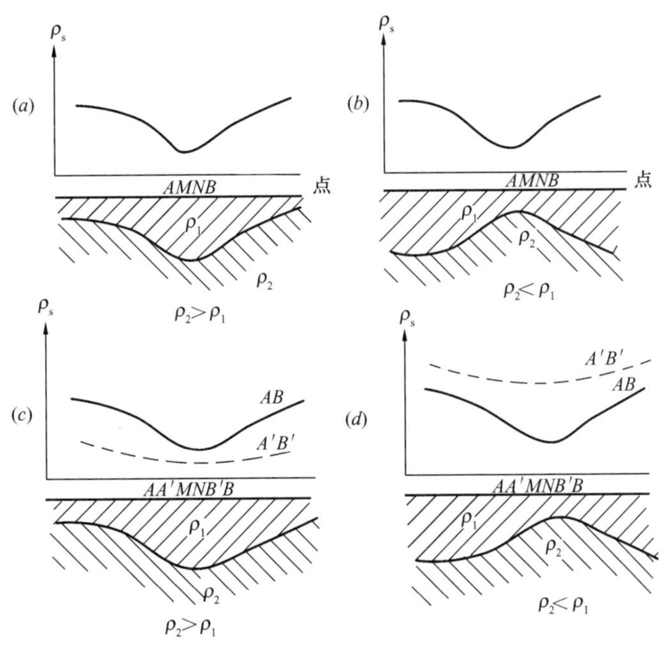

图 2-5-3　两种不同地质剖面曲线

(*a*)、(*b*) 两种不同地质情况下 $AMNB$ 剖面曲线；

(*c*)、(*d*) 两种不同地质情况下 $AA'MNB'B$ 剖面曲线

3）三极剖面和联合剖面：三极剖面是供电电极之一置于无穷远，AMN 沿测线排列，并逐点进行观测；三极剖面一般很少单独使用，往往用两个三极剖面联合起来称联合剖面，联合剖面是 $AMNB$ 布置在一直线上，增加一供电电极 C，C 极垂直于 $AMNB$ 方向布置于无穷远处，一般 $CO=$（5～10）AO，每一测点可分别测出 $AMN\infty$ 和 ∞MNB 两个 ρ_s 值，绘成两条曲线，当地下有较窄的垂向构造时，两条曲线即相交成低阻或高阻交点，反映出构造位置；因此，联合剖面通常用来探测岩脉、断层、破碎带、溶洞等。

复合三极剖面：电极布置同三极剖面，但增加了一个供电电极 A'，同时可测两个深度的 ρ_s 值。

4）偶极剖面：供电电极和测量电极同时沿测线同一方向移动，偶极剖面分为轴向偶极剖面和赤道偶极剖面；当 MN 一边布置 AB 时，称单边轴向偶极剖面和单边赤道偶极剖面；当 MN 两边均布置 AB（对称 MN 布置）时，即 $ABMNA'B'$，称为双边轴向偶极剖面和双边赤道偶极剖面；双边布置可在同一地点测出两个 ρ_s 值，同时可绘制两条 ρ_s 曲线，其性质与联合剖面的 ρ_s 曲线相似，亦有低阻或高阻交点。

5）中间梯度法：是将供电电极 AB 相距很远、固定不动，测量电极 MN 在其中部约 1/3 的地段沿 AB 线或平行 AB 线进行观测，这样电场被认为是均匀的，若测量范围内有高、低阻不均匀地质体时，则 ρ_s 明显反映出极大或极小值；一般用来探测陡倾角高阻带状

构造。

以上各种装置的记录点均为 MN 的中点。

（2）电剖面法的极距选择

电剖面可按下列方法选择极距，未列者可参考近似类型的方法。

1）对称四极剖面：

$$AB=(4\sim6)H, MN<AB/3$$

2）复合对称四极剖面：

$$AB=(6\sim10)H, A'B'=(2\sim4)H$$

3）三极剖面、联合剖面：

$$CO=(5\sim10)AO, AO\geqslant3H, MN=(1/3\sim1/5)AO=\text{测点距}$$

上列各式中 H 为探测对象埋藏深度（m）。

4）偶极剖面：

$$AB=(2\sim3)MN$$

当地质条件简单时：$AB=MN$，$MN=OO'/10=$测点距。OO'的间距可参考联合剖面中的 AO 间距，即：

$$OO'=AO+AB/2$$

5）中间梯度法：

$$MN\geqslant H \text{ 或 } MN=(2\sim5)H, AB=(30\sim40)MN$$

1
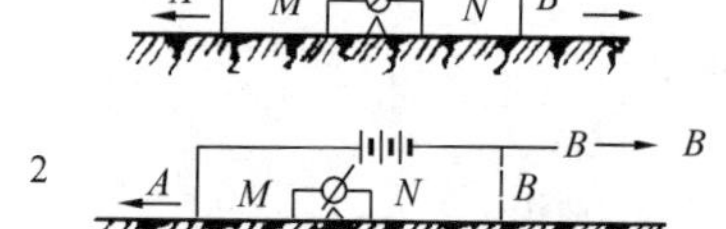

3
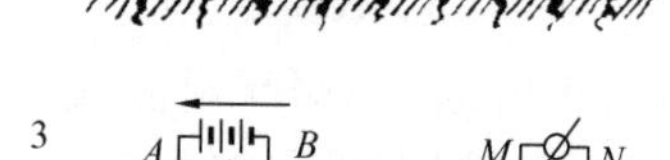

4
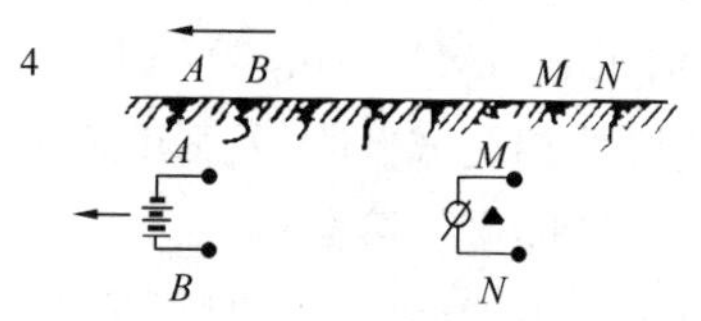

图 2-5-4　电测深装置图

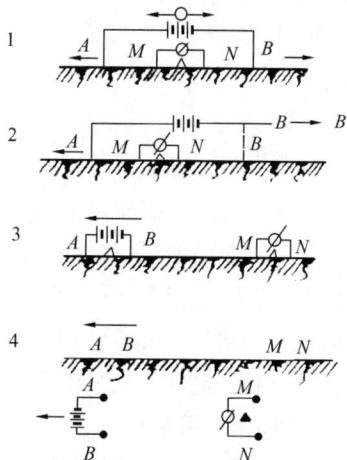

1—对称四极测深；2—三极测深；3—轴向偶极测深；4—赤道偶极测深

2. 电测深法

电测深法是在地表以某一点（即测深点）为中心，用不同供电极距测量不同深度岩层的 ρ_s 值，以获得该点处地质断面的方法；若测深点按勘探线布置时，可得出地质横断面情况。

（1）电测深法根据极距装置形式可分为下列几种，如图 2-5-4。

1）对称四极测深：$AMNB$ 四个电极布置在一条直线上，测量电极 MN 布置在供电电极 AB 中间，测量时 MN 不动（当 AB 增大到一定值后，MN 按规定要求增大），对称式增大 AB，每移动一次 AB 测得一次 ρ_s 值，或 AB 和 MN 按一定比值同时增大，测量 ρ_s 值。

2）三极测深：当有地形、地物阻碍四极测深的 AB 极距增大时，可采用三极测深。三极测深是将供电电极 B 沿 MN 中垂线方向，放到距测深点 O 的距离 $BO\geqslant$（3～5）AO_{max}处，或将 B 极沿 AMN 方向放到 $BO\geqslant10AO$ 处，测量时仅移动 A 极；所得结果一般与四极测深一致。

3）偶极测深又分为轴向偶极测深和赤道偶极测深：轴向偶极测深是 $ABMN$ 布置在一直线上，MN 布置在 AB 的一侧，测量时 AB 间距不变，移动 AB；赤道偶极测深是 AB 和 MN 平行排列，测量时 AB 间距不变，平行移动 AB；该法也是在有地形、地物障碍，AB 极距拉不开时采用。

4）环形测深：装置形式仍为对称四极装置，所不同的是在一个测深点上进行几个方向（一般为四个方向）的测量，以了解同一地点不同方向上的岩性变化，如节理组发育方向等，将各方向上同一 AB 极距所测得的 ρ_s 值，用同一比例绘制平面图，当岩层各向均质时，为一些同心圆；当在某方向岩性有差异时，则为一些椭圆，见图 2-5-5。

图 2-5-5 环形电测深

（2）电测深的极距选择

AB 和 MN 的距离按下式原则选择：

$$AB_{min} \leqslant h_1，H < AB_{max} < 10H，AB/3 \geqslant MN \geqslant AB/30$$

式中 h_1——由地表开始第一电性层（岩层）的厚度（m）；

H——要求的探测深度（m）；

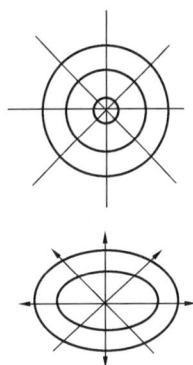

AB_{min}、AB_{max}——AB 电极的最小和最大间距（m）。

（3）资料整理及解释

1）绘制 ρ_s-$AB/2$ 的关系曲线：按供电极距不同所测得的 ρ_s 值，在双对数坐标纸上绘制 ρ_s-$AB/2$ 关系曲线，其类型如表 2-5-4 所示。

电测深曲线类型 **表 2-5-4**

断面层次	曲线类型	电阻率关系	曲线形状
二层断面	G	$\rho_1 < \rho_2$	
	D	$\rho_1 > \rho_2$	
三层断面	A	$\rho_1 < \rho_2 < \rho_3$	
	K	$\rho_1 < \rho_2 > \rho_3$	
	H	$\rho_1 > \rho_2 < \rho_3$	
	Q	$\rho_1 > \rho_2 > \rho_3$	

注：ρ_1、ρ_2、ρ_3 分别为地表向下的第一、第二、第三岩层的电阻率。

表列类型是常见的曲线类型，此外，还有 AK、HK、HA 等四层断面类型和 HAK、HKQ、AKQ 等五层断面类型等。

2）电测深 ρ_s-$AB/2$ 曲线的解释：分定性解释和定量解释两种；定性解释即根据曲线的类型划分层次，并大致确定每层的深度；定量解释有量板法、非量板法。

量板法：是采用实测曲线与理论曲线相对比的方法。量板是已制好的一系列理论曲线。量板法有二层量板与辅助量板法和二层量板与三层量板法。

非量板法：有切线法、平均电阻率法、对比法和计算作图法等。

无论定性或定量解释，均应有一定的地质资料做参考，这样才能使解释更符合实际。

3. 高密度电阻率法

高密度电阻率法的原理与普通电阻率法相同，只是在测定方法、仪器设备及资料处理方面有了改进；它集中了电剖面法和电测深法的特点，不仅可提供地下一定深度范围内横向电性的变化情况，而且还可提供垂向电性的变化特征。

（1）测量系统

高密度电阻率法的测量系统主要包括多电位电极系、多路电极转换装置和高密度工程电测仪，见图 2-5-6；电极系由电极和多芯屏蔽电缆组成，电极转换装置有手动式和程控式两种。

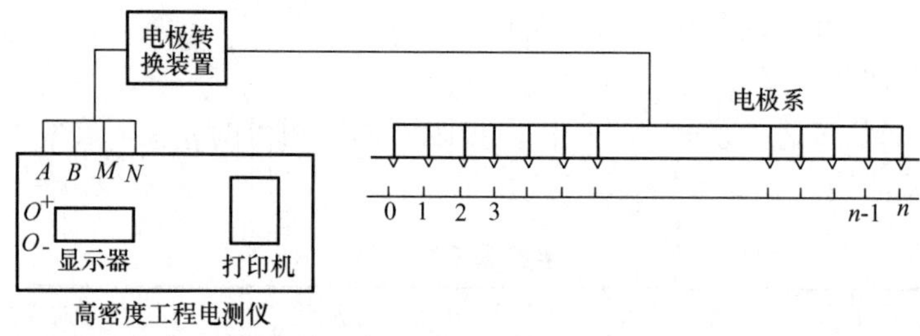

图 2-5-6　高密度电阻率法测量系统

（2）测量方法

1）电极装置：电极敷设一次完成，通过电极转换装置实现电极排列方式、极距和测点的转换。在实际工作中常采用一种或多种装置类型进行观测，以达到最佳的探测目的，常用的装置类型如表 2-5-5 所示。

常用装置类型　　表 2-5-5

装置类型		装置系数（K）	装置图
三极法	等间隔 AMN 法	$4\pi a$	B - - - A M N；a a
	不等间隔 AMN 法	$2n(n+1)\pi a$	B - - - A M N；na a
四极法	等间隔 AMNB 法	$2\pi a$	A M N B；a a a
	等间隔 ABMN 法	$6\pi a$	A B M N；a a a
	等间隔 AMBN 法	$3\pi a$	A M B N；a a a
	偶极法	$n(n+1)(n+2)\pi a$	A B M N；a πa a

注：a—电极间隔；n—隔离系数；$n=1$，2，3，……；虚线—无穷远极。

2）电极距选择：根据地形、已知地质资料及探测目标的规模，选择适当的电极距；按选取的电极距，等距离地布置电极。

（3）资料整理及解释

高密度电阻率法数据处理分为基本数据处理和应用数据处理两种；基本数据处理包括视电阻率的计算和地形校正处理；应用数据处理包括平滑、强化处理。

由于高密度电阻率法可以在一条剖面上采集到不同装置及不同极距的大量数据，通过对这些数据进行统计、换算以及滤波处理，便可获得各种参数的等级断面图和分级剖面图，根据不同图件中各参数值的分布形态，综合分析异常体的位置和规模。

二、充电法

充电法是将一供电电极接于良导性的地质体上，另一极置于足够远处接地，以使该远极产生的电场对观测电场不产生影响，根据地面观测的电场分布性质（等位线的形状），分析出良导地质体的形状、大小和位置。

（一）观测方式

充电法按其观测方式可分为电位法、电位梯度法和直接追索等位线法。

1. 电位法：将一测量电极 N 固定在离充电体足够远的正常场处，另一测量电极 M 沿测线逐点移动，观测其相对于 N 极的电位差 ΔV，同时观测供电电流 I，计算 $\Delta V/I$；

2. 电位梯度法：测量电极 M、N 保持一定距离沿测线逐点同时移动，观测其电位差 ΔV 和供电电流 I，计算 $\Delta V/(MN \cdot I)$；

3. 追索等位线法：在测区内直接追索充电电场的等位线，主要用于确定地下水的水位、流速和流向。

（二）充电法的应用

1. 利用充电法测定地下水流速、流向

将供电电极 A 放到井下含水层的位置，B 极放到距井口足够远（一般为 A 至井口距离的 20～50 倍）的任意方向上，N 极大致在地下水上游方向固定，其距井口的距离等于 A 极到地表的距离（井有套管时为 A 极到地表距离的 2～3 倍），供电后地下水充电，地下水周围岩层中就分布着电场，以井口为中心呈放射状移动 M 极测量相同各点的电位，并连成等位线，这时等位线大致为圆形，然后向井中注入食盐水，再测量等电位线，则等电位线在水流方向由原来的圆形变为椭圆形，等电位线的移动方向即为地下水流向，中心点的移动速度为地下水流速之半。见图 2-5-7。

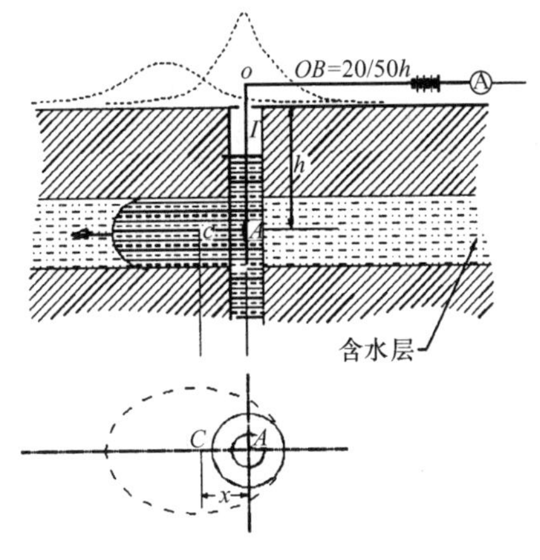

图 2-5-7　充电法测定地下水流速流向

地下水流速按下式计算：

$$v = \frac{2x}{t} \tag{2-5-2}$$

式中　v——地下水流速（m/h）；

t——加盐后到测量时的间隔时间（h）；

x——等电位线中心点的移动距离（m）。

用充电法测定地下水流速、流向的适用条件是：含水层深度小于50m，流速大于1m/d，地下水的矿化程度微弱（$\rho>15\Omega m$），围岩电阻率较大（$\rho\geqslant50\Omega m$），且钻孔没有套管。

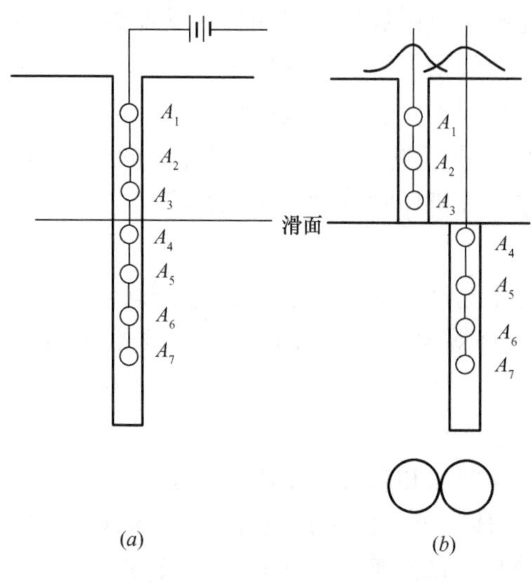

图 2-5-8　求滑动方向及速度

2. 利用充电法测定滑坡体的滑动方向和滑动速度

在钻孔的不同深度处放数个金属球，并用导线分别接到地面，作为供电电极 A（A_1、A_2……），将钻孔用土填满，见图 2-5-8（a）。隔一定时间后，将另一供电电极放在距钻孔足够远处（为最深的球到地表距离的20～50倍），分别用 A_1B、A_2B……供电，在钻孔附近测等位线。如果每次测的等位线均重合，则说明没有滑动现象；如果出现不重合现象，见图2-5-8（b），则可根据等电位线移动的方向和距离，以及每次观测的时间间隔，求出滑动方向和滑动速度；根据等电位线开始移动的球的位置，可以确定滑动的深度。

三、自然电场法

自然电场法是通过观测研究自然电场的分布规律，来解决地质问题的一种方法；由于自然电场电流场强度小、电极极化等原因，测量电极需采用不极化电极。

自然电场法按其观测方法可分为电位法和电位梯度法。

（一）电位法

电位法是测量相对于某一固定点电位的方法；使用一个固定电极和一个流动电极，将固定电极 N 布于测区内某一固定点上，用流动电极 M 沿测线逐点移动，观测各 M 点相对于 N 点的电位值，见图 2-5-9。

（二）电位梯度法

电位梯度法是测量相邻两个测点间电位梯度的方法；如观测地下水流向的8形观测法就属于梯度法，见图 2-5-10，以测点 O 为中心，以固定的距离为直径顺序测量 M_1N_1……M_4N_4 诸点的电位差，用相应的径向长度对称地表示各个方向上电位差的大小呈8形，根据8形的长轴方向和电位的符号可以确定地下水流向。

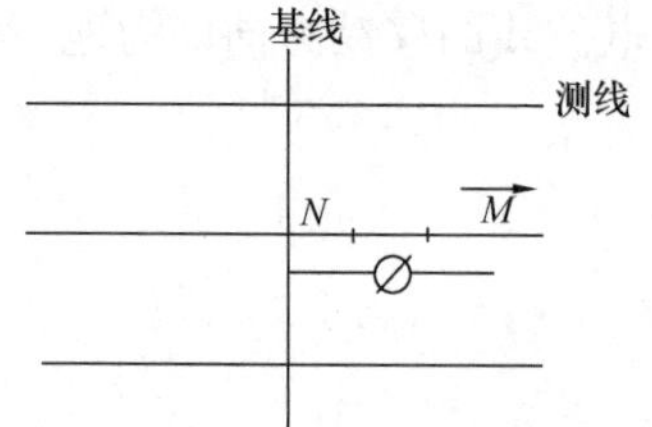

图 2-5-9　电位法观测

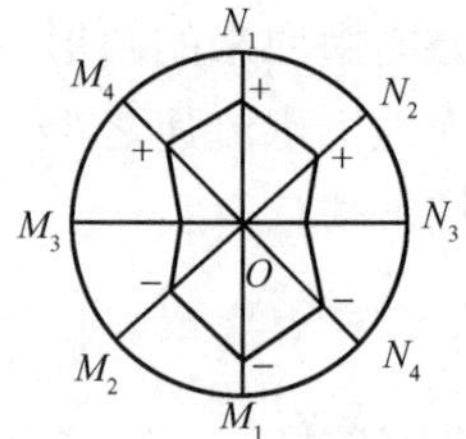

图 2-5-10　8字形电位梯度观测法

当地下水埋藏较浅、流速足够大，并有一定矿化度时，能取得较好效果；可利用此法判定在岩溶、滑坡以及覆盖层下地下水沿断裂带活动的情况。

四、激发极化法

（一）基本原理

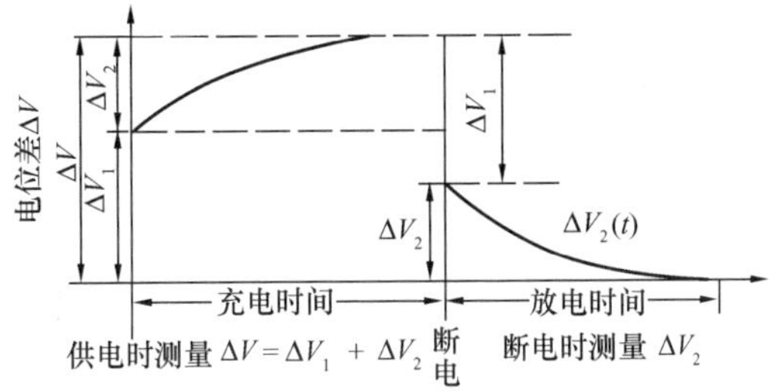

图 2-5-11 充放电曲线

如图 2-5-11 所示，地质体在充、放电过程中产生随时间缓慢变化的附加电场现象，称为激电效应；激发极化法是以不同地质体激电效应的差异为基础，通过研究大地激电效应，来探测地下地质情况的一种分支电法，可分为时间域激发极化法和频率域激发极化法。

时间域激电法：是研究地质体在稳定电流（或直流脉冲）激发作用下电场随时间变化的激电效应。

频率域激电法：将供电电源改为交流电源，并逐次改变所供交变电流的频率，观测在随频率变化（频率特性）的电场作用下地质体的激电效应。

（二）装置类型的选择

激电法可沿用电阻率法的各种电极装置，以下为常用的几种：

1. 中间梯度装置：能在较大的面积上进行测量；由于 A、B 段中间地段接近水平均匀极化条件，因此得到的异常形态简单，易于解释，但要求供电电流大；

2. 联合剖面装置：能得到两条 η_s 曲线配合起来解释，准确地确定极化体的分布；但电极距对联合剖面异常的影响较大，且装置笨重，较少应用；

3. 近场源装置：供电和测量电极间的距离小，常用的二极装置异常形态简单，易于解释，对近地表的极化体反应灵敏；

4. 对称四极测深装置：在层状大地条件下，可提供地电断面随深度变化的资料，确定极化体埋深和判断极化体与围岩的相对导电性，在激电找水中常使用此装置；

5. 偶极装置：对覆盖层的穿透能力较强，采用多个偶极间距系数时兼有剖面法和测深的双重性质，对极化体形状和产状的分辨能力较强，但要求供电电流大；在以上各种电极装置中，此装置的电磁耦合干扰最小。

除偶极装置主要用于频率域激电法，其余几种装置主要用于时间域激电法。

第二节 电磁法勘探

电磁法是以地下岩土体的导电性和导磁性差异为基础，观测和研究由于电磁感应而形成的电磁场的时空分布规律，从而解决有关工程地质问题的一种物探方法；电磁法的种类较多，本节简要介绍几种在工程地质勘察中的常用方法。

一、频率电磁测深法

（一）基本原理

频率测深法是通过改变人工电磁场的频率来控制探测深度，查明岩层电阻率随深度的变化情况，借以判释地层分布及地质构造。

在频率测深中，当采用频率为 0.1～100kHz 的长波、超长波时，则有

$$\delta=\sqrt{\frac{2}{\omega\mu\sigma}}=\frac{\lambda}{2\pi} \tag{2-5-3}$$

式中　λ——大地中电磁波波长（m）；

μ、σ——磁导率和电导率。

当频率较高时，δ 小，电磁波集中在地表附近；随着频率的降低，δ 增大，电磁波穿透深度增加；当地中电磁波振幅衰减至地表的 $1/e$ 时的深度称为“趋肤深度 δ”。

（二）工作方法

1. 装置类型

采用电偶极源的装置主要有 $AB-MN$（$\theta=90°$为赤道偶极，$\theta=0°$为轴向偶极）和 $AB-s$；磁偶极源的装置主要有 $S-MN$ 和 $S-s$ 装置（S 表示发射线圈，s 表示接收线圈）。

2. 装置大小的选择

最佳收、发距为探测深度的 3～5 倍，即：$r_{佳}=$（3～5）H；电极 AB 和 MN 的距离按下式选择：$AB=H=r/4$，$MN=AB/2$。

（三）资料整理与解释

1. 绘制视电阻率、视相位断面图，视纵向电导率断面图及平面图，根据图形各参数的分布特点对岩层和地质现象进行定性解释；

2. 结合地质资料，通过正、反演计算，求取地质体的参数（厚度、深度、电阻率等），进行定量解释。

二、瞬变电磁法（TEM）

（一）基本原理

TEM 法为时间域电磁法，它是利用不接地回线通以脉冲电流向地下发射一次脉冲磁场，使地下低阻介质在此脉冲磁场激励下产生感应涡流，感应涡流产生二次磁场；利用接收仪器及接收线圈观测断电后的二次磁场，通过研究二次场的特征及分布，可获得地下地质体的分布特征，如图 2-5-12 所示。

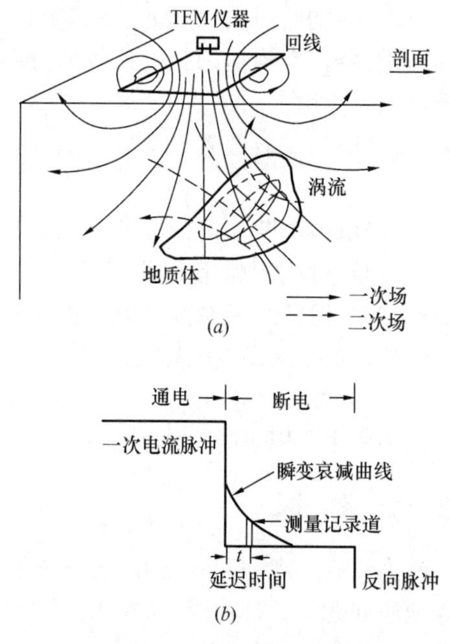

图 2-5-12　TEM 野外勘测

（a）TEM 现场勘测；（b）TEM 测量方案示意图

（二）工作方法

1. 工作装置

常用的工作装置如图 2-5-13 所示。

（1）重叠回线装置：将发射回线（T_x）与接收回线（R_x）相重合敷设在剖面上；

（2）中心回线装置：将小型多匝 R_x 放置于边长为 L 的 T_x 中心，沿测线逐点进行观测；

（3）偶极装置：T_x 与 R_x 保持固定的收发距 r，并同时沿测线逐点移动进行测量；

（4）大定回线装置：T_x 采用边长达数百米的矩形固定大回线，R_x 采用小型线圈沿垂

直于 T_x 长边的测线，逐点观测二次磁场三个分量。

2. 测网的选择

线距一般为回线边长 L 或 $2L$，点距为 L 或 $L/2$、$L/4$，工作比例尺根据地质任务确定。

（三）资料处理和解释

1. 剖面资料处理：利用原始观测数据，计算 ρ_s 值，绘制 ρ_s 断面图，并绘制观测值 $\mathrm{d}B_z/\mathrm{d}t$ 和 $\mathrm{d}B_x/\mathrm{d}t$ 多道剖面图，进行模拟构造计算，结合地质资料划分剖面异常；

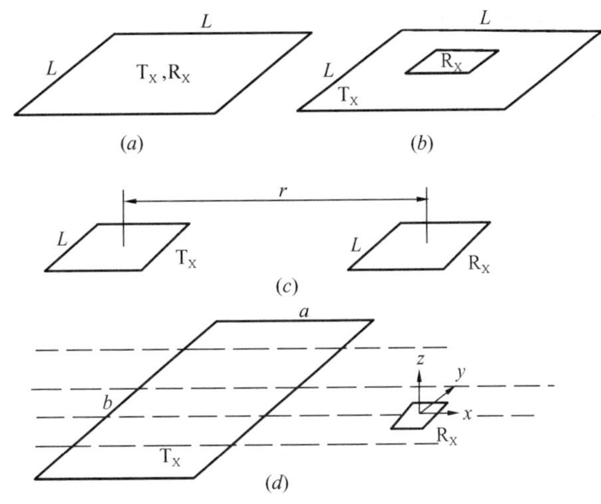

图 2-5-13　TEM 剖面测量装置

（a）重叠回线装置；（b）中心回线装置；（c）偶极装置；（d）大定回线装置

2. 测深资料处理：利用原始观测数据计算 ρ_s 值，绘制 ρ_s 断面图，并绘制 ρ_s 单支曲线图，采用正、反演计算求取参数，结合地质资料进行判别分析，绘制地质剖面图；其视电阻率的计算公式为：

$$\rho_s = \frac{\mu_0}{4\pi t}\left[\frac{2\mu_0 M}{5t(\mathrm{d}B_z/\mathrm{d}t)}\right]^{2/3} \tag{2-5-4}$$

式中　$M=S_T \cdot I \cdot N_T$；$\dfrac{\mathrm{d}B_z}{\mathrm{d}t}=\dfrac{V_2(t)}{S_R N_R}$；

S_R、S_T——接收线圈和发射线圈的有效面积；

N_R、N_T——接收线圈和发射线圈的匝数。

三、可控源音频大地电磁测深法（CSAMT）

可控源音频大地电磁测深法（CSAMT）是在大地电磁法（MT）和音频大地电磁法（AMT）的基础上发展起来的一种人工源频率域测深方法；它所观测电磁场的频率、场强和方向可由人工控制。

（一）CSAMT 法采用的场源种类

CSAMT 法常采用的是磁性源，即在不接地的回线或线框中，供以音频电流，产生相应频率的电磁场。

（二）测量方式

CSAMT 法的测量方式有标量测量、矢量测量和张量测量

1. 标量测量：通过沿一定方向（设为 X 方向）布置的接地导线 AB 向地下供入某一音频 f 的谐变电流 $I=I_0\mathrm{e}^{-i\omega t}$（角频率 $\omega=2\pi f$）；在其一侧或两侧 60°张角的扇形区域内，沿 X 方向布置测线，逐点观测沿测线方向相应频率的电场分量 E_x 和与之正交的磁场分量 H_y，在音频段内 $n\times$（$10^{-1}\sim10^3$ Hz）逐次改变供电和测量频率，便可测出 ρ_s 值和阻抗相位随频率的变化，完成频率测深观测；

2. 矢量测量：对 X 方向的双极源，在每个测点观测相互正交的两个电场分量 E_x、E_y

和三个磁场分量 H_x、H_y、H_z；

3. 张量测量：分别用相互正交的（X 和 Y）两组双极源供电，对每一场源依次观测 E_x、E_y 和 H_x、H_y、H_z。

后两种测量方式可提供关于二维和三维地电特征的丰富信息，适用于详细研究复杂地电结构。不过，其生产效率大大低于标量测量，所以生产中很少使用；一般所说的 CSAMT 法都是指标量测量方式。

四、探地雷达（GPR）

探地雷达（GPR）是利用高频电磁脉冲波的反射，来探测目的体及地质界面的电磁装置，又称地质雷达。

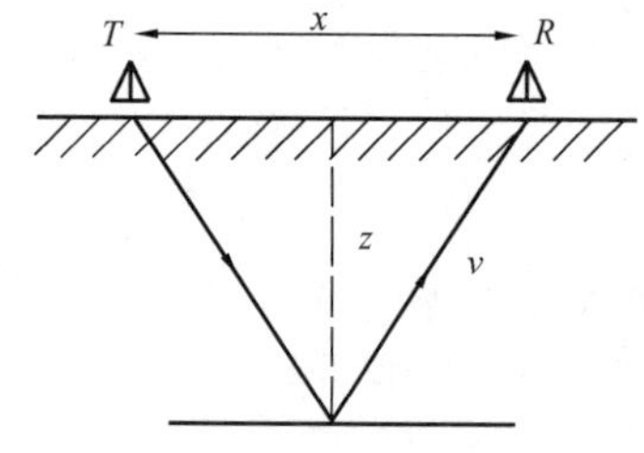

图 2-5-14　反射雷达探测原理

（一）方法原理

探地雷达利用高频电磁波（主频为数十 MHz 至数百 MHz 以至千 MHz）以宽频带短脉冲（脉冲宽为数 ns 以至更小）形式，由地面通过天线 T 送入地下，经地下地层或目的体反射后返回地面，为另一天线 R 所接收，如图 2-5-14，根据接收到的回波来判断反射界面的存在。脉冲波旅行时为

$$t=\frac{\sqrt{4z^2+x^2}}{v} \tag{2-5-5}$$

当地下介质中的波速 v（m/ns）为已知时，可根据精确测得的走时 t 值（ns，$1\text{ns}=10^{-9}\text{s}$），由上式求出反射界面的深度（m）。

地质界面上电磁波的反射系数和波穿透介质时的衰减系数，与导磁系数 μ、相对介电常数 ε_r 和电导率 σ 等电磁参数有关，表 2-5-6 列出了常见介质的有关参数；根据观测到的反射脉冲信号的强度来判别界面的性质。

常见介质的物理量　　**表 2-5-6**

介质	电导率 σ（S/m）	相对介电常数 ε_r	速度 v（m/ns）	衰减系数（dB/m）
花岗岩（干）	10^{-8}	5	0.15	0.01～1
花岗岩（湿）	10^{-3}	7	0.10	0.01～1
灰岩（干）	10^{-9}	7	0.11	0.4～1
灰岩（湿）	2.5×10^{-2}	8		0.4～1
砂（干）	10^{-7}～10^{-3}	4～6	0.15	0.01
砂（湿）	10^{-4}～10^{-2}	30	0.06	0.03～0.3
黏土（湿）	10^{-1}～1	8～12	0.06	1～300
土壤	1.4×10^{-4}～5×10^{-2}	2.6～15	0.13～0.17	20～30
混凝土		6.4	0.12	
沥青		3～5	0.12～0.18	
冰		3.2	0.17	0.01
纯水	10^{-4}～3×10^{-2}	81	0.033	0.1
海水	4	81	0.01	1000
空气	0	1	0.3	0

（二）现场测试方法及参数的选择

1. 测试方法

测试方法主要有剖面测量法和宽角测量法。

(1) 剖面法（CDP）：发射天线（T）和接收天线（R）以固定间距沿测线同步移动，观测结果用探地雷达时间剖面图像来表示；

(2) 宽角法（WARR）：一个天线固定，另一个天线沿测线移动的测量方式，或者两天线同时由一中心点向两侧反方向移动；该方法记录的是电磁波脉冲通过地下各个不同介质层的双程传播时间，它反映地下成层介质的速度分布。其图形是以天线间距为横坐标，双程走时为纵坐标，图形以同相轴呈倾斜形态显示，速度大者较缓，速度小者较陡；通过该测量成果的对比分析，可以确定地下各层介质的电磁波速度。

2. 参数选择

(1) 天线中心频率：选择时要考虑目的体（层）的埋深及其规模，一般情况下，在满足分辨率且场地条件许可时，应尽量使用中心频率较低的天线；

(2) 记录时窗：选取最大探测深度与上覆地层的平均电磁波速度之商的 2.6 倍；

(3) 测量点距：当离散测量时，测量点距由天线中心频率和地下介质的介电特性所决定（一般应≤Nyquist 采样间隔），当连续测量时，移动天线的最大速度取决于扫描速率、天线宽度和目的体的大小；

(4) 天线间距：一般为目的体相对接收天线与发射天线的张角的 2 倍，或目的体最大深度的 20%。

（三）资料处理与解释

探地雷达探测资料的解释包含两部分内容：一为数据处理，二为资料解释。

1. 数据处理方法

(1) 数字滤波技术：利用频谱特征的不同来压制干扰波，以突出有效波，可分为频率域滤波和时间域滤波两种方式；

(2) 偏移绕射处理技术：建立在射线理论基础上，使反射波自动偏移到其空间真实位置上；

(3) 雷达图像增强处理技术：包括反射回波幅度变换技术和多次叠加技术；

(4) 为消除地形起伏而引起的雷达图像的畸变，应用软件对地形进行校正。

2. 资料解释

探地雷达测试资料反映了地下介质的电性分布特征，结合地质、勘探等方面的资料，建立测区地质一地球物理模型，并以此得到地下介质地质结构形态特征。

（四）探地雷达的应用

探地雷达可以用于探测地下洞穴、构造破碎带、滑坡体、划分地层结构以及地下洞室围岩、混凝土衬砌质量的检测；在具备下列条件时能取得较好的应用效果：

1. 被测对象与周围介质之间具有电磁阻抗差异；被测体位于地下水位以上；

2. 被测目的体具有一定的规模，厚度大于电磁波有效波长的 1/4，水平尺寸大于第一菲涅尔半径的 1/2；区分两个水平相邻异常体时，其间的最小距离大于第一菲涅尔半径；

3. 目的体上方无极低阻屏蔽层，而且测区内无其他电磁干扰。

第三节　地　震　勘　探

由于岩土层的弹性性质不同，弹性波在其中的传播速度也有差异，地震勘探是通过人工激发的弹性波在岩十层中传播的特点，来判定地层岩性、地质构造等，从而解决某一地质问题的物探方法；根据弹性波的传播方式，可将地震勘探分为直达波法、反射波法、折射波法和瑞雷波法。

一、直达波法（透射波法）

直达波是一种从震源出发不经过界面的反射、折射而直接传播到接收点的地震波；利用直达波的时距曲线（波到达观测点的时间 t 和到达观测点所经过的距离 s 的关系曲线）求得直达波波速，从而计算岩土层的动力参数。

（一）直达波的时距曲线

直达波直接从震源传向接收点，因而其时距曲线为直线，其表达式为：

$$t=\frac{s}{v} \tag{2-5-6}$$

式中　t——直达波从震源到达接收点的时间（s）；

s——直达波从震源到达接收点的直线距离（m）；

v——直达波的速度（m/s）。

（二）外业工作

1. 波的激发方法：一般用冲击大块体激发，块体与土体紧密结合，并按一定的方向定向；测定纵波传播速度时，轴向冲击块体；测定横波传播速度时，则横向冲击块体；也可用非人工震源（如电火花源、超磁式震源等）产生地震波。

2. 测线布置：一般布置在几米至几十米的长度内；测量纵波速度时，检波器竖向设置；测量横波速度时，检波器安设于与冲击方向垂直的断面上，并将其平行冲击方向设置。

（三）资料整理

根据从震源到接收点的直达波传播时间及距离计算纵波速度 v_p 或横波速度 v_s，利用纵波及横波速度与土的动力性质的关系，可求得 E_d、G_d、μ_d，见式（2-5-39）～式（2-5-41）。

二、反射波法

弹性波从震源向地层中传播（图 2-5-15），遇到波阻抗不同的界面时会产生反射，并遵循反射定律，反射波回到地面所需的时间，与界面的埋深有关；根据反射波的时距曲线，可推求出所需探测界面的深度以及波在介质中传播的速度。

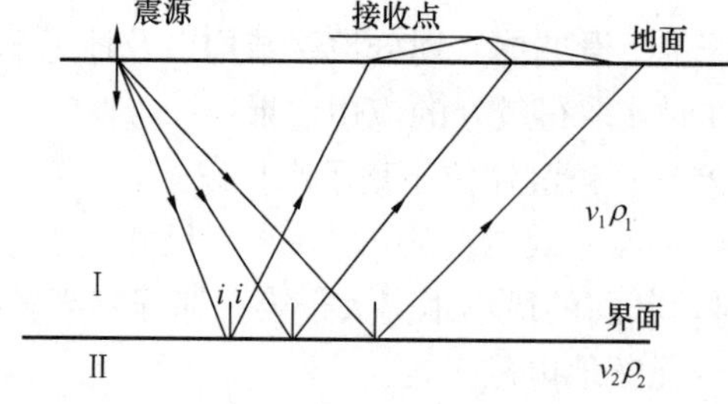

图 2-5-15　波的反射

（一）反射波的时距曲线

假设在地面下有一倾角为 φ 的倾斜平坦界面，界面以上为均匀介质，则其反射波可以看成由虚震源 O'（震源对界面的对称点）出发经反射界面直接到达接收点 M 的波，如图 2-5-16 所示，反射波时距曲线的表达式为：

$$t=\frac{1}{v_1}\sqrt{x^2-2xx_{\mathrm{m}}+4h^2} \tag{2-5-7}$$

式中　x——震源至观测点的距离（m）；

h——震源至反射界面的垂直距离（m）；

x_{m}——震源与虚震源在地面上的投影点之间的距离（m），$x_{\mathrm{m}}=2h\sin\varphi$。

对于任意倾斜的多层介质，反射波对每个界面的时距曲线仍具有式（2-5-7）的形式，反射波的时距曲线是对称于虚源的地面投影点的双曲线。

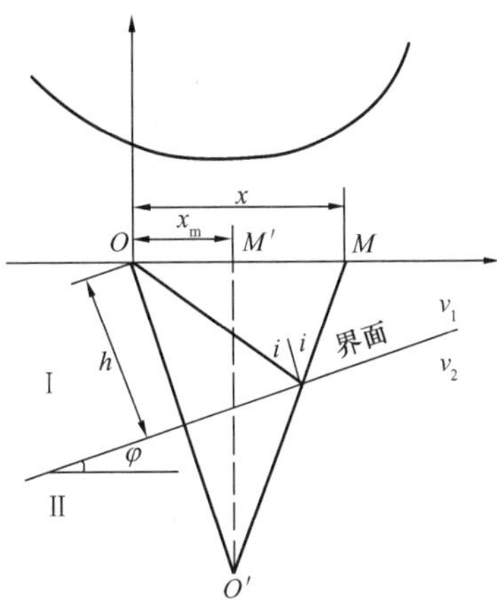

图 2-5-16　反射波的时距曲线

当界面水平时（$\varphi=0$）时，则反射波时距曲线的表达式为：

$$t=\frac{1}{v_1}\sqrt{x^2+4h^2} \tag{2-5-8}$$

（二）外业工作

1. 测线布置：测线一般与勘探对象的走向垂直布置，布置形式有纵测线和非纵测线；

2. 震波激发：当对浅层（10～50m）进行勘探时，常采用锤击震源；

3. 震波接收：利用高频垂直检波器（纵波测量）或中频水平检波器（横波测量）进行接收，并使其灵敏方向与有效波的主振方向一致，保证检波器与地面耦合状态良好；

4. 道间距 Δx 的选择：保证各道间相位关系清楚，同相轴明显，一般情况下用下式估算道间距：

$$\Delta x\leqslant\frac{1}{2}v^*T^* \tag{2-5-9}$$

式中　v^*——有效波的视速度（m/s）；

T^*——有效波的视周期（s）。

5. 观测系统

（1）简单连续观测系统：如图 2-5-17 所示，O_1O_2、O_3O_4、……为依次的接收段，O_1、O_2、……为震源，在每一段上布置检波器的排列时，均在两端各进行一次激发来接收。时距曲线 K_1、K_2、……分别顺次连续地反映了界面 AB、BC、……的情况，利用各时距曲线之间的互换点（即互为震源与接收点的两点称为互换点，在互换点上波的到达时间相同）和连接点（具有共同的震源和接收点的点称为连接点，在连接点上波的到达时间相同）顺序连成一个连续地下界面的统一体系；

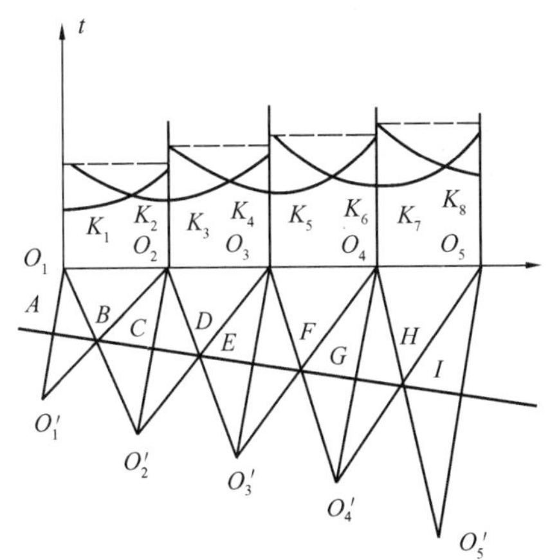

图 2-5-17　简单连续观测系统

（2）间隔连续观测系统：该观测系统也是在接收段的两侧激发而得到相遇时距曲线，与上述简单连续观测系统不同之处，只是震源与接收段之间相隔一个排列的距离；

（3）共深点叠加观测系统：将震源偏移接

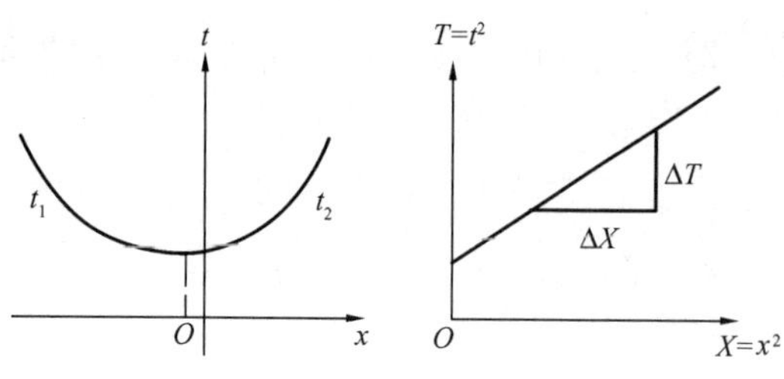

图 2-5-18 平方坐标法求反射波有效速度

收段一定的距离，在单侧或排列中进行激发，多次覆盖，覆盖的次数取决于记录的信噪比。

（三）资料整理

1. 有效速度 v_e的计算

（1）利用时距曲线平方坐标法求有效速度 v_e

如图 2-5-18 所示，由双边反射时距曲线按 t^2-x^2坐标法求有效速度，该法适用于倾斜界面的情况。

$$v_e = \sqrt{\frac{\Delta X}{\Delta T}} \tag{2-5-10}$$

式中 $X=x^2$；$T = t^2 = \frac{t_1^2 + t_2^2}{2}$；

t_1、t_2——激发点两侧炮检距相等的检波点反射波时间。

（2）利用相遇时距曲线法求有效速度 v_e

设有反射波相遇时距曲线 K_1、K_2，在某一观测点，其波到达时间分别用 t_1和 t_2表示，如图 2-5-19 所示，按 $u-x$ 坐标法求有效速度。

$$v_e = \sqrt{2l\frac{\Delta x}{\Delta u}\cos 2\varphi} \tag{2-5-11}$$

$$\Delta u = t_2^2 - t_1^2$$

式中 l——两震源间距离（m）；

φ——界面的视倾角。

当 $\varphi < 7° \sim 10°$时，$\cos 2\varphi \rightarrow 1$，则

$$v_e = \sqrt{2l\frac{\Delta x}{\Delta u}} \tag{2-5-12}$$

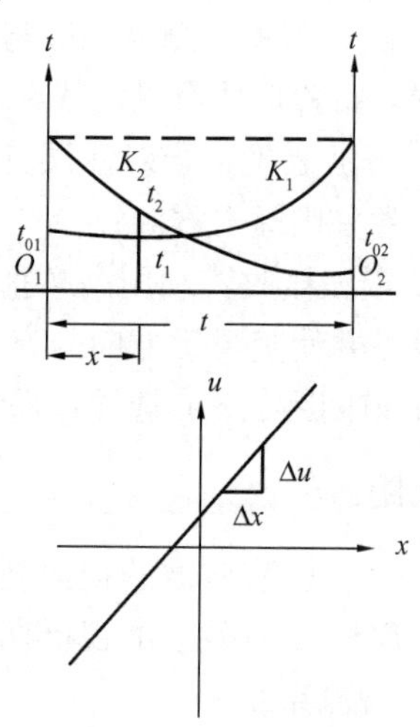

图 2-5-19 相遇时距曲线及 Δu-x 曲线

2. 反射界面深度的计算

（1）展开排列观测系统求反射界面深度

$$H = \sqrt{\frac{(v_e t)^2 - x^2}{2}} \tag{2-5-13}$$

式中 H——激发点与接收点中间的反射界面深度（m）；

v_e——有效速度（m/s）；

t——反射波从震源到达接收点的时间（s）；

x——接收点到震源的距离（m）。

（2）共偏移剖面求反射界面深度

$$H = \sqrt{\frac{(v_e t)^2 - l^2}{2}} \tag{2-5-14}$$

式中 l——偏移距（m）。

（3）作图法求反射界面深度

以各观测点为圆心，分别以相应的 $v_e t$ 为半径作弧，得到交点 O'（即为虚震源），连接 OO'，作直线垂直二等分 OO'，此直线夹于首尾接收点之边界射线间的部分 AB，即为相应时距曲线段所控制的界面，见图 2-5-20。

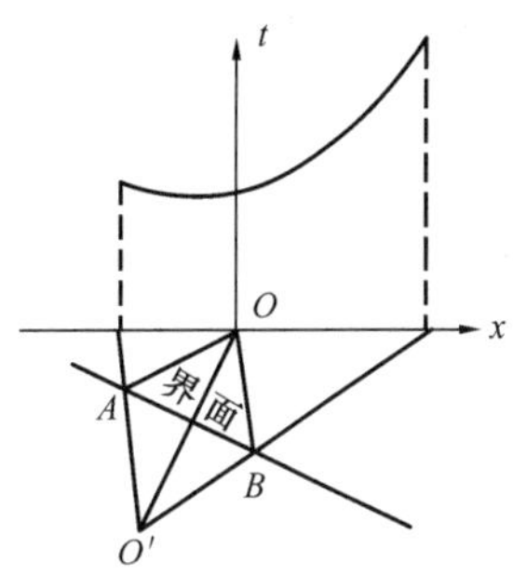

图 2-5-20 界面的确定

三、折射波法

弹性波从震源向地层中传播，若遇到性质不同的地层界面时，就会遵循折射定律发生折射现象，见图2-5-21。

折射定律为：$\frac{\sin i_1}{v_1}=\frac{\sin i_2}{v_2}$ (2-5-15)

当入射角 i_1 逐渐变化到临界入射角 i_c，而使折射角 i_2 增至 90°时，则波成为沿界面滑行的滑行波，此时

$$\sin i_c=\frac{v_1}{v_2} \tag{2-5-16}$$

滑行波的速度为 v_2，形成折射波的条件是 $v_1<v_2$。

如果将滑行波看作入射波，它将向第 i 层中折射，其折射角仍为 i_c，所以折射波射线是以临界角 i_c 射出的一组平行线。

当接收点距震源的距离小于某一值时，就接收不到折射波，把这一地段称为折射波的盲区，可见使用折射波法勘探时，要在离开震源一定距离以外才能接收到折射波。

(一) 折射波的时距曲线

如图 2-5-22 所示，倾斜界面折射波时距曲线的表达式为：

$$t=\frac{2h\cos i_c}{v_1}+\frac{x}{v_2}\sin(i_c+\varphi) \tag{2-5-17}$$

式中 x——震源至观测点间的距离（m）；

h——震源至折射界面的垂直距离（m）；

φ——平整界面的倾角；

i_c——临界入射角。

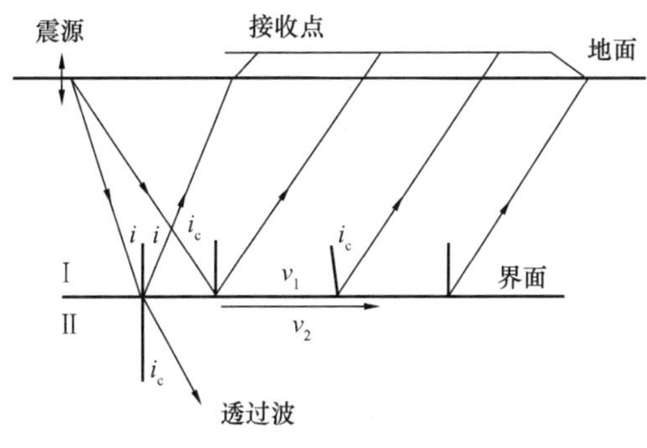

图 2-5-21 波的折射

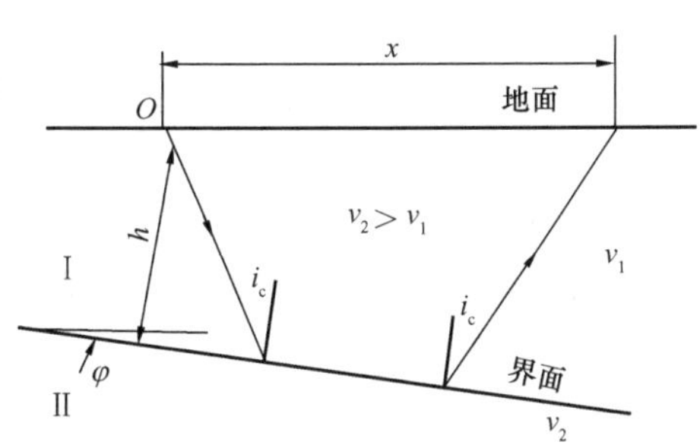

图 2-5-22 折射波行程示意图

当界面水平时

$$t=\frac{x}{v_2}+\frac{2h\cos i_c}{v_1} \tag{2-5-18}$$

当地表下有 n 层水平界面时，折射波的时距曲线方程为：

$$t_n=\frac{x}{v_n}+2\sum_{k=1}^{n-1}\frac{h_k\cdot\cos i_{n\cdot k}}{v_k} \tag{2-5-19}$$

式中 t_n——第 n 层折射界面折射波到达观测点的时间（s）；

h_k——第 k 层的厚度（m）；

v_n——第 n 折射层中的波速（m/s）；

v_k——第 k 层中的波速（m/s）；

$i_{n\cdot k}$——第 k 层中折射波射线的临界入射角。

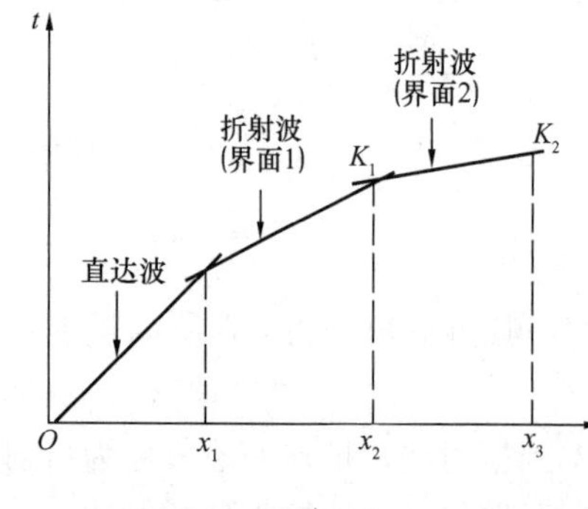

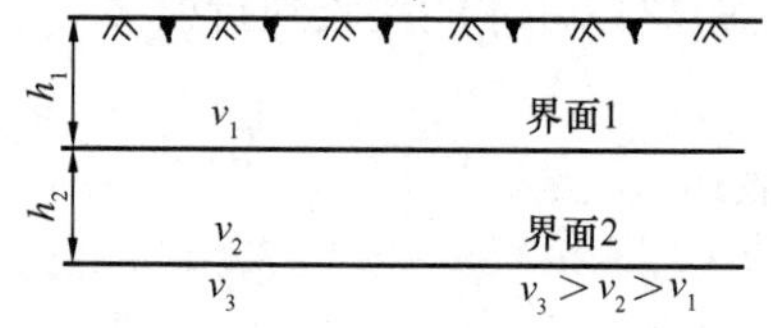

图 2-5-23 折射波时距曲线

由以上各式可见，当界面为水平时，时距曲线为直线，如图 2-5-23 所示。

（二）外业工作

测线布置、震波激发和道间距选择参考反射波法，接收采用低频垂直检波器，观测系统原则上是间隔连续观测系统。

（三）资料整理

一般用相遇时距曲线求取折射界面深度和界面速度，只有在近似水平层状介质、地表和界面起伏较小且速度横向无明显变化时或由于条件困难无法获得相遇时距曲线时，方可采用单支时距曲线截距时间法求取界面深度。

1. 单支时距曲线截距时间法求解折射界面深度

$$h_n=\frac{t_{0n}}{2}\frac{v_nv_{n+1}}{\sqrt{v_{n+1}^2-v_n^2}}-\sum_{k=1}^{n-1}h_k\frac{v_n\sqrt{v_{n+1}^2-v_k^2}}{v_k\sqrt{v_{n+1}^2-v_n^2}}(n=1、2、3\cdots\cdots) \tag{2-5-20}$$

式中 h_n——第 n 层界面的法线深度（m）；

v_n——第 n 层介质速度（m/s）；

t_{0n}——第 n 层折射波截距时间（s）。

2. 相遇时距曲线法求解界面速度 v_c 和界面深度

（1）差异时距曲线法求解 v_c：如图 2-5-24 所示的相遇时距曲线其互换时间为 T，做时距曲线的差异时距曲线 t_p（x）

$$t_p(x)=\overrightarrow{t}_1(x)-\overleftarrow{t}_2(x)+T \tag{2-5-21}$$

当 v_c 为常数时，t_p（x）为直线，且其斜率的倒数称为视速度

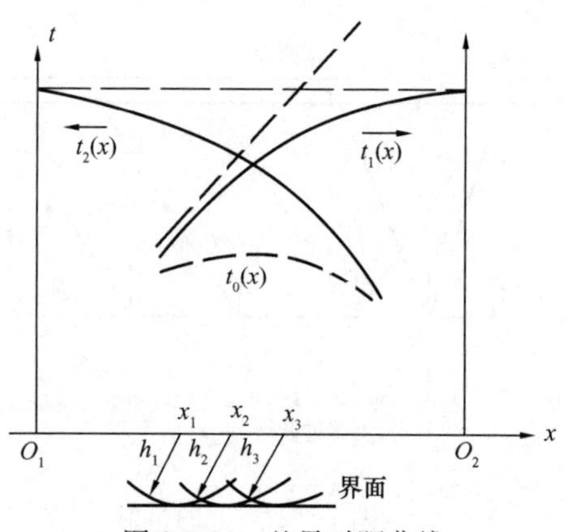

图 2-5-24 差异时距曲线

$$v_p = \frac{dx}{dt_p(x)} \tag{2-5-22}$$

且
$$v_c = 2v_p\cos\varphi \tag{2-5-23}$$

当 $\varphi < 15°$时，可有

$$v_c = 2v_p \tag{2-5-24}$$

当 v_c有变化时，t_p (x) 为一折线，各折线段的 v_p值不同，反映了 v_c的变化。

(2) t_0法绘制折射界面：如图 2-5-24 所示，利用相遇时距曲线作 $t_0(x)$ 曲线

$$t_0(x) = \vec{t}_1(x) + \overleftarrow{t}_2(x) - T \tag{2-5-25}$$

当界面平缓、滑行波没有透过下层、v_c变化不大时，则

$$h(x) = \frac{v \cdot t_0(x)}{2\cos i_c} = K \cdot t_0(x) \tag{2-5-26}$$

且
$$K = \frac{v}{2\cos i_c} = \frac{1}{2\sqrt{\frac{1}{v^2} - \frac{1}{v_c^2}}} \tag{2-5-27}$$

式中　v——表层速度（m/s）。

求得 $h(x)$ 后，连起来得到折射界面。

该法适合于界面起伏不大（无穿透现象）和沿测线界面速度无明显变化的情况。

(3) 时间场法确定 v_c和界面深度：折射界面上任意点，对应于两支相遇折射波等时面的时间之和等于互换时间 T，以实际观测的时间值及上覆地层的平均或有效速度 v_e，作两支相遇折射波的时间场，其中满足关系式 $t_1 + t_2 = T$ 的点的连线，即为所追踪的界面。

界面速度为

$$v_c = \frac{\Delta\zeta}{\Delta t} \tag{2-5-28}$$

式中　$\Delta\zeta$——两个等时面之间的界面距离（m）；

Δt——两个等时面之间的时间差（s）。

该方法适合于地表有一定起伏，折射界面起伏较大（无穿透现象）和界面速度有明显变化的情况。

四、瑞雷波法

在弹性分界面上形成的反射波、折射波和透射波，它们随着时间向整个弹性空间传播，因此这些波称为体波；除体波外，在弹性分界面附近还存在着一类振动，称为面波，其中分布在地面附近自由界面的面波，称为瑞雷波。

（一）方法原理

瑞雷面波沿地表传播时，其穿透深度相当于它的波长；在均匀介质中，瑞雷波的传播速度（v_R）与频率（f）无关；在非均匀介质中，传播速度随频率的改变而改变（所谓的频散效应）；当采用不同振动频率的震源产生不同波长的瑞雷波时，可以得到不同穿透深度的瑞雷波速度值，根据波速值来评价地质体或进行地质分层，从而达到探测的目的。

瑞雷波速度和横波速度的差异与地层的泊松比（ν）有关，近似关系如表 2-5-7 所示。

瑞雷波速度与横波速度近似关系　　表 2-5-7

ν	0.21	0.25	0.30	0.35	0.40	0.45	0.50
v_R/v_s	0.9127	0.9194	0.9274	0.9350	0.9422	0.9490	0.9553

注：当 ν 取表中所示的中间值时，可近似采用内插法取值。

瑞雷面波法适用于层状和似层状介质勘探，可用于浅部覆盖层厚度探测和分层，以及不良地质体探测，如饱和砂土液化势判定，软弱夹层、地下岩溶洞穴、掩埋物等的探测。瑞雷波法分为瞬态瑞雷波法和稳态瑞雷波法。

（二）外业工作

1. 激发方法

（1）稳态法：利用激振器产生不同的稳定频率，测量不同频率下相对应的 v_R 值；

（2）瞬态法：采用锤击法，产生一定频率范围的瑞雷波。

2. 观测系统

观测系统包括单端激发，两道或多道接收和两端激发，两道或多道接收的观测方式；检波器采用固有频率为 2～10Hz 的低频垂直检波器。两检波器之间的距离 Δx 应满足下式：

稳态法：
$$\Delta x \leqslant \lambda_R = \frac{v_R}{f} \tag{2-5-29}$$

瞬态法：
$$\frac{v_R}{3} \leqslant \Delta x \leqslant \lambda_R \tag{2-5-30}$$

式中　λ_R——瑞雷波的波长。

（三）资料整理

1. 瑞雷面波速度的求取：

（1）稳态法　$v_R = \dfrac{\Delta x}{\Delta t}$　　(2-5-31)

式中　Δx——两检波器之间的距离（m）；

Δt——两检波器接收瑞雷波的同相位的时间差（s）。

（2）瞬态法

$$v_R = \frac{2\pi f \cdot \Delta x}{\Delta \varphi} \tag{2-5-32}$$

式中　$\Delta\varphi$——在波的传播方向上两检波点之间的相位差。

2. 绘制深度-速度、深度-频率和波速-频率曲线，曲线中深度按表 2-5-8 进行修正。

深度与泊松比的换算关系　　表 2-5-8

ν	0.1	0.15	0.20	0.25	0.30	0.35	0.40	0.45
H	0.55λ	0.58λ	0.63λ	0.65λ	0.70λ	0.75λ	0.79λ	0.84λ

注：ν 为泊松比；H 为深度（m）；λ 为波长（m）。

3. 利用深度-波速曲线计算层速度

（1）当地层的平均速度随深度增加而增大时：

$$v_{Rn} = \frac{H_n \bar{v}_{Rn} - H_{n-1}\bar{v}_{Rn-1}}{H_n - H_{n-1}} \tag{2-5-33}$$

式中　H_n、H_{n-1}——第 n、$n-1$ 点的深度（m）；

$\bar{v}_{Rn}$、$\bar{v}_{Rn-1}$——第 n、$n-1$ 点深度以上的平均速度（m/s）；

v_{Rn}——H_n 至 H_{n-1} 深度间隔的层速度（m/s）。

（2）当地层的平均速度随深度增加而减小时：

$$v_{Rn}=\frac{H_n-H_{n-1}}{\dfrac{H_n}{\bar{v}_{Rn}}-\dfrac{H_{n-1}}{\bar{v}_{Rn-1}}} \tag{2-5-34}$$

（3）不考虑地层平均速度随深度变化时：

$$v_{Rn}^2=\frac{H_n\bar{v}_{Rn}^2-H_{n-1}\bar{v}_{Rn-1}^2}{H_n-H_{n-1}} \tag{2-5-35}$$

第四节　声　波　探　测

声波探测是弹性波探测技术中的一种，其理论基础是固体介质中弹性波的传播理论，它是利用频率为数千赫兹到20千赫兹的声频弹性波，研究其在不同性质和结构的岩体中的传播特性，从而解决某些工程地质问题。

一、基本探测方法

声波探测是测定声波在岩体中的传播速度、振幅和频率等声学参数的变化；探测时，发射点和接收点根据探测项目的需要，可选在岩体表面，也可选在一个或两个钻孔中。

（一）岩体（岩样）表面测试

1. 在岩体的某一点激发（发射）声波，在另一点进行接收，测出声波自发射点到达接收点的间隔时间，已知发射和接收两点间的距离，按下式计算波速：

$$v_p=\frac{l}{t_p}\qquad v_s=\frac{l}{t_s} \tag{2-5-36}$$

式中　v_p、v_s——纵波、横波的速度（m/s）；

t_p、t_s——纵波、横波的传播时间（s）；

l——发射点到接收点的间距（m）。

2. 测试方法

（1）平透法：适用于长距离岩体表面测试，采用锤击或换能器发射；

（2）对穿法：适用于洞室、巷道及岩样测试；

（3）横波法：通过改变锤击方式产生剪切波，在岩体表面接收。

3. 换能器与被测介质的耦合：为使换能器能很好地与岩体耦合，当进行纵波测试时，可用黄油或凡士林耦合；当进行横波测试时，一般用多层极薄的铝箔或银箔耦合。

（二）孔中测试

1. 测试方法：有单孔声波测试和跨孔声波测试两种。

（1）单孔声波测试是发射和接收在同一钻孔中进行（见本章第七节二款“声波测井”）；

（2）跨孔声波测试是发射和接收分别在两个钻孔中进行，两孔的孔径和深度应大致相同，两孔间距根据仪器性能、地层岩性和岩石完整性等因素确定。

1）孔距校正：根据孔口标高、两孔间距、钻孔的倾角和方位角，按下式计算测点间的孔距 D_H

$$D_H = [(x_A - x_B)^2 + (y_A - y_B)^2 + (z_A - z_B)^2]^{1/2} \tag{2-5-37}$$

$$x_A = H\sin\alpha_A \cdot \cos(360° - \beta_A)$$

$$y_A = H\sin\alpha_A \cdot \sin(360° - \beta_A)$$

$$z_A = H\cos\alpha_A$$

$$x_B = H\sin\alpha_B \cdot \cos(360° - \beta_B) + D\cos(360° - \beta_B)$$

$$y_B = H\sin\alpha_B \cdot \sin(360° - \beta_B) + D\sin(360° - \beta_B)$$

$$z_B = H\cos\alpha_B$$

式中 H——测点孔深（m）；

D——两孔间孔口水平距离（m）；

x_A、y_A、z_A——A 孔测点坐标（m）；

x_B、y_B、z_B——B 孔测点坐标（m）；

α_A、α_B——A 孔及 B 孔的倾角（°）；

β_A、β_B——A 孔及 B 孔的方位角（°）。

2）按下式计算纵、横波的传播波速 v_p（m/s）、v_s（m/s）

$$v_p = \frac{D_H}{t_p}$$

$$v_s = \frac{D_H}{t_s} \tag{2-5-38}$$

式中 t_p、t_s——纵、横波的传播时间（s）。

2. 换能器与被测介质的耦合：当在钻孔中探测时，可向钻孔中注水，用水或井液作耦合剂。

二、声波探测的应用

（一）测定岩体的动弹性系数

测得岩体中声波的纵、横波速 v_p（m/s）、v_s（m/s）后，可计算岩体的动弹性系数

$$E_d = \frac{\rho v_s^2(3v_p^2 - 4v_s^2)}{v_p^2 - v_s^2} \tag{2-5-39}$$

$$G_d = \rho \cdot v_s^2 \tag{2-5-40}$$

$$\mu_d = \frac{v_p^2 - 2v_s^2}{2(v_p^2 - v_s^2)} \tag{2-5-41}$$

式中 E_d——岩体的动弹性模量（kPa）；

G_d——岩体的动剪变模量（kPa）；

ρ——介质的质量密度（t/m^3）；

μ_d——动泊松比。

（二）评价岩体的完整性和强度

1. 计算岩体的完整性指数 K_v：

$$K_v = (v_{pm}/v_{pr})^2 \tag{2-5-42}$$

式中 v_{pm}、v_{pr}——岩体及岩块的弹性波纵波速度（m/s）。

根据岩体完整性指数可划分岩体的完整程度，见表 1-3-7。

2. 利用岩体完整性指数计算岩体的准强度：

$$R_{cm}=K_vR_c$$
$$R_{tm}=K_vR_t \tag{2-5-43}$$

式中　R_{cm}、R_{tm}——岩体的准抗压强度和准抗拉强度（MPa）；

R_c、R_t——岩块的单轴抗压强度和抗拉强度（MPa）。

（三）测定洞室围岩松动圈和应力集中区的范围

在洞室围岩的不同位置，求出波速沿孔深的变化曲线，由于裂隙、断层、夹层等使波速降低，岩体受应力后波速增大的现象，可按曲线的形态推求松动圈和应力集中区的范围。

根据波速曲线判定松动圈和应力集中范围时，首先应测得完整岩体（未开洞前）的波速，利用完整岩体波速为标准进行判定，一般波速大者为应力集中区，小者为松动区。

第五节　层　析　成　像

层析成像（CT，Computerized Tomography）技术，是借鉴医学 CT，根据射线扫描，对所得到的信息反演计算，重建被测区内岩体各种参数的分布规律图像，评价被测体质量，圈定地质异常体的一种地球物理反演解释方法；它的数学基础是 Radon 变换与反变换；目前开展的地球物理 CT 技术主要有弹性波 CT、电磁波 CT、电阻率 CT 等。

一、弹性波层析成像

弹性波 CT，是利用弹性波信息进行反演计算，它分为地震波 CT 和声波 CT。

1. 基本原理

弹性波与岩体特性有较好的对应关系；当测区内介质均匀时，弹性波的透射速度是单一的，当地下存在异常体时，弹性波穿过时会产生时差，根据一条射线产生的时差来判别地质体的具体位置较困难，采用相互交叉的致密射线穿透网络，利用弹性波对地质体的透射投影，通过 Radon 逆变换来重建速度场、衰减系数的分布形态，对岩体进行分类和评价。

2. 外业工作

通常在两钻孔之间或地面与钻孔之间，采用一发多收的扇形透射观测系统；接收传感器组不动时激发传感器的移动范围，一般声波取 6～8m；地震波当剖面跨距小于 20m 时取 20m，大于 20m 时取略大于跨距的范围；激发接收点距，根据探测的要求与精度，一般声波为 0.5m，地震波为 1m；激发震源有炸药、手锤、电火花等。

3. 资料处理

（1）反演计算：多采用代数重建法（ART），将两钻孔之间或钻孔与地面之间的断面划分为若干个等面积的成像单元，实现弹性波透射空间的离散化；首先给出每个单元的初始慢度（速度的倒数）S_j 值，然后将所得到的每个慢度扰动值沿其射线方向均匀地反投影回去，同时不断地修改 S_j 值，直到满意的精度为止；ART 是一种逐次逼近的迭代算法。

（2）图像的生成：完成迭代计算后，将被测区域内异常地质体的速度等值线图绘制出来，并对分布图进行着色处理（用不同的颜色表示不同的速度分布范围）；在进行成像处理时，将地质钻孔的可靠资料以恰当的速度值作为控制条件对反演进行约束。

4. 弹性波 CT 的应用

对岩体的波速场进行求解时，主要用于对岩体的质量进行评价；对吸收系数、衰减系数或波频进行反演计算时，可以用来划分岩体的风化程度、圈定地质异常体、对工程岩体进行稳定性分类。

二、电磁波层析成像

1. 基本原理

电磁波 CT 是在两个钻孔或坑道中分别发射和接收电磁波信息，电磁波振幅的衰减是岩石对电磁波吸收系数的投影函数。

$$A = \ln \frac{E_0 \cdot f_s(\theta_s) \cdot f_r(\theta_r)}{E \cdot R} = \int_L \beta \cdot \mathrm{d}L \tag{2-5-44}$$

式中 E_0——发射天线的初始辐射常数；

E——相距 R 处的接收天线的电场强度；

f_s（θ_s）、f_R（θ_R）——发射和接收天线的方向分布函数；

θ、L、β——天线的辐射角度、射线路径长度和介质吸收系数。

用同一平面内各激发源（≤30°范围内）的射线组成的密集射线簇对探测区实现扫描，便可把所有的投影函数依 Radon 变化的关系组成方程组，经反演计算重建岩石吸收系数的二维分布图像。吸收系数的大小取决于被测断面之间的介质密度和均匀性；介质密度越大，电磁波吸收系数越小，反之吸收系数越大，根据吸收系数来确定地下不同介质的分布情况。

2. 外业工作

一般多采用孔间或洞间对射的方式布设观测系统，一边放置发射天线，另一边放置接收天线；测试时，发射天线不动，每采样一次，接收天线移动一个接收点距，直至边界，然后发射天线移动一个发射点距，接收天线回移一个接收点距，反复采样直至结束。接收点距和发射点距根据地质测试结果确定。

3. 资料处理和解释

首先对原始数据做滤波处理，去除随机噪声；将扫描序列和钻孔资料录入微机，建立钻孔、射线以及走时之间的关系；对射线进行处理，求得射线走时，并进行错误射线校正；选定层析成像参数，采用共轭梯度法（CG）等方法迭代求解各像元物性值；利用插值函数对各像元参数做圆滑处理；生成层析图像。根据电磁波吸收系数的图像分布特点，分析异常地质体的性质和分布形态。

4. 电磁波 CT 的应用条件

被探测体和围岩的高频电磁波吸收特征有明显差异（如溶洞、地下暗河、断裂破碎带等）；外界电磁波噪声干扰小。

三、电阻率层析成像

1. 基本原理

电阻率 CT 是采用电流穿透被探测体，利用观测到的电位值与其相应射线在成像单元内所经路径，以及待求分布的关系建立大型稀疏矩阵，通过反演运算，得到成像物体内部的电阻率分布，最后采用适当的平滑插值技术绘制等值线图或色谱像素图。

2. 外业工作

首先在钻孔或地表按一定间隔布置所有的电极，选定其中一根作为电流电极，而把另外的均作为电位电极，进行数据采集，然后利用连接箱实现测量和供电电极的转换，重复测量至边界。

3. 资料处理

把测定的电位作为投影数据，求得电阻率的分布断面。由于测定数据受较大范围的构造影响（包括解析对象区外部的构造和邻近地形等的影响），必须作适当补偿；电阻率层析成像的再构成过程，大多使用迭代法计算。

常用的解析流程如下：首先对测定数据进行地形影响修正，采用 FEM 模拟估算，并从模型中扣除；建立初始模型；计算理论值（α 中心法）；计算剩余异常，判断是否收敛，不收敛则改正参数，重新计算理论值，收敛则估算分析误差，判断是否最佳模型，如不是则修正地形影响后重复以上步骤，如是则结束解析计算，绘制成果图件。

4. 电阻率 CT 的应用

电阻率 CT 是进行深部探测的有力手段，不受震源能量、跨距、环境等影响；主要用于断层、破碎带及复杂变质带构造的探测等。

第六节　管　波　探　测

管波探测法是在钻孔中利用“管波”这种特殊的弹性波，探测孔旁一定范围内不良地质体的孔中物探方法。管波探测法在一个钻孔中进行探测，即可快速、准确查明孔旁地质情况，探测范围为以钻孔为中心、直径约 2m 范围的圆柱形空间。其应用范围包括：

1）在岩溶区桩位超前勘察孔中，探测孔旁岩土层内岩溶、软弱夹层、溶蚀裂隙的发育和分布情况，评价桩基持力层的完整性和风化程度，为桩基设计提供直接依据；

2）在非岩溶区勘察钻孔及水文地质孔中，探测岩土分层界面，划分风化程度，确定软弱夹层、含水层位置；

3）在灌注桩钻芯法检测孔中，探测桩身混凝土中空洞、夹泥、离析、裂隙等缺陷的位置与程度，评价桩身混凝土浇筑质量、桩底沉渣厚度、桩身与持力层结合情况；探测桩基持力层中岩溶、软弱夹层、溶蚀等缺陷的位置与程度，评价持力层的完整性；

4）在灌注桩预埋塑料检测管中，探测桩身混凝土中空洞、夹泥、离析、裂隙等缺陷的位置与程度，评价桩身混凝土浇筑质量。

一、方法的优缺点

本方法具有可靠性高、异常明显、分辨能力强、精度高、工期短、易于解释、仪器设备投资少、探测费用低等优点；

主要缺点是无方向性，但不影响方法在工程中的应用。

二、基本原理

管波是一种在钻孔及其附近沿钻孔轴向传播的特殊弹性波。其绝大部分能量集中在以钻孔为中心、半径为半波长的圆柱形范围内，传播过程能量衰减慢、频率变化小。

前人对管波做过大量的研究与试验，Biot（1952）和 Write（1956）曾给出零频率时管波的波速 v_t 为：

$$v_t = \frac{v_f}{\sqrt{1+\frac{\rho_f v_f^2}{\rho v_s^2}}} \tag{2-5-45}$$

式中　v_f——钻孔中流体（井液）的纵波波速；

ρ_f——钻孔中流体（井液）的密度；

v_s——钻孔周围固体介质（岩土层）的横波波速；

ρ——钻孔周围固体介质（岩土层）的密度。

现有管波探测法设备激发的管波，其中心频率在700Hz左右，实测的管波波速与式（2-5-45）计算结果一致。如钻孔内孔液为清水、周围为中微风化硬岩、完整混凝土等高速固体介质时，测得的管波波速约为1350～1420m/s，约为清水纵波波速1480m/s的0.9～0.95倍。横波波速大于孔液纵波波速的固体介质称为高速介质。如钻孔内孔液为清水、周围固体介质为黏土层时，测得的管波波速约为250m/s，与黏土层的横波波速相当。

管波探测法实测资料证明，管波的能量与钻孔周围固体介质的横波波速呈现正相关关系，横波波速高则管波的能量强，横波波速低则管波的能量弱。当激发或接收探头处于溶洞附近时，直达管波能量几乎为零。当激发或接收探头处于软弱岩层、土层中时，直达管波的能量、波速显著降低。管波的能量由直达管波和反射管波的波幅确定。

在管波传播范围内的波阻抗差异界面处，管波产生反射。采用收发换能器距离恒定、测点间距恒定的自激自收观测系统进行测试，垂直时间剖面中所有的反射管波以倾斜波组形式呈现，倾斜波组斜率的倒数的1/2等于管波的波速，具体可见图2-5-25。

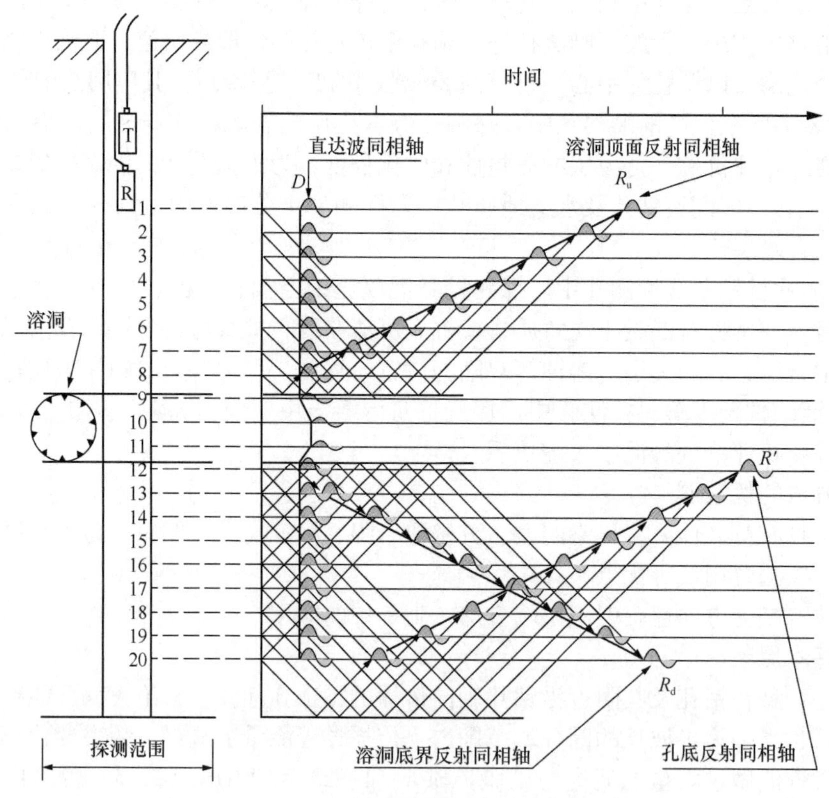

图2-5-25　管波探测法观测到的波组形态示意图

三、外业工作方法

管波探测法的探测装置如图2-5-25所示。专门的探测仪器由广州量米勘探科技有限公司生产，主要包括主机、发射、接收一体化探头。图中发射探头 T 发射振动脉冲，在孔壁周围产生管波，管波沿钻孔轴向向上及向下传播，接收探头 R 接收到管波的直达波、反射波和透射波，并由主机记录。

野外工作时，采用自激自收观测系统。保持发射探头 T 和接收探头 R 之间的距离恒定（一般为 0.6m）。T、R 的中点作为深度零点，按 0.1m 的测点间距，自下而上地进行逐点测试。采样间隔 0.20～0.25ms，记录长度 1024 点即可，管波的中心频率约 700Hz。管波探测法实测得到的记录为自激自收的振动时间剖面，垂直方向为深度轴、水平方向为时间轴。为了显示方便，一般采用红白蓝伪彩色剖面形式，即红色表示振动的正相位、蓝色表示负相位、白色表示零相位。

四、资料处理与解释方法

管波时间剖面的处理较为简单，一般进行去零漂处理即可，切忌进行振幅平衡处理。必要时可进行频率滤波，滤波通带宜为 300Hz 至 2000Hz。时间剖面中各测点的测试曲线应采用相同的显示增益，宜采用伪彩色剖面显示。同一钻孔的多次测试时间剖面应绘制在同一成果图件中，并选择适宜的测试结果拼接成最后的成果时间剖面，一同解释。

资料的解释过程分两步进行：

1）第一步，确定分层界面。应采用反射管波的出发点深度作为分层界面深度，同时综合采用直达管波和反射管波的能量、波速突变点。当反射管波的出发点不明确时，采用直达管波和反射管波的能量、波速突变点；

2）第二步，对分层进行地质解释。分层地质解释宜以满足工程需要为目的。根据管波的波速、幅度、频率确定分层界面之间岩土层的类别及工程性质。管波探测法按表 2-5-9 的地球物理特征对岩溶区孔旁岩土层进行分类。灌注桩检测时，按表 2-5-10 的特征对桩身混凝土进行分类，对桩底持力层分类按表 2-5-9 进行。

管波探测法对孔旁岩土分层的地球物理特征　　表 2-5-9

孔旁岩土分类	管波异常特征
土层	1. 直达波速度低，波组到达时间长、能量微弱； 2. 无反射管波同相轴穿过
岩溶发育段	1. 直达波能量很弱或不可见； 2. 顶底界面反射波组能量强、频率低，在本段以外发育； 3. 顶底界面以外的反射波组穿过本段顶底界面进入本段后，能量突然消散
软弱岩层	1. 直达波速度变低、波组向下弯曲，能量很弱或不可见； 2. 顶底界面反射波组向外的一支能量强、频率低，向内的一支能量弱、频率低、速度低； 3. 顶底界面以外的反射波组穿过本段顶底界面进入本段后，能量突然变低，频率低，速度变低
溶蚀裂隙发育	1. 直达波速度稍低、波组向下弯曲，能量变弱； 2. 顶底界面反射波组能量低、频率较高、反射密集分布； 3. 顶底界面以外的反射波组穿过本段顶底界面进入本段后，反射能量突然变低

续表

孔旁岩土分类	管波异常特征
节理裂隙发育	1. 直达波速度高、能量较强； 2. 顶底界面反射波组在层内可见，能量强、速度高，并可能有多次反射； 3. 段内存在多组呈“八”字形的层内反射，层内反射能量低、频率高
完整基岩	1. 直达波速度高、能量强； 2. 顶底界面反射波组在层内能量强、速度高，并有多次反射，顶底界面反射无能量消散现象； 3. 段内无反射界面

管波探测法对桩身混凝土分类的异常特征　　表 2-5-10

桩身混凝土分类	管波异常特征
严重缺陷混凝土	1. 直达波速度变低、波组向下弯曲，能量为完整混凝土的 25％以下； 2. 顶底界面反射波组向外的一支能量强、频率低，向内的一支能量弱、频率低、速度低； 3. 顶底界面以外的反射波组穿过本段顶底界面进入本段后，能量突然变低、频率低、速度变低
一般缺陷混凝土	1. 直达波速度稍低、波组向下弯曲，能量为完整混凝土的 25％～50％； 2. 顶底界面反射波组能量低、频率较高、反射密集分布； 3. 顶底界面以外的反射波组穿过本段顶底界面进入本段后，反射能量突然变低
轻微缺陷混凝土	1. 直达波速度高、能量为完整混凝土的 75％以上； 2. 顶底界面反射波组在层内可见，能量强、速度高，并可能有多次反射； 3. 段内存在多组呈“八”字形的层内反射，层内反射能量低、频率高
完整混凝土	1. 直达波速度高、能量强； 2. 顶底界面反射波组在层内能量强、速度高，并有多次反射，顶底界面反射无能量消散现象； 3. 段内无反射界面

图 2-5-26 为实测的管波探测时间剖面及其地质解释，较好地说明了分层地质解释方法。

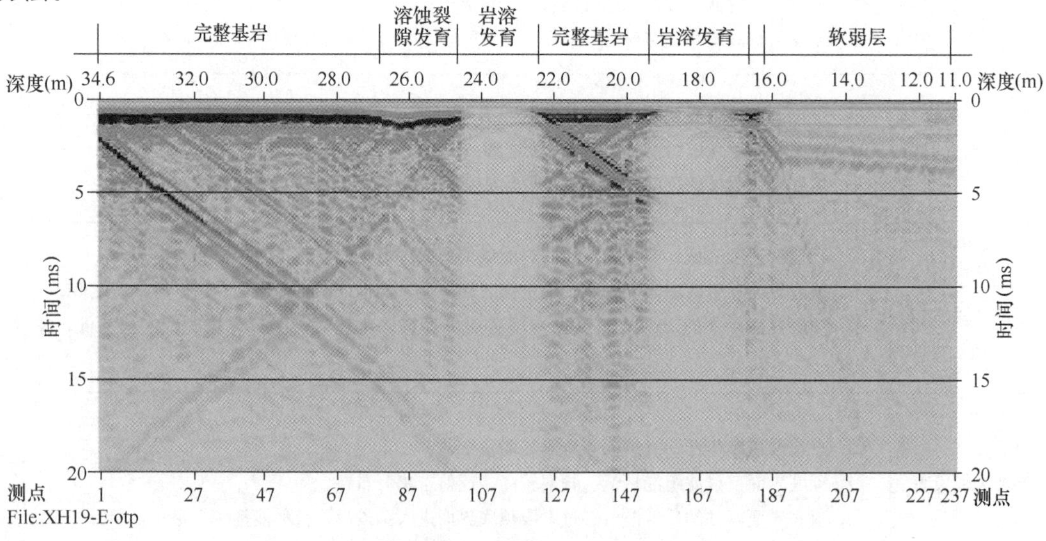

图 2-5-26　管波探测法实测时间剖面与地质解释实例

五、管波探测法解释成果的应用

桩位岩溶勘察。

孔旁岩土分层在勘察、桩基设计、桩基施工中的应用见表 2-5-11。

管波分层的工程性质及工程应用一览表　　表 2-5-11

序号	管波解释分类	工程性质与应用	地质柱状图描述
1	完整基岩段	基岩完整，岩质坚硬，无溶洞。在厚度达到设计要求时，可作为端承桩持力层 冲孔桩施工时可用大冲程，冲孔进度慢	定名为微风化岩。岩质坚硬，岩芯完整，呈长柱状
2	节理裂隙发育段	基岩较完整，岩质较硬，裂隙发育，无大溶洞。在厚度和抗压强度达到设计要求时，建议可考虑作为端承桩持力层 冲孔桩施工时可用大冲程，冲孔进度稍慢	定名为微风化或中风化岩。岩质较坚硬，岩芯多呈饼状、碎块状或短柱状，节理裂隙发育
3	溶蚀裂隙发育段	宏观上表现为基岩，存在溶蚀现象及小的溶洞、裂隙发育，部分包含层厚较小的完整基岩或局部夹有岩状强风化岩。不宜作为端承桩持力层 冲孔桩施工时可能出现漏浆、偏锤现象，不宜用大冲程，冲孔进度稍快	定名为微风化或中风化岩。岩质较软，岩芯较破碎，多呈饼状、碎块状，岩体裂隙发育，局部夹有岩状强风化岩，钻进时漏水、存在溶蚀现象或半边岩溶
4	软弱岩层	宏观上表现为基岩，风化程度大，岩体破碎，岩质较软。不应作为端承桩持力层 冲孔桩施工时可用大冲程，冲孔进度较快	定名为全风化、强风化岩，岩质较软，岩芯多呈土状、半岩半土状
5	岩溶发育段	宏观上表现为岩溶及溶蚀裂隙发育，部分包含层厚较小的完整基岩。严禁作为端承桩持力层 冲孔桩施工时可能出现快速漏浆、偏锤、掉锤、卡锤、塌孔现象，不宜用大冲程	定名为溶洞或裂隙发育的微弱风化岩，见溶蚀、漏水现象
6	土层	第四系土层、强风化、全风化岩的统称，不应作为端承桩持力层 冲孔桩施工时可用大冲程，冲孔进度快	定名为第四系土层、全风化、强风化岩，部分包含规模较小的岩溶、裂隙发育及土洞、溶洞充填物

第七节　综　合　测　井

一、电测井

电测井是以研究钻孔地质剖面上岩层的电性和电化学活动性为基础的一类测井方法，它包括视电阻率测井、侧向测井、自然电位测井等。

（一）视电阻率测井

1. 方法原理

如图 2-5-27 所示，利用电极 A、B 供电，量测电极 M、N 间的电位差，按下式计算岩层的视电阻率：

$$
\rho_s = K\frac{\Delta V_{MN}}{I}
$$
$$
K = \frac{4\pi \cdot AM \cdot AN}{MN} \tag{2-5-46}
$$

式中　K——装置系数；

ΔV_{MN}——测量电极间的电位差（mV）；

I——供电电流（mA）。

根据视电阻率沿深度的变化曲线来分析钻孔井壁岩层的特点。

2. 观测系统

（1）电极系的类型：按测量电场的特征不同，可分为梯度电极系和电位电极系，如图 2-5-28 所示。

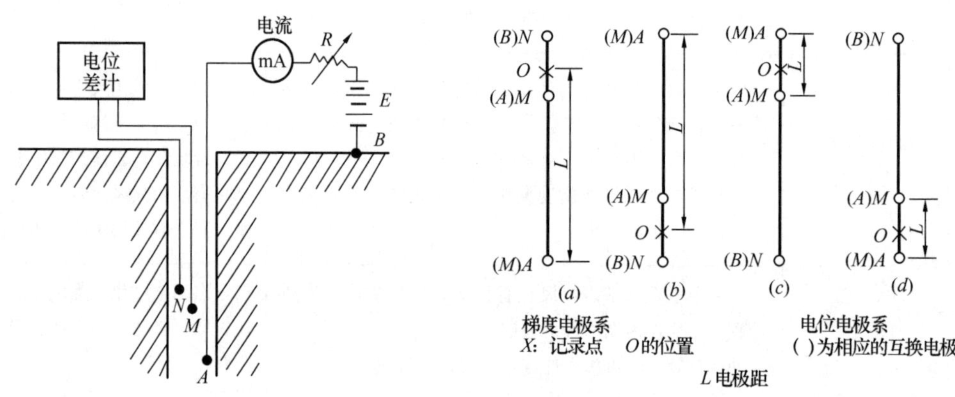

图 2-5-27　视电阻率测井示意图　　图 2-5-28　视电阻率测井电极系示意图

（2）电极系及电极距的选择：

根据介质电阻率大小和分布状况，以及需探测的范围选择电极系；一般来说梯度电极系的探测半径为电极距的 1～2 倍，电位电极系的探测半径为电极距的 3～5 倍；电极距的选择应根据测区的地质—电性条件经过试验确定，选择的原则为：使所测得的各岩层的视电阻率能接近岩层的真电阻率。

3. 视电阻率测井曲线的分析

（1）对于高阻层来说，采用底部梯度电极系时，在视电阻率曲线上，底界面处 ρ_s 有一极大值，界面位置在极大值点往下 $MN/2$ 处，而在高阻层的顶界面处 ρ_s 有一极小值，界面位置在极小值点往下 $MN/2$ 处；采用顶部梯度电极系时，与此相反。对于低阻层来说，采用底部梯度电极系时，其底界面在 ρ_s 极小值点往下 $MN/2$ 处，顶界面在 ρ_s 极大值点往下 $MN/2$ 处。采用顶部梯度电极系时，与此相反。

（2）当采用电位电极系时，对于高阻层，顶、底界面分别在 ρ_s 曲线开始急剧上升点往外 $AM/2$ 处；对于低阻层，顶、底界面分别在 ρ_s 曲线由急剧转向平缓的 M、N 点往内 $AM/2$ 处。

（二）侧向测井

侧向测井又称聚焦测井，它是在普通电阻率测井的供电电极上、下各增加一个屏蔽电极，接通与供电电流极性相同的屏蔽电流，致使供电电流几乎呈圆盘状，沿垂直井轴方向全部流入岩石，从而实现对岩石电阻率的测量。按下式计算岩石的视电阻率：

$$\rho_s = K\frac{\Delta V}{I_0} \tag{2-5-47}$$

式中　K——侧向测井电极系系数；

I_0——主电极供电电流强度（mA）；

ΔV——电极表面的电位（mV）。

根据电极装置的不同，侧向测井可分为：三电极侧向测井、七电极侧向测井和六电极侧向测井等。

侧向测井主要用于划分薄层和研究地层结构，确定岩层的真电阻率。

（三）自然电位测井

利用孔内岩层本身自然电场的特征来研究孔内地质情况的方法称自然电位测井法；它是量测沿井身移动的 M 电极与地面 N 电极之间的相对自然电位差。

自然电位异常通常是对称于地层中点出现的，其极值电位对着地层中点；当岩层厚度大于四倍井径时，可用曲线的半幅度确定岩层顶、底界面；在厚度小于井径时，界面在曲线峰值附近。

自然电位测井主要用于判别岩性和划分渗透层。

二、声波测井

声波测井是以声波在岩石中传播的速度、岩石对声波能量的吸收以及岩石对声波的折射和反射等性质为基础，来评价地层、划分岩性、计算孔隙度的一种测井方法，可分为声速测井和声幅测井。

（一）声速测井

将探头置于钻孔内，探头中的发射换能器 T_1 或 T_2 发射的声波，遇到井壁后，形成直达波、反射波和侧面波，侧面波最先到达接收换能器；设侧面波到达接收换能器 R_1 和 R_2 的声时分别为 t_1 和 t_2，R_1 和 R_2 之间的距离为 Δl，则岩层的纵波速度为：

$$v_p = \frac{\Delta l}{t_2 - t_1} \tag{2-5-48}$$

随着探头移动，遇到不同岩层，可测得声速的相应变化，从而了解岩性变化。

1. 测量系统

可分为单发双收系统、双发双收系统以及长源距系统，如图 2-5-29 所示。

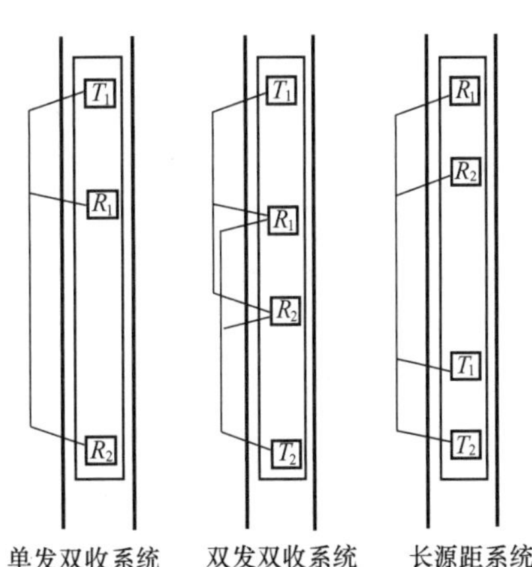

图 2-5-29　声波测井观测系统示意图

（1）单发双收系统：应用比较广泛，但在井径变化的地方，测量结果并不等于岩石的声速。

（2）双发双收系统：两个发射器轮流发射声波，两个接收器依次接收声波；它能有效消除井径变化和探头倾斜的影响。

（3）长源距系统：两发射器位于两接收器

的下方，发射器与接收器之间的距离，远大于两发射器或两接收器之间的距离，可分别组成两个单发双收系统和两个双发单收系统。它不仅能测量声速，还能测量声波的全波形和声幅；不仅能得到纵波速度，还能得到横波速度。

2. 声速测井的应用

（1）划分岩性：不同岩石具有不同的声速，根据声速大小判别岩石种类。

（2）确定岩石孔隙度

1）利用纵波时差确定孔隙度：当岩石骨架已知时，用下式计算孔隙度：

$$\varphi = \frac{\Delta t - \Delta t_{ma}}{\Delta t_f - \Delta t_{ma}} \tag{2-5-49}$$

式中　Δt_{ma}、Δt_f——岩石骨架和孔隙流体的时差。

表 2-5-12 为常见岩石的骨架和孔隙流体的时差。

常见岩石的骨架和孔隙流体值　　表 2-5-12

时差	岩石							流体	
	砂岩（1）（v_{ma}=5486m/s，φ>10%）	砂岩（2）（v_{ma}=5952m/s，φ>10%）	石灰岩	白云岩（φ≈5.5%～30%）	硬石膏	石膏	盐岩	原生孔隙淡水	原生孔隙盐水
Δt_{ma}（μs/m）	182	168	156	143	164	171	220		
Δt_f（μs/m）								620	608

2）利用横波时差确定孔隙度：根据有些地区的统计关系找到的横波时差与孔隙度的关系是：

$$\Delta t_s = 188.67\varphi + 74.6 \tag{2-5-50}$$

式中　Δt_s——系统观测的横波时差；

φ——岩石的总孔隙度。

（3）评价岩体的完整性和强度：见本章第四节“声波探测”。

（4）求取岩体的裂隙系数和岩体的风化系数。风化系数越大，表明风化程度越高。

（二）声幅测井

声幅测井是测量声波的振幅，声波的振幅与其在岩层中传播时的能量衰减有关；在工程中主要用于固井质量检查，发射器发射的声波中，最先到达接收器的是沿套管的滑行波，称为套管波，测量套管波的首波幅度可以判断固井水泥的胶结质量。

通常用相对幅度的大小作为判断标准：设完全无水泥井段的声波幅度为 A，有水泥井段的声波幅度为 B，当相对幅度 B/A>30%（或 40%），水泥胶结不好；当 B/A<20%，水泥胶结良好；当 B/A=20%～30%（或 40%），水泥胶结中等。

三、放射性测井

放射性测井是测量地层及井内介质核物理性质的一类测井方法；根据放射性测井曲线可以研究钻孔地质剖面、划分地层单元、识别淡咸水层、确定含水层厚度和深度、划分隔水层底板、确定岩土层密度等工程地质问题。

根据测量方法的不同，可分为天然放射性测井和人工放射性测井两类。

天然放射性测井可分为自然伽玛测井和自然伽玛能谱测井；人工放射性测井可分为伽玛—伽玛测井、中子—伽玛测井和中子—中子测井。本节仅介绍常用的测井方法。

（一）自然伽玛测井

1. 方法原理

当地层中放射性元素放射出的伽玛射线经过井液穿过井下探管外壳进入探测元件时，即产生一电脉冲信号，经放大电路放大后变为电位差，然后由仪器记录下来；当探管沿井身移动时，即可得到一条自然伽玛测井曲线。

2. 测量单位

采用API伽玛射线强度单位：测井曲线在该刻度井中置于高、低放射性标准物质处的计数率差值的1/200；在国际单位中用γ测量计数率或C/kg·s。

3. 自然伽玛测井的应用

划分地层，区分岩性，确定软弱层、裂隙破碎带的位置和厚度，计算地层的含泥量等。

岩石泥质含量按下式计算：

$$I_{sh}=\frac{GR-GR_{clean}}{GR_{sh}-GR_{clean}} \tag{2-5-51}$$

式中 GR、GR_{sh}、GR_{clean}——待解释岩石、纯泥质岩层和纯岩石的自然伽玛测井值。

（二）伽玛-伽玛测井

1. 方法原理

将带有伽玛源的放射性测井仪下到井中，伽玛源放射出的伽玛射线与井周围的地层发生相互作用，将产生光电效应、康普顿-吴有训效应等；利用各种岩石对伽玛源放射的伽玛射线的吸收特性，来研究钻孔地质剖面的各种岩性变化，从而达到测量岩石密度和划分岩性的目的。

2. 测量单位

该法测量的是计数率，经刻度后可将仪器的读数转换为地层密度。

3. 伽玛-伽玛测井应用

通过康普顿-吴有训散射测量岩石密度（即密度测井），通过光电效应测量地层岩性和密度（即岩性-密度测井），确定地层的孔隙度，计算岩层的抗压强度。

四、电视测井

电视测井是一种能直观反映孔壁图像的探测方法，常见的有以普通光源和超声波为能源的电视测井。

（一）普通光源电视测井

利用日光灯光为能源，将其投射到孔壁，再经平面镜反射到摄像镜头来完成对孔壁的探测。

1. 主要设备及探测过程

（1）主要设备：一般由井下摄像探头、地面控制器、温度计数器、监视器以及录像机等组成。

（2）探测过程：井中探测头将孔壁情况由一块45°平面反射镜反射到摄像镜头，经照相镜头聚焦透射到摄像管的光靶面上，便产生图像视频信号；摄像机及光源能做360°的往复转动，从而实现对孔壁四周的摄像；孔下摄像机将视频信号经电缆传送至监视器而显示电视图像。

2. 图像解释

（1）岩石粗颗粒的形状可直接从屏幕上观察，其大小可直接量出；

（2）水平裂隙：在屏幕上为一水平线；

（3）垂直裂隙：转动摄像头，根据电视屏幕上出现的图像特征来判断裂隙的走向；

（4）倾斜裂隙：在屏幕上呈现为波浪曲线，摄像机转动一周，曲线最低点对应的方位角即为裂隙倾向，转动到屏幕上出现倾斜的直线与水平线的交角为倾角；

（5）裂隙的宽度在屏幕上可直接量出。

（二）声波电视测井

声波电视测井是利用反射声波测量井壁岩石的测井方法；测井时，声波探头在井中旋转，它发射束状声波，经岩石反射后，为声波探头接收，声波电视记录为井壁一周展开的图形。声波电视测井的用途有：

1. 研究裂隙：被钻孔穿过的地层裂隙，在声波电视记录上呈正弦形；裂隙面的倾斜方向可用图上极大值向极小值的方向确定；倾角可用图上极大值和极小值的距离 h 和井径 d 确定，即：$\beta=\arctan(h/d)$；

2. 确定岩性和岩层产状：岩石的岩性变化时，电视图像产生明暗亮度的变化；当岩石倾斜时，在电视图像上可看到正弦波的显示，倾斜方向和倾角的确定方法同裂隙的倾向和倾角的确定。

五、其他测井方法

除电、声、核三类测井方法外，还有很多测井方法，如井径测量、井斜测量等。

（一）井径测量

井径测量是测量井径变化的一种测井方法；测量工具为井径仪，分为机械电阻式和超声波井径井斜仪。机械式通过测量电路中电阻值的变化来表现井径变化，常用的井径仪有四臂井径仪和多臂井径仪，前者测量钻井的平均井径，后者测量不同方位的井径，如 x-y 井径仪。超声波井径井斜仪，是通过探头上四个水平方向的超声波发射与接收传感器，接收从传感器到井壁反射回来的超声波旅行时间，计算出探头与四个方向孔壁的距离，从而精确了解井径的连续变化情况。同时因为传感器是有进口固定导架垂直起降，所以同时也能精确测量井斜的情况。超声波井径井斜仪一般用于较大口径的灌注桩的成孔检测。

（二）井斜测量

井斜测量的工具是井斜仪；井斜仪由方位角指示器和倾角指示器两部分组成，它们被固定在一个转轴与井轴平行的装置内，装置始终保持在铅垂面内；当井轴倾斜时，悬锤线在该装置上的电阻丝上滑动，产生不同的电阻值，以此来反映倾角的大小；倾斜的方位角则是由处于水平的磁针与装有环形电阻丝的圆盘来测定的。当磁针与圆盘在不同的位置接触时，产生不同电阻值，不同的电阻值可指示其方位。

第八节 物探方法的综合应用

地球物理勘探，应根据探测对象的埋深、规模及其与周围介质的物性差异，选择有效的探测方法；在岩土工程勘察中，根据勘察阶段的技术要求和物探工作条件，可综合应用多种物探方法来解决某些工程地质问题，通常采用综合物探方法查明的主要地质问题有以下几个方面，如表 2-5-13 所示。

物探方法的综合应用　　**表 2-5-13**

探测对象	探测内容	方法技术
覆盖层	覆盖厚度、覆盖层分层、基岩面起伏形态、覆盖层物性参数	通常以电测深作全面探测，以地震剖面作补充探测，地面地震排列方向与电测深布极方向相同 电测深法可使用直流电法，在存在高阻电性屏蔽层的测区宜使用电磁测深，地面采用对称四极装置 探测覆盖层厚度、基岩面起伏形态一般用折射波法，用多重相遇时距曲线观测系统；在不能使用炸药震源和存在高速屏蔽层或深厚覆盖层的测区，宜采用纵波反射法；进行浅部松散含水地层分层时，宜采用横波反射法或瑞雷波法。浅层反射波法多采用共深度点叠加观测系统；瑞雷波法多采用瞬态面波法，单端或两端激发、多道观测方式
隐伏构造破碎带	断层破碎带的位置、规模、分布和延伸情况；隐伏构造追索	常使用的有联合剖面法、高密度电法、折射波法等；其中，联合剖面法和高密度电法适宜于覆盖层不厚（如小于 20m）、地形起伏不大的测区；折射波法较适用于覆盖层厚度小于 40m 的测区 探测隐伏构造破碎带的低阻异常时，宜采用联合剖面普查，高密度电法详查；当构造破碎带中富集地下水，有可能产生激电异常时可采用激电法 折射波法适宜于探测火成岩和变质岩中有一定宽度（>3m）的断层破碎带，通常采用纵测线连续对比观测系统；浅层反射波法较适宜于探测沉积岩中具有垂直断距，上下盘岩面有一定高差的断层，通常可采用水平叠加或共偏移距剖面观测系统 电极布设和地震排列方向通常沿地形等高线、顺山坡或顺河向布置
岩体风化卸荷分带	基岩风化程度和风化厚度、划分风化带、风化卸荷带的宽度及影响范围	地面探测方法主要有折射波法和电测深法；辅助方法有浅层反射波法和对称四极电剖面法；钻孔中探测的方法，在无套管时主要使用电阻率测井和声波波速测井，有套管时主要使用地震波测井和放射性测井；平洞内探测的主要方法有声波法和地震波法 探测基岩风化层时，电测深法一般采用对称四极测深，河床部分可采用三极测深；在河床和阶地上探测时，宜顺河流方向跑极；在山坡探测时，宜平行等高线或顺山坡跑极。初至折射波法应采用多重观测系统；当覆盖层较厚（>30m）时，可考虑试用浅层反射波法；工作方法包括展开排列、共深度点叠加或等偏移排列 探测山体边坡风化卸荷带时，初至折射波法应采用相遇观测系统，检波距要尽可能选取小间距，与边坡走向相平行的辅助测线，检波距可以选取较大间距
软弱夹层	软弱夹层的位置、厚度和特性	主要方法采用综合测井 探测砂砾石覆盖层中软弱夹层时，在泥浆护壁的钻孔中，宜采用自然伽玛测井、侧向测井或视电阻率测井、自然电位测井；当砂砾石层地下水渗透速度较大时，辅以井液电阻率测井中的扩散法；当夹层与砂砾石层在密度和声波速度上有明显差异时，还可辅以密度测井和超声成像测井。探测软弱夹层的钻孔应尽量避免使用套管 探测基岩中软弱夹层时，钻孔中需要探测的孔段无套管、有清水时，宜以视电阻率或侧向测井、钻孔电视、声波测井、密度测井作为基本方法；若软弱夹层很薄，还应采用微电极系或屏蔽刷子电极电流测井。有泥浆或水质无法澄清时，不能使用钻孔电视。需要探测的井段无套管，且为干孔时，宜以密度测井、钻孔电视和井径测量为基本方法，辅以自然伽玛测井；需要探测井段有套管时，不论孔内是否有水或泥浆，只能采用自然伽玛测井和密度测井

续表

探测对象	探测内容	方法技术
滑坡体	滑坡体的分布范围和厚度、滑动面（滑带）特性 滑坡区含水层、富水带的分布和埋藏深度	主要方法有浅层折射波法、反射波法和电测深法；测井方法主要有地震测井、声波测井、电阻率测井 一般应同时开展浅层折射波法和反射波法，浅层折射波法用于确定滑坡体及下伏岩土体的波速、滑坡体厚度；浅层反射波法用于追踪滑带、滑坡体内分层等。浅层折射波法应采用多重观测系统；浅层反射波法应采用共深度点叠加或共偏移观测系统 电法勘探主要用于探测地下水位、含水层、滑坡体内物性分层和下伏基岩起伏形态；电测深宜采用温纳装置，沿等高线或山坡跑极，电剖面宜采用对称四极装置；测井方法用于探测滑带特性
洞室松弛圈	洞室围岩松弛圈和应力集中区的范围	围岩松弛带主要采用声波探测法；声波探测通常在钻孔中进行，方法有单孔声波测试和跨孔声波测试；在洞室围岩的不同位置，求出波速沿孔深的变化曲线，根据应力下降带表现为相对低速区，应力上升带则为高速区，可划分松动圈和应力集中区的范围 其他方法还有小相遇地震波初至折射法、瑞雷波法、探地雷达法等
岩溶	岩溶的形态、分布和规模 岩溶的连通性及洞穴充填物性	探测岩溶的地面方法主要有电测深、电剖面、高密度电法和激发极化法、频率测深法、瞬变电磁法和探地雷达法、浅层折射和浅层反射波法；探测孔间和洞间岩溶的主要方法有电磁波透视法和地震波透射法；探测洞壁岩溶采用地质雷达法 探测地表岩溶，当地形平缓时，一般采用常规物探方法；当地形起伏不大时，除应用常规物探方法外，还可采用受地形影响小的物探方法，如探地雷达法、电磁法勘探等；测线布置方向应尽量垂直于岩溶发育带 探测岩溶洞穴是充水还是填充疏松沉积物时，可采用激发极化法与其他物探方法相结合
地下水	含水层位置及地下水位 地下水补给关系及咸淡水界线划分 地下水流向、流速及流量	含水层和隔水层的深度、厚度和地下水位的测定，通常采用电测深法和地震法 地下水分水岭和补给关系的调查，主要应根据自然电场法、充电法测定的地下水流向及电测深法、地震法测定的地下水位和水文测井资料 第四纪地下水的咸水与淡水在平面上的分布情况，圈定和监测地下水污染主要依靠电阻率法，瞬变电磁法来了解 多层地下含水层中咸水、淡水界线的划分采用电阻率测井、自然电位测井和井液电阻率测井
岩（土）体物理力学参数	电阻率、纵波速度、横波速度、密度和干密度 泊松比、动弹性模量、动剪切模量、动抗力系数、各向异性系数、孔隙度和岩体完整性系数	电阻率参数测定，主要采用电测深法和电阻率测井 纵、横波速参数测定主要方法有：折射波法、浅层反射波法、地震跨孔测试，基岩露头、探槽及竖井的声波测试，平洞声波法及地震波法测试，声波测井和地震测井等 采用浅层折射波法和浅层反射波法测定覆盖层及基岩的波速 在探洞、竖井及地下洞室中测定岩体波速时，可采用声波法或地震波法。其中测定岩体横波速度，主要采用地震波法。地震波测试宜使用相遇时距线观测系统 在有钻孔可利用的场地，若只需测定岩（土）体纵波速度时可使用声波测井或地震波测井，若需同时测定纵、横波速时，应采用地震跨孔波速测试或单孔波速测试 密度、干密度参数测定，可采用密度测井；在基岩孔中测定地层密度，在有套管的覆盖层孔中测定松散地层的干密度 孔隙度参数的测定，以声波测井和密度测井为主，以电阻率测井为辅

续表

探测对象	探测内容	方法技术
建基岩体质量	建基岩体中存在的低速体、爆破开挖造成的松动体厚度，以及风化卸荷带厚度	建基面以下的低速岩体通常采用弹性波测井和层析成像，以及地震波检测。地震直达波检测采用单支或相遇时距观测系统，地震折射波检测采用小排列相遇与追逐多重观测系统，地震反射波检测采用小偏移距、小排列进行多次覆盖观测 爆破后的松动体厚度，主要采用钻孔声波测试 边坡开挖范围的测定，主要是对边坡风化卸荷带及低阻岩体的确定，可采用地震纵测线（小排列）进行，并配合钻孔声波测定
堤坝隐患	洞穴、松软层、裂缝及渗漏等隐患	对于洞穴、松软层、裂隙等隐患，采用电阻率剖面法普查，采用高密度电阻率法详查 瞬变电磁法、频率域电磁法、自然电位法等方法适用于查找渗漏隐患。探地雷达法用于探测埋深较浅、位于浸润线以上的隐患以及汛期探测堤防浸润线；弹性波法用于测定堤坝土弹性参数及松软层隐患

第六章　勘探与取样

第一节　探槽与探井

一、探槽

探槽一般适用于了解构造线、破碎带宽度、不同地层岩性的分界线、岩脉宽度及其延伸方向等。探槽的挖掘深度较浅，一般在覆盖层小于3m时使用，其长度可根据所了解的地质条件和需要决定，宽度和深度则根据覆盖层的性质和厚度决定。当覆盖层较厚，土质较软易塌时，挖掘宽度需适当加大，甚至侧壁需挖成斜坡形；当覆盖层较薄，土质密实时，宽度亦可相应减小至便于工作即可。

探槽一般用锹、镐挖掘，当遇大块碎石、坚硬土层或风化基岩时，亦可采用爆破或动力机械。

二、探井

探井能直接观察地质情况，详细描述岩性和分层，利用探井能取出接近实际的原状结构的土试样。因此，在地质条件复杂地区和黄土地区，经常采用。但探井存在着速度慢、劳动强度大和不太安全等缺点。在坝址、地下工程、大型边坡等勘察中，当需详细查明深部岩层性质、构造特征时，可采用竖井或平洞。探井的深度不宜超过地下水位。竖井和平洞的深度、长度、断面按工程要求确定。

探井的种类根据开口的形状可分为：圆形、椭圆形、方形、长方形等。圆形探井在水平方向上能承受较大侧压力，比其他形状的探井安全。

三、编录要求

探槽编录、探井编录除进行岩土描述外，应以剖面图、展开图等形式全面反映井

（槽）壁、底部的岩性、地层分界线、构造特征、取样或原位测试位置，并辅以代表性部位的彩色照片。岩土描述内容同钻孔编录。

第二节　钻　　孔

在岩土工程勘察中，钻孔是最广泛采用的一种勘探手段，可以鉴别、描述土层，岩土取样，进行标准贯入试验或波速测试等。

一、钻进方法

根据破碎岩土的方式，钻进方法的种类可分为：

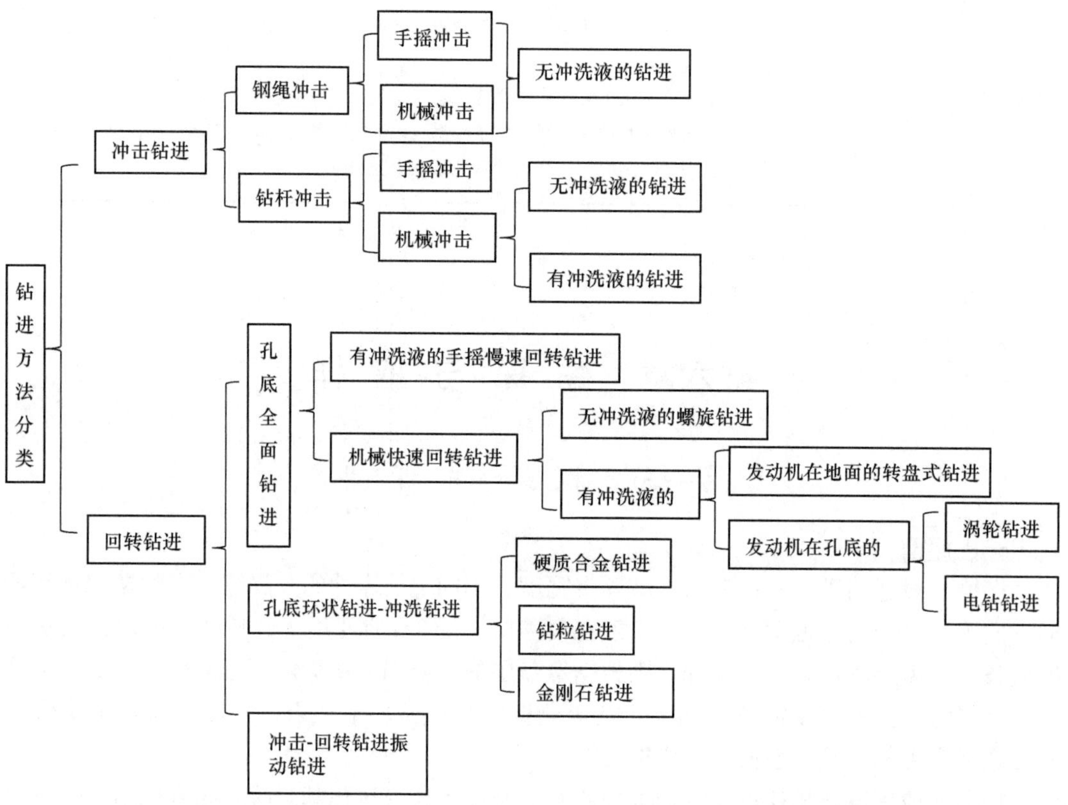

（一）冲击钻进

利用钻具的重力和下冲击力使钻头冲击孔底以破碎岩土。根据使用的工具不同可分为钻杆冲击钻进和钢绳冲击钻进，但以钢绳冲击钻进较普遍。对于硬层（基岩、碎石土）一般采用孔底全面冲击钻进，对于土层采用圆筒形钻头的刃口借钻具冲击力切削土层钻进。

（二）回转钻进

利用钻具回转使钻头的切削刃或研磨材料削磨岩土使之破碎。回转钻进可分为孔底全面钻进和孔底环状钻进（岩芯钻进）。岩芯钻进根据所使用的研磨材料不同又可分为硬质合金钻进、钻粒钻进和金刚石钻进。

（三）冲击一回转钻进

冲击一回转钻进也称综合钻进。岩石的破碎是在冲击、回转综合作用下发生的，在岩土工程勘察中，冲击一回转钻进应用较广泛。

（四）振动钻进

振动钻进系将机械动力所产生的振动力，通过连接杆及钻具传到圆筒形钻头周围土中。由于振动器高速振动的结果，使土的抗剪力急剧降低，这时圆筒钻头依靠钻具和振动器的重力切削土层进行钻进。钻进速度较快，但主要适用于粉土、黏性土层和粒径较小的碎石（卵石）层。

选择钻探方法应考虑的原则是：

1. 地层特点和钻探方法的相关性；
2. 能保证以一定的精度鉴别地层，了解地下水情况；
3. 尽量避免或减轻对取样段的扰动影响。

具体根据钻进地层和勘察要求按表 2-6-1 选择。

钻进方法的适用范围　　**表 2-6-1**

钻进方法		钻进地层					勘察要求		
		黏性土	粉土	砂土	碎石土	岩石	直观鉴别，采取不扰动试样	直观鉴别，采取扰动试样	不要求直观鉴别，不采取试样
回转	螺纹钻探	○	△	△	—	—	○	○	○
	无岩芯钻探	○	○	○	△	○	—	—	□
	岩芯钻探	○	○	○	△	○	○	○	○
冲击	冲击钻探	—	△	○	○	—	—	—	○
	锤击钻探	○	○	○	△	—	○	○	○
振动钻探		○	○	○	△	—	△	○	○
冲洗钻探		△	○	○	—	—	—	—	○

注：○代表适用；△代表部分情况适用；—代表不适用。

为了解浅部土层，可采用以下简易钻进方法：

（1）小口径人力麻花钻钻进；

（2）小口径勺形钻钻进；

（3）洛阳铲钻进。

二、钻机类型及其主要技术性能

在岩土工程勘察中，目前国产的部分钻机类型及其特点和主要技术性能如表 2-6-2。

几种钻机的特点和适用条件　　**表 2-6-2**

钻机名称及型号	主　要　特　点	适　用　条　件
XU300-2A 型钻机	立轴回转式油压钻机。变速箱正转有四个速度，反转有四个速度，钻机质量 900kg（不包括动力机），最大解体部件 175kg	能适应各种地层，便于处理事故
XY-1 岩芯钻机	立轴回转式油压钻机，钻机结构紧凑，钻机、水泵及动力机都安装在同一底架，分解性强，便于搬运	适用于各种地层，适合于平原和山区工作
DPP-100-3B 型汽车钻机	液压加压给进液压起落塔的汽车钻机，汽车钻机各运转部分所需动力均由汽车发动机供给	能在各种地层中钻进

续表

钻机名称及型号	主 要 特 点	适 用 条 件
G-2 工程钻机	是一种车装钻机，能回转钻进、冲击钻进、振动钻进、静压取土试样	主要适用于第四纪地层
SH30-2 工程钻机	具有冲击、回转两种钻进方式。钻机的适应性较强	可用于粉土、黏性土、砂、卵石及填土等地层钻进
GY-1 型轻便工程钻机	具有冲击、回转钻进方式，装载形式有滑橇式和拖挂式，钻孔直径 46～300mm，钻进深度 20～150m	能适应各种地层
GY-50-1 型轻便工程钻机	采用液压给进机构，具有回转、冲击钻进功能，可拖挂搬运，开孔直径 130mm，钻进深度 50m	主要适用于第四纪地层

三、岩石的可钻性及其分类

由于各种岩石具有不同的物理力学性质，对钻进速度有不同的影响。在实际钻进过程中，在一定的技术条件，测定出的各种岩石的钻进速度，通称为岩石的可钻性，也就是岩石被钻头破碎的难易程度。岩芯钻探时岩石的可钻性分级如表 2-6-3。

岩芯钻探岩石可钻性分级　　**表 2-6-3**

岩石级别	岩石类别	代表性岩石	普氏坚固系数	可钻性指标（m/h）	
				金刚石	硬质合金
Ⅰ级	松软、疏散	流～软塑的黏性土、有机土（淤泥、泥炭、耕土），稍密的粉土，含硬杂质在 10%以内的人工填土	0.3～1		
Ⅱ级	较松软、疏散	可塑的黏性土，中密的粉土，新黄土，含硬杂质在 10%～25%的人工填土，粉砂、细砂、中砂	1～2		
Ⅲ级	软	硬塑、坚硬的黏性土，密实的粉土，含杂质在 25%以上的人工填土，老黄土，残积土，粗砂、砾砂、砾石、轻微胶结的砂土，石膏、褐煤、软烟煤，软白垩	2～4		
Ⅳ级	稍软	页岩，砂质页岩，油页岩，炭质页岩，钙质页岩，砂页岩互层，较致密的泥灰岩，泥质砂岩，中等硬度煤层，岩盐，结晶石膏，高岭土，火山凝灰岩，冻结的含水砂层	4～6		>3.9
Ⅴ级	稍硬	崩积层，泥质板岩，绿泥石、云母、绢云母板岩、千枚岩、片岩，块状石灰岩、白云岩、细粒结晶灰岩、大理岩，较松软的砂岩，蛇纹岩，纯橄榄岩，硬烟煤，冻结的粗砂、砾石层、冻土层，粒径大于 20mm 含量大于 50%的卵石、碎石，金属矿渣	6～7	2.9～3.6	2.5
Ⅵ级	中	轻微硅化的灰岩，方解石，绿帘石矽卡岩，钙质胶结的砾岩，长石砂岩，石英砂岩，石英粗面岩，角闪石斑岩，透辉石岩，辉长岩，冻结的砾石层，粒径大于 40mm 含量大于 50%的卵石、碎石，混凝土构件、砌块、路面	7～8	2.3～3.1	2.0

续表

岩石级别	岩石类别	代表性岩石	普氏坚固系数	可钻性指标（m/h）	
				金刚石	硬质合金
Ⅶ级	中	微硅化的板岩、千枚岩、片岩、长石石英砂岩，石英二长岩，微片岩化的钠长石斑岩，粗面岩，角闪石斑岩，玢岩，微风化的粗粒花岗岩、正长岩、斑岩、辉长岩及其他火成岩，硅质灰岩，燧石灰岩，粒径大于60mm含量大于50%的卵石、碎石	8～10	1.9～2.6	1.4
Ⅷ级	硬	硅化绢云母板岩、千枚岩、片岩、片麻岩、绿帘石岩，含石英的碳酸盐岩石，含石英重晶石岩石，含磁铁矿和赤铁矿的石英岩，钙质胶结的砾岩，玄武岩，辉绿岩，安山岩，辉石岩，石英安山斑岩，中粒结晶的钠长斑岩和角闪石斑岩，细粒硅质胶结的石英砂岩和长石砂岩，含大块燧石灰岩，轻微风化的花岗岩、花岗片麻岩、伟晶岩、闪长岩、辉长岩等，粒径大于80mm含量大于50%的卵石、碎石	11～14	1.5～2.1	0.8
Ⅸ级		高硅化的板岩、千枚岩、灰岩、砂岩；粗粒的花岗岩、花岗闪长岩、花岗片麻岩、正长岩、辉长岩、粗面岩；微风化的石英粗面岩、伟晶花岗岩、灰岩、硅化的凝灰岩、角页岩化凝灰岩、细粒石英岩、石英质磷灰岩、伟晶岩，粒径大于100mm含量大于50%的卵石、碎石，半胶结的卵石土	14～16	1.1～1.7	
Ⅹ级	坚硬	细粒的花岗岩，花岗闪长岩，花岗片麻岩，流纹岩，微晶花岗岩，石英粗面岩，石英钠长斑岩，坚硬的石英伟晶岩，燧石层，粒径大于130mm含量大于50%的卵石、碎石，胶结的卵石土	16～18	0.8～1.2	
Ⅺ级		刚玉岩，石英岩，碧玉岩，块状石英，最坚硬的铁质角页岩，碧玉质的硅化板岩，燧石岩，粒径大于160mm含量大于50%的卵石、碎石	18～20	0.5～0.9	
Ⅻ级	最坚硬	未风化极致密的石英岩、碧玉岩、角页岩、纯纳辉石刚玉岩，石英，燧石，粒径大于200mm含量大于50%的漂石、块石		<0.6	

注：岩石的强风化、全风化和残积土，可参照类似土层确定。

表2-6-3根据《建筑工程地质勘探与取样技术规程》JGJ/T 87—2012进行分级，可钻性分级是以使用XB－300型和XB－500型钻机在表2-6-4规定的技术条件下钻进时测定的，与目前建筑工程岩土工程勘察使用的钻进工具相差较大。

使用岩石可钻性的钻机技术条件　　表 2-6-4

技术条件	Ⅰ-Ⅵ级岩石用硬质合金钻进	Ⅶ-Ⅻ级岩石用钢砂钻进
钻头直径（mm）	91	91
立轴转数（r/min）	160	160
轴心压力（kN）	7	—
钻头底部单位面积压力（MPa）	—	2.5
冲洗液量（L/s）	1～2.5	0.17～0.42
投粒方法		一次投粒法或连续投砂法

四、泥浆性能指标及配制

在岩土层中钻进，除能保持孔壁稳定的黏性土层和完整岩层之外，均应采取护壁措施。泥浆作为钻探的一种冲洗液，除起护壁作用外，还具有携带、悬浮与排除岩粉、冷却钻头、润滑钻具、堵漏等功能。泥浆性能好坏直接影响钻进效率和生产安全。造浆原料为黏土和水。黏土应选择可塑性好、含砂量少的黏土如高岭土、膨润土、红土、胶泥等。造浆用水不得用具有腐蚀性或受污染的水，pH 值不应太小，否则应进行处理。由于黏土的性质和水的性质不同，造成泥浆中的黏土颗粒（粒径小于 0.002mm）呈现悬浮或聚沉的不同状态。一般呈悬浮状态标志泥浆性能好，而聚沉则说明泥浆性能变坏。

泥浆的主要性能指标见表 2-6-5。

泥浆的主要性能指标　　表 2-6-5

项目	意　　义	度量单位	测定仪器	性能要求
比重	泥浆与同体积 4℃的水的重量比		比重计	一般地层为 1.10～1.15，破碎、坍塌、涌水地层要加大比重至 1.2～1.3 以上
失水量及泥皮	在压力作用下，泥浆中的水渗入孔壁，称为失水。泥浆失水时，黏土颗粒附于孔壁上，形成泥皮。泥浆失水小，则泥皮薄而致密，性能好，失水量大，泥皮厚而疏松，易脱落	mL/30min 及 mm	失水量测定仪	一般地层，失水量小于 25mL/30min 泥皮 3～4mm，松散、坍塌、遇水膨胀地层，失水量应小于 10～15mL/30min，泥皮 3mm 以下
黏度	指泥浆的黏滞程度，亦即流动性。表示其内摩擦力的大小	s	漏斗式黏度计	一般地层为 18～20s，坍塌、漏失地层加大黏度到 25～30s 以上
触变性及静切力	泥浆在静止时具有一定结构强度，受到扰动后，结构被破坏，呈流动状态，此称触变性。破坏泥浆的静止结构，使其开始流动的最小的力称为静切力。触变性大，静切力就大，结构强度亦大。结构强度大的泥浆悬浮岩粉能力强，不易漏失，但循环泥浆不易净化，水泵运转阻力大	Pa	静切力计（U 形管法）	一般地层 1.0～2.45Pa，漏失地层 4.9～7.85Pa 或更高

续表

项目	意　义	度量单位	测定仪器	性能要求
胶体率	100mL 泥浆静置 24h，析出清水后的泥浆体积的百分数称胶体率。胶体率是泥浆悬浮或聚沉能力大小的标志	%	胶体率测定计	一般要求不低于 97%
含砂量	泥浆中大于 0.02mm 的砂子等颗粒的含量	%	胶体率测定计	一般要求不超过 4%
酸碱值	即 pH 值，表示泥浆含酸碱程度		比色法	一般泥浆为碱性，即 pH>7，在 8～10 之间。过大易腐蚀钻具。pH<7，泥浆呈酸性，不稳定

制造泥浆时黏土用量可按下式计算：

$$Q=V\rho_1\frac{\rho_2-\rho_3}{\rho_1-\rho_3} \tag{2-6-1}$$

式中　Q——制造泥浆所需黏土质量（t）；

V——欲制造泥浆的容积（m^3）；

ρ_1、ρ_2、ρ_3——分别为黏土、欲制泥浆和水的密度（t/m^3）。

需水量为：

$$W=\left(V-\frac{Q}{\rho_1}\right)\rho_3 \tag{2-6-2}$$

式中　W——制造泥浆所需水量（t）。

为使泥浆具有钻进工艺所要求的性能，需加入适量的化学处理剂，加入量通过试验确定。烧碱（NaOH）或纯碱（Na_2CO_3）可增黏度和静切力，调节 pH 值，纯碱投入量一般为土质量的 2%；单宁酸钠可降黏度、失水量和静切力，一般加入量不超过 3%～5%；当需要提高泥浆比重时，可投放适量的重晶石粉、石灰岩粉等物质。

五、技术要求及编录

（一）勘探技术要求

工程勘察钻探要求按《岩土工程勘察规范》GB 50021—2001（2009 年版）进行，并应满足以下要求：

1. 钻进深度和岩土分层深度的量测精度，不应低于±5cm；

2. 应严格控制非连续取芯钻进的回次进尺，使分层精度符合要求；

3. 对鉴别地层天然湿度的钻孔，在地下水位以上应进行干钻；当必须加水或使用循环液时，应采用双层岩芯管钻进；

4. 岩芯钻探的岩芯采取率，对完整和较完整岩体不应低于 80%，较破碎和破碎岩体不应低于 65%；对需重点查明的部位（活动带、软弱夹层等）应采用双层岩芯管连续取芯；当需确定岩石质量指标 RQD 时，应采用 75mm 口径（N 型）双层岩芯管和金刚石钻头；

5. 钻孔时应注意观测地下水位，量测地下水初见水位和静止水位。通常每个钻孔均应量测第一含水层的水位。如有多个含水层，应根据勘察要求决定是否分层量测水位；

6. 定向钻进的钻孔应分段进行孔斜测量；倾角和方位的量测精度应分别为±0.1°和±3.0°。

（二）钻探编录

1. 野外记录应由经过专业训练的人员承担；记录应真实及时，按钻进回次逐段记录，严禁事后追记；

2. 钻探现场可采用肉眼鉴别和手触方法，有条件或勘察工作有明确要求时，可采用微型贯入仪等定量化、标准化的方法，如使用标准精度模块区分砂土类别，用孟塞尔（Munsell）色标比色法表示颜色，用微型贯入仪测定土的状态，用点荷载仪判别岩石风化程度和强度等；

3. 钻探成果可用钻孔野外柱状图或分层记录表示；岩土芯样可根据工程要求保存一定期限或长期保存，亦可拍摄岩芯、土芯彩照纳入勘察成果资料；

4. 各类岩土的野外描述应符合下列规定：

（1）碎石土宜描述颗粒级配、颗粒形状、颗粒排列、母岩成分、风化程度、充填物的性质和充填程度、密实度等；

（2）砂土宜描述颜色、矿物组成、颗粒级配、颗粒形状、细粒含量、湿度、密实度等；

（3）粉土宜描述颜色、包含物、湿度、密实度等；

（4）黏性土宜描述颜色、状态、包含物、土的结构等；

（5）特殊性土除应描述相应土类规定的内容外，尚应描述其特殊成分和特殊性质，如对淤泥尚需描述嗅味，对填土尚需描述物质成分、堆积年代、密实度和均匀性等；

（6）对具有互层、夹层、夹薄层特征的土，尚应描述各层的厚度和层理特征；

（7）需要时，可用目力鉴别描述土的光泽反应、摇振反应、干强度和韧性，按表2-6-6区分粉土和黏性土。

目力鉴别粉土和黏性土　　表2-6-6

鉴别项目	摇振反应	光泽反应	干强度	韧性
粉土	迅速、中等	无光泽反应	低	低
黏性土	无	有光泽、稍有光泽	高、中等	高、中等

六、复杂地层钻进要点

1. 软土层钻进

在软塑或流动状态的黏性土层中钻进，可使用低角度的长螺旋钻进行，或采用带阀管钻进行冲击，随钻随跟进套管，以防孔径收缩。当用机动回转钻钻进时应使用优质泥浆。如塌孔严重也应下套管护壁。下钻钻进时先冲洗孔底沉渣，防止沉渣过多造成埋钻。需取样鉴别土质时应采用干钻钻进。

2. 松散砂层钻进

在松散的含水砂层中钻进应注意防止发生流砂涌升现象。钻进方法一般采用管钻冲击，冲程不应过大，一般为0.1～0.2m，每回次钻进0.5m左右。为了避免孔内发生涌砂应采用人工注水方法，使孔内水位高于地下水位，必要时使用泥浆以增加压力防止涌砂。用管钻冲击钻进，一般边钻进边下套管。对于需作标准贯入试验的砂层，必须严防涌砂现象。

3. 大块碎石地层钻进

对于粒径小于 20cm 的卵石、碎石地层可用一字或十字钻头冲击成小石块，然后用阀管钻提取。每冲击一次应将钻具向左转动 15°～30°使石块破碎均匀、孔壁保持圆形。若遇较大石块可用机动回转钻钻进或采用孔内爆破。若遇较松散而漏水的地层，钻进困难时可向孔内投入适量的黏土球，然后再冲击钻进，使黏土与石块粘合，再用勺钻或管钻提取。孔壁掉块坍塌时需下套管加固。使用岩芯管冲击钻进时，应记录每贯入一定深度的锤击数。

4. 滑坡体钻进

为保证滑坡钻探的岩芯质量，钻进方法应采用干钻、双层岩芯管、无泵孔底反循环等方法进行。钻进中应随时注意地层的破碎、密度、湿度的变化情况，详细观察分析确定滑动面位置。当钻进快到预计滑动面附近时，回次进度不应超过 0.15～0.30m，以减少岩芯的扰动，便于鉴定滑动特征。

5. 岩溶地层钻进

在岩溶地层中钻进需注意可能发生漏水、掉钻以及钻入空洞后钻孔发生歪斜等情况。钻进时如发现岩层变软、进尺加快或突然漏水或取出岩芯有钟乳石和溶蚀等现象，需注意防止遇空洞造成掉钻事故。钻穿洞穴顶板后应详细记录洞的顶底板深度、填充物性质、地下水情况等。为防止钻孔歪斜可采取下导向管或接长岩芯管等方法，再开始在洞穴底板钻进，宜用低压慢速旋转。如洞穴漏水可用黏土或水泥封闭，然后钻进。

七、水上钻探

（一）钻探船的选择与安装

水上钻探，除在水面窄、水流急的河床可采用跨空索桥外，一般宜采用船、油桶筏、竹筏或木筏等，以船只为主。钻探船的吨位需根据水文情况、地层情况、钻孔深度及钻探设备等确定。一般可参照表 2-6-7 选择。

水上钻场类型选择　　**表 2-6-7**

水上钻场类型	钻探期间水文情况			载重安全系数与吃水线	
	最小水深（m）	流速（m/s）	浪高（m）	全载时的安全系数	全载时吃水线应低于钻场（m）
大型钻探船	1.5～2.0	4～5	<1.0	5～10	>1.5
专用铁驳船	1.5	<4	<0.4	5～10	>0.5
木船	1.5	<3～4	<0.2	5～8	>0.4
浮箱	1.0	<1	<0.2	5	0.3
油桶	0.8	<1	<0.1	5	0.2～0.3
竹木筏	1.0	<1	<0.1	5	0.2～0.3

在水较深、浪较大的河口或沿海地区进行水上钻探，宜用铁驳船，吨位一般为 150～200t，长 38m，宽 8m 左右。在离岸较远的海或河（江）时，也可采用大型钻探船，吨位一般为 500～1000t，布置见图 2-6-1。

在内河、海湾、水库等流速在 3m/s 以内的水域钻探，通常使用木船，用双船并联起来，上面安装钻机。单船吨位 15～20t 左右。

（二）抛锚定位

钻船平面布置完毕后，将钻船拖至预定钻探地点。先测定孔位，用小船将主锚和前锚抛定，再用船上绞车收紧锚绳，移动钻船，逐步向孔位靠拢，然后下后锚及边锚。抛锚数根据实际情况确定，一般为 4～7 个铁锚，质量 30～50kg（内河）或 50～100kg（海上），如图 2-6-2 所示。主锚钢绳直径一般为 15～25mm。抛锚后锚绳与水面夹角 10°为宜，首锚（前锚）绳交角和尾锚（后锚）绳交角均为 90°。锚的固定必须可靠，并应设有锚漂。

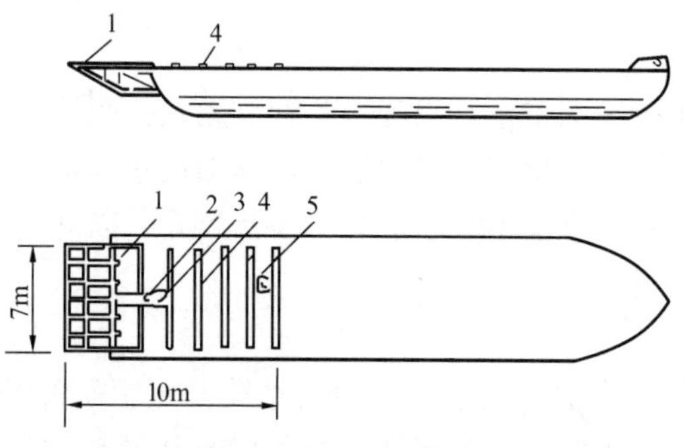

图 2-6-1　500－2000kN 铁驳船钻场布置图

1—角钢及工字钢支架焊接结构；2—钻孔孔位；3—钻机；4—工字钢底梁；5—水泵

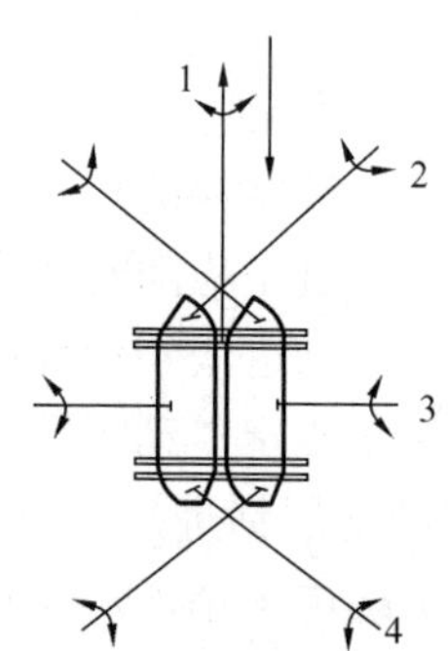

图 2-6-2　深水急流中抛锚示意图

1—主锚；2—前锚；3—边锚；4—后锚

钻船的船头应迎向逆水方向，主锚的位置在船的正前方，若有困难可用两个首锚代替。

（三）导向管的安装

当水深大于 5m，流速大于 2m/s 时，应安设导向管。其直径应根据钻孔要求和流速而定，一般为 ϕ159～ϕ219mm 的外接箍套管。在有覆盖层的水底，导向管下端应装齿状管靴；无覆盖层的水底，应采用带钉管靴（钉径 ϕ20～ϕ25mm，钉尖为一面斜锐角，锐角斜面向内排列，钉长伸出管 50～100mm，圆周布 6～8 根并焊固）。为了保持导向管的垂直状态，下入时应牵保险绳。在水流湍急的情况下，视水深、流速的情况，用保险绳将导向管拉向上游，以保持导向管的稳定。导向管进入地层深度，应视覆盖层的厚度和岩性而定，一般为 1～5m。同时应准备数节 0.5～1.0m 短管，以便水位涨落时，调整管口高度。

（四）钻进中的注意事项

1. 在深水急流中下套管，要将丝扣全部上紧，最上面一节的丝扣要装上护圈；

2. 应设有观察水位涨落的标志，可在孔口管与平台齐平处做上记号，也可在岸上设立标尺；

3. 随时检查锚绳及保护绳的松紧情况，并根据水位的涨落调整其长度；

4. 放置钻具要随时考虑到钻探船的平衡，勿使偏重；

5. 遇暴风雨，船只摆动剧烈时应停钻，并提出孔内钻具；

6. 经常收听气象预报，在大洪水及暴风雨到来之前要将钻探船撤至安全地点，撤船时先取边锚和后锚，而后逐渐松主锚和前锚绳，慢慢地向预定岸边靠拢。

八、冰上钻探

冰上钻探只能在封冻期进行，且冰层的厚度不得小于 40cm，冰水之间不得有空隙。

春融期间，当冰层实际厚度大于 0.6m 时，方可进行冰上钻探，进入冰上钻探区域前，应搜集该区域的结冰期、冰层厚度，以及气象变化规律等资料。施工过程中，应设专人定时对冰层厚度变化进行观测，应设定施工行走路线，对冰洞、明流、薄弱冰带，应设明显标志和防护栏。

冰上钻探基台尺寸应根据机型而定，但应考虑冰面受力面大而且均衡。钻架腿脚的着力点，都应放在基台木上，工作中应随时观察冰面受力变形和局部破碎情况，发现异常应立即采取措施。钻场内除必要的器材外，其他设备器材均应放置陆地保管。场内取暖炉底及附近，应垫厚度不小于 0.4m 的砂石或砂土垫层隔热，并有专人看管。钻场附近不得随意开凿冰洞，抽、回水冰洞应开在钻机后方并远离机台、架脚位置。滨海地区的河流水域，易受海潮倒灌的影响，造成冰面隆起致使机台不平。在此区域进行冰上钻探时，基台面应高于冰面 0.3～0.5m，施工中应根据冰面变化随时调整。

第三节 取土器和取样技术

一、取土器的设计要求

（一）取土器的设计要求

岩土工程勘察需采取保持原状结构的土试样。影响取样质量的因素很多，如钻进方法、取样方法、土试样的保管和运输等，但取土器的结构也是主要因素之一。设计取土器应考虑下列要求：

1. 取土器进入土层要顺利，尽量减小摩擦阻力和对土试样的扰动；

2. 取土器要有可靠的密封性能，使取样时不掉土；

3. 结构简单，便于加工和操作。

（二）除上述要求外，尚应考虑下列因素：

1. 土试样顶端所受的压力：包括钻孔中的水柱压力、大气压力及土试样与取土筒内壁摩擦时的阻力所产生的压密；

2. 土试样下端所受的吸力，包括真空吸力、土试样本身的黏聚力和土试样自重；

3. 取土器进入土层的方法和进入土层深度。

二、取土器的基本技术参数

（一）直径

取土器直径的大小，关系到土试样质量。设计取土器直径应考虑下列因素：

1. 取样方法：取土时土试样与取土筒内壁产生摩擦而造成土试样边缘扰动，此扰动带的宽度与取样方法、土层性质等有关。根据已有资料，当取土器技术参数选择适当，采用压入或重锤少击法取样时，扰动带的宽度一般在 10mm 左右；

2. 土层性质：对于易扰动的软土，取土器直径不应小于 100mm；湿陷性黄土不应小于 120mm；砂土可采用直径较小的取土器，以免提取时脱落土试样；

3. 环刀直径，目前土工试验所用的环刀直径，其规格有多种，土样直径除去扰动带宽度后，尚应稍大于环刀直径。

此外，尚应考虑取样长度和目前所生产的管材直径，取土器愈长，则其直径应相应增大。

（二）内间隙比

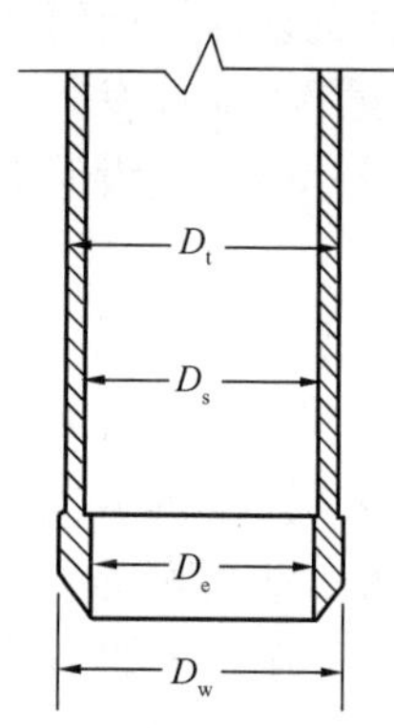

图 2-6-3　取土器间隙比

取土管内径（D_s）和管靴刃口内径（D_e）之差与管靴刃口内径之比称内间隙比（C_i,%），见图 2-6-3。

$$C_i = \frac{D_s - D_e}{D_e} \times 100 \qquad (2\text{-}6\text{-}3)$$

不同的土类可采用不同的内间隙比。内间隙比的大小主要是控制土试样与取土器内壁摩擦引起的压密扰动和减少掉样现象。如内间隙比过大，则扰动宽度增加，过小则难以保证采取率。

（三）外间隙比

取土器管靴外径（D_w）和取土管外径（D_t）之差与取土管外径之比称外间隙比（C_0,%），见图 2-6-3。

$$C_0 = \frac{D_w - D_t}{D_t} \times 100 \qquad (2\text{-}6\text{-}4)$$

外间隙比要选择适当，以减少取土器外壁与孔壁的摩擦，从而减少取土器进入土层的阻力。但外间隙比不宜太大，否则会增加取土器的面积比，也就增加土试样的扰动程度。

（四）面积比

取土器外径所包围的最大断面积和不扰动土试样断面积之差与不扰动土试样断面积之比称面积比（A_r,%）。

$$A_r = \frac{D_w^2 - D_e^2}{D_e^2} \times 100\% \qquad (2\text{-}6\text{-}5)$$

取土器面积比越小，则土试样所受的扰动程度就越小，要使面积比小，关键是减少取土器壁厚。但取土器壁太薄容易产生变形而影响土试样质量。因此，在保证取土器壁有足够的强度和刚度的前提下，尽量使面积比设计得最小。取土器的基本技术参数如表 2-6-8～表 2-6-10 所示。

贯入型取土器技术标准　　**表 2-6-8**

<table>
<tr><th colspan="2">取土器</th><th>主参数（mm）</th><th>刃口角度（°）</th><th>面积比 A_r（%）</th><th>内间隙比 C_i（%）</th><th>外间隙比 C_0（%）</th><th>取样管长度（mm）</th><th>衬管长度（mm）</th><th>衬管材料</th><th>说明</th></tr>
<tr><td rowspan="8">薄壁取土器</td><td>敞口</td><td>取样管内径 75；100</td><td>7～10</td><td>≤10</td><td>0～1.0</td><td>—</td><td>300；500；1000</td><td>—</td><td>—</td><td></td></tr>
<tr><td rowspan="2">自由活塞</td><td>取样管外径 75</td><td rowspan="2">5～10</td><td>≤10</td><td>0</td><td rowspan="2">—</td><td rowspan="2">700；1000</td><td rowspan="2">—</td><td rowspan="2">—</td><td rowspan="2"></td></tr>
<tr><td>取样管外径 108</td><td>10～13</td><td>0.5～1.0</td></tr>
<tr><td rowspan="3">水压固定活塞</td><td>取土器外径 108、取样管外径 75</td><td rowspan="3">5～10</td><td>≤10</td><td>0</td><td>—</td><td rowspan="3">500；700；1000</td><td>—</td><td>—</td><td></td></tr>
<tr><td>取土器外径 127、取样管外径 100</td><td rowspan="2">10～13</td><td rowspan="2">0.5～1.0</td><td rowspan="2">—</td><td rowspan="2">—</td><td rowspan="2">—</td><td rowspan="2"></td></tr>
<tr><td>取土器外径 146、取样管外径 120</td></tr>
<tr><td rowspan="2">固定活塞</td><td>取样管外径 75</td><td rowspan="2">5～10</td><td>≤10</td><td>0</td><td>—</td><td rowspan="2">700；1000</td><td>—</td><td>—</td><td></td></tr>
<tr><td>取样管外径 108</td><td>10～13</td><td>0.5～1.0</td><td>—</td><td>—</td><td>—</td><td></td></tr>
</table>

续表

取土器	主参数(mm)	刃口角度(°)	面积比 A_r(%)	内间隙比 C_i(%)	外间隙比 C_o(%)	取样管长度(mm)	衬管长度(mm)	衬管材料	说明
束节式取土器	下节薄壁管外径65、环刀内径61.8	5～10	10.6～12	0～0.65	—	—	下节薄壁管长度185	塑料、酚醛层纸或用环刀	废土管长度≥200mm
	下节薄壁管外径83、环刀内径79.8		10.3～11.4	0～0.5	—	—	下节薄壁管长度203		
黄土取土器	取土器衬管内径120	10～12	≤15	0.8～1.5	0.8～1	—	150；200；220	塑料、酚醛层纸或镀锌薄铁皮	废土管长度200mm
厚壁取土器	取样管外径89；108	—	13～20	0.5～1.5	0～2	—	150；200；300	塑料、酚醛层纸或镀锌薄铁皮	废土管长度≥200mm

回转型取土器技术标准　　　表 2-6-9

取土器类型		外管外径(mm)	土样直径(mm)	衬管长度(mm)	内管超前距离(mm)	说明
三重管	单动	108	75	1200～1500	20～70	
		146	110			
	双动	108	75	1200～1500	20～80	
		146	110			

内置环刀取土器技术标准　　　表 2-6-10

外管外径(mm)	环刀内径(mm)	管靴下节		管靴长度(mm)	面积比%	内间隙比%	刃角(°)	管靴超前量(mm)	废土管长度(mm)
		外径(mm)	长度(mm)						
89	61.8	64.8	35～50	≥75	≤10%	0%	8～10	30～50	≥140
108	79.8	83.6	35～50	≥85	≤10%				≥160
127	100.9	104.9	35～50	≥95	≤10%				≥180

（五）管靴刃口的形式及角度

管靴刃口的形式有两种：即单倾斜刃口和双倾斜刃口（图 2-6-4）。

我国采用较多的是单倾斜刃口。单倾斜刃口的角度一般为 10 度左右。

（六）取土管的形式

1. 根据取土器侧壁层数取土管的形式可分为：

（1）单壁式：一般的活塞取土器为单壁，适用于砂层；

（2）复壁式：为最常见的取土器。

2. 根据取土管结构又可分为：

（1）圆筒式：取土管带有两对退土槽，退土时，将退土棍插入退土槽中，用退土器顶退土棍将取土衬筒顶出。这种退土方法有时会引起人为的二次扰动，尤其在软土中，一般不宜采用；

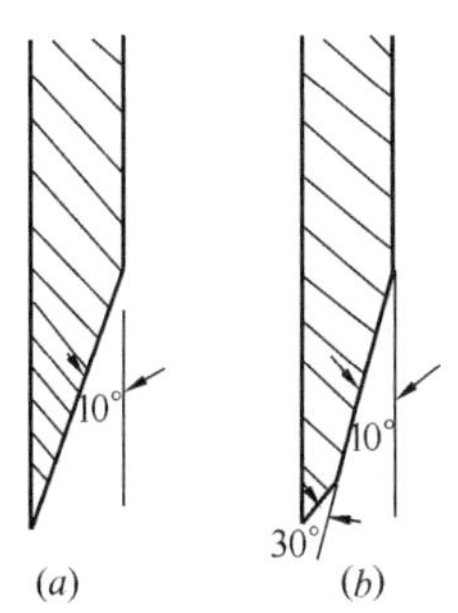

图 2-6-4　管靴刃口形式
(a) 单倾斜刃口；(b) 双倾斜刃口

（2）半合焊接式：取土管分成两半，一半的下端与管靴焊在一起，另一半可插入取土管上部用螺钉固定，这种形式的取土管可避免在退土时的人为二次扰动；

（3）可分半合式：在软土地区较普遍使用的一种。取土管上部用丝扣与余土管连接，下部用丝扣与管靴相接，卸土时，只要将余土管、管靴拧下，将半合的管打开，即可取出土试样。

（七）上部封闭装置

上部封闭装置基本上有三种类型：限制球阀式、上提活阀式、简易活塞式。同一种封闭装置也有多种不同形式，如：上提活阀式常用的有三种形式（如图 2-6-5）。

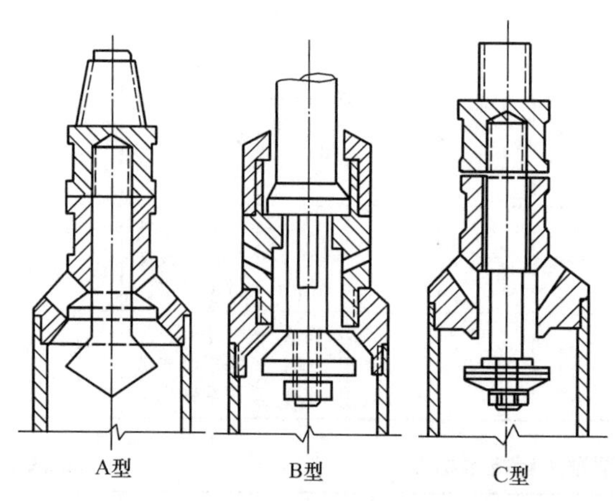

图 2-6-5　取土器上部封闭装置图
A 型为双锥面活阀式；B 型为直面与斜面呈线状接触式；C 型为橡皮垫与钢材圆面接触式

三、取土器的种类

（一）取土器的种类很多，按壁厚取土器可分为薄壁和厚壁两类，薄壁取土器壁厚仅 1.25～2.00mm，厚壁取土器壁厚达到 8.0～14.0mm；根据取土器的结构及封闭形式又可分为敞口式和封闭式。

（二）根据《建筑工程地质勘探与取样技术规程》JGJ/T 87—2012 中按进入土层方式将取土器分为贯入式取土器和回转式取土器，具体分为：

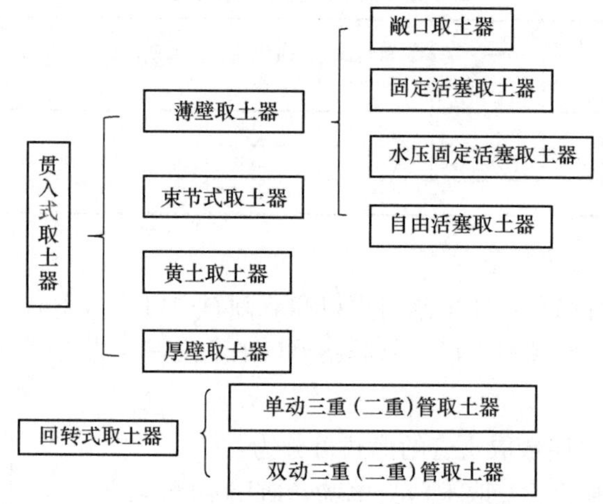

1. 贯入式取土器

（1）敞口薄壁取土器（图 2-6-6）

敞口式，国外称为谢尔贝管，是最简单的一种薄壁取土器，取样操作简便，但容易逃土。

（2）固定活塞式取土器（图 2-6-7）

在敞口薄壁取土器内增加一个活塞以及一套与之相连接的活塞杆，活塞杆可通过取土器的头部并经由钻杆的中空延伸至地面。下放取土器时，活塞处于取样管刃口端部，活塞杆与钻杆同步下放，到达取样位置后，固定活塞杆与活塞，通过钻杆压入取样管进行取

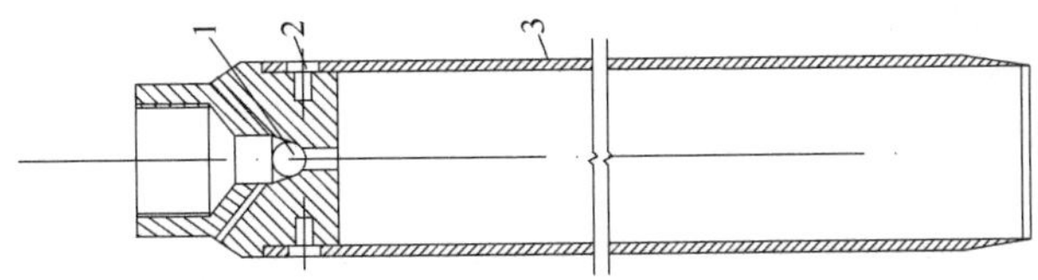

图 2-6-6　敞口薄壁取土器

1—阀球；2—固定螺钉；3—薄壁器

样。活塞的作用在于下放取土器时可排开孔底浮土，上提时可隔绝土样上部的水压、气压，防止逃土，同时又不会像上提活阀那样产生过度的负压引起土样扰动；取样过程中，固定活塞还可以限制土样进入取样管后顶端的膨胀上凸趋势。因此固定活塞薄壁取土器取样质量高，成功率也高，但因需要两套杆件，操作比较复杂。固定活塞薄壁取土器是目前国际公认的高质量的取土器。

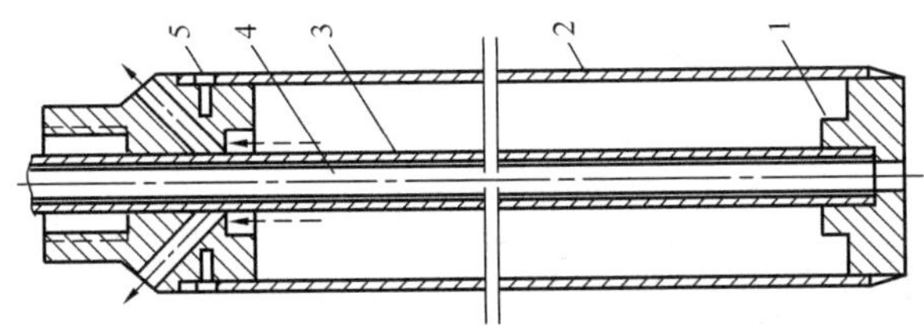

图 2-6-7　固定活塞取土器

1—固定活塞；2—薄壁取样管；3—活塞杆；

4—消除真空管；5—固定螺钉

（3）奥斯特伯格（Osterberg）型取土器（图 2-6-8）

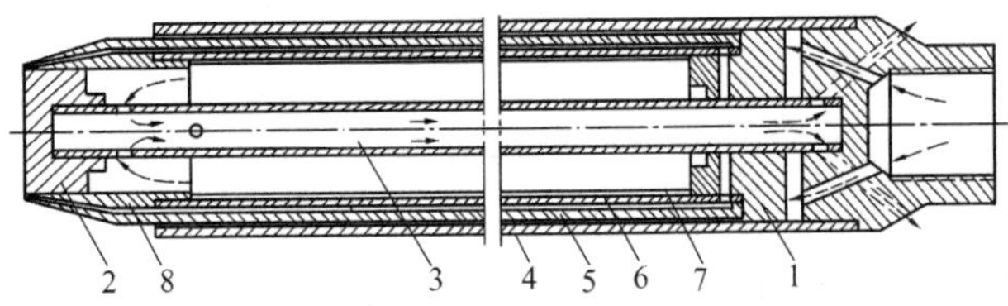

图 2-6-8　水压固定活塞取土器

1—可动活塞；2—固定活塞；3—活塞杆；

4—压力缸；5—竖向导管；6—取样管；

7—衬管（采用薄壁管时无衬管）；

8—取样管刃靴（采用薄壁管时无单独刃靴）

即水压式固定活塞取土器，具有上下两个活塞，下活塞为固定活塞，通过一段活塞杆与取土器头部及钻杆相连。上活塞为可动活塞，连接在取样管的上端，可以下活塞杆为轴心在与取土器头部相连的外管中上下移动。下放取土器时，上活塞处于最高位置，下活塞与取样管口齐平。到达取样深度以后，将钻杆、下活塞及外管系统固定，通过钻杆施加水压（亦可用气压），推动上活塞及取样管向下贯入取样。

（4）自由活塞取土器（图 2-6-9）

将固定活塞取土器的活塞延伸杆去掉，仅保留由活塞通向取土器头部的一段。这样不能在地面来控制、固定活塞，而只能用装置于取土器头部的锥卡来限制活塞的反向位移。

贯入取样时，活塞可以随着土样向上移动（相对于取样管），故称为自由活塞。这种取土器结构和操作均较简单，但土样上顶活塞时易受扰动，故取样质量不如固定活塞取土器。

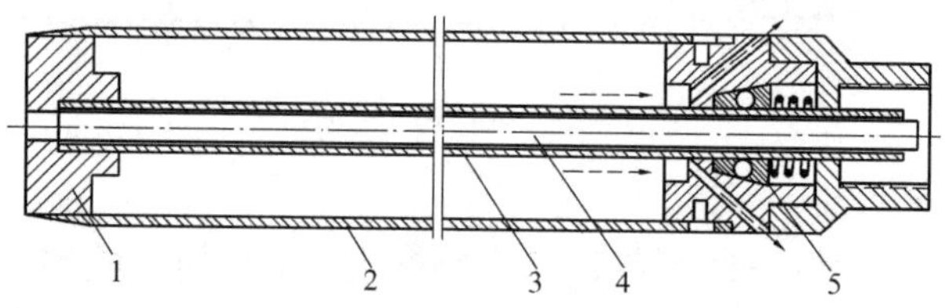

图 2-6-9 自由活塞取土器

1—活塞；2—薄壁取样管；3—活塞杆；
4—消除真空杆；5—弹簧锥卡

（5）束节式取土器（图 2-6-10）

根据我国目前的实际情况，薄壁取土器尚需要普及，故可以以束节取土器代替薄壁取土器。

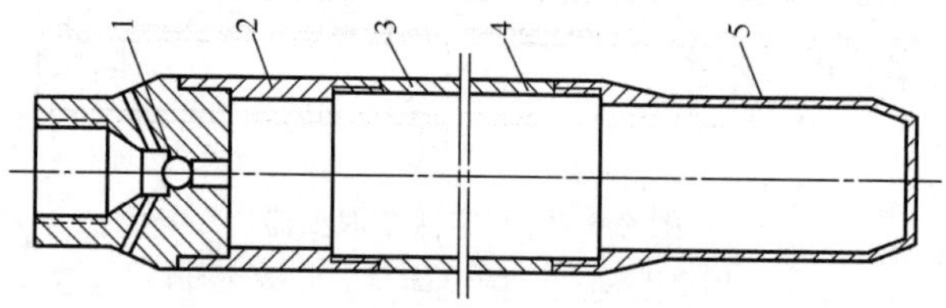

图 2-6-10 束节式取土器

1—球阀；2—废土管；3—半和取样管；
4—衬管或环刀；5—束节取样管靴

（6）黄土取土器（图 2-6-11）

黄土取土器适用于湿陷性黄土和新近沉积黄土。

（7）厚壁取土器（图 2-6-12）

厚壁敞口取土器，系指我国目前大多数单位使用的内装镀锌铁皮衬管的对分式取土器。这种取土器与国际上惯用的取土器相比，性能相差甚远，最理想的情况下，也只能取得Ⅱ级土样，不能视为高质量的取土器。

目前，厚壁敞口取土器中，大多使用镀锌铁皮衬管，其弊病甚多，对土样质量影响很大，应逐步予以淘汰，代之以塑料或酚醛层压纸管。目前仍允许使用镀锌铁皮衬管，但要特别注意保持其形状圆整，重复使用前应注意整形，清除内外壁粘附的蜡、土或锈斑。

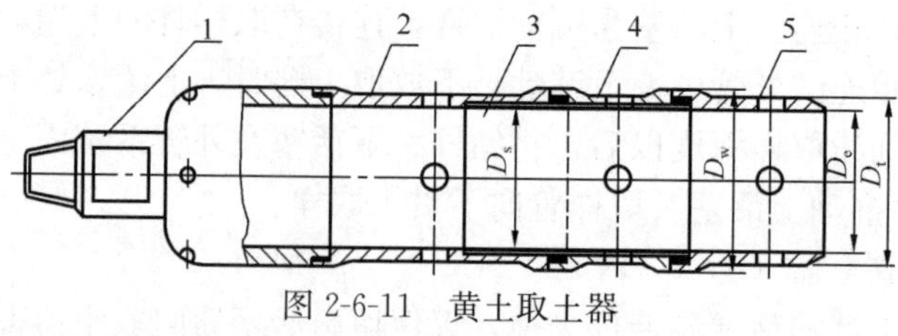

图 2-6-11 黄土取土器

1—异径接头；2—废土管；3—衬管；4—取样管；5—刃口

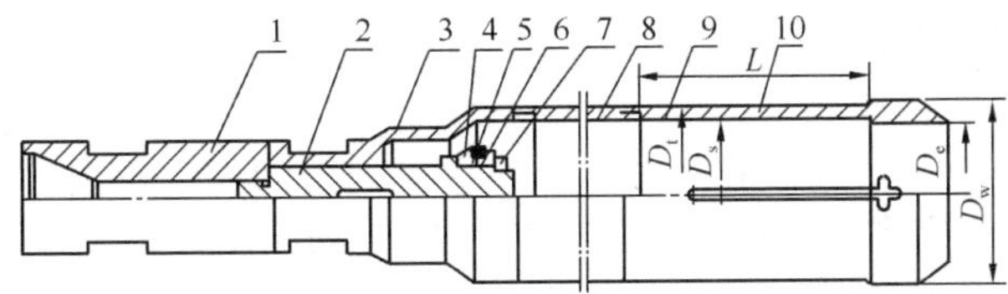

图 2-6-12　厚壁取土器

1—变丝接头；2—活塞；3—提帽；4—垫片；5—胶垫；6—下垫片；7—螺母；8—废土管；9—衬管；10—取样管

2. 回转式取土器

回转型取土器的基本结构与岩芯钻探的双层岩芯管相同，分为单动和双动两类。

(1) 单动三重（二重）管取土器，类似岩芯钻探中的双层岩芯管，取样时外管旋转，内管不动，故称单动；其典型性型号为丹尼森（Denison）取土器（图 2-6-13），是一种双层单动取土器，在内管之中可装上衬管，故也称三重管取土器。这种取土器可应用于软土至中等硬度的土类。

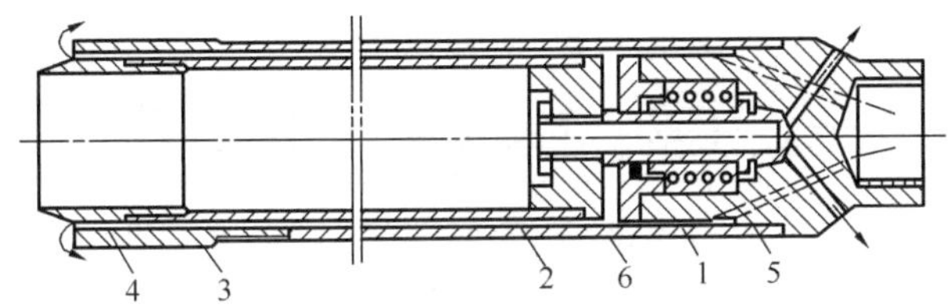

图 2-6-13　丹尼森取土器

1—外管；2—内管（取样管及衬管）；3—外管钻头；4—内管管靴；5—轴承；6—内管头（内装逆止阀）

皮切尔型（Pitcher）取土器（图 2-6-14）是丹尼森取土器的改进型。丹尼森取土器需通过更换不同长度的外管钻头来改变内管的超前度。皮切尔取土器中装有调节弹簧，可按取样土层的软硬程度自动调节内管超前度。这种取土器对软硬交替的成层土尤为适用。

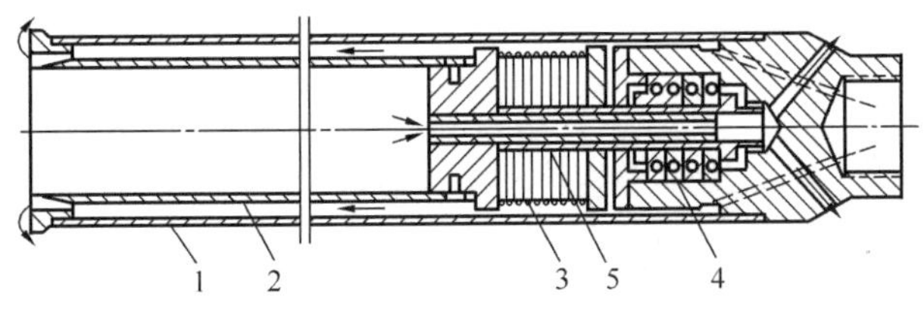

图 2-6-14　皮切尔取土器

1—外管；2—内管（取样管及衬管）；3—调节弹簧（压缩状态）；4—轴承；5—滑动阀

(2) 双动回转取土器（图 2-6-15）适用于硬黏土、紧密的砂砾卵石和软质岩石，由于内管贯入不易，必须采用内外管同时回转的双动取土器。

(三)《建筑工程地质勘探与取样技术规程》JGJ/T 87—2012 中将取砂器分为内环刀取砂器（图 2-6-16）和双管单动内环刀取砂器（图 2-6-17）。

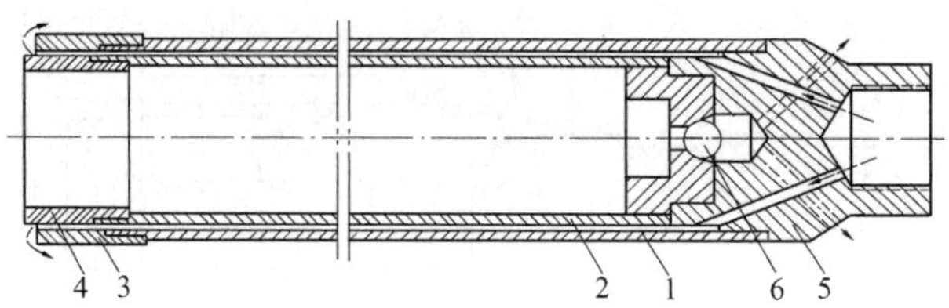

图 2-6-15　双动二（三）重管取土器

1—外管；2—内管；3—外管钻头；4—内管钻头；5—取土器头部；6—逆止阀

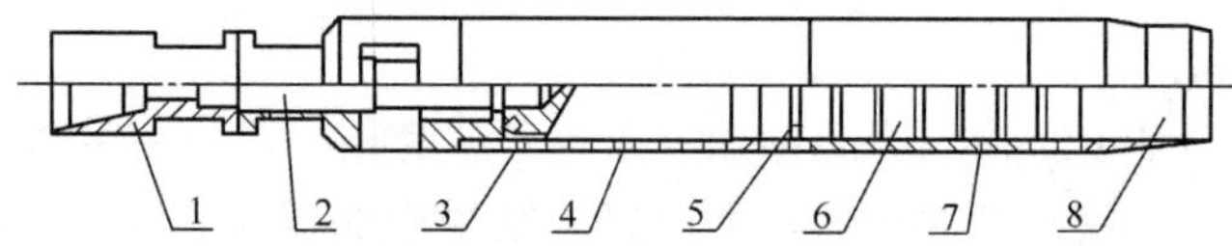

图 2-6-16　内环刀取砂器结构示意图

1—接头；2—六角提杆；3—活塞及“O”形密封圈；4—废土管；
5—隔环；6—环刀；7—取砂筒；8—管靴

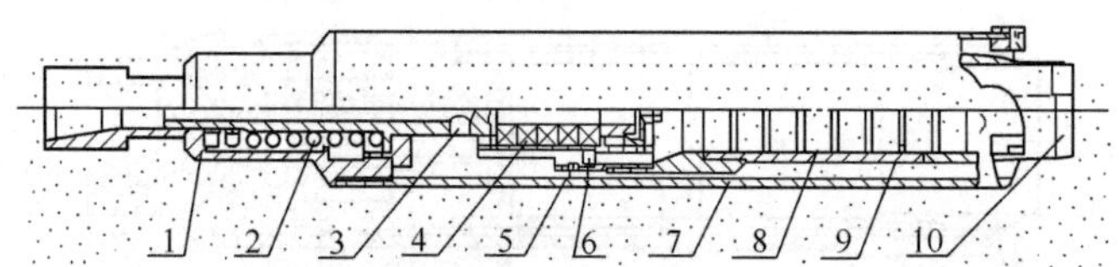

图 2-6-17　双管单动内环刀取砂器结构示意图

1—接头；2—弹簧；3—水冲口；4—回转总成；5—排气排水孔；
6—钢球单向阀；7—外管钻头；8—环刀；9—隔环；10—管靴

四、不扰动土试样的采取方法

钻孔中采取不扰动土试样的方法有：

（一）击入法

1. 按锤击能量应采用重锤少击法；

2. 按锤的位置可分为：（1）上击法；（2）下击法。

（二）压入法

1. 慢速压入法

是用杠杆、千斤顶、钻机手把等加压，取土器进入土层的过程不是连续的。慢速压入法取样对土试样有一定程度的扰动。

2. 快速压入法

是将取土器快速、均匀地压入土中，采用这种方法对土试样的扰动程度最小。目前较普遍使用的方法有两种：

（1）活塞油压筒法系采用比取土器稍长的活塞油压筒通以高压，强迫取土器以等速压入土中；

（2）钢绳、滑车组法是借机械力量通过钢绳、滑车装置将取土器压入土中。

（三）回转法

这种方法系使用回转式取土器取样。取土时内管压入取样，外管回转削切的废土一般用机械钻机靠冲洗液带出孔口。使用这种方法取样可减少土试样的扰动程度，从而提高取样质量。

五、取样质量要求

（一）土试样质量等级

按照取样方法及试验目的，《岩土工程勘察规范》GB 50021—2001（2009 年版）对土试样的质量等级根据试验目的按表 2-6-11 分为四个等级。

土试样质量等级　　表 2-6-11

级别	扰动程度	试　验　内　容
Ⅰ	不扰动	土类定名、含水量、密度、强度试验、固结试验
Ⅱ	轻微扰动	土类定名、含水量、密度
Ⅲ	显著扰动	土类定名、含水量
Ⅳ	完全扰动	土类定名

注：1. 不扰动是指原位应力状态虽已改变，但土的结构、密度和含水量变化很小，能满足室内试验各项要求；
2. 除地基基础设计等级为甲级的工程外，在工程技术要求允许的情况下可用Ⅱ级土试样进行强度和固结试验，但宜先对土试样受扰动程度作抽样鉴定，判定用于试验的适宜性，并结合地区经验使用试验成果。

（二）取样技术要求

试样采取的工具和方法可按表 2-6-12 选择。

不同等级土试样的取样工具和方法　　表 2-6-12

土试样质量等级	取样工具和方法		适用土类										
			黏性土					粉土	砂土				砾砂、碎石土、软岩
			流塑	软塑	可塑	硬塑	坚硬		粉砂	细砂	中砂	粗砂	
Ⅰ	薄壁取土器	固定活塞	++	++	+	—	—	+	+	—	—	—	—
		水压固定活塞	++	++	+	—	—	+	+	—	—	—	—
		自由活塞	—	+	++	—	—	+	+	—	—	—	—
		敞口	+	+	+	—	—	+	+	—	—	—	—
	回转取土器	单动三重管	——	+	++	++	+	++	++	++	—	—	—
		双动三重管		—	—	+	++	—	—	—	++	++	+
	探井（槽）中刻取块状土样		++	++	++	++	++	++	++	++	++	++	++
Ⅱ	薄壁取土器	水压固定活塞	++	++	+	—	—	+	+	—	—	—	—
		自由活塞	+	++	++	—	—	+	+	—	—	—	—
		敞口	++	++	++	—	—	+	+	—	—	—	—
	回转取土器	单动三重管	—	+	++	++	+	++	++	++	—	—	—
		双动三重管	—	—	—	+	++	—	—	—	++	++	++
	厚壁敞口取土器		+	++	++	++	++	+	+	+	+	+	—

续表

土试样质量等级	取样工具和方法	适用土类										
		黏性土					粉土	砂土				砾砂、碎石土、软岩
		流塑	软塑	可塑	硬塑	坚硬		粉砂	细砂	中砂	粗砂	
Ⅲ	厚壁敞口取土器	++	++	++	++	++	++	++	++	++	+	−
	标准贯入器	++	++	++	++	++	++	++	++	++	++	−
	螺纹钻头	++	++	++	++	++	+	−	−	−	−	−
	岩芯钻头	++	++	++	++	++	++	+	+	+	+	+
Ⅳ	标准贯入器	++	++	++	++	++	++	++	++	++	++	−
	螺纹钻头	++	++	++	++	++	+	−	−	−	−	−
	岩芯钻头	++	++	++	++	++	++	++	++	++	++	++

注：1. ++：适用；+：部分适用；−：不适用；
2. 采取砂土试样应有防止试样失落的补充措施；
3. 有经验时，可用束节式取土器代替薄壁取土器。

在钻孔中采取Ⅰ、Ⅱ级砂样时，可采用原状取砂器，并按相应的现行标准执行。

在钻孔中采取Ⅰ、Ⅱ级土试样时，应满足下列要求：

1. 在软土、砂土地层中宜采用泥浆护壁；如使用套管，应保持管内水位等于或稍高于地下水位，取样位置应低于套管底三倍孔径的距离；

2. 采用冲洗、冲击、振动等方式钻进时，应在预计取样位置1m以上改用回转钻进；

3. 下放取土器前应仔细清孔，清除扰动土，孔底残留浮土厚度不应大于取土器废土段长度（活塞取土器除外）；

4. 采取土试样宜用快速静力连续压入法；条件不允许时也可采用重锤少击方式，但应有良好的导向装置，避免锤击时摇晃；

5. 对黏性较强的土层，上提取土器之前可回转3圈，使土试样从底端断开；

6. 具体操作方法应按现行标准《建筑工程地质勘探与取样技术规程》JGJ/T 87—2012执行。

（三）土试样封装、保存及运输

Ⅰ、Ⅱ、Ⅲ级土试样应妥善密封，防止湿度变化，严防曝晒或冰冻。在运输中应避免振动，保存时间不宜超过3周。对易于振动液化和水分离析的土试样宜就近进行试验。

岩石试样可利用钻探岩芯制作或在探井、探槽、竖井或平硐中刻取。采取的毛样尺寸应满足试块加工的要求。在特殊情况下，试样形状、尺寸和方向由岩体力学试验设计确定。

第七章 勘探点的测量

第一节 基本要求

一、测量内容

勘探点的测量主要是指测点和放点；测点，即勘探点的测定，就是测量实地上勘探点的坐标和高程；放点，即勘探点的测设，是将图上设计的勘探点，在实地标定出来。

二、测量要求

（一）公路工程地质勘探点的测量要求

1. 勘探点位置定位误差：陆地不应大于 0.1m，水中不宜大于 0.5m，当水深流急，固定船困难时，不应大于 1.0m，并应在套管固定后核测孔位；

2. 勘探点地面孔口高程误差：陆地不应大于 0.01m，水中不应大于 0.1m，受潮汐影响的桥位，孔口高程测量应进行实际孔深换算；

3. 勘探完成后，应复测勘探点的平面位置及孔口高程（即勘探点的测定）；

4. 勘探点位置应以坐标和里程桩号表示，并做好测量记录。

（二）建筑工程地质勘探点的测量要求

1. 勘探点位测设于实地的允许偏差应符合下列规定：

（1）陆域：初步勘察阶段平面位置允许偏差为 0～0.5m，高程允许偏差为±0.10m；详细勘察阶段平面位置允许偏差为 0～0.25m，高程允许偏差为±0.05m；对于可行性勘察阶段、城市规划勘察阶段、选址勘察阶段，可利用适当比例尺的地形图，根据地形地物特征确定勘察点位和孔口高程；

（2）水域：初步勘察阶段平面位置允许偏差为 0～2.0m，高程允许偏差为±0.20m；详细勘察阶段平面位置允许偏差为 0～1.0m，高程允许偏差为±0.10m。

2. 陆域勘探点位应设置有编号的标志桩，开钻或掘进之前应按设计要求核对桩号及其实地位置，两者应相符；水域勘探点位可设置浮标，使用测量仪器按孔位坐标进行定位。

3. 当调整勘探点位时，应将实际勘探孔位置标明在平面图上，并应注明与原孔位的偏差距离、方位和高差；必要时应重新测定孔位和高程。

4. 勘探成果中的平面图除应表示实际完成勘探点位之外，尚应提供各点的坐标及高程数据，且宜采用地区的统一坐标和高程系。

第二节　经典测量方法

一、测量坐标的方法和要求

（一）极坐标法

当测区内测量控制点较多时采用，其方法是：

1. 如图 2-7-1，设 A、B 为两个测量控制点，其坐标分别为 x_A、y_A 和 x_B、y_B，K 点为需测的勘探点，将经纬仪或全站仪置于 B 点，后视 A 点，测出水平角$\angle ABK$ 为 θ，用钢尺丈量也可用经纬仪视距或全站仪测出 BK 的水平距离为 l 。

2. 按下列公式计算 K 点的坐标：

$$\left.\begin{aligned} x_K &= x_B + l \cdot \cos\alpha_{BK} \\ y_K &= y_B + l \cdot \sin\alpha_{BK} \end{aligned}\right\} \quad (2\text{-}7\text{-}1)$$

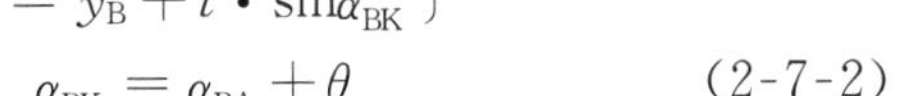

$$\alpha_{BK} = \alpha_{BA} + \theta \quad (2\text{-}7\text{-}2)$$

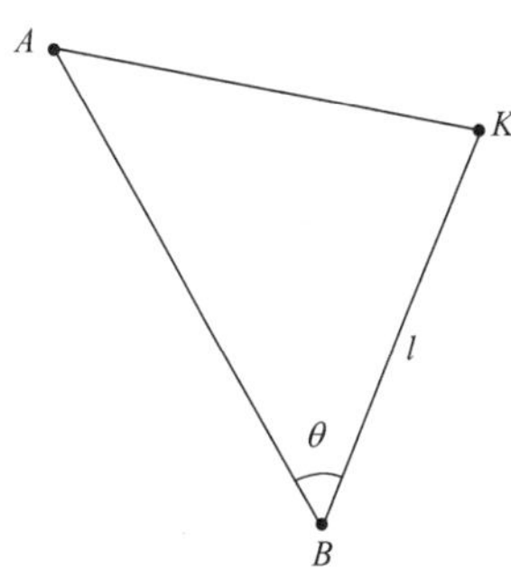

图 2-7-1　测点示意图

式中　x_K、y_K——K 点的坐标；

$l\cdot\cos\alpha_{BK}$、$l\cdot\sin\alpha_{BK}$——坐标增量；

α_{BA}、α_{BK}——BA 连线和 BK 连线的方位角。

3. 确定 α_{BA} 的方法（即已知两点的坐标，求其连线方位角的方法）：

先按下式求出 BA 连线的象限角 α'：

$$\tan\alpha'_{BA}=\frac{y_A-y_B}{x_A-x_B}=\frac{\Delta y_{BA}}{\Delta x_{BA}} \tag{2-7-3}$$

再根据 Δx_{BA} 和 Δy_{BA} 的正负号由表 2-7-1 确定 BA 连线所在象限，然后再按表 2-7-2 将其换算为方位角 α_{BA}。

坐标增量 $l\cdot\cos\alpha_{BK}$ 和 $l\cdot\sin\alpha_{BK}$ 的正负号，根据方位角所在象限按表 2-7-1 确定。

象限的确定　　**表 2-7-1**

象限	Ⅰ	Ⅱ	Ⅲ	Ⅳ
方位角 α	0°～90°	90°～180°	180°～270°	270°～360°
Δx_{BA}、$l\cdot\cos\alpha_{BK}$	+	−	−	+
Δy_{BA}、$l\cdot\sin\alpha_{BK}$	+	+	−	−

由象限角确定方位角　　**表 2-7-2**

BA 线位置	第Ⅰ象限	第Ⅱ象限	第Ⅲ象限	第Ⅳ象限
由 α'_{BA} 求 α_{BA}	$\alpha_{BA}=\alpha'_{BA}$	$\alpha_{BA}=180°-\alpha'_{BA}$	$\alpha_{BA}=180°+\alpha'_{BA}$	$\alpha_{BA}=360°-\alpha'_{BA}$

4. 经纬仪视距 BK 的水平距离 l，按下列计算：

$$l=K\cdot S\cdot\cos^2\beta \tag{2-7-4}$$

式中　l——B、K 两点间的水平距离（m）；

K——视距常数，一般仪器为 100；

S——测量时塔尺上仪器的上丝读数减下丝读数（m）；

β——测量时竖直角（俯角或仰角）；

$\cos^2\beta$——为水平距离系数。

（二）导线法

当测区内测量控制点少时采用，其方法是：

根据现场地形条件，将测量控制点和各勘探点连成一条易于测量的路线，并尽可能组成一个或两个闭合环形，如图 2-7-2 所示；A、B 为两个测量控制点，其坐标均为已知，两点连线的方位角可按式（2-7-3）计算；点 1～5 为勘探点，如图 2-7-2 所示，用经纬仪或全站仪测出各点间的水平距离和水平夹角（环形的内夹角），并进行简单平差，然后按极坐标法所列公式逐点推算其坐标。

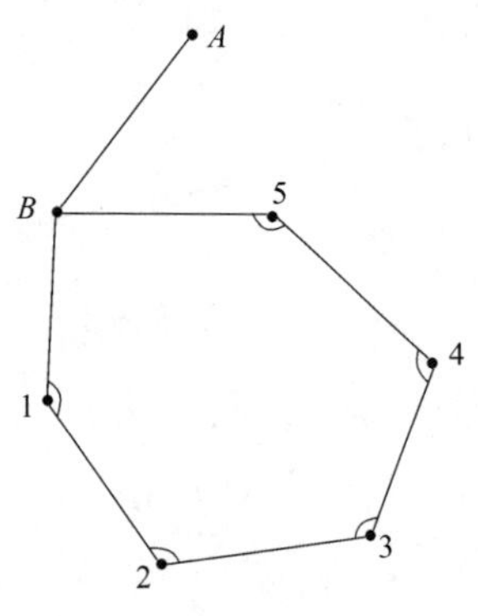

图 2-7-2　环形闭合导线

但导线各边的方位角用下列公式计算比较方便：

$$\alpha_{B-1}=\alpha_{BA}+\angle AB1$$

$$\alpha_{1-2}=\alpha_{B-1}+\angle B12\pm180°$$

$$\alpha_{2-3} = \alpha_{1-2} + \angle 123 \pm 180°$$

其余边的方位角按此法类推，上式等号右侧前两项之和小于180°用“+”号，大于180°用“-”号。α_{BA}用式（2-7-3）计算，每个导线点的坐标用式（2-7-1）计算。

（三）前方交会法

当测点间不能直接丈量或不能用经纬仪或全站仪测得水平距离时采用，其方法是：

1. 如图2-7-3所示，A、B为两个测量控制点，其坐标均为已知，K点为勘探点，用经纬仪测得$\angle\theta$和$\angle\beta$。

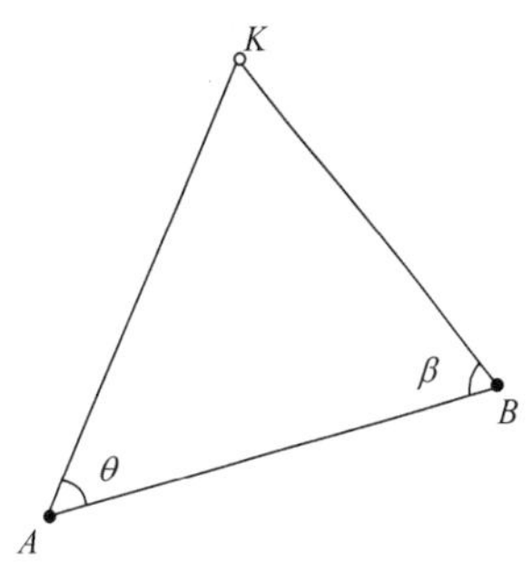

图2-7-3　交会法示意图

2. 计算K点的坐标，其计算方法有下列三种：

（1）按极坐标方法计算：先按下列各公式计算出各点间的水平距离：

$$\left.\begin{aligned} AB &= \frac{x_A - x_B}{\cos\alpha_{AB}} = \frac{y_A - y_B}{\sin\alpha_{AB}} \\ AB &= \sqrt{\Delta x^2 + \Delta y^2} \end{aligned}\right\} \quad (2\text{-}7\text{-}5)$$

或

$$\Delta x = x_A - x_B, \Delta y = y_A - y_B$$

$$AK = \frac{AB \cdot \sin\beta}{\sin(\theta + \beta)} \quad (2\text{-}7\text{-}6)$$

$$BK = \frac{AB \cdot \sin\theta}{\sin(\theta + \beta)} \quad (2\text{-}7\text{-}7)$$

式中符号意义同前。

根据所求各点间的距离，再按极坐标法中所列公式计算其坐标。

式（2-7-5）是常称的边长反算公式，即已知两点的坐标，反求两点间的距离。

（2）按方位角计算：

$$\left.\begin{aligned} x_K &= \frac{x_A \cdot \tan a_{AK} - x_B \cdot \tan a_{BK} + y_B - y_A}{\tan a_{AK} - \tan a_{BK}} \\ y_K &= y_A + (x_k - x_A) \cdot \tan a_{AK} \end{aligned}\right\} \quad (2\text{-}7\text{-}8)$$

（3）按余切公式计算：

$$\left.\begin{aligned} x_K &= \frac{x_A \cdot \cot\beta + x_B \cdot \cot\theta - y_A + y_B}{\cot\beta + \cot\theta} \\ y_K &= \frac{y_A \cdot \cot\beta + y_B \cdot \cot\theta + x_A - x_B}{\cot\beta + \cot\theta} \end{aligned}\right\} \quad (2\text{-}7\text{-}9)$$

二、测量高程的方法和要求

（一）用水准仪测量高程

1. 测量要求

（1）最少需有一个已知高程的水准点（或测量控制点）作后视点；

（2）一般将勘探点和水准点联合组成一个或几个闭合环形测量路线，以便校核成果误差，否则，两点间应测量两次（一般用正反塔尺读两次数）；

（3）前后视的视距应尽量相等，即水准仪应放在前视点和后视点的中间部位，视距长一般不应大于100m，光线好时亦不大于150m；

（4）精度要求：一个闭合路线的后视读数之和减去前视读数之和，应不大于±10mm · $\sqrt{n}$（n 为测站数）。

2. 测量方法

如图 2-7-2 所示，将水准仪置于水准点 B 和勘探点 1 的中间部位，测读水准点 B 的立尺读数即为后视读数，测读勘探点 1 的立尺读数即为前视读数；再将水准仪安放于勘探点 1 和 2 之间，后视点 1 读数，前视点 2 读数，依次类推直至测到水准点 B 闭合为止。

如有条件，使用 B 点前，应尽量利用另外一个已知点（如 A 点）对 B 点进行校验。

3. 高程计算

前视点高程＝后视点高程＋（后视点读数－前视点读数）

（二）用经纬仪或全站仪测量高程

1. 测量要求

（1）最少需有一个已知高程的测量控制点作测站，测站最好选在勘探点较集中的附近；

（2）测站到勘探点通视良好，距离一般不应大于 150m，否则应换测站；

（3）仪器高、棱镜高应用钢尺丈量，误差不大于 5mm；

（4）每一勘探点宜用正反镜各测一次。

2. 测量方法

将经纬仪安置于测站，测尺放于勘探点，测读仪器的中丝读数 V、上下丝读数差 S 以及竖直角 α，如图 2-7-4 所示。全站仪测量时用棱镜代替测尺，仅需测读仪器到棱镜的水平距离 D（或测读斜距）和竖直角 α 即可。

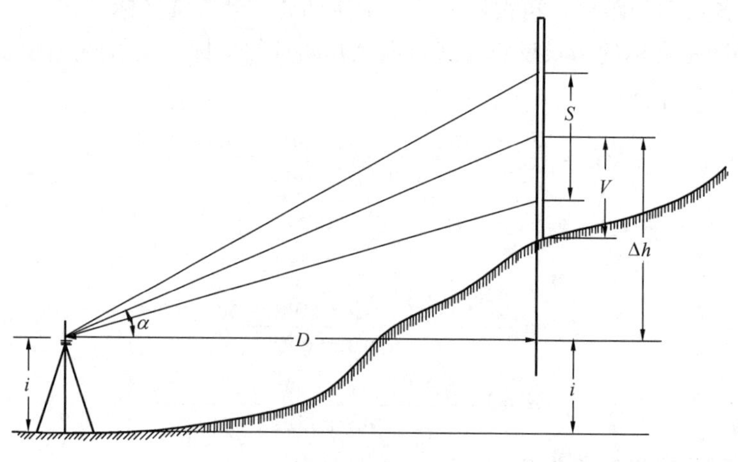

图 2-7-4 高程测量计算

3. 高程计算：勘探点的高程按下式计算：

仰视时：

$$h_{\mathrm{K}} = \Delta h + i - V + h \tag{2-7-10}$$

俯视时

$$h_{\mathrm{K}} = -\Delta h + i - V + h \tag{2-7-11}$$

其中：$\Delta h=\frac{1}{2}K\cdot S\cdot\sin2\alpha$（经纬仪）或 $\Delta h=D\cdot\tan\alpha$（全站仪）

式中　h_K——勘探点高程（m）；

i——仪器高度（m）；

V——测量时的中丝读数（m）；使用棱镜时为棱镜高。

h——测站（控制点）的高程（m）；

K——视距乘常数，一般仪器为 100；

S——测量时的上下丝读数差（m），视距＝KS；

α——竖直角；

Δh——仪器与中丝照准点（或棱镜中心）间的高差（m）；

D——仪器到测尺（或棱镜）的水平距离（简称平距）（m）。

目前已将上述原理固化为全站仪随机程序，全站仪架设完毕后，只需在仪器中输入测站高程 h、仪器高 i、棱镜高 V 等本测站的不变量，测读后即可实时显示平距、斜距、高差和待测勘探点高程等数据并存储，十分便捷，故应用较广泛。

我国目前采用的是“1985 国家高程基准”，是根据青岛验潮站 1952～1979 年验潮资料计算确定的平均海水面，于 1987 年由国家测绘局颁布作为我国统一的测量高程基准，据此求得青岛水准原点的高程为 72.260m。在我国不同地区曾采用过多个高程系统，旧有各高程基准与 1985 国家高程基准的换算关系如表 2-7-3。不同高程系间的差值因地区而异，表中换算关系仅供参考，具体差值以当地测绘主管部门提供值为准。

旧有各高程基准与 1985 国家高程基准的换算关系　　表 2-7-3

旧有各高程基准	转换到 1985 国家高程系统所需的差值（m）	旧有各高程基准	转换到 1985 国家高程系统所需的差值（m）
1956 年黄海高程	−0.029	珠江高程基准	+0.557
渤海高程	+3.048	废黄河零点高程	−0.190
吴淞高程基准	−1.717	大沽零点高程	−1.163

第三节　卫星导航测量技术

一、卫星导航系统简介

全球卫星导航系统（Global Navigation Satellite System，GNSS），又称天基 PNT 系统，是一个能在地球表面或近地空间的任何地点为适当装备的用户提供 24 小时、三维坐标和速度以及时间信息的空基无线电定位系统，包括一个或多个卫星星座及其支持特定工作所需的增强系统。

世界各主要大国都竞相发展独立自主的卫星导航系统，预计在 2020 年前，全世界将有四大全球卫星导航系统（GNSS）：

1. 全球定位系统（GPS）：美国于 20 世纪 70 年代研制，1993 年全部建成，由 24 颗卫星组成，分布在 6 条交点互隔 60°的轨道面上，是目前应用最为广泛也最为成熟的卫星导航定位系统；

2. 全球导航卫星系统（GLONASS）：苏联早于美国启动研制（1976），但组建缓慢，现由俄罗斯接管并继续完善，该系统由 24 颗卫星组成，采用频分多址（FDMA）方式，根据载波频率来区分不同卫星，具有较强的抗干扰能力；

3. 伽利略定位系统（GALILEO）：欧盟于 2002 年启动建设，由 30 颗卫星组成，具有较高定位精度，计划于 2020 年组建完成；

4. 北斗卫星导航系统（BeiDou Navigation Satellite System，缩写为 BDS）：北斗系统是我国自主建设、独立运行，与世界其他卫星导航系统兼容共用的全球卫星导航系统，已于 2012 年起向亚太大部分地区正式提供定位、导航和授时以及短报文通信服务，并计划至 2020 年完成全球系统的构建，由 5 颗静止轨道卫星和 30 颗非静止轨道卫星组成，建成后可在全球范围内全天候、全天时为各类用户提供高精度、高可靠定位、导航、授时服务。

这四大卫星导航系统都是联合国卫星导航委员会已认定的供应商，除此之外，还有日本的准天顶卫星系统（QZSS）、印度的区域导航卫星系统（IRNSS）等区域卫星导航系统；卫星导航系统的重要民用应用领域之一就是测绘领域，可广泛用于地形/地籍测量、GIS 领域、各种监测（火山活动、地质灾害、构造活动、大型建构筑物）、自动化管理和机械控制等。

二、卫星导航系统定位原理与方法

以 GPS 系统为例介绍卫星导航系统的定位原理与方法。

（一）GPS 定位原理

GPS 定位原理是空间距离交会法，如图 2-7-5，设在时刻 t_i 在测站点 P 用 GPS 接收机同时测得 P 点至三颗 GPS 卫星 S_1、S_2、S_3 的距离 $R_P^{S_1}$、$R_P^{S_2}$、$R_P^{S_3}$，通过（X^j，Y^j，Z^j，$j=1$，2，3），用距离交会法求解 P 点的三维坐标（X，Y，Z）的观测方程为：

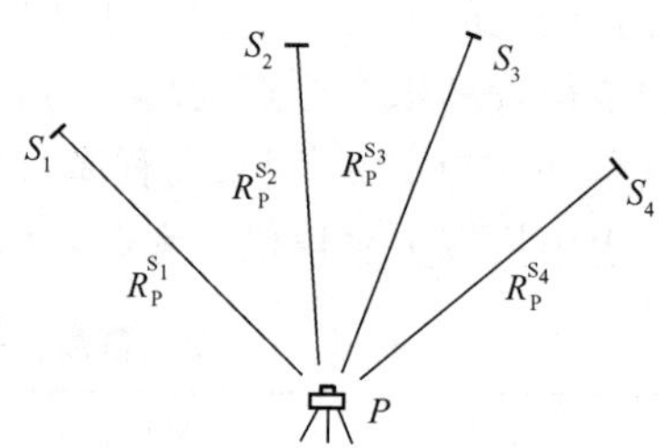

图 2-7-5　GPS 定位原理

$$\begin{cases} R_P^{S_1} = [(X-X^1)^2+(Y-Y^1)^2+(Z-Z^1)^2]^{\frac{1}{2}} \\ R_P^{S_2} = [(X-X^2)^2+(Y-Y^2)^2+(Z-Z^2)^2]^{\frac{1}{2}} \\ R_P^{S_3} = [(X-X^3)^2+(Y-Y^3)^2+(Z-Z^3)^2]^{\frac{1}{2}} \end{cases} \tag{2-7-12}$$

实际上卫星至接收机天线间的几何距离 R_P^{Si} 是不能直接测定的；通过接收卫星测距信号并与接收机内时钟进行相关处理测定的距离测量值含有多种误差，称为伪距，用 ρ_P^{Si} 表示。用 c 表示光速，则有：

$$R_P^{Si} = \rho_P^{Si} + \delta_{\rho I} + \delta_{\rho T} - c \cdot \delta_t^S + c \cdot \delta_{tP} \tag{2-7-13}$$

式中　$\delta_{\rho I}$——电离层延迟改正；

$\delta_{\rho T}$——对流层延迟改正；

δ_t^S——卫星钟差改正；

δ_{tP}——接收机钟差改正。

这些误差中 $\delta_{\rho I}$、$\delta_{\rho T}$ 可以用模型修正，δ_t^S 可以用卫星星历文件中提供的卫星钟修正参数修正。

式（2-7-12）和式（2-7-13）中可见有四个未知数 X、Y、Z、δ_{tP}，所以 GPS 三维定位至少需要四颗卫星，建立四个方程式才能解算；当地面高程已知时也可用三颗卫星定位。

（二）GPS 定位方法

根据测距原理 GPS 定位方法主要为伪距法定位、载波相位测量定位和 GPS 差分定位。

1. 伪距法定位

将 GPS 接收机安置于待定点上，在某一时刻测出四颗以上 GPS 卫星的伪距以及已知的卫星位置，采用距离交会的方法求定该点的三维坐标；本法定位速度快，无多值性问题，但一次定位精度不高。

2. 载波相位测量定位

载波相位测量将载波作为量测信号，以 GPS 接收机所接收的卫星载波信号与接收机本振参考信号的相位差为观测量；一般用于进行相对定位，其原理是用两台接收机分别固定安置在测线两端（该测线称为基线）同步接收 GPS 卫星信号，利用相同卫星的相位观测值进行解算，求定基线端点在 WGS—84 坐标系中的相对位置或基线向量；当其中一个端点坐标已知，则可推算另一个待定点坐标；该法测量精度较高，可用于拟建场区内控制点测设。

3. GPS 差分定位

GPS 差分定位原理是在已有的精确地心坐标点上安置一台 GPS 接收机（称为基准站），利用已知的基准站地心坐标和星历计算 GPS 观测值的校正值，通过数据链将校正值发送给用户接收机（流动站）；用户利用校正值对自己的 GPS 观测值进行修正，从而提高定位精度。

按其工作范围 GPS 差分定位可分为单基准站差分（SRDGPS）、具有多个基准站的局部区域差分（LADGPS）和广域差分（WADGPS）；按基准站发送的信息方式分位置差分、伪距差分（RTD）和载波相位实时差分（RTK）。

三、常用的卫星导航测量技术

1. RTK 技术

RTK（Real Time Kinematic）是一种利用载波相位观测值进行实时动态相对定位的技术；进行常规 RTK 测量时至少需配备两台 GNSS 接收机，一台接收机安装在基准站（观测条件良好的已知站）上，另一台或多台接收机在基准站附近进行观测和定位，这些站称为流动站。利用 RTK 技术用户可以在短时间内获得厘米级精度的定位结果，并能对该结果进行精度评定，减少了返工的几率；目前广泛应用于图根控制测量、施工放样、工程测量及地形测量等领域。

RTK 定位系统可以进行勘探点实时定位放样、测设作业。如将放样点的坐标输入掌上电脑，掌上电脑运行的 RTK 电子手簿应用软件将随时告知流动站当前的位置，移至预定位置后并实测出该点的平面坐标和高程，完成放点和测点任务；如果是水上作业，可以岸边立水尺读水面高 H 或利用 RTK 测出水面高配合测深仪测出该处水深 h，从而计算得出钻探孔孔口高程（$H-h$）。

常规 RTK（即单基站 RTK）的不足：1）为了保证测量定位精度，流动站和基准站之间的距离一般只能在 15km 以内；2）由于流动站的坐标只是根据一个基准站来确定，因此可靠性较差。

2. 网络 RTK 技术

采用网络 RTK 技术，即在一个较大区域内大体均匀地布设若干个基准站（至少 3 个）组成基准站网，基准站间距离可扩大至 50～100km，流动站和基准站间距离不必限制在 15km，仍可获得厘米级定位精度；网络 RTK 常用实施方法有虚拟参考站（VRS）技术、主辅站（MAX）技术、区域改正数法（FKP）等。

3. 连续运行参考系统 CORS

连续运行参考系统（Continuously Operating Reference System/Stations，CORS）也称连续运行参考站网，是由一些用数据通信网络联结起来的、配备了 GNSS 接收机等设备及数据处理软件的永久性台站（参考站、数据处理中心、数据播发中心等）所组成的；与网络 RTK 相比，CORS 更多地强调了所提供服务的多样性以及运行的长期性。

CORS 系统可以为工程测量、数字测图等用户提供网络 RTK 服务；在建立了 CORS 的地区，可以只用一台 GNSS 接收机进行大地定位测量；利用各参考站长期连续观测所建立的动态大地测量参考框架，能实现用动态的四维大地测量技术取代以天文大地测量方法为代表的静态三维大地测量技术。

四、GNSS 施测的几个注意问题

1. GNSS 测量由于是无线电定位，受外界环境影响大，GNSS 控制网一般应通过独立观测边构成闭合图形，以增加检查条件，提高网的可靠性。

2. GNSS 点虽然不需通视，但是为了便于用经典方法联测和扩展，要求控制点至少与一个其他控制点通视，或在控制点附近 300m 外布设一个通视良好的方位点，以便建立联测方向。

3. GNSS 测定的坐标属于 WGS－84 大地坐标，需要与原有地面控制网坐标之间进行坐标转换，因此要求至少有三个 GNSS 控制网点与地面控制网点重合。

4. 基准站的精确坐标应已知（或可解算求得）。为了利用 GNSS 进行高程测量，在测区内 GNSS 点应尽可能与水准点重合，或者进行等级水准联测。

5. 基准站 GNSS 天线与卫星之间视线范围应无（或少有）遮挡物（即对空开阔），这意味着地平线 15 度以上没有（或少有）障碍，以保证可接收到最多的可用卫星数量。相对周围的地形，站点应处于较高处，以获得基准站电台传输的最大可能作用半径；GNSS 站点应远离高压线、变电所及微波辐射干扰源。

6. 考虑到我国的北斗导航系统已经正式开通服务，四大卫星导航系统可以兼容并用，原来的单频 GPS 接收机已不适应实际需要；GNSS 接收机应具有多频接收功能，以兼容使用不同系统的服务信息，提高测量效率和定位精度。

主 要 参 考 文 献

1. 建设部综合勘察研究设计院．GB 50021—2001（2009 年版）岩土工程勘察规范［S］．北京：中国建筑工业出版社，2009

2. 水利部天津水电勘测设计研究院 . SL 299—2004 水利水电工程地质测绘规程 [S] . 北京：中国水利水电出版社，2004
3. 中交第一公路勘察设计研究院有限公司 . JTG C20—2011 公路工程地质勘察规范 [S] . 北京：人民交通出版社，2011
4. 中国有色金属工业长沙勘察设计研究院 . YS 5206—2000 工程地质测绘规程 [S] . 北京：中国计划出版社，2001
5. 铁道第一勘察设计院 . TB 10012—2007 铁路工程地质勘察规范 [S] . 北京：中国铁道出版社，2007
6. 卓宝熙 . 工程地质遥感判释与应用 [M] . 第二版 . 北京：中国铁道出版社，2011
7. 边馥苓 . 地理信息系统原理和方法 [M] . 武汉：武汉测绘科技大学出版社，1996
8. 崔政权，等 . GIS 在水土流失、地质灾害防治领域中的应用 [C] //第二届 GIS 在岩土工程中的应用研讨会论文汇编，2002
9. 顾国荣，等 . 地理信息系统在岩土工程优化设计中的应用 [C] //第二届 GIS 在岩土工程中的应用研讨会论文汇编，2002
10. 白世伟，等 . 三维地层信息系统的研究与应用 [C] //第二届 GIS 在岩土工程中的应用研讨会论文汇编，2002
11. 高晓平，等 . 讨论流域钻提防数据库系统 [C] //第二届 GIS 在岩土工程中的应用研讨会论文汇编，2002
12. 长春地质学院《水文地质工程地质物探教程》编写组 . 水文地质工程地质物探教程 [M] . 北京：地质出版社，1981
13. 傅良魁 . 电法勘探教程 [M] . 北京：地质出版社，1987
14. 傅良魁 . 应用地球物理教程 [M] . 北京：地质出版社，1991
15. 李金铭，罗延钟 . 电法勘探新进展 [M] . 北京：地质出版社，1996
16. 牛之琏 . 时间域电磁法勘探原理 [M] . 长沙：中南工业大学出版社，1992
17. 何樵登 . 地震勘探原理和方法 [M] . 北京：地质出版社，1986
18. 周远田 . 地球物理测井教程 [M] . 武汉：中国地质大学出版社，1999
19. 王惠濂 . 综合地球物理测井 [M] . 北京：地质出版社，1987
20. 王振东 . 浅层地震勘探应用技术 [M] . 北京：地质出版社，1994
21. 长江水利委员会长江勘测规划设计研究院 . SL 326—2005 水利水电工程物探规程 [S] . 北京：中国水利水电出版社，2005
22. 长江水利委员会长江科学院 . GB 50218—2014 工程岩体分级标准 [S] . 北京：中国计划出版社，2015
23. 中南勘察设计院有限公司 . JGJ/T 87—2012 建筑工程地质勘探与取样技术规程 [S] . 北京：中国建筑工业出版社，2012
24. XY-1 岩芯钻机说明书 . 北京探矿机械厂：1988
25. DPP-100-3B 型钻机说明书 . 北京探矿机械厂：1988
26. G-2 工程钻机说明书 . 无锡探矿机械厂：1988
27. XU300-2A 型钻机说明书 . 重庆探矿机械厂：1988
28. 王依，过静珺 . 现代普通测量学 [M] . 北京：清华大学出版社，2001
29. 徐绍铨，等 . GPS 测量原理与应用 [M] . 武汉：武汉大学出版社，2003
30. 李征航，黄劲松 . GPS 测量与数据处理 [M] . 第二版 . 武汉：武汉大学出版社，2010
31. （奥）霍夫曼－韦伦霍夫，等 . 全球卫星导航系统（GPS，GLONASS，Galileo 及其他系统）[M]. 程鹏飞，等译 . 北京：测绘出版社，2009

32. 顾宝和．岩土工程典型案例评述［M］．北京：中国建筑工业出版社，2015
33. 杨红军，周德全．新理念下山区高速公路建设实践［M］．北京：人民交通出版社，2010
34. 李学文等．桩位岩溶探测新技术——管波探测法［J］．工程地球物理学报，2005，2（2）：129-133

第三篇　岩　土　测　试

第一章　室　内　试　验

第一节　土的物理性质指标

一、基本物理性质指标

（一）土的三相组成

在计算土的物理性质指标时，通常认为土是由空气、水和土颗粒三相组成，如图 3-1-1 所示。

以体积计：

V_a——空气体积；

V_w——水体积；

V_v——孔隙体积，

$$V_v = V_a + V_w$$

V_s——土粒体积；

V——总体积，

$$V = V_v + V_s$$

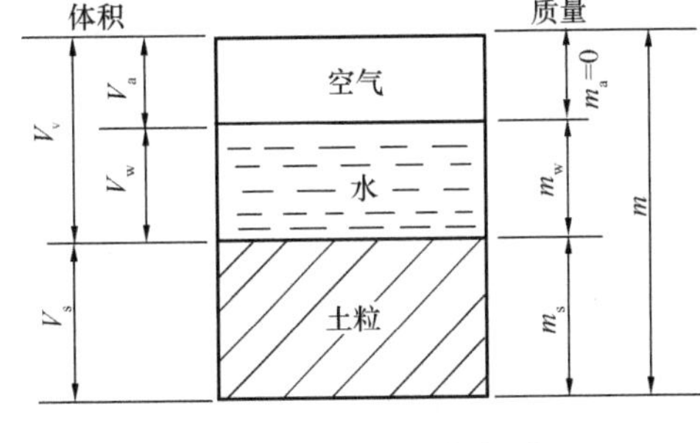

图 3-1-1　土的三相组成

以质量计：

m_a——空气质量

$$m_a = 0$$

m_w——水质量；

m_s——土粒质量；

m——总质量，

$$m = m_w + m_s$$

（二）直接测定的基本物理性质指标（表 3-1-1）

（三）计算求得的基本物理性质指标（表 3-1-2）

（四）各指标间的换算关系（表 3-1-3）

（五）饱和状态下及地下水位以下土的基本物理性质指标

1. 饱和状态下土的孔隙全部为水所充填，饱和度 $S_r = 100\%$。此时土的含水量和土的密度分别称为饱和含水量和饱和密度

$$w_{sr}(\%) = \frac{100e}{G_s} = \frac{d_s\rho_w - \rho_d}{G_s\rho_d} \times 100 = \frac{d_s\rho_w - \rho_{sr}}{d_s(\rho_{sr} - \rho_w)} \times 100 \qquad (3\text{-}1\text{-}5)$$

$$\rho_{sr} = \frac{d_s + e}{1 + e}\rho_w = \frac{d_s(100 + w_{sr})}{d_s w_{sr} + 100}\rho_w \qquad (3\text{-}1\text{-}6)$$

式中 w_{sr} ——饱和含水量（%）；

ρ_{sr} ——饱和密度（g/cm^3）；

其余符号意义同前。

试验直接测定的基本物理性质指标　　表 3-1-1

指标名称	符号	单位	物理意义	试验项目多方法	取土要求
含水量	w	%	土中水的质量与土粒质量之比 $w\% = \frac{m_w}{m_s} \times 100$	含水量试验 烘干法（温度 100～105℃） 酒精燃烧法 比重瓶法 炒干法	保持天然湿度
相对密度（比重）	d_s	—	土粒质量与同体积的 4℃ 时水的质量之比 $d_s = \frac{m_s}{V_s \rho_w}$ （ρ_w 为水的密度）	比重试验 比重瓶法 浮称法 虹吸筒法	扰动土
质量密度	ρ	g/cm^3	土的总质量与其体积之比即单位体积的质量 $\rho = \frac{m}{V}$	密度试验 环刀法 蜡封法 注砂法	Ⅰ～Ⅱ级土试样

由含水量、相对密度（比重）、密度计算求得的基本物理性质指标　　表 3-1-2

指标名称	符号	单位	物 理 意 义	基 本 公 式
重　度	γ	kN/m^3	$\gamma = \frac{土所受的重力}{土的总体积}$	$\gamma = g \times \rho = 10\rho$
干密度	ρ_d	g/cm^3	$\rho_d = \frac{m_s}{V} = \frac{土粒质量}{土的总体积}$	$\rho_d = \frac{\rho}{1+0.01w}$　(3-1-1)
孔隙比	e	—	$e = \frac{V_v}{V_s} = \frac{土中孔隙体积}{土粒体积}$	$e = \frac{d_s \rho_w (1+0.01w)}{\rho} - 1$　(3-1-2)
孔隙率	n	%	$n = \frac{V_v}{V} \times 100 = \frac{土中孔隙体积}{土的总体积}$	$n = \frac{e}{1+e} \times 100$　(3-1-3)
饱和度	S_r	%	$S_r = \frac{V_w}{V_v} \times 100 = \frac{土中水的体积}{土中孔隙体积}$	$S_r = \frac{w d_s}{e}$　(3-1-4)

2. 地下水位以下的土，颗粒受到水的浮力作用，其重度称为水下浮重度 γ'：

$$\gamma' = \frac{\rho_d (d_s - 1) g}{G_s} = \frac{d_s - 1}{1+e} \rho_w g = (1 - 0.01n)(d_s - 1)\rho_w g \tag{3-1-7}$$

式中 γ' ——水下浮重度（kN/m^3）；

其余符号意义同前。

（六）土的基本物理性质指标间的换算关系（表 3-1-3）

土的基本物理性质指标换算公式

表 3-1-3

已知指标	所求指标 含水量 $w(\%)$	相对密度 d_s	密度 ρ	干密度 ρ_d	孔隙比 e	孔隙率 $n(\%)$	饱和度 $S_r(\%)$
w、d_s、ρ				$\frac{\rho}{1+0.01w}$	$\frac{d_s\rho_w(1+0.01w)}{\rho}-1$	$100-\frac{100\rho}{d_s\rho_w(1+0.01w)}$	$\frac{wd_s\rho}{d_s\rho_w(1+0.01w)-\rho}$
w、d_s、ρ_d			$(1+0.01w)\rho_d$		$\frac{d_s\rho_w}{\rho_d}-1$	$100-\frac{100\rho_d}{d_s\rho_w}$	$\frac{wd_s\rho_d}{d_s\rho_w-\rho_d}$
w、d_s、e			$\frac{d_s\rho_w(1+0.01w)}{1+e}$	$\frac{d_s\rho_w}{1+e}$		$\frac{100e}{1+e}$	$\frac{wd_s}{e}$
w、d_s、n			$(1+0.01w)(1-0.01n)d_s\rho_w$	$(1-0.01n)d_s\rho_w$	$\frac{n}{100-n}$		$\frac{(100-n)wd_s}{n}$
w、d_s、S_r			$\frac{S_rd_s\rho_w(1+0.01w)}{wd_s+S_r}$	$\frac{S_rd_s\rho_w}{wd_s+S_r}$	$\frac{wd_s}{S_r}$	$\frac{100wd_s}{wd_s+S_r}$	
w、ρ、e		$\frac{(1+e)\rho}{(1+0.01w)\rho_w}$		$\frac{\rho}{1+0.01w}$		$\frac{100e}{1+e}$	$\frac{w(1+e)\rho}{(1+0.01w)e\rho_w}$
w、ρ、n		$\frac{100\rho}{(1+0.01w)(100-n)\rho_w}$		$\frac{\rho}{1+0.01w}$	$\frac{n}{100-n}$		$\frac{100w\rho}{n(1+0.01w)\rho_w}$
w、ρ、S_r		$\frac{S_r\rho}{S_r\rho_w(1+0.01w)-w\rho}$		$\frac{\rho}{1+0.01w}$	$\frac{w\rho}{S_r\rho_w(1+0.01w)-w\rho}$	$\frac{100w\rho}{S_r\rho_w(1+0.01w)}$	
w、ρ_d、e		$\frac{(1+e)\rho_d}{\rho_w}$	$(1+0.01w)\rho_d$			$\frac{100e}{1+e}$	$\frac{w(1+e)\rho_d}{e\rho_w}$
w、ρ_d、n		$\frac{100\rho_d}{(100-n)\rho_w}$	$(1+0.01w)\rho_d$		$\frac{n}{100-n}$		$\frac{100w\rho_d}{n\rho_w}$
w、ρ_d、S_r		$\frac{S_r\rho_d}{S_r\rho_w-w\rho_d}$	$(1+0.01w)\rho_d$		$\frac{w\rho_d}{S_r\rho_w-w\rho_d}$	$\frac{100w\rho_d}{S_r\rho_w}$	
w、e、S_r		$\frac{eS_r}{w}$	$\frac{eS_r(1+0.01w)\rho_w}{(1+e)w}$	$\frac{eS_r\rho_w}{(1+e)w}$		$\frac{100e}{1+e}$	
w、n、S_r		$\frac{nS_r}{(100-n)w}$	$\frac{nS_r(1+0.01w)\rho_w}{100w}$	$\frac{nS_r\rho_w}{100w}$	$\frac{n}{100-n}$		
d_s、ρ、ρ_d	$\frac{100\rho}{\rho_d}-100$				$\frac{d_s\rho_w}{\rho_d}-1$	$100-\frac{100\rho_d}{d_s\rho_w}$	$\frac{100(\rho-\rho_d)d_s}{d_s\rho_w-\rho_d}$

续表

已知指标	所求指标						
	含水量 $w(\%)$	相对密度 d_s	密度 ρ	干密度 ρ_d	孔隙比 e	孔隙率 $n(\%)$	饱和度 $S_r(\%)$
d_s、ρ、e	$\frac{100\rho(1+e)}{d_s\rho_w}-100$			$\frac{d_s\rho_w}{1+e}$		$\frac{100e}{1+e}$	$\frac{(1+e)\rho-d_s\rho_w}{e}\times 100$
d_s、ρ、n	$\frac{100\rho}{d_s\rho_w(1-0.01n)}-100$			$(1-0.01n)d_s\rho_w$	$\frac{n}{100-n}$		$\frac{100\rho-(100-n)d_s\rho_w}{0.01n}$
d_s、ρ、S_r	$\frac{S_r(d_s\rho_w-\rho)}{d_s(\rho-0.01S_r\rho_w)}$			$\frac{d_s(\rho-0.01S_r\rho_w)}{d_s-0.01S_r}$	$\frac{d_s\rho_w-\rho}{\rho-0.01S_r\rho_w}$	$\frac{100(d_s\rho_w-\rho)}{d_s-0.01S_r}$	
d_s、ρ_d、S_r	$\frac{S_r(d_s\rho_w-\rho_d)}{d_s\rho_d}$		$\frac{0.01S_r(d_s\rho_w-\rho_d)}{d_s}+\rho_d$		$\frac{d_s\rho_w}{\rho_d}-1$	$100-\frac{100\rho_d}{d_s\rho_w}$	
d_s、e、S_r	$\frac{eS_r}{d_s}$		$\frac{(d_s+0.01eS_r)\rho_w}{1+e}$	$\frac{d_s\rho_w}{1+e}$		$\frac{100e}{1+e}$	
d_s、n、S_r	$\frac{nS_r}{(100-n)d_s}$		$\frac{0.01nS_r\rho_w+(100-n)d_s\rho_w}{100}$	$(1-0.01n)d_s\rho_w$	$\frac{n}{100-n}$		
ρ、ρ_d、e	$\frac{100\rho}{\rho_d}-100$	$\frac{(1+e)\rho_d}{\rho_w}$				$\frac{100e}{1+e}$	$\frac{100(\rho-\rho_d)(1+e)}{e\rho_w}$
ρ、ρ_d、n	$\frac{100\rho}{\rho_d}-100$	$\frac{100\rho_d}{(100-n)\rho_w}$			$\frac{n}{100-n}$		$\frac{100(\rho-\rho_d)}{0.01n}$
ρ、ρ_d、S_r	$\frac{100\rho}{\rho_d}-100$	$\frac{S_r\rho_d}{S_r\rho_w-100(\rho-\rho_d)}$			$\frac{\rho-\rho_d}{0.01S_r\rho_w-\rho+\rho_d}$	$\frac{100(\rho-\rho_d)}{0.01S_r}$	
ρ、e、S_r	$\frac{eS_r\rho_w}{\rho(1+e)-0.01eS_r\rho_w}$	$\frac{(1+e)\rho}{\rho_w}-0.01eS_r$		$\rho-\frac{0.01eS_r\rho_w}{1+e}$		$\frac{100e}{1+e}$	
ρ、n、S_r	$\frac{nS_r\rho_w}{100\rho-0.01nS_r\rho_w}$	$\frac{100\rho-0.01nS_r\rho_w}{(100-n)\rho_w}$		$\rho-\frac{0.01nS_r\rho_w}{100}$	$\frac{n}{100-n}$		
ρ_d、e、S_r	$\frac{eS_r\rho_w}{(1+e)\rho_d}$	$\frac{(1+e)\rho_d}{\rho_w}$	$\frac{0.01eS_r\rho_w}{1+e}+\rho_d$			$\frac{100e}{1+e}$	
ρ_d、n、S_r	$\frac{0.01nS_r\rho_w}{\rho_d}$	$\frac{100\rho_d}{(100-n)\rho_w}$	$\frac{0.01nS_r\rho_w}{100}+\rho_d$		$\frac{n}{100-n}$		

二、黏性土的可塑性指标

（一）直接测定的指标（表 3-1-4）

直接测定的可塑性指标 **表 3-1-4**

指标名称	符号	单位	物 理 意 义	试验方法	取土要求
液限	w_L	%	土由可塑状态过渡到流动状态的界限含水量	圆锥仪法	扰动土
塑限	w_P	%	土由可塑状态过渡到半固体状态的界限含水量	搓条法	扰动土

注：1. 土的可塑性指标与土的颗粒组成、矿物成分、活动性、吸附水的表面电荷强度等有关，因此能较好地反映出黏性土的某些物理特性。

2. 美国、英国、加拿大、日本等国，多采用碟式仪法测定土的液限。与圆锥仪法相对比，两者的近似关系如下：

$$w'_L = 1.28w_L - 4.6\ ,\ w_L = 0.78w'_L + 3.6$$

式中 w'_L——碟式仪测定的液限（%）；

w_L——圆锥仪测定的液限（%）。

对于绝大多数的黏性土来说，$w'_L > w_L$ 。

在水利部门用圆锥仪联合测定土的液限和塑限。其方法为：将土制备成不同的含水量，分别控制圆锥仪下沉深度为 4～5mm、9～10mm、16～18mm 范围内，记录下沉量及其相应含水量。绘制圆锥下沉深度与含水量的关系曲线，如图 3-1-2 所示。从图上可查得圆锥仪下沉深度为 17mm 处的相应含水量为液限；下沉深度为 2mm 的相应含水量为塑限。

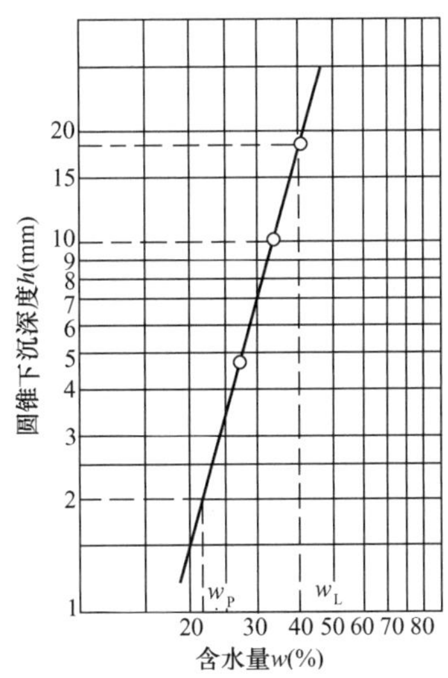

图 3-1-2 圆锥下沉深度与含水量的关系

（二）计算求得的指标（表 3-1-5）

计算求得的可塑性指标 **表 3-1-5**

指标名称	符 号	物 理 意 义	计算公式
塑性指数	I_P	土呈可塑状态时含水量变化的范围，代表土的可塑程度	$I_P = w_L - w_P$
液性指数	I_L	土抵抗外力的量度，其值越大，抵抗外力的能力越小	$I_L = \frac{w - w_P}{w_L - w_P}$
含水比	u	土的天然含水量与液限含水量之比	$u = \frac{w}{w_L}$

注：符号意义同前。

三、颗粒组成和砂土的密度指标

（一）直接测定的指标（表 3-1-6）

直接测定的颗粒组成和砂土密度指标　　表 3-1-6

指标名称	符号	单位	物理意义	试验方法
颗粒组成			土颗粒按粒径大小分组所占的质量百分数	筛分法，比重计法，移液管法
最大干密度	ρ_{dmax}	g/cm³	土在最紧密状态的干密度	击实法
最小干密度	ρ_{dmin}	g/cm³	土在最松散状态的干密度	注入法，量筒法

（二）计算求得的指标

1. 颗粒组成，见表 3-1-7。

计算求得的颗粒组成指标　　表 3-1-7

指标名称	符号	单位	物理意义	求得方法
界限粒径	d_{60}	mm	小于该粒径的颗粒占总质量的 60%	从颗粒级配曲线上求得，见图 3-1-3
平均粒径	d_{50}	mm	小于该粒径的颗粒占总质量的 50%	从颗粒级配曲线上求得，见图 3-1-3
中间粒径	d_{30}	mm	小于该粒径的颗粒占总质量的 30%	从颗粒级配曲线上求得，见图 3-1-3
有效粒径	d_{10}	mm	小于该粒径的颗粒占总质量的 10%	从颗粒级配曲线上求得，见图 3-1-3
不均匀系数	C_u		土的不均匀系数愈大，表明土的粒度组成愈分散	$C_u=\dfrac{d_{60}}{d_{10}}$　(3-1-8)
曲率系数（级配系数）	C_c		表示某种中间粒径的粒组是否缺失的情况	$C_c=\dfrac{d_{30}^2}{d_{10}\times d_{60}}$　(3-1-9)

2. 砂土的密实度

$$D_r=\frac{e_{max}-e}{e_{max}-e_{min}}=\frac{\rho_{dmax}(\rho_d-\rho_{dmin})}{\rho_d(\rho_{dmax}-\rho_{dmin})} \tag{3-1-10}$$

$$e_{max}=\frac{d_s\rho_w}{\rho_{dmin}}-1, e_{min}=\frac{d_s\rho_w}{\rho_{dmax}}-1$$

式中　e——天然孔隙比；

e_{max}——最大孔隙比；

e_{min}——最小孔隙比；

ρ_{dmax}——最大干密度（g/cm³）；

ρ_{dmin}——最小干密度（g/cm³）；

D_r——相对密实度；

其余符号意义同前。

四、透水性指标

1. 物理意义：土的透水性指标以土的渗透系数 k 表示，其物理意义为当水力梯度等于 1 时的渗透速度。

$$k=\frac{Q}{FI}=\frac{v}{I} \tag{3-1-11}$$

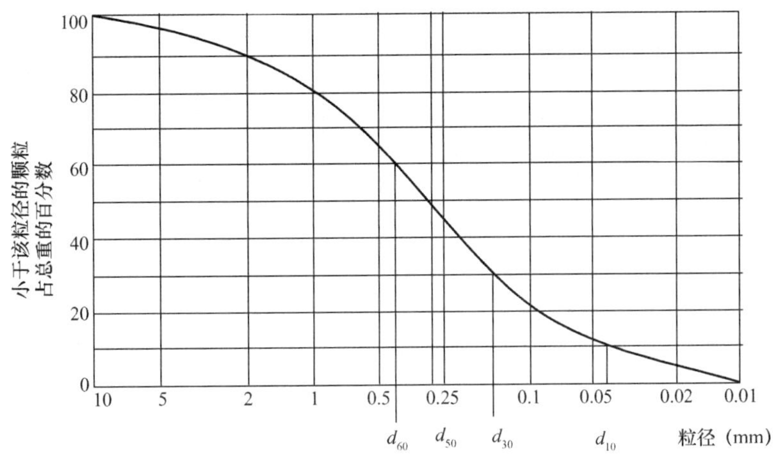

图 3-1-3　颗粒分配曲线

式中　k——渗透系数（cm/s 或 m/d），1cm/s=864m/d；

Q——渗透通过的水量（cm^3/s 或 m^3/d），$1cm^3/s=0.0864m^3/d$；

F——通过水量的总横断面积（cm^2 或 m^2）；

v——渗透速度（cm/s 或 m/d）；

I——水力梯度。

2. 测定方法：试验室测定方法见表 3-1-8。

渗透系数的室内测定法　　**表 3-1-8**

土的名称	试验方法	取土要求
黏性土	南 55 型渗透仪法 负压式渗透仪法	Ⅰ～Ⅱ级试样，环刀面积 $30cm^2$ 或 $32.2cm^2$
砂土	70 型渗透仪法 土样管法	风干试样不少于 4000g 风干试样不少于 400g

五、土的击实性指标

1. 物理意义：在一定的击实功能作用下，能使填筑土达到最大密度所需的含水量称为最优含水量，与其相应的干密度称为最大干密度。最优含水量与下列因素有关：

（1）土的可塑性增大，最优含水量也增大，如图 3-1-4 所示。

（2）随着夯实功能的增大，含水量—干密度向左上方移动，最优含水量减小，最大干密度增大，如图 3-1-5 所示。

2. 土被击实时最大干密度的理想公式

土被击实时，最理想的情况是将土孔隙内的气体全部驱走，土体积减小到这样的程度，即土的孔隙内仅存在所含的水分。此时土的最大干密度可从下列理想式求得：

$$(\rho_d)'_{max}=\frac{d_s\rho_w}{1+0.01wd_s} \tag{3-1-12}$$

式中　$(\rho_d)'_{max}$——某一给定含水量 w 的情况下，被击实的填筑土中气体全部驱走时能达到的理想最大干密度（g/cm^3）；

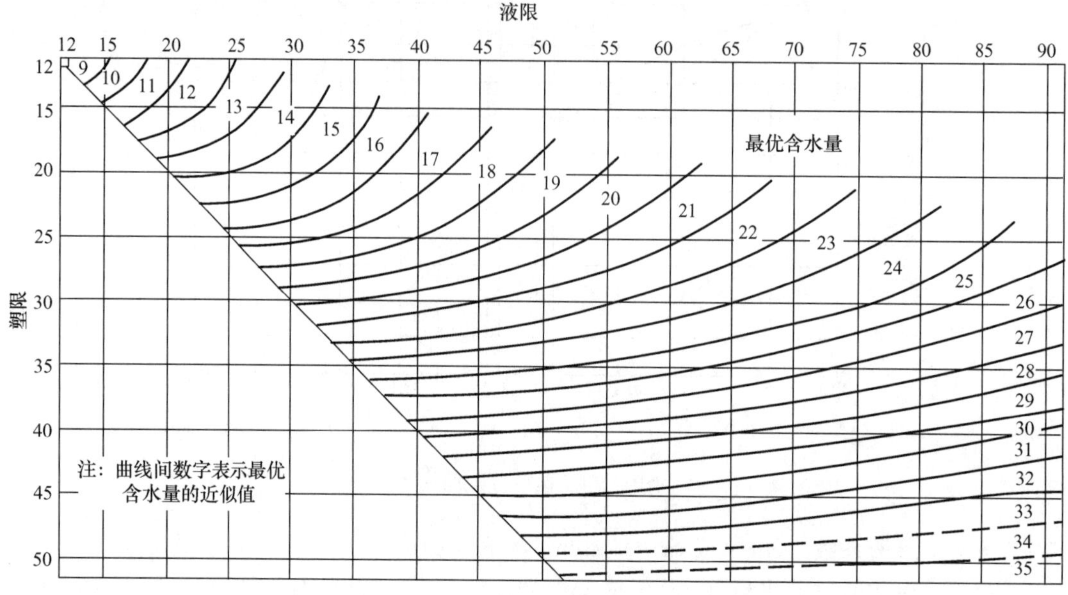

图 3-1-4 标准击实试验最优含水量近似值

其余符号意义同前。

实际的含水量-干密度曲线总是低于理论最大干密度曲线，如图 3-1-5 所示。

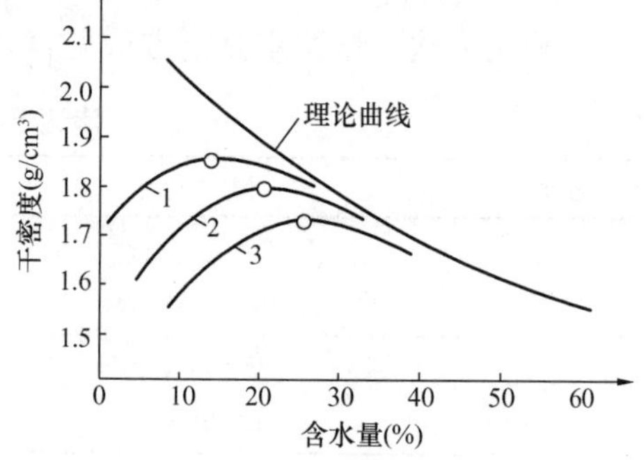

图 3-1-5 理论与实际的夯实效果

1、2—机械夯实；3—人力夯实

3. 击实性指标的校正

当土中粒径大于 5mm 的粗颗粒含量小于 30％时，按下式校正最大干密度和最优含水量。

（1）最大干密度

$$\rho'_{dmax}=\frac{100}{\frac{100-P_5}{\rho_{dmax}}+\frac{P_5}{\rho_w d_{s2}}} \quad (3\text{-}1\text{-}13)$$

式中 ρ'_{dmax}——校正后土的最大干密度（g/cm³）；

ρ_d——通过 5mm 筛的土试样击实试验所得的最大干密度（g/cm³）；

d_{s2}——粒径大于 5mm 的粗颗粒的相对密度（比重）；

P_5——粒径大于 5mm 的粗颗粒含量占土总质量的百分数。

（2）最优含水量

$$w'_y=w_y(1-0.01P_5)+0.01P_5 w_A \quad (3\text{-}1\text{-}14)$$

式中 w'_y——校正后土的最优含水量（％）；

w_y——通过 5mm 筛的土试样击实试验所得的最优含水量（％）；

w_A——粒径大于 5mm 的粗颗粒的吸着含水量（％）。

六、土的承载比（CBR）指标

1. 物理意义：土的承载比，也称加州承载比，是路面基层和底层材料以及各种土料当贯入柱（ϕ50×100mm）贯入达到 2.5（或 5）mm 时的单位压力，从而得出与标准荷载强度的比值。

2. 计算方法

$$\text{CBR}_{2.5}(\%) = \frac{p}{7000} \times 100 \quad \text{CBR}_{5}(\%) = \frac{p}{10500} \times 100 \tag{3-1-15}$$

$$\Delta\delta(\%) = \frac{\Delta h}{h_0} \times 100 \tag{3-1-16}$$

式中　CBR——承载比（%）；

p——贯入柱贯入深度 2.5（或 5）mm 时的单位压力（kPa）；

7000——贯入深度 2.5mm 时的标准荷载强度（kPa）；

10500——贯入深度 5mm 时的标准荷载强度（kPa）；

$\Delta\delta$——浸水时的吸水膨胀量（%）；

Δh——浸水后试样的高度变化（mm）；

h_0——试样初始高度（mm）。

吸水膨胀试验示意图见图 3-1-6。

3. 试验方法

用 ϕ152mm 承载比试样筒，试样制备按击实试验操作，分层击实，先测定浸水时的吸水膨胀量（$\Delta\delta$），然后将试样筒放在荷载装置上如图 3-1-7 所示，用每分钟 1～1.25mm 的速度将贯入柱压入试样，记录贯入量和测力环读数，绘制单位压力与贯入量的关系曲线如图 3-1-8 所示。

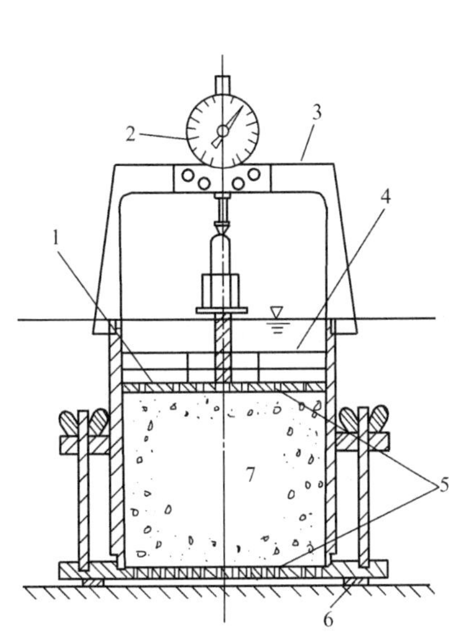

图 3-1-6　吸水膨胀试验

1—带轴有孔板；2—量表；3—三角架；4—荷载板；5—滤纸；6—垫片；7—试样

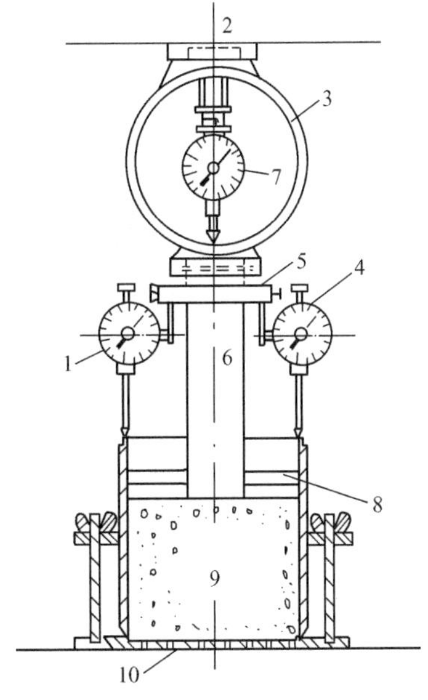

图 3-1-7　承载比试验

1—量表；2—压缩机；3—量力环；4—量表；5—固定件；6—贯入柱；7—量表；8—荷重板；9—试样；10—固定台

七、土的热物理指标

1. 基本的热物理指标：比热容、导温系数、导热系数

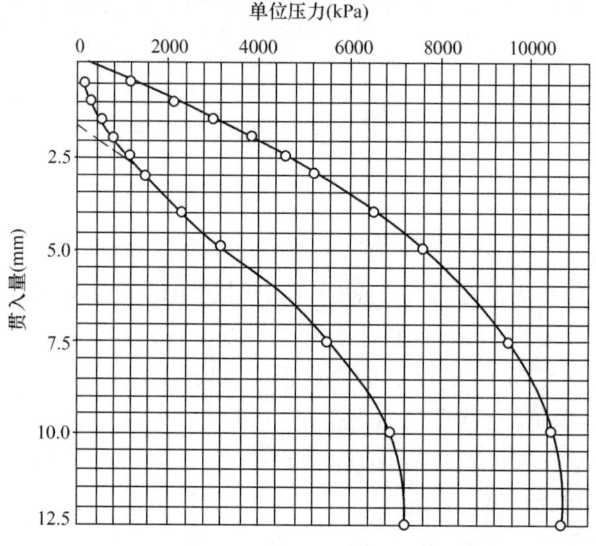

图 3-1-8　单位压力与贯入量的关系曲线

2. 测试方法：面热源法、热线法、热平衡法

(1) 面热源法

是在被测物体中间作用一个恒定的短时间的平面热源，则物体温度将随时间而变化，其温度变化是与物体的性能有关。通过求解导热微分方程，并通过试验测出有关参数，然后按下列公式就可计算出被测物体的导温系数、导热系数和比热容。

导温系数：

$$\alpha = \frac{d^2}{4\tau' y^2} \tag{3-1-17}$$

式中　α——导温系数（m^2/h）；

τ'——距热源面 d（m）温度升高 θ' 时的时间（h）；

y——函数 $B(y)$ 的自变量。

$$B(y) = \frac{\theta'(\sqrt{\tau_2} - \sqrt{\tau_2 - \tau_1})}{\theta_2 \sqrt{\tau'}} \tag{3-1-18}$$

式中　$B(y)$——自变量为 y 的函数值；

τ_1——关掉加热器的时间（h）；

τ_2——加热停止后，热源上温度升高为 θ_2 时的时间（h）。

导热系数：

$$\lambda = \frac{I^2 R \sqrt{\alpha}(\sqrt{\tau_2} - \sqrt{\tau_2 - \tau_1})}{S\theta_2 \sqrt{\pi}} \tag{3-1-19}$$

式中　λ——导热系数[W/(m·K)]；

I——加热电流（A）；

R——加热器电阻（Ω）；

S——加热器面积（m^2）。

比热容：

$$C = 3.6\frac{\lambda}{\alpha\rho} \tag{3-1-20}$$

式中　C——比热容[kJ/(kg·K)]；

ρ——密度（kg/m³）。

（2）热线法

是在匀温的各向同性均质试样中放置一根电阻丝，即所谓的“热线”，当热线以恒定的功率放热时，热线和其附近试样的温度将会升高。根据其温度随时间变化的关系，可确定试样的导热系数。通过试验测出有关参数后，按下式计算岩土的导热系数。

$$\lambda = \frac{I \cdot V}{4\pi L} \cdot \frac{\ln\frac{t_2}{t_1}}{\theta_2 - \theta_1} = \frac{I^2 \cdot R}{4\pi L} \cdot \frac{\ln\frac{t_2}{t_1}}{\theta_2 - \theta_1} \tag{3-1-21}$$

式中　λ——导热系数[W/(m·K)]；

V——热线 A、B 段的加热电压（V）；

R——加热丝的电阻（Ω）；

I——加热丝的电流（A）；

L——加热丝 A、B 间的长度（m）；

θ_1、θ_2——热线的两次测量温升（℃）；

t_1、t_2——测 θ_1、θ_2 时的加热时间（s）。

（3）热平衡法

是测定岩土比热容的常用方法。在试样中心插入热电偶，通过测量试样与水的初温及热量传递到温度均衡状态时的温度，按下式计算岩土的比热容。

$$C_m = \frac{(G_1 + E) \cdot C_w (t_3 - t_2)}{G_2 (t_1 - t_3)} - \frac{G_3}{G_2} \cdot C_b \tag{3-1-22}$$

式中　C_m——岩土在 t_3 至 t_1 温度范围内的平均比热容[J/(kg·K)]；

C_b——试样筒材料（黄铜）在 t_3 到 t_1 温度范围内的平均比热容[J/(kg·K)]；

C_w——杜瓦瓶中水在 t_2 到 t_3 温度范围内的平均比热容[J/(kg·K)]；

E——水当量（用已知比热的试样进行测定，可得到 E 值（g）；

t_1——岩土下落时的初温（℃）；

t_2——杜瓦瓶中水的初温（℃）；

t_3——杜瓦瓶中水的计算终温（℃）；

G_1——水重量（g）；

G_2——试样重量（g）；

G_3——试样筒重量（g）。

（4）三种测试方法的比较

测定热物理性能试验方法较多，各种不同的方法都有一定的适用范围。面热源法能够一次测得岩土的导温系数和导热系数，并计算出比热容，但测试仪器及操作计算较复杂。热线法和热平衡法分别适用于测定潮湿土质材料的导热系数和比热容，利用关系式计算出导温系数，这两种组合测试方法测试装置简单，测试快捷方便。

第二节　土的力学性质指标

一、压缩性

物理意义：土的压缩性，是土体在荷重的作用下产生变形的特性。就室内试验而言，是土在荷重作用下孔隙体积逐渐变小的特性。

（一）有侧限固结（压缩）试验

1. 试验目的：在有侧限和两面排水条件下，通过各级垂直荷重下土的变形测量来测定土的压缩性指标：压缩系数、压缩模量、体积压缩系数、固结系数、次固结系数、主固结比、先期固结压力、超固结比、压缩指数、回弹指数。

2. 试验仪器：常规固结仪。环刀内径为 61.8mm（面积 3000mm^2）或 79.8mm（面积 5000mm^2），环刀高度为 20mm。

3. 试验方法：采用Ⅰ～Ⅱ级试样。对于饱和试样，施加第一级压力后应立即向水槽中注水浸没试样；对于非饱和试样须用湿棉纱围住加压板周围。然后按规定逐级施加荷重，测定试样在各级荷重下孔隙比的变化情况。

某一压力下的孔隙比 e_i 按下式计算：

$$e_i = e - (1 + e)\frac{h - h_i}{h} \tag{3-1-23}$$

式中　e——土的天然孔隙比；

h——试样的初始高度（等于环刀高度）(cm)；

h_i——某一压力下试样压缩稳定后的高度（cm）。

4. 压缩曲线

以在各级压力试样压缩稳定后的孔隙比 e_i 为纵坐标，压力 p_i（或 $\lg p_i$）为横坐标，绘制孔隙比与压力的关系曲线，即压缩曲线，或称 e-p（或 e-$\lg p$）曲线，如图 3-1-9 所示。在 e-$\lg p$ 曲线图中，由于卸荷作用孔隙比相应增大的曲线 bd 称为回弹曲线或膨胀曲线，卸荷后再加荷的曲线 de 称为再压缩曲线。回弹曲线与再压缩曲线所圈闭的部分称为滞回圈。

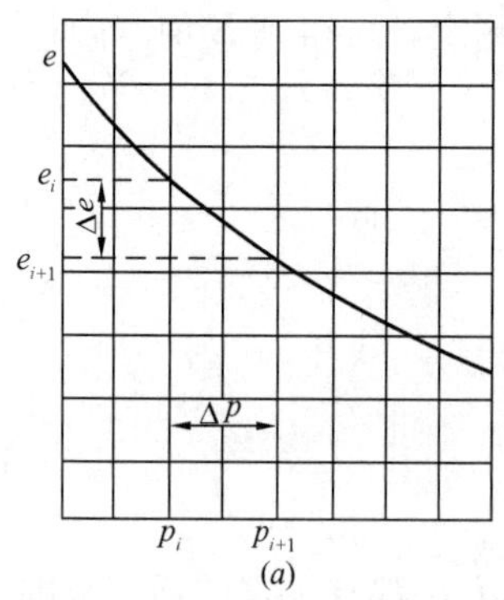

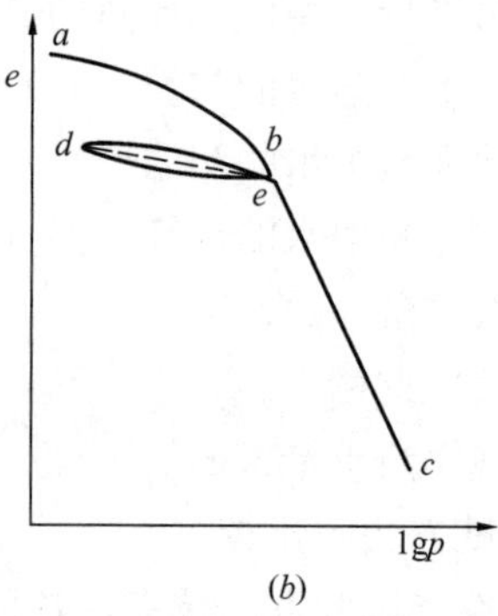

图 3-1-9　压缩特性曲线

(a) e-p 曲线；(b) e-$\lg p$ 曲线

（二）压缩性指标的物理意义和计算方法

1. 压缩系数 a

（1）物理意义：e-p 曲线中某一压力区段的割线斜率称为压缩系数。通常采用压力由 p_i=100kPa 增加到 p_{i+1}=200kPa 时所得的压缩系数 a_{1-2} 来判定土的压缩性，压缩系数越大，表明在同一压力变化范围内土的孔隙比减小得越多，则土的压缩性越高。

（2）计算方法

$$a = 1000 \times \frac{\Delta e}{\Delta p} = \frac{1000(e_i - e_{i+1})}{p_{i+1} - p_i} = \frac{1000(1+e)(s_{i+1} - s_i)}{p_{i+1} - p_i} \tag{3-1-24}$$

$$s_i = \frac{\sum \Delta h_i}{h} \tag{3-1-25}$$

式中　a——压缩系数（MPa^{-1}）；

Δe——压力由 p_i 增加到 p_{i+1} 时所减小的孔隙比；

Δp——压力的增量（kPa）；

e_i——压力为 p_i 时压缩稳定后的孔隙比；

e_{i+1}——压力为 p_{i+1} 时压缩稳定后的孔隙比；

p_i、p_{i+1}——与 e_i、e_{i+1} 相对应的压力（kPa）；

s_i、s_{i+1}——p_i、p_{i+1} 压力下固结稳定后的单位沉降量，即应变值；

$\sum \Delta h_i$——某压力下，试样压缩稳定后的变形量（mm）；

h——试样起始高度（mm）。

2. 压缩模量 E_s

（1）物理意义：在无侧向膨胀条件下，压缩时垂直压力增量与垂直应变增量的比值，称为压缩模量。通常采用压力由 p_i=100kPa 增加到 p_{i+1}=200kPa（或 300kPa）时所得的压缩模量 E_{s1-2}（或 E_{s1-3}）来判定土的压缩性，压缩模量越大，表明土在同一压力变化范围内土的压缩变形越小，则土的压缩性越低。

（2）计算方法：

$$E_s = \frac{p_{i+1} - p_i}{1000(s_{i+1} - s_i)} = \frac{1+e}{a} \tag{3-1-26}$$

式中　E_s——压缩模量（MPa）；

其余符号意义同前。

3. 体积压缩系数 m_V

（1）物理意义：土压缩时垂直应变增量与垂直压力增量之比．即压缩模量的倒数，称为体积压缩系数。体积压缩系数愈大，表明土的压缩性愈高。

（2）计算方法：

$$m_V = \frac{1}{E_s} = \frac{a}{1+e} \tag{3-1-27}$$

式中　m_V——体积压缩系数（MPa^{-1}）；

e——天然孔隙比；

其余符号意义同前。

4. 固结系数 C_V

（1）物理意义：固结系数是表示土的固结速度的一个特性指标，固结系数愈大，表明

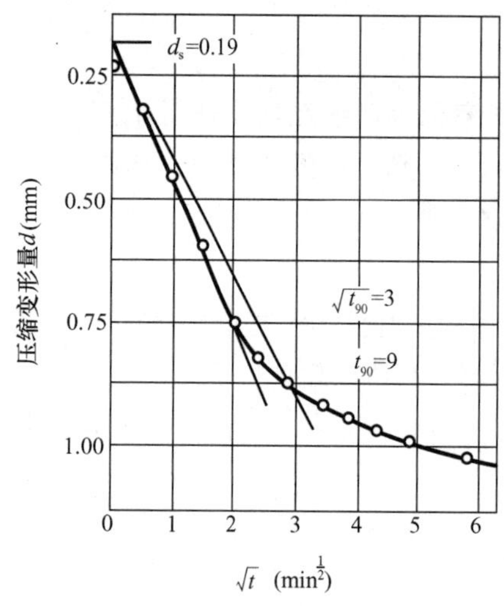

图 3-1-10　用时间平方根法求 t_{90}

土的固结速度愈快。固结系数可用来计算实际受压土层不同时间的固结度。固结系数取决于土在某一压力范围的渗透系数 k、孔隙比 e 及压缩系数 a，如下式所示：

$$C_V = \frac{k(1+e)}{a\rho_w} \tag{3-1-28}$$

(2) 计算方法：

1) 时间平方根法

在某一压力下，以压缩变形量 d (mm) 为纵坐标，以时间 t (min) 的平方根为横坐标，作 $d-\sqrt{t}$ 曲线，如图 3-1-10 所示。将开始的直线段延长交纵坐标轴于 d_s (d_s称理论零点)，过 d_s作另一直线，令其横坐标等于直线段横坐标的 1.15 倍，并与 d-$\sqrt{t}$ 曲线相交，此交点所对应的横坐标即为试样固结度达到 90%所需时间 t_{90}的平方根。按下式计算该压力下的固结系数：

$$C_V = \frac{0.848\left(\frac{\bar{h}}{2}\right)^2}{t_{90}} \tag{3-1-29}$$

式中　C_V——固结系数 (cm^2/s)；

$\bar{h}$——在某一压力下试样的平均高度 (cm)；

t_{90}——固结度达到 90%所需要的时间 (s)。

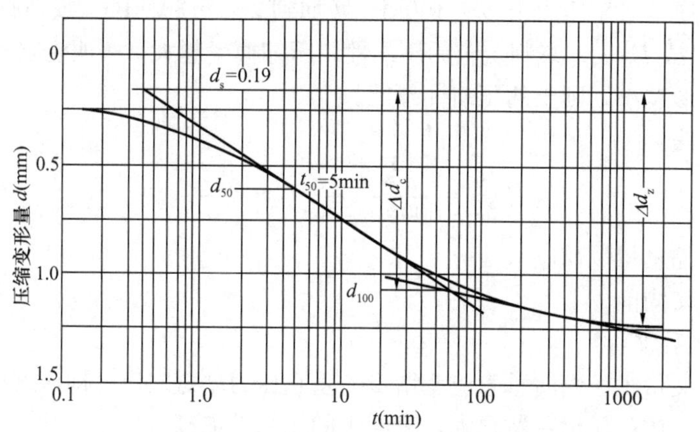

图 3-1-11　用时间对数法求 t_{50} (d-lg$t$ 曲线)

2) 时间对数法

在某一压力下，以压缩变形量 d (mm) 为纵坐标，时间 t (min) 的对数为横坐标，作 d-1gt 曲线，如图 3-1-11 所示。在此曲线的开始线段，任选一时间 t_1，相应的压缩变形量为 d_1，取时间 $t_2=\frac{t_1}{4}$ 相应的压缩变形量为 d_2，则得 $2d_2-d_1$之值为 d_{s1}。如此再选取另一时间依同法得 d_{s2}，d_{s3}，d_{s4}等，取其平均值即为理论零点 d_s，延长 d-1gt 曲线中部的直线段和过曲线尾部数点作一切线的交点即为理论终点 d_{100}，则 $d_{50}=\frac{d_s+d_{100}}{2}$。与 d_{50} 相对应的时间即为试样固结度达 50%所需的时间 t_{50}，按下式计算该压力下的固结系数：

$$C_V=\frac{0.197\left(\frac{\bar{h}}{2}\right)^2}{t_{50}} \tag{3-1-30}$$

式中　t_{50}——固结度达到 50%所需的时间（s）；

其余符号意义同前。

5. 先期固结压力 p_c

（1）物理意义：先期固结压力是指该土层在地质历史上所曾经承受过的上覆土层自重压力或其他作用力，并在该力作用下，已固结稳定的最大压力。先期固结压力与目前上覆土层自重压力的比值称为超固结比，用 *OCR*（Over Consolidation Ratio）表示。根据 *OCR* 值可以判断该土层的应力状态和压密状态，见表 3-1-9。

根据先期固结压力判断土的压密状态　　**表 3-1-9**

土的状态	p_c与 p_0的比较	超固结比 $OCR=\frac{p_c}{p_0}$	地　质　历　史	典型土类
超压密土	$p_c>p_0$	$OCR>1$	土层在自然沉积过程中，曾经在较大压力下压密稳定	老黏性土
正常压密土	$p_c=p_0$	$OCR=1$	土层在自然沉积过程中的固结作用，一直随着土层的不断沉积而相应发生	一般黏性土
欠压密土	$p_c<p_0$	$OCR<1$	土层因沉积历史短或由于其他原因，在土自重压力下还未完成其固结作用	新近沉积土，海相厚层淤泥，新近堆积黄土

（2）试验要求：先期固结压力试验可用常规的固结仪进行，但必须满足下列要求：

1）保持土的原状结构。因为结构扰动的试样，进行先期固结压力的试验是没有意义的。

2）最终荷重的大小应以 e-lg$p$ 曲线能反应明显的直线段为准。

加荷等级，在开始阶段每次加荷增量较小，随着压力增大，加荷增量可逐渐加大。

（3）确定方法：

Casagrande 图解法

在半对数坐标纸上绘制 e-lg$p$ 曲线 *AOB*，如图 3-1-12 所示。在弧形曲线段上试找出相应于最小曲率半径 R_{min}的 *O* 点。通过 *O* 点作切线 *OD* 和平行于横坐标的直线 *OC*，作∠*COD* 的等分角线 *OE*，延长 e-lg$p$ 曲线后段的直线部分得 *BG* 线，*BG* 与 *OE* 相交于点 *F*，其所对应的压力即为所求的先期固结压力 p_c。

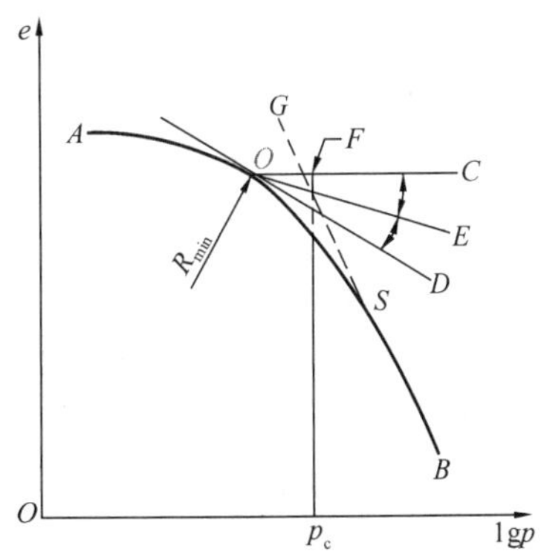

图 3-1-12　先期固结压力的确定

6. 压缩指数 C_c

（1）物理意义：图 3-1-12 所示 e-lg$p$ 曲线上直线部分 *GB* 的斜率称为压缩指数，压缩指数愈大，表明土的压缩性愈高。对于同一个试样，压缩指数是个定量，不随压力增加而变化。

（2）计算方法

$$C_c = \frac{e_i - e_{i+1}}{\lg p_{i+1} - \lg p_i} \tag{3-1-31}$$

式中　C_c——压缩指数；

e_i、e_{i+1}——在 e-1gp 曲线的直线部分上与压力为 p_i 及 p_{i+1} 相应的孔隙比；

p_i、p_{i+1}——相应于 e_i、e_{i+1} 时的压力（kPa）。

7. 回弹指数 C_s

（1）物理意义：图 3-1-9 所示 e-1gp 曲线回弹圈中虚线 de 的斜率称为回弹指数。回弹指数愈大，表明土的回弹变形量愈大。

（2）计算方法

$$C_s = \frac{e_i - e_{i+1}}{\lg p_{i+1} - \lg p_i} \tag{3-1-32}$$

式中　C_s——回弹指数；

e_i、e_{i+1}——在 e-1gp 曲线上滞回圈两端的孔隙比；

p_i、p_{i+1}——相应于 e_i、e_{i+1} 时的压力（kPa）。

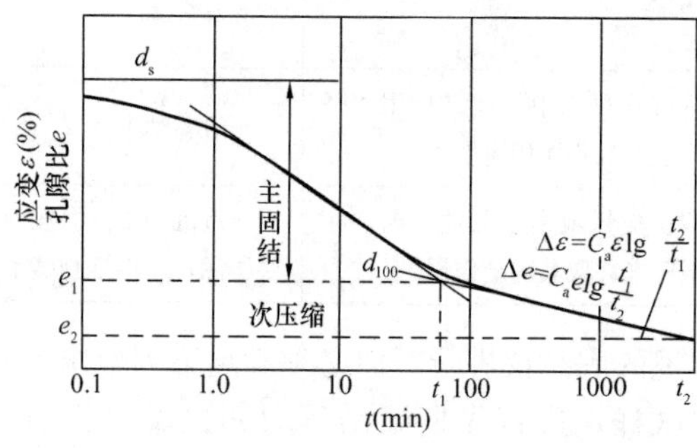

图 3-1-13　孔隙比（应变）-时间对数曲线

8. 次固结系数 C_{ae}

（1）物理意义：图 3-1-13 所示 e（ε）-1gt 曲线，一般黏性土在主固结完成后，它的次压缩段至少在一二个时间对数循环内近似为一直线，如图中 t_1 后的线段。该直线段的斜率，称为次固结系数。次压缩可用孔隙比的变化 Δe 或试样应变的变化 $\Delta\varepsilon$ 表示。

（2）计算方法：

$$C_{ae} = \frac{e_1 - e_2}{\lg t_2 - \lg t_1} C_{a\varepsilon} = \frac{\varepsilon_1 - \varepsilon_2}{\lg t_2 - \lg t_1} \tag{3-1-33}$$

式中　C_{ae}、$C_{a\varepsilon}$——次固结（压缩）系数；

e_1、e_2——曲线尾部，直线段上两点的孔隙比；

ε_1、ε_2——曲线尾部，直线段上两点的应变（%）；

t_1、t_2——相应于 e_1、e_2 或 ε_1、ε_2 所需要的时间（min）。

9. 主固结比 r

（1）物理意义：土体随超静水压力消散而发生的主固结压缩量与总压缩量之比，称为主固结比。

（2）计算方法：

$$r = \frac{\Delta d_c}{\Delta d_z} \tag{3-1-34}$$

式中　Δd_c——主固结压缩量（mm）；

Δd_z——总压缩量（mm）；

r——主固结比。

10. 回弹再压缩模量

（1）物理意义：基坑开挖形成地基土卸荷回弹，建筑物再加荷过程形成地基土的再压缩。回弹模量和回弹再压缩模量按室内固结试验测得的回弹曲线和回弹再压缩曲线计算求取。

（2）计算方法：

基础地面下第 i 层土回弹曲线和回弹再压缩曲线（图 3-1-14）测求应符合下列规定：

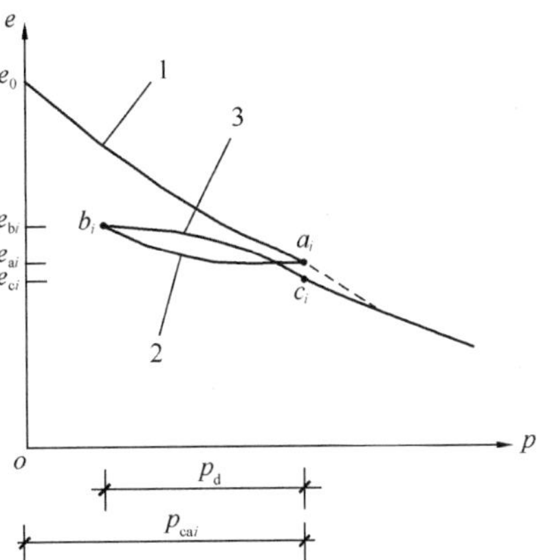

图 3-1-14　第 i 层土回弹曲线和回弹再压缩曲线示意图

1——恢复自重压力压缩曲线　2——回弹曲线　3——回弹再压缩曲线

a. 在基础底面下第 i 层土中点 a_i 处取不扰动土样，切取环刀进行压缩试验，分级加荷至取样深度 a_i 点的自重压力 p_{cai}，$p_{cai}=\gamma_h h$，（γ_h 为 h 深度以上土的按厚度加权平均重度，位于地下水位以下的土层取浮重度，h 为取样深度）；

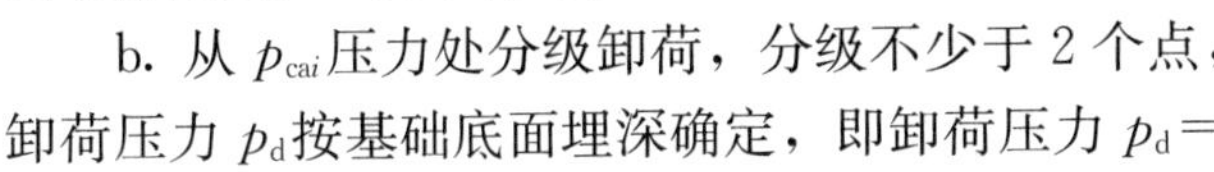

b. 从 p_{cai}压力处分级卸荷，分级不少于 2 个点，卸荷压力 p_d按基础底面埋深确定，即卸荷压力 $p_d=\gamma_d d$（γ_d 为 d 深度以上土的按厚度加权平均重度，位于地下水位以下的土层取浮重度，d 为基础埋深），卸至 $p_d=0$ 处，可获得回弹曲线 a_i、b_i 点的孔隙比；

c. 在 $p_d=0$ 处，再分级加荷至 p_{cai}，可获得回弹再压缩曲线上 c_i 点的孔隙比；

d. 根据回弹曲线和回弹再压缩曲线，按式（3-1-35）和式（3-1-36）计算回弹模量 E_{ri} 和回弹再压缩模量 E_{rci}；

$$E_{ri}=(1+e_{ai})\frac{p_d}{e_{bi}-e_{ai}} \tag{3-1-35}$$

$$E_{rci}=(1+e_{bi})\frac{p_d}{e_{bi}-e_{ci}} \tag{3-1-36}$$

式中　E_{ri}、E_{rci}——第 i 层土的回弹模量，第 i 层土的回弹再压缩模量；

e_0——试样的初始孔隙比；

e_{bi}、e_{ai}、e_{ci}——回弹曲线和回弹再压缩曲线上，分别为 b_i、a_i、c_i 点固结压力下相对稳定后的孔隙比。

（三）快速固结试验

1. 试验方法

快速压缩试验是用常规的试验仪器在各级荷载下，压缩 1 小时（h）后即进行下一级加荷，仅在最后一级荷重下，除测读 1h 的变形量外，还应测读达稳定时的变形量，然后根据情况对各级荷重下的变形量进行校正。用快速压缩试验法可以缩短试验周期。

2. 快速压缩试验的选用和校正，见表 3-1-10。

快速压缩试验的选用和校正　　表 3-1-10

工程性质	土试样状态	试验方法	需否校正	附注
对沉降计算要求不高	中、高塑性不扰动黏土 中、高塑性扰动黏土	快速法 快速法	需校正 可不校正	最好加做正常试验校核
对沉降计算要求较高	黏性土	正常法		

3. 快速固结试验的校正

快速固结试验可按式（3-1-37）进行校正

$$e_i = e - (\Delta h_i)_T \times \frac{1+e}{h} \tag{3-1-37}$$

式中　e_i——某压力作用下，校正后的孔隙比；

$(\Delta h_i)_T$——某压力作用下，校正后的总变形量（mm）；

$$(\Delta h_i)_T = (\Delta h_i)_t \cdot K$$

$$K = \frac{(\Delta h_n)_T}{(\Delta h_n)_t}$$

$(\Delta h_i)_t$——某压力作用下，压缩 1h 的总变形量（mm）；

$(\Delta h_n)_T$——最后一级压力作用下达到稳定标准的总变形量（mm）；

$(\Delta h_n)_t$——最后一级压力作用下，压缩 1h 的总变形量（mm）；

K——快速固结试验的校正系数；

其余符号意义同前。

（四）三轴压缩试验

1. 试验目的：主要为测定土的应力-应变关系，以用于地基、边坡和土压力按弹性、非线性弹性、弹塑性模型进行分析计算。

2. 试验仪器：应变控制式三轴仪。

3. 试验方法：

（1）固定围压的三轴压缩试验：分别在三个或三个以上的不同围压 σ_3 作用下先固结稳定，然后固定 σ_3 不变，逐级增加轴向压力 σ_1 使之产生偏应力 $\sigma_1-\sigma_3$，记录相应的轴向应变 ε_1 直至破坏。绘制偏应力与轴向应变的关系曲线，如图 3-1-15 所示。当需要时，对每个固定围压的试验，可进行 1～3 次卸荷回弹再加荷试验。

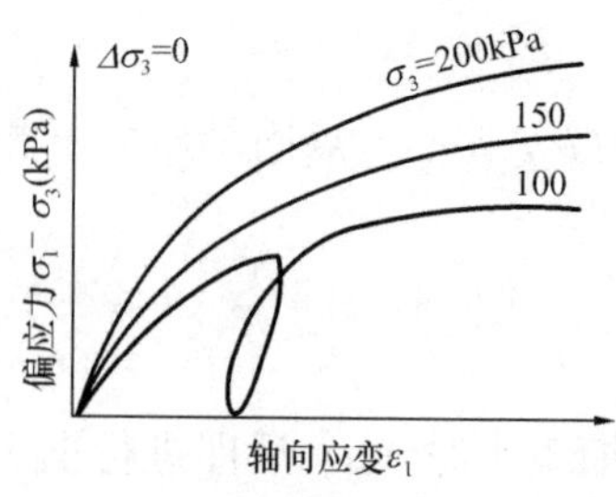

图 3-1-15　固定围压的三轴压缩试验

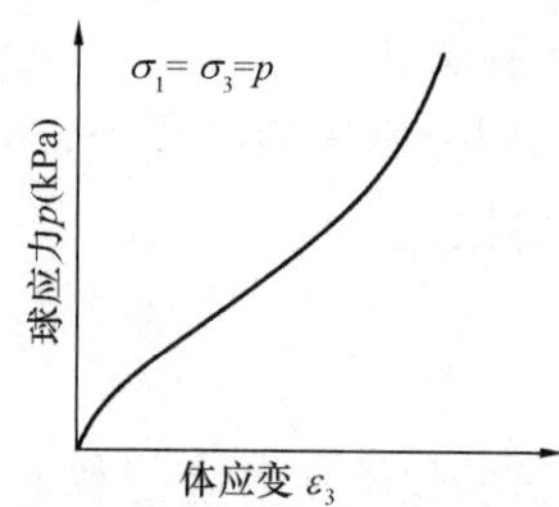

图 3-1-16　等向固结试验

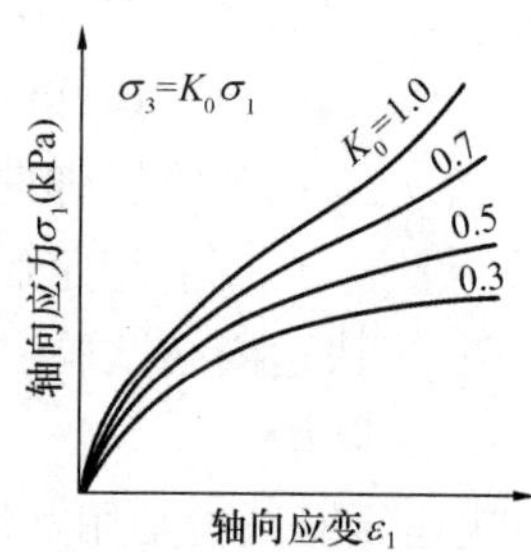

图 3-1-17　K_0 三轴压缩试验

（2）等向固结试验：使围压与轴向压力相等（$\sigma_1=\sigma_3$），逐级加荷，取得球应力 p 与体积应变ε_v的关系曲线，如图 3-1-16 所示。

（3）K_0三轴压缩试验：在增加轴向压力σ_1时，使围压始终按照K_0比例（即$\sigma_3 = K_0\sigma_1$，K_0—土的侧压力系数）同时增加。取得轴向应力σ_1与轴向应变ε_1的关系曲线，如图 3-1-17 所示曲线的形状将随K_0值的不同而变化。

以上三种试验，应力路径不同，应根据工程要求和土的实际受力情况先进行试验设计。

二、抗剪强度

（一）物理意义

土在外力作用下在剪切面单位面积上所能承受的最大剪应力称为土的抗剪强度。土的抗剪强度是由颗粒间的内摩擦力以及由胶结物和水膜的分子引力所产生的黏聚力共同组成。

（二）抗剪强度的基本理论

1. 库仑定律

在法向应力变化范围不大时，抗剪强度与法向应力的关系近似为一条直线，这就是抗剪强度的库仑定律。

$$S = c + \sigma\tan\varphi \tag{3-1-38}$$

式中 S——土的抗剪强度（kPa）；

c——土的黏聚力（kPa）；

σ——作用于剪切面上的法向应力（kPa）；

φ——土的内摩擦角（°）。

2. 总应力法和有效应力法

饱和土的抗剪强度与土受剪前在法向应力作用下的固结度有关，而土只有在有效应力作用下才能固结。有效应力逐渐增大的过程，亦即土的抗剪强度逐渐增加的过程。

剪切面上的法向应力与有效应力之间应有下列关系：

$$u + \sigma' = \sigma \tag{3-1-39}$$

式中 u——剪切面上的孔隙水压力（kPa）；

σ'——剪切面上的有效应力（kPa）；

σ——剪切面上的法向应力，即总应力（kPa）。

土的强度主要取决于有效应力的大小，故抗剪强度的关系式中应反映有效应力σ'更为合适，即

$$S = c' + \sigma'\tan\varphi' = c' + (\sigma - u)\tan\varphi' \tag{3-1-40}$$

式中 c'——土的有效黏聚力（kPa）；

φ'——土的有效内摩擦角（°）；

其余符号意义同前。

用式（3-1-38）所进行分析的方法称总应力法，而用式（3-1-40）进行分析的方法称为有效应力法。其优缺点可见表 3-1-11。

总应力法与有效应力法的优缺点　　表 3-1-11

分析方法	优点	缺点
总应力法	操作简便，运用方便	不能反映地基土在实际固结情况下的抗剪强度
有效应力法	理论上比较严格，能较好地反映抗剪强度的实质，能检验土体处于不同固结情况下的稳定性	孔隙水压力的正确测定比较困难

3. 莫尔-库仑破坏标准

(1) 单元体上的应力和应力圆（图 3-1-18 和图 3-1-19）

$$\sigma = \frac{1}{2}(\sigma_1 + \sigma_3) + \frac{1}{2}(\sigma_1 - \sigma_3)\cos 2\alpha \tag{3-1-41}$$

$$\tau = \frac{1}{2}(\sigma_1 - \sigma_3)\sin 2\alpha \tag{3-1-42}$$

式中　σ——任一截面 $m-n$ 上的法向应力（kPa）；

τ——截面 $m-n$ 上的剪应力（kPa）；

σ_1——最大主应力（kPa）；

σ_3——最小主应力（kPa）；

α——截面 $m-n$ 与最小主应力作用方向的交角（°）。

上述应力方向间的关系也可用图 3-1-19 的应力圆（莫尔圆）来表示。

(2) 极限平衡条件（图 3-1-20）

$$\frac{\sigma_1 - \sigma_3}{2} = c\cos\varphi + \frac{\sigma_1 + \sigma_3}{2}\sin\varphi \tag{3-1-43}$$

$$\sigma_1 = \sigma_3 \tan^2\left(45° + \frac{\varphi}{2}\right) + 2c\tan\left(45° + \frac{\varphi}{2}\right) \tag{3-1-44}$$

$$\sigma_3 = \sigma_1 \tan^2\left(45° - \frac{\varphi}{2}\right) - 2c\tan\left(45° - \frac{\varphi}{2}\right) \tag{3-1-45}$$

式中　σ_1——极限平衡状态的最大主应力（kPa）；

σ_3——极限平衡状态的最小主应力（kPa）；

其余符号意义同前。

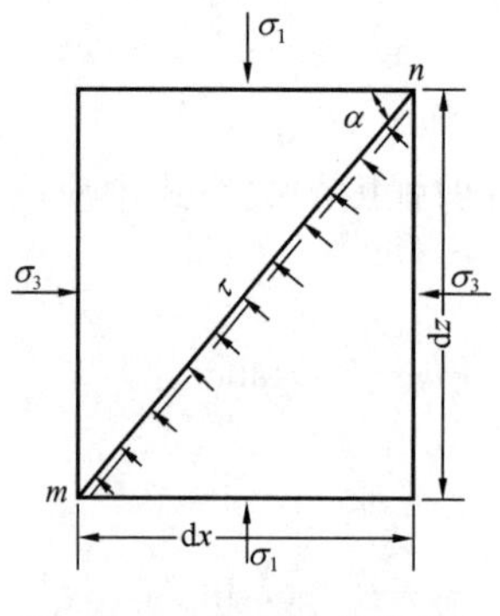

图 3-1-18　单元体上的应力

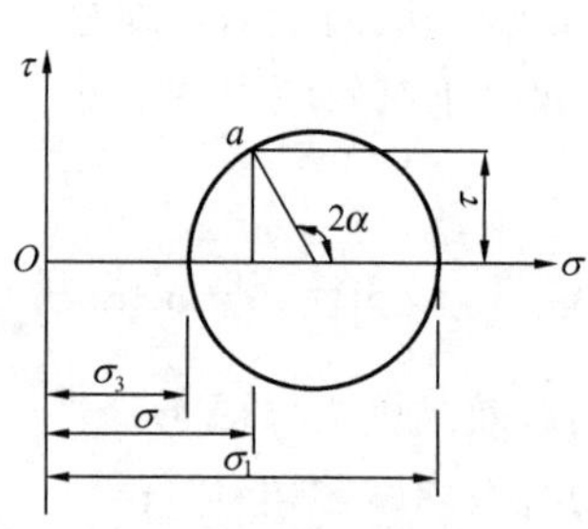

图 3-1-19　应力圆

式（3-1-43）、式（3-1-44）和式（3-1-45）均可称为莫尔-库仑破坏标准的表达式。

通过土中一点可出现一对剪切破裂面（图 3-1-21）。它们与最小主应力作用方向的交角 α_{cr} 为：

$$\alpha_{cr}=\pm(45^{\circ}+\varphi/2) \tag{3-1-46}$$

这一对破裂面之间的夹角在 σ_1 作用方向等于：$\theta=90^{\circ}-\varphi$。

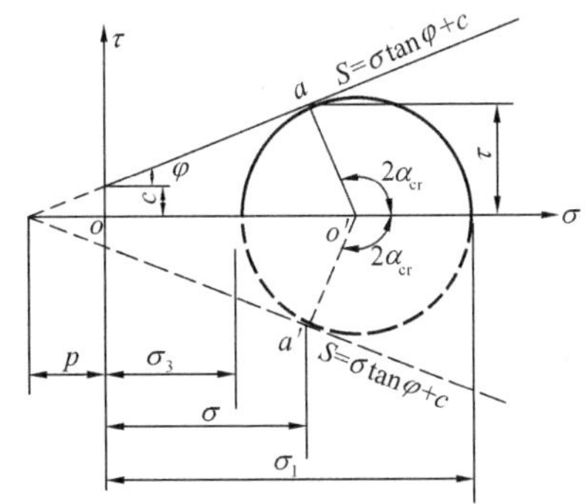

图 3-1-20　极限平衡条件的应力圆

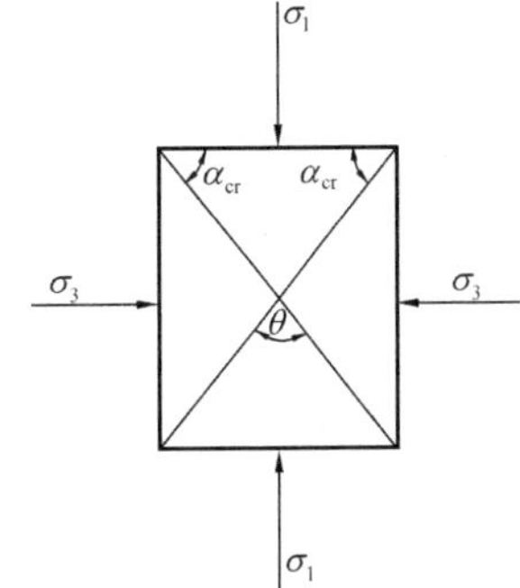

图 3-1-21　极限平衡状态时的一对剪切破裂面

（三）抗剪强度的试验方法

1. 按排水条件分，如表 3-1-12 所列。

按排水条件分的剪切试验方法　　表 3-1-12

试验方法	适用范围
快剪（不排水剪）	加荷速率快，排水条件差，如斜坡的稳定性，厚度很大的饱和黏土地基等
固结快剪（固结不排水剪）	一般建筑物地基的稳定性，施工期间具有一定的固结作用
慢剪（排水剪）	加荷速率慢，排水条件好，施工期长，如透水性好的低塑性土以及在软弱饱和土层上的高填方分层控制填筑等

2. 按试验仪器分，如表 3-1-13 所列。

按试验仪器分的剪切试验方法　　表 3-1-13

试验方法	优点	缺点
直接剪切试验	仪器结构简单，操作方便	1. 剪切面不一定是试样抗剪能力最弱的面 2. 剪切面上的应力分布不均匀，而且受剪面面积越来越小 3. 不能严格控制排水条件，测不出剪切过程中孔隙水压力的变化
三轴剪切试验	1. 试验中能严格控制试样排水条件及测定孔隙水压力的变化 2. 剪切面不固定 3. 应力状态比较明确 4. 除抗剪强度外，尚能测定其他指标	1. 操作复杂 2. 所需试样较多 3. 主应力方向固定不变，而且是在令 $\sigma_2=\sigma_3$ 的轴对称情况下进行的，与实际情况尚不能完全符合

3. 按控制方法分

剪切试验按控制方法分为应变控制式和应力控制式两种。

（四）直接剪切试验

1. 试验目的：将环刀切取的土试样置入剪切盒中进行剪切，通过不同垂直压力作用下的剪切试验所获得的抗剪强度，求取土的黏聚力和内摩擦角。

2. 试验仪器：应变控制式直剪仪。环刀内径 61.8mm，高度 20mm。位移量测设备的量程为 10mm，宜采用分度值为 0.01mm 的百分表或准确度为全量程 0.2%的传感器。

3. 试样要求：应采用Ⅰ～Ⅱ级土试样，扰动土应按规定制备试样。砂土一般采用制备试样。同一组试样不得少于 4 个。

4. 试验方法见表 3-1-14。

直接剪切试验方法　　**表 3-1-14**

快剪（q）	试样在垂直压力施加后立即以 0.5mm/min 的剪切速度进行剪切至试验结束。使试样 3～5min 内剪损
固结快剪（c_q）	试样在垂直压力施加后，每 1h 测读垂直变形一次。直至试样固结变形稳定（每小时变形不大于 0.005mm）后，再按快剪方法进行剪切
慢剪（S）	试样在垂直压力施加后，按固结快剪的要求使试样固结，然后以小于 0.02mm/min 的剪切速度进行剪切至试验结束

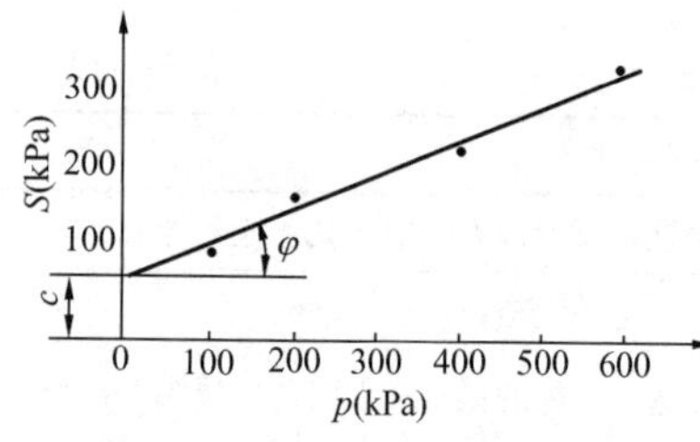

图 3-1-22　抗剪强度与垂直压力的相关直线

5. 指标计算

直接剪切试验的结果用总应力法按库仑公式（3-1-38）计算抗剪强度指标。用同一土样切取不少于 4 个试样进行不同垂直压力作用下的剪切试验后，用相同的比例尺在坐标纸上绘制抗剪强度 S 与垂直压力 p 的相关直线。直线交 S 轴的截距即为土的黏聚力 c，直线倾斜角即为土的内摩擦角 φ。相关直线可用图解法或最小二乘法确定。

6. 残余抗剪强度

（1）物理意义：土的剪应力-剪应变关系可分为两种类型：一种是曲线平缓上升，没有中间峰值，如松砂；另一种是剪应力-剪应变曲线有明显的中间峰值，在超越峰值后，剪应变虽不断增大，但抗剪强度却下降，如密砂。在黏性土中，坚硬的、超压密的黏土的剪应力-剪应变曲线常呈现较大峰值，正常压密土或软黏土则不出现峰值或有很小的峰值。如图 3-1-23 所示。

超越峰值后，当剪应变相当大时，抗剪强度不再变化，此时稳定的最小抗剪强度，称为土的残余抗剪强度，而峰值剪应力则称为峰值强度。残余抗剪强度以下式表达：

$$S_r = c_r + \sigma\tan\varphi_r \tag{3-1-47}$$

式中　S_r——土的残余抗剪强度（kPa）；

c_r——残余黏聚力（一般 $c_r \approx 0$）（kPa）；

φ_r——残余内摩擦角（°）；

σ——垂直压应力（kPa）。

在进行滑坡的稳定性计算或抗滑计算时，土的抗剪强度的取值，一般需要考虑土的残余抗剪强度。

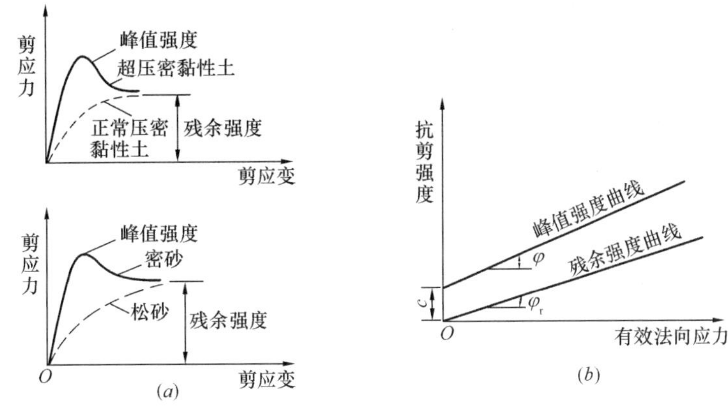

图 3-1-23　峰值强度与残余强度

(2) 试验仪器：应变控制式反复直剪仪。环刀、位移量测设备同直接剪切试验仪器。

(3) 试样要求：与直接剪切试验同，但当取Ⅰ～Ⅱ级土试样有困难时，也可取扰动土(重塑土)制备试样，重塑土的含水量宜与天然含水量同，土样应按上覆土自重压力进行固结(或先按先期固结压力进行固结后再卸荷至上覆土自重压力)后再进行剪切。

(4) 试验方法：以慢剪的剪切速度进行剪切(粉土剪切速度可加快至 0.06mm/min)，直至大位移达 8～10mm 停止剪切，然后以小于 0.6mm/min 的速率将剪切盒退回原位，等待半小时后，重复上述步骤进行 3～4 次(粉土需 5～6 次)剪切，使总剪切位移量达 30～40mm(粉土需 40～50mm)。

(5) 指标计算：以剪应力为纵坐标，剪切位移为横坐标，绘制剪应力与剪切位移关系曲线(图 3-1-24)。图上第一次的剪应力峰值为慢剪强度，最后剪应力的稳定值为残余强度。然后用相同比例尺在坐标纸上绘制峰值慢剪强度和残余强度与垂直压力的相关直线(图 3-1-23*b*)。求取抗剪强度(慢剪)峰值指标 c_d、φ_d 以及残余强度指标 c_r、φ_r。

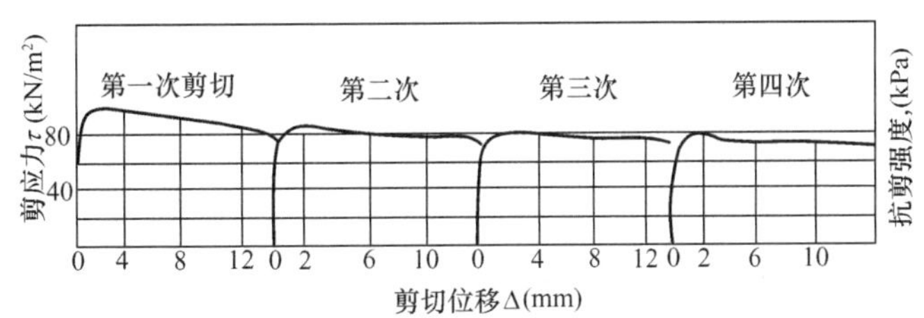

图 3-1-24　剪应力与剪切位移关系曲线

(五) 三轴剪切试验

1. 原理：

三轴剪切试验的原理是在圆柱形试样上施加最大主应力(轴向应力)σ_1 和最小主应力(周围压力)σ_3。保持其中之一(一般是 σ_3)不变，改变另一主应力，使试样中的剪应力逐渐增大，直至达到极限平衡而剪切，由此求得土的抗剪强度。

2. 试验方法如表 3-1-15 所列。

3. 试样制备：

(1) 取土要求：试样制备的数量一般不少于 4 件。对于黏性土，可按工程需要采用Ⅰ

～Ⅱ级土试样或重塑土样；对于砂土，则按要求的密度制备土样。

（2）试样尺寸：如表 3-1-16 所列。

4. 指标计算：

将同一土样在不同应力条件下所得的不少于 4 次的三轴剪切试验结果，分别绘制应力圆，从这些应力圆的包线即可求出抗剪强度指标。如表 3-1-17 和图 3-1-25 所示。

三轴剪切试验的方法 **表 3-1-15**

试验方法		控制方法
快剪（不固结不排水剪）UU	试样在完全不排水条件下施加周围压力后，快速增大轴向压力到试样破坏	应变控制式
固结快剪（固结不排水剪）CU	试样先在周围压力下进行固结，然后在不排水条件下，快速增大轴向压力到试样破坏	应变控制式
慢剪（固结排水剪）CD	试样先在周围压力下进行固结，然后继续在排水条件下，缓慢增大轴向压力到试样破坏	应力控制法

三轴剪切试验的试样尺寸 **表 3-1-16**

试样直径（mm）	截面积（cm^2）	允许最大粒径（mm）	附注
39.1 61.8 101.0	12 30 80	2 5 10	1. 允许个别超径颗粒存在，超径颗粒的粒径不应超过试样直径的 1/5 2. 对于有裂缝、软弱面或结构面的土样，宜用直径 61.8mm 或 101mm 的试样 3. 试样高度与直径的比值应为 2.0～2.5

三轴剪切试验的指标计算 **表 3-1-17**

试验方法	分析方法	应力圆		包线	
		圆心横坐标	半径	在纵轴上的截距	倾角
不固结不排水剪 UU	总应力法	$\frac{\sigma_{1f}+\sigma_{3f}}{2}$	$\frac{\sigma_{1f}-\sigma_{3f}}{2}$	c_u	φ_u
固结不排水剪 CU	总应力法	$\frac{\sigma_{1f}+\sigma_{3f}}{2}$	$\frac{\sigma_{1f}-\sigma_{3f}}{2}$	c_{cu}	φ_{cu}
	有效应力法	$\frac{\sigma'_{1f}+\sigma'_{3f}}{2}$	$\frac{\sigma'_{1f}-\sigma'_{3f}}{2}$	c'	φ'
固结排水剪 CD	有效应力法（$u=0$，$\sigma=\sigma'$）	$\frac{\sigma_{1f}+\sigma_{3f}}{2}$	$\frac{\sigma_{1f}-\sigma_{3f}}{2}$	c_d	φ_d

注：脚标 f 表示剪切破坏时的主应力值。

指标计算涉及试验方法和破坏点的选择方法：

（1）以垂直应变 $\varepsilon \leqslant 15\%$ 时应力差（$\sigma_1-\sigma_3$）的峰值作为破坏点。

（2）以有效主应力比 $\frac{\sigma'_1}{\sigma'_3}$ 的最大值作为破坏标准，但对于很软的黏性土，在较大的应变范围内，孔隙水压力随着主应力差的渐增而等比例增加，因而有效主应力比不一定出现峰值。

(3) 用有效应力路径来选择破坏点：有效应力路径是指在试验过程中，试样剪切面上法向应力与剪应力的变化轨迹曲线。固结不排水剪时，同时测定孔隙水压力 (u)，将不同 σ_3 压力下测得的许多 $\sigma_1'=\sigma_1-u$、$\sigma_3'=\sigma_3-u$ 数值以 $\frac{\sigma_1'-\sigma_3'}{2}$ 为纵坐标，以 $\frac{\sigma_1'+\sigma_3'}{2}$ 为横坐标，将点子点起来如图 3-1-26 所示。当有效应力路径向上（下）弯曲或停滞不前，表示试样已达破坏．将转折点或应力路径包线的切点连成直线，该直线的斜率为 $\tan\theta$，纵坐标截距为 a，按下式计算有效黏聚力 c' 及有效内摩擦角 φ'。

$$\varphi' = \sin^{-1}(\tan\theta) \qquad (3\text{-}1\text{-}48)$$

$$c' = \frac{a}{\cos\theta} \qquad (3\text{-}1\text{-}49)$$

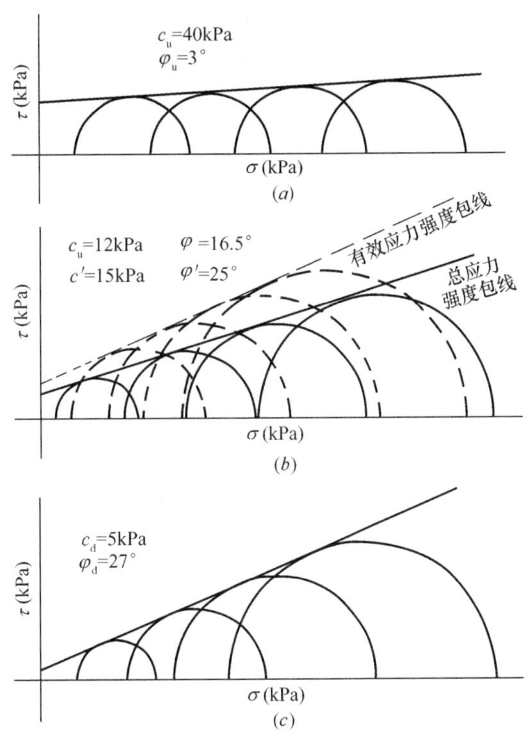

图 3-1-25 三轴试验应力圆和强度包线

(a) 不固结不排水剪；(b) 固结不排水剪；(c) 固结排水剪

用应力路径的方法确定强度参数，可以了解剪切情况的全过程，反映试样在剪切过程中的剪缩和剪胀特性并能看出土体的超固结程度，破坏点比较明确，不必绘出应力圆，对于较分散的结果可得出平均的参数 c' 和 φ'。

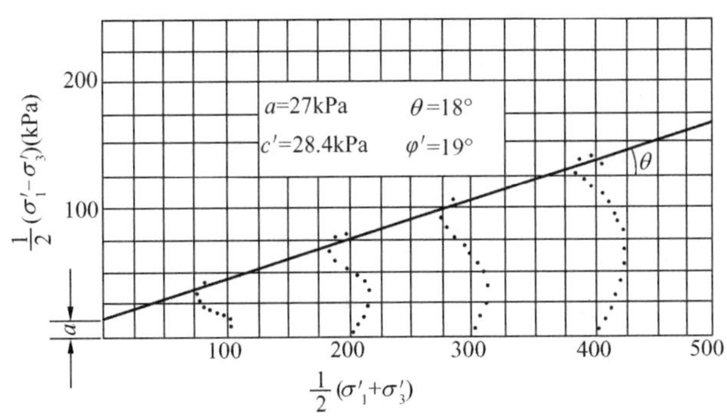

图 3-1-26 有效应力路径图

三、侧压力系数和泊松比

1. 物理意义：在不允许有侧向变形的情况下，土样受到轴向压力增量 $\Delta\sigma_1$ 将会引起侧向压力的相应增量 $\Delta\sigma_3$，比值 $\Delta\sigma_3/\Delta\sigma_1$ 称为土的侧压力系数 ξ 或静止土压力系数 K_0。

$$\xi = K_0 = \frac{\Delta\sigma_3}{\Delta\sigma_1} \qquad (3\text{-}1\text{-}50)$$

在不存在侧向应力的情况下，土样在产生轴向压缩应变的同时，会产生侧向膨胀应变。侧向应变和轴向应变的比值称为土的泊松比 ν，又称土的侧膨胀系数。

2. 侧压力系数 ξ 与泊松比 ν 的关系：

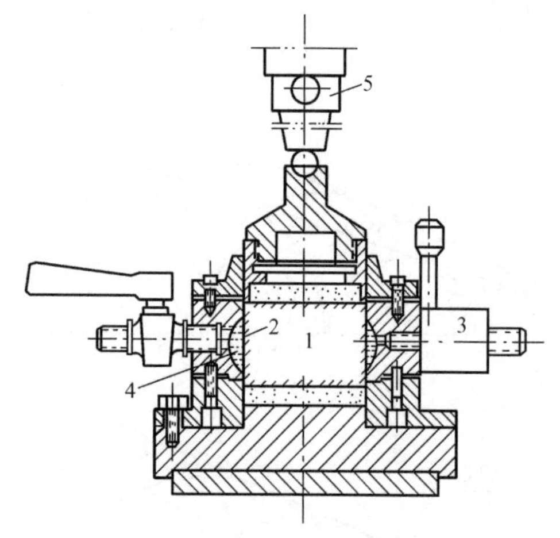

图 3-1-27 侧压力仪

1—试样；2—橡皮膜；3—侧压力传感器；4—水；5—垂直压力传感器

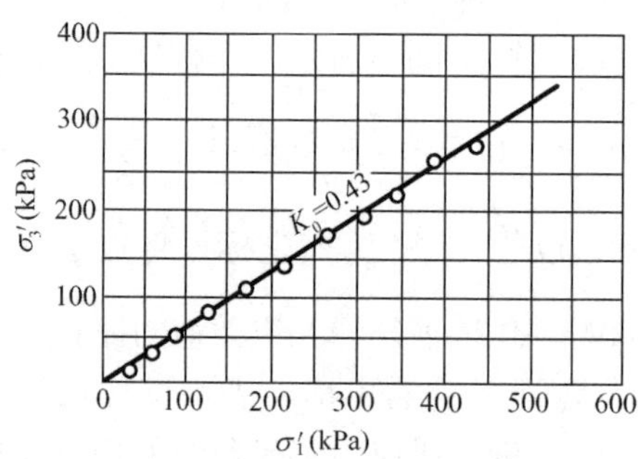

图 3-1-28 $\sigma_1'-\sigma_3'$ 关系曲线

$$\xi=\frac{\nu}{1-\nu} \tag{3-1-51}$$

$$\nu=\frac{\xi}{1+\xi} \tag{3-1-52}$$

3. 测定方法：一般是先测定土的侧压力系数，然后再间接算得土的泊松比。侧压力系数的测定方法有：

(1) 压缩仪法：在有侧限压缩仪（图 3-1-27）中装有测量侧向压力的传感器。

(2) 三轴压缩仪法：在施加轴向压力时，同时增加侧向压力，使试样不产生侧向变形。

上述两种方法都可得出轴向压力与侧向压力的关系曲线，其平均斜率即为土的侧压力系数，如图 3-1-28 所示。

四、孔隙水压力系数

1. 物理意义：在不排水条件下，土试样所受到的主应力发生变化时，土中孔隙水压力也将随之而发生变化。这种变化与下列两方面的因素密切相关：

(1) 土的剪胀（剪缩）性：土在剪切过程中，如果体积会胀大（例如密砂），则称为剪胀，剪胀使孔隙水压力减小。如果剪切时体积会收缩（例如松砂），则称为剪缩，剪缩使孔隙水压力增加。用 A 表示这种性质的孔隙水压力系数。剪胀时 A 值为负，剪缩时 A 值为正。

(2) 土的饱和度：如果土的孔隙中包含有气体，由于气体的可压缩性，将会影响孔隙水压力的增长。一般用 B 表示土的这种性质的孔隙水压力系数。B 值可作为衡量土的饱和程度的标志，对完全饱和的土，$B=1$；对非饱和土，$0<B<1$；对干土，$B=0$。

2. 孔隙水压力与应力间的关系：

土中某点孔隙水压力的增量与该点应力增量之间存在着下列关系：

$$\Delta u = B[\Delta\sigma_3 + A(\Delta\sigma_1 - \Delta\sigma_3)] \tag{3-1-53}$$

式中　Δu——土中某点孔隙水压力增量（kPa）；

$\Delta\sigma_1$——最大主应力增量（kPa）；

$\Delta\sigma_3$——最小主应力增量（kPa）；

A、B——与土的剪胀（剪缩）性和土的饱和度有关的孔隙水压力系数。

上式可写成：

$$\Delta u = B\Delta\sigma_3 + \overline{A}(\Delta\sigma_1 - \Delta\sigma_3) = \Delta u_1 + \Delta u_2 \tag{3-1-54}$$

式中　$\overline{A}$——孔隙水压力系数的乘积系数，$\overline{A} = A \cdot B$；

Δu_1——由于最小主应力（周围压力）增量 $\Delta\sigma_3$ 而产生的孔隙水压力增量（kPa）；

Δu_2——由于主应力增量差 $\Delta\sigma_1 - \Delta\sigma_3$ 而产生的孔隙水压力增量（kPa）；

如将式（3-1-54）两边同除以 $\Delta\sigma_1$，则得到另一个孔隙水压力系数 $\overline{B}$：

$$\overline{B} = \frac{\Delta u}{\Delta\sigma_1} = B\left[\frac{\Delta\sigma_3}{\Delta\sigma_1} + \overline{A}\left(1 - \frac{\Delta\sigma_3}{\Delta\sigma_1}\right)\right] \tag{3-1-55}$$

3. 孔隙水压力系数的测定方法：

一般可用固结不排水的三轴剪切试验（CU）测定下列两种情况下主应力增量与孔隙水压力变化的关系。

（1）最大最小主应力以相同的增量增加，即 $\Delta\sigma_1 = \Delta\sigma_3$，测出 $\Delta\sigma_3$ 与孔隙水压力增量 Δu 的关系，其关系曲线的斜率即为孔隙水压力系数 B 值。

$$B = \frac{\Delta u}{\Delta\sigma_3} \tag{3-1-56}$$

（2）最小主应力保持不变，即 $\Delta\sigma_3 = 0$，测出 $\Delta\sigma_1$ 与孔隙水压力增量 Δu 的关系，其关系曲线的斜率即为孔隙水压力系数的乘积系数 $\overline{A}$ 值。

$$\overline{A} = \frac{\Delta u}{\Delta\sigma_1} \tag{3-1-57}$$

孔隙水压力系数 A 值可按下式确定：

$$A = \frac{\overline{A}}{B} \tag{3-1-58}$$

五、无侧限抗压强度和灵敏度

（一）物理意义：土在侧面不受限制的条件下，抵抗垂直压力的极限强度称为土的无侧限抗压强度。土的室内试验灵敏度指原状土的无侧限抗压强度与其重塑土（密度与含水量应与原状土相同）的无侧限抗压强度之比。反映土的性质受结构扰动影响的程度，灵敏度越大，结构扰动影响越明显。

（二）试验仪器：应变控制式无侧限压缩仪。

（三）试样要求：本试验适用于饱和黏性土。原状土要求采用Ⅰ～Ⅱ级土样；重塑土要求与原状土具有相同密度和含水量。试样直径为 35～50mm，高度与直径之比宜采用 2.0～2.5。

（四）试验方法：将试样放在底座上，转动手轮，使底座缓慢上升，当试样与加压板刚好接触后将测力计读数调整为零。然后保持轴向应变速率为每分钟应变 1%～3%，转动手柄，并按规定记录读数，当出现峰值时，继续进行 3%～5%的应变后终止；当无峰值时，应变达 20%后终止。试验宜在 8～10min 内完成。

（五）指标计算：

1. 轴向应变按下式计算：

$$\varepsilon_1 = \frac{\Delta h}{h} \tag{3-1-59}$$

式中　ε_1——轴向应变；

Δh——试验过程中试样高度变化量（cm）；

h——试样初始高度（cm）。

2. 无侧限抗压强度按下式计算：

$$q_u = 10\frac{(1-\varepsilon_u)P_u}{A_0} \tag{3-1-60}$$

式中　q_u——不扰动土试样的无侧限抗压强度（kPa）；

P_u——试样破坏（或应变达 20%的塑流破损）时的总荷重（N）；

ε_u——试样破坏时的总应变；

A_0——试验前试样的横截面积（cm^2）。

3. 以轴向应力为纵坐标、轴向应变为横坐标，绘制轴向应力与轴向应变关系曲线，取曲线上最大轴向应力作为无侧限抗压强度。当曲线上的峰值不明显时，取轴向应变 15%时所对应的轴向应力作为无侧限抗压强度。

4. 根据无侧限抗压强度确定 $\varphi \approx 0$ 的饱和软黏土的抗剪强度

$$S = \frac{q_u}{2} \tag{3-1-61}$$

式中　S——土的不排水抗剪强度（kPa）。

5. 灵敏度按下式计算（只适用于 $\varphi \approx 0$ 的饱和软黏土）：

$$S_t = \frac{q_u}{q'_u} \tag{3-1-62}$$

式中　S_t——灵敏度；

q'_u——具有与不扰动土相同密度和含水量，并彻底破坏其结构的重塑土的无侧限抗压强度（kPa）。

第三节　土的物理力学性质指标的应用

土的物理力学性质指标的应用如表 3-1-18 所列。

土的物理力学性质指标的应用　　表 3-1-18

<table>
<tr><th colspan="2" rowspan="2">指标</th><th rowspan="2">符号</th><th rowspan="2">实际应用</th><th colspan="2">土的分类</th></tr>
<tr><th>黏性土</th><th>砂土</th></tr>
<tr><td colspan="2">密度
重度
水下浮重度</td><td>ρ
γ
γ'</td><td>1. 计算干密度、孔隙比等其他物理性质指标
2. 计算土的自重压力
3. 计算地基的稳定性和地基土的承载力
4. 计算斜坡的稳定性
5. 计算挡土墙的压力</td><td>+
+
+
+
+</td><td>+
+
+
+
+</td></tr>
<tr><td colspan="2">相对密度（比重）</td><td>d_s</td><td>计算孔隙比等其他物理力学性质指标</td><td>+</td><td>+</td></tr>
<tr><td colspan="2">含水量</td><td>w</td><td>1. 计算孔隙比等其他物理力学性质指标
2. 评价土的承载力
3. 评价土的冻胀性</td><td>+
+
+</td><td>+
+
+</td></tr>
<tr><td colspan="2">干密度</td><td>ρ_d</td><td>1. 计算孔隙比等其他物理性质指标
2. 评价土的密度
3. 控制填土地基质量</td><td>+
−
+</td><td>+
+
−</td></tr>
<tr><td colspan="2">孔隙比
孔隙率</td><td>e
n</td><td>1. 评价土的密度
2. 计算土的水下浮重度
3. 计算压缩系数和压缩模量
4. 评价土的承载力</td><td>−
+
+
+</td><td>+
+
−
+</td></tr>
<tr><td colspan="2">饱和度</td><td>S_r</td><td>1. 划分砂土的湿度
2. 评价土的承载力</td><td>−
−</td><td>+
+</td></tr>
<tr><td rowspan="2">可塑性</td><td>液限
塑限
塑性指数
液性指数</td><td>w_L
w_P
I_P
I_L</td><td>1. 黏性土的分类
2. 划分黏性土的状态
3. 评价土的承载力
4. 估计土的最优含水量
5. 估算土的力学性质</td><td>+
+
+
+
+</td><td>−
−
−
−
−</td></tr>
<tr><td>含水比</td><td>u</td><td>评价老黏性土和红黏土的承载力</td><td>+</td><td>−</td></tr>
<tr><td>颗粒组成</td><td>有效粒径
平均粒径
不均匀系数
曲率系数</td><td>d_{10}
d_{50}
C_u
C_c</td><td>1. 砂土的分类和级配情况
2. 大致估计土的渗透性
3. 计算过滤器孔径或计算反滤层
4. 评价砂土和粉土液化的可能性</td><td>−
−
−
+</td><td>+
+
+
+</td></tr>
<tr><td colspan="2">最大孔隙比
最小孔隙比
相对密实度</td><td>e_{max}
e_{min}
D_r</td><td>1. 评价砂土密度
2. 评价砂土体积的变化
3. 评价砂土液化的可能性</td><td>−
−
−</td><td>+
+
+</td></tr>
<tr><td colspan="2">渗透系数</td><td>k</td><td>1. 计算基坑的涌水量
2. 设计排水构筑物
3. 计算沉降所需时间
4. 人工降低水位的计算</td><td>+
+
+
+</td><td>+
+
−
+</td></tr>
</table>

续表

指标		符号	实际应用	土的分类	
				黏性土	砂土
击实性	最大干密度 最优含水量	ρ_{dmax} w_{op}	控制填土地基质量及夯实效果	+	−
压缩性	压缩系数 压缩模量 压缩指数 体积压缩系数	$a_{1\text{-}2}$ E_s C_c m_s	1. 计算地基变形 2. 评价土的承载力	+ +	− −
	回弹再压缩模量	E_{rc}	计算地基回弹再压缩变形		
	固结系数	C_V、C_h	计算沉降时间及固结度	+	−
	先期固结压力 超固结比	p_c OCR	判断土的应力状态和压密状态	+	+
抗剪强度	内摩擦角 黏聚力	φ c	1. 评价地基的稳定性、计算承载力 2. 计算斜坡的稳定性 3. 计算挡土墙的土压力	+ + +	+ + +
侧压力系数、泊松比		ξ ν	1. 研究土中应力与应变的关系 2. 计算变形模量	+ +	+ +
孔隙水压力系数		A B	研究土中应力与孔隙水压力的关系	+	+
承载比		CBR	设计公路、机场跑道	+	+
无侧限抗压强度		q_u	1. 估价土的承载力 2. 估计土的抗剪强度	+ +	− −
灵敏度		S_t	评价土的结构性	+	−
热物性		α λ C	1. 地下建（构）物通风等计算 2. 地源热泵系统设计 3. 冻结法设计	+ + +	+ + +

注：表中"+"号表示相应的指标为表内所指的该类土所采用，"−"号表示这一指标不被采用。

第四节 有关土的经验数据

一、经验数据（表 3-1-19～表 3-1-26）

砂土最大最小密度与颗粒形状和成因的关系　　表 3-1-19

颗粒形状和成因	松散状态		密实状态	
	最大孔隙率 n_{max}(%)	最大孔隙比 e_{max}	最小孔隙率 n_{min}(%)	最小孔隙比 e_{min}
棱角石英砂（d=0.25～0.70mm）	50.1	1.00	44.0	0.79

续表

颗粒形状和成因	松散状态		密实状态	
	最大孔隙率 n_{max}（%）	最大孔隙比 e_{max}	最小孔隙率 n_{min}（%）	最小孔隙比 e_{min}
冲积砂（d =0.1～2.7mm）	41.6	0.71	33.9	0.51
浑圆的砂丘砂	45.8	0.85	38.9	0.64
理论等粒径球状体	47.6	0.91	25.9	0.35

砂土最大最小密度与矿物成分和粒径的关系　　表 3-1-20

粒径（mm）	石英	正长石	白云母	石英	正长石	白云母
	最大孔隙率 n_{max}（%）			最小孔隙率 n_{min}（%）		
2～1	47.63	47.50	87.00	37.90	45.46	80.46
1～0.5	47.10	51.98	85.18	40.61	47.88	75.20
0.5～0.25	46.98	54.76	83.71	41.09	49.18	72.16
0.25～0.1	52.47	58.46	82.74	44.82	51.62	66.30
0.1～0.06	54.60	61.22	82.98	45.31	52.72	68.98
0.06～0.01	55.99	62.53	—	45.68	—	65.33

几种土的渗透系数　　表 3-1-21

土类	渗透系数 k（cm/s）	土类	渗透系数 k（cm/s）
黏土	$<1.2\times10^{-6}$	细砂	$1.2\times10^{-3}\sim6.0\times10^{-3}$
粉质黏土	$1.2\times10^{-6}\sim6.0\times10^{-5}$	中砂	$6.0\times10^{-3}\sim2.4\times10^{-2}$
黏质粉土	$6.0\times10^{-5}\sim6.0\times10^{-4}$	粗砂	$2.4\times10^{-2}\sim6.0\times10^{-2}$
黄土	$3.0\times10^{-4}\sim6.0\times10^{-4}$	砾砂	$6.0\times10^{-2}\sim1.8\times10^{-1}$
粉砂	$6.0\times10^{-4}\sim1.2\times10^{-3}$		

土粒相对密度（比重）经验值　　表 3-1-22

塑性指数 I_P	相对密度（比重）	塑性指数 I_P	相对密度（比重）
$I_P<6$（$d_{0.005}<10\%$）	2.70	$17<I_P\leqslant20$	2.74
$6<I_P\leqslant10$（$10\%\leqslant d_{0.005}\leqslant15\%$）	2.71	$20<I_P\leqslant24$	2.75
$10<I_P\leqslant14$	2.72	$I_P>24$	2.76
$14<I_P\leqslant17$	2.73		

各类土的次固结系数　　表 3-1-23

土类	次固结系数 C_a	土类	次固结系数 C_a
正常固结黏土	0.005～0.02	有机质黏土	>0.03
高塑性黏土	>0.03	超固结黏土（$OCR>2$）	<0.001

土的平均物理力学性质指标　表 3-1-24

土类		密度 ρ (g/cm^3)	天然含水量 w (%)	孔隙比 e	塑限 w_P	黏聚力 c (kPa)		内摩擦角 φ (°)	变形模量 E_0 (MPa)
						标准值	计算值		
砂土	粗砂	2.05	15～18	0.4～0.5		2	0	42	46
		1.95	19～22	0.5～0.6		1	0	40	40
		1.90	23～25	0.6～0.7		0	0	38	33
	中砂	2.05	15～18	0.4～0.5		3	0	40	46
		1.95	19～22	0.5～0.6		2	0	38	40
		1.90	23～25	0.6～0.7		1	0	35	33
	细砂	2.05	15～18	0.4～0.5		6	0	38	37
		1.95	19～22	0.5～0.6		4	0	36	28
		1.90	23～25	0.6～0.7		2	0	32	24
	粉砂	2.05	15～18	0.5～0.6		8	5	36	14
		1.95	19～22	0.6～0.7		6	3	34	12
		1.90	23～25	0.7～0.8		4	2	28	10
粉土		2.10	15～18	0.4～0.5	＜9.4	10	6	30	18
		2.00	19～22	0.5～0.6		7	5	28	14
		1.95	23～25	0.6～0.7		5	2	27	11
		2.10	15～18	0.4～0.5	9.5～12.4	12	7	25	23
		2.00	19～22	0.5～0.6		8	5	24	16
		1.95	23～25	0.6～0.7		6	3	23	13
黏性土	粉质黏土	2.10	15～18	0.4～0.5	12.5～15.4	42	25	24	45
		2.00	19～22	0.5～0.6		21	15	23	21
		1.95	23～25	0.6～0.7		14	10	22	15
		1.90	26～29	0.7～0.8		7	5	21	12
		2.00	19～22	0.5～0.6	15.5～18.4	50	35	22	39
		1.95	23～25	0.6～0.7		25	15	21	18
		1.90	26～29	0.7～0.8		19	10	20	15
		1.85	30～34	0.8～0.9		11	8	19	13
		1.80	35～40	0.9～1.0		8	5	18	8
		1.95	23～25	0.6～0.7	18.5～22.4	68	40	20	33
		1.90	26～29	0.7～0.8		34	25	19	19
		1.85	30～34	0.8～0.9		28	20	18	13
		1.80	35～40	0.9～1.0		19	10	17	9
	黏土	1.90	26～29	0.7～0.8	22.5～26.4	82	60	18	28
		1.85	30～34	0.8～0.9		41	30	17	16
		1.75	35～40	0.9～1.1		36	25	16	11
		1.85	30～34	0.8～0.9	26.5～30.4	94	65	16	24
		1.75	35～40	0.9～1.1		47	35	15	14

注：1. 平均相对密度（比重）取：砂，2.65；粉土，2.70；粉质黏土，2.71；黏土，2.74。

2. 粗砂和中砂的 E_s 值适用于不均匀系数 $C_u=3$ 时，当 $C_u>5$ 时应按表中所列值减少 2/3，C_u 为中间值时 E_s 按内插法确定。

3. 用于地基稳定计算时，采用内摩擦角 φ 的计算值低于标准值 2°。

土的侧压力系数 ξ 和泊松比 ν **表 3-1-25**

土的种类和状态	侧压力系数 ξ	泊松比 ν
碎石土	0.18～0.33	0.15～0.25
砂土	0.33～0.43	0.25～0.30
粉土	0.43	0.30
粉质黏土		
坚硬状态	0.33	0.25
可塑状态	0.43	0.30
软塑和或流动状态	0.53	0.35
黏土		
坚硬状态	0.33	0.25
可塑状态	0.53	0.35
软塑或流动状态	0.72	0.42

热物理指标经验数据 **表 3-1-26**

岩土类别	含水量 w（%）	密度 ρ（g/cm³）	热物理指标		
			比热容 C [kJ/(kg·K)]	导热系数 λ [W/(m·K)]	导温系数 α [$\times10^{-3}$(m^2/h)]
黏性土	$5\leqslant w<15$	1.90～2.00	0.82～1.35	0.25～1.25	0.55～1.65
	$15\leqslant w<25$	1.85～1.95	1.05～1.65	1.08～1.85	0.80～2.35
	$25\leqslant w<35$	1.75～1.85	1.25～1.85	1.15～1.95	0.95～2.55
	$35\leqslant w<45$	1.70～1.80	1.55～2.35	1.25～2.05	1.05～2.65
粉土	$w<5$	1.55～1.85	0.92～1.25	0.28～1.05	1.05～2.05
	$5\leqslant w<15$	1.65～1.90	1.05～1.35	0.88～1.35	1.25～2.35
	$15\leqslant w<25$	1.75～2.00	1.35～1.65	1.15～1.85	1.45～2.55
	$25\leqslant w<35$	1.85～2.05	1.55～1.95	1.35～2.15	1.65～2.65
粉、细砂	$w<5$	1.55～1.85	0.85～1.15	0.35～0.95	0.90～2.45
	$5\leqslant w<15$	1.65～1.95	1.05～1.45	0.55～1.45	1.10～2.55
	$15\leqslant w<25$	1.75～2.15	1.25～1.65	1.20～1.85	1.25～2.75
中砂、粗砂、砾砂	$w<5$	1.65～2.30	0.85～1.05	0.45～1.05	0.90～2.85
	$5\leqslant w<15$	1.75～2.25	0.95～1.45	0.65～1.65	1.05～3.15
	$15\leqslant w<25$	1.85～2.35	1.15～1.75	1.35～2.25	1.90～3.35
圆砾、角砾	$w<5$	1.85～2.25	0.95～1.25	0.65～1.15	1.35～3.35
	$5\leqslant w<15$	2.05～2.45	1.05～1.50	0.75～2.55	1.55～3.55
卵石、碎石	$w<5$	1.95～2.35	1.00～1.35	0.75～1.25	1.35～3.45
	$5\leqslant w<10$	2.05～2.45	1.15～1.45	0.85～2.75	1.65～3.65
全风化软质岩	$5\leqslant w<15$	1.85～2.05	1.05～1.35	1.05～2.25	0.95～2.05
	$15\leqslant w<25$	1.90～2.15	1.15～1.45	1.20～2.45	1.15～2.85
全风化硬质岩	$10\leqslant w<15$	1.85～2.15	0.75～1.45	0.85～1.15	1.10～2.15
	$15\leqslant w<25$	1.90～2.25	0.85～1.65	0.95～2.15	1.25～3.00

续表

岩土类别	含水量 w (%)	密度 ρ (g/cm^3)	热物理指标		
			比热容 C [kJ/(kg·K)]	导热系数 λ [W/(m·K)]	导温系数 α [$\times10^{-3}$(m^2/h)]
强风化软质岩	$2\leqslant w<10$	2.05～2.40	0.57～1.55	1.00～1.75	1.30～3.50
强风化硬质岩	$2\leqslant w<10$	2.05～2.45	0.43～1.46	0.90～1.85	1.50～4.50
中风化软质岩	$w<5$	2.25～2.45	0.85～1.15	1.65～2.45	1.60～4.00
中风化硬质岩	$w<5$	2.25～2.55	0.75～1.25	1.85～2.75	1.60～5.50

注：热物理指标数值大小与密度、含水量、化学成分有关，上表是北京、广州、天津等地区近30年的试验值。

二、土按物理力学性质指标分类

砂土湿度按饱和度 S_r 分类

表 3-1-27

饱和度 S_r	砂土湿度分类
$S_r\leqslant0.5$	稍湿
$0.5<S_r\leqslant0.8$	湿
$S_r>0.8$	饱和

注：上表为天津市工程建设规范《岩土工程技术规范》DB 29—20—2017 规定

砂土按不均匀系数 C_u 分类

表 3-1-28

不均匀系数 C_u	均匀性分类
$C_u\leqslant5$	均匀
$5\leqslant C_u\leqslant10$	中等均匀
$C_u>10$	不均匀

粉土密实度按孔隙比分类　　表 3-1-29

孔隙比 e	密实度
$e<0.75$	密实
$0.75\leqslant e\leqslant0.90$	中密
$e>0.90$	稍密

粉土湿度按含水量分类　　表 3-1-30

含水量 w (%)	湿度
$w<20$	稍湿
$20\leqslant w\leqslant30$	湿
$w>30$	很湿

黏性土湿度按饱和度 S_r 分类

表 3-1-31

饱和度 S_r	黏性土湿度分类
$S_r\leqslant0.5$	稍湿
$0.5<S_r\leqslant0.8$	湿
$S_r>0.8$	很湿

注：上表为《北京地区建筑地基基础勘察设计规范》DBJ 11—501—2009 规定

黏性土结构性按灵敏度分类

表 3-1-32

灵敏度 S_t	结构性分类
$S_t\leqslant2$	不灵敏
$2<S_t\leqslant4$	中灵敏性
$4<S_t\leqslant8$	高灵敏性
$8<S_t\leqslant16$	极灵敏性
$S_t>16$	流性

黏性土状态按液性指数 I_L 分类　　表 3-1-33

状态分类	坚硬	硬塑	可塑	软塑	流塑
液性指数 I_L	$I_L \leqslant 0$	$0 < I_L \leqslant 0.25$	$0.25 < I_L \leqslant 0.75$	$0.75 < I_L \leqslant 1.0$	$I_L > 1.0$

根据锥沉量确定黏性土的天然状态　　表 3-1-34

锥沉量 h（mm）	$h \geqslant 7$	$7 > h \geqslant 5$	$5 > h \geqslant 3$	$3 > h \geqslant 2$	$h < 2$
天然状态	很软	软	中等	硬	坚硬

黏性土压缩性按压缩系数分类　　表 3-1-35

压缩性分类	高压缩性	中等压缩性	低压缩性
按压缩系数 a_{1-2}	$a_{1-2} \geqslant 0.5$	$0.5 > a_{1-2} \geqslant 0.1$	$a_{1-2} < 0.1$

注：a_{1-2}——压力为 100～200kPa 时的压缩系数（MPa^{-1}）。

淤泥性土的分类　　表 3-1-36

指标＼土的名称	淤泥质土	淤泥	流泥
孔隙比 e	$1.0 \leqslant e < 1.5$	$1.5 \leqslant e < 2.4$	$e \geqslant 2.4$
含水量 w（%）	$36 \leqslant w < 55$	$55 \leqslant w < 85$	$w \geqslant 85$

第五节　土的动力特性试验

一、试验目的和方法

（一）试验目的

测定土的动力特性，为场地、建筑物和构筑物进行动力稳定性分析提供动力参数。包括动弹性模量、动剪变模量、阻尼比、动强度、抗液化强度和动孔隙水压力等。

（二）室内试验方法

土动力特性的室内试验方法列于表 3-1-37。

土动力特性的室内试验方法　　表 3-1-37

试验方法	主要内容	存在问题
动直剪试验	将类似普通直剪试验的容器放在振动台上使垂直荷载和剪切荷载单独地或同时地交变作用	应力状态不好控制，试样不好完全封闭
动三轴试验	将圆柱形试样在给定的轴向和侧向压应力作用下固结，然后施加激振力，使土样在剪切平面上的剪应力产生周期性的交变	应力条件与现场实际有很大差别
动单剪试验	在试样容器内制成一个封闭于橡皮膜内的方形试样，其上施加垂直压力，使容器的一对侧壁在交变剪力作用下作往复运动	试样成型困难，应力分布不均，侧压无法控制
动扭剪试验	试样为内外不等高的空心柱形，在一定的侧压力作用下对试样表面施加周期交变的扭矩。剪应力均匀，应力状态全部可控，能较好模拟现场应力条件	试样制备困难，不容易达到密封，操作比较困难

续表

试验方法	主　要　内　容	存　在　问　题
共振柱试验	试验时在圆柱形试样一端施加纵向或扭转振动，改变其振动频率，可测得试样的共振频率	限于测定小应变范围内的动力特性参数
振动台试验	把装有饱和砂样的密闭砂箱放在振动台上，给予强制振动，振动频率和振幅根据要求进行调节，同时测出孔隙水压力和应力应变的变化	边界条件和试样受力情况与实际应力状态还不完全一样

较常用的是动三轴试验和共振柱试验。

二、动三轴和共振柱试验

（一）设备和仪器

1. 设备：共振柱试验采用扭转向激振和纵向激振的共振柱仪；振动三轴试验采用电磁式、液压式、气压式或惯性式等各种驱动形式的振动三轴仪。

2. 加荷系统：静力加载系统同三轴压缩试验。动力加载系统其幅值应平衡，波形应对称；振幅相对偏差与半周期相对偏差不宜大于10%。实测应变幅范围应满足工程动力分析的需要。

3. 量测系统：传感器宜采用位移、速度、加速度、孔隙水压力和荷重等传感器；记录仪应采用配有微机的数字采集系统或 X-Y 函数记录仪，应具有良好的频率响应、性能稳定、灵敏度高和失真小等特性。所有设备和仪器每半年进行一次检查和标定。

（二）试样要求

试样制备和饱和方法同三轴压缩试验。天然地基试样宜采用Ⅰ、Ⅱ级土样，人工地基的试样宜采用类似于现场填土的制备样。饱和试样在围压下孔隙水压力系数不宜小于0.98。

（三）测试方法

1. 试样固结

试样的固结应力条件应根据地基土的测试条件确定。每一种试样的初始剪应力比可选用1～3个；每一个初始剪应力比相对应的侧向固结应力也可采用1～3个。试样应在静力作用下固结稳定后，再在不排水条件下施加动应力或动应变。

2. 动模量（动剪变模量、动弹性模量、阻尼比）测试

动剪变模量或动弹性模量在共振柱仪上测试时，应采用共振法或自由振动法。阻尼比测试时，宜采用自由振动法。动弹性模量和阻尼比在振动三轴仪上测试时，应在固定频率的轴向应力作用下测得试样的动应力—动应变滞回圈；动应力的作用振次不宜大于5次。测试动模量随应变幅的变化时，宜逐级施加动应变幅或动应力幅；后一级的振幅可控制为前一级的1倍。

3. 动强度测试

土试样动强度的等效破坏振次，应根据工程对象可能承受的循环荷载性质确定，在同一固结应力条件下，动强度测试试样个数不应少于3个；对各个试样应施加不同的动应力幅，以使实测的破坏振次的分布范围能覆盖工程对象的等效破坏振次。动强度的破坏标准，一般可取土试样的弹性应变与塑性应变之和等于0.05，也可根据地基土情况和工程

重要性，在0.025～0.1范围内取值；对于可液化土的液化强度试验，也可采用初始液化作为破坏标准。

（四）成果资料的整理

1. 动弹性模量

（1）物理意义：动弹性模量是土在周期荷载作用下动应力与动应变中可恢复部分（即弹性变形部分）之比。

（2）当试样在振动三轴仪上测试时，根据记录的动应力-动应变滞回圈（图3-1-29），按下列公式计算动模量参数：

$$E_d = \frac{\sigma_d}{\varepsilon_d} \tag{3-1-63}$$

$$\xi_1 = \frac{A_s}{\pi A_t} \tag{3-1-64}$$

$$G_d = \frac{E_d}{2(1+\nu)} \tag{3-1-65}$$

式中　E_d——动弹性模量（kPa）；

σ_d——轴向动应力幅（kPa）；

ε_d——轴应变幅；

ξ_1——纵向阻尼比；

A_s——动应力—动应变滞回圈面积（cm^2），如图3-1-29中阴影线所示；

A_t——图3-1-29中直角三角形abc的面积（cm^2）；

G_d——动剪变模量（kPa）；

ν——泊松比。

（3）当试样在纵向激振的共振柱仪上测试时按下式计算动模量参数

$$E_d = \rho\left(\frac{2\pi \times h_s \times f_1}{F_1}\right)^2 \tag{3-1-66}$$

$$\xi_1 = \frac{[\delta_1(1+S_1) - S_1\delta_{aI}]}{2\pi} \tag{3-1-67}$$

式中　ρ——试样质量密度（t/m^3）；

h_s——试样高度（m）；

f_1——试样系统纵向振动的共振频率（Hz）；

F_1——纵向无量纲频率因数；

δ_1——试样系统纵向自由振动的对数衰减率；

S_1——试样系统纵向能量比；

δ_{aI}——仪器激振端压板系统纵向自由振动对数衰减率。

注：动剪变模量的计算公式同式（3-1-65）。

2. 动强度

物理意义：动强度是一定振动循环次数下使试样产生破坏应变时的振动剪应力。破坏时的应变量与土的性质和应力条件有关，一般可偏于安全地采用5%作为破坏应变的标准。

对在同一固结应力条件下多个试样的测试结果，应在半对数坐标纸上，绘制动强度比与破坏振次对数值的关系曲线（图 3-1-30）。该关系曲线相应于某一初始剪应力比和某一侧向固结应力，并按工程要求的等效破坏振次，在曲线上确定相应的动强度比。

通过绘制动应力作用下的应力圆的方法，可求出动抗剪强度参数，即动内摩擦角和动黏聚力。对在同一固结应力条件下多个试样的测试结果，应在半对数坐标纸上，绘制动强度比与破坏振次对数值的关系曲线（图 3-1-30）。该关系曲线相应于某一初始剪应力比和某一侧向固结应力，并按工程要求的等效破坏振次，在曲线上确定相应的动强度比。

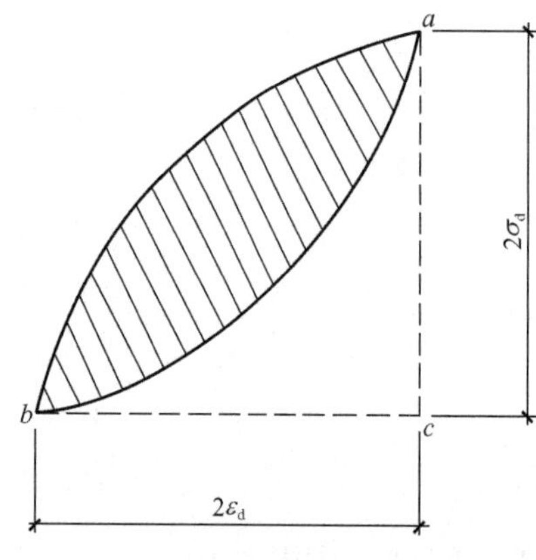

图 3-1-29 动应力-动应变滞回圈

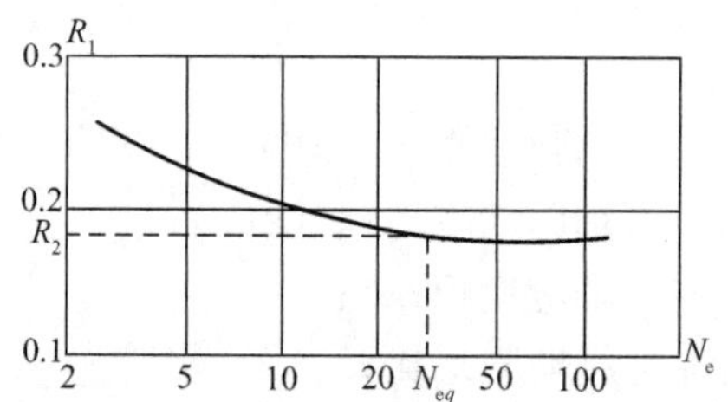

图 3-1-30 动强度比与破坏振次的关系曲线

第六节 岩石的物理力学性质指标

一、岩石的主要物理性质

1. 基本物理性质：相对密度（比重）、密度、孔隙率，其物理意义与土的基本物理性质同。

2. 岩石的吸水性：

（1）吸水率：在通常的条件下，是将岩石浸于水中，测定岩石的吸水能力。

$$w_1 = \frac{G_{w1}}{G_s} \tag{3-1-68}$$

式中 w_1 ——岩石的吸水率；

G_{w1}——吸水质量（g）；

G_s——绝对干燥的岩石质量（g）。

（2）饱和吸水率：岩石干燥后置于真空中保存，然后再放入水中，或在相当大的压力（150 个大气压）下浸水，使水浸入全部开口的孔隙中去，此时的吸水率称为饱和吸水率。

$$w_2 = \frac{G_{w2}}{G_s} \tag{3-1-69}$$

式中 w_2——岩石的饱和吸水率；

G_{w2}——饱和吸水质量（g）。

（3）饱和系数：岩石的吸水率与饱和吸水率之比称为岩石的饱和系数。

$$K_w = \frac{w_1}{w_2} \tag{3-1-70}$$

式中　K_w——岩石的饱和系数；

其余符号意义同前。

（4）岩石的耐冻性：岩石的饱和系数可以作为岩石耐冻性的间接指标。饱和系数愈大，岩石的耐冻性愈差。岩石的耐冻性见表 3-1-38。

用饱和系数 K_w 判定岩石的耐冻性　　**表 3-1-38**

岩　石　种　类	耐冻岩石	不耐冻岩石
一般岩石的理论值	$K_w<0.9$	$K_w\geqslant0.9$
粒状结晶、孔隙均匀的岩石	$K_w<0.8$	$K_w\geqslant0.8$
孔隙不均匀或呈层状分布有黏土物质填充的岩石	$K_w<0.7$	$K_w\geqslant0.7$

二、岩石的力学性质

1. 抗压强度：抗压强度以岩石的极限抗压强度，也就是使样品破坏的极限轴向压力来表示。在天然含水量或风干状态下测得的极限抗压强度称为干极限抗压强度；在饱和浸水状态下测得的极限抗压强度称为饱和极限抗压强度。可根据岩石饱和单轴抗压强度划分岩石的坚硬程度，见表 1-3-4。

2. 岩石的软化性（软化系数）：岩石的软化性是指岩石耐风化、耐水浸的能力。软化系数为：

$$K_R = \frac{R_b}{R_c} \tag{3-1-71}$$

式中　K_R——岩石的软化系数，$K_R\leqslant0.75$ 时称为软化岩石；

R_b——饱和极限抗压强度；

R_c——干极限抗压强度。

几种岩石的软化系数见表 3-1-39。

岩石的软化系数　　**表 3-1-39**

岩石名称及其特征	软化系数	岩石名称及其特征	软化系数
变质片状岩	0.69～0.84	侏罗系石英长石砂岩	0.68
石灰岩	0.70～0.90	微风化白垩系砂岩	0.50
软质变质岩	0.40～0.68	中等风化白垩系砂岩	0.40
泥质灰岩	0.44～0.54	中奥陶系砂岩	0.54
软质岩浆岩	0.16～0.50	新第三系红砂岩	0.33

3. 极限抗拉、极限抗弯、极限抗剪强度：岩石的极限抗拉强度一般远小于极限抗压强度，平均为抗压强度的 3%～5%。岩石的极限抗弯强度一般也远小于极限抗压强度，但大于极限抗拉强度，平均为抗压强度的 7%～12%。岩石的极限抗剪强度一般也远小于极限抗压强度，等于或略小于极限抗弯强度。岩石的极限抗拉、极限抗剪和极限抗弯强度与极限抗压强度之间的经验关系列于表 3-1-40。

岩石的抗拉强度、抗剪强度和抗弯强度与抗压强度之间的经验关系　　表 3-1-40

岩石名称	$\frac{\text{抗拉强度}}{\text{抗压强度}}$	$\frac{\text{抗剪强度}}{\text{抗压强度}}$	$\frac{\text{抗弯强度}}{\text{抗压强度}}$
花岗石	0.028	0.068～0.09	0.07～0.08
石灰岩	0.059	0.06～0.15	0.119
砂岩	0.029	0.06～0.078	0.09～0.095
斑岩	0.033	0.06～0.064	0.105

4. 力学试验对取试样的要求：

（1）样品大小：试验用样品的大小与岩石的强度有关。极限抗压强度大于 75MPa 时，磨光后的样品的边长或直径不小于 5cm；强度为 25～75MPa 时，样品边长或直径不小于 7cm；强度小于 25MPa 时，样品边长或直径不小于 10cm。

采用圆柱形样品时，试样高径比应大于 2。若高径比不等于 2 时，试验结果应注明高径比，抗压强度可根据式（3-1-72）换算：

$$R(h/d=2)=\frac{8R_c}{7+2D/H} \tag{3-1-72}$$

式中　R（h/d=2）——高径比为 2 的试样抗压强度；

R_c——非标准试样的抗压强度；

D、H——分别为非标准试样的直径和高度。

在决定样品的大小时，应当考虑到岩石的非均匀性。愈不均匀的岩石，试样应该愈大。

（2）样品数量：用于抗压强度试验的样品一般不少于 3 个，对于不均匀的岩石，样品数量还应增多。

（3）产状和层面：由于岩石的抗压强度在不同的方向一般是不同的，因此在采取立方体样品时，必须标明它们的产状和层面，以决定试验的方向。

三、岩石物理力学性质指标的经验数据

岩石大都是比较复杂的非均质的各向异性体，其物理力学性质差异较大，故在实际工作中应对所研究的岩石进行测试，以便取得可靠的资料。以下所列的是岩石性质指标的经验数据。

（一）岩石的物理性质指标（表 3-1-41、表 3-1-42）

主要造岩矿物的相对密度（比重）　　表 3-1-41

矿物名称	相对密度（比重）	矿物名称	相对密度（比重）
石　英	2.65	蛇纹石	2.5～2.65
蛋白石	2.1～2.3	绿泥石	2.7～2.9
正长石	2.58	石　膏	2.2～2.4
斜长石	2.6～2.7	方解石	2.6～2.8
黑云母	2.7～3.1	白云石	2.85～2.95
白云母	2.7～3.0	高岭土	2.60～2.63
角闪石	2.9～3.4	褐铁矿	3.4～4.0
橄榄石	3.2～3.6	黄铁矿	4.9～5.2

岩石的物理性质指标　　表 3-1-42

岩石名称	相对密度（比重）d_s	天然密度 ρ（g/cm³）	孔隙率 n（%）	吸水率 w_1（%）	饱和系数 K_w
花岗石	2.5～2.84	2.3～2.8	0.04～2.80	0.10～0.70	0.55
正长岩		2.5～3.0		0.47～1.94	
闪长岩	2.6～3.1	2.52～2.96	0.25 左右	0.3～0.38	0.59
辉长岩	2.7～3.2	2.55～2.98	0.29～1.13		
斑　岩	2.3～2.8		0.29～2.75		0.82
玢　岩	2.6～2.9	2.4～2.86		0.07～0.65	
辉绿岩	2.6～3.1	2.53～2.97	0.29～1.13	0.80～5.0	
玄武岩	2.5～3.3	2.6～3.1	0.3～21.8	0.30 左右	0.69
砾　岩		1.9～2.3		1.0～5.0	
砂　岩	1.8～2.75	2.2～2.6	1.6～28.3	0.2～7.0	0.60
页　岩	2.63～2.73	2.4～2.7	0.7～1.87		
石灰岩	2.48～2.76	1.8～2.6	0.53～27.0	0.1～4.45	0.35
泥灰岩	2.7～2.8	2.3～2.5	16.0～52.0	2.14～8.16	
白云岩	2.8 左右	2.1～2.7	0.3～25.0		0.80
凝灰岩	2.6 左右	0.75～1.4	25		
片麻岩	2.6～3.1	2.6～2.9	0.3～2.4	0.1～0.7	
片　岩	2.6～2.9	2.3～2.6	0.02～1.85	0.1～0.2	0.92
板　岩	2.7～2.84	2.6～2.7	0.45 左右	0.1～0.3	
大理岩	2.7～2.87	2.7 左右	0.1～6.0	0.1～0.8	
石英岩	2.63～2.84	2.8～3.3	0.8 左右	0.1～1.45	
蛇纹岩	2.4～2.8	2.6 左右	0.56 左右		

（二）岩石的力学性质指标（表 3-1-43～表 3-1-46）

岩体物理力学参数　表 3-1-43

岩体基本质量级别	重力密度 (kN/m³)	抗剪断强度峰值		变形模量 E (GPa)	泊松比
		内摩擦角 φ (°)	黏聚力 c (MPa)		
Ⅰ	>26.5	>60	>2.1	>33	<0.2
Ⅱ		60～50	2.1～1.5	33～20	0.2～0.25
Ⅲ	26.5～24.5	50～39	1.5～0.7	20～6	0.25～0.3
Ⅳ	24.5～22.5	39～27	0.7～0.2	6～1.3	0.3～0.35
Ⅴ	<22.5	<27	<0.2	<1.3	>0.35

风化花岗岩力学性质指标经验数据　表 3-1-44

风化程度	统计项目	相对密度（比重）d_s	重度 γ (kN/m³)	吸水率 w (%)	孔隙率 n (%)	抗压强度		弹性模量 E (GPa)	变形模量 E_0 (GPa)	泊松比 μ	抗剪断强度		纵波速 v_P (km/s)	点荷载强度 $I_{s(50)}$ (MPa)
						R_c (MPa)	R_w (MPa)				c' (MPa)	φ' (°)		
未风化	均值	2.70	26.7	0.25	1.57	170.00	136.30	57.73	53.57	0.21	2.28	51.5	5.25	7.54
	最小值	2.64	25.8	0.07	0.73	121.20	99.80	34.10	25.40	0.09	1.02	38.20	4.95	6.16
	最大值	2.79	28.2	0.42	2.60	217.90	173.00	84.30	76.30	0.33	4.84	62.24	5.70	10.10
微风化	均值	2.70	26.5	0.35	2.19	129.00	102.21	44.15	36.90	0.22	1.74	51.76	4.63	5.96
	最小值	2.63	25.5	0.07	1.31	86.70	52.50	27.00	14.70	0.13	0.38	33.02	3.84	5.17
	最大值	2.78	28.2	0.71	3.15	190.50	147.00	69.16	67.40	0.30	4.00	63.32	5.15	8.21
中等风化	均值	2.70	26.2	0.80	4.88	83.85	58.66	29.13	19.87	0.26	1.62	51.45	2.95	3.86
	最小值	2.62	24.8	0.13	1.83	27.20	24.00	7.20	7.02	0.18	0.29	37.95	2.09	1.22
	最大值	2.77	27.5	1.98	7.12	122.20	89.30	54.80	44.00	0.42	3.29	62.73	4.00	6.00
强风化	均值	2.67	22.8	2.50	18.70	33.96	24.17	8.68	4.01	0.30	0.69	39.33	1.67	0.57
	最小值	2.61	18.3	0.68	6.00	6.86	5.90	4.90	1.68	0.19	0.20	30.96	0.86	0.20
	最大值	2.74	25.8	4.52	42.50	70.50	52.40	15.00	5.90	0.42	1.94	46.90	2.50	1.11
全风化	均值	2.67	18.2	16.27	40.40			3.25	0.28		0.16	35.00	0.68	0.032
	最小值	2.61	14.9	2.30	26.62	—	—	0.26	0.02	—	0.02	26.00	0.31	0.009
	最大值	2.69	21.9	27.70	46.55			5.99	0.84		0.49	45.00	0.87	0.063

岩石力学性质指标的经验数据 **表 3-1-45**

岩类	岩石名称	密度 ρ (g/cm³)	抗压强度 R_c (MPa)	抗拉强度 R_l (MPa)	静弹性模量 E (×10⁴MPa)	动弹性模量 E_d (×10⁴MPa)	泊松比 ν	纵波波速 v_P (m/s)	弹性抗力系数① K_0 (MN/m³)	似内摩擦角② φ(°)	应力③ p (MPa)
岩浆岩	花岗岩	2.63～2.73 2.80～3.10 3.10～3.30	75～110 120～180 180～200	2.1～3.3 3.4～5.1 5.1～5.7	1.4～5.6 5.43～6.9	5.0～7.0 7.1～9.1 9.1～9.4	0.36～0.16 0.16～0.10 0.10～0.02	600～3000 3000～6800 6800	600～2000 1200～5000 5000	70°～82° 75°～87° 87°	3～4 4～5 5～6
	正长岩	2.5 2.7～2.8 2.8～3.3	80～100 120～180 180～250	2.3～2.8 3.4～5.1 5.1～5.7	1.5～11.4	5.4～7.0 7.1～9.1 9.1～11.4	0.36～0.16 0.16～0.10 0.10～0.02	600～3000 3000～6800	600～2000 1200～5000 5000	82°30′～85° 82°30′～85° 87°	4～5 4～5 5～6
	闪长岩	2.5～2.9 2.9～3.3	120～200 200～250	3.4～5.7 5.7～7.1	2.2～11.4	7.1～9.4 9.4～11.4	0.25～0.10 0.10～0.02	3000～6000 6000～6800	1200～5000 2000～5000	75°～87° 87°	4～6 6
	斑岩	2.8	160	5.4	6.6～7.0	8.6	0.16	5200	1200～2000	85°	4～5
	安山岩 玄武岩	2.5～2.7 2.7～3.3	120～160 160～250	3.4～4.5 4.5～7.1	4.3～10.6	7.1～8.6 8.6～11.4	0.20～0.16 0.16～0.02	3900～7500 3900～7500	1200～2000 2000～5000	75°～85° 87°	4～5 5～6
	辉绿岩	2.7 2.9	160～180 200～250	4.5～5.1 5.7～7.1	6.9～7.9	8.6～9.1 9.4～11.4	0.16～0.10 0.10～0.02	5200～5800 5800～6800	2000～5000	85° 87°	4～5 5～6
	流纹岩	2.5～3.3	120～250	3.4～7.1	2.2～11.4	7.1～11.4	0.16～0.02	3000～6800	1200～5000	75°～87°	4～6
变质岩	花岗片麻岩	2.7～2.9	180～200	5.1～5.7	7.3～9.4	9.1～9.4	0.20～0.05	6800	3500～5000	87°	5～6
	片麻岩	2.5 2.6～2.8	80～100 140～180	2.2～2.8 4.0～5.1	1.5～7.0	5.0～7.0 7.8～9.1	0.30～0.20 0.20～0.05	3700～5000 5300～6500	600～2000 1200～5000	78°～82°30′ 80°～87°	3～4 4～5
	石英岩	2.61 2.8～3.0	87 200～360	2.5 5.7～10.2	4.5～14.2	5.6 9.4～14.2	0.20～0.16 0.15～0.10	3000～6500	800～2000 2000～5000	80° 7°	3 6
	大理岩	2.5～3.3	70～140	2.0～4.0	1.0～3.4	5.0～8.2	0.36～0.16	3000～6500	600～2000	70°～82°30′	4～5
	千枚岩 板岩	2.5～3.3	120～140	3.4～4.0	2.2～3.4	7.1～7.8	0.16	3000～6500	1200～2000	75°～87°	4～5
沉积岩	凝灰岩	2.5～3.3	120～250	3.4～7.1	2.2～11.4	7.1～11.4	0.16～0.02	3000～6800	1200～5000	75°～87°	4～6
	火山角砾岩 火山集块岩	2.5～3.3	120～250	3.4～7.1	1.0～11.4	7.1～11.4	0.16～0.05	3000～6800	1200～5000	80°～87°	4～6

续表

岩类	岩石名称	密度 ρ (g/cm³)	抗压强度 R_c (MPa)	抗拉强度 R_I (MPa)	静弹性模量 E (×10⁴MPa)	动弹性模量 E_d (×10⁴MPa)	泊松比 ν	纵波波速 v_P (m/s)	弹性抗力系数① K_0 (MN/m³)	似内摩擦角② φ(°)	应力③ p (MPa)
沉积岩	砾岩	2.2～2.5 2.8～2.9 2.9～3.3	40～100 120～160 160～250	1.1～2.8 3.4～4.5 4.5～7.1	1.0～11.4	3.3～7.0 7.1～8.6 8.6～11.6	0.36～0.20 0.20～0.16 0.16～0.05	3000～6500	200～1200 1200～5000 2000～5000	70°～82°30′ 75°～85° 80°～87°	3～4 4～5 5～6
	石英砂岩	2.6～2.71	68～102.5	1.9～3.0	0.39～1.25	5.0～6.4	0.25～0.05	900～4200	400～2000	75°～82°30′	2～3
	砂岩	1.2～1.5 2.2～3.0	4.5～10 47～180	0.2～0.3 1.4～5.2	0.5～2.5 2.78～5.4	0.5～1.0 3.7～9.1	0.30～0.25 0.20～0.05	900～3000 3000～4200	30～50 200～3500	27°～45° 70°～85°	1.2～2 2～4
	片状砂岩 碳质砂岩 碳质页岩 黑页岩 带状页岩	2.76 2.2～3.0 2.0～2.6 2.71 1.55～1.65	80～130 50～140 25～80 66～130 6～8	2.3～3.8 1.5～4.1 1.8～5.6 4.7～9.1 0.4～0.6	6.1 0.6～2.2 2.6～5.5 2.6～5.5 0.5～2.5	5～8 4～7.8 2.8～5.4 5.0～7.5 0.7～0.9	0.25～0.05 0.25～0.08 0.20～0.16 0.20～0.16 0.30～0.25	900～4200 4000～4150 1800～5250 1800～5250 1800	400～2000 200～2000 200～1200 400～2000 30～50	72°30′ 65°～85° 65°～75° 75° 30°～40°	1.2～8 2～3 2～4 2～4 1.2～2
	砂质页岩 云母页岩	2.3～2.6	60～120	4.3～8.6	2.0～3.6	4.4～7.1	0.30～0.16	1800～5250	300～1200	70°～80°30′	2～4
	软页岩	1.8～2.0	20	1.4	1.3～2.1	1.9	0.30～0.25	1800	60～300	45°～65°	1.2～2
	页岩	2.0～2.7	20～40	1.4～2.8	1.3～2.1	1.9～3.3	0.25～0.16	1800～5250	60～400	45°～76°	2～3
	泥灰岩	2.3～2.35 2.5	3.5～20 40～60	0.3～1.4 2.8～4.2	0.38～2.1	0.5～1.9 3.3～4.4	0.40～0.30 0.30～0.20	1800～2800 2800～5250	30～200 200～600	9°～65° 65°～76°	1.2～2 3～4
	黑泥灰岩	2.2～2.3	25～30	1.8～2.1	1.3～2.1	2.8～3.6	0.30～0.25	1800	200～400	65°～70°	2.5～3
	石灰岩	1.7～2.2 2.2～2.5 2.5～2.75 3.1	10～17 25～55 70～128 180～200	0.6～1.0 1.5～3.3 4.3～7.6 10.7～11.8	2.1～8.4	1.0～1.6 2.8～4.1 5.0～8.0 9.1～9.4	0.50～0.31 0.31～0.25 0.25～0.16 0.16～0.04	2500～2800 3500～4400 4800～6300 6700	30～300 120～800 600～2000 1200～2000	27°～60° 60°～73° 70°～85° 85°	1.2～2 2～2.5 2.5～3 3.5～4
	白云岩	2.2～2.7 2.7～3.0	40～120 120～140	1.1～3.4 3.4～4.0	1.3～3.4	3.3～7.1 7.1～7.8	0.36～0.15 0.16	3000～6800	200～1200 1200～2000	65°～83° 87°	3～4 4～5

①弹性抗力系数 K_0 是使岩层产生单位压缩变形所需施加的压力；②似内摩擦角 φ 是考虑岩石的黏聚力在内的假想摩擦角；③应力即指承载力。

福建省常见岩石力学性质指标　　表 3-1-46

岩石名称	重度（kN/m³）	饱和单轴极限抗压强度（MPa）	软化系数	抗剪强度（MPa）	弹性模量（×10³MPa）
花岗岩	24.9～30.0	84.8～250.0	0.60～1.00	7.06～8.10	14.0～69.0
花岗斑岩	25.3～26.0	64.0～216.0	0.67～0.94	—	—
石英闪长岩	26.3～30.5	85.9～139.6	—	—	—
花岗闪长岩	25.4～26.7	93.9～176.6	0.66～0.88	—	—
正长岩	25.0～29.0	33.9～151.3	0.70～0.90	—	15.0～91.2
闪长玢岩	25.7～28.6	75.0～168.8	0.78～0.90	3.28	—
辉绿岩	25.3～29.7	67.8～165.2	0.50～0.65	6.32	55.2～63.2
辉长岩	25.5～29.9	102.1～179.1	—	—	—
凝灰熔岩	25.9～26.4	37.2～189.8	0.66～0.95	12.10～13.40	—
流纹岩	25.7～27.0	36.5～110.5	0.66～1.00	—	22.0～90.2
凝灰岩	26.2～30.0	75.0～200.0	0.64～0.97	—	—
石英片岩	27.1～27.4	70.3～195.4	0.61～0.86	7.30～10.80	—
变粒岩	25.0～26.4	44.5～159.2	0.75～0.97	—	16.6～17.3
粉砂岩	21.7～27.2	55.0～115.2	0.20～0.51	1.28～2.16	—
砂岩	22.0～29.0	30.0～126.0	0.67～1.00	4.71～11.8	19.5～37.8
泥岩	23.5～27.4	9.9～23.8	0.40～0.66	—	6.0
石灰岩	23.0～29.0	70.0～120	0.70～0.90	—	14.7～58.8

注：表中所列数值系为中—微风化岩石的试验结果统计值。

第二章　圆锥动力触探试验

第一节　圆锥动力触探试验的类型、应用范围和影响因素

圆锥动力触探试验（DPT）是岩土工程勘察中常规的原位测试方法之一，它是利用一定质量的落锤，以一定高度的自由落距将标准规格的圆锥形探头击入土层中，根据探头贯入击数、贯入度或动贯阻力判别土层的变化，评价土的工程性质。

一、圆锥动力触探试验的技术特点

1. 通过触探试验获得地基土的物理力学性质指标。经过试验对比和相关分析，可获得地基土的密实度、地基承载力、变形指标等参数以及单桩承载力。

2. 判定地基土的均匀性。利用从上至下连续测试特点，试验曲线可反映地层沿深度变化规律；利用多个触探点的试验曲线，可分析地层在水平方向的变化，评价地基的均匀性。

3. 具有钻探和测试的双重功能。可利用锤击数判定土的力学性质，同时也可以对比

场地内的钻探资料或已有地层资料，进行地层力学分层。

4. 探查土洞、滑动面、软硬土层界面、岩石风化界面。

5. 检测地基处理效果。

二、圆锥动力触探试验的影响因素

影响圆锥动力触探的因素主要有：

（一）人为因素

1. 落锤的高度、锤击速度和操作方法；

2. 读数量测方法和精度；

3. 触探孔和探杆的垂直度；

4. 钻孔的钻进方法和护壁、清孔情况。

（二）设备因素

1. 穿心锤的形状和质量；

2. 探头的形状和大小；

3. 触探杆的截面尺寸、长度和质量；

4. 导向锤座的构造及尺寸；

5. 所用材料的材型及性能。

（三）其他主要影响因素

1. 土的性质：如土的密度、含水量、状态、颗粒组成、结构强度、抗剪强度、压缩性和超固结比等。

2. 触探深度：主要包括触探杆侧壁摩擦和触探杆长度的影响两部分。

一般认为，触探贯入时由于土对触探杆侧壁的摩擦作用消耗了部分能量而使触探击数增大。侧壁摩擦的影响有随土的密度和触探深度的增大而增大的趋势。国外资料介绍，对于一般土层条件，用泥浆护壁钻进，触探深度小于 15m 时，可不考虑侧壁摩擦的影响。原一机部西南勘测大队在松散—稍密的砂土和圆砾、卵石层上所做对比试验表明：重型动力触探在深度 12m 左右范围内，侧壁摩擦的影响是不显著的。如果土层较密、深度较大时，侧壁摩擦有明显的影响。

3.地下水：地下水的影响，与土层的粒径和密度有关。一般的规律是颗粒越细、密度越小，地下水对触探击数的影响就越大，而对密实的砂土或碎石土，地下水的影响就不明显。苏联索洛杜兴认为，当密度相同时，饱和砂土的触探阻力要比干砂小些，而在松散砂中水的影响要比密实砂中更大些。一般认为，利用圆锥动力触探确定地基承载力时可不考虑地下水的影响；而在建立触探击数与砂土物理力学性质的关系时，应适当考虑地下水的影响。

（四）圆锥动力触探影响因素的考虑方法

1. 设备规格定型化。遵照规范规程，可以使人为因素和设备因素的影响降到最低限度。

2. 操作方法标准化。对于明显的影响因素，例如触探杆侧壁摩擦的影响，可经采取一定的技术措施，如泥浆护壁、分段触探等予以消除，或通过专门的试验研究，以对触探指标进行必要的修正。

3. 限制应用范围。例如对触探深度、土的密度和适用土层等进行必要的限制。

三、国内圆锥动力触探试验类型及规格

圆锥动力触探试验的类型分为轻型、重型和超重型三种，各种试验的类型和规格见表3-2-1。

圆锥动力触探类型及规格　　**表 3-2-1**

类　型		轻　型	重　型	超重型
落锤	锤的质量（kg）	10	63.5	120
	落距（cm）	50	76	100
探头	直径（mm）	40	74	74
	锥角（°）	60	60	60
探杆直径（mm）		25	42	50～60
指标		贯入 30cm 的锤击数 N_{10}	贯入 10cm 的锤击数 $N_{63.5}$	贯入 10cm 的锤击数 N_{120}

四、圆锥动力触探试验的适用范围

各种圆锥动力触探试验的适用范围见表 3-2-2。

圆锥动力触探试验的适用范围　　**表 3-2-2**

土类 / 适用范围 / 类型	黏性土		粉土	砂土					碎石土（无胶结）		风化岩石	
	黏土	粉质黏土		粉砂	细砂	中砂	粗砂	砾砂	圆砾角砾	卵石碎石	极软岩	软岩
轻型	▬	▬	▬	▬								
重型				▬	▬	▬	▬	▬	▬	▬	▬	
超重型									▬	▬	▬	▬

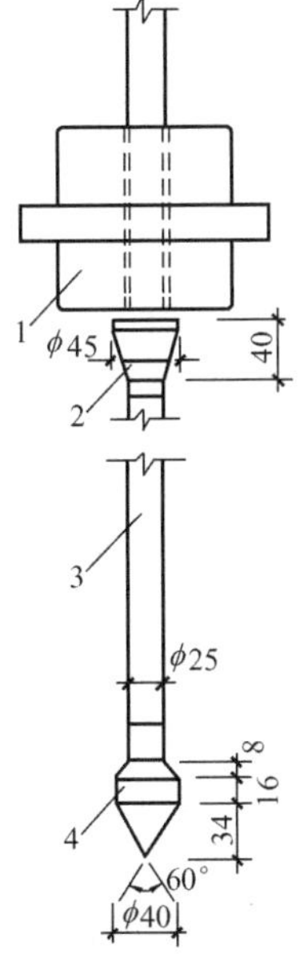

图 3-2-1　轻型圆锥动力触探试验设备

1—穿心锤；2—锤垫；3—触探杆；4—锥头

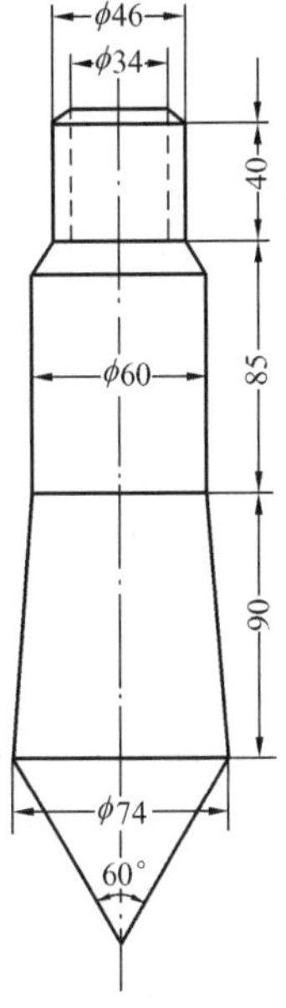

图 3-2-2　重型、超重型圆锥动力触探试验探头

轻型圆锥动力触探试验一般适用于贯入深度小于4m的黏性土、粉土，新近沉积的黏性土、粉土、粉砂、细砂以及由黏性土、粉土组成的素填土。可用于施工验槽、地基检验和地基处理效果的检测。

重型圆锥动力触探试验一般适用于砂土、中密以下的碎石土和极软岩。

超重型圆锥动力触探试验一般适用于稍密—很密的碎石土、极软岩和软岩。

第二节 圆锥动力触探的试验方法

一、试验设备

圆锥动力触探试验设备主要由圆锥触探头、触探杆、穿心锤三部分组成。轻型圆锥动力触探试验设备见图3-2-1。重型和超重型圆锥动力触探试验触探头见图3-2-2。

二、设备安装

（一）试验前或试验过程中，应认真检查机具设备。部件磨损或发生变形超过表3-2-3的规定应及时更换和修复。

圆锥动力触探设备规格允许限度 **表3-2-3**

类型	探头（mm）		探杆偏斜度
	直径磨损量	锥尖高度磨损量	
轻型	<2	<5	<2%
重型	<2	<5	<2%
超重型	<2	<5	<2%

（二）在设备安装过程中，部件连接处丝扣应完好，连接紧固。

（三）触探架应安装平稳，在作业过程中触探架不得偏移，保持触探孔垂直。

三、试验技术要点

（一）轻型圆锥动力触探试验

先用轻便钻具钻至试验土层标高，然后对土层连续进行触探，使穿心锤自由下落50cm将触探杆竖直打入土层中，记录每打入土层30cm的锤击数N_{10}。当$N_{10}>100$或贯入15cm锤击数超过50时，可停止试验。

（二）重型和超重型圆锥动力触探试验

1. 动力触探穿心锤应采用自动落锤装置。

2. 防止锤击偏心、触探杆倾斜和晃动，保持触探杆垂直度。重型和超重型动力触探试验的地面上触探杆高度不宜超过1.5m。

3. 贯入过程应尽量连续贯入，锤击速率每分钟宜为15～30击。

4. 每贯入1m，宜将触探杆转动一圈半，减少触探杆侧摩阻力，并保持触探杆间的紧固。重型和超重型动力触探深度超过10m，每贯入20cm宜转动触探杆一次。

5. 对于重型动力触探，当连续三次$N_{63.5}>50$时，可停止试验或改用超重型动力触探。

第三节　试验资料的整理

一、触探指标

（一）触探锤击数

各种类型的圆锥动力触探试验一般是以贯入一定深度的锤击数（如 N_{10}、$N_{63.5}$、N_{120}）作为触探指标，通过与其他室内试验和原位测试指标建立相关关系来获得地基土的物理力学性质指标，从而评价地基土的性质。

根据各孔分层的触探指标平均值，用厚度加权平均法计算场地分层触探指标平均值和变异系数。锤击数是否修正或如何修正取决于使用目的和建立统计关系背景。轻型圆锥动力触探试验深度一般小于 4m，锤击数可不考虑修正。重型和超重型圆锥动力触探需要进行修正的内容主要包括下列几种：

1. 探杆长度的修正

1）在《岩土工程勘察规范》GB 50021—2001（2009 版）附录 B 列出了圆锥动力触探试验锤击数修正的方法。

当采用重型和超重型圆锥动力触探试验确定碎石土的密实度时，锤击数应按式（3-2-1）、式（3-2-2）进行修正：

$$N_{63.5} = \alpha_1 \cdot N'_{63.5} \tag{3-2-1}$$

$$N_{120} = \alpha_2 \cdot N'_{120} \tag{3-2-2}$$

式中　$N_{63.5}$，N_{120}——修正后的重型和超重型圆锥动力触探试验锤击数；

α_1，α_2——重型和超重型圆锥动力触探试验锤击数修正系数，按表 3-2-4 和表 3-2-5 取值；

$N'_{63.5}$，N'_{120}——实测重型和超重型圆锥动力触探锤击数。

2）《铁路工程地质原位测试规程》TB 10018—2018 与《冶金工业岩土勘察原位测试规范》GB/T 50480—2008 修正方法。

超重型动力触探的实测击数，应先按式（3-2-3）换算成相当于重型动力触探的实测击数后，再按式（3-2-1）进行修正。

$$N'_{63.5} = 3N'_{120} - 0.5 \tag{3-2-3}$$

2. 侧壁摩擦影响的修正

对于砂土和松散—中密的圆砾、卵石，重型和超重型圆锥动力触探深度在 1～15m 范围内时，一般不考虑侧壁摩擦的影响。

3. 地下水影响的修正

对于地下水位以下的中、粗、砾砂和圆砾、卵石，锤击数可按下式修正：

$$N_{63.5} = 1.1N'_{63.5} + 1.0 \tag{3-2-4}$$

（二）动贯入阻力

我国《岩土工程勘察规范》GB 50021—2001（2009 版）在条文说明里指出，也可采用动贯入阻力作为触探指标。

重型圆锥动力触探锤击数修正系数 α_1 表 3-2-4

杆长（m）\ $N'_{63.5}$	5	10	15	20	25	30	35	40	≥50
2	1.00	1.00	1.00	1.00	1.00	1.00	1.00	1.00	—
4	0.96	0.95	0.93	0.92	0.90	0.89	0.87	0.86	0.84
6	0.93	0.90	0.88	0.85	0.83	0.81	0.79	0.78	0.75
8	0.90	0.86	0.83	0.80	0.77	0.75	0.73	0.71	0.67
10	0.88	0.83	0.79	0.75	0.72	0.69	0.67	0.64	0.61
12	0.85	0.79	0.75	0.70	0.67	0.64	0.61	0.59	0.55
14	0.82	0.76	0.71	0.66	0.62	0.58	0.56	0.53	0.50
16	0.79	0.73	0.67	0.62	0.57	0.54	0.51	0.48	0.45
18	0.77	0.70	0.63	0.57	0.53	0.49	0.46	0.43	0.40
20	0.75	0.67	0.59	0.53	0.48	0.44	0.41	0.39	0.36

超重型圆锥动力触探锤击数修正系数 α_2 表 3-2-5

杆长（m）\ N'_{120}	1	3	5	7	9	10	15	20	25	30	35	40
1	1.00	1.00	1.00	1.00	1.00	1.00	1.00	1.00	1.00	1.00	1.00	1.00
2	0.96	0.92	0.91	0.90	0.90	0.90	0.90	0.89	0.89	0.88	0.88	0.88
3	0.94	0.88	0.86	0.85	0.84	0.84	0.84	0.83	0.82	0.82	0.81	0.81
5	0.92	0.82	0.79	0.78	0.77	0.77	0.76	0.75	0.74	0.73	0.72	0.72
7	0.90	0.78	0.75	0.74	0.73	0.72	0.71	0.70	0.68	0.68	0.67	0.66
9	0.88	0.75	0.72	0.70	0.69	0.68	0.67	0.66	0.64	0.63	0.62	0.62
11	0.87	0.73	0.69	0.67	0.66	0.66	0.64	0.62	0.61	0.60	0.59	0.58
13	0.86	0.71	0.67	0.65	0.64	0.63	0.61	0.60	0.58	0.57	0.56	0.55
15	0.86	0.69	0.65	0.63	0.62	0.61	0.59	0.58	0.56	0.55	0.54	0.53
17	0.85	0.68	0.63	0.61	0.60	0.60	0.57	0.56	0.54	0.53	0.52	0.50
19	0.84	0.66	0.62	0.60	0.58	0.58	0.56	0.54	0.52	0.51	0.50	0.48

以动贯入阻力作为动力触探指标的意义在于：

1. 采用单位面积上的动贯入阻力作为计量指标，有明确的力学量纲，便于与其他物理量进行对比。

2. 为逐步走向读数量测自动化（例如应用电测探头）创造相应条件。

3. 便于对不同的触探参数（落锤能量、探头尺寸）的成果资料进行对比分析。

荷兰公式是目前国内外应用最广泛的动贯入阻力计算公式，我国《岩土工程勘察规范》和水利部《土工试验规程》推荐该公式。

$$q_d = \frac{M}{M+m} \cdot \frac{M \cdot g \cdot H}{A \cdot e} \tag{3-2-5}$$

式中　q_d——动贯入阻力（MPa）；

M——落锤质量（kg）；

m——圆锥探头及杆件系统（包括探头、导向杆等）的质量（kg）；

g——重力加速度（m/s^2）；

H——落锤高度（m）；

A——圆锥探头截面积（cm^2）；

e——每击贯入度（cm）。

荷兰公式是建立在古典牛顿碰撞理论基础上的，而且还假定：绝对非弹性碰撞，完全不考虑弹性变形能量的消耗，所以在应用动贯入阻力计算公式时，应考虑下列条件限制：①每击贯入度在 0.2～5.0cm 之间；②触探深度一般不超过 12m；③触探器质量 m 与落锤质量 M 之比小于 2。

二、触探曲线

圆锥动力触探试验所获得的锤击数值（或动贯入阻力）应在剖面图上或柱状图上绘制随深度变化的关系曲线（$N_{63.5}$-h、N_{120}-h 曲线或 q_d-h 曲线），触探曲线可绘制成直方图。根据触探曲线的形态，结合钻探资料，进行地层的力学分层。图中应标明圆锥动力触探试验的类型、比例尺和分层深度。

第四节　试验成果的应用

一、利用触探曲线进行力学分层

圆锥动力触探试验是在地层的某一段进行连续测试的方法，因此，在每个触探点的深度方向上，触探指标的大小可以反映不同地基土的密实度、地基承载力和其他工程性质指标的大小。在实际工作中，可以利用每个勘探点的触探指标随深度的关系曲线，结合场地内的钻探资料和地区经验，划分出不同的地层，但在进行土的分层和确定土的力学性质时应考虑触探的界面效应，即“超前”和“滞后”反映。

当触探头尚未达到下卧土层时，在一定深度以上，下卧土层的影响已经超前反映出来，叫作“超前反映”。而当探头已经穿过上覆土层进入下卧土层中时，在一定深度以内，上覆土层的影响仍会有一定反映，这叫作“滞后反映”。

据铁道部第二勘测设计院的试验研究，当上覆为硬层下卧为软层时，对触探击数的影响范围大，超前反映量（约为 0.5～0.7m）大于滞后反映量（约为 0.2m）；上覆为软层下卧为硬层时，影响范围小，超前反映量（约为 0.1～0.2m）小于滞后反映量（约为 0.3～0.5m）。在划分地层分层界线时应根据具体情况作适当调整；触探曲线由软层进入硬层时，分层界线可定在软层最后一个小值点以下 0.1～0.2m 处，触探曲线由硬层进入软层时，分层界线可定在软层第一个小值点以上 0.1～0.2m。

二、评价地基土的密实度或状态

（一）原机械部第二勘察院资料。根据探井实测孔隙比与重型圆锥动力触探击数相对比，得出重型圆锥动力触探击数确定砂土、碎石土的孔隙比和砂土的密实度见表 3-2-6 和表 3-2-7。

触探击数与孔隙比的关系 表 3-2-6

土的分类	校正后的动力触探数 $N_{63.5}$									
	3	4	5	6	7	8	9	10	12	15
中砂	1.14	0.97	0.88	0.81	0.76	0.73				
粗砂	1.05	0.90	0.80	0.73	0.68	0.64	0.62			
砾砂	0.90	0.75	0.65	0.58	0.53	0.50	0.47	0.45		
圆砾	0.73	0.62	0.55	0.50	0.46	0.43	0.41	0.39	0.36	
卵石	0.66	0.56	0.50	0.45	0.41	0.39	0.36	0.35	0.32	0.29

触探击数与砂土密度的关系 表 3-2-7

土的分类	$N_{63.5}$	砂土密度	孔隙比
砾砂	<5	松散	>0.65
	5～8	稍密	0.65～0.50
	8～10	中密	0.50～0.45
	>10	密实	<0.45
粗砂	<5	松散	>0.80
	5～6.5	稍密	0.80～0.70
	6.5～9.5	中密	0.70～0.60
	>9.5	密实	<0.60
中砂	<5	松散	>0.90
	5～6	稍密	0.90～0.80
	6～9	中密	0.80～0.70
	>9	密实	<0.70

（二）《岩土工程勘察规范》GB 50021—2001（2009 年版）和《建筑地基基础设计规范》GB 50007—2011 按表 3-2-8 和表 3-2-9 确定碎石土的密实度。表中锤击数为修正后的击数。

碎石土密实度 $N_{63.5}$ 分类 表 3-2-8

重型动力触探锤击数 $N_{63.5}$	密实度	重型动力触探锤击数 $N_{63.5}$	密实度
$N_{63.5} \leqslant 5$	松散	$10 < N_{63.5} \leqslant 20$	中密
$5 < N_{63.5} \leqslant 10$	稍密	$N_{63.5} > 20$	密实

注：本表适用于平均粒径等于或小于 50mm，且最大粒径小于 100mm 的碎石土。对于平均粒径大于 50mm，或最大粒径大于 100mm 的碎石土，可用超重型动力触探或用野外观察鉴别。

碎石土密实度 N_{120} 分类 表 3-2-9

超重型动力触探锤击数 N_{120}	密实度	超重型动力触探锤击数 N_{120}	密实度
$N_{120} \leqslant 3$	松散	$11 < N_{120} \leqslant 14$	密实
$3 < N_{120} \leqslant 6$	稍密	$N_{120} > 14$	很密
$6 < N_{120} \leqslant 11$	中密	—	—

（三）《成都地区建筑地基基础设计规范》DB 51/T 5026—2001 按表 3-2-10 划分碎石土的密实度。表中锤击数为修正后的击数。

成都地区碎石土密实度分类 **表 3-2-10**

密实度 / 触探类型	松散	稍密	中密	密实
N_{120}	$N_{120} \leqslant 4$	$4 < N_{120} \leqslant 7$	$7 < N_{120} \leqslant 10$	$N_{120} > 10$
$N_{63.5}$	$N_{63.5} \leqslant 7$	$7 < N_{63.5} \leqslant 15$	$15 < N_{63.5} \leqslant 30$	$N_{63.5} > 30$

（四）浙江省建设地方标准《工程建设岩土工程勘察规范》DB 33/T 1065—2009 按表 3-2-11 确定碎石土的密实度。表中锤击数为实测击数。

碎石土密实度 $N'_{63.5}$ 分类 **表 3-2-11**

实测的重型动力触探锤击数 $N'_{63.5}$	密实度	实测的重型动力触探锤击数 $N'_{63.5}$	密实度
$N'_{63.5} \leqslant 15$	稍密	$N'_{63.5} > 30$	密实
$15 < N'_{63.5} \leqslant 30$	中密		

注：本表适用于平均粒径等于或小于 50mm，且最大粒径小于 100mm 的碎石土。对于平均粒径大于 50mm，或最大粒径大于 100mm 的碎石土，可用超重型动力触探或用野外观察鉴别。

三、评价地基承载力

（一）用轻型动力触探 N_{10} 确定地基土承载力。

1. 广东省建筑设计研究院资料（表 3-2-12）

黏性土 N_{10} 与地基承载力 f_k 的关系 **表 3-2-12**

N_{10}	6	10	20	30	40	50	60	70	80	90
f_k（kPa）	51	69	114	159	204	249	294	339	384	429

2.《铁路工程地质原位测试规程》TB 10018—2018 资料（表 3-2-13）。

黏性土 N_{10} 与地基承载力的关系 **表 3-2-13**

N_{10}	15	20	25	30
基本承载力（kPa）	100	140	180	220
极限承载力（kPa）	180	260	330	400

注：表中数值可以线性内插。

3. 西安市资料（表 3-2-14）

含少量杂物的填土 N_{10} 与地基承载力 f_k 的关系 **表 3-2-14**

N_{10}	15～20	18～25	23～30	27～35	32～40	35～50
e	1.25～1.15	1.20～1.10	1.15～1.00	1.05～0.90	0.95～0.80	0.8
f_k（kPa）	40～70	60～90	80～120	100～150	130～180	150～200

注：饱和度 $S_r > 0.6$ 取下限，$S_r < 0.5$ 取上限。

4. 广东省标准《建筑地基基础设计规范》DBJ 15—31—2016 资料（表 3-2-15）

黏性土、黏性素填土 N_{10} 与地基承载力 f_{ak} 的关系 **表 3-2-15**

N_{10}	10	15	20	25	30	40
黏性土承载力特征值 f_{ak}（kPa）		100	140	180	220	
黏性素填土承载力特征值 f_{ak}（kPa）	80		110		130	150

5. 江苏省地方标准《南京地区建筑地基基础设计规范》DGJ 32/J12—2005 资料（表 3-2-16）

黏性素填土 N_{10} 与地基承载力的关系 **表 3-2-16**

N_{10}	10	20	30	40
黏性素填土承载力特征值 f_{ak}（kPa）	70	90	110	130

6. 辽宁省地方标准《建筑地基基础技术规范》DB 21/T 907—2015 资料（表 3-2-17）

N_{10} 与地基承载力 f_{ak} 的关系 **表 3-2-17**

N_{10}	10	15	20	25	30	35	40	45	50	60	80
黏性土、粉土承载力特征值 f_{ak}（kPa）	80	120	150	180	200	210	220	230	240	—	—
中、粗、砾砂承载力特征值 f_{ak}（kPa）	100	130	170	200	240	280	310	350	390	480	600
素填土承载力特征值 f_{ak}（kPa）	70	85	100	110	120	130	140			—	—

7. 天津市工程建设标准《岩土工程技术规范》DB 29—20—2017 资料（表 3-2-18）

粉土、黏性土、素填土 N_{10} 与地基承载力特征值 f_{ak} 的关系 **表 3-2-18**

N_{10}	10	15	20	25	30	40
粉土、黏性土承载力特征值 f_{ak}（kPa）		105	145	190	230	
黏性素填土承载力特征值 f_{ak}（kPa）	85		115		135	160

注：适用于素填土堆积时间超过 10 年的黏性土及超过 5 年的粉土。

8.《北京地区建筑地基基础勘察设计规范》DBJ 11—501—2009 资料（表 3-2-19 至表 3-2-22）

一般第四纪黏性土及粉土地基承载力标准值 f_{ka} **表 3-2-19**

压缩模量 E_s（MPa）	4	6	8	10	12	14	16	18	20	22	24
轻型圆锥动力触探锤击数 N_{10}	10	17	22	29	39	50	60	70	80	90	100
比贯入阻力 p_s（MPa）	1.0	1.3	2.0	3.1	4.6	6.2	7.7	9.2	11.0	12.5	14.0
下沉 1cm 时的附加压力 $k_{0.08}$（kPa）	162	200	237	275	312	350	387	425	462	499	536
承载力标准值 f_{ka}（kPa）	120	160	190	210	230	250	270	290	310	330	350

注：1. 对饱和软黏性土，不宜单一采用轻型圆锥动力触探锤击数 N_{10} 确定地基承载力标准值 f_{ka}，应和其他原位测试方法（如静力触探、旁压试验）综合确定；

2. 粉土指黏质粉土和塑性指数大于或等于 5 的砂质粉土，塑性指数小于 5 的砂质粉土按粉砂考虑；

3. p_s 为单桥静力触探比贯入阻力标准值；

4. $k_{0.08}$ 系压板面积为 50cm×50cm 的平板载荷试验，当沉降量为 1cm 时的附加压力（简称“下沉 1cm 时的附加压力”），单位为 kPa。

新近沉积黏性土及粉土地基承载力标准值 f_{ka}　　表 3-2-20

压缩模量 E_s（MPa）	2	3	4	5	6	7	8	9	10	11
轻型圆锥动力触探锤击数 N_{10}	6	8	10	12	14	16	18	20	23	25
比贯入阻力 p_s（MPa）	0.4	0.6	0.9	1.2	1.5	1.8	2.1	2.5	2.9	3.3
下沉 1cm 时的附加压力 $k_{0.08}$（kPa）	57	71	85	98	112	125	139	153	166	180
承载力标准值 f_{ka}（kPa）	50	80	100	110	120	130	150	160	180	190

注：同表 3-2-19 之注 1、2、3、4。

新近沉积粉砂、细砂地基承载力标准值 f_{ka}　　表 3-2-21

标准贯入试验锤击数校正值 N'	4	6	9	11	14
比贯入阻力 p_s（MPa）	3.3	4.6	6.5	7.7	10
轻型圆锥动力触探锤击数 N_{10}	22	32	48	59	75
下沉 1cm 时的附加压力 $k_{0.08}$（kPa）	128	177	249	295	370
承载力标准值 f_{ka}（kPa）	90	110	140	160	180

注：同表 3-2-19 之注 3、4。

素填土和变质炉灰地基承载力标准值 f_{ka}　　表 3-2-22

压缩模量 E_s（MPa）		1.5	3.0	5.0	7.0	9.0	11.0
比贯入阻力 p_s（MPa）		0.5	0.9	1.4	2.0	2.6	3.1
轻型圆锥动力触探锤击数 N_{10}		5	9	14	20	26	31
下沉 1cm 时的附加压力 $k_{0.08}$（kPa）		74	94	122	149	177	205
承载力标准值 f_{ka}（kPa）	素填土	60～80	75～100	90～120	105～135	120～155	135～170
	变质炉灰	50～70	65～85	80～100	85～120	95～135	105～150

注：本表适用于自重固结完成后饱和度为 0.60～0.90 的均匀素填土和变质炉灰，饱和度高的取低值。

（二）用重型圆锥动力触探锤击数 $N_{63.5}$ 确定地基土的承载力

1. 原机械部第二勘察院资料（表 3-2-23）

碎石土、砂土 $N_{63.5}$ 与地基承载力 f_{ak} 的关系　　表 3-2-23

$N_{63.5}$	3	4	5	6	8	10	12
碎石土承载力特征值 f_{ak}（kPa）	140	170	200	240	320	400	480
中、粗、砾砂承载力特征值 f_{ak}（kPa）	120	150	200	240	320	400	—

注：适用于冲、洪积成因的碎石土和砂土，对碎石土，d_{60} 不大于 30mm，不均匀系数不大于 120。中、粗砂，不均匀系数不大于 6，对砾砂，不均匀系数不大于 20。

2.《成都地区建筑地基基础设计规范》DB 51/T 5026—2001 确定卵石、圆砾、砂土地基极限承载力标准值（表 3-2-24）

成都地区卵石、圆砾、砂土 $N_{63.5}$ 与极限承载力标准值 f_{uk} 的关系　　表 3-2-24

$N_{63.5}$		2	3	4	5	6	8	10
极限承载力标准值 f_{uk}（kPa）	卵石	—	—	—	400	480	640	800
	圆砾	—	—	320	400	480	640	800
	中、粗、砾砂	—	240	320	400	480	640	800
	粉、细砂	160	220	280	330	380	450	—

3.《铁路工程地质原位测试规程》TB 10018—2018 用 $N_{63.5}$ 平均值评价冲积、洪积成因的中砂、砾砂和碎石类土地基的基本承载力与极限承载力（表 3-2-25）。

圆锥动力触探 $N_{63.5}$ 确定地基承载力（kPa）　　**表 3-2-25**

$N_{63.5}$		3	4	5	6	7	8	9	10	12	14
碎石土	基本承载力(kPa)	140	170	200	240	280	320	360	400	480	540
	极限承载力(kPa)	320	390	460	550	645	740	835	930	1100	1250
中砂—砾砂	基本承载力(kPa)	120	150	180	220	260	300	340	380	—	—
	极限承载力(kPa)	240	300	360	440	520	600	680	760	—	—
$N_{63.5}$		16	18	20	22	24	26	28	30	35	40
碎石土	基本承载力(kPa)	600	660	720	780	830	870	900	930	970	1000
	极限承载力(kPa)	1390	1530	1670	1810	1930	2020	2090	2160	2260	2330

注：贯入深度小于 20m。

4. 广东省建筑设计院资料（表 3-2-26、表 3-2-27）

黏性土、粉土 $N_{63.5}$ 与承载力 f_k 的关系　　**表 3-2-26**

$N_{63.5}$	1	1.5	2	3	4	5	6	7	8	9	10	11	10
f_k（kPa）	60	90	120	150	180	210	240	265	290	320	350	375	400
状态	流塑		软塑		可塑					硬塑—坚硬			

砂土 $N_{63.5}$ 与承载力 f_k 的关系　　**表 3-2-27**

$N_{63.5}$		3	4	5	6	7	8	9	10
中、粗、砾砂 f_k（kPa）		120	160	200	240	280	320	360	400
粉、细砂	很湿 f_k（kPa）	60	80	100	120	140	160	180	200
	稍湿 f_k（kPa）	90	120	150	180	210	240	270	300
密实度		松散	稍密		中密			密实	

5. 辽宁省地方标准《建筑地基基础技术规范》DB 21/T 907—2015 资料（表 3-2-28）

重型圆锥动力触探 $N_{63.5}$ 确定砂土、碎石土地基承载力特征值 f_{ak}（kPa）　　**表 3-2-28**

$N_{63.5}$	碎石土	砾、粗、中砂	粉、细砂
3	190	120	100
4	250	160	140
5	300	200	175
6	350	240	205
8	450	320	250
10	550	400	290
12	600	480	320
16	700	640	365
20	850	800	400
25	900	850	—
30	1000	900	—

注：1. 适用于冲、洪积成因的碎石土和砂土。对碎石土 d_{60} 不大于 30mm，不均匀系数不大于 120；对中、粗砂，不均匀系数不大于 6；对砾砂，不均匀系数不大于 20。

2. 沈阳地区砾砂承载力特征值可参照碎石土取值。

6. 河北省地方标准《河北省建筑地基承载力技术规程》DB13（J）/T 48—2005 资料（表 3-2-29）

碎石土地基承载力特征值　　表 3-2-29

$N_{63.5}$	6	8	10	12	14	16	18	20
f_{ak}（kPa）	200	240	280	320	360	400	440	480

7. 江苏省地方标准《南京地区建筑地基基础设计规范》DGJ 32/J 12—2005 资料（表 3-2-30）

重型圆锥动力触探 $N'_{63.5}$ 确定卵砾石土地基承载力特征值 f_{ak}（kPa）　　表 3-2-30

$N'_{63.5}$	5	10	15	20	25	30	35	40
f_k（kPa）	150	200	270	350	400	450	500	550

注：1. 重型圆锥动力触探 $N'_{63.5}$ 为实测击数标准值。
2. 对雨花台砾石层地基承载力特征值应予提高，可乘 1.2 的增大系数。
3. 当卵砾石中充填软塑一流塑粉质黏土和粉土、饱和稍密粉砂，地基承载力特征值应当适当减小，可乘 0.8 的折减系数。

8. 湖北省地方标准《建筑地基基础技术规范》DB 42/242—2014 资料（表 3-2-31）

杂填土 $N_{63.5}$ 与承载力特征值 f_{ak} 的关系　　表 3-2-31

$N_{63.5}$	1	2	3	4
杂填土 f_{ak}（kPa）	40	80	120	160

注：1. 本表适用于堆积时间超过 10 年的建筑垃圾和土为主的杂填土。
2. $N_{63.5}$ 系经过杆长修正的锤击数标准值。

（三）用超重型圆锥动力触探锤击数 N_{120} 确定地基土的承载力

1. 原中国建筑西南综合勘察院资料（表 3-2-32）

碎石土 N_{120} 与地基承载力特征值 f_{ak} 的关系　　表 3-2-32

N_{120}	3	4	5	6	7	8	9	10	11	12	14	16
f_{ak}（kPa）	240	320	400	480	560	640	720	800	850	900	950	1000

2.《成都地区建筑地基基础设计规范》DB 51/T 5026—2001 利用 N_{120} 评价卵石土的极限承载力标准值，见表 3-2-33。

成都地区卵石土 N_{120} 与极限承载力标准值 f_{uk} 的关系　　表 3-2-33

N_{120}	4	5	6	7	8	9	10	12	14	16	18	20
f_{uk}（kPa）	700	860	1000	1160	1340	1500	1640	1800	1950	2040	2140	2200

四、确定地基土的变形模量

（一）铁道部第二勘测设计院的研究成果（1988）

圆砾、卵石土地基变形模量 E_0 与 $N_{63.5}$ 的相关关系为：

$$E_0 = 4.48 N_{63.5}^{0.7554} \tag{3-2-6}$$

行业标准《铁路工程地质原位测试规程》TB 10018—2018 采用了上述成果，E_0 与 $N_{63.5}$ 关系见表 3-2-34。

用重型动力触探 $N_{63.5}$ 确定圆砾、卵石土的变形模量 E_0　　表 3-2-34

击数平均值 $N_{63.5}$	3	4	5	6	8	10	12	14	16
E_0（MPa）	9.9	11.8	13.7	16.2	21.3	26.4	31.4	35.2	39.0
击数平均值 $N_{63.5}$	18	20	22	24	26	28	30	35	40
E_0（MPa）	42.8	46.6	50.4	53.6	56.1	58.0	59.5	62.4	64.3

（二）《成都地区建筑地基基础设计规范》DB51/T 5026—2001 资料

编制组利用卵石土的载荷试验与超重型圆锥动力触探击数进行对比分析，得到 E_0（MPa）与 N_{120} 的关系式（3-2-7）：

$$E_0 = 15 + 2.7N_{120} \tag{3-2-7}$$

同时，利用成都地区建筑在卵石土地基上的高层建筑的沉降观测资料反算各土层的压缩模量 E_s（MPa）与 N_{120} 进行对比分析，得到公式（3-2-8）：

$$E_s = 6.2 + 5.9N_{120} \tag{3-2-8}$$

规范推荐的 N_{120} 与 E_0 的关系见表 3-2-35。

成都地区卵石土 N_{120} 与变形模量 E_0 的关系　　表 3-2-35

N_{120}	4	5	6	7	8	9	10	12	14	16	18	20
E_0（MPa）	21	23.5	26	28.5	31	34	37	42	47	52	57	62

（三）冶金部建筑科学研究院和武汉冶金勘察公司资料

重型圆锥动力触探的动贯入阻力 q_d 与变形模量的关系如式（3-2-9）、式（3-2-10）和图 3-2-3 所示。

对黏性土、粉土：

$$E_0 = 5.488q_d^{1.468} \tag{3-2-9}$$

对填土：

$$E_0 = 10(q_d - 0.56) \tag{3-2-10}$$

式中　E_0——变形模量（MPa）；

q_d——动贯入阻力（MPa）。

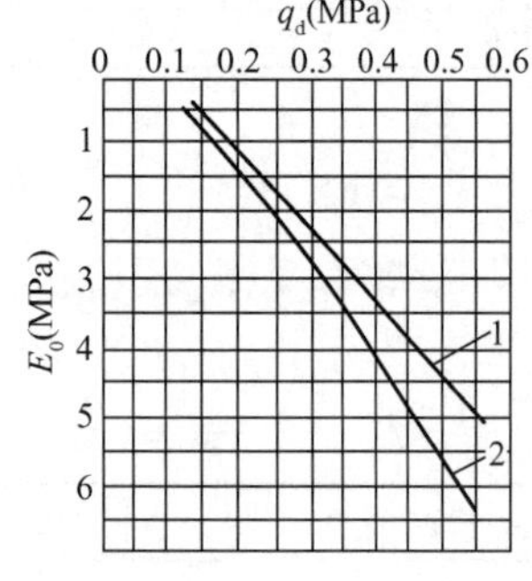

图 3-2-3　E_0 与 q_d 的关系曲线

1—填土；2—原状土

（四）辽宁省地方标准《建筑地基基础技术规范》DB 21/T 907—2015 资料

辽宁省地方标准用重型动力触探击数确定砂土、碎石土变形模量见表 3-2-36。

$N_{63.5}$ 确定砂土、碎石土变形模量 E_0　　表 3-2-36

$N_{63.5}$	E_0（MPa）		
	碎石土	砾、粗、中砂	细、粉砂
2	14.3	8.5	5.4
4	19.7	13.7	9.6
6	25.2	19.0	13.8
8	30.7	24.3	18.0
10	36.2	29.6	22.1
12	41.6	34.8	26.3

续表

$N_{63.5}$	E_0（MPa）		
	碎石土	砾、粗、中砂	细、粉砂
14	47.1	40.1	30.5
16	52.6	45.4	34.6
18	58.1	50.7	38.8
20	63.5	56.0	—
22	69.0	61.2	—
24	74.5	66.5	—
26	80.0	71.8	—
28	85.4	77.1	—
30	91.0	82.3	—

注：1. 本表适用于冲、洪积成因的碎石土和砂土。对碎石土 d_{60} 不大于 30mm，不均匀系数不大于 120；对中、粗砂，不均匀系数不大于 6；对砾砂，不均匀系数不大于 20。

2. 碎石、角砾的变形模量，可按击数相同的卵石、圆砾的变形模量适当下调。

对于大直径灌注桩基础沉降变形计算，当桩端持力层无软弱下卧层，且桩端入土深度等于或大于 6m 的大直径灌注桩基础最终沉降量 s_a（mm）可按下式估算：

$$s_a = \eta_i P_a D / N_{63.5}(\text{或 } N) \tag{3-2-11}$$

式中 P_a——桩端底面平均压应力标准值（kPa）；

D——扩底直径（m）；

$N_{63.5}$——桩端以下 1D 深度范围内土重型动力触探锤击数平均值，适用于砂土、碎石土；

N——标准贯入试验锤击数平均值；

η_i——与计算参数有关的压缩变形综合调整系数，按表 3-2-37 选用。

桩端土压缩变形综合调整系数 η_i　　**表 3-2-37**

桩端土	极软岩、软岩	砂土、碎石类土	粉土、黏性土
η_i	0.088	0.083	0.093

（五）湖北省地方标准《建筑地基基础技术规范》DB 42/242—2014 资料（表 3-2-38）

杂填土 $N_{63.5}$ 与压缩模量 $E_{s(1-2)}$ 关系　　**表 3-2-38**

$N_{63.5}$	1	2	3	4
$E_{s(1-2)}$（MPa）	2.0	3.5	5.0	6.5

注：$N_{63.5}$ 系经过杆长修正的锤击数标准值。

（六）原中国建筑西南综合勘察院资料（表 3-2-39）

碎石土 N_{120} 与变形模量 E_0 关系　　**表 3-2-39**

N_{120}	3	4	5	6	7	8	9	10	11	12	14	16
E_0（MPa）	16.0	21.0	26.0	31.0	36.5	42.0	47.5	53.0	56.5	60.0	62.5	65.0

五、确定单桩承载力

（一）沈阳市桩基础试验研究小组资料

在沈阳地区用重型圆锥动力触探与桩载荷试验测得的单桩竖向承载力建立相关关系，得到经验公式：

$$P_a = \alpha\sqrt{\frac{Ll}{Ee}} \tag{3-2-12}$$

或

$$P_a = 24.3\overline{N}_{63.5} + 365.4 \tag{3-2-13}$$

式中　P_a——单桩竖向承载力特征值（kN）；

L——桩长（m）；

l——桩进入持力层的长度（m）；

E——打桩贯入度，采用最后10击的每一击的贯入度（cm）；

e——动力触探在桩尖以上10cm深度内修正后的平均每击贯入度（cm）；

$\overline{N}_{63.5}$——由地面至桩尖处，重型圆锥动力触探平均每10cm修正后的锤击数；

α——系数，按表3-2-40确定。

经验系数 α 值　　**表 3-2-40**

桩的类型	打桩机型号	持力层情况	α 值
桩管 ϕ320mm 打入式灌注桩	D_1—1200	中、粗砂	150
	D_1—1800	圆砾、卵石	200
300mm×300mm 钢筋混凝土预制桩	D_2—1800	中、粗砂	100
		圆砾、卵石	200

（二）广东省建筑设计研究院资料

在广州沙河顶和文冲两工程用现场打桩资料和重型动力触探资料进行对比，找出桩尖持力层桩的击数与动力触探击数的关系和桩的总锤击数与动力触探总击数的关系，并把动力触探在持力层的击数和总击数换算成桩的持力层的击数和总击数，代入打桩公式，估算单桩竖向承载力。计算公式如下：

对大桩机：

$$P_a = \frac{QH}{9(0.15+e)} + \frac{QH(2N_{63.5})}{12000} \tag{3-2-14}$$

对中桩机：

$$P_a = \frac{QH}{8(0.15+e)} + \frac{QH(2N_{63.5})}{4500} \tag{3-2-15}$$

式中　P_a——单桩竖向承载力（kN）；

Q——打桩机的锤重（kN）；

H——打桩机锤的落距（cm）；

e——打桩机最后30锤平均每一锤的贯入度，$e=10/3.5N'_{63.5}$（cm）；

$N'_{63.5}$、$N_{63.5}$——重型圆锥动力触探持力层的锤击数和总锤击数。

（三）成都地区资料

成都地区可以参考式（3-2-16）估算卵石地基预制桩的桩端阻力特征值 q_{pa}（kPa）。

$$q_{pa} = 550N_{120}\ (3 \leqslant N_{120} \leqslant 11) \tag{3-2-16}$$

六、确定抗剪强度

（一）辽宁省地方标准《建筑地基基础技术规范》DB 21/T 907—2015 资料（表3-2-41）

$N_{63.5}$确定砂土、碎石土内摩擦角标准值 φ **表 3-2-41**

$N_{63.5}$	φ		
	碎石土	砾、粗、中砂	细、粉砂
2	32.0	30.0	21.0
4	33.5	32.0	23.0
6	35.0	34.0	25.0
8	36.0	35.4	27.0
10	37.0	36.5	29.0
12	38.0	37.4	30.4
14	39.0	38.2	31.0
16	40.0	38.8	32.0
18	41.0	39.5	33.0
20	42.0	40.0	34.0
25	45.0	42.5	—
≥30	48.0	45.0	—

注：1. 本表适用于冲、洪积成因的碎石土和砂土。对碎石土 d_{60}不大于 30mm，不均匀系数不大于 120；对中、粗砂，不均匀系数不大于 6；对砾砂，不均匀系数不大于 20。

2. 当考虑地下水的影响，对地下水位以下土层内摩擦角一般应降低 1°～3°（细粒土取大值，粗粒土取小值）。

（二）《北京地区建筑地基基础勘察设计规范》DBJ 11—501—2009 资料（表 3-2-42、表 3-2-43）

当缺乏黏性土和粉土的三轴试验成果，对于基础埋深小于 5m、采用条形基础或独立基础的一般多层建筑物，等效抗剪强度 τ_e 值可按表 3-2-42 和表 3-2-43 确定。

一般第四纪黏性土及粉土测试指标与等效抗剪强度 τ_e值 **表 3-2-42**

比贯入阻力 p_s（MPa）	1.3	2.0	3.1	4.6	6.2	7.7	9.2	11.0	12.5	14.0
轻型圆锥动力触探试验锤击数 N_{10}	17	22	29	39	50	60	70	80	90	100
等效抗剪强度 τ_e（kPa）	75	87	95	103	110	120	126	134	142	150

新近沉积黏性土及粉土测试指标与等效抗剪强度 τ_e值 **表 3-2-43**

比贯入阻力 p_s（MPa）	0.4	0.6	0.9	1.2	1.5	1.8	2.1	2.5	2.9	3.3
轻型圆锥动力触探试验锤击数 N_{10}	6	8	10	12	14	16	18	20	23	25
压缩模量 E_s（MPa）	2	3	4	5	6	7	8	9	10	11
等效抗剪强度指标 τ_e（kPa）	17	28	38	43	49	55	60	67	74	82

七、地基检验和确定地基持力层

（一）地基检验

四川省工程建设地方标准《四川省建筑地基基础检测技术规程》DBJ 51/T 014—2013 资料

四川省对圆锥动力触探进行建筑地基检验适用范围和布点密度的规定见表 3-2-44。

四川地区用圆锥动力触探进行地基检验的布点原则　　表 3-2-44

适用地基	检验点的布置
砂石土换填地基	采用圆锥动力触探试验检测换填层的施工质量，对于大面积换填地基每 50～100m^2不应少于 1 个点，对于基槽换填地基每 10～20m 不应少于 1 个点，每个单独柱基不应少于 1 个点，每个单体工程不应少于 6 个点
强夯地基	对加入卵石或碎石进行强夯形成的强夯置换地基，宜先采用动力触探检测，根据动探结果选择相对较差的或有代表性的点位进行单墩载荷试验或单墩复合地基载荷试验。动力触探检测数量每 50～100m^2不应少于 1 个点，每个单体工程不应少于 3 个点；对于堆场、道路和单层大跨度厂房地坪强夯地基，动力触探检测数量每 200～500m^2不应少于 1 个点
振冲碎石桩地基	抽取振冲桩总数的 3%～5%进行动力触探试验检测，测点应在碎石桩体中心；不加填料振冲加密处理砂土、圆砾土或松散卵石等地基，可选取不应少于振冲点的 3%，且每个单体工程不应少于 10 点采用原位测试方法评定地基承载力
砂石桩地基	抽取不少于砂石桩总数的 2%进行动力触探试验检测，测点应在碎石桩体中心
水泥注浆地基	当注浆处理卵石层中的砂层、圆砾、松散卵石土层时，可采用动力触探评定注浆层的处理效果；检测数量：对基坑 50～100m^2不应少于 1 个点，对基槽每 10～20m 不少应于 1 个点，每个单桩柱基不应少于 1 个点，且每个单体工程不应少于 6 个点
桩底压浆	当干作业成孔桩持力层（卵石）下存在松散圆砾或砂土等软弱下卧层，并经压力注浆处理时，待注浆加固 15 天以后，在扩大端外缘 500mm 处进行超重型动力触探以检验下卧层的加固效果，检测数量不应少于总桩数的 30%，且不少于 20 个点。当采用动力触探指标评定注浆后桩端土极限承载力标准值时，可参考表 3-2-45

用 N_{120} 确定注浆后人工挖孔桩桩端土极限承载力标准值 q_{pk}　　表 3-2-45

N_{120}	3	4	5	6	7	8	9	10	11	12
q_{pk}（kPa）	1500	2000	2500	3000	3500	4000	4500	5000	5500	6000

（二）评价地基均匀性和确定地基持力层

1. 评价地基的均匀性；
2. 确定持力层的厚度和软弱地层的分布；
3. 确定桩端持力层及选择桩的长度。

第三章　标 准 贯 入 试 验

标准贯入试验（SPT）是用质量为 63.5kg 的重锤按照规定的落距（76cm）自由下落，将标准规格的贯入器打入地层，根据贯入器贯入一定深度得到的锤击数来判定土层的性质。这种测试方法适用于砂土、粉土和一般黏性土。

第一节　标准贯入试验的测试方法

一、设备组成及设备规格

标准贯入试验设备由标准贯入器（图 3-3-1）、触探杆及穿心锤（即落锤）组成。标准贯入试验的设备规格见表 3-3-1。

标准贯入试验设备规格　　**表 3-3-1**

落锤		锤的质量（kg）	63.5
		落距（cm）	76
贯入器	对开管	长度（mm）	＞500
		外径（mm）	51
		内径（mm）	35
	管靴	长度（mm）	50～76
		刃口角度（°）	18～20
		刃口单刃厚度（mm）	1.6
钻杆		直径（mm）	42
		相对弯曲	＜1/1000

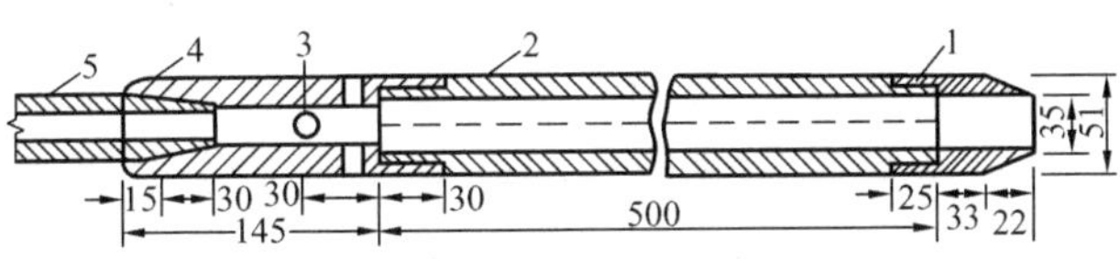

图 3-3-1　标准贯入器

1—贯入器靴；2—由两个半圆形管合成的贯入器身；3—出水孔 ϕ15；4—贯入器头；5—触探杆

二、试验要点

1. 与钻探配合进行，先钻进到需要进行试验的土层标高以上约 15cm，清孔后换用标准贯入器，并量得深度尺寸。

2. 采用自动脱钩的自由落锤法进行锤击，并减少导向杆与锤间的摩阻力，避免锤击时的偏心和侧向晃动，保持贯入器、探杆、导向杆连接后的垂直度。

3. 以每分钟 15～30 击的贯入速度将贯入器打入试验土层中，先打入 15cm 不计击数，继续贯入土中 30cm，记录锤击数 N。若地层比较密实，贯入击数较大时，也可记录贯入深度小于 30cm 的锤击数，这时需按下式换算成贯入深度为 30cm 的锤击数 N。

$$N=\frac{30n}{\Delta S} \tag{3-3-1}$$

式中　n——所选取的任意贯入量的锤击数；

ΔS——对应锤击数 n 击的贯入量（cm）。

4. 拔出贯入器，取出贯入器中的土样进行鉴别描述。

5. 若需进行下一深度的贯入试验时，则继续钻进，重复上述操作步骤。一般每隔 1m 进行一次试验。

6. 在不能保持孔壁稳定的钻孔中进行试验时，可用泥浆护壁。

三、影响因素及其校正

（一）触探杆长度影响

1.《岩土工程勘察规范》GB 50021—2001（2009 年版）的规定

应用 N 值时是否修正和如何修正，应根据建立统计关系时的具体情况确定。

2. 地方标准触探杆长度校正系数

福建省地方标准《岩土工程勘察规范》DBJ 13—84—2006、江苏省地方标准《南京地区地基基础设计规范》DGJ 32/J12—2005、河北省地方标准《河北省地基承载力技术规程》DB13（J）/T 48—2005、广东省地方标准《建筑地基基础设计规范》DBJ 15—31—2016 规定对触探杆长度校正系数见表 3-3-2。

地方规范标准贯入试验触探杆长度校正系数 **表 3-3-2**

地方标准	杆长（m）	≤3	6	9	12	15	18	21	24	25
南京	校正系数 α	1.00	0.92	0.86	0.81	0.77	0.73	0.70		0.70
福建		1.00	0.92	0.86	0.81	0.77	0.73	0.70		0.68
河北		1.00	0.92	0.86	0.81	0.77	0.73	0.70		0.67
广东		1.00	0.92	0.86	0.81	0.77	0.73	0.70	0.67	
地方标准	杆长（m）	27	30	33	36	39	40	50	75	
南京	校正系数 α		0.68				0.64	0.60	0.50	
福建			0.65				0.60	0.55	0.50	
河北			0.64				0.59	0.56	0.50	
广东		0.64	0.61	0.58	0.55	0.52				

表 3-3-2 中，杆长为 21m 以内的校正系数曾列入原国家标准《建筑地基基础设计规范》GBJ 7—89。

（二）土的自重压力影响

1. 美国 Gibbs 和 Holtz（1957）根据室内试验结果，得出砂土自重压力（上覆压力）对标准贯入试验结果有很大影响，如图 3-3-2（a）所示。为使用方便，可将曲线画成图 3-3-2（b）。利用该图可以根据标准贯入试验锤击数和上覆压力得出砂土的相对密实度。

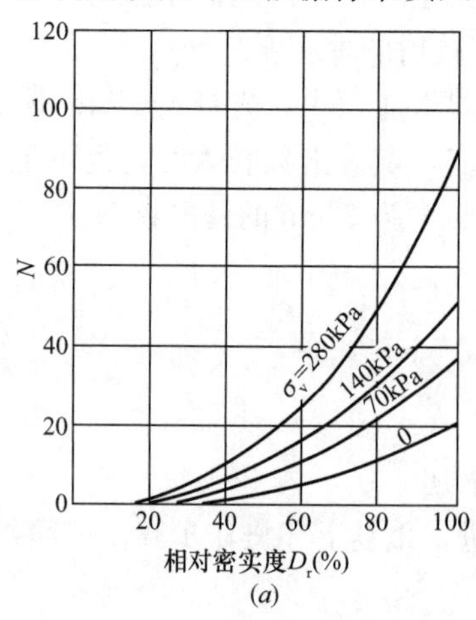

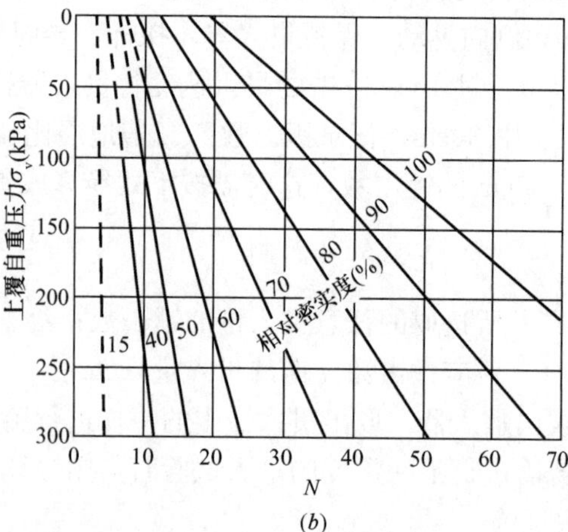

图 3-3-2 标准贯入试验锤击数与砂土密实度和上覆土自重压力的关系

2. 美国 Peck 的校正公式：Peck（1974）得出砂土自重压力对标准贯入试验的影响为：

$$N = C_N \cdot N' \quad (3\text{-}3\text{-}2)$$

$$C_N = 0.77\lg \frac{1960}{\sigma_v} \quad (3\text{-}3\text{-}3)$$

式中　N——校正为相当于自重压力等于 98kPa 的标准贯入试验锤击数；

N'——实测标准贯入试验锤击数；

C_N——自重压力影响校正系数。也可从图 3-3-3 得出；

σ_v——标准贯入试验深度处砂土有效上覆压力（kPa）。

3.《北京地区建筑地基基础勘察设计规范》DBJ 11—501—2009 的校正方法。

当有效覆盖压力 σ_v 大于 25kPa 时，标准贯入试验锤击数宜按式（3-3-2）校正，有效覆盖压力校正系数 C_N 按式（3-3-4）计算。式中 η_N 为与密实度有关的系数按表 3-3-3 取值。

$$C_N = \frac{1}{[\eta_N(\sigma_v - 25)/1000 + 1]^2} \quad (3\text{-}3\text{-}4)$$

有效覆盖压力校正系数值 η_N 取值　　**表 3-3-3**

实测标准贯入击数 N'	30	15	5
η_N	0.45	0.80	3.80

注：可根据标准贯入试验进行插值。

标准贯入试验锤击数校正适用于确定地基承载力。

（三）地下水位影响

1. 美国 Terzaghi 和 Peck（1953）认为：对于有效粒径 d_{10} 在 0.1～0.05mm 范围内的饱和粉、细砂，当其密度大于某一临界密度时，贯入阻力将会偏大。相应于此临界密度的标准贯入击数为 15，故在此类砂土中贯入击数 N' 大于 15 时，其有效击数应按下式校正：

$$N = 15 + \frac{1}{2}(N' - 15) \quad (3\text{-}3\text{-}5)$$

式中　N——校正后的标准贯入击数；

N'——未校正的饱和粉、细砂的标准贯入击数。

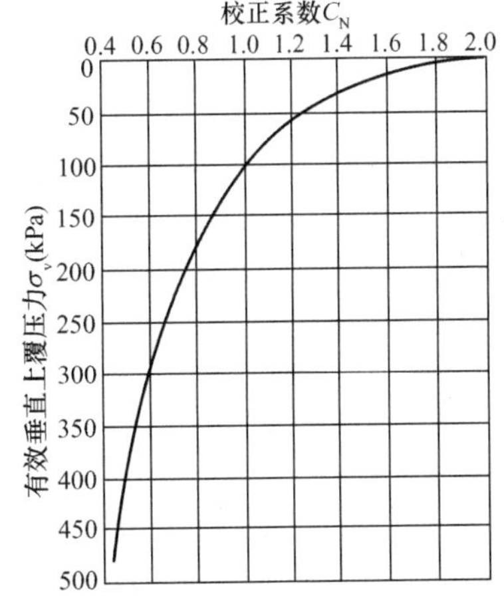

图 3-3-3　考虑自重压力影响的校正系数 C_N

2.《水利水电工程地质勘察规范》GB 50487—2008 规定，当标准贯入试验贯入点深度和地下水位在试验地面以下的深度，不同于工程正常运用时，实测标准贯入锤击数应按式（3-3-6）进行校正，并应以校正后的标准贯入锤击数 N 作为地震液化复判的依据。

$$N = N'\left(\frac{d_s + 0.9d_w + 0.7}{d'_s + 0.9d'_w + 0.7}\right) \quad (3\text{-}3\text{-}6)$$

式中　N'——实测标准贯入锤击数；

d_s——工程正常运用时，标准贯入点在当时地面以下的深度（m）；

d_w——工程正常运用时，地下水位在当时地面以下的深度（m），当地面淹没于水面以下时，d_w 取 0；

d'_s——标准贯入试验时，标准贯入点在当时地面以下的深度（m）；

d'_w——标准贯入试验时，地下水位在当时地面以下的深度（m）；若当时地面淹没于水面以下时，d'_w取 0。

校正后标准贯入锤击数和实测标准贯入锤击数均不进行钻杆长度校正。

第二节　试验成果的应用

一、确定砂土的密实度

（一）用标准贯入试验击数 N 判定砂土密实程度的国际和国内标准（表 3-3-4）。

（二）标准贯入试验击数 N 与砂土相对密实度的关系

1. 美国 Gibbs 和 Holtz（1957）的成果，见图 3-3-2。

2. Meyerhof 根据 Gibbs 和 Holtz 的试验结果整理得到公式（3-3-7）。

$$D_r = 210\sqrt{\frac{N}{\sigma + 70}} \tag{3-3-7}$$

式中　D_r——砂土相对密实度（%）；

N——标准贯入试验锤击数；

σ——有效上覆压力（kPa）。

国内外按锤击数 N 判定砂土紧密程度　　表 3-3-4

<table>
<tr><th colspan="2">紧密程度</th><th rowspan="3">砂土相对密实度 D_r（%）</th><th colspan="5">标准贯入试验锤击数 N</th></tr>
<tr><th rowspan="2">国外</th><th rowspan="2">国内</th><th rowspan="2">国际标准</th><th rowspan="2">南京水科所
江苏水利厅</th><th colspan="3">原水电部水科所</th></tr>
<tr><th>粉砂</th><th>细砂</th><th>中砂</th></tr>
<tr><td>极松</td><td rowspan="2">松散</td><td rowspan="2">0～0.2</td><td>0～4</td><td rowspan="2"><10</td><td rowspan="2"><4</td><td rowspan="2"><13</td><td rowspan="2"><10</td></tr>
<tr><td>松</td><td>4～10</td></tr>
<tr><td>稍密</td><td>稍密</td><td>0.2～0.33</td><td>10～15</td><td rowspan="2">10～30</td><td rowspan="2">>4</td><td rowspan="2">13～23</td><td>10～26</td></tr>
<tr><td>中密</td><td>中密</td><td>0.33～0.67</td><td>15～30</td><td></td></tr>
<tr><td>密实</td><td rowspan="2">密实</td><td rowspan="2">0.67～1</td><td>30～50</td><td>30～50</td><td rowspan="2">—</td><td rowspan="2">>23</td><td rowspan="2">>26</td></tr>
<tr><td>极密</td><td>>50</td><td>>50</td></tr>
</table>

注：表内所列 N 值为人力拉锤测得，详见表 3-3-6 注。

3. 国内主要规范采用标准贯入试验锤击数 N 判定粉土和砂土密实度见表 3-3-5。

国内主要规范采用标准贯入试验锤击数 N 判定粉土和砂土密实度　　表 3-3-5

标　准	地层	密实度				
		松散	稍密	中密	密实	极密
国家规范	砂土	≤10	10～15	15～30	>30	—
天津规范	粉土	—	≤12	12～18	>18	—
	砂土	≤10	10～15	15～30	>30	—
上海规范	砂质粉土、砂土	≤7	7～15	15～30	>30	—
浙江规范	粉土	≤7	7～13	13～25	>25	—
	砂土	≤10	10～15	15～30	>30	—
水运工程规范	砂土	≤10	10～15	15～30	30～50	>50

注：1. 表内所列 N 值为实测击数。

2. 水运工程规范对地下水位以下的中砂、粗砂，其 N 值宜按实测锤击数增加 5 击计。

二、确定黏性土的状态和无侧限抗压强度

（一）标准贯入试验锤击数与黏性土状态的关系

1. 原冶金部勘察公司资料（表 3-3-6）

$N_手$与黏性土液性指数 I_L的关系 **表 3-3-6**

$N_{(手)}$	<2	2～4	4～7	7～18	18～35	>35
I_L	>1	1～0.75	0.75～050	0.50～0.25	0.25～0	<0
土的状态	流塑	软塑	软可塑	硬可塑	硬塑	坚硬

注：1. 适用于冲积、洪积的一般黏性土层。

2. 标准贯入试验锤击数 $N_手$是用手拉绳方法测得的，其值比机械化自动落锤方法所得锤击数 $N_机$略高，换算关系如下：$N_手=0.74+1.12N_机$，适用范围：$2<N_机<23$。

2.《铁路工程地质原位测试规程》TB 10018—2018（表 3-3-7）

黏性土的塑性状态划分 **表 3-3-7**

$\overline{N}$（击/30cm）	$\overline{N}\leqslant2$	$2<\overline{N}\leqslant8$	$8<\overline{N}\leqslant32$	$\overline{N}>32$
液性指数 I_L	>1	$1\geqslant I_L>0.5$	$0.5\geqslant I_L>0$	≤0
塑性状态	流塑	软塑	硬塑	坚硬

3. 湖北省地方标准《建筑地基基础技术规范》DB 42/242—2014（表 3-3-8）

黏性土的状态按 N、p_s分类 **表 3-3-8**

液性指数 I_L	标准贯入锤击数 N	静力触探比贯入阻力 p_s（MPa）	状态
$I_L\leqslant0$	$N\geqslant25$	$p_s\geqslant4.5$	坚硬
$0<I_L\leqslant0.25$	$10\leqslant N<25$	$2.2<p_s<4.5$	硬塑
$0.25<I_L\leqslant0.75$	$2.5\leqslant N<10$	$0.7\leqslant p_s\leqslant2.2$	可塑
$0.75<I_L\leqslant1$	$0.8\leqslant N<2.5$	$0.4\leqslant p_s<0.7$	软塑
$I_L>1$	$N<0.8$	$p_s<0.4$	流塑

注：1. 对低塑性的黏性土、粉土、粉砂互层中的黏性土的状态，应以原位测试判别为主；

2. 表中 N 为未经杆长修正的平均值。

4. 福建省工程建设地方标准《建筑地基基础技术规范》DBJ 13—07—2006（表 3-3-9）

残积土的状态划分 **表 3-3-9**

标贯击数（修正值）	状态
$N\leqslant10$	软塑—可塑
$10<N\leqslant20$	可塑—硬塑
$N>20$	硬塑—坚硬

（二）标准贯入试验锤击数与黏性土状态和无侧限抗压强度的关系。

1. Terzaghi 和 Peck 的资料（表 3-3-10）

N 与稠度状态和无侧限抗压强度的关系 **表 3-3-10**

N	<2	2～4	4～8	8～15	15～30	>30
稠度状态	极软	软	中等	硬	很硬	坚硬
q_u（kPa）	<25	25～50	50～100	100～200	200～400	>400

2.《水运工程岩土工程勘察规范》JTS 133—2013（表 3-3-11）

N 与黏性土天然状态和无侧限抗压强度的关系 **表 3-3-11**

N	$N<2$	$2\leqslant N<4$	$4\leqslant N<8$	$8\leqslant N<15$	$N\geqslant 15$
天然状态	很软	软	中等	硬	坚硬

3. 北京附近、长江、淮河流域第四纪黏性土和雷州半岛地区第三纪灰色黏土，标准贯入试验锤击数与黏性土状态和无侧限抗压强度的关系如图 3-3-4 所示。

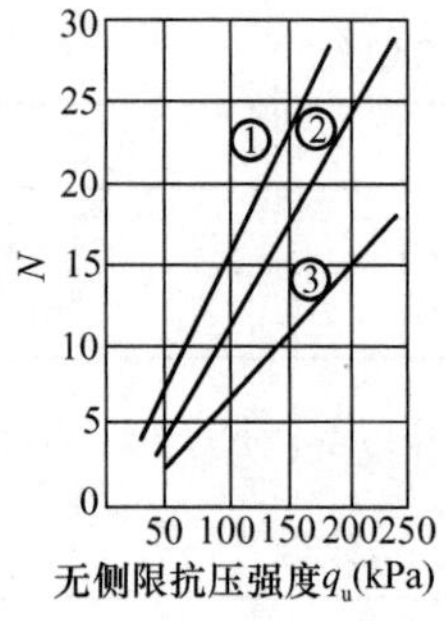

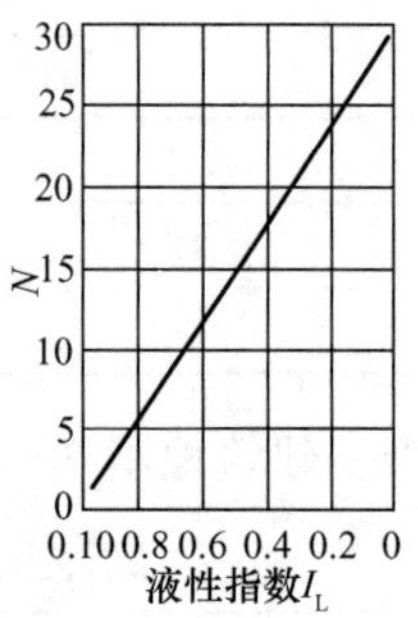

图 3-3-4 N-q_u、I_L的关系

①—北京附近、长江、淮河流域第四纪黏性土资料；

②—雷州半岛地区第三纪灰色黏土间夹砂资料；③—Terzaghi&Peck 的资料

三、确定地基承载力

（一）国内外关于标准贯入试验与砂土、黏性土承载力的关系如表 3-3-12 和图 3-3-5 所示。

标准贯入试验锤击数与地基承载力的关系 **表 3-3-12**

研 究 者	回归式	适用范围	备 注
江苏省水利工程总队	$P_0=23.3N$	黏性土、粉土	不作杆长修正
冶金部成都勘察公司	$P_0=56N-558$	老堆积土	
	$P_0=19N-74$	一般黏性土、粉土	
冶金部武汉勘察公司	$N=3\sim23$ $P_0=4.9+35.8N_{机}$	第四纪冲、洪积黏土、粉质黏土、粉土	
	$N=23\sim41$ $P_0=31.6+33N_{手}$		
	$N=23\sim41$ $P_{kp}=20.5+30.9N_{手}$		

续表

研　究　者	回归式	适用范围	备　注
武汉市规划设计院 湖北勘察院 湖北水利电力勘察设计院	$N=3\sim18$ $f_k=80+20.2N$	黏性土、粉土	
	$N=18\sim22$ $f_k=152.6+17.48N$		
铁道部第三勘察设计院	$f_k=72+9.4N^{1.2}$	粉土	
	$f_k=-212+222N^{0.3}$	粉细砂	
	$f_k=-803+850N^{0.1}$	中、粗砂	
纺织工业部设计院	$f_k=\dfrac{N}{0.00308N+0.01504}$	粉土	
	$f_k=105+10N$	细、中砂	
冶金部长沙勘察公司	$N=8\sim37$ $P_0=33.4N+360$	红土	
	$N=8\sim37$ $f_k=5.3N+387$	老堆积土	
Terzaghi	$f_k=12N$	黏性土、粉土	条形基础 $F_S=3$
	$f_k=15N$		独立基础 $F_S=3$
日本住宅公团	$f_k=8.0N$		

注：1. P_0为载荷试验比例界限（kPa）；2. f_k为地基承载力（kPa）；3. $N_{手}$与$N_{机}$的关系请参见表3-3-6的注解。

福建省工程建设地方标准《岩土工程勘察规范》DBJ 13—84—2006：岩土工程勘察等级为乙级及以下的工程，当无载荷试验资料时，花岗岩残积土承载力特征值可根据标准贯入试验成果按式（3-3-8）估算。

$$f_{ak}=11.97N+87.37 \tag{3-3-8}$$

式中　f_{ak}——承载力特征值（kPa）；

N——经杆长校正后的标准贯入试验击数。

（二）国内外关于依据标准贯入锤击数计算地基承载力的经验公式：

1. Peck、Hanson & Thornburn（1953）的计算公式：

当 $D_w \geqslant B$ 时，
$$f_k=S_a(1.36\overline{N}-3)\left(\frac{B+0.3}{2B}\right)^2+\gamma_2 D_t \tag{3-3-9}$$

当 $D_w<B$ 时，
$$f_k=S_a(1.36\overline{N}-3)\left(\frac{B+0.3}{2B}\right)^2\left(0.5+\frac{D_w}{2B}\right)+\gamma_2 D_t \tag{3-3-10}$$

式中　D_w——地下水离基础底面的距离（m）；

f_k——地基土承载力（kPa）；

S_a——允许沉降（cm）；

$\overline{N}$——地基土标准贯入锤击数的平均值；

B——基础短边宽度（m）；

D_t——基础埋置深度（m）；

γ_2——基础底面以上土的重度（kN/m^3）。

2. Peck & Terzaghi 的干砂极限承载力公式：

条形、矩形基础：$f_u=\gamma\ (DN_D+0.5BN_B)$ (3-3-11)

方形、圆形基础：$f_u=\gamma\ (DN_D+0.4BN_B)$ (3-3-12)

式中　f_u——极限承载力（kPa）；

D——基础埋置深度（m）；

B——基础宽度（m）；

γ——土的重度（kN/m^3）；

N_D、N_B——承载力系数，取决于砂的内摩擦角 φ。

图 3-3-6 所示为标准贯入击数 N 与 φ、N_D、N_B的关系，利用这些关系得出的 N_D、N_B值，代入上述极限承载力式（3-3-11）和式（3-3-12），即可求得砂土地基的极限承载力。

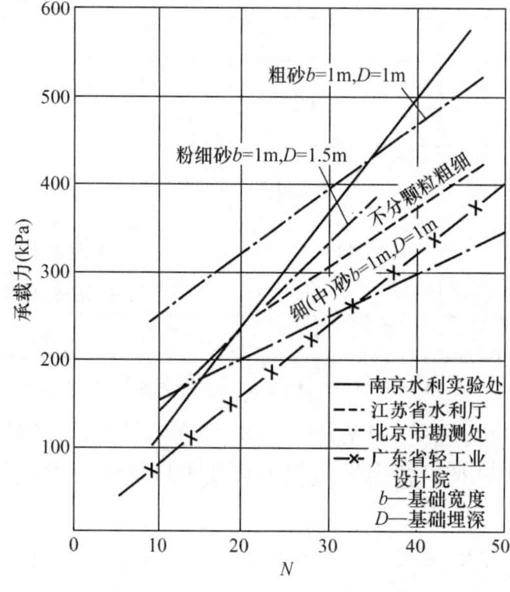

图 3-3-5　砂土的 N 与 f_k关系曲线

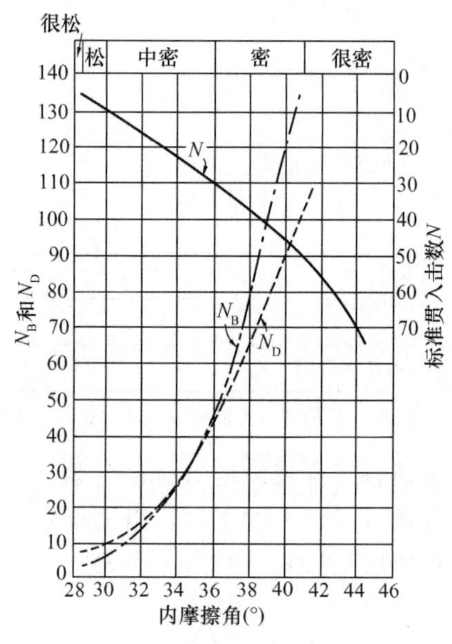

图 3-3-6　内摩擦角、承载力系数和锤击数 N 值的关系

3. 美国 Peck（1953）的砂土承载力图解法。

当安全系数 $K=3$，砂土重度 $\gamma=16kN/m^3$，地下水位从基础底面算起的深度大于基础宽度时，砂土承载力可从图 3-3-7（a）和图 3-3-7（b）求得。当基础埋置深度 $D=0$ 时可用图 3-3-7（a）；当基础埋置深度 $D\neq0$ 时，则将图 3-3-7（a）的值再加上图 3-3-7（b）的值即为砂土承载力值。

当砂土重度不同时，则相应地将图 3-3-7 的结果分别按比例修正。当地下水位接近或高于基础底平面时，则由图 3-3-7 得出的砂土承载力应除以 2；如果地下水位低于基础底面，但从基础底面算起的深度小于基础宽度时，承载力可按地下水位深度用插入法确定。

四、确定土的抗剪强度

砂土的标准贯入试验锤击数与抗剪强度指标的关系如表 3-3-13、表 3-3-14 和图 3-3-8 所示。

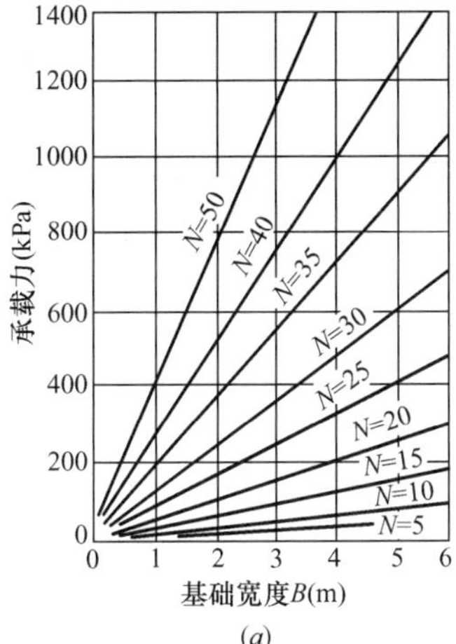

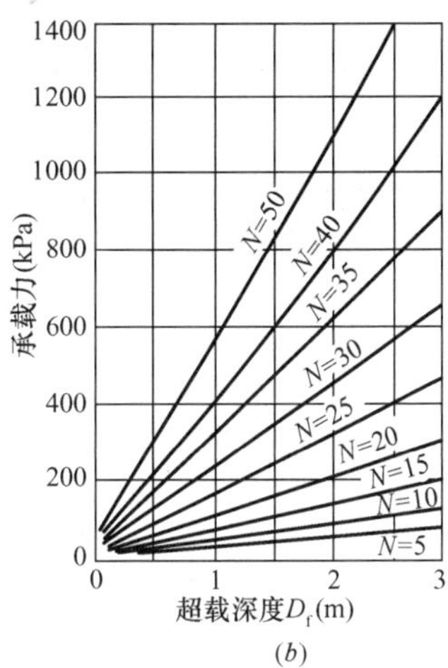

图 3-3-7 砂土地基的承载力

（a）没有超载（$D_f=0$）的承载力；（b）有超载时增加的承载力

黏性土的标准贯入试验锤击数与抗剪强度指标间的关系如图 3-3-9 和表 3-3-15 所示。

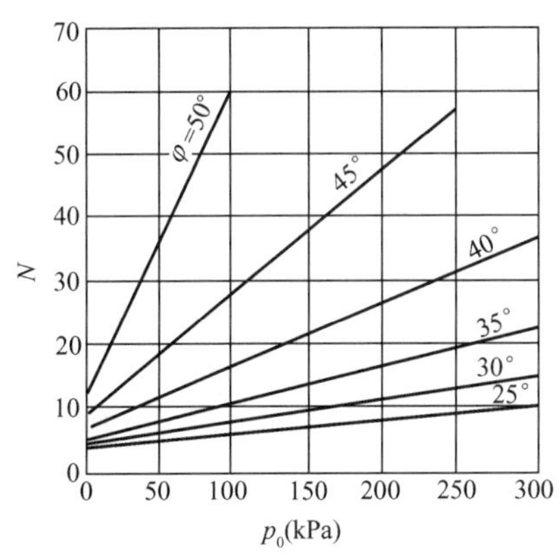

图 3-3-8 N-φ 统计关系

（Gi-bbs 和 Holtz）

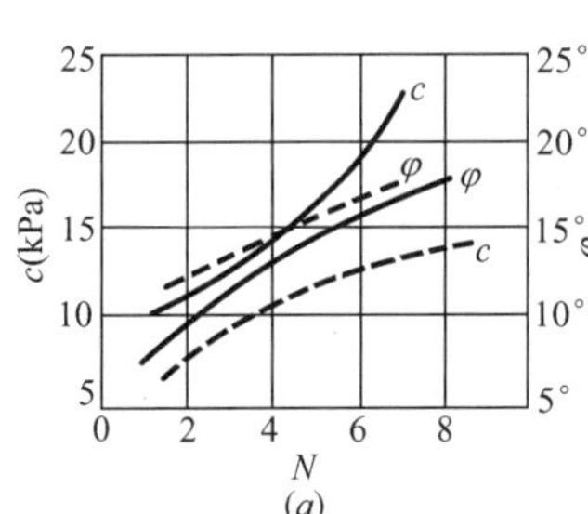

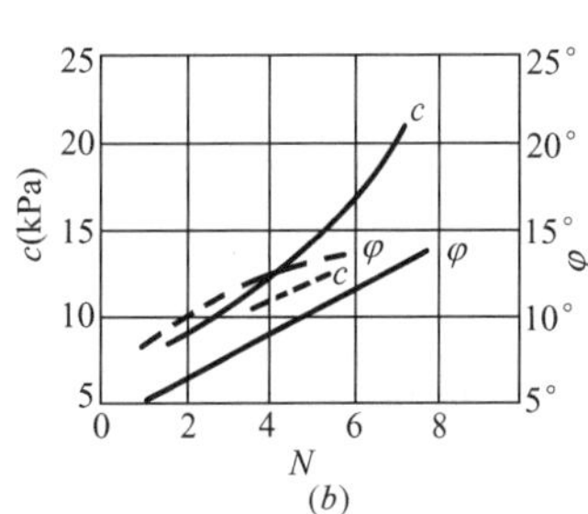

图 3-3-9 N-c、φ 关系（江苏省水利工程勘测总队）

（a）粉质黏土；（b）黏土

——不夹砂，———夹砂

砂土 N 与 φ（°）的经验关系式 **表 3-3-13**

研究者	土类	关系式
Dunham	均匀圆粒砂 级配良好圆粒砂 级配良好棱角砂、均匀棱角砂	$\varphi=\sqrt{12N}+15$ $\varphi=\sqrt{12N}+20$ $\varphi=\sqrt{12N}+25$
Peck		$\varphi=0.3N+27$
Meyerhof	净砂	$\varphi=\frac{5}{6}N+26\frac{2}{3}$（$4\leqslant N\leqslant 10$） $\varphi=\frac{1}{4}N+32.5$（$N>10$） 粉砂应减 5°，粗、砾砂加 5°
广东省标准《建筑地基基础设计规范》DBJ 15—31—2016		$\varphi=\sqrt{20N}+15$

国外用 N 值推算砂土的剪切角 φ（°） 表 3-3-14

研究者	N				
	<4	4～10	10～30	30～50	>50
Peck	<28.5	28.5～30	30～36	36～41	>41
Meyerhof	<30	30～35	35～40	40～45	>45

注：国外用 N 值推算出 φ 角，再用 Terzaghi 公式求砂基的极限承载力。

黏性土 N 与 c、φ 的关系 表 3-3-15

N	15	17	19	21	25	29	31
c（kPa）	78	82	87	92	98	103	110
φ（°）	24.3	24.8	25.3	25.7	26.4	27.0	27.3

注：1. 手拉落锤；2. 冶金工业部武汉勘察公司资料。

五、确定土的变形参数

1. 西德 E. Schultze & H. Menzenbach 的经验资料

$$N>15, E_s=4.0+C(N-6) \tag{3-3-13}$$

$$N<15, E_s=C(N+6) \tag{3-3-14}$$

或

$$E_s=C_1+C_2N \tag{3-3-15}$$

式中 E_s——压缩模量（MPa）

C、C_1、C_2——系数，由表 3-3-16、表 3-3-17 确定。

不同土类的 C 值 表 3-3-16

土名	含砂粉土	细砂	中砂	粗砂	含砾砂土	含砂砾石
C（MPa/击）	0.3	0.35	0.45	0.7	1.0	1.2

不同土类的 C_1、C_2 值 表 3-3-17

土名	细砂		砂土	黏质砂土	砂质黏土	松砂
	地下水位以上	地下水位以下				
C_1（MPa）	5.2	7.1	3.9	4.3	3.8	2.4
C_2（MPa/击）	0.33	0.49	0.45	1.18	1.05	0.53

2. 冶金部武汉勘察公司资料（表 3-3-18）

$N_手$ 与 E_s、c、φ 的关系 表 3-3-18

$N_手$	3	5	7	9	11	13	15	17	19	21	25	29	31
压缩模量 E_s（MPa）	7	9	11	13	14.5	16	18	20	22	24	27.5	31	33
黏聚力 c（kPa）	17	36	49	59	66	72	78	83	87	91	98	103	107
内摩擦角 φ（°）	17.7	19.8	21.2	22.2	23.0	23.8	24.3	24.8	25.3	25.7	26.4	27.0	27.3

注：$N_手$ 与 $N_机$ 的关系请参见表 3-3-6 的注。

3. 行业标准《高层建筑岩土工程勘察标准》JGJ/T 72—2017 资料

用原位测试参数估算群桩基础最终沉降量时，粉土及砂土的压缩模量 E_s（MPa）与标准贯入试验击数的经验关系见式（3-3-16）、式（3-3-17），适用深度小于 120m，适用范围 $10 \leqslant N \leqslant 50$。

粉土及粉细砂：$E_s =（1 \sim 1.2）N$ （3-3-16）

中、粗砂：$E_s =（1.5 \sim 2）N$ （3-3-17）

4. 福建省工程建设地方标准《岩土工程勘察规范》DBJ 13—84—2006 资料

岩土工程勘察等级为乙级及以下的工程，当无载荷试验资料时，花岗岩残积土的变形模量 E_0（MPa）可根据标准贯入试验成果按式（3-3-18）估算。

$$E_0 = 1.167N - 1.053 \tag{3-3-18}$$

5. 广东省标准《建筑地基基础设计规范》DBJ 15—31—2016 资料

用实测标准贯入击数 N 估算花岗岩和泥质软岩的残积土、全风化及强风化岩的变形模量 E_0（MPa），见式（3-3-19）。

$$E_0 = \alpha N \tag{3-3-19}$$

式（3-3-19）中 α 值为载荷试验与标准贯入试验对比而得的经验系数，可按表 3-3-19 取值。

经验系数 α **表 3-3-19**

花岗岩		泥质软岩	
N	α	N	α
$10<N\leqslant 30$	2.3	$10<N\leqslant 25$	2.0
$30<N\leqslant 50$	2.5	$25<N\leqslant 40$	2.3
$50<N\leqslant 70$	3.0	$40<N\leqslant 60$	2.5
$N'>70$	3.5	$N'>60$	30

6. 天津市《岩土工程技术规范》DB 29—20—2017 资料

用标准贯入试验锤击数 N 估算一般沉积黏性土的压缩模量 E_{s1-2}（MPa），见式(3-3-20)。

$$E_{s1-2} = 4.6 + 0.21N \quad 适用于 N = 3 \sim 15 击 \tag{3-3-20}$$

7.《北京地区建筑地基基础勘察设计规范》DBJ 11—501—2009 资料

对一般第四纪沉积粉砂、细砂和塑性指数 I_P 小于 5 的砂质粉土压缩模量 E_s（MPa），可根据实测标准贯入试验锤击数 N 和深度 z（m）按式（3-3-21）取值；对新近沉积土压缩模量 E_s（MPa）可按表 3-3-21 取值。

$$E_s = 0.712z + 0.25N + \eta_s \tag{3-3-21}$$

式中 E_s——土的压缩模量（MPa）；

η_s——与土类有关的系数，按表 3-3-20 取值。

一般第四纪沉积土压缩模量换算系数 η_s **表 3-3-20**

土的类别	砂质粉土	粉砂	细砂
η_s	11.5	14.0	18.1

注：表中砂质粉土的塑性指数 I_P 小于 5。

新近沉积砂土的压缩模量 E_s（MPa）统计值 表 3-3-21

N	5	8	10	12	15	20	25
E_s（MPa）	6.5	10.0	12.5	14.5	17.5	21.5	25.0

注：1. 表中 E_s 值适用于新近沉积粉、细砂和塑性指数 I_P 小于 5 的砂质粉土；
2. 可以内插。

8. 湖北省地方标准《建筑地基基础技术规范》DB 42/242—2014 资料（表 3-3-22）

极软岩、软岩风化残积黏性土变形模量 E_0（MPa） 表 3-3-22

N	14	16	18	20	22	24	26	28	30	32	34
E_0（MPa）	21	22	23	24	25	27	29	32	35	38	41

9. 各地区的关系式见表 3-3-23

N 与 E_0、E_s（MPa）的关系 表 3-3-23

研　究　者	关　系　式	适用范围
湖北省水利电力勘测设计院	$E_0=1.0658N+7.4306$	黏性土、粉土
武汉城市规划设计院	$E_0=1.4135N+2.6156$	武汉地区黏性土、粉土
西南综合勘察院	$E_s=10.22+0.276N$	唐山新市区粉、细砂，地下水位－3～－4m
Schultze & Menzenbach	$E_s=7.1+0.49N$	地下水位以下细砂
Webbe	$E_0=2.0+0.6N$	

六、估算单桩承载力

1. Schmertmann（1967 年）方法（表 3-3-24）

用 N 预估桩尖阻力和桩身阻力 表 3-3-24

土名	q_c/N	摩阻比（%）	桩尖阻力 P_p（kPa）	桩身阻力 p_f（kPa）
各种密度的净砂（地下水位以上、以下）	374.5	0.60	$342.4N$	$2.03N$
粉土、粉砂、砂混合，粉砂及泥炭土	214.0	2.00	$171.2N$	$4.28N$
可塑黏土	107.0	5.00	$74.9N$	$5.35N$
含贝壳的砂、软石灰岩	428.0	0.25	$385.2N$	$1.07N$

注：1. 该表用于预制打入混凝土桩，$N=5\sim60$，当 $N<5$ 时，N 取 5，当 $N>60$ 时，N 取 60。
2. q_c 为静力触探锥头阻力（kPa）。

2. Meyerhof（1976）的计算公式

排土量多时，
$$P_u=428NA_P+2.14\overline{N}A_S \tag{3-3-22}$$

排土量少时，
$$P_u=428NA_P+1.07\overline{N}A_S \tag{3-3-23}$$

式中 P_u——桩的极限承载力（kN）；
A_P——桩的断面积（m^2）；
A_S——桩身表面积（m^2）；
N——桩尖附近的 N 平均值；
$\overline{N}$——桩贯入深度内的 N 的平均值。

注：①上式适用于砂土，但对饱和粉、细砂，由于超孔隙水压力，N 值往往偏大，此时，应按式（3-3-5）进行修正；

②上式不适用于桩长与桩径比（L/d）>10 的情况。

3. 日本建筑钢桩基础设计规范的公式

当地基土全部为砂层时

$$P_a = 400NA_P + 2\overline{N}A_S \tag{3-3-24}$$

式中　P_a——单桩承载力特征值（kN）；

N——N_1、N_2的平均值；

N_1——桩尖处的 N 值，当桩尖以下 N 值变化大时，取桩尖以下 $2B$（B 为桩的宽度）范围内的 N 平均值；

N_2——桩尖以上 $10B$ 范围内的 N 的平均值；

$\overline{N}$——桩全长的 N 的平均值。

其余符号意义同前。

当地基土为砂土、黏性土时

$$P_a = 400NA_P + 2\overline{N}_sA_S + 5\overline{N}_cA_c \tag{3-3-25}$$

式中　$\overline{N}_s$——桩在砂土部分的 N 平均值；

$\overline{N}_c$——桩在黏性土部分的 N 平均值；

A_S——桩在砂土部分的侧面积（m^2）；

A_c——桩在黏性土部分的侧面积（m^2）；

其余符号意义同前。

4. 行业标准《高层建筑岩土工程勘察标准》JGJ/T 72—2017 推荐方法

对预制桩利用标准贯入试验击数分别确定桩周土极限侧阻力、桩端土极限端阻力，以估算单桩竖向极限承载力，见表 3-3-25 和表 3-3-26。

极限侧阻力 q_{sis}（kPa）　　　　**表 3-3-25**

土的名称	标准贯入试验实测击数 N（击）	混凝土预制桩极限侧阻力 q_{sis}
淤泥	$N<3$	14～20
淤泥质土	$3<N\leqslant5$	22～30
黏性土	流塑　$N\leqslant2$	24～40
	软塑　$2<N\leqslant4$	40～55
	可塑　$4<N\leqslant8$	55～70
	硬可塑　$8<N\leqslant15$	70～86
	硬塑　$15<N\leqslant30$	86～98
	坚硬 $N>30$	98～105
粉土	稍密　$2<N\leqslant6$	26～46
	中密　$6<N\leqslant12$	46～66
	密实　$12<N\leqslant30$	66～88
粉细砂	稍密　$10<N\leqslant15$	24～48
	中密　$15<N\leqslant30$	48～66
	密实　$N>30$	66～88

续表

土的名称	标准贯入试验实测击数 N（击）	混凝土预制桩极限侧阻力 q_{sis}
中砂	中密 $15<N\leqslant30$	54～74
	密实 $N>30$	74～95
粗砂	中密 $15<N\leqslant30$	74～95
	密实 $N>30$	95～116
砾砂	密实 $N>30$	116～138
全风化软质岩	$30<N\leqslant50$	100～120
全风化硬质岩	$40<N\leqslant70$*	140～160
强风化软质岩	$N>50$	160～240
强风化硬质岩	$N>70$*	220～300

注：1. 全风化、强风化软质岩和全风化、强风化硬质岩系指其母岩分别为 $f_{rk}\leqslant15$MPa、$f_{rk}>30$MPa 的岩石；

2. 单桩极限承载力最终宜通过单桩静载荷试验确定；

3. 表中数据可根据地区经验作适当调整；

4. 带＊者，主要适用于花岗岩、花岗片麻岩和火山凝灰岩硬质岩。

极限端阻力 q_{ps}（kPa） **表 3-3-26**

土层类别	强风化软质岩 $N>50$ 强风化硬质岩 $N>70$*		全风化软质岩 $30<N\leqslant50$ 全风化硬质岩 $40<N\leqslant70$*		$15<N\leqslant(40)$ 中密—密实中、粗、砾砂	$4<N\leqslant(40)$ 可塑—坚硬黏性土		$6<N\leqslant30$ 中密—密实粉土	
q_{ps} \ N（击）\ 入土深度（m）	硬质岩	软质岩	硬质岩	软质岩	中密、密实 15～(40)	硬塑、坚硬 15～(40)	可塑、硬可塑 4～15	密实 12～30	中密 6～12
<9	7000～9000	6000～7500	5000～6500	4000～5000	4000～7500	2500～3800	850～2300	1500～2600	950～1700
9～16					5500～9500	3800～5500	1400～3300	2100～3000	1400～2100
16～30	9000～11000	7500～9000	6500～8000	5000～6000	6500～10000	5500～6000	1900～3600	2700～3600	1900～2700
>30					7500～11000	6000～6800	2300～4400	3600～4400	2500～3400

注：1. 表中极限端阻力 q_{ps} 可根据标准贯入试验实测击数用插入法求取，表中 N 值带（）者，系为插入法用；

2. 表中中密—密实的中砂、粗砂、砾砂的 q_{ps} 范围值，中砂取小值，粗砂取中值，砾砂取大值；

3. 表中数据可根据地区经验作适当调整；

4. 带＊者，主要适用于花岗岩、花岗片麻岩和火山凝灰岩硬质岩。

5. 辽宁省地方标准《建筑地基基础技术规范》DB 21/T 907—2015 中各类土根据工程特性指标确定桩侧阻力特征值可按表 3-3-27 采用。

桩的侧阻力特征值 q_{sa}（kPa）　　表 3-3-27

土的名称	特性指标	挤土桩	泥浆护壁桩	干作业桩
填土（已完成自重固结）	$N_{63.5} \leqslant 5$	8～12	5～10	6～12
	$5 < N_{63.5} \leqslant 8$	12～16	10～13	12～16
淤泥		7～10	6～9	6～9
淤泥质土	$w \geqslant 35\%$	10～14	7～10	8～12
黏性土	$I_L > 1$ 或 $N \leqslant 2$	10～18	7～13	9～14
	$0.75 < I_L \leqslant 1$ 或 $2 < N \leqslant 4$	18～26	13～18	14～22
	$0.50 < I_L \leqslant 0.75$ 或 $4 < N \leqslant 8$	26～33	18～23	22～28
	$0.25 < I_L \leqslant 0.50$ 或 $8 < N \leqslant 15$	33～38	23～27	28～33
	$0 < I_L \leqslant 0.25$ 或 $15 < N \leqslant 30$	38～40	27～29	33～35
	$I_L \leqslant 0$ 或 $N > 30$	40～45	29～32	35～38
粉土	$e > 0.9$ 或 $N \leqslant 12$	13～23	12～21	11～21
	$0.75 \leqslant e \leqslant 0.9$ 或 $12 < N \leqslant 18$	23～33	21～31	21～31
	$e < 0.75$ 或 $N > 18$	33～44	31～41	31～41
粉砂 细砂	$N_{63.5} \leqslant 4$ 或 $N < 10$	10～16	7～12	9～14
	$4 < N_{63.5} \leqslant 6$ 或 $10 < N \leqslant 15$	16～20	12～15	14～17
	$6 < N_{63.5} \leqslant 9$ 或 $15 < N \leqslant 30$	20～25	15～18	17～22
	$9 < N_{63.5} \leqslant 12$ 或 $30 < N \leqslant 50$	25～30	18～21	22～26
	$12 < N_{63.5} \leqslant 20$ 或 $N > 50$	30～45	21～32	26～38
中砂粗砂砾砂	$4 < N_{63.5} \leqslant 6$ 或 $10 < N \leqslant 15$	20～27	14～19	17～23
	$6 < N_{63.5} \leqslant 9$ 或 $15 < N \leqslant 30$	27～33	19～24	23～28
	$9 < N_{63.5} \leqslant 12$ 或 $30 < N \leqslant 50$	33～37	24～28	28～32
	$12 < N_{63.5} \leqslant 20$ 或 $N > 50$	37～60	28～42	32～51
	$20 < N_{63.5} \leqslant 30$	60～80	42～56	51～65
碎石土 强风化岩	$4 < N_{63.5} \leqslant 6$	25～35	18～25	18～25
	$6 < N_{63.5} \leqslant 9$	35～50	25～35	25～43
	$9 < N_{63.5} \leqslant 12$	50～65	35～45	43～55
	$12 < N_{63.5} \leqslant 20$	65～90	45～60	55～75
	$20 < N_{63.5} \leqslant 30$	90～125	60～85	75～105

注：1. 采用套管护壁成桩的，按挤土桩取值。

2. 当根据双桥探头的平均侧壁阻力 q_{si} 确定桩的侧阻力特征值时，对于黏性土、粉土 $q_{sa}=5.02\ (q_{si})^{-0.55}$；对于砂土 $q_{sa}=2.52\ (q_{si})^{-0.45}$。

根据工程特性指标确定各类土桩端阻力特征值可按表 3-3-28 采用。

桩的端阻力特征值 q_{pa}（kPa） 表 3-3-28

桩端土名	特性指标	预制桩	压灌桩	沉管桩	泥浆护壁钻（冲、挖）孔桩	人工挖孔桩
黏性土	$0.50<I_L\leqslant0.75$ 或 $4<N\leqslant8$	600～1200	—	—	300～400	
	$0.25<I_L\leqslant0.50$ 或 $8<N\leqslant15$	1200～1600	200～650	800～1200	400～600	250～520
	$0<I_L\leqslant0.25$ 或 $15<N\leqslant30$	1600～2100	650～1100	1200～1800	600～800	520～1000
粉土	$0.75\leqslant e<0.9$	690～1050	420～720	800～1200	320～400	400～600
	$0.3\leqslant e<0.75$	1050～2000	720～1100	1200～1800	400～900	600～1200
粉、细砂	$8<N_{63.5}\leqslant12$	2480～2760	650～900	1000～1600	500～700	1280～1920
	$12<N_{63.5}\leqslant16$	2760～2890	900～1400	1600～1900	700～1100	1920～2560
	$16<N_{63.5}\leqslant20$	2890～3080	1400～1600	1900～2200	1100～1500	2560～3200
	$N_{63.5}=25$	3270	—	—	1800	4000
中、粗、砾砂	$9<N_{63.5}\leqslant12$	3700～4200	1800～2300	1800～2700	800～1000	1280～1920
	$12<N_{63.5}\leqslant16$	4200～4600	2300～2900	2700～3500	1000～1800	1920～2560
	$16<N_{63.5}\leqslant20$	4600～5000	2900～3400	3500～4300	1800～2000	2560～3200
	$N_{63.5}=25$	5200	—	—	2400	4000
碎石土	$8<N_{63.5}\leqslant12$	4200～4600	2200～2900	2400～3000	1100～1600	1280～1920
	$12<N_{63.5}\leqslant16$	4600～5200	2900～3800	3000～3700	1600～2200	1920～2560
	$16<N_{63.5}\leqslant20$	5200～5500	3800～4000	3700～4500	2200～2800	2560～3200
	$N_{63.5}=25$	6000	—	—	3100	4000
极软岩	$8<N_{63.5}\leqslant12$	1300～2640	1000～1800	1000～1800	—	1280～1920
	$12<N_{63.5}\leqslant16$	2640～3290	1800～2600	1800～2600	1200～1600	1920～2560
	$16<N_{63.5}\leqslant20$	3290～3660	2600～3400	2600～3400	1600～1800	2560～3200
	$N_{63.5}=25$	4440	4000	4000	—	4000
软岩	$8<N_{63.5}\leqslant12$	1900～3360	—	—	—	1280～1920
	$12<N_{63.5}\leqslant16$	3360～4100	2300～3100	2500～3300	—	1920～2560
	$16<N_{63.5}\leqslant20$	4100～4670	3100～3900	3300～4100	3000～3500	2560～3200
	$N_{63.5}=25$	5000	4500	4500	—	4000

注：1. 干作业冲、钻、挖孔桩端阻力特征值可参照人工挖孔桩采用；

2. 泥浆护壁冲、钻、挖孔桩桩端虚土厚度不大于 50mm；

3. 对于粉砂、细砂地层，$N_{63.5}=5.86\ln N-8.42$。

七、计算剪切波速

1. 原《南京地区地基基础设计规范》DB 32/112—95 资料

用标准贯入试验锤击数实测值 N 与剪切波速 v_s（m/s）建立的相关关系（式 3-3-26～3-3-30）换算地层的剪切波速：

淤泥及淤泥质土 $$v_s=81N^{0.24} \tag{3-3-26}$$

粉质黏土 $$v_s=105N^{0.30} \tag{3-3-27}$$

黏土 $$v_s=58N^{0.54} \tag{3-3-28}$$

粉土 $$v_s = 90N^{0.34} \tag{3-3-29}$$

砂土 $$v_s = 99N^{0.32} \tag{3-3-30}$$

2. 原上海市《地基基础设计规范》DGJ 08—11—1999 资料

对于一般动力基础，如无试验资料时，土的剪切波速度 v_s可按表 3-3-29 采用，或按公式（3-3-31）计算。

$$v_s = \alpha(117.59 + 0.45N + 2.19Z) \tag{3-3-31}$$

式中 α——系数，褐黄色黏性土取 0.75；暗绿色、草黄色黏土取 1.20；草黄色砂质粉土、粉砂取 1.35；其他类土取 1.00；

N——标准贯入试验击数；

Z——土层深度（m）。

土的剪切波速 v_s值 表 3-3-29

土层名称	褐黄色黏性土	灰色淤泥质黏性土	灰色粉性土	灰色黏性土	暗绿色、草黄色黏性土	草黄色砂质粉土、粉砂
埋藏深度（m）	<4	4～20	15～24	20～45	25～35	30～45
N	<3	<3	2～9	5～15	12～29	15～35
v_s（m/s）	90～130	100～160	110～185	160～220	180～290	230～340

注：1. 浅层土 N 较低时，剪切波速 v_s取低值；
2. N 系现场实测值，未经深度修正。

3. 湖北省地方标准《建筑地基基础技术规范》DB 42/242—2014 资料（表 3-3-30、表 3-3-31）

利用标贯锤击数平均值确定淤泥质土、黏性土的剪切波速表 表 3-3-30

土类	淤泥质土、一般黏性土						老黏性土					
N	1	3	5	7	9	11	13	18	23	26	29	32
v_s（m/s）	130	160	180	200	220	230	240	280	300	320	340	360

利用标贯锤击数平均值确定粉细砂的剪切波速表 表 3-3-31

N	10	15	20	25	30	35	40
v_s（m/s）	200	230	250	260	270	280	290

八、评价砂土液化

用标准贯入试验评价砂土、粉土的地震液化的方法详见第六篇第七章。

第四章 静 力 触 探

静力触探（CPT）是用静力将探头以一定的速率压入土中，利用探头内的力传感器，通过电子量测器将探头受到的贯入阻力记录下来。由于贯入阻力的大小与土层的性质有关，因此通过贯入阻力的变化情况，可以达到了解土层工程性质的目的。孔压静力触探

（CPTU）除静力触探原有功能外，在探头上附加孔隙水压力量测装置，用于量测孔隙水压力增长与消散。利用孔压量测的高灵敏性，可以更加精确地辨别土类，测定评价更多的岩土工程性质指标。

第一节 静力触探的贯入设备

一、加压装置

加压装置的作用是将探头压入土层中，按加压方式可分为下列几种：

1. 手摇式轻型静力触探：利用摇柄、链条、齿轮等用人力将探头压入土中，总贯入力 20～30kN。适用于较大设备难以进入的狭小场地的浅层地基现场测试。

2. 齿轮机械式静力触探：主要组成部件有变速马达（功率 2.8～3kW）、伞形齿轮、丝杆、导向滑块、支架、底板、导向轮等。因其结构简单，加工方便，既可单独落地组装，也可装在汽车上。但贯入力较小，一般为 40～50kN，贯入深度有限。

3. 全液压传动静力触探：分单缸和双缸两种。主要组成部件有：油缸和固定油缸底座、油泵、分压阀、高压油管、压杆器和导向轮等。目前在国内使用液压静力触探仪比较普遍，一般是将载重卡车改装成轿车型静力触探车，其动力来源既可使用汽车本身动力，也可使用外接电源，工作条件较好，最大贯入力可达 200kN。

二、反力装置

静力触探的反力有三种形式：

1. 利用地锚作反力：当地表有一层较硬的黏性土覆盖层时，可使用 2～4 个或更多的地锚作反力，视所需反力大小而定。锚的长度一般为 1.5m 左右，应设计成可以拆卸式的，并且以单叶片为好。叶片的直径可分成多种，如 25、30、35、40cm，以适应各种情况。地锚通常用液压拧锚机下入土中，也可用机械或人力下入。手摇式轻型静力触探设备采用的地锚，因其所需反力较小，锚的长度也较短，为 1.2m，叶片直径则为 20cm。

2. 用重物作反力：如表层土为砂砾、碎石土等，地锚难以下入，此时只有采用压重物来解决反力问题，在触探架上压以足够的重物，如钢轨、钢锭、生铁块等。软土地基贯入 30m 以内的深度，一般需压重 4～5t。

3. 利用车辆自重作反力：将整个触探设备装在载重汽车上，利用载重汽车的自重作反力，如反力仍不足时，可在汽车上装上拧锚机，可下入 4～6 个地锚，也可在车上装载一厚度较大的钢板或其他重物，以增加触探车本身的重量。

贯入设备装在汽车上工作方便，工效比较高，但也有不足处，由于汽车底盘距地面过高，使钻杆施力点距离地面的自由长度过大，当下部遇到硬层而使贯入阻力突然增大时易使钻杆弯曲或折断，应考虑降低施力点距地面的高度。

触探探杆通常用外径 ϕ32～35mm、壁厚为 5mm 以上的高强度无缝钢管制成，也可用 ϕ42mm 的无缝钢管。为了使用方便，每根触探杆的长度以 1m 为宜，探杆头宜采用平接，以减少压入过程中探杆与土的摩擦力。

第二节 探　　头

一、探头的工作原理

将探头压入土中时，由于土层的阻力，使探头受到一定的压力，土层的强度愈高，探头所受到的压力愈大。通过探头内的阻力传感器（以下简称传感器），将土层的阻力转换为电讯号，然后由仪表测量出来。为了实现这个目的，需运用三个方面的原理，即材料弹性变形的虎克定律，电量变化的电阻率定律和电桥原理。传感器受力后要产生变形，根据弹性力学原理，如应力不超过材料的弹性范围，其应变的大小与土的阻力大小成正比，而与传感器截面积成反比。因此只要能将传感器的应变大小测量出，即可知土阻力的大小，从而求得土的有关力学指标。

如果在传感器上牢固地贴上电阻应变片，当传感器受力变形时，应变片也随之产生相应的应变从而引起应变的电阻产生变化，根据电阻定律，应变片的阻值变化，与电阻丝的长度变化成正比，与电阻丝的截面积变化成反比，这样就能将钢材的变形转化为电阻的变化。但由于钢材在弹性范围内的变形很小，引起电阻的变化也很小，不易测量出来。为此，在传感器上贴一组电阻应变片，组成一个桥路，使电阻的变化转化为电压的变化，通过放大，就可以测量出来。因此，静力触探就是通过探头传感器实现一系列的转换，土的强度→土的阻力→传感器的应变→电阻的变化→电压的输出，最后由电子仪器放大和记录下来，达到测定土强度和其他指标的目的。目前探头由电子式向数字式发展，探头拥有自己的模－数转换电路板和微处理器、温度补偿，在探头中收集数据后，以 ASCII 格式连续地传输到地表计算机。此时所有的信号都可以通过同一根线传输，改变了电子式触探仪每个通道都需要独立信号线传输的问题，减少了电缆线的冗余，允许探头有更多的测试通道，可实现探头的多功能、多参数测试功能。

二、探头的结构

目前国内常用的探头有两种，一种是单桥探头，另一种是双桥探头。此外还有能同时测量孔隙水压力的两用（p_s-u）或三用（q_c-u-f_s）探头，即在单桥或双桥探头的基础上增加了能量测孔隙水压力的功能。

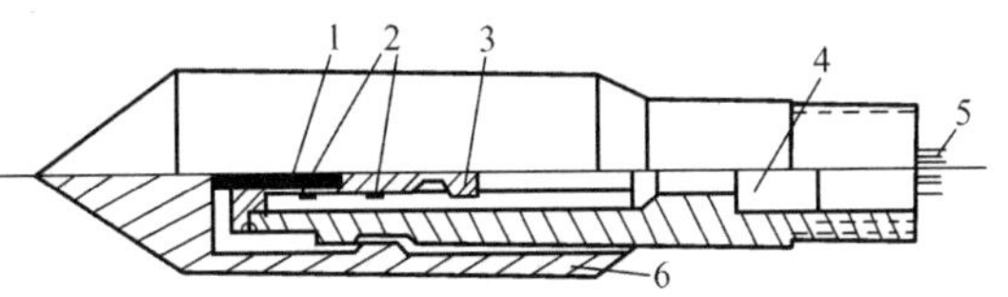

图 3-4-1　单桥探头结构

1—顶柱；2—电阻应变片；3—传感器；4—密封垫圈套；5—四芯电缆；6—外套筒

（一）单桥探头：如图 3-4-1 所示，单桥探头由带外套筒的锥头、弹性元件（传感器）、顶柱和电阻应变片组成，探头的形状规格不一，常用的探头规格如表 3-4-1 所示，其中有效侧壁长度为锥底直径 1.6 倍。

单桥探头的规格　　**表 3-4-1**

型　号	探头直径 ϕ（mm）	探头截面积 A（cm²）	有效侧壁长度 L（mm）	锥角 α（°）
Ⅰ-1	35.7	10	57	60
Ⅰ-2	43.7	15	70	60
Ⅰ-3※	50.4	20	81	60

※ Ⅰ-3 型探头未列入《岩土工程勘察规范》GB 50021—2001（2009 年版）。

（二）双桥探头（图 3-4-2）：单桥探头虽带有侧壁摩擦套筒，但不能分别测出锥头阻力和侧壁摩擦力。双桥探头除锥头传感器外，还有侧壁摩擦传感器及摩擦套筒。侧壁摩擦套筒的尺寸与锥底面积有关。双桥探头结构图见图 3-4-2，其规格见表 3-4-2［探头截面积，国际通用标准为 10cm²，探头的几何形状及尺寸会对测试数据造成影响，为了向国际标准靠拢，便于测试结果的比较和研究成果的交流，《岩土工程勘察规范》GB 50021—2001（2009年版）推荐使用探头截面积为10cm²的探头]。

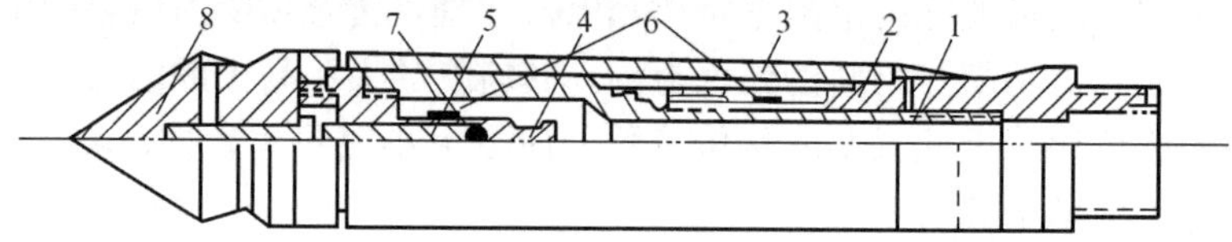

图 3-4-2 双桥探头结构

1—传力杆；2—摩擦传感器；3—摩擦筒；4—锥尖传感器；5—顶柱；6—电阻应变片；7—钢球；8—锥尖头

双桥探头的规格 **表 3-4-2**

型号	探头直径 ϕ (mm)	探头截面积 A (cm²)	摩擦筒表面积 F_s (cm²)	锥角 α (°)
Ⅱ-1	35.7	10	150，200	60
Ⅱ-2	43.7	15	300	60
Ⅱ-3*	50.4	20	300	60

* Ⅱ-3型探头未列入《岩土工程勘察规范》GB 50021—2001（2009年版）。

（三）孔压静力触探探头：图 3-4-3 所示为带有孔隙水压力测试的静力触探探头，该探头除了具有双桥探头所需的各种部件外，还增加了由过滤片（通常由微孔陶瓷制成）做成的透水滤器和孔压传感器，过滤器的渗透系数一般为（1～5）$\times 10^{-5}$cm/s，过滤片周围应有110±5kPa的抗渗压能力。过滤器的位置，可设置于锥尖（逐渐被淘汰）、锥面、锥肩和摩擦筒尾部（图 3-4-4），孔压测量的结果与孔压传感器的位置密切相关，我国通用的是过滤器位于锥面和锥底圆柱面处（锥肩）的探头（国际上建议锥肩作为量测孔压的标准位置），孔压静力触探探头具有能同时测定锥头阻力、侧壁摩擦阻力和孔隙水压力的装置，同时还能测定探头周围土中孔隙水压力的消散过程。

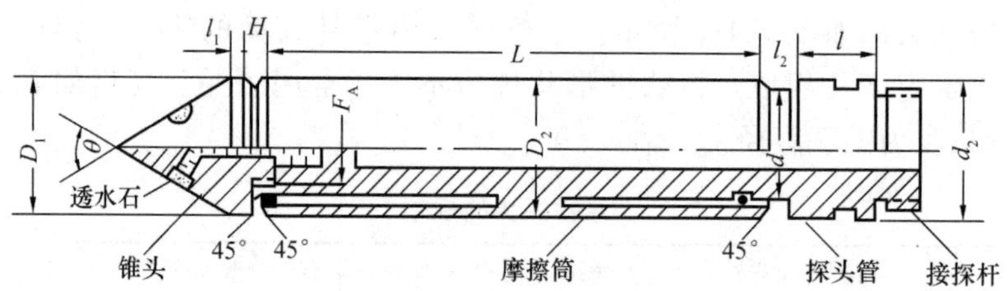

图 3-4-3 孔压静力触探探头

三、探头的标定

为了建立锥头贯入阻力与仪器显示值之间的关系，在使用前或使用一段时间后，应将探头放在探头标定设备（压力机）上，做加压标定试验，标定时应与其配套使用的仪器及电缆一起参与标定。

如果是尚未使用过的新探头，应在正式记录压力与仪器显示值之间的关系前，先用探头的最大设计压力加在探头上，进行3～5次加载与卸载的重复性试压，同时观察仪器的读数和回零情况，等到数值稳定后就可以开始标定。

按设计的最大加载分成5～10级，逐级加压，并记录仪器的显示值。压到最大荷载后，逐级卸载同时记录仪器的显示值。这样的过程至少重复三次，以平均值作图。一般以加压荷载为纵坐标，应变量（或毫伏数）为横坐标。它们之间的关系，正常情况下应为一条通过坐标零点的直线，如图3-4-5所示。

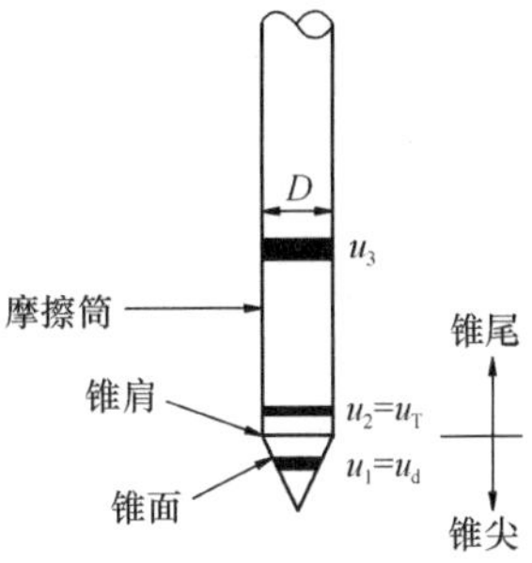

图3-4-4 过滤器位置示意图

探头的标定系数α按下式计算：

当使用电阻应变仪时：$\alpha=\dfrac{P}{A\varepsilon}$（MPa/$\mu\varepsilon$） （3-4-1$a$）

当使用自动记录仪时：$\alpha=\dfrac{P}{AU_{\mathrm{p}}}$（MPa/mV） （3-4-1$b$）

式中 P——标定时所加的最大荷载（N）；

A——计算受荷面积（锥头横截面积或摩擦套筒表面的受荷面积）（mm^2）；

ε——当压力为P时的应变量（$\mu\varepsilon$）；

U_{p}——当压力为P时的输出电压（mV）。

当标定时应力与应变呈曲线关系，或者截距很大，回零性差，以及弹性滞后现象严重的探头均不能使用。一般规定，室内探头标定测力传感器的非线性误差、重复性误差，滞后误差、温度漂移、归零误差均应小于满量程输出值的1%。

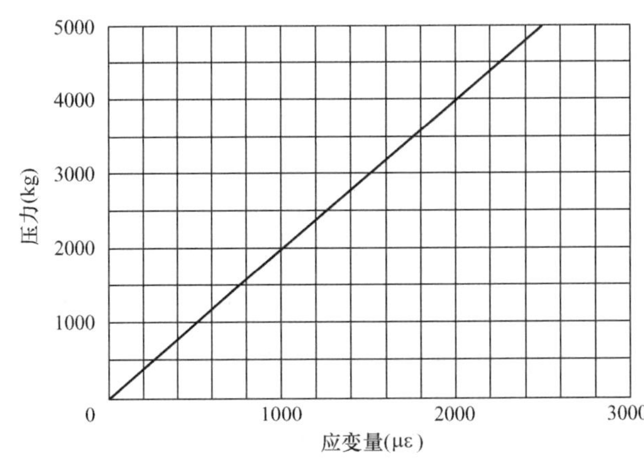

图3-4-5 探头标定曲线

四、新型传感器探头

从20世纪80年代中期开始，国际上传感器的开发应用使探头出现了许多新型的功能，如测地震波速、测电阻率、测地温、测斜、可视化功能等，进一步加强了CPTU技术在环境岩土工程中的应用，促使了CPTU向多功能和数字化方向发展。一般情况下，附加的传感器直接安装在摩擦套管的后面，有时也作为一个独立的模块连接于整个探头后面。表3-4-3列出了一些国际上CPTU新型传感器及其应用情况。

基于CPTU的新型传感器一览表 **表3-4-3**

传感器名称	测量参数	应用情况	研制单位及时间
侧压力传感器	侧向应力	尚未投入使用	美国加利福尼亚大学伯克利分校，1990
静探旁压仪	应力、应变确定模量	有应用，不成熟	荷兰Fugro公司，1986
地震波传感器	波速v_{p}、v_{s}	有应用，基本成熟	英属哥伦比亚大学，1986
电阻率传感器（RCPT）	电阻率	有应用	荷兰Fugro公司，1985
热传感器	热传导率	尚未投入使用	荷兰Fugro公司，1986

续表

传感器名称	测量参数	应用情况	研制单位及时间
放射性传感器	重度、含水量	有应用	荷兰 Delft 土力学实验室，1985
激光荧光器传感器（LIF）	荧光强度	试验成功，有应用	美国水道实验站，1984
可视化静力触探（VisCPT）	图像、能量、波谱	试验成功	密歇根大学，1997
（动态）伽马射线传感器（GCPT）	γ 射线强度	应用于环境岩土工程	瑞典 ConeTech 公司，1998
大直径触探头	锥尖阻力	应用于砾石土层中	—
球形触探头	孔压	海底极软弱土层，研制中	西澳大学，2004

第三节　量测记录仪器

我国的静力触探测量仪器有两种类型，一种为电阻应变仪，另一种为自动记录仪（电子电位差自动记录仪、微电脑数据采集器）。

一、电阻应变仪

电阻应变仪由稳压电源、振荡器、测量电桥、放大器、相敏检波器和平衡指示器等组成。应变仪是通过电桥平衡原理进行测量的。当触探头工作时，传感器发生变形，引起测量桥路的平衡发生变化，通过手动调整电位器使电桥达到新的平衡，根据电位器调整程序就可确定应变量的大小，并从读数盘上直接读出。

二、自动记录仪

静力触探自动记录仪，是由通用的电子电位差计改装而成，它能随深度自动记录土层贯入阻力的变化情况，并以曲线的方式自动绘在记录纸上，从而提高了野外工作的效率和质量。

自动记录仪主要由稳压电源、电桥、滤波器、放大器、滑线电阻和可逆电机组成。由探头输出的信号，经过滤波器以后，到达测量电桥，产生出一个不平衡电压，经放大器放大后，推动可逆电机转动，与可逆电机相连的指示机构，就沿着有分度的标尺滑行，标尺是按讯号大小比例刻制的，因而指示机构所指示的位置即为被测讯号的数值。

其中深度控制是在自动记录仪中采用一对自整角机，即 45LF5B 及 45LJ5B（或 5A 型），前者为发讯机，固定在触探贯入设备的底板上，与摩擦轮相连，而摩擦轮则紧随钻杆压入土中而转动，从而带动发讯机转子旋转，送出讯号，利用导线带动装在自动记录仪上的收讯机（45LJ5B 机）转子旋转，再利用一组齿轮使接收机与仪表的走纸机构连接，当钻杆下压 1m，记录纸刚好移动 1cm（比例为 1∶100）或 2cm（比例为 1∶50），从而与压入深度同步，这样所记录的曲线就是用 1∶100 或 1∶50 比例尺绘制的触探孔土层的力学柱状图。

微电脑数据采集仪的功能包括数据的自动采集、储存、打印、分析整理和自动成图等。

一般测量系统应包括静力触探专用记录仪器和传输信号的四芯或八芯的屏蔽电缆。国际上已经研制出无绳的静力触探探头和记录系统，GeoMil 公司生产的无绳静力触探试验系统由声波完成传输。

第四节　现　场　试　验

一、试验前的准备工作

1. 探杆及电缆的准备

备用探杆总长度应大于测试孔深度 2.0m。对探杆要逐根检查试接，顺序放置。测试用电缆按探杆连接顺序一次穿齐，其长度可按下式估算：

$$L \geqslant n(l+0.2)+7 \tag{3-4-2}$$

式中　L——电缆长度（m）；

n——备用探杆根数；

l——单根探杆长度（m）。

2. 设置反力设施（或利用车装重量）：提供的反力应大于预估的最大贯入阻力，使静力触探试验达到预定深度。

3. 检查探头：核对探头标定记录，调零试压。孔压探头在贯入前应用特制的抽气泵对孔压传感器的应变腔抽气并注入脱气液体（水、硅油或甘油），至应变腔无气泡出现为止。

4. 使用外接电源工作时，应检查电源电压是否符合要求。

5. 联机调试，检查仪表是否正常。

6. 触探主机就位后，应调平机座并用水平尺校准。

7. 孔压静探试验前还应做好如下准备工作：

（1）当地下水位较浅时，宜在触探孔位处预先挖一个深见地下水的小坑，可将探头用装满饱和液（脱气水）的小塑料袋包扎保持探头的饱和状态，并将其悬吊于坑内水位以下。

（2）当地下水位较深时，宜用直径不小于孔压探头的探头或其他锥头先开孔钻至地下水位以下，然后按上述办法将孔压探头悬吊于孔内水位以下。

二、现场实测工作

1. 探头应匀速垂直压入土中，贯入速率为 1.2（±0.3）m/min。

2. 每次加接探杆时，丝扣必须上满，卸探杆时，不得转动下面的探杆，要防止探头电缆压断、拉脱或扭曲。

3. 探头的归零检查应按下列要求进行：

（1）使用单桥或双桥探头触探时：

1）将探头贯入地面下 0.5～1m 后，上提探头 5～10cm，观测零位漂移情况，待其稳定后，将仪表调零并压回原位即可开始正式贯入。

2）在地面下 6m 深度范围内，每贯入 2～3m 应提升探头一次，将零漂值作为初读数记录下来。

3）孔深超过 6m 后，视不归零值的大小，可放宽归零检查的深度间隔（一般为 5m）或不做归零检查。

4）终孔起拔时和探头拔出地面时，应记录零漂值。

（2）进行孔压触探时，在整个贯入过程中不得提升探头，终孔起拔时应记录锥尖和侧壁的零漂值；探头拔出地面时，应立即卸下锥尖，记录孔压计的零漂值。

4. 使用数字式仪器时，每贯入 0.1m 或 0.2m 应记录一次读数；使用自动记录仪时，应随时注意桥走低和画线情况，标注出深度和归零检查结果。

5. 当在预定深度进行孔压消散试验时，应量测停止贯入后不同时间的孔压值和端阻值，其计时间隔由密而疏合理控制；试验过程不得松动探杆。

6. 出现下列情况之一时，应终止贯入，并立即起拔。

(1) 孔深已达任务书要求；

(2) 反力失效或主机已超负荷；

(3) 探杆明显弯曲，有断杆危险。

7. 当发现记录仪显示异常时，应停止贯入并在记录上注明，待排查异常原因后，继续试验。

第五节 成果的整理

一、各种触探参数的计算

首先应对原始数据进行检查与修正。如零漂值随深度变化，自动记录的深度与实际深度（以探杆长度计算）有差别时，应按线性内插法对原始数据进行修正。对于自动记录仪，可通过每隔一定深度提升一次，使笔头调零来达到消除零漂值影响。

经修正后的记录数据，应统一按下列公式计算各测试深度的有关触探参数

$$p_s = k_p \cdot x'_p \tag{3-4-3a}$$

$$q_c = k_q \cdot x'_q \tag{3-4-3b}$$

$$f_s = k_f \cdot x'_f \tag{3-4-3c}$$

$$u_d(\text{或 } u_T) = k_u \cdot x'_u \tag{3-4-3d}$$

$$R_f = f_s / q_c \times 100(\%) \tag{3-4-3e}$$

$$B_q = \frac{\Delta u}{q_t - \sigma_{v0}} = \frac{u_i - u_0}{q_t - \sigma_{v0}} \tag{3-4-3f}$$

$$q_T = q_c + (1-\alpha)u_T = q_c + \beta(1-\alpha)u_d \tag{3-4-3g}$$

式中 p_s ——单桥探头的比贯入阻力；

q_c ——双桥探头的锥尖阻力（简称端阻力）；

f_s ——双桥探头的侧摩擦力（简称侧阻力）；

u_d ——于探头锥面处测得的贯入孔压；

u_T ——于探头锥肩上测得的贯入孔压；

k_p、k_q、k_f、k_u ——分别为上列触探参数的传感器标定系数；x'_p、x'_q、x'_f、x'_u 为相应的（零漂）修正后读数；

R_f ——探头的摩阻比；

B_q——孔隙压力参数比（超孔压比）；

Δu ——超孔压；

u_i ——探头贯入时的孔隙水压力（简称贯入孔隙压力，也称初始孔压），贯入孔隙压力由锥肩处测得时，$u_i = u_T$，$\Delta u = u_T - u_0$；贯入孔隙压力由锥面上测得时，$u_i = u_d$，$\Delta u = u_d - u_0$；其中 u_0 为试验深度处的静水压力；

q_T ——总锥头阻力（经过孔压修正的锥尖阻力）；

α ——锥尖端面有效面积比，$\alpha = F_\alpha / A$ ；

F_α ——锥尖端面有效面积，即丝扣连接部的截面积（与地下水隔离）；

A——锥尖（探头）的全截面积；

$\beta = u_T / u_d$ ——转换系数，见表 3-4-4；

σ_{v0} ——土的总自重压力。

与土质状态有关的 β 值 **表 3-4-4**

土质状态	中砂粗砂	粉细砂		粉土	粉质黏土	黏土	重超固结黏土
		松散—中密	密实	正常固结及轻度固结			
β	1.0	0.7～0.3	<0.3	0.6～0.3	0.7～0.5	0.8～0.4	0.4～-0.1

根据有关技术规定，将上列计算的触探参数，点绘成依深度而定的分布曲线，统称触探曲线。自动记录仪绘制出的贯入阻力随深度变化曲线，其本身就是土层力学性质的柱状图，只需在其纵横坐标上绘制比例标尺，就可在图上直接查出 p_c或 q_c、f_s、u 值的大小。如做了孔压消散试验，还应绘制孔压消散曲线。

二、划分土层及绘制剖面图

1. 在划分土层时，一般根据已有经验并参照下述标准进行，当实测 p_s值不超过表 3-4-4所列的变动幅度时可合并为一层。

2. 根据静力触探深度与贯入阻力曲线可绘制出土的力学剖面图，并按上述标准进行力学分层，写上每层土的 p_s或 q_c的范围值（或一般值）。如果有钻孔资料与触探相配合时，可用对比法进行分层，从而提高分层精度。

p_s值并层容许变动幅度（MPa） **表 3-4-5**

实 测 范 围 值	变 动 幅 度
$p_s \leqslant 1$	±0.1～0.3
$1 < p_s \leqslant 3$	±0.3～0.5
$3 < p_s \leqslant 6$	±0.5～1

3. 对于一些很薄的交互层或含薄层粉砂土，不应按表 3-4-5 进行分层，而应以 $p_{smax}/p_{smin} \leqslant 2$ 为分层标准，结合记录曲线的线形和土的类别予以综合考虑

4. 在分层时还需考虑触探曲线中“提前”或“滞后”所反映的问题。当探头由坚硬土层进入松软土层或由松软土层突然进入坚硬土层时，往往出现这种现象，其幅度一般为 10～20cm。其原因既有触探机理上的问题，也有仪器性能反映迟缓和土层本身在两层土交接处带有一些渐变的性质，因此情况较复杂，在分层时应根据具体情况加以分析。

三、土层的触探参数计算与取值

土层依上述方法划分之后，各层土的触探参数值，一般均以其算术平均值表示，计算时扣除其上部滞后深度和下部超前深度范围内的触探参数值：

$$\overline{y} = \frac{1}{n}\sum_{i=1}^{n} y_i \tag{3-4-4}$$

式中的 y_i为土层各个深度触探参数值的代号，$\overline{y}$ 为层平均值。

对于自动记录曲线，经修正成成果曲线后，可根据各层土的曲线幅度变化情况，将其划分成若干小层，对每一小层按等积原理取该小层的触探参数平均值，然后按各小层厚度取该大层土触探参数的加权平均值。

对于下列情况，土层触探参数值应根据具体情况作必要取舍：

1. 在曲线中，遇个别峰值，可不参与平均值计算。所谓个别峰值，是指黏性土或粉土中的姜石、湖沼软土中的贝壳、泥炭土中的朽木、土中个别粗大颗粒等，它们不代表土层的基本特性；但在曲线图上，应如实绘出，有助于对地层的分析。

2. 厚度小于1m的土夹层，若贯入阻力较上、下土层为高（或低）时，应取其较大（或最小）值为层平均值。这里所谓的较大值是指峰值点上、下各20cm以内的大值平均值。

3. 土层系由若干厚度在30cm以内的粉土（砂）和黏性土交互层沉积而成，且不宜进一步细分时，则应分别计算该套组合土层的峰值平均值和谷值平均值。这是由于土层的界面效应对薄层土的贯入阻力有影响，使得土层的峰值较“真值”为小，谷值又较“真值”为大。这种地层应结合工程性质综合分析评价。

四、归一化超孔压曲线绘制

定义：$$\overline{U}=\frac{u_t-u_0}{u_i-u_0}=\frac{\Delta u_t}{\Delta u} \tag{3-4-5}$$

式中　$\overline{U}$——归一化超孔压比；

u_t——某消散历时 t 的孔压值；

u_i——孔压消散前的初值（初始孔压），$u_i=u_{t=0}$，由测试位置的不同，分别赋予 $u_i=u_T$ 和 $u_i=u_d$；

$\Delta u_t=u_t-u_0$，$\Delta u=u_i-u_0$，u_0 意义同前。

以修正的孔压消散曲线为依据，按式(3-4-5)将孔压消散曲线改绘成 $\overline{U}$-lg$t$ 曲线（图3-4-6），称之为归一化超孔压曲线。

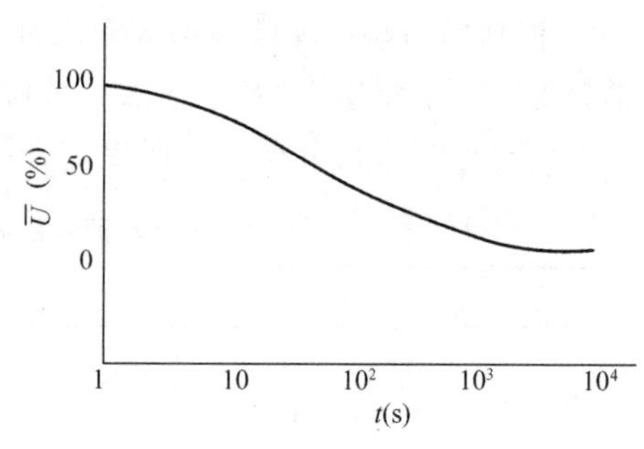

图3-4-6　归一化超孔压曲线

不难看出，$\overline{U}$ 与以孔隙压力为定义的固结度 U 存在如下关系：

$$U=1-\overline{U} \tag{3-4-6}$$

第六节　成果的应用

一、应用范围

1. 查明地基土在水平方向和垂直方向的变化，划分土层，确定土的类别；

2. 确定建筑物地基土的承载力和变形模量，以及其他物理力学指标；

3. 选择桩基持力层，预估单桩承载力，判别桩基沉入的可能性；

4. 检查填土及其他人工加固地基的密实程度和均匀性，判别砂土的密度及其在地震作用下的液化可能性；

5. 湿陷性黄土地基用于查找浸水湿陷的范围和界线。

二、土层分类

利用静力触探进行土层分类，由于不同类型的土可能有相同的 p_s、q_c 或 f_s值，因此，单靠某一个指标如单桥探头的 p_s，是无法对土层进行正确分类的。本节介绍用双桥探头和孔压探头判定土类的方法。

1. 使用双桥探头，可按图 3-4-7 划分土类。

2. 使用过滤片置于锥面的孔压探头触探时，在地下水位以下的土层可按图 3-4-8 划分土类。

3. 使用过滤片置于锥肩处的孔压探头触探时，在地下水位以下的土层可按图 3-4-9 划分土类。

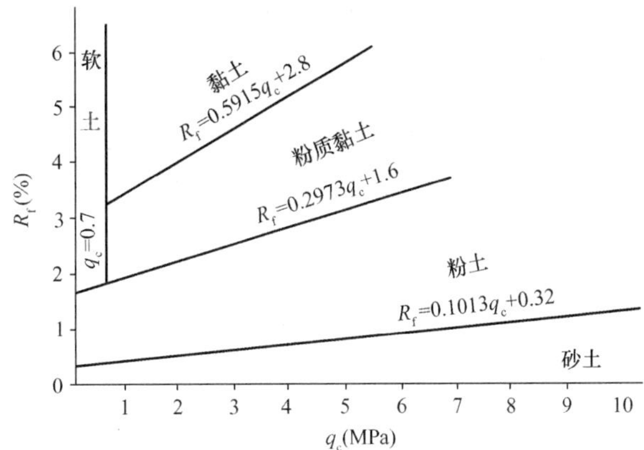

图 3-4-7　用双桥探头触探参数判别土类

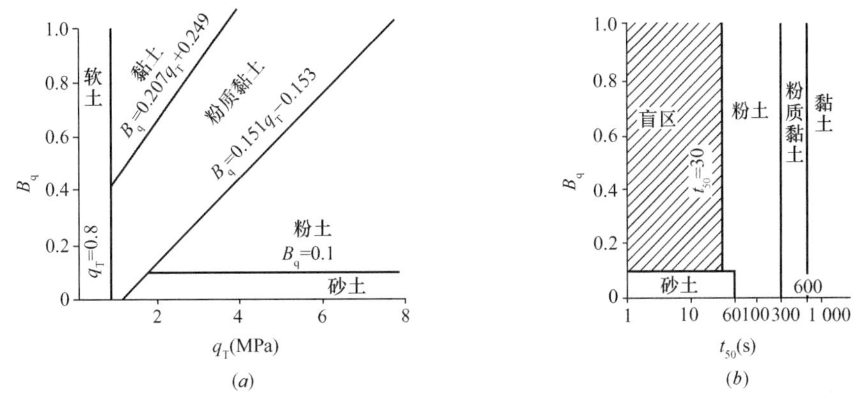

图 3-4-8　用孔压探头触探参数判别土类（过滤片置于锥面）

t_{50}—触探产生的超孔压消散达 50%的孔压消散历时，在绘制的归一化超孔压曲线上查取

（a）主判别；（b）辅助判别

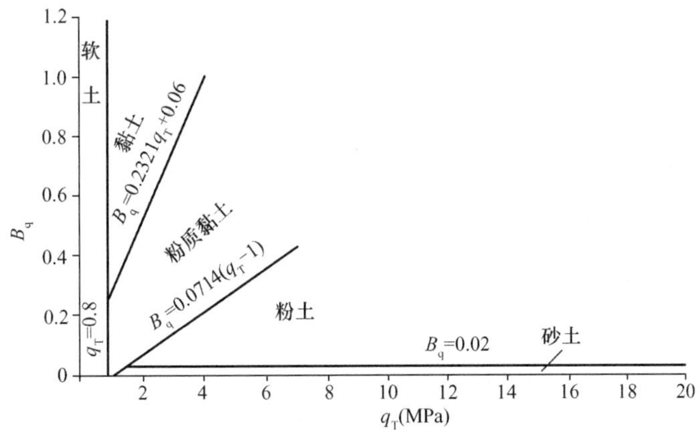

图 3-4-9　用孔压探头触探参数判别土类（过滤片置于锥肩处）

4. 国际上 Robertson 的土分类图采用 Wroth 建议的归一化参数，建立了以归一化锥尖阻力（Q_t）、归一化摩阻比（F_t）和孔压参数比（B_q）的土质分类图（图 3-4-10），该图准确率可达 80%以上。

$$Q_t = \frac{q_T - \sigma_{v0}}{\sigma'_{v0}} \tag{3-4-7}$$

$$F_t = \frac{f_s}{q_T - \sigma_{v0}} \tag{3-4-8}$$

式中　Q_t——归一化锥尖阻力；

F_t——归一化侧壁摩阻力；

σ'_{v0}——有效垂直压力，$\sigma'_{v0} = \sigma_{v0} - u_0$。

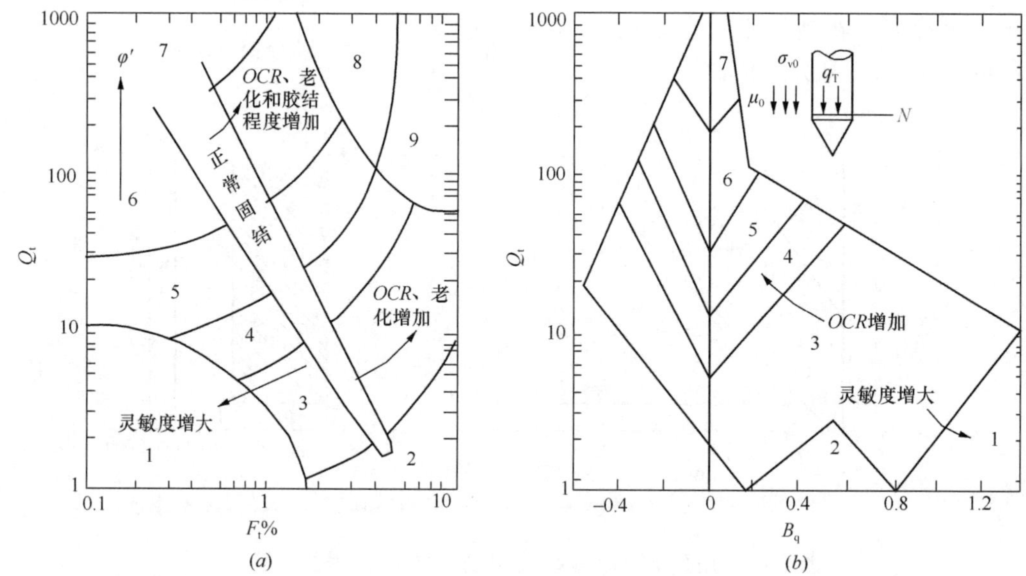

图 3-4-10　Robertson 的归一化土质分类图

1—灵敏细粒土；2—有机质土、泥炭；3—黏土-粉质黏土；4—粉质土黏土混合一粉质黏土；5—砂混合：粉质砂-砂质土；6—砂土-粉质砂土；7—砾质砂-砂；8—极硬砂-黏质砂；9—极硬细砂

三、确定地基土的承载力

为了利用静力触探确定地基土的承载力，国内外都是根据对比试验结果提出经验公式，以解决生产上的应用问题。

建立经验公式的途径主要是将静力触探试验结果与载荷试验求得的比例界限值进行对比；并通过对对比数据的相关分析得到用于特定地区或特定土性的经验公式，表 3-4-6 是不同单位得到的不同地区黏性土的经验公式。

对于砂土则采用表 3-4-7 所列经验式。

黏性土静力触探承载力经验式（f_0—kPa，p_s、q_c—MPa）　　　**表 3-4-6**

序号	公　式	适应范围	公式来源
1	$f_0=104p_s+26.9$	$0.3\leqslant p_s\leqslant 6$	勘察规范（TJ 21—77）
2	$f_0=183.4\sqrt{p_s}-46$	$0\leqslant p_s\leqslant 5$	铁三院

续表

序号	公　　式	适应范围	公式来源
3	$f_0=17.3p_s+159$	北京地区老黏性土	原北京市勘察处
	$f_0=114.8\lg p_s+124.6$	北京地区新近代土	同上
4	$P_{0.026}=91.4p_s+44$	$1\leqslant p_s\leqslant 3.5$	湖北综合勘察院
5	$f_0=249\lg p_s+157.8$	$0.6\leqslant p_s\leqslant 4$	四川省综合勘察院
6	$f_0=45.3+86p_s$	无锡地区 $p_s=0.3\sim3.5$	无锡市建筑设计室
7	$f_0=1167p_s^{0.387}$	$0.24\leqslant p_s\leqslant 2.53$	天津市建筑设计院
8	$f_0=87.8p_s+24.36$	湿陷性黄土	陕西省综合勘察院
9	$f_0=80p_s+31.8$		机械工业勘察设计研究院
	$f_0=98q_c+19.24$	黄土地基	同上
	$f_0=44.7+44p_s$	平川型新近堆积黄土	同上
10	$f_0=90p_s+90$	贵州地区红黏土	贵州省建筑设计院
11	$f_0=112p_s+5$	软土，$0.085<p_s<0.9$	铁道部（1988）

砂土静力触探承载力经验式（f_0—kPa，p_s、q_c—MPa）　　**表 3-4-7**

序号	公式	适应范围	公式来源
1	$f_0=20p_s+59.5$	粉细砂 $1<p_s<15$	用静探测定砂土承载力
2	$f_0=36p_s+76.6$	中粗砂 $1<p_s<10$	联合试验小组报告
3	$f_0=91.7\sqrt{p_s}-23$	水下砂土	铁三院
4	$f_0=(25\sim33)\ q_c$	砂土	国外

对于粉土则采用下式：

$$f_0 = 36p_s + 44.6 \tag{3-4-9}$$

式中 f_0的单位为 kPa；p_s的单位为 MPa。

《铁路工程地质原位测试规程》TB 10018—2018 中天然地基基本承载力 σ_0 和极限承载力 p_u分别按表 3-4-8 和表 3-4-9 确定。

天然地基基本承载力（σ_0）算式　　**表 3-4-8**

土层名称		算式 $\sigma_0=f(p_s)$ (kPa)	p_s值范围 (kPa)	相关系数	标准差	变异系数
老黏性土（$Q_1\sim Q_3$）		$\sigma_0=0.1p_s$	2700～6000	—	—	—
一般黏性土（Q_4）		$\sigma_0=5.8\sqrt{p_s}-46$	≤6000	0.920	26	0.095
软土		$\sigma_0=0.112p_s+5$	85～800	0.850	16.7	0.259
砂土及粉土		$\sigma_0=0.89p_s^{0.63}+14.4$	≤24000	0.945	31.6	0.154
新黄土（Q_4、Q_3）	东南带	$\sigma_0=0.05p_s+65$	500～5000	0.878	33	0.204
	西北带	$\sigma_0=0.05p_s+35$	650～5500	0.930	23.4	0.148
	北部边缘带	$\sigma_0=0.04p_s+40$	1000～6500	0.823	26.2	0.151

天然地基极限承载力（p_u）算式　表 3-4-9

土层名称		p_u算式	p_s值范围（kPa）	相关系数	标准差	变异系数
老黏性土（Q_1～Q_3）		$p_u=0.14p_s+265$	2700～6000	0.810	153	0.203
一般黏性土（Q_4）		$p_u=0.94p_s^{0.8}+8$	700～3000	0.818	60.2	0.199
软土		$p_u=0.196p_s+15$	<800	0.827	36.5	0.310
粉、细砂		$p_u=3.89p_s^{0.58}-65$	1500～24000	0.874	137.6	0.256
中、粗砂		$p_u=3.6p_s^{0.6}+80$	800～12000	0.670	236.6	0.336
砂土		$p_u=3.74p_s^{0.58}+47$	1500～24000	0.710	217	0.350
粉土		$p_u=1.78p_s^{0.63}+29$	≤8000	0.945	63.2	0.139
新黄土（Q_4、Q_3）	东南带	$p_u=0.1p_s+130$	500～4500	0.878	66.0	0.204
	西北带	$p_u=0.1p_s+70$	650～5300	0.930	46.8	0.148
	北部边缘带	$p_u=0.08p_s+80$	1000～6000	0.823	52.4	0.204

四、确定土的变形指标

1. 基本公式

Buisman 曾建议砂土的 E_s-q_c关系式为：$E_s=1.5q_c$　(3-4-10)

式中　E_s——固结试验求得的压缩模量（MPa）。

这个公式基于下列假设：

(1) 触探头类似压进半无限弹性压缩体的圆锥；

(2) 压缩模量是常数，并且等于固结试验的压缩模量 E_s；

(3) 应力分布的 Boussinesq 理论是适用的；

(4) 与土的自重应力相比，应力增量很小。

2. E_0-p_s、E_s-p_s 的经验式列于表 3-4-10。

按比贯入阻力 p_s（MPa）确定 E_0和 E_s（MPa）　表 3-4-10

序号	公式	适用范围	公式来源
1	$E_s=3.72p_s+1.26$	$0.3\leq p_s<5$	《工业与民用建筑工程地质勘察规范》TJ 21—77
2	$E_0=9.79p_s-2.63$ $E_0=11.77p_s-4.69$	$0.3\leq p_s<3$ $3\leq p_s<6$	
3	$E_s=3.63(p_s+0.33)$	$p_s<5$	交通部一航局设计院
4	$E_s=1.62+2.17p_s$ $E_s=3.85+2.12p_s$	$0.7<p_s<4$ 北京近代土 $1<p_s<9$ 北京老土	北京市勘察处
5	$E_s=1.9p_s+3.23$	$0.4\leq p_s\leq 3$	四川省综合勘察院
6	$E_s=2.94p_s+1.34$	$0.24<p_s<3.33$	天津市建筑设计院
7	$E_s=1.01+3.47p_s$	无锡地区 $p_s=0.3$～3.5	无锡市建筑设计院
8	$E_s=6.3p_s+0.85$	贵州地区红黏土	贵州省建筑设计院

注：E_0 为现场载荷试验求得的变形模量。

《铁路工程地质原位测试规程》TB 10018—2018 规定土层的压缩模量 E_s 可按表 3-4-11 确定，地基土变形模量 E_0 可按表 3-4-12 确定。对于 $p_s \leqslant 1$MPa 的饱和黏性土，其不排水杨氏模量 E_u 可按下式计算：

$$E_u = 11.4p_s \tag{3-4-11}$$

式中的 E_u 值为剪应力水平达 50%时的割线模量。

E_s 值（MPa）　　表 3-4-11

土层名称	p_s（MPa）								
	0.1	0.3	0.5	0.7	1	1.3	1.8	2.5	3
软土及一般黏性土	0.9	1.9	2.6	3.3	4.5	5.7	7.7	10.5	12.5
饱和砂土	—	—	2.6～5.0	3.2～5.4	4.1～6.0	5.1～7.5	6.0～9.0	7.5～10.2	9.0～11.5
新黄土（Q_4、Q_3）	—	—	—	—	1.7	3.5	5.3	7.2	9.0
土层名称	p_s（MPa）								
	4	5	6	7	8	9	11	13	15
软土及一般黏性土	16.5	20.5	24.4	—	—	—	—	—	—
饱和砂土	11.5～13.0	13.0～15.0	15.0～16.5	16.5～18.5	18.5～20.0	20.0～22.5	24.0～27.0	28.0～31.0	35.0
新黄土（Q_4、Q_3）	12.6	16.3	20.0	23.6	—	—	—	—	—

注：1. E_s为压缩曲线上 p_1=0.1MPa～p_2=0.2MPa 压力段的压缩模量。

2. 粉土可按表列砂土 E_s值的 70%取值。

3. Q_3及其以前的黏性土和新近堆积土应根据当地经验取值或采用原状土样作压缩试验。

4. 表内数值可内插，不可外延。

E_0值（MPa）经验公式　　表 3-4-12

公式号	土层名称		E_0算式（MPa）	p_s值域（MPa）	相关系数 r	标准差 s（MPa）	变异系数 δ
(3-4-12)	老黏性土（Q_1～Q_3）		$E_0 = 11.78p_s - 4.69$	3～6	—	—	—
(3-4-13)	软土及饱和黏性土（Q_4）		$E_0 = 6.03p_s^{1.45} + 0.8$	0.085～2.5	0.860	0.63	0.066
(3-4-14)	细砂、粉砂、粉土		$E_0 = 3.57p_s^{0.684}$	1～20	0.840	3.9	0.219
(3-4-15)	新黄土（Q_4、Q_3）	东南带	$E_0 = 13.09p_s^{0.64}$	0.5～5	0.53	11.7	0.468
(3-4-16)		西北带	$E_0 = 5.95p_s + 1.41$	1～5.5	0.70	7.2	0.347
(3-4-17)		北部边缘带	$E_0 = 5p_s$	1～6.5	取下限值公式		

注：新近堆积土的 E_0应根据当地经验取值或用载荷试验确定。一般工程，当 I_P>10 时，按式（3-4-13）算出 E_0后再乘以 0.9～0.4 折减系数，折减系数随 p_s值增加而降低。

五、确定不排水抗剪强度 c_u值

用静力触探求饱和软土黏土的不排水综合抗剪强度（c_u），目前是用静力触探成果与十字板剪切试验成果对比，建立 p_u和 c_u之间的相关关系，以求得 c_u值，其相关式见表 3-4-13。

软土 c_u（kPa）与 p_s、q_c（MPa）相关公式　　表 3-4-13

公　式	适用范围	公式来源
$c_u=30.8p_s+4$	$0.1\leqslant p_s\leqslant1.5$ 软黏土	交通部一航局设研院
$c_u=71q_c$	镇海软黏土	同济大学

《铁路工程地质原位测试规程》TB 10018—2018 规定对灵敏度 $S_t=2\sim7$、塑性指数 $I_P=12\sim40$ 的软黏性土，不排水抗剪强度 c_u 按下式计算。

$$c_u=0.9(p_s-\sigma_{vo})/N_k \tag{3-4-18a}$$

$$N_k=25.81-0.75S_t-2.25\ln I_P \tag{3-4-18b}$$

当缺乏 S_t、I_P 数据时，可按下式估算 c_u 值。

$$c_u=0.04p_s+2 \tag{3-4-18c}$$

式中，p_s 单位为 kPa。

六、确定土的内摩擦角

1. 砂土的内摩擦角可根据静力触探参照表 3-4-14 取值。

砂土的内摩擦角 φ　　表 3-4-14

p_s（MPa）	1	2	3	4	6	11	15	30
φ（°）	29	31	32	33	34	36	37	39

2. 黏性土的内摩擦角可根据静力触探按下列公式确定

根据铁道部《铁路工程地质原位测试规程》TB 10018—2018 对于超固结比 $OCR\leqslant2$ 的正常固结和轻度超固结的软黏性土，当贯入阻力 p_s（或 q_c）随深度呈线性递增时，其固结快剪内摩擦角（φ_{cu}）可用下列公式估算：

$$\lg\varphi_{cu}=1.4\Delta c_u/\sigma'_{vo} \tag{3-4-19a}$$

$$\Delta\sigma'_{vo}=\Delta\sigma_{vo}-\gamma_w\cdot\Delta d \tag{3-4-19b}$$

$$\Delta\sigma_{vo}=\gamma\cdot\Delta d \tag{3-4-19c}$$

式中　Δd——线性化触探曲线上任意两点间的深度增量；

Δc_u——对应于 Δd 的不排水抗剪强度增量，可按式（3-4-18c）计算；

$\Delta\sigma_{v0}$——土的自重压力增量。

七、估计饱和黏性土的天然重度

利用静力触探比贯入阻力 p_s 值，结合场地或地区性土质情况（含有机物情况、土质状态）可估计饱和黏性土的天然重度，如表 3-4-15 所示。

按比贯入阻力 p_s 估计饱和黏性土的天然重度　　表 3-4-15

p_s（MPa）	0.1	0.3	0.5	0.8	1.0	1.6
γ（kN/m³）	14.1～15.5	15.6～17.2	16.4～18.0	17.2～18.9	17.5～19.3	18.2～20.0
p_s（MPa）	2.0	2.5	3.0	4.0	≥4.5	
γ（kN/m³）	18.7～20.6	19.2～21.0	19.5～20.7	20.0～21.4	20.3～22.2	

《铁路工程地质原位测试规程》TB 10018—2018 中用 p_s 值确定一般饱和黏性土的重度 γ 见表 3-4-16。

用 p_s 估算 γ 表 3-4-16

p_s<400kPa 时	$\gamma=8.23\ p_s^{0.12}$ (kN/m³)
400≤p_s<4500kPa 时	$\gamma=9.56\ p_s^{0.095}$ (kN/m³)
p_s≥4500kPa 时	$\gamma=21.3$ (kN/m³)

八、确定砂土的相对密实度和确定砂土密实度的界限

利用静力触探 q_c 值，并考虑垂直有效应力，可以确定砂土的相对密实度（图 3-4-11）。再由图 3-4-12D_γ-φ 关系图确定 φ。

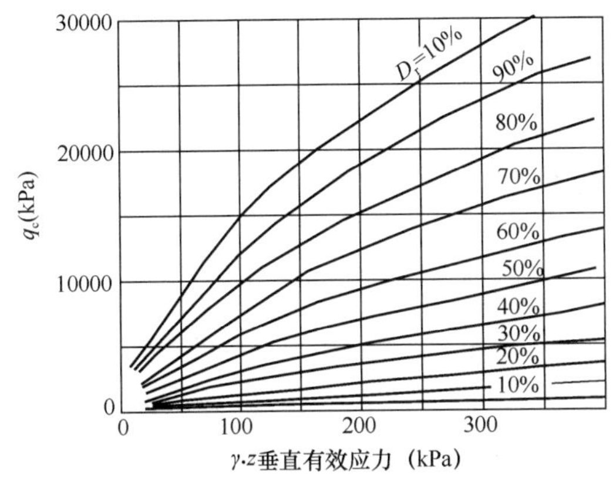

图 3-4-11 Schmertman（1975）q_c-$\gamma\cdot z$、D_r的关系（正常固结的中细砂）

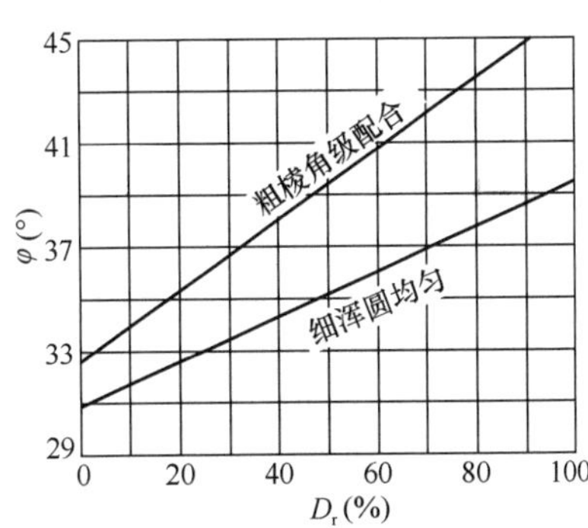

图 3-4-12 Schmertman（1975）D_r-φ 的关系（石英砂）

石英质砂土的相对密实度（D_r）可参照表 3-4-17 确定（《铁路工程地质原位测试规程》TB 10018—2018）。

石英质砂土的相对密实度 D_r 表 3-4-17

密实程度	p_s (MPa)	D_r
密实	$p_s\geq14$	$D_r\geq0.67$
中密	$14>p_s>6.5$	$0.67>D_r>0.40$
稍密	$6.5\geq p_s\geq2$	$0.40\geq D_r\geq0.33$
松散	$p_s<2$	$D_r<0.33$

九、判别黏性土的塑性状态

1. 用过滤器置于锥面的孔压触探参数判别黏性土的塑性状态可按表 3-4-18 进行。

用孔压触探参数判别黏性土的塑性状态 表 3-4-18

分级		液性指数	主 判 别	副判别
坚硬状态		$I_L\leq0$	($q_T>5$)	$B_q<0.2$
可塑状态	硬塑	$0<I_L\leq0.5$	$q_T\leq5$ $3.12B_q-2.77q_T<-2.21$	$B_q<0.3$
	软塑	$0.5<I_L<1$	$3.12B_q-2.77q_T\geq-2.21$ $11.2B_q-21.3q_T<-2.56$	$B_q\geq0.2$
流塑状态		$I_L\geq1$	$11.2B_q-21.3q_T\geq-2.56$	$B_q\geq0.42$

注：1. q_T单位用 MPa。
2. 坚硬状态土已非饱和土，括号内数值为参考值。
3. 对过滤片置于锥肩处的孔压探头触探参数，可按式（3-4-3）表 3-4-4 换算出相应的 q_T、B_q后再用本表判别。

2. 用单桥触探参数判别黏性土的塑性状态（表 3-4-19）

用单桥触探参数判别黏性土的塑性状态　　**表 3-4-19**

I_L	0	0.25	0.50	0.75	1
p_s（MPa）	（5～6）	（2.7～3.3）	1.2～1.5	0.7～0.9	＜0.5

注：括号内为参考值。

十、估算单桩承载力

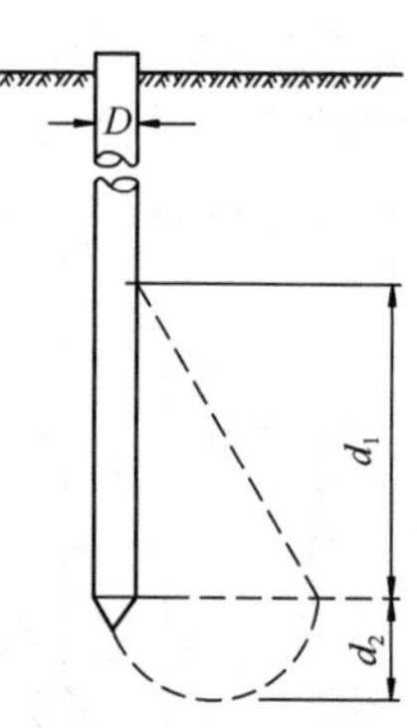

图 3-4-13　计算单桩承载力示意图

静力触探试验可以看作是一小直径桩的现场载荷试验。对比结果表明，用静力触探成果估算单桩极限承载力是行之有效的。通常是按单桥或双桥探头实测曲线进行估算。

现将该两种方法估算经验式介绍如下（图 3-4-13）。

1. 按单桥探头实测比贯入阻力估算预制桩单桩竖向承载力：

$$R_d=\frac{R_{sk}}{r_s}+\frac{R_{pk}}{r_p}=\frac{u_p\sum f_{si}\cdot l_i}{r_s}+\frac{\alpha_b\cdot p_{sb}\cdot A_p}{r_p}\tag{3-4-20}$$

式（3-4-20）是上海市《地基基础设计规范》DGJ 08—11—2010 推荐的公式，适用于沿海软土地区。

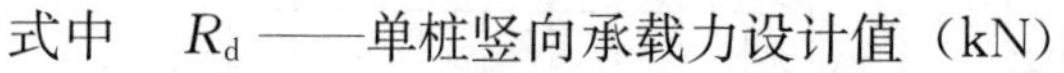

式中　R_d——单桩竖向承载力设计值（kN）；

R_{sk}——桩侧总极限摩阻力标准值（kN）；

R_{pk}——桩端极限阻力标准值（kN）；

r_s——总侧摩阻力的分项系数；

r_p——桩端阻力的分项系数；

A_p——桩身横截面积（m^2）；

u_p——桩身周长（m）；

l_i——按土层划分，第 i 层土分段桩长（m）；

α_b——桩端阻力修正系数，由表 3-4-20 查取；

桩端阻力修正系数 α_b 值　　**表 3-4-20**

桩长（m）	$l\leqslant7$	$7<l\leqslant30$	$l>30$
α_b	2/3	5/6	1

p_{sb}——桩端附近的静力触探比贯入阻力平均值（kPa），按式（3-4-21）计算：

当 $p_{sb1}\leqslant p_{sb2}$ 时，$p_{sb}=\dfrac{p_{sb1}+p_{sb1}\beta}{2}$　　（3-4-21a）

当 $p_{sb1}>p_{sb2}$ 时，$p_{sb}=p_{sb2}$　　（3-4-21b）

p_{sb1}——桩端全断面以上 8 倍桩径范围内的比贯入阻力平均值（kPa）；

p_{sb2}——桩端全断面以下 4 倍桩径范围内的比贯入阻力平均值（kPa）；

β——折减系数，按 $\dfrac{p_{sb2}}{p_{sb1}}$ 的值从表 3-4-21 查得：

折减系数 β 值　　**表 3-4-21**

p_{sb2}/p_{sb1}	＜5	5～10	10～15	＞15
β	1	5/6	2/3	1/2

f_{si}——用静力触探比贯入阻力 p_s 估算的桩周各层土的极限摩阻力标准值（kPa），一般按以下原则选择：

① 地表下 6m 范围内的浅层土，一般取 $f_{si}=15$kPa；

② 黏性土：当 $p_s<1000$kPa 时，$f_{si}=\frac{p_s}{20}$（kPa）；

当 $p_s>1000$kPa 时，$f_{si}=0.025p_s+25$（kPa）；

③ 粉土及砂土：$f_{si}=\frac{p_s}{50}$（kPa）；

其中 p_s为桩身所穿越土层的比贯入阻力平均值（kPa）。

用静力触探资料估算的桩端极限端阻力标准值不宜超过 8000kPa；桩侧极限摩阻力标准值不宜超过 100kPa。对于比贯入阻力值为 2500～6500kPa 的浅层粉性土或稍密的砂土，估算桩端阻力和桩侧摩阻力时应结合土的密实程度以及类似工程经验综合确定。

2.《铁路工程地质原位测试规程》TB 10018—2018 的计算方法。

（1）打入混凝土桩承载力

打入钢筋混凝土预制桩的极限荷载 Q_u可根据双桥探头触探参数按下列公式及要求计算：

$$Q_u = U\sum_{i=1}^{n} h_i\beta_i\overline{f}_{si} + \alpha A_c q_{cp} \tag{3-4-22a}$$

式中 U——桩身周长（m）；

h_i——桩身穿过的第 i 层土厚度（m）；

A_c——桩底（不包括桩靴）全断面面积（m^2）；

$\overline{f}_{si}$——第 i 层土的触探侧阻平均值（kPa）；

q_{cp}——桩底端阻计算值；

β_i、α——分别为第 i 层土的极限摩阻力和桩尖土的极限承载力综合修正系数。

式中的 q_{cp}、β_i、α 应按下列要求计算：

1）当桩底高程以上 $4d$（d 为桩径）范围内平均端阻 $\overline{q}_{cp1}$ 小于桩底高程以下 $4d$ 范围内平均端阻 $\overline{q}_{cp2}$ 时：

$$q_{cp} = (\overline{q}_{cp1} + \overline{q}_{cp2})/2 \tag{3-4-22b}$$

反之，则取

$$q_{cp} = \overline{q}_{cp2} \tag{3-4-22c}$$

2）当桩侧第 i 层土平均端阻 $\overline{q}_{ci}>2000$kPa，且相应的摩阻比 $\overline{f}_{si}/\overline{q}_{ci}\leqslant 0.014$ 时：

$$\beta_i = 5.067(\overline{f}_{si})^{-0.45} \tag{3-4-22d}$$

如 $\overline{q}_{ci}$ 及 $\overline{f}_{si}/\overline{q}_{ci}$ 不能同时满足上述条件时：

$$\beta_i = 10.045(\overline{f}_{si})^{-0.55} \tag{3-4-22e}$$

由上二式计得 $\beta_i\overline{f}_{si}>100$kPa 时，宜取 $\beta_i\overline{f}_{si}=100$kPa

3）当 $\overline{q}_{cp2}>2000$kPa，且相应的摩阻比 $\overline{f}_{s2}/\overline{q}_{cp2}\leqslant 0.014$ 时：

$$\alpha = 3.975(q_{cp})^{-0.25} \tag{3-4-22f}$$

如 $\overline{q}_{cp2}$ 及 $\overline{f}_{s2}/\overline{q}_{cp2}$ 不能同时满足上述条件时：

$$\alpha = 12.064(q_{cp})^{-0.35} \tag{3-4-22g}$$

（2）混凝土钻孔灌注桩及沉管灌注桩的极限荷载 Q_u可按公式（3-4-22a）估算，但式中的综合修正系数 β_i和 α 值应按下列规定计值：

1）钻孔灌注桩

$$\beta_i = 18.24(\overline{f}_{si})^{-0.75} \tag{3-4-23a}$$

$$\alpha = 130.53(q_{cp})^{-0.76} \tag{3-4-23b}$$

2）沉管灌注桩：

$$\beta_i = 4.14(\overline{f}_{si})^{-0.4} \tag{3-4-23c}$$

① 当桩底高程以下 $4d$ 范围内的摩阻比 R_f（%）$>0.1013\,\overline{q}_{cp2}+0.32$ 时：

$$\alpha = 1.65(q_{cp})^{-0.14} \tag{3-4-23d}$$

② 当桩底高程以下 $4d$ 范围内的摩阻比 R_f（%）$\leqslant 0.1013\overline{q}_{cp2}+0.32$ 时：

$$\alpha = 0.45(q_{cp})^{-0.09} \tag{3-4-23e}$$

3.《建筑桩基技术规范》JGJ 94—2008 的计算方法

（1）当根据单桥探头静力触探资料确定混凝土预制桩单桩竖向极限承载力标准值时，如无当地经验可按下式计算（采用的单桥探头，侧锥底面积为 15cm²，底面带 7cm 高滑套，锥角 60°）：

$$Q_{uk} = Q_{sk} + Q_{pk} = u\sum q_{sik}l_i + \alpha p_{sk}A_p \tag{3-4-24a}$$

式中　u——桩身周长；

q_{sik}——用静力触探比贯入阻力值估算的桩周第 i 层土的极限侧阻力；

l_i——桩穿越第 i 层土的厚度；

α——桩端阻力修正系数，可按表 3-4-22 取值；

p_{sk}——桩端附近的静力触探比贯入阻力标准值（平均值）；

A_p——桩端面积。

桩端阻力修正系数 α 值　　**表 3-4-22**

桩入土深度（m）	$h<15$	$15\leqslant h\leqslant 30$	$30< h\leqslant 60$
α	0.75	0.75～0.90	0.90

注：桩入土深度 15m$\leqslant h\leqslant$30m 时，α 值按 h 值直线内插；h 为基底至桩端全断面的距离（不包括桩尖高度）。

q_{sik} 值应结合土工试验资料，依据土的类型、埋藏深度、排列次序，按图 3-4-14 折线取值。

当桩端穿过粉土、粉砂、细砂及中砂层底面时，折线Ⓓ估算的 q_{sik} 值需乘以表 3-4-23 中系数 η_s 值。

系数 η_s 值　　**表 3-4-23**

p_{sk}/p_{sl}	$\leqslant 5$	7.5	$\geqslant 10$
ζ_s	1.00	0.50	0.33

注：p_{sk} 为桩端穿过的中密—密实砂土、粉土的比贯入阻力平均值；p_{sl} 为砂土、粉土的下卧软土层的比贯入阻力平均值。

p_{sk} 可按下式计算：

当 $p_{sk1}\leqslant p_{sk2}$ 时，

$$p_{sk} = \frac{1}{2}(p_{sk1} + \beta\cdot p_{sk2}) \tag{3-4-24b}$$

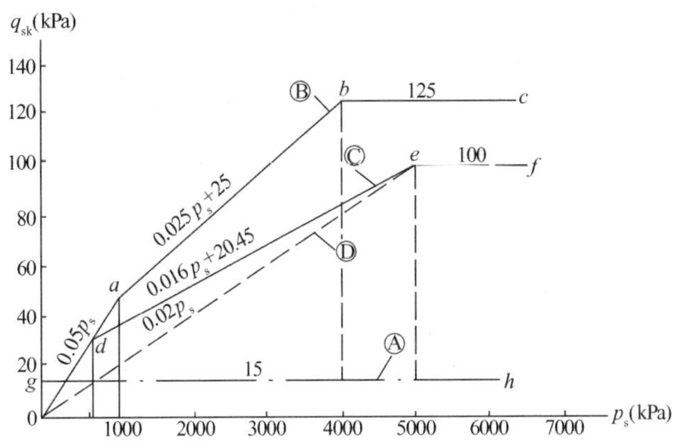

图 3-4-14 q_{sk}-p_s 曲线

注：①图 3-4-14 中，直线Ⓐ（线段 gh）适用于地表下 6m 范围内的土层；折线Ⓑ（线段 $oabc$）适用于粉土及砂土层以上（或无粉土及砂土土层地区）的黏性土；折线Ⓒ（线段 $odef$）适用于粉土及砂层土土层以下的黏性土；折线Ⓓ（线段 oef）适用于粉土、粉砂、细砂及中砂。

当 $p_{sk1} > p_{sk2}$ 时，

$$p_{sk} = p_{sk2} \tag{3-4-24c}$$

式中 p_{sk1}——桩端全截面以上 8 倍桩径范围内的比贯入阻力平均值；

p_{sk2}——桩端全截面以下 4 倍桩径范围内的比贯入阻力平均值，如桩端持力层为密实的砂土层，其比贯入阻力平均值 p_s 超过 20MPa 时，则需乘以表 3-4-24 中系数 C 予以折减后，再计算 p_{sk}；

β——折减系数，按 p_{sk1}/p_{sk2} 值从表 3-4-25 选用。

系数 C **表 3-4-24**

p_s（MPa）	20～30	35	>40
系数 C	5/6	2/3	1/2

折减系数 β **表 3-4-25**

p_{sk2}/p_{sk1}	≤5	7.5	12.5	≥15
β	1	5/6	2/3	1/2

（2）当根据双桥探头静力触探资料确定混凝土预制桩单桩竖向承载力标准值时，对于黏性土、粉土和砂土、如无当地经验时可按下式计算：

$$Q_{uk} = u\sum l_i \beta_i f_{si} + \alpha q_c A_p \tag{3-4-25}$$

式中 f_{si}——第 i 层土的探头平均侧阻力；

q_c——桩端平面上、下探头阻力，取桩端平面以上 $4d$（d 为桩的直径或边长）范围内按土层厚度的探头阻力加权平均值，然后再和桩端平面以下 $1d$ 范围内的探头阻力进行平均；

α——桩端阻力修正系数，对黏性土、粉土取 2/3，饱和砂土取 1/2；

β_i——第 i 层土桩侧阻力综合修正系数，按下式计算；

$$\text{黏性土、粉土：}\beta_i = 10.04(f_{si})^{-0.55}$$

$$\text{砂土：}\beta_i = 5.05(f_{si})^{-0.45}$$

注：双桥探头的圆锥底面积为 15cm^2，锥角 60°，摩擦套筒高 21.85cm，侧面积 300cm^2。

十一、前期固结压力或超固结比

Mayne 将孔穴扩张理论和临界状态理论相结合，提出了锥尖阻力和超固结比的半经验半解析关系：

$$OCR = 2\left(\frac{1}{1.95M+1}\cdot\frac{q_T - u_T}{\sigma'_{v0}}\right) \tag{3-4-26}$$

式中，M 为临界状态曲线的坡度，与土的有效内摩擦角有关，$M=\dfrac{6\sin\varphi'}{3-\sin\varphi'}$。

Lunne 推荐的黏性土 OCR 的关系式为：

$$OCR = k\left(\frac{q_T - \sigma_{v0}}{\sigma'_{v0}}\right) \tag{3-4-27}$$

式中，k 的平均值为 0.3，变化范围在 0.2～0.5。

十二、检验地基加固效果和压实填土的质量

静力触探可用来检验压实填土的密度和均匀程度，其优点是迅速经济，可使取样数量大大减少，缩短检验周期。

山西煤矿设计院建议以 $k=\dfrac{P_{smax}}{P_{smin}}$ 作为检验压实填土地基均匀程度的控制指标，即：

当 $p_s \leqslant 6000\text{kPa}$，$k\leqslant 1.55$ 时为均匀填土地基；

当 $p_s > 6000\text{kPa}$，$k\leqslant 1.80$ 时为均匀填土地基。

十三、判定地震时饱和砂土液化的可能性

见第六篇第七章第三节。

十四、不同探头贯入阻力与端阻换算

单桥、双桥及孔压探头的贯入阻力与端阻可按下列公式（估计）换算：

$$p_s = 1.1q_c \tag{3-4-28}$$

$$q_T = p_s \tag{3-4-29}$$

第七节　微型贯入仪

微型贯入仪是一种能快速对原状黏性土地基进行测定和评价的仪器，按其结构，分为机械式和智能式两种，实际上也是一种微型静力触探仪。重量 3.0kg 和 3.5kg 适用于建筑施工验槽，地基土密实度、承载力，可在室内外，直接在土试样上或基坑内测定出三个主要物理力学指标，即承载力 f_0，压缩模量 E_s 和液性指数 I_L。

一、主要技术指标

微型贯入仪的外形见图 3-4-15，有两种规格，分别为 0～200kPa 和 0～400kPa，可分

别测试软（可塑）硬（坚硬）土，其参数列于表 3-4-26。

二、试验操作要点

1. 取一块厚度大于 2cm，直径大于 10cm 的土试样，将其顶面削平，试验时先将仪器的探头取下，用布擦干净后再拧紧上平，每测完一次都清理一下探头上的泥土。

2. 五指平握住贯入仪的外套，在试件上任选一点，要求仪器垂直于土平面，施加压力将探头贯入 10mm，探头锥尖的高度本身即为 10mm，故贯入深度规定锥尖端面黑色铜套的连接处为界线，贯入到土面刚没过该界线立即停止，但不要突然松手，可逐渐放松避免弹力太大，影响数值的准确。

3. 对于机械式，由人工读取刻度杆上的数值 P，P 即为贯入阻力，在使用中可能因人因位置造成一定的读数误差。对于电子式，由于采用了数字自动量显示技术，代替了机械刻度，消除了视觉误差和人为误差，精度较高。在同一块试样上要测 4～5 个点的 P 值，然后取其平均值，P 与 f_a、E_s、I_L 的关系见表 3-4-27。

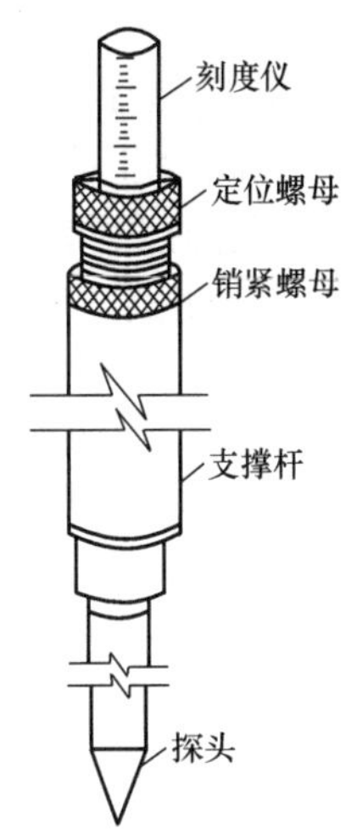

图 3-4-15 微型贯入仪示意图

微型贯入仪的主要技术指标 表 3-4-26

贯入阻力测试范围	0～200kPa	0～400kPa
最大分度值	10kPa	10kPa
贯入深度	10mm	10mm
误差	10kPa	10kPa
外形尺寸	ϕ12×160mm	ϕ12×160mm

贯入度 P 与 f_a、E_s、I_L 关系 表 3-4-27

P	f_a (kPa)	E_s (MPa)	I_L
0.3	92	3.6	0.99
0.5	124	4.6	0.95
0.7	149	5.1	0.87
0.9	173	5.8	0.82
1.1	190	6.2	0.77
1.3	199	6.6	0.71
1.5	207	7.0	0.65
1.7	216	7.4	0.61
1.9	224	7.8	0.57
2.1	233	8.2	0.53
2.3	242	8.6	0.49
2.5	250	9.0	0.45
2.7	258	9.4	0.41
2.9	267	9.8	0.37
3.2	280	10.4	0.31
3.5	293	11.0	0.25
3.8	306	11.6	0.19
4.0	315	12.0	0.15

4. 每做完一点试验，需将仪器的刻度杆拨回到零，再做下一点试验。刻度杆千万不可全部拨出来，否则不好装回去，影响仪器精度。

5. 施工验槽时，贯入深度不好观察，可将模片板安装在锥尖与铜套之间，试验时可从模片的窗口上面观察，当土面贴近模片时，即达到 10mm 的贯入深度，停止贯入，读取结果。

6. 贯入停止时，刻度杆应能自动保留数值，如发现刻度杆随贯入阻力串动失灵时，不能取这点数据，需将刻度杆稍提一点，随意旋转一个角度，再恢复到零，重新测量。

7. 试验过程，施力要均匀，缓慢地贯入、停止和放松。一般以平均 10s 完成贯入 10mm 的速度为宜。

三、测试结果的应用

根据上述结果和载荷试验进行比较，建立相应地区的 P 值与地基承载力特征值 f_a、压缩模量 E_s值等关系。在工作中当无地区经验时，可参照表 3-4-27 选用有关参数。

第五章 载 荷 试 验

第一节 浅层平板载荷试验

平板载荷试验（PLT）是在一定面积的承压板上向地基土逐级施加荷载，测求地基土的压力与变形特性的原位测试方法。它反映承压板下 1.5～2.0 倍承压板直径或宽度范围内地基土强度、变形的综合性状。

浅层平板载荷试验适用于确定浅部地基土层承压板下压力主要影响范围内的承载力和变形参数。

一、试验设备及规格

（一）承压板（台）

1. 钢质承压板

适用于各种土层，承压板面积一般为 0.25～1.0m^2，承压板需要有一定厚度和足够刚度。

2. 钢筋混凝土承压板

在现场制作，承压板面积可达 1.0m^{2}以上，适用于特殊目的，在多桩复合地基载荷试验时，由于压板面积大，常用现浇的钢筋混凝土板。

3. 砖砌承压台

在现场没有现成的承压板时可以采用砖砌的承压台，但要保证有足够的强度和刚度。

（二）半自动稳压油压载荷试验设备

适用于承压板面积为 0.25～1.0m^2。利用高压油泵，通过稳压器及反力锚定装置，将压力稳定地传递到承压板。该设备由下列三部分组成：

1. 加荷及稳压系统：由承压板、加荷千斤顶、立柱、稳压器和支撑稳压器的三脚架组成。加荷千斤顶、稳压器、储油箱和高压油泵分别用高压胶管连接，构成一个油路系统。

2. 反力锚定系统：包括桁架和反力锚定两部分，桁架由中心柱套管、深度调节丝杠、斜撑管、主钢丝绳、三向接头等组成。

3. 观测系统：用百分表或其他自动观测装置进行观测。

（三）载荷试验机

该设备采用了液压加荷稳压、自动检测记录、逆变电源等技术，提高了自动化程度。适用于黏性土、粉土、砂土和混合土。

该设备由下列四部分组成：

1. 反力装置：为伞形构架式，由地锚、拉杆、横梁、立柱等组成。

2. 加压系统：由承压板、加荷顶、高压油管及其连接件和液压自动加荷台等组成。

3. 自动检测记录仪：由数字钟与定时控制、数字显示表和打印机组成。

4. 交直流逆变器。

（四）载荷试验设备

适用于黏性土、粉土、砂土和粒径不大的碎石土。该设备采用了滚珠丝杠和光电转换新技术，自动化程度较高，设备由下列三部分组成：

1. 稳压加荷装置：由砝码、钢丝绳、天轮、滚珠丝杠稳压器、加荷顶、承压板、手动油泵、油箱和压力表等组成。

2. 反力装置：由“K”形刚性桁架、反力螺杆、反力横梁和活顶头等组成。

3. 沉降观测装置：采用光电百分表，由吊挂架、传感器下托、光电转角传感器、警报器、数字显示仪和备用电源等组成。

（五）静力载荷测试仪

适用于黏性土、粉土、砂土和碎石土等。该仪器自动化程度高，可实现自动加荷、自动补荷、自动判别稳定、自动存储数据，并可进行现场实时数据处理。

常用的浅层平板载荷试验设备见图 3-5-1。

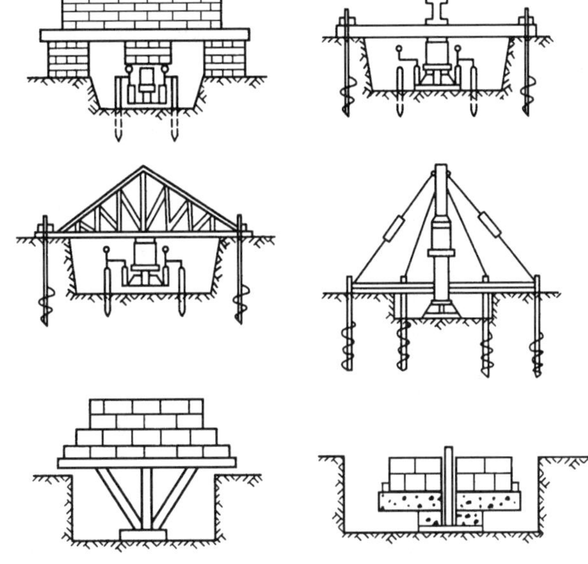

图 3-5-1　常用的浅层平板载荷试验设备

二、试验要求

（一）承压板面积

承压板面积一般采用 0.25～0.5m^2，对均质、密实以上的地基土（如老堆积土、砂土）可采用 0.1m^2，对新近堆积土、软土和粒径较大的填土不应小于 0.5m^2。国内外一些规范、规程对承压板面积的规定如表 3-5-1 所示。

承压板尺寸与沉降量的关系：一般认为当基底压力相同、承压板宽度很小时，宽度的大小与沉降量的增加成反比，当承压板的宽度超过一定值后，宽度的增加与沉降量的增加成正比，当宽度再增加时，沉降量即趋于定值，不再随宽度的增加而增加。冶金部勘察系统曾在太原进行的大小承压板对比试验中提供如下资料（图 3-5-2 和表 3-5-2）。

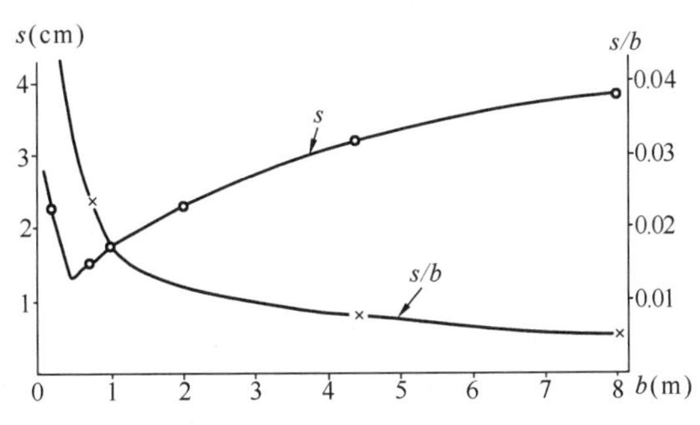

图 3-5-2　承压板（基础）宽度与沉降的关系

承压板尺寸与比例界限的关系：根据我国一些勘察单位的试验研究，认为在相同埋深的条件下，不同尺寸的承压板测得的比例界限 p_0 值是不变的，但相同尺寸的承压板，埋深不同时，p_0 值是变化的。

承压板面积　　**表 3-5-1**

规范、规程名称	承压板面积（m^2）	规范、规程名称	承压板面积（m^2）
《岩土工程勘察规范》GB 50021—2001（2009 年版）	不应小于 0.25（一般土），不应小于 0.50（软土、粒径大的填土）	美国 ASTM	0.10～0.36
《建筑地基基础设计规范》GB 50007—2011	不应小于 0.25（一般土），不应小于 0.50（软土）	日本标准	0.09
《岩土静力载荷试验规程》YS 5218—2000	0.1～0.5	苏联 ГОСТ-77	0.1～1.0
上海：《岩土工程勘察规范》DGJ 08—37—2012	不宜小于 0.5	波兰标准	≥0.5

承压板（基础）宽度与沉降量数据的关系　　**表 3-5-2**

$b=\sqrt{F}$（cm）	s（cm）	s/b	说　明
24.5 70.7 100.0 200.0	2.30 1.55 1.80 2.30	0.094 0.022 0.018 0.011	试验压力 p =160kPa
440（基础） 800（基础）	3.20 3.80	0.008 0.005	基础计算压力为 160kPa，s 值已考虑施工期间的沉降

（二）试坑宽度

根据半无限空间弹性理论，试验标高处的试坑宽度不应小于承压板宽度或直径的三倍。

（三）试验土层

应保持试验土层的原状结构和天然湿度，在试坑开挖时，应在试验点位置周围预留一定厚度的土层，在安装承压板前再清理至试验标高。

（四）承压板与土层接触处的处理

在承压板与土层接触处，应铺设厚度不超过 20mm 厚的中砂或粗砂找平层，以保证承压板水平并与土层均匀接触。对软塑、流塑状态的黏性土或饱和松散砂，承压板周围应铺设 200～300mm 厚的原土作为保护层。

（五）试验标高低于地下水位的处理

当试验标高低于地下水位时，为使试验顺利进行，应先将水位降至试验标高以下，并在试坑底部铺设一层厚 50mm 左右的中、粗砂，安装设备，待水位恢复后再加荷试验。

（六）加荷分级

加荷分级不应少于 8 级，最大加载量不应小于设计要求的两倍，荷载按等量分级施加，每级荷载增量为预估极限荷载的 1/10～1/8。当不易预估极限荷载时，可参考表 3-5-3 选用。

每级荷载增量参考值 表 3-5-3

试验土层特征	每级荷载增量（kPa）
淤泥，流塑黏性土，松散砂土	≤15
软塑黏性土、粉土，稍密砂土	15～25
可塑—硬塑黏性土、粉土，中密砂土	25～50
坚硬黏性土、粉土，密实砂	50～100
碎石土，软岩石、风化岩石	100～200

（七）试验精度

荷载量测精度不应低于最大荷载的±1%，承压板的沉降可采用百分表或电测位移计量测，其精度不应低于±0.01mm。

（八）加荷方式及相应稳定标准

1. 沉降相对稳定法（常规慢速法）

每级加荷后，按间隔 5、5、10、10、15、15min，以后每隔半小时测读一次沉降量，当在连续两小时内，每小时的沉降量均小于 0.1mm 时，则认为已趋稳定，可加下一级荷载。

2. 沉降非稳定法（快速法）

自加荷操作历时的一半开始，每隔 15min 观测一次沉降，每级荷载保持 2h，即可施加下一级荷载。

3. 等沉降速率法

控制承压板以一定的沉降速率沉降，测读与沉降相应的所施加的荷载，直至试验达破坏状态。

（九）试验结束条件

1. 承压板周围的土明显地侧向挤出，周边岩土出现明显隆起或径向裂缝持续发展；

2. 沉降 s 急剧增大，荷载-沉降（p-s）曲线出现陡降段，本级荷载的沉降量大于前级荷载沉降量的 5 倍；

3. 某级荷载下，24 小时内沉降速率不能达到稳定标准；

4. 总沉降量与承压板直径或宽度之比超过 0.06。

满足前三种情况之一时，其相对应的前一级荷载为极限荷载。

（十）回弹观测

分级卸荷，观测回弹值。分级卸荷量为分级加荷量的 2 倍，15min 观测一次，1h 后再卸下一级荷载，荷载完全卸除后，应继续观测 3h。

三、试验资料整理

（一）沉降相对稳定法（常规慢速法）

1. 根据原始记录绘制 p-s 和 s-t 曲线草图。

2. 修正沉降观测值：先求出校正值 s_0 和 p-s 曲线斜率 C。

s_0 和 C 的求法有：

（1）图解法

在 p-s 曲线草图上找出比例界限点，从比例界限点引一直线，使比例界限前的各点均匀靠近该直线，直线与纵坐标交点的截距即为 s_0。将直线上任一点的 s、p 和 s_0 代入下式求得 C 值：

$$s = s_0 + Cp \tag{3-5-1}$$

（2）最小二乘法

最小二乘法计算式如下

$$Ns_0 + C\Sigma p - \Sigma s' = 0 \tag{3-5-2}$$

$$s_0 \Sigma p + C\Sigma p^2 - \Sigma ps' = 0 \tag{3-5-3}$$

解上两式得：

$$C = \frac{N\Sigma ps' - \Sigma p \Sigma s'}{N\Sigma p^2 - (\Sigma p)^2} \tag{3-5-4}$$

$$s_0 = \frac{\Sigma s' \Sigma p^2 - \Sigma p \Sigma ps'}{N\Sigma p^2 - (\Sigma p)^2} \tag{3-5-5}$$

式中　N——加荷次数；

s_0——校正值（cm）；

p——单位面积压力（kPa）；

s'——各级荷载下的原始沉降值（cm）；

C——斜率。

求得 s_0 和 C 值后，按下述方法修正沉降观测值 s：对于比例界限以前各点，根据 C、p 值按 $s = Cp$ 计算；对于比例界限以后各点，则按 $s = s' - s_0$ 计算。

根据 p 和修正后的 s 值绘制 p-s 曲线。

（二）沉降非稳定法（快速法）

根据试验记录按外推法推算各级荷载下，沉降速率达到相对稳定标准时所需的时间和沉降量，然后以推算的沉降量绘制 p-s 曲线。

各级荷载下沉降达到相对稳定标准时所需时间和沉降量可按下式计算：

$$t_n = \frac{t_w}{1 - e^{-s_w/\beta_n}} \tag{3-5-6}$$

$$s_n = \alpha_n + \beta_n \ln(t_n + 1) \tag{3-5-7}$$

$$\alpha_n = \frac{\Sigma s'_i \Sigma[\ln(t'_i + 1)]^2 - \Sigma \ln(t'_i + 1) \Sigma s'_i \ln(t'_i + 1)}{N\Sigma[\ln(t'_i + 1)]^2 - [\Sigma \ln(t'_i + 1)]^2} \tag{3-5-8}$$

$$\beta_n = \frac{N\Sigma s'_i \ln(t'_i + 1) - \Sigma s'_i \Sigma \ln(t'_i + 1)}{N\Sigma[\ln(t'_i + 1)]^2 - [\Sigma \ln(t'_i + 1)]^2} \tag{3-5-9}$$

式中　t_n——第 n 级荷载下沉降达到相对稳定标准时所需的时间（min），当 t_n 不足为 30 的倍数时，可增大为 30 的倍数；

s_n——第 n 级荷载下沉降达到相对稳定标准时的沉降量（cm）；

t_w——沉降速率达相对稳定标准的时间增量（t_w =60min）；

s_w——沉降速率达相对稳定标准的沉降增量（s_w =0.1mm），若与式（3-5-7）中的沉降量单位保持一致时，单位用 cm，则 s_w =0.01cm；

e——自然对数的底；

α_n——第 n 级荷载下，s-ln$t$ 关系的截距（cm）；

β_n——第 n 级荷载下，s-ln$t$ 关系的斜率。

为了使快速法的成果与相对稳定法取得一致，必须从施加第二级荷载开始，从沉降观测值中扣除其以前各级沉降未稳定而产生的剩余沉降的影响。剩余沉降量的计算公式如下：

$$\Delta s_{k,n}^{(i)}=\sum_{k=1}^{n-1}\beta_k\{\ln[N(n-k)+i]\Delta t+1-\ln[N(n-k)\Delta t+1]\} \qquad (3\text{-}5\text{-}10)$$

式中 $\Delta s_{k,n}^{(i)}$——第 n 级荷载下第 i 次观测值中应扣除的剩余沉降量（cm）；

k—— 第 n 级前的荷载级数（$k=1$，$2\cdots n-1$）；

Δt——沉降观测的时间间隔（min）；

N——每级荷载下沉降观测的次数；

n——荷载级数。

四、成果应用

（一）确定地基土承载力特征值

1. 强度控制法

（1）当 p-s 曲线上有明显的直线段时，一般采用直线段的终点对应的荷载值为比例界限，取该比例界限所对应的荷载值为承载力特征值。

（2）当 p-s 曲线上无明显的直线段时，可用下述方法确定比例界限：

1）在某一荷载下，其沉降量超过前一级荷载下沉量的两倍，即 $\Delta s_n>2\Delta s_{n-1}$ 的点所对应的荷载即为比例界限。

2）绘制 $\lg p$-$\lg s$ 曲线，曲线上转折点所对应的荷载即为比例界限。

3）绘制 p-$\dfrac{\Delta p}{\Delta s}$ 曲线，曲线上的转折点所对应的荷载值即为比例界限，其中 Δp 为荷载增量，Δs 为相应的沉降量。

当极限荷载小于对应比例界限的荷载值的 2 倍时，取极限荷载值的一半作为承载力特征值。

2. 相对沉降控制法

当不能按比例界限和极限荷载确定时，承压板面积为 0.25～0.50m^2，可取 $s/b=0.01$～0.015 所对应的荷载，作为地基土承载力特征值，但其值不应大于最大加载量的一半。

同一土层参加统计的试验点不应少于三点，当试验实测值的极差不超过平均值的 30%时，取此平均值为该土层的地基承载力特征值 f_{ak}。

（二）计算变形模量

浅层平板载荷试验的变形模量 E_0（MPa），可按下式计算：

$$E_0=I_0(1-\nu^2)\frac{pd}{s} \qquad (3\text{-}5\text{-}11)$$

式中 I_0——刚性承压板的形状系数，圆形承压板取 0.785，方形承压板取 0.886；

ν——土的泊松比，碎石土取 0.27，砂土取 0.30，粉土取 0.35，粉质黏土取 0.38，黏土取 0.42；

d——承压板直径或边长（m）；

p—— p-s 曲线线性段的压力（kPa）；

s —— 与 p 对应的沉降（mm）。

（三）估算地基土的不排水抗剪强度

用沉降非稳定法（快速法）载荷试验（不排水条件）的极限荷载 p_u 可估算饱和黏性土的不排水抗剪强度 $c_u(\varphi_u=0)$

$$c_u=\frac{p_u-p_0}{N_c} \tag{3-5-12}$$

式中 p_u ——快速法载荷试验所得极限压力（kPa）；

p_0 —— 承压板周边外的超载或土的自重压力（kPa）；

N_c ——对方形或圆形承压板，当周边无超载时，$N_c=6.15$，当承压板埋深大于或等于四倍板径或边长时，$N_c=9.25$；当承压板埋深小于四倍板径或边长时，N_c 由线性内插确定；

c_u —— 地基土的不排水抗剪强度（kPa）。

第二节 深层平板载荷试验

深层平板载荷试验是平板载荷试验的一种，适用于埋深等于或大于 5.0m 和地下水位以上的地基土。

深层平板载荷试验用于确定深部地基土及大直径桩桩端土层在承压板下应力主要影响范围内的承载力及变形参数。

一、试验设备及规格

（一）承压板

承压板采用直径为 800mm 的刚性板，可采用厚约 300mm 的现浇混凝土板，可直接在外径为 800mm 的钢环或钢筋混凝土管桩内浇筑。

（二）反力装置

深层平板载荷试验的加载反力装置有压重平台反力装置、地锚反力装置、锚桩横梁反力装置、锚桩（地锚）压重联合反力装置、自平衡反力装置。

1. 反力法

当试验地层的承载力较低、加载量小，常采用堆载法或地锚反力法。当地层的承载力高，如砂卵石地层，需加载量大，常采用锚桩或锚桩与堆载相结合的方法。采用上述方法时，反力装置由反力梁（反力架）、拉杆、地锚（锚桩）、堆载、传力杆等组成。当试验深度、试验压力较大时，常采用扶正器保持传力杆的稳定性。

传力杆根据试验时所加荷载的大小，可选用 ϕ219、ϕ273、ϕ600，壁厚为 10mm 的无缝钢管，管与管之间可用法兰盘连结。

在传力杆出地面后，常用斜拉杆把传力杆固定在地面，防止传力杆在受压时失稳。

2. 自平衡法

自平衡法的反力通过支撑及护壁直接传递给试井周围的土层。当试验土层的承载力较低时，如土层等，可直接采用撑壁的方法，将荷载作用于试井周围侧壁的土层中。当试验土层的承载力较高，如砂卵石层等，可采用井圈护壁作为反力，若井壁土层的稳定性较差时，护壁可分节施工，当土层稳定性好时，可一次施工完毕。

（三）位移量测

在深层平板载荷试验中，位移基准梁的设置对位移的量测非常重要，当基准梁设置在试坑的底部时，虽位移量测比较方便，但固定基准梁的位置由于离载荷板的距离较近，在试验中随载荷板上施加荷载的增大也会产生一定的下沉，量测到的位移偏小。因而在深层平板载荷试验中，位移基准梁常设置在地面上，采用专用的位移测量杆把承压板的位移反映到测量杆上，以便在地面量测。

位移测量杆下端铰于靠近承压板的铰座内，上端伸出试坑外，与一根细钢丝绳相连，钢丝绳另一端经导向滑轮后挂重物，重物的重量等于或不小于位移杆重的3/4，以保持位移杆处于拉伸状态，考虑到温度变化对位移杆长度的影响，可在位移杆外套一塑料保温管或采用线膨胀系数小的材料。

位移测量杆，选用直径为32mm的圆钢制成，杆间用丝扣连接。当采用一根位移测量杆时，位移测量杆下端的球铰应置于承压板的中心。为了减少测量时的误差，也可采用三根位移测量杆，位移测量杆下端的球铰与承压板中心的连线互成120°角。

（四）荷载量测

1. 压力传感器放置于传力杆上端

当试验荷载大时，由于所需传力杆直径较大，传力杆直径一般为600mm，而压力传感器的直径一般较小。压力传感器放置于传力杆下端时，安装不方便，因此，常把压力传感器放置于传力杆的上端。这样承压板上实际所承受的荷载应为传力杆的自重与压力传感器所测到的荷载之和。

2. 压力传感器放置于传力杆下端

压力传感器放置于传力杆下端时，试坑深度不影响荷载测量精度。承压板的载荷测试，是把压力传感器直接装在传力柱（管）下部与承压板上部的连接处，千斤顶施加载荷，通过传力柱传给压力传感器、承压板，由压力传感器输出压力便是承压板实际接受的荷载。该荷载虽然同样来自地面的千斤顶和孔内的传力柱，但是传力柱与孔壁之间的摩阻力及传力柱的自重不会影响承压板上传感器的实际测量值。

（五）位移、荷载的量测仪器同浅层平板

深层平板载荷试验装置示意如图3-5-3所示。

二、试验要求

1. 承压板面积：承压板宜选用面积为0.5m^{2}的刚性板。

2. 试坑（井）要求：深层平板载荷试验的试坑（井）直径应等于承压板直径，当试坑（井）直径大于承压板直径时，紧靠承压板周围外侧的土层高度不应小于承压板直径。

3. 试验土层：试坑（井）底的岩土应避免扰动，保持其原状结构和天然湿度。

4. 承压板与土层接触处的处理：在承压板下铺设不超过20mm的中、粗砂找平层。

5. 加荷分级：加荷等级可按预估极限承载力的1/10～1/15分级施加。

6. 试验精度

（1）位移量测：位移量测的精度不应低于±0.01mm。

（2）荷载量测：荷载量测精度不应低于最大荷载的±1%。

7. 稳定标准：采用沉降相对稳定法（常规慢速法）时，每级加荷后，第一个小时内按间隔5、5、10、10、15、15min，以后每隔半小时测读一次沉降。当在连续两小时内，

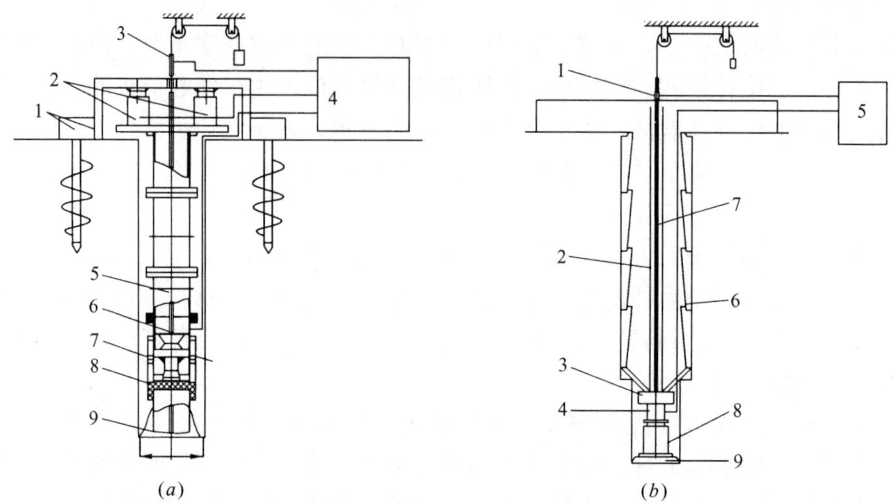

图 3-5-3　深层平板载荷试验装置

(a) 地锚反力法

1—反力梁；2—千斤顶；3—位移传感器；4—检测仪；5—传力杆；6—位移杆；7—压力传感器；8—密封装置；9—承压板

(b) 井圈护壁反力法

1—位移传感器；2—塑料保温管；3—传力杆；4—压力传感器；5—检测仪；6—井圈护壁；7—位移杆；8—千斤顶；9—承压板

每小时的沉降量小于 0.1mm 时，则认为沉降已趋稳定，可加下一级荷载。

8. 终止加载条件

(1) 沉降 s 急骤增大，荷载-沉降（p-s）曲线上有可判定极限承载力的陡降段，且沉降量超过 $0.04d$（d 为承压板直径）；

(2) 在某级荷载下，24 小时内沉降速率不能达到稳定；

(3) 本级沉降量大于前一级沉降量的 5 倍；

(4) 当持力层坚硬、沉降量很小时，最大加载量不小于设计要求的 2 倍。

9. 回弹观测：同浅层平板载荷试验。

三、试验资料整理

同浅层平板载荷试验

四、成果应用

(一) 确定地基土的承载力特征值

1. 强度控制法

(1) 当 p-s 曲线上有比例界限时，取该比例界限所对应的荷载值；

(2) 当满足上述终止加载条件的前三条之一时，其对应前一级荷载定为极限荷载，当该值小于对应比例界限的荷载值的 2 倍时，取极限荷载的一半。

2. 相对沉降控制法

当不能按比例界限和极限荷载确定地基土承载力时，可取 $s/d=0.01\sim0.015$ 所对应的荷载值，但其值不应大于最大加载量的一半。

同一土层参加统计的试验点不应少于三点，当试验实测值的极差不超过平均值的30%时，取此平均值为该土层的地基承载力特征值 f_{ak}。

根据深层平板载荷试验所确定的地基承载力特征值 f_{ak}，在使用时不再进行基础埋深的地基承载力修正，即基础埋深的地基承载力修正系数 η_d 取 0。

（二）计算变形模量

深层平板载荷试验的变形模量 E_0 可按下式计算：

$$E_0 = \omega \frac{pd}{s} \tag{3-5-13}$$

式中 ω——与试验深度和土类有关的系数，可按表 3-5-4 选用；

其他符号的意义同式（3-5-11）的说明。

深层载荷试验计算系数 ω **表 3-5-4**

土类 / d/z	碎石土	砂土	粉土	粉质黏土	黏土
0.30	0.477	0.489	0.491	0.515	0.524
0.25	0.469	0.480	0.482	0.506	0.514
0.20	0.460	0.471	0.474	0.497	0.505
0.15	0.444	0.454	0.457	0.479	0.487
0.10	0.435	0.446	0.448	0.470	0.478
0.05	0.427	0.437	0.439	0.461	0.468
0.01	0.418	0.429	0.431	0.452	0.459

注：d/z 为承压板直径和承压板底面深度之比。

第三节 螺旋板载荷试验

螺旋板荷载试验（SPLT）是将一螺旋形的承压板用人力或机械旋入地面以下的预定深度，通过传力杆向螺旋形承压板施加压力，测定承压板的下沉量。

螺旋板荷载试验适用于深层地基土或地下水位以下的地基土。它可以测求地基土的压缩模量、固结系数、饱和软黏土的不排水抗剪强度、地基土的承载力等，其测试深度可达10～15m。

一、试验设备及规格

目前我国已有的螺旋板载荷试验仪器一般由下列四部分组成：

（一）螺旋板头

由螺旋板、护套等组成（图 3-5-4）。螺旋板常用的有三种规格，直径 160mm，投影面积 200cm^2，钢板厚 5mm，螺距 40mm；直径 252mm，投影面积 500cm^2，钢板厚 5mm，螺距 80mm；直径为 113mm 螺旋板常用于硬黏土层中。

（二）量测系统

由电阻式应变传感器、测压仪等组成。

（三）加压系统

由千斤顶、传力杆等组成。传力杆的规格宜为 ϕ73mm×10mm。若在强度较低的软黏土中进行试验也可采用 ϕ36mm×10mm 的传力杆。

（四）反力装置

由地锚和钢架梁等组成。

螺旋板载荷试验装置示意如图 3-5-5 所示。

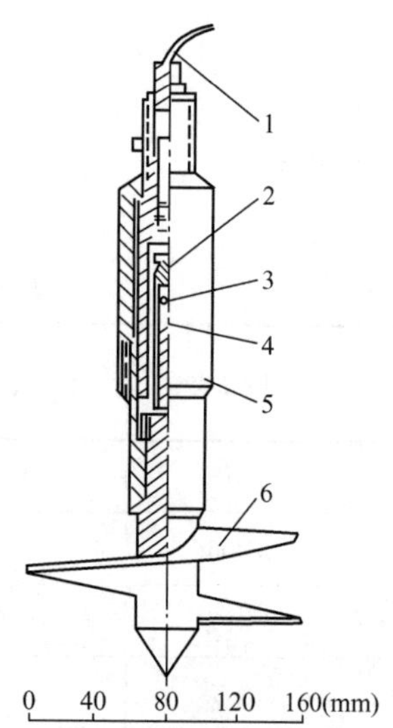

图 3-5-4　螺旋板头结构示意

1—导线；2—测力仪传感器；3—钢球；4—传力顶柱；5—护套；6—螺旋形承压板

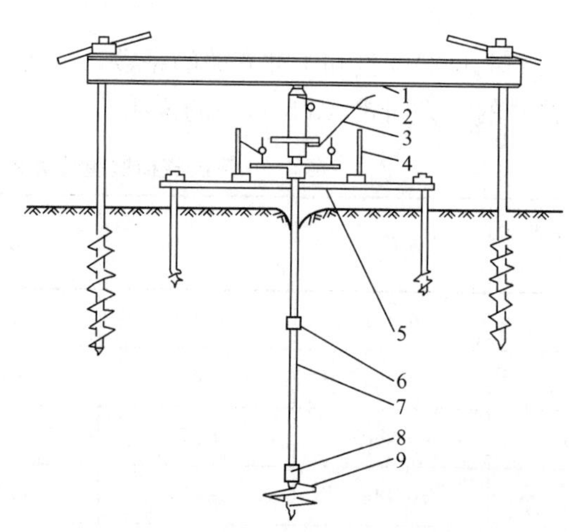

图 3-5-5　螺旋板载荷试验装置示意

1—反力装置；2—油压千斤顶；3—传感器导线；4—百分表及磁性座；5—百分表座横梁；6—传力杆接头；7—传力杆；8—测力传感器；9—螺旋形承压板

二、试验要求

1. 螺旋板载荷试验应在钻孔中进行，钻孔钻进时应在离试验深度 20～30cm 处停钻，并清除孔底受压或受扰动土层。

2. 螺旋板入土时，应按每转一圈下入一个螺距进行操作，减少对土的扰动。螺旋板与土接触面应加工光滑，可使对土体的扰动大大减小。

3. 同一试验孔在垂直方向的试验点间距一般应大于或等于 1m，结合土层变化和均匀性布置。一般应在静力触探了解土层剖面后布置试验点。

4. 加荷分级及稳定标准

（1）沉降相对稳定法（常规慢速法）

用油压千斤顶分级加荷，每级荷载对于砂土、中低压缩性的黏性土、粉土宜采用 50kPa，对于高压缩性土宜采用 25kPa。

每级加荷后，按间隔 5、5、10、10、15、15min，以后每隔半小时读一次承压板沉降量，当连续两小时，每小时的沉降量小于 0.1mm 时，则达到相对稳定标准，可以施加下一级荷载。

（2）等沉降速率法

用油压千斤顶加荷，加荷速率对于砂土、中低压缩性土宜采用1～2mm/min，每下沉1mm测读压力一次；对于高压缩性土宜采用0.25～0.50mm/min，每下沉0.25～0.50mm测读压力一次，直到土层破坏为止。

试验精度，终止加载条件同深层平板载荷试验。

三、试验资料整理

1. 绘制 p-s 曲线：根据螺旋板载荷试验资料绘制 p-s 曲线的方法与浅层平板载荷试验相同。

2. 绘制 s-t 曲线：根据 s-t 关系，绘制 s-t 曲线、s-lg$t$ 曲线、s-$\sqrt{t}$ 曲线。

四、成果应用

1. 确定地基土的承载力特征值：确定方法同深层平板载荷试验。

2. 计算变形模量

（1）方法1

采用沉降相对稳定法（常规慢速法）试验，按照《岩土工程勘察规范》GB 50021—2001（2009年版）的方法，考虑到试验深度和土类的影响，土层的变形模量计算同深层平板载荷试验，按式（3-5-13）进行计算。

（2）方法2

对于一般黏性土可以分别按下式计算不排水变形模量和排水变形模量。

1）不排水变形模量

不排水变形模量可按式（3-5-14）计算：

$$E_u = 0.33\frac{\Delta pD}{s} \tag{3-5-14}$$

式中 E_u——不排水变形模量（MPa）；

Δp——压力增量（MPa）；

s——压力增量 Δp 下固结完成后的最终沉降量（mm）；

D——螺旋板直径（mm）。

2）排水变形模量

排水变形模量可按式（3-5-15）计算：

$$E' = 0.42\frac{\Delta pD}{s} \tag{3-5-15}$$

式中 E'——排水变形模量（MPa）；

其余符号同式（3-5-14）。

3. 计算压缩模量

一维压缩模量可用式（3-5-16）、式（3-5-17）计算：

$$E_{sc} = mp_a\left(\frac{p}{p_a}\right)^{1-\alpha} \tag{3-5-16}$$

$$m = \frac{s_c}{s}\cdot\frac{(p-p_0)D}{p_a} \tag{3-5-17}$$

式中 E_{sc}——一维压缩模量（kPa）；

p_a——标准压力（kPa），取一个大气压力 p_a = 100kPa；

p——p-s 曲线上的荷载（kPa）；

p_0——有效上覆压力（kPa）；

s——与 p 相应的沉降量（cm）；

D——螺旋板直径（cm）；

m——模数；

α——应力指数，超固结土取 1，砂土、粉土取 0.5，正常固结饱和黏土取 0；

s_c——无因次沉降数，可由图 3-5-6 查得。

4. 计算不排水抗剪强度

土的不排水抗剪强度可按式（3-5-18）计算：

$$c_u = \frac{p_L}{k\pi R^2} \tag{3-5-18}$$

式中　c_u——不排水抗剪强度（kPa）；

p_L——p-s 曲线上极限荷载的压力（kN）；

R——螺旋板半径（m）；

k——系数，对软塑、流塑软黏土取 8.0～9.5，对其他土取 9.0～11.5。

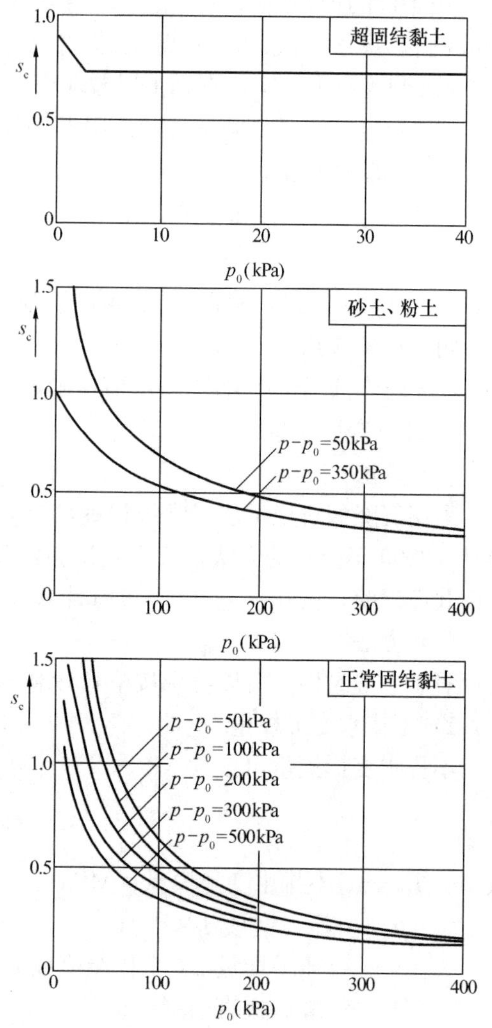

图 3-5-6　p_0-s_c 关系曲线

5. 计算固结系数

（1）根据 s-$\sqrt{t}$ 曲线

按每级荷载下的沉降量 s 与时间的平方根 $\sqrt{t}$ 绘制曲线。根据 s-$\sqrt{t}$ 曲线可估算土不同固结度的固结系数。

1）Janbu 和 Sennest 方法

根据一维轴对称径向排水的固结理论，导得径向固结系数 C_r 为：

$$C_r = T_{90}\frac{R^2}{t_{90}} \tag{3-5-19}$$

式中　C_r——径向固结系数（cm^2/min）；

R——螺旋板半径（cm）；

T_{90}——相当于 90%固结度的时间因子，取 0.335；

t_{90}——完成 90%固结度的时间（min），可用作图法求得（图 3-5-7）：过 s-$\sqrt{t}$ 曲线初始段直线与 s 轴的交点，作一 1.31 倍初始段直线斜率的直线，交 s-$\sqrt{t}$ 曲线的点，其时间即为完成 90%固结度的时间 t_{90}。

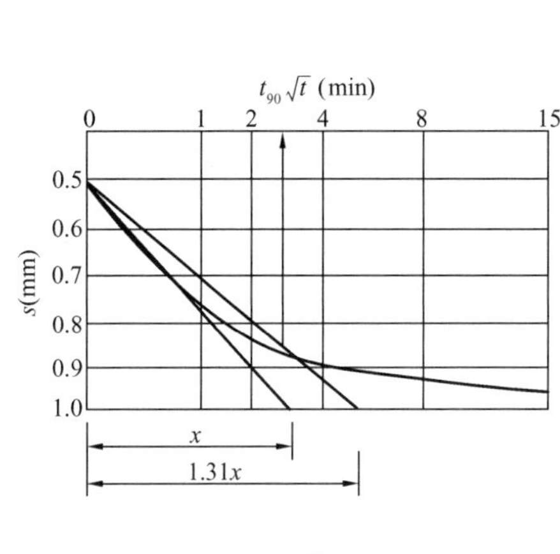

图 3-5-7　s-$\sqrt{t}$ 关系曲线

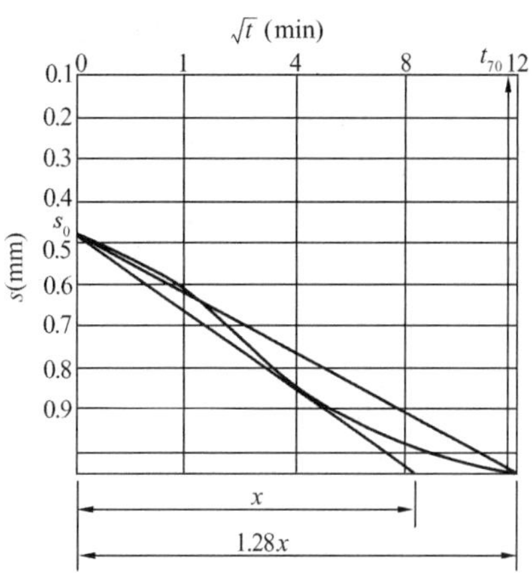

图 3-5-8　s-$\sqrt{t}$ 关系曲线

2）Kay 和 Parry 方法

根据半无限空间表面受荷圆板（不透水）的固结理论，导得以竖向为主固结系数 C_v 为：

$$C_v = 1.6\frac{R^2}{t_{70}} \tag{3-5-20}$$

式中　C_v——以竖向为主固结系数（cm^2/min）；

R——螺旋板半径（cm）；

t_{70}——完成 70%固结度的时间（min），可用作图法求得（图 3-5-8）：作一直线与 s-$\sqrt{t}$ 曲线相切，交 s 轴于 s_0，过 s_0 作一斜率为切线斜率 1.28 倍的割线，与 s-$\sqrt{t}$ 曲线相交点所对应的时间即为完成 70%固结度的时间 t_{70}。

（2）根据 u-lg$t$ 曲线

绘制 u-lg$t$ 曲线，同济大学在螺旋板头部加装了一个量测孔隙水压力的装置，可以量测孔隙水压力随时间的消散过程，根据记录绘制 u-lg$t$ 曲线，从而估算土的固结系数：

$$C_v = 1.19\frac{R^2}{t_s} \tag{3-5-21}$$

式中　C_v——固结系数（cm^2/min）；

t_s——完成 60%固结度的固结时间（min），可用作图法求得（图 3-5-9）：过 u-lg$t$ 曲线的反弯点作切线，延长切线与 lg$t$ 曲线交点对应的时间即为完成 60%固结度的时间 t_s。

（3）Asaoka 法

根据螺旋板载荷试验一定荷载下等时间间隔的沉降值，可按式（3-5-22）估算土的固结系数：

$$C_v = -\frac{5}{12}R^2(\ln\beta/\Delta t) \tag{3-5-22}$$

式中　C_v——固结系数（cm^2/min）；

R——螺旋板半径（cm）；

β——s_{i-1}-s_i 关系图直线段的斜率，见图 3-5-10，s_{i-1}、s_i 分别对应时间 t_{i-1}、t_i 时的沉降；

Δt——等时间间隔（min）。

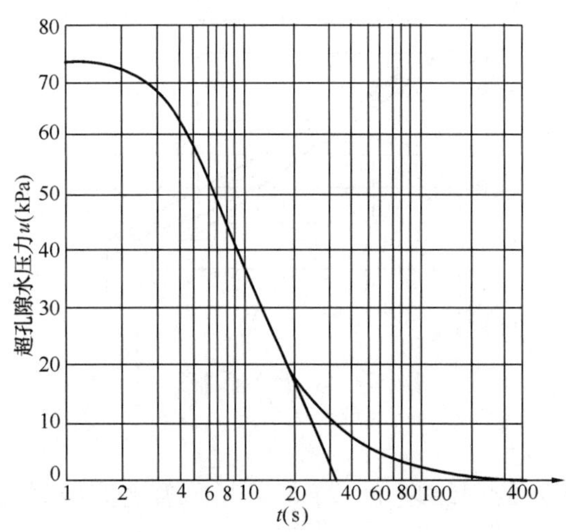

图 3-5-9　u-$\lg t$ 关系曲线

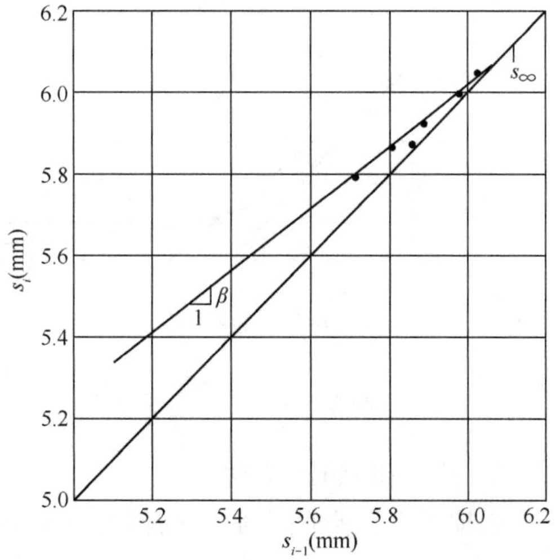

图 3-5-10　s_i-s_{i-1} 关系曲线

第四节　岩石地基载荷试验

岩石地基载荷试验是平板载荷试验的一种。适用于确定完整、较完整、较破碎岩石地基作为天然地基或桩基础持力层时的承载力。

一、试验设备及规格

1. 刚性承压板：采用直径为 300mm 的刚性承压板。

2. 钢筋混凝土桩：当岩石埋藏深度较大时，可采用钢筋混凝土桩，但桩周需采取措施以消除桩身与岩土之间的摩擦力。

其他设备，如：位移、应力观测系统同浅层平板载荷试验。岩石地基载荷试验通常采用堆载或锚杆的方式。

二、试验要求

1. 承压板面积：岩石地基载荷试验，承压板的面积不宜小于 $0.07m^2$。

2. 加荷分级：第一级加载值为预估设计荷载的 1/5，以后每级为 1/10。

3. 试验精度：同浅层平板载荷试验。

4. 稳定标准：岩石地基载荷试验采用沉降相对稳定法（常规慢速法）的加荷方式。加压前，每隔 10min 读数一次，连续三次读数不变时可开始试验。加载后立即读数，以后每 10min 读数一次，连续三次读数之差均不大于 0.01mm 时，可施加下一级荷载。

5. 终止加载条件

（1）沉降量读数不断变化，在 24 小时内，沉降速率有增大的趋势；

（2）压力加不上或勉强加上而不能保持稳定；

（3）若限于加载能力，荷载应加到不少于设计要求的两倍。

6. 卸载观测：每级卸载为加载的 2 倍，如为奇数，第一级卸载可为三倍。每级卸载后，隔 10min 测读一次，测读三次后可卸下一级荷载。全部卸载后，当测读到半小时回弹量小于 0.01mm 时，即认为稳定。

三、试验资料整理

同浅层平板载荷试验的沉降相对稳定法（常规慢速法）。

四、成果应用

确定岩石地基的承载力特征值或桩基础持力层的桩端承载力特征值。

对应于 p-s 曲线上起始直线段的终点为比例界限，符合终止加载条件前两条之一时，其对应的前一级荷载为极限荷载。将极限荷载除以 3 的安全系数，所得值与对应于比例界限的荷载相比较，取小值。

每个场地载荷试验的数量不应少于 3 个，取最小值作为岩石地基或桩基础持力层的承载力特征值。

岩石地基的承载力特征值在应用时不进行深宽修正。

第五节 基准基床系数的测定

一、直接测定

基准基床系数用边长为 30cm 的方形承压板的平板载荷试验直接测定，按下式计算：

$$K_v = \frac{p}{s} \tag{3-5-23}$$

式中 $\frac{p}{s}$——p-s 关系曲线直线段的斜率，p-s 曲线无直线段时，p 取临塑荷载的一半（kPa），s 为相应于该 p 值的沉降值（m）；

K_v——为基准基床系数（kN/m^3）。

国外常按太沙基建议的方法，采用 1ft×1ft（30.5cm×30.5cm）的方形承压板进行试验。

二、间接测定

若平板载荷试验的承压板尺寸不是标准的 $b=30$cm，则可通过式（3-5-24）、式（3-5-25）换算成基准基床系数。

式（3-5-24）、式（3-5-25）是根据黏性土承压板的沉降与承压板的直径（边长）成正比，对于砂类土，考虑到砂土的变形模量随深度逐渐增加的影响，砂类土的沉降与 $\left(\frac{2b}{b+0.3}\right)^2$ 成正比的假设进行推导的。

黏性土：
$$K_v = \frac{b}{0.3}K_{v1} \tag{3-5-24}$$

砂土：
$$K_v = \frac{4b^2}{(b+0.3)^2} \cdot K_{v1} \tag{3-5-25}$$

式中 K_v——基准基床系数；

K_{v1}——边长不是 30cm 的承压板的静载试验所得到的基床系数，算法同基准基床系数。

三、基准基床系数的应用

（一）基础基床系数计算

实际应用中，基础的尺寸远远大于承压板的尺寸，因此，实际基础下的基床系数可按下式求得：

对于黏性土地基：

$$K_s = \frac{0.3}{B} \cdot K_v \tag{3-5-26}$$

对于砂土地基：

$$K_s = \left(\frac{B+0.3}{2B}\right)^2 K_v \tag{3-5-27}$$

式中　B——基础宽度（m）；

K_s——实际基础下的基床系数。

（二）估算砂土地基上基础的沉降

按 Terzaghi 和 Peck 在砂土上的载荷试验与基础的实测资料，得

$$\frac{s}{s_1} = \left(\frac{2B}{B+B_1}\right)^2 \tag{3-5-28}$$

式中　B——基础直径或边长（m）；

B_1——承压板标准尺寸，如 0.305m（即 1 英尺）；

s——基础沉降（cm）；

s_1——$B_1=0.305$m 压板的沉降 cm。

Bazaraa（1967）对式（3-5-28）作了修改，提出了式（3-5-29）：

$$\frac{s}{s_1} = \left(\frac{2.5B}{B+1.5B_1}\right)^2 \tag{3-5-29}$$

式中的符号同式（3-5-28）。

四、其他规范的基床系数

《铁路工程地质原位测试规程》TB 10018—2018 规定，地基竖向基床系数 K_a 按下列要求计算：

1. 平板载荷试验基床系数 K_{sa}按式（3-5-30）计算：

$$K_{sa} = p_a/s_a \tag{3-5-30}$$

式中　p_a——比例界限压力，p-s 曲线上第一拐点压力；当 p-s 无直线段时，按 $0.5p_u$ 取值；

s_a——与 p_a对应的沉降；

2. 在同一场地对同一土层使用不同面积的承压板时，应按式（3-5-31）计算：

$$K_1 = K_{sa}(F_a/F_1)^{0.5} \tag{3-5-31}$$

式中　K_1——基床系数，即方形承压板面积 $F_1=0.0929\text{m}^2$（1 平方英尺）时的基床系数；

F_a——实际使用的承压板面积。

3. 设计计算时，应根据基础设计面积置换式（3-5-31）中的 F_a，计算出实际使用的基床系数 K_{sa}。

《城市轨道交通岩土工程勘察规范》GB 50307—2012 给出基床系数的经验值见表 3-5-5。

基床系数经验值 **表 3-5-5**

<table>
<tr><th colspan="2" rowspan="2">岩土类别</th><th rowspan="2">状态/密实度</th><th colspan="2">基床系数 K（MPa/m）</th></tr>
<tr><th>水平基床系数 K_h</th><th>垂直基床系数 K_v</th></tr>
<tr><td rowspan="4">新近沉积土</td><td rowspan="2">黏性土</td><td>软塑</td><td>10～20</td><td>5～15</td></tr>
<tr><td>可塑</td><td>12～30</td><td>10～25</td></tr>
<tr><td rowspan="2">粉土</td><td>稍密</td><td>10～20</td><td>12～18</td></tr>
<tr><td>中密</td><td>15～25</td><td>10～25</td></tr>
<tr><td colspan="2">软土（软黏性土、软粉土、淤泥、淤泥质土、泥炭和泥炭质土等）</td><td>—</td><td>1～12</td><td>1～10</td></tr>
<tr><td colspan="2" rowspan="5">黏性土</td><td>流塑</td><td>3～15</td><td>4～10</td></tr>
<tr><td>软塑</td><td>10～25</td><td>8～22</td></tr>
<tr><td>可塑</td><td>20～45</td><td>20～45</td></tr>
<tr><td>硬塑</td><td>30～65</td><td>30～70</td></tr>
<tr><td>坚硬</td><td>60～100</td><td>55～90</td></tr>
<tr><td colspan="2" rowspan="3">粉土</td><td>稍密</td><td>10～25</td><td>11～20</td></tr>
<tr><td>中密</td><td>15～40</td><td>15～35</td></tr>
<tr><td>密实</td><td>20～70</td><td>25～70</td></tr>
<tr><td colspan="2" rowspan="4">砂类土</td><td>松散</td><td>3～15</td><td>5～15</td></tr>
<tr><td>稍密</td><td>10～30</td><td>12～30</td></tr>
<tr><td>中密</td><td>20～45</td><td>20～40</td></tr>
<tr><td>密实</td><td>25～60</td><td>25～65</td></tr>
<tr><td colspan="2" rowspan="3">圆砾、角砾</td><td>稍密</td><td>15～40</td><td>15～40</td></tr>
<tr><td>中密</td><td>25～55</td><td>25～60</td></tr>
<tr><td>密实</td><td>55～90</td><td>60～80</td></tr>
<tr><td colspan="2" rowspan="3">卵石、碎石</td><td>稍密</td><td>17～50</td><td>20～60</td></tr>
<tr><td>中密</td><td>25～85</td><td>35～100</td></tr>
<tr><td>密实</td><td>50～120</td><td>50～120</td></tr>
<tr><td colspan="2">新黄土</td><td>可塑、硬塑</td><td>30～50</td><td>30～60</td></tr>
<tr><td colspan="2">老黄土</td><td>可塑、硬塑</td><td>40～70</td><td>40～80</td></tr>
<tr><td colspan="2" rowspan="3">软质岩石</td><td>全风化</td><td>35～39</td><td>41～45</td></tr>
<tr><td>强风化</td><td>135～160</td><td>160～180</td></tr>
<tr><td>中等风化</td><td>200</td><td>220～250</td></tr>
<tr><td colspan="2" rowspan="2">硬质岩石</td><td>强风化或中等风化</td><td colspan="2">200～1000</td></tr>
<tr><td>未风化</td><td colspan="2">1000～15000</td></tr>
</table>

注：基床系数宜采用 K_{30} 试验结合原位测试和室内试验以及当地经验综合确定。

第六章　现场剪切试验

第一节　现场直接剪切试验

现场直剪试验可用于岩土体本身、岩土体沿软弱结构面和岩体与其他材料接触面的剪切试验，可分为岩土体在法向应力作用下的沿剪切面剪切破坏的抗剪断试验，岩土体剪断后沿剪切面继续剪切的抗剪试验（摩擦试验），法向应力为零时岩体剪切的抗切试验。

现场直剪试验可在试洞、试坑、探槽或大口径钻孔内进行。当剪切面水平或近于水平时，可采用平推法或斜推法；当剪切面较陡时，可采用楔形体法。

一、一般规定

1. 同一组试验体的岩性应基本相同，受力状态应与岩土体在工程中的实际受力状态相近。

2. 现场直剪试验每组岩体不宜少于 5 个。剪切面积不得小于 0.25m^2。试体最小边长不宜小于 50cm（一般采用 70cm×70cm 的方形体，与国际标准一致），高度不宜小于最小边长的 0.5 倍。试体之间的距离应大于最小边长的 1.5 倍。

3. 每组土体试验不宜少于 3 个。剪切面积不宜小于 0.3m^2，高度不宜小于 20cm 或为最大粒径的 4～8 倍，剪切面开缝应为最小粒径的 1/3～1/4。

4. 开挖试坑时应避免对试体的扰动和含水量的显著变化；在地下水位以下试验时，应避免水压力和渗流对试验的影响。

5. 施加的法向荷载、剪切荷载应位于剪切面、剪切缝的中心；或使法向荷载与剪切荷载的合力通过剪切面的中心，并保持法向荷载不变。

二、现场剪切试验的布置方案及适用条件

（一）平推法

1. 布置方法：平推法为剪切荷载平行于剪切面，常用于进行土体、软弱面（水平和近于水平）的抗剪试验。根据剪切荷载和法向荷载的位置不同有以下几种布置方法（图 3-6-1）。

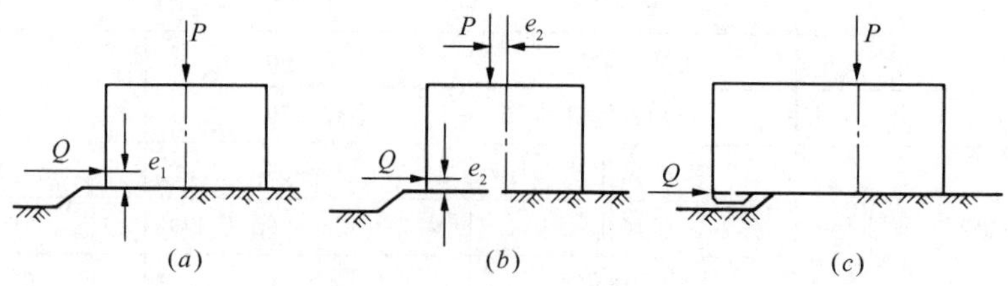

图 3-6-1　平推法布置图

2. 特点：图 3-6-1（*a*）中施加的剪切荷载有一力臂 e_1 存在，使剪切面的剪应力和法向应力分布不均匀。图 3-6-1（*b*）使施加的法向荷载产生的偏心力矩与剪切荷载产生的力矩平衡，改善剪切面上的应力分布，使趋于均匀分布，但法向荷载的偏心距 e_2 较难控制，故应力分布仍可能不均匀。图 3-6-1（*c*）剪切面上的应力分布是均匀的，但试验施工存在一定困难。

（二）斜推法

剪切荷载与剪切面成 α 角，为斜推法。常用于混凝土与岩体的抗剪试验。

1. 布置方法（图 3-6-2）。

2. 特点：法向荷载和斜向荷载均通过剪切面中心，α 角一般为 15°。在试验过程中，为保持剪切面上的正应力不变，随着斜向荷载 Q 的增加，需同步降低由于施加斜向荷载 Q 而增加的那部分垂直分荷载（P 值需相应降低），操作比较麻烦。

（三）楔形体法

1. 布置方法（图 3-6-3）

楔形体法常用于倾斜岩体软弱面或岩土体试体制备成矩形或梯形有困难时。

2. 特点：楔形体法剪切荷载为竖向，外加荷载为水平向，剪切面为直面，适用于岩石软弱面倾角大于其内摩擦角时。图 3-6-3（*a*）适用于剪切面上正应力较大的情况，图 3-6-3（*b*）适用于剪切面上正应力较小的情况。

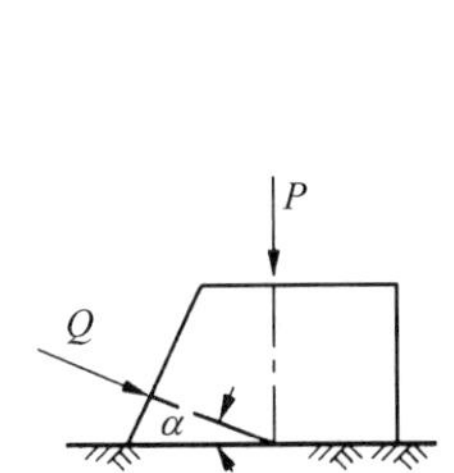

图 3-6-2　斜推法布置图

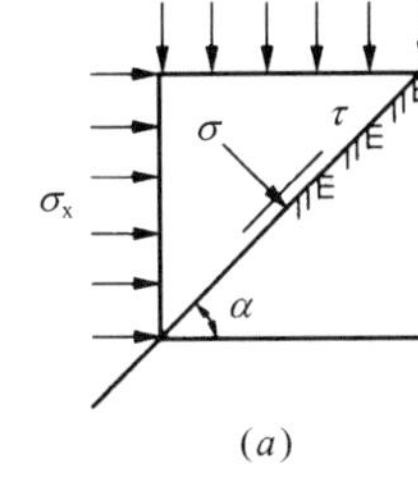

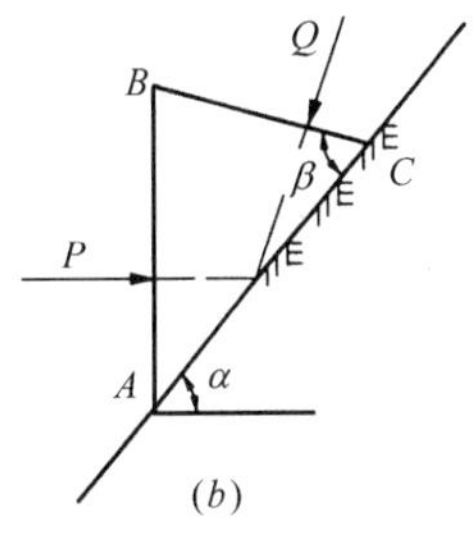

图 3-6-3　楔形体法布置图

（四）水平推挤法

水平推挤法适用于洪坡积的混砂砾碎石土、稍胶结或风化的砂砾岩和黏性土层。

1. 布置方法（图 3-6-4）。

2. 特点：剪切面为曲面，能较准确反映土类地层较弱面抗剪强度指标。

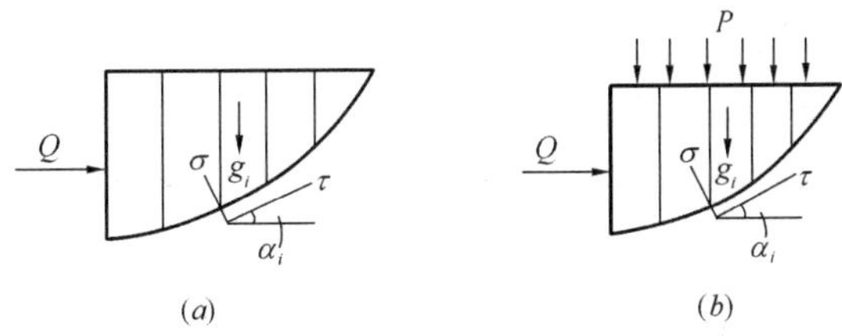

图 3-6-4　水平推挤法布置图

（*a*）无外加垂直荷载；（*b*）有外加垂直荷载

三、法向荷载施加要求和方法

（一）法向荷载施加要求

法向荷载应尽可能通过剪切面中心，试验过程中注意保持法向荷载不变，对于高含水量的塑性软弱层，法向荷载应分级施加，并限制最大法向应力，以免软弱层挤出。

（二）法向荷载的施加方法

法向荷载施加方法 **表 3-6-1**

名称	施加方法	控制标准
岩体结构面现场直接剪切试验标准方法（美国 ASTM D4554-02）	一次加至岩体所承受的荷载，记录不同时间的变形，直到垂直变形小于 0.005mm/min（持续不少于 10min）为止	变 形
1958 年岩石试验操作规程草案	1. 对坚硬岩石和混凝土不需测垂直变形 2. 对破碎岩体 30min 内变形不大于 1%mm	时 间
黄委水科所	一次加上，每 10min 读数一次，3 次读数之差小于 1%～2%mm	变 形
原北京水利勘测设计院	分 5 级施加，每 min 读数一次，连续 3 次不超过 1%mm	变 形
水电部四局设计院	分级施加，5min 读数一次不管变形是否稳定即可向下一级荷载过渡	时 间
云南电力局设计院	1. 一次加足，每 5min 读数一次，15min 内读数不超过 1%mm	变 形
	2. 一次加上，稳定 10min 后即加水平推力	时 间
	3. 分级施加或一次施加，每 10min 读一次，半小时内变形不超过 1%mm	变 形
水电部十二局科研所	一次加上，稳定 10min 后，即加水平推力	时 间
长江科学研究院	一次加足，然后立即读数，以后每隔 10min 读数一次，至相邻变形小于 0.03mm，认为稳定	变 形
《铁路工程地质原位测试规程》TB 10018—2003	分 4～5 级按等差或等比（公比取 2）数列施加每级荷载，施加时应测读，测读间隔为 10min 或 15min，以连续两次测读差≤0.05mm 为稳定标准	变 形
《岩土工程勘察规范》GB 50021—2001（2009 年版）	最大法向荷载应大于设计荷载，并按等量分级；荷载精度应为试验最大荷载的±2%； 每一试体的法向荷载可分 4～5 级施加；当法向变形达到相对稳定时，即可施加剪切荷载	变 形

四、剪切荷载施加方法

（一）剪切荷载最大推力 Q_{max} 的预估

试体剪切前，应预估最大推力 Q_{max} 值，并使推力作用线通过剪切面中心，根据不同的试体形状，可按下列公式预估 Q_{max} 值。

矩形试体
$$Q_{max}=(\sigma\tan\varphi+c)F \tag{3-6-1}$$

梯形试体
$$Q_{max}=\frac{(\sigma\tan\varphi+c)F}{\cos\alpha} \tag{3-6-2}$$

直角楔体
$$Q_{max}=(\sigma+\sigma\tan\varphi\tan\alpha+c\tan\alpha)F_y \tag{3-6-3}$$

非直角楔体
$$Q_{max}=\frac{(\sigma\tan\varphi+c)\sin\alpha+\sigma\cos\alpha}{\cos(\alpha-\beta)}F \tag{3-6-4}$$

上式中 F——剪切面面积；

F_y——试体垂直面面积。

（二）剪切荷载的施加方法

剪力分级施加的方法，国内通常有两种，一是按预估的最大剪应力百分数分级施加，二是按荷载的百分数分级施加，见表 3-6-2。

剪力的分级方法　　**表 3-6-2**

名称	分级方法	控制标准
岩体结构面现场直接剪切试验标准方法（美国 ASTM D4554—02）	剪力分级施加，峰值强度之前级数约 10 级，每级之间的增量应保证变形速率小于 0.5mm/min	剪切荷载
岩石试验操作规程起草小组（1958 年）	逐级施加，前几次按法向荷载的 20%施加。对法向应力在 200kPa 以下的，每级剪切荷载可适当加大，如为法向荷载的 25%、30%等。当法向荷载为零时，每级推力一般可按剪应力约 50kPa 施加。剪切荷载加至估算的极限荷载 70%左右，减半施加	开始按法向荷载以后按剪切荷载
长江科学研究院	按估算最大剪应力的 8%逐级施加，并随剪应力的增加逐渐减少荷级	剪切荷载
黄委水科所	开始按法向荷载的 20%施加，当后一级荷载引起的变形超过前一级荷载下变形的 2 倍时，按法向荷载的 5%施加	法向荷载
云南省电力局设计院	按法向荷载的 20%施加，至出现显著变形（后一级推力的变形超过前一级变形的 1.5～2.0 倍），减到 10%施加，直到剪断	法向荷载
成都水电勘测设计院	按法向荷载的 5%～10%施加	法向荷载
原北京水利勘测设计院	开始按法向荷载的 20%施加，当达到 60%～80%以后，按法向荷载的 10%施加，接近于剪力极限时，按 5%施加	法向荷载
水电部十二局科研所	按估计最大剪应力的 10%逐级施加，当水平位移显著增加时（超过前一级位移量的 1.0～1.5 倍），剪切荷载减半施加，直至剪断	剪切荷载
湖南省水电勘测设计院	按法向荷载的 20%逐级施加，当后一级推力引起的变形超过前一级推力变形的 1.5 倍时，减至法向荷载的 10%施加，直至剪断	法向荷载
《岩土工程勘察规范》GB 50021—2001（2009 年版）	每级剪切荷载按预估最大荷载的 8%～10%分级等量施加，或按法向荷载的 5%～10%分级等量施加；当剪切变形急剧增长或剪切变形达到试体尺寸的 1/10 时，可终止试验	剪切荷载或法向荷载
《铁路工程地质原位测试规程》TB 10018—2003	应按 Q_{max} 的 8%～10%分级施加推力。当该级推力引起的剪切位移为前一级的 1.5 倍以上时，下一级推力应减半施加。剪切位移达剪力峰值并出现剪力残余值或剪切位移达剪切面边长的 1/10 时，可终止试验	剪切荷载

（三）剪切荷载施加的速率

直剪试验的剪力施加速率分快速法、时间控制法和剪切位移控制法三种方式。为使试验尽可能符合工程实际，以剪切位移控制法较为理想。但国内经验表明，在剪应力与剪切位移呈线性变化关系的初始阶段，即屈服点以前，时间控制法与剪切位移控制法得到一致的结果。此后，沿剪切面发生持续位移，按剪切位移法就很难控制剪力施加速率，而采用时间控制法就便于掌握，这在国内已广泛采用（表 3-6-3）

剪力施加速率 **表 3-6-3**

名称	剪力施加速率	控制标准
岩体结构面现场直接剪切试验标准方法（美国 ASTM D4554—02）	每一级荷载下 10min 内的变形小于 0.1mm/min 记录数据	变 形
岩石试验操作规程起草小组（1958 年）	每 3min 加荷一次	时 间
黄委水科所	3～5min 加荷一次，8～10 级剪断	时 间
成都水电勘测设计院科研所	每 3、5、10min 不等，加荷一次	时 间
广东省水电勘测设计院科研所	每 3min 加荷一次，10 级左右剪断	时 间
原北京水利勘测设计院	1. 每级荷载下每分钟读数一次，连续三次变形差不超过 0.01mm，认为稳定 2. 每 3～5min 加荷一次	变 形 时 间
水电部四局设计院	每 3～5min 加荷一次	时 间
湖南省水电勘测设计院	坚硬岩石约 2min 加荷一次，软弱岩石 3～5min 加荷一次	时 间
水电部十二局科研所	每 5min 加荷一次	时 间
昆明水电设计院	每 10min 加荷一次	时 间
长江科学研究院	每 10min 加荷一次	时 间
《岩土工程勘察规范》GB 50021—2001（2009 年版）	岩体每 5～10min，土体每 30s 加荷一次	时 间
《铁路工程地质原位测试规程》TB 10018—2003	每 10min 或 15min 加荷一次	时 间

五、资料整理与计算

（一）试体剪切面应力计算

1. 平推法的剪切面应力

法向应力
$$\sigma=\frac{P}{F} \tag{3-6-5}$$

剪应力
$$\tau=\frac{Q}{F} \tag{3-6-6}$$

2. 斜推法的剪切面应力：

（1）梯形试体：

法向应力
$$\sigma=\frac{P+Q\sin\alpha}{F} \tag{3-6-7}$$

剪应力
$$\tau=\frac{Q\cos\alpha}{F} \tag{3-6-8}$$

（2）直角楔体：

法向应力
$$\sigma=\sigma_y\cos^2\alpha+\sigma_x\sin^2\alpha \tag{3-6-9}$$

剪应力
$$\tau=\frac{1}{2}(\sigma_y-\sigma_x)\sin2\alpha \tag{3-6-10}$$

（3）非直角楔体：

法向应力 $$\sigma = q\cos\beta + p\sin\alpha \tag{3-6-11}$$

剪应力 $$\tau = q\sin\beta - p\cos\alpha \tag{3-6-12a}$$

$$q = \frac{\sigma\cos\alpha}{\cos(\alpha-\beta)} \tag{3-6-12b}$$

$$p = \frac{\sigma\sin\beta}{\cos(\alpha-\beta)} \tag{3-6-12c}$$

3. 水平推挤法

若假定每个条块所受的水平推力与条块所受的竖向力（重力与法向荷载之和，即 $g_i + p_i$）成正比，且不考虑条块之间的摩擦阻力，则有每个条块上的法向应力和剪应力为（图 3-6-4）：

$$\sigma_i = \frac{Q}{G+P}(g_i + p_i)\sin\alpha_i + (g_i + p_i)\cos\alpha_i \tag{3-6-13}$$

$$\tau_i = \frac{Q}{G+P}(g_i + p_i)\cos\alpha_i - (g_i + p_i)\sin\alpha_i \tag{3-6-14}$$

式中　p_i——每条土上的法向荷载；

g_i——每条土的重量；

G——受推挤滑动土体的总重。

（二）相关参数的确定

1. 比例强度、屈服强度、峰值强度、残余强度

（1）剪应力与剪切位移关系曲线

剪应力与剪切位移关系曲线应根据同一组试验结果，以剪应力为纵轴、剪切位移为横轴，绘制每一试验点的剪应力与剪切位移关系曲线，见图 3-6-5。

（2）比例强度、屈服强度、峰值强度、残余强度

1）比例界限压力

比例界限压力定义为剪应力与剪切位移曲线直线段的末端相应的剪应力，见图 3-6-5 中的 a 点。如直线段不明显，可采用一些辅助手段确定：

a. 用循环荷载方法，在比例强度前卸荷后的剪切位移基本恢复，过比例界限后则不然；

b. 利用试体以下基底岩土体的水平位移与试样的水平位移的关系判断，在比例界限之前，两者相近；过比例界限后，试样的水平位移大于基底岩土的水平位移；

c. 绘制 τ-u（τ）曲线（τ—剪应力，u—剪切位移），在比例界限之前，u/τ 变化极小；过比例界限后，$u(\tau)$ 值增大加快。

2）屈服强度

应力应变关系曲线过比例界限强度 a 点后开始偏离直线，随应力增大，应变开始增大较快，试体的体积由压缩转为膨胀，图 3-6-5 中的 b 点值即为屈服强度。屈服强度可通过绘制试样的绝对剪切位移 u_A 与试样和基底间的相对位移 u_R 以及与剪应力 τ 的关系曲线来确定，见图 3-6-6。在屈服强度之前，u_R 的增率小于 u_A，过屈服强度后，基底变形趋于零，则 u_A 与 u_R 的增率相等，其起始点为 A，剪应力 τ 与 u_A 曲线上的 A 点相应的剪应力即屈服强度。

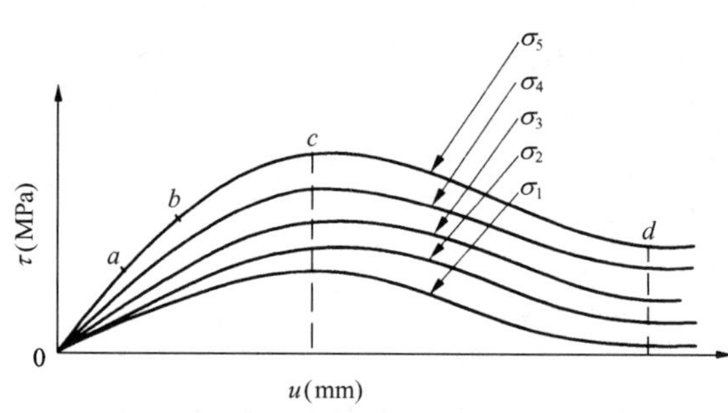

图 3-6-5　直剪试验剪应力与剪切位移关系曲线

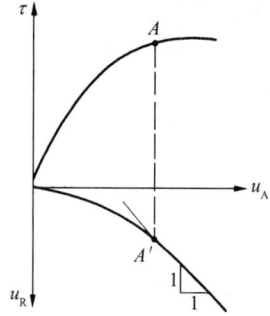

图 3-6-6　确定屈服强度的辅助方法

3）峰值强度

图 3-6-5 中 b-c 段曲线斜率迅速减小，试体体积膨胀加速，变形随应力迅速增长，至 c 点应力达到最大值。相应于 c 点的应力值为峰值强度。

4）残余强度

试体在破坏点 c 之后，并不是完全失去承载能力，而是保持较小的数值，即为残余强度，见图 3-6-5 中的 d 点。

2. 剪胀强度

剪胀强度相当于整个试样由于剪切带发生体积变大而发生相对的剪应力。剪胀强度应通过绘制剪应力与法向位移的曲线确定。

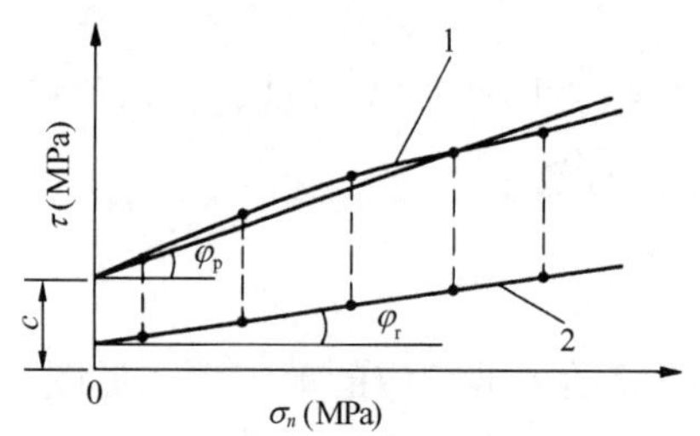

图 3-6-7　直剪试验剪应力与法向应力关系曲线示意

3. 抗剪强度参数的确定

（1）图解法

不同的抗剪强度参数可通过绘制法向应力与不同的强度（比例强度、屈服强度、峰值强度、残余强度）的曲线，确定相应的强度参数。图 3-6-7 即为剪应力峰值、残余值与相应的法向应力关系曲线。

（2）最小二乘法

将试验所得数对 $(\sigma_i，\tau_i)$，按最小二乘原理计算 φ 和 c：

$$\tan\varphi = \frac{n\sum_{i=1}^{n}\sigma_i\tau_i - \sum_{i=1}^{n}\sigma_i\sum_{i=1}^{n}\tau_i}{n\sum_{i=1}^{n}\sigma_i^2 - \left(\sum_{i=1}^{n}\sigma_i\right)^2} \tag{3-6-15}$$

$$c = \frac{\sum_{i=1}^{n}\sigma_i^2\sum_{i=1}^{n}\tau_i - \sum_{i=1}^{n}\sigma_i\sum_{i=1}^{n}\sigma_i\tau_i}{n\sum_{i=1}^{n}\sigma_i^2 - \left(\sum_{i=1}^{n}\sigma_i\right)^2} \tag{3-6-16}$$

式中　σ_i ——第 i 次试验的法向应力；

τ_i ——对应于 σ_i 的抗剪强度。

为求得接近实际的强度参数，在计算 $\tan\varphi$、c 之前，宜按下式舍弃某些误差偏大的测值：

$$\overline{x}+3\sigma+3\mid m_\sigma \mid < x \text{ 或 } x < \overline{x}-3\sigma-3\mid m_\sigma \mid \tag{3-6-17}$$

式中 $\overline{x}$——测值 σ_i 或 τ_i 的算术平均值；

σ——测值的方根差，$\sigma=\sqrt{\sum_{1}^{n}(x_i-\overline{x})^2/n}$；

m_σ——方根差的误差，$m_\sigma=\sigma/\sqrt{n}$；

x——应予舍弃的测值。

六、几种野外剪切试验方法

（一）大剪仪法

1. 大剪仪的特点

（1）具有垂直压力的反力装置，设有轴承滑道，当试验过程中施加水平推力使试样产生位移时，垂直压力可与剪切环同步向前移动，解决了剪切过程中垂直压力产生偏心的问题。

（2）垂直压力和水平推力是通过两套蜗轮蜗杆装置完成的，可以匀速推进，避免了千斤顶法在施加压力时产生的冲击。

（3）可作各种倾角的剪切试验，只需将底盘安装成所需角度，所施加的垂直压力总是垂直于剪切面，不必换算成水平推力和垂直压力。

2. 大剪仪的结构和规格

（1）水平推力部分：由可调反力座、手摇蜗轮体、推杆、测力计组成。

（2）垂直压力部分：由横梁、手摇蜗轮体、拉杆、测力计、同步式垂直压力轴承滑道、传压盖、底盘、地锚组成。

（3）剪切环

1）试件尺寸：剪切环内径为 35.69cm，高 14cm，面积为 $1000cm^2$。

2）手摇蜗轮箱转动一圈手轮，蜗轮推进 0.2mm，蜗轮轴最大行程为 120mm。

3）测力计的最大允许压力分别为 10、20、30kN，可测量最大垂直压力和水平推力为 300kPa。

4）大剪仪底盘尺寸为 0.8m×1.6m。总质量约为 110kg。

3. 试验步骤

（1）选取有代表性的试验地段开挖试坑，试坑的开口尺寸应根据土质情况和试验深度而定，一般工作面尺寸为 2.4m×1.6m。当试坑开挖到离要求试验深度 0.2m 时，停止全面开挖，按图 3-6-8 所示预留一条宽 0.4m、高 0.2m 的土埂，以便制备试件。

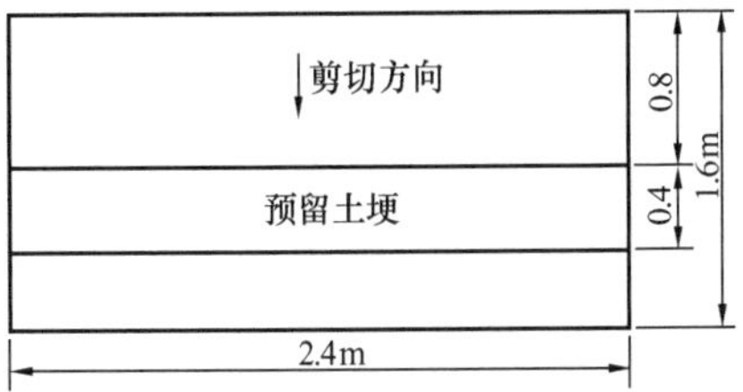

图 3-6-8 试坑开挖示意图

（2）由预留土埂的一端（距试坑端壁 0.6m 内）开始制备试件，先将顶部削平，使顶面与剪切面平行，按大剪仪剪切环的位置切削直径为 35.7cm 的土柱，并使土柱与剪切面垂直。

（3）将剪切环套在土柱上，使水平施力方向与要求剪切方向一致，并将剪切环徐徐压下至距离要求试验深度（或滑动面）3～5mm处。

（4）削平试样，将传压板、传压盖放在试件上。

（5）将组装好的大剪仪套在剪切环上，并使剪切环的导向滚珠与剪切仪底盘的导向块上端对齐。

（6）根据土质情况和拟施加垂直压力的大小，选用适当长度的地锚拧入土中，加上套管和垫块后将反扣螺母拧紧，压住仪器底盘，使底盘的底面与剪切面在一个平面上。

（7）安装水平反力装置，调整反力座使反力垫板与坑壁紧密接触。

（8）分别将垂直测力计（钢环一般用30kN的）和水平测力计（一般用20kN的）安好，并调整推杆正反扣螺母，使垂直测力计的中心线与两拉杆平行并垂直于剪切面。水平测力计、手摇蜗轮体和剪切面的中心线应在一条直线上。

（9）转动施加垂直压力的手轮，使测力计测微表达到所需垂直压力的读数。垂直压力一般按50、100、150、200、250kPa施加。

（10）施加垂直压力后，立即转动施加水平推力的手轮，匀速（一般6 r/min）施加水平推力，并记录测微表读数，直到测微表指针不进或后退，或水平变形达试件直径的1/15（应安装量测位移的装置），认为试样已剪损，即可结束试验。

（11）试验结束后，应对剪切面进行描述，并量测剪切倾角和实际剪断面积，以便修正试验结果。

（12）按上述（2）～（10）步骤做不同垂直压力下三次以上的试验，直到能绘出比较合理的抗剪强度曲线为止。

4. 试验注意事项

（1）试验前后均应测定土的重度和天然含水量。

（2）在制备试件、安装仪器和操作试验时，不得踩踏未进行试验的预留土埂，以保持土的原状结构。

（3）土柱顶面不平或土柱与剪切环之间如有间隙可用细砂或土垫平和充填。

（4）测力计应事先进行标定，绘出压力与测微表读数的关系曲线或计算出钢环系数。

5. 试验资料的整理

抗剪强度（c、φ）的计算可采用绘图法或最小二乘法。

（二）千斤顶法

1. 主要设备

（1）剪力盒：分圆形和方形两种，圆形面积1000cm^2，高25cm，下端有刃口；方形边长50～70.7cm，高10～20cm，下端亦有刃口。

（2）承压板：形状与剪力盒一致，尺寸应略小于剪力盒，厚度以在垂直压力下不产生变形为限。其作用为传递垂直压力给土样。

（3）带压力表或测力计并经标定的油压千斤顶两个。

（4）加压和反力设备：有地锚反力、斜撑反力或直接采用重物加荷等方法。

2. 试验方法

（1）试验通常是在方形试坑内进行，试坑尺寸应不小于剪力盒边长的三倍。当试坑挖好后，根据剪力盒的大小修整土样，并将剪力盒套在土样上，顶面削平，然后安装其他设备（图3-6-9）。

（2）分级施加垂直荷载至预定压力，每隔 5min 记录百分表读数一次。当 5min 内变化不超过 0.05mm 时，即认为稳定，再加下一级荷载。

（3）预定垂直荷载稳定后，开始施加水平推力，控制推力徐徐上升，直到表压不再升高或后退为止，并记录最大水平推力读数。

（4）按以上方法在不同垂直压力下做三个以上的试验，得到三对以上的垂直压力和对应的水平推力读数。

注：在本《手册》推荐的方法中，千斤顶是水平安置的，优点是计算比较方便，但施加水平推力时，试件有上翘现象；因此有的单位采用斜向设置千斤顶的方法，解决了试件上翘现象，但计算比较麻烦。

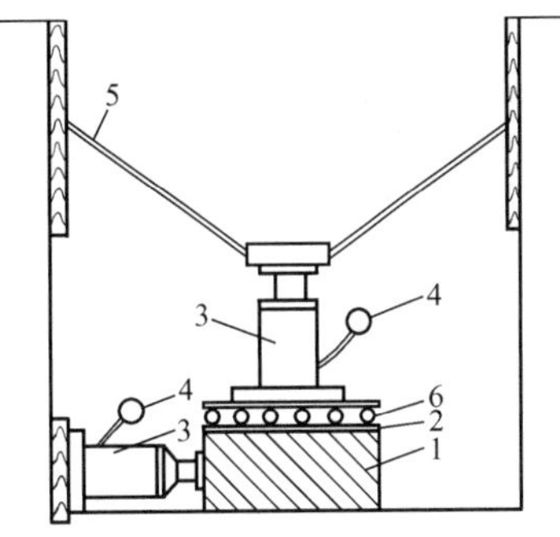

图 3-6-9　千斤顶法剪切试验装置

1—剪力盒（内装土样）；2—承压板；3—千斤顶；4—压力表；5—加压反力装置；6—滑座

3. 试验资料的整理

（1）垂直压力计算：

$$P=\frac{P_1+P_2+P_3}{F} \tag{3-6-18}$$

式中　P——垂直压力（kPa）；

P_1——千斤顶所施力的压力（kN），$P_1=a+bx_1$；

a、b——垂直压力表校正系数；

x_1——压力表读数；

P_2——设备自重：垂直千斤顶活塞以下、透水压板以上设备重（kN）；

P_3——试件自重（kN），$P_3=\gamma Fh$；

γ——土的重度（kN/m^3）；

F——压板面积（m^2）；

h——土样高度（m）。

（2）剪切应力计算：

$$\tau=\frac{Q}{F} \tag{3-6-19}$$

式中　τ——剪切应力（kPa）；

Q——水平千斤顶所施力的推力（kN）

$$Q=a+bx_2$$

a、b——水平压力表校正系数；

x_2——压力表读数。

（3）c、φ 值的计算：

可采用图解法或最小二乘法。

（三）水平挤出法推剪试验

1. 试验设备（图 3-6-10）

（1）枕木：千斤顶前者为前枕木，后者为后枕木。前枕木尺寸一般为 8cm×32cm，

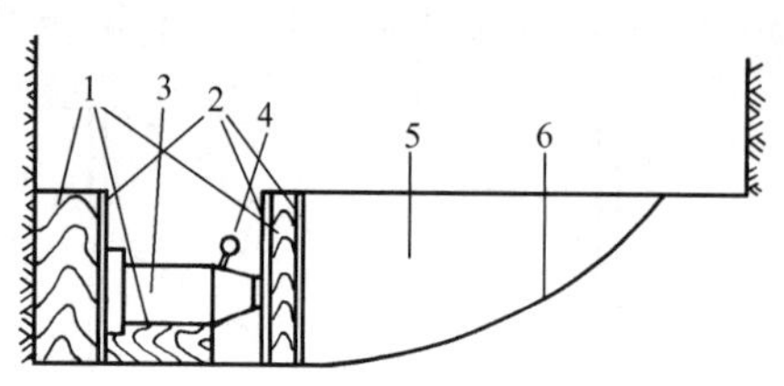

图 3-6-10　水平挤出法推剪试验装置图
1—枕木；2—钢板；3—千斤顶；4—压力表；5—土样；6—滑动面

厚约 5cm。后枕木尺寸可比前枕木稍大。

（2）钢板：尺寸与枕木大小一致，厚度以加力后不致变形为限。

（3）装有压力或测力计并经标定的卧式油压千斤顶一个。

2. 试验工作

（1）开挖试坑，并取土测定土的重度。根据试验要求在预定深度处留出一个三面临空的长方形的试验土体，土体尺寸应满足如下要求：$H>$ 最大颗粒直径的 5 倍，$H/B=1/3\sim1/4$，$L=(0.8\sim1.0)B$，其中 H、L、B 分别代表土体的高度、长度和宽度。土体两边各挖宽 20cm 的小槽，槽中放置塑料布（或薄铁板），并在其上回填挖出的土，稍加夯实。

（2）安装卧式千斤顶，其压力点应对准被剪土体高度的 1/3 和宽度的 1/2 处。将设备安装好后，即摇动千斤顶，徐徐施加水平推力，其加荷速度在每 15～20s 内使水平位移在 4mm 左右，当土体开始出现剪切面时，压力表上的读数达最大值，继续加荷，压力表读数不仅不增加，反而下降，此时即认为已被剪坏，记录压力表上的最大推力数，即为 Q_{max} 值。

（3）测定 Q_{min} 值：一般认为 Q_{min} 值是土的摩擦力，其测定标准为：

1）千斤顶加压到 Q_{max} 值后，即停止加压，使油压表读数后退并达到一稳定值；

2）观测试体刚开始出现裂缝时的压力表读数；

3）当千斤顶加压到 Q_{max} 后，松开油阀，然后关上油阀重新加压，以其峰值作为 Q_{min}。

（4）确定滑动弧的位置，并量测滑动弧上各点的距离和高度，绘制滑动弧草图。

在无黏聚性的砂砾、碎石土中试验时，确定滑动弧比较困难，可在试前沿垂直和平行推板两个方向各打一排 $D=18$mm 的小孔，孔深同试体高度，孔内灌入石灰或炉灰，当试体剪坏后，孔内的石灰柱就发生错动，易于找出滑动面的位置。

为了使滑动弧明显，亦可在土体剪坏后，反复施加推力和松开油阀，使挡板往复推动，以致试体的剪出部分与下部土层界线明显。

3. 试验资料的整理与计算

（1）绘制滑动体实测断面图（图 3-6-11）

（2）根据滑动弧的转折点或按等距将滑动体划分成若干条块。

（3）计算单位宽度的每块土体的重力（g_i）：

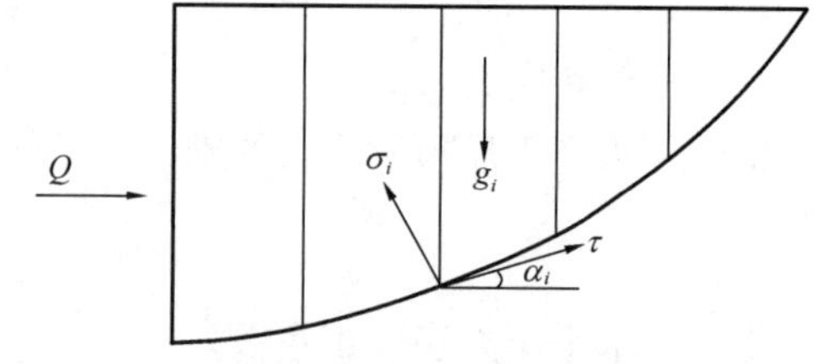

图 3-6-11　滑动体断面图

$$g_i=a_ih_i\gamma \qquad (3\text{-}6\text{-}20)$$

式中　g_i——各条块每单位宽度土的重力（kN/m）；

a_i——各条块的宽度（m）；

h_i——各条块的中线高度（m）；

γ——土的天然重度（kN/m³）。

（4）计算 c、φ 值：

1）残余黏聚力 $c_r=0$

适合于洪坡积混砂砾碎石土层、稍胶结或风化的砂砾岩等，只需通过一个试样就能得出试验结果。

$$\tan\varphi=\frac{\dfrac{Q_{min}}{G}\sum_{i=1}^{n}g_i\cos\alpha_i-\sum_{i=1}^{n}g_i\sin\alpha_i}{\dfrac{Q_{min}}{G}\sum_{i=1}^{n}g_i\sin\alpha_i+\sum_{i=1}^{n}g_i\cos\alpha_i} \tag{3-6-21}$$

$$c=\frac{\dfrac{Q_{max}-Q_{min}}{G}\left[\left(\sum_{i=1}^{n}g_i\cos\alpha_i\right)^2+\left(\sum_{i=1}^{n}g_i\sin\alpha_i\right)^2\right]}{\left[\dfrac{Q_{min}}{G}\sum_{i=1}^{n}g_i\sin\alpha_i+\sum_{i=1}^{n}g_i\cos\alpha_i\right]B\sum_{i=1}^{n}l_i} \tag{3-6-22}$$

式中　Q_{max}——最大水平推力（kN）；

Q_{min}——最小水平推力（kN）；

g_i——第 i 条块的重力（kN）；

G——滑动体的重力（kN）；

α_i——第 i 条块滑动面与水平面夹角（°）；

l_i——第 i 条块滑动线长度（m）；

B——滑动土体的宽度（m）。

2）残余黏聚力 $c_r\neq0$

适合于塑性较大的黏性土层，如膨胀土、老黏土。应通过多个（一般不少于 4 个），试样分别施加不同垂直荷载进行水平挤出法推剪试验。

a. 先计算出 σ_i 和 τ_i

$$\sum_{i=1}^{n}\tau_i=\frac{Q_{max}}{\sum_{i=1}^{n}(g_i+p_i)}\sum_{i=1}^{n}(g_i+p_i)\cos\alpha_i-\sum_{i=1}^{n}(g_i+p_i)\sin\alpha_i \tag{3-6-23}$$

$$\sum_{i=1}^{n}\sigma_i=\frac{Q_{max}}{\sum_{i=1}^{n}(g_i+p_i)}\sum_{i=1}^{n}(g_i+p_i)\sin\alpha_i+\sum_{i=1}^{n}(g_i+p_i)\cos\alpha_i \tag{3-6-24}$$

在受到最小水平推力 Q_{min} 时，

$$\sum_{i=1}^{n}\tau_i=\frac{Q_{min}}{\sum_{i=1}^{n}(g_i+p_i)}\sum_{i=1}^{n}(g_i+p_i)\cos\alpha_i-\sum_{i=1}^{n}(g_i+p_i)\sin\alpha_i \tag{3-6-25}$$

$$\sum_{i=1}^{n}\sigma_i=\frac{Q_{min}}{\sum_{i=1}^{n}(g_i+p_i)}\sum_{i=1}^{n}(g_i+p_i)\sin\alpha_i+\sum_{i=1}^{n}(g_i+p_i)\cos\alpha_i \tag{3-6-26}$$

式中　i——第 j 个试样试验滑动土体的条块序数，$i=1, 2, \cdots, n$；

n——第 j 个试样试验滑动土体划分的条块总数。

b. 以 $\Sigma\tau/B\Sigma l$ 为纵坐标，以 $\Sigma\sigma/B\Sigma l$ 为横坐标，第 j 个试样得出的结果可分别绘出相当于最大水平推力和最小水平推力的散点，然后再根据图解法或最小二乘法分别得出相应于最大水平推力的抗剪强度 φ、c 和 φ_r、c_r。后者即为残余内摩擦角和残余黏聚力。

（四）一次水平剪切法剪切试验

一次水平剪切法适用于塑性较大的坚硬黏性土和岩石，且试验及计算方法均较简单。

1. 试验设备：同“水平挤出法剪切试验”（图 3-6-11）。

2. 试验方法及要求

（1）开挖试坑，取土测定土的重度。试件尺寸不宜小于 50cm×50cm×80cm，试件加工要求规则。

（2）安装千斤顶，其压力点对准试件高度的 1/3 和宽度的 1/2 处。

（3）试验时，将千斤顶缓慢摇动，让受剪土体有一个压密过程。剪切速度，如试件有几个软弱面时应快一些，如只有一个软弱面，可稍慢些。

（4）在剪切过程中，获得最大水平推力 Q_{max} 和最小水平推力 Q_{min}。

3. 计算 c、φ 值

$$c=\frac{Q_{max}-Q_{min}}{F_s} \tag{3-6-27}$$

$$\tan\varphi=\frac{Q_{min}}{G} \tag{3-6-28}$$

式中　Q_{max}——最大水平推力，即压力表上所读到的峰值（kN）；

Q_{min}——最小水平推力，即压力表上所读到的最低值（kN）；

F_s——土体剪损面的面积（m^2）；

G——剪损面以上土体的重力（kN），$G=V\gamma$；

V——试件体积（m^3）；

γ——试件重度（kN/m^3）。

对于 c、φ 值的取值方法，有的直接使用试验结果，有的使用峰值的 70%，可根据土的性质、地区特点、工程性质和对比试验资料等确定。

第二节　十字板剪切试验

十字板剪切试验（VST）是用插入土中的标准十字板探头，以一定速率扭转，量测土破坏时的抵抗力矩，测定土的不排水剪的抗剪强度和残余抗剪强度。

十字板剪切试验可用于测定饱和软黏性土（$\varphi\approx0$）的不排水抗剪强度和灵敏度。所测得的抗剪强度值，相当于试验深度处天然土层在原位压力下固结的不排水抗剪强度。十字板剪切试验不需要采取土样，避免了土样扰动及天然应力状态的改变，是一种有效的现场测定土的不排水强度试验方法。

一、十字板剪切试验的设备

1. 十字板剪切试验设备由十字板头、试验用探杆、贯入主机、测力计与记录仪等组

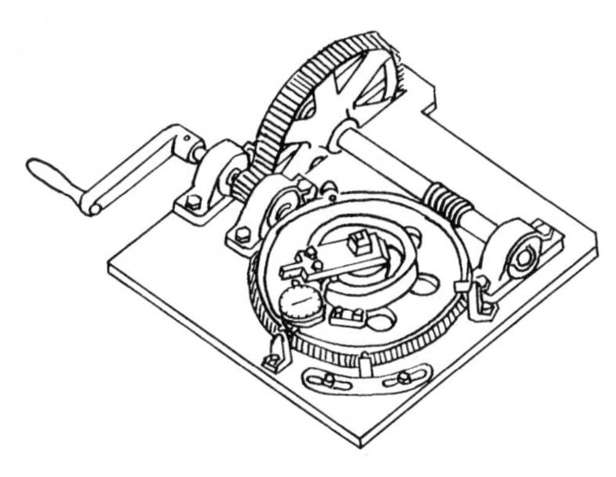

图 3-6-12 开口钢环测力装置

成，一般分为以下两种形式：

（1）机械式：开口钢环式十字板剪切仪，见图 3-6-12 和图 3-6-13。按轴杆与十字板头的连接方式有离合式和牙嵌式两种。国内广泛采用离合式，离合式连接方式是利用一离合器装置，使轴杆与十字板头能够离合，以便分别作十字板总剪力试验和轴杆摩擦校正试验。

（2）电测式：电阻应变式十字板剪切仪，见图 3-6-14，其十字板头可通过扭力传感器与探杆相连接。扭力柱的上下端分别与十字板头和轴杆相连接。扭力柱的外套筒主要用以保护传感器，它的上端丝扣与扭力柱接头用环氧树脂固定，下端呈自由状态，并用润滑防水剂保持它与扭力柱的良好接触。这样，应用这种装置就可以通过电阻应变传感器直接测读十字板头所受的扭力，而不受轴杆摩擦、钻杆弯曲及坍孔等因素的影响，提高了测试精度。

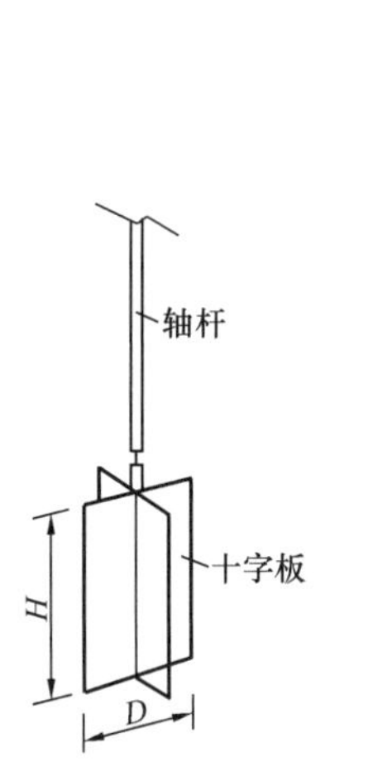

图 3-6-13 十字板头

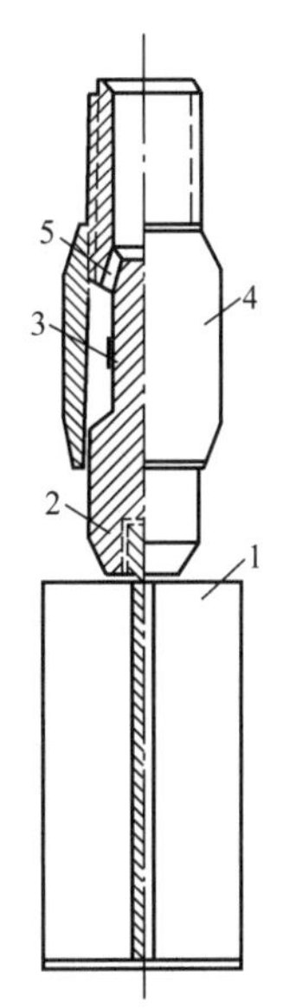

图 3-6-14 板头结构示意

1—十字板；2—扭力柱；3—应变片

4—套筒；5—出线孔

2. 十字板头的规格

十字板头宜采用不锈钢整体制造，其规格见表 3-6-14 的规定，且板面粗糙度不大于 6.3μm。对于不同土类应选用不同尺寸的十字板头，在浅部软弱的淤泥、淤泥质黏性土、软黏土中一般选择 75mm×150mm 的十字板头较为合适，在稍硬土中可用 50mm×100mm 的十字板头。

十字板头规格　　表 3-6-4

型号	板高 H (mm)	板宽 D (mm)	板厚 t (mm)	板下端刃角 a (°)	轴杆		高宽比 H/D	厚宽比 t/D	面积比 A_r (%)
					直径 ϕ (mm)	长度 s (mm)			
Ⅰ	100	50	2	60	13	50	2	0.04	≤14
Ⅱ	150	75	3	60	16	50	2	0.04	≤13

3. 贯入主机

机械式十字板剪切试验应使用钻机或其他成孔机械预先成孔；电测式十字板采用静力触探贯入主机将十字板头压入指定深度。

二、十字板剪切仪的技术性能

1. 电测式十字板剪切仪的扭力传感器应采用电阻应变式，并应符合下列规定：

（1）在额定荷载下，检测总误差不应大于 3%FS，其中非线性误差、重复性误差、滞后误差、归零误差均应小于 1%FS。

（2）传感器出厂时的对地绝缘电阻不应小于 500MΩ；在 300kPa 水压下恒压 1h 后，绝缘电阻应大于 300 MΩ。

（3）用于现场试验的传感器，其对地绝缘电阻不得小于 20 MΩ。

（4）传感器护套外径不宜大于 20mm。

2. 电测式十字板剪切试验用的记录仪应符合下列规定：

（1）时漂应小于 0.1%FS/h；温漂应小于 0.01%FS/℃。

（2）有效最小分度值应小于 0.06%FS。

3. 电测式十字板剪切仪所用贯入主机的探杆夹持器，应能牢固夹持探杆，不得产生相对转动。

4. 钢环式测力计，其检测精度应符合本条第 1 款第 1 项规定；配备的量表和刻度盘的检测误差应小于 1%FS。

三、十字板剪切试验对探杆的要求

1. 探杆必须平直。用于前 5m 的探杆，其弯曲度不应大于 0.05%，后续探杆的弯曲度不应大于 0.1%。

2. 探杆两端螺纹曲线的同轴度公差应小于 ϕ1mm，探杆连接应有良好的互换性。以锥形螺纹连接的探杆，连接后不得有晃动现象；以圆柱形螺纹连接的探杆，拧紧后丝扣之根、肩应能密合。

3. 对试验深度大于 10m 的机械式十字板试验孔，应安设导轮，导轮间距不宜大于 10m。

四、开口钢环式十字板剪切试验

开口钢环式十字板剪切试验是利用涡轮旋转插入土中的十字板头，借开口钢环测出土的抵抗力矩，从而计算出土的抗剪强度。

（一）试验方法及要求

1. 开孔前先调平机座，经水平尺校准后定位，用回转干钻开孔，并用旋转法（不宜用击入法）下套管至预定试验深度以上 3～5 倍套管直径处，再用提土器清孔，在钻孔内允许有少量虚土残存，但不宜超过10cm。在软土中钻进时，应在孔中保持足够水位，以防止软土在孔底涌起及尽可能保持试验土层的天然结构和应力状态。

2. 将十字板头、离合器、轴杆、导轮与试验钻杆逐节接好下入孔内，使十字板头与孔底接触，接上导杆，安装底座，将底座与套管、底座与固定套之间用制紧轴制紧。先用专用摇把套在导杆上向右旋转，使十字板头离合器咬合，再将十字板头徐徐压入土中的预定试验深度，并应静置2～3min。如压入有困难，可用锤轻轻击入。

3. 安装传动部件和测力装置，微转手柄使特制键落入键槽。装上量测钢环变形的百分表，并调整百分表至零。

4. 试验开始即开动秒表，使十字板头每10s转动1°～2°，即以约每10s一到两转的速率旋转转盘，每转一圈，测记钢环变形读数一次，直到土体剪损（即读取最大读数），仍继续读数1min。此时施加于钢环的作用力，即是使原状土剪损时的总作用力 R_y 值。

5. 在完成上述原状土试验后，拔下连接导杆与测力装置的特制键，套上摇把连续转动导杆、轴杆数转，使土体完全破坏，再插上特制键，按步骤4以每10s一到两转的速率进行试验，即可获得扰动土的总作用力 R_c 值。

6. 拔掉特制键将十字板轴杆向上提起3～5cm，使连接轴杆与十字板头的离合器分离，再插上特制键，仍按步骤4测得轴杆和设备的机械阻力 R_g 值。至此一个试验点的试验工作全部结束。

（二）资料整理

1. 计算土的抗剪强度

$$c_u = K \cdot C(R_y - R_g) \tag{3-6-29}$$

式中 c_u——土的不排水抗剪强度（kPa）；

C——钢环系数（kN/0.01mm）；

R_y——原状土剪损时量表最大读数（0.01mm）；

R_g——轴杆与土摩擦时量表最大读数（0.01mm）；

K——十字板常数（m^{-2}），可按式（3-6-30）或表3-6-5采用。

$$K = \frac{2R}{\pi D^2\left(\frac{D}{3} + H\right)} \tag{3-6-30}$$

其中 R——转盘半径（m）；

D——十字板头直径（m）；

H——十字板头高度（m）。

十字板规格及十字板常数K值 **表3-6-5**

十字板规格 D×H (mm)	十字板头尺寸（mm）			转盘半径 (mm)	十字板常数 K (m^{-2})
	直径 D	高度 H	厚度 B		
50×100	50	100	2～3	200 250	436.78 545.97
50×100	50	100	2～3	210	458.62
75×150	75	150	2～3	200 250	129.41 161.77
75×150	75	150	2～3	210	135.88

2. 计算重塑土抗剪强度

$$c'_u = K \cdot C(R_c - R_g) \quad (3\text{-}6\text{-}31)$$

式中 c'_u——重塑土不排水抗剪强度（kPa）；

R_c——重塑土剪损时量表最大读数（0.01mm）。

3. 计算土的灵敏度

$$S_t = \frac{c_u}{c'_u} \quad (3\text{-}6\text{-}32)$$

4. 绘制抗剪强度与试验深度的关系曲线，以了解土的抗剪强度随深度的变化规律（图 3-6-15）。

5. 绘制抗剪强度与回转角的关系曲线，以了解土的结构性和受剪时的破坏过程（图 3-6-16）。

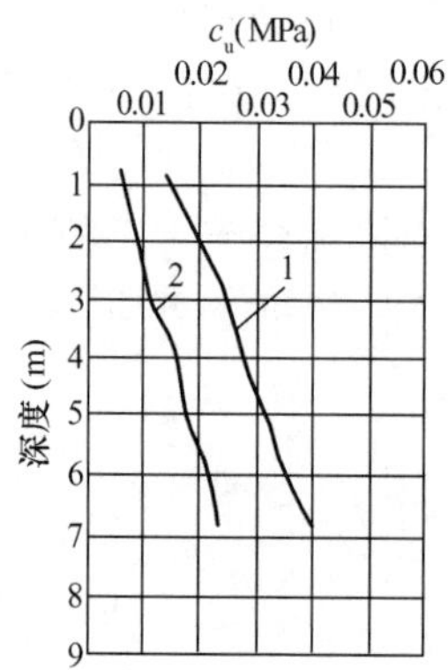

图 3-6-15 抗剪强度随深度变化曲线

1—未扰动土；2—扰动土

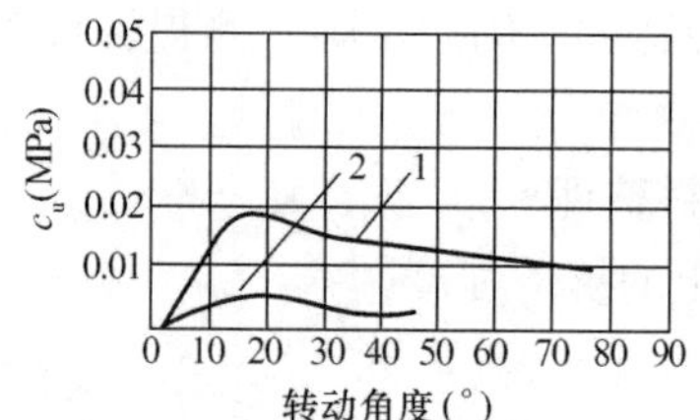

图 3-6-16 抗剪强度与转角关系曲线

1—未扰动土；2—扰动土

五、电阻应变式十字板剪切试验

电阻应变式十字板剪切试验是利用静力触探仪的贯入装置将十字板头压入到不同的试验深度，借助齿轮扭力装置旋转十字板头，用电子仪器量测土的抵抗力矩，从而计算出土的抗剪强度。它可以在饱和软黏土中用一套仪器进行静力触探和十字板剪切试验。

（一）试验方法及步骤

1. 选择十字板尺寸：对浅层软黏土可用 75mm×150mm 的十字板；对稍硬的土层可用 50mm×100mm 的十字板。

2. 安装扭力装置，将十字板安装在电阻应变式板头上，并与轴杆电缆、应变片接通。

3. 按静力触探的方法，把电阻应变式十字板贯入到预定试验深度处，静置 2～3min，并与地温取得热平衡后调零。

4. 使用回转部分的卡盘卡住轴杆。

5. 用摇把慢慢匀速地回转蜗杆、蜗轮，使十字板头每 10s 转动 1°～2°，即以约每 10s 一到两转的速率旋转转盘，摇把每转一圈读数一次，直到剪损（即读取最大微应变值）后，仍继续读数 1min。

6. 完成上述试验后，用摇把将轴杆连续转 6 圈。然后重复步骤 5 的操作，即得重塑土剪损时的最大微应变值。

7. 完成一次试验后，松开卡盘，用静力触探的方法继续下压到下一试验深度，重复上述 3～6 步骤继续进行试验。

8. 一孔的试验完成后，按静力触探的方法上拔轴杆，取出十字板。

（二）资料整理

1. 计算土的不排水抗剪强度

$$c_u = K \cdot \xi \cdot R_y \tag{3-6-33a}$$

式中　c_u——土的不排水抗剪强度（kPa）；

ξ——电阻应变式十字板头传感器的率定系数（kN/$\mu\varepsilon$）；

R_y——未扰动土剪损时最大微应变值（$\mu\varepsilon$）。

2. 计算重塑土的不排水抗剪强度

$$c'_u = K \cdot \xi \cdot R_c \tag{3-6-33b}$$

式中　c'_u——重塑土不排水抗剪强度（kPa）；

R_c——重塑土剪损时最大微应变值（$\mu\varepsilon$）。

与开口钢环式十字板剪切试样一样，也可依据试验资料计算土的灵敏度，绘制十字板抗剪强度与试验深度关系曲线和抗剪强度与回转角的关系曲线。

（三）成果的应用

1. 强度修正系数

一般认为十字板测得的不排水抗剪强度是峰值强度，其值偏高。长期强度只有峰值强度的 60%～70%。因此，十字板测得的强度 S_u 需进行修正后才能用于设计计算。Daccal 等建议用修正系数 μ 来折减［式（3-6-34）和图 3-6-17］。图中曲线 2 适用于液性指数大于 1.1 的土，曲线 1 适用于其他软黏土。

$$c_u = \mu S_u \tag{3-6-34}$$

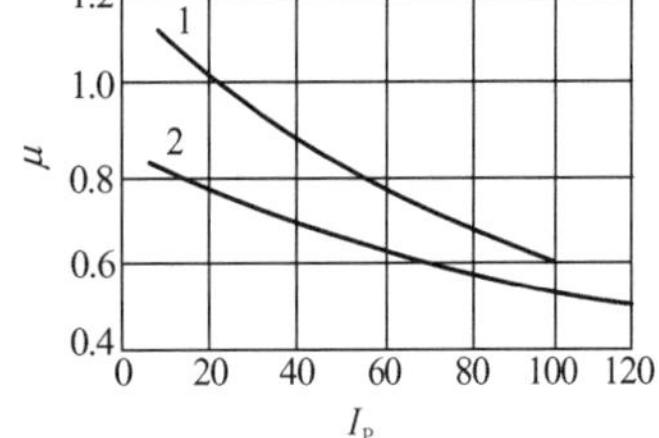

图 3-6-17　修正系数 μ

《铁路工程地质原位测试规程》规定：当 $I_P \leqslant 20$ 时，$\mu=1$；当 $20< I_P \leqslant 40$ 时，$\mu=0.9$。

2. 计算地基承载力

（1）中国建筑科学研究院、华东电力设计院公式：

$$q = 2c_u + \gamma h \tag{3-6-35}$$

式中　q——地基承载力（kPa）；

c_u——修正后的十字板抗剪强度（kPa）；

γ——土的重度（kN/m^3）

h——基础埋置深度（m）。

（2）Skempton 公式（适用于 $D/B \leqslant 2.5$）

$$q_u = 5c_u\left(1+0.2\frac{B}{L}\right)\left(1+0.2\frac{D}{B}\right)+p_0 \tag{3-6-36}$$

式中　q_u——极限承载力（kPa）；

B、L —— 基础底面宽度、长度（m）；

D ——基础砌置深度（m）；

p_0 ——基础底面以上的覆土压力（kPa）。

3. 估算单桩极限承载力

$$Q_{umax} = N_c c_u A + U \sum_{i=1}^{n} c_{ui} L \tag{3-6-37}$$

式中 Q_{umax} ——单桩极限承载力（kN）；

N_c ——承载力系数，均质土取 9；

c_u ——桩端土的不排水抗剪强度（kPa）；

c_{ui} ——桩周土的不排水抗剪强度（kPa）；

A ——桩的截面积（m^2）；

U ——桩的周长（m）；

L ——桩的入土长度（m）。

4. 确定软土路基临界高度

在软土地区公路选线中，路基临界高度的确定对线路设计及方案比较非常重要，用十字板测得的不排水抗剪强度估算路基的临界高度是一种比较有效的方法。

对均质厚层软土路基的临界高度用下式估算：

$$H_c = K c_u \tag{3-6-38}$$

式中 H_c ——临界高度（m）；

K ——系数（m^3/kN），一般取 0.3。

5. 判定软土的固结历史

根据抗剪强度与深度的关系曲线，可判定土的固结性质。

（1）在曲线上，抗剪强度与深度成正比，并可根据实测的抗剪强度值绘制一直线且通过原点，则认为该土属正常固结土。

（2）在曲线上，抗剪强度与深度成正比，实测的抗剪强度值大致成一直线，但直线不通过原点而与纵轴（深度轴）的向上延长线相交，则认为该土属超固结土。

（3）在曲线上，仅在某一深度 Z_c 以下实测的抗剪强度值仍大致有通过原点的直线趋势，而 Z_c 以上的抗剪强度值偏离直线较多。如 Z_c 上、下的土质没有明显的差异，则可认为 Z_c 以下的土属正常固结性质，而 Z_c 以上的土属超固结性质。但这种超固结性不是由于卸荷作用造成的，而是受大气活动的影响，如温差变化、干湿循环等原因所致。

6. 检验地基加固改良的效果

对于软土地基预压加固工程，可用十字板剪切试验探测加固过程中地基强度的变化，检验地基加固的效果。例如天津新港供油站油罐地基采用预压加固后，用十字板测定地基土的不排水抗剪强度，并用 Skempton 公式计算（承载力系数可用 6），经三次预压，承载力由 60kPa 提高到 127kPa。

第三节 钻孔剪切试验

钻孔剪切试验采用可张开的探头在钻孔壁进行原位剪切试验，可提供有关土体或软岩体的强度指标。这一原位测试方法由美国 Handy&Fox 于 1967 年首次提出，之后，国外研究者们对这一方法进行了多方面的研究，目前，钻孔剪切试验作为原位确定土的抗剪强度的方法已在美国、日本、法国等地得到广泛应用。

一、试验设备及适用范围

钻孔剪切仪主要由测力系统和剪切头两大部分组成，试验装置如图3-6-18所示，剪切头是钻孔剪切仪的核心部件，是由两块带有平行齿状突起的对称弧形剪切板和可以带动剪切板扩张和回缩的活塞组成。试验时，将剪切头放入事先钻好的孔中，通过气压对孔壁施加法向应力，然后通过提拉与剪切板连接的拉杆施加竖向剪切力使土体发生剪切破坏，记录峰值剪应力。在不同正应力情况下重复剪切，可得一系列的剪切应力值，从而计算土的 c、φ 值或 c'、φ' 值。

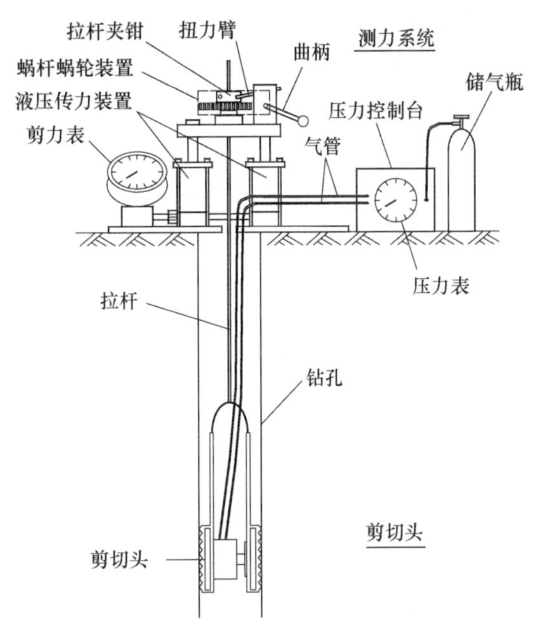

图 3-6-18 钻孔剪切试验装置

钻孔剪切试验适用于钻孔孔壁可维持稳定的土体和软质岩石。若要获得可靠的试验结果，钻孔孔壁的扰动必须降到最低。剪切板的尺寸和形状由土质条件决定，在剪切板上亦可附加一个孔压测头用以测量土的孔隙水压力，也可通过改装测量土体横向、竖向变形。

钻孔剪切试验最大的优点是操作简便，可重复性较高。有资料表明，钻孔剪切试验的结果非常接近于固结不排水剪切参数。

钻孔剪切试验目前在我国的应用，只见于软岩体中有少量实用报道，另在黄土地区进行过一些现场测试。

二、试验方法

钻孔剪切试验的步骤如下：

（1）钻探成孔。采用直径为76mm的成孔器成孔，钻孔直径为78～80mm为宜，钻探时应尽量减少对测点处土体的扰动，保证测点位置一次成孔。

（2）仪器安装。连接拉杆将剪切探头放入测试孔中，放置到孔中试验位置后，安装加压和剪切设备平台。

（3）测定初值。试验前，将探头和拉杆在试验点深度处悬空，并用拉杆夹具将拉杆固定于操作平台上，记录剪切仪表上的读数 S，S 值为剪切探头、拉杆自重产生的应力值，用于剪切应力校正。

（4）加压固结。通过手动加压泵或控制台上的调压阀（连接储气瓶），给剪切探头加压，使剪切板扩张，对钻孔孔壁施加法向压力。根据土质情况判断所需施加的初始法向压力、应力增量及固结时间。

（5）剪切试验。固结完成后，匀速摇动曲柄向上提拉剪切头，记录剪切仪表上的最大值。土体剪破后回转卸除剪切应力。然后，根据压力增量，依次增大法向压力，并重复上述试验步骤，至少需要做 3 个数据点试验，一般需做 4～5 次剪切试验。

（6）数据初判。现场绘制剪切应力—法向压力散点图，拟合曲线应为直线，判断 c、φ 值是否合理，满足要求则可进行下一组试验，若不满足要求，则卸压取出剪切头，清理干净后转动 90°重做。

（7）结束试验。完成测试后，卸除剪应力和法向压力，从钻孔中提出剪切头，清洁干净。

三、法向压力加压级别与固结时间

（1）法向压力加压级别

钻孔剪切试验时，施加的初始压力应保证剪切板的齿状突起部分能完全压入土中。一般土体的初次固结压力可取 35kPa，若是软土，则需采用更低压力值。不同类型土体法向压力增量建议值如表 3-6-6 所示。

法向压力增量建议值　　**表 3-6-6**

软硬程度	土类描述	逐级增加值（kPa）
极软	接近液限的超软淤泥或黏土，极松散或超过临界孔隙率砂	5
软	软黏土、淤泥或松砂	10
中硬	中密度淤泥或砂，中等硬度黏土	20
硬	密砂、淤泥或黏土	50
极硬	胶结砂、超固结黏土或页岩	100
其他		35

（2）固结时间

钻孔剪切试验的固结时间根据土类别的不同有所差异，无黏性土排水固结较快，可适当缩短固结时间，而黏性土的黏粒含量高，不易排水固结，应适当延长固结时间。对于非饱和黏土或砂以及饱和无黏性土，各级法向压力下固结时间一般也可取 5min；对饱和黏性土，为保证超孔隙水压力消散，通常取为 10～20min；当法向压力采用分级加荷的方式时，在上级已施加压力基础上施加更大法向压力，此时后续分级固结时间一般需 5～10min。

第七章　旁压试验

第一节　预钻式旁压试验

一、试验原理及目的

预钻式旁压试验（PMT）是通过旁压器在预先打好的钻孔中对孔壁施加横向压力，使土体产生径向变形，利用仪器量测孔周岩土体的径向压力与变形关系，测求地基土的原位力学状态和力学参数。

二、适用范围

预钻式旁压试验适用于孔壁能保持稳定的黏性土、粉土、砂土、碎石土、残积土、风化岩和软岩，不适用于饱和软黏土。

三、仪器设备

预钻式旁压仪由旁压器、加压稳压装置和变形量测系统及控制装置等部分组成（图 3-7-1）。

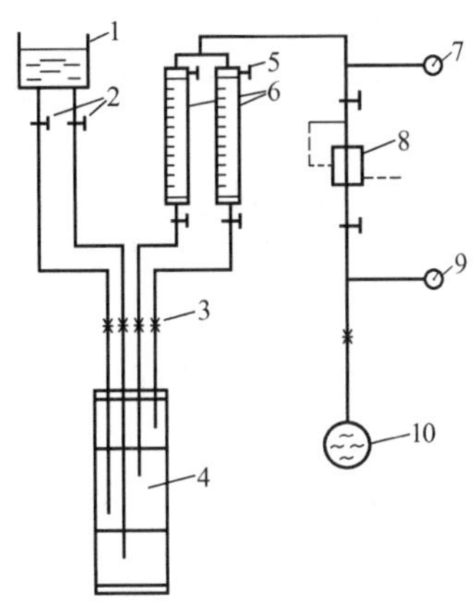

图 3-7-1　旁压仪结构示意图

1—水箱；2—开关；3—快速接头；4—旁压器；5—放气阀；6—量管；7—输出压力表；8—减压阀；9—输入压力表；10—气源

1. 旁压器：是旁压仪的主要部分，用以对孔壁施加压力。它由一空心金属圆柱筒、固定在金属筒上的弹性膜和膜外护铠组成，分三腔式和单腔式。三腔式中腔为量测腔，上、下两腔为辅助腔。上、下两腔由金属管连通而与中腔严密封闭。辅助腔的作用在于延长孔壁土层受压段长度，减小量测腔的端部影响，当土体受压时，使量测腔部分周围土体均匀受压，使土层近似地处于平面应变状态。

弹性膜紧附在旁压器腔室的外壁，在上、中、下三腔的端部用套环固定，以保证通水加压后三腔各自膨胀。弹性膜厚约 2mm。膜外护铠的作用是防止旁压器的弹性膜被压破。国内目前常用的旁压器规格如表 3-7-1 所示。

旁压器规格　　　　**表 3-7-1**

序号	参数名称		仪器型号		
			PY-3 型	PY-4 型	PY-5 型
1	旁压器	裸体标称外径（mm）	50		
		带金属铠外径（mm）	55		
		测量腔长度（mm）	250		
		旁压器总长（mm）	800		
2	测量精度	压力表最小读数（MPa）	0.005		
		体积计有效量程（mm）	400		
		综合误差	≤±1%		
		测量方式	电测及目测		
3	其他	最大试验压力	2.5MPa	4.0MPa	5.5MPa
		主机尺寸	830mm×360mm×220mm		
		主机重量	28kg		
		应用范围	黏性土、粉土等地层	硬性黏性土、粉土、砂土等地层	黏性土、粉土、砂土、强风化岩、软岩等地层

法国生产的 G-Am 旁压仪和加拿大生产的 TEXAM 旁压仪，最大试验压力可达到 10MPa，日本生产的专用于岩石原位测试的钻孔旁压仪，其最大试验压力可达到 20MPa。

2. 加压装置

由高压氮气瓶连接减压阀组成。当无高压氮气瓶时，亦可用普通打气筒和稳压罐代替。

3. 量测及控制装置

由水箱、量管、压力表、导管等组成。量管最小刻度为 1mm，压力表最小刻度为 5kPa。

四、试验工作及要求

1. 仪器标定

（1）弹性膜约束力标定：由于弹性膜具有一定厚度，弹性膜本身产生的侧限作用使压力受到损失，在试验时施加的压力并未完全传递给土体，这种压力损失值称为弹性膜的约束力。一般规定在每个工程试验前、新装或更新弹性膜、放置时间较长、膨胀次数超过一定值时或温差超过 4℃时需进行弹性膜约束力标定。弹性膜约束力的标定方法是：将旁压器置于地面，然后打开中腔和上、下腔阀门使其充水，当水充满旁压器并回返至规定刻度时，将旁压器中腔的中点位置放在与量管水位相同的高度，记下初读数，随后逐级加压，每级压力增量为 10kPa，使弹性膜自由膨胀，量测每级压力下的量管水位下降值，直到量管水位下降值接近 40cm 时停止加压。根据记录绘制压力与水位下降值的关系曲线，即弹性膜约束力标定曲线。s 轴的渐近线所对应的压力即为弹性膜的约束力 p_i（图 3-7-2）。

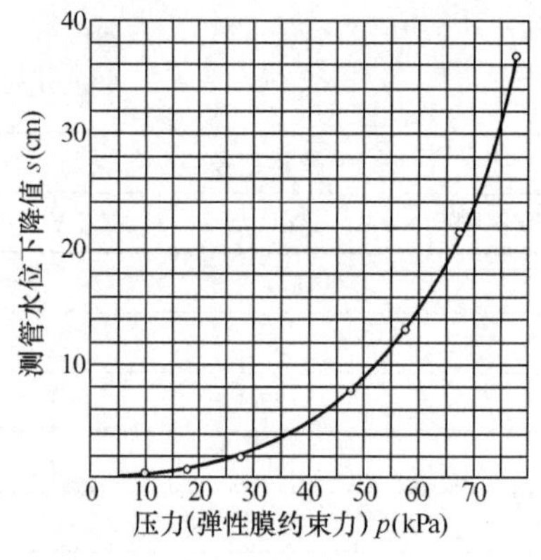

图 3-7-2　弹性膜约束力校正曲线

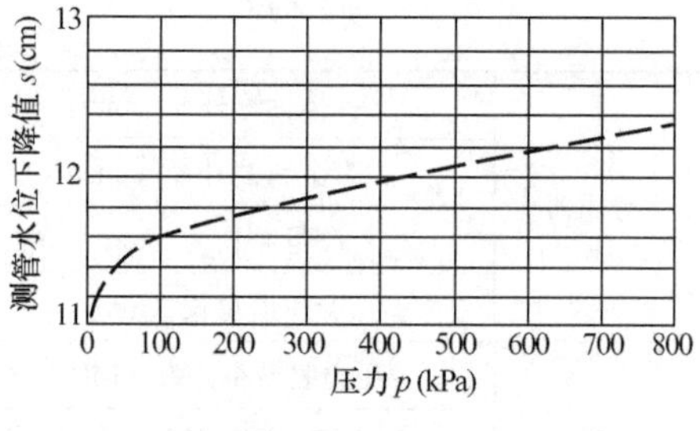

图 3-7-3　仪器综合变形校正曲线

（2）仪器综合变形的标定：由于旁压仪的调压阀、量管、导管、压力计等在加压过程中均会产生变形，造成水位下降或体积损失，这种水位下降值或体积损失称为仪器综合变形。仪器综合变形标定方法是：将旁压器放进有机玻璃管或钢管内，使旁压器在受到径向限制的条件下进行逐级加压，加压等级为 100kPa，直到旁压仪的额定压力为止。根据记录的压力 p 和量管水位下降值 s 绘制 p-s 曲线，曲线上直线段的斜率 $\Delta s/\Delta p$ 即为仪器综合变形校正系数 α（图 3-7-3）。

2. 成孔要求

旁压试验钻孔要保证成孔质量，钻孔要直，孔壁要光滑，防止孔壁坍塌。钻孔直径宜比旁压器略大（一般大 2～8mm），孔深应比预定最终试验深度略深（一般深 0.5～1.0 m），以保证旁压器下腔在受压膨胀时有足够的空间，使其和上腔同步。钻孔成孔后宜立即进行试验，以免缩孔和塌孔。对易坍塌的钻孔，宜采用泥浆护壁。

3. 试验点布置

试验点应布置在有代表性的位置和深度，旁压器的量测腔应在同一土层内，满足两试验点间的竖向距离不小于 1.0m 或不小于旁压器膨胀段长度的 1.5 倍距离；试验孔与已有钻孔的水平距离不宜小于 1.0m。场地同一试验土层内的试验点总个数应满足统计数据的要求（一般不宜少于 6 个点）。

4. 试验步骤

（1）钻进成孔：特别要注意孔壁不能扰动。

（2）充水：将旁压器置于地面上，打开水箱阀门，使水流入旁压器的中腔和上、下腔，并分别回返到量管中。待量管中的水位升高到一定高度时，提起旁压器使中腔的中点与量管的水位相齐平（此时旁压器内不产生静水压力，不会使弹性膜膨胀），然后关闭阀门。此时记录的量管水位值即是试验初读数。

（3）放置旁压器：将旁压器放入钻孔中预定试验位置，将量管阀门打开，此时旁压器内产生静水压力，并记录量管中的水位下降值。静水压力可按下式计算：

无地下水时：
$$p_w = (h_0 + z)\gamma_w \tag{3-7-1}$$

有地下水时：
$$p_w = (h_0 + h_W)\gamma_w \tag{3-7-2}$$

式中　p_w——静水压力（kPa）；

h_0——量管水面离孔口的高度（m）；

z——地面至旁压器中腔中间的距离（即旁压试验点的深度）（m）；

h_w——地下水位到孔口的埋深（m）；

γ_w——水的重度（kN/m^3）。

（4）加压：加压时首先打开高压氮气瓶开关，同时观测压力表，控制氮气瓶输出压力不超过减压阀额定标准，然后操纵减压阀旋柄按要求逐级加压，从压力表读取压力值，并记录一定压力时的量管中水位变化高度。

加压等级包括加压级数和加压增量，取决于试验目的、土层特点、资料整理及成果判释方法和旁压仪精度。根据绘制旁压曲线的要求，加压等级可采用预计临塑压力的 1/7～1/5 或极限压力的 1/14～1/10，初始阶段加荷等级可取小值，必要时，可作卸荷再加荷试验，测定再加荷旁压模量。

（5）每级压力的稳定时间：每级压力下的相对稳定时间，对软岩和风化岩采用 1min，对非饱和黏性土、粉土、砂土等宜采用 2min。当采用 1min 的相对稳定时间标准时，在每级压力下，测读 15s、30s、60s 的量管水位下降值，并在 60s 读数完后即施加下一级压力，直到试验终止。当采用 2min 的相对稳定时间标准时，在每级压力下，测读 15s、30s、60s、120s 的量管水位下降值，并在 2min 的读数完后即施加下一级压力，直到试验终止。

（6）试验终止条件：应根据试验目的和旁压仪的极限试验能力（体积、压力）来确定。当以测定土体变形参数为目的时，试验压力过临塑压力 p_f 后即可结束试验；当以测定土体强度参数为目的时，则当量测腔的扩张体积相当于量测腔固有体积时，或压力达到仪器的容许最大压力时，应终止试验。试验结束后，排除旁压器内的水使弹性膜恢复原状，2～3min 后取出旁压器，移下一试验点进行试验。

五、资料整理

1. 压力和变形量的校正

压力校正可按下式计算：

$$p = p_m + p_w - p_i \tag{3-7-3}$$

式中　p——校正后的压力（kPa）；

p_m——压力表读数（kPa）；

p_w——静水压力（kPa），可按式（3-7-1）或式（3-7-2）计算；

p_i——弹性膜约束力（kPa），根据图 3-7-2 确定。

对气水转换式旁压仪，压力校正按仪器说明书要求进行。

变形量校正可按下式计算：

$$s = s_m - (p_m + p_w)\alpha \tag{3-7-4}$$

式中　s——校正后的水位下降值（m）；

s_m——量管水位下降值（m）；

α——仪器综合变形系数（m^3/kN）。

2. 绘制旁压试验曲线

根据校正后的压力和水位下降值绘制 p-s 曲线，或根据校正后的压力和体积曲线 p-V 曲线（图 3-7-4）。

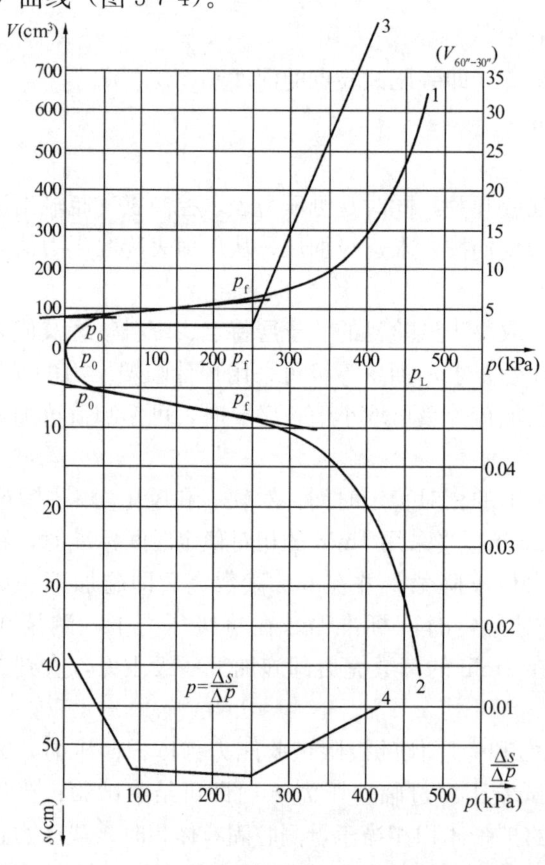

图 3-7-4　旁压试验曲线

1—p-V 曲线；2—p-s 曲线；3—p-$V_{60''-30''}$曲线；4—p-$\Delta s/\Delta p$ 曲线

3. 特征值的确定

（1）初始压力（p_0）的确定：旁压试验曲线直线段延长与 V 轴的交点为 V_0（或 s_0），由该交点作与 p 轴的平行线相交于曲线的点所对应的压力即为 p_0值。

（2）临塑压力（p_f）的确定：旁压试验曲线直线段的终点，即直线与曲线的第二个切点所对应的压力即为 p_f值。

（3）极限压力（p_L）的确定：旁压试验曲线过临塑压力后，趋向于 s 轴的渐近线的压力即为 p_L值，或 $V = V_c + 2V_0$（V_c 为中腔固有体积，V_0为孔穴体积与中腔初始体积的差值）时所对应的压力作为 p_L值。

以上用作图法确定特征值的方法见图 3-7-4。

4. 岩土参数的确定

（1）地基土临塑强度和极限强度

地基土临塑强度 f_y：　　$$f_y = p_f - p_0 \tag{3-7-5}$$

地基土极限强度 f_L：　　$$f_L = p_L - p_0 \tag{3-7-6}$$

（2）旁压模量 E_M 和旁压剪切模量 G_M

$$E_M = 2(1+\nu)(V_c + V_m)\frac{\Delta p}{\Delta V} \tag{3-7-7a}$$

$$G_M = \frac{E_M}{2(1+\nu)} \tag{3-7-7b}$$

式中　E_M——旁压模量（MPa）；

G_M——旁压剪切模量（MPa）；

ν——泊松比，碎石土取 0.27，砂土取 0.30，粉土取 0.35，粉质黏土取 0.38，黏土取 0.42；

Δp——旁压试验曲线上直线段的压力增量（MPa）；

ΔV——相应于 Δp 体积增量（由量管水位下降值 s 乘以量管水柱截面积 A 得到）（cm^3）；

V_c——旁压器中腔固有体积（cm^3）；

V_m——平均体积（cm^3），$V_m = (V_0 + V_f)/2$；

V_0——对应于 p_0 值的体积（cm^3）；

V_f——对应于 p_f 值的体积（cm^3）。

（3）侧向基床反力系数 K_M

$$K_M = \frac{\Delta p}{\Delta r} \tag{3-7-8}$$

式中　Δp——孔壁压力差（kPa）；

Δr——Δp 对应的半径差（m）。

（4）计算变形模量和压缩模量

1）旁压模量与变形模量的关系

机械部勘察研究院通过大量实际数据的研究分析，提出可以用下列公式求得土的变形模量。

$$E_0 = K \cdot E_M \tag{3-7-9}$$

式中　E_0——土的变形模量（MPa）；

E_M——按式（3-7-7）计算的旁压模量（MPa）；

K——变形模量与旁压模量的比值。

对于黏性土、粉土和砂土：

$$K = 1 + 61.1m^{-1.5} + 0.0065(V_0 - 167.6) \tag{3-7-10}$$

对于黄土类土：

$$K = 1 + 43.77m^{-1} + 0.005(V_0 - 211.9) \tag{3-7-11}$$

不区分土类时：

$$K = 1 + 25.25m^{-1} + 0.0069(V_0 - 158.5) \tag{3-7-12}$$

式中　m——旁压模量与旁压试验静极限压力的比值；

$$m = \frac{E_M}{p_L - p_0} \tag{3-7-13}$$

p_L——旁压试验极限压力（MPa）；

p_0——旁压试验的初始压力（MPa）；

V_0——对应于 p_0 值的旁压器中腔的体积（cm^3）。

为偏于安全，当 $m \leqslant 6$ 时，取 $K=5$ 为限值。

2）旁压变形参数与变形模量和压缩模量的关系

铁道部科学研究院西北所等单位提出用旁压变形参数计算土的变形模量和压缩模量。旁压变形参数按式（3-7-14）计算

$$G_m = V_m \cdot \frac{\Delta p}{\Delta V} \tag{3-7-14}$$

式中　G_m——旁压变形参数（MPa）；

其余符号同式（3-7-7）。

土的变形模量和压缩模量可按式（3-7-15a）、式（3-7-15b）计算

$$E_0 = K_1 G_m \tag{3-7-15a}$$

$$E_s = K_2 G_m \tag{3-7-15b}$$

式中　E_0——土的变形模量（MPa）；

E_s——压力为 100～200kPa 的压缩模量（MPa）；

K_1、K_2——比值，按表 3-7-2 确定。

K_1、K_2 比值　　表 3-7-2

模　量	土　类	比　值	适　用　条　件
变形模量 E_0	新黄土	$K_1=5.3$	$G_m \leqslant 7$MPa
	黏性土	$K_1=2.9$	硬塑—流塑
		$K_1=4.8$	硬塑—半坚硬
压缩模量 E_s	新黄土	$K_2=1.8$	$G_m \leqslant 10$MPa，$Z \leqslant 3$m
		$K_2=1.4$	$G_m \leqslant 15$MPa，$Z > 3$m
	黏性土	$K_2=2.5$	硬塑—流塑
		$K_2=3.5$	硬塑—半坚硬

注：Z——深度。

3）《铁路工程地质原位测试规程》TB 10018—2018 规定，土的变形参数可按下述方法确定：

① 黏性土的变形模量 E_0 及压缩模量 E_s 可根据旁压剪切模量 G_m 按表 3-7-3 取值。

黏性土的变形模量 E_0 及压缩模量 E_s　　表 3-7-3

G_m（MPa）	0.5	1.0	1.5	2.0	2.5	3.0
E_0（MPa）	2.0～2.4	3.3～4.8	4.3～7.2	5.8～9.6	7.2～12.0	8.7～14.4
E_s（MPa）	2.0～2.2	3.0～3.5	3.8～4.5	5.0～7.0	6.3～8.7	7.5～10.5
G_m（MPa）	3.5	4.0	5.0	6.0	7.0	8.0
E_0（MPa）	10.1～16.8	11.6～19.2	14.5～24.0	17.4～28.8	20.3～33.6	23.2～38.4
E_s（MPa）	8.8～12.2	10.0～14.0	12.5～17.5	15.0～21.0	17.5～24.5	—

② 黄土变形模量 E_0 及压缩模量 E_s 可根据旁压剪切模量 G_m 按表 3-7-4 取值。

黄土的变形模量 E_0 及压缩模量 E_s **表 3-7-4**

G_m (MPa)		0.5	1.0	1.5	2.0	2.5	3.0	3.5	4.0
E_0 (MPa)		4.5	6.2	8.4	10.6	13.3	15.9	18.6	21.2
E_s (MPa)	$d \leqslant 3.0$m	1.7	2.1	2.7	3.6	4.5	5.4	6.3	7.2
	$d > 3.0$m	1.6	2.0	2.4	2.8	3.5	4.2	4.9	5.6
G_m (MPa)		5.0	6.0	7.0	8.0	10.0	12.0	14.0	15.0
E_0 (MPa)		26.5	31.8	37.1	—	—	—	—	—
E_s (MPa)	$d \leqslant 3.0$m	9.0	10.8	12.6	14.4	18.0	—	—	—
	$d > 3.0$m	7.0	8.4	9.8	11.2	14.0	16.8	19.6	21.0

注：d 为测试深度。

③ 砂土的变形模量 E_0 可按下式估算：

$$E_0 = KG_m \tag{3-7-16}$$

式中 K——变形模量转换系数，按表 3-7-5 取值。

变形模量转换系数 **表 3-7-5**

砂土分类	粉砂	细砂	中砂	粗砂
K 值	4.0～5.0	5.0～7.0	7.0～9.0	9.0～11.0

注：砾砂的 K 值取粗砂的上限值。

第二节 自钻式旁压试验

一、试验原理及目的

自钻式旁压试验（SBPMT）把成孔和旁压器的放置、定位、试验一次完成，可测求地基承载力、变形模量、原位水平应力、不排水抗剪强度、静止侧压力系数和孔隙水压力等。与预钻式旁压试验相比，自钻式旁压试验消除了预钻式旁压试验中由于钻进使孔壁土层所受的各种扰动和天然应力的改变，因此，试验成果比预钻式旁压试验更符合实际。

二、适用范围

自钻式旁压试验主要适用于黏性土、粉土、砂土和饱和软土。

三、仪器设备

国内使用的自钻式旁压仪有英国剑桥自钻式旁压仪、建设综合勘察研究设计院 MIM-A 型和华东电力设计院的 PYHL-1 型自钻式旁压仪。自钻式旁压仪的类型和结构特征见表 3-7-6。

各类自钻式旁压仪原理大同小异，一般自钻式旁压仪由旁压探头（包括钻进器和旁压器）、钻进器驱动装置及泥浆循环系统、压力控制系统和数据采集系统几部分组成。现以英国剑桥自钻式旁压仪为例，对仪器结构进行介绍。

自钻式旁压仪常见类型和结构特征　　表 3-7-6

<table>
<tr><th rowspan="3">国家</th><th rowspan="3">型号</th><th rowspan="3">加压和测试方法</th><th colspan="6">主要部件规格</th><th rowspan="3">容许极限压力（MPa）</th></tr>
<tr><th colspan="4">旁压器</th><th rowspan="2">量管断面积（cm^2）</th><th rowspan="2">导管</th></tr>
<tr><th>室型</th><th>直径（mm）</th><th>中腔长度（mm）</th><th>总长度（mm）</th></tr>
<tr><td>中国</td><td>PYHL-1</td><td>用水加压，用量管及液位传感器测变形</td><td>1</td><td>90</td><td>200</td><td>980</td><td>26.4</td><td>1010
尼龙管</td><td>2.5</td></tr>
<tr><td>英国</td><td>Camkometer</td><td>气体加压，传感器测试，位移观测分辨率 1 微米，压力分辨率 0.1kPa</td><td>1</td><td>83～89</td><td></td><td>1250</td><td></td><td>电缆
尼龙管</td><td>30</td></tr>
</table>

1. 拖装式钻机：采用液压传动，正循环水钻，可以把旁压器钻入 30～50m。它由柴油机、双联液压泵、液压马达、氮气瓶等组成。

2. 旁压器：有膨胀型和压力盒型两种。

膨胀型旁压器：外面装有弹性膜和铠装护套的柱状钢筒。在金属筒上每隔 120°分布有一个杠杆式应变臂，由片弹簧与弹性膜保持接触。每个片弹簧上贴有电阻应变片，它能准确量测杠杆式应变臂的移动和弹性膜的径向位移。供给弹性膜膨胀的气体压力和与弹性膜接触的土的孔隙水压力由旁压器内部的电子传感器量测。电信号通过多芯电缆送到地面。

压力盒旁压器：金属筒外部分布有四个灵敏的刚性压力盒。盒内装有应变式传感器，其中两个用来量测水平应力，两个用来测求孔隙水压力。旁压器内部有一个压力盒用以量测总压力。

在旁压器底部装有管靴和回转切削器。

旁压器在试验前应进行标定，包括压力盒的标定、应变臂的标定和弹性膜约束力的标定。

3. 电子仪器：由电子箱、应变控制装置、数据捕获装置和打印机组成。它的主要功能是把旁压器输出的电信号经过电子箱放大，数据捕获装置检索变成数字信号，输送给打印机打印出数字。

4. 压力控制板：由高压表、低压表、调压阀、开关和快速接头等组成。

四、试验工作及要求

1. 仪器标定：试验前应进行压力盒的标定、应变臂的标定和弹性膜约束力的标定。

2. 钻进要求：

（1）旁压器钻进过程中必须缓慢、平稳，土进入管靴后靠回转钻头将土切碎，利用水冲洗液把泥浆冲到地面。

（2）旁压器在钻进中，贯入速率与回转速率必须保持一致。

（3）要防止回水管堵塞。回水管堵塞后循环水将从旁压器外部流出，冲洗孔壁使孔径增大，原位应力释放，导致试验失败。

（4）在钻进中为防止土层受扰动和回水管堵塞，可根据土层性质调整切削器的距离。

调整时可参考表 3-7-7。

切削器调整距离 *D* 　　**表 3-7-7**

地　层　性　质	指　标　性　质	调　整　距　离
黏性土	c_u（kPa）	*D*（mm）
非常坚硬的	＞150	3～5
坚 硬 的	100～150	
坚硬—硬塑的	75～100	5～8
硬 塑 的	50～75	
硬塑—软塑的	40～50	8～15
软 塑 的	20～40	
很软的	＜20	20
砂　土	*N*	
非常密实的	＞50	6
密 实 的	30～50	10
中 密 的	10～30	
松 散 的	4～10	20
很 松 的	＜4	

3. 膨胀型旁压试验

根据地基土的性质可选择不同的加荷方式：对一般土可采用应力控制方式，对饱和软土可采用应变控制方式。

（1）应力控制方式的试验程序

1）使应力控制板上的调压阀完全处于非工作状态，并打开氮气瓶使气瓶上的调压阀给出合适的压力。

2）使旁压器与压力控制板、电子箱连接。

3）根据土层性质确定合适的加荷等级。

4）检查电瓶电压。

5）使旁压器中三个应变臂电路读数接近零，并记录初读数。

6）按加压规定时间间隔读出应变、有效应力和总应力，然后调节调压阀加下一级荷载，直到 10%应变值为止。

（2）应变控制方式的试验程序

采用应变控制方式进行试验时，要借助应变控制装置。它采用特殊的电磁阀自动调节旁压器内部压力，使钻孔壁径向变形率保持常量。常量应变率为每分钟或每小时 0.1%、0.2%、0.5%、1.0%、2.0%等几档。

1）根据土的性质和试验类型（排水的或不排水的），选择适宜的常量应变率。

2）根据土的性质选择合适的压力率。压力率分五档，1 档适用于很软的黏性土，5 档适用于很硬的黏性土。

3）开始试验时，先把应变和压力调到零。

4）根据设计所需的时间间隔读取应变值。

5）当达到10%应变值时应终止试验。

4. 压力盒型旁压试验

（1）气源连接到旁压器使其内部压力升高，直到从两个压力盒获得一个小的负输出值。这时孔隙水压力盒将给出较大的负输出值。

（2）压力值稳定后，即记下压力盒和孔隙水压力盒的输出值。

（3）降低气体压力直到两个压力盒输出值趋于正值，孔隙水压力盒读数仍为负值。

（4）再次记录四个压力盒的输出值。

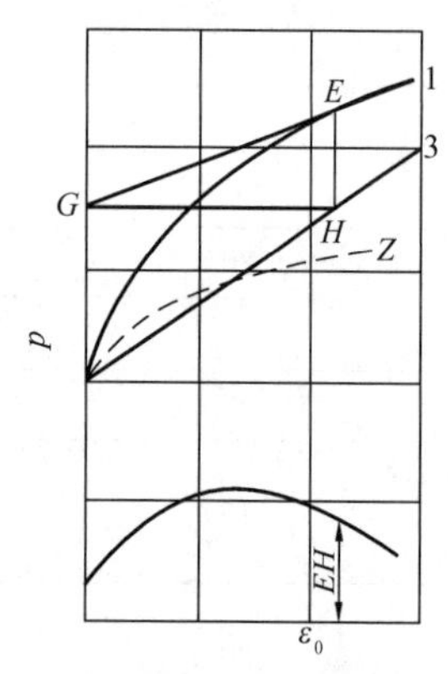

图3-7-5　p-ε曲线

五、资料整理和成果应用

1. 经应力、应变校正后，绘制应力与应变（p-ε）曲线

2. 绘制应力与应变的倒数（p-1/ε）曲线

3. 绘制剪应力与应变（τ-ε）曲线

作图方法如下（图3-7-5）：从旁压曲线p-ε曲线上任选一点E，作切线交p轴于G，则E、G两点在p轴上的差值，即为EH，求出p-ε曲线上各点（至少选择三点）的EH，作EH-ε曲线。此曲线即为剪切强度与应变（τ-ε）曲线。

4. 确定地基强度

（1）极限强度：取p-1/ε曲线与p轴相交的压力作为极限压力，与初始压力的差值即为地基极限强度。

（2）临塑强度：取p-Δε曲线上的转折点为临塑压力p_f，并减去原位水平应力σ_h即为地基临塑强度。

5. 计算弹性模量

（1）根据初始剪切模量G_i计算：旁压器弹性膜膨胀以后的p-ε曲线初始线性段的斜率为$2G_i$，则可由下式计算弹性模量：

$$E_i = 2(1+\nu)G_i \tag{3-7-17}$$

（2）根据Lame解答计算：

$$E_{cp} = (1+\nu)r\frac{\Delta p}{\Delta r} \tag{3-7-18}$$

式中　E_{cp}——平均弹性模量（MPa）；

r——旁压器半径（cm）；

Δp——压力增量（MPa）；

Δr——与Δp相应的径向位移增量（cm）。

6. 测求原位水平应力：旁压器弹性膜开始膨胀，孔壁刚刚开始产生径向应变时膜套外所承受的压力即为土的原位水平应力σ_h。

7. 确定不排水抗剪强度：对饱和软黏土，取τ-ε曲线的峰值即为不排水抗剪强度c_u或S_u。

8. 计算侧压力系数和孔隙水压力：侧压力系数K_0为原位水平有效应力σ'_h与有效覆盖压力σ'_v之比，即：

$$K_0 = \frac{\sigma'_h}{\sigma'_v} \tag{3-7-19}$$

其中σ_h'和σ_v'可由下式求得：

地下水以上时，　$\sigma_h' = \sigma_h$，$\sigma_v' = \gamma h$　(3-7-20)

地下水位以下时，　$\sigma'_h = \sigma_h - u$，$\sigma'_v = \gamma h_1 + \gamma' h_2$　(3-7-21)

式中　γ——土的重度（kN/m^3）；

γ'——土的水下重度（kN/m^3）；

h——试验深度（m）；

h_1——地下水位埋深（m）；

h_2——试验段到地下水位的距离（m）。

孔隙水压力u可由式（3-7-22）求得，即

$$u = \sigma_h - \sigma'_h \quad (3\text{-}7\text{-}22)$$

第八章　扁铲侧胀试验

第一节　扁铲侧胀试验的设备

扁铲侧胀试验（DMT）是岩土工程勘察一种新兴的原位测试方法，试验时将接在探杆上的扁铲测头压入至土中预定深度，然后施压，使位于扁铲测头一侧面的圆形钢膜向土内膨胀，量测钢膜膨胀三个特殊位置（A、B、C）的压力，从而获得多种岩土参数，适用于软土、一般黏性土、粉土、黄土和松散—中密的砂土。在密实的砂土、杂填土和含砾土层及风化岩中，因膜片容易损坏，故一般不宜采用。

扁铲侧胀试验的设备：主要由扁铲测头、测控箱、率定附件、气—电管路、压力源和贯入设备所组成。

一、扁铲测头

扁铲测头为板状，呈楔形如一把铲子，由高强度不锈钢制成。其尺寸为：厚14～16mm，宽94～96mm，长230～240mm，探头前缘刃角12°～16°。

圆形不锈钢薄膜片直径为60mm，厚约0.2mm（在可能剪坏探头的土层中，常使用0.25mm厚的钢膜）平装在测头的一侧板面上，膜片内侧设置一套感应盘机构，控制膜片三种特殊位置的状态。

扁铲测头不允许明显弯曲，在平行于轴线长150mm直边内，弯曲度应在0.5mm内；贯入前缘偏离轴线不允许超过2mm。

二、测控箱和率定附件

测控箱内装气压控制管路，控制电路及各种指示开关。主要作用是控制试验时的压力和指示膜片三个特定位置时的压力量并传送膜片达到特定位移量时的信号。

蜂鸣器和检流计应在扁铲测头膜片膨胀量小于0.05mm或大于等于1.10mm时接通，在膜片膨胀量大于等于0.05mm与小于1.10mm时断开。

测控箱与1m长的气—电管路、气压计、校正器等率定附件组成的率定装置，不仅可精确地测定膜片膨胀位置是否符合标准，特别还可对膜片进行率定和老化处理。

三、气一电管路

气一电管路由厚壁、小直径、耐高压的尼龙管，内贯穿铜质导线，二端装有专用连通触头的接头组成，直径最大不超过12mm。具有小巧、连接可靠、牢固、耐用的特性，为DMT输送气压和准确地传递特定信号。

用于测试的气一电管路每根长25m，用于率定的气一电管路长1m。配有特制的连接接头，可将2根以上的气一电管路连接加长，并保持气一电管路的通气、通电性能。

四、压力源

DMT-W1仪器试验用高压钢瓶的高压气作为压力源，气体必须是干燥的空气或氮气。一只充气15MPa的10L气瓶，在中等密度土和25m长管路的试验，一般可进行约1000个测点（约200m）。耗气量随土质密度和管路的增长而需增加。

五、贯入设备

贯入设备就是将扁铲测头送入预定试验土层的机具。目前，在一般的土层中，是利用静力触探机具来代替。而在较坚硬的黏性土或较密实的砂层中，则利用标准贯入试验机具来替代。试验中的贯入力可用以确定如砂土摩擦角等岩土参数。因此，试验时最好有测定贯入力的装置。从目前情况来看，以静探设备压入测头较理想，应优先选用。扁铲测头的贯入速率与静探探头贯入速率一致，即每分钟1.2m左右。

第二节　现　场　试　验

一、试验原理

扁铲的工作原理就如一个电开关，绝缘垫将导体基座与扁铲（钢）体和钢膜隔离，导体圆盘与测控箱电源的正极相连，而膜片通过地面接触与测控箱的负极相连。在自然状态下，彼此之间被绝缘体分开，而当膜片受土压力作用而向内收缩与导体基座接触时，或是受气压作用使膜向外鼓胀，钢柱在弹簧作用下与导体基座接触时，则正负极接通，蜂鸣声响起；当膜片处于中间位置时，正负极不能相通，因此不会有蜂鸣声。

二、现场试验

1. 率定

在进行试验前，应对膜片进行率定，率定目的是为了克服膜片本身的刚度对试验结果的影响，通过率定，可以得到膜片的率定值ΔA和ΔB，可用于对A、B、C读数进行修正。率定必须做两次，一次为试验前标定，另一次为试验后标定，并检查前、后两次率定值的差别，以判断试验结果的可靠性。标准型膜片合格的率定值一般为$\Delta A=5\sim25$kPa，$\Delta B=10\sim110$kPa，当试验的主要土层为软黏性土时，率定值宜为$\Delta A=10\sim20$kPa，$\Delta B=10\sim70$kPa，取试验前后的平均值作为修正值。

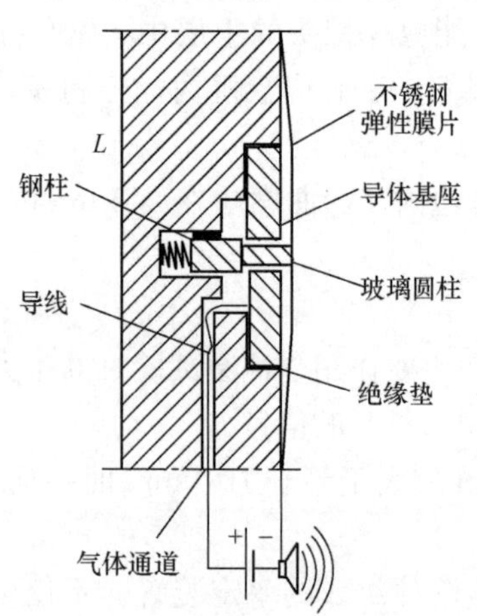

图3-8-1　测头工作原理图

2. 试验前准备

（1）试验若采用静力触探设备贯入扁铲测头，应先将气电管路贯穿在探杆中。在贯穿时，要拉直管路，让探杆一根根沿管路滑行穿过为好，尽量减小管路的绞扭和弯伤，倘若用钻机开孔锤击贯入扁铲测头，气电管路可不贯穿钻杆中，而采用按一定的间隔直接用胶带绑在钻杆上。

(2) 气电管路贯穿探杆后，一端与扁铲测头连接，然后通过变径接头，拧上第一根探杆，待测试时一根一根连接（若管路绑在钻杆上，须将管路从第一根钻杆的变径接头中引出）。

(3) 检查测控箱、压力源设备完好，需估算一下钢瓶气体是否满足试验测试需要，然后彼此连接上，再将气电管路的另一端跟测控箱的测头插座连接。

(4) 地线接到测控箱的地线插座上，另一端夹到探杆或压机的机座上。

(5) 检查电路是否连通。

3. 测试过程

(1) 试验宜采用静力匀速将探头压入土中，贯入速率约为 2 cm/s，试验间距一般可取 20～40cm，但用于判别液化时，试验间距不应大于 20cm。在贯入过程中，排气阀始终是打开的。当测头达预定深度后：

a. 关闭排气阀，缓慢打开微调阀，在蜂鸣器停止响的瞬间记下气压值，即 A 读数；

b. 继续缓慢加压，直至蜂鸣器响时，记下气压值，即 B 读数；

c. 立即打开排气阀，并关上微调阀以防止膜片过分膨胀而损坏膜片；

d. 接着将探头贯入至下个试验点，在贯入过程中排气阀始终打开，重复下一次试验。

如在试验中需要获得 C 读数，应在步骤 (3) 中打开微排阀而非打开排气阀，使其缓慢降压直至蜂鸣器停后再次响起（膜片离基座为 0.05mm）时，此时记下的读数为 C 值。

(2) 到达测试点，应在 5 秒内，开始匀速加压及泄压试验，测读钢膜片中心外扩 0.05mm、1.10mm 时的压力 A 和 B 值，每个间隔时间约为 15s；也可根据需要测读钢膜片中心外扩后回复到 0.05mm 时的压力 ΔC 值，砂土约为 30～60s、黏性土宜为 2～3min 完成；

(3) 试验结束后，应立即提升探杆，从土中取出扁铲测头，不能延误，并对扁铲测头膜片进行标定，求得试验后 ΔA 和 ΔB 数值。ΔA 和 ΔB 应在许用范围内，并且试验前后 ΔA 和 ΔB 值相差不能超过 25kPa，且 A 和 B 的值必须满足 $B-A>\Delta A+\Delta B$，否则，试验的数据不能使用。

4. 扁铲消散试验，可在需测试的深度，测读 A 或 C 随时间的变化。测读时间可取 1、2、4、8、15、30、60、90min，以后每 60min 测读一次，直至消散大于 50%。

第三节　扁铲侧胀试验资料整理及成果应用

一、试验资料整理

经过上述测试后，得出膜片在三个特殊位置上的压力值，即 A、B、C。在数据整理前，首先应检查“$B-A>\Delta A+\Delta B$”是否成立。若不能成立，则应检查仪器并对膜片重新进行率定或更换后重新试验。

1. 由 A、B、C 值经膜片修正系数的修正后可分别得出 P_0、P_1、P_2值：

$$P_0 = 1.05(A - Z_m + \Delta A) - 0.05(B - Z_m - \Delta B) \quad (3\text{-}8\text{-}1)$$

$$P_1 = B - Z_m - \Delta B \quad (3\text{-}8\text{-}2)$$

$$P_2 = C - Z_m + \Delta A \tag{3-8-3}$$

式中　Z_m——未加压时仪表的压力初读数，在 DMT-W_1型扁铲侧胀仪中，因数显示仪表本身有调零装置，故不考虑 Z_m值的影响，即 $Z_m=0$；

P_0——土体水平位移 0.05mm（即 A 点）时，土体所受的侧压力；

P_1——土体水平位移 1.10mm（即 B 点）时，土体所受的侧压力；

P_2——回复初始状态（即 C 点）时，土体所受的侧压力；

ΔA——率定时钢膜片膨胀至 0.05mm 时的实测气压值，$\Delta A=5\sim25$kPa；

ΔB——率定时钢膜片膨胀至 1.10mm 时的实测气压值，$\Delta B=10\sim110$kPa。

根据上述参数，分别绘制 P_0、P_1、ΔP（即 P_1-P_0）与深度 H 的变化曲线。由于扁铲试验点的间距为 0.2m，因此各试验孔的 P_0-H 曲线、P_1-H 曲线和 ΔP-H 曲线就是较完整的连续曲线，ΔP-H 曲线与静探曲线非常一致。

2. 根据 P_0、P_1 和 P_2 值由式（3-8-4）～式（3-8-7）计算四个试验指标：

$$I_D = (P_1 - P_0)/(P_0 - u_0) \tag{3-8-4}$$

$$K_D = (P_0 - u_0)/\sigma_{vo} \tag{3-8-5}$$

$$E_D = 34.7(P_1 - P_0) \tag{3-8-6}$$

$$U_D = (P_2 - u_0)/(P_0 - u_0) \tag{3-8-7}$$

式中　I_D——扁胀指数（也称材料指数）：

K_D——水平应力指数：

E_D——侧胀模量（也称扁胀模量）；

U_D——孔隙水压力指数（简称孔压指数）；

u_0——静水压力；

σ_{vo}——试验点有效上覆土压力。

根据上述试验指标，可判断土的特性，同时通过经验公式与岩土参数建立一系列关系，从而用于岩土工程设计，如：I_D、U_D可划分土类；K_D反映了土的水平应力，K_D越大，说明土的固结及密实度越好；E_D反映了土的固结特性等。

二、成果应用

根据试验值及试验指标，按地区经验可划分土类，确定黏性土的状态，计算静止侧压力系数、超固结比 OCR、不排水抗剪强度、变形参数，进行液化判别等。

1. 用 I_D 划分土类

1980 年意大利人 Marchetti 提出了依据材料指数 I_D 来划分土类。

$I_D\leqslant0.6$ 时为黏性土；$0.6<I_D\leqslant1.8$ 为粉土；$I_D>1.8$ 为砂土。具体见表 3-8-1。

用 I_D 划分土类　　**表 3-8-1**

材料指数 I_D	0.1	0.35	0.6	0.9	1.2	1.8	3.3	
土层名称	泥炭及灵敏性黏土	黏土	粉质黏 土	黏质粉土	粉土	砂质粉土	粉砂土	砂土

实践证明，根据表 3-8-1 划分土类，与土工试验及静探成果相比，基本一致。但是由于各地区的土性不完全相同，因此在具体用 I_D来划分土类时，应结合本地区的土质情况

和经验，对表 3-8-1 作适当修正，这样才能更符合当地实际情况。

2. 根据 m 值判别饱和黏性土的塑性状态，其中 $m=(\log E_D+0.748)/(\log I_D+7.667)$，式中 E_D的单位为 kPa。具体见表 3-8-2。

判别饱和黏性土塑性状态的 *m* 值　　表 3-8-2

判别式	$m\leqslant 0.53$	$0.53<m\leqslant 0.62$	$0.62<m\leqslant 0.71$	$m>0.71$
塑性状态	流塑	软塑	硬塑	坚硬

3. 静止侧压力系数 k_0

扁铲测头贯入土中，对周围土体产生挤压，故不能由扁胀试验直接测定原位初始侧向应力。可通过经验建立静止侧压力系数 k_0与水平应力指数 K_D的关系式。最早也是由意大利人 Marchetti 于 1980 年提出的经验公式：

$$k_0=\left(\frac{K_D}{1.5}\right)^{0.47}-0.6 \qquad (I_D<1.2) \tag{3-8-8}$$

后经 Lunne 等人的补充，在 1989 年又提出下列公式：

新近沉积黏土　$k_0=0.34K_D^{0.54}$　$(c_u/\sigma_{v0}\leqslant 0.5)$　(3-8-9)

老黏土　$k_0=0.68K_D^{0.54}$　$(c_u/\sigma_{v0}>0.8)$　(3-8-10)

还有人根据挪威试验资料提出了：

$$k_0=0.35K_D^m \quad (k_0<4) \tag{3-8-11}$$

式中 m 为系数，对高塑性黏土 $m=0.44$；对低塑性土 $m=0.64$。

但是上述公式 m 值在不同地区是不同的，具体使用时应进行修正。如上海地区根据已有工程经验，根据土类及状态、土类指数 I_D按表 3-8-3 进行取值：

判别饱和黏性土塑性状态的 *m* 值　　表 3-8-3

土类及状态	I_D	m
流塑黏性土	<0.40	0.55
软—可塑黏性土	0.40～0.60	0.47
硬—可塑黏性土	0.60～0.90	0.25
粉性土、粉砂	>0.90	0.22

4. 超固结比 OCR

利用 K_D可以计算土的超固结比 OCR：

$$\text{若 } I_D<1.2\text{，则 } OCR=(0.5K_D)^{1.56} \tag{3-8-12}$$

$$\text{若 } I_D>2.0\text{，则 } OCR=(0.67K_D)^{1.91} \tag{3-8-13}$$

$$\text{若 } 1.2<I_D<2.0\text{，则 } OCR=(mK_D)^n \tag{3-8-14}$$

式中，$m=0.5+0.17P$，$n=1.56+0.35P$。而 $P=(I_D-1.2)/0.8$

若 $OCR<0.3$ 时，说明已超出修正范围，应予以注明。另外，还有人提出另一种计算公式：

对新近沉积的黏土　$(c_u/\sigma_{v0}<0.8)$，$OCR=0.3K_D^{1.17}$　(3-8-15)

对老黏土　$(c_u/\sigma_{v0}\geqslant 0.8)$，$OCR=2.7K_D^{1.17}$　(3-8-16)

5. 不排水抗剪强度 c_u

1980 年 Marchetti 提出了利用 K_D计算 c_u的经验公式：

$$c_u = 0.22\ (K_D/\ 2)^{1.25}\sigma_{vo} \tag{3-8-17}$$

但此式只在 $I_D<1.2$ 时使用，若 $I_D\geqslant1.2$，土体无黏性，不需计算 c_u 值。

1988 年 Lacasse 和 Lunne 用现场十字板、室内单剪试验和三轴压缩试验对上式进行了验证，结果为：

十字板：$$c_u = (0.17 \sim 0.21)(K_D/2)^{1.25}\sigma_{v0} \tag{3-8-18}$$

室内单剪：$$c_u = 0.14(K_D/2)^{1.25}\sigma_{v0} \tag{3-8-19}$$

室内三轴压缩：$$c_u = 0.2(K_D/2)^{1.25}\sigma_{v0} \tag{3-8-20}$$

实践证明，用扁铲侧胀试验计算得出的 c_u与现场十字板、室内单剪及室内三轴压缩得出的 c_u很接近，有很大的实用价值。

在上海地区，$$c_u = (-0.06I_D^2 + 0.42I_D + 0.19) \times \sigma_{v0} \times (0.47K_D)^{1.47} \tag{3-8-21}$$

6. 土的变形参数

（1）压缩模量 E_s的计算公式：

$$E_s = R_m E_D \tag{3-8-22}$$

式中，R_m为与水平应力指数 K_D有关的函数，与土类指数 I_D有关，具体如下：

R_m　系　数　　**表 3-8-4**

I_D	R_m
≤0.6	R_m=0.14+2.36logK_D
0.6<I_D<3.0	R_m=R_{mo}+（2.5−R_{mo}）logK_D， 其中 R_{mo}=0.14+0.15（I_D−0.6）
3.0≤I_D<10.0	R_m=0.5+2logK_D
I_D>10	R_m=0.32+2.18logK_D

一般情况下，$R_m\geqslant0.85$。若按上述公式计算出的 $R_m<0.85$，则取 $R_m=0.85$。

（2）弹性模量 E 的计算公式：

$$E = FE_D \tag{3-8-23}$$

式中　F——经验系数，见表 3-8-5。

经验系数 F　　**表 3-8-5**

土　类	E	F
黏性土	E_i	10
粉　土	E_i	2
砂　土	E_{25}	1
NC 砂土	E_{25}	0.85
OC 砂土	E_{25}	3.5
重超固结黏土	E_i	1.5
黏性土	E_i	0.4～1.1

注：E_i为初始切线模量；E_{25}为达到 25%破坏应力时的割线模量。

7. 水平固结系数 C_h

可以用扁铲试验时的 A 压力或 C 压力来分别估算 C_h 值。

（1）由 A 压力的消散试验，绘制 A-lg$t$（压力—时间）曲线，在曲线上找相应反弯点的时间 t_f，则水平固结系数为：

$$C_h = X/t_f(X\text{为一常数值,一般在 }5\sim10\text{ 之间})。\tag{3-8-24}$$

由 t_f 值还可以评定固结速率的快慢，见表 3-8-6。

反弯点时间 t_f　　**表 3-8-6**

t_f（min）	＜10	10～30	30～80	80～200	＞200
固结速率	极快	快	中等	慢	极慢

（2）根据 C 压力的读数，绘制 C-（t）$^{1/2}$ 曲线，由曲线确定相应 C 消散 50%的时间 t_{50}，则

$$C_h = 600\,(T_{50}/t_{50})\tag{3-8-25}$$

式中 T_{50} 为孔压消散 50%的时间因素，见表 3-8-7。

孔压消散 50%的时间因素（T_{50}）　　**表 3-8-7**

E/c_u	100	200	300	400
T_{50}	1.1	1.5	2.0	2.7

用扁铲侧胀试验的结果由上式确定的 C_h，由于扁胀测头压入土体相当于再加荷（初始阶段），所以要确定现场的水平固结系数 C_{hf} 还须按式（3-8-26）进行修正，修正系数见表 3-8-8。

$$C_{hf} = C_h/\alpha\tag{3-8-26}$$

修正系数 α　　**表 3-8-8**

土的固结历史	正常固结	正常超固结	低超固结	重超固结
α	7	5	3	1

8. 水平向基床反力系数 K_H

$$K_H = \Delta p/\Delta s\tag{3-8-27}$$

式中　Δp、Δs 分别为 DMT 的压力增量和相对应的位移增量。

当考虑 Δs 为平面变形量时，其值为 2/3 中心位移量，则扁铲侧向基床反力系数基准值 K_{H0} 为：

$$K_{H0} = 1364\Delta p\tag{3-8-28}$$

考虑多种因素的影响侧向基床反力系数 K_H 为：

$$K_H = \lambda_1\lambda_2\lambda_3K_{H0}\tag{3-8-29}$$

式中　λ_1——尺寸修正系数；

$$\text{当 } D\leqslant 0.6\text{m 时},\lambda_1 = 3/50D\tag{3-8-30}$$

$$\text{当 } D > 0.6\text{m 时},\lambda_1 = 0.1(0.6/D)^{\beta}\tag{3-8-31}$$

式中　D——宽度或直径；

β——与 I_D 有关的变化因子：

$$\text{当}\ I_D \leqslant 2\ \text{时}, \beta = 1/(I_D + 1) \tag{3-8-32}$$

$$\text{当}\ I_D > 2\ \text{时}, \beta = 1/3 \tag{3-8-33}$$

λ_2——基础形状及刚柔修正系数，按表 3-8-9 取值；

基础形状及刚柔修正系数 λ_2 **表 3-8-9**

		圆形	方形	矩形					
长宽比		—	—	1.5	2.0	3.0	4.0	5.0	6.0
λ_2	柔性	1.0	0.89	0.74	0.65	0.56	0.50	0.46	0.38
	刚性	1.08	0.97	0.79	0.70	0.59	0.53	0.49	0.40

λ_3——加荷速率修正系数。

$$\text{当}\ I_D \leqslant 3\ \text{时}, \lambda_3 = (3I_D + 3)/(2I_D + 6) \tag{3-8-34}$$

$$\text{当}\ I_D > 3\ \text{时}, \lambda_3 = 1 \tag{3-8-35}$$

对饱和黏性土、饱和砂土及粉土地基的基准水平基床系数 K_{H1} 可按下式计算：

$$K_{H1} = 0.2K_H \tag{3-8-36}$$

$$K_H = 1817(1 - A)(P_1 - P_0) \tag{3-8-37}$$

式中 A——孔隙压力参数，无室内试验数据时，可按表 3-8-10 取值。

饱和土的 A 值 **表 3-8-10**

土类	砂类土	粉土	粉质黏土		黏土	
			$OCR=1$	$4 \geqslant OCR > 1$	$OCR=1$	$4 \geqslant OCR > 1$
A	0	0.10～0.2	0.15～0.25	0～0.15	0.25～0.50	0～0.25

9. 地基土承载力

$$f_0 = n\Delta p \tag{3-8-38}$$

式中 f_0——地基土的计算强度；

n——经验修正系数，黏土取 1.14（相对变形约 0.02），粉质黏土取 0.86（相对变形约 0.015）。

10. 液化判别

(1) 当实测扁铲水平应力指数 K_D 大于临界水平应力指数 K_{Dcr} 时，判为不液化土。反之，则判为液化土。土类指数 I_D 作为粉土的液化特征指标。土的临界水平应力指数 K_{Dcr} 按式（3-8-39）计算。

$$K_{Dcr} = K_{D0}\left[0.8 - 0.04(d_s - d_w) + \frac{d_s - d_w}{a + 0.9(d_s - d_w)}\right]\left(\frac{3}{14 - 4I_D}\right)^{1/2} \tag{3-8-39}$$

式中 K_{D0}——液化临界水平应力指数基准值，在 7 度地震且地震加速度 $a = 0.1g$ 时取 2.5；

d_s——实测水平应力指数所代表的深度（m）；

d_w——地下水位深度（m），可采用常年地下水位平均值；

a——系数，根据地下水位深度按表 3-8-11 取值。

系数 a 值　　**表 3-8-11**

d_w（m）	0.5	1.0	1.5	2.0
a 值	1.2	2.0	2.8	3.6

当土类指数 $I_D \leqslant 1.0$ 时，为黏质粉土及黏性土，当 7 度地震时，为不液化土；当 $I_D > 2.7$ 时，I_D 取 2.7。

（2）对可液化土层，应按下式计算可液化土层的液化强度比 F_{le}：

$$F_{le} = \frac{K_D}{K_{Dcr}} \tag{3-8-40}$$

液化指数的计算方法与标贯试验计算液化的方法相同。

11. 确定水平受荷桩的 p-y 曲线

Matlock（1970）提出用式（3-8-41）来反映桩-土的 p-y 曲线：

$$\frac{p}{p_u} = 0.5\left(\frac{y}{y_c}\right)^{0.33} \tag{3-8-41}$$

式中　p——桩每单位长度土的侧向抗力（kPa）；

p_u——桩每单位长度土的极限侧向抗力（kPa）；

y——桩单元体的水平变位；

y_c——相应于 $p = 0.5p_u$ 桩单元体的极限水平变位。

（1）对黏性土，Robertson 等提出：

$$y_c = \frac{23.67c_u D^{0.5}}{F_c E_D} \tag{3-8-42}$$

（2）对砂性土

$$y_c = \frac{4.17\sin\varphi'\sigma'_{v0}}{E_D F_s(1-\sin\varphi')} D \tag{3-8-43}$$

式中　φ' 为内摩擦角；F_s 近似取 2。

第九章　波　速　测　试

在地层介质中传播的弹性波可分为体波和面波。体波又可分为压缩波（P 波）和剪切波（S 波），剪切波的垂直分量为 SV 波，水平分量为 SH 波；在地层表面传播的面波可分为 Rayleigh（R 波）和 Love（L 波）。体波和面波在地层介质中传播的特征和速度各不相同，由此可以在时域波形中加以区别。

根据 Miller 和 Percy（1955）的计算，三种弹性波各占总输入能量的百分比，见表 3-9-1。

三种波占输入能量的百分比　　**表 3-9-1**

波 的 类 型	占总能量的百分比
Rayleigh 波	67
剪 切 波	26
压 缩 波	7

在弹性半空间中，各种波的能量密度都将随着离开振源的距离增大而减小，体波振幅与 $1/r$ 成比例减小（在地表与 $1/r^2$ 成比例衰减），而面波的振幅与 $1/\sqrt{r}$ 成比例衰减。可见 Rayleigh 波比体波随震源距离 r 的增加而衰减要慢得多。由于 Rayleigh 波占总输入能量的 2/3，且衰减得慢，在地表考虑动力基础等的振动影响时，Rayleigh 波具有重要意义。

利用弹性波波速测试结果确定的岩土弹性参数，可以进行场地类别划分、为场地地震反应分析和动力机器基础进行动力分析提供地基土动力参数、检验地基处理效果等方面的应用，通常波速测试主要有三种方法，其特点如表 3-9-2 所示。

几种波速测试方法的比较　　**表 3-9-2**

测试方法	测试波形	钻孔数量	测试深度	激振形式	测试仪器	波速精确度	工作效率	测试成本
单孔法	P、S	1	深	地面孔内	较简单	平均值	较高	低
跨孔法	P、S	2	深	孔内	复杂	高	低	高
瑞雷波法	R	—	较浅	地面	复杂	较高	高	低

第一节　单　孔　法

根据震源的不同，分为两种测试方法：

（1）地面敲击法　在地面激振，检波器在一个垂直钻孔中接收，自上而下（或自下而上）按地层划分逐层进行检测，计算每一地层的 P 波或 SH 波速，称为单孔法。该法按激振方式不同可以检测地层的压缩波波速或剪切波波速。

（2）孔中自激自收法　震源和检波器为一体，在垂直钻孔中自上而下（或自下而上）逐层进行检测，计算每一地层的 P 波或 SV 波波速。

一、测试仪器设备

（一）地面敲击法

1. 振源

（1）剪切波振源，要求具有偏振性，能产生优势 SH 波，并具有可反向性、重复性好和产生足够能量的振源。目前，我国常用的有击板法，其他如弹簧激振法和定向爆破法少见，只有要求测试地层很深时采用。

（2）纵波震源，要求激发能量大和重复性好，常用的是用重锤锤击放在地表的圆钢板，以产生纵波，要求测试地层深时，也可采用炸药爆破方式。

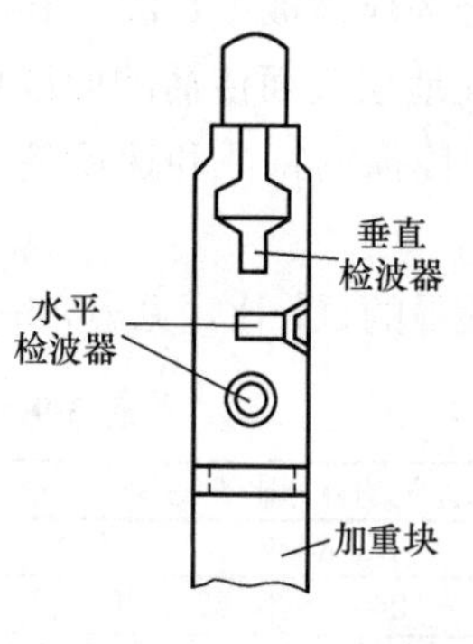

图 3-9-1　三分量检波器

2. 三分量检波器

如图 3-9-1 所示，它由三个互相垂直的检波器组成。检波器自振频率一般为 10Hz 和 28Hz，频率响应可达几百赫兹。三个检波器互相垂直，同时安装在同一个钢筒内，固定密封好，严防漏水，从中引出导线接至内装钢丝的多芯屏蔽电缆。这样孔内三分量检波器的垂直向检波器可接收由地表振源传来的 P 波，两个水平向检波器可以接收地表传来的 SH 波。

3. 信号采集分析仪

可以采用地震仪或其他多通道信号采集分析仪。这些仪器只要都具有信号放大、滤波、采集记录、数据处理等功能，信号放大倍数大于 2000 倍，噪声低，相位一致性好，时间分辨精度在 1μs 以下，具有四个通道以上，并具有剪切波测试数据处理分析软件，都可以满足波速测试要求。

（二）孔中自激自收法

采用悬挂式波速测井仪，仪器由主机、井中悬挂式探头及连接电缆、信号电缆、触发电缆等组成。井中悬挂式探头一般由全密封电磁式激振源、两个独立的全密封检波器及高强度连接软管等组成（图 3-9-2）。

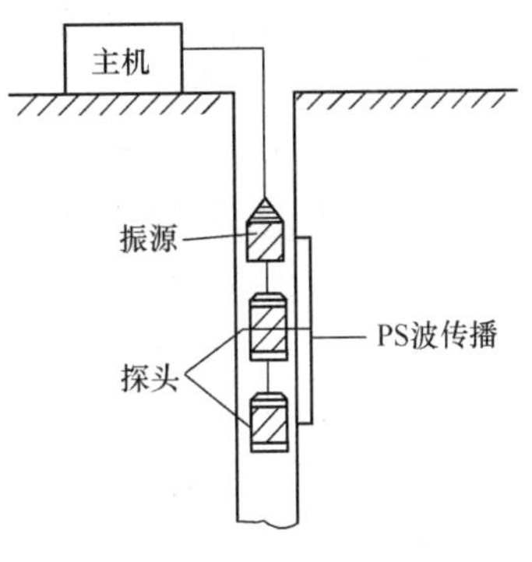

图 3-9-2　悬挂式波速测井仪示意图

在钻孔中以井液作为耦合剂，用电磁震源垂直于井壁作用一瞬时冲击力，就在井壁地层中产生两种类型质点振动，一种是质点振动方向垂直于井壁，沿井壁方向传播，称为 S 波（剪切波，横波）；另一种是质点振动方向与传播方向相同称为 P 波（压缩波，纵波）。

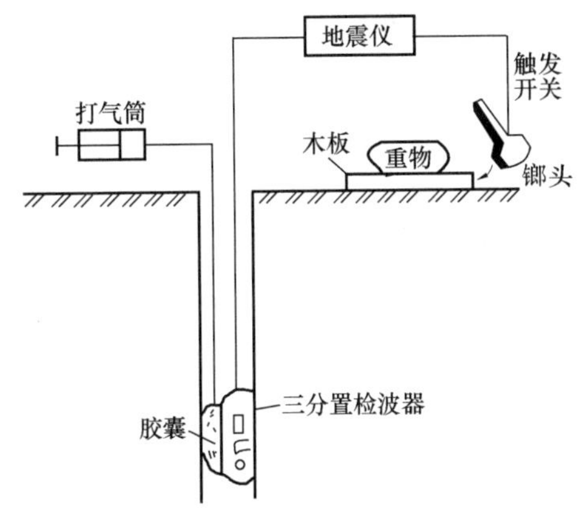

图 3-9-3　单孔波速测试示意图

二、测试方法

（一）地面敲击法

现场单孔波速测试如图 3-9-3 所示，试验步骤如下：

1. 平整场地，使激振板离孔口的水平距离约 1m，上压重物约 500kg 或用汽车两前轮压在木板上，木板规格为：长约 2～3m，宽 0.3m，厚 0.05m。计时触发检波器宜埋于木板中心位置或在手锤上装置脉冲触发传感器；

2. 接通电源，在地面检查测试仪正常后，即可进行试验；

3. 把三分量检波器放入孔内预定测试点的深度，然后在地面用打气筒充气，胶囊膨胀使三分量检波器紧贴孔壁；

4. 用木锤或铁锤水平敲击激振板一端，地表产生的剪切波经地层传播，由孔内的三分量检波器的水平检波器接收 SH 波信号，该信号经电缆送入地震仪放大记录。试验要求地震仪获得三次清晰的记录波形。然后反向敲击木板，以同样获得三次清晰波形时止，该 SH 波测试点试验完成。接着用重锤敲击放在地表的钢板，由孔内三分量的垂直检波器记录到达的 P 波，同样要求获得三次清晰的 P 波波形，存盘无误后，该钻孔深度的测点测试结束。

5. 胶囊放气，把孔内三分量检波器转移到下一个测试点的深度，重复上述测试步骤，直至达到钻孔测试深度要求；

6. 整个钻孔测试完后，要进行部分测点的复测，复测点数不少于总测点数的 5%，且不少于 3 点。检查野外测试记录是否完整。

（二）孔中自激自收法

1. 测试深度钻孔内应以井液作为耦合剂；

2. 连接好仪器，把电缆匀速放至孔底，在下放过程中应注意有无迟滞现象，了解缩径情况，记住缩径位置。

3. 一般由孔底往上测试，探头放到预定的测试深度，待探头静止后，开始测试，激发震源，察看采集到的波形，确认波形完整无误后保存数据，进行下一深度的测试。

4. 整个钻孔测试完后，要进行部分测点的复测，复测点数不少于总测点数的5%，且不少于3点。检查野外测试记录是否完整。

三、资料整理

（一）地面敲击法

实测正、反向SH剪切波波形如图3-9-4所示。

1. 波形鉴别

根据不同波的初至和波形特征予以区别：

（1）压缩波速度比剪切波快，压缩波为初至波。

（2）敲击木板正反向两端时，剪切波波形相位差180°，而压缩波不变。

（3）压缩波传播能量衰减比剪切波快，离孔口一定深度后，压缩波与剪切波逐渐分离，容易识别。它们的波形特征：压缩波幅度小、频率高；剪切波幅度大、频率低。

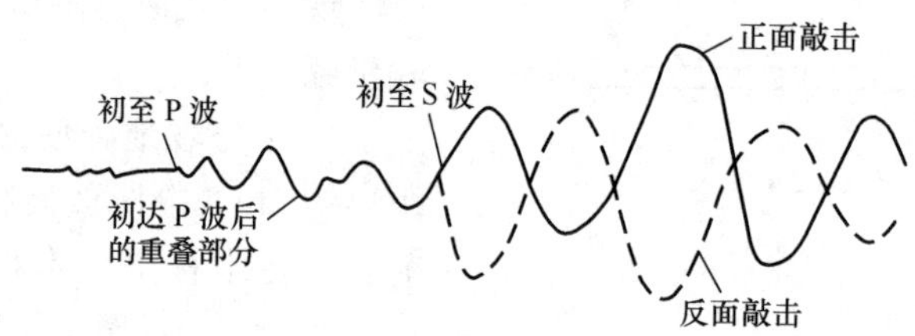

图3-9-4　正、反向SH波波形图

2. 波速计算

根据波形特征和三分量检波器的方向区别P波、S波的初至，以触发信号的起点为0时，读取P波或S波的旅行时，绘制时距曲线，分层计算波速。时距曲线的转折点为地层的分层点，按每段折线的斜率的倒数计算各层的P波、S波速度值。

当激发点距孔口距离x较大，测试深度又较浅时（如10m以内），计算波速时，则应进行斜距校正。按下式换算为垂直距离旅行时（t'）。

$$t' = t \cdot \frac{h}{\sqrt{x^2 + h^2}} \tag{3-9-1}$$

式中　t——在记录上读取的斜距旅行时；

h——孔中检波器距孔口地面的距离；

x——激发点距孔口的距离。

采用钻孔波速专用分析软件，可以直接打印资料分析成果图，提供测试报告使用。

单孔法资料分析的成果图，应包括地层、记录波形、波速、弹性参数等。

（二）孔中自激自收法

两个接收探头实测剪切波波形如图3-9-5所示。

1. 初至时间的拾取

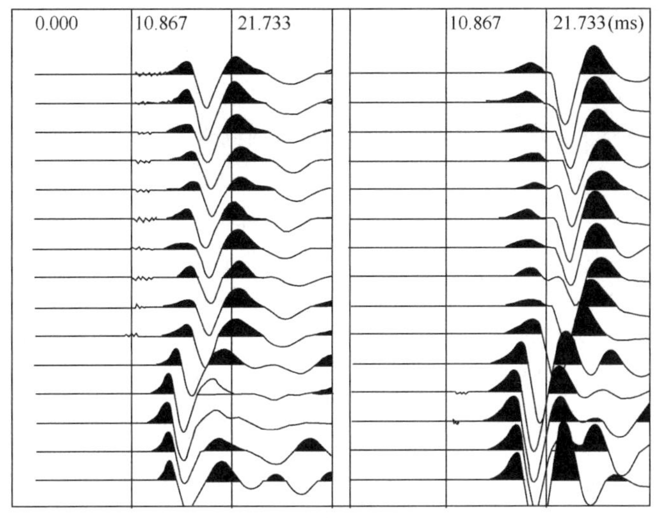

图 3-9-5　两个接收探头接收的剪切波波形图

仪器对两个探头接收的剪切波信号采用两道互相关分析方法，自动计算剪切波在两个接收探头间传播的时间差 Δt，也可以人工拾取两道信号的初至时间 t_1、t_2，$\Delta t=t_2-t_1$。

2. 计算剪切波速度

根据两个探头之间的距离 L 和剪切波在两个接收探头间传播的时间差 Δt，计算测试深度地层的剪切波速度。

第二节　跨　孔　法

在两个以上垂直钻孔内，自上而下（或自下而上），按地层划分，在同一地层的水平方向上一孔激发，另外钻孔中接收，逐层进行检测地层的直达 SV 波，称为跨孔法。跨孔法波速测试的仪器设备装置如图 3-9-6 所示。跨孔法最好是在一条直线上布置三个孔，一孔为振源激发孔，另外两个孔为信号接收孔，这样可以避免激发延时给测试波速计算带来的误差。

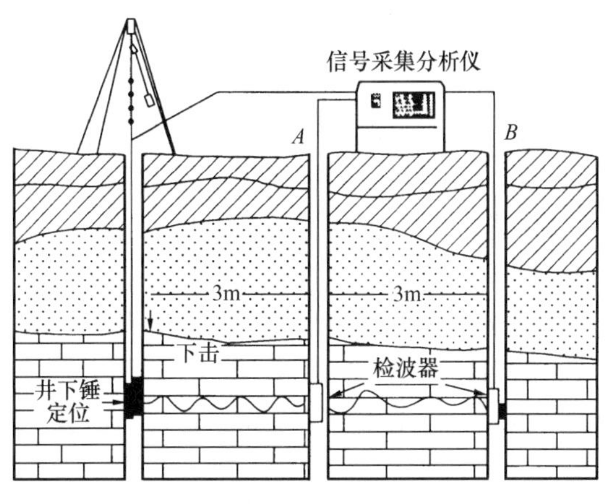

图 3-9-6　跨孔波速测试示意图

一、测试仪器设备

（一）振源

1. 剪切锤

孔中剪切锤如图 3-9-7 所示，是由一个固定的圆筒体和一个滑动质量块组成。当它放入孔内测试深度后，通过地面的液压装置和液压管相连，当输液加压时，剪切锤的四个活塞推出圆筒体扩张板与孔壁紧贴。工作时突然上拉绳子，使其与下部连接剪切锤活动质量块冲击固定的圆筒体，筒体扩张板与孔壁地层产生剪切力，在地层的水平方向即产生较强的 SV 波，由相邻钻孔的垂直检波器接收；松开拉绳，滑动质量块自重下落，冲击固定筒体扩张板，则地层中会产生与上拉时波形相位相反的 SV 波。与此同时，相邻钻孔中的径向水平检波器可接收到由激发孔传来的该地层深度的 P 波。

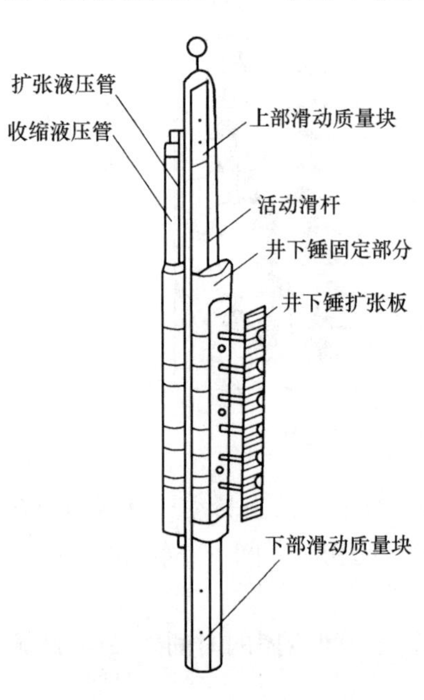

图 3-9-7　孔中剪切锤示意图

2. 重锤标贯装置

标准贯入试验的空心锤锤击孔下的取土器，孔底地层受到竖向冲击，由于振源的偏振性使地层水平方向产生较强的 SV 波，沿水平方向传播的 SV 波分量能量较强，在与振源同一高度的另一接收孔内安装的垂直向检波器，能收到由振源经地层水平传播的较清晰的 SV 波波形信号。

这种振源结构简单，操作方便，能量大，适合于浅孔，但需考虑振源激发延时对测试波速的影响。

（二）测试仪器

跨孔法需要在两个孔内都安置三分量检波器，信号采集分析仪应在六通道以上，其他性能指标要求与单孔法相同。

二、测试方法

1. 钻孔

跨孔法波速测试一般需在一条平行地层走向或垂直地层走向的直线上布置同等深度的三个钻孔，其中一个为振源孔，另外两个为接收孔，这样可消除振源触发器的延时误差。钻孔孔径应能保证振源和检波器顺利在孔内上下移动的要求，一般来说，小直径钻孔可减小对孔壁介质的扰动和增加钻孔的稳定性。钻孔间的间距既要考虑到相邻地层的高速层折射波是否先到达，以及波速随深度变化的传播路径不是直线的影响，又要考虑测试仪器计时精度不变的情况下，其测试精度随钻孔间距的减小相对误差增大的影响。对上述各项因素要统筹考虑，一般的钻孔间距，在土层中 3～6m 为宜，在岩层中 8～12m 为宜。

2. 灌浆

钻孔宜下塑料套管，套管与孔壁的空隙用干砂充填密实；但最好是灌浆法，将由膨润土、水泥和水的配比为 1∶1∶6.25 的浆液自下而上灌入套管与孔壁之间。其固结后的密度约为1.67～2.06t/m³，接近于土介质的密度。这样，使孔内振源、检波器与地层介质间处于更好的耦合状态，以提高测试精度。

3. 测孔斜

跨孔法的钻孔应尽量垂直，并用高精度孔斜仪测定孔斜及其方位，如用加速度计数字式孔斜仪，倾角测试误差低于0.1°，水平位移测试精度10^{-3}～10^{-4}m，即可满足工程测试要求。

4. 测试的准备工作

当钻孔的数量、孔径、孔深、孔距等根据工程的需要确定后，钻孔应进行一次性成孔，并下好塑料套管和灌浆，待浆液凝固后，查明各钻孔的孔口标高、孔距，随后用孔斜仪测定钻孔的孔斜及其方位，计算出各测点深度处的实际水平孔距，供计算波速时用，此时，现场准备工作基本完成。测试一般从离地面2m深度开始，其下测点间距为每隔1～2m增加一测点，也可根据实际地层情况适当拉稀或加密，为了避免相邻高速层折射波的影响，一般测点宜选在测试地层的中间位置。

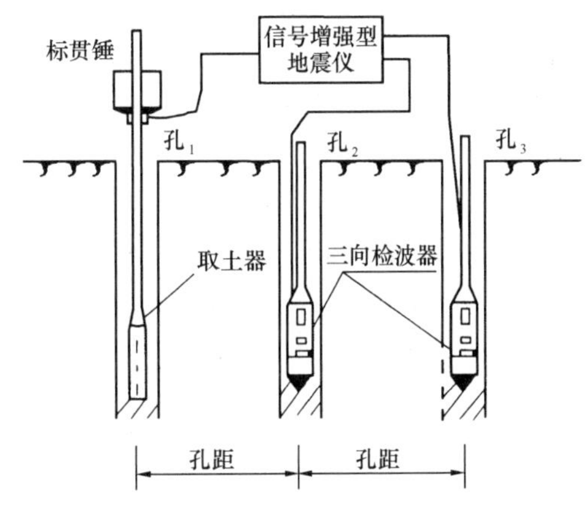

图 3-9-8 标贯器振源跨孔法测试示意图

5. 测试

由标贯（取土器）作振源的跨孔法测试仪器布置，如图3-9-8所示。其中一个钻孔为振源孔，另外两个为放置检波器的接收孔。每一测点其振源与检波器位置应在同一水平高度，并与孔壁紧贴，待其测试仪器通电正常后，即可激发振源和接收记录波形信号。当记录波形清晰满意后，即可移动振源和检波器，将其放至下一测点，如此重复，直到孔底为止。为了保证测试精度，一般应取部分测点进行重复观测，如前、后观测误差较大，则应分析原因，查清问题，在现场予以解决。这种重复观测，用孔下剪切锤振源时，可以进行；而用标贯器做振源时无法进行。

三、资料整理

跨孔法可同时测定水平地层传播的P波和S波波速，该方法测试深度较深，可测出地层中的低速软弱夹层，其测试精度较高，但成本也高，因而在重要的大中工程中才应用。

利用水平检波器的波形记录，确定一个测试深度P波到达二接收孔测点的初至时间T_{P_1}、T_{P_2}；利用竖向检波器的波形记录，确定每一个测试深度S波到达二接收孔测点的初至时间T_{S_1}、T_{S_2}；根据测孔斜资料，计算由振源到达每一接收孔距离S_1和S_2及差值$\Delta S=S_2-S_1$然后按下式计算每个测试深度的压缩波和剪切波波速值：

$$v_P=\frac{\Delta S}{T_{P_2}-T_{P_1}} \tag{3-9-2}$$

$$v_S=\frac{\Delta S}{T_{S_2}-T_{S_1}} \tag{3-9-3}$$

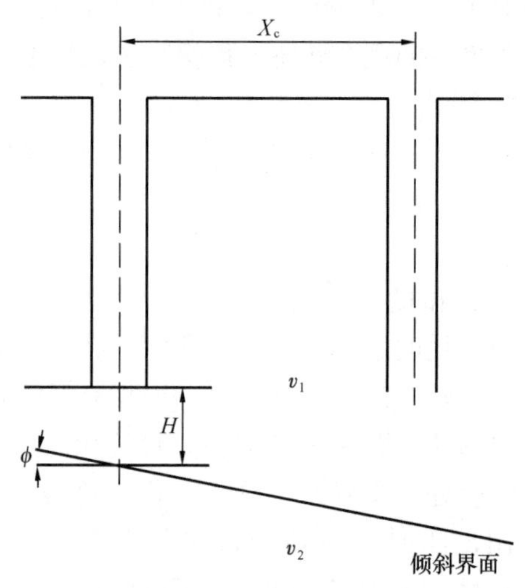

图 3-9-9　折射影响

式中　v_P——压缩波速度（m/s）；

v_S——剪切波速度（m/s）；

T_{P_1}、T_{P_2}——压缩波到达第一、第二个接收孔测点的时间（s）；

T_{S_1}、T_{S_2}——剪切波到达第一、第二个接收孔测点的时间（s）；

S_1、S_2——由振源到达第一、第二个接收孔测点的距离（m）；

ΔS——由振源到达两接收孔测点的距离之差（m）。

当测试地层附近不均匀，存在高速层且有地层倾斜时，如图 3-9-9 所示，分析是否接收到折射波。可根据式（3-9-4）计算：

$$\frac{X_c}{H}=\frac{2\cos i\cos\phi}{1-\sin(i+\phi)} \tag{3-9-4}$$

式中　X_c——临界距离，当振源点到接收器点的距离大于此距离时，会接收到折射波；

i——临界角，$i=\arcsin(v_1/v_2)$；

ϕ——地层倾角，以顺时针为正，逆时针为负；

H——振源点到地层界面的厚度。

第三节　面　波　法

面波分为瑞雷波和勒夫波，瑞雷波是一种沿地表传播的波，其传播的波阵面为一个圆柱体，传播深度约为一个波长，因此同一波长的瑞雷波传播特性反映了地基土水平方向的动力特性。瑞雷波在层状介质中具有频散特性，即不同频率的瑞雷波以不同的速度传播的特性，根据频率与波长的关系，可知不同波长的瑞雷波的传播特性则反映了不同深度地基土的变化情况。瑞雷波的传播速度与剪切波的传播速度具有相关性，在弹性半空间中，瑞雷波波速 v_R 可近似地表达为

$$v_R=\frac{0.862+1.14\nu}{1+\nu}v_s \tag{3-9-5}$$

式中　ν——土层泊松比；

v_s——剪切波速度。

根据激振方式的不同，面波法可以分为稳态法和瞬态法两种。稳态法是使用电磁激振器等装置产生单一频率的瑞雷波，可以测得单一频率波的传播速度；瞬态法是在地面施加一瞬时冲击力，产生一定频率范围的瑞雷波，不同频率的瑞雷波叠加在一起，以脉冲的形式向前传播，记录信号通过频谱分析，得到 v_R-f 曲线。

一、测试仪器设备

（一）振源

1. 激振器

能产生简谐波的激振器有三种：机械式偏心激振器，电磁激振器和电液激振器，在瑞

雷波探测中一般使用电磁激振器，能输出几赫兹到几千赫兹的简谐波。

2. 重锤或落锤

在工程中常需要对地下几十米内的土体进行探测，这就需要使用的脉冲震源有足够宽的频带。在实际工作中，常根据探测深度的不同，选择不同质量的重锤或落锤激发地震波。

（二）检波器

检波器宜采用低频速度型传感器，传感器灵敏度宜大于 300mV/cm・s^{-1}。在实际工作中宜采用自然频率不大于 4Hz 的低频检波器。

（三）信号采集分析仪

信号采集分析仪可以使用工程地震仪或其他多道信号采集分析仪。仪器的放大系统各通道幅度和相位应一致，各频率点幅度差在 5%以内，相位差不应大于所用采样点时间间隔的一半。

二、测试方法

1. 稳态法

稳态法一般采用纵观测系统，即激振点和检波器排列在一条直线上。在地面以一定的道间距 Δx 布置两个或多个检波器，道间距 Δx 一般为等间隔，当激振器在地面上施加一频率为 f_i 的简谐竖向激振时，频率为 f_i 的瑞雷波以稳态的形式沿表层传播，由信号采集系统记录检波器接收到的瑞雷波信号，如图 3-9-10 所示。

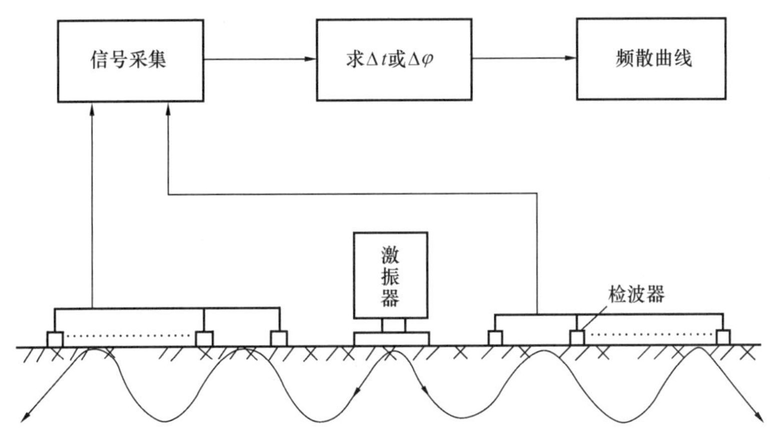

图 3-9-10　稳态法瑞雷波探测示意图

稳态法采用的工作频率范围和频率间隔与测试要求的分辨率、精度以及地质条件等因素有关。在选择频率范围时，主要考虑要求的测试深度，频率越低，穿透深度越大；确定采用的频率间隔时，主要考虑精度和分辨率，当要求高精度和高分辨率时，应采用较小的频率间隔。另外，在实际工作中，测试 v_R值变化的地层时应适当加密频点。

2. 瞬态法

瞬态法要求仪器各通道和检波器的频响特性一致性良好。工作布置与常规地震勘探使用的观测系统相同，在地面以一定的道间距布置两个或多个检波器，使用重锤或落锤在地面进行激振，产生一定频率范围的地震波，由信号采集系统记录信号。瞬态多道观测系统的检波器排列如图 3-9-11 所示。

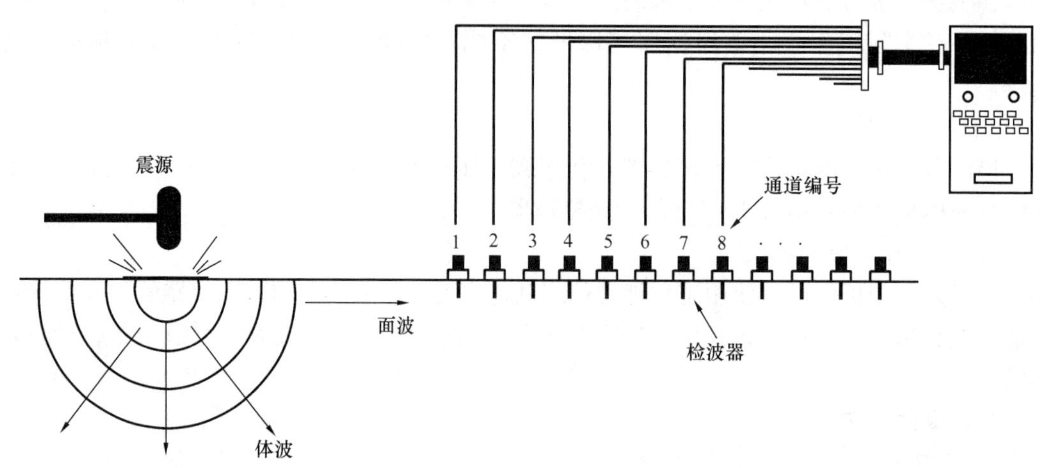

图 3-9-11　瞬态多道观测系统示意图

对于测试浅部地层的波速，宜采用较小的道间距和较高的激振频率；而对于测试深部地层的波速，在满足测试精度的要求下，宜采用较大的道间距和较低的激振频率。一般来说，展开排列的长度应大于测试深度。

现场瞬态法瑞雷波测试，要求波形清晰，相位一致性良好，瑞雷波部分最好位于采集窗口的中部，这样便于分析处理。

三、资料整理

（一）稳态法

利用地面上的检波器可测量出相邻道瑞雷波的时间差 Δt 或相位差 $\Delta\varphi$，则相邻道 Δx 长度内瑞雷波的传播速度为：$v_R = \Delta x/\Delta t$ 或 $v_R = 2\pi f_i \Delta x/\Delta\varphi$，就可以测得当前频率下的 v_R 值。当激振器的频率从高向低变化时，就可以得到一条 v_R-f 曲线或 v_R-λ 曲线。

（二）瞬态法

瞬态法瑞雷波探测资料处理过程一般包括记录编辑、瑞雷波速度求取和地质解释三部分。瞬态法的精度主要取决于瑞雷波速度的计算。

在瞬态法资料处理中，可以利用傅氏变换将时间记录转换为频域记录，对于频率为 f_i 的频率分量，用相关法计算相邻检波器记录的相移 $\Delta\varphi_i$，则相邻道 Δx 长度内瑞雷波的传播速度 v_{Ri} 可由下式计算

$$v_{Ri} = 2\pi f_i \Delta x/\Delta\varphi_i \tag{3-9-6}$$

在满足空间采样定理的条件下，测量范围 $N\Delta x$ 内的平均波速为

$$v_{Ri} = 2\pi f_i \cdot N \cdot \Delta x/\sum_{j=1}^{N} \Delta\varphi_{ij} \tag{3-9-7}$$

在同一测点对一系列频率 f_i 求取相应的 v_{Ri} 值就可以得到一条 v_R-f 曲线，即所谓的频散曲线。由 $\lambda_R = v_R/f$ 可将 v_R-f 曲线转换为 v_R-λ_R 曲线，v_R-λ_R 曲线的变化规律就反映了该点介质深度上的变化规律。

对于多道观测系统，由于互相关法的工作效率较低，目前国内使用最多的是频率波数法。首先在资料处理程序中输入瑞雷波现场数据记录，在多道瑞雷波勘探采集的有效记录上，一般可以观测到瑞雷波、直达波、反射波、折射波以及噪声等。根据各种波动视速度的不同，在现场数据记录上确定瑞雷波的位置，一定程度上提取瑞雷波，见图 3-9-12。

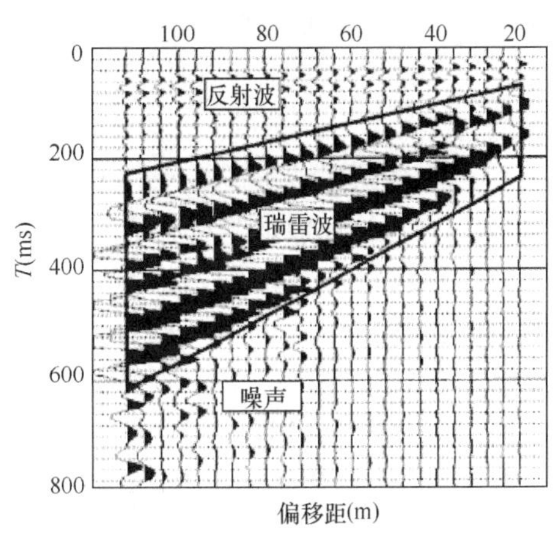

图 3-9-12 瑞雷波窗口拾取示意图

对瑞雷波窗口内的记录进行二维傅里叶变换，得到频率波数谱。然后通过波数滤波进一步消除干扰信号，在频率波数域有效地提取基阶瑞雷波信息，见图 3-9-13。

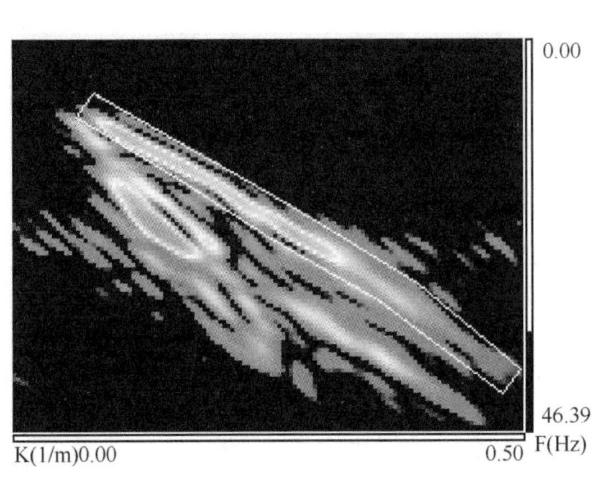

图 3-9-13 频率波数域拾取瑞雷波基阶信息

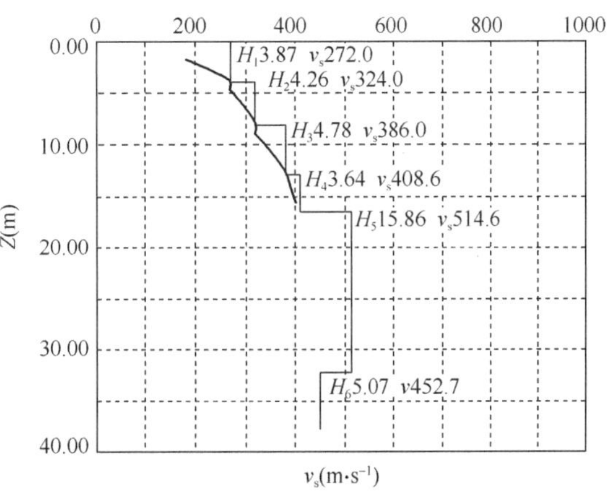

图 3-9-14 面波频散曲线

根据频率波数谱等值线图，可以选取对应每种相位的极大值，确定相速度。采用一定的波长深度转换系数，可以得到面波的频散曲线，见图 3-9-14。根据频散曲线的拐点、特征值点等进行速度层划分，建立速度结构层，反演地层速度，结果存盘或打印输出，完成资料处理过程。

第四节 波速在工程中的应用

1. 岩土动力参数，见式（2-5-39）～式（2-5-41）

2. 计算地基刚度和阻尼比

由弹性半空间振动理论对动力机器基础进行动力反应分析时，要提供地基刚度、阻尼比等动力参数，埋置基础地基刚度 K_Z、阻尼比 D_Z 计算公式如下：

$$K_Z = \frac{G_d}{1-\nu}\ \beta_Z\sqrt{B_0 L} \tag{3-9-8}$$

$$D_Z = \frac{0.425}{\sqrt{B_Z}}\alpha_Z \tag{3-9-9}$$

式中　β_Z、α_Z——基础形状、埋深修正系数；

B_Z——基础修正质量比；

其他符号意义同前。

3. 划分建筑场地抗震类别，见第六篇第七章第二节。

4. 计算建筑场地地基卓越周期

地基卓越周期在抗震设计中，是防止建筑物与地基产生共振的依据。卓越周期是地脉动测试所获得的波群波形，通过傅里叶谱分析，在频谱图中幅值最大值所对应的周期。日本学者经过剪切波速 v_S与地脉动测试的对比研究，提出单一土层的地基，由剪切波速 v_S 计算地基卓越周期 T_C的公式：

$$T_C = \frac{4h}{v_S} \tag{3-9-10}$$

式中　T_C—— 地基卓越周期（s）；

h——计算厚度（m），相当于《建筑抗震设计规范》GB 50011—2010 的覆盖层厚度 d_o；

v_S——实测的剪切波波速（m/s）。

多层土组成的地基卓越周期 T'_C，根据日本《结构计算指南和解说》（1986 年版）的规定，按下式计算：

$$T'_C=\sqrt{32\sum_{i=1}^{n}\left\{h_i\left(\frac{H_{i-1}+H_i}{2}\right)/v_{Si}^2\right\}} \tag{3-9-11}$$

式中　T'_C——地基卓越周期（s）；

H_i——基础底面（或刚性端承桩支承面）至第 i 层土底面的深度（m），若计算场地卓越周期，则应从天然地面起算；

H_{i-1}——建筑物基底至 $i-1$ 层底面的距离（m）；

v_{Si}—— 第 i 层实测的剪切波速度（m/s）；

h_i—— 第 i 层的厚度。

5. 判定砂土地基液化

地基在地震力作用下，产生剪应变 ν_e，当 ν_e 大于某一值时，才产生液化，人们将 ν_e 称为临界剪应变 ν_e（也称门槛应变量），根据各种砂的试验结果，一般为 $10^{-2}q \leqslant \nu_e \leqslant 10^2 q$，而 ν_e 可根据 v_S 波速进行计算，如下式：

$$\nu_e(q) = G_d \cdot \frac{a_{max} \cdot Z}{v_S^2} \cdot d \tag{3-9-12}$$

式中　ν_e——地震作用下砂土层的剪应变；

G_d——与相应最大剪应变等有关的常数，通过试验取得；

a_{max}——由天然地震烈度表查得的该地区地面最大加速度；

Z——测试点地层深度；

d——砂土地层密度。

6. 地震小区划

在对场地进行地震动小区划和地震反应谱分析时，均需进行钻孔剪切波速测试，并提供 v_s 随深度变化的资料，以便根据地层的剪切波速确定土层的最大剪切模量，为土层地震反应分析提供必需参数。

7. 检验地基加固处理的效果

常规的载荷试验、静力触探、动力触探、标贯试验，能提供地基加固处理后承载力的可靠资料。但如能在地基加固处理的前后进行波速测试，则可作出评价地基承载力的辅助资料。因为地层波速与岩土的密实度、结构等物理力学指标密切相关，而波速测试（如瑞雷波法）测试效率高，掌握的数据面广，而成本低。将波速法与载荷试验等结合使用，无疑是地基加固处理后评价的经济有效手段。

8. 土层剪切波速度和地基土的弹性模量参考值

（1）不同土层剪切波速度层状地基剪切波速度随深度的变化规律见表 3-9-3。

不同土层剪切波速度范围　　表 3-9-3

土 层 名 称	剪切波速度范围（m/s）	剪切波速度与深度的关系
回填土、表土	90～220	剪切波随深度的变化规律计算式： $v_S = aH^b$ 式中　H——深度（m）； a、b——系数。 对 149 个钻孔分层剪切波速平均值 $v_S = 124.5H^{0.267}$ 其相关系数为 0.99
淤泥、淤泥质土	100～170	
软 黏 土	90～170	
硬 黏 土	120～190	
坚硬黏土	170～240	
粉 细 砂	100～200	
中 粗 砂	160～250	
粗砂、砾砂	240～350	
砾石、卵石、碎石	300～600	
风 化 岩	350～500	
岩　石	>500	

（2）地基土的静、动弹性模量见表 3-9-4。

地基土的弹性模量　　表 3-9-4

土 的 类 别	静弹性模量 E（MPa）	动弹性模量 E_d（MPa）
松散的圆形砂	40～80	150～300
松散的带棱角的砂	50～80	150～300
中密的圆形砂	80～160	200～500
中密的带棱角的砂	100～200	200～500
不含有砂的砾石	100～200	300～800
有锐棱边的天然块石	150～300	300～800
坚硬的黏土	8～50	100～500
半硬塑的黏土	6～20	40～150
可塑的、难塑的黏土	3～6	30～80
硬塑的、含漂砾、泥灰石的粉质黏土	6～50	100～500
软塑的粉质黏土，共土类粉质黏土	4～8	50～150
淤泥	3～8	30～100
软泥，含有机质的污泥质土	2～5	10～30

注：1. 本表摘自 E. Rausch 著《机器基础》。
　　2. E 与 G 的关系为：$G = E/2(1+\nu)$。

第十章 岩体原位测试

第一节 岩体变形测试

岩体变形测试是通过加压设备将力施加在选定的岩体面上，测量其变形。其方法有静力法和动力法两种。静力法有承压板法、刻槽法、水压法、钻孔变形计法等；动力法有地震法和声波法等。本节仅介绍静力法中的承压板法和钻孔变形计法。

一、承压板法

（一）试验原理

承压板法是通过刚性或柔性承压板施力于半无限空间岩体表面，量测岩体变形，按弹性理论公式计算岩体变形参数。

承压板按刚度分为刚性承压板和柔性承压板两种。刚性承压板采用钢板或钢筋混凝土制成，形状通常为圆形；柔性承压板多采用压力枕下垫以硬木或砂浆，形状多为环形。

坚硬完整岩体宜采用柔性承压板，半坚硬或软弱岩体宜采用刚性承压板。

该方法适用于各类岩体，通常在试验平洞或井巷中进行，也可在露天进行。

（二）现场试验

1. 试点制备

试点表面应垂直预定的受力方向；清除试点表面受扰动的岩体，并修凿平整，岩面的起伏差不大于承压板直径的1%；试点面积应大于承压板，其加压面积不小于 $2000cm^2$。

对于柔性承压板中心孔法，钻孔要与试点岩面垂直，其直径与钻孔轴向位移计直径一致，孔深不小于承压板直径的 6 倍。

2. 试点边界条件要求

（1）承压板边缘距洞壁或底板的距离，应大于承压板直径的 1.5 倍；距洞口或掌子面的距离，应大于承压板直径的 2 倍；距临空面的距离，应大于承压板直径的 6 倍。

（2）两试点承压板边缘之间的距离，应大于承压板直径的 3 倍。

（3）试点表面以下 3 倍承压板直径深度范围内岩体的岩性应相同。

3. 加载系统安装

（1）在试点表面铺一薄层水泥浆，平行试点表面放上刚性承压板（或环形液压枕）；

（2）在刚性承压板上放置千斤顶，或在环形液压枕上放置环形钢板和环形传力箱；并在千斤顶上依次安装垫板、传力柱、垫板，在垫板和反力后座岩体之间浇筑混凝土或安装反力装置，且应使所有部件中心在同一轴线并与加压方向一致（图 3-10-1）；

（3）利用千斤顶加压，或在传力柱与垫板之间加一楔形垫块，使整个系统结合紧密。

进行柔性承压板中心孔法试验的试点，要先在钻孔内安装钻孔轴向位移计。钻孔轴向位移计的测点，可按承压板直径的 0.25、0.50、0.75、1.00、1.50、2.00、3.00 倍孔深处选择其中的若干点进行布置，并在孔口及孔底设置测点（图 3-10-2）。

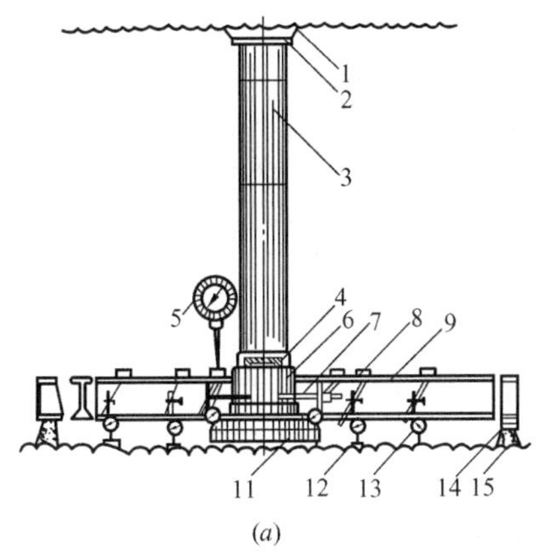

(a)

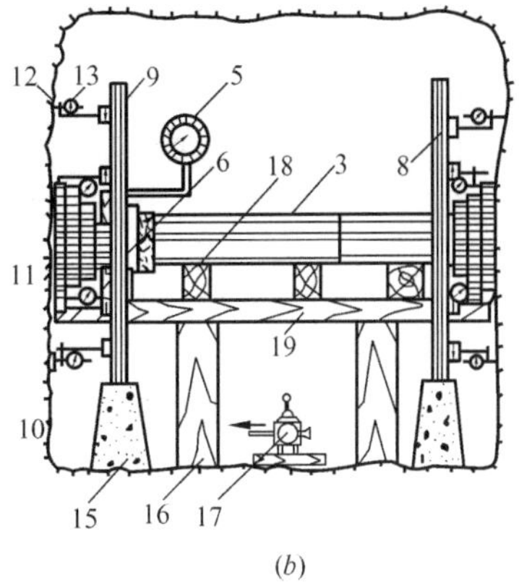

(b)

图 3-10-1 刚性承压板法试验安装

(a) 钻直方向加荷；(b) 水平方向加荷

1—砂浆顶板；2—垫板；3—传力柱；4—圆垫板；5—标准压力表；6—液压千斤顶；7—高压管（接油泵）；8—磁性表架；9—工字钢梁；10—钢板；11—刚性承压板；12—标点；13—千分表；14—滚轴；15—混凝土支墩；16—木柱；17—油泵（接千斤顶）；18—木垫；19—木梁

4. 量测系统安装

(1) 沿洞轴方向于承压板两侧以简支形式各放置测表支架一根；

(2) 通过磁性表座在支架上安装测表，对于刚性承压板，在承压板上对称布置 4 个测表；对于柔性承压板（包括中心孔法），在承压板中心岩面上布置 1 个测表；

(3) 根据需要，可在承压板外的影响范围内，通过承压板中心沿洞轴和垂直洞轴的方向上布置测表。

5. 试验及稳定标准

(1) 试验最大压力不小于预定压力的 1.2 倍，压力分 5 级，按最大压力等分施加；

(2) 加载前，每隔 10min 测读各测表一次，连续三次读数不变方可开始加载，此读数即为各测表的初始读数。钻孔轴向位移计各测点，在表面测表读数稳定后进行初始读数；

(3) 加载方式采用逐级一次循环法或逐级多次循环法；

(4) 每级加载后立即读数，以后每隔 10min 读数一次，当刚性承压板上所有测表（或柔性承压板中心岩面上的测表）相邻两次读数差，与同级压力下第一次变形读数和前一级压力下最后一次变形读数差之比小于 5%时，认为变形稳定，并退压（图 3-10-3），退压后的稳定标准，与加压时的稳定标准相同；

(5) 在加压、退压过程中，均要测读相应过程压力下测表读数一次；

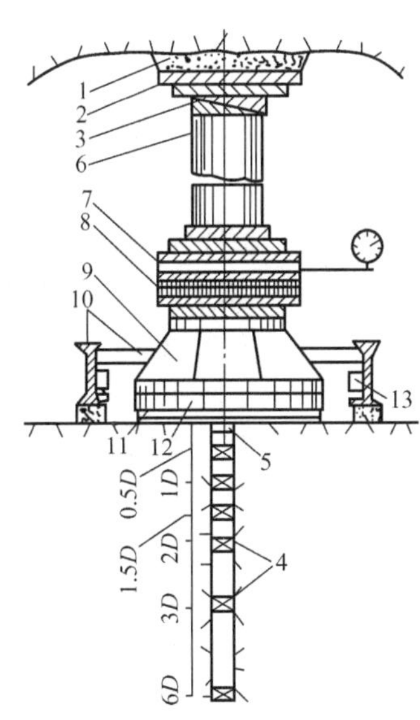

图 3-10-2 柔性承压板中心孔法安装

1—混凝土顶板；2—钢板；3—斜垫板；4—多点位移计；5—锚头；6—传力柱；7—测力枕；8—加压枕；9—环形传力箱；10—测架；11—环形传力枕；12—环形钢板；13—小螺旋顶

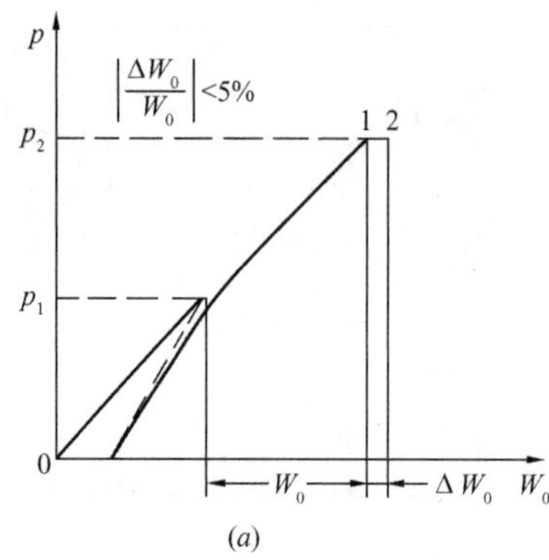

(a)

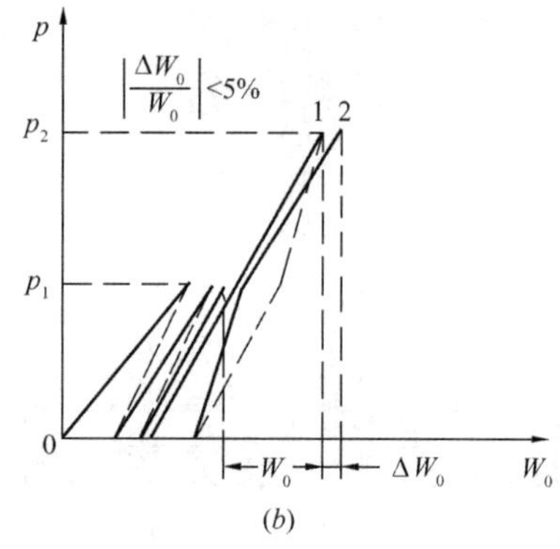

(b)

图 3-10-3　相对变形变化的计算

(a) 逐级一次循环法；(b) 逐级多次循环法

(6) 中心孔中各测点及板外测表在读取稳定读数后进行一次读数。

(三) 资料整理

1. 岩体弹性（变形）模量计算

(1) 当采用刚性承压板法量测岩体表面变形时，按式（3-10-1）计算变形参数：

$$E=\frac{\pi}{4}\cdot\frac{(1-\nu^2)pD}{W} \tag{3-10-1}$$

式中　E——岩体弹性（变形）模量（MPa）；当以总变形 W_0 代入式中计算的为变形模量 E_0；当以弹性变形 W 代入式中计算的为弹性模量 E；

W——岩体变形（cm）；

p——按承压板面积计算的压力（MPa）；

D——承压板直径（cm）；

ν——泊松比。

(2) 当采用柔性承压板法量测岩体表面变形时，按式（3-10-2）计算变形参数：

$$E=\frac{(1-\nu^2)p}{W}\cdot 2(r_1-r_2) \tag{3-10-2}$$

式中　r_1、r_2——环形柔性承压板的外半径和内半径（cm）；

W——板中心岩体表面的变形（cm）。

(3) 当采用柔性承压板法量测中心孔深部变形时，按式（3-10-3）计算变形参数：

$$E=\frac{p}{W_Z}\cdot K_Z \tag{3-10-3}$$

$$K_Z=2(1-\nu^2)\left(\sqrt{r_1^2+Z^2}-\sqrt{r_2^2+Z^2}\right)-(1+\nu)\left(\frac{Z^2}{\sqrt{r_1^2+Z^2}}-\frac{Z^2}{\sqrt{r_2^2+Z^2}}\right)$$

式中　W_Z——深度为 Z 处的岩体变形（cm）；

Z——测点深度（cm）；

K_Z——与承压板尺寸、测点深度和泊松比有关的系数（cm）。

2. 绘制压力与变形关系曲线、压力与变形模量关系曲线、压力与弹性模量关系曲线，以及沿中心孔不同深度的压力与变形曲线。

二、钻孔变形法

（一）试验原理

岩体钻孔变形试验是通过放入岩体钻孔中的压力计或膨胀计，施加径向压力于钻孔孔壁，量测钻孔径向岩体变形，按弹性力学平面应变问题的厚壁圆筒公式计算岩体变形参数。

钻孔变形试验适用于软岩—较硬岩。

（二）现场试验

1. 试点要求

（1）试验孔应垂直，孔壁应平直光滑，孔径根据仪器要求确定；在受压范围内岩性应均一、完整；孔径 4 倍范围内的岩性应相同。

（2）两试点加压段边缘之间的距离不小于 1 倍加压段的长度；加压段边缘距孔口的距离不小于 1 倍加压段的长度；加压段边缘距孔底的距离不小于 0.5 倍加压段的长度。

2. 试验准备

（1）向钻孔内注水至孔口，将扫孔器放入孔内进行扫孔，直至上下连续三次收集不到岩块为止。将模拟管放入孔内直至孔底，如畅通无阻即可进行试验。

（2）按仪器使用要求，对钻孔压力计或钻孔膨胀计探头直径进行标定。

3. 试验及稳定标准

（1）将组装后的探头放入孔内预定深度，并经定向后立即施加 0.5MPa 的初始压力，探头即自行固定，读取初始读数；

（2）试验最大压力为预定压力的 1.2～1.5 倍。分为 7～10 级，按最大压力等分施加；

（3）加载方式采用逐级一次循环法或大循环法；

（4）加压后立即读数，以后每隔 3～5min 读数一次。变形稳定标准为：

1）当采用逐级一次循环法时，相邻两次读数差，与同级压力下第一次变形读数和前一级压力下最后一次变形读数差之比小于 5%时，认为变形稳定，即可进行退压；

2）当采用大循环法时，相邻两循环的读数差，与第一次循环的变形稳定读数之比小于 5%时，认为变形稳定，即可进行退压。大循环次数不少于 3 次；

3）退压后的稳定标准与加压时的稳定标准相同。

（5）在每一循环过程中退压时，压力应退至初始压力。最后一次循环在退至初始压力后，进行稳定值读数，然后将全部压力退至零，并保持一段时间，再移动探头。

（三）资料整理

1. 岩体弹性（变形）模量计算

按下式计算变形参数：

$$E=\frac{p(1+\nu)d}{\delta} \tag{3-10-4}$$

式中　E——岩体弹性（变形）模量（MPa）；当以总变形 δ_t 代入式中计算的为变形模量 E_0；当以弹性变形 δ_e 代入式中计算的为弹性模量 E；

p——计算压力，为试验压力与初始压力之差（MPa）；

d——实测点钻孔直径（cm）；

δ——岩体径向变形（cm）；

ν—— 岩体泊松比。

2. 绘制各测点的压力与变形关系曲线、各测点的压力与变形模量关系曲线、压力与弹性模量关系曲线以及与钻孔岩芯柱状图相对应的沿孔深的弹性模量、变形模量分布图。

第二节 岩体强度测试

岩体强度测试是原位测定岩体抗剪强度的一种方法，由于这种方法考虑了岩体结构面的影响，试验结果比较符合实际情况。岩体强度测试方法有现场直剪试验和现场三轴试验两种。

一、现场直剪试验原理

岩体现场直剪试验，是将同一类型岩体（或岩体结构面）的一组试体，在不同的法向荷载作用下，沿预定的剪切面进行剪切，根据库仑表达式确定其抗剪强度参数。

岩体现场直剪试验可分为三类：岩体本身的抗剪强度试验、岩体沿其软弱结构面的抗剪强度试验和混凝土与岩体胶结面的抗剪强度试验。每类试验又可分为：试体在剪切面未扰动情况下进行的第一次剪断，通称抗剪断试验；试体剪断后，沿剪断面继续进行剪切的试验，通称抗剪试验。

岩体本身的抗剪强度和岩体沿其软弱结构面的抗剪强度是通过抗剪试验测定的；混凝土与岩体胶结面的抗剪强度是通过抗剪断试验和抗剪试验测定的。

二、现场试验

（一）试验布置方案

试验布置方案请参阅本篇第六章第一节。

（二）试体制备

1. 每组试验的试体不少于 5 个。

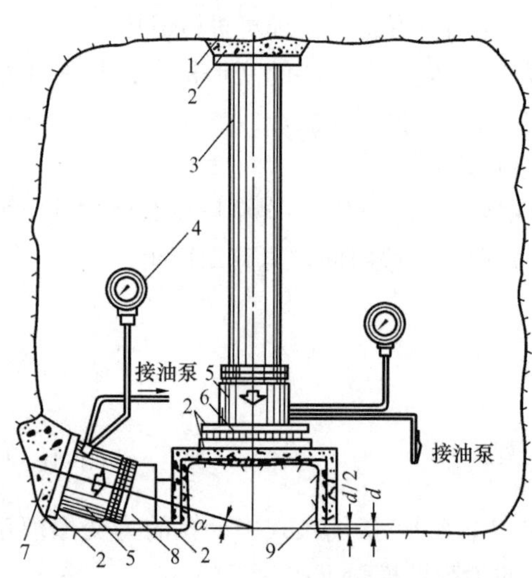

图 3-10-4 岩体直剪（斜推法）试验

1—砂浆顶板；2—钢板；3—传力柱；4—压力表；5—液压千斤顶；6—滚轴排；7—混凝土后座；8—斜垫板；9—钢筋混凝土

试体剪切面积不小于 50cm×50cm，一般为 70cm×70cm；高度不小于最小边长的 0.5 倍；试体之间的距离要大于最小边长的 1.5 倍。

2. 对于软弱岩体或具有软弱结构面的试体，应在顶面和周边设置钢或混凝土保护套，护套顶面应平行剪切面，底边应在剪切面的上边缘。

（三）设备安装

1. 加载设备安装如图 3-10-4 所示。应使法向荷载系统所有部件与加压方向保持在同一轴线上，并垂直预定剪切面；垂直荷载的合力应通过预定剪切面中心。

剪切方向应与预定的推力方向一致，其投影通过预定剪切面中心。平推法剪切荷载作用轴线应平行预定剪切面，着力点与剪切面的距离不大于剪切方向试体长度的 5%；斜推法剪切荷载方向按预定的 α 角度安装。剪切荷载和法向荷载合力的作用点应在预定剪切面中心。

2. 量测系统安装：在试体的对称部位，分别安装剪切位移和法向位移测表，每种测表数量不少于 2 只，量测试体的绝对位移；如有条件，可在试体与基岩表面之间，布置量测试体相对位移的测表。

（四）加载及位移测读

1. 最大法向荷载大于设计荷载，并按等量分级。每一试体的法向荷载分 4～5 级施加，每隔 5min 施加一级，并测读其法向位移。加载至预定荷载后立即测读，以后每隔 5min 测读一次，当连续两次读数差不超过 0.01mm 时，视为稳定，然后施加剪切荷载。

对于软弱岩体或软弱结构面，在最后一级荷载作用下，对低塑性的每隔 10min、高塑性的每隔 15min 测读一次，当连续两次读数差不超过 0.05mm 时，即视为稳定。

2. 剪切荷载按预估最大值的 8%～10%分级等量施加（如发生后一级荷载的剪切位移为前一级的 1.5 倍以上时，下一级荷载减半施加）。每隔 5min 加载一次（对于软弱岩体、软弱结构面，按每隔 10min 或 15min 加载一次），加载前后均应测读各表的剪切位移。当剪切位移急剧增长或剪切位移达到试体尺寸的 1/10 时，可认为试体已剪断。试体剪断后，继续在大致相同的剪切荷载作用下，根据剪切位移大于 10mm 时的结果确定残余抗剪强度。然后将剪切荷载缓慢退荷至零，观测试体回弹情况。

抗剪断试验完成后，根据需要，调整设备和测表，按上述同样方法进行摩擦试验。

当采用斜推法分级施加斜向荷载时，应同步降低由于施加斜向荷载而产生的法向分荷载增量，确保在剪切过程中法向荷载始终为一常数。

三、资料整理

请参阅本篇第六章第一节。

第三节　岩体应力测试

岩体应力测试一般是先测出岩体的应变值，再根据应变与应力的关系计算出应力值。测试方法通常有应力解除法和应力恢复法。本节主要介绍应力解除法中的孔壁应变法、孔径变形法和孔底变形法三种方法。

一、孔壁应变法测试

（一）测试原理

孔壁应变法测试是采用孔壁应变计，量测套钻解除应力后钻孔孔壁的岩石应变，按弹性理论建立的应变与应力之间的关系式，求出岩体内某点的三向应力大小和方向。

该方法适用于无水、完整或较完整的岩体。

（二）现场测试

1. 在选定试验部位，用 ϕ130mm 钻头钻至预定深度，取出岩芯；

2. 用 ϕ130mm 磨平钻头磨平孔底；并用 ϕ130mm 锥形钻头在孔底打喇叭口；

3. 用 ϕ36mm（或 ϕ46mm）钻头钻一孔深 50cm 的同心测试孔；

4. 清洗测试孔，并对孔壁进行干燥处理；

5. 在测试孔孔壁及应变计上均匀涂上胶粘剂，用安装器将应变计送入测试孔，并使应变计紧贴孔壁；待胶粘剂充分固化后，取出安装器，量测测点方位角及深度；

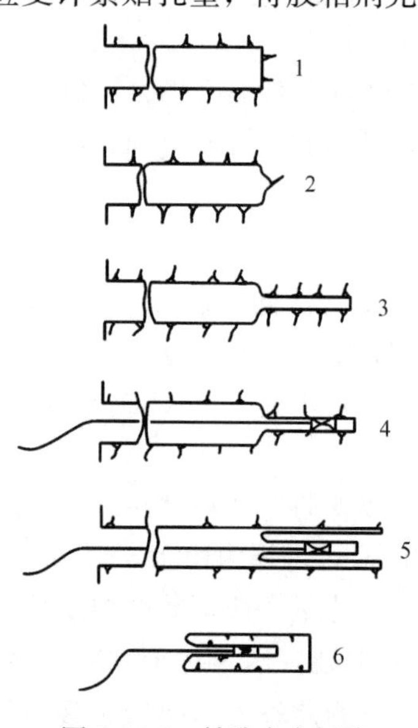

图 3-10-5　钻孔应力解除套钻程序示意

1—孔底磨平；2—钻锥形孔；3—钻测量孔；4—埋设测量元件；5—套钻解除；6—取出岩芯

6. 从钻具中引出应变计电缆，接通仪器，并向孔内注水，同时测读应变计的初始应变值。当数值稳定后（每隔 10min 读数一次，连续三次读数之差不超过 5$\mu\varepsilon$ 时，认为稳定），即可用 ϕ130mm 钻头按预定的分级深度进行套钻解除，一般每级深度为 2cm。每解除一级深度，停钻连续读数 2 次，直到应变计读数稳定（但最小解除深度不小于岩芯外径的 1 倍）时，解除结束；

7. 取出带有应变计的岩芯，将它放入围压器中进行围压率定试验。

套钻程序如图 3-10-5 所示。

（三）资料整理

1. 计算各级解除深度下各应变片的应变测定值；

2. 绘制解除过程曲线（应变与解除深度关系曲线）；

3. 根据解除过程曲线，结合地质条件及试验情况，选取各应变片的解除应变测定值；

4. 计算岩体的三向应力；

5. 根据围压试验资料，绘制压力与应变关系曲线，计算岩石弹性模量和泊松比。

二、孔径变形法测试

（一）测试原理

孔径变形法测试是采用孔径变形计，量测套钻解除应力后的钻孔孔径的变化，按弹性理论公式计算岩体内某点的垂直孔轴平面上的岩体应力。当需测求岩体空间应力时，应采用三个钻孔交会法测试。

该方法适用于完整或较完整的岩体。

（二）现场测试

1. 在选定试验部位，用 ϕ130mm 钻头钻至预定深度，取出岩芯；

2. 用 ϕ130mm 磨平钻头磨平孔底；并用 ϕ130mm 锥形钻头在孔底打喇叭口；

3. 用 ϕ36mm（或 ϕ46mm）钻头钻一孔深 50cm 的同心测试孔；

4. 冲洗测试孔，直至回水不含岩粉为止；

5. 用安装杆将孔径应变计送入测试孔内，并使之固定，记录其测量方向，然后退出安装杆，量测测点方位角及深度；

6. 从钻具中引出孔径应变计电缆，与应变仪连接，并向孔内注水，同时测读应变计的初始应变值。当数值稳定后（每隔 10min 读数一次，连续三次读数之差不超过 5$\mu\varepsilon$ 时，认为稳定），即可用 ϕ130mm 钻头按预定的分级深度进行套钻解除，一般每级深度为 2cm。每解除一级深度，停钻连续读数 2 次，直到应变计读数稳定（但最小解除深度不小于岩芯外径的 1 倍）时，解除结束；

7. 取出带有应变计的岩芯，进行围压率定试验。

套钻程序如图 3-10-5 所示。

（三）资料整理

1. 计算孔径位移；

2. 计算岩体的空间应力和平面应力；

3. 根据岩芯解除应变值和解除深度，绘制解除过程曲线；

4. 根据围压试验资料，绘制压力与孔径变形关系曲线，计算岩石弹性模量和泊松比。

三、孔底变形法测试

（一）测试原理

孔底应变法测试是采用孔底应变计，量测套钻解除应力后的钻孔孔底岩面应变，按弹性理论公式计算岩体内某点的平面应力大小和方向。如测求岩体内某点的三向应力状态，应在同一平面内采用三个钻孔交会于该点的方法测试。

该方法适用于无水、完整或较完整的岩体。

（二）现场测试

1. 在选定试验部位，用 ϕ76mm 钻头钻至预定深度，取出岩芯；

2. 先用粗磨钻头将孔底磨平，再用细磨钻头精磨，使孔底达到平整光滑；

3. 清洗孔底，并进行干燥处理，再用丙酮擦洗孔底；

4. 在钻孔底面和孔底应变计底面分别均匀涂上胶粘剂，用安装器将孔底应变计送入钻孔底部，定向就位，并使之固定，然后取出安装器，量测测点方位角及深度；

5. 从钻具中引出孔底应变计电缆，接通仪器，并向孔内注水，同时测读应变计的初始应变值，当数值稳定后（每隔 10min 读数一次，连续三次读数之差不超过 5$\mu\varepsilon$ 时，认为稳定），即可按预定的分级深度进行套钻解除，一般每级深度为 2cm。每解除一级深度，停钻连续读数 2 次，直到应变计读数稳定（但最小解除深度不小于岩芯直径的 4/5）时，解除结束；

6. 取出带有应变计的岩芯，进行围压率定试验。

套钻程序如图 3-10-6 所示。

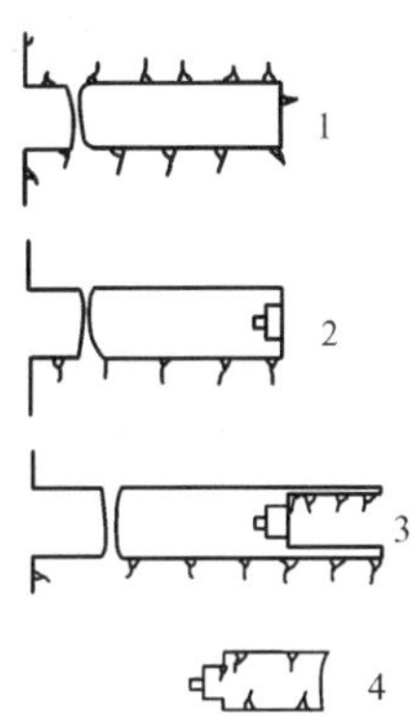

图 3-10-6　孔底应变法测试套钻程序示意
1. 孔底磨平；2. 粘贴应变计；3. 套钻解除；4. 取出岩芯

（三）资料整理

1. 计算各电阻片解除应变测定值；

2. 计算岩体的三向应力；

3. 根据岩芯解除应变值和解除深度，绘制解除过程曲线；

4. 根据围压试验资料，绘制压力与应变关系曲线，计算岩石弹性模量和泊松比。

四、水压致裂法测试

（一）测试原理

水压致裂法是采用两个长约 1m 串接起来可膨胀的橡胶封隔器阻塞钻孔，形成一封闭的加压段（长约 1m），对加压段加压直至孔壁岩体产生张拉破裂，根据破裂压力等压力参数按弹性理论公式计算岩体应力参数。该方法适用于完整或较完整的岩体，岩体的透水率不宜大于 1Lu。

（二）现场测试

1. 采用钻机成孔，孔深宜超过测试深度 10m；

2. 用封隔器封隔压裂孔段；

3. 启动高压泵向压裂段施加液压；

4. 随着连续泵压，压裂段内液压持续增大，当孔壁上的切向有效张应力等于或大于岩石的抗拉强度时，就会在最大水平主应力方向的孔壁上产生破裂。此时，由于孔壁破裂液体灌入，导致压力值急剧下降，继而保持在裂缝张开和扩展的压力水平上。

5. 当破裂形成、关闭高压泵后，泵压急速下降，随着破裂面的闭合，转变为缓慢下降，这时便得到了破裂面处于临界闭合时的平衡力，也就是垂直于破裂面的最小水平主应力（S_h）与液压回路达到平衡时的压力，即瞬时关闭压力（p_s）。

6. 重新向测量系统中注入高压水，记录裂隙重新张开时的压力 p_r；

7. 使用印模器或钻孔电视记录获得压裂裂隙的方向，压裂裂隙的方向即为 S_H的方向。

重复 3～6 的步骤，进行 3～5 个压裂循环，以便得到准确的测量结果。

（三）资料整理

1. 计算岩体钻孔横截面上的最小、最大主应力；

$$S_h = p_s \tag{3-10-5}$$

$$S_H = 3S_h - p_b - p_0 + \sigma_t \tag{3-10-6}$$

$$S_H = 3p_s - p_r - p_0 \tag{3-10-7}$$

式中　S_h——钻孔横截面上岩体平面最小主应力（MPa）；

S_H——钻孔横截面上岩体平面最大主应力（MPa）；

σ_t——岩体的抗拉强度（MPa）；

p_s——瞬时关闭压力（MPa）；

p_r——重张压力（MPa）；

p_b——破裂压力（MPa）；

p_0——岩体孔隙水压力（MPa）。

应根据岩性和测试情况选择式（3-10-6）或式（3-10-7）计算岩体的最大主应力。

2. 根据印模器或钻孔电视记录绘制裂缝形状、长度图，确定岩体的最大主应力方向。

3. 绘制岩体应力与测试深度关系曲线。

第四节　岩 体 原 位 观 测

一、地下洞室围岩收敛观测

地下洞室围岩收敛观测是用收敛计量测围岩表面两点在连线（基线）方向上的相对位移，即收敛值。该方法适用于各类围岩，也适用于岩体表面两点间距离变化的观测。

（一）观测断面和观测点的布置原则

应根据地质条件、围岩应力大小、施工方法、支护形式及围岩的时间和空间效应等因素，按一定间距选择观测断面和测点位置。

1. 观测断面间距大于 2 倍洞径；观测断面与开挖掌子面的距离不大于 1m。

2. 基线的数量和方向应根据洞室断面的形状和大小确定，一般应考虑能测到最大位移。测点应牢固地埋设在岩石表面，其深度不大于 10cm。

（二）试验过程

1. 试验准备：用钻孔工具在选定的测点处，垂直洞壁钻孔，将测桩固定在孔内，并在孔口设保护装置。观测前还应对收敛计进行标定。

2. 仪器安装：首先将测桩端头擦洗干净，然后将收敛计两端分别固定在基线两端的测桩上，按预计的测距固定尺长。

3. 观测：调节拉力装置，使钢尺达到恒定张力，读记收敛值；这样再重复 2 次，取 3 次读数的平均值作为计算值。3 次读数差，不应大于收敛计的精度范围。

同时，测记收敛计的环境温度。观测时间间隔根据工程需要或围岩收敛情况确定。

（三）观测成果整理

1. 按式（3-10-8）计算经温度修正的实际收敛值：

$$u = u_i + \alpha L(t_n - t_0) \tag{3-10-8}$$

式中 u、u_i——实际收敛值和收敛读数值（mm）；

α——收敛计系统温度线胀系数（1/℃）；

L——基线长（mm）；

t_n、t_0——收敛计观测时和标定时的环境温度（℃）。

2. 绘制收敛值与时间关系曲线、收敛值与开挖空间变化关系曲线以及收敛值的断面分布图。

二、钻孔轴向岩体位移观测

钻孔轴向岩体位移观测是通过钻孔轴向位移计量测孔壁岩体不同深度与钻孔轴线方向一致的位移。主要用于地表和地下岩体工程中岩体与钻孔轴线一致方向的位移观测。

（一）观测布置原则

1. 根据工程规模、工程特点以及地质条件布置观测断面及断面上观测孔的数量。

2. 根据观测目的和地质条件确定观测孔的深度和方向。其深度应超出应力扰动区。

3. 根据位移变化梯度确定观测孔中测点的位置，梯度大的部位测点应加密。测点应避开构造破碎带。孔口或孔底应布置测点。

（二）试验过程

1. 试验准备：在预定部位，按要求的孔径、方向和深度进行钻孔。钻孔达到要求深度后，应将钻孔冲洗干净，并检查钻孔的通畅程度。

2. 仪器安装：根据预定位置，由孔底向孔口逐点安装测点或固定点；孔口仪器设备应设保护装置；调整每个测点的初始读数。

3. 观测：每个测点应重复测读三次，取其平均值。3 次读数差不应大于仪器精度范围。根据工程需要或岩体位移情况确定观测时间间隔。

（三）观测成果整理

1. 绘制测点位移与时间关系曲线。

2. 绘制同一时间测孔内的测点位移与深度关系曲线。

3. 绘制测点位移与断面和空间关系曲线。

4. 对地下洞室，应绘制测点位移随掌子面距离变化的过程曲线。

三、钻孔横向岩体位移观测

钻孔横向岩体位移观测是通过测斜仪量测孔壁岩体不同深度与钻孔轴线垂直的位移。主要用于观测边坡、地下工程、坝基等岩体工程中岩体发生的水平位移。

（一）观测布置原则

观测孔的布置，应根据工程岩体受力情况和地质条件，重点布置在最有可能发生滑移，或对工程施工及运行安全影响最大的部位。观测孔的深度应超过预计滑移带 5m。

（二）试验过程

1. 试验准备：在预定部位，按要求的孔径和深度，沿铅直方向钻孔，钻孔直径应大于测斜管外径 50mm；钻孔达到预定深度后，应将钻孔冲洗干净，检查钻孔的通畅程度。

2. 测斜管安装：

（1）按要求长度将测斜管逐节进行预接，打好铆钉孔，并在对接处作对准标记及编号，底部测斜管下端应密封端盖。对接处导槽应对准，铆钉孔应避开导槽。

（2）按测斜管的对准标记和编号逐节对接、固定和密封后，缓慢地吊入钻孔内，直至将测斜管全部下入钻孔内。

（3）调整导槽方向，其中一对导槽方向与预计的岩体位移方向一致，用模拟测头检查导槽畅通无阻后，将导管就位锁紧。

（4）将灌浆管沿测斜管外侧下入孔内至孔底以上 1m 处进行灌浆。浆液固化后的力学性质应与围岩的力学性质相似。

（5）待浆液固化后，应量测测斜管导槽方位。

3. 观测

（1）观测前用模拟测头检查测斜孔导槽。

（2）使测斜仪测读器处于工作状态，将测头导轮插入测斜管导槽内，缓慢地下至孔底，然后由孔底开始自下而上沿导槽全长每隔一定间距测读一次，记录测点深度和读数。测读完毕后，将测头旋转 180°插入同一对导槽内，按以上方法再测一次，测点深度应与第一次相同。测读完一对导槽后，将测头旋转 90°，按相同的程序，测量另一对导槽的两个方向的读数。每一深度正反两读数的绝对值要相同，如有异常应及时补测。

（3）浆液固化后，按一定的时间间隔进行测读，取其稳定值为观测值的基准值。

（4）观测时间间隔，应根据工程需要或岩体位移情况确定。

（三）观测成果整理

1. 绘制变化值与深度关系曲线。

2. 绘制位移与深度关系曲线。

3. 对于有明显位移的部位，应绘制该深度的位移与时间的关系曲线。

第五节　岩体声波测试

岩体声波测试详见本手册第二篇第五章第四节。

第十一章　地基动力参数测试

第一节　地基的动力参数

土在动力荷载作用下的性能与其在静力荷载作用下的性能有明显的区别，且更为复杂，其影响因素除了与静力性质相同的因素（如土的粒径、孔隙比、含水量、侧限压力等）外，还有载荷时间（在土中形成一定的应力或应变所需要的时间）、重复（或周期）效应和应变幅值等因素。研究土的动力特性，必须区别两种不同应变幅值的情况，在小应变幅（$<10^{-4}$）情况下，主要是研究土的刚度系数、弹性模量、剪切模量和阻尼，为建筑物地基、动力机器基础和土工构筑物的动态反应分析提供必要的计算参数；而在大应变幅情况下，则主要研究土的动变形（振动压密或振陷）和动强度（振动液化是特殊条件下的动强度问题）。在动力机器基础等的动态反应分析中，不论把土看作是什么样的介质、采用什么样的计算模式，都要首先确定土的动力特性参数，而计算方法无论如何严密，都不会高于土的动力特性参数的测定精度。可见正确测定土的动力特性参数是非常重要的。

影响动力机器基础振动计算最关键的动力参数为地基刚度系数、地基惯性作用和阻尼比。基础振动对周围建筑物、精密设备、仪器仪表和环境等影响的动力特性有土的动沉陷和振动在地基中传播的性能，弹性波在传播过程中，由于土体的非弹性阻抗作用及振动能量的扩散，其振动强度随着离振源距离的增加（包括水平距离和深度）而减弱，这种性能对基础振动影响周围建筑物、设备、仪器、环境等的计算非常重要。波速是场地土的类型划分和场地土层的地震反应分析的重要参数。土的动剪变模量、动弹性模量、动强度等在水利水电工程中的应用则更为广泛，这些动力参数的选取是否符合现场地基的实际情况，是振动计算与实际是否相符的关键，因此，当动力机器基础、小区划分、高层建筑及重要厂房等工程在设计前，地基刚度系数、阻尼比、参振质量、地基能量吸收系数、场地的卓越周期、卓越频率等地基动力参数应在现场进行试验确定。

一、地基刚度系数

地基刚度系数是分析动力机器基础动力反应最关键的参数，其取值是否合理，是所设计的基础振动是否满足要求的关键，不是将地基刚度系数取得越小就越偏于安全，因为基础的振动大小不仅与机器的扰力有关，还与扰力的频率与基础的固有频率是否产生共振有关。对于低频机器，机器的扰频小于基础的固有频率，不会产生共振，地基刚度系数取得偏小，计算的振幅偏大，是偏于安全的，对于中频机器，其扰频大于基础的固有频率，若地基刚度系数取得偏小，使计算的固有频率远离机器的扰频而使计算振幅偏小，则偏于不安全。

二、地基土的阻尼

阻尼是影响动力机器基础动态反应的一个非常重要的参数。对于强迫振动的共振区，振动线位移主要为阻尼控制，当无阻尼共振时，基础的振动线位移就趋近于无穷大，当有阻尼共振时，基础振动线位移趋向于有限值（图 3-11-1）。随着阻尼比 ζ 值的增大，峰值振动线位移逐渐减小，直至 $\zeta=0.707$ 时，曲线的峰值完全消失，这时振动线位移在所有频率下均小于静变位。

现行国家标准《动力机器基础设计规范》GB 50040—96 给出的是黏滞阻尼，是通过现场强迫振动或自由振动实测资料反算的值，并以黏滞阻尼系数 C 与临界阻尼系数 $C_c=2\sqrt{KM}$ 之比的阻尼比 ζ 来表示。

三、地基土的惯性作用

基础振动存在两种计算理论，一种是以质量、阻尼器和弹簧为模式的计算理论，简称“质-阻-弹”理论，另一种是以刚体置于匀质、各向同性的理想弹性半无限体的表面为模

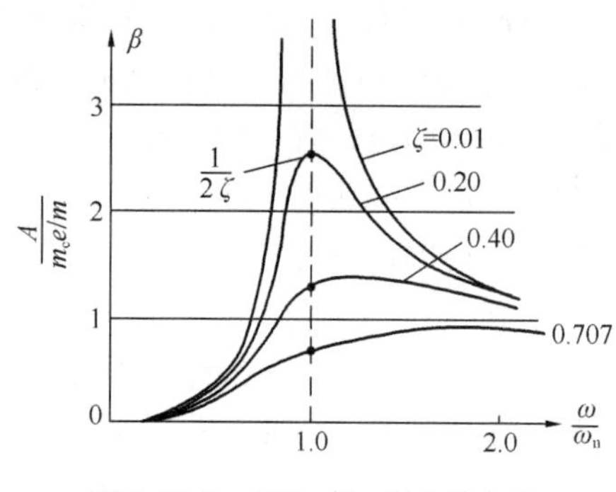

图 3-11-1 β随ζ和f/f_n的变化

式的计算理论，简称“弹性半空间”理论。

“质-阻-弹”模式计算理论的竖向振动方程为：

$$m\ddot{z}+C\dot{z}+Kz=F\sin\omega t \quad (3\text{-}11\text{-}1)$$

其基本假定为：

1. 基础振动时，作用在基础上的地基反力和基础位移是线性关系，即 $R=Kz$；

2. 土是基础的地基，不具有惯性性能，只有弹性性能；

3. 基础只有惯性性能，而无弹性性能；

4. 土的阻尼视为黏滞阻尼，阻尼力与运动速度成正比。

这样基础的振动简化为刚体在无重量的模拟土的弹簧上的振动。即基础是刚性的，没有弹性变形；而土只有弹性变形，无惯性作用，按上述假定，m、C、K 均为常值，公式(3-11-1) 就成为常系数线性微分方程。因此，我国和其他一些国家目前都采用不考虑地基惯性的温克尔-沃格特模型，它的优点是计算简便。我国和苏联国家标准《动力机器基础设计规范》中的地基刚度系数和地基刚度未考虑土的惯性影响，m 也不考虑土的惯性，则对基础固有频率的计算毫无影响，而对振幅的计算则偏于安全。

四、地基土的能量吸收

在振动波的传递过程中，由于地基土的非弹性阻抗作用及振动能量的扩散，振动强度随离振源距离（包括沿地面水平距离和沿竖向深度）的增加而衰减。

有一些动力机器基础，除了要测试地基土动力参数外，还要求实测振动波沿地面的衰减，求出地基土的能量吸收系数 α，这是为了厂区总图布置的需要，即要计算有振动的设备基础其振动对计算机房、中心试验室、居民区等振动的影响。还有一些压缩机车间，按工艺要求，必须在同一车间内布置低频压缩机和高频机器时，则应计算低频机器基础的振动对高频机器的影响。因此地基土能量吸收系数 α 值的取用是否符合实际非常重要。

五、地基土的振动模量

为了预估地基土和土工构筑物的动态反应，必须确定土的振动模量—动弹性模量 E_d 和动剪切模量 G_d，可通过现场波速测试、室内振动三轴或共振柱测试求得。影响振动模量的因素有：(1) 土的振动模量随着应变幅值的增加而减小；(2) 土的动剪切模量随着周围有效压力的增加而增大；(3) 土的动剪切模量随着加荷循环次数的增加而减小，但对黏性土，只略有增加；(4) 土的动剪切模量随着土的孔隙比的增加而减少，并随着土的重度和含水量的增加而增大；(5) 土的动剪切模量随着不均匀系数 C_u 和细粒土含量的增加而减少。

土的动弹性模量比变形模量大得多，这是由于动弹性模量为微应变、时间效应较短等原因造成的。

第二节 模型基础动力参数测试

一、概述

(一) 测试目的

天然地基和人工地基的动力特性可采用强迫振动或自由振动的方法测试，为机器基础和隔振设计提供下列动力参数：

1. 天然地基和其他人工地基应提供下列经试验基础换算至设计基础的动力参数：

（1）地基抗压、抗剪、抗弯和抗扭刚度系数 C_z、C_x、C_φ、C_ψ；

（2）地基竖向和水平回转向第一振型以及扭转向的阻尼比 ζ_z、$\zeta_{x\varphi}$、ζ_ψ；

（3）地基竖向和水平回转向以及扭转向的参振质量 m_z、$m_{x\varphi}$、m_ψ。

2. 对桩基应提供下列动力参数：

（1）单桩的抗压刚度 K_{pz}；

（2）桩基抗剪和抗扭刚度系数 C_{px}、$C_{p\psi}$；

（3）桩基竖向和水平回转向第一振型以及扭转向的阻尼比 ζ_{pz}、$\zeta_{px\varphi}$、$\zeta_{p\psi}$；

（4）桩基竖向和水平回转向以及扭转向的参振质量 m_{dz}、$m_{dx\varphi}$、$m_{d\psi}$。

由于采用不同的测试方法所得的动力参数不相同，因此应根据动力机器的性能采用不同的测试方法，如属于周期性振动的机器基础，应采用强迫振动测试，而属于冲击性振动的机器基础，则可采用自由振动测试。考虑到所有的机器基础都有一定的埋深，因此基础应分别做明置和埋置两种情况的振动测试。明置基础的测试目的是为了获得基础下地基的动力参数，埋置基础的测试目的是为了获得埋置后对动力参数的提高效果。

（二）测试前的准备工作

1. 收集资料

（1）施工现场资料应包括下列内容：

a. 建筑场地的岩土工程勘察资料；

b. 建筑场地的地下设施、地下管道、地下电缆等的平面图和纵剖面图；

c. 建筑场地及其邻近的干扰振源。

（2）基础设计资料应包括下列内容：

a. 机器的型号、转速、功率等；

b. 设计基础的位置和基底标高；

c. 当采用桩基时，桩的截面尺寸和桩的长度及间距。

2. 制定测试方案

根据收集资料和基础设计的要求，制定测试方案，测试方案应包括下列内容：

（1）测试目的及要求；采用块体基础还是桩基础、基础尺寸、数量。

（2）测试荷载、加载方法和加载设备；当采用机械式激振器时测试基础上应有预埋螺栓或预留螺栓孔的位置图：地脚螺栓的埋置深度应大于 400mm；地脚螺栓或预留孔在测试基础平面上的位置应符合下列要求：

a. 当做竖向振动测试时，激振设备的竖向扰力应与基础的重心在同一竖直线上；

b. 当做水平振动测试时，水平扰力矢量方向与基础沿长度方向的中心轴向一致；

c. 当做扭转振动测试时，激振设备施加的扭转力矩，应使基础产生绕重心竖轴的扭转振动。

（3）测试内容、具体方法和测点仪器布置图。

（4）数据处理方法。

3. 选定测试场地和制作模型基础

根据机器基础设计的需要，测试场地和模型基础应符合下列要求：

（1）测试场地应避开外界干扰振源，测点应避开水泥、沥青路面、地下管道和电缆等。

（2）测试基础应置于设计基础工程的邻近处，其土层结构宜与设计基础的土层结构相类似。

（3）块体基础的尺寸应采用 2.0m×1.5m×1.0m，其数量不宜少于 2 个；当根据工程需要，块体数量超过 2 个时，可改变超过部分的基础面积而保持高度不变，获得底面积变化对动力参数的影响，或改变超过部分基础高度而保持底面积不变，获得基底应力变化对动力参数的影响。基础尺寸应保证扰力中心与基础重心在一条垂线上，高度应保证地脚螺栓的锚固深度，又便于测试基础埋深对地基动力参数的影响。

（4）当为桩基础时，则应采用 2 根桩，桩间距应取设计桩基础的间距。桩台边缘至桩轴的距离可取桩间距的 1/2；桩台的长宽比应为 2∶1，其高度不宜小于 1.6m；当需做不同桩数的对比测试时，应增加桩数及相应桩台的面积。由于桩基的固有频率比较高，桩台的高度应该比天然地基的基础高度大，否则固有频率太高，共振峰很难测出来。2 根桩基础的测试资料计算的动力参数，在折算为单桩时，可将桩台划分为 1 根桩的单元体进行分析。

（5）基坑坑壁至测试基础侧面的距离应大于 500mm，以免在做基础的明置试验时，基础侧面四周的土压力影响基础底面土的动力参数。坑底应保持测试土层的原状结构，挖坑时不要将试验基础底面的原状土破坏，基底土是否遭到破坏，直接影响测试结果。坑底面应保持水平面。应使基础浇灌后保持基础重心、底面形心和竖向激振力位于同一垂线上。

（6）测试基础的混凝土强度等级不宜低于 C15。

（7）测试基础的制作尺寸应准确，其顶面应随捣随抹平。避免基础顶面做得粗糙和高低不平，以致激振器安装时，其底板与基础顶面接触不好，传感器也放不平稳，影响测试效果。在试验基础图纸上，注明基础顶面的混凝土应随捣随抹平。

（8）当采用机械式激振器时，预埋螺栓的位置必须准确，在现场做准备工作时，一定要注意基础上预埋螺栓或预留螺栓孔的位置。预埋螺栓的位置要严格按试验图纸上的要求，不能偏离，当螺栓偏离时，激振器的底板安装不进去。预埋螺栓的优点是与现浇基础一次做完，缺点是位置可能放不准，影响激振器的安装，因此在施工时，可采用定位模具以保证位置准确。

4. 测试仪器和设备的选用与要求

（1）仪器的选用和要求

根据测试要求，选用所需的传感器、放大器、采集分析仪，传感器宜采用竖直和水平方向的速度型传感器，其通频带应为 2～80Hz，阻尼系数应为 0.65～0.70，电压灵敏度不应小于 30V·s/m，最大可测位移不应小于 0.5mm。放大器应采用带低通滤波功能的多通道放大器，其振动线位移一致性偏差应小于 3%，相位一致性偏差应小于 0.1ms，折合输入端的噪声水平应低于 2μV，电压增益应大于 80dB。采集分析仪宜采用多通道数字采集和存储系统，其模/数转换器（A/D）位数不宜小于 16 位，幅度畸变宜小于 1.0dB，电压增益不宜小于 60dB。仪器应具有防尘、防潮性能，其工作温度应在－10℃～50℃范围内。数据分析装置应具有频谱分析及专用分析软件功能，并应具有抗混淆滤波、加窗及分段平滑等功能。

将所选用的仪器配套组成测振系统，并在标准振动台上进行系统灵敏度系数的标定，以确保测试结果的精度。

（2）激振设备的选用和要求

a. 强迫振动

常用于强迫振动测试的激振设备有机械式偏心块（变扰力）和电磁式（常扰力）激振器，电磁式激振器扰力较小，频率较高，偏心块激振器扰力较大，频率较低，因此应根据测试基础是块体还是桩基础以及基础的大小选用所需的激振设备。

b. 自由振动

自由振动测试时，竖向激振可采用铁球，其质量宜为基础质量的 1/100。

二、测试方法

（一）强迫振动

1. 测试前要安装好激振设备，当采用机械式偏心块激振设备时，必须将激振器与固定在基础上的地脚螺栓拧紧，在振动测试过程中，地脚螺栓上的螺帽很容易被振松，影响所测数据的准确性，为避免地脚螺栓在测试过程中被振松，在测试前，在地脚螺栓上放上弹簧垫圈，然后再用两个螺母将其拧紧，每测完一次，都必须检查一下螺母是否被振松，如在测试过程中有松动，则应将机器停下拧紧后重新测定，松动时测的资料作废。

安装电磁式激振器时，其竖向扰力作用点应与试验基础的重心在同一竖直线上，水平扰力作用点宜在基础水平轴线侧面的顶部。

2. 竖向振动测试时，应在基础顶面沿长度方向轴线的两端各放置一台传感器，并固定在基础上，当扰力与基础重心和底面形心在一竖直线上时，基础上各点的竖向振动线位移与相位均应一致，如果振动线位移稍有差异，则取两台传感器的平均值。激振设备及传感器的布置见图 3-11-2。

3. 水平回转振动测试时，激振设备的扰力的方向应调为水平向；在基础顶面沿长度方向轴线的两端各布置一台竖向传感器，在中间布置一台水平向传感器。布置竖向传感器的目的是为了测基础回转振动时产生的竖向振动线位移，以便计算基础的回转角，因此，两台传感器之间的距离 l_1 必须测量准确。激振设备及传感器的布置见图 3-11-3 和图 3-11-4。

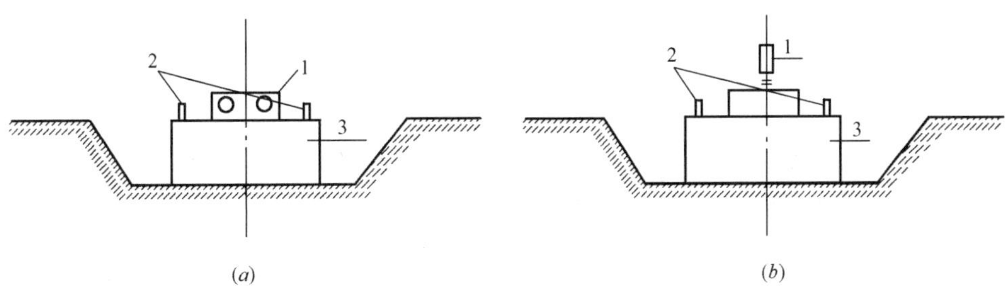

图 3-11-2　激振设备及传感器的布置图

（a）机械式激振设备；（b）电磁式激振设备

1—激振设备；2—传感器；3—测试基础

4. 扭转振动测试时，应在测试基础上施加一个扭转力矩，使基础产生绕竖轴的扭转振动。传感器应同相位对称布置在基础顶面沿水平轴线的两端，其水平振动方向应与轴线

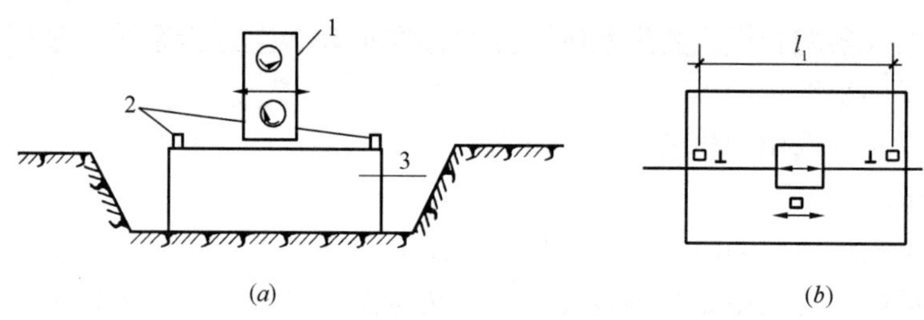

图 3-11-3 机械式激振器及传感器的布置图

（a）立面图；（b）平面图

1—机械式激振器；2—传感器；3—测试基础

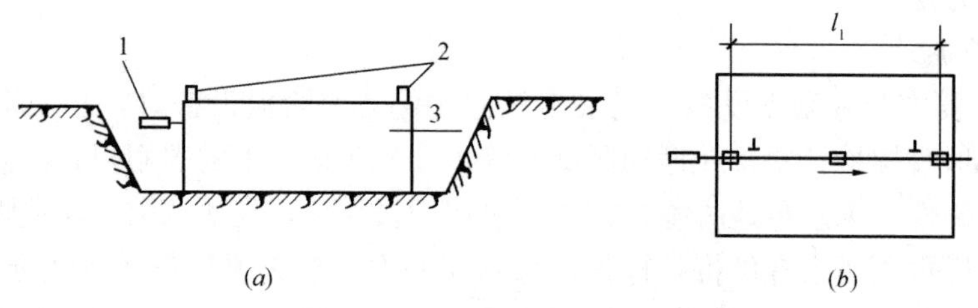

图 3-11-4 电磁式激振器及传感器的布置图

（a）立面图；（b）平面图

1—电磁式激振器；2—传感器；3—测试基础

垂直，见图 3-11-5。

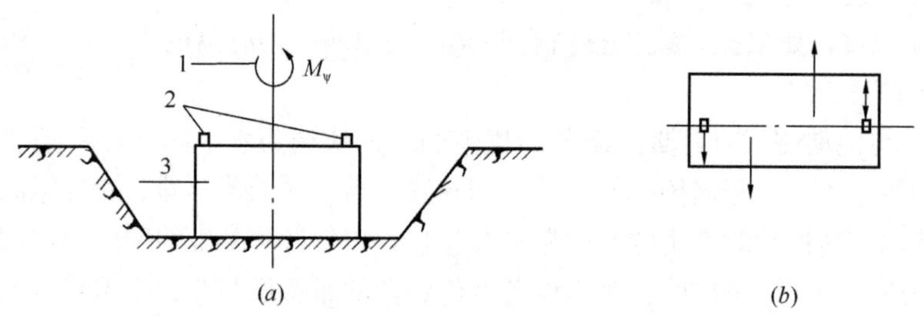

图 3-11-5 激振器及传感器的布置图

（a）立面图；（b）平面图

1—激振器；2—传感器；3—测试基础

由于缺乏产生扭转力矩 M_ψ 的激振设备，因此过去国内外都很少做过基础的扭转振动测试，设计时所应用的动力参数均与竖向测试的地基动力参数挂钩，而竖向与扭转向的关系也是通过理论计算所得。

5. 幅频响应测试时，激振设备的频率应由低到高逐渐增加，频率间隔，在共振区外，扫描速度可略放快一些，但不宜大于 2Hz，在共振区以内（即 $0.75f_m \leqslant f \leqslant 1.25f_m$，$f_m$ 为共振频率），应放慢扫描速度，频率应尽可能测密一些，最好是 0.5Hz 左右。由于共振峰点很难测得，激振频率在峰点很易滑过去，不一定能稳住在峰点，因此只有尽量测密一些，才易找到峰点，减少人为的误差。扰力值的控制，宜使共振时的振动线位移不大于

150μm，当振动线位移较大时，峰点难以测得，另外基础振动的非线性性能，均影响地基土的动力参数，对于周期性振动的机器基础，当 $f \geqslant 7$Hz 时，其振动线位移都不会大于150μm，这样，可使测试值与机器基础设计值相一致。

6. 输出的振动波形为正弦波时方可进行记录。

（二）自由振动

自由振动测试时，用冲击力进行激振是最方便的一种激振方法。所需要的激振设备最简单。冲击激振的时间很短，可以多次重复进行。适用于锻锤、造型机、冲床、压力机等设备基础动力性能试验。可按下列方法进行测试：

1. 竖向自由振动的测试，可采用重锤自由下落，冲击测试基础顶面的中心处，实测基础的固有频率和最大振动线位移。测试次数不应少于 3 次，测试时应注意检查波形是否正常。

2. 水平回转自由振动的测试，可采用重锤敲击测试基础水平轴线侧面的顶部，实测基础的固有频率和最大振动线位移。测试次数不应少于 3 次。水平冲击顶端，比较易于产生回转振动。敲击时，可以沿长轴线也可沿短轴线敲击，可对比两者的参数相差多少，但提供设计用的参数，应与设计基础水平扰力的方向一致。

3. 传感器的布置，应与强迫振动测试时的布置相同。

三、数据处理

由于块体基础和桩基础的数据处理方法相同，因此本节的计算方法均适用于块体基础和桩基础，仅是有区别之处才分别列出。为了简化参数的符号，下述所有计算公式中对变扰力和常扰力均采用相同符号，计算时，只需将各自测试的幅频响应共振曲线选取的值代入各自的计算公式中进行计算。

（一）强迫振动

数据处理时，应作富氏谱或功率谱。各通道采样点数宜取 1024 的整数倍，采样频率应符合采样定理，分段平滑段数不宜小于 40，并宜加窗函数处理。处理结果，应得到下列幅频响应曲线：

（1）竖向振动为基础竖向振动线位移随频率变化的幅频响应曲线（d_z-f 曲线）；

（2）水平回转耦合振动为基础顶面测试点沿 X 轴的水平振动线位移随频率变化的幅频响应曲线（$d_{x\varphi}$-f 曲线），及基础顶面测试点由回转振动产生的竖向振动线位移随频率变化的幅频响应曲线（$d_{z\varphi}$-f 曲线）；

（3）扭转振动为基础顶面测试点在扭转扰力矩作用下的水平振动线位移随频率变化的幅频响应曲线（$d_{x\psi}$-f 曲线）。

1. 基础竖向动力参数计算

（1）地基竖向阻尼比，应在 d_z-f 幅频响应曲线上，选取共振峰峰点和 0.85f_m以下不少于 3 点的频率和振动线位移（图 3-11-6、图 3-11-7），按下列公式计算：

$$\zeta_z = \frac{\sum_{i=1}^{n} \zeta_{zi}}{n} \tag{3-11-2}$$

$$\zeta_{zi} = \left[\frac{1}{2}\left(1-\sqrt{\frac{\beta_i^2-1}{\alpha_i^4-2\alpha_i^2+\beta_i^2}}\right)\right]^{\frac{1}{2}} \tag{3-11-3}$$

$$\beta_i = \frac{d_m}{d_i} \tag{3-11-4}$$

当为变扰力时：

$$\alpha_i = \frac{f_m}{f_i} \tag{3-11-5}$$

当为常扰力时：

$$\alpha_i = \frac{f_i}{f_m} \tag{3-11-6}$$

式中 ζ_z——地基竖向阻尼比；

ζ_{zi}——由第 i 点计算的地基竖向阻尼比；

f_m——基础竖向振动的共振频率（Hz）；

d_m——基础竖向振动的共振振动线位移（m）；

f_i——在幅频响应曲线上选取的第 i 点的频率（Hz）；

d_i——在幅频响应曲线上选取的第 i 点的频率所对应的振动线位移（m）。

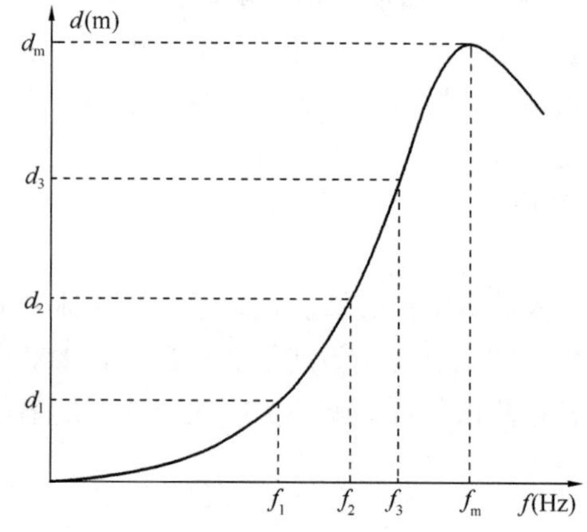

图 3-11-6 变扰力的幅频响应曲线

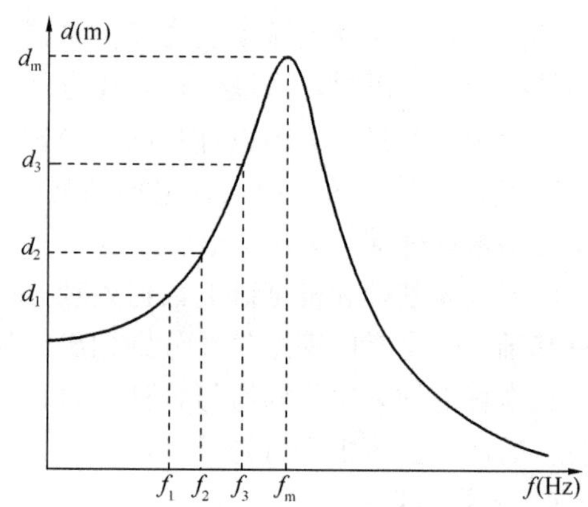

图 3-11-7 常扰力的幅频响应曲线

由 d_z-f 幅频响应曲线计算的地基竖向动力参数，其计算值与选取的点有关，在曲线上选不同的点，计算所得的参数不同。为了统一，除选取共振峰点外，尚应在曲线上选取三点，计算平均阻尼比及相应的抗压刚度和参振总质量，这样计算的结果，差别不会太大，这种计算方法，必须要把共振峰峰点测准；$0.85f_m$ 以上的点不取，是因为这种计算方法对试验数据的精度要求较高，略有误差，就会使计算结果产生较大差异；另外，低频段的频率也不宜取得太低，频率太低时，振动线位移很小，受干扰波的影响，测量的误差较大，使计算的误差加大。在实测的共振曲线上，有时会出现小"鼓包"，不能取用"鼓包"上的数据，否则会使计算结果产生较大的误差，因此要根据不同的实测曲线，合理地采集数据。根据过去大量测试资料数据处理的经验，应按下列原则采集数据：

a. 对出现"鼓包"的共振曲线，"鼓包"上的数据不取；

b. $0.85f_m \leqslant f \leqslant f_m$ 区段内的数据不取；

c. 低频段的频率选择，不宜取得太低，应取波形好的、测量误差小的频率段进行，一般在 $0.5f_m \sim 0.85f_m$ 间取值，较为适宜。

（2）基础竖向振动的参振总质量，应按下列公式计算：

当为变扰力时：

$$m_z = \frac{m_0 e_0}{d_m} \frac{1}{2\zeta_z\sqrt{1-\zeta_z^2}} \tag{3-11-7}$$

当为常扰力时：

$$m_z = \frac{P}{d_m (2\pi f_{nz})^2} \frac{1}{2\zeta_z\sqrt{1-\zeta_z^2}} \tag{3-11-8}$$

$$f_{nz} = \frac{f_m}{\sqrt{1-2\zeta_z^2}} \tag{3-11-9}$$

式中　m_z——基础竖向振动的参振总质量（t），包括基础、激振设备和地基参加振动的当量质量，当 m_z 大于基础质量的 2 倍时，应取 m_z 等于基础质量的 2 倍（桩基除外）；

m_0——激振设备旋转部分的质量（t）；

e_0——激振设备旋转部分质量的偏心距（m）；

P——电磁式激振设备的扰力（kN）；

f_{nz}——基础竖向无阻尼固有频率（Hz）。

（3）地基的抗压刚度和抗压刚度系数、单桩抗压刚度和桩基抗弯刚度，应按下列公式计算：

当为变扰力时：

$$K_z = m_z (2\pi f_{nz})^2 \tag{3-11-10}$$

$$C_z = \frac{K_z}{A_0} \tag{3-11-11}$$

$$K_{Pz} = \frac{K_z}{n_p} \tag{3-11-12}$$

$$K_{P\varphi} = K_{Pz}\sum_{i=1}^{n} r_i^2 \tag{3-11-13}$$

$$f_{nz} = f_m\sqrt{1-2\zeta_z^2} \tag{3-11-14}$$

式中　K_z——地基（或桩基）抗压刚度（kN/m）；

C_z——地基抗压刚度系数（kN/m³）；

K_{Pz}——单桩抗压刚度（kN/m）；

$K_{P\varphi}$——桩基抗弯刚度（kN·m）；

r_i——第 i 根桩的轴线至基础底面形心回转轴的距离（m）；

A_0——模型基础底面积（m²）；

n_p——桩数。

当为常扰力时，地基抗压刚度系数、单桩抗压刚度和桩基抗弯刚度应按公式（3-11-11）～（3-11-13）计算；地基（或桩基）抗压刚度，可按下式计算。

$$K_z = \frac{P}{d_m} \frac{1}{2\zeta_z\sqrt{1-\zeta_z^2}} \tag{3-11-15}$$

（4）有的试验基础，如桩基，因固有频率高，而机械式激振器的扰频低于试验基础的固有频率而无法测出共振峰值时，可采用低频区段求刚度的方法计算，但这种计算方法必

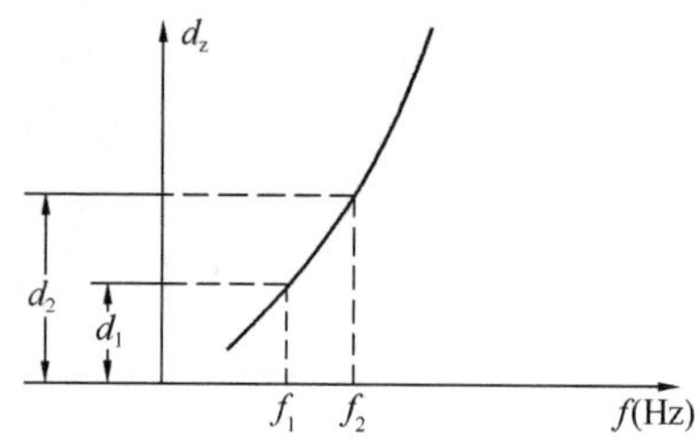

图 3-11-8　共振峰未测得的 d_z-f 曲线

须要测出扰力与位移之间的相位角（图 3-11-8），并按下列公式计算：

$$m_z = \frac{\frac{P_1}{d_1}\cos\varphi_1 - \frac{P_2}{d_2}\cos\varphi_2}{\omega_2^2 - \omega_1^2} \tag{3-11-16}$$

$$\zeta_1 = \frac{\tan\varphi_1\left(1-\frac{\omega_1}{\omega_z}\right)}{2\frac{\omega_1}{\omega_z}} \tag{3-11-17}$$

$$\zeta_2 = \frac{\tan\varphi_2\left(1-\frac{\omega_2}{\omega_z}\right)}{2\frac{\omega_2}{\omega_z}} \tag{3-11-18}$$

$$w_z = \sqrt{\frac{K_z}{m_z}} \tag{3-11-19}$$

$$\zeta_z = \frac{\zeta_1 + \zeta_2}{2} \tag{3-11-20}$$

$$K_z = \frac{P_1}{d_1}\cos\varphi_1 + m_z\omega_1^2 \tag{3-11-21}$$

式中　P_1——激振频率为 f_1 时的扰力（N）；

P_2——激振频率为 f_2 时的扰力（N）；

d_1——激振频率为 f_1 时的振动线位移（μm）；

d_2——激振频率为 f_2 时的振动线位移（μm）；

φ_1——激振频率为 f_1时扰力与位移之间的相位角，由测试确定；

φ_2——激振频率为 f_2时的扰力与位移之间的相位角，由测试确定。

如无法测得扰力与位移之间的相位角时，可取：

$$K_z = \frac{P}{d} + m_f\omega^2 \tag{3-11-22}$$

式中　P、d——低频点的扰力和振动线位移；

ω——低频点的扰力圆频率，$\omega=2\pi f$；

m_f——基础的质量（t）。

式（3-11-22）对地基抗压刚度的计算影响不大，因在低频时相位角很小，可近似地取 $\cos\varphi_1\approx1$，m_f 仅为基础的质量，不包括土的参振质量。但计算阻尼比和土的参振质量时，必须测得扰力和位移之间的相位角。

2. 基础水平回转向动力参数计算

（1）地基水平回转向第一振型阻尼比，应在幅频响应曲线上选取基础水平回转耦合振动第一振型共振频率和频率为 0.707 基础水平回转耦合振动第一振型共振频率所对应的水平振动线位移（图 3-11-9、图 3-11-10），并应按下列公式计算：

当为变扰力时：

$$\zeta_{x\varphi_1} = \left\{\frac{1}{2}\left[1-\sqrt{1-\left(\frac{d}{d_{m1}}\right)^2}\right]\right\}^{\frac{1}{2}} \tag{3-11-23}$$

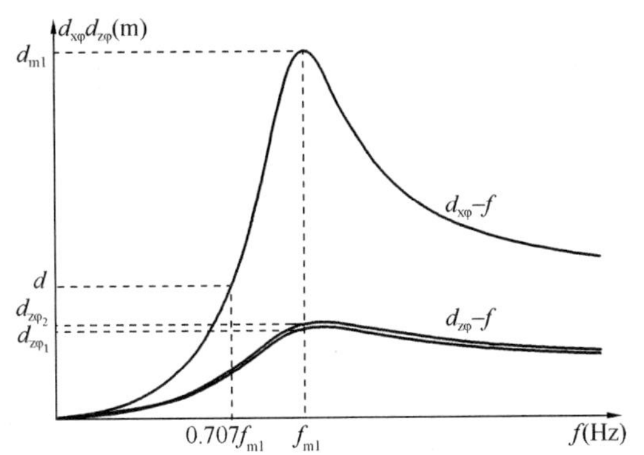

图 3-11-9　变扰力的幅频响应曲线

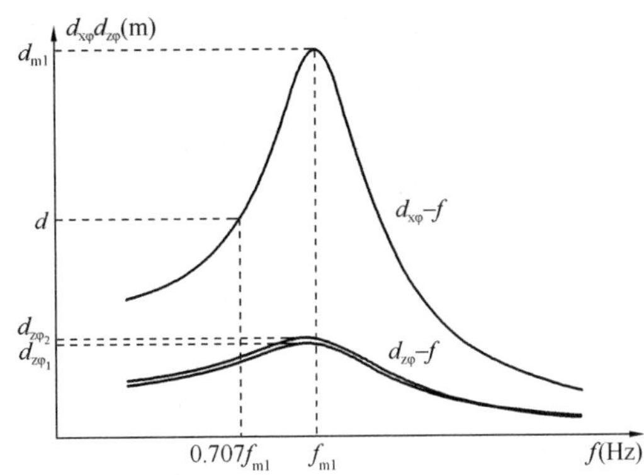

图 3-11-10　常扰力的幅频响应曲线

当为常扰力时：

$$\zeta_{x\varphi_1}=\left\{\frac{1}{2}\left[1-\sqrt{1+\frac{1}{3-4\left(\frac{d_{m1}}{d}\right)^2}}\right]\right\}^{\frac{1}{2}} \tag{3-11-24}$$

式中　$\zeta_{x\varphi_1}$——地基水平回转向第一振型阻尼比；

d_{m1}——基础水平回转耦合振动第一振型共振峰点水平振动线位移（m）；

d——频率为 0.707 基础水平回转耦合振动第一振型共振频率所对应的水平线位移（m）。

（2）基础水平回转耦合振动的参振总质量，应按下列公式计算：

当为变扰力时：

$$m_{x\varphi}=\frac{m_0e_0(\rho_1+h_3)(\rho_1+h_1)}{d_{m1}}\frac{1}{2\zeta_{x\varphi_1}\sqrt{1-\zeta_{x\varphi_1}^2}}\frac{1}{i^2+\rho_1^2} \tag{3-11-25}$$

$$\rho_1=\frac{d_x}{\varphi_{m1}} \tag{3-11-26}$$

$$\varphi_{m1}=\frac{|d_{z\varphi_1}|+|d_{z\varphi_2}|}{l_1} \tag{3-11-27}$$

$$d_x=d_{m1}-h_2\varphi_{m1} \tag{3-11-28}$$

$$i=\left[\frac{1}{12}(l^2+h^2)\right]^{\frac{1}{2}} \tag{3-11-29}$$

当为常扰力时：

$$m_{x\varphi}=\frac{p(\rho_1+h_3)(\rho_1+h_1)}{d_{m1}\ (2\pi f_{n1})^2}\frac{1}{2\zeta_{x\varphi_1}\sqrt{1-\zeta_{x\varphi_1}^2}}\frac{1}{i^2+\rho_1^2} \tag{3-11-30}$$

$$f_{n1}=\frac{f_{m1}}{\sqrt{1-2\zeta_{x\varphi_1}^2}} \tag{3-11-31}$$

式中　$m_{x\varphi}$——基础水平回转耦合振动的参振总质量（t），包括基础、激振设备和地基参加振动的当量质量当 $m_{x\varphi}$ 大于基础质量的 1.4 倍时，应取 $m_{x\varphi}$ 等于基础质量的 1.4 倍；

ρ_1——基础第一振型转动中心至基础重心的距离（m）；

d_x——基础重心处的水平振动线位移（m）；

φ_{m1}——基础第一振型共振峰点的回转角位移（rad）；

l_1——两台竖向传感器的间距（m）；

l——基础长度（m）；

h——基础高度（m）；

h_1——基础重心至基础顶面的距离（m）；

h_2——基础重心至基础底面的距离（m）；

h_3——基础重心至激振器水平扰力的距离（m）；

f_{m1}——基础水平回转耦合振动第一振型共振频率（Hz）；

f_{n1}——基础水平回转耦合振动第一振型无阻尼固有频率（Hz）；

$d_{z\varphi_1}$——第 1 台传感器测试的基础水平回转耦合振动第一振型共振峰点竖向振动线位移（m）；

$d_{z\varphi_2}$——第 2 台传感器测试的基础水平回转耦合振动第一振型共振峰点竖向振动线位移（m）；

i——基础回转半径（m）。

（3）地基抗剪刚度、地基抗剪刚度系数，应按下列公式计算：

当为变扰力时：

$$K_x = m_{x\varphi}(2\pi f_{nx})^2 \tag{3-11-32}$$

$$C_x = \frac{K_x}{A_0} \tag{3-11-33}$$

$$f_{nx} = \frac{f_{n1}}{\sqrt{1-\frac{h_2}{\rho_1}}} \tag{3-11-34}$$

$$f_{n1} = f_{m1}\sqrt{1-2\zeta_{x\varphi_1}^2} \tag{3-11-35}$$

式中 K_x——地基抗剪刚度（kN/m）；

C_x——地基抗剪刚度系数（kN/m³）；

f_{nx}——基础水平向无阻尼固有频率（Hz）。

当为常扰力时，地基抗剪刚度、地基抗剪刚度系数应按式（3-11-32）～式（3-11-34）计算，基础水平回转耦合振动第一振型无阻尼固有频率应按公式（3-11-31）计算。

（4）地基抗弯刚度和地基抗弯刚度系数，应按下列公式计算：

当为变扰力时：

$$K_\varphi = J(2\pi f_{n\varphi})^2 - K_x h_2^2 \tag{3-11-36}$$

$$C_\varphi = \frac{K_\varphi}{I} \tag{3-11-37}$$

$$f_{n\varphi} = \sqrt{\rho_1 \frac{h_2}{i^2} f_{nx}^2 + f_{n1}^2} \tag{3-11-38}$$

式中 K_φ——地基抗弯刚度（kN·m）；

C_φ——地基抗弯刚度系数（kN/m³）；

$f_{n\varphi}$——基础回转无阻尼固有频率（Hz）；

J——基础对通过其重心轴的转动惯量（$t \cdot m^2$）；

I——基础底面对通过其形心轴的惯性矩（m^4）。

当为常扰力时，地基抗弯刚度和地基抗弯刚度系数应按式（3-11-36）～式（3-11-38）计算，基础水平回转耦合振动第一振型无阻尼固有频率应按公式（3-11-31）计算。

3. 地基扭转向动力参数的计算

（1）地基扭转向阻尼比，应在扭转力矩作用下的水平振动线位移随频率变化的幅频响应曲线上选取基础扭转振动的共振频率和频率为 0.707 基础扭转振动的共振频率所对应的水平振动线位移，并应按下列公式计算：

当为变扰力时：

$$\zeta_{\psi} = \left\{\frac{1}{2}\left[1 - \sqrt{1 - \left(\frac{d_{x\psi}}{d_{m\psi}}\right)}\right]\right\}^{\frac{1}{2}} \tag{3-11-39}$$

当为常扰力时：

$$\zeta_{\psi} = \left\{\frac{1}{2}\left[1 - \sqrt{1 + \frac{1}{3 - 4\left(\frac{d_{m\psi}}{d_{x\psi}}\right)^2}}\right]\right\}^{\frac{1}{2}} \tag{3-11-40}$$

式中　ζ_{ψ}——地基扭转向阻尼比；

$d_{m\psi}$——基础扭转振动共振峰点水平振动线位移（m）；

$d_{x\psi}$——频率为 0.707 基础扭转振动的共振频率所对应的水平振动线位移（m）。

（2）基础扭转振动的参振总质量，应按下列公式计算：

当为变扰力时：

$$m_{\psi} = \frac{12J_z}{l^2 + b^2} \tag{3-11-41}$$

$$J_z = \frac{m_0 e_0 e_e l_{\psi}}{d_{m\psi}} \cdot \frac{1}{2\zeta_{\psi}\sqrt{1 - \zeta_{\psi}^2}} \tag{3-11-42}$$

$$f_{n\psi} = f_{m\psi}\sqrt{1 - 2\zeta_{\psi}^2} \tag{3-11-43}$$

$$\omega_{n\psi} = 2\pi f_{n\psi} \tag{3-11-44}$$

当为常扰力时：

$$f_{n\psi} = \frac{f_{m\psi}}{\sqrt{1 - 2\zeta_{\psi}^2}} \tag{3-11-45}$$

$$J_z = \frac{M_{\psi} l_{\psi}}{d_{m\psi}\omega_{m\psi}^2} \cdot \frac{1 - 2\zeta_{\psi}^2}{2\zeta_{\psi}\sqrt{1 - \zeta_{\psi}^2}} \tag{3-11-46}$$

式中　m_{ψ}——基础扭转振动的参振总质量（t）；

J_z——基础对通过其重心轴的极转动惯量（$t \cdot m^2$）；

$f_{m\psi}$——基础扭转振动的共振频率（Hz）；

$f_{n\psi}$——基础扭转振动无阻尼固有频率（Hz）；

$\omega_{m\psi}$——基础扭转振动固有圆频率（rad/s）；

M_{ψ}——激振设备的扭转力矩（$kN \cdot m$）；

e_e——激振设备的水平扭转力矩力臂（m）；

l_{ψ}——扭转轴至实测线位移点的距离（m）。

(3) 地基抗扭刚度和地基抗扭刚度系数，应按下列公式计算：

$$K_{\psi}=J_{z}\omega_{n\psi}^{2} \tag{3-11-47}$$

$$C_{\psi}=\frac{K_{\psi}}{I_{z}} \tag{3-11-48}$$

式中　K_{ψ}——地基抗扭刚度（kN·m）；

C_{ψ}——地基抗扭刚度系数（kN/m³）；

I_{z}——基础底面对通过其形心轴的极惯性矩（m⁴）。

（二）自由振动

1. 地基竖向动力参数的计算

当用球击法使模型基础产生竖向自由振动时（图 3-11-11），用传感器测得基础的有阻尼固有频率、各周的振动线位移和球击后的回弹时间 t_0（图 3-11-12），球下落速度 v，回弹系数 e_1，运用这些资料，即可计算地基竖向动力参数。

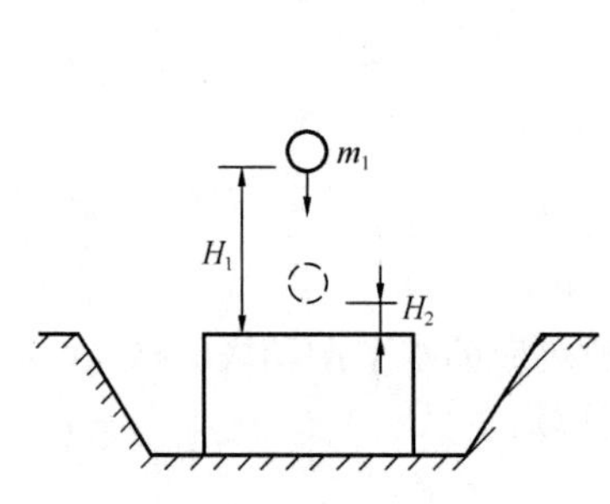

图 3-11-11　竖向自由振动

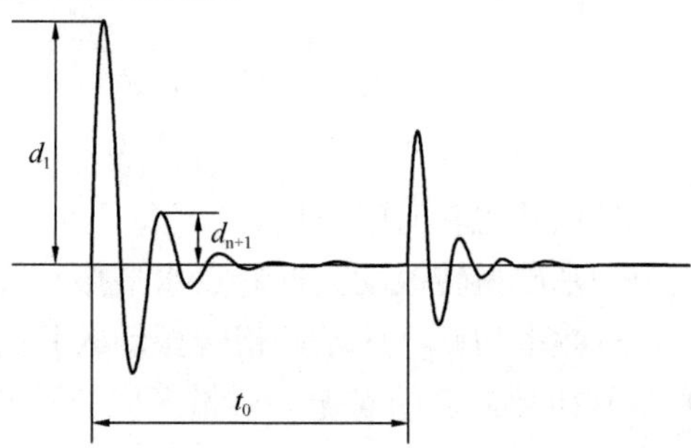

图 3-11-12　竖向自由振动波形

(1) 地基竖向阻尼比，应按下式计算：

$$\zeta_{z}=\frac{1}{2\pi n_{f}}\ln\frac{d_{f1}}{d_{n+1}} \tag{3-11-49}$$

式中　d_{f1}——第 1 周的振动线位移（m）；

d_{n+1}——第 $n+1$ 周的振动线位移（m）；

n_{f}——自由振动周期数。

(2) 基础竖向振动的参振总质量，应按下列公式计算：

$$m_{z}=\frac{(1+e_{1})m_{1}v}{d_{max}2\pi f_{nz}}e^{-\varphi} \tag{3-11-50}$$

$$\varphi=\frac{\arctan\dfrac{\sqrt{1-\zeta_{z}^{2}}}{\zeta_{z}}}{\dfrac{\sqrt{1-\zeta_{z}^{2}}}{\zeta_{z}}} \tag{3-11-51}$$

$$f_{nz}=\frac{f_{d}}{\sqrt{1-\zeta_{z}^{2}}} \tag{3-11-52}$$

$$v=\sqrt{2gH_{1}} \tag{3-11-53}$$

$$e=\sqrt{\frac{H_2}{H_1}} \tag{3-11-54}$$

$$H_2=\frac{1}{2}g\left(\frac{t_0}{2}\right)^2 \tag{3-11-55}$$

式中　$d_{\max}$——基础最大振动线位移（m）；

f_d——基础有阻尼固有频率（Hz）；

v——铁球自由下落时的速度（m/s）；

H_1——铁球下落高度（m）；

H_2——铁球回弹高度（m）；

e_1——回弹系数，根据实测振动波形图计算；

m_1——铁球的质量（t）；

t_0——两次冲击的时间间隔（s）；

m_z——基础竖向振动的参振总质量（t），包括基础和地基参加振动的当量质量，当 m_z 大于基础质量的 2 倍时，应取 m_z 等于基础质量的 2 倍。

（3）地基抗压刚度、抗压刚度系数、单桩抗压刚度和桩基抗弯刚度的计算按基础竖向常扰力强迫振动的规定进行计算。

2. 地基水平回转向动力参数的计算

用木锤或其他重物撞击测试基础水平轴线侧面的顶部，使其产生水平回转耦合振动。

（1）地基水平回转向第一振型阻尼比，应按下式计算：

$$\zeta_{x\varphi_1}=\frac{1}{2\pi n_f}\ln\frac{d_{x\varphi_1}}{d_{x\varphi_{n+1}}} \tag{3-11-56}$$

式中　$d_{x\varphi1}$——第 1 周的水平振动线位移（m）；

$d_{x\varphi n+1}$——第 $n+1$ 周的水平振动线位移（m）。

（2）地基的抗剪刚度和抗弯刚度，应按下列公式计算（图 3-11-13、图 3-11-14）：

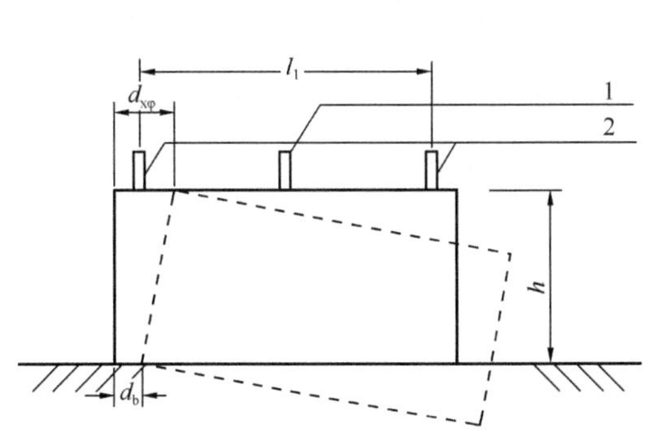

图 3-11-13　水平回转耦合振动

1—水平向传感器；2—竖向传感器

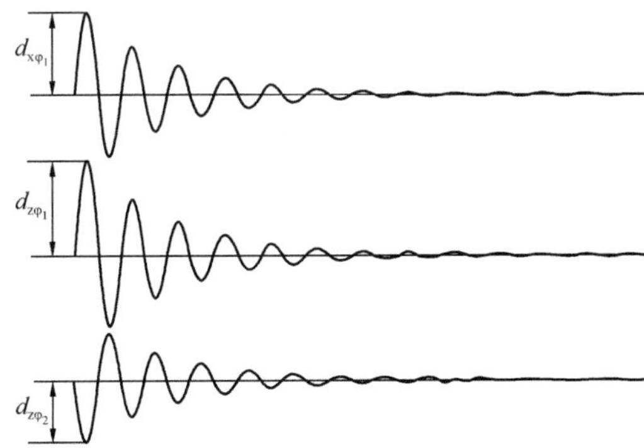

图 3-11-14　水平回转耦合振动波形

$$K_x=m_f\omega_{n1}^2\left[1+\frac{h_2}{h}\left(\frac{d_{x\varphi}}{d_b}-1\right)\right] \tag{3-11-57}$$

$$K_{\varphi}=J_{c}\omega_{n1}^{2}\left(1+\frac{h_{2}h}{i^{2}}\frac{1}{\frac{d_{x\varphi}}{d_{b}}-1}\right) \tag{3-11-58}$$

$$J_{c}=J+m_{f}h_{2}^{2} \tag{3-11-59}$$

$$i=\sqrt{\frac{J_{c}}{m_{f}}} \tag{3-11-60}$$

$$\omega_{n1}=2\pi f_{n1} \tag{3-11-61}$$

$$f_{n1}=\frac{f_{d1}}{\sqrt{1-\zeta_{x\varphi1}^{2}}} \tag{3-11-62}$$

$$d_{b}=d_{x\varphi}-\frac{|d_{z\varphi_{1}}|+|d_{z\varphi_{2}}|}{l_{1}}\cdot h \tag{3-11-63}$$

式中　m_f——基础的质量（t）；

J_c——基础对通过其底面形心轴的转动惯量（t·m^2）；

$d_{x\varphi}$——基础顶面的水平振动线位移（m）；

d_b——基础底面的水平振动线位移（m）；

f_{d1}——基础水平回转耦合振动第一振型有阻尼固有频率（Hz）；

$d_{z\varphi1}$、$d_{z\varphi2}$——分别为1、2号传感器测试的由于基础水平回转耦合振动第一振型共振峰点竖向振动线位移（m）。

四、地基动力参数的换算

测试资料经数据处理后，即可计算出各向地基动力参数，但这些参数还不能直接用于动力机器基础设计，必须经过换算后才能用于设计。因现场模型基础测试计算的地基动力参数（包括刚度系数、阻尼比和参振质量）只能代表试验基础的测试值，而且测试的地基动力参数受许多因数的影响因此测试值与机器基础的设计值是不相同的，必须经过一系列的换算，将模型基础的测试参数换算至设计基础的参数后，才能运用于机器基础的设计，经过换算后的动力参数就比较符合设计机器基础的实际值。

1. 模型基础底面积和压力的换算

由明置块体基础测试的地基抗压、抗剪、抗弯、抗扭刚度系数以及由明置桩基础测试的抗剪、抗扭刚度系数，用于机器基础的振动和隔振设计时，其底面积和压力的换算系数应按下式计算：

$$\eta=\sqrt[3]{\frac{A_{0}}{A_{d}}}\cdot\sqrt[3]{\frac{P_{d}}{P_{0}}} \tag{3-11-64}$$

式中　η——与基础底面积及底面静压力有关的换算系数；

A_0——测试基础的底面积（m^2）；

A_d——设计基础的底面积（m^2），当 $A_d>20\text{m}^2$ 时，应取 $A_d=20\text{m}^2$；

P_0——测试基础底面的静压力（kPa）；

P_d——设计基础底面的静压力（kPa）；当 $P_d>50\text{kPa}$ 时，应取 $P_d=50\text{kPa}$。

2. 模型基础埋深比对地基刚度系数影响的换算

模型基础埋深作用对设计埋置基础地基的抗压、抗弯、抗剪、抗扭刚度的提高系数，应按下列公式计算：

$$\alpha_z = \left[1+\left(\sqrt{\frac{K'_{z0}}{K_{z_0}}}-1\right)\frac{\delta_d}{\delta_0}\right]^2 \tag{3-11-65}$$

$$\alpha_x = \left[1+\left(\sqrt{\frac{K'_{x0}}{K_{x0}}}-1\right)\frac{\delta_d}{\delta_0}\right]^2 \tag{3-11-66}$$

$$\alpha_\varphi = \left[1+\left(\sqrt{\frac{K'_{\varphi0}}{K_{\varphi0}}}-1\right)\frac{\delta_d}{\delta_0}\right]^2 \tag{3-11-67}$$

$$\alpha_\psi = \left[1+\left(\sqrt{\frac{K'_{\psi0}}{K_{\psi0}}}-1\right)\frac{\delta_d}{\delta_0}\right]^2 \tag{3-11-68}$$

$$\delta_0 = \frac{h_t}{\sqrt{A_0}} \tag{3-11-69}$$

$$\delta_d = \frac{h_d}{\sqrt{A_d}} \tag{3-11-70}$$

式中　α_z——基础埋深对地基抗压刚度的提高系数；

α_x——基础埋深对地基抗剪刚度的提高系数；

α_φ——基础埋深对地基抗弯刚度的提高系数；

α_ψ——基础埋深对地基抗扭刚度的提高系数；

K_{z0}——明置模型基础的地基抗压刚度（kN/m）；

K_{x0}——明置模型基础的地基抗剪刚度（kN/m）；

$K_{\varphi0}$——明置模型基础的地基抗弯刚度（kN·m）；

$K_{\psi0}$——明置模型基础的地基抗扭刚度（kN·m）；

K'_{z0}——埋置明置模型基础的地基抗压刚度（kN/m）；

K'_{x0}——埋置明置模型基础的地基抗剪刚度（kN/m）；

$K'_{\varphi0}$——埋置明置模型基础的地基抗弯刚度（kN·m）；

$K'_{\psi0}$——埋置明置模型基础的地基抗扭刚度（kN·m）；

δ_0——模型基础的埋深比；

δ_d——设计基础的埋深比；

h_t——模型基础的埋置深度（m）；

h_d——设计基础埋置深度（m）。

3. 模型基础质量比对地基阻尼比影响的换算

基础下地基的阻尼比随基底面积的增大而增加，并随基底下静压力的增大而减小，因此，由明置块体基础或桩基础测试的地基竖向、水平回转向第一振型和扭转向阻尼比，用于动力机器基础设计时，应将模型基础的质量比换算为设计基础的质量比，按下列公式计算：

$$\zeta_z^c = \zeta_{z0}\xi \tag{3-11-71}$$

$$\zeta_{x\varphi_1}^c = \zeta_{x\varphi_1 0}\xi \tag{3-11-72}$$

$$\zeta_{\psi}^{c}=\zeta_{\psi 0}\xi \tag{3-11-73}$$

$$\xi=\frac{\sqrt{m_{r}}}{\sqrt{m_{d}}} \tag{3-11-74}$$

$$m_{r}=\frac{m_{0}}{\rho A_{0}\sqrt{A_{0}}} \tag{3-11-75}$$

式中　ζ_{z0}——明置模型基础的地基竖向阻尼比；

$\zeta_{x\varphi_1 0}$——明置模型基础的地基水平回转向第一振型阻尼比；

$\zeta_{\psi 0}$——明置模型基础的地基扭转向阻尼比；

ζ_{z}^{c}——明置设计基础的地基竖向阻尼比；

$\zeta_{x\varphi 1}^{c}$——明置设计基础的地基水平回转向第一振型阻尼比；

ζ_{ψ}^{c}——明置设计基础的地基扭转向阻尼比；

ξ——与基础的质量比有关的换算系数；

m_{0}——模型基础的质量（t）；

m_{r}——模型基础的质量比；

m_{d}——设计基础的质量比。

4. 模型基础埋深比对地基阻尼比影响的换算

模型基础埋深作用对设计埋置基础地基的竖向、水平回转向第一振型和扭转向阻尼比的提高系数，应按下列公式计算：

$$\beta_{z}=1+\left(\frac{\zeta'_{z0}}{\zeta_{z0}}-1\right)\frac{\delta_{d}}{\delta_{0}} \tag{3-11-76}$$

$$\beta_{x\varphi_1}=1+\left(\frac{\zeta'_{x\varphi_1 0}}{\zeta_{x\varphi_1 0}}-1\right)\frac{\delta_{d}}{\delta_{0}} \tag{3-11-77}$$

$$\beta_{\psi}=1+\left(\frac{\zeta'_{\psi_0}}{\zeta_{\psi_0}}-1\right)\frac{\delta_{d}}{\delta_{0}} \tag{3-11-78}$$

式中　β_{z}——基础埋深对竖向阻尼比的提高系数；

$\beta_{x\varphi 1}$——基础埋深对水平回转向第一振型阻尼比的提高系数；

β_{ψ}——基础埋深对扭转向阻尼比的提高系数；

ζ'_{z0}——埋置模型基础的地基竖向阻尼比；

$\zeta'_{x\varphi_1 0}$——埋置模型基础的地基水平回转向第一振型阻尼比；

$\zeta'_{\psi 0}$——埋置模型基础的地基扭转向阻尼比。

5. 模型基础底面积对地基土参振质量影响的换算

基础振动时地基土参振质量值，与基础底面积的大小有关，因此，由明置模型基础测试的竖向、水平回转向和扭转向的地基参加振动的当量质量，当用于计算机器基础的固有频率时，应分别乘以设计基础底面积与测试基础底面积的比值。

6. 模型基础桩数对桩基抗压刚度影响的换算

由于桩基的刚度 K_{zh} 与试验时的桩数有关，测试时的桩数多，得单桩抗压刚度小于 2 根桩测试的单桩抗压刚度，这是由于群桩反力相互影响的原因，因此，在由 2 根或 4 根桩的桩基础测试的单桩抗压刚度，当用于桩数超过 10 根桩的桩基础设计时，应分别乘以群桩效应系数 0.75 或 0.9。

第三节　振动衰减测试

由动力机器、交通车辆、打桩等工作时产生的振动，经地基土向周围传播出去，随着与振源距离的增大，振动波的能量逐渐减小。振动波在地基中传播时能量的减小与地基土介质的阻尼消耗和半球面几何扩散有关。衡量振动波传播在地基土中传播衰减快慢常用地基能量吸收系数 α 来表示，α 值大即衰减快，α 值小即衰减慢。地基能量吸收系数 α 的大小与地基土的类别、性质有关外，还与振源的性质、激振频率、能量以及离振源的距离等有关。一般岩石比黏性土类衰减慢，高频振动比低频振动衰减快，距离振源近时比距离远时衰减快，基础底面积越大衰减越慢，在振动衰减测试时应根据具体情况和设计需要选用振源和布置测点。

一、振动衰减测试的应用

1. 当所设计的车间内同时设置低转速和高转速机器基础，且需计算低转速机器基础振动对高转速机器基础的影响时；

2. 当考虑机器基础振动对邻近的精密设备仪器、仪表或环境等产生有害影响时。

二、测试方法

1. 振源选择步骤：

（1）尽可能利用拟建场地附近的现有投产的动力机器基础作振源；

（2）也可利用拟建场地附近交通公路、铁路等其他振源；

（3）无上述条件时，可在拟建场地浇注试验基础，（在埋置情况下）采用具有一定能量的机械式激振或电磁式激振设备作为振源。

2. 测点布置

（1）测点应沿设计基础所需振动衰减方向一致。

（2）传感器有垂直方向、水平切向、水平径向放置。振动衰减主要考虑的是瑞雷波，因此，一般振动衰减的传感器以垂直方向和水平径向放置即可。

（3）测点距振源的距离，以近密远稀为原则，一般测试半径应大于基础当量半径 r_0 的 35 倍，基础当量半径的计算：$r_0=\sqrt{\dfrac{A}{\pi}}$。如图 3-11-15 所示。

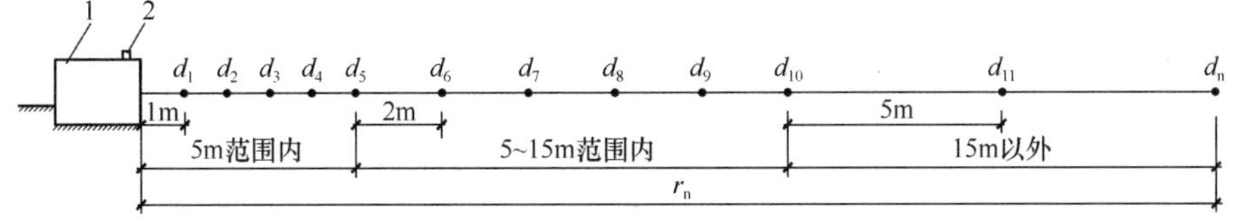

图 3-11-15　振动衰减测点布置图

1—模型基础；2—激振器

（4）传感器应用于放置在整平后的原状土上，如填土较厚也需夯实整平后才能放置。

（5）试验基础的激振频率应选择与设计基础的机器扰力频率相一致。为了研究振动频率与地基振动随距离的衰减关系，可以多选用几种激振频率进行试验。

三、测试资料分析

1. 绘制不同激振频率测试地面线位移随距离衰减的 d_r-r 曲线。

2. 地基能量吸收系数计算

$$\alpha=\frac{1}{f_0}\frac{1}{r_0-r}\ln\left[\frac{d_r}{d_0}\frac{1}{\left(\frac{r_0}{r}\xi_0+\sqrt{\frac{r_0}{r}}(1-\xi_0)\right)}\right] \tag{3-11-79}$$

式中 α——地基能量吸收系数（s/m）；

f_0——振源频率（Hz）；

d_0——振源基础的线位移（m）；

d_r——距振源的距离为 r 处的地面振动线位移（m）；

ξ_0——无量纲系数，可按国家现行《动力机器基础设计规范》GB 50040—96 有关地面振动衰减计算的规定采用，见表 3-11-1。

系数 ξ_0 **表 3-11-1**

土的名称	模型基础的半径或当量半径 r_0（m）							
	≤0.5	1.0	2.0	3.0	4.0	5.0	6.0	≥7.0
一般黏性土、粉土、砂土	0.70～0.95	0.55	0.45	0.40	0.35	0.25～0.30	0.23～0.30	0.15～0.20
饱和软土	0.70～0.95	0.50～0.55	0.40	0.35～0.40	0.23～0.30	0.22～0.30	0.20～0.25	0.10～0.20
岩　石	0.80～0.95	0.70～0.80	0.65～0.70	0.60～0.65	0.55～0.60	0.50～0.55	0.45～0.50	0.25～0.35

注：1. 对于饱和软土，当地下水深 1m 及以下，ξ_0 取较小值，1～2.5m 时取较大值，大于 2.5m 时取一般黏性土的 ξ_0 值；

2. 对于岩石覆盖层在 2.5m 以内时，ξ_0 取较大值，2.5～6m 时取较小值，超过 6m 时，取一般黏性土的值 ξ_0。

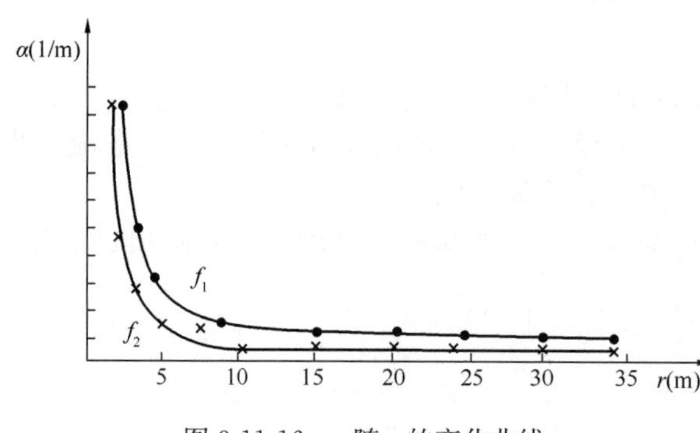

图 3-11-16　α 随 r 的变化曲线

3. 提供设计应用的 α 值，不应提 α 的平均值，而应提 α 随 r 的变化曲线（α-r）（图 3-11-16），由设计人员根据设计基础离振源的距离选用 α 值。

4. 基础底面积的修正：试验基础的底面积不可能与实际基础一样，而底面积小的基础振动时传出去的振波沿地面衰减快，计算的 α 值大，用于设计基础的振动衰减就偏于不安全，因此要按面积进行修正。修正计算方法可将 α 值乘以面积修正系数 ξ，ξ 按下式计算：

$$\xi=0.453e^{\frac{0.8}{A_f}} \tag{3-11-80}$$

第四节　地脉动测试

一、概述

地脉动测试是地基动力特性测试方法之一，是为场地抗震性能和环境振动评价服务的。20 世纪 60 年代，日本学者在所观测到的强震记录结果与同一地点所获得的地脉动频数周期曲线比较，认为它们之间符合得很好。我国地震局系统的一些研究单位也做了很多研究工作，如在西宁地震小区划分中，利用地面脉动观测，结合钻探、波速资料对第四系覆盖区的工程地质评价取得较好效果。但美国学者在类似的研究工作中所得的结果认为它们之间无直接关系，不同地震震级的地面运动主周期是个变化的量。用地脉动或小地震观测资料所得到的功率谱与大地震时地面强烈运动时观测到的地面运动反应谱还是有区别的。脉动表现的是场地地层在弹性振动范围内的滤波放大作用，地震时的地面运动反应谱表现的是场地地层在弹塑性振动范围内输入地震波对能量吸收放大作用，这时地基土不仅有黏滞阻尼，还受过程阻尼大小影响。虽有上述不同的看法，但地脉动测试作为地基动力试验方法已被越来越多的人所采用，它不仅是为了抗震设计提供动力参数，而且还具有工程地质评价环境振动等多方面的应用。

目前各国的抗震设计大多采用反应谱理论来计算地震对结构的影响，我国抗震设计也是以这一理论为基础的，在我国《建筑抗震设计规范》GB 50011—2010 中给出抗震设计的标准反应曲线，反应曲线中的特征周期 T_g 是按场地类别和设计地震分组确定的。场地反应谱的特征周期通常应该由强地震时观测到的地面运动反应谱来确定，但大地震不会经常发生，于是人们考虑到能否用地面脉动测试后分析的功率谱来代替，提出此研究的课题。

地脉动测试较多地应用于地震小区域划分、震害预测、厂址选择或评价、提供动力机器基础设计参数，有时将地脉动作为环境振动评价，可供精密仪器仪表及设备基础进行减震设计时参考。对地区脉动测试资料进行对比，也可用作地基土分类、场地稳定性（如滑坡、采空区、断裂带等）的评价或监测、第四纪地层厚度、场地类别区分等方面做参考。在石油天然气、地热资源等地球物理勘探方面也可提供有用信息。利用地脉动观测方法对房屋、古建筑、桥梁等作模态分析都有较好的应用前景。

二、测试仪器及方法

地脉动测试在每个测试工程项目中要根据具体情况制定测试方案。现将有关地脉动测试仪器和测试方法做简要说明。

（一）测试仪器

场地地脉动观测到的频率一般在 0.5～10Hz 范围内，其振幅值在百分之几微米到几微米。因此要求地脉动观测系统的低频频响特性好、信噪比高，工作性能稳定可靠，其系统的放大倍数应不低于 10^5 倍。国外有成套的设备，如 FBA-23 三分量力平衡式加速度计、FBA-13DH 井下三分量力平衡式加速度计、SSR-1 型固态记录仪、脉动测试仪器等。国内仪器有 923 型井下三分量检波器及配套的放大器、传感器及测试分析设备等。

1. 传感器

传感器要求灵敏度高，分辨率高，可根据工程需要选择速度型或加速度型传感器，一般以选用速度传感器较多，自振周期大于 1s；如工程需要加速度时，应采用低频性能好、灵敏度高的加速度传感器。地下脉动观测孔内的拾振器必须密封，以防漏水、漏电现象发生，其拾振器应置于孔底。

2. 测振放大器

为使观测系统具有高灵敏度和高分辨率，要求放大器的低频性能好，频带带宽应为 1～1000Hz，信噪比大于 80dB，并具有微、积分电路，以适应不同振动参量的观测需要。宜用 6 通道放大器，各通道的一致性良好。

3. 采集分析仪

在现场测试时，宜采用信号采集分析仪进行实时采集分析，信号采集用多通道、A/D转换器不低于16位、增益大于12dB、低通滤波器大于80dB/倍频程，具有时域、频域加窗、抗混滤波等完备的信号分析软件，如富氏谱、功率谱、信号平均处理等功能。

（二）测试方法

脉动测试工作量布置应根据工程规模大小和性质以及地质构造的复杂程度来确定，一般每个建筑场地或地貌单元应不少于2个测试点，以便资料对比和提高测试成果的可靠性。如果同一建筑场地在不同的地质地貌单元，其地层的组成不同，地脉动的幅频特性也有差别，这时应适当增加脉动测试点。

脉动观测点的布置要考虑周围环境的干扰影响，调查周围有无动力机器振动源及其工作情况，以便远离或避开动力机器工作时的振动影响，确保地脉动的微弱振动信号不被干扰信号所淹没。测点应布置在离2/3倍建筑物高度外，以消除建筑物荷载的附加应力影响，并避免地下管道、电缆的影响。地下管道内部一般有液体流动，产生干扰杂波；电缆所产生的电磁场则对仪器产生电干扰。场地脉动特性和地层的剪切波速都与地基土的动力特性有关，为了探索两者之间的内在联系，积累资料，因此地脉动测试点宜选在波速测试孔附近。

综合考虑上述因素后选定地脉动测试点，测试前在测点位置去掉表层素填土，挖至天然土层，试坑面积约1m^2，待坑底整平后用地质罗盘确定方位，安置东西、南北、竖向三个方向的传感器。

地下脉动测试点宜选在基岩上，如覆盖层太厚，也可选在重要建筑物的持力层上或剪切波速超过500m/s的坚硬土层上。一般情况地下脉动是在钻孔中进行，最好与地面脉动观测同时进行，这样也便于资料的对比。地脉动的观测时间一般都在深夜或周围环境比较安静的时候，记录脉动信号时在距离观测点100m范围内应无人为振动干扰。如果测试目的是要考虑环境振动对精密仪器设备的影响，则不受此条件限制。

脉动观测前检查仪器的各个环节，将三个方向互相垂直的拾振器轻轻地安置于试坑或钻孔中，将拾振器、放大器、采集分析仪用导线连接后通电检验，调好零点，待观测系统一切正常后，方可进行观测记录。仪器参数、设置应根据所需频率范围设置低通滤波和采样频率。采样频率宜取50～100Hz。每次记录时间应不少于15min，记录次数不得少于3次。

三、数据处理

测试数据处理，宜采用功率谱分析法。每个样本数据不应少于1024个点，采样频率宜取50～100Hz，并应进行加窗函数处理，频域平均次数不宜少于32次。

卓越频率按下列规定确定：

（1）卓越频率采用频谱图中最大峰值所对应的频率；

（2）当频谱图中出现多峰且各峰值相差不大时，宜在谱分析的同时，进行相关或互谱分析，并经综合评价后确定场地卓越频率。

场地卓越周期，应按下式计算：

$$T_{\mathrm{p}}=\frac{1}{f_{\mathrm{p}}} \tag{3-11-81}$$

式中　T_p——场地卓越周期（s）；

f_p——场地卓越频率（Hz）。

第五节　动三轴试验

动三轴试验是从静三轴试验发展而来的，它利用与静三轴试验相似的轴向应力条件，通过对试样施加模拟的动主应力，同时测得试样在承受施加的动荷载作用下所表现的动态反应。这种反应是多方面的，最基本和最主要的是动应力（或动主应力比）与相应的动应变的关系 $\sigma_1/\sigma_3 \sim \varepsilon_d$，动应力与相应的孔隙压力的变化关系（$\sigma_d$-$\Delta u$）。根据这几方面的指标相对关系，可以推求出岩土的各项动弹性参数及黏弹性参数，以及试样在模拟某种实际振动的动应力作用下表现的性状，例如饱和砂土的振动液化等。

一、动三轴试验的基本分类

动三轴试验的设备为动三轴仪，动三轴仪按其激振方式的不同可分为电磁式、机械（惯性）式和气动式等。尽管激振方式不同，但其工作原理和结构基本类似。动三轴试验按试验方法的不同可分为两种，即单向激振式和双向激振式，以下分别叙述。

1. 单向激振

单向激振三轴试验又叫常侧压动三轴试验，它是将试样所受的水平轴向应力保持静态恒定，通过周期性地改变竖向轴压的大小，使土样在轴向上经受循环变化的大主应力，从而在土样内部相应地产生循环变化的正应力与剪应力。

通常施加周围压力 σ_0 是根据土层的天然实际应力状态而给定的，例如可采用平均主应力 $\sigma_0 = \frac{1}{3}(\sigma_1 + 2\sigma_3)$，以便使土样能在近似模拟天然应力条件的前提下进行试验，这一要求与静三轴试验基本相同。动应力的施加亦需最大限度地模拟实际地基可能承受的动荷载。例如，通常为模拟地震作用，可根据与基本烈度相当的加速度或预期地震最大加速度，以及土层自重和建筑物附加荷重，计算相当的动应力 σ_d。在施加以 σ_d 为幅值的循环荷载后，土样内 45°斜面上产生的正应力为 $\sigma_0 \pm \sigma_d/2$，同一斜面上的动剪应力值为正负交替的 $\sigma_d/2$。因此，在模拟天然土层处较低约束压力时，必须施加很小的 σ_0 值。而当需要试验在较大的轴向动应力 σ_d 下土的强度特性或液化性状时，就会出现 $\sigma_0 - \sigma_d < 0$ 的情况。这意味着必须使土样承受真正的负压力（张力），而在实际试验中，如果要求一方面土样的两端能自由地和及时地排水，另一方面又需要土样上帽、活塞杆与底座刚性地连接在一起以传递张力，这几乎是不可能的。因此，用单向激振三轴仪进行较大应力比 σ_1/σ_3 下的液化试验，是难以做到的。

2. 双向激振

这种动三轴试验亦叫变侧压动三轴试验，是针对单向激振动三轴试验的不足之处而设计的。其初始应力状态仍是以恢复试样的天然应力条件为准则，然后在施加动荷载时，则是控制竖轴向应力与水平轴向应力同时变化，但二者以 180°相位差交替地施加动荷载。两者施加以 $\sigma_d/2$ 为幅值的动荷载后，土样内 45°斜面上产生的正应力始终维持 σ_0 不变，而动剪应力值为正负交替的 $\sigma_d/2$，从而可以在不受应力比 σ_1/σ_3 局限的条件下，模拟液化土层所受的地震剪应力作用。

图 3-11-17 为两种动三轴仪结构的综合示意图。全套为双向激振式动三轴仪，如不使

用（7）、（8）、（2）、（19）项装置及相应仪表，则为单向激振式动三轴仪。

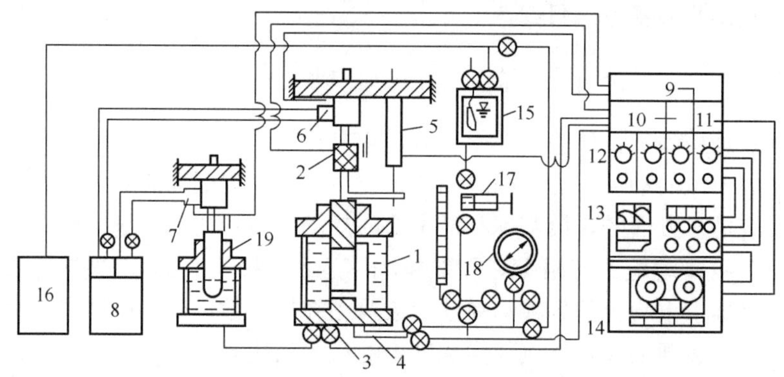

图 3-11-17　常侧压及变侧压动三轴试验装置综合示意图

1—三轴室；2—轴向动应力传感器；3—侧压传感器；4—孔压传感器；5—动应变计；6—轴向动应力伺服阀；7—侧压伺服阀；8—液压源油泵；9—功率放大器；10—自动控制单元；11—反馈电路系统；12—应力应变信号放大器；13—示波仪；14—数据磁带记录器；15—真空水源瓶；16—真空源；17、18—孔压量测系统；19—侧压源（动侧压发生器）

二、试验条件的选择

土动力特性指标的大小取决于一定的土性条件、动力条件、应力条件和排水条件。因此，当需要为解决某一具体问题而提供土的动力特性指标时，就应该从上述四个方面尽可能模拟实际情况。

1. 土性条件

主要是模拟所研究土体实际的粒度、含水量、密实度和结构。对于原状土样，只需注意不使其在制样过程中受到扰动即可；对于制备土样，则主要是含水量和密实度。如果是饱和砂土，所要模拟的主要土性条件就是密实度，即按砂土在地基内的实际密实度或砂土在坝体内的填筑密实度来控制。如果实际密实度在一定范围内变化，则应控制几种代表性的状态。

2. 动力条件

主要是模拟动力作用的波形、方向、频幅和持续的时间。对于地震来说，则可以将地震随机变化的波形简化为一种等效的谐波作用，谐波的幅值剪应力为 $\tau_e=0.65\tau_{max}$，谐波的等效循环数 N_e 按地震的震级确定（6.5、7、7.5、8 级时分别为 8、12、20 和 30 次），频率为 1～2Hz，地震方向按水平剪切波考虑。这种方法是目前在振动三轴试验中所用的主要方法。

3. 应力条件

主要是模拟土在静、动条件下实际所处的应力状态。在动三轴试验中，常用 σ_1 和 σ_3 及其变化来表示，地震前的固结应力用 σ_{1c} 和 σ_{3c} 来表示，地震时的应力用 σ_{1e} 和 σ_{3e} 来表示排水条件。

4. 排水条件

主要模拟由于土的不同排水边界对于地震作用下孔压发展实际速率的影响。可以通过在孔压管路上，安装一个允许部分排水的砂管，然后用改变砂管长度和砂土渗透系数的方法来控制排水条件。不过，在目前仪器设备条件下，考虑到地震作用的短暂性和试验成果应用上的安全性，振动三轴试验仍多在不排水条件下进行。

三、试验的基本步骤

在动三轴试验之前，首先应拟定好试验方案和调试标定好仪器设备。动三轴试验的基本操作步骤包括试样制备、施加静荷、振动测试三个环节。

1. 试样制备

目的是制备粒度、密度、饱和度和均匀性都符合要求的圆柱试样。为此，首先应使孔压管路完全充水以排除空气，然后在试样的底座上套扎乳胶膜筒，安上对开试模，并将乳胶膜翻大套在试模壁上，由试模的吸嘴抽气，使乳胶膜紧贴于试模内壁，形成一个符合试样尺寸要求的空腔。此时，可按一定的制样方法，使空腔内的试样达到要求的密度、饱和度和均匀性。最后将试样的上活塞杆同乳胶膜连扎在一起，降低排水管 50cm 给试样以一定的负压后即可使试样脱膜，脱膜后量出试样的高度和上、中、下部的直径，再安装试样容器筒，接着向试样容器通入 980N/m^{2}的侧压，消除负压，使排水管内的水面与试样中点同高，试样制备工作即告结束。

2. 施加静荷

在试样的侧向和轴向按照要求控制的应力状态施加一定的侧向压力 σ_{3c}和轴向压力 σ_{1c}。由于现用仪器的活塞面积与试样面积相符，故侧压和轴压需独立施加。在等压固结情况下，侧压施加的同时，尚需在轴向施加一个与侧压相等的压力（应考虑活塞系统自重和仪器摩擦的影响）。当试验要求在偏压固结情况下进行时，则在侧压施加后，将轴压增至要求的数值。

3. 振动测试

首先应选择好准备施加的动荷波形、频幅的振动次数，其次将放大器、记录仪通道打开，随即开动动荷，并在记录仪上观察并记录试验的结果。

试验的终止时刻视试验目的而定。当测定模量和阻尼指标时，应在振动次数达到控制数目时终止试验；当测定强度和液化指标时，则应在试样内孔压的增长达到侧向压力，或轴向应变达到某一预定值时终止试验，如果由于动荷过小，试样不可能达到上述的孔压和应变数值时，可根据需要终止试验，此时可将该次试验视为预备性试验，在重新制样后，在增大的动荷下继续试验。

四、试验成果整理与应用

1. 模量

动三轴试验测定的是动弹性压缩模量 E_d，动剪切模量 G_d可以通过它与 E_d之间的关系换算得出。实验表明，具有一定黏滞性或塑性的岩土试样，其动弹性模量 E_d是随着许多因素而变化的，最主要的影响因素是主应力量级、主应力比和预固结应力条件及固结度等，动弹性模量的含义及测求过程远较静弹性模量为复杂。

图 3-11-18 反映了某一级动应力幅 σ_d作用下，土试样相应的动应力幅与动轴应变幅的关系。如果试样是理想的弹性体，则动应力幅（σ_d）与动轴应变幅（ε_d）的两条波形线必然在时间上是同步对应的。但对于土样，实际上并非理想弹性体，因此，它的动应力幅 σ_d与相应的动轴应变幅（ε_d）波形并不在时间上同步，而是动轴应变幅波形线较动应力幅波形线有一定的时间滞后。如果把每一周期的振动波形按照同一时刻的 σ_d与 ε_d值一一对应

地描绘到 σ_d-ε_d 坐标上，则可得到图 3-11-18（b）所示的滞回曲线。定义此滞回环的平均斜率为动弹性模量 E_d，即：$E_d = \sigma_d/\varepsilon_d$。

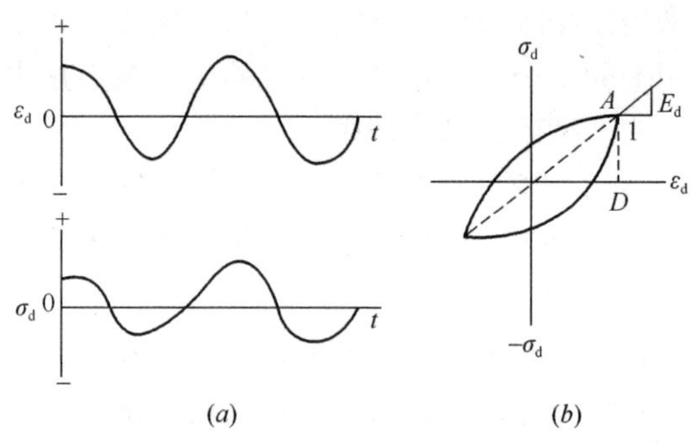

图 3-11-18　应变滞后与滞回曲线

与动弹性模量 E_d 相应的动剪切模量可按下式计算：

$$G_d = \frac{E_d}{2(1+\mu_d)} \tag{3-11-82}$$

式中，μ_d 为泊松比，饱和砂土可取 0.5。

2. 阻尼比

图 3-11-18 的滞回曲线已说明土的黏滞性对应力应变关系的影响。这种影响的大小可以从滞回环的形状来衡量，如果黏滞性愈大，环的形状就愈趋于宽厚，反之则趋于扁薄。这种黏滞性实质上是一种阻尼作用，实验证明，其大小与动力作用的速率成正比。因此它又可以说是一种速度阻尼。

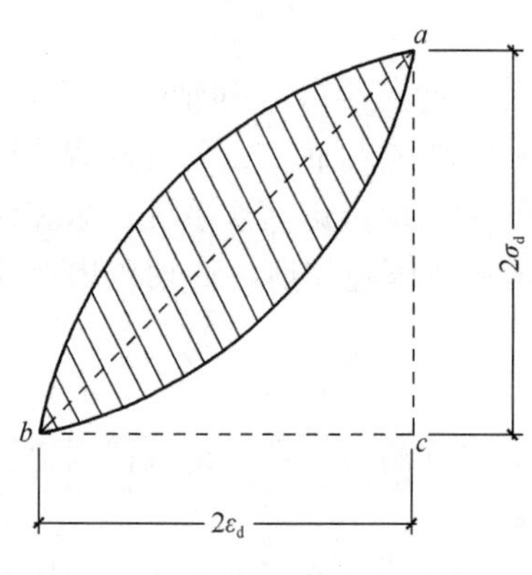

图 3-11-19　滞回曲线与阻尼比

阻尼作用可用等效滞回阻尼比 ζ_z 来表征，其值可从滞回曲线求得（图 3-11-19），即：

$$\zeta_z = \frac{A_s}{\pi A_t} \tag{3-11-83}$$

式中　ζ_z——试样轴向振动阻尼比（%）；

A_s——轴向动应力-动应变滞回圈的面积（图 3-11-19 中阴影部分所示，kPa）；

A_t——轴向动应力-动应变滞回曲线图中直角三角形面积（图 3-11-19 所示 abc 的面积，kPa）。

3. 动强度指标

动强度是指土试样在动荷作用下达到破坏时所对应的动应力值。然而，如何定义“破坏”的标准，则需根据动强度试验的目的与对象而定，通常的法则是以某一极限（破坏）应变值为准。(如采用 5%作为“破坏”应变值)。

（1）某一围压下动强度的求算

制备不少于三个相同的试样，在同一压力下固结，然后在三个大小不等的动应力 σ_{d1}，σ_{d2}，σ_{d3} 下分别测得相应的应变值。由于动强度是根据总的应变量达到极限破坏而定义的，因此测量应变值应包括可逆的与不可逆的全部应变在内。此项总应变值 ε 又与振动次数（周数）n 有关，因此，首先可将测得的数据绘成图 3-11-20（a）所示的 $(\varepsilon\text{-}\lg n) = f(\sigma_d)$ 曲线族。然后，在各曲线上按统一选定的极限应变值 ε_e，求得相应的动应力 σ_{d1c}、σ_{d2c}、σ_{d3c} 与振次 n 的对应关系，并绘制在图 3-11-20（b）中。此曲线在有限的 n 值范围内，可近似地看作为一条直线，由此，只要给定振次，就可从图上求得相应的动强度 σ_{dc}。

（2）动强度指标 c_d、φ_d 的求算

以上是在某一围压下（$\sigma_3 = \sigma_1$），求出了极限动应力与振次之间的关系。如果在三个

不同的围压下分别进行上述试验，并得到三条 σ_{dc}-lg$n$ 曲线。于是在给定振次 n_f 下，可求得相应的三个动应力 σ_{dc}，并可绘出如图 3-11-21 所示的三个摩尔圆，则 c_d 和 φ_d 即为所求动强度指标。

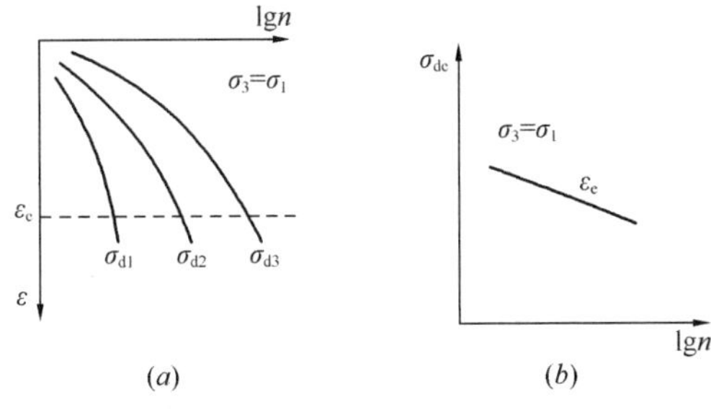

图 3-11-20　某围压（$\sigma_3=\sigma_1$）下动强度的求算

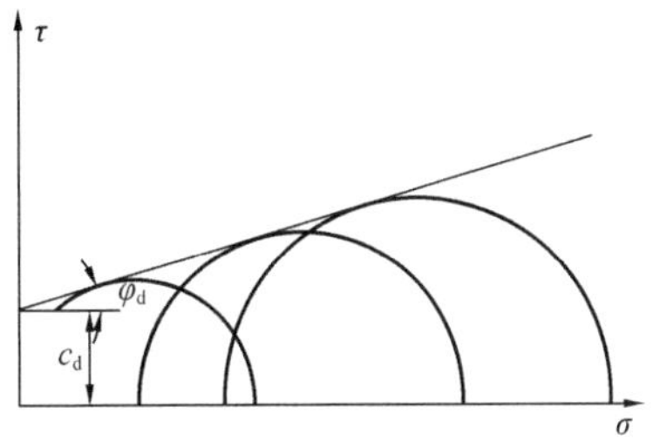

图 3-11-21　动强度指标的求算

第六节　共振柱试验

共振柱试验是根据共振原理在一个圆柱形试样上进行振动，改变振动频率使其产生共振，并借以测求试样的动弹性模量及阻尼比等参数的试验。

一、仪器设备

共振柱测试设备种类很多，各种共振柱仪的主要差别在于端部约束条件和激振方式的不同。共振柱测试设备，可采用扭转向激振和轴向激振的共振柱仪。图 3-11-22 所示为一种国产共振柱仪的结构示意。

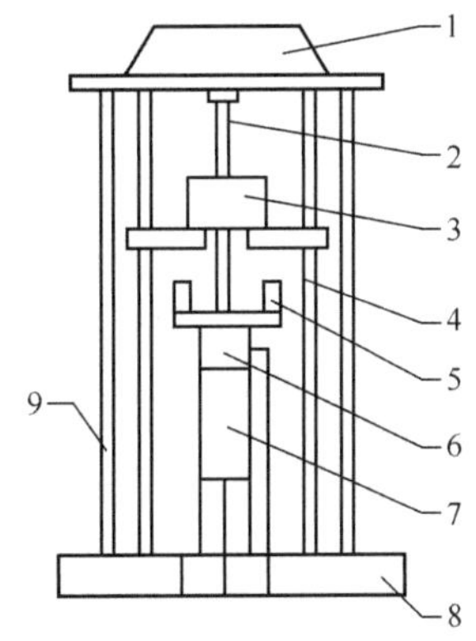

图 3-11-22　共振柱仪结构示意图

1—固定盖；2—常力弹簧；3—纵向激振器；4—支架；5—扭力激振器；6—上压；7—土样；8—底座；9—有机玻璃罩

二、试验方法

试样的制备、安装、饱和、固结的方法，应符合动三轴试验的规定。动剪切模量或动弹性模量的测试，采用稳态强迫振动法，亦可采用自由振动法；阻尼比的测试，采用自由振动法。采用稳态强迫振动法测试时，在轴向动应力幅一定的条件下，由低向高逐渐增大振动频率并观测系统的线位移变化，直到出现共振。采用自由振动法测试时，对试样施加瞬时扭矩或力，然后立即释放任其自由振动，并同时记录试样变形随时间的衰减过程。测试动剪切模量或动弹性模量和阻尼比随应变幅的变化关系时，逐级施加动应力幅或动应变幅，后一级的振动线位移可比前一级增大 1 倍。在同一试样上选用容许施加的动应力幅或动应变幅的级数时，应避免孔隙水压力明显升高，同时试样的应变幅不宜超过 10^{-4}。

三、试验成果整理与应用

在激振力幅一定的条件下，测得试样系统扭转振动的幅频曲线如图 3-11-23 所示，由其峰点确定共振频率 f_t。当试样在一端固定、另一端为扭转激振的共振柱仪上测试时，试样的剪应变幅按下列公式计算：

1. 当为圆柱体试样时：

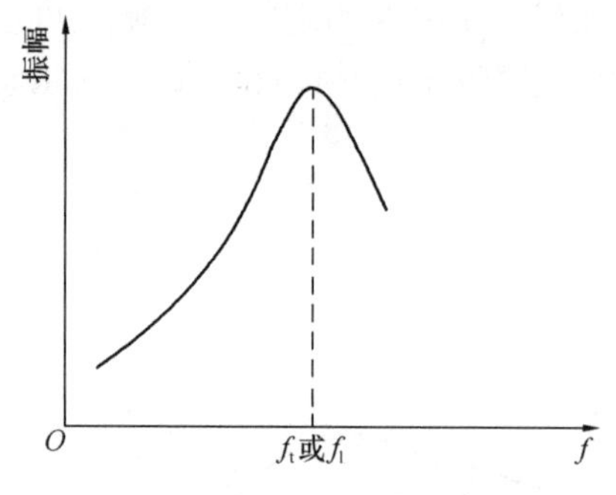

图 3-11-23　试样系统稳态强迫振动幅频曲线

$$\gamma_d = \frac{\theta D_s}{3h_s} \tag{3-11-84}$$

2. 当为空心圆柱体试样时：

$$\gamma_d = \frac{\theta(D_1 + D_2)}{4h_s} \tag{3-11-85}$$

式中　θ——试样扭转角位移（rad）；

D_s——试样直径（m）；

h_s——试样高度（m）；

D_1——空心圆柱体试样的外直径（m）；

D_2——空心圆柱体试样的内直径（m）。

扭转激振试样的动剪切模量按下式计算：

$$G_d = \rho_s\left(\frac{2\pi h_s f_t}{F_t}\right)^2 \tag{3-11-86}$$

$$F_t \cdot \tan F_t = \frac{1}{T_t} \tag{3-11-87}$$

$$T_t = \frac{J_a}{J_s}\left[1-\left(\frac{f_{at}}{f_t}\right)^2\right] \tag{3-11-88}$$

$$J_s = \frac{m_s d_s^2}{8} \tag{3-11-89}$$

式中　ρ_s——试样的质量密度（kg/m^3）；

f_t——试样系统扭转振动的共振频率（Hz）；

F_t——扭转向无量纲频率因数；

J_s——试样的转动惯量（kg. m^2）；

m_s——试样的总质量（kg）；

J_a——试样顶端激振压板系统的转动惯量（kg・m^2），由仪器标定方法确定；

f_{at}——无试样时激振压板系统扭转向共振频率（Hz），激振端无弹簧-阻尼器时取 0。

试样扭转向阻尼比测试采用自由振动法。在自由振动条件下，测得试样系统扭转振动随时间的变化曲线如图 3-11-24 所示。按线性黏弹体模型，若将横轴（时间）采用对数坐标，则其峰点可拟合成一条直线，其斜率便称为试样系统扭转自由振动的对数衰减率 δ_t。当采用式（3-11-91）时，宜采用多个 n 值计算，并将其平均值作为要求的对数衰减率。式（3-11-97）中的 δ_l 确定方法与此类似。

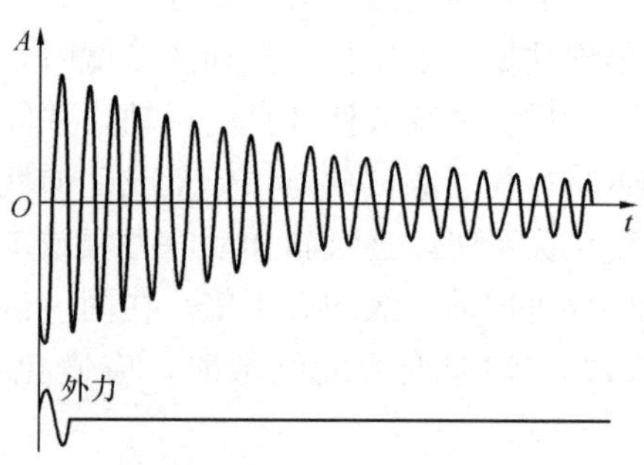

图 3-11-24　试样系统自由振动信号

扭转向阻尼比按下列公式计算：

$$\zeta_t = \frac{\delta_t(1+S_t)-\delta_{at}S_t}{2\pi} \tag{3-11-90}$$

$$\delta_t = \frac{1}{n_f}\ln\left(\frac{d_{f1}}{d_{n+1}}\right) \tag{3-11-91}$$

$$S_t = \frac{J_a}{J_s}\left(\frac{f_{at}F_t}{f_t}\right)^2 \tag{3-11-92}$$

式中 ζ_t——试样扭转向阻尼比；

δ_t——试样系统扭转自由振动的对数衰减率；

δ_{at}——无试样时激振压板系统扭转自由振动的对数衰减率；

S_t——试样系统扭转向能量比。

试样在轴向激振的共振柱仪上测试时，轴向应变幅和动弹性模量，按下列公式计算：

$$\varepsilon_d = \frac{u_z}{h_s} \tag{3-11-93}$$

$$E_d = \rho\left(\frac{2\pi h_s f_1}{F_1}\right)^2 \tag{3-11-94}$$

$$F_1 \tan F_1 = \frac{1}{T_1} \tag{3-11-95}$$

$$T_1 = \frac{m_a}{m_s}\left[1-\left(\frac{f_{a1}}{f_1}\right)^2\right] \tag{3-11-96}$$

式中 u_z——试样顶端的轴向振动线位移幅（m）；

f_1——试样系统轴向振动的共振频率（Hz）；

F_1——轴向无量纲频率因数；

T_1——仪器激振端轴向惯量因数；

m_a——试样顶端激振压板系统的质量（kg）；

f_{a1}——无试样时激振压板系统轴向共振频率（Hz）。

试样轴向振动阻尼比，按下列公式计算：

$$\zeta_z = \frac{\delta_1(1+S_1)-\delta_{a1}S_1}{2\pi} \tag{3-11-97}$$

$$S_1 = \frac{m_a}{m_s}\left(\frac{f_{a1}F_1}{f_1}\right)^2 \tag{3-11-98}$$

式中 δ_1——试样系统轴向自由振动的对数衰减率；

δ_{a1}——仪器激振端压板系统轴向自由振动对数衰减率，应在仪器标定时确定；

S_1——试样系统轴向能量比。

在共振柱仪上测试的最大动剪切模量或最大动弹性模量，绘制与二维或三维平均固结应力的双对数关系曲线图如图 3-11-25、图 3-11-26 所示，其相互关系可用下列公式表达：

$$G_{dmax} = C_1 P_a^{(1-m_1)}\sigma_c^{m_1} \tag{3-11-99}$$

$$E_{dmax} = C_2 P_a^{(1-m_2)}\sigma_c^{m_2} \tag{3-11-100}$$

$$\text{二维时：}\sigma_c = (\sigma_{1c}+\sigma_{3c})/2 \tag{3-11-101}$$

$$\text{三维时：}\sigma_c = (\sigma_{1c}+\sigma_{3c})/3 \tag{3-11-102}$$

式中 G_{dmax}——最大动剪切模量（kPa）；

E_{dmax}——最大动弹性模量（kPa）；

C_1，m_1——最大动剪切模量与平均有效应力关系双对数拟合直线参数（图 3-11-25）；

C_2，m_2——最大动弹性模量与平均固结应力关系双对数拟合直线参数（图 3-11-26）；

P_a——大气压力（kPa）。

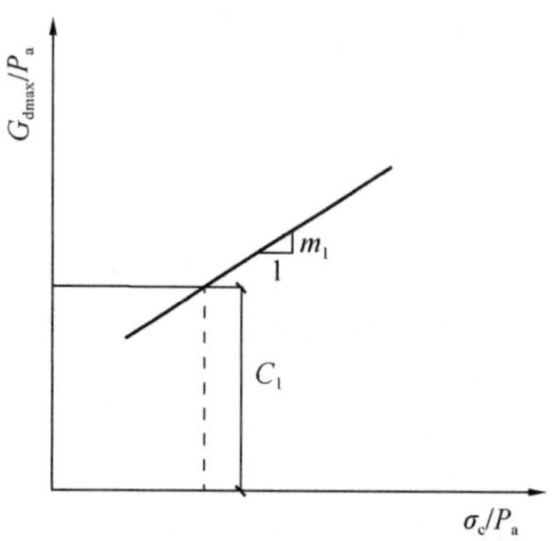

图 3-11-25 最大动剪切模量与平均固结应力的关系

G_{dmax}—最大动剪切模量；P_a—大气压力；σ_c—试样平均固结应力；C_1，m_1—最大动剪切模量与平均有效应力关系双对数拟合直线参数

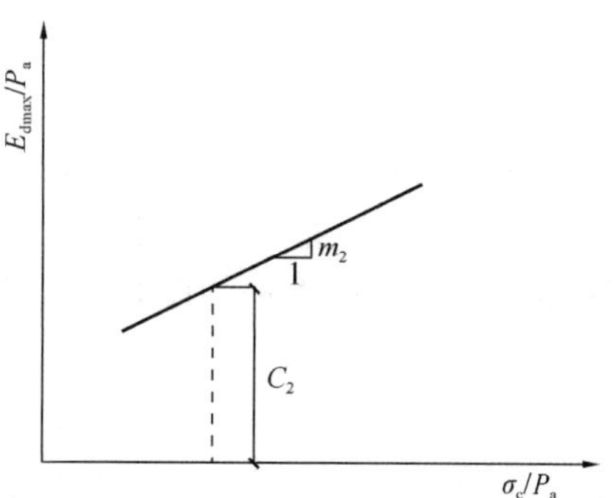

图 3-11-26 最大动弹性模量与平均固结应力的关系

E_{dmax}—最大动弹性模量；P_a—大气压力；σ_c—试样平均固结应力；C_2，m_2—最大动弹性模量与平均固结应力关系双对数拟合直线参数

第七节 空心圆柱动扭剪试验

空心圆柱动扭剪测试主要用来研究土体各向异性以及复杂应力路径引起的主应力轴旋转等。

在复杂应力路径下，诸如地震荷载、波浪荷载以及交通荷载应力路径作用下（图 3-11-27），土单元的主应力轴会发生变化。

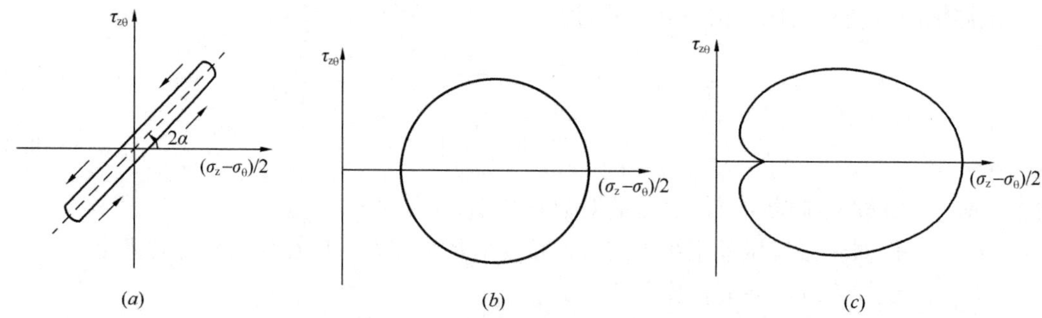

图 3-11-27 地震、波浪、交通荷载应力路径

(a) 地震荷载应力路径；(b) 波浪荷载应力路径；(c) 交通荷载应力路径

在以往的地震荷载反应分析中，认为地震作用以水平剪切为主，故简化为单向激振循环荷载条件采用动三轴仪测试来模拟地震运动。然而在近场地震作用下，竖向地震力的作用也是不容忽视的，在这种情况下，地震荷载表现为水平剪应力和竖直偏应力两种形式，因而在动力振动时会形成不同的初始主应力方向，采用动扭剪测试实现偏应力与剪应力耦合的荷载作用方式来模拟地震作用更符合实际情况。

主应力轴旋转变化是波浪、交通荷载作用下地基土体所受应力路径的主要特征，其对土体的影响与普通三轴路径有着显著差别。

在海洋工程中波浪荷载是最重要的基本荷载，波浪荷载直接作用于海底土层上，使土体大主应力轴方向连续旋转，但旋转过程中偏应力大小保持恒定，在扭剪平面表现为圆形应力路径（图 3-11-27*b*）。波浪荷载引起的主应力轴连续旋转会加速土体动应变和孔隙水压力的发展，这种孔隙水压力的上升导致土的强度大幅度降低，甚至引起海床液化和滑动，从而造成地基失稳。

以往在分析交通荷载作用下的地基沉降时通常只考虑偏应力大小周期性循环变化，而并未考虑主应力轴连续旋转对变形的影响。然而在实际交通荷载应力路径作用下，地基土单元不仅偏应力周期性变化，而且主应力轴连续旋转，在扭剪平面内表现为“心脏型”（图 3-11-27*c*）。

一、设备和仪器

空心圆柱仪（HCA）因试样为薄壁空心圆柱形而得名。

（一）HCA 硬件组成

空心圆柱系统由压力室、轴向和旋转双驱动设备、内/外周围压力系统、反压力系统、孔隙水压力量测系统、轴向和扭转变形量测系统和体积变化量测系统组成。GDS 空心圆柱仪的整体构造如图 3-11-28 所示，其主体结构一般由以下几个主要部分组成：（1）轴力、扭矩加载系统和压力室；（2）内、外围压控制器；（3）反压控制器；（4）信号调节系统；（5）GDS 数字控制系统（DCS）。

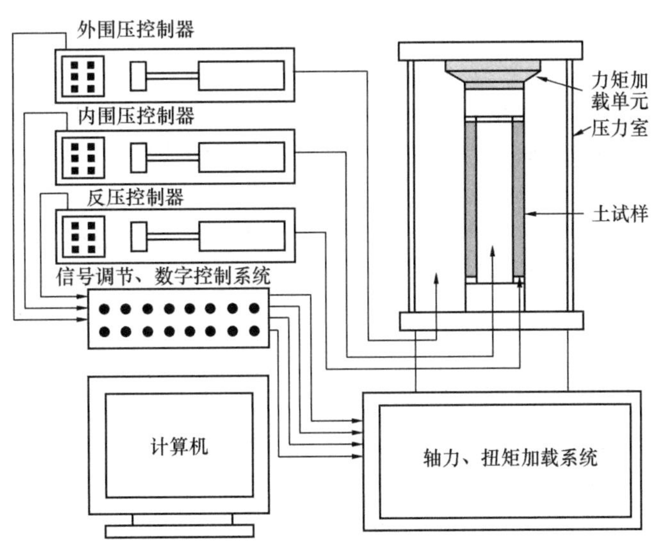

图 3-11-28 空心圆柱仪系统构造

（二）HCA 软件系统

外部设备主要包括计算机（PC 系统）、附加传感器测量设备（局部应变传感器 LVDT 和局部孔压传感器等）以及试验辅助设备。

HCA 软件系统中用来控制试验步骤和数据记录的系统又称为 GDSLAB。利用 GDSLAB 软件系统不仅能实现空心圆柱试验，还可以进行三轴以及直剪试验。

（三）HCA 测量系统量程及精度

表 3-11-2 给出了 HCA 各部件的加载量程以及测量精度。可以看出，HCA 的传感器设备都具有很高精度，能够保证试验的精度要求。

HCA 传感器量程和精度　　**表 3-11-2**

类型	量程	精度
轴向力	3kN	0.3kN
轴向位移	40mm	0.001mm
扭矩	30N·m	0.03N·m
扭转角	无限制	0.36°
内/外围压压力	2MPa	0.5kPa

（四）HCA 试样尺寸要求

为了尽量减小试样端部效应的影响以及保证试样在横截面上受力均匀，试样尺寸应满足的条件：

1. 试样高度：　$h_s \geqslant 5.44\sqrt{r_0 - r_n}$

2. 试样内外径比：　$r_n/r_0 \leqslant 0.65$

其中 h_s 为试样高度，r_n 为试样内半径，r_0 为试样外半径。

二、试验方法

1. 试样制备

原状试样制备过程中，应先对土样进行描述，了解土样的均匀程度、含杂质等情况后，才能保证物理性试验的试样和力学性试验所选用的一样，避免产生试验结果相互矛盾的现象。在试样制备过程中应尽量减小对试样的扰动，现有的内芯切取法主要有机械式和电渗式两种。机械式适用于强度较高的黏性土，利用 7 个直径不同的钻刀，从小到大依次对试样进行取芯，通过渐进式地修正达到设计空心内径的要求。电渗法适用于含水量高达 80%～100%的软土，对试样施加直流电源正负两极，利用电势降使试样中的水从正极流向负极，产生润滑作用，把一根由探针引导穿过试样正中的电线连上负极，利用张紧的电线切割内壁，如此内芯与试样孔壁在润滑作用下较易分离，对试样的扰动也小。

2. 试样饱和以及固结

试样的饱和过程十分重要，充分的饱和能保证测试中体积变化量以及孔压等测量的准确性。针对黏土试样，饱和过程应满足三轴测试规范。针对散体材料，如砂、碎石等，饱和过程应包括三个流程：CO_2 饱和、无气水饱和以及反压饱和。CO_2 饱和过程的基本原理是利用 CO_2 密度相对较大的特点置换掉砂土试样孔隙中的空气。无气水饱和过程基本原理是利用 CO_2 易于溶于水的特点排净砂土试样中的已经置换的 CO_2。反压饱和是通过施加围压和反压进一步压缩砂土试样中残留的气泡，使试样完全饱和。试样饱和完毕后要进行 B 值检测，当 B 值满足试验要求才能保证试样的充分饱和。

试样在固结前应掌握地基土体现场应力条件，从而确定测试时试样固结围压的大小。为保证试样完全饱和，应在固结压力施加完毕后让试样在恒定压力下进行足够时间的蠕变，当试样每小时的排水量满足不大于 $60mm^3$ 的条件后，判定试样固结完成。

三、数据处理

空心扭剪测试通过 HCA 加载系统对空心圆柱试样施加轴力、扭矩、内外围压、使空心圆柱试样产生轴向、环向、径向以及扭剪方向应力应变分量，图 3-11-29 为 HCA 试样受力示意图。在加载过程中，轴力 W 和扭矩 T 分别使试样产生轴向应力 σ_z 和扭剪应力 $\tau_{z\theta}$，并且在竖直面和水平面上有 $\tau_{z\theta}=\tau_{\theta z}$，而内外围压 p_i、p_o 决定环向应力 σ_θ 和径向应力 σ_r 的大小。

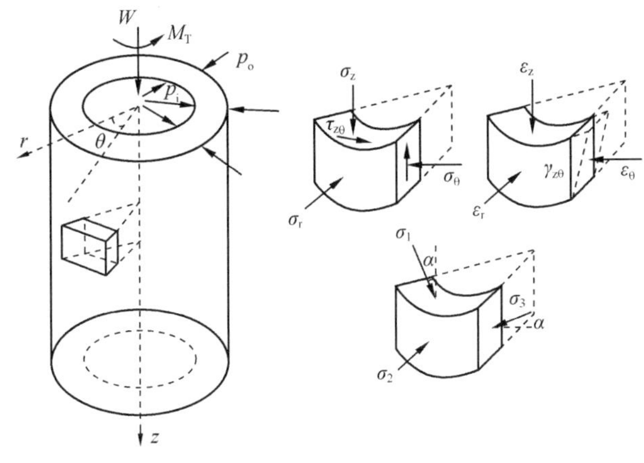

图 3-11-29　空心圆柱试样中应力和应变状态

考虑到空心圆柱试样截面上应力并不是均匀分布的，因此在测试中应力分量计算将图 3-11-29 中薄壁土单元上的平均应力作为空心圆柱试样截面的应力分量。试样所有应变分量平均值的计算公式如下：

$$\sigma_z=\frac{W}{\pi(r_{co}^2-r_{ci}^2)}+\frac{p_o r_{co}^2-p_i r_{ci}^2}{(r_{co}^2-r_{ci}^2)} \tag{3-11-103}$$

$$\sigma_r=\frac{p_o r_{co}+p_i r_{ci}}{r_{co}+r_{ci}} \tag{3-11-104}$$

$$\sigma_\theta=\frac{p_o r_{co}-p_i r_{ci}}{r_{co}-r_{ci}} \tag{3-11-105}$$

$$\tau_{z\theta}=\frac{T}{2}\left[\frac{3}{2\pi(r_{co}^3-r_{ci}^3)}+\frac{4(r_{co}^3-r_{ci}^3)}{3\pi(r_{co}^2-r_{ci}^2)(r_{co}^4-r_{ci}^4)}\right] \tag{3-11-106}$$

式中　σ_z——试样轴向应力（kPa）；

σ_θ——试样环向应力（kPa）；

σ_r——试样径向应力（kPa）；

$\tau_{z\theta}$——试样剪应力（kPa）；

W——试样轴力（N）；

p_o——试样外围压（kPa）；

p_i——试样内围压（kPa）；

T——试样扭矩（N·m）

r_{co}——固结完成后试样外半径（mm）；

r_{ci}——固结完成后试样内半径（mm）。

试样有效大主应力、中主应力和小主应力，应按下列公式计算：

$$\sigma_1'=\frac{\sigma_z+\sigma_\theta}{2}+\sqrt{\left(\frac{\sigma_z-\sigma_\theta}{2}\right)^2+\tau_{z\theta}^2}-\Delta u \tag{3-11-107}$$

$$\sigma_2'=\sigma_r-\Delta u \tag{3-11-108}$$

$$\sigma_3'=\frac{\sigma_z+\sigma_\theta}{2}-\sqrt{\left(\frac{\sigma_z-\sigma_\theta}{2}\right)^2+\tau_{\tau\theta}^2}-\Delta u \tag{3-11-109}$$

式中　σ_1'——试样有效大主应力（kPa）；

σ_2'——试样有效中主应力（kPa）；

σ_3'——试样有效小主应力（kPa）；

Δu——试样孔隙水压力（kPa）。

试样轴向应变、环向应变、径向应变和剪应变，应按下列公式计算：

$$\varepsilon_z = \frac{u_z}{h_{cs}} \tag{3-11-110}$$

$$\varepsilon_\theta = -\frac{u_o + u_i}{r_{co} + r_{ci}} \tag{3-11-111}$$

$$\varepsilon_r = -\frac{u_o - u_i}{r_{co} - r_{ci}} \tag{3-11-112}$$

$$\gamma_{z\theta} = \frac{\theta(r_{co}^3 - r_{ci}^3)}{3h_{cs}(r_{co}^2 - r_{ci}^2)} \tag{3-11-113}$$

式中　ε_z——试样轴向应变；

ε_θ——试样环向应变；

ε_r——试样径向应变；

$\gamma_{z\theta}$——试样剪应变；

u_z——试样轴向位移（mm）；

u_o——试样外径位移（mm）；

u_i——试样内径位移（mm）；

θ——试样扭转角位移（rad）；

h_{cs}——固结完成后试样高度（mm）。

试样大主应变、中主应变和小主应变，应按下列公式计算：

$$\varepsilon_1 = \frac{\varepsilon_z + \varepsilon_\theta}{2} + \sqrt{\left(\frac{\varepsilon_z - \varepsilon_\theta}{2}\right)^2 + \gamma_{z\theta}^2} \tag{3-11-114}$$

$$\varepsilon_2 = \varepsilon_r \tag{3-11-115}$$

$$\varepsilon_3 = \frac{\varepsilon_z + \varepsilon_\theta}{2} - \sqrt{\left(\frac{\varepsilon_z - \varepsilon_\theta}{2}\right)^2 + \gamma_{z\theta}^2} \tag{3-11-116}$$

式中　ε_1——试样大主应变；

ε_2——试样中主应变；

ε_3——试样小主应变。

第八节　弯曲元法测试

弯曲元技术由于原理简明、操作便捷并且具备无损检测等特点，自 1978 年 Shirley 和 Hampton 首次采用弯曲元测试室内制备高岭土试样的剪切波速以来，被广泛地应用在各种试验设备中进行土样的小应变剪切模量测量研究。

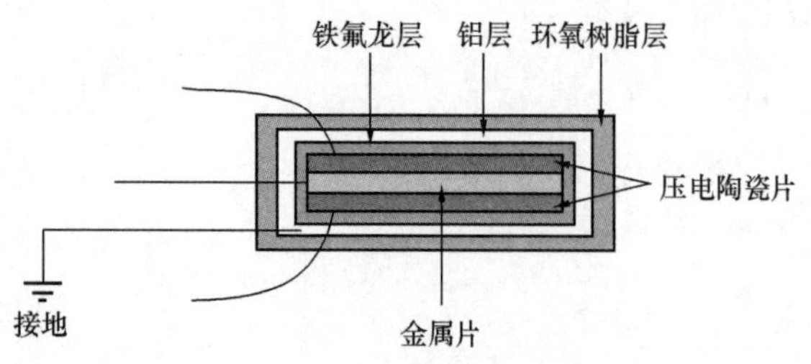

图 3-11-30　弯曲元细部构造示意图

一、设备和仪器

弯曲元的细部构造如图 3-11-30 所示。其核心部件由两片压电陶瓷片和中间的金属垫片组成。

压电陶瓷片根据极化方向的不同可以分为 X 型和 Y 型，如图 3-11-31 所示。当两个压电陶瓷片以相反的极化方向组合时为 X 型，当两个压电陶瓷片的极化方向相同时为 Y 型。

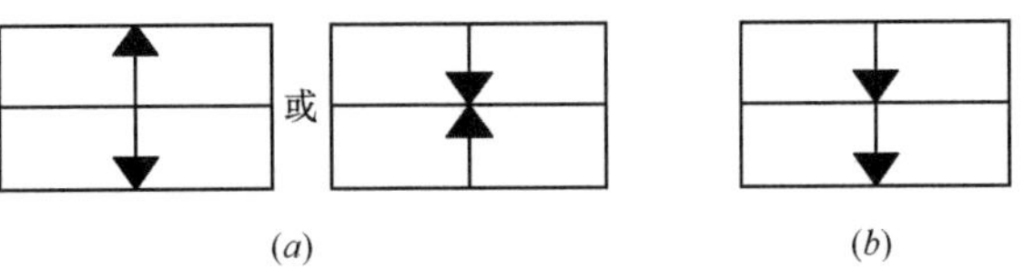

图 3-11-31 压电陶瓷片组合类型

(a) X 型；(b) Y 型

对于剪切波，发射端的两个压电陶瓷片（Y 型）极化方向相同，采用并联连接，当施加激发信号电压脉冲后，极化方向相同的压电陶瓷片一片伸长，另一片则缩短，产生弯曲运动并在周围土体中产生横向振动，即产生剪切波。接收端的两个压电陶瓷片（X 型）极化方向相反，采用串联连接，当剪切波通过土体从发射端传播到接收端时，接收端将波振动转化为电信号，与发射信号同时显示和储存在示波器上，通过信号对比得到剪切波传播时间，由传播距离计算得到剪切波速。对于压缩波，将 X 型压电陶瓷片由串联改为并联，Y 型压电陶瓷片由并联改为串联。当施加激发信号电压脉冲后，极化方向相反的两片压电陶瓷片（X 型）同时伸长或者缩短，在周围土体中产生竖向振动，即产生压缩波。当压缩波通过土体从发射端传播到接收端时，接收端将压缩波振动转化为电信号，与发射信号同时显示和储存在示波器上，通过信号对比得到压缩波的传播时间，由传播距离计算得到压缩波速。

二、测试方法

对装配有弯曲元的实验设备，在试样安装时需要注意：保证弯曲元与试样直接良好接触，滤纸或者其他保护膜需要为弯曲元的插入留出空隙；在进行弯曲元测试之前，需要根据土样的种类等因素，调整弯曲元的输出波形（简谐波、方波等）、功率（即电压 V）以及频率（Hz），调整示波器的放大倍数等，保证示波器显示的波形（包括激发波和接收波）、转折点、极值点等足够清晰；在进行弯曲元测试时，点击按钮（或者使用软件）使得激发元激发剪切波（或纵波），激发波形与接收波形会显示在示波器上；为减少误差，可进行两次激振。

三、数据处理

波的传播时间宜通过发射波第一个零交叉点与接受波第一个零交叉点的时间差确定（图 3-11-32）。

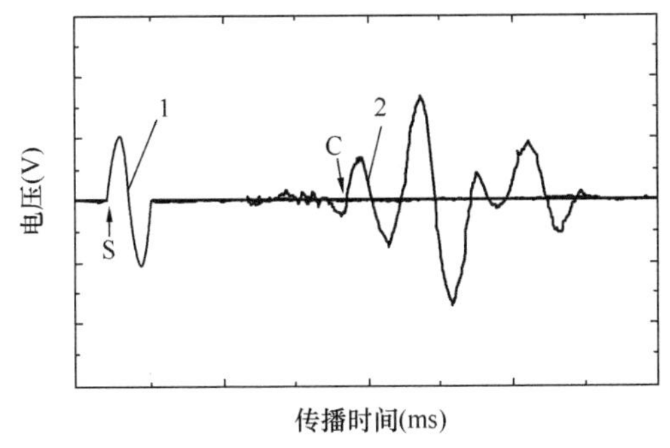

图 3-11-32 时域初达波法示意图

1—发射波；2—接收波；S—发射波第一个零交叉点；C—接收波第一个零交叉点

波的传播距离，应取激发元与接收元之间的距离。室内测试时，应由测试时的试样高度减去弯曲元插入试样的深度确定。试样高度应根据土样的初始高度以及轴向应变确定。

土样的剪切波速和压缩波速，应按下列公式计算：

$$v_s = L_w / T_s \tag{3-11-117}$$

$$v_p = L_w / T_p \tag{3-11-118}$$

式中 L_w——波的传播距离（m）；

T_s——剪切波传播时间（s）；

T_p——压缩波传播时间（s）。

第十二章 土 壤 氡 测 试

氡气是一种放射性气体、无色无味，氡元素具有几种同位素：Rn^{222}、Rn^{220}、Rn^{219}、Rn^{218}等，分别来自不同的镭元素 Rn^{226}、Rn^{224}、Rn^{223}、Rn^{222}。氡的同位素中，因 Rn^{220}、Rn^{219}、Rn^{218}在自然界中含量比 Rn^{222}少得多，Rn^{222}对人体危害占了大部分，WHO 认定氡为致癌的因素之一。

工程勘察设计阶段必须对土壤氡浓度进行调查，一般情况下，人的一生中所受的天然放射性照射多半来自氡气，而住宅、办公楼底层房间内的放射性氡气往往来自基础以下的土层或岩层中。因而《民用建筑工程室内环境污染控制规范》GB 50325—2010 将土壤氡浓度的测定规定为新建、扩建的民用建筑工程设计前必须进行的内容。

第一节 工程分类及有关概念

一、工程分类

《民用建筑工程室内环境污染控制规范》GB 50325—2010 将民用建筑工程分为两类：

Ⅰ类民用建筑工程：住宅、医院、老年建筑、幼儿园、学校教室等民用建筑工程；

Ⅱ类民用建筑工程：办公楼、商店、旅馆、文化娱乐场所、书店、图书馆、展览馆、体育馆、公共交通等候室、餐厅、理发店等民用建筑工程。

应当注意，该工程类别的划分，与《建筑地基基础设计规范》GB 50007—2011 划分地基基础设计等级是不同的。《民用建筑工程室内环境污染控制规范》GB 50325—2010，主要考虑了人在住宅中停留时间的长短以及建筑物内污染积聚的可能性，同时将建筑物本身的功能与现行国家标准中已有污染物控制指标综合考虑后确定的。而《建筑地基基础设计规范》GB 50007—2011 主要考虑地基的复杂程度、建筑物规模和功能特征以及由于地基问题，可能造成建筑物破坏或影响正常使用的程度划分地基基础设计等级。

二、概念

氡浓度：实际测量的单位体积空气内氡的放射性活度，单位 Bq/m^3。

表面氡析出率：单位面积、单位时间土壤或材料表面析出的氡的放射性活度。

内照射指数（I_{Ra}）：建筑材料中天然放射性核素镭－226 的放射性比活度，除以比活度限量值 200 而得的商。

外照射指数（I_r）：指建筑材料中天然放射性核素镭－226、钍－232 和钾－40 的放射性比活度，分别除以活度限量值 370、260、4200 而得的商之和。

$$I_r = \frac{c_{Ra}}{370} + \frac{c_{Th}}{260} + \frac{c_K}{4200} \tag{3-12-1}$$

第二节 土壤中氡浓度的测定及分析评价

《民用建筑工程室内环境污染控制规范》GB 50325—2010 规定：新建、扩建的民用建筑工程设计前，应进行建筑工程所在城市区域土壤中氡浓度或土壤表面氡析出率调查，并提交相应的调查报告。未进行过区域土壤中氡浓度或土壤表面氡析出率测定的，应进行建筑场地土壤中氡浓度或土壤氡析出率测定，并提供相应的检测报告。

一、土壤中氡浓度的测定

美国环境地质学家 BrookinsD. G1988 年提出了较为典型的氡的环境地质研究方法，他提出室内氡浓度水平与居室和山靠近的程度、土壤内氡气含量、房屋是否过分密封、阳光照射量及建筑材料等有关。

根据大量的研究测定，认为氡是随着地下水的流动以及土壤中的气体上行，从基岩通过裂隙上升到居室，因此得出土壤氡浓度高室内氡浓度也高的结论。

根据国内外大量实测资料，土壤中的氡，除了由所在地点土壤本身所含的放射性物质释放外，往往与地质断层密切相关，断层带附近的土壤氡浓度明显比非断层带高，往往高达几倍、十几倍，甚至更高。氡气在土壤中的扩散受断层走向、土质密度、潮湿程度、地下水等方面的影响，因而在岩土工程勘察时，岩土工程报告应包括工程地点的地质构造、断裂及区域放射性资料，当建筑物位于地质构造带时，应根据土壤中氡浓度的测定结果，确定防氡工程措施，当民用建筑工程处于非地质构造断裂带时，可不采取防氡工程措施。各地区由于断裂构造的分布不同，土层、岩性不同，各地区氡浓度的本底值也不相同。

（一）土壤中氡浓度的测定方法

1. 一般原则：土壤中氡浓度测量的关键是如何采集土壤中的空气。土壤中氡气的浓度一般大于数百 Bq/m^3，这样高的氡浓度的测量可以采用电离室法、静电收集法、闪烁瓶法、金硅面垒型探测器等方法进行测量。

2. 测试仪器性能指标要求：工作条件：温度－10～40℃；相对湿度≤90％；不确定度≤20％；探测下限≤400Bq/m^3。

3. 测量区域范围应与岩土工程勘察范围相同。

4. 在岩土工程勘察范围内布点时，应以间距 10m 作网格，各网格点即为测试点，当遇较大石块时，可偏离±2m，但布点数不应少于 16 个。布点位置应覆盖基础工程范围。

5. 在每个测试点，应采用专用钢钎打孔。孔的直径宜为 20～40mm，孔的深度宜为 500～800mm。

6. 成孔后，应使用头部有气孔的特制的取样器，插入打好的孔中，取样器在靠近地表处应进行密闭，避免大气渗入孔中，然后进行抽气。宜根据抽气阻力大小抽气 3～5 次。

7. 所采集土壤间隙中的空气样品，宜采用静电扩散法、电离室法或闪烁瓶法、高压收集金硅面垒型探测器测量法等方法测定现场土壤氡浓度。

8. 取样测试时间宜在 8：00～18：00 之间，现场取样测试工作不应在雨天进行，如遇雨天，应在雨后 24h 后进行。

9. 现场测试应有记录，记录内容包括：测试点布设图，成孔点土壤类别，现场地表状况描述，测试前 24h 以内工程地点的气象状况等。

10. 地表土壤氡浓度测试报告的内容应包括：取样测试过程描述、测试方法、土壤氡浓度测试结果等。

（二）土壤表面氡析出率测定

1. 土壤表面氡析出率测量所需仪器设备应包括取样设备、测量设备。取样设备的形状应为盆状，工作原理分为被动收集型和主动抽气采集型两种。现场测量设备应满足以下工作条件：温度－10～40℃；相对湿度≤90%；不确定度≤20%；探测下限≤0.01Bq/(m^2·s)。

2. 测量步骤应符合下列规定：

(1) 按照“土壤中氡浓度的测定方法”的要求，首先在建筑场地按10m×10m网格布点，网格点交叉处进行土壤氡析出率测量。

(2) 测量时，需清扫采样点地面，去除腐殖质、杂草及石块，把取样器扣在平整后的地面上，并用泥土对取样器周围进行密封，防止漏气，准备就绪后，开始测量并开始计时(t)。

(3) 土壤表面氡析出率测量过程中，应注意控制下列几个环节：1）使用聚集罩时，罩口与介质表面的接缝处应当封堵，避免罩内氡向外扩散（一般情况下，可在罩沿周边培一圈泥土，即可满足要求）。对于从罩内抽取空气测量的仪器类型来说，必须更加注意。2）被测介质表面应平整，保证各个测量点过程中罩内空间的体积不出现明显变化。3）测量的聚集时间等参数应与仪器测量灵敏度相适应，以保证足够的测量准确度。4）测量应在无风或微风条件下进行。

3. 被测地面的氡析出率应按下式进行计算：

$$R = N_t V/(S \cdot T) \tag{3-12-2}$$

式中　R——土壤表面氡析出率［Bq/(m^2·s)］；

N_t——t时刻测得的罩内氡浓度（Bq/m^3）；

S——聚集罩所罩住的介质表面的面积（m^2）；

V——聚集罩所罩住的罩内容积（m^3）；

T——测量经历的时间（s）。

二、氡浓度的分析评价及防氡措施

《民用建筑工程室内环境污染控制规范》GB 50325—2010规定：

1. 已进行过土壤中氡浓度或土壤表面氡析出率区域性测定的民用建筑工程，当土壤氡浓度测定结果平均值不大于10000Bq/m^3或土壤表面氡析出率测定结果平均值不大于0.02Bq/(m^2·s)，且工程场地所在地点不存在地质断裂构造时，可不再进行土壤氡浓度测定；其他情况均应进行工程场地土壤氡浓度或土壤表面氡析出率测定。

2. 当民用建筑工程场地土壤氡浓度不大于20000Bq/m^3或土壤表面氡析出率不大于0.05Bq/(m^2·s)时，可不采取防氡工程措施。

3. 当民用建筑工程场地土壤氡浓度测定结果大于20000Bq/m^3，且小于30000Bq/m^3，或土壤表面氡析出率大于0.05Bq/(m^2·s)且小于0.1Bq/(m^2·s)时，应采取建筑物底层地面抗开裂措施。

4. 当民用建筑工程场地土壤氡浓度测定结果大于或等于30000Bq/m^3，且小于50000Bq/m^3，或土壤表面氡析出率大于或等于0.1Bq/(m^2·s)且小于0.3Bq/(m^2·s)时，除采取建筑物底层地面抗开裂措施外，还必须按现行国家标准《地下工程防水技术规范》GB 50108中的一级防水要求，对基础进行处理。

5. 当民用建筑工程场地土壤氡浓度大于或等于50000Bq/m^3或土壤表面氡析出率平均

值大于或等于 0.3Bq/(m^2·s) 时，应采取建筑物综合防氡措施。

6. 当Ⅰ类民用建筑工程场地土壤中氡浓度大于或等于 50000Bq/m^3，或土壤表面氡析出率大于或等于 0.3Bq/(m^2·s) 时，应进行工程场地土壤中的镭-266、钍-232、钾-40 比活度测定。当内照射指数（I_{Ra}）大于 1.0 或外照射指数（I_r）大于 1.3 时，工程场地土壤不得作为工程回填土使用。

北京市工程建设标准《民用建筑工程室内环境污染控制规程》DBJ 01—91—2004 规定：

1. 民用建筑工程建筑场地土壤中氡浓度算术平均值不高于 10000Bq/m^3时，该工程可不采取防氡措施；

2. 民用建筑工程建筑场地土壤中氡浓度算术平均值高于 10000Bq/m^3时，首层地面和地下工程的变形缝、施工缝、穿墙管（盒）、埋设件、预留孔洞等应进行密封防氡处理；

3. 民用建筑工程建筑场地土壤中氡浓度算术平均值高于 50000Bq/m^3时，工程设计中除采取上述措施外，建筑物地下工程应采取抗开裂措施，并应按现行国家标准《地下工程防水技术规范》GB 50108 中的一级防水要求，对基础进行处理，必要时还应按现行国家标准《新建低层住宅建筑设计与施工中氡控制导则》GB/T 17785 的有关规定，采取通风、模式减压等综合措施。

4. Ⅰ类民用建筑工程建筑场地土壤中氡浓度算术平均值高于 50000Bq/m^3时，应进行建筑场地土壤中的镭-266、钍-232、钾-40 的比活度测定。当内照射指数（I_{Ra}）大于 1.0 或外照射指数（I_r）大于 1.0 时，工程场地土壤不得作为工程回填土使用。

第十三章　土、水腐蚀性测试和环境水质量测试

第一节　土、水腐蚀性测试与评价

一、取样

（一）采取水、土试样的原则规定

水、土有可能对建筑材料产生腐蚀危害。当有足够经验或充分资料，认定工程场地及其附近的土或水（地下水或地表水）对建筑材料为微腐蚀时，可不取样试验进行腐蚀性评价。对常年在地下水位以上的中、碱性土地区，可不取样试验，直接评价为微腐蚀。否则，应取水试样或土试样进行试验并评定其对建筑材料的腐蚀性。土对钢结构腐蚀性的评价可根据任务书要求进行。

（二）采取水、土试样的要求

1. 混凝土结构处于地下水位以上时，应取土试样作土的腐蚀性测试；

2. 混凝土结构处于地下水或地表水中时，应取水试样作水的腐蚀性测试；

3. 混凝土结构部分处于地下水位以上、部分处于地下水位以下时，应分别取土试样和水试样作腐蚀性测试；

4. 水试样和土试样应在混凝土结构所在的深度采取，每个场地不应少于 2 件，当土

中盐类成分和含量分布不均匀时，应分区、分层取样，每区、每层不应少于2件；当有多层地下水，且混凝土外墙、基础、桩穿过多层地下水时，应分层采取水试样；

5. 地下水位以上的构筑物，规定只取土样，不取水样，但实际工作中应注意地下水位的季节变化幅度，当地下水位上升，可能浸没构筑物基础时，仍应取水样进行水的腐蚀性测试。

（三）采取地下水试样注意事项

当被腐蚀对象处于地下水位以下时，应采取地下水试样进行地下水的腐蚀性测试。水样采集时应注意以下问题。

1. 取试样前至少用水样洗涤玻璃瓶和塞子3次，取样时水应缓缓注入瓶中，不能搅动水源，并注意勿使砂石、浮土颗粒或植物等进入瓶中。

2. 在钻孔中取样，应尽可能从钻孔中抽出1～2倍水柱体积的水，然后取样。

3. 采取水样时，不要把瓶子完全装满，水面与瓶塞间要留1cm左右的空隙，以防水温及气温改变时瓶塞被挤掉。

4. 水样取好后，仔细塞好瓶塞，不能有漏水现象，然后用石蜡或火漆封瓶口。如水样运送较远，则应用纱布或绳子将瓶口缠紧，然后再以石蜡或火漆封住。

5. 运送途中严防水样封口破损，冬季应防止水样瓶冻裂，夏季应避免日光照射。

6. 对采集的水样应及时化验。其中，清洁水样放置时间不宜超过72h，稍受污染的水不宜超过48h，受污染的水不宜超过12h。

二、测试项目及方法

（一）测试项目

1. 水对混凝土结构腐蚀性的测试项目包括：pH值、Ca^{2+}、Mg^{2+}、Cl^-、SO_4^{2-}、HCO_3^-、CO_3^{2-}、侵蚀性CO_2、游离CO_2、NH_4^+、OH^-、总矿化度；

2. 土对混凝土结构腐蚀性的测试项目包括：pH值、Ca^{2+}、Mg^{2+}、Cl^-、SO_4^{2-}、HCO_3^-、CO_3^{2-}的易溶盐（土水比1∶5）分析；

3. 土对钢结构腐蚀性的测试项目包括：pH值、氧化还原电位、极化电流密度、电阻率、质量损失。

（二）试验方法

1. 水试样腐蚀性试验方法

（1）pH值：pH值的测定可采用复合电极法。复合电极是以玻璃电极为指示电极，以Ag/AgCl等为参比电极合在一起组成pH复合电极，水样的pH值是利用复合电极电动势随氢离子活度变化而发生偏移来测定。将复合电极浸入与pH相近的标准溶液中校准仪器，取出清洗干净后，再将电极浸入试样中，稳定后从仪器上读取pH值。

（2）Ca^{2+}：Ca^{2+}测定可采用EDTA滴定法。在pH大于12的碱性溶液中，镁离子生成氢氧化镁沉淀，钙离子与钙指示剂生成红色络合物，加入EDTA后，钙与EDTA络合，游离出钙指示剂本身的蓝色，即为终点。根据EDTA消耗的体积计算试样中Ca^{2+}的含量。

（3）Mg^{2+}：Mg^{2+}测定可采用EDTA滴定法。在pH=10的溶液中，钙镁离子与指示剂生成红色络合物，加入EDTA后，游离的钙和镁首先与EDTA络合，与指示剂络合的钙镁随后也与EDTA络合，游离出指示剂本身的蓝色，即为终点。此EDTA消耗量为

Ca^{2+}、Mg^{2+}总量，将EDTA总量减去滴定Ca^{2+}消耗EDTA的量，计算试样中Mg^{2+}的含量。

（4）SO_4^{2-}：SO_4^{2-}测定可采用EDTA滴定法。试样经盐酸酸化后，除去二氧化碳气体，用钡镁标准溶液中的钡离子沉淀硫酸根离子，过量的钡离子在镁离子和指示剂的存在下，于pH＝10条件下用EDTA标准溶液反滴定。同时测定试样中Ca^{2+}、Mg^{2+}含量，计算时减去。

（5）Cl^-：Cl^-测定可采用摩尔法。在弱酸性至弱碱性溶液中（pH＝6～10），加入铬酸钾指示剂，用硝酸银标准溶液滴定氯化物。由于氯化银的溶解度小于铬酸银的溶解度，硝酸银与氯化物首先反应生成氯化银沉淀，过量的硝酸银与铬酸钾指示剂反应生成砖红色铬酸银沉淀，即为终点。根据硝酸银标准溶液消耗的体积计算水样中Cl^-的含量。

（6）CO_3^{2-}、HCO_3^-、OH^-：CO_3^{2-}、HCO_3^-、OH^-采用酸滴定法。在试样中加入酚酞指示剂，如溶液出现粉红色，用盐酸标准溶液滴至无色；继续向试样中加入甲基橙指示剂，用盐酸标准溶液滴定至溶液颜色由橘黄色变为橘红色。

用盐酸标准溶液滴定水样由粉红色至无色时，溶液pH为8.3，表示水样中氢氧根离子已被中和，碳酸盐均变为重碳酸盐，滴定至水样由橘黄色变为橘红色时，溶液pH为4.4～4.5，表示水样中重碳酸盐（包括原有的和由碳酸盐转化成的）已被中和。根据盐酸标准溶液消耗的体积分别计算试样中CO_3^{2-}、HCO_3^-、OH^-的含量。

（7）侵蚀性CO_2：侵蚀性CO_2采用盖耶尔法。在试样中加入碳酸钙粉，侵蚀性二氧化碳与碳酸钙反应生成重碳酸根，为增加的碱度，用盐酸标准溶液滴定加碳酸钙粉和不加碳酸钙粉试样的碱度，二者之差，即为侵蚀性CO_2的含量。

（8）游离CO_2：游离CO_2采用碱滴定法。水中游离二氧化碳与氢氧化钠标准溶液反应生成碳酸氢钠，在终点pH8.3时，溶液颜色由无色或浅粉色变为粉红色，根据氢氧化钠标准溶液消耗的体积计算试样中游离CO_2的含量。游离CO_2气体极易逸出，开启试样瓶后应立即测定，最好在取样现场进行测定。

（9）NH_4^+：NH_4^+测定可采用纳氏试剂比色法。水中氨在碱性条件下与纳氏试剂（K_2HgI_4）生成黄棕色络合物，其色度与铵离子含量成正比，用分光光度计在波长420nm处测定其吸光度。

（10）总矿化度：总矿化度可采用重量法或阴阳离子加和法。重量法是水样经过滤去除悬浮物及沉降性固体物，放在蒸发皿中蒸干，用过氧化氢去除有机物后，在105～110℃烘干至恒重，冷却后称重减去蒸发皿的重量。阴阳离子加和法是将试样中阴阳离子相加即为总矿化度。

2. 试验方法简介

（1）pH：开启仪器温度补偿功能，将复合电极浸入与pH相近的标准溶液中校准仪器，取出清洗干净后，再将电极浸入试样中，稳定后从仪器上读数。

（2）Ca^{2+}：取一定体积的试样，加入氢氧化钠溶液使pH值至12～13，加入钙指示剂，用EDTA标准溶液滴定至溶液由红色突变为纯蓝色，根据EDTA消耗的体积计算试样中Ca^{2+}的含量。

（3）Mg^{2+}：取一定体积的试样，加入铵盐缓冲溶液使pH值至10，加入KB指示剂或铬黑T指示剂，用EDTA标准溶液滴定至溶液由红色突变为纯蓝色，此EDTA消耗量

为 Ca^{2+} 、Mg^{2+} 总量，将 EDTA 总量减去滴定 Ca^{2+} 消耗 EDTA 的量，计算试样中 Mg^{2+} 的含量。

（4）SO_4^{2-}：首先取少量试样加入几滴盐酸和几滴氯化钡溶液，观察沉淀情况，判断硫酸盐含量范围，根据硫酸盐含量范围取一定体积的试样和空白样，加入几滴盐酸，加热煮沸，除去二氧化碳，加入与硫酸盐含量范围相对应的钡镁合剂量，加热至沸，静置 2h，加入铵盐缓冲溶液及适量指示剂，用 EDTA 标准溶液滴定至溶液由红色突变为纯蓝色。滴定试样消耗 EDTA 的量为钡镁合剂中镁离子、过量的钡离子和试样中钙离子、镁离子总量，用滴定空白消耗 EDTA 的量减去钡镁合剂中镁离子、过量的钡离子消耗 EDTA 的量，计算试样中 SO_4^{2-} 的含量。质量法是在一定条件下，加氯化钡使水中的硫酸根生成硫酸钡沉淀，过滤，沉淀灼烧、称量，测得硫酸根量。

（5）Cl^-：取一定体积的试样，加入铬酸钾指示剂，用硝酸银标准溶液滴定至砖红色刚刚出现，根据硝酸银标准溶液消耗的体积计算水样中 Cl^- 的含量。

（6）CO_3^{2-}、HCO_3^-、OH^-：取一定体积的试样，加入适量酚酞指示剂，如溶液出现粉红色，用盐酸标准溶液滴至无色；继续向试样中加入甲基橙指示剂，用盐酸标准溶液滴定至溶液颜色由橘黄色变为橘红色。根据盐酸标准溶液消耗的体积分别计算试样中 CO_3^{2-}、HCO_3^-、OH^- 的含量。

（7）侵蚀性 CO_2：取适量加入碳酸钙粉的试样，加入混合指示剂，用盐酸标准溶液滴定至溶液由蓝绿色突变为红色。同时测定未加入碳酸钙粉的试样。用二者消耗盐酸标准溶液的差值，计算试样中侵蚀性 CO_2 的含量。

（8）游离 CO_2：取一定体积的试样，加入酚酞指示剂，立即用氢氧化钠标准溶液滴定至溶液由无色或浅粉色变为粉红色，根据氢氧化钠标准溶液消耗的体积计算试样中游离 CO_2 的含量。

（9）NH_4^+：取一定体积的试样，加入酒石酸钾钠溶液和纳氏试剂，放置 10 分钟，用分光光度计在波长 420nm 处测定其吸光度，根据标准曲线查取铵的含量。

（10）总矿化度：重量法先将蒸发皿烘干称至恒重，然后取一定体积的过滤试样，置于蒸发皿中，在水浴上蒸干，如蒸干残渣有色，加入几滴过氧化氢溶液使气泡消失，再蒸干，放入烘箱内，在 105℃～110℃烘干 2h 至恒重，置于干燥器中冷却至室温，称重，计算其含量。

阴阳离子加和法是将试样的阴阳离子含量相加，即为总矿化度。

3. 土试样腐蚀性试验方法

（1）Ca^{2+}、Mg^{2+}、Cl^-、SO_4^{2-}、HCO_3^-、CO_3^{2-}：土中 Ca^{2+}、Mg^{2+}、Cl^-、SO_4^{2-}、HCO_3^-、CO_3^{2-} 的测定采用室内试验法，试验方法如下：

使用风干土，过 2mm 筛，按土、水比例 1∶5 加入纯水搅匀、振荡 3min 后用抽气过滤取滤液，按与水的各种离子室内试验相同的方法进行测定。

（2）pH 值：土的 pH 值是固相的土与其平衡的土溶液中氢离子的负对数，是表示土中活性酸度的一种方法。

土的 pH 值采用原位测试法，以锥形玻璃电极为指示电极，饱和氯化钾甘汞电极为参比电极，在预定深度插入参比电极，插入深度不小于 3cm。以参比电极为中心，在以 20cm 为半径的圆周上，按 3 或 5 等分插入指示电极，插入深度与参比电极相同。测试后，取各点 pH 值的算术平均值，作为该土层的 pH 值。

（3）氧化还原电位：氧化还原电位采用原位测试法。氧化还原电位 E_h 是由标准电位 E_0 和氧化剂与还原剂的活度而决定，而不取决于活度的绝对值。测定方法是以铂电极为指示电极，饱和氯化钾甘汞电极为参比电极进行测试。

操作方法同测定 pH 值时基本相同，但要求电极插入后要平衡 1h。

（4）极化曲线：在腐蚀原电池中，只要有电流通过电极，就有极化作用产生，极化作用是电流通过后引起电极电流下降，电极反应过程速度降低，腐蚀速度减缓甚至腐蚀终止的现象，极化作用主要取决于电极和土的物理化学性质。

极化曲线采用原位测试法，测试时将两电极的光洁金属面相向平行对立，间距 5cm，插入土中，插入深度不小于 3cm，将土稍压，使电极金属面与土紧密接触。将仪器正极和负极上的导线分别连接在两个电极上，开始时给仪器一个低电流，5min 后仪器自动显示出极化电位差 ΔE（mV）的数值，然后逐步增大电流，则得到相应的极化电位差。通常当 ΔE 达到 600mV 以上时，测试完毕。

将恒定电流除以电极面积，得到电流密度 I_d（mA/cm^2），绘制 I_d-ΔE 极化曲线，评价时以极化电位差 ΔE 为 500mV 时的电流密度 I_d（mA/cm^2）作为评价标准。

（5）电阻率：土的电阻率愈大，腐蚀程度越低；反之电阻率愈小，腐蚀程度愈强。土的电阻率通常采用交流四极法测试，测试方法及结果如下：

a. 将四支探针按直线等距离排布插入土中，使两相邻探针的距离等于欲测土层的深度 a，探针插入深度应为 $0.05a$。

b. 将测试仪器水平放置好，调整检流计指针使之在中心线上，再将仪器导线按顺序接在电极上，将倍率尺置于最大倍数上，摇动仪器手柄，同时转动“测量标度盘”和倍率钮，当指针接近平衡位置时，应加快摇动的速度，使其大于 120r/min，调整标度盘，使其指针在中心线上，即可记录数据，测试结果可得地表至 a 深度处的电阻率。

c. 若改变两相邻探针的间距为 b（m），即可测试地表至 b 深度处的电阻率。

d. 在进行上述测量的同时应测量土的温度。

e. 土的电阻率（ρ）应按下式计算

$$\rho = 2\pi aR \tag{3-13-1}$$

式中　ρ——土的电阻率（Ω·m）；

a——两探针间的距离（m）；

R——电阻测量仪读数。

f. 温度校正

土的温度对电阻率影响较大，土的温度每增加 1℃，电阻率减少 2%，为便于对比，ρ 值统一校正至 15℃。

$$\rho_{15} = \rho[1+\alpha(t-15)] \tag{3-13-2}$$

式中　ρ_{15}——土温度为 15℃时的电阻率（Ω·m）

α——温度系数，一般为 0.02；

t——实测时土的温度，指 0.5m 以下土的温度（℃）。

g. 结构物埋置深度处电阻率校正

由于土的不均匀性，不同深度处土的电阻率不同，因此需要计算结构物埋置深度处的电阻率，计算公式如下：

$$\rho_{(a-b)} = \frac{\rho_a R_b - \rho_b R_a}{R_b - R_a} \tag{3-13-3}$$

式中　$\rho_{(a-b)}$——结构物埋置深度处土的电阻率（Ω·m）；

ρ_a——从地表至 a 深度处土的电阻率（Ω·m）；

ρ_b——从地表至 b 深度处土的电阻率（Ω·m）；

R_a——探针间距为 a（m）时的仪表读数；

R_b——探针间距为 b（m）时的仪表读数。

（6）质量损失

质量损失为室内扰动土的试验项目，采用管罐法。具体试验方法如下：

取钢铁结构物或普通碳素钢，加工成一定规格的钢管，埋置于盛试验土样的铁皮罐中，钢管用导线连接 ZHS-10 型质量损失测定仪的正极，铁皮罐用导线连接仪器的负极，通 6V 直流电使其电解 24h，求电解后钢管损失的质量（g）。

三、水和土对混凝土结构腐蚀性的评价

《岩土工程勘察规范》GB 50021—2001（2009 年版）、《公路工程地质勘察规范》JTGC 20—2011、《水利水电工程地质勘察规范》GB 50487—2008 和《铁路工程地质勘察规范》TB 10012—2007 对水土的腐蚀性评价不同，分别介绍如下：

（一）《岩土工程勘察规范》GB 50021—2001（2009 年版）有关规定

1. 受环境类型影响水和土对混凝土结构的腐蚀性评价

（1）场地环境类型的划分

场地的环境类型划分见表 3-13-1。

环境类型分类　　表 3-13-1

环境类别	场地环境地质条件
Ⅰ	高寒区、干旱区直接临水；高寒区、干旱区强透水层中的地下水
Ⅱ	高寒区、干旱区弱透水层中的地下水；各气候区湿、很湿的弱透水层 湿润区直接临水；湿润区强透水层中的地下水
Ⅲ	各气候区稍湿的弱透水层；各气候区地下水位以上的强透水层

注：1. 高寒区是指海拔高度等于或大于 3000m 的地区；干旱区是指海拔高度小于 3000m，干燥度指数 K 值等于或大于 1.5 的地区；湿润区是指干燥度指数 K 值小于 1.5 的地区；

2. 强透水层是指碎石土和砂土；弱透水层是指粉土和黏性土；

3. 含水量 $w<3\%$的土层，可视为干燥土层，不具有腐蚀环境条件；

4. 当混凝土结构一边接触地面水或地下水，一边暴露在大气中，水可以通过渗透或毛细作用在暴露大气中的一边蒸发时，应定为Ⅰ类；

5. 当有地区经验时，环境类型可根据地区经验划分；当同一场地出现两种环境类型时，应根据具体情况选定。

（2）腐蚀性评价

受环境类型影响，水和土对混凝土结构的腐蚀性，应符合表 3-13-2 的规定。

按环境类型水和土对混凝土结构的腐蚀性评价　　表 3-13-2

腐蚀等级	腐蚀介质	环境类型		
		Ⅰ	Ⅱ	Ⅲ
微	硫酸盐含量 SO_4^{2-} (mg/L)	<200	<300	<500
弱		200～500	300～1500	500～3000
中		500～1500	1500～3000	3000～6000
强		>1500	>3000	>6000
微	镁盐含量 Mg^{2+} (mg/L)	<1000	<2000	<3000
弱		1000～2000	2000～3000	3000～4000
中		2000～3000	3000～4000	4000～5000
强		>3000	>4000	>5000
微	铵盐含量 NH_4^+ (mg/L)	<100	<500	<800
弱		100～500	500～800	800～1000
中		500～800	800～1000	1000～1500
强		>800	>1000	>1500
微	苛性碱含量 OH^- (mg/L)	<35000	<43000	<57000
弱		35000～43000	43000～57000	57000～70000
中		43000～57000	57000～70000	70000～100000
强		>57000	>70000	>100000
微	总矿化度 (mg/L)	<10000	<20000	<50000
弱		10000～20000	20000～50000	50000～60000
中		20000～50000	50000～60000	60000～70000
强		>50000	>60000	>70000

注：1. 表中的数值适用于有干湿交替作用的情况，Ⅰ、Ⅱ类腐蚀环境无干湿交替作用时，表中硫酸盐含量数值应乘以 1.3 的系数；

2. 表中数值适用于水的腐蚀性评价，对土的腐蚀性评价，应乘以 1.5 的系数，单位以 mg/kg 表示。

2. 受地层渗透性影响，水和土对混凝土结构的腐蚀性评价

按地层渗透性水和土对混凝土结构的腐蚀性评价，应符合表 3-13-3 的规定。

按地层渗透性水和土对混凝土结构的腐蚀性评价　　表 3-13-3

腐蚀等级	pH 值		侵蚀性 CO_2 (mg/L)		HCO_3^- (mmol/L)
	A	B	A	B	A
微	>6.5	>5.0	<15	<30	>1.0
弱	6.5～5.0	5.0～4.0	15～30	30～60	1.0～0.5
中	5.0～4.0	4.0～3.5	30～60	60～100	<0.5
强	<4.0	<3.5	>60	—	—

注：1. 表中 A 是指直接临水或强透水层中的地下水；B 是指弱透水层中的地下水。强透水层是指碎石土和砂土；弱透水层是指粉土和黏性土；

2. HCO_3^- 含量是指水的矿化度低于 0.1g/L 的软水时，该类水质 HCO_3^- 的腐蚀性；

3. 土的腐蚀性评价只考虑 pH 值指标；评价其腐蚀性时，A 是指强透水土层；B 是指弱透水土层。

3. 水和土对混凝土的腐蚀性综合评价

当按表 3-13-2 和表 3-13-3 评价的腐蚀等级不同时，应按下列规定综合评定：

(1) 腐蚀等级中，只出现弱腐蚀，无中等腐蚀或强腐蚀时，应综合评价为弱腐蚀；

(2) 腐蚀等级中，无强腐蚀；最高为中等腐蚀时，应综合评价为中等腐蚀；

(3) 腐蚀等级中，有一个或一个以上为强腐蚀，应综合评价为强腐蚀。

4. 水和土对钢筋混凝土中钢筋的腐蚀性评价

水和土对钢筋混凝土结构中钢筋的腐蚀性评价，应符合表 3-13-4 的规定。

对钢筋混凝土结构中钢筋的腐蚀性评价　　表 3-13-4

腐蚀等级	水中的 Cl^- 含量（mg/L）		土中的 Cl^- 含量（mg/kg）	
	长期浸水	干湿交替	A	B
微	＜10000	＜100	＜400	＜250
弱	10000～20000	100～500	400～750	250～500
中	—	500～5000	750～7500	500～5000
强	—	＞5000	＞7500	＞5000

注：A 是指地下水位以上的碎石土、砂土，坚硬、硬塑的黏性土；B 是湿、很湿的粉土，可塑、软塑、流塑的黏性土。

5. 土对钢结构腐蚀的评价

土对钢结构腐蚀的评价，应符合表 3-13-5 的规定。

土对钢结构腐蚀性评价　　表 3-13-5

腐蚀等级	pH	氧化还原电位（mV）	视电阻率（Ω·m）	极化电流密度（mA/cm^2）	质量损失（g）
微	＞5.5	＞400	＞100	＜0.02	＜1
弱	5.5～4.5	400～200	100～50	0.02～0.05	1～2
中	4.5～3.5	200～100	50～20	0.05～0.20	2～3
强	＜3.5	＜100	＜20	＞0.20	＞3

注：土对钢结构的腐蚀性评价，取各指标中腐蚀等级最高者。

（二）新修编的《岩土工程勘察规范》中对水土的腐蚀性作了有关修改，其内容如下：

1. 受环境类型影响水和土对混凝土结构的腐蚀性评价

(1) 场地环境类型的划分

场地的环境类型划分见表 3-13-6。

环境类型分类　　表 3-13-6

类别	场地条件	亚类	场地条件
Ⅰ	盐渍土地区地下水常年水位浅于 50cm；或混凝土一面与水接触，一面暴露在空气中；或混凝土部分在地表水中，部分暴露在大气中	Ⅰ$_A$	海拔高度大于 4000m 的高寒区或干燥指数大于 4.0 的干旱区
		Ⅰ$_B$	海拔高度为 3000～4000m 的高寒区或干燥指数为 1.5～4.0 的半干旱区
		Ⅰ$_C$	干燥指数小于 1.5 的湿润区
Ⅱ	混凝土全部长期处于地表水中		
Ⅲ	除Ⅰ、Ⅱ类环境以外的其他岩土环境	Ⅲ$_A$	混凝土接触的是强透水性地层
		Ⅲ$_B$	混凝土接触的是弱透水性地层

注：强透水地层是指碎石土和砂土；弱透水地层是指粉土和黏性土。

(2) 腐蚀性评价

受环境类型影响，水中硫酸盐结晶腐蚀应按表 3-13-7 评价。

水中硫酸盐对混凝土结构腐蚀的评价　　**表 3-13-7**

环境类别		Ⅰ A	Ⅰ B	Ⅰ C	Ⅱ	Ⅲ A	Ⅲ B
		SO_4^{2-} mg/L					
腐蚀强度	微	<150	<200	<250	<300	<400	<500
	弱	150～200	200～250	250～300	300～1000	400～1000	500～2000
	中	200～250	250～300	300～1000	1000～2000	1000～3000	2000～6000
	强	>250	>300	>1000	>2000	>3000	>6000

水中 NH_4^+、OH^- 对混凝土结构的腐蚀性应按表 3-13-8 评价。

水中 NH_4^+、OH^- 对混凝土结构的腐蚀性评价　　**表 3-13-8**

腐蚀等级	腐蚀介质	环境类型					
		Ⅰ A	Ⅰ B	Ⅰ C	Ⅱ	Ⅲ A	Ⅲ B
微	铵盐含量 NH_4^+ (mg/L)	<100	<500	<800	<1000	<1500	<2000
弱		100～500	500～800	800～1000	1000～1500	1500～2000	2000～3000
中		500～800	800～1000	1000～1500	1500～2000	2000～3000	3000～4000
强		>800	>1000	>1500	>2000	>3000	>4000
微	苛性碱含量 OH^- (mg/L)	<35000	<42000	<50000	<60000	<72000	<85000
弱		35000～42000	42000～50000	50000～60000	60000～72000	72000～85000	85000～100000
中		>42000	>50000	>60000	>72000	>85000	>100000
强		—	—	—	—	—	—

注：苛性碱含量是 NaOH、KOH 中 OH^- 含量之和，通过计算确定。

受环境类型影响，土中硫酸盐结晶腐蚀应按表 3-13-9 评价。

土中硫酸盐对混凝土结构腐蚀的评价　　**表 3-13-9**

环境类别		Ⅰ A	Ⅰ B	Ⅰ C	Ⅱ	Ⅲ A	Ⅲ B
		SO_4^{2-} mg/kg					
腐蚀强度	微	<225	<300	<375	<450	<600	<750
	弱	225～300	300～375	375～450	450～1500	600～1500	750～3000
	中	300～375	375～450	450～1500	1500～3000	1500～4500	3000～9000
	强	>375	>450	>1500	>3000	>4500	>9000

土中 NH_4^+、OH^- 对混凝土结构的腐蚀性应按表 3-13-10 评价。

土中 NH_4^+、OH^- 对混凝土结构的腐蚀性评价　　**表 3-13-10**

腐蚀等级	腐蚀介质	环境类型					
		Ⅰ A	Ⅰ B	Ⅰ C	Ⅱ	Ⅲ A	Ⅲ B
微	铵盐含量 NH_4^+ (mg/kg)	<150	<750	<1200	<1500	<2250	<3000
弱		150～750	750～1200	1200～1500	1500～2250	2250～3000	3000～4500
中		750～1200	1200～1500	1500～2250	2250～3000	3000～4500	4500～6000
强		>1200	>1500	>2250	>3000	>4500	>6000

续表

腐蚀等级	腐蚀介质	环境类型					
		Ⅰ A	Ⅰ B	Ⅰ C	Ⅱ	Ⅲ A	Ⅲ B
微	苛性碱	<52500	<63000	<75000	<90000	<108000	<127500
弱	含量	52500～63000	63000～75000	75000～90000	90000～108000	108000～127500	127500～150000
中	OH^-	>63000	>75000	>90000	>108000	>127500	>150000
强	(mg/kg)	—	—	—	—	—	—

注：苛性碱含量是 NaOH、KOH 中 OH^- 含量之和，通过计算确定。

2. 受地层渗透性影响，水和土对混凝土结构的腐蚀性评价

(1) 受地层渗透性影响，水、土对混凝土结构的腐蚀性，应按表 3-13-11 评价。

按地层渗透性水和土对混凝土结构的腐蚀性评价　　表 3-13-11

腐蚀等级	酸型 pH 值		碳酸型 侵蚀性 CO_2 (mg/L)		溶出型 HCO_3^- (mmol/L)	镁离子型 Mg^{2+} (mg/L)	
	A	B	A	B	A	A	B
微	>6.5	>5.0	<15	<30	>1.0	<1000	<2000
弱	6.5～5.0	5.0～4.0	15～30	30～60	1.0～0.5	1000～2000	2000～3000
中	5.0～4.0	4.0～3.0	30～60	60～100	<0.5	2000～3000	3000～5000
强	<4.0	<3.0	>60	>100	—	>3000	>5000

注：1. 表中 A 是指直接临水或强透水层中的地下水；B 是指弱透水层中的地下水。
2. HCO_3^- 含量是指水的矿化度低于 0.1g/L 的软水时，该类水质 HCO_3^- 的腐蚀性；
3. 土的腐蚀性评价考虑 pH 值和 Mg^{2+} 指标，pH 值以锥型玻璃电极野外现场插入土中直接测试，镁离子指标乘以 1.5 的系数为土中指标，单位以 mg/kg，评价其腐蚀性时，A 是指强透水土层；B 是指弱透水土层。

(2) 水中 pH、侵蚀 CO_2、HCO_3^- 对混凝土结构的腐蚀性评价采用十字法（图 3-13-1），评价结果按表 3-13-12 确定。

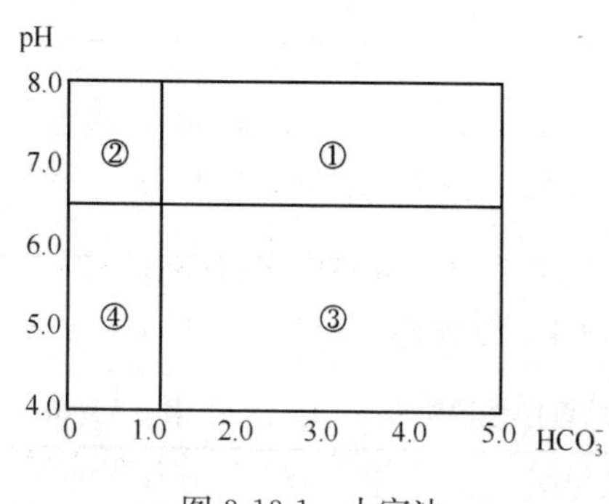

图 3-13-1 十字法

水中 pH 值、侵蚀 CO_2、HCO_3^- “十字法”评价　　表 3-13-12

区号	环境条件	评 价
①	A 与 B	均为微腐蚀
②	A B	以 HCO_3^- 腐蚀强度为评价结果
③	A B	pH 与侵蚀 CO_2 选腐蚀强度较强者为评价结果 选 pH 腐蚀强度为评价结果
④	A B	两项或三项腐蚀共存时，选腐蚀强度较强者为评价结果； 以 pH 腐蚀强度为评价结果

其他：HCO_3^- >5.0mmol/L，pH>4 的 A、B 环境，均为微腐蚀区

(3) 当硫酸盐与 Mg^{2+} 腐蚀介质并存时，应首先按下列方法评价腐蚀介质的腐蚀强度：

1) 表 3-13-12 中镁离子型 A，不论 Mg^{2+} 腐蚀等级的强弱，当有硫酸盐结晶腐蚀时，以硫酸盐结晶腐蚀及其强度为评价结果。

2) 表 3-13-12 中镁离子型 B，当 Mg^{2+} 为强腐蚀，硫酸盐结晶为微腐蚀或弱腐蚀时，

以镁离子强腐蚀为评价结果，其他情况以硫酸盐结晶腐蚀为评价结果。

3. 水和土对混凝土腐蚀性的综合评定

当硫酸盐与其他腐蚀介质并存时，应按下列方法综合评价腐蚀介质的腐蚀强度：

（1）当其他各项介质为弱或与硫酸盐腐蚀强度相等或高出一级，则均应以硫酸盐的腐蚀强度为综合评价结论；

（2）当其他腐蚀介质的腐蚀强度比硫酸盐腐蚀强度高两级或两级以上时，则应综合评价为中等腐蚀；

（3）当混凝土结构直接临水或位于强透水层中，在水、土的 pH＜4.0 时，或当混凝土位于弱透水层中，在水、土的 pH＜3.0 时，则应综合评价为强腐蚀。

4. 水、土对钢筋混凝土结构中钢筋的腐蚀性评价

水、土对钢筋混凝土结构中钢筋的腐蚀性应按表 3-13-13 评价

对钢筋混凝土结构中钢筋的腐蚀性评价　　表 3-13-13

腐蚀等级	水中的 Cl^- 含量（mg/L）		土中的 Cl^- 含量（mg/kg）	
	长期浸水	非长期浸水	地下水位以上的碎石土、砂土，坚硬、硬塑的黏性土	湿、很湿的粉土，可塑、软塑、流塑的黏性土
微	＜10000	＜100	＜400	＜250
弱	10000～20000	100～500	400～750	250～500
中	—	500～5000	750～7500	500～5000
强	—	＞5000	＞7500	＞5000

5. 土对钢结构腐蚀性评价

土对钢结构腐蚀按表 3-13-5 评价。

（三）《公路工程地质勘察规范》JTG C20—2011 中规定

受环境类型影响水和土对混凝土结构的腐蚀性评价

1. 场地环境类型的划分

场地的环境类型划分见表 3-13-14。

环境类型分类　　表 3-13-14

环境类型	场地环境地质条件
Ⅰ	高寒区、干旱区直接临水；高寒区、干旱区强透水层中的地下水
Ⅱ	高寒区、干旱区弱透水层中的地下水；各气候区湿、很湿的弱透水层；湿润区直接临水；湿润区强透水层中的地下水
Ⅲ	各气候区稍湿的弱透水土层；各气候区地下水位以上的强透水层

注：1. 高寒区是指海拔高度等于或大于 3000m 的地区；干旱区是指海拔高度小于 3000m，干燥度指数 K 值等于或大于 1.5 的地区；湿润区是指干燥度指数 K 值小于 1.5 的地区。我国干燥度大于 1.5 的地区有新疆（除局部）、西藏（除东部）、甘肃（除局部）、宁夏、内蒙古（除局部）、陕西北部、山西北部、河北北部，辽宁西部、吉林西部。其他地区基本上小于 1.5。不能确认或需干燥度的具体数据时，可向各地气象部门查询。

2. 强透水层是指碎石土和砂土；弱透水层是指粉土和黏性土。

3. 含水量 w＜3%的土层，可视为干燥土层，不具有腐蚀环境条件。当混凝土结构一边接触地面水或地下水，一边暴露在大气中，水可以通过渗透或毛细作用暴露大气中的一边蒸发时，应定为Ⅰ类。

4. 当有地区经验时，环境类型可根据地区经验划分；当同一场地出现两种环境类型时，应根据具体情况选定。

2. 腐蚀性评价

按环境类型水和土对混凝土结构的腐蚀性评价应符合表 3-13-15 的规定。

按环境类型水和土对混凝土结构的腐蚀性评价　　表 3-13-15

腐蚀等级	腐蚀介质	环境类型		
		Ⅰ	Ⅱ	Ⅲ
微 弱 中 强	硫酸盐含量 SO_4^{2-} (mg/L)	<200 200～500 500～1500 >1500	<300 300～1500 1500～3000 >3000	<500 500～3000 3000～6000 >6000
微 弱 中 强	镁盐含量 Mg^{2+} (mg/L)	<1000 1000～2000 2000～3000 >3000	<2000 2000～3000 3000～4000 >4000	<3000 3000～4000 4000～5000 >5000
微 弱 中 强	铵盐含量 NH_4^+ (mg/L)	<100 100～500 500～800 >800	<500 500～800 800～1000 >1000	<800 800～1000 1000～1500 >1500
微 弱 中 强	苛性碱含量 OH^- (mg/L)	<35000 35000～43000 43000～57000 >57000	<43000 43000～57000 57000～70000 >70000	<57000 57000～70000 70000～100000 >100000
微 弱 中 强	总矿化度 (mg/L)	<10000 10000～20000 20000～50000 >50000	<20000 20000～50000 50000～60000 >60000	<50000 50000～60000 60000～70000 >70000

注：1. 表中的数值适用于有干湿交替作用的情况，Ⅰ、Ⅱ类腐蚀环境无干湿交替作用时，表中硫酸盐含量数值应乘以 1.3 的系数；

2. 表中数值适用于水的腐蚀性评价，对土的腐蚀性评价，应乘以 1.5 的系数，单位以 mg/kg 表示；

3. 表中苛性碱含量 OH^-（mg/L）应为 NaOH 和 KOH 中的 OH^- 含量（mg/L）。

受地层渗透性影响，水和土对混凝土结构的腐蚀性评价，应符合表 3-13-16 的规定。

按地层渗透性水和土对混凝土结构的腐蚀性评价　　表 3-13-16

腐蚀等级	pH 值		侵蚀性 CO_2（mg/L）		HCO_3^-（mmol/L）
	A	B	A	B	A
微	>6.5	>5.0	<15	<30	>1.0
弱	6.5～5.0	5.0～4.0	15～30	30～60	1.0～0.5
中	5.0～4.0	4.0～3.5	30～60	60～100	<0.5
强	<4.0	<3.5	>60	—	—

注：1. 表中 A 是指直接临水或强透水层中的地下水；B 是指弱透水层中的地下水。强透水层是指碎石土和砂土；弱透水层是指粉土和黏性土。

2. HCO_3^- 含量是指水的矿化度低于 0.1g/L 的软水时，该类水质 HCO_3^- 的腐蚀性。

3. 土的腐蚀性评价只考虑 pH 值指标；评价其腐蚀性时，A 是指强透水土层；B 是指弱透水土层。

当按表 3-13-15 和表 3-13-16 评价的腐蚀等级不同时，应按下列规定综合评定：

（1）腐蚀等级中，只出现弱腐蚀，无中等腐蚀或强腐蚀时，应综合评价为弱腐蚀；

（2）腐蚀等级中，无强腐蚀，最高为中等腐蚀时，应综合评价为中等腐蚀；

（3）腐蚀等级中，有一个或一个以上为强腐蚀，应综合评价为强腐蚀。

水和土对钢筋混凝土结构中钢筋的腐蚀性评价，应符合表 3-13-17 的规定。

对钢筋混凝土结构中钢筋的腐蚀性评价　　表 3-13-17

腐蚀等级	水中的 Cl^- 含量（mg/L）		土中的 Cl^- 含量（mg/kg）	
	长期浸水	干湿交替	A	B
微	<10000	<100	<400	<250
弱	10000～20000	100～500	400～750	250～500
中	—	500～5000	750～7500	500～5000
强	—	>5000	>7500	>5000

注：A 是指地下水位以上的碎石土、砂土，坚硬、硬塑的黏性土；B 是湿、很湿的粉土，可塑、软塑、流塑的黏性土。

土对钢结构腐蚀的评价，应符合表 3-13-18 的规定。

土对钢结构腐蚀性评价　　表 3-13-18

腐蚀等级	pH	氧化还原电位（mV）	视电阻率（Ω·m）	极化电流密度（mA/cm^2）	质量损失（g）
微	>5.5	>400	>100	<0.02	<1
弱	5.5～4.5	400～200	100～50	0.02～0.05	1～2
中	4.5～3.5	200～100	50～20	0.05～0.20	2～3
强	<3.5	<100	<20	>0.20	>3

注：土对钢结构的腐蚀性评价，取各指标中腐蚀等级最高者。

（四）《水利水电工程地质勘察规范》GB 50487—2008 规定

环境水对混凝土的腐蚀性判别，应符合表 3-13-19 的规定。

环境水对混凝土腐蚀性判别标准　　表 3-13-19

腐蚀性类型	腐蚀性判定依据	腐蚀程度	界限指标
一般酸性型	pH 值	无腐蚀 弱腐蚀 中等腐蚀 强腐蚀	pH>6.5 6.5≥pH>6.0 6.0≥pH>5.5 pH≤5.5
碳酸型	侵蚀性 CO_2 含量（mg/L）	无腐蚀 弱腐蚀 中等腐蚀 强腐蚀	CO_2<15 15≤CO_2<30 30≤CO_2<60 CO_2≥60
重碳酸型	HCO_3^-（mmol/L）	无腐蚀 弱腐蚀 中等腐蚀 强腐蚀	HCO_3^->1.07 1.07≥HCO_3^->0.70 HCO_3^-≤0.70

续表

腐蚀性类型	腐蚀性判定依据	腐蚀程度	界限指标
镁离子型	Mg^{2+}含量 (mg/L)	无腐蚀 弱腐蚀 中等腐蚀 强腐蚀	$Mg^{2+}<1000$ $1000\leqslant Mg^{2+}<1500$ $1500\leqslant Mg^{2+}<2000$ $Mg^{2+}\geqslant 2000$
硫酸盐型	SO_4^{2-} (mg/L)	无腐蚀 弱腐蚀 中等腐蚀 强腐蚀	$SO_4^{2-}<250$ $250\leqslant SO_4^{2-+}<400$ $400\leqslant SO_4^{2-}<500$ $SO_4^{2-}\geqslant 500$

注：1. 本表规定的判别标准所属场地应是不具有干湿交替或冻融交替作用的地区和具有干湿交替或冻融交替作用的半湿润、湿润地区。当所属场地为具有干湿交替或冻融交替作用的干旱、半干旱地区以及高程3000m以上的高寒地区时，应进行专门论证。

2. 混凝土建筑物不应直接接触污染源。有关污染源对混凝土的直接腐蚀作用应专门研究。

环境水对钢筋混凝土结构中钢筋的腐蚀性判别，应符合表3-13-20的规定。

环境水对钢筋混凝土结构中钢筋的腐蚀性判别标准　　表3-13-20

腐蚀性判定依据	腐蚀程度	界限指标
Cl^-含量 (mg/L)	弱腐蚀 中等腐蚀 强腐蚀	100～500 500～5000 >5000

注：1. 表中是指干湿交替作用的环境条件。

2. 当环境水中同时存在氯化物和硫酸盐时，表中的Cl^-含量是指氯化物中的Cl^-与硫酸盐折算后的Cl^-之和，即Cl^-含量$=Cl^-+SO_4^{2-}\times 0.25$，单位为mg/L。

环境水对钢结构的腐蚀性判别，应符合表3-13-21的规定。

环境水对钢结构腐蚀性判别标准　　表3-13-21

腐蚀性判定依据	腐蚀程度	界限指标
pH值、($Cl^-+SO_4^{2-}$)含量 (mg/L)	弱腐蚀 中等腐蚀 强腐蚀	pH值3～11、($Cl^-+SO_4^{2-}$) <500 pH值3～11、($Cl^-+SO_4^{2-}$) ≥500 pH值<3、($Cl^-+SO_4^{2-}$) 任何浓度

注：1. 表中是指氧能自由溶入的环境水。

2. 本表亦适用于钢管道。

3. 如环境水的沉淀物中有褐色絮状物沉淀（铁）、悬浮物中有褐色生物膜、绿色丛块，或有硫化氢臭味，应做铁细菌、硫酸盐还原细菌的检查，查明有无细菌腐蚀。

（五）《铁路工程地质勘察规范》TB 10012—2007规定

环境水、土对混凝土侵蚀类型和侵蚀程度的判别按表3-12-22执行。

环境水、土对混凝土侵蚀类型和侵蚀程度的判别　　表3-13-22

化学侵蚀类型		环境作用等级			
		H1	H2	H3	H4
硫酸盐侵蚀	环境水中SO_4^{2-}含量 (mg/L)	$200\leqslant SO_4^{2-}\leqslant 600$	$600\leqslant SO_4^{2-}\leqslant 3000$	$3000\leqslant SO_4^{2-}\leqslant 6000$	$SO_4^{2-}>6000$

续表

化学侵蚀类型		环境作用等级			
		H1	H2	H3	H4
硫酸盐侵蚀	强透水环境土中 SO_4^{2-} 含量（mg/kg）	$2000 \leqslant SO_4^{2-} \leqslant 3000$	$3000 \leqslant SO_4^{2-} \leqslant 12000$	$1200 \leqslant SO_4^{2-} \leqslant 24000$	$SO_4^{2-} > 24000$
	弱透水环境土中 SO_4^{2-} 含量（mg/kg）	$3000 \leqslant SO_4^{2-} \leqslant 12000$	$12000 \leqslant SO_4^{2-} \leqslant 24000$	$SO_4^{2-} > 24000$	—
盐类结晶侵蚀	环境土中 SO_4^{2-} 含量（mg/kg）	—	$2000 \leqslant SO_4^{2-} \leqslant 3000$	$3000 \leqslant SO_4^{2-} \leqslant 12000$	$SO_4^{2-} > 12000$
酸性侵蚀	环境水中 pH 值	$5.5 \leqslant pH \leqslant 6.5$	$4.5 \leqslant pH < 5.5$	$4.0 \leqslant pH < 4.5$	—
二氧化碳侵蚀	环境水中侵蚀性 CO_2 含量（mg/L）	$15 \leqslant CO_2 \leqslant 40$	$40 < CO_2 \leqslant 100$	$CO_2 > 100$	—
镁盐侵蚀	环境水中 Mg^{2+} 含量（mg/L）	$300 \leqslant Mg^{2+} \leqslant 1000$	$1000 < Mg^{2+} \leqslant 3000$	$Mg^{2+} > 3000$	—

注：1. 对于盐渍土地区的混凝土结构，埋入土中的混凝土结构遭受化学侵蚀；当环境多风干燥时，露出地表的毛细吸附区内的混凝土遭受盐类结晶侵蚀；

2. 对于一面接触含盐环境水（或土），而另一面临空且处于干燥或多风环境中的薄壁混凝土，接触含盐环境水（或土）的混凝土遭受化学侵蚀，临空面的混凝土遭受盐类结晶侵蚀；

3. 当环境中存在酸雨时，按酸性环境考虑，但相应作用等级可降一级。

第二节　环境水质量测试与评价

在一些工程，特别是绿色建筑的勘察工作中，需要提供设计和施工所需要的环境水等资料，需要对环境水的质量进行测试，分析评价环境水的可利用情况。环境水一般包括地表水和地下水。

一、取样

环境水试样的采取应符合下列规定：

1. 水试样应能代表天然条件下的水质情况。

2. 地表水试样采取

（1）采样断面应布置在：

1）有大量污废水排入河流的主要居民区、工业区的上下游；

2）湖泊、水库、河口的主要入口和出口；

3）饮用水源区、水资源集中水域、水上娱乐区等功能区；

4）较大支流汇合口上游和汇合后与干流充分混合处，受潮汐影响的河段等。

（2）在一个采样断面上，当水面宽度小于 50m 时，只设一条中泓垂线；水面宽为 50～100m 时，在左右近岸有明显水流处各设一条垂线；水面宽 100～1000m 时，设左、中、右三条垂线。

（3）当水深不超过 5m 时，只在水面下 0.3～0.5m 处设一个采样点；水深 5～10m 时，在水面下 0.3～0.5m 处和河底以上约 0.5m 处各设一个采样点；水深 10～50m 时设 3 个采样点，它们分别在水面下 0.3～0.5m 处、河底以上约 0.5m 处和水深 1/2 处；水深超过 50m 时，应适当增加采样点。

（4）每个采样点采样不应少于 2 件。

3. 地下水试样采取

（1）地下水采取可在钻孔、井点进行采取，一般在水面下 0.3～0.5m 处取样，若有多层含水层时，应分层取样；

（2）每个场地采样不应少于 2 件。

4. 水试样应及时试验，清洁水放置时间不宜超过 72 小时，稍受污染的水不宜超过 48 小时，受污染的水不宜超过 12 小时。

二、环境水质量分类

1. 地表水　按环境功能高低依次划分为五类：

Ⅰ类：主要适用于源头水、国家自然保护区；

Ⅱ类：主要适用于集中式生活饮用水地表水源地一级保护区、珍稀水生生物栖息地、鱼虾类产卵场、仔稚幼鱼的索饵场等；

Ⅲ类：主要适用于集中式生活饮用水地表水源地二级保护区、鱼虾类越冬场、洄游通道、水产养殖区等渔业水域及游泳区；

Ⅳ类：主要适用于一般工业用水区及人体非直接接触的娱乐用水区；

Ⅴ类：主要适用于农业用水区及一般景观要求水域。

2. 地下水　依据我国地下水水质现状、人体健康基准值及地下水质量保护目标，并参照了生活饮用水、工业用水水质要求，将地下水质量划分为五类：

Ⅰ类：主要反映地下水化学组分的天然低背景含量，适用于各种用途；

Ⅱ类：主要反映地下水化学组分的天然背景含量，适用于各种用途；

Ⅲ类：以人体健康基准值为依据，主要适用于集中式生活饮用水水源及工、农业用水；

Ⅳ类：以农业和工业用水要求为依据，除适用于农业和部分工业用水外，适当处理后可作生活饮水；

Ⅴ类：不宜饮用，其他用水可根据使用目的选用。

三、环境水试验项目和质量评价

1. 地表水试验项目

地表水环境质量指标测试项目分为基本指标项目测试、补充项目测试和特定项目测试。对应地表水上述五类水域功能，将地表水环境质量标准基本项目标准值分为五类，不同功能类别分别执行相应类别的标准值。地表水环境质量标准基本项目标准限值见表 3-13-23。

地表水环境质量标准基本项目标准限值　单位：mg/L　　**表 3-13-23**

序号	项目	Ⅰ类	Ⅱ类	Ⅲ类	Ⅳ类	Ⅴ类
1	水温（℃）	人为造成的环境水温变化应限制在：周平均最大温升≤1；周平均最大温升≤2				
2	pH 值	6～9				
3	溶解氧　≥	饱和率 90%（或 7.5）	6	5	3	2

续表

序号	项目	Ⅰ类	Ⅱ类	Ⅲ类	Ⅳ类	Ⅴ类
4	高锰酸盐指数≤	2	4	6	10	15
5	化学需氧量（COD）≤	15	15	20	30	40
6	五日生化需氧量（BOD_5）≤	3	3	4	6	10
7	氨氮（NH_3-N）≤	0.015	0.5	1.0	1.5	2.0
8	总磷（以P计）≤	0.02（湖、库0.01）	0.1（湖、库0.025）	0.2（湖、库0.05）	0.3（湖、库0.1）	0.4（湖、库0.2）
9	总氮（湖、库，以N计）≤	0.2	0.5	1.0	1.5	2.0
10	铜≤	0.01	1.0	1.0	1.0	1.0
11	锌≤	0.05	1.0	1.0	2.0	2.0
12	氟化物（以F^-计）≤	1.0	1.0	1.0	1.5	1.5
13	硒≤	0.01	0.01	0.01	0.02	0.02
14	砷≤	0.05	0.05	0.05	0.1	0.1
15	汞≤	0.00005	0.00005	0.001	0.001	0.001
16	镉≤	0.001	0.005	0.005	0.005	0.01
17	铬（六价）≤	0.01	0.05	0.05	0.05	0.1
18	铅≤	0.01	0.01	0.05	0.05	0.1
19	氰化物≤	0.005	0.05	0.2	0.2	0.2
20	挥发酚≤	0.002	0.002	0.005	0.01	0.1
21	石油类≤	0.05	0.05	0.05	0.5	1.0
22	阴离子表面活性剂 ≤	0.2	0.2	0.2	0.3	0.3
23	硫化物≤	0.05	0.1	0.2	0.5	1.0
24	粪大肠菌群（个/L） ≤	200	2000	10000	20000	40000

集中式生活饮用水地表水源地水质评价的项目应包括表3-13-23中的基本项目、表3-13-24中的补充项目以及由县级以上人民政府环境保护行政主管部门从表3-13-25中选择确定的特定项目。

集中式生活饮用水地表水源地补充项目标准限值　单位：mg/L　**表3-13-24**

序号	项　目	标准值
1	硫酸盐（以SO_4^{2-}计）	250
2	氯化物（以Cl^-计）	250
3	硝酸盐（以N计）	10
4	铁	0.3
5	锰	0.1

集中式生活饮用水地表水源地特定项目标准限值 单位：mg/L **表 3-13-25**

序号	项目	标准值	序号	项目	标准值
1	三氯甲烷	0.0	37	2，4，6-三氯苯酚	0.2
2	四氯化碳	0.002	38	五氯酚	0.009
3	三溴甲烷	0.1	39	苯胺	0.1
4	二氯甲烷	0.02	40	联苯胺	0.0002
5	1，2-二氯乙烷	0.03	41	丙烯酰胺	0.0005
6	环氧氯丙烷	0.02	42	丙烯腈	0.1
7	氯乙烯	0.005	43	邻苯二甲酸二丁酯	0.003
8	1，1-二氯乙烯	0.03	44	邻苯二甲酸二（2-乙基己基）酯	0.008
9	1，2-二氯乙烯	0.05	45	水合肼	0.01
10	三氯乙烯	0.07	46	四乙基铅	0.0001
11	四氯乙烯	0.04	47	吡啶	0.2
12	氯丁二烯	0.002	48	松节油	0.2
13	六氯丁二烯	0.0006	49	苦味酸	0.5
14	苯乙烯	0.02	50	丁基黄原酸	0.005
15	甲醛	0.9	51	活性氯	0.01
16	乙醛	0.05	52	滴滴涕	0.001
17	丙烯醛	0.1	53	林丹	0.002
18	三氯乙醛	0.01	54	环氧七氯	0.0002
19	苯	0.01	55	对流磷	0.003
20	甲苯	0.7	56	甲基对流磷	0.002
21	乙苯	0.3	57	马拉硫磷	0.05
22	二甲苯①	0.5	58	乐果	0.08
23	异丙苯	0.25	59	敌敌畏	0.05
24	氯苯	0.3	60	敌百虫	0.05
25	1，2-二氯苯	1	61	内吸磷	0.03
26	1，4-二氯苯	0.3	62	百菌清	0.01
27	三氯苯②	0.02	63	甲萘威	0.05
28	四氯苯③	0.02	64	溴清菊酯	0.02
29	六氯苯	0.05	65	阿特拉津	0.003
30	硝基苯	0.017	66	苯并（a）芘	2.8×10^{-6}
31	二硝基苯④	0.5	67	甲基汞	1.0×10^{-6}
32	2，4-二硝基甲苯	0.0003	68	多氯联苯⑥	2.0×10^{-5}
33	2，4，6-三硝基甲苯	0.5	69	微囊藻毒素-LR	0.001
34	硝基氯苯⑤	0.05	70	黄磷	0.003
35	2，4-二硝基氯苯	0.5	71	钼	0.07
36	2，4-二氯苯酚	0.093	72	钴	1.0

续表

序号	项目	标准值	序号	项目	标准值
73	铍	0.002	77	钡	0.7
74	硼	0.5	78	钒	0.05
75	锑	0.005	79	钛	0.1
76	镍	0.02	80	铊	0.0001

① 二甲苯：指对-二甲苯、间-二甲苯、邻-二甲苯。

② 三氯苯：指 1，2，3-三氯苯、1，2，4-三氯苯、1，3，5-三氯苯。

③ 四氯苯：指 1，2，3，4-四氯苯、1，2，3，5-四氯苯、1，2，4，5-四氯苯。

④ 二硝基苯：指对-二硝基苯、间-硝基氯苯、邻-硝基氯苯。

⑤ 硝基氯苯：指对一硝基氯苯、间-硝基氯苯、邻-硝基氯苯。

⑥ 多氯联苯：指 PCB-1016、PCB-1221、PCB-1232、PCB-1242、PCB-1248、PCB-1254、PCB-1260。

地表水水质项目的分析方法按现行国家标准《地表水环境质量标准》GB 3838 的规定执行。

2. 地下水监测项目

地下水监测项目为：pH、氨氮、硝酸盐、亚硝酸盐、挥发性酚类、氰化物、砷、汞、铬（六价）、总硬度、铅、氟、镉、铁、锰、溶解性总固体、高锰酸盐指数、硫酸盐、氯化物、大肠菌群以及反映本地区主要水质问题的其他项目。监测频率不得少于每年两次（丰、枯水期）。

地下水质量分类指标见表 3-13-26。

地下水质量分类指标　　表 3-13-26

序号	项目	Ⅰ类	Ⅱ类	Ⅲ类	Ⅳ类	Ⅴ类
1	色（度）	≤5	≤5	≤15	≤25	>25
2	嗅和味	无	无	无	无	无
3	浑浊度（度）	≤3	≤3	≤3	≤10	>10
4	肉眼可见物	无	无	无	无	有
5	pH	6.5～8.5			5.5～6.5 8.5～9	<5.5，>9
6	总硬度（以 $CaCO_3$ 计）(mg/L)	≤150	≤300	≤450	≤550	>550
7	溶液性总固体（mg/L）	≤300	≤500	≤1000	≤2000	>2000
8	硫酸盐（mg/L）	≤50	≤150	≤250	≤350	>350
9	氯化物（mg/L）	≤50	≤150	≤250	≤350	>350
10	铁（Fe）(mg/L)	≤0.1	≤0.2	≤0.3	≤1.5	>1.5
11	锰（Mn）(mg/L)	≤0.05	≤0.05	≤0.1	≤1.0	>1.0
12	铜（Cu）(mg/L)	≤0.01	≤0.05	≤1.0	≤1.5	>1.5
13	锌（Zn）(mg/L)	≤0.05	≤0.5	≤1.0	≤5.0	>5.0
14	钼（Mo）(mg/L)	≤0.001	≤0.01	≤0.1	≤0.5	>0.5
15	钴（Co）(mg/L)	≤0.005	≤0.05	≤0.05	≤1.0	>1.0

续表

序号	项目	Ⅰ类	Ⅱ类	Ⅲ类	Ⅳ类	Ⅴ类
16	挥发性酚类（以苯酚计）(mg/L)	≤0.001	≤0.001	≤0.002	≤0.01	>0.01
17	阴离子合成洗涤剂（mg/L）	不得检出	≤0.1	≤0.3	≤0.3	>0.3
18	高锰酸盐指数（mg/L）	≤1.0	≤2.0	≤3.0	≤10	>10
19	硝酸盐（以N计）(mg/L)	≤2.0	≤5.0	≤20	≤30	>30
20	亚硝酸盐（以N计）(mg/L)	≤0.001	≤0.01	≤0.02	≤0.1	>0.1
21	氨氮（NH_4）(mg/L)	≤0.02	≤0.02	≤0.2	≤0.5	>0.5
22	氟化物（mg/L）	≤1.0	≤1.0	≤1.0	≤2.0	>2.0
23	碘化物（mg/L）	≤0.1	≤0.1	≤0.2	≤1.0	>1.0
24	氰化物（mg/L）	≤0.001	≤0.01	≤0.05	≤0.1	>0.1
25	汞（Hg）(mg/L)	≤0.00005	≤0.0005	≤0.001	≤0.001	>0.001
26	砷（As）(mg/L)	≤0.005	≤0.01	≤0.05	≤0.05	>0.05
27	硒（Se）(mg/L)	≤0.01	≤0.01	≤0.01	≤0.1	>0.1
28	镉（Cd）(mg/L)	≤0.0001	≤0.001	≤0.01	≤0.01	>0.01
29	铬（六价）(Cr^{6+})(mg/L)	≤0.005	≤0.01	≤0.05	≤0.1	>0.1
30	铅（Pb）(mg/L)	≤0.005	≤0.01	≤0.05	≤0.1	>0.1
31	铍（Be）(mg/L)	≤0.00002	≤0.0001	≤0.0002	≤0.001	>0.001
32	钡（Ba）(mg/L)	≤0.01	≤0.1	≤1.0	≤4.0	>4.0
33	镍（Ni）(mg/L)	≤0.005	≤0.05	≤0.05	≤0.1	>0.1
34	滴滴涕（μg/L）	不得检出	≤0.005	≤1.0	≤1.0	>1.0
35	六六六（μg/L）	≤0.005	≤0.05	≤5.0	≤5.0	>5.0
36	总大肠菌群（个/L）	≤3.0	≤3.0	≤3.0	≤100	>100
37	细菌总数（个/mL）	≤100	≤100	≤100	≤1000	>1000
38	总α放射性（Bq/L）	≤0.1	≤0.1	≤0.1	>0.1	>0.1
39	总β放射性（Bq/L）	≤0.1	≤1.0	≤1.0	>1.0	>1.0

地下水水质项目的分析方法按国家标准《生活饮用水标准检验方法》GB 5750 的规定执行。

3. 环境水评价

（1）地表水环境质量评价应根据应实现的水域功能类别，选取相应类别标准，进行单因子评价，评价结果应说明水质达标情况，超标的应说明超标项目和超标倍数；

（2）地下水质量评价以地下水水质调查分析资料或水质监测资料为基础，可分为单项组分评价和综合评价两种。

地下水质量单项组分评价，按表 3-13-26 所列分类指标，划分为五类，不同类别标准值相同时，从优不从劣。例如：挥发性酚类Ⅰ、Ⅱ类标准值均为 0.001mg/L，若水质分析结果为 0.001mg/L 时，应定为Ⅰ类，不定为Ⅱ类。

地下水质量综合评价，采用加附注的评分法。具体要求与步骤如下：

1）参加评分的项目，应不少于本标准规定的监测项目，但不包括细菌学指标。

2）首先进行各单项组分评价，划分组分所属质量类别。

3）对各类别按下列规定（表 3-13-27）分别确定单项组分评价分值 F_i。

单项组分评价分值 F_i　　　　**表 3-13-27**

类别	Ⅰ	Ⅱ	Ⅲ	Ⅳ	Ⅴ
F_i	0	1	3	6	10

4）按式（3-13-4）和式（3-13-5）计算综合评价分值 F。

$$F=\sqrt{\frac{\overline{F}^2+F_{\max}^2}{2}} \tag{3-13-4}$$

$$\overline{F}=\frac{1}{n}\sum_{i=1}^{n}F_i \tag{3-13-5}$$

式中　$\overline{F}$——各单项组分评价分值 F_i 的平均值；

$F_{\max}$——单项组分评价分值 F_i 的最大值；

n——项数。

5）根据 F 值，按表 3-13-28 划分地下水质量级别，再将细菌学指标评价类别注在级别定名之后。如“优良（Ⅱ类）”、“较好（Ⅲ类）”。

地下水质量级别　　　　**表 3-13-28**

级别	优良	良好	较好	较差	极差
F	<0.80	0.80～2.50	2.50～4.25	4.25～7.20	>7.20

使用两次以上的水质分析资料进行评价时，可分别进行地下水质量评价，也可根据具体情况，使用全年平均值和多年平均值或分别使用多年的枯水期、丰水期平均值进行地下水质量评价。

第十四章　土的热响应参数测试

越来越多的地下工程和地下热能的应用需要获取地下岩土体的导热系数、比热容等热物性参数。目前获取岩土体热物性指标的方法主要有 3 种：1）根据场地地层情况查阅相关手册；2）通过现场取样进行室内试验测定；3）现场测试，根据测试方法的不同又可细分为探针测试、岩土热响应试验。一般而言，探针尺寸较短，且加热测量的整个过程仅 1～2 小时，只能对周围很小一部分岩土进行加热。因而实际现场测试中运用最广泛的还是岩土热响应试验。

第一节　热物性参数

土的热物性参数主要有比热容、导热系数、导温系数和初始平均温度等。

1. 比热容

单位质量的土体温度改变 1℃所需要的热量称作比热容，符号 c，单位 kJ/(kg·K)。

土是由有机质、矿物骨架、水及气体组成的多相细碎介质。比热容一般按照质量加权平均来进行计算。从土壤的三相组成来看，影响土比热容的主要因素是液相和固相成分，气相充填物的含量和比热容均很小，通常忽略不计。水的比热容一般按常数取为 4.18kJ/(kg·K)。一些矿物和岩石的平均比热容如表 3-14-1 所示。

矿物和岩石的平均比热容　　**表 3-14-1**

名称	长石	石英	云母	正长石	大理石	角闪石	方解石	白云石
比热容 c [kJ/(kg·m)]	0.75	0.84	0.88	0.79	0.84	0.79	0.84	0.92
名称	石灰石	石膏	高岭土	矾土	花岗岩	片麻岩	页岩	板岩
比热容 c [kJ/(kg·m)]	0.92	0.84	0.92	0.79	0.88	0.84	1.00	0.75

2. 导热系数

导热系数是每单位温度梯度下单位时间内通过单位面积土体的热量，符号 λ，单位 W/(m·K)。它是表征土体导热性能的指标。

$$\lambda = \frac{Q}{\frac{\nabla\theta}{\nabla h}\nabla FT} \tag{3-14-1}$$

式中　λ——导热系数 [W/(m·K)]；

Q——热量 (W)；

$\frac{\nabla\theta}{\nabla h}$——温度梯度 (K/m)；

∇F——土样面积 (m^2)；

T——时间 (h)。

上述公式表达出来的导热系数的实质就是，当温度梯度为 1K/m 时，每小时通过 $1m^2$ 面积土体上的热量。

土的导热系数与土体的物质成分密切关系，而且与土的密度和含水量相关性强，一般用函数关系式 $\lambda = f(\rho, w)$ 来表达。列出常见的土中物质的导热系数见表 3-14-2 和表 3-14-3。

土组成物质的导热系数　　**表 3-14-2**

名称	空气	水	冰	矿物
导热系数 λ [W/(m·K)]	0.024	0.465～0.582	2.21～2.326	1.256～7.536

土壤各组分比热容及导热系数　　**表 3-14-3**

土壤组成部分	比热容 c [J/(kg·K)]	导热系数 λ [W/(m·K)]
石英砂	820	2.43
石灰	896	1.67
黏粒	933	0.87
泥炭	1997	0.84
水分	4186	0.50
土壤空气	1005	0.021

Hartley 等在 1976 年通过试验得出潮湿土壤的导热系数表达式为：当土壤含水率很低时，λ 近似等于干土导热系数；当土壤含水率很高时

$$\lambda = \lambda_{dry} + \rho_l L D_T \tag{3-14-2}$$

当土壤含水率适中时

$$\lambda = \lambda_{dry} + \rho_l L D_T \left(1 - \frac{D_\theta}{D_w}\right) \tag{3-14-3}$$

式中　λ——潮湿土壤导热系数 [W/(m·K)]；

λ_{dry}——干土导热系数 [W/(m·K)]；

ρ_l——干土密度（kg/m^3）；

L——潜热（kJ/kg）；

D_T——热质扩散系数 [m^2/(s·k)]；

D_θ——等温质扩散系数（m^2/s）；

D_w——蒸汽-空气扩散系数。

3. 导温系数

导温系数，又称热扩散系数，是土中某一点在其相邻点温度变化时改变自身温度能力的指标，定义为导热系数与体积比热容之比，符号 α，单位 m^2/h。

$$\alpha = \frac{\lambda}{\rho c} \tag{3-14-4}$$

式中　α——导温系数（m^2/h）；

λ——导热系数 [W/（m·K)]；

ρ——土体密度（g/cm^3）；

c——比热容 [kJ/(kg·K)]。

土的导温系数亦取决于土的物理化学成分、干密度、含水量和温度状态等因素。土的组成物质的导温系数见表 3-14-4。

土组成物质的导温系数　　**表 3-14-4**

名称	空气	水	冰	矿物
导温系数 α（$\times 10^{-3}$m^2/h）	67.5	0.4～0.5	4.46	2.16～12.96

4. 初始平均温度

地源热泵系统设计时，土壤初始温度是决定埋管换热器间距和深度的重要参数，是设计必需的基础数据。土壤初始温度主要取决于土壤的结构、组分、地表覆盖物和环境温度。

地壳中土壤的温度分布大致分为变温带、常温带和增温带。我国大部分地区位于中纬带，年变温带深度一般在 15～20m；常温带的埋藏深度一般在 20～30m 内，其温度不随太阳辐射影响而常年稳定，不随季节而改变；增温带在地下 30m 以下，温度主要受地球内部热能的影响，温度随深度而增加。实际土壤表面温度受年周期变化和日周期变化的影响，考虑到日周期性波动的周期较小，工程上一般忽略日周期变化对土壤温度的影响。土壤温度可表示为随土壤深度和时间的变化关系式：

$$T_{soil}(x,\tau) = T_0 - 1.07 k_v A_s \exp(-0.00031552 x\alpha^{-0.5}) \cos\left[\frac{2\pi}{365}(\tau - \tau_0 + 0.018335 x\alpha^{-0.5})\right] \tag{3-14-5}$$

式中　x——从地表算起的土壤深度（m）；

τ——时间（天）；

$T_{soil}(x,\tau)$——τ 时刻深度 x 处的地温（K）；

T_0——平均环境温度（K）；

k_v——植被覆盖系数；

A_s——年平均气温波动振幅；

α——无干扰地下平均年热扩散系数（m^2/s）。

第二节　查阅手册法

这是一种确定地下岩土热物性参数的传统方法，首先根据钻孔时取出的土样确定岩土的地质构成，再通过查找相关手册、规范或规程来确定每层土的热物性参数。为了更为精确地获取土的热物性参数，还可以根据每层岩土的物理力学性质（含水量、密度、孔隙比等）查阅相关规范得到较为准确经验值。但即便如此，这些经验值的取值范围较大，取值偏保守，用于施工图设计阶段会造成大幅度的工程浪费。然而此种方法较为简便快捷，易于采用，故可用于工程的可行性研究阶段和初步设计阶段。

美国电力研究所（EPRI）编写的手册《Soil and Rock Classification for the Design of Ground-coupled Heat Pump Systems Field Manual》以及国际地源热泵协会（IGSHPA）编写的手册《Soil and Rock Classification Manual》均给出了不同土壤热物性参数的范围值。

《地源热泵系统工程技术规范》GB 50366—2005（2009 年版）给出了几种典型岩土体及回填材料的热物性参数范围值，如表 3-14-5 所示。

几种典型土壤、岩石及回填料的热物性参数范围值　　**表 3-14-5**

材料	状态或配比	导热系数 λ [W/(m·K)]	扩散率 $\times 10^{-6}$ (m^2/s)	密度 ρ (kg/m^3)
土壤	致密黏土（含水量 15%）	1.4～1.9	0.49～0.71	1925
	致密黏土（含水量 5%）	1.0～1.4	0.54～0.71	1925
	轻质黏土（含水量 15%）	0.7～1.0	0.54～0.64	1285
	轻质黏土（含水量 5%）	0.5～0.9	0.65	1285
	致密砂土（含水量 15%）	2.8～3.8	0.97～1.27	1925
	致密砂土（含水量 5%）	2.1～2.3	1.10～1.62	1925
	轻质砂土（含水量 15%）	1.0～2.1	0.54～1.08	1285
	轻质砂土（含水量 5%）	0.9～1.9	0.64～1.39	1285
岩石	花岗岩	2.3～3.7	0.97～1.51	2650
	石灰石	2.4～3.8	0.97～1.51	2400～2800
	砂岩	2.1～3.5	0.75～1.27	2570～2730
	湿叶岩	1.4～2.4	0.75～0.97	—
	干叶岩	1.0～2.1	0.64～0.86	—

续表

材料	状态或配比	导热系数 λ [W/(m·K)]	扩散率×10^{-6} (m^2/s)	密度 ρ (kg/m^3)
回填料	膨润土（含 20%～30%的固体）	0.73～0.75	—	—
	含有 20%膨润土、80%SiO_2砂子的混合物	1.47～1.64	—	—
	含有 15%膨润土、85%SiO_2砂子的混合物	1.00～1.10		
	含有 10%膨润土、90%SiO_2砂子的混合物	2.08～2.42		
	含有 30%膨润土、70%SiO_2砂子的混合物	2.08～2.42		

表中，导热系数和扩散率所给的均是范围值，确定热物性参数的可靠值较差，往往仅作为参考。

《城市轨道交通岩土工程勘察规范》GB 50307—2012 也给出了岩土热物理指标的经验值，如表 3-14-6 所示。

岩土热物理指标经验值　　表 3-14-6

岩土类别	含水量 w（%）	密度 ρ（g/cm^3）	热物理指标		
			比热容 c [kJ/(kg·K)]	导热系数 λ [W/(m·K)]	导温系数 α (×$10^{-3}m^2/h$)
黏性土	5≤w<15	1.90～2.00	0.82～1.35	0.25～1.25	0.55～1.65
	15≤w<25	1.85～1.95	1.05～1.65	1.08～1.85	0.80～2.35
	25≤w<35	1.75～1.85	1.25～1.85	1.15～1.95	0.95～2.55
	35≤w<45	1.70～1.80	1.55～2.35	1.25～2.05	1.05～2.65
粉土	w<5	1.55～1.85	0.92～1.25	0.28～1.05	1.05～2.05
	5≤w<15	1.65～1.90	1.05～1.35	0.88～1.35	1.25～2.35
	15≤w<25	1.75～2.00	1.35～1.65	1.15～1.85	1.45～2.55
	25≤w<35	1.85～2.05	1.55～1.95	1.35～2.15	1.65～2.65
粉、细砂	w<5	1.55～1.85	0.85～1.15	0.35～0.95	0.90～2.45
	5≤w<15	1.65～1.95	1.05～1.45	0.55～1.45	1.10～2.55
	15≤w<25	1.75～2.15	1.25～1.65	1.20～1.85	1.25～2.75
中砂、粗砂、砾砂	w<5	1.65～2.30	0.85～1.05	0.45～1.05	0.90～2.85
	5≤w<15	1.75～2.25	0.95～1.45	0.65～1.65	1.05～3.15
	15≤w<25	1.85～2.35	1.15～1.75	1.35～2.25	1.90～3.35
圆砾、角砾	w<5	1.85～2.25	0.95～1.25	0.65～1.15	1.35～3.35
	5≤w<15	2.05～2.45	1.05～1.50	0.75～2.55	1.55～3.55
卵石、碎石	w<5	1.95～2.35	1.00～1.35	0.75～1.25	1.35～3.45
	5≤w<10	2.05～2.45	1.15～1.45	0.85～2.75	1.65～3.65
全风化软质岩	5≤w<15	1.85～2.05	1.05～1.35	1.05～2.25	0.95～2.05
	15≤w<25	1.90～2.15	1.15～1.45	1.20～2.45	1.15～2.85

续表

岩土类别	含水量 w (%)	密度 ρ (g/cm^3)	热物理指标		
			比热容 c [kJ/(kg·K)]	导热系数 λ [W/(m·K)]	导温系数 α ($\times10^{-3}$m^2/h)
全风化硬质岩	$10\leqslant w<15$	1.85～2.15	0.75～1.45	0.85～1.15	1.10～2.15
	$15\leqslant w<25$	1.90～2.25	0.85～1.65	0.95～2.15	1.25～3.00
强风化软质岩	$2\leqslant w<10$	2.05～2.40	0.57～1.55	1.00～1.75	1.30～3.50
强风化硬质岩	$2\leqslant w<10$	2.05～2.45	0.43～1.46	0.90～1.85	1.50～4.50
中风化软质岩	$w<5$	2.25～2.45	0.85～1.15	1.65～2.45	1.60～4.00
中风化硬质岩	$w<5$	2.25～2.55	0.75～1.25	1.85～2.75	1.60～5.50

第三节 室内试验测定

将现场从钻孔采集的岩土试样在实验室中通过一定的方法进行热物性指标测量，从而获取岩土体的导热系数、比热容等热物性参数值。这种方法测得的岩土体热物性参数较为准确，但由于采集的岩土试样已经脱离地下环境，水分含量、岩土体结构等发生变化，与地下条件下的岩土热物性并不等同。另外，对于地源热泵系统而言，钻孔取样不可能完全连续，故很难反映一定深度范围内地下岩土体的总体性状。

目前实验室测定岩土导热系数的方法主要分为稳态法和非稳态法两种。稳态测试中，试样内的温度分布是不随时间变化的稳态温度场，当试样达到热平衡后，借助测量试样每单位面积的热流速率和温度梯度，即可直接确定试样的导热系数。但是这种测试方法一般需要较长的试验时间，且试验过程中土壤的水分场在温度梯度作用下可能发生迁移，影响试验结果。故一般采用非稳态法进行测试，在非稳态测试方法中，试样内的温度分布是随时间变化的非稳定温度场，通过测试试样温度变化的速率，可以测定试样的热扩散率，进而得到材料的导热系数。

土壤的导热系数可表示为与温度、密度、孔隙率、饱和度和含水率相关的函数，其关系式可表述为

$$\lambda = f(t,\rho,n,w,s_r) \tag{3-14-6}$$

式中 λ——土壤的导热系数 [W/(m·K)]；

t——土壤的温度（℃）；

ρ——土壤的密度（kg/m^3）；

n——土壤的孔隙率（%）；

w——土壤的含水率（%）；

s_r——土壤的饱和度（%）。

实际应用中，在常温下温度对导热系数的影响并不大，且 ρ,n,w,s_r 有一定的换算关系，可简化为

$$\lambda = f(\rho,w) \tag{3-14-7}$$

运用过程中，为客观反映孔隙率变化的影响，将 ρ 用 γ_d 来代替，这样上式便改写成

$$\lambda = f(\gamma_d,w) \tag{3-14-8}$$

第四节　岩土热响应现场试验

岩土热响应现场试验最早由 Mogensen 于 1983 年提出，用来在现场确定换热器周围岩土体的导热系数和钻孔热阻。通过传热介质在埋管换热器中循环，在给定的放热量或取热量条件下连续记录循环流体的进出口温度，并根据温度随时间变化的规律推知岩土的导热系数和钻孔热阻。该方法已经在世界范围内获得广泛应用。国内部分高校在岩土热响应试验测试仪器研发和数据分析方面开展了一些工作，部分科研生产机构也进行了大量研究工作。

一、测试设备

岩土热响应试验均需采用专业的岩土热物性测试仪来进行，测试仪主要由不锈钢电加热保温水箱、循环水泵、不锈钢管路系统、配电系统、流量传感器、温度传感器、功率变送器、数据采集装置等部件组成，集成于固定台架上的测试仪安装如图 3-14-1 所示。

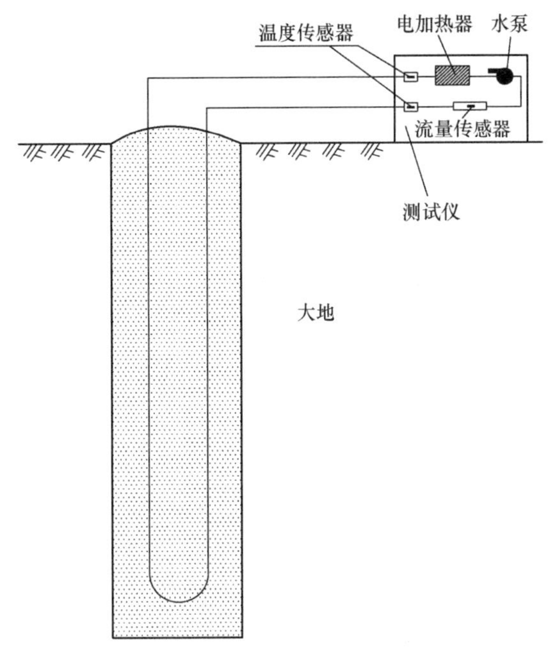

图 3-14-1　岩土热物性测试仪安装示意图

二、测试原理

现场测试一般采用恒定热流法来进行，通过向地下施加持续的恒定热量，在地下换热达到稳定时，将软件模拟结果与试验测试结果进行对比，使方差和取得最小值时，通过传热模型调整后的热物性参数即为所求结果。

$$f=\sum_{i=1}^{n}(T_{\mathrm{cal},i}-T_{\mathrm{exp},i})^{2} \tag{3-14-9}$$

式中　$T_{\mathrm{cal},i}$——第 i 时刻由模型计算出的埋管内流体的平均温度（℃）；

$T_{\mathrm{exp},i}$——第 i 时刻实际测量的埋管中流体的平均温度（℃）；

n——实际测量的数据组数。

根据线热源理论对恒热流测试进行计算。根据上式，各时刻的平均水温 T_{f} 与时间对数呈直线关系，有

$$T_{\mathrm{f}}=k\ln(\tau)+m \tag{3-14-10}$$

其中

$$k=\frac{q_{\mathrm{L}}}{4\pi\lambda_{\mathrm{s}}} \tag{3-14-11}$$

$$m=T_{\mathrm{ff}}+q_{\mathrm{L}}\mathrm{R}_{\mathrm{b}}+\frac{q_{\mathrm{L}}}{4\pi\lambda_{\mathrm{s}}}\left[\ln\left(\frac{16\lambda_{\mathrm{s}}}{d_{\mathrm{b}}^{2}\rho_{\mathrm{s}}c_{\mathrm{s}}}\right)-\gamma\right] \tag{3-14-12}$$

式中　$\rho_{\mathrm{s}}c_{\mathrm{s}}$——为岩土体积比热［J/(m^3·K)］；

t_{in}——流入地下埋管的水温（℃）；

t_{out}——流出地下埋管的水温（℃）。

根据实测资料绘出 T_f 随 $\ln(\tau)$ 的变化曲线，该曲线的截距即为 k 和 m，可得到

$$\lambda_s = \frac{q_L}{4\pi k} \tag{3-14-13}$$

$$\rho_s c_s = \frac{16\lambda_s}{d_b^2} e\left[\left(\frac{T_{ff} - m}{q_L} + R_b\right)^{4\pi\lambda_s} - \gamma\right] \tag{3-14-14}$$

$$q_L = mc_p(t_{in} - t_{out}) \tag{3-14-15}$$

可以改写成

$$q_L = \frac{G \times 1167 \times \sum_{i=1}^{n}(T_{in,\tau} - T_{out,\tau})}{nL} \tag{3-14-16}$$

式中　G——埋管内水流量（m^3/h）；

$T_{in,\tau}$——埋管逐时进水温度（℃）；

$T_{out,\tau}$——埋管逐时出水温度（℃）；

n——测试资料组数；

L——测试孔深（m）。

将岩土热响应测试数据带入上述公式，便可得到土壤的导热系数和比热容参数。

主 要 参 考 文 献

1.《简明工程地质手册》编写委员会. 简明工程地质手册[M]. 北京：中国建筑工业出版社，1998

2. 林宗元. 岩土工程试验监测手册[M]. 北京：中国建筑工业出版社，2005

3. 南京水利科学研究院. GB/T 50123—1999 土工试验方法标准[S]. 北京：中国计划出版社，1999

4. 北京城建勘测设计研究院有限责任公司. GB 50307—2012 城市轨道交通岩土工程勘察规范[S]. 北京：中国计划出版社，2012

5. 长江水利委员会长江科学院. GB 50218—2014 工程岩体分级标准[S]. 北京：中国计划出版社，2015

6. 中交第二航务工程勘察设计院有限公司. JTS 133—2013 水运工程岩土勘察规范[S]. 北京：人民交通出版社，2013

7. 天津大学，天津市建筑设计院. DB/T 29—20—2017 岩土工程技术规范[S]. 北京：中国建筑工业出版社，2017

8. 北京市勘察设计研究院，北京市建筑设计院. DBJ 11—501—2009(2016 年版)建筑地基基础勘察设计规范[S]. 北京：中国计划出版社，2016

9. 福建省建筑设计研究院. DBJ 13—84—2006 岩土工程勘察规范[S]. 福州：福建科学技术出版社，2006

10. 白永年. 中国堤坝防渗加固新技术[M]. 北京：中国水利水电出版社，2001

11. 张凤祥. 沉井与沉箱[M]. 北京：中国铁道出版社，2002

12. 中国建筑科学研究院. GB 50007—2011 建筑地基基础设计规范[S]. 北京：中国建筑工业出版社，2012

13. 建设部综合勘察研究设计院. GB 50021—2001(2009 年版)岩土工程勘察规范[S]. 北京：中国建筑工业出版社，2009

14. 南京市建设委员会. DB32/112—95 南京地区地基基础设计规范[S]. 南京：南京市建设委员

会，1995

15. 铁道部第四勘察设计院. TB 10018—2018 铁路工程地质原位测试规程[S]. 北京：中国铁道出版社，2018
16. 辽宁省建筑设计研究院. DB 21/T907—2015 建筑地基基础技术规范[S]. 沈阳：辽宁科学技术出版社，2015
17. 上海现代建筑设计(集团)有限公司. DGJ 08—11—2010 地基基础设计规范[S]. 上海：上海市建筑建材业市场管理总站，2010
18. 上海现代建筑设计(集团)有限公司. 地基基础设计规范 DGJ 08—11—2010 条文说明. 上海：上海市建筑建材业市场管理总站，2010
19. 上海市岩土工程勘察设计院有限公司. DGJ 08—37—2012 岩土工程勘察规范[S]. 上海：上海市建筑建材业市场管理总站，2012
20. 成都市建筑设计研究院. DB51/T 5026—2001 成都地区建筑地基基础设计规范[S]. 成都：2001
21. 中国有色金属工业昆明勘察设计研究院. YS 5219—2000 圆锥动力触探试验规程[S]. 北京：中国计划出版社，2001
22. 中国有色金属工业西安勘察设计研究院. YS 5213—2000 标准贯入试验规程[S]. 北京：中国计划出版社，2001
23. 建筑地基基础规范汇编(上海、天津、浙江、福建、深圳). 北京：中国建筑工业出版社，1993
24. 中冶赛迪工程技术股份有限公司. DBJ 50—047—2016 建筑地基基础设计规范[S]. 重庆：1997
25. 唐贤强等. 地基工程原位测试技术[M]. 北京：中国铁道出版社，1996
26. 中交天津港湾工程研究院有限公司. JTS 147—1—2010 港口工程地基规范[S]. 北京：人民交通出版社，2010
27. 黄河水利委员会勘测规划设计研究院. SL 274—2001 碾压式土石坝设计规范[S]. 北京：中国水利水电出版社，2002
28. 广州市建筑科学研究院. DBJ 15—31—2016 建筑地基基础设计规范[S]. 北京：中国建筑工业出版社，2017
29. 水利部水利水电规划设计总院. 长江水利委员会长江勘测规划设计研究院. GB 50487—2008 水利水电工程地质勘察规范[S]. 北京：中国计划出版社，2009
30. 湖北省建筑科学研究设计院. DB 42/242—2014 建筑地基基础技术规范[S]. 湖北：2014
31. 河北省建设勘察研究院. DB 13(J)/T48—2005 河北省建筑地基承载力技术规程(试行)[S]. 石家庄：河北省工程建设标准化管理办公室，2005
32. 刘松玉等. 现代多功能 CPTU 技术理论与工程应用[M]. 北京：科学出版社，2013
33. 徐超等. 岩土工程原位测试[M]. 上海：同济大学出版社，2005
34. 中国建筑科学研究院. JGJ 94—2008 建筑桩基技术规范[S]. 北京：中国建筑工业出版社，2008
35. 《工程地质手册》编委会. 工程地质手册[M]. 第四版. 北京：中国建筑工业出版社，2007
36. 《岩土工程手册》编写委员会. 岩土工程手册[M]. 第一版. 北京：中国建筑工业出版社，1994
37. 铁道部第一勘测设计院编. 工程地质试验手册[M]. 第一版. 北京：中国铁道出版社，1982
38. 吴银柱，等. 深层平板载荷试验测试装置的研制[J]. 岩土工程学报，2003，24(6)：756-759
39. 中交第二航务工程勘察设计院有限公司. JTS 133—1—2010 港口岩土工程勘察规范[S]. 北京：人民交通出版社，2010
40. D 4554-02. Standard Test Method for In Situ Determination of Direct Shear Strength of Rock Discontinuities[S]. West Conshohocken：ASTM International，2002
41. Handy，R. L.，Borehole ShearTest：Instructions [Z] . Iowa：Handy Geotechnical Instruments. Inc，2009

42. 常州建筑设计院. JGJ 69—90 PY 型预钻式旁压试验规程[S]. 北京：中国计划出版社，1990
43. BKB 03—93 工程地质原位测试规程[S]. 中国兵器工业勘察单位标准，1993
44. 中国有色金属工业长沙勘察设计研究院. YS 5224—2000 旁压试验规程[S]. 北京：中国计划出版社，2001
45. 英国剑桥自钻式旁压仪产品专辑，2013
46. 上海市岩土工程勘察设计研究院. DGJ 08—37—2012 上海市工程建设规范岩土工程勘察规范[S]. 上海：上海市建筑建材业市场管理总站，2012
47. 中冶沈勘工程技术有限公司. GB/T 50480—2008 冶金工业岩土勘察原位测试规范[S]. 北京：中国计划出版社，2009
48. 陈国民. 扁铲侧胀仪试验及其应用[J]. 岩土工程学报. 1999，21(2)：177-183
49. 王大榜译. 扁铲侧胀试验[M]. 浙江省勘察设计院.
50. DMT-W1 型扁铲侧胀仪使用手册[M]. 南光地质仪器厂，1999
51. 中国水电顾问集团成都勘测设计研究院、水电水利规划设计总院、中国电力企业联合会. GB/T 50266—2013 工程岩体试验方法标准[S]. 北京：中国计划出版社，2013
52. 机械工业勘察设计研究院有限公司. GB/T 50269—2015 地基动力特性测试规范[S]. 北京：中国计划出版社，2015
53. 河南省建筑科学研究院有限公司，泰宏建设发展有限公司. GB 50325—2010 民用建筑工程室内环境污染控制规范[S]. 北京：中国计划出版社，2011
54. 王喜元主编. 民用建筑工程室内环境污染控制规范辅导教材[M]. 北京：中国计划出版社，2002
55. 北京市建设工程质量检测中心. DBJ 01—91—2004 民用建筑工程室内环境污染控制规程[S]. 北京：北京城建科技促进会，2004
56. 殷阴. 土壤 Rn^{220} 浓度的测量方法和变化规律的初步研究. 硕士研究生论文[D]，北京：2013
57. 徐仁崇，桂苗苗，彭军芝，等. 厦门市土壤氡浓度水平及其分布规律调查[J]. 辐射防护，2012，32(2)：125-128
58. 苏君，徐鸣，李沫，等. 乌鲁木齐市土壤中氡浓度水平及分布规律调查[J]. 辐射防护，2009，29(5)：327-332
59. 梅爱华，朱立. 土壤氡浓度随季节变化规律[J]. 山西建筑，2007，33(3)：325-326
60. 申超，肖德涛，陈凌，等. 土壤氡测量方法[J]. 衡阳师范学院学报，2011，32(3)：45-48
61. 吴自香，刘彦兵，贾育新，等. 土壤氡测定的影响因素探讨[J]. 中国辐射卫生，2006，15(1)：23-24
62. 陈波，顾淑清，杨宇民，等. 南通市城区土壤中氡浓度分布状况研究[J]. 交通医学，2012，26(1)：51-53，55
63. 周云龙，岑况，施泽明. 四川阿坝土壤与空气中氡气浓度及分布调查[J]. 现代地质，2013，27(4)：993-998
64. 贺小凤，王国胜. 深圳市某高校校园内土壤氡浓度的测定[J]. 深圳信息职业技术学院学报，2013，11(1)：29-33
65. 李学彪. 广西岩溶城市氡气需重新认识[J]. 环境科学与管理，2011，36(2)：130-132
66. 李洪艺，张橙博，梁森荣，等. 断裂带土中氡浓度影响因素分析及特征曲线应用[J]. 上海国土资源，2011，32(1)：78-83
67. 南京水利科学研究院. GB/T 50123—1999 土工试验方法标准[S]. 北京：中国计划出版社，1999
68. 中国环境科学研究院修订. GB 3838—2002 地表水环境质量标准[S]. 北京：中国环境科学出版社，2002
69. 地质矿产部地质环境管理司. GB/T 14848—1993 地下水质量标准[S]. 北京：中国标准出版

社，1994

70. 中华人民共和国建设部. GB 50366—2005(2009 年版)地源热泵系统工程技术规范[S]. 北京：中国建筑工业出版社，2009

71. 徐学祖，王家澄，张立新. 冻土物理学[M]. 北京：科学出版社，2001.

72. 徐伟主编. 中国地源热泵发展研究报告[M]. 北京：中国建筑工业出版社，2013.

73. Mogensen P. Fluid to duct wall heat transfer in duct system heat storages[C]//Proceedings of the International Conference on Subsurface Heat Storage in Theory and Practice. Stockholm，Sweden，1983，6-8：652-657.

74. 邓军涛，张继文，郑建国，乔晓霞. 不同形式和管径的地埋管换热器换热性能分析[J]. 太阳能学报，2015，36(11)：2590-2596.

第四篇　地基评价和计算

第一章　设计基本原则和荷载的基本概念

第一节　设 计 基 本 原 则

一、地基基础的设计等级

根据地基复杂程度、建筑物规模和功能特征以及由于地基问题可能造成建筑物破坏或影响正常使用的程度，将地基基础设计分为三个等级，设计时应根据具体情况按表 4-1-1 选用。

地基基础设计等级　　表 4-1-1

设计等级	建筑和地基类型
甲级	重要的工业与民用建筑物 30 层以上的高层建筑 体型复杂，层数相差超过 10 层的高低层连成一体建筑物 大面积的多层地下建筑物（如地下车库、商场、运动场等） 对地基变形有特殊要求的建筑物 复杂地质条件下的坡上建筑物（包括高边坡） 对原有工程影响较大的新建建筑物 场地和地基条件复杂的一般建筑物 位于复杂地质条件及软土地区的二层及二层以上地下室的基坑工程 开挖深度大于 15.0m 的基坑工程 周边环境条件复杂、环境保护要求高的基坑工程
乙级	除甲级、丙级以外的工业与民用建筑物 除甲级、丙级以外的基坑工程
丙级	场地和地基条件简单、荷载分布均匀的七层及七层以下民用建筑及一般工业建筑；次要的轻型建筑物； 非软土地区且场地地质条件简单、基坑周边环境条件简单、环境保护要求不高且基坑开挖深度小于 5.0m 的基坑工程

二、设计基本原则

根据建筑物地基基础设计等级及长期荷载作用下地基变形对上部结构的影响程度，地基基础设计应符合下列规定：

1. 所有建筑物的地基计算均应满足承载力计算的有关规定。

2. 设计等级为甲级、乙级的建筑物，均应按地基变形设计。

3. 对经常受水平荷载作用的高层建筑、高耸结构和挡土墙等，及建造在斜坡上或边坡附近的建筑物和构筑物，尚应验算其稳定性。

4. 基坑工程应进行稳定性验算。

5. 建筑地下室或地下构筑物存在上浮问题时，尚应进行抗浮验算。

总之，所有建筑物的地基承载力首先要满足强度要求、稳定性不存在问题、地基变形控制在允许值范围以内。控制地基变形是地基设计的主要原则，在满足承载力计算的前提下，应按控制地基变形的正常使用极限状态进行设计。

三、设计表达式

（一）承载能力极限状态

对于承载能力极限状态，应按荷载的基本组合或偶然组合计算荷载组合的效应设计值，采用下列设计表达式进行设计：

$$\gamma_0 S_d \leqslant R_d \tag{4-1-1}$$

式中 γ_0——结构重要性系数，与建筑结构的安全等级及设计使用年限有关；

S_d——荷载组合的效应设计值；

R_d——结构构件抗力的设计值。

（二）正常使用极限状态

对于正常使用极限状态，根据不同的设计要求，采用荷载的标准组合、频遇组合或准永久组合，采用下列表达式进行设计：

$$S_d \leqslant C \tag{4-1-2}$$

式中 S_d——正常使用极限状态荷载组合的效应设计值；

C——结构或结构构件达到正常使用要求的规定限值，例如变形、裂缝、振幅、加速度、应力等的限值。

第二节 荷载的基本概念

一、荷载分类

（一）永久荷载

在结构使用期间，其值不随时间变化，或其变化与平均值相比可以忽略不计，或其变化是单调的并能趋于限值的荷载。例如结构自重、土压力、水压力、预应力等。

（二）可变荷载

在结构使用期间，其值随时间变化，且其变化与平均值相比不可以忽略不计的荷载。例如楼面活荷载、屋面活荷载和积灰荷载、吊车荷载、风荷载、雪荷载等。

（三）偶然荷载

在结构设计使用年限内不一定出现，而一旦出现，其值很大且持续时间很短的荷载。例如地震荷载、撞击力、爆炸力等。

二、荷载代表值

（一）永久荷载

对永久荷载采用标准值作为代表值。永久荷载标准值，对结构自重，可按结构构件的设计尺寸和材料单位体积的自重计算确定。对于自重变异较大的材料和物件（如现场制作的保温材料、混凝土薄壁构件等），自重的标准值应根据对结构有利或不利，取下限值或上限值。

（二）可变荷载

对可变荷载应根据设计要求采用标准值、组合值、频遇值或准永久值作为代表值。

可变荷载的标准值是可变荷载的基本代表值，是指设计基准期内最大荷载统计分布的特征值，可变荷载的组合值、频遇值、准永久值均可由可变荷载的标准值分别乘以荷载组合值系数、荷载频遇值系数、荷载准永久值系数得到。

（三）偶然荷载

对偶然荷载按建筑结构使用的特点确定其代表值。

地震荷载按《建筑抗震设计规范》GB 50011—2010 的具体规定采用，其他类型的偶然荷载，如爆炸、撞击等由各部门以其专业本身特点，按经验采用，并在有关的标准中规定。

三、荷载组合及其在地基基础设计中的应用

（一）基本组合

1. 表达式

对于基本组合，荷载基本组合的效应设计值 S_d 应从下列组合值中取最不利值确定：

（1）由可变荷载控制的效应设计值：

$$S_d = \sum_{j=1}^{m} \gamma_{Gj} S_{G_j k} + \gamma_{Q_1} \gamma_{L_1} S_{Q_1 k} + \sum_{i=2}^{n} \gamma_{Q_i} \gamma_{L_i} \psi_{c_i} S_{Q_i k} \tag{4-1-3}$$

式中　γ_{Gj}——第 j 个永久荷载的分项系数；

γ_{Qi}——第 i 个可变荷载的分项系数，其中 γ_{Q_1} 为主导可变荷载 Q_1 的分项系数；

γ_{Li}——第 i 个可变荷载考虑设计使用年限的调整系数，其中 γ_{L_1} 为主导可变荷载 Q_1 考虑设计使用年限的调整系数；

$S_{G_j k}$——按 j 个永久荷载标准值 G_{jk} 计算的荷载效应值；

$S_{Q_i k}$——按 i 个可变荷载标准值 Q_{ik} 计算的荷载效应值，其中 $S_{Q_1 k}$ 为诸可变荷载效应中起控制作用者；

ψ_{c_i}——第 i 个可变荷载 Q_i 的组合值系数；

m——参与组合的永久荷载数；

n——参与组合的可变荷载数。

（2）由永久荷载控制的效应设计值：

$$S_d = \sum_{j=1}^{m} \gamma_{G_j} S_{G_j k} + \sum_{i=1}^{n} \gamma_{Q_i} \gamma_{L_i} \psi_{c_i} S_{Q_i k} \tag{4-1-4}$$

注：1. 基本组合中的效应设计值仅适用于荷载与荷载效应为线性的情况。

2. 当对 $S_{Q_1 k}$ 无法明显判断时，应轮次以各可变荷载效应为 $S_{Q_1 k}$，选其中最不利的荷载组合的效应设计值。

2. 基本组合的荷载分项系数

（1）永久荷载的分项系数

1）当永久荷载效应对结构不利时

对由可变荷载效应控制的组合，应取 1.20；

对由永久荷载效应控制的组合，应取 1.35；

2）当永久荷载效应对结构有利时，不应大于 1.0；

（2）可变荷载的分项系数

1）对标准值大于 4kN/m^{2}的工业房屋楼面结构的活荷载，应取 1.3；

2）其他情况，应取 1.4；

（3）对结构的倾覆、滑移或漂浮验算，荷载的分项系数应满足有关的建筑结构设计规范的规定。

3. 应用

在确定基础或桩基承台高度、支挡结构截面、计算基础或支挡结构内力、确定配筋和验算材料强度时，上部结构传来的作用效应和相应的基底反力、挡土墙土压力以及滑坡推力，按承载能力极限状态下作用的基本组合，采用相应的分项系数。

（二）偶然组合

对于偶然组合，偶然荷载组合的效应设计值 S_d，可按下式进行计算：

$$S_d = \sum_{j=1}^{m} S_{G_j k} + S_{A_d} + \psi_{f_1} S_{Q_1 k} + \sum_{i=2}^{n} \psi_{q_i} S_{Q_i k} \tag{4-1-5}$$

式中　S_{A_d}——按偶然荷载标准值 A_d 计算的荷载效应值；

ψ_{f_1}——第 1 个可变荷载的频遇值系数；

ψ_{q_i}——第 i 个可变荷载的准永久值系数。

注：组合中的设计值仅适用于荷载和荷载效应为线性的情况。

（三）标准组合

1. 表达式

对于标准组合，荷载标准组合的效应设计值 S_d 应按下式采用：

$$S_d = \sum_{j=1}^{m} S_{G_j k} + S_{Q_1 k} + \sum_{i=2}^{n} \psi_{c_i} S_{Q_i k} \tag{4-1-6}$$

注：组合中的设计值仅适用于荷载和荷载效应为线性的情况。

2. 应用

在按地基承载力确定基础底面积及埋深或按单桩承载力确定桩数时，传至基础或承台底面上的作用效应按正常使用极限状态下作用的标准组合，需验算基础裂缝宽度时，采用正常使用极限状态下作用的标准组合。

（四）频遇组合

对于频遇组合，荷载频遇组合的效应设计值 S_d 应按下式采用：

$$S_d = \sum_{j=1}^{m} S_{G_j k} + \psi_{f_1} S_{Q_1 k} + \sum_{i=2}^{n} \psi_{q_i} S_{Q_i k} \tag{4-1-7}$$

注：组合中的设计值仅适用于荷载和荷载效应为线性的情况。

（五）准永久组合

1. 表达式

对于准永久组合，荷载准永久组合的效应设计值 S_d 可按下式采用：

$$S_d = \sum_{j=1}^{m} S_{G_j k} + \sum_{i=1}^{n} \psi_{q_i} S_{Q_i k} \tag{4-1-8}$$

注：组合中的设计值仅适用于荷载和荷载效应为线性的情况。

2. 应用

在地基的变形计算时，传至基础底面上的作用效应按正常使用极限状态下作用的准永久组合，不应计入风荷载和地震作用。

第二章　地基土物理力学性质指标统计

第一节　数据分析与统计

一、统计前的准备

（一）划分统计单元

1. 首先应按地貌单元、地层层位、成因类型、岩性和沉积年代等划分统计单元。

2. 对该单元的试验、测试数据进行检查，对异常数据应进行复查检验，分析研究，然后决定取舍。一般情况下，异常数据的取舍方法见本节二（四）。

3. 每个统计单元，土的物理力学性质指标应基本接近，数据的离散性只能是土质不均匀或试验误差造成的。若两个统计单元的指标，经过差异显著性检验（方法见第三节）无明显差异时，可以合并成一个统计单元。

（二）编制统计图表

1. 将不同统计单元的数据分别列表。

2. 必要时绘制统计图示，岩土工程常用的统计图示是直方图，有频数分布直方图（图 4-2-1*a*）和频率分布直方图（图 4-2-1*b*），直方图区间数目 M 可采用 Sturges 公式（式 4-2-1）根据样本容量 N（数据个数）确定。

$$M = 1 + 3.3\lg N \tag{4-2-1}$$

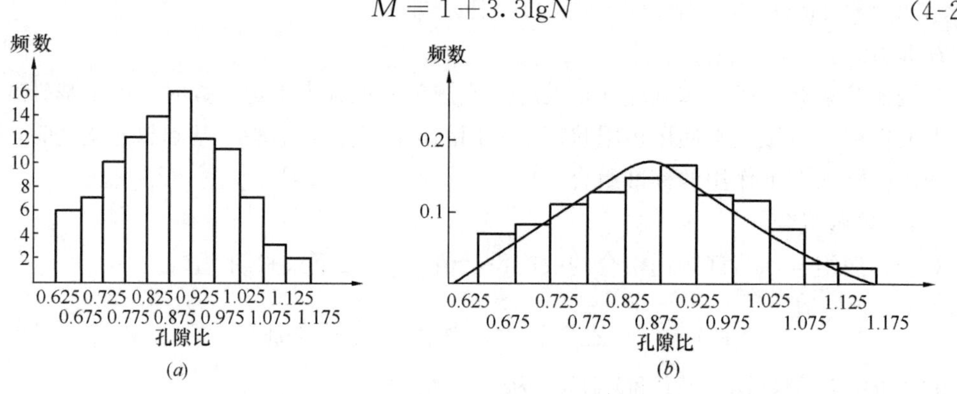

图 4-2-1　直方图

（*a*）频数分布直方图；（*b*）频率分布直方图

二、数据分析与统计

（一）数据的分布类型

试验数据是母体中随机抽取的随机变量。它有两种类型，一是离散性随机变量（数据），二是连续型随机变量（数据）。

（二）数据的概率分布

1. 概率

设 E 是随机事件，S 是它的样本空间，A 是 E 的事件，人们发现随着重复试验次数的增多，事件 A 发生的频率逐渐稳定地趋于某个常数 P（A）附近，这一客观存在的常数 P（A）就称为事件 A 的概率。

2. 数据的概率分布

离散型随机变量的概率分布主要有：(1)（0—1）分布；(2) 二项分布；(3) 泊松分布等。

连续型随机变量的概率分布主要有：(1) 均匀分布；(2) 正态分布。

在岩土工程中最常见的数据概率分布曲线如图 4-2-1（b）所示，一般可以认为接近正态分布曲线。

3. 数据的分布特征

对于母体的正态分布（记为 $X \sim N$（μ，σ^2））来说，设 μ 是其分布的均值，σ 为分布的标准差（均方差），则正态分布的概率分布函数有如下特征：

(1) 曲线关于 $x=\mu$ 对称；

(2) 当 $x=\mu$ 时取得最大值 $f(\mu)=\dfrac{1}{\sqrt{2\pi\sigma}}$；

(3) x 离 μ 越远 f（x）的值越小，表示对于同样长度的区间，当区间离 μ 越远，参数落在这个区间上的概率越小；

(4) 如果固定 σ，改变 μ，则 $f(x)$ 的图形沿着 ox 轴平移，而不改变形状。如果固定 μ，改变 σ，当 σ 越小，图形越尖，因而参数落在 μ 附近的概率越大。

4. 中心极限定理

设随机变量 $X_i(i=1,2,\cdots,n)$ 相互独立，且都存在数学期望和方差，即

$$E(X_i)=\mu_i, D(X_i)=\sigma_i^2, i=1,2,\cdots,n \tag{4-2-2}$$

若每个 X_i 对总和 $\sum_{i=1}^{n}X_i$ 的影响都不大，则随机变量 $Y=\sum_{i=1}^{n}X_i$ 就近似服从 $N(\sum_{i=1}^{n}\mu_i, \sum_{i=1}^{n}\sigma_i^2)$ 分布。中心极限定理指出了大量随机现象服从或近似服从正态分布的原因，这也是统计学中通常都假定总体服从正态分布的理论依据。

（三）数据的统计

1. 平均值

平均值表示分布的平均趋势，用一阶原点矩描述

$$\overline{x}=\frac{x_1+x_2+\cdots\cdots+x_n}{n}=\frac{1}{n}\sum_{i=1}^{n}x_i \tag{4-2-3}$$

2. 加权平均值

当不同数据具有不同的权时，应计算加权平均值

$$\overline{x}=\frac{w_1x_1+w_2x_2+\cdots\cdots+w_nx_n}{w_1+w_2+\cdots\cdots+w_n}=\frac{\sum w_ix_i}{\sum w_i} \tag{4-2-4}$$

式中　w_i——指标 x_i 所具有的权。

3. 标准差

子样标准差是表示数据离散程度的特征值，用 S 表示，具有和平均值相同的量纲，是数据方差 S^2 的平方根，S^2 用二阶中心矩描述。

$$S=\sqrt{\frac{1}{n-1}\left[\sum_{i=1}^{n}x_i^2-\frac{1}{n}\left(\sum_{i=1}^{n}x_i\right)^2\right]} \tag{4-2-5}$$

母体的标准差又称均方差，用σ表示，S是σ的无偏估计量。

$$\sigma=S\sqrt{\frac{n-1}{n}} \tag{4-2-6}$$

4. 变异系数

变异系数是表示数据变异性的特征值，用δ表示。

$$\delta=\frac{S}{\bar{x}} \tag{4-2-7}$$

变异系数是无量纲系数，可比较不同参数之间的离散程度，使用上比较方便，在国际上是一个通用指标，国内外一些研究成果见表 4-2-1 和表 4-2-2。

Ingles 统计的变异系数　　表 4-2-1

岩土参数	内摩擦角 φ		黏聚力 c（不排水）	压缩性	固结系数	弹性模量	液限	塑限	标准贯入击数	无侧限抗压强度	孔隙比	重度	黏粒含量
	砂土	黏性土											
范围值	0.05～0.15	0.12～0.56	0.20～0.50	0.18～0.73	0.25～1.00	0.02～0.42	0.02～0.48	0.09～0.29	0.27～0.85	0.06～1.00	0.13～0.42	0.01～0.10	0.09～0.70
建议值	0.10	0.10	0.30	0.30	0.50	0.30	0.10	0.10	0.30	0.40	0.25	0.03	0.25

国内研究成果的变异系数　　表 4-2-2

地区	土类	γ的变异系数	E_s的变异系数	φ的变异系数	c的变异系数
上海	淤泥质黏土	0.017～0.020	0.044～0.213	0.206～0.308	0.049～0.089
	淤泥质粉质黏土	0.019～0.023	0.166～0.178	0.197～0.424	0.162～0.245
	暗绿色粉质黏土	0.015～0.031	—	0.097～0.268	0.333～0.646
江苏	黏土	0.005～0.033	0.177～0.257	0.164～0.370	0.156～0.290
	粉质黏土	0.014～0.030	0.122～0.300	0.100～0.360	0.160～0.550
安徽	黏土	0.020～0.034	0.170～0.500	0.140～0.168	0.280～0.300
河南	粉质黏土	0.015～0.018	0.166～0.469	—	—
	粉土	0.017～0.044	0.209～0.417		

5. 岩土参数在深度方向上的变异

岩土参数沿深度方向呈有规律的变化，按变化特点分为相关型和非相关型。

相关型参数宜结合岩土参数与深度的经验关系，按下式确定剩余标准差，并用剩余标准差计算变异系数。

$$\sigma_r=\sigma_f\sqrt{1-r^2} \tag{4-2-8}$$

$$\delta=\frac{\sigma_r}{\phi_m} \tag{4-2-9}$$

式中　σ_r——剩余标准差；

σ_f——岩土参数的标准差；

r——相关系数，对非相关型，$r=0$；

ϕ_m ——岩土参数的平均值。

（四）异常数据的舍弃

求得平均值和标准差之后，可用来检验统计数据中应当舍弃的带有粗差的数据。剔除粗差有不同的标准，常用的有正负三倍标准差法、Chauvenet 法和 Grubbs 法。

当离差 d 满足式（4-2-10）时，该数据应舍弃

$$|d| \geqslant gS \tag{4-2-10}$$

式中　d—— $x_i - \bar{x}$；

S——标准差；

g——由不同标准给出的系数，当采用三倍标准差方法时，$g=3$；当采用其他两种方法时，g 值见表 4-2-3。

Chauvenet 法和 Grubbs 法的 g 值　　表 4-2-3

N		5	6	7	8	9	10	12	14
Chauvenet 方法		1.68	1.73	1.79	1.86	1.92	1.96	2.03	2.10
Grubbs 方法	$\alpha=0.05$	1.67	1.82	1.94	2.03	2.11	2.18	2.29	2.37
	$\alpha=0.01$	1.75	1.94	2.10	2.22	2.32	2.41	2.55	2.66
N		16	18	20	22	24	30	40	50
Chauvenet 方法		2.16	2.20	2.24	2.28	2.31	2.39	2.50	2.58
Grubbs 方法	$\alpha=0.05$	2.44	2.50	2.56	2.60	2.64	2.75	2.87	2.96
	$\alpha=0.01$	2.75	2.82	2.88	2.94	2.99	3.10	3.24	3.34

第二节　岩土参数的选定

一、基本要求

岩土参数应根据工程特点和地质条件选用，并按下列内容评价其可靠性和适用性。

1. 取样方法和其他因素对试验结果的影响；
2. 采用的试验方法和取值标准；
3. 不同测试方法所得结果的分析比较；
4. 测试结果的离散程度；
5. 测试方法与计算模型的配套性。

二、可靠性估计的理论基础

（一）分位值

1. 定义：与随机变量分布函数某一概率相应的值称为分位值。

根据数理统计原理，对于标准正态随机量 $X \sim N(0,1)$，若 $P\{u > u_\alpha\} = \alpha(0 < \alpha < 1)$，则称 u_α 为标准正态分布的上侧分位值，见图 4-2-2。

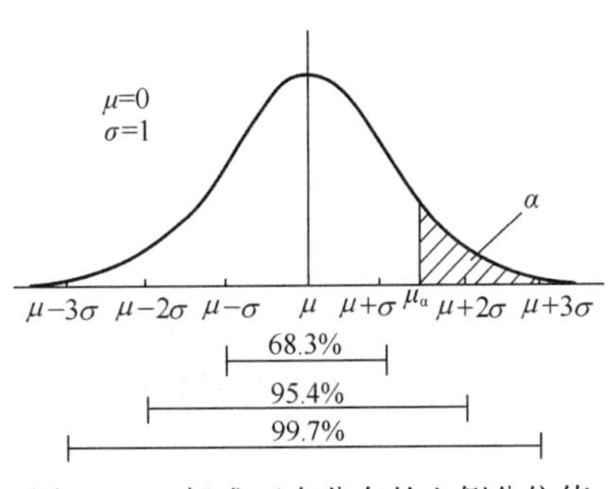

图 4-2-2　标准正态分布的上侧分位值

由标准正态分布的对称性可知，若有 $P\{|u| > u_{\frac{\alpha}{2}}\} = \alpha$，则称 $u_{\frac{\alpha}{2}}$ 为标准正态分布的双侧

分位值。

2. 抽样分布的分位值

对于正态母体来说，最常用的抽样分布函数主要有以下三种：

(1) χ^2 分布：若总体 $x \sim N(0,1)$，$x_1, x_2, \cdots, x_n$ 为 x 的一个样本，称它们的平方和 $\chi^2 = x_1^2 + x_2^2 + \cdots\cdots + x_n^2$ 为服从自由度为 n 的 χ^2 分布，记为 $\chi^2 \sim \chi^2(n)$。χ^2 分布在单个正态总体方差的区间估计与假设检验，以及在非参数统计推断中有重要应用。

(2) t 分布：若 $x \sim N(0,1)$，$y \sim \chi^2(n)$，且 x 和 y 相互独立，则称随机变量 $t = \dfrac{x}{\sqrt{y/n}}$ 为服从自由度为 n 的 t 分布，记为 $t \sim t(n)$。t 分布在总体均值的区间估计和假设检验中有重要应用。

(3) F 分布：若 $x \sim \chi^2(n_1)$，$y \sim \chi^2(n_2)$，且 x 和 y 相互独立，则称随机变量 $F = \dfrac{x/n_1}{y/n_2}$ 为服从自由度 (n_1、n_2) 的 F 分布，记为 $F \sim F(n_1, n_2)$。F 分布在假设检验、方差分析、回归分析等统计方法中有重要应用。

从分位值的定义，可以导出 χ^2、F 分布的上侧分位值以及 t 分布的上侧分位值和双侧分位值。

(二) 区间估计

1. 基本概念

参数的区间估计就是由子样给出参数的估计范围，并使未知参数在其中具有指定的概率。

2. 区间估计

设母体 x 的分布函数是 $F(x,Q)$，其中 Q 是未知参数。从母体中抽取子样 ($x_1, x_2, \cdots, x_n$)，作统计量 $Q_1(x_1, x_2, \cdots, x_n)$ 和 $Q_2(x_1, x_2, \cdots, x_n)$ 使

$$P\{Q_1 < Q < Q_2\} = 1 - \alpha \tag{4-2-11}$$

就是参数的区间估计。其中 (Q_1, Q_2) 称为 Q 的置信区间，Q_1 和 Q_2 分别称为置信下限和置信上限，$1-\alpha$ 称为置信概率。

对方差未知的正态母体平均数进行区间估计时，如为小子样 ($n<50$)，则是利用子样标准差 S 代替母体标准差 σ 进行估计，此时子样分布服从自由度为 $n-1$ 的 t 分布，按区间估计理论其置信区间是：

$$\left(\overline{x} - t_{\frac{\alpha}{2}}(n-1)\frac{S}{\sqrt{n}}, \overline{x} + t_{\frac{\alpha}{2}}(n-1)\frac{S}{\sqrt{n}}\right) \tag{4-2-12}$$

3. 可靠度与失效概率

在上述区间估计中，置信概率 $1-\alpha$ 表示参数在置信区间 (Q_1, Q_2) 中的可靠程度，称为可靠度；

α 表示参数落在区间 (Q_1, Q_2) 外的概率称之为失效概率。

三、岩土参数的可靠性的估值

(一) 岩土参数的标准值

岩土参数的标准值是岩土工程设计的基本代表值，是岩土参数的可靠性估值。由于岩

土参数的特性，它是在区间估计理论基础上得到的关于参数母体平均值置信区间的单侧置信界限值。

1. 理论公式

$$\phi_k = \phi_m \pm t_\alpha \sigma_m = \phi_m (1 \pm t_\alpha \frac{\sigma_m}{\phi_m}) = \gamma_s \cdot \phi_m \tag{4-2-13}$$

$$\gamma_s = 1 \pm t_\alpha \cdot \frac{\sigma_m}{\phi_m} \tag{4-2-14}$$

式中　ϕ_k——岩土参数的标准差；

ϕ_m——岩土参数的平均值；

σ_m——场地的空间均值标准差。

式中正负号按不利组合考虑，采用置信上限时，为正号，置信下限时，为负号。

（1）随机场理论

$$\sigma_m = \Gamma(L)\sigma_f \tag{4-2-15}$$

式中　$\Gamma(L)$——标准折减系数；

σ_f——子样标准差。

$$\Gamma(L) = \sqrt{\frac{\delta_e}{h}} \tag{4-2-16}$$

式中　δ_e——相关距离（m）；

h——计算空间的范围。

考虑到随机场理论方法尚未完全实用化，可以采用下面的近似公式计算标准差折减系数：

$$\Gamma(L) = \frac{1}{\sqrt{n}} \tag{4-2-17}$$

将公式（4-2-15）和公式（4-2-17）代入公式（4-2-14）中得到下式

$$\gamma_s = 1 \pm \frac{t_\alpha}{\sqrt{n}} \cdot \frac{\sigma_f}{\phi_m} = 1 \pm \frac{t_\alpha}{\sqrt{n}}\ \delta \tag{4-2-18}$$

（2）数理统计理论

对于岩土参数的单侧置信估计时，按数理统计理论

$$\phi_k = \phi_m \pm t_\alpha \sigma_m = \phi_m \pm t_\alpha \cdot \frac{\sigma_f}{\sqrt{n}} = \phi_m \left(1 \pm \frac{t_\alpha}{\sqrt{n}}\right)\delta \tag{4-2-19}$$

可见，随机场理论的近似结果实际上就是数理统计的区间估值的结果。

上面式子中的 t_α 为 t 分布函数单侧置信区间的系数值，可根据风险概率 α（或置信概率 p）和自由度（$n-1$）查表 4-2-4。

t 分布单侧置信区间的 t_{α} 系数　　**表 4-2-4**

自由度 $n-1$	风险概率 α				
	0.10	0.05	0.025	0.01	0.005
	置信概率 p				
	0.90	0.95	0.975	0.99	0.995
1	3.07	6.31	12.71	31.82	63.66
2	1.89	2.92	4.30	6.97	9.93
3	1.64	2.35	3.18	4.54	5.84
4	1.53	2.13	2.78	3.75	4.60
5	1.48	2.02	2.57	3.37	4.03
6	1.44	1.94	2.45	3.14	3.70
7	1.42	1.90	2.37	3.00	3.50
8	1.40	1.86	2.30	2.90	3.36
9	1.38	1.83	2.26	2.82	3.25
10	1.37	1.81	2.23	2.76	3.17
11	1.36	1.80	2.20	2.72	3.11
12	1.36	1.78	2.18	2.68	3.06
13	1.35	1.77	2.16	2.65	3.01
14	1.35	1.76	2.14	2.62	2.98
15	1.34	1.75	2.13	2.60	2.95
16	1.34	1.75	2.12	2.58	2.92
17	1.33	1.74	2.11	2.57	2.90
18	1.33	1.73	2.10	2.55	2.88
19	1.33	1.72	2.09	2.54	2.86
20	1.33	1.72	2.09	2.53	2.85
21	1.32	1.72	2.08	2.52	2.83
22	1.32	1.72	2.07	2.51	2.82
23	1.32	1.71	2.07	2.50	2.81
24	1.32	1.71	2.06	2.49	2.80
25	1.32	1.71	2.06	2.49	2.79
26	1.32	1.71	2.06	2.48	2.78
27	1.31	1.70	2.05	2.47	2.77
28	1.31	1.70	2.05	2.47	2.76
29	1.31	1.70	2.05	2.46	2.76
30	1.31	1.70	2.04	2.46	2.75
40	1.30	1.68	2.02	2.42	2.70
60	1.30	1.67	2.00	2.39	2.66
80	1.30	1.66	1.99	2.37	2.63
100	1.29	1.66	1.98	2.36	2.62
120	1.29	1.66	1.98	2.36	2.62
∞	1.28	1.65	1.96	2.33	2.58

2. 简化公式

在岩土工程中，一般取置信概率 p 为 95%。为了应用方便，也为避免工程上误用统计学上的过小样本容量（如 n=2，3，4 等）在规范中不宜出现学生氏（t 分布）函数的界限值。因此，通过拟合求得下面的近似公式：

$$\gamma_s = 1 \pm \left\{\frac{1.704}{\sqrt{n}} + \frac{4.678}{n^2}\right\}\delta \tag{4-2-20}$$

3. 经验法

在实际工作中，统计修正系数 γ_s，也可按岩土工程问题的类型和重要性、参数的变异性和统计数据的频数，根据经验选用。

（二）岩土参数的设计值

当需采用分项系数描述设计表达式计算时，岩土参数设计值 ϕ_d 按下式计算

$$\phi_d = \frac{\phi_k}{\gamma} \tag{4-2-21}$$

式中　γ——岩土参数的分项系数。

（三）土抗剪强度参数的统计

1. 本手册推荐的方法

土的抗剪强度参数黏聚力 c 和内摩擦角 φ 的平均值和标准差，推荐按最小二乘法统计，直接用试验数据 τ-p 值，一次统计求出每层最佳拟合时的平均值和标准差。

抗剪强度参数，包括内摩擦角平均值，黏聚力平均值，相应的标准差、变异系数，统计修正系数，分别按下式计算：

（1）直剪试验

$$\varphi_m = \arctan\left[\frac{1}{\Delta}(n\sum p\tau - \sum p \cdot \sum \tau)\right] \tag{4-2-22}$$

$$c_m = \frac{\sum \tau}{n} - \frac{\sum p}{n} \cdot \tan\varphi_m = \tau_m - p_m \tan\varphi_m \tag{4-2-23}$$

$$\sigma_\varphi = \frac{180}{\pi}\sigma\sqrt{\frac{n}{\Delta}}\cos^2\varphi_m \tag{4-2-24}$$

$$\sigma_c = \sigma\sqrt{\frac{\sum p^2}{\Delta}} \tag{4-2-25}$$

$$\begin{aligned}\sigma &= \sqrt{\frac{1}{n-2}\sum(p\tan\varphi_m + c_m - \tau)^2} \\ &= \sqrt{\frac{1}{n(n-2)}\left\{[n\sum\tau^2 - (\sum\tau)^2] - \frac{1}{\Delta}[n\sum p\tau - \sum p \cdot \sum\tau]^2\right\}}\end{aligned} \tag{4-2-26}$$

$$\Delta = n\sum p^2 - (\sum p)^2 \tag{4-2-27}$$

$$n = \sum_{j=1}^{m} K_j \tag{4-2-28}$$

式中　φ_m——内摩擦角平均值（°）；

c_m——黏聚力平均值（kPa）；

σ_φ——内摩擦角标准差（°）；

σ_c——黏聚力标准差（kPa）；

p——垂直压力（kPa），其平均值 p_m；

τ——水平剪应力（kPa），其平均值 τ_m；

n——经分组复核后的试件总数，K_j 为每组试件数，m 为组数；

σ——方程的剩余标准差。

（2）三轴试验

$$\varphi_m = \arcsin\left[\frac{n\sum p\tau - \sum p \cdot \sum \tau}{\Delta}\right] \tag{4-2-29}$$

$$c_m = \frac{1}{\cos\varphi_m}(\tau_m - p_m\sin\varphi_m) \tag{4-2-30}$$

$$\sigma_\varphi = \frac{180}{\pi} \cdot \frac{\sigma}{\cos\varphi_m}\sqrt{\frac{n}{\Delta}} \tag{4-2-31}$$

$$\sigma_c = \frac{\sigma}{\cos\varphi_m}\sqrt{\frac{\sum p^2}{\Delta}} + c_m\sigma\tan\varphi_m \tag{4-2-32}$$

$$p = \frac{\sigma_{1f} + \sigma_3}{2} \tag{4-2-33}$$

$$\tau = \frac{\sigma_{1f} - \sigma_3}{2} \tag{4-2-34}$$

式中　σ_{1f}——剪切破坏时最大主应力（kPa）；

σ_3——周围压力（kPa）；其余符号意义同前。

（3）变异系数，统计修正系数

$$\delta_\varphi = \frac{\sigma_\varphi}{\varphi_m} \tag{4-2-35}$$

$$\delta_c = \frac{\sigma_c}{c_m} \tag{4-2-36}$$

$$\varphi_K = \psi_\varphi \cdot \varphi_m \tag{4-2-37}$$

$$c_K = \psi_c \cdot C_m \tag{4-2-38}$$

$$\psi_\varphi = 1 - \left(\frac{1.704}{\sqrt{n}} + \frac{4.680}{n^2}\right)\delta_\varphi \tag{4-2-39}$$

$$\psi_c = 1 - \left(\frac{1.704}{\sqrt{n}} + \frac{4.680}{n^2}\right)\delta_c \tag{4-2-40}$$

式中　δ_φ——内摩擦角变异系数；

δ_c——黏聚力变异系数；

ψ_φ——内摩擦角统计修正系数；

ψ_c——黏聚力统计修正系数。

当按式（4-2-22）、式（4-2-23）、式（4-2-29）和式（4-2-30）计算，出现 $\varphi_m < 0$ 或 $c_m < 0$ 时，试验结果不能采用。

2.《建筑地基基础设计规范》GB 50007—2011 方法。

内摩擦角标准值 φ_k、黏聚力标准值 c_k，可按下列规定计算：

（1）根据室内 n 组三轴压缩试验的结果，按下列公式计算某一土性指标的变异系数、试验平均值和标准差：

$$\delta = \sigma/\mu \tag{4-2-41}$$

$$\mu = \frac{\sum_{i=1}^{n}\mu_i}{n} \tag{4-2-42}$$

$$\sigma = \sqrt{\frac{\sum_{i=1}^{n}\mu_i^2 - n\mu^2}{n-1}} \tag{4-2-43}$$

式中　δ——变异系数；

μ——试验平均值；

σ——标准差。

（2）按下列公式计算内摩擦角和黏聚力的统计修正系数 ψ_φ、ψ_c：

$$\psi_\varphi = 1 - \left(\frac{1.704}{\sqrt{n}} + \frac{4.678}{n^2}\right)\delta_\varphi \tag{4-2-44}$$

$$\psi_c = 1 - \left(\frac{1.704}{\sqrt{n}} + \frac{4.678}{n^2}\right)\delta_c \tag{4-2-45}$$

式中　ψ_φ——内摩擦角统计修正系数；

ψ_c——黏聚力统计修正系数；

δ_φ——内摩擦角的变异系数；

δ_c——黏聚力变异系数。

（3）

$$\varphi_k = \psi_\varphi \varphi_m \tag{4-2-46}$$

$$c_k = \psi_c c_m \tag{4-2-47}$$

式中　φ_m——内摩擦角的试验平均值；

c_m——黏聚力的试验平均值。

第三节　显著性检验

鉴别两组数据（来自两个土层或用两种方法取得）是否来自同一统计总体时，可用检验总体均值是否相等的方法。

如令 μ_1，μ_2 分别表示两个总体的平均值，两总体具有相同方差且均服从正态分布，则用 t 分布检验可以用来鉴别两组数据是否来自同一总体。如来自同一总体就可以合并统计；如分属两个总体，则应分别统计。

统计假设 H_0：$\mu_1 = \mu_2$，其否定域为：

$$|t| > t_{\alpha/2}(n_1 + n_2 - 2) \tag{4-2-48}$$

$$|t| = \sqrt{\frac{n_1 n_2 (n_1 + n_2 - 2)}{n_1 + n_2}} \frac{|\overline{x}_1 - \overline{x}_2|}{\sqrt{(n_1 - 1)S_1^2 + (n_2 - 1)S_2^2}} \tag{4-2-49}$$

式中 $\overline{x}_1$、$\overline{x}_2$——分别为两个子样的平均值；

n_1、n_2——分别为两个子样的样本容量；

S_1^2、S_2^2——分别为两个子样的方差。

若满足式（4-2-48），则说明两组数据不是来自同一总体，存在着显著性差异。

检验两个总体方差是否相等，令 σ_1^2、σ_2^2 分别表示两个总体的方差。

统计假设 H_0：$\sigma_1^2 = \sigma_2^2$，其否定域为：

$$F \geqslant F_{\alpha/2}(n_1 - 1, n_2 - 1) \text{ 或 } F \leqslant F_{1-\alpha/2}(n_1 - 1, n_2 - 1) \tag{4-2-50}$$

$$F = S_1^2 / S_2^2 \tag{4-2-51}$$

第三章 地基土中的应力分布

第一节 自重应力和附加应力

一、自重应力

由于土体的重力引起的应力，称为土的自重应力。半无限体均质土中的自重应力，可按下式求得：

$$\left.\begin{aligned} \sigma_{cz} &= \gamma z \\ \sigma_{cx} &= \sigma_{cy} = \frac{\nu}{1-\nu}\sigma_{cz} = k_0 \sigma_{cz} \\ \tau_{xy} &= \tau_{yz} = \tau_{xz} = 0 \end{aligned}\right\} \tag{4-3-1}$$

式中 σ_{cz}——地面下 z 深度处土的垂直自重应力（kPa）；

γ——土的重度（kN/m³）；

z——由地面至计算点的深度（m）；

σ_{cx}、σ_{cy}——z 深度处由土的自重形成的水平向应力（kPa）；

τ_{xy}、τ_{yz}、τ_{xz}——z 深度处由土的自重形成的剪应力（kPa）；

ν——土的泊松比；

k_0——侧压力系数，$k_0 = \dfrac{\sigma_{cx}}{\sigma_{cz}} = \dfrac{\nu}{1-\nu}$。

当地基土由层状土组成时，任意层 i 的厚度为 h_i，重度为 γ_i 时，则在深度 $z = \sum_{i=1}^{n} h_i$ 处的自重应力 σ_{cz}，按下式计算：

$$\sigma_{cz}=\gamma_1 h_1+\gamma_2 h_2+\cdots\cdots+\gamma_n h_n=\sum_{i=1}^{n}\gamma_i h_i \tag{4-3-2}$$

地下水位以下土层的重度，一般以土的有效重度代替。若其下存在不透水层（如岩层），则在此层处所受到的自重应力等于全部上覆的水土总重。

超固结和正常固结土在自重应力作用下的压密变形早已完成，其自重应力不会引起地基变形；只有新近沉积的欠固结土或人工填土，在自重应力作用下的压密变形尚未全部完成，需要考虑土的自重引起的地基变形。

二、附加应力

由于建筑物荷载的作用，在土中产生的应力增量，称为附加应力。其分布规律与自重应力不同，不同类型分布荷载作用下附加应力的计算方法不同。附加应力将使地基产生新的变形。地基土中应力由自重应力和附加应力所组成。

第二节　基础底面的压力分布

一、接触压力的分布

接触压力是基础底面与地基土接触面处的单位面积压力，当基础无埋深时，接触压力等于基底处的附加压力，当基础埋置在地表下一定深度时，附加应力等于接触压力减去基底以上的土自重。

接触压力的分布主要取决于地基与基础的相对刚度、地基土的性质以及荷载大小及其分布等因素。

1. 绝对柔性基础：接触压力的分布与基础荷载的分布一致；

2. 绝对刚性基础：基底各点在变形前后均保持原有相对位置；

3. 有限刚度基础：基础刚度介于绝对柔性基础与绝对刚性基础之间的基础。大部分基础属于有限刚度基础。对于这类基础一般将地基土视为均匀的弹性体，按弹性地基的方法求解。有时还考虑上部结构（包括基础）与地基土的变形协同作用。

鉴于目前尚无既精确又简便的基底接触压力的计算方法，在实用上通常采用简化计算方法。

二、接触压力的简化计算

（一）受中心荷载作用时

$$p_k=\frac{F_k+G_k}{A} \tag{4-3-3}$$

式中　F_k——相应于作用的标准组合时，上部结构传至基础顶面的竖向力值（kN）；

G_k——基础自重和基础上的土重（kN）；

A——基础底面面积（m^2）。

（二）受偏心荷载作用时

$$p_{kmax}=\frac{F_k+G_k}{A}+\frac{M_k}{W} \tag{4-3-4}$$

$$p_{kmin}=\frac{F_k+G_k}{A}-\frac{M_k}{W} \tag{4-3-5}$$

式中　M_k——作用于基础底面的力矩设计值（kN·m），$M_k=(F_k+G_k)\cdot e$；

e——偏心矩（m）；

W——基础底面的抵抗矩（m^3），当基础为矩形时，$W=bl^2/6$；

l、b——基础底面的长和宽（m），l 应与力矩方向一致；

p_{kmax}、p_{kmin}——基础底面边缘的最大、最小压力值（kPa）。

将 M_k、W 的表达式代入式（4-3-4）、式（4-3-5）得

$$p_{kmax}=\frac{F_k+G_k}{lb}\left(1+\frac{6e}{l}\right),\ p_{kmin}=\frac{F_k+G_k}{lb}\left(1-\frac{6e}{l}\right)$$

当 $e>l/6$，p_{kmin} 是负值，见图 4-3-1，此时的 p_{kmax} 应按下式计算：

$$p_{kmax}=\frac{2(F_k+G_k)}{3la} \tag{4-3-6}$$

式中　a——合力作用点至基础底面最大压力边缘的距离（m），$a=\frac{l}{2}-e$。

（三）中心荷载时圆形刚性基础下的接触压力

按刚性基础底面各点在中心荷载时沉降相等的条件，应用弹性理论，可求出作用于圆形刚性基础底面任一点 $M(x,y)$ 的压力：

$$p(M)=\frac{p_m}{2\sqrt{1-\left(\frac{\rho}{r}\right)^2}} \tag{4-3-7}$$

式中　$p(M)$——基底任意点 $M(x,y)$ 处的压力（kPa）；

p_m——圆形基础底面的平均压力（kPa）；

ρ——由基础中心 O 至 M 点的距离（m）；

r——圆形基础的半径（m）。

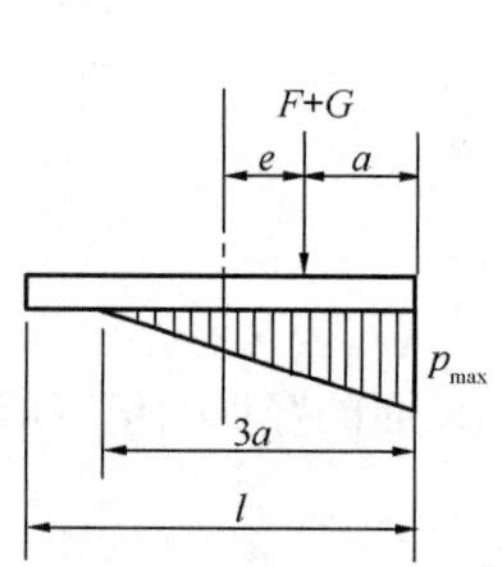

图 4-3-1　当 $e>\frac{l}{6}$ 时基底压力计算

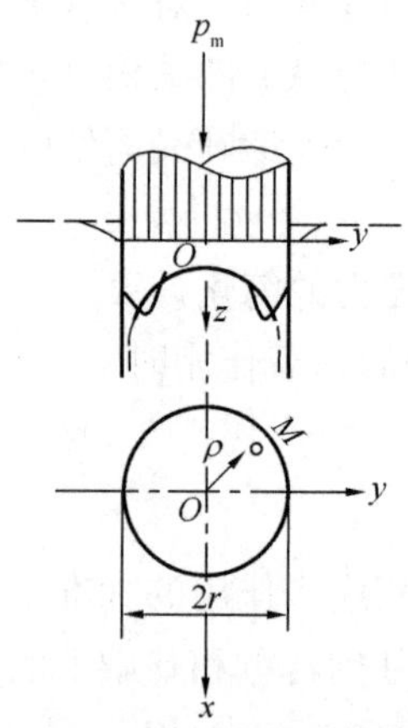

图 4-3-2　刚性圆形基础下的接触压力图形
（虚线所示为理论曲线；实线为实际曲线）

由式（4-3-7）可知，当 $\rho=0$ 时，$p(M)=0.5p_m$；当 $\rho=0.5r$，$p(M)=0.58p_m$；当 $\rho=r$ 时，$p(M)=\infty$。基底压力图形如图 4-3-2 所示，在基础边缘压力理论值为∞，实际上由于土的塑性变形和应力重分布的结果，其压力图形如图中实线所示为马鞍形。

第三节　应力分布的平面课题

一、垂直线荷载作用下的地基土中应力

以极坐标表示时的应力表达式为：

$$\left.\begin{aligned}\sigma_r &= \frac{2p}{\pi r}\sin\theta \\ \sigma_\theta &= 0 \\ \tau_{r\theta} &= 0\end{aligned}\right\} \tag{4-3-8}$$

式中　p——垂直线荷载（kN/m）；其余符号的意义见图 4-3-3。

从上式可知，地基土中的应力状态为单纯的辐向压应力。

地基内任意点（x，y）的应力以直角坐标表示则为：

$$\left.\begin{aligned}\sigma_x &= \frac{2p}{\pi}\frac{x^2 z}{(x^2+z^2)^2} \\ \sigma_z &= \frac{2p}{\pi}\frac{z^3}{(x^2+z^2)^2} \\ \tau_{xz} &= \frac{2p}{\pi}\frac{xz^2}{(x^2+z^2)^2}\end{aligned}\right\} \tag{4-3-9}$$

在荷载作用点处，应力值为无限大；在某一深度为 z 的水平面上，当 $x=0$ 时，$\sigma_x=\tau_{xz}=0$，而 σ_z 为最大，σ_z 值离 z 轴愈远，其值愈小，水平面位置愈深，应力也愈小，这就是地基土中应力的扩散现象。

二、均布条形荷载作用下的地基土中应力

如图 4-3-4，均布条形荷载 p 作用下地基土中任意点 $M(x,y)$ 的应力，可按下式求得：

$$\left.\begin{aligned}\sigma_x &= \alpha_x p \\ \sigma_z &= \alpha_z p \\ \tau_{xz} &= \alpha_{xz} p\end{aligned}\right\} \tag{4-3-10}$$

式中　α_x、α_z、α_{xz}——分别为 σ_x、σ_z 及 τ_{xz} 的应力系数，可根据 x/b 及 z/b 的数值查表 4-3-1 求得。

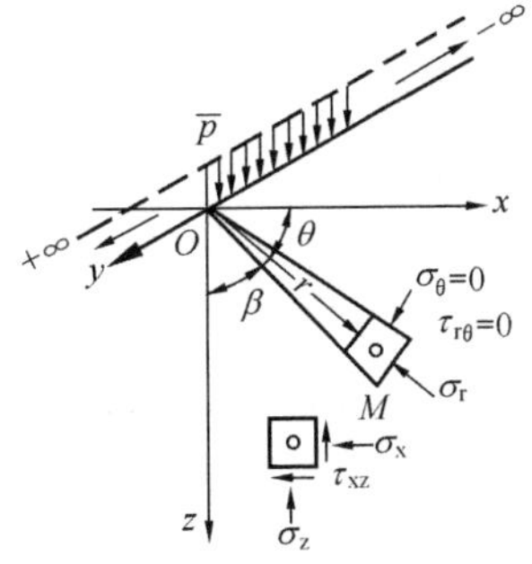

图 4-3-3　线荷载作用下的应力分布

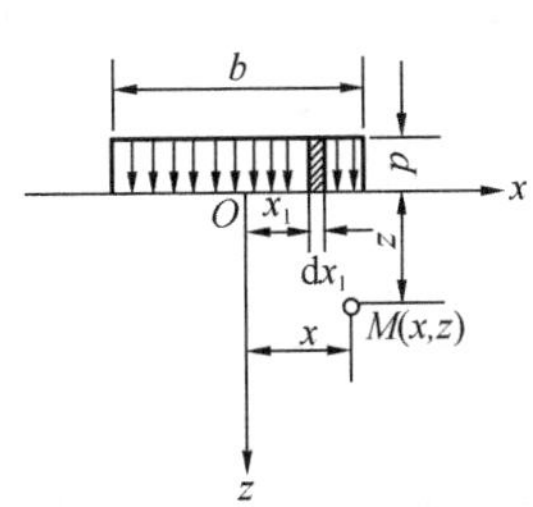

图 4-3-4　均布条形荷载

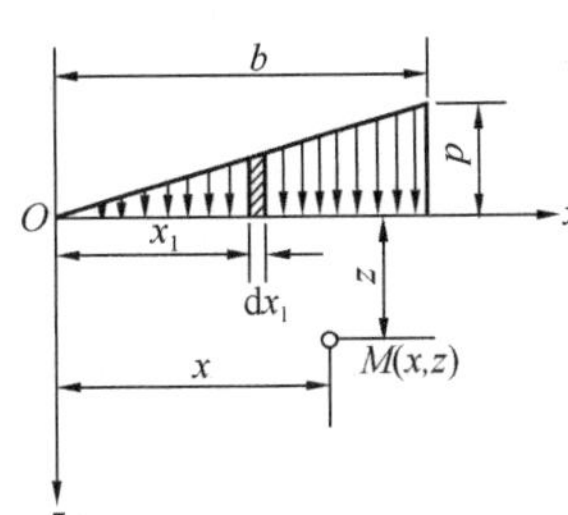

图 4-3-5　三角形分布的条形垂直荷载

均布条形荷载下的应力系数　　**表 4-3-1**

z/b \ x/b	0.00			0.25			0.50			1.00			1.50			2.00		
系数	α_z	α_x	α_{xz}	α_z	α_x	α_{xz}	α_z	α_x	α_{xz}	α_z	α_x	α_{xz}	α_z	α_x	α_{xz}	α_z	α_x	α_{xz}
0.00	1.00	1.00	0	1.00	1.00	0	0.50	0.50	0.32	0	0	0	0	0	0	0	0	0
0.25	0.96	0.45	0	0.90	0.39	0.13	0.50	0.35	0.30	0.02	0.17	0.05	0.00	0.07	0.01	0.00	0.04	0.00
0.50	0.82	01.8	0	0.74	0.19	0.16	0.48	0.23	0.26	0.08	0.21	0.13	0.02	0.12	0.04	0.00	0.07	0.02
0.75	0.67	0.08	0	0.61	0.10	0.13	0.45	0.14	0.20	0.15	0.22	0.16	0.04	0.14	0.07	0.02	0.10	0.04
1.00	0.55	0.04	0	0.51	0.05	0.10	0.41	0.09	0.16	0.12	0.15	0.16	0.07	0.14	0.10	0.03	0.13	0.05
1.25	0.46	0.02	0	0.44	0.03	0.07	0.37	0.06	0.12	0.20	0.11	0.14	0.10	0.12	0.10	0.04	0.11	0.07
1.50	0.40	0.01	0	0.38	0.02	0.06	0.33	0.04	0.10	0.21	0.08	0.13	0.11	0.10	0.10	0.06	0.10	0.07
1.75	0.35	—	0	0.34	0.01	0.04	0.30	0.03	0.08	0.21	0.06	0.11	0.13	0.09	0.10	0.07	0.09	0.08
2.00	0.31	—	0	0.31	—	0.03	0.28	0.02	0.06	0.20	0.05	0.10	0.13	0.07	0.10	0.08	0.08	0.08
3.00	0.21	—	0	0.21	—	0.02	0.20	0.01	0.03	0.17	0.02	0.06	0.14	0.03	0.07	0.10	0.04	0.07
4.00	0.16	—	0	0.16	—	0.01	0.15	—	0.02	0.14	0.01	0.03	0.12	0.02	0.05	0.10	0.03	0.05
5.00	0.13	—	0	0.13	—	—	0.12	—	—	0.12	—	—	0.11	—	—	0.09	—	—
6.00	0.11	—	0	0.10	—	—	0.10	—	—	0.10	—	—	0.10	—	—	—	—	—

三、三角形分布的条形垂直荷载作用下的地基土中应力

如图 4-3-5 所示，三角形分布的条形垂直荷载作用下的地基土中任意点 $M(x,z)$ 的垂直应力 σ_z 按下式计算：

$$\sigma_z = \alpha_z p \tag{4-3-11}$$

式中　p——三角形分布的最大荷载（kPa）；

　　α_z——σ_z 的应力系数，根据 x/b 及 z/b 值查表 4-3-2 求得。

三角形分布条形垂直荷载的应力系数 α_z 值　　**表 4-3-2**

z/b \ x/b	−1.50	−1.00	−0.50	0.00	0.25	0.50	0.75	1.00	1.50	2.00	2.50
0.00	0	0	0	0	0.250	0.500	0.750	0.500	0	0	0
0.25	0	0	0.001	0.075	0.256	0.480	0.643	0.424	0.015	0.003	0
0.50	0.002	0.003	0.023	0.127	0.263	0.410	0.477	0.353	0.056	0.017	0.003
0.75	0.006	0.016	0.042	0.159	0.248	0.335	0.361	0.293	0.108	0.024	0.009
1.00	0.014	0.025	0.061	0.159	0.223	0.275	0.279	0.241	0.129	0.045	0.013
1.50	0.020	0.048	0.096	0.145	0.178	0.200	0.202	0.185	0.124	0.062	0.041
2.00	0.033	0.061	0.092	0.127	0.146	0.155	0.163	0.153	0.108	0.069	0.050
3.00	0.050	0.064	0.080	0.096	0.103	0.104	0.108	0.104	0.090	0.071	0.050
4.00	0.051	0.060	0.067	0.075	0.078	0.085	0.082	0.075	0.073	0.060	0.049
5.00	0.047	0.052	0.057	0.059	0.062	0.063	0.063	0.065	0.061	0.051	0.047
6.00	0.041	0.041	0.050	0.051	0.052	0.053	0.053	0.053	0.050	0.050	0.045

第四节　应力分布的空间课题

一、垂直集中力作用下地基土中应力的 Boussinesq 解

半无限直线变形体表面（相当于基础底面标高的水平面）作用着垂直集中力 P 时，

如图 4-3-6 及图 4-3-7，其在半无限体内任意点 $M(x,y,z)$ 处所引起的应力及位移表达式如下：

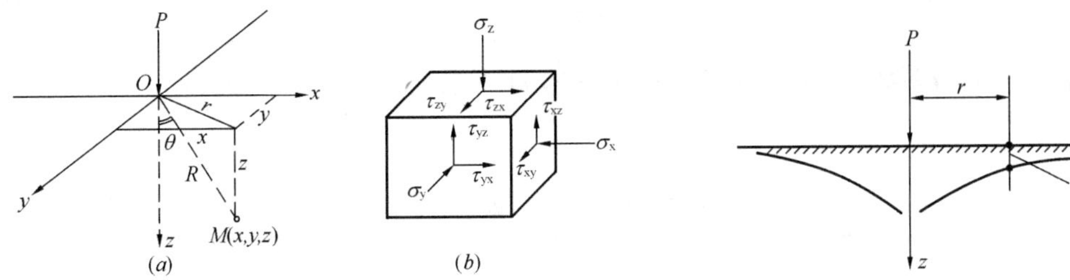

图 4-3-6　集中力作用于地基表面

(a) Boussinesq 课题；(b) M 点的应力状态

图 4-3-7　集中力作用下地基表面的垂直位移

$$\sigma_x=\frac{3P}{2\pi}\left\{\frac{x^2z}{R^5}+\frac{1-2\nu}{3}\left[\frac{R^2-Rz-z^2}{R^3(R+z)}-\frac{x^2(2R+z)}{R^3(R+z)^2}\right]\right\}$$

$$\sigma_y=\frac{3P}{2\pi}\left\{\frac{y^2z}{R^5}+\frac{1-2\nu}{3}\left[\frac{R^2-Rz-z^2}{R^3(R+z)}-\frac{y^2(2R+z)}{R^3(R+z)^2}\right]\right\} \tag{4-3-12}$$

$$\sigma_z=\frac{3P}{2\pi}\frac{z^3}{R^5}$$

$$\tau_{xy}=-\frac{3P}{2\pi}\left[\frac{xyz}{R^5}-\frac{(1-2\nu)}{3}\frac{xy(2R+z)}{R^3(R+z)^2}\right]$$

$$\tau_{yz}=-\frac{3P}{2\pi}\frac{yz^2}{R^5} \tag{4-3-13}$$

$$\tau_{zx}=-\frac{3P}{2\pi}\frac{xz^2}{R^5}$$

$$u=\frac{P(1+\nu)}{2\pi E_0}\left[\frac{xz}{R^3}-(1-2\nu)\frac{x}{R(R+z)}\right]$$

$$v=\frac{P(1+\nu)}{2\pi E_0}\left[\frac{yz}{R^3}-(1-2\nu)\frac{y}{R(R+z)}\right] \tag{4-3-14}$$

$$w=\frac{P(1+\nu)}{2\pi E_0}\left[\frac{z^2}{R^3}+2(1-\nu)\frac{1}{R}\right]$$

式中　σ_x、σ_y、σ_z——x、y、z 方向的法向应力；

τ_{xy}、τ_{yz}、τ_{zx}——剪应力，前一脚注表示与剪应力作用平面垂直的坐标轴，后一脚注表示与剪应力作用方向平行的坐标轴

u、v、w——分别为 M 点沿坐标轴（x、y、z）方向的位移；

P——作用于坐标原点并与地面垂直的集中力；

E_0——土的变形模量；

ν——土的泊松比；

R——M 点的向径，$R=\sqrt{x^2+y^2+z^2}=\sqrt{r^2+z^2}$。

在土体表面（$z=0$）上某一点（r，0），即 $r=R$ 处的垂直位移为：

$$w=\frac{P(1-\nu^2)}{\pi E_0 r} \tag{4-3-15}$$

为便于应用，常将式（4-3-12）中的σ_z公式写成下列形式：

$$\sigma_z=\frac{3P}{2\pi}\frac{z^3}{R^5}=\alpha\frac{P}{z^2} \tag{4-3-16}$$

式中 α——应力系数，$\alpha=\frac{3}{2\pi}\frac{1}{\left[1+\left(\frac{r}{z}\right)^2\right]^{\frac{5}{2}}}$，亦可根据$r/z$值查表 4-3-3。

集中荷载作用下半无限体内垂直应力系数 α **表 4-3-3**

r/z	α	r/z	α	r/z	α	r/z	α
0	0.4775	0.65	0.1978	1.30	0.0402	1.95	0.0095
0.05	0.4745	0.70	0.1762	1.35	0.0357	2.00	0.0085
0.10	0.4657	0.75	0.1565	1.40	0.0317	2.20	0.0058
0.15	0.4516	0.80	0.1386	1.45	0.0282	2.40	0.0040
0.20	0.4329	0.85	0.1226	1.50	0.0251	2.60	0.0029
0.25	0.4103	0.90	0.1083	1.55	0.0224	2.80	0.0021
0.30	0.3849	0.95	0.0956	1.60	0.0200	3.00	0.0015
0.35	0.3577	1.00	0.0844	1.65	0.0179	3.50	0.0007
0.40	0.3294	1.05	0.0744	1.70	0.0160	4.00	0.0004
0.45	0.3011	1.10	0.0658	1.75	0.0144	4.50	0.0002
0.50	0.2773	1.15	0.0581	1.80	0.0129	5.00	0.0001
0.55	0.2466	1.20	0.0513	1.85	0.0116		
0.60	0.2214	1.25	0.0454	1.90	0.0105		

二、矩形面积上的地基土中应力

（一）矩形均布荷载角点下的应力

矩形均布荷载角点下任意深度z处的垂直应力σ_z，可按下式计算：

$$\sigma_z=\alpha p \tag{4-3-17}$$

式中 α——角点的应力系数，根据l/b和z/b值查表 4-3-4 求得；

l、b——矩形的长短边的长度（m）。

（二）矩形均布荷载作用下任意点的应力

矩形均布荷载作用下，地基土任意点M的垂直应力σ_z的计算，同样可采用上述求角点下应力的方法求得，即通过任意点M作一些辅助线，使M点成为几个矩形的公共角点，然后根据应力叠加的原理，将各个矩形角点应力相加，即为M点的应力。

（三）矩形均布荷载中点的应力

矩形均布荷载中点（即z轴上$x=y=0$的各点）下的垂直应力σ_z，按下式计算：

$$\sigma_z=\alpha_0 p \tag{4-3-18}$$

式中 α_0——中点应力σ_z的应力系数，根据l/b和z/b值查表 4-3-5 求得；其余符号意义同前。

矩形均布荷载中点下的σ_z，亦可采用求角点下应力的方法求得，即通过矩形中点将矩形面积分成四个相等的小矩形，求出一任意小矩形的角点应力（查表时应取小矩形的长度和宽度）后乘以 4，即为大矩形的中点应力。

矩形均布荷载下角点的应力系数 α　　表 4-3-4

l/b z/b	1.0	1.2	1.4	1.6	1.8	2.0	2.2	2.4	2.6	2.8	3.0	4.0	5.0	7.0	9.0	≥10.0
0.0	0.2500	0.2500	0.2500	0.2500	0.2500	0.2500	0.2500	0.2500	0.2500	0.2500	0.2500	0.2500	0.2500	0.2500	0.2500	0.2500
0.2	0.2486	0.2489	0.2490	0.2491	0.2491	0.2491	0.2491	0.2492	0.2492	0.2492	0.2492	0.2492	0.2492	0.2492	0.2492	0.2492
0.4	0.2401	0.2420	0.2429	0.2434	0.2437	0.2439	0.2440	0.2441	0.2442	0.2442	0.2442	0.2443	0.2443	0.2443	0.2443	0.2443
0.6	0.2229	0.2275	0.2300	0.2315	0.2324	0.2329	0.2333	0.2335	0.2337	0.2338	0.2339	0.2341	0.2342	0.2342	0.2342	0.2342
0.8	0.1999	0.2075	0.2120	0.2147	0.2165	0.2176	0.2183	0.2188	0.2192	0.2194	0.2196	0.2200	0.2202	0.2202	0.2202	0.2203
1.0	0.1752	0.1851	0.1911	0.1955	0.1981	0.1999	0.0212	0.2020	0.2026	0.2031	0.2034	0.2042	0.2044	0.2045	0.2046	0.2046
1.2	0.1516	0.1626	0.1705	0.1758	0.1793	0.1818	0.1836	0.1849	0.1858	0.1865	0.1870	0.1882	0.1885	0.1888	0.1888	0.1889
1.4	0.1308	0.1423	0.1508	0.1569	0.1613	0.1644	0.1667	0.1685	0.1696	0.1705	0.1712	0.1730	0.1735	0.1739	0.1739	0.1740
1.6	0.1123	0.1241	0.1329	0.1396	0.1445	0.1482	0.1509	0.1530	0.1545	0.1557	0.1567	0.1590	0.1598	0.1602	0.1604	0.1605
1.8	0.0969	0.1083	0.1172	0.1241	0.1294	0.1334	0.1365	0.1389	0.1408	0.1423	0.1434	0.1463	0.1474	0.1480	0.1482	0.1483
2.0	0.0840	0.0947	0.1034	0.1103	0.1158	0.1202	0.1236	0.1263	0.1284	0.1300	0.1314	0.1350	0.1363	0.1371	0.1373	0.1375
2.2	0.0732	0.0832	0.0917	0.0984	0.1039	0.1084	0.1120	0.1149	0.1172	0.1191	0.1205	0.1248	0.1264	0.1274	0.1277	0.1279
2.4	0.0642	0.0734	0.0813	0.0879	0.0934	0.0979	0.1016	0.1047	0.1071	0.1092	0.1108	0.1156	0.1175	0.1188	0.1191	0.1194
2.6	0.0566	0.0651	0.0725	0.0788	0.0842	0.0887	0.0924	0.0955	0.0981	0.1003	0.1020	0.1073	0.1095	0.1111	0.1115	0.1118
2.8	0.0502	0.0580	0.0649	0.0709	0.0761	0.0805	0.0842	0.0875	0.0900	0.0923	0.0942	0.0999	0.1024	0.1040	0.1047	0.1050
3.0	0.0447	0.0519	0.0583	0.0640	0.0690	0.0732	0.0769	0.0801	0.0828	0.0851	0.0870	0.0931	0.0595	0.0980	0.0986	0.0990
3.2	0.0401	0.0467	0.0526	0.0580	0.0627	0.0668	0.0704	0.0735	0.0762	0.0786	0.0806	0.0870	0.0900	0.0923	0.0930	0.0935
3.4	0.0361	0.0421	0.0477	0.0527	0.0571	0.0611	0.0646	0.0677	0.0704	0.0727	0.0747	0.0814	0.0847	0.0873	0.0880	0.0886
3.6	0.0326	0.0382	0.0433	0.0480	0.0523	0.0561	0.0594	0.0624	0.0651	0.0674	0.0694	0.0763	0.0799	0.0826	0.0835	0.0842
3.8	0.0296	0.0348	0.0395	0.0439	0.0479	0.0516	0.0548	0.0577	0.0603	0.0626	0.0646	0.0717	0.0753	0.0784	0.0794	0.0802
4.0	0.0270	0.0318	0.0362	0.0403	0.0441	0.0474	0.0507	0.0535	0.0560	0.0583	0.0603	0.0674	0.0712	0.0745	0.0756	0.0765
4.2	0.0247	0.0291	0.0333	0.0371	0.0407	0.0439	0.0469	0.0496	0.0521	0.0543	0.0563	0.0636	0.0674	0.0709	0.0721	0.0731
4.4	0.0227	0.0268	0.0306	0.0343	0.0376	0.0407	0.0436	0.0462	0.0485	0.0507	0.0527	0.0597	0.0639	0.0676	0.0689	0.0700
4.6	0.0209	0.0247	0.0283	0.0317	0.0348	0.0378	0.0405	0.0430	0.0453	0.0474	0.0493	0.0564	0.0606	0.0644	0.0659	0.0671
4.8	0.0193	0.0229	0.0262	0.0294	0.0324	0.0352	0.0378	0.0402	0.0424	0.0444	0.0463	0.0533	0.0576	0.0616	0.0631	0.0645
5.0	0.0179	0.0212	0.0243	0.0274	0.0302	0.0328	0.0358	0.0376	0.0397	0.0417	0.0435	0.0504	0.0547	0.0589	0.0606	0.0620
6.0	0.0127	0.0151	0.0174	0.0196	0.0218	0.0238	0.0257	0.0276	0.0293	0.0310	0.0325	0.0388	0.0431	0.0479	0.0500	0.0521
7.0	0.0094	0.0112	0.0130	0.0147	0.0164	0.0180	0.0195	0.0210	0.0224	0.0238	0.0251	0.0306	0.0346	0.0396	0.0421	0.0449
8.0	0.0073	0.0087	0.0101	0.0114	0.0127	0.0140	0.0153	0.0165	0.0176	0.0187	0.0198	0.0246	0.0283	0.0332	0.0359	0.0394
9.0	0.0053	0.0069	0.0080	0.0091	0.0102	0.0112	0.0122	0.0132	0.0142	0.0152	0.0161	0.0202	0.0235	0.0282	0.0310	0.0351
10.0	0.0047	0.0056	0.0065	0.0074	0.0083	0.0092	0.0100	0.0108	0.0116	0.0124	0.0132	0.0167	0.0198	0.0242	0.0270	0.0316

矩形均布荷载中心点下的应力系数 α_0　　表 4-3-5

z/b \ l/b	1.0	1.2	1.4	1.6	1.8	2.0	2.4	2.8	3.2	3.6	4.0	5.0	>10.0 (条形)
0.0	1.000	1.000	1.000	1.000	1.000	1.000	1.000	1.000	1.000	1.000	1.000	1.000	1.000
0.1	0.994	0.996	0.996	0.996	0.996	0.996	0.997	0.997	0.997	0.997	0.997	0.997	0.997
0.2	0.960	0.968	0.972	0.974	0.975	0.976	0.976	0.977	0.977	0.977	0.977	0.977	0.977
0.3	0.892	0.910	0.920	0.926	0.930	0.932	0.934	0.935	0.936	0.936	0.936	0.937	0.937
0.4	0.800	0.830	0.848	0.859	0.866	0.870	0.875	0.878	0.879	0.880	0.880	0.881	0.881
0.5	0.701	0.740	0.764	0.782	0.792	0.800	0.808	0.812	0.815	0.816	0.817	0.881	0.818
0.6	0.606	0.650	0.682	0.703	0.717	0.727	0.740	0.746	0.749	0.751	0.753	0.754	0.755
0.7	0.523	0.569	0.603	0.628	0.645	0.658	0.674	0.682	0.687	0.690	0.692	0.694	0.696
0.8	0.449	0.496	0.532	0.558	0.578	0.593	0.612	0.623	0.630	0.634	0.636	0.639	0.642
0.9	0.388	0.433	0.469	0.496	0.518	0.534	0.556	0.569	0.577	0.582	0.585	0.590	0.593
1.0	0.336	0.379	0.414	0.441	0.463	0.481	0.505	0.520	0.530	0.536	0.540	0.545	0.550
1.1	0.293	0.333	0.367	0.394	0.416	0.434	0.460	0.476	0.487	0.494	0.499	0.506	0.511
1.2	0.257	0.294	0.325	0.352	0.374	0.392	0.419	0.437	0.449	0.457	0.462	0.470	0.477
1.3	0.226	0.260	0.290	0.315	0.337	0.355	0.382	0.401	0.414	0.423	0.429	0.438	0.446
1.4	0.201	0.232	0.260	0.284	0.304	0.322	0.350	0.369	0.383	0.393	0.400	0.410	0.419
1.5	0.179	0.208	0.233	0.256	0.276	0.293	0.320	0.340	0.355	0.365	0.372	0.384	0.395
1.6	0.160	0.187	0.210	0.232	0.251	0.267	0.294	0.314	0.329	0.340	0.348	0.360	0.373
1.7	0.144	0.168	0.191	0.211	0.228	0.244	0.271	0.291	0.300	0.317	0.326	0.339	0.353
1.8	0.130	0.153	0.173	0.192	0.209	0.224	0.250	0.270	0.285	0.296	0.305	0.320	0.335
1.9	0.118	0.139	0.158	0.176	0.192	0.206	0.231	0.250	0.266	0.278	0.287	0.301	0.318
2.0	0.108	0.127	0.145	0.161	0.176	0.190	0.214	0.235	0.248	0.260	0.270	0.285	0.303
2.1	0.099	0.116	0.133	0.148	0.163	0.176	0.198	0.217	0.232	0.244	0.254	0.270	0.290
2.2	0.091	0.107	0.122	0.137	0.150	0.163	0.185	0.203	0.218	0.230	0.239	0.256	0.277
2.3	0.084	0.099	0.113	0.127	0.139	0.151	0.172	0.190	0.204	0.216	0.226	0.242	0.265
2.4	0.077	0.092	0.105	0.118	0.130	0.141	0.161	0.178	0.192	0.204	0.213	0.230	0.254
2.5	0.072	0.085	0.097	0.110	0.121	0.131	0.150	0.167	0.180	0.192	0.202	0.219	0.244
2.6	0.068	0.080	0.092	0.103	0.114	0.124	0.142	0.158	0.171	0.183	0.193	0.210	0.236
2.7	0.064	0.075	0.086	0.097	0.107	0.117	0.134	0.149	0.162	0.174	0.183	0.200	0.227
2.8	0.059	0.070	0.081	0.091	0.100	0.110	0.126	0.141	0.154	0.164	0.174	0.191	0.219
2.9	0.055	0.065	0.075	0.085	0.094	0.102	0.118	0.132	0.145	0.155	0.164	0.181	0.210
3.0	0.051	0.060	0.070	0.078	0.087	0.095	0.110	0.124	0.136	0.146	0.155	0.172	0.202
3.1	0.048	0.057	0.066	0.075	0.083	0.091	0.105	0.118	0.130	0.140	0.148	0.165	0.196
3.2	0.046	0.054	0.063	0.071	0.079	0.086	0.100	0.112	0.124	0.133	0.142	0.158	0.190
3.3	0.043	0.051	0.059	0.067	0.074	0.081	0.095	0.106	0.117	0.127	0.135	0.152	0.183
3.4	0.041	0.048	0.056	0.063	0.070	0.077	0.089	0.100	0.111	0.120	0.129	0.145	0.177
3.5	0.038	0.045	0.052	0.059	0.066	0.072	0.084	0.095	0.105	0.114	0.122	0.138	0.171
3.6	0.036	0.043	0.050	0.056	0.063	0.069	0.080	0.090	0.101	0.109	0.117	0.133	0.166
3.7	0.034	0.041	0.047	0.054	0.060	0.066	0.077	0.087	0.097	0.105	0.112	0.128	0.161
3.8	0.033	0.039	0.045	0.051	0.057	0.062	0.073	0.083	0.092	0.100	0.108	0.123	0.157
3.9	0.031	0.037	0.043	0.048	0.054	0.059	0.070	0.079	0.088	0.096	0.103	0.118	0.152
4.0	0.029	0.035	0.040	0.046	0.051	0.056	0.066	0.075	0.084	0.091	0.098	0.113	0.147
4.1	0.028	0.033	0.039	0.044	0.049	0.054	0.063	0.072	0.081	0.088	0.095	0.109	0.143
4.2	0.027	0.032	0.037	0.042	0.047	0.052	0.061	0.069	0.078	0.084	0.091	0.105	0.139
4.3	0.025	0.030	0.035	0.040	0.045	0.049	0.058	0.067	0.074	0.081	0.088	0.102	0.136
4.4	0.024	0.029	0.034	0.038	0.043	0.047	0.055	0.064	0.071	0.077	0.084	0.098	0.130
4.5	0.023	0.028	0.032	0.036	0.041	0.045	0.053	0.061	0.068	0.074	0.081	0.094	0.128
4.6	0.022	0.027	0.031	0.035	0.039	0.043	0.051	0.058	0.066	0.072	0.078	0.091	0.125
4.7	0.021	0.026	0.030	0.034	0.038	0.042	0.049	0.056	0.063	0.069	0.075	0.088	0.122
4.8	0.021	0.024	0.028	0.032	0.036	0.040	0.047	0.054	0.061	0.067	0.073	0.085	0.118
4.9	0.020	0.023	0.027	0.031	0.035	0.038	0.045	0.052	0.058	0.064	0.070	0.082	0.115
5.0	0.019	0.022	0.026	0.030	0.033	0.037	0.044	0.050	0.056	0.062	0.067	0.079	0.112

（四）矩形面积上三角形荷载作用下的应力

如图 4-3-8 所示，当坐标原点放在三角形的尖端时，地基中任意点 $M(x,y,z)$ 的垂直应力 σ_z 按下式计算：

$$\sigma_z = \frac{3pz^3}{2\pi b}\int_0^b\int_0^l \frac{x_1 \mathrm{d}x_1 \mathrm{d}y_1}{[(x-x_1)^2+(y-y_1)^2+z^2]^{5/2}} \tag{4-3-19}$$

在角点（0、0、z）处的垂直应力 σ_z 按下式计算：

$$\sigma_z = \alpha_T p \tag{4-3-20}$$

式中 p——三角形分布的荷载最大值（kPa）；

α_T——角点应力 σ_z 的应力系数，根据 l/b 和 z/b 值查表 4-3-6 求得；

l、b——矩形面积的长、短边长（m）。

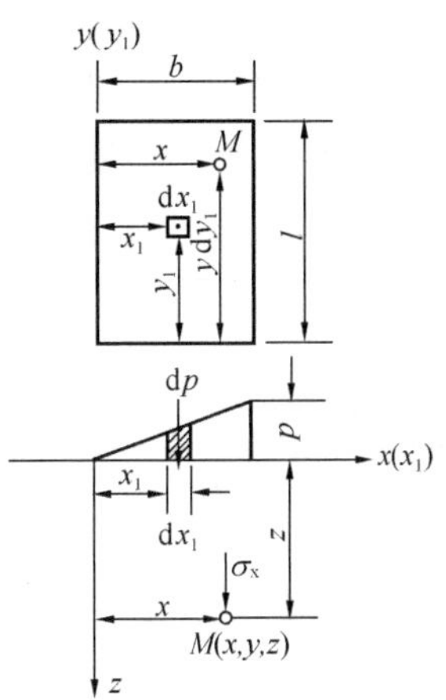

图 4-3-8 矩形面积上的三角形分布荷载

矩形基础上三角形分布荷载作用的角点（$x=0$，$y=0$）的应力系数 α_T　　表 4-3-6

z/b	l/b														
	0.2	0.4	0.6	0.8	1.0	1.2	1.4	1.6	1.8	2.0	3.0	4.0	6.0	8.0	10.0
0.0	0.0000	0.0000	0.0000	0.0000	0.0000	0.0000	0.0000	0.0000	0.0000	0.0000	0.0000	0.0000	0.0000	0.0000	0.0000
0.2	0.0223	0.0280	0.0296	0.0301	0.0304	0.0305	0.0305	0.0306	0.0306	0.0306	0.0306	0.0306	0.0306	0.0306	0.0306
0.4	0.0269	0.0420	0.0487	0.0517	0.0531	0.0539	0.0543	0.0545	0.0546	0.0547	0.0548	0.0549	0.0549	0.0549	0.0549
0.6	0.0259	0.0448	0.0560	0.0621	0.0654	0.0673	0.0684	0.0690	0.0694	0.0696	0.0701	0.0702	0.0702	0.0702	0.0702
0.8	0.0232	0.0421	0.0553	0.0637	0.0688	0.0720	0.0739	0.0751	0.0759	0.0764	0.0773	0.0776	0.0776	0.0776	0.0776
1.0	0.0201	0.0375	0.0508	0.0602	0.0666	0.0708	0.0735	0.0753	0.0766	0.0774	0.0790	0.0794	0.0795	0.0796	0.0796
1.2	0.0171	0.0324	0.0450	0.0546	0.0615	0.0664	0.0698	0.0721	0.0738	0.0749	0.0774	0.0779	0.0782	0.0783	0.0783
1.4	0.0145	0.0278	0.0392	0.0483	0.0554	0.0606	0.0644	0.0672	0.0692	0.0707	0.0739	0.0748	0.0752	0.0752	0.0753
1.6	0.0123	0.0238	0.0339	0.0424	0.0492	0.0545	0.0586	0.0616	0.0639	0.0656	0.0697	0.0708	0.0714	0.0715	0.0715
1.8	0.0105	0.0204	0.0294	0.0371	0.0435	0.0487	0.0528	0.0560	0.0585	0.0604	0.0652	0.0666	0.0673	0.0675	0.0675
2.0	0.0090	0.0176	0.0255	0.0324	0.0384	0.0434	0.0474	0.0507	0.0533	0.0553	0.0607	0.0624	0.0634	0.0636	0.0636
2.5	0.0063	0.0125	0.0183	0.0236	0.0284	0.0326	0.0362	0.0393	0.0419	0.0440	0.0504	0.0529	0.0543	0.0547	0.0549
3.0	0.0046	0.0092	0.0135	0.0176	0.0214	0.0249	0.0280	0.0307	0.0331	0.0352	0.0419	0.0449	0.0469	0.0474	0.0476
5.0	0.0018	0.0036	0.0054	0.0071	0.0088	0.0104	0.0120	0.0135	0.0148	0.0161	0.0214	0.0248	0.0283	0.0296	0.0303
7.0	0.0009	0.0019	0.0028	0.0038	0.0047	0.0056	0.0064	0.0073	0.0081	0.0089	0.0124	0.0152	0.0186	0.0204	0.0212
10.0	0.0005	0.0009	0.0014	0.0019	0.0023	0.0028	0.0033	0.0037	0.0041	0.0046	0.0066	0.0084	0.0111	0.0128	0.0130

三、圆形面积上的地基土中应力

（一）圆形面积上均布荷载作用下的应力

圆形面积上均布荷载作用下地基土中任意点 M 的垂直应力 σ_z 按下式计算：

$$\sigma_z = \alpha_0 p \tag{4-3-21}$$

对圆心下深度 z 处的垂直应力 σ_z 按下式计算：

$$\sigma_z = p\left[1-\left(\frac{1}{1-\frac{R_1^2}{z^2}}\right)^{3/2}\right] \tag{4-3-22}$$

上两式中　α_0——应力系数，根据 r/R_1 及 z/R_1 值查表 4-3-7 求得：

R_1——圆面积的半径（m）；

r——圆心至任意计算点的水平距离（m）。

圆形面积上均布荷载作用下的应力系数 α_0　　**表 4-3-7**

z/R_1	r/R_1										
	0.0	0.2	0.4	0.6	0.8	1.0	1.2	1.4	1.6	1.8	2.0
0.0	1.000	1.000	1.000	1.000	1.000	0.5000	0.000	0.000	0.000	0.000	0.000
0.2	0.993	0.991	0.987	0.970	0.890	0.468	0.077	0.015	0.005	0.002	0.001
0.4	0.949	0.943	0.922	0.860	0.712	0.435	0.181	0.065	0.026	0.012	0.006
0.6	0.864	0.852	0.813	0.733	0.591	0.400	0.224	0.113	0.056	0.029	0.016
0.8	0.756	0.742	0.699	0.619	0.504	0.366	0.237	0.142	0.083	0.048	0.029
1.0	0.646	0.633	0.593	0.525	0.434	0.332	0.235	0.157	0.102	0.065	0.042
1.2	0.547	0.535	0.502	0.447	0.337	0.300	0.226	0.162	0.113	0.073	0.053
1.4	0.461	0.452	0.425	0.383	0.329	0.270	0.212	0.161	0.118	0.086	0.062
1.6	0.390	0.383	0.362	0.330	0.288	0.243	0.197	0.156	0.120	0.090	0.068
1.8	0.332	0.327	0.311	0.285	0.254	0.218	0.182	0.148	0.118	0.092	0.072
2.0	0.285	0.280	0.268	0.248	0.224	0.196	0.167	0.140	0.114	0.092	0.074
2.2	0.246	0.342	0.233	0.218	0.198	0.176	0.153	0.131	0.109	0.090	0.074
2.4	0.214	0.211	0.203	0.192	0.176	0.159	0.140	0.122	0.104	0.087	0.073
2.6	0.187	0.185	0.179	0.170	0.158	0.144	0.129	0.113	0.098	0.084	0.071
2.8	0.165	0.163	0.159	0.150	0.141	0.130	0.118	0.105	0.092	0.080	0.069
3.0	0.146	0.145	0.141	0.135	0.127	0.118	0.108	0.097	0.087	0.077	0.067
3.4	0.117	0.116	0.114	0.110	0.105	0.098	0.091	0.084	0.076	0.068	0.061
3.8	0.096	0.095	0.093	0.091	0.087	0.083	0.078	0.073	0.067	0.061	0.055
4.2	0.079	0.079	0.078	0.076	0.073	0.070	0.067	0.063	0.059	0.054	0.050
4.6	0.067	0.067	0.066	0.064	0.063	0.060	0.068	0.055	0.052	0.048	0.045
5.0	0.057	0.057	0.056	0.055	0.054	0.052	0.050	0.048	0.046	0.043	0.041
5.5	0.048	0.048	0.047	0.045	0.045	0.044	0.043	0.041	0.039	0.038	0.036
6.0	0.040	0.040	0.040	0.039	0.039	0.038	0.037	0.036	0.034	0.033	0.031

（二）圆形面积上三角形分布荷载作用下的应力

如图 4-3-9 所示，对圆周上压力为零的点（点 1）下 z_1 深度 M_1 处的 σ_{z1}，按下式计算：

$$\sigma_{z1}=\alpha_1 p \tag{4-3-23}$$

对圆周上压力为 p 的点（点 2）下 z_2 深度处 M_2 的 σ_{z2}，按下式计算：

$$\sigma_{z2}=\alpha_2 p \tag{4-3-24}$$

上两式中　p——三角形分布荷载的最大值（kPa）；

α_1、α_2——分别为求 σ_{z1}、σ_{z2} 的应力系数，根据 z/R_1 值查表 4-3-8 求得。

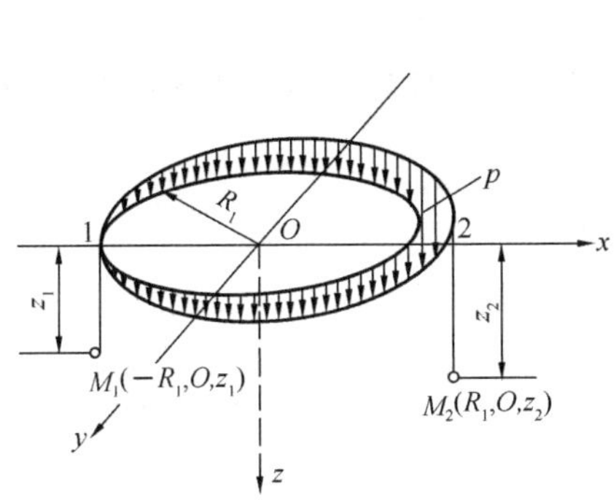

图 4-3-9　圆面积上三角形分布荷载下的应力

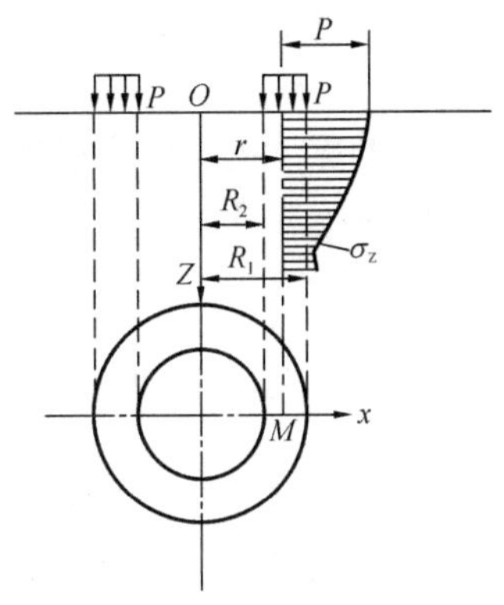

图 4-3-10　受均布荷载的环形基础

R_1 —环外径；R_2 —环内径；

r —圆心至 M 点的水平距离

圆形面积上三角形分布荷载作用下边点的应力系数 α_1 和 α_2　　**表 4-3-8**

点 / z/R_1	M_1 (α_1)	M_2 (α_2)	点 / z/R_1	M_1 (α_1)	M_2 (α_2)	点 / z/R_1	M_1 (α_1)	M_2 (α_2)	点 / z/R_1	M_1 (α_1)	M_2 (α_2)
0.0	0.000	0.500	1.2	0.093	0.205	2.4	0.067	0.091	3.6	0.041	0.051
0.1	0.016	0.465	1.3	0.092	0.190	2.5	0.064	0.086	3.7	0.040	0.048
0.2	0.031	0.433	1.4	0.091	0.177	2.6	0.062	0.081	3.8	0.038	0.046
0.3	0.044	0.403	1.5	0.089	0.165	2.7	0.059	0.078	3.9	0.037	0.043
0.4	0.054	0.376	1.6	0.087	0.154	2.8	0.057	0.074	4.0	0.036	0.041
0.5	0.063	0.349	1.7	0.085	0.144	2.9	0.055	0.070	4.2	0.033	0.038
0.6	0.071	0.324	1.8	0.083	0.134	3.0	0.052	0.067	4.4	0.031	0.034
0.7	0.078	0.300	1.9	0.080	0.126	3.1	0.050	0.064	4.6	0.029	0.031
0.8	0.083	0.279	2.0	0.078	0.117	3.2	0.048	0.061	4.8	0.027	0.029
0.9	0.088	0.258	2.1	0.075	0.110	3.3	0.046	0.059	5.0	0.025	0.027
1.0	0.091	0.238	2.2	0.072	0.104	3.4	0.045	0.055			
1.1	0.092	0.221	2.3	0.070	0.097	3.5	0.043	0.053			

（三）环形面积上均布荷载作用下的应力

对圆形基础的公式（4-3-21）和表 4-3-7，亦可用以计算环形基础地基中任意点 M（圆心至 M 点的水平距离为 r）的垂直应力 σ_z（图 4-3-10）。

$$\sigma_z = p(\alpha_{01} - \alpha_{02}) \tag{4-3-25}$$

式中　α_{01}——由 M 点的 r/R_1 和 z/R_1 从表 4-3-7 中查得；

α_{02}——由 M 点的 r/R_2 和 z/R_2 从表 4-3-7 中查得。

四、荷载作用于地基内部的应力分布

（一）采用明德林应力公式计算单桩在竖向荷载作用于地基中的某点（深度为 z）的竖向附加值为：

$$\sigma_z = \sigma_{zp} + \sigma_{zs} \tag{4-3-26}$$

式中　σ_{zp}——桩的端阻力在深度 z 处产生的应力。

$$\sigma_{zp} = \frac{\alpha Q}{L^2} I_p \tag{4-3-27}$$

σ_{zs}——桩的侧摩阻力在深度 z 处产生的应力。

$$\sigma_{zs} = \frac{Q}{L^2}[\beta I_{s1} + (1-\alpha-\beta)I_{s2}] \tag{4-3-28}$$

对于一般摩擦型桩可假定桩侧摩阻力均是沿桩身呈线性增长的（即 $\beta = 0$ ）则式（4-3-28）可简化为：

$$\sigma_{zs} = \frac{Q}{L^2}(1-\alpha)I_{s2} \tag{4-3-29}$$

式中　Q——单桩在竖向荷载的准永久组合作用下的荷载；

L——桩长（m）；

I_p、I_{s1}、I_{s2}——分别为桩端荷载、矩形均布侧阻力分担的荷载和三角形侧阻力分担的荷载作用下土体中任意点的竖向应力系数；

α——桩端阻力比，假定地基土的平均泊松比为0.4时，则α等于桩端阻力除以桩端阻力与桩侧阻力之和。

对于桩端荷载应力影响系数 I_p（其值可查表 4-3-9）：

$$I_p = \frac{1}{8\pi(1-\nu)}\left[\frac{-(1-2\nu)(m-1)}{A^3} + \frac{(1-2\nu)(m-1)}{B^3} - \frac{3(m-1)^3}{A^5} - \frac{3(3-4\nu)m(m+1)^2 - 3(m+1)(5m-1)}{B^5} - \frac{30m(m+1)^3}{B^7}\right] \tag{4-3-30}$$

对于桩侧摩阻力沿桩身均匀分布的应力影响系数 I_{s1}（其值可查表 4-3-10）：

$$I_{s1} = \frac{1}{8\pi(1-\nu)}\left[\frac{-2(2-\nu)}{A} + \frac{2(2-\nu)+2(1-2\nu)(m^2/n^2+m/n^2)}{B} - \frac{(1-2\nu)2(m/n)^2}{F} + \frac{n^2}{A^3} + \frac{4m^2-4(1+\nu)(m/n)^2m^2}{F^3} + \frac{4m(1+\nu)(m+1)(m/n+1/n)^2-(4m^2+n^2)}{B^3} + \frac{6m^2(m^4-n^4)/n^2}{F^5} + \frac{6m[mn^2-(m+1)^5/n^2]}{B^5}\right] \tag{4-3-31}$$

对于桩侧摩阻力沿桩身线性增长的应力影响系数 I_{s2}（其值可查表 4-3-11）：

$$I_{s2} = \frac{1}{4\pi(1-\nu)}\left[\frac{-2(2-\nu)}{A} + \frac{2(2-\nu)(4m+1)-2(1-2\nu)(1+m)m^2/n^2}{B} + \frac{2(1-2\nu)m^3/n^2-8(2-\nu)m}{F} + \frac{mn^2+(m-1)^3}{A^3} + \frac{4\nu n^2m+4m^3-15n^2m-2(5+2\nu)(m/n)^2(m+1)^3+(m+1)^3}{B^3} + \frac{2(7-2\nu)mn^2-6m^3+2(5+2\nu)(m/n)^2m^3}{F^3} + \frac{6mn^2(n^2-m^2)+12(m/n)^2(m+1)^5}{B^5} - \frac{12(m/n)^2m^5+6mn^2(n^2-m^2)}{F^5} - 2(2-\nu)\ln\left(\frac{A+m-1}{F+m}\times\frac{B+m+1}{F+m}\right)\right] \tag{4-3-32}$$

式中　$m=z/L$，$n=r/L$，$A^2=n^2+(m-1)^2$，$B^2=n^2+(m+1)^2$，$F^2=n^2+m^2$

ν——地基土的泊松比；

r——计算点离桩身轴线的水平距离；

z——计算应力点离承台底面的竖向距离。

（二）当 n 根桩（群桩）时，可将各桩在该点所产生附加应力逐根叠加按下式计算。

$$\sigma_{ji}=\sum_{R=1}^{n}(\sigma_{zp},R+\sigma_{zs},R) \tag{4-3-33}$$

集中荷载的应力影响系数（I_p）　表 4-3-9

m \ n	0.0	0.1	0.2	0.3	0.4	0.5	0.75	1.0	1.5	2.0
泊松比 ν=0.20										
1.0		0.0960	0.0936	0.0897	0.0846	0.0785	0.0614	0.0448	0.0208	0.0089
1.1	17.9689	3.7753	0.6188	0.2238	0.1332	0.0999	0.0659	0.0467	0.0222	0.0099
1.2	4.5510	2.7458	1.0005	0.3987	0.2056	0.1325	0.0724	0.0490	0.0236	0.0110
1.3	2.0609	1.6287	0.9233	0.4798	0.2672	0.1681	0.0811	0.0520	0.0249	0.0119
1.4	1.1858	1.0382	0.7330	0.4652	0.2926	0.1930	0.0905	0.0555	0.0263	0.0129
1.5	0.7782	0.7153	0.5682	0.4114	0.2875	0.2025	0.0985	0.0592	0.0277	0.0138
1.6	0.5548	0.5238	0.4457	0.3518	0.2664	0.1997	0.1038	0.0625	0.0290	0.0147
1.7	0.4188	0.4018	0.3569	0.2984	0.2339	0.1893	0.1061	0.0651	0.0303	0.0156
1.8	0.3294	0.3193	0.2918	0.2539	0.2133	0.1755	0.1057	0.0668	0.0315	0.0164
1.9	0.2673	0.2609	0.2431	0.2177	0.1890	0.1606	0.1033	0.0675	0.0325	0.0172
2.0	0.2222	0.2180	0.2060	0.1883	0.1676	0.1462	0.0995	0.0673	0.0334	0.0179
泊松比 ν=0.30										
1.0		0.1013	0.0986	0.0944	0.0889	0.0824	0.0641	0.0463	0.0209	0.0087
1.1	19.3926	3.9054	0.5978	0.2123	0.1287	0.0986	0.0668	0.0475	0.0222	0.0097
1.2	4.9099	2.9275	1.0358	0.4001	0.2027	0.1303	0.0722	0.0493	0.0235	0.0106
1.3	2.2222	1.7467	0.99757	0.4970	0.2717	0.1637	0.0808	0.0519	0.0247	0.0116
1.4	1.2777	1.1152	0.7805	0.4891	0.3032	0.1974	0.0908	0.0555	0.0260	0.0125
1.5	0.8377	0.7686	0.6070	0.4356	0.3012	0.20985	0.0999	0.0594	0.0274	0.0134
1.6	0.5968	0.5626	0.4768	0.3738	0.2809	0.2086	0.1093	0.0631	0.0288	0.0143
1.7	0.4500	0.4312	0.3819	0.3177	0.2538	0.1988	0.1094	0.0661	0.0302	0.0152
1.8	0.3536	0.3424	0.3122	0.2706	0.2262	0.1849	0.1096	0.0682	0.0315	0.0161
1.9	0.2866	0.2795	0.2600	0.2321	0.2006	0.1697	0.1076	0.0693	0.0326	0.0169
2.0	0.2380	0.2333	0.2201	0.2007	0.1780	0.1547	0.1039	0.0694	0.0336	0.0177
泊松比 ν=0.40										
1.0		0.1083	0.1054	0.1008	0.0947	0.0876	0.0676	0.0483	0.0212	0.0083
1.1	21.2910	4.0788	0.5699	0.1970	0.1228	0.0970	0.0680	0.0486	0.0223	0.0093
1.2	5.3884	3.1699	1.0829	0.4820	0.1989	0.1274	0.0720	0.0496	0.0233	0.0102
1.3	2.4373	1.9040	1.0455	0.5200	0.2776	0.1695	0.0804	0.0519	0.0244	0.0111
1.4	1.4002	1.2179	0.8438	0.5208	0.3173	0.2032	0.0913	0.0554	0.0256	0.0120
1.5	0.9172	0.8395	0.6587	0.4678	0.3194	0.2196	0.1017	0.0596	0.0270	0.0129
1.6	0.6527	0.6143	0.5185	0.4033	0.3001	0.2205	0.1095	0.0638	0.0284	0.0138
1.7	0.4915	0.4705	0.4152	0.3435	0.2724	0.2116	0.1138	0.0675	0.0300	0.0147
1.8	0.3858	0.3732	0.3393	0.2929	0.2433	0.1976	0.1148	0.0701	0.0314	0.0156
1.9	0.3123	0.3044	0.2825	0.2512	0.2161	0.1818	0.1123	0.0717	0.0328	0.0166
2.0	0.2590	0.2537	0.2390	0.2173	0.1919	0.1659	0.1098	0.0722	0.0340	0.0174

均布表面摩擦力时的应力影响系数（I_{s1}） 表 4-3-10

m \ n	0.00	0.02	0.04	0.06	0.08	0.10	0.15	0.20	0.50	1.0	2.0
泊松比 ν=0.20											
1.0		6.4703	3.2374	2.1595	1.6202	1.2962	0.8630	0.6445	0.2300	0.0690	0.0081
1.1	1.7781	1.7342	1.5944	1.4178	1.2418	1.0850	0.7953	0.6138	0.2283	0.0730	0.0096
1.2	0.9015	0.8789	0.8576	0.8269	0.7882	0.7446	0.6317	0.5307	0.2231	0.0759	0.0111
1.3	0.5968	0.5799	0.5725	0.5629	0.5500	0.5340	0.4867	0.4355	0.2138	0.0779	0.0125
1.4	0.4569	0.4288	0.4241	0.4201	0.4142	0.4068	0.3838	0.3562	0.2010	0.0789	0.0139
1.5	0.3482	0.3359	0.3334	0.3313	0.3282	0.3242	0.3113	0.2952	0.1862	0.0790	0.0152
1.6	0.2922	0.2726	0.2716	0.2707	0.2689	0.2666	0.2589	0.2487	0.1708	0.0784	0.0165
1.7	0.2518	0.2304	0.2287	0.2274	0.2261	0.2247	0.2195	0.2127	0.1559	0.0770	0.0175
1.8	0.1772	0.1953	0.1949	0.1942	0.1936	0.1925	0.1891	0.1844	0.1420	0.0750	0.0185
1.9	0.1648	0.1702	0.1698	0.1687	0.1682	0.1675	0.1650	0.1610	0.1293	0.0727	0.0193
2.0	0.1461	0.1482	0.1486	0.1480	0.1478	0.1473	0.1455	0.1429	0.1180	0.0700	0.0201
泊松比 ν=0.30											
1.0		6.8149	3.4044	2.2673	1.6983	1.3567	0.8998	0.6695	0.2346	0.0686	0.0076
1.1	1.9219	1.8611	1.7072	1.5134	1.3211	1.1503	0.8368	0.6419	0.2335	0.0728	0.0091
1.2	0.9699	0.9403	0.9160	0.8825	0.8400	0.7922	0.6688	0.5588	0.2292	0.0760	0.0105
1.3	0.6430	0.6188	0.6099	0.5992	0.5850	0.5676	0.5157	0.4597	0.2207	0.0782	0.0120
1.4	0.4867	0.4558	0.4507	0.4461	0.4396	0.4316	0.4063	0.3561	0.2082	0.0796	0.0134
1.5	0.3766	0.3561	0.3533	0.3510	0.3476	0.3232	0.3291	0.3115	0.1934	0.0800	0.0148
1.6	0.3339	0.2895	0.2878	0.2863	0.2843	0.2817	0.2732	0.2621	0.1777	0.0796	0.0160
1.7	0.2664	0.2438	0.2414	0.2339	0.2384	0.2369	0.2313	0.2239	0.1623	0.0786	0.0172
1.8	0.2025	0.2065	0.2054	0.2044	0.2038	0.2026	0.1989	0.1956	0.1419	0.0766	0.0182
1.9	0.1847	0.1794	0.1785	0.1777	0.1768	0.1760	0.1733	0.1696	0.1347	0.0744	0.0191
2.0	0.1634	0.1565	0.1561	0.1556	0.1551	0.1545	0.1525	0.1498	0.1229	0.0718	0.0199
泊松比 ν=0.40											
1.0		7.2744	3.6270	2.1110	1.8026	1.4373	0.9488	0.7029	0.2407	0.0681	0.0069
1.1	2.0931	2.0296	1.8574	1.6409	1.4266	1.2372	0.8921	0.6794	0.2404	0.0725	0.0083
1.2	1.0486	1.0209	0.9947	0.9567	0.9091	0.8556	0.7181	0.5964	0.2373	0.0760	0.0098
1.3	0.6922	0.6694	0.6598	0.6476	0.6318	0.6122	0.5543	0.4921	0.2298	0.0787	0.0113
1.4	0.5347	0.4922	0.4860	0.4807	0.4735	0.4645	0.4362	0.4026	0.2178	0.0805	0.0128
1.5	0.4020	0.3823	0.3798	0.3771	0.3734	0.3684	0.3527	0.3332	0.2029	0.0813	0.0142
1.6	0.3440	0.3096	0.3083	0.3068	0.3045	0.3017	0.2922	0.2800	0.1868	0.0812	0.0155
1.7	0.2943	0.2606	0.2580	0.2564	0.2549	0.2531	0.2469	0.2387	0.1708	0.0803	0.0167
1.8	0.2114	0.2207	0.2189	0.2181	0.2174	0.2161	0.2119	0.2063	0.1558	0.0787	0.0178
1.9	0.1782	0.1907	0.1904	0.1890	0.1881	0.1878	0.1843	0.1802	0.1419	0.0766	0.0188
2.0	0.1741	0.1660	0.1658	0.1652	0.1648	0.1642	0.1620	0.1590	0.1294	0.0741	0.0196

表面摩擦力按线性增长时的应力影响系数（I_{s2}）　　表 4-3-11

m \ n	0.00	0.02	0.04	0.06	0.08	0.10	0.15	0.20	0.50	1.0	2.0
泊松比 ν＝0.20											
1.0		11.5315	5.3127	3.3023	2.3263	1.7582	1.0372	0.7033	0.1963	0.0618	0.0082
1.1	2.8427	2.7514	2.4908	2.1596	1.8329	1.5469	1.0359	0.7646	0.2074	0.0656	0.0096
1.2	1.2853	1.2541	1.2158	1.162	1.0930	1.0162	0.8211	0.6529	0.2141	0.0689	0.0110
1.3	0.7673	0.7753	0.7585	0.7420	0.7195	0.6928	0.6142	0.5312	0.2139	0.0717	0.0123
1.4	0.5837	0.5450	0.5343	0.5267	0.5181	0.5063	0.4693	0.4261	0.2068	0.0737	0.0136
1.5	0.4485	0.4051	0.4059	0.4006	0.3960	0.3901	0.3704	0.3460	0.1947	0.0750	0.0148
1.6	0.3635	0.3201	0.3226	0.3185	0.3154	0.3123	0.3008	0.2861	0.1803	0.0754	0.0160
1.7	0.3204	0.2583	0.2635	0.2618	0.2596	0.2574	0.2503	0.2408	0.1652	0.0750	0.0170
1.8	0.2533	0.2222	0.2239	0.2206	0.2181	0.2166	0.2122	0.2059	0.1506	0.0739	0.0180
1.9	0.2382	0.1761	0.1855	0.1880	0.1878	0.1853	0.1827	0.1782	0.1371	0.0722	0.0188
2.0	0.1767	0.1643	0.1648	0.1630	0.1631	0.1614	0.1591	0.1561	0.1248	0.0700	0.0196
泊松比 ν＝0.30											
1.0		12.1310	5.5765	3.4591	2.4320	1.8346	1.0774	0.7276	0.1997	0.0616	0.0077
1.1	3.0612	2.9620	2.6751	2.3119	1.9547	1.6433	1.0908	0.7680	0.2115	0.0654	0.0090
1.2	1.3821	1.3465	1.3052	1.2465	1.1706	1.0864	0.8730	0.6899	0.2198	0.0689	0.0104
1.3	0.8262	0.8305	0.8130	0.7949	0.7705	0.7411	0.6548	0.5639	0.2212	0.0720	0.0117
1.4	0.6194	0.5827	0.5722	0.5630	0.5540	0.5410	0.5005	0.4530	0.2150	0.0744	0.0130
1.5	0.5189	0.4337	0.4332	0.4281	0.4227	0.4163	0.3946	0.3679	0.2033	0.0760	0.0143
1.6	0.3841	0.3415	0.3449	0.3395	0.3361	0.3327	0.3202	0.3039	0.1887	0.0768	0.0155
1.7	0.3332	0.2764	0.2810	0.2782	0.2764	0.2739	0.2660	0.2556	0.1732	0.0767	0.0166
1.8	0.2837	0.2263	0.2361	0.2347	0.2319	0.2300	0.2253	0.2183	0.1580	0.0758	0.0176
1.9	0.2654	0.1873	0.1963	0.1991	0.1988	0.1965	0.1937	0.1987	0.1439	0.0742	0.0186
2.0	0.1872	0.1730	0.1744	0.1732	0.1725	0.1714	0.1684	0.1651	0.1310	0.0721	0.0194
泊松比 ν＝0.40											
1.0		12.9304	5.9282	3.6683	2.5729	1.9365	1.1311	0.7600	0.2042	0.0614	0.0069
1.1	3.3525	3.2423	2.9209	2.5144	2.1171	1.7719	1.1641	0.8125	0.2170	0.0652	0.0083
1.2	1.5030	1.4712	1.4255	1.3588	1.2742	1.1800	0.9422	0.7394	0.2274	0.0689	0.0096
1.3	0.8965	0.9066	0.8862	0.8649	0.8383	0.8056	0.7089	0.6076	0.2308	0.0723	0.0109
1.4	0.6753	0.6350	0.6222	0.6120	0.6018	0.5874	0.5419	0.4890	0.2260	0.0752	0.0123
1.5	0.5629	0.4718	0.4712	0.4641	0.4584	0.4511	0.4270	0.3971	0.2147	0.0773	0.0136
1.6	0.4198	0.3701	0.3730	0.3672	0.3642	0.3600	0.3461	0.3278	0.1999	0.0786	0.0149
1.7	0.3752	0.2840	0.3039	0.3011	0.2984	0.2956	0.2870	0.2754	0.1838	0.0788	0.0161
1.8	0.3158	0.2496	0.2575	0.2530	0.2497	0.2479	0.2427	0.2349	0.1680	0.0782	0.0172
1.9	0.2851	0.2022	0.2122	0.2155	0.2141	0.2113	0.2083	0.2028	0.1530	0.0769	0.0182
2.0	0.2012	0.1929	0.1878	0.1854	0.1850	0.1837	0.1807	0.1771	0.1393	0.0749	0.0191

地基内部作用圆形均布荷载的影响值 $I_D=\sigma_D(r)/q$ 表 4-3-12

ν	D/a	r/a					
		0.0	0.2	0.4	0.6	0.8	1.0
0.00	0.5	0.889	0.882	0.858	0.816	0.756	0.687
	1.0	0.696	0.692	0.682	0.666	0.646	0.624
	2.0	0.564	0.563	0.562	0.560	0.557	0.554
	4.0	0.517	0.517	0.517	0.517	0.517	0.516
	10.0	0.503	0.503	0.503	0.503	0.503	0.503
	20.0	0.501	0.501	0.501	0.501	0.501	0.501
	50.0	0.500	0.500	0.500	0.500	0.500	0.500
0.25	0.5	0.912	0.904	0.879	0.834	0.769	0.694
	1.0	0.714	0.710	0.698	0.680	0.658	0.633
	2.0	0.570	0.570	0.568	0.566	0.563	0.559
	4.0	0.519	0.519	0.519	0.519	0.518	0.518
	10.0	0.503	0.503	0.503	0.503	0.503	0.503
	20.0	0.501	0.501	0.501	0.501	0.501	0.501
	50.0	0.500	0.500	0.500	0.500	0.500	0.500
0.50	0.5	0.956	0.947	0.920	0.870	0.795	0.707
	1.0	0.750	0.745	0.731	0.708	0.681	0.650
	2.0	0.584	0.583	0.581	0.578	0.574	0.569
	4.0	0.523	0.523	0.523	0.522	0.522	0.522
	10.0	0.504	0.504	0.504	0.504	0.504	0.504
	20.0	0.501	0.501	0.501	0.501	0.501	0.501
	50.0	0.500	0.500	0.500	0.500	0.500	0.500

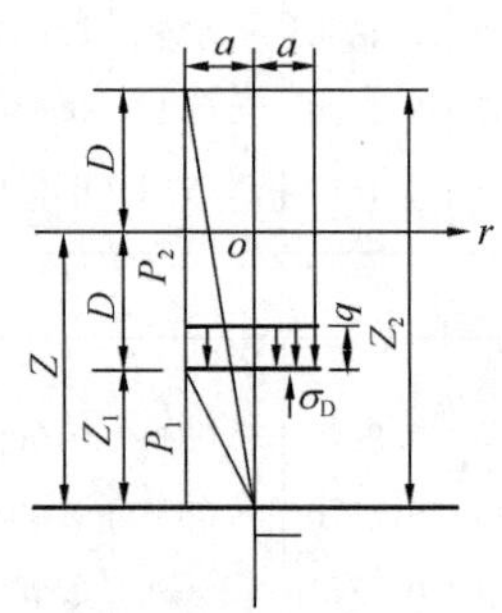

图4-3-11 地基内作用圆形均匀垂直荷载计算示意图

（三）地基内作用圆形均匀垂直荷载 q 的情况（图 4-3-11）

当 $r=0$ 时，土中的垂直压应力可用下式计算：

$$\sigma_{z0}=\left[\frac{q}{4(1-\nu)}\right]\left[\begin{array}{l}(1-2\nu)z\left(\dfrac{1}{\rho_2}-\dfrac{1}{\rho_1}+\dfrac{1}{z_1}-\dfrac{1}{z_2}\right)- \\ -\left(\dfrac{z_2^3}{\rho_2^3}-1\right)\{3(3-4\nu)zz_2^2- \\ 3Dz_2(4z+z_1)\}/3z_2^3+ \\ \left(1-\dfrac{z^3}{\rho_1^3}\right)+\dfrac{6Dz}{z_2^2}(1-z_2^5/\rho_2^5)\end{array}\right] \tag{4-3-34}$$

$z=D$ 处的垂直压应力 σ_z 用 $\sigma_{zD}(r)=qI_D$ 的形式表示时，影响值 I_D 如表 4-3-12 所列。

第五节 非均质地基土中的应力分布

一、双层地基

（一）持力层为可压缩层，下卧层为不可压缩的岩层

图 4-3-12 为条形均布荷载作用下，可压缩土层厚度不同时，荷载对称轴上的 σ_z 分布。

表 4-3-13 为相对应的 σ_z 的应力系数。

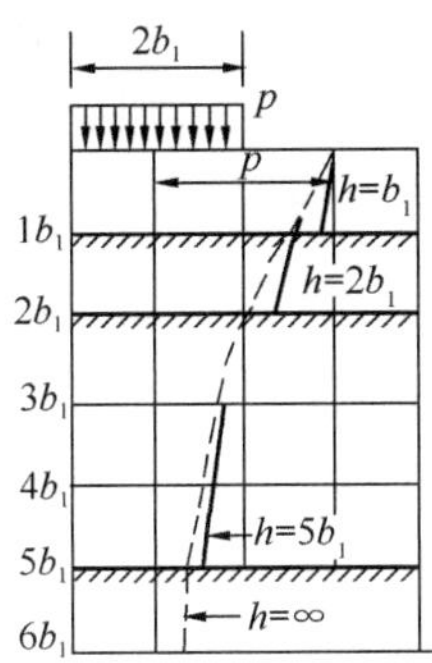

图 4-3-12　条形均布荷载作用下对称轴上的 σ_z 分布

条形均布荷载中心轴下的应力系数　　**表 4-3-13**

z/h	岩层埋藏深度			z/b	岩层埋藏深度		
	$h=b_1$	$h=2b_1$	$h=5b_1$		$h=b_1$	$h=2b_1$	$h=5b_1$
0.0	1.000	1.000	1.000	0.6	1.024	0.840	0.440
0.2	1.009	0.990	0.820	0.8	1.023	0.780	0.370
0.4	1.020	0.920	0.570	1.0	1.022	0.760	0.360

在圆形或矩形均布荷载作用下，岩层面与基础中心线交点处 σ_z 的应力系数见表 4-3-14。土层内部中轴上各点的 σ_z 分布，可假设为直线变化如图 4-3-13 所示。

圆形和矩形均布荷载作用下，中心轴与刚性岩层交点处 σ_z 的应力系数　　**表 4-3-14**

h/b	圆形直径 b	矩形 l/b				条形
		1	2	3	10	$l/b=\infty$
0	1.000	1.000	1.000	1.000	1.000	1.000
0.125	1.009	1.009	1.009	1.009	1.009	1.009
0.250	1.064	1.053	1.033	1.033	1.033	1.033
0.375	1.072	1.082	1.059	1.059	1.059	1.059
0.500	0.965	1.027	1.039	1.026	1.025	1.025
0.750	0.684	0.762	0.912	0.911	0.902	0.902
1.00	0.473	0.541	0.717	0.769	0.761	0.761
1.25	0.335	0.395	0.593	0.651	0.636	0.636
1.50	0.249	0.298	0.474	0.549	0.560	0.560
2.00	0.148	0.186	0.314	0.392	0.439	0.439
2.50	0.098	0.125	0.222	0.287	0.359	0.359
3.50	0.051	0.065	0.113	0.170	0.262	0.262
5.00	0.025	0.032	0.064	0.093	0.181	0.182
10.00	0.006	0.008	0.016	0.024	0.068	0.086
25.00	0.001	0.001	0.003	0.005	0.014	0.037
∞	0	0	0	0	0	0

（二）持力层为坚实土层，下卧层为软弱土层

这种类型的地基将出现地基土中垂直应力的分散现象。现假定土层分界面上的摩擦力为零，则条形均布荷载作用下，中心轴线与下卧层软弱层面交点处（M 点，见图 4-3-14）的垂直应力 σ_z 按下式计算：

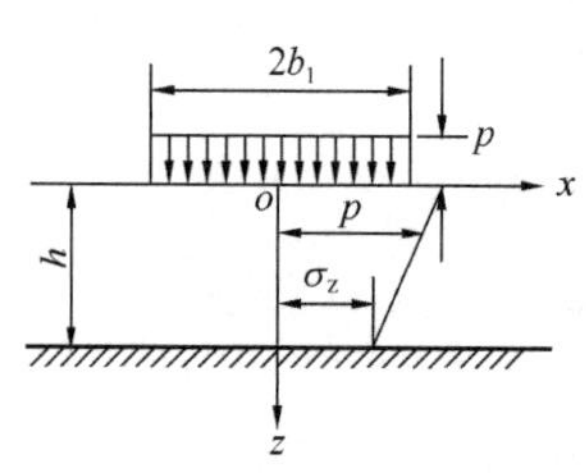

图 4-3-13　圆形、矩形均布荷载应力分布

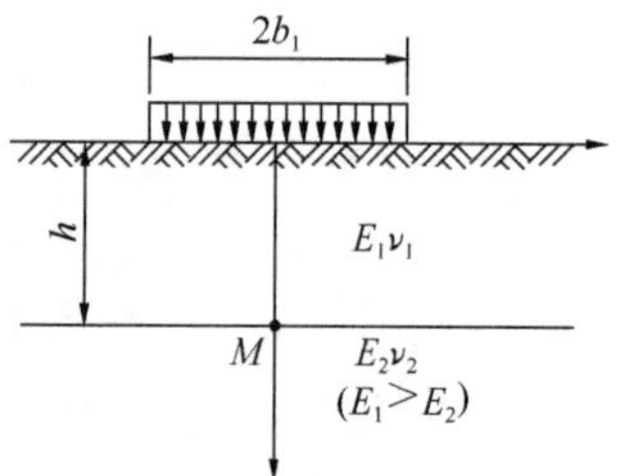

图 4-3-14　双层地基上的条形均布荷载

$$\sigma_z = \alpha p \tag{4-3-35}$$

式中　α——应力系数，根据 h/b_1 及 V 值按表 4-3-15 求得；

V——与土的压缩性有关的参数，$V=\dfrac{E_1\ (1-\nu_2)^2}{E_2\ (1-\nu_1)^2}$；

E_1、E_2——分别为持力层和下卧层的变形模量（kPa）；

ν_1、ν_2——分别为持力层和下卧层的泊松比。

条形均布荷载下双层地基中 M 点应力 σ_z 的应力系数 α　　表 4-3-15

h/b_1	V=1.0	V=5.0	V=10.0	V=15.0
0	1.00	1.00	1.00	1.00
0.5	0.99	0.95	0.87	0.82
1.0	0.90	0.69	0.58	0.52
2.0	0.60	0.41	0.33	0.29
3.33	0.39	0.26	0.20	0.18
5.0	0.27	0.17	0.16	0.12

二、软弱下卧层顶面的应力验算

当上层土与下卧软弱土层的压缩模量比值大于或等于 3 时，对条形基础和矩形基础、软弱层面上的应力 p_z 值可分别按下式简化计算：

条形基础

$$p_z = \frac{b(p-p_c)}{b+2z\tan\theta} \tag{4-3-36}$$

矩形基础

$$p_z = \frac{lb(p-p_c)}{(b+2z\tan\theta)(l+2z\tan\theta)} \tag{4-3-37}$$

式中　b——矩形基础和条形基础底边的宽度；

l——矩形基础底边的长度；

p_c——基础底面处土的自重压力标准值；

z——基础底面至软弱下卧层层顶面的距离；

θ——地基压力扩散线与垂直线的夹角（°），可按表 4-3-16 采用；

p——基础底面处的平均压力标准值。

地基压力扩散角 θ（°）　　表 4-3-16

E_{s1}/E_{s2}	$z=0.25b$	$z\geqslant 0.50b$
3	6	23
5	10	25
10	20	30

注：1. E_{s1}为上层土压缩模量；E_{s2}为下层土压缩模量；

2. $z<0.25b$时取$\theta=0°$。

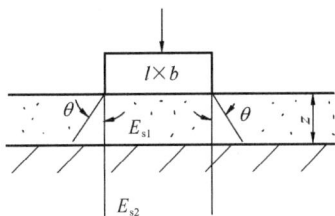

图 4-3-15　软弱下卧层顶面的应力验算

按照《建筑地基基础设计规范》GB 50007—2011 的规定，当地基受力层范围内有软弱下卧层时，应按下式验算：

$$p_z + p_{cz} \leqslant f_{az} \tag{4-3-38}$$

式中　p_z——相应于荷载效应标准组合时，软弱下卧层顶面处的附加压力值，按式（4-3-36）、式（4-3-37）计算；

p_{cz}——软弱下卧层顶面处土的自重压力值；

f_{az}——软弱下卧层顶面处经深度修正后的地基承载力特征值。

第四章　地 基 变 形 验 算

第一节　需验算地基变形的建筑物类型及地基变形允许值

一、《建筑地基基础设计规范》GB 50007—2011 的若干规定

（一）需验算地基变形的建筑物范围

根据建筑物地基基础设计等级及长期荷载作用下地基变形对上部结构的影响程度，需验算地基变形的建筑物应符合下列规定：

1. 设计等级为甲级、乙级的建筑物，均应按地基变形设计；

2. 表 4-4-1 所列范围内设计等级为丙级的建筑物可不作变形验算，如有下列情况之一时，仍应作变形验算：

（1）地基承载力特征值小于 130kPa，且体型复杂的建筑；

（2）在基础上及其附近有地面堆载或相邻基础荷载差异较大，可能引起地基产生过大的不均匀沉降时；

（3）软弱地基上的建筑物存在偏心荷载时；

（4）相邻建筑距离过近，可能发生倾斜时；

（5）地基内有厚度较大或厚薄不均的填土，其自重固结未完成时。

可不作地基变形计算的设计等级为丙级的建筑物范围 **表 4-4-1**

<table>
<tr><td rowspan="2">地基主要受力层情况</td><td colspan="3">地基承载力特征值 f_{ak}（kPa）</td><td>$80\leqslant f_{ak}<100$</td><td>$100\leqslant f_{ak}<130$</td><td>$130\leqslant f_{ak}<160$</td><td>$160\leqslant f_{ak}<200$</td><td>$200\leqslant f_{ak}<300$</td></tr>
<tr><td colspan="3">各土层坡度（%）</td><td>≤5</td><td>≤10</td><td>≤10</td><td>≤10</td><td>≤10</td></tr>
<tr><td rowspan="8">建筑类型</td><td colspan="3">砌体承重结构、框架结构（层数）</td><td>≤5</td><td>≤5</td><td>≤6</td><td>≤6</td><td>≤7</td></tr>
<tr><td rowspan="4">单层排架结构（6m 柱距）</td><td rowspan="2">单跨</td><td>吊车额定起重量（t）</td><td>10～15</td><td>15～20</td><td>20～30</td><td>30～50</td><td>50～100</td></tr>
<tr><td>厂房跨度（m）</td><td>≤18</td><td>≤24</td><td>≤30</td><td>≤30</td><td>≤30</td></tr>
<tr><td rowspan="2">多跨</td><td>吊车额定起重量（t）</td><td>5～10</td><td>10～15</td><td>15～20</td><td>20～30</td><td>30～75</td></tr>
<tr><td>厂房跨度（m）</td><td>≤18</td><td>≤24</td><td>≤30</td><td>≤30</td><td>≤30</td></tr>
<tr><td colspan="2">烟囱</td><td>高度（m）</td><td>≤40</td><td>≤50</td><td colspan="2">≤75</td><td>≤100</td></tr>
<tr><td colspan="2" rowspan="2">水塔</td><td>高度（m）</td><td>≤20</td><td>≤30</td><td colspan="2">≤30</td><td>≤30</td></tr>
<tr><td>容积（m^3）</td><td>50～100</td><td>100～200</td><td>200～300</td><td>300～500</td><td>500～1000</td></tr>
</table>

注：1. 地基主要受力层系指条形基础底面下深度为 $3b$（b 为基础底面宽度），独立基础下为 $1.5b$，且厚度均不小于 5m 的范围（二层以下一般的民用建筑除外）；

2. 地基主要受力层中如有承载力特征值小于 130kPa 的土层，表中砌体承重结构的设计，应符合有关要求；

3. 表中砌体承重结构和框架结构均指民用建筑，对于工业建筑可按厂房高度、荷载情况折合成与其相当的民用建筑层数；

4. 表中吊车额定起重量、烟囱高度和水塔容积的数值指最大值。

（二）建筑物地基变形允许值（表 4-4-2）

建筑物的地基变形允许值 **表 4-4-2**

<table>
<tr><td colspan="2" rowspan="2">变形特征</td><td colspan="2">地基土类别</td></tr>
<tr><td>中、低压缩性土</td><td>高压缩性土</td></tr>
<tr><td colspan="2">砌体承重结构基础的局部倾斜</td><td>0.002</td><td>0.003</td></tr>
<tr><td rowspan="3">工业与民用建筑相邻柱基的沉降差</td><td>框架结构</td><td>$0.002l$</td><td>$0.003l$</td></tr>
<tr><td>砌体墙填充的边排柱</td><td>$0.0007l$</td><td>$0.001l$</td></tr>
<tr><td>当基础不均匀沉降时不产生附加应力的结构</td><td>$0.005l$</td><td>$0.005l$</td></tr>
<tr><td colspan="2">单层排架结构（柱距为 6m）柱基的沉降量（mm）</td><td>(120)</td><td>200</td></tr>
<tr><td rowspan="2">桥式吊车轨面的倾斜（按不调整轨道考虑）</td><td>纵向</td><td colspan="2">0.004</td></tr>
<tr><td>横向</td><td colspan="2">0.003</td></tr>
<tr><td rowspan="4">多层和高层建筑的整体倾斜</td><td>$H_g\leqslant 24$</td><td colspan="2">0.004</td></tr>
<tr><td>$24<H_g\leqslant 60$</td><td colspan="2">0.003</td></tr>
<tr><td>$60<H_g\leqslant 100$</td><td colspan="2">0.0025</td></tr>
<tr><td>$H_g>100$</td><td colspan="2">0.002</td></tr>
<tr><td colspan="2">体型简单的高层建筑基础的平均沉降量（mm）</td><td colspan="2">200</td></tr>
</table>

续表

<table>
<tr><th colspan="2" rowspan="2">变形特征</th><th colspan="2">地基土类别</th></tr>
<tr><th>中、低压缩性土</th><th>高压缩性土</th></tr>
<tr><td rowspan="6">高耸结构基础的倾斜</td><td>$H_g \leqslant 20$</td><td colspan="2">0.008</td></tr>
<tr><td>$20 < H_g \leqslant 50$</td><td colspan="2">0.006</td></tr>
<tr><td>$50 < H_g \leqslant 100$</td><td colspan="2">0.005</td></tr>
<tr><td>$100 < H_g \leqslant 150$</td><td colspan="2">0.004</td></tr>
<tr><td>$150 < H_g \leqslant 200$</td><td colspan="2">0.003</td></tr>
<tr><td>$200 < H_g \leqslant 250$</td><td colspan="2">0.002</td></tr>
<tr><td rowspan="3">高耸结构基础的沉降（mm）</td><td>$H_g \leqslant 100$</td><td colspan="2">400</td></tr>
<tr><td>$100 < H_g \leqslant 200$</td><td colspan="2">300</td></tr>
<tr><td>$200 < H_g \leqslant 250$</td><td colspan="2">200</td></tr>
</table>

注：1. 本表数值为建筑物地基实际最终变形允许值；
2. 有括号者仅适用于中压缩性土；
3. l 为相邻柱基的中心距离（mm），H_g为自室外地面起算的建筑物高度（m）；
4. 倾斜指基础倾斜方向两端点的沉降差与其距离的比值；
5. 局部倾斜指砌体承重结构纵向 6～10m 内基础两点的沉降差与其距离的比值。

二、上海等地方性地基基础设计规范的规定

（一）上海市《地基基础设计规范》DGJ 08—11—2010

建筑物地基容许变形值，应根据建筑结构和基础类型及使用要求，按表 4-4-3 取用。相对变形值不易准确计算，宜通过满足基础中心计算容许沉降量并采用有关措施予以控制。相对变形值系指倾斜、局部倾斜和相对弯曲；倾斜等于基础在倾斜方向上两端点的沉降差与其距离之比；局部倾斜等于砌体承重结构沿纵向 6～10m 内基础两点的沉降差与其距离之比；相对弯曲等于基础弯曲部分矢高与长度之比。

建筑物地基容许变形值　　表 4-4-3

<table>
<tr><th colspan="3" rowspan="2">建筑结构和基础类型</th><th colspan="2">容许变形值</th></tr>
<tr><th>基础中心计算沉降量（mm）</th><th>沉降差或倾斜</th></tr>
<tr><td colspan="3">砌体承重结构</td><td>150～200</td><td>0.004</td></tr>
<tr><td colspan="3">单层排架结构</td><td>200～250</td><td>—</td></tr>
<tr><td colspan="2" rowspan="3">多层框架结构</td><td>独立基础</td><td>200～250</td><td>0.003l</td></tr>
<tr><td>条形基础和筏形基础</td><td>150～200</td><td rowspan="2">0.004</td></tr>
<tr><td>桩基</td><td>150～200</td></tr>
<tr><td rowspan="2">高层建筑</td><td>$24 \leqslant H_g < 100$</td><td rowspan="2">桩基</td><td rowspan="2">100～200</td><td>0.002～0.004</td></tr>
<tr><td>$H_g \geqslant 100$</td><td>0.001～0.002</td></tr>
<tr><td colspan="2" rowspan="4">高耸构筑物</td><td>$20 < H_g \leqslant 100$</td><td>400</td><td>0.005～0.006</td></tr>
<tr><td>$100 < H_g \leqslant 200$</td><td>300</td><td>0.003～0.004</td></tr>
<tr><td>$200 < H_g \leqslant 300$</td><td>200</td><td>0.0015～0.002</td></tr>
<tr><td>$300 < H_g \leqslant 400$</td><td>150</td><td>0.001</td></tr>
</table>

续表

建筑结构和基础类型		容许变形值	
		基础中心计算沉降量（mm）	沉降差或倾斜
石油化工塔罐		200	0.0025～0.004
高炉	桩基	150～250	0.0015
焦炉	桩基	100～150	0.001

注：1. 基础中心计算沉降量与实际的基础平均沉降量相当；

2. 表中 l 为相邻柱基的中心距离（mm）；H_g为室外地面算起的建（构）筑物高度（m）；

3. 工业厂房桥式吊车轨面倾斜容许值（按不调整轨道计）：纵向 0.004、横向 0.003；

4. 地上式钢油罐地基如使用前采用充水顶压法加固，在满足其底板结构强度条件下，基础中心计算容许沉降量一般无严格要求；倾斜容许值应根据《石油化工钢储罐地基基础设计规范》SH/T 3068 确定；

5. 电厂及其基础的桩基容许变形值，可参考《火力发电厂土建结构设计技术规定》DL 5022，并根据电厂容量、机组类型及布置情况而定。

（二）其他地区规范

根据各地区工程经验，表 4-4-4～表 4-4-7 列举了几个地区建筑物的地基变形允许值：

1. 北京地区

北京地区多层建筑物地基变形许可值　　表 4-4-4

结构类型	基础类型	地基土类别	长期最大沉降量 s_{max}（mm）
框架结构、排架结构、砌体承重结构	独立基础、条形基础	一般第四纪砂质粉土及粉、细砂，新近沉积砂质粉土及粉、细砂	30
		一般第四纪黏性土及黏质粉土	50
		均匀的一般第四纪黏性土及黏质粉土，中密的新近沉积黏性土及黏质粉土	80
		均匀的新近沉积软黏性土	120

注：对于地基土类别为一般第四纪砂质粉土及粉、细砂，新近沉积砂质粉土及粉、细砂，并且上部结构类型为钢筋混凝结构的多层建筑物，当分析确认或有工程经验时，s_{max}可以适当放宽。

北京地区高层建筑地基变形许可值　　表 4-4-5

结构类型	基础类型	变形特征	建筑物高宽比 $\frac{H_g}{b}$ 或地基土类别	变形允许值
框架、框剪、框筒、剪力墙	箱形基础、筏板基础	倾斜	$\frac{H_g}{b} \leqslant 3$	0.0020
			$3 < \frac{H_g}{b} \leqslant 5$	0.0015
		长期最大沉降量 s_{max}（mm）	一般第四纪黏性土与粉土	160
			一般第四纪黏性土、粉土与砂、卵石互层	100
			一般第四纪砂、卵石	60

2. 天津地区

天津市建筑地基容许变形值　　**表 4-4-6**

砌体承重结构	建筑物长高比	≤2	3	4
	沉降值（mm）	240	200	160
	倾斜	0.003		
多层框架结构	现浇（沉降值 mm）	200		
	预制（沉降值 mm）	150		
	相邻柱基沉降差	$0.003l$		
单层工业排架结构	沉降值（mm）	200		
桥式吊车轨面倾斜（按不调整轨道考虑）	纵　向	0.004		
	横　向	0.003		
高层建筑基础倾斜	$H_g \leqslant 100$	0.002～0.003		
	$H_g > 100$	0.0015		
高耸构筑物基础倾斜和沉降值（mm）	$H_g \leqslant 100$	0.005		400
	$100 < H_g \leqslant 200$	0.003		300
	$200 < H_g \leqslant 250$	0.002		200

3. 其他

湖北省地方标准建筑物地基变形的允许值　　**表 4-4-7**

变形特征	地基土类别	
	中、低压缩性土	高压缩性土
砌体承重结构基础的局部倾斜	0.002	0.003
工业与民用建筑相邻柱基的沉降差 （1）框架结构 （2）砌体墙填充的边排柱 （3）当基础不均匀沉降时不产生附加应力的结构	 $0.002l$ $0.0007l$ $0.005l$	 $0.003l$ $0.001l$ $0.005l$
单层排架结构（柱距为 6m）柱基的沉降量（mm）	（120） 中压缩性土	200
桥式吊车轨面的倾斜（按不调整轨道考虑） 纵向 横向	 0.004 0.003	
多层和高层建筑的整体倾斜　$H_g \leqslant 24$ $24 < H_g \leqslant 60$ $60 < H_g \leqslant 100$ $H_g > 100$	0.004 0.003 0.0025 0.002	
体型简单的高层建筑基础的平均沉降量（mm）	200	
高耸结构基础的倾斜　$H_g \leqslant 20$ $20 < H_g \leqslant 50$ $50 < H_g \leqslant 100$ $100 < H_g \leqslant 150$ $150 < H_g \leqslant 200$ $200 < H_g \leqslant 250$	0.008 0.006 0.005 0.004 0.003 0.002	

续表

变形特征		地基土类别	
		中、低压缩性土	高压缩性土
高耸结构基础的沉降（mm）	$H_g \leqslant 100$	400	
	$100 < H_g \leqslant 200$	300	
	$200 < H_g \leqslant 250$	200	

其他大部分地区如广东省、福建省、贵州省、辽宁省、浙江省、重庆市、南京市、成都市等地方标准的沉降变形容许要求与国标要求一致。

第二节 地基最终沉降量计算

一、地基变形计算深度的确定

（一）《建筑地基基础设计规范》GB 50007—2011

1. 地基变形计算深度 z_n（图 4-4-1），应符合式（4-4-1）的要求：

$$\Delta s'_n \leqslant 0.025 \sum_{i=1}^{n} \Delta s'_i \tag{4-4-1}$$

式中 $\Delta s'_i$——在计算深度范围内，第 i 层土的计算变形值（mm）；

$\Delta s'_n$——在由计算深度向上取厚度为 Δz 的土层计算变形值（mm），Δz 见图 4-4-1 并按表 4-4-8 确定。

Δz 值 **表 4-4-8**

b（m）	$b \leqslant 2$	$2 < b \leqslant 4$	$4 < b \leqslant 8$	$b > 8$
Δz（m）	0.3	0.6	0.8	1.0

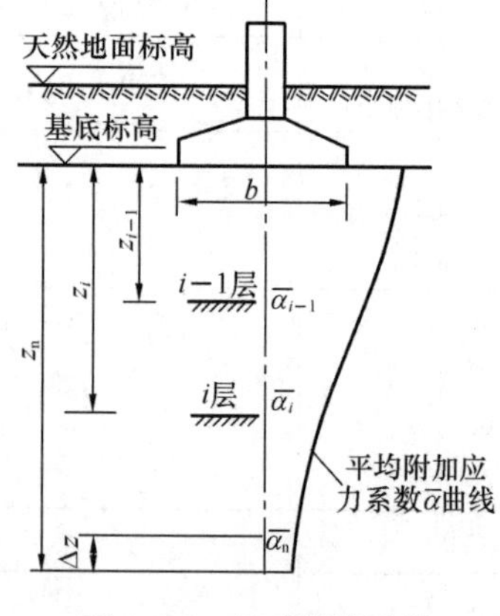

图 4-4-1 基础沉降计算分层示意图

如确定的计算深度下部仍有较软土层时，应继续计算。

2. 当无相邻荷载影响、基础宽度为 1～30m 范围内时，基础中点的地基变形计算深度也可按下列简化公式计算：

$$z_n = b(2.5 - 0.4 \ln b) \tag{4-4-2}$$

式中 b——基础宽度（m）。

在计算深度范围内存在基岩时，z_n 可取至基岩表面；但存在较厚的坚硬黏性土层，其孔隙比小于 0.5、压缩模量大于 50MPa，或存在较厚的密实砂卵石层，其压缩模量大于 80MPa 时，z_n 可取至该层土表面。目前，我国现行的大部分地方规范均采用《建筑地基基础设计规范》GB 50007—2011 中的方法确定地基变形计算深度。如北京、天津、广东、成都等地区。

（二）上海市《地基基础设计规范》DGJ 08—11—2010 的规定

1. 地基压缩层厚度自基础底面算起，算到附加压力等于土层自重压力的 10%处，附加压力中应考虑相邻基础的影响。

2. 估算地基最终沉降量时，可用下列简化方法：

（1）独立基础地基压缩层厚度，当基础呈方形时，取 2 倍基础宽度；当基础的长宽比等于 6 时，取 3 倍基础宽度，中间值可内插。

（2）条形基础地基压缩层厚度可按下式计算：

$$h_z = \omega B(C' p_0 + 1) \tag{4-4-3}$$

式中　h_z——地基压缩层厚度（m）；

ω——基础面积系数，即基础净面积和基础外包总面积之比；

B——基础外包宽度（m）；

C'——系数（kPa^{-1}），当基础外包平面呈方形时取零；长宽比等于 6 时取 0.02，中间值可内插。

当基础外包长宽比等于 6 时，按公式（4-4-3）算得的地基压缩层厚度不宜大于 2 倍基础外包宽度。

（3）当基础面积系数大于 0.6 时，可将建筑物总重量分布在基础外包总面积上进行计算，此时，公式（4-4-8）中基础宽度 b 按基础外包宽度 B 计，基础外包总面积底面的附加压力 p_{j0} 等于基础底面附加压力 p_0 乘以面积系数 ω。

（4）相邻基础的荷载计算：对于独立基础，当基础的净距大于相邻基础宽度时，可按集中荷载计算；对于条形基础，当基础的净距大于 4 倍相邻基础宽度时，可按线荷载计算。在一般情况下，相邻基础的净距大于 10m 时，可略去其影响。

二、按《建筑地基基础设计规范》GB 50007—2011 方法计算沉降

计算地基变形时，地基内的应力分布，可采用各向同性均质线性变形体理论。其最终沉降量可按下式计算：

$$s = \psi_s s' = \psi_s \sum_{i=1}^{n} \frac{p_0}{E_{si}} (z_i \bar{\alpha}_i - z_{i-1} \bar{\alpha}_{i-1}) \tag{4-4-4}$$

式中　s——地基最终变形量（mm）；

s'——按分层总和法计算出的地基变形量（mm）；

ψ_s——沉降计算经验系数，根据地区沉降观测资料及经验确定，无地区经验时可采用表 4-4-9 的数值；

n——地基变形计算深度范围内所划分的土层数；

p_0——对应于荷载效应准永久组合时的基础底面处的附加压力（kPa）；

E_{si}——基础底面下第 i 层土的压缩模量（MPa），应取土的自重压力至土的自重压力与附加压力之和的压力段计算；

z_i，z_{i-1}——基础底面至第 i 层土、第 $i-1$ 层土底面的距离（m）；

$\bar{\alpha}_i$、$\bar{\alpha}_{i-1}$——基础底面计算点至第 i 层土、第 $i-1$ 层土底面范围内平均附加应力系数，可按表 4-4-21～表 4-4-24 中所列数值采用。

沉降计算经验系数 ψ_s **表 4-4-9**

$\overline{E}_s$（MPa） 基底附加压力	2.5	4.0	7.0	15.0	20.0
$p_0 \geqslant f_{ak}$	1.4	1.3	1.0	0.4	0.2
$p_0 \leqslant 0.75 f_{ak}$	1.1	1.0	0.7	0.4	0.2

注：$\overline{E}_s$ 为变形计算深度范围内压缩模量的当量值，应按下式计算：

$$\overline{E}_s = \frac{\Sigma A_i}{\Sigma \frac{A_i}{E_{si}}} \tag{4-4-5}$$

式中　A_i——第 i 层土附加应力系数沿土层厚度的积分值；

E_{si}——相应于该土层的压缩模量；

f_{ak}——地基承载力特征值。

计算地基变形时，应考虑相邻荷载的影响，其值可按压力叠加原理，采用角点法计算。

当基础形状不规则时，可采用分块集中力法计算基础下的压力分布，并应按刚性基础的变形协调原则调整。分块大小应由计算精度确定。

当建筑物地下室基础埋置较深时，需要考虑开挖基坑地基土的回弹，该部分回弹变形量可按下式计算：

$$s_c = \psi_c \sum_{i=1}^{n} \frac{p_c}{E_{ci}} (z_i \overline{\alpha}_i - z_{i-1} \overline{\alpha}_{i-1}) \tag{4-4-6}$$

式中　s_c——地基的回弹变形量；

ψ_c——考虑回弹影响的沉降计算经验系数，无地区经验时取 1；

p_c——基坑底面以上土的自重压力（kPa），地下水位以下应扣除浮力；

E_{ci}——土的回弹模量（kPa），按《土工试验方法标准》GB/T 50123—2019 确定。

回弹再压缩变形量计算可采用再加荷的压力小于卸荷土的自重压力段内再压缩变形线性分布的假定按式（4-4-7）进行计算：

$$s'_c = \begin{cases} r'_0 s_c \dfrac{p}{p_c R'_0} & p < R'_0 p_c \\ s_c \left[r'_0 + \dfrac{r'_{R'=1.0} - r'_0}{1 - R'_0} \left(\dfrac{p}{p_c} - R'_0 \right) \right] & R'_0 p_c \leqslant p \leqslant p_c \end{cases} \tag{4-4-7}$$

式中　s'_c——地基土回弹再压缩变形量（mm）；

s_c——地基的回弹变形量（mm）；

r'_0——临界再压缩比率，相应于再压缩比率与再加荷比关系曲线上两段线性交点对应的再压缩比率，由土的固结回弹再压缩试验确定；

R'_0——临界再加压比，相应在再压缩比率与再加荷比关系曲线上两段线性交点对应的再加荷比，由土的固结回弹再压缩试验确定；

$r'_{R'=1.0}$——对应于再加荷比 $R' = 1.0$ 时的再压缩比率，由土的固结回弹再压缩试验确定，其值等于回弹再压缩变形增大系数；

p——再加荷的基底压力（kPa）。

我国大部地区的地基变形量计算方法均采用国标推荐的方法。

三、按上海市《地基基础设计规范》DGJ 08—11—2010 方法计算沉降

天然地基最终沉降量包括瞬时沉降、固结沉降、次固结沉降。可采用分层总和法，按式（4-4-8）计算：

$$s = \psi_s b p_0 \sum_{i=1}^{n} \frac{\delta_i - \delta_{i-1}}{(E_{s,0.1-0.2})_i} \tag{4-4-8}$$

式中　s——地基最终沉降量（mm）；

ψ_s——经验系数，应根据类似工程条件下沉降观测资料及经验确定，在不具备条件时，可根据基底附加压力 p_0 及土层厚度加权平均压缩模量 $\overline{E_s}$ 按表 4-4-10 确定；

p_0——按作用效应准永久组合计算时的基础底面附加压力（kPa）；

b——基础宽度（圆形基础时为直径）（m）；

δ_i——沉降系数，计算基础中心沉降量时，查表 4-4-25 或表 4-4-27，计算相邻矩形基础时，用角点法求代数和，查表 4-4-26；

$E_{s,0.1\text{-}0.2}$——地基土在 0.1～0.2MPa 压力作用时的压缩模量（MPa）；

i——自基础底面往下算的土层序数；

n——地基压缩层范围内的土层数。

沉降计算经验系数 ψ_s　　**表 4-4-10**

$\overline{E}_s$（MPa） \ p_0（kPa）	40	60	80	100
≤2.0	2.0	2.5	—	—
2.5	1.6	2.0	2.5	—
3.0	1.1	1.4	2.0	—
3.5	0.7	1.0	1.25	—
4.0	0.5	0.6	0.75	0.95
≥5	0.3	0.4	0.5	0.6

注：1. $\overline{E}_s$ 为基础底面以下 1 倍基础外包宽度的深度范围内土层厚度加权平均压缩模量（MPa）；
2. 表中数值可以内插。

当建筑物地下室埋置较深时，应考虑基坑开挖时引起回弹，加荷后产生地基沉降；当地下构筑物因施工扰动四周土体时，应考虑由此产生的沉降。上述情况下的沉降量可参考类似工程并结合经验估计。

建筑物地基容许变形值，应根据建筑结构和基础类型及使用要求，按表 4-4-3 取用。相对变形值不易准确计算，宜通过满足容许基础中心计算沉降量并采用有关措施予以控制。

四、考虑应力历史的地基沉降计算

（一）对于正常固结土（$OCR \approx 1$）

$$s = \sum_{i=1}^{n} \frac{h_i}{1+e_{0i}} \left[c_{ci} \lg \left(\frac{p_{cz} + p_z}{p_{cz}} \right)_i \right] \tag{4-4-9}$$

式中　s——固结沉降量；

h_i——土的分层厚度；

e_{0i}——土的天然孔隙比；

c_{ci}——土的压缩指数，从 e-lg$p$ 压缩曲线上求得；

p_{cz}——土层自重压力；

p_z——附加应力。

（二）对于超固结土（$OCR>1$）

当 $p_z+p_{cz}>p_c$时：

$$s=\sum_{i=1}^{n}\frac{h_i}{1+e_{0i}}\left[c_s\lg\left(\frac{p_c}{p_{cz}}\right)_i+c_c\lg\left(\frac{p_{cz}+p_z}{p_c}\right)_i\right] \tag{4-4-10}$$

式中　p_c——土的先期固结压力；

c_s——土的回弹指数，从 e-log$p$ 回弹曲线上求得。

当 $p_z+p_{cz}\leqslant p_c$时：

$$s=\sum_{i=1}^{n}\frac{h_i}{1+e_{0i}}\left[c_s\lg\left(\frac{p_{cz}+p_z}{p_{cz}}\right)_i\right] \tag{4-4-11}$$

（三）对于欠固结土（$OCR<1$）

$$s=\sum_{i=1}^{n}\frac{h_i}{1+e_{0i}}\left[c_{ci}\lg\left(\frac{p_{cz}+p_z}{p_c}\right)_i\right] \tag{4-4-12}$$

五、大型刚性基础沉降计算

对于大型刚性（箱基或筏基）基础下的黏性土、软土、饱和黄土和不能准确取得压缩模量值的地基土，如碎石土、砂土、粉土和花岗岩残积土、全风化岩、强风化岩等，可用变形模量 E_0 按下式计算最终沉降量：

$$s=p_k b\eta\sum_{i=1}^{n}\left(\frac{\delta_i-\delta_{i-1}}{E_{0i}}\right) \tag{4-4-13}$$

式中　s——地基最终平均沉降量（mm）；

p_k——长期效应组合下的基础底面处的平均压力标准值（kPa）；

b——基础底面宽度（m）；

δ_i、δ_{i-1}——与基础长宽比 L/b 及基础底面至第 i 层土和 i-1 层土底面的距离深度 z 有关的无因次系数，可按表 4-4-28 确定；

E_{0i}——基底下第 i 层土的变形模量（MPa），可通过试验或地区经验确定；

η——沉降计算修正系数，可按表 4-4-11 确定。

η 修正系数　　**表 4-4-11**

$m=\frac{2z_n}{b}$	$0<m\leqslant0.5$	$0.5<m\leqslant l$	$1<m\leqslant2$	$2<m\leqslant3$	$3<m\leqslant5$	$m>5$
η	1.00	0.95	0.90	0.80	0.75	0.70

注：z_n——基础底面至计算层中点的距离（m）。

按上式计算沉降时，其沉降计算深度 z_n 按下式计算确定：

$$z_n = (z_m + \xi b)\beta \tag{4-4-14}$$

式中 z_n——沉降计算深度（m）；

z_m——与基础长宽比有关的经验值（m），按表 4-4-12 确定；

ξ——折减系数，按表 4-4-12 确定；

β——调整系数，按表 4-4-13 确定。

z_m值和折减系数 ξ **表 4-4-12**

l/b	≤1	2	3	4	≥5
z_m ξ	11.6 0.42	12.4 0.49	12.5 0.53	12.7 0.60	13.2 1.00

调整系数 β **表 4-4-13**

土类	碎石土	砂土	粉土	黏性土、花岗岩残积土	软土
β	0.30	0.50	0.60	0.75	1.00

六、特殊条件下地基沉降计算

（一）初始沉降和次固结沉降的计算

1. 初始沉降

地基最终沉降量包括初始沉降（或称瞬时沉降）、主固结沉降、次固结沉降，在饱和软黏土地基上施加荷载，尤其如临时或活荷载占很大比重的仓库，油罐和受风荷载的高耸构筑物等，由此而引起的初始沉降量将占总沉降量的相当部分，应予估算。

（1）对正常固结黏土的初始沉降量可按最终沉降量 15%估计（日本经验）即：

$$s_d = 0.15 s_\infty \tag{4-4-15}$$

（2）当地基面有集中荷载 P 作用时，半无限弹性地基在地面距荷载作用点距离 r 处的地面沉降 s_d 按下式计算：

$$s_d = \frac{P}{\pi E r}(1-\nu^2) \tag{4-4-16}$$

式中 E，ν——土的弹性模量和泊松比。

（3）圆形或矩形均布荷载柔性基础下的初始沉降

弹性半空间表面任意点处的矩形或圆形基础在均布荷载 p 作用下的初始沉降 s_d 可由下式计算：

$$s_d = c_d p B\left(\frac{1-\nu^2}{E}\right) \tag{4-4-17}$$

式中 s_d——弹性半空间表面任意点处由于圆形或矩形均布荷载所引起的竖向初始沉降量；

p——均布荷载的量值；

B——荷载面的矩形基础的宽度或圆形基础的直径；

E，ν——土的弹性模量和泊松比；

c_d——荷载面形状和计算沉降点位置的系数，见表 4-4-14。

系数 c_d 值　　**表 4-4-14**

形状	中心	角点	短边中心	长边中心	平均值
圆	1.00	0.64	0.64	0.64	0.85
圆（刚性的）	0.79	0.79	0.79	0.79	0.79
正方形	1.12	0.56	0.76	0.76	0.95
正方形（刚性的）	0.99	0.99	0.99	0.99	0.99
矩形：长边/宽度					
1.5	1.36	0.67	0.89	0.97	1.15
2	1.52	0.76	0.98	1.12	1.30
3	1.78	0.88	1.11	1.35	1.52
5	2.10	1.05	1.27	1.68	1.83
10	2.53	1.26	1.49	2.12	2.25
100	4.00	2.00	2.20	3.60	3.70

（4）考虑地基有限厚度和基础埋深的瞬时沉降

当压缩厚度为 H、基础埋深为 D 时，基础的平均瞬时沉降按下式计算。

$$s_d = \mu_0 \mu_1 \frac{qB}{E} \quad (\text{按 } \nu = 0.5) \tag{4-4-18}$$

式中　μ_0——考虑基础埋深 D 的修正系数，见图 4-4-2；

μ_1——为考虑地基压缩层 H 的修正系数，见图 4-4-2。

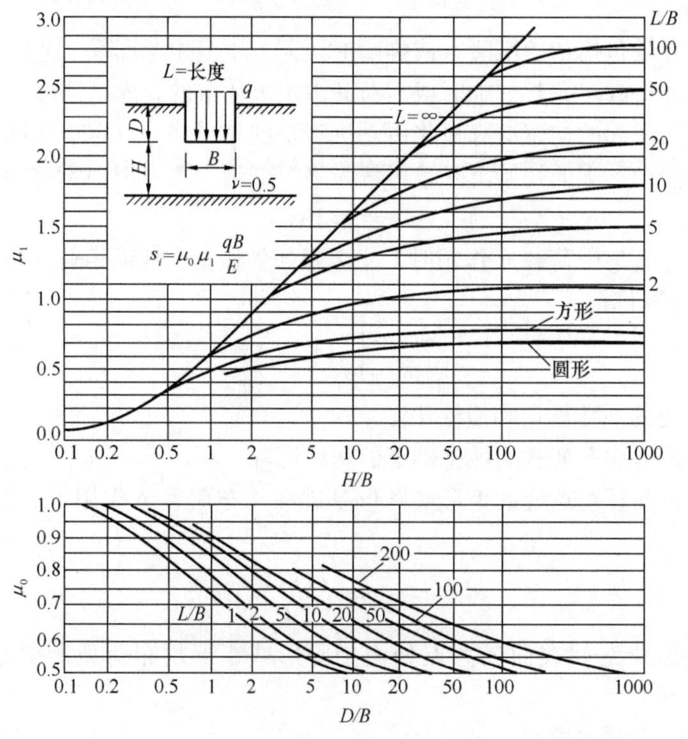

图 4-4-2　瞬时沉降的修正系数 μ_0 与 μ_1

（5）瞬时沉降修正

黏性土的不排水强度较低，地基在承受基础荷载的瞬时极易产生局部塑性剪切区，上述基于弹性理论的瞬时沉降计算不尽合理。达帕洛里亚（D′Appolonia）等为此通过有限元分析，提出了一种简化修正方法。令修正前后的瞬时沉降分别为 s_d 和 s_d'，定义二者比值为沉降比 s_R，即

$$s_R = s_d / s_d' \tag{4-4-19}$$

或

$$s_d' = s_d / s_R \tag{4-4-20}$$

上式中 s_R 总小于 1，该值取决于以下两个参数：土的极限承载力 q_{ult} 和初始剪应力比 f。f 按下式计算

$$f = \frac{\sigma_{v0}' - \sigma_{h0}'}{2S_u} = \frac{1-K_0}{2S_u/\sigma_{v0}'} \tag{4-4-21}$$

式中　σ_{v0}'，σ_{h0}'——初始垂直和水平有效应力；

S_u——土的不排水抗剪强度；

K_0——土的静止侧压力系数。

三种 H/B 不同情况时的 S_u 绘于图 4-4-3。该结果是按均质地基、强度各向同性与条形基础求得的。实际上，影响 S_u 最大的是 f。对于正常固结黏性土，$f \approx 0.6 \sim 0.75$。开始出现局部塑性区时基底平均应力为 $\frac{q_{ult}}{6} \sim \frac{q_{ult}}{4}$。

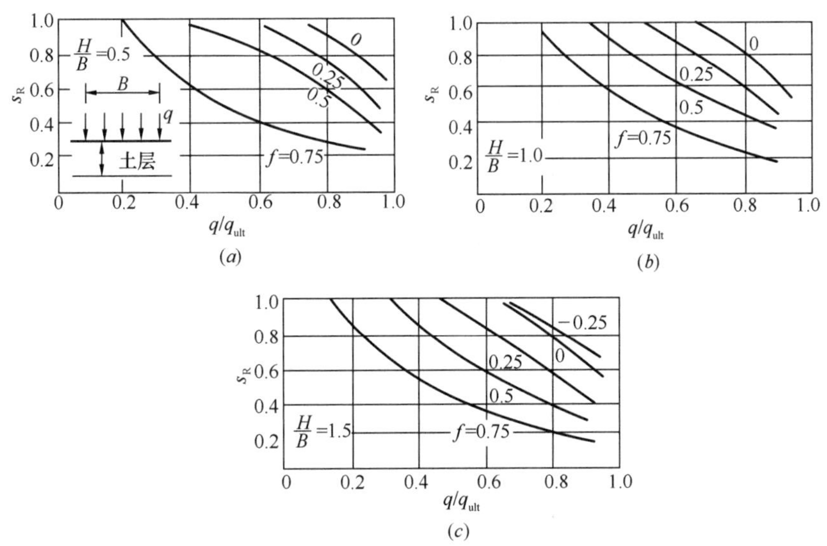

图 4-4-3　均质、各向同性地基上条形基础的沉降比 s_R

2. E，ν 值的确定

饱和软黏性土地基在瞬时荷载作用下，土体不排水，体积不变，可假定 $\nu=0.5$，式（4-4-17）可改写为 $s_d = 0.75\frac{c_d pB}{E}$。

土的弹性模量 E 值，可从现场试验求出或从三轴压缩试验的应力-应变曲线初始切线模量得出，但现认为该值偏小，宜从三轴压缩试验反复加荷卸荷法测得，试验方法及资料整理见第三篇第一章。也可根据地基土的不排水抗剪强度 S_u 估计，即：

$$E = KS_u \tag{4-4-22}$$

式中　K——从图 4-4-4 上查得的系数；

S_u——黏土的不排水抗剪强度。

3. 次固结沉降

次固结沉降系指在恒值的有效应力下发生并随时间而变化的沉降量。在次固结沉降中，土的体积变化的速率并非由孔隙水从土中流出的速率所控制，因此，它并不取决于所考虑的土层的厚度。在大多数情况下，相对于主固结来说，次固结是次要的，但对极软弱的黏土如淤泥、淤泥质黏土尤其是含有机质时，或者当深厚的高压缩土层受到较小的压力增量比（压力增量比为新近施加的压力与土的原位有效应力之比）作用时，次固结沉降会成为总沉降量一个主要组成部分，为此应予估计。

次固结压缩系数 C_a 可由室内压缩试验求出，按半对数作图，当主固结完成后，次固结压缩的量值与时间之间的关系近似为一直线，见图 4-4-5。

由次固结引起的沉降量按下式计算：

$$\Delta H_{sc} = C_a H \log \frac{t_{sc}}{t_p} \tag{4-4-23}$$

式中　ΔH_{sc}——次固结沉降量；

C_a——次固结压缩系数（表 4-4-15）；

H——可压缩层的原始厚度；

t_{sc}——包括次固结在内的整个计算时间；

t_p——主固结完成的时间（相应于压缩曲线上主固结达到 100%的时间）。

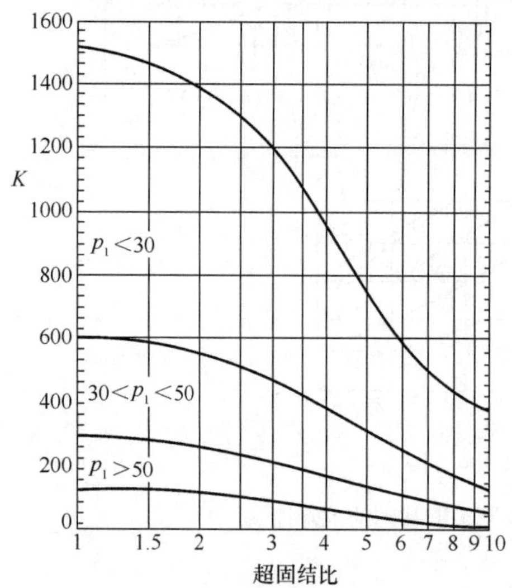

图 4-4-4　超固结比与 K 的关系

注：p_1＝塑性指数（I_p），液限由蝶式仪求得

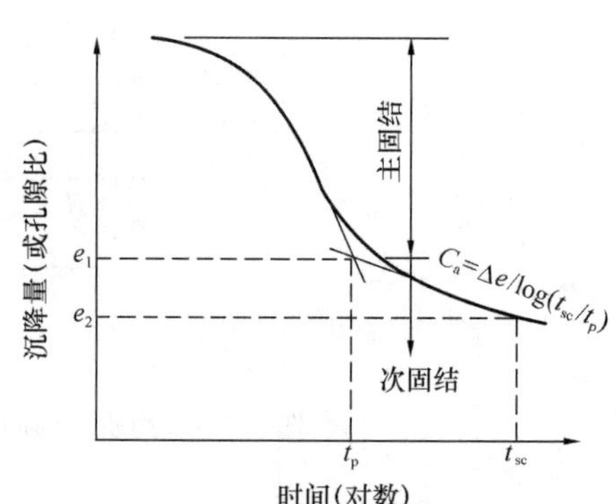

图 4-4-5　典型的时间-沉降曲线

次固结速率判定　　**表 4-4-15**

次固结系数 C_a	次固结性	次固结系数 C_a	次固结性
0.002	很低	0.016	高
0.004	低	0.032	很高
0.008	中等	0.064	极高

（二）深开挖基础地基沉降计算

1. 箱形基础沉降计算

对于一般埋深 5m 左右的箱形基础地基沉降仍按式（4-4-4）或式（4-4-6）计算，但沉降计算经验系数（ψ_s 或 ψ_c）根据地区经验确定，无经验时按表 4-4-16 中的 ψ_s 值采用。

箱形基础沉降计算经验系数 ψ_s 　　表 4-4-16

土的类别	基底附加压力 P（kPa）					
	≤400	400～600	600～800	500～1000	1000～1500	1500～2000
淤泥或淤泥质土	0.5～0.7	0.7～1.0	1.0～1.2			
粉土			0.6～0.9	0.6～0.9		
一般第四纪土				0.3～0.5	0.5～0.7	0.7～0.9

2. 在密实黏性土地基中大面积深开挖基础沉降的计算方法

建造于密实黏性土地基上的构筑物如船坞、深水池以及相类似的建（构）筑物，并采用天然地基，估算此类基础沉降按下列方法进行：

（1）在硬塑—可塑状态黏性土地基大面积深开挖时，卸荷后，基坑浸水会引起坑底土层回弹，由此将使近基坑表部一定深度范围内土体结构黏聚力受到减弱影响。勘察时取设计开挖深度下的不扰动土试样，用渗压仪，固定防膨螺丝，加水后，用小荷重等级（10～20kPa）加荷，求出土遇水后的膨胀力 p_e，根据土的重度 γ，求出膨胀区的厚度 h_e（p_e/r）。

在现场施工开挖时，可预设观测点，测定土体膨胀量（回弹量）和膨胀（回弹量）层厚度。

（2）取开挖深度下的不扰动土试样做压缩试验时应考虑开挖卸荷对 E_s 的影响。

试验时先分级加荷至土试样所处深度的天然压力 p_1，再退去相当开挖去的土重的荷重，再加压进行。按再压缩 e-p 曲线计算 E_s。

（3）基础下受压层内分为膨胀区与压缩区。计算膨胀区沉降值时，直接采用基础底面下平均压力，即不减去开挖土自重；计算压缩区的沉降时，采用基底压力减去土自重后的应力分布计算。

（4）膨胀区沉降按 e-p 曲线的相应压力段确定的 E_s 采用，压缩区沉降按再压缩曲线采用。对密实黏土的压缩试验一般不加水，保持在天然湿度状态下进行。

（三）有刚性下卧层时的沉降计算

1. 在连续均布荷载作用下，当有刚性下卧层时（图 4-4-6），基础最终沉降按下式计算：

$$s=\psi_s\frac{p_0h}{E_s}=\psi_s\frac{a}{1+e}p_0h \tag{4-4-24}$$

式中 s——最终沉降量（mm）；

p_0——基础底面的附加压力（kPa）；

h——土层厚度（m）；

E_s——压缩模量（MPa）；

a——压力为 100～200kPa 时的压缩系数，硬黏土取压力为 100～300kPa 时的压缩系数（MPa^{-1}）；其余符号意义同前。

2. 在局部均布荷载作用下，有刚性下卧层时（图 4-4-7），基础的沉降按下式计算：

$$s=\frac{p_0 h(1-\nu^2)}{E}A \tag{4-4-25}$$

式中 A——函数，按表 4-4-17 采用，其余符号意义同前。

3. 连续分布荷载作用下，当有倾斜的刚性下卧层时（图 4-4-8），土层的压缩变形按下式计算：

$$s=\frac{(1-\nu-2\nu^2)py}{(1-2\nu+\cos\alpha)E_0}A \tag{4-4-26}$$

式中 p——连续分布荷载（kPa）；

A——函数，见表 4-4-18；

y——距 o 点的距离（m）；

α——图 4-4-8 所示，其余符号意义同前。

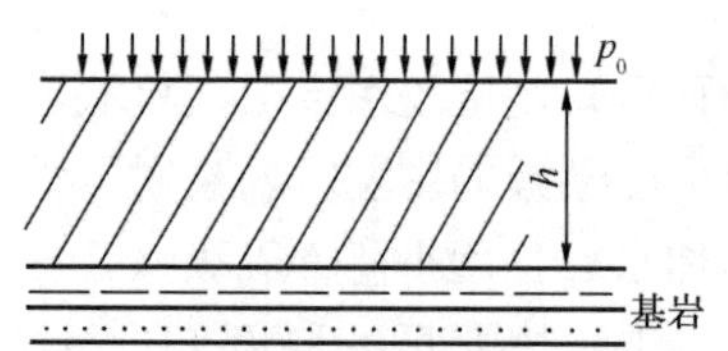

图 4-4-6 有刚性下卧层时，连续均布荷载下的沉降计算示意

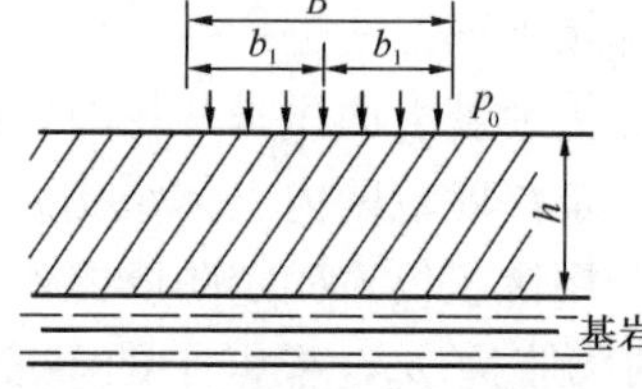

图 4-4-7 有刚性下卧层时，局部均布荷载下的沉降计算示意

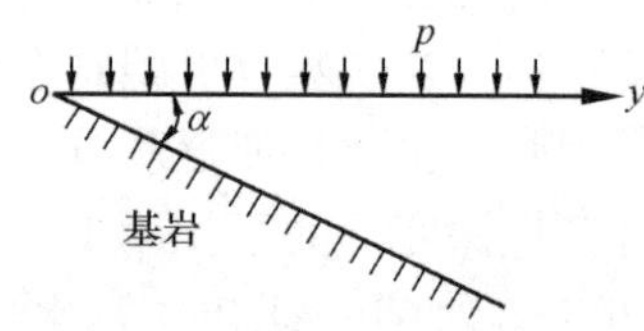

图 4-4-8 有倾斜刚性下卧层时，连续均布荷载下的沉降计算示意

局部均布荷载下函数 A 值 **表 4-4-17**

b_i/h	1/10	1/9	1/8	1/7	1/6	1/5	1/4	1/3	1/2	1
基础中点	0.376	0.403	0.436	0.473	0.518	0.577	0.651	0.744	0.879	1.016
基础边缘点	0.288	0.305	0.325	0.348	0.372	0.406	0.440	0.477	0.508	0.506
距基础边 L 处	0.172	0.171	0.173	0.180	0.181	0.176	0.164	0.136	0.072	0.0107

注：b_i——基础宽度的 1/2。

连续分布荷载下函数 A 值 **表 4-4-18**

角度（α）	A	角度（α）	A	角度（α）	A
3°	0.108	9°	0.294	15°	0.406
4°	0.138	10°	0.316	16°	0.422
5°	0.174	11°	0.342	17°	0.431
6°	0.206	12°	0.356	18°	0.443
7°	0.234	13°	0.387	19°	0.449
8°	0.264	14°	0.390	20°	0.454

（四）持力层为硬层而下卧层为软层的双层地基时的沉降计算

当地基为上硬下软的双层地基时，软弱下卧层顶面处的应力会比用常规的应力分布计算方法（Boussinesq 解）更小。

对双层地基除应力分布需按本篇中的双层地基对待外，其余计算沉降的方法与根据应力系数 α 分层计算沉降的分层总和法相同。

七、有限元法

有限元法是利用计算机作为运算手段，以其他理论（主要是弹性理论）为依据，借有限单元法离散化特点，计算复杂的几何与边界条件、施工与加荷过程、土的应力应变关系的非线性（包括各种本构关系）以及应力状态进入塑性阶段等情况。尽管如此，成果的可信性归根结底还取决于输入指标的正确性与所用模型的代表性。这是值得进一步研究的课题。利用有限元法计算沉降量的要点和步骤如下：

1. 将地基离散化为有限个单元；

2. 利用土的本构关系，对每个单元建立刚度矩阵；

3. 将各单元的刚度矩阵结合为整个土体的总刚度矩阵 $[K]$，得到总载荷矢量 $\{R\}$ 与节点位移矢量 $\{\delta\}$ 之间的关系

$$[K]\{\delta\} = \{R\} \tag{4-4-27}$$

4. 解式（4-4-27），求得节点位移 $\{\delta\}$；

5. 根据节点位移，计算单元的应力与应变。

最常用的本构关系是线弹性模型，此外还有双线性弹性模型、其他非线性弹性模型、弹塑性模型等，均需借助计算机求解。

有限元法可以计算复杂的几何与边界条件、荷载和施工工序、土的非均质与应力-应变关系的非线性等。同时，与比奥固结理论结合，可计算沉降的过程。也可以进行上部结构、基础和地基的共同作用计算，故应用日益广泛。

第三节　沉降的时间效应

一、地基变形延续时间的经验关系

一般建筑物，在施工期间完成的沉降量，对于砂土可认为其最终沉降量已基本完成，对于低压缩黏性土可认为已完成最终沉降量的 50%～80%，对于中压缩黏性土可认为已完成 20%～40%，对于高压缩黏性土可认为已完成最终沉降量的 5%～20%。

二、按 K. Terzaghi 单向固结理论计算黏性土地基固结速率

当地基为单面排水时：

$$T_v = \frac{C_v t}{H^2} \tag{4-4-28}$$

当地基为双面排水时：

$$T_v = \frac{4C_v t}{H^2} \tag{4-4-29}$$

式中　T_v——对应于固结度的时间因数；

t——固结的时间（s）；

H——压缩层厚度（cm）；

C_v——土的固结系数（cm^2/s），一般从固结试验中求得，也可根据土的渗透系数、初始孔隙比、压缩系数、水的重度资料求取土的固结度 U 与沉降量 s 的关系。

$$U_{(t)}=\frac{s_{(t)}}{s_{\infty}} \tag{4-4-30}$$

式中　$U_{(t)}$——可压缩土层在时间 t 时的平均固结度；

$s_{(t)}$——可压缩土层在时间 t 时的相应沉降量；

s_{∞}——可压缩土层的最终沉降量。

在地基计算中常常需要先假定一个固结度，求达到这个固结度的时间（从表 4-4-20 中查得与此固结度相应的 T_v，代入式 4-4-28 或式 4-4-29 得 t），或假定一个时间 t，求 t 时的固结度（从式 4-4-28 或式 4-4-29 求得了 T_v，再从表 4-4-19 查得相应的 $U_{(t)}$）。

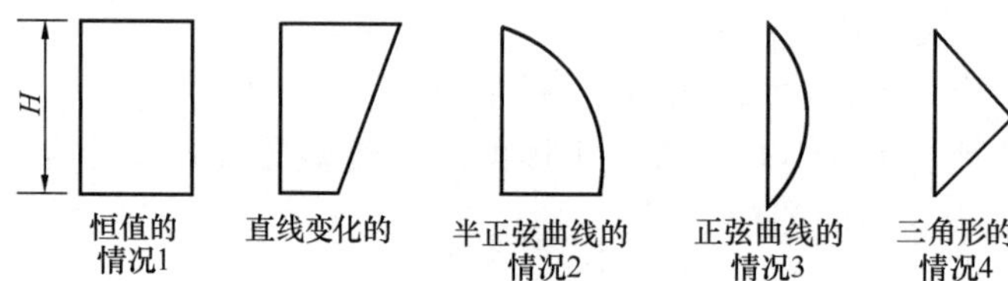

图 4-4-9　地基中初始超静孔隙水压力的分布

不同 T_v 值的平均固结度　　**表 4-4-19**

T_v	平均固结度 U（%）				T_v	平均固结度 U（%）			
	情况 1	情况 2	情况 3	情况 4		情况 1	情况 2	情况 3	情况 4
0.004	7.14	6.49	0.98	0.80	0.200	50.41	48.09	38.95	37.04
0.008	10.09	8.62	1.95	1.60	0.250	56.22	54.17	46.03	44.32
0.012	12.36	10.49	2.92	2.40	0.300	61.32	59.50	52.30	50.78
0.020	15.96	13.67	4.81	4.00	0.350	65.82	64.21	57.83	56.19
0.028	18.88	16.38	6.67	5.60	0.400	69.79	68.36	62.73	61.54
0.036	21.40	18.76	8.50	7.20	0.500	76.40	76.28	70.88	69.95
0.048	24.72	21.96	11.17	9.60	0.600	81.56	80.69	77.25	76.52
0.060	27.64	24.81	13.76	11.99	0.700	85.59	84.91	82.22	81.65
0.072	30.28	27.43	16.28	14.36	0.800	88.74	88.21	86.11	85.66
0.083	32.51	29.67	18.52	16.51	0.900	91.20	90.79	89.15	88.80
0.100	35.68	32.88	21.87	19.77	1.000	93.13	92.80	91.52	91.25
0.125	39.89	36.54	26.54	24.42	1.500	98.00	97.90	97.53	97.45
0.160	43.70	41.12	30.93	28.86	2.000	99.42	99.39	99.28	99.26
0.175	47.18	44.73	35.07	33.06					

不同平均固结度的时间因数（对于初始超孔隙水压力分布的描述见图 4-4-9）　　**表 4-4-20**

U（%）	时间因数 T_v				U（%）	时间因数 T_v			
	情况 1	情况 2	情况 3	情况 4		情况 1	情况 2	情况 3	情况 4
0	0	0	0	0	25	0.0491	0.0608	0.1170	0.1280
5	0.0020	0.0030	0.0208	0.0250	30	0.0707	0.0847	0.1450	0.1570
10	0.0078	0.0110	0.0427	0.0500	35	0.0962	0.1120	0.1750	0.1870
15	0.0177	0.0238	0.0659	0.0753	40	0.1260	0.1430	0.2070	0.2200
20	0.0314	0.0405	0.0904	0.1010	45	0.1590	0.1770	0.2420	0.2550

续表

U (%)	时间因数 T_v				U (%)	时间因数 T_v			
	情况 1	情况 2	情况 3	情况 4		情况 1	情况 2	情况 3	情况 4
50	0.1970	0.2150	0.2810	0.2940	80	0.567	0.586	0.652	0.665
55	0.239	0.257	0.324	0.336	85	0.684	0.702	0.769	0.782
60	0.286	0.305	0.371	0.384	90	0.848	0.867	0.933	0.946
65	0.342	0.359	0.426	0.438	95	1.129	1.148	1.214	1.227
70	0.403	0.422	0.488	0.501	100	∞	∞	∞	∞
75	0.477	0.495	0.562	0.575					

第四节　计算沉降用表

1. 平均附加应力系数 $\bar{\alpha}$，表 4-4-21～表 4-4-24。
2. 沉降系数 δ，表 4-4-25～表 4-4-27。
3. 按 E_0 计算沉降时沉降系数 δ，表 4-4-28。

矩形面积上均布荷载作用下角点的平均附加应力系数 $\bar{\alpha}$　　**表 4-4-21**

z/b \ l/b	1.0	1.2	1.4	1.6	1.8	2.0	2.4	2.8	3.2	3.6	4.0	5.0	10.0
0	0.2500	0.2500	0.2500	0.2500	0.2500	0.2500	0.2500	0.2500	0.2500	0.2500	0.2500	0.2500	0.2500
0.2	0.2496	0.2497	0.2497	0.2498	0.2498	0.2498	0.2498	0.2498	0.2498	0.2498	0.2498	0.2498	0.2498
0.4	0.2474	0.2479	0.2481	0.2483	0.2483	0.2484	0.2485	0.2485	0.2485	0.2485	0.2485	0.2485	0.2485
0.6	0.2423	0.2437	0.2444	0.2448	0.2451	0.2452	0.2454	0.2455	0.2455	0.2455	0.2455	0.2455	0.2456
0.8	0.2346	0.2372	0.2387	0.2395	0.2400	0.2403	0.2407	0.2408	0.2409	0.2409	0.2410	0.2410	0.2410
1.0	0.2252	0.2291	0.2313	0.2326	0.2335	0.2340	0.2346	0.2349	0.2351	0.2352	0.2352	0.2353	0.2353
1.2	0.2149	0.2199	0.2229	0.2248	0.2260	0.2268	0.2278	0.2282	0.2285	0.2286	0.2287	0.2288	0.2289
1.4	0.2043	0.2102	0.2140	0.2164	0.2180	0.2191	0.2204	0.2211	0.2215	0.2217	0.2218	0.2220	0.2221
1.6	0.1939	0.2006	0.2049	0.2079	0.2099	0.2113	0.2130	0.2138	0.2143	0.2146	0.2148	0.2150	0.2152
1.8	0.1840	0.1912	0.1960	0.1994	0.2018	0.2034	0.2055	0.2066	0.2073	0.2077	0.2079	0.2082	0.2084
2.0	0.1746	0.1822	0.1875	0.1912	0.1938	0.1958	0.1982	0.1996	0.2004	0.2009	0.2012	0.2015	0.2018
2.2	0.1659	0.1737	0.1793	0.1833	0.1862	0.1883	0.1911	0.1927	0.1937	0.1943	0.1947	0.1952	0.1955
2.4	0.1578	0.1657	0.1715	0.1757	0.1789	0.1812	0.1843	0.1862	0.1873	0.1880	0.1885	0.1890	0.1895
2.6	0.1503	0.1583	0.1642	0.1686	0.1719	0.1745	0.1779	0.1799	0.1812	0.1820	0.1825	0.1832	0.1838
2.8	0.1433	0.1514	0.1574	0.1619	0.1654	0.1680	0.1717	0.1739	0.1753	0.1763	0.1769	0.1777	0.1784
3.0	0.1369	0.1449	0.1510	0.1556	0.1592	0.1619	0.1658	0.1682	0.1698	0.1708	0.1715	0.1725	0.1733
3.2	0.1310	0.1390	0.1450	0.1497	0.1533	0.1562	0.1602	0.1628	0.1645	0.1657	0.1664	0.1675	0.1685
3.4	0.1256	0.1334	0.1394	0.1441	0.1478	0.1508	0.1550	0.1577	0.1595	0.1607	0.1616	0.1628	0.1639
3.6	0.1205	0.1282	0.1342	0.1389	0.1427	0.1456	0.1500	0.1528	0.1548	0.1561	0.1570	0.1583	0.1595
3.8	0.1158	0.1234	0.1293	0.1340	0.1378	0.1408	0.1452	0.1482	0.1502	0.1516	0.1526	0.1541	0.1554
4.0	0.1114	0.1189	0.1248	0.1294	0.1332	0.1362	0.1408	0.1438	0.1459	0.1474	0.1485	0.1500	0.1516
4.2	0.1073	0.1147	0.1205	0.1251	0.1289	0.1319	0.1365	0.1396	0.1418	0.1434	0.1445	0.1462	0.1479

续表

z/b \ l/b	1.0	1.2	1.4	1.6	1.8	2.0	2.4	2.8	3.2	3.6	4.0	5.0	10.0
4.4	0.1035	0.1107	0.1164	0.1210	0.1248	0.1279	0.1325	0.1357	0.1379	0.1396	0.1407	0.1425	0.1444
4.6	0.1000	0.1070	0.1127	0.1172	0.1209	0.1240	0.1287	0.1319	0.1342	0.1359	0.1371	0.1390	0.1410
4.8	0.0967	0.1036	0.1091	0.1136	0.1173	0.1204	0.1250	0.1283	0.1307	0.1324	0.1337	0.1357	0.1379
5.0	0.0935	0.1003	0.1057	0.1102	0.1139	0.1169	0.1216	0.1249	0.1273	0.1291	0.1304	0.1325	0.1348
5.2	0.0906	0.0972	0.1026	0.1070	0.1106	0.1136	0.1183	0.1217	0.1241	0.1259	0.1273	0.1295	0.1320
5.4	0.0878	0.0943	0.0996	0.1039	0.1075	0.1105	0.1152	0.1186	0.1211	0.1229	0.1243	0.1265	0.1292
5.6	0.0852	0.0916	0.0968	0.1010	0.1046	0.1076	0.1122	0.1156	0.1181	0.1200	0.1215	0.1238	0.1266
5.8	0.0828	0.0890	0.0941	0.0983	0.1018	0.1047	0.1094	0.1128	0.1153	0.1172	0.1187	0.1211	0.1240
6.0	0.0805	0.0866	0.0916	0.0957	0.0991	0.1021	0.1067	0.1101	0.1126	0.1146	0.1161	0.1185	0.1216
6.2	0.0783	0.0842	0.0891	0.0932	0.0966	0.0995	0.1041	0.1075	0.1101	0.1120	0.1136	0.1161	0.1193
6.4	0.0762	0.0820	0.0869	0.0909	0.0942	0.0971	0.1016	0.1050	0.1076	0.1096	0.1111	0.1137	0.1171
6.6	0.0742	0.0799	0.0847	0.0886	0.0919	0.0948	0.0993	0.1027	0.1053	0.1073	0.1088	0.1114	0.1149
6.8	0.0723	0.0779	0.0826	0.0865	0.0898	0.0926	0.0970	0.1004	0.1030	0.1050	0.1066	0.1092	0.1129
7.0	0.0705	0.0761	0.0806	0.0844	0.0877	0.0904	0.0949	0.0982	0.1008	0.1028	0.1044	0.1071	0.1109
7.2	0.0688	0.0742	0.0787	0.0825	0.0857	0.0884	0.0928	0.0962	0.0987	0.1008	0.1023	0.1051	0.1090
7.4	0.0672	0.0725	0.0769	0.0806	0.0838	0.0865	0.0908	0.0942	0.0967	0.0988	0.1004	0.1031	0.1071
7.6	0.0656	0.0709	0.0752	0.0789	0.0820	0.0846	0.0889	0.0922	0.0948	0.0968	0.0984	0.1012	0.1054
7.8	0.0642	0.0693	0.0736	0.0771	0.0802	0.0828	0.0871	0.0904	0.0929	0.0950	0.0966	0.0994	0.1036
8.0	0.0627	0.0678	0.0720	0.0755	0.0785	0.0811	0.0853	0.0886	0.0912	0.0932	0.0948	0.0976	0.1020
8.2	0.0614	0.0663	0.0705	0.0739	0.0769	0.0795	0.0837	0.0869	0.0894	0.0914	0.0931	0.0959	0.1004
8.4	0.0601	0.0649	0.069	0.0724	0.0754	0.0779	0.0820	0.0852	0.0878	0.0893	0.0914	0.0943	0.0938
8.6	0.0588	0.0636	0.0676	0.0710	0.0739	0.0764	0.0805	0.0836	0.0862	0.0882	0.0898	0.0927	0.0973
8.8	0.0576	0.0623	0.0663	0.0696	0.0724	0.0749	0.0790	0.0821	0.0846	0.0866	0.0882	0.0912	0.0959
9.2	0.0554	0.0599	0.0637	0.0670	0.0697	0.0721	0.0761	0.0792	0.0817	0.0837	0.0853	0.0882	0.0931
9.6	0.0533	0.0577	0.0614	0.0645	0.0672	0.0696	0.0734	0.0765	0.0789	0.0809	0.0825	0.0855	0.0905
10.0	0.0514	0.0556	0.0592	0.0622	0.0649	0.0672	0.0710	0.0739	0.0763	0.0783	0.0799	0.0829	0.0880
10.4	0.0496	0.0537	0.0572	0.0601	0.0627	0.0649	0.0686	0.0716	0.0739	0.0759	0.0775	0.0804	0.0857
10.8	0.0479	0.0519	0.0553	0.0581	0.0606	0.0628	0.0664	0.0693	0.0717	0.0736	0.0751	0.0781	0.0834
11.2	0.0463	0.0502	0.0535	0.0563	0.0587	0.0609	0.0644	0.0672	0.0695	0.0714	0.0730	0.0759	0.0813
11.6	0.0448	0.0486	0.0518	0.0545	0.0569	0.0590	0.0625	0.0652	0.0675	0.0694	0.0709	0.0738	0.0793
12.0	0.0435	0.0471	0.0502	0.0529	0.0552	0.0573	0.0606	0.0634	0.0656	0.0674	0.0690	0.0719	0.0774
12.8	0.0409	0.0444	0.0474	0.0499	0.0521	0.0541	0.0573	0.0599	0.0621	0.0639	0.0654	0.0682	0.0739
13.6	0.0387	0.0420	0.0448	0.0472	0.0493	0.0512	0.0543	0.0568	0.0589	0.0607	0.0621	0.0649	0.0707
14.4	0.0367	0.0398	0.0425	0.0448	0.0468	0.0486	0.0516	0.0540	0.0561	0.0577	0.0592	0.0619	0.0677
15.2	0.0349	0.0379	0.0404	0.0426	0.0446	0.0463	0.0492	0.0515	0.0535	0.0551	0.0565	0.0592	0.0650
16.0	0.0332	0.0361	0.0385	0.0407	0.0425	0.0442	0.0469	0.0492	0.0511	0.0527	0.054	0.0567	0.0625
18.0	0.0297	0.0323	0.0345	0.0364	0.0381	0.0396	0.0422	0.0442	0.0460	0.0475	0.0487	0.0512	0.0570
20	0.0269	0.0292	0.0312	0.0330	0.0345	0.0359	0.0383	0.0402	0.0418	0.0432	0.0444	0.0468	0.0524

注：l—基础长度（m）；b—基础宽度（m），z—计算点离基础底面垂直距离（m）。

矩形面积上三角形分布荷载作用下的平均附加应力系数 $\bar{\alpha}$ 表 4-4-22

z/b	l/b													
	0.2		0.4		0.6		0.8		1.0		1.2		1.4	
	点													
	1	2	1	2	1	2	1	2	1	2	1	2	1	2
0.0	0.0000	0.2500	0.0000	0.2500	0.0000	0.2500	0.0000	0.2500	0.0000	0.2500	0.0000	0.2500	0.0000	0.2500
0.2	0.0112	0.2161	0.0140	0.2308	0.0148	0.2333	0.0151	0.2339	0.0152	0.2341	0.0153	0.2342	0.0153	0.2343
0.4	0.0179	0.1810	0.0245	0.2084	0.0270	0.2153	0.0280	0.2175	0.0285	0.2184	0.0288	0.2187	0.0289	0.2189
0.6	0.0207	0.1505	0.0308	0.1851	0.0355	0.1966	0.0376	0.2011	0.0388	0.2030	0.0394	0.2039	0.0397	0.2043
0.8	0.0217	0.1277	0.0340	0.1640	0.0405	0.1787	0.0440	0.1852	0.0459	0.1883	0.0470	0.1899	0.0476	0.1907
1.0	0.0217	0.1104	0.0351	0.1461	0.0430	0.1624	0.0476	0.1704	0.0502	0.1746	0.0518	0.1769	0.0528	0.1781
1.2	0.0212	0.0970	0.0351	0.1312	0.0439	0.1480	0.0492	0.1571	0.0525	0.1621	0.0546	0.1649	0.0560	0.1666
1.4	0.0204	0.0865	0.0344	0.1187	0.0436	0.1356	0.0495	0.1451	0.0534	0.1507	0.0559	0.1541	0.0575	0.1562
1.6	0.0195	0.0779	0.0333	0.1082	0.0427	0.1247	0.0490	0.1345	0.0533	0.1405	0.0561	0.1443	0.0580	0.1467
1.8	0.0186	0.0709	0.0321	0.0993	0.0415	0.1153	0.048	0.1252	0.0525	0.1313	0.0556	0.1354	0.0578	0.1381
2.0	0.0178	0.0650	0.0308	0.0917	0.0401	0.1071	0.0467	0.1169	0.0513	0.1232	0.0547	0.1274	0.0570	0.1303
2.5	0.0157	0.0538	0.0276	0.0769	0.0365	0.0908	0.0429	0.1000	0.0478	0.1063	0.0531	0.1107	0.0540	0.1139
3.0	0.0140	0.0458	0.0248	0.0661	0.0330	0.0786	0.0392	0.0871	0.0439	0.0931	0.0476	0.0976	0.0503	0.1008
5	0.0097	0.0289	0.0175	0.0424	0.0236	0.0476	0.0285	0.0576	0.0324	0.0624	0.0356	0.0661	0.0382	0.0690
7.0	0.0073	0.0211	0.0133	0.0311	0.0180	0.0352	0.0219	0.0427	0.0251	0.0465	0.0277	0.0496	0.0299	0.0520
10.0	0.0053	0.0150	0.0097	0.0222	0.0133	0.0253	0.0162	0.0308	0.0186	0.0336	0.0207	0.0359	0.0224	0.0379

z/b	l/b													
	1.6		1.8		2.0		3.0		4.0		6.0		10.0	
	点													
	1	2	1	2	1	2	1	2	1	2	1	2	1	2
0.0	0.0000	0.2500	0.0000	0.2500	0.0000	0.2500	0.0000	0.2500	0.0000	0.2500	0.0000	0.2500	0.0000	0.2500
0.2	0.0153	0.2343	0.0153	0.2343	0.0153	0.2343	0.0153	0.2343	0.0153	0.2343	0.0153	0.2343	0.0153	0.2343
0.4	0.0290	0.2190	0.0290	0.2190	0.0290	0.2191	0.0290	0.2192	0.0291	0.2192	0.0291	0.2192	0.0291	0.2192
0.6	0.0399	0.2046	0.0400	0.2047	0.0401	0.2048	0.0402	0.2050	0.0402	0.2050	0.0402	0.2050	0.0402	0.2050
0.8	0.0480	0.1912	0.0482	0.1915	0.0483	0.1917	0.0486	0.1920	0.0487	0.1920	0.0487	0.1921	0.0487	0.1921
1.0	0.0534	0.1789	0.0538	0.1794	0.0540	0.1797	0.0545	0.1803	0.0546	0.1803	0.0546	0.1804	0.0546	0.1804
1.2	0.0568	0.1678	0.0574	0.1684	0.0577	0.1689	0.0584	0.1697	0.0586	0.1699	0.0587	0.1700	0.0587	0.1700
1.4	0.0586	0.1576	0.0594	0.1585	0.0599	0.1591	0.0609	0.1603	0.0612	0.1605	0.0613	0.1606	0.0613	0.1606
1.6	0.0594	0.1484	0.0603	0.1494	0.0609	0.1502	0.0623	0.1517	0.0626	0.1521	0.0628	0.1523	0.0628	0.1523
1.8	0.0593	0.1400	0.0604	0.1413	0.0611	0.1422	0.0628	0.1441	0.0633	0.1445	0.0635	0.1447	0.0635	0.1448
2.0	0.0587	0.1324	0.0599	0.1338	0.0608	0.1348	0.0629	0.1371	0.0634	0.1377	0.0637	0.1380	0.0638	0.1380
2.5	0.0560	0.1163	0.0575	0.1180	0.0586	0.1193	0.0614	0.1223	0.0623	0.1233	0.0627	0.1237	0.0628	0.1239
3.0	0.0525	0.1033	0.0541	0.1052	0.0554	0.1067	0.0589	0.1104	0.0600	0.1116	0.0607	0.1123	0.0609	0.1125
5.0	0.0403	0.0714	0.0421	0.0734	0.0435	0.0749	0.0480	0.0797	0.0500	0.0817	0.0515	0.0833	0.0521	0.0839
7.0	0.0318	0.0541	0.0333	0.0558	0.0347	0.0572	0.0391	0.0619	0.0414	0.0642	0.0435	0.0663	0.0445	0.0674
10.0	0.0239	0.0395	0.0252	0.0409	0.0263	0.0403	0.0302	0.0462	0.0325	0.0485	0.0349	0.0509	0.0364	0.0526

注：点 1，点 2 分别为三角形荷载周边上压力为零及压力为 p 的点（表 4-4-24 同）。

圆形面积上均布荷载作用下中点的平均附加应力系数 $\bar{\alpha}$　　表 4-4-23

z/r	圆形	z/r	圆形	z/r	圆形
	$\bar{\alpha}$		$\bar{\alpha}$		$\bar{\alpha}$
0.0	1.000	1.6	0.739	3.2	0.484
0.1	1.000	1.7	0.718	3.3	0.473
0.2	0.988	1.8	0.697	3.4	0.463
0.3	0.993	1.9	0.677	3.5	0.453
0.4	0.986	2.0	0.658	3.6	0.443
0.5	0.974	2.1	0.640	3.7	0.434
0.6	0.960	2.2	0.623	3.8	0.425
0.7	0.942	2.3	0.606	3.9	0.417
0.8	0.923	2.4	0.590	4.0	0.409
0.9	0.901	2.5	0.574	4.2	0.393
1.0	0.878	2.6	0.560	4.4	0.379
1.1	0.855	2.7	0.546	4.6	0.365
1.2	0.831	2.8	0.532	4.8	0.353
1.3	0.808	2.9	0.519	5.0	0.341
1.4	0.784	3.0	0.507		
1.5	0.762	3.1	0.495		

圆形面积上三角形分布荷载作用下边点的平均附加应力系数 $\bar{\alpha}$　　表 4-4-24

z/r	点		z/r	点		z/r	点	
	1	2		1	2		1	2
0.0	0.000	0.500	1.6	0.070	0.294	3.1	0.069	0.200
0.1	0.008	0.483	1.7	0.071	0.286	3.2	0.069	0.196
0.2	0.016	0.466	1.8	0.072	0.278	3.3	0.068	0.192
0.3	0.023	0.450	1.9	0.072	0.270	3.4	0.067	0.188
0.4	0.030	0.435	2.0	0.073	0.263	3.5	0.067	0.184
0.5	0.035	0.420	2.1	0.073	0.255	3.6	0.066	0.180
0.6	0.041	0.406	2.2	0.073	0.249	3.7	0.065	0.177
0.7	0.045	0.393	2.3	0.073	0.242	3.8	0.065	0.173
0.8	0.050	0.380	2.4	0.073	0.236	3.9	0.064	0.170
0.9	0.054	0.368	2.5	0.072	0.230	4.0	0.063	0.167
1.0	0.057	0.356	2.6	0.072	0.225	4.2	0.062	0.161
1.1	0.061	0.344	2.7	0.071	0.219	4.4	0.061	0.155
1.2	0.063	0.333	2.8	0.071	0.214	4.6	0.059	0.150
1.3	0.065	0.323	2.9	0.070	0.209	4.8	0.058	0.145
1.4	0.067	0.313	3.0	0.070	0.204	5.0	0.057	0.140
1.5	0.069	0.303	—	—	—	—	—	—

矩形基础中心沉降系数 δ_1　　　　表 4-4-25

$\frac{2z}{b}$	l/b											
	1.0	1.2	1.4	1.6	1.8	2.0	3.0	4.0	5.0	6.0	10.0	条形
0.0	0.000	0.000	0.000	0.000	0.000	0.000	0.000	0.000	0.000	0.000	0.000	0.000
0.2	0.100	0.100	0.100	0.100	0.100	0.100	0.100	0.100	0.100	0.100	0.100	0.100
0.4	0.198	0.198	0.198	0.198	0.198	0.198	0.198	0.198	0.198	0.198	0.198	0.198
0.6	0.290	0.292	0.294	0.294	0.294	0.294	0.294	0.294	0.294	0.294	0.294	0.294
0.8	0.374	0.378	0.382	0.382	0.384	0.384	0.384	0.386	0.386	0.386	0.386	0.386
1.0	0.450	0.458	0.462	0.464	0.466	0.468	0.470	0.470	0.470	0.470	0.470	0.470
1.2	0.516	0.526	0.534	0.538	0.542	0.544	0.548	0.548	0.548	0.548	0.548	0.548
1.4	0.536	0.588	0.598	0.606	0.610	0.614	0.620	0.6220	0.622	0.622	0.622	0.622
1.6	0.620	0.642	0.656	0.664	0.672	0.676	0.684	0.686	0.688	0.688	0.688	0.688
1.8	0.662	0.688	0.706	0.718	0.726	0.732	0.744	0.748	0.750	0.750	0.750	0.750
2.0	0.700	0.728	0.750	0.764	0.774	0.782	0.800	0.804	0.806	0.806	0.807	0.808
2.2	0.730	0.764	0.788	0.806	0.818	0.828	0.850	0.856	0.858	0.860	0.860	0.860
2.4	0.756	0.796	0.822	0.844	0.858	0.870	0.896	0.904	0.908	0.908	0.910	0.910
2.6	0.782	0.822	0.854	0.876	0.894	0.906	0.938	0.948	0.952	0.954	0.956	0.956
2.8	0.802	0.848	0.882	0.906	0.926	0.940	0.978	0.990	0.994	0.996	0.998	1.000
3.0	0.822	0.870	0.906	0.934	0.954	0.972	1.016	1.028	1.034	1.038	1.040	1.040
3.2	0.838	0.890	0.928	0.958	0.982	1.000	1.048	1.064	1.072	1.074	1.078	1.078
3.4	0.854	0.906	0.948	0.980	1.006	1.026	1.078	1.098	1.106	1.110	1.114	1.114
3.6	0.868	0.924	0.966	1.000	1.026	1.048	1.108	1.130	1.140	1.144	1.148	1.150
3.8	0.880	0.938	0.982	1.018	1.048	1.070	1.134	1.160	1.170	1.176	1.182	1.182
4.0	0.892	0.950	0.998	1.036	1.066	1.090	1.160	1.188	1.200	1.206	1.212	1.214
4.2	0.902	0.964	1.012	1.050	1.082	1.108	1.182	1.214	1.228	1.234	1.242	1.244
4.4	0.912	0.974	1.024	1.066	1.098	1.126	1.204	1.238	1.254	1.262	1.270	1.272
4.6	0.932	0.984	1.036	1.078	1.112	1.140	1.226	1.262	1.278	1.288	1.298	1.300
4.8	0.928	0.994	1.048	1.090	1.126	1.156	1.244	1.284	1.302	1.312	1.324	1.326
5.0	0.936	1.002	1.058	1.102	1.138	1.168	1.262	1.304	1.324	1.336	1.348	1.352
6.0	0.966	1.040	1.100	1.148	1.190	1.226	1.338	1.394	1.422	1.438	1.460	1.466
7.0	0.988	1.066	1.130	1.184	1.228	1.268	1.396	1.462	1.500	1.522	1.554	1.562
8.0	1.004	1.086	1.152	1.210	1.258	1.300	1.440	1.518	1.564	1.592	1.632	1.646
9.0	1.018	1.100	1.170	1.230	1.280	1.324	1.476	1.562	1.616	1.648	1.702	1.720
10.0	1.028	1.114	1.186	1.246	1.300	1.344	1.506	1.600	1.658	1.696	1.762	1.788
12.0	1.044	1.132	1.208	1.272	1.328	1.376	1.552	1.658	1.728	1.774	1.860	1.904
14.0	1.056	1.146	1.224	1.290	1.348	1.398	1.584	1.700	1.778	1.832	1.940	2.002
16.0	1.064	1.156	1.236	1.304	1.364	1.416	1.608	1.732	1.818	1.876	2.004	2.086
18.0	1.070	1.166	1.244	1.314	1.374	1.428	1.628	1.758	1.848	1.912	2.056	2.162
20.0	1.076	1.172	1.252	1.322	1.384	1.440	1.644	1.778	1.874	1.942	2.100	2.228
25.0	1.086	1.184	1.266	1.338	1.402	1.458	1.672	1.816	1.920	1.998	2.182	2.372
30.0	1.092	1.192	1.274	1.348	1.414	1.472	1.692	1.842	1.952	2.034	2.240	2.488
35.0	1.096	1.198	1.280	1.356	1.422	1.480	1.706	1.860	1.974	2.062	2.284	2.586
40.0	1.100	1.202	1.286	1.360	1.428	1.488	1.716	1.874	1.992	2.082	2.316	2.672

矩形基础角点沉降系数 δ_2 **表 4-4-26**

z/b	l/b											
	1.0	1.2	1.4	1.6	1.8	2.0	3.0	4.0	5.0	6.0	10.0	条形
0.0	0.000	0.000	0.000	0.000	0.000	0.000	0.000	0.000	0.000	0.000	0.000	0.000
0.2	0.050	0.050	0.050	0.050	0.050	0.050	0.050	0.050	0.050	0.050	0.050	0.050
0.4	0.099	0.099	0.099	0.099	0.099	0.099	0.099	0.099	0.099	0.099	0.099	0.099
0.6	0.145	0.146	0.147	0.147	0.147	0.147	0.147	0.147	0.147	0.147	0.147	0.147
0.8	0.187	0.189	0.191	0.191	0.192	0.192	0.192	0.193	0.193	0.193	0.193	0.193
1.0	0.225	0.229	0.231	0.232	0.233	0.234	0.235	0.235	0.235	0.235	0.235	0.235
1.2	0.258	0.263	0.267	0.269	0.271	0.272	0.274	0.274	0.274	0.274	0.274	0.274
1.4	0.288	0.294	0.299	0.303	0.305	0.307	0.310	0.311	0.311	0.311	0.311	0.311
1.6	0.310	0.321	0.328	0.332	0.336	0.338	0.342	0.343	0.344	0.344	0.344	0.344
1.8	0.331	0.344	0.353	0.359	0.363	0.366	0.372	0.374	0.375	0.375	0.375	0.375
2.0	0.350	0.364	0.375	0.382	0.387	0.391	0.400	0.402	0.403	0.403	0.404	0.404
2.2	0.365	0.382	0.394	0.403	0.409	0.414	0.425	0.428	0.429	0.430	0.430	0.430
2.4	0.378	0.398	0.411	0.422	0.429	0.435	0.448	0.452	0.454	0.454	0.455	0.455
2.6	0.391	0.411	0.427	0.438	0.447	0.453	0.469	0.474	0.476	0.477	0.478	0.478
2.8	0.401	0.424	0.441	0.453	0.463	0.470	0.489	0.495	0.497	0.498	0.499	0.500
3.0	0.411	0.435	0.453	0.467	0.477	0.486	0.508	0.514	0.517	0.519	0.520	0.520
3.2	0.419	0.445	0.464	0.479	0.491	0.500	0.524	0.532	0.536	0.537	0.539	0.539
3.4	0.427	0.453	0.474	0.490	0.503	0.513	0.539	0.549	0.553	0.555	0.557	0.557
3.6	0.434	0.462	0.483	0.500	0.513	0.524	0.554	0.565	0.570	0.572	0.574	0.575
3.8	0.440	0.469	0.491	0.509	0.524	0.535	0.567	0.580	0.585	0.588	0.591	0.591
4.0	0.446	0.475	0.499	0.518	0.533	0.545	0.580	0.594	0.600	0.603	0.606	0.607
4.2	0.451	0.482	0.506	0.525	0.541	0.554	0.591	0.607	0.614	0.617	0.621	0.622
4.4	0.456	0.487	0.512	0.533	0.549	0.563	0.602	0.619	0.627	0.631	0.635	0.636
4.6	0.466	0.492	0.518	0.539	0.556	0.570	0.613	0.631	0.639	0.644	0.649	0.650
4.8	0.464	0.497	0.524	0.545	0.563	0.578	0.622	0.642	0.651	0.656	0.662	0.663
5.0	0.468	0.501	0.529	0.551	0.569	0.584	0.631	0.652	0.662	0.668	0.674	0.676
6.0	0.483	0.520	0.550	0.574	0.595	0.613	0.669	0.697	0.711	0.719	0.730	0.733
7.0	0.494	0.533	0.565	0.592	0.614	0.634	0.698	0.731	0.750	0.761	0.777	0.781
8.0	0.502	0.543	0.576	0.605	0.629	0.650	0.720	0.759	0.782	0.796	0.816	0.823
9.0	0.509	0.550	0.585	0.615	0.640	0.662	0.738	0.781	0.808	0.824	0.851	0.860
10.0	0.514	0.557	0.593	0.623	0.650	0.672	0.753	0.800	0.829	0.848	0.881	0.894
12.0	0.522	0.566	0.604	0.636	0.664	0.688	0.776	0.829	0.864	0.887	0.930	0.952
14.0	0.528	0.573	0.612	0.645	0.674	0.699	0.792	0.850	0.889	0.916	0.970	1.001
16.0	0.532	0.578	0.618	0.652	0.682	0.708	0.804	0.866	0.909	0.938	1.002	1.043
18.0	0.535	0.583	0.622	0.657	0.687	0.714	0.814	0.879	0.924	0.956	1.028	1.081
20.0	0.538	0.586	0.626	0.661	0.692	0.720	0.822	0.889	0.937	0.971	1.050	1.114
25.0	0.543	0.592	0.633	0.669	0.701	0.729	0.836	0.908	0.960	0.999	1.091	1.186
30.0	0.546	0.596	0.637	0.674	0.707	0.736	0.846	0.921	0.976	1.017	1.120	1.244
35.0	0.548	0.599	0.640	0.678	0.711	0.740	0.853	0.930	0.987	1.031	1.142	1.293
40.0	0.550	0.601	0.643	0.680	0.714	0.744	0.858	0.937	0.996	1.041	1.158	1.336

注：l—基础长度（m）；b—基础宽度（m）；z—计算点离基础底面垂直距离（m）。

圆形基础中心沉降系数 δ_3　　表 4-4-27

2z/D	δ	2z/D	δ	2z/D	δ	2z/D	δ
0.0	0.000	1.8	0.627	3.6	0.798	7.0	0.894
0.2	0.100	2.0	0.658	3.8	0.808	8.0	0.907
0.4	0.197	2.2	0.684	4.0	0.817	9.0	0.918
0.6	0.287	2.4	0.707	4.2	0.825	10.0	0.926
0.8	0.368	2.6	0.727	4.4	0.833	12.0	0.939
1.0	0.438	2.8	0.745	4.6	0.840	14.0	0.948
1.2	0.498	3.0	0.761	4.8	0.846	16.0	0.955
1.4	0.548	3.2	0.774	5.0	0.852	18.0	0.960
1.6	0.591	3.4	0.787	6.0	0.877	20.0	0.964

注：D—圆形基础直径（m），z—计算点离基础底面竖向距离（m）。

按 E_0 估算地基沉降应力系数 δ_i　　表 4-4-28

$m=\frac{2z}{b}$	矩形基础 $n=l/b$						条形基础
	1.0	1.4	1.8	2.4	3.2	5.0	$n\geqslant10$
0.0	0.000	0.000	0.000	0.000	0.000	0.000	0.000
0.4	0.100	0.100	0.100	0.100	0.100	0.100	0.104
0.8	0.200	0.200	0.200	0.200	0.200	0.200	0.208
1.2	0.299	0.300	0.300	0.300	0.300	0.300	0.311
1.6	0.380	0.394	0.397	0.397	0.397	0.397	0.412
2.0	0.446	0.472	0.482	0.486	0.486	0.486	0.511
2.4	0.499	0.538	0.556	0.565	0.567	0.567	0.605
2.8	0.542	0.592	0.618	0.635	0.640	0.640	0.687
3.2	0.577	0.637	0.671	0.696	0.707	0.709	0.763
3.6	0.606	0.676	0.717	0.750	0.768	0.772	0.831
4.0	0.630	0.708	0.756	0.796	0.820	0.830	0.892
4.4	0.650	0.735	0.789	0.837	0.867	0.883	0.949
4.8	0.668	0.759	0.819	0.873	0.908	0.932	1.001
5.2	0.683	0.780	0.834	0.904	0.948	0.977	1.050
5.6	0.697	0.798	0.867	0.933	0.981	1.018	1.096
6.0	0.708	0.814	0.887	0.958	1.011	1.056	1.138
6.4	0.719	0.828	0.904	0.980	1.031	1.090	1.178
6.8	0.728	0.841	0.920	1.000	1.065	1.122	1.215
7.2	0.736	0.852	0.935	1.019	1.088	1.152	1.251
7.6	0.744	0.863	0.948	1.036	1.109	1.180	1.285
8.0	0.751	0.872	0.960	1.051	1.128	1.205	1.316
8.4	0.757	0.881	0.970	1.065	1.146	1.229	1.347
8.8	0.762	0.888	0.980	1.078	1.162	1.251	1.376
9.2	0.768	0.896	0.989	1.089	1.178	1.272	1.404
9.6	0.772	0.902	0.998	1.100	1.192	1.291	1.431
10.0	0.777	0.908	1.005	1.110	1.205	1.309	1.456
11.0	0.786	0.992	1.022	1.132	1.238	1.349	1.506
12.0	0.794	0.933	1.037	1.151	1.257	1.384	1.550

注：1. l、b 分别为矩形基础的长度与宽度。

2. z 为基础底面至该层土底面的距离。

第五章 地基土承载力的确定

第一节 地基土承载力的基本概念

一、定义

地基极限承载力：使地基土发生剪切破坏而即将失去整体稳定性时相应的最小基础底面压力。

地基容许承载力：要求作用在基底的压应力不超过地基的极限承载力，并且有足够的安全度，而且所引起的变形不能超过建筑物的容许变形，满足以上两项要求，地基单位面积上所能承受的荷载就定义为地基的容许承载力。

二、有关术语的说明

1.《建筑地基基础设计规范》GB 50007—2011 的规定

地基承载力特征值（f_{ak}）：由载荷试验测定的地基土压力变形曲线线性变形段内规定的变形所对应的压力值，其最大值为比例界限值。

修正后的地基承载力特征值（f_a）：从载荷试验或其他原位测试、经验值等方法确定的地基承载力特征值经深宽修正后的地基承载力值。按理论公式计算得来的地基承载力特征值不需修正。

2.《建筑地基基础设计规范》GBJ 7—89 曾作以下规定

地基承载力基本值（f_0）是指按有关规范规定的一定的基础宽度和埋置深度条件下的地基承载能力，按有关规范查表确定。

地基承载力标准值（f_k）是指按有关规范规定的标准方法试验并经统计处理后的承载力值。

地基承载力设计值（f）地基承载力标准值经深宽修正后的地基承载力值。按载荷试验和用实际基础宽度、深度按理论公式计算所得地基承载力即为设计值。

三、确定地基承载力应考虑的因素

地基承载力不仅取决于地基土的性质，还受到以下影响因素的制约。

1. 基础形状的影响：在用极限荷载理论公式计算地基承载力时是按条形基础考虑的，对于非条形基础应考虑形状不同对地基承载力的影响。

2. 荷载倾斜与偏心的影响：在用理论公式计算地基承载力时，均是按中心受荷考虑的。但荷载的倾斜和偏心对地基承载力是有影响的，当基础上的荷载倾斜或者倾斜和偏心二种情况同时出现时，基础可能由于水平分力超过基础底面的剪切阻力。

3. 覆盖层抗剪强度的影响：基底以上覆盖层抗剪强度越高，地基承载力显然越高，因而基坑开挖的大小和施工回填质量的好坏对地基承载力有影响。

4. 地下水位的影响：地下水位上升会降低土的承载力。

5. 下卧层的影响：由于地基中的应力会向持力层以下的下卧层传递，因此下卧层的强度和抗变形能力对于地基承载力有影响，确定地基持力层的承载力设计值应对下卧层的影响作具体的分析和验算。

此外，还有基底倾斜和地面倾斜的影响，地基压缩性和试验底板与实际基础尺寸比例的影响、相邻基础的影响、加荷速率的影响和地基与上部结构共同作用的影响等。在确定地基承载力时，应根据建筑物的重要性及其结构特点，对上述影响因素作具体分析。

四、确定地基承载力的基本方法

《建筑地基基础设计规范》GB 50007—2011 规定，地基承载力特征值可由载荷试验或其他原位测试、公式计算，并结合工程实践经验等方法综合确定。

具体确定时，应结合当地建筑经验按下列方法综合考虑。

1. 对一级建筑物采用载荷试验、理论公式计算及原位试验方法综合确定。

2. 对二级建筑物可按当地有关规范查表或原位试验确定，有些二级建筑物尚应结合理论公式计算确定。

3. 对三级建筑物可根据邻近建筑物的经验确定。

第二节　按理论公式计算地基承载力

一、按塑性状态计算

1. 临塑压力计算：基础受中心荷载，地基土刚开始出现剪切破坏（即开始由弹性变形进入塑性变形）时的临界压力，由下式计算：

$$f_{cr}=\frac{\pi(\gamma_m d+c_k\cot\varphi_k)}{\cot\varphi_k+\varphi_k-\frac{\pi}{2}}+\gamma_m d=M_d\gamma_m d+M_c c_k \tag{4-5-1}$$

2. 进入塑性区一定范围时的临界压力计算：即容许地基土有一定的塑性区开展，此一定塑性区一般规定为其最大深度不大于基础宽度的 1/4。《建筑地基基础设计规范》和苏联的有关规范均采用此方法计算地基承载力特征值。

$$f_v=\frac{\pi\left(\gamma_m d+\frac{1}{4}\gamma b+c_k\cot\varphi_k\right)}{\cot\varphi_k+\varphi_k-\frac{\pi}{2}}+\gamma_m d=M_b\gamma b+M_d\gamma_m d+M_c c_k \tag{4-5-2}$$

式中　f_{cr}——临塑压力，可直接作为地基承载力特征值（kPa）；

f_v——塑性区开展深度为 1/4 基础宽度时的压力，《建筑地基基础设计规范》规定，当偏心距 e 小于或等于 0.033 倍基础底面宽度时，可作为地基承载力特征值（kPa）；

γ——基础底面以下土的重度，地下水位以下取有效重度（kN/m^3）；

γ_m——基础底面以上土的加权平均重度，地下水位以下取有效重度（kN/m^3）；

d——基础埋置深度，对于建筑物基础，一般自室外地面起算。在填方整平地区，可从填土地面起算，但填土在上部结构施工后完成时，应以天然地面起算。对于地下室，如采用箱形基础或筏基时，基础埋置深度自室外地面起算，在其他情况下，应从室内地面起算（m）；

b——基础底面宽度（m），《建筑地基基础设计规范》规定，大于 6m 时按

6m 考虑，小于 3m 时按 3m 考虑，对于圆形或多边形基础，可按 $b=2\sqrt{F/\pi}$ 考虑，F 为圆形或多边形基础面积；

c_k、φ_k——分别为基底下一倍基础宽度的深度范围内土的黏聚力（kPa）和内摩擦角（°）标准值；

M_b、M_d、M_c——承载力系数，可根据 φ_k 值按表 4-5-1 查取或按式（4-5-3）计算。

$$\begin{cases} M_b=\dfrac{\pi}{4\left(\cot\varphi_k+\varphi_k-\dfrac{\pi}{2}\right)} \\ M_d=1+\dfrac{\pi}{\cot\varphi_k+\varphi_k-\dfrac{\pi}{2}} \\ M_c=\dfrac{\pi}{\tan\varphi_k\left(\cot\varphi_k+\varphi_k-\dfrac{\pi}{2}\right)} \end{cases} \tag{4-5-3}$$

承载力系数 M_b、M_d、M_c **表 4-5-1**

内摩擦角 φ_k	M_b	M_d	M_c	内摩擦角 φ_k	M_b	M_d	M_c
0	0	1.00	3.14	22	0.61	3.44	6.04
2	0.03	1.12	3.32	24	0.80	3.87	6.45
4	0.06	1.25	3.51	26	1.10	4.37	6.90
6	0.10	1.39	3.71	28	1.40	4.93	7.40
8	0.14	1.55	3.93	30	1.90	5.59	7.95
10	0.18	1.73	4.17	32	2.60	6.35	8.55
12	0.23	1.94	4.42	34	3.40	7.21	9.22
14	0.29	2.17	4.69	36	4.20	8.25	9.97
16	0.36	2.43	5.00	38	5.00	9.44	10.80
18	0.43	2.72	5.31	40	5.80	10.84	11.73
20	0.51	3.06	5.66	—	—	—	—

注：26°～40°的 M_b 值系根据砂土的载荷试验资料作了修正。

式（4-5-1）和式（4-5-2）是按条形荷载导出的，用于矩形或方形的局部荷载作用下的情况，将偏于安全。在采用式（4-5-2）计算地基土的承载力特征值时，基础的宽度不宜过小，以防止塑性区的贯通，使地基发生较大的变形或失去稳定。同时，还必须验算变形。

利用上述公式确定地基承载力时，对于 c、φ 值的可靠程度要求是比较高的。因此试验的方法必须和地基土的工作状态相适应。

二、按极限状态计算

（一）Prandtl、Buisman、Terzaghi 极限承载力公式：

极限承载力公式是 Prandtl 于 1921 年最先提出的，它的基本假设是把土体作为刚-塑体，在剪切破坏以前不显示任何变形，破坏以后则在恒值应力下产生塑流。按条形基础进行计算，计算时作了如下简化：

1. 略去了基底以上土的抗剪强度；

2. 略去了上覆土层与基础之间的摩擦力，及上覆土层与持力层之间的摩擦力；

3. 与基础宽度 b 相比，基础的长度是很大的。

L. Prandtl（1921 年）和 Reissner（1924 年）得出的极限承载力公式是：

$$f_u = c_k N_c + \gamma_0 d N_d \tag{4-5-4}$$

式中　f_u——极限承载力（kPa）；

N_d、N_c——承载力系数，按式（4-5-5）或按表 4-5-2 确定

$$\begin{cases} N_d = e^{\pi\tan\varphi_k}\tan^2\left(\dfrac{\pi}{4}+\dfrac{\varphi_k}{2}\right) \\ N_c = (N_d - 1)\cot\varphi_k \end{cases} \tag{4-5-5}$$

A. S. K. Buisman（1940 年）和 Terzaghi（1943 年）对上式作了补充，提出如下公式：

$$f_u = c_k N_c + \gamma_0 d N_d + \frac{1}{2}\gamma b N_b \tag{4-5-6}$$

式中　N_b——承载力系数，按式（4-5-7）或按表 4-5-2 确定。

$$N_b = 2(N_d + 1)\tan\varphi_k \tag{4-5-7}$$

极限承载力系数　　**表 4-5-2**

φ_k (°)	N_c	N_d	N_b	φ_k (°)	N_c	N_d	N_b
0	5.14	1.00	0.00	26	22.25	11.85	12.54
1	5.38	1.09	0.07	27	23.94	13.20	14.47
2	5.63	1.20	0.15	28	25.80	14.72	16.72
3	5.90	1.31	0.24	29	27.86	16.44	19.34
4	6.19	1.43	0.34	30	30.14	18.40	22.40
5	6.49	1.57	0.45	31	32.67	20.63	25.99
6	6.81	1.72	0.57	32	35.49	23.18	30.22
7	7.16	1.88	0.71	33	38.64	26.09	35.19
8	7.53	2.06	0.86	34	42.16	29.44	41.06
9	7.92	2.26	1.03	35	46.12	33.30	48.03
10	8.35	2.47	1.22	36	50.59	37.75	56.31
11	8.80	2.71	1.44	37	55.63	42.92	66.19
12	9.28	2.97	1.69	38	61.35	48.93	78.03
13	9.81	3.26	1.97	39	67.87	55.96	92.25
14	10.37	3.59	2.29	40	75.31	64.20	109.41
15	10.98	3.94	2.65	41	83.86	73.90	130.22
16	11.63	4.34	3.06	42	93.71	85.38	155.55
17	12.34	4.77	3.53	43	105.11	99.02	186.54
18	13.10	5.26	4.07	44	108.37	115.31	224.64
19	13.93	5.80	4.68	45	133.88	134.88	271.76
20	14.83	6.40	5.39	46	152.10	158.51	330.35
21	15.82	7.07	6.20	47	173.64	187.21	403.67
22	16.88	7.82	7.13	48	199.26	222.31	496.01
23	18.05	8.66	8.20	49	229.93	265.51	613.16
24	19.32	9.60	9.44	50	266.89	319.07	762.86
25	20.72	10.66	10.88				

E. E. D$_e$ Beer（1967 年）和 A. S. Vesic（1970 年）提出了形状修正系数，对上式又作了补充，形成了目前国内外常用的极限承载力公式。

$$f_u = c_k N_c \zeta_c + \gamma_0 d N_d \zeta_d + \frac{1}{2}\gamma b N_b \zeta_b \tag{4-5-8}$$

式中　ζ_0、ζ_d、ζ_b——基础形状系数，按表 4-5-3 确定；
其余符号意义同前。

基础形状系数　　**表 4-5-3**

基础形状	ζ_c	ζ_d	ζ_b
条形	1.00	1.00	1.00
矩形	$1+\frac{b}{l}\frac{N_d}{N_c}$	$1+\frac{b}{l}\tan\varphi_k$	$1-0.4\frac{b}{l}$
圆形和方形	$1+\frac{N_d}{N_c}$	$1+\tan\varphi_k$	0.60

注：l—基础底面长度（m）。

（二）我国交通部《港口工程地基规范》JTS 147—1—2010 中均质土地基、均布边载的极限承载力竖向应力应对 $\varphi>0$ 和 $\varphi=0$ 分别计算，并应符合下列规定。

1. 当 $\varphi>0$ 时，$[b_{j-1}，b_j]$ 极限承载力竖向应力的平均值宜按下列公式计算：

$$P_{zj} = 0.5\gamma_k(b_j + b_{j-1})N_\gamma + q_k N_q + c_k N_c (j = 1,2,\cdots M) \tag{4-5-9}$$

$$N_c = \left\{\exp\left[\left(\frac{\pi}{2} + 2\alpha - \varphi_k\right)\tan\varphi_k\right]\tan^2\left(45^\circ + \frac{\varphi_k}{2}\right)\frac{1+\sin\varphi_k\sin(2\alpha-\varphi_k)}{1+\sin\varphi_k} - 1\right\}/\tan\varphi_k \tag{4-5-10}$$

$$N_q = N_c\tan\varphi_k + 1 \tag{4-5-11}$$

$$\begin{aligned} N_\gamma &= f(\lambda, \tan\varphi_k, \tan\delta') \\ &\approx 1.25\{(N_g + 0.28\tan\delta')\tan[\varphi_k - 0.72\delta'(0.9455 + 0.55\tan\delta')]\} \\ &\left[1 + \frac{1}{\sqrt{1 + 0.8[\tan\varphi_k - 0.7(1-\tan\delta')] + (\tan\varphi_k - \tan\delta')\lambda}}\right] \end{aligned} \tag{4-5-12}$$

$$\tan\left(\alpha - \frac{\varphi_k}{2}\right) = \frac{\sqrt{1-(\tan\delta'/\tan\delta_k)^2} - \tan\delta'}{1 + \frac{\tan\delta'}{\sin\varphi_k}} \tag{4-5-13}$$

$$\tan\delta' = \frac{\gamma_h H_k}{V_k + B_e c_k/\tan\varphi_k} \tag{4-5-14}$$

$$\lambda = \gamma_k B_e/(c_k + q_k\tan\varphi_k) \tag{4-5-15}$$

式中　P_{zj}——$[b_{j-1}，b_j]$ 极限承载力竖向应力的平均值（kPa）；
γ_k——计算面以下土的重度标准值（kN/m^3），可取均值，水下用浮重度；

b_j——小区间分点坐标（m），$b_0=0$；

N_γ，N_q，N_c——地基土处于极限状态下的承载力系数，可计算确定或查表4-5-4～表4-5-9；

q_k——计算面以上边载的标准值（kPa）；

c_k——黏聚力标准值（kPa）；

φ_k——内摩擦角标准值（°），可取均值；

V_k——作用于计算面上竖向合力的标准值（kN/m）；

H_k——作用于计算面以上的水平合力标准值（kN/m）；

B_e——计算面宽度（m）；

γ_h——水平抗力分项系数，取1.3。

α，δ'，λ——计算参数。

2. 当$\varphi=0$时，计算面内［b_{j-1}，b_j］极限承载力竖向应力的平均值宜按下列公式计算：

$$P_{zj}=q_k+c_{uk}N_S(j=1,2\cdots M) \tag{4-5-16}$$

$$N_S=0.5(\pi+2)+2\tan^{-1}\sqrt{\frac{1-k}{1+k}}+\sqrt{1-k^2} \tag{4-5-17}$$

$$k=\gamma_h H_k/(B_e c_{uk}) \tag{4-5-18}$$

式中 P_{zj}——［b_{j-1}，b_j］极限承载力竖向应力的平均值（kPa）；

q_k——计算面以上边载的标准值（kPa）；

N_S——承载力系数；

q_k——墙前基础底面以上边载的标准值（kPa）；

c_{uk}——地基土的十字板剪强度标准值（kPa），可取均值；

B_e——计算面宽度（m）；

H_k——作用于计算面以上的水平合力标准值（kN/m）；

γ_h——水平抗力分项系数，取1.3。

若受力层由多层土组成，各土层的抗剪强度指标相差不大且边载变化不大时，可采用加权平均抗剪强度指标和加权平均重度计算。确定加权平均的抗剪强度和重度指标时，受力层的最大深度Z_{max}可按下式计算：

$$Z_{max}=B_e e^{\varepsilon\tan\varphi_k}(\sin\varepsilon)e^{-\frac{0.87\lambda^{0.75}}{4.8+\lambda^{0.75}}} \tag{4-5-19}$$

$$\varepsilon=\frac{\pi}{4}+\frac{\overline{\varphi}_k}{2}-\frac{\overline{\delta}'}{2}-\frac{1}{2}\sin^{-1}\left(\frac{\sin\delta'}{\sin\varphi_k}\right) \tag{4-5-20}$$

计算时先假定Z_{max}，根据假定的Z_{max}及各土层厚度计算加权平均c_k、φ_k、γ_k代入式（4-5-19）计算Z_{max}直至计算与假定的Z_{max}基本相等为止。

（三）抗力分项系数的选取：按极限状态的极限承载力，均应除以抗力分项系数后与作用力的设计值进行比较，抗力分项系数应根据建筑物的重要程度、破坏后果的严重性、试验方法和试验数据的可信度等因素，在1.5～3.0之间选取。对于采用固结快剪强度指标的情况，其值不应低于 2.0～3.0；一、二级建筑物取较高值，三级建筑物取较低值；以黏性土为主的地基取较高值，以砂土为主的地基取较低值；对于采用不排水抗剪强度指标的情况，抗力分项系数可酌情降低；对灵敏度 $S_t<4$ 的土，可取 1.5～2.0，对高灵敏度的土，可取 2.0～3.0。

承载力系数 N_c　　**表 4-5-4**

φ ＼ N_c ＼ $\tan\delta$	0	0.1	0.2	0.3	0.4
2°	5.632				
4°	6.185				
6°	6.813	3.581			
8°	7.527	5.202			
10°	8.345	6.254			
12°	9.285	7.244	4.091		
14°	10.370	8.281	5.573		
16°	11.631	9.420	6.789		
18°	13.104	10.706	8.009	4.751	
20°	14.835	12.182	9.323	6.227	
22°	16.883	13.900	10.790	7.616	3.652
24°	19.324	15.919	12.469	9.085	5.633
26°	22.254	18.317	14.424	10.719	7.194
28°	25.803	21.192	16.731	12.590	8.811
30°	30.140	24.672	19.488	14.779	10.606
32°	35.490	28.972	22.822	17.381	12.671
34°	42.164	34.187	26.900	20.520	15.106
36°	50.585	40.765	31.949	24.358	18.031
38°	61.352	49.094	38.278	29.116	21.604
40°	75.313	59.789	46.321	35.097	26.038

承载力系数 N_γ（$\tan\delta=0.0$）

表 4-5-5

N_γ \ λ / φ	0.5	1	2	3	4	5	7	9	11	13	15	20	25	30	40	60	80	100
2°	0.152	0.154	0.153	0.151	0.149	0.148	0.144	0.141	0.138	0.136	0.134	0.129	0.125	0.121	0.115	0.107	0.101	0.097
4°	0.348	0.349	0.343	0.335	0.328	0.322	0.311	0.302	0.294	0.287	0.281	0.268	0.258	0.250	0.237	0.219	0.206	0.196
6°	0.598	0.597	0.580	0.564	0.549	0.537	0.515	0.497	0.483	0.470	0.459	0.437	0.420	0.406	0.386	0.357	0.338	0.324
8°	0.918	0.912	0.880	0.851	0.826	0.805	0.770	0.742	0.719	0.699	0.683	0.650	0.625	0.605	0.575	0.535	0.510	0.492
10°	1.329	1.314	1.262	1.215	1.177	1.144	1.092	1.051	1.018	0.991	0.967	0.922	0.888	0.861	0.821	0.768	0.735	0.712
12°	1.857	1.830	1.748	1.678	1.623	1.577	1.503	1.447	1.402	1.365	1.333	1.272	1.227	1.192	1.140	1.073	1.031	1.003
14°	2.538	2.493	2.372	2.273	2.195	2.131	2.030	1.955	1.895	1.846	1.805	1.726	1.667	1.622	1.557	1.473	1.421	1.385
16°	3.421	3.350	3.175	3.039	2.932	2.845	2.712	2.612	2.534	2.471	2.418	2.316	2.243	2.196	2.104	1.99	1.935	1.890
18°	4.569	4.461	4.216	4.030	3.886	3.772	3.597	3.468	3.368	3.286	3.219	3.090	2.997	2.926	2.824	2.694	2.614	2.559
20°	6.071	5.911	5.573	5.322	5.132	4.981	4.754	4.588	4.460	4.357	4.272	4.110	3.994	3.895	3.777	3.617	3.518	3.449
22°	8.049	7.816	7.353	7.019	6.768	6.572	6.279	6.067	5.904	5.773	5.666	5.463	5.317	5.206	5.047	4.847	4.724	4.638
24°	10.673	10.336	9.706	9.262	8.934	8.679	8.302	8.031	7.824	7.660	7.524	7.269	7.086	6.948	6.749	6.500	6.345	6.237
26°	14.178	13.698	12.843	12.255	11.826	11.495	11.010	10.664	10.402	10.192	10.022	9.701	9.472	9.302	9.048	8.734	8.538	8.398
28°	18.911	18.225	17.065	16.286	15.724	15.295	14.669	14.227	13.893	13.628	13.412	13.005	12.716	12.501	12.180	11.779	11.526	11.344
30°	25.361	24.384	22.807	21.772	21.035	20.475	19.667	19.099	18.671	18.334	18.058	17.540	17.179	16.897	16.486	15.969	15.636	15.392
32°	34.262	32.859	30.708	29.328	28.356	27.623	26.572	25.839	25.288	24.854	24.499	23.846	23.370	23.006	22.473	21.791	21.343	21.010
34°	46.690	44.672	41.720	39.869	38.580	37.615	36.239	35.284	34.568	34.005	33.546	32.695	32.075	31.599	30.894	29.976	29.358	28.888
36°	64.296	61.375	57.294	54.791	53.067	51.785	49.968	48.712	47.773	47.034	46.450	45.309	44.488	43.852	42.901	41.632	40.753	40.069
38°	89.636	85.369	79.677	76.260	73.932	72.211	69.785	68.113	66.865	65.907	65.099	63.571	62.461	61.594	60.276	58.468	57.177	56.147
40°	126.758	120.459	112.428	107.711	104.529	102.191	98.907	96.650	94.998	93.661	92.564	90.475	88.940	87.724	85.843	83.181	81.216	79.614

承载力系数 N_γ（$\tan\delta=0.1$） 表 4-5-6

N_γ λ / φ	0.5	1	2	3	4	5	7	9	11	13	15	20	25	30	40	60	80	100
6°	0.163	0.166	0.166	0.165	0.164	0.163	0.161	0.159	0.158	0.156	0.155	0.153	0.150	0.148	0.145	0.141	0.138	0.135
8°	0.425	0.427	0.420	0.412	0.405	0.398	0.387	0.377	0.369	0.362	0.356	0.343	0.333	0.325	0.313	0.297	0.285	0.276
10°	0.728	0.727	0.708	0.689	0.673	0.659	0.635	0.616	0.600	0.587	0.575	0.552	0.535	0.521	0.500	0.472	0.453	0.440
12°	1.111	1.104	1.067	1.034	1.005	0.981	0.942	0.911	0.886	0.865	0.847	0.812	0.787	0.766	0.735	0.694	0.668	0.650
14°	1.602	1.585	1.523	1.470	1.426	1.389	1.331	1.286	1.250	1.220	1.195	1.145	1.108	1.079	1.037	0.938	0.949	0.925
16°	2.236	2.205	2.109	2.029	1.965	1.912	1.829	1.766	1.716	1.675	1.641	1.574	1.525	1.487	1.431	1.361	1.317	1.286
18°	3.060	3.006	2.864	2.749	2.659	2.586	2.472	2.387	2.320	2.266	2.220	2.132	2.069	2.019	1.947	1.858	1.802	1.763
20°	4.135	4.050	3.844	3.685	3.561	3.461	3.309	3.196	3.109	3.037	2.978	2.865	2.783	2.720	2.628	2.515	2.445	2.396
22°	5.547	5.416	5.125	4.907	4.740	4.607	4.606	4.259	4.145	4.053	3.977	3.832	3.727	3.648	3.532	3.389	3.301	3.239
24°	7.413	7.217	6.812	6.516	6.293	6.117	5.854	5.663	5.516	5.398	5.301	5.117	4.985	4.884	4.741	4.559	4.448	4.370
26°	9.898	9.608	9.049	8.651	8.355	8.124	7.782	7.536	7.347	7.197	7.073	6.839	6.672	6.545	6.364	6.135	5.994	5.895
28°	13.234	12.813	12.044	11.511	11.120	10.817	10.372	10.055	9.813	9.621	9.463	9.167	8.955	8.794	8.564	8.274	8.094	7.965
30°	17.755	17.146	16.092	15.379	14.862	14.465	13.887	13.477	13.167	12.921	12.720	12.342	12.073	11.873	11.574	11.203	10.968	10.800
32°	23.954	23.072	21.624	20.667	19.983	19.462	18.709	18.179	17.779	17.463	17.204	16.720	16.382	16.118	15.734	15.251	14.941	14.716
34°	32.550	31.270	29.277	27.990	27.080	26.393	25.407	24.717	24.198	23.790	23.456	22.830	22.392	22.049	21.548	20.908	20.490	20.180
36°	44.631	42.768	40.008	38.267	37.051	36.140	34.839	33.934	38.257	32.723	32.287	31.481	30.894	30.443	29.777	28.911	28.331	27.891
38°	61.867	59.138	55.287	52.914	51.276	50.056	48.326	47.128	46.233	45.528	44.971	43.882	43.100	42.494	41.590	40.387	39.557	38.913
40°	86.872	82.837	77.415	74.149	71.920	70.271	67.943	66.338	65.139	64.219	63.443	61.976	60.912	60.081	58.820	57.094	55.866	54.890

承载力系数 N_γ（tanδ=0.2） **表 4-5-7**

N_γ φ \ λ	0.5	1	2	3	4	5	7	9	11	13	15	20	25	30	40	60	80	100
12°	0.371	0.375	0.373	0.369	0.365	0.362	0.355	0.350	0.345	0.341	0.338	0.331	0.325	0.321	0.314	0.304	0.297	0.292
14°	0.743	0.745	0.729	0.714	0.700	0.687	0.667	0.650	0.637	0.625	0.615	0.596	0.581	0.569	0.551	0.527	0.512	0.501
16°	1.185	1.181	1.147	1.114	1.087	1.604	1.027	0.997	0.973	0.953	0.936	0.903	0.878	0.859	0.830	0.792	0.769	0.752
18°	1.749	1.735	1.673	1.619	1.574	1.537	1.478	1.433	1.397	1.367	1.341	1.292	1.256	1.227	1.186	1.133	1.100	1.077
20°	2.481	2.451	2.350	2.267	2.199	2.144	2.058	1.993	1.942	1.899	1.864	1.796	1.746	1.707	1.650	1.580	1.535	1.505
22°	3.439	3.384	3.231	3.108	3.012	2.933	2.813	2.723	2.653	2.595	2.548	2.456	2.389	2.338	2.263	2.171	2.113	2.073
24°	4.703	4.611	4.385	4.211	4.076	3.969	3.804	3.683	3.589	3.513	3.450	3.329	3.242	3.175	3.078	2.959	2.885	2.833
26°	6.381	6.236	5.911	5.669	5.484	5.338	5.118	4.957	4.833	4.733	4.651	4.494	4.382	4.296	4.171	4.018	3.923	3.856
28°	83628	8.405	7.946	7.612	7.362	7.166	6.874	6.662	6.500	6.371	6.264	6.062	5.917	5.807	5.649	5.451	5.329	5.243
30°	11.664	11.328	10.682	10.227	9.891	9.630	9.244	8.967	8.756	8.588	8.450	8.190	8.004	7.863	7.661	7.407	7.249	7.137
32°	15.805	15.303	14.402	13.784	13.333	12.985	12.477	12.116	11.841	11.624	11.445	11.110	10.871	10.689	10.429	10.100	9.893	9.745
34°	21.512	20.772	19.516	18.675	18.071	17.609	16.938	16.466	16.108	15.826	15.596	15.161	14.852	14.622	14.278	13.847	13.572	13.372
36°	29.485	28.390	26.636	25.491	24.678	24.063	23.176	22.554	22.087	21.717	21.416	20.850	20.455	20.145	19.694	19.119	18.746	18.470
38°	40.776	39.153	36.692	35.126	34.028	33.230	32.022	31.199	30.582	30.096	29.699	28.965	28.431	28.021	27.416	26.634	26.114	25.720
40°	47.019	54.599	51.124	48.967	47.472	46.357	44.771	43.673	42.851	42.203	41.692	40.693	39.975	39.421	38.595	37.501	36.752	36.173

承载力系数 N_γ（tanδ=0.3） **表 4-5-8**

N_γ φ \ λ	0.5	1	2	3	4	5	7	9	11	13	15	20	25	30	40	60	80	100
18°	0.657	0.663	0.655	0.645	0.636	0.628	0.614	0.603	0.594	0.586	0.579	0.566	0.555	0.547	0.534	0.518	0.507	0.500
20°	1.164	1.165	1.137	1.110	1.086	1.066	1.034	1.008	0.987	0.970	0.955	0.926	0.905	0.888	0.862	0.830	0.810	0.795
22°	1.795	1.786	1.729	1.678	1.636	1.601	1.545	1.502	1.468	1.440	1.416	1.370	1.335	1.309	1.270	1.220	1.190	1.168
24°	2.617	2.591	2.493	2.410	2.343	2.289	2.203	2.139	2.088	2.046	2.011	1.944	1.895	1.857	1.801	1.732	1.689	1.659
26°	3.704	3.652	3.495	3.369	3.270	3.190	3.064	2.975	2.903	2.845	2.796	2.703	2.636	2.584	2.509	2.416	2.357	2.138
28°	5.156	5.063	4.825	4.641	4.500	4.386	4.214	4.088	3.989	3.910	3.845	3.720	3.629	3.560	3.460	3.337	3.260	3.207
30°	7.113	6.959	6.608	6.346	6.148	5.991	5.755	5.584	5.452	5.347	5.259	5.093	4.975	4.884	4.752	4.591	4.490	4.420
32°	9.775	9.529	9.021	8.654	8.380	8.166	7.848	7.619	7.443	7.303	7.188	6.970	6.815	6.696	6.527	6.313	6.181	6.088
34°	13.434	13.052	12.324	11.814	11.439	11.148	10.721	10.416	10.184	9.999	9.847	9.562	9.359	9.204	8.982	8.702	8.527	8.402
36°	18.522	17.935	16.897	16.191	15.679	15.286	14.713	14.308	14.001	13.758	13.558	13.184	12.917	12.719	12.423	12.052	11.817	11.648
38°	25.680	24.793	23.315	22.337	21.639	21.107	20.338	19.798	19.391	19.069	18.806	18.312	17.967	17.697	17.304	16.806	16.485	16.248
40°	35.915	34.566	32.458	31.100	30.142	29.420	28.384	27.660	27.116	26.688	26.337	25.691	25.219	24.858	24.327	23.645	23.193	22.854

承载力系数 N_γ（tanδ=0.4） **表 4-5-9**

N_γ φ \ λ	0.5	1	2	3	4	5	7	9	11	13	15	20	25	30	40	60	80	100
22°	0.465	0.474	0.476	0.474	0.741	0.469	0.465	0.461	0.458	0.456	0.453	0.449	0.445	0.442	0.438	0.431	0.427	0.424
24°	1.087	1.093	1.073	1.052	1.034	1.018	0.991	0.971	0.953	0.939	0.927	0.904	0.886	0.872	0.851	0.825	0.808	0.796
26°	1.787	1.784	1.734	0.688	1.649	1.617	1.565	1.526	1.495	1.469	1.447	1.404	1.372	1.348	1.312	1.267	1.238	1.219
28°	2.699	2.679	2.585	2.504	2.439	2.386	2.303	2.240	2.190	2.150	2.116	2.051	2.003	1.966	1.912	1.845	1.804	1.775
30°	3.920	3.872	3.714	3.587	3.486	3.405	3.280	3.188	3.115	3.057	3.008	2.914	2.846	2.794	2.719	2.626	2.567	2.527
32°	5.578	5.484	5.236	5.043	4.895	4.777	4.598	4.467	4.365	4.284	4.216	4.087	3.994	3.923	3.819	3.693	3.613	3.558
34°	7.851	7.688	7.310	7.029	6.817	6.649	6.399	6.217	6.078	5.966	5.874	5.699	5.573	5.478	5.339	5.169	5.062	4.988
36°	11.004	10.733	10.171	9.768	9.496	9.235	8.890	8.642	8.452	8.301	8.177	7.942	7.775	7.647	7.465	7.235	7.091	6.989
38°	15.429	14.993	14.168	13.596	13.177	12.854	12.381	12.044	11.788	11.585	11.418	11.105	10.881	10.711	10.467	10.158	9.963	9.823
40°	21.726	21.034	19.831	19.021	18.437	17.992	17.344	16.887	16.542	16.268	16.045	15.625	15.326	15.103	14.769	14.348	14.078	13.881

第三节　按查表法确定地基承载力

一、《建筑地基基础设计规范》GB 50007—2011

《建筑地基基础设计规范》GB 50007—2011 取消了地基承载力表，但现行的地方规范和行业规范仍然提供了地基承载力表。

《建筑地基基础设计规范》GB 50007—2011 规定当基础宽度大于 3m 或埋置深度大于 0.5m 时，从载荷试验或其他原位测试、经验值等方法确定的地基承载力特征值，尚应按下式修正：

$$f_a = f_{ak} + \eta_b \gamma (b - 3) + \eta_d \gamma_m (d - 0.5) \tag{4-5-21}$$

式中　f_a——修正后地基承载力特征值（kPa）；

f_{ak}——地基承载力特征值（kPa），由载荷试验或其他原位测试、公式计算，并结合工程实践经验等方法综合确定；

η_b、η_d——基础宽度和埋置深度的地基承载力修正系数，应按基底下土的类别查表 4-5-10 取值；

γ——基础底面以下土的重度（kN/m^3），地下水位以下取浮重度；

b——基础底面宽度（m），当基础底面宽度小于 3m 时按 3m 取值，大于 6m 时按 6m 取值；

γ_m——基础底面以上土的加权平均重度（kN/m^3），地下水位以下取浮重度；

d——基础埋置深度（m），宜自室外地面标高算起。在填方整平地区，可自填土地面标高算起，但填土在上部结构施工后完成时，应从天然地面标高算起。对于地下室，如采用箱形或筏基时，基础埋置深度自室外地面标高算起；当采用独立基础或条形基础时，应从室内地面标高算起。

承载力修正系数　　**表 4-5-10**

土的类别		η_b	η_d
淤泥和淤泥质土		0	1.0
人工填土 e 或 I_L 大于等于 0.85 的黏性土		0	1.0
红黏土	含水比 $\alpha_w > 0.8$	0	1.2
	含水比 $\alpha_w \leqslant 0.8$	0.15	1.4
大面积压实填土	压实系数大于 0.95、黏粒含量 $\rho_c \geqslant 10\%$ 的粉土	0	1.5
	最大干密度大于 2100kg/m³ 的级配砂石	0	2.0
粉土	黏粒含量 $\rho_c \geqslant 10\%$ 的粉土	0.3	1.5
	黏粒含量 $\rho_c < 10\%$ 的粉土	0.5	2.0
e 及 I_L 均小于 0.85 的黏性土		0.3	1.6
粉砂、细砂（不包括很湿与饱和时的稍密状态）		2.0	3.0
中砂、粗砂、砾砂和碎石土		3.0	4.4

注：1. 强风化和全风化的岩石，可参照所风化成的相应土类取值，其他状态下的岩石不修正；

2. 地基承载力特征值按有关规范用深层平板载荷试验确定时 η_d 取 0；

3. 含水比是指土的天然含水量与液限的比值；

4. 大面积压实填土是指填土范围大于两倍基础宽度的填土。

二、按公路和铁路规范

下列各表系按《公路桥涵地基与基础设计规范》JTG D 63—2007 和《铁路桥涵地基和基础设计规范》TB 10002.5—2005 列出。其中公路规范地基承载力称为地基承载力基本容许值 $[f_{a0}]$，铁路规范称为地基的基本承载力 σ_0。各类岩土的地基承载力基本容许值 $[f_{a0}]$ 或地基的基本承载力 σ_0 见表 4-5-11～表 4-5-16，各类特殊性岩土的承载力表见第五篇。

（一）两本规范均明确指出下列承载力表只适用于桥涵，铁路规范还指出，除桥涵外还适用于路基和隧道等工程，对房屋、厂房等工程建筑的地基承载力，应按现行《建筑地基基础设计规范》执行。两本规范的承载力基本相同，对个别不同者在表注中说明，同一表格中附带括号者为铁路规范的内容。

（二）表列的地基承载了基本容许值 $[f_{a0}]$（公路）或地基的基本承载力 σ_0（铁路）均指基础宽度 $b \leqslant 2$m，埋置深度 $d \leqslant 3$m 时的承载力能力。

岩石的地基承载力基本容许值 $[f_{a0}]$ 或地基的基本承载力 σ_0（kPa）　　表 4-5-11

节理发育程度及间距（cm） 坚硬程度	节理很发育 （2～20）	节理发育 （20～40）	节理不发育或较发育 （大于 40）
坚硬岩、较硬岩（硬质岩）	1500～2000	2000～3000	>3000
较软岩	800～1000	1000～1500	1500～3000
软岩	500～800	800～1000 （700～1000）	1000～1200 （900～1200）
极软岩	200～300	300～400	400～500

注：1. 对于溶洞、断层、软弱夹层、易溶岩的岩石等，应个别研究确定；
2. 裂隙张开或有泥质充填时，应取低值；
3. （ ）内为《铁路桥涵地基和基础设计规范》TB 10002.5—2005 地基承载力。

碎石土的地基承载力基本容许值 $[f_{a0}]$ 或地基的基本承载力 σ_0（kPa）　　表 4-5-12

土　名	密实程度			
	密实	中密	稍密	松散
卵石	1200～1000	1000～650	650～500	500～300
碎石	1000～800	800～550	550～400	400～200
圆砾	800～600 （850～600）	600～400	400～300	300～200
角砾	700～500	500～400	400～300	300～200

注：1. 由硬质岩组成，填充砂土者取高值，由软质岩组成，填充黏性土者取低值；
2. 半胶结的碎石土，可按密实的同类土的 $[f_{a0}]$ 值提高 10%～30%；
3. 松散的碎石土在天然河床中很少遇见，需特别注意鉴定；
4. 漂石、块石的 $[f_{a0}]$ 值，可参照卵石、碎石适当提高。

砂土的地基承载力基本容许值［f_{a0}］或地基的基本承载力 σ_0（kPa）　表 4-5-13

土　名	密实度 / 湿度	密 实	中 密	稍 密	松 散
砾砂、粗砂	与湿度无关	550	430	370	200
中 砂	与湿度无关	450	370	330	150
细 砂	水上（稍湿或潮湿）	350	270	230	100
	水下（饱和）	300	210	190	—
粉砂	水上（稍湿或潮湿）	300	210	190	—
	水下（饱和）	200	110	90	—

新近沉积黏性土的地基承载力基本容许值［f_{a0}］或地基的基本承载力 σ_0（kPa）　表 4-5-14

e \ I_L	≤0.25	0.75	1.25
≤0.8	140	120	100
0.9	130	110	90
1.0	120	100	80
1.1	110	90	—

注：新近沉积的黏性土是指文化期以来沉积的黏性土，一般为欠固结，且强度较低。

一般黏性土的地基承载力基本容许值［f_{a0}］或地基的基本承载力 σ_0（kPa）　表 4-5-15

e \ I_L	0	0.1	0.2	0.3	0.4	0.5	0.6	0.7	0.8	0.9	1.0	1.1	1.2
0.5	450	440	430	420	400	380	350	310	270	240	220	—	—
0.6	420	410	400	380	360	340	310	280	250	220	200	180	—
0.7	400	370	350	330	310	290	270	240	220	190	170	160	150
0.8	380	330	300	280	260	240	230	210	180	160	150	140	130
0.9	320	280	260	240	220	210	190	180	160	140	130	120	100
1.0	250	230	220	210	190	170	160	150	140	120	110	—	—
1.1	—	—	160	150	140	130	120	110	100	90	—	—	—

注：1. 本表是指第四纪全新世（Q_4）（文化期以前）沉积的黏性土，一般为正常沉积的黏性土。

2. 土中含有粒径大于 2mm 的颗粒重量超过全部 30%以上的，［f_{a0}］可酌量提高。

3. 当 $e<0.5$ 时，取 $e=0.5$；$I_L<0$ 时，取 $I_L=0$。此外，超过表列范围的一般黏性土，［f_{a0}］可按下式计算：

$$[f_{a0}]=57.22E_s^{0.57}$$

式中　E_s——土的压缩模量（MPa）；

［f_{a0}］——一般黏性土的容许承载力（kPa）。

老黏性土的地基承载力基本容许值［f_{a0}］或地基的基本承载力 σ_0（kPa）　表 4-5-16

E_s（MPa）	10	15	20	25	30	35	40
［f_{a0}］（kPa）	380	430	470	510	550	580	620

注：1. 老黏性土是指第四纪晚更新世（Q_3）及其以前沉积的黏性土。一般具有较高的强度和较低的压缩性。

2. E_s为对应于 0.1～0.2MPa 压力段的压缩模量。

3. 当老黏性土 $E_s<10$MPa 时，容许承载力［f_{a0}］按一般黏性土（表 4-5-15）确定。

（三）以公路规范为例地基容许承载力计算如下，铁路规范同理。当基础宽度 b 超过 2m，基础埋置深度 h 超过 3m，且 $h/b \leqslant 4$ 时，地基的容许承载力，按下式计算：

$$[f_a]=[f_{a0}]+k_1\gamma_1(b-2)+k_2\gamma_2(h-3) \tag{4-5-22}$$

式中　$[f_a]$——地基土修正后的容许承载力（kPa）；

$[f_{a0}]$——按上述各表查得的地基土的容许承载力（kPa）；

b——基础底面的最小边宽（或直径）（m），当 $b<2$m 时，取 $b=2$m 计；当 $b>10$m 时，按 10m 计算；

h——基础底面的埋置深度（m），对于受水流冲刷的基础，由一般冲刷线算起；不受水流冲刷者，由天然地面算起；位于挖方内的基础，由开挖后地面算起；当 $h<3$m 时，取 $h=3$m 计；当 $h/b>4$ 时，取 $h=4b$；

γ_1——基底下持力层土的天然重度（kN/m^3）。如持力层在水面以下且为透水者，应取浮重度 γ_b，$\gamma_b=\dfrac{1}{1+e}(\gamma_0-\gamma_w)$，其中 γ_0 为土的重度，一律采用 27～28kN/m^3，γ_w 为水的重度，采用 10kN/m^3，e 为土的天然孔隙比；

γ_2——基底以上土的重度（kN/m^3）或不同土层的按厚度加权平均重度。如持力层在水面以下，且为不透水者，不论基底以上土的透水性质如何，应一律采用饱和重度；如持力层为透水者，水中部分土层则应取浮重度；

k_1、k_2——地基土容许承载力随基础宽度、深度的修正系数，按持力层土的类别决定，见表 4-5-17。

地基土容许承载力宽度、深度修正系数　　　　表 4-5-17

系数	黏性土				粉土	砂土								碎石土			
	老黏性土	一般黏性土		新近沉积黏性土	—	粉砂		细砂		中砂		砾砂、粗砂		碎石、圆砾、角砾		卵石	
		$I_L\geqslant 0.5$	$I_L<0.5$			中密	密实	中密	密实	中密	密实	中密	密实	中密	密实	中密	密实
K_1	0	0	0	0	0	1.0	1.2	1.5	2.0	2.0	3.0	3.0	4.0	3.0	4.0	3.0	4.0
K_2	2.5	1.5	2.5	1.0	1.5	2.0	2.5	3.0	4.0	4.0	5.5	5.0	6.0	5.0	6.0	6.0	10.0

注：1. 对于稍密和松散状态的砂、碎石土，K_1、K_2 值可采用表列中密值的 50%。
2. 强风化和全风化的岩石，可参照所风化成的相应土类取值；其他状态下的岩石不修正。

三、按港口规范

下列各表系按交通部《港口工程地基规范》JTS 147—1—2010 列出

（一）下列各表仅适用于港口水工建筑物的一般地基，包括的地基土为岩石、碎石土和砂土，对于港区内的建筑地基，铁路、公路的桥涵、路基，应按现行有关规范执行。

（二）各表所列地基承载力设计值系指当基础有效宽度小于或等于 3m，基础埋深为 0.5～1.5m 时的承载能力，表中允许内插，表中地基承载力设计值根据岩石的野外特征和土的密实度或标准贯入击数确定。详见表 4-5-18～表 4-5-20。

（三）确定港口水工建筑物地基承载力应考虑合力的偏心距 e 和斜率 $\tan\delta$ 的影响。

$$\tan\delta=\frac{H_k}{V_k} \tag{4-5-23}$$

式中　δ——作用于计算面上的合力方向与竖向的夹角（°）；

H_k——作用于计算面以上的水平合力标准值（kN/m），对重力式码头 H_K 应包括基床厚度范围内的主动土压力，对直立式防波堤可不计土压力；

V_k——作用于计算面上的竖向合力标准值（kN/m）。

（四）当基础形状为条形时地基承载力验算可按平面问题考虑；当基础形状为条形以外的其他形状时，可按下列原则化为相当的矩形：

1. 基础底面的重心不变；

2. 两个主轴的方向不变；

3. 面积相等；

4. 长宽比接近。

（五）当作用于基础底面的合力为偏心时，根据偏心距将基础面积和宽度化为中心受荷的有效面积（对矩形基础）或有效宽度（对条形基础）。对有抛石基床的港口工程建筑物基础，以抛石基床底面作为基础底面，该基础底面的有效面积或有效宽度应按下列公式计算：

1. 对矩形基础：

$$A_e = B'_{re}L'_{re} = (B'_{rl} - 2e'_B)(L'_{rl} - 2e'_L) \tag{4-5-24}$$

$$B'_{re} = B'_{rl} - 2e'_B, L'_{re} = L'_{rl} - 2e'_L \tag{4-5-25}$$

$$B'_{rl} = B_{rl} + 2d,\ L'_{rl} = L_{rl} + 2d \tag{4-5-26}$$

式中　A_e——基础的有效面积（m²）；

d——抛石基床厚度（m）；

B_{rl}、L_{rl}——分别为矩形基础墙底面处的实际受压宽度（m）和长度（m），应根据墙底合力作用点与墙前趾的距离按现行行业标准《重力式码头设计与施工规范》JTS 167—2 的有关规定确定；

B'_{rl}、L'_{rl}——分别为矩形基础墙底面扩散至抛石基床底面处的受压宽度（m）和长度（m）；

B'_{re}、L'_{re}——分别为矩形基础墙底面扩散至抛石基床底面处的有效受压宽度（m）和长度（m）；

e'_B、e'_L——分别作用于矩形基础抛石基床底面上的合力标准值（包括抛石基床重量）在 B'_{re} 和 L'_{re} 方向的偏心距（m）。

2. 对条形基础：

$$B'_e = B'_1 - 2e' \tag{4-5-27}$$

$$B'_1 = B_1 + 2d \tag{4-5-28}$$

式中　B'_e——条形基础抛石基床底面处的有效受压宽度（m）；

B'_1——条形基础抛石基床底面处的受压宽度（m）；

B_1——墙底面的实际受压宽度（m），应按现行行业标准《重力式码头设计与施工规范》JTS 167—2 有关规定确定；

e'——抛石基床底面合力标准值的偏心距（m），应按现行行业标准《重力式码头设计与施工规范》JTS 167—2 有关规定确定；

d——抛石基床厚度（m）。

（六）对于Ⅲ级水工建筑物地基可以按上述各表确定地基承载力，对于Ⅰ、Ⅱ级水工建筑物地基承载力除查表外，尚应结合公式计算、野外载荷试验、实践经验等方法中的一种或多种综合确定。港口水工建筑物的分级见第七篇第四章“水上工程”。

岩石承载力设计值 f_d（kPa） **表 4-5-18**

岩石类别 \ 风化程度	微风化	中等风化	强风化	全风化
硬质岩石	2500～4000	1000～2500	500～1000	200～500
软质岩石	1000～1500	500～1000	200～500	—

注：1. 强风化岩石改变埋藏条件后，强度降低时，宜按降低程度选用较低值；当受倾斜荷载时，其承载力设计值应进行专门研究；
2. 微风化硬质岩石的承载力设计值如选用大于 4000kPa 时应进行专门研究；
3. 全风化软质岩石的承载力设计值应按土考虑。

碎石土承载力设计值 f_d（kPa） **表 4-5-19**

土名 \ tanδ \ 密实度	密实			中密			稍密		
	0	0.2	0.4	0	0.2	0.4	0	0.2	0.4
卵石	800～1000	640～840	288～360	500～800	400～640	180～288	300～500	240～400	108～180
碎石	700～900	560～720	252～324	400～700	320～560	144～252	250～400	200～320	90～144
圆砾	500～700	400～560	180～252	300～500	240～400	108～180	200～300	160～240	72～108
角砾	400～600	320～480	144～216	250～400	200～320	90～144	200～250	160～200	72～90

注：1. δ 为合力方向与竖向的夹角（°）；
2. 表中数值适用于骨架颗粒空隙全部由中砂、粗砂或液性指数 $I_L \leqslant 0.25$ 的黏性土所填充；
3. 当粗颗粒为中等风化或强风化时，可按风化程度适当降低承载力设计值；当颗粒间呈半胶结状时，可适当提高承载力设计值。

砂土承载力设计值 f_d（kPa） **表 4-5-20**

土类	tanδ	N			土类	tanδ	N		
		50～30	30～15	15～10			50～30	30～15	15～10
中粗砂	0	500～340	340～250	250～180	粉细砂	0	340～250	250～180	180～140
	0.2	400～272	272～200	200～144		0.2	272～200	200～144	144～112
	0.4	180～122	122～90	90～65		0.4	122～90	90～65	65～50

注：δ 为合力方向与竖向的夹角（°）；N 为标准贯入击数。

（七）当条形基础有效宽度大于 3m 或基础埋深大于 1.5m 时，由表 4-5-18～表 4-5-20 查得的承载力设计值，应按下式进行修正：

$$f'_d = f_d + m_B\gamma_1(B'_e - 3) + m_D\gamma_2(D - 1.5) \tag{4-5-29}$$

式中 f'_d——修正后的地基承载力设计值（kPa）；

f_d——按各表查得的地基极承载力设计值（kPa）；

γ_1——基础底面下土的重度，水下用浮重度（kN/m³）；

γ_2——基础底面以上土的加权平均重度，水下用浮重度（kN/m³）；

m_B——基础宽度的承载力修正系数（表 4-5-21）；

m_D——基础埋深的承载力修正系数（表 4-5-21）；

B'_e——基础有效宽度（m），当宽度小于 3m 时按 3m 计，大于 8m 时按 8m 计；

D——基础埋深（m），当埋深小于 1.5m 时，取 1.5m。

基础宽度和埋深的承载力修正系数 m_B、m_D　　表 4-5-21

土类		tanδ					
		0		0.2		0.4	
		m_B	m_D	m_B	m_D	m_B	m_D
砂土	细砂、粉砂	2.0	3.0	1.6	2.5	0.6	1.2
	砾砂、粗砂、中砂	4.0	5.0	3.5	4.5	1.8	2.4
碎石土		5.0	6.0	4.0	5.0	1.8	2.4

注：1. δ 为合力方向与竖向的夹角（°）；
2. 微风化、中等风化岩石不修正；强风化岩石的修正系数按相近的土类采用。

四、北京市平原地区

（一）所列各承载力表系根据《北京地区建筑地基基础勘察设计规范》DBJ 11—501—2009（2016 年版）列出。

（二）表列地基承载力标准值系指基础宽度 b 为 1.0m（一般第四纪沉积土）或 1.5m（新近沉积土和人工填土），埋置深度 d 为 1.0m 时的承载能力，适用于中小型民用建筑物，符合表列情况，并采用表中规定的数值时，一般可不再验算地基的强度和变形。

（三）一般第四纪黏性土及粉土、新近沉积黏性土及粉土、一般第四纪粉细砂、新近沉积粉细砂、卵石及圆砾、素填土及变质炉灰的承载力如表 4-5-22～表 4-5-28 所示。

一般第四纪黏性土及粉土地基承载力标准值 f_{ka}　　表 4-5-22

压缩模量 E_S（MPa）	4	6	8	10	12	14	16	18	20	22	24
轻型圆锥动力触探锤击数 N_{10}	10	17	22	29	39	50	60	70	80	90	100
比贯入阻力 P_S（MPa）	1.0	1.3	2.0	3.1	4.6	6.2	7.7	9.2	11.0	12.5	14.0
下沉 1cm 时的附加压力 $k_{0.08}$（kPa）	162	200	237	275	312	350	387	425	462	499	536
承载力标准值 f_{ka}（kPa）	120	160	190	210	230	250	270	290	310	330	350

注：1. 对饱和软黏性土，不宜单一采用轻型圆锥动力触探锤击数 N_{10} 确定承载力标准值 f_{ka}，应和其他原位测试方法（如静力触探、旁压试验）综合确定；
2. 粉土指黏质粉土及塑性指数大于或等于 5 的砂质粉土，塑性指数小于 5 的砂质粉土按粉砂考虑；
3. p_s 为单桥静力触探比贯入阻力标准值；
4. $k_{0.08}$ 系压板面积为 50cm×50cm 的平板载荷试验，当沉降量为 1cm 时的附加压力（简称"下沉 1cm 时的附加压力"），单位为 kPa。

新近沉积黏性土及粉土地基承载力标准值 f_{ka}　　表 4-5-23

压缩模量 E_S（MPa）	2	3	4	5	6	7	8	9	10	11
轻型动力触探击数 N_{10}	6	8	10	12	14	16	18	20	23	25
比贯入阻力 P_S（MPa）	0.4	0.6	0.9	1.2	1.5	1.8	2.1	2.5	2.9	3.3
下沉 1cm 时的附加压力 $k_{0.08}$（kPa）	57	71	85	98	112	125	139	153	166	180
承载力标准值 f_{ka}（kPa）	50	80	100	110	120	130	150	160	180	190

注：同表 4-5-22 的注 1、2、3、4。

一般第四纪粉砂、细砂地基承载力标准值 f_{ka} 表 4-5-24

标准贯入试验锤击数校正值 N'	15	20	25	30	35	40
比贯入阻力 P_S（MPa）	12	15	18	21	24	27.5
下沉 1cm 时的附加压力 $k_{0.08}$（kPa）	378	471	565	658	752	845
承载力标准值 f_{ka}（kPa）	180	230	280	330	380	420

注：当有效覆盖压力 σ'_V 大于 25kPa 时，标准贯入试验锤击数校正值 N' 宜按下式计算：

$$N' = C_N \cdot N$$

$$C_N = \frac{1}{[\eta_N(\sigma'_V - 25)/1000 + 1]^2}$$

式中 N——实测标准贯入试验锤击数；

N'——实测标准贯入试验锤击数校正值；

C_N——有效覆盖压力校正系数，列在表 4-5-25 中；

σ'_V——标准贯入深度处有效覆盖压力（kPa）；

η_N——与密实度有关的系数。

有效覆盖压力校正系数值 η_N 表 4-5-25

N	30	15	5
η_N	0.45	0.80	3.80

新近沉积粉砂、细砂地基承载力标准值 f_{ka} 表 4-5-26

标准贯入试验锤击数校正值 N'	4	6	9	11	14
比贯入阻力 P_S（MPa）	3.3	4.6	6.5	7.7	10.0
轻型圆锥动力触探锤击数 N_{10}	22	32	48	59	75
下沉 1cm 时的附加压力 $k_{0.08}$（kPa）	128	177	249	295	370
承载力标准值 f_{ka}（kPa）	90	110	140	160	180

注：同表 4-5-22 的注 3、4。

卵石、圆砾地基承载力标准值 f_{ka} 表 4-5-27

剪切波速 v_s（m/s）		250～300	300～400	400～500
密实度		稍密	中密	密实
承载力标准值 f_{ka}（kPa）	卵石	300～400	400～600	600～800
	圆砾	200～300	300～400	400～600

注：本表适用于一般第四纪及新近沉积卵石和圆砾。

素填土和变质炉灰地基承载力标准值 f_{ka} 表 4-5-28

压缩模量 E_S（MPa）	1.5	3.0	5.0	7.0	9.0	11.0
轻型动力触探击数 N_{10}	5	9	14	20	26	31
比贯入阻力 P_S（MPa）	0.5	0.9	1.4	2.0	2.6	3.1
下沉 1cm 时的附加压力 $k_{0.08}$（kPa）	74	94	122	149	177	205

续表

承载力标准值 f_{ka} (kPa)	素填土	60～80	75～100	90～120	105～135	120～155	135～170
	变质炉灰	50～70	65～85	80～100	85～120	95～135	105～150

注：本表适用于自重固结完成后，饱和度为0.60～0.90的均匀素填土及变质炉灰，饱和度高的取低值。

（四）当基础埋置深度大于1.5m或基础宽度大于3m时，从表4-5-22～表4-5-28查得的地基标准容许承载力应按下式修正，计算时如基础埋置深度小于1.5m按1.5m考虑；如基础宽度小于3m时按3m考虑，大于6m按6m考虑。

$$f_a = f_{ka} + \eta_b \gamma (b - 3) + \eta_d \gamma_0 (d - 1.5) \tag{4-5-30}$$

式中　f_a——深宽修正后的地基承载力标准值（kPa）；

f_{ka}——地基承载力标准值（kPa）；

η_b、η_d——基础宽度及深度的承载力修正系数，按表4-5-29采用，当有充分依据时，也可按照实际情况及已有建筑经验另行确定；

γ——基础底面以下土的平均重度，地下水位以下为有效重度（kN/m^3）；

γ_0——基础底面以上土的加权平均重度，地下水位以下为有效重度（kN/m^3）；

b——基础底面宽度（m），小于3m时按3m考虑，大于6m时按6m考虑；

d——基础埋置深度（m），小于1.5m时按1.5m考虑。

基础埋置深度d的确定应符合下列规定：

一般基础（包括箱形基础和筏板基础）自室外地面标高算起。挖方整平时应自挖方整平地面标高算起。填方整平应自填方后的地面标高算起，但填方在上部结构施工后完成时，应从天然地面标高算起。对于具有条形基础或独立基础的地下室其基础埋置深度分别按下式计算：

1. 外墙基础埋深d_{ext}（m）

$$d_{ext} = \frac{d_1 + d_2}{2} \tag{4-5-31}$$

2. 室内墙、柱基础埋深d_{int}（m）按式（4-5-32）和式（4-5-33）取值

持力层为一般第四纪土

$$d_{int} = \frac{3d_1 + d_2}{4} \tag{4-5-32}$$

持力层为新近沉积及人工填土：

$$d_{int} = d_1 \tag{4-5-33}$$

式中　d_1——自地下室地面起算的基础埋深；

d_2——自室外地面起算的基础埋深。

基础宽度和埋深的承载力修正系数　　表4-5-29

成因年代	岩　性	η_b	η_d
一般第四纪沉积层	中粗砂、砾砂与碎石土	3.0	4.5
	粉砂、细砂	2.0	2.8～3.2*
	砂质粉土	0.8～1.0*	2.5
	黏质粉土	0.8	2.2
	粉质黏土	0.5	1.6
	黏土、重粉质黏土	0.3	1.5

续表

成因年代	岩性	η_b	η_d
新近沉积土及人工填土	粉砂、细砂	0.3	1.5
	黏性土、松砂、人工填土	0	1.0

注：* 土的内摩擦角高的取大值。

3. 在确定高层建筑箱形或筏形基础埋深时，应考虑高层建筑外围裙房或纯地下室对高层建筑基础侧限的削弱影响，宜根据外围裙房或纯地下室基础宽度与主楼基础宽度之比，将裙房或纯地下室的平均荷载折算为土层厚度作为基础埋深。

五、天津市

（一）所列各承载力表系根据天津市工程建设标准《岩土工程技术规范》DB/T 29—20—2017 列出，该规范适用于天津市的建筑工程、市政工程和港湾工程。

（二）采用物理指标确定地基土承载力，需统计出查表 4-5-30～表 4-5-33 所需的修正后物理指标的标准值。修正后的物理力学指标标准值按该篇第二章有关公式确定。

黏性土承载力特征值 f_{ak}（kPa） **表 4-5-30**

孔隙比 e \ 液性指数 I_L	0.25	0.50	0.75	1.00	1.20
0.60	280	250	220	200	
0.70	240	220	200	185	160
0.80	210	190	170	160	135
0.90	190	170	155	130	110
1.00	170	155	140	110	
1.10	150	140	120	100	
1.20	135	120	110	90	

粉土承载力特征值 f_{ak}（kPa） **表 4-5-31**

孔隙比 e \ 含水量 w（%）	10	15	20	25	30	35	40
0.50	410	390	365				
0.60	310	300	280	270			
0.70	250	240	225	215	205		
0.80	200	190	180	170	165		
0.90	160	150	145	140	130	125	
1.00	130	125	120	115	110	105	100

注：分布沟、塘、洼地、古运河及河漫滩地段的新近沉积土，根据实测或经验取值。

淤泥和淤泥质土承载力特征值 f_{ak}（kPa） **表 4-5-32**

原状土天然含水量 w（%）	36	40	45	50	55	65	70
f_{ak}（kPa）	100	90	80	70	60	50	40

素填土承载力特征值 f_{ak}（kPa） **表 4-5-33**

压缩模量 $E_{s1\text{-}2}$（MPa）	7	5	4	3	2
f_{ak}（kPa）	160	135	115	85	65

注：本表只适用于堆填时间超过 10 年的黏性土，以及超过五年的粉土。

（三）根据经杆长修正后的标准贯入试验锤击数 N' 或轻便触探试验锤击数 N_{10}，按上述统计修正后查表 4-5-35～表 4-5-38 确定土的承载力基本值。

标准贯入试验当杆长度大于 3m 时，锤击数应进行钻杆长度修正。

$$N' = \alpha N \tag{4-5-34}$$

式中　N'——经修正后标准贯入试验锤击数；

N——标准贯入试验锤击数；

α——触探杆长校正系数，按表 4-5-34 确定。

触探杆长校正系数　**表 4-5-34**

触探杆长度（m）	≤	6	9	12	15	18	21
α	1.00	0.92	0.86	0.81	0.77	0.73	0.70

砂土承载力特征值 f_{ak}（kPa）　**表 4-5-35**

密实度 N' / 土类	10～15	15～30	>30
	稍　密	中　密	密实
中、粗砂	180～250	250～340	340～500
粉、细砂	140～180	180～250	250～340

注：分布沟、洼地、古运河及河漫地段的新近沉积土、根据实测或经验取值。

粉土、黏性土承载力特征值 f_{ak}（kPa）　**表 4-5-36**

N'	3	5	7	9	11	13	15	17	19	21	23
f_{ak}（kPa）	105	145	190	235	280	325	370	430	515	600	680

粉土、黏性土承载力特征值 f_{ak}（kPa）　**表 4-5-37**

N_{10}	15	20	25	30
f_{ak}（kPa）	105	145	190	230

素填土承载力特征值 f_{ak}（kPa）　**表 4-5-38**

N_{10}	10	20	30	40
f_{ak}（kPa）	85	115	135	160

注：本表适用于堆填时间超过 10 年的黏性土及超过 5 年的粉土。

（四）天津市地基承载力仅考虑深度修正，不作宽度修正，修正后的地基承载力特征值 f_a，可按下式计算：

$$f_a = f_{ak} + \eta_d \gamma_m (d - 1.0) \tag{4-5-35}$$

式中　f_a——修正后的地基承载力特征值（kPa）；

η_d——基础埋深的地基承载力修正系数，按基础底下土孔隙比查表 4-5-39；

γ_m——基础底面以上土的加权平均重度，地下水位以下取有效重度（kN/m^3）；

d——基础埋置深度（m），一般自室外地面标高算起。在填方整平地区可自填土地面标高算起，但填土在上部结构施工完成时，应从天然地面标高算起。对于地下室，如采用箱形基础或筏基时，基础埋置深度自室外地面标高算起，其他情况下，应从室内地面标高算起；

基础埋深的地基承载力修正系数 η_d　　表 4-5-39

土的类别 \ e	≤0.6	0.7	0.8	0.9	≥1.0
黏性土	1.6	1.4	1.2	1.1	1.0
粉　土	2.3	1.8	1.5	1.2	1.0

注：对淤泥及淤泥质土取 $\eta_d=1.0$。

六、上海地区

（一）上海市工程建设规范《地基基础设计规范》DGJ 08—11—2010 适用范围扩大到上海地区建筑、市政、港口、水利工程地基基础设计，在工程选址或方案设计阶段天然地基承载力设计值可按《上海市工程地质图集》中查得的数值乘以调整系数 1.25 取用，该图系根据建筑经验和沉降量估算编制的，持力层及下卧层的强度已经初步验算，已进行工程地质普查地区的地基土承载力标准值为 70～140kPa。

（二）根据土的抗剪强度确定天然地基承载力设计值 f_d时，可按下式计算。

$$f_d = 0.5\psi N_\gamma \zeta_\gamma \gamma b + \psi N_c \zeta_c c_d + N_q \zeta_q \gamma_0 d \tag{4-5-36}$$

$$c_d = \frac{\lambda c_k}{\gamma_c} \tag{4-5-37}$$

$$\varphi_d = \frac{\lambda \varphi_k}{\gamma_\varphi} \tag{4-5-38}$$

式中　ψ——地基承载力修正系数，按内摩擦角设计值 φ_d由表 4-5-40 查得；

N_γ、N_q、N_c——承载力系数，按内摩擦角设计值 φ_d由表 4-5-41 查得；

c_d——地基土的黏聚力设计值（kPa），由公式（4-5-37）确定；

c_k——土的黏聚力的标准值（kPa），取直剪固快峰值强度指标的平均值；

φ_k——土的内摩擦角的标准值（°），取直剪固快峰值强度指标的平均值；

λ——土的抗剪强度指标标准值修正系数，取 0.8；

γ_c——土的黏聚力分项系数，取 2.7；

γ_φ——土的内摩擦角的分项系数，取 1.2。

b——基础宽度（m），验算偏心荷载时，应取力矩作用方向的基础边长；当基础宽度大于 6m 时用 6m 计算；

d——基础埋置深度（m），一般自室外地面标高算起；在填方整平地区，可自填土地面标高算起，但填土在上部结构施工后完成时，应从天然地面标高算起；

γ——基础底面以下土的重度（kN/m^3），地下水位以下取浮重度；

γ_0——基础底面以上土的加权平均重度（kN/m^3），地下水位以下取浮重度；

ζ_γ、ζ_q、ζ_c——基础形状系数，按不同情况由下列公式计算：

当为条形基础时 $\zeta_\gamma=\zeta_q=\zeta_c=1$；

当为矩形基础时

$$\zeta_\gamma = 1.0 - 0.4\frac{b}{l}$$

$$\zeta_q = 1.0 + \frac{b}{l}\sin\varphi_d$$

$$\zeta_c = 1.0 + 0.2\frac{b}{l}$$

其中　l——矩形基础的长度（m）；

b——矩形基础的宽度（m），对于圆形基础，取 $l=b=D$，D 为圆形基础直径。

当根据土的抗剪强度指标计算天然地基极限承载力标准值 f_k时，式（4-5-37）中的 γ_c 和式（4-5-38）中的 γ_φ均取 1.0 计算 c_d、φ_d，并相应查表计算。

地基承载力修正系数　　**表 4-5-40**

φ_d（°）	≤16	18	20	22	23	24	25
ψ	0.90	1.03	1.17	1.30	1.37	1.44	1.50

地基承载力系数　　**表 4-5-41**

φ_d（°）	N_γ	N_q	N_c	φ_d（°）	N_γ	N_q	N_c
0	0.00	2.00	5.14	13	0.78	2.12	9.81
1	0.01	2.00	5.38	14	0.97	2.15	10.37
2	0.01	2.00	5.63	15	1.18	2.18	10.98
3	0.02	2.00	5.90	16	1.43	2.22	11.63
4	0.05	2.00	6.19	17	1.73	2.26	12.34
5	0.07	2.00	6.49	18	2.08	2.30	13.10
6	0.11	2.00	6.81	19	2.48	2.35	13.93
7	0.16	2.00	7.16	20	2.95	2.40	14.83
8	0.22	2.00	7.53	21	3.50	2.46	15.82
9	0.30	2.00	7.92	22	4.13	2.52	16.88
10	0.39	2.00	8.35	23	4.88	2.58	18.05
11	0.50	2.07	8.80	24	5.74	2.65	19.32
12	0.63	2.09	9.28	25	6.76	2.72	20.72

当持力层下存在软弱下卧层，持力层厚度 h_1 与基础宽度 b 之比 $0.25 \leqslant h_1/b \leqslant 0.7$ 时，需考虑软弱下卧层对持力层地基承载力的影响，可采用双层体系的平均抗剪强度指标设计值按式（4-5-36）计算地基承载力设计值。平均抗剪强度指标设计值由式（4-5-37）、式（4-5-38）求得，式中的抗剪强度指标的标准值按下列公式计算：

$$c_k = \frac{c_{1k} + c_{2k}}{2} \tag{4-5-39}$$

$$\varphi_k = \frac{\varphi_{1k} + \varphi_{2k}}{2} \tag{4-5-40}$$

式中　c_{1k}、c_{2k}——分别为持力层和软弱下卧层土的黏聚力标准值（kPa）；

φ_{1k}、φ_{2k}——分别为持力层和软弱下卧层土的内摩擦角标准值（°），当 $\varphi_{1k} < \varphi_{2k}$时，取 $\varphi_k = \varphi_{1k}$。

$h_1/b > 0.7$ 时不计下卧层影响，按持力层指标计算地基承载力；

$h_1/b < 0.25$ 时不计持力层影响，按下卧层指标计算地基承载力，计算时采用实际基

础的埋置深度。

七、成都地区

（一）根据四川省地方标准《成都地区建筑地基基础设计规范》DB51/T 5026—2001，成都地区地基极限承载力标准值 f_{uk} 及基本值 f_{u0} 见表 4-5-42～表 4-5-46。其中按表 4-5-43～表 4-5-46 查得的地基极限承载力基本值 f_{u0} 需按下式计算求出地基极限承载力标准值。

$$f_{uk} = \psi \cdot f_{u0} \tag{4-5-41}$$

$$\psi = 1 - \left(\frac{2.884}{\sqrt{n}} + \frac{7.918}{n^2}\right)\delta \tag{4-5-42}$$

式中 ψ——回归修正系数；

δ——变异系数，按式（4-2-41）～式（4-2-43）计算。

岩石地基极限承载力标准值 f_{uk}（kPa） **表 4-5-42**

岩石类别	强风化	中风化	微风化
硬质岩	1000～3000	3000～8000	＞8000
软质岩	500～1000	1000～3000	3000～8000
极软质岩	300～500	500～1000	1000～3000

黏性土极限承载力基本值 f_{u0}（kPa） **表 4-5-43**

第一指标孔隙比 e ＼ 第二指标液性指数 I_L	0	0.25	0.50	0.75	1.00
0.5	950	860	780	(720)	
0.6	800	720	650	590	(530)
0.7	650	590	530	480	420
0.8	550	480	440	400	340
0.9	460	420	380	340	270
1.0	400	360	320	270	230

注：1. 有括号者仅供内插用；

2. 折算系数 ξ 为 0.1；

3. 在湖、塘、沟、谷与河漫滩地段新近沉积的黏性土，其工程性质一般较差，这些土应根据当地经验选取分项系数。

粉土极限承载力基本值 f_{u0}（kPa） **表 4-5-44**

第一指标孔隙比 e ＼ 第二指标含水量 w (%)	10	15	20	25	30	35	40
0.5	820	780	(730)				
0.6	620	600	560	(540)			
0.7	500	480	450	430	(410)		
0.8	400	380	360	340	(330)		
0.9	320	300	290	280	260	(250)	
1.0	260	250	240	230	220	210	(200)

注：1. 有括号者仅供内插用；

2. 折算系数 ξ 为 0.0；

3. 在湖、塘、沟、谷与河漫滩地段，新近沉积的粉土，其工程性质一般较差，这些土应根据当地经验选取分项系数。

淤泥和淤泥质土极限承载力基本值 f_{u0}（kPa）　表 4-5-45

天然含水量 w（%）	36	40	45	50	55	65
f_{u0}（kPa）	200	180	160	140	120	100

素填土极限承载力基本值 f_{u0}（kPa）　表 4-5-46

压缩模量 E_{s1-2}（MPa）	7	5	4	3	2
f_{u0}（kPa）	320	270	230	170	130

注：本表适用于堆填时间超过十年的黏性土以及超过五年的粉土。

（二）根据现场原位测试确定地基承载力标准值，试验指标应按本篇第二章式（4-2-20）和式（4-2-13）计算原位测试指标的标准值，分别查表 4-5-47～表 4-5-57。

1. 根据超重型动力触探锤击数 N_{120} 按表 4-5-47 确定卵石土的极限承载力标准值及变形模量。

卵石土极限承载力标准值 f_{uk} 及变形模量 E_0　表 4-5-47

N_{120}	4	5	6	7	8	9	10	12	14	16	18	20
f_{uk}（kPa）	700	860	1000	1160	1340	1500	1640	1800	1950	2040	2140	2200
E_0（MPa）	21	23.5	26	28.5	31	34	37	42	47	52	57	62

2. 根据动力触探锤击数 $N_{63.5}$ 按表 4-5-48 确定松散卵石、圆砾、砂土的极限承载力标准值。

松散卵石、圆砾、砂土极限承载力标准值 f_{uk}（kPa）　表 4-5-48

$N_{63.5}$	2	3	4	5	6	8	10
卵　石				400	480	640	800
圆　砾			320	400	480	640	800
中、粗、砾砂		240	320	400	480	640	800
粉细砂	160	220	280	330	380	450	

3. 根据标准贯入试验锤击数 N，轻便动力触探试验锤击数 N_{10}，按表 4-5-49～表 4-5-53 确定砂土、粉土、黏性土和素填土地基极限承载力标准值。

砂土极限承载力标准值 f_{uk}（kPa）　表 4-5-49

土类＼N	4	6	8	10	15	20	30
中、粗砂	240	280	320	360	500	560	680
粉细砂	200	220	250	280	360	410	500

粉土极限承载力标准值 f_{uk}（kPa）　表 4-5-50

N	2	4	6	8	10	12	15
f_{uk}（kPa）	160	220	280	340	400	460	550

黏性土极限承载力标准值 f_{uk}（kPa） 表 4-5-51

N	3	5	7	9	11	13	15
f_{uk}（kPa）	210	290	380	470	560	650	740

注：本表不适用于软塑—流塑状态的黏性土。

黏性土极限承载力标准值 f_{uk}（kPa） 表 4-5-52

N_{10}	15	20	25	30
f_{uk}（kPa）	210	290	380	460

素填土极限承载力标准值 f_{uk}（kPa） 表 4-5-53

N_{10}	10	20	30	40
f_{uk}（kPa）	170	230	270	320

4. 根据静力触探比贯入阻力 p_s，按表 4-5-54～表 4-5-57 确定砂土、粉土、黏性土和素填土地基极限承载力标准值。

砂土极限承载力标准值 f_{uk}（kPa） 表 4-5-54

p_s（MPa）	2	3	4	5	6	7	8
中、粗砂	200～240	280～320	360～400	440～480	520～560	580～620	640～680
粉、细砂	180～200	220～240	260～280	300～320	340～360	380～400	420～440

注：中砂用低值，粗砂用高值；粉砂用低值，细砂用高值。

粉土极限承载力标准值 f_{uk}（kPa） 表 4-5-55

p_s（MPa）	1	2	3	4	5
砂质粉土	200	240	280	320	360
黏质粉土	220	270	320	370	420

黏性土极限承载力标准值 f_{uk}及压缩模量 E_s 表 4-5-56

p_s（MPa）	0.5	1	1.5	2	2.5	3	3.5	4
f_{uk}（kPa）	160	240	320	400	480	560	620	680
E_s（MPa）	3	5	7	9	11	12.5	14	15

素填土极限承载力标准值 f_{uk}及压缩模量 E_s 表 4-5-57

p_s（MPa）	0.5	1	1.5	2	2.5
f_{uk}（kPa）	120	200	270	340	400
E_s（MPa）	2.6	4.2	5.8	7.4	9

注：本表只适用于黏性土组成堆填时间超过 10 年的素填土。

（三）当基础埋置深度大于 1.5m 或基础宽度大于 3m 时，土质地基承载力设计值 f_d 按下式确定：

$$f_d = \frac{1}{\gamma_{uk}} \cdot f_{uk} + \frac{1}{\gamma_b}\eta_b\gamma_1(b-3) + \frac{1}{\gamma_d}\eta_d\gamma_2(d-1.5) \tag{4-5-43}$$

式中 f_d——地基承载力设计值；

f_{uk}——地基极限承载力标准值；

γ_{uk}——地基极限承载力标准值分项系数，取1.75；

γ_b——宽度修正分项系数，取1.1；

γ_d——深度修正分项系数，取1.1；

η_b、η_d——考虑基础宽度和埋置深度影响的地基承载力修正系数，按表4-5-58取值；

γ_1——基础底面以下地基持力层土的重度，地下水位以下取有效重度；

γ_2——基础底面以上各土层土体按厚度的加权平均重度，地下水位以下取有效重度；

b——基础底面短边边长，小于3m取3m，大于6m取6m；

d——基础埋置深度，小于1.5m取1.5m。

地基承载力的宽度和深度修正系数 **表4-5-58**

土的类别	η_b	η_d
淤泥和淤泥质土 素填土 e或I_L大于0.85的黏性土 稍密的粉土 饱和及很湿的粉砂、细砂（稍密、松散）	0	1.0
e及I_L均小于0.85的黏性土	0.3	1.6
中密或密实的粉土	0.5	2.2
中密、密实的粉砂、细砂	2.0	3.0
中砂、粗砂、圆砾、卵石	3.0	4.4

注：强风化岩石，可参照风化所成的相应土类取值。

（四）基础埋置深度d值的确定应符合下列规定：

1. 对于一般基础（包括箱形基础和筏形基础）自室外地面标高算起，若填土在上部结构施工后完成时，应从天然地面标高算起；

2. 对采用条形基础或独立基础的地下室，当基础中心距≤$4b$时，基础埋深可按以下规定计算：

外墙基础埋置深度d_{ext}（m）

$$d_{ext}=0.3d_1+0.7d_3 \tag{4-5-44}$$

与外墙相邻的内墙基础埋置深度d_{int}（m）

卵石地基 $d_{int}=0.2d_1+0.8d_2$ d_{int}不得小于d_2 （4-5-45）

砂土、黏性土、新近沉积土及人工填土 $d_{int}=d_2$ （4-5-46）

其中：d_1为外墙基础与室外的高差、d_2为内墙基础与地下室地面的高差、d_3为外墙基础与地下室地面的高差。

地基基础设计等级为甲级的建筑物可根据情况另行研究确定。

八、湖北省

（一）湖北省地方标准《建筑地基基础技术规范》DB 42/242—2014，遵守国家标准《建筑地基基础设计规范》GB 50007及其系列规范，适用于湖北省建筑工程的地基基础设计及施工。

（二）根据现场鉴别结果确定地基承载力特征值时，应符合表 4-5-59、表 4-5-60 的规定。

岩石地基承载力特征值 f_a（kPa） **表 4-5-59**

岩石类别	强风化	中风化	微风化
坚硬岩	1000～1500	6000～15000	12000～24000
较硬岩	800～1200	4500～12000	8000～18000
较软岩	700～1000	2500～6000	5000～9000
软岩	600～800	1500～3500	2500～4500
极软岩	500～600	1000～2000	1500～2500

注：1. 岩石地基承载力应根据岩层的地质年代、产状破碎程度、岩芯抗压强度和工程经验综合确定，有条件时亦进行岩基载荷试验，确定岩石承载力。依据不充分时可取表内数据。
2. 对强风化岩，当含泥量（风化残积土）较少时，取表中上限值，反之取下限值；
3. 对完整、较完整的中风化、微风化岩石，取高值，对破碎的中风化、微风化岩石，取低值；
4. 对破碎的中风化、微风化岩石，可采用现场试验确定地基承载力，当无法进行试验时，可在表中下限的基础上，折减降低适用。
5. 表中强风化数据为 f_{ak}。

碎石土承载力特征值 f_{ak}（kPa） **表 4-5-60**

密实度 土 名	稍密	中密	密实
卵石	300～500	500～800	800～1000
碎石	250～400	400～700	700～900
圆砾	200～300	300～500	500～700
角砾	200～250	250～400	400～600

注：1. 表中数值适用于骨架颗粒空隙全部由中砂、粗砂或硬塑、坚硬状态的黏性土或稍湿的粉土所充填；
2. 当粗颗粒为中风化或强风化时，可按其风化程度适当降低承载力，当颗粒间呈半胶结状时，可适当提高承载力。

（三）根据室内物理、力学指标平均值确定地基承载力特征值时，应符合表 4-5-61～表 4-5-65 的规定。

粉土承载力特征值 f_{ak}（kPa） **表 4-5-61**

含水量 w（%） 孔隙比 e	20	25	30	35
0.6	(260)	(240)	—	—
0.7	200	190	(160)	—
0.8	160	150	130	—
0.9	130	120	100	(90)
1.0	110	100	90	(80)
1.1	100	90	80	(70)

注：有括号者仅供内插用。

一般黏性土承载力特征值 f_{ak} (kPa)　　表 4-5-62

孔隙比 e \ 液性指数 I_L	0	0.25	0.50	0.75	1.00	1.20
0.6		270	250	230	210	—
0.7	250	220	200	180	160	(135)
0.8	220	200	180	160	140	(120)
0.9	190	170	150	130	110	(100)
1.0	160	140	120	110	100	(90)
1.1		130	110	100	90	80

注：有括号者仅供内插用。

新近沉积黏性土承载力特征值 f_{ak} (kPa)　　表 4-5-63

孔隙比 e \ 液性指数 I_L	0.25	0.75	1.25
0.8	120	100	80
0.9	110	90	80
1.0	100	80	70
1.1	90	70	—

老黏性土承载力特征值 f_{ak} (kPa)　　表 4-5-64

含水比 α_w	0.50	0.55	0.60	0.65	0.70	0.75
f_{ak} (kPa)	(630)	560	480	430	380	(350)

注：1. 含水比 α_w 为天然含水量 w 与液限 w_L 的比值；
2. 本表适用于静力触探贯入阻力 $p_s \geqslant 3.0$MPa 的土。

淤泥和淤泥质土承载力特征值 f_{ak} (kPa)　　表 4-5-65

天然含水量 w (%)	36	40	45	50	55	65
f_{ak} (kPa)	70	65	60	55	50	40

（四）根据标准贯入、动力触探自由落锤锤击数、静力触探试验比贯入阻力的标准值确定地基承载力特征值时，应符合表 4-5-66～表 4-5-75 的规定。表中 N 为未经杆长修正的标准贯入击数标准值。

标准贯入试验锤击数 N（或动力触探锤击数 $N_{63.5}$、N_{120}，静力触探比贯入阻力 p_s）的标准值，应按下式计算：

$$N(\text{或 } N_{63.5}、N_{120}、p_s) = \psi \cdot \mu \tag{4-5-47}$$

式中　μ——标准贯入自由落锤锤击数 N（或单孔同一土层的动力触探锤击数 $N_{63.5}$、N_{120}、静力触探比贯入阻力 p_s）的平均值；

ψ——统计修正系数，不应小于 0.75，应按下式计算：

$$\psi = 1 - \left(\frac{1.704}{\sqrt{n}} + \frac{4.678}{n^2}\right)\delta$$

上式中 n 为据以查表的标准贯入自由落锤锤击数 N（或单孔同一土层的动力触探锤击数 $N_{63.5}$、N_{120}、静力触探比贯入阻力 p_s）参与统计的数据数，n 不应少于 6 个；δ 为变异系数，δ 值较大时应分析原因，如分层是否合理，试验有无差错，并应增加测试数量。

变异系数的计算按照式变异系数，按式（4-2-41）～式（4-2-43）计算进行。

中、粗、砾砂承载力特征值 f_{ak}（kPa） **表 4-5-66**

$N_{63.5}$	3	4	5	6	7	8	9	10
f_{ak}（kPa）	120	150	180	220	260	300	340	380

注：1. 本表一般适用于冲积和洪积的砂土、且中、粗砂的不均匀系数不大于 6，砾砂的不均匀系数不大于 20；
2. 表中 $N_{63.5}$系经杆长修正后的锤击数标准值。

砂土承载力特征值 f_{ak}（kPa） **表 4-5-67**

土类 \ N	10	15	20	25	30	35	40	45	50
中、粗砂	180	250	280	310	340	380	420	460	500
粉、细砂	140	180	200	230	250	270	290	310	340

注：表中 N 系未经杆长修正的标准贯入击数标准值。

砂土承载力特征值 f_{ak}（kPa） **表 4-5-68**

p_s(MPa)	3.0	4.0	5.0	6.0	7.0	8.0	9.0	10.0	11.0	12.0	13.0	14.0	15.0
粉细砂	110	130	150	170	190	210	230	250	270	290	310	330	350
中粗砂	140	180	220	260	290	320	350	380	410	440	470	500	530

注：以粉砂为主的粉砂与粉土、粉质黏土互层的 f_{ak}值，应按下式取值：

$$f_{ak}=\frac{f_{ak(max)}+f_{ak(avg)}}{2}$$

式中：$f_{ak(max)}$为三者 f_{ak}的最大值，$f_{ak(avg)}$为三者的平均值。

粉土承载力特征值 f_{ak}（kPa） **表 4-5-69**

p_s（MPa）	1.0	1.5	2.0	2.5	3.0
f_{ak}（kPa）	90	100	110	130	150

注：以粉土为主的粉土与粉砂、粉质黏土的互层的 f_{ak}值，应取三者 f_{ak}的平均值。

一般黏性土承载力特征值 f_{ak}（kPa） **表 4-4-70**

N	3	4	5	6	7	8	9	10	11	12
f_{ak}（kPa）	85	100	120	140	160	180	200	230	260	290

注：表中 N 系未经杆长修正的标准贯入击数标准值。

淤泥质土、一般黏性土承载力特征值 f_{ak}（kPa） **表 4-5-71**

p_s（MPa）	0.3	0.5	0.7	0.9	1.2	1.5	1.8	2.1	2.4	2.7	2.9
f_{ak}（kPa）	40	60	80	100	120	150	180	210	240	270	290

注：以粉质黏土为主的粉质黏土与粉土、粉砂互层的 f_{ak}值，应按下式取值：

$$f_{ak}=\frac{f_{ak(min)}+f_{ak(avg)}}{2}$$

式中：$f_{ak(min)}$为三者 f_{ak}的最小值，$f_{ak(avg)}$为三者的平均值。

老黏性土承载力特征值 f_{ak}（kPa） **表 4-5-72**

N	13	14	15	16	17	18	19	20	21	22
f_{ak}（kPa）	330	360	390	420	450	480	510	540	570	(610)

注：表中 N 系未经杆长修正的标准贯入击数标准值。

老黏性土承载力特征值 f_{ak}（kPa）　　表 4-5-73

p_s（MPa）	3.0	3.3	3.6	3.9	4.2	4.5	4.8
f_{ak}（kPa）	320	360	400	450	500	560	(610)

素填土承载力特征值 f_{ak}（kPa）　　表 4-5-74

p_s（MPa）	0.5	1.0	1.5	2.0
f_{ak}（kPa）	50	80	110	130

注：本表仅适用于堆填时间超过十年、主要由黏性土、粉土组成的素填土；含砖渣、碎石等在 30%以下的素填土。

杂填土承载力特征值 f_{ak}（kPa）　　表 4-5-75

$N_{63.5}$	1	2	3	4
f_{ak}（kPa）	40	80	120	160

注：1. 本表适用于堆积时间超过十年的建筑垃圾和土为主的填土；
2. 表中 $N_{63.5}$为经杆长修正后的锤击数标准值。

（五）从上述表中查得的承载力特征值 f_{ak}应按照式（4-5-21）进行深宽修正，获得修正后的承载力特征值。

九、广东省

（一）广东省地方标准《建筑地基基础设计规范》DBJ 15—31—2016，遵守国家标准《建筑地基基础设计规范》GB 50007 及其系列规范，适用于广东省的工业与民用建筑（包括构筑物）的地基基础设计。

（二）较破碎、破碎、极破碎的岩石地基承载力可根据平板载荷试验确定，当试验难以进行时，亦可按表 4-5-76 确定。

较破碎、破碎、极破碎岩石地基承载力特征值 f_a（kPa）　　表 4-5-76

风化程度 / 岩石类别	强风化	中风化	微风化
硬质岩石	700～1500	1500～4000	≥4000
软质岩石	600～1000	1000～2000	≥2000

注：强风化岩石的实测标准贯入试验击数 $N' \geq 50$。

（三）碎石土、砂土、粉土、黏性土、淤泥和填土的承载力特征值的经验值可分别根据土的物理力学指标按表 4-5-77～4-5-82 确定。

碎石土承载力特征值的经验值 f_{ak}（kPa）　　表 4-5-77

密实度 / 土名	稍密	中密	密实
卵石	300～500	500～800	800～1000
碎石	200～400	400～700	700～900
圆砾	200～300	300～500	500～700
角砾	150～200	200～400	400～600

砂土承载力特征值的经验值 f_{ak}（kPa） **表 4-5-78**

土名＼密实度		稍密	中密	密实
砾砂、粗砂、中砂		160～240	240～340	>340
细砂、粉砂	稍湿	120～160	160～220	>220
	很湿		120～160	>160

粉土承载力特征值的经验值 f_{ak}（kPa） **表 4-5-79**

第一指标孔隙比 e	第二指标液性指数 I_L					
	0	0.25	0.50	0.75	1.0	1.20
0.5	350	330	310	290	280	
0.6	300	280	260	240	230	
0.7	250	230	210	200	190	150
0.8	200	180	170	160	150	120
0.9	160	150	140	130	120	100
1.0		130	120	110	100	
1.1			100	90	80	

注：在湖、塘、沟、谷与河漫滩地段新近沉积的粉土，其工程性质较差，特征值应根据当地实践经验取值。

一般黏性土承载力特征值的经验值 f_{ak}（kPa） **表 4-5-80**

第一指标孔隙比 e	第二指标液性指数 I_L					
	0	0.25	0.50	0.75	1.0	1.20
0.50	450	410	370	(340)		
0.60	380	340	310	280	(250)	
0.70	310	280	250	230	190	160
0.80	260	230	210	190	160	130
0.90	220	200	180	160	130	100
1.00	190	170	150	130	110	
1.10		150	130	110	100	

注：1. 在湖、塘、沟、谷与河漫滩地段新近沉积的黏性土，其工程性能一般较差；第四纪晚更新世（Q_3）及其以前沉积的老黏性土，其工程性能通常较好。这些土均应根据当地实践经验取值；

2. 括号内仅供内插用。

沿海地区淤泥和淤泥质土承载力特征值的经验值 f_{ak}（kPa） **表 4-5-81**

天然含水量 w（%）	36	40	45	50	55	65	75
f_{ak}（kPa）	100	90	80	70	60	50	40

注：1. 对于内陆淤泥和淤泥质土，可酌情采用；

2. w 为原状土的天然含水量。

黏性素填土承载力特征值的经验值 f_{ak}（kPa） **表 4-5-82**

压缩模量 E_s（MPa）	7	5	4	3	2
f_{ak}（kPa）	150	130	110	80	60

注：本表只适用于堆填时间超过十年的黏土和粉质黏土，以及超过五年的粉土。

（四）砂土、粉土、残积土及填土的承载力特征值的经验值也可根据标准贯入试验锤击数和触探试验指标按表 4-5-83～表 4-5-89 确定。

砂土承载力特征值的经验值 f_{ak}（kPa） **表 4-5-83**

土名 \ N	10	20	30	50
粗砂、中砂	180	250	340	500
细砂、粉砂	140	180	250	340

注：N 为经过修正的标准贯入试验锤击数。

砂土承载力特征值的经验值 f_{ak}（kPa） **表 4-5-84**

土名 \ $N_{63.5}$	3	4	5	6	7	8	9	10
粗砂、中砂	120	160	200	240	280	320	360	400
细砂、粉砂	75	100	125	150	175	200	225	250

注：$N_{63.5}$为经过修正的重型圆锥动力触探试验锤击数。

一般黏性土和花岗岩残积土承载力特征值的经验值 f_{ak}（kPa） **表 4-5-85**

N	3	5	7	9	11	13	15	17	19	21	23
f_{ak}（kPa）	100	150	200	240	280	320	360	420	500	580	660

注：N 为经过修正的标准贯入试验锤击数。

一般黏性土承载力特征值的经验值 f_{ak}（kPa） **表 4-5-86**

$N_{63.5}$	2	3	4	5	6	7	8	9	10	11	12
f_{ak}（kPa）	120	150	180	210	240	265	290	320	350	375	400

注：$N_{63.5}$为经过修正的重型圆锥动力触探试验锤击数。

粉土承载力特征值的经验值 f_{ak}（kPa） **表 4-5-87**

N	3	4	5	6	7	8	9	10	11	12	13	14	15
f_{ak}（kPa）	105	125	145	165	185	205	225	245	265	285	305	325	345

注：N 为经过修正的标准贯入试验锤击数。

黏性土承载力特征值的经验值 f_{ak}（kPa） **表 4-5-88**

N_{10}	15	20	25	30
f_{ak}（kPa）	100	140	180	220

注：N_{10}为经过修正的轻便触探锤击数。

黏性素填土承载力特征值的经验值 f_{ak}（kPa） **表 4-5-89**

N_{10}	10	20	30	40
f_{ak}（kPa）	80	110	130	150

注：N_{10}为经过修正的轻便触探锤击数。

十、广西壮族自治区

（一）广西壮族自治区地方标准《广西壮族自治区岩土工程勘察规范》DBJ/T 45—002—2011，适用于广西壮族自治区各类建筑工程、基坑工程、边坡工程、地基处理以及地基基础施工等工程的勘察、测试、治理、检测与监测。

（二）根据野外鉴别结果确定地基承载力特征值时，应符合表 4-5-90～表 4-5-92 的规定。

岩石承载力特征值 f_a（kPa） **表 4-5-90**

风化程度 岩石类别	强风化	中等风化	微风化
坚硬岩	800～1500	1500～4000	＞4000
较硬岩	600～1300	1300～2600	2600～4000
较软岩	500～1000	1000～2000	2000～3500
软　岩	400～750	750～1600	1600～2500
极软岩	300～550	550～1000	1000～1600

注：1. 除风化情况外，尚需结合岩体裂隙、节理、夹层及均匀性综合取值；
2. 对微风化坚硬岩，其承载力如取用大于 4000kPa 时，应由试验确定；
3. 对于强风化的岩石，当与残积土难以区分时，可按土考虑。

碎石土承载力特征值 f_{ak}（kPa） **表 4-5-91**

密实度 土的名称	稍　密	中　密	密　实
卵　石	300～500	500～800	800～1000
碎　石	250～400	400～700	700～900
圆　砾	200～300	300～500	500～700
角　砾	200～250	250～400	400～600

注：1. 表中数值适用于骨架颗粒空隙全部为中砂、粗砂或硬塑、坚硬状态的黏性土或稍湿的粉土所填充；
2. 当粗颗粒为中风化或强风化时，可按其风化程度适当降低承载力，当颗粒间呈半胶结状时，可适当提高承载力。

砂土承载力特征值 f_{ak}（kPa） **表 4-5-92**

<table>
<tr><th colspan="2">密实度
土的名称</th><th>稍　密</th><th>中　密</th><th>密　实</th></tr>
<tr><td colspan="2">砾砂、粗砂、中砂</td><td>160～240</td><td>240～340</td><td>＞340</td></tr>
<tr><td rowspan="2">细砂、粉砂</td><td>稍湿</td><td rowspan="2">120～160</td><td>160～220</td><td>＞220</td></tr>
<tr><td>很湿</td><td>120～160</td><td>＞160</td></tr>
</table>

（三）根据室内物理、力学指标平均值确定地基承载力特征值时，应符合表 4-5-93～表 4-5-101 的规定。

黏性土承载力特征值 f_{ak}（kPa）　　表 4-5-93

液性指数 I_L / 孔隙比 e	0	0.25	0.50	0.75	1.00	1.20
0.5	380	340	310	280	(250)	—
0.6	300	270	250	230	210	—
0.7	250	220	200	180	160	(135)
0.8	220	200	180	160	140	(120)
0.9	190	170	150	130	110	(100)
1.0	180	140	120	110	100	(90)
1.1		130	110	100	90	80

注：1. 在湖、塘、沟、谷与河漫滩地段新近沉积的黏性土，其工程性质一般较差；第四纪更新世沉积的老黏性土，其工程性质通常较好；这些土均应根据当地实践经验取值；

2. 有括号者仅供内插用。

粉土承载力特征值 f_{ak}（kPa）　　表 4-5-94

天然含水量 w（%） / 孔隙比 e	20	25	30	35
0.6	(260)	(240)	—	—
0.7	200	190	(160)	—
0.8	160	150	130	—
0.9	130	120	100	(90)
1.0	110	100	90	(80)
1.1	100	90	80	(70)

注：1. 在湖、塘、沟、谷与河漫滩地段，新近沉积的粉土，其工程性质一般较差，应根据当地实践经验取值；

2. 有括号者仅供内插用。

膨胀岩土承载力特征值 f_{ak}（kPa）　　表 4-5-95

孔隙比 e / 含水比 α_w	0.6	0.9	1.1
<0.5	350	280	200
0.5～0.6	300	220	170
0.6～0.7	250	200	150

注　1. 含水比为天然含水量与液限比值；

2. 此表适用于基坑开挖时土的天然含水量等于或小于勘察取土试验时土的天然含水量。

红黏土承载力特征值 f_{ak}（kPa）　　表 4-5-96

土的名称	含水比 α_w / 液塑比 I_r	0.5	0.6	0.7	0.8	0.9	1.0
红黏土	≤1.7	350	260	210	170	130	110
	≥2.3	260	190	160	120	100	80
次生红黏土		230	180	150	120	100	80

淤泥和淤泥质土承载力特征值 f_{ak}　　**表 4-5-97**

天然含水量 w（%）	36	40	45	50	55	65	75
f_{ak}（kPa）	70	65	60	55	50	40	30

注：1. 本表只适用于一般工程，应同时进行地基变形验算。缺乏经验地区，必须有可靠的试验对比或实际工程验证；

2. w 为原状土的天然含水量。

素填土承载力特征值 f_{ak}　　**表 4-5-98**

压缩模量 $E_{s1\text{-}2}$（MPa）	7	5	4	3	2
f_{ak}（kPa）	130	110	90	70	50

注：本表仅适用于堆填时间超过 10 年的黏性土，以及超过 5 年的粉土。

粗粒混合土承载力特征值 f_{ak}　　**表 4-5-99**

干密度（g/cm^3）	1.6	1.7	1.8	1.9	2.0	2.1	2.2
f_{ak}（kPa）	170	200	240	300	380	480	620

细粒混合土承载力特征值 f_{ak}　　**表 4-5-100**

孔隙比 e	0.65	0.60	0.55	0.50	0.45	0.40	0.35	0.30
f_{ak}（kPa）	190	200	210	230	250	270	320	400

花岗岩残积土承载力特征值 f_{ak}　　**表 4-5-101**

天然含水量 w（%） 孔隙比 e	砾质黏性土				砂质黏性土				黏性土			
	＜10	20	30	40	＜10	20	30	40	＜30	40	50	60
0.6	450	400	(350)		400	350	300	(250)				
0.8	400	350	300		350	300	250	(200)	(300)			
1.0	350	300	250	(200)	300	250	200	(150)	250	200		
1.1	300	250	200	150	250	200	150	(100)	200	160	(140)	
1.4									160	140	120	(100)

注：括号的数值为提供内插时使用。

（四）根据标准贯入试验锤击数 N、轻便触探试验锤击数 N_{10}、重型圆锥动力触探试验锤击数 $N_{63.5}$ 和超重型圆锥动力触探试验锤击数 N_{120} 的标准值确定地基承载力特征值时，应符合表 4-5-102～表 4-5-111 的规定，对实测试验的锤击数应进行修正。

黏性土承载力特征值 f_{ak}　　**表 4-5-102**

N	3	5	7	9	11	13	15	17	19	21	23
f_{ak}（kPa）	105	145	190	220	295	326	370	430	515	600	680

黏性土承载力特征值 f_{ak}　　**表 4-5-103**

N_{10}	15	20	25	30
f_{ak}（kPa）	100	130	150	180

粉土承载力特征值 f_{ak}　表 4-5-104

N	3	4	5	6	7	8	9	10	11	12	13	14	15
f_{ak}（kPa）	105	125	145	165	185	205	225	245	265	285	305	325	345

砂土承载力特征值 f_{ak}（kPa）　表 4-5-105

土的名称 \ N	10	15	20	25	30	35	40	45	50
中砂、粗砂、砾砂	180	250	280	310	340	380	420	460	500
粉砂、细砂	140	180	200	230	250	270	290	310	340

砂土承载力特征值 f_{ak}（kPa）　表 4-5-106

土的名称 \ $N_{63.5}$	3	4	5	6	7	8	9	10
中砂、粗砂、砾砂	120	160	200	240	280	320	360	400
粉砂、细砂	75	100	125	150	175	200	225	250

碎石土承载力特征值 f_{ak}　表 4-5-107

$N_{63.5}$	3	4	5	6	7	8	9	10	11	12	13	14	16	18
f_{ak}（kPa）	140	170	200	240	280	320	360	400	440	480	510	540	600	680

碎石土承载力特征值 f_{ak}　表 4-5-108

N_{120}	3	4	5	6	7	8	9	10	12	14	16	18	20
f_{ak}（kPa）	270	350	430	500	580	670	750	820	900	975	1020	1070	1100

黏性素填土承载力特征值 f_{ak}　表 4-5-109

N_{10}	10	20	30	40
f_{ak}（kPa）	80	110	130	150

杂填土承载力特征值 f_{ak}　表 4-5-110

$N_{63.5}$	1	2	3	4
f_{ak}（kPa）	40	80	120	160

花岗岩残积土承载力特征值 f_{ak}（kPa）　表 4-5-111

土的名称 \ N	4	10	15	20	30
砾质黏性土	(100)	250	300	350	(400)
砂质黏性土	(80)	200	250	300	(350)
黏性土	150	200	240	(270)	—

注：1. 括号内数字仅供内插用；

2. N 按修正后锤击数平均值进行查表。

主要参考文献

1. 中国建筑科学研究院. GB 50007—2011 建筑地基基础设计规范［S]. 北京：中国建筑工业出版社，2012
2. 中国建筑科学研究院. GB 50009—2012 建筑结构荷载规范［S]. 北京：中国建筑工业出版社，2012
3. 建设部综合勘察研究设计院. GB 50021—2001（2009 年版）岩土工程勘察规范［S]. 北京：中国建筑工业出版社，2009
4. 盛骤，等. 概率论与数理统计［M]. 第三版. 北京：高等教育出版社，2005
5. 汪荣鑫. 数理统计［M]. 西安：西安交通大学出版社，2000
6. 高大钊. 土力学可靠性原理［M]. 北京：中国建筑工业出版社，1989
7. 《简明工程地质手册》编写委员会. 简明工程地质手册［M]. 北京：中国建筑工业出版社，1998
8. 天津大学等. 地基与基础［M]. 北京：中国建筑工业出版社，1978
9. 华南工学院等. 地基及基础［M]. 北京：中国建筑工业出版社，1981
10. （美）H. F. 温特科恩、方晓阳主编. 基础工程手册［M]. 钱鸿缙、叶书麟等译. 北京：中国建筑工业出版社，1983
11. 李广信. 高等土力学［M]. 北京：清华大学出版社，2004
12. 上海现代建筑设计（集团）有限公司. DGJ 08—11—2010 地基基础设计规范［S]. 上海：2010
13. 北京市勘察设计研究院，北京市建筑设计院. DBJ 11—501—2009（2016 年版）建筑地基基础勘察设计规范［S]. 北京：中国计划出版社，2016
14. 天津大学，天津市建筑设计院. DB/T 29—20—2017 岩土工程技术规范［S]. 北京：中国建筑工业出版社，2017
15. 湖北省建筑科学研究设计院. DB 42/242—2014 建筑地基基础技术规范［S]. 湖北：2014
16. 深圳市勘察研究院有限公司. SJG 01—2010 地基基础勘察设计规范［S]. 深圳：2010
17. 铁道部第一勘察设计院. TB 10012—2007 铁路工程地质勘察规范［S]. 北京：中国铁道出版社，2007
18. 中交公路规划设计院有限公司. JTGD 63—2007 公路桥涵地基与基础设计规范［S]. 北京：人民交通出版社，2007
19. 中交天津港湾工程研究院有限公司. JTS 147—1—2010 港口工程地基规范［S]. 北京：人民交通出版社，2010
20. 成都市建筑设计研究院. DB51/T 5026—2001 成都地区建筑地基基础设计规范［S]. 成都：2001
21. 广州市建筑科学研究院. DBJ 15—31—2016 建筑地基基础设计规范［S]. 北京：中国建筑工业出版社，2017
22. 广西华蓝岩土工程有限公司. DBJ/T 45—002—2011 广西壮族自治区岩土工程勘察规范［S]. 广西南宁：2011

第五篇　特殊性土勘察和评价

第一章　湿　陷　性　土

第一节　黄土的成因、时代和分布

一、黄土的一般特征

我国典型黄土一般具有以下特征：

1. 颜色以黄色、褐黄色为主，有时呈灰黄色；

2. 颗粒组成以粉粒（粒径 0.05～0.005mm）为主，含量一般在 60%以上，粒径大于 0.25mm 的甚为少见；

3. 有肉眼可见的大孔，孔隙比一般在 1.0 左右；

4. 富含碳酸盐类，垂直节理发育。

二、黄土的地层划分和野外性状

我国黄土的堆积时代包括整个第四纪，近年来认为新近纪也有风成“黄土”。第四纪黄土地层的划分列于表 5-1-1，黄土的野外性状列于表 5-1-2。

黄土地层的划分　　**表 5-1-1**

<table>
<tr><th colspan="2">年　代</th><th colspan="2">黄土名称</th><th colspan="2">成　因</th><th>湿陷性</th></tr>
<tr><td rowspan="2">全新世 Q_4</td><td>近期 Q_4^2</td><td rowspan="3">新黄土</td><td>新近堆积黄土</td><td rowspan="2">次生黄土</td><td rowspan="2">以水成为主</td><td>强湿陷性</td></tr>
<tr><td>早期 Q_4^1</td><td>黄土状土</td><td rowspan="2">一般具湿陷性</td></tr>
<tr><td colspan="2">晚更新世 Q_3</td><td>马兰黄土</td><td rowspan="3">原生黄土</td><td rowspan="3">以风成为主</td></tr>
<tr><td colspan="2">中更新世 Q_2</td><td rowspan="2">老黄土</td><td>离石黄土</td><td>上部部分土层具湿陷性</td></tr>
<tr><td colspan="2">早更新世 Q_1</td><td>午城黄土</td><td>不具湿陷性</td></tr>
</table>

注：1. 测定黄土湿陷性的试验压力为 200～300kPa。
2. 深层离石黄土（Q_2）在大压力（超过 300kPa）作用下有时会呈现湿陷性。

黄土的野外性状　　**表 5-1-2**

黄土名称	颜　色	特征及包含物	古土壤	沉积环境	挖掘情况
Q_4^2 新近堆积黄土	浅褐至深褐色，或黄至黄褐色	土质松散不均，多虫孔和植物根孔，有粉末状或条纹状碳酸盐结晶，含少量小砾石或钙质结核，有时有砖瓦碎块或朽木等	无	河漫滩低级阶地，山间洼地的表面，黄土塬、峁的坡脚，洪积扇或山前坡积地带，老河道及填塞的沟槽洼地的上部	锹挖很容易，进度较快

续表

黄土名称	颜色	特征及包含物	古土壤	沉积环境	挖掘情况
Q_4^1 黄土状土	褐黄至黄褐色	具有大孔、虫孔和植物根孔，含少量小的钙质结核或小砾石。有时有人类活动遗物，土质较均匀	底部有深褐色黑垆土（S0）	河流阶地的上部	锹挖容易，但进度稍慢
Q_3 马兰黄土	浅黄、褐黄或黄褐色	土质均匀、大孔发育，具垂直节理，有虫孔及植物根孔，有少量小的钙质结核，呈零星分布	底部有一层古土壤（S1），作为与 Q_2 黄土的分界	河流阶地和黄土塬、梁、峁的上部，以及黄土高原与河谷平原的过渡地带	锹、镐挖掘不困难
Q_2 离石黄土	深黄、棕黄或黄褐色	土质较密实，有少量大孔。古土壤层下部钙质结核含量增多，粒径可达5～20cm，常成层分布成为钙质结核层	夹有多层古土壤层，第7层（S7）古土壤底部可作为与 Q_1 黄土的分界。第2层（S2）和第5层（S5）古土壤分别为“红二条”和“红三条”	河流高阶地和黄土塬、梁、峁的黄土主体	锹、镐挖掘困难
Q_1 午城黄土	淡红或棕红色	土质密实，无大孔，柱状节理发育，钙质结核含量较 Q_2 黄土少	夹有多层古土壤层，第33层黄土（L33）为 Q_1 黄土底界	第四纪早期沉积，底部与第三纪红黏土或砂砾层接触	锹、镐挖掘很困难

注：1. L1 和 S1 表示从黑垆土以下的第一层黄土和第一层古土壤，以此类推。
2. 早期黄土划分方案中，离石黄土的范围为 L2～S14（或 L15）。

三、我国湿陷性黄土的分布和工程地质分区

（一）黄土分布的气候特征

我国黄土主要分布在北纬33°～47°之间。在此区域内，一般气候干燥，降雨量少，蒸发量大，属于干旱、半干旱气候类型。黄土分布地区年平均降雨量在250～600mm之间。年平均降雨量小于250mm的地区，黄土很少出现，主要为沙漠和戈壁。年平均降雨量大于750mm的地区，也基本上没有黄土。

（二）我国湿陷性黄土的工程地质分区

我国湿陷性黄土的工程地质分区见表5-1-3。

我国湿陷性黄土的工程地质分区　　表5-1-3

分区	亚区	地貌	黄土层厚度（m）	湿陷性黄土层厚度（m）	地下水埋藏深度（m）	工程地质特征
陇西含青海地区 ①		低阶地	4～25	3～16	4～18	自重湿陷性黄土分布很广，湿陷性黄土层厚度通常大于10m，地基湿陷等级多为Ⅲ～Ⅳ级，湿陷性敏感
		高阶地及台塬	15～100	8～35	20～80	

续表

分　区	亚　区	地貌	黄土层厚度（m）	湿陷性黄土层厚度（m）	地下水埋藏深度（m）	工程地质特征
陇东—陕北—晋西地区 Ⅱ		低阶地	3～30	4～11	4～14	自重湿陷性黄土分布广泛，湿陷性黄土层厚度通常大于10m，地基湿陷等级一般为Ⅲ～Ⅳ级，湿陷性较敏感
		高阶地及台塬	50～150	10～39	40～60	
关中地区 Ⅲ		低阶地	5～20	4～10	6～18	低阶地多属非自重湿陷性黄土，高阶地和黄土塬多属自重湿陷性黄土，湿陷性黄土层厚度：在渭北黄土塬一般大于20m；在渭河流域两岸低阶地多为4～10m，秦岭北麓地带一般小于4m（局部可达12m）。在陕西与河南交界的黄土台塬区湿陷性厚度可达20～50m。地基湿陷等级一般为Ⅱ～Ⅲ级，自重湿陷性黄土层一般埋藏较深，湿陷发生较迟缓
		高阶地及台塬	50～100	8～32	14～40	
山西—冀北地区 Ⅳ	汾河流域区—冀北区 $Ⅳ_1$	低阶地	5～15	2～10	4～8	低阶地多属非自重湿陷性黄土，高阶地（包括山麓堆积）多属自重湿陷性黄土。湿陷性黄土层厚度多为5～10m，个别地段小于5m或大于10m，地基湿陷等级一般为Ⅱ～Ⅲ级。在低阶地新近堆积黄土分布较普遍，土的结构松散，压缩性较高。冀北部分地区黄土含砂量大
		高阶地及台塬	30～140	5～22	50～60	
	晋东南区 $Ⅳ_2$		30～80	2～12	4～7	
河南地区 Ⅴ			6～25	4～8	5～25	一般为非自重湿陷性黄土，湿陷性黄土层厚度一般为5m，土的结构较密实，压缩性较低。该区浅部分布新近堆积黄土，压缩性较高
冀鲁地区 Ⅵ	河北区 $Ⅵ_1$		3～30	2～6	5～12	一般为非自重湿陷性黄土，湿陷性黄土层厚度一般小于5m，局部地段为5～10m，地基湿陷等级一般为Ⅱ级，土的结构较密实，压缩性较低。在黄土边缘地带及鲁山北麓的局部地段，湿陷性黄土层薄，含水量高，湿陷系数小，地基湿陷等级为Ⅰ级或不具湿陷性
	山东区 $Ⅵ_2$		3～20	2～6	5～8	

续表

分　区	亚　区	地貌	黄土层厚度（m）	湿陷性黄土层厚度（m）	地下水埋藏深度（m）	工程地质特征
边缘地区Ⅶ	宁—陕区Ⅶ$_1$		5～30	1～10	5～25	大多为非自重湿陷性黄土，湿陷性黄土层厚度一般小于5m，地基湿陷等级一般为Ⅰ～Ⅱ级。土的压缩性低，土中含砂量较多，湿陷性黄土分布不连续。定边及靖边台塬区、宁东等部分地区湿陷性土层厚度可达20m，为自重湿陷性黄土，湿陷等级Ⅱ～Ⅲ级
	河西走廊区Ⅶ$_2$		5～10	2～5	5～10	
	内蒙古中部—辽西区Ⅶ$_3$	低阶地	5～15	5～11	5～10	靠近山西、陕西的黄土地区，一般为非自重湿陷性黄土，地基湿陷等级一般为Ⅰ级，湿陷性黄土层厚度一般为5～10m。低阶地新近堆积黄土分布较广，土的结构松散，压缩性较高，高阶地土的结构较密实，压缩性较低
		高阶地	10～20	8～15	12	
	新疆—甘西—青海区Ⅶ$_4$		3～30	2～20	1～20	一般为非自重湿陷性黄土场地，地基湿陷等级一般为Ⅰ～Ⅱ级，局部为自重湿陷性黄土，湿陷等级为Ⅲ级，湿陷性黄土层厚度一般小于8m（最厚可达20m）。天然含水量较低，黄土层厚度及湿陷性变化大。主要分布于沙漠边缘，冲、洪积扇中上部，河流阶地及山麓斜坡，北疆呈连续条状分布，南疆呈零星分布

第二节　黄土的基本性质

一、湿陷性黄土的物理性质

1. 颗粒组成

我国一些主要湿陷性黄土地区黄土的颗粒组成见表5-1-4。

湿陷性黄土的颗粒组成（%）　　表5-1-4

地　区	粒　径（mm）		
	砂　粒（>0.05）	粉　粒（0.05～0.005）	黏　粒（<0.005）
陇西	20～29	58～72	8～14
陕北	16～27	59～74	12～22
关中	11～25	52～64	19～24
山西	17～25	55～65	18～20
豫西	11～18	53～66	19～26
总体	11～29	52～74	8～26

2. 孔隙比

变化在 0.85～1.24 之间，大多数在 1.0～1.1 之间。孔隙比是影响黄土湿陷性的主要指标之一。西安地区的黄土当 $e<0.9$、兰州地区的黄土当 $e<0.86$，一般不具湿陷性或湿陷性很弱。

3. 天然含水量

黄土的天然含水量与湿陷性关系密切。三门峡地区当黄土 $w>23\%$、西安地区当黄土 $w>24\%$、兰州地区当黄土 $w>25\%$时，一般就不具湿陷性。

4. 饱和度

饱和度愈小，黄土的湿陷系数愈大。西安地区当 $S_r>70\%$时，只有 3%左右的黄土具轻微湿陷性；当 $S_r>75\%$时，黄土已不具湿陷性。

5. 液限

是决定黄土性质的另一个重要指标。当 $w_L>30\%$时，黄土的湿陷性一般较弱。

二、湿陷性黄土的力学性质

（一）黄土的结构性与欠压密性

1. 结构性

湿陷性黄土在一定条件下具有保持土的原始基本单元结构形式不被破坏的能力。这是由于黄土在沉积过程中的物理化学因素促使颗粒相互接触处产生了固化联结键，这种固化联结键构成土骨架具有一定的结构强度，使得湿陷性黄土的应力-应变关系和强度特性表现出与其他土类明显不同的特点。湿陷性黄土在其结构强度未被破坏或软化的压力范围内，表现出压缩性低、强度高等特性；但结构性一旦遭受破坏，其力学性质将呈现屈服、软化、湿陷等性状。

2. 欠压密性

湿陷性黄土由于特殊的地质环境条件，沉积过程一般比较缓慢，在此漫长过程中上覆压力增长速率始终比颗粒间固化键强度的增长速率要缓慢得多，使得黄土颗粒间保持着比较疏松的高孔隙度组构而未在上覆荷重作用下被固结压密，处在欠压密状态。

在低含水量情况下，黄土的结构性可以表现为较高的视先期固结压力，而使得超固结比 OCR 值常大于 1，一般可能达到 2～3。这种现象完全不同于表征土层应力历史和压密状态的超固结。湿陷性黄土实质上是欠压密土，而由于土的结构性所表现出来的超固结称为视超固结。

（二）黄土的压缩性与抗剪强度

1. 压缩性

湿陷性黄土的压缩系数一般介于 0.1～1.0$\mathrm{MPa^{-1}}$之间。

湿陷性黄土的压缩模量一般在 2.0～20.0MPa 之间，在结构强度被破坏之后，压缩模量一般随作用压力的增大而增大。

实际试验结果表明，湿陷性黄土通过载荷试验结果按弹性理论公式算出的变形模量 E_0 比由压缩试验得出的压缩模量大得多。两者的比值在 2～5 之间。

由于黄土结构的复杂性和影响压缩变形的因素较多，所以黄土的压缩性与其物理性质（如孔隙比等）之间没有很明显的对应关系。

2. 抗剪强度

黄土的抗剪强度除与土的颗粒组成、矿物成分、黏粒和可溶盐含量等有关外，主要取决于土的含水量和密实程度（用干密度或孔隙比表示）。

（1）含水量的影响

当黄土的含水量低于塑限时，水分变化对强度的影响较大，直剪仪中用慢剪法得出的试验结果表明，对于塑限为 18.2%～20.7%的黄土，当含水量由 7.8%增加到 18.2%时，内摩擦角和黏聚力都降低了约 1/4；当含水量超过塑限时，抗剪强度降低幅度相对较小；而超过饱和含水量后，抗剪强度变化不大。

（2）干密度的影响

当土的含水量相同时，土的干密度越大，则抗剪强度就越高，见表 5-1-5。

黄土在不同干密度不同含水量的抗剪强度指标 表 5-1-5

干密度 ρ_d (g/cm³)	含水量 w (%)	内摩擦角 φ (°)	黏聚力 c (kPa)	干密度 ρ_d (g/cm³)	含水量 w (%)	内摩擦角 φ (°)	黏聚力 c (kPa)
1.25～1.27	3.9 8.6 14.5 19.2 23.8 27.9	39°20′ 33°50′ 31°20′ 30°10′ 26°20′ 26°	70 52 32 21 6 2	1.42～1.44	18.3 21.0 23.3 25.6	29°20′ 27° 26°30′ 25°50′	40 26 20 10
1.36～1.38	6.1 9.5 12.8 15.1 20.6 25.4 26.5	36°50′ 35° 31°20′ 29° 28°20′ 26°30′ 25°20′	80 65 46 35 20 10 5	1.48～1.50	7.8 10.0 14.4 18.5 24.4	37°10′ 33° 28°20′ 26°30′ 26°	157 120 80 52 20
1.42～1.44	7.0 12.1 15.8	34°10′ 28°50′ 28°30′	96 58 46	1.53～1.55	14.3 17.7 21.6 23.9 25.6 26.8	36°10′ 34°30′ 31°20′ 26°10′ 25°40′ 25°10′	132 100 70 42 31 26

（3）结构强度的影响

由于结构强度的影响，非饱和黄土的抗剪强度可以用两段直线来表达。如式（5-1-1）。

$$\tau = \begin{cases} \sigma\tan\varphi_1 + c \\ \sigma\tan\varphi_1 + c + (\sigma - \sigma_c)\tan\varphi_2 \end{cases} \tag{5-1-1}$$

式中 τ——非饱和黄土的极限抗剪强度（kPa）；

σ——作用在剪切面上的法向应力（kPa）；

φ_1、φ_2——分别为结构强度破坏前和破坏后的内摩擦角（°）；

σ_c——前后两段直线转折点处相当于结构强度的法向应力（kPa）；

c——黏聚力（kPa）。

（4）非饱和土的强度特性

在一般情况下，黄土的孔隙中既有水又有空气，属于非饱和土。由于要考虑净应力和吸力的影响，所以它的力学特性要比饱和土复杂得多，人们把饱和土的有效应力原理推广到对非饱和土强度的研究。其中最著名的有 Bishop（1960）提出的有效应力强度公式：

$$\tau = c' + [(\sigma - u_a) + \chi(u_a - u_w)]\tan\varphi' \tag{5-1-2}$$

式中 c'、φ'——有效应力抗剪强度指标；

σ——法向应力；

u_a——孔隙气压力；

u_w——孔隙水压力；

$(\sigma - u_a)$——净应力；

$(u_a - u_w)$——吸力；

χ——有效应力参数，对于饱和土 $\chi=1$；对于干土 $\chi=0$；对于一般非饱和土，$0<\chi<1$。

Fredlund（1993）提出用双变量表示非饱和土强度的公式为：

$$\tau = c' + [(\sigma - u_a)\tan\varphi' + (u_a - u_w)]\tan\varphi^b \tag{5-1-3}$$

式中 φ^b——当其他因素为定值时，抗剪强度 τ 值与吸力（$u_a - u_w$）关系直线斜率的反正切角；

其余符号意义同上。

确定非饱和土的抗剪强度时，关键问题是通过试验测定非饱和土在不同密度和湿度（或饱和度）情况下的孔隙气压力 u_a 和孔隙水压力 u_w，吸力 $s=u_a-u_w$ 是土的密度和湿度（或饱和度）以及应力状态的函数，测定的设备和技术比较复杂。

三、黄土的物理力学性质指标

（一）不同地质年代黄土的物理力学性质（表 5-1-6）

不同地质年代黄土的物理力学性质　　表 5-1-6

地质年代	物理性质		力学性质			
	干密度 ρ_d	孔隙比 e	压缩性	渗透性	抗剪强度	湿陷特性
Q_4	小	大	高	强	低	强
Q_3	较小	较大	较高	较强	较低	较强
Q_2	较大	较小	较低	较弱	较高	弱
Q_1	大	小	低	弱	高	无

（二）不同地区湿陷性黄土的物理力学性质指标（表 5-1-7）

不同地区湿陷性黄土的物理力学性质指标 表 5-1-7

工程地质分区	亚区	地貌	物理力学性质指标							
			含水量 w (%)	天然密度 ρ (g/cm^3)	液限 w_L (%)	塑性指数 I_P	孔隙比 e	压缩系数 a (MPa^{-1})	湿陷系数 δ_s	自重湿陷系数 δ_{zs}
陇西含青海地区 Ⅰ		低阶地	6～25	1.2～1.8	21～30	4～12	0.70～1.20	0.10～0.90	0.020～0.200	0.010～0.200
		高阶地及台塬	3～20	1.2～1.8	21～30	5～12	0.80～1.30	0.10～0.70	0.020～0.220	0.010～0.200
陇东—陕北—晋西地区 Ⅱ		低阶地	10～24	1.4～1.7	20～30	7～13	0.97～1.18	0.26～0.67	0.019～0.079	0.005～0.041
		高阶地及台塬	9～22	1.4～1.6	26～31	8～12	0.80～1.20	0.17～0.63	0.023～0.088	0.006～0.048
关中地区 Ⅲ		低阶地	14～28	1.5～1.8	22～32	9～12	0.94～1.13	0.24～0.64	0.029～0.076	0.003～0.039
		高阶地及台塬	11～21	1.4～1.7	27～32	10～13	0.95～1.21	0.17～0.63	0.030～0.080	0.005～0.042
山西—冀北地区 Ⅳ	汾河流域区—冀北区 Ⅳ$_1$	低阶地	6～19	1.4～1.7	25～29	8～12	0.58～1.10	0.24～0.87	0.030～0.070	—
		高阶地及台塬	11～24	1.5～1.6	27～31	10～13	0.97～1.31	0.12～0.62	0.015～0.089	0.007～0.040
	晋东南区 Ⅳ$_2$		18～23	1.5～1.8	27～33	10～13	0.85～1.02	0.29～1.00	0.030～0.070	0.015～0.052
河南地区 Ⅴ			16～21	1.6～1.8	26～32	10～13	0.86～1.07	0.18～0.33	0.023～0.045	—
冀鲁地区 Ⅵ	河北区 Ⅵ$_1$		14～18	1.6～1.7	25～29	9～13	0.85～1.00	0.18～0.60	0.024～0.048	—
	山东区 Ⅵ$_2$		15～23	1.6～1.7	28～31	10～13	0.85～0.90	0.19～0.51	0.020～0.041	—
边缘地区 Ⅶ	宁—陕区 Ⅶ$_1$		7～13	1.4～1.6	22～27	7～10	1.02～1.14	0.22～0.57	0.032～0.059	0.021～0.039
	河西走廊区 Ⅶ$_2$		14～18	1.6～1.7	23～32	8～12	—	0.17～0.36	0.029～0.050	—
	内蒙古中部—辽西区 Ⅶ$_3$	低阶地	6～20	1.5～1.7	19～27	8～10	0.87～1.05	0.11～0.77	0.026～0.048	0.040
		高阶地	12～18	1.5～1.9	—	9～11	0.85～0.99	0.10～0.40	0.020～0.041	0.069
	新疆—甘西—青海区 Ⅶ$_4$		3～27	1.3～1.8	19～34	6～13	0.69～1.20	0.10～1.05	0.015～0.199	—

我国湿陷性黄土在地域分布上具有以下的总体规律：由西北向东南，黄土的密度（ρ）、含水量（w）和强度都是由小变大，而渗透性（k）、压缩性（a_{1-2}）和湿陷性（δ_s）都是由大变小，颗粒组成由粗变细，黏粒含量由少变多，易溶盐由多变少。显微结构特征由西北地区的粒状架空接触结构，逐渐过渡到东南地区的凝块镶嵌胶结结构。

（三）个别地区或城市黄土的物理力学性质指标（表 5-1-8 和表 5-1-9）

黄河中游地区黄土的物理力学性质指标 **表 5-1-8**

性质指标	单位	变化范围	平均值
孔隙比 e		0.67～1.13	0.92
孔隙率 n	%	40.1～53.1	47.8
含水量 w	%	10.7～23.4	18.0
干密度 ρ_d	g/cm³	1.10～1.68	1.45
液限 w_L	%	25.4～32.1	28.7
塑限 w_P	%	15.4～20.5	18.5
塑性指数 I_P	%	8.2～14.0	11.7
液性指数 I_L		<0.1	
压缩系数 a_{1-2}	MPa^{-1}	0.02～0.90	0.43
渗透系数 k_{10}	cm/s	4.8×10^{-4}～5.8×10^{-5}	1.5×10^{-4}
黏聚力 c	kPa	21～76	45.0
内摩擦角 φ	°	20.6～33.6	27.0

注：引自刘祖典《黄土力学与工程》第 15 页，1997。

我国西部四个城市湿陷性黄土的性质指标 **表 5-1-9**

性质指标		单位	兰州	太原	西安	洛阳
年降雨量		mm	330	500	600	650
相对湿度		%	60	60	65	71
颗粒组成	>0.05mm	%	20～29	17～25	11～25	11～18
	0.05～0.005mm		58～72	55～65	52～64	53～66
	<0.005mm		8～15	18～20	19～25	19～26
天然密度 ρ		g/cm³	1.33～1.69	1.45～1.72	1.50～1.67	1.60～1.80
含水量 w		%	9.2～18.0	11.0～20.0	15.0～22.0	16.0～24.0
饱和度 S_r		%	27～40	25～46	48～60	50～60
孔隙比 e			0.9～1.0	0.9～1.2	0.8～1.1	0.8～1.1
液限 w_L		%	23.0～28.5	25.0～31.0	26.0～31.0	26.0～32.0
塑性指数 I_P			8～11	9.5～11	9.5～12	10～13
湿陷土层厚度		m	5～20	2～15	5～12	4～8
湿陷系数 δ_s			0.03～0.11	0.03～0.07	0.03～0.08	0.02～0.05
湿陷起始压力 p_{sh}		kPa	25～50	50	80～100	100～120
湿陷等级			Ⅲ～Ⅳ	Ⅱ	Ⅱ～Ⅲ	Ⅰ～Ⅱ
湿陷性质			强烈	中等	中等	弱

注：引自刘祖典《黄土力学与工程》第 17 页，1997。

第三节　黄土的湿陷性评价

一、基本概念

（一）黄土的湿陷性

1. 湿陷变形

湿陷性黄土在一定压力作用下，下沉稳定后浸水饱和所产生的附加下沉量。

湿陷变形是在充分浸水饱和情况下产生的，它的大小除了与土本身密度和结构性有关外，主要取决于土的初始含水量和浸水饱和时的作用压力。

2. 初始含水量 w_0（%）

湿陷性黄土在进行湿陷性试验时浸水增湿前的含水量。初始含水量 w_0 较低的湿陷性黄土，其湿陷变形相对较大。

3. 湿陷系数 δ_s

单位厚度的土样所产生的湿陷变形，以小数表示。

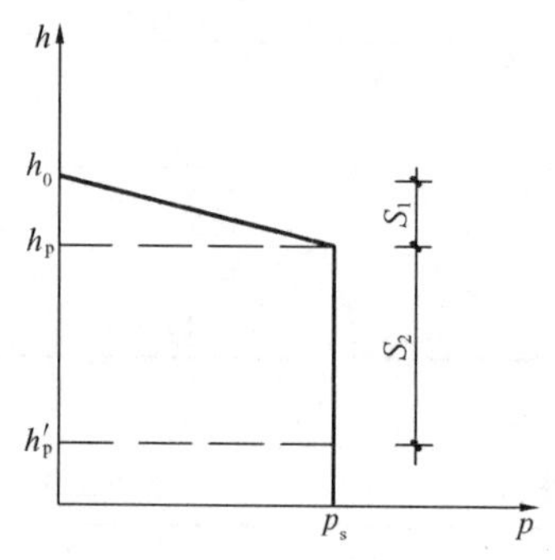

图 5-1-1　湿陷系数测定
h—土样高度；p—作用压力；
S1—加荷变形；S2—湿陷变形

湿陷系数 δ_s 是判定黄土湿陷性的定量指标，由室内压缩试验测定（图 5-1-1）。

$$\delta_s=\frac{h_p-h'_p}{h_0} \tag{5-1-4}$$

式中　h_p——保持天然湿度和结构的试样，加至一定压力时，下沉稳定后的高度（mm）；

h'_p——上述加压稳定后的试样，在浸水（饱和）作用下，附加下沉稳定后的高度（mm）；

h_0——试样的原始高度（mm）。

4. 湿陷压力 p_s（kPa）

产生湿陷变形时所作用的压力。

《湿陷性黄土地区建筑规范》（2016 年报批稿）规定，测定湿陷系数的试验压力，应按基底压力和土样深度确定，土样深度自基础底面算起，如基底标高不确定时，自地面下 1.5m 算起：基底压力小于 300kPa 时，基底下 10m 以内的土层应采用 200kPa，10m 以下至非湿陷性土层顶面，应采用其上覆土的饱和自重压力；当基底压力大于 300kPa 时，宜采用实际基底压力，当上覆土的饱和自重压力大于实际基底压力，应用其上覆土的饱和自重压力。对压缩性较高的新近堆积黄土，基底下 5m 以内的土层宜用 100～150kPa 压力，5～10m 和 10m 以下至非湿陷性黄土层顶面，应分别用 200kPa 和上覆土的饱和自重压力。

5. 湿陷指数 δ_e

湿陷压力为 200kPa 时的湿陷系数，可用来在同一个标准上对比不同土的湿陷性强弱。

（二）黄土的湿陷特性曲线

1. p-δ_s 曲线

以湿陷压力 p 为横坐标，相应的湿陷系数 δ_s 为纵坐标，绘制得出不同湿陷压力作用的湿陷系数曲线，即黄土的湿陷特性 p-δ_s 曲线（图 5-1-2）。

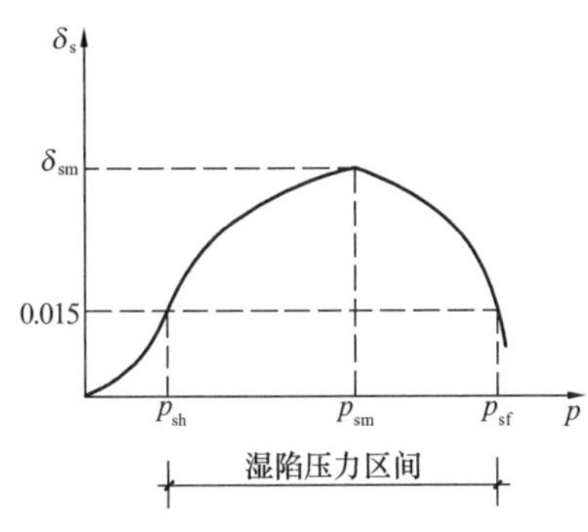

图 5-1-2 黄土湿陷特性 p-δ_s 曲线

p-δ_s 曲线可根据室内压缩试验（一般可用单线法或经过修正的双线法）结果绘制。

2. 峰值湿陷系数 δ_{sm}

p-δ_s 曲线上呈现最大的湿陷系数峰值。

3. 峰值湿陷压力 p_{sm}（kPa）

p-δ_s 曲线上与峰值湿陷系数相应的湿陷压力。

峰值湿陷系数和峰值湿陷压力一般随着土的初始含水量增大而降低。

4. 湿陷起始压力 p_{sh}（kPa）

湿陷性黄土的湿陷系数达到 0.015 时的最小湿陷压力。湿陷起始压力随着土的初始含水量的增大而增大。

当湿陷压力小于湿陷起始压力时，相应的湿陷系数将达不到 0.015。在非自重湿陷性黄土场地上，当地基内各土层的湿陷起始压力大于其附加压力与上覆土的饱和自重压力之和时，各类建筑可按非湿陷性黄土地基设计。

5. 湿陷终止压力 p_{sf}（kPa）

湿陷性黄土的湿陷系数等于或大于 0.015 的最大湿陷压力。

湿陷终止压力随着土的初始含水量的增大而减小。当湿陷压力大于湿陷终止压力时，相应的湿陷系数将减小至 0.015 以下。

6. 湿陷压力区间

只有当湿陷压力超过湿陷起始压力而又不大于湿陷终止压力时浸水饱和，才能产生相当于湿陷系数 δ_s 等于或大于 0.015 的湿陷变形。这个压力区段称为湿陷压力区间，其幅度随着土的初始含水量增大而缩减。

湿陷起始压力、湿陷终止压力和湿陷压力区间都可以从 p-δ_s 曲线上得到，见图 5-1-2。

7. 湿陷极限含水量 w_{ul}（%）

湿陷性黄土的初始含水量达到或超过某一极值时，不论在多大的湿陷压力作用下，都不会产生相当于湿陷系数 δ_s 等于或大于 0.015 的湿陷变形，此时土的湿陷变形将大部或全部转化为压缩变形，这个含水量极值称为湿陷极限含水量。

（三）增湿变形机理

1. 增湿变形

黄土在某一压力作用下，下沉稳定后由于湿度增大（不一定充分饱和）而产生的附加下沉量。

湿陷变形是充分浸水饱和时增湿变形的特殊情况。增湿变形包含了黄土在压力作用下由于增湿而产生的全部变形性状，它的定义域要比湿陷变形广泛得多。

2. 增湿含水量 w_s（%）

黄土在增湿后所达到的含水量。

增湿含水量以初始含水量 w_0 为初值而以饱和含水量 w_{sat} 为最大值。

3. 增湿变形系数 δ'_s

单位厚度的土样所产生的增湿变形，以小数表示。

增湿变形系数的大小与黄土增湿前的初始含水量 w_0、增湿时的作用压力 p'_s 和增湿含水量 w_s 有关。

4. 增湿起始压力 p'_{sh}（kPa）

黄土从 w_0 增湿到 w_s 产生的增湿变形系数 δ'_s 达到 0.015 时所需要的最小作用压力。

非饱和增湿时，增湿起始压力大于湿陷起始压力；如果充分增湿达到饱和，增湿起始压力就等于湿陷起始压力。

增湿起始压力 p'_{sh}（kPa）随土的初始含水量 w_0 的增加而增大。

5. 增湿起始含水量 w_{sh}（%）

初始含水量为 w_0 的湿陷黄土在给定压力 p'_s 作用下增湿变形系数 δ'_s 达到 0.015 时的最小增湿含水量。增湿起始含水量 w_{sh} 大于初始含水量 w_0 而以饱和含水量 w_{sat} 为最大值，并随作用压力的降低而增大。

（四）力与水的作用次序

1. 预湿法和后湿法

预湿法试验先从初始含水量 w_0 等荷增湿（包括无荷增湿）到增湿含水量 w_s（假定体积不变），再加荷至一定压力，产生固结变形。

后湿法试验先从初始含水量 w_0 保湿加荷至一定压力，下沉稳定后在此压力作用下等荷增湿至给定的增湿含水量 w_s，产生增湿变形。

湿陷性试验一般采用后湿法。

2. 单线法和双线法

湿陷性试验的单线法是在同一取土点同一深度处至少取 5 个环刀试样，各个试样在天然湿度下分别加荷至不同压力，下沉稳定后浸水饱和分别得到不同压力的湿陷系数，也就是 5 个试样分别进行 5 次不同湿陷压力作用下的后湿法试验。

湿陷性试验的双线法是在同一取土点同一深度处取 2 个环刀试样，其中一个试样进行给定湿陷压力作用下的后湿法试验，另一个试样在第一级压力作用下下沉稳定后，进行预湿法试验直至加荷到与第 1 个试样相同的最后一级压力。

3. 次序效应

预湿法和后湿法虽然含水量的起点和终点是相同的，但就其含水量的变化过程来说，预湿法时水参与的作用要比后湿法时水的作用大得多。在三轴试验中，由于预湿饱和含水量大，对泊松比 ν 的影响较大，所以预湿法的变形要大一些，单双线法的结果差值较大。但在有侧限的压缩试验中，由于限制了侧向变形，致使单双线法的结果大致相同。

实测资料表明，在压力较小时，浸水的先后次序对湿陷性黄土的沉降变形影响不大；但压力较大时，预湿法的变形要大些。

二、黄土湿陷性评价

（一）湿陷性的判定

当湿陷系数 δ_s 值小于 0.015 时，应定为非湿陷性黄土；当湿陷系数 δ_s 值等于或大于 0.015 时，应定为湿陷性黄土。

以湿陷系数是否大于或等于 0.015 作为判定黄土湿陷性的界限值，是根据我国黄土地区的工程实践经验确定的。

（二）湿陷程度

湿陷性黄土的湿陷程度，可根据湿陷系数 δ_s 值的大小分为下列三种：

当 $0.015 \leqslant \delta_s \leqslant 0.03$ 时，湿陷性轻微；

当 $0.03 < \delta_s \leqslant 0.07$ 时，湿陷性中等；

当 $\delta_s > 0.07$ 时，湿陷性强烈。

（三）场地湿陷类型

1. 自重湿陷系数 δ_{zs}

单位厚度的土样在该试样深度处上覆土层饱和自重压力作用下所产生的湿陷变形，以小数表示，并按下式计算：

$$\delta_{zs} = \frac{h_z - h'_z}{h_0} \tag{5-1-5}$$

式中　h_z——保持天然湿度和结构的试样，加压至该试样上覆土的饱和自重压力时，下沉稳定后的高度（mm）；

h'_z——上述加压稳定后的试样，在浸水（饱和）作用下，附加下沉稳定后的高度（mm）；

h_0——试样的原始高度（mm）。

自重湿陷系数主要用于计算自重湿陷量，它本身并不作为判定黄土湿陷性的定量指标。

测定自重湿陷系数 δ_{zs} 应符合下列要求：

（1）上覆土的饱和自重压力应自天然地面（当有挖方、填方时，应自整平后的地面）算起。

（2）饱和自重压力按下式计算：

$$p_{sz} = g\sum_{i=1}^{n}\rho_{si}h_i \tag{5-1-6}$$

式中　p_{sz}——该试样深度处上覆土饱和自重压力（kPa）；

g——重力加速度，$g=9.81\text{m/s}^2$；

n——该深度范围内土的分层数；

ρ_{si}——第 i 层土的饱和密度（g/cm^3）；

h_i——第 i 层土的厚度（m）。

土的饱和密度 ρ_{si} 可按下式计算：

$$\rho_{si} = \frac{\rho_{oi}}{1+0.01w_{oi}}\left[1-\frac{0.01S_r}{d_{si}}\right]+0.01S_r\rho_w \tag{5-1-7}$$

式中　ρ_{oi}——第 i 层土的天然密度（g/cm^3）；

w_{oi}——第 i 层土的天然含水量（%）；

d_{si}——第 i 层土的相对体积质量（相对密度）；

S_r——土在浸水饱和后的饱和度（%）；

ρ_w——水的密度，$\rho_w=1.0$（g/cm^3）。

如果将黄土的 d_s 取值 2.71，将 S_r 取值 85%，则式（5-1-7）可简化成：

$$\rho_{si} = \alpha_i \rho_{0i} + 0.85 \tag{5-1-8}$$

$$\alpha_i = \frac{0.686}{1 + 0.01 w_{oi}} \tag{5-1-9}$$

式中　α_i——第 i 层土的饱和密度修正系数，与天然含水量有关。

在实际工作中，可将式（5-1-8）列成表 5-1-10。如果在测定黄土天然密度的同时，能估计该土样的天然含水量，就能从式（5-1-8）或表 5-1-10 得出相当于饱和度为 85%时的饱和密度。

黄土的饱和密度　　**表 5-1-10**

ρ_0 \ w_0	8	10	12	14	16	18	20	22	24	26	28	30
α	0.635	0.624	0.613	0.602	0.592	0.582	0.572	0.563	0.553	0.545	0.536	0.528
1.15	1.58	1.57										
1.20	1.61	1.60	1.59	1.57	1.56				$e_0>1.6$			
1.25	1.64	1.63	1.62	1.60	1.59	1.58	1.57					
1.30	1.68	1.66	1.65	1.63	1.62	1.61	1.59	1.58	1.57	1.56		
1.35	1.71	1.69	1.68	1.66	1.65	1.64	Ⅰ 1.62	1.61	1.60	1.59	1.57	
1.40	1.74	1.72	1.71	1.69	1.68	1.66	1.65	1.64	1.63	1.61	1.60	1.59
1.45	1.77	1.76	1.74	1.72	1.71	1.69	1.68	1.67	1.65	1.64	1.63	1.62
1.50	1.80	1.79	1.77	1.75	1.74	1.72	1.71	1.69	1.68	1.67	1.65	1.64
1.55	1.84	1.82	1.80	1.78	1.77	Ⅱ 1.75	1.74	1.72	1.71	1.69	1.68	1.67
1.60	1.87	1.85	1.83	1.81	1.80	1.78	1.77	1.75	1.74	1.72	1.71	1.70
1.65	1.90	1.88	1.86	1.84	1.83	1.81	1.79	1.78	1.76	1.75	1.74	1.72
1.70	1.93	1.91	1.89	1.87	1.86	1.84	1.82	1.81	1.79	1.78	1.76	1.76
1.75	1.96	1.94	1.92	Ⅲ 1.90	1.89	1.87	1.85	1.83	1.82	1.80	1.79	1.77
1.80	1.99	1.97	1.95	1.93	1.92	1.90	1.88	1.86	1.85	1.83	1.82	1.80
1.85		2.00	1.98	1.96	1.95	1.93	1.91	1.89	1.87	1.86		
1.90			2.01	1.90	1.97	1.96	1.94	1.92	1.90		$S_r>85\%$	
1.95		Ⅳ $e_0<0.6$			2.00	1.98	1.97					

注：1. e_0为天然孔隙比。

2. 当饱和密度误差要求不超过 0.02g/cm^3 限值时，表中Ⅰ、Ⅱ、Ⅲ、Ⅳ各区对于天然含水量的估计误差分别要求不超过 3%、2.5%、2.0%和 1.8%。

2. 自重湿陷量

（1）实测自重湿陷量 Δ'_{zs}（mm）根据现场试坑浸水试验确定，并符合下列要求：

1）试坑宜挖成圆形或方形，其直径或边长不应小于自重湿陷性黄土层的底面深度，并不应小于 10m；试坑深度宜为 0.50m，最深不应大于 0.80m。坑底宜铺 100mm 厚的砂砾石。

2）试坑内应对称设置观测自重湿陷的深标点，最大埋设深度应大于室内试验确定的自重湿陷下限深度，各湿陷性黄土层分界深度位置宜布设有深标点。在试坑底部，由中心向坑边以不少于 3 个方向，均匀设置观测自重湿陷的浅标点；在试坑外沿浅标点方向10～20m 内设置地面观测标点，观测精度宜为±0.5mm。

3）试坑内的水头高度不宜小于 300mm。在浸水过程中，应观测湿陷量、耗水量、浸湿范围和地面裂缝。湿陷稳定后可停止浸水，其稳定标准为最后 5d 的平均湿陷量小于 1mm/d。

4）设置观测标点前，可在坑底面打一定数量及深度的渗水孔，孔内应填满砂砾。

5）试坑内停止浸水前，应测试自重湿陷性土层的饱和度。

6）试坑内停止浸水后，应继续观测不少于 10d，且连续 5d 的平均下沉量不大于 1mm/d，试验终止。

（2）自重湿陷量 Δ_{zs}（mm）的计算值，应按下式计算：

$$\Delta_{zs}=\beta_0\sum_{i=1}^{n}\delta_{zsi}\cdot h_i \tag{5-1-10}$$

式中　δ_{zsi}——第 i 层土的自重湿陷系数；

h_i——第 i 层土的厚度（mm）；

β_0——因地区土质而异的修正系数，在缺乏实测资料时，可按下列规定取值：陇西地区取 1.50；陇东—陕北—晋西地区取 1.20；关中地区取 0.90；其他地区取 0.50。

自重湿陷量的计算值 Δ_{zs}应自天然地面（当挖、填方的厚度和面积较大时，应自设计地面）算起，至其下全部湿陷性土层的底面止。其中，自重湿陷系数 δ_{zs}值小于 0.015 的土层不累计入。

3. 场地湿陷类型的判定

（1）当自重湿陷量的实测值 Δ'_{zs} 或计算值 Δ_{zs}小于或等于 70mm 时，应定为非自重湿陷性黄土场地；

（2）当自重湿陷量的实测值 Δ'_{zs} 或计算值 Δ_{zs}大于 70mm 时，应定为自重湿陷性黄土场地。

（3）当自重湿陷量的实测值和计算值判定出现矛盾时，应按自重湿陷量的实测值判定。

（四）地基湿陷等级

1. 湿陷量的计算值 Δ_s（mm）

（1）湿陷量的计算值 Δ_s，应按下式计算：

$$\Delta_s=\sum_{i=1}^{n}\alpha\beta\delta_{si}h_i \tag{5-1-11}$$

式中　δ_{si}——第 i 层土的湿陷系数；若基础尺寸和基底压力已知，可采用 p-δ_s曲线上按基础附加压力和上覆土饱和自重压力之和对应的 δ_s值；

h_i——第 i 层土的厚度（mm）；

β——考虑基底下地基土的受力状态及地区等因素的修正系数，缺乏实测资料时，可按表 5-1-11 规定取值；

α——不同深度地基土浸水几率系数，按地区经验取值。无地区经验时可按

表 5-1-12取值。如地下水有可能上升至湿陷性土层内，或侧向浸水影响不可避免的区段，取 $\alpha=1.0$。

修正系数 β　　**表 5-1-11**

<table>
<tr><th colspan="2">位置及深度</th><th>β</th></tr>
<tr><td colspan="2">基底下 0～5m</td><td>1.50</td></tr>
<tr><td rowspan="2">基底下 5～10m</td><td>非自重湿陷性黄土场地</td><td>1.0</td></tr>
<tr><td>自重湿陷性黄土场地</td><td>所在地区的 β_0 值且不小于 1.0</td></tr>
<tr><td rowspan="2">基底下 10m 以下至非湿陷性黄土层顶面或控制性勘探孔深度</td><td>非自重湿陷性黄土场地</td><td>①区、⑪区取 1.0，其余地区取工程所在地区的 β_0 值</td></tr>
<tr><td>自重湿陷性黄土场地</td><td>取工程所在地区的 β_0 值</td></tr>
</table>

浸水几率系数 α　　**表 5-1-12**

基础底面下深度 z（m）	α	基础底面下深度 z（m）	α
$0\leqslant z\leqslant 10$	1.0	$20<z\leqslant 25$	0.6
$10<z\leqslant 20$	0.9	$z>25$	0.5

（2）湿陷量 Δ_s 的计算深度应自基础底面（如基底标高不确定时，自地面下 1.5m）算起。在非自重湿陷性黄土场地，累计至基底下 10m 深度止，当地基压缩层厚度大于 10m 时累计至压缩层深度。在自重湿陷性黄土场地，累计至非湿陷性黄土层的顶面止，控制性勘探点未穿透湿陷性黄土层时累计至控制性勘探点深度止。其中湿陷系数值小于 0.015 的土层不累计。

2. 地基湿陷等级

湿陷性黄土地基的湿陷等级，应根据自重湿陷量计算值或实测值和湿陷量计算值，按表 5-1-13 判定。

湿陷性黄土地基的湿陷等级　　**表 5-1-13**

<table>
<tr><td rowspan="2">场地湿陷类型 / Δ_{zs} (mm) / Δ_s (mm)</td><td>非自重湿陷性场地</td><td colspan="2">自重湿陷性场地</td></tr>
<tr><td>$\Delta_{zs}\leqslant 70$</td><td>$70<\Delta_{zs}\leqslant 350$</td><td>$\Delta_{zs}>350$</td></tr>
<tr><td>$50<\Delta_s\leqslant 100$</td><td rowspan="2">Ⅰ（轻微）</td><td>Ⅰ（轻微）</td><td rowspan="2">Ⅱ（中等）</td></tr>
<tr><td>$100<\Delta_s\leqslant 300$</td><td>Ⅱ（中等）</td></tr>
<tr><td>$300<\Delta_s\leqslant 700$</td><td>Ⅱ（中等）</td><td>*Ⅱ（中等）或Ⅲ（严重）</td><td>Ⅲ（严重）</td></tr>
<tr><td>$\Delta_s>700$</td><td>Ⅱ（中等）</td><td>Ⅲ（严重）</td><td>Ⅳ（很严重）</td></tr>
</table>

*注：当湿陷量的计算值 $\Delta_s>600$mm、自重湿陷量的计算值 $\Delta_{zs}>300$mm 时，可判为Ⅲ级；其他情况可判为Ⅱ级。

（五）湿陷起始压力

湿陷性黄土的湿陷起始压力 p_{sh} 值，可按下列方法确定：

1. 当按现场载荷试验结果确定时，应在 p-s_s（压力与浸水下沉量）曲线上，取其转折点所对应的压力作为湿陷起始压力值，当曲线上的转折点不明显时，可取浸水下沉量（s_s）与承压板直径（d）或宽度（b）之比值等于 0.017 所对应的压力作为湿陷起始压力值。

2. 当按室内压缩试验结果确定时，在 p-δ_s曲线上宜取 δ_s=0.015 所对应的压力作为湿陷起始压力值。

第四节 黄土地基的承载力

一、影响黄土地基承载力的主要因素

影响黄土地基承载力的因素主要为黄土的堆积年代、含水量（或饱和度）、密度（孔隙比或干密度）、粒度（黏粒含量、液限或塑性指数）和碳酸盐含量等。其中，最主要的因素对黄土地基承载力的影响的一般规律如表 5-1-14 所示。

对黄土地基承载力影响的一般规律 **表 5-1-14**

因素	对承载力的影响
堆积年代越早	越高
含水量（或饱和度）增加	降低
孔隙比增大（或干密度减小）	降低
液限（或黏粒含量、塑性指数）增大	增高

二、黄土地基承载力的确定方法

（一）确定承载力的基本原则

1. 黄土地基承载力特征值，应保证地基在稳定的条件下，使建筑物的沉降量不超过允许值。

2. 黄土地基承载力特征值，可根据静载荷试验或其他原位测试、公式计算，并结合工程实践经验综合确定。

（二）按载荷试验

1. 当压力变形曲线有明显拐点时，黄土地基承载力特征值取压力-变形曲线线性变形段内规定的变形所对应的压力值，其最大值为比例界限值。

2. 当压力-变形曲线上的拐点不明显时，黄土地基承载力特征值，可取 s/b=0.015 所对应的压力值，但其值不应大于最大加载压力的一半。

3. 当压力-变形曲线比较平缓，比例界限值较小（50～150kPa），相应的沉降量也很小（s/b<0.01），在比例界限荷载与极限荷载之间需经历较长的局部剪切破坏阶段，可按变形和强度双控制的方法确定黄土地基承载力特征值，满足条件为：(1) s/b≤0.02；(2) 取值小于极限荷载或最大加载压力的一半。

（三）按理论公式计算（见第四篇第五章）

（四）按原位测试确定（见第三篇有关章节）

（五）根据黄土的物理性质指标的经验方法

《湿陷性黄土地区建筑规范》GBJ 25—90 曾列出黄土地基承载力基本值，可根据土的液限 w_L、孔隙比 e 和含水量 w 的平均值或建议值按表 5-1-15 确定。

Q_3、Q_4^1 湿陷性黄土承载力基本值 f_0　　表 5-1-15

f_0(kPa)　w (%) w_L/e	≤13	16	19	22	25
22	180	170	150	130	110
25	190	180	160	140	120
28	210	190	170	150	130
31	230	210	190	170	150
34	250	230	210	190	170
37	—	250	230	210	190

注：对天然含水量小于塑限含水量的土，可按塑限含水量确定土的承载力。

三、黄土地基承载力的宽度、深度修正

当基础宽度大于 3m 或埋置深度大于 1.5m 时，地基承载力特征值应按式（5-1-12）修正：

$$f_a = f_{ak} + \eta_b \gamma (b-3) + \eta_d \gamma_m (d-1.50) \tag{5-1-12}$$

式中　f_a——修正后的地基承载力特征值（kPa）；

f_{ak}——相应于 b=3m 和 d=1.5m 的地基承载力特征值（kPa）；

η_b、η_d——分别为基础宽度和基础埋深的地基承载力修正系数，可按基底下土的类别由表 5-1-16 查得；

γ——基础底面以下土的重度（kN/m^3），地下水位以下取浮重度；

γ_m——基础底面以上土的加权平均重度（kN/m^3），地下水位以下取浮重度；

b——基础底面宽度（m），当基础宽度小于 3m 或大于 6m 时，可分别按 3m 或 6m 取值；

d——基础埋置深度（m），一般可自室外地面标高算起，当为填方时，可自填土地面标高算起，但填方在上部结构施工后完成时，应自天然地面标高算起；对于地下室，如采用箱形基础或筏形基础时，基础埋置深度可自室外地面标高算起；在其他情况下，应自室内地面标高算起。

基础宽度和埋置深度的黄土地基承载力修正系数　　表 5-1-16

土的类别	有关物理指标	承载力修正系数	
		η_b	η_d
Q_3、Q_4^1 湿陷性黄土	$w \leq 24\%$	0.20	1.25
	$w > 24\%$	0	1.10
饱和黄土*	e 及 I_L 都小于 0.85	0.20	1.25
	e 或 I_L 大于等于 0.85	0	1.10
	e 及 I_L 都不小于 1.00	0	1.00
Q_4^2 新近堆积黄土		0	1.00

注：* 只适用于 $I_P>10$，饱和度 $S_r \geq 80\%$ 的晚更新世（Q_3）、全新世（Q_4^1）饱和黄土。

四、湿陷性黄土场地的桩基承载力

(一) 对桩端土层的要求

在湿陷性黄土场地采用桩基础，宜穿透湿陷性黄土层，选择压缩性较低的岩土层作为桩端持力层。

(二) 单桩竖向承载力特征值的确定

1. 基底下湿陷性黄土层厚度等于或大于 10m 时，单桩竖向承载力特征值应通过单桩竖向静载荷浸水试验确定。

2. 基底下湿陷性黄土厚度小于 10m 或单桩竖向静载荷试验进行浸水确有困难时，单桩竖向承载力特征值，可按有关经验公式和下列规定估算：

(1) 在非自重湿陷性黄土场地，单桩竖向承载力应计入湿陷性土层内的桩长按饱和状态下的正侧阻力。饱和状态下土的液性指数，可按下式计算：

$$I_L = \frac{\frac{S_r e}{d_s} - w_P}{w_L - w_P} \tag{5-1-13}$$

式中 I_L——土的液性指数；

S_r——土的饱和度，可取 0.85；

e——土的天然孔隙比；

d_s——土粒相对密度（比重）；

w_L、w_P——分别为土的液限和塑限含水量，以小数计。

(2) 在自重湿陷性黄土场地，单桩竖向承载力的计算除不计中性点深度以上黄土层的正侧阻力外，尚应扣除桩侧的负摩阻力。负摩阻力值宜通过现场浸水试验测定，无场地负摩阻力实测资料时，可按表 5-1-17 中的数值估算。

桩侧平均负摩阻力特征值 (kPa) **表 5-1-17**

自重湿陷量的计算值或实测值 (mm)	钻孔、挖孔灌注桩	预制桩
70～200	10	15
＞200	15	20

注：当自重湿陷量的计算值和实测值矛盾时，应以实测值为准。

中性点深度可通过下列方式之一确定：

1) 通过单桩竖向静载荷浸水试验实测；

2) 浸水饱和条件下，取桩周黄土沉降与桩身沉降相等的深度；

3) 取自重湿陷性黄土层底面深度；

4) 根据建筑使用年限内场地水环境变化研究结果结合场地黄土湿陷性条件综合确定；

5) 有经验的地区，可根据当地经验结合场地黄土湿陷性条件综合确定。

为提高桩基的竖向承载力，在自重湿陷性黄土场地可采取减小桩侧负摩擦力的措施。

第五节 黄土地基的变形

一、黄土地基的变形性质

湿陷性黄土地基变形包括压缩变形和湿陷变形。

湿陷性黄土在荷载作用下产生压缩变形，其大小取决于荷载的大小和土的压缩性。在天然湿度和天然结构情况下，一般近似线性变形。湿陷性黄土在外荷不变的条件下，由于浸水使土的结构连续被破坏（或软化）产生湿陷变形，其大小取决于浸水的作用压力和土的湿陷性，属于一种特殊的塑性变形。

湿陷性黄土在增湿时（含水量增大），其湿陷性降低，而压缩性增高。当达到饱和后，在荷载作用下土的湿陷性退化而全部转化为压缩性。

二、黄土地基的压缩变形计算

（一）按《建筑地基基础设计规范》GB 50007—2011 公式计算（见第四篇第四章）

计算时，黄土地基的沉降计算经验系数 ψ_s 可按表 5-1-18 确定。

黄土地基沉降计算经验系数 ψ_s **表 5-1-18**

压缩模量当量值 $\bar{E}_s$（MPa）	3.0	5.0	7.5	10.0	12.5	15.0	17.5	20.0
ψ_s	1.80	1.22	0.82	0.62	0.50	0.40	0.35	0.30

（二）按地基固结沉降公式计算

在一定程度上考虑了黄土的结构强度，按正常固结、超固结和欠固结三种情况分别用不同公式进行计算，见第四篇第四章。

第六节 黄土的动力特性

一、黄土动力特性的一般规律

黄土具有较强的结构特性，对湿度变化特别敏感，湿度状态变化与动静载荷先后次序，对黄土的动力特性有较大影响，见表 5-1-19。

湿度状态变化对黄土动力特性的影响 **表 5-1-19**

动力特性	黄土按湿度状态划分		
	干型黄土 $w<w_s$	湿型黄土 $w_s<w<w_L$	饱和黄土 $w>w_L$
本构关系	直线型	双曲线型	双曲线型
破坏应变范围的动模量	一般接近常数	随应变增大而降低	由于饱和黄土具有高湿度、低密度和弱结构强度的性质，动力作用下会产生较大的动变形，高的动孔压会出现类似砂土的液化现象
动强度	由抗拉强度控制	由抗剪强度控制	
破坏类型	脆性破坏	塑性压剪破坏	
固结应力比的影响	不大	视其能否引起黄土结构强度的破坏而不同	
振密变形	很小	受起始静应力的影响，并随动应力的增大而增大	

注：w_s ——缩限含水量，w_L ——液限含水量。

二、黄土的振陷

（一）振陷的定义

土在动荷作用下的残余变形称为振陷。它与土性条件（干密度、孔隙比、含水量及结构特征）、静荷条件（静应力大小、固结应力比、应力历史、应力路径）及动荷条件（动应力大小、振次、频率、作用方向）等有关，其中动应力、含水量、振次及固结应力比为主要的影响因素。

（二）振陷的基本概念

1. 振陷系数 δ_d

单位厚度的土样所产生的振陷变形，以小数表示。

振陷系数 δ_d 是判定黄土振陷性的定量指标，由现场动载荷试验或室内动三轴试验测定。

2. 振陷变形曲线

以动应力 σ_d 为横坐标，以振陷系数 δ_d 为纵坐标的 δ_d-σ_d 曲线称为振陷变形曲线，δ_d-σ_d 曲线与土性条件、静荷条件及动荷条件等有关。

干型黄土（$w<w_s$）结构性较强，在中小动应力作用下，结构未破坏，振陷变形很小，振陷变形曲线近似直线变化。

湿型黄土（$w_s<w<w_L$）及饱和黄土（$w>w_L$）的振陷变形曲线可近似用下列双曲线关系描述，如式（5-1-14）所示。

$$\delta_d=\frac{A(w、N)\sigma_d}{1-B(w)\sigma_d} \tag{5-1-14}$$

式中，A、B 为试验系数，A 值随含水量 w 及振次 N 变化，B 值随含水量变化。

3. 振陷临界动应力

当动应力在较低范围增大时，残余变形增长很小。只有当动应力超过某一界限时残余变形的增长率才有明显增大，这一界限动力应力值可定义为振陷的临界动应力 σ_{dcr}，它与试样的起始状态（土性条件及静应力条件）有关。一定密度和静力条件下的黄土，其临界动应力与土的含水量有关。

振陷临界动应力一般以 δ_d-σ_d 曲线上曲率半径最小处所对应的动应力确定，亦可按照实际工程要求的允许振陷变形确定。

当作用动应力小于临界动应力时，可不考虑黄土的振陷。

4. 振陷系数与湿陷系数的关系

黄土的振陷系数 δ_d 与湿陷系数 δ_s 之间可建立以下相关关系式，见式（5-1-15）。

$$\delta_d=\frac{C_{mo}-D_{mo}\delta_s}{A_{mo}+B_{mo}\delta_s} \tag{5-1-15}$$

式中，A_{mo}、B_{mo}、C_{mo}、D_{mo} 为与动应力有关的试验系数。

一般情况下，振陷系数随着湿陷系数的增大而减小。

（三）黄土振陷量的估算

黄土地基受地震荷载作用时的振陷量 Δ_d 可用分层总和法进行估算，见式（5-1-16）、式（5-1-17）。

$$\Delta_d=\sum_{i=1}^{n}\alpha_i\delta_{di}h_i \tag{5-1-16}$$

式中 Δ_d ——黄土地基震陷量（mm）；

δ_{di} ——第 i 层土的振陷系数；

h_i ——第 i 层土的厚度（mm）；

α_i ——考虑用动三轴试验模拟实际地震作用的修正系数，在缺乏经验时也可用下式算得：

$$\alpha_i = \frac{1}{2}(1-\mu_{di}) \tag{5-1-17}$$

式中　μ_{di}——第 i 层土的动泊松比。

第七节　新近堆积黄土

一、新近堆积黄土的分布和野外特征

新近堆积黄土 Q_4^2 有坡积、洪积、风积、冲积和重力堆积（滑坡堆积、崩塌堆积）等成因，但以混合沉积为多，主要分布在黄土塬、梁、峁的坡脚和斜坡后缘，冲沟两侧及沟口处的洪积扇和山前坡积地带，河道拐弯处的内侧，河漫滩及低阶地，山间或黄土梁、峁之间凹地的表部，平原上被淹埋的池沼洼地。

新近堆积黄土以几十年到百余年内形成的土质最差，结构疏松，锹挖甚易，土的颜色杂乱，灰黄、褐黄、黄褐、棕红等色相杂或相间，大孔排列杂乱，常混有颜色不一的土块，多虫孔和植物根孔，在裂隙或孔壁上常有钙质粉末或菌丝状白色条纹存在，常含有机质、斑状或条状氧化铁，有的混砂、砾或岩石碎屑，有的混碎砖、陶瓷碎片或朽木等人类活动的遗物。

新近堆积黄土的厚度由 1～2m 到 7～10m，厚度变化大，随地形起伏而异。水平和垂直方向上的岩性变化大，土质非常不均匀。

二、新近堆积黄土的物理力学性质

（一）一般规律

1. 具有略高于一般湿陷性黄土的含水量；
2. 大都具有高压缩性，其压缩系数峰值多在 0～150kPa 压力段出现；
3. 液限多在 30%以下；
4. 在同一场地新近堆积黄土的湿陷性与承载力有差别。

（二）物理力学性质指标

部分地区新近堆积黄土的物理力学性质指标见表 5-1-20。

部分地区新近堆积黄土物理力学指标　　　　表 5-1-20

地　区	含水量 w（%）	天然密度 ρ (g/cm³)	孔隙比 e	液限 w_L (%)	塑性指数 I_P	压缩系数 a_{1-2} (MPa⁻¹)	湿陷系数 δ_s	湿陷起始压力 p_{sh} (kPa)	黏聚力 c (kPa)	内摩擦角 φ (°)	比例界限 P_0 (kPa)
西宁南川	21.6	1.73	0.92	31.1	11.5	0.43			14	19.8	75～100
陇西	20.5	1.89	0.80	27.0	11.0	0.63	0.026				
武山	17.9	1.61	0.98	23.7	7.3	0.62			16		60～75
甘谷	20.8	1.54	1.13	24.9	—	1.32					70～90
天水市区	21.1	—	0.99	28.5	—	0.60					
天水吴家寺	23.2	1.79	0.86	27.8	9.5	0.68	0.01～0.06				
天水社棠	20.0	1.50	1.16	28.6	11	1.10	0.009				
定西	15.1	1.37	1.30	28.6	—	0.80					

续表

地　区	含水量 w (%)	天然密度 ρ (g/cm³)	孔隙比 e	液限 w_L (%)	塑性指数 I_P	压缩系数 a_{1-2} (MPa⁻¹)	湿陷系数 δ_s	湿陷起始压力 p_{sh} (kPa)	黏聚力 c (kPa)	内摩擦角 φ (°)	比例界限 P_0 (kPa)
宁夏	19.8	1.50	1.14	29.8	—	0.82					
陕西富平	21.0	1.78	0.85	26.4	8.9	0.43	0.029				120～130
陕西高店	20.7	1.81	0.81	—	9.7	0.62	0.019		37	22.9	75～100
宝鸡南	19.1	1.74	0.84	29.5	12.7	0.74	0.030	67～100	29	28.0	50～110
宝鸡	20.0	1.62	1.01	29	11.5	0.68	0.076	75	13	13.0	85
耀县	21.0	1.64	1.02	26.4	11.5	1.10	0.041	66	18	22.2	50～75
太原	28.8	1.85	0.91	39.4	16.3	0.49					
侯马	21.4	1.66	1.00	28.8	10.8	0.90	0.032	54	22	20.5	50～100
郑州	6.8～31	1.56～1.99	0.73～0.95	23.5～28.2	7.6～10.4	0.16～0.86	0.01～0.06			17.8～28.4	42～150
洛阳	18～24	1.73	0.75～0.95	25～32	8.0～12.0	0.30～0.80		75	10～33		
邯郸	25.5	—	0.903	30.8	11.6	1.035					105

三、新近堆积黄土的判定

当现场鉴别不明确时，可按下列试验指标判定为新近堆积黄土。

1. 在 50～150kPa 压力段的压缩变形较大，小压力下具有高压缩性。

2. 利用判别式判定，见式（5-1-18）。

$$R = -68.45e + 10.98a - 7.16\gamma + 1.18w \tag{5-1-18}$$

$$R_0 = -154.80$$

当 $R>R_0$ 时，可将该土判定为新近堆积（Q_4^2）黄土。

式中　e——土的孔隙比；

a——压缩系数（MPa^{-1}），宜取 50～150kPa 或 0～100kPa 压力下的大值；

w——土的天然含水量（%）；

γ——土的天然重度（kN/m^3）。

四、新近堆积黄土的地基承载力

新近堆积黄土的地基承载力除用现场载荷试验确定外，在经过必要的验证后，也可利用原位测试或土性指标建立的经验关系确定。

1. 用静力触探比贯入阻力 p_s 确定河谷低阶地的新近堆积黄土的地基承载力，见表5-1-21。

新近堆积黄土 Q_4^2 地基承载力基本值 f_0　　　**表 5-1-21**

比贯入阻力 p_s (MPa)	0.3	0.7	1.1	1.5	1.9	2.3	2.8	3.2	3.6
承载力基本值 f_0 (kPa)	55	75	92	108	124	140	161	178	194

2. 根据轻型动力触探锤击数 N_{10} 确定新近堆积黄土的地基承载力，见表 5-1-22。

新近堆积黄土 Q_4^2 地基承载力基本值 f_0　　**表 5-1-22**

轻型动力触探击数 N_{10}	7	11	15	19	23	27
承载力基本值 f_0 （kPa）	80	90	100	110	120	135

3. 根据土的物理力学指标确定新近堆积黄土地基承载力，见表 5-1-23。

新近堆积黄土 Q_4^2 地基承载力基本值 f_0　　**表 5-1-23**

f_0（kPa） w/w_L a（MPa^{-1}）	0.4	0.5	0.6	0.7	0.8	0.9
0.2	148	143	138	133	128	123
0.4	136	132	126	122	116	112
0.6	125	120	115	110	105	100
0.8	115	110	105	100	95	90
1.0	—	100	95	90	85	80
1.2	—	—	85	80	75	70
1.4	—	—	—	70	65	60

注：压缩系数 a 值可取 50～150kPa 或 100～200MPa 压力段的大值。

第八节　饱　和　黄　土

一、两类饱和黄土

饱和黄土是饱和度大于 80%，湿陷性已退化了的黄土。

饱和黄土根据其浸湿后的应力历史分为两类：一类是湿陷性黄土浸湿后，未经过湿陷压密作用，称为未压密饱和黄土；另一类是黄土早期受水浸湿已经过湿陷压密作用，称为已压密饱和黄土。两类饱和黄土的工程性能有很大差异，见表 5-1-24。

两类饱和黄土的工程性能对比　　**表 5-1-24**

饱和黄土分类	浸水时间	上覆压力	大孔结构	含水量	状态	地基承载力	压缩性	失水减湿后的湿陷性	工程性能评价
Ⅰ未压密	相对较短	较小	基本未破坏	较高	软塑—流塑	很低	高	可恢复	较差
Ⅱ已压密	相对较长	较大	已破坏	较低	可塑	一般	中等	不可恢复	一般

二、饱和黄土的物理力学性质指标

两类饱和黄土的物理力学性质指标比较见表 5-1-25。

两类饱和黄土物理力学性质指标统计　　表 5-1-25

土类	取样场地	w (%)	ρ (g/cm^3)	ρ_d (g/cm^3)	S_r (%)	e	w_L (%)	I_L
Ⅰ未压密饱和黄土	西安交大三村	35.3	1.80	1.33	92	1.042	31.5	1.30
	陕西博物馆	31.7	1.81	1.38	89	0.981	32.3	0.96
Ⅱ已压密饱和黄土	陕西电视中心	25.4	1.96	1.56	91	0.746	33.2	0.45
	经委能源中心	28.4	1.89	1.47	91	0.849	32.6	0.69
	西工大科研楼	24.2	1.86	1.50	91	0.817	30.1	0.49

土类	取样场地	a_{1-2} (MPa^{-1})	E_s (MPa)	压缩指数 C_c	抗剪强度		f_0 (kPa)
					c (kPa)	φ (°)	
Ⅰ未压密饱和黄土	西安交大三村	0.77	2.7	0.321	8	20.1	80
	陕西博物馆	0.67	3.8	0.340	20	20.3	100
Ⅱ已压密饱和黄土	陕西电视中心	0.20	13.7	0.227	29	25.2	220
	经委能源中心	0.27	8.2	0.244	12	20.7	170
	西工大科研楼	0.23	8.0	0.176			200

三、饱和黄土的地基承载力

饱和黄土的地基承载力宜采用载荷试验、公式计算及其他原位测试等方法综合确定。一般建筑物饱和黄土的地基承载力可按表 5-1-26 确定。

饱和黄土地基承载力基本值 f_0　　表 5-1-26

a_{1-2} (MPa^{-1}) ＼ w/w_L ＼ f_0 (kPa)	0.8	0.9	1.0	1.1	1.2
0.1	186	180	—	—	—
0.2	175	170	165	—	—
0.3	160	155	150	145	—
0.4	145	140	135	130	125
0.5	130	125	120	115	110
0.6	118	115	110	105	100
0.7	106	100	95	90	85
0.8	—	90	85	80	75
0.9	—	—	75	70	65
1.0	—	—	—	—	55

注：当黄土的饱和度 S_r=70%～80%时，亦可参照此表。

第九节　黄土地基的勘察

一、对勘察工作的要求

(一) 黄土地区岩土工程勘察应查明的内容

1. 场地湿陷性黄土层的厚度、下限深度；

2. 自重湿陷系数、湿陷系数及湿陷起始压力随深度的变化；

3. 不同湿陷类型场地、不同湿陷等级地基的平面分布；

4. 工程场地及其周边的地形地貌等工程地质条件；

5. 地下水及河、沟、湖、库、雨水等地面水的汇聚与排泄；

6. 黄土地层的时代、成因；

7. 地基土垂直向和水平向的渗透性；

8. 场地存在大面积挖填方时，应查清挖填方的范围、厚度、原始地面高程和初始的地形地貌等，评估填挖方对水环境的影响、湿陷性的变化和引起的边坡及隐形边坡等；

9. 评估地下水上升、侧向水浸入和地面水汇聚、排泄、下渗对建筑物影响的可能性、程度和规律，并提出工程建议。

岩土工程勘察应结合建筑物的特点和设计要求，对场地、地基做出评价，对地基处理措施提出建议。

（二）勘探工作量的布置

1. 初步勘察

（1）场地工程地质条件复杂时应进行工程地质测绘，其比例尺可采用 1∶1000～1∶5000。

（2）勘探点应沿地貌单元的纵、横剖面线方向或分界线及其垂直方向布置，且每个地貌单元上均应有勘探点；取样和原位测试勘探点在平面布局上应具控制性，其数量不得少于全部勘探点的 1/2，其中应包括一定数量的探井。

（3）勘探点的间距和深度宜分别按表 5-1-27、表 5-1-28 确定。

（4）每主要土层取不扰动土样进行湿陷性试验，不应少于 6 组。

（5）当根据地区建筑经验难以确定湿陷类型时，甲类建筑和乙类中的重要建筑，应进行现场试坑浸水试验。

初步勘察勘探点间距（m）　　　　**表 5-1-27**

地貌单元＼建筑类别	甲类	乙类	丙类	丁类
黄土塬、黄土阶地	80～120	120～160	160～200	200～250
黄土梁、峁，黄土斜坡	50～80	80～120	120～160	160～200
黄土沟谷	20～50	50～80	80～110	110～150

注：1. 地貌单元分界地带应加密勘探点；
　　2. 黄土沟谷谷底应有勘探线或勘探点。

初步勘察勘探点深度（m）　　　　**表 5-1-28**

勘探点类型＼建筑类别	甲类	乙类	丙类	丁类
一般性勘探点	25～30	20～25	15～20	12～15
控制性勘探点	穿透湿陷性黄土层并不宜小于 40m	穿透湿陷性黄土层并不宜小于 30m	穿透自重湿陷性土层或不宜小于 25m	穿透自重湿陷性土层或不宜小于 20m

注：表中勘探深度内遇稳定地下水位或非湿陷性坚实地层时，部分勘探点可终孔。

2. 详细勘察

(1) 勘探点的布置应根据建筑物平面和建筑物类别以及工程地质条件的复杂程度等因素确定，沿建筑轮廓或基础中心位置布设，建筑群勘探点间距宜按表 5-1-29 确定。

勘探点的间距（m）　　**表 5-1-29**

场地类别 \ 建筑类别	甲	乙	丙	丁
简单场地	30～40	40～50	50～80	80～100
中等复杂场地	20～30	30～40	40～50	50～80
复杂场地	10～20	20～30	30～40	40～50

注：场地的复杂程度可分为：

1. 简单场地：地形平缓，地貌、地层简单，场地湿陷类型单一、地基湿陷等级变化不大；
2. 中等复杂场地：地形起伏较大，地貌、地层较复杂，局部有不良地质现象发育，场地湿陷类型、地基湿陷等级变化较大；
3. 复杂场地：地形起伏很大，地貌、地层复杂，不良地质现象广泛发育，场地湿陷类型、地基湿陷等级分布复杂，地下水位变化幅度大或变化趋势不利。
4. 建筑类别按《湿陷性黄土地区建筑标准》GB 50025 有关规定划分。

(2) 单体建筑勘探点数量，甲类、乙类建筑不宜少于 5 个，丙类建筑不应少于 3 个，丁类建筑不应少于 2 个，杆塔式构筑物可为 1 个。

(3) 勘探点深度应大于地基压缩层深度且满足评价湿陷等级的深度需要，甲类、乙类建筑尚应穿透湿陷性土层，对桩基工程还应满足验算沉降的要求。

(4) 采取不扰动土样和原位测试的勘探点不应少于全部勘探点的 2/3，且取样勘探点不宜少于全部勘探点的 1/2。其中，应包括一定数量的探井，探井数量应为取土勘探点总数的 1/3～1/2，并不宜少于 3 个。

(三) 湿陷性评价的季节性影响

在特定的条件下，季节性降水或定期灌溉等会影响黄土的湿陷性评价。雨季取样试验确定的湿陷等级和承载力会偏低，而在旱季确定的湿陷等级和承载力又可能偏高。这些因素在勘察和评价时，应根据具体情况加以考虑。

二、钻孔内取不扰动土试样的操作要点

在湿陷性黄土地区进行勘察时，为了正确评价黄土地基的湿陷程度，在钻孔中采取不扰动土试样，必须熟练掌握钻进操作方法和取样方法，使用适合的取土器。

1. 钻进方法

一般宜采用回转钻进，在含水量适中（$16\% < w < 24\%$）及有经验时，亦可使用冲击钻进。

回转钻进时应使用螺纹钻头，并应控制每次进尺的深度，严格掌握“一米三钻”的操作顺序，即取样间隔 1m 时，第一钻进尺 0.5～0.6m，第二钻清孔进尺 0.2～0.3m，第三钻取土样。当间距大于 1m 时，其下部 1m 深度内仍按上述方法操作。

清孔时应不加压或少加压慢速钻进，应使用薄壁取土器压入清孔，一次压入或击入

12～15cm，严禁多次压入或击入。不得使用小钻头钻进，大钻头清孔。

冲击钻进时，应使用专用的薄壁钻头（直径不小于140mm，壁厚不大于3mm，刃口角度不大于10°～12°），并应采取分段进尺、逐次缩减和坚持清孔的钻进程序，每段进尺应小于回转钻进要求的进尺深度。

2. 取样方法

（1）压入法：取样前，将取土器轻轻吊起放至孔内预定取土深度处，然后以匀速压入，中途不得停顿，钻杆要保持垂直和不摇摆，压入深度以超过取土器盛土段3～5cm为宜。

（2）击入法：要一击完成，不得进行二次锤击。

3. 取土器：

薄壁取土器规格如表5-1-30所示。

黄土薄壁取土器的尺寸　　**表5-1-30**

外径（mm）	刃口内径（mm）	放置内衬后内径（mm）	盛土筒长（mm）	盛土筒厚（mm）	余（废）土筒长（mm）	面积比（%）	切削刃口角度（°）
<129	120	122	150～200	2.00～2.50	200	<15	12

三、钻探取样时需注意的事项

1. 钻进和取土过程中，严禁向钻孔内加水。

2. 卸土过程不得用榔头敲打取土器，土样从取土器推出时，要防止土筒回弹崩裂土样。

3. 要经常检查钻头和取土器是否完好，检查取出的土样是否受压受损、碎裂等。

4. 土样在运输的过程中应采取防止振动破坏措施。结构敏感、含粉土颗粒较多的黄土宜就地开土，进行土工试验。

5. 注意与探井取样进行对比。

6. 勘察报告应注明钻进、取样方法和取土器规格，并应评价土样质量。

四、室内试验要求

采用室内压缩试验测定黄土的湿陷系数δ_s、自重湿陷系数δ_{zs}和湿陷起始压力p_{sh}，均应符合下列要求。

1. 土样的质量等级应为Ⅰ级不扰动土样；

2. 环刀面积不应小于5000mm^2，使用前应将环刀洗净风干，透水石应烘干冷却；

3. 加荷前，应将环刀试样保持天然湿度；

4. 试样浸水宜用蒸馏水；

5. 试样浸水前和浸水后的稳定标准，应为下沉量不大于0.01mm/h。

第十节　湿陷性黄土地基处理原则

一、基本原则

1. 防止或减小建筑物地基浸水湿陷的设计措施，可分为地基处理措施、防水措施和结构措施三种；

2. 应采用以地基处理为主的综合治理方法、防水措施和结构措施一般用于地基不处理或用于消除地基部分湿陷量的建筑，以弥补地基处理的不足。

二、地基处理措施

1. 消除地基的全部湿陷量，或采用桩基础穿透全部湿陷性土层，或将基础设置在非湿陷性土层上，常用于甲类建筑；

2. 消除地基的部分湿陷量，如采用复合地基，换土垫层、强夯、预浸水等，主要用于乙、丙类建筑；

3. 丁类建筑，地基可不处理。

三、防水措施

1. 基本防水措施。在总平面设计、场地排水、地面防水、排水沟、管道敷设、建筑物散水、屋面排水、管道材料和连接等方面采取措施，防止雨水或生产、生活用水的渗漏。

2. 检漏防水措施。在基本防水措施的基础上，对防护范围内的地下管道增设检漏管沟和检漏井。

3. 严格防水措施。在检漏防水措施的基础上，提高防水地面、排水沟、检漏管沟和检漏井等设施的材料标准，如增设可靠的防水层、采用钢筋混凝土排水沟等。

4. 侧向防水措施：在建筑物周围采取防止水从建筑物外侧渗入地基中的措施，如设置防水帷幕、增大地基处理外放尺寸等。

四、结构措施

减小或调整建筑物的不均匀沉降，或使结构适应地基的变形。

五、建筑物沉降观测

在施工和使用期间，对甲类建筑和乙类中的重要建筑应进行沉降观测，并应在设计文件中注明沉降观测点的位置和观测要求。

观测点设置后，应立即观测一次。对多层、高层建筑，每完工一层观测一次，竣工时再观测一次，以后每年至少观测一次，至沉降稳定为止。

第十一节 其他湿陷性土

除常见的湿陷性黄土外，在我国干旱和半干旱地区，特别是在山前洪、坡积扇（裙）地带常遇到湿陷性碎石土、湿陷性砂土等。这种土在一定压力下浸水也常呈现强烈的湿陷性。这类湿陷性土在评价方面尚不能完全沿用我国现行《湿陷性黄土地区建筑标准》的有关规定，可称之为非黄土的湿陷性土。

一、湿陷性评价

（一）湿陷性判定

当不能取试样做室内湿陷性试验时，应采用现场载荷试验确定湿陷性。在 200kPa 压力下浸水载荷试验的附加湿陷量与承压板宽度之比等于或大于 0.023 的土，应判为湿陷性土。

（二）湿陷程度

湿陷性土湿陷程度的划分应符合表 5-1-31 的判定。

湿陷性土的湿陷程度分类　　表 5-1-31

<table>
<tr><td rowspan="2">试验条件
湿陷程度</td><td colspan="2">附加湿陷量 Δ_{F_s}（cm）</td></tr>
<tr><td>承压板面积
0.50m^2</td><td>承压板面积
0.25m^2</td></tr>
<tr><td>轻　微</td><td>$1.6<\Delta_{F_s}\leqslant 3.2$</td><td>$1.1<\Delta_{F_s}\leqslant 2.3$</td></tr>
<tr><td>中　等</td><td>$3.2<\Delta_{F_s}\leqslant 7.4$</td><td>$2.3<\Delta_{F_s}\leqslant 5.3$</td></tr>
<tr><td>强　烈</td><td>$\Delta_{F_s}>7.4$</td><td>$\Delta_{F_s}>5.3$</td></tr>
</table>

注：对能用取土器取得不扰动试样并进行室内试验的湿陷性粉砂，其试验方法和评定标准按现行国家标准《湿陷性黄土地区建筑规范》GB 50025 执行。

（三）总湿陷量 Δ_s

湿陷性土地基受水浸湿至下沉稳定为止的总湿陷量 Δ_s（cm），应按下式计算：

$$\Delta_s = \sum_{i=1}^{n} \beta \Delta_{F_{si}} h_i \tag{5-1-19}$$

式中 $\Delta_{F_{si}}$——第 i 层土浸水载荷试验的附加湿陷量（cm）；

h_i——第 i 层土的厚度（cm），从基础底面（初步勘察时自地面下 1.5m）算起，$\Delta_{F_{si}}/b<0.023$ 的土层厚度不计入；

β——修正系数（cm^{-1}）。承压板面积为 0.50m^2 时，$\beta=0.014$；承压板面积为 0.25m^2 时，$\beta=0.020$。

（四）湿陷等级

湿陷性土地基的湿陷等级应按表 5-1-32 判定。

湿陷性土地基的湿陷等级　　表 5-1-32

<table>
<tr><td>总湿陷量 Δ_s（cm）</td><td>湿陷土层总厚度（m）</td><td>湿陷等级</td></tr>
<tr><td rowspan="2">$5<\Delta_s\leqslant 30$</td><td>>3</td><td>Ⅰ</td></tr>
<tr><td>≤3</td><td rowspan="2">Ⅱ</td></tr>
<tr><td rowspan="2">$30<\Delta_s\leqslant 60$</td><td>>3</td></tr>
<tr><td>≤3</td><td rowspan="2">Ⅲ</td></tr>
<tr><td rowspan="2">$\Delta_s>60$</td><td>>3</td></tr>
<tr><td>≤3</td><td>Ⅳ</td></tr>
</table>

二、湿陷性土场地勘察

湿陷性土场地勘察，除应遵守规范的一般规定外，尚应符合下列要求：

1. 勘探点的间距应按规范的一般规定取小值，对湿陷性土分布极不均匀的场地应加密勘探点；

2. 控制性勘探孔深度应穿透湿陷性土层；

3. 应查明湿陷性土的年代、成因、分布与其中的夹层、包含物、胶结物的成分和性质；

4. 湿陷性碎石土和砂土，宜采用动力触探试验或标准贯入试验确定力学特性；

5. 不扰动土试样应在探井中采取；

6. 不扰动土试样除测定一般物理力学性质外，尚应做土的湿陷性和湿化试验；

7. 对不能取得不扰动土试样的湿陷性土，应在探井中采用大体积法测定密度和含水量；

8. 对于厚度超过 2m 的湿陷性土，应在不同深度处分别进行浸水载荷试验，并应不受相邻试验的浸水影响。

三、湿陷性土的岩土工程评价

1. 对湿陷性土应划分湿陷程度和地基湿陷等级。

2. 湿陷性土的地基承载力宜采用载荷试验或其他原位测试确定。

3. 对湿陷性土边坡，当浸水因素可能引起湿陷性土本身或其与下伏地层接触面的强度降低时，应进行稳定性评价。

第二章 红 黏 土

第一节 红黏土的形成和分布

一、红黏土的定义

红黏土分为原生红黏土和次生红黏土。

颜色为棕红或褐黄，覆盖于碳酸盐岩系之上，其液限大于或等于 50%的高塑性黏土，应判定为原生红黏土。

原生红黏土经搬运、沉积后仍保留其基本特征，且其液限大于 45%的黏土，可判定为次生红黏土。

二、红黏土的形成条件

（一）岩性条件

在碳酸盐类岩石分布区内，经常夹杂着一些非碳酸盐类岩石，它们的风化物与碳酸盐类岩石的风化物混杂在一起，构成了这些地段红黏土成土的物质来源。故红黏土的母岩是包括夹在其间的非碳酸盐类岩石的碳酸盐岩系。

（二）气候条件

红黏土是红土的一个亚类。红土化作用是在炎热湿润气候条件下进行的一种特定的化学风化成土作用。在这种气候条件下，年降水量大于蒸发量，形成酸性介质环境。红土化过程是一系列由岩变土和成土之后新生黏土矿物再演变的过程。我国南方更新世以来，曾存在过较长期的湿热气候条件，有利于红黏土的形成。

三、红黏土的分布规律

（一）红黏土分布的地域性

我国红黏土主要分布在西南、中南和华东地区，以贵州、云南和广西最为典型和广泛；其次，在四川盆地南缘和东部、鄂西、湘西、湘南、粤北、皖南和浙西等地也有分布。在西部，主要分布在较低的溶蚀夷平面及岩溶洼地、谷地；在中部，主要分布在峰林谷地、孤峰准平原及丘陵洼地；在东部，主要分布在高阶地以上的丘陵区。

我国北方红黏土零星分布在一些较温湿的岩溶盆地，如陕南、鲁南和辽东等地，多为受到后期营力的侵蚀和其他沉积物覆盖的早期红黏土。

（二）红黏土土性的变化规律

各地区红黏土不论在外观颜色、土性上都有一定的变化规律，一般具有自西向东土的塑性和黏粒含量逐渐降低、土中粉粒和砂粒含量逐渐增高的趋势。

有的地区基岩之上全部为原生红黏土所覆盖；有的地区则常见到红黏土被泥砾堆积物及更新世后期各类堆积物所覆盖。在河流冲积区低洼处，常见有经过迁移和再搬运的次生红黏土覆盖于基岩或其他沉积物之上；在岩溶洼地、谷地、准平原及丘陵斜坡地带，当受片状及间歇性水流冲蚀时，红黏土的土粒被带到低洼处堆积成新的土层——次生红黏土。其颜色浅于未搬运者，常含粗颗粒，但总体上仍保持红黏土的基本特征，而明显有别于一般黏性土。这类土分布在鄂西、湘西、粤北和广西等山地丘陵区，远较原生红黏土广泛。次生红黏土的分布面积约占红黏土总面积的10%～40%，由西部向东部逐渐增多。

（三）红黏土厚度变化规律

各地区红黏土厚度不尽相同，贵州地区约为3～6m，超过10m者较少；云南地区一般为7～8m，个别地段可达10～20m；湘西、鄂西和广西等地一般为10m左右。

红黏土的厚度变化与原始地形和下伏基岩面的起伏变化关系密切。分布在盆地或洼地中的红黏土大多是边缘较薄、中间增厚；分布在基岩面或风化面上的红黏土厚度取决于基岩面起伏和风化层深度。当下伏基岩的溶沟、溶槽、石芽等发育时，上覆红黏土的厚度变化极大，常出现咫尺之隔厚度相差10m之多的现象。

第二节 红黏土的工程地质特性

一、红黏土的物理力学性质

（一）红黏土的物理力学性质指标经验值

红黏土的物理力学性质指标经验值见表5-2-1。

红黏土物理力学性质指标经验值 **表5-2-1**

指标	粒组含量（%）		天然含水率 w（%）	最优含水率 w_{op}（%）	重度 γ（kN/m³）	最大干密度 ρ_{dmax}（g/cm³）	土粒相对密度（比重）G_S
	粒径（mm）0.005～0.002	粒径（mm）<0.002					
一般值	10～20	40～70	30～60	27～40	16.5～18.5	1.38～1.49	2.76～2.90
指标	饱和度 S_r（%）	孔隙比 e	液限 w_L（%）	塑限 w_P（%）	塑性指数 I_P	液性指数 I_L	含水比 α_w
一般值	88～96	1.1～1.7	50～100	25～55	25～50	−0.1～0.6	0.50～0.80
指标	孔隙渗透系数 k（cm/s）	裂隙渗透系数 k'（cm/s）	三轴-剪切		无侧限抗压强度 q_u（kPa）	比例界限 p_0（kPa）	压缩系数 $a_{1\text{-}2}$（MPa⁻¹）
			内摩擦角 φ（°）	黏聚力 c（kPa）			
一般值	$i\times10^{-8}$	$i\times10^{-5}\sim i\times10^{-3}$	0～3	50～160	200～400	160～300	0.1～0.4

续表

指 标	压缩模量 E_s (MPa)	变形模量 E_0 (MPa)	自由膨胀率 δ_{ef} (%)	膨胀率 δ_{ep} (%)	膨胀压力 p_e (kPa)	体缩率 δ_v (%)	线缩率 δ_s (%)
一般值	6～16	10～30	25～69	0.1～2.0	14～31	7～22	2.5～8.0

注 1. p_0、E_0系根据载荷试验求得，p_0系荷载与沉降量关系曲线的第一拐点。
2. $\alpha_W = w/w_L$。

（二）红黏土物理力学性质的基本特点

红黏土的物理力学性质指标与一般黏性土有很大区别，主要表现在：

1. 粒度组成的高分散性。红黏土中小于0.005mm的黏粒含量为60%～80%；其中，小于0.002mm的胶粒含量占40%～70%，使红黏土具有高分散性。

2. 天然含水率w、饱和度S_r、塑性界限（液限w_L、塑限w_P、塑性指数I_P）和天然孔隙比e都很高，但却具有较高的力学强度和较低的压缩性。这与具有类似指标的一般黏性土力学强度低、压缩性高的规律完全不同。

3. 很多指标变化幅度都很大，如天然含水率、液限、塑限、天然孔隙比等。与其相关的力学指标的变化幅度也较大。

4. 土中裂隙的存在，使土体与土块的力学参数尤其是抗剪强度指标相差很大。

二、红黏土的矿物成分和化学成分

（一）红黏土的矿物成分

红黏土的矿物成分主要为高岭石、伊利石和绿泥石，见表5-2-2。黏土矿物具有稳定的结晶格架、细粒组结成稳固的团粒结构、土体近于两相体且土中水又多为结合水，这三者是使红黏土具有良好力学性能的基本因素。

（二）红黏土的化学成分

红黏土的化学成分见表5-2-3。

红黏土的矿物成分 表5-2-2

粒 组	成分（以常见顺序排列）	鉴定方法
碎 屑	针铁矿、石英	目测、偏光显微镜
小于2μm的颗粒	高岭石、伊利石、绿泥石。部分土中还有蒙脱石、云母、多水高岭石、三水铝矿	X衍射、电子显微镜、差热分析

红黏土的化学成分 表5-2-3

土 类	化学成分（%）							
	SiO_2	Fe_2O_3	Al_2O_3	CaO	MgO	K_2O	Na_2O	$\frac{SiO_2}{R_2O_3}$
全 土	46.1	13.0	24.1	0.5	1.5	2.3	0.2	2.43
小于2μm的颗粒	39.2	13.2	28.8	0.4	1.5	2.4	0.2	1.81

续表

交换性阳离子（Me/100g）		易溶盐（%）						有机质（%）	pH 值
$K^{+}+Na^{+}$	$Ca^{2+}+Mg^{2+}$	CO_3^{2-}	HCO_3^{-}	Cl^{-}	SO_4^{2-}	Ca^{2+}	Mg^{2+}		
0.29	29.98	0	0.018	0.010	0.014	0.011	0.002	0.35	6.9

三、红黏土的厚度分布特征与上硬下软现象

（一）厚度分布特征

1. 红黏土层总的平均厚度不大，这是由其成土特性和母岩岩性所决定的。在高原或山区分布较零星，厚度一般为 5～8m，少数达 15～30m；在准平原或丘陵区分布较连续，厚度一般约 10～15m，最厚超过 30m。因此，当作为地基时，往往是属于有刚性下卧层的有限厚度地基。

2. 土层厚度在水平方向上变化很大，往往造成可压缩性土层厚度变化悬殊，地基变形均匀性条件很差。

3. 土层厚度变化与母岩岩性有一定关系。厚层、中厚层石灰岩、白云岩地段，岩体表面岩溶发育，岩面起伏大，导致土层厚薄不一；泥灰岩、薄层灰岩地段则土层厚度变化相对较小。

4. 在地貌横剖面上，坡顶和坡谷土层较薄，坡麓则较厚。古夷平面及岩溶洼地、槽谷中央土层相对较厚。

（二）上硬下软现象

在红黏土地区天然竖向剖面上，往往出现地表呈坚硬、硬塑状态，向下逐渐变软，成为可塑、软塑甚至流塑状态的现象。随着这种由硬变软现象，土的天然含水率、含水比和天然孔隙比也随深度递增，力学性质则相应变差。

据统计，上部坚硬、硬塑土层厚度一般大于 5m，约占统计土层总厚度的 75%以上；可塑土层占 10%～20%；软塑土层占 5%～10%。较软土层多分布于基岩面的低洼处，水平分布往往不连续。

当红黏土作为一般建筑物天然地基时，基底附加应力随深度减小的幅度往往快于土随深度变软或承载力随深度变小的幅度。因此，在大多数情况下，当持力层承载力验算满足要求时，下卧层承载力验算也能满足要求。

四、岩土接触关系特征

红黏土是在经历了红土化作用后由岩石变成土的，无论外观、成分还是组织结构上，都发生了明显不同于母岩的质的变化。除少数泥灰岩分布地段外，红黏土与下伏基岩均属岩溶不整合接触，它们之间的关系是突变而不是渐变的。

五、红黏土的胀缩性

红黏土的组成矿物亲水性不强，交换容量不高，交换阳离子以 Ca^{2+}、Mg^{2+} 为主，天然含水率接近缩限，孔隙呈饱和水状态，以致表现在胀缩性能上以收缩为主，在天然状态下膨胀量很小，收缩性很高（表 5-2-1）；红黏土的膨胀势能主要表现在失水收缩后复浸水的过程中，一部分可表现出缩后膨胀，另一部分则无此现象。因此，不宜把红黏土与膨胀土混同。

六、红黏土的裂隙性

红黏土在自然状态下呈致密状，无层理，表部呈坚硬、硬塑状态，失水后含水率低于

缩限，土中即开始出现裂缝，近地表处呈竖向开口状，向深处渐弱，呈网状闭合微裂隙。裂隙破坏土的整体性，降低土的总体强度；裂隙使失水通道向深部土体延伸，促使深部土体收缩，加深加宽原有裂隙。严重时甚至形成深长地裂。

土中裂隙发育深度一般为2～4m，已见最深者可达8m。裂面中可见光滑镜面、擦痕、铁锰质浸染等现象。

七、红黏土中地下水特征

当红黏土呈致密结构时，可视为不透水层；当土中存在裂隙时，碎裂、碎块或镶嵌状的土块周边便具有较大的透气性、透水性，大气降水和地表水可渗入其中，在土体中形成依附网状裂隙赋存的含水层。该含水层很不稳定，一般无统一水位，在补给充分、地势低洼地段，才可测到初见水位和稳定水位，一般水量不大。多为潜水或上层滞水。水对混凝土一般不具腐蚀性。

第三节 红黏土的岩土工程分类

一、红黏土的成因分类

红黏土分为原生红黏土和次生红黏土。次生红黏土由于在搬运过程中掺和了一些外来物质，成分较复杂，固结程度也差。经验表明，当物理性质指标数值相似时，次生红黏土的承载力往往只及原生红黏土的3/4。次生红黏土中可塑、软塑状态的比例高于原生红黏土，压缩性也高于原生红黏土。因此，在红黏土勘察中查明红黏土的成因分类及其分布是必要的。

二、红黏土的状态分类

为查明红黏土上硬下软的特征，勘察中应详细划分土的状态。红黏土状态的划分可采用一般黏性土的液性指数划分法，也可采用红黏土特有的含水比划分法，划分标准见表5-2-4。据统计结果，含水比 α_w 与液性指数 I_L 的关系如下：

$$\alpha_w = 0.45I_L + 0.55 \tag{5-2-1}$$

$$\alpha_w = w/w_L \tag{5-2-2}$$

式中 α_w——含水比；

I_L——液性指数；

w——天然含水率（%）；

w_L——液限（%）。

红黏土的状态分类 **表5-2-4**

状态	含水比 α_w	液性指数 I_L
坚硬	$\alpha_w \leqslant 0.55$	$I_L \leqslant 0$
硬塑	$0.55 < \alpha_w \leqslant 0.70$	$0 < I_L \leqslant 0.33$
可塑	$0.70 < \alpha_w \leqslant 0.85$	$0.33 < I_L \leqslant 0.67$
软塑	$0.85 < \alpha_w \leqslant 1.00$	$0.67 < I_L \leqslant 1.00$
流塑	$\alpha_w > 1.00$	$I_L > 1.00$

三、红黏土的结构分类

红黏土的结构可根据其裂隙发育特征按表5-2-5分类，其主要依据为野外观测的裂隙密度。红黏土网状裂隙分布与地貌有一定联系，如坡度、朝向等，且呈由浅而深递减之势。裂隙会影响土的整体强度，降低其承载力，是土体稳定的不利因素。

红黏土的结构分类　　表 5-2-5

土体结构	裂隙发育特征	S_t
致密状结构	偶见裂隙（<1 条/m）	>1.2
巨块状结构	较多裂隙（1～5 条/m）	0.8～1.2
碎块状结构	富裂隙（>5 条/m）	<0.8

注：S_t 为红黏土的天然状态与保湿扰动状态土样的无侧限抗压强度之比。

四、红黏土的复浸水特性分类

红黏土在天然状态下膨胀率仅为 0.1%～2.0%，其胀缩性主要表现为收缩，线缩率一般为 2.5%～8.0%，最大达 14%；但在收缩后复浸水时，不同土却有不同表现。根据统计分析提出了经验方程 $I'_r \approx 1.4 + 0.0066 w_L$，以此对红黏土进行复浸水特性分类，见表 5-2-6。

红黏土的复浸水特性分类　　表 5-2-6

类　别	I_r 与 I'_r 关系	复浸水特性
Ⅰ	$I_r \geqslant I'_r$	收缩后复浸水膨胀，能恢复到原位
Ⅱ	$I_r < I'_r$	收缩后复浸水膨胀，不能恢复到原位

注：1. $I_r = w_L / w_P$，称为液塑比。
2. I'_r 为界限液塑比。

划属Ⅰ类者，复水后随含水率增大而解体，胀缩循环呈现胀势，缩后土样高度大于原始高度，胀量逐次积累，以崩解告终；风干复水，土的分散性和塑性恢复，表现出凝聚与胶溶的可逆性。划属Ⅱ类者，复水后含水率增量微小，外形完好，胀缩循环呈现缩势，缩量逐次积累，缩后土样高度小于原始高度；风干复水，干缩后形成的团粒不完全分离，土的分散性、塑性和液塑比 I_r 降低，表现出胶体的不可逆性。这两类红黏土表现出不同的水稳性和工程性能。

五、红黏土的地基均匀性分类

红黏土的地基均匀性可按表 5-2-7 分类。

红黏土的地基均匀性分类　　表 5-2-7

地基均匀性	地基压缩层 z 范围内岩土组成
均匀地基	全部由红黏土组成
不均匀地基	由红黏土和岩石组成

红黏土地区地基的均匀性差别很大。当地基压缩层范围内均为红黏土时，为均匀地基；当为红黏土和岩石组成土岩组合地基时，为不均匀地基。

在不均匀地基中，红黏土沿水平方向的土层厚度和状态分布都很不均匀。土层较厚地段其下部，较高压缩性土往往也较厚；土层较薄地段，则往往基岩埋藏浅，与土层较厚地段的较高压缩性土层标高相当。当建筑物跨越布置在这种地段时，就会置于不均匀地基上。

表 5-2-7 中所指的“地基压缩层”的厚度 z 一般应根据建筑物结构类型、基础形式、荷载等综合分析确定。

例如，当独立基础总荷载 p_1 为 500～3000kN、条形基础线荷载 p_2 为 100～250kN/m 时，z 值（m）可分别按下式确定：

独立基础：
$$z_1=\eta_1 p_1+1.5 \tag{5-2-3}$$

条形基础：
$$z_2=\eta_2 p_2-4.5 \tag{5-2-4}$$

式中 η_1——系数（m/kN），取 0.003；

η_2——系数（m^2/kN），取 0.05。

第四节 红黏土的地基勘察

一、工程地质测绘和调查

红黏土地区的工程地质测绘和调查，应按《岩土工程勘察规范》GB 50021－2001（2009 年版）第 8 章的规定进行，并着重查明下列内容：

1. 不同地貌单元上原生红黏土和次生红黏土的分布、厚度、物质组成、土性等特征及其差异。

2. 下伏基岩的岩性、岩溶发育特征及其与红黏土土性、厚度变化的关系。

3. 地裂分布、发育特征及其成因，土体结构特征，土体中裂隙的密度、深度、延展方向及其发育规律。

4. 地表水体和地下水的分布、动态变化及其与红黏土状态垂向分带的关系。

5. 现有建筑物开裂原因分析，当地勘察、设计、施工经验等。

二、勘探工作

红黏土地区勘探工作应按岩土工程分类划分红黏土的土质单元。在平面分布上，应划分原生红黏土和次生红黏土的范围；在垂直分布上，应按土的状态分层；当研究土的水理特性和承受水平力的整体强度时，也应根据不同土性和结构分类分别评价。

勘探点间距和深度可按下列要求确定：

（一）初步勘察和详细勘察

由于红黏土具有水平方向厚度变化大、垂直方向状态变化大的特点，故勘探点应采用较小的点距，特别是对土岩组合的不均匀地基。初步勘察时勘探点间距宜取 30～50m；详细勘察时勘探点间距，对均匀地基宜取 12～24m，对不均匀地基宜取 6～12m，并宜沿基础轴线布置。在土层厚度和状态变化大的地段，勘探点可适当加密。必要时，可按柱基单独布置。

各勘察阶段勘探孔的深度可按《岩土工程勘察规范》GB 50021—2001（2009 年版）和本手册第七篇对各类建筑勘察的规定执行。红黏土底部常有软弱土层分布，基岩面的起伏也很大，故勘探孔的深度不宜单纯根据地基变形计算深度来确定，以免漏掉对场地与地基评价至关重要的信息。对于土岩组合的不均匀地基，勘探孔深度应达到基岩，以便获得完整的地层剖面。

《广西壮族自治区岩土工程勘察规范》DBJ/T 45—002—2011 规定：

初步勘察勘探点间距宜取 30～50m，控制性勘探点宜占勘探点总数的 1/5～1/3，且每个地貌单元均应有控制性勘探点；对均匀地基，勘探孔的深度可按表 5-2-8 确定；对不均匀地基，勘探孔应深入稳定分布的岩层；

初步勘察勘探孔深度（m） 表 5-2-8

工程重要性等级	一般性勘探孔	控制性勘探孔
一级（重要工程）	≥15	≥30
二级（一般工程）	10～15	15～30
三级（次要工程）	6～10	10～20

注：勘探孔包括钻孔、探井和原位测试孔等，特殊用途的钻孔除外。

详细勘察勘探点的间距，对均匀地基宜取 12～24m，对不均匀地基宜取 6～12m。在土层厚度和状态变化大的地段，勘探点的间距应加密；独立基础宜一柱一点，基底面积大的设备基础或墩基宜布置多点；钻探孔施工顺序宜先疏后密，先鉴别土性后取土试样；

详细勘察的勘探孔深度应能控制红黏土地基主要受力层，当基础底面宽度不大于 5.0m 时，勘探孔的深度自基础底面算起，对条形基础不应小于基础底面宽度的 3 倍，对单独柱基不应小于基础底面宽度的 1.5 倍，且不应小于 5m；

对高层建筑和需作变形计算的地基，详细勘察控制性勘探点不应少于勘探点总数的 1/3；控制性勘探孔的深度应超过地基变形计算深度；一般性勘探孔的深度应达基底下 0.5～1.0 倍的基础宽度，且不应小于 5m；

当基础底面下红黏土层厚度小于地基变形计算深度时，详细勘察的一般性勘探孔应钻至完整、较完整的基岩面；控制性勘探孔应深入完整、较完整的基岩 3～5m；

在基岩浅层岩溶发育地区，当红黏土中分布有土洞、软弱土时，应适当加密勘探孔查明土洞的成因、形态、规模和下卧岩溶发育情况，勘探孔应深入土洞或溶洞洞底完整岩（土）层 3～5m；

当拟用红黏土层之下的基岩作为桩端持力层时，宜在每个桩位布置勘探孔，并按岩溶地基有关规定进行桩基勘察。

（二）施工勘察

当出现下列情况之一时，应进行施工勘察：

（1）红黏土厚度、状态变化大，基岩面起伏大，有石芽出露，或基岩面上土层特别软弱，按详勘阶段勘探点间距规定难以查清这些变化时；

（2）土层中有土洞发育，详勘阶段未能查明所有情况时；

（3）采用端承桩，因基岩面倾斜、基岩面高低不平或有临空面，嵌岩桩有失稳危险时。

施工勘察阶段勘探点间距和勘探孔深度应根据需要确定。

三、水文地质勘察、试验和观测工作

水文地质条件对红黏土评价是非常重要的因素。当需要详细了解地下水埋藏条件、运动规律和季节变化时，仅仅通过地面测绘和调查往往难以满足红黏土岩土工程评价的需要。此时，应补充进行专门的水文地质勘察、试验和观测工作。这项工作应按《岩土工程勘察规范》GB 50021－2001（2009 年版）第 7 章的有关要求进行。

四、取样与室内试验

（一）取样

红黏土地区采取土试样的数量，宜按已划分的土质单元控制，保证各层土的取样数量和统计指标的变异系数等符合有关规范的要求。

（二）室内试验

红黏土除应进行常规项目试验外，还应根据需要选择进行下列试验：

(1) 收缩试验和复浸水试验，用于评价红黏土在天然状态下和复浸水状态下的胀缩性。

(2) 50kPa 压力下的膨胀量、收缩量及不同失水量条件下的同胀量等试验，用于了解土的水理特性。

(3) 三轴剪切试验或无侧限抗压强度试验，用于评价裂隙发育的红黏土中裂隙对强度和承载力的影响。

(4) 重复剪切试验，用于获取评价边坡稳定性的设计参数。

第五节　红黏土的岩土工程评价和地基处理

一、红黏土的岩土工程评价

（一）地基承载力评价

1. 地基承载力评价方法

红黏土的地基承载力特征值，可采用静载荷试验和其他原位测试（如静力触探、旁压试验等）、理论公式计算并结合工程实践经验等方法综合确定。

过去积累的确定红黏土承载力的地区性成熟经验应充分利用。

当按照《建筑地基基础设计规范》GB 50007—2011 第 5.2.4 条对红黏土地基承载力特征值 f_{ak}进行基础宽度和埋置深度修正时，修正系数应根据含水比取值：

当含水比 $\alpha_w > 0.8$ 时，$\eta_b = 0$，$\eta_d = 1.2$；

当含水比 $\alpha_w \leqslant 0.8$ 时，$\eta_b = 0.15$，$\eta_d = 1.4$。

2. 地基承载力影响因素

当基础浅埋、外侧地面倾斜、有临空面或承受较大水平荷载时，应结合以下因素综合考虑确定其承载力。

(1) 土体结构和裂隙对承载力的影响；

(2) 开挖面长时间暴露，裂隙发展和复浸水对土质的影响；

(3) 地表水体下渗的影响。

(4) 有不良地质作用的场地，建在坡上或坡顶的建筑物，以及基础侧旁开挖的建筑物，应评价其稳定性。

（二）地基均匀性评价

1. 当地基属表 5-2-7 中的均匀地基时，可不考虑地基不均匀变形的影响。

2. 当地基属表 5-2-7 中的不均匀地基时，可进行如下分析：

假设分析对象为一般建筑物，检验段长度为 6m，相邻点基础形式和荷载都相近。图 5-2-1 中所示曲线为基岩面以上土层厚度 h 与地基沉降量 s 关系曲线。左上角图 (a) 为：一端 A_1基岩外露，另一端 A_2有厚度为 h_{a2}的土层，h_{a2}小于 h_a；右下角图 (b) 为：一端 B_1土层厚度 h_{b1}大于地基变形计算深度，另一端 B_2土层厚度 h_{b2}小于此深度，但都大于 h_b时，可认为地基均匀性满足容许变形要求。其中，h_a、h_b值见表 5-2-9。

不均匀地基评价中 h_a、h_b 值表　　表 5-2-9

基岩面以上土层厚度		h_a（m）	h_b（m）		
地基土状态		—	坚硬、硬塑*	坚硬—可塑**	坚硬—软塑***
基础形式	独立基础	1.10	$0.00123p_1$	$0.00186p_1+1.0$	$0.003p_1+3.0$
	条形基础	1.20	$0.0127(p_2-100)$	$0.032(p_2-100)$	$0.05p_2-4.5$

注：1. p_1、p_2 为基础荷载。独立基础适用于 $p_1<3000$kN，条形基础适用于 $p_2<250$kPa，基底荷载为 200kPa。
2. 地基模型：* 基底下全为坚硬、硬塑土；** 可塑土在基底下 3.0m 深度以下；*** 可塑土在基底下 3.0～6.0m 深度，以下为软塑土。
3. 变形计算按规范 GB 50007—2011 第 5.3 节进行。

当不符合图 5-2-1(*a*)、(*b*) 两条件时，需通过变形计算确定是否属均匀地基。

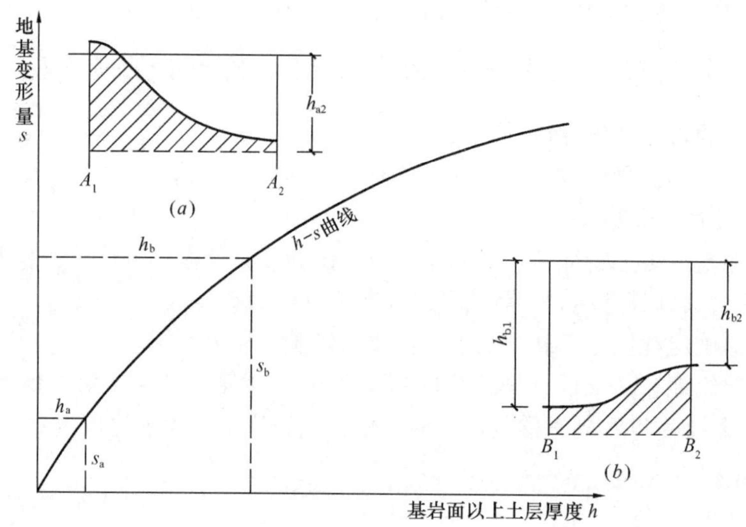

图 5-2-1　不均匀地基中土层厚度 h 与变形量 s 关系示意图

（三）基础埋置深度的确定

为充分利用红黏土上硬下软的特性，充分发挥浅部硬层的承载能力，减轻下卧软层受到的压力，基础应尽量浅埋；但为避免地面不利因素的影响，又必须深于大气影响急剧层的深度。评价时应充分权衡利弊，提出合理建议。如果采用天然地基难以解决上述矛盾，则应采用桩基。

（四）对土中裂隙的评价

1. 分布于红黏土中的深长地裂对工程危害极大，最长时可按公里计，深度可达 8m。所经之处地面建筑物无一不受损坏。评价时应建议建筑物绕避地裂。

2. 土中细微网状裂隙使土体整体性遭受破坏，大大削弱了土体强度。故而，当承受较大水平荷载、基础浅埋、外侧地面倾斜或有临空面等情况时，裂隙将构成对土体稳定和受力条件的不利因素，土的抗剪强度值和地基承载力都应做相应折减。

3. 土体结构为巨块状、碎块状的红黏土，由于裂隙的存在，构成含水性差异很大的“裂隙含水层”，影响着工程的活动和使用。

4. 对一些低矮边坡，裂隙可使土体失去固有的连续性，尽管实际坡高小于计算的容许直立高度，仍可能因失稳而垮塌。较高边坡土体破坏时，将沿上部竖向裂隙及土体中的不利方向的裂面形成弧形滑动面。

（五）胀缩性评价

红黏土在天然状态时一般膨胀性较弱，胀缩性能以收缩为主；当复浸水时，经过胀缩循环，一部分胀量逐次积累，一部分缩量逐次积累。为此，应注意下列问题：

（1）轻型建筑物的基础埋置深度应大于大气影响急剧层深度。

（2）炉窑等高温设备的基础应考虑地基土不均匀收缩变形的影响。

（3）开挖明渠时，应考虑土体干湿循环中胀缩的影响。

（4）石芽出露地段应考虑地表水下渗、冲蚀形成地面变形的可能性。

（5）基坑开挖时宜采取保湿措施，边坡应及时维护，防止失水干缩。

（六）地表水、地下水的评价

1. 水渗入并长期活动于土中，使裂隙面附近土体软化，可塑与软塑土的分层界面往往与裂隙水水位接近；在地表水体浸润范围内，坚硬、硬塑土的湿度明显增大，致使承载力降低、压缩性增高。

2. 水的存在和运动，影响着土体中的施工作业和建、构筑物水下部分的正常使用；在水的影响与作用下，土体抗剪强度降低，重度增大，动水压力增大，使支挡结构物墙背土压力增大，这是雨后一些墙背为红黏土的挡墙坍塌的原因之一。

3. 人工削坡使原来埋藏于深处含水量高的土体外露于地表，失水收缩，裂隙发育，一旦遇水浸润便湿化、崩解，造成边坡失稳。

4. 红黏土的表部裂隙比深部发育，裂隙水水量也表现为浅部大于深部。

5. 研究地下水埋藏、运动条件与土体裂隙特征的关系，地表水、上层滞水、岩溶水之间的连通性，根据赋存于土中宽大裂隙的地下水流分布的不均匀性、季节性，评价其对建筑物的影响。

（七）对土洞影响的评价

下伏基岩中岩溶发育地区，其上覆红黏土中常有土洞发育。土洞的存在和发展对建筑物地基的稳定性极为不利，必须查明其分布、规模、成因，并予以处理（详见本手册第六篇第二章）。

二、红黏土的地基处理

（一）土岩组合地基的定义

建筑地基（或被沉降缝分隔区段的建筑地基）的主要受力层范围内，如遇下列情况之一者，即属于土岩组合地基：

（1）下卧基岩表面坡度较大的地基；

（2）石芽密布并有出露的地基；

（3）大块孤石或个别石芽出露的地基。

（二）地基处理的原则和方法

1. 对于石芽密布并有出露的地基，当石芽间距小于 2m，其间为硬塑或坚硬状态的红黏土时，对于房屋为六层和六层以下的砌体承重结构、三层和三层以下的框架结构或具有 150kN 和 150kN 以下吊车的单层排架结构，其基底压力小于 200kPa 时，可不作地基处理。如不能满足上述要求时，可利用经检验证明稳定性可靠的石芽作支墩式基础，也可在石芽出露部位作褥垫。当石芽间有较厚的软弱土层时，可用碎石、土夹石等进行置换。

2. 对于大块孤石或个别石芽出露的地基，当土层的承载力特征值大于150kPa、房屋为单层排架结构或一、二层砌体承重结构时，宜在基础与岩石接触的部位采用褥垫进行处理。对于多层砌体承重结构，应根据土质情况，结合下面第4款、第5款的规定综合处理。

3. 褥垫可采用炉渣、中砂、粗砂、土夹石等材料，其厚度宜取300～500mm，夯填度应根据试验确定。当无资料时，可参考下列数值进行设计：

中砂、粗砂　　　　　　　　　　　　　0.87±0.05；

土夹石（其中碎石含量为20%～30%）　0.70±0.05。

注：夯填度为褥垫夯实后的厚度与虚铺厚度的比值。

4. 当建筑物对地基变形要求较高或地质条件比较复杂不宜按上述第1款、第2款有关规定进行地基处理时，可适当调整建筑物平面位置，或采用桩基或梁、拱跨越等处理措施。

5. 在地基压缩性相差较大的部位，宜结合建筑物平面形状、荷载条件设置沉降缝。沉降缝宽度宜取30～50mm，在特殊情况下可适当加宽。

6. 在石芽密布地段，当不宽的溶槽中分布有红黏土，且其厚度小于前述表5-2-9中h_a值时，可不处理；当大于h_a值时，可全部或部分挖除溶槽的土，使之小于h_a。当槽宽较大时，可将基底做成台阶状，使相邻段上可压缩土层厚度呈渐变过渡，也可在槽中设置若干短桩（墩）。

7. 对基础底面下有一定厚度、但厚度变化较大的红黏土地基，可调整各段地基的沉降差，如挖除土层较厚地段的部分土层，把基底做成阶梯状；当遇到挖除一定厚度土层后，使下部可塑土更接近基底，承载力和变形检验都难以满足要求时，可在挖除后做换填处理，换填材料可选用压缩性低的材料，如碎石、粗砂、砾石等。

8. 当红黏土地基承载力或变形不能满足设计要求时，可采用水泥粉煤灰碎石桩（CFG桩）复合地基进行地基处理。

（三）土岩组合地基的变形计算

土岩组合地基是山区常见的地基形式之一，其主要特点是不均匀变形。当地基受力范围内存在刚性下卧层时，会使上覆土体中产生应力集中现象，从而引起土层变形增大。

当土岩组合地基中下卧基岩面为单向倾斜、岩面坡度大于10%、基底下的土层厚度大于1.5m时，可按下列规定进行评价：

1. 当结构类型和地质条件符合表5-2-10的要求时，可不作地基变形验算。

下卧基岩表面允许坡度值　　　　**表5-2-10**

地基土承载力特征值 f_{ak}（kPa）	四层及四层以下的砌体承重结构，三层及三层以下的框架结构	具有150kN和150kN以下吊车的一般单层排架结构	
		带墙的边柱和山墙	无墙的中柱
≥150	≤15%	≤15%	≤30%
≥200	≤25%	≤30%	≤50%
≥300	≤40%	≤50%	≤70%

2. 不满足上述条件时，应考虑刚性下卧层的影响，按式（5-2-5）计算地基的变形。

$$s_{gz}=\beta_{gz}s_z \tag{5-2-5}$$

式中　s_{gz}——具刚性下卧层时，地基土的变形计算值（mm）；

β_{gz}——刚性下卧层对上覆土层的变形增大系数，按表 5-2-11 采用；

s_z——变形计算深度相当于实际土层厚度按规范 GB 50007—2011 第 5.3.5 条计算确定的地基最终变形计算值（mm）。

具有刚性下卧层时地基变形增大系数 β_{gz}　　**表 5-2-11**

h/b	0.5	1.0	1.5	2.0	2.5
β_{gz}	1.26	1.17	1.12	1.09	1.00

注：h—基底下的土层厚度；b—基础底面宽度。

3. 在岩土界面上存在软弱层（如泥化带）时，应验算地基的整体稳定性。

4. 当土岩组合地基位于山间坡地、山麓洼地或冲沟地带，存在局部软弱土层时，应验算软弱下卧层的强度及不均匀变形。

（四）防止地基土收缩和缩后膨胀的方法

1. 在基础主要部分浅埋的同时，可适当局部加大建筑物中失水界面较大部位（如角端、转角等处）基础的埋置深度，一般应大于大气影响急剧层；对基底下土层较薄、基岩浅埋的失水后不易补充地段，对场地横剖面上起始含水率较高而易失水的挖方地段，都可采用加大基础埋深或基底下作一定厚度砂垫层等措施，以减少地基土收缩。

2. 改善排水措施，加宽散水坡，以代替明沟排水，防止水的下渗。

3. 对热工构筑物、工业窑炉，在基底下设置一定厚度隔热层。

4. 加快开挖作业进度，减少土体表面暴露时间。

5. 做好边坡坡面土体保护工作。

6. 遇土洞必须查明其分布，予以处理。

第三章　软　　土

第一节　软土的成因类型和工程性质

一、软土的判别标准

软土是指天然孔隙比大于或等于 1.0，且天然含水量大于液限、具有高压缩性、低强度、高灵敏度、低透水性和高流变性，且在较大地震作用下可能出现震陷的细粒土。包括淤泥、淤泥质土、泥炭、泥炭质土等，分类标准如表 5-3-1 所示。

软土的分类标准　　**表 5-3-1**

土的名称	划分标准	备　注
淤泥	$e \geqslant 1.5$，$w > w_L$	e——天然孔隙比
淤泥质土	$1.5 > e \geqslant 1.0$，$w > w_L$	w——天然含水量
泥炭	$W_u > 60\%$	w_L——液限
泥炭质土	$10\% < W_u \leqslant 60\%$	W_u——有机质含量

二、软土的成因类型

（一）滨海沉积：滨海相、泻湖相、溺谷相和三角洲相

在表层广泛分布一层由近代各种作用生成的厚为0～3m、黄褐色黏性土的硬壳。下部淤泥多呈深灰色或灰绿色，间夹薄层粉砂。常含有贝壳等海洋生物残骸。

1. 滨海相

常与海浪、岸流和潮汐的水动力作用形成较粗的颗粒（粗、中细砂）相掺杂，使其不均匀和极疏松，增强了淤泥的透水性能，易于压缩固结。

2. 泻湖相

颗粒微细、孔隙比大、强度低、分布范围较宽阔，常形成滨海平原。在泻湖边缘，表层常有厚约0.3～2.0m的泥炭堆积。底部含有贝壳等生物残骸碎屑。

3. 溺谷相

孔隙比大、结构疏松、含水量高。分布范围略窄，在其边缘表层也常有泥炭沉积。

4. 三角洲相

由于河流和海潮复杂的交替作用，而使淤泥与薄层砂交错沉积。受海流和波浪的破坏，分选程度差，结构不稳定，多交错成不规则的尖灭层或透镜体夹层，结构疏松，颗粒细小。如上海地区深厚的软土层中夹有无数的极薄的粉细砂层，为水平渗流提供了良好条件。

（二）湖泊沉积：湖相、三角洲相

是近代淡水盆地和咸水盆地的沉积。其物质来源与周围岩性基本一致，在稳定的湖水期逐渐沉积而成。沉积物中夹有粉砂颗粒，呈现明显的层理。淤泥结构松软，呈暗灰、灰绿或暗黑色，表层硬层不规律，厚约0～4m，时而有泥炭透镜体。淤泥厚度一般为10m左右，最厚可达25m。

（三）河滩沉积：河漫滩相、牛轭湖相

形成过程较为复杂，成分不均匀，走向和厚度变化大，平面分布不规则。一般是软土常呈带状或透镜状，间与砂或泥炭互层，其厚度不大，一般小于10m。

（四）沼泽沉积：沼泽相

分布在地下水、地表水排泄不畅的低洼地带且蒸发量不大的情况下形成的一种沉积物，多伴以泥炭，常出露于地表。下部分布有淤泥层或淤泥与泥炭互层。

三、我国软土的分布

我国软土主要分布在沿海地区，如东海、黄海、渤海、南海等沿海地区、内陆平原以及一些山间洼地。按工程性质结合自然地质地理环境，我国软土的分布可以划为三个区，沿秦岭走向向东至连云港以北的海边一线，作为Ⅰ、Ⅱ地区的界线；沿苗岭、南岭走向向东至莆田的海边一线；作为Ⅱ、Ⅲ地区的界线。

我国东南沿海软土的分布厚度：广州湾～兴化湾一带一般为5～20m（汕头除外），兴化湾～温州湾南为10～30m，温州湾北～连云港一般大于40m。

山谷地区软土的分布规律甚为复杂，要鉴定场地是否有软土，可从下列几个方面进行分析：

1. 从沉积环境分析

在沟谷的开阔地段、山间洼地、支沟与主沟交汇地段、冲沟与河流汇合地段、河流两

侧山洼地段、河流弯曲地段、河漫滩地段等处往往有软土分布。

在山区河流的中、下游地段，一般沉积粗颗粒物质，但应特别注意河流两侧支沟、冲沟的影响。当上述支沟或冲沟地段有形成软土的物质来源时，这些地段往往有软土分布，或在卵石层间夹有软土薄层或透镜体。

2. 从水文地质条件分析

在泉水出露处，特别是潜水溢出泉出露处，水草发育，土体长期浸水呈饱和状态，这些地段往往有软土分布；在潜水位较浅的黄土和粉质黏土地段，也可能有软土分布。

3. 从古地理环境分析

一些古河道、古湖沼、古渠道等分布地段，往往有软土分布。

4. 从地表特征分析

如有些地段地势低洼，排泄条件不良，地表易于积水，往往出现湿地、沼泽等积水地形，喜水植物（如芦苇、蒲草等）发育。上述地段往往有软土分布。

5. 从人类活动分析

一些掩埋的粪池、牲畜棚圈、工厂及生活污水废池等地段，往往有软土分布。并由于渗透作用，在其周围也可能有软土分布。

人工蓄水构筑物（河渠、水库等）大量漏水（引起地下水位上升）的地段，也可能有软土分布。

四、软土的工程性质

1. 触变性

当原状土受到振动或扰动以后，由于土体结构遭破坏，强度会大幅度降低。触变性可用灵敏度 S_t 表示，软土的灵敏度一般在 3～4 之间。软土的结构性分类见表 5-3-2。软土地基受振动荷载后，易产生侧向滑动、沉降或基础下土体挤出等现象。

软土的结构性分类　　**表 5-3-2**

灵敏度	结构性分类	灵敏度	结构性分类
$2<S_t\leqslant4$	中灵敏性	$8<S_t\leqslant16$	极灵敏性
$4<S_t\leqslant8$	高灵敏性	$S_t>16$	流性

2. 流变性

软土在长期荷载作用下，除产生排水固结引起的变形外，还会发生缓慢而长期的剪切变形。这对建筑物地基沉降有较大影响，对斜坡、堤岸、码头和地基稳定性不利。

3. 高压缩性

软土属于高压缩性土，压缩系数大而压缩模量小。故软土地基上的建筑物沉降量大。

4. 低强度

软土不排水抗剪强度一般小于 20kPa。故软土地基的承载力很低，软土边坡的稳定性极差。

5. 低透水性

软土的含水量虽然很高，但透水性差，特别是垂直向透水性更差，垂直向渗透系数一般在 $i\times(10^{-6}\sim10^{-8})$ cm/s 之间，属微透水或不透水层。对地基排水固结不利，软土地基上建筑物沉降延续时间长，一般达数年以上。在加载初期，地基中常出现较高的孔隙水压力，影响地基强度。

6. 不均匀性

由于沉积环境的变化，土质均匀性差。例如三角洲相、河漫滩相软土常夹有粉土或粉砂薄层，具有明显的微层理构造，水平向渗透性常好于垂直向渗透性。湖泊相、沼泽相软土常在淤泥或淤泥质土层中夹有厚度不等的泥炭或泥炭质土薄层或透镜体。作为建筑物地基易产生不均匀沉降。

五、软土的物理力学性质指标

我国各种成因类型和各地区软土的物理力学性质指标分别见表 5-3-3 和表 5-3-4。

各类软土的物理力学性质指标　　**表 5-3-3**

成因类型	天然含水量 w(%)	重度 γ (kN/m³)	天然孔隙比 e	抗剪强度		压缩系数 $a_{1\text{-}2}$ (MPa^{-1})	灵敏度 S_t
				φ (°)	c (kPa)		
滨海沉积软土	40～100	15～18	1.0～2.3	1～7	2～20	1.2～3.5	2～7
湖泊沉积软土	30～60	15～19	1.0～1.8	0～10	5～30	0.8～3.0	4～8
河滩沉积软土	35～70	15～19	1.0～1.8	0～11	5～25	0.8～3.0	4～8
沼泽沉积软土	40～120	14～19	1.0～1.5	0	5～19	>0.5	2～10

软土物理力学性质指标　　**表 5-3-4**

区划	海陆别	沉积相	土层埋深	物理力学指标（平均值）													
				天然含水率 w	重力密度 γ	孔隙比 e	饱和度 S_r	液限 w_L	塑限 w_P	塑性指数 I_P	液性指数 I_L	有机质含量	压缩系数 $a_{1\text{-}2}$	垂直方向渗透系数 k	抗剪强度（固快）内摩擦角 φ	抗剪强度（固快）黏聚力 c	无侧限抗压强度 q_u
			m	%	kN/m³	—	%	%	%	—	—	%	MPa^{-1}	cm/s	度	kPa	kPa
北方Ⅰ地区	沿海	滨海	2-24	43	17.8	1.21	98	44	25	19.2	1.22	5.0	0.88	5.0×10^{-6}	10	11	40
		三角洲	5-29	40	17.9	1.11	97	35	19	16	1.35	—	0.67	—	—	—	—
中部Ⅱ地区	沿海	滨海	2-30	52	17.0	1.42	98	42	21	21	—	2.3	1.06	4.0×10^{-8}	11	4	50
		泻湖	1-30	50	16.8	1.56	98	47	25	22	1.34	6	1.30	7.0×10^{-8}	13	6	45
		溺谷	2-30	58	16.3	1.67	97	52	31	26	1.90	8	1.55	3×10^{-7}	15	8	26
		三角洲	2-19	43	17.6	1.24	98	40	23	17	1.11	—	1.00	1.5×10^{-6}	17	6	40
	内陆	高原湖泊	—	77	15.6	1.93	—	70	—	28	1.28	18.4	1.60	—	6	12	—
		平原湖泊	—	47	17.4	1.31	—	43	23	19	—	9.9	—	2×10^{-7}	—	—	—
		河漫滩	—	47	17.5	1.22	—	39	—	17	1.44	—	—	—	—	—	—

续表

区划	海陆别	沉积相	土层埋深	物理力学指标（平均值）													
				天然含水率 w	重力密度 γ	孔隙比 e	饱和度 S_r	液限 w_L	塑限 w_P	塑性指数 I_P	液性指数 I_L	有机质含量	压缩系数 $a_{1\text{-}2}$	垂直方向渗透系数 k	抗剪强度（固快）内摩擦角 φ	抗剪强度（固快）黏聚力 c	无侧限抗压强度 q_u
			m	%	kN/m³	—	%	%	%	—	—	%	MPa⁻¹	cm/s	度	kPa	kPa
南方Ⅲ地区	沿海	滨海	1-20	88.2	15.0	2.35	100	55.9	34.4	21.5	2.56	6.8	2.04	3.59×10^{-7}	2.1	6	4.8
		三角洲	1-19	50.8	17.0	1.45	100	33.0	18.8	14.2	1.79	2.75	1.32	7.33×10^{-7}	5.2	11.6	13.8

我国部分沿海软土的物理力学性指标见表5-3-5～表5-3-12。

上海浅层软土的物理力学指标 **表5-3-5**

土层名称		褐黄—灰黄色黏性土	灰色淤泥质粉质黏土	灰色淤泥质黏土	褐灰色黏性土
含水率（%）		25.4～40.5	36.0～49.7	40.0～59.6	29.8～42.5
密度		1.79～1.98	1.71～1.86	1.64～1.79	1.75～1.90
孔隙比		0.73～1.14	1.00～1.36	1.12～1.67	0.85～1.22
液限		30.8～43.8	29.6～40.1	34.4～50.2	28.3～42.9
塑限		17.6～24.1	17.8～23.0	19.0～26.0	17.3～23.8
塑性指数		11.5～21.0	10.3～17.0	17.0～25.1	10.2～20.0
压缩系数		0.20～0.65	0.30～1.03	0.55～1.65	0.28～0.71
压缩模量		3.00～7.22	2.20～5.97	1.32～3.58	3.00～6.77
直剪固快	c（kPa）	8.5～28.5	8.5～14.2	11.5～15.7	11.5～20.0
	φ（°）	12.7～26.2	12.1～28.0	8.5～16.9	12.7～27.4
三轴UU	c_u（kPa）	32.0～80.0	21.0～40.0	18.0～44.0	35.0～94.0
	φ_u（°）	0	0	0	0
三轴CU	c_{cu}（kPa）	7.0～28.0	5.0～17.0	7.0～18.0	7.0～27.0
	φ_{cu}（°）	13.5～30.0	11.5～26.5	11.0～18.5	11.0～32.5
	c'（kPa）	0～7.0	0～6.0	0～9.0	0～8.0
	φ'（°）	25.5～35.5	25.5～36.5	21.5～30.5	24.0～37.5
无侧限抗压强度（kPa）		48～89	31～66	42～77	50～135
高压固结试验	C_c	0.166～0.403	0.169～0.472	0.429～0.628	0.239～0.436
	C_s	0.017～0.081	0.024～0.070	0.041～0.109	0.020～0.093
波速试验	v_P（m/s）	300～1290	708～1449	874～1481	656～1570
	v_S（m/s）	84～117	84～142	100～166	112～256

天津塘沽新港地基土的工程性质指标 表 5-3-6

土名	厚度（m）	含水率（%）	重度（kN/m³）	孔隙比	塑性指数	液性指数	压缩系数（MPa⁻¹）	直剪固快		直剪快剪	
								c（kPa）	φ（°）	c（kPa）	φ（°）
淤泥质黏土	4	38～58	16.7～18.0	1.09～1.60	17～13	1.2～1.8	0.7～1.2	8～15	15～19	3～14	2～7
黏土	2	26～40	18.4～19.5	0.76～1.09	12～18	1.1～1.2	—	8	22	—	—
淤泥质黏土	5	47～56	16.9～17.6	1.32～1.54	21～30	1.0～1.3	1.2～1.5	15	11～14	11～17	2～6
黏土	6	28～47	17.6～19.5	0.79～1.27	13～23	0.9～1.3	0.3～0.45	5	20～33	14～16	1

杭州地区软土的工程特性 表 5-3-7

层序	土名	天然含水率（%）	天然重度（kN/m³）	天然孔隙比	塑性指数	液性指数	压缩系数（MPa⁻¹）	直剪固快	
								c（kPa）	φ（°）
③a	淤泥质黏土	38～65	16～18	1～2.5	15～23	1.2～1.5	1～1.6	9～14	4～8
③b	淤泥质粉质黏土	37～46	17～18	1～1.3	12～15	1.5～1.9	0.5～1.3	9～23	6～10
⑤a	淤泥质粉质黏土	40～42	17～18	1.1～1.2	13～16	1.3～1.7	0.6～0.8	13～25	7～13
⑤b	淤泥质黏土	43～49	17～17.7	1.2～1.4	17～22	1.2～1.4	0.7～0.8	16～21	7～11

深圳地区软土物理力学指标统计表 表 5-3-8

地层编号		②1		②3		⑤1	
地层成因		海相沉积		海陆交互沉积		湖沼相沉积	
土层名称		淤泥		淤泥质黏性土		含泥炭质黏性土	
统计内容		范围值	平均值	范围值	平均值	范围值	平均值
天然含水率 w（%）		40～118	83.5	40～58	49	20～42	32
密度 ρ（g/cm³）		1.36～1.80	1.50	1.67～1.80	1.73	1.74～2.08	1.91
土粒密度 ρ_s（g/cm³）		2.40～2.78	1.70	2.68～2.72	2.70	2.59～2.67	2.64
孔隙比 e		1.11～3.34	2.51	1.09～1.47	1.29	0.53～1.19	0.82
液限 w_L		40.0～76.0	63.0	28.0～50.0	36.4	20.0～48.0	34.2
塑性指数 I_P		19～36	23.5	11～26	14.2	8～20	12.3
液性指数 I_L		1.0～3.0	2.0	1.0～2.4	1.71	0.23～1.11	0.63
压缩系数（MPa⁻¹）	竖向	0.83～3.91	2.35	0.70～1.90	1.15	0.31～0.60	0.36
	横向	0～3.34	2.31	—	—	—	—
压缩模量（MPa）	竖向	1.00～2.60	1.55	1.20～3.70	1.70	2.60～6.00	4.50
	横向	1.00～2.40	1.53	—	—	—	—
直剪试验	φ（°）	0～5.8	1.85	3.0～10.0	6.2	—	—
	c（kPa）	1.0～8.0	3.53	7.0～18.0	11.6	—	—

续表

地层编号		②1		②3		⑤1	
三轴UU	φ (°)	0.00～0.19	0.08	0.3～1.1	0.7	—	—
	c (kPa)	0.23～0.69	0.29	2.6～1.3	7.8	—	—
三轴CU	φ (°)	0.0～2.0	1.0	10.4～14.9	13.0	—	—
	c (kPa)	4.0～7.0	5.3	6.4～16.5	10.2	—	—
固结系数 C_v	竖向	2.67～8.03	4.36	—	—	—	—
	横向	2.20～8.42	4.54	—	—	—	—
渗透系数 K_v	竖向	4.2～10.7	7.27	—	—	—	—
	横向	4.1～11.2	7.39	—	—	—	—

注：固结系数取值压力 100kPa，单位为 $\times10^{-4}$(cm²/s)；

渗透系数取值压力 100kPa，单位为 $\times10^{-8}$(cm/s)。

福建地区主要软土的工程性质 **表 5-3-9**

		地区					
		福州	马尾	厦门	漳州	泉州	诏安
含水率 (%)		45.0～80.0	45.7～73.0	50.0～70.0	45.0～65.0	45.0～75.0	36.0～65.0
重度 (kN/m³)		15.0～17.5	16.0～17.5	14.5～18.0	15.5～17.5	15.0～17.0	16.7～18.5
孔隙比 e		1.1～2.7	1.15～1.9	1.0～1.7	0.9～1.8	1.0～1.8	0.99～1.6
饱和度 S_r		90～98	90～100	85～100	85～96	96～99	86～100
液限 w_L		35～75	35～75	35～60	40～65	40～60	50～68
塑性指数 I_P		16～35	16～35	15～25	16～30	17～30	10～25
压缩系数 $a_{1\text{-}2}$ (MPa^{-1})		0.8～2.7	0.8～2.0	0.7～1.9	1.0～2.4	0.7～1.8	0.6～1.5
压缩模量 $E_{s1\text{-}2}$ (MPa)		1.2～3.0	1.2～3.3	1.5～3.5	1.3～4.0	1.6～3.0	1.5～3.4
固结快剪	φ (°)	4～12	6～15	4～13	4～16	4～14	8～16
	c (kPa)	1～15	2～17	3～15	2～20	3～15	5～12
无侧限抗压强度 q_u (kPa)		9～35	9～36	—	—	—	—
灵敏度		2.5～7.0	2.5～7.0	—	—	—	—
渗透系数 ($\times10^{-7}$cm/s)		0.5～5.0	—	—	—	—	—

宁波地区软土的物理力学指标随深度的变化 **表 5-3-10**

取样深度 (m)	含水率 (%)	重度 (kN/m³)	孔隙比	液限	塑性指数	液性指数	压缩系数	固结系数 ($\times10^{-4}$cm²/s)		直剪快剪		直剪固快		无侧限	
								C_h	C_v	c_q (kPa)	φ_q (°)	c_{cq} (kPa)	φ_{cq} (°)	q_u (kPa)	S_t
0～2	46.0	17.3	1.29	45.2	25.8	1.02	0.85	—	—	5.0	2.0	—	—	—	—
2～4	43.8	18.0	1.18	42.5	22.8	1.04	0.89	—	—	7.1	3.2	6.3	16.1	11.3	1.3
4～6	45.7	17.7	1.27	40.0	21.2	1.18	0.83	—	—	6.0	3.5	6.3	16.1	—	—
6～8	44.7	17.8	1.19	37.5	16.3	1.47	0.84	—	13.8	3.0	4.3	5.0	22.6	20.3	1.3

续表

取样深度（m）	含水率（%）	重度（kN/m³）	孔隙比	液限	塑性指数	液性指数	压缩系数	固结系数（×10⁻⁴cm²/s）		直剪快剪		直剪固快		无侧限	
								C_h	C_v	c_q（kPa）	φ_q（°）	c_{cq}（kPa）	φ_{cq}（°）	q_u（kPa）	S_t
8～10	47.9	17.6	1.27	42.7	22.0	1.24	0.82	5.78	5.55	4.5	2.9	8.0	16.4	15.2	1.8
10～12	48.4	17.5	1.30	40.5	21.3	1.36	1.07	—	—	4.5	0.8	9.0	13.9	18.2	1.5
12～14	42.7	18.0	1.19	36.5	14.5	1.39	0.81	—	—	5.0	5.9	5.0	19.3	23.0	—
14～16	50.1	17.4	1.35	42.2	22.8	1.29	0.99	2.48	4.36	6.3	1.1	5.5	14.7	26.3	1.7
16～18	42.3	18.2	1.20	36.1	14.1	1.50	—	—	—	4.0	4.6	3.0	25.4	—	—
18～20	53.3	17.2	1.37	44.5	26.4	1.26	1.06	—	—	7.0	1.3	—	—	28.0	2.3
20～22	50.0	17.4	1.34	43.8	26.3	1.15	0.94	—	—	7.0	1.3	—	—	—	—
22～24	46.3	17.8	1.25	38.1	18.0	1.44	—	—	—	6.3	3.3	—	—	—	—
24～26	48.3	17.3	1.32	43.6	24.3	1.18	—	—	—	7.6	1.1	—	—	22.8	3.2

连云港软土的物理指标及变形指标　　**表 5-3-11**

土名	含水率（%）	重度（kN/m³）	孔隙比	塑性指数	液性指数	压缩系数
淤泥质黏土	$\frac{39.8\sim58.5}{48.9}$	$\frac{16\sim18.7}{17}$	$\frac{1.13\sim1.64}{1.4}$	$\frac{19.6\sim27.2}{23.9}$	0.95～1.59	0.77
淤泥	$\frac{51.1\sim68.4}{60.3}$	$\frac{15.5\sim17.7}{16.3}$	$\frac{1.44\sim1.99}{1.68}$	$\frac{19.7\sim33.2}{25.8}$	1.04	$\frac{1.05\sim1.79}{1.45}$

连云港软土的抗剪强度指标　　**表 5-3-12**

土名	直剪				三轴				无侧限抗压强度 q_u	灵敏度	十字板强度（kPa）	静力触探（MPa）
	快剪		固快		UU		CU					
	c（kPa）	φ（°）	c（kPa）	φ（°）	c_{uu}（kPa）	φ_{uu}（°）	c_{cu}（kPa）	φ_{cu}（°）				
淤泥质黏土	$\frac{9\sim19}{14.8}$	$\frac{0.74\sim9.1}{3.85}$	$\frac{6\sim16}{12}$	$\frac{15\sim22.6}{18.1}$	—	—	—	—	$\frac{18.5\sim28}{23.1}$	—	$\frac{4.5\sim37.6}{20.1}$	$\frac{0.2\sim0.7}{0.44}$
淤泥	$\frac{7\sim23}{13.6}$	$\frac{0.98\sim5.9}{2.81}$	$\frac{4\sim16}{8.5}$	$\frac{12.7\sim19.7}{17.1}$	$\frac{14\sim23}{16.6}$	$\frac{0\sim4.6}{2.6}$	$\frac{4\sim11}{7.7}$	$\frac{18.5\sim28.1}{23.3}$	$\frac{10\sim54}{34.8}$	$\frac{1.8\sim12}{4.3}$	$\frac{4.5\sim25.9}{14.8}$	$\frac{0.1\sim0.74}{0.36}$

第二节　软土地基勘察

一、勘察基本要求

1. 勘察阶段可分为初步勘察和详细勘察，必要时应进行施工勘察。对大型厂址、重要工程尚应进行可行性研究勘察。但对简单场地、建筑经验成熟地区或位置已确定的工程，勘察阶段可适当简化，可仅进行详细勘察。

2. 当建筑场地工程地质条件复杂，软土在平面上有显著差异时，应根据场地的稳定性和工程地质条件的差异，进行工程地质分区或分段。

3. 勘探工作必须根据工程特性、场地工程地质条件、地层性质，选择合适的勘察方法。除钻探取样外，对软土厚度较大或夹有粉土、砂土时，可采用静力触探试验、标准贯入试验。对饱和流塑黏性土应采用十字板剪切试验、旁压试验、螺旋板载荷试验、扁铲侧胀试验。

4. 采取土试样应采用薄壁取土器。取样时应避免扰动、涌土等；运输、贮存、制备过程中均应防止试样的扰动。

5. 对重要的建筑物和有特殊要求的软土地基，或对周围环境有影响的场地，在施工和使用过程中，应根据工程建设的需要进行必要的监测。

二、勘察工作重点

软土地基勘察应着重查明和分析以下内容：

1. 软土的成因类型、埋藏条件、分布规律、层理特征，水平与垂直向的均匀性、渗透性，地表硬壳层的分布与厚度，下伏硬土层或基岩的埋藏条件、分布特征和起伏变化情况；

2. 软土的固结历史，强度和变形特征随应力水平的变化规律，以及结构破坏对强度和变形的影响程度；

3. 微地貌形态和暗浜、暗塘、墓穴、填土、古河道的分布范围和埋藏深度；

4. 地下水情况及其对基础施工的影响，基坑开挖、回填、支护、工程降水、打桩和沉井等对软土的应力状态、强度和压缩性的影响；

5. 地震区产生震陷的可能性及对震陷量的估算和分析。

三、勘察工作量的布置

1. 勘探孔间距

应根据工程性质、场地类别、勘察阶段确定。一般情况下可按表 5-3-13 确定。对基坑工程，勘察范围应达到基坑开挖边界线以外 2～3 倍开挖深度。对重大设备基础应单独布孔。对高耸构筑物勘探点的布置应符合本手册第七篇第九章的要求。对桩基工程应按第八篇第二章的要求布置勘探点。

勘探孔间距（m） **表 5-3-13**

场地类型	初勘阶段	详勘阶段
简单场地	75～200	30～50
中等复杂场地	40～100	15～30
复杂场地	30～50	10～15

2. 勘探孔深度

初步勘察的勘探孔深度应根据建筑物等级和勘探孔种类，按表 5-3-14 确定。在预定深度内遇基岩时，控制性勘探孔应钻入基岩适当深度，其他勘探孔在进入基岩后，可终止钻进；在预定深度内有厚度较大且分布均匀的密实土层时，控制性勘探孔应达到规定深度，一般性勘探孔的深度可适当减少；当预定深度内有软弱土层时，勘探孔深度应适当增加，部分控制性勘探孔宜穿透软弱土层。

初步勘察勘探孔深度（m） **表 5-3-14**

工程等级	勘探孔种类	
	一般性勘探孔	控制性勘探孔
一级建筑物	>30	>50
二级建筑物	>20	>30
三级建筑物	>10	>20

详细勘察阶段的勘探孔深度应符合以下规定：

（1）一般性勘探孔深度应能控制地基主要受力层，当基础底面宽度不大于 5m 时，条形基础的勘探孔深度不应小于基础底面宽度的 3.0 倍，单独柱基础的勘探孔深度不应小于基础底面宽度的 1.5 倍，且不应小于 5m；

（2）需作变形计算的地基，控制性勘探孔的深度应超过地基变形计算深度；对于地基变形计算深度，中、低压缩性土可取附加压力小于或等于上覆有效自重压力 20%处的深度，高压缩性土层可取附加压力小于或等于上覆土层有效自重压力 10%处的深度；

（3）高层建筑的一般性勘探孔的深度应达到基底下 0.5～1.0 倍的基础宽度，并应深入稳定分布的地层；

（4）当有大面积地面堆载或软弱下卧层时，应适当加深控制性勘探孔的深度；

（5）当在预定深度内遇基岩或厚层碎石土等稳定地层时，勘探孔深度应根据情况进行调整。

四、试验要求

（一）室内试验

1. 软土常规固结试验的加荷等级应根据软土的土性特征、自重压力和建筑物荷重确定，第一级压力应根据土的有效自重压力确定，并宜用 12.5kPa、25kPa 或 50kPa，最后一级压力应大于土的有效自重压力与附加压力之和。

2. 应根据工程对变形计算的不同要求，测定软土的压缩性指标（压缩系数、压缩模量、先期固结压力、压缩指数、回弹指数和固结系数），可分别采用常规固结试验、高压固结试验等方法确定。

3. 对厚层高压缩性软土层，应测定次固结系数，用以计算由于次固结作用产生的沉降及其历时关系。

4. 软土的抗剪强度指标宜采用三轴剪切试验确定。三轴剪切试验方法应与工程要求一致。对土体可能发生大应变的工程应测定残余抗剪强度。对饱和软土应对试样在有效自重压力下预固结后再进行试验。

5. 软土的无侧限抗压强度试验应采用Ⅰ级土试样，并同时测定其灵敏度。

6. 有特殊要求时，应对软土进行蠕变试验，测定土的长期强度；当研究土对动荷载的反应时，可进行动扭剪试验、动单剪试验或动三轴试验。

7. 有机质含量可采用灼失量试验确定，当有机质含量不大于 15%时，宜采用重铬酸钾容量法测定。

（二）原位测试

软土的原位测试宜采用静力触探试验、旁压试验、十字板剪切试验、扁铲侧胀试验、载荷试验和波速试验。

1. 采用载荷试验确定地基承载力时，承压板面积不宜小于 1.0m²。首级荷重不能太大，应当不超过试坑底面以上土的自重压力。承载力特征值宜按 $p_{0.015}$ 标准取值。为了解深部土层的承载特性时，可采用螺旋板载荷试验。

2. 十字板剪切试验，可测定不固结不排水条件下的抗剪强度、土的残余抗剪强度，并计算灵敏度。

3. 扁铲侧胀试验，可测定软土的弹性模量、静止土压力系数、水平基床系数，可判定土层名称和状态。

4. 宜采用注水试验，测定软土的渗透系数。

第三节 软土地基评价

一、场地稳定性评价

在建筑场地内，如遇下列情况之一时，应评价地基的稳定性。

1. 当建筑物离池塘、河岸、海岸等边坡较近时，应分析评价软土侧向塑性挤出或滑移的危险；

2. 当地基土受力范围内，软土下卧层为基岩或硬土层且其表面倾斜时，应分析判定软土沿此倾斜面产生滑移或不均匀变形的可能性；

3. 当地基土层中含有浅层沼气，应分析判定沼气的逸出对地基稳定性和变形的影响。

4. 当软土层之下分布有承压含水层时，应分析判定承压水水头对软土地基稳定性和变形的影响；

5. 当建筑场地位于强地震区时，应分析评价场地和地基的地震效应。

二、拟建场地和持力层的选择

1. 当场地有暗浜（塘）等不利因素存在时，建筑物的布置应尽量避开这些不利地段；如无法避开时，则必须进行地基处理。

2. 软土地区的地表一般分布有厚度不大的硬壳层，对于采用天然地基的轻型建筑应充分加以利用，选择硬壳层作为地基持力层，基础宜尽量浅埋。

3. 软土不宜作为桩基持力层，应选择软土层以下的硬土层或砂层作为桩基持力层。

4. 当地基主要受力层范围内，有薄砂层或软土与砂土互层时，应分析判定其对地基变形和承载力的影响。

三、地基承载力的确定

（一）软土地基承载力在不考虑变形的前提下，可根据室内试验、原位测试和当地经验，按下列方法综合确定：

1. 根据三轴不固结不排水剪切试验指标按《建筑地基基础设计规范》中的地基承载力计算公式（已考虑基础的深度和宽度）计算；

2. 利用静力触探或其他原位测试资料与载荷试验或其他相应土性的直接试验结果建立的地区性相关公式计算确定。例如上海地区淤泥质土静探比贯入阻力 p_s 和锥尖阻力 q_c 与承载力极限标准值之间经验关系如下式：

$$f_k = 58 + 0.125 p_s \tag{5-3-1}$$

$$f_k = 58 + 0.145 q_c \tag{5-3-2}$$

式中　f_k——地基极限承载力标准值（kPa）；

p_s——比贯入阻力平均值（kPa），大于800kPa时取800kPa；

q_c——锥尖阻力平均值（kPa），大于700kPa时取700kPa。

3. 利用物理性指标与承载力之间建立的对应关系确定。例如沿海地区淤泥和淤泥质土承载力与天然含水量之间的对应关系见第四篇第五章。

4. 在已有建筑经验的地区，可以用工程地质类比法确定。

（二）当为上硬下软的双层土地基时，应进行软弱下卧层强度验算。

（三）软土地基承载力实质上是由变形控制的，必须在满足建筑物变形要求的前提下，由设计人员按基础的实际尺寸、埋深和建筑物的地基变形允许值最终确定地基承载力特征值。

四、地基变形评价

1. 软土地基沉降计算可采用分层总和法或应力历史法，并应根据当地经验进行修正。必要时，应考虑软土的次固结效应。

2. 当建筑物相邻高低层荷载相差较大时，应分析其变形差异和相互影响，当地面有大面积堆载时，应分析对相邻建筑物的不利影响。

五、地下水与施工

软土地区有关地下水及基坑开挖方面的评价内容如下：

1. 地下水对基础材料的腐蚀性评价。

2. 地下水对箱形基础、筏形基础或其他地下结构物在地下水水位变化幅度范围内发生上浮的可能性。

3. 由于施工降水或大量抽取地下水引起地下水水位下降后，发生地面沉降的可能性及其对工程和周围环境的影响。

4. 基坑开挖过程中，引起潜蚀、流砂、涌土、坑底隆起及坑侧土体位移的可能性及其对施工安全和周围环境可能造成的影响。当基坑下部存在承压含水层时，应评价承压水水头对基坑稳定性的影响。

六、地基处理

软土地区常用的地基处理方法如下：

（一）对暗浜、暗塘、墓穴、古河道的处理

1. 当范围不大时，一般采用基础加深或换垫处理；

2. 当宽度不大时，一般采用基础梁跨越处理；

3. 当范围较大时，一般采用短桩处理。

（二）对表层或浅层不均匀地基及软土的处理

1. 对不均匀地基常采用机械碾压法或夯实法；

2. 对软土层常采用换土垫层法。

（三）对厚层软土处理

1. 采用堆载预压法或真空预压法，或在地基土层中埋置砂井、袋装砂井或塑料排水板与预压相结合的方法；

2. 采用复合地基，包括砂桩、碎石桩、灰土桩、旋喷桩和小断面的预制桩等；

3. 采用桩基，穿透软土层以达到增大承载力和减小沉降量的目的。

第四章 填 土

第一节 填土的分类及工程性质

一、填土的分类

填土系指由人类活动而堆填且未经压实的土。填土根据其物质组成和堆填方式分为素填土、杂填土和冲填土三类。

（一）素填土

由天然土经人工扰动和搬运堆填而成，不含杂质或含杂质很少，一般由碎石、砂或粉土、黏性土等一种或几种材料组成。按主要组成物质分为：碎石素填土、砂性素填土、粉性素填土、黏性素填土等，可在素填土的前面冠以其主要组成物质的定名，对素填土进一步分类。

（二）杂填土

含有大量建筑垃圾、工业废料或生活垃圾等杂质的填土。按其组成物质成分和特征分为：

1. 建筑垃圾土

主要为碎砖、瓦砾、朽木、混凝土块、建筑垃圾夹土组成，有机物含量较少。

2. 工业废料土

由现代工业生产的废渣、废料堆积而成，如矿渣、煤渣、电石渣等以及其他工业废料夹少量土类组成。

3. 生活垃圾土

填土中由大量从居民生活中抛弃的废物，诸如炉灰、布片、菜皮、陶瓷片等杂物夹土类组成，一般含有机质和未分解的腐殖质较多。

（三）冲填土

冲填土又称吹填土，是由水力冲填泥沙形成的填土，它是我国沿海一带常见的人工填土之一，主要是由于整治或疏通江河航道，或因工农业生产需要填平或填高江河附近某些地段时，用高压泥浆泵将挖泥船挖出的泥沙，通过输泥管排送到需要加高地段及泥沙堆积区，前者为有计划、有目的填高，而后者则为无目的堆填，经沉淀排水后形成大片冲填土层。上海的黄浦江、天津的海河、广州的珠江等河流两岸及天津塘沽等滨海地段不同程度地分布着这类土。

另外，因为填土的性质与堆填年代有关，因此可以按堆填时间的长短划分为古填土（堆填时间在 50 年以上）、老填土（堆填时间在 15～50 年）和新填土（堆填时间不满 15 年）。按堆填方式可分为有计划填土和无计划填土。某些因矿床开采而形成的填土又可按原岩的软化性质划分为非软化填土、软化填土和极易软化填土。北京地区将填土中的炉灰单独进行分类，并根据堆积年代进一步细分为炉灰和变质炉灰。

二、填土的工程性质

一般来说，填土具有不均匀性、湿陷性、自重压密性及低强度、高压缩性。

（一）素填土的工程性质

素填土的工程性质取决于它的均匀性和密实度。在堆填过程中，未经人工压实者，一般密实度较差，但堆积时间较长，由于土的自重压密作用，也能达到一定密实度。如堆积时间超过 10 年的黏性素填土、超过 5 年的砂性素填土，均具有一定的密实度和强度，经检验后，可以作为一般建筑物的天然地基。

（二）杂填土的工程性质

1. 性质不均，厚度和密度变化大

由于杂填土的堆积条件、堆积时间，特别是物质来源和组成成分的复杂和差异，造成杂填土的性质很不均匀，密度变化大，分布范围和厚度的变化均缺乏规律性，带有极大的人为随意性，往往在很小范围内变化很大。当杂填土的堆积时间愈长，物质组成愈均匀，有机物含量愈少，则作为天然地基的可能性愈大。

2. 变形大，并有湿陷性

就其变形特性而言，杂填土往往是一种欠压密土，一般具有较高的压缩性。对部分新的杂填土，除正常荷载作用下的沉降外，还存在自重压力下沉降及湿陷变形的特点；对生活垃圾土还存在因进一步分解腐殖质而引起的变形。在干旱和半干旱地区，干或稍湿的杂填土，往往具有湿陷性。堆积时间短、结构疏松，这是杂填土浸水湿陷和变形大的主要原因。

3. 压缩性大，强度低

杂填土的物质成分异常复杂，不同物质成分，直接影响土的工程性质。当建筑垃圾土的组成物以砖块为主时，则优于以瓦片为主的土。建筑垃圾土和工业废料土，在一般情况下优于生活垃圾土。因生活垃圾土物质成分杂乱，含大量有机质和未分解的腐殖质，具有很大的压缩性和很低的强度。即使堆积时间较长，仍较松软。

4. 孔隙大，且渗透性不均匀

杂填土由于其组成物质的复杂多样性，造成杂填土中孔隙大并且其渗透性不均匀，因此在地下水位较低的地区，地下水位以上的杂填土中经常存在鸡窝状上层滞水。

（三）冲填土的工程性质

1. 不均匀性

冲填土的颗粒组成随泥沙的来源而变化，有砂粒、黏土粒和粉土粒。在吹泥的出口处，沉积的土粒较粗，甚至有石块，顺着出口向外围则逐渐变细。在冲填过程中，由于泥沙来源的变化，造成冲填土在纵横方向上的不均匀性，故土层多呈透镜体状或薄层状出现。当有计划、有目的地预先采取一些措施后而冲填的土，则土层的均匀性较好，类似于冲积地层。

2. 透水性能弱、排水固结差

冲填土的含水量大，一般大于液限，呈软塑或流塑状态。当黏粒含量多时，水分不易排出，土体形成初期呈流塑状态，后来虽土层表面经蒸发干缩龟裂，但下面土层由于水分不易排出仍处于流塑状态，稍加触动即发生触变现象。因此，冲填土多属未完成自重固结的高压缩性的软土。土的结构需要有一定时间进行再组合，土的有效应力要在排水固结条件下才能提高。

土的排水固结条件，也决定于原地面的形态，如原地面高低不平或局部低洼，冲填后土内水分排不出去，长时间仍处于饱和状态；如冲填于易排水的地段或采取了排水措施时，则固结进程加快。

第二节 填土的勘察

一、勘察工作内容

1. 通过调查访问和搜集资料，调查地形和地物的变迁，填土的来源、堆积年限和堆积方法。

2. 查明填土的分布范围、厚度、物质成分、颗粒级配、均匀性、密实性、压缩性和湿陷性等，对冲填土尚应了解其排水条件和固结程度。

3. 调查有无暗浜、暗塘、渗井、废土坑、旧基础及古墓的存在。

4. 查明地下水的水质，判定地下水对建筑材料的腐蚀性及与相邻地表水体的水力联系。

二、勘探与测试

（一）勘探点的布置

一般应按复杂场地布置、逐步加密勘探点。勘探孔应穿透填土层。当填土下为软弱土层时，部分钻孔还应加深。对暗埋的塘、浜、沟、坑的范围，应予追索并圈定范围。加密勘探点的深度应穿透填土层。

（二）勘探方法

应根据填土性质确定。对以粉土、黏性土为主的填土，可采用钻探取样、轻型钻具与原位测试相结合的方法；对含较多粗粒成分的建筑垃圾、工业废料填土，宜采用动力触探、钻探，并配置适量探井。

勘探黏性素填土时还应注意填土和新近沉积土的区别，一般可从土粒结构和埋藏形态来区别，填土土粒结构杂乱，埋藏形态没有规律，而新近沉积土则具有自然沉积土的结构层理，在黄土地区还可看到黄土特有的大孔隙。

（三）测试工作

应以原位测试为主、辅以室内试验，宜符合下列原则：

1. 填土的均匀性及密实度宜用触探测定，辅以室内试验。轻型动力触探、标准贯入试验适用于黏性、粉性素填土，静力触探适用于冲填土和黏性素填土，重型动力触探适用于粗粒填土。

2. 填土的压缩性、湿陷性可采用室内固结试验、浸水固结试验或载荷试验、浸水载荷试验确定。对于细颗粒填土采用室内固结试验而对于粗颗粒填土可采用现场载荷试验。

3. 杂填土的密度，必要时可采用大容积法测定。对于颗粒粗大的填土，大容积法也难以取得好的效果，可将整个探井挖出的填土称重再设法测得整个探井的体积，以求得填土的密度。

4. 填土的均匀性，可以采用地球物理勘探的方法进行原位测试。近年来，物探方法发展很快，探地雷达、面波测试、剪切波速测试等方法均可定性地进行填土的均匀性评价，特别是对于需要对填土的地基处理效果的全面比较时物探方法越发显示出其广泛、全面的特点。

5. 填土的抗剪强度，可以采用原位土体直剪试验。在试验点位置进行试坑开挖，选定试验层位。在试验层位选定后，在该层土体上进行试体加工。试体平面一般呈方形，试体按边长不小于500mm制作，保证剪切面积不小于0.3m^2，试件高度以不小于200mm或土体最大粒径的4～8倍为宜。每组试验制作3个试体，试体间距以相互不产生应力影响为宜。

对于填土的室内试验，对于能够取得适合室内试验的土样时，应采取试样进行室内试验。室内试验除一般适用于物理力学性质试验外，特别着重压缩性、湿陷性、膨胀性、抗剪强度、渗透性等项目。在进行室内试验时，应特别注意填土的特点，不可机械套用天然土的试验方法。

第三节　填土地基的评价

填土地基的评价，主要内容应包括：阐明填土的成分、分布和堆积年代，判定地基的均匀性、压缩性和密实度；必要时应按厚度、强度和变形特性分层或分区评价。

一、填土的均匀性和密实度

这与填土的组成物质、分布特征和堆积年代有密切关系。

对于堆积年限较长的素填土、冲填土，以及由建筑垃圾和性能稳定的工业废料组成的杂填土，当较均匀和较密实时，可考虑作为天然地基。由有机质含量较多的生活垃圾和对基础有腐蚀的工业废料组成的杂填土，不宜作为天然地基。

二、大面积黄土质填土的利用

对于大面积黄土质填土的均匀性、密实程度的检验和评价工作，山西煤矿设计院提出用静力触探测得的比贯入阻力 p_s 判定填土地基的均匀性和密实度。即静力触探比贯入阻力 $p_s<2.9$MPa的碾压填土，局部地段的湿陷性大，沉降值达8.5～19.5cm，其上的建筑物多发生较大的变形；而比贯入阻力 $p_s>3$MPa的填土湿陷性小，建筑物只有轻微变形，因此以 $p_s\geqslant3$MPa作为控制填土质量的界限值。通过载荷试验建立了 E_0 与 p_s 的关系式，即：

$$E_0=2.05p_s+13.5 \tag{5-4-1}$$

此式适用条件为 $p_s\leqslant6$MPa。

用静力触探指标检验素填土的均匀性，是按建筑物单元内的 p_{smax} 和 p_{smin} 的比值为控制指标，凡 $p_{smax}/p_{smin}\leqslant1.55$ 者，为均匀填土，反之，则按不均匀填土考虑。当 p_s 值超过6MPa时可适当放宽该比值，但最大不超过1.8。用此法检验黄土质素填土的均匀性，经过多年实践证明判别是成功的。

三、填土地基承载力的确定

填土地基的承载力可按《建筑地基基础设计规范》的要求，由载荷试验或其他原位测试、公式计算，并结合工程实践经验等方法综合确定。

1. 载荷试验

应在有代表性土层的位置进行，试验宜在预计的基础砌置标高处。地基承载力特征值取 p-s 曲线上的比例界限压力或沉降量 s 为0.02倍压板宽度 b 的对应荷载值。

2. 原《建筑地基基础设计规范》编制组总结了有关资料，提出素填土地基承载力可根据室内压缩试验与轻型动力触探试验的结果分别按表 5-4-1 和表 5-4-2 查得。

素填土按压缩模量（E_s）确定地基承载力特征值　　表 5-4-1

压缩模量 E_{s1-2}（MPa）	7	5	4	3	2
f_{ak}（kPa）	150	130	110	80	60

注：本表只适用于堆填时间超过 10 年的黏性素填土和超过 5 年的粉性素填土。

素填土按轻型动力触探试验锤击数（N_{10}）确定地基承载力特征值　　表 5-4-2

N_{10}	10	20	30	40
f_{ak}（kPa）	80	110	130	150

注：本表只适用于黏性土和粉土组成的素填土。

3. 各地素填土地基承载力经验值

（1）西安市黏性素填土承载力特征值，参见第三篇第二章表 3-2-14。

（2）广东省素填土承载力标准值，参见第三篇第二章表 3-2-15。

（3）辽宁省素填土承载力标准值，参见第三篇第二章表 3-2-17。

（4）成都地区素填土地基承载力基本值 f_0 见表 5-4-3。

（5）苏州地区素填土承载力特征值 f_0 见表 5-4-4。

成都地区素填土地基承载力经验值　　表 5-4-3

填土内主要成分	e	f_0（kPa）	E_s（kPa）	有机物
粉质黏土（比较均匀）	0.5	230	12.0	少于 8%
	0.7	200	10.0	少于 8%
	0.9	150	8.0	少于 8%
	1.0	130	7.0	少于 8%

注：本表适用于基础宽度为 0.6～1.0m，基础埋深为 1.5～2.0m，当不在上述范围内，应进行修正。

苏州地区素填土地基承载力经验值　　表 5-4-4

填土名称	填土性质	f_0（kPa）
黏土素填土	根据密度和状态选定	80～180
亚黏土素填土		70～160
粉土素填土		80～120

4. 冲填土地基承载力经验值见表 5-4-5。

冲填土地基承载力经验值　　表 5-4-5

地区	土的物理力学性质	承载力标准值（kPa）
上海	I_p=11.3～15，e=1.04～1.15	80～100
天津	I_p=14～15，e=0.99～1.30	60～100
广州	细砂及中砂，松—稍密	100～120

四、填土地基的稳定性

当填土底面的天然坡度大于 20%时，应验算其沿坡面的稳定性，并应判定原有斜坡受填土影响引起滑动的可能性。

第四节 填土地基的利用、处理与检验

一、填土地基的利用

利用填土作为地基时，宜采取一定的建筑和结构措施，以提高和改善建筑物对填土地基不均匀沉降的适应能力。具体来说，可采取如下建筑和结构措施：

1. 建筑体形尽量简单，以适应不均匀沉降；

2. 因填土地基的表层往往都有一层硬壳层，浅埋基础应充分利用硬壳层；

3. 建筑物应选择面积大、整体刚度较好的基础形式，如筏形基础、十字交叉梁基础等；

4. 适当加强上部结构的刚度和强度。

当填土作为地基持力层时，基坑开挖后应加强施工验槽工作。

二、填土地基的处理

其方法的选择，应从加固效果、经济费用、工程周期、环境影响以及地区经验等方面综合比较，并参照下列条件确定：

1. 换土一垫层适用于地下水位以上，可减少和调整地基不均匀沉降。

2. 机械碾压、重锤夯实和强夯主要适用于加固浅埋的松散低塑性或无黏性填土。

3. 挤密土桩、灰土桩适用于地下水位以上，砂、碎石桩适用于地下水位以下，处理深度一般可达 6～8m。

另外，还可采用 CFG 桩法、柱锤冲扩桩法等地基处理方法，以提高填土地基承载力和减少地基变形。

三、填土地基的检验

处理后的填土地基应进行质量检验。检验工作应按《建筑地基基础设计规范》和有关规定进行。常用的检验手段有轻型动力触探、微型贯入仪、动力和静力触探，以及取样分析等，另外探地雷达、面波测试、剪切波速测试是进行处理前后定性评价的较好手段。对复合地基，宜采用大面积的载荷试验。

第五章 膨 胀 岩 土

第一节 膨胀岩土的判别及类型

一、膨胀岩土的定义

膨胀土应是土中黏粒成分主要由亲水性矿物组成，同时具有显著的吸水膨胀和失水收缩两种变形特性的黏性土。它的主要特征是：

(1) 粒度组成中黏粒（粒径小于 0.002mm）含量大于 30%；

（2）黏土矿物成分中，伊利石、蒙脱石等强亲水性矿物占主导地位；

（3）土体湿度增高时，体积膨胀并形成膨胀压力；土体干燥失水时，体积收缩并形成收缩裂缝；

（4）膨胀、收缩变形可随环境变化往复发生，导致土的强度衰减；

（5）属液限大于40%的高塑性土。

具有上述（2）、（3）、（4）项特征的黏土类岩石称膨胀岩。

《膨胀土地区建筑技术规范》GB 50112—2013对膨胀土的定义包括三个内容：

（1）控制膨胀土胀缩势能大小的物质成分主要是土中蒙脱石的含量、离子交换量以及小于2μm黏粒含量。这些物质成分本身具有较强的亲水特性，是膨胀土具有较大的胀缩变形的物质基础；

（2）除了亲水性外，物质本身的结构也很重要，电镜试验证明，膨胀土的微观结构属于面—面叠聚体，它比团粒结构有更大的吸水膨胀和失水收缩的能力；

（3）任何黏性土都具有胀缩性，问题在于这种特性对房屋安全的危害程度。规范以未经处理的一层砌体结构房屋的极限变形幅度15mm作为划分标准。当计算建筑物地基土的胀缩变形量超过此值时，即应按规范进行勘察、设计、施工和维护管理。

规范规定膨胀土同时具有膨胀和收缩两种变形特性，即吸水膨胀和失水收缩，再吸水再膨胀和再失水再收缩的胀缩变形可逆性。

二、膨胀土的工程地质特征

（一）野外特征

1. 地貌特征

多分布在二级及二级以上的阶地和山前丘陵地区，个别分布在一级阶地上，呈垄岗—丘陵和浅而宽的沟谷，地形坡度平缓，一般坡度小于12度，无明显的自然陡坎。在流水冲刷作用下的水沟、水渠，常易崩塌、滑动而淤塞。

2. 结构特征

膨胀土多呈坚硬—硬塑状态，结构致密，呈棱形土块者常具有胀膨性，棱形土块越小，胀膨性越强。土内分布有裂隙，斜交剪切裂隙越发育，胀缩性越严重。

膨胀土多为细腻的胶体颗粒组成，断口光滑，土内常包含钙质结核和铁锰结核，呈零星分布，有时也富集成层。

3. 地表特征

分布在沟谷头部、库岸和路堑边坡上的膨胀土常易出现浅层滑坡，新开挖的路堑边坡，旱季常出现剥落，雨季则出现表面滑塌。膨胀土分布地区还有一个特点。即在旱季常出现地裂，长可达数十米至近百米，深数米，雨季闭合。

4. 地下水特征

膨胀土地区多为上层滞水或裂隙水，无统一水位，随着季节水位变化，常引起地基的不均匀膨胀变形。

（二）膨胀土的物理力学性质指标特征

我国有关地区膨胀土的物理力学性质指标列于表5-5-1。

膨胀土的物理力学性质指标 表 5-5-1

地区	天然含水量 w(%)	重度 γ (kN/m³)	孔隙比 E	液限 w_L (%)	塑性指数 I_P (%)	液性指数 I_L	液性指数 <2μ (%)	自由膨胀率 F_e (%)	膨胀率 e_p (%)	膨胀力 P_p (kPa)	线缩率 e_{SL} (%)
云南鸡街	24	20.2	0.64	50	25	<0	48	79	50.1	103	2.97
广西宁明	27.4	19.3	0.79	55	28.9	0.07	53	68		175	6.44
广西田阳	21.5	20.2	0.64	47.5	23.9	0.09	45			98	2.73
云南蒙自	39.4	17.8	1.15	73	34	0.03	42	81	9.55	50	8.20
云南文山	37.3	17.7	1.13	57	27	0.29	45	52		62	9.50
云南建水	32.5	18.3	0.99	59	29	0.06	50	52		40	7.0
河北邯郸	23.0	20.0	0.67	50.8	26.7	0.05	31	80	3.01	56	4.48
河南平顶山	20.8	20.3	0.61	50.0	26.4	<0	30	62		137	
湖北襄樊	22.4	20.0	0.65	55.2	24.3	<0	32	112		30	
山东临沂	34.8	18.2	1.05	55.2	29.2	0.33		61		7	
广西南宁伞厂	35.0	18.6	0.98	62.2	33.2	0.15	61	56	2.6	34	3.8
安徽合肥工大	23.4	20.1	0.68	46.5	23.23	0.09	30	64		59	
江苏六合马集	22.1	20.6	0.62	41.3	19.8	0.05		56		85	
江苏南京卫岗	21.7	20.4	0.63	42.4	21.1	0.07	24.5				
四川成都川师	21.8	20.2	0.64	43.8	22.2	0.05	40	61	2.19	33	3.5
四川成都龙潭寺	23.3	19.9	0.61	42.8	20.9	0.01	38	90		39	5.9
湖北枝江	22.0	20.1	0.66	44.8	2.05	0.03	31	51		94	
湖北荆门	17.9	20.7	0.56	43.9	24.2	0.02	30	64		56	2.14
湖北郧县	20.6	20.1	0.63	47.4	22.3	<0		53	4.43	26	4.31
陕西安康	20.4	20.2	0.62	50.8	20.3	0	25.8	57	2.07	37	3.47
陕西汉中	22.2	20.1	0.68	42.8	21.3	0.10	24.3	58	1.66	27	5.8
山东泰安临沂	22.3	19.6	0.71	40.2	20.2	0.12		65	0.09	14	
广西金光农场	40	17.8	1.15	80	94	0.02	63	30	0.65	40	3.5
广西桂林奇峰镇	37	18.2	1.13	79	92	<0		24	0	47	2.4
贵州贵阳	52.7	16.8	1.57	90	94.6	0.13	54.5	33.3	0.76	14.7	9.38
广西武宣	36	18.3	0.99	68	94	<0		25	0.42		
广西来宜县城	29	18.5	0.89	58	88	0.04	30	44		9	1.5
广西贵县	32	19.2	0.91	67	92	<0	67	50		43	1.3
广西武鸣	27	18.5	0.90	72	87	<0	42	46		190	1.5
山东泗水泉林	32.5	18.4	0.98	60	92	0.17					1.7

注：本表所列数值均为平均值。

（三）膨胀土胀缩变形的主要因素

1. 膨胀土的矿物成分主要是次生黏土矿物—蒙脱石（微晶高岭土）和伊利石（水云

母），具有较高的亲水性，当失水时土体即收缩，甚至出现干裂，遇水即膨胀隆起。因此，土中含有上述黏土矿物的多少直接决定膨胀性的大小。几种矿物的活动性列于表 5-5-2。

几种矿物的活动性　　表 5-5-2

矿物名称	活　动　性	矿物名称	活　动　性
蒙脱石钠	7.2	白云母	0.23
蒙脱石钙	1.5	方解石	0.18
伊利石	0.9	石　英	0
高岭石	0.33～0.46		

2. 膨胀土的化学成分则以 SiO_2、Al_2O_3 和 Fe_2O_3 为主，黏土粒的硅铝分子比 $\frac{SiQ_2}{Al_2O_3+Fe_2O_3}$ 的比值愈小，胀缩量就小，反之则大。

3. 黏土矿物中，水分不仅与晶胞离子相结合，而且还与颗粒表面上的交换阳离子相结合。这些离子随与其结合的水分子进入土中，使土发生膨胀，因此离子交换量越大，土的胀缩性就越大。

4. 黏粒含量愈高，比表面积大，吸水能力愈强，胀缩变形就大。

5. 土的密度大，孔隙比就小，反之则孔隙比大，前者浸水膨胀强烈，失水收缩小，后者浸水膨胀小失水收缩大。

6. 膨胀土含水量变化，易产生胀缩变形，当初始含水量与胀后含水量愈接近、土的膨胀就小，收缩的可能性和收缩值就大；如两者差值愈大，土膨胀可能性及膨胀值就大，收缩就愈小。

7. 膨胀土的微观结构与其膨胀性关系密切，一般膨胀土的微观结构属于面—面叠聚体，膨胀土微结构单元体集聚体中叠聚体越多，其膨胀就越大。

三、膨胀岩土的工程地质分类

（一）膨胀土的成因与类型

根据资料分析国内外膨胀土的成因多数属残积型、坡积型，其生成一是由基性火成岩或中酸性火成岩风化而成，二是与不同时代的黏土岩、泥岩、页岩的风化密切相关。洪积、冲积或其他成因的膨胀土也有，但其物质来源主要与上述条件有密切联系。掌握这一规律对现场初步判别膨胀土具有实际意义。国外著名膨胀土的成因见表 5-5-3。中国膨胀土按成因和性质等分成四类，见表 5-5-4。

国外著名膨胀土的成因类型　　表 5-5-3

国家	当地名称	成因	母岩性质
印度	黑棉土	残积	玄武岩
加纳	阿克拉黏土	残、坡积	页岩
委内瑞拉		残积	页岩
加拿大	渥太华黏土	残积	海相沉积
美国		残积	页岩、黏土岩

膨胀土的工程地质类型　　表 5-5-4

类　型	岩　性	孔隙比 e	液限 w_L（%）	自由膨胀率 δ_{fe}（%）	膨胀力 p_p（kPa）	线缩率 e_{sl}（%）	分布地区
Ⅰ（湖相）	1. 黏土、黏土岩，灰白、灰绿色为主，灰黄、褐色次之	0.54～0.84	40～59	40～90	70～310	0.7～5.8	平顶山、邯郸、宁明、个旧、鸡街、襄樊、蒙自、曲靖、昭通
	2. 黏土，灰色及灰黄色	0.92～1.29	58～80	56～100	30～150	4.1～13.2	
	3. 粉质黏土、泥质粉细砂、泥灰岩，灰黄色	0.59～0.89	31～48	35～50	20～134	0.2～6.0	郧县、荆门、枝江、安康、汉中、临沂、成都、合肥、南宁
Ⅱ（河相）	1. 黏土，褐黄、灰褐多色	0.58～0.89	38～54	40～77	53～204	1.8～8.2	
	2. 粉质黏土，褐黄、灰白色	0.53～0.81	30～40	35～53	40～100	1.0～3.6	
Ⅲ（滨海相）	1. 黏土，灰白、灰黄色，层理发育，有垂向裂隙，含砂	0.65～1.30	42～56	40～52	10～67	1.6～4.8	湛江、海口
	2. 粉质黏土，灰色、灰白色	0.62～1.41	32～39	22～34	0～22	2.4～6.4	
Ⅳ（残积土） Ⅳ-1（碳酸岩石地区）	1. 下部黏土，褐黄、棕黄色	0.87～1.35	51～86	30～75	14～100	1.2～7.3	贵县、柳州、来宾
	2. 上部黏土，棕红、褐色等色	0.82～1.34	47～72	25～49	13～60	1.1～3.8	昆明、砚山
Ⅳ-2（老第三系地区）	1. 黏土、黏土岩、页岩、泥岩，灰、棕红、褐色	0.50～0.75	35～49	42～66	25～40	1.1～5.0	开远、广州、中宁盐池、哈密
	2. 粉质黏土、泥质砂岩及粉质页岩等	0.42～0.74	24～37	35～43	13～180	0.6～6.3	
Ⅳ-3（火山灰地区）	1. 黏土，褐红夹黄、灰黑色	0.81～1.00	51～58	81～126		2.0～4.0	儋州市

（二）膨胀岩的分类

膨胀岩可以参照表 5-5-5 分为典型的膨胀性软岩和一般的膨胀性软岩。

膨胀岩的分类　　表 5-5-5

指　标	典型的膨胀性软岩	一般的膨胀性软岩	指　标	典型的膨胀性软岩	一般的膨胀性软岩
蒙脱石含量（%）	≥50	≥10	体膨胀量（%）	≥3	≥2
单轴抗压强度（MPa）	≤5	>5，≤30	自由膨胀率（%）	≥30	≥25
软化系数	≤0.5	<0.6	围岩强度比	≤1	≤2
膨胀压力（MPa）	≥0.15	≥0.10	小于 2μ 的含量（%）	>30	>15

四、膨胀岩土的判别

膨胀岩土的判别，目前尚无统一的单一指标。国内外不同的研究者对膨胀岩土的判定标准和方法也不同，大多采用综合判别法。

（一）膨胀土的判别

我国《岩土工程勘察规范》GB 50021—2001（2009 年版）规定，具有下列特征的土可初判为膨胀土：

1. 多分布在二级或二级以上阶地、山前丘陵和盆地边缘；
2. 地形平缓、无明显自然陡坎；
3. 常见浅层滑坡、地裂，新开挖的路堑、边坡、基槽易生坍塌；
4. 裂缝发育，方向不规则，常有光滑面和擦痕，裂缝中常充填灰白、灰绿色黏土；
5. 干时坚硬，遇水软化，自然条件下呈坚硬或硬塑状态；
6. 自由膨胀率一般大于 40%；
7. 未经处理的建筑物成群破坏、低层较多层严重，刚性结构较柔性结构严重；
8. 建筑物开裂多发生在旱季，裂缝宽度随季节变化。

我国《膨胀土地区建筑技术规范》GB 50112—2013 规定，场地具有下列工程地质特征及建筑物破坏形态，且土的自由膨胀率大于等于 40%的黏性土，应判为膨胀土：

1. 土的裂隙发育，常有光滑面和擦痕，有的裂隙中充填有灰白、灰绿等杂色黏土。自然条件下呈坚硬或硬塑状态；
2. 多出露于二级或二级以上阶地、山前和盆地边缘丘陵地带。地形较平缓，无明显的陡坎；
3. 常见有浅层滑坡、地裂。新开挖坑（槽）壁易发生坍塌等现象；
4. 建筑物多呈“倒八字”“X”形或水平裂缝，裂缝随气候变化张开或闭合。

（二）膨胀岩的判别

1. 多见于黏土岩、页岩、泥质砂岩；伊利石含量大于 20%；
2. 具有前述（一）中的第 2 至第 5 项的特征。

第二节 膨胀土地基上建筑物的变形

一、膨胀引起建筑物变形的条件

使膨胀土产生胀缩，造成建筑物变形的条件见表 5-5-6。

二、建筑物变形的特征

膨胀土地基受季节性气候影响产生胀缩变形，使建筑物上下反复升降，造成开裂破坏。一般情况下建筑物变形有下列特征：

1. 建筑物建成后 3～5 年才出现裂缝，甚至 10～20 年才开裂，也有少数未竣工就开裂。房屋开裂往往是地区性成群出现，特别是气候强烈变化之后（如长期干旱等）更是如此。开裂以低层民用建筑较为严重。裂缝随季节性气候变化而变化（因土层含水量随季节性变化），旱时张开，雨时闭合。

胀缩使建筑物变形的条件　　表 5-5-6

条　件	易使建筑物变形的条件	不易使建筑物变形的条件
建筑物本身条件	单层平房，荷载较小 基础埋置较浅 建筑群较分散 刚度较弱的部位	多层房屋，荷载较大 基础埋置较深 建筑群比较集中 刚度较好的部位
气候条件	日照通风条件好 温差幅度大 气候特变年份	日照通风条件差 温差幅度小 气候正常年份
地基条件	挖方 地层分布不均匀 地下水位低	填方 地层分布均匀 地下水位高
地形地物条件	附近有树木 草地耕地浇水 高爽地段 陡坎斜坡	附近有水塘、水田 低洼地段 平坦地形
生产设施条件	干湿设施差别大 高温车间 湿润车间	

2. 在相似地质条件下，同一地区的建筑物，其变形幅度是随基底压力和基础埋深的增加而减少。同一建筑物外墙的升降幅度一般大于内墙，且以角端最为敏感。

3. 建筑物裂缝具有特殊性，如：

（1）角端斜向裂缝：常表现为山墙上的对称或不对称的“倒八字”形裂缝，上宽下窄，伴随有一定的水平位移或转动（图 5-5-1*a*、*b*）。

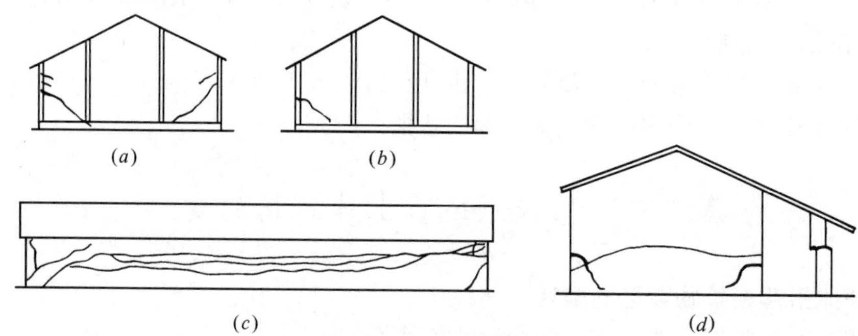

图 5-5-1　建筑物裂缝特征

（*a*）对称倒八字裂缝；（*b*）不对称倒八字裂缝；（*c*）纵墙水平裂缝；（*d*）外廊柱裂缝

（2）纵墙水平裂缝：一般在窗台下和勒脚下出现较多，同时伴有墙体外倾、外鼓、基础外转和内外墙脱开，以及内横墙出现倒八字裂缝或竖向裂缝（图 5-5-1*c*）。

（3）竖向裂缝：一般出现在墙的中部，上宽下窄。

（4）独立砖柱的水平断裂，并伴随水平位移和转动（图 5-5-1*d*）。

（5）地坪隆起，多出现纵长裂缝，有时出现网络状裂缝。

（6）当地裂通过房屋时，在地裂处墙上产生竖向或斜向裂缝。

另外，膨胀土边坡很不稳定，易产生浅层滑坡，引起房屋和构筑物开裂破坏，设计施工时应先治坡后治基，防止滑坡发生。

4. 加速建筑物的变形的某些特殊条件：

(1) 特殊气候（例如大旱和久旱后频雨）下的建筑物的变形幅度大于常年气候下的变形幅度，而且常造成建筑物的损坏。

(2) 邻近坡肩和处于冲沟尾部的建筑物，由于差异变形大，容易产生开裂和损坏。

(3) 当建筑内外有局部水源补给时，往往增大胀缩差异变形。

(4) 炎热或干旱地区（如云南、广西的一些地区）建筑物周围的阔叶树（特别是常年不落叶的桉树），对建筑物的胀缩变形影响很大，尤其是旱季能造成较大的不利影响。

5. 丘岗地带地质条件十分复杂，兼之膨胀土土体中裂隙发育，除胀缩变形外，在邻近临空面地段还有可能出现局部剪切变形，表现为轻型房屋的长期下沉、错落以及产生浅层滑移等现象。

第三节 膨胀岩土地区的勘察

膨胀岩土地区的勘察除按一般地区的要求外，应着重下列内容：

一、工程地质测绘和调查

膨胀岩土地区工程地质测绘和调查宜采用 1：1000～1：2000 比例尺，应着重研究下列内容：

1. 研究微地貌、地形形态及其演变特征，划分地貌单元，查明天然斜坡是否有胀缩剥落现象。

2. 查明场地内岩土膨胀造成的滑坡、地裂、小冲沟等的分布。

3. 查明膨胀岩土的成因、年代、竖向和横向分布规律及岩土体膨胀性的各向异性程度。

4. 查明膨胀岩节理、裂隙构造及其空间分布规律。

5. 调查地表水排泄、积聚情况；地下水的类型、水位及其变化幅度；土层中含水量的变化规律。

6. 搜集当地不少于 10 年的气象资料，包括降水量、蒸发量、干旱和降水持续时间及气温、地温等，了解其变化特点。

7. 调查当地建筑物的结构类型、基础形式和埋深，建筑物的损坏部位，破裂机制、破裂的发生发展过程及胀缩活动带的空间展布规律。

8. 调查当地天然及人工植被的分布和浇灌方法。

二、勘察方法及工作量

勘察方法及工作量根据勘察阶段决定，应满足如下要求：

1. 勘探点宜结合地貌单元和微地貌形态布置；其数量应比非膨胀岩土地区适当增加，其中采取试样的勘探点不应少于全部勘探点的 1/2，详细勘察阶段，地基基础设计等级为甲级的建筑物，不应少于勘探点数的 2/3，且不得少于 3 个勘探点。

2. 勘探孔的深度，除应满足基础埋深和附加应力的影响深度外，尚应超过大气影响深度；控制性勘探孔不应小于 8m，一般性勘探孔不应小于 5m。

3. 采取原状土样应从地表下 1m 处开始，在大气影响深度内，每个控制性勘探孔均应采取Ⅰ、Ⅱ级土试样，取样间距不应大于 1m，在大气影响深度以下，取样间距可为 1.5～2.0m；一般性勘探孔从地表下 1m 开始至 5m 深度内，可取Ⅲ级土试样，测定天然含水量。

4. 膨胀岩土应测定自由膨胀率、收缩系数、膨胀率以及膨胀压力。对膨胀土需测定 50kPa 压力下的膨胀率，对膨胀岩尚应测定黏粒、蒙脱石或伊利石含量、体膨胀量及无侧限抗压强度。为确定膨胀岩土的承载力、膨胀压力，还可进行浸水载荷试验、剪切试验和旁压试验等。

三、室内试验

对膨胀岩土除一般物理力学性质指标试验外，尚应进行下列工程特性指标试验：

1. 自由膨胀率（δ_{ef}）

人工制备的烘干土，在水中增加的体积与原体积的比。按下式计算

$$\delta_{ef}=\frac{v_w-v_0}{v_0} \tag{5-5-1}$$

式中　v_w——土样在水中膨胀稳定后的体积（mL）；

v_0——土样原有体积（mL）。

自由膨胀率可用来定性地判别膨胀土及其膨胀潜势。

2. 膨胀率（δ_{ep}）

某级荷载下（当荷载为零时则为 δ_{ep0}），浸水膨胀稳定后，试样增加的高度与原高度的比。按下式计算

$$\delta_{ep}=\frac{h_w-h_0}{h_0} \tag{5-5-2}$$

式中　h_w——土样浸水膨胀稳定后的高度（mm）；

h_0——土样的原始高度（mm）。

膨胀率可用来评价地基的胀缩等级，计算膨胀土地基的变形量以及测定膨胀力。

3. 收缩系数（λ_s）

不扰动土试样在直线收缩阶段，含水量减少 1%时的竖向线缩率。按下式计算

$$\lambda_s=\frac{\Delta\delta_s}{\Delta w} \tag{5-5-3}$$

式中　Δw——收缩过程中直线变化阶段两点含水量之差（%）；

$\Delta\delta_s$——收缩过程中与两点含水量之差对应的竖向线缩率之差（%）。

收缩系数可用来评价地基的胀缩等级，计算膨胀土地基的变形量。

（1）竖向线缩率（δ_e）：不扰动土试样的垂直收缩变形与原始高度的比值（%）。按下式计算

$$\delta_e=\frac{z-z_0}{h_0} \tag{5-5-4}$$

式中　z——百分表某次读数（mm）；

z_0——百分表初始读数（mm）；

h_0——试样原始高度（mm）。

（2）土的收缩曲线：以线缩率为纵坐标，含水量为横坐标，绘制含水量 w 与相应的 δ_s的关系曲线。曲线可分为直线收缩阶段，过渡阶段，微收缩阶段。利用曲线的直线收缩

阶段可以计算收缩系数 λ_s，如图 5-5-2 所示。

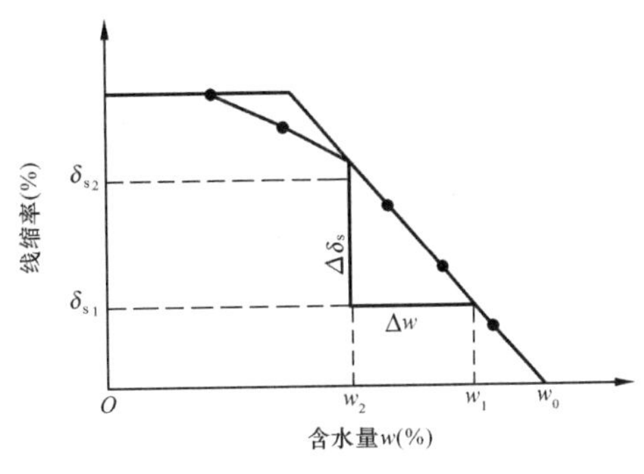

图 5-5-2 收缩曲线

4. 膨胀力（p_e）

不扰动土试样在体积不变时，由于浸水膨胀产生的最大应力。

膨胀力可用来衡量土的膨胀势和考虑地基的承载能力。膨胀力的测量方法如下：

（1）压缩膨胀法

对不扰动土试样按常规压缩试验方法分级加压，最大压力要稍大于预估的膨胀力。试样在最大压力下压缩下沉稳定后，向容器内自下而上注水，使水面超过试样顶面。待试样浸水膨胀稳定后，按加荷等级分级卸荷。测记每级卸荷后试样的膨胀变形，计算各级压力下的膨胀率：

$$\delta_{sep} = \frac{z_p + z_e - z_0}{h_0} \tag{5-5-5}$$

式中 z_p——在一定压力作用下试样浸水膨胀稳定后百分表的读数（mm）；

z_e——在一定压力作用下，压缩仪卸荷回弹的校正值（mm）；

z_0——试样压力为零时百分表的初读数（mm）；

h_0——试样加荷前的原始高度（mm）。

试样卸荷至零，求出各级压力下的膨胀率。以各级压力的膨胀率为纵坐标，压力为横坐标，绘制膨胀率与压力的关系曲线，该曲线与横坐标的交点即为试样的膨胀力（图 5-5-3）。

（2）自由膨胀法

不扰动土试样预加 8kPa 接触压力，向容器浸水，待土试样浸水膨胀稳定后，向试样逐级加荷，当加荷出现明显的极限压力点时，可按加荷的同样等级卸荷，观测回弹变形。取孔隙比压力曲线上对应于天然孔隙比的压力为自由膨胀法的膨胀力（图 5-5-4）。

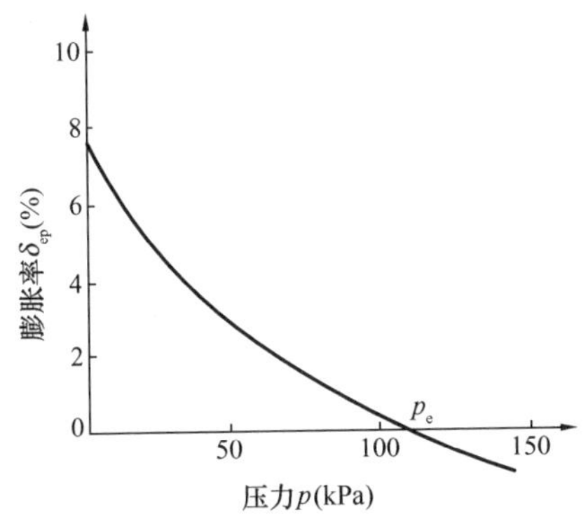

图 5-5-3 膨胀率-压力曲线

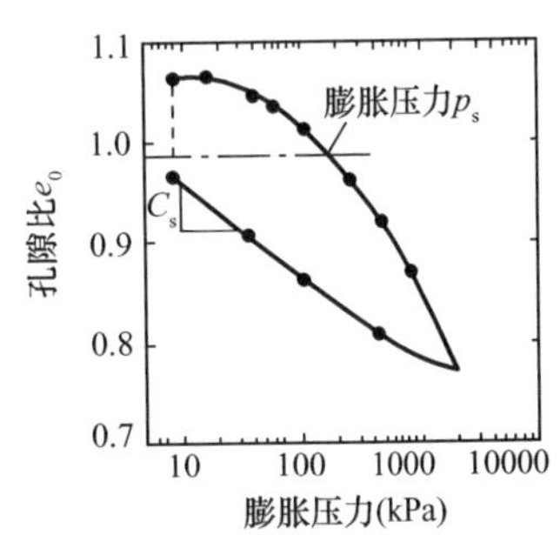

图 5-5-4 自由膨胀法试验曲线

孔隙比与压力曲线的回弹支的斜率即为自由膨胀法的膨胀指数 C_{SF}。

（3）等容法

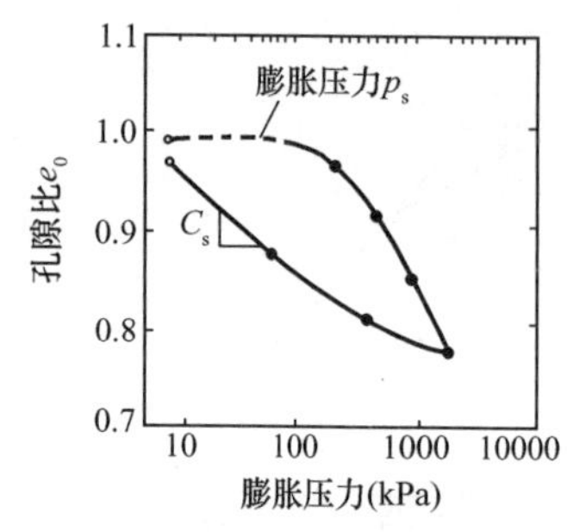

图 5-5-5 等容法试验曲线

试样浸水后密切观测，当有膨胀变形发生时，即施加一相应的荷重，以消除膨胀变形。当加荷至土试样表现为无膨胀时，继续加荷直至土试样产生较大压缩变形。孔隙比-压力曲线上水平线的对应值即为膨胀力（图 5-5-5）。

孔隙比-压力曲线回弹支的斜率即为等容法的膨胀指数 C_{SO}。

四、野外测试

1. 现场浸水载荷试验

本试验用以确定地基土的承载力和浸水时的膨胀变形量。

（1）试验场地应选在有代表性的地段，试坑和设备的布置应符合图 5-5-6 的要求。

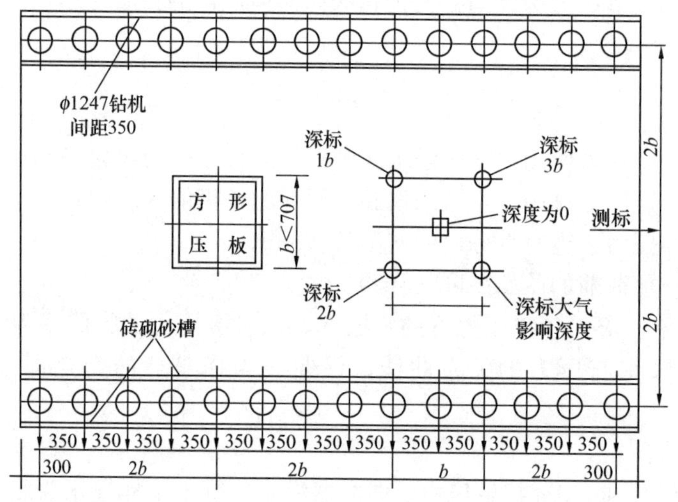

图 5-5-6 现场浸水载荷试验试坑及设备布置示意

注：图中单位为 mm

（2）承压板面积不应小于 0.5m²。

（3）在承压板附近应设置一组深度为 0、1*b*、2*b*、3*b*（*b* 为压板宽度或直径）和等于当地大气影响深度的分层测标或采用一孔多层测标方法，以观测各层土的膨胀变形量。

（4）采用钻孔或砂槽双面浸水，深度不应小于当地的大气影响深度，且不应小于 4*b*。

（5）采用重物分级加荷和高精度水准仪观测变形。

（6）应分级加荷至设计荷载。每级荷载施加后，应按 0.5h、1h 各观测沉降一次，以后可每隔 1h 或更长一些时间观测一次，直至沉降达到相对稳定后再加下一级荷载。

（7）连续 2h 的沉降量不大于 0.1mm/h 时，即可认为沉降稳定。

（8）当施加最后一级荷载（总荷载达到设计荷载）沉降达到稳定后，应在砂槽和砂井内浸水，浸水水面不应超过承压板底面。浸水期间应每 3d 观测一次膨胀变形；膨胀变形相对稳定后的标准为连续两个观测周期内，其变形量不大于 0.1mm/3d。浸水时间不应少于两周。

（9）试验前和试验后应分层取不扰动土试样在室内进行物理力学试验和膨胀试验。

（10）绘制各级荷载下的变形和压力曲线（图 5-5-7）以及分层测标变形与时间关系曲线，以确定土的承载力和可能的膨胀量。

（11）取破坏荷载的 1/2 作为地基土承载力的特征值。在特殊情况下，可按地基设计要求的变形值在 p-s 曲线上选取所对应的荷载作为地基承载力的特征值。

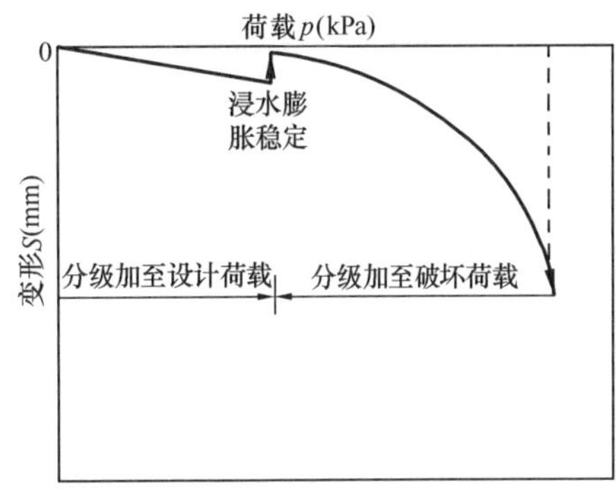

图 5-5-7　现场浸水载荷试验 p-s 关系曲线示意

2. 膨胀土湿度系数 ψ_w 的测定

膨胀土湿度系数是指在自然条件下，地表下 1m 处土层含水量可能达到的最小值与其塑限值之比。

膨胀土湿度系数应根据当地十年以上的土的含水量变化及有关气象资料统计求出。无此资料时，可按下式计算

$$\psi_w = 1.152 - 0.726\alpha - 0.00107C \tag{5-5-6}$$

式中　α——当年 9 月至次年 2 月的蒸发力之和与全年蒸发力之比值（月平均气温小于 0℃的月份不统计在内），部分地区的蒸发力及降水量值列于表 5-5-7；

C——全年中干燥度（即蒸发力与降水量之比值）大于 1.0 且月平均气温大于 0℃的月份的蒸发力与降水量差值之总和（mm）。

中国部分地区的蒸发力及降水量　　表 5-5-7

站名	项目(mm)	1月	2月	3月	4月	5月	6月	7月	8月	9月	10月	11月	12月
吐鲁番	蒸发力	5.6	16.7	59.2	102.8	167.0	191.2	196.4	173.8	93.9	43.8	42.7	3.5
	降水量	1.0	0.1	1.8	0.4	0.7	3.8	2.0	3.5	0.9	0.4	1.7	1.1
汉中	蒸发力	14.2	20.6	43.6	60.3	94.1	114.8	121.5	118.1	57.4	39.0	17.6	11.9
	降水量	7.5	10.7	32.2	68.1	86.6	110.2	158.0	141.7	146.9	80.3	38.0	9.3
安康	蒸发力	18.5	27.0	51.0	67.3	98.3	122.8	132.6	131.9	67.2	43.9	20.6	16.3
	降水量	4.4	11.1	33.2	80.8	88.5	78.6	120.7	118.7	133.7	70.2	32.8	7.0
通州	蒸发力	15.6	21.5	51.0	87.3	136.9	144.0	130.5	111.2	74.4	44.6	20.1	12.3
	降水量	2.7	7.7	9.2	22.7	35.6	70.6	197.1	243.5	64.0	21.0	7.8	1.6
唐山	蒸发力	14.3	20.3	49.8	83.0	138.8	140.8	126.2	112.4	75.5	45.5	20.4	19.1
	降水量	2.1	6.2	6.5	27.2	24.3	64.4	224.8	196.5	46.2	22.5	6.9	4.0
衡水	蒸发力	14.2	21.9	56.0	96.7	155.2	168.5	143.1	124.6	81.4	52.3	21.2	12.2
	降水量	3.3	5.3	7.8	39.7	17.1	45.5	164.6	118.4	37.4	24.1	17.3	3.3
泰安	蒸发力	16.8	24.9	56.8	85.6	132.5	148.1	133.8	123.6	78.5	54.6	23.8	14.2
	降水量	5.5	8.7	16.5	36.8	42.4	87.4	228.8	163.2	70.7	32.2	26.4	8.1
兖州	蒸发力	16.0	24.9	58.2	87.7	137.9	158.5	140.3	129.5	81.0	56.6	24.8	14.7
	降水量	8.2	11.2	20.4	42.1	40.0	90.4	237.1	156.7	60.8	30.0	27.0	11.3

续表

站名	项目(mm)	1月	2月	3月	4月	5月	6月	7月	8月	9月	10月	11月	12月
临沂	蒸发力	17.2	24.3	53.1	78.9	123.7	137.2	123.3	123.7	77.5	56.2	25.6	15.5
	降水量	11.5	15.1	24.4	52.1	48.2	111.1	284.8	183.1	160.4	33.7	32.3	13.3
文登	蒸发力	13.2	20.2	47.7	71.5	120.4	121.1	110.4	112.3	73.4	48.0	21.4	12.0
	降水量	15.7	12.5	22.4	44.3	43.3	82.4	234.1	194.3	107.9	36.0	35.3	16.3
南京	蒸发力	19.5	24.9	50.1	70.5	103.5	120.6	140.0	139.1	80.7	59.0	27.3	17.8
	降水量	31.8	53.0	78.7	98.7	97.3	139.9	182.0	121.0	100.9	44.3	53.2	21.2
蚌埠	蒸发力	19.0	25.9	52.0	74.4	114.3	136.9	137.2	136.0	79.1	57.8	28.2	18.5
	降水量	26.6	32.6	60.8	62.5	74.3	106.8	205.8	153.7	87.0	28.2	40.3	22.0
合肥	蒸发力	19.0	25.6	51.3	71.7	111.5	131.9	150.0	146.3	80.8	59.2	27.9	18.5
	降水量	33.6	50.2	75.4	106.1	105.9	96.3	181.5	114.1	80.0	43.2	52.5	31.5
巢湖	蒸发力	22.8	27.6	54.2	72.6	111.3	134.8	159.7	149.9	84.2	64.7	31.2	21.6
	降水量	27.4	45.5	73.7	111.1	110.2	89.0	158.1	98.9	76.6	40.1	59.6	26.1
许昌	蒸发力	20.6	26.8	33.0	75.7	122.3	153.0	140.7	125.2	76.8	54.6	27.5	19.0
	降水量	27.4	15.0	19.8	53.0	53.8	70.4	185.7	156.4	72.2	39.9	37.9	10.7
南阳	蒸发力	19.2	29.9	53.3	74.4	113.8	144.8	137.6	132.6	78.8	55.6	26.5	18.6
	降水量	14.2	16.1	36.2	69.9	66.0	84.0	196.8	163.1	93.8	47.3	31.5	10.2
郧阳	蒸发力	17.5	23.3	46.5	65.7	105.3	131.0	135.7	127.0	69.4	49.0	23.3	16.2
	降水量	14.5	20.3	43.7	84.1	74.8	74.7	145.2	134.6	109.7	61.7	38.9	12.3
钟祥	蒸发力	23.4	29.1	52.2	70.5	108.6	131.2	151.3	146.2	89.9	62.5	31.9	21.7
	降水量	26.4	30.3	55.9	99.4	119.5	136.5	184.6	114.0	73.7	53.1	47.2	22.8
江陵 荆州	蒸发力	20.1	24.8	45.6	61.7	96.5	120.2	146.8	136.9	82.3	54.4	27.0	18.8
	降水量	30.0	40.7	77.1	132.7	160.2	165.9	177.6	124.6	70.0	74.0	53.5	31.2
全州	蒸发力	29.1	27.9	47.1	59.4	90.6	105.8	151.5	137.7	98.6	68.5	35.7	27.5
	降水量	55.0	89.0	131.9	250.1	231.0	198.9	110.6	130.8	48.3	69.9	86.0	58.6
桂林	蒸发力	32.5	31.2	47.7	61.6	91.5	106.7	138.4	133.5	106.9	78.5	42.9	33.5
	降水量	55.6	76.1	134.0	279.7	318.4	315.8	224.2	166.9	65.2	97.3	83.2	56.6
百色	蒸发力	31.6	36.9	67.6	90.5	123.1	117.9	134.1	128.8	96.8	68.3	42.7	26.4
	降水量	19.9	17.3	31.1	66.1	168.7	195.7	170.3	189.3	109.4	81.3	39.6	17.7
田东	蒸发力	31.6	36.9	67.6	90.5	123.1	122.0	138.5	132.8	101.1	73.9	47.2	35.5
	降水量	19.9	17.3	31.1	66.1	168.7	213.5	153.7	211.2	134.5	67.3	37.2	22.4
贵港	蒸发力	41.6	36.7	52.7	67.6	110.6	109.2	135.0	133.1	111.4	91.2	52.1	42.1
	降水量	33.3	48.4	63.2	144.0	183.6	302.5	221.4	244.9	101.4	66.6	38.0	27.4
南宁	蒸发力	25.1	33.4	51.2	71.3	116.0	115.7	136.3	130.5	101.9	81.7	46.1	25.3
	降水量	40.2	41.8	63.0	84.1	183.3	241.8	179.9	203.6	110.1	67.0	43.3	25.1
上思	蒸发力	45.0	34.7	54.9	74.3	123.0	108.5	127.2	119.0	91.4	73.4	42.5	34.6
	降水量	23.4	26.0	23.1	62.4	126.7	144.3	201.0	235.6	141.7	74.1	40.4	18.0

续表

站名	项目(mm)	1月	2月	3月	4月	5月	6月	7月	8月	9月	10月	11月	12月
来宾	蒸发力	36.0	34.2	51.3	76.4	107.5	112.6	140.9	135.7	107.0	79.9	43.4	34.2
	降水量	28.8	52.7	67.2	116.9	192.8	296.1	195.9	209.0	68.5	78.3	57.3	36.3
韶关（曲江）	蒸发力	32.2	31.8	51.4	65.0	103.4	111.4	155.6	141.2	109.9	79.5	44.4	32.3
	降水量	52.4	83.2	149.7	226.2	239.9	264.1	127.3	138.4	90.8	57.3	49.3	43.5
广州	蒸发力	40.1	35.9	43.1	66.2	105.4	109.2	137.5	131.1	99.5	88.4	54.5	41.8
	降水量	39.3	62.5	91.3	158.2	266.7	299.2	220.0	225.5	204.0	52.2	42.0	19.7
湛江	蒸发力	43.0	37.1	55.9	26.9	123.8	122.3	144.9	132.0	105.1	97.8	58.9	46.2
	降水量	25.2	38.7	63.5	40.6	163.3	209.2	163.5	251.2	254.4	90.9	44.7	19.5
绵阳	蒸发力	16.8	21.4	43.8	61.2	92.8	97.0	109.4	104.0	56.7	38.2	21.9	15.2
	降水量	6.1	10.9	20.2	54.5	83.5	162.0	244.0	224.6	143.5	43.9	19.7	6.1
成都	蒸发力	17.5	21.4	43.6	59.7	91.0	94.3	107.7	102.1	56.0	37.5	21.7	15.7
	降水量	5.1	11.3	21.8	51.3	88.3	119.8	229.4	365.5	113.7	48.0	16.5	6.4
昭通	蒸发力	23.4	31.4	66.1	83.0	97.7	81.9	101.9	92.8	61.7	40.1	27.2	21.2
	降水量	5.6	6.6	12.6	26.6	74.3	144.1	162.0	124.4	101.2	62.2	15.2	7.0
元谋	蒸发力	57.1	70.5	122.3	144.7	171.5	130.7	127.1	120.0	94.4	74.7	52.6	45.8
	降水量	3.4	4.9	2.5	10.1	39.5	113.7	146.2	122.4	76.5	75.5	12.6	6.9
昆明	蒸发力	35.6	47.2	85.1	103.4	122.6	91.9	90.2	90.3	67.6	53.0	36.9	30.1
	降水量	10.0	9.9	13.6	19.7	78.5	182.0	216.5	195.1	123.0	94.9	33.6	16.0
开远	蒸发力	44.4	56.9	99.6	116.7	140.2	105.4	107.5	100.8	81.6	66.5	44.2	39.2
	降水量	14.2	14.2	25.9	40.9	75.7	131.8	166.6	135.1	83.2	55.2	33.2	20.0
元江	蒸发力	54.2	69.4	114.3	123.3	148.7	118.8	121.2	116.9	95.3	76.4	52.2	44.8
	降水量	12.5	11.1	17.2	41.9	80.3	142.6	132.1	133.3	72.4	74.1	37.1	26.9
文山	蒸发力	36.1	45.8	84.3	104.4	120.8	84.5	99.3	93.6	70.5	59.5	40.4	34.3
	降水量	13.7	12.4	24.5	61.6	103.9	154.0	194.6	175.0	103.6	64.9	31.1	23.0
蒙自	蒸发力	40.4	58.4	100.8	117.6	134.5	102.2	102.6	97.7	78.7	66.6	47.8	41.3
	降水量	12.9	16.4	26.2	45.9	90.1	131.8	150.8	150.5	81.1	52.8	27.7	19.8
贵阳	蒸发力	21.0	25.0	51.8	70.3	90.9	92.7	116.9	110.1	74.4	46.7	28.1	21.1
	降水量	19.7	21.8	33.2	108.3	191.8	213.2	178.9	142.0	82.6	89.2	55.9	25.7

3. 大气影响深度 d_a 及大气影响急剧层深度

大气影响深度是自然气候作用下，由降水、蒸发、地温等因素引起土的升降变形的有效深度。

大气影响急剧层深度系指大气影响特别显著的深度。

大气影响深度和大气影响急剧层深度用各气候区土的深层变形观测或含水量观测和地温观测资料确定。无资料时可按表 5-5-8 采用。

大气影响急剧层深度可按表 5-5-8 中的大气影响深度乘以 0.45 采用。

大气影响深度（m）　　表 5-5-8

土的湿度系数 ψ_w	大气影响深度 d_a	土的湿度系数 ψ_w	大气影响深度 d_a
0.6	5.0	0.8	3.5
0.7	4.0	0.9	3.0

第四节　膨胀土的地基评价

一、膨胀土场地的分类

按场地的地形地貌条件，可将膨胀土建筑场地分为两类：

1. 平坦场地：地形坡度小于 5°，或地形坡度为 5°～14°且距坡肩水平距离大于 10m 的坡顶地带。

2. 坡地场地：地形坡度大于或等于 5°，或地形坡度小于 5°且同一座建筑物范围内局部地形高差大于 1m 的场地。

二、膨胀潜势

膨胀土的膨胀潜势可按其自由膨胀率分为三类（表 5-5-9）。

三、膨胀土地基的胀缩等级

根据地基的膨胀、收缩变形对低层砖混房层的影响程度，地基土的膨胀等级可按分级变形量分为三级（表 5-5-10）

膨胀土的膨胀潜势　　表 5-5-9

自由膨胀率（%）	膨胀潜势
$40 \leqslant \delta_{ef} < 65$	弱
$65 \leqslant \delta_{ef} < 90$	中
$\delta_{ef} \geqslant 90$	强

膨胀土地基的胀缩等级　表 5-5-10

分级变形量（mm）	级别
$15 \leqslant s_c < 35$	Ⅰ
$35 \leqslant s_c < 70$	Ⅱ
$s_c \geqslant 70$	Ⅲ

地基分级变形按式（5-5-7）～式（5-5-11）计算，式中膨胀率采用的压力应为 50kPa。

由于各地区的膨胀土的特征不同，性质各有差异，有的地区对本地区的膨胀土有深入的研究，因此，膨胀土的分级，亦可按地区经验划分。

四、膨胀土地基的变形量

1. 膨胀土地基的计算变形量应符合式（5-5-7）的要求

$$s_j \leqslant [s_j] \tag{5-5-7}$$

式中　s_j——天然地基或人工地基及采取其他处理措施后的地基变形量计算值（mm）；

$[s_j]$——建筑物的地基容许变形值（mm），可按表 5-5-11 采用。

2. 膨胀土地基变形量的取值应符合下列规定：

（1）膨胀变形量应取基础某点的最大膨胀上升量；

（2）收缩变形量应取基础某点的最大收缩下沉量；

（3）胀缩变形量应取基础某点的最大膨胀上升量与最大收缩下沉量之和；

（4）变形差应取相邻两基础的变形量之差；

（5）局部倾斜应取砌体承重结构沿纵墙 6～10m 内基础两点的变形量之差与其距离的比值。

3. 膨胀土地基变形计算，可按以下三种情况（图 5-5-8）

（1）当离地表 1m 处地基土的天然含水量等于或接近最小值时或地面有覆盖且无蒸发可能性，以及建筑物在使用期间，经常有水浸湿地基，可按式（5-5-8）计算膨胀变形量：

建筑物的地基容许变形值　　表 5-5-11

结构类型	相对变形		变形量 (mm)
	种类	数量	
砌体结构	局部倾斜	0.001	15
房屋长度三到四开间及四角有构造柱或配筋砌体承重结构	局部倾斜	0.0015	30
工业与民用建筑相邻柱基 （1）框架结构无填充墙 （2）框架结构有填充墙 （3）当基础不均匀升降时不产生附加应力的结构	 变形差 变形差 变形差	 0.001l 0.0005l 0.003l	 30 20 40

注：l 为相邻桩基的中心距离（m）。

$$s_e = \psi_e \sum_{i=1}^{n} \delta_{epi} h_i \tag{5-5-8}$$

式中　s_e——地基土的膨胀变形量（mm）；

ψ_e——计算膨胀变形量的经验系数，宜根据当地经验确定，无经验时，三层及三层以下建筑物，可采用 0.6；

δ_{epi}——基础底面下第 i 层土在该土的平均自重压力与平均附加压力之和作用下的膨胀率，由室内试验确定；

h_i——第 i 层土的计算厚度（mm）；

n——自基础底面至计算深度内所划分的土层数（图 5-5-8），计算深度应根据大气影响深度确定；有浸水可能时，可按浸水影响深度确定。

（2）当离地表 1m 处地基土的天然含水量大于 1.2 倍塑限含水量时，或直接受高温作用的地基，可按式（5-5-9）计算收缩变形量：

$$s_s = \psi_s \sum_{i=1}^{n} \lambda_{si} \Delta w_i h_i \tag{5-5-9}$$

式中　s_s——地基土的收缩变形量（mm）；

ψ_s——计算收缩变形量的经验系数，宜根据当地经验确定，无经验时，三层及三层以下建筑物可采用 0.8；

λ_{si}——第 i 层土的收缩系数，应由室内试验确定；

Δw_i——地基土收缩过程中，第 i 层土可能发生的含水量变化的平均值（以小数计），按式（5-5-10）计算；

n——自基础底面至计算深度内所划分的土层数，计算深度应根据大气影响深度确定；当有热源影响时，可按热源影响深度确定；在计算深度内有稳定地下水位时，可计算至水位以上 3m。

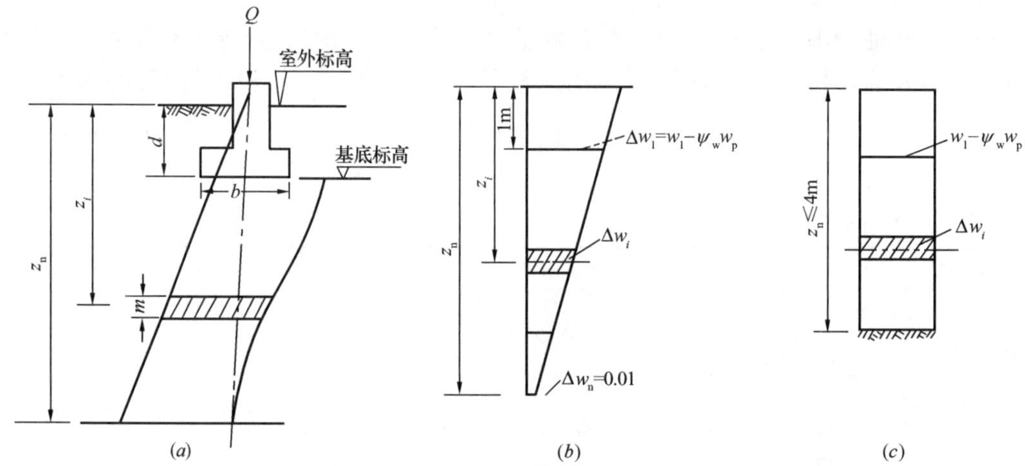

图 5-5-8　地基土变形计算示意

在计算深度内，各土层的含水量变化值，应按下式计算：

$$\Delta w_i = \Delta w_1 - (\Delta w_1 - 0.01)\frac{z_i - 1}{z_n - 1} \tag{5-5-10}$$

$$\Delta w_1 = w_1 - \psi_w w_P \tag{5-5-11}$$

式中　w_1、w_P——为地表下 1m 处土的天然含水量和塑限含水量（小数）；

ψ_w——土的湿度系数，在自然气候影响下，地表 1m 处土层含水量可能达到的最小值与其塑限之比；

z_i——第 i 层土的深度（m）；

z_n——计算深度，可取大气影响深度（m），在地表下 4m 土层深度内存在不透水基岩时，可假定含水量变化值为常数（图 5-5-8），在计算深度内有稳定地下水位时，可计算至水位以上 3m。

（3）在其他情况下，可按式（5-5-12）计算地基土的胀缩变形量

$$s = \psi\sum_{i=1}^{n}(\delta_{epi} + \lambda_{si}\Delta w_i)h_i \tag{5-5-12}$$

式中　s——地基土胀缩变形量（mm）；

ψ——计算胀缩变形量的经验系数，宜根据当地经验确定，无可依据经验时，三层及三层以下可取 0.7。

五、膨胀土地基承载力的确定

1. 载荷试验法

对荷载较大或没有建筑经验的地区，宜采用浸水载荷试验方法确定地基土的承载力。

2. 计算法

采用饱和三轴不排水快剪试验确定土的抗剪强度，再根据建筑地基基础设计规范或岩土工程勘察规范的有关规定计算地基土的承载力。

3. 经验法

对已有建筑经验的地区，可根据成功的建筑经验或地区经验交流确定地基土的承

载力。

(1) 我国《膨胀土地区建筑技术规范》GB 50112—2013 规定对于初步设计时，可参考表 5-5-12 确定地基土的承载力。

(2) 中国建筑科学研究院《中国膨胀土地基承载力的选用》一文的方法：

1) 将膨胀土按其承载力作工程地质分类见表 5-5-13；

2) 列出膨胀土基本承载力 f_0 与含水量 w、旁压试验值、标准贯入试验值和室内剪切试验值的关系表（表 5-5-14～表 5-5-17）。

地基承载力 f_k（kPa）　表 5-5-12

含水比（α_w）	孔隙比（e）		
	0.6	0.9	1.1
<0.5	350	280	200
0.5～0.6	300	220	170
0.6～0.7	250	200	150

注：1. 含水比为天然含水量与液限的比值。
2. 此表适用于基坑开挖时土的天然含水量等于或小于勘察时的天然含水量。
3. 使用此表时应结合建筑物的容许变形值考虑。

中国膨胀土的工程地质分类　表 5-5-13

类别	地质特征			物理性质									
	时代	成因	岩　性	含水量（%）		重度（kN/m³）		孔隙比		液限（%）		自由膨胀率（%）	
				范围值	平均值	范围值	平均值	范围值	平均值	范围值	平均值	范围值	平均值
Ⅰ	N	湖积	以灰黄、灰白色黏土为主，其中夹有粉质黏土、粉土夹层或透镜体，裂隙很发育，且有滑动擦痕	15.0～28.0	11.0	19.2～21.6	20.6	0.42～0.85	0.62	31.0～51.0	45.0	49～76	59
Ⅱ	Q_1	与冰川有关的湖积	以杏黄、棕红、灰绿、灰白等杂色黏土为主，其中含砂量不同，夹有不连续的砂、砾的薄层，裂隙很发育，且有擦痕	13.4～24.5	18.3	19.8～21.7	20.7	0.41～0.69	0.54	32.1～62.6	44.6	41～125	77
Ⅲ	Q_2	湖积	以黄夹灰、黄夹灰白、黄夹紫红色黏土为主，其中含铁锰结核，有时富集成层或透镜体，裂隙发育，裂隙面上有灰白色黏土	30.0～42.0	37.0	17.6～19.0	18.2	0.96～1.25	1.11	67.0～88.0	79.0	54～124	85

续表

类别	地质特征			物理性质									
	时代	成因	岩 性	含水量（%）		重度（kN/m³）		孔隙比		液限（%）		自由膨胀率（%）	
				范围值	平均值	范围值	平均值	范围值	平均值	范围值	平均值	范围值	平均值
Ⅳ	Q_3	冲洪积	以褐黄、棕黄色黏土为主，其中含有较多的铁锰结核和少量的钙质结核，裂隙面上有时有灰白色黏土	19.3～29.3	24.1	17.1～20.8	19.6	0.51～0.83	0.65	37.4～60.8	47.6	45～105	68
Ⅴ	Q	坡残积	以棕红色黏土为主，上部裂隙少，下部裂隙多，在上部有时含有小的岩石碎片	19.7～40.5	29.0	18.2～20.0	19.2	0.79～0.93	0.87	37.0～83.6	62.0	38～65	47

膨胀土承载力 f_0 与含水量 w 关系　　表 5-5-14

w（%）		16	18	20	22	24	26	28	30	32	34	35	38	40	42
f_0（kPa）	Ⅰ	600	530	450	380	300	230	150	70	—	—	—	—	—	—
	Ⅱ	480	400	330	250	170	90	—	—	—	—	—	—	—	—
	Ⅲ	—	—	—	—	—	—	—	310	270	240	200	170	130	90
	Ⅳ	410	360	310	260	210	150	110	—	—	—	—	—	—	—
	Ⅴ	—	—	—	450	420	390	360	330	300	270	240	210	180	150

用旁压试验确定膨胀土承载力 f_0　　表 5-5-15

P_f（kPa）		100	150	200	250	300	350	400	450	500	550	600	650
f_0（kPa）	Ⅰ	260	290	320	340	370	390	420	450	470	500	520	550
	Ⅱ	110	160	210	270	320	380	430	—	—	—	—	—
	Ⅲ	—	100	180	260	330	—	—	—	—	—	—	—
	Ⅳ	70	130	190	240	—	—	—	—	—	—	—	—
	Ⅴ	150	200	250	290	340	390	440	—	—	—	—	—

用标准贯入试验确定膨胀土承载力 f_0　　表 5-5-16

N		4	6	8	10	12	14	16	18	20	22	24
f_0（kPa）	Ⅰ	200	250	290	340	380	430	470	520	560	610	—
	Ⅱ	120	150	170	200	230	260	290	310	340	370	400
	Ⅲ	—	130	230	320	—	—	—	—	—	—	—
	Ⅳ	—	110	130	160	180	210	230	—	—	—	—

用室内直剪试验确定膨胀土承载力 f_0　　表 5-5-17

f_v（kPa）		200	300	400	500	600	700	800	900	1000	1100	1200
f_0（kPa）	Ⅰ	—	100	140	180	220	270	310	350	400	4400	480
	Ⅱ	160	230	300	360	430	—	—	—	—	—	—
	Ⅲ	110	160	210	270	—	—	—	—	—	—	—
	Ⅳ	—	—	120	130	140	150	160	170	180	190	220

注：f_v为用直剪求得土的 c、φ 值后按《建筑地基基础设计规范》中地基承载力公式计算的。

3）对于一般房屋和构筑物，当基础的宽度小于或等于 3m，埋置深度为 1.0～1.5m，可根据土的工程地质分类和天然含水量指标按表 5-5-14 查得承载力，再根据局部浸水的可能性引起含水量的增高值，再按表 5-5-14 进行调整，确定承载力特征值。

4）对于重要的或结构特殊的房屋和构筑物以及工程地质条件复杂的情况，土的承载力应用野外试验指标按表 5-5-15、表 5-5-16 确定。承载力确定后，再根据局部浸水的可能性引起含水量的增高值，再按表 5-5-14 进行调整，确定承载力特征值。

六、膨胀岩土地基的稳定性

位于坡地场地上的建筑物的地基稳定性按下列几种情况验算：

1. 土质较均匀时，可按圆弧滑动法验算；

2. 岩土层较薄，层间存在软弱层时，取软弱层面为潜在滑动面进行验算。

3. 层状构造的膨胀岩土，如层面与坡面斜交且交角小于 45°时，验算层面的稳定性。

地基稳定安全系数可取 1.2。验算时，应计算建筑物和堆料的荷载、水平膨胀力，并应根据试验数据或当地经验及削坡卸荷应力释放、土体吸水膨胀后强度衰减的影响。

第五节　膨胀岩土地区的工程措施

（一）场址选择

场址选择时应选具有排水通畅、坡度小于 14°并有可能采用分级低挡土墙治理、胀缩性较弱的地段；避开地形复杂、地裂、冲沟、浅层滑坡发育或可能发育、地下溶沟、溶槽发育、地下水位变化剧烈的地段。

（二）总平面设计

总平面设计时宜使用同一建筑物地基土的分级变形差不大于 35mm，竖向设计宜保持自然地形和植被，并宜避免大挖大填；应考虑场地内排水系统的管道渗水对建筑物升降变形的影响。地基设计等级为甲级的建筑物应布置在膨胀土埋藏较深，胀缩等级较低或地形较平坦的地段，基础外缘 5m 范围内不得积水。

（三）坡地建筑

在坡地上建筑时要验算坡体的稳定性，考虑坡体的水平移动和坡体内土的含水量变化在对建筑物的影响。

（四）斜坡滑动防治

对不稳定或可能产生滑动的斜坡必须采取可靠的防治滑坡措施，如设置支挡结构、排除地面及地下水、设置护坡等措施。

（五）基础埋置深度

膨胀土地基上建筑物的基础埋置深度不应小于 1m。当以基础埋深为主要防治措施时，基础埋深应取大气影响急剧层深度或通过变形验算确定。当坡地坡角为5°～14°时，基础外边缘至坡肩的水平距离为5～10m时，基础埋深可按图5-5-9和式（5-5-13）确定。

$$d = 0.45d_a + (10 - l_p)\tan\beta + 0.30 \tag{5-5-13}$$

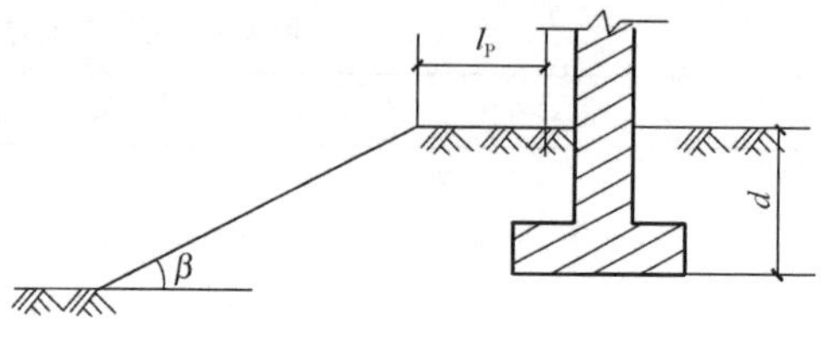

图5-5-9 坡地上基础埋深计算示意

式中 d_a——大气影响深度（m）；

d——基础埋置深度（m）；

β——设计斜坡的坡角；

l_p——基础外边缘至坡肩的水平距离（m）。

（六）地基处理

膨胀土地基处理可采用换土、砂石或灰土垫层、土性改良等方法，亦可采用桩基或墩基。

1. 换土可采用非膨胀性材料、灰土或改良土，换土厚度可通过变形计算确定。平坦场地上Ⅰ、Ⅱ级膨胀土的地基处理，宜采用砂、碎石垫层，垫层厚度不应小于300mm，垫层宽度应大于基底宽度，两侧宜采用与垫层相同的材料回填，并作好防水处理。膨胀土土性改良可采用掺和水泥、石灰等材料，掺和比和施工工艺应通过试验确定。

2. 采用桩基础时，设计应符合下列要求：

（1）基桩和承台的构造和设计计算应符合现行国家标准《建筑地基基础设计规范》GB 50007。

（2）桩顶标高低于大气影响急剧层深度的高、重建筑物，可按一般桩基础进行设计。

（3）桩顶标高位于大气影响急剧层深度深度内的三层及三层以下的轻型建筑物，桩基础设计应符合下列要求：

1）按承载力计算时，单桩承载力特征值可根据当地经验确定。无资料时，应通过现场载荷试验确定；

2）按变形设计时，桩基础升降位移应符合膨胀土地基上建筑物的地基容许变形值，桩端进入大气影响急剧层深度以下或非膨胀土层中的长度应符合下列规定：

① 按膨胀变形计算时

$$l_a \geqslant \frac{v_e - Q_k}{u_p \cdot \lambda \cdot q_{sa}} \tag{5-5-14}$$

② 按收缩变形计算时

$$l_a \geqslant \frac{Q_k - A_p \cdot q_{pa}}{u_p \cdot q_{sa}} \tag{5-5-15}$$

式中 l_a——桩端进入大气影响急剧层以下或非膨胀土层中的长度（m）；

v_e——在大气影响急剧层内桩侧土的最大胀拔力标准值，应由当地经验或试验确定（kN）；

Q_k——对应于荷载效应标准组合，最不利工况下作用于桩顶的竖向力，包括承台和承台上土的自重（kN）；

u_p——桩身周长（m）；

λ——桩侧土的抗拔系数，应由试验或当地经验确定；当无此资料时，可按现行行业标准《建筑桩基技术规范》JGJ 94的相关规定取值；

A_p ——桩端截面积（m^2）；

q_{pa} ——桩的端阻力特征值（kPa）；

q_{sa} ——桩的侧阻力特征值（kPa）。

③ 按胀缩变形计算时，计算长度应取式（5-5-14）和式（5-5-15）两式中的较大值，且不得小于 4 倍桩径及 1 倍扩大端的直径，最小长度应大于 1.5m。

（4）当桩身承受胀拔力时，应进行桩身抗拉强度和裂缝宽度控制验算，并应采取通长配筋，最小配筋率应符合现行国家标准《建筑地基基础设计规范》GB 50007 的规定。

（5）桩承台梁下应留有空隙，其值应大于土层浸水后的最大膨胀量，且不应小于 100mm。承台梁两侧应采取防止空隙堵塞的措施。

（七）宽散水

以宽散水为主要防治措施，散水宽度在Ⅰ级膨胀土地基不应小于 2m，在Ⅱ级膨胀土地基上不应小于 3m，坡度宜为 3%～5%，建筑物基础埋深可为 1m。

（八）建筑体型

建筑体型力求简单，在下列情况下应设沉降缝

1. 挖方与填方交界处或地基土显著不均匀处；

2. 建筑物平面转折部位或高度（或荷重）有显著差异部位；

3. 建筑结构（或基础）类型不同部位。

（九）膨胀土地区建筑物的室内地面设计，应根据使用要求分别对待，对Ⅲ级膨胀土地基和使用要求特别严格的地面，可采取地面配筋或地面架空等措施。

（十）建筑物应根据地基土胀缩等级采取下列结构措施：

1. 较均匀且胀缩等级为Ⅰ级的膨胀土地基，可采用条形基础；基础埋深较大或条基基底压力较小时，宜采用墩基；对胀缩等级为Ⅲ级或设计等级为甲级的膨胀土地基，宜采用桩基础。

2. 承重墙体应采用实心墙，墙厚不应小于 240mm，砌体强度等级不应低于 MU10，砌筑砂浆强度等级不宜低于 M5；不应采用空斗墙、砖拱、无砂大孔混凝土和无筋中型砌块；

3. 砌体结构除应在基础顶部和屋盖处各设置一道钢筋混凝土圈梁外，对于Ⅰ级、Ⅱ级膨胀土地基上的多层房屋，其他楼层可隔层设置圈梁；对于Ⅲ级膨胀土地基上的多层房屋，应每层设置圈梁；

4. 砌体结构应设置构造柱，构造柱应设置在房屋的外墙拐角、楼（电）梯间、内、外墙交接处、开间大于 4.2m 的房间纵、横墙交接处或隔开间横墙与内纵墙交接处；

5. 外廊式房屋应采用悬挑结构。

（十一）道路路基

膨胀岩土作为道路路基时，一般情况下宜先采取石灰填层或石灰水处理以及其他措施，以消除膨胀性对路面的影响。

（十二）膨胀岩地区的地下工程

膨胀岩地区的地下工程设计除应符合《锚杆喷射混凝土支护技术规范》的规定外，尚需满足下列要求：

1. 开挖断面及导坑断面宜选用圆形，分部开挖时，各开挖断面形状应光滑，自立时间不能满足施工要求时，宜采用超前支护。

2. 全断面开挖、导坑及分部开挖时，应根据施工监控的收敛量和收敛率安设锚杆，分层喷射混凝土，必要时分层布筋，应使各层适时形成封闭型支护，并考虑各断面之间的相互影响。开挖时适当预留收敛裕量。早期变形过大时，宜采用可伸缩支护。

3. 设置封闭型永久支护，设置时间由施工监控的收敛量及收敛率决定。

（十三）施工开挖

膨胀岩土场地上进行开挖工程时，在基底设计标高以上预留 150～300mm 土层，并应待下一工序开始前继续挖除，验槽后，应及时浇筑混凝土垫层或采取其他封闭措施。

（十四）维护

应定期检查管线阻塞、漏水情况，挡土结构及建筑物的位移、变形、裂缝等。必要时应进行变形、地温、岩土的含水量和岩土压力的观测工作。

第六章　冻　　土

第一节　冻土的定名和构造

一、冻土的定名

冻土是指具有负温或零温度并含有冰的土（岩）。它是由固体矿物颗粒、冰（胶结冰、冰夹层、冰包裹体）、未冻水（强结合水和弱结合水）和气体（空气和水蒸气）组成的四相体系，其特殊性主要表现在它的性质与温度密切相关，是一种对温度十分敏感且性质不稳定的土体。

冻土除应按表 5-6-1 定名外，尚应根据土的颗粒级配和液、塑限指标，按《岩土工程勘察规范》GB 50021 确定土类名称；

按冻土含冰特征，可定名为少冰冻土、多冰冻土、富冰冻土、饱冰冻土和含土冰层；当冰层厚度大于 2.5cm，且其中不含土时，应单另标出定名为纯冰层（ICE）。

冻土的描述和定名　　**表 5-6-1**

<table>
<tr><th>土类</th><th colspan="2">含冰特征</th><th>冻土定名</th></tr>
<tr><td>Ⅰ未冻土</td><td>处于非冻结状态的岩、土</td><td>按现行国家标准《岩土工程勘察规范》GB 50021 进行定名</td><td>—</td></tr>
<tr><td rowspan="8">Ⅱ冻土</td><td rowspan="4">一、肉眼看不见分凝冰的冻土（N）</td><td>① 胶结性差，易碎的冻土（N_f）</td><td rowspan="5">少冰冻土（S）</td></tr>
<tr><td>② 无过剩冰的冻土（N_{bn}）</td></tr>
<tr><td>③ 胶结性良好的冻土（N_b）</td></tr>
<tr><td>④ 有过剩冰的冻土（N_{bc}）</td></tr>
<tr><td rowspan="4">二、肉眼可见分凝冰，但冰层厚度小于 2.5cm 的冻土（V）</td><td>① 单个冰晶体或冰包裹体的冻土（V_x）</td></tr>
<tr><td>② 在颗粒周围有冰膜的冻土（V_c）</td><td>多冰冻土（D）</td></tr>
<tr><td>③ 不规则走向的冰条带冻土（V_r）</td><td>富冰冻土（F）</td></tr>
<tr><td>④ 层状或明显定向的冰条带冻土（V_s）</td><td>饱冰冻土（B）</td></tr>
</table>

续表

土类	含冰特征		冻土定名
Ⅲ厚层冰	冰厚度大于 2.5cm 的含土冰层或纯冰层（ICE）	① 含土冰层（ICE+土类符号）	含土冰层（H）
		② 纯冰层（ICE）	ICE+土类符号

注：分凝冰是土中水分向冻结锋面迁移而形成的冰体。

二、冻土的结构和构造

冻土的结构和构造对冻土的强度特、融化下沉和压缩特性、热物理特性等有重大影响。

（一）冻土的结构

冻土结构是指冻土中矿物颗粒和胶结冰的相互排列和连接特征，可分为以下三种：

（1）接触胶结结构：冰仅在矿物颗粒的接触处存在；

（2）薄膜胶结结构：冰已完全包裹矿物颗粒，但尚未充满大部分孔隙；

（3）基底胶结结构：冰已完全充满土的孔隙。

（二）冻土的构造

冻土的构造是指冻土中矿物层和冰层，冰包裹体在空间的分布特征。一般可分为整体构造、层状构造和网状构造。野外鉴别可按表 5-6-2 进行。

冻土构造与野外鉴别 **表 5-6-2**

构造类别	冰的产状	岩性与地貌条件	冻结特征	融化特征
整体构造	晶粒状	1. 岩性多为细颗粒土，但砂砾石土冻结亦可产生此种构造 2. 一般分布在长草或幼树的阶地和缓坡地带以及其他地带 3. 土壤湿度：稍湿，$w<w_p$	1. 粗颗粒土冻结，结构较紧密，孔隙中有冰晶，可用放大镜观察到 2. 细颗粒土冻结，呈整体状 3. 冻结强度一般（中等），可用锤子击碎	1. 融化后原土结构不产生变化 2. 无渗水现象 3. 融化后，不产生融沉现象
层状构造	微层状（冰厚一般可达 1～5mm）	1. 岩性以粉砂或黏性土为主 2. 多分布在冲—洪积扇及阶地其他地带，地被物较茂密 3. 土壤湿度：潮湿，$w_p \leqslant w < w_p+7$	1. 粗颗粒土冻结，孔隙被较多冰晶充填，偶尔可见薄冰层 2. 细颗粒土冻结，呈微层状构造，可见薄冰层或薄透镜体冰 3. 冻结强度很高，不易击碎	1. 融化后原土体积缩小现象不明显 2. 有少量水分渗出 3. 融化后，产生弱融沉现象
	层状（冰厚一般可达 5～10mm）	1. 岩性以粉砂或黏性土为主 2. 一般分布在阶地或塔头沼泽地带 3. 有一定的水源补给条件 4. 土壤湿度：很湿 $w_p+7 \leqslant w < w_p+15$	1. 粗颗粒土如砾石被冰分离，可见到较多冰透镜体 2. 细颗粒土冻结，可见到层状冰 3. 冻结强度高，极难击碎	1. 融化后土体积缩小 2. 有较多水分渗出 3. 融化后产生融沉现象

续表

构造类别	冰的产状	岩性与地貌条件	冻结特征	融化特征
网状构造	网状（冰厚一般可达 10～25mm）	1. 岩性以细颗粒土为主 2. 一般分布在塔头沼泽与低洼地带 3. 土壤湿度：饱和 $w_P+15\leqslant w<w_P+35$	1. 粗颗粒土冻结，有大量冰层或冰透镜体存在 2. 细颗粒土冻结，冻土互层 3. 冻结强度偏低，易击碎	1. 融化后土体积明显缩小，水土界限分明，并可成流动状态 2. 融化后产生融沉现象
	厚层网状（冰厚一般可达 25mm 以上）	1. 岩性以细颗粒土为主 2. 分布在低洼积水地带，植被以塔头、苔藓、灌丛为主 3. 土壤湿度：超饱和 $w>w_P+35$	1. 以中厚层状构造为主 2. 冰体积大于土体积 3. 冻结强度很低，极易击碎	1. 融化后水土分离现象极其明显，并成流动体 2. 融化后产生融陷现象

注：w—冻土总含水量（%），w_P—冻土塑限含水量（%）。

整体构造：土中水分在原地冻结，且没有水分迁移时形成这种构造。含水率小的土体冻结时，或任何含水率的土体快速冻结时，都可形成这种构造。

层状构造：高含水率土体慢速冻结时，或土体冻结过程中有外来水源补给时形成。

网状构造：这种构造的生成与土体中的裂隙有关，即不同方向贯通的裂隙是导致冻结过程中形成网状冰脉的原因。

在上述基本构造之间，还存在有中间和过渡形式的冻土构造，如层状—网状构造等。在粗碎石土及带有细颗粒土的小漂石中，广泛分布着所谓“果壳状构造”冻土。

第二节　冻 土 的 分 类

一、按冻结状态持续时间分类

按冻结状态持续时间，分为多年冻土、隔年冻土和季节冻土（表 5-6-3）。

多年冻土：指持续冻结时间在 2 年或 2 年以上的土（岩）。季节冻土：地壳表层冬季冻结而在夏季又全部融化的土（岩）。隔年冻土：指冬季冻结，而翌年夏季并不融化的那部分冻土。

冻土按冻结状态持续时间分类　　**表 5-6-3**

类型	持续时间（T）	地面温度（℃）特征	冻融特征
多年冻土	$T\geqslant 2$ 年	年平均地面温度≤0	季节融化
隔年冻土	2 年$>T>$1 年	最低月平均地面温度≤0	季节冻结
季节冻土	$T<1$ 年	最低月平均地面温度≤0	季节冻结

（一）多年冻土

1. 根据形成与存在的自然条件不同，将多年冻土分为高纬度多年冻土和高海拔多年冻土。

（1）我国高纬度多年冻土主要分布在东北大小兴安岭地区，面积约 38.8 万 km^2。

（2）我国高海拔多年冻土主要分布在青藏高原和喜马拉雅山、祁连山、天山和阿尔泰山、长白山等高山地区，面积约 177 万 km^2，其中青藏高原多年冻土面积约 150 万 km^2。

2. 多年冻土按水平分布，分为大片多年冻土、岛状融区多年冻土和岛状多年冻土。

（1）大片多年冻土：在较大的地区内呈片状分布。

（2）岛状融区多年冻土：在冻土层中有岛状的不冻层分布。

（3）岛状多年冻土：呈岛状分布在不冻土区域内。

3. 按垂直构造分，为衔接的多年冻土和不衔接的多年冻土。

（1）衔接的多年冻土：冻土层中没有不冻结的活动层，冻层上限与受季节性气候影响的季节性冻结层下限相衔接。

（2）不衔接的多年冻土：冻层上限与季节性冻结层下限不衔接，中间有一层不冻结层。

（二）季节冻土

我国季节冻土主要分布在长江流域以北、东北多年冻土南界以南和高海拔多年冻土下界以下的广大地区，面积 514 万 km^2（图 5-6-1）。

按与下卧土层的关系，冻土活动层分为季节冻结层和季节融化层两种类型。

1. 季节冻结层

指每年寒季冻结，暖季融化，其年平均地温＞0℃的地壳表层，其下卧层为融土层或不衔接的多年冻土层。分布在多年冻土区的融区地带。

2. 季节融化层

指每年寒季冻结，暖季融化，其年平均地温＜0℃的地壳表层，其下卧层为衔接的多年冻土层。分布在多年冻土区的大片多年冻土地带。

二、按冻土中的易溶盐含量或泥炭化程度分类

1. 盐渍化冻土

冻土中易溶盐含量超过表 5-6-4 中数值时，称为盐渍化冻土。

盐渍化冻土的盐渍度限界值　　表 5-6-4

土　类	含细粒土砂	粉　土	粉质黏土	黏　土
盐渍度 ζ(%)	0.10	0.15	0.20	0.25

盐渍化冻土的盐渍度（ζ）可按下式计算

$$\zeta=\frac{m_g}{g_d}\times 100(\%) \tag{5-6-1}$$

式中　m_g——冻土中含易溶盐的质量（g）；

g_d——土骨架质量（g）。

2. 泥炭化冻土

冻土中的泥炭化程度超过表 5-6-5 中的数值时，称为泥炭化冻土。

泥炭化冻土的泥炭化程度限界值　　表 5-6-5

土　类	粗颗粒土	黏性土
泥炭化程度 ξ(%)	3	5

泥炭化冻土的泥炭化程度（ξ），可按下式计算：

$$\xi = \frac{m_{\rho}}{g_{d}} \times 100(\%) \tag{5-6-2}$$

式中 m_{ρ}——冻土中含植物残渣和泥炭的质量（g）；

g_{d}——土骨架质量（g）。

三、按冻土的体积压缩系数（m_v）或总含水量（w）分类

1. 坚硬冻土

$m_v \leqslant 0.01\text{MPa}^{-1}$，土中未冻水含量很少，土粒由冰牢固胶结，土的强度高。坚硬冻土在荷载作用下，表现出脆性破坏和不可压缩性，与岩石相似。坚硬冻土的温度界限对分散度不高的黏性土为－1.5℃，对分散度很高的黏性土为－5～－7℃。

2. 塑性冻土

$m_v > 0.01\text{MPa}^{-1}$，虽被冰胶结但仍含有多量未冻结的水，具有塑性，在荷载作用下可以压缩，土的强度不高。当土的温度在零度以下至坚硬冻土温度的上限之间、饱和度 $S_r \leqslant 80\%$时，常呈塑性冻土。塑性冻土的负温值高于坚硬冻土。

3. 松散冻土

$w \leqslant 3\%$，由于土的含水量较小，土粒未被冰所胶结，仍呈冻前的松散状态，其力学性质与未冻土无多大差别。砂土和碎石土常呈松散冻土。

四、冻土的工程分类

不同含冰量的冻土，其物理、力学性质不同。根据冻土物理、力学性质的不同和对基础工程稳定性的影响，将多年冻土划分为：少冰冻土、多冰冻土、富冰冻土、饱冰冻土和含土冰层五种类型（表 5-6-1、5-6-12），称为多年冻土的工程分类。

第三节 冻土的物理力学及热学性质

一、冻土的物理性质

冻土的物理性质可用冻土的物理特征指标和物理状态指标来描述。

含水量是决定冻土物理特性的主要因素，物理特征指标中比较特殊的主要包括：

1. 冻土总含水量

是指冻土中所有冰和未冻水的总质量与冻土骨架质量之比。即天然温度的冻土试样，在 105～110℃下烘至恒重时，失去的水的质量与干土的质量之比。

2. 冻土相对含冰量

指冰的质量与冻土中全部水的质量之比。

3. 冻土质量含冰量

指冻土中冰的质量与冻土中干土质量之比。

4. 冻土体积含冰量

指冻土中冰的体积与冻土总体积之比。

5. 冻土未冻水含量

在一定负温条件下，冻土中未冻水质量与干土质量之比。

上述指标中总含水量和未冻水含量是试验测定的指标，其他为计算确定的指标。

冻土的物理状态指标是指冻土的特征温度，即决定冻土热稳定性和变形特殊的地温特征值，包括：起始冻结温度（土冻、融状态转换温度）和冻土的特征地温（冻土年平均地温、地温年变化深度、活动层底面以下的年平均地温、年最高地温和最低地温的总称）。

二、冻土的力学性质

冻土的力学特性，受土冻结过程的水分迁移、已冻土中的水分迁移和冻土中冰和未冻水含量的动态变化等过程的影响。影响冻土力学性质的主要因素有：冻土温度、应力状态和荷载作用时间。主要力学性质指标包括：

1. 融化下沉系数

冻土融化过程中，在自重作用下产生的相对融化下沉量。

2. 融化压缩系数

指冻土融化后，在单位荷重下产生的相对压缩变形量。

3. 冻胀率

指单位冻结深度的冻胀量。土的冻胀是土冻结过程中土体积增大的现象。土的冻胀性以冻胀率来衡量。

4. 冻胀力

指土的冻胀受到约束时产生的力。

（1）法向冻胀力：地基土冻结时，随着土体的冻胀，作用于基础底面向上的抬起力，称为基础底面的法向冻胀力，简称法向冻胀力。

（2）切向冻胀力：平行向上作用于基础侧表面的抬起力，称为基础侧面的切向冻胀力，简称切向冻胀力。

（3）水平冻胀力：沿水平方向作用在结构物或基础表面上的力，包括沿切向和法向的作用。

5. 冻结力

土中水在负温下变成冰的同时，将土和基础胶结在一起，这种胶结力称为冻结力，亦称为基础与冻土间的冻结强度。

6. 冻土的抗剪强度

是指冻土在外力作用下，抵抗剪切滑动的极限强度。冻土的抗剪强度不仅与外压力大小有关，而且与土的负温度及荷载作用时间有密切关系。

三、冻土的热学性质

材料的热物理性质是指材料传递热量、蓄热和均衡温度的能力。冻土热学性质指标主要包括：

（1）比热：又称重量热容量，是使单位质量的土温度升高1℃所需的热量。

（2）容积热容量：是指单位体积的土体温度变化1℃所吸收或释放的热量。

（3）导热系数：是表示冻土在温度梯度作用下传导热能能力的指标。当土层界面温差为1℃时，在单位时间内通过一单位面积、一单位厚度土层的热量，即为该土层的导热系数。单位为W/(m·K)即瓦/(米·开)。

（4）导温系数：冻土热惯性指标，表示土中某一点在相邻点温度变化的作用下改变自身温度的能力。在数值上等于导热系数与容积热容量的比值。

第四节　冻土的冻胀性和融沉性

一、季节冻土和季节融化层土的冻胀性

当环境温度降至土的冻结起始温度时，土中水分开始结晶，水冻结时的体积膨胀，引起土颗粒的相对位移，使土的体积发生膨胀，即冻胀。

冻结峰面（冻结缘）：土体冻结过程开始后，土中的冻土与融土的分界面。

封闭系统冻胀：土体冻结过程中，无外来水源补给的冻胀。

开敞系统冻胀：土体冻结过程中，有外来水源补给的冻胀。

起始冻胀含水量：并非所有含水的土体都产生冻胀，只有当土体含水量超过一定界限值时，土才出现冻胀，通常将此界限含水量称为“起始冻胀含水量”。

（一）冻胀特性影响因素

土的冻胀特性，与土体类型、含水量、冻结条件（速度、温度）、水源补给条件、外荷载作用等有关。一般情况下，粗颗粒土冻胀性小，甚至不冻胀，而细颗粒土一般冻胀较大；黏性土冻结时，不仅原位置的水会结冰膨胀，而且在渗透力（抽吸力）作用下，水分将从未冻结区向冻结峰面转移，并在那里结晶膨胀。水分向冻结峰面的迁移和冻结，是土体产生强烈冻胀的直接原因；当冻结峰面较长时间停留在某一位置时，土中水分有充分时间向冻结峰面聚集、冻结，形成厚层状或透镜体冰体，土体发生严重冻胀，但冻结速度很快时，土中水分来不及转移，就在原地冻结，形成整体结构冻土，冻胀就较轻微。

（二）冻胀性分级

季节冻土和季节融化层土的冻胀性，根据土冻胀率 η 的大小，按表 5-6-6 划分为：不冻胀、弱冻胀、冻胀、强冻胀和特强冻胀五级。冻土层的平均冻胀率 η 按下式计算：

$$\eta = \frac{\Delta_z}{h' - \Delta_z} \times 100(\%) \tag{5-6-3}$$

式中　Δ_z——地表冻胀量（mm）；

h'——冻层厚度（mm）。

季节冻土与季节融化层土的冻胀性分类　　**表 5-6-6**

土的名称	冻前天然含水量 w（%）	冻结期间地下水位距冻结面的最小距离 h_w（m）	平均冻胀率 η（%）	冻胀等级	冻胀类别
粉黏粒（粒径＜0.075mm）含量≤15%的粗颗粒土（包括碎（卵）石，砾、粗、中砂），粉黏粒含量≤10%的细砂	不饱和	不考虑	$\eta \leqslant 1$	Ⅰ	不冻胀
	饱和含水	无隔水层	$1 < \eta \leqslant 3.5$	Ⅱ	弱冻胀
	饱和含水	有隔水层	$3.5 < \eta$	Ⅲ	冻　胀
粉黏粒含量＞15%的粗颗粒土（包括碎（卵）石，砾、粗、中砂）；粉黏粒含量＞10%的细砂	$w \leqslant 12$	＞1.0	$\eta \leqslant 1$	Ⅰ	不冻胀
		≤1.0	$1 < \eta \leqslant 3.5$	Ⅱ	弱冻胀
	$12 < w \leqslant 18$	＞1.0			
		≤1.0	$3.5 < \eta \leqslant 6$	Ⅲ	冻　胀
	$w > 18$	＞0.5			
		≤0.5	$6 < \eta \leqslant 12$	Ⅳ	强冻胀

续表

土的名称	冻前天然含水量 w（%）	冻结期间地下水位距冻结面的最小距离 h_w（m）	平均冻胀率 η（%）	冻胀等级	冻胀类别
粉　砂	$w \leqslant 14$	>1.0	$\eta \leqslant 1$	Ⅰ	不冻胀
		≤1.0	$1 < \eta \leqslant 3.5$	Ⅱ	弱冻胀
	$14 < w \leqslant 19$	>1.0			
		≤1.0	$3.5 < \eta \leqslant 6$	Ⅲ	冻　胀
	$19 < w \leqslant 23$	>1.0			
		≤1.0	$6 < \eta \leqslant 12$	Ⅳ	强冻胀
	$w > 23$	不考虑	$\eta > 12$	Ⅴ	特强冻胀
粉　土	$w \leqslant 19$	>1.5	$\eta \leqslant 1$	Ⅰ	不冻胀
		≤1.5	$1 < \eta \leqslant 3.5$	Ⅱ	弱冻胀
	$19 < w \leqslant 22$	>1.5			
		≤1.5	$3.5 < \eta \leqslant 6$	Ⅲ	冻　胀
	$22 < w \leqslant 26$	>1.5			
		≤1.5	$6 < \eta \leqslant 12$	Ⅳ	强冻胀
	$26 < w \leqslant 30$	>1.5			
		≤1.5	$\eta > 12$	Ⅴ	特强冻胀
	$w > 30$	不考虑			
黏性土	$w \leqslant w_p + 2$	>2.0	$\eta \leqslant 1$	Ⅰ	不冻胀
		≤2.0	$1 < \eta \leqslant 3.5$	Ⅱ	弱冻胀
	$w_p + 2 < w \leqslant w_p + 5$	>2.0			
		≤2.0	$3.5 < \eta \leqslant 6$	Ⅲ	冻　胀
	$w_p + 5 < w \leqslant w_p + 9$	>2.0			
		≤2.0	$6 < \eta \leqslant 12$	Ⅳ	强冻胀
	$w_p + 9 < w \leqslant w_p + 15$	>2.0			
		≤2.0	$\eta > 12$	Ⅴ	特强冻胀
	$w > w_p + 15$	不考虑			

注：1. w_p 为塑限含水量（%），w 为冻前天然含水量在冻层内的平均值；

2. 盐渍化冻土不在表列；

3. 塑性指数大于 22 时，冻胀性降低一级；

4. 小于 0.005mm 粒径含量>60%时，为不冻胀土；

5. 碎石类土当填充物大于全部质量的 40%时，其冻胀性按填充物土的类别判定；

6. 隔水层指季节冻结层底部及以上的隔水层。

（三）冻胀量计算经验公式

地基土的冻胀性应通过现场试验确定，在无现场实测资料时，对封闭系统可用 2%～6%的冻胀率来估计土层的冻胀量。

地基土的冻胀量也可按下列经验公式估算。

1. 封闭系统

最冷月的平均气温为$-10℃ \leqslant T_a \leqslant -3℃$时：

$$\Delta_z = 0.5z_f(w - 0.8w_P) \tag{5-6-4}$$

最冷月的平均气温$T_a < -10℃$时：

$$\Delta_z = 0.4z_f(w - w_P) \tag{5-6-5}$$

2. 开敞系统

(1) 低塑限黏土：

$$\Delta_z = 1.25 \times z_f^{0.71} \times e^{-0.013z} \tag{5-6-6}$$

(2) 粉土、高液限黏土、粒径≤0.075mm粒组含量占20%～50%的粉土质砂（砾）类土：

$$\Delta_z = 1.95 \times z_f^{0.56} \times e^{-0.013z} \tag{5-6-7}$$

(3) 粒径≤0.075mm粒组含量为10%～20%的砂类土、砾类土：

$$\Delta_z = 0.13 \times z_f \times e^{-0.02z} \tag{5-6-8}$$

式中　Δ_z——地面冻胀量（cm）；

z_f——冻结深度（cm）；

z——地下水位埋深（从地表算起，cm）；

w——冻结土层的平均含水率（%）；

w_P——冻结土层的塑限含水率（%）。

二、多年冻土的融沉性

（一）冻土的融化下沉和压密特性

冻土的融化下沉特性：冻土融化时，孔隙和矿物颗粒周围的冰融化，水分沿孔隙逐渐排出，土中孔隙尺寸减小，在土体自重作用下，土体孔隙率会发生跳跃式变化的现象。用融化下沉系数δ_0来描述。

融化冻土的压缩下沉特性：冻土融化后，在荷载作用下产生的下沉，称为融化压缩下沉。用融化（体积）压缩系数m_v来描述。

起始融沉含水率：地基冻土的融化下沉系数在0～1%范围内时，地基土的微弱沉降不会引起建筑物的变形，对应这个变形界限的冻土含水率称为冻土的“起始融沉含水率”。

起始融沉干密度：融化下沉系数与冻土的干密度关系密切，当冻土的干密度（孔隙比）小于某一数值时，冻土在融化过程不会出现下沉现象（或$\delta_0 < 1\%$），对应的界限干密度称为“起始融沉干密度”。

在一维条件下，冻土层融化、压缩下沉总量可认为由与外荷载无关的融化下沉量和与外压力成正比的压密下沉量组成（有冰夹层时还应加上冰夹层厚度）。

（二）土融化下沉系数和压缩系数指标经验值

冻土融化下沉系数和压缩系数，应以试验方法确定。在无条件进行试验时，可按下面方法通过计算确定。

1. 融化下沉系数δ_0（%）的确定方法

1）根据冻土的总含水率w确定

对表5-6-12的Ⅰ～Ⅳ类土：

$$\delta_0 = \alpha_1(w - w_0) \tag{5-6-9}$$

式中　α_1——系数，按表5-6-7取值；

w_0——起始融沉含水率，按表5-6-7取值，其中对黏性土按表5-6-7和式（5-6-10）

计算结果取小值。

$$w_0 = 5 + 0.8w_P \tag{5-6-10}$$

α_1、w_0 值 **表 5-6-7**

土质	砾石、碎石土	砂类土	粉土、粉质黏土	黏土
α_1	0.5	0.6	0.7	0.8
w_0	11.0	14.0	18.0	23.0

注：对于砾石、碎石土粉黏粒含量<15%者，α_1 值取 0.4。

对表 5-6-12 的Ⅴ类土：

$$\delta_0 = 3\sqrt{w - w_c} + \delta'_0 \tag{5-6-11}$$

式中 $w_c = w_P + 35$，对于粗颗粒土可用 w_0 代替 w_p。无试验资料时，w_c 可按表 5-6-8 取值。

δ'_0——对应于 $w = w_c$ 时的 δ_0 值，可按公式（5-6-9）计算。当无试验资料时，可按表 5-6-8 取值。

w_c、δ'_0 值 **表 5-6-8**

土质	砾石、碎石土	砂类土	粉土、粉质黏土	黏土
w_c（%）	46	49	52	58
δ'_0（%）	18	20	25	20

注：对于砾石、碎石土粉黏粒含量<15%者，w_c 取 44%，δ'_0 取 14%。

2）根据冻土的干密度 ρ_d 确定：

对表 5-6-12 的Ⅰ～Ⅳ类土：

$$\delta_0 = \alpha_2 \frac{\rho_{d0} - \rho_d}{\rho_d} \tag{5-6-12}$$

式中 α_2——系数，宜按表 5-6-9 取值；

ρ_{d0}——起始融沉干密度，大致相当于或略大于最佳干密度；无试验资料时，可按表 5-6-9 取值。

α_2、ρ_{d0} 值 **表 5-6-9**

土质	砾石、碎石土	砂类土	粉土、粉质黏土	黏土
α_2	25	30	40	50
ρ_{d0}（g/cm^3）	1.95	1.80	1.70	1.65

注：对于砾石、碎石土粉黏粒含量<15%者，α_2 取 20，ρ_{d0} 取 2.0g/cm^3。

对表 5-6-12 的Ⅴ类土：

$$\delta_0 = 60(\rho_{dc} - \rho_d) + \delta'_0 \tag{5-6-13}$$

式中 ρ_{dc}——对应于 w 为 w_c 的冻土干密度；无试验资料时，按表 5-6-10 取值。

ρ_{dc} 值 **表 5-6-10**

土质	砾石、碎石土	砂类土	粉土、粉质黏土	黏土
ρ_{dc}（g/cm^3）	1.16	1.10	1.05	1.00

注：对于砾石、碎石土粉黏粒含量<15%者，ρ_{dc} 取 1.2g/cm^3。

勘察时，应同时测定冻土的总含水率 w 和干密度 ρ_d，分别用 w 和 ρ_d 计算 δ_0，取大值作为设计值。

2. 体积压缩系数 m_v 的确定方法

各类冻土融化后的压缩系数 m_v 值，可按表 5-6-11 确定。

各类冻土融化后体积压缩系数 m_v 的值　　**表 5-6-11**

冻土 ρ_d (g/cm³)	土质及压力 (kPa)			
	砾石、碎石土 $p_0=10\sim210$	砂类土 $p_0=10\sim210$	黏性土 $p_0=10\sim210$	草皮 $p_0=10\sim210$
2.10	0.00			
2.00	0.10			
1.90	0.20	0.00	0.00	
1.80	0.30	0.12	0.15	
1.70	0.30	0.24	0.30	
1.60	0.40	0.36	0.45	
1.50	0.40	0.48	0.60	
1.40	0.40	0.48	0.75	
1.30		0.48	0.75	0.40
1.20		0.48	0.75	0.45
1.10			0.75	0.60
1.00				0.75
0.90				0.90
0.80				1.05
0.70				1.20
0.60				1.30
0.50				1.50
0.40				1.65

（三）多年冻土的融沉性分级

多年冻土的融化下沉性，根据土的融化下沉系数 δ_0 的大小，按表 5-6-12 划分为：不融沉、弱融沉、融沉、强融沉和融陷土五级。冻土层的平均融沉系数 δ_0 按下式计算：

$$\delta_0 = \frac{h_1 - h_2}{h_1} = \frac{e_1 - e_2}{1 + e_1} \times 100(\%) \tag{5-6-14}$$

式中　h_1、e_1——分别为冻土试样融化前的高度（mm）和孔隙比；

h_2、e_2——分别为冻土试样融化后的高度（mm）和孔隙比。

多年冻土的融沉性分级　　**表 5-6-12**

土的名称	总含水量 w (%)	平均融沉系数 δ_0	融沉等级	融沉类别	冻土类型
碎（卵）石，砾、粗、中砂（粉黏粒含量≤15%）	$w<10$	$\delta_0\leqslant1$	Ⅰ	不融沉	少冰冻土
	$w\geqslant10$	$1<\delta_0\leqslant3$	Ⅱ	弱融沉	多冰冻土

续表

土的名称	总含水量 w（%）	平均融沉系数 δ_0	融沉等级	融沉类别	冻土类型
碎（卵）石，砾、粗、中砂（粉黏粒含量＞15%）	$w<12$	$\delta_0 \leqslant 1$	Ⅰ	不融沉	少冰冻土
	$12 \leqslant w<15$	$1<\delta_0 \leqslant 3$	Ⅱ	弱融沉	多冰冻土
	$15 \leqslant w<25$	$3<\delta_0 \leqslant 10$	Ⅲ	融　沉	富冰冻土
	$w \geqslant 25$	$10<\delta_0 \leqslant 25$	Ⅳ	强融沉	饱冰冻土
粉、细砂	$w<14$	$\delta_0 \leqslant 1$	Ⅰ	不融沉	少冰冻土
	$14 \leqslant w<18$	$1<\delta_0 \leqslant 3$	Ⅱ	弱融沉	多冰冻土
	$18 \leqslant w<28$	$3<\delta_0 \leqslant 10$	Ⅲ	融　沉	富冰冻土
	$w \geqslant 28$	$10<\delta_0 \leqslant 25$	Ⅳ	强融沉	饱冰冻土
粉　土	$w<17$	$\delta_0 \leqslant 1$	Ⅰ	不融沉	少冰冻土
	$17 \leqslant w<21$	$1<\delta_0 \leqslant 3$	Ⅱ	弱融沉	多冰冻土
	$21 \leqslant w<32$	$3<\delta_0 \leqslant 10$	Ⅲ	融　沉	富冰冻土
	$w \geqslant 32$	$10<\delta_0 \leqslant 25$	Ⅳ	强融沉	饱冰冻土
黏性土	$w<w_P$	$\delta_0 \leqslant 1$	Ⅰ	不融沉	少冰冻土
	$w_P \leqslant w<w_P+4$	$1<\delta_0 \leqslant 3$	Ⅱ	弱融沉	多冰冻土
	$w_P+4 \leqslant w<w_P+15$	$3<\delta_0 \leqslant 10$	Ⅲ	融　沉	富冰冻土
	$w_P+15 \leqslant w<w_P+35$	$10<\delta_0 \leqslant 25$	Ⅳ	强融沉	饱冰冻土
含土冰层	$w \geqslant w_P+35$	$\delta_0>25$	Ⅴ	融　陷	含土冰层

注：1. 总含水率 w，包括冰和未冻水；

2. 本表不包括盐渍化冻土、冻结泥炭化土、腐殖土、高塑性黏土；

3. 粗颗粒土用起始融化下沉含水率代替 w_P。

第五节　冻土地基的勘察

冻土地基的岩土工程勘察应包括冻土的工程地质调查和测绘、勘探、取样、原位测试和室内试验、定位观测以及冻土工程地质条件评价及其预报。

一、季节冻土地区的勘察

可按一般地区的勘察方法并参照多年冻土地区的勘察方法进行。但要查清并提供场地土的标准冻结深度。

二、多年冻土地区的勘察

（一）多年冻土地区勘察的主要内容

多年冻土勘察应根据多年冻土的设计原则、多年冻土的类型和特征进行，并应查明下列内容：

1. 多年冻土的分布范围及上限深度（多年冻土上部界面的埋置深度）；

2. 多年冻土的类型、厚度、总含水量、构造特征、物理力学和热学性质；

3. 多年冻土层上水、层间水和层下水的赋存形式、相互关系及其对工程的影响；

4. 多年冻土的融沉性分级和季节融化层土的冻胀性分级；

5. 厚层地下冰、冰椎、冰丘、冻土沼泽、热融滑塌、热融湖塘、融冻泥流等不良地质作用的形态特征、形成条件、分布范围、发生发展规律及其对工程的危害程度。

（二）多年冻土地区的勘察

1. 勘探点的布置和勘探点的间距，除满足一般地区勘察要求外，尚应适当加密。

2. 勘探孔的深度应满足下列要求：

（1）对保持冻结状态设计的地基，不应小于基底以下 2 倍基础宽度，对桩基应超过桩端以下 3～5m；

（2）对逐渐融化状态和预先融化状态设计的地基，应符合非冻土地基的要求；

（3）无论何种设计原则，勘探孔的深度均宜超过多年冻土上限深度的 2 倍；

（4）在多年冻土的不稳定地带，应查明多年冻土下限深度；当地基为饱冰冻土或含土冰层时，应穿透该层。

3. 采取土试样和进行原位测试的勘探点数量及竖向间距，可按一般地区勘察要求进行。在季节融化层，取样的竖向间距，应适当加密。

4. 勘探测试还应满足下列要求：

（1）当冻土为第四系松散地层时，宜采取低速干钻工艺，回次进尺宜为 0.2～0.5m；对于高含冰量的冻结黏性土层，应采取快速干钻工艺，回次进尺不宜大于 0.8m；对于冻结的碎石土和基岩，宜采用低温冲洗液钻进；

（2）测定冻土基本物理指标的土样应由地表下 0.5m 开始逐层采取，当土层厚度小于 1.0m 时必须取一组样，当土层厚度大于 1.0m 时每米取一组样，冻土上限附近和含冰量变化大时应加密取样。对于测定冻土天然含水率的土样，宜在探井或探槽壁上刻取。试样在采取、搬运、贮存和试验过程中应避免融化；

（3）应分层测定地下水位；

（4）保持冻结状态设计地段的钻孔，孔内测温工作结束后应及时回填；

（5）试验项目除按常规要求外，尚应根据需要，进行总含水量、体积含冰量、相对含冰量、未冻水含量、冻结温度、导热系数、冻胀量、融化压缩等项目的试验；对盐渍化多年冻土和泥炭化多年冻土，尚应分别测定易溶盐含量和有机质含量；

（6）工程需要时，可建立地温观测点，进行地温观测，地温观测孔的深度应超过地温年变化深度 5m，且不得小于 15m；

（7）当需查明由冻土融化引起的不良地质作用时，调查和勘探工作宜在二、三月份进行；查明由冻土冻结引起的不良地质作用时，调查和勘探工作宜在七、八、九月份进行；查明多年冻土上限深度和工程特性的勘探，宜在九、十月份进行。

第六节　冻土的地基评价

一、冻土地基承载力设计值

冻土地基承载力设计值，可根据建筑物安全等级，区别保持冻结地基或容许融化地基，结合当地经验用载荷试验或其他原位测试方法综合确定。不能进行原位试验确定时，可按冻结地基土的土质、物理力学指标查表 5-6-13 确定。

冻土承载力设计值（kPa）　　表 5-6-13

土　名 ＼ 地温（℃）	−0.5	−1.0	−1.5	−2.0	−2.5	−3.0
碎石土	800	1000	1200	1400	1600	1800
砾砂、粗砂	650	800	950	1100	1250	1400
中砂、细砂、粉砂	500	650	800	950	1100	1250
黏土、粉质黏土、粉土	400	500	600	700	800	900
含土冰层	100	150	200	250	300	350

注：1. 冻土“极限承载力”按表中数值乘 2 取值；

2. 表中数值适用于多年冻土的融沉性分级表 5-6-12 中Ⅰ、Ⅱ、Ⅲ类土；

3. 冻土含水量属于分级表 5-6-12 中Ⅳ类时，黏性土取值乘以 0.8～0.6（含水量接近Ⅲ类土时取 0.8，接近Ⅴ类土时取 0.6，中间取中值）。碎石土和砂土取值乘以 0.6～0.4（含水量接近Ⅲ类土时取 0.6，接近Ⅴ类土时取 0.4，中间取中值）；

4. 含土冰层指包裹冰含量为 0.4～0.6；

5. 当含水量小于等于未冻水量时，按不冻土取值；

6. 表中温度是使用期间基础底面下的最高地温；

7. 本表不适用于盐渍化冻土、冻结泥炭化土。

二、冻土的地基评价

冻土作为建筑物地基，在冻结状态时，具有较高的强度和较低的压缩性或不具压缩性。但冻土融化后则承载力大为降低，压缩性急剧增高，使地基产生融沉；相反，在冻结过程中又产生冻胀，对地基均为不利。冻土的冻胀和融沉与土的颗粒大小及含水量有关，一般土颗粒愈粗，含水量愈小，土的冻胀和融沉性愈小，反之则愈大。

（一）季节冻土

季节冻土受季节性的影响，冬季冻结，夏季全部融化。因其周期性的冻结、融化，对地基的稳定性影响较大。应对季节冻土和季节融化层土的冻胀性进行分级。

（二）多年冻土

多年冻土常在地面下的一定深度，其上部接近地表部分，往往亦受季节性影响，冬冻夏融，此冬冻夏融的部分常称为季节融化层。因此，多年冻土地区常伴有季节性冻结现象。

根据多年冻土的融沉性分级对多年冻土进行评价。

Ⅰ类土：为不融沉土，除基岩之外为最好的地基土。一般建筑物可不考虑冻融问题。

Ⅱ类土：为弱融沉土，为多年冻土良好的地基土。融化下沉量不大，一般当基底最大融深控制在 3.0m 之内时，建筑物均未遭受明显破坏。

Ⅲ类土：为融沉土，作为建筑物地基时，一般基底融沉不得大于 1.0m。因这类土不但有较大的融沉量和压缩量，而且冬天回冻时，有较大的冻胀量。应采取深基础、保温、防止基底融化等专门措施。

Ⅳ类土：为强融沉土，往往会造成建筑物的破坏。因此，原则上不容许地基土发生融化，宜采用保持冻结的原则设计或采用桩基等。

Ⅴ类土：为融陷土，含大量的冰，不但不容许基底融化，还应考虑它的长期流变作用，需进行专门处理，如采用砂垫层等。

（三）建筑场地的选择

设计等级为甲级、乙级的建筑物宜避开饱冰冻土、含土冰层地段和冰椎、冰丘、热融湖、厚层地下冰，融区与多年冻土区之间的过渡带，宜选择坚硬岩层、少冰冻土和多冰冻土地段以及地下水位或冻土层上水位低的地段和地形平缓的高地。

第七节　冻土地基的设计与防冻害措施

一、季节冻土地基的设计与防冻害措施

（一）季节冻土地基的设计

1. 场地冻结深度

季节性冻土地基的场地冻结深度 z_d 应按下式计算

$$z_d = z_0 \psi_{zs} \psi_{zw} \psi_{ze} \tag{5-6-15}$$

式中　z_d——场地冻结深度（m）。当地有实测资料时，按 $z_d = h' - \Delta z$ 计算；

h'——最大冻深出现时场地最大冻土层厚度（m）；

Δz——最大冻深出现时场地地表冻胀量（m）；

z_0——标准冻结深度（m）。系地下水位与冻结锋面之间的距离大于 2m，非冻胀黏性土，地表平坦、裸露、城市之外的空旷场地中，不少于 10 年实测最大冻深的平均值。当无实测资料时，按图 5-6-1 采用；

ψ_{zs}——土的类别对冻结深度的影响系数，按表 5-6-14 采用；

ψ_{zw}——土的冻胀性对冻结深度的影响系数，按表 5-6-15 采用；

ψ_{ze}——环境对冻结深度的影响系数，按表 5-6-16 采用。

土的类别对冻结深度的影响系数　　表 5-6-14

土的类别	影响系数 ψ_{zs}	土的类别	影响系数 ψ_{zs}
黏性土	1.00	中、粗、砾砂	1.30
细砂、粉砂、粉土	1.20	大块碎石土	1.40

土的冻胀性对冻结深度的影响系数　　表 5-6-15

冻胀性	影响系数 ψ_{zw}	冻胀性	影响系数 ψ_{zw}
不冻胀	1.00	强冻胀	0.85
弱冻胀	0.95	特强冻胀	0.80
冻　胀	0.90	—	—

环境对冻结深度的影响系数　　表 5-6-16

周围环境	影响系数 ψ_{ze}	周围环境	影响系数 ψ_{ze}
村、镇、旷野	1.00	城市市区	0.90
城市近郊	0.95	—	—

注：环境影响系数，当城市市区人口为 20 万～50 万时，按城市近郊取值；当城市市区人口大于 50 万小于或等于 100 万时，按城市市区取值；当城市市区人口超过 100 万时，按城市市区取值，5km 以内的郊区按城市近郊取值。

2. 基础最小埋深

基础埋置深度宜大于场地冻结深度。对于深厚季节冻土地区，当建筑基础底面为不冻胀、弱冻胀、冻胀土时，基础埋置深度可以小于场地冻结深度，基础底面下允许冻土层最大厚度应根据当地经验确定，没有地区经验时可按表 5-6-17 查取。此时，基础最小埋置深度 d_{min}可按下式计算：

$$d_{min}=z_d-h_{max} \tag{5-6-16}$$

式中　h_{max}——基础底面下允许冻土层最大厚度（m）。

建筑基础底面下允许冻土层最大厚度 h_{max}（m）　　**表 5-6-17**

冻胀性	基础形式	采暖情况 \ 基底平均压力（kPa）	110	130	150	170	190	210
弱冻胀土	方形基础	采　暖	0.90	0.95	1.00	1.10	1.15	1.20
		不采暖	0.70	0.80	0.95	1.00	1.05	1.10
	条形基础	采　暖	>2.50	>2.50	>2.50	>2.50	>2.50	>2.50
		不采暖	2.20	2.50	>2.50	>2.50	>2.50	>2.50
冻胀土	方形基础	采　暖	0.65	0.70	0.75	0.80	0.85	—
		不采暖	0.55	0.60	0.65	0.70	0.75	—
	条形基础	采　暖	1.55	1.80	2.00	2.20	2.50	—
		不采暖	1.15	1.35	1.55	1.75	1.95	—

注：1. 本表只计算法向冻胀力，如基侧存在切向冻胀力，应采取防切向力措施；

2. 本表不适用于宽度小于 0.6m 的基础，矩形基础可取短边尺寸按方形基础计算；

3. 表中数据不适用于淤泥、淤泥质土和欠固结土；

4. 计算基底平均压力数值为永久作用的标准组合乘以 0.9，可以内插。

（二）季节冻土地基的防冻害措施

在冻胀、强冻胀，特强冻胀地基上采用防冻害措施时应符合下列规定：

1. 对在地下水位以上的基础，基础侧表面应回填不冻胀的中、粗砂，其厚度不应小于 200mm。对在地下水位以下的基础，可采用桩基础、保温性基础、自锚式基础（冻土层下有扩大板或扩底短桩），也可将独立基础或条形基础做成正梯形的斜面基础。

2. 宜选择地势高、地下水位低、地表排水条件好的建筑场地。对低洼场地，建筑物的室外地坪标高应至少高出地面 300～500mm，其范围不宜小于建筑四周向外各一倍冻结深度距离的范围。

3. 应做好排水设施，施工和使用期间防止水浸入建筑地基。在山区应设截水沟或在建筑物下设置暗沟，以排走地表水和潜水。

4. 在强冻胀性和特强冻胀性地基上，其基础结构应设置钢筋混凝土圈梁和基础梁，并控制建筑的长高比。

5. 当独立基础连系梁下或桩基础承台下有冻土时，应在梁或承台下留有相当于该土层冻胀量的空隙。

6. 外门斗、室外台阶和散水坡等部位宜与主体结构断开，散水坡分段不宜超过1.5m，坡度不宜小于3%，其下宜填入非冻胀性材料。

7. 对跨年度施工的建筑，入冬前应对地基采取相应的防护措施；按采暖设计的建筑物，当冬季不能正常采暖，也应对地基采取保温措施。

二、多年冻土地基的设计

将多年冻土用作建筑地基时，可采用下列三种状态之一进行设计。对一栋整体建筑物地基应采用同一种设计状态；对同一建筑场地的地基宜采用同一种设计状态。

（一）保持冻结状态的设计

多年冻土以冻结状态用作地基。在建筑物施工和使用期间，地基土始终保持冻结状态。存在下列情况之一时可采用：

（1）多年冻土的年平均地温低于－1.0℃的场地；

（2）持力层范围内的土层处于坚硬冻结状态的地基；

（3）地基最大融化深度范围内，存在融沉、强融沉、融陷性土及其夹层的地基；

（4）非采暖建筑或采暖温度偏低，占地面积不大的建筑物地基。

（二）逐渐融化状态的设计

多年冻土以逐渐融化状态用作地基。在建筑物施工和使用期间，地基土处于逐渐融化状态。存在下列情况之一时可采用：

（1）多年冻土的年平均地温为－0.5～－1.0℃的地基；

（2）持力层范围内的土层处于塑性冻结状态的地基；

（3）在最大融化深度范围内为不融沉和弱融沉性土的地基；

（4）室温较高、占地面积较大的建筑，或热载体管道及给水排水系统对冻层产生热影响的地基。

（三）预先融化状态的设计

多年冻土以预先融化状态用作地基。在建筑物施工之前，使多年冻土融化至计算深度或全部融化。适用于下列之一的情况：

（1）多年冻土的年平均地温不低于－0.5℃的场地；

（2）持力层范围内土层处于塑性冻结状态的地基；

（3）在最大融化深度范围内，存在变形量为不允许的融沉、强融沉和融陷性土及其夹层的地基；

（4）室温较高、占地面积不大的建筑物地基。

第七章 盐 渍 岩 土

第一节 盐渍岩土的形成和类型

一、盐渍岩土的定义

盐渍岩土系指含有较多易溶盐类的岩土。对易溶盐含量大于0.3%，且具有溶陷、盐胀、腐蚀等特性的土称为盐渍土；对含有较多的石膏、芒硝、岩盐等硫酸盐或氯化物的岩层，则称为盐渍岩。

二、盐渍岩土的形成条件

盐渍岩是由含盐度较高的天然水体（如泻湖、盐湖、盐海等）通过蒸发作用产生的化学沉积所形成的岩石。

盐渍土是当地下水沿土层的毛细管升高至地表或接近地表，经蒸发作用水中盐分被析出并聚集于地表或地下土层中形成的。

盐渍岩土一般形成于下列地区：

（1）干旱半干旱地区：因蒸发量大，降水量小，毛细作用强，极利于盐分在地表聚集；

（2）内陆盆地：因地势低洼，周围封闭，排水不畅，地下水位高，利于水分蒸发盐分聚集；

（3）农田、渠道：农田洗盐、压盐，灌溉退水，渠道渗漏等，也会使土地盐渍化。

三、盐渍岩土的分布

（一）盐渍岩的分布

我国的盐渍岩主要分布在四川盆地、湘西、鄂西地区（中三叠纪），云南、江西（白垩纪），江汉盆地、衡阳盆地、南阳盆地、东濮盆地、洛阳盆地等（下第三纪）和山西（中奥陶纪）。

（二）盐渍土的分布

盐渍土主要分布在西北干旱地区的青海、新疆、甘肃、宁夏、内蒙古等地区；在华北平原、松辽平原、大同盆地和青藏高原的一些湖盆洼地也有分布。由于气候干燥，内陆湖泊较多，在盆地到高山地区，多形成盐渍土。滨海地区，由于海水侵袭也常形成盐渍土。在平原地带，由于河床淤积或灌溉等原因也常使土地盐渍化，形成盐渍土。

盐渍土的厚度一般不大。平原和滨海地区，一般在地表向下 2～4m，其厚度与地下水的埋深、土的毛细作用上升高度和蒸发强度有关。内陆盆地盐渍土的厚度有的可达几十米，如柴达木盆地中盐湖区的盐渍土厚度可达 30m 以上。

绝大多数盐渍土分布地区，地表有一层白色盐霜或盐壳，厚数厘米至数十厘米。盐渍土中盐分的分布随季节、气候和水文地质条件而变化，在干旱季节地面蒸发量大，盐分向地表聚集，这时地表土层的含盐量可超过 10%，随着深度的增加，含盐量逐渐减少。雨季地表盐分被地面水冲淋溶解，并随水渗入地下，表层含盐量减少，地表白色盐霜或盐壳甚至消失。因此，在盐渍土地区，经常发生盐类被淋溶和盐类聚集的周期性的发展过程。

四、盐渍岩土的分类

（一）盐渍岩的分类

盐渍岩可分为石膏、硬石膏岩；石盐岩和钾镁质岩三类。

（二）盐渍土的分类

1. 按分布区域分

（1）滨海盐渍土：滨海一带受海水侵袭后，经过蒸发作用，水中盐分聚集于地表或地表下不深的土层中，即形成滨海盐渍土。滨海盐渍土的盐类主要是氯化物，含盐量一般小于 5%，盐中 Cl^-/SO_4^{2-} 比值大于内陆盐渍土；$Na^+/Ca^{2+}+Mg^{2+}$ 的比值小于内陆盐渍土。

滨海盐渍土主要分布在我国的渤海沿岸、江苏北部等地区。

（2）内陆盐渍土：易溶盐类随水流从高处带到洼地，经蒸发作用盐分聚集而成。一般因洼地周围地形坡度大、堆积物颗粒较粗，因此，盐渍化的发展，向洼地中心愈严重。这类盐渍土分布于我国的甘肃、青海、宁夏、新疆、内蒙古等地区。

（3）冲积平原盐渍土：主要由于河床淤积或兴修水利等，使地下水位局部升高，导致局部地区盐渍化。这类盐渍土分布于我国东北的松辽平原和山西、河南等地区。

2. 按含盐类的性质分

按含盐类的性质可分为氯盐类（$NaCl$、KCl、$CaCl_2$、$MgCl_2$）、硫酸盐类（Na_2SO_4、$MgSO_4$）和碳酸盐类（Na_2CO_3、$NaHCO_3$）三类。

盐渍土所含盐的性质，主要以土中所含阴离子的氯根（Cl^-）、硫酸根（SO_4^{2-}）、碳酸根（CO_3^{2-}）、重碳酸根（HCO_3^-）的含量（每100g土中的毫摩尔数）的比值来表示。其分类见表5-7-1。

盐渍土按含盐化学成分分类 表5-7-1

盐渍土名称	$c(Cl^-)/2c(SO_4^{2-})$	$2c(CO_3^{2-})+c(HCO_3^-)/c(Cl^-)+2c(SO_4^{2-})$
氯盐渍土	>2.0	—
亚氯盐渍土	2.0～1.0	—
亚硫酸盐渍土	1.0～0.3	—
硫酸盐渍土	<0.3	—
碱性盐渍土	—	>0.3

3. 按含盐量分

当土中含盐量超过一定值时，对土的工程性质就有一定影响，所以按含盐量（%）分类是对按含盐性质分类的补充。其分类见表5-7-2。

盐渍土按含盐量分类 表5-7-2

盐渍土名称	平均含盐量（%）		
	氯盐及亚氯盐	硫酸盐及亚硫酸盐	碱性盐
弱盐渍土	0.3～1.0	—	—
中盐渍土	1.0～5.0	0.3～2.0	0.3～1.0
强盐渍土	5.0～8.0	2.0～5.0	1.0～2.0
超盐渍土	>8.0	>5.0	>2.0

第二节 盐渍岩土的工程性质

一、盐渍岩的工程性质

1. 整体性

盐渍岩是易溶和中溶的化学沉积岩。埋藏在地下深处呈整体结构，无裂隙、不透水，因此，它是固体核废料理想的储存场所。

2. 易溶性

盐渍岩一般具有强可溶性。在石膏-硬石膏岩分布地区，都有岩溶化现象发育。岩溶洞隙的形状、大小和分布与石膏、硬石膏的存在形状有关。成层分布的石膏、硬石膏，可能导致地面塌陷；而呈透镜体状或斑点状分布的石膏、硬石膏，则可能造成蜂窝状或鸡窝状溶蚀现象，而使地面或基础产生不均匀沉陷。

几种常见易溶和中溶盐类矿物的溶解度见表 5-7-3。

易溶和中溶盐类矿物在水中的溶解度　　**表 5-7-3**

矿物名称	分子式	相对密度	溶解度（g/L）
石　膏	$CaSO_4 \cdot 2H_2O$	2.3～2.4	2.0
硬石膏	$CaSO_4$	2.9～3.0	2.1
芒　硝	$Na_2SO_4 \cdot 10H_2O$	1.48	448.0
无水芒硝	Na_2SO_4	2.68	398（40℃）
钙芒硝	$Na_2SO_4 \cdot CaSO_4$	2.70～2.85	不一致
泻利盐	$MgSO_4 \cdot 7H_2O$	1.75	262
六水泻盐	$MgSO_4 \cdot 6H_2O$	1.76	308
石　盐	NaCl	2.1～2.2	264
钾石盐	KCl	1.98	340

3. 膨胀性

硫酸盐类盐渍岩脱水后形成硬石膏（Ca_2SO_4）、无水芒硝（Na_2SO_4）、钙芒硝（$Na_2SO_4 \cdot Ca_2SO_4$）等，在水的作用下，具有吸水结晶膨胀性，导致地质体变形（如岩层形成肠状褶曲）、岩体变形（如隧道底鼓）或造成工程破坏。无水芒硝吸收 10 个结晶水后变成芒硝（$Na_2SO_4 \cdot 10H_2O$），体积增大 10 倍，膨胀压力可达 10MPa。岩石的膨胀还将导致岩石强度和弹性模量降低。

4. 腐蚀性

腐蚀性是盐渍岩，尤其是硫酸盐类盐渍岩的固有特性。硫酸盐对混凝土的腐蚀性是进入水中的硫酸根（SO_4^{2-}），通过毛细力作用进入混凝土中与水泥中的钙离子（Ca）结合，形成石膏（$CaSO_4 \cdot 2H_2O$），由于石膏体积膨胀而使混凝土造成结构破坏。或无水芒硝（Na_2SO_4）溶液进入混凝土后，芒硝（$CaSO_4 \cdot 10H_2O$）结晶膨胀，体积增大 10 倍，而使混凝土强烈腐蚀、破坏。

二、盐渍土的工程性质

（一）易溶盐的基本性质

影响盐渍土基本性质的主要因素是土中易溶盐的含量。土中易溶盐主要有氯盐类、硫酸盐类和碳酸盐类三种，其基本性质见表 5-7-4。

（二）盐渍土的工程特性

1. 盐渍土的溶陷性

盐渍土中的可溶盐经水浸泡后溶解、流失，致使土体结构松散，在土的饱和自重压力下出现溶陷；有的盐渍土浸水后，需在一定压力作用下，才会产生溶陷。盐渍土溶陷性的大小，与易溶盐的性质、含量、赋存状态和水的径流条件以及浸水时间的长短等有关。盐渍土按溶陷系数可分为两类：当溶陷系数 δ 值小于 0.01 时，称为非溶陷性土；当溶陷系数 δ 值等于或大于 0.01 时，称为溶陷性土。

2. 盐渍土的盐胀性

硫酸（亚硫酸）盐渍土中的无水芒硝（Na_2SO_4）的含量较多，无水芒硝（Na_2SO_4）在32.4℃以上时为无水晶体，体积较小；当温度下降至32.4℃时，吸收10个水分子的结晶水，成为芒硝（$Na_2SO_4 \cdot 10H_2O$）晶体，使体积增大，如此不断的循环反复作用，使土体变松。盐胀作用是盐渍土由于昼夜温差大引起的，多出现在地表下不太深的地方，一般约为0.3m。碳酸盐渍土中含有大量吸附性阳离子，遇水时与胶体颗粒作用，在胶体颗粒和黏土颗粒周围形成结合水薄膜，减少了各颗粒间的黏聚力，使其互相分离，引起土体盐胀。资料证明，当土中的Na_2CO_3含量超过0.5%时，其盐胀量即显著增大。

易溶盐的基本性质　　**表 5-7-4**

盐类名称	基本性质
氯化物盐类（NaCl、KCl、$CaCl_2$、$MgCl_2$）	1. 溶解度大 2. 有明显的吸湿性，如氯化钙的晶体能从空气中吸收超过本身重量4～5倍的水分，且吸湿水分蒸发缓慢 3. 从溶液中结晶时，体积不发生变化 4. 能使冰点显著下降
硫酸盐类（Na_2SO_4、$MgSO_4$）	1. 没有吸湿性，但在结晶时有结合一定数量水分子的能力 2. 硫酸钠从溶液中沉淀重结晶时，结合10个水分子形成芒硝($Na_2SO_4 \cdot 10H_2O$)，体积增大；在32.4℃时芒硝放出水分，又成为无水芒硝（Na_2SO_4），体积减小；硫酸镁结晶时，结合7个水分子形成结晶水化合物（$MgSO_4 \cdot 7H_2O$），体积也增大；在脱水时逐渐转化为无水分子的结晶水化物，体积随之减小 3. 硫酸钠在32.4℃以下时溶解度随温度增加而增加，在32.4℃时溶解度最大，在32.4℃以上时溶解度下降
碳酸盐类（Na_2CO_3、$NaHCO_3$）	1. 水溶液有很大的碱性反应 2. 能使黏土胶体颗粒发生最大的分散

3. 盐渍土的腐蚀性

盐渍土均具有腐蚀性。硫酸盐盐渍土具有较强的腐蚀性，当硫酸盐含量超过1%时，对混凝土产生有害影响，对其他建筑材料，也有不同程度的腐蚀作用。氯盐渍土具有一定的腐蚀性，当氯盐含量大于4%时，对混凝土产生不良影响，对钢铁、木材、砖等建筑材料也具有不同程度的腐蚀性。碳酸盐渍土对各种建筑材料也具有不同程度的腐蚀性。腐蚀的程度，除与盐类的成分有关外，还与建筑结构所处的环境条件有关。

4. 盐渍土的吸湿性

氯盐渍土含有较多的一价钠离子，由于其水解半径大，水化胀力强，故在其周围形成较厚的水化薄膜。因此，使氯盐渍土具有较强的吸湿性和保水性。这种性质，使氯盐渍土在潮湿地区土体极易吸湿软化，强度降低；而在干旱地区，使土体容易压实。氯盐渍土吸湿的深度，一般只限于地表，深度约为10cm。

5. 有害毛细作用

盐渍土有害毛细水上升能引起地基土的浸湿软化和造成次生盐渍土，并使地基土强度降低，产生盐胀、冻胀等不良作用。影响毛细水上升高度和上升速度的因素，主要有土的矿物成分、粒度成分、土颗粒的排列、孔隙的大小和水溶液的成分、浓度、温度等。

6. 盐渍土的起始冻结温度和冻结深度

盐渍土的起始冻结温度是指土中毛细水和重力水溶解土中盐分后形成的溶液开始冻结的温度。起始冻结温度随溶液浓度的增大而降低，且与盐的类型有关。根据铁一院的试验资料，当水溶液浓度大于10％后，氯盐渍土的起始冻结温度比亚硫酸盐渍土低得多。当土中含盐量达到5％以上时，土的起始冻结温度下降到－20℃以下。

盐渍土的冻结深度，可以根据不同深度的地温资料和不同深度盐渍土中水溶液的起始冻结温度判定；也可在现场直接测定。

（三）盐渍土含盐类型和含盐量对土的物理力学性质的影响

1. 对土的物理性质的影响

（1）氯盐渍土的含氯量越高，液限、塑限和塑性指数越低，可塑性越低。资料表明，氯盐渍土的液限要比非盐渍土低2％～3％，塑限小1％～2％。

（2）氯盐渍土由于氯盐晶粒充填了土颗粒间的空隙，一般能使土的孔隙比降低，土的密度、干密度提高。但硫酸盐渍土由于Na_2SO_4的含量较多，Na_2SO_4在32.4℃以上时，为无水芒硝，体积较小；当温度下降到32.4℃时，吸水后变成芒硝（$Na_2SO_4 \cdot 10H_2O$），使体积变大；经反复作用后使土体变松，孔隙比增大，密度减小。

2. 对土的力学性质的影响

（1）盐渍土的含盐量对抗剪强度影响较大，当土中含有少量盐分、在一定含水量时，使黏聚力减小，内摩擦角降低；但当盐分增加到一定程度后，由于盐分结晶，使黏聚力和内摩擦角增大。所以，当盐渍土的含水量较低且含盐量较高时，土的抗剪强度就较高，反之就较低。三轴试验表明，盐渍土土样的垂直应变达到5％的破坏标准和达到10％的破坏标准时的抗剪强度相差较大：10％破坏标准的抗剪强度要比5％破坏标准小20％左右。浸水对黏聚力影响较大，而对内摩擦角影响不大。

（2）由于盐渍土具有较高的结构强度，当压力小于结构强度时，盐渍土几乎不产生变形，但浸水后，盐类等胶结物软化或溶解，模量有显著降低，强度也随之降低。

（3）氯盐渍土的力学强度与总含盐量有关，总的趋势是总含盐量增大，强度随之增大。当总含盐量在10％范围内时，载荷试验比例界限（p_0）变化不大，超过10％后p_0有明显提高。原因是土中氯盐含量超过临界溶解含盐量时，以晶体状态析出，同时对土粒产生胶结作用，使土的强度提高；相反，氯盐含量小于临界溶解含盐量时，则以离子状态存在于土中，此时对土的强度影响不太明显。

硫酸盐渍土的总含盐量对强度的影响与氯盐渍土相反，即盐渍土的强度随总含盐量增加而减小。原因是硫酸盐渍土具有盐胀性和膨胀性。资料表明，当总含盐量为1.0％～2.0％时，即对载荷试验比例界限（p_0）产生较明显的影响，且p_0随总含盐量的增加而很快降低；当总含盐量超过2.5％时，其降低速度逐渐变慢；当总含盐量等于12％时，可使p_0降低到非盐渍土的一半左右。

第三节　盐渍岩土的勘察

盐渍岩土地区的岩土工程勘察，除应满足一般地区勘察的要求外，尚应进行下列工作：

一、应着重查明的内容

1. 盐渍岩土的成因、分布范围和形成特点；

2. 含盐类型、化学成分、含盐量及其在岩土中的分布；

3. 溶蚀洞穴发育程度和分布；

4. 地表水的径流、排泄和积聚情况；

5. 地下水的类型、埋藏条件、水质、水位、毛细水上升高度及其季节变化规律；

6. 调查场地及附近植物生长状况；

7. 含石膏为主的盐渍岩的水化深度，含芒硝较多的盐渍岩，在隧道通过地段的地温情况；

8. 搜集当地气象资料和水文资料；

9. 调查当地工程建设经验和既有建（构）筑物使用、损坏情况。

二、盐渍土场地勘探点布置

根据地基的溶陷等级、地基盐胀等级、水文和水文地质条件、地形、气候环境等因素进行场地类型划分，见表 5-7-5。

盐渍岩土场地类型划分 **表 5-7-5**

场地类型	条　件
复杂场地	溶陷等级变化大；盐胀等级强；水文和水文地质条件复杂；地形起伏大，地貌、地层复杂，气候条件多变，正处于积盐或褪盐期
中等复杂场地	溶陷等级变化较大；盐胀等级中等；水文和水文地质条件较复杂；地形起伏较大，地貌、地层较复杂，气候条件、环境条件单向变化
简单场地	溶陷等级单一；盐胀等级弱或无盐胀；水文和水文地质条件简单；地形平缓，地貌、地层简单，气候条件、环境条件稳定

1. 勘探点应根据建（构）筑物的特性、盐渍岩土场地类型和不同勘察阶段布置，勘探点间距见表 5-7-6。

勘探点间距（m） **表 5-7-6**

场地类型	可行性研究阶段	初步勘察阶段	详细勘察阶段
简单场地	—	100～200	30～50
中等复杂场地	100～200	50～100	15～30
复杂场地	50～100	30～50	10～15

2. 勘探点深度：应根据盐渍土的厚度、建（构）筑物荷重与重要性、地下水位等因素确定，以揭穿盐渍土层或至地下水位以下 2～3m 为宜，并不应小于建（构）筑物地基压缩层计算深度。

3. 勘探点的布置尚应满足查明盐渍岩土分布特征的要求，取土勘探点数量不应少于总勘探点数量的 1/2，勘探点中应有一定数量的探井（槽）。

4. 采取岩土试样宜在干旱季节进行；对用于测定含盐离子的土试样的采取，宜符合表 5-7-7 的要求。

盐渍土土试样取样要求　　表 5-7-7

<table>
<tr><td rowspan="4">不扰动样</td><td>深度范围（m）</td><td>取土试样间距（m）</td><td rowspan="4">扰动样</td><td>深度范围（m）</td><td>取土试样间距（m）</td></tr>
<tr><td rowspan="2"><10.0</td><td rowspan="2">1.0～2.0</td><td><5.0</td><td>≤0.5</td></tr>
<tr><td>5.0～10.0</td><td>≤1.0</td></tr>
<tr><td>>10.0</td><td>2.0～3.0</td><td>>10.0</td><td>≤2.0</td></tr>
</table>

5. 根据盐渍岩土的岩性特征选用载荷试验等适宜的原位测试方法。对于溶陷性盐渍土尚应进行浸水载荷试验，以确定其溶陷性。对盐胀性盐渍土应进行长期观测和现场试验，以确定盐胀临界深度、有效盐胀厚度和总盐胀量。

6. 室内试验可根据工程需要对盐渍土进行化学成分分析和土的结构鉴定。对具有溶陷性和盐胀性的盐渍土应进行溶陷性和盐胀性试验。当需要求得有害毛细水上升高度值时，对砂土应测定最大分子吸水量；对黏性土应测定塑限含水量。

7. 工程需要时，宜测定毛细水强烈上升高度。无测试条件时，可按表 5-7-8 取经验值。

各类土毛细水强烈上升高度经验值　　表 5-7-8

土的名称	含砂黏性土	含黏粒砂土	粉砂	细砂	中砂	粗砂
毛细水强烈上升高度(m)	3.0～4.0	1.9～2.5	1.4～1.9	0.9～1.2	0.5～0.8	0.2～0.4

第四节　盐渍岩土的工程评价

一、盐渍岩土的岩土工程评价准则

1. 环境条件变化对盐渍岩土工程性能的影响：环境条件主要指地区的水文气象、地形地貌、场地积水、地下水位、管道渗漏和开挖地下洞室等，当这些条件改变后，对场地和地基会有较大影响，应对场地的适宜性和岩土工程条件进行评价。

2. 应考虑岩土的含盐类型、含盐量和主要含盐矿物对岩土工程性能的影响。

二、盐渍土评价的内容和方法

（一）盐渍土的溶陷性评价

根据资料，只有干燥的和稍湿的盐渍土才具有溶陷性，且大都具自重溶陷性。溶陷性的判定应先进行初步判定。当符合下列条件之一的盐渍土地基，可初步判定为非溶陷性或不考虑溶陷性对建筑物的影响：

（1）碎石类盐渍土中洗盐后粒径大于 2mm 的颗粒超过全重的 70％时，可判为非溶陷性土；

（2）碎石土、砂土盐渍土的湿度为很湿至饱和，粉土盐渍土的湿度为很湿，黏性土盐渍土的状态为软塑至流塑时，可判为非溶陷性土。

当需进一步判别时，可采用溶陷系数 δ 值进行评价：溶陷系数 δ 值等于或大于 0.01 的为溶陷性土；溶陷系数 δ 值小于 0.01 的为非溶陷性土。

1. 溶陷系数的确定

溶陷系数可由室内压缩试验或现场浸水载荷试验求得。室内试验测定溶陷系数的方法与湿陷系数试验相同；现场浸水载荷试验得到的平均溶陷系数 δ 值可按式（5-7-1）计算。

$$\delta = \Delta S/H \tag{5-7-1}$$

式中　ΔS——盐渍土层浸水后的溶陷量（mm）；

H——承压板下盐渍土的浸湿深度（mm）。

当无条件进行现场浸水载荷试验和室内压缩试验时，可采用液体排开法试验。具体试验方法可按国标《盐渍土地区建筑技术规范》GB/T 50942—2014 或行业标准《盐渍土地区建筑规范》SY/T 0317—2012 执行。

根据溶陷系数 δ 值的大小将溶陷性分为以下三类：

（1）当 $0.01<\delta\leqslant 0.03$ 时，具有轻微溶陷性；

（2）当 $0.03<\delta\leqslant 0.05$ 时，具有中等溶陷性；

（3）当 $\delta>0.05$ 时，具有强溶陷性。

2. 盐渍土地基总溶陷量的计算和溶陷等级的确定：

根据中华人民共和国石油天然气行业标准《盐渍土地区建筑规范》SY/T 0317—2012，地基总溶陷量 $S_{\delta 0}$ 可按下式计算：

$$S_{\delta 0} = \sum_{i=1}^{n} \delta_i h_i \tag{5-7-2}$$

式中　δ_i——第 i 层土的溶陷系数；

h_i——第 i 层土的厚度（mm）；

n——基础底面（初勘自地面 1.5m 算起）以下全部溶陷性盐渍土的层数，其中 δ 值小于 0.01 的非溶陷性土层不计入。

根据地基总溶陷量 $S_{\delta 0}$ 将地基划分为三个溶陷等级，见表 5-7-9。

盐渍土地基的溶陷等级　　**表 5-7-9**

地基的溶陷等级	地基总溶陷量 $S_{\delta 0}$（mm）
弱溶陷，Ⅰ	$70<S_{\delta 0}\leqslant 150$
中等溶陷，Ⅱ	$150<S_{\delta 0}\leqslant 400$
强溶陷，Ⅲ	$S_{\delta 0}>400$

注：当 $S_{\delta 0}$ 值小于 70mm 时，按非溶陷性土考虑。

（二）盐渍土的盐胀性评价

盐渍土的盐胀性主要是由于硫酸钠结晶吸水后，体积膨胀造成的。盐渍土地基的盐胀性是指整平地面以下 2m 深度范围内土的盐胀性。盐胀性宜根据现场试验测定有效盐胀厚度和总盐胀量确定。当盐渍土地基中的硫酸钠含量不超过 1.0%时，可不考虑其盐胀性。根据资料，盐渍土产生盐胀的土层厚度约为 2.0m，盐胀力一般小于 100kPa。

1. 盐胀系数的确定

盐胀系数 η 值可按式（5-7-3）计算。

$$\eta = S_{\eta m}/H \tag{5-7-3}$$

式中　η——盐胀系数；

$S_{\eta m}$——最大盐胀量（mm）测试方法有野外和室内两种（详见《盐渍土地区建筑规范》SY/T 0317—2012 附录）；

H——有效盐胀区厚度（mm）。

2. 盐渍土的盐胀性分类

见表 5-7-10。

盐渍土的盐胀性根据盐胀系数的大小分类 **表 5-7-10**

指标	非盐胀性	弱盐胀性	中盐胀性	强盐胀性
盐胀系数 η	$\eta \leqslant 0.01$	$0.01 < \eta \leqslant 0.02$	$0.02 < \eta \leqslant 0.04$	$\eta > 0.04$

3. 盐渍土地基总盐胀量的计算和盐渍等级的确定（表 5-7-11）：

盐渍土地基的总盐胀量应按公式（5-7-4）计算。

$$S_{\eta 0} = \eta \cdot H \tag{5-7-4}$$

式中 $S_{\eta 0}$——盐渍土地基的总盐胀量（mm）。

根据盐渍土地基的总盐胀量 $S_{\eta 0}$ 的盐胀等级分类 **表 5-7-11**

盐胀等级	总盐胀量 $S_{\eta 0}$（mm）	
	道路	建（构）筑物
弱盐胀，Ⅰ	$20 < S_{\eta 0} \leqslant 60$	$30 < S_{\eta 0} \leqslant 70$
中盐胀，Ⅱ	$60 < S_{\eta 0} \leqslant 120$	$70 < S_{\eta 0} \leqslant 150$
强盐胀，Ⅲ	$S_{\eta 0} > 120$	$S_{\eta 0} > 150$

（三）盐渍土的腐蚀性评价

盐渍土的腐蚀性主要表现在对混凝土和金属材料的腐蚀。由于我国盐渍土中的含盐成分主要是氯盐和硫酸盐。因此，腐蚀性的评价，以 Cl^-、SO_4^{2-} 作为主要腐蚀性离子；对钢筋混凝土，Mg^{2+}、NH_4^+ 和水（土）的酸碱度（pH）也对腐蚀性有重要影响，也作为评价指标。其他离子则以总盐量表示。盐渍土的腐蚀性，应对地下水或土中的含盐量按《岩土工程勘察规范》GB 50021 进行评价。水和土对砌体结构、水泥和石灰的腐蚀性评价按《盐渍土地区建筑技术规范》GB/T 50942—2014 执行。

（四）盐渍岩土的承载力评价

1. 盐渍岩的承载力

应采用载荷试验确定，试验方法可按《建筑地基基础设计规范》附录 H 执行；对完整、较完整和较破碎的盐渍岩，可根据室内饱和单轴抗压强度按《建筑地基基础设计规范》规定的公式计算；但对折减系数宜取小值并应考虑盐渍岩的水溶性影响。

2. 盐渍土的承载力

盐渍土在干燥状态时，强度较高、承载力较大，但在浸水状态下，强度和承载力迅速降低，压缩性增大。土的含盐量越高，水对强度和承载力的影响越大。因此，盐渍土的承载力应采用载荷试验确定；对有浸水可能的地基，宜采用浸水载荷试验确定。有经验的地区也可采用静力触探、旁压试验等原位测试方法确定。表 5-7-12 是铁道第一勘察设计院提供的资料，可供参考。

静力触探比贯入阻力 p_s（MPa）与盐渍土承载力基本值 f_0（kPa）的关系 **表 5-7-12**

粉土和粉质黏土	p_s	0.4	0.7	1.0	1.5	2.0	2.5	3.0	3.5	4.0	4.5	5.0	5.5	6.0	6.5
	f_0	50	70	90	110	130	150	160	180	190	200	220	230	240	250

续表

粉细砂	p_s	3.0	3.5	4.0	4.5	5.0	6.0	6.5	7.0	8.0	9.0	10.0	11.0	12.0	14.0
	f_0	160	170	180	190	200	210	220	230	240	250	260	270	280	300
饱和粉细砂	p_s	0.5	1.0	1.5	2.0	2.5	3.0	3.5	4.0	4.5	5.0	5.5	6.0	7.0	8.0
	f_0	50	70	90	100	110	120	130	140	150	160	170	180	190	200

（五）盐渍岩土边坡的防护

盐渍岩边坡的坡度宜比非盐渍岩的软质岩石边坡适当放缓，对软弱夹层、破碎带和中等风化、强风化岩以及盐渍土边坡应全部加以防护。

第五节　盐渍岩土的工程防护和地基处理

一、盐渍岩土工程的防护措施

1. 工程设置应尽可能避开盐渍岩主要分布地区，对盐渍岩中的蜂窝状溶蚀洞穴可采用抗硫酸盐水泥灌浆进行处理。

2. 应防止大气降水、地表水、工业和生活用水淹没或浸湿地基和附近场地。对湿润厂房地基应设置防渗层；各类建筑物基础均应采取防腐蚀措施。

3. 在盐渍岩中开挖地下洞室时，应保持岩石的干燥，施工中禁止用水。洞室开挖后应及时喷射混凝土进行封闭；在盐渍土地区，地基开挖后应及时进行基础施工，严禁施工用水渗入地基内。

4. 对具有盐胀性或溶陷性的盐渍土地基应采用地基处理。当采用桩基础时，桩的埋入深度应大于盐胀性盐渍土的盐胀临界深度。

二、盐渍土的地基处理

盐渍土地基处理，应根据盐渍土的性质、含盐类型、含盐量等，针对盐渍土的不同性状，对盐渍土的溶陷性、盐胀性、腐蚀性，采用不同的地基处理方法。处理硫酸盐为主的盐渍土地基时，应采用抗硫酸盐水泥，不宜采用石灰材料；处理氯盐为主的盐渍土地基时，不宜直接采用钢筋增强材料。

（一）以溶陷性为主的盐渍土的地基处理

这类盐渍土的地基处理，主要是减小地基的溶陷性，可通过现场试验后，按表 5-7-13 选用不同方法。

（二）以盐胀性为主的盐渍土的地基处理

这类盐渍土的地基处理，主要是减小或消除盐渍土的盐胀性，可采用下列方法：

1. 换土垫层法

即使硫酸盐渍土层很厚，也无须全部挖除，只要将有效盐胀范围内的盐渍土挖除即可。

2. 设地面隔热层

地面设置隔热层，使盐渍土层的浓度变化减小，从而减小或完全消除盐胀，不破坏地坪。

3. 设变形缓冲层

即在地坪下设一层 20cm 左右厚的大粒径卵石，使下面土层的盐胀变形得到缓冲。

4. 化学处理方法

即将氯盐渗入硫酸盐渍土中，抑制其盐胀，当 Cl^-/SO_4^{2-} 大于 6 时，效果显著，因硫酸钠在氯盐溶液中的溶解度随浓度增加而减少。

盐渍土的地基处理方法　　表 5-7-13

处理方法	适用条件	注意事项
浸水预溶	厚度不大或渗透性较好的盐渍土	需经现场试验确定浸水时间和预溶深度
强夯	地下水位以上，孔隙比较大的低塑性土	需经现场试验，选择最佳夯击能量和夯击参数
浸水预溶＋强夯	厚度较大、渗透性较好的盐渍土，处理深度取决于预溶深度和夯击能量	需经试验选择最佳夯击能量和夯击参数
浸水预溶＋预压	土质条件同上，处理深度取决于预溶深度和预压深度	需经现场试验，检验压实效果
换土	溶陷性较大且厚度不大的盐渍土	宜用灰土或易夯实的非盐渍土回填
振冲	粉土和粉细砂层，地下水位较高	振冲所用的水应采用场地内地下水或卤水，切忌一般淡水
物理化学处理（盐化处理）	含盐量很高，土层较厚，其他方法难以处理，且地下水位较深	需经现场试验，检验处理效果

注：据徐攸在《盐渍土的工程特性、评价及改良》。

5. 隔断层法

可隔断盐分和水分的迁移，隔断层法可采用土工布（膜）、沥青砂、油毛毡、砂砾石和水泥土等材料。

（三）以腐蚀性为主的盐渍土的防腐蚀措施

盐渍土的腐蚀，主要是盐溶液对建筑材料的侵入造成的，所以采取隔断盐溶液的侵入或增加建筑材料的密度等措施，可以防护或减小盐渍土对建筑材料的腐蚀性。《工业建筑防腐蚀设计规范》GB 50046 提出的防护措施，可以参照使用。

1. 钢筋混凝土的混凝土强度不应低于 C20；毛石混凝土和素混凝土的强度不应低于 C15；预制钢筋混凝土桩的混凝土强度不宜低于 C35。

2. 混凝土的最大水灰比和最少水泥用量应符合表 5-7-14 的规定。

3. 对混凝土强度为 C25、C30、C35 的基础和桩基础，混凝土保护层不应小于 50mm。

4. 对基础和桩基础的表面防护应符合表 5-7-15 的规定。

混凝土最大水灰比和最少水泥用量　　表 5-7-14

项目	钢筋混凝土	预应力混凝土
最大水灰比	0.55	0.45
最少水泥用量（kg/m^3）	300	350

基础、桩基础的表面防护 表 5-7-15

腐蚀性等级	构件名称	防护要求
强腐蚀、中等腐蚀	基础	底部设耐腐蚀垫层。表面涂冷底子油两遍，沥青胶泥两遍，或环氧沥青厚浆型涂料两遍
	桩基础	当pH值小于4.5时，桩宜采用涂料防护；当SO_4^{2-}腐蚀时，混凝土桩宜采用抗硫酸盐硅酸盐水泥或铝酸三钙含量不大于5%的普通硅酸盐水泥制作；当无条件采用上述材料制作时，可采用表面涂料防护；当Cl^-腐蚀时，混凝土桩宜掺入钢筋阻锈剂
微腐蚀和弱腐蚀	基础	无须防护
	桩基础	无须防护

《盐渍土地区建筑技术规范》GB/T 50942—2014规定，混凝土和混凝土结构的建（构）筑物，其腐蚀性按5-7-16选用。氯盐为主的环境下不宜单独使用硅酸盐或普通硅酸盐水泥作为胶凝材料配制混凝土，应加入20%～50%的矿掺合料，并宜加入少量硅灰，水泥用量不少于240kg/m³。

防腐蚀措施 表 5-7-16

项目		环境等级		
		弱	中	强
内部防腐措施	水泥品种	普通硅酸盐水泥、矿渣水泥	普通硅酸盐水泥、矿渣水泥、抗硫酸盐水泥	普通硅酸盐水泥、矿渣水泥、抗硫酸盐水泥
	混凝土最低强度等级	C30	C35	C40
	最小水泥用量（kg/m³）	300	320	340
	最大水灰比	0.5	0.45	0.40
	保护层厚度（mm）	≥50	≥50	≥50
	外加剂	—	阻锈剂、减水剂、密实剂等	阻锈剂、减水剂、密实剂等
外部防腐措施	干湿交替	—	沥青类、渗透类涂层	沥青类、渗透类、树脂类涂层、玻璃钢、耐腐蚀板砖层等
	湿	—	防水层	防水层
	干	—	—	沥青类涂层

第八章 混 合 土

第一节 混合土的特征和分类

在自然界中，有一种粗细粒混杂的土，其中细粒含量较多，在颗粒分布曲线形态上反映出呈不连续状。这种土如按颗粒组成分类，可定为砂土甚至碎石土，而其可通过

0.5mm 筛后的数量较多，又可进行可塑性试验，按其塑性指数又可视为粉土或黏性土。这类土在一般分类中找不到相应的位置。为了正确地评价这类土的工程性质，《岩土工程勘察规范》GB 50021—2001 将它定名为混合土。

由细粒土和粗粒土混杂且缺乏中间粒径的土称为混合土。当碎石土中粒径小于 0.075mm 的细粒土质量超过总质量的 25%时，应定名为粗粒混合土；当粉土或黏性土中粒径大于 2mm 的粗粒土质量超过总质量的 25%时，应定名为细粒混合土。

一、混合土的成因和性质

1. 混合土的成因

混合土的成因一般为冲积、洪积、坡积、冰积、崩塌堆积和残积等等。残积混合土的形成条件是在原岩中含有不易风化的粗颗粒，例如花岗岩中的石英颗粒。另外几种成因形成的混合土的重要条件是要有提供粗大颗粒（如碎石、卵石）的条件。

2. 混合土的性质

混合土因其成分复杂多变，各种成分粒径相差悬殊，故其性质变化很大。混合土的性质主要决定于土中的粗、细颗粒含量的比例，粗粒的大小及其相互接触关系和细粒土的状态。资料表明，粗粒混合土的性质将随其中细粒的含量增多而变差，细粒混合土的性质常因粗粒含量增多而改善。在上述两种情况中，存在一个粗、细粒含量的特征点，超过此特征点后，土的性质会发生突然的改变。黏性土、粉土中的碎石组分的质量只有超过总质量的 25%时，才能起到改善土的工程性质的作用；而在碎石土中，黏粒组分的质量大于总质量的 25%时，则对碎石土的工程性质有明显的影响，特别是当含水量较大时。例如，按粒径组成可定名为粗、中砂的砂质混合土中当细粒（粒径<0.1mm）的含量超过 25%～30%时，标准贯入试验击数 N 和静力触探比贯入阻力 p_s 值都会明显地降低，内摩擦角 φ 减小而黏聚力 c 值增大。碎石混合土随着细粒含量的增加，内摩擦角 φ 和载荷试验比例界限 p_0 都有所降低而且有一个明显的特征值，细粒含量达到或超过该值时，φ 和 p_0 值都将急剧降低。

二、混合土的分类

混合土的分类是一个复杂的问题，常常由于分类不当而造成错误的评价。例如，对于含多量黏性土的碎石混合土，将它作为黏性土看待，过低地估计了这种土的承载性能，造成浪费；反之，若将它作为碎石土看待，则又可能过高地估计了其承载性能，而造成潜在的不安全因素。因此，混合土的定名和分类的原则，应当根据其组成材料的不同，呈现的性质的不同，针对具体情况慎重对待。例如，土中以粗粒为主，且其性质主要受粗粒控制，定名和分类时，应以反映粗粒为主，可定为黏土质砂、砂土质砾石等。同样，如以细粒为主，则可定为砂质黏性土、砾质黏性土等。

第二节　混合土的勘察

一、工程地质测绘和调查

混合土的测绘和调查重点在于：

1. 查明地形和地貌特征，混合土的成因、分布、下卧土层或基岩的埋藏条件，坡向，坡度；

2. 查明混合土的组成、物质来源、均匀性及其在水平方向和垂直方向上的变化规律；

3. 查明混合土中粗大颗粒的风化情况，细颗粒的成分和状态；

4. 混合土是否具有湿陷性、膨胀性；

5. 混合土场地是否存在崩塌、滑坡、潜蚀和洞穴等不良地质作用；

6. 泉水和地下水的情况；

7. 当地利用混合土作为建筑地基、建筑材料的经验和地基处理措施。

二、勘探和原位测试

混合土地基的勘察的目的主要是查明土体的构成成分、均匀性及其性状在平面上和垂直方向上的变化规律。

1. 宜采用多种勘探手段和方法，如探井、钻孔、动力触探、静力触探、旁压试验和物探等。动力触探试验适用于粗粒粒径较小的混合土；静力触探适用于含细粒为主的混合土；动力触探、静力触探试验资料应有一定数量的探井或钻孔予以检验。旁压试验适用于土中粗颗粒较少且粒径小的混合土。

2. 勘探孔的间距宜较一般土地区为小，勘探孔的深度要比一般土地区为深。应有一定数量的探井、探坑，以便直接对混合土的结构进行观察，并采取大体积土试样进行颗粒分析和物理力学性质试验。如不能采取不扰动土试样时，则应多采取扰动试样，并应注意试样的代表性。

3. 现场载荷试验的承压板直径和现场直剪试验的剪切面直径均应大于试验土层最大粒径的 5 倍，载荷试验的承压板面积不应小于 0.5m^2，直剪试验的剪切面面积不宜小于 0.25m^2。

4. 现场密度测试。对细粒混合土，一般可用大环刀法取样分析，对粗粒混合土，可现场挖坑，采用灌砂法或灌水法测定其密度。

三、室内试验

对混合土进行室内试验时，应注意土试样的代表性，在使用室内试验资料时，应估计由于土试样代表性不够所造成的影响。必须充分估计到由于土中所含粗大颗粒对土样结构的破坏和对测试资料的正确性及完备性的影响。不可盲目地套用一般测试方法和不加分析地使用测试资料。混合土的室内试验，应注意其与一般土试验的区别。

1. 天然密度

混合土中一般含有粗土颗粒，其天然密度试验一般宜用大块土进行。进行密度试验时，应特别注意土试样的代表性。如混合土中有集中的细粒团块时，应测定这些团块的密度。在利用密度资料时，要考虑土中实际存在的未能取到土样中的粗大颗粒的影响。

2. 天然含水量

混合土中含大颗粒的多少，对天然含水量的测定值影响很大。一般在室内试验测定含水量时，因土试样体积很小，粗大颗粒常不能包进去。因此，在使用天然含水量资料时，应考虑这一影响。此外，由于粗细颗粒的比表面积相差悬殊。在这一类土中，所测得的包含粗细颗粒土试样的平均含水量也常常不能代表土中细颗粒的含水量。

3. 相对密度（比重）试验

混合土中的粗细颗粒的矿物成分常有很大差别。它们的相对密度（比重）常相差很大。在测定相对密度和使用相对密度测试资料时应予注意。

4. 颗粒分析

取到的土试样常不能代表实际土体。例如，许多过大的颗粒（如卵石、碎石、漂石等）未能取到土试样中，使用颗粒分析资料时，应考虑到这一点。另外，常有许多细颗粒粘附于大颗粒上，筛分风干土试样常不能正确地反映细粒的含量，故一般宜用湿法进行颗粒分析。有些土中的粗粒易粉碎故不宜对土试样锤捣。

5. 压缩试验

压缩试验常只能取混合土中的细粒集中部分的土试样进行试验，所以在估计土体的压缩性时应将试验中未能包括的粗颗粒的影响估计进去。此外，因为土中会有粗颗粒，在室内制备试样时，常常破坏了土的结构而歪曲了压缩试验结果。

第三节　混合土的评价

对于残积成因的混合土以及膨胀性和湿陷性等具有特殊性质的混合土，除参考本节内容进行评价外，尚需参照本手册中有关特殊性土的各章进行评价。

一、混合土地基承载力评价

混合土地基的承载力评价，应根据土的颗粒级配、土的结构、构造与建筑物安全等级和勘察阶段选择适当方法。

1. 载荷试验法

混合土的承载力，一般应以载荷试验为准，并与其他动力触探、静力触探等原位测试资料建立相关关系，以求得地基土的承载力和变形参数。

2. 计算法

当混合土中粗粒的粒径较小，细粒土分布比较均匀，能取得抗剪强度指标时，可采用一般计算方法计算地基的承载力、地基的沉降和差异沉降。计算时要充分考虑土中细粒部分的作用，一般应采取土中细粒的强度指标计算其承载力。

3. 查表法

中国建筑西南勘察院对粗粒混合土和细粒混合土分别提出了承载力表（表 5-8-1 和表 5-8-2）。该表适用于一、二级建筑物的初步勘察阶段和三级建筑物的详勘阶段。当使用这些资料时，应结合当地经验。

粗粒混合土承载力特征值　　表 5-8-1

干密度（t/m^3）	1.6	1.7	1.8	1.9	2.0	2.1	2.2
承载力特征值（kPa）	170	200	240	300	380	480	620

细粒混合土承载力特征值　　表 5-8-2

孔隙比 e	0.65	0.60	0.55	0.50	0.45	0.40	0.35	0.30
承载力特征值（kPa）	190	200	210	230	250	270	320	400

二、混合土的变形评价

1. 混合土一般不易取到不扰动土试样，因此，混合土的变形参数应由现场剪切试验或载荷试验获得。变形计算方法，可采用变形模量计算公式计算混合土的沉降量。

2. 膨胀土、湿陷性土、盐渍土地区的混合土，常具有膨胀性、湿陷性或溶陷性，在考虑地基变形时，应考虑其膨胀、湿陷、溶陷变形，并适当考虑粗大颗粒对变形的实际影响。

三、混合土的地基稳定性评价

对混合土地基，应充分考虑其与下伏岩土接触面的性质，层面的倾向、倾角，混合土体中和下伏岩土中存在的软弱面的倾向、倾角，核算地基的整体稳定性。对于含巨大漂石的混合土，尤其是粒间填充不密实或为软弱土所填充时，要考虑这些漂石的滚动或滑动，影响地基的稳定性。

四、混合土的边坡稳定性评价

由混合土组成的边坡稳定性评价，一般可参照本手册第八篇第四章。对一般工程的混合土边坡和混合土填土边坡可参考表 5-8-3 和表 5-8-4 的坡度值。

混合土边坡容许坡度值 **表 5-8-3**

混合土的密实度	边坡容许坡度值（高宽比）	
	坡高＜5m	坡高 5～10m
稍密	1∶0.75～1∶1.00	1∶1.00～1∶1.25
中密	1∶0.50～1∶0.75	1∶0.75～1∶1.00
密实	1∶0.35～1∶0.50	1∶0.40～1∶0.75

注：本表适用于粗粒混合土。对细粒混合土中碎石土大于 40％且其中黏性土、粉土为硬塑、坚硬状态时，亦可参照使用。

混合土填土边坡容许坡度值 **表 5-8-4**

填土类别	压实系数 (λ_c)	边坡容许坡度值（高宽比）	
		坡高＜8m	坡高 8～15m
粗粒混合土	0.94～0.97	1∶1.50～1∶1.25	1∶1.75～1∶1.50
细粒混合土		1∶1.50～1∶1.25	1∶2.00～1∶1.50

五、混合土地基的评价和处理

1. 对不稳定的混合土地基，应根据其处理的技术可能性和经济合理性，采取避开或其他处理措施。

2. 在崩塌堆积形成的混合土上进行建筑时，应考虑到产生滑坡、崩塌、泥石流的可能性，采取避开或其他处理措施。

3. 具有膨胀性、湿陷性、溶陷性的混合土，可参照本手册有关章节采取相应措施。

4. 含有漂石且其间隙填充不密实的混合土地基，可根据漂石的大小，采取重锤夯击、强夯、灌浆等加固措施。

第九章　污　染　土

第一节　污染土的定义及危害

一、污染土的定义和污染作用过程

由于致污物质的侵入，使土的成分、结构和性质发生了显著变异的土，应判定为污染土。污染土的定名可在原分类名称前冠以“污染”二字。致污物质主要有酸、碱、煤焦油、石灰渣等。污染源主要有制造酸碱的工厂、石油化纤厂、煤气工厂、污水处理厂以及燃料库和某些行业，如印染、造纸、制革、冶炼、铸造等行业。本章适用于工业污染土、尾矿污染土和垃圾填埋场渗滤液污染土的勘察，不适用于核污染土的勘察。

地基土受污染作用的过程：

1. 当地基土被污染时，首先是土颗粒间的胶结盐类被溶蚀，胶结强度被破坏，盐类在水的作用下溶解流失，土的孔隙比和压缩性增大，抗剪强度降低。

2. 土颗粒被污染后，形成的新物质在土的孔隙中产生相变结晶而膨胀，并逐渐溶蚀或分裂成小颗粒，新生成含结晶水的盐类，在干燥条件下，体积减小，浸水后体积膨胀，经反复作用土的结构受到破坏。

3. 地基土遇酸碱等腐蚀性物质，与土中的盐类形成离子交换，从而改变土的性质。

二、污染土的危害

地基土受污染后发生两种变形特征：

1. 由于污染使地基土的结构破坏而造成沉陷变形。如福建某造纸厂由于地下管道断裂，废碱液渗入地下，使地基土由原来硬塑状的杏红色、红褐色黏土因受污染变成软塑和流塑状的黑褐色土，强度大幅度降低，导致建筑物不均匀沉降。又如昆明某厂硫铵工段建成后由于地坪封闭不严，生产中大量的硫酸和硫铵浸入残坡积的红黏土地基中，仅两年时间，使基础产生不均匀下沉，墙体和地坪开裂，屋面板拉裂，行车轨道扭曲。

2. 由于污染使地基土膨胀，造成基础和墙体开裂、破坏。如甘肃某冶炼厂的几个车间，建在戈壁土上，由于硫酸等废液浸入地基土中，使戈壁土中的碳酸钙等与硫酸反应，生成硫酸钙等盐类，体积增大，土体膨胀，造成地坪、墙体开裂。又如，太原某厂的苯酸厂房碱液部的框架柱、梁因地基受碱液腐蚀而膨胀，引起基础上升而开裂。该厂的电解车间碱液槽边的排架柱，也因地基腐蚀而膨胀，使基础抬起，造成吊车梁不平和屋面排水反向。

三、污染土性质

由表 5-9-1、表 5-9-2 清楚地表明了地基土受污染前后物理、力学性质的变化。

污染前后土的物理力学性质指标比较　　**表 5-9-1**

类别	w (%)	γ (kN/m³)	ρ_d (g/cm³)	e	S_r (%)	抗剪强度		a_{1-2} (MPa⁻¹)	E_s (MPa)	f_{ak} (kPa)
						c (kPa)	φ (°)			
原土	27.9	19.1	1.50	0.81	93	5.0	20.5	0.30	5.87	73
污染土	38.5	18.2	1.31	1.06	98	6.0	16.5	0.35	5.43	64

污染前后土的物理力学性质指标变化 表 5-9-2

岩土类别	污染物	污染前后指标变化			资料来源
		指标名称	未污染	已污染	
黏土	碱液	c φ	40kPa 20.8^0	25kPa 14^0	顾季威
淤泥质黏土	8%盐酸	ρ_d e	1.05g/cm^3 1.65	0.96g/cm^3 1.76	顾季威
红黏土	硫　酸 硫酸铵	p_s E_s c φ	3.06MPa 10.05MPa 87.5kPa 22.2^0	1.37～1.97MPa 4.04MPa 76.5kPa 15.2^0	孙重初
粉质黏土	煤焦油	E_s f_{ak}	5.87MPa 73kPa	5.43MPa 64kPa	甘德福
粉质黏土	硫酸 硫酸铵	E_s τ f_{ak}	12.09MPa 182kPa 304kPa	10.88MPa 168kPa 295kPa	化工部南京勘察公司
黏质粉土	盐　酸	E_s f_{ak}	7MPa 100kPa	5MPa 80kPa	化工部南京勘察公司
戈壁土	盐　酸	E_s E_0	27.7MPa 59.1MPa	9.7MPa 2.96MPa	有色金属工业总公司 西安勘察院
	硫　酸	E_s E e_p δ_{ep}	21.1MPa 182.5MPa — —	18.8MPa 206.4MPa 5.5kPa 4.48kPa	
红砂岩	硫　酸	R_c E_s $a_{1\sim2}$	2.35MPa — —	崩解 13.2MPa 0.13MPa	有色金属工业总公 长沙勘察院

第二节 污染土的勘察

一、污染土勘察的目的和内容

污染土场地和地基可分为可能受污染的拟建场地和地基、受污染的拟建场地和地基、受污染的已建场地和地基。污染土场地和地基的岩土工程勘察应包括下列内容：

（1）查明污染前后土的物理力学性质、矿物成分和化学成分等；

（2）查明污染源、污染物的化学成分、污染途径、污染史等；

（3）查明污染土对金属材料和混凝土的腐蚀性；

（4）查明污染土的分布，划分污染等级，并进行分区；

（5）地下水的分布、运动规律及其与污染作用的关系；

（6）提出污染土的力学参数，评价污染土场地和地基的工程特性；

（7）提出污染土的处理意见的建议。

二、污染土场地和地基的勘察方法及要求

1. 以现场调查为主，对工业污染应着重调查污染源、污染史、污染途径、污染物成分、污染场地已有建筑物受影响程度、周边环境等。对尾矿污染应重点调查不同的矿物种类和化学成分，了解选矿所采用工艺、添加剂及其化学性质和成分等。对垃圾填埋场应着重调查垃圾成分、日处理量、堆积容量、使用年限、防渗结构、变形要求及周边环境等。

2. 采用钻探或坑探采取土试样，现场观察污染土颜色、状态、气味和外观结构等，并与正常土比较，查明污染土分布范围和深度。

3. 直接接触试验样品的取样设备应严格保持清洁，每次取样后均应用清洁水冲洗后再进行下一个样品的采取；对易分解或易挥发等不稳定组分的样品，装样时应尽量减少土样与空气的接触时间，防止挥发性物质流失并防止发生氧化；土样采集后宜采取适宜的保存方法并在规定时间内运送试验室。

用于不同测试目的及不同测试项目的样品，其保存的条件和保存的时间不同。国家环保总局发布的《土壤环境监测技术规范》HJ/T 166—2004 中对新鲜样品的保存条件和保存的时间规定，如表 5-9-3 所示。

新鲜样品的保存条件和保存时间 **表 5-9-3**

测试项目	容器材质	温度（℃）	可保存时间（d）	备注
金属（汞和六价铬除外）	聚乙烯、玻璃	<4	180	—
汞	玻璃	<4	28	—
砷	聚乙烯、玻璃	<4	180	—
六价铬	聚乙烯、玻璃	<4	1	—
氰化物	聚乙烯、玻璃	<4	2	—
挥发性有机物	玻璃（棕色）	<4	7	采样瓶装满装实并密封
半挥发性有机物	玻璃（棕色）	<4	10	采样瓶装满装实并密封
难挥发性有机物	玻璃（棕色）	<4	14	—

4. 对需要确定地基土工程性能的污染土，宜采用以原位测试为主的多种手段；当需要确定污染土地基承载力时，宜进行载荷试验，必要时应进行污染土与未污染土的对比分析。

5. 对污染土的勘探测试，当污染物对人体健康有害或对机具仪器有腐蚀性时，应采取必要的防护措施。

6. 拟建场地污染土勘察宜分为初步勘察和详细勘察两个阶段。条件简单时，可直接进行详细勘察。

初步勘察应以现场调查为主，配合少量勘探测试，查明污染源性质、污染途径，并初步查明污染土分布和污染程度；详细勘察应在初步勘察的基础上，结合工程特点、可能采用的处理措施，有针对性地布置勘察工作量，查明污染土的分布范围、污染程度、物理力

学和化学指标，为污染土处理提供参数。

北京市地方标准《污染场地勘察规范》DB 11/1311—2015 规定：

初步勘察勘探点布置：污染源明确的场地宜采用专业判断布点法，每个潜在污染区内布置不应少于 3 个采样勘探点，污染区中央或有明显污染的部位应布置采样勘探点。污染源不明确的场地宜采用网格布点法，采样勘探点间距宜为 40～100m，场地面积较小或环境水文地质条件复杂时，宜取较小值；当场地面积小于 10000m^2 时，采样勘探点间距不宜超过 40m。环境水文地质勘探点数量不应少于 3 个，宜布置在潜在污染区或附近，垃圾简易堆填场地至少应有 1 个布置在堆填区内。地下水监测井点数量不应少于 3 个，宜布置在潜在污染区或附近；当不能判明地下水流向时，应增加井点数量；当涉及多层地下水时，应针对可能污染的含水层分层设置监测井。勘探点总数不应少于 5 个，各类勘探点宜结合共用布设，垃圾简易堆填场地存在渗滤液时，应设置渗滤液监测井。场地内或其附近分布地表水时，每个地表水体应设置 1 个地表水监测点。

初步勘察的勘探孔深度规定：垃圾堆填区内采样勘探孔应穿透垃圾堆体，且进入天然土层不小于 1m；渗滤液监测井深度不应超过垃圾堆体底部边界。单一潜水含水层地区，采样勘探孔钻遇基岩或碎石土层即可终止钻进，环境水文地质勘探孔和地下水监测井应达到地下水水面以下 5m 或钻遇基岩。多含水层地区，勘探孔深度应符合：

1）采样勘探孔深度宜达到污染源下伏的第 1 个黏性土层或弱透水岩层，且进入其中不宜小于 1m；

2）环境水文地质勘探孔宜穿透污染源下伏的第 1 个含水层（不含上层滞水），深度不宜小于 15m；当缺乏区域地层资料时，环境水文地质勘探孔深度应适当增加，至少应有 1 个环境水文地质勘探孔穿透污染源下伏的第 2 个含水层，深度不宜小于 30m；

3）地下水监测井应针对可能污染的含水层分层设置，监测井深度宜达到含水层底板之下 0.5m。当含水层厚度大于 5m 时，对于潜水含水层，地下水监测井深度至少应达到地下水水位以下 5m；对于承压水含水层，地下水监测井至少应进入含水层顶板以下 5m。当污染监测有特殊要求时，应根据地下水中污染物特征和水位动态确定监测井深度。

初步勘察采取样品规定：勘探孔应采取岩土样品进行潜在污染物检测，环境水文地质勘探孔和采样勘探孔均应采样，采样深度应根据地层和地下水分布条件，以及污染物迁移情况确定，可自地表非土壤硬化土层之下开始，3m 以内采样间隔宜为 0.5m，3～6m 采样间隔宜为 1m，6m 以下的黏性土和粉土采样间隔宜为 2m、砂类土采样间隔可适当加大。勘探孔应采取岩土样品进行室内物理性质试验，采样位置和深度应根据地貌单元、地层结构和地下水分布条件确定，每个主要土层均应采取土试样，其数量不宜少于 6 个。垃圾堆填区内勘探孔还应采集垃圾土和填埋气样品进行检测，垃圾土和填埋气样品数量均不宜少于 3 个。应在监测井中采取地下水、渗滤液样品进行水质和潜在污染物检测。在场地附近可能受场地污染影响的河流、湖泊、坑塘中分别采取 1 份地表水样进行环境质量检测。

详细勘察勘探点布置：在初步划定的污染区内，采样勘探点间距宜为 20m，其他区域点间距可为 40m，污染边界附近应适当加密；未被污染的区域应至少布置 3 个对照采样勘探点。当场地地下水污染时，应布设环境水文地质勘探点和地下水监测井点。环境水文地质勘探点宜按网格布点，点间距不宜超过 40m；地下水监测井点布置应满足查明地下水污染范围的要求，数量不应少于 9 个，其中污染区内地下水流向上游、两侧至少应各有 1 个地下水监测井点，地下水流向下游应有 2 个地下水监测井点，地下水污染区外的上游、下游、两侧应各有 1 个地下水监测井点；受污染含水层之下的含水层应至少设置 1 个环境水文地质勘探点和地下水监测井点。垃圾堆填区存在渗滤液时，应设置渗滤液监测井点，不同类型垃圾土填埋区域宜分别布设渗滤液监测井点，数量不宜少于 3 个。场地内或其附近分布地表水时，每个地表水体应设置 1 个地表水监测点。

详细勘察勘探孔深度规定：采样勘探孔深度宜根据包气带土壤污染深度确定，单一潜水地区钻遇基岩或碎石土层即可终止钻进，多含水层地区钻遇稳定饱水层即可终止钻进。环境水文地质勘探孔宜穿透含水层。地下水监测井深度应根据地下水分布条件和污染特征确定，应监测可能受污染的各层地下水，深度宜达到含水层底板。监测污染层下伏含水层的地下水监测井，进入含水层不应小于 2m。垃圾堆填区内采样勘探孔应穿透垃圾堆体，且进入天然土层不小于 1m。渗滤液监测井深度不应超过垃圾堆体底部边界。

陕西省工程建设标准《石油类污染场地勘查与修复技术规范》DBJ 61/T 120—2016 规定：污染场地土壤勘查应在收集已有资料基础上进行现场调查与测绘，调查与测绘的比例尺应采用 1∶500～1∶1000。勘查方法可采用钻探、井探、槽探等，孔径及孔深应满足取样、测试与试验要求，点状渗漏污染场地宜采用放射状布置勘探点，以污染源为中心以 30°～60°为基准线布置勘探线，点间距宜为 5～15m。井场、站场、加油站渗漏污染宜采用方格网状布置勘探点，点的间距宜为 10m～25m。输油管线等线状渗漏污染宜采用方格网和放射状综合布置勘探点，每条勘探线上污染区域外勘探点不应少于 2 个，勘探点深度应进入未污染土层深度不小于 2.0m；当遇地下水位时应终孔。一般情况下勘查孔宜全部取样，当采用小间距勘查时可隔孔取样，采用大间距时，宜全部孔取样，取样间距为 0.5～1.0m。

陕西省工程建设标准《石油类污染场地勘查与修复技术规范》DBJ 61/T 120—2016 规定：污染场地地下水勘查应查明石油类污染源种类、水文地质条件、地下水水质及污染范围、污染程度，预测污染物扩散趋势。水文地质调查与测绘的比例尺宜采用 1∶500～1∶1000。当地质条件复杂时，宜选用较大比例尺。以污染源为中心，沿地下水流向呈扇形或椭圆形布置勘探线，勘探线不宜小于 3 条，其间距宜为 50m～100m，勘探点间距宜取 50～80m，在地下水污染与未污染的边缘区，应逐次加密勘探点。勘探孔深度，应进入地下水相对隔水层一定深度。其中，粉土层（含黄土）不宜小于 10m，粉质黏土层不宜小于 5m，黏土（含胶泥）层不宜小于 2m。控制性勘探孔深度，应根据地下水的流场特征确定，应满足修复建模计算的要求，且不宜少于 2 个。钻孔应量测地下水位、观察地下水的颜色、气味和污染物等，记录其随深度的变化情况；岩芯应按钻进顺序排放于岩芯箱内，用标签纸标记岩芯所在钻孔的编号和深度，并用数码相机记录。

7. 勘探测试工作量的布置应结合污染源和污染途径的分布进行，近污染源处勘探点间距宜密，远污染源处勘探点间距宜疏。为查明污染土分布的勘探孔深度应穿透污染土。详细勘察时，采取污染土试样的间距应根据其厚度及可能采取的处理措施等综合确定。确定污染土与非污染土界限时，取土间距不宜大于 1m。

8. 有地下水的勘探孔应采取不同深度地下水试样，查明污染物在地下水中的空间分布。同一钻孔内采取不同深度的地下水试样时，应采用严格的隔离措施，防止因采取混合水样而影响判别结论。

三、污染土的试验

污染土和水的室内试验，应根据污染情况和任务要求进行下列试验：

（1）污染土和水的化学成分；

（2）污染土的物理力学性质；

（3）对建筑材料腐蚀性的评价指标；

（4）对环境影响的评价指标；

（5）力学试验项目和试验方法应充分考虑污染土的特殊性质，进行相应的试验，如膨胀、湿化、湿陷性试验等；

（6）必要时进行专门的试验研究。

有条件时可进行土污染前后土质变化的研究，或通过同一土层在未污染与被污染场地分别取样进行对比试验。对比试验的内容可包括：

（1）土的物理力学性质的对比试验项目，应根据土在污染后可能引起的性质改变，确定相应的特殊试验项目，如膨胀试验、湿化试验、湿陷试验等。

（2）土的化学对比分析可包括全量分析，易溶盐含量、pH 值试验，土对金属和混凝土腐蚀性分析，有机质含量分析以及矿物、物相分析等。

（3）必要时应进行土的显微结构对比分析。

（4）分析还可包括水中污染物含量对比分析，水对金属和混凝土的腐蚀性分析及其他项目。

（5）测定土胶粒表面吸附阳离子交换量和成分，离子基（如易溶硫酸盐）的成分和含量。黏性土的颗粒分析，应包括粗粒组（粒径＞0.002mm）和黏粒组（0.002mm＜粒径＜0.005mm）。

（6）进行污染与未污染，污染程度不同的对比试验。

（7）为预测地基土受某溶液污染的后果时，可事先取样进行模拟试验，如将土试样夹在两块透水石之间，浸入废酸、碱液内，浸泡不同时间后，取出观察其变化。还可进行压缩试验、抗剪强度试验，判定其强度和变形与正常土的区别。以便得到废液浸湿对地基土的影响并提出采取预防措施的建议。

第三节　污染土地基的评价

一、污染土的识别

1. 地基土受污染、腐蚀后，往往会变色、变软，状态由硬塑或可塑变为软塑，甚至变为流塑。污染土的颜色也与一般土不同。呈黑色、黑褐色、灰色、棕红色和杏红色等，有铁锈斑点。

2. 建筑物地基内的土层变成具有蜂窝状结构，颗粒分散，表面粗糙，甚至出现局部空洞，建筑物也逐渐出现不均匀沉降。

3. 地下水质呈黑色或其他不正常颜色，有特殊气味。

二、污染土的评价

污染土评价应根据任务要求进行，对场地和建筑物地基的评价应符合下列要求：

（一）污染源的位置、成分、性质、污染史及对周边的影响污染土分布的平面范围和深度、污染程度、地下水受污染的空间范围，对已受污染场地，应进行污染分级和分区，评价污染土的工程特性和腐蚀性，提出治理措施，预测发展趋势。

污染土场地的划分可根据土污染的程度和对建筑物的危害程度确定，一般可划分为严重污染土场地、中等污染土场地和轻微污染土场地。严重污染土，应是土的物理力学性质有较大幅度的变化；中等污染土则是土的性质有明显的变化；轻微污染土是从土的化学分析中检测出有污染物，但其物理力学性质无变化或只有轻微的变化。

作为污染等级的划分标志，应具备下列条件：

（1）与土和污染物相互作用有明显的相关性；

（2）与土的物理力学指标变化有明显的相关性；

（3）测定该参数有较简易、快速、经济的方法。

符合这些条件的有：易溶盐含量、氢离子指数（pH 值），或某一元素、某一化合物、某一物理力学指标，甚至颜色、嗅味、状态等。在定量划分有困难时，也可采用半定量的标准。

（二）污染土的物理力学性质，污染对土的工程特性指标的影响程度

污染对土的工程特性的影响程度可按表 5-9-4 划分。根据工程具体情况，可采用强度、变形、渗透等工程特性指标进行综合评价。

污染对土的工程特性的影响程度　　**表 5-9-4**

影响程度	轻微	中等	大
工程特性指标变化率（%）	<10	10～30	>30

注：“工程特性指标变化率”是指污染前后工程特性指标的差值与污染前指标之比。

陕西省工程建设标准《石油类污染场地勘查与修复技术规范》DBJ 61/T 120—2016 规定：土壤污染评价指标限值可按表 5-9-5 采用。

石油类污染场地土壤污染评价指标限值　　**表 5-9-5**

土壤类别	Ⅰ类	Ⅱ类	Ⅲ类	Ⅳ类
石油类（mg/kg）	背景值	500	1000	3000

注：Ⅰ类：适用于国家规定的自然保护区、集中式生活饮用水源地及其他保护区；

Ⅱ类：适用于一般农田、蔬菜地、果园、茶园、牧（畜）场、自然林地等；

Ⅲ类：适用于居住、公园/娱乐、商业和暴露状况下的人群聚集区；

Ⅳ类：适用于工（矿）企业、场站、管线及道路。

污染场地污染程度划分，宜按内梅罗污染指数评价，内梅罗污染指数评价按公式(5-9-1)计算：

$$PN=\sqrt{\frac{\overline{PI}^2+PI_{\max}^2}{2}} \tag{5-9-1}$$

式中　PN——内梅罗污染指数；

$\overline{PI}$——平均单项污染指数；

$PI_{\max}^2$——最大单项污染指数。

注：单项污染指数=污染物实测值/评价指标限值

场地污染等级及污染程度划分标准见表 5-9-6。

场地污染等级及污染程度划分标准　　**表 5-9-6**

污染等级	内梅罗污染指数	污染程度
Ⅰ	$PN \leqslant 1.0$	无污染
Ⅱ	$1.0 < PN \leqslant 2.0$	轻度污染
Ⅲ	$2.0 < PN \leqslant 3.0$	中度污染
Ⅳ	$PN > 3.0$	重度污染

（三）工程需要时，提供地基承载力和变形参数，预测地基变形特征；

污染土的承载力和变形参数应由载荷试验确定；污染土的强度指标应由现场剪切试验获得，并宜进行污染与未污染和不同程度的对比试验。从表 5-9-1 和表 5-9-2 可以发现：原土经污染后，其强度和承载力是有显著降低的。

（四）污染土和水对建筑材料的腐蚀性

污染土对金属和混凝土具有腐蚀性，腐蚀性的评价也应按污染等级分区给出。污染土的腐蚀性评价，可按《岩土工程勘察规范》GB 50021—2001（2009 版）第 12 章执行。

（五）污染土和水对环境的影响

污染土和水对环境影响的评价应结合工程具体要求进行，无明确要求时可按现行国家标准《土壤环境质量标准》GB 15618、《地下水质量标准》GB/T 14848 和《地表水环境质量标准》GB 3838 进行评价。

（六）分析污染发展趋势

对已建项目的危害性或拟建项目适宜性进行综合评价。

第四节　污染土的防治和处理措施

一、污染土的防治

1. 对可能受污染的场地，当土与污染物相互作用将产生有害结果时，应采取防止污染物侵入场地的措施，如隔离污染源，消除污染物等。

2. 对已污染场地，当污染土的强度降低，或对基础和建筑物相邻构件具有腐蚀性等其他有害影响时，应按污染等级分别进行处理。

3. 对污染土进行处理时，应考虑污染作用的发展趋势。

4. 污染土场地完成建设或整治后，应定期监测污染源的污染扩散，场地内的土和污染物相互作用发展等情况，污染土的监测宜与环境监测配合进行。

二、污染土的地基处理

污染土的处理应在污染土分级的基础上，对不同污染程度区别对待，一般情况下严重污染和中等污染土是必须处理的，但对轻微污染土可不处理。污染土的地基的处理，可采用下列措施：

1. 局部或全部挖除污染土层，换填未污染土，但对挖出的污染土应及时妥善处理，不能随意弃置。

2. 采用砂桩或碎石桩加固污染土层。

3. 采用预制钢筋混凝土桩基础穿越污染土层，桩身应进行防护处理：

（1）在 pH 值小于 4.5 的腐蚀条件下，桩宜采用涂料防护。

（2）在 SO_4^{2-} 腐蚀条件下，混凝土桩宜采用抗硫酸盐水泥或铝酸三钙含量不大于 5% 的普通硅酸盐水泥制作；当受条件限制不用上述材料制作时，可采用表面涂料防护。

（3）在氯离子 Cl^- 腐蚀条件下，混凝土桩宜掺入钢筋阻锈剂。

（4）桩基承台的表面防护可参照表 5-7-15 对基础的要求确定。

4. 选择地基处理方法时应符合下列要求：

（1）在酸或硫酸盐介质作用下不应采用灰土垫层、石灰桩和灰土桩；

（2）地下水 pH 值小于 4.5 或地面上有大量酸性介质作用时，不宜采用含碳酸盐的砂桩或碎石桩；

（3）污染土或地下水对素混凝土的腐蚀性等级为强腐蚀、中等腐蚀时，不宜采用以水泥作固化剂的深层搅拌桩；

（4）污染土或地下水的 pH 值大于 9 时，不宜采用硅化加固法；

（5）污染土或地下水的 pH 值小于 7 或地面上有大量酸性介质作用时，不宜采用碱液加固法。

第十章　风化岩和残积土

风化岩和残积土都是新鲜岩层在物理风化作用和化学风化作用下形成的物质，可统称为风化残留物。风化岩和残积土的主要区别，是因为岩石受到的风化程度不同，使其性状不同。风化岩是原岩受风化程度较轻，保存的原岩性质较多，而残积土则是原岩受到风化的程度极重，极少保持原岩的性质。风化岩基本上可以作为岩石看待，而残积土则完全成为土状物。两者的共同特点是均保持在其原岩所在的位置，没有受到搬运营力的水平搬运。

第一节　岩石的风化剖面

一、风化剖面的划分原则

从工程角度出发，对岩石风化后剖面的划分应注意以下几点：

（1）风化程度：岩石风化时常呈分带性，从地表到深处常可分为残积土、全风化、强风化、中等风化、微风化和未风化等风化程度不同的风化带。

（2）工程定名：相应于上列风化程度不同的带的物质，常相应地定名为残积土、全风化岩石、强风化岩石、中等风化岩石、微风化岩石和新鲜岩石。

（3）岩石风化程度，除按照有关规范规定的野外特征和定量指标划分外，也可根据当地的经验划分。

（4）泥岩和半成岩，可不进行风化程度划分。

二、国标《岩土工程勘察规范》GB 50021—2001（2009 版）风化岩石的划分（表 1-3-6）

三、深圳地区花岗岩的风化剖面（表 5-10-1）

花岗岩风化剖面的划分 表 5-10-1

层序	分解程度	野外特征	名称	厚度（m）
1		不具原岩结构，石英颗粒分布均匀，粗粒呈不规则状，呈网纹结构，含氧化铁结核	坡积土（红色）	2～5
2	完全分解	保留原岩结构，斜长石碱性长石均已风化成高岭土，石英颗粒基本保持原岩中的形态，含白云母碎片	残积土	15～40
3	高度分解	斜长石风化剧烈，正长石黑云母略有风化，颗粒间连结力减弱，岩块用手易折断 $N \geqslant 50$ 击	强化风花岗岩	5～15
4	中度分解	斜长石略有风化，正长石，黑云母风化轻微，岩石普遍改变颜色，岩块用手不易折断	中风化花岗岩	1～5
5	微分解	岩块断口新鲜，岩石强度接近新鲜岩石，仅沿节理、裂隙面略有风化痕迹	微风化花岗岩	5～10
6	未分解	岩石新鲜且完整，节理、裂隙中充填矿物完全新鲜	新鲜花岗岩	

注："分解"相当于"风化"，"完全分解"相当于"全风化"，其余类推。

第二节 风化岩和残积土的勘察

一、勘察重点

1. 风化岩和残积土勘察应着重查明下列内容：

（1）母岩地质年代和岩石名称；

（2）按表 1-3-6 划分岩石的风化程度；

（3）岩脉和风化花岗岩中球状风化体（孤石）的分布；

（4）岩土的均匀性、破碎带和软弱夹层的分布；

（5）地下水赋存条件。

2. 风化岩与残积土勘察还应查明下列内容：

（1）不同风化程度风化带的埋深及各带的厚度；

（2）风化的均匀性和连续性；

（3）有无侵入的岩体、岩脉、断裂构造及其破碎带和其他软弱夹层，其产状和厚度；

（4）囊状风化的分布深度及分布范围；

（5）残积土中风化残留体（如孤石、未风化成土状的岩脉、岩石构造带风化形成的软弱带等）的分布范围；

（6）各风化带中节理、裂隙的发育情况及其产状；

（7）风化带及残积土开挖暴露后的抗风化能力；

（8）残积土与风化岩是否具有膨胀性及湿陷性。

3. 花岗岩地区风化球（孤石）的判别

在花岗岩地区，花岗岩常见球状风化，风化球的存在使得土石分布不均匀，如将球体误判为基岩易产生不均匀沉降，因此风化球的判别无论对于勘察还是施工验槽、试桩均是极为重要的。深圳地区积累了一定的经验，值得借鉴。在该地区，风化球直径一般 1～

3m，最大可达 5m，勘察时为控制风化球，控制孔需进入微风化带 5m，一般孔进入微风化带 3m，重要工程进入微风化带的深度尚需增加。深圳地区风化球常见于强风化带上段和残积土层中，可以从以下几点判别：

（1）风化球仅有几厘米厚的风化层薄壳，无论是勘察还是施工掘进中风化程度不同的风化岩层常有缺失，不符合由残积土－全风化－强风化带－中等风化带－微风化带－未风化的风化规律；

（2）风化球内部一般无裂隙，桩孔底部也无裂隙面上常见的铁质浸染；

（3）风化球的岩质一般为斜长花岗岩；

（4）桩孔中验桩时一般总能见到弧面。

二、勘探

1. 勘探点间距应取《岩土工程勘察规范》GB 50021—2001（2009 年版）中第 4 章规定的最小值，各勘察阶段的勘探点均应考虑到不同岩层和其中岩脉的产状及分布特点布置；

2. 一般在初勘阶段，应有部分勘探点达到或深入微风化层，了解整个风化剖面；

3. 除用钻探取样外，对残积土或强风化带应布置一些探井，直接观察其结构，岩土暴露后的变化情况（如干裂、湿化、软化等）。从探井中采取不扰动试样并利用探井作原位密度试验等；

4. 宜在探井中或用双重管、三重管采取试样，每一风化带不应少于 3 组；

5. 在岩石中钻探时尽量测定 RQD 指标，并取样作点荷载试验。

三、原位测试

1. 对于风化岩和残积土宜采用原位测试与室内试验相结合的方法。原位测试可采用圆锥动力触探、标准贯入试验、波速测试和载荷试验；

2. 载荷试验：利用载荷试验求取风化岩土的承载力指标及变形指标，并将其结果与其他原位测试方法建立关系。载荷试验压板直径（或边长）应大于该带中最大颗粒的 5 倍。

3. 对强风化、中等风化和残积土（全风化），常可用圆锥动力触探、标准贯入试验及静力触探进行剖面划分；

4. 对含粗粒的残积土，应在现场进行原位测定其密度；

5. 对暴露后风化岩土的状态改变进行观察测试，例如利用微型贯入仪对其作定量测定等；

6. 为划分风化带，可采用波速测试，并与其他测试结果建立关系。

四、室内试验

1. 风化岩和残积土的室内试验除按照《岩土工程勘察规范》GB 50021—2001（2009 年版）第 11 章中关于岩石和土室内试验的要求执行外，对相当于极软岩和极破碎的岩体，可按土工试验要求进行，对残积土，必要时应进行湿陷性和湿化试验；

2. 对花岗岩残积土（或其他含粗粒的残积土）应增作细粒土（粒径小于 0.5mm）部分的天然含水量 w_f、塑限 w_P、液限 w_L，并计算塑性指数 I_P、液性指数 I_L，细粒土部分的天然含水量 w_f、塑性指数 I_P、液性指数 I_L 可按式（5-10-1）～式（5-10-3）计算：

$$w_f = \frac{w - w_A \cdot 0.01P_{0.5}}{1 - 0.01P_{0.5}} \tag{5-10-1}$$

$$I_{P} = w_{L} - w_{P} \tag{5-10-2}$$

$$I_{L} = \frac{w_{f} - w_{P}}{I_{P}} \tag{5-10-3}$$

式中　w_{f}——花岗岩残积土中细粒土的天然含水量（%）；

w——花岗岩残积土（包括粗粒土、细粒土）的天然含水量（%）；

w_{A}——土中粒径大于 0.5mm 颗粒吸着水的含水量（%），可取 5%；

$P_{0.5}$——土中粒径大于 0.5mm 颗粒的含量（%）；

w_{L}——土中粒径小于 0.5mm 颗粒的液限含水量（%）；

w_{P}——土中粒径小于 0.5mm 颗粒的塑限含水量（%）。

3. 风化岩土的一般物理力学性质试验应注意的问题，可参考本篇第八章有关部分；

4. 对于风化岩，一般应进行风干状态下单轴极限抗压强度试验并测定其密度、相对密度、吸水率等。

第三节　风化岩和残积土的评价

一、风化岩和残积土岩土工程评价的要求

1. 对于厚层的强风化和全风化岩石，宜结合当地经验进一步划分为碎块状、碎屑状和土状；厚层残积土可进一步划分为硬塑残积土和可塑残积土，也可根据含砾量或含砂量划分为黏性土、砂质黏性土和砾质黏性土；

2. 建在软硬互层或风化程度不同地基上的工程，应分析不均匀沉降对工程的影响；

3. 基坑开挖后应及时检验，对于易风化的岩类，应及时砌筑基础和采取其他措施，防止风化发展；

4. 对岩脉和球状风化体（孤石），应分析评价其对地基（包括桩基）的影响，并提出相应的建议。

二、对风化岩和残积土评价时应考虑的因素

1. 岩层中软弱层和软硬互层的厚度、位置及其产状，对边坡稳定性、地基稳定性和均匀性的影响；

2. 球状风化作用在各风化带中残留的未风化球状体及岩脉的平面和垂直位置及其对地基均匀性的影响；

3. 岩层中断裂构造破碎带、囊状风化带的平面和垂直位置及其对地基均匀性的影响；

4. 残积土以及各风化岩层的厚度及其厚度的均匀性；

5. 残积土上部由于红土化所形成的硬壳层的厚度及厚度的均匀性，应优先考虑利用该层；

6. 风化岩残积土是否具有膨胀性和湿陷性。

三、花岗岩残积土与风化岩的划分准则

当标准贯入试验击数 $N<30$ 为残积土，$30 \leqslant N<50$ 为全风化岩，$N \geqslant 50$ 时为强风化岩，$N \geqslant 200$ 为中风化岩；也可根据当地经验划分。

四、边坡稳定性评价

当场地位于斜坡附近，不均匀风化岩体软硬互层，主要软弱结构面与坡向一致且夹角小于 45°时，应评价边坡的稳定性，评价方法参看本手册第八篇第四章。

五、地基承载性能评价

1. 对于没有建筑经验的风化岩和残积土地区的地基承载力和变形模量，应采用载荷试验确定，有成熟地方经验时，对于地基基础设计等级为乙级、丙级的工程，可根据标准贯入试验等原位测试资料，结合当地经验综合确定。岩石地基载荷试验的方法可参看本手册第三篇第五章或《建筑地基基础设计规范》GB 50007—2011 附录 H 的内容。载荷试验的结果可与其他原位试验结果建立统计关系，对于不含或极少含粗粒的土，能够取得保持原状结构的土试样时，亦可与其物理力学性质指标建立关系。对于残积土不宜套用一般土的承载力表查取承载力。

2. 对于完整、较完整和较破碎的岩石地基承载力特征值，可根据室内饱和单轴抗压强度按下式确定

$$f_a = \psi_r \cdot f_{rk} \tag{5-10-4}$$

式中 f_a——岩石地基承载力特征值；

f_{rk}——岩石的饱和单轴抗压强度标准值（kPa）。岩样尺寸一般 $\phi50\times100$mm；

ψ_r——折减系数。根据岩体完整程度以及结构面的间距、宽度、产状和组合，由地区经验确定。无经验时，对完整岩体可取 0.5；对较完整岩体可取 0.2～0.5；对较破碎岩体可取 0.1～0.2。

注：1. 上述折减系数值未考虑施工因素和建筑使用之后风化作用的继续；

2. 对于黏土质岩，在确保施工期和使用期不致遭水浸泡时，也可采用天然湿度的试样，不进行饱和处理。

对于破碎、极破碎的岩石地基承载力特征值，可根据平板载荷试验确定。当试验难以进行时，可按表 5-10-2 确定岩石地基承载力特征值。

破碎、极破碎岩石地基承载力特征值（kPa） **表 5-10-2**

岩石类别 / 风化程度	强风化	中等风化	微风化
硬质岩石	700～1500	1500～4000	≥4000
软质岩石	600～1000	1000～2000	≥2000

注：强风化岩石的标准贯入试验击数 $N\geq50$。

3. 对于花岗岩残积土的承载力可按下列方法确定

丙级建筑物花岗岩残积土的承载力基本值可按表 5-10-3 确定。表 5-10-3 中土的名称按土中大于 2mm 颗粒的含量划分，当大于 2mm 颗粒含量大于或等于 20%者定为砾质黏性土；小于 20%者定为砂质黏性土；不含者定为黏性土。甲、乙级建筑物应以载荷试验结果确定。

花岗岩残积土承载力基本值 f_0（kPa） **表 5-10-3**

土 名 称	N			
	4～10	10～15	15～20	20～30
	f_0			
砾质黏性土	(100)～250	250～300	300～350	350～(400)

续表

土名称	N			
	4～10	10～15	15～20	20～30
	f_0			
砂质黏性土	(80)～200	200～250	250～300	300～(350)
黏性土	150～200	200～240	240～(270)	

注：1. 括号中的数值供内插用；

2. 标准贯入击数 N 系经杆长校正后的值，其值过高或过低时应专门研究；

3. 标准贯入试验使用自由落锤。

湖北省地方标准《建筑地基基础技术规范》DB 42/242—2014 给出地基承载力见表 5-10-4、表5-10-5。

花岗岩残积土承载力特征值（单位 kPa）　**表 5-10-4**

土类 / w (%) / e	砾质黏性土			砂质黏性土			黏性土		
	20	30	40	20	30	40	<30	40	50
0.6	400	(350)	—	350	300	250	—	—	—
0.8	350	300	—	300	250	(200)	280	(220)	—
1.0	300	250	(200)	250	200	(150)	240	200	—
1.1	250	200	150	200	150	(100)	200	160	(140)
1.2	—	—	—	—	—	—	160	140	120

注：1. 括号内的数值为供内插用；

2. 砾质黏性土为>2mm 颗粒含量超过 20%的土，砂质黏性土为不超过 20%的土，黏性土为不含>2mm 颗粒的土。

花岗岩残积土承载力特征值（单位 kPa）　**表 5-10-5**

N	4～10	10～15	15～20	20～30
砾质黏性土	(100)～220	220～280	280～350	350～430
砂质黏性土	(80)～200	200～250	250～300	300～380
黏性土	130～180	180～240	240～280	280～330

注：括号内数值供内插用。

4. 如能准确地取得残积土的强度指标值和压缩性指标值时，其承载力亦可用计算方法确定。

5. 对于以物理风化作用为主形成的碎石土、砂土的承载力亦可参照一般碎石土及砂土的承载力予以确定。

6. 单桩的承载力：残积土和风化岩的单桩承载力应通过现场载荷试验确定。对于乙、丙级建筑物，地基为花岗岩残积土和风化岩时，其确定单桩承载力的方法请参见第八篇第二章。

六、地基变形

1. 花岗岩和泥质软岩的残积土、全风化和强风化岩的变形模量 E_0 值，应按平板载荷试验确定，对乙级、丙级工程，当无试验条件时，可按标准贯入试验击数 N 按式 5-10-5 确定。

$$E_0 = \alpha N \tag{5-10-5}$$

式中　E_0——变形模量（MPa）；

α——载荷试验与标准贯入试验对比得到的经验系数，见表 5-10-6；

N——实测标准贯入击数。

经验系数　表 5-10-6

经验值	花岗岩		泥质软岩	
	N	α	N	α
残积土	$10<N\leqslant30$	2.3	$10<N\leqslant25$	2.0
全风化土	$30<N\leqslant50$	2.5	$25<N\leqslant40$	2.3
强风化岩	$50<N\leqslant70$	3.0	$40<N\leqslant60$	2.5

对于甲级建筑物以式（5-10-5）确定 E_0 时，应用载荷试验予以验证。

2. 当建筑物地基为同一种风化程度的岩石组成时，一般可以不考虑地基的沉降和差异沉降问题。但同一建筑物的地基为风化程度相差两级的岩土组成时，应考虑不均匀沉降问题。

3. 对于用室内试验不能取得可靠变形性质资料的残积土和风化岩地基，在计算沉降和差异沉降时，应使用载荷试验或其他可靠方法求得的地基岩土的变形模量采用适当方法计算。

4. 对于花岗岩残积土地基，可使用下述方法计算沉降：

（1）大基础地基变形计算

大基础（基础宽度 $b\geqslant10$m）的地基最终变形 s（mm）可根据变形模量计算，其方法参见第四篇第四章。

（2）中小型基础地基变形计算

1）中、小型基础（$b<10$m）地基的最终变形量，按分层总和法计算，见第四篇第四章。

当地基中除花岗岩残积土外尚有其他类土时，应取得其他类土的变形模量后，亦可按第四篇第四章所列公式计算地基变形。

2）计算地基变形值时，地基压缩层深度算到附加压力等于土层自重压力的 20%处。

七、设计施工的准则和措施

1. 对具有膨胀性和湿陷性的残积土和风化岩，在设计、施工时应按膨胀土和湿陷性土的要求采取措施。

2. 在地基开挖过程中，应根据岩性风化程度确定稳定边坡角。

3. 在地下水位以下开挖深基坑时，应采取预先降水或支挡等防护措施。

4. 易风化的泥岩类，开挖深基坑后不宜暴露过久，应及时砌置基础或浇筑混凝土垫层。

5. 在岩溶地区应对石芽与沟槽间的残积土采取工程措施。

6. 对于较宽的侵入岩脉或脉岩应根据其岩性、风化程度和工程性质采取利用、换土或挖除等措施。

主 要 参 考 文 献

1. 陕西省建筑科学研究设计院. GB 50025—2004 湿陷性黄土地区建筑规范[S]. 北京：中国建筑工业出版社，2004
2. 建设部综合勘察研究设计院. GB 50021—2001(2009 年版)岩土工程勘察规范[S]. 北京：中国建筑工业出版社，2009
3. 刘祖典. 黄土力学与工程[M]. 西安：陕西科学技术出版社，1997
4. 孙建中. 黄土学(上篇)[M]. 香港：香港考古学会，2005
5. 张苏民. 湿陷性黄土的术语和基本概念[J]. 岩土工程技术，2000，(1)：42-46
6. 中国建筑科学研究院. GB 50007—2011 建筑地基基础设计规范[S]. 北京：中国建筑工业出版社，2012
7. 铁道部第一勘察设计院. TB 10012—2007 铁路工程地质勘察规范[S]. 北京：中国铁道出版社，2007
8. 铁道部第一勘测设计院. 铁路工程地质手册[M]. 北京：中国铁道出版社，2002
9. 广西华蓝岩土工程有限公司. DBJ/T 45—002—2011 广西壮族自治区岩土工程勘察规范[S]. 南宁：2011
10. 中国建筑科学研究院. JGJ 83—2011 软土地区岩土工程勘察规程[S]. 北京：中国建筑工业出版社，2011
11. 上海市岩土工程勘察设计研究院. DGJ 08—37—2012 上海市工程建设规范岩土工程勘察规范[S]. 上海：上海市建筑建材业市场管理总站，2012
12. 黄绍铭，高大钊. 软土地基与地下工程[M]. 第二版. 北京：中国建筑工业出版社，2005
13. 中国建筑科学研究院. GB 50112—2013 膨胀土地区建筑技术规范[S]. 北京：中国建筑工业出版社，2012
14. 李生林，秦素娟，薄遵昭，等. 中国膨胀土工程地质研究[M]. 南京：江苏科学技术出版，1992
15. 吴曼珍. 杂填土地基的利用[J]. 岩土工程学报，1993，(6)：103-109
16. 黄志仑. 有关填土的岩土工程问题[J]. 军工勘察，1992，(1)：18-22
17. 王步云. 黄土质填土的工程性质[J]. 工程勘察，1981，(4)：17-20
18. 徐攸在. 盐渍土的工程特性、评价及改良[J]//魏道垛，顾尧章，洪萼辉. 区域性土的岩土工程问题[C]. 北京：原子能出版社，1996，165-172
19. 中国寰球工程公司. GB 50046—2008 工业建筑防腐蚀设计规范[S]. 北京：中国计划出版社，2008
20. 合肥工业大学. GB/T 50942—2014 盐渍土地区建筑技术规范[S]. 北京：中国计划出版社，2014
21. 中国石油集团工程设计有限公司华北分公司. SY/T 0317—2012 盐渍土地区建筑规范[S]. 北京：石油工业出版社，2012
22. 中国石油集团工程设计有限公司华北分公司. SY/T 0317—2012 盐渍土地区建筑规范[S]. 北京：石油工业出版社，2012
23. 傅世法、林颂恩. 污染土的岩土工程问题[J]. 工程勘察，1989，(3)
24. 内蒙古林业工程勘察设计有限公司，中国科学院寒区旱区环境与工程研究所. GB 50324—2014 冻土工程地质勘察规范[S]. 北京：中国计划出版社，2015
25. 丁靖康等. 多年冻土与铁路工程[M]. 北京：中国铁道出版社，2011
26. 北京市勘察设计研究有限公司. DB11/T 1311—2015 污染场地勘察规范[S]. 北京：2016
27. 中国有色金属工业西安勘察设计研究院. DBJ61/T 120—2016 石油类污染场地勘查与修复技术规范[S]. 西安：2017

第六篇　特殊地质条件勘察和评价

第一章　地质灾害危险性评估

地质灾害危险性评估是在查明各种致灾地质作用的性质、规模和承灾对象的社会经济属性（承灾对象的价值，可移动性等）的基础上，从致灾体稳定性、致灾体和承灾对象遭遇的概率分析上入手，对其潜在的危险性进行客观评估。

地质灾害是指包括自然因素或者人为活动引发的危害人民生命和财产安全的山体崩塌、滑坡、泥石流、地面塌陷、活动断裂、地裂缝、地面沉降等与地质作用有关的灾害。地质灾害易发区是指容易产生地质灾害的区域。地质灾害危险区是指可能发生地质灾害且将可能造成较多人员伤亡和严重经济损失的地区。地质灾害危害程度是指地质灾害造成的人员伤亡、经济损失和生态环境破坏的程度。

第一节　地质灾害危险性评估的基本要求、范围和级别

一、基本要求

1. 在地质灾害易发区内进行工程建设，必须在可行性研究阶段进行地质灾害危险性评估；在地质灾害易发区内进行城市总体规划、村庄和集镇规划时，必须对规划区进行地质灾害危险性评估。

2. 地质灾害危险性评估，必须对建设工程遭受地质灾害的可能性和该工程在建设中和建成后引发地质灾害的可能性做出评价，提出具体的预防和治理措施。

3. 地质灾害危险性评估的灾种主要包括：崩塌、滑坡、泥石流、地面塌陷（含岩溶塌陷和矿山采空塌陷）、活动断裂、地裂缝和地面沉降等。

4. 地质灾害危险性评估的主要内容是阐明工程建设区和规划区的地质环境条件的基本特征；对工程建设区和规划区各种地质灾害的危险性，进行现状评估、预测评估和综合评估；提出防治地质灾害的措施和建议，并做出建设场地适宜性评估的结论。

5. 地质灾害危险性评估工作，必须在充分搜集利用已有遥感影像、区域地质、矿产地质、水文地质、工程地质、环境地质和气象水文等资料的基础上，进行地面调查，必要时可适当进行物探、坑槽探和取样测试。

二、地质灾害危险性评估的范围

地质灾害危险性评估的范围，不能局限于建设用地和规划用地面积内，应根据建设和规划项目的特点、地质环境条件和地质灾害的种类确定，具体要求是：

（1）若危险性仅限于用地面积内，则按用地范围进行评估。

（2）崩塌、滑坡的评估范围应以第一斜坡带为限。

（3）泥石流必须以完整的沟道流域面积为评估范围。

（4）地面塌陷和地面沉降的评估范围应与初步推测的可能范围一致。

（5）地裂缝应与初步推测可能延展、影响范围一致。

（6）当建设工程和规划区位于强震区，工程场地内分布有可以产生明显位错或构造性地裂的全新活动断裂或发震断裂时，评估范围应包括邻近地区活动断裂的一些特殊构造部位（不同方向的活动断裂的交汇部位、活动断裂的拐弯段、强烈活动部位、端点及断裂上不平滑处等）。

（7）重要的线路工程建设项目，评估范围一般应以相对线路两侧扩展 500～1000m 为限。

（8）在已进行地质灾害危险性评估的城市规划区范围内进行工程建设，建设工程处于已划定为危险性大—中等的区段，还应按建设工程项目的重要性与工程特点进行建设工程地质灾害危险性评估。

（9）区域性工程项目的评估范围，应根据区域地质环境条件和工程类型确定。

三、地质灾害危险性评估分级和深度要求

（一）地质灾害危险性评估的分级

地质灾害危险性评估的分级，应根据地质环境条件复杂程度和建设项目的重要性划分为三级，见表 6-1-1。在充分搜集分析已有资料的基础上，编制评估工作大纲，明确任务，确定评估范围和级别，拟定地质灾害调查内容和重点，工作部署和工作量，提出质量监控措施和成果等。

地质灾害危险性评估分级 **表 6-1-1**

项目重要性 \ 地质环境复杂程度	复杂	中等复杂	简单
重要建设项目	一级	一级	二级
较重要建设项目	一级	二级	三级
一般建设项目	二级	三级	三级

地质环境条件复杂程度分类见表 6-1-2 和表 6-1-3。

地质环境条件复杂程度分类 **表 6-1-2**

条件	类别		
	复 杂	中 等	简 单
区域地质背景	区域地质构造条件复杂，建设场地有全新世活动断裂，地震基本烈度＞Ⅷ度，地震动峰值加速度＞0.20g	区域地质构造条件较复杂，建设场地附近有全新世活动断裂，地震基本烈度Ⅶ～Ⅷ度，地震动峰值加速度（0.10～0.20）g	区域地质构造条件简单，建设场地附近无全新世活动断裂，地震基本烈度≤Ⅵ度，地震动峰值加速度＜0.10g
地形地貌	地形复杂，相对高差＞200m，地面坡度以＞25°为主，地貌类型多样	地形较简单，相对高差 50～200m，地面坡度以 8°～25°的为主，地貌类型较单一	地形简单，相对高差＜50m，地面坡度＜8°，地貌类型单一
地层岩性和岩土工程地质性质	岩性岩相复杂多样，岩土体结构复杂，工程地质性质差	岩性岩相变化较大，岩土体结构较复杂，工程地质性质较差	岩性岩相变化小，岩土体结构较简单，工程地质性质良好

续表

条件	类　别		
	复　杂	中　等	简　单
地质构造	地质构造复杂，褶皱断裂发育，岩体破碎	地质构造较复杂，有褶皱、断裂分布，岩体较破碎	地质构造较简单，无褶皱、断裂，裂隙发育
水文地质条件	具多层含水层，水位年际变化＞20m，水文地质条件不良	有2～3层含水层，水位年际变化5～20m，水文地质条件较差	单层含水层，水位年际变化＜5m，水文地质条件良好
地质灾害及不良地质现象	发育强烈，危害较大	发育中等，危害中等	发育弱或不发育，危害小
人类活动对地质环境的影响	人类活动强烈，对地质环境的影响、破坏严重	人类活动较强烈，对地质环境的影响、破坏较严重	人类活动一般，对地质环境的影响、破坏小

注：每类条件中，地质环境条件复杂程度按“就高不就低”的原则，有一条符合条件者即为该类复杂类型。

北京地方标准地质环境条件复杂程度分类　　**表 6-1-3**

类别/条件	复杂	中等	简单	备注
地质灾害	地质灾害发育强烈：现状地质灾害两种以上，或单种地质灾害规模达到大型，危害较大	地质灾害发育中等：现状地质灾害1种～2种，或单种地质灾害规模为中小型，危害中等	地质灾害一般不发育：一般无现状地质灾害存在，个别地质灾害规模小，危害小	
地形地貌	地形复杂，地貌类型多样：地面坡度以＞25°为主，区内相对高差＞200m	地形较简单，地貌类型单一：地面坡度以8°～25°的为主，区内相对高差50～200m	地形简单，地貌类型单一：平原（盆地）和丘陵。地面坡度＜8°，区内相对高差＜50m	
上游流域面积	＞5km^2	2～5km^2	＜2km^2	主要指泥石流
断裂构造	建设场地与全新世活动断裂带的距离＜1000m；非全新世断裂发育	建设场地与全新世活动断裂带的距离1000～3000m；非全新世断裂较发育	建设场地与全新世活动断裂带的距离＞3000m；非全新世断裂不发育	
水文地质和工程地质	含水层为多层结构且地下水位年际变化大；岩土体结构复杂、性质差	含水层为2层～3层结构且地下水位年际变化较大；岩土体结构较复杂、性质较差	含水层为单层结构，地下水位年际变化小；岩土体结构简单、性质良好	
人类工程活动	破坏地质环境的人类工程活动强烈	破坏地质环境的人类工程活动较强烈	破坏地质环境的人类工程活动一般	

注：每类条件中，有一条符合条件者即为该类复杂类型。

建设项目重要性分类见表6-1-4和表6-1-5。

建设项目重要性分类　　**表 6-1-4**

项目类型	项目类别
重要建设项目	城市和村镇规划区、放射性设施、军事设施、核电、二级（含）以上公路、铁路、机场，大型水利工程、电力工程、港口码头、矿山、集中供水水源地、工业建筑、民用建筑、垃圾处理场、水处理厂、油（气）管道和储油（气）库等

续表

项目类型	项目类别
较重要建设项目	新建村镇、三级（含）以下公路，中型水利工程、电力工程、港口码头、矿山、集中供水水源地、工业建筑、民用建筑、垃圾处理场、水处理厂等
一般建设项目	小型水利工程、电力工程、港口码头、矿山、集中供水水源地、工业建筑、民用建筑、垃圾处理场、水处理厂等

北京地区建设项目重要性分类　　表 6-1-5

项目类型/类别		重要建设项目	较重要建设项目	一般建设项目
工业和民用建设项目	开发区、城镇新区	占地面积≥2km² 或建筑面积≥50 万 m²	其他	
	房屋建筑工程	层数≥30 层；跨度≥36m（轻钢结构除外）；建筑面积≥50 万 m²	层数 14～29 层；跨度 24～36m（轻钢结构除外）；建筑面积 10 万～50 万 m²	层数<14 层；跨度<24m（轻钢结构除外）
	高耸构筑工程	高度>120m	高度 70～120m	高度<70m
	学校	在校师生≥5000 人或占地面积≥1km²	其他均按较重要建设项目	
	医院	床位≥500 张	其他均按较重要建设项目	
	疗养院、度假村	床位≥3000 张	床位 1000～3000 张	床位<1000 张
	影剧院	座位≥1500	其他均按较重要建设项目	
	体育馆（场）	座位≥5000(50000)	其他均按较重要建设项目	
	单层工业厂房	吊车吨位≥30t 或跨度≥24m	吊车吨位 15～30t 或跨度 18～24m	吊车吨位<15t 或跨度<18m
	多层工业厂房	跨度≥12m 或≥6 层	跨度<12m 或<6 层	
废弃物处理厂（场）	垃圾填埋场	≥1000 万 m³	500～1000 万 m³	<500 万 m³
		危险性废弃物		
	垃圾处理厂	年处理能力≥45 万 t	年处理能力 10～45 万 t	年处理能力<10 万 t
	污水处理厂	≥12 万 m³/d	5～12 万 m³/d	<5 万 m³/d
道路工程	公路	高速公路、一级公路以上	二级公路	三级及以下公路
	城市道路	长度≥10km	长度 3～10km	长度<3km
	桥梁工程	独立大桥工程；特大桥总长≥500m 或单跨跨径≥100m	大桥总长 100～500m 或单跨跨径 40～100m	中桥及以下桥梁工程，总长<100m 或单跨跨径<40m
	隧道工程	长度≥3km	长度 2.5～3km	长度<2.5km
铁路工程	铁路综合工程	新建、改建一级干线及枢纽	二级干线及站线、专用线、专业铁路	
	铁路桥梁工程	桥长≥500m	桥长 100～500m	桥长<100m
	铁路隧道工程	单线≥3000m，双线≥1500m	单线 2000～3000m，双线 1000～1500m	单线<2000m，双线<1000m
	轨道交通工程	地铁工程		

续表

项目类型/类别		重要建设项目	较重要建设项目	一般建设项目
民航工程		机场、导航台站	维修保障工程	
核电、放射性设施、军事设施		均按重要建设项目		
水库（枢纽）工程		各类水库	拦水坝、导流渠、截水工程	
电力工程	水电工程	总装机容量≥250万kW	总装机容量<250万kW	
	火电工程	单机容量≥30万kW	单机容量<30万kW	
	风力发电工程	总装机容量≥10万kW	总装机容量<10万kW	
	输变电工程	≥330kV	22～330kV	<22kV
集中供水水源地		≥5万m^3/d，有引水工程	1万～5万m^3/d，有引水工程	<1万m^3/d
供（给）水厂		≥30万m^3/d	5万～30万m^3/d	<5万m^3/d
油气管道、储库		输气、输油、天然气库		
通信工程	发射台（站）工程	总发射功率≥500kW短波或≥600kW中波发射台；高度≥200m广播电视发射台（含天线桅杆高度）	总发射功率150～500kW短波或200～600kW中波发射台；高度100～200m广播电视发射台（含天线桅杆高度）	总发射功率<150kW短波或<200kW中波发射台；高度<100m广播电视发射台（含天线桅杆高度）
	邮政、电信、广播枢纽及交换工程	省际间	本市内	区县以下

注：表中没有包含的项目类别，可比照类似项目选择确定建设项目重要性。

（二）地质灾害危险性评估的深度要求

1. 一级评估

（1）应有充足的基础资料，进行充分论证；

（2）必须对评估区分布的各类地质灾害体的危险性和危害程度逐一进行现状评估；

（3）对建设场地和规划区范围内，工程建设可能引发或加剧的和本身可能遭受的各类地质灾害的可能性和危害程度分别进行预测评估；

（4）依据现状评估和预测评估结果，综合评估建设场地和规划区地质灾害危险性程度，分区段划分出危险性等级，说明各区段主要地质灾害种类和危害程度，对建设场地适宜性做出评估，并提出有效防治地质灾害的措施和建议。

2. 二级评估

（1）应有足够的基础资料，进行综合分析；

（2）必须对评估区分布的各类地质灾害的危险性和危害程度逐一进行初步现状评估；

（3）对建设场地范围和规划区内，工程建设可能引发或加剧的和本身可能遭受的各类地质灾害的可能性和危害程度分别进行初步预测评估；

（4）在上述评估的基础上，综合评估其建设场地和规划区地质灾害危险性程度，分区段划分出危险性等级，说明各区段主要地质灾害种类和危害程度，对建设场地适宜性做出评估，并提出可行的防治地质灾害措施和建议。

3. 三级评估应对必要的基础资料进行分析，参照一级、二级评估要求的内容，做出概略评估。

第二节 地质灾害调查和地质环境条件分析

一、地质灾害调查的重点

地质灾害调查的重点应是评估区内不同类型灾种及其易发区段，并应包括下列内容：

1. 在相同地质环境条件下，存在不稳定的斜坡坡度、坡高、坡型，岩体破碎，土体松散，构造发育，工程设计挖方切坡路堑等工段，将是崩塌、滑坡的易发区段；

2. 经初步分析判断，凡符合泥石流形成基本条件的冲沟；

3. 依据区域岩溶发育程度、松散覆盖层厚度、地下水动力条件及动力因素的初步分析判断，圈定可能诱发岩溶塌陷的范围；对采空区，搜集已有的采空区资料，分析可能采空塌陷的范围；

4. 在前人资料的基础上，圈出各类特殊岩土分布范围；

5. 对线路工程及区域性的工程项目，必须将地质灾害的易发区段和危险区段及危害严重的地质灾害点作为调查的重点。

二、地质灾害调查内容和要求

（一）崩塌调查

1. 崩塌区的地形地貌及崩塌类型、规模、范围，崩塌体的大小和崩落方向；

2. 崩塌区岩体的岩性特征、风化程度和水的活动情况；

3. 崩塌区的地质构造，岩体结构类型，结构面的产状、组合关系、闭合程度、力学属性、延展和贯穿情况，编绘崩塌区的地质构造图；

4. 气象（重点是大气降水）、水文和地震情况；

5. 崩塌前的迹象和崩塌原因，地貌、岩性、构造、地震、采矿、爆破、温差变化、水的活动等；

6. 当地防治崩塌的经验。

（二）滑坡调查

1. 搜集当地滑坡史、易滑地层分布、水文气象、工程地质图和地质构造图等资料，并调查分析山体地质构造；

2. 调查微地貌形态及其演变过程，圈定滑坡周界、滑坡壁、滑坡平台、滑坡舌、滑坡裂缝、滑坡鼓丘等；查明滑动带部位、滑痕指向、倾角，滑带的组成和岩土状态，裂缝的位置、方向、深度、宽度、产生时间、切割关系和力学属性；分析滑坡的主滑方向、滑坡的主滑段、抗滑段及其变化，分析滑动面的层数、深度和埋藏条件及其向上、向下发展的可能性；

3. 调查滑带水和地下水的情况，泉水出露地点及流量，地表水体、湿地分布及变迁情况；

4. 调查滑坡内外建筑物、树木等的变形、位移及其破坏的时间和过程；

5. 对滑坡的重点部位宜摄影和录像；

6. 调查当地整治滑坡的经验。

（三）泥石流的调查

调查范围应包括沟谷至分水岭的全部地段和可能受泥石流影响的地段。并应调查下列内容：

（1）冰雪融化和暴雨强度、前期降雨量、一次最大降雨量，平均及最大流量，地下水活动情况；

（2）地层岩性，地质构造，不良地质现象，松散堆积物的物质组成、分布和储量；

（3）沟谷的地形地貌特征，包括沟谷的发育程度、切割情况，坡度、弯曲、粗糙程度，并划分泥石流的形成区、流通区和堆积区，并圈绘整个沟谷的汇水面积；

（4）形成区的水源类型、水量、汇水条件，山坡坡度，岩层性质及风化程度；查明断裂、滑坡、崩塌、岩堆等不良地质现象的发育情况及可能形成泥石流固体物质的分布范围、储量；

（5）流通区的沟床纵横坡度、跌水、急弯等特征，查明沟床两侧山坡坡度、稳定程度，沟床的冲淤变化和泥石流的痕迹；

（6）堆积区的堆积扇分布范围，表面形态，纵坡，植被，沟道变迁和冲淤情况；查明堆积物的性质、层次、厚度、一般粒径、最大粒径以及分布规律；判定堆积区的形成历史、堆积速度，估算一次最大堆积量；

（7）泥石流沟谷的历史，历次泥石流的发生时间、频数、规模、形成过程、暴发前的降雨情况和暴发后产生的灾害情况，并区分正常沟谷或低频率泥石流沟谷；

（8）开矿弃渣、修路切坡、砍伐森林、陡坡开荒及过度放牧等人类活动情况；

（9）当地防治泥石流的措施和经验。

（四）地面塌陷调查

地面塌陷包括岩溶塌陷和采空塌陷。宜以搜集资料、调查访问为主，分别查明下列内容：

1. 岩溶塌陷

（1）依据已有资料进行综合分析，掌握区内岩溶发育、分布规律及岩溶水环境条件；

（2）查明岩溶塌陷的成因、形态、规模、分布密度、土层厚度及下伏基岩岩溶特征；

（3）地表水、地下水动态及其与自然和人为因素的关系；

（4）划分出变形类型和土洞发育区段；

（5）调查岩溶塌陷对已有建筑物的破坏情况，圈定可能发生岩溶塌陷的区段。

2. 采空塌陷

（1）矿层的分布、层数、厚度、深度、埋藏特征和开采层的岩性、结构等；

（2）矿层开采的深度、厚度、时间、方法、顶板支撑及采空区的塌落、密实程度、空隙和积水等；

（3）地表变形特征和分布规律，包括地表陷坑、台阶，裂缝位置、形状、大小、深度、延伸方向及其与采空区、地质构造、开采边界、工作面推进方向等的关系；

（4）地表移动盆地的特征，划分中间区、内边缘和外边缘区，确定地表移动和变形的特征值；

（5）采空区附近的抽、排水情况及对采空区稳定的影响；

(6) 搜集建筑物变形及其处理措施的资料等。

(五) 活动断裂调查

主要调查以下内容:

(1) 场地地震资料和活动断裂的地质背景;

(2) 活动断裂形成的地质环境条件(地形地貌、地层岩性等);

(3) 分布特征和分布范围,确定其具体位置、产状、规模和性质;

(4) 断裂的活动状态,发展趋势预测;

(5) 可能引发的地质灾害及影响预测。

(六) 地裂缝调查

主要调查以下内容:

1. 单缝发育规模和特征以及群缝分布特征和分布范围;

2. 形成的地质环境条件(地形地貌、地层岩性、构造断裂等);

3. 地裂缝的成因类型和诱发因素(地下水开采等);

4. 发展趋势预测;

5. 现有防治措施和效果。

(七) 地面沉降调查

主要调查由于常年抽吸地下水引起水位或水压下降而造成的地面沉降,不包括由于其他原因所造成的地面沉降。主要通过搜集资料、调查访问,查明地面沉降原因、现状和危害情况。着重查明下列问题:

1. 综合分析已有资料,查明第四纪沉积类型、地貌单元特征,特别要注意冲积、湖积和海相沉积的平原或盆地及古河道、洼地、河间地块等微地貌的分布;第四系岩性、厚度和埋藏条件,特别要查明压缩层的分布;

2. 查明第四系含水层的水文地质特征、埋藏条件及水力联系;搜集历年地下水动态、开采量、开采层位和区域地下水位等值线图等资料;

3. 根据已有地面测量资料和建筑物实测资料,同时结合水文地质资料进行综合分析,初步圈定地面沉降范围和判定累计沉降量,并对地面沉降范围内已有建筑物损坏情况进行调查。

(八) 潜在不稳定斜坡调查

主要调查建筑场地范围内可能发生滑坡、崩塌等潜在隐患的陡坡地段。调查的内容包括:

1. 地层岩性、产状、断裂、节理、裂隙发育特征、软弱夹层岩性、产状、风化残坡积层岩性、厚度;

2. 斜坡坡度、坡向、地层倾向与斜坡坡向的组合关系;

3. 调查斜坡周围,特别是斜坡上部暴雨、地表水渗入或地下水对斜坡的影响,人为工程活动对斜坡的破坏情况等;

4. 对可能构成崩塌、滑坡的结构面的边界条件、坡体异常情况等进行调查分析,以此判断斜坡发生崩塌、滑坡、泥石流等地质灾害的危险性及可能的影响范围。

有下列情况之一者,应视为可能失稳的斜坡:

(1) 各种类型的崩滑体;

(2) 斜坡岩体中有倾向坡外且倾角小于坡角的结构面存在；

(3) 斜坡被两组或两组以上结构面切割，形成不稳定棱体，其底棱线倾向坡外，且倾角小于斜坡坡角；

(4) 斜坡后缘已产生拉裂缝；

(5) 顺坡向卸荷裂隙发育的高陡斜坡；

(6) 岸边裂隙发育、表层岩体已发生蠕动或变形的斜坡；

(7) 坡足或坡基存在缓倾的软弱层；

(8) 位于库岸或河岸水位变动带，渠道沿线或地下水溢出带附近，工程建成后可能经常处于浸湿状态的软质岩石或第四系沉积物组成的斜坡；

(9) 其他根据地貌、地质特征分析或用图解法初步判定为可能失稳的斜坡。

(九) 其他灾种

根据现场实际情况，可增加调查灾种，并参照国家有关规范的要求进行。

三、地质环境条件分析

一切致灾地质作用都受地质环境因素综合作用的控制。地质环境条件分析是地质灾害危险性评估的基础。分析地质环境因素的特征与变化规律。地质环境因素主要包括：

(1) 岩土体物性：岩土体类型、组分、结构、工程地质特征；

(2) 地质构造：构造形态、分布、特征、组合形式和地壳稳定性；

(3) 地形地貌：地貌形态、分布及地表特征；

(4) 地下水特征：地下水类型，含水岩组分布，补给、径流和排泄条件，动态变化规律和水质、水量；

(5) 地表水活动：径流规律、河床沟谷形态、纵坡、径流速度和流量等；

(6) 地表植被：植被种类、覆盖率、退化状况等；

(7) 气象：气温变化特征、降水时空分布规律与特征、蒸发和风暴等；

(8) 人类工程经济活动形式与规模。

分析研究各地质环境因素对评估区主要致灾地质作用形成、发育所起的作用和性质，从而划分出主导地质环境因素、从属地质环境因素和激发因素，为预测评估提供依据。

分析各地质环境因素各自的和相互作用的特点以及主导因素的作用，以各种致灾地质作用分布实际资料为依据，划出各种致灾地质作用的易发区段，为确定评估重点区段提供依据。

综合地质环境条件各因素的复杂程度，对评估区地质环境条件的复杂程度做出总体和分区段划分。

各种致灾地质作用受控于所有地质环境因素不等量的作用。主导地质环境因素是致灾地质作用形成的关键；从属地质环境因素总是以主导地质环境因素的作用为前提或是通过主导地质环境因素发挥作用；激发因素是致灾地质作用孕育成熟的条件下，因其作用而导致灾害发生。因此，在预测评估过程中，应首先分析某些地质环境因素可能发生的变化而出现不稳定状态，评价地质灾害发展趋势。

有关区域地壳稳定性，高坝和高层建筑地基稳定性，隧道开挖过程中的工程地质问题和地下开挖过程中各种灾害（岩爆、突水、瓦斯突出等）问题，不作为地质灾害危险性评估的内容，可在地质环境条件中进行论述。

第三节 地质灾害危险性评估

一、地质灾害危险性分级

地质灾害危险性分级见表 6-1-6。

地质灾害危害程度分级见表 6-1-7。

北京地区地质灾害危险性综合评估分级表见表 6-1-8。

地质灾害危险性分级 **表 6-1-6**

危害程度	发育程度		
	强发育	中等发育	弱发育
危害大	危险性大	危险性大	危险性中等
危害中等	危险性大	危险性中等	危险性中等
危害小	危险性中等	危险性小	危险性小

地质灾害危害程度分级表 **表 6-1-7**

危害程度	灾情		险情	
	死亡人数（人）	直接经济损失（万元）	受威胁人数（人）	可能直接经济损失（万元）
大	≥10	≥500	≥100	≥500
中等	3～10	100～500	10～100	100～500
小	≤3	≤100	≤10	≤100

注 1. 灾情，指已发生的地质灾害，采用“人员伤亡情况”“直接经济损失”指标评价；
2. 险情：指可能发生的地质灾害，采用“受威胁人数”“可能直接经济损失”指标评价；
3. 危害程度采用“灾情”或“险情”指标评价。

北京地区地质灾害危险性综合评估分级表 **表 6-1-8**

危险性综合评估等级		预测评估危险性		
		小	中等	大
现状评估危险性	大	大级	大级	大级
	中等	中级	大级	大级
	小	小级	中级	大级

二、地质灾害危险性评估的内容

地质灾害危险性评估包括：地质灾害危险性现状评估、地质灾害危险性预测评估和地质灾害危险性综合评估。

（一）地质灾害危险性现状评估

基本查明评估区已发生的崩塌、滑坡、泥石流、地面塌陷（含岩溶塌陷和矿山采空塌陷）、地裂缝和地面沉降等灾害形成的地质环境条件、分布、类型、规模、变形活动特征、主要诱发因素与形成机制，对其稳定性进行初步评价，在此基础上对其危险性和对工程危害的范围、程度做出评估。

（二）地质灾害危险性预测评估

对工程建设场地和可能危及工程建设安全的邻近地区，可能引发或加剧的、工程本身可能遭受的地质灾害的危险性做出评估。

地质灾害的发生，是各种地质环境因素相互影响，不等量共同作用的结果。预测评估必须在对地质环境因素系统分析的基础上，判断降水或人类活动因素等激发下，某一个或一个以上的可调节的地质环境因素的变化，导致致灾体处于不稳定状态，预测评估地质灾害的范围、危险性和危害程度。

地质灾害危险性预测评估内容包括：

（1）对工程建设中和建成后可能引发或加剧崩塌、滑坡、泥石流、地面塌陷、地裂缝和不稳定的高陡边坡变形等的可能性、危险性和危害程度做出预测评估；

（2）对建设工程自身可能遭受已存在的崩塌、滑坡、泥石流、地面塌陷、地裂缝、地面沉降等危害隐患和潜在不稳定斜坡变形的可能性、危险性和危害程度做出预测评估；

（3）对各种地质灾害危险性预测评估可采用工程地质比拟法，成因历史分析法，层次分析法，数字统计法等定性、半定量的评估方法进行。

（三）地质灾害危险性综合评估

依据地质灾害危险性现状评估和预测评估结果，充分考虑评估区的地质环境条件的差异和潜在的地质灾害隐患点的分布、危险程度，确定判别区段危险性的量化指标，根据“区内相似，区际相异”的原则，采用定性、半定量分析法，进行工程建设区和规划区地质灾害危险性等级分区（段）；并依据地质灾害危险性、防治难度和防治效益，对建设场地的适宜性做出评估，提出防治地质灾害的措施和建议。

1. 地质灾害危险性综合评估，危险性划分为危险性大、危险性中等和危险性小三级（表 6-1-6）。

2. 建设用地适宜性分类见表 6-1-9，北京地区建设用地适宜性划分表见表 6-1-10，北京地区建设用地防治难度划分表见表 6-1-11。

建设用地适宜性分级表　　表 6-1-9

级别	分级说明
适　宜	地质环境简单，工程建设遭受地质灾害危害的可能性小，引发、加剧地质灾害的可能性小，危险性小，易于处理
基本适宜	不良地质现象较发育，地质构造、地层岩性变化较大，工程建设遭受地质灾害的可能性中等，引发、加剧地质灾害的可能性中等，危险性中等，但可采取措施予以处理
适宜性差	地质灾害发育强烈，地质构造复杂，软弱结构发育，工程建设遭受地质灾害的可能性大，引发、加剧地质灾害的可能性大，危险性大，防治难度大

北京地区建设用地适宜性划分表　　表 6-1-10

综合评估分级	防治难度		
	大	中等	小
大级	适宜性差	适宜性差	基本适宜
中级	适宜性差	基本适宜	适宜
小级	基本适宜	适宜	适宜

北京地区建设用地防治难度划分表　表 6-1-11

地质灾害防治难度	分级说明
大	防治工程复杂、治理费用高，防治效益与投资比低
中等	防治工程中等复杂、治理费用较高，防治效益与投资比中等
小	防治工程简单、治理费用较低，防治效益与投资比高

3. 地质灾害危险性综合评估应根据各区（段）存在的和可能引发的灾种的多少、规模、稳定性和承灾对象社会经济属性等综合判定。

4. 分区（段）评估结果，应列表说明各区（段）的工程地质条件、存在和可能诱发的地质灾害种类、规模、稳定状态、对建设项目危害情况，并提出防治要求。

三、地质灾害危险性评估成果

国土资源部在《国土资源部关于加强地质灾害危险性评估工作的通知》中，对地质灾害危险性评估的成果报告，提出如下要求：

地质灾害危险性评估成果应包括：地质灾害危险性评估报告书或说明书，并附评估区地质灾害分布图、地质灾害危险性综合分区评估图和有关的照片、地质地貌剖面图等。

地质灾害危险性一、二级评估，要求提交地质灾害危险性评估报告书；三级评估应提交地质灾害危险性评估说明书。

地质灾害危险性评估报告书内容：

前言

说明评估任务由来，评估工作的依据，主要任务和要求

第一章　评估工作概述

一、工程和规划概况与征地范围

二、以往工作程度

三、工作方法及完成工作量

四、评估范围与级别的确定

第二章　地质环境条件

一、区域地质背景

二、气象、水文

三、地形地貌

四、地层岩性

五、地质构造

六、岩土类型及工程地质性质

七、水文地质条件

（一）含水层分布及赋水性

（二）地下水类型及动态特征

（三）地下水开采与补给、径流、排泄条件

八、人类工程活动对地质环境的影响

第三章　地质灾害危险性现状评估

一、地质灾害类型及特征

二、地质灾害危险性现状

三、现状评估结论

第四章　地质灾害危险性预测评估

一、工程建设中、建设后可能引发或加剧地质灾害危险性预测评估

二、建设工程自身可能遭受已存在地质灾害危险性预测评估

三、预测评估结论

第五章　地质灾害危险性综合分区评估及防治措施

一、地质灾害危险性综合评估原则与量化指标的确定

二、地质灾害危险性综合分区评估

三、建设用地适宜性分区评估

四、防治措施

第六章　结论与建议

一、结论

二、建议

附图内容

1. 地质灾害分布图

应以评估区内地质灾害形成发育的地质环境条件为背景，主要反映地质灾害类型、特征和分布规律。

（1）平面图内容

1）按规定的素色表示简化的地理、行政区划要素；

2）按 GB 12328—90 规定的色标，以面状普染色表示岩土体工程地质类型；

3）采用不同颜色的点、线符号表示地质构造、地震、水文地质和水文气象要素；

4）采用不同颜色的点状或面状符号表示各类地质灾害点的位置、类型、成因、规模、稳定性、危险性等。

（2）镶图与剖面图

1）对于有特殊意义的影响因素，可在平面图上附全区或局部地区的专门性镶图。如降水等值线图、全新活动断裂与地震震中分布图等；

2）应附区域控制性地质地貌剖面图。

（3）大型、典型地质灾害说明表

用表的形式辅助说明平面图的有关内容。表的内容包括：地质灾害点编号、地理位置、类型、规模、形成条件与成因、危险性与危害程度、发展趋势等。

2. 地质灾害危险性综合分区评估图

应主要反映地质灾害危险性综合分区评估结果和防治措施。

（1）平面图应表示以下内容

1）按规定的素色表示简化的地理、行政区划要素；

2）采用不同颜色的点状、线状符号分门别类的表示建设项目工程部署和已建的重要工程；

3）采用面状普染颜色表示地质灾害危险性三级综合分区；

4）以代号表示地质灾害点（段）防治分级，一般可划分为：重点防治点（段）、次重点防治点（段）、一般防治点（段）；

5）采用点状符号表示地质灾害点（段）防治措施，一般可分为：避让措施、生物措施、工程措施、监测预警措施。

（2）综合分区（段）说明表

表的内容主要包括：危险性级别、区（段）编号、工程地质条件、地质灾害类型与特征、发育程度和危害程度、防治措施建议等。

3. 应附大型、典型地质灾害点的照片和不稳定斜坡（边坡）的工程地质剖面图等

第二章　岩 溶 和 土 洞

岩溶（又称喀斯特）是可溶性岩石在水的溶蚀作用下，产生的各种地质作用、形态和现象的总称。可溶性岩石包括碳酸盐类岩石（石灰岩、白云岩等）、硫酸盐类岩石（石膏、芒硝等）和卤素类岩石（岩盐等）。在我国各类可溶性岩石中，碳酸盐类岩石的分布范围占有绝对优势，本章主要叙述碳酸盐类岩石的岩溶问题。

第一节　岩溶发育的条件、规律和程度

一、岩溶发育的条件

1. 具有可溶性的岩层；

2. 具有有溶解能力（含 CO_2）和足够流量的水；

3. 具有地表水下渗、地下水流动的途径。

二、岩溶发育的规律

（一）岩溶与岩性的关系

岩石成分、成层条件和组织结构等直接影响岩溶的发育程度和速度。一般来说，硫酸盐类和卤素类岩层岩溶发展速度较快，碳酸盐类岩层则发育速度较慢。质纯层厚的岩层，岩溶发育强烈且形态齐全，规模较大；含泥质或其他杂质的岩层，岩溶发育较弱。结晶颗粒粗大的岩石岩溶较为发育；结晶颗粒细小的岩石，岩溶发育较弱。

（二）岩溶与地质构造的关系

1. 节理裂隙

裂隙的发育程度和延伸方向通常决定了岩溶的发育程度和发展方向。在节理裂隙的交叉处或密集带，岩溶最易发育。

2. 断层

断裂带是岩溶显著发育地段，常分布有漏斗、竖井、落水洞及溶洞、暗河等。往往在正断层处岩溶较发育，逆断层处岩溶发育较弱。

3. 褶皱

褶皱轴部一般岩溶较发育。在单斜地层中，岩溶一般顺层面发育。在不对称褶曲中，陡的一翼岩溶较缓的一翼发育。

4. 岩层产状

倾斜或陡倾斜的岩层，一般岩溶发育较强烈；水平或缓倾斜的岩层，当上覆或下伏非

可溶性岩层时，岩溶发育较弱。

5. 可溶性岩与非可溶性岩接触带或不整合面岩溶往往发育

（三）岩溶与新构造运动的关系

地壳强烈上升地区，岩溶以垂直方向发育为主；地壳相对稳定地区，岩溶以水平方向发育为主；地壳下降地区，既有水平发育又有垂直发育，岩溶发育较为复杂。

（四）岩溶与地形的关系

地形陡峻、岩石裸露的斜坡上，岩溶多呈溶沟、溶槽、石芽等地表形态；地形平缓地带，岩溶多以漏斗、竖井、落水洞、塌陷洼地、溶洞等形态为主。

（五）地表水体与岩层产状关系对岩溶发育的影响

水体与层面反向或斜交时，岩溶易于发育；水体与层面顺向时，岩溶不易发育。

（六）岩溶与气候的关系

在大气降水丰富、气候潮湿地区，地下水能经常得到补给，水的来源充沛，岩溶易发育。

（七）岩溶发育的带状性和成层性

岩石的岩性、裂隙、断层和接触面等一般都有方向性，造成了岩溶发育的带状性；可溶性岩层与非可溶性岩层互层、地壳强烈的升降运动、水文地质条件的改变等则往往造成岩溶分布的成层性。

三、岩溶发育的程度

岩溶发育具有严重的不均匀性，为区别对待不同岩溶发育程度场地上的地基基础设计，将岩溶场地划分为三个等级，详见表 6-2-1 和表 6-2-2。

岩溶发育程度表 **表 6-2-1**

等 级	岩溶场地条件
岩溶强发育	地表有较多岩溶塌陷、漏斗、洼地、泉眼 溶沟、溶槽、石芽密布，相邻钻孔间存在临空面且基岩面高差大于 5m 地下有暗河、伏流 钻孔见洞隙率大于 30%或线岩溶率大于 20% 溶槽或串珠状竖向溶洞发育深度达 20m 以上
岩溶中等发育	介于强发育和微发育之间
岩溶微发育	地表无岩溶塌陷、漏斗 溶沟、溶槽较发育 相邻钻孔间存在临空面且基岩面相对高差小于 2m 钻孔见洞隙率小于 10%或线岩溶率小于 5%

注：1. 基岩面相对高差以相邻钻孔的高差确定；
2. 钻孔见洞隙率=(见洞隙钻孔数量/钻孔总数)×100%；
3. 线岩溶率=(见洞隙的钻探进尺之和/钻探总进尺)×100%。

场地岩溶发育等级 **表 6-2-2**

岩溶发育等级	地表岩溶发育密度（个/km^2）	线岩溶率（%）	遇洞隙率（%）	单位涌水量（L/m·s）	岩溶发育特征
岩溶强烈发育	>5	>10	>60	>1	岩性纯，分布广，地表有较多的洼地、漏斗、落水洞，泉眼、暗河、溶洞发育

续表

岩溶发育等级	地表岩溶发育密度（个/km^2）	线岩溶率（%）	遇洞隙率（%）	单位涌水量（L/m·s）	岩溶发育特征
岩溶中等发育	5～1	10～3	60～30	1～0.1	以次纯碳酸盐岩为主，地表发育有洼地、漏斗、落水洞，泉眼、暗河稀疏、溶洞少见
岩溶弱发育	<1	<3	<30	<0.1	以不纯碳酸盐岩为主，地表岩溶形态稀疏，泉眼、暗河及洞穴少见

注　1. 同一档次的四个划分指标中，根据最不利组合的原则，从高到低，有1个达标即可定为该等级；
2. 地表岩溶发育密度是指单位面积内岩溶空间形态（塌陷、落水洞等）的个数；
3. 线岩溶率是指单位长度上岩溶空间形态长度的百分比，即：线岩溶率=(钻孔所遇岩溶洞隙长度)/(钻孔穿过可溶岩的长度)×100%；
4. 遇洞隙率是指钻探中遇岩溶洞隙的钻孔与钻孔总数的百分比。

第二节　岩　溶　勘　察

拟建工程场地或其附近存在对工程安全有影响的岩溶时，应进行岩溶勘察。

一、各勘察阶段的要求

各勘察阶段的工作应符合下列要求：

1. 可行性研究勘察

应查明岩溶洞隙的发育条件，并对其危害程度和发展趋势作出判断，对场地的稳定性和工程建设的适宜性做出初步评价。

2. 初步勘察

应查明岩溶洞隙的分布、发育程度和发育规律，并按场地的稳定性和适宜性进行分区。

3. 详细勘察

应查明拟建工程范围及有影响地段的各种岩溶洞隙的位置、规模、埋深，岩溶堆填物性状和地下水特性，对地基基础的设计和岩溶的治理提出建议。

4. 施工勘察

应针对某一地段或尚待查明的专门问题进行补充勘察。当采用大直径嵌岩桩时，尚应进行专门的桩基勘察。

二、岩溶勘察的主要内容和方法

岩溶地基勘察应遵循工程地质测绘和调查分析由面到点，勘探工作由疏到密的原则，宜采用工程地质测绘和调查、地球物理勘探和勘探取样等多种手段结合的方法进行。

（一）工程地质测绘和调查

除应满足现行规范、规程的一般要求外，应重点调查下列问题：

1. 岩溶洞隙的类型、形态、分布和发育规律。

岩溶洞隙类型一般可分为：

（1）地表岩溶地貌：包括石芽、溶沟、溶槽、漏斗、竖井、落水洞、溶蚀洼地、溶蚀谷地、孤峰和峰林等；

（2）地下岩溶地貌：主要为溶洞和地下暗河。

2. 岩面起伏、形态和覆盖层厚度。

3. 地下水赋存条件、水位变化和运动规律。

4. 岩溶发育与地貌、地质构造、地层岩性、地下水的关系。

（1）地貌：岩溶发育与所处地貌部位、地貌发展史、水文网、相对高程的关系；

（2）地质构造：地质构造部位，断裂带的位置、规模、性质，主要节理裂隙的延伸方向，新构造运动的性质和特点；

（3）地层岩性：可溶性岩层和非可溶性岩层的分布和接触关系，可溶性岩层的成分、结构和溶解性，第四纪土层的成因类型和分布等；

（4）岩溶地下水的埋藏、补给、径流和排泄情况，水位动态变化及水力连通情况，场地受岩溶地下水淹没的可能性。

5. 当地治理岩溶的经验。

（二）地球物理勘探

1. 工作特点

地球物理勘探多用于可行性研究和初步勘察阶段。使用时应注意其适用条件，不宜以未加验证的物探成果直接作为施工图设计和地基处理的依据。应尽量采取多种方法相互印证、综合判释。

2. 工作量布置

物探测线、测点宜按先面后点、先疏后密、先地表后地下、先控制后一般的原则布置实施。测线一般应垂直于岩溶发育带。当发现或预计有可能存在危害工程的洞隙时，应加密测点。

3. 工作方法

根据多年来的工程经验，为满足不同的探测目的和要求，可采用下列方法：

（1）复合对称四极剖面法辅以联合剖面法、浅层地震法（瑞雷面波法、横波反射法、地震映像法）、高密度电法、地质雷达等，主要用于探测岩溶洞隙的分布、位置及相关的地质构造、基岩面起伏等。

（2）无线电波透视法、探地雷达法、孔间 CT 法（如弹性波 CT、电磁波 CT、电阻率 CT 等）、孔中电视、管波法等，主要用于探测岩溶洞穴的位置、形状、大小及充填状况等。

（3）充电法、自然电场法可用于追索地下暗河河道位置、测定地下水流速和流向等。

（4）地下水位畸变分析法：在岩溶强烈发育地带，尤其在管状通道（暗河）处，地下水由于流动阻力小，将会形成坡降相对较平缓的“凹槽”；而在其他地段，将形成陡坡的“坡”。同时，其水位的稳定过程也有很大不同。在不同钻孔中，同时进行各钻孔的地下水位的连续观测工作，可以帮助分析、判断基岩中各地段的岩溶发育程度。

（三）勘探及取样

1. 勘探方法

（1）岩芯钻探和土层钻探：主要用于查明岩石或土层的成分、性质、结构、厚度、产状、地质构造，基岩面起伏和埋藏深度，溶洞顶板厚度，溶洞充填情况、充填物性质，地下溶洞、暗河的分布、形状、规模，地下水的埋深、性质、动态变化及水动力特征等。

钻探也用于验证工程地质测绘和物探成果对岩溶状况的判断以及采取试样进行室内试验工作。

（2）小口径钻探，如取芯钻孔用于鉴定岩芯或土层；风镐钻孔可用于进行某些物探工作，如超声波探测。

（3）井探、槽探、洞探：当钻探方法难以准确查明地下情况或基岩浅埋且岩性是控制因素时，可采用井探、槽探，主要用于查明浅部岩溶洞隙的形态、规模和发育状况，断层分布、岩组分界等；对大型工程，必要时可采用洞探。

2. 勘探点的布置

1）勘探点的间距

勘探线应沿建筑物轴线布置，勘探点间距不应大于《岩土工程勘察规范》GB 50021—2001（2009年版）第4章的规定，一般应符合对复杂场地、复杂地基的要求。在下列地段应进行重点勘察并加密勘探点：

（1）地面塌陷、地表水消失的地段；

（2）地下水强烈活动的地段；

（3）可溶性岩层与非可溶性岩层接触的地段；

（4）基岩埋藏较浅且起伏较大的石芽发育地段；

（5）软弱土层分布不均的地段；

（6）物探成果异常或基础下有溶洞、暗河分布的地段；

（7）对于复杂场地，每个独立基础或重要设备基础处均应布置勘探点；

（8）对一柱一桩的基础，宜逐柱布置勘探点。

广西壮族自治区工程建设地方标准《岩溶地区建筑地基基础技术规范》DBJ/T 45/024—2016规定：详细勘察勘探点应沿建筑物周边和角点布置，勘探点间距可按表6-2-3确定。异常地段加密勘探点，对一柱一桩基础，应每柱布置勘探点。

详细勘察勘探点的间距（m）　　表 6-2-3

地基复杂程度等级	勘探点间距
一级（复杂）	8～15
二级（中等复杂）	15～20
三级（简单）	20～25

2）勘探点的布置要求

详细勘察的勘探工作应满足下列要求：

（1）岩溶微发育及中等发育地段，柱下独立基础应一柱一孔，条形基础应6～12m一孔。岩溶强发育地段，柱下独立基础宜一柱多孔，具体孔数应结合基础底面尺寸和实际需要确定；条形基础的布孔间距不宜大于6m。

在下列条件下可适当增加钻孔，加孔方向宜垂直岩溶发育方向：

① 溶洞顶板可能用作地基持力层；

② 遇深溶槽或串珠状溶洞，拟采取梁、板跨越，需查找稳定支点时。

（2）勘探孔深度宜进入持力层3～5倍基础短边宽度或桩基底面直径的3倍，且不小于5m；拟定深度内遇溶洞时，应钻穿溶洞进入洞底下持力层，钻探深度应满足上述规定；

若遇串珠状溶洞或溶隙深度大时，钻孔深度宜结合基础施工的可行性确定。

（3）当预定深度内有洞体存在，且可能影响地基稳定时，应钻入洞底基岩面下不少于2m，必要时应圈定洞体范围。

（4）对重大建筑物基础应适当加深。

（5）为验证物探异常带布置的勘探点，一般应钻入异常带以下适当深度。

施工勘察工作应根据岩溶地基设计和施工要求布置。在土洞、塌陷地段，可在已开挖的基槽内布置触探或钎探；对重要或荷载较大的工程，可在槽底采用小口径钻探，进行检测；对大直径嵌岩桩，勘探点应逐桩布置并满足桩基勘察规定，当相邻桩底的基岩面起伏较大时应适当加深。

广西壮族自治区工程建设地方标准《岩溶地区建筑地基基础技术规范》DBJ/T 45/024—2016 规定：

（1）土洞、塌陷可能分布的地段，在已开挖的基槽内进行勘察，采用动力触探或钎探的方法，查明可能存在的隐伏土洞、软弱土层的分布范围。对独立基础应在四角及中心部位布点，当基础底面积 $A \leqslant 5m^2$ 时，应布置不少于 3 个勘探孔，$A=5 \sim 12m^2$ 时，应布置不少于 5 个勘探孔；对条形基础，应沿基础中线 2～4m 布置不少于 1 个勘探孔；

（2）对于设计等级为甲级的基础或大直径嵌岩桩，根据其基底或桩底面积的大小，应采用钻探进行检测，基底边长或桩径不大于 0.8 时，应布置不少于 1 个钻孔；基底边长或桩径为 0.8～1.5m 时，应布置不少于 3 个钻孔；基底边长或桩径大于 1.5m 时，应布置不少于 5 个钻孔；

（3）当辅以物探时，每根桩应布置不少于 1 个钻孔；

（4）勘探深度应不小于基础底面以下基底边长或桩径的 3 倍且不小于 5m；

（5）当邻近基础或桩底的基岩面起伏较大时，应适当加深，同时在相邻基础（桩）间增加勘探点，查明可能影响基础（桩端）滑移的临空面。

（四）测试、试验和观测

岩溶勘察的测试、试验和观测宜符合下列要求：

（1）追索隐伏洞隙的联系时，可进行连通试验；

（2）当评价洞隙稳定性时，可采取洞体顶板岩样和充填物土样做物理力学性质试验，必要时可进行现场顶板岩体的载荷试验。为了推断溶洞的形成和发育历史，尚可用热释光法测定钟乳石的绝对年龄，用 C^{14} 法测定洞中堆填物的绝对年龄。

第三节 岩溶地基稳定性评价和工程处理措施

在碳酸盐岩为主的可溶性岩石地区，当存在岩溶（溶洞、溶蚀裂隙等）、土洞等现象时，应考虑其对地基稳定的影响。地基基础设计等级为甲级、乙级的建筑物主体宜避开岩溶强发育地段。

一、地基稳定性评价

（一）岩溶对地基稳定性的影响

1. 在地基主要受力层范围内，若有溶洞、暗河等，在附加荷载或振动荷载作用下，溶洞顶板坍塌，使地基突然下沉；

2. 溶洞、溶槽、石芽、漏斗等岩溶形态造成基岩面起伏较大，或者有软土分布，使地基不均匀下沉；

3. 基础埋置在基岩上，其附近有溶沟、竖向溶蚀裂隙、落水洞等，有可能使基础下岩层沿倾向于上述临空面的软弱结构面产生滑动；

4. 基岩和上覆土层内，由于岩溶地区较复杂的水文地质条件，易产生新的岩土工程问题，造成地基恶化。

（二）地基稳定性的定性评价

1. 对于存在下列情况之一且未经处理的场地，不应作为建筑物地基：

（1）浅层溶洞成群分布，洞径大，且不稳定的地段；

（2）漏斗、溶槽等埋藏浅，其中充填物为软弱土体；

（3）岩溶水排泄不畅，有可能造成场地暂时淹没的地段。

2. 对于完整、较完整的坚硬岩、较硬岩地基，当符合下列条件之一时，可不考虑岩溶对地基稳定性的影响：

（1）洞体较小，基础底面尺寸大于洞的平面尺寸，并有足够的支承长度；

（2）顶板岩石厚度大于或等于洞的跨度。

3. 地基基础设计等级为丙级且荷载较小的建筑物，当符合下列条件之一时，可不考虑岩溶对地基稳定性的影响：

（1）基础底面以下的土层厚度大于独立基础宽度的 3 倍或条形基础宽度的 6 倍，且不具备形成土洞或其他地面变形的条件时；

（2）基础底面与洞体顶板间土层厚度虽小于独立基础宽度的 3 倍或条形基础宽度的 6 倍，洞隙或岩溶漏斗被沉积物填满，其承载力特征值超过 150kPa，且无被水冲蚀的可能性时；

（3）基础底面存在面积小于基础底面积 25％的垂直洞隙，但基底岩石面积满足上部荷载要求时。

4. 当不符合上述可不考虑岩溶对地基稳定性影响的条件时，应进行洞体稳定性分析；基础附近有临空面时，应验算向临空面倾覆和沿岩体结构面滑移稳定性，并符合下列规定：

（1）顶板不稳定，但洞内为密实堆积物充填且无流水活动时，可认为堆填物能受力，作为不均匀地基进行评价；

（2）当能取得计算参数时，可将洞体顶板视为结构自承重体系进行力学分析；

（3）有工程经验的地区，可按类比法进行稳定性评价；

（4）当地基为石膏、岩盐等易溶岩时，应考虑溶蚀继续作用的不利影响；

（5）对不稳定的岩溶洞隙可建议采取地基处理措施或桩基础；

（6）常用的地基稳定性评价方法，是一种经验比拟方法，仅适用于一般工程。其特点是，根据已查明的地质条件，结合基底荷载情况，对影响溶洞稳定性的各种因素进行分析比较，做出稳定性评价。各因素对地基稳定的有利与不利情况见表 6-2-4。

岩溶地基稳定性评价　　**表 6-2-4**

评价因素	对稳定有利	对稳定不利
地质构造	无断裂、褶曲，裂隙不发育或胶结良好	有断裂、褶曲，裂隙发育，有两组以上张开裂隙切割岩体，呈干砌状

续表

评价因素	对稳定有利	对稳定不利
岩层产状	走向与洞轴线正交或斜交，倾角平缓	走向与洞轴线平行，倾角陡
岩性和层厚	厚层块状，纯质灰岩，强度高	薄层石灰岩、泥灰岩、白云质灰岩，有互层，岩体强度低
洞体形态及埋藏条件	埋藏深，覆盖层厚，洞体小（与基础尺寸比较），溶洞呈竖井状或裂隙状，单体分布	埋藏浅，在基底附近，洞径大，呈扁平状，复体相连
顶板情况	顶板厚度与洞跨比值大，平板状，或呈拱状，有钙质胶结	顶板厚度与洞跨比值小，有切割的悬挂岩块，未胶结
充填情况	为密实沉积物填满，且无被水冲蚀的可能性	未充填，半充填或水流冲蚀充填物
地下水	无地下水	有水流或间歇性水流
地震基本烈度	地震设防烈度小于7度	地震设防烈度等于或大于7度
建筑物荷重及重要性	建筑物荷重小，为一般建筑物	建筑物荷重大，为重要建筑物

广西壮族自治区工程建设地方标准《岩溶地区建筑地基基础技术规范》DBJ/T 45/024—2016 规定：

对钻探深度范围内的溶洞，查明其平面形态后，遇到下列情况时应评价其顶板在建筑荷载作用下的稳定性：

1. 当基底面积大于溶洞平面尺寸并满足支承长度要求时，对于基本质量等级为Ⅰ级岩体中的溶洞，其基底以下的溶洞顶板厚度大于0.3d（d为溶洞直径），Ⅱ级岩体中的溶洞，其溶洞顶板厚度大于0.4d，Ⅲ级岩体中的溶洞，其溶洞顶板厚度大于0.5d时，可不考虑溶洞的影响；

2. 当基底面积小于溶洞平面尺寸时，对基本质量等级为Ⅰ级或Ⅱ级的岩体，可按冲切锥体模式验算溶洞顶板的抗冲切承载力。岩石极限抗拉强度标准值宜由试验确定，初步确定时，可取0.05倍岩石饱和单轴抗压强度。基础底面以下的溶洞顶板厚度大于1.7d（d为溶洞直径）时，可不考虑溶洞的影响；

3. 对基本质量等级为Ⅲ或Ⅳ的岩体，可作原位实体基础静载荷试验评价溶洞顶板的强度与稳定性，最大加载量应不小于地基设计要求的2倍。

（三）地基稳定性的定量评价

目前主要是按经验公式对溶洞顶板的稳定性进行验算。

1. 溶洞顶板坍塌自行填塞洞体所需厚度的计算

1）原理和方法

顶板坍塌后，塌落体积增大，当塌落至一定高度H时，溶洞空间自行填满，无须考虑对地基的影响。所需塌落高度H按下式计算：

$$H=\frac{H_0}{K-1} \tag{6-2-1}$$

式中 H_0——塌落前洞体最大高度（m）；

K——岩石松散（胀余）系数，石灰岩K取1.2，黏土K取1.05。

2）适用范围

适用于顶板为中厚层、薄层，裂隙发育，易风化的岩层，顶板有坍塌可能的溶洞或仅知洞体高度时。

2. 根据抗弯、抗剪验算结果，评价洞室顶板稳定性

1）原理和方法

当顶板具有一定厚度，岩体抗弯强度大于弯矩、抗剪强度大于其所受的剪力时，洞室顶板稳定。满足这些条件的岩层最小厚度 H 计算如下：

顶板按梁板受力计算，受力弯矩按下式计算：

（1）当顶板跨中有裂缝，顶板两端支座处岩石坚固完整时，按悬臂梁计算：

$$M=\frac{1}{2}pl^{2} \tag{6-2-2}$$

（2）若裂隙位于支座处，而顶板较完整时，按简支梁计算：

$$M=\frac{1}{8}pl^{2} \tag{6-2-3}$$

（3）若支座和顶板岩层均较完整时，按两端固定梁计算：

$$M=\frac{1}{12}pl^{2} \tag{6-2-4}$$

抗弯验算：

$$\frac{6M}{bH^{2}}\leqslant\sigma \tag{6-2-5}$$

$$H\geqslant\sqrt{\frac{6M}{b\sigma}} \tag{6-2-6}$$

抗剪验算：

$$\frac{4f_{s}}{H^{2}}\leqslant S \tag{6-2-7}$$

$$H\geqslant\sqrt{\frac{4f_{s}}{S}} \tag{6-2-8}$$

式中　M——弯矩（kN・m）；

p——顶板所受总荷载（kN/m），为顶板厚 H 的岩体自重、顶板上覆土体自重和顶板上附加荷载之和；

l——溶洞跨度（m）；

σ——岩体计算抗弯强度（石灰岩一般为允许抗压强度的 1/8）（kPa）；

f_{s}——支座处的剪力（kN）；

S——岩体计算抗剪强度（石灰岩一般为允许抗压强度的 1/12）（kPa）；

b——梁板的宽度（m）；

H——顶板岩层厚度（m）。

2）适用范围：顶板岩层比较完整，强度较高，层厚，而且已知顶板厚度和裂隙切割情况。

3. 顶板能抵抗受荷载剪切的厚度计算

按极限平衡条件的公式计算：

$$T \geqslant P$$
$$T = HSL$$
$$H = \frac{T}{SL} \tag{6-2-9}$$

式中　P——溶洞顶板所受总荷载（kN）；

T——溶洞顶板的总抗剪力（kN）；

L——溶洞平面的周长（m）；

其余符号意义同前。

二、工程处理措施

对地基稳定性有影响的岩溶洞隙，应根据其位置、大小、埋深、围岩稳定性和水文地质条件综合分析，因地制宜地采取下列处理措施：

（一）换填、镶补与嵌塞等

对于较小的岩溶洞隙，挖除其中的软弱充填物，回填碎石、块石、素混凝土或灰土等，以增强地基的强度和完整性。

（二）梁、板、拱等结构跨越

对于较大的岩溶洞隙，采用这些跨越结构，应有可靠的支承面。梁式结构在岩石上的支承长度应大于梁高的 1.5 倍。也可辅以浆砌块石等堵塞措施处理。

（三）洞底支撑或调整柱距

对于规模较大的洞隙，可采用这种方法。必要时可采用桩基。当采用洞底支撑（穿越）方法处理时，桩的设计应考虑下列因素，并根据不同条件选择。

1. 桩底以下 3～5 倍桩径或不小于 5m 深度范围内无影响地基稳定性的洞隙存在，岩体稳定性良好，桩端嵌入中等风化～微风化岩体不宜小于 0.5m，并低于应力扩散范围内的不稳定洞隙底板，或经验算桩端埋置深度已可保证桩不向临空面滑移；

2. 基坑涌水易于抽排、成孔条件良好，宜设计人工挖孔桩；

3. 基坑涌水量较大，抽排将对环境及相邻建筑物产生不良影响，或成孔条件不好，宜设计钻孔桩；

4. 当采用小直径桩时，应设置承台。对地基基础设计等级为甲级、乙级的建筑物，桩的承载力特征值应由静载试验确定，对地基基础设计等级为丙级的建筑物，可借鉴类似工程确定；

5. 桩身穿越溶洞顶板岩体时，由于岩溶发育的复杂性和不均匀性，顶板情况一般难以查明，通常情况下不计算顶板岩体的侧阻力。

（四）钢筋混凝土底板跨盖

基底有不超过 25％基底面积的溶洞（隙）且充填物难以挖出时，宜在洞隙部位设置钢筋混凝土底板，底板宽度应大于洞隙，并采取措施保证底板不向洞隙方向滑移。也可在洞隙部位设置钻孔桩进行穿越处理。

（五）按悬臂梁设计基础

对于荷载不大的低层和多层建筑，围岩稳定，如溶洞位于条形基础末端，跨越工程量大，可按悬臂梁设计基础，并应对悬臂梁不同工况进行验算。若溶洞位于单独基础重心一侧，可按偏心荷载设计基础。

（六）灌浆加固、清爆填塞

用于处理围岩不稳定、裂隙发育、风化破碎的岩体。

（七）钻孔灌浆

对于基础下埋藏较深的洞隙，可通过钻孔向洞隙中灌注水泥砂浆、混凝土、沥青及硅液等，以堵填洞隙。

（八）设置“褥垫”

在压缩性不均匀的土岩组合地基上，凿去局部突出的基岩（如石芽或大块孤石），在基础与岩石接触的部位设置“褥垫”（可采用炉渣、中砂、粗砂、土夹石等材料），以调整地基的变形量。

（九）调整基础底面面积

对有平片状层间夹泥或整个基底岩体都受到较强烈的溶蚀时，可进行地基变形验算，必要时可适当调整基础底面面积，降低基底压力。

当基底蚀余石基分布不均匀时，可适当扩大基础底面面积，以防止地基不均匀沉降造成基础倾斜。

（十）地下水排导

对建筑物地基内或附近的地下水宜疏不宜堵。可采用排水管道、排水隧洞等进行疏导，以防止水流通道堵塞，造成场地和地基季节性淹没。

（十一）广西壮族自治区工程建设地方标准《岩溶地区建筑地基基础技术规范》DBJ/T 45/024—2016 规定：

当基底下遇竖向溶槽、溶洞或串珠状溶洞地基时，地基基础设计应符合下列规定：

1 可采用梁、板跨越，梁式结构在可靠岩石上的支承长度应大于梁高的 1.5 倍，梁、板在溶槽或溶洞平面投影范围外的支承面积上的基底承载力应等于或略大于基础设计荷载的 1.25 倍，并采取措施保证梁板不向洞隙方向滑移；

2 对于荷载不大的低层或多层建筑，如溶洞位于条形基础端头，跨越工程量大时，可按悬臂梁设计；溶洞位于单独基础重心一侧，可按偏心荷载设计基础；

3 如设计桩径大于溶槽宽度或溶洞直径，可按悬挂式嵌岩桩进行计算，如嵌岩段的岩体基本质量等级为Ⅰ级或Ⅱ级时，嵌岩深度应大于 2 倍桩径，如嵌岩段的岩体基本质量等级为Ⅲ级或Ⅳ级岩体（除破碎岩体）时，嵌岩深度应大于 5 倍桩径，且侧阻力应大于设计荷载的 1.25 倍，并于基岩面上加做适当尺寸的承台；

4 岩溶洞隙发育深度较大、地下水位较高、涌水量大或不宜作降水施工的岩溶地基，可采用钻孔灌注嵌岩桩基础，将桩端嵌入洞隙底部稳定岩体内。单桩承载力根据洞隙底部的岩质、岩体完整程度按嵌岩桩基设计。基桩竖向承载力计算时，不宜计入溶洞顶（隔）板和洞内天然充填物产生的桩身侧阻力；当溶洞顶（隔）板岩体的基本质量等级为Ⅰ级或Ⅱ级且厚度大于 2m 时，可将溶洞顶（隔）板产生桩身侧阻力乘以 0.75 的系数。

第四节 土 洞

土洞是指埋藏在岩溶地区可溶性岩层的上覆土层内的空洞。土洞继续发展，易形成地表塌陷。

当上覆有适宜被冲蚀的土体，其下有排泄、储存冲蚀物的通道和空间，地表水向下渗透或地下水位在岩土交界处附近作频繁升降运动时，由于水对土层的潜蚀作用，易产生土洞和塌陷。

一、土洞的成因分类、发育规律和形成过程

（一）土洞的成因分类

1. 地表水形成的土洞

在地下水深埋于基岩面以下的岩溶发育地区，地表水沿上覆土层中的裂隙、生物孔洞、石芽边缘等通道渗入地下，对土体起着冲蚀、淘空作用，逐渐形成土洞。

2. 地下水形成的土洞

在地下水位在上覆土层与下伏基岩交界面处作频繁升降变化的地区，当水位上升到高于基岩面时，土体被水浸泡，便逐渐湿化、崩解，形成松软土带；当水位下降到低于基岩面时，水对松软土产生潜蚀、搬运作用，在岩土交界处易形成土洞。

（二）土洞的发育规律

1. 土洞与下伏基岩中岩溶发育的关系

土洞是岩溶作用的产物，它的分布同样受到控制岩溶发育的岩性、岩溶水和地质构造等因素的控制。土洞发育区通常是岩溶发育区。

2. 土洞与土质、土层厚度的关系

土洞多发育于黏性土中。黏性土中亲水、易湿化、崩解的土层、抗冲蚀力弱的松软土层易产生土洞；土层越厚，达到出现塌陷的时间越长。

3. 土洞与地下水的关系

由地下水形成的土洞大部分分布在高水位与平水位之间。在高水位以上和低水位以下，土洞少见。

（三）土洞的形成过程

由地下水形成的土洞，其形成过程如图 6-2-1 所示。

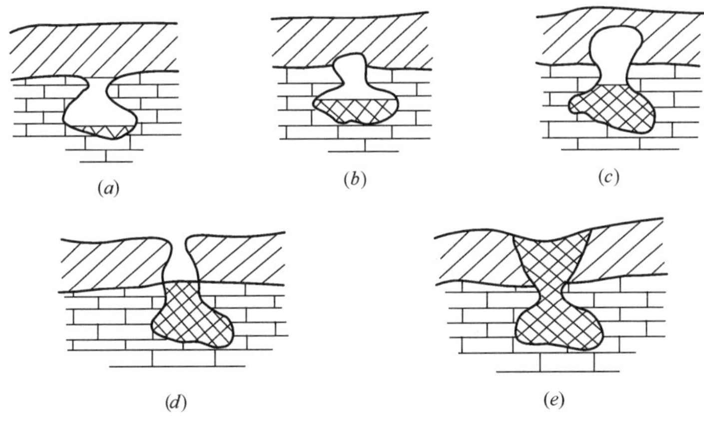

图 6-2-1　土洞的形成过程

（*a*）土洞形成前；（*b*）土洞初步形成；（*c*）土洞向上发展；

（*d*）塌陷；（*e*）形成碟形洼地

1. 当地下水动力条件改变时，原来被堵塞的洞隙及与其相连的下部排水通道复活，重新成为地下水集中活动的地段（图 6-2-1*a*）；

2. 地下水位上升，抗水性差的土强烈崩解，一部分顺喇叭口落入下部溶洞中，初步形成上覆土层中的土洞（图 6-2-1*b*）；

3. 土颗粒沿岩溶洞隙继续被地下水带走，上覆土中空洞逐渐扩大，向上呈拱形发展（图 6-2-1*c*）；

4. 土洞进一步扩大，向地表发展，顶板渐薄，当拱顶薄到不能支持上部土的重量时，便突然发生塌落（图 6-2-1*d*）；

5. 坍塌后，地面成为地表径流汇集的场所，大量堆积物日益聚集，使底部逐渐接近碟形洼地（图 6-2-1*e*）。其后，杂草丛生，久而久之地表夷平而无法辨认，土洞便暂时停止发展。

在土洞形成过程中，堆积在洞底的塌落土体有时不能被水带走，起堵塞通道的作用。若潜蚀大于堵塞，土洞将继续发展；反之，土洞将停止发展。因此，并不是所有的土洞都能发展到地表塌陷的。

二、土洞勘察

（一）土洞勘察的重点部位

岩溶发育地区的下列部位宜查明土洞和土洞群的位置：

1. 土层较薄、土中裂隙及其下岩体洞隙发育部位；

2. 岩面张开裂隙发育，石芽或外露的岩体与土体交接部位；

3. 两组构造裂隙交汇处和宽大裂隙带；

4. 隐伏溶沟、溶槽、漏斗等有上覆软弱土的负岩面地段；

5. 地下水强烈活动于岩土交界面的地段和大幅度人工降水地段；

6. 低洼地段和地表水体近旁。

（二）勘察的主要内容和方法

凡是岩溶地区有第四纪土层分布的地段，都要注意土洞发育的可能性。应通过勘察查明土洞的分布、位置、大小、埋深，土洞的成因和形成条件，与土洞发育有关的溶洞、溶沟、溶槽的分布，上覆土层的土性、厚度，地表水和地下水的分布和动态等。

土洞勘察的主要方法如下：

1. 物探

以电法勘探为主。用于查明土层厚度与洞径相近的浅埋个体土洞效果较好。

2. 原位测试

如静力触探、动力触探等，用于查明土洞和塌陷的位置、大小等。

3. 钎探

用于查明浅埋土洞的位置、大小。布点宜先疏后密，间距决定于土洞个体大小，一般可为 1～2m；对独立基础和设备基础，可按梅花形网格状布置；对条形基础可按轴线布置。钎探深度：当地基影响深度小于土层厚度时至基底下 6～8m，在此深度内遇基岩时可终止钎探。

4. 夯探

用一定质量夯锤沿基槽（坑）底夯击，对有空响回声的疑似土洞处，用钎探复查。可用于探查基底下 1～2m 处浅埋的土洞。

5. 井探、槽探

可用于查明浅埋土洞的位置、大小，上覆土层的土性、厚度，相关的岩溶洞隙的分布，地下水的分布等。

6. 钻探

主要用于查明深埋土洞的位置、大小等。

钻探深度：对一般性钻孔，当基岩埋藏浅且上覆土层厚度小于 10m 时，应钻至基岩面；当上覆土层厚度大于 10m 时，钻孔深度可考虑为 8～15m。对控制性钻孔，当最高、最低地下水位均在基岩中时，钻孔深度可为 30m，遇基岩面可终止钻探；当基岩中岩溶较发育时，应按研究场地稳定性的需要确定钻孔深度，但深至岩溶水排泄基准面以下即可；当地下水位埋藏在土层中时，钻孔深度应至最低地下水位深度处。

7. 当需查明土的性状与土洞形成关系时，可进行土的湿化、胀缩、可溶性和剪切试验

8. 当需查明地下水动力条件、潜蚀作用、地表水与地下水的联系，预测土洞和塌陷的发生、发展时，可进行水的流速、流向测定和水位、水质的长期观测

三、地基稳定性评价和工程处理措施

土洞的顶板强度低，稳定性差，且土洞的发育速度一般都很快，因此土洞对地基稳定性的危害大，应对其给予高度重视。

（一）地基稳定性评价

1. 对于存在下列情况之一且未经处理的场地，不应作为建筑物地基：

（1）漏斗、溶槽等埋藏浅，其中充填物为软弱土体；

（2）土洞或塌陷等岩溶强发育的地段；

（3）岩溶水排泄不畅，有可能造成场地暂时淹没的地段。

2. 在地下水强烈活动于岩土交界面的地区，应考虑由地下水作用所形成的土洞对地基的影响，预测地下水位在建筑物使用期间的变化趋势。总图布置前，应获得场地土洞发育程度分区资料。施工时，除已查明的土洞外，尚应沿基槽进一步查明土洞的特征和分布情况。

（二）工程处理措施

1. 由地表水形成的土洞或塌陷，应采取地表截流、防渗或堵漏等措施进行处理；对土洞应根据其埋深分别选用挖填、灌砂等方法进行处理。

2. 由地下水形成的塌陷或浅埋土洞，应清除软土，抛填块石作反滤层，面层用黏土夯填；对深埋土洞，宜用砂、砾石或细石混凝土灌填。在上述处理的同时，尚应采用梁、板或拱跨越。对重要建筑物，可采用桩基处理。

第五节　人工降低地下水位引起的塌陷

人工降低地下水位引起的塌陷，主要是指矿坑疏干排水引起的塌陷和供水（抽水）引起的塌陷。

一、塌陷的分布规律及其与水力作用的关系

（一）塌陷的分布规律

塌陷的分布受岩溶发育规律、发育程度的制约，同时，与地质构造、地形地貌、土层厚度等有关。

1. 塌陷多分布在断裂带及褶皱轴部

2. 塌陷多分布在溶蚀洼地等地形低洼处

3. 塌陷多分布在河床两侧

4. 塌陷多分布在土层较薄且土颗粒较粗的地段

（二）塌陷与水力作用的关系

1. 塌陷与水位降深的关系

水位降深小，地表塌陷坑数量少、规模小；当降深保持在基岩面以上且较稳定时，不易产生塌陷；降深增大，水动力条件急剧改变，水对土体潜蚀力增强，地表塌陷坑数量增多，规模增大。

2. 塌陷与降落漏斗的关系

塌陷区多处于降落漏斗之中，其范围小于降落漏斗区。塌陷坑数量和规模随远离降落漏斗中心而递减。

3. 塌陷与水力坡度、流速的关系

根据广东曲塘矿区资料，当水力坡度＜3%、流速＜0.0005m/s时，处于相对稳定状态；当水力坡度＞3%、流速＞0.0005m/s时，地面开始产生变形；当水力坡度＞5%、流速＞0.0005m/s时，地面产生塌陷。

4. 塌陷与径流方向的关系

主要径流方向上地下水来量丰富，水的流速大，地下水对土体的潜蚀作用强，故此方向上易产生塌陷。

二、塌陷区勘察

塌陷区勘察，其内容与岩溶和土洞区的勘察基本相同。

（一）塌陷区勘察的重点部位

塌陷区勘察应以下列易产生塌陷的不稳定地段为重点部位：

（1）浅层岩溶强烈发育地段，尤其是“开口”型溶洞地段；

（2）可溶岩顶面起伏较大的地段；

（3）断层破碎带及褶皱轴部；

（4）第四纪土层较薄，岩性为粉土、砂土及砂砾碎石地层的地段；

（5）地形低洼、常年积水地段；

（6）河床两侧地段；

（7）靠近抽、排水点和地下水主要径流方向上；

（8）古塌陷分布地段。

（二）主要勘察内容

塌陷区勘察内容除应包括土洞勘察的主要内容外，应重点调查场地及其附近有无已（拟）建人工降水工程，应着重了解降水的各项水文地质参数及随空间和时间的变化，预测地表塌陷的位置及其与水位降深、地下水流向、降落漏斗的关系等。

三、地基稳定性评价与工程处理措施

（一）地基稳定性评价

1. 地下水位高于基岩表面的岩溶地区，应注意人工降水引起土洞进一步发育或地表塌陷的可能性。塌陷区的范围及方向可根据水文地质条件和抽水试验的观测结果综合分析确定。在塌陷范围内不应采用天然地基。并应注意降水对周围环境和建（构）筑物的影响；

2. 建筑场地应选择在地势较高的地段；

3. 建筑场地应选择在地下水最高水位低于基岩面的地段；

4. 建筑场地应与抽、排水点有一定距离，建筑物应布置在降落漏斗半径之外；若布置在降落漏斗半径以内时，需控制地下水降深值，使动水位不低于上覆土层底部，或稳定在基岩面以下，即不使其在土层底部上下波动；

5. 建筑物一般应避开抽水点地下水主要的补给方向；但也应注意，当地下水呈脉状流（如可溶岩呈狭长条带状分布）时，下游亦可能产生塌陷。

（二）工程处理措施

对塌陷坑一般应进行回填处理，主要方法有：

1. 影响建筑设施或大量充水的塌陷坑，应视具体情况进行特殊处理，一般是清理至基岩，封住溶洞口，再填土石；

2. 不易积水地段的塌陷坑，当没有基岩出露时，采用黏土回填夯实，直至高出地面0.3～0.5m；当有基岩出露并见溶洞口时，可先用大块石堵塞洞口，再用黏土压实；

3. 河床地段的塌陷坑，若数量少，亦可用上述方法回填；若数量多，应视具体情况考虑对河流采取局部改道的方法处理。

第三章　滑坡和崩塌

第一节　滑　坡

一、滑坡及其产生条件

（一）滑坡的分类

滑坡根据其滑体的物质组成、形成原因及滑动形式等因素，可分为各种类型，其详细分类见表6-3-1。

滑坡的分类　　**表6-3-1**

划分依据	名称类别	特征说明
按滑坡物质组成成分分	堆积体滑坡	各种不同性质的堆积层（包括坡积、洪积和残积），体内滑动，或沿基岩面的滑动。其中坡积层的滑动可能性较大
	黄土滑坡	不同时期的黄土层中的滑坡，并多群集出现，常见于高阶地前缘斜坡上，或黄土层沿下伏第三纪岩层滑动
	黏性土滑坡	黏性土本身变形滑动，或与其他土层的接触面，或沿基岩接触面而滑动
	残坡积层滑坡	由基岩风化壳、残坡积土构成，通常为浅表层滑动
	冰水（碛）堆积层滑坡	冰川消融沉积物的松散堆积物，沿下伏基岩或滑坡体内软弱面滑动
	填土滑坡	发生在路堤或人工弃土堆中，多沿老地面或基底以下松软层滑动

续表

划分依据	名称类别	特征说明
按滑动通过各岩层情况分（图 6-3-1）	近水平层滑坡	由基岩构成，沿缓倾岩层或裂隙滑动，滑动面倾角≤10°
	顺层滑坡	沿岩层面或裂隙面滑动，或沿坡积体与基岩交界面及基岩间不整合面等滑动，大都分布在顺倾向的山坡上
	切层滑坡	滑动面与岩层面相切，常沿倾向山外的一组断裂面发生，滑坡床多呈折线状，多分布在逆倾向岩层的山坡上
	逆层滑坡	由基岩构成，沿倾向坡外的软弱面滑动，滑动面与岩层层面相切，且滑动面倾角大于岩层倾角
	楔体滑坡	在花岗岩、厚层灰岩等整体结构岩体中，沿多组弱面切割形成的楔形体滑动
变形体	岩质变形体	由岩体构成，受多组软弱面控制，存在潜在滑面，已发生局部变形破坏，但边界特征不明显
	堆积体变形体	由堆积体构成（包括土体），以蠕滑变形为主，边界特征和滑动面不明显
按滑动体厚度分	浅层滑坡	滑坡体厚度在 10m 以内
	中层滑坡	滑坡体厚度在 10～25m
	深层滑坡	滑坡体厚度在 25～50m
	超深层滑坡	滑坡体厚度超过 50m
按运动形式分（图 6-3-2）	推移式滑坡	上部岩层滑动挤压下部产生变形，滑动速度较快，多呈楔形环谷外貌，滑体表面波状起伏，多见于有堆积物分布的斜坡地段
	牵引式滑坡	下部先滑使上部失去支撑而变形滑动。一般速度较慢，多呈上小下大的塔式外貌，横向张性裂隙发育，表面多呈阶梯状或陡坎状，常形成沼泽地
按形成原因分	工程滑坡	由于施工开挖或加载等人类活动引起的滑坡，还可细分为： 1. 工程新滑坡：由于开挖坡体或建筑物加载所形成的滑坡 2. 工程复活古滑坡：原已存在的滑坡，由于工程扰动引起复活的滑坡
	自然滑坡	由于自然地质作用产生的滑坡。按其发生相对时代早晚又可分为古滑坡、老滑坡和新滑坡
按发生后的活动性分	活滑坡	发生后仍在继续活动的滑坡。后壁及两侧有新鲜擦痕，体内有开裂、鼓起或前缘有挤出等变形迹象，其上偶有旧房遗址，幼小树木歪斜生长等
	死滑坡	发生后已停止发展，一般情况下不可能重新活动，坡体上植被茂盛，常有老建筑
按发生年代	新滑坡	现今正在发生滑动的滑坡
	老滑坡	全新世以来发生的滑坡，现今整体稳定的滑坡
	古滑坡	全新世以前发生滑动的滑坡，现今整体稳定的滑坡

续表

划分依据	名称类别	特征说明
按滑体体积分	小型滑坡	$<10\times10^4m^3$
	中型滑坡	$(10\sim100)\times10^4m^3$
	大型滑坡	$(100\sim1000)\times10^4m^3$
	特大型滑坡	$(1000\sim10000)\times10^4m^3$
	巨型滑坡	$>10000\times10^4m^3$

黄润秋等在《汶川地震地质灾害研究》把汶川地震触发的地质灾害类型和地质特征进行分类，见表 6-3-2。

汶川地震触发的地质灾害类型、机理和地质特征分类　　表 6-3-2

类型		机理及地质特征	实例
溃滑型（坡体在强震作用下，松弛、破裂甚至解体；强震持续作用最终导致坡体沿特定的“面”整体下滑。是地震触发大型滑坡的主要模式）	拉裂—溃滑型	反倾或横向结构坡体，在强震作用下，坡体溃裂，进而形成后缘陡峻的拉裂面，下部坡体剪断，形成统一滑面高速下滑。通常表现为高陡的后缘陡壁和一跨到底的堆积特征	大光包滑坡、王家岩滑坡、东河口滑坡、老鹰岩滑坡、肖家桥滑坡、小岗剑滑坡等
	顺层—溃滑型	顺层结构坡体或含顺坡软弱结构面坡体，强震作用下坡体松弛、解体，进一步沿层面（弱面）高速下滑，并一跨到底。通常滑床表现为光滑的层面，可见清晰的长大擦痕	唐家山滑坡、文家沟滑坡、小天池滑坡等
	剪断—溃滑型	受风化带控制的坡体，强震作用下坡体震裂、松弛、解体，然后（通常）沿强、弱风化带的界面剪断，坡体高速下滑，形成滑坡。另外，滑动面也可沿顺坡非贯通性结构面剪断形成	窝前社滑坡
	复合型	很特殊的类型，通常具有拉裂—剪断—顺滑的复合型特征，表现为强震作用下，后缘形成高陡的后缘陡壁，侧缘顺层面剪切滑出（似倾向方向），根部剪断完整岩体	大光包滑坡
溃崩型（坡体在强震作用下，松弛、破裂，并以倾倒，溃曲，溃散，溃喷等形式崩塌破坏）	倾倒型	近直立层状或似层状结构山体的浅表部，或近直立陡崖的强卸荷松弛带，强震作用下，陡立岩层顶部或中上部被折断、倾倒、摔出。残留岩层上常可见清晰张性折断面，表现为“断头”	沿河流两岸的陡立层状岩体和陡崖部位均可见
	溃屈型	近直立层状或似层状结构山体的浅部，或近直立陡崖斜坡的强卸荷松弛带，强震作用下，陡立岩层中部或中下部鼓出、溃屈、摔出，坡体坐塌。表现为“齐腰斩断”	沿河流两岸的陡立层状岩体和陡崖部位均可见
	溃散型	结构破碎的山体（包括厚度相对较大的松散层坡体）在强震作用下，整体破裂、解体、溃散、垮塌；崩落物质通常散布于坡体表面	新北川中学及河流两岸坡体上可见
	溃喷型	极震区，结构破碎的山体（包括厚度相对较大的松散层坡体）在强震作用下，迅速破裂、解体、岩屑、岩块高速喷出，犹如“爆炸”。崩落物质通常散布在较大范围，并沿沟形成高速碎石流	震中区和局部对地震波有强烈放大效应的地形部位可见，如牛圈沟的溃崩型滑坡

续表

类型		机理及地质特征	实例
抛射型	整体型	局部坡体在强震作用下，被整体“拔起”、抛射出来。基本没有残留物质留在破裂面上	河流两岸陡峻的斜坡可见
	单体型	单个岩块在强震作用下，被从坡体上拔起，以平抛运动的方式被抛射出来	映秀及沿岷江、绵远河等见到的重大数十至上百吨重的孤立巨石
剥皮型	溜塌	斜坡表面的松散层在强震作用下，震裂、松弛，顺坡产生溜塌，厚度数米	河流两岸斜坡上可见
	掉块	斜坡强卸荷带在强震作用下，震裂、松弛，顺坡溜塌，厚度数米	河流两岸陡峻的斜坡可见
震裂型	裂开型	斜坡在强震作用下，沿山脊破裂，但没有进一步产生滑动或崩塌；斜坡因震裂稳定性受到影响	
	松弛型	坡体在强震作用下，结构松弛，但没有进一步产生滑动或崩塌；斜坡稳定受到影响	

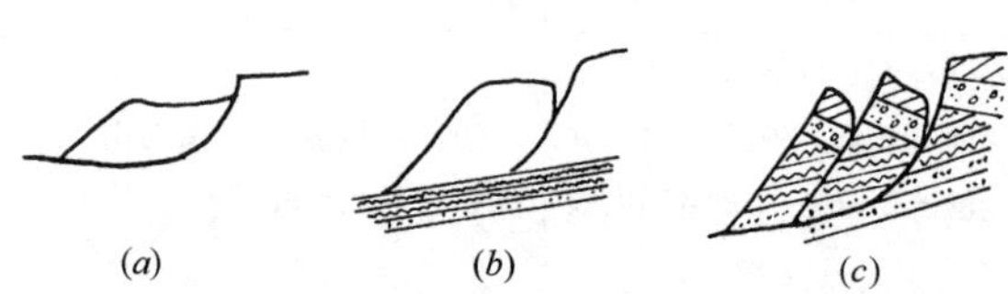

图 6-3-1 滑坡体切割不同层次的分布
(*a*) 同类土滑坡；(*b*) 顺层滑坡；(*c*) 切层滑坡

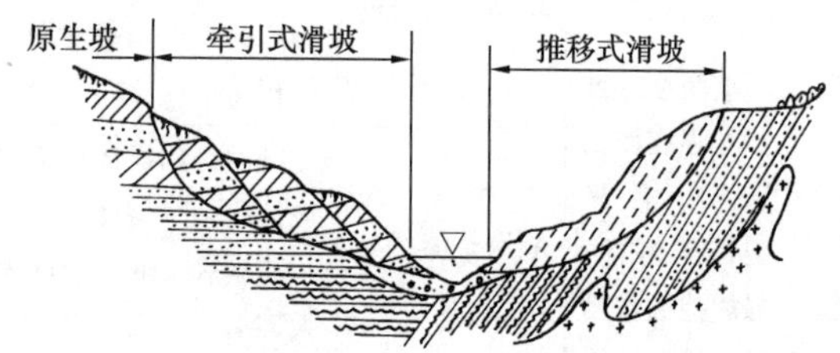

图 6-3-2 牵引式、推移式滑坡断面

（二）滑坡要素

一个发育完全的滑坡，一般都有下列要素（图 6-3-3）：

1. 滑坡体：滑坡的整个滑动部分。
2. 滑坡周界：滑坡体和周围不动体在平面上的分界线。
3. 滑坡壁（破裂壁）；滑坡体后缘和不动体脱开的暴露在外面的分界面。

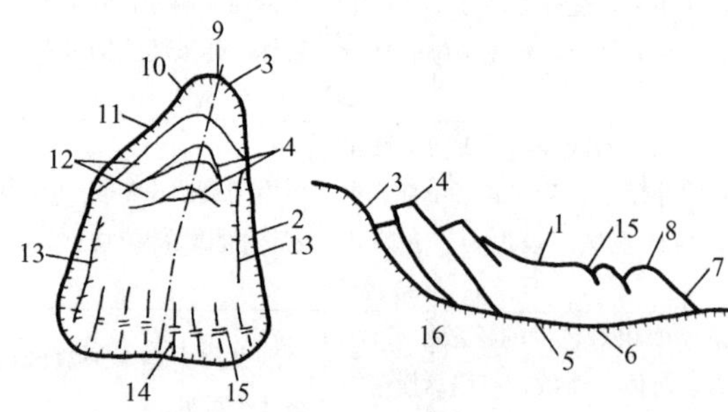

图 6-3-3 滑坡要素
1—滑坡体；2—滑坡周界；3—滑坡壁；4—滑坡台阶；5—滑动面；6—滑动带；7—滑坡舌；8—滑动鼓丘；9—滑坡轴；10—破裂缘；11—封闭洼地；12—拉张裂缝；13—剪切裂缝；14—扇形裂缝；15—鼓胀裂缝；16—滑坡床

4. 滑坡台阶和滑坡梗：由于各段土体滑动速度的差异，在滑坡体上面形成台阶状的错台称滑坡台阶。台阶如因旋转发生倾斜，使台阶边缘形成陡窄的长埂，称滑坡埂。

5. 滑动面和滑坡床：滑坡体沿不动体下滑的分界面称滑动面。滑动时依附的下伏不动体称滑坡床。

6. 滑动带：滑动面上部受滑动揉皱的地带（厚数厘米至数米）。

7. 滑坡舌（滑坡头）：滑坡体的前缘形如舌状的部分。

8. 滑动鼓丘：滑坡体前缘因受阻力而隆起的小丘。

9. 滑坡轴（主滑线）：滑坡体滑动速度最快的纵向线。它代表整个滑坡的滑动方向，一般位于推力最大、滑床凹槽最深（滑坡体最厚）的纵断面上。在平面上可为直线或曲线。

10. 破裂缘：滑坡体在坡顶开始破裂的地方。

11. 封闭洼地，滑动时滑坡体与滑坡壁间拉开成沟槽，当相邻土楔形成反坡地形时，即成四周高中间低的封闭洼地。

12. 滑坡裂缝：按受力状态分成下列四种：

(1) 拉张裂缝：位于滑坡体上部，多呈弧形，与滑坡壁方向大致平行。通常将其最外一条（即滑坡周界的裂缝）称滑坡主裂缝。

(2) 剪切裂缝：位于滑坡体中部的两侧，此裂缝的两侧常伴有羽毛状裂缝。

(3) 鼓胀裂缝：位于滑坡体下部，其方向垂直于滑动方向。

(4) 扇形裂缝：位于滑坡体中下部，尤以滑舌部分为多，成放射状。

(三) 滑坡形成的条件

1. 地质条件

1) 岩性

在岩土层中，必须具有受水构造、聚水条件和软弱面（该软弱面也是有隔水作用）等，才可能形成滑坡。

2) 地质构造

岩体构造和产状对山坡的稳定、滑动面的形成和发展影响很大，一般堆积层和下伏岩层接触面越陡，则其下滑力越大，滑坡发生的可能性也愈大。

2. 地形及地貌

从局部地形可以看出，下陡中缓上陡的山坡和山坡上部成马蹄形的环状地形，且汇水面积较大时，在坡积层中或沿基岩面易发生滑动。

3. 气候、径流条件

(1) 气候条件；

(2) 地表水作用；

(3) 地下水作用等。

4. 其他因素

如地震、人为地破坏边坡坡角、破坏自然排水系统，坡顶堆载等都可能引起滑坡。

(四) 判别滑坡的标志

1. 地物地貌标志

滑坡在斜坡上常造成环谷地貌（如圈椅、马蹄状地形），或使斜坡上出现异常台阶及斜坡坡脚侵占河床（如河床凹岸反而稍微突出或有残留的大孤石）等现象。滑坡体上常有鼻状凸丘或多级平台，其高程和特征与外围阶地不同。滑坡体两侧常形成沟谷，并有双沟同源现象。有的滑坡体上还有积水洼地、地面裂缝、醉汉林、马刀树、房屋倾斜和开裂等现象（图 6-3-4）。

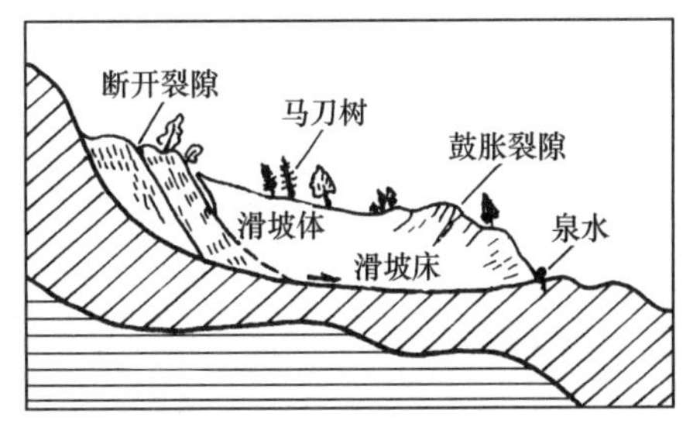

图 6-3-4 滑坡特征

2. 岩、土结构标志

滑坡范围内的岩、土常有扰动松脱现象。基岩层位、产状特征与外围不连续，有时局部地段新老地层呈倒置现象，常与断层混淆，其区分见表 6-3-3；常见有泥土、碎屑充填或未被充填的张性裂缝，普遍存在小型坍塌。

基岩滑坡与倾向坡脚的断层主要区别　　表 6-3-3

基岩滑坡	倾向坡脚的断层
滑坡改变岩体结构（层位、产状及断裂特征）范围不大	断层改变岩体结构范围大，一般顺走向延伸较远
滑坡床面上的岩体常具松动破坏迹象（折扭、张裂、充泥等）	断层上盘有时也可较下盘破碎，但常系由有规律的节理切割而成
滑坡床产状有起伏波折，其总体有向下凹的趋势	断层产状较稳定
滑坡塑性变形带的物质成分较杂，厚度变化大，所含砾石磨光性强，而挤碎性差	带构造岩特征与滑坡塑性变形带物质特征相反
滑坡擦痕方向与主滑方向一致，且只存在于黏性软塑带中或基岩表面一层，痕槽深浅及方向可随不同部位稍有变化	断层擦痕与坡向或滑坡体方向无关，且常深入基岩呈平行的多层状，痕槽深浅及方向性规律甚强

注：当滑坡借用断层面作滑坡床时，可据下列特点判别：

1. 滑坡地貌特征；
2. 滑坡床一般只部分地借用断层面，必须还有一部分与断层面分开；
3. 顺坡向的滑坡擦痕叠在断层原有擦痕之上；
4. 在滑坡范围内，滑坡位移改变断层两盘原有断距关系和岩体松动程度。

3. 水文地质标志

斜坡含水层的原有状况常被破坏，使滑坡体成为复杂的单独含水体。在滑动带前缘常有成排的泉水溢出。

4. 滑坡边界及滑坡床标志

滑坡后缘断壁上有顺坡擦痕，前缘土体常被挤出或呈舌状凸起；滑坡两侧常以沟谷或裂面为界；滑坡床常具有塑性变形带，其内多由黏性物质或黏粒夹磨光角砾组成；滑动面很光滑，其擦痕方向与滑动方向一致。

二、滑坡勘查

滑坡勘查应查明滑坡类型及要素、滑坡的范围、性质、地质背景及其危害程度，分析滑坡原因，判断稳定程度，预测发展趋势，提出防治对策、方案或整治设计的建议。

在勘查前，应根据滑坡所危及范围内的潜在经济损失、其威胁对象确定滑坡防治工程等级（表 6-3-4），工矿交通设施等重要性按表 6-3-5 确定。

根据地形、地貌、地层岩性、地质构造、岩、土体水文地质、工程地质等特征确定滑坡勘查的地质条件类型（表 6-3-6）。

滑坡防治工程等级　　表 6-3-4

滑坡防治工程等级	一级	二级	三级
潜在经济损失（万元）	≥5000	500≤且<5000	<500

续表

滑坡防治工程等级		一级	二级	三级
威胁对象	威胁人数（人）	≥500	100≤且<500	<100
	工矿交通设施等	重要	较重要	一般

注：满足潜在经济损失或威胁对象的其中之一条，即划定为相对应的防治工程等级。

工矿交通设施等重要性分类表 **表 6-3-5**

重要性	项目类别
重要	城市和村镇规划区、放射性设施、军事设施、核电、二级（含）以上公路、铁路、机场，大型水利工程、电力工程、港口码头、矿山、集中供水水源地、工业建筑、民用建筑、垃圾处理场、水处理厂、油（气）管道和储油（气）库等
较重要	新建村镇、三级（含）以下公路，中型水利工程、电力工程、港口码头、矿山、集中供水水源地、工业建筑、民用建筑、垃圾处理场、水处理厂等
一般	小型水利工程、电力工程、港口码头、矿山、集中供水水源地、工业建筑、民用建筑、垃圾处理场、水处理厂等

滑坡勘查地质条件复杂程度分类表 **表 6-3-6**

地质条件复杂程度	特点				
	地形地貌	地层岩性	地质构造	岩(土)体地质结构	水文地质
简单	地形起伏小；冲沟不发育；地貌类型单一	岩性变化不大，地质界线清楚；第四系阶地结构清楚	单斜地层；岩层平缓；节理不发育	围岩露头良好；岩体结构单一完整；风化卸荷裂隙不发育；风化层厚度薄	水文地质结构单一；地下水补给、径流、排泄条件清晰
复杂	地形起伏大；冲沟发育；地貌类型多变	岩性变化大，地质界线不清楚；覆盖层厚，地质露头差	褶皱强烈；断层规模大；岩溶强烈；节理发育	卸荷裂隙发育；风化层厚度大，岩体结构复杂；堆积层厚度大	水文地质结构变化大；地下水补给、径流、排泄条件复杂

滑坡勘查按阶段进行，各阶段主要解决的问题和采用方法见表 6-3-7。

各勘查阶段主要解决的问题和采用方法 **表 6-3-7**

勘查阶段	主要解决的问题	采用的方法手段
调查阶段	根据搜集资料和现场调查，确定是否是滑坡，如是滑坡，初步分析评价滑坡的稳定性和危害性	搜集资料、地面调查为主，适当布置工程地质测绘和勘查手段
初步勘查	在可行性论证阶段进行，了解滑坡所处地质环境条件，初步查明滑坡的岩（土）体结构、空间几何特征和体积、水文地质条件，通过岩土水试验提供滑坡基本物理力学参数，分析滑坡成因，进行稳定性评价，满足制定防治工程方案的地质要求	采用工程地质测绘、钻探、探井、物探等手段

续表

勘查阶段	主要解决的问题	采用的方法手段
详细勘查	在初步设计和施工图设计阶段进行，根据可行性研究阶段确定的滑坡防治工程方案，在充分利用可行性论证阶段的初步勘查成果资料基础上，进一步重点查明滑坡岩（土）体结构、空间几何特征和体积、水文地质条件，提供工程设计需用的岩（土）体物理力学参数，进行稳定性评价和推力计算，满足工程设计阶段的地质要求	采用工程地质测绘、钻探、探井、物探等手段
补充勘查	在施工图阶段进行，防治工程实施期间，开挖和钻探所揭示的地质露头的地质编录、重大地质结论变化的补充勘探，尤其是防治工程实施期间，重大地质结论变化的补充勘探，补充勘查主要针对变化区进行，查明地质体的空间形态、物质组成、结构特征、成因和稳定性，地下水存在状态与运动形式、岩（土）体的物理力学性质，应评估由于变化对滑坡整体稳定和局部稳定的影响	采用工程地质测绘、物探、钻探、探井等手段
竣工勘查	对原勘察结论、施工过程和施工后地质环境条件等进行评价和总结	采用工程地质测绘、钻探、探井、物探等手段

（一）测绘和调查

1. 范围

工程地质测绘与调查范围应包括滑坡区及其邻近地段，可根据滑坡规模和防治工程类型按表 6-3-8 和表 6-3-9 选择比例尺。

滑坡工程地质测绘比例尺 **表 6-3-8**

滑坡长或宽度（m）	平面测绘比例尺	剖面图比例尺
≤500	1∶500～1∶100	1∶500～1∶100
500～1000	1∶1000～1∶200	1∶1000～1∶200
≥1000	1∶5000～1∶500	1∶5000～1∶500

防治工程地质测绘比例尺 **表 6-3-9**

防治工程类型	平面测绘比例尺
地面排水工程、地下排水工程	1∶500～1∶100
抗滑桩和锚固工程	1∶500～1∶200
挡墙工程	1∶1000～1∶250
刷方减载和回填压脚工程	工程区纵横剖面间距 20～100m

2. 测绘和调查的主要内容

（1）应充分搜集已有资料（地形图、遥感影像、水文气象、地质地貌等内容），搜集当地滑坡史，易滑地层分布，工程地质图和地质构造图等资料；

（2）调查微地貌形态及其演变过程，详细圈定各滑坡要素；查明滑坡分布范围、滑带部位、滑痕指向、倾角以及滑带的组成和岩土状态；

（3）调查滑带水和地下水的情况、泉水出露地点及流量，地表水体、湿地的分布、变迁以及植被情况；

(4) 调查滑坡内外已有建筑物、树木等的变形、位移、特点及其形成的时间和破坏过程；

(5) 对滑坡边界、裂缝、软弱层（带）、剪出口等重要地质现象，应进行追索并合理布置地质点；

(6) 调查当地治理滑坡的过程和经验。

(二) 勘探

1. 勘探的主要任务

查明滑坡体的范围、厚度、物质组成和滑动面（带）的个数、形状及各滑动带的物质组成；查明滑坡体内地下水含水层的层数、分布、来源、动态及各含水层间的水力联系等。

2. 勘探方法的选择

滑坡勘探工作应根据需要查明的问题的性质和要求选择适当的勘探方法。一般可参照表 6-3-10 选用。

滑坡勘探方法适用条件 **表 6-3-10**

勘探方法	适用条件及部位
井探、槽探	用于确定滑坡周界和滑坡壁、前缘的产状，有时也为现场大面积剪切试验的试坑
深井（竖斜）	用于观测滑坡体的变化，滑动带特征及采取不扰动土试样等。深井常布置在滑坡体中前部主轴附近。采用深井时，应结合滑坡的整治措施综合考虑
洞探	用于了解关键性的地质资料（滑坡的内部特征），当滑坡体厚度大，地质条件复杂时采用。洞口常选在滑坡两侧沟壁或滑坡前缘，平洞常为排泄地下水整治工程措施的部分，并兼做观测洞
电探	用于了解滑坡区含水层、富水带的分布和埋藏深度，了解下伏基岩起伏和岩性变化及与滑坡有关的断裂破碎带范围等
地震勘探	用于探测滑坡区基岩的埋深，滑动面位置、形状等
钻探	用于了解滑坡内部的构造，确定滑动面的范围、深度和数量，观测滑坡深部的滑动动态

3. 勘探点的布置原则

勘探线和勘探点的布置应根据工程地质条件、地下水情况和滑坡复杂程度、规模和应查清的问题综合确定。除沿主滑方向应布置勘探线外，在其两侧滑坡体外也应布置一定数量勘探线，勘探点线间距根据勘查阶段按表 6-3-11、表 6-3-12 采用，应该说明表中是《滑坡防治工程勘查规范》GB/T 32864—2016 给出的点线间距，工程师在实际工作中除遵守规范外，还应根据滑坡的复杂程度，在勘查中适当调整点线间距，调整方案应报监理和业主同意后实施。勘探方法除钻探外，应有一定数量的探井。对于规模较大的滑坡，宜布置物探工作。滑坡勘探点平面布置示意图见图 6-3-5。

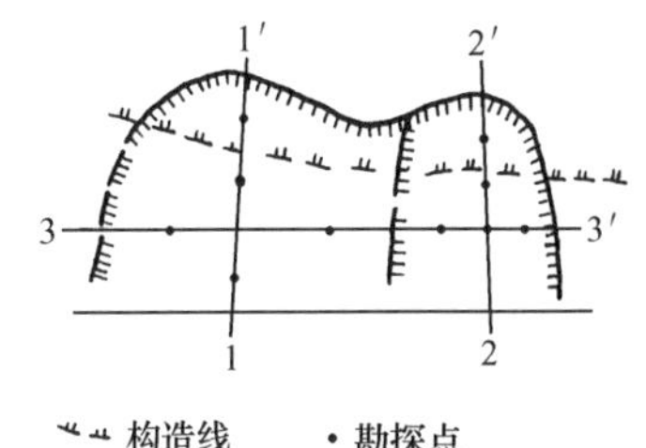

图 6-3-5 滑坡勘探点平面布置

勘探点线间距要求（初步勘查阶段） 表 6-3-11

勘探地质条件类型	勘探线	主辅勘探线间距（m）	主勘探线勘探点间距（m）	辅勘探线勘探点间距（m）
简单	纵向	60～240	60～120	60～240
	横向	60～240	60～120	60～240
复杂	纵向	40～160	40～80	40～160
	横向	40～160	40～80	40～160

勘探点线间距要求（详细勘察阶段） 表 6-3-12

勘探地质条件类型	勘探线	主辅勘探线间距（m）	主勘探线勘探点间距（m）	辅勘探线勘探点间距（m）
简单	纵向	30～120	30～60	60～120
	横向	30～120	60～120	60～120
复杂	纵向	20～80	20～40	40～80
	横向	20～80	20～40	40～80

4. 勘探孔深度的确定

勘探孔的深度应穿过最下层滑面，进入滑床 3～5m，拟布设抗滑桩或锚索部位控制性钻孔进入滑床的深度宜大于滑体厚度的 1/2，并不小于 5m。在滑坡体、滑动面（带）和稳定地层中，应采取土试样和水试样。

（1）根据滑动面的可能深度确定，必要时可先在滑坡中、下部布置 1～2 个控制性深孔，其深度应超过滑坡床最大可能埋深 3～5m。其他钻孔可钻至最下滑动面以下 1～3m。

（2）当堆积层滑坡的滑床为基岩时，则钻入基岩的深度应大于堆积层中所见同类岩性最大孤石的直径，以能确定是基岩时终孔。

（3）若为向下作垂直疏干排水的勘探孔，应打穿下伏主要排水层，以了解其厚度、岩性和排水性能。在抗滑桩地段的勘探深度，则应按其预计嵌固深度确定。

5. 钻进过程中的注意事项

（1）滑动面（带）的鉴定：滑带土的特点是潮湿饱水或含水量较高，比较松软，颜色和成分较杂，常具滑动形成的揉皱或微斜层理、镜面和擦痕；所含角砾、碎屑具有磨光现象，条状、片状碎石有错断的新鲜断口。同时还应鉴定滑带土的物质组成，并将该段岩芯晾干，用锤轻敲或用刀沿滑面剖开，测出滑面倾角和沿擦痕方向的视倾角，供确定滑动面时参考。

（2）黄土滑坡的滑动面（带）往往不清楚，应特别注意黄土结构有无扰动现象及古土壤、卵石层产状的变化，这些往往是分析滑面位置的主要依据。

（3）钻进过程中应注意钻进速度及感觉的变化，并量测缩孔、掉块、漏水，套管变形的部位，同时注意地下水位的观测，这些对确定滑动面（带）的意义很大。

（三）试验工作

1. 抽（提）水试验，测定滑坡体内含水层的涌水量和渗透系数；分层止水试验和连通试验，观测滑坡体各含水层的水位动态、地下水流速、流向及相互联系；进行水质分析，用滑坡体内、外水质对比和体内分层对比，判断水的补给来源和含水层数。

2. 除对滑坡体不同地层分别作天然含水量、密度试验外，更主要的是对软弱地层，特别是滑带土作物理力学性质试验。

3. 滑带土的抗剪强度直接影响滑坡稳定性验算和防治工程的设计，因此测定 c、φ 值应根据滑坡的性质、组成滑带土的岩性、结构和滑坡目前的运动状态，选择尽量符合实际情况的剪切试验（或测试）方法。试验工作尚应符合下列要求：

（1）宜采用室内或野外滑面重合剪或滑带土做重塑土或原状土多次剪，求出多次剪和残余抗剪强度指标；

（2）试验宜采用与滑动受力条件相类似的方法，用快剪、饱和快剪、固结快剪、饱和固结快剪。表 6-3-13 给出了滑带土强度在不同滑动阶段的变化情况（根据刘传正《重大地质灾害防治理论与实践》整理）。

滑带土强度在不同滑动阶段的变化情况 **表 6-3-13**

地段 滑动阶段	主滑地段	牵引地段	抗滑地段
变形阶段	越过峰值强度	部分未越过峰值强度	未越过峰值强度
蠕动滑移阶段	越过峰值强度向残余强度过渡	越过峰值强度	部分越过峰值强度
滑动破坏阶段	残余强度	越过峰值向残余强度过渡	主要部分为残余强度
稳定压密阶段	强度逐渐恢复		

从上表中看出：不同部位的滑带土在不同阶段抗剪强度指标不同，即使在同一部位不同阶段抗剪强度指标也不同，因而，选取抗剪强度指标时应确定滑坡体所处的阶段，根据所处阶段选取抗剪强度参数。

（3）为检验滑动面抗剪强度指标的代表性，可采用反演分析法，并应符合：

① 采用滑动后实测的主滑断面进行计算。

② 需合理选择稳定安全系数 K 值，对正在滑动的滑坡，可根据滑动速率选择略小于 1 的 K 值（$0.95 \leqslant K < 1$），对处于暂时稳定的滑坡，可选择略大于 1 的 K 值（$1 < K \leqslant 1.05$）。

③ 宜根据抗剪强度（c、φ）值的试验结果及经验数据，先给定其中某一比较稳定值，反求另一值。

④《滑坡防治工程勘查规范》GB/T 32864—2016 规定，滑坡带抗剪强度参数指标的选定应结合滑坡变形滑动阶段和试验方法综合考虑。可参考表 6-3-14 取值。

滑带抗剪强度指标取值建议表 **表 6-3-14**

稳定状态		试验方法		
		滑带土峰值抗剪强度	滑带土残余抗剪强度	滑体土峰值抗剪强度
稳定	未滑动	✓		
	曾滑动		✓	
基本稳定	未滑动	✓		
	曾滑动		✓	

续表

稳定状态		试验方法		
		滑带土峰值抗剪强度	滑带土残余抗剪强度	滑体土峰值抗剪强度
欠稳定			√	
不稳定			√	
未形成滑带的变形体				√

注：√表示选项。

⑤ 应估计该滑坡达到的最不利情况的可能性。

（四）滑坡的观测及预报

1. 滑坡位移观测

1）观测内容

滑坡位移观测的内容是：观测它平面位置和高程的变化，并根据观测结果，采用一定的比例绘制滑坡位移矢量图（图 6-3-6）。

2）观测方法

（1）简易观测：对于地表局部地段的观测可采用在滑坡裂缝两侧打桩（图 6-3-7*a*），或在构筑物（如挡土墙、浆砌片石沟等）裂缝上贴水泥砂浆片（图 6-3-7*b*），或在裂缝两侧设固定标尺（图 6-3-7*c*），或在滑坡前缘剪出带内刻槽（图 6-3-7*d*）和设标等简易方法，对滑坡进行观测。

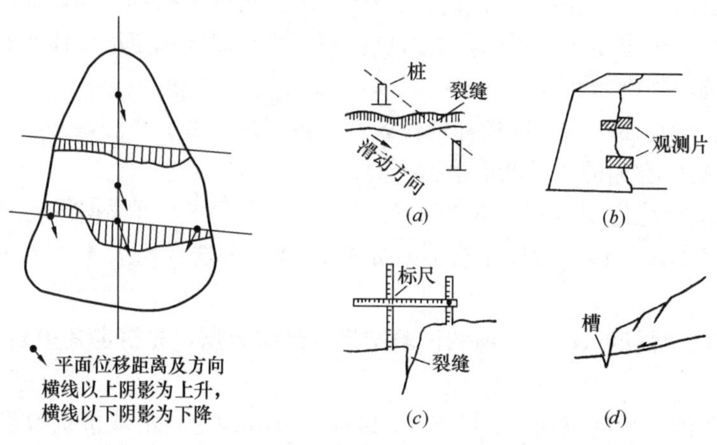

图 6-3-6　滑坡位移矢量图　　图 6-3-7　滑坡简易观测装置

（2）精密观测：对于地表整体位移的观测可采用如下精密的观测方法：

① 对范围不大，主轴位置明显的窄长滑坡可设置十字交叉网（图 6-3-8*a*）进行观测。

② 对范围不大但地形开阔的滑坡可设置放射网（图 6-3-8*b*）进行观测。

③ 对地形复杂的大型滑坡则设置任意方格网（图 6-3-8*c*）进行观测。

3）位移观测在滑坡分析中的应用

（1）根据各观测桩移动或不移动，位移量和位移方向的不同，可确定滑坡的范围，或区分老滑坡上的局部移动，或从外貌上很像一个整体滑坡的滑坡群中区分出各单个滑坡。

一般在滑坡群内，各滑坡在边缘位置的观测桩，其位移方向是向各自的滑体偏移，且两滑体间的观测桩位移量较小（图 6-3-9）。

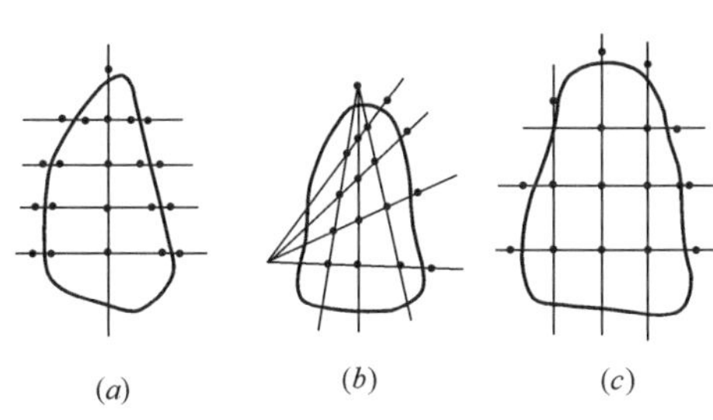

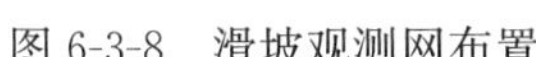

图 6-3-8 滑坡观测网布置

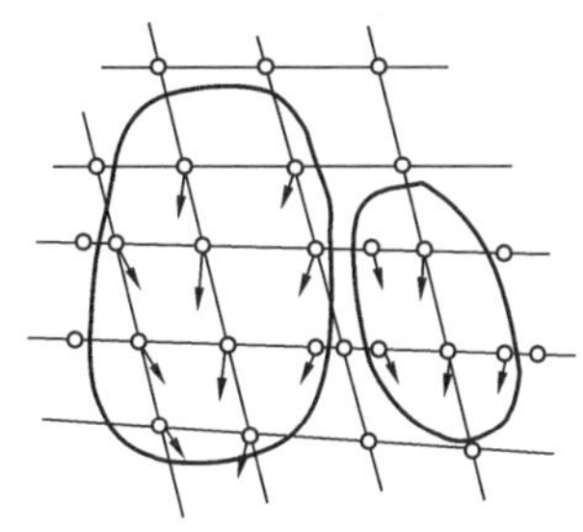

图 6-3-9 滑坡周界的划分

（2）根据绘制的滑坡位移矢量图可确定滑坡的主滑线。即从位移矢量图中找出每一横断面上位移量、下沉量最大的点，连接这些点的线即为所求的滑坡主滑线（图 6-3-9）。

（3）根据沿滑动方向断面上各观测桩的平面位移量，按下式计算各观测桩间单位长度的平均相对拉伸（或压缩）值 ε（mm/m），从而分析出各段受力的性质（拉、压）和相对大小。

$$\varepsilon = \frac{\text{上、下两桩平面位移量差(mm)}}{\text{桩距(m)}}$$

ε 为正值时受压，负值则受拉。根据滑体受力状态的分析，对布置防治滑坡工程建筑是有实用价值的。为简便起见，可只对主轴断面进行计算分析，其结果可采用图示方法（图 6-3-10）表示。

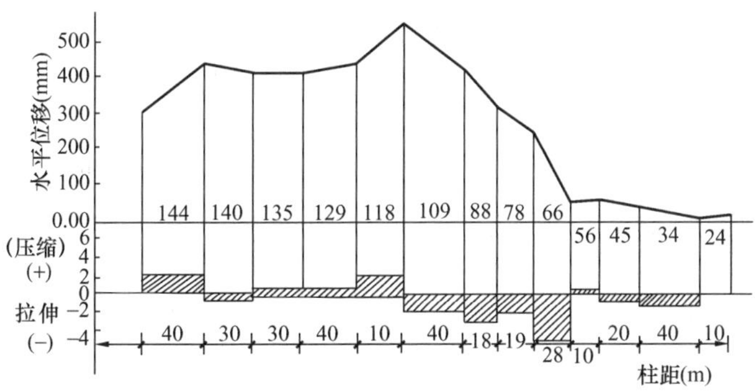

图 6-3-10 滑坡受力状态分析

（4）当滑坡只有一个滑动面时，观测桩位移合矢量与水平线的夹角（α），常和其下相应部分滑面倾角相近，用这一现象可判断滑面的形式：

$$\tan\alpha = \frac{\text{桩高程变动值}}{\text{桩水平位移值}}$$

当观测桩升高时，α 角表示滑床向上翘的角度，反之则 α 角表示滑床向下倾的角度。

2. 其他观测

（1）滑坡带内的孔隙水压力及其消散、增长情况的观测。

（2）支挡结构上承受的压力及其消散，增长情况观测。

(3) 滑坡体内外地下水位、水温，水质和流向的变化以及地下水露头的流量和水温变化情况观测。

(4) 其他仪器观测，如用倾斜仪、地音仪、地电仪、测震仪，伸缩计等对滑坡的活动现象进行观测。

3. 滑坡活动的预报

对未经处理或处理十分困难且危害性大的滑坡，需对滑坡的滑动可能性做出预报。其内容主要为滑坡地点、滑动规模、滑动时间及可能的危害范围。滑坡地点和时间的预报应研究下列问题：

(1) 滑坡地点及规模的预报，应以研究区域地质、地形地貌、工程地质等资料，结合现场调查工作，分析降水、地下水、地震、人为活动等因素为依据。

(2) 滑坡时间的预报应在地点预报的基础上，根据各项观测的结果，对滑坡要素的变化、地面或建筑物的变形，地面水体的漏失，地下水位及露头的变化情况以及其他滑坡滑动的前兆现象进行分析判断后做出预报。

三、滑坡稳定性分析

(一) 根据地貌特征分析

根据地貌特征可参照表 6-3-15 判断滑坡的稳定性。

根据地貌特征判断滑坡稳定性　　　　**表 6-3-15**

滑坡要素	相对稳定	不稳定
滑坡体	坡度较缓，坡面较平整，草木丛生，土体密实，无松塌现象，两侧沟谷已下切深达基岩	坡度较陡，平均坡度 30°，坡面高低不平，有陷落松塌现象，无高大直立树木，地表水泉湿地发育
滑坡壁	滑坡壁较高，长满了草木，无擦痕	滑坡壁不高，草木少，有坍塌现象，有擦痕
滑坡平台	平台宽大且已夷平	平台面积不大，有向下缓倾或后倾现象
滑坡前缘及滑坡舌	前缘斜坡较缓，坡上有河水冲刷过的痕迹，并堆积了漫滩阶地，河水已远离舌部，舌部坡脚有清晰泉水	前缘斜坡较陡，常处于河水冲刷之下，无漫滩阶地，有时有季节性泉水出露

另外，也可利用滑坡工程地质图，根据各阶地标高连续关系，滑坡位移量和与周围稳定地段在地物、地貌上的差异，以及滑坡变形历史等分析地貌发育历史过程和变形情况来推断发展趋势，判定滑坡整体和各局部的稳定程度。

(二) 工程地质及水文地质条件对比

将滑坡地段的工程地质、水文地质条件与附近相似条件的稳定山坡进行对比，分析其差异性，从而判定其稳定性。

1. 下伏基岩呈凸形的，不易积水，较稳定；相反，呈勺形，且地表有反坡向地形时，易积水，不稳定。

2. 滑坡两侧及滑坡范围内同一沟谷的两侧，在滑动体与相邻稳定地段的地质断面中，详尽的对比描述各层的物质组成、组织结构、不同矿物含量和性质、风化程度和液性指数在不同位置上的分布等，借以判断山坡处于滑动的某一阶段及其稳定程度。

3. 分析滑动面的坡度、形状、与地下水的关系，软弱结构面的分布及其性质，以判定其稳定性及估计今后的发展趋势。

（三）滑动前的迹象及滑动因素的变化

分析滑动前的迹象，如裂缝、水泉复活、舌部鼓胀、隆起等，以及引起滑动的自然和人为因素如切方、填土、冲刷等，研究下滑力与抗滑力的对比及其变化，从而判定滑坡的稳定性。

四、滑坡稳定性评价

（一）基本要求

滑坡稳定性的评价方法分为极限平衡法、数值计算和可靠度分析，极限平衡法是目前常用的方法，规范也推荐使用该方法，数值分析方法（有限元法、有限差分法、离散元法等）常用于复杂滑坡的数值分析，可靠度分析（概率法）目前规范没有推荐使用该方法，大专院校、科研机构使用该方法对滑坡进行分析评价。

滑坡的稳定性评价计算应符合下列要求：

（1）正确选择有代表性的分析断面，正确划分牵引段、主滑段和抗滑段；

（2）正确选用强度指标，宜根据测试成果、反分析和当地经验综合确定；

（3）有地下水时，应计入浮托力和水压力；

（4）根据滑面（滑带）条件，按平面、圆弧或折线，选用正确的计算模型；

（5）当有局部滑动可能时，除验算整体稳定外，尚应验算局部稳定；

（6）当有地震、冲刷、人类活动等影响因素时，应计算这些因素对稳定的影响。

目前国内常用的极限平衡法计算公式的假定条件和使用范围见表 6-3-16。

极限平衡法计算公式的假定条件和使用范围　　表 6-3-16

计算方法	所满足的平衡条件				滑面形式
	整体力矩	条块力矩	垂直力	水平力	
瑞典圆弧法	满足	不满足	不满足	不满足	圆弧
Bishop 法	满足	不满足	满足	不满足	圆弧
Janbu 法	满足	满足	满足	满足	任意
Sarma 法	满足	满足	满足	满足	任意
传递系数法	不满足	不满足	不满足	满足	任意

经研究：

（1）除传递系数法外，在 φ 值较大时，在同样条件下，瑞典圆弧法计算得到的稳定系数最小，对于 φ 值很小或为零的软黏土，瑞典圆弧法计算的稳定系数不一定比其他方法保守；

（2）采用极限平衡法、Bishop 法、Janbu 法计算的稳定系数，稍大于瑞典圆弧法、传递系数法，相同的力学破坏模式，一样的物理力学参数和工况，采用不同的计算方法，稳定系数计算结果可相差 30%；

（3）传递系数法计算的稳定系数与表 6-3-16 中其他 4 种计算方法计算的稳定系数具有可比性，稳定系数略小于其他方法。

（二）工况选择

不同地区对滑坡的稳定性评价规定了不同的工况，工况选择考虑天然、暴雨、地震、库区涉水等情况及其组合，各种组合稳定评价中稳定性系数不同。如三峡库区涉水滑坡稳定性计算涉水滑坡考虑工况：

① 自重＋地表荷载＋现状水位；

② 自重＋地表荷载＋水库坝前 175m、156m 或 139m 静水位＋N 年一遇暴雨（$q_{枯}$）；

③ 自重＋地表荷载＋水库坝前 162m、156m 或 145m 静水位＋N 年一遇暴雨（$q_{全}$）；

④ 自重＋地表荷载＋水库坝从 175m 降到 145m；

⑤ 自重＋地表荷载＋水库坝从 175m 降到 145m＋非汛期 N 年一遇暴雨（$q_{枯}$）；

⑥ 自重＋地表荷载＋水库坝从 175m 降到 145m＋N 年一遇暴雨（$q_{全}$）；

非涉水滑坡考虑工况：

⑦ 自重＋地表荷载；

⑧ 自重＋地表荷载＋N 年一遇暴雨（$q_{全}$）；

汶川地震后滑坡考虑工况：

① 天然工况，考虑自重；

② 天然＋暴雨工况，考虑自重＋暴雨；

③ 天然＋地震工况，考虑自重＋地震；

《滑坡防治工程勘查规范》(GB/T 32864—2016）规定：

1. 地下水水位以下范围内水压力应按下列方法计算：

（1）当滑坡体渗透系数大于 1×10^{-7}m/s 时，应计算渗透压力；

（2）当滑坡体渗透系数小于或等于 1×10^{-7}m/s 时，可不计算渗透压力；

（3）对岩体完整或较完整、滑面缓倾、后缘有陡倾裂隙的岩质滑坡，应考虑降雨入渗后缘裂隙形成静水压力以及形成的扬压力和超孔隙水压力。

2. 对于一级、二级滑坡防治工程，设计水平地震动峰值加速度为 0.3g 时，宜同时考虑竖向地震惯性力的作用。

（三）稳定性分析评价

1. 圆弧滑动条分法

假定破裂面为圆弧形。其方法是在坡肩画出与水平线成 36°的倾角线作为破裂圆弧的圆心轨迹线，然后绘出通过坡脚的圆弧，再用条分法求出条块的下滑力、法向力，最后根据不同情况选用下列各式求算稳定性系数 K_s（图 6-3-11）。

$$K_s=\frac{\sum R_i}{\sum T_i} \tag{6-3-1}$$

$$N_i=(Q_i+Q_{bi})\cos\theta_i+P_{wi}\sin(\alpha_i-\theta_i)$$

$$T_i=(Q_i+Q_{bi})\sin\theta_i+P_{wi}\cos(\alpha_i-\theta_i)$$

$$R_i=N_i\tan\varphi_i+c_il_i$$

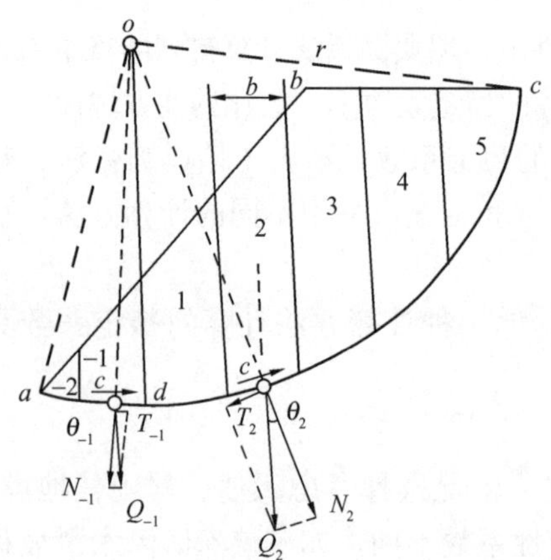

图 6-3-11 圆弧滑动条分法计算简图

（1）当圆弧滑动面的下端有朝着土体内侧倾斜时，内倾部分所产生的下滑力是起着抵抗总体下滑力的作用，所以应将 T 值分为 $T_{滑}$ 和 $T_{抗}$ 两部分。K_s 值则按下式计算：

$$K_s=\frac{\sum R_i}{\sum T_{滑}-\sum T_{抗}} \tag{6-3-2}$$

（2）当有地震 F 作用时，可按下式计算：

$$K_s=\frac{\sum[(N_i-N_i')\tan\varphi_i+c_il_i]}{\sum(T_i+T_i')} \tag{6-3-3}$$

$$N'_i = F_i \sin\alpha_i$$
$$T'_i = F_i \cos\alpha_i$$

式中　K_s——边坡稳定性系数；

c_i——计算条块滑动面上岩土体的粘结强度标准值（kPa）；

φ_i——第 i 计算条块滑动面上岩土体的内摩擦角标准值（°）；

l_i——第 i 计算条块滑动面长度（m）；

θ_i，α_i——第 i 计算条块底面倾角和地下水位面倾角（°）；

Q_i——第 i 计算条块单位宽度岩土体自重（kN/m）；

Q_{bi}——第 i 计算条块滑体地表建筑物（外加荷载）的单位宽度自重（kN/m）；

P_{wi}——第 i 计算条块单位宽度的总渗透力（kN/m）；

N_i——第 i 计算条块滑体在滑动面法线上的反力（kN/m）；

N'_i——地震力垂直于第 i 计算条块滑体在滑动面法线上的分力（kN/m）；

T_i——第 i 计算条块滑体在滑动面切线上的反力（kN/m）；

T'_i——地震力平行于第 i 计算条块滑体在滑动面法线上的分力（kN/m）；

R_i——第 i 计算条块滑动面上的抗力（kN/m）。

2. 平面滑动法

假设破裂面为直线型，经过边坡上任意点 A（或坡脚）可引出无数条与水平线成 β 角的可能破裂的直线。按岩土体安全系数公式计算各破裂面的 K 值，岩土体稳定程度将以其中最小者来确定。具有最小的安全系数（K_{min}）的面称为临界面，此面和水平线所成之角 β，称为临界角。

边坡稳定性系数可按下式计算：

$$K_s = \frac{\gamma V \cos\beta \tan\varphi + Ac}{\gamma V \sin\beta} \tag{6-3-4}$$

当在坡体上还附加有其他的作用力，例如静水压力、渗透压力、地震作用、附加荷载等，则岩坡分析更为复杂。这时，要相应地将此等附加力考虑于楔体的力系平衡中。例如当边坡存在张节理时，在暴雨情况下，由于张节理底部排水不畅，节理内可能临时充水到一定高度，沿张节理和滑动面产生静水压力，使滑动力增大，如图 6-3-12 所示。

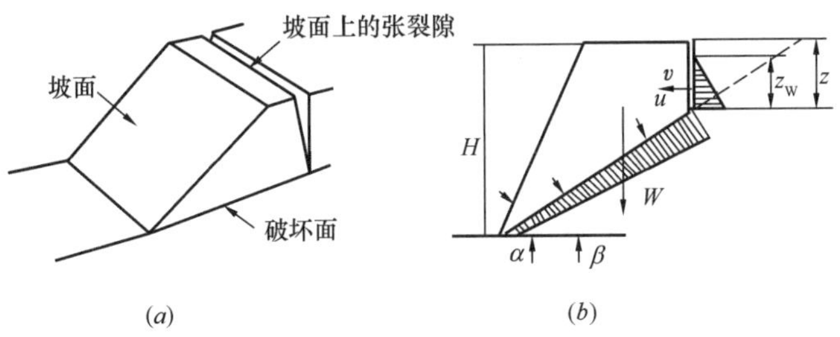

图 6-3-12　坡面上有张裂隙的岩质边坡的平面破坏

（a）立体图；（b）剖面图

此时，边坡稳定性系数可按下式计算：

$$K_s = \frac{(\gamma V \cos\beta - \mu - v\sin\beta)\tan\varphi + Ac}{\gamma V \sin\beta + v\cos\beta} \tag{6-3-5}$$

其中

$$A=(H-z)\csc\beta$$

$$\mu=\frac{1}{2}\gamma_{w}z_{w}(H-z)\csc\beta$$

$$v=\frac{1}{2}\gamma_{w}z_{w}^{2}$$

式中　γ——岩土体的重度（kN/m³）；

γ_w——水的重度（kN/m³）；

z——坡顶至滑坡面深度（m）；

z_w——裂隙充水高度（m）；

H——滑坡脚至坡顶的高度（m）；

c——结构面的黏聚力（kPa）；

φ——结构面的内摩擦角（°）：

A——结构面的面积（m²）；

V——岩土体的体积（m³）；

β——结构面的倾角（°）；

α——坡角（°）。

3. 折线滑动法

边坡稳定性系数可按下列方法计算（如图 6-3-13）：

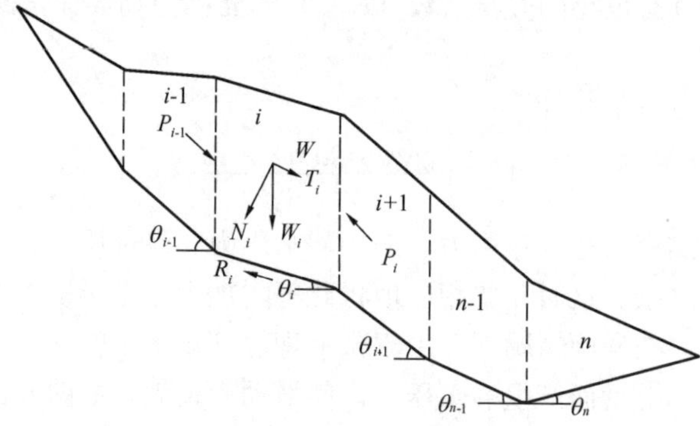

图 6-3-13　边坡稳定性系数计算简图

$N_i=w_i\cos\theta_i$　$T_i=w_i\sin\theta_i$

图中：P_i—第 i 块段以下滑体对其施加的抵抗力（kN/m）；

P_{i-1}—第 i 块段以上滑体对其施加的传递下滑力（kN/m）

$$K_s=\frac{\sum_{i=1}^{n-1}(R_i\prod_{j=i}^{n-1}\psi_j)+R_n}{\sum_{i=1}^{n-1}(T_i\prod_{j=i}^{n-1}\psi_j)+T_n} \tag{6-3-6}$$

$$\prod_{j=i}^{n-i}\psi_j=\psi_i\psi_{i+1}\cdots\psi_{n-1}$$

$$\psi_i=\cos(\theta_i-\theta_{i+1})-\sin(\theta_i-\theta_{i+1})\tan\varphi_{i+1}$$

式中　ψ_i——第 i 计算条块剩余下滑推力向第 $i+1$ 计算条块的传递系数；

其他符号同前。

折线滑动法为不平衡推力传递法，计算中应注意如下可能出现的问题：

（1）当滑面形状不规则，局部凸起而使滑体较薄时，宜考虑从凸起部位剪出的可能性，可进行分段计算；

（2）由于不平衡推力传递法的计算稳定系数实际上是滑坡最前部条块的稳定系数，若最前部条块划分过小，在后部传递力不大时，边坡稳定系数将显著地受该条块形状和滑面角度影响而不能客观地反映边坡整体稳定状态。因此，在计算条块划分时，不宜将最下部条块分得太小；

（3）当滑体前部滑面较缓或出现反倾段时，自后部传递来的下滑力和抗滑力较小，而前部条块下滑力可能出现负值而使边坡稳定系数为负值，此时应视边坡为稳定状态；当最前部条块稳定系数不能较好地反映边坡整体稳定性时，可采用倒数第二条块的稳定系数，或最前部两个条块稳定系数的平均值。

（四）恢复山体极限平衡状态的核算

把滑坡恢复到刚滑动的瞬间，即认为滑坡正处于极限平衡（$K_s=1$）状态，选择适当公式反求 $K_s=1$ 时滑带土的抗剪强度参数 c、φ 值，然后用反求得的 c 或 φ 值推求滑坡当前所处的状态（如图 6-3-14 中实线断面）的 K_s值，从而判断当前滑坡的稳定程度。

根据滑动面形状和滑带土的组成成分不同，又可分为三种方法。

1. 综合单位黏聚力（综合 c）法

适用于土质均一，滑带饱水且难以排出（特别是黏性土为主所组成的滑动带）的情况。

（1）对于圆弧滑面（图 6-3-14）可按下式计算：

$$K_s=\frac{W_2d_2+cLR}{W_1d_1} \tag{6-3-7}$$

式中　W_1——滑体下滑部分的重量（kN/m）；

d_1——W_1 对于通过滑动圆弧中心的铅垂线的力臂（m）；

W_2——滑体阻滑部分的重量（kN/m）；

d_2——W_2对于通过滑动圆弧中心的铅垂线的力臂（m）；

L——滑动圆弧的全长（m）；

R——滑动圆弧的半径（m）；

c——滑动圆弧面上的综合单位黏聚力（kPa）。

（2）对于折线形滑动面（图 6-3-15）。可根据滑动面的倾斜方向，将其分为下滑段和抗滑段，按下式计算：

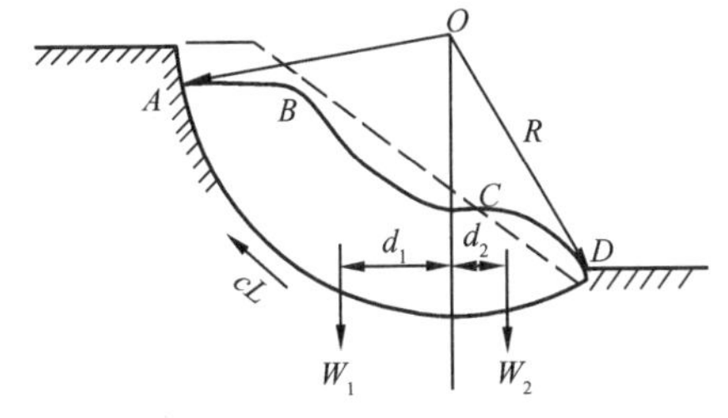

图 6-3-14　圆弧形滑面计算

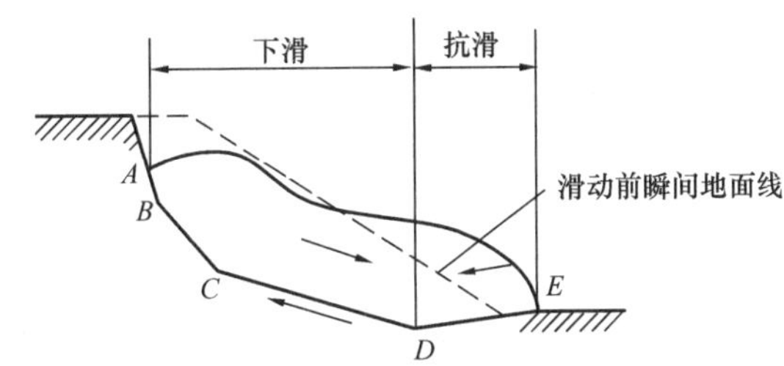

图 6-3-15　折线形滑动面计算

$$K=\frac{\sum_{j=1}^{n}W_{2j}\sin\alpha_j\cos\alpha_j+c\left(\sum_{i=1}^{m}l_i\cos\alpha_i+\sum_{j=1}^{n}l_j\cos\alpha_j\right)}{\sum_{i=1}^{m}W_{1i}\sin\alpha_i\cos\alpha_i}\tag{6-3-8}$$

式中　W_{1i}——滑体下滑部分第 i 条块所受的重力（kN）；

W_{2j}——滑体阻滑部分第 j 条块所受的重力（kN）；

α_i——滑体下滑部分第 i 条块所在折线段滑面的倾角（°）；

α_j——滑体阻滑部分第 j 条块所在折线段滑面的倾角（°）；

c——折线形滑面上的综合单位黏聚力（kPa）；

l_i——滑体下滑部分第 i 条块所在折线段滑面的长度（m）；

l_j——滑体阻滑部分第 j 条块所在折线段滑面的长度（m）。

2. 综合内摩擦角（综合 φ）法

适用于以粗粒岩屑或残积物为主的且在滑动中可排出滑带水的滑动带，即考虑 $c\approx0$。这种情况的计算式为：

$$K=\frac{\sum_{j=1}^{n}W_{2j}\sin\alpha_j\cos\alpha_j+\left(\sum_{i=1}^{m}W_{1i}\ \cos^2\alpha+\sum_{j=1}^{n}W_{2j}\ \cos^2\alpha_j\right)\tan\varphi+c\left(\sum_{i=1}^{m}l_i\cos\alpha_i+\sum_{j=1}^{n}l_j\cos\alpha_j\right)}{\sum_{i=1}^{m}W_{1i}\sin\alpha_i\cos\alpha_i}\tag{6-3-9}$$

3. c、φ 法

适用于以黏性土和岩屑碎粒组成的且两者含量相近的滑动带。这种情况可用当地两个不同断面的核算解联立方程式反求 c、φ，其计算式为：

$$K=\frac{\sum_{j=1}^{n}W_{2j}\sin\alpha_j\cos\alpha_j+\left(\sum_{i=1}^{m}W_{1i}\ \cos^2\alpha_i+\sum_{j=1}^{n}W_{2j}\ \cos^2\alpha_j\right)\tan\varphi+c\left(\sum_{i=1}^{m}l_i\cos\alpha_i+\sum_{j=1}^{n}l_j\cos\alpha_j\right)}{\sum_{i=1}^{m}W_{1i}\sin\alpha_i\cos\alpha_i}\tag{6-3-10}$$

式中　φ——滑动面上的综合内摩擦角（°）；

其余符号意义同前。

（五）滑坡当前稳定程度的验算

1. 滑体大致等厚，滑床为单一坡度的倾斜平面的层面滑坡

（1）当滑床相对隔水，滑体及滑带土湿度变化不大（图 6-3-16a）时，可按下式计算：

$$K=\frac{\gamma h\cos\alpha\tan\varphi+c\sec\alpha}{\gamma h\sin\alpha}\tag{6-3-11}$$

（2）当滑床相对隔水、滑体上裂隙贯通至滑带，雨季时滑体全部饱水，需考虑水的浮力作用的情况可按下式计算：

$$K=\frac{(\gamma_s-\gamma_w)h\cos\alpha\tan\varphi+c\sec\alpha}{(\gamma_s-\gamma_w)h\sin\alpha+\gamma_w h\sin\alpha}=\frac{(\gamma_s-\gamma_w)h\cos\alpha\tan\varphi+c\sec\alpha}{\gamma_s h\sin\alpha}\tag{6-3-12}$$

如果滑体只部分饱水（图 6-3-16b），且饱水厚度为 h_s 时，可按下式计算：

$$K=\frac{\left|\gamma h+(\gamma_s-\gamma-\gamma_w)h_s\right|\cos\alpha\tan\varphi+c\sec\alpha}{\left|\gamma h+(\gamma_s-\gamma)h_s\right|\sin\alpha}\tag{6-3-13}$$

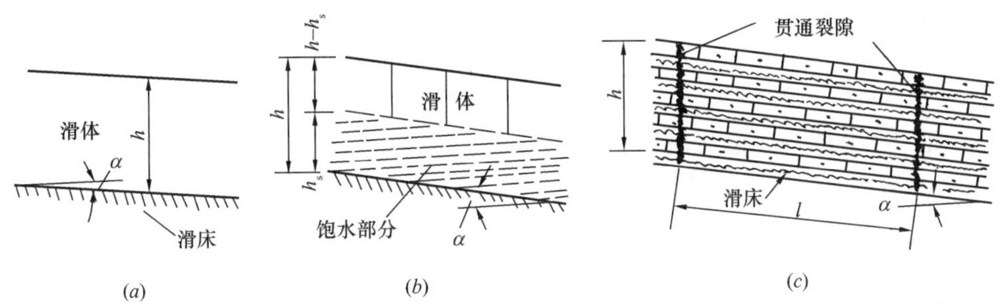

图 6-3-16　滑体等厚、滑床为单一倾斜平面的层面滑坡

(a) 非饱水土层；(b) 部分饱水土层；(c) 软硬岩互层

(3) 当由软硬岩互层组成的斜坡沿某一软层滑动，滑体内有贯通裂隙（图 6-3-16c），暴雨时需要考虑裂隙充水的静水压力时，可按下式计算：

$$K=\frac{\gamma_{r}h\cos\alpha\tan\varphi+c\sec\alpha}{\gamma_{r}h\sin\alpha+\frac{1}{2}\gamma_{w}h^{2}\eta} \tag{6-3-14}$$

如果裂隙未充水，在地震作用下发生滑动时，可按下式计算：

$$K=\frac{\gamma_{r}h\cos\alpha\tan\varphi+c\sec\alpha}{\gamma_{r}h\sin\alpha+F} \tag{6-3-15}$$

式中　γ——滑动土体的天然重度（kN/m^3）；

γ_s——滑动土体饱水后的重度（kN/m^3）；

γ_r——滑动岩体的天然重度（kN/m^3）；

γ_w——水的重度（kN/m^3）；

h——滑动岩（土）体的垂直厚度（m）；

c——滑带岩、土的黏聚力（kPa）；

φ——滑带岩、土的内摩擦角（°）；

α——滑动面的倾斜角（°）；

η——滑动岩体的裂缝系数，即每米水平距离上的贯通裂隙系数，其值为 $1/l\cos\alpha$；

F——地震作用（kN/m），其值为 $F=\frac{a}{g}\gamma_{r}h$，其中 a 为地震加速度（m/s^2），g 为重力加速度（取 $g=9.81m/s^2$）。

2. 滑体不等厚，滑床为折线形的滑坡

(1) 当整个滑坡为均匀整体滑动时，可据折线段滑面的转折进行条分，然后按式(6-3-6)计算。

(2) 若整个滑坡情况复杂，各部分间为差异滑动，可在平面及横断面上按滑床形状分条，在剖面上顺滑动方向分级或分层，在每条、每级或每层上分块，判断各自的稳定性及相互间的影响。

对于在同一沟槽滑床上的几块滑体，则应自前至后逐块验算其本身的稳定性和每块向前滑动后的共同稳定性，对于多层滑坡，应验算各层滑坡的稳定，并考虑相邻上、下层滑动间的相互影响，判断其共同稳定性。

各单元的稳定性验算仍采用式（6-3-6）计算，但应根据具体情况分析可能同时出现的其他力系，合理选择滑带各不同部分岩、土强度指标并估计其可能的变化，力求符合实际。

（3）几个不利附加力的考虑：

1）若在滑带有承压地下水活动（其压头为 H_0时，H_0从滑床向上算起），则应在滑体条块上加入 $\gamma_w H_0$的浮力。

2）若滑体底部有一部分饱水并与滑带水连通，且自滑坡出口不断渗出时，应在各条块饱水面积（A_i）的重心处加上一个渗流压力 $\gamma_w A_i \sin\alpha_i$，其方向与滑体条块的下滑力相同。

3）若滑体后部有贯通至滑带的裂缝，其深度为 h_i，滑动时裂缝充水来不及排出时，应在裂缝位置处加上一个水平的静水压力 $\frac{1}{2}\gamma_w h_i{}^2$，作用于滑面以上 $h_i/3$ 处，指向滑动的方向。

4）在地震作用下不致使滑体岩土结构遭到破坏的条件下，考虑地震的作用时，可在每个滑体条块重心加上一个水平地震作用，指向滑动方向。

5）当滑坡滨临江河湖海、水库，受到水位升降影响时，应考虑水位上升时增加对滑坡的静水压力及地下水位抬高后滑坡头部浸湿部分的浮力，水位骤降时失去的静水压力及由于滑体内来不及排水而产生的渗流压力和浮力等，应列入计算。

滑坡稳定状态根据滑坡稳定系数按表 6-3-17 确定（《滑坡防治工程勘查规范》GB/T 32864—2016）。

滑坡稳定状态划分　　　　表 6-3-17

滑坡稳定性系数 K	$K<1.00$	$1.00\leqslant K<1.05$	$1.05\leqslant K<1.15$	$K\geqslant 1.15$
滑坡稳定状态	不稳定	欠稳定	基本稳定	稳定

注：K 为稳定系数。

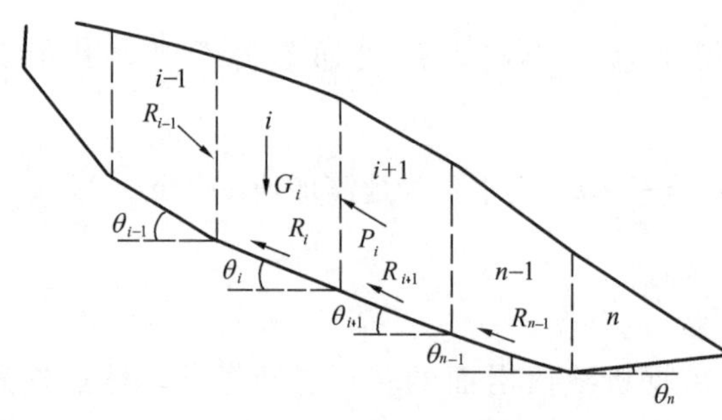

图 6-3-17　滑坡推力计算

五、滑坡推力计算

滑坡推力计算可评价判定滑坡的稳定性和为设计抗滑工程提供定量指标数据。因此计算精度要求比分析滑体稳定性高。滑坡推力设计值计算（图 6-3-17）应符合下列规定：

1. 当滑体具有多层滑面时，应分别计算各滑动面的滑坡推力，取最大的推力作为设计控制值，并应使每层滑坡均满足稳定要求；

2. 选择平行滑动方向的断面不宜少于 3 条，其中一条应是主滑断面；

3. 滑坡推力可按传递系数法由下式计算：

$$P_i = P_{i-1}\psi_{i-1} + \gamma_t T_i - R_i \tag{6-3-16}$$

式中　P_i、P_{i-1} ——分别为第 i 块、第 $i-1$ 块滑体的剩余下滑力设计值（kN/m），当 P_i 、

P_{i-1} 为负值时取 0；

γ_t ——滑坡推力安全系数，对工程滑坡取 1.25，对自然滑坡和工程古滑坡的滑动推力安全系数应按滑坡破坏后果严重性、稳定性状况整治的难度以及荷载组合等因素综合考虑：对破坏后果很严重、难以处理的滑坡宜取 1.25，较易处理的滑坡可取 1.20；对破坏后果严重的滑坡可取 1.15 左右；对破坏后果不严重、难以处理的滑坡宜取 1.10，较易处理的滑坡可取 1.05；特殊荷载组合时，可根据现行有关标准和工程经验适当降低采用；

T_i ——第 i 块滑体在滑动面上切线上的反力（kN/m）；

R_i ——第 i 块滑体滑动面上的抗滑力（kN/m）；

其余符号意义同前。

当滑体条块上有特殊作用力作用时，应分别加入下滑力和抗滑力进行计算。若所得某条块的剩余下滑力为负值时，则说明该条块以上的滑体是稳定的，并考虑其对下一条块的推力为零。

六、滑坡防治原则和措施

（一）滑坡治理的原则

科学有据，技术可行，经济合理，安全可靠。

防治滑坡应当贯彻“早期发现，以防为主，防治结合”的原则；对滑坡的整治，应针对引起滑坡的主导因素进行，原则上应一次根治不留后患；对性质复杂、规模巨大、短期内不易查清或工程建设进度不允许完全查清后再整治的滑坡，应在保证建设工程安全的前提下做出全面整治规划，采用分期治理的方法，使后期工程能获得必需的资料，又能争取到一定的建设时间，保证整个工程的安全和效益；对建设工程随时可能产生危害的滑坡，应先采用立即生效的工程措施，然后再做其他工程；一般情况下，对滑坡进行整治的时间，宜放在旱季为好。施工方法和程序应以避免造成滑坡产生新的滑动为原则。

（二）滑坡防治措施

1. 滑坡治理要点

滑坡治理应符合下列要求：

（1）防止地面水浸入滑坡体，宜填塞裂缝和消除坡体积水洼地，并采取排水天沟截水或在滑坡体上设置不透水的排水明沟或暗沟，以及种植蒸腾量大的树木等措施。

（2）对地下水丰富的滑坡体可采取在滑坡体外设截水盲沟和泄水隧洞或在滑坡体内设支撑盲沟和排水仰斜孔、排水隧洞等措施。

（3）当仅考虑滑坡对滑动前方工程的危害或只考虑滑坡的继续发展对工程的影响时，可按滑坡整体稳定极限状态进行设计。当需考虑滑坡体上工程的安全时，除考虑整个滑体的稳定性外，尚应考虑坡体变形或局部位移对滑坡整体稳定性和工程的影响。

（4）对于滑坡的主滑地段可采取挖方卸荷、拆除已有建筑物等减重辅助措施；对抗滑地段可采取堆方加重等辅助措施；对滑坡体有继续向其上方发展的可能时，应采取排水、支撑抗滑措施，并防止滑体松弛后减重失效。

（5）采取支撑盲沟、挡土墙、抗滑桩、抗滑锚杆、抗滑锚索（桩）等措施时，应对滑坡体越过支挡区或自抗滑构筑物基底破坏进行验算。

（6）可采用焙烧法、灌浆法等措施，改善滑动带的土质。

2. 预防措施

（1）在斜坡地带进行房屋、公路、铁路建设前，必须首先做好工程勘察工作，查明有无滑坡存在或滑坡的发育阶段。

（2）在斜坡地带进行挖方或填方时，必须事先查明坡体岩土条件，地面水排泄和地下水情况，做好边坡和排水工程设计，避免造成工程滑坡。

（3）施工前应作好施工组织设计，制定挖方的施工顺序，合理安排弃土的堆放场地，做好施工用水的排泄管理等。

（4）做好使用期间的管理和有危险的边坡监测。

（5）对于已查明为大型滑坡，或滑坡群，或近期正在活动的滑坡，一般情况下建设工程均宜加以避让。当必须进行建设时，应制定详细的防治对策，经技术经济论证对比后，慎重取舍建设场地。

3. 整治方法

1）清除滑坡体

（1）对无向上及两侧发展可能的小型滑坡，可考虑将整个滑坡体挖除。

（2）用某些导滑工程，将滑坡的滑动方向改变，使其不危害建设工程。

2）治理地表水

（1）在滑坡体周围作截水沟，使地表水不能进入滑坡体范围以内。

（2）在滑坡范围内修筑各种排水沟，使地表水排出于滑坡体范围以外，但应注意沟渠的防渗，防止沟渠渗漏和溢流于沟外。

（3）整平地表，填塞裂缝和夯实松动地面，筑隔渗层，减少地表水下渗并使其尽快汇入排水沟内，排出于滑坡体外。

3）治理地下水

（1）治理滑体中的地下水：

① 加强滑坡范围以外的截水沟，切断其补给来源；

② 针对出露的泉水和湿地等，做排水沟或渗沟，将水引出滑坡体外；

③ 滑坡体前缘，常因坡体内的地下水活动而松软、潮湿，引起坡体坍塌滑动，为此可做边坡渗沟疏干，或做小盲沟，兼起支撑和疏干作用；

④ 整个坡面植树，加大蒸发量，保证坡面干燥。

（2）治理滑带附近的水：

① 拦截：要求所设排水构筑物的走向垂直于地下水的流向。根据地下水的埋藏深度、部位和土的密实程度而使用不同的排水构筑物，一般浅层地下水可以使用截水渗沟、盲沟，深层地下水则用盲洞、平孔等；

② 疏干、排除：一般在滑坡前缘附近作支撑盲沟疏导这部分滑动带的水，而在其他部位作排水构筑物排除滑动面上的地下水，后者通常多为盲洞（也叫泄水隧道）或平洞等；

③ 降低地下水位：若滑动带上的水是由下向上承压补给时，多采用将补给水源排走的盲洞或平洞，将补给水源向下漏走的垂直排水等措施，使地下水位降低到滑动面以下。

（3）排除深层地下水：

① 长水平钻孔；

② 集水井。

4）减重和反压

（1）上部减重：对推移式滑坡，在上部主滑地段减重，常起到根治滑坡的效果。对其他性质的滑坡，在主滑地段减重也能起到减小下滑力的作用，减重一般适用于滑坡床为上陡下缓、滑坡后壁及两侧有稳定的岩土体，不致因减重而引起滑坡向上和向两侧发展造成后患的情况。

（2）下部反压：在滑坡的抗滑段和滑坡体外前缘堆填土石加重，如做成堤、坝等，能增大抗滑力而稳定滑坡。但必须注意只能在抗滑段加重反压，不能用于主滑地段。而且填方时，必须作好地下排水工程，不能因填土堵塞原有地下水出口，造成后患。

（3）减重与反压相结合：对于某些滑坡可根据设计计算后，确定需减小的下滑力大小，同时在其上部进行部分减重和在下部反压。减重和反压后，应验算滑面从残存的滑体薄弱部位及反压体底面剪出的可能性。

5）抗滑工程

（1）抗滑挡土墙：一般常采用重力式挡土墙。挡土墙一般设置于滑体的前缘；如滑坡为多级滑动，当总推力太大，在坡脚一级支挡工作量太大时，可分级支挡。重力挡墙适用于居民区、工业和厂矿区以及航运、道路建设涉及的规模小、厚度薄的滑坡阻滑治理工程。挡土墙工程应布置在滑坡主滑地段的下部区域。当滑体长度大而厚度小时宜沿滑坡倾向设置多级挡土墙。挡土墙墙高不宜超过 8m，否则应采用特殊形式挡土墙，或每隔 4～5m 设置厚度不小于 0.5m、配比适量构造钢筋的混凝土构造层。墙后填料应选透水性较强的填料，当采用黏土作为填料时，宜掺入适量的石块且夯实，密实度不小于 85%。

（2）抗滑桩：是防治工程中常采用的一种方法，适用于深层滑坡和各类非塑性流滑坡，对缺乏石料的地区和处理正在活动的滑坡，更为适宜。采用抗滑桩对滑坡进行分段阻滑时，每段宜以单排布置为主，若弯矩过大，应采用预应力锚拉桩。抗滑桩桩长宜小于 35m。对于滑带埋深大于 25m 的滑坡，采用抗滑桩阻滑时，应充分论证其可行性。抗滑桩间距（中对中）宜为 5～10m。抗滑桩嵌固段应嵌入滑床中，约为桩长的 1/3～2/5。为了防止滑体从桩间挤出，应在桩间设钢筋混凝土或浆砌块石拱形挡板。在重要建筑区，抗滑桩之间应用钢筋混凝土连系梁连接，以增强整体稳定性。抗滑桩截面形状以矩形为主，截面宽度一般为 1.5～2.5m，截面长度一般 2.0～4.0m。当滑坡推力方向难以确定时，应采用圆形桩。

（3）预应力锚索：对滑坡体主动抗滑的一种技术。通过预应力的施加，增强滑带的法向应力和减少滑体下滑力，有效地增强滑坡体的稳定性。预应力锚索主要由锚固段、张拉段和外锚固段三部分构成。预应力锚索设置应保证达到所设计的锁定锚固力要求，避免由于钢绞线松弛而被滑坡体剪断；同时，应保证预应力钢绞线有效防腐，避免因钢绞线锈蚀，导致锚索强度降低甚至破断。预应力锚索长度一般不超过 50m，单索锚索设计吨位宜为 500～2500kN 级，不超过 3000kN 级。预应力锚索布置间距宜为 4～10m。预应力锚索设计时应进行抗拔试验。

（4）格构锚固：格构锚固技术是利用浆砌块石、现浇钢筋混凝土或预制预应力混凝土进行坡面防护，并利用锚杆或锚索固定的一种滑坡综合防护措施。格构技术应与美化环境结合。当滑坡稳定性好但前缘表层开挖失稳、出现坍滑时，可采用浆砌块石格构护坡并用锚杆固定。当滑坡稳定性差且滑坡体厚度不大，宜用现浇钢筋混凝土格构＋锚杆（索）进行滑坡防护，应穿过滑带对滑坡阻滑。当滑坡稳定性差且滑坡体较厚、下滑力较大时，应采用混凝土格构＋预应力锚索进行滑坡防护，应穿过滑带对滑坡阻滑。

6）其他措施：根据滑坡体具体环境，可选用注浆加固、植物防护等工程措施。

注浆加固适用于以岩石为主的滑坡、崩塌堆积体、岩溶角砾岩堆积体以及松动岩体。注浆加固目的在于通过对崩滑堆积体、岩溶角砾岩堆积体以及松动岩体注入水泥砂浆，以固结围岩或堆积体，从而提高其地基承载力，避免不均匀沉降。

植物防护主要指利用植草、植树等来防护滑坡表层，并起到美化环境的目的。

第二节 崩 塌

一、崩塌产生的条件

1. 地貌条件：崩塌多产生在陡峻的斜坡地段，一般坡度大于 55°，高度大于 30m 以上，坡面多不平整，上陡下缓。

2. 岩性条件：坚硬岩层多组成高陡山坡，在节理裂隙发育，岩体破碎的情况下易产生崩塌。

3. 构造条件：当岩体中各种软弱结构面的组合位置处于下列最不利的情况时易发生崩塌：

（1）当岩层倾向山坡，倾角大于 45°而小于自然坡度时；

（2）当岩层发育有多组节理，且一组节理倾向山坡，倾角为 25°～65°时；

（3）当二组与山坡走向斜交的节理（X 形节理），组成倾向坡脚的楔形体时；

（4）当节理面呈甄形弯曲的光滑面或山坡上方不远处有断层破碎带存在时；

（5）在岩浆岩侵入接触带附近的破碎带或变质岩中片理片麻构造发育的地段，风化后形成软弱结构面，容易导致崩塌的产生。

4. 此外昼夜的温差，季节的温度变化，促使岩石风化，地表水的冲刷，溶解和软化裂隙充填物形成软弱面，或水的渗透增加静水压力，强烈地震以及人类工程活动中的爆破，边坡开挖过高过陡，破坏了山体平衡，都会促使崩塌的发生。

二、崩塌勘查要点

拟建工程场地或其附近存在对工程安全有影响的危岩或崩塌时，应进行危岩和崩塌勘察。危岩和崩塌勘察宜在可行性研究或初步勘察阶段进行，应查明产生崩塌的条件及其规模、类型、范围，并对工程建设适宜性进行评价，提出防治方案的建议。崩塌勘查阶段和主要解决的问题见表 6-3-18。

崩塌勘查阶段和主要解决的问题 **表 6-3-18**

勘查阶段	主要解决的问题	采用的方法手段
可行性论证阶段	确定崩塌的范围，初步评价崩塌体稳定性	应在充分搜集分析已有地质资料基础上，以工程地质调查和工程地质测绘为主，布置必要的勘探和测试工作

续表

勘查阶段	主要解决的问题	采用的方法手段
设计阶段（初步设计和施工图设计）	根据可行性研究阶段确定的崩塌防治工程方案，查明崩塌体分布及产生崩塌的条件、崩塌规模、类型及崩塌危害的范围等，进行崩塌体稳定性评价	采用工程地质测绘、钻探、物探等手段

危岩和崩塌地区工程地质测绘的比例尺宜采用1∶500～1∶1000；崩塌方向主剖面的比例尺宜采用1∶200。应查明下列内容：

（1）地形地貌及崩塌类型、规模、范围，崩塌体的大小和崩落方向；

（2）岩体基本质量等级、岩性特征和风化程度；

（3）地质构造，岩体结构类型，结构面的产状、组合关系、闭合程度、力学属性、延展及贯穿情况；

（4）气象（重点是大气降水）、水文、地震和地下水的活动；

（5）崩塌前的迹象和崩塌原因；

（6）当地防治崩塌的经验。

三、崩塌的工程分类

1. 崩塌可根据其发生地层的物质成分，分为黄土崩塌、黏性土崩塌、岩体崩塌。

2. 崩塌规模等级划分见表6-3-19，崩塌按形成机理分类见表6-3-20。

崩塌规模等级　　表6-3-19

灾害等级	特大型	大型	中型	小型
体积V（10^4m^3）	$V \geqslant 100$	$100 > V \geqslant 10$	$10 > V \geqslant 1$	$V < 1$

崩塌按形成机理分类　　表6-3-20

类型	岩性	结构面	地貌	受力状态	起始运动形式
倾倒式崩塌	黄土、直立岩层	多为垂直节理、直立层面	峡谷、直立岸坡、悬崖	主要受倾覆力矩作用	倾倒
滑移式崩塌	多为软硬相间的岩层	有倾向临空面的结构面	陡坡通常大于55°	滑移面主要受剪切力	滑移
鼓胀式崩塌	黄土、黏土、坚硬岩层下有较厚软岩层	上部垂直节理，下部为近水平的结构面	陡坡	下部软岩受垂直挤压	鼓胀伴有下沉、滑移、倾斜
拉裂式崩塌	多见于软硬相间的岩层	多为风化裂隙和重力拉张裂隙	上部突出的悬崖	拉张	拉裂
错断式崩塌	坚硬岩层、黄土	垂直裂隙发育，通常无倾向临空面的结构面	大于45°的陡坡	自重引起的剪切力	错落

3. 根据崩塌的特征、规模及其危害程度，将其分为三类：

（1）山高坡陡，岩层软硬相间，风化严重，岩体结构面发育，松弛且组合关系复杂，形成大量破碎带和分离体，山体不稳定，破坏力强，难以处理。

（2）介于Ⅰ类和Ⅲ类之间。

（3）山体较平缓，岩层单一，风化程度轻微，岩体结构面密闭且不甚发育或组合关系简单，无破碎带和危险切割面，山体稳定，斜坡仅有个别危石，破坏力小，易于处理。

四、崩塌区的岩土工程评价

（一）岩土工程评价的原则

崩塌区岩土工程评价应根据山体地质构造格局、变形特征进行崩塌的工程分类，圈出可能崩塌的范围和危险区，对各类建筑物和线路工程的场地适宜性做出评价，并提出防治对策和方案。各类危岩和崩塌的岩土工程评价应符合下列规定：

（1）规模大，破坏后果很严重，难于治理的，不宜作为工程场地，线路工程应绕避；

（2）规模较大，破坏后果严重的，应对可能产生崩塌的危岩进行加固处理，线路工程应采取防护措施；

（3）规模小，破坏后果不严重的，可作为工程场地，但应对不稳定危岩采取治理措施。

（二）评价方法

1. 工程地质类比法

对已有的崩塌或附近崩塌区以及稳定区的山体形态，斜坡坡度，岩体构造，结构面分布、产状、闭合及填充情况进行调查对比，分析山体的稳定性，危岩的分布，判断产生崩塌落石的可能性及其破坏力。

2. 力学分析法

在分析可能崩塌体及落石受力条件的基础上，用“块体平衡理论”计算其稳定性。计算时应考虑当地地震作用、风作用、爆破力，地面水和地下水冲刷力以及冰冻力等的影响。

1）基本假定

（1）在崩塌发展过程中，特别是在突然崩塌运动以前，把崩塌体视为整体；

（2）把崩塌体复杂的空间运动问题，简化成平面问题，即取单位宽度的崩塌体进行检算；

（3）崩塌体两侧与稳定岩体之间，以及各部分崩塌体之间均无摩擦作用。

2）各类崩塌体的稳定性验算

（1）倾倒式崩塌

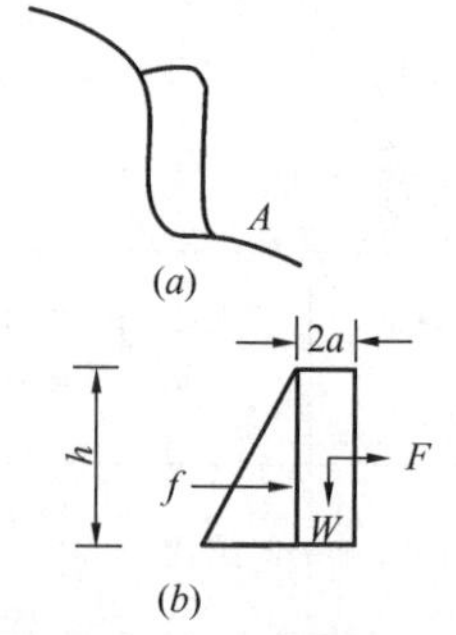

图 6-3-18　倾倒式崩塌

倾倒式崩塌的基本图式如图 6-3-18 所示，从图 6-3-18(*a*) 可以看出，不稳定岩体的上下各部分和稳定岩体之间均有裂隙分开，一旦发生倾倒，将以 *A* 点为转点发生转动。检算时应考虑各种附加力的最不利组合。在雨季张开的裂隙可能为暴雨充满，应考虑静水压力；Ⅶ度以上地震区，应考虑水平地震力作用。受力图式见图 6-3-18(*b*)。如不考虑其他力，则崩塌体的抗倾覆稳定性系数 *K* 可按下式计算。

$$K=\frac{W\times a}{f\times\frac{h_0}{3}+F\times\frac{h}{2}}=\frac{W\times a}{\frac{\gamma_w h_0{}^2}{2}\times\frac{h_0}{3}+F\times\frac{h}{2}}=\frac{6aW}{10h_0{}^3+3Fh}\qquad(6\text{-}3\text{-}17)$$

式中　f——静水压力（kN）；

h_0——水位高，暴雨时等于岩体高（m）；

h——岩体高（m）；

γ_w——水的重度，取 10（kN/m³）；

W——崩塌体重力（kN）；

F——水平地震力（kN）；

a——转点 A 至重力延长线的垂直距离，这里为崩塌体宽的$\frac{1}{2}$（m）。

（2）滑移式崩塌

滑移式崩塌有平面、弧形面、楔形双滑面滑动三种。这类崩塌的关键在于起始的滑移是否形成。因此，可按抗滑稳定性检算。

（3）鼓胀式崩塌

这类崩塌体下有较厚的软弱岩层，常为断层破碎带、风化破碎岩体及黄土等。在水的作用下，这些软弱岩层先行软化。当上部岩体传来的压应力大于软弱岩层的无侧限抗压强度时，则软弱岩层被挤出，即发生鼓胀。上部岩体可能产生下沉、滑移或倾倒，直至发生突然崩塌，如图 6-3-19 所示。因此，鼓胀是这类崩塌的关键。所以稳定系数可以用下部软弱岩层的无侧限抗压强度（雨季用饱水抗压强度）与上部岩体在软岩顶面产生的压应力的比值来计算：

$$k=\frac{R_{无}}{\frac{W}{A}}=\frac{A\times R_{无}}{W} \tag{6-3-18}$$

式中　W——上部岩体质量；

A——上部岩体的底面积；

$R_{无}$——下部软岩在天然状态下的（雨季为饱水的）无侧限抗压强度。

（4）拉裂式崩塌

拉裂式崩塌的典型情况如图 6-3-20 所示。以悬臂梁形式突出的岩体，在 AC 面上承受最大的弯矩和剪力，若层顶部受拉，底部受压，A 点附近拉应力最大。在长期重力和风化营力作用下，A 点附近的裂隙逐渐扩大，并向深处发展。拉应力将越来越集中在尚未裂开的部位，一旦拉应力超过岩石的抗拉强度时，上部悬出的岩体就会发生崩塌。这类崩塌的关键是最大弯矩截面 AC 上的拉应力能否超过岩石的抗拉强度。故可以用拉应力与岩石的

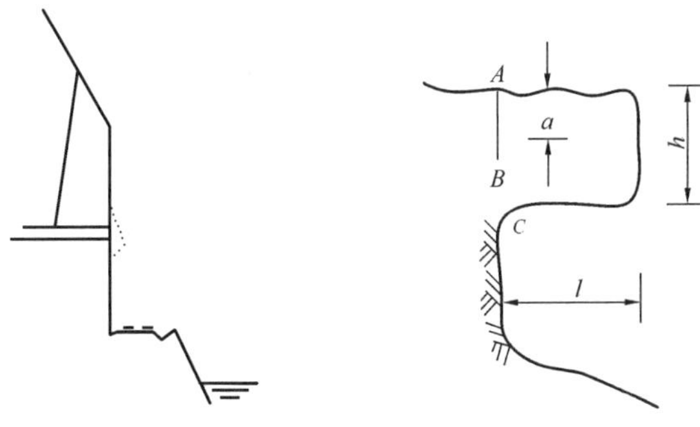

图 6-3-19　倾倒式崩塌　　　图 6-3-20　拉裂式崩塌图式

抗拉强度的比值进行稳定性检算。

假如突出的岩体长度为 l，岩体等厚，厚度为 h，宽度为 1m（取单位宽度），岩石重度为 γ。

当 AC 断面上尚未出现裂缝，则 A 点上的拉应力为：

$$\sigma_{\text{A拉}} = \frac{M \times y}{I} \tag{6-3-19}$$

式中　M——AC 面上的弯矩，$M = \frac{l^2}{2}\gamma h$；

y——$h/2$；

I——AC 截面的惯性矩。

稳定性系数 K 值可用岩石的允许抗拉强度与点所受的拉应力比值求得：

$$K = \frac{[\sigma_{\text{拉}}]}{[\sigma_{\text{A拉}}]} = \frac{h[\sigma_{\text{拉}}]}{3l^2 \times \gamma} \tag{6-3-20}$$

如果 A 点处已有裂缝，裂缝深度为 a，裂缝最低点为 B，则 BC 截面上的惯性矩 $I = \frac{(h-a)^3}{12}$，$y = \frac{h-a}{2}$，弯矩 $M = \frac{l^2}{2}\gamma h$，则 B 点所受的拉应力为：

$$\sigma_{\text{B拉}} = \frac{3l^2\gamma h}{(h-a)^2} \tag{6-3-21}$$

$$K = \frac{[\sigma_{\text{拉}}]}{[\sigma_{\text{B拉}}]} \frac{(h-a)^2[\sigma_{\text{B拉}}]}{3l^2\gamma h} \tag{6-3-22}$$

（5）错断式崩塌

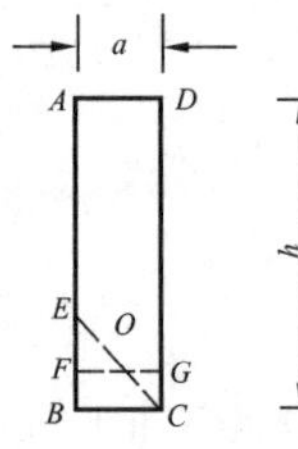

图 6-3-21　错断式崩塌图式

图 6-3-21 所示为错断式崩塌的一种情况，取可能崩塌的岩体 $ABCD$ 来分析。如不考虑水压力、地震力等附加力，在岩体自重 W 作用下，与铅直方向成 45°角的 EC 方向上将产生最大剪应力。如 CD 高为 h，AD 宽为 a，岩体重度为 γ，则岩体 $AECD$ 质量 $W = a\left(h - \frac{a}{2}\right)\gamma$，在岩体横截面 FOG 上的法向应力为 $\left(h - \frac{a}{2}\right)\gamma$，所以，在 EC 面上的最大剪应力 $\tau_{\text{最大}}$ 为 $\frac{\gamma}{2}\left(h - \frac{a}{2}\right)$。故岩体的稳定系数 K 值可用岩石的允许抗剪强度 $[\tau]$ 与 $\tau_{\text{最大}}$ 的比值来计算：

$$K = \frac{[\tau]}{[\tau_{\text{最大}}]} = \frac{4[\tau]}{\gamma(2h-a)} \tag{6-3-23}$$

危岩稳定性评价等级按表 6-3-21 划分。

危岩稳定程度等级划分　　**表 6-3-21**

崩塌类型	不稳定	欠稳定	基本稳定	稳定
坠落式	$K<1.0$	$1.0 \leqslant K<1.5$	$1.5 \leqslant K<1.8$	$K \geqslant 1.8$
倾倒式	$K<1.0$	$1.0 \leqslant K<1.3$	$1.3 \leqslant K<1.5$	$K \geqslant 1.5$
滑塌式	$K<1.0$	$1.0 \leqslant K<1.2$	$1.2 \leqslant K<1.3$	$K \geqslant 1.3$

五、崩塌的防治

崩塌的治理应以根治为原则，当不能清除或根治时，对中、小型崩塌可采取下列综合措施：

（1）遮挡：对小型崩塌，可修筑明洞、棚洞等遮挡建筑物使线路通过。

（2）对中、小型崩塌，当线路工程或建筑物与坡脚有足够距离时，可在坡脚或半坡设置落石平台或挡石墙、拦石网。

（3）支撑加固；对小型崩塌，在危岩的下部修筑支柱、支墙，亦可将易崩塌体用锚索、锚杆与斜坡稳定部分联固。

（4）镶补勾缝：对小型崩塌，对岩体中的空洞、裂缝用片石填补，混凝土灌注。

（5）护面：对易风化的软弱岩层，可用沥青、砂浆或浆砌片石护面。

（6）排水：设排水工程以拦截疏导斜坡地表水和地下水。

（7）刷坡：在危石突出的山嘴以及岩层表面风化破碎不稳定的山坡地段，可刷缓山坡。

六、崩塌的观测和预报

为判定剥离体或危岩的稳定性，必要时应对张裂缝进行监测。对有较大危害的大型危岩，应结合监测结果，对可能发生崩塌的时间、规模、滚落方向、途径、危害范围等做出预报。观测和预报的方法可参考本章第一节“滑坡的观测和预报”的有关内容。

第四章 泥 石 流

泥石流是由于降水（暴雨、冰川、积雪融化水）在沟谷或山坡上产生的一种挟带大量泥沙、石块和巨砾等固体物质的特殊洪流。其汇水、汇沙过程十分复杂，是各种自然和（或）人为因素综合作用的产物。

泥石流灾害是指对人民生命财产造成损失或构成危害的灾害性泥石流；泥石流如不造成损失或不构成危害，则只是一种自然地质作用和现象。

泥石流暴发突然，历时短暂，来势凶猛，具有强大的破坏力。

典型的泥石流流域，从上游到下游一般可分为三个区，即泥石流的形成区、流通区和堆积区。

第一节 泥石流的形成条件和分类

一、泥石流的形成条件

（一）地形条件

1. 山高沟深，地势陡峻，沟床纵横坡度大，流域的形状便于水流的汇集。

2. 上游形成区的地形多为三面环山、一面出口的瓢状或漏斗状，地形比较开阔，周围山高坡陡，地形便于水和碎屑物质的集中。

3. 中游流通区的地形多为狭窄陡深的峡谷，沟床纵坡坡度大，使泥石流得以迅猛直泻。

4. 下游堆积区的地形多为开阔、平坦的山前平原或河谷阶地，便于碎屑物质的堆积。

（二）地质条件

1. 地质构造

地质构造类型复杂、断裂褶皱发育、新构造运动强烈、地震烈度较高的地区，一般便于泥石流的形成。这类地区往往表层岩土破碎，滑坡、崩塌、错落等不良地质作用发育，为泥石流的形成提供了丰富的固体物质来源。

2. 岩性

结构疏松软弱、易于风化、节理发育的岩层，或软硬相间成层的岩层，易遭受破坏，形成丰富的碎屑物质来源。

（三）水文气象条件

1. 水能浸润、饱和山坡松散物质，使其摩阻力减小、滑动力增大；水流对松散物质的侧蚀、掏挖作用引起滑坡、崩塌等，增加了物质来源。

2. 泥石流的形成与下列短时间内突然性的大量流水密切相关：

（1）强度较大的暴雨。

（2）冰川、积雪的强烈消融。

（3）冰川湖、高山湖、水库等的突然溃决。

（四）其他条件

如滥伐山林，造成山坡水土流失；开山采矿、采石、弃渣堆石等，往往增加了大量物质来源。

上述条件概括起来为：

（1）陡峻的便于集水、集物的地形；

（2）有丰富的松散物质；

（3）短时间内有大量水的来源。

此三者缺一，便不能形成泥石流。

二、泥石流的分类

（一）根据流域特征分类

1. 标准型泥石流流域

流域呈扇形，能明显地分出形成区、流通区和堆积区。沟床下切作用强烈，滑坡、崩塌等发育，松散物质多，主沟坡度大，地表径流集中，泥石流的规模和破坏力较大。

2. 沟谷型泥石流流域

流域呈狭长形，形成区不明显，松散物质主要来自中游地段。泥石流沿沟谷有堆积也有冲刷、搬运，形成逐次搬运的“再生式泥石流”。

3. 山坡型泥石流流域

流域面积小，呈漏斗状，流通区不明显，形成区与堆积区直接相连，堆积作用迅速。由于汇水面积不大，水量一般不充沛，多形成重度大、规模小的泥石流。

（二）根据物质特征分类

1. 按物质组成分类

（1）泥流：以黏性土为主，混少量砂土、石块，黏度大，呈稠泥状。

（2）泥石流：由大量的黏性土和粒径不等的砂、石块组成。

（3）水石流：以大小不等的石块、砂为主，黏性土含量较少。

2. 按物质状态分类

（1）黏性泥石流：含大量黏性土的泥石流或泥流，黏性大，固体物质约占 40%～60%，最高达 80%，水不是搬运介质而是组成物质，石块呈悬浮状态。

（2）稀性泥石流：水为主要成分，黏性土含量少，固体物质约占 10%～40%，有很大分散性，水是搬运介质，石块以滚动或跳跃方式向前推进。

（三）按水源和物源成因分类

根据《泥石流灾害防治工程勘查规范》DZ/T 0220—2006，泥石流按水源和物源成因分类见表 6-4-1。

泥石流按水源和物源成因分类表　　表 6-4-1

<table>
<tr><th colspan="2">水体供给</th><th colspan="3">土体供给</th></tr>
<tr><th>泥石流类型</th><th>特征</th><th colspan="2">泥石流类型</th><th>特征</th></tr>
<tr><td rowspan="2">暴雨泥石流</td><td rowspan="2">泥石流一般在充分的前期降雨和当场暴雨激发作用下形成，激发雨量和雨强因不同沟谷而异</td><td rowspan="5">混合型泥石流</td><td>坡面侵蚀型泥石流</td><td>坡面侵蚀、冲沟侵蚀和浅层坍滑提供泥石流形成的主要土体。固体物质多集中于沟道中，在一定水分条件下形成泥石流</td></tr>
<tr><td>崩滑型泥石流</td><td>固体物质主要由滑坡崩塌等重力侵蚀提供，也有滑坡直接转化为泥石流者</td></tr>
<tr><td rowspan="2">冰川泥石流</td><td rowspan="2">冰雪融水冲蚀沟床、侵蚀岸坡而引发泥石流。有时也有降雨的共同作用</td><td>冰碛型泥石流</td><td>形成泥石流的固体物质主要是冰碛物</td></tr>
<tr><td>火山泥石流</td><td>形成泥石流的固体物质主要是火山碎屑堆积物</td></tr>
<tr><td>溃决泥石流</td><td>由于水流冲刷、地震、堤坝自身不稳定等引起的各种拦水堤坝溃决或形成堰塞湖的滑坡坝、终碛堤等溃决，造成突发性高强度洪水冲蚀而引发泥石流</td><td>弃渣泥石流</td><td>形成泥石流的松散固体物质主要由开渠、筑路、矿山开挖等的弃渣提供，是一种典型的人为泥石流</td></tr>
</table>

（四）按集水区地貌特征分类

根据《泥石流灾害防治工程勘查规范》DZ/T 0220—2006，泥石流按集水区地貌特征分类见表 6-4-2。

泥石流按集水区地貌特征分类表　　表 6-4-2

坡面型泥石流	沟谷型泥石流
1. 无恒定地域与明显沟槽，只有活动周界。轮廓呈保龄球形。 2. 限于 30°以上斜面，下伏基岩或不透水层埋深浅，物源以地表覆盖层为主，活动规模小，破坏机制更接近于坍滑。 3. 发生时空不易识别，成灾规模及损失范围小。 4. 坡面土体失稳，主要是有压地下水作用和后续强暴雨诱发。暴雨过程中的狂风可能造成树林、灌木拔起和倾倒，使坡面局部破坏。 5. 总量小，重现期长，无后续性，无重复性。 6. 在同一斜坡面上可以多处发生，呈梳状排列，顶缘距山脊线有一定范围。 7. 可知性低，防范难	1. 以流域为周界，受一定的沟谷制约。泥石流的形成区、堆积区和流通区较明显。轮廓呈哑铃形。 2. 以沟槽为中心，物源区松散堆积体分布在沟槽两岸及河床上，崩塌、滑坡、沟蚀作用强烈，活动规模大，由洪水、泥沙两种汇流形成，更接近于洪水。 3. 发生时空有一定规律性，可识别，成灾规模及损失范围大。 4. 主要是暴雨对松散物源的冲蚀作用和汇流水体的冲蚀作用。 5. 总量大，重现期短，有后续性，能重复发生。 6. 构造作用明显，同一地区多呈带状或片状分布，列入流域防灾整治范围。 7. 有一定的可知性，可防范

（五）按物质组成分类

根据《泥石流灾害防治工程勘查规范》DZ/T 0220—2006，泥石流按物质组成分类见表 6-4-3。

泥石流按物质组成分类表 **表 6-4-3**

分类指标	泥流型	泥石型	水石（砂）型
物质组成	黏粒、粉粒为主，粒度均匀，98%的颗粒粒径<2.0mm	可含黏、粉、砂、砾、卵、漂各级粒组，很不均匀	黏粒、粉粒含量极少，颗粒多为粒径≥2.0mm 的各级粒组，粒度很不均匀（水砂流较均匀）
重度	≥1.60t/m³	≥1.30t/m³	≥1.30t/m³
流体属性	多为非牛顿流体，有黏性，黏度>0.3～0.15Pa·s	多为非牛顿流体，少部分也可以是牛顿流体。有黏性的，也有无黏性的	为牛顿流体，无黏性
残留表观	有浓泥浆残留	表面不干净，有泥浆残留	表面较干净，无泥浆残留
沟槽坡度	较缓	较陡（>10%）	较陡（>10%）
分布区域	多集中分布在黄土及火山灰地区	广见于各类地质体及堆积体中	多见于火成岩及碳酸盐地区

（六）按流体性质分类

根据《泥石流灾害防治工程勘查规范》DZ/T 0220—2006，泥石流按流体性质分类见表 6-4-4。

泥石流按流体性质分类表 **表 6-4-4**

性质	稀性泥石流	黏性泥石流
流体的组成及特性	浆体是由不含或少含黏性物质组成，黏度<0.3Pa·s，不形成网格结构，不会产生屈服应力，为牛顿流体，水是搬运介质	浆体是由富含黏性物质（黏粒、粉粒）组成，黏度>0.3Pa·s，形成网格结构，产生屈服应力，为非牛顿流体，水不是搬运介质而是组成物质
非浆体部分的组成	非浆体部分的粗颗粒物质由漂、卵、砾等粒组和粗砂、中砂以及少量细粒粒组组成，含量约为 10%～40%	非浆体部分的粗颗粒物质由砂、砾、卵、漂等粒组组成，含量约为 40%～60%，最高达 80%
流动状态	紊动强烈，固液两相作不等速运动，有垂直交换，有股流和散流现象，泥石流体中固体物质易出、易纳，表现为冲、淤变化大。无泥浆残留现象。石块以滚动或跳跃方式向前推进	呈伪一相层状流，有时呈整体运动，无垂直交换，浆体浓稠，浮托力大，流体具有明显的辅床减阻作用和阵型运动，流体直进性强，弯道爬高明显，浆体与石块掺混好，石块无易出、易纳特性，沿程冲、淤变化小，由于黏附性能好，沿流程有残留物。石块呈悬浮状态
堆积特征	堆积物有一定分选性，平面上呈龙头状堆积和侧堤式条带状堆积，沉积物以粗粒物质为主，在弯道处可见典型的泥石流凹岸淤、凸岸冲的现象，泥石流过后即可通行	呈无分选泥砾混杂堆积，平面上呈舌状，仍能保留流动时的结构特征，沉积物内部无明显层理，但剖面上可明显分辨不同场次泥石流的沉积层面，沉积物内部有气泡，某些河段可见泥球，沉积物渗水性弱，泥石流过后易干涸
密度	1.30～1.60t/m³	1.60～2.30t/m³

（七）按一次性暴发规模分类

根据《泥石流灾害防治工程勘查规范》DZ/T 0220—2006，泥石流按一次性暴发规模分类见表 6-4-5。

泥石流按暴发规模分类表 **表 6-4-5**

分类指标	特大型	大型	中型	小型
泥石流堆积总量（10^4m^3）	＞100	10～100	1～10	＜1
泥石流洪峰量（m^3/s）	＞200	100～200	50～100	＜50

（八）其他分类

根据《岩土工程勘察规范》GB 50021—2001（2009 年版），按泥石流暴发频率划分为两类：Ⅰ高频率泥石流沟谷和Ⅱ低频率泥石流沟谷，再按破坏严重程度各分为三个亚类。具体内容见表 6-4-6。

泥石流的工程分类和特征 **表 6-4-6**

类别	泥石流特征	流域特征	亚类	严重程度	流域面积（km^2）	固体物质一次冲出量（$\times10^4m^3$）	流量（m^3/s）	堆积区面积（km^2）
Ⅰ高频率泥石流沟谷	基本上每年均有泥石流发生。固体物质主要来源于沟谷的滑坡、崩塌。暴发雨强小于 2～4mm/10min。除岩性因素外，滑坡、崩塌严重的沟谷多发生黏性泥石流，规模大，反之多发生稀性泥石流，规模小	多位于强烈抬升区，岩层破碎，风化强烈，山体稳定性差。泥石流堆积新鲜，无植被或仅有稀疏草丛。黏性泥石流沟中下游沟床坡度大于 4%	$Ⅰ_1$	严重	＞5	＞5	＞100	＞1
			$Ⅰ_2$	中等	1～5	1～5	30～100	＜1
			$Ⅰ_3$	轻微	＜1	＜1	＜30	—
Ⅱ低频率泥石流沟谷	暴发周期一般在 10 年以上。固体物质主要来源于沟床，泥石流发生时“揭床”现象明显。暴雨时坡面产生的浅层滑坡往往是激发泥石流形成的重要因素。暴发雨强一般大于 4mm/10min。规模一般较大，性质有黏有稀	山体稳定性相对较好，无大型活动性滑坡、崩塌。沟床和扇形地上巨砾遍布。植被较好，沟床内灌木丛密布，扇形地多已辟为农田。黏性泥石流沟中下游沟床坡度小于 4%	$Ⅱ_1$	严重	＞10	＞5	＞100	＞1
			$Ⅱ_2$	中等	1～10	1～5	30～100	＜1
			$Ⅱ_3$	轻微	＜1	＜1	＜30	—

注：1. 表中流量对高频率泥石流沟指百年一遇流量；对低频率泥石流沟指历史最大流量；

2. 泥石流的工程分类宜采用野外特征与定量指标相结合的原则，定量指标满足其中一项即可。

刘传正将泥石流灾害按成因，分为沟谷演化型、坡地液化型、滑坡坝溃决型、工程弃渣溃决型、尾矿坝溃决型、冰湖坝溃决型和堆积体滑塌侵蚀型 7 种，详见表 6-4-7。

基于主要引发作用的中国泥石流灾害成因类型　　表 6-4-7

序号	成因类型	引发因素	启动模式	运动特征	危害特点
1	沟谷演化	降雨渗流	岩土饱水、山洪冲击	冲刷、侧蚀、刨蚀沟谷	冲击掩埋
2	坡地液化	台风暴雨	残坡积表层软化流动	坡面滑移、倾泻	冲击压埋
3	滑坡坝溃决	暂态壅水	渗流堵溃	山洪-泥石流	冲击损毁
4	工程弃渣溃决	暂态壅水	渗流堵溃	碎屑流、泥石流	冲击掩埋
5	尾矿坝溃决	排水不畅	渗透变形	泥石流	冲击掩埋
6	冰湖坝溃决	冰凌	壅堵溃决	山洪-泥石流	冲击损毁
7	堆积体滑塌侵蚀	降雨渗流	滑塌冲击、侵蚀	壅堵与溃决交替出现	冲击压埋

第二节　泥石流有关指标的测定和计算

一、密度的测定

（一）称量法

取泥石流物质加水调制，请当时目睹者鉴别，选取与当时泥石流体状态相近似的混合物测定其密度。

（二）体积比法

通过调查访问，估算当时泥石流体中固体物质和水的体积比，再按下式计算其密度：

$$\rho_m = \frac{(d_s f + 1)\rho_w}{f + 1} \qquad (6\text{-}4\text{-}1)$$

式中　ρ_m——泥石流体密度（t/m^3），其经验值参见表 6-4-8；

ρ_w——水的密度（t/m^3）；

d_s——固体颗粒相对密度，一般取 2.4～2.7；

f——固体物质体积和水的体积之比，以小数计。

泥石流体密度经验值　　表 6-4-8

泥石流稠度	泥石流体密度（t/m^3）	泥石流稠度	泥石流体密度（t/m^3）
泥沙饱和的液体	1.1～1.2	黏性粥状	1.5～1.6
流动果汁状	1.3～1.4	夹石块黏性大的浆糊状	1.7～1.8

二、流速的计算

（一）稀性泥石流流速的计算

1. 西北地区经验公式（据铁道部第一勘测设计院）

$$v_m = \frac{15.3}{\alpha} R_m^{2/3} I^{3/8} \qquad (6\text{-}4\text{-}2)$$

式中　v_m——泥石流断面平均流速（m/s）；

R_m——泥石流流体水力半径（m），可近似取其泥位深度；

I——泥石流流面纵坡比降（小数形式）；

α——阻力系数，可直接从表 6-4-9 查取。

$$\alpha = \sqrt{\phi \cdot d_s + 1} \qquad (6\text{-}4\text{-}3)$$

$$\phi = (\rho_m - \rho_w)/(\rho_s - \rho_m) \qquad (6\text{-}4\text{-}4)$$

$$\rho_s = d_s \cdot \rho_w \tag{6-4-5}$$

ϕ——泥石流泥砂修正系数；

ρ_m、ρ_w、ρ_s——分别为泥石流体密度、清水密度、泥石流中固体物质密度（t/m³）。

α 值与 ρ_m、d_s 值的关系 **表 6-4-9**

d_s	ρ_m（t/m³）													
	1.0	1.1	1.2	1.3	1.4	1.5	1.6	1.7	1.8	1.9	2.0	2.1	2.2	2.3
2.4	1.00	1.09	1.18	1.29	1.40	1.53	1.67	1.84	2.05	2.31	2.64	3.13	3.92	5.68
2.5	1.00	1.08	1.18	1.28	1.38	1.50	1.63	1.79	1.96	2.18	2.45	2.81	3.32	4.15
2.6	1.00	1.08	1.17	1.26	1.37	1.48	1.60	1.74	1.90	2.08	2.31	2.55	2.96	3.50
2.7	1.00	1.08	1.17	1.26	1.35	1.46	1.57	1.70	1.84	2.01	2.21	2.44	2.74	3.13

2. 西南地区经验公式（据铁道部第二勘测设计院）

$$v_m = \frac{1}{\alpha}\frac{1}{n}R_m^{2/3}I^{1/2} \tag{6-4-6}$$

式中 $\frac{1}{n}$——清水河槽糙率；可按表 6-4-10 中的 m_m 取值；

其余符号意义同前。

泥石流粗糙系数 m_m 值 **表 6-4-10**

沟 床 特 征	m_m 值		坡度
	极限值	平均值	
糙率最大的泥石流沟槽，沟槽中堆积有难以滚动的棱石或稍能滚动的大石块。沟槽被树木（树干、树枝及树根）严重阻塞，无水生植物。沟底呈阶梯式急剧降落	3.9～4.9	4.5	0.375～0.174
糙率较大的不平整泥石流沟槽，沟底无急剧突起，沟床内均堆积大小不等的石块，沟槽被树木所阻塞，沟槽内两侧有草本植物，沟床不平整，有洼坑，沟底呈阶梯式降落	4.5～7.9	5.5	0.199～0.067
较弱的泥石流沟槽，但有大的阻力。沟槽由滚动的砾石和卵石组成，沟槽常因稠密的灌木丛而被严重阻塞，沟槽凹凸不平，表面因大石块而突起	5.4～7.0	6.6	0.187～0.116
流域在山区中、下游的泥石流沟槽，沟槽经过光滑的岩面；有时经过具有大小不一的阶梯跌水的沟床，在开阔河段有树枝、砂石停积阻塞，无水生植物	7.7～10.0	8.8	0.220～0.112
流域在山区或近山区的河槽，河槽经过砾石、卵石河床，由中小粒径与能完全滚动的物质所组成，河槽阻塞轻微，河岸有草本及木本植物，河底降落较均匀	9.8～17.5	12.9	0.090～0.022

3. 北京地区经验公式（据北京市市政设计院）

$$v_m = \frac{m_w}{\alpha}R_m^{2/3}I^{1/10} \tag{6-4-7}$$

式中 m_w——河床外阻力系数，可由表 6-4-11 查取；

其余符号意义同前。

河床外阻力系数 **表 6-4-11**

分类	河床特征	m_w	
		$I>0.015$	$I\leqslant 0.015$
1	河段顺直，河床平整，断面为矩形或抛物线形的漂石、砂卵石或黄土质河床，平均粒径为0.01～0.08m	7.5	40
2	河段较为顺直，由漂石、碎石组成的单式河床，大石块直径为0.4～0.8m，平均粒径为0.4～0.2m；或河段较弯曲不太平整的1类河床	6.0	32
3	河段较为顺直，由巨石、漂石、卵石组成的单式河床，大石块直径为0.1～1.4m，平均粒径为0.1～0.4m；或较为弯曲不太平整的2类河床	4.0	25
4	河段较为顺直，河槽不平整，由巨石、漂石组成的单式河床，大石块直径为1.2～2.0m，平均粒径0.2～0.6m；或较为弯曲不平整的3类河床	3.8	20
5	河段严重弯曲，断面很不规则，有树木、植被、巨石严重阻塞河床	2.4	12.5

（二）黏性泥石流流速的计算

1. 东川泥石流改进经验公式

$$v_m = KH_m^{2/3} I_m^{1/5} \tag{6-4-8}$$

式中 K——黏性泥石流流速系数，用内插法由表6-4-12查取；

H_m——计算断面的平均泥深（m）；

I_m——泥石流水力坡度（小数形式），一般可采用沟床纵坡比降。

黏性泥石流流速系数 *K* 值表 **表 6-4-12**

H_m（m）	<2.5	3	4	5
K	10	9	7	5

2. 综合西藏古乡沟、东川蒋家沟、武都火烧沟的经验公式

$$v_m = \frac{1}{n_m} H_m^{2/3} I_m^{1/2} \tag{6-4-9}$$

式中 H_m——计算断面的平均泥深（m）；

I_m——泥石流水力坡度（小数形式），一般可采用沟床纵坡比降；

n_m——沟床糙率，用内插法由表6-4-13查取。

黏性泥石流糙率 **表 6-4-13**

序号	泥石流体特征	沟床状况	糙率值	
			n_m	$1/n_m$
1	流体呈整体运动；石块粒径大小悬殊，一般为30～50cm，2～5m粒径的石块约占20%；龙头由大石块组成，在弯道或河床展宽处易停积，后续流可超越而过，龙头流速小于龙身流速，堆积呈垄岗状	沟床极粗糙，沟内有巨石和夹带的树木堆积，多弯道和大跌水，沟内不能通行，人迹罕见，沟床流通段纵坡为100‰～150‰，阻力特征属高阻型	平均值0.270 H_m<2m时0.445	3.57 2.57

续表

序号	泥石流体特征	沟床状况	糙率值	
			n_m	$1/n_m$
2	流体呈整体运动；石块较大，一般石块粒径 20～30cm，含少量粒径 2～3m 的大石块；流体搅拌较为均匀，龙头紊动强烈，有黑色烟雾及火花；龙头和龙身流速基本一致；停积后呈垄岗状堆积	沟床比较粗糙，凹凸不平，石块较多，有弯道、跌水；沟床流通段纵坡为 70‰～100‰，阻力特征属高阻型	H_m<1.5m 时 0.033～0.050 平均 0.040； H_m>1.5m 时 0.050～0.100 平均 0.067	20～30 25 10～20 15
3	流体搅拌十分均匀；石块粒径一般在 10cm 左右，夹有个别 2～3m 的大石块；龙头和龙身物质组成差别不大；在运动过程中龙头紊动十分强烈，浪花飞溅；停积后浆体与石块不分离，向四周扩散，呈叶片状	沟床较稳定，粒径 10cm 左右；受洪水冲刷沟底不平而且粗糙，流水沟两侧较平顺，但干而粗糙；流通段沟底纵坡为 55～70‰，阻力特征属中阻型或高阻型	0.1m<H_m<0.5m 0.043 0.5m<H_m<2.0m 0.077 2.0m<H_m<4.0m 0.100	23 13 10
4	同 3	泥石流铺床后原河床黏附一层泥浆体，使干而粗糙河床变得光滑、平顺，利于泥石流体运动，阻力特征属低阻型	0.1m<H_m<0.5m 0.022 0.5m<H_m<2.0m 0.033 2.0m<H_m<4.0m 0.050	46 26 20

甘肃武都地区黏性泥石流经验计算式

$$V_c = M_c H_c^{\frac{2}{3}} I_c^{\frac{1}{2}} \tag{6-4-10}$$

式中　M_c——泥石流沟床糙率系数，用内插法由表 6-4-14 查取，其他符号同上。

该式为甘肃武都地区黏性泥石流的 100 多次观测资料统计得出的经验公式，适用于中阻型泥石流。流体的土体颗粒粗大，浆体中的土体成分以粉土颗粒含量居多，沟床比较粗糙，凹凸不平，河床阻力较大。当用该式计算低阻型黏性泥石流流速时，其 M_c 按表6-4-14中的 1 类取值；当计算中阻型和高阻型黏性泥石流流速时，M_c 按 2 类取值。

黏性泥石流沟床糙率系数 M_c 值表　　　　**表 6-4-14**

类别	沟床特征	M_c			
		H_c (m)			
		0.5	1.0	2.0	4.0
1	黄土地区泥石流沟或大型的黏性泥石流沟，沟床平坦开阔，流体中大石块很少，纵坡为 2%～6%，阻力特征属低阻型		29	22	16
2	中小型黏性泥石流沟，沟谷一般平顺，流体中含大石块较少，沟床纵坡为 3%～8%，阻力特征属中阻型或高阻型	26	21	16	14

续表

类别	沟床特征	M_c			
		H_c（m）			
		0.5	1.0	2.0	4.0
3	中小型黏性泥石流沟，沟床狭窄弯曲，有跌坎；或沟道虽顺直，但含大石块较多的大型稀性泥石流沟，沟床纵坡为4%～12%，阻力特征属高阻型	20	15	11	8
4	中小型稀性泥石流沟，碎石质沟床，多石块，不平整，沟床纵坡为10%～18%	12	9	6.5	
5	沟道弯曲，沟内多顽石、跌坎、床面极不平顺的稀性泥石流沟，沟床纵坡为12%～25%		5.5	3.5	

（三）泥石流中石块运动速度计算方法

$$v_s = \alpha\sqrt{d_{max}} \tag{6-4-11}$$

式中　v_s——泥石流中大石块的移动速度（m/s）；

d_{max}——泥石流堆积物中最大石块的粒径（m）；

α——参数，其值介于3.5～4.5之间，平均4.0。

三、流量的计算

（一）泥石流峰值流量计算

1. 形态调查法

$$Q_m = F_m \cdot v_m \tag{6-4-12}$$

式中　Q_m——泥石流断面峰值流量（m^3/s）；

F_m——泥石流过流断面面积（m^2）；

v_m——泥石流断面平均流速（m/s）。

2. 配方法

按泥石流体中水和固体物质的比例，用在一定设计标准下可能出现的洪水流量加上按比例所需的固体物质体积配合而成的泥石流流量，按下列公式计算：

1)
$$Q_m = Q_w(1+C) \tag{6-4-13}$$

式中　Q_m——设计泥石流流量（m^3/s）；

Q_w——设计清水流量（m^3/s）；

C——泥石流修正系数

$$C = \frac{1-\alpha}{\alpha - w_m(1-\alpha)}$$

α——泥石流体中水的体积含量

$$\alpha = \frac{d_s - \rho_m}{d_s - 1}$$

w_m——泥石流补给区中固体物质的含水量，以小数计（可以实测，也可以由土壤含水量分析得到）。

2)
$$Q_m = Q_w(1+P) \tag{6-4-14}$$

式中　P——考虑到土壤含水量而引进的泥石流修正系数

$$P=\frac{\rho_m-1}{\frac{d_s(1+w)}{d_s\cdot w+1}-\rho}$$

w——土的天然含水量。

此法适用于我国西北地区泥石流的流量计算。

3)
$$Q_m=Q_w(1+\phi) \tag{6-4-15}$$

式中　ϕ——泥石流修正系数

$$\phi=\frac{\rho_m-1}{d_s-\rho_m}$$

3. 雨洪修正法

云南东川经验公式：

$$Q_m=Q_w(1+\phi)D_m \tag{6-4-16}$$

式中　D_m——泥石流堵塞系数，根据东川七年中40个观测资料验证，D_m值在1～3之间，可按表6-4-15选用；

其余符号意义同前。

泥石流堵塞系数 D_m 值　　**表 6-4-15**

堵塞程度	最严重堵塞	较严重堵塞	一般堵塞	轻微堵塞
D_m	2.6～3.0	2.0～2.5	1.5～1.9	1.0～1.4

（二）一次泥石流过程总量计算

$$W_m=0.26TQ_m \tag{6-4-17}$$

式中　W_m——通过断面的一次泥石流总量（m^3）；

Q_m——泥石流最大流量（m^3/s）；

T——泥石流历时（s）。

一次泥石流冲出的固体物质总量计算

$$W_s=C_mW_m=(\rho_m-\rho_w)W_m/(\rho_s-\rho_w) \tag{6-4-18}$$

式中　W_s——通过断面的固体物质总量（m^3）；

其余符号意义同前。

四、泥石流流体的黏度和静切力测试

根据《泥石流灾害防治工程勘查规范》DZ/T 0220—2006，取泥石流浆体，使用标准黏度计或旋转黏度计和泥浆静切力计测试。

（一）泥浆取样方法

1. 实测法

在观测站于泥石流暴发时取样。

(1) 在沟槽边岸人工取样：用绳索套上铁桶抛入沟槽泥石流流体中，在沟岸边提取，或直接下到河滩边吸取。此法简单，但沟中样品不易取到，还要特别注意人身安全。

(2) 机械取样：先在取样断面架设缆索，悬挂滑车，用铅鱼将取样器沉入泥石流流体中，可选取断面线上任一部位的泥石流样品。此法要求设备复杂，所取样品代表性强，是目前最理想的取样手段。

2. 取土样搅拌法

在泥石流发生后，于河床或沟边堆积物中清除表面杂质，挖取具有代表性的细颗粒2～3kg，投入桶中，加水搅拌成泥浆，存放一段时间（24h以上），观测浆体无固液两相物质分离现象，即可当作试验用的泥石流浆体样品。

（二）泥石流黏度的测试

1. 漏斗黏度计测定法

用量杯取通过筛网（小于0.2mm）的泥浆700cm^3于漏斗中，让泥浆经内径为5mm的管子从漏斗中流出，注满500cm^3容器所需的时间（以s计），即为测得的泥浆黏度。

2. 旋转黏度计测定法

通过圆筒在流体中作同心圆旋转，测定其扭矩；也可连续改变旋转的角速度，测定各剪切速率下的剪应力，从而测得流体的流变曲线。根据有关公式可求得流体的黏度。

3. 形态调查法

现场调查、观察形成泥石流的山坡、沟床、土壤特征和访问老居民所见的暴发泥石流时的流体形态描述，按表6-4-16选定泥石流的黏度。此法简单，具有很大的经验性。应根据调查分析和试验结果综合比选确定。

泥石流稠度、土壤与黏度对照表 **表6-4-16**

土壤特征	轻质砂黏土	粉土及重质砂黏土	粉土及重质砂黏土	粉土及重质砂黏土	黏土
泥石流体稠度	稀浆状	稠浆状	稀泥状	稠泥状	稀粥状
黏度（Pa·s）	0.3～0.8	0.5～1.0	0.9～1.5	1.0～2.0	1.2～2.5

（三）泥石流静切力测试

采用1007型静切力计测量。将过筛的泥浆倒入外筒，把带钢丝的悬柱挂在支架上，钢丝要悬中，泥浆面和悬柱顶面相平。静止1min或10min，分别测定钢丝扭转角度，此读数乘以钢丝系数即为1min或10min的剪切力。

第三节 泥石流的勘察和防治

一、泥石流的勘察和评价

拟建工程场地或其附近有发生泥石流的条件并对工程安全有影响时，应进行专门的泥石流勘察。

泥石流勘察应在可行性研究或初步勘察阶段进行。应调查地形地貌、地质构造、地层岩性、水文气象等特点，分析判断场地及其上游沟谷是否具备产生泥石流的条件，预测泥石流的类型、规模、发育阶段、活动规律、危害程度等，对工程场地做出适宜性评价，提出防治方案的建议。

泥石流的发育阶段一般分为发展期、旺盛期、衰退期和停歇期。

（一）工程地质测绘和调查

泥石流勘察应以工程地质测绘和调查为主。测绘范围应包括沟谷至分水岭的全部地段和可能受泥石流影响的地段。测绘比例尺，对全流域宜采用1：50000；对中下游可采用1：2000～1：10000。工程地质测绘和调查的方法、内容除应符合《岩土工程勘察规范》GB 50021—2001（2009年版）第8章的一般要求外，应以下列与泥石流有关的内容为重点。

1. 冰雪融化和暴雨强度，一次最大降雨量，平均流量及最大流量，地下水活动等情况；

2. 地层岩性、地质构造、不良地质作用、松散堆积物的物质组成、分布和储量；

3. 地形地貌特征，包括沟谷的发育程度、切割情况、坡度、弯曲、粗糙程度，并划分泥石流的形成区、流通区和堆积区，圈绘整个沟谷的汇水面积；

4. 形成区的水源类型、水量、汇水条件、山坡坡度，岩层性质和风化程度；查明断裂、滑坡、崩塌、岩堆等不良地质作用的发育情况及可能形成泥石流固体物质的分布范围、储量；

5. 流通区的沟床纵横坡度、跌水、急弯等特征；查明沟床两侧山坡坡度、稳定程度，沟床的冲淤变化和泥石流的痕迹；

6. 堆积区的堆积扇分布范围，表面形态，纵坡，植被，沟道变迁和冲淤情况；查明堆积物的性质、层次、厚度、一般粒径和最大粒径；判定堆积区的形成历史、堆积速度，估算一次最大堆积量；

7. 泥石流沟谷的历史，历次泥石流的发生时间、频数、规模、形成过程、暴发前的降雨情况和暴发后产生的灾害情况；

8. 开矿弃渣、修路切坡、砍伐森林、陡坡开荒和过度放牧等人类活动情况；

9. 当地防治泥石流的经验。

（二）泥石流沟的识别

能否产生泥石流可从形成泥石流的条件分析判断；已经发生过泥石流的流域，可从下列几种现象来识别：

1. 中游沟身常不对称，参差不齐，往往凹岸发生冲刷坍塌，凸岸堆积成延伸不长的“石堤”或凸岸被冲刷，凹岸堆积，有明显的截弯取直现象；

2. 沟槽经常大段地被大量松散固体物质堵塞，构成跌水；

3. 沟道两侧地形变化处、各种地物上、基岩裂缝中，往往有泥石流残留物、擦痕、泥痕等；

4. 由于多次不同规模泥石流的下切淤积，沟谷中下游常有多级阶地，在较宽阔地带常有垄岗状堆积物；

5. 下游堆积扇的轴部一般较凸起，稠度大的堆积物扇角小，呈丘状；

6. 堆积扇上沟槽不固定，扇体上杂乱分布着垄岗状、舌状、岛状堆积物；

7. 堆积的石块均具尖锐的棱角，粒径悬殊，无方向性，无明显的分选层次。

上述现象不是所有泥石流地区都具备的，调查时应多方面综合判定。

（三）勘探测试工作

当工程地质测绘不能满足设计要求或需要对泥石流采取防治措施时，应进行勘探测试，进一步查明泥石流堆积物的性质、结构、厚度、密度，固体物质含量、最大粒径，泥石流的流速、流量、冲出量和淤积量。这些指标是判定泥石流类型、规模、强度、频繁程度、危害程度的重要依据，同时也是工程设计的重要参数。

（四）泥石流地区工程建设适宜性评价

泥石流地区工程建设适宜性评价，一方面应考虑到泥石流的危害性，确保工程安全，不能轻率地将工程设在有泥石流影响的地段；另一方面也不能认为，凡属泥石流沟谷均不能兴建工程，而应根据泥石流的规模、危害程度等区别对待。

下面根据泥石流的工程分类（表 6-4-6）分别考虑工程建设的适宜性：

1. Ⅰ$_1$类和Ⅱ$_1$类泥石流沟谷不应作为工程场地，各类线路宜避开；

2. Ⅰ$_2$类和Ⅱ$_2$类泥石流沟谷不宜作为工程场地，当必须利用时，应采取治理措施；线路应避免直穿堆积扇，可在沟口设桥（墩）通过；

3. Ⅰ$_3$类和Ⅱ$_3$类泥石流沟谷可利用其堆积区作为工程场地，但应避开沟口；线路可在堆积扇通过，可分段设桥和采取排洪、导流措施，不宜改沟、并沟；

4. 当上游大量弃渣或进行工程建设，改变了原有供排平衡条件时，应重新判定产生新的泥石流的可能性。

（五）泥石流岩土工程勘察报告

泥石流岩土工程勘察报告，除应符合《岩土工程勘察规范》GB 50021—2001（2009年版）一般要求外，应重点阐述下列问题：

（1）泥石流的地质背景和形成条件；

（2）形成区、流通区、堆积区的分布和特征，绘制专门工程地质图；

（3）划分泥石流类型，评价其对工程建设的适宜性；

（4）泥石流防治和监测的建议。

二、泥石流的防治

（一）预防措施

1. 水土保持，植树造林，种植草皮，退耕还林，以稳固土壤不受冲刷，不使流失；

2. 坡面治理：包括削坡、挡土、排水等，以防止或减少坡面岩土体和水参与泥石流的形成；

3. 坡道整治：包括固床工程，如拦砂坝、护坡脚、护底铺砌等；调控工程，如改变或改善流路、引水输砂、调控洪水等，以防止或减少沟底岩土体的破坏。

（二）治理措施

1. 拦截措施

在泥石流沟中修筑各种形式的拦渣坝，如拦砂坝、石笼坝、格栅坝及停淤场等，用以拦截或停积泥石流中的泥砂、石块等固体物质，减轻泥石流的动力作用。

2. 滞流措施

在泥石流沟中修筑各种位于拦渣坝下游的低矮拦挡坝（谷坊），当泥石流漫过拦渣坝顶时，拦蓄泥砂、石块等固体物质，减小泥石流的规模；固定泥石流沟床，防止沟床下切和拦渣坝体坍塌、破坏；减缓纵坡坡度，减小泥石流流速。

3. 排导措施

在下游堆积区修筑排洪道、急流槽、导流堤等设施，以固定沟槽、约束水流、改善沟床平面等。

4. 跨越措施

桥梁适用于跨越流通区的泥石流沟或者堆积区的稳定自然沟槽；隧道适用于穿过规模大、危害严重的大型或多条泥石流沟；泥石流地区不宜采用涵洞，在活跃的泥石流沟槽中禁止采用涵洞。

第五章 采 空 区

第一节 采空区的地表变形特征

一、采空区的定义

地下矿层被开采后形成的空间称为采空区。

采空区分为老采空区、现采空区和未来采空区。老采空区是指历史上已经开采过、现已停止开采的采空区；现采空区是指正在开采的采空区；未来采空区是指计划开采而尚未开采的采空区。

国标《煤矿采空区岩土工程勘察规范》GB 51044—2014 根据开采规模、形式、时间、采深及煤层倾角等对煤矿采空区进行划分如下：

1. 根据开采规模和采空区面积划分为大面积采空区及小窑采空区。

2. 根据煤层开采形式划分为长壁式开采、短壁式开采、条带式开采、房柱式开采等采空区。

3. 根据开采时间和采空区地表变形阶段分为老采空区、新采空区和未来（准）采区。

4. 根据采深及采深采厚比分为浅层采空区、中深层采空区和深层采空区。

5. 根据煤层倾角分为水平（缓倾斜）采空区、倾斜采空区和急倾斜采空区。

二、地表变形的特征

地下矿层被开采后，其上部岩层失去支撑，平衡条件被破坏，随之产生弯曲、塌落，以致发展到地表下沉变形，造成地表塌陷，形成凹地。随着采空区的不断扩大，凹地不断发展而成凹陷盆地，即地表移动盆地。

地表移动盆地的范围要比采空区面积大得多，其位置和形状与矿层的倾角大小有关。矿层倾角平缓时，地表移动盆地位于采空区的正上方，形状对称于采空区（图 6-5-1*a*）；矿层倾角较大时，盆地在沿矿层走向方向仍对称于采空区，而沿倾向方向，移动盆地与采空区的关系是非对称的，并随着倾角的增大，盆地中心越向倾向方向偏移（图 6-5-1*b*）。

当开采达到充分采动后，此时的地表移动盆地，称为最终移动盆地。最终移动盆地，

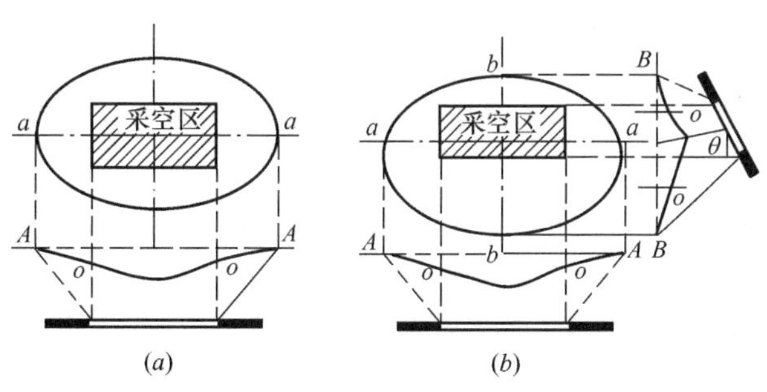

图 6-5-1 地表移动盆地特征

(*a*) 水平矿层；(*b*) 倾斜矿层

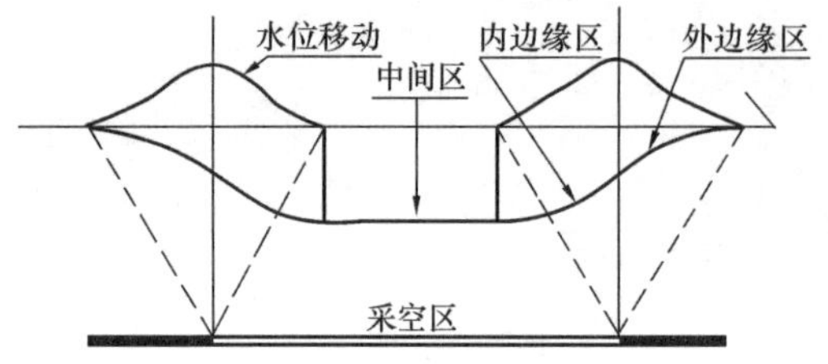

图 6-5-2　地表移动盆地分区

根据地表变形特征和变形值的大小，自移动盆地中心向盆地边缘可分为三个区：中间区、内边缘区和外边缘区（图 6-5-2）。

1. 中间区：位于采空区的正上方，地表下沉均匀，但地表下沉值最大；地面平坦，一般不出现裂缝。

2. 内边缘区：位于采空区外侧上方，地表下沉不均匀，地面向盆地中心倾斜，呈凹形；产生压缩变形，地面一般不出现明显裂缝。

3. 外边缘区：位于采空区外侧矿层上方，地表下沉不均匀，地面向盆地中心倾斜，呈凸形；产生拉伸变形，当拉伸变形值超过一定数值后，地表产生张裂缝。

外边缘区的外围边界，即地表移动盆地的最外边界。

国家标准《煤矿采空区岩土工程勘察规范》GB 51044—2014 中采空区地表移动盆地分区特征如下：

1. 开采煤层倾角 $\alpha<15°$，地表平坦，且达到超充分采动，采动影响范围内无大型地质构造时，最终形成的静态地表移动盆地（图 6-5-3），可划分为移动盆地的中间区域、移动盆地的内边缘区、移动盆地的外边缘区，并应符合下列规定：

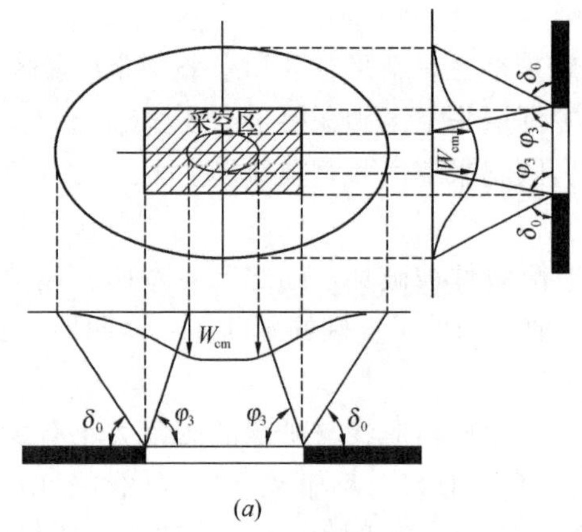

(a)

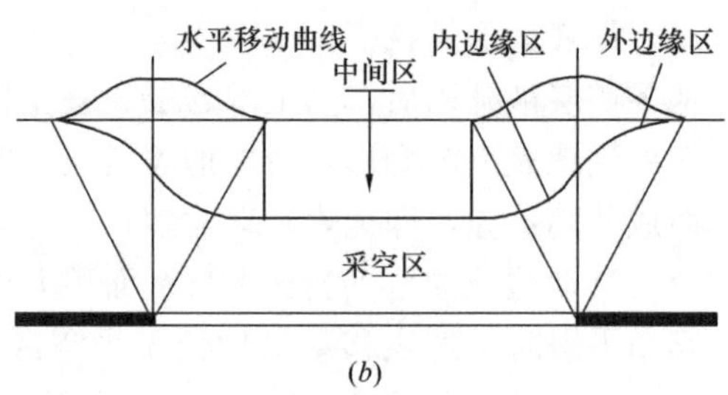

(b)

图 6-5-3　开采煤层倾角 $\alpha<15°$充分采动时地表移动盆地分区示意
(a) 平面图；(b) 剖面图

（1）移动盆地的中间区域地表下沉应均匀，地表下沉量应达到该地质采矿条件下应有的最大值，其他移动和变形值应近似为零且无明显裂缝。

（2）移动盆地的内边缘区地表沉降应不均匀，且地面应向盆地中心倾斜呈凹形，并应产生压缩变形，可不出现裂缝。

（3）移动盆地的外边缘区地表沉降应不均匀，且地面应向盆地中心倾斜呈凸形，并应产生拉伸变形。当拉伸变形超过一定数值后，地面可出现拉伸裂缝。

（4）在地表刚达到充分采动或非充分采动条件下，地表移动盆地内可不出现中间区域。

2. 开采煤层倾角为 $15°\leqslant\alpha\leqslant55°$时，地表移动盆地（图 6-5-4）应具有下列特征：

（1）在倾斜方向上，移动盆地的中心（最大下沉点）应偏向采空区的下山方向，并与采空区中心不重合。最大下沉点同采空区几何中心的连线与水平线在下山一侧夹角（最大下沉角）应小于 90°。

（2）移动盆地与采空区的相对位置，在走向方向上应对称于倾斜中心线，而在倾斜方向上应不对称，且矿层倾角越大，不对称性越加明显。

（3）移动盆地的上山方向较陡，移动范围较小；下山方向较缓，移动范围较大。

（4）采空区上山边界上方地表移动盆地拐点应偏向采空区内侧，采空区下山边界上方地表移动盆地拐点应偏向采空区外侧。拐点偏离的位置大小与矿层倾角和上覆岩层的性质有关。

3. 开采煤层倾角 $\alpha>55°$时，地表移动盆地（图 6-5-5）应具有下列特征：

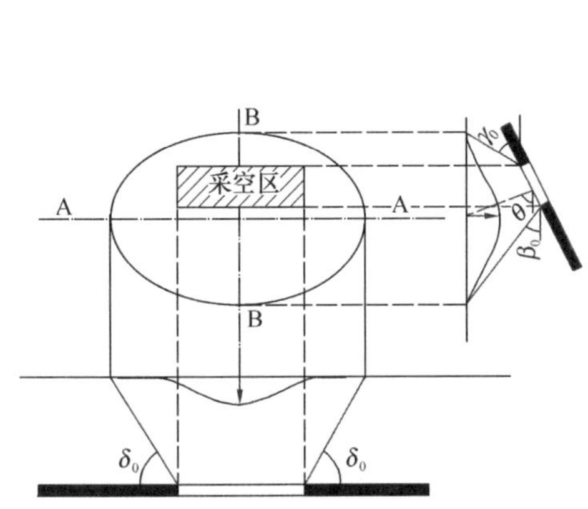

图 6-5-4　开采煤层倾角为 $15°\leqslant\alpha\leqslant55°$时地表移动盆地示意

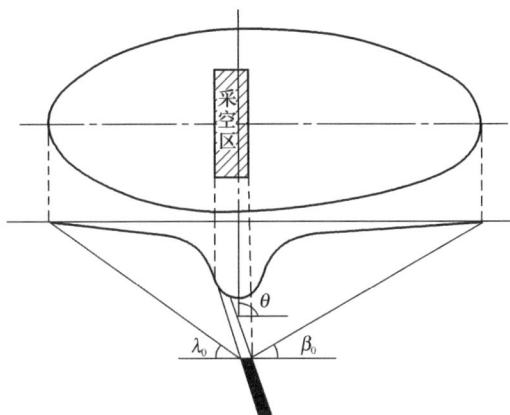

图 6-5-5　开采煤层倾角 $\alpha>55°$时地表移动盆地示意

（1）地表移动盆地形状的不对称性更加明显。工作面下边界上方地表的开采影响达到开采范围以外很远，上边界上方开采影响则达到矿层底板岩层。整个移动盆地明显地偏向矿层下山方向。

（2）最大下沉值不应出现在采空区中心正上方，而应向采空区下边界方向偏移。

（3）底板的最大水平移动值应大于最大下沉值，最大下沉角应小于 15°。

（4）煤层开采时，可不出现充分采动的情况。

三、地表变形的分类

地表变形分为两种移动和三种变形。两种移动是垂直移动（下沉）和水平移动；三种变形是倾斜、曲率（弯曲）和水平变形（压缩变形和拉伸变形）。下面取一主断面来分析各类变形（图 6-5-6、图 6-5-7）。

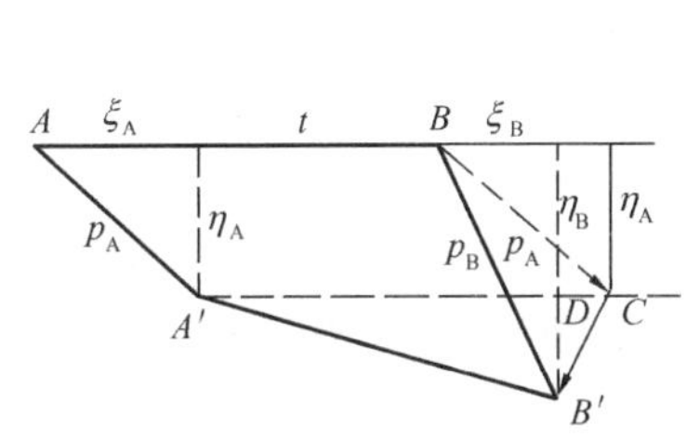

图 6-5-6　移动盆地变形分析

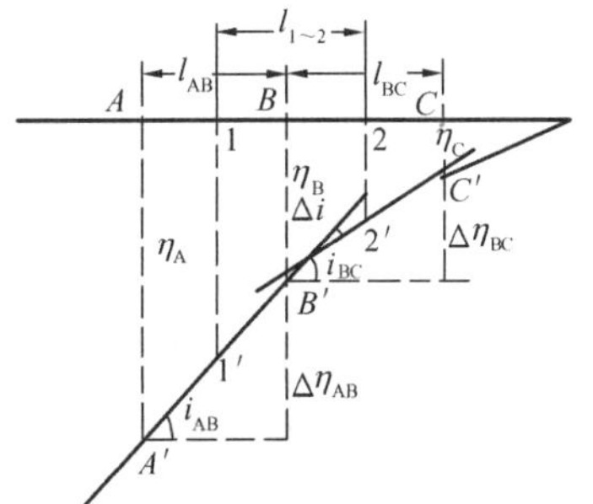

图 6-5-7　倾斜变形分析

设 A、B 为主断面上移动前的两点，A'、B' 为移动终止后的相应位置，l 为 A、B 两点间的距离，由图 6-5-6 可知：

垂直移动：
$$\Delta\eta = \eta_B - \eta_A \tag{6-5-1}$$

水平移动
$$\Delta\xi = \xi_A - \xi_B \tag{6-5-2}$$

倾斜
$$i = \frac{\Delta\eta}{l} \tag{6-5-3}$$

水平变形
$$\varepsilon = \frac{\Delta\xi}{l} \tag{6-5-4}$$

式中　$\Delta\eta$、$\Delta\xi$——垂直移动和水平移动（mm）；

i——倾斜（mm/m）；

ξ_A、ξ_B——A、B 两点水平移动的分量（mm）；

η_A、η_B——A、B 两点垂直移动的分量（mm）。

在图 6-5-7 中，设 A、B、C 为主断面上移动前的三点，A'、B'、C' 为移动终止后的相应位置，由图可知：

AB 段的倾斜为：$i_{AB} = (\eta_A - \eta_B)/l_{AB}$ 相当于 A'、B' 中点 $1'$ 处的倾斜。

BC 段的倾斜为：$i_{BC} = (\eta_B - \eta_C)/l_{BC}$ 相当于 B'、C' 中点 $2'$ 处的倾斜。

$1'$、$2'$ 两处的倾斜差 Δi，除以 1、2 两点间的间距 $l_{1\sim2}$，即得平均的倾斜变化，并以此作为平均曲率（mm/m^2），则 B 点的曲率 K_B 为：

$$K_B - \frac{(i_{AB} - i_{BC})}{l_{1\sim2}} = \Delta i_{1\sim2} \tag{6-5-5}$$

曲率半径（m）R_B 可从式（6-5-6）求得：

$$R_B = \frac{1000}{K_B} = \frac{1000 l_{1\sim2}}{\Delta i} \tag{6-5-6}$$

四、影响地表变形的因素

1. 矿层因素

（1）矿层埋深越大（即开采深度越大），变形发展到地表所需的时间越长，地表变形值越小，变形比较平缓均匀，但地表移动盆地的范围增大。

（2）矿层厚度大，采空的空间大，会促使地表的变形值增大。

（3）矿层倾角大时，使水平移动值增大，地表出现裂缝的可能性增大，地表移动盆地与采空区的位置更不对称。

2. 岩性因素

（1）上覆岩层强度高、分层厚度大时，产生地表变形所需采空面积要大，破坏过程时间长；厚度大的坚硬岩层，甚至长期不产生地表变形。强度低、分层薄的岩层，常产生较大的地表变形，且速度快，但变形均匀，地表一般不出现裂缝。脆性岩层地表易产生裂缝。

（2）厚度大、塑性大的软弱岩层，覆盖于硬脆的岩层上时，后者产生破坏会被前者缓冲或掩盖，使地表变形平缓；反之，上覆软弱岩层较薄，则地表变形会很快并出现裂缝。岩层软硬相间且倾角较陡时，接触处常出现层离现象。

（3）地表第四纪堆积物越厚，则地表变形值增大，但变形平缓均匀。

3. 构造因素

(1) 岩层节理裂隙发育，会促进变形加快，增大变形范围，扩大地表裂缝区。

(2) 断层会破坏地表移动的正常规律，改变地表移动盆地的位置和大小，断层带上的地表变形更加剧烈。

4. 地下水因素

地下水活动（特别是对抗水性弱的软弱岩层）会加快变形速度，扩大地表变形范围，增大地表变形值。

5. 开采条件因素

矿层开采和顶板处置的方法以及采空区的大小、形状、工作面推进速度等，均影响着地表变形值、变形速度和变形的形式。

第二节　采空区的勘察

采空区的岩土工程勘察工作，主要是搜集资料、调查访问、变形分析和岩土工程评价。

一、搜集资料

1. 矿层的分布、层数、厚度、深度、埋藏特征和开采层的上覆岩层的岩性、构造等。

2. 矿层开采的范围、深度、厚度、时间、方法和顶板管理方法，采空区的塌落、密实程度、空隙和积水情况。

3. 地表变形特征和分布，包括地表陷坑、台阶、裂缝的位置、形状、大小、深度、延伸方向及其与地质构造、开采边界、工作面推进方向等的关系。

4. 地表移动盆地的特征，划分中间区、内边缘区和外边缘区，确定地表移动和变形的特征值。

5. 采空区顶板的冒落程度、冒落堆积物的密实程度、空隙及其联通性和积水等。

6. 采空区附近的抽水和排水情况及其对采空区稳定的影响。

7. 搜集建筑物变形和防治措施的经验。

对以上搜集到的关于采空区的资料，必要时应用物探和钻探的方法予以验证。

二、勘察阶段划分

国标《煤矿采空区岩土工程勘察规范》GB 51044—2014 将煤矿采空区岩土工程勘察分为可行性研究勘察、初步勘察、详细勘察和施工勘察。已建场地或拟建场地施工及运营过程中发生新采或复采时，应进行补充勘察。

（一）可行性研究勘察阶段

应以资料搜集、采空区调查及工程地质测绘为主，以适量的物探和钻探工作为辅。

（二）初步勘察阶段

应搜集有关地质、采矿资料，并应以采空区专项调查、工程地质测绘、工程物探为主，辅以适当的钻探工作验证及水文地质观测试验，必要时可进行地表变形观测。

1. 工程物探

物探线不宜少于 2 条；对于资料缺乏、可靠性差的采空区场地，应选用两种物探方法且至少选择一种物探方法覆盖全部拟建工程场地；物探点、线距的选择应根据回采率、采深采厚比等综合确定，解译深度应达到采空区底板以下 15～25m。

2. 钻探

(1) 对于资料丰富、可靠的采空区场地，当采空区对拟建工程影响程度中等或影响大时，钻探验证孔的数量不应少于5个；当采空区对拟建工程影响程度小时，钻探验证孔的数量不应少于3个。对于资料缺乏、可靠性差的采空区场地，应根据物探成果，对异常地段加密布置。钻探孔间距尚应满足孔间测试的需要。

(2) 对于需进行地基变形验算的建（构）筑物，应根据其平面布置加密布设，单栋建（构）筑物钻探验证孔数量不应少于1个。

(3) 钻探孔深度应达到有影响的开采矿层底板以下不少于3m，且应满足孔内测试的需要。

3. 当拟建场地下伏新采空区时，应进行地表变形观测；当拟建场地下伏老采空区时，宜进行地表变形观测。

（三）详细勘察

应对建筑地基进行岩土工程评价，提供地基基础设计、施工所需的岩土工程参数和地基处理、采空区治理方案建议。详细勘察阶段应以工程钻探为主，并应辅以必要的物探、变形观测及调查、测绘工作。勘察工作满足下列要求：

1. 勘察范围宜为初勘阶段所确定的对工程建设有影响的采空区。对于初勘后发生新采或复采的，还应根据新采或复采的影响范围综合确定。

2. 对于场地稳定且采空区与拟建工程的相互影响小的采空区场地，可仅针对地基压缩层范围内的地基土开展勘察工作。

3. 对于稳定性差、需进行治理的采空区场地，勘探点布置应结合采空区治理方法确定，钻探孔深度应达到开采矿层底板以下不小于3m，且应满足地基基础设计要求。

4. 采空区专项调查及工程地质测绘应对初勘阶段确定的采空区范围进行核实，并应对初、详勘阶段相隔时间段内采空区变化情况进行调查。

5. 工程物探宜采用综合测井、跨孔物探、孔内电视、钻孔成像等方法。对于初勘后新采或复采的采空区，宜进行物探。

6. 地表变形监测宜在初勘阶段所建立的观测网基础上按周期观测，验证初勘阶段的评价结果；初勘后新采和复采的采空区，或当场地移位较大时，应重新布置观测网进行观测。

三、地表移动和变形的预计

预计地表移动和变形时，根据我国的实际情况，可以选用典型曲线法、负指数函数法、概率积分法和数值法等。但无论采用哪种方法，都应具备相应的参数。未经实测资料充分验证的方法，在预计中不宜采用。地表移动和变形计算的常用方法为概率积分法。

（一）用概率积分法预计地表移动和变形值

概率积分法是以正态分布函数为影响函数，用积分式表示地表移动盆地的方法。下面介绍的是半无限开采（即充分采动）倾斜煤层地表移动盆地主断面的移动和变形值的概率积分法计算公式。其他方法请参见《建筑物、水体、铁路及主要井巷煤柱留设与压煤开采规范》(安监总煤装【2017】66号)。

1. 开采煤层倾角α<15°，采用概率积分法进行采空区地表移动变形值计算时，采空区地表移动变形值可按下列公式计算：

下沉：
$$W(x,y)=W_{\mathrm{cm}}\iint_D \frac{1}{r^2}\cdot \mathrm{e}^{-\pi\frac{(\eta-x)^2+(\xi-y)^2}{r^2}}\mathrm{d}\eta\mathrm{d}\xi \tag{6-5-7}$$

倾斜：
$$i_{\mathrm{x}}(x,y)=W_{\mathrm{cm}}\iint_D \frac{2\pi(\eta-x)}{r^4}\cdot \mathrm{e}^{-\pi\frac{(\eta-x)^2+(\xi-y)^2}{r^2}}\mathrm{d}\eta\mathrm{d}\xi \tag{6-5-8}$$

$$i_{\mathrm{y}}(x,y)=W_{\mathrm{cm}}\iint_D \frac{2\pi(\xi-y)}{r^4}\cdot \mathrm{e}^{-\pi\frac{(\eta-x)^2+(\xi-y)^2}{r^2}}\mathrm{d}\eta\mathrm{d}\xi \tag{6-5-9}$$

曲率：
$$K_{\mathrm{x}}(x,y)=W_{\mathrm{cm}}\iint_D \frac{2\pi}{r^4}\left(\frac{2\pi(\eta-x)^2}{r^2}-1\right)\cdot \mathrm{e}^{-\pi\frac{(\eta-x)^2+(\xi-y)^2}{r^2}}\mathrm{d}\eta\mathrm{d}\xi \tag{6-5-10}$$

$$K_{\mathrm{y}}(x,y)=W_{\mathrm{cm}}\iint_D \frac{2\pi}{r^4}\left(\frac{2\pi(\xi-y)^2}{r^2}-1\right)\cdot \mathrm{e}^{-\pi\frac{(\eta-x)^2+(\xi-y)^2}{r^2}}\mathrm{d}\eta\mathrm{d}\xi \tag{6-5-11}$$

水平移动：
$$U_{\mathrm{x}}(x,y)=U_{\mathrm{cm}}\iint_D \frac{2\pi(\eta-x)}{r^3}\cdot \mathrm{e}^{-\pi\frac{(\eta-x)^2+(\xi-y)^2}{r^3}}\mathrm{d}\eta\mathrm{d}\xi \tag{6-5-12}$$

$$U_{\mathrm{y}}(x,y)=U_{\mathrm{cm}}\iint_D \frac{2\pi(\xi-y)}{r^3}\cdot \mathrm{e}^{-\pi\frac{(\eta-x)^2+(\xi-y)^2}{r^3}}\mathrm{d}\eta\mathrm{d}\xi+W(x,y)\cdot\cot\theta_0 \tag{6-5-13}$$

水平变形：
$$\varepsilon_{\mathrm{x}}(x,y)=U_{\mathrm{cm}}\iint_D \frac{2\pi}{r^3}\left(\frac{2\pi(\eta-x)^2}{r^2}-1\right)\cdot \mathrm{e}^{-\pi\frac{(\eta-x)^2+(\xi-y)^2}{r^2}}\mathrm{d}\eta\mathrm{d}\xi \tag{6-5-14}$$

$$\varepsilon_{\mathrm{y}}(x,y)=U_{\mathrm{cm}}\iint_D \frac{2\pi}{r^3}\left(\frac{2\pi(\xi-y)^2}{r^2}-1\right)\cdot \mathrm{e}^{-\pi\frac{(\eta-x)^2+(\xi-y)^2}{r^2}}\mathrm{d}\eta\mathrm{d}\xi+i_{\mathrm{y}}(x,y)\cdot\cot\theta_0 \tag{6-5-15}$$

式中 x、y——计算点相对坐标（考虑拐点偏移距）(m)；

D——开采煤层区域。

2. 开采煤层的倾角为 $15°\leqslant\alpha\leqslant55°$，采用概率积分法进行采空区地表移动变形值计算时，采空区地表移动变形值可按下列公式计算：

下沉：
$$W(x,y)=W_{\mathrm{cm}}\sum_{i=1}^{n}\int_{L_i}\frac{1}{2r}\mathrm{erf}\left(\frac{\sqrt{\pi}(\eta-x)}{r}\right)\cdot \mathrm{e}^{-\pi\frac{(\xi-y)^2}{r^3}}\mathrm{d}\xi \tag{6-5-16}$$

倾斜：
$$i_{\mathrm{x}}(x,y)=W_{\mathrm{cm}}\sum_{i=1}^{n}\int_{L_i}\frac{1}{r^2}\mathrm{e}^{-\pi\frac{(\eta-x)^2+(\xi-y)^2}{r^2}}\mathrm{d}\xi \tag{6-5-17}$$

$$i_{\mathrm{y}}(x,y)=W_{\mathrm{cm}}\sum_{i=1}^{n}\int_{L_i}\frac{-\pi(\xi-y)}{r^2}\cdot\mathrm{erf}\left(\frac{\sqrt{\pi}(\eta-x)}{r}\right)\cdot \mathrm{e}^{-\pi\frac{(\xi-y)^2}{r^2}}\mathrm{d}\xi \tag{6-5-18}$$

曲率：
$$K_{\mathrm{x}}(x,y)=W_{\mathrm{cm}}\sum_{i=1}^{n}\int_{L_i}\frac{-2\pi}{r^2}\cdot\frac{\eta-x}{r}\cdot \mathrm{e}^{-\pi\frac{(\eta-x)^2+(\xi-y)^2}{r^2}}\mathrm{d}\xi \tag{6-5-19}$$

$$K_{\mathrm{y}}(x,y)=W_{\mathrm{cm}}\sum_{i=1}^{n}\int_{L_i}\frac{\pi}{r^3}\left(\frac{2\pi(\xi-y)^2}{r^2}-1\right)\cdot\mathrm{erf}\left(\sqrt{\pi}\,\frac{\eta-x}{r}\right)\cdot \mathrm{e}^{-\pi\frac{(\xi-y)^2}{r^2}}\mathrm{d}\xi \tag{6-5-20}$$

水平移动：

$$U_x(x,y)=U_{cm}\sum_{i=1}^{n}\int_{L_i}\frac{1}{r^2}e^{-\pi\frac{(\eta-x)^2+(\xi-y)^2}{r^2}}d\xi \tag{6-5-21}$$

$$U_y(x,y)=U_{cm}\sum_{i=1}^{n}\int_{L_i}\frac{-\pi(\xi-y)}{r^2}\cdot \text{erf}\left[\frac{\sqrt{\pi}(\eta-x)}{r}\right]\cdot e^{-\pi\frac{(\xi-y)^2}{r^2}}d\xi+W(x,y)\cdot\cot\theta_0 \tag{6-5-22}$$

水平变形：
$$\varepsilon_x(x,y)=U_{cm}\sum_{i=1}^{n}\int_{L_i}\frac{-2\pi}{r^2}\cdot\frac{\eta-x}{r}\cdot e^{-\pi\frac{(\eta-x)^2+(\xi-y)^2}{r^2}}d\xi \tag{6-5-23}$$

$$\varepsilon_y(x,y)=U_{cm}\sum_{i=1}^{n}\int_{L_i}-\frac{\pi}{r^2}\cdot\frac{\xi-y}{r}\cdot\text{erf}\left(\sqrt{\pi}\frac{\eta-x}{r}\right)\cdot e^{-\pi\frac{(\xi-y)^2}{r^2}}d\xi+i_y(x,y)\cdot\cot\theta_0 \tag{6-5-24}$$

式中　r——等价计算工作面的主要影响半径；

L_i——等价计算工作面各边界的直线段。

3. 开采煤层倾角 $\alpha>55°$，采用概率积分法进行采空区地表移动变形值计算时，采空区地表移动变形值可按下列公式计算：

下沉：
$$W(x,y)=q\cdot\iiint_G\frac{1}{r(z)^2}\cdot e^{-\pi\frac{(\eta-x)^2+(\xi-y)^2}{r(z)^2}}\cdot d\eta\cdot d\xi\cdot dz \tag{6-5-25}$$

倾斜：

$$i_x(x,y)=q\cdot\iiint_G\frac{2\cdot\pi\cdot(\eta-x)}{r(z)^4}\cdot e^{-\pi\frac{(\eta-x)^2+(\xi-y)^2}{r(z)^2}}\cdot d\eta\cdot d\xi\cdot dz \tag{6-5-26}$$

$$i_y(x,y)=q\cdot\iiint_G\frac{2\cdot\pi\cdot(\eta-y)}{r(z)^4}\cdot e^{-\pi\frac{(\eta-x)^2+(\xi-y)^2}{r(z)^2}}\cdot d\eta\cdot d\xi\cdot dz \tag{6-5-27}$$

曲率：

$$K_x(x,y)=q\cdot\iiint_G\frac{2\cdot\pi}{r(z)^4}\left(\frac{2\cdot\pi\cdot(\eta-x)^2}{r(z)^2}-1\right)\cdot e^{-\pi\frac{(\eta-x)^2+(\xi-y)^2}{r(z)^2}}\cdot d\eta\cdot d\xi\cdot dz \tag{6-5-28}$$

$$K_y(x,y)=q\cdot\iiint_G\frac{2\cdot\pi}{r(z)^4}\left(\frac{2\cdot\pi\cdot(\eta-y)^2}{r(z)^2}-1\right)\cdot e^{-\pi\frac{(\eta-x)^2+(\xi-y)^2}{r(z)^2}}\cdot d\eta\cdot d\xi\cdot dz \tag{6-5-29}$$

水平移动：

$$U_x(x,y)=b\cdot q\cdot\iiint_G\frac{2\cdot\pi\cdot(\eta-x)}{r(z)^3}\cdot e^{-\pi\frac{(\eta-x)^2+(\xi-y)^2}{r(z)^2}}\cdot d\eta\cdot d\xi\cdot dz \tag{6-5-30}$$

$$U_y(x,y)=b\cdot q\cdot\iiint_G\frac{2\cdot\pi\cdot(\eta-y)}{r(z)^3}\cdot e^{-\pi\frac{(\eta-x)^2+(\xi-y)^2}{r(z)^2}}\cdot$$

$$d\eta \cdot d\xi \cdot dz + W_y(x,y)\cot\theta_0 \quad (6\text{-}5\text{-}31)$$

水平变形：

$$\varepsilon_x(x,y) = b \cdot q \cdot \iiint_G \frac{2 \cdot \pi}{r(z)^3}\left(\frac{2 \cdot \pi \cdot (\eta - x)^2}{r(z)^2} - 1\right) \cdot e^{-\pi\frac{(\eta-x)^2+(\xi-y)^2}{r(z)^2}} \cdot$$

$$d\eta \cdot d\xi \cdot dz \quad (6\text{-}5\text{-}32)$$

$$\varepsilon_y(x,y) = b \cdot q \cdot \iiint_G \frac{2 \cdot \pi}{r(z)^3}\left(\frac{2 \cdot \pi \cdot (\eta - y)^2}{r(z)^2} - 1\right) \cdot e^{-\pi\frac{(\eta-x)^2+(\xi-y)^2}{r(z)^2}} \cdot$$

$$d\eta \cdot d\xi \cdot dz + i_y(x,y)\cot\theta_0 \quad (6\text{-}5\text{-}33)$$

式中　$r(z)$——深度为 z 处的主要影响半径；

G——开采空间；

q——下沉系数，对于急倾斜煤层为下沉盆地体积与开采煤层体积的比值。

4. 采空区地表移动变形最大值计算，应符合下列规定：

地表最大下沉值可按下列公式计算：

1）充分采动：

$$W_{cm} = M \cdot q \cdot \cos\alpha \quad (6\text{-}5\text{-}34)$$

2）非充分采动：

$$W_{fm} = M \cdot q \cdot n \cdot \cos\alpha \quad (6\text{-}5\text{-}35)$$

式中　W_{cm}——充分采动条件下地表最大下沉值（mm）；

W_{fm}——非充分采动条件下地表最大下沉值（mm）；

n——地表充分采动系数。$n=\sqrt{n_1 \cdot n_3}$，$n_1 = k_1\dfrac{D_1}{H_0}$，$n_3 = k_3\dfrac{D_3}{H_0}$，$n_1$ 和 n_3 大于 1 时取 1；

k_1，k_3——与覆岩岩性有关的系数，坚硬岩层取 0.7，较硬岩层取 0.8，软弱岩层取 0.9；

D_1、D_3——倾向及走向工作面长度（m）。

地表最大水平移动值可按下列公式计算：

1）沿煤层走向方向上的最大水平移动：

$$U_{cm} = b \cdot W_{cm} \quad (6\text{-}5\text{-}36)$$

式中　U_{cm}——充分开采的最大水平移动值（mm）。

2）沿煤层倾斜方向的最大水平移动：

$$U_{cm} = b(\alpha) \cdot W_{cm} \quad (6\text{-}5\text{-}37)$$

或

$$U_{cm} = (b + 0.7P_0) \cdot W_{cm} \quad (6\text{-}5\text{-}38)$$

式中　$b(\alpha)$——水平移动系数，随倾角 α 变化；

P_0——计算系数，$P_0 = \tan\alpha - h/(H_0 - h)$，其中 h 为表土层厚度（m）；当 $P_0 <$ 0 时，取 $P_0 = 0$。

最大倾斜变形值可按下式计算：

$$i_{cm}=\frac{W_{cm}}{r} \tag{6-5-39}$$

式中　i_{cm}——充分开采的最大倾斜变形（mm/m）。

最大曲率变形值可按下式计算：

$$k_{cm}=1.52\cdot\frac{W_{cm}}{r^2} \tag{6-5-40}$$

式中　k_{cm}——充分开采的最大曲率变形（10^{-3}/m）。

最大水平变形值可按下式计算：

$$\varepsilon_{cm}=1.52\cdot b\cdot\frac{W_{cm}}{r} \tag{6-5-41}$$

式中　ε_{cm}——充分开采的最大水平变形（mm/m）。

（二）地表移动和变形值计算参数的概念和求取方法

1. 下沉系数 q

充分采动时，地表最大下沉值 W_{cm} 与煤层法线采厚 M 在垂直方向投影长度的比值称下沉系数，即

$$q=\frac{W_{cm}}{M\cos\alpha} \tag{6-5-42}$$

2. 水平移动系数 b

充分采动时，走向主断面上地表最大水平移动值 U_{cm} 与地表最大下沉值 W_{cm} 的比值称水平移动系数，即

$$b=\frac{U_{cm}}{W_{cm}} \tag{6-5-43}$$

3. 开采影响传播角 θ_0

充分采动时，倾向主断面上地表最大下沉值 W_{cm} 与该点水平移动值 U_{wcm} 比值的反正切称开采影响传播角，即

$$\theta_0=\arctan\left(\frac{W_{cm}}{U_{wcm}}\right) \tag{6-5-44}$$

式中　U_{wcm}——为倾向断面上最大下沉值点处的水平移动值。

4. 主要影响角正切 $\tan\beta$

走向主断面上走向边界采深 H_z 与其主要影响半径 r_z 之比，即

$$\tan\beta=\frac{H_z}{r_z} \tag{6-5-45}$$

5. 拐点偏距 S

充分采动时，移动盆地主断面上下沉值为 $0.5W_{cm}$、最大倾斜和曲率为零的 3 个点的点位 x（或 y）的平均值 x_0（或 y_0）为拐点坐标。将 x_0（或 y_0）向煤层投影（走向断面按 90°、倾向断面按影响传播角投影），其投影点至采空区边界的距离为拐点偏距。拐点偏距分下山边界拐点偏距 S_1，上山边界拐点偏距 S_2，走向左边界拐点偏距 S_3 和走向右边

界拐点偏距 S_4。

各矿区下沉系数（q）、主要影响角正切（$\tan\beta$）和拐点偏距（S）见表 6-5-1。国标《煤矿采空区岩土工程勘察规范》GB 51044—2014 附录 J 也给出了有关参数。

地表移动覆岩分类 **表 6-5-1**

覆岩类型	参数值	矿区(矿)
坚硬岩石	$q=0.27\sim0.54$ $\tan\beta=1.20\sim1.91$ $S=(0.31\sim0.43)H$	鹤岗、北票(局部)、包头(局部)、鸡西(局部)、双鸭山(局部)、南桐(局部)、南票、通化
中硬岩石	$q=0.55\sim0.85$ $\tan\beta=1.92\sim2.40$ $S=(0.08\sim0.300)H$	南票、双鸭山、七台河、铁法、舒兰、蛟河、鸡西、平庄、沈阳、新汶、鹤壁、峰峰、包头、平顶山、羊场、淮南、阳泉、鹤岗(局部)、合山、辽源、开滦、徐州、阜新、北票、郑州、大屯、广旺、林东、枣庄、焦作、涟邵、淮北(局部)、南桐、田坝
软弱岩石	$q=0.86\sim1.00$ $\tan\beta=2.41\sim3.54$ $S=(0\sim0.07)H$	淮南(局部)、鹤岗(个别矿)、辽源(局部)、抚顺、开滦(局部)、徐州(局部)、北票(局部)、大屯(局部)、珲春、黄县、大雁、焦作(局部)、淮北、南桐(个别矿)

四、采空区场地的适宜性评价

（一）《岩土工程勘察规范》GB 50021—2001（2009 年版）

采空区场地应根据地表移动特征、地表移动所处阶段和地表移动、变形值的大小等进行场地适宜性评价。《岩土工程勘察规范》GB 50021—2001（2009 年版）根据开采情况、地表移动盆地特征和地表变形值的大小，把采空区场地划分为不宜建筑的场地和相对稳定的场地，并应符合下面的规定：

1. 下列地段不宜作为建筑场地：

（1）在开采过程中可能出现非连续变形的地段；

（2）地表移动处于活跃阶段的地段；

（3）特厚矿层和倾角大于 55°的厚矿层露头地段；

（4）由于地表移动和变形可能引起边坡失稳和山崖崩塌的地段；

（5）地表倾斜大于 10mm/m 或地表曲率大于 0.6mm/m^{2}或地表水平变形大于 6mm/m 的地段。

2. 下列地段作为建筑场地时，应评价其适宜性：

（1）采深小、上覆岩层极坚硬，并采用非正规开采方法的地段；

（2）地表倾斜为 3～10mm/m 或地表曲率为 0.2～0.6mm/m^{2}或地表水平变形为 2～6mm/m 的地段。

（二）《煤矿采空区岩土工程勘察规范》GB 51044—2014

《煤矿采空区岩土工程勘察规范》GB 51044—2014 根据建筑物重要性等级、结构特征和变形要求、采空区类型和特征，采用定性与定量相结合的方法，分析采空区对拟建工程和拟建工程对采空区稳定性的影响程度，综合评价采空区场地工程建设适宜性及拟建工程地基稳定性。不同类型采空区场地稳定性的评价因子可按表 6-5-2 确定，采空区对拟建工程的影响程度评价因子可按表 6-5-3 确定。

采空区场地稳定性评价因子　　表 6-5-2

评价因素	采空区类型			
	顶板垮落充分的采空区	顶板垮落不充分的采空区	单一巷道及巷采的采空区	条带式开采的采空区
终采时间	●	●	●	●
地表变形特征	●	●	—	●
采深	●	●	●	●
顶板岩性	—	●	●	
松散层厚度	●	●	—	●
煤（岩）柱稳定性	—	—	●	—

注：“●”表示可选用该评价因子，“—”表示不可选用该评价因子。

采空区对拟建工程影响程度评价因子　　表 6-5-3

评价因素	采空区类型			
	顶板垮落充分的采空区	顶板垮落不充分的采空区	单一巷道及巷采的采空区	条带式开采的采空区
采空区场地稳定性	●	●	—	●
建筑物重要性	●	●	●	●
地表变形特征	●	●	●	●
地表剩余变形	●	●	—	●
采空区密实及充水状态	●	●	●	●
采深	—	—	●	●
采深采厚比	●	●	—	●
顶板岩性	—	—	●	●
松散层厚度	●	●	—	●
活化效应	●	●	●	●
煤（岩）柱稳定性	—	—	—	●

注：“●”表示可选用该评价因子，“—”表示不可选用该评价因子。

1. 采空区场地稳定性评价

根据采空区类型、开采方法及顶板管理方式、终采时间、地表移动变形特征、采深、顶板岩性及松散层厚度、煤（岩）柱稳定性等，采用定性与定量评价相结合的方法进行场地稳定性评价。采空区场地稳定性采用开采条件判别法、地表移动变形判别法、煤（岩）柱稳定分析法等进行评价。

1）开采条件判别法

（1）开采条件判别法可用于各种类型采空区场地稳定性定性评价。

（2）对不规则、非充分采动等顶板垮落不充分、难以进行定量计算的采空区场地，可仅采用开采条件判别法进行定性评价。

（3）开采条件判别法判别标准应以工程类比和本区经验为主，并应综合各类评价因子进行判别。无类似经验时，宜以采空区终采时间为主要因素，结合地表移动变形特征、顶板岩性及松散层厚度等因素按表 6-5-4～表 6-5-6 综合判别。

按终采时间确定采空区场地稳定性等级　　表 6-5-4

稳定等级	不稳定	基本稳定	稳定
采空区终采时间 t(d)	$t<0.8T$ 或 $t\leqslant 365$	$0.8T\leqslant t\leqslant 1.2T$ 且 $t>365$	$t>1.2T$ 且 $t>730$

注：T 为地表移动延续时间，无实测资料时按下述确定。

地表移动延续时间 T 确定：

根据最大下沉点的下沉量、下沉速度与时间关系曲线确定地表移动延续时间 T 时，可按下列方法确定：

① 下沉 10mm 时为移动期开始的时间；

② 连续 6 个月累计下沉值不超过 30mm 时，可认为地表移动期结束；

③ 从地表移动期开始到结束的整个时间为地表移动的延续时间；

④ 在地表移动过程的延续时间内，地表下沉速度大于 50mm/月（1.7mm/d）(煤层倾角 $\alpha<55°$)，或大于 30mm/月（1.0mm/d）(煤层倾角 $\alpha\geqslant 55°$)的时间可划为活跃期；从地表移动期开始到活跃期开始的阶段可划为初始期；从活跃期结束到移动期结束的阶段可划为衰退期(图 6-5-8)。

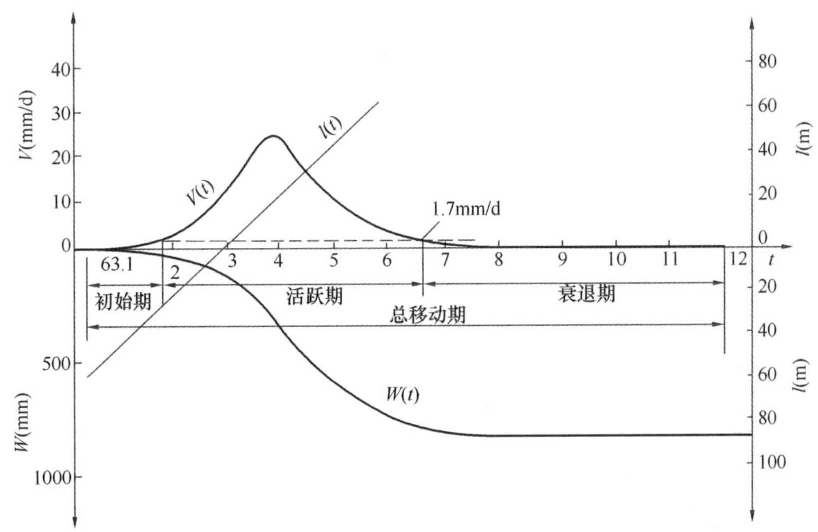

图 6-5-8　地表移动延续时间的确定方法

当无实测资料时，地表移动延续时间 T 可按下列公式确定：

当 $H_0\leqslant 400$m 时：
$$T=2.5H_0 \tag{6-5-46}$$

当 $H_0>400$m 时：
$$T=1000\exp\left(1-\frac{400}{H_0}\right) \tag{6-5-47}$$

按变形特征确定采空区场地稳定性等级　　表 6-5-5

评价因子 \ 稳定等级	不稳定	基本稳定	稳定
地表变形特征	非连续变形	连续变形	连续变形
	抽冒或切冒型	盆地边缘区	盆地中间区
	地面有塌陷坑、台阶	地面倾斜、有地裂缝	地面无地裂缝、台阶、塌陷坑

按顶板岩性及松散层厚度确定浅层采空区场地稳定性等级 表 6-5-6

稳定等级 评价因子	不稳定	基本稳定	稳定
顶板岩性	无坚硬岩层分布或为薄层或软硬岩层互层状分布	有厚层状坚硬岩层分布且15.0m>层厚>5.0m	有厚层状坚硬岩层分布且层厚≥15.0m
松散层厚度 h（m）	$h<5$	$5\leq h\leq 30$	$h>30$

2）地表移动变形判别法

（1）地表移动变形判别法可用于顶板垮落充分、规则开采的采空区场地的稳定性定量评价。对顶板垮落不充分且不规则开采的采空区场地稳定性，也可采用等效法等计算结果判别评价。

（2）地表移动变形值宜以场地实际监测结果为判别依据，有成熟经验的地区也可采用经现场核实与验证后的地表变形预测结果作为判别依据。稳定性评价应在综合判别分析场地的变形趋势和变形特征的基础上，以最大残余变形值判别场地的稳定性。

（3）地表移动变形值确定场地稳定性等级评价标准，宜以地面下沉速度为主要指标，并应结合其他参数按表 6-5-7 综合判别。

按地表移动变形值确定场地稳定性等级 表 6-5-7

稳定状态	评价因子				备注
	下沉速率 v_w（mm/d）	倾斜 Δi（mm/m）	曲率 ΔK（$\times10^{-3}$/m）	水平变形 $\Delta\varepsilon$（mm/m）	
稳定	<1.0mm/d，且连续 6 个月累计下沉<30mm	<3	<0.2	<2	同时具备
基本稳定	<1.0mm/d，但连续 6 个月累计下沉≥30mm	3～10	0.2～0.6	2～6	具备其一
不稳定	≥1.0mm/d	>10	>0.6	>6	具备其一

3）煤（岩）柱稳定分析法

该方法应符合下列规定：

（1）煤（岩）柱稳定分析法可用于穿巷、房柱及单一巷道等类型采空区场地的稳定性定量评价；

（2）煤（岩）柱安全稳定性系数计算可按规范附录 K 计算，场地稳定性等级评价应按表 6-5-8 判别。

按煤（岩）柱安全稳定性系数确定场地稳定性等级 表 6-5-8

稳定状态	不稳定	基本稳定	稳定
煤(岩)柱安全稳定性系数 K_p	$K_p<1.2$	$1.2\leq K_p\leq 2$	$K_p>2$

4）下列地段宜划分为不稳定地段：

（1）采空区垮落时，地表出现塌陷坑、台阶状开裂缝等非连续变形的地段；

（2）特厚煤层和倾角大于 55°的厚煤层浅埋及露头地段；

（3）由于地表移动和变形引起边坡失稳、山崖崩塌及坡脚隆起地段；

（4）非充分采动顶板垮落不充分、采深小于150m，且存在大量抽取地下水的地段。

2. 采空区场地工程建设适宜性评价

（1）采空区场地工程建设适宜性，按表6-5-9划分，应采用定性和定量相结合的评价方法综合确定。

采空区场地工程建设适宜性评价分级表　　表6-5-9

级别	分级说明
适宜	采空区垮落裂隙带密实，对拟建工程影响小；工程建设对采空区稳定性影响小；采取一般工程防护措施（限于规划、建筑、结构措施）可以建设
基本适宜	采空区垮落裂隙带基本密实，对拟建工程影响中等；工程建设对采空区稳定性影响中等；采取规划、建筑、结构、地基处理等措施可以控制采空区残余变形对拟建工程的影响，或虽需进行采空区地基处理，但处理难度小且造价低
适宜性差	采空区垮落不充分，存在地面发生非连续变形的可能，工程建设对采空区稳定性影响大或者采空区残余变形对拟建工程的影响大，需规划、建筑、结构、采空区治理和地基处理等的综合设计，处理难度大且造价高

（2）采空区对各类工程的影响程度，根据采空区场地稳定性、建筑物重要程度和变形要求、地表变形特征及发展趋势、地表移动变形值、采深或采深采厚比、垮落裂隙带的密实状态、活化影响因素等，采用工程类比法、采空区特征判别法、活化影响因素分析法、地表残余变形判别法等方法，并宜按表6-5-10～表6-5-13的规定划分。

按场地稳定性及工程重要性等级定性分析采空区对工程的影响程度　　表6-5-10

工程条件 / 影响程度 / 场地稳定性	拟建工程重要程度和变形要求		
	重要、变形要求高	一般、变形要求一般	次要、变形要求低
稳定	中等	中等～小	小
基本稳定	大～中等	中等	中等～小
不稳定	大	大～中等	中等

采用工程类比法定性分析采空区对工程的影响程度　　表6-5-11

影响程度	类比工程或场地的特征
大	地面、建（构）筑物开裂、塌陷，且处于发展、活跃阶段
中等	地面、建（构）筑物开裂、塌陷，但已经稳定6个月以上且不再发展
小	地面、建（构）筑物无开裂；或有开裂、塌陷，但已经稳定2年以上且不再发展。邻近同类型采空区场地有类似工程的成功经验

根据采空区特征及活化影响因素定性分析采空区对工程的影响程度　　表6-5-12

影响程度	采空区特征			活化影响因素	备注
	采空区采深 H（m）	采空区的密实状态及充水状态	地表变形特征及发展趋势		
大	$H<50$m 或 $H/M<30$	存在空洞，钻探过程中出现掉钻、孔口串风	正在发生不连续变形；或现阶段相对稳定，但存在发生不连续变形的可能性大	活化的可能性大，影响强烈	具备其一

续表

影响程度	采空区特征			活化影响因素	备注
	采空区采深 H（m）	采空区的密实状态及充水状态	地表变形特征及发展趋势		
中等	$50 \leqslant H \leqslant 200$ 或 $30 \leqslant H/M \leqslant 80$	基本密实，钻探过程中采空区部位大量漏水	现阶段相对稳定，但存在发生不连续变形的可能	活化的可能性中等，影响一般	具备其一
小	$H>200$ 或 $H/M>80$	密实，钻探过程中不漏水、微量漏水但返水或间断返水	不再发生不连续变形	活化的可能性小，影响小	同时具备

根据采空区地表残余变形值确定采空区对工程的影响程度　　表 6-5-13

影响程度	地表残余变形				备注
	下沉值 ΔW(mm)	倾斜值 Δi(mm/m)	水平变形值 $\Delta\varepsilon$(mm/m)	曲率值 ΔK($\times 10^{-3}$/m)	
大	>200	>10	>6	>0.6	具备其一
中等	100～200	3～10	2～6	0.2～0.6	具备其一
小	<100	<3	<2	<0.2	同时具备

（3）拟建工程对采空区稳定性影响程度，应根据建筑物荷载及影响深度等，采用荷载临界影响深度判别法、附加应力分析法、数值分析法等方法，并宜按表 6-5-14 划分。

根据荷载临界影响深度定量评价工程建设对采空区稳定性影响程度　　表 6-5-14

评价因子＼影响程度	大	中等	小
荷载临界影响深度 H_D 和采空区深度 H	$H_D<H$	$H_D \leqslant H \leqslant 1.5H_D$	$H>1.5H_D$
附加应力影响深度 H_α 和垮落断裂带深度 H_{lf}	$H_{lf}<H_\alpha$	$H_\alpha \leqslant H_{lf}<2.0H_\alpha$	$H_{lf} \geqslant 2.0H_\alpha$

注：1. 采空区深度 H，指巷道（采空区）等的埋藏深度，对于条带式开采和穿巷开采指垮落拱顶的埋藏深度；
2. 垮落断裂带深度 H_{lf} 指采空区垮落断裂带的埋藏深度，H_{lf}＝采空区采深 H－垮落带高度 H_m－断裂带高度 H_{li}，宜通过钻探及其岩芯描述并辅以测井资料确定；当无实测资料时，也可根据采厚、覆岩性质及岩层倾角等按规范附录 L 计算确定。

五、防止地表移动和建筑物变形的措施

（一）开采技术措施

1. 防止地表沉陷的措施

地表沉陷一般发生在采用不适当的开采方法或开采浅部矿层或开采急倾斜厚矿层时。为防止地表沉陷，可采取下列措施：

（1）开采浅部缓倾斜、倾斜的厚矿层时，应尽量采用分层开采方法，并适当减小第一、二分层的开采厚度。

（2）开采急倾斜矿层时，应尽量采用分层间歇开采方法，并要求顶板一次暴露面积不能过大。分层开采的间歇时间应在 3～4 个月以上。

（3）顶板岩层坚硬不易冒落时，应采取人工放顶。

（4）调查小窑采空区，废巷和岩溶等地质和开采资料，防止因疏干老窑积水和疏降岩溶含水层水位时，造成地表突然塌陷。

2. 减小地表沉陷的措施

可采用下列措施以减小地表下沉：

（1）充填开采法。

（2）条带状开采。

（3）分层开采。

3. 减小地表变形的措施

（1）合理布置工作面位置。布置工作面位置时，应尽量使建筑物处于有利位置。一般认为回采工作面推进方向与建筑物长轴方向垂直较为有利。

（2）协调开采。利用几个矿层或厚矿层分层开采时，在走向或倾向方向合理布置开采工作面，使开采一个工作面所产生的地表变形与另一个工作面所产生的变形相互抵消一部分，从而减少对建筑物的有害影响。

（3）干净开采。在开采保矿柱时，采空区内不应残留矿柱，否则对地表将产生叠加影响，使变形增大。

（4）提高回采速度。工作面推进速度不同，所引起的地表变形值也不同。提高回采速度后，一般会使下沉速度增大，但动态变形有所减小。

4. 增大开采区宽度。使开采迅速达到充分采动，使地表移动盆地尽快出现中间区。

5. 在建筑物下留设保护矿柱。

（二）现有建筑物采取的结构措施

1. 提高建筑物的刚度和整体性，增强其抗变形的能力，如设置钢筋混凝土圈梁、基础联系梁、钢筋混凝土锚固板、钢拉杆，堵砌门窗洞。

2. 提高建筑物适应地表变形的能力，减少地表变形作用在建筑物上的附加应力，如设置变形缝、挖掘变形缓冲沟等。

（三）新建建筑物预防变形的措施

在采空区设计新建筑物时，应充分掌握地表移动和变形的规律，分析地表变形对建筑物的影响，选择有利的建筑场地，采取有效的建筑和结构措施，保证建筑物的正常使用功能。

1. 选择地表变形小、变形均匀的地段进行建筑，避开地表变形为Ⅳ级以上和裂缝、陷坑、台阶等分布地段。

2. 选择地基土层均一的场地，避免把基础置于软硬不一的地基土层上。当为岩石地基时，可在基槽内设置砂垫层，以缓冲建筑物变形。

3. 建筑物平面形状应力求简单、对称，以矩形为宜，高度尽量一致。建筑物或变形缝区段长度宜小于 20m。

4. 应采用整体式基础，加强上部结构刚度，以保证建筑物具有足够的刚度和强度。

5. 在地表非连续变形区内，应在框架与柱子之间设置斜拉杆，基础设置滑动层等措施。在地表压缩变形区内，宜挖掘变形补偿沟。在地下管网接头处，可设置柔性接头，增设附加阀门等。

（四）工程治理

采空区综合治理措施应根据建（构）筑物本身的允许变形能力，采取地下开采措施、地下工程加固措施、地表建筑物结构加固或预防措施等。

煤矿采空区工程治理方法可采用注浆法、干（浆）砌支撑法、开挖回填法、巷道加固法、强夯法、跨越法、穿越法等。

注浆法可用于不稳定或相对稳定的采空塌陷区治理。干（浆）砌支撑法可用于采空区顶板尚未完全塌陷、需回填空间较大、埋深浅、通风良好、具有人工作业条件，且材料运输方便的煤矿采空区。开挖回填法可用于挖方规模较小、易开挖且周边无任何建筑物的采空区，回填时可采用强夯或重锤夯实处理。巷道加固法可用于正在使用的生产、通风和运输巷道，或具备井下作业条件的废弃巷道。强夯法可用于埋深小于10m、上覆顶板完整性差、岩体强度低的采空区地段或采空区地表裂缝区的处治。跨越法可用于埋深浅、范围小、不易处理的采空区。当采用桩基穿过采空区时，应分析评价采空区成桩可能性，并应分析采空区沉陷可能性及其对桩基稳定性和承载力的影响，必要时应对采空区进行注浆或浆砌工程处治。

第三节 小窑采空区的勘察和评价

一、小窑采空区的地表特征

小窑一般是手工作业，开采范围小，开采深度浅，多在50m深度以内，少数也可达200~-300m，平面延伸100～200m，以巷道采掘为主，向两边开挖支巷道。一般分布无规律或呈网格状，有单层或2～3层重叠交错。巷道的高、宽一般为2～3m，大多不支撑或临时支撑，任其自由垮落，因此，地表变形的特征是：

1. 由于采空范围窄小，地表不产生移动盆地，但因开采深度浅、顶板又任其垮落，故地表变形剧烈，大多产生较大的裂缝、台阶和陷坑；

2. 地表裂缝带常与开采工作面的前进方向平行，随工作面的推进，裂缝不断向前发展成相互平行的裂缝。裂缝一般上宽下窄，两边无显著高差出现。

二、小窑采空区的勘察工作

通过搜集资料，调查访问和物探、钻探等工作，查明：

1. 矿层的分布范围、开采和停采时间，开采深度、厚度和开采方法，主巷道的位置、大小和塌落、支撑、回填、充水情况等。

2. 地表陷坑、裂缝的位置、形状、大小、深度、延伸方向及其与采空区和地质构造的关系。

3. 采空区附近的抽水和排水情况及其对采空区的影响。

4. 小窑采空区的勘察，一般可分两步进行：

（1）探空：用物探和钻探验证和查明采空区的分布情况；

（2）地基勘察：按复杂场地和复杂地基进行勘察工作，查明采空区的具体情况并进行岩土工程评价。

三、场地稳定性评价和处理措施

1. 地表裂缝和塌陷发育地段，属于不稳定地段，不适于建筑。在其附近进行建筑时，需有一定的安全距离。安全距离的大小视建筑物的性质而定。

2. 当建筑物已建在影响范围以内时，可按式（6-5-48）验算地基的稳定性。

设建筑物基底单位压力为 p_0，则作用在采空段顶板上的压力 Q 为：

$$Q = G + Bp_0 - 2f = \gamma H\left[B - H\tan\varphi\tan^2\left(45° - \frac{\varphi}{2}\right)\right] + Bp_0 \qquad (6\text{-}5\text{-}48)$$

式中　G——巷道单位长度顶板上岩层所受的总重力（kN/m），$G = \gamma BH$；

B——巷道宽度（m）；

f——巷道单位长度侧壁的摩阻力（kN/m）；

H——巷道顶板的埋藏深度（m）；

γ——岩层的重度（kN/m^3）。

当 H 增大到某一深度，使顶板岩层恰好保持自然平衡（即 $Q=0$），此时的 H 称为临界深度 H_0，则

$$H_0 = \frac{B\gamma + \sqrt{B^2\gamma^2 + 4B\gamma p_0\tan\varphi\tan^2\left(45° - \frac{\varphi}{2}\right)}}{2\gamma\tan\varphi\tan^2\left(45° - \frac{\varphi}{2}\right)} \qquad (6\text{-}5\text{-}49)$$

当 $H < H_0$ 时，地基不稳定；$H_0 < H < 1.5H_0$ 时，地基稳定性差；$H > 1.5H_0$ 时，地基稳定。

3. 小窑采空区的处理措施有：

（1）回填或压力灌浆。回填材料一般用毛石混凝土或粉煤灰等。

（2）加强建筑物基础和上部结构的刚度。

第六章　地　面　沉　降

第一节　地面沉降规律、特点和危害

一、地面沉降的规律和特点

1. 发生地面沉降的原因主要由于抽吸地下水引起土层中水位或水压下降、土层颗粒间有效应力增大而导致地层压密的结果。大面积堆土也能使深部土层产生类似机理而导致地面沉降。本章内容未包括由于新构造运动或海平面上升等原因造成的地面绝对或相对下沉。

2. 发生或可能发生地面沉降的地域范围局限于存在厚层第四纪堆积物的平原、盆地、河口三角洲或滨海地带，往往发生在位于上述地貌类型的大城市或高度工业化地区。自1891 年墨西哥城最先记录地面沉降现象以来，全球有 50 多个国家和地区发生了地面沉降。近年来，我国地面沉降危害主要发生在长江三角洲、华北平原、汾渭盆地、珠江三角洲等经济发达地区，地面沉降区面积不断扩大，累计沉降量不断增大。目前我国 16 个省（区、市）地面沉降面积约为 9.3 万 km^2，地面沉降灾害比较严重的城市超过 50 个。主要

地面沉降地区概况见表 6-6-1。

主要地面沉降地区概况　　**表 6-6-1**

地区	压密层			最大沉降速率 (mm/a)	最大沉降量 (m)	沉降区域面积 (km^2)
	年代	成因	层底深度 (m)			
上海	Q_4	冲积相 滨海相	300	110	>3	1000
天津	Q_4	滨海相	—	262	3.25	9840
北京	Q_4	洪积相 冲积相	—		1.40	4323
西安			100～300	300	2.99	200
无锡	Q_4	冲积相		120	>1.0	160
常州	Q_4	冲积相	120～240	147	1.2	>200
江阴	Q_4	冲积相	120～180	110	1.0	
沧州	Q_4	冲积相			2.518	
衡水	Q_4	冲积相			>0.9	>7981
太原	Q_4	冲积相	—	207	2.96	548
阜阳	Q_4	冲积相			1.502	410
湛江	Q_4	冲积相	200	11.9*	0.1787*	
台湾屏东	Q_4	冲积相 浅海相		—	2.82	1057
日本 Saga 平原	Q_4	冲积相 滨海相	200		1.24	320
美国萨克拉门托流域	Q_4	冲积相 浅海相	330	220	>9	
墨西哥城	Q_4、Q_3	冲积相	50	420	9.0	225
东京	Q_4	冲积相 浅海相	400	270	4.6	2420
大阪	Q_4	冲积相 湖积	400	—	2.88	630
新潟	Q_4	浅海相 海相	1000	—	2.65	430
兵库	Q_4	冲积相 湖相	200	—	2.84	100
意大利波河三角洲	Q_4	冲积相 泻湖相、浅海相	600	—	3.2	2600

注：上述数据注*的为 2001 年数据，墨西哥城、东京、大阪、新潟、兵库、意大利波河三角洲的数据为 1991 年统计资料，其余的为 2010 年统计资料。

3. 地面沉降发生的范围往往较大，且存在一处或多处沉降中心，沉降中心的位置和沉降量与地下水取水井的分布和取水量密切相关。

4. 地面沉降速率一般比较缓慢，常为每年数毫米或每年数厘米，也有少数地区达每年数十厘米的情况（表 6-6-1）。

5. 地面沉降一旦发生后，即使消除了产生地面沉降的原因，沉降了的地面也不可能完全复原。对含水层进行回灌后，也只能恢复因土层颗粒间有效应力变化而引起的弹性变形量部分。

二、地面沉降的危害

1. 对环境的影响

地面沉降区域内因地面绝对标高降低，引起潮水、江水倒灌，地面积水、受淹，排水设施、防汛设施不能保持原定功效。

2. 对工程的危害

引起桥墩下沉，桥下净空减小，影响通航标准；码头、仓库及堆场地坪下沉，影响正常使用；堤防工程失去原有功能；造成市政设施破坏，如水管线断裂、燃气管线破损、路面塌陷。各类建筑物，特别是一些古老建筑常因地面沉降而造成排水困难，底层地坪低于室外地面的状况；城市地下管道坡度改变影响正常使用功能；地铁、高铁等轨道工程因不均匀沉降导致轨道曲率半径变化，危及运行安全、增大运管成本和维护费用。

据有关研究成果，至 20 世纪末，上海地面沉降造成的经济损失高达近 3000 亿元。据粗略统计，我国地面沉降造成的经济损失平均每年超过 100 亿元，累计超过 6000 亿元。

第二节　地面沉降调查与监测

一、地面沉降调查

（一）调查内容

1. 场地的地貌和微地貌；

2. 第四纪堆积物的年代、成因、厚度、埋藏条件和土性特征，硬土层和软弱压缩层的分布；

3. 地下水位以下可压缩层的固结状态和变形参数；

4. 含水层和隔水层的埋藏条件及承压性质，含水层的渗透系数、单位涌水量等水文地质参数；

5. 地下水的补给、径流、排泄条件，含水层间或地下水与地面水的水力联系；

6. 历年地下水位、水头的变化幅度和速率；

7. 历年地下水的开采量和回灌量，开采或回灌的层段；

8. 地下水位下降漏斗及回灌时地下水反漏斗的形成和发展过程；

9. 历年地面高程测量资料；

10. 地面沉降对建、构筑物和环境的影响程度等。

（二）调查方法及要求

1. 调查方法以资料收集、现场踏勘为主。

2. 对缺少资料的地区，为查明场地工程地质、水文地质条件，需布设少量勘探测试孔（包括工程地质孔、抽水试验孔和孔隙水压力观测孔等）。地面沉降区域较小时，勘探测试孔可沿地面沉降区的长、短轴方向按十字形布置；当地面沉降区域较大时，勘探测试孔可按1000～3000m间距网格状布置。各类勘探测试孔孔径、孔深及主要技术要求见表6-6-2。

各类勘探测试孔孔径、孔深及主要技术要求　　表6-6-2

类别	孔径（mm）	孔深要求	主要技术要求
工程地质孔	≥127	达沉降层底板，控制孔达基岩	全断面取芯，每2m取1个原状样，并进行室内土工试验
抽水试验孔	400～550	达主要含水层底板	每2m取1个土样，对主要含水层作分层抽水试验
孔隙水压力观测孔	≥127	达最深一个测头埋置位置	测头间距>5m，各测头间用黏土球止水

3. 编制地面沉降调查报告

将各种调查成果资料进行整理、汇总、统计、分析，并绘制相关图表（例如以地面沉降为特征的工程地质分区图等）。对调查区域的地面沉降原因和现状做出初步结论，对地面沉降危害程度和发展趋势做出评估，对地面沉降监测和治理方案提出建议。

二、地面沉降监测

对地面沉降较严重的地区，为防止或减小地面沉降对工程的危害，需在调查的基础上，对地面沉降实施监测，查明其原因和现状，并预测其发展趋势，提出控制和治理方案。目前地面沉降监测采用技术包括GPS、InSAR、水准测量网、基岩标、分层标、地下水监测等综合监测手段。

（一）地面沉降监测项目及其方法

地面沉降监测项目包括地面沉降测量、土体分层沉降监测、地下水位监测、采灌水水量监测等。相应的监测方法见表6-6-3。

地面沉降的监测方法　　表6-6-3

监测项目	监测方法
地面沉降测量	精密水准测量、GPS测量、雷达干涉测量（InSAR）及其他技术方法
土体分层沉降监测	自动化监测仪或人工测量方式
地下水位监测	自动化监测仪或人工测量方式
水量监测	流量表

（二）地面沉降监测网的布设

地面沉降监测项目及其方法的选择应根据监测区域地质环境特点、地面沉降历史和现状等确定；地面沉降监测网的布设、监测点密度和观测频率等还应考虑到监测区域的范围大小、开发程度、环境条件和特定目的等因素综合确定。

地面沉降监测网方案可一次制订，分期实施。一般情况下，随着监测区域开发程度的提高或监测技术的进步，会对原方案进行修改、完善。

对地面沉降监测网布设的基本要求如下：

1. 监测水准网应采用国家一、二等水准网。

2. 地面沉降监测网的基准点应为基岩标、建于基岩之上的 GPS 固定站、周边 IGS 站。

3. GPS 监测网宜采用固定站、一级网、二级网（固定站相当于《全球定位系统（GPS）测量规范》GB/T 18314—2009 的 A 级，一级网相当于 B 级，二级网相当于 C 级）；一、二级网观测墩可在现场浇筑，也可先行预制，但其底盘必须现场浇筑。底座上必须同时埋设不锈钢标志；固定站现场拼装观测台、底座时，必须保证各连接螺丝拧紧到位，并保持顶部钢板水平；固定站、观测墩应根据现场条件分别制定标牌，并进行标识；标石埋设后，必须经过（至少）一个雨季后方可用于观测。基岩点埋设后，必须经过（至少）一个月以后方可用于观测。

4. 普通水准点建设应符合相关技术标准的规定。

5. 基岩标的保护管需采用壁厚不小于 7mm 的优于 DZ40 的地质无缝钢管，标杆材质需优于 DZ40 壁厚不小于 5mm 的地质无缝钢管；分层标的保护管和标杆需采用壁厚不小于 5mm 的 DZ40 地质无缝钢管；基岩标和分层标的滚轮扶正器间距可下密上疏，上部宜为 6～9m，最大间距不得超过 10m；管内填充物可采用清洁水，上部 2～3m 为防锈油。基岩标和分层标的结构要求见表 6-6-4。

基岩标与分层标结构要求　　表 6-6-4

部件名称	埋标深度	基岩标	分层标
保护管	≥150m 时	外径≥ϕ168mm	外径为 ϕ146mm 或 ϕ168mm
	<150m 时	外径≥ϕ127mm	外径为 ϕ127mm 或 ϕ108mm
	底部	安装厚度为 20～25mm 的环状托盘，托盘与钻孔壁间隙不应大于 100mm	
标杆	≥150m 时	选用 ϕ89mm～ϕ73mm～ϕ42mm、长度配比按“九五分割原理”确定的“多宝塔形”结构	选用长度配比按“九五分割原理”确定的“三宝塔”结构
	<150m 且≥50m 时	选用 ϕ73mm～ϕ42mm、长度配比按“九五分割原理”确定的“二级宝塔形”结构	选用长度配比按“九五分割原理”确定的“双宝塔”结构
	<50m 时	选用 ϕ42mm、一径到底结构	选用一径到底结构
	底部	安装厚度为 15～20mm 外径小于基岩钻孔直径 10mm 的环状托盘	与位于滑筒中心的滑杆顶部对接接头相连接，使标杆与标底连为一体
标底形式		用强度等级为 42.5、水灰比为 0.5 的水泥浆液将标杆与新鲜基岩固定在一起	由底部插钎、钢质环状托盘、滑杆、对接接头组成，相互连为一体

6. 地下水位动态监测网布设地区以覆盖整个区域潜水和承压含水层分布地区为原则，布设密度以掌握地下水流场动态变化规律为原则。水位监测井的孔径不应小于 ϕ400mm，成孔时取芯、孔深误差和孔斜应符合相关标准要求。

7. 监测设施建设过程中应做过程质量记录，用于质量检查、验收评审和最终资料的汇交和归档。

8. 地面沉降监测设施建成后应进行检查验收，并提供竣工报告，内容主要包括：

（1）工程概况；

（2）设计要求和原则；

（3）监测设施建设施工工艺与质量评述；

（4）每坐标孔的孔口标高、平面坐标及标组平面位置图；

（5）由地层柱状图、监测设施结构图、测井、土工测试、水质测试资料等组成的综合柱状图；

（6）施工时间、进度及施工组织。

（三）地面沉降监测技术要求

地面沉降的监测技术要求见表 6-6-5。

地面沉降的监测技术要求　　表 6-6-5

监测项目	技术要求
地面沉降测量	精密水准测量、GPS测量技术要求应符合现行国家标准《国家一、二等水准测量规范》GB/T 12897、《全球定位系统（GPS）测量规范》GB/T 18314、《地面沉降水准测量规范》DZ/T 0154等标准的规定
土体分层沉降监测	须以人工测量校准，验证稳定后方可投入使用
地下水位监测	1. 应根据地下水位监测频率要求，设置自动化监测的水位监测频率； 2. 应依据使用说明书，正确安装自动化监测仪； 3. 人工监测前应校正测量所需的电表和测绳； 4. 应确保测绳与电表线路畅通，使用正常； 5. 必须以监测井固定测点高程为地下水位测量的起算高程； 6. 应在电表指针发生偏转，稳定在最大与最小值之间时，读取测绳深度； 7. 测量时，应连续测量三次，取其平均值作为本次测量成果数据
水量监测	1. 测量前，应确定流量表的起始读数； 2. 应取流量表的现状读数与起始读数之差为实际水量

（四）监测方案实例

上海地面沉降监测网经过数十年的建设，已在全市范围内形成了以水准测量为主的地面高程监测体系和由地面沉降监测站、地下水环境监测点构成的地下监测体系组成的完整地面沉降监测网络。主要包括：

1. 精密水准监测网

自 1961 年，上海市区建立了由水准点构成的地面沉降监测网。目前，地面沉降水准监测网已覆盖全市。其中，中心城区布置了加密水准网，由 10 个高精度水准测量环线组成，其中一等水准测量线路长 747.1km，二等水准测量线路长 837.5km，水准测量覆盖面积约 450km^2，通过每年定期进行精密水准测量，监测中心城区地面沉降动态。

2. 地面沉降 GPS 监测网

自 1999 年开展利用 GPS 技术监测地面沉降的试验研究，2001 年开始建网，目前已建成覆盖全市的地面沉降 GPS 监测网。包括数座 GPS 永久观测站、近 50 个 GPS 一级网监测点、近 200 个 GPS 二级网监测点。

3. 地面沉降监测站

20 世纪 60～80 年代中期，在当时地下水集中开采的市区建设了 17 座地面沉降监测站。以后又陆续新建 20 座地面沉降监测站。新建的地面沉降监测站配置有完善的地面沉降监测设施，包括基岩标、各类分层标、各类地下水水位监测井、GPS 观测站等。形成了由近 40 座地面沉降监测站组成的覆盖全市的地面沉降监测站系统，而且大部分采用自动化监测技术进行监测。

4. 地下水动态监测网

1961 年，建立了初期的地下水动态监测网。以后进一步加以完善，目前已在全市范围内建有监测各含水层中地下水动态的监测井 500 多口，组成平面上以中心城和地下水集中开采区为重点，覆盖全市范围的地下水动态监测网。

5. 重大市政工程地面沉降监测网

近年来，为监测地面沉降对地铁、高架路、高铁、防汛墙等重大市政工程的影响，在工程沿线布设了大量水准监测点、基岩标和分层沉降监测标。

（五）监测成果整理

地面沉降监测应提供以下成果：

（1）现场记录资料；

（2）成果报告，包括月报、年报。

月报宜以简报形式为主。对当月监测资料进行汇总、统计，提供简要说明，并绘制相关图表。

年报应对年度地面沉降监测成果和监测工作进行系统总结，并形成相关图表。其中，监测工作总结内容应包括：

① 年度地面沉降监测与防治工作概况；

② 地面沉降动态变化规律；

③ 地面沉降防治措施与效果评价；

④ 下年度工作建议等。

第三节　地面沉降预测和防治

一、预测地面沉降量的估算方法

1. 分层总和法

黏性土及粉土按下式计算：

$$s_{\infty}=\frac{a}{1+e_0}\Delta pH \tag{6-6-1}$$

砂土按下式计算：

$$s_{\infty}=\frac{1}{E}\Delta pH \tag{6-6-2}$$

式中　s_{∞}——土层最终沉降量（cm）；

a——土层压缩系数（MPa^{-1}），计算回弹量时用回弹系数；

e_0——土层原始孔隙比；

Δp——水位变化施加于土层上的平均附加应力（MPa）；

H——计算土层厚度（cm）；

E——砂层弹性模量（MPa）；计算回弹量时用回弹模量。

地面沉降量等于各土层最终沉降量之和。

2. 单位变形量法

根据预测期前3～4年中的实测资料，按式（6-6-3）、式（6-6-4）计算土层在某一特定时段内，含水层水头每变化1m时其相应的变形量，称为单位变形量。

$$I_s = \frac{\Delta s_s}{\Delta h_s} \tag{6-6-3}$$

$$I_c = \frac{\Delta s_c}{\Delta h_c} \tag{6-6-4}$$

式中　I_s、I_c——水位升、降期的单位变形量（mm/m）；

Δh_s、Δh_c——某一时期内水位升、降幅度（m）；

Δs_s、Δs_c——相应于该水位变化幅度下的土层变形量（mm）。

为了反映地质条件和土层厚度与I_s、I_c参数之间的关系，将上述单位变形量除以土层的厚度H，称为土层的比单位变形量，按式（6-6-5）和式（6-6-6）计算。

$$I'_s = \frac{I_s}{H} = \frac{\Delta s_s}{\Delta h_s H} \tag{6-6-5}$$

$$I'_c = \frac{I_c}{H} = \frac{\Delta s_c}{\Delta h_c H} \tag{6-6-6}$$

式中　I'_s、I'_c——水位升、降期的比单位变形量（m^{-1}）。

在已知预测期的水位升、降幅度和土层厚度的情况下，土层预测沉降量按式（6-6-7）、式（6-6-8）计算。

$$s_s = I_s \Delta h = I'_s \Delta h H \tag{6-6-7}$$

$$s_c = I_c \Delta h = I'_c \Delta h H \tag{6-6-8}$$

式中　s_s、s_c——水位上升或下降Δh时，厚度为H的土层预测的回弹量或沉降量（mm）。

3. 地面沉降发展趋势的预测

在水位升降已经稳定不变的情况下，土层变形量与时间的变化关系，可用式(6-6-9)～式(6-6-11)计算。

$$s_t = s_\infty U \tag{6-6-9}$$

$$U = 1 - \frac{8}{\pi^2}\left[e^{-N} + \frac{1}{9}e^{-9N} + \frac{1}{25}e^{-25N} + \cdots\right] \tag{6-6-10}$$

$$N = \frac{\pi^2 C_v}{4H^2} t \tag{6-6-11}$$

式中　s——预测某时刻t月后地面沉降量（mm）；

U——固结度，以小数表示；

t——时间（月）；

N——时间因素；

C_v——固结系数（mm^2/月）；

H——土层的计算厚度，两面排水时取实际厚度的一半，单面排水时取全部厚度（mm）。

注：1. C_v 单位为 mm^2/月，试验室一般用 cm^2/s，换算关系为 $1cm^2/s=2.59\times10^8 mm^2$/月。

2. 计算时，式（6-6-10）一般取第 1 项即可。

4. 地区性经验公式法

在积累地面沉降资料较多的地区可建立各种经验公式预测地面沉降量。例如地下水开采量与地面沉降量的相关公式，不同开采层位和开采量与地面沉降量的相关公式等。

二、地面沉降的防治

与其他种类的地质灾害不同，地面沉降发生的范围大，灾害的发生具有明显滞后性、缓变性、不可恢复性，受灾方与致灾方之间通常为不相关的主体。因此要实现对地面沉降的有效控制和防治，首先需要建立防治地面沉降的行政管理制度，强化对地下水开采和降排的管理，坚持以预防为主的原则。例如上海市对地面沉降的防治，除建立有相关行政管理制度外，最近又颁布了地方法规“上海市地面沉降防治管理条例”。

在上述前提下，地面沉降防治的主要工程技术措施如下：

1. 压缩地下水开采量，减少水位降深幅度。在地面沉降剧烈的情况下，应暂时停止开采地下水。

2. 向含水层进行人工回灌，回灌时要严格控制回灌水源的水质标准，以防止地下水被污染。并要根据地下水动态和地面沉降规律，制定合理的采灌方案。

3. 调整地下水开采层次，进行合理开采，适当开采更深层的地下水。

4. 对深基坑工程要尽量减少基坑开挖过程中抽排地下水的总量，必要时宜采取同步回灌措施（坑内排坑外灌）。

5. 在大面积填筑区进行工程建设时，宜采用堆载预压法等地基处理措施，减小工后沉降量。

6. 当地面沉降尚不能有效控制时，在新建或改建桥梁、道路、堤坝、排水设施等市政工程时，应考虑到使用期限内可能出现的地面沉降量。

7. 对位于地面沉降较严重区域、对沉降变形十分敏感的工程（如地铁、高铁等），宜布设必要的地面沉降监测设施，在其运行过程中进行定期监测。

第七章　地　　震

第一节　强震区地震效应与抗震设防

一、强震区的地震效应

强震区是指抗震设防烈度等于或大于 7 度的地区。地震时强震区的场地与地基可能产生的宏观震害或地震效应有下列四类：

1. 强烈地面运动导致各类建筑物的震动破坏。

2. 强烈地面运动造成场地、地基的失稳或失效，包括液化、地裂、震陷、滑坡等。

3. 地表断裂活动，包括地表基岩断裂和构造性地裂造成的破坏。

4. 局部地形、地貌、地层结构的变异可能引起的地面异常波动造成的特殊破坏。

二、抗震设防的基本原则

1. 抗震设防要求

抗震设防要求指的是建设工程抗御地震破坏的准则和在一定风险水准下抗震设计采用的地震烈度或者地震动参数。

2. 抗震设防的基本思想

抗震设防是以现有的科学水平和经济条件为前提，随着科学水平的提高，对抗震设防的规定会有相应的突破，而且要根据国家的经济条件，适当地考虑抗震设防水平。

3. 抗震设防的三个水准目标

抗震设防的基本原则是“小震不坏，中震可修，大震不倒”。具体体现为抗震设防的三个水准烈度，见表6-7-1。

抗震设防的水准烈度 **表6-7-1**

水准烈度	名称	50年内超越概率	与基本烈度相比	建筑损坏情况	抗震设防目标
第一水准烈度	多遇烈度（众值烈度）	约63%	约低一度半	一般不受损坏或不需修理仍可继续使用	一般情况下，建筑处于正常使用状态，从结构抗震分析角度，可以视为弹性体系，采用弹性反应谱进行弹性分析
第二水准烈度	基本烈度	约10%	相当于现行中国地震动参数区划图规定的地震烈度	可能损坏，经一般修理或不需修理仍可继续使用	结构进入非弹性工作阶段，但非弹性变形或结构体系的损坏控制在可修复的范围
第三水准烈度	罕遇烈度	2%～3%	基本烈度6度时为7度强；7度时为8度强；8度时为9度弱；9度时为9度强	不致倒塌或发生危及生命的严重破坏	结构有较大的非弹性变形，但应控制在规定的范围内，以免倒塌

注：超越概率指的是某场地可能遭遇大于或等于给定的地震烈度（或地震动参数值）的概率。

三、抗震设防的“双轨制”

（一）《中国地震动参数区划图》GB 18306—2015

1. 地震动参数区划

以地震动峰值加速度和地震动反应谱特征周期为指标，将国土划分为不同抗震设防要求的区域。中国地震动参数区划图包括：

（1）中国地震动峰值加速度区划图；

（2）中国地震动反应谱特征周期区划图；

（3）全国城镇Ⅱ类场地基本地震动峰值加速度和基本地震动加速度反应谱特征周期。

2. 地震动峰值加速度

表征地震作用强弱程度的指标，对应于规准化地震动加速度反应谱最大值的水平加速度。

规范附录 A.1 给出了基本地震动峰值加速度值，对于多遇地震动峰值加速度宜按不低于基本地震动峰值加速度 1/3 倍确定。对于罕遇地震动峰值加速度宜按不低于基本地震动峰值加速度 1.6～2.3 倍确定。对于极罕遇地震动峰值加速度宜按不低于基本地震动峰值加速度 2.7～3.2 倍确定。

3. 地震动加速度反应谱特征周期

地震动加速度反应谱曲线下降点所对应的周期值。

基本地震动加速度反应谱特征周期按图 B.1 取值，其中乡镇人民政府所在地、县级以上城市基本地震动加速度反应谱特征周期按表 C.1～C.32 取值。多遇地震加速度反应谱特征周期可按基本地震动加速度反应谱特征周期取值。对于罕遇地震加速度反应谱特征周期应大于基本地震动加速度反应谱特征周期，增加值不小于 0.05s。

4. 场地地震动参数调整

I_0、I_1、Ⅲ、Ⅳ场地地震动峰值加速度根据Ⅱ类场地基本地震动峰值加速度按下列公式进行调整。

$$\alpha_{max} = F_a \cdot \alpha_{max\mathrm{II}} \tag{6-7-1}$$

式中　α_{max}——场地地震动峰值加速度；

$\alpha_{max\mathrm{II}}$——Ⅱ类场地基本地震动峰值加速度；

F_a——场地地震动峰值加速度调整系数，按表 6-7-2 确定。

场地地震动峰值加速度调整系数 F_a　　**表 6-7-2**

Ⅱ类场地基本地震动峰值加速度	场地类别				
	I_0	I_1	Ⅱ	Ⅲ	Ⅳ
≤0.05g	0.72	0.80	1.00	1.30	1.25
0.10g	0.74	0.82	1.00	1.25	1.20
0.15g	0.75	0.83	1.00	1.15	1.10
0.20g	0.76	0.85	1.00	1.00	1.00
0.30g	0.85	0.95	1.00	1.00	0.95
≥0.40g	0.90	1.00	1.00	1.00	0.90

I_0、I_1、Ⅲ、Ⅳ场地基本地震动加速度反应谱特征周期根据Ⅱ类场地基本地震动加速度反应谱特征周期按表 6-7-3 进行调整。

场地基本地震动加速度反应谱特征周期调整表　　**表 6-7-3**

Ⅱ类场地基本地震动加速度反应谱特征周期	场地类别				
	I_0	I_1	Ⅱ	Ⅲ	Ⅳ
0.35	0.20	0.25	0.35	0.45	0.65
0.40	0.25	0.30	0.40	0.55	0.75
0.45	0.30	0.35	0.45	0.65	0.90

5. 关于地震基本烈度向地震动参数过渡的说明

《中国地震动参数区划图》GB 18306—2015 直接采用地震动参数（地震动峰值加速度和地震动反应谱特征周期），不再采用地震基本烈度。现行有关技术标准中涉及地震基本烈度概念的，应逐步修正。在技术标准等尚未修订（包括局部修订之前），可以参照下述方法确定：

当需采用地震烈度为危险性的宏观衡量尺度，用于工程抗震设防或抗震减灾目的时，可根据Ⅱ类场地地震动峰值加速度 $\alpha_{max\text{Ⅱ}}$ 按表 6-7-4 确定地震烈度。

Ⅱ类场地地震动峰值加速度与地震烈度对照　　**表 6-7-4**

Ⅱ类场地地震动峰值加速度	$0.04g \leqslant \alpha_{max\text{Ⅱ}} < 0.09g$	$0.09g \leqslant \alpha_{max\text{Ⅱ}} < 0.19g$	$0.19g \leqslant \alpha_{max\text{Ⅱ}} < 0.38g$	$0.38g \leqslant \alpha_{max\text{Ⅱ}} < 0.75g$	$\alpha_{max\text{Ⅱ}} \geqslant 0.75g$
地震烈度	Ⅵ	Ⅶ	Ⅷ	Ⅸ	≥Ⅹ

6.《中国地震动参数区划图》GB 18306—2015 的适用范围

适用于一般建设工程的抗震设防，以及社会经济发展规划和国土利用规划、防灾减灾规划、环境保护规划等相关规划的编制。

（二）《建筑抗震设计规范》GB 50011—2010（2016 年版）

1. 抗震设防烈度

按国家规定的权限批准作为一个地区抗震设防依据的地震烈度。一般情况下，抗震设防烈度取 50 年内超越概率 10%的地震烈度（或与设计基本地震加速度值对应的烈度值，见表 6-7-4）。

2. 抗震设防标准

衡量抗震设防要求高低的尺度，由抗震设防烈度或设计地震动参数及建筑抗震设防类别确定。

3. 地震作用

由地震动引起的结构动态作用，包括水平地震作用和竖向地震作用。

4. 设计地震动参数

抗震设计用的地震加速度（速度、位移）时程曲线、加速度反应谱和峰值加速度。

5. 设计基本地震加速度

50 年设计基准期超越概率 10%的地震加速度的设计取值。

抗震设防烈度和设计基本地震加速度取值的对应关系，应符合表 6-7-5 的规定。设计基本地震加速度为 $0.15g$ 和 $0.30g$ 地区内的建筑，除了有关规定外，应分别按抗震设防烈度 7 度和 8 度的要求进行抗震设计。

抗震设防烈度和设计基本地震加速度值的对应关系　　**表 6-7-5**

抗震设防烈度	6	7		8		9
设计基本地震加速度值	$0.05g$	$0.10g$	$0.15g$	$0.20g$	$0.30g$	$0.40g$
GB 18306：地震动峰值加速度	$0.05g$	$0.10g$	$0.15g$	$0.20g$	$0.30g$	$0.40g$

注：g 为重力加速度。

6. 设计特征周期

抗震设计用的地震影响系数曲线中，反映地震震级、震中距和场地类别等因素的下降段起始点对应的周期值，简称特征周期。

建筑的设计特征周期应根据其所在地的设计地震分组和场地类别按表 6-7-6 采用，计算罕遇地震作用时，特征周期应增加 0.05s。

特征周期值（s） **表 6-7-6**

设计地震分组	场地类别				
	I_0	I_1	Ⅱ	Ⅲ	Ⅳ
第一组	0.20	0.25	0.35	0.45	0.65
第二组	0.25	0.30	0.40	0.55	0.75
第三组	0.30	0.35	0.45	0.65	0.90

7. 设计地震分组

过去的规范曾规定，特征周期取值根据设计近震、远震和场地类别来确定，我国绝大多数地区只考虑设计近震，需要考虑设计远震的地区很少（约占县级城镇的 5%）。规范将设计近震、远震改称设计地震分组，可以更好地体现震级和震中距的影响，建筑工程的设计地震分为三组。设计地震分组与 GB 18306 地震动加速度反应谱特征周期对应关系见表 6-7-7。

设计地震分组与 GB 18306 地震动加速度反应谱特征周期对应关系表 **表 6-7-7**

设计地震分组	第一组	第二组	第三组
GB 18306 地震动加速度反应谱特征周期	0.35s	0.40s	0.45s

我国主要城镇抗震设防烈度、设计基本地震加速度和设计地震分组见《建筑抗震设计规范》GB 50011—2010（2016 年版）附录 A。

四、各类建筑的抗震设防

1. 建筑抗震设防类别

建筑应根据其使用功能的重要性及其遭受地震损坏对各方面影响后果的严重性分为特殊设防类（甲类）、重点设防类（乙类）、标准设防类（丙类）、适度设防类（丁类）四个抗震设防类别，见表 6-7-8。

建筑抗震设防类别 **表 6-7-8**

抗震设防类别	建筑使用功能的重要性
特殊设防类（甲类）	指使用上有特殊设施，涉及国家公共安全的重大建筑工程和地震时可能发生严重次生灾害等特别重大灾害后果，需要进行特殊设防的建筑
重点设防类（乙类）	指地震时使用功能不能中断或需尽快恢复的生命线相关建筑，以及地震时可能导致大量人员伤亡等重大灾害后果，需要提高设防标准的建筑
标准设防类（丙类）	除甲、乙、丁类以外按标准要求进行设防的建筑
适度设防类（丁类）	指使用上人员稀少且震损不致产生次生灾害，允许在一定条件下适度降低要求的建筑

2. 建筑的抗震设防标准

各抗震设防类别建筑的抗震设防标准，应符合表 6-7-9 的要求。

建筑的抗震设防标准　　表 6-7-9

抗震设防类别	建筑的抗震设防标准
特殊设防类（甲类）	地震作用应高于本地区抗震设防烈度的要求，其值应按批准的地震安全性评价结果确定抗震措施，应符合本地区抗震设防烈度提高一度的要求，当为 9 度时，应符合比 9 度抗震设防更高的要求
重点设防类（乙类）	地震作用应按本地区抗震设防烈度确定 抗震措施，应按本地区抗震设防烈度提高一度的要求加强，当为 9 度时，应符合比 9 度抗震设防更高的要求；地基基础的抗震措施，应符合有关规定。对规模很小的工业建筑，当改用抗震性能较好的材料且符合抗震设计规范对结构体系的要求时，允许按标准设防类设防
标准设防类（丙类）	地震作用和抗震措施均应符合本地区抗震设防烈度的要求
适度设防类（丁类）	一般情况下，地震作用仍按本地区抗震设防烈度确定；抗震措施允许比本地区抗震设防烈度的要求适当降低，但抗震设防烈度为 6 度时不应降低

注：抗震设防烈度为 6 度时，除规范有具体规定外，对乙、丙、丁类建筑可不进行地震作用计算。

五、地震影响系数

（一）基本概念

1. 抗震设计的基本理论

弹性反应谱理论是现阶段抗震设计的最基本理论，《建筑抗震设计规范》GB 50011—2010（2016 年版）所采用的设计反应谱以地震影响系数曲线的形式给出。

2. 地震影响系数

单质点弹性结构在地震作用下的最大加速度反应与重力加速度比值的统计平均值，称为地震影响系数，用 α 表示。地震影响系数应根据烈度、场地类别、设计地震分组和结构自振周期以及阻尼比确定（结构自振周期大于 6.0s 的建筑结构所采用的地震影响系数应专门研究）。水平地震影响系数最大值按表 6-7-10 采用。竖向地震影响系数的最大值，可取水平地震影响系数最大值的 65%。

水平地震影响系数最大值　　表 6-7-10

地震影响	6 度	7 度	8 度	9 度
多遇地震	0.04	0.08(0.12)	0.16(0.24)	0.32
设防地震	0.12	0.23(0.34)	0.45(0.68)	0.90
罕遇地震	0.28	0.50(0.72)	0.90(1.20)	1.40

注：括号中数值分别用于设计基本地震加速度为 0.15g 和 0.3g 的地区。

3. 不利地段对地震动参数的放大作用

当需要在条状突出的山嘴、高耸孤立的山丘、非岩石和强风化岩石的陡坡、河岸和边坡边缘等不利地段建造丙类及丙类以上建筑时，除保证其在地震作用下的稳定性外，尚应估计不利地段对设计地震动参数可能产生的放大作用，其水平地震影响系数最大值应乘以增大系数。其值应根据不利地段的具体情况确定，在 1.1～1.6 范围内采用。

（二）地震影响系数曲线（α-T 曲线）

1. 曲线形状见图 6-7-1。

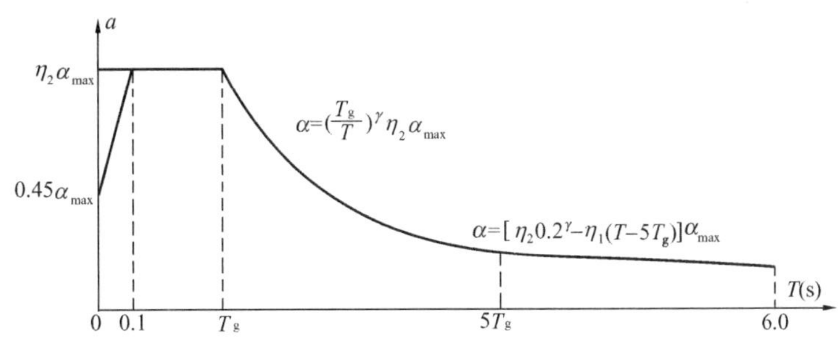

图 6-7-1　地震影响系数曲线[《建筑抗震设计规范》GB 50011—2010(2016 年版)]

α—地震影响系数；α_{max}—地震影响系数最大值；η_1—直线下降段的下降斜率调整系数；

γ—衰减系数；T_g—特征周期；η_2—阻尼调整系数；T—结构自振周期

2. 地震影响系数的形状参数

（1）地震影响系数曲线由四个区段组成，见表 6-7-11。

地震影响系数曲线的四个区段　　表 6-7-11

曲线区段	结构自振周期 T(s)	曲线表达式
① 直线上升段	$T<0.1$	$\alpha=[0.45+10(\eta_2-0.45)T]\alpha_{max}$
② 水平段	$0.1<T<T_g$	$\alpha=\eta_2\alpha_{max}$
③ 曲线下降段	$T_g<T<5T_g$	$\alpha=(T_g/T)^\gamma\eta_2\alpha_{max}$
④ 直线下降段	$5T_g<T<6$	$\alpha=[\eta_2 0.2^\gamma-\eta_1(T-5T_g)]\alpha_{max}$

（2）形状参数的意义和取值

地震影响系数曲线表达式中形状参数的意义和取值见表 6-7-12。

形状参数的意义和取值　　表 6-7-12

形状参数	意　义	取　值
α_{max}	地震影响系数最大值	取决于抗震设防烈度和地震烈度水准，见表 6-7-10
T_g	特征周期(s)	取决于场地类别和设计地震分组，见表 6-7-6
γ	衰减系数	$\gamma=0.9+\frac{0.05-\zeta}{0.3+6\zeta}$
η_1	直线下降段的下降斜率调整系数	$\eta_1=0.02+\frac{0.05-\zeta}{4+32\zeta}$，小于 0 时取 0
η_2	阻尼调整系数	$\eta_2=1+\frac{0.05-\zeta}{0.08+1.6\zeta}$，小于 0.55 时取 0.55
ζ	阻尼比	除有专门规定外，建筑结构的阻尼比应取 0.05

（三）《构筑物抗震设计规范》GB 50191—2012 的设计反应谱

与《建筑抗震设计规范》GB 50011—2010（2016 年版）基本相同，主要区别如下：

（1）图 6-7-1 中直线下降段延伸到了 7.0s，对自振周期大于 7.0s 的构筑物，其地震影响系数应专门研究。

（2）当计算的地震影响系数值小于 $0.12\alpha_{max}$时，应取 $0.12\alpha_{max}$。

（3）多质点体系采用底部剪力法计算时，按图 6-7-1 确定的水平地震影响系数应乘以增大系数 η_h，增大系数应按下列公式确定：

当 $T_1 > T_g$　　$\eta_h = (T_g/T_1)^{-\varepsilon}$　　(6-7-2)

当 $T_1 \leqslant T_g$　　$\eta_h = 1.0$　　(6-7-3)

式中　T_1——结构基本自振周期；

η_h——水平地震影响系数的增大系数；

ε——结构类型指数，应根据结构类型按表 6-7-13 采用。

结构类型指数　　**表 6-7-13**

结构类型	剪切型结构	剪弯型结构	弯曲型结构
ε	0.05	0.15	0.25

第二节　场地与地基

一、建筑场地的选择

选择建筑场地时，应根据工程需要和地震活动情况、工程地质和地震地质的有关资料，对抗震有利、一般、不利和危险的地段做出综合评价，见表 6-7-14。选择有利于抗震的建筑场地，是减轻场地引起地震灾害的第一道工序。

有利、不利和危险地段的划分　　**表 6-7-14**

地段类别	地质、地形、地貌	场地选择
有利地段	稳定基岩，坚硬土，开阔、平坦、密实、均匀的中硬土等	—
一般地段	不属于有利、不利和危险的地段	—
不利地段	软弱土，液化土，条状突出的山嘴，高耸孤立的山丘，陡坡，陡坎，河岸和边坡的边缘，平面分布上成因、岩性、状态明显不均匀的土层（如古河道、疏松的断层破碎带、暗埋的塘浜沟谷和半填半挖地基），高含水量的可塑黄土，地表存在结构性裂缝等	应提出避开要求；当无法避开时应采取有效措施
危险地段	地震时可能发生滑坡、崩塌、地陷、地裂、泥石流等及发震断裂带上可能发生地表位错的部位	严禁建造住宅和甲、乙类的建筑，不应建造丙类的建筑

二、建筑场地的类别划分

（一）基本概念

1. 场地

具有相似的反应谱特征的房屋群体所在地。不仅仅是房屋基础下的地基土，其范围相当于厂区、居民点和自然村，在平坦地区面积一般不小于 1km×1km。

场地条件包括场地土、场地土厚度、地形、不均匀地质条件或地质构造。

2. 场地土

场地范围内一般深度在 15～20m 以内的地基土。

（二）土层等效剪切波速

1. 土层剪切波速的测量

土层剪切波速的测量，应符合下列要求：

(1) 在场地初步勘察阶段，对大面积的同一地质单元，测试土层剪切波速的钻孔数量不宜少于 3 个。

(2) 在场地详细勘察阶段，对单幢建筑，测试土层剪切波速的钻孔数量不宜少于 2 个，测试数据变化较大时，可适量增加；对小区中处于同一地质单元的密集建筑群，测试土层剪切波速的钻孔数量可适量减少，但每幢高层建筑和大跨空间结构的钻孔数量均不得少于 1 个。

(3) 对丁类建筑及丙类建筑中层数不超过 10 层、高度不超过 24m 的多层建筑，当无实测剪切波速时，可根据岩土名称和性状，按表 6-7-15 划分土的类型，再利用当地经验在表 6-7-15 的剪切波速范围内估算各土层的剪切波速。

土的类型划分和剪切波速范围 **表 6-7-15**

土的类型	岩土名称和性状	土层剪切波速范围(m/s)
岩石	坚硬、较硬且完整的岩石	$v_s>800$
坚硬土或软质岩石	破碎和较破碎的岩石或软和较软的岩石，密实的碎石土	$800\geqslant v_s>500$
中硬土	中密、稍密的碎石土，密实、中密的砾、粗、中砂，$f_{ak}>150$ 的黏性土和粉土，坚硬黄土	$500\geqslant v_s>250$
中软土	稍密的砾、粗、中砂，除松散外的细、粉砂，$f_{ak}\leqslant150$ 的黏性土和粉土，$f_{ak}>130$ 的填土，可塑新黄土	$250\geqslant v_s>150$
软弱土	淤泥和淤泥质土，松散的砂，新近堆积的黏性土和粉土，$f_{ak}\leqslant$ 130 的填土，流塑黄土	$v_s\leqslant150$

注：f_{ak}为由载荷试验等方法得到的地基承载力特征值（kPa）；v_s 为岩土剪切波速。

2. 土层等效剪切波速的基本概念

1) 物理意义

等效剪切波速是一个等效物理量，其等效的物理意义是剪切波穿过具有不同波速、不同厚度的多层土所需要的传播时间，$\sum t_i$（t_i 为剪切波穿过第 i 层土的传播时间，$t_i=d_i/v_{si}$）应等效于剪切波穿过具有相同总厚度 d_0（$d_0=\sum d_i$），相当于等效剪切波速 v_{se} 的均质土层所需要的传播时间 t（$t=d_0/v_{se}$）。

2) 数学意义

等效剪切波速 v_{se}是各层土剪切波速的倒数的厚度加权平均值的倒数。

3. 土层等效剪切波速的计算

土层等效剪切波速按下式计算：

$$v_{se}=d_0/t \tag{6-7-4a}$$

$$t=\sum_{i=1}^{n}(d_i/v_{si}) \tag{6-7-4b}$$

式中 v_{se}——土层等效剪切波速（m/s）；

d_0——计算深度（m），取覆盖层厚度和 20m 两者的较小值；

t——剪切波在地面至计算深度之间的传播时间；

d_i——计算深度范围内第 i 土层的厚度（m）；

v_{si}——计算深度范围内第 i 土层的剪切波速（m/s）；

n——计算深度范围土层的分层数。

（三）覆盖层厚度的确定

建筑场地覆盖层厚度的确定，应符合下列要求：

1. 一般情况下，应按地面至剪切波速大于 500m/s 且其下卧各层岩土的剪切波速均不小于 500m/s 的土层顶面的距离确定。

2. 当地面 5m 以下存在剪切波速大于其上部各土层剪切波速 2.5 倍的土层，且该层及其下卧各层岩土的剪切波速均不小于 400m/s 时，可按地面至该土层顶面的距离确定。

3. 剪切波速大于 500m/s 的孤石、透镜体，应视同周围土层。

4. 土层中的火山岩硬夹层应视为刚体，其厚度应从覆盖土层中扣除。

（四）建筑场地类别

1. 建筑场地类别的划分

应根据土层等效剪切波速和场地覆盖层厚度按表 6-7-16 或图 6-7-2 划分为四类，其中Ⅰ类分为Ⅰ_0、Ⅰ_1两个亚类。

各类建筑场地的覆盖层厚度（m）　　　**表 6-7-16**

岩石的剪切波速或土的等效剪切波速（m/s）	场地类别				
	Ⅰ_0	Ⅰ_1	Ⅱ	Ⅲ	Ⅳ
$v_s>800$	0	—	—	—	—
$800\geqslant v_s>500$	—	0	—	—	—
$500\geqslant v_{se}>250$	—	<5	≥5	—	—
$250\geqslant v_{se}>150$	—	<3	3～50	>50	—
$v_{se}\leqslant150$	—	<3	3～15	15～80	>80

注：表中，v_s 系岩石的剪切波速。

当有可靠的剪切波速和覆盖层厚度，且其值处于图 6-7-2 所示场地类别的分界线附近（指相差±15%的范围）时，允许按插值方法确定地震作用计算所用的设计特征周期。

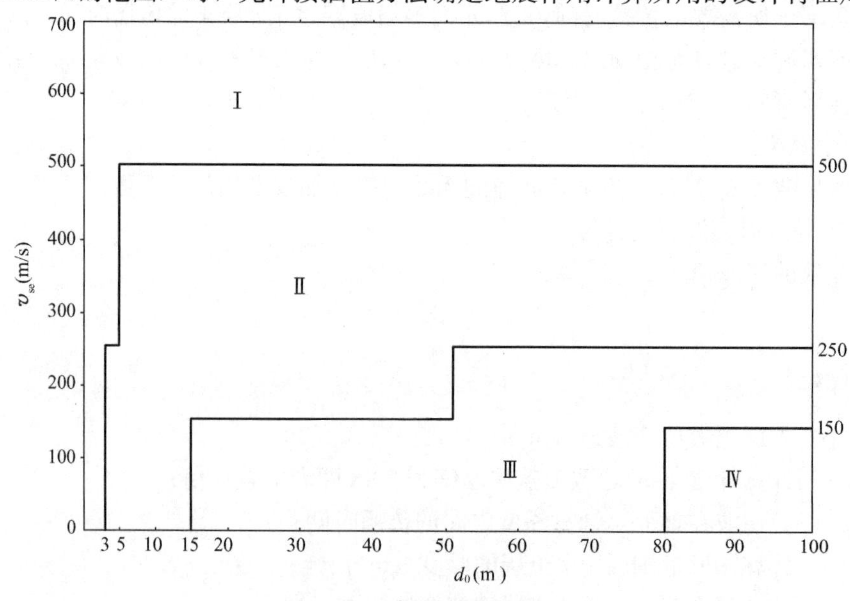

图 6-7-2　建筑场地类别划分

上述场地分类方法主要适用于剪切波速随深度呈递增趋势的一般场地，对于有较厚软夹层的场地，由于其对短周期地震动具有抑制作用，可以根据分析结果适当调整场地类别和设计地震动参数。

2. 对勘察工作的影响

（1）对于 500m/s$\geqslant v_{se}>$250m/s 的场地，场地类别主要是Ⅱ类，只有当覆盖层厚度小于 5m 时，场地类别为Ⅰ类，所以重点是查清覆盖层厚度是否小于 5m。

（2）对于 250m/s$\geqslant v_{se}>$150m/s 的场地，除了覆盖层厚度小于 3m 时，场地类别为Ⅰ类外，场地类别主要为Ⅱ～Ⅲ类，主要取决于覆盖层厚度是否小于 50m。所以，为确定覆盖层厚度而进行的波速试验深度只要略超过 50m 即可。

（3）对于 $v_{se}\leqslant$150m/s 的场地，场地类别为Ⅰ、Ⅱ、Ⅲ、Ⅳ类四种情况都有可能，主要取决于覆盖层厚度是否大于相应的界限值 3m、15m 和 80m。

三、卓越周期

（一）基本概念

1. 物理意义

（1）卓越周期是场地地基条件的一种固有特性。在一般情况下，它不受外界扰力、时间推移和工程建筑的影响。

（2）直接反映场地地基的振动波可视为不同振幅、不同频率的随机振动集合。在这种随机振动中出现波动次数最多（或出现最大幅值）的频率可称之为卓越频率，其倒数即为卓越周期。

2. 工程意义

若某一周期的地震波与地表工程设施的自振周期相近时，由于共振的作用，这种地震波的振幅将得到放大，使震害加重。为了防止这类震害的出现，应使工程设施的结构自振周期避开场地地基的卓越周期。

（二）卓越周期的测定

1. 地脉动法

地脉动是由各种因素引起的波动经地层多重反射和折射而传播到测试点的多维波群随机集合而成。它具有平稳随机过程的特性，主要反映场地地基土层结构的动力特性。

按照国家标准《地基动力特性测试规范》GB/T 50269—2015，将记录到的地脉动信号进行富氏谱或功率谱分析后，按下列规定确定卓越周期：

（1）按频谱图中最大峰值所对应的频率确定；

（2）当频谱图中出现多峰且各峰值相差不大时，可在谱分析的同时，进行相关或互谱分析，以便对场地地脉动卓越频率进行综合评价。

2. 剪切波速法

当有剪切波速资料时，可用下列经验公式计算场地的卓越周期。

$$T=\sum_{i=1}^{n}\frac{4h_i}{v_{si}} \tag{6-7-5}$$

式中　T——场地地基土的卓越周期（s）；

h_i——第 i 层土层厚度（m），一般应计算至基岩面，当基岩面较深时，可计算至 30～50m；

v_{si}——第 i 层土的剪切波速（m/s）；

n——土层层数。

（三）地基土的卓越周期

卓越周期与土层的性质有关，土愈松软，其卓越周期愈长。根据实测资料，不同土类的卓越周期经验值见表 6-7-17。

地基土的卓越周期 **表 6-7-17**

场地类别	土的名称	卓越周期（s）
Ⅰ	稳定岩石	0.1～0.2
Ⅱ～Ⅲ	一般土层	0.15～0.40
Ⅳ	松软土层	0.3～0.7

四、场地条件与震害的关系

（一）地形地貌条件与震害的关系

1. 不同地形地貌条件的震害特征

（1）山区、丘陵区：震害类型以地面裂缝、岩土崩塌、滚石、滑坡为主，地震烈度衰减快。

（2）冲积、洪积、海积平原区：常见的震害有大面积出现地裂缝、喷水冒砂、土体滑移、砂土液化、地基失效等，地震烈度衰减较慢。

2. 微地形地貌与震害的关系

（1）孤突地形：孤立山丘和山脊的顶部震害要加重，主要是因为突出地形在波动场内有聚能作用，其结果有可能使振动增幅，亦可能使地震加速度增大。

（2）斜坡地形：由于具有临空面，在强烈地震作用下，土体受到动荷载作用后向临空面闪出，而造成斜坡滑移、陷落；或由于斜坡土体的抗剪强度降低，可能产生滑坡或引起古滑坡的复活，使斜坡地段的建（构）筑物遭到破坏。

（3）古河道：一般是喷水冒砂的严重地段。

（4）溶洞或采空区：可能产生地面陷落、地裂缝等震害。

（二）地下水与震害的关系

1. 处于地下水埋藏较浅的平原、海滨、河谷地带，由于各类松散沉积物中富含地下水，特别是粉砂、细砂和粉土层，在地震作用下喷水、冒砂现象十分普遍；而在地下水埋藏较深地区（大于 5m），一般就见不到喷水冒砂现象。

2. 在一定土质条件下，地下水埋深对震害影响总的趋势是水位越浅，震害越重。地下水埋深在 1～5m 时，对震害的影响最明显。在不同的地基土中，地下水位的影响程度也有差别，对软弱黏性土层的影响大，密实黏性土层次之，对碎石土影响较小。

五、地基土与震害的关系

（一）地基土的地震效应

地基土的地震效应是地震时地基土的介质效应和地基效应的综合。

1. 介质效应

地震时地震波从震源通过地基土作为中间介质将震动的能量传给建筑物，引起建筑物的振动和破坏，这就是地基土的介质效应。在计算地震荷载时，已经将地基土的这种影响考虑在地震影响系数值内。

2. 地基效应

地基土作为建筑物基础的受力层，地震时在动荷载作用下，可能产生沉陷、裂缝、滑移等巨大变形，或由于丧失强度、砂土液化而失效，导致建（构）筑物破坏。

（二）各类地基土的抗震性能

1. 岩石地基

包括微风化、中等风化的各类坚硬岩石是抗震性能最好的地基，如无其他因素（如断裂、悬崖、洞穴）的影响，在同一地点同等震级影响下，其烈度常较其他地基降低 1～2 度。风化破碎的岩石地基的抗震性能较差。

2. 一般土层地基

（1）地基土类别：由岩石一碎石一坚硬土一一般黏性土一粉细砂、饱和粉土一饱和软黏土一人工填土顺序，烈度或震害显示出递次增高的规律性。

（2）地质成因：洪积成因比冲积成因的地基土对抗震有利，海积成因较差，湖泊沼泽沉积及人工填土、冲填土最差。以堆积时代而言，时代老的对抗震有利，时代新的尤其新近沉积物对抗震最为不利。

3. 淤泥类土和人工填土地基

这类土属于松软地基土，抗震性能很差。在动力作用下将产生不同程度的压缩和变形，其抗剪强度及承载力随之降低，容易导致不均匀沉陷或地基失效。作为波动介质来说，地震波在软土中传播时，阻尼衰减大，在高烈度区对于基本周期短的建筑物来说有一定的消震作用，但对基本周期长的高柔建筑物则可能由于共振而加重震害。

经验证明：经过压密处理的填土地基，抗震性能将有所改善。如果同时采取结构措施增加整体结构的刚度，可以减轻震害。

4. 饱和粉细砂和饱和粉土地基

由于这类土在地震作用下可能引起液化现象，使地基失效，因而对抗震是很不利的。但是由于喷水冒砂、地基沉陷而造成房屋的破坏比振动破坏要迟缓得多，而且砂土液化有一定的隔震消能作用，所以在高烈度区砂土液化地基与同烈度没有液化的第四纪土层地基比较，有减轻震害的趋势。

（三）天然地基基础抗震验算

1. 天然地基基础抗震验算

验算时，应采用地震作用效应标准组合，且地基抗震承载力应取地基承载力特征值乘以地基抗震承载力调整系数计算。

2. 地基抗震承载力

（1）地基抗震承载力应按下式计算：

$$f_{aE} = \zeta_a f_a \tag{6-7-6}$$

式中 f_{aE}——调整后的地基抗震承载力；

ζ_a——地基抗震承载力调整系数，按表 6-7-18 采用；

f_a——深宽修正后的地基承载力特征值，按现行国家标准《建筑地基基础设计规范》GB 50007 采用。

地基土抗震承载力调整系数 ζ_a　　表 6-7-18

岩土名称和性状	ζ_a
岩石，密实的碎石土；密实的砾、粗、中砂；$f_{ak}\geqslant 300$ 的黏性土和粉土	1.5
中密、稍密的碎石土；中密和稍密的砾、粗、中砂；密实和中密的细、粉砂；$150\leqslant f_{ak}<300$ 的黏性土和粉土，坚硬黄土	1.3
稍密的细、粉砂；$100\leqslant f_{ak}<150$ 的黏性土和粉土；可塑黄土	1.1
淤泥，淤泥质土，松散的砂，杂填土、新近堆积黄土及流塑黄土	1.0

注：f_{ak}为地基承载力特征值（kPa）。

（2）竖向承载力验算

验算天然地基地震作用下的竖向承载力时，按地震作用效应标准组合的基础底面平均压力和边缘最大压力应符合下列各式要求：

$$p\leqslant f_{aE} \tag{6-7-7a}$$

$$p_{max}\leqslant 1.2f_{aE} \tag{6-7-7b}$$

式中　p——地震作用效应标准组合的基础底面平均压力；

p_{max}——地震作用效应标准组合的基础边缘的最大压力。

高宽比大于 4 的高层建筑，在地震作用下基础底面不宜出现脱离区（零压力区）；其他建筑，基础底面与地基土之间脱离区（零应力区）面积不应超过基础底面面积的 15%。

（四）软土和震陷

1. 软土地基

当建筑物地基主要受力层范围内存在软弱黏性土层（7 度、8 度和 9 度，其地基承载力特征值分别小于 80kPa、100kPa 和 120kPa）时，应首先做好静力条件下的地基基础设计，并结合具体情况，综合考虑适当的抗震措施，如：

（1）必要时采用桩基或其他人工地基；

（2）选择合适的基础埋置深度；

（3）减轻基础荷载，调整基础底面积，减少基础偏心；

（4）加强基础的整体性和刚性，如采用箱形基础、筏形基础或钢筋混凝土十字条形基础，加设基础圈梁、基础系梁等。

（5）增加上部结构的整体刚度和均衡对称性，合理设置沉降缝，预留结构净空，避免采用对不均匀沉降敏感的结构形式等。

2. 震陷

1）定义：震陷是指地震作用下软弱土层塑性区的扩大或强度的降低而使建筑物或地面产生的附加下沉。

2）饱和粉质黏土震陷的危害性和抗震陷措施应根据沉降和横向变形大小等因素综合研究确定，8 度（0.30g）和 9 度时，塑性指数小于 15 且符合下式规定的饱和粉质黏土可判为震陷性软土。

$$w_S\geqslant 0.9w_L \tag{6-7-8a}$$

$$I_L\geqslant 0.75 \tag{6-7-8b}$$

式中　w_S——天然含水量；

w_L——液限含水量，采用液、塑限联合测定法测定；

I_L——液性指数。

3）当地基承载力特征值 f_{ak} 或等效剪切波速（v_{se}）大于表 6-7-19 所列数值时，可不考虑震陷影响，否则应在专门分析的基础上进行综合评价后采取有效的抗震措施。

临界承载力特征值与等效剪切波速值　　表 6-7-19

抗震设防烈度	7 度	8 度	9 度
承载力特征值 f_{ak}（kPa）	>80	>100	>120
等效剪切波速 v_{se}（m/s）	>90	>140	>200

4）基础埋深小于 2m 的 6 层以下建筑物，在 7 度地震时可不考虑震陷问题。当 8 度、9 度地震且满足表 6-7-20 中任一条件时，也可不考虑震陷影响；否则，应采取必要的抗震措施。

不考虑软土震陷影响的条件　　表 6-7-20

烈度	地基承载力（kPa）	上覆非软弱土层厚度（m）	软弱土层厚度（m）	等效剪切波速（m/s）
8 度	≥80	≥10	≤10	≥120
9 度	≥100	≥15	≤2	≥150

5）对于需要考虑震陷影响的建筑物，应结合工程性质和地基条件，采用下列抗震措施。

（1）全部消除震陷的措施，包括桩基、深基础和挖除全部软弱土层等。

（2）部分消除震陷的措施，包括加固地基和挖除部分软弱土层等，当不具备加固条件时，可降低地基承载力进行地基设计。

（3）与前述软土地基一样，对基础和结构采取构造措施可使建筑物较为适应不均匀沉降。

六、强震区的岩土工程勘察

抗震设防烈度等于或大于 6 度地区的岩土工程勘察应调查和预测场地和地基可能发生的震害。根据工程的重要性、地质条件及工程要求分别给予评价，并提出合理的工程措施。强震区勘察应符合下列要求：

（1）确定建筑场地类别，并划分对建筑抗震有利、一般、不利或危险的地段。

（2）对岩土体的滑坡、崩塌、采空区等在地震作用下的地基稳定性进行评价。

（3）场地与地基应判别液化，并确定液化等级、液化程度和提出处理方案。

（4）对软土地基应判别是否需要考虑震陷影响，并提出相应处理措施。

（5）对需要采用时程分析法补充计算的建筑，尚应根据设计要求，提供土层剖面、场地覆盖层厚度和有关的动力参数。

第三节　饱和砂土和饱和粉土的震动液化

一、砂土液化的基本概念

1. 砂土的液化机理

松散的砂土受到震动时有变得更紧密的趋势。但饱和砂土的孔隙全部为水充填，因此这种趋于紧密的作用将导致孔隙水压力的骤然上升，而在地震过程的短暂时间内，骤然上升的孔隙水压力来不及消散，这就使原来由砂粒通过其接触点所传递的压力（有效压力）减小，当有效压力完全消失时，砂层会完全丧失抗剪强度和承载能力，变成像液体一样的状态，即通常所说的砂土液化现象。

2. 现场判定液化的标志

判定现场某一地点的砂土已经发生液化的主要依据是：

（1）地面喷水冒砂，同时上部建筑物发生巨大的沉陷或明显的倾斜，某些埋藏于土中的构筑物上浮，地面有明显变形。

（2）海边、河边等稍微倾斜的部位发生大规模的滑移，这种滑移具有“流动”的特征，滑动距离由数米至数十米；或者在上述地段虽无流动性质的滑坡，但有明显的侧向移动的迹象，并在岸坡后面产生沿岸大裂缝或大量纵横交错的裂缝。

（3）震后通过取土样发现，原来有明显层理的土，震后层理紊乱，同一地点的相邻触探曲线不相重合，差异变得非常显著。

3. 宏观液化与微观液化

宏观液化——宏观震害的一种。现场有明显标志，如喷水冒砂、地面变形等。

微观液化——根据一个土样在室内动力试验中表现出来的液化现象，或通过计算土体中某一点上土单元体的应力而定义的临界状态。它不考虑在天然土层中是否会产生宏观液化。

4. 液化与液化势

尽管用室内动力试验可以对液化予以明确的定义，但实际抗震经验和震害资料都是以现场有无喷水冒砂或其他宏观标志为准的。液化势指的是地基是否会发生液化，特别是宏观液化的一种趋势性估计。

二、影响砂土液化的因素

影响砂土液化的因素见表 6-7-21。

影响液化的因素　　**表 6-7-21**

<table>
<tr><th colspan="3">因　素</th><th>指标</th><th>对液化的影响</th></tr>
<tr><td rowspan="7">土性条件</td><td rowspan="3">颗粒特征</td><td>粒径</td><td>平均粒径 d_{50}</td><td>细颗粒较容易液化，平均粒径在 0.1mm 左右的粉细砂抗液化性最差</td></tr>
<tr><td>级配</td><td>不均匀系数 C_u</td><td>不均匀系数愈小，抗液化性愈差，黏性土含量愈高，愈不容易液化</td></tr>
<tr><td>形状</td><td>—</td><td>圆粒形砂比棱角形砂容易液化</td></tr>
<tr><td colspan="2">密度</td><td>孔隙比 e
相对密实度 D_r</td><td>密度越高，液化可能性越小</td></tr>
<tr><td colspan="2">渗透性</td><td>渗透系数 k</td><td>渗透性低的砂土容易液化</td></tr>
<tr><td>结构性</td><td>颗粒排列胶结程度均匀性</td><td>—</td><td>原状土比结构破坏土不易液化，老砂层比新砂层不易液化</td></tr>
<tr><td colspan="2">压密状态</td><td>超固结比 OCR</td><td>超压密砂土比正常压密砂土不易液化</td></tr>
</table>

续表

<table>
<tr><th colspan="3">因　素</th><th>指标</th><th>对液化的影响</th></tr>
<tr><td rowspan="5">埋藏条件</td><td colspan="2" rowspan="2">上覆土层</td><td>上覆土层有效压力 σ'_v</td><td rowspan="2">上覆土层越厚，土的上覆有效压力越大，就越不容易液化</td></tr>
<tr><td>静止土压力系数 K_0</td></tr>
<tr><td rowspan="2">排水条件</td><td>孔隙水向外排出的渗透路径长度</td><td rowspan="2">液化砂层的厚度</td><td rowspan="2">排水条件良好有利于孔隙水压力的消散，能减小液化的可能性</td></tr>
<tr><td>边界土层的渗透性</td></tr>
<tr><td colspan="2">地震历史</td><td>—</td><td>遭受过历史地震的砂土比未遭受地震的砂土不易液化，但曾发生过液化又重新被压密的砂土，却较易重新液化</td></tr>
<tr><td rowspan="2">动荷条件</td><td rowspan="2">地震烈度</td><td>震动强度</td><td>地面加速度 a_{max}</td><td>地震烈度高，地面加速度大，就愈容易液化</td></tr>
<tr><td>持续时间</td><td>等效循环次数 N</td><td>震动时间愈长，或震动次数愈多，就愈容易液化</td></tr>
</table>

根据已有经验表明，影响砂土液化最主要的因素为：土颗粒粒径（以平均粒径 d_{50} 表示）、砂土密度、上覆土层厚度、地面震动强度和地面震动的持续时间及地下水的埋藏深度。

三、液化势的宏观判别与初判

（一）液化势的考虑范围

饱和砂土和饱和粉土（不含黄土）6 度时，一般情况下可不进行液化判别和处理，但对液化沉陷敏感的乙类建筑，可按 7 度的要求进行判别和处理；7～9 度时，乙类建筑可按本地区抗震设防烈度的要求进行判别和处理。

（二）宏观液化势的判定

宏观液化势的判定应考虑下列条件：

1. 区域地震地质条件，历史地震背景（包括地震液化史、地震震级、峰值加速度、周期与波长、震中距、断裂错距等）及发震的地质条件。

2. 场地条件，地形地貌，特别是河曲、河谷、坡地等微地貌特征及场地土地质年代、成因等。

3. 地基土质条件，液化判定层的埋藏情况，边界条件及地下水位，土的物理力学性质（包括相对密实度、平均粒径、黏粒含量、波速、上覆有效压力和标准贯入击数等）。

（三）初判条件

饱和的砂土或粉土（不含黄土），当符合下列条件之一时，可初步判别为不液化或可不考虑液化影响：

1. 地质年代为第四纪晚更新世（Q_3）及其以前时，7、8 度时可判为不液化。

2. 粉土的黏粒（粒径小于 0.005mm 的颗粒）含量百分率，7 度、8 度和 9 度分别不小于 10、13 和 16 时，可判为不液化土。

注：用于液化判别的黏粒含量系采用六偏磷酸钠作分散剂测定，采用其他方法时应按有关规定

换算。

3. 浅埋天然地基的建筑，当上覆非液化土层厚度和地下水位深度符合下列条件之一时，可不考虑液化影响：

$$d_u > d_0 + d_b - 2 \tag{6-7-9a}$$

$$d_w > d_0 + d_b - 3 \tag{6-7-9b}$$

$$d_u + d_w > 1.5d_0 + 2d_b - 4.5 \tag{6-7-9c}$$

式中 d_w——地下水位深度（m），宜按设计基准期内年平均最高水位采用，也可按近期内年最高水位采用；

d_u——上覆非液化土层厚度（m），计算时宜将淤泥和淤泥质土层扣除；

d_b——基础埋置深度（m），不超过 2m 时应采用 2m；

d_0——液化土特征深度（m），可按表 6-7-22 采用。

液化土特征深度（m） **表 6-7-22**

饱和土类别	烈度		
	7 度	8 度	9 度
粉土	6	7	8
砂土	7	8	9

注：当区域的地下水位处于变动状态时，应按不利的情况考虑。

四、液化势的微观判定

（一）用原位测试进一步进行液化判别

1. 标准贯入试验判别

当初步判别认为需进一步进行液化判别时，应采用标准贯入试验判别法判别地面下 20m 深度范围内的液化；但对可不进行天然地基和基础抗震承载力验算的各类建筑，可只判别地面下 15m 范围内土的液化。当饱和土标准贯入锤击数（未经杆长修正）小于或等于液化判别标准贯入锤击数临界值时，应判为液化土。

在地面下 20m 深度范围内，液化判别标准贯入锤击数临界值可按下式计算：

$$N_{cr} = N_0\beta[\ln(0.6d_s + 1.5) - 0.1d_w]\sqrt{3/\rho_c} \tag{6-7-10}$$

式中 N_{cr}——液化判别标准贯入锤击数临界值；

N_0——液化判别标准贯入锤击数基准值，可按表 6-7-23 采用；

d_s——饱和土标准贯入点深度（m）；

d_w——地下水位深度（m）；

ρ_c——黏粒含量百分率，当小于 3 或为砂土时，应采用 3。

β——调整系数，设计地震第一组取 0.8，第二组取 0.95，第三组取 1.05。

液化判别标准贯入锤击数基准值 N_0 **表 6-7-23**

设计基本地震加速度（g）	0.10	0.15	0.20	0.30	0.40
液化判别标准贯入锤击数基准值	7	10	12	16	19

注：考虑一般结构可接受的液化风险水平以及国际惯例，选用震级 $M=7.5$、液化概率 $P_L=0.32$、水位 2m、埋深 3m 处的液化临界锤击数作为液化判别标准贯入锤击数基准值。

2. 静力触探试验判别

当采用静力触探试验对地面下15m（8度、9度地区20m）深度范围内的饱和砂土或饱和粉土进行液化判别时，可按式（6-7-11）、式（6-7-12）计算。当实测值小于临界值时，可判为液化土。

$$p_{scr}=p_{s0}\alpha_{w}\cdot\alpha_{u}\cdot\alpha_{p} \tag{6-7-11}$$

$$q_{ccr}=q_{c0}\alpha_{w}\cdot\alpha_{u}\cdot\alpha_{p} \tag{6-7-12}$$

$$\alpha_{w}=1-0.065(d_{w}-2) \tag{6-7-13}$$

$$\alpha_{u}=1-0.05(d_{u}-2) \tag{6-7-14}$$

式中　p_{scr}、q_{ccr}——分别为饱和土静力触探液化比贯入阻力临界值和锥尖阻力临界值（MPa）；

p_{s0}、q_{c0}——分别为$d_w=2$m、$d_u=2$m时，饱和土液化判别比贯入阻力基准值和液化判别锥尖阻力基准值（MPa），可按表6-7-24取值；

α_w——地下水位埋深影响系数，地面常年有水且与地下水有水力联系时，取1.13；

α_u——上覆非液化土层厚度修正系数，对于深基础$\alpha_u=1$；

d_w——地下水位深度（m）；

d_u——上覆非液化土层厚度（m），计算时应将淤泥和淤泥质土层厚度扣除；

α_p——与静力触探摩阻比有关的土性综合影响系数，按表6-7-25土类和静力触探摩阻比R_f取值。

液化判别 p_{s0} 及 q_{c0} 值　　表6-7-24

烈度	7度	8度	9度
p_{s0}（MPa）	5.0～6.0	11.5～13.0	18.0～20.0
q_{c0}（MPa）	4.6～5.5	10.5～11.8	16.4～18.2

土性综合影响系数 α_p 值　　表6-7-25

土类	砂土	粉土	
		$I_P\leqslant7$	$7<I_P\leqslant10$
静力触探摩阻比 R_f	$R_f\leqslant0.4$	$0.4<R_f\leqslant0.9$	$R_f>0.9$
α_p	1.0	0.6	0.45

3. 剪切波速试验判别

地面下15m深度范围内的饱和砂土或饱和粉土，其实测剪切波速值v_s大于按下列公式计算的土层剪切波速临界值v_{scr}时，可判别为不液化。

$$v_{scr}=v_{s0}(d_s-0.0133d_s^2)^{0.5}\left[1.0-0.185\left(\frac{d_w}{d_s}\right)\right]\sqrt{3/\rho_c} \tag{6-7-15}$$

式中　v_{scr}——饱和砂土或饱和粉土液化剪切波速临界值（m/s）；

v_{s0}——与烈度、土类有关的经验系数，按表6-7-26取值；

d_s——剪切波速测点深度（m）；

d_w——地下水位深度（m）。

与烈度、土类有关的经验系数 v_{s0} 表 6-7-26

土类	v_{s0}（m/s）		
	7 度	8 度	9 度
砂土	65	95	130
粉土	45	65	90

（二）用土的相对密实度判别

1. 美国 Seed 提出的标准

H. B. Seed 提出平均粒径 $d_{50}=0.075\sim0.20$mm，循环次数 $N=20$ 次，地下水位埋深为 1.5m 时，用地面加速度与相对密实度判定砂土是否会液化的标准如表 6-7-27 所示。

2. 北京水电勘测设计处提出的标准

该单位提出的不液化砂土的相对密实度如表 6-7-28 所示。

液化可能性与相对密实度 D_r 的关系 表 6-7-27

最大地面加速度	可能液化	液化可能性取决于土的类型及地震大小	不可能液化
0.10g	$D_r<33$	$33<D_r<54$	$D_r>54$
0.15g	$D_r<48$	$48<D_r<73$	$D_r>73$
0.20g	$D_r<60$	$60<D_r<85$	$D_r>85$
0.25g	$D_r<70$	$70<D_r<92$	$D_r>92$

注：g 为重力加速度。

不液化砂土的相对密实度 表 6-7-28

地面最大加速度	实际不发生液化的相对密实度
0.1g	$D_r>53$
0.15g	$D_r>64$
0.20g	$D_r>78$
0.30g	$D_r>90$

注：g 为重力加速度。

3.《水利水电工程地质勘察规范》GB 50487—2008 提出的标准

当饱和无黏性土（包括砂和粒径大于 2mm 的砂砾）的相对密实度不大于表 6-7-29 中的液化相对密实度时，可判为可能液化土。

饱和无黏性土的液化临界相对密实度 表 6-7-29

地震动峰值加速度	0.05g	0.10g	0.20g	0.40g
液化临界相对密实度 $(D_r)_{cr}$（%）	65	70	75	85

注：g 为重力加速度。

（三）美国 Seed 的简化方法

1. 计算地震作用时的动应力比

$$\frac{\tau_{av}}{\sigma_0'}=0.65\frac{a_{max}}{g}\cdot\frac{\sigma_0}{\sigma_0'}\cdot r_d \tag{6-7-16}$$

式中　τ_{av}——地震作用平均水平剪应力（kPa）；

σ'_0——所研究砂土的初始有效上覆压力（kPa）；

σ_0——所研究砂土的总上覆压力（kPa）；

r_d——应力折减系数，按表 6-7-30 确定：

a_{max}——地面最大加速度，一般可按地震烈度估计，见表 6-7-31。

应力折减系数 r_d　　**表 6-7-30**

深度 d_s(m)	0	1.5	3.0	4.5	6.0	7.5	9.0	10.5	12.0
r_d	1.000	0.985	0.975	0.965	0.955	0.935	0.915	0.895	0.850

地面最大加速度 a_{max}　　**表 6-7-31**

设计烈度	7 度	8 度	9 度
a_{max}	0.075g	0.150g	0.300g

注：g 为重力加速度。

2. 将标准贯入试验实测锤击数按本手册式（3-3-2）和式（3-3-3）换算成相当于上覆自重压力等于 98kPa（1t/ft^2）的修正标准贯入击数 N_1。

3. 根据动应力比 $\frac{\tau_{av}}{\sigma_0}$、修正标准贯入击数 N_1 和不同震级按图 6-7-3 进行液化判别。

当地震震级 M 为 $7\frac{1}{2}$ 级时可由图 6-7-3（a）判别：位于曲线左上方者可判定为液化，位于曲线右下方者可判定为不液化。对于砂土用 A 线，对于粉土用 B 线。

当地震震级 M 为 $5\frac{1}{4}\sim8\frac{1}{2}$ 级时，可由图 6-7-3（b）判别。

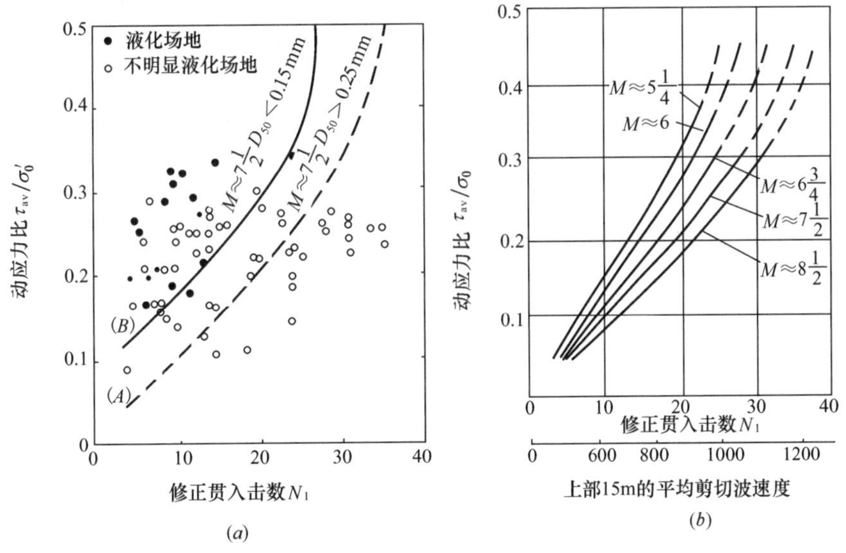

图 6-7-3　液化判别界限

(a) $M=7\frac{1}{2}$ 的液化判别；(b) $M=5\frac{1}{4}\sim8\frac{1}{2}$ 的液化判别

五、液化指数与液化等级

（一）主要思路

1. 计算液化指数和划分地基液化等级的主要目的是将预估的液化危害程度定量化以便采取相应的抗液化措施。

2. 液化土层厚度越大，液化危害性越大；液化土层埋深接近地面，液化危害性较大；深度越深，危害性较小。因此引入随深度变化为梯形的层位影响权函数值。

3. 划分地基液化等级的基本方法为

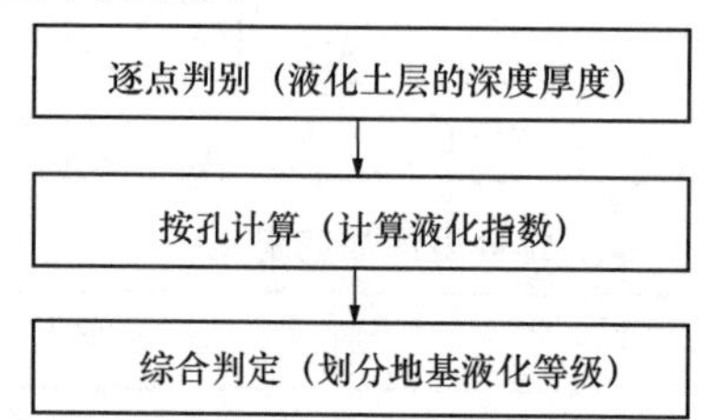

（二）液化指数

1. 计算公式

对存在液化土层的地基，按下式计算每个钻孔的液化指数：

$$I_{lE}=\sum_{i=1}^{n}\left(1-\frac{N_i}{N_{cri}}\right)d_iW_i \tag{6-7-17}$$

式中　I_{lE}——液化指数；

n——在判别深度范围内每一个钻孔标准贯入试验点的总数；

N_i、N_{cri}——分别为 i 点标准贯入锤击数的实测值和临界值，当实测值大于临界值时应取临界值；当只需要判别 15m 范围以内的液化时，15m 以下的实测值可按临界值采用；

d_i——i 点所代表的土层厚度（m），可采用与该标准贯入试验点相邻的上、下两标准贯入试验点深度差的一半，但上界不高于地下水位深度，下界不深于液化深度；

W_i——i 土层单位土层厚度的层位影响权函数值（单位为 m^{-1}）。当该层中点深度不大于 5m 时应采用 10；等于 20m 时应采用 0；5～20m 时应按线性内插法取值。

权函数 W_i 与 i 层的层中深度 z_i 有关，可用下式表示：

$$W(z)=\begin{cases}10 & (0<z\leqslant 5)\\ \frac{2}{3}(20-z) & (5<z\leqslant 20)\end{cases} \tag{6-7-18}$$

2. 用面积法计算液化指数

式（6-7-17）也可写成下列形式：

$$I_{lE}=\sum_{i=1}^{n}\left(1-\frac{N_i}{N_{cri}}\right)A_i \tag{6-7-19a}$$

$$A_i=A(z_i)-A(z_{i-1}) \tag{6-7-19b}$$

式中　A_i——i 点所代表土层厚度所对应的权函数所围面积，如图 6-7-4 中阴影所示；

$A(z_i)$、$A(z_{i-1})$ ——分别为从地面算起到深度 z_i 和 z_{i-1} 的权函数所围面积，可从表 6-7-32 查得；

z_i、z_{i-1} ——分别表示 i 点所代表土层的下界面和上界面深度（m），如图 6-7-4 所示。

从地面算起的权函数所围面积 A（z） **表 6-7-32**

z（m）	A（z）	z（m）	A（z）	z（m）	A（z）	z（m）	A（z）
0.0	0.0	4.5	45.0	9.0	84.7	13.5	110.9
0.5	5.0	5.0	50.0	9.5	88.3	14.0	113.0
1.0	10.0	5.5	54.9	10.0	91.7	14.5	114.9
1.5	15.0	6.0	59.7	10.5	94.9	15.0	116.7
2.0	20.0	6.5	64.3	11.0	98.0	16.0	119.7
2.5	25.0	7.0	68.7	11.5	100.9	17.0	122.0
3.0	30.0	7.5	72.9	12.0	103.7	18.0	123.7
3.5	35.0	8.0	77.0	12.5	106.3	19.0	124.7
4.0	40.0	8.5	80.9	13.0	108.0	20.0	125.0

注：当 z 为中间值时，A（z）可用插入法求得。

【例】某一标准贯入点所代表土层的上界面深度 $z_{i-1}=7.5$m，下界面深度 $z_i=9.5$m，液化判别深度为 20m，求 A_i。

【解】查表 6-7-32。分别可得 $A(z_{i-1})=72.9$，$A(z_i)=88.3$，则得：

$$A_i=A(z_i)-A(z_{i-1})$$

$$=88.3-72.9=15.4$$

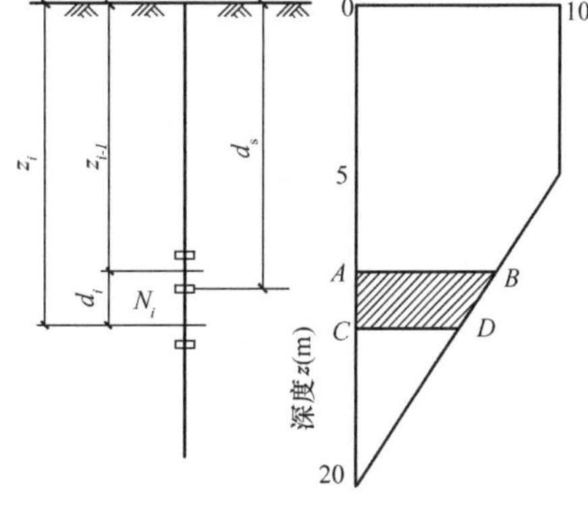

图 6-7-4 液化指数计算图

（三）液化等级

地基的液化等级应按表 6-7-33 综合判定。

地基液化等级 **表 6-7-33**

液化等级	液化指数	地面喷水冒砂情况	对建筑物危害程度的描述
轻微	$0<I_{lE}\leqslant 6$	地面无喷水冒砂，或仅在洼地、河边有零星的喷冒点	液化危害性小，一般不致引起明显的震害
中等	$6<I_{lE}\leqslant 18$	喷水冒砂可能性大，从轻微到严重均有，多数属中等喷冒	液化危害性较大，可造成不均匀沉降和开裂，有时不均匀沉降可能达到 200mm
严重	$I_{lE}>18$	一般喷水冒砂都很严重，地面变形很明显	液化危害性大，不均匀沉降可能大于 200mm，高重心结构可能产生不容许的倾斜

六、抗液化措施

当液化砂土层、粉土层较平坦且均匀时，宜按表 6-7-34 选用地基抗液化措施；尚可计入上部结构重力荷载对液化危害的影响，根据液化震陷量的估计适当调整抗液化措施。

抗液化措施　　表 6-7-34

建筑抗震设防类别	地基的液化等级		
	轻微	中等	严重
乙类	部分消除液化沉陷，或对基础和上部结构处理	全部消除液化沉陷，或部分消除液化沉陷，且对基础和上部结构处理	全部消除液化沉陷
丙类	基础和上部结构处理，亦可不采取措施	基础和上部结构处理，或更高要求的措施	全部消除液化沉陷，或部分消除液化沉陷且对基础和上部结构处理
丁类	可不采取措施	可不采取措施	基础和上部结构处理，或其他经济的措施

注：甲类建筑的地基抗液化措施应进行专门研究，但不宜低于乙类的相应要求。

不宜将未经处理的液化土层作为天然地基持力层。

1. 全部消除地基液化沉陷的措施，应符合下列要求：

（1）采用桩基时，桩端伸入液化深度以下稳定土层中的长度（不包括桩尖部分），应按计算确定，且对碎石土、砾、粗、中砂、坚硬黏性土和密实粉土尚不应小于 0.8m，对其他非岩石土不宜小于 1.5m。

（2）采用深基础时，基础底面应埋入液化深度以下的稳定土层中，其深度不应小于 0.5m。

（3）采用加密法（如振冲、振动加密、挤密碎石桩、强夯等）加固时，应处理至液化深度下界；振冲或挤密碎石桩加固后，桩间土的标准贯入锤击数不宜小于式（6-7-10）的液化判别标准贯入锤击数临界值。

（4）用非液化土层替换全部液化土层，或增加上覆非液化土层的厚度。

（5）采用加密法或换土法处理时，在基础边缘以外的处理宽度，应超过基础底面下处理深度的 1/2 且不小于基础宽度的 1/5。

2. 部分消除地基液化沉陷的措施，应符合下列要求：

（1）处理深度应使处理后的地基液化指数减少，其值不宜大于 5；大面积筏形基础、箱形基础的中心区域，处理后的液化指数可比上述规定降低 1；对独立基础和条形基础，处理深度尚不应小于基础底面下液化土特征深度和基础宽度的较大值。

注：中心区域指位于基础外边界以内沿长宽方向距外边界大于相应方向 1/4 长度的区域。

（2）采用振冲或挤密碎石桩加固后，桩间土的标准贯入锤击数不宜小于式（6-7-10）的液化判别标准贯入锤击数临界值。

（3）基础边缘以外的处理宽度，应超过基础底面下处理深度的 1/2 且不小于基础宽度的 1/5。

3. 减轻液化影响的基础和上部结构处理，可综合采用下列各项措施：

（1）选择合适的基础埋置深度。

（2）调整基础底面积，减少基础偏心。

（3）加强基础的整体性和刚度，如采用箱形基础、筏形基础或钢筋混凝土交叉条形基础，加设基础圈梁等。

（4）减轻荷载，增强上部结构的整体刚度和均匀对称性，合理设置沉降缝，避免采用对不均匀沉降敏感的结构形式等。

（5）管道穿过建筑处应预留足够尺寸或采用柔性接头等。

4. 在古河道以及临近河岸、海岸和边坡等有液化侧向扩展或流滑可能的地段内不宜修建永久性建筑，否则应进行抗滑动验算，采取防止土体滑动措施或结构抗裂措施。

第四节　断裂的地震效应

一、概述

抗震设防烈度等于或大于 7 度的重大工程场地应进行活动断裂（以下简称断裂）勘察。断裂勘察应查明断裂的位置和类型，分析其活动性和地震效应。评价断裂对工程建设可能产生的影响，并提出处理方案。

对核电厂的断裂勘察，应按核安全法规和导则进行专门研究。

二、断裂的地震工程分类

（一）全新活动断裂

1. 定义

在全新地质时期（一万年）内有过地震活动或近期正在活动，今后 100 年可能继续活动的断裂叫作全新活动断裂。

2. 全新活动断裂的分级

根据全新活动断裂的活动时间、活动速率及地震强度等因素，可按表 6-7-35 划分为强烈全新活动断裂、中等全新活动断裂和微弱全新活动断裂。

全新活动断裂分级　　　**表 6-7-35**

断裂分级		活动性	平均活动速率 v（mm/a）	历史地震震级 M
Ⅰ	强烈全新活动断裂	中晚更新世以来有活动，全新世以来活动强烈	$v>1$	$M\geqslant7$
Ⅱ	中等全新活动断裂	中晚更新世以来有活动，全新世以来活动较强烈	$1\geqslant v\geqslant0.1$	$7>M\geqslant6$
Ⅲ	微弱全新活动断裂	全新世有微弱活动	$v<0.1$	$M<6$

（二）发震断裂

全新活动断裂中，近期（近 500 年来）发生过地震且震级 $M\geqslant5$ 的断裂，或在今后 100 年内可能发生 $M\geqslant5$ 的断裂，可定为发震断裂。

（三）非全新活动断裂

一万年以前活动过，一万年以来没有发生过活动的断裂称为非全新活动断裂。

（四）地裂

地裂分为构造性地裂和重力性（非构造性）地裂：

1. 构造性地裂

强烈地震作用下，震中区地面可能出现的以水平位错为主的构造性破裂。它是强烈地震动和断裂位错应力引起的，与发震断裂走向吻合，但不与其连通的地裂。

2. 重力性（非构造性）地裂

由于地基土地震液化、滑移，地下水位下降造成地面沉降等原因，在地面形成沿重力方向产生的无水平位错的张性地裂缝。

三、断裂勘察

（一）勘察内容

断裂勘察应搜集和分析有关文献档案资料，包括卫星、航空相片、区域构造地质、强震震中分布、地应力和地形变、历史和近期地震等。

（二）工程地质测绘

断裂勘察工程地质测绘和调查，除符合一般要求外，尚应包括下列内容：

1. 地形地貌特征：山区或高原不断上升剥蚀或有长距离的平滑分界线；非岩性影响的陡坡、峭壁，深切的直线形河谷，一系列滑坡、崩塌和山前叠置的洪积扇；定向断续线形分布的残丘、洼地、沼泽、芦苇地、盐碱地、湖泊、跌水、泉、温泉等；水系定向展布或同向扭曲错动等。

2. 地质特征：近期断裂活动留下的第四系错动，地下水和植被的特征；断层带的破碎和胶结特征等；深色物质宜用放射性碳 14（C^{14}）法，非深色物质宜采用热释光法或铀系法，测定已错断层和未错断层的地质年龄，并确定断裂活动的最新时限。

3. 地震特征：与地震有关的断层、地裂缝、崩塌、滑坡、地震湖、河流改道和砂土液化等。

四、断裂的地震效应评价

（一）全新活动断裂和发震断裂

对全新活动断裂、发震断裂的地震效应，应根据其基本活动形式和工程的重要性进行评价，并应符合下列规定：

1. 大型工业建设场地，在可行性研究勘察时，应建议避让全新活动断裂和发震断裂。

2. 场地内存在发震断裂时，应对断裂的工程影响进行评价，并应符合下列要求：

（1）当符合下列规定之一的情况，可忽略发震断裂错动对地面建筑的影响。

① 抗震设防烈度小于 8 度；

② 非全新活动断裂；

③ 抗震设防烈度为 8 度和 9 度时，隐伏断裂的土层覆盖厚度分别大于 60m 和 90m。

（2）对不符合上述规定的情况，应避开主断裂带。其避让距离不宜小于表 6-7-36 对发震断裂最小避让距离的规定。在避让距离的范围内确有需要建造分散的、低于三层的丙、丁类建筑时，应按提高一度采取抗震措施，并提高基础和上部结构的整体性，且不得跨越断层线。

发震断裂的最小避让距离（m）　　表 6-7-36

烈度	建筑抗震设防类别			
	甲	乙	丙	丁
8	专门研究	200	100	—
9	专门研究	400	200	—

（二）非全新活动断裂

非全新活动断裂可不采取避让措施，但当浅埋且破碎带发育时，可按不均匀地基处理。

主 要 参 考 文 献

1. 中国地质环境监测院 . DZ/T 0286—2015 地质灾害危险性评估规范[S]. 北京：中国地质出版社，2015
2. 中航勘察设计研究院有限公司 . DB11/T 893—2012 地质灾害危险性评估技术规范[S]. 北京：2012
3. 中国建筑科学研究院 . GB 50007—2011 建筑地基基础设计规范[S]. 北京：中国建筑工业出版社，2012
4. 建设部综合勘察研究设计院 . GB 50021—2001(2009 年版)岩土工程勘察规范[S]. 北京：中国建筑工业出版社，2009
5. 铁道部第一勘察设计院 . TB 10012—2007 铁路工程地质勘察规范[S]. 北京：中国铁道出版社，2007
6. 铁道部第二勘察设计院 . TB 10027—2012 铁路工程不良地质勘察规程[S]. 北京：中国铁道出版社，2012
7. 铁道部第一勘测设计院 . 铁路工程地质手册[M]. 北京：中国铁道出版社，2002
8. 重庆市设计院，中国建筑技术集团有限公司 . GB 50330—2013 建筑边坡工程技术规范[S]. 北京：中国建筑工业出版社，2013
9. 机械工业勘察设计研究院，西北建筑设计院 . DBJ 61—6—2006 西安地裂缝场地勘察与工程设计规程[S]. 西安：陕西省建筑标准设计办公室，2006
10. 袁玩 . 贵州饭店岩土工程勘察实录[C]//全国岩土工程实录交流会岩土工程实录集 . 北京：中国工程勘察协会等，1988
11. 徐瑞春，石伯勋 . 湖北清江隔河岩水利枢纽工程勘察实录[C]//第五届全国岩土工程实录交流会岩土工程实录集 . 北京：中国兵器出版社，2000
12. 曾昭建 . 平果铝厂区岩溶岩土工程勘察实录[C]//第六届全国岩土工程实录交流会岩土工程实录集 . 北京：中国兵器出版社，2003
13. 唐辉明，等 . 工程地质数值模拟的理论与方法[M]. 北京：中国地质大学出版社，2001
14. 国家防汛总指挥部办公室，中国科学院水利部成都山地灾害与环境研究所 . 山洪泥石流滑坡灾害及防治[M]. 北京：科学出版社，1994
15. 广西华蓝岩土工程有限公司 . DBJ/T 45/024—2016 岩溶地区建筑地基基础技术规范[S]. 广西：2016
16. 中国建筑科学研究院 . GB 50011—2010 建筑抗震设计规范(2016 年版)[S]. 北京：中国建筑工业出版社，2016
17. 中国建筑科学研究院 . GB 50223—2008 建筑工程抗震设防分类标准[S]. 北京：中国建筑工业出版社，2008
18. 中国地震局地球物理研究所 . GB 18306—2015 中国地震动参数区划图[S]. 北京：中国标准出版社，2015
19. 胡聿贤 . 地震工程学[M]. 第二版 . 北京：地震出版社，2006.
20. 水利部水利水电规划设计总院，长江水利委员会长江勘测规划设计研究院 . GB 50487—2008 水利水电工程地质勘察规范[S]. 北京：中国计划出版社，2009
21. 中冶建筑研究总院有限公司 . GB 50191—2012 构筑物抗震设计规范[S]. 北京：中国计划出版社，2012
22. 铁道第一勘察设计院 . GB 50111—2006(2009 版)铁路工程抗震设计规范[S]. 北京：中国计划出版社，2009
23. 机械工业勘察设计研究院有限公司 . GB/T 50269—2015 地基动力特性测试规范[S]. 北京：中国计划出版社，2015

24. 李广信．我国的岩土工程规范标准纵横谈[J]. 工程勘察，2004，(1)：11-15
25. 林宗元．岩土工程勘察设计手册[M]. 沈阳：辽宁科学技术出版，1996
26. 中交公路规划设计院有限公司．JTG C20—2011 公路工程地质勘察规范[S]. 北京：人民交通出版社，2011
27. 中国电力企业联合会．GB 50287—2016 水力发电工程地质勘察规范[S]. 北京：中国计划出版社，2017
28. 《工程地质手册》编委会．工程地质手册[M]. 第四版．北京：中国建筑工业出版社，2007
29. 中国地质调查局．DZ/T 0218—2006 滑坡防治工程勘查规范[S]. 北京：中国标准出版社，2006
30. 中国地质调查局．DZ/T 0219—2006 滑坡防治工程设计与施工技术规范[S]. 北京：中国标准出版社，2006
31. 黄润秋，等．汶川地震地质灾害研究[M]. 北京：科学出版社，2009
32. 刘传正．重大地质灾害防治理论与实践[M]. 北京：科学出版社，2009
33. 郑颖人，等．边坡与滑坡工程治理[M]. 第二版．北京：人民交通出版社，2010
34. 佴磊，等．边坡工程[M]. 北京：科学出版社，2010
35. 四川省国土资源厅．DZ/T 0220—2006 泥石流灾害防治工程勘查规范[S]. 北京：中国标准出版社，2006
36. 中华人民共和国国土资源部．DZ/T 0221—2006 崩塌、滑坡、泥石流监测规范[S]. 北京：中国标准出版社，2006
37. 国家煤矿安全监察局．建筑物、水体、铁路及主要井巷煤柱留设与压煤开采规程(2000)[M]. 北京：中国煤炭工业出版社，2000
38. 中煤科工集团武汉设计研究院．GB 51044—2014 煤矿采空区岩土工程勘察规范[S]. 北京：中国计划出版社，2014
39. 杨艳，等．北京平原区地面沉降现状及发展趋势分析[J]. 上海地质，2010，31(4)：23-28
40. 杨艳，等．京沈客运高铁专线北京段地面沉降灾害危险性评估[J]. 上海国土资源，2014，35(4)：146-150
41. 袁铭，等．国内外地面沉降研究综述[J]. 苏州科技学院学报(自然科学版)，2016，33(1)：1-5

第七篇　各类工程勘察和评价

第一章　房屋建筑和构筑物

第一节　一般房屋建筑和构筑物

一、可行性研究勘察

可行性研究勘察应符合选择场址方案的要求，应对拟建场地的稳定性和适宜性做出评价。勘察工作主要是：

1. 在充分搜集和分析已有资料的基础上，通过踏勘，了解场地地层、构造、岩性、不良地质作用及地下水等工程地质条件。

2. 对工程地质条件复杂，已有资料不能满足要求时，应根据具体情况进行工程地质测绘及必要的勘探工作。

3. 当有两个或两个以上拟选场址时，应进行比选分析。

二、初步勘察

初步勘察应符合初步设计的要求，应对场地内拟建建筑地段的稳定性做出评价。

(一) 勘探点、线、网的布置要求

1. 勘探线应垂直地貌单元、地质构造和地层界线布置；

2. 每个地貌单元均应布置勘探点，在地貌单元交接部位和地层变化较大的地段，勘探点应予以加密；

3. 在地形平坦地区，可按网格布置勘探点。

(二) 勘探线、点间距

勘探线、点的间距应符合表 7-1-1 的规定。

初步勘察勘探线、勘探点间距　　　　**表 7-1-1**

地基复杂程度等级	勘探线间距(m)	勘探点间距(m)
一级(复杂)	50～100	30～50
二级(中等复杂)	75～150	40～100
三级(简单)	150～300	75～200

注：1. 表中间距不适用于地球物理勘探。
2. 控制性勘探点宜占勘探点总数的 1/5～1/3；如考虑到施工阶段勘察情况，其比例可采用 1/3～1/2，且每个地貌单元均应有控制性勘探点。
3. 对岩质地基，勘探线和勘探点的布置，应根据地质构造、风化情况等，按地方标准或当地经验确定。

(三) 勘探孔深度

初步勘察勘探孔深度应符合表 7-1-2 的规定。

初步勘察勘探孔深度（m） 表 7-1-2

工程重要性等级	勘探孔类别	
	一般性勘探孔	控制性勘探孔
一级(重要工程)	≥15	≥30
二级(一般工程)	10～15	15～30
三级(次要工程)	6～10	10～20

注：1. 勘探孔包括钻孔、探井及原位测试孔。不包括波速测试、旁压试验、长期观测等特殊用途钻孔。

2. 当勘探孔的地面标高与预计地面标高相差较大时，应按其差值调整勘探孔深度。

3. 在预定深度内遇基岩时，除控制性勘探孔应钻入基岩适当深度外，其他勘探孔在确认达到基岩后即可终孔。

4. 当预定深度内有厚度较大且分布均匀的坚实土层（如碎石土、密实砂等）时，除控制性勘探孔应达到规定深度外，一般性勘探孔深度可适当减小。

5. 当预定深度内有软弱地层时，勘探孔深度应适当加大，部分控制性勘探孔的深度应穿透软弱土层。

6. 对重型工业建筑应根据结构特点和荷载条件适当增加勘探孔深度。

（四）采取土试样与原位测试

1. 取土试样和进行原位测试的勘探点应结合地貌单元、地层结构和土的工程性质布置，其数量可占勘探点总数的 1/4～1/2。

2. 采取土试样的数量和孔内原位测试的竖向间距，应按地层特点和土的均匀程度确定，每层土均应采取土试样或进行原位测试，其数量不宜少于 6 个。

（五）水文地质工作

1. 调查含水层的埋藏条件，地下水类型、补给排泄条件和各层地下水位及其变化幅度。必要时应设立长期观测孔，监测水位变化。

2. 当需绘制地下水等水位线图时，应根据地下水的埋藏条件和层位，统一量测地下水位。

3. 当地下水可能浸湿基础时，应采取水试样进行腐蚀性评价。

三、详细勘察

详细勘察应满足施工图设计的要求，按单体建筑物或建筑群提出详细的岩土工程资料和设计、施工所需的岩土参数，对建筑地基做出岩土工程评价，并对基础类型、基础形式、地基处理、基坑支护、工程降水和不良地质作用的防治等提出建议。

详细勘察勘探点布置和勘探孔深度，应根据建筑物特性和岩土工程条件确定。对岩质地基，应根据地质构造、岩体特性、风化程度等，结合建筑物对地基的要求，按地方标准或当地经验确定。对土质地基，可按以下原则确定。

（一）勘探点布置

详细勘察的勘探点布置应符合下列规定：

1. 勘探点宜按建筑物的周边和角点布置，对无特殊要求的其他建筑物，可按建筑物或建筑群的范围布置。

2. 重大设备基础应单独布置勘探点，重大动力机器基础和高耸构筑物，勘探点不宜少于 3 个。

3. 建筑地基设计的原则是变形控制，将总沉降、差异沉降、局部倾斜、总体倾斜控制在允许的限度内，而影响变形控制最重要的因素是地层在水平方向上的不均匀性，所以当同一建筑物内主要受力层或有影响的下卧层起伏较大时，应加密勘探点，查明其变化。

4. 勘探手段宜采用钻探与触探相配合，在复杂地质条件、湿陷性土、膨胀岩土、风化岩和残积土地区，宜布置适量探井。

5. 单栋高层建筑勘探点的布置，应满足对地基均匀性评价的要求，对密集的高层建筑群，勘探点可适当减少。

（二）勘探点间距

详细勘察的勘探点间距可按表 7-1-3 确定。

详细勘察勘探点间距 **表 7-1-3**

地基复杂程度	勘探点间距(m)
一级(复杂)	10～15
二级(中等复杂)	15～30
三级(简单)	30～50

（三）勘探孔深度

详细勘察勘探孔的深度自基础底面算起，其值应符合下列规定：

1. 勘探孔深度应能控制地基主要受力层，当基础底面宽度不大于 5m 时，其孔深对条形基础应不小于基础底面宽度的 3 倍，对单独柱基应不小于 1.5 倍，且不应小于 5m。

2. 对高层建筑物需要进行变形验算的地基，控制性勘探孔的深度应超过地基变形计算深度，高层建筑的一般性勘探孔应达到基底下 0.5～1.0 倍的基础宽度，并深入稳定分布的地层。

3. 当有大面积地面堆载或软弱下卧层时，应适当加深控制性勘探孔深度。

4. 对仅有地下室的建筑或高层建筑的裙房，当不能满足抗浮设计要求，需设置抗浮桩或锚杆时勘探孔应满足抗拔承载力评价要求。

5. 当需确定场地抗震类别，而邻近无可靠的覆盖层厚度资料时，应布置波速测试孔，其深度应满足确定覆盖层厚度的要求。

6. 地基变形计算深度，对中低压缩性土可取附加压力等于上覆土层有效自重压力 20%处的深度，对于高压缩性土层可取附加压力等于上覆土层有效自重压力 10%处的深度。

7. 建筑总平面内的裙房或仅有地下室部分（或当基底附加压力 $p_0 \leqslant 0$ 时）的控制孔深度可适当减小，但应深入稳定分布地层，且根据荷载和土质条件不宜少于基底下 0.5～1.0 倍基础宽度。

8. 当需进行地层整体稳定性验算时，控制孔深度应根据具体条件满足验算要求。

9. 大型设备基础勘探孔深度不宜小于基础底面宽度 2 倍。

10. 当需进行地基处理时，勘探孔深度应满足地基处理设计与施工要求；当采用桩基时，应满足桩基设计要求。

11. 在上述规定深度内当遇基岩或厚层碎石土等稳定地层时，勘探孔深度应根据情况进行调整。

（四）采取土试样与原位测试

1. 采取土试样和进行原位测试的勘探孔的数量，应根据地层结构、地基土的均匀性和工程特点确定，且不应少于勘探孔总数的 1/2。对于甲级和乙级岩土工程勘察项目，采用钻探和静力触探相结合勘察手段时，钻探取土孔的数量不应少于勘探孔总数的 1/3；

2. 每一场地、每一主要土层的原状土试样或原位测试数据不应少于 6 件（组），当采用连续记录的静力触探或动力触探为主要勘察手段时，每个场地不应少于 3 个孔；

3. 在地基主要受力层内，对厚度大于 0.5m 的夹层或透镜体，应采取土试样或进行原位测试；

4. 当土层性质不均匀时，应增加取土数量或原位测试工作量。

（五）室内土工试验

1. 当采用压缩模量进行沉降计算时，试验的最大压力值应大于预计的有效土自重压力与附加压力之和。压缩系数和压缩模量的计算应取自土的有效自重压力至有效自重压力与附加压力之和的压力段；当需考虑深基坑开挖卸荷和再加荷影响时，应进行回弹试验，其压力的施加应模拟实际的加（卸）荷状态。

2. 当考虑土的应力历史进行沉降计算时，试验最大压力应满足绘制完整的 e-lg$p$ 曲线，并确定先期固结压力 p_c、回弹指数 C_s 与压缩指数 C_c。为了计算回弹指数，应在估算的先期固结压力之后进行一次卸荷回弹、再继续加荷至完成预定的最后一级压力。

3. 当需进行沉降历时关系分析时，宜选取在土的有效自重压力与附加压力之和的压力下，作详细的固结历时记录，并计算固结系数。对厚层高压缩性软土上的工程，应根据任务要求取一定数量的土试样测定次固结系数，用以计算次固结沉降及其历时关系。

4. 为计算地基承载力而进行的剪切试验数量，不宜少于 6 组。当荷载施加速率较低时可采用三轴固结不排水剪切试验；当地基土为饱和软黏土且荷载施加速率较高时，宜采用自重压力预固结条件下的三轴不固结不排水剪切试验。

5. 当需要验算深基坑边坡稳定性或进行边坡支护设计时，应区别土的类别、支护结构类型等不同条件选择试验方法，确定有效应力或总应力抗剪强度参数或两者均测。

第二节　高　层　建　筑

一、高层建筑的分类

（一）我国住宅按层数划分

根据国家标准《民用建筑设计通则》GB 50352—2005 划分确定，该通则规定：

1. 住宅建筑按层数划分为：1～3 层为低层；4～6 层为多层；7～9 层为中高层；10 层及 10 层以上为高层住宅；

2. 除住宅建筑之外的民用建筑高度不大于 24m 者为单层或多层建筑，大于 24m 者为高层建筑（不包括建筑高度大于 24m 的单层公共建筑）；

3. 建筑高度大于 100m 的民用建筑为超高层建筑。

（二）国外对高层建筑的划分

美国、日本、德国、法国、英国等国家对高层建筑起始高度的划分见表 7-1-4。

高层建筑起始高度划分　表 7-1-4

国家	起始高度或层数	国家	起始高度或层数
美国	22～25m 或 7 层以上	英国	24.3m
日本	31m（11 层）	苏联	住宅：≥10 层，其他建筑：7 层
德国	＞22m（至底层室内地面）	比利时	25m（至室外地面）
法国	住宅：＞50m，其他建筑：＞28m		

（三）我国有关规范规程对高层建筑适用范围的规定

1.《建筑设计防火规范》GB 50016—2014：

建筑高度大于 27m 的住宅建筑和建筑高度大于 24m 的非单层厂房、仓库和其他民用建筑。

2.《高层建筑混凝土结构技术规程》JGJ 3—2010：

10 层及 10 层以上或房屋高度大于 28m 的住宅建筑以及房屋高度大于 24m 的其他高层民用建筑。

（四）高层建筑岩土工程勘察等级

《高层建筑岩土工程勘察标准》JGJ/T 72—2017 规定，高层建筑（包括超高层建筑和高耸构筑物，下同）的岩土工程勘察，应根据场地和地基的复杂程度、建筑规模和特征以及破坏后果的严重性，将勘察等级分为特级、甲级和乙级共三级。勘察时根据工程情况划分勘察等级，应符合表 7-1-5 的规定。

高层建筑岩土工程勘察等级划分　表 7-1-5

勘察等级	高层建筑规模和特征、场地和地基复杂程度及破坏后果的严重程度
特级	符合下列条件之一，破坏后果很严重： 1. 高度超过 250m（含 250m）的超高层建筑； 2. 高度超过 300m（含 300m）的高耸结构； 3. 含有周边环境特别复杂或对基坑变形有特殊要求基坑的高层建筑
甲级	符合下列条件之一，破坏后果很严重： 1. 30 层（含 30 层）以上或高于 100m（含 100m）但低于 250m 的超高层建筑（包括住宅、综合性建筑和公共建筑）； 2. 体型复杂、层数相差超过 10 层的高低层连成一体的高层建筑； 3. 对地基变形有特殊要求的高层建筑； 4. 高度超过 200m 但低于 300m 的高耸结构，或重要的工业高耸结构； 5. 地质环境复杂的建筑边坡上、下的高层建筑； 6. 属于一级（复杂）场地，或一级（复杂）地基的高层建筑； 7. 对既有工程影响较大的新建高层建筑； 8. 含有基坑支护结构安全等级为一级基坑工程的高层建筑
乙级	符合下列条件之一，破坏后果严重： 1. 不符合特级、甲级的高层建筑和高耸结构； 2. 高度超过 24m、低于 100m 的综合性建筑和公共建筑； 3. 位于邻近地质条件中等复杂、简单的建筑边坡上、下的高层建筑； 4. 含有基坑支护结构安全等级为二级、三级基坑工程的高层建筑

注：1. 建筑边坡地质环境复杂程度按现行国家标准《建筑边坡工程技术规范》GB 50330 划分判定；
2. 场地复杂程度和地基复杂程度的等级按现行国家标准《岩土工程勘察规范》GB 50021 判定；
3. 基坑支护结构的安全等级按现行行业标准《建筑基坑支护技术规程》JGJ 120 判定。

二、高层建筑的结构类型

（一）高层建筑的结构类型

1. 框架结构：由梁和柱为主要构件组成的承受竖向和水平作用的结构。

2. 框架-剪力墙结构：由框架和剪力墙共同承受竖向和水平作用的结构。

3. 剪力墙结构：由剪力墙组成的承受竖向和水平作用的结构。

（1）全部落地剪力墙结构

（2）部分框支剪力墙结构：指地面以上有部分框支剪力墙的剪力墙结构。

4. 筒体结构：由竖向筒体为主组成的承受竖向和水平作用的高层建筑结构。筒体结构的筒体分剪力墙围成的薄壁筒和由密柱框架或壁式框架围成的框筒等。

（1）框架-核心筒结构：由核心筒与外围的稀柱框架组成的高层建筑结构。

（2）筒中筒结构：由核心筒与外围框筒组成的高层建筑结构。

5. 板柱-剪力墙结构：由无梁楼板与柱组成的板柱框架和剪力墙共同承受竖向和水平作用的结构。

6. 混合结构：由钢框架或型钢混凝土框架与钢筋混凝土筒体（或剪力墙）所组成的共同承受竖向和水平作用的高层建筑结构。

（二）房屋适用高度

钢筋混凝土高层建筑结构的最大适用高度分为 A 级和 B 级。

A 级高度钢筋混凝土乙类和丙类高层建筑的最大适用高度应符合表 7-1-6 的规定。框架-剪力墙、剪力墙和筒体结构高层建筑，其高度超过表 7-1-6 规定时为 B 级高层建筑。B 级高度钢筋混凝土乙类和丙类高层建筑的最大适用高度应符合表 7-1-7 的规定。

A 级高度钢筋混凝土高层建筑的最大适用高度（m）　　**表 7-1-6**

结构体系		非抗震设计	抗震设防烈度				
			6 度	7 度	8 度(0.2g)	8 度(0.3g)	9 度
框架		70	60	50	40	35	—
框架-剪力墙		150	130	120	100	80	50
剪力墙	全部落地剪力墙	150	140	120	100	80	60
	部分框支剪力墙	130	120	100	80	50	不应采用
筒体	框架-核心筒	160	150	130	100	90	70
	筒中筒	200	180	150	120	100	80
板柱-剪力墙		110	80	70	55	40	不应采用

B 级高度钢筋混凝土高层建筑的最大适用高度（m）　　**表 7-1-7**

结构体系		非抗震设计	抗震设防烈度			
			6 度	7 度	8 度(0.2g)	8 度(0.3g)
框架-剪力墙		170	160	140	120	100
剪力墙	全部落地剪力墙	180	170	150	130	110
	部分框支剪力墙	150	140	120	100	80
筒体	框架-核心筒	220	210	180	140	120
	筒中筒	300	280	230	170	150

乙类和丙类高层建筑根据《建筑抗震设计规范》GB 50011—2010 的规定划分。

三、高层建筑的荷载特点

（一）竖向荷载

竖向荷载为永久荷载。高层建筑的竖向荷载随建筑物层数或高度的增加而增加。

（二）风荷载

风荷载为可变荷载。风荷载垂直于建筑物表面。主体结构计算时，风荷载作用面积应取垂直于风向的最大投影面积。

基本风压应按 50 年一遇的风压值采用。对于特别重要或对风荷载比较敏感的高层建筑，其基本风压应按 100 年重现期的风压值采用。

（三）地震作用

1. 各抗震设防类别的高层建筑地震作用的计算，应符合下列规定：

（1）甲类建筑：应按高于本地区抗震设防烈度计算，其值应按批准的地震安全性评价结果确定；

（2）乙、丙类建筑：应按本地区抗震设防烈度计算。

2. 高层建筑结构应按下列原则考虑地震作用：

（1）一般情况下，应至少在结构两个主轴方向分别计算水平地震作用；有斜交抗侧力构件的结构，当相交角度大于 15°时，应分别计算各抗侧力构件方向的水平地震作用；

（2）质量与刚度分布明显不对称的结构，应计算双向水平地震作用下的扭转影响；其他情况，应计算单向水平地震作用下的扭转影响；

（3）高层建筑中的大跨度、长悬臂结构，8 度、9 度抗震设计时应计入竖向地震作用；

（4）9 度抗震设计时应计算竖向地震作用。

（四）水平荷载

高层建筑的水平荷载主要是风荷载和地震作用。在高层建筑结构设计中水平荷载有时成为主要的控制因素。水平荷载对地基基础会产生偏心压力，《建筑地基基础设计规范》GB 50007—2011 有如下规定：

1. 对经常受水平荷载作用的高层建筑，应验算其稳定性。

2. 按地基承载力确定基础底面积及埋深或按单桩承载力确定桩数时，传至基础或承台底面上的荷载效应应按正常使用极限状态下荷载效应的标准组合，相应的抗力应采用地基承载力特征值或单桩承载力特征值。

3. 计算地基变形时，传至基础底面上的荷载效应应按正常使用极限状态下荷载效应的准永久组合，不应计入风荷载和地震作用，相应的限值应为地基变形允许值。

第三节 高层建筑勘察方案布设

一、天然地基

（一）勘探点的平面布设

详细勘察阶段勘探点的平面布设，应根据高层建筑平面形状、荷载的分布情况进行，并应符合下列规定：

1. 当高层建筑平面为矩形时，应按双排或多排布设；当为不规则形状时，宜在凸出部位的阳角和凹进的阴角布设勘探点。

2. 在高层建筑层数、荷载和建筑体型变异较大位置处，应布设勘探点。

3. 对勘察等级为甲级的高层建筑应在中心点或电梯井、核心筒部位布设勘探点。

4. 单幢高层建筑的勘探点数量，对勘察等级为甲级及其以上的不应少于 5 个，乙级不应少于 4 个。控制性勘探点的数量对勘察等级为甲级及其以上的不应少于 3 个，乙级不应少于 2 个。

5. 高层建筑群可按建筑物并结合方格网布设勘探点。相邻的高层建筑，勘探点可互相共用。

6. 勘探点的间距应根据高层建筑勘察等级，控制在 15～30m 范围内。甲级宜取较小值，乙级可取较大值；复杂场地宜取小值，简单场地可取大值。

（二）勘探孔的深度

1. 控制性勘探孔深度应超过地基变形的计算深度。对于箱形基础或筏形基础，在不具备计算条件时，可按下式计算确定：

$$d_c = d + \alpha_c \beta b \tag{7-1-1}$$

式中　d_c——控制性勘探孔的深度（m）；

d——箱形基础或筏形基础埋置深度（m）；

α_c——与土的压缩性有关的经验系数，根据基础下的地基主要土层按表 7-1-8 取值；

β——与高层建筑层数或基底压力有关的经验系数，对勘察等级为甲级的高层建筑可取 1.1，对乙级可取 1.0；

b——箱形基础或筏形基础宽度，对圆形基础或环形基础，按最大直径考虑，对不规则形状的基础，按面积等代成方形、矩形或圆形面积的宽度或直径考虑（m）。

2. 一般性勘探孔的深度应适当大于主要受力层的深度，对于箱形基础或筏形基础可按下式计算确定：

$$d_g = d + \alpha_g \beta b \tag{7-1-2}$$

式中　d_g——一般性勘探孔的深度（m）；

α_g——与土的压缩性有关的经验系数，根据基础下的地基主要土层按表 7-1-8 取值。

经验系数 α_c、α_g 值　　**表 7-1-8**

经验系数 \ 土类	碎石土	砂土	粉土	黏性土（含黄土）	软土
α_c	0.5～0.7	0.7～0.8	0.8～1.0	1.0～1.5	1.5～2.0
α_g	0.3～0.4	0.4～0.5	0.5～0.7	0.7～1.0	1.0～1.5

注：1. 表中范围值对同一类土，地质年代老、密实或地下水位深者取小值，反之取大值；

2. $b \geqslant 50$m 时取小值，$b \leqslant 20$m 时，取大值，b 为 20～50m 时，取中间值。

（三）采取不扰动土试样和原位测试应符合下列规定

1. 单幢高层建筑采取不扰动土试样和原位测试勘探点的数量不宜少于全部勘探点总数的 2/3，勘察等级为甲级的及其以上不宜少于 4 个，对乙级不宜少于 3 个。

2. 采取不扰动土试样或进行原位测试的竖向间距，基础底面下 1.0 倍基础宽度内宜为 1～2m，以下可根据土层变化情况适当加大距离。

3. 采取岩土试样和进行原位测试应符合下列规定：

（1）每幢高层建筑每一主要土层内采取不扰动土试样的数量或进行原位测试的次数不应少于 6 件（组）；

（2）在地基主要受力层内，对厚度大于 0.5m 的夹层或透镜体，应采取不扰动土试样或进行原位测试；

（3）当土层性质不均匀时，应增加取土数量或原位测试次数；

（4）岩石试样的数量各层不应少于 6 件（组），以中等风化、微风化、未风化岩石作为持力层时，每层不宜少于 9 件（组）；

（5）地下室侧墙计算、基坑边坡稳定性计算或锚杆设计所需的抗剪强度试验指标，每主要土层应采取不少于 6 件（组）的不扰动土试样。

4. 对勘察等级为甲级的高层建筑或工程经验缺乏或研究程度较差的地区，宜布设载荷试验确定天然地基持力层的承载力特征值和变形参数。

二、桩基

（一）勘探点的平面布设

1. 端承型桩

（1）勘探点应按柱列线布设，其间距应能控制桩端持力层层面和厚度的变化，宜为 12～24m；地基复杂时，钻孔应适当加密；荷载较大或复杂地基的一柱一桩工程，应每柱设置勘探点；

（2）岩溶发育场地当以基岩作为桩端持力层时应按柱位布孔。

2. 摩擦型桩

（1）勘探点应按建筑物周边或柱列线布设，其间距宜为 20～30m。地基复杂时，应适当加密勘探点；带有裙房或外扩地下室的高层建筑勘探点布设时应与主楼一同考虑；

（2）单幢高层建筑勘探点数量勘察等级为甲级及其以上的不宜少于 5 个，乙级不宜少于 4 个，对于宽度大于 30m 的高层建筑，其中心应布置勘探点。

（二）勘探孔的深度

1. 端承型桩

（1）当以可压缩地层（包括全风化和强风化岩）作为桩端持力层时，勘探孔深度应能满足沉降计算的要求，控制性勘探孔的深度应深入预计桩端持力层以下 $5d$～$8d$（d 为桩身直径或方桩的换算直径，直径大的桩取小值，直径小的桩取大值），且不应小于 5m，一般性勘探孔的深度应达到预计桩端下 $3d$～$5d$，且不应小于 3m；

（2）对一般岩质地基的嵌岩桩，勘探孔深度应钻入预计嵌岩面以下 $1d$～$3d$ 且不应小于 3m，对控制性勘探孔应钻入预计嵌岩面以下 $3d$～$5d$，且不应小于 5m；

（3）对花岗岩地区的嵌岩桩，一般性勘探孔深度应进入中等、微风化岩 3～5m，控制性勘探孔应进入中等、微风化岩 5～8m；

（4）对于岩溶、断层破碎带地区，勘探孔应穿过溶洞、断层破碎带进入稳定地层，进入深度应不小于 $3d$，且不应小于 5m；

（5）具多韵律薄层状的沉积岩或变质岩，当基岩中强风化、中等风化、微风化岩呈互层出现时，对拟以微风化岩作为持力层的嵌岩桩，勘探孔进入微风化岩深度不应小于5m。

2. 摩擦型桩

(1) 一般性勘探孔的深度应进入预计桩端持力层或预计最大桩端入土深度以下不小于5m；

(2) 控制性勘探孔的深度应达群桩桩基（假想的实体基础）沉降计算深度以下1～2m，群桩桩基沉降计算深度宜取桩端平面以下附加应力为上覆土有效自重压力20%的深度，或按桩端平面以下1.0b～1.5b(b为假想实体基础宽度）的深度考虑。

3. 特级勘察勘探点深度应根据基础埋深、荷载分布、地层结构及基础方案等条件综合确定，并应符合下列规定：

(1) 当以可压缩土层（包括全风化和强风化岩）作为桩筏、桩箱基础桩端持力层时，一般性勘探孔的深度应进入预计最大桩端入土深度以下不小于0.7b(b为筏形或箱形基础宽度)，控制性勘探孔孔深应达到桩端平面以下附加应力为上覆土有效自重压力20%的深度，并不小于桩端平面以下1.5b，当遇微风化基岩时，一般性勘探孔可钻入微风化岩1～3m后终孔，控制性勘探孔可钻入微风化岩3～5m后终孔；

(2) 对一般岩质地基的嵌岩桩，一般性勘探孔深度应钻入预计嵌岩面以下3d～5d，控制性勘探孔应钻入预计嵌岩面以下5d～8d，并应满足箱形或筏形基础平面以下不小于1.0b（b为箱形或筏形基础宽度）。

三、复合地基

1. 复合地基主要适用于勘察等级为乙级的高层建筑，对勘察等级为甲级的高层建筑拟采用复合地基方案时，尚应充分论证。

2. 高层建筑复合地基勘探点的平面布设应按照高层建筑天然地基勘察方案布设，勘探孔的深度应符合高层建筑桩基勘察的要求。

3. 高层建筑复合地基承载力特征值和变形模量应在施工图设计期间通过复合地基载荷试验确定。有经验的地区，可依据增强体的载荷试验结果和桩间土的承载力特征值结合地区经验计算确定；在缺乏经验的地区，尚应进行不同桩径、桩长、置换率等的复合地基载荷试验。

四、基坑工程

1. 勘察区范围宜达到基坑边线以外1～2倍基坑深度，勘探点宜沿地下室周边布置，边线以外以调查或搜集资料为主，为查明某些专门问题可在边线以外布设勘探点。勘探点的间距根据地质条件的复杂程度宜为15～30m，当遇暗浜、暗塘或填土厚度变化很大或基岩面起伏很大时，宜加密勘探点。

2. 勘探孔的深度不宜小于基坑深度的两倍；对深厚软土层，控制性勘探孔应穿透软土层；为满足降水或截水设计需要，控制性勘探孔应穿透主要含水层进入隔水层一定深度；在基坑深度内，遇微风化基岩时，一般性勘探孔应钻入微风化岩层1～3m，控制性勘探孔可钻入微风化岩3～5m；每一基坑侧边控制性勘探点不宜小于该侧边勘探点总数的1/3，且不宜少于1个。

第四节　室内试验和原位测试

一、室内试验

高层建筑岩土工程勘察除进行常规试验项目外，还应进行特殊性室内试验，试验要求如下。

（一）计算地基承载力所需的抗剪强度试验应符合以下规定

1. 对勘察等级为特级或甲级的高层建筑，所采取的土试样质量等级应符合Ⅰ级，且应采用三轴压缩试验。

2. 抗剪强度试验的方法应根据施工速度、地层条件和计算公式等选用，尽可能符合建筑和地基土实际受力状况。对饱和黏性土或施工速率较快、排水条件差的土可采用不固结不排水剪（UU），对饱和软黏土，应对试样在有效自重压力预固结后再进行试验，总应力法提供 c_{uu}、φ_{uu} 参数；经过预压固结的地基，可根据其固结程度采用固结不排水剪（CU），总应力法提供 c_{cu}、φ_{cu} 参数。

3. 三轴压缩试验结果应提供摩尔圆及其强度包线。

（二）计算地基沉降的压缩性指标，可采用以下试验方法

1. 当采用单轴压缩试验的压缩模量按分层总和法进行沉降计算时，其最大压力值应超过预计的土的有效自重压力与附加压力之和，压缩性指标应取土的有效自重压力至土的有效自重压力与附加压力之和压力段的计算值。

2. 当采用考虑应力历史的固结沉降计算时，应采用Ⅰ级土试样进行试验。试验的最大压力应满足绘制完整的 e-lg$p$ 曲线的需要，以求得先期固结压力 p_c、压缩指数 C_c 和回弹再压缩指数 C_r，回弹压力宜模拟现场卸荷条件。

3. 当需进行群桩基础变形验算时，对桩端平面以下压缩层范围内的土，应测求土的压缩性指标。试验压力不应小于实际土的有效自重压力与附加压力之和。

4. 当需要考虑基坑开挖卸荷引起的回弹量，应进行测求回弹模量和回弹再压缩模量的试验，以模拟实际加荷卸荷情况，其压力的施加宜与实际加、卸荷状况一致。回弹模量和回弹再压缩模量的试验方法、稳定标准等应符合《土工试验方法标准》GB/T 50123—1999 标准固结试验的要求，回弹模量和回弹再压缩模量测试要点按第三篇第一章土工试验中第二节 10 回弹再压缩模量内容进行。

（三）渗透试验：基坑开挖需要采用明沟、井点或管井抽水降低地下水位时，宜根据土性情况进行有关土层的常水头或变水头渗透试验。

（四）为验算边坡稳定性和基坑工程等支挡设计所进行的抗剪强度试验，宜采用三轴压缩试验，验算整体稳定性和抗隆起稳定性宜采用不固结不排水试验（UU），对饱和软黏性土应对试样在有效自重压力预固结后再进行试验，当有地区经验时，也可采用直剪快剪试验；计算土压力可采用固结不排水试验（CU），当需按有效应力法计算土压力时，宜采用测孔隙水压力的固结不排水试验（CU），当有地区经验时，也可采用直剪试验的固结快剪试验。

（五）岩石抗压强度试验：当需根据室内试验结果确定嵌岩桩单桩竖向极限承载力时，应进行饱和单轴抗压强度试验。对于在地下水位以下、多韵律薄层状的黏土质沉积岩或变质岩，可采用天然湿度试样，不进行饱和处理；对较为破碎的中等风化带岩石，取样确有困难时，可取样进行点荷载试验，其试验标准及与岩石单轴抗压强度的换算关系应分别按《工程岩体试验方法标准》GB/T 50266 和《工程岩体分级标准》GB/T 50218 中有关规定执行。

（六）动力特性试验：当需进行地震反应分析和地基液化判别时，可采用动三轴试验、

动单剪试验和共振柱试验，测定地基土的动剪切模量和阻尼比等参数。

二、原位测试

原位测试的试验项目、测定参数、主要试验目的可参照本手册第三篇岩土测试。

第五节 高层建筑地基评价和计算

一、天然地基均匀性评价

高层建筑采用天然地基应进行地基均匀性评价，符合下列情况之一者，应判别为不均匀地基。对判定为不均匀地基，应进行沉降、差异沉降、倾斜等特征分析评价，并提出相应建议。

1. 地基持力层跨越不同地貌单元或工程地质单元，工程特性差异显著。

2. 地基持力层虽属于同一地貌单元或同一工程地质单元，但遇下列情况之一：

（1）中—高压缩性地基，持力层底面或相邻基底标高的坡度大于10%；

（2）中—高压缩性地基，持力层及其下卧层在基础宽度方向上的厚度差值大于0.05b（b为基础宽度）。

3. 同一高层建筑虽处于同一地貌单元或同一工程地质单元，但各处地基土的压缩性有较大差异时，可在计算各钻孔地基变形计算深度范围内当量模量的基础上，根据当量模量最大值$\overline{E}_{smax}$和当量模量最小值$\overline{E}_{smin}$的比值判定地基均匀性。当$\dfrac{\overline{E}_{smax}}{\overline{E}_{smin}}$大于地基不均匀系数界限值$K$时，可按不均匀地基考虑。$K$值见表7-1-9。

地基不均匀系数 K 界限值 **表 7-1-9**

同一建筑物下各钻孔 压缩模量当量值$\overline{E}_s$的平均值(MPa)	≤4	7.5	15	>20
不均匀系数界限值K	1.3	1.5	1.8	2.5

注：在地基变形计算深度范围内，某一个钻孔的压缩模量当量值$\overline{E}_s$应根据平均附加应力系数在各层土的层位深度内积分值A和各土层压缩模量E_s按下式计算：

$$\overline{E}_s=\frac{\sum A_i}{\sum\frac{A_i}{E_{si}}}$$

二、地基承载力计算和评价

高层建筑地基承载力必须满足两方面的要求：一是将基底下的局部塑性变形区限制在一定范围，且控制地基不产生整体、局部或刺入剪切破坏而使建筑物丧失稳定性；二是地基变形，尤其是整体倾斜要限制在允许范围内。

在确定地基承载力时，应根据土质条件选择现场载荷试验、室内试验、静力触探试验、动力触探试验、标准贯入试验或旁压试验等原位测试方法，结合理论计算和设计需要进行综合评价。

（一）用载荷试验结果确定承载力

现行规范均取消了地基承载力表，利用载荷试验确定地基承载力无疑是一种好的方法，但是载荷试验底板的面积与高层建筑筏形或箱形基础的面积相比要小得多，高层建筑筏形或箱形基础的承载力往往不仅是持力层所决定，而是持力层和下卧层的综合反映。根据载荷试验结果推荐地基承载力时，应考虑到这一因素。

（二）地基承载力的计算应符合下列要求

1. 持力层及软弱下卧层的地基承载力验算。

2. 当高层建筑周边的附属建筑基础处于超补偿状态，且其与高层建筑不能形成刚性整体结构时，应考虑由此造成高层建筑基础侧限力的永久性削弱及其对地基承载力的影响。

3. 拟提高附属建筑部分基底压力，以加大其地基沉降、减小高低层建筑之间的差异沉降时，应同时验算地基承载力特征值及地基极限承载力，保证建议的地基承载力满足强度控制要求。

（三）地基承载力估算

1. 按极限状态计算

本手册推荐采用 Prandtl、Buisman、Terzaghi 提出，经 Beer、Vesic 等修正、补充的极限承载力计算公式和有关系数，详见本手册第四篇第五章。高层建筑地基承载力特征值，应按极限承载力除以安全系数 K 求得。K 值应根据建筑的重要性，破坏后果的严重性和试验数据的可信性等因素，在 2～3 范围内选取。

2. 按塑性状态计算

现行《建筑地基基础设计规范》推荐的公式，容许地基内有一定的塑性区开展，开展的最大深度为 1/4 基础宽度。但对高层建筑的筏形基础和箱形基础，考虑到建筑物的整体刚度较大，因而，不宜受现行地基规范“基础底面宽度大于 6m 时按 6m 取值”的限制。由于高层建筑筏形基础和箱形基础的基础宽度较大，且其上部结构和地基基础共同作用后刚度也很大，参照《苏联建筑法规》，引入了结构刚度系数和基础宽度修正系数。所以对于高层建筑地基承载力可采用下式计算：

$$f_a = K_r(M_b\gamma K_b b + M_d\gamma_m d + M_c c_k) \tag{7-1-3}$$

式中 f_a——由土的抗剪强度指标确定的地基承载力特征值；

M_b、M_d、M_c——承载力系数，根据基础底面下土的内摩擦角标准值，按第四篇第五章表 4-5-1 选用；

K_r——结构刚度系数，根据建筑物长高比 l/H_g 按表 7-1-10 确定；

K_b——基础宽度修正系数，当 $b<10$m 时取 $K_b=1.0$；当 $b\geqslant10$m 时，取 $K_b=\frac{z_0}{b}+0.2$，$z_0=8$m；

其他符号意义同前。

结构刚度系数 K_r **表 7-1-10**

l/H_g	碎石土和砾、粗中砂	细砂粉、砂	粉土和黏性土	
			$I_L\leqslant0.25$	$I_L>0.25$
≥4.0	1.2	1.1	1.0	1.0
≤1.5	1.3	1.2	1.1	1.0

注：H_g 为自室外地面算起的建筑物高度（m，不包括突出屋面的电梯间、水箱间等局部附属建筑）；l 为建筑物长度（m）。当 l/H_g 在 1.5～4.0 之间时，K_r 可内插。

3. 利用上述方法计算承载力时，都需要地基土的 c、φ 值，正确合理地选用 c、φ 值对计算结果有很大影响，除根据土的实际受力状态、加荷速率，选用合理的试验方法外，还需要考虑大基础影响深度很大，因而应选用考虑持力层和下卧层的综合剪力指标进行计算。

高层建筑地基所采用的承载力必须经过沉降和倾斜的验算，使最终所选用的承载力要满足容许沉降和容许倾斜的要求。

4. 其他如旁压试验、静力触探试验、标准贯入试验等亦可用于评价各土层的承载力，作为综合评价的方法，起校核作用。

三、高层建筑地基沉降计算

高层建筑地基的沉降计算宜采用多种方法计算，以供互相比较。

1. 对于一般黏性土、粉土、饱和黄土和软土，可利用现行《建筑地基基础设计规范》规定的用压缩模量按分层总和法进行计算，其计算公式见本手册第四篇第四章。但对大型基础的沉降经验系数 ψ_s 可按表 7-1-11 采用。

沉降计算经验系数 表 7-1-11

$\overline{E}_s$ (MPa)	3.0	5.0	7.5	10.0	12.5	15.0	20.0
ψ_s	1.80	1.20	0.80	0.60	0.45	0.36	0.25

2. 对于一般黏性土、粉土、软土和饱和黄土，当需考虑应力固结历史时，可用地基固结沉降法计算最终沉降量，详见第四篇第四章。

3. 对于大型刚性基础下的一般黏性土、软土、饱和黄土和不能准确取得压缩模量值的地基土，如碎石土、砂土和花岗岩残积土等，可利用变形模量计算最终沉降量，详见第四篇第四章。

对于一般黏性土、软土和饱和黄土，当未进行载荷试验时，可反算综合变形模量，用下式计算最终沉降量

$$s = \frac{pb\eta}{E_0}\sum_{i=1}^{n}(\delta_i - \delta_{i-1}) \tag{7-1-4}$$

式中 E_0——根据实测沉降反算的综合变形模量（MPa），按下式求得：

$$E_0 = \alpha E_s;$$

α——反算综合变形模量与综合压缩模量的比值，可按表 7-1-12 选用；

其余符号意义同第四篇第四章式（4-4-12）。

比值 α 表 7-1-12

E_s	3.0	5.0	7.5	10.0	12.5	15.0	20.0
α	1.0	1.6	2.6	3.6	4.6	5.6	7.6

四、高层建筑整体倾斜预测分析

高层建筑整体倾斜，一般由横向（宽度方向）倾斜所控制，而引起横向倾斜往往有两方面因素：一是由地基不均匀所引起，另一是由荷载偏心所引起。建筑物的整体倾斜是两方面因素引起的倾斜的代数和。

高层建筑整体倾斜预测分析，可根据高层建筑角点钻孔的地层分布和土质参数统计结果，结合建筑物荷载分布情况进行估算和判断。

由地基不均匀引起的倾斜，超过允许值后，宜对地基采取加固处理措施；由偏心荷载引起的倾斜，宜采取调整荷载重心或其他结构措施解决。

第二章 动力机器基础

第一节 动力机器种类及其扰力对地基土的作用

一、动力机器的种类及其扰力

动力机器在运转过程中，产生的扰力是由于机器旋转部件的不平衡质量惯性力或运动部件的质量惯性力产生的，此扰力使机器基础产生振动。动力机器的种类很多，如活塞式压缩机、汽轮发电机和电机、破碎机、锻锤和落锤、压力机、金属切削机床等，各类机器所产生的扰力不同。根据扰力特点，基础振动大致可分为四种类型，见表 7-2-1。

动力机器基础的四种类型 **表 7-2-1**

机器类别	扰力特点	代表性的机器名称	振动时域曲线	振动类型
周期性作用的机器（有规律运动）	匀速旋转运动	电机（电动机、电动机—发电机组、调相机）、汽轮机（汽轮发电机、汽轮鼓风机、汽轮压缩机、蒸汽泵）	z t	简谐振动
	匀速旋转和往复直线运动	曲柄连杆式机器（活塞式压缩机、活塞式泵、内燃机）、颚式破碎机	z t	非简谐振动
非周期性作用的机器（运动规律非周期性）	非匀速旋转或非匀速往复运动	轧钢机组用的拖动电动机、遮断容量的发电机	z t	随机振动
	冲击式运动	自由锻锤、模锻锤、碎铁架装置	z t	瞬时冲击振动

二、动力机器扰力对地基的作用

动力机器基础设计除了考虑静力荷载作用外，还要考虑动力荷载的作用。

动力机器运行时产生的扰力，通过基础对地基的作用，可分为四种基本振动类型。

1. 垂直振动：基础在垂直扰力 P_z 作用下，地基产生竖向位移 δ_z，如图 7-2-1 所示。地基弹性参数是地基抗压刚度系数 C_z，其物理意义是基础产生单位弹性垂直位移时、地基所产生的垂直弹性反应力（kPa）。其计算公式为：

$$C_z = \frac{\sigma_z}{\delta_z} \tag{7-2-1}$$

式中 δ_z——在动荷载作用下、基础的弹性垂直位移（m）；

σ_z——基础弹性垂直位移为 δ_z 时，地基的垂直反应力（kPa）。

2. 回转振动：基础在力矩 M_φ 作用下产生回转振动，即地基产生不均匀的弹性变形位移 δ_φ，如图 7-2-2 所示。地基的弹性参数是地基抗弯刚度系数 C_φ。其物理意义为基础围绕通过底面形心 O_r 旋转一单位转角 φ 时，在基础底面任一点处地基所产生的垂直反应力（kPa）。其计算公式为：

$$C_\varphi = \frac{\sigma_\varphi}{\delta_\varphi} = \frac{\sigma_\varphi}{x \cdot \varphi} = \frac{M_\varphi}{I_\varphi \cdot \varphi} \tag{7-2-2}$$

式中　δ_φ——在力矩 M_φ 作用下基底另一点 x 处的弹性垂直位移（m）；

σ_φ——基础底面任一点 x 的弹性垂直位移为 δ_φ 时，在该处的地基垂直反应力（kPa）；

I_φ——基础底面通过其形心轴的抗弯惯性矩（m^4）；

x——任一点至基础底面形心的距离（m）。

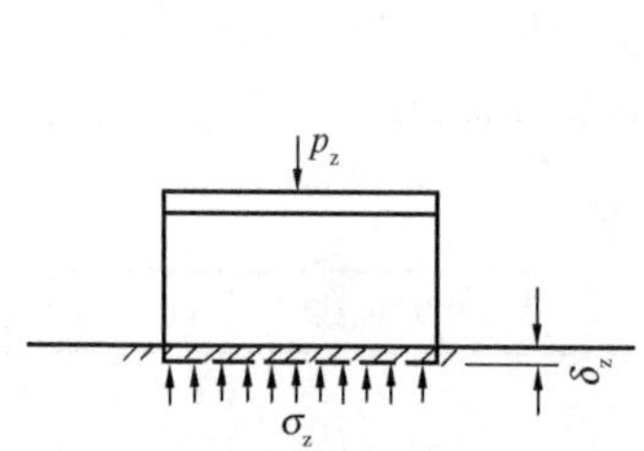

图 7-2-1　垂直振动时地基的弹性变形示意图

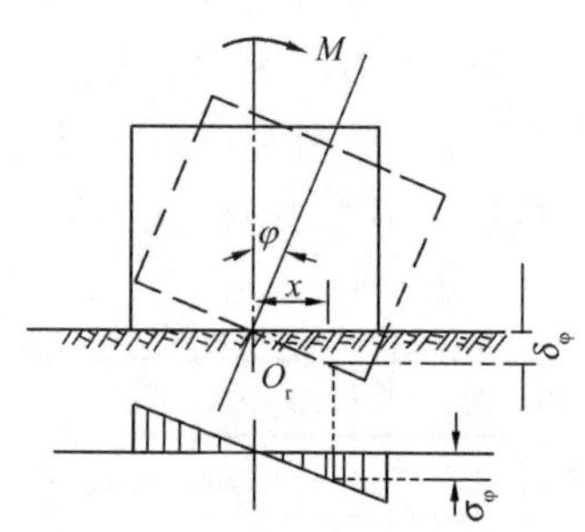

图 7-2-2　回转振动时地基的弹性变形示意图

3. 水平振动：基础在水平振动力作用下，地基土将产生水平方向的弹性剪切变形位移 δ_x，如图 7-2-3 所示。其地基弹性特征参数是地基抗剪刚度系数 C_x。其物理意义为基础产生单位水平位移时，地基所产生的水平剪切反应力（kPa）。其计算公式为：

$$C_x = \frac{\sigma_x}{\delta_x} \tag{7-2-3}$$

式中　δ_x——在水平剪切力 P_x 作用下，基础的弹性水平位移（m）；

σ_x——基础弹性水平位移为 δ_x 时，地基的水平剪切反应力（kPa）。

4. 扭转振动：基础受到围绕垂直中心轴转动的力矩 M_ψ 作用时，基底的水平剪切力从转动中心向外按线性关系增大，如图 7-2-4 所示。表示该类振动时地基的弹性特征系数是地基抗扭刚度系数 C_ψ。其计算公式为：

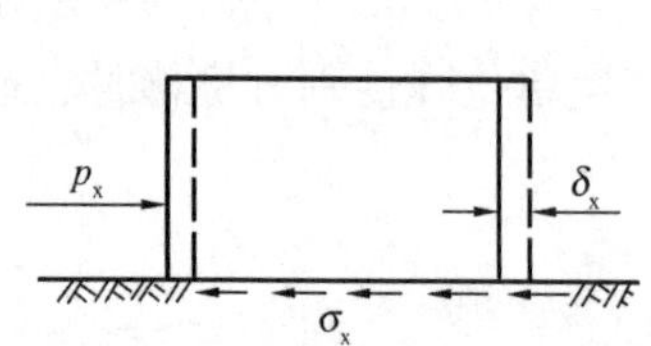

图 7-2-3　水平振动时地基的弹性变形示意图

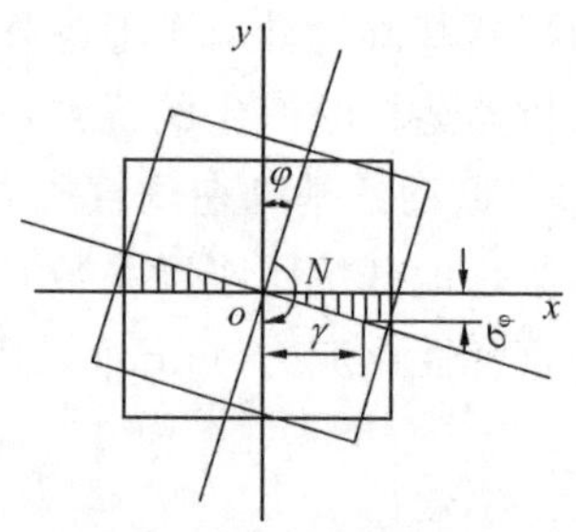

图 7-2-4　扭转振动时地基的弹性变形示意图

（注：仅当扭转角 ψ 甚小时，δ_ψ 才等于 $\rho \cdot \psi$）

$$C_{\psi}=\frac{\sigma_{\psi}}{\delta_{\psi}}=\frac{\sigma_{\psi}}{\rho\cdot\psi}=\frac{M_{\psi}}{J\cdot\psi} \tag{7-2-4}$$

式中　δ_{ψ}——在力矩 M_{ψ} 作用下，基础底面任一点处的切线方向的水平剪切位移（m）；

σ_{ψ}——基础底面任一点处的切线方向的水平剪切反应力（kPa）；

ρ——基础转动中心到任一点的水平距离（m）；

J——基础底面通过其形心轴的抗扭惯性矩（m^4）；

ψ——基础扭转角（rad）。

第二节　动力机器基础的设计原则和勘察要求

一、动力机器基础的设计原则

1. 在静力和动力的共同作用下，保证地基具有足够的强度和稳定性；由静力和动力产生的沉降和差异沉降，不超过容许值。

2. 基础本身的振幅、速度、加速度不超过容许值；并检验体系的自振频率是否远离机器的工作频率，避免出现共振。

3. 在厂区总图布置中，如动力机器基础振动对附近的精密仪表设备以及居民生活产生不利影响，总图布置要采取合理的隔振、防振措施。

4. 基础本身要满足机器安装、使用和维护方面的要求，并具有足够的强度、稳定性、耐久性等。

二、动力机器基础地基的勘察要求

动力机器基础的地基勘察，除要求查明在静力作用条件下的稳定性、变形性质和承载力等外，尚应查明地基在动力（反复荷载）作用条件下的场地稳定性、变形性质、承载力和地基土的各项动力参数等，要查明在动力基础振动作用下对地基土的一些不利影响：

（1）是否会产生砂土由于振动加速度超过某界限值，而导致振动压密、沉陷或不均匀沉降；

（2）是否会造成饱和砂土的震动液化，使地基失稳；

（3）是否会产生软土的震陷；

（4）是否会造成一般黏性土的抗剪强度降低，而使地基土结构破坏，丧失稳定；

（5）是否会造成地基内部溶洞、土洞等的塌陷或使附近边坡失稳而产生崩塌、滑坡；

（6）当地基土为中、高压缩性的黏性土，应结合工程情况考虑采取提高地基强度的措施；

（7）预测基础振动对周围环境的影响是否超过容许振动值等。

三、动力机器基础地基的勘察内容

（一）勘察工作：一般分为初步勘察和详细勘察

1. 初步勘察

在选厂阶段做出区域地质和人文环境适宜性的基础上，初步勘察要对厂址场地的稳定性和岩土工程条件做出评价，并对主要建筑物地基基础方案设计以及不良地质作用整治的可能性做出评价。

2. 详细勘察

(1) 查明厂址的地形地貌和地层的分布、成因、类别及岩土性质，提出地基基础设计和动力计算的各种参数；

(2) 查明可能存在的各种不良地质作用的成因、类别及其发展规律、危害程度等，并提出整治方案的建议；

(3) 查明地下水的埋藏条件及变化规律，分析对施工可能产生的影响及对建筑材料腐蚀性做出评价；

(4) 当厂址抗震烈度大于 6 度或动力机器振动过大时，要判别饱和砂土液化的可能性及地层不均匀沉降问题。

3. 勘探工作量

(1) 勘探点间距：勘探点一般结合动力机器基础中轴线布置，并满足每个动力机器基础不少于 1 个勘探点，但对平面尺寸较大或独立的机器基础，以及土层情况较复杂或需进行地基处理时，应按动力机器基础的位置单独布置，勘探点的个数不得少于 2 个。重大的动力机器基础勘探点不宜少于 3 个。

(2) 勘探点的深度：根据基础埋深及地质情况而定。对于浅埋深基础，着重了解地表下压缩层计算深度内的土层情况；对于块体式基础，勘探点深度应达基础底面下 (1.5 ～ 2)b(b 为基础短边长度)；大型设备基础勘探孔深度不宜小于基础底面宽度的 2 倍；对于框架型板式基础和多台机器在一起的联合基础，勘探点深度应按静荷载下的压缩层计算深度确定。

(3) 采用不扰动土试样的数量，应根据土的类别和测定动力参数的内容确定。

(4) 当地基为基岩时，则需了解其风化程度、风化带的厚度，查明基础底下压力影响深度范围内是否有溶洞，如有溶洞，必须采取有效措施予以处理，并采取岩石试样进行抗压、抗剪强度试验。

(二) 动力参数测试工作

1. 测试工作的布置原则

(1) 在重型动力机器基础位置，宜选 1～2 个勘探孔，用单孔法或跨孔法测定岩土地层压缩波速 v_p和剪切波速 v_s。

(2) 为动力机器基础的振动和隔振设计提供动力参数时，应进行激振法测试，以测定天然地基和人工地基的动力特性，每个厂区其测试点不少于 2 个，模拟基础尺寸为 2.0m×1.5m×1.0m，模拟基础的底面应设置在拟建动力机器基础底面标高的地层或与基础底面标高的同类地基土层上。周期性振动的机器基础，应采用强迫振动测试方法。

(3) 预测机器基础振动对周围环境的影响时，应采用振动沿地面传播的振动衰减测试。激振频率宜与设计机器基础工作频率接近。

(4) 如动力机器基础采用桩基时，宜采用两根桩组成的桩基础进行激振法测试，当激振器激振力不够大时，也可采用一根桩组成的桩基础进行激振法测试，测试点不少于 2 个，以计算单桩抗压刚度和桩基抗弯刚度等动力参数。

(5) 当动力机器基础需要考虑抗震和隔振问题时，也可以进行拟建场地地面或地下脉动测试，测试点不少于 2 个，以提供场地的卓越周期和脉动幅值。

2. 现场原位测试提供的有关参数

（1）单孔法和跨孔法波速测试，可提供压缩波速与剪切波速，应用于：

a. 计算地基的动弹性模量、动剪切模量和动泊松比；

b. 划分建筑场地类型和进行地震反应分析；

c. 综合评价场地土的工程力学性质。

（2）天然地基和人工地基的强迫振动和自由振动测试，可为机器基础的振动和隔振设计提供下列动力参数：

a. 地基抗压、抗剪、抗弯和抗扭刚度系数 C_z、C_x、C_φ、C_ψ；

b. 地基竖向和水平向第一振型以及扭转向的阻尼比 ζ_z、$\zeta_{x\varphi}$、ζ_ψ；

c. 地基竖向和水平回转向的参振质量 m_z、$m_{x\varphi}$、m_ψ；

d. 单桩的抗压刚度 k_{pz}；

e. 桩基抗剪和抗扭刚度系数 C_{px}、$C_{p\psi}$；

f. 桩基竖向和水平回转向第一振型及扭转向的阻尼比 ζ_{pz}、$\zeta_{px\varphi}$、$\zeta_{p\psi}$；

g. 桩基竖向和水平回转向以及扭转向的参振质量 m_{dz}、$m_{dx\varphi}$、$m_{d\psi}$。

（3）振动衰减测试

当机器基础振动对邻近精密仪器、仪表设备或环境等产生有害影响时，可以通过振动衰减试验计算振动波在地面传播的能量吸收系数α值。

（4）地面和地下脉动测试可通过频谱分析求得场地的卓越周期与脉动最大幅值。

（5）当需了解在动力作用下地基的强度和变形性质的变化，确定动荷载与静荷载的关系和砂性土的临界振动加速度值时，应进行原位动荷载试验。土的强度和砂土液化可以通过室内动三轴和共振柱等室内试验获得有关动力参数。

第三节　动力机器基础的地基评价

一、地基强度的评价

1. 动力机器基础底面地基平均静压力设计值应符合下式要求：

$$p \leqslant \alpha_f f \tag{7-2-5}$$

式中　p——基础底面地基的平均静压力设计值（kPa）；

α_f——地基承载力的动力折减系数；

f——地基承载力特征值（kPa）。

2. 地基承载力的动力折减系数 α_f 可按下列规定采用：

（1）旋转式机器基础可采用 0.8。

（2）锻锤基础可按下式计算：

$$\alpha_f = \frac{1}{1+\beta\dfrac{\alpha}{g}} \tag{7-2-6}$$

式中　α——基础的振动加速度（m/s^2）；

β——地基土的动沉陷影响系数。

（3）其他机器基础可采用 1.0。

3. 动力机器基础的地基土类别应按表 7-2-2 采用。

地基土类别　**表 7-2-2**

土的名称	地基土承载力特征值 f_k（kPa）	地基土类别
碎石土	$f_k>500$	一类土
黏性土	$f_k>250$	
碎石土	$300<f_k\leqslant500$	二类土
粉土、砂土	$250<f_k\leqslant400$	
黏性土	$180<f_k\leqslant250$	
碎石土	$180<f_k\leqslant300$	三类土
粉土、砂土	$160<f_k\leqslant250$	
黏性土	$130<f_k\leqslant180$	
粉土、砂土	$120<f_k\leqslant160$	四类土
黏性土	$80<f_k\leqslant130$	

4. 天然地基土的动沉陷影响系数 β 值，可按表 7-2-3 采用。

地基土动沉陷影响系数 β 值　**表 7-2-3**

地基土类别	β	地基土类别	β
一类土	1.0	三类土	2.0
二类土	1.3	四类土	3.0

对桩基的动沉陷影响系数 β 值，可按桩尖土层的类别选用。

二、基岩地基的评价

基岩地基具有强度高、刚度大、变形和阻尼小的特性。因此，基岩上的动力基础一般具有振幅小、自振频率高、振动传播衰减慢、加速度值大的特点。

1. 整体状和块状结构的岩体，其整体性强度较高，岩体基本稳定，在变形特征上接近弹性各向同性。在工程中应注意由结构面组合而成的不稳定结构体的局部滑动或坍塌。

层状结构的沉积岩和正变质岩，岩体接近均一的各向异性体，其变形及强度特征受层面及岩层组合控制，可视为弹塑性体，稳定性较差，应注意不稳定结构体可能产生滑塌，岩层的弯张破坏及软弱岩层的塑性变形。

碎裂状和散体结构的岩体，受构造影响剧烈，结构面复杂、岩石破碎、完整性遭到破坏、稳定性很差。应注意大规模的岩体失稳和地下水加剧岩体失稳的不良作用。

对岩溶地区应查明建筑物范围内或对动力机器基础有影响地段的各种岩溶洞隙及土洞的形态、位置、规模、埋深、围岩与岩溶堆填物性状、地下水埋藏特征，注意其对地基稳定性的影响。

2. 当以基岩作为锚桩基础时，应符合下列条件：

（1）岩石的饱和单轴极限抗压强度大于 3000kPa，且节理裂隙不发育、无黏土质夹层、整体性较好；

（2）岩石的节理裂隙虽较发育，但无溶洞、无裂隙水，采用灌浆处理后，能构成整体性较好的状态。

三、动力机器基础振动对周围环境影响的评价

动力机器基础承受着机器不平衡扰力引起的振动，它将通过地基向四周传播出去，对

周围环境产生影响，其影响程度不仅与传播介质的地基土动力性质和离振源距离的远近有关，而且也与各类动力机器正常运转要求机器基础的容许振动值、邻近精密仪器设备在正常工作和城区环境建筑物可能受损的容许振动值等因素有关。

（一）机器基础的容许振动值

不同类型的机器，在不同工作状态下产生的振动是不同的。机器本身振动的大小，反映机器制造的质量等级，如等级低，产生的振动过大，机器就无法正常工作。机器的振动可由机械表面，轴承及安装等处的振动来表征，评价机器振动状态的特征量为振动烈度。测量振动烈度的单位用振动速度的均方根值表示。一般在轴承处或机器安装点进行测量。应用振动烈度作为评价标准，就可以得到相当可靠的评价结果。机器运转时，其底座对基础有一作用力，同时基础对底座有一反作用力，并向机器各个部件传递，因此，有时将基础的容许振动值作为振动对机器的容许振动值。直接支承动力机器基础或台座的容许振动幅值应由设备制造部门提供。当无资料时，可参考有关规定选用。

1. 汽轮机组和电机基础的容许振动线位移，可按表 7-2-4 选用。

汽轮机组和电机基础容许振动线位移 **表 7-2-4**

机器工作转速 n（r/min）	1500	3000
容许振动线位移（mm）	0.04	0.02

注：当汽轮发电机组转速小于额定转速的 75%时，其容许振动值应取表中规定数值的 1.5 倍。

2. 破碎机基础顶面的容许振动线位移可按表 7-2-5 采用。

破碎机基础顶面的容许振动线位移 **表 7-2-5**

机器工作转速（r/min）	水平容许振动线位移峰值（mm）	竖向容许振动线位移峰值（mm）
$n \leqslant 300$	0.25	—
$300 < n \leqslant 750$	0.20	0.15
$n > 750$	0.15	0.1

注：表中容许振动值适用于基础布置在建筑物楼层上的情况；n 为机器额定转速。

3. 锻锤基础在时域范围内的容许振动值，应根据地基土类别、地基土承载力特征值和锻锤落下部分的公称质量，按表 7-2-6 的规定确定。

锻锤基础在时域范围内的容许振动值 **表 7-2-6**

地基土类别	锻锤落下部分公称质量（t）	容许振动位移峰值（mm）	振动加速度峰值（m/s^2）
一类土	<2	0.92～1.38	9.78～14.95
	2～5	0.80～1.20	8.50～13.00
	>5	0.64～0.96	6.80～10.40
二类土	<2	0.75～0.92	7.48～9.78
	2～5	0.65～0.80	6.50～8.50
	>5	0.52～0.64	5.20～6.80

续表

地基土类别	锻锤落下部分公称质量 (t)	容许振动位移峰值 (mm)	振动加速度峰值 (m/s^2)
三类土	<2	0.15~0.75	5.18~7.48
	2~5	0.40~0.65	4.50~6.50
	>5	0.32~0.52	3.60~5.20
四类土	<2	0.46	5.18
	2~5	0.40	4.50
	>5	0.32	3.60

注：1. f_{ak}为地基土承载力特征值；

2. 对孔隙比较大的黏性土、松散的碎石土、稍密或很湿到饱和的砂土，细、粉砂以及软塑到可塑的黏性土，容许振动位移和容许振动加速度应取表中相应地基土类别的较小值；对孔隙比较小的黏性土、密实的碎石土、砂土以及硬塑黏性土，容许振动位移和容许振动加速度应取表中相应地基土类别的较大值；

3. 当湿陷性黄土及膨胀土采取有关措施后，可按表内相应的地基土类别选用容许振动值；

4. 当锻锤基础与厂房柱基处在不同地基土上时，应按较差的土质选用容许振动值；

5. 当锻锤基础和厂房柱基均为桩基时，可按桩端处的地基土类别选用容许振动值。

4. 锻锤隔振基础在时域范围内的容许振动值应按下列规定确定：

1）当隔振装置间接支承在块体基础下部时，模锻锤块体基础的竖向容许振动位移峰值应取 8mm，自由锻锤块体基础的竖向容许振动位移峰值应取 5mm。

2）当隔振装置直接支承在锻锤底部时，锤身竖向容许振动位移峰值应取 20mm。

5. 压力机基础底座处的容许振动线位移，应按表 7-2-7 选用。

压力机基础的容许振动位移值 **表 7-2-7**

基础固有频率 f_n（Hz）	$f_n \leqslant 3.6$	$3.6 < f_n \leqslant 6.0$	$6.0 < f_n \leqslant 15.0$	$f_n > 15.0$
容许振动线位移（mm）	0.5	$1.8/f_n$	0.3	$0.1+3/f_n$

注：当确定竖向容许振动线位移时，基础固有频率 f_n 可取 $\omega_{n2}/2\pi$；当确定水平容许振动位移时，基础固有频率 f_n 可取 $\omega_{n1}/2\pi$。

6. 压力机隔振基础底座处在时域范围内的容许振动位移峰值应取 3mm；当不带有动平衡机构的高速冲床和冲剪厚板料时，压力机底座处在时域范围内的容许振动位移峰值应取 5mm。

（二）振动对仪器设备的影响

精密仪器设备的振动来源有：外部动力机器、交通运输、土建施工等，同时也与精密仪器设备本身运转和对工件进行加工产生的振动有关。振动过大，将影响仪器设备的正常工作，影响仪器、仪表刻度读数的准确性，导致机床加工工件的光洁度和精度降低，对精密灵敏的电器产生误操作（如灵敏继电器）引起事故，使精密仪器的某些零部件损坏，降低其使用寿命。这里指的容许振动值，是指保证精密仪器设备在正常工作或生产条件下，其支承台座的容许振动幅值。所以，一般的精密仪器设备生产厂商在产品说明书中应提供该仪器设备台座的容许振动值。当无资料时，可参考有关资料采用。

1.《多层厂房楼盖抗微振设计规范》GB 50190—1993 规定的部分机床允许振动值（表 7-2-8）。

部分机床容许振动值　　　　**表 7-2-8**

序号	机床名称	允许振动速度 (mm/s^2)	允许振幅 μm		
			f=10Hz	f=20Hz	f=30Hz
1	0 级丝杠车床及磨床	0.05	0.8	0.4	0.3
2	一级丝杠车床、磨床、螺纹磨床	0.10	1.6	0.8	0.5
3	坐标镗床及光学坐标镗床	0.20	3.2	1.6	1.1
4	精密磨床及车床	0.50	8.0	4.0	2.7
5	普通磨床及车床	0.80	12.8	6.4	4.3
6	铣床、刨床、钻床	1.50	24	12.0	8.0

2. 精密仪器与设备台座的容许振动值，应通过试验确定或由制造部门提供。当无资料时，可按表 7-2-9 采用。

精密仪器设备容许振动值　　　　**表 7-2-9**

序号	精密仪器设备名称	允许振动线位移 (μm)	允许振动线速度 (mm/s)
1	集成电路线宽 0.10～0.15μm 的光刻机	—	0.001
2	集成电路线宽 0.15～0.20μm 的光刻机	—	0.002
3	集成电路线宽 0.25～030μm 的光刻机	—	0.003
4	集成电路线宽 0.35～0.40μm 的光刻机	—	0.004
5	集成电路线宽 0.50～0.60μm 的光刻机	—	0.006
6	每毫米刻 6000 条以上的光栅刻线机		0.005
7	每毫米刻 3600 条以上的光栅刻线机、集成电路线宽 1.20～1.80μm 的光刻机	—	0.010
8	每毫米刻 2400 条以上的光栅刻线机、集成电路线宽 2～3μm 的光刻机	—	0.020
9	每毫米刻 1800 条以上的光栅刻线机、自控激光光波比长仪及光栅划检刻机、80 万倍电子显微镜、精度 0.03μm 光波干涉孔径测量仪、14 万倍扫描电镜、精度 0.02μm 柯氏干涉仪、精度 0.01μm 双管乌氏光管测角仪 加工精度小于 0.1μm，表面粗糙度 Ra=0.125μm 的超精密车床、铣床和磨床	—	0.030
10	每毫米刻 1200 条以上的光栅刻线机、6 万倍电子显微镜、∇14 光洁度干涉显微镜、∇13 光洁度测量仪、光导纤维拉丝机、集成电路制版和光刻工序、胶片和相纸挤压涂布机 加工精度 0.1～0.5μm，表面粗糙度 Ra=0.025μm 的五级丝杠车床，螺纹磨床、高精度刻线机、高精度外圆磨床和平面磨床等	—	0.050
11	每毫米刻 600 条以上的光栅刻线机、立式金相显微镜、AG4 型检流计，0.2μm 分光镜（测角仪），高精度机床装配台、超微粒干板涂布机	—	0.100
	加工精度 0.5～1μm，表面粗糙度 Ra=0.005μm 的六级丝杠车床，螺纹磨床、精度滚齿机、精密辊磨床等 精度为 1×10^{-7}的一级天平 TG11、TG128	1.5	

续表

序号	精密仪器设备名称	允许振动线位移（μm）	允许振动线速度（mm/s）
12	精度为1μm的立式（卧式）光学比较仪、投影光学计、测量计、硬质金属毛坯压制机	—	0.200
	加工精度1～3μm，表面粗糙度 Ra≥0.1～0.2μm的精密磨床，齿轮磨床、精密车床、坐标镗床等 精度为 1×10^{-5}～1×10^{-7} 的单盘天平MD100-1、DWT-1、DTG160和三级天平TG31、TG328、TG322、TG335	3.0	
13	精度为1μm的万能工具显微镜、精密自动绕线机、接触式干涉仪	—	0.300
	加工精度大于3～5μm，表面粗糙度0.4～0.8μm的精密卧式镗床、精密车床、数控车床、仿形铣床等 六级天平TG628A，分析天平 陀螺仪摇摆试验台、陀螺仪偏角试验台、陀螺仪阻尼试验台	4.8	
14	卧式光度计、大型工具显微镜、双管显微镜、阿贝测长仪、电位计万能测长仪	—	0.500
	台式光点反射检流计、硬度计、色谱仪、温度控制仪 表面粗糙度为0.8～1.6μm的精密车床及磨床等	10.0	
15	卧式光学仪、扭簧比较仪、直读光谱分析仪	—	0.700

3. 高精密试验台座的容许振动值，可按表7-2-10采用。

高精密试验台座的容许振动值　　　　**表7-2-10**

试验台座名称	测试精度	容许振动加速度（m/s^2）	备注
惯性仪表测试台	陀螺仪漂移速度不大于（1×10^{-4}）°/h	1×10^{-7}	f≤100Hz
激光全息防振台	全息干涉板上的物光和参考物之间的位移不大于0.08μm	0.48	—

（三）振动对人体的影响

振动对人体影响可分四种情况：

（1）从劳保角度考虑全身振动危害人体健康，通过物理效应和生物学效应会对人体的骨骼、肌腱、消化系统、循环系统、神经系统、呼吸系统及新陈代谢等造成影响和危害。

（2）从环境角度考虑振动干扰居民正常生活，一般来说，环境振动强度小，不至于危及居民身体健康，但会影响居民的学习生活、睡眠娱乐，受到不同程度的干扰，日久心烦会引起神经衰弱等疾病，危害人体身心健康。

（3）振动会引起生产效率和工作效率降低，在振动环境中视觉功能下降，精神难以集中。

（4）振动会破坏舒适性。人体对所暴露的振动环境主观感觉良好，在身体和心理上无困扰和不安的因素，称之为舒适。当振动强度过大时，则会破坏舒适性。

更加详细的评价可参考《机械振动与冲击　人体暴露于全身振动的评价》GB/T 13441的相关内容。

（四）振动对建筑物的影响

各种大型动力基础所产生的振动，对邻近的建筑物产生不利的影响。其影响程度将与振源幅频特性、距振源距离及传播介质动力特性、建筑物类型结构特性等有关。对于某些大型设备，其运动时产生很大的振动，足以对建筑物造成损害，从保护建筑物出发，要对大型设备运行时，基础上的振幅要加以限制或采取其他隔振措施。

1. 我国《动力机器基础设计规范》GB 50040—1996 中有关落锤、锻锤振动的影响距离见表 7-2-11 和表 7-2-12。

落锤碎铁设备振动对邻近建筑物的影响半径（m）　　表 7-2-11

地基土类别及状态	落锤冲击能量（kJ）		
	≤600	1200	>1800
一、二、三类土	30	40	60
四类土	40	50	70
饱和粉细砂及淤泥质土	50	80	100

锻锤振动对单层厂房的影响　　表 7-2-12

落锤部分公称质量（t）	附加动载影响半径（m）	屋盖结构附加动荷载为静荷载的百分比（%）
≤1.0	15～25	3～5
2～5	30～40	5～10
10～16	45～55	10～15

2. 建筑结构安全极限的标准

图 7-2-5 给出了结构安全极限标准，频率范围为 0～50Hz。

3. 建筑振动评价标准

图 7-2-6 为 ISO 推荐的建筑振动标准。

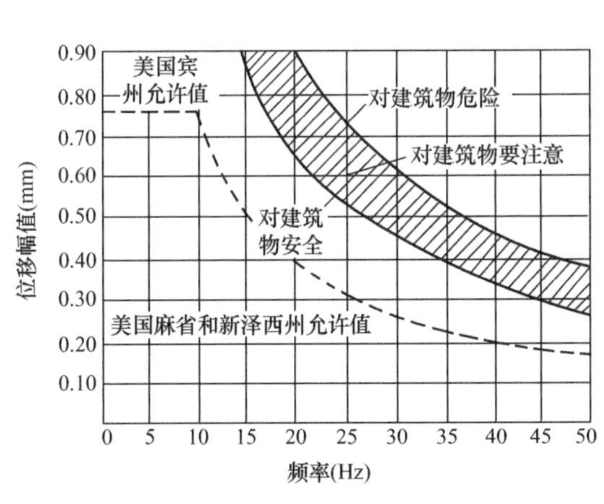

图 7-2-5　结构安全极限标准

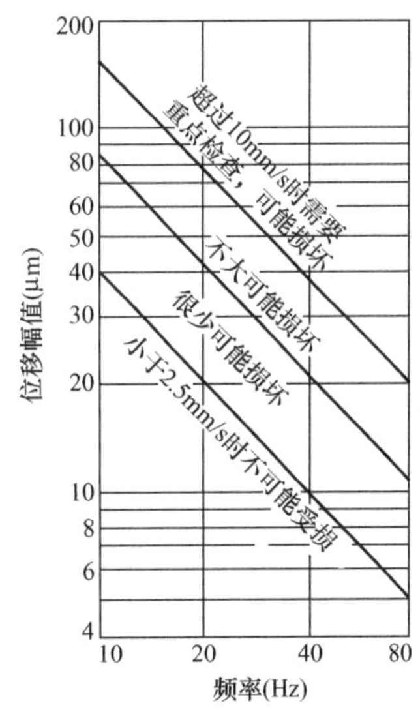

图 7-2-6　ISO 推荐的建筑振动标准

4. 建筑物可能操作的容许振动值

由机械设备、交通工具产生的振动可能引起建筑物损伤，一般不会危及建筑物的安全性。我国《隔振设计规范》关于建筑物可能损伤的容许振动值见表 7-2-13。

建筑物可能损伤的容许振动速度　　表 7-2-13

序号	结构类型	振动速度峰值(mm/s)		
		≤10Hz	10～50Hz	50～100Hz
1	商业或工业建筑及类似建筑	20	20～40	40～50
2	居住建筑以及类似建筑	5	5～15	15～20
3	有保护价值或对振动特别敏感的建筑	3	3～8	8～10

注：振动速度的测点宜选择在建筑物基础处，选用 x，y，z 方向中最大值进行评价。

5. 日本烟中元弘归纳的建筑物振动允许界限

(1) 位移的允许值

① R. WESTWATER

普通建筑物　　0.067mm

强度特别好的建筑物　　0.135mm

② A. G. REID

设备和基础结构　　0.406mm

可以有轻微受害的场所　　0.406mm

住宅和建筑物　　0.203mm

教堂、旧纪念馆　　0.127mm

(2) 振动速度允许值

① E. BANIK

建筑物基本没有损坏　　5mm/s

轻微损坏　　10mm/s

有相当的损坏发生　　50mm/s

损坏相当大　　1000mm/s

② E. J. GRANDELL

损害的危险范围　　>84mm/s

损害发生　　>119mm/s

(3) 加速度的允许值

安全范围　　0.102g

开始引起损坏　　>1.02g

6. 建筑振动极限

图 7-2-7 给出了结构所能承受的爆炸力振动极限。虽然其低限作为安全域表示的速度峰值为 76.2mm/s，但实际速度峰值常限制在 50.8mm/s。例如按美国矿山局标准，为防止爆炸对结构的损坏，其速度峰值极限限定为 50.8mm/s，频率低于 3Hz，高于该频率的加速度值不应超过 0.1g。

英国 Ashley 给出了不同类型建筑物允许的振动速度值，如表 7-2-14 所示。

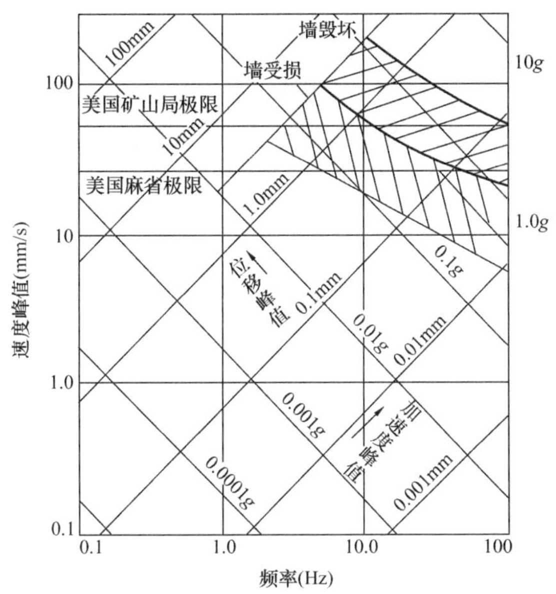

图 7-2-7 建筑振动极限

英国爆破振动的安全振速 **表 7-2-14**

建筑物类型	振动速度(mm/s)
古建筑和历史纪念物	7.5
修缮差的房屋	12.0
良好居民住宅，商用和工业建筑物	25.0
坚固的下水道或市政工程设施	50.0

7. 其他标准

对于某些大型设备，其运行时产生很大的振动，其振动强度有时足以对建筑物造成较大影响，有时从保护建筑物角度出发，对某些大型设备运行时在基础上的振动加以限制，如锻锤、破碎坑、振实式造型机基础等，可参照相应的规范。

第三章　地　下　工　程

地下工程，系指建筑在地面以下及山体内部的各类建筑物，具有隔热、恒温、密闭、防震、隐蔽、不占地面土地等许多优点。按其用途可分为以下几类：

地下交通运输：铁路隧道、公路隧道、地下铁道、水下隧道等。

地下工业用途：地下工厂、地下电站、地下变电所、地下矿井巷道、地下试验室、地下污水处理场、地下输水隧洞等。

地下储存库房：地下车库、地下油库、水封油库、地下冷库、地下物资仓库、地下水库、地下废料库等。

地下生活用房：地下商店、地下街道、地下影院、地下医院、地下运动场、地下住宅等。

地下军事工程：地下指挥所、地下掩蔽部、地下各类军事装备、器材库等。

地下工程按成因可分为人工洞室和天然洞室两大类。人工洞室指由人工开挖、支护形成的地下工程。天然洞室一般指碳酸盐类岩层在水的长期作用下自然形成的地下空洞。

第一节　人工洞室的勘察

一、洞室位置的选择

选择洞室位置，一般应分三步进行，即区域位置、进洞山体和洞口的选择、洞轴线的确定。

（一）区域位置的选择

在根据工业生产布局需要（或军事战略需要）确定的区域位置基础上，首先要选择在区域稳定性较好的地段。这指的是：

1. 地质构造较简单的地段。要避开复杂构造线或不同构造体系交错、重叠等应力集中、变形强烈的复合部位。

2. 地震活动相对稳定的地段。要避开地震活动带或活动性断裂带，尽量避开地震基本烈度9度以上地区。

（二）进洞山体的选择

1. 山体高度或土层厚度能满足工程防护和工程使用要求。

2. 山形完整，山体未被冲沟、山洼等负地形切割破坏，无滑坡、崩塌破坏地形。在黄土地区还要注意沟谷稳定，选择已停止下蚀的沟谷。

3. 岩性均一且比较坚硬完整。当为层状岩体时，要求层厚较大，无软弱夹层，产状稳定；当为块状岩体时，要求无（或尽量少）岩脉等侵入体、捕虏体；当为可溶性岩体时，要求岩溶不发育；当为黄土时，最好选 Q_2 老黄土。

4. 地质构造简单，无含水构造，无断层（或规模小），节理不发育。

5. 地下水少，岩体中无有害气体、无有用矿产和放射性元素。

（三）洞口、洞轴位置的选择

1. 洞口：宜选在新鲜岩石直接出露、山坡下陡上缓、无滑坡、无崩塌等不良地质作用的反向坡上，洞口标高根据地形、地质和使用要求而定，应有利于洞内外交通运输、洞内排水和防洪需要。

2. 洞轴线：应与区域构造大角度相交或沿山脊布置，避开断层破碎带、接触变质带、软弱夹层、向斜轴部和地表水体。

3. 洞轴线的间距，要能满足防护安全和围岩稳定的要求。

二、勘察工作

（一）测绘

1. 测绘内容：可按第二篇第二章的要求进行，但其重点是在洞区及其邻近地区。查明岩体中主要结构面的类型、特征和组合关系；断层的位置、产状、规模和充填、胶结情况；主要节理的组数、性质、产状、间距，充填、含水、胶结情况以及不同产状节理的组合情况。在黄土地区，重点是调查分析：地貌形态、成因类型、沟谷类型、发育程度、斜坡形态、稳定程度等。

2. 测绘比例尺：外围地区为 1∶5000～1∶10000；洞区为 1∶2000；洞口、洞轴线及其他重点部位为 1∶500～1∶1000。

（二）勘探

1. 需要查明的问题

由于公路、铁路、水电、城铁及工业与民用建筑的要求各有不同，查明的主要重点问题亦有所不同，可归纳为以下几个方面：

（1）地形、地貌；

（2）查明地层岩性，如为基岩时，划分岩组和风化程度，进行岩、土物理力学性质试验；

（3）查明断裂构造、破碎带或软弱夹层的位置、规模、产状，划分岩体结构类型；查明主要裂隙的性质、产状、充填、胶结、贯通及组合关系；

（4）查明不良地质作用的类型、性质、分布、规模，并提出防治措施；

（5）查明主要含水层的分布、厚度、埋深，地下水的类型、水位、补给排泄条件，预测开挖期间出水状态、涌水量和水质的腐蚀性；

（6）地震地质背景；

（7）城市地下洞室需降水施工时，应分段提出工程降水方案和有关参数；

（8）查明洞室所在位置及邻近地段的地面建筑和地下构筑物、管线状况，预测洞室开挖可能产生的影响，提出防护措施。

2. 有关规范对洞室勘察的规定

不同的规范对洞室勘察规定有所不同，国内部分规范对洞室勘察要求综述如下：

（1）《岩土工程勘察规范》和《城市轨道交通岩土工程勘察规范》的规定（表 7-3-1）

岩土工程勘察规范和城市轨道交通岩土工程勘察规范的要求　　　表 7-3-1

规范 阶段	岩土工程勘察规范 GB 50021—2001 （2009 年版）	城市轨道交通岩土工程勘察规范 GB 50307—2012
可行性研究阶段	可行性研究勘察应通过搜集区域地质资料，现场踏勘和调查，了解拟选方案的地形地貌、地层岩性、地质构造、工程地质、水文地质和环境条件，做出可行性评价，选择合适的洞址和洞口	针对城市轨道交通工程线路方案，开展必要的调查和工程地质勘察工作，研究线路场地的地质条件，为线路方案比选提供地质依据。 重点是研究影响线路方案的不良地质作用、特殊性岩土及关键工程的工程地质条件。 应在搜集已有地质资料和工程地质调查与测绘的基础上，开展必要的勘探与取样、原位测试、室内试验等工作。 1. 勘探点间距不宜大于 1000m，每个车站应有勘探点。 2. 勘探点数量应满足工程地质分区的要求，每个工程地质单元应有勘探点，在地质条件复杂地段应加密勘探点。 3. 当有两条或两条以上比选线路时，各比选线路均应布置勘探点。 4. 控制线路方案的江、河、湖等地表水体及不良地质作用和特殊性岩土地段应布置勘探点。 5. 勘探孔深度应满足场地稳定性、适宜性评价和线路方案设计、工法选择等需要

续表

阶段 \ 规范	岩土工程勘察规范 GB 50021—2001（2009年版）	城市轨道交通岩土工程勘察规范 GB 50307—2012
初步勘察	初步勘察应采用工程地质测绘、勘探和测试等方法，初步查明选定方案的地质条件和环境条件，初步确定岩体质量等级（围岩类别），对洞址和洞口的稳定性做出评价，为初步设计提供依据。 初步勘察时，工程地质测绘和调查应初步查明下列问题： 1. 地貌形态和成因类型； 2. 地层岩性、产状、厚度、风化程度； 3. 断裂和主要裂隙的性质、产状、充填、胶结、贯通及组合关系； 4. 不良地质作用的类型、规模和分布； 5. 地震地质背景； 6. 地应力的最大主应力作用方向； 7. 地下水类型、埋藏条件、补给、排泄和动态变化； 8. 地表水体的分布及其与地下水的关系，淤积物的特征； 9. 洞室穿越地面建筑物、地下构筑物、管道等既有工程时的相互影响。 初步勘察时，勘探与测试应符合卜列要求： 1. 采用浅层地震剖面法圈定隐伏断裂、构造破碎带，查明基岩埋深、划分风化带； 2. 勘探点应沿洞室外侧交叉布置，勘探点间距宜为100～200m，采取试样和原位测试勘探孔不宜少于勘探孔总数的2/3；控制性勘探孔深度，对岩体质量等级为Ⅰ级和Ⅱ级的岩体宜钻入洞底设计标高下1～3m；对Ⅲ级岩体宜钻入3～5m，对Ⅳ级、Ⅴ级的岩体和土层，勘探孔深度应根据实际情况确定； 3. 每一主要岩层和土层均应采取试样，当有地下水时应采取水试样；当洞区存在有害气体或地温异常时，应进行有害气体成分、含量或地温测定；对高地应力地区，应进行地应力量测； 4. 必要时，可进行钻孔弹性波或声波测试，钻孔地震CT或钻孔电磁波CT测试； 5. 室内岩石试验和土工试验项目，除按《岩土工程勘察规范》土工试验的规定执行，还应满足施工方法比选、设备选型、围岩支护与衬砌设计、地下空间结构与地基基础设计的需要	初步勘察工作应根据沿线区域地质和场地工程地质、水文地质、工程周边环境等条件，采用工程地质调查与测绘、勘探与取样、原位测试、室内试验等多种手段相结合的综合勘察方法。 地下车站的勘探点宜按结构轮廓线布置，每个车站勘探点数量不宜少于4个，且勘探点间距不宜大于100m。 地下区间的勘探点应根据场地复杂程度和设计方案布置，并符合下列要求： 1. 勘探点间距宜为100～200m，在地貌、地质单元交接部位、地层变化较大地段以及不良地质作用和特殊性岩土发育地段应加密勘探点。 2. 勘探点宜沿区间线路布置。 每个地下车站或区间取样、原位测试的勘探点数量不应少于勘探点总数的2/3。 勘探孔深度应根据地质条件及设计方案综合确定，并符合下列规定： 1. 控制性勘探孔深度在第四纪地层应进入结构底板以下不小于30m；在结构埋深范围内如遇强风化、全风化岩石地层应进入结构底板以下不小于15m；在结构埋深范围内如遇中等风化、微风化岩石地层宜进入结构底板以下5～8m。 2. 一般性勘探孔深度在第四纪地层中应进入结构底板以下不小于20m；在结构埋深范围内如遇强风化、全风化岩石地层应进入结构底板以下不小于10m；在结构埋深范围内如遇中等风化、微风化岩石地层应进入结构底板以下不小于5m。 3. 遇岩溶和破碎带时钻孔深度应适当加深

续表

<table>
<tr><th>规范
阶段</th><th>岩土工程勘察规范 GB 50021—2001
(2009 年版)</th><th>城市轨道交通岩土工程勘察规范
GB 50307—2012</th></tr>
<tr><td>详细勘察</td><td>详细勘察应采用钻探、钻孔物探和测试为主的勘察方法，必要时可结合施工导洞布置洞探，详细查明洞址、洞口、洞室穿越线路的工程地质和水文地质条件，分段划分岩体质量等级（围岩类别），评价洞体和围岩的稳定性，为设计支护结构和确定施工方案提供资料。
详细勘察应进行下列工作：
1. 查明地层岩性及其分布，划分岩组和风化程度，进行岩石物理力学性质试验；
2. 查明断裂构造和破碎带的位置、规模、产状和力学属性，划分岩体结构类型；
3. 查明不良地质作用的类型、性质、分布，并提出防治措施；
4. 查明主要含水层的分布、厚度、埋深，地下水的类型、水位、补给排泄条件，预测开挖期间出水状态、涌水量和水质的腐蚀性；
5. 城市地下洞室需降水施工时，应分段提出工程降水方案和有关参数；
6. 查明洞室所在位置及邻近地段的地面建筑和地下构筑物、管线状况，预测洞室开挖可能产生的影响，提出防护措施。
详细勘察可采用浅层地震勘探和孔间地震 CT 或孔间电磁波 CT 测试，详细查明基岩埋深、岩石风化程度，隐伏体（如溶洞、破碎带等）的位置，在钻孔中进行弹性波波速测试，为确定岩体质量等级（围岩类别），评价岩体完整性，计算动力参数提供资料。
详细勘察时，勘探点应在洞室中线外侧 6～8m 交叉布置，山区地下洞室按地质构造布置，且勘探点间距不应大于 50m；城市地下洞室的勘探点间距，岩土变化复杂的场地宜小于 25m，中等复杂的宜为 25～40m，简单的宜为 40～80m。
采集试样和原位测试勘探孔数量不应少于勘探孔总数的 1/2。
详细勘察时，第四系中的控制性勘探孔深度应根据工程地质、水文地质条件、洞室埋深、防护设计等需要确定；一般性勘探孔可钻至基底设计标高下 6～10m。控制性勘探孔深度，对岩体质量等级为Ⅰ级和Ⅱ级的岩体宜钻入洞底设计标高下 1～3m；对Ⅲ级岩体宜钻入 3～5m，对Ⅳ级、Ⅴ级的岩体和土层，勘探孔深度应根据实际情况确定；
详细勘察的室内试验和原位测试，除应满足初步勘察的要求外，对城市地下洞室尚应根据设计要求进行下列试验：
1. 采用承压板边长为 30cm 的载荷试验测求地基基床系数；
2. 采用面热源法或热线比较法进行热物理指标试验，计算热物理参数：导温系数、导热系数和比热容；
3. 当需提供动力参数时，可用压缩波波速 v_p 和剪切波波速 v_s 计算求得，必要时，可采用室内动力性质试验，提供动力参数</td><td>详细勘察应查明各类工程场地的工程地质、水文地质条件，分析评价地基、围岩及边坡稳定性，预测可能出现的岩土工程问题，提出地基基础、围岩加固与支护、边坡治理、周边环境保护方案建议，提供设计、施工所需的岩土参数。
勘探点间距根据场地的复杂程度、地下工程类别及地下工程的埋深、断面尺寸等特点可按下表的规定综合确定。
<table><tr><th>场地复杂程度</th><th>地下车站勘探点间距（m）</th><th>地下区间勘探点间距（m）</th></tr><tr><td>复杂场地</td><td>10～20</td><td>10～30</td></tr><tr><td>中等复杂场地</td><td>20～40</td><td>30～50</td></tr><tr><td>简单场地</td><td>40～50</td><td>50～60</td></tr></table>勘探点的平面布置应符合下列规定：
1. 车站主体勘探点宜沿结构轮廓线布置，结构角点以及出入口与通道、风井与风道、施工竖井与施工通道、联络通道等附属工程部位应有勘探点控制。
2. 每个车站不应少于 2 条纵剖面和 3 条有代表性的横剖面。
3. 采用立柱桩的车站，勘探点的平面布置宜结合立柱桩的位置布设。
4. 区间勘探点宜在隧道结构外侧 3～5m 的位置交叉布置。
5. 在区间隧道洞口、陡坡段、大断面、异型断面、工法变换等部位以及联络通道、渡线、施工竖井等应有勘探点控制，并布设剖面。
6. 山岭隧道勘探点的布置可执行现行行业标准《铁路工程地质勘察规范》TB 10012 的有关规定。
勘探孔深度应符合下列规定：
1. 控制性勘探孔的深度应满足地基、隧道围岩、基坑边坡稳定性分析、变形计算以及地下水控制的要求。
2. 车站工程，控制性勘探孔应进入结构底板以下不小于 25m 或进入结构底板以下中等风化或微风化岩石不小于 5m，一般性勘探孔深度应进入结构底板以下不小于 15m 或进入结构底板以下中等风化或微风化岩石不小于 3m。
3. 区间工程，控制性勘探孔的深度应进入结构底板以下不小于 3 倍洞径或进入结构底板以下中等风化或微风化岩石不小于 5m，一般性勘探孔应进入结构底板以下不小于 2 倍洞径或进入结构底板以下中等风化或微风化岩石不小于 3m。
4. 当采用承重桩、抗拔桩或抗浮锚杆时，勘探孔深度应满足其设计的要求。
5. 当预定深度范围内存在软弱土层时，勘探孔应适当加深。
地下工程控制性勘探孔的数量不应少于勘探点总数的 1/3。采取岩土试样及原位测试勘探孔的数量：车站工程不应少于勘探点总数的 1/2，区间工程不应少于勘探点总数的 2/3。
采取岩土试样和进行原位测试应满足岩土工程评价的要求。每个车站或区间工程每一主要土层的原状土试样或原位测试数据不应少于 10 件（组），且每一地质单元的每一主要土层不应少于 6 件（组）。
原位测试应根据需要和地区经验选取适合的测试手段，每个车站或区间工程的波速测试孔不宜少于 3 个，电阻率测试孔不宜少于 2 个。
室内试验应符合下列规定：
1. 抗剪强度室内试验方法应根据施工方法、施工条件、设计要求等确定。
2. 静止侧压力系数和热物理指标试验数据每一主要土层不宜少于 3 组。
3. 宜在基底以下压缩层范围内采取岩土试样进行回弹再压缩试验，每层试验数据不宜少于 3 组。
4. 隧道范围内的碎石土和砂土应测定颗粒级配，粉土应测定黏粒含量</td></tr>
</table>

续表

阶段＼规范	岩土工程勘察规范 GB 50021—2001（2009 年版）	城市轨道交通岩土工程勘察规范 GB 50307—2012
详细勘察		5. 应采取地表水、地下水水试样及地下结构范围内的岩土试样进行腐蚀性试验，地表水每处不少于 1 组，地下水每层不少于 2 组，岩土试样每层不少于 2 组。 6. 基岩地区应进行岩块的弹性波波速测试，并应进行岩石的饱和单轴抗压强度试验，必要时尚应进行软化试验；对软岩、极软岩可进行天然湿度的单轴抗压强度试验。每个场地每一主要岩层的试验数据不少于 3 组。 基床系数在有经验地区可通过原位测试、室内试验结合规范附录 H 的经验值综合确定，必要时通过专题研究或现场 K_{30} 载荷试验确定。 基岩地区应根据需要提供抗剪强度指标、软化系数、完整性指数、岩体基本质量等级等参数。 岩土的抗剪强度指标宜通过室内试验、原位测试结合当地的工程经验综合确定。 当地下水对车站和区间工程有影响时应布置长期水文观测孔，对需要进行地下水控制的车站和区间工程宜进行水文地质试验
施工勘察	施工勘察应配合导洞或毛洞开挖进行，当发现与勘察资料有较大出入时，应提出修改设计和施工方案的建议。 施工勘察可配合导洞或毛洞开挖进行，采用超前钻、小导洞、工程物探等超前综合探测方法，及时预测施工地质风险，分析可能产生的岩土工程问题，提出工程处理措施建议	施工勘察应针对施工方法、施工工艺的特殊要求和施工中出现的工程地质问题等开展工作，提供地质资料，满足施工方案调整和风险控制的要求。 遇下列情况宜进行施工专项勘察： 1. 场地地质条件复杂、施工过程中出现地质异常，对工程结构及工程施工产生较大危害。 2. 场地存在暗浜、古河道、空洞、岩溶、土洞等不良地质条件影响工程安全。 3. 场地存在孤石、漂石、球状风化体、破碎带、风化深槽等特殊岩土体对工程施工造成不利影响。 4. 场地地下水位变化较大或施工中发现不明水源，影响工程施工或危及工程安全。 5. 施工方案有较大变更或采用新技术、新工艺、新方法、新材料，详细勘察资料不能满足要求。 6. 基坑或隧道施工过程中出现桩（墙）变形过大、基底隆起、涌水、坍塌、失稳等岩土工程问题，或发生地面沉降过大、地面塌陷、相邻建筑开裂等工程环境问题。 7. 工程降水，土体冻结，盾构始发（接收）井端头、联络通道的岩土加固等辅助工法需要时。 8. 需进行施工勘察的其他情况

(2)《铁路工程地质勘察规范》TB 10012—2007 对勘察的规定

1）地质条件复杂的隧道宜采用综合勘探方法。地质条件复杂的深钻孔应综合利用。

2）钻孔布置和数量应视地质复杂程度而定。洞口附近覆土较厚时，应布置勘探孔；地质复杂，长度大于1000m的隧道，洞身应按不同地貌单元及地质单元布置勘探孔查明地质条件；主要的地质界线，重要的不良地质、特殊岩土地段，可能产生突泥危害地段等处应有钻孔控制。洞身地段的钻孔位置宜布置在中线外8～10m。钻探完毕，应回填封孔。

3）钻探深度应至路肩以下3～5m；遇溶洞、暗河及其他不良地质时，应适当加深至溶洞暗河底以下5m。

4）钻探中应作好水位观测和记录，探明含水层的位置和厚度，并取样作水质分析。水文地质条件复杂的隧道，应作水文地质试验，测定地下水的流向、流速及岩土的渗透性，计算涌水量，必要时应进行地下水动态观测。

5）应取代表性岩土试样进行物理力学性质试验。

6）对有害矿体和气体，应取样作定性、定量分析。

(3)《水利水电工程地质勘察规范》GB 50487—2008 规定（表7-3-2）

《水利水电工程地质勘察规范》GB 50487—2008 规定　　表7-3-2

可行性研究阶段	初步设计阶段
1. 隧洞进出口段及厂址测绘比例尺可选用1：2000～1：1000。 2. 可采用综合物探方法探测覆盖层厚度、地下水位、古河道、隐伏断层、喀斯特洞穴等，并应利用钻孔和平洞进行综合测试。 3. 隧洞进出口、傍山、浅埋、明管铺设等地段以及存在重大地质问题的地段应布置勘探钻孔或平洞。 4. 地下洞室钻孔深度宜进入设计洞底、厂房建基面高程以下10～30m，但不应小于1倍隧洞洞径或地下厂房跨度。 5. 勘探过程中应收集水文地质资料。隧洞和建筑物场地钻孔应根据需要进行抽水、压(注)水试验和地下水动态观测。 6. 岩土试验应符合下列规定： 1）主要岩土层室内试验累计有效组数不应少于6组 2）特殊岩土应根据其工程地质特性进行专门试验。 3）土基厂址的主要土层应进行原位测试。 7. 隧洞和地下厂房可利用平洞或钻孔进行岩体变形参数、岩体波速等原位测试 8. 隧洞和地下厂房应利用平洞或钻孔进行地应力、地温、有害气体和放射性元素测试	1. 工程地质测绘应符合下列规定： 1）复核可行性研究阶段的工程地质图。 2）隧洞进出口、傍山浅埋段、过沟段及穿过喀斯特水系统、喀斯特洼地等地质条件复杂的洞段，应进行专门性工程地质测绘或调查，比例尺可选用1：2000～1：10000。 3）根据地质条件与需要，局部地段可进行比例尺1：500的工程地质测绘。 2. 宜采用综合物探方法探测覆盖层厚度、地下水位、古河道、隐伏断层、喀斯特洞穴等，并应利用钻孔和平洞进行综合测试。 3. 勘探应符合下列规定： 1）进出口及各建筑物地段应布置勘探剖面。 2）勘探剖面上的钻孔深度应深入洞底10～20m，从洞顶以上5倍洞径处起始，以下孔段均应进行压水试验。 3）隧洞进出口宜布置平洞 4. 岩土试验应符合下列规定： 1）每一类岩土室内物理力学性质试验累计有效组数不应少于6组。 2）大跨度隧洞应进行岩体变形模量、弹性抗力系数、岩体应力测试等。 5. 高水头压力管道地段宜进行高压压水试验。 6. 隧洞沿线的钻孔宜进行地下水动态观测，观测时间不应少于一个水文年。喀斯特发育区应进行连通试验及地表、地下水径流观测。 7. 进行地温、有害气体和放射性元素探测。 8. 对建筑物安全有影响的不稳定边坡和岩土体应进行变形监测

(4)《公路工程地质勘察规范》JTGC 20—2011 的规定(表 7-3-3)

《公路工程地质勘察规范》JTGC 20—2011 的规定 **表 7-3-3**

初步勘察	详细勘察
工程地质及水文地质调绘应符合下列规定: 1. 工程地质测绘应沿拟定的隧道轴线及其两侧各不小于 200m 的带状区域进行,调绘比例尺为 1:2000; 2. 当两个及以上特长隧道、长隧道方案进行比选时,应进行隧址区域工程地质调绘,调绘比例尺为 1:10000～1:500000; 3. 特长隧道及长隧道应结合隧道涌水量分析评价,进行专项区域水文地质调绘.调绘比例尺为 1:10000～1:500000; 4. 有岩石露头时应进行节理调查统计,节理调查统计点应靠近洞轴线、在隧道洞身及进出口地段选代表性位置排布,同一围岩分段的节理调查统计点不宜少 2 个。 工程地质勘探应符合下列规定: 1. 隧道勘探应以钻探为主,结合必要的物探、挖探等手段进行综合勘探,钻孔宜沿隧道中心线,并在洞壁外侧不小于 5m 的下列位置布置: 1)地层分界线、断层物探异常点、储水构造或地下水发育地段; 2)高应力区围岩可能产生岩爆或大变形的地段; 3)膨胀性岩土、岩盐等特殊岩土分布地段; 4)岩溶、采空区、隧道浅埋段及可能产生突泥、突水部位; 5)煤系地层,含放射性物质的地层; 6)覆盖层发育或地质条件复杂的隧道进出口。 2. 勘探深度应至路线设计高程以下不小于 5m,遇采空区、岩溶、地下暗河等不良地质时,勘探深度应至稳定底板以下不小于 8m。 3. 洞身段钻孔,在设计高程以上 3～5 倍的洞径范围内应采取岩、土试样,同一地层中岩、土试样的数量不宜少于 6 组;进出口段钻孔,应分层采取岩土试样。 4. 遇有地下水时,应进行水位观测和记录,量测初见水位和稳定水位,判别含水层位置、厚度和地下水的类型流量等。 5. 在钻探过程中,遇到有害气体、放射性矿床时.应做好详细记录,探明其位置、厚度,采集试样进行测试分析 工程地质及水文地质测试应符合下列规定: 1. 地下水发育时应进行抽(注)水试验,分层获取各含水层水文地质参数并评价其富水性和涌水量,水文地质条件复杂时,应进行地下水动态观测。 2. 在孔底或路线设计高程以上 3～5 倍的洞径范围内应进行孔内波速测试,采取岩石试样做岩块波速测试,获取围岩岩体的完整性指标。 3. 当岩芯采集困难或采用钻探难以判明孔内的地质情况时,宜在方法试验的基础上选择物探方法,进行孔内综合物探测井。 4. 深埋隧道及高应力区隧道应进行地应力测试。隧道的地应力测试应结合地貌地质单元选择在代表性钻孔中进行,地应力测试宜采用水压致裂法。 5. 有害气体、放射性矿体等应按相关规定进行测试分析。 6. 高寒地区应进行地温测试,提供隧道洞门和排水设计所需的地温资料	1. 隧道详勘应对初勘工程地质调绘资料进行核实。当隧道偏离初步设计位置或地质条件需进一步查明时,应进行补充工程地质调绘,补充工程地质调绘的比例尺为 1:2000; 2. 勘探测试点应在初步勘查的基础上,根据现场地形地质条件及水文地质、工程地质评价的要求进行加密。勘探,取样测试应符合初勘的规定

（三）测试和监测

测试和监测包括室内试验、现场测试和长期监测三方面，其内容见表 7-3-4。

地下洞室测试和观测的内容　　表 7-3-4

项目	内　容
室内试验	岩石的物理力学性质，包括相对密度（比重）、密度、吸水率、饱和抗压强度、抗拉强度、抗剪强度、泊松比、弹性模量、软质岩石的软化系数以及有关岩石的可溶性、膨胀性试验等。层状岩性还要考虑其不同方向的变化。对黄土除做一般物理力学试验外，尚应做无侧限抗压强度和侧压力系数等试验，湿陷系数、压缩系数的测定，应尽量符合土样所处深度和可能的受力状态
现场测试	岩体及软弱结构面的强度试验（包括抗压、抗剪试验），节理面的剪切试验，围岩松动范围和岩体应力、变形的量测，岩体、岩块的波速测试等。遇地温异常和有害气体时，需进行地温及有害气体种类和含量的测定工作
长期观测	根据洞室工程性质和地质条件的需要，可在围岩及衬砌中布置长期观测点，进行岩体变形、岩体应力、围岩压力和地下水等的长期监测

第二节　人工洞室的围岩稳定性评价

一、影响稳定性的主要因素

（一）岩体完整性

岩体是否完整，岩体中各种节理、片理、断层等结构面的发育程度，对洞室稳定性影响极大。对此应着重考虑三方面问题：

1. 结构面的组数、密度和规模；
2. 结构面的产状、组合形态及其与洞壁的关系；
3. 结构面的强度。

（二）岩石强度

岩石强度主要取决于岩石的物质成分、组织结构、胶结程度和风化程度等。

（三）地下水

地下水的长期作用将降低岩石强度、软弱夹层强度，加速岩石风化，对软弱结构面起软化润滑作用，促使岩块极易坍塌。如遇膨胀性岩石，还会引起膨胀，增加围岩压力。地下水位很高，还有静水压力作用、渗流压力，对洞室稳定不利。

（四）工程因素

洞室的埋深、几何形状、跨度、高度，洞室立体组合关系及间距，施工方法，围岩暴露时间及衬砌类型等，对围岩应力的大小和性质影响很大。对深埋洞室必须考虑地应力的影响。

二、围岩稳定性评价方法

围岩的稳定分析方法包括：工程地质分析法、力学计算方法和数值分析方法。

（一）工程地质分析法

亦称工程地质类比法，主要是通过工程地质勘察，把本工程与工程地质条件、工程特点、施工方法类似的已建工程相比，对其稳定性进行评价。为了便于对比，一般均在大量实际资料的基础上，对围岩进行分类、评价。这是以定性评价为主的方法。现介绍以下几种：

1.《黄土地下建筑技术条例》中的黄土围岩分类表。见表 7-3-5

黄土围岩分类　　表 7-3-5

特征			甲类黄土	乙类黄土	丙类黄土
工程地质特征	地貌		一般出露在沟底基岩两壁之上。沟壁陡峭，一般大于 45°～70°	一般出露在沟壁，有少量潜蚀溶洞，沟壁较陡，一般大于 30°～45°	一般出露地表，常见潜蚀溶洞，沟壁较缓
	地层层位		一般为老黄土下部（Q_2^1）	一般为老黄土上部（Q_2^2）	一般为新黄土（Q_3）
	构造		夹有数层至十多层古土壤，下部钙质结核密集成层，层位比较复杂，节理多	夹有数层古土壤，钙质结核不成层，层位稳定，节理较多	无层理，节理少
物理力学性质	含水量（%）	一般 平均	17～33 19	14～22 17	10～20 16
	干密度（t/m³）	一般 平均	1.50～1.66 1.58	1.43～1.53 1.48	1.16～1.36 1.26
	黏聚力（kPa）	一般 平均	58～104 87	35～78 56	21～27 24
	内摩擦角（°）	一般 平均	26.0～33.4 29.9	24.0～31.6 27.0	26.7～31.5 28.5
	无侧限抗压强度（kPa）	一般 平均	270～650 460	130～230 180	40～160 100
	湿陷性		无	轻微—无	一般—强烈
	比例界限（kPa）		1000～1700	400～700	100～300
	变形模量（MPa）		60～130	30～60	5～20
	侧压力系数		0.21～0.31	0.30～0.36	—
毛洞围岩的稳定情况			埋深≤10m，毛跨≤4m 时，毛洞稳定时间较长；毛跨为 6m，进深小于 4m 时，可暂时稳定	埋深≤10m，毛跨≤3m 时，毛洞稳定时间较长；毛跨为 6m，进深小于 3m 时，可暂时稳定	埋深≤10m，毛跨≤2m 时，毛洞稳定时间较长；毛跨小于 4m，进深小于 2m 时，可暂时稳定

2. 洞室围岩分类（《工程岩体分级标准》GB/T 50218—2014）

（1）洞室围岩应根据岩体基本质量的定性特征和岩体基本质量指标 *BQ* 两者相结合，按表 7-3-6 确定其基本质量级别。

岩体基本质量分级　　表 7-3-6

基本质量级别	岩体基本质量的定性特性	岩体基本质量指标 *BQ*
Ⅰ	坚硬岩，岩体完整	>550
Ⅱ	坚硬岩，岩体较完整； 较坚硬岩，岩体完整	550～451

续表

基本质量级别	岩体基本质量的定性特性	岩体基本质量指标 BQ
Ⅲ	坚硬岩，岩体较破碎； 较坚硬岩或软硬岩互层，岩体较完整； 较软岩，岩体完整	450～351
Ⅳ	坚硬岩，岩体破碎； 较坚硬岩，岩体较破碎—破碎； 较软岩或软硬岩互层，且以软岩为主； 岩体较完整—较破碎； 软岩，岩体完整—较完整	350～251
Ⅴ	较软岩，岩体破碎； 软岩，岩体较破碎—破碎； 全部极软岩及全部极破碎岩	≤250

注：1. 岩石坚硬程度可按本手册表 1-3-4 划分；

2. 岩体完整程度定量指标应采用实测的岩体完整性系数 K_v 值按表 1-3-7 划分；

当无条件取得实测值时，也可用岩体体积节理数 J_v 按表 7-3-7 确定岩体完整性系数 K_v 值。

J_v 与 K_v 对照表　　**表 7-3-7**

J_v（条/m^3）	<3	3～10	10～20	20～35	≥35
K_v	>0.75	0.75～0.55	0.55～0.35	0.35～0.15	≤0.15

注：岩体体积节理数 J_v 系单位岩体体积的节理（结构面）数目。

岩体基本质量指标值 BQ 应按表 7-3-8 所列公式计算。

BQ 计算公式　　**表 7-3-8**

应用条件	计算公式
一般情况	$BQ=100+3R_c+250K_v$
$R_c>90K_v+30$	$BQ=190+520K_v$
$K_v>0.04R_c+0.4$	$BQ=200+13R_c$

（2）当地下洞室遇有下列情况之一时，应对岩体基本质量指标值 BQ 进行修正，并以修正后的［BQ］值按表 7-3-6 确定围岩质量级别。

1）有地下水；

2）岩体稳定性受结构面影响，且由一组起控制作用；

3）工程岩体存在由强度应力比所表征的初始应力状态。

（3）高初始应力条件下的主要现象，可按表 7-3-9 判断。

（4）岩体基本质量指标值［BQ］应按下式计算：

$$[BQ]=BQ-100(K_1+K_2+K_3) \tag{7-3-1}$$

式中　K_1——地下水影响修正系数，按表 7-3-10 确定；

K_2——主要软弱结构面产状影响修正系数，按表 7-3-11 确定；

K_3——初始应力状态影响修正系数，按表7-3-12确定。

当无表7-3-10、表7-3-11、表7-3-12中所列的情况时，修正系数取零。[BQ]出现负值时，应按特殊情况处理。

(5) 各级岩体自稳能力可按表7-3-13评估。当已确定级别的岩体的实际自稳能力低于表7-3-13相应的自稳能力时，应对围岩级别作相应的调整。

工程岩体强度应力比评估　　**表7-3-9**

应力情况	高初始应力条件下的主要现象	$\frac{R_c}{\sigma_{max}}$
高应力	1. 硬质岩：岩心常有饼化现象，开挖过程时有岩爆发生，有岩块弹出，洞壁岩体发生剥离，新生裂缝多，围岩易失稳；基坑有剥离现象，成形性差。 2. 软质岩：开挖过程中洞壁岩体有剥离，位移极为显著，甚至发生大位移，持续时间长，不易成洞；基坑发生显著隆起或剥离，不易成形	<4
	1. 硬质岩：岩心时有饼化现象，开挖过程中偶有岩爆发生，洞壁岩体有剥离和掉块现象，新生裂缝较多；基坑时有剥离现象，成形性一般尚好。 2. 软质岩：开挖过程中洞壁岩体位移显著，持续时间较长，围岩易失稳；基坑有隆起现象，成形性较差	4～7

注：σ_{max}为垂直洞轴线方向的最大初始应力。

地下水影响修正系数 K_1　　**表7-3-10**

地下水出水状态	*BQ*				
	>550	550～451	450～351	350～251	≤250
潮湿或点滴状出水，$p<0.1$ 或 $Q\leq 25$	0	0	0～0.1	0.2～0.3	0.4～0.6
淋雨状或线流状出水，$0.1<p\leq 0.5$，或 $25<Q\leq 125$	0～0.1	0.1～0.2	0.2～0.3	0.4～0.6	0.7～0.9
涌流状出水，$p>0.5$ 或 $Q>125$	0.1～0.2	0.2～0.3	0.4～0.6	0.7～0.9	1.0

注：1. p为地下工程围岩裂隙水压（MPa）；

2. Q为每10m洞长出水量（L/min·10m）。

主要软弱结构产状影响修正系数 K_2　　**表7-3-11**

结构面产状及其与洞轴线的组合关系	结构面走向与洞轴线夹角<30° 结构面倾角30°～75°	结构面走向与洞轴线夹角>60° 结构面倾角>75°	其他组合
K_2	0.4～0.6	0～0.2	0.2～0.4

初始应力状态影响修正系数 K_3　　**表7-3-12**

围岩强度应力 $\frac{R_c}{\sigma_{max}}$	*BQ*				
	>550	550～451	450～351	350～251	≤250
<4	1.0	1.0	1.0～1.5	1.0～1.5	1.0
4～7	0.5	0.5	0.5	0.5～1.0	0.5～1.0

围岩自稳能力 **表 7-3-13**

岩体级别	自稳能力
Ⅰ	跨度≤20m，可长期稳定，偶有掉块，无塌方
Ⅱ	跨度<10m 可长期稳定，偶有掉块； 跨度 10～20m，可基本稳定，局部可发生掉块或小塌方
Ⅲ	跨度<5m，可基本稳定； 跨度 5～10m，可稳定数月，可发生局部块体位移及小、中塌方； 跨度 10～20m 可稳定数日至 1 个月，可发生小、中塌方
Ⅳ	跨度≤5m，可稳定数日～1 个月； 跨度>5m，一般无自稳能力，数日至数月内可发生松动变形、小塌方，进而发展为中、大塌方，埋深小时，以拱部松动破坏为主，埋深大时，有明显塑性流动变形和挤压破坏
Ⅴ	无自稳能力

注：小塌方—塌方高度<3m，塌方体积<30m^3；
中塌方—塌方高度 3～6m 或塌方体积 30～100m^3；
大塌方—塌方高度>6m 或塌方体积>100m^3。

3. 公路隧道围岩分类

《公路工程地质勘察规范》JTGC 20—2011 隧道围岩划分为Ⅰ～Ⅵ类。其围岩定性特征见表 7-3-14。

公路隧道围岩分级 **表 7-3-14**

围岩级别	围岩或土体主要定性特征	BQ 或[BQ]
Ⅰ	坚硬岩，岩体完整，整体状或巨厚层状结构	>550
Ⅱ	坚硬岩，岩体较完整，块状或厚层状结构； 较坚硬岩，岩体完整，块状整体结构	550～451
Ⅲ	坚硬岩，岩体较破碎，巨块（石）碎（石）状镶嵌结构； 较坚硬岩或较软硬岩层，岩体较完整，块体状或中厚层结构	450～351
Ⅳ	坚硬岩，岩体破碎，碎裂结构； 较坚硬岩，岩体较破碎—破碎，镶嵌碎裂结构； 较软岩或较硬岩互层，且以软岩为主，岩体较完整—较破碎，中薄层状结构	350～251
	压密或成岩作用的黏性土及砂土； 黄土（Q_1、Q_2）； 钙质、铁质胶结的碎石土（碎石、卵石、块石等）	
Ⅴ	较软岩，岩体破碎； 软岩，岩体较破碎—破碎； 极破碎各类岩体，碎裂状松散结构	≤250
	半坚硬—硬塑状黏性土及稍湿—潮湿的碎石土； 黄土（Q_3、Q_4）； 非黏性土呈松散结构，黏性土及黄土呈松软结构	
Ⅵ	软塑状黏性土及潮湿饱和的粉细砂、软土等	

注：本表不适用于特殊条件的围岩分级，如膨胀性围岩、多年冻土等。

4.《水利水电工程地质勘察规范》GB 50487—2008 围岩工程地质分类。

（1）围岩工程地质分类分为初步分类和详细分类。初步分类适用于规划阶段、可研阶段以及深埋洞室施工之前的围岩工程地质分类，详细分类主要用于初步设计、招标和施工图设计阶段的围岩工程地质分类。根据分类结果，评价围岩的稳定性，并作为确定支护类型的依据，其标准应符合表 7-3-15 的规定。

围岩稳定性评价　　**表 7-3-15**

围岩类型	围岩稳定性评价	支护类型
Ⅰ	稳定。围岩可长期稳定，一般无不稳定块体	不支护或局部锚杆或喷薄层混凝土。大跨度时，喷混凝土、系统锚杆加钢筋网
Ⅱ	基本稳定。围岩整体稳定，不会产生塑性变形，局部可能产生掉块	
Ⅲ	局部稳定性差。围岩强度不足，局部会产生塑性变形，不支护可能产生塌方或变形破坏。完整的较软岩，可能暂时稳定	喷混凝土、系统锚杆加钢筋网。采用 TBM 掘进时，需及时支护。跨度>20m 时，宜采用锚索或刚性支护
Ⅳ	不稳定。围岩自稳时间很短，规模较大的各种变形和破坏都有可能发生	喷混凝土，系统锚杆加钢筋网，刚性支护，并浇筑混凝土衬砌。不适宜于开敞式 TBM 施工
Ⅴ	极不稳定。围岩不能自稳，变形破坏严重	

（2）围岩初步分类以岩石强度、岩体完整程度、岩体结构类型为基本依据，以岩层走向与洞轴线的关系、水文地质条件为辅助依据，并应符合表 7-3-16 的规定。

围岩初步分类　　**表 7-3-16**

围岩类别	岩质类型	岩体完整程度	岩体结构类型	围岩分类说明
Ⅰ、Ⅱ	硬质岩	完整	整体或巨厚层状结构	坚硬岩定Ⅰ类，中硬岩定Ⅱ类
Ⅱ、Ⅲ		较完整	块状结构、次块状结构	坚硬岩定Ⅱ，中硬岩定Ⅲ类，薄层状结构定Ⅲ类
Ⅱ、Ⅲ			厚层或中厚层状结构、层（片理）面结合牢固的薄层状结构	
Ⅲ、Ⅳ			互层状结构	洞轴线与岩层走向夹角小于30°时，定Ⅳ类
Ⅲ、Ⅳ		完整性差	薄层状结构	岩质均一且无软弱夹层时可定Ⅲ类
Ⅲ			镶嵌结构	—
Ⅳ、Ⅴ		较破碎	碎裂结构	有地下水活动时定Ⅴ类
Ⅴ		破碎	碎块或碎屑状散体结构	—
Ⅲ、Ⅳ	软质岩	完整	整体或巨厚层状结构	较软岩定Ⅲ类，软岩定Ⅳ类
Ⅳ、Ⅴ		较完整	块状或次块状结构	较软岩定Ⅳ类，软岩定Ⅴ类
			厚层、中厚层或互层状结构	
		完整性差	薄层状结构	较软岩无夹层时可定Ⅳ类
		较破碎	碎裂结构	较软岩可定Ⅳ类
		破碎	碎块或碎屑状散体结构	—

（3）岩质类型的确定，应符合表 7-3-17 的规定。

岩质类型划分　　　　**表 7-3-17**

岩质类型	硬质岩		软质岩		
岩石饱和单轴抗压强度 R_b（MPa）	坚硬岩	中硬岩	较软岩	软岩	极软岩
	$R_b>60$	$60\geqslant R_b>30$	$30\geqslant R_b>15$	$15\geqslant R_b>5$	$R_b\leqslant 5$

（4）岩体完整程度根据结构面组数、结构面间距确定，并应符合表 7-3-18 的规定。

岩体完整程度划分　　　　**表 7-3-18**

组数 间距（cm）	1～2	2～3	3～5	>5 或无序
>100	完整	完整	较完整	较完整
50～100	完整	较完整	较完整	差
30～50	较完整	较完整	差	较破碎
10～30	较完整	差	较破碎	破碎
<10	差	较破碎	破碎	破碎

（5）对深埋洞室，当可能发生岩爆或塑性变形时，围岩类别宜降低一级。

（6）围岩工程地质详细分类应以控制围岩稳定的岩石强度、岩体完整程度、结构面状态、地下水和主要结构面产状五项因素之和的总评分为基本判据，围岩强度应力比为限定判据，并应符合表 7-3-19 的规定。

地下洞室围岩详细分类　　　　**表 7-3-19**

围岩类别	围岩总评分 T	围岩强度应力比 S
Ⅰ	>85	>4
Ⅱ	$85\geqslant T>65$	>4
Ⅲ	$65\geqslant T>45$	>2
Ⅳ	$45\geqslant T>25$	>2
Ⅴ	$T\leqslant 25$	—

注：Ⅱ、Ⅲ、Ⅳ类围岩，当围岩强度应力比小于本表规定时，围岩类别宜相应降低一级。

（7）围岩强度应力比 S 可根据下式求得：

$$S=\frac{R_b \cdot K_v}{\sigma_m} \tag{7-3-2}$$

式中　R_b——岩石饱和单轴抗压强度（MPa）；

K_v——岩体完整性系数；

σ_m——围岩的最大主应力（MPa）。

（8）围岩工程地质分类中五项因素的评分应符合下列标准：

1）岩石强度的评分应符合表 7-3-20 的规定。

岩石强度评分　　　　**表 7-3-20**

岩质类别	硬质岩		软质岩	
	坚硬岩	中硬岩	较软岩	软岩
饱和单轴抗压强度 R_b（MPa）	$R_b>60$	$60\geqslant R_b>30$	$30\geqslant R_b>15$	$15\geqslant R_b>5$
岩石强度评分 A	30～20	20～10	10～5	5～0

注：1. 岩石饱和单轴抗压强度大于 100MPa 时，岩石强度的评分为 30；

2. 岩石饱和单轴抗压强度小于 5MPa 时，岩石强度的评分为 0。

2）岩体完整程度的评分应符合表 7-3-21 规定。

岩石完整强度评分　　　　**表 7-3-21**

岩体完整程度		完整	较完整	完整性差	较破碎	破碎
岩体完整性系数 K_v		$K_v>0.75$	$0.75\geqslant K_v>0.55$	$0.55\geqslant K_v>0.35$	$0.35\geqslant K_v>0.15$	$K_v<0.15$
岩体完整性评分 B	硬质岩	40～30	30～22	22～14	14～6	<6
	软质岩	25～19	19～14	14～9	9～4	<4

注：1. 当 $60\text{MPa}\geqslant R_b>30\text{MPa}$，岩体完整性程度与结构面状态评分之和>65 时，按 65 评分；
2. 当 $30\text{MPa}\geqslant R_b>15\text{MPa}$，岩体完整性程度与结构面状态评分之和>55 时，按 55 评分；
3. 当 $15\text{MPa}\geqslant R_b>5\text{MPa}$，岩体完整性程度与结构面状态评分之和>40 时，按 40 评分；
4. 当 $R_b\leqslant 5\text{MPa}$，属特软岩，岩体完整性程度与结构面状态不参加评分。

3）结构面状态的评分应符合表 7-3-22 的规定。

结构面状态评分　　　　**表 7-3-22**

结构面状态	张开度 W(mm)	闭合 $W<0.5$		微张 $0.5\leqslant W<5.0$									张开 $W\geqslant 5.0$		
	充填物	—		无填充			岩屑			泥质			岩屑	泥质	无充填
	起伏粗糙状况	起伏粗糙	平直光滑	起伏粗糙	起伏光滑或平直粗糙	平直光滑	—	起伏光滑或平直粗糙	平直光滑	起伏粗糙	起伏光滑或平直粗糙	平直光滑	—	—	—
结构面状态评分 C	硬质岩	27	21	24	21	15	6	17	12	15	12	9	12	6	0～3
	较软岩	27	21	24	21	15	6	17	12	15	12	9	12	6	
	软岩	18	14	17	14	8	4	11	8	10	8	6	8	4	0～2

注：1 结构面的延伸长度小于 3m 时，硬质岩、较软岩的结构面状态评分另加 3 分，软岩加 2 分；结构面延伸长度大于 10m 时，硬质岩、较软岩减 3 分，软岩减 2 分；
2 结构面状态最低分为 0。

4）地下水状态的评分应符合表 7-3-23 的规定。

地下水评分　　　　**表 7-3-23**

活动状态 [L/(min・10m 洞长)]			干燥到渗水滴水	线状流水	涌水
水量 Q[L/(min・10m 洞长)] 或压力水头 H(m)			$Q\leqslant 25$ 或 $H\leqslant 10$	$25<Q\leqslant 125$ 或 $10<H\leqslant 100$	$Q>125$ 或 $H>100$
基本因素评分 T	$T'>85$	地下水评分 D	0	0～−2	−2～−6
	$85\geqslant T'>65$		0～−2	−2～−6	−6～−10
	$65\geqslant T'>45$		−2～−6	−6～−10	−10～−14
	$45\geqslant T'>25$		−6～−10	−10～−14	−14～−18
	$T'\leqslant 25$		−10～−14	−14～−18	−18～−20

注：基本因素评分 T' 系前述岩石强度评分 A、岩体完整性评分 B 和结构面状态评分 C 的和；干燥状态取 0 分。

5）主要结构面产状的评分应符合表 7-3-24 的规定。

主要结构面产状评分　　表 7-3-24

结构面走向与洞轴线夹角		90°～60°				<60°～30°				<30°			
结构面倾角		>70°	70°～45°	45°～20°	<20°	>70°	70°～45°	45°～20°	<20°	>70°	70°～45°	45°～20°	<20°
结构面产状评分 E	洞顶	0	−2	−5	−10	−2	−5	−10	−12	−5	−10	−12	−12
	边墙	−2	−5	−2	0	−5	−10	−2	0	−10	−12	−5	0

注：按岩体完整程度分级为完整性差、较破碎和破碎的围岩不进行主要结构面产状评分的修正。

(9) 对过沟段、极高应力区（>30MPa）特殊岩土及喀斯特化岩体的地下洞室围岩稳定性以及地下洞室施工期的临时支护措施需专门研究，对钙（泥）质胶结的干燥砂砾石、黄土等土质围岩的稳定性和支护措施需要开展针对性的评价研究。

(10) 跨度大于 20m 的地下洞室围岩的分类除采用本分类外，尚应采用其他有关国家标准综合评定。对国际合作的工程还可采用国际通用的围岩分类对比使用。

5. 铁路工程地质围岩分类（《铁路隧道设计规范》TB 10003—2016）

铁路隧道围岩分级应根据围岩基本分级，受地下水、高地应力及环境条件等影响的修正，综合分析后确定。

(1) 围岩分级见表 7-3-25。

铁路隧道围岩的分级　　表 7-3-25

围岩级别	围岩主要工程地质条件		围岩开挖后的稳定状态（小跨度）	围岩基本质量指标 BQ	围岩弹性纵波速 v_p (km/s)
	主要工程地质特征	结构特征和完整状态			
Ⅰ	坚硬岩（单轴饱和抗压强度 R_C > 60MPa）；受地质构造影响轻微，节理不发育，无软弱面（或夹层）；层状岩层为巨厚层或厚层，层间结合良好，岩体完整	呈整体结构	围岩稳定，无坍塌，可能产生岩爆	>550	A：>5.3
Ⅱ	硬质岩（R_C>30MPa）：受地质构造影响较重，节理较发育，有少量软弱面（或夹层）和贯通微张节理，但其产状及组合关系不致产生滑动；层状岩层为中层或厚层，层间结合一般，很少有分离现象；或为硬质岩偶夹软质岩石；岩体较完整	呈巨块状或大块状结构	暴露时间长，可能会出现局部小坍塌，侧壁稳定，层间结合差的平缓岩层顶板易塌落	550～451	A：4.5～5.3 B：>5.3 C：>5.0
Ⅲ	硬质岩（R_C>30MPa）：受地质构造影响严重，节理发育，有层状软弱面（或夹层），但其产状组合关系尚不致产生滑动；层状岩层为薄层或中层，层间结合差，多有分离现象；或为硬、软质岩石互层	呈块（石）碎（石）状镶嵌结构	拱部无支护时可产生局部小坍塌，侧壁基本稳定，爆破震动过大易塌落	450～351	A：4.0～4.5 B：4.3～5.3 C：3.5～5.0 D：>4.0
	较软岩（R_C＝15～30MPa）：受地质构造影响轻微，节理不发育；层状岩层为厚层，层间结合一般	呈大块状砌体结构			

续表

围岩级别	围岩主要工程地质条件		围岩开挖后的稳定状态（小跨度）	围岩基本质量指标 BQ	围岩弹性纵波速 v_p（km/s）
	主要工程地质特征	结构特征和完整状态			
Ⅳ	硬质岩（R_C＞30MPa）：受地质构造影响极严重，节理很发育；层状软弱面（或夹层）已基本破坏	呈碎石状压碎结构	拱部无支护时可产生较大坍塌，侧壁有时失去稳定	350～251	A：3.0～4.0 B：3.3～4.3 C：3.0～3.5 D：3.0～4.0 E：2.0～3.0
	软质岩石（R_C＝5～30MPa）：受地质构造影响较重或严重，节理较发育或发育	呈块（石）、碎（石）状镶嵌结构			
	土体： 1. 具压密或成岩作用的黏性土、粉土及砂类土 2. 黄土（Q_1、Q_2） 3. 一般钙质、铁质胶结的碎石土、卵石土、大块石土	1、2 呈大块状压密结构，3 呈巨块状整体结构			
Ⅴ	岩体：较软岩、岩体破碎；软岩、岩体较破碎；全部极软岩及全部极破碎岩（包括受构造影响严重的破碎带）	呈角砾、碎石状松散结构	围岩易坍塌，处理不当会出现大坍塌，侧壁经常出现小坍塌；浅埋时易出现地表下沉（陷）或塌至地表	≤250	A：2.0～3.0 B：2.0～3.3 C：2.0～3.0 D：1.5～3.0 E：1.0～2.0
	土体：一般第四系的坚硬、硬塑的黏性土、稍密及以上、稍湿或潮湿的碎石土、卵石土，圆砾土、角砾土、粉土及黄土（Q_3、Q_4）	非黏性土呈松散结构，黏性土及黄土松软结构			
Ⅵ	岩体：受地质构造影响严重呈碎石、角砾及粉末、泥土状的富水断层带，富水破碎的绿泥石或碳质千枚岩	黏性土呈易蠕动的松软结构，砂性土呈潮湿松散结构	围岩极易坍塌，有水时土砂常与水一齐涌出，浅埋时易塌至地表	—	＜1.0（饱和状态的土＜1.5）
	土体：软塑状黏性土、饱和的粉土和砂类土等，风积砂，严重湿陷的黄土				

注：1. 弹性波中 A、B、C、D、E 的岩性按下表确定：

岩性类型	代表性岩石
A	岩浆岩（花岗岩、闪长岩、正长岩、辉绿岩、安山岩、玄武岩、石英粗面岩，石英斑岩等）； 变质岩（片麻岩、石英岩、片岩、蛇纹岩等）； 沉积岩（熔结凝灰岩、硅质砾岩、硅质石灰岩等）
B	沉积岩（石灰岩、白云岩等碳酸盐类）
C	变质岩（大理岩、板岩等）； 沉积岩（钙质砂岩、铁质胶结的砾岩及砂岩等）
D	第三纪沉积岩类（页岩、砂岩、砾岩、砂质泥岩、凝灰岩等）； 变质岩（云母片岩、千枚岩等），且岩石的单轴饱和抗压强度 R_C＞15MPa
E	晚第三纪至第四纪沉积岩类（泥岩、页岩、砂岩、砾岩、砂质泥岩、凝灰岩等），且岩石的单轴饱和抗压强度 R_C≤15MPa

2. 关于隧道围岩分级的基本因素和围岩基本分级的修正，按表 7-3-6～表 7-3-12 执行；
3. 围岩分级宜采用定性分级与定量分级相结合的方法，综合分析确定围岩级别；
4. 强膨胀岩（土）、第三系富水弱胶结砂泥岩、岩体强度应力比小于 0.15 的极高地应力软岩等，属于特殊围岩（T），相应工程措施应进行针对性的特殊设计。

（2）岩体完整程度按表 7-3-26 划分。

岩体完整程度的划分　　表 7-3-26

<table>
<tr><th rowspan="2">完整程度</th><th colspan="3">结构面发育程度</th><th rowspan="2">主要结构面结合程度</th><th rowspan="2">主要结构面类型</th><th rowspan="2">相应结构类型</th><th rowspan="2">岩体完整性指数(K_v)</th><th rowspan="2">岩体体积节理数(条/m^2)</th></tr>
<tr><th>定性描述</th><th>组数</th><th>平均间距(m)</th></tr>
<tr><td>完整</td><td rowspan="2">不发育</td><td>1～2</td><td>>1.0</td><td>结合好或一般</td><td>节理、裂隙、层面</td><td>整体状或巨厚层状结构</td><td>$K_v>0.75$</td><td>$J_v<3$</td></tr>
<tr><td rowspan="2">较完整</td><td>1～2</td><td>>1.0</td><td>结合差</td><td rowspan="2">节理、裂隙、层面</td><td>块状或厚层状结构</td><td rowspan="2">$0.75\geq K_v>0.55$</td><td rowspan="2">$3\leq J_v<10$</td></tr>
<tr><td rowspan="2">较发育</td><td>2～3</td><td>1.0～0.4</td><td>结合好或一般</td><td>块状结构</td></tr>
<tr><td rowspan="3">较破碎</td><td>2～3</td><td>1.0～0.4</td><td>结合差</td><td rowspan="3">节理、裂隙、劈理、层面、小断层</td><td>裂隙块状或中厚层状结构</td><td rowspan="3">$0.55\geq K_v>0.35$</td><td rowspan="3">$10\leq J_v<20$</td></tr>
<tr><td rowspan="3">发育</td><td rowspan="2">≥3</td><td rowspan="2">0.4～0.2</td><td>结合好</td><td>镶嵌碎裂结构</td></tr>
<tr><td>结合一般</td><td>薄层状结构</td></tr>
<tr><td rowspan="2">破碎</td><td>≥3</td><td>0.4～0.2</td><td>结合差</td><td rowspan="2">各种类型结构面</td><td>裂隙块状结构</td><td rowspan="2">$0.35\geq K_v>0.15$</td><td rowspan="2">$20\leq J_v<35$</td></tr>
<tr><td>很发育</td><td>≥3</td><td>≤0.2</td><td>结合一般或差</td><td>碎裂结构</td></tr>
<tr><td>极破碎</td><td>无序</td><td>—</td><td>—</td><td>结合很差</td><td></td><td>散体结构</td><td>$K_v\leq 0.15$</td><td>$J_v\geq 35$</td></tr>
</table>

注：平均间距指主要结构面间距的平均值。

（3）隧道围岩受地下水影响时，应进行分级修正。

地下水状态分级按表 7-3-27 确定，地下水影响按表 7-3-28 修正。

地下水状态分级　　表 7-3-27

地下水出水状态	渗水量[L/(min·10m)]
潮湿或点滴出水	<25
淋雨状或线流状出水	25～125
涌流状出水	>125

地下水影响修正　　表 7-3-28

围岩基本分级 / 地下水状态分级	Ⅰ	Ⅱ	Ⅲ	Ⅳ	Ⅴ	Ⅳ
潮湿或点滴出水	Ⅰ	Ⅱ	Ⅲ	Ⅳ	Ⅴ	—
淋雨状或线流状出水	Ⅰ	Ⅱ	Ⅲ或Ⅳ①	Ⅴ	Ⅳ	—
涌流状出水	Ⅱ	Ⅲ	Ⅳ	Ⅴ	Ⅳ	—

注：①围岩岩体为较完整时定Ⅲ级，其他情况定Ⅳ级。

（4）隧道围岩受高地应力影响时，应按表 7-3-29 进行分级修正。

高地应力影响对隧道围岩分级修正　　表 7-3-29

围岩类别	Ⅰ	Ⅱ	Ⅲ	Ⅳ	Ⅴ
极高应力	Ⅰ	Ⅱ	Ⅲ或Ⅳ①	Ⅴ	Ⅵ
高应力	Ⅰ	Ⅱ	Ⅲ	Ⅳ或Ⅴ②	Ⅵ

注：1. ①围岩岩体为较破碎的极硬岩、较完整的硬岩时，定为Ⅲ级，其他情况，定为Ⅳ级；②围岩岩体为破碎的极硬岩、较破碎及破碎的硬岩时，定为Ⅳ级；其他情况定为Ⅴ级；
2. 本表不适用于特殊围岩。

6. 锚喷支护工程围岩分类

《岩土锚杆与喷射混凝土支护技术规范》GB 50086—2015 的围岩分级

围岩级别的划分，应根据岩石坚硬性、岩体完整性、结构面特征、地下水和地应力状况等因素综合确定，并应符合表 7-3-30 的规定。

围岩分级 **表 7-3-30**

围岩类别	主要工程地质特征							毛洞稳定情况
	岩体结构	构造影响程度，结构面发育情况和组合状态	岩石强度指标		岩体声波指标		岩体强度应力比	
			单轴饱和抗压强度（MPa）	点荷载强度（MPa）	岩体纵波速度（km/s）	岩体完整性指标		
Ⅰ	整体状及层间结合良好的厚层状结构	构造影响轻微，偶有小断层。结构面不发育，仅有 2～3 组，平均间距大于 0.8m，以原生和构造节理为主，多数闭合，无泥质充填，不贯通。层间结合良好，一般不出现不稳定块体	>60	>2.50	>5	>0.75	>4	毛洞跨度5～10m 时，长期稳定，一般无碎块掉落
Ⅱ	同Ⅰ级围岩结构	同Ⅰ级围岩特征	30～60	1.25～2.50	3.7～5.2	>0.75	>2	毛洞跨度5～10m 时。围岩能较长时间(数月至数年)维持稳定，仅出现局部小块掉落
	块状结构和层间结合较好的中厚层或厚层状结构	构造影响较重，有少量断层。结构面较发育，一般为 3 组，平均间距 0.4～0.8m，以原生和构造节理为主，多数闭合，偶有泥质充填，贯通性较差，有少量软弱结构面。层间结合较好，偶有层间错动和层面张开现象	>60	>2.50	3.7～5.2	>0.50	>2	
Ⅲ	同Ⅰ级围岩结构	同Ⅰ级围岩特征	20～30	0.85～1.25	3.0～4.5	>0.75	>2	毛洞跨度5～10m 时，围岩能维持一个月以上的稳定，主要出现局部掉块、塌落
	同Ⅱ级围岩块状结构和层间结合较好的中厚层或厚状结构	同Ⅱ级围岩块状结构和层间结合较好的中厚层或厚层状结构特征	30～60	1.25～2.50	3.0～4.5	0.50～0.75	>2	
	层间结合良好的薄层和软硬岩互层结构	构造影响较重。结构面发育，一般为 3 组，平均间距 0.2～0.4m，以构造节理为主，节理面多数闭合，少有泥质充填。岩层为薄层或以硬岩为主的软硬岩互层，层间结合良好，少见软弱夹层、层间错动和层面张开现象	>60（软岩，>20）	>2.50	3.0～4.5	0.3～0.5	>2	
	碎裂镶嵌结构	构造影响较重。结构面发育，一般为 3 组以上，平均间距 0.2～0.4m 以构造节理为主，节理面多数闭合，少数有泥质充填，块体间牢固咬合	>60	>2.50	3.0～4.5	0.3～0.5	>2	

续表

围岩类别	主要工程地质特征							毛洞稳定情况
	岩体结构	构造影响程度，结构面发育情况和组合状态	岩石强度指标		岩体声波指标		岩体强度应力比	
			单轴饱和抗压强度（MPa）	点荷载强度（MPa）	岩体纵波速度（km/s）	岩体完整性指标		
Ⅳ	同Ⅱ级围岩块状结构和层间结合较好的中厚层或厚层状结构	同Ⅱ级围岩块状结构和层间结合较好的中厚层或厚状结构特征	10～30	0.42～1.25	2.0～3.5	0.50～0.75	>1	毛洞跨度5m时，围岩能维持数日到一个月的稳定，主要失稳形式为冒落或片帮
	散块状结构	构造影响严重，一般为风化卸荷带。结构面发育，一般为3组，平均间距0.4～0.8m，以构造节理、卸荷、风化裂隙为主，贯通性好，多数张开，夹泥、夹泥厚度一般大于结构面的起伏高度，咬合力弱，构成较多的不稳定块体	>30	>1.25	>2.0	>0.15	>1	
	层间结合不良的薄层、中厚层和软硬岩互层结构	构造影响严重。结构面发育，一般为3组以上，平均间距0.2～0.4m，以构造、风化节理为主，大部分微张（0.5～1.0mm），部分张开（>1.0mm），有泥质充填，层间结合不良，多数夹泥，层间错动明显	>30（软岩，>10）	>1.25	2.0～3.5	0.2～0.4	>1	
	碎裂状结构	构造影响严重，多数为断层影响带或强风化带。结构面发育，一般为3组以上，平均间距0.2～0.4m，大部分微张（0.5～1.0mm），部分张开（>1.0mm），有泥质充填，形成许多碎块体	>30	>1.25	2.0～3.5	0.2～0.4	>1	
Ⅴ	散体状结构	构造影响很严重，多数为破碎带、全强风化带、破碎带交汇部位。构造及风化节理密集，节理面及其组合杂乱，形成大量碎块体。块体间多数为泥质充填，甚至呈石夹土状或土夹石状	—	—	<2.0	—	—	毛洞跨度5m时，围岩稳定时间很短，约数小时至数日

注：1. 围岩按定性分类与定量指标分类有差别时，一般应以低者为准；
2 本表声波指标以孔测法测试值为准，如果用其他方法测试时，可通过对比试验，进行换算；
3. 层状岩体按单层厚度可划分为：厚层：大于0.5m，中厚层：0.1～0.5m，薄层：小于0.1m；
4. 一般条件下，确定围岩类别时，应以岩石单轴饱和抗压强度为准；当洞跨小于5m，服务年限小于10年的工程，确定围岩类别时，可采用点荷载强度指标代替岩块单轴饱和抗压强度指标，可不做岩体声波指标测试；
5. 测定岩石强度，做单轴抗压强度后，可不做点荷载强度试验。

极高地应力围岩Ⅰ、Ⅱ级围岩强度应力比小于 4，Ⅲ、Ⅳ级围岩岩强度应力比小于 2 宜适当降级。

对Ⅱ、Ⅲ、Ⅳ级围岩，当地下水发育时，应根据地下水类型、水量大小、软弱结构面多少及其危害程度，适当降级。

对Ⅱ、Ⅲ、Ⅳ级围岩，当洞轴线与主要断层或软弱夹层的夹角小于 30°时，应降一级。

7. 总参工程兵围岩分类

(1)围岩分类表

总参工程兵四所邢念信等人经过多年的研究和工程实践，提出围岩分类见表 7-3-31～表 7-3-33，工程锚喷支护参数见表 7-3-38 和表 7-3-39。

初步围岩分类　　**表 7-3-31**

<table>
<tr><th colspan="2" rowspan="2">岩质类型</th><th colspan="2" rowspan="2">岩体结构特征</th><th colspan="2">围岩分类</th></tr>
<tr><th>类别范围</th><th>备注</th></tr>
<tr><td colspan="2" rowspan="7">A
硬质岩
(R_b>30MPa)</td><td colspan="2">整体状结构
块状结构</td><td>Ⅰ～Ⅱ
Ⅱ～Ⅲ</td><td>坚硬岩定Ⅰ类，中硬岩定Ⅱ类
坚硬岩定Ⅱ类，中硬岩定Ⅲ类</td></tr>
<tr><td rowspan="2">层状结构</td><td>单一层状结构</td><td>Ⅱ～Ⅲ</td><td>一般坚硬岩定Ⅱ类，中硬岩定Ⅲ类；陡倾岩层，且岩层走向与洞轴线近于平行时定Ⅲ类</td></tr>
<tr><td>互层或薄层状结构</td><td>Ⅲ～Ⅳ</td><td>一般定Ⅲ类，陡倾岩层，且岩层走向与洞轴线近于平行时定Ⅳ类</td></tr>
<tr><td rowspan="2">碎裂结构</td><td>镶嵌碎裂结构</td><td>Ⅲ～Ⅳ</td><td>一般定Ⅲ类，推测夹泥、裂隙较多或有地下水时定Ⅳ类</td></tr>
<tr><td>层状及夹泥碎裂结构</td><td>Ⅳ～Ⅴ</td><td>推测无地下水时定Ⅳ类，有地下水时定Ⅴ类</td></tr>
<tr><td rowspan="2">散体结构</td><td>散块状结构</td><td>Ⅳ～Ⅴ</td><td>一般定Ⅳ类，推测夹泥、裂隙很多或有地下水时定Ⅴ类</td></tr>
<tr><td>散体状结构</td><td>Ⅴ</td><td>推测有地下水时应作为特殊岩类</td></tr>
<tr><td colspan="2" rowspan="5">B
软质岩
(R_b=5～30MPa)</td><td colspan="2">整体状结构</td><td>Ⅲ～Ⅳ</td><td>较软岩一般定Ⅲ类，推测有地下水时定Ⅳ类，软岩一般定Ⅳ类，推测有地下水时定Ⅴ类</td></tr>
<tr><td colspan="2">块状结构</td><td>Ⅳ～Ⅴ</td><td>一般定Ⅵ类，推测有地下水时定Ⅴ类</td></tr>
<tr><td colspan="2">层状结构</td><td>Ⅳ～Ⅴ</td><td>以较软岩为主时一般定Ⅳ类；以软岩为主，无地下水时可定Ⅳ类，推测有地下水时定Ⅴ类</td></tr>
<tr><td colspan="2">碎裂结构</td><td>Ⅳ～Ⅴ</td><td>一般定Ⅴ类：推测无地下水的较软岩可定Ⅵ类</td></tr>
<tr><td colspan="2">散体状结构</td><td>Ⅴ</td><td>推测有地下水时应作为特殊岩类</td></tr>
<tr><td rowspan="2">C
特殊岩类和土</td><td>特殊岩
(R_b<5MPa)</td><td colspan="2">无意义</td><td>$\mathrm{V_C}$</td><td>Ⅴ类中的特软岩类</td></tr>
<tr><td>特殊岩石和土</td><td colspan="2">无意义</td><td>—</td><td>通过试验确定</td></tr>
</table>

详细围岩分类（硬质岩） **表 7-3-32**

岩质类型		岩体结构类型		岩体质量指标 R_m 或 R_s 值	准围岩强度应力比 S 值	毛洞围岩稳定性	围岩分类			介质类型
定性鉴定	R_b 值	定性鉴定	K_v 值				大类	亚类	备注	
A 硬质岩	>30 MPa	整体状结构	>0.76	>60	>4	稳定。一般无不稳定块体，无塌方，无塑性挤出变形和岩爆	Ⅰ	Ⅰ	—	均匀、连续、弹性介质（$S<2$ 时按弹塑性介质）
				30～60		基本稳定。局部可能有不稳定块体，无塑性挤出变形和岩爆	Ⅱ	Ⅱ$_{A}^{1}$	—	
				<30	>2	基本稳定。局部可能有不稳定块体，应力集中部位可能发生岩爆或塑性挤出变形	Ⅲ	Ⅱ$_{A}^{1}$	—	
		块状结构	0.46～0.75	30～60	>4	基本稳定。局部可能有不稳定块体，无塑性挤出变形和岩爆	Ⅱ	Ⅱ$_{A}^{2}$	—	均匀弹性或块裂介质
				15～30	>2	稳定性一般。局部可能有不稳定岩体，应力集中部位可能发生岩爆或塑性挤出变形	Ⅲ	Ⅲ$_{A}^{2}$	R_m 或 $R_s<15$ 时降为Ⅳ类	
		层状结构	0.23～0.75	30～60	>4	同Ⅱ$_{A}^{2}$，但不稳定块体主要受夹泥层面或软弱夹层控制	Ⅱ	Ⅱ$_{A}^{3}$	—	碎裂或松散介质
				15～30	>2	同Ⅲ$_{A}^{2}$，但不稳定块体主要受夹泥层面或软弱夹层控制	Ⅲ	Ⅲ$_{A}^{3}$	—	
				<15	>1	稳定性差。可能有较大不稳定岩体，可发生塑性挤出变形	Ⅳ	Ⅳ$_{A}^{3}$	R_m 或 $R_s<5$ 时降为Ⅴ	
		碎裂结构：镶嵌碎裂	0.23～0.45	>15	>2	同Ⅲ$_{A}^{2}$，破坏形式及规模有随机性	Ⅲ	Ⅲ$_{A}^{4}$	—	
		碎裂结构：层状碎裂或夹泥碎裂	0.11～0.22	>5	>1	稳定性差。不及时支护可能发生整体塌落破坏，应力集中部位可有较大塑性挤出变形和松弛范围	Ⅳ	Ⅳ$_{A}^{4}$	—	
				<5	不限	不稳定。不支护无自稳能力或自稳时间很短（一般几小时到几天），破坏形式以拱顶、侧墙整体塌落为主。有较大塑性变形	Ⅴ	Ⅴ$_{A}^{4}$	有承压水时应作为特殊岩类	

续表

岩质类型		岩体结构类型			岩体质量指标 R_m 或 R_s 值	准围岩强度应力比 S 值	毛洞围岩稳定性	围岩分类			介质类型
定性鉴定	R_b 值	定性鉴定		K_v 值				大类	亚类	备注	
A 硬质岩	>30 MPa	散体结构	散块状结构	0.15～0.45	>10	>1	不稳定。不支护很短时间即可失稳，破坏形式以拱顶大块体塌落或侧墙、掌子面滑移为主，一般无塑性挤出变形	Ⅳ	IV_{A}^{5}	—	块裂介质
					<10	不限		Ⅴ	V_{A}^{5}	—	
			散体状结构	<0.10 (0.15)	<5	不限	很不稳定。不支护无自稳能力，小跨度也只能自稳几天或几小时。破坏形式以拱、墙整体塌落为主，及时支护会有较大塑性挤出变形	Ⅴ	V_{A}^{5}	有地下水时应作为特殊岩类	松散介质

详细围岩分类（软质岩和特殊岩类）　　**表 7-3-33**

岩质类型		岩体结构类型		R_m 值或 R_s 值	毛洞围岩稳定性	围岩分类			介质类型
定性鉴定	R_b 值	定性鉴定	K_v 值			大类	亚类	备注	
B 软质岩	5～30 (MPa)	整体状结构	>0.75	>15	基本稳定或一般。应力集中部位可能发生塑性变形	Ⅲ	III_{B}^{1}	S<2 时降为Ⅳ	弹性或弹塑性介质
				<15	稳定性差。应力集中部位可发生较大塑性变形	Ⅳ	IV_{B}^{1}	S<1 时降为Ⅴ	
		块状结构	0.45～0.75	>5	稳定性差。局部有不稳定岩体。应力集中部位可发生塑性挤出变形。	Ⅳ	IV_{B}^{2}		块裂介质或弹塑性介质
				<5	不稳定。不及时支护围岩短时间可能塌方或有较大塑性变形，并有明显流变特性	Ⅴ	V_{B}^{2}	—	
		层状结构		>5	同 IV_{B}^{2}	Ⅳ	IV_{B}^{3}	S<1 时降为Ⅴ	
				<5	同 V_{B}^{2}	Ⅴ	V_{B}^{3}		
		碎裂结构	0.20～0.45	>5	不稳定。不及时支护围岩很快松弛，失稳。破坏形式以拱顶，侧墙整体塌落为主，侧墙亦往往有较大塑性挤出变形	Ⅳ	IV_{B}^{4}	S<1 时降为Ⅴ	松散介质或黏弹塑性介质
				<5	不稳定。不支护自稳时间仅数小时更短，破坏形式除整体塌落外，侧墙挤出、底鼓均可发生。有明显流变特性，变形值大，持续时间长	Ⅴ	V_{B}^{4}	有地下水时应作为特殊岩类处理	
		散体状结构	<0.2				V_{B}^{5}		

续表

岩质类型			岩体结构类型		R_m值或R_s值	毛洞围岩稳定性	围岩分类			介质类型
定性鉴定		R_b值	定性鉴定	K_v值			大类	亚类	备注	
C 特殊岩类和土	特软岩	<5 (MPa)	无意义		<5	稳定性同上。变形往往以黏塑性为主。变形值很大(可达几十厘米)，持续时间长	V	V_C	—	黏弹塑性介质
	特殊岩石和土		无意义		通过试验确定					

注：1. K_v—岩体完整性系数。其值可用两种方法之一确定：(1)声波速度法，$K_v=(v_{pm}/v_{pr})^2$(v_{pm}—岩体声波速度，v_{pr}—岩石声波速度)；(2)地质结构面统计法，$K_v=L\cdot f$(L—各组节理裂隙综合平均间距，单位以米计；f—节理裂隙性质折减系数，按表 7-3-34 取值)。

2. R_m—常规测试岩体质量指标，R_s—声波参数岩体质量指标，$R_m=R_b\cdot K_v\cdot K_W\cdot K_j$，$R_s=1.53v_{pm}^{2.26}K_w\cdot K_j$。($R_b$—岩石单轴饱和抗压强度，MPa；$K_w$——地下水影响折减系数，见表 7-3-35；$K_j$——岩层产状折减系数，见表 7-3-36 此表适用于一组结构面起控制作用的层状、似层状岩体)。

3. S—准围岩强度应力比。$S=R_m$(或R_s)$/\sigma_m$(σ_m— 围岩最大主应力，有实测值时用实测值，无实测值时可用自重应力代替)。

4. R_b—完整岩石单轴饱和抗压强度(MPa)，坑道确无地下水时，亦可用天然状态单轴挤压强度。当无条件实测R_b时，可用点荷载试验，实测点荷载强度指数I_s值，用I_s值估算R_b值。计算式：长轴方向加载时$R_b=2.37I_s$；短轴方向加载时$R_b=(1.8\sim1.9)I_s$。

5. 非层状岩体和无地下水时亦可用岩体声波速度作为分类定量指标，分类标准见表 7-3-37。

节理裂隙面性质折减系数 f 值　　　表 7-3-34

张开、闭合及粗糙度性质		充填性质					
		石英或方解石	无充填未蚀变	泥膜或水锈	碎屑和岩粉	石膏硬土岩粉等	泥质
张开(缝宽>1mm)	平滑	1	0.9	0.8	0.7	0.6	0.2～0.5
	粗糙	1	1	0.9	0.8	0.7	0.3～0.6
闭合(缝宽<1mm)	平滑	1	1	0.8	—	—	—
	粗糙	1	1	0.9	—	—	—

地下水影响折减系数 K_w 值　　　表 7-3-35

毛洞开挖后围岩出水情况	$R_b\cdot K_v$值		
	>30	15～30	<15
表面渗水、局部滴水，无水压	1	0.9	0.5～0.8
淋雨状滴水或涌泉状流水，水压<0.1MPa	0.9	0.8	0.4～0.7
淋雨状滴水或涌泉状流水，水压>0.1MPa	0.9	0.7	0.3～0.6

岩层产状要素影响折减系数 K_j 值　　　表 7-3-36

层面走向与洞轴线夹角	层面倾角	层面间距(m)			
		≥1	0.3～1	0.1～0.3	<0.1
90°～60°	<30°	1	0.8	0.7	0.6
	30°～60°	1	0.9	0.9	0.8
	60°～90°	1	1	1	1

续表

层面走向与洞轴线夹角	层面倾角	层面间距(m)			
		≥1	0.3～1	0.1～0.3	<0.1
60°～30°	<30°	1	0.8	0.7	0.6
	30°～60°	0.9	0.7	0.6	0.5
	60°～90°	1	0.9	0.8	0.7
<30°	<30°	0.9	0.8	0.7	0.6
	30°～60°	0.8	0.7	0.6	0.5
	60°～90°	0.9	0.8	0.7	0.6

岩体声波速度定量分类　　表 7-3-37

围岩类别	Ⅰ	Ⅱ	Ⅲ	Ⅳ	Ⅴ
岩体纵波速度(km/s)	>5.10	3.75～5.1	硬岩 2.75～3.75 软岩 2.5～3.5	硬岩 1.70～2.75 软岩 1.5～2.5	硬岩<1.7 软岩<1.5

(2) 围岩分类表使用说明

1) 一般工程无条件测试详细围岩分类表中各项定量指标时，可根据定性鉴定的岩质、岩体结构类型和毛洞围岩稳定性，按表 7-3-32 和表 7-3-33 进行详细围岩分类。

2) 围岩分类测试时，应按围岩分类表、使用说明和《坑道工程地质勘察和围岩分类测试细则》实施。

3) 本分类适用于埋深小于 300m 的一般岩石坑道。有较大构造地应力、偏压大、区域不稳定和山体不稳定的坑道不适用。有特殊变形破坏特性的岩石和土质坑道，须通过试验按其他有关规定确定围岩类别。

4) 本分类标准是按开挖时采用控制爆破、开挖后及时支护的条件制定的。围岩分类测试之后，若因开挖使围岩严重破坏或因未及时支护造成过度松弛、进一步严重风化甚至大塌方，原定分类无效，须视具体情况另作分类。

5) 声波法测试的岩体完整性系数 K_v 值的分类标准适用于控制爆破壁面、用锤击法测试声波参数，若用其他测试方法，应适当调整。

用钻孔法（水耦合）测试时，硬质岩体可取表中所列数值的 1.1～1.2 倍，软质岩体取 0.8～0.9 倍。

普通爆破导洞壁面用锤击法测试时，需分两种情况：①若扩挖毛洞时用控制爆破，可取表中所列标准的 0.8～0.9 倍；②若扩挖毛洞时仍用普通爆破，仍按表中分类标准。

6) 综合围岩分类有关问题的说明

重要工程详细围岩分类必须采取定性与定量相结合的综合围岩分类。所谓综合围岩分类，是指以工程地质分析为基础的定性鉴定围岩类别，与以实测定量指标为依据的量围岩分类，进行综合分析确定围岩类别的方法。

当定性鉴定与定量指标的围岩类别一致时，按表中所列原则确定围岩类别。当定性鉴定与定量指标不一致时，一般按下述原则处理：

① 岩质分类：定性鉴定与定量指标不一致时，以定量指标为准。软硬岩互层的层状岩体，岩石强度应取软岩、硬岩的加权平均值。

② 岩体结构类型的划分：一般应以定性鉴定为准。当定性鉴定与定量指标差别很大时，尤其定性类别偏高、定量指标偏低时，定性应服从定量。

③ 围岩类别的确定：当定性分类与定量分类只差一级时，综合分类应以类别较低者为准；当两种分类差两级以上时，两种分类均应重测，若重测后只差一级，综合分类以类别较低者为准，若仍差两级以上，可取中间类别或以定性为准。

7）有局部不稳定块体的地段必须进行专门分析，采取专门加固措施后再按岩体质量指标进行分类。

8）特软岩一般指风化岩、构造岩等次生演化作用形成的特软岩石，R_b值小于 5MPa 的原生岩石，若整体性好、毛洞开挖后围岩基本稳定或稳定性一般、围岩强度应力比 S 大于 1，可不作为特软岩，根据毛洞实际稳定性可定Ⅲ或Ⅳ类。

9）计算岩体质量指标 R_m时，K_v值>0.45 的围岩，R_b值大于 80MPa 时，仍按 80 计算，小于 80 时按实测值计算；K_v值<0.45 的围岩，R_b值大于 60 时仍按 60 计算，小于 60 时按实测值计算：K_v值$\leqslant 0.10$ 的围岩，R_b值大于 40 时仍按 40 计算，小于 40 时按实测值计算。

（3）工程喷锚支护参数（表 7-3-38 和表 7-3-39）

重要工程锚喷支护参数 **表 7-3-38**

围岩类别	毛洞跨度（m）	初期支护参数						二次支护参数				
		喷混凝土（cm）	锚杆			网		喷混凝土（cm）	网		整体被覆（即二次被覆）（cm）	
			直径（mm）	长度（m）	间距（m）	直径（mm）	间距（cm）		直径（mm）	间距（cm）		
Ⅰ	<4	5										
	4～8	5～8										
	8～12	8～12										
	12～16	10～14	16	1.6～2.0	1.5							
	16～20	14～18	18	2.0～2.4	1.5							
	20～24	16～20	20	2.4～2.8	1.5	6～8	30					
Ⅱ	<4	5～8										
	4～8	6～10	16	1.2～1.6	1.2							
	8～12	10～14	18	1.6～2.0	1.2							
	12～16	12～16	18	2.0～2.4	1.2	6～8	30					
	16～20	16～20	20	2.4～2.8	1.2	8～10	25					
	20～24	20～24	22	2.8～3.2	1.2	10～12	20					
Ⅲ	<4	6～10	16	1.2～1.6	1.0							
	4～8	10～14	18	1.6～2.6	1.0							
	8～12	8～12	18	2.6～3.6	1.0			5～7	6～8	30		
	12～16	12～16	20	3.2～3.6	1.0			5～7	8～10	25		
	16～20	16～20	22	3.6～4.0	1.0			5～7	10～12	20		
	20～24											特定

续表

围岩类别	毛洞跨度（m）	初期支护参数						二次支护参数				
		喷混凝土（cm）	锚杆			网		喷混凝土（cm）	网		整体被覆（即二次被覆）（cm）	
			直径（mm）	长度（m）	间距（m）	直径（mm）	间距（cm）		直径（mm）	间距（cm）		
Ⅳ	＜4	8～12	16	2.0～2.5	0.8	6～8	30					
	4～8	8～12	18	2.0～3.0	0.8			5～7	8～10	25		
											20(混凝土)	
	8～12	10～14	20	3.0～3.6	0.8	10～12	20	7～10	10～12	20		
											30(混凝土)	
	12～16	14～18	22	3.6～4.0	0.8	12～14	20	7～10	12～14	20		
											30(混凝土)	
	16～20											特定
	20～24											
Ⅴ	＜4	8～12	18	2.5～3.0	0.75			5～7	8～10	20		
											20(混凝土)	
	4～8	12～16	20	3.0～3.5	0.75	10～12	20	7～10	10～12	20		
											30(混凝土)	
	8～12	16～20	22	3.5～4.0	0.75	12～14	20				40(混凝土)	
	12～16											特定
	16～20											
	20～24											

注：1. 粗框内的参数即为永久支护参数，其余部分永久支护参数应为初期与二次支护之和；
2. Ⅲ类围岩大于12m跨及Ⅳ、Ⅴ类围岩，必要时应用长锚杆加固；
3. 二次支护参数中，锚喷及整体被覆视围岩等条件选一种即可。

普通工程锚喷支护参数 **表 7-3-39**

围岩类别	毛洞跨度（m）	初期支护参数						二次支护参数			备注
		喷混凝土（cm）	锚杆			网		喷混凝土（cm）	网		
			直径（mm）	长度（m）	间距（m）	直径（mm）	间距（cm）		直径（mm）	间距（cm）	
Ⅰ	＜2.0	2～3(砂浆)									
	2.0～3.5	2～3(砂浆)									
	3.5～5.0	2～3(砂浆)									
	5.0～8.0	5～7									
	8.0～12.0	7～10									
Ⅱ	＜2.0	2～3(砂浆)									
	2.0～3.5	5									
	3.5～5.0	5～7									
	5.0～8.0	7～10									
		5～7	14	1.2～1.4	1.2						
	8.0～12.0	10～12									
		7～10	16	1.4～1.8	1.2						

续表

围岩类别	毛洞跨度（m）	初期支护参数						二次支护参数			备注
		喷混凝土（cm）	锚杆			网		喷混凝土（cm）	网		
			直径（mm）	长度（m）	间距（m）	直径（mm）	间距（cm）		直径（mm）	间距（cm）	
Ⅲ	<2.0	5									
	2.0～3.5	5～7									
	3.5～5.0	7～10									
		5～7	14	1.4～1.8	1.0						
	5.0～8.0	7～10	16	1.8～2.6	1.0						
	8.0～12.0	10～15	16	2.6～3.6	1.0	6	30				
Ⅳ	<2.0	5～7				6	30				
	2.0～3.5	7～10				6	30				
	3.5～5.0	7～10	16	1.8～2.2	1.0	6	30				
	5.0～8.0	5～7	18	2.2～2.8	1.0			5	6	20	
	8.0～12.0	7～10	20	2.8～3.6	1.0			5～10	8	20	
Ⅴ	<2.0	7～10				6	30				
	2.0～3.5	5～7	16	1.8～2.2	1.0			5	6	30	
	3.5～5.0	7～10	18	2.2～2.8	1.0			5	6	20	
	5.0～8.0	7～10	20	2.8～3.2	0.8			5～10	8	20	
	8.0～12.0	10～15	22	3.2～3.6	0.8			5～10	10	20	

注：1. 粗框内的参数即为永久支护参数，其余部分永久支护参数应为初期支护与二次支护参数之和；
2. Ⅳ、Ⅴ类围岩必要时采用长锚杆加固。

（4）支护设计原则

工程实践证明，支护设计不仅是选择支护类型、确定支护参数的问题，还必须遵循一系列基本原则才能保证支护设计经济合理、安全可靠。从某种意义上讲，支护设计原则甚至比支护参数更重要。试验研究和工程实践表明，搞好支护设计必须遵循以下原则：

1）围岩都有一定强度和不同程度的自稳能力，从设计到施工应尽量减少对围岩的破坏，防止围岩恶化，保持和提高围岩的稳定性，在时间、空间上充分利用围岩的自稳能力，是锚喷支护设计必须考虑的一个重要原则。

2）对地质报告中提出的主要工程地质问题，必须充分重视，对各类围岩的稳定性和变形破坏特性必须了解，不能机械地只看围岩类别，要根据主要工程地质问题、围岩变形破坏特性来决定支护类型、支护参数、特殊支护措施以及对施工的要求。

3）进行锚喷支护设计时，不仅要确定支护参数，还必须对施工方法提出要求，必要时应列入设计文件。

① 采用钻爆法开挖时必须采用控制爆破技术（光面爆破、预裂爆破等）以减少对围岩的破坏，幅员成形好还可避免应力集中造成局部破坏。

② 不良围岩中施工应严格控制装药量，严禁放大炮。对遇水崩解、膨胀、软化等围岩，施工中应严格控制用水量，并应采用专门排水沟排水。

③ 开挖方式应因地制宜研究确定，一般应尽量采用全断面开挖，对软弱围岩视情况可采用台阶法、环槽法：大跨度可采用分部开挖。其原则是尽量减少对围岩的多次扰动。对自稳时间短的围岩，开挖方式应考虑开挖后临空围岩失稳前能及时支护的时间。

④ 一次开挖长度应根据围岩自稳能力等因素综合确定，一般情况下，Ⅳ、Ⅴ类围岩

一次开挖长度不宜超过 1m。

⑤ 不良围岩的支护必须紧跟开挖作业面，初期支护一般情况下都应分次施工以利于变形能的释放。设计应对施工时间作出规定，其原则是岩塞作用（即空间效应）消失后，能保证围岩在支护作用下基本稳定。二次支护的时机可根据施工监测或现场实际经验确定。Ⅲ类以下围岩及Ⅱ类中的不稳定块体均不允许长期暴露，对自稳时间短的围岩，必要时用喷射混凝土封闭工作面或底拱。

⑥ 加固局部不稳定块体时应充分利用开挖的空间效应，即不稳定块体部分暴露时，对暴露部分就应及时加固，切忌不稳定块体大部或全部暴露后再加固。

⑦ 散块状、碎裂状、散体状岩体，对危石处理要适度，否则容易引起大塌方，为保证施工安全，可采用先喷后锚的施工顺序，初喷层厚度不宜小于 5cm，锚杆施工要确保质量。

⑧ 对变形大的围岩，除采用分次支护释放变形能外，还可采用预留纵向变形缝、长锚杆等措施。

⑨ 对层状围岩，锚杆应与层面垂直或呈较大夹角布置，切忌顺层打锚杆。

⑩ 软弱围岩开挖时为保证施工安全可打超前锚杆，但不计入永久支护参数。为提前进洞减少劈坡，可采用锚喷支护在地面进行预加固，预加固参数不计入永久支护参数。

4）对变形较大的围岩，毛洞开挖时应预留变形余量，设计时毛洞幅员应考虑变形预留量在内。变形预留量应根据试验确定，无试验资料时可按表 7-3-40 采用。

毛洞开挖设计变形预留量　　**表 7-3-40**

围岩类别	埋深（m）	设计变形预留量（mm）									
		硬质岩					软质岩				
		跨度（m）									
		<4	4～8	8～12	12～16	16～20	<4	4～8	8～12	12～16	16～20
Ⅲ	<50	—	—	—	—	—	—	—	—	—	—
	50～100	—	—	—	—	—	—	—	50	50	50～75
	100～300	—	—	—	—	—	50	50	50～70	50～100	50～125
Ⅳ	<50	—	—	—	—	待定	—	—	50	50	待定
	50～100	—	—	—	—		—	50	50～75	50～100	
	100～300	—	—	50	50～75		50～75	50～100	50～150	75～100	
Ⅴ	<50	—	—	50	待定		50	50～75	75～100	待定	
	50～100	—	—	50			50～100	50～150	75～175		
	100～300	—	50～75	50～75			100～150	100～175	150～200		

注：变形预留量为坑道毛洞一侧的值，确定毛洞跨度时，应用式 $L=L_1+2a$ 计算，确定高度时应用式 $H=H_1+2a$ 计算。

5）及时构筑仰拱形成封闭结构是控制变形的有效手段，因此对变形较大的围岩应设计仰拱，减少变形量，防止过大变形造成的围岩强度恶化。

6）应选择对受力有利的断面形式，水平变形大的围岩，断面高跨比不宜过大，垂直变形大的围岩，断面高跨比不宜过小。一般高跨比近于 1 为好。不良围岩应尽量做成曲墙。

7）选择支护类型时应考虑岩体结构类型。

整体结构硬质岩一般用喷射混凝土支护，跨度大时为加固顶部可能出现的拉应力区，可用喷锚或喷锚网支护。

软质岩一般用喷锚或喷锚网支护，跨度较小时亦可用喷混凝土支护。

块状结构的围岩可按跨度大小分别采用喷混凝土、喷锚、喷锚网支护，尤其要重视用锚杆加固局部不稳定块体和软弱结构面。

层状围岩要特别注意锚杆布置原则，水平成层时以加固拱顶为主；高倾角层状围岩，当洞轴线与岩层走向夹角较小时，侧墙、拱顶均应用锚杆加固，洞轴线垂直岩层走向时可按一般原则布置锚杆。

碎裂及散体结构的围岩宜采用系统锚杆、喷锚网支护形式。

8）设计参数选择时应考虑工程性质，重要工程及大跨度、高边墙工程应按表 7-3-38 选用支护参数，一般工程应按表 7-3-39 选用支护参数。

9）喷射混凝土不宜过厚，如支护抗力不足，可增设锚杆和钢筋网。初期支护必须具有一定柔性，允许围岩有一定变形，以便充分利用围岩的塑性；同时又必须具备一定的刚性，约束围岩变形，以防围岩过度松弛。

10）Ⅴ类围岩幅度比较大，一般情况下选择支护参数时可按表 7-3-38、表 7-3-39 采用，当地质条件很差时，不应单独采用经验法设计，而应与现场量测、理论分析相结合。

11）对不稳定块体一般应先进行局部不稳定块体的加固设计，使其稳定性与块体所在地段其他围岩稳定性相近后再按围岩类别选择整体支护参数。

12）有渗透水地段应做好防、排水设计，设置纵横向排水盲沟，并应确保施工时通畅。

13）对整体强度低而灌浆性能较好的围岩，可用固结灌浆措施预先加固围岩。采取灌浆加固的围岩，应根据灌浆后围岩强度、灌浆有效范围确定锚喷支护参数。

8.《城市轨道交通岩土工程勘察规范》GB 50307—2012

隧道围岩分级 **表 7-3-41**

围岩级别	围岩主要工程地质条件		围岩开挖后的稳定状态（单线）	围岩压缩波波速 v_p（km/s）
	主要工程地质特征	结构形态和完整状态		
Ⅰ	坚硬岩（单轴饱和抗压强度 $f_r>$ 60MPa）：受地质构造影响轻微，节理不发育，无软弱面（或夹层）；层状岩层为巨厚层或厚层，层间结合良好，岩体完整	呈巨块状整体结构	围岩稳定，无坍塌，可能产生岩爆	>4.5
Ⅱ	坚硬岩（$f_r>60$MPa）：受地质构造影响较重，节理较发育，有少量软弱面（或夹层）和贯通微张节理，但其产状及组合关系不致产生滑动；层状岩层为中层或厚层，层间结合一般，很少有分离现象；或为硬质岩偶夹软质岩石；岩体较完整	呈大块状砌体结构	暴露时间长，可能会出现局部小坍塌，侧壁稳定，层间结合差的平缓岩层顶板易塌落	3.5～4.5
	较硬岩（30MPa$<f_r\leqslant 60$MPa）：受地质构造影响轻微，节理不发育；层状岩层为厚层，层间结合良好，岩体完整	呈巨块状整体结构		

续表

围岩级别	围岩主要工程地质条件		围岩开挖后的稳定状态（单线）	围岩压缩波波速 v_p（km/s）
	主要工程地质特征	结构形态和完整状态		
Ⅲ	坚硬岩和较硬岩：受地质构造影响较重，节理较发育，有层状软弱面（或夹层），但其产状组合关系尚不致产生滑动；层状岩层为薄层或中层，层间结合差，多有分离现象；或为硬、软质岩石互层	呈块石状镶嵌结构	拱部无支护时可能产生局部小坍塌，侧壁基本稳定，爆破振动过大易塌落	2.5～4.0
	较软岩（15MPa＜f_r≤30MPa）和软岩（5MPa＜f_r≤15MPa）：受地质构造影响严重，节理较发育；层状岩层为薄层、中厚层或厚层，层间结合一般	呈大块状砌体结构		
Ⅳ	坚硬岩和较硬岩：受地质构造影响极严重，节理较发育；层状软弱面（或夹层）已基本破坏	呈碎石状压碎结构	拱部无支护时可产生较大坍塌，侧壁有时失去稳定，	1.5～3.0
	较软岩和软岩：受地质构造影响严重，节理较发育	呈块石、碎石状镶嵌结构		
	土体： 1. 具压密或成岩作用的黏性土、粉土及碎石土 2. 黄土（Q_1、Q_2） 3. 一般钙质或铁质胶结的碎石土、卵石土、粗角砾土、粗圆砾土、大块石土	1、2 呈大块状压密结构，3 呈巨块状整体结构		
Ⅴ	软岩受地质构造影响严重，裂隙杂乱，呈石夹土或土夹石状极软岩（f_r≤5MPa）	呈角砾、碎石状松散结构	围岩易坍塌，处理不当会出现大坍塌，侧壁经常小坍塌；浅埋时易出现地表下沉（陷）或塌至地表	1.0～2.0
	土体：一般第四系的坚硬、硬塑的黏性土、稍密及以上、稍湿或潮湿的碎石土、卵石土，圆砾土、角砾土、粉土及黄土（Q_3、Q_4）	非黏性土呈松散结构，黏性土及黄土松软状结构		
Ⅵ	岩体：受地质构造影响严重，呈碎石、角砾及粉末、泥土状	呈松软状	围岩极易坍塌变形，有水时土砂常与水一齐涌出，浅埋时易塌至地表	＜1.0（饱和状态的土＜1.5）
	土体：可塑、软塑状黏性土、饱和的粉土和砂类土等	黏性土呈易蠕动的松软结构，砂性土呈潮湿松散结构		

注：1. 表中“围岩级别”和“围岩主要工程地质条件”栏，不包括膨胀性围岩、多年冻土等特殊岩土。
2. Ⅲ、Ⅳ、Ⅴ级围岩遇有地下水时，可根据具体情况和施工条件适当降低围岩级别。

9. 国外常用的围岩分类

国外围岩分类较多，常见的有比尼维斯基的 RMR 分类、巴顿的 Q 分类、威克姆的 RSR 分类，对巴顿的 Q 分类介绍如下：

巴顿（N. Barton）等人所提出的“岩体质量分类”与 6 个地质参数有关：

$$Q=\frac{RQD}{J_h}\times\frac{J_r}{J_a}\times\frac{J_w}{SRF} \tag{7-3-3}$$

式中　RQD——岩石质量指标；

J_h——节理组数目，岩体愈破碎，J_h取值愈大，整体没有或很少有节理的岩体，取 0.5～1.0；两个节理组时，取 4；破碎岩体取 20；

J_r——节理粗糙度，节理愈光滑，J_r取值愈小，不连续节理取 4；平整光滑的取 0.5；

J_a——节理蚀变值，蚀变愈严重，J_a取值愈大，节理面紧密结合，夹有坚硬不软化的充填物时取 0.75，节理中夹有膨胀性黏土时取 8～12；

J_w——节理含水折减系数，节理渗水量愈大，水压愈高，J_w取值愈小，干燥或微量渗水，水压＜0.1MPa 时取 1.0，而渗水量特别大，或水压特别高，持续无明显衰减时取 0.1～0.05；

SRF——应力折减系数，围岩初如应力愈高，SRF 取值愈大，脆性而坚硬的岩石，有严重岩爆现象时取 10～20，坚硬岩石有单一剪切带时取 2.5。

国内邢念信等人将国内常用的围岩分类和国外常用的围岩分类进行了研究得出结果见表 7-3-42。

国内外主要围岩分类换算对照　　　　**表 7-3-42**

序号	国别	分类名称	分类依据及代表符号	围岩类别				
1	中国	《工程岩体分级标准》GB 50218—94	岩体质量指标 BQ	Ⅰ	Ⅱ	Ⅲ	Ⅳ	Ⅴ
2		锚杆喷射混凝土支护设计规范 GB 50086—2001	岩体质量系数	Ⅰ	Ⅱ	Ⅲ	Ⅳ	Ⅴ
3		水利水电工程地质勘察规范 GB 50287—99	岩体质量评分（A—E 之和）	Ⅰ	Ⅱ	Ⅲ	Ⅳ	Ⅴ
4		铁路隧道设计规范	预测方程系数值	Ⅱ	Ⅲ	Ⅳ	Ⅴ	Ⅵ
5		《公路工程地质勘察规范》JTJ 064—98		Ⅵ	Ⅴ	Ⅳ	Ⅲ	Ⅱ
6		防护工程设计规范（1989）	坑道岩体质量指标（R_m或 R_s）	Ⅰ	Ⅱ	Ⅲ	Ⅳ	Ⅴ
7		岩体坚固性系数（1960 前后）	f_{kp}（岩体）	≥8	≥6	≥3	≥2	≤1.5
8	澳大利亚	节理岩体地质力学分类 比尼维斯基（1973）	岩体质量评分（RMR）	90	70	50	25	
				Ⅰ	Ⅱ	Ⅲ	Ⅳ	Ⅴ
9	挪威	隧道质量指标（巴顿等 1974）	质量指标（Q）	40	10	1.0	0.1	
				Ⅰ	Ⅱ	Ⅲ	Ⅳ	Ⅴ
10	南非	岩体结构评分（威克姆 1972）	$A+B+C$（RSR）	85	65	45	25	
				Ⅰ	Ⅱ	Ⅲ	Ⅳ	Ⅴ

（二）围岩压力计算

围岩压力是指围岩作用在支护（衬砌）上的压力，是确定衬砌设计荷载大小的依据。围岩压力计算有经验公式计算法与理论公式计算法。

1. 铁道部经验公式

围岩垂直匀布压力：

$$q = 0.45 \times 2^{s-1} g \cdot \omega \tag{7-3-4}$$

式中 q——围岩垂直匀布压力（kPa）；

s——围岩级别；

g——围岩重度（kN/m³），参见表 7-3-44；

ω——宽度影响系数（m），$\omega = 1 + i(B-5)$，其中 B 为坑道宽度（m），i 是 B 每增减 1m 时的围岩压力增减率。当 $B<5$m 时，取 $i=0.2$；$B>5$m 时，$i=0.1$。

注：公式（7-3-4）适用于不产生显著偏压力及膨胀压力的一般围岩及采用钻爆法（或开敞式掘进机法）施工的隧道。

围岩水平匀布压力 **表 7-3-43**

围岩类别	Ⅰ～Ⅱ	Ⅲ	Ⅳ	Ⅴ	Ⅵ
水平匀布压力 e	0	$<0.15q$	$(0.15 \sim 0.30)q$	$(0.30 \sim 0.50)q$	$(0.5 \sim 1.0)q$

注：本表 e 值适用条件同公式(7-3-4)。

围岩的物理力学指标值应按试验资料确定，在无试验资料时可按表 7-3-44。

各围岩的物理力学参数 **表 7-3-44**

围岩类别		重度 γ (kN/m³)	弹性抗力系数 K(MPa/m)	变形模量 E (GPa)	泊松比 ν	内摩擦角 φ(°)	黏聚力 c(MPa)
级别	亚级						
Ⅲ	Ⅲ$_1$	24～25	850～1200	10.7～20	0.25～0.26	44～50	1.1～1.5
	Ⅲ$_2$	23～24	500～850	6.0～10.7	0.26～0.30	39～44	0.7～1.1
Ⅳ	Ⅳ$_1$	22～23	400～500	3.8～6.0	0.30～0.31	35～39	0.5～0.7
	Ⅳ$_2$	20～22	200～400	1.3～3.8	0.31～0.35	27～35	0.2～0.5
Ⅴ	Ⅴ$_1$	18～20	150～200	1.3～2.0	0.35～0.39	22～27	0.12～0.2
	Ⅴ$_2$	17～18	100～150	1.0～1.3	0.39～0.45	20～22	0.05～0.12

2. 用弹性理论计算围岩压力

（1）圆形、椭圆形及矩形深埋洞室周边切向应力 σ_t，可按式（7-3-5）计算：

$$\sigma_t = Cp_0 \tag{7-3-5}$$

式中 C——应力集中系数；

p_0——岩体的初始垂直应力（kPa）。

（2）当满足式（7-3-6）时，可认为围岩稳定，可不考虑围岩压力：

$$\sigma_c \leqslant R_b / F_s \tag{7-3-6}$$

$$\sigma_t \leqslant R_t / F_s$$

式中 σ_c——洞壁围岩切向压应力（kPa）；

σ_t——洞壁围岩切向拉应力（kPa）；

R_b——岩石饱和单轴抗压强度（kPa）；

R_t——岩石饱和抗拉强度（kPa）；

F_s——安全系数，一般取 2。

3. 岩体洞室分离块体的稳定性计算（图 7-3-1）

（1）洞壁块体的稳定性

$$F_s = (W_2 \cos\alpha \tan\varphi + c_1 L_4)/(W_2 \sin\alpha) \qquad (7\text{-}3\text{-}7)$$

式中 φ——结构面 L_4 的内摩擦角（°）；

c_1——结构面 L_4 的黏聚力（kPa）；

α——结构面 L_4 的倾角（°）；

W_2——块体的重力（kN）。

（2）洞顶块体的稳定性

$$F_s = [2(c_1 L_1 + c_2 L_2)(\cos\alpha + \cos\beta)]/\gamma L_3^2 \qquad (7\text{-}3\text{-}8)$$

式中 c_1——结构面 L_1 的黏聚力（kPa）；

c_2——结构面 L_2 的黏聚力（kPa）；

α——结构面 L_1 的倾角（°）；

β——结构面 L_2 的倾角（°）；

γ——岩体的重度（kN/m³）。

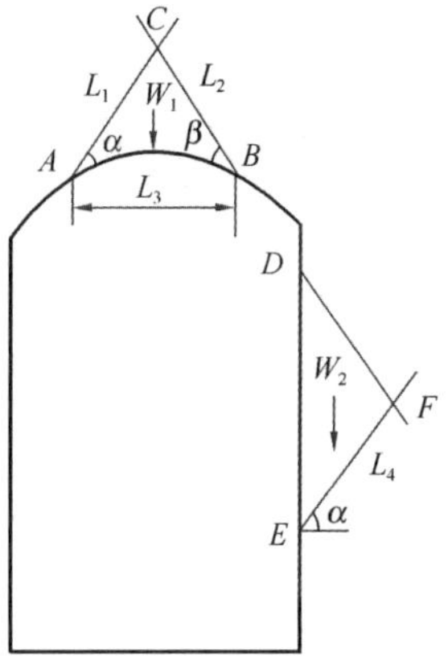

图 7-3-1 洞顶洞壁分离块体稳定性计算

当 $F_s \geqslant 2$ 时，块体稳定；

当 $F_s < 2$ 时，块体不稳定。

4. 用弹塑性理论，对破碎岩体中深埋洞室松动围岩压力的计算：

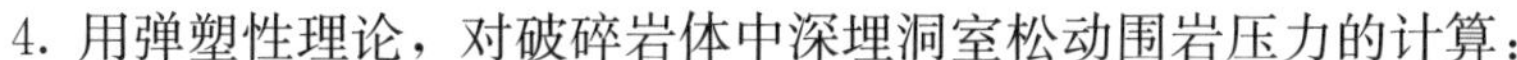

$$p = K_1 r\gamma - K_2 c_g \qquad (7\text{-}3\text{-}9)$$

式中 p——松动围岩压力（kPa）；

γ——岩石重度（kN/m³）；

r——洞室半径（m）；

c_g——岩石黏聚力（kPa）；

K_1、K_2——松动压力系数，由图 7-3-2、图 7-3-3 查得。

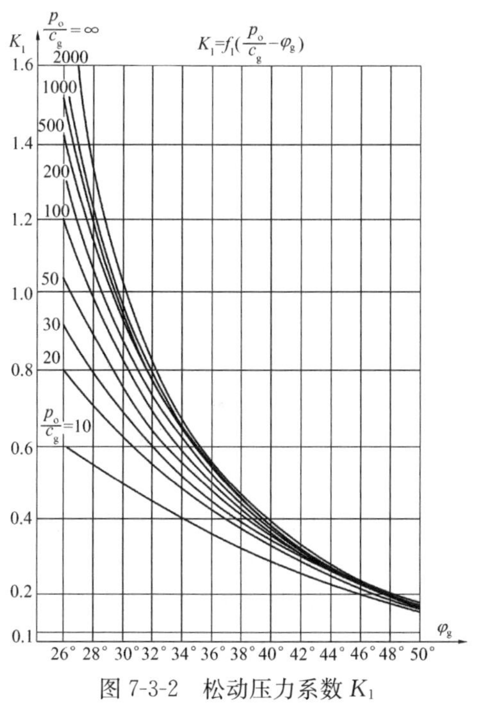

图 7-3-2 松动压力系数 K_1

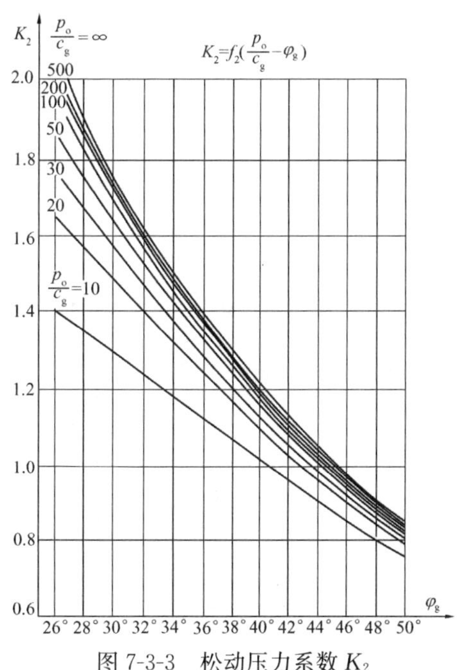

图 7-3-3 松动压力系数 K_2

注：式（7-3-9）与图 7-3-2 和图 7-3-3 中的 c_g、φ_g是室内或现场试验得到的黏聚力和内摩擦角经折减后得到的值。折减方法如下：

① 岩体裂隙中充泥较多、地下水丰富、施工爆破振动大、爆破裂隙多、衬砌不及时时，可按下式计算：

$$c_g \approx 0$$

$$\tan\varphi_g = (0.70 \sim 0.67)\tan\varphi$$

② 岩体裂隙呈闭合型、不夹泥、地下水不多、施工爆破振动小，能及时衬砌时，可按下式计算：

$$c_g = (0.20 \sim 0.25)c$$

$$\tan\varphi_g = (0.67 \sim 0.80)\tan\varphi$$

5. 土体洞室松动土体压力计算

（1）对粉细砂、淤泥或新回填土中的浅埋洞室，可按下列公式计算：

$$q_v = \gamma H \tag{7-3-10}$$

$$q_h = (\gamma H/2)(2H+h)\tan^2\left(45° - \frac{\varphi}{2}\right) \tag{7-3-11}$$

式中　q_v——垂直均布土压力（kPa）；

q_h——水平均布土压力（kPa）；

H——洞室埋深（m）；

h——洞室高度（m）；

φ——土的内摩擦角（°）；

γ——土的重度（kN/m³）。

（2）对上覆土层性质较好的浅埋洞室，可按图 7-3-4 和下列公式计算：

$$q_v = \gamma H[1-(H/2b_1)K_1-(c/b_1\gamma)(1-2K_2)] \tag{7-3-12}$$

$$q_h = (\gamma H/2)(2H+h)\tan^2[45°-(\varphi/2)] \tag{7-3-13}$$

$$b_1 = b + h\tan[45°-(\varphi/2)] \tag{7-3-14}$$

$$K_1 = \tan\varphi\tan^2[45°-(\varphi/2)] \tag{7-3-15}$$

$$K_2 = \tan\varphi\tan[45°-(\varphi/2)] \tag{7-3-16}$$

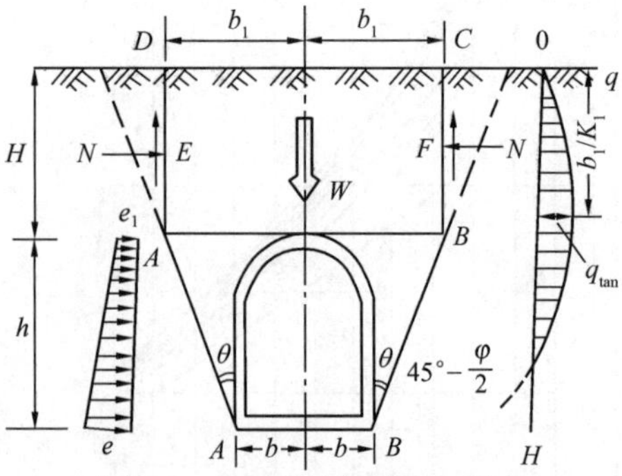

式中　c——土的黏聚力（kPa）；

b_1——土柱宽度之半（m）；

b——洞室跨度之半（m）；

K_1、K_2——与土的内摩擦角有关的系数，按图 7-3-2 和图 7-3-3 取值。

图 7-3-4　土质较好的浅埋洞室土压力计算示意

（3）除饱和软黏土、淤泥和粉砂等软弱土外，深埋洞室的土体压力，也可按压力拱理论计算，计算时需对坚固系数进行修正。

（4）黄土洞室的土体压力，可按弹塑性理论公式计算，或按式（7-3-17）、式（7-3-18）计算。

垂直均布荷载的估算公式：

$$p_{\mathrm{v}} = N \cdot \frac{b^2}{R'} \cdot \gamma \cdot K \tag{7-3-17}$$

水平均布荷载的经验公式：

$$p_{\mathrm{H}} = p_{\mathrm{v}} \cdot \xi \tag{7-3-18}$$

式中 N——分类系数：甲类黄土取 1.1，乙类黄土取 1.3，丙类黄土取 2.0；

$\frac{b}{R'}$——洞形系数（b 为毛洞半跨，R'为毛洞当量半径）；

$$R' = \sqrt{\frac{F}{\pi}}$$

F——毛洞断面面积；

K——松动系数；

$$K = \left[1 - \sin\varphi + \frac{p_0(1 - \sin\varphi)}{c\cos\varphi}\right]^{\frac{1-\sin\varphi}{2\sin\varphi-1}}$$

ξ——侧荷载系数：甲类黄土取 0.6～0.7，乙类黄土取 0.7～0.8，丙类黄土取 0.8～0.9；

γ——洞顶上覆土层的平均重度。

注：式（7-3-17）及式（7-3-18）适用于下列条件：①$0.7 < \frac{H}{B}$（高跨比）< 1.2；②暗挖法施工，埋深<50m；③B（跨度）<9m；④不产生显著偏压的黄土围岩。

6. 常士骠方法

均质围岩：

$$p = \sigma K_1 \tag{7-3-19}$$

式中 p——为洞壁某点的山体压力（kPa）；

σ——为洞壁某点的切向应力（kPa）；

K_1——为极限状态下土体的侧压系数。当内摩擦角为 φ 时，

$$K_1 = \tan^2\left(45° - \frac{\varphi}{2}\right)$$

当岩体具有黏聚力 c 时

$$p = \sigma K_1 - 2cK_1K_2 \tag{7-3-20}$$

其中

$$K_2 = \tan\left(45° + \frac{\varphi}{2}\right)$$

裂隙围岩

$$P_i = \frac{P_0\left\{3 + \frac{1}{1 + 2\frac{x}{r_i}\cos\alpha + \left(\frac{x}{r_i}\right)^2} - \frac{\sin(2\alpha' - \varphi_j) + \sin\varphi_j}{\sin(2\alpha' - \varphi_j) - \sin\varphi_j}\left[1 - \frac{1}{1 + 2\frac{x}{r_i}\cos\alpha + \left(\frac{x}{r_i}\right)^2}\right]\right\} - \frac{2c\cos\varphi_j}{\sin(2\alpha - \varphi_j) - \sin\varphi_j} - \frac{2c\cos\varphi_j}{\sin(2\alpha' - \varphi_j)\sin\varphi_j}}{1 + \frac{\sin(2\alpha - \varphi_j) + \sin\varphi_j}{\sin(2\alpha - \varphi_j) - \sin\varphi_j} + \frac{1}{1 + 2\frac{x}{r_i}\cos\alpha + \left(\frac{x}{r_i}\right)^2}\left[1 - \frac{\sin(2\alpha' - \varphi_j) + \sin\varphi_j}{\sin(2\alpha' - \varphi_j) - \sin\varphi_j}\right]} \tag{7-3-21}$$

式中 P_0——洞顶覆盖压力（其值等于 $h\gamma$ ）（kPa）；

P_i——洞壁某点的围岩压力（kPa）；

c——围岩节理面黏着力（kPa）；

φ_j ——围岩节理面内摩擦角（°）；

α——节理面与洞室法线夹角或节理面法线与切向应力的夹角（°）；

α'——计算点处的径向与该组节理面夹角（°）

x/r_i——节理隙跨比（半跨）（m）。

设连通好的两节理第一组与法线 OA 成 α 角，第二组与第一组夹角为 β，第一组节理间距为 d_2，第二组节理间距为 d_1。由计算得到 $x_1 = d_1/\sin\beta$，$x_2 = d_2/\Sigma\beta$，则：

$$r = r_i\sqrt{1+\frac{2d_1\cos\alpha}{r_i\sin\beta}+\left(\frac{d_1}{r_1\sin\beta}\right)^2} = r_i\sqrt{1+\frac{2x_i}{r_i}\cos\alpha+\left(\frac{x_1}{r_i}\right)} \tag{7-3-22}$$

（三）数值分析方法

数值分析方法也是评价围岩稳定的方法之一，对研究围岩应力、变形和破坏的发展具有一定的优势，目前常用的有有限元、边界元等方法，有限元常采用二维有限元，主要问题在于根据有关的地质资料，将地质模型转化为力学模型，确定模型的边界条件和受力情况，采用线弹性、弹塑性、黏弹性有限元程序研究围岩的稳定性。

边界元数值分析方法比有限元方法使用晚，但其具有方法简单、输入参数少、计算速度快等特点。E. Hoke 在其编著的《Underground Excavation in Rock》和李世辉在其编著的《隧道围岩稳定系统分析》中给出了二维的边界元程序，采用该程序在确定力学模型后输入有关的参数，可以评价围岩的稳定性。

三、几类特殊洞室稳定性评价中的注意事项

下列三类地下工程，应特别注意以下问题。

（一）城市地下铁道的评价

1. 确定修建地下铁道的最佳地层。这是修建地铁要解决的首要问题，它与地质条件、施工方法、人防要求、经济费用、运行要求等多方面因素有关。在地质方面应选择围岩稳定性好、不含水、构造简单的地层，以达到安全稳定、经济合理、施工方便的目的。

2. 勘察工作。鉴于地铁线路的平面位置主要取决于城市干道走向等交通需要，故除少数要编制工程地质平面图供线路选择或反映复杂的地质条件（如滑坡等）外，主要是编制沿线的纵横工程地质剖面图，着重反映地层岩性及其物理力学性质和水文地质条件（包括含水构造、水位、水质、流速、流向及其变化）。钻探点的间距，随地质复杂程度而定，按《城市轨道交通岩土工程勘察规范》GB 50307—2012 的要求执行，在穿越河道、古河道、断层破碎带或人工活动遗迹区时，应加密钻孔间距，以查明局部的软弱地层分布。针对沿线的隧道围岩和路基的变化，要分别提出加固处理的方案和有关数据。

3. 施工现场的监测工作。由于地铁是建筑密集的城市地下施工，故要密切注意对已有建筑的影响：

（1）明挖施工，要注意边坡稳定，采取可靠的临时护坡措施，以保证施工和防止因边坡位移影响邻近建筑物的安全。

（2）防止因施工降水引起附近建筑物的不均匀沉降。

（3）防止因暗挖施工，引起地面不均匀沉降，影响附近建筑物安全。

（4）防止与城市地下的上下水、热力、电力、通信、煤气、雨水等各类管线和建筑物基础的相互干扰。

（二）水下隧道的评价

1. 水下隧道要考虑的特殊问题

（1）隧道位置的选择。要根据水下地形、地貌、地质构造的复杂情况确定隧道轴线位置，一般要尽量避开深水地带、地形地貌复杂地段和构造断裂带。

（2）要详细查明隧道位置的水文地质条件。水下隧道最核心的问题是防止渗漏水。它无法自然排水，如有漏水，其水源一般又直接来自江河湖海，水量之大可想而知。为此对水下隧道的水文地质条件必须彻底查清，了解隧道所在位置的地层渗透系数及其变化情况，水力梯度和水质成分。要把隧道置于渗透系数尽可能小的地层中，或使隧道顶部有较好的隔水层，隔断上部水的下渗。

2. 水下隧道的勘察特点

除本章第一节所述外，要特别注意下列几点：

（1）要具备水下地形图。水底地形有时能反映某些地质构造或地貌特征，对正确布置勘探工作和分析评价十分重要。

（2）进行水上勘探。勘探手段除常规钻探外，还可采用一些声波勘探、地震勘探或磁法勘探，以查明水下地层的岩性、厚度、分布、主要物理力学指标和构造、破碎情况等。

（3）超前水平钻探（或坑探）。它主要用于大型工程的施工阶段，在水下隧道施工中，用来验证勘探资料，预报前方地质条件，防止塌方、漏水等事故发生。

（三）地下冷库的评价

地下冷库是埋置在地表下一定深度的岩土体中，并在周围形成一个相对稳定的低温场，用以冷藏物资的建筑工程。它的基本要求是围岩稳定，并易于保持恒定的低温状态。为达此目的，要考虑的问题有以下几点：

1. 地形位置：要选山形浑厚、地表切割破坏少无冲沟洼地的浑圆状山体。不受地表洪水、滑坡等不良地质作用的影响。

2. 水文地质条件：要选地下水尽量少的山体。地下水可软化岩石和结构面的强度，降低围岩稳定性，增加塌方、掉块数量。裂隙水的反复冻融，可加快围岩破坏，造成冻胀、开裂。地下水的运动、热对流，可带走大量冷量，浪费能源。地下水如渗入库内，冻结成冰，不但浪费冷量，还会影响冷库的储存、运行和管理，如水量大、温度高，还会使库存物品变质，冷藏失效。

冷库对地下水的处理原则，应以防为主，以排为辅。根据水的来源、流经途径、水文地质条件等，采取截、疏、堵的办法，减少地下水流入围岩，防止渗入库内。

3. 地质岩性：要选地质构造简单、岩性致密坚硬、节理不发育、地震烈度低的地区。

4. 埋置深度：要置于常温层中。因为太浅，易受地表气温日、季、年的周期变化的影响，冷库围岩不能形成稳定的冷冻层，库内温度不能保持稳定的低温。围岩在反复冻融作用下，加上裂隙水的反复冻融，使岩体强度明显降低，如距地表很近，还会因地表岩石温度与冷库温度相差太大，致使岩石胀缩性差别太大，导致围岩变形破坏。另外，也要避开地热带。

常温层的深度受自然地理、地形地貌、地质和水文地质条件的影响，我国一般在10～35m之间，多为12～25m，海滨地区较浅，内陆地区较深，气温高且年温差大的地方深，阳坡比阴坡深。当地如无地温资料时，可在钻孔中测量不同深度的岩层温度，如温度略高于当地多年平均气温2℃左右时，该深度即为常温层位置。

第三节　天然洞室的勘察

一、天然洞室的勘察

（一）天然洞室的选择

天然洞室的选择，除按使用的要求条件外，从建筑安全出发，尚应考虑下列要求：

1. 洞体要稳定：应选择稳定或基本稳定的洞体。稳定洞体的一般特征是：岩体完整性好，节理裂隙少；洞顶表面溶蚀迹象明显，无近期崩塌痕迹；洞壁完整，壁脚不空，支洞交叉少；洞内有少量钟乳石，漏水不严重。

2. 防洪要可靠：洞内无暗河，洞底标高高于附近暗河及河流的最高洪水位，不受洪水淹没威胁。

3. 断面要足够大：洞体断面应能满足利用的需要。如断面过小，不能满足利用要求，就应考虑有无开挖扩大的可能性。

4. 洞底要平坦：洞室底板一般要求大致平坦，无太大的起伏、陡坡、深坑和大块碎石堆等。

5. 标高要适中：洞底的标高要与洞外地面相适应。太低，进洞坡度大，交通运输不便；太高，运输要修盘山路或缆车，增大投资。

（二）勘察工作

1. 测绘：天然洞的测绘工作除与岩溶地区相同外，尚应着重查明：

（1）围岩的软弱夹层、断层、裂隙等的产状和特征，以及它们与洞室的组合关系；

（2）在洞室范围内的漏斗、落水洞等的规模和位置，及其与洞室的连通关系；

（3）洞内硅化物、漏水点、支洞、底板堆积物和危岩等的分布及其形成原因和类型，并分析危岩的危险程度。

（4）暗河水的来源、最高洪水位及洞内最高洪水位，并分析暗河的处理方案。

2. 洞底勘探：天然洞室底板的勘探，主要是为基础设计提供资料。勘探内容和要求，除一般地面工程要求外，尚应查明：

（1）底板下一定深度范围内有无暗河、溶洞及其分布范围、充填情况和地下水的水位、连通情况。

（2）控制性勘探点的位置，应综合下列情况考虑：根据岩溶发育规律，推断可能有溶洞、暗河发育地段，支洞与主洞相交地段，洞室转折地段，底板低洼集水、渗水地段；物探发现的异常地段；顶板岩层需要采取支撑加固时，相应底板的支撑基础地段；重型设备安置地段。

二、天然洞室的稳定性评价

（一）影响稳定性的主要因素

影响天然洞稳定性的主要因素除岩体完整性、岩石强度和地下水外（参阅人工洞室部分），尚应考虑：

1. 溶洞的发育史

天然溶洞是一种地质历史的产物，在漫长的地质年代中经受了长期的各种自然营力的考验，大都已形成了新的平衡，如无近期明显崩塌痕迹，一般不会发生严重坍塌，稳定性较好。

2. 洞体表面特征

这是反映洞体稳定状况的重要标志，可直观地显示洞体的稳定性。

（1）洞顶：洞顶有溶蚀沟槽及窝状溶蚀面、钙质胶结壳和少量钟乳石，无近期崩塌掉块痕迹，表明洞顶在较长时期内处于稳定状态。

（2）侧壁：侧壁完整，有溶蚀痕迹、钙质胶结壳，无含泥很多的大片灰华物，表明侧壁稳定。

（3）底板：底板表层如为较厚的黏性土、砂卵石或钙质胶结层，表明近期无崩塌，洞体稳定。如底板堆积大量崩塌物，表明洞体近期有崩塌，不够稳定。如崩塌体上又形成较大石笋或较深的滴水蚀孔，表明已处于稳定状态。

（二）洞室稳定性的评价方法

目前以工程地质分析为主（配以一定的测试手段），辅以力学计算校核。

1. 工程地质分析法

通过工程地质测绘、勘探和物探等手段，从研究岩体完整性着手，分析岩层厚薄、有无软弱夹层，分析软弱结构面的发育程度、分布规律、胶结状态、与洞体临空面的关系等，从地层岩性、软弱结构面、岩层裂隙水和洞体特征等四个主要因素分析判断洞体的稳定性，按表 7-3-45 确定其稳定性等级。如洞体长、变化大，各部分稳定性不同，也可分区分段评价。

天然溶洞稳定性评价 **表 7-3-45**

等级	地层岩性	软弱结构面	岩层裂隙水	洞体特征	处理和利用意见
稳定性好	巨厚层或厚层灰岩，岩体完整，无软弱夹层，层面胶结好，走向与洞轴向垂直或高角度斜交	无断层褶皱，裂隙不发育，裂隙充填胶结好，裂隙组合未形成临空切割体	洞内基本无滴水，漏水，洞体比较干燥	洞顶和侧壁均有钙质胶结壳和溶蚀窝状面，无近期崩塌痕迹，底板表面无大块崩塌物	稍加处理即可利用
稳定性较好	厚层或中厚层灰岩，岩层较完整，层面胶结较好，走向与洞轴向斜交	有小断层或褶皱，裂隙较发育，但胶结较好，裂隙组合形成少量临空切割体	洞内无较大漏水处，仅有少量滴水点，洞体较潮湿	大部分顶和侧壁有钙质胶结壳和溶蚀窝状面，有近期崩塌痕迹和掉块现象，洞底堆积少量崩塌岩块	局部需要适当处理和加固。加固处理后一般可以利用
稳定性差	中厚层或薄层灰岩，有软弱夹层，层面胶结差，有裂隙，岩体破碎，走向与洞轴向平行	有规模较大的断层形成较宽的破碎带，裂隙发育，呈张性或扭性，未胶结充泥充水，裂隙组合形成较多的临空切割体	洞内有多处大量漏水，沿裂隙普通分布漏水点，洞内潮湿	顶和侧壁溶蚀窝状面少，有新的崩塌痕迹，侧壁分布大量石柱和灰华物，洞底堆积大量崩塌岩块	加固处理工作量很大，处理后安全上仍不能得到保证。一般不宜利用

2. 力学验算法

一般可按无铰拱或梁板进行验算。

3. 危岩的处理

危岩是指岩体受层理、裂隙、溶沟等切割，有突然掉落危险的岩块或钟乳石。处理方法一般有：

（1）清除：危岩一般以彻底清除、消除隐患为宜。但在有些情况下不宜清除，如岩块互相嵌叠，清除一块会影响一片，造成更多危岩；或清除大片硅化物引起隐蔽溶洞、竖井大量塌方。

（2）加固：根据危岩的位置、形状等可采取垛墙支顶、柱梁支顶、衬砌加固或锚喷加固等方法来加固危岩。

（3）隔离：局部地段如危岩较多较大，不易清除、加固，可用石墙或混凝土衬砌等加以隔离。

第四章　水　上　工　程

第一节　水上工程的分类及特点

一、水上工程的分类

水上工程是指建筑在江、河、湖、海及其滨岸的各类水工建筑物；按其功能一般可分为港口水工建筑物、修造船水工建筑物、航道工程和跨海大桥四类。

（一）港口水工建筑物

1. 码头：各类码头的特点和对地基的要求见表 7-4-1；

2. 防波堤：防波堤主要由堤头、堤干（身）和堤根组成，其特点见表 7-4-2，各类防波堤对地基的要求见表 7-4-3；

3. 护岸（坡）：护岸（坡）有斜坡式护岸（坡）和重力式护岸（坡）等，它们的特点和对地基的要求分别与相应结构类型的码头、防波堤相同。

码头的特点和对地基的要求　　**表 7-4-1**

<table>
<tr><th colspan="2">类　别</th><th>特　点</th><th>对地基的要求</th></tr>
<tr><td colspan="2">重力式码头</td><td>靠自重抵抗滑动和倾倒，地基受到的压力大，沉降大，对均匀沉降敏感</td><td>稳定性、均匀性好的地基，如基岩、砂土、卵石或硬黏土</td></tr>
<tr><td colspan="2">板桩码头</td><td>板桩墙起着挡土的作用，主要荷载是土的侧压力</td><td>有沉桩可能，有较好的土作桩尖持力层</td></tr>
<tr><td colspan="2">高桩码头</td><td>垂直荷载和水平荷载都通过桩传递给地基</td><td>岸坡地基稳定性好，有沉桩可能，适用于软土较厚，有较好的土作桩尖持力层</td></tr>
<tr><td>实体</td><td rowspan="2">斜坡码头</td><td>利用天然岸坡加以修整填筑而成</td><td>岸坡地基稳定性好，强度能满足要求即可</td></tr>
<tr><td>架空</td><td>类似倾斜的桥，荷载通过墩台和桩（墩）传至地基</td><td>重力式墩台要求地基土强度较高，变形小；桩（柱）式墩台要求桩尖处有较好的土作持力层</td></tr>
<tr><td colspan="2">混合式码头</td><td>由不同结构类型组合而成</td><td>按采用的主要结构类型考虑</td></tr>
</table>

防波堤的组成及其特点 表 7-4-2

组成名称	特点
堤头	一般位于水深最大区域，离岸较远，三面环水，受力复杂，受波浪袭击和水流冲刷最强烈，又是堤干的依靠，因此对地基要求最高
堤干	是防波堤的主体，由基床、水下和水上三部分组成，靠海一侧受波浪的冲刷
堤根	位于浅水区，与岸坡相接，受拍岸浪的冲刷和掏蚀

防波堤对地基的要求 表 7-4-3

类别		对地基的要求	适用情况
重力式防波堤		与重力式码头相同	—
板桩式防波堤	双排板桩	荷载与重力式防波堤同，但自重较小	水深 6～8m
	格形钢板桩		水深较大，波浪较强
斜坡式防波堤		对地基要求不高，如土质较好，一般可不设置基床，如土质较差，则需设置垫层	地基土较差，水深较浅，且盛产石料

（二）修造船水工建筑物

1. 修造船水工建筑物的特点和对地基的要求

修造船水工建筑物包括船台、滑道、船坞和升船机等，它们的特点和对地基的要求见表 7-4-4 和表 7-4-5。

船台、滑道基础类型及其特点 表 7-4-4

基础类型		特点	对地基的要求
轨枕式道渣基础		构造简单，便于施工，轨顶标高可调整，适应性强，整体性差	对地基强度和变形的要求不高，新填土地区也适用
梁板基础	天然地基	整体性好，刚度大，对不均匀沉降敏感	要求地基土均匀性好，强度高，变形小，适用于土质较好的地基，如地基较差，应进行地基处理
	人工地基	由桩（柱）基或墩基及其上的梁板组成，整体性好，刚度大，对不均匀沉降敏感	地基软土层较厚，或天然岸坡较陡而滑道坡度较缓的情况适用，地基土较好时用墩基，地基土较差时用桩基

船台的特点和对地基的要求 表 7-4-5

名称		特点	对地基的要求
坞首		常采用整体性好、刚度大的重力式结构	要求地基土强度高，土质均匀，沉降小，稳定性好，在软土地基中一般均采用桩基
坞室	重力式船坞	自重大、刚度大、变形小	要求地基土强度高，土质均匀，低压缩性
	锚碇式船坞	用锚桩、锚杆或锚块将船坞锚固在地基上以抵抗浮托力	锚块适用于砂土地基，锚杆适用于基岩或硬塑黏性土等低压缩性地基
	止水减压式船坞	用钢（木）板桩，或钢筋混凝土板桩等作防渗墙，或用化学灌浆方法切断地下水来源以消除浮托力	适用于地基持力层下不深处埋藏有不透水层的地基 注：以上三种结构类型适用于强透水性（渗透系数大于 10^{-4}cm/s）的砾石、砂土地基和漏水严重，难以用灌浆法堵漏的岩石地基
	卸荷排水式船坞	在坞底下和坞墙后布置排水系统进行卸荷来消除浮托力	适用于弱透水性（渗透系数小于 10^{-4}cm/s）的非岩石地基和涌水不严重，可以用灌浆法堵漏的岩石地基

2. 修造船水工建筑物的级别划分

《干船坞设计规范》CB/T 8524—2011 根据船坞修造的最大船舶吨级（载重量），将船坞划分为以下三级：

Ⅰ级：大于或等于 10 万载重吨的大型船坞；

Ⅱ级：5 万～10 万载重吨（含 5 万载重吨）的中型船坞；

Ⅲ级：小于 5 万载重吨的小型船坞。

（三）航道工程

航道工程包括航道整治工程、运河开挖工程、护岸工程和航道标志工程；航道整治炸礁工程涉及砂土液化及岸坡稳定问题，运河开挖涉及岸坡稳定问题，整治筑坝涉及局部河床冲刷问题等，主要涉及岸坡稳定性问题。

（四）跨海大桥

本章所涉及的跨海大桥主要是指公路桥，内容是近年来常遇到的在覆盖层较厚地区建大桥的岩土工程勘察；由于大桥的规模和荷载等级差距较大，为论述方便，本章主要讨论一般采用的双向六车道，100 年正常使用期，荷载等级按汽车－20 或（超 20）级设计，挂车 120 验算的有关问题。

跨海大桥包括陆域桥（引桥）和海域桥，海域桥又可分为通航孔桥和非通航孔桥；跨海大桥特点和对地基的要求可参见表 7-4-6。

跨海大桥的特点和对地基的要求　　**表 7-4-6**

名称	特　点	对地基的要求
陆域桥（引桥）	常用跨径 22～50m，常用低桩承台基础	侧向荷载：需考虑地震作用和车辆的刹车荷载； 竖向荷载：其荷载与桥宽跨径和荷载等级有关，按前述假设约为 18000～69000kN； 桩型：以竖向荷载为主，一般仅设直桩，常用的桩型为预制方桩、PHC 桩或钻孔灌注桩； 对勘察的要求：通常与充分发挥桩身结构强度有关； 对沉降与沉降差的要求：沉降量约为 s(cm) = $2L^{1/2}$(跨径 m)；沉降差约为：Δs(cm) = $L^{1/2}$ 估算
海域非通航孔桥（引桥）	常用跨径 50～70m 的等截面连续梁；有时也用跨径 100～200m 的变截面连续梁；常用高桩承台基础	侧向荷载：除地震作用、车辆的刹车荷载外，尚需考虑：风荷载、流水压力、船撞力（非通航之内允许通航的低吨位船只）； 竖向荷载：按前述假设，当跨径为 50～70m 时为 69000～100000kN；当跨径为 100～200m 时为 160000～459000kN； 桩型：由于侧向荷载占有一定比例和高桩承台需考虑桩的侧向稳定性的要求，一般要求使用大直径的钢管桩和 PHC 桩并设置斜桩；要求由桩提供的承载力是竖向荷载的 1.2～1.5 倍；当为钻孔灌注桩时则有可能要求桩提供的承载力为竖向荷载的 1.5 倍以上； 对勘察要求：桩的设置除满足竖向荷载以外，尚需满足水平向桩基稳定的要求，尤其是对于直桩通常要求桩的入土深度（扣除冲刷线深度）$\geqslant 2d$（d 为承台底到海底距离），还需满足侧向荷载和力矩的要求；当使用大直径桩时，尚需注意大直径桩的承载力与一般直径桩的承载力的不同；由于海水一般对建筑材料（混凝土、钢材）均具有腐蚀性，故上述的防腐亦是勘察设计中的一个重点问题； 对沉降与沉降差的要求：同陆域桥

续表

名称	特　点	对地基的要求
海域通航孔桥（主桥）	斜拉桥的跨径为400～1000m；主塔常用高桩承台下的桩基，有时也用沉井基础；悬索桥的跨径为1000～2000m，主塔常用高桩承台下的桩基，而锚墩则常用沉井基础	侧向荷载：除地震、刹车荷载外，由于主塔高度超过200m，故风荷载变得重要，另外，主塔往往位于主航道处，流水压力和船撞力（高吨位船只）也需考虑； 竖向荷载：按前述假设，当跨径为400～1000m的斜拉桥时，为650000～1000000kN；当跨径为1000～2000m悬索桥时，为1000000～1500000kN，而要求锚墩承受的水平拉力为600000～1000000kN
海域通航孔桥（主桥）	同上	桩型：由于竖向荷载巨大而侧向的荷载占有很大比例，一般对高桩承台有设置斜桩的要求，故要求使用大直径钢管桩，且要求由桩提供的承载力约为1.5倍竖向荷载，当使用钻孔灌注桩（直桩）时，可能会达到2倍竖向荷载； 对勘察要求：当有使用沉井可能性时，要同时满足桩和沉井两种基础对地基的要求，即对桩和沉井均需要满足竖向、侧向荷载和力矩的要求，其中除对桩的沉桩分析等常规内容之外，尚需对沉井施工中可能遇到的工程地质和水文地质条件逐一做出分析评价，与其他海上工程一样，亦需评价海水对建筑材料（混凝土、钢材）的防腐问题； 对沉降与沉降差的要求同陆域桥

二、水上工程的特点

（一）建筑场地工程地质条件、水文地质条件比较复杂，主要表现在：

1. 地形上有一定坡度；

2. 地貌上，一个工程往往跨越两个或两个以上的微地貌单元；

3. 土层较复杂，层位不稳定，常分布有高压缩性软土、混合土、层状构造土（交错层）和各种基岩及风化带；

4. 由于长期受水动力作用的影响，这些地段不良地质作用发育，多滑坡、岸边坍塌、冲淤、潜蚀、管涌等。

（二）作用在水工建筑物及基础上的外力频繁、强烈且多变，影响大

1. 由水头差产生的水平推力，对水工建筑物的稳定性十分不利；

2. 水流（力）及所携带的泥沙，对水工建筑物及基础具有冲刷、掏蚀破坏作用；

3. 水的浮托力和渗透压力不仅会降低水工建筑物和地基的稳定性，而且可能引起物理、化学作用对水工建筑物及基础的侵蚀和腐蚀；

4. 波浪力、浮冰撞击力、船舶挤靠力、系缆力以及地震时引起的动水压力等，垂直或水平作用在水工建筑物上，可引起水工建筑物的水平位移和垂直沉降。

第二节　水上工程勘察

水上工程勘察，应根据水工建筑物的级别、荷载特点、结构特点、基础类型以及建筑场地所处自然地质环境特点，对各勘察阶段着重进行相应的工作。对于大、中型水上工程的勘察，一般应按与设计阶段相适应的三个阶段：可行性研究阶段勘察、初步设计阶段勘察和施工图设计阶段勘察，必要时应进行施工勘察。

一、可行性研究勘察要点

勘察目的是了解拟选场地的工程地质及水文地质条件，为综合评价场地的建设可行性提供地质资料。

（一）调查内容

1. 地貌类型及其分布、港湾或河段类型、岸坡形态与冲淤变化，重点是岸坡的整体稳定性；

2. 地层成因、时代、岩土性质与分布；

3. 对场地稳定性有影响的地质构造、地震情况、不良地质作用和地下水情况等。

（二）资料搜集

1. 地区和场地的各类地质图及有关地质报告；

2. 地形图、水深图、水道和岸线变迁图等；

3. 地震及地质灾害资料、当地建筑经验；

4. 测量控制资料、当地的水文、气象资料等。

（三）勘探工作

可行性研究阶段勘察，应在收集资料的基础上，根据场地地形地貌、工程要求、拟布置的主体建筑物的位置和场地地质条件布置勘探工作。

1. 港口水工建筑物：勘探线一般应垂直岸边线布置，线距不宜大于 200m，线上点距河港不宜大于 150m，海港宜为 200～500m；

2. 修造船水工建筑物：勘探线垂直岸向或平行主要建筑物的长轴方向，线距不宜大于 150m，线上点距河港不宜大于 100m；

3. 航道工程：勘探线宜顺轴线走向布置，勘探线和勘探点布置可参照表 7-4-7 确定，勘探点深度可参照表 7-4-8 确定。

航道工程可行性研究阶段勘探线、勘探点布置　　表 7-4-7

工程类别		勘探线间距(m)或条数	勘探点间距(m)
炸礁		50～150	100～150
整治筑坝工程、护滩和航道浅区		1 条	200～500m，且锁坝不少于 2 个，导堤不少于 4 个
运河工程	地质条件复杂	1 条	500～1000
	地质条件简单	1 条	1000～2000
护岸		1 条	1000～2000

航道工程可行性研究阶段勘探点深度　　表 7-4-8

工程类别	一般性勘探点勘探深度	控制性勘探点勘探深度
炸礁	达到炸礁底面以下至少 5m	
整治筑坝工程	沉降和承载力影响深度以下 3m	沉降和承载力影响深度以下至少 5m
运河工程	设计开挖河底高程以下至少 5m	
护岸	稳定影响深度以下 2～3m	稳定影响深度以下至少 5m

4. 对于跨海大桥，勘探线沿桥轴线走向布置，勘探点间距根据桥梁类型及地质条件综合确定。

可行性研究阶段勘察，对地貌单元较多的场地和构造复杂、岩面起伏较大的场地，局部宜予加密，勘探深度应达持力层内适当深度，勘探宜采用钻探与各种原位测试和物探相结合的方法；对影响场地取舍的重大工程地质、水文地质问题，应根据具体情况进行专项勘察或试验研究工作。

二、初步设计阶段勘察要点

初步设计阶段勘察的目的是为在已选定的场地上合理确定总平面布置、建筑物结构形式、基础类型、施工方法和场地不良地质作用防治提供工程地质和水文地质资料。

初勘的任务是划分地貌单元，初步查明岩土层性质、地质构造、不良地质作用、地下水和地震烈度，推荐适宜建筑地段，提出基础形式、地基持力层、陆域形成和地基处理的建议。

1. 勘探点平面布置

根据工程类别、地质条件以及拟建物总平面布置图等布置勘探点

（1）港口水工建筑物勘探线和勘探点间距，可参照表 7-4-9 确定；

港口水工建筑物初步设计阶段勘探线、勘探点布置　　表 7-4-9

工程类别		地质条件	勘探线间距(m)或条数	勘探点间距(m)
河港	水工建筑物区	山区	2～3 条	20～30
		丘陵	2～3 条	30～50
		平原	2～3 条	50～70
海港	水工建筑物区	岩基	3～5 条	40～100
		土基	2～4 条	75～200
	港池及锚地区	岩基	50～100	50～100
		土基	100～300	100～300
	进港航道区	岩基	50～100	50～100
		土基	1～3 条	100～500
	防波堤区	各类地基	1～3 条	100～300
	陆域形成区	岩土基	50～150	75～150
		土基	100～200	100～200

注：1. 岩基—在工程影响深度内基岩上覆盖层薄或无覆盖层；
岩土基—在工程影响深度内基岩上覆盖有一定厚度的土层；
土基—在工程影响深度内全为土层。
2. 各种物探工作的布置可根据各自的特点和工程的要求参照上述数值进行。

(2)修造船水工建筑物勘探线和勘探点间距，可参照表 7-4-10 确定；

修造船水工建筑物初步设计阶段勘探线、勘探点布置　　表 7-4-10

工程类别			勘探线间距(m)或条数		勘探点间距(m)
			岩土层简单	岩土层复杂	
船坞	5 万吨级以上	纵断面	2～4 条	4～5 条	30～50
		横断面	50～75m	30～50m	

续表

工程类别			勘探线间距(m)或条数		勘探点间距(m)
			岩土层简单	岩土层复杂	
船坞	5千至5万吨级	纵断面	2～3条	3～4条	60～90
		横断面	2～4条	4～5条	
	5千吨级以下	纵断面	2条	2～3条	60～90
		横断面	2条	2～3条	
船台			1～2条	2～3条	60～90
滑道			1～3条		60～90
施工围堰			1条		50～100

(3)航道工程勘探线和勘探点间距，可参照表7-4-11确定；

航道工程初步设计阶段勘探线、勘探点布置　　表7-4-11

工程类别		勘探线、勘探点布置方法	勘探线距或条数		勘探点距或点数	
			地质条件简单	地质条件复杂	地质条件简单	地质条件复杂
炸礁	陆上炸礁	平行礁石长轴方向布置	50～100m		50～100m	
	水下炸礁	根据礁石具体分布状况布置	根据礁石具体分布状况确定，地形起伏大者线距不大于50m		根据礁石顶面形状和有无覆盖层确定，复杂者间距25～50m	
整治筑坝和护滩、护底、航道浅区	丁坝、顺坝、护滩、护底、锁坝	平行长轴线方向的纵向布置及垂直长轴线方向的横向布置	每道1条纵向勘探线和若干条横向勘探线		纵向100～300m且不少于2个，横向每条不少于2个	
	导堤		每道1条纵向勘探线和若干条横向勘探线		纵向100～300m，横向每条不少于3个	
	航道浅区	—	1条纵向勘探线及适当的横向勘探线		纵向不大于500m，当地质条件复杂时，横向1～2个	
运河开挖		平行岸线的纵向布置及垂直岸线的横向布置	纵向1～2条勘探线，横向若干条		纵向点距200～500m，横向每条3个	
护岸	斜坡式	平行岸线的纵向布置及垂直岸线的横向布置	纵向1条勘探线，横向若干条		纵向点距200～500m，横向每条2个，坡顶坡脚各1个	
	直立式和混合式	沿护岸上纵向布置	1条	2条	100～300m	50～100m
		垂直岸线方向布置	20～1000m	100～200m	20～50m	不大于20m
大型航道标志	塔形标	塔基处呈等边三角形	—		3个，遇基岩时1～2个	
	大型标牌	在两只牌脚处布置	—		各1个	

注：1. 勘察对象中的丁坝、顺坝、护滩、护底，坝体长度大于500m取大值或适当增加；
2. 锁坝坝体高大者取大值；
3. 四级及以下航道工程和小窜沟上的锁坝工程勘探线、勘探点间距可适当放宽；
4. 斜坡式护岸，在岩土层地质结构复杂和近岸有涵沟地段，适当增加勘探点。

（4）跨海大桥勘探线沿桥轴线走向布置，勘探点间距应根据实际地质情况及拟采用的基础方案确定。

2. 勘探点深度确定

（1）港口水工建筑物，可参照表 7-4-12 确定；

（2）修造船水工建筑物，可参照表 7-4-13 确定；

（3）航道工程，可参照表 7-4-14 确定；

（4）跨海大桥勘探孔深度应按设计要求专门研究后确定。

港口水工建筑物初步设计阶段勘探点深度　　表 7-4-12

<table>
<tr><th colspan="3">工程类型</th><th>一般性勘探点深度(m)</th><th>控制性勘探点深度(m)</th></tr>
<tr><td rowspan="8">水工建筑物区</td><td rowspan="4">码头</td><td>10 万吨级以上</td><td>40～60</td><td>60～80</td></tr>
<tr><td>万吨级</td><td>35～55</td><td>55～65</td></tr>
<tr><td>千吨级</td><td>25～35</td><td>35～45</td></tr>
<tr><td>千吨级以下</td><td>20～30</td><td>30～40</td></tr>
<tr><td colspan="2">防波堤区</td><td>20～30</td><td>30～40</td></tr>
<tr><td colspan="2">港池、进港航道区</td><td colspan="2">设计航道标高以下 2～3</td></tr>
<tr><td colspan="2">锚地区</td><td colspan="2">5～8</td></tr>
<tr><td colspan="2">陆域形成区</td><td>15～30</td><td>30～40</td></tr>
</table>

修造船水工建筑物初步设计阶段勘探点深度　　表 7-4-13

<table>
<tr><th colspan="2">工程类型</th><th>一般性勘探点勘探深度(m)</th><th>控制性勘探点勘探深度(m)</th></tr>
<tr><td rowspan="3">船坞船台</td><td>5 万吨级以上</td><td>40～60</td><td>60～80</td></tr>
<tr><td>5 千到 5 万吨级</td><td>35～55</td><td>55～65</td></tr>
<tr><td>5 千吨级以下</td><td>25～40</td><td>40～50</td></tr>
<tr><td colspan="2">滑道</td><td>20～40</td><td>40～50</td></tr>
<tr><td colspan="2">围堰</td><td>20～30</td><td>30～40</td></tr>
</table>

表 7-4-12、表 7-4-13 注：

1. 在预定勘探深度内遇基岩时，一般性勘探点深度应钻入标准贯入试验击数大于 50 的风化岩层中不小于 1m，控制性勘探点深度应钻入标准贯入试验击数大于 50 的风化岩层中不小于 3m 或预计以风化岩为持力层的桩端以下不小于 5m；对于港池、进港航道，勘探深度不变；
2. 在预定勘探深度内遇到密实砂层和碎石土层时，一般性勘探点达到密实砂层和碎石土层内深度，砂层不小于 10m，碎石土层不小于 3m；控制性勘探点深度达到密实砂层和碎石土层内深度，应按一般勘探点深度增加 5～8m；
3. 在预定勘探深度内遇到坚硬的老黏性土时，深度酌减，一般性勘探点达到坚硬的老黏性土层内深度，水域不少于 10m，陆域不少于 5m；控制性勘探点深度达到坚硬的老黏性土层内深度，应按一般勘探点深度增加 5～8m；
4. 在预定勘探深度内遇松软土层时，控制性勘探点应加深或穿透松软土层，一般性勘探点应根据具体情况增加勘探深度；
5. 在预定深度内遇到溶洞，应穿透各层溶洞，进入底板以下完整岩层厚度 3～5m；
6. 对受侵蚀的江、河岸坡段的控制性勘探孔，孔深进入附近河床深泓线以下 3～5m；
7. 船坞部位的控制性勘探点深度要满足渗流计算的要求。

航道工程初步设计阶段勘探点深度布置 表 7-4-14

<table>
<tr><th colspan="3">工程类别</th><th>一般性勘探点深度</th><th>控制性勘探点深度</th></tr>
<tr><td colspan="3">炸礁</td><td>炸礁底面以下 2～3m</td><td>—</td></tr>
<tr><td rowspan="2">整治筑坝</td><td colspan="2">丁坝、顺坝、护滩、护底、锁坝、导堤</td><td>筑坝区的孔深应满足地基承载力和建筑物沉降量的要求，且低于极限冲刷面 2～3m</td><td>应考虑坝体规模、岩土条件等综合因素以满足抗滑稳定性验算需要，且孔深低于潜在沿滑面 3～5m</td></tr>
<tr><td colspan="2">航道浅区</td><td>设计航槽底面下 2～3m</td><td>—</td></tr>
<tr><td colspan="3">运河开挖</td><td>设计开挖河面以下 1～3m</td><td>—</td></tr>
<tr><td rowspan="3">护岸</td><td colspan="2">斜坡式</td><td>危险滑动面以下 2～3m</td><td>危险滑动面以下 3～5m</td></tr>
<tr><td rowspan="2">直立式和混合式</td><td>重力式</td><td>基础底面以下 1.5～2.0H</td><td>基础底面以下不小于 2H 且不大于 30m</td></tr>
<tr><td>板桩式</td><td>桩尖以下 3～5m</td><td>桩尖以下 8m</td></tr>
<tr><td rowspan="2">大型航道标志</td><td colspan="2">塔形标</td><td>10～15m，遇基岩钻透强风化层</td><td rowspan="2">遇不良地层时需适当加深</td></tr>
<tr><td colspan="2">大型标牌</td><td>10m，遇基岩钻透强风化层</td></tr>
</table>

注：1. H 为拟建护岸的高度（m）；
2. 岸坡地面高差较大时，位于高处勘探点的深度应达到与其相邻的低处勘探点地面下适当深度，使地质剖面图上地层能相互衔接；
3. 运河开挖工程遇岩溶地层时，其控制性孔深应穿过表层岩溶发育带。

三、施工图设计阶段勘察要点

施工图设计阶段勘察的目的为地基基础设计、施工和不良地质作用的防治措施提供工程地质资料；其任务是详细查明各个建筑物、构筑物影响范围内的岩、土分布及其物理力学性质，详细查明影响地基稳定的不良地质条件。

1. 勘探点平面布置

（1）港口、修造船水工建筑物施工图设计阶段的勘探工作布置可参照表 7-4-15；

港口、修造船水工建筑物施工图设计阶段勘探线、勘探点布置 表 7-4-15

<table>
<tr><th colspan="3" rowspan="2">工程类别</th><th rowspan="2">勘探线(点)布置方法</th><th colspan="2">勘探线距(m)或条数</th><th colspan="2">勘探点距(m)或点数</th><th rowspan="2">备注</th></tr>
<tr><th>岩土层简单</th><th>岩土层复杂</th><th>岩土层简单</th><th>岩土层复杂</th></tr>
<tr><td rowspan="6">码头</td><td colspan="2">斜坡式</td><td>按垂直岸线方向布置</td><td>50～100</td><td>30～50</td><td>20～30</td><td>≤20</td><td>—</td></tr>
<tr><td colspan="2">高桩式</td><td>沿桩基长轴方向</td><td>1～2 条</td><td>2～3 条</td><td>30～50</td><td>15～25</td><td>后方承台相同</td></tr>
<tr><td rowspan="2">栈桥</td><td>桩基</td><td>沿栈桥中心线</td><td>1 条</td><td>1 条</td><td>30～50</td><td>15～25</td><td>—</td></tr>
<tr><td>墩基</td><td>每墩至少 1 个勘探点</td><td>—</td><td>—</td><td>至少 1 个点</td><td>至少 3 个点</td><td>—</td></tr>
<tr><td colspan="2">墩式</td><td>每墩至少 1 个勘探点</td><td>—</td><td>—</td><td>至少 1 个点</td><td>至少 3 个点</td><td>—</td></tr>
<tr><td colspan="2">板桩式</td><td>按垂直码头长轴方向</td><td>50～75</td><td>30～50</td><td>10～20</td><td>10～20</td><td>一般板桩码头前沿点距 10m，其余点距为 20m</td></tr>
</table>

续表

工程类别		勘探线(点)布置方法	勘探线距(m)或条数		勘探点距(m)或点数		备注
			岩土层简单	岩土层复杂	岩土层简单	岩土层复杂	
码头	重力式	沿基础长轴方向布置纵断面	1 条	2 条	20～30	≤20	—
		垂直于基础长轴方向布置横断面	40～75	≤40	10～30	10～20	—
	单点或多点系泊式	按沉块和桩的分布范围布点	—	—	4 个点	不少于 6 个点	—
修造船建筑物	船坞	纵断面	3～4 条 15～20	5 条 10～20	30～50	15～30	坞口横断面线距用下限，坞室横断面线距用上限，地质条件简单时坞口布 2 条，复杂时 3 条
		横断面	30～50	15～30	15～20	10～20	
	滑道	纵式滑道按平行滑道中心线布置	1～2 条	1～2 条	20～30	≤20	—
		横式滑道按平行滑道中心线布置	2～3 条	3～5 条	20～30	≤20	—
	船台	按网状布置、斜坡式同滑道	50～75	25～50	50～75	25～50	—
施工围堰		每一区段布置一个垂直于围堰长轴方向的横断面	—	—	每一横断面上布置 2～3 个点		“区段”按岩土层特点及围堰轴向变化划分
防波堤		沿长轴方向	1～3 条	1～3 条	75～150	≤50	—

注：1. 相邻勘探点间岩土层急剧变化而不能满足设计、施工要求时，应增补勘探点；
2. “岩土层简单”及“岩土层复杂”主要根据基础影响深度内或勘探深度内岩、土层分布规律性及岩土性质的均匀程度判定；
3. 确定勘探线距及勘探点距时除应考虑具体地质条件外，尚应综合考虑建筑物重要性等级、结构特点及其轮廓尺寸、形状等；
4. 沉井基础下基岩面起伏显著时，应沿沉井周界加密勘探点；
5. 港池、进港航道区勘探点的布置应在初步设计阶段勘察的基础上适当加密；
6. 护岸工程勘探点的布置根据工程情况可参照码头、防波堤执行。

（2）航道工程施工图设计阶段的勘探工作布置可参照表 7-4-16；对新线运河开挖工程，应针对工程地质条件复杂的区段沿运河的两侧加密布置，勘探点间距可参照表 7-4-16 确定；

航道工程施工图设计阶段勘探点布置　　表 7-4-16

地质条件复杂程度	工程地质条件	勘探点间距(m)
复杂	地形起伏，地貌单元较多，岩土性质有变化	50～150
简单	地形平坦，地貌单一，岩土性质单一	100～300

（3）跨海大桥的勘探孔按墩台部位布置，对特大桥（$L_0 \geqslant 150m$）每一主要墩台勘探孔不宜少于 4 个，大桥（$150m > L_0 \geqslant 40m$）每一主要墩台勘探孔不宜少于 2 个，墩台多的特大桥与大桥的引桥：桥宽小于 35m，跨径小于 25m 的简支梁桥及跨径小于 18m 的连

续梁桥，可隔墩两侧交叉布置勘探孔，跨径大于或等于 25m 的简支梁桥及跨径大于或等于 18m 的连续梁桥，宜每墩布置勘探孔；当相邻勘探孔的地层变化较大，影响到基础设计与施工方案的选择时，应按墩台适当加密勘探孔。

2. 勘探点深度确定

（1）港口、修造船水工建筑物根据基础类型、荷载情况、岩土性质等，参照表 7-4-17 确定；

港口、修造船水工建筑物施工图设计阶段勘探深度　　表 7-4-17

<table>
<tr><th rowspan="2">地基基础类别</th><th rowspan="2" colspan="2">建筑物类型</th><th colspan="5">勘探至基础底面或桩尖以下深度(m)</th></tr>
<tr><th>一般黏性土</th><th>老黏性土</th><th>中密、密实砂土</th><th>中密、密实碎石土</th><th>基岩</th></tr>
<tr><td rowspan="7">天然地基</td><td rowspan="7">水工建筑物</td><td>重力式码头</td><td>≥1.5B</td><td>≥B</td><td>3～5</td><td>2～3</td><td rowspan="6">N 大于 50 的风化岩大于等于 1m</td></tr>
<tr><td>斜坡码头</td><td>坡顶及坡身≥15m，坡底 3～5m</td><td>3～5</td><td>2～3</td><td>1～2</td></tr>
<tr><td>防波堤</td><td>10～20</td><td>5～10</td><td>2～3</td><td>1～2</td></tr>
<tr><td>船坞</td><td>≥B</td><td>5～8</td><td>≥5</td><td>3～5</td></tr>
<tr><td>滑道</td><td>同斜坡码头</td><td>3～5</td><td>≥3</td><td>2～3</td></tr>
<tr><td>船台</td><td>10～20</td><td>8～10</td><td>3～5</td><td>2～3</td></tr>
<tr><td>施工围堰</td><td colspan="5">根据具体技术要求确定</td></tr>
<tr><td>桩基</td><td colspan="2">水工建筑物</td><td colspan="4">3～5d 且不小于 3m，对于大直径桩不小于 5m</td><td>N 大于 50 的风化岩 2～3d</td></tr>
<tr><td>板桩</td><td colspan="2">水工建筑物</td><td colspan="2">3～5</td><td>1～2</td><td>—</td><td>—</td></tr>
</table>

注：1. B 为基础底面的宽度(m)；

2. d 为桩的直径(m)；

3. 本勘察阶段中港池、进港航道的勘探点深度应与初步设计勘察阶段相同；

4. 护岸工程勘探点的深度根据工程情况可参照相关地基基础类别执行。

（2）航道工程勘探点深度可参照表 7-4-14 确定；

（3）跨海大桥勘探孔深度应按确定的基础类型、地质条件及施工方法等确定。

四、现场勘察及室内试验注意问题

（一）遇下列情况之一，应进行施工勘察

1. 地质条件复杂，需进一步查明施工图设计确定的天然和人工地基位置处的地质情况；

2. 基槽和进港航道开挖、打桩等施工中，出现地质情况与原勘察资料严重不符时；

3. 施工中遇到障碍物时；

4. 当需进行岩土工程检验与监测时；

5. 施工期中出现其他岩土工程勘察问题需要进一步查明时。

（二）现场勘察

1. 水域勘探点的坐标与高程要进行专门的测量，离岸较远时，宜采用 GPS 系统定位、测放，确保其精度；

2. 水域勘探（钻探、测试及物探）对船只及锚具等要求较高，应根据水域水文及气象情况、地层情况、技术要求等选择适宜的船用设备；

3. 如需判定海水对建筑材料的腐蚀性时，宜在代表性时段处高潮位、低潮位和平潮位时各取 2 组水样做水质分析；

4. 钻探施工时，应注意气象、水文的变化及来往船只、可燃气体等对钻探施工安全的影响，应做好安全应急预案；

5. 钻孔施工完毕，如影响基础、堤防、交通等安全；影响测试与施工、养殖；影响地下水的水质、水量或有可燃气体冒出时，须按规定技术要求回填，其回填材料也应满足相应要求，并做好回填记录。

（三）室内试验

1. 可行性研究阶段：岩土试验一般按常规项目进行；

2. 初步设计阶段：除常规项目外，港池航道疏浚区黏性土做附着力和锥沉量试验，卵、碎石层应计算不均匀系数；

3. 施工图设计阶段：除常规项目外，其他应根据具体建筑物类型、基础形式、地基设计项目，结合场地岩土类别确定力学试验项目，试验项目的数量应结合工程技术要求有所侧重；土的抗剪强度试验，宜采用三轴剪切试验（在有使用经验的地区亦可采用固结快剪和慢剪法），土的压缩固结试验的稳定时间以 24h 为宜，有时也可用快速试验法。

第三节　水上工程的岩土工程评价

水上工程岩土工程勘察报告应按不同的勘察阶段进行分析、评价；对可行性研究阶段，重点评价场地的建设可行性和场地的整体稳定性与适宜性；初步设计阶段除重点评价场地分区地质特点及其建设适宜性，为初步设计方案提出建议和相应设计参数外，尚要兼顾下阶段的内容，针对每个子项目，初步分析评价提出地基设计的相关指标，如地基承载力值及变形参数；施工图设计阶段，在初步设计阶段基础上，进行细化、补充，并针对场地不良工程地质、水文地质现象防治等提出可行的处理意见，同时提出设计、施工中应注意的问题；对水上工程的地基评价主要包括下列内容。

一、稳定性评价

（一）不良地质条件与稳定性评价的关系

进行稳定性评价必须查明各类不良地质条件所造成的边界条件，主要有：

1. 各类软弱结构面的性质、强度、分布及与岸坡面的不利组合关系；

2. 地表水、地下水对各类软弱结构面的不良影响；

3. 各种不良地质作用的分布及对岸坡稳定性的影响。

（二）稳定性评价的原则和方法

1. 稳定性评价应对建筑物使用期间的岸坡和地基稳定性，按设计低水位和校核低水位进行验算，对施工过程中可能出现的较大水头差，较大的临时超载，较陡的挖方边坡等不利情况的稳定性进行验算；对打桩和水位骤然下降时不利情况岸坡的稳定性进行验算；

2. 稳定性验算一般采用圆弧滑动面法计算；但当有软弱层、倾斜岩面等情况时，宜按非圆弧滑动面计算，计算方法有总应力法和有效应力法；

3. 所选用各土层的固结快剪、有效剪数据均取标准值，各土层剪力试验指标的统计个数不应少于 6 个；

4. 对各种计算情况，稳定性验算所采用的强度指标可按表 7-4-18 采用；

各种计算情况采用的强度指标 **表 7-4-18**

设计状况	强度指标	计算方法	说明
持久状况	固结快剪	总应力法	固结度与计算情况相适应
	有效剪	有效应力法	孔隙水压力采用与计算情况相应的数值
	十字板剪 无侧限抗压强度 三轴不固结不排水剪	总应力法	需考虑因土体固结引起的强度增长
短暂状况	十字板剪 无侧限抗压强度 三轴不固结不排水剪	总应力法	需考虑因土体固结引起的强度增长
	直剪快剪	总应力法	—

5. 根据各类水工构筑物的特点和地质条件，需进行的稳定性验算一般有：整体稳定性验算、抗倾覆稳定性验算、抗滑移稳定性验算和抗浮稳定性验算。

二、地基承载力和变形的评价

（一）天然地基

1. 地基承载力一般按极限平衡理论公式计算，并结合原位测试和实践经验综合确定；在理论计算中应考虑作用于基础底面合力的偏心距 e 和倾斜率 $\tan\delta$ 的影响；对非黏性土地基上的Ⅲ级建筑物可查表确定；当基础有效宽度大于 3.0m，埋深大于 1.5m 时，按《港口工程地基规范》JTS 147—1—2010 查得的地基承载力，尚应按有关公式进行深宽修正；

2. 对设计组合情况，计算地基的承载力时，宜用固结快剪强度指标；对饱和软土，计算地基在短期内的承载力时，宜用十字板剪切强度指标，有经验时可采用直剪快剪强度指标；对开挖区，宜采用卸荷条件下进行试验的抗剪强度指标；

3. 对于采用固结快剪强度指标计算确定地基承载力时，安全系数不得低于 2～3，其中对Ⅰ、Ⅱ级建筑物取较大值，Ⅲ级建筑物取较小值；以黏性土为主的地基取大值，以砂土为主的地基取小值，基床较厚取大值；对于采用十字板剪切强度指标计算饱和软黏土地基的短暂状况时，安全系数不得低于 1.5～2，由砂土和饱和软黏土组成的非均质地基取高值，以波浪力为主导可变作用时取较高值；

4. 沉降计算一般只计算持久状况下的最终沉降量，但作用组合中，永久作用应采用标准值，可变作用应采用准永久值，水位宜用设计低水位，非正常固结情况下应考虑超固结比，有边载时应考虑边载影响；如建筑物地基为岩石、碎石土、密实砂土和第四纪晚更新世 Q_3 及其以前沉积的黏性土，可不进行沉降计算。

（二）桩基

1. 单桩轴向承载力通常应根据静载荷试验确定，但当附近工程有试桩资料且沉桩工艺相同，地质条件相近，工程中的附属建筑物，桩数较少的建筑物经技术论证，可以按经验公式计算确定；

2. 单桩轴向承载力为桩的极限承载力除以分项系数，当桩的承载力按经验公式计算，或通过试桩确定时，分项系数根据相应规范规定确定；

3. 对于大直径预应力混凝土管桩和钢管桩的单桩承载力，应根据静载荷试验确定，对钢管桩，还要加强评价水、土对它的腐蚀性。

（三）各类水工建筑物地基评价

1. 重力式码头：应验算地基稳定性、承载力和沉降量是否满足设计要求；当沿码头长度方向地基压缩层厚度或土质变化很大时，应分段计算其沉降量，要求的沉降量按照相应规范规定执行；

2. 板桩码头：应对码头区地基的整体稳定性和锚锭结构的土的强度、沉桩可能性等进行分析、评价，以便确定板桩的入土深度；如为钢板桩，还应加强评价水、土对它的腐蚀性；

3. 高桩码头：应对整体稳定性、桩尖持力层的选择、沉桩可能性、单桩承载力的确定方法等进行分析、评价，并提供建议的桩尖持力层和单桩承载力；对钢管桩，还要判定水、土对它的腐蚀性；

4. 斜坡码头：应对实体斜坡码头或架空斜坡码头地基整体稳定性、地基（或墩基）的承载力，或架空斜坡码头桩基持力层的选择进行分析评价，并提出建议；

5. 防波堤

（1）对重力式防波堤，其评价内容、方法、要求与重力式码头相同；对于方块式防波堤及沉箱防波堤的允许沉降量按照相应规范规定执行；

（2）对于桩式防波堤，其评价内容、方法和要求大致与板桩码头和高桩码头相同；

（3）对于斜坡式防波堤则应对地基土的稳定性，承载力进行分析评价。

6. 船坞

对船坞的稳定性评价应按下列各项进行：

（1）由于船坞坞首和坞室底板均受到巨大的地下水浮托力，所以应进行抗浮稳定性验算。其计算公式见式（7-4-1）：

$$K_{\mathrm{f}}=\frac{G}{W} \tag{7-4-1}$$

式中　K_{f}——抗浮稳定安全系数；

G——抵抗坞室上浮的力（kN），不考虑坞墙侧面的摩阻力；

W——作用在坞室基底的浮力（kN）。

计算所得的抗浮稳定安全系数 K_{f} 不应小于表 7-4-19 中所列数值。

船坞抗浮稳定安全系数　**表 7-4-19**

安全系数	船坞结构	设计组合	校核组合	特殊组合
K_{f}	排水减压式	1.20	1.00	1.00
	锚碇式	1.40	1.20	1.10
	重力式；浮箱式	1.05	1.00	1.00

（2）对坞首和重力式、混合式坞墙应进行抗倾覆及抗滑移稳定性验算；其计算公式、评价方法和要求与重力式码头相同，还需对开挖边坡区整体稳定、渗透进行计算；

（3）对用桩基的船坞尚需提供桩的承载力。

第四节　珊　瑚　礁

珊瑚礁是造礁石珊瑚群体死亡后其残骸经过漫长的地质作用而形成的岩土体。主要分布于北纬30°和南纬30°之间的热带或亚热带气候的大陆架和海岸线一带，在我国南海诸岛、红海、印度西部海域、北美的佛罗里达海域、阿拉伯湾南部、中美洲海域、澳大利亚西部大陆架和巴斯海峡以及巴巴多斯等地都有分布。目前国家没有有关的勘察设计规范，从20世纪80年代开始，中国科学院等单位先后开展了研究，随着南海的开发、建设和我国对外项目的援建，近年来中国科学院武汉岩土力学所等科研机构和部分生产单位对其岩土性质进行了研究，取得了一定的研究成果。

一、地形地貌

赵焕庭（1996）按照与海平面的关系和岛礁特点，将珊瑚岛礁地貌分为岛屿、沙洲、礁（干出礁）、暗沙、暗滩五种类型，详见图7-4-1。各地貌特点如下：

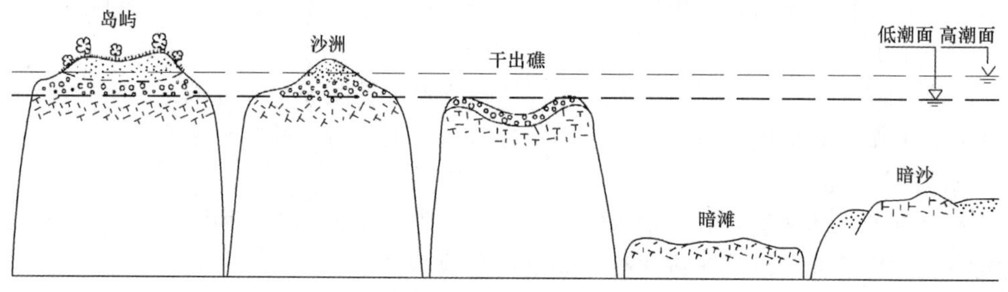

图7-4-1　珊瑚岛礁地貌分类示意图

1. 岛屿

露出海面的永久陆地，四面环礁坪，由珊瑚砂、贝壳碎屑等长久堆积而成（俗称灰沙岛），岛屿上植物茂盛，岛上覆盖着砂和粉砂，有一定面积，可供人类临时或长期居住。

2. 沙洲

已经露出海面的陆地，由松散的珊瑚砂砾、贝壳碎屑和其他生物碎屑在礁坪上或泻湖内发育而成。一般在海水高潮时也不被淹没，但在台风和特大潮时往往漫顶。外形较小，外形不稳定，沙洲上没有或很少有植物。

3. 礁（干出礁）

生长在接近海平面的礁体，高潮时淹没，礁坪上个别礁块高潮时也不被淹没，低潮时礁坪大部分出露，有些在低潮时也不出露。按其地貌特征细化为环礁、台礁和水下礁丘（图7-4-2）。

4. 暗沙

淹没在较浅水下的局部覆盖薄层砂子的珊瑚礁体，低潮时不出露，主要分布于南部大

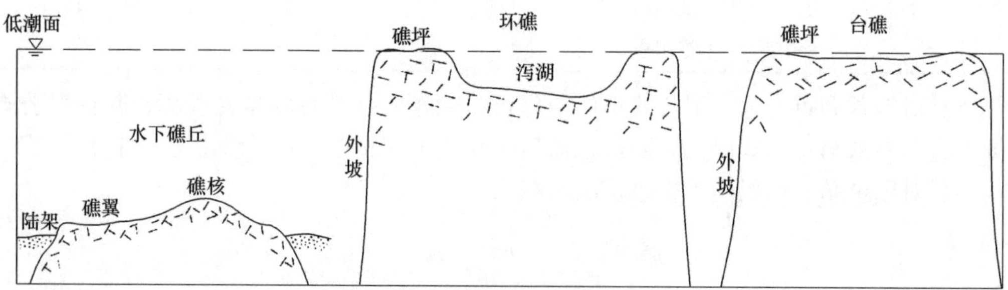

图7-4-2　珊瑚礁地貌分类示意图

陆架，也有发育在海山上，最浅埋深 17.5m。

5. 暗滩

隐伏在水下较深处的珊瑚礁，范围广阔，表面呈平坦的台状，边缘较高，中央略低，绝大多数为淹没较深的大环礁。

崔永圣（2014）根据地貌单元特征，结合地层岩性、成因和分布规律，在平面上将珊瑚岛礁分为沙洲区、灰沙岛区、泻湖区、礁坪区和人工回填区五大区域，详见图 7-4-3。

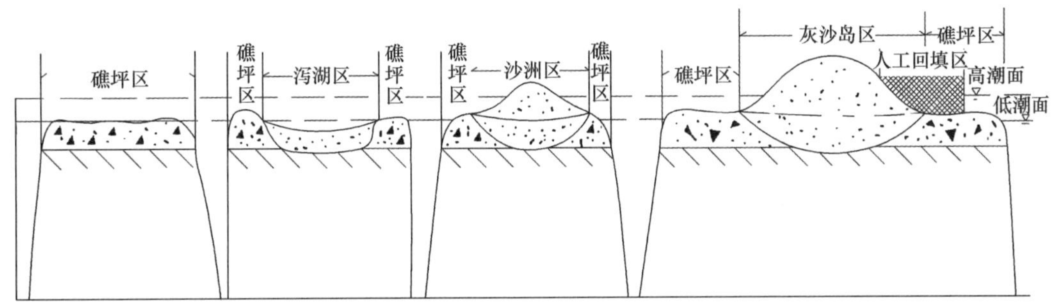

图 7-4-3　珊瑚岛礁分区图

二、岩土性质

岛礁的岩土体目前没有同一的分类定名，科研单位和大专院校将其称为钙质岩土，钙质岩土广义上分为珊瑚礁岩（礁灰岩）、钙质砂（礁砂）、钙质土以及珊瑚碎屑土。勘察单位（崔永圣，2015）将其细分为珊瑚块石（或块体）、珊瑚砾砂、珊瑚粗砂、珊瑚中砂、珊瑚细砂、珊瑚粉砂和珊瑚礁灰岩。钙质岩土分布不均匀，区域性差别大，力学性质对其工程特性起控制作用。

钙质岩土的主要化学成分为 $CaCO_3$，矿物成分为白云石、方解石、文石、高镁方解石及低镁方解石，随着时间的增长，其中的文石、高镁方解石含量逐渐减少，低镁方解石含量逐渐增多。

（一）钙质砂

1. 物理性质

白晓宇（2010）、袁征（2016）在分析有关研究资料的基础上，将其物理性质归结为：

（1）钙质土多为生物成因，其颗粒性质受原生生物骨架的影响，钙质土中的珊瑚、贝壳、珊瑚藻、有孔虫等碎屑将生物骨架中的微孔隙保留下来，而石英砂通常不会有微孔隙；

（2）钙质土的孔隙比高，在 0.54～2.97 之间，普通石英砂孔隙比在 0.4～0.9 之间。这可能是钙质土具有高压缩性的原因之一；

（3）钙质土相对密度大，常在 2.70～2.85 之间，而普通石英砂在 2.65～2.70 之间；

（4）钙质土有很高的 $CaCO_3$ 含量，常大于 80%，众所周知，方解石的摩氏硬度是 3，而石英是 7。因此，在较低压力下，点接触的钙质颗粒就比石英颗粒容易破碎。引起工程问题的钙质土，其 $CaCO_3$ 含量一般都大于 50%。

2. 静力学性质

（1）压缩性

高压缩性是钙质砂颗粒的重要特性之一。实验显示钙质砂的压缩指数是石英砂的100倍，这是由钙质砂颗粒本身的性质决定的。一方面，与石英砂相比，钙质砂颗粒硬度低、棱角度高、具有较多的内孔隙。另一方面，钙质砂在常应力水平下的颗粒破碎也被认为是造成其高压缩性的主要原因。

（2）剪切性质

常用三轴试验来研究钙质土的剪切性质。研究表明，钙质土三轴排水剪与不排水剪的力学性质是不相同的。在低围压下，钙质土有可能剪胀，也有可能剪缩，决定于初始孔隙比。在高压下，不管松散钙质砂还是密实的钙质砂都剪缩。室内试验得到钙质土的内摩擦角一般大于35°，有时甚至大于50°。表7-4-20为某设计院的现场剪切试验资料表。

现场剪切试验资料表　　**表 7-4-20**

试验点	地形地貌	地层名称	平均值 c(kPa)	平均值 φ(°)
三亚	砂坝、平坦	细砂	14.5	49.5
	砂坝、平坦	细砂	10.93	56.4
	砂坝、略有起伏	砾砂	9.94	54.9
西沙	礁坪上回填珊瑚碎屑，人工碾压	角砾	8.0	40.4
	礁坪上回填珊瑚碎屑，人工碾压	角砾	4.9	44.9
	灰沙岛	中砂	7.5	43.5

根据有关资料，钙质土的天然休止角与颗粒成分有关（表7-4-21）。

钙质土的天然休止角与其颗粒成分关系（单位度）　　**表 7-4-21**

场地	位置	碎石	角砾	砾砂	中砂	细砂
南沙6、7号点	水上（未烘干）		43～45	43～47	42～46	43～48
	水下		31～36	33～38	29～35	30～35
南沙5号点	水上（未烘干）	34～35	34～43	37～44	37～42	35～37
	水下	25～30	25～32	26～32	26～30	25～27

（3）颗粒破碎特性

钙质土由于其成因和高孔隙比，它比石英砂易破碎。用破碎指数 C_C 来表示其破碎特性。它是试验前后颗分曲线上等效粒径 D_{10} 之比即：$C_C = D_{10}(前)/D_{10}(后)$ 在颗粒破碎过程中，细粒成分增加，孔隙比减小。Coop（1990）认为，颗粒破碎在相当低应力水平下都可能发生，它影响着各向等压压缩的数据和不排水应力路径的形状，在高压力下，颗粒破碎占优势，表现出压缩特征。

3. 动力学性质

（1）室内动三轴试验

随着海洋石油工程的建设，在近海、离岸海建设有建（构）筑物和海底管线，它们受循环的波浪荷载和风的作用，关于钙质砂在循环荷载作用下的特性，国内外研究较少，Morrison等对南非的钙质土进行了循环单剪和扭剪试验，指出各次剪切后，剪应力会衰减。虞海珍、汪稔（1999）对南海的钙质砂进行了研究，指出：a. 钙质砂动力特性试验研究表明，钙质砂为剪胀性砂，有明显的应变硬化特征。具独特的液化特性，在特殊条件

(低围压高固结应力比) 下可发生液化，其液化机理为循环活动性，不会出现流滑。b. 钙质砂在循环荷载作用下，极易产生大量的、不可恢复的塑性应变，试样发生变形破坏。c. 钙质砂的动强度随固结应力比、相对密实度的增加而增加，但随围压的增加而减小。

(2) 液化特性

唐国艺等 (2013) 采用《建筑抗震设计规范》中液化判别公式和汪闻韶院士提出的利用波速判别饱和砂土的液化判别公式对东帝汶帝力市珊瑚砂进行了液化判别，认为珊瑚砂在地震作用下有较大的可能产生液化，同时也指出，对珊瑚砂在地震作用下发生液化的机理以及不同的液化判别方法的适用性仍要进行研究和探讨。

(二) 礁灰岩

1. 抗压强度和室内波速

汪稔，宋朝景，赵焕庭 (1997) 等给出采自南沙群岛和西沙群岛珊瑚及礁灰岩珊瑚礁样品纵波速度 (压缩波，P 波) 值为 2700～4500m/s，横波速度 (剪切波，S 波) 值为 800～1900m/s，其变化范围大，这主要是珊瑚礁的结构和物理性质的差异所造成的，波速值与密度相关，一般密度高，波速值高，密度低，波速值小。

王新志 (2008) 对南沙诸碧礁礁坪的礁灰岩进行试验，得到天然状态下纵波波速在 2780～3693m/s 之间，饱和波速为 3000～3630m/s，干燥波速为 2764～3589m/s，饱和后波速略有增大，而干燥波速略有减小。试验测得饱和礁灰岩的单轴抗压强度为 5.04～7.21MPa，弹性模量 7.9～12.9GPa，泊松比 0.23～0.27；干燥礁灰岩的单轴抗压强度为 7.95～10.78MPa，弹性模量 9.61～22.4GPa，泊松比 0.24～0.26。礁灰岩破坏后仍有较高的残余强度。

梁文成 (2009) 给出苏丹珊瑚礁灰岩地区单轴抗压强度表 7-4-22，唐国艺等 (2015) 给出东南亚礁灰岩单轴抗压强度 (表 7-4-23)。刘志伟等 (2012) 给出沙特红海珊瑚礁礁灰岩单轴抗压强度 (表 7-4-24)。

苏丹珊瑚礁灰岩地区单轴抗压强度表 (单位 MPa) **表 7-4-22**

地层	天然状态		饱和状态		风干状态	
	苏丹港地区	萨瓦金港地区	苏丹港地区	萨瓦金港地区	苏丹港地区	萨瓦金港地区
全风化珊瑚礁灰岩	1.58～2.80	2.80～3.70	1.30～1.70	2.32～2.90	4.20～5.39	3.71～6.33
强风化珊瑚礁灰岩	2.78～3.30	3.27～5.96	3.30～4.10	2.37～5.70	4.65～8.86	3.44～9.35
中风化珊瑚礁灰岩	3.23～8.04	3.94～13.55	3.57～5.42	3.41～9.71	7.10～12.87	4.04～18.31

东南亚礁灰岩单轴抗压强度 **表 7-4-23**

试验条件	抗压强度(MPa)		软化系数 K_R	
	范围值	平均值	范围值	平均值
干燥	1.10～38.56	10.07	0.31～0.87	0.70
饱和	1.57～22.79	8.54		

沙特红海珊瑚礁礁灰主要物理力学指标 **表 7-4-24**

指标项	样本数	变异系数	范围值	平均值
天然含水率 w(%)	191	1.047	0.2～13.2	2.5

续表

指标项	样本数	变异系数	范围值	平均值
干重度 γ_d(kN/m^3)	191	0.103	12.0～20.0	15.7
抗压强度 UCS(MPa)	188	0.664	1.00～17.2	4.16
点荷载强度(MPa)	5	0.944	0.04～1.25	0.46

从以上表中可以看出：礁灰岩的单轴抗压强度值变化大，具有地域特点和不均匀的特征。

2. 抗拉强度

王新志（2008）对南沙诸碧礁礁坪的礁灰岩进行试验，得到干燥礁灰岩的抗拉强度在0.94～1.76MPa之间，平均抗拉强度为1.21MPa；饱和礁灰岩的抗拉强度在0.88～1.56MPa之间，平均抗拉强度为1.14MPa，饱和抗拉强度略低，但差别不太明显。

3. 三轴压缩试验

王新志（2008）对南沙诸碧礁礁坪的礁灰岩进行试验得到：礁灰岩在应变非常小的情况下就发生脆性破坏，破坏前应力应变曲线接近为直线，破坏后转化为较强的延性，且具有较高的残余强度。不论是单轴压缩还是三轴压缩试验，礁灰岩均表现为沿着珊瑚生长线的拉张破坏，破坏面平行于试样长轴方向，类似于劈裂破坏。

三、岩土工程勘察

对于钙质砂和礁灰岩采用综合的方法和手段进行勘察和评价。

1. 工程地质钻探

珊瑚礁灰岩由于孔隙发育，渗透性强，在进行钻探时会出现漏浆的问题。因而钻探中采用套管护壁、泥浆为循环液的正循环钻探工艺（梁文成），唐国艺（2013）在东帝汶帝力市珊瑚砂地基勘察中采用全套管护壁，合金钻头低钻压、低钻速清水钻进的施工工艺。

2. 工程物探

采用工程物探进行珊瑚礁勘察的文章很少，崔永圣（2014）采用主动源面波探测、水域地震反射波和孔内电阻率原位测试，结果表明主动源面波探测效果好，面波视速度剖面很好地反映了珊瑚碎屑层与礁灰岩的地层层序。水域地震反射波对外礁坪、向海坡、外海的沉积层界面反映清晰，发现某岛礁的西南、东北端的水底形态不对称，沉积层差异大，可能与珊瑚礁成长的海洋水动力环境有关。孔内电阻率原位测试数据表明，松散珊瑚碎屑层与礁灰岩的电阻率差异很小，在同一数量级，无法采用电法类勘探方法进行地质分层。段志刚等（2016）采用地震反射波对南海某珊瑚礁进行了工程物探勘察，测区采取密点距多道多次CDP叠加技术，采集的地震数据信息量大，信噪比高，对地层界面的识别清晰，对主要层位和珊瑚砂砾岩面进行了详细划分，达到了预期勘探目的。

3. 原位测试

原位测试常采用的方法有标准贯入试验、波速测试、载荷试验等。利用标准贯入试验，可以确定标准贯入击数随深度的变化，根据多个工程［唐国艺（2013）、白晓宇（2010）、刘志伟（2012）］实际测试，标准贯入击数具有离散性，变化范围大，不随深度的增加而增加。波速测试可以很好地评价地层的软硬程度，估算珊瑚砂和珊瑚礁的动剪切

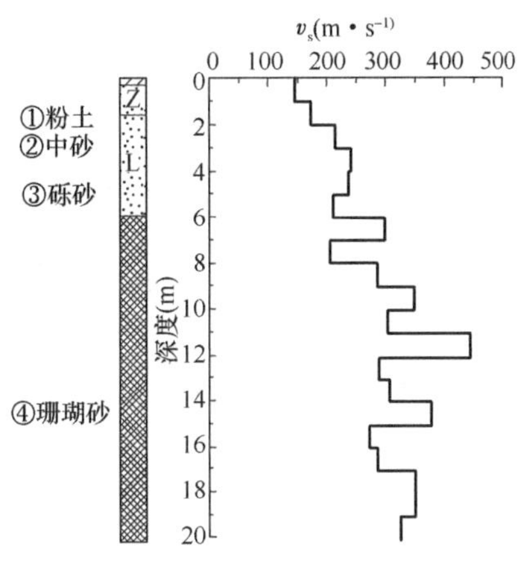

图 7-4-4　剪切波速成果曲线
（唐国艺，2013）

模量，图 7-4-4 为东帝汶帝力市珊瑚砂剪切波速成果曲线［唐国艺（2013）］。载荷试验常用于确定珊瑚砂和礁灰岩的承载力，刘志伟（2012）采用载荷试验确定的礁灰岩承载力特征值为 310kPa，变形模量 22.3MPa。唐国艺（2015）确定的印度尼西亚东爪哇岛场地上部的钙质土的地基承载力为 250kPa，变形模量为 40MPa。白晓宇（2010）确定的红海东岸的礁灰岩承载力特征值为 310kPa，变形模量为 22.3MPa；崔永圣（2014）结合工程勘察实践及现场载荷试验成果，得到了珊瑚砂承载力，第一组试验为濒海类珊瑚中粗砂混珊瑚碎石，标准贯入击数 18～22 击，承载力特征值为 270kPa。第二组试验为濒海类珊瑚中粗砂，标准贯入击数 5～7 击，承载力特征值为 140kPa。第三组试验为濒海类珊瑚中砂，标准贯入击数 5～7 击，承载力特征值为 40kPa。三组载荷试验说明珊瑚砂承载力变化大。

四、地基方案

由珊瑚砂的性质可知：珊瑚砂地基承载力变化较大，对于荷载小的建筑物可采用天然地基，对于荷载较大的建筑物，可采用地基处理方案或桩基方案。

1. 地基处理

根据已有工程经验，对珊瑚砂采用的地基处理方案有：强夯、振动碾压、振冲法或其组合。余东华（2015）苏丹新港集装箱码头项目采用强夯联合振动碾压对珊瑚礁回填料地基进行加固处理。现场动力触探、压实度和载荷板检测结果表明，强夯联合振动碾压能把深层加固和表层加固结合起来，有效解决珊瑚礁回填料地基土压缩性大和承载力低等问题，达到满意施工的效果。贺迎喜等（2010）在沙特 RSGT 码头项目吹填珊瑚礁地基加固处理中采用加料振冲法和强夯法，根据对比分析振冲与强夯处理前后地基 SPT 与 CPT，表明该珊瑚礁材料属于较好的一类填料，地基处理效果较好，且经济、环保，尤其适合在珊瑚礁大量分布的沿海地区港口建设项目的造陆工程。王建平等（2016）在南海某场地，对珊瑚碎屑地基加固采用振冲和强夯方法，对两种方法进行了对比，测试了地基沉降量、颗粒级配、压实度、承载比、回弹模量和反应模量（基床系数），同时进行了浅层平板载荷试验和标准贯入试验。结果表明：振冲法对珊瑚碎屑地基土的处理效果优于强夯法，可大面积推广应用。严与平（2008）介绍了巴哈马国家体育场南、北附属建筑物采用长螺旋钻水泥搅拌桩法对上部回填砂砾层进行加固处理形成复合地基的案例，实践证明处理效果很好。

2. 桩基础

钙质砂中桩基工程特殊性质很多，概括起来主要为以下几点（单华刚等，2000）：

（1）虽然钙质砂内摩擦角较高，但是打入桩桩侧阻力却很低，桩端阻力也较低，一般认为是由颗粒破碎和胶结作用破坏造成的；

（2）打入桩桩侧阻力远低于钻孔灌注桩或沉管灌注桩（在打入钢管桩壁预先设置喷嘴，钢管桩打入后再向桩内注水泥浆，浆液通过喷嘴注入钙质砂中而成桩）；

(3) 原位测试数据难以确定桩基承载力，桩基承载力往往受胶结程度的影响较大，即使同一个地区也难以确定地区经验；

(4) 桩侧阻力与钙质砂压缩性有关；

(5) 珊瑚礁浅部地层中胶结层与未胶结层交互出现，给桩基承载力计算、工程设计和施工带来很大困难。

钙质砂的极限侧阻力影响因素如下：

(1) 成桩方法的影响

实验表明，成桩方法对钙质砂承载力性状影响较大。据多个文献报道，钙质砂中，打入钢管桩极限侧阻力值一般在 10～40kPa 之间，多为 20kPa 以内，而钻孔灌注桩则达 160～200kPa，若为胶结层则有的高达 300～400kPa。并且指出沉管灌注桩摩阻力类似钻孔灌注桩，但具有施工方便、造价相对较低等特点。

(2) 压缩性的影响

钙质砂中桩侧阻力远小于在石英砂中的一个很大因素是砂的压缩性不同。试验表明，桩侧阻力与砂的压缩指数具有双对数曲线关系。石英砂的压缩性小，侧阻力较大，而钙质砂的压缩性较大，侧阻力较小。

(3) 循环荷载作用的影响

钙质砂一般分布于海岸带、大陆架、浅海珊瑚礁等地。服务于近海石油平台、港口建筑、海洋航标等工程设施的钙质土中的桩基必受到各种海洋动荷载和机器振动的作用，这些动力循环荷载通过桩基作用于桩侧土中，降低了桩侧土的承载力。Poulos 指出轴向循环荷载导致桩侧摩阻力降低，降低程度与循环荷载水平和循环位移量有关。另外，桩顶位移与循环应力水平也有关。

(4) 相对密实度的影响

在钙质砂中，挤土加密效应并不明显，在相对密实度增加的同时，沉桩过程中的高应力促使更多的钙质砂颗粒产生了破碎，钙质砂越密，颗粒破碎越多，这将导致桩周水平有效应力迅速减小，在这两个因素的相互影响下，桩周水平有效应力增加有限，因此钙质砂中桩侧摩阻力随相对密实度变化很小。

钙质砂的极限端阻力影响因素如下：

(1) 围压的影响

一般来说，在临界深度以上，普通砂中桩端阻力随围压的增大而增加，而钙质砂中也有类似现象，但受围压的影响较石英砂要小。

(2) 压缩性的影响

在研究桩端阻力与围压之间的关系时，许多学者已经提出压缩性是影响桩端阻力的根本原因之一。钙质砂在较高的围压下体积压缩变形量大，比同条件下的石英砂有更大的体积来容纳桩的贯入体积，使桩侧阻力下降。而砂的密实度也同样是通过压缩性来对桩端阻力产生影响的。

(3) 循环荷载的影响

循环荷载对钙质砂中桩端阻力会产生一定影响。循环荷载导致桩端阻力减小往往与位移的发展有关，但是假如最大循环荷载小于 1/3 静止极限承载力，则减小量不可能大于 10%。

(4) 胶结程度的影响

钙质土的胶结程度直接影响胶结体的抗压强度和桩端阻力。胶结程度高，则胶结体抗压强度也高，桩端阻力也越大。

(5) 软硬互层地基的影响

在钙质砂海域，由于特殊的海洋沉积环境，使钙质沉积地层中，软硬互层的现象较为突出。这种软硬互层现象主要包括两个方面：一是钙质砂层中不同粒度组成和密实程度不同而产生的软硬互层，二是由于钙质砂的胶结作用而产生的胶结层（硬层）与松散层（软层）之间的交错互层现象，软硬互层对桩的端阻力有一定影响。

考虑到钙质砂的极限侧阻力和极限端阻力影响因素多，具有地域特点，建议现场进行工程试桩，确定桩的承载力标准值。

严与平（2008）介绍了巴哈马国家体育场东、西看台采用钻孔灌注桩基础，以上层次生珊瑚石灰岩作为桩端持力层，由于在桩端下一定范围内礁灰岩存在洞径 0.1～2.5m 的溶洞，桩基施工前每根桩先施工注浆孔，注浆孔穿过设计桩端以下 10 倍桩径且不小于 5.0m，采用高压注浆，使桩端形成完整基座，再进行钻孔灌注桩施工，对钻孔灌注桩进行桩端和桩侧压浆，效果很好。

第五章 核 电 厂

第一节 概 述

一、核电厂物项重要性分类

根据核电工程特点，核电厂的各类建筑物分为核岛、常规岛、水工构筑物、附属建筑四部分。核岛是指核反应堆厂房及其紧邻的核辅助附属建（构）筑物；常规岛是指汽轮发电机厂房及其紧邻的辅助、附属建（构）筑物；水工构筑物是指与循环水系统有关的构筑物，如泵房、取水口、排水口、取水和排水渠道、护岸、防波堤、码头等；附属建筑是指除上述三类之外的其他辅助厂房、办公楼及生活设施。

《核电厂抗震设计与鉴定》HAD 102/02 规定，核电厂的物项（核电厂的结构、系统和部件的统称）可按其在地震时的安全重要性划分为三类，见表 7-5-1。

核电厂物项的核安全重要性分类　　表 7-5-1

核安全重要性分类	物项内容
Ⅰ类物项	核电厂中与核安全有关的重要物项，包括： 1. 损坏后会直接或间接引起事故工况的物项 2. 使反应堆安全停堆、监测临界参数、保持反应堆处于停堆状态以及在长时期内排出余热所需的物项 3. 为防止放射性物质释放或使释放物质保持在国家核安全部门为事故工况所规定的限值以下所需的物项（例如安全壳系统）

续表

核安全重要性分类	物项内容
Ⅱ类物项	1. 不属于Ⅰ类抗震物项，为防止放射性物质外逸超过正常运行限值所需的物项 2. 不属于Ⅰ类抗震物项，为减轻某些事故工况所需的物项，这些工况持续相当长的时期，而在这一时期内具有发生规定强度的地震的合理可能性
非抗震类物项	不属于Ⅰ类或Ⅱ类物项的核电厂物项

《岩土工程勘察规范》与《核电厂工程勘测技术规程 第 2 部分：岩土工程》DT 5409.2—2010 两本规范，将核电厂建（构）筑物岩土工程勘察的安全分类，视其对核安全重要程度，划分为与核安全相关建筑物和常规建筑物两类。

二、核电厂勘察设计阶段的划分

核电工程勘察设计阶段划分对照 **表 7-5-2**

中国核安全法规规定的程序		中国核工业总公司核电工程建设程序	岩土工程勘察规范 GB 50021—2001（2009）	核电厂岩土工程勘察规范 GB 51041—2014	阶段目标
阶段划分	工作程序				
厂址查勘阶段	区域分析	规划阶段	初步可行性研究阶段	初步可行性研究阶段	提出项目建议书
	筛选	初步可行性研究阶段			
	比较和排列优劣次序				
厂址评价阶段	初步可行性研究阶段	可行性研究阶段	可行性研究阶段	可行性研究阶段	申请工程立项
	厂址验证	初步设计阶段	初步设计阶段	初步设计和施工图设计阶段	申请建造许可证
	厂址评定	详细设计（详勘）施工图设计阶段	施工图设计阶段		
运行前阶段	—	施工阶段	工程建造阶段	工程建造阶段	申请运行许可证

三、核电厂厂址选择准则

选择一个符合要求的核电厂厂址，需要考虑诸多因素，这在《核电厂厂址选择安全规定》HAF 101 中有明确规定。其中与岩土工程勘察有关的有下面几点：

1. 必须调查和评价可能影响核电厂安全的厂址特征；

2. 必须根据影响核电厂安全的自然事件、外部人为事件及各种现象的发生频率和严重程度，对推荐的核电厂厂址的安全性进行审查；

3. 在确定有关外部事件的设计基准时，应考虑它们与周围条件（例如水文、水文地质和气象条件）的组合，同时还应考虑反应堆的运行状态；

4. 对每个推荐的厂址，还必须考虑包括厂址所在区域的人口分布、饮食习惯、土地和水的利用情况以及该区域其他放射性释放物所产生的辐射影响等有关因素，以评价核电厂在运行状态及事故状态（包括那些可能导致需要采取应急措施的事故状态）下对厂址所在区域的居民可能产生的辐射影响。

四、核电厂岩土工程勘察主要问题

核电厂岩土工程勘察的主要问题见表 7-5-3。

核电厂岩土工程勘察的主要问题　　表 7-5-3

主要问题	评价内容
地表断裂	1. 查明厂址及其附近地区近 10 万年内在地表或接近地表是否发生过由于地壳运动而形成的地表断层 2. 通过调查，查明有地表断层存在时，则必须对其进一步调查，以确定地表断层是否能引起严重错动或地震，即是否是能动断层。只有在对那些能动断层调查之后，才能判断厂址是否适宜 3. 如果调查研究表明厂址内有能动断层或厂址位于能动断层带内，除非能证明所采取的工程措施是切实可行的，否则就必须认为这个厂址是不适合的
有足够的地基承载力	由于核反应堆是一个庞大的封闭性建筑物，要求地基具有足够的承载能力和可靠长期的稳定性，一般要求承载力不低于 500kPa。所以，核电厂厂址的核岛部分都选择在基岩裸露或基岩埋藏较浅的地段，而且选择在节理裂隙不发育、岩体完整或较完整的Ⅰ、Ⅱ级岩体作为反应堆地基
地面塌陷下沉或隆起	1. 了解厂区及其附近是否存在洞穴、岩溶、采空区等不良地质作用和人为工程活动，必须评价地面塌陷、下沉或隆起的可能性 2. 在评价地基土质是否均匀时，要考虑地基土差异沉降的可能性。建筑物、管道、设备基础的不均匀沉降，可能导致建筑物、管道、设备的断裂或位移，甚至产生严重的核泄漏
斜坡稳定性	1. 评价厂址及其邻近地区的自然与人工斜坡的稳定性 2. 如果存在斜坡不稳定的可能性，则必须进行详细研究，并考虑设计地震动引起斜坡不稳定的可能性，斜坡稳定性的评价应留有一定的安全裕度
地基土液化可能性	1. 查明饱和砂土和粉土的分布规律及其厚度 2. 饱和砂土和饱和粉土产生液化的可能性和液化等级，并提出切实可行的处理措施
水文地质条件	1. 了解地下水类型、埋深、水量、流向、流速、水力坡度、水质对建筑材料的腐蚀性 2. 着重了解各含水层之间的水力联系；地表水体与地下水之间的水力联系 3. 研究岩、土对放射性核素的滞留能力
设计加速度及地震反应	1. 考虑地震作用下结构构件的变形特性，要求提供地震地质参数进行时程分析 2. 核反应堆厂房及其他重要建筑物宜坐落在基岩或剪切波速大于 700s/m 处

第二节　核电厂对岩土工程勘察的基本要求

1. 为保证核电厂的安全，要求进行详细的地震地质工作。对所选厂址的地震安全性做出评价并确定抗震设计所需的地震动参数，包括厂址区的设计基准地面运动、标准反应谱、厂址相关的反应谱以及相应的地震运动时程曲线。

2. 核电厂要求确保在可能遭受到最大地震的情况下，厂址区不会发生大面积地面破坏，包括隆起、震陷、倾斜、滑坡、砂土液化、溶洞塌陷、断层错位或蠕动，因此，对与反应堆安全停堆相关的重要建筑物可能产生危害的断层均必须加以研究，确定其是否属于能动断层。

3. 核电厂各种重要建筑物对地基在静态和动态条件下的强度和变形特征均有严格要求。例如安全壳对于地基的平均压力达 400～600kPa，最大超过 1000kPa。安全壳与相邻建筑物和汽轮发电机厂房之间均有大量管道联结，它们的基础形式、埋置深度和荷载均不相同，对沉降，特别是不均匀沉降有极严格的要求。因此，一般均选择强度较好的基岩或坚硬土层作为地基持力层。要求提供详细、可靠的地层岩性、结构构造特征以及岩土的各种静、动物理力学性质指标。

4. 核电厂主体工程场地四周往往需要开挖较大规模的人工边坡，一些主要建筑物的基础埋置深度均较大，存在大量基坑边坡问题。因此，边坡勘察和稳定性评价是核电厂勘察的重要内容之一。

5. 为了提供大量的冷却水水源，核电厂一般均建造在海滨或大江、大湖附近。为阻挡海浪、海潮、海啸以及洪水等对厂区的侵袭，必须建造安全可靠的堤坝。这类堤坝需要考虑百年一遇甚至千年一遇的各种自然灾害叠加作用下的影响，例如地震、洪水、海啸、台风等。因此，堤坝勘察和岸坡稳定性评价也是核电厂勘察的重要内容之一。

6. 对于核电厂的各类开挖掩覆工程，例如主体工程基坑、人工边坡、隧道等均要求进行大比例尺的详细地质编录。

7. 为保证工程勘察资料的准确性、可靠性，核安全导则要求，在勘察工作开始前，除应编写勘察大纲外，还必须编写质量保证大纲。

第三节　核电厂的勘察要点

根据《核电厂岩土工程勘察规范》GB 51041—2014，核电厂的岩土工程勘察等级应根据工程等级、场地复杂程度等级综合确定。核电厂整体工程等级应为一级，核电厂各类建（构）筑物工程等级应按表 7-5-4 确定。

核电厂各类建（构）筑物工程等级　　表 7-5-4

工程等级	破坏后果	代表性建（构）筑物
一级	很严重	与核安全相关建（构）筑物，主要有核岛，包括核反应堆厂房（安全壳与有关的贯穿、连接建（构）筑物）、核辅助厂房、电气厂房（主控制室与相关建筑物）、核燃料厂房及换料水池等；安全厂用水泵房及有关取水构筑物、安全水源有关构筑物（包括安全水库、储水池、引水渠道或隧洞等）、防洪堤等 常规建（构）筑物主要有常规岛、冷却塔、屋内配电装置楼等
二级	严重	除一、三级以外的其他辅助生产及附属建（构）筑物
三级	不严重	材料库、汽车库、厂区围墙及临时建筑等

注：表中与核安全相关建（构）筑物按一般情况下列出，不同的堆型及机组类型对与核安全相关建（构）筑物有不同的规定，勘察时可按设计要求确定。

建筑场地的复杂程度可按表 7-5-5 划分为复杂场地、中等复杂场地、简单场地。

核电厂建筑场地复杂程度类别　　表 7-5-5

场地复杂程度类别	场地条件
复杂场地	地形起伏大，存在高度大于 100m 的人工边坡；地质构造复杂，厂区有多条断层通过；不良地质作用发育；岩土类型多，岩土性质变化大；核岛地段地基剪切波速小于 700m/s；水文地质条件复杂；50 年超越概率 10%的地震动峰值加速度大于等于 0.15g，SL—2 高值可能大于 0.30g

续表

场地复杂程度类别	场地条件
中等复杂场地	地形起伏较大，存在高度50～100m的人工边坡；地质构造较复杂，厂区有断层通过；局部有不良地质作用发育；岩土类型较多，岩土性质变化较大；核岛地段地基剪切波速700～1100m/s；水文地质条件较复杂；50年超越概率10%的地震动峰值加速度大于等于0.10g，SL—2高值可能大于0.20g
简单场地	地形起伏不大，存在高度小于50m的人工边坡；地质构造简单，厂区无断层通过；不良地质作用不发育；岩土类型少，岩土性质变化小；核岛地段地基剪切波速大于1100m/s；水文地质条件简单；50年超越概率10%的地震动峰值加速度小于0.10g，SL—2高值可能不大于0.20g

核电厂岩土工程勘察等级可按表7-5-6划分为甲级、乙级、丙级。

核电厂岩土工程勘察等级 **表7-5-6**

勘察等级	划分条件
甲级	工程等级为一级，或工程等级为二级且为复杂场地
乙级	除勘察等级为甲级和丙级以外的勘察项目
丙级	工程等级为三级

核电厂的岩土工程勘察，可划分为初步可行性研究阶段（简称初可研阶段）、可行性研究阶段（简称可研阶段）、初步设计和施工图设计阶段（简称设计阶段）、工程建造阶段（简称施工阶段）五个勘察阶段。初可研勘察前，需进行厂址普选工作，可研勘察的同时还应进行1∶25000的水文地质调查工作，划分水文地质单元。各勘察阶段的勘察任务、要求、勘察方法和内容见表7-5-7。

各勘察阶段的勘察方法和内容 **表7-5-7**

勘察阶段	勘察任务	勘察要求	勘察方法和内容
初步可行性研究阶段	比选和初步确定厂址，为编制初步可行性研究报告提供勘察资料	查明各候选厂址区岩土工程条件，给出厂址主要工程地质分层，提供初步的岩土物理力学性质指标，了解预选核岛区及其附近的岩土分布特征，对厂址适宜性进行初步评价	以搜集资料、工程地质测绘为主，辅以少量物探、钻探和测试 搜集地震地质和工程地质、水文地质、地质灾害资料和1∶5000～1∶25000地形图，搜集压覆矿产、人类活动遗址及有关地下工程资料，获取勘察技术任务书 进行1∶5000～1∶10000的工程地质测绘和调查，测绘范围应包括厂址及其周边地区，测绘面积不应少于4km^2。内容包括地形地貌、地层岩性、地质构造、不良地质作用、火山、永久冻结带、井泉等，尤其是地表断裂及其展布和性质 通过必要的勘探和测试，划分工程地质分层，提供岩土初步的物理力学性质指标，了解拟选核岛及其附近地段的岩土分布特征。勘探和测试应符合下列要求： 1. 每个厂址勘探孔不应少于5个，宜十字交叉布置，间距不宜大于500m；勘探深度应达到预计设计厂坪标高以下30～60m 2. 每一主要岩、土层应采取3组及以上的试样；勘探孔内应进行标准贯入试验或动力触探，标准贯入试验宜间隔2～3m； 3. 每个厂址应布置不少于3个波速测试孔及不少于3个声波测试孔；

续表

勘察阶段	勘察任务	勘察要求	勘察方法和内容
初步可行性研究阶段	比选和初步确定厂址，为编制初步可行性研究报告提供勘察资料	查明各候选厂址区岩土工程条件，给出厂址主要工程地质分层，提供初步的岩土物理力学性质指标，了解预选核岛区及其附近的岩土分布特征，对厂址适宜性进行初步评价	4. 室内岩石试验项目应包括岩矿鉴定、密度、单轴抗压强度和岩块声波波速测试等，提供的参数应包括岩石密度、（饱和、干燥）单轴抗压强度、软化系数和压缩波速度等； 5. 土工试验项目应包括含水率、密度、土粒相对密度（比重）、界限含水率、颗粒分析、固结试验和抗剪强度试验，提供的参数应包括天然含水量、密度、相对密度（比重）、孔隙比、液限、塑限、液性指数、塑性指数、颗粒级配、黏粒含量、压缩系数、压缩模量、黏聚力和内摩擦角等。 应根据场地岩土工程条件采用适宜的工程物探方法，以查明覆盖层的厚度和基岩面的埋藏特征，判断场地是否存在可能的隐伏构造、破碎带、软弱带等。 在河岸、海岸及山丘边坡地区，应对岸坡和边坡的稳定性进行调查，并应做出初步分析和评价。 本阶段水文地质调查应根据厂址所在的水文地质环境确定调查范围，可从厂址区外延到厂址附近周边，宜与工程地质测绘范围相同。调查方法应以搜集资料为主，辅以适当的现场调查，应结合工程地质测绘和工程地质钻孔，初步了解厂址所在水文地质单元地下水水位、补给、径流、排泄特征、地下水类型及富水性以及地下水开采状况，初步评价厂址所在的水文地质单元基本特征和水文地质条件，并应调查厂址附近范围地下水的使用状况和规划利用情况
可行性研究阶段	最终确定厂址，为总平面布置、编制厂址安全分析报告、环境评价报告和可行性研究报告提供勘察资料	重点对核岛和常规岛进行勘察，进行厂址工程地质分层，提供岩土物理力学性质指标及设计所需的各项岩土参数	以勘探、测试为主，工程地质测绘、物探为辅。 搜集初可研阶段的岩土工程勘察、地震地质等资料，区域水文地质资料，1：1000 或 1：2000 的地形图，压覆矿产、人类活动遗址及有关地下工程资料，获取勘察技术任务书。 进行工程地质测绘，测绘范围应包括厂址及其周边地区，面积不应小于 2km^2，比例尺为 1：1000～1：2000，形成至少 3 条贯穿主厂区、相交的实测工程地质剖面，每个核岛不应少于 1 条剖面。 勘探和测试应符合下列规定： 1. 勘探孔采用网格状布置，间距宜为 100～150m，核岛和常规岛中轴线应布置勘探线，勘探孔间距应适当加密，并应满足主体工程布置的要求，控制性勘探孔应按建（构）筑物的位置结合地质条件布置，数量宜为勘探孔总数的 1/3～1/2，每个核岛和常规岛控制性勘探孔应不少于 1 个； 2. 核岛区控制性勘探孔应进入基础底面以下 1.5～2.0 倍反应堆厂房直径；核岛区一般性勘探孔及常规岛区的勘探孔，当基岩面埋深较浅时应进入基础底面以下中等风化或微风化岩体不小于 10m，当基岩埋深较深时应进入压缩层底面以下不小于 10m；

续表

勘察阶段	勘察任务	勘察要求	勘察方法和内容
可行性研究阶段	最终确定厂址，为总平面布置、编制厂址安全分析报告、环境评价报告和可行性研究报告提供勘察资料	重点对核岛和常规岛进行勘察，进行厂址工程地质分层，提供岩土物理力学性质指标及设计所需的各项岩土参数	3. 每一主要岩土层均应采取不少于6组试样，岩土室内试验除在初步可行性研究阶段列出的项目和内容外，还应包括岩石单轴压缩变形试验和土的渗透试验，应提供岩石弹性模量、剪切模量、泊松比以及土的渗透系数等；每个水文地质单元应采取不少于2组水试样，进行水质分析，判定对建筑材料的腐蚀性；当需要时，可采取土样进行土的腐蚀性试验，判定土对建筑材料的腐蚀性； 4. 每个核岛区应布置至少1个单孔波速测试孔，必要时可布置跨孔波速测试，波速测试孔的深度宜为反应堆厂房基础底面宽度的1.5～2.0倍，以测定岩土层的剪切波速和压缩波速，计算动态力学参数；采用声波测井测定岩体的压缩波速度，评价岩体的完整程度和风化程度；根据地层条件布置标准贯入、动力触探、静力触探、旁压试验、十字板剪切试验或扁铲侧胀试验等，根据场地情况布置载荷试验； 工程物探应采用多种方法，探测线垂直地层和构造线的走向布置，可能的情况下应与地质剖面线重合；每个核岛要布置纵、横两个方向的物探测线。 根据需要，进行边坡勘察、天然建筑材料的调查
初步设计和施工图设计阶段	为各单项工程的基础设计、编制初步安全分析报告和最终安全分析报告提供勘察资料	对核岛、常规岛、附属建筑、水工构筑物、边坡工程分别进行勘察，提供设计所需的各项岩土参数	以钻探、测试为主，勘察可分核岛、常规岛、水工构筑物和附属建筑四个地段进行，工程地质测绘工作应充分搜集前期资料，补充适量的调查工作，布置适量的探井、探槽，查明建筑场地的重点工程地质问题 核岛地段 1. 每个核岛勘探孔总数不应少于10个，其中控制孔、取样与原位测试孔均不应少于勘探孔总数的1/2；控制孔的深度宜达到基础底面以下1.5～2.0倍反应堆厂房直径，一般性勘探孔深度应进入基础底面以下中等风化或微风化岩体10m，非岩石地基和极软岩、软岩地基一般性钻孔应进入压缩层底面以下不少于10m，并应满足建立土体模型所需的深度；反应堆厂房钻孔数量不应少于5个，应布置在反应堆厂房的周边和中部，勘探孔间距宜为10～30m，当场地岩土条件复杂时，可沿十字交叉线加密或扩大范围； 2. 反应堆厂房位置应进行跨孔法波速测试，每个反应堆厂房测试组数不少于1组，测试深度应达到控制性钻孔深度；当反应堆厂房为非岩石地基和极软岩、软岩地基时，应进行载荷试验和旁压试验，试验数量应满足统计要求，每个反应堆厂房不应少于1个载荷试验点和2个旁压试验孔，旁压试验的测试深度为基础底面以下1.0～1.5倍反应堆厂房直径；每个核岛地段应布置1～3孔进行单孔波速测试，布置2～4孔进行声波测井，测试深度均不应小于基础底面以下10m；每个核岛地段应布置适当工作量测定地基岩土的电阻率。

续表

勘察阶段	勘察任务	勘察要求	勘察方法和内容
初步设计和施工图设计阶段	为各单项工程的基础设计、编制初步安全分析报告和最终安全分析报告提供勘察资料	对核岛、常规岛、附属建筑、水工构筑物、边坡工程分别进行勘察，提供设计所需的各项岩土参数	常规岛地段 1. 勘探孔应沿建筑物轮廓线、轴线或主要柱列线布置，每个常规岛勘探孔总数不应少于10个，钻孔间距宜为30～50m。其中控制性钻孔不宜少于钻孔总数的1/3，取样与原位测试孔数量不应少于钻孔总数的1/2；控制孔的深度对岩质地基应进入基础底面下中风化或微风化岩体不少于3m，对非岩质地基应钻至压缩层以下不少于10m；一般性勘探孔岩质地基应进入中等风化或微风化层1～2m，非岩质地基应达到压缩层底面以下3～5m； 2. 每个常规岛应布置不少于1孔进行单孔波速测试，测试深度应达到控制性钻孔深度，应布置适当工作量测定地基岩土的电阻率；根据设计需要选择合适的方法在汽轮机厂房基底处测定地基刚度系数、阻尼比和参振质量等。 附属建筑 可按现行国家标准《岩土工程勘察规范》GB 50021对建筑物与构筑物的规定执行。每个与核安全有关的建筑物不应少于1个控制性钻孔，钻孔深度应达到基础底面以下中等风化基岩或剪切波速大于700m/s的地层3m，并应进行单孔波速测试。 水工构筑物内容见表7-5-8 取样及室内试验要求：取样孔数量不应少于钻孔总数的1/3，每个场地每一主要土层的原状试样不应少于6组，主要岩层应根据风化程度分别采取6组以上的岩样；核岛和其他核安全相关建筑物，除了进行岩土常规物理力学试验外，尚应测定岩土的动弹性模量、动泊松比、动剪切模量、阻尼比等指标。每个建筑地段每一主要岩土层常规物理力学试验的数据不应少于6个，动力试验的数据不应少于3个。 水文地质工作：量测孔内地下水水位；根据岩土层的含水条件选择压水试验、注水试验或抽水试验等，测求岩土体的渗透性参数，压水试验在每个核岛不少于2个钻孔；每个场地应针对不同地下水类型和地下水位以上的土体分别采取不少于2件水样和土样进行腐蚀性测试
工程建造阶段	验证前期勘测成果和设计条件，为编制最终安全分析报告提供勘察资料	根据具体项目情况确定	现场检验、监测、地质编录和必要的补充勘察 应对核岛、常规岛、安全厂用水泵房、安全厂用水管廊基坑、安全厂用水取排水隧洞、核安全相关边坡和大型常规人工边坡等进行地质编录；宜对主厂区正挖地坪进行地质编录；主厂区正挖地坪编录比例尺宜采用1∶500～1∶1000；基坑负挖地质编录比例尺宜采用1∶100～1∶200。应对其他建（构）筑物基坑进行验槽。 建造期间应对核安全有关的建（构）筑物进行监测，常规建筑物宜根据场地条件、岩土特点、建筑物重要性等来确定是否开展监测工作。建（构）筑物运行期间的监测由设计确定。大面积填方工程应进行监测。不良地质作用与地质灾害、地下水的监测根据需要开展。 开挖过程中如发现岩土条件与勘察报告有较大差异时，应及时分析研究，必要时应进行补充勘察

核电厂水工构筑物勘察宜按可行性研究阶段勘察、初步设计阶段勘察、施工图设计阶段勘察和工程建造阶段勘察进行，各勘察阶段的勘察方法和内容见表7-5-8。

水工构筑物的勘察阶段及勘察内容　　表 7-5-8

<table>
<tr><th>勘察阶段</th><th colspan="2">勘察方法和内容</th><th>备注</th></tr>
<tr><td>可研阶段</td><td>泵房：对于核安全相关泵房不应少于 1 个钻孔，孔深应进入中等风化或微风化岩体或压缩层底面以下 5～10m
冷却塔：每个冷却塔位置不宜少于 1 个钻孔，孔深应进入基底以下 30～40m，预计深度内遇基岩应进入中等风化或微风化岩体不小于 5m
堤和坝：宜垂直河床或海岸布置勘探线，钻孔间距宜为 200～400m，孔深应进入地面以下 40m，且应进入坚硬的土层或密实的碎石土层 3～5m，预计深度内遇基岩应进入基岩 2～3m
隧洞：本阶段应根据工程需要布置勘探工作量</td><td rowspan="4">宜采用波速试验测定岩土的弹性波传播速度，划分场地类别，计算岩土的动弹性模量、动剪切模量、动泊松比
对于岩石地基宜采用声波测试查明岩体完整程度、软弱夹层的分布，划分基岩风化程度等级
对于软土宜采用十字板剪切试验测定土的不排水抗剪强度和灵敏度
宜选用抽水试验、注水试验和压水试验等水文地质测试方法，测求各岩土层的渗透性参数
应对地下水和土体进行腐蚀性测试、试验，判断地下水和土对管道的腐蚀性
取样和原位测试孔不宜少于勘探孔总数的 1/2。对于软土层可选用静力触探试验、旁压试验和十字板剪切试验等原位测试方法，进行分层，测定土的变形、强度等指标
核安全相关水工构筑物勘察除应符合各阶段的规定外，还应符合下列要求：
1. 勘探点间距取各阶段勘察规定中相应规定的较小值，勘探孔深度应取较大值
2. 施工图设计阶段勘察应进行单孔波速测试，必要时可布置适当数量的跨孔法测试孔。应至少有 1 个波速测试孔进入中等风化基岩或剪切波速大于 700m/s 的地层 3m
3. 对土质地基，除剪切波速外，尚应通过室内试验提供土的动态力学参数
4. 岩石室内试验应提供静态和动态参数</td><td rowspan="4">《核电厂岩土工程勘察规范》中水工构筑物勘察分为泵房、冷却塔、堤和坝、隧洞、管道、取水头部和闸门井六部分进行了详细的规定，为方便查阅，本表亦分这六部分进行介绍</td></tr>
<tr><td>初步设计阶段</td><td>泵房：每个泵房宜布置 1～3 个钻孔。岩石地基勘探孔深度应进入基底以下中等风化或微风化岩体 5～10m。非岩石地基勘探孔深度应进入压缩层底面以下不小于 10m，预计深度内遇基岩应进入中等风化或微风化岩体不小于 3m
冷却塔：勘探点应沿环基和冷却塔内部呈网格状布置，塔中心应布置勘探点，间距宜为 50～100m，孔深应进入基底以下 30～40m，采用桩基时应进入可能的桩端持力层以下 10～15m，预计深度内遇基岩应进入中等风化或微风化岩体不小于 5m
堤和坝：宜平行于堤、坝轴线布置 1～3 条勘探线，钻孔间距宜为 100～200m，控制性孔深应进入地面以下 40m，一般性孔深应进入地面以下 30m，预计深度内遇基岩应进入基岩 2～3m；控制性钻孔应不少于钻孔总数的 1/3，取原状土样孔不应少于钻孔总数的 1/3，其余勘探孔为原位测试孔
隧洞：测绘比例尺宜为 1：1000～1：2000，测绘范围为隧洞外侧各 50m；勘探孔宜布置在隧洞外侧 3～5m 处，水下隧洞为隧洞外侧 6～8m；孔间距为 100～300m，孔数不宜少于 3 个；取样孔和原位测试孔数量不应少于勘探孔总数的 2/3；土质隧洞钻孔应进入设计洞底标高以下 10～20m，岩质隧洞钻孔应进入设计洞底标高以下中等风化或微风化岩层 3～5m
管道：测绘范围为管道两侧各 50m，测绘比例尺宜为 1：1000～1：2000；根据具体情况布置勘探孔，取样和原位测试孔不宜少于勘探孔总数的 2/3；勘探孔深度宜进入管道或支墩底标高以下不小于 5m，穿越河谷地段勘探孔深度应达到河床最大冲刷深度以下 5m
取水头部和闸门井：宜开展工程地质调查和测绘；勘探孔应根据现场具体情况进行布置，并宜有垂直于岸线的勘探线，勘探孔间距宜为 50～100m；控制性勘探孔深应穿过压缩层，一般性孔深达到设计基底标高以下 5～8m，当预计深度内遇基岩时，控制性勘探孔应进入中等风化或微风化岩体不小于 3m，一般性勘探孔应进入中等风化或微风化岩石不小于 1m；控制性勘探孔应不少于勘探孔总数的 1/2</td></tr>
<tr><td>施工图设计阶段</td><td>泵房：勘探孔应沿建筑物周边和轴线布置，考虑基坑工程的需要，勘察范围宜适当扩大至开挖边界以外。勘探点间距宜为 25～50m，岩石地基控制性钻孔深度应进入基底标高以下中等风化或微风化岩体 5～10m，一般性钻孔深度应进入基底标高以下中等风化或微风化岩体 3～5m；非岩石地基控制性勘探孔深度应进入压缩层底面以下不小于 10m，一般性钻孔应进入压缩层底面以下 3～5m；若有岸坡滑动时，所有钻孔均应进入最深滑动面以下 3～5m；控制性钻孔应不少于钻孔总数的 1/3
冷却塔：对于拟采用天然地基的勘察场地，勘探点应沿环基和内部构筑物柱网布置，间距宜为 25～50m，孔深应进入基底以下 30～40m，并应满足下卧层验算和地基变形计算深度要求，预计深度内遇基岩应进入基底以下中等风化或微风化岩体不小于 5m。拟采用桩基的场地，勘探点布置和深度应满足桩基勘察的有关要求
堤和坝：应平行于堤、坝轴线布置，堤、坝中心线布置主勘探线，主勘探线两侧各布置一条辅助勘探线，主勘探线、辅助勘探线上勘探点间距分别为 30～100m 和 60～200m；控制性孔深应满足稳定性和变形验算的要求或进入基岩不小于 3m，一般性孔深应穿过主要受力层进入稳定硬土层 2～3m；控制性钻孔应不少于钻孔总数的 1/3，取样和原位测试孔不宜少于钻孔总数的 2/3
隧洞：测绘工作主要是对初步设计勘察阶段的工作进行补充完善；勘探孔布置范围及孔深同初步设计阶段，孔距宜为 50～150m，采集试样和进行原位测试的勘探孔数量不应少于勘探孔总数的 1/2
管道：勘探孔应沿管道中线布置，勘探孔间距宜为 50～200m，在每个地貌单元及交界处、管道转角处均应布置勘探孔；每个穿、跨越地段不宜少于 2 个勘探孔，穿越河谷地段不应少于 3 个；取样和原位测试孔不宜少于勘探孔总数的 1/2；勘探孔深度应进入管道底标高以下不小于 5m
取水头部和闸门井：勘探孔应按建筑物轮廓周边和中心布置，同时应满足基坑工程和岸坡稳定性评价的要求，孔间距宜为 15～50m；孔深同初步设计阶段，当有岸坡滑动危险时，所有钻孔均应进入最深滑动面以下 3～5m；控制性勘探孔不应少于勘探孔总数的 1/3；当采用桩基时，勘探点的平面布置和深度应满足桩基勘察的有关要求</td></tr>
<tr><td>工程建造阶段</td><td>参见表 7-5-7 工程建造阶段相关内容</td></tr>
</table>

厂址普选工作应充分搜集、分析、研究已有地质资料，在图上确定可能厂址，进行厂址踏勘调查；必要时可对部分厂址开展针对性的工程地质调查工作。普选报告应对可能影响厂址稳定的不良地质作用和地质灾害，以及可能通过厂址区的断裂进行分析，对厂址的场地稳定性、地基条件等应做出初步评价，分析可能的颠覆性因素，并应提出有关工程地质、水文地质条件方面厂址适宜性的意见。

水文地质调查包括厂区和厂址附近范围，厂区水文地质调查范围和比例尺均与工程地质测绘一致，厂址半径 5km 范围宜采用 1∶25000 的比例尺，并应符合以下要求：厂址区应布置 1～2 条通过核岛的实测水文地质剖面；厂址附近范围应布置 1 条通过厂址的水文地质剖面；根据地质条件，对主要地层进行注水、抽水、压水试验，测求地层的渗透系数和单位透水率；必要时，厂址区应布置适当的地下水长期观测孔，定期观测和记录水位，定期取水样进行水质分析，观测周期不应少于一个水文年。

第四节　核电厂厂址和地基评价

一、初步可行性研究阶段

对筛选出的几个最适宜建造核电厂的初选厂址按下列主要方面进行评价：

1. 厂址附近是否存在能动断层，或厂址区存在的其他断层是否对地基稳定性构成影响；

2. 是否存在影响场地稳定的岩溶、塌陷、地面沉降、崩塌、滑坡、泥石流、地裂缝、采空区等不良地质作用与地质灾害；

3. 是否存在与地震有关的潜在地震地质灾害，如地震液化、软土震陷等；

4. 厂址附近有无具开采价值的矿藏，有无影响地基稳定的人类历史活动、地下工程等；

5. 有无满足工程需要的主厂房布置场地和适宜核岛建设的地基条件；

6. 厂址所在的水文地质单元特征和厂址周围地下水补给、径流、排泄条件是否有利于核电厂的建设。

7. 应根据岩土工程条件对各候选厂址的适宜性进行评价，对各候选厂址的优缺点进行分析比较，推荐候选厂址顺序，明确存在的问题，提出下一步开展工作的建议。

二、可行性研究阶段

对初步可行性研究阶段确定的一个适宜厂址进一步研究，确定核电厂工程建设最适宜的厂址方案。此阶段厂址适宜性评价考虑的因素与初步可行性研究阶段相同。

三、设计阶段

此阶段的任务是对选定的厂址进行具体的勘察工作，达到查明厂址范围的工程地质条件。厂址评价的内容包括工程地质条件、不良地质作用、地基稳定性及地基条件、边坡稳定性评价等。

1. 工程地质条件

厂址工程地质条件主要包括下列内容：

（1）地形地貌条件、地面坡度；

（2）地质构造、地层岩性、破碎带情况、岩脉分布及其特征、节理裂隙发育程度；

（3）岩体结构特征：包括结构面、结构体特征和结构类型；

（4）岩体的完整性和各向异性；

（5）岩体的风化程度、风化等级及特征；

（6）岩石的物理力学性质、岩体的动态参数；

（7）第四系覆盖层厚度、土层的分布特征及均匀性；

（8）土层的物理力学性质、提供土的变形参数及承载力；

（9）厂区地下水条件：地下水埋藏条件、地下水类型、地下水补给、排泄条件及动态特征，岩土的透水性能，地下水的化学成分，水质对各种材料的腐蚀性；

（10）当存在饱和粉土、砂土时，应评价其液化的可能性。

2. 不良地质作用

对厂址范围内有无滑坡、崩塌、危岩、泥石流等不良地质作用和环境工程地质问题，在查明其分布范围、特征、形成机理的基础上，评价其对厂址安全的影响程度，并提出有效的治理或防护措施。

3. 地基稳定性及地基条件

（1）岩体稳定性：考虑组成岩体的岩石性质、成层条件、断裂构造、基岩产状、节理裂隙发育程度、岩脉、软弱结构面及其连续性等综合进行岩体稳定性评价。可以用评价岩体质量的方法来判断岩体的稳定性，如岩体基本质量指标 *BQ* 法、边坡岩体质量分类（CSMR）法等，根据基本质量级别，考虑具体的工程及地质条件进行修正，综合评价。

（2）岩体的完整性和各向异性：岩体的完整性和各向异性可从岩体的风化程度、岩石质量指标 *RQD*、岩体的完整性指数、岩体结构特征、结构面间距、岩石的抗压强度、岩体的波速值等方面进行评价。如果厂址范围内的岩体完整性、各向异性差异较大时，则应分区分段评价，对反应堆厂房应按设计地面标高至基础底面标高、基础底面标高以下分段进行评价。

（3）岩体动态参数选择：动态参数一般采用钻孔声波测井、单孔波速测试、跨孔波速测试以及室内岩石声波测试得出地基介质的压缩波速度 v_p 和剪切波速度 v_s，然后求出动弹性模量 E_d、动泊松比 ν_d、动剪切模量 G_d 等参数。但要考虑岩体动态模型的非线性特征。因此，在现场进行跨孔波速测试时，应考虑岩层走向、倾向布孔；如一组按顺倾向布孔，另一组按垂直倾向布孔。

钻孔声波测井、单孔波速测试、跨孔波速测试以及室内岩石声波测试，对于同一钻孔，应考虑在相同标高段进行试验，以便于对比及综合确定动态参数值。

（4）地基的承载力：岩土地基承载力宜根据野外鉴定、室内试验和公式计算、载荷试验和其他原位测试，结合工程要求和实践经验综合确定。土质地基承载力的确定应按现行国家标准《建筑地基基础设计规范》GB 50007 的有关规定执行；岩石地基承载力可根据下列方法确定：

1）岩石地基承载力特征值的初步估计可按表 7-5-9 采用（中间值可内插）。

岩石地基承载力特征值的初步估计 **表 7-5-9**

剪切波速度平均值（m/s）	地基承载力特征值（MPa）	剪切波速度平均值（m/s）	地基承载力特征值（MPa）
500	0.4	1500	3.0
700	0.5	2000	10.0
1100	1.0	2500	15.0

2）对完整、较完整和较破碎的岩石地基（除极软岩外），承载力特征值可按下式计算：

$$f_{ak}=\psi_r\cdot f_{rk} \tag{7-5-1}$$

式中 f_{ak}——岩石地基承载力特征值（MPa）；

f_{rk}——岩石饱和单轴抗压强度标准值，泥质岩石采用天然湿度单轴抗压强度标准值（MPa）；

ψ_r——折减系数，根据岩体完整程度和结构面的间距、宽度、产状和组合，由地区经验确定。无经验时，对完整岩体可取 0.5；对较完整岩体可取 0.2～0.5；对较破碎岩体可取 0.1～0.2。

3）对完整和较完整的极软岩，当可取不扰动试样测定天然湿度的抗剪指标时，地基承载力极限值、特征值可分别按下列公式计算：

$$f_r=N_b\gamma b+N_d\gamma_m d+N_c c_k \tag{7-5-2}$$

$$f_a=f_r/3 \tag{7-5-3}$$

式中 f_r——地基承载力极限值；

f_a——地基承载力特征值；

N_b、N_d、N_c——承载力系数，按表 7-5-10 采用；

b、d——基础宽度和基础埋置深度，基础宽度大于 6m 时按 6m 采用；

γ、γ_m——分别为基础底面以下一倍短边宽深度内岩体有效重度和基础底面以上岩体有效重度加权平均值；

c_k——基础底面以下一倍短边宽深度内岩体的黏聚力标准值。

岩石地基极限承载力计算承载力系数 **表 7-5-10**

φ_k(°)	N_b	N_d	N_c	φ_k(°)	N_b	N_d	N_c
10	1.202	2.017	5.769	26	5.248	6.559	11.398
11	1.314	2.166	5.996	27	5.786	7.091	11.955
12	1.436	2.326	6.236	28	6.384	7.672	12.548
13	1.570	2.498	6.488	29	7.051	8.306	13.181
14	1.718	2.684	6.754	30	7.794	9.000	13.856
15	1.880	2.884	7.033	31	8.625	9.760	14.578
16	2.058	3.101	7.328	32	9.554	10.592	15.351
17	2.254	3.336	7.639	33	10.596	11.506	16.178
18	2.470	3.589	7.968	34	11.765	12.511	17.066
19	2.708	3.863	8.315	35	13.079	13.617	18.019
20	2.970	4.160	8.682	36	14.559	14.837	19.044
21	3.261	4.482	9.071	37	16.229	16.183	20.148
22	3.581	4.831	9.482	38	18.116	17.671	21.338
23	3.936	5.210	9.919	39	20.253	19.320	22.624
24	4.329	5.622	10.382	40	22.678	21.150	24.014
25	4.765	6.071	10.874				

续表

φ_k(°)	N_b	N_d	N_c	φ_k(°)	N_b	N_d	N_c
41	25.436	23.184	25.519	51	89.790	63.592	50.686
42	28.579	25.449	27.153	52	103.302	71.140	54.799
43	32.171	27.976	28.929	53	119.226	79.785	59.369
44	36.284	30.803	30.862	54	138.067	89.721	64.460
45	41.006	33.970	32.970	55	160.457	101.184	70.149
46	46.443	37.528	35.275	56	187.187	114.457	76.528
47	52.721	41.534	37.799	57	219.253	129.891	83.703
48	59.990	46.056	40.569	58	257.922	147.916	91.803
49	68.436	51.174	43.616	59	304.809	169.062	100.982
50	78.278	56.982	46.974	60	361.999	193.995	111.426

注：φ_k——基底下一倍短边宽深度内岩石的内摩擦角标准值。

4）深层平板载荷试验确定的地基承载力特征值不进行深度修正；按表 7-5-9、式(7-5-1)和按浅层平板载荷试验确定的地基承载力特征值，可根据基础埋深按下式修正：

$$f_a = f_{ak} + \eta_d \gamma_m (d - 0.5) \tag{7-5-4}$$

式中　η_d——为岩石地基承载力修正系数，应符合表 7-5-11 的规定。

岩石地基承载力修正系数　　表 7-5-11

岩石地基类型	η_d
脆性破坏岩石	1.0
细粒塑性破坏岩石	2.0
粗粒塑性破坏岩石	3.0

5）核安全Ⅰ、Ⅱ类物项的天然地基承载力应符合以下要求：

$$p \leqslant 0.85 f_{SE} \tag{7-5-5}$$

$$p_{max} \leqslant 0.90 f_{SE} \tag{7-5-6}$$

式中　p、p_{max}——分别为基础底面平均压应力设计值和基础底面边缘的最大压应力设计值；

f_{SE}——调整后的地基抗震承载力设计值，取值按国家标准《建筑抗震设计规范》GB 50011 采用。

（5）地基条件评价：目前国内已建、在建或在选的核电厂的主要厂房均坐落于基岩上，地基承载力一般均满足建（构）筑物的要求，但要特别注意地基的均匀性、是否存在软弱夹层及缓倾角的软弱结构面，要评价包括人为或天然因素引起地基的差异变形及引起地基滑动或建（构）筑物倾覆的可能性，对于核安全Ⅰ、Ⅱ类物项的地基应进行抗震稳定性验算，其安全系数应符合表 7-5-12 规定。

地基抗震稳定性验算的作用效应组合及最小安全系数　　表 7-5-12

抗震物项分类	作用效应组合	最小安全系数	
		拟静力法	动力有限元法
Ⅰ、Ⅱ类	$G+H+E_s$	2.0	1.5

注：表中 G 为永久荷载效应；H 为侧向土压力效应；E_s 为极限安全地震动作用效应。

通过各阶段勘察，根据核岛等主要建（构）筑物地基的剪切波速值、地基承载力特征值可对核电厂址进行如表 7-5-13 所示分类。

厂址分类　　表 7-5-13

厂址类别		剪切波速 v_S、岩土地基承载力特征值 f_{ak}
Ⅰ类厂址		$v_S \geqslant 1100$m/s，$f_{ak} \geqslant 1$MPa
Ⅱ类厂址	$Ⅱ_1$	1100m/s $> v_S \geqslant$ 700m/s，1MPa $> f_{ak} \geqslant$ 0.5MPa
	$Ⅱ_2$	700m/s $> v_S \geqslant$ 300m/s，0.5MPa $> f_{ak} \geqslant$ 0.3MPa
Ⅲ类厂址		$v_S <$ 300m/s，$f_{ak} <$ 0.3MPa

在当前条件下，Ⅰ类厂址适宜建设各种类型核电厂，Ⅱ类厂址应进行具体分析研究确定，Ⅲ类厂址不适宜建设核电厂。目前，我国建设和选择的核电厂绝大多数属于Ⅰ类厂址，Ⅱ类的$Ⅱ_1$类厂址通过必要的静力、动力分析计算等专题工作，原则上应适宜建设核电厂，$Ⅱ_2$类厂址应进行专题研究，进一步积累经验。

4. 边坡稳定性评价

核电厂厂区周围可能存在较大规模的自然边坡或人工边坡，一些重要建筑物基础埋置深度较大，存在基坑边坡问题。此外，核电厂厂址一般沿海或邻近河湖，存在岸坡稳定性问题。需要对边坡的稳定性进行评价。

（1）评价方法：可采用工程类比法、图解分析、极限平衡法、数值分析法等进行综合评价。可根据边坡类型和可能的破坏形式确定计算方法。当边坡各区段条件不一致时，应分区段评价。对于核安全相关边坡宜进行动力数值分析，当边坡三维效应明显时可建立三维边坡模型进行稳定性验算。

（2）计算参数的选择：岩质边坡、岸坡的失稳，主要是沿节理结构面及软弱夹层滑移，计算参数应取这些部位的黏聚力 c、内摩擦角 φ。c、φ 值宜进行现场剪切试验、室内结构面剪切试验和取自软弱夹层的试样的剪切试验而获得；边坡失稳大多发生在雨季，因此，试验数据应考虑在浸水条件下的抗剪强度。

（3）稳定性计算应考虑的因素：边坡、岸边失稳往往是多种因素综合作用的结果，除岩土体自重外，还应计算下列各种因素作用下的稳定系数：

1）在边坡上方尚有其他外力作用；

2）考虑地下水静水压力作用；

3）沿海厂址要考虑潮水位产生的动水压力对岸坡稳定性的影响；

4）地震力的作用；根据《核电厂抗震设计规范》GB 50267 规定，与Ⅰ、Ⅱ类物项安全相关的边坡应进行抗震稳定性验算。当采用拟静力法进行边坡抗震稳定性验算时，各单元重心处的地震动加速度取地表面设计地震动加速度的 1.5 倍、不随深度变化；当采用动力有限元法进行边坡稳定性分析验算时，边坡底面输入地震动加速度时程应基于核电厂厂址基准点处的设计基准地震动通过具体场地的地震反应分析得出。

5）在上述综合因素作用条件下的安全系数。

（4）边坡稳定性评价标准：核电厂Ⅰ、Ⅱ类物项工程边坡抗震稳定性验算的作用效应组合及最小安全系数见表 7-5-14。

边坡抗震稳定性验算的作用效应组合及最小安全系数　　表 7-5-14

抗震物项分类	作用效应组合	最小安全系数	
		拟静力法	动力有限元法
Ⅰ、Ⅱ类	$G+H+E_s$	1.5	1.2

注：表中 G 为永久荷载效应；H 为侧向土压力效应；E_s 为极限安全地震动作用效应。

第五节　几个专门问题的评价

一、能动断层

根据《核电厂岩土工程勘察规范》GB 51041—2014 的定义：在地表或接近地表处有可能引起明显错动的断层，称为能动断层。有无能动断层是关系到核电厂厂址适宜性的重要条件，如果所选择的厂址及其附近存在能动断层，则可以认为这个厂址是不适宜的。

《核电厂厂址选择中的地震问题》HAD101/01 规定，根据地质、地球物理、大地测量或地震地质资料，如果存在下述情况之一时，必须考虑该断层为能动的：

1. 表明在晚更新世 Q_3（约 10 万年）以来有过运动的证据，以致可合理地推论在地表或接近地表处能够再次发生运动；

2. 已经证明一个断层与另一个已知能动断层有构造联系，以至于另一个能动断层的运动可能引起这一个断层在地表或接近地表处运动；

3. 确定的与发震构造有关的最大潜在地震的震级足够大和震源位于某一深度，以致可合理地推论在地表或接近地表处能够发生运动。

对能动断层的调查应从区域（半径一般为 150km 或更大些）、近区域（半径为 25km）、厂址附近（半径为 5km）和厂址地区，即先从宏观分析调查研究区域地质、区域构造的稳定性，逐步向微观方向进一步的详细研究，通过特定的遥感、地质、地球物理、大地测量以及地震研究，并取得足够的地表和地下的资料，以查明厂址附近是否有断层存在。如果确有断层存在，应查明断层带内物质组成、岩石破碎程度、胶结特征、断层性质、断层产状、延伸长度、断裂的序次和组合关系以及运动历史，评估最新运动的时间。

为了取得断层活动的确切时间，需要进行断层物质的结构分析、矿物分析，对于第四纪地层出露的地区，可采用放射性碳（^{14}C）法、释光法、孢粉分析法；对于基岩地区的断层可采用释光法、电子自旋共振（ESR）法、钾-氩（K-Ar）法和电镜（SEM）扫描法等方法测定断层错位的地质年龄，根据年龄测定结果，综合对断层活动性进行评价。

二、设计地震动

（一）一般规定

根据《核电厂抗震设计规范》GB 50267 的规定，地震动是由地震引起的地壳岩土介质的运动，由地震动时程和相应的峰值、谱和持续时间等参数表述。核电厂设计基准地震动是核电厂抗震Ⅰ、Ⅱ类物项抗震设计中作为输入采用的地震动，包括极限安全地震动和运行安全地震动两个水准，极限安全地震动是核电厂设计基准地震动的较高水准，是对应极限安全要求的地震动，通常为预估的核电厂所在地区可能遭遇的最大潜在地震动，对应的年超越概率为 10^{-4}；运行安全地震动是核电厂设计基准地震动的较低水准，主要用于对核电厂运行安全控制、设计中的荷载组合与应力分析等，该地震动具有与极限安全地震动不同的用途。核电厂的设计地震动参数应符合下列要求：

1. 设计基准地震动参数包括水平方向和竖直方向的设计基准加速度峰值和相应的设计基准地震反应谱；

2. 竖向设计加速度峰值与水平向设计加速度峰值的比值由厂址地震安全性评价结果确定，取值范围为 2/3～1；

3. 设计基准地震动参数的作用基准点定义于厂址地表、场地平整后的地表或地基标高处的自由场；

4. 设计基准地震动加速度峰值包括极限安全地震动加速度峰值和运行安全地震动加速度峰值。无论厂址地震安全性评价结果如何，对应反应谱零周期的水平向极限安全地震动加速度峰值的取值不应小于 0.15g。运行安全地震动加速度峰值主要用于核电厂运行安全的控制；若用于抗震设计，其取值可综合考虑厂址地震安全性评价结果、设计中的荷载组合与地震作用效应计算方法、相关物项的完整性及功能要求等综合确定。

5. 设计基准地震反应谱可采用经相关主管部门批准的厂址特定地震反应谱或标准设计反应谱；采用的标准设计反应谱应包络厂址特定地震反应谱；

6. 设计地震动加速度时程可调整与厂址地震背景和场地条件相近的实测强震加速度时程得出，或采用其他数学方法生成；

7. 设计地震动加速度时程应包括两个正交水平方向和一个竖直方向的时程；

8. 非准点处的设计地震动可依据基准点处的设计基准地震动，经相关场地的地震反应分析得出；

9. 反应堆厂房基础底面标高处对应反应谱零周期的水平向极限安全地震动加速度峰值不应小于 0.15g。

（二）极限安全地震动参数的确定

根据《核电厂地震调查与评价规范》GB 50572—2010 的规定，极限安全地震动基岩水平向峰值加速度应依据地震危险性评价结果，取确定性方法和概率方法计算值中的最大值。极限安全地震动基岩竖直向峰值加速度值，若在厂址地震危险性评价中直接采用竖直向衰减关系计算得到基岩竖直向峰值加速度，则取确定性方法和概率方法计算值中的最大值；若没有直接采用竖直向衰减关系计算，则可依据厂址基岩水平向峰值加速度，以一定的比例折算得到，取决于震源和厂址特征以及其他相关因素。

极限安全地震动基岩加速度反应谱的确定，应依据地震危险性评价结果，综合绘制地震构造法各地震、概率方法年超越概率 10^{-4} 的厂址基岩加速度反应谱图，取各计算谱的外包络谱参数值作为厂址极限安全地震动反应谱。

设计基准地震动可直接采用厂址极限安全地震动基岩加速度反应谱，或采用以厂址特定极限安全基岩地震动峰值加速度值标定的某种形式的标准谱。

三、地基土液化判别

对存在饱和砂土和饱和粉土的地基，应进行液化判别。对存在饱和黄土、饱和砾砂的地基，其液化可能性应进行专门评估。

饱和砂土和饱和粉土地基的液化判别可采用标准贯入试验判别方法。当未经杆长修正的实测标准贯入锤击数小于或等于液化判别标准贯入锤击数临界值时，饱和土可判为液化土。在地面下 20m 深度范围内，当采用现行国家标准《建筑抗震设计规范》GB 50011 规定的标准贯入试验判别法判别与核安全有关的建（构）筑物地基液化时，标准贯入锤击数基准值 N_0 宜按下列公式进行计算。

$$N_0 = \frac{\sum_{i=1}^{3} \Psi_i \cdot N_i}{\sum_{i=1}^{3} \Psi_i} \tag{7-5-7}$$

$$\Psi_i = \exp\left[-\left(\frac{a-b_i}{c_i}\right)^2\right] \quad (i=1,2,3) \tag{7-5-8}$$

式中　N_0——液化判别标准贯入锤击数基准值；

Ψ_i——计算系数；

a——建（构）筑物验算地点的设计基准地震动地面峰值加速度（g）；

N_i，b_i，c_i——计算参数，按表 7-5-15 采用。

计算参数　　表 7-5-15

i	N_i	$b_i(g)$	$c_i(g)$
1	4.5	0.125	0.054
2	11.5	0.250	0.108
3	18.0	0.500	0.216

在设计未提供设计基准地震动地面峰值加速度时，抗震Ⅰ、Ⅱ类建筑物标准贯入锤击数基准值可按表 7-5-16 采用。

抗震Ⅰ、Ⅱ类建筑物标准贯入锤击数基准值　　表 7-5-16

SL-2 级基岩地震动峰值加速度(g)	0.15	0.2	0.25	0.3	0.35	0.4
抗震Ⅰ类建筑物	10	13	14	15	16	17
抗震Ⅱ类建筑物	7	10	11	12	13	14

其他常规建筑物的地震液化判别，除设计另有要求之外，均应按现行国家标准《建筑抗震设计规范》GB 50011 的规定执行。液化等级为中等或严重的地基，不应用作抗震Ⅰ、Ⅱ类物项的地基。液化等级为轻微的地基，可在采取消除液化危害的措施后用作抗震Ⅰ、Ⅱ类物项的地基。

第六节　核电工程勘察的质量保证要求

《核电厂质量保证安全规定》HAF 003 指出，必须按其要求，把核电工程作为一个整体，制定质量保证总大纲；还指出，必须按照进度实施大纲，并为完成所有对质量有影响的活动，提供适当的可控制条件。所有参与对质量有影响的活动的单位必须经过适当的资格考核、保证恰当的编制和实施所承担的分大纲。

根据《核电厂质量保证大纲的制定》HAF 003/01，必须将质量保证大纲形成文件，该文件可以采用不同的形式，但必须包括两种基本类型：

1. 管理方针和程序，包括质量保证大纲概述；一整套大纲程序。

质量保证大纲概述，必要时辅之以详细的大纲程序，可为有效地管理各单位所负责的工作奠定基础。

2. 技术性文件，包括工作计划和进度；工作细则、程序和图纸。

技术性文件用于安排、指导和管理该项工作以及用于制定验证各单位所负责工作的措施。

核电工程勘察的质量保证大纲至少应包括以下内容：

1. 质量保证的目的，原则，质量方针和目标；
2. 组织机构，机构与接口，人员配备、分工和培训；
3. 勘察过程的质量控制，仪器设备控制，过程控制；
4. 不符合项的控制，不符合项定义，不符合项评审，不符合项报告；
5. 纠正措施，审查，趋势分析，纠正步骤；
6. 文件控制，文件的编制、分发和更改；
7. 质量记录的控制，质量记录的编写、收集、储存和保管；
8. 监查/审查，方法、频度，所需设备；
9. 供方（分包方）的质量保证措施。

第六章　线路、机场飞行区和桥涵

第一节　线路地基勘察

一、城市轨道交通工程勘察

城市轨道交通岩土工程勘察包括地下工程、高架工程、路基、涵洞工程、地面车站和车辆基地的岩土工程勘察。这里主要叙述地下工程和路基的勘察。

（一）基本规定

1. 勘察阶段

城市轨道交通的岩土工程勘察可划分为可行性研究勘察、初步勘察和详细勘察。施工阶段可根据需要开展施工勘察工作。

2. 工程重要性等级

工程重要性等级可根据工程规模、建筑类型和特点以及因岩土工程问题造成工程破坏的后果，按表 7-6-1 划分。

城市轨道交通工程重要性等级　　**表 7-6-1**

重要性等级	工程破坏的后果	工程规模及建筑类型
一级	很严重	车站主体、各类通道、地下区间、高架区间、大中桥梁、地下停车场、控制中心、主变电站
二级	严重	路基、涵洞、小桥、车辆基地内的各类房屋建筑、出入口、风井、施工竖井、盾构始发（接收）井
三级	不严重	次要建筑物、地面停车场

3. 场地复杂程度

城市轨道交通的场地复杂程度可按表 7-6-2 划分。

城市轨道交通场地复杂程度　表 7-6-2

场地类别	岩土工程条件
一级场地（或复杂场地）	符合下列条件之一者：①地形地貌复杂；②建筑抗震危险和不利地段；③不良地质作用强烈发育；④特殊性岩土需要专门处理；⑤地基、围岩或边坡的岩土性质较差；⑥地下水对工程的影响较大需要进行专门研究和治理
二级场地（或中等复杂场地）	符合下列条件之一者：①地形地貌较复杂；②建筑抗震一般地段；③不良地质作用一般地段；④特殊性岩土不需要专门处理；⑤地基、围岩或边坡的岩土性质一般；⑥地下水对工程的影响较小
三级场地（或简单场地）	符合下列条件者：①地形地貌简单；②抗震设防烈度小于或等于 6 度或对建筑抗震有利地段；③不良地质作用不发育；④地基、围岩或边坡的岩土性质较好；⑤地下水对工程无影响

4. 工程周边环境风险等级

工程周边环境风险等级可根据工程周边环境与工程的相互影响程度及破坏后果的严重程度按表 7-6-3 划分。

工程周边环境风险等级　表 7-6-3

环境风险等级	划分依据
一级环境风险	工程周边环境与工程相互影响很大，破坏后果很严重
二级环境风险	工程周边环境与工程相互影响大，破坏后果严重
三级环境风险	工程周边环境与工程相互影响较大，破坏后果较严重
四级环境风险	工程周边环境与工程相互影响小，破坏后果轻微

5. 城市轨道交通岩土工程勘察等级，可按下列条件划分：

甲级：在工程重要性等级、场地复杂程度等级和工程周边环境风险等级中，有一项或多项为一级的勘察项目。

乙级：除勘察等级为甲级和丙级以外的勘察项目。

丙级：工程重要性等级、场地复杂程度等级均为三级且工程周边环境风险等级为四级的勘察项目。

6. 关于抗震设计的规定

城市轨道交通线路工程和地面建筑工程的场地土类型划分、建筑场地类别划分、地基土液化判别应分别执行现行国家标准《铁道工程抗震设计规范》GB 50111、《建筑抗震设计规范》GB 50011 的有关规定。

（二）各勘察阶段的勘察工作要点（表 7-6-4）

各勘察阶段的勘察工作内容和要求 **表 7-6-4**

勘察阶段	勘察目的	勘察方法	勘察内容和要求
可行性研究阶段	可行性研究勘察应调查城市轨道交通工程场地的岩土工程条件、周边环境条件，研究控制线路方案的主要工程地质问题和重要工程周边环境，为线路、站位、线路敷设形式、施工方法等方案设计与比选、技术经济论证、工程周边环境保护及编制可行性研究报告提供地质资料	在搜集已有地质资料和工程地质调查与测绘的基础上，开展必要的勘探与取样、原位测试、室内试验等工作	1. 搜集区域地质、地形、地貌、水文、气象、地震、矿产等资料，以及沿线的工程地质条件、水文地质条件、工程周边环境条件和相关工程经验 2. 调查线路沿线的地层岩性、地质构造、地下水埋藏条件等，划分工程地质单元，进行工程地质分区，评价场地稳定性和适宜性 3. 对控制线路方案的工程周边环境，分析其与线路的相互影响，提出规避、保护的初步建议 4. 对控制线路方案的不良地质作用、特殊性岩土，了解其类型、成因、范围及发展趋势，分析其对线路的危害，提出规避、保护的初步建议 5. 研究场地的地形、地貌、工程地质、水文地质、工程周边环境等条件，分析路基、高架、地下等工程方案及施工方法的可行性，提出线路比选方案的建议 6. 勘探点间距不宜大于 1000m，每个车站应有勘探点 7. 勘探点数量应满足工程地质分区要求；每个工程地质单元应有勘探点，在地质条件复杂地段应加密勘探点 8. 当有两条或两条以上比选线路时，各比选线路均应布置勘探点 9. 控制线路方案的江、河、湖等地表水体及不良地质作用和特殊性岩土地段应布置勘探点 10. 勘探孔深度应满足场地稳定性、适宜性评价和线路方案设计、工法选择等需要 11. 可行性研究勘察的取样、原位测试、室内试验的项目和数量，应根据线路方案、沿线工程地质和水文地质条件确定
初步勘察阶段	在可行性研究勘察的基础上，针对城市轨道交通工程线路敷设形式、各类工程的结构形式、施工方法等开展工作，为初步设计提供地质依据	初步勘察工作应根据沿线区域地质和场地工程地质、水文地质、工程周边环境等条件，采用工程地质调查与测绘、勘探与取样、原位测试、室内试验等多种手段相结合的综合勘察方法	1. 应初步查明城市轨道交通工程线路、车站、车辆基地和相关附属设施的工程地质和水文地质条件，分析评价地基基础形式和施工方法的适宜性，预测可能出现的岩土工程问题，提供初步设计所需的岩土参数，提出复杂或特殊地段岩土治理的初步建议 2. 搜集带地形图的拟建线路平面图、线路纵断面图、施工方法等有关设计文件及可行性研究勘察报告、沿线地下设施分布图 3. 初步查明沿线地质构造、岩土类型及分布、岩土物理力学性质、地下水埋藏条件，进行工程地质分区 4. 初步查明特殊性岩土的类型、成因、分布、规模、工程性质，分析其对工程的危害程度 5. 查明沿线场地不良地质作用的类型、成因、分布、规模，预测其发展趋势，分析其对工程的危害程度 6. 初步查明沿线地表水的水位、流量、水质、河湖淤积物的分布，以及地表水与地下水的补排关系 7. 初步查明地下水水位，地下水类型，补给、径流、排泄条件，历史最高水位，地下水动态和变化规律 8. 对抗震设防烈度大于 6 度的场地，应初步评价场地和地基的地震效应 9. 评价场地的稳定性和工程适宜性 10. 初步评价水和土对建筑材料的腐蚀性 11. 对可能采取的地基基础类型、地下工程开挖与支护方案、地下水控制方案进行初步分析评价 12. 季节性冻土地区，应调查场地土的标准冻结深度 13. 对环境风险等级较高的工程周边环境，分析可能出现的工程问题，提出预防措施的建议

续表

勘察阶段	勘察目的	勘察方法	勘察内容和要求
详细勘察阶段	在初步勘察的基础上，针对城市轨道交通各类工程的建筑类型、结构形式、埋置深度和施工方法等开展工作，满足施工图设计要求	应根据各类工程场地的工程地质、水文地质和工程周边环境等条件，采用勘探与取样、原位测试、室内试验，辅以工程地质调查与测绘、工程物探的综合勘察方法	1. 详细勘察应查明各类工程场地的工程地质和水文地质条件，分析评价地基、围岩及边坡稳定性，预测可能出现的岩土工程问题，提出地基基础、围岩加固与支护、边坡治理、地下水控制、周边环境保护方案建议，提供设计、施工所需的岩土参数 2. 详细勘察工作前应搜集附有坐标和地形的拟建工程的平面图、纵断面图、荷载、结构类型与特点、施工方法、基础形式及埋深、地下工程埋置深度及上覆土层的厚度、变形控制要求等资料 3. 查明不良地质作用的特征、成因、分布范围、发展趋势和危害程度，提出治理方案建议 4. 查明场地范围内岩土层的类型、年代、成因、分布范围、工程特性，分析和评价地基的稳定性、均匀性和承载能力，提出天然地基、地基处理或桩基等地基基础方案的建议，对需进行沉降计算的建（构）筑物、路基等，提供地基变形计算参数 5. 分析地下工程围岩的稳定性和可挖性，对围岩进行分级和岩土施工工程分级，提出对地下工程有不利影响的工程地质问题及防治措施建议，提供基坑支护、隧道初期支护和衬砌设计与施工所需参数 6. 分析边坡的稳定性，提供边坡稳定性计算参数，提出边坡治理的工程措施建议 7. 查明对工程有影响的地表水体的分布、水位、水深、水质、防渗措施、淤积物分布及地表水与地下水的水力联系等，分析地表水体对工程可能造成的危害 8. 查明地下水的埋藏条件，提供场地的地下水类型、勘察时水位、水质、岩土渗透系数、地下水位变化幅度等水文地质资料，分析地下水对工程的作用，提出地下水控制措施的建议 9. 判定地下水和土对建筑材料的腐蚀性 10. 分析工程周边环境与工程的相互影响，提出环境保护措施的建议 11. 应确定场地类别，对抗震设防烈度大于6度的场地，应进行液化判别，提出处理措施的建议 12. 在季节性冻土地区，应提供场地土的标准冻结深度
施工勘察阶段	针对施工方法、施工工艺的特殊要求和施工中出现的工程地质问题等开展工作，提供地质资料，满足施工方案调整和风险控制的要求	施工中的地质工作以及施工专项勘察工作组成了施工阶段的勘察工作	施工中的地质工作主要如下： 1. 研究工程勘察资料，掌握场地工程地质条件及不良地质作用和特殊性岩土的分布情况，预测施工中可能遇到的岩土工程问题 2. 调查了解工程周边环境条件变化、周边工程施工情况、场地地下水位变化及地下管线渗漏情况，分析地质与周边环境条件的变化对工程可能造成的危害 3. 施工中应通过观察开挖面岩土成分、密实度、湿度，地下水情况，软弱夹层、地质构造、裂隙、破碎带等实际地质条件，核实、修正勘察资料 4. 绘制边坡和隧道地质素描图 5. 对复杂地质条件下的地下工程应开展超前地质探测工作，进行超前地质预报 6. 必要时对地下水动态进行观测 施工专项勘察工作应符合下列规定： 1. 搜集施工方案、勘察报告、工程周边环境调查报告以及施工中形成的相关资料 2. 搜集和分析工程检测、监测和观测资料 3. 充分利用施工开挖面了解工程地质条件，分析需要解决的工程地质问题 4. 根据工程地质问题的复杂程度、已有的勘察工作和场地条件等确定施工勘察的方法和工作量 5. 针对具体的工程地质问题进行分析评价，并提供所需岩土参数，提出工程处理措施的建议 6. 对抗剪强度、基床系数、桩端阻力、桩侧摩阻力等关键岩土参数缺少相关工程经验的地区，宜在施工阶段进行现场原位试验

（三）地下工程勘察

地下工程勘察分初步勘察和详细勘察，详细勘察包括地下车站、出入口、风井、通道、地下区间、联络通道等，有时需包括施工竖井，各阶段勘察要求、勘探点布置和孔深要求见本篇第三章地下工程中表 7-3-1。

（四）路基勘察

路基勘察分初步勘察和详细勘察，详细勘察包括路基、高路堤、深路堑和支挡结构及其附属工程的勘察。各类勘察的内容和要求见表 7-6-5。

路基、高路堤、深路堑和支挡结构的勘察内容和要求　　表 7-6-5

<table>
<tr><th colspan="2">勘察阶段</th><th>勘察内容</th><th>勘探点布置要求</th><th>勘探孔深度要求</th></tr>
<tr><td colspan="2">初步勘察</td><td>1. 初步查明各岩土层的岩性、分布情况及物理力学性质，重点查明对路基工程有控制性影响的不稳定岩土体、软弱土层等不良地质体的分布范围
2. 初步评价路基基底的稳定性，划分岩土施工工程等级，指出路基设计应注意的事项并提出相关建议
3. 初步查明水文地质条件，评价地下水对路基的影响，提出地下水控制措施的建议
4. 对高路堤应初步查明软弱土层的分布范围和物理力学性质，提出天然地基的填土允许高度或地基处理建议，对路堤的稳定性进行初步评价，必要时进行取土场勘察
5. 对深路堑，应初步查明岩土体的不利结构面，调查沿线天然边坡、人工边坡的工程地质条件，评价边坡稳定性，提出边坡治理措施的建议
6. 对支挡结构，应初步评价地基稳定性和承载力，提出地基基础形式及地基处理措施的建议。对路堑挡土墙，还应提供墙后岩土体物理力学性质指标</td><td>1. 每个地貌、地质单元均应布置勘探点，在地貌、地质单元交接部位和地层变化较大地段应加密勘探点
2. 路基的勘探点间距宜为 100～150m，支挡结构应有勘探点控制
3. 高路堤、深路堑应布置横断面
4. 取样、原位测试的勘探点数量不应少于路基工程勘探点总数的 2/3</td><td>路基工程的控制性勘探孔深度应满足稳定性评价、变形计算、软弱下卧层验算的要求；一般性勘探孔宜进入基底以下 5～10m</td></tr>
<tr><td>详细勘察</td><td>一般路基</td><td>1. 查明地层结构、岩土性质、岩层产状、风化程度及水文地质特征；分段划分岩土施工工程等级；评价路基基底的稳定性
2. 应采取岩土试样进行物理力学试验，采取水试样进行水质分析</td><td>1. 勘探点间距为 50～100m
2. 控制性勘探孔的数量不应少于勘探点总数的 1/3，取样及原位测试孔数量应根据地层结构、土的均匀性和设计要求确定，不应少于勘探点总数的 1/2</td><td>1. 控制性勘探孔深度应满足地基、边坡稳定性分析，及地基变形计算的要求
2. 一般性勘探孔深度不应小于 5m
3. 如遇软弱土层时，勘探孔应适当加深</td></tr>
</table>

续表

勘察阶段		勘察内容	勘探点布置要求	勘探孔深度要求
详细勘察	高路堤	1. 查明基底地层结构，岩土性质，覆盖层与基岩接触面的形态。查明不利倾向的软弱夹层，并评价其稳定性 2. 调查地下水活动对基底稳定性的影响 3. 地质条件复杂的地段应布置横剖面 4. 应采取岩土试样进行物理力学试验，提供验算地基强度及变形的岩土参数 5. 分析基底和斜坡稳定性，提出路基和斜坡加固方案的建议	1. 复杂场地勘探点间距为15～30m，中等复杂场地勘探点间距为30～50m，简单场地勘探点间距为50～60m 2. 根据基底和边坡的特征，结合工程处理措施，确定代表性工程地质断面的位置和数量，每个断面的勘探点不宜少于3个，地质条件简单时不宜少于2个 3. 控制性勘探孔的数量不应少于勘探点总数的1/3，取样及原位测试孔数量应根据地层结构、土的均匀性和设计要求确定，不应少于勘探点总数的1/2	1. 控制性勘探孔深度应满足地基、边坡稳定性分析，及地基变形计算要求 2. 一般性勘探孔深度不应小于8m 3. 如遇软弱土层时，勘探孔应适当加深
	深路堑	1. 查明场地的地形、地貌、不良地质作用和特殊地质问题；调查沿线天然边坡、人工边坡的工程地质条件；分析边坡工程对周边环境产生的不利影响 2. 土质边坡应查明土层厚度、地层结构、成因类型、密实程度、下伏基岩面的形态和坡度 3. 岩质边坡应查明岩层性质、厚度、成因、节理、裂隙、断层、软弱夹层的分布、风化破碎程度；主要结构面的类型、产状及充填物 4. 查明影响深度范围的含水层、地下水埋藏条件、地下水动态，评价地下水对路堑边坡和结构稳定性的影响，需要时应提供路堑结构抗浮设计的建议 5. 建议路堑边坡坡度、分析评价路堑边坡的稳定性，提供边坡稳定性计算参数，提出路堑边坡治理措施的建议 6. 调查雨期、暴雨量、汇水范围和雨水对坡面、坡脚的冲刷及对坡体稳定性的影响	1. 复杂场地勘探点间距为15～30m，中等复杂场地勘探点间距为30～50m，简单场地勘探点间距为50～60m 2. 根据基底和边坡的特征，结合工程处理措施，确定代表性工程地质断面的位置和数量，每个断面的勘探点不宜少于3个，地质条件简单时不宜少于2个 3. 遇有软弱夹层或不利结构面时，勘探点应适当加密 4. 控制性勘探孔的数量不应少于勘探点总数的1/3，取样及原位测试孔数量应根据地层结构、土的均匀性和设计要求确定，不应少于勘探点总数的1/2	1. 控制性勘探孔深度应满足地基、边坡稳定性分析，及地基变形计算要求 2. 一般性勘探孔深度应能探明软弱层厚度及软弱结构面产状，且穿过潜在滑动面并深入稳定地层内2～3m，满足支护设计要求；在地下水发育地段，根据排水工程需要适当加深 3. 如遇软弱土层时，勘探孔应适当加深
	支挡结构	1. 查明支挡地段地形、地貌、不良地质作用和特殊性岩土，地层结构及岩土性质，评价支挡结构地基稳定性和承载力，提供支挡结构设计所需的岩土参数，提出支挡形式和地基基础方案的建议； 2. 查明支挡地段水文地质条件，评价地下水对支挡结构的影响，提出处理措施的建议	1. 复杂场地勘探点间距为15～30m，中等复杂场地勘探点间距为30～50m，简单场地勘探点间距为50～60m 2. 勘探点不宜少于3个 3. 控制性勘探孔的数量不应少于勘探点总数的1/3，取样及原位测试孔数量应根据地层结构、土的均匀性和设计要求确定，不应少于勘探点总数的1/2	1. 控制性勘探孔深度应满足地基、边坡稳定性分析，及地基变形计算要求 2. 一般性勘探孔深度应达到基底以下不小于5m 3. 如遇软弱土层时，勘探孔应适当加深

（五）高架工程勘察

高架工程勘察分初步勘察、详细勘察，详细勘察包括高架车站、高架区间及其附属工程。各阶段的勘察要求和勘探孔布置及孔深要求见表 7-6-6。

高架线路勘察要求　表 7-6-6

勘察阶段	勘察要求	勘探点布置要求	勘探孔深度要求
初步勘察	1. 重点查明对高架方案有控制性影响的不良地质体的分布范围，指出工程设计应注意的事项 2. 采用天然地基时，初步评价墩台基础地基稳定性和承载力，提供地基变形、基础抗倾覆和抗滑移稳定性验算所需的岩土参数 3. 采用桩基时，初步查明桩基持力层的分布、厚度变化规律，提出桩型及成桩工艺的初步建议，提供桩侧土层摩阻力、桩端土层端阻力初步建议值，并评价桩基施工对工程周边环境的影响 4. 对跨河桥，还应初步查明河流水文条件，提供冲刷计算所需的颗粒级配等参数	勘探点间距应根据场地复杂程度和设计方案确定，宜为 80～150m；高架车站勘探点数量不宜少于 3 个；取样、原位测试的勘探点数量不应少于勘探点总数的 2/3	1. 控制性勘探孔深度应满足墩台基础或桩基沉降计算和软弱下卧层验算的要求，一般性勘探孔应满足查明墩台基础或桩基持力层和软弱下卧土层分布的要求 2. 墩台基础置于无地表水地段时，应穿过最大冻结深度达持力层以下；墩台基础置于地表水水下时，应穿过水流最大冲刷深度达持力层以下 3. 覆盖层较薄，下伏基岩风化层不厚时，勘探孔应进入微风化地层 3～8m，为确认是基岩而非孤石，应将岩芯同当地岩层露头、岩性、层理、节理和产状进行对比分析，综合判断
详细勘察	1. 查明场地各岩土层类型、分布、工程特性和变化规律，确定墩台基础与桩基的持力层，提供各岩土层的物理力学性质指标，分析桩基承载性状，结合当地经验提供桩基承载力计算和变形计算参数 2. 查明溶洞、土洞、人工洞穴、采空区、可液化土层和特殊性岩土的分布与特征，分析其对墩台基础和桩基的危害程度，评价墩台基础和桩基的稳定性，提出防治措施的建议 3. 采用基岩作为墩台基础或桩基的持力层时，应查明基岩的岩性、构造、岩面变化、风化程度，确定岩石的坚硬程度、完整程度和岩石基本质量等级，判断有无洞穴、临空面、破碎岩体或软弱岩层 4. 查明水文地质条件，评价地下水对墩台基础及桩基设计和施工的影响，判定地下水和土对建筑材料的腐蚀性 5. 查明场地是否存在产生桩侧负摩阻力的地层，评价负摩阻力对桩基承载力的影响，并提出处理措施的建议 6. 分析桩基施工存在的岩土工程问题，评价成桩的可能性，论证桩基施工对工程周边环境的影响，并提出处理措施的建议 7. 对基桩的完整性和承载力提出检测的建议	1. 高架车站勘探点应沿结构轮廓线和柱网布置，勘探点间距宜为 15～35m，当桩端持力层起伏较大、地层分布复杂时，应加密勘探点 2. 高架区间勘探点应逐墩布设，地质条件简单时可适当减少勘探点，地质条件复杂或跨度较大时，可根据需要增加勘探点 3. 控制性勘探孔的数量不应少于勘探点总数的 1/3，取样及原位测试孔的数量不应少于勘探点总数的 1/2 4. 采取岩土试样和原位测试要求同地下工程的要求 5. 原位测试应根据需要和地区经验选取适合的测试手段，并符合原位测试要求；每个车站或区间工程的波速测试孔不宜少于 3 个	1. 墩台基础的控制性勘探孔应满足沉降计算和下卧层验算要求 2. 墩台基础的一般性勘探孔应达到基底以下 10～15m 或墩台基础底面宽度的 2～3 倍，在基岩地段，当风化层不厚或为硬质岩时，应进入基底以下中风化岩石层 2～3m 3. 桩基的控制性勘探孔深度应满足沉降计算和下卧层验算要求。应穿透桩端平面以下压缩层厚度，对嵌岩桩，控制性勘探孔应达到预计桩端平面以下 3～5 倍桩身设计直径，并穿过溶洞、破碎带，进入稳定地层 4. 桩基的一般性勘探孔深度应达到预计桩端平面以下 3～5 倍桩身设计直径，且不应小于 3m，对大直径桩，不应小于 5m。嵌岩桩一般性勘探孔应达到预计桩端平面以下 1～3 倍桩身设计直径 5. 当预定深度范围内存在软弱土层时，勘探孔深度应适当加深

（六）工法勘察

地下工程主要采用明挖法、矿山法、盾构法、沉管法等施工方法。明挖法一般用于地质条件较好、地面设施少、地下水位较深的区段。明挖法施工具备条件有投资少、施工方便、质量易于控制等优点，因此是地铁施工的首选方法。当不具备上述条件时可采用暗挖法。明挖法和暗挖法的勘察要求如表 7-6-7 所示。

工法勘察要求　　**表 7-6-7**

施工方法	勘察要求	勘探点布置及孔深要求
明挖法	明挖法勘察应提供放坡开挖、支护开挖及盖挖等设计、施工所需要的岩土工程资料 1. 查明场地岩土类型、成因、分布与工程特性，重点查明填土、暗浜、软弱土夹层及饱和砂层的分布；基岩埋深较浅地区的覆盖层厚度、基岩起伏、坡度及岩层产状 2. 根据开挖方法和支护结构设计的需要按工法勘察岩土参数选择提供必要的岩土参数 3. 土的抗剪强度指标应根据土的性质、基坑安全等级、支护形式和工况条件选择室内试验方法；当地区经验成熟时，也可通过原位测试结合地区经验综合确定 4. 查明场地水文地质条件，判定人工降低地下水位的可能性，为地下水控制设计提供参数；分析地下水位降低对工程及工程周边环境的影响，当采用坑内降水时，还应预测降低地下水位对基底、坑壁稳定性的影响，并提出处理措施建议 5. 根据粉土、粉细砂分布及地下水特性，分析基坑发生突水、涌砂流土、管涌的可能性 6. 搜集场地附近既有建（构）筑物基础类型、埋深和地下设施资料，并对既有建（构）筑物、地下设施与基坑边坡的相互影响进行分析，提出工程周边环境保护措施建议 7. 放坡开挖法勘察应提供边坡稳定性计算所需岩土参数，提出人工边坡最佳开挖坡形和坡角、平台位置及边坡坡度允许值的建议 8. 盖挖法勘察应查明支护桩墙和立柱桩端的持力层厚度、深度，提供桩墙和立柱桩承载力及变形计算参数	1. 宜在开挖边界外按开挖深度的 1 倍～2 倍范围内布置勘探点，当开挖边界外无法布置勘探点时，可通过搜集、调查取得相应资料，对于软土勘察范围尚应适当扩大 2. 勘探点间距及平面布置同详细勘察规定，地层变化较大时，应加密勘探点 3. 勘探点深度应满足基坑稳定分析、地下水控制、支护结构设计的要求
矿山法	矿山法勘察应提供全断面法、台阶法、洞桩（柱）法等施工方法及辅助工法设计、施工所需要的岩土工程资料 1. 土层隧道应查明场地岩土类型、成因、分布与工程特性，重点查明隧道通过土层的性状、密实度及自稳性，古河道、古湖泊、地下水、饱和粉细砂层、有害气体的分布，填土的组成、性质及厚度。 2. 在基岩地区应查明基岩起伏、岩石坚硬程度、岩体结构形态和完整状态、岩层风化程度、结构面发育情况、构造破碎带特征、岩溶发育及富水情况、围岩的膨胀性等。 3. 了解隧道影响范围内的地下人防、地下管线、古墓穴及废弃工程的分布，以及地下管线渗漏、人防充水等情况 4. 根据隧道开挖方法及围岩岩土类型与特征，提供所需岩土参数 5. 预测施工可能产生突水、涌砂、开挖面坍塌、冒顶、边墙失稳、洞底隆起、岩爆、滑坡、围岩松动等风险的地段，并提出防治措施的建议 6. 查明场地水文地质条件，分析地下水对工程施工的危害，建议合理的地下水控制措施，提供地下水控制设计、施工所需的水文地质参数；当采用降水措施时应分析地下水位降低对工程及工程周边环境的影响 7. 根据围岩岩土条件、隧道断面形式和尺寸、开挖特点分析隧道开挖引起的围岩变形特征，根据围岩变形特征和工程周边环境变形控制要求，对隧道开挖步序、围岩加固、初期支护、隧道衬砌以及环境保护提出建议 8. 采用掘进机开挖隧道时，应查明沿线的地质构造、断层破碎带及溶洞等，必要时进行岩石抗磨性试验，在含有大量石英或其他坚硬矿物的地层中，应做含量分析 9. 采用钻爆法施工时，应测试振动波传播速度和振幅衰减参数；在施工过程中进行爆破振动监测 10. 采用洞桩（柱）法施工时，应提供地基承载力、单桩承载力计算和变形计算参数，当洞内桩身承受侧向岩土压力时应提供岩土压力计算参数 11. 采用气压法时，应进行透气试验 12. 采用导管注浆加固围岩时，应提供地层的孔隙率和渗透系数 13. 采用管棚超前支护围岩施工时，应评价管棚施工的难易程度，建议合适的施工工艺，指出施工应注意的问题	勘探点间距及平面布置要求同地下工程勘探点间距及平面布置详细勘察规定

续表

施工方法	勘察要求	勘探点布置及孔深要求
盾构法	1. 查明场地岩土类型、成因、分布与工程特性；重点查明高灵敏度软土层、松散砂土层、高塑性黏性土层、含承压水砂层、软硬不均匀地层、含漂石或卵石地层等的分布和特征，分析评价其对盾构施工的影响 2. 在基岩地区应查明岩土分界面位置、岩石坚硬程度、岩石风化程度、结构面发育情况、构造破碎带、岩脉的分布与特征等，分析其对盾构施工可能造成的危害 3. 通过专项勘察查明岩溶、土洞、孤石、球状风化体、地下障碍物、有害气体的分布 4. 提供砂土、卵石和全风化、强风化岩石的颗粒组成、最大粒径及曲率系数、不均匀系数、耐磨矿物成分及含量、岩石质量指标（RQD）、土层的黏粒含量等。 5. 对盾构始发（接收）井及区间联络通道的地质条件进行分析和评价，预测可能发生的岩土工程问题，提出岩土加固范围和方法的建议 6. 根据隧道围岩条件、断面尺寸和形式，对盾构设备选型及刀盘、刀具的选择以及辅助工法的确定提出建议，并提出所需的岩土参数 7. 根据围岩岩土条件及工程周边环境变形控制要求，对不良地质体的处理及环境保护提出建议 8. 盾构下穿地表水体时应调查地表水与地下水之间的水力联系，分析地表水体对盾构施工可能造成的危害 9. 分析评价隧道下伏的淤泥层及易产生液化的饱和粉土层、砂土层对盾构施工和隧道运营的影响，提出处理措施的建议	勘探点间距及平面布置要求同地下工程勘探点间距及平面布置详细勘察规定，勘探过程中应结合盾构施工要求对勘探孔进行封填，并详细记录钻孔内遗留物
沉管法	1. 搜集河流的宽度、流量、流速、含砂（泥）量、最高洪水位、最大冲刷线、汛期等水文资料 2. 调查河流的变迁、冲淤的规律以及隧道位置处的障碍物 3. 查明水底以下软弱地层的分布及工程特性 4. 提供砂土水下休止角、水下开挖边坡坡角	1. 勘探点应布置在基槽及周围影响范围内，沿线路方向勘探点间距宜为20～30m，在垂直线路方向勘探点间距宜为30～40m 2. 勘探孔深度应达到基槽底以下不小于10m，并满足变形计算的要求 3. 河岸的管节临时停放位置宜布置勘探点
沉井法	1. 查明岩土层的分布及物理力学性质，特别是影响沉井施工的基岩面起伏、软弱岩土层中的坚硬夹层、球状风化体、漂石等 2. 查明含水层的分布、地下水位、渗透系数等水文地质条件，必要时进行抽水试验 3. 提供岩土层与沉井侧壁的摩擦系数、侧壁摩阻力	1. 沉井的位置应有勘探点控制，并宜根据沉井的大小和工程地质条件的复杂程度布置1～4个勘探孔 2. 勘探孔进入沉井底以下的深度：进入土层不宜小于10m，或进入中风化或微风化岩层不宜小于5m
导管注浆法	1. 查明土的颗粒级配、孔隙率、有机质含量，岩石的裂隙宽度和分布规律，岩土渗透性，地下水埋深、流向和流速 2. 宜通过现场试验测定岩土的渗透性 3. 预测注浆施工过程中可能遇到的工程地质问题，并提出处理措施的建议	注浆加固的范围内均应布置勘探孔

续表

施工方法	勘察要求	勘探点布置及孔深要求
冻结法	1. 查明需冻结土层的分布及物理力学性质，其中包括含水量、饱和度、固结系数、抗剪强度 2. 查明需冻结土层周围含水层的分布，提供地下水流速、地下水中的含盐量 3. 提供地层温度、热物理指标、冻胀率、融沉系数等参数 4. 查明冻结施工场地周围的建（构）筑物、地下管线等分布情况，分析冻结法施工对周边环境的影响	

二、铁路路基勘察

铁路路基工程地质勘察分为一般路基，高路堤、陡坡路堤，深路堑、地质复杂路堑，支挡建筑物，改河、大型改沟，河岸防护，浸水路堤等的勘察。其勘察内容如表 7-6-8 所示。

路基工程勘察内容　　**表 7-6-8**

勘察项目	工程地质测绘	工程勘探、测试	资料编制	初测阶段的要求
一般路基	1. 范围应沿线路中心两侧各 100～200m，不良地质发育且对工程有影响的地段，应视需要扩大调绘范围 2. 分段查明地质结构、岩土性质、岩层产状及风化程度、水文地质特征等工程地质条件，查明不良地质和特殊岩土的性质、分布及对工程的影响 3. 分段、分层划分岩土施工工程分级，查明山体稳定状态，确定路堑边坡率，评价路基基底的稳定性	1. 勘探、测试点宜布置在代表性工程地质横断面上，数量及深度应能满足工程地质断面图填绘和工程设计的要求 2. 应根据需要分段采取岩、土试样，做物理、力学性质试验；取水样做水质分析	1. 分段说明地层、地貌、地层岩性、地质构造、岩土施工工程分级、挖方坡率（请参见表 7-6-10）、地基承载力、地下水发育情况、地震动参数、土壤冻结深度，评价地基的稳定性，提出处理措施建议 2. 代表性工程地质横断面图（注明起讫里程或与路基横断面图合并），比例为 1∶200 或 1∶500 3. 勘探、测试资料	主要依据工程地质调绘及代表性勘探、测试资料，编制沿线工程地质分段说明
高路堤、陡坡路堤	1. 按工点收集地质资料，地质调绘的范围应沿线路中线两侧各 100～200m 2. 查明地面坡度、地层结构、岩土工程性质、覆盖层与基岩接触面的形态，必须查明不利倾向的软弱夹层或软弱结构面的性质和形态，评价其稳定性，查明不良地质、特殊岩土的性质、分布及对工程的影响 3. 查明地下水活动情况及其对基底稳定性的影响	1. 根据基底和斜坡的特性，结合工程处理措施，确定代表性工程地质横断面的位置、数量及勘探和测试工作。每个工点不应少于 1 个代表性地质横断面 2. 代表性地质断面上的勘探点不宜少于 3 个，地质条件简单是不宜少于 2 个。深度应至基底持力层下或基岩面以下 3～5m，或满足沉降计算要求；基底以下存在软弱地层或可能滑动面（带）时，孔深应至该层以下 5～8m 3. 需进行基底沉降及稳定性检算时，应取岩土试样，做物理力学性质试验，提供变形检算参数，主要地层的岩土试样不应少于 6 组 4. 遇地下水并可能影响基底稳定时，应做简易水文地质试验，并取水样做水质分析	1. 工点工程地质勘察报告或说明 2. 工程地质图（必要时作），比例为 1∶500～1∶2000 3. 工程地质横断面图，比例为 1∶100～1∶500 4. 勘探、测试资料	1. 控制线路方案的工点应布置代表性勘探点并取样试验，查明基底稳定情况，填绘工程地质横断面图，提供工程地质参数 2. 不控制线路方案的工点可在沿线工程地质分段说明中说明

续表

勘察项目	工程地质测绘	工程勘探、测试	资料编制	初测阶段的要求
深路堑、地质复杂路堑	1. 按工点收集地质资料，范围应包括两侧堑顶外各不小于100m 2. 查明山坡自然状态、植被情况、既有人工边坡的稳定情况，查明不良地质、特殊岩土的性质、分布及对工程的影响 3. 查明覆盖层厚度、地层结构、成因类型及其物理力学性质，查明覆盖层与基岩接触面的形态，有无软弱夹层及其特征 4. 查明岩层层序、厚度、产状，岩层风化破碎程度，软弱夹层的特征，特别应查明倾向线路的层面或软弱结构面 5. 查明断裂构造、褶皱构造、单斜构造、节理、裂隙的特征及组合形式 6. 查明地下水出露位置、流量、活动特征，评价其对路堑边坡及基底稳定的影响	1. 应根据山坡的稳定性、确定边坡坡率及形式、水文地质条件等，确定代表性地质横断面数量和勘探工作量，每个工点不应少于1个代表性地质横断面 2. 每个代表性地质横断面上的勘探点不应少于2个，深度应至路基面以下3～5m，存在软弱结构面时应穿过软弱结构面并进入稳定地层3～5m，地下水发育地段，根据排水工程需要适当加深 3. 可采用物探方法查明地层结构、软弱面或地下水位等，并应采用其他勘探手段进行验证 4. 需进行稳定性检算地段，应取岩土试样，做物理力学性质试验 5. 地下水发育地段，宜做水文地质试验，取水样做水质分析	1. 工程地质勘察报告或说明 2. 工程地质图（必要时绘制），比例为1∶500～1∶2000 3. 工程地质横断面图，比例为1∶100～1∶500 4. 节理统计分析图（必要时绘制） 5. 勘探、测试资料	1. 控制线路方案、地质条件复杂的工点应布置代表性勘探点，并取样试验，填绘检算用的工程地质横断面图，提供工程地质参数 2. 不控制线路方案的工点可在沿线工程地质分段说明中说明
支挡结构	1. 按工点收集地质资料，地质调绘应包括支挡工程以外不小于100m的范围 2. 查明支挡地段的地貌、地层层序、岩土结构及其工程特征以及不良地质现象，判定其稳定性 3. 查明建筑物基底的地层结构及岩土性质以及有无下卧的软弱夹层，提供地基承载力等 4. 查明水文地质条件，评价地下水对山坡及支挡建筑物的影响 5. 查明悬崖及危岩支挡建筑物的地基情况和锚固条件	1. 第四系地层覆盖、岩层风化破碎、岩性软弱、地形地质条件复杂地段的重要支挡建筑物，应进行墙趾纵断面、工程地质横断面勘探测试，勘探点数量应根据具体情况确定，但不宜少于3个，勘探、测试深度应满足支挡建筑物设计要求，宜达到基底以下5m 2. 挡墙基底为土层时，视需要取土样，做物理力学性质试验，路堑挡土墙必要时应取墙背岩、土试样做物理力学性质试验 3. 地层赋存地下水时，且对支挡结构工程或基坑施工有影响时，宜做简易水文地质试验，并取水试样做水质分析	1. 工程地质报告或说明 2. 工程地质图（必要时绘制），比例为1∶500～1∶2000 3. 墙趾工程地质纵断面图，比例尺视具体情况确定 4. 工程控地质横断面图，比例尺为1∶200 5. 勘探、测试资料	1. 控制线路方案、地质条件复杂的支挡建筑物工点应布置代表性勘探点，并取样试验，查明山体及基底的工程地质条件，填绘检算用的工程地质横断面图，提供工程地质参数 2. 不控制线路方案的工点可在沿线工程地质分段说明中说明

续表

勘察项目	工程地质测绘	工程勘探、测试	资料编制	初测阶段的要求
改河、大型改沟	1. 按工点收集地质资料，地质调绘应包括改河（沟）工程主要建筑物（拦河坝、新开河道、导流及河岸防护等）两侧一定范围 2. 查明改河地段及上下游一定范围内的地形地貌、地质特征及岸坡稳定情况 3. 查明新开河道和坝址的地层、岩性，预测、评价岸坡及基底的稳定性和渗透特征 4. 查明导流、防护等建筑物地基的工程地质条件	1. 应根据新河道、拦河坝、导流和防护等地段长度、地质条件，布置勘探点。地质条件复杂时，各项工程的勘探、测试点不宜少于3个，深度应超过最大冲刷深度以下5m或至建筑物基底持力层下5m。当考虑防渗要求时，勘探深度还应适当加深 2. 根据工程设计要求，采取岩土试样做物理力学性质试验 3. 取地表水及地下水试样进行水质分析判定其侵蚀性	1. 工程地质勘察报告或说明 2. 工程地质图（必要时绘制），比例为1∶500～1∶2000 3. 改河中线、坝址轴线等工程地质断面图，比例尺视具体情况确定 4. 改河及坝址等地段工程地质横断面图，比例为1∶200～1∶500 5. 勘探、测试资料	1. 应查明改河、改沟地段及其上游一定范围内的工程地质条件，结合河流发育及水流动态特征等，确定工程实施的可能性 2. 在新河槽、拦河坝等主要工程处应布置勘探点 3. 填绘改河、改沟中线及坝址轴线工程地质纵断面图，必要时填绘工程地质横断面图

铁路工程地质勘察中，应根据工程性质和施工的难易程度进行岩土工程施工工程分级，分级标准见表7-6-9。

岩土施工工程分级（铁路） **表7-6-9**

等级	分类	岩土名称及特征	钻1m所需时间			岩石单轴饱和抗压强度（MPa）	开挖方法
			液压凿岩台车、潜孔钻机（净钻分钟）	手持风枪湿式凿岩合金钻头（净钻分钟）	双人打眼（工天）		
Ⅰ	松土	砂类土、种植土、未经压实的填土					用铁锹挖，脚蹬一下到底的松散土层，机械能全部直接铲挖，普通装载机可满载
Ⅱ	普通土	坚硬的、可塑的粉质黏土，硬塑和软塑的黏土，膨胀土，粉土，Q_3、Q_4黄土，稍密、中密的细角砾土、细圆砾土，松散的粗角砾土、碎石土、粗圆砾土、卵石土，压密的填土，风积沙					部分用镐刨松，再用锹挖，脚连蹬数次才能挖动。挖掘机、带齿尖口装载机可满载、普通装载机可直接铲挖，但不能满载

续表

等级	分类	岩土名称及特征	钻1m所需时间			岩石单轴饱和抗压强度（MPa）	开挖方法
			液压凿岩台车、潜孔钻机（净钻分钟）	手持风枪湿式凿岩合金钻头（净钻分钟）	双人打眼（工天）		
Ⅲ	硬土	坚硬的黏性土、膨胀土，Q_1、Q_2黄土，稍密、中密粗角砾土、碎石土、粗圆砾土、卵石土，密实的细圆砾土、细角砾土，各种风化成土状的岩石					必须用镐先全部刨过才能用锹挖。挖掘机、带齿尖口装载机不能满载；大部分采用松土器松动方能铲挖装载
Ⅳ	软石	块石土、漂石土，含块石、漂石30%～50%的土及密实的碎石土、粗角砾土、卵石土、粗圆砾土；岩盐，各类较软岩、软岩及成岩作用差的岩石：泥质岩类、煤、凝灰岩、云母片岩、千枚岩		<7	<0.2	<30	部分用撬棍及大锤开挖或挖掘机、单钩裂土器松动，部分需借助液压冲击镐击碎或部分采用爆破法开挖
Ⅴ	次坚石	各种硬质岩：硅质页岩、钙质岩、白云岩、石灰岩、泥灰岩、玄武岩、片岩、片麻岩、正长岩、花岗岩	≤10	7～20	0.2～1.0	30～60	能用液压冲击镐击碎，大部分需用爆破法开挖
Ⅵ	坚石	各种极硬岩：硅质砂岩、硅质砾岩、石灰岩、石英岩、大理岩、玄武岩、闪长岩、花岗岩、角岩	>10	>20	>1.0	>60	可用液压冲击镐击碎，需用爆破法开挖

注：1. 软土（软黏性土、淤泥质土、淤泥、泥炭质土、泥炭）的施工工程分级，一般可定为Ⅱ级；多年冻土一般可定为Ⅳ级。
2. 表中所列岩石均按完整结构岩体考虑，若岩体极破碎、节理很发育或强风化时，其等级应按表对应岩石等级降低一个等级。

路堑边坡坡率，应根据岩土的性质、岩土体结构、岩层产状、风化程度、地貌、水文地质等因素和边坡高度，并参照自然山坡和既有人工边坡的稳定程度综合确定。边坡高度不大于20m时，可参照表7-6-10确定。

路堑边坡坡率　表 7-6-10

岩土类别		边坡坡率（$H \leqslant 20$m）
均质黏性土、塑性指数大于 3 的粉土		1∶1～1∶1.5
塑性指数不大于 3 的粉土、稍密以上中砂、粗砂、砾砂		1∶1.5～1∶1.75
碎石土，卵石土，粗、细角砾土，粗、细圆砾土	胶结或密实	1∶0.5～1∶1.25
	稍密、中密	1∶1.25～1∶1.5
岩石		1∶0.1～1∶1.5

注：当有可靠资料和经验时，可不受本表限制。

黄土、膨胀土等路堑边坡坡率和边坡形式可参照《铁路特殊路基设计规范》TB 10035 的有关规定确定。

三、公路路基勘察

公路路基工程地质勘察有一般路基、高路堤、陡坡路堤、深路堑、支挡工程、河岸防护工程和改河（沟、渠）工程等。公路路基勘察分新建公路的初步勘察、详细勘察和改建公路的勘察。

（一）一般路基

一般路基初步勘察和详细勘察的勘察内容见表 7-6-11。

一般路基的勘察内容　表 7-6-11

勘察内容	初步勘察	详细勘察
勘察重点	根据现场地形地质条件，结合路线填挖设计，划分工程地质区段，分段基本查明下列内容： 1. 地形地貌的成因、类型、分布形态特征和地表植被情况 2. 地层岩性、地质构造、岩石的风化程度、边坡的岩体类型和结构类型 3. 层理、节理、断裂、软弱夹层等结构面的产状、规模、倾向路基的情况 4. 覆盖层的厚度、土质类型、密实度、含水状态和物理力学性质 5. 不良地质和特殊性岩土的分布范围、性质 6. 地下水和地表水发育情况及腐蚀性	在确定的路线上查明各填方、挖方路段的工程地质条件，查明内容同初勘
调查与测绘	可与路线的工程地质的调绘一并进行，工程地质条件较复杂或复杂，填挖变化较大的路段，应进行补充工程地质调绘，工程地质调绘的比例尺宜为 1∶2000	对初勘调绘资料进行复核，当路线偏离初步设计线位或地质条件需进一步查明时，应进行补充工程地质调绘，补充工程地质调绘的比例尺为 1∶2000

续表

勘察内容	初步勘察	详细勘察
勘探与测试	1. 勘探测试点的数量：工程地质条件简单时，每千米不得少于2个，做代表性勘探，工程地质条件较复杂或复杂时，应增加勘探测试点数量 2. 勘探深度不小于2.0m，可选择挖探、螺纹钻进行勘探，当深部地质情况需进一步探明时，可采用静力触探、钻探、物探等进行综合勘探 3. 勘探应分层取样。粉土、黏性土应取原状样，取样间距1.0m；砂土、碎石土取扰动样，取样间距1.0m，可通过野外鉴定或原位测试判明其密实度 4. 地下水发育时，应量测地下水的初见水位和稳定水位 5. 对土样进行物理力学试验 6. 特殊性岩土应选取代表性试样测试其工程地质性质	勘探测试点一般沿确定的路线中线布设，每段填、挖路基勘探测试点的数量不宜少于1个，做代表性勘探；地质条件变化大时，应增加勘探测试点数量。勘探深度、取样、测试等应符合初勘要求
资料要求	1. 可列表分段说明工程地质条件。当列表不能说明工程地质条件时，应编写文字说明和图表 2. 文字说明：应分段说明填、挖路段的工程地质条件，基底有软弱地层发育的填方路段，应评价路堤产生过量沉降、不均匀沉降及剪切滑移的可能性。挖方路段有外倾结构面时，应评价边坡产生滑动的可能性 3. 图表资料：1∶2000工程地质平面图；1∶2000工程地质纵断面图；1∶100～1∶400工程地质横断面图；1∶50～1∶200挖探（钻探）柱状图；岩土物理力学指标汇总表；水质分析资料；物探解释成果资料；附图、附表和照片等	同初勘资料要求

（二）高路堤

填土高度大于20m，或填土高度虽未达到20m但基底有软弱地层发育，填筑的路堤有可能失稳、产生过量沉降及不均匀沉降时，应按高路堤进行勘察。高路堤初步勘察和详细勘察的勘察内容见表7-6-12。

高路堤的勘察内容 **表7-6-12**

勘察内容	初步勘察	详细勘察
勘察重点	1. 高填路段的地貌类型、地形的起伏变化情况及横向坡度 2. 地基的土层结构、厚度、状态、密实度及软弱地层的发育情况 3. 基岩的埋深和起伏变化情况 4. 岩层产状、岩石的风化程度和岩体的节理发育程度 5. 地基岩土的物理力学性质和地基承载力 6. 地表水的类型、埋深、分布和水质 7. 基底的稳定性	应在确定的路线上查明高路堤路段的工程地质条件，内容同初勘
调查与测绘	应沿拟定的线位及其两侧的带状范围进行1∶2000工程地质调绘，调绘宽度不宜小于两倍路基宽度	应对初勘调绘资料进行复核。当路线偏离初步设计线位或地质条件需进一步查明时，应进行补充工程地质调绘，补充工程地质调绘的比例尺为1∶2000

续表

勘察内容	初步勘察	详细勘察
勘探与测试	1. 应根据现场地形地质条件选择代表性位置横向勘探断面，每段高路堤的横向勘探断面数量不得少于1条 2. 每条勘探横断面上的钻孔数量不得少于1个，勘探深度宜至持力层或岩面以下3m，并满足沉降稳定计算要求 3. 粉土、黏性土应取原状样，在0～10m的深度范围内，取样间距宜为1.0m，10m以下，取样间距宜为1.5m，变层应立即取样；砂土、碎石土可取扰动样，取样间距宜为2.0m，变层应立即取样，取样后应立即做动力触探试验。层厚大于5m的同一土层，可在上、中、下取样 4. 有地下水发育时，应量测地下水的初见水位和稳定水位，采集水样做水质分析 5. 对土样进行物理力学试验 6. 勘探断面上的地形、岩石露头、地下水出露点、勘探测试点等应实测	每段高路堤横向勘探断面的数量不得少于1条，做代表性勘探，每条勘探断面上的钻孔或探坑（井）数量不得少于1个，必要时，与静力触探等原位测试手段结合进行综合勘探；地质条件复杂时，应增加勘探断面数量。勘探深度、取样、测试等应符合初勘要求
资料要求	1. 文字说明：应对高填路段的工程地质条件进行说明，对工程建设场地的适宜性进行评价，分析、评价高路堤产生过量沉降、不均匀沉降及地基失效导致路堤产生滑动的可能性 2. 图表资料：1∶2000工程地质平面图；1∶2000工程地质纵断面图；1∶100～1∶400工程地质横断面图；1∶50～1∶200挖探（钻探）柱状图；岩土物理力学指标汇总表；水质分析资料；物探解释成果资料；附图、附表和照片等	同初勘要求

（三）陡坡路堤

地面横坡坡率陡于1∶2.5，或坡率虽未陡于1∶2.5但路堤有可能沿斜坡产生横向滑移时，应按陡坡路堤进行勘察，陡坡路堤初步勘察和详细勘察的勘察内容见表7-6-13。

陡坡路堤的勘察内容　　表7-6-13

勘察内容	初步勘察	详细勘察
勘察重点	1. 陡坡路段的地形地貌、地面横向坡度及变化情况 2. 覆盖层的厚度、土质类型、地层结构、密实程度和胶结状况 3. 覆盖层下伏基岩面的横向坡度和起伏形态 4. 陡坡路段的地质构造、层理、节理、软弱夹层及结构面的产状 5. 岩石的风化程度和边坡岩体的结构类型 6. 岩、土的物理力学性质及其抗剪强度参数 7. 地表水和地下水发育情况 8. 陡坡路堤沿基底滑动面或潜在滑动面产生滑动的可能性	在确定的线路上查明陡坡路段的工程地质条件，内容同初勘内容
调查与测绘	应沿拟定的线位及其两侧的带状范围进行1∶2000工程地质调绘，调绘宽度不宜小于两倍路基宽度	对初勘调绘资料进行复核，当线路偏离初步设计线位或地质条件需进一步查明时，应进行补充工程地质调绘，补充工程地质调绘的比例尺为1∶2000

续表

勘察内容	初步勘察	详细勘察
勘探与测试	1. 每段陡坡路堤的横向勘探断面数量不宜少于1条，做代表性勘探，工程地质条件复杂时，应增加勘探断面的数量 2. 每条勘探横断面上的勘探点数量不宜少于2个，宜采用挖探、物探、钻探等进行综合勘探。勘探深度应至持力层或稳定的基岩面以下3m 3. 勘探应采取岩土试样，取样、测试要求同高路堤取样、测试要求 4. 有地下水发育时，应量测地下水的初见水位和稳定水位，采取水样做水质分析 5. 对土样进行物理力学试验 6. 勘探断面上的地形、岩石露头、地下水出露点、勘探测试点等应实测	勘探、取样、测试同初勘要求
资料要求	1. 文字说明：应对陡坡路段的工程地质条件进行说明，对工程建设场地的适宜性进行评价，应分析、评价陡坡路堤沿斜坡产生滑动的可能性 2. 图表资料：1∶2000工程地质平面图；1∶2000工程地质纵断面图；1∶100～1∶400工程地质横断面图；1∶50～1∶200挖探（钻探）柱状图；岩土物理力学指标汇总表；水质分析资料；物探解释成果资料；附图、附表和照片等	同初勘资料要求

（四）深路堑

土质边坡垂直挖方深度超过20m，岩质边坡垂直挖方高度超过30m，或挖方边坡需特殊设计时，应按深路堑进行勘察，深路堑初步勘察和详细勘察的勘察内容见表7-6-14。

深路堑勘察内容 **表7-6-14**

勘察内容	初步勘察	详细勘察
勘察重点	1. 挖方路段的地貌类型、地形起伏变化情况及横向坡度、斜坡的自然稳定状况 2. 斜坡上覆盖层厚度、土质类型、地层结构、含水状态、胶结状态和密实度 3. 覆盖层与基岩接触面的形态特征及起伏变化情况 4. 基岩的岩性及其组合情况、岩石的风化程度和边坡岩体的结构类型 5. 层理、节理、断层、软弱夹层等结构面的产状、规模及其倾向路基的情况 6. 岩、土的物理力学性质，控制边坡稳定的结构面的抗剪强度 7. 地下水的出露位置、流量、动态特征及对边坡稳定的影响 8. 地表水的类型、分布、径流及对边坡稳定性的影响 9. 深路堑边坡的稳定性	在确定的线路上查明深挖路段的工程地质条件，内容符合初勘内容
调查与测绘	深挖路段应进行1∶2000工程地质调绘，并应符合下列规定： 1. 工程地质调绘应沿拟定的线位及其两侧的带状范围进行，调绘宽度不宜小于边坡高度的3倍，对地质构造复杂、岩体破碎、风化严重、有外倾结构面或堆积层发育、上方汇水区域较大及地下水发育的边坡，应扩大调绘范围 2. 有岩石露头时，岩质边坡路段应进行节理统计，调查边坡岩体类型和结构类型	对初勘调绘资料进行复核，当线路偏离初步设计线位或地质条件需进一步查明时，应进行补充工程地质调绘，补充工程地质调绘的比例尺为1∶2000

续表

勘察内容	初步勘察	详细勘察
勘探与测试	1. 根据现场地形地质条件选择代表性位置布置横向勘探断面，每段深路堑横向勘探断面的数量不得少于1条 2. 每条勘探横断面上的勘探点数量不宜少于2个，宜采用挖探、钻探、物探等进行综合勘探。综合性钻孔深度应至设计高程以下稳定地层中不小于3m。地下水发育路段，应根据排水工程需要确定 3. 岩体宜采取代表性岩样，做密度和单轴饱和抗压强度试验。土层应分层采取土样，做物理力学试验和剪切试验 4. 露头不良地段，可采用声波测井确定岩体的完整性 5. 有地下水发育时，应量测地下水的初见水位和稳定水位，取样做水质分析 6. 勘探断面上的地形、岩石露头、地下水出露点、勘探测试点等应实测 7. 基岩出露良好，地质条件清楚，可通过调绘查明深路堑工程地质条件	每段深路堑横向勘探断面的数量不得少于1条，做代表性勘探，地质条件复杂时，应增加勘探断面数量。每条勘探断面上的钻孔或探坑（井）数量不得少于2个，勘探、取样、测试等应符合初勘要求
资料要求	1. 文字说明：应对深挖路段的工程地质条件进行说明，对工程建设场地的适宜性进行评价，分析深路堑边坡的稳定性 2. 图表资料：1∶2000工程地质平面图；1∶2000工程地质纵断面图；1∶100～1∶400工程地质横断面图；1∶50～1∶200挖探（钻探）柱状图；岩土物理力学指标汇总表；水质分析资料；物探解释成果资料；附图、附表和照片等	同初勘资料要求

（五）支挡工程

路基支挡工程的初步勘察和详细勘察的勘察内容见表7-6-15。

路基支挡工程勘察内容　　表7-6-15

勘察内容	初步勘察	详细勘察
勘察重点	1. 支挡路段的地形地貌特征、斜坡坡度和自然稳定状况 2. 支挡路段层理、节理、断层、软弱夹层等结构面的产状、规模和发育情况 3. 支挡工程地基的地层结构、岩土类型及其物理力学性质 4. 地下水的类型、分布及其对边坡稳定的影响 5. 不良地质和特殊性岩土的发育情况 6. 支挡工程地基的承载力和锚固条件	在确定的构筑物位置上查明支挡路段工程地质条件
调查与测绘	支挡路段应进行1∶2000工程地质调绘，调绘范围宜包括支挡工程和可能产生变形失稳的岩土体以外不小于50m的区域	对初勘调绘资料进行复核，当线路偏离初步设计线位或地质条件需进一步查明时，应进行补充工程地质调绘，补充工程地质调绘的比例尺为1∶2000

续表

勘察内容	初步勘察	详细勘察
勘探与测试	1. 应根据支挡地段的地形地质条件、支挡工程的类型、规模等确定勘探测试点的数量和位置 2. 支挡工程的承重部位，应采用挖探、钻探进行勘探，勘探点的数量不得少于1个，地质条件变化大时，宜结合物探综合勘探，勘探深度应达持力层以下的稳定地层中不小于3m 3. 对支挡路段的边坡进行稳定性分析计算时，应选择代表性位置布置横向勘探断面，每条勘探断面上探坑、钻孔的数量不应少于2个，勘探深度应穿过滑动面至其下的稳定地层不小于1m 4. 挖探、钻探应分层采取岩土试样，做物理力学试验和剪切试验 5. 有地下水发育时，应量测地下水的初见水位和稳定水位，采取水样做水质分析 6. 勘探断面上的地形、岩石露头、地下水出露点、勘探测试点等应实测	同初勘勘探与测试要求
资料要求	1. 支挡工程可列表说明工点工程地质条件，当列表不能说明工程地质条件时，应编写文字说明和图表 2. 文字说明：应对支挡路段的工程地质条件进行说明，对边坡、基底的稳定性进行分析评价 3. 图表资料：1∶2000工程地质平面图；1∶2000工程地质纵断面图；1∶100～1∶400工程地质横断面图；1∶50～1∶200挖探（钻探）柱状图；岩土物理力学指标汇总表、水质分析资料；物探解释成果资料；附图、附表和照片等	同初勘资料要求

（六）河岸防护工程

河岸防护工程的初步勘察和详细勘察的勘察内容见表7-6-16。

河岸防护工程勘察内容　　**表7-6-16**

勘察内容	初步勘察	详细勘察
勘察重点	1. 河岸防护路段及其上下游的地形地貌、地质特征 2. 岸坡的稳定情况及不良地质的类型、发展变化规律 3. 河岸防护路段的水力特征、洪（枯）水位高程、河流的冲淤变化规律 4. 防护工程及导流工程设置部位的地层结构、岩土类型、土的粒径组成 5. 地基岩土的物理力学性质和承载力 6. 既有河岸防护工程的设计与使用情况	在确定的河岸防护工程位置上查明河岸防护地段的水文状况和工程地质条件，内容同初勘内容
调查与测绘	河岸防护地段应进行1∶2000工程地质调绘，调绘范围应包括防护路段两岸及其上下游相邻区域	对初勘调绘资料进行复核，当线路偏离初步设计线位或地质条件需进一步查明时，应进行补充工程地质调绘，补充工程地质调绘的比例尺为1∶2000

续表

勘察内容	初步勘察	详细勘察
勘探与测试	1. 应根据河岸防护路段的地质条件、水文状况、岸坡稳定情况及河岸防护工程的类型等确定勘探测试点的数量和位置 2. 冲刷防护工程、导流工程可采用挖探、钻探等进行综合勘探，勘探深度应至最大冲刷线或基础持力层以下的稳定地层中不小于 3m 3. 河床或构筑物设置部位的探坑（井）和钻孔，应分层采取岩土试样，做物理力学试验和剪切试验 4. 必要时，采取水样做水质分析，评价环境水的腐蚀性 5. 勘探断面上的地形、岩层露头、洪水位痕迹、钻孔等应实测	同初勘勘探与测试要求
资料要求	1. 河岸防护工程可列表说明工点工程地质条件，当列表不能说明时，应编写文字说明和图表 2. 文字说明：应对河岸防护路段的工程地质条件进行说明，近河、沿河岸坡存在滑移、坍塌的可能时，应评价岸坡的稳定性 3. 图表资料：1∶2000 工程地质平面图；1∶2000 工程地质纵断面图；1∶100～1∶400 工程地质横断面图；1∶50～1∶200 挖探（钻探）柱状图；岩土物理力学指标汇总表；水质分析资料；物探解释成果资料；附图、附表和照片等	同初勘资料要求

（七）改河（沟、渠）工程

改河（沟、渠）工程的初步勘察和详细勘察的勘察内容见表 7-6-17。

改河（沟、渠）工程勘察内容　　表 7-6-17

勘察内容	初步勘察	详细勘察
勘察重点	1. 改河（沟、渠）地段及其上下游的地形地貌、地质构造及斜坡稳定情况 2. 新开河道（沟、渠）地段的地层结构、土质类型、粒径组成 3. 特殊性岩土和不良地质的发育情况 4. 地基岩土的物理力学性质和地基承载力 5. 新开河道（沟、渠）地段岸坡的稳定性	查明改河（沟、渠）地段的工程地质条件，内容同初勘内容
调查与测绘	改河（沟、渠）工程应进行 1∶2000 工程地质调绘，调绘范围应包括改河（沟、渠）工程及其上下游相邻区域	对初勘调绘资料进行复核，当线路偏离初步设计线位或地质条件需进一步查明时，应进行补充工程地质调绘，补充工程地质调绘的比例尺为 1∶2000
勘探与测试	1. 应根据改河（沟、渠）工程的规模、现场地形地质条件等确定勘探测试点的数量和位置 2. 工程地质勘探可采用挖探、钻探、物探等方法，勘探深度应至最大冲刷线或防护工程基底以下的稳定地层中不小于 3m 3. 探坑（井）、钻孔应分层采取岩土试样，做物理力学试验和剪切试验 4. 地下水发育时，应量测地下水的初见水位和稳定水位，取水样做水质分析 5. 勘探断面上的地形、岩层露头、探坑（井）、钻孔等应实测	同初勘勘探与测试要求

续表

勘察内容	初步勘察	详细勘察
资料要求	1. 改河（沟、渠）工程可列表说明工点工程地质条件，当列表不能说明时，应编写文字说明和图表 2. 文字说明：应对改河（沟、渠）路段的工程地质条件进行说明，评价改河（沟、渠）地段的适宜性，改河（沟、渠）工程的岸坡存在失稳的可能时，应评价岸坡的稳定性 3. 图表资料：1∶2000 工程地质平面图；1∶2000 工程地质纵断面图；1∶100～1∶400 工程地质横断面图；1∶50～1∶200 挖探（钻探）柱状图；岩土物理力学指标汇总表；水质分析资料；物探解释成果资料；附图、附表和照片等	同初勘资料要求

（八）改建公路路基的勘察

1. 改建公路路基的工程地质勘察应查明以下内容：

（1）已建工程路基的填土类别、断面特征、稳定状况、岩石和土层的分界线、类别及其工程分级。

（2）加宽路基时，应查明加宽一侧的工程地质条件，包括地貌特征、山坡和河岸的稳定状况、水流影响、岩土性质、地下水情况等。

（3）加高路基时，应调查借土来源及其数量和工程性质。

（4）路基坡脚需防护时应调查防护工程的地质情况。

（5）深挖路基后可能出现的不良地质情况，应予以判明，并提出处理措施。

（6）路基有受水流冲刷的可能时，应调查汇水面积、径流情况，并提出截流、导流等排水措施以及边坡防护方案。

（7）在需开挖视距台处，应调查其土质类别及边坡稳定情况等。

（8）应查明刷坡清方、增设坡面防护、放缓边坡、绿化加固等地段的工程地质条件。

2. 改建公路各类路基病害地段的工程地质勘查应进行下列调查：

（1）调查沿线路基病害的类型与规模，以及病害的发生原因及发展情况。

（2）调查病害地段路线所处的地貌特征、工程地质条件与病害的关系。

（3）调查原有防护工程的位置、结构类型、各部尺寸及防治效果，确定是否利用、加固或进行改建设计。

（4）调查地下水的水位、地面水的滞留时间，查明导致翻浆的水源。

（5）调查当地相关工程治理病害的经验。

（九）公路土、石工程分级见表 7-6-18。

土、石工程分级（公路）　　表 7-6-18

土、石等级	土、石类别	土、石名称	钻 1m 所需的净钻时间			爆破 $1m^3$ 所需炮眼长度(m)		开挖方法
			湿式凿岩一字合金钻头(min)	湿式凿岩普通淬火钻头(min)	双人打眼(工日)	路堑	隧道导坑	
Ⅰ	松土	砂土、腐殖土、种植土、可塑、硬塑状的黏性土及粉土、松散的水分不大的黏土、含有30mm 以下树根或灌木根的泥炭土						用铁锹挖，脚蹬一下到底的松散土层

续表

土、石等级	土、石类别	土、石名称	钻1m所需的净钻时间			爆破1m³所需炮眼长度(m)		开挖方法
			湿式凿岩一字合金钻头(min)	湿式凿岩普通淬火钻头(min)	双人打眼(工日)	路堑	隧道导坑	
Ⅱ	普通土	水分较大的黏土、半坚硬、硬塑状的粉土、黏性土、黄土，含有30mm以上的树根或灌木根的泥炭土、碎石类土(不包括块石土及漂石土)						部分用镐刨松，再用锹挖，以脚蹬锹需连蹬数次才能挖动
Ⅲ	硬土	坚硬粉土、黏性土、黄土，含有较多的块石土及漂石的土，各种风化成土块的岩石						必须用镐先整个刨松，才能用锹挖
Ⅳ	软石	各种松软岩石、盐岩、胶结不紧的砾岩、泥质页岩、砂岩、煤、较坚实的泥灰岩、块石土及漂石土、软的节理多的石灰岩		7以内	0.2以内	0.2以内	2.0以内	部分用撬棍或十字镐及大锤开挖，部分用爆破法开挖
Ⅴ	次坚石	硅质页岩、砂岩、白云岩、石灰岩，坚实的泥灰岩、软玄武岩、片麻岩、正长岩、花岗岩	15以内	7～20	0.2～1.0	0.2～0.4	2.0～3.5	用爆破法开挖
Ⅵ	坚石	硬玄武岩、坚实的石灰岩、白云岩、大理岩、石英岩、闪长岩、粗粒花岗岩、正长岩	15以上	20以上	1.0以上	0.4以上	3.5以上	用爆破法开挖

第二节　机场飞行区地基勘察

机场飞行区包括跑道、滑行道、机坪、跑道端安全区、升降带及机场净空。

一、机场飞行区设计要求

（一）机场场道荷载及其分布特征

飞机在跑道上滑行时，当轮胎通过不平整处将产生冲击作用，增大了飞机静荷载的作用效果。飞机着陆时，跑道端部也受到冲击，冲击作用的大小决定于飞机的飘落高度。当

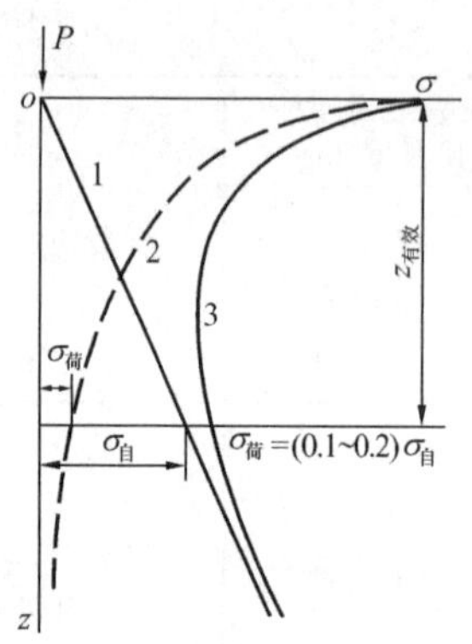

图 7-6-1　土基中应力随深度变化曲线

1—自重应力；2—荷载应力；3—合成应力

飞机在离地面 0.1～1.0m 时开始飘落，为正常着落，超过此范围属粗暴着落。正常着落时，动荷载不超过静荷载，但粗暴着落时，跑道所受的动荷载超过静荷载的 2 倍。因此，为跑道设计进行岩土工程勘察时，应考虑动荷载。在主滑行道受荷最大，跑道端部、停机坪联络道受荷次之，跑道中部受荷最小。在考虑勘探点间距和深度时，要注意这些特点。

（二）荷载的有效作用深度和土基压实要求

土基承受道面结构的自重和机轮荷载。应力随深度的变化见图 7-6-1。当荷载应力小于自重应力的 1/10～1/5 时，荷载应力对土的压缩作用已很小，可以忽略不计。因此，把相应于 $σ_{荷载}=(0.1\sim0.2)σ_{自重}$ 的深度 $Z_{有效}$，称为荷载的有效作用深度。歼击机的有效作用深度 1.2～1.5m，轰炸机大于或等于 3m，而波音 747 则大于 6m。

对机场场道土基，特别是上部土层，压实度有严格要求。机场各地段土基的压实度要求见表 7-6-19。

民用机场飞行区的土基压实度　　**表 7-6-19**

类　别	土基顶面以下深度（cm）	压实度（%）飞行区等级指标Ⅱ	
		A、B	C、D、E、F
填方	0～100	95	98
	100～400	93	95
	400 以下	90	93
挖方和零填	0～40	95	98

注：1. 表中的压实度是按《公路土工试验规程》中重型击实试验求得的。
2. 表中 A～F 为民用机场飞行区等级。
3. 在多雨潮湿地区或当土基为高液限黏土时，表中的压实度，可根据现场实际情况，适当降低 1%～3%。
4. 特殊性土的土基应根据土基处理的要求，通过现场试验分析确定压实度标准。
5. 对高填方地区除满足土基压实度要求外，还应满足沉降控制要求。

（三）机场场道道面设计参数

1. 形变模量：应由载荷试验确定，当无试验资料时可按表 7-6-20 查得参考值。

各地区土基形变模量参考值（MPa）　　**表 7-6-20**

地区	砂土	粉土	黏性土	地区	砂土	粉土	黏性土
东北	15～19	13～17	14～18	华中	16～19	14～17	15～18
华北	17～20	15～17	16～18	华南	15～18	12～15	13～16
西北	17～20	15～17	16～19	华东	14～18	11～14	12～15
西南	18～20	14～17	16～18				

2. 反应模量：反映压力与弯沉间关系的比例常数 K 称为反应模量。地基反应模量用

于计算混凝土道面挠度和厚度，是刚性道面设计中的一个重要参数。反应模量应用载荷试验测定，且承压板直径不应小于 75cm。当承压板直径为 30cm 时，测得的反应模量应乘以 0.4 的系数。

3. 加州承载比（*CBR*）：用于柔性道面的设计。反应模量 *K* 和承载比 *CBR* 值可参照表 7-6-21 采用。

地基反应模量和承载比参考值　　表 7-6-21

岩土类别	反应模量 *K*（MPa/m）	*CBR*（%）
级配良好的砾石或砂质砾石	≥80	60～80
级配差的砾石或砂质砾石		35～60
颗粒均匀的砾石或砂质砾石		25～50
粉质砾石、粉砂质砾石		40～80
黏土质砾石、黏土质砂质砾石，级配良好的砂或砾石砂，粉质砂、粉质砾石质砂	55～80	20～40
级配差的砂或砾石砂		15～25
颗粒均匀的砂或砾石砂，黏土质砂、黏土砾石砂、粉土质砂	45～75	10～20
粉土、砂质粉土、砾石质粉土，砂质黏土、砾石黏土	28～55	5～15
有机质粉土、云母质黏土或硅藻土	14～28	4～8
有机质黏土	7～14	3～5

二、飞行区勘察要求

（一）机场工程勘察基本规定

机场工程勘察分新建机场勘察和改扩建机场勘察。新建机场勘察分为选址勘察、初步勘察和详细勘察三个阶段。对岩溶发育地区等场地条件和地基条件复杂地区的机场，应增加施工勘察阶段；对场地条件和地基条件简单的飞行区指标Ⅱ为 C 及以下的机场，可简化勘察阶段。

选址勘察应满足确定场址方案和进行预可行性研究的需要，初步勘察应满足进行可行性研究和总体规划设计的需要，详细勘察应满足进行初步设计和施工图设计的需要。飞行区勘察在初步勘察阶段开始进行具体工作。

航站楼工程、道路工程、排水工程、通导航管工程、机务维修工程、消防工程、供油工程、给水供热工程、供电供气工程、生产辅助及行政生活设施、环境保护等机场工程中的建筑部分和公用设施部分的岩土工程勘察，执行《岩土工程勘察规范》GB 50021、《市政工程勘察规范》CJJ 56 等相应的专业工程规范的规定。

（二）机场工程勘察分级

机场工程勘察分级，应根据机场场地复杂程度、地基等级和飞行区指标，按表 7-6-22 综合分析确定。

机场勘察等级划分 **表 7-6-22**

勘察等级	确定勘察等级的条件		
	场地复杂程度	地基等级	飞行区指标Ⅱ
甲级	一级场地（复杂场地）	一级、二级、三级	C、D、E、F
	二级场地（中等场地）	一级	C、D、E、F
		二级、三级	E、F
	三级场地（简单场地）	一级	C、D、E、F
		二级、三级	E、F
乙级	二级场地（中等场地）	二级	C、D
		三级	C、D
	三级场地（简单场地）	二级	C、D
丙级	三级场地（简单场地）	三级	C

注：机场场地的复杂程度、机场地基等级、飞行区指标Ⅱ划分见表 7-6-23、表 7-6-24、表 7-6-25。

机场场地复杂程度 **表 7-6-23**

场地类别	岩土工程条件
三级场地（或简单场地）	符合下列条件者：①抗震设防烈度等于或小于 6 度的场地；②不良地质作用不发育；③地质环境基本未受破坏；④地形地貌简单或飞行区填方高度小于 10m
二级场地（或一般场地）	符合下列条件之一者：①抗震设防烈度等于 7 度，分布有存在潜在地震液化可能性砂土、粉土层的地段；②不良地质作用一般发育；③地质环境已经或可能受到一般破坏；④地形地貌较复杂或飞行区填方高度大于或等于 10m
一级场地（或复杂场地）	符合下列条件之一者：①抗震设防烈度等于或大于 8 度，分布有存在潜在地震液化可能性砂土、粉土层的地段；②不良地质作用强烈发育；③地质环境已经或可能受到强烈破坏；④地形地貌复杂或飞行区填方高度大于或等于 20m；⑤滩涂或填海造地场地

注：从一级场地开始，向二级场地、三级场地推定，以最先满足的为准。

机场地基等级 **表 7-6-24**

场地类别	岩土工程条件
三级地基	符合下列条件者：①岩土种类单一，性质变化不大，地下水对工程无影响；②无特殊性岩土
二级地基	符合下列条件之一者：①岩土种类较多，性质变化较大，地下水对工程有不利影响；②除本条第一款规定以外的特殊性岩土
一级地基	符合下列条件之一者：①岩土种类多，性质变化大，地下水对工程影响大，且需特殊处理；②软弱土、湿陷性土、膨胀土、盐渍土、多年冻土等特殊性岩土，以及其他情况复杂、需作专门处理的岩土

注：从一级地基开始，向二级地基、三级地基推定，以最先满足的为准。

飞行区指标Ⅱ **表 7-6-25**

飞行区指标Ⅱ	翼展（m）	主起落架外轮外侧边间距（m）	飞行区指标Ⅱ	翼展（m）	主起落架外轮外侧边间距（m）
A	＜15	＜4.5	D	36～＜52	9～＜14
B	15～＜24	4.5～＜6	E	52～＜65	9～＜14
C	24～＜36	6～＜9	F	65～＜80	14～＜16

（三）飞行区初勘

1. 勘探要求

（1）飞行区勘探线可按本期道面工程范围，沿跑道中心线、平行滑行道中心线、联络道中心线布置，机坪按方格网布置。根据地形地貌条件，必要时可在垂直于跑道方向布置适量勘探线。高填方边坡位置可布置适量勘探点。

（2）勘探线上的勘探点间距可按表 7-6-26 确定，局部异常地段应予以适当加密。

飞行区初步勘察勘探点间距　　　　**表 7-6-26**

勘察等级	中心线勘探点（m）	方格网勘探点（m）
甲级	100～150	150～200
乙级	150～200	200～250
丙级	200～300	250～300

注：场地地质条件复杂时，间距取小值。

（3）勘探点应沿勘探线布置，具体位置可根据现场地形地质条件适当调整。在每个地貌单元和不同地貌单元交接部位，应布置勘探点。

（4）钻孔可分控制性钻孔和一般性钻孔。飞行区控制性钻孔宜占勘探孔总数的 1/5～1/3，并且每个地貌单元宜有控制性钻孔。钻孔深度宜按表 7-6-27 确定。查明地质构造的钻孔深度，按实际需要确定。

初步勘察钻孔深度　　　　**表 7-6-27**

功能分区	控制性钻孔深度	一般性钻孔深度
飞行区	至中微风化基岩内 1～3m；基岩埋藏较深时，至较硬的稳定土层 3～5m 且不小于 15～20m	至基岩内 1～2m；基岩埋藏较深时，10～15m

2. 取样、测试、试验要求

（1）取样的孔、坑在划定的工程地质单元内应均匀布置，其数量应不少于勘探点总数的 1/6～1/3。

（2）钻孔和探坑竖向取土样间距，应按地层特点和岩土的均匀程度确定，每一土层均应取样。场区每土层取样数量不少于 12 个。

（3）飞行区室内试验项目可根据岩土类型按表 7-6-28 确定。

室内岩土试验项目　　　　**表 7-6-28**

试验项目	道面影响区							边坡稳定影响区						
	砂类土	粉土	黏性土	软土	黄土	盐渍土	膨胀土	砂类土	粉土	黏性土	软土	黄土	盐渍土	膨胀土
天然含水量试验	●	●	●	●	●	●	●	●	●	●	●	●	●	●
密度试验		●	●	●	●	○	●		●	●	●	●	○	●
颗粒密度试验	●	●	●	●	●	●	●	●	●	●	●	●	●	●
颗粒分析	●	●				○	○	●	●				○	○
界限含水量试验		●	●	●	●	○	●		●	●	●	●	○	●

续表

试验项目		道面影响区							边坡稳定影响区						
		砂类土	粉土	黏性土	软土	黄土	盐渍土	膨胀土	砂类土	粉土	黏性土	软土	黄土	盐渍土	膨胀土
相对密实度试验		●							●						
击实试验			●	●		●		●		●	●		●		●
承载比试验		○	○	○											
渗透试验	垂直		○	●	●	●				○	●	●	○		●
	水平		○	○	●	○					○	○			
固结试验			●	●	●	●	○	●		○	●	●	○		●
次固结试验			○	○	●	○									
直接剪切试验	快剪			○	●	○			●	●	●	●	●	○	●
	固快		○	○	●	○			○	●	●	●	●	○	●
	慢剪									○	○	○	○		○
反复直剪试验											○	○			
三轴压缩试验	UU			○	●	○				○	●	●			○
	CU		○	○	●	○			○	○	●	●	○		○
	CD									○	○	○	○		
无侧限抗压强度试验					○							○			
湿陷/溶陷试验						●	●						●	○	
膨胀试验								●							●
收缩试验								●							○
易溶盐试验							●							●	
有机质含量试验				○	●							○			

注：1. ●为适用项目，○为可用项目；

2. 膨胀试验包括自由膨胀率试验、膨胀率试验、膨胀力试验；

3. 道面影响区以获取变形参数为主，边坡稳定影响区以获取强度参数为主。

（四）飞行区详勘

1. 一般规定

（1）详细勘察阶段，应按勘察任务书要求，针对场区存在的岩土工程问题，采取合适的勘察方法和手段，重点对规定范围内飞行区道面影响区和边坡稳定影响区进行勘察。

（2）详细勘察应依据下列资料和要求进行：

1）场道平面布置和分区；

2）道面结构类型、地势设计方案；

3）地基处理或岩土工程治理的初步方案；

4）详细勘察任务书或勘察技术要求；

5）工程测量资料和初步勘察成果。

（3）飞行区详细勘察阶段应完成下列主要任务：

1）提供详细的岩土工程资料和设计所需的岩土参数；

2）对场区地层结构、工程地质条件和水文地质条件进行分区分析与评价；

3）进一步进行机场环境工程地质评价，提出不良地质作用的防治和监测措施建议；

4）对不良地质体和特殊性岩土进行岩土工程分析与评价，对地基处理与土石方工程提出建议方案。

2. 工程地质测绘与调查

（1）对地形、地质条件复杂的特殊场地，详细勘察阶段应在初步勘察的基础上，对某些专门地质问题作进一步的工程地质测绘与调查。

（2）工程地质测绘与调查的对象，应包括场区内的滑坡、崩塌、塌陷、洞穴、地面裂缝、泉眼、沟塘、植被等。

（3）详细勘察阶段的工程地质测绘与调查，宜包括下列内容：

1）查明滑坡的形态特征与规模、滑裂面的地层结构与坡度、滑坡体周边地形地貌特征、地下水条件，分析滑坡的形成过程、稳定状态及发展趋势。

2）查明崩塌体的分布、规模、形态特征及岩土性状，分析其对工程的影响。

3）查明塌陷、洞穴、地面裂缝的分布、形态特征和规模，查明塌陷、洞穴、地面裂缝的类型和性质，查明其与地表水和地下水的关系，分析其对工程的影响。

4）查明泉眼的分布、位置、出水量，泉水的地下水类型、补给来源、排泄条件，与地表水体的关系。

5）查明场地土层的标准冻结深度。

（4）工程地质测绘与调查的成果资料宜包括综合工程地质图、工程地质分区图、典型剖面图、照片、统计分析表和文字说明等。工程地质测绘与调查的比例尺可选用1∶500～1∶2000，条件复杂时比例尺可适当放大。

3. 勘探要求

（1）沿跑道中心线及其道肩边线（填方区为道面影响区边线）、滑行道中心线布置勘探线；机坪一般情况下按方格网布置，地形复杂时应结合地形进行调整；高填方边坡区除沿高边坡主要典型断面布置勘探线外，在其两侧可根据实际情况布置一定数量勘探线。一般宜在坡顶、坡脚及其中间布置勘探点，勘探点间距不宜大于50m，在地形突变处和预计采取工程措施的地段，应布置勘探点。勘探方法除钻探和触探外，可根据土质条件，布置一定数量的探井。

（2）勘探线上的勘探点间距可按表7-6-29确定。

飞行区详细勘察勘探点间距 **表7-6-29**

勘察等级	勘探点间距（m）		
	中心线勘探点	两侧勘探点	方格网勘探点
甲级	50～75	100～150	75～100
乙级	75～100		100～125
丙级	100～150		125～150

注：1. 跑道两侧勘探点可根据地形地貌条件与中心线勘探点间隔布置或相对布置。

2. 中心线勘探点、方格网勘探点间距含初步勘察勘探点。

(3) 勘探点应重点布置在地质条件有代表性的地带，并根据现场实际地形条件进行适当调整。每个地貌单元和不同地貌单元交接部位，应布置勘探点。在土面区可根据地形地貌条件适当布置一些勘探点。

(4) 控制性钻孔宜占勘探孔总数的 1/5～1/3，并且每个地貌单元应有控制性钻孔。一般场地和地基条件下，控制性钻孔深度可至中微风化基岩内 1～3m；基岩埋藏较深时，至较硬的稳定土层 3～5m 且不小于 15～20m。一般性钻孔深度可至基岩内 1～2m；基岩埋藏较深时 10～15m。探坑深度根据实际情况确定。边坡勘察勘探孔进入稳定地层深度要求见表 7-6-30。

边坡勘察勘探深度进入稳定地层的要求　　**表 7-6-30**

稳定地层情况			勘探孔进入稳定地层深度(m)	
软硬等级	岩土类别	代表性土石名称	控制性勘探孔	一般性勘探孔
Ⅱ	普通土	稍密或松散的碎石土(不包括块石或漂石)、密实的砂土和粉土、可塑的黏性土	5.0～10.0	2.0～3.0
Ⅲ	硬土	中密的碎石土、硬塑黏性土、风化成土块的岩石	3.0～5.0	1.0～2.0
Ⅳ	软岩	块石或漂石碎石土、泥岩、泥质砂岩、弱胶结砾岩，中风化—强风化的坚硬岩或较硬岩	2.0～3.0	0.5～1.0
Ⅴ	次硬岩	砂岩、硅质页岩、微风化—中等风化的灰岩、玄武岩、花岗岩、正长岩	1.0～2.0	—
Ⅵ	坚硬岩	未风化—微风化的玄武岩、石灰岩、白云岩、大理岩、石英岩、闪长岩、花岗岩、正长岩、硅质砾岩等	0.5～1.0	—

注：地形条件不利时取大值、坡高超过 50m 时取大值。

4. 取样、测试、试验要求

(1) 取样孔在平面上应均匀布置，其数量应不少于勘探点总数的 1/6～1/3。道槽设计标高下地基土取样竖向间距，应按地层特点和土的均匀程度确定。1～5m 深度可为 1.0～1.5m，5～10m 深度可为 2.0～2.5m，10m 深度以下可为 3.0m。每一土层均应取样。

(2) 室内土工试验的项目宜根据具体地质条件和工程要求按表 7-6-28 确定，并按有关试验方法标准对土样进行试验。道槽设计标高下地基土每一土层每项岩土指标的数量一般情况应不少于 6 个；压缩性高的土层、特殊性土、受地下水影响的土层，每一土层每项岩土指标的数量应不少于 12 个。

(3) 对于涉及土石方工程和夯实/压实地基处理的场区内各类细颗粒土，应进行重型击实试验，提供最佳含水量与最大干密度。每种土类重型击实试验的组数应不低于 3 组，勘察等级为甲级时应不低于 5 组。

(4) 应根据需要测定天然状态下的地基反应模量、击实状态下的室内加州承载比，并进行不利状态修正。地基反应模量和加州承载比试验不宜少于 3 组，地基反应模量应选择有代表性的区段、土层和标高位置进行试验，室内加州承载比试验应选择有代表性土料，压实度为 95%。

(5) 应采取有代表性的道槽设计标高附近的浅层土样，进行腐蚀性分析试验，并按

《岩土工程勘察规范》GB 50021 评价地基土对水泥混凝土、混凝土中钢筋的腐蚀性。

5. 水文地质勘察

工程需要时，应进行现场抽水或注水试验，综合测定地基土的渗透性。应选择有代表性的勘探孔作为地下水位观测孔进行地下水季节性变化观测，结合有关工程地质测绘与调查成果，如泉水的出水量变化、地表水体分布等，分析地下水的季节性动态变化规律。应在综合分析的基础上评价地下水对工程的影响，并提出防治措施建议。

第三节　桥 涵 地 基 勘 察

一、桥涵的设计要求

（一）桥涵的分类见表 7-6-31。

桥涵按跨径分类　　表 7-6-31

桥涵分类	《铁路桥涵设计基本规范》TB 10002.1	《公路桥涵设计通用规范》JTG D60	
	桥长 L(m)	单孔跨径 L_k(m)	多孔跨径总长度 L(m)
特大桥	$L>500$	$L_k>150$	$L>1000$
大桥	$100<L\leqslant500$	$40\leqslant L_k\leqslant150$	$100\leqslant L\geqslant\leqslant1000$
中桥	$20<L\leqslant100$	$20\leqslant L_k<40$	$30<L<100$
小桥	$L\leqslant20$	$5\leqslant L_k<20$	$8\leqslant L\leqslant30$
涵洞	—	$L_k<5$	—

（二）桥涵墩台基础埋深的要求见表 7-6-32。

桥涵墩台基础埋深（m）　　表 7-6-32

《铁路桥涵地基和基础设计规范》TB 10002.5	《公路桥涵地基与基础设计规范》JTG D 63
墩台明挖基础和沉井基础的基底埋置深度应符合下列规定： 1. 除不冻胀土外，对于冻胀、强冻胀和特强冻胀土应在冻结线以下不小于 0.25m；对于弱冻胀土，不应小于冻结深度 2. 在无冲刷处或设有铺砌防冲时，不应小于地面以下 2.0m，特殊困难情况下不小于 1.0m 3. 在有冲刷处，基底在墩台附近最大冲刷线下的安全值，对于一般桥梁为 2m 加冲刷总深度的 10%，对于特大桥(或大桥)属于技术复杂、修复困难或重要者其值为 3m 加冲刷总深度的 10%。建于抗冲性能强的岩石上的基础，可不考虑上述规定，对于抗冲性能较差的岩石，应根据冲刷的具体情况确定基底埋置深度 4. 处于天然河道上的特大、大排洪桥不宜采用明挖基础	桥涵墩台基础(不包括桩基础)基底埋置深度应符合下列规定： 1. 当墩台基底设置在不冻胀土层中时，基底埋深可不受冻深的限制 2. 上部为外超静定结构的桥涵基础，其地基为冻胀土层时，应将基底埋入冻结线以下不小于 0.25m 3. 涵洞基础，在无冲刷处(岩石地基除外)，应设在地面或河床底以下埋深不小于 1m 处；如有冲刷，基底埋深应在局部冲刷线以下不小于 1m；如河床上有铺砌层时，基础底面宜设置在铺砌层顶面以下不小于 1m 4. 非岩石河床桥梁墩台基底埋深安全值，对于大桥、中桥、小桥(不铺砌)为 1.5m 加总冲刷深度的 10%，对于特大桥为 2.0m 加总冲刷深度的 10%

（三）墩台基础的沉降计算

1. 墩台的沉降应符合表 7-6-33 的规定。

墩台基础沉降要求　　**表 7-6-33**

《铁路桥涵地基和基础设计规范》TB 10002.5		《公路桥涵地基与基础设计规范》JTG D 63	
静定结构	超静定结构	静定结构	外超静定结构
墩台总沉降量与墩台施工完成时的沉降量之差不得大于下列容许值： 1. 有碴桥面桥梁：墩台均匀沉降量为 80mm；相邻墩台均匀沉降量之差为 40mm 2. 明桥面桥梁：墩台均匀沉降量为 40mm；相邻墩台均匀沉降量之差为 20mm 3. 对于涵洞：涵身沉降量为 100mm	相邻墩台均匀沉降量之差容许值，应根据沉降对结构产生的附加应力的影响而定	相邻墩台间不均匀沉降值（不包括施工中的沉降），不应使桥面形成大于 0.2% 的附加纵坡（折角）	墩台间不均匀沉降差值，除满足静定结构的要求，还应满足结构的受力要求

2. 基础的沉降计算方法

墩台基础的沉降计算采用分层总和法，摩擦桩桩基的总沉降量可将桩基视作实体基础按分层总和法计算，传至基础底面的作用效应应按正常使用极限状态下作用长期效应组合采用。

二、桥涵地基的勘察

桥涵勘察的勘察阶段划分，铁路与公路有所不同：铁路规范分踏勘、初测、定测和补充定测四个阶段；公路规范分预可勘察、工可勘察、初步勘察和详细勘察四个阶段。城市桥涵勘察一般可按公路详勘的要求进行。

（一）特大、大、中、高桥勘察

1. 勘察任务和目的，应查明：

（1）河床及两岸、墩台、调治构筑物地段的地质构造、地层岩性，当有软弱夹层分布时，应注意软土地基上墩台的稳定性。

（2）不良地质作用的类型、分布、规模、发育程度，特别要注意隐伏岩溶、空洞对墩台的影响。

（3）河床及两岸的水文地质条件，确定地层渗透性能，基坑发生管涌、流砂的可能性，判明地下水、地表水对基础的腐蚀性。

（4）河流的变迁及两岸的冲刷情况，提供河床的最大冲刷深度。

（5）地基土的物理力学性质指标和地基土的承载力或桩端阻力和桩侧摩阻力。

2. 勘探孔的布置原则

勘探孔应根据桥址的岩土工程条件、桥的类型和基础形式布置。勘探孔一般沿桥址轴线方向，结合墩台位置，在墩台轮廓线的周边或中心布置。根据《公路工程地质勘察规范》JTGC 20—2011，勘探孔数量和深度要求如下：

（1）初步勘察阶段

1）勘探孔数量：初步勘察阶段勘探孔数量见表 7-6-34。

桥位勘探孔数量（个） 表 7-6-34

桥的类型	工程地质条件简单	工程地质条件较复杂或复杂
中桥	2～3	3～4
大桥	3～5	5～7
特大桥	≥5	7～10

2）勘探孔深度

a. 基础置于覆盖层内时，勘探孔深度应至持力层或桩端以下不小于 3m；在此深度内遇有软弱地层发育时，应穿过软弱地层至坚硬土层内不小于 1.0m。

b. 覆盖层较薄，下伏基岩风化层不厚时，对于较坚硬岩或坚硬岩，钻孔钻入微风化基岩内不宜少于 3m；极软岩、软岩或较软岩，钻入未风化基岩内不宜少于 5m。

c. 覆盖层较薄，下伏基岩风化层较厚时，对于较坚硬岩或坚硬岩，钻孔钻入中风化基岩内不宜少于 3m；极软岩、软岩或较软岩，钻入微风化基岩内不宜少于 5m。

d. 地层变化复杂的桥位，应布置加深控制性钻孔，探明桥位地质情况。

e. 深水、大跨桥梁基础和锚碇基础勘探，钻孔深度应按设计要求专门研究后确定。

（2）详细勘察阶段

1）勘探孔数量

a. 桥梁墩、台的勘探钻孔应根据地质条件按图 7-6-2 在基础的周边或中心布置。当有特殊性岩土、不良地质或基础设计施工需要进一步探明地质情况时，可在轮廓线外围布孔，或与原位测试、物探结合进行综合勘探。

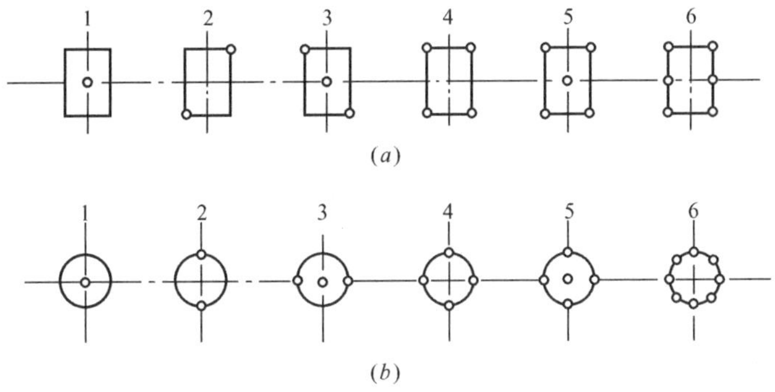

图 7-6-2 勘探孔布置示意图

b. 工程地质条件简单的桥位，每个墩（台）宜布置 1 个钻孔；工程地质条件较复杂的桥位，每个墩台的钻孔数量不得少于 1 个。遇有断裂带、软弱夹层等不良地质或工程地质条件复杂时，应结合现场地质条件及基础工程设计要求确定每个墩台的钻孔数量。

c. 沉井基础或采用钢围堰施工的基础，当基岩面起伏变化较大或遇涌砂、大漂石、树干、老桥基等情况时，应在基础周围加密钻孔，确定基岩顶面、沉井或钢围堰埋置深度。

d. 悬索桥及斜拉桥的桥塔、锚碇基础、高碇基础，其勘探钻孔宜按图 7-6-2 中的 4、5、6 布置，或按设计要求研究后布置。

e. 桥梁墩台位于沟谷岸坡或陡坡地段时，宜采用井下电视、硐探等探明控制斜坡稳定的结构面。

2）勘探孔深度

钻孔深度应根据基础类型和地基的地质条件确定，并符合下列要求：

a. 天然地基或浅基础：钻孔钻入持力层以下的深度不得小于 3m。

b. 桩基、沉井、锚碇基础：钻孔钻入持力层以下的深度不得小于 5m。持力层下有软弱地层分布时，钻孔深度应加深。

3. 取样、测试和试验

（1）取样要求

1）在粉土、黏性土地层中，每 1.0～1.5m 应采取原状样 1 个；土层厚度大于或等于 5.0m 时，可每 2.0m 取原状样 1 个；遇土层变化时，应立即取样。

2）在砂土和碎石土地层中，应分层采取扰动样，取样间距一般为 1.0～3.0m；遇土层变化时，应立即取样。取样后应立即做动力触探试验。

3）在基岩地层，应根据岩石的风化等级，分层采取代表性岩样。

4）当需要进行冲刷计算时，应在河床一定深度内取样做颗粒分析试验。

5）遇有地下水时，应进行水位观测记录，量测初见水位和稳定水位，并采取水样做水质分析。

（2）测试和试验要求

1）砂土应做标准贯入试验，碎石土应做重型动力触探试验。

2）有成熟经验的地区，可采用静力触探、旁压试样、扁铲侧胀试验等方法评价地基岩土的工程地质性质。

3）室内试验项目可按表 7-6-35 选用。

桥梁工程室内试验项目表　　　　**表 7-6-35**

测试项目 \ 岩土类型与基础类型		粉土、黏性土		砂土、碎石土		岩石	
		桩基	扩大基础	桩基	扩大基础	桩基	扩大基础
颗粒分析		+	+	+	+		
天然含水量 w		+	+	(+)	(+)		
密度 ρ		+	+	(+)	(+)		
塑限 w		+	+				
液限 w_L		+	+				
有机质含量		(+)	(+)	(+)	(+)		
酸碱度 pH		(+)	(+)	(+)	(+)		
压缩系数 α		(+)	+				
渗透系数			(+)	(+)	(+)		
剪切试验	黏聚力 c	(+)	+	(+)	(+)		
	内摩擦角 φ						
抗压强度 R						+	+

注：1. "+"必做项目；"(+)"选做项目；

2. 黏土质岩做天然湿度单轴抗压强度试验，其他岩石做单轴饱和抗压强度试验。

4）钻探取芯、取样困难的钻孔，可采用孔内电视、物探综合测井等方法探明孔内地质情况。

5）遇有有害气体时，应取样测试。

6）悬索桥、斜拉桥的锚碇基础，地下水发育时，应进行抽水试验。

（二）涵洞勘察

主要查明地层结构、岩土性质、判明地基不均匀沉降和斜坡不稳引起的桥涵变形的可能性，提供土、石工程分级（表 7-6-9 和表 7-6-18）及承载力。

勘探点的布置，每个桥涵不少于 1 个勘探点，当桥的跨度较大、涵洞较长或地质条件复杂或桥涵位于陡峻的沟床上时，应适当增加勘探点。公路桥涵勘探孔深度可按表 7-6-36 确定，铁路桥涵勘探孔深度可按表 7-6-37 确定。

公路桥涵勘探孔深度（m）　　表 7-6-36

工程类别	碎石类土	砂土	粉土、黏性土
涵洞	2～6	3～8	4～10

注：表列勘探孔深度均由原地面或新开挖地面算起。

铁路小桥、涵洞勘探孔深度（m）　　表 7-6-37

工程类别	碎石类土	砂土、一般黏性土和粉土	饱和粉土、粉细砂、软土等
涵洞	3～8	4～10	10～15
小桥	4～10	10～15	15～25

注：表列勘探孔深度均由原地面或新开挖地面算起。

第七章　固体废弃物堆场

第一节　固体废弃物堆场的特点及主要岩土工程问题

一、固体废弃物堆场的特点

固体废弃物是指在生产建设、日常生活和其他活动中产生的污染环境的固态、半固态废弃物质。固体废弃物可分为工业固体废弃物、城市生活垃圾和危险废弃物。固体废弃物堆场是处置废弃物的处理工程。

固体废弃物堆场有山谷型、平地型和坑埋型，以山谷型为主。山谷型废弃物堆场的组成一般有：

1. 堤坝：一般为土石坝，在坝内填埋废弃物。

2. 填埋场：即库区，用以填埋废弃物。有时需设置防渗帷幕，以防止渗出液流出库区。有时需设置截洪沟，用以防止洪水入库。

3. 封闭系统：对于封闭型填埋场，底部设有防渗衬层，顶部有封盖层，以阻断渗出液和气体对环境的污染。

4. 水和气的排出系统：包括渗出液集排系统、雨水集排系统、地下水集排系统和气体集排系统。采用井、管道、砂、土工布等构筑，将渗出液导入污水池。

5. 输送系统：对于水力输送的工业固体废弃物填埋场，一般需先筑初期坝，待废弃物超过初期坝高度时，用废渣材料加高坝，并有输送用的管道、隧道等。

6. 截污坝、污水池、污水处理厂等。

7. 监测系统。

防渗衬层是固体废弃物堆场的关键设施。防渗衬层设在填埋场的底部，具有防止渗漏、防止扩散和吸附污染物的功能。应有足够的强度和适应变形的能力，在发生差异沉降、膨胀收缩和水流冲刷时不致失效。防渗衬层还应具有一定的抗腐蚀能力。

封闭型堆场顶部还有封盖层。其功能是防止雨水和地表水进入堆场和防止废气逸出，污染空气。封盖层应具有一定的强度和抗变形的能力，以适应差异沉降引起的拉应力。

二、固体废弃物堆场的主要岩土工程问题

1. 不良地质作用和地质灾害的勘察和防治

洪水、泥石流、滑坡、崩塌、岩溶、地震等不良地质作用和地质灾害，对废弃物堆场的威胁很大。对于山谷型固体废弃物堆场，最危险的地质灾害是洪水和泥石流。它们可以冲垮堤坝，淹没库区，破坏设施，甚至毁坏整个堆场。岩溶、土洞、塌陷等不仅影响堆场稳定，而且造成地下渗漏，污染下游环境。强烈地震不仅使堆场和堆积体产生动力反应，还可引起震陷、液化、滑坡、崩塌、泥石流等次生灾害，危害工程安全。

2. 堆场的稳定性评价和变形分析

固体废弃物堆场的稳定问题，包括堆场的整体稳定和坝体、坝基、坝肩和库区边坡的稳定，以及废弃物堆积体的稳定。为了保证堆场的整体稳定，填埋场的地形坡度不能太陡。

坝体、坝基、坝肩和库区边坡的稳定分析方法与一般水利工程类似。废弃物堆积体的稳定有外部稳定和内部稳定。外部稳定包括边坡稳定和整体稳定以及可使底部防渗衬层产生拉应力的水平拉伸变形。废弃物堆放过程中和堆放体本身的稳定是内部稳定问题。

固体废弃物堆场的变形，包括地基土的变形和废弃物堆积体的变形，可造成坝体的沉降、开裂、侧移，堆积体的沉降、侧移，防渗衬层的破坏和封盖层的开裂。

3. 堆场的渗漏和污染物运移的预测

坝基、坝肩和库区的渗漏，不仅对稳定有一定影响，还会对水源、农业、生态环境造成污染。分析和评价污染物的运移规律，预测填埋场附近环境的变化是非常突出的岩土工程问题。污染物的运移规律可用弥散理论和水质模型进行研究分析。

4. 似土废弃物和非土废弃物的物理力学性能

固体废弃物可分为似土废弃物和非土废弃物两类。尾矿、赤泥、灰渣等工业废弃物，主要成分为无机物，类似砂土、粉土或黏性土，可称为似土废弃物。未分选的垃圾，成分非常复杂，含有大量有机物、人工合成材料，与土的成分和性质差别很大，称为非土废弃物。

似土废弃物可以用土力学的原理和方法进行试验和研究。测定其颗粒组成、物理性质、强度参数、变形参数、渗透性质、动力性质，研究其应力应变关系，预估沉降，评价边坡稳定性。非土废弃物要取样进行试验一般困难较大，有时可通过对类似物质堆积体的观测，用反分析方法估值。某工程生活垃圾经测定，密度为 1.1，总应力法的黏聚力为 1.8kPa，内摩擦角为 26°，有效应力法的黏聚力为 1.2kPa，内摩擦角为 36°。

三、固体废弃物堆场的岩土工程勘察

固体废弃物堆场的岩土工程勘察应分阶段进行，可分为可行性研究勘察、初步勘察和详细勘察三个阶段。

可行性研究勘察应主要采用踏勘调查，必要时辅以少量勘探工作，对拟选场地的稳定性和适宜性做出评价。

初步勘察应以工程地质测绘为主，辅以勘探、原位测试、室内试验，对拟建堆场的总平面布置、场地的稳定性、废弃物对环境的影响等进行初步评价，并提出建议。

详细勘察应采用勘探、原位测试和室内试验等手段进行。地质条件复杂地段应进行工程地质测绘，获取工程设计所需的参数，提出设计施工和监测工作的建议，并对不稳定地段和环境影响进行评价，提出治理建议。

固体废弃物堆场勘察前应搜集下列技术资料：

1. 废弃物的成分、粒度、物理和化学性质、废弃物的日处理量、输送和排放方式；
2. 堆场（或填埋场）的总容量、有效容量和使用年限；
3. 山谷型堆场的流域面积、降水量、径流量、多年一遇洪峰流量；
4. 初期坝的坝长和坝顶标高，加高坝的最终坝顶标高；
5. 活动断裂和抗震设防烈度；
6. 邻近的水源地保护带、水源地开采情况和环境保护要求。

固体废弃物堆场的岩土工程勘察应着重查明下列内容：

1. 地形地貌特征和水文气象条件；
2. 地质构造、地层岩性和不良地质作用；
3. 岩土的物理力学性质；
4. 水文地质条件、岩土和废弃物的渗透性；
5. 场地、地基和边坡的稳定性；
6. 污染物的运移规律，及其对水源和岩土的污染，对环境的影响；
7. 筑坝材料，防渗衬层和封盖层用黏土的产地、储量、性能指标和运输条件；
8. 地震设防烈度，场地、地基和堆积体的地震效应。

本章介绍处置城市生活垃圾的垃圾填埋场和处置工业废弃物的工业废渣堆场的岩土工程勘察和评价。危险废弃物处理场的勘察尚应满足有关规定。

第二节　垃圾填埋场

一、垃圾填埋场的规模和组成

垃圾填埋场的建设应根据城市的规模和特点，结合城市环境卫生规划，合理确定填埋场建设规模和项目构成。中、小城市宜进行区域性规划，集中建设填埋场。

填埋场的建设规模，应根据垃圾生产量，场址自然条件、地形地貌特征，服务年限及

技术、经济合理性等因素综合考虑确定。填埋场建设规模分类和日处理能力分级宜符合表7-7-1的规定。

垃圾填埋场建设规模和日处理能力分级　　表7-7-1

分类或分级	总容量(万 m^3)	日处理量(t/d)
Ⅰ	>1200	>1200
Ⅱ	500～1200	500～1200
Ⅲ	200～500	200～500
Ⅳ	100～200	<200

填埋场建设项目由填埋场主体工程、配套工程和生产管理与生活服务设施等构成。具体包括下列内容：

1. 填埋场主体工程与设备：主要包括防渗工程，坝体工程，洪雨水及地下水导排系统，渗沥液收集、处理和排放系统，填埋物气体导出、收集处理或利用系统，计量和监测系统等。

2. 配套工程：主要包括进场道路（码头）、机械维修、供配电、给排水、消防、通信、化验等设施。

3. 生产管理与生活服务设施：主要包括办公、宿舍、食堂、浴室等设施。

典型的垃圾填埋场如图7-7-1所示。

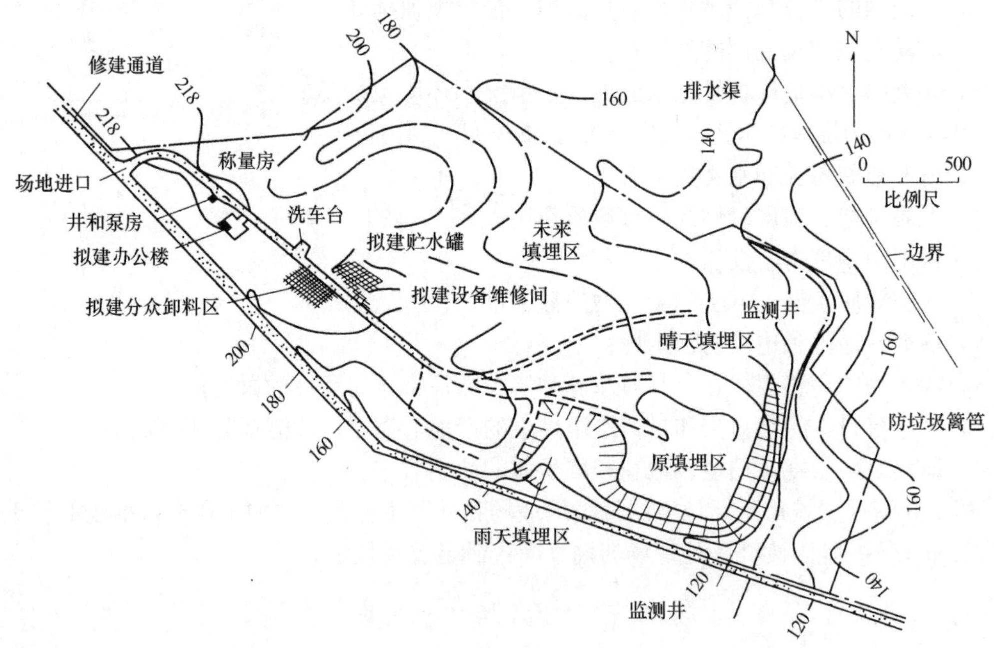

图7-7-1　典型的垃圾填埋场

二、垃圾填埋场的场址选择

垃圾填埋场的场址选择，应由建设、规划、环保、设计、国土管理、地质勘察等部门有关人员参加。选址前应搜集下列基础资料：

1. 城市用地规划，区域环境规划，场址周围人群活动分布与城区的关系；

2. 城市环境卫生规划和垃圾处理规划；

3. 地形、地貌和相关地形图；

4. 地质构造、地层岩性等工程地质资料；

5. 地下水类型、埋深、流向等水文地质资料及地下水的利用情况；

6. 夏季主导风向和风速；

7. 降水量、蒸发量等气象资料；

8. 周围水系流向和用水状况；

9. 洪水泛滥周期（年）；

10. 垃圾类型、性质和组成成分；

11. 填埋处理的垃圾总量和日处理量；

12. 土石料条件，包括取土石料的难易程度、远近和储量；

13. 交通运输和供水、供电条件。

垃圾填埋场的选址应符合下列要求：

1. 填埋场场址的设置应符合当地城市建设总体规划的要求，符合当地城市区域环境总体规划要求，符合当地城市环境卫生事业发展规划的要求；

2. 填埋场对周围环境不应产生影响或对周围环境的影响不超过《生活垃圾填埋污染控制标准》GB 16889 等规范的规定；

3. 填埋场应与当地的大气防护、水土资源保护、大自然保护和生态平衡要求相一致。

4. 填埋场场址的选择应重点考虑下列情况：

（1）填埋场不应设置在地下水保护区及其补充水源地；

（2）填埋场地基和周围地层应能保持长期的稳定或通过不太复杂的工程处理能够达到长期稳定；

（3）填埋场场址不能位于有洪水危险、岩石塌方、滑坡和雪崩等不良地质作用发育的地段；

（4）为了能长期防止垃圾填埋场排出的污染物影响周围环境，填埋场周围应有较好的天然屏障；

（5）场址应有足够的填埋容积，一般至少要有 10 年的使用期限；

（6）填埋场宜选在地下水贫乏地区。

5. 垃圾填埋场不应设置在下列地区：

（1）地下水集中供水的水源地和补给区；

（2）洪泛区；

（3）淤泥区；

（4）填埋区距居民居住区或人畜供水点 500m 以内的地区；

（5）填埋区直接与河流和湖泊相距 50m 以内地区；

（6）活动的坍塌地带、地下蕴矿区和岩溶发育区；

（7）珍贵动植物保护区和国家自然保护区；

（8）公园，风景、游览区，文物古迹区，考古学、历史学、生物学研究考察区；

（9）军事要地、基地，军工基地和国家保密地区。

垃圾填埋场选址的影响因素见表 7-7-2。

填埋场选址影响因素和指标　　表 7-7-2

项目	名称	推荐性指标	排除性指标
地质条件	基岩埋深	＞15m	＜9m
	地层性质	页岩等非常细密均质透水性差的岩层	有裂隙的、破碎的碳酸岩层任何破碎的其他岩层
	地震	0～1 级地区（其他震级在 4 级以上应有防震、抗震措施）	3 级地区（其他震级在 4 级以上应有防震措施）
	地壳结构	距现有断裂＞1600m	距现有断裂＜1600m，在考古、古生物学方面的重要意义地区
地形地貌条件	场址位置	高地、黏土盆地	湿地、洼地、洪泛区、漫滩
	地势	平地或平缓的坡地，平面作业法坡度＜10%为宜	石坑、砂坑、卵石坑、与陡坡相邻或冲沟，坡度＞25%
	土壤层深度	＞100cm	＜25cm
	土壤层结构	淤泥、沃土、黄黏土渗透系数 $k<10^{-7}$ cm/s	经人工碾压，渗透系数 $k>10^{-7}$ cm/s
	土壤层排水	较通畅	很不通畅
水文地质条件	排水条件	易于排水的地段和干燥的地表	易受洪水泛滥受淹地段、洪泛平原
	地表水影响	离河岸距＞1000m	湿地、河岸边的平地和 50 年一遇的洪水漫滩
	分隔距离	离湖泊、沼泽至少＞1000m，与河流相距至少 600m	与任何河流距离＞50m，至流域分水岭边界 8km 以内
	地下水	地下水较深地区	地下水渗漏、喷泉、沼泽等
	覆盖层厚度	具有较深的基岩和不透水覆盖层厚＞2m	＜2m，$k>10^{-7}$ cm/s
	水流方向	流向场址	流离场址
	距水源距离	距自备饮水水源＞800m	＜800m
气象条件	降雨量	蒸发量超过降雨量 10cm	降雨量超过蒸发量地区应做处理
	暴雨量	发生率较低的地区	位于龙卷风和台风经过的地区
	风力	具有较好的大气混合扩散作用下风向，白天人口不密集地区	空气流动不畅，在下风向 500m 处是人口密集区
交通条件	距离公用设施	＞25m	＜25m
	距离国家主要公路	＞300m	＜50m
	距离飞机场	＞10km	＜8km
资源条件	土地利用	与现有农田相距＞30m	＜30m
	黏土资源	丰富、较丰富	贫土、外运不经济
	人文环境条件、人口密集区位置	人口密集较低地区＞500m，离城市水源＞10km	与公园文化娱乐场所＜500m，距饮水井 800m 以内，距地表水取水口 1000m 以内
	生态条件	生态价值低，不具有多样性、独特性的生态地区	稀有、濒危物种保护区
	使用年限	＞10 年	⩽8 年

填埋场场址选择按下列步骤进行：

1. 场址初选。根据城市总体规划、区域地形、工程地质和水文地质资料确定多个候选场址。

2. 场址推荐。对候选场址进行踏勘，并通过对场地的地形、地貌、工程地质、水文地质、植被、水文、气象、交通运输、覆盖土源和人口分布等对比分析，征求当地政府意见，确定 2 个以上（含 2 个）的预选场址。

3. 场址确定。对预选场址进行技术、经济和环境的综合比较，提出首选方案，完成可行性研究报告（或选址报告），通过审查确定场址。

三、垃圾填埋场的主体工程

填埋场场底要结合实际地形、工程地质和水文地质条件采取适当的工程措施，以满足地基承载力和渗沥液导排的要求。

填埋场场底必须进行防渗处理，场址的自然条件符合国家现行标准《城市生活垃圾卫生填埋技术规范》CJJ 17 时，即所选的填埋场场底土层渗透系数和厚度满足防渗要求，可采用天然防渗方式；不具备天然防渗条件的，应采用人工防渗措施即工程措施，如铺设高密度聚乙烯防渗膜等人工防渗材料等，以防止渗沥液对周围环境的影响。

垃圾填埋场的防渗主要有两种形式，即垂直防渗和水平防渗。

（一）垂直防渗

垂直防渗是对于填埋区地下有不透水层的填埋场而言的，指在这种填埋场的填埋区四周建垂直防渗幕墙，幕墙深入至不透水层，将填埋区内的地下水与填埋区外的地下水隔离开，防止场外地下水受到污染。对于山谷型填埋场，由于周边山峰的地下水不透水层较高，可以阻挡场内污水外流，因此垂直幕墙只需在山谷下游的谷口建设，幕墙与两边山峰相接，将整个山谷封闭，避免场内地下水外流。垂直防渗对于山谷型填埋场来说投资较省，但对于其他类型填埋场投资与水平人工防渗持平。因此垂直防渗主要用于山谷型填埋场，前提条件是山谷必须是独立的水文地质单元。垂直防渗的优点是投资少，缺点是防渗幕墙的效果不保证。

（二）水平防渗

水平防渗是在填埋场的场底和侧边铺设人工防渗材料或天然防渗材料，以防填埋场内的污水渗入地下。人工防渗材料应具备以下特点：

1. 防渗透效率高、持续时间长；
2. 能承受最高浓度渗沥液的生物化学腐蚀；
3. 能承受施工、填埋操作和后续维护过程中不同的机械施工时的碾压力；
4. 具有较好的柔韧性，抗沉降能力强；
5. 不含有害物质，分解后也不产生污染物质；
6. 施工后能长时间保持良好的性能，不老化；
7. 具有抗风化、抗紫外线和温度变化的能力；
8. 具有阻燃和防火性能；
9. 可防植物根穿透和啮齿动物啃咬；
10. 易于检测、修补和扩展；
11. 施工简便，速度快；
12. 斜坡上放置稳定，稳定放置坡度可达 1∶1.5；
13. 价格适中。

图 7-7-2 是目前广泛采用的 HDPF 复合防渗结构。

填埋场底部应铺设渗沥液收集系统，包括导流层、导流盲沟、渗沥液收集管道、集水井等。盲沟或管道以不小于 2%的坡度坡向集水井。渗沥液收集系统必须能承受渗沥液的

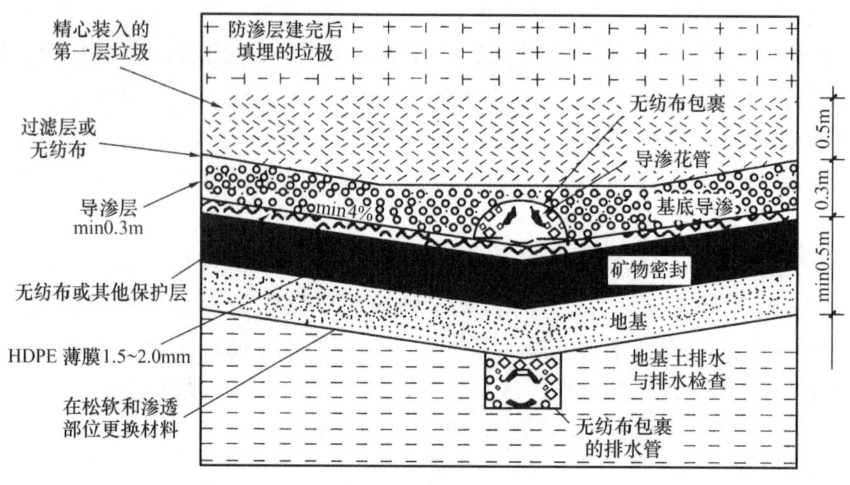

图 7-7-2　HDPF 复合防渗结构

腐蚀，并应在封场后仍保持有效。有条件时应设有反冲洗设施。

收集的渗沥液在处理前应先进入污水调节池，调节池应有足够容量。污水调节池容量应按多年逐月平均降雨量产生的渗沥液量以及渗沥液量处理规模确定。渗沥液处理应优先考虑排入城市污水处理厂进行处理，在不具备排入城市污水处理厂条件时，应建设相应的污水处理设施。

填埋场应设置独立的洪雨水及地下水导排系统。洪雨水导排系统应满足雨污分流、场外汇水和场内非作业区域的汇水直接排放的要求，尽量减少洪雨水侵入垃圾堆体，其排水能力应满足防洪标准的要求。地下水导排系统应做到将未被污染的地下水导出，减少地下水侵入垃圾堆体和对防渗层产生不良的顶托压力，其排水能力应与地下水产生量相匹配。

填埋场洪雨水导排系统的防洪标准应符合现行国家标准《防洪标准》GB 50201 和《城市防洪设计规范》CJJ 50 的技术要求，不得低于该城市的防洪标准。填埋场洪雨水导排系统的防洪标准应符合表 7-7-3 的要求。

垃圾填埋场的防洪标准　　　　**表 7-7-3**

填埋场总容量（万 m^3）	防洪标准（重现期：年）	
	设计	校核
＞500	50	100
200～500	20	50

四、垃圾填埋场的岩土工程勘察

垃圾填埋场的岩土工程勘察，除了按照一般的工程勘察的基本要求进行外，还应结合填埋场的工程特点、填埋场的建设规模以及填埋场所处的地质环境特点进行。

填埋场的场区道路工程、配套工程、生产管理与生活服务设施的勘察工作可参照本手册相应部分的内容或有关的现行规范。

填埋场的岩土工程勘察阶段可划分为：选址勘察，初步勘察和详细勘察。

（一）选址勘察

场址选择对于填埋场的投资影响很大，对于岩土工程勘察工作者，选址勘察的主要任务是配合建设、规划、环保、环卫、设计、国土管理、水利、卫生防疫等参与选址部门的人员做好以下几个方面的工作，并对拟建场址的稳定性和适宜性做出评价。

1. 搜集区域地质、地形地貌、地震、矿产水源、自然灾害（洪水、侵蚀）、自然地理、人文环境、城市整体规划条件和附近地区的工程地质、水文地质和岩土工程资料，了解拟填埋的垃圾的类型、性质、成分、来源。

2. 通过踏勘，初步了解场地的主要地层、构造、岩土性质，地下土层结构和渗透情况，不良地质作用（重点是采空区、岩溶发育区）及地下水水位深度、流向等。

3. 调查了解并搜集天然水体保护方面的资料，包括：地表水存量、地下水存量、地表水流向、周围水系流向、用水状况及排水沟渠情况、污水排放去向。

选址勘察的主要工作方法以调查了解为主，但对工程地质与岩土条件较复杂、已有资料和踏勘尚不能满足要求的场地，应进行工程地质测绘和必要的勘探工作。

（二）初步勘察

初步勘察应密切结合初步设计，对选定的填埋场场址内的主体工程、配套工程及生产管理与生活服务设施等建筑或构筑物地段的稳定性做出评价，为确定填埋场建（构）筑物总平面布置，选择主要建（构）筑物的地基基础方案和不良地质作用的防治对策进行论证，选择防止污染周围环境的初步方案并初步获得相关参数。

1. 初步勘察应进行下列工作：

（1）搜集本项目的可行性研究报告、选址报告、场址地形图、工程地质、水文地质、环境地质、项目规模等文件资料。

（2）初步查明地层、构造、岩土性质、冻土地区标准冻结深度、不良地质作用的成因、分布及其对场地稳定性的影响程度和发展趋势。当场地条件较复杂，尚应进行工程地质、水文地质测绘和调查。其中对于地层的勘察工作应重点放在对地层渗透性的勘察方面。

（3）调查当地的水源地分布情况、供水量，地下水、地表水的历年资料和当地的地下水、地表水的管理制度，预测拟建场地未来的地下水、地表水变化趋势。

（4）对抗震设防烈度等于或大于 6 度的场地，应进行初步判定场地和地基的地震效应。

2. 勘探线、点的布置

（1）勘探线应垂直地貌单元边界线、地质构造线及地层界线。

（2）勘探点一般按勘探线布置，在每个地貌单元和地貌交接部位均应布置勘探点，同时在微地貌单元和地层变化较大的地段应予以加密。

（3）在地形平坦地区，勘探点可按方格网布置。

（4）勘探线、点的间距可根据地形地貌条件、地层条件等因素考虑，勘探线间距 150～200m，勘探点间距 75～200m。

3. 勘探孔深度

勘探孔分为一般孔和控制孔。控制孔深度为 20～30m，一般孔深度为 8～20m。控制孔宜占勘探孔总数的 1/5～1/3，且每个地貌单元、水文地质单元均应有控制孔。当深度范围内遇见相对隔水层时，一般孔深度应加深至钻穿相对隔水层。

4. 采取土、水试样和原位测试

(1) 采取土试样和进行原位测试的孔、井在平面上应均匀布置，其数量一般占勘探孔总数的1/4～1/2。取土数量或原位测试的竖向间距，应按地层特性和土的均匀程度确定。各土层一般均需取样或取得测试数据。

(2) 勘探深度范围内遇见地下水时应选取有代表性的水试样进行水质分析。对于黏性土需进行室内渗透试验，必要时进行抽水试验获得土层的渗透系数。

5. 物探

初勘阶段可以运用物探方法，以提供拟建填埋场范围内的地下水分布和地基土层的资料。物探应与钻探方法配合使用，与钻探成果相比对才能提供较为准确的资料。

对于地下水位较高的拟建场地可根据需要进行地下水的监测，监测内容包括水位、水质和流向等。

勘探钻孔完成后应采用水泥黏土浆回填封闭钻孔。

(三) 详细勘察

详细勘察应配合设计进行，对选定的填埋场场址内的主体工程、配套工程及生产管理与生活服务设施等建筑物或构筑物提出详细的工程地质资料和设计所需的岩土技术参数，对建筑地基做出岩土工程分析评价，为基础设计、地基处理、不良地质作用的防治等具体方案做出论证、结论和建议并提供相应的参数。

1. 详细勘察应进行下列工作：

(1) 搜集本项目的初步设计方案、详细勘察要求、初步勘察报告等文件资料。

(2) 查明拟建场地地貌特征，各建（构）筑物的地层、构造、岩土性质、不良地质作用的成因、分布及其对场地稳定性的影响程度和发展趋势。其中对于填埋场地层的勘察工作除应查明地基承载力和地基沉降计算参数外，还应重点放在对地层渗透性的勘察方面，并评价填埋场运营后地基的渗漏性及渗漏对地下水污染的可能性，同时提供防止渗漏的方案建议。

(3) 查明勘察深度范围内场地地下水情况，流向、水力梯度和流速，包括长期和季节性的变化；查明含水层、隔水层的分布、厚度和埋藏深度；查明地下水位及其发展变化趋势；查明地下水的化学性质、腐蚀性物质；圈定地下水的保护区范围，查明暂时或长期降低地下水位以及将来恢复地下水位对场地的影响；查明邻近地表水体的影响及其与地下水的关系；查明接受地下水补给河流的情况以及洪水与潮汐的影响；查明有效降雨量、地面径流、渗漏率、地表蒸发以及地下水补给情况。

(4) 查明地基土和地下水的污染背景，调查当地消除土、水污染的经验。

(5) 对抗震设防烈度等于或大于6度的场地，应判定场地和地基的地震效应。

2. 勘探工作量布置

(1) 工程地质、水文地质测绘。当选定的填埋场场地地质条件复杂时，可根据实际需要，进行工程地质、水文地质测绘工作。测绘范围应包括填埋区及其周围对填埋场场地稳定性有影响的地区。测绘比例尺可选用1∶200～1∶2000，用于稳定性整治设计时其比例尺为1∶200～1∶500。

测绘工作除满足一般要求外，重点应注意调查不良地质作用及其成因和发展变化趋势，地表水和地下水的补给、排泄情况。

(2) 勘探。对于填埋区勘探点一般按方格网布置，勘探点间距一般为30～60m，在每个地貌单元和地貌交接部位均应布置勘探点，同时在微地貌单元和地层变化较大的地段应予以加密。控制性勘探孔深度应能满足稳定性评价和渗透性评价的需要，一般情况下控制性勘探孔深度为预计填埋高（深）度的1.5倍，一般性勘探孔深度为预计填埋高（深）度的1倍。控制性勘探点为勘探点总数的1/4～1/3，在每条剖面线上不少于2～3个控制性勘探点。勘探孔深度可根据现场勘探结果进行调整。

对于其他配套工程和生产管理与生活服务设施等建（构）筑物的勘探工作量布置可按有关规范的规定执行。勘探孔完成后应采取水泥黏土浆回填封闭钻孔。

（3）测试工作。采取土试样和进行原位测试的孔、井应均匀布置，其数量一般占勘探孔总数的1/3～1/2。取土数量或原位测试的竖向间距，应按地层特性和土的均匀程度确定，对需要统计物理力学指标的主要地层，每层土取样数量不宜少于10个。

勘探深度范围内遇见地下水时应选取有代表性的水试样进行水质分析。对于填埋区黏性土除进行室内的渗透试验外，尚可根据地下水位和含水层的情况进行注水试验或抽水试验等，以获得土层的渗透系数。地下水流向、流速等的测定应选取合适的测试方法。

（4）监测。必要时，可采取适当的检测手段对地下水水位、水质、流向进行长期监测。

五、垃圾填埋场的岩土工程评价

垃圾填埋场的岩土工程评价应包括下列内容：

1. 洪水、泥石流、滑坡、崩塌、岩溶、地震等不良地质作用对工程的影响；
2. 工程场地的整体稳定性以及废弃物堆积体的变形和稳定性；
3. 填埋场的渗漏及其影响；
4. 预测地下水位变化及其影响；
5. 污染物的运移规律及其对水源、农业、岩土和生态环境的影响。

为了减少渗沥液渗入地下污染地下水，垃圾填埋场的勘察工作中主要的内容之一就是对填埋场地基的防渗性进行评价。

防渗分为自然防渗和人工防渗。自然防渗就是采取天然地层进行防渗，而人工防渗一般采用HDPE材料进行防渗处理。

自然防渗要求黏土类衬里的渗透系数不大于1.0×10^{-7}cm/s，场底及四壁衬里厚度不小于2m，若采用改良土衬里则渗透系数和厚度指标应达到黏土类衬里的要求，并符合下列条件：液限≥30％，塑性指数≥15％，黏土粒径在0.002mm以下成分≥50％，黏土成分≥25％。

当填埋场不具备黏土类衬里或改良衬里防渗要求时，宜采用自然和人工结合的防渗技术措施。

场地防渗结构宜采用单复合衬里防渗结构，当不能满足防渗性能时应采用双复合衬里防渗结构。地基应是具有承载能力的自然土层或经过碾压、夯实的稳定层，且不会因填埋垃圾的沉陷而使场底变形、断裂。国外有的标准规定地基抗剪强度不小于25kPa，承载力不小于50kPa。

六、岩土工程勘察报告

填埋场的岩土工程勘察报告除了一般岩土工程勘察报告的基本内容外，尚应包括下列内容：

1. 强透水层及其层间联系；弱透水层和隔水层的厚度、埋藏深度、水平向连续性、渗透性、吸附能力。

2. 场地及其周围地下水的水动力特征和地下水的运动规律。

3. 按上述岩土工程评价的要求进行分析评价。

4. 提出保证稳定、减少变形、防止渗漏和保护环境措施的建议。

5. 提出对防渗和覆盖用黏土的评价和产地等的建议。

6. 提出有关稳定、变形、水位、渗漏和渗沥液化学监测工作的建议。

第三节　工业废渣堆场

一、工业废渣堆场的组成和规模

工业固体废弃物，又称工业废渣，包括矿山的废石、尾矿，冶炼厂的炉渣，铝厂的赤泥，化工厂的废渣，火力发电厂的灰渣等。处置这些工业废渣的工程即工业废渣堆场。对矿山废石、冶炼厂炉渣等粗粒废渣堆场，一般不进行岩土工程勘察。本章涉及的是细粒工业废渣堆场。

细粒工业废渣主要指尾矿和灰渣。可按其级配和塑性指数进行分类（表 7-7-4）。

尾矿和灰渣的分类　　**表 7-7-4**

类别	亚类	分类标准
砂性废渣	尾砾砂	粒径大于 2mm 的颗粒质量占总质量的 25%～50%
	尾粗砂	粒径大于 0.5mm 的颗粒质量超过总质量的 50%
	尾中砂	粒径大于 0.25mm 的颗粒质量超过总质量的 50%
	尾细砂	粒径大于 0.075mm 的颗粒质量超过总质量的 85%
	尾粉砂	粒径大于 0.075mm 的颗粒质量不超过总质量的 50%
粉性废渣	尾粉土	粒径大于 0.075mm 的颗粒质量不超过总质量的 50%，且塑性指数不大于 10
黏性废渣	尾粉质黏土	塑性指数大于 10 且小于或等于 17
	尾黏土	塑性指数大于 17

注：定名时应根据颗粒级配由大到小以最先符合者确定。赤泥可参照上表进行分类，并根据其胶结程度划分为胶结、未胶结两类。

对于山谷型工业废渣堆场，一般由下列工程组成：

1. 初期坝：一般为土石坝，有的上游用砂石、土工布组成反滤层；

2. 堆场（堆填场）：即库区，有的还设截洪沟，防止洪水入库；

3. 管道、排水井、隧洞等，用以输送尾矿、灰渣，排除地表水；

4. 截污坝、污水池、截水墙、防渗帷幕等：用以集中有害渗沥液，防止对周围环境的污染；

5. 加高坝：废弃物填堆超过初期坝后，用废渣材料加高坝体；

6. 污水处理、办公用房等建筑物；

7. 稳定、变形、渗漏、污染等的监测系统。

二、坝址和堆场（库区）的选择原则

（1）坝址应选择在两岸岩体比较完整、地形比较对称、山体比较肥厚、河谷宽度比较

适中或较狭窄的河流、沟谷地段，以达到坝轴线短、土石方工程量小、后期加高坝工程量小的效果。即以最小的初期坝高度，获得较大库容的坝址，为最佳坝址。

（2）坝址应选择在岩性比较均一、强度比较高，风化层和覆盖层比较薄的地段，特别要注意避开有溶洞、滑坡和淤泥、软弱夹层透水性比较强的地段。

（3）坝址应选择在构造相对比较稳定的地段。要尽量避开工程处理难度比较大的断裂破碎带上。

（4）土石坝需要设置溢洪道。如果没有具备足够过水能力的溢洪道，一旦水流翻过坝顶，将冲刷甚至损坏坝体。因此在选择坝址时不能忽视对溢洪道位置的选择。

堆场（库区）的选择原则是：

（1）不占或少占耕地，不拆迁或少拆迁居民住宅。

（2）距选矿厂近，并尽可能采用自流输送尾矿或灰渣。

（3）有足够库容，当一个堆场不能满足要求时，可选择几个。每个堆场的使用年限不应少于 5 年。

（4）汇水面积小，如汇水面积较大时，坝址附近要有适宜开挖溢洪道的有利地形。

（5）坝址和堆场内工程地质条件好。

（6）处于厂区或大居民区的下游，最好位于主导风向的下风向。

（7）坝址附近有足够的筑坝材料。

工业废渣堆场的规模可分为大二型、中型、小一型和小二型，如表 7-7-5 所示。

工业废渣堆场等级 表 7-7-5

级别	库容（$10^8 m^3$）	坝高（m）	工程规模
一	二等库具备提高级别条件者		
二	>1.0	>100	大二型
三	1.0～0.1	100～60	中型
四	0.1～0.01	<60～30	小一型
五	<0.01	<30	小二型

注：1. 库容指校核洪水位以下尾矿库容积。
2. 坝高与库容分级指标分属不同级别时，以其中高的级别为准；级别差两级时，以高的级别降一级为准。
3. 当有下列情况之一者，按上表确定的尾矿库等级可提高一级；当尾矿库失事时，将使下游的重要城镇、工矿企业和铁路干线遭受严重灾害者；下游有重点保护历史文物、古迹且拆迁不易者；当工程地质、水文地质条件特别复杂经地基处理后，尚认为不够彻底者（洪水标准不予提高）。

三、工业废渣堆场的岩土工程勘察

（一）初期坝和堆场（库区）勘察

初期坝和堆场（库区）勘察分可行性研究勘察、初步勘察和详细勘察。

1. 可行性研究勘察

可行性研究勘察，应以搜集资料、研究已有成果为主要内容，有时也可进行现场踏勘，一般不进行勘探和试验工作，而以选定坝址、推荐坝型方案为主要目的。

2. 初步勘察

（1）勘察要求

初步勘察应取得几个场地主要工程地质条件的对比资料，作为选定场地的依据。主要工程地质条件有：

1）坝基的稳定性；

2）坝基、坝肩和库区的渗漏性以及渗漏对邻近水源的污染和对农田的影响；

3）筑坝材料的分布、质量和储量等。

（2）勘察工作

本阶段的勘察工作应以搜集研究已有资料和工程地质测绘为主。工程地质测绘应围绕坝基、坝肩和库区渗漏、绕坝渗漏、坝基稳定等问题进行工作。比例尺一般采用1∶5000～1∶10000。当地质条件简单时，可以踏勘代替工程地质测绘；当地质条件复杂，工程地质条件不能满足要求时，尚应进行必要的勘探、测试工作。

工程地质测绘的任务是查明：

1）河谷的类型和地貌特征；

2）地层岩性、地基土的抗水性、渗透性和可能造成坝体滑动的软弱土层的性质及其埋藏条件；

3）地质构造类型、产状、展布规律，断裂破碎带的宽度、充填物的性质和胶结情况；

4）地下水的类型和含水层的厚度、埋藏条件；

5）滑坡、崩塌、泥石流等不良地质作用及其发育程度；

6）岩溶、土洞的发育和分布情况，构造与岩溶的关系，特别是控制岩溶发育的构造带的渗透对场地的影响；

7）最大库容范围内的库底的渗漏途径和透水层厚度。

（3）工作量布置

1）坝址地段的勘察工作

a. 应平行或沿坝轴线布置不少于3条勘探线，对坝基地质条件简单、地基性能好，且无潜在渗漏和管涌地层的四、五等库，可沿坝轴线布置一条勘探线。

b. 沟谷型的坝基勘探点间距宜为30～50m，平地库型的坝基勘探点间距宜为50～70m，每条勘探线不少于3个勘探点。

c. 控制性勘探点宜布置在坝轴线上，勘探孔深度应能满足分析稳定、变形和渗漏的要求，一般宜为初期坝高的1～1.5倍；一般性勘探孔深度宜为初期坝高的0.6～1倍。在预定深度范围内遇见基岩或分布稳定的弱渗透性岩土时，部分勘探孔仍应进入基岩中风化层外，其余勘探孔可减少深度。

d. 控制性勘探点宜为勘探点总数的1/3～1/2，但每个地貌单元上应有控制性勘探点。

e. 与稳定、渗漏有关的地段应加密、加深勘探孔，或专门布置勘探工作。

2）堆场（库区）的勘察工作

a. 当堆场（库区）存在岩溶、断裂构造、裂隙发育带或其他强渗漏性地层时，应进行勘探和测试工作，勘探点的数量和勘探孔的深度以能查明上述地质条件为目的。

b. 当堆场（库区）存在滑坡、崩塌或其他不良地质作用，且可能影响堆场正常和有效运行时，应布置勘探和测试工作，其勘探点数量和勘探孔深度应能查明不良地质作用的规模和失稳条件。

c. 勘探线宜沿排水管线及排水井位置布置，勘探点间距宜为40～60m，勘探点深度宜为5～8m，并满足地基评价的要求。

3. 详细勘察

详细勘察是在已选定的场地上进行。

(1) 详细勘察的任务

1) 初期坝的坝基和坝肩的稳定性和渗漏性；

2) 库区的渗漏性及其对邻近河流、水源、农田污染的程度；

3) 坝基、排洪管道等地段的地质岩性结构和土的物理力学性质，并确定地基土的承载力，判定地下水对混凝土、铸铁管的腐蚀性。

(2) 勘察工作

1) 工程地质测绘

当地质条件复杂时，可根据实际需要，在坝址和库区存在渗漏的地段进行工程地质测绘。测绘比例尺，在库区不宜小于 1：5000；在坝址区不宜小于 1：2000，观测点按网状布置，其数量见表 7-7-6。

工程地质测绘观察点的数量和间距 **表 7-7-6**

比例尺	观察点数量 (1km² 范围内)	观察点间距 (km)
1：2000 1：5000	50～100 20～50	0.14～0.08 0.22～0.14

2) 坝址地段的勘察工作

a. 应沿坝轴线及其上、下游布置不少于 3 条勘探线，勘探点间距宜为 25～50m。

b. 控制性勘探点宜布置在坝轴线上，勘探孔深度应能满足分析稳定、变形和渗漏的要求，一般宜为初期坝高的 1～2.0 倍；一般性勘探孔深度宜为初期坝高的 0.6～1 倍。在预定深度范围内遇见基岩或分布稳定的弱渗透性岩土时，部分勘探孔仍应进入基岩中风化层外，其余勘探孔可减少深度。

c. 控制性勘探点宜为勘探点总数的 1/3～1/2，但每个地貌单元上应有控制性勘探点。

d. 与稳定、渗漏有关的地段应加密、加深勘探孔，或专门布置勘探工作。

3) 堆场（库区）的勘察工作

a. 当堆场（库区）存在岩溶、土洞、断裂构造、裂隙发育带或其他强渗漏性地层时，应进行勘探和测试工作，勘探点的数量和勘探孔的深度以能查明上述地质条件为目的。

b. 当堆场（库区）存在滑坡、崩塌、采空区或其他不良地质作用，且可能影响堆场正常和有效运行时，应布置勘探和测试工作，其勘探点数量和勘探孔深度应能查明不良地质作用的规模和失稳条件。

4) 测试工作

a. 对坝址区和堆场可采用标准贯入试验、静力触探试验、旁压试验，以确定地基土的物理力学性质指标。也可选取有代表性的不扰动试样进行室内试验。每个主要土层的原位测试或取土试样的数量不应少于 6 件（次）。若有软弱土层分布时，应有足够的试验数据。土试样的试验项目，除一般常规项目外，对黏性土应做抗剪强度和渗透性试验，对砂土应做抗剪强度、渗透、颗粒分析、相对密实度、休止角和毛细水上升高度试验。

b. 在钻探过程中，应进行水文地质观测，为判定地下水对混凝土的腐蚀性，应在不同的含水层中选取水试样 1～2 件进行水质分析。

c. 为确定坝址区和堆场（库区）的渗漏性，应在强透水地层（砂层、卵石层、裂隙发育带、断裂破碎带等）中进行抽水试验或注水试验、压水试验。

（二）加高坝的勘察

当废弃物堆填超过初期坝高度后，用废渣材料加高坝体，故称加高坝，又称废渣材料堆积坝。

1. 勘察要求

加高坝的勘察应着重查明下列内容：

（1）已有堆积体的成分、性质、颗粒组成、密实程度和堆积规律。尾矿和灰渣的分类见表 7-7-4。

（2）堆积材料的工程特性和化学性质。

（3）堆积体内浸润线位置及其变化规律。

（4）当渗漏较严重或因渗漏而污染环境时，应查明渗漏途径。

（5）初期坝的稳定性，继续堆积至设计高度时的适宜性和稳定性。

（6）加高坝在地震作用下的稳定性和废渣材料的地震液化可能性。

（7）加高坝运行过程中可能产生的环境影响。

2. 勘察工作布置原则

（1）勘探线应垂直坝轴线布置，勘探线的数量不宜少于 3 条。勘探线的一端应从初期坝的下游、坝前约 30m 处，另一端应达水边线。每条勘探线上不应少于 3 个控制性钻孔。

（2）应有不少于两条勘探线延伸到堆场内。

（3）勘探线和勘探点间距可参照表 7-7-7 确定。

勘探线和勘探点间距（m） **表 7-7-7**

堆场等级	勘探线间距		勘探点间距	
	坝体组成以粉性、黏性废渣为主	坝体组成以砂性废渣为主	坝址地段	堆场（库区）
一至三级	≤200	≤250	30～60m，每条勘探线上不少于 6 个孔	60～120m，每条勘探线上不少于 5 个孔
四至五级	≤100	≤150	20～50m，每条勘探线上不少于 5 个孔	40～80m，每条勘探线上不少于 3 个孔

注：1. 勘探线总数不应少于 3 条。
2. 重点勘探线上的勘探点间距取小值；一般勘探线上的勘探点间距在坝体部分取小值，在沉积部分取大值。
3. 当存在软弱夹层时，应加密勘探点，查明其分布，特别注意可能形成滑动面的各种夹层。
4. 当需查明初期坝材料的物理力学性质和地下水时，应在初期坝位置上有足够的勘探点。
5. 堆场等级应符合表 7-7-5 的规定。

（4）一般性勘探孔的深度应达到自然地面下 1～2m。控制性勘探孔的深度一般可参照表 7-7-8 确定。

控制性勘探孔深度（原自然地面下） **表 7-7-8**

堆场等级	勘探孔深度（m）	
	加高坝	堆场（库区）
一至三级	15～20	5～8
四至五级	10～15	3～5

注：1. 勘探深度内遇到基岩时，一般达到基岩层面即可。
2. 在强震区（地震设防烈度≥7 度），需进行动力反应分析时，每条勘探线上应有不少于 3 个勘探孔达到基岩或坚实地层（指 $N\geqslant 50$ 的地层）。
3. 当场地内有地质资料时，勘探孔深度可适当减少。当遇有岩溶等特殊问题时勘探孔深度不受表列数值限制。

3. 测试和试验

（1）原位测试

1）标准贯入试验：所有钻孔均应进行标准贯入试验，判定尾矿砂的密实度及其产生液化的可能性，密实度判定标准见表 7-7-9。

2）波速测试：可测定剪切波和压缩波速，计算动力参数。

3）十字板剪切试验：当尾矿泥厚度大于 0.5m 时应采用十字板剪切试验测定其抗剪强度。

4）渗透试验：在尾矿沉积滩上宜采用抽水试验（或注水试验、渗水试验）测定渗透系数等水文地质参数。

尾矿砂密实度分类　表 7-7-9

密实度	标贯击数 N（击）
松散	<4
稍密	4～10
中密	10～30
密实	30～50
很密	>50

（2）室内试验

1）物理力学性质试验

a. 对尾矿砂应进行颗粒分析、天然密度、含水量、相对密度（比重）、饱和度、孔隙比、相对密实度、抗剪强度、渗透系数、天然休止角的测定。

b. 对尾矿土应进行天然密度、含水量、相对密度（比重）、饱和度、孔隙比、液限、塑限、塑性指数、液性指数、抗剪强度、渗透系数的测定。

2）动力性质试验

当场地抗震设防烈度等于或大于 7 度时，应进行动力性质的测定。在堆积坝坝体上，应采取有代表性的尾矿砂样和尾矿土样（尾矿砂样不少于 2 种，尾矿土样不少于 1 种以上）进行动三轴试验。

3）其他试验

当需要综合研究尾矿和灰渣等的性质时，可取样进行矿物成分、化学性质试验和镜下鉴定。

四、工业废渣堆场的岩土工程评价

工业废渣堆场的岩土工程评价包括场地稳定性，坝基、坝肩和库岸的稳定性，坝址和库区的渗漏及其对环境的影响以及对建筑材料的评价。

（一）场地稳定性的评价

场地稳定性评价是指洪水、滑坡、崩塌、泥石流、岩溶、断裂等不良地质作用对工程的影响。此类不良地质作用造成的地质灾害对场地有严重威胁，甚至毁灭整个堆场。故应查明其类型、分布、规模、发育程度和危害程度等。

（二）坝基、坝肩和库区稳定性评价

1. 坝基、坝肩抗滑稳定性分析

（1）详细查明主要滑动面的成因、产状、结构、物质组成、连续性和水理性质；

（2）根据结构面的组合关系，分析可能的滑动形式，确定滑动体的边界条件，正确选定抗剪强度指标；

（3）抗滑稳定性计算：稳定性分析方法与水利工程同，但应特别注意长期渗漏作用对坝基稳定性的影响。

2. 坝基沉降分析

(1) 对于一般的砂砾石坝基、岩石坝基和四、五级初期坝可不进行沉降分析;

(2) 当坝基为较厚的可塑性土层、一至三级初期坝应进行坝基的沉降分析。

3. 坝基渗漏稳定性评价

进行坝基的渗透稳定性验算,使坝基面的渗透水力坡降 i 小于表 7-7-10 的容许值。

坝基土的容许水力坡降值　　　　**表 7-7-10**

土的渗透系数 (cm/s)	容许的 i 值	土的渗透系数 (cm/s)	容许的 i 值
≥0.5	0.1	0.025～0.005	0.2～0.5
0.5～0.025	0.1～0.2	≤0.05	≥0.5

坝址和库区的渗漏,不仅对坝的稳定影响很大,而且还会对水源、农业、生态环境产生影响,造成严重污染。因此应对坝址和库区渗漏和污染的可能性,污染物的性质、成分,污染程度等进行评价。

(三) 加高坝的稳定性评价

加高坝坝坡稳定性计算方法宜采用普通圆弧法,当坝基或坝体内存在软弱土层时,可采用改良圆弧法。根据正常水位和洪水位的两种运行情况的不同荷载组合进行计算。在强震区进行稳定性分析时,应考虑地震力的作用。加高坝位于强震区时,应评价坝基土和堆坝材料的液化可能性。

(四) 筑坝材料的评价

筑坝用的砂石料数量很大,对工程造价有较大影响。因此,对材料的质量、储量、开采和运输条件等应进行评价。

五、岩土工程勘察报告

废渣堆场的岩土工程勘察报告除了一般报告的内容外,尚应包括下列内容:

1. 按上述岩土工程评价要求进行岩土工程分析评价,并提出防治措施的建议;

2. 对废渣加高坝,应分析评价现状的达到最终高度时的稳定性,提出堆积方式和应采取的措施的建议;

3. 提出边坡稳定、地下水位、库区渗漏等方面监测工作的建议。

第八章　既有建筑物

第一节　既有建筑物的特点

既有建筑物是指已实现或部分实现使用功能的建筑物。本章所指的既有建筑物是需要增载(增层)、纠倾、加固的既有建筑物,这类建筑物有自己的结构特点和地基特点。

一、结构特点

(一) 增载(增层)的既有建筑物

增载(增层)建筑物大多是 4～5 层以下的民用建筑物和单层的工业建筑物。这些建筑物的上部结构荷载较小,基础底面积较小,埋深较浅。经过多年使用,建筑物结构已适应了地基条件，但结构构件本身的强度会有所降低。

（二）纠倾、加固的既有建筑物

需要纠倾、加固的建筑物往往是由于各种原因使建筑物产生了比较严重的变形，且已影响到建筑物的安全使用，例如严重倾斜、开裂或基础遭受严重腐蚀等。有的建筑物是由于抗震设防烈度的提高，需要进行抗震加固。对有些古建筑物的保护，需要加固，这类古建筑物的使用时间特别长，高度大，社会影响大，其结构特点与现代结构不同，整体刚度较差，往往无设计图纸可供参考。

二、地基特点

（一）地基土的压密效应

不论是增载（增层）还是纠倾、加固的既有建筑物地基，都经过建筑物本身荷载长时间的压密作用，基础下土层在一定的深度范围内，因受压而使孔隙水被部分挤出而产生固结，从而使土的含水量减少，孔隙比和压缩系数、压缩指数有不同程度的降低，而土的重度、压缩模量、先期固结压力、抗剪强度等，则有不同程度的提高，其中力学性质指标较物理性质指标提高幅度大。但如果上部结构荷载已使地基土达到极限状态，则地基土的抗剪强度有可能降低，地基土的承载力也可能降低。

一般情况下，距基础底面愈近，土的压密效应愈明显，距基础底面越远，土的压密效应越差。压密层的厚度一般为 $0.5b$～$1.5b$ 之间（b 为基础底面宽度）。土的压密效应与基底的竖向附加应力有关，附加应力越大，压密就越明显。如果用压密后的干密度与压密前的干密度的比值作为压密效应的程度，其等值线的分布形状基本上与竖向附加压应力等值线形状一致，地基土压密程度的分布是不均匀的。

在长期荷载的作用下，地基土主要受力层范围内超固结比也会有所增大，从而提高了受力层范围土的承载力和降低了地基土的压缩性。

（二）地基土含水量的变化

在多雨的地区，降水量的多少直接影响地基土含水量变化，当建筑物室内外地面的排水条件不好，地面水渗入地下，使地基土的含水量增加，甚至达到饱和状态，使持力层的承载力大幅度降低。当地面排水条件较好时，地基土的含水量也会由于建筑物的覆盖所引起的地面蒸发量的减少，管道、排水沟的跑、冒、滴、漏影响，经若干年后，黏性土地基的含水量也会有所提高，有时会使土的状态由硬塑变为可塑状态，甚至软塑状态。但在房屋周围大量种植生长速度快的树木时，却会引起地基土大量失水，使土层干缩，若地基土具有膨胀性，偶然有地面水渗入时，又会引起土层膨胀，这种缩胀交替作用，也会影响房屋的变形开裂。

第二节 既有建筑物的增载（增层）、纠倾和加固的勘察

一、勘察要求

1. 建筑物的增载（增层）勘察应查明地基土的承载力提高幅度和增载（增层）后可能产生的附加沉降和差异沉降，对建造在斜坡上的建筑物，尚应考虑其稳定性。

2. 建筑物的纠倾、加固勘察，主要查明建筑物事故产生的原因，目前状态下土层性质，并与以前土层性质进行对比，确定以后加固方案所需要地基土的物理力学性质指标。

3. 分析增层和加固施工过程中可能引起的地基问题，如由于降水可能引起建筑物的附加沉降和不均匀沉降；由于基坑开挖可能造成新的地基稳定性问题等。

4. 分析增载(增层)、纠倾加固的可行性，提供地基处理方案和地基加固措施的建议。

二、资料搜集

1. 搜集和研究已有的岩土工程勘察资料，对原岩土工程勘察资料，应重点分析以下内容：

(1) 地基土层的分布、均匀性，以及地基土的湿陷性、膨胀性等；

(2) 地基土的物理力学性质；

(3) 地下水的水位、水位变化幅度及其腐蚀性；

(4) 饱和砂土和粉土液化性质及软土的震陷性质；

(5) 场地的稳定性。

2. 了解场地有无掩埋的古冲沟、渠、塘、污土坑、墓穴及其他人工洞穴等。可通过搜集老的地形图，研究探墓报告和建筑物隐蔽工程的施工记录，分析其中是否存在问题。

3. 搜集建筑物的荷载、结构形式、功能特点和完好程度资料，搜集基础的类型、材料、埋深、尺寸、平面布置和基底附加应力等资料。

4. 搜集建筑物的沉降观测资料。

5. 是否进行过地基处理，以及地基处理施工过程中的有关情况。

6. 建筑物使用过程中，场地及其周围岩土工程条件的改变情况。

7. 对于纠倾、加固勘察，还应搜集场地的地震、断裂构造、地裂缝和滑坡等方面的地质资料，以及上下水管道的材料、布置和使用情况。

三、现场调查

1. 建筑物上部结构调查

查明建筑物有无裂缝、倾斜，吊车运行是否正常，如有问题，应查明原因，绘制裂缝分布位置图，详细描述裂缝大小、形状、出现部位、发展方向，最好能拍摄照片，对于结构构件除目测其完整程度外，还应用非破损法测定其目前强度及完整程度。

2. 建筑物基础调查

可通过开挖探坑验证基础的类型、宽度及埋深、有无防水材料等，检查基础开裂、腐蚀或损坏的程度。判定基础材料的强度等级。对于倾斜的建筑物尚应查明基础的倾斜、弯曲、扭曲等情况。

对于桩基础则应查明桩基础的类型、材料、截面面积、桩中心距，若桩身材料为钢筋混凝土时应查明钢筋用量、混凝土的强度等级以及桩端入土深度、持力层情况、桩身完整情况。

3. 建筑物地基调查

地基土的承载力与地基土的含水量密切相关，含水量的变化与场地地面的排水、补给、地下水位的升降有关，应调查地面水的排泄是否畅通，有无管道渗漏以及地下水的变化动态等。地基土是否受到污染腐蚀。

邻近场地有无大面积堆载，邻近建筑的深开挖、地下工程的施工、过量地下水抽降、地基浸水或失水、动荷载的振动影响所造成本场地地基土应力分布的变化，从而造成建筑物地基发生变形。

四、勘察工作布置原则

1. 增载（增层）布置原则

（1）勘探点应紧靠基础布置，有条件时宜在基础中心布置，每栋单独建筑物的勘探点不宜少于 3 个；

（2）在基础外侧适当距离处，宜布置一定数量勘探点，以便和基础下或基础侧的勘探点进行对比分析，并可了解场地外围土层条件；

（3）勘探方法除钻探外，宜优先选用探井和选用静力触探、标准贯入、圆锥动力触探、十字板剪切或旁压试验等原位测试方法。当增载量较大或拟增层数较多时，应作载荷试验，提供主要受力层的比例界限荷载、极限荷载、变形模量和回弹模量。

2. 纠倾、加固布置原则

对于纠倾、加固的勘察除按增载（增层）的有关要求布置工作量外，尚应结合建筑物变形、倾斜和损坏情况布置一些控制性勘探孔，以便查明建筑物产生倾斜、破坏的原因。

（1）如为地基湿陷造成的变形，宜采用适当测试手段，如静力触探以查明湿陷事故的范围和界线；

（2）如建筑物局部破坏严重，应在该处进行开挖，以查明地基内是否存在特殊情况；

（3）如为土层压缩层厚薄不均造成的差异沉降引起建筑物变形时，应采用较密的钻孔查明下卧软、硬层的起伏变化情况；

（4）设计需做附加支柱或补桩时，应有钻孔或探坑了解柱或桩端持力层的情况。

3. 勘探点深度

探井深度应为 $1.5b$～$2.5b$（b 为基础宽度），钻孔、静力触探孔还应适当加深，若拟采用桩基方案进行加固时，钻孔深度应符合现行桩基础勘察的有关规范。

五、勘探方法及技术要求

1. 钻孔、探井

取土间距，在基底下 $1b$ 深度范围内，宜为 0.5m，其下可为 1m，应采取不扰动土样。探井则应在靠近基础一侧和基础外围同一深度的另一侧同时采取土样，以供对比。为了确保基础的安全，在靠近基础一侧，探井宜齐基础边缘下挖，在基底以下只挖取土样。每层地基土的土样数量不应少于 6 组。

2. 旁压试验

试验间距，在基底下 $1b$ 深度范围内，宜为 0.5m，其下可为 1m。旁压试验除提供土的承载力外，还应提供旁压模量，以便利用旁压模量直接进行增载（增层）后基础沉降估算。每层地基土的测试数量不应少于 3 个。

3. 静载荷试验

对于重要的增载（增层）等建筑物，静载荷试验应在基础下进行，或进行地基土持载再加荷载荷试验。每层地基土的测试数量不宜少于 3 个点。

4. 其他原位测试方法

静力触探、圆锥动力触探应连续进行，测试点数量不应少于 3 个。标准贯入、十字板剪切的试验间距、测试数量同旁压试验。

六、室内土工试验要求

增载（增层）、纠倾、加固勘察中，压缩试验成果中应有 e-$\lg p$ 曲线，并提供先期固结压力、压缩指数、回弹指数与增载后土中垂直有效应力相应的固结系数、三轴不固结不排水剪切试验成果。

第三节　资料整理及地基评价计算

一、资料整理

1. 绘制带有建筑物基础底部尺寸和埋深的工程地质剖面图，图上还应标出土样采集深度、土层划分、地下水位深度等，在图上应尽量标示各基础下和基础外土层的主要物理、力学性质指标，以便能更直观地做出对比分析。

2. 对土的物理、力学性质指标应分不同情况、不同层位、基础下与基础外、主要受力层内和下卧层进行统计，以便对比。

3. 对已出现变形开裂的建筑物应绘制详细的裂缝分布图，图上对变形特征、裂缝长度、裂缝宽度、发展情况和分布规律应进行详细描述，分析开裂产生的原因。

4. 对发生倾斜的建筑物，应在建筑物平面图上标出倾斜的方向和倾斜的程度，分析倾斜产生的原因。

5. 根据地基和上部结构现状，提出地基加固的必要性和纠倾、加固方案的建议。

二、地基承载力评价

对于增载（增层）工程应着重分析目前状态下地基土的实际承载力及可供进一步利用的承载力潜力，论证时应考虑到增载（增层）后土体中将出现新的应力水平和工作状态，对土的强度特征值（如先期固结压力、旁压试验临塑荷载、静力触探贯入阻力及土的抗剪强度）进行对比分析，并对新增荷载下的沉降和沉降历时关系进行计算和预测分析，并使所确定的承载力有足够的安全度。

确定地基承载力应采用比较直接的方法，如载荷试验、旁压试验等。不宜只通过查表和比照规范中的有关承载力表的经验数值，常用的方法有：

1. 原位测试法

利用静力触探、标准贯入、圆锥动力触探、十字板剪切、旁压试验或载荷试验等方法在基础下和基础外的测定结果，分别确定基础下和基础外主要受力层深度范围内和主要受力层深度范围外土的承载力，并据此综合评价地基承载力。

2. 室内土工试验法

分别按基础下和基础外、压密层内和压密层外土的物理、力学性质指标按照有关经验图表查得，以便分析确定压密土层的厚度和承载力提高幅度，通过高压固结试验求得先期固结压力 p_c 和超固结比 OCR 的分析可作为承载力提高幅度的控制值。

室内土工试验法所确定的承载力是根据载荷试验的承载力与土的物理、力学性质指标之间相关关系，通过数理统计，回归分析得到的，它并不直接代表土的强度与变形关系中的特性点，如比例界限荷载、极限压力或相应于某容许变形的压力等。

3. 经验法

如无法取得基础下压密土层的指标，也可根据基础外土性指标按有关经验方法确定。

（1）试验和工程实践证明，荷载作用时间愈长，荷载愈大，地基土压密效应愈好，承载力愈高。对地基基础设计等级为乙级和丙级的建筑物，在基础底面积不变时，可按式（7-8-1）近似计算提高后的地基土承载力特征值。对甲级建筑物应根据原建筑物基础下地基土的勘察结果确定。

$$f_{ak1}=(K_1-1)p+f_{ak0} \tag{7-8-1}$$

式中　f_{ak1}——提高后地基土承载力特征值（kPa）；

p——建筑物增载前，地基土实际承受的基底压力（kPa）；

f_{ak0}——未经压密的天然地基承载力特征值（kPa），当 $f_{ak0}<p$ 时，按 $f_{ak0}=p$ 计算；

K_1——地基承载力提高系数，按表 7-8-1 采用。

地基承载力提高系数 K_1　　　　**表 7-8-1**

土类		建筑物使用年限（年）			
		10	20	30	40
		K_1 系数			
砂土		1.05	1.10	1.15	1.20
粉土及黏性土	地下水位以上	1.10	1.20	1.25	1.30
	地下水位以下		1.15	1.20	1.25

（2）黄土地区试验和工程实践证明，荷载愈大，压密效应愈好，长期压密作用下承载力的提高系数 K_1 可按表 7-8-2 采用，并按式（7-8-1）计算提高后的地基土承载力特征值。

地基承载力提高系数 K_1　　　　**表 7-8-2**

p/f_{ak0}	0.9～1.0	0.8～0.9	0.7～0.8	0.6～0.7	<0.5
K_1	1.25	1.20	1.15	1.10	1.00

注：使用表 7-8-2 中所列的数值时，建筑物使用年限不能少于 10 年，建筑本身不应存在裂缝、变形和其他不均匀沉降。

三、承载力计算

1. 地基承载力计算

既有建筑地基基础加固或增加荷载后，地基承载力应符合下式要求：

（1）轴心荷载作用下

当轴心荷载作用时

$$p_k \leqslant f_a \tag{7-8-2}$$

式中　p_k——基础加固或增加荷载后，相应于作用的标准组合时，基础底面处的平均压力值；

f_a——修正后的既有建筑地基承载力特征值。按《建筑地基基础设计规范》GB 50007—2011 确定；对于需要加固的地基应在加固后通过检测确定地基承载力特征值；对于增加荷载的地基应在增加荷载前通过地基检验确定地基承载力特征值。

在直接加载，基础底面积不增加的情况下，可以充分利用地基土压密后的承载力，若直接加载不满足要求，基础面积需增大，此时由于加载前地基土压密后承载力提高的范围比基础面积增大后应力的影响范围小，应用提高后的地基承载力特征值应进行必要的折减，以考虑到压密效应分布范围的有限性，宜采用原天然地基承载力特征值。

（2）偏心荷载作用下

当偏心荷载作用时，除符合式（7-8-2）要求外，尚应符合下式要求：

$$p_{kmax} \leqslant 1.2 f_a \tag{7-8-3}$$

式中　p_{kmax}——基础加固或增加荷载后，相应于作用的标准组合时，基础底面边缘的最大压力值。

2. 基底压力计算

相应于作用的标准组合时，基础底面处平均压力的计算按《建筑地基基础设计规范》GB 50007—2011 的有关规定进行。

3. 地基软弱下卧层及稳定性计算

(1) 当地基受力层范围内有软弱下卧层时，尚应进行软弱下卧层地基承载力的验算；

(2) 对建造在斜坡上或毗邻深基坑的既有建筑，应验算地基稳定性。

四、地基变形分析

既有建筑地基基础加固或增加荷载后的地基变形计算值，不得大于《建筑地基基础设计规范》GB 50007—2011 规定的地基变形允许值。

对地基基础进行加固或增加荷载的既有建筑物，其地基最终变形量可按下式确定：

$$s = s_0 + s_1 + s_2 \tag{7-8-4}$$

式中　s——地基最终变形量；

s_0——地基基础加固前或增加荷载前已完成的地基变形量，可由沉降观测资料确定或根据当地经验估算；

s_1——地基基础加固后或增加荷载后产生的地基变形量，当地基基础加固时，可采用地基基础加固后经检测得到的压缩模量通过计算确定；当增加荷载时，可采用增加荷载前经检验得到的压缩模量通过计算确定；

s_2——原建筑荷载下尚未完成的地基变形量，可由沉降观测资料推算或根据当地经验估算。当原建筑荷载下基础沉降已经稳定时，此值应取零。

第九章　罐、塔、仓等构筑物

罐（主要指油罐、气罐），塔（主要指水塔、烟囱、电视塔），仓（主要指煤仓、水泥仓、谷仓）等构筑物的主要特点是：

1. 对地基不均匀沉降比较敏感，对倾斜的容许限值有较严格的要求，因此，勘察时应着重研究地基的均匀性。

2. 罐、塔、仓构筑物一般均采用整体基础。在软土地区，地基失稳的破坏模式有局部地基剪切破坏和整体基础冲切破坏。

3. 需要测定土的动力特性参数和地基土的地震效应，以满足抗震设计和动力计算的需要。

第一节　罐类构筑物

一、罐类构筑物的特点

罐类构筑物是指容积大于5000m³的大型储罐，包括钢质拱顶罐、浮顶罐（有单盘式、双盘式、浮子式）和球罐。它们的特点是：

1. 罐体比较大，具有较大的柔性；

2. 荷载分布面积大、荷载大，对地基的影响较深；

3. 沉降量较大，不均匀沉降对罐体的受力状态会产生不良影响。

二、岩土工程勘察

大型储罐的岩土工程勘察应查明储罐地基压缩层深度内的岩土分布及其物理力学性质，影响地基稳定的不良地质条件，地下水的类型、补给排泄条件及其对建筑材料的腐蚀性。

岩土工程勘察前应取得下列资料：

1. 附有储罐平面位置的地形图（1∶500～1∶2000）；

2. 储罐的容积、高度、结构特征，设计地坪标高，基础形式、尺寸、埋置深度，单位荷载等。

（一）勘探工作

勘探点一般布置在储罐的中心和边缘。勘探点数量应根据岩土工程勘察等级、储罐容积及其特征确定。《石油化工企业钢储罐地基与基础设计规范》规定，初勘阶段，按 GB 50021—2001 要求执行，详勘阶段每台储罐地基勘探点数量可按表 7-9-1 采用，其中控制点的数量占总数的 1/5～1/3。一般性勘探孔深度，可根据地基情况和储罐的容积确定。土质地基可按表 7-9-2 采用，岩石地基到岩石顶面；控制性勘探孔深度，土质地基按一般性勘探孔的深度加 10m，岩质地基按一般性勘探孔的深度加 5m，并宜进入中风化基岩不小于 1m。

每台储罐勘探点数量　**表 7-9-1**

场地类别	储罐公称容积（m^3）					
	≤5000	10000	20000～30000	500000	100000	150000
简单场地	3	3～5	5	5～9	10～13	13～16
中等复杂场地	3～4	5～7	5～9	9～13	13～21	16～25
复杂场地	4～5	6～9	9～12	13～18	21～25	25～30

注：1. 本表摘自《石油化工企业钢储罐地基与基础设计规范》SH 3068—2007。

2. 浮顶罐、内浮顶罐宜采用大值，固定顶罐可采用小值。

3. 小于 5000m^3的储罐，容积大的采用大值，容积小的采用小值。

4. 当为储罐群时，罐间勘探点可以共用。

一般勘探孔深度　**表 7-9-2**

储罐公称容积（m^3）	勘探孔深度(m)	
	一般地基	软土地基
≤5000	$(1.0\sim1.2)D_t$	$(1.2\sim1.5)D_t$
10000	$(1.0\sim1.2)D_t$	$(1.2\sim1.5)D_t$
20000～30000	$(0.9\sim1.0)D_t$	$(1.0\sim1.1)D_t$
50000	$(0.7\sim0.8)D_t$	$(0.8\sim0.9)D_t$

续表

储罐公称容积 (m^3)	勘探孔深度(m)	
	一般地基	软土地基
100000	$(0.6\sim0.7)D_t$	$(0.7\sim0.8)D_t$
150000	$(0.5\sim0.6)D_t$	$(0.6\sim0.7)D_t$

注：1. 勘探孔深度由基础底面算起。

2. 罐中心的钻孔深度采用大值，周边钻孔采用小值。

3. D_t为储罐底圈内直径(m)。

（二）取样和测试

1. 取土试样数量可按《岩土工程勘察规范》执行，但复杂场地，每个罐位的主要土层均应采取不扰动土试样或进行原位测试。

2. 软土地区可进行现场十字板剪切试验，测出不排水抗剪强度在深度上的变化，或进行无侧限抗压强度试验。

3. 压缩试验的最大压力宜略大于预估的土自重压力与附加压力之和，且不得小于300kPa。固结试验要测出各土层的先期固结压力、压缩指数和固结系数。

4. 剪切试验宜采用不排水剪切试验，测出土的有效抗剪强度和孔隙水压力。

（三）地基承载力评价

储罐地基承载力应按载荷试验或理论公式计算确定。这里介绍两个承载力计算公式，可供选用。

1. 潘家华等推荐的公式：

$$q_{ud} = 1.3cN_c + 0.3DN_B\gamma_2 + D_fN_D\gamma_1 \tag{7-9-1}$$

式中　q_{ud}——地基极限承载力（kPa）；

c——基础底面下土的黏聚力（kPa）；

D——储罐直径（m）；

D_f——基础埋置深度（m）；

γ_1——基础底面以上土的加权平均重度（kN/m^3）；

γ_2——基础底面以下土的重度（kN/m^3）；

N_c、N_B、N_D——承载力系数，可按表7-9-3查取（其中φ为基础底面下土的内摩擦角）。

承载力系数　**表7-9-3**

φ	N_c	N_B	N_D	φ	N_c	N_B	N_D
0	5.3	0	3.0	25	9.9	3.3	7.6
5	5.3	0	3.4	28	11.4	4.5	9.1
10	5.3	0	3.9	32	20.9	10.6	16.1
15	6.5	1.2	4.7	36	42.2	30.5	33.6
20	7.9	2.0	5.9	40	95.7	114.0	83.2

2. 徐至钧推荐的公式：

（1）对于地基土压缩性较小的情况：

$$f_{vu} = 1.3cN_c + qN_q + 0.6\gamma RN_\gamma \tag{7-9-2}$$

（2）对于地基土压缩性较大的情况：

$$f_{vu} = 0.8cN_c + qN_q + 0.6\gamma RN_\gamma \tag{7-9-3}$$

式中　f_{vu}——极限承载力（kPa）；

R——圆形基础的半径（m）；

N_c、N_q、N_γ——承载力系数，可由表 7-9-4 查得；

其余符号意义同前。

承载力系数　　表 7-9-4

φ	N_c	N_q	N_γ	φ	N_c	N_q	N_γ
0	5.7	1.0	0	25	25.2	13	10
5	7.3	1.7	0.2	30	37	22	20
10	0.5	2.7	0.6	35	58.2	42	42
15	12.8	4.5	1.6	40	95	81	130
20	18.0	7.5	4.0				

由式（7-9-1）、式（7-9-2）和式（7-9-3）求得的地基极限承载力除以安全系数 k（k 一般取 2～3），即为地基承载力标准值（f_k）。承载力的设计值（f）可取 $f = 1.1f_k$。

三、储罐地基的变形分析

当储罐基础处于下列情况之一时，应进行变形分析：

1. 地基基础设计等级为甲级、乙级的罐基础；
2. 当地基土不能满足承载力设计值要求，或有软弱下卧层时；
3. 当储罐基础与相邻基础较近，有可能发生倾斜时；
4. 当储罐基础下有厚薄不均匀的地基土时；
5. 有特殊要求的储罐基础。

变形计算公式可采用分层总和法，也可采用下列徐至钧、魏汝龙介绍的公式：

$$s = \sum_{i=1}^{n} (K_3)_i (\Delta s) i \tag{7-9-4}$$

$$(K_3)_i = \left[\frac{1-\nu}{1-2\nu}\left(1 - \frac{\nu}{1+\nu}\frac{H}{\sigma_z}\right)\right]_i \tag{7-9-5}$$

$$(\Delta s)_i = (m_v \sigma_z \Delta z)_i \tag{7-9-6}$$

$$H = \sigma_x + \sigma_y + \sigma_z \tag{7-9-7}$$

式中　s——三维固结总沉降量（mm）；

$(K_3)_i$——第 i 层土三维固结沉降与单维固结沉降的比值，按表 7-9-5 采用；

$(\Delta s)_i$——第 i 层单维固结沉降（mm）；

ν—— 泊松比；
m_v——体积压缩系数（MPa^{-1}）；
σ_z——垂直应力（kPa）；
H——全应力（kPa）；
Δz——第 i 层的厚度（m）。

圆形柔性基础中心下的三维沉降系数 **表 7-9-5**

Z/R	K_1	$K_3=\left[\frac{1-\nu}{1-2\nu}\left(1-\frac{\nu}{1+\nu}\frac{H}{\sigma_z}\right)\right]$					
		ν=0.20	0.25	0.30	0.35	0.40	0.45
0	1.000	0.80	0.75	0.70	0.65	0.60	0.55
0.1	0.999	0.85	0.82	0.80	0.80	0.84	1.02
0.3	0.976	0.94	0.95	0.98	1.06	1.25	1.89
0.5	0.911	1.01	1.04	1.11	1.24	1.54	2.49
0.7	0.811	1.05	1.11	1.20	1.37	1.74	2.90
0.9	0.701	1.08	1.15	1.25	1.45	1.87	3.16
1.1	0.597	1.10	1.17	1.29	1.50	1.94	3.32
1.3	0.506	1.11	1.19	1.31	1.54	2.00	3.44
1.5	0.424	1.12	1.20	1.33	1.57	2.05	3.53
1.7	0.368	1.13	1.21	1.34	1.58	2.07	3.59
1.9	0.312	1.13	1.22	1.35	1.59	2.09	3.63
2.1	0.267	1.14	1.22	1.36	1.60	2.11	3.67
2.3	0.234	1.14	1.23	1.37	1.61	2.13	3.70
2.5	0.200	1.14	1.23	1.37	1.62	2.14	3.73
2.7	0.178	1.14	1.23	1.38	1.63	2.15	3.74
2.9	0.157	1.15	1.24	1.38	1.63	2.15	3.75
3.1	0.140	1.15	1.24	1.38	1.63	2.16	3.76
3.3	0.128	1.15	1.24	1.38	1.64	2.16	3.77
3.5	0.117	1.15	1.24	1.38	1.64	2.16	3.78
3.7	0.105	1.15	1.24	1.39	1.64	2.17	3.78
3.9	0.093	1.15	1.24	1.39	1.64	2.17	3.79
4.5	0.072	1.15	1.24	1.39	1.65	2.18	3.81
5.0	0.057	1.15	1.25	1.39	1.65	2.18	3.82
5.5	0.049	1.15	1.25	1.39	1.65	2.19	3.82
6.0	0.040	1.15	1.25	1.40	1.65	2.19	3.83
7.0	0.030	1.15	1.25	1.40	1.66	2.19	3.83
8.0	0.023	1.15	1.25	1.40	1.66	2.19	3.84
9.0	0.018	1.15	1.25	1.40	1.66	2.19	3.84
10.0	0.015	1.15	1.25	1.40	1.66	2.20	3.84

续表

Z/R	K_1	$K_3=\left[\frac{1-\nu}{1-2\nu}\left(1-\frac{\nu}{1+\nu}\frac{H}{\sigma_z}\right)\right]$					
		ν=0.20	0.25	0.30	0.35	0.40	0.45
0	0.500	0.80	0.75	0.70	0.65	0.60	0.55
0.1	0.484	0.86	0.83	0.82	0.82	0.87	1.10
0.3	0.451	0.93	0.93	0.95	1.01	1.17	1.73
0.5	0.417	0.97	0.99	1.04	1.14	1.38	2.16
0.7	0.384	1.01	1.04	1.11	1.24	1.54	2.48
0.9	0.349	1.04	1.08	1.16	1.32	1.66	2.73
1.1	0.316	1.06	1.11	1.20	1.38	1.75	2.92
1.3	0.286	1.07	1.13	1.23	1.42	1.82	3.07
1.5	0.256	1.08	1.15	1.26	1.46	1.88	3.19
1.7	0.232	1.09	1.16	1.28	1.49	1.92	3.28
1.9	0.208	1.10	1.17	1.30	1.51	1.96	3.36
2.1	0.187	1.11	1.18	1.31	1.53	2.00	3.43
2.3	0.169	1.12	1.19	1.32	1.55	2.02	3.49
2.5	0.151	1.12	1.20	1.33	1.56	2.04	3.54
2.7	0.138	1.13	1.21	1.34	1.57	2.06	3.57
2.9	0.125	1.13	1.21	1.35	1.58	2.08	3.60
3.1	0.114	1.13	1.21	1.35	1.59	2.09	3.62
3.3	0.105	1.13	1.22	1.35	1.59	2.10	3.64
3.5	0.097	1.13	1.22	1.36	1.60	2.11	3.66
3.7	0.088	1.14	1.22	1.36	1.60	2.11	3.67
3.9	0.080	1.14	1.22	1.36	1.61	2.12	3.68
4.5	0.064	1.14	1.23	1.37	1.62	2.14	3.72
5.0	0.052	1.15	1.24	1.38	1.63	2.15	3.75
5.5	0.045	1.15	1.24	1.38	1.64	2.16	3.77
6.0	0.038	1.15	1.24	1.39	1.64	2.17	3.79
7.0	0.028	1.15	1.24	1.39	1.65	2.18	3.80
8.0	0.022	1.15	1.24	1.39	1.65	2.18	3.81
9.0	0.018	1.15	1.25	1.39	1.65	2.19	3.82
10.0	0.014	1.15	1.25	1.39	1.65	2.19	3.83

注：公式（7-9-4）～公式（7-9-7）和表 7-9-5 均引自徐至钧、许朝铨、沈珠江等《大型储罐基础设计与地基处理》（中国石化出版社，1999）一书。

在软土地区建罐，可采用上海地区经验公式（式 7-9-8）计算罐基础地基最终沉降量：

$$s=\psi_s p_0 D_t \sum_{i=1}^{n} \frac{\delta_i-\delta_{i-1}}{(\sum E_{s1-2})_i} \tag{7-9-8}$$

式中　s——地基最终沉降量（cm）；

ψ_s——沉降计算经验系数，可采用下列数值：当 $p_0 \leqslant 40$kPa 时，可取 0.7；$p_0=60$kPa 时，可取 1.0；$p_0=80$kPa 时，可取 1.2；$p_0 \geqslant 100$kPa 时，可取 1.3；中间值可内插；

D_t——储罐底内直径（cm）；

p_0——对应于荷载标准值时的罐基础计算底面处的附加压力（kPa）；

δ——沉降系数，可按表 7-9-6 查取；

E_{s1-2}——地基土在 100～200kPa 压力下的压缩模量（kPa）。

储罐地基变形允许值如表 7-9-7 所示。

圆形基础下各点沉降系数 δ　　　**表 7-9-6**

Z/R \ r/R	0.0	0.1	0.2	0.3	0.4	0.5	0.6	0.7	0.8	0.9	1.0
0.0	0.00000	0.00000	0.00000	0.00000	0.00000	0.00000	0.00000	0.00000	0.00000	0.00000	0.00000
0.1	0.04998	0.04997	0.04997	0.04997	0.04995	0.04993	0.04989	0.04977	0.04940	0.04751	0.02457
0.2	0.09976	0.09975	0.09973	0.09967	0.09957	0.09939	0.09903	0.09821	0.09604	0.08868	0.04831
0.3	0.14898	0.14895	0.14883	0.14862	0.14824	0.14757	0.14632	0.14380	0.13814	0.12361	0.07127
0.4	0.19711	0.19702	0.19673	0.19618	0.19525	0.19365	0.19087	0.18577	0.17580	0.15452	0.09341
0.5	0.24359	0.24341	0.24284	0.24177	0.23098	0.23707	0.23227	0.22414	0.20977	0.18261	0.11471
0.6	0.28795	0.28764	0.28669	0.28492	0.28205	0.27754	0.27047	0.25920	0.24070	0.20853	0.13515
0.7	0.32983	0.32937	0.32795	0.32538	0.32128	0.31503	0.30561	0.29131	0.26910	0.23264	0.15473
0.8	0.36902	0.36840	0.36647	0.36302	0.35783	0.34963	0.33794	0.32082	0.29529	0.25518	0.17345
0.9	0.40544	0.40465	0.40220	0.39786	0.39120	0.38150	0.36767	0.34801	0.31956	0.27627	0.19131
1.0	0.43912	0.43816	0.43520	0.43000	0.42211	0.41083	0.39505	0.37310	0.34210	0.29608	0.20833
1.1	0.47015	0.46903	0.46559	0.45958	0.45056	0.43782	0.42029	0.39631	0.36307	0.31469	0.22454
1.2	0.49889	0.49742	0.49353	0.48678	0.47673	0.46268	0.44358	0.41782	0.38262	0.33218	0.23994
1.3	0.52400	0.52350	0.51920	0.51178	0.50080	0.48558	0.46510	0.43777	0.40086	0.34883	0.25457
1.4	0.54898	0.54746	0.54280	0.53478	0.52297	0.50671	0.48501	0.45630	0.41790	0.36410	0.26845
1.5	0.57111	0.56947	0.56449	0.55594	0.54340	0.52623	0.50345	0.47354	0.43384	0.37866	0.28161
1.6	0.59146	0.58973	0.58447	0.57544	0.58226	0.54429	0.52057	0.48959	0.44875	0.39237	0.29409
1.7	0.61021	0.60839	0.60287	0.59344	0.57969	0.56101	0.53647	0.50457	0.46271	0.40528	0.30591
1.8	0.62750	0.62561	0.61987	0.61007	0.59582	0.57653	0.55126	0.51855	0.47581	0.41744	0.31712
1.9	0.64348	0.64152	0.63559	0.62547	0.61079	0.59095	0.56504	0.53161	0.48810	0.42891	0.32774
2.0	0.65826	0.65025	0.65015	0.63975	0.62468	0.60437	0.57790	0.54384	0.49965	0.43973	0.33781
2.1	0.67108	0.66991	0.66366	0.65301	0.63761	0.61688	0.58992	0.55531	0.51050	0.44995	0.34736
2.2	0.68471	0.68261	0.67022	0.66536	0.64066	0.62856	0.60112	0.56606	0.52072	0.45960	0.25641
2.3	0.69657	0.69442	0.68792	0.67687	0.66091	0.63949	0.61162	0.57617	0.53035	0.46872	0.30500
2.4	0.70762	0.70544	0.69884	0.68762	0.67143	0.64972	0.62151	0.58568	0.53944	0.47735	0.37316
2.5	0.71795	0.71574	0.70904	0.69768	0.68128	0.65931	0.63080	0.59463	0.54802	0.48552	0.38081
2.6	0.72761	0.72538	0.71800	0.70710	0.69053	0.66833	0.63955	0.60307	0.55612	0.49327	0.38827
2.7	0.73667	0.73441	0.72756	0.71595	0.69921	0.67681	0.64780	0.61104	0.56370	0.50062	0.39528
2.8	0.74517	0.74289	0.73598	0.72426	0.70738	0.68481	0.65557	0.61858	0.57106	0.50759	0.40195
2.9	0.75317	0.75087	0.74390	0.73209	0.71508	0.69234	0.66292	0.62571	0.57795	0.51422	0.40829
3.0	0.76070	0.75838	0.75137	0.73947	0.72235	0.69947	0.66987	0.63246	0.58449	0.52052	0.41434
3.1	0.76781	0.76547	0.75841	0.74644	0.72922	0.70620	0.67646	0.63887	0.59070	0.52552	0.42011
3.2	0.77452	0.77217	0.76507	0.75303	0.73571	0.71258	0.68270	0.64495	0.59660	0.53223	0.42562
3.3	0.78086	0.77850	0.77137	0.75927	0.74187	0.71803	0.68862	0.65073	0.60222	0.53787	0.43088
3.4	0.78688	0.78451	0.77733	0.76518	0.74771	0.72438	0.69425	0.65623	0.60758	0.54287	0.43590
3.5	0.79258	0.79020	0.78300	0.77079	0.75325	0.72984	0.69981	0.66147	0.64268	0.54783	0.44071
3.6	0.79799	0.79560	0.78837	0.77612	0.75852	0.73503	0.70741	0.66648	0.61755	0.55257	0.44530
3.7	0.80314	0.80074	0.79349	0.78120	0.76354	0.73997	0.70957	0.67123	0.62221	0.55710	0.44071
3.8	0.80803	0.80563	0.79836	0.78603	0.76832	0.74469	0.71421	0.67578	0.62666	0.56144	0.45393
3.9	0.81270	0.81029	0.80299	0.79063	0.77288	0.74919	0.71864	0.68012	0.63091	0.56560	0.45797
4.0	0.81715	0.81473	0.80742	0.79503	0.77723	0.75340	0.72287	0.68428	0.63499	0.56958	0.46186

续表

Z/R \ r/R	0.0	0.1	0.2	0.3	0.4	0.5	0.6	0.7	0.8	0.9	1.0
4.1	0.82140	0.81897	0.81164	0.79923	0.78139	0.75760	0.72692	0.68826	0.63880	0.57340	0.46558
4.2	0.82546	0.82303	0.81568	0.80324	0.78537	0.76153	0.73080	0.69208	0.64264	0.57707	0.46917
4.3	0.82934	0.82691	0.81956	0.80708	0.78917	0.76530	0.73452	0.69574	0.64623	0.58059	0.47261
4.4	0.83306	0.83062	0.82325	0.81076	0.79282	0.76891	0.73808	0.69925	0.64968	0.58397	0.47592
4.5	0.83662	0.83418	0.82679	0.81428	0.79632	0.77237	0.74150	0.70262	0.65300	0.58723	0.47911
4.6	0.84003	0.83759	0.83019	0.81767	0.79968	0.77570	0.74479	0.70588	0.65619	0.59036	0.48218
4.7	0.84331	0.84086	0.83346	0.82091	0.80290	0.77889	0.74795	0.70898	0.65926	0.59338	0.48514
4.8	0.84646	0.84401	0.83659	0.82403	0.80600	0.78196	0.75099	0.71198	0.66221	0.59628	0.48799
4.9	0.84949	0.84703	0.83961	0.82703	0.80808	0.78492	0.75391	0.71487	0.66506	0.59908	0.49074
5.0	0.85240	0.84994	0.84251	0.82992	0.81185	0.78776	0.75673	0.71765	0.66780	0.60179	0.49340
5.1	0.85520	0.85274	0.84530	0.83270	0.81461	0.79050	0.75944	0.72033	0.67045	0.60440	0.49597
5.2	0.85790	0.85543	0.84799	0.83538	0.81727	0.79314	0.76206	0.72292	0.67301	0.60691	0.49845
5.3	0.86050	0.85803	0.85058	0.83796	0.81984	0.79569	0.76458	0.72542	0.67548	0.60935	0.50084
5.4	0.86301	0.86054	0.85308	0.84045	0.82232	0.79815	0.76702	0.72783	0.67786	0.61170	0.50316
5.5	0.86543	0.86296	0.85549	0.84285	0.82471	0.80053	0.76938	0.73017	0.68017	0.61308	0.50540
5.6	0.86777	0.86529	0.85782	0.84517	0.82702	0.80282	0.77165	0.73242	0.68240	0.61618	0.50758
5.7	0.87003	0.86755	0.86007	0.84742	0.82925	0.80504	0.77385	0.73460	0.68455	0.61831	0.50968
5.8	0.87221	0.86973	0.86225	0.84959	0.83141	0.80718	0.77598	0.73671	0.68694	0.62038	0.51172
5.9	0.87432	0.87184	0.86435	0.85168	0.83350	0.80926	0.77804	0.73875	0.68887	0.62238	0.51369
5.0	0.87636	0.87388	0.86639	0.85371	0.83552	0.81127	0.78004	0.74073	0.68063	0.62432	0.51581
6.1	0.87834	0.87585	0.86836	0.85568	0.83747	0.81322	0.78197	0.74265	0.69253	0.62620	0.51747
6.2	0.88025	0.87776	0.87027	0.85758	0.83937	0.81510	0.78385	0.74451	0.69437	0.62802	0.51927
6.3	0.88211	0.87982	0.87212	0.85943	0.84121	0.81603	0.78566	0.74632	0.69616	0.62979	0.52102
6.4	0.88391	0.88141	0.87391	0.86121	0.84299	0.81870	0.78743	0.74807	0.69789	0.63151	0.52272
6.5	0.88565	0.88316	0.87656	0.86295	0.84472	0.82043	0.78914	0.74976	0.69958	0.63318	0.52437
6.6	0.88735	0.88485	0.87734	0.86463	0.84639	0.82210	0.79080	0.75141	0.70122	0.63480	0.52598
6.7	0.88898	0.88649	0.87898	0.86627	0.84802	0.82372	0.79241	0.75302	0.70281	0.63638	0.52754
6.8	0.89059	0.88808	0.88057	0.86785	0.84960	0.82529	0.79398	0.75458	0.70436	0.63791	0.52906
6.9	0.89214	0.88903	0.88211	0.86939	0.85114	0.82682	0.79550	0.75609	0.70586	0.63941	0.53054
7.0	0.89364	0.89113	0.88381	0.87089	0.85203	0.82831	0.79698	0.75756	0.70733	0.64088	0.53198

Z/R \ r/R	1.1	1.2	1.3	1.4	1.5	1.6	1.7	1.8	1.9	2.0
0.0	0.00000	0.00000	0.00000	0.00000	0.00000	0.00000	0.00000	0.00000	0.00000	0.00000
0.1	0.00209	0.00044	0.00014	0.00008	0.00003	0.00002	0.00001	0.00001	0.00000	0.00000
0.2	0.00921	0.00278	0.00108	0.00050	0.00026	0.00015	0.00009	0.00006	0.00004	0.00003
0.3	0.02078	0.00813	0.00365	0.00184	0.00101	0.00060	0.00037	0.00024	0.00017	0.00012
0.4	0.03456	0.01603	0.00812	0.00443	0.00257	0.00158	0.00102	0.00068	0.00047	0.00033
0.5	0.04936	0.02569	0.01427	0.00834	0.00510	0.00325	0.00215	0.00147	0.00103	0.00075
0.6	0.06456	0.03648	0.02171	0.01342	0.00859	0.00567	0.00386	0.00269	0.00193	0.00141
0.7	0.07980	0.04791	0.03008	0.01947	0.01295	0.00883	0.00616	0.00439	0.00319	0.00237
0.8	0.09486	0.05968	0.03909	0.02627	0.01804	0.01265	0.00903	0.00657	0.00488	0.00365
0.9	0.10980	0.07156	0.04849	0.03361	0.02373	0.01704	0.01243	0.00920	0.00691	0.00526
1.0	0.12393	0.08340	0.05810	0.04133	0.02987	0.02191	0.01628	0.01225	0.00933	0.00719

续表

r/R Z/R	1.1	1.2	1.3	1.4	1.5	1.6	1.7	1.8	1.9	2.0
1.1	0.13779	0.09507	0.06778	0.04927	0.03635	0.02715	0.02051	0.01567	0.01209	0.00942
1.2	0.15115	0.10649	0.07743	0.05734	0.04304	0.03267	0.02505	0.01940	0.01515	0.01194
1.3	0.16399	0.11762	0.08697	0.06545	0.04988	0.03840	0.02984	0.02338	0.01848	0.01471
1.4	0.17629	0.12841	0.09634	0.07352	0.05678	0.04427	0.03481	0.02758	0.02201	0.01769
1.5	0.18806	0.13884	0.10550	0.08150	0.06368	0.05022	0.03991	0.03194	0.02573	0.02086
1.6	0.19931	0.14890	0.11442	0.08935	0.07055	0.05619	0.04508	0.03641	0.02959	0.02418
1.7	0.21005	0.15857	0.12307	0.09703	0.07734	0.06216	0.05030	0.04096	0.03355	0.02762
1.8	0.22030	0.16787	0.13145	0.10453	0.08401	0.06808	0.05553	0.04556	0.03758	0.03115
1.9	0.23006	0.17678	0.13954	0.11183	0.09056	0.07393	0.06073	0.05018	0.04167	0.03475
2.0	0.23937	0.18533	0.14734	0.11892	0.09698	0.07968	0.06589	0.05478	0.04577	0.03840
2.1	0.24824	0.19351	0.15485	0.12578	0.10321	0.08533	0.07098	0.05937	0.04988	0.04208
2.2	0.25668	0.20135	0.16209	0.13242	0.10928	0.09086	0.07601	0.06391	0.05397	0.04576
2.3	0.26473	0.20885	0.16904	0.13884	0.11517	0.09626	0.08093	0.06838	0.05803	0.04944
2.4	0.27240	0.21602	0.17572	0.14503	0.12089	0.10152	0.08576	0.07279	0.06205	0.05309
2.5	0.27971	0.22289	0.18214	0.15101	0.12643	0.10664	0.09047	0.07713	0.06602	0.05672
2.6	0.28668	0.22946	0.18830	0.15677	0.13180	0.11162	0.09508	0.08137	0.06993	0.06031
2.7	0.29333	0.23574	0.19422	0.16232	0.13698	0.11645	0.09956	0.08553	0.07377	0.06385
2.8	0.29968	0.24176	0.19990	0.16766	0.14200	0.12114	0.10393	0.08959	0.07754	0.06733
2.9	0.30573	0.24752	0.20535	0.17281	0.14684	0.12568	0.10818	0.09355	0.08123	0.07076
3.0	0.31152	0.25303	0.21059	0.17777	0.15152	0.13009	0.11231	0.09742	0.08484	0.07412
3.1	0.31705	0.25831	0.21562	0.18254	0.15604	0.13435	0.11632	0.10119	0.08836	0.07742
3.2	0.32234	0.26338	0.22045	0.18714	0.16040	0.13848	0.12022	0.10485	0.09181	0.08065
3.3	0.32740	0.26823	0.22510	0.19157	0.16461	0.14247	0.12400	0.10842	0.09517	0.08381
3.4	0.33224	0.27289	0.22956	0.19583	0.16868	0.14633	0.12766	0.11189	0.09845	0.08690
3.5	0.33688	0.27736	0.23385	0.19994	0.17260	0.15007	0.13122	0.11526	0.10164	0.08991
3.6	0.34133	0.28165	0.23798	0.20390	0.17639	0.15369	0.13467	0.11854	0.10475	0.09286
3.7	0.34560	0.28577	0.24195	0.20772	0.18005	0.15720	0.13801	0.12173	0.10778	0.09573
3.8	0.34969	0.28973	0.24577	0.21140	0.18359	0.16058	0.14125	0.12482	0.11073	0.09854
3.9	0.35362	0.29354	0.24945	0.21495	0.18700	0.16386	0.14439	0.12783	0.11359	0.10127
4.0	0.35740	0.29720	0.25299	0.21837	0.19030	0.16704	0.14744	0.13074	0.11638	0.10393
4.1	0.36103	0.30072	0.25641	0.22167	0.19349	0.17011	0.15039	0.13358	0.11910	0.10653
4.2	0.36452	0.30412	0.25970	0.22486	0.19657	0.17308	0.15326	0.13633	0.12174	0.10906
4.3	0.36788	0.30739	0.26288	0.22795	0.19955	0.17596	0.15603	0.13900	0.12431	0.11152
4.4	0.37111	0.31054	0.26595	0.23092	0.20244	0.17875	0.15873	0.14160	0.12681	0.11393
4.5	0.37423	0.31358	0.26891	0.23380	0.20523	0.18145	0.16134	0.14412	0.12924	0.11626
4.6	0.37723	0.31652	0.27177	0.23658	0.20783	0.18407	0.16387	0.14657	0.13160	0.11854
4.7	0.38013	0.31935	0.27453	0.23927	0.21054	0.18661	0.16633	0.14895	0.13390	0.12076
4.8	0.38292	0.32208	0.27720	0.24187	0.21308	0.18907	0.16872	0.15126	0.13614	0.12292
4.0	0.38562	0.32472	0.27978	0.24439	0.21553	0.19146	0.17104	0.15361	0.13831	0.12503
5.0	0.38823	0.32728	0.28228	0.24683	0.21791	0.19377	0.17329	0.15570	0.14043	0.12708
5.1	0.39075	0.32975	0.28470	0.24919	0.22021	0.19602	0.17547	0.15782	0.14249	0.12907
5.2	0.39319	0.33214	0.28704	0.25148	0.22245	0.19820	0.17760	0.15988	0.14450	0.13102
5.3	0.39554	0.33445	0.28930	0.25370	0.22462	0.20032	0.17966	0.16189	0.14645	0.13292

续表

Z/R \ r/R	1.1	1.2	1.3	1.4	1.5	1.6	1.7	1.8	1.9	2.0
5.4	0.39782	0.33689	0.29150	0.25585	0.22672	0.20237	0.18167	0.16385	0.14835	0.13476
5.5	0.40003	0.33886	0.29363	0.25794	0.22877	0.20437	0.18362	0.16575	0.15021	0.13657
5.6	0.40217	0.34096	0.29570	0.25997	0.23075	0.20631	0.18551	0.16760	0.15201	0.13832
5.7	0.40424	0.34300	0.29770	0.26193	0.23258	0.20820	0.18736	0.16940	0.15377	0.14003
5.8	0.40625	0.34498	0.29964	0.26384	0.23455	0.21003	0.18915	0.17115	0.15548	0.14170
5.9	0.40820	0.34690	0.30153	0.26570	0.23637	0.21181	0.19090	0.17286	0.15716	0.14333
6.0	0.41009	0.34876	0.30337	0.26750	0.23784	0.21355	0.19260	0.17453	0.15877	0.14492
6.1	0.41193	0.35057	0.30515	0.26925	0.23988	0.21524	0.19425	0.17615	0.16036	0.14647
6.2	0.41371	0.35233	0.30688	0.27095	0.24153	0.21688	0.19587	0.17773	0.16191	0.14798
6.3	0.41544	0.35404	0.30856	0.27261	0.24316	0.21848	0.19744	0.17927	0.16341	0.14946
6.4	0.41712	0.35570	0.31020	0.27422	0.24475	0.22004	0.19897	0.18077	0.16488	0.15090
6.5	0.41876	0.35731	0.31179	0.27579	0.24629	0.22158	0.20046	0.18223	0.16632	0.15230
6.6	0.42035	0.35888	0.31334	0.27732	0.24780	0.22304	0.20191	0.18366	0.16772	0.15368
6.7	0.42189	0.36041	0.31485	0.27880	0.24926	0.22448	0.20333	0.18505	0.16909	0.15502
6.8	0.42340	0.36190	0.31632	0.28025	0.25069	0.22589	0.20471	0.18641	0.17042	0.15633
6.9	0.42487	0.36335	0.31775	0.28167	0.25208	0.22726	0.20606	0.18774	0.17173	0.15761
7.0	0.42629	0.36476	0.31914	0.28304	0.25344	0.22859	0.20738	0.18903	0.17300	0.15886

注：1. R 为圆形面积的半径（m）；

2. Z 为计算点离基础底面的垂直距离（m）；

3. r 为计算点距圆形面积中心的水平距离（m）。

储罐地基变形允许值　　**表 7-9-7**

储罐地基变形特征	储罐形式	储罐底圈内直径 D_t（m）	沉降差允许值
平面倾斜（任意直径方向）	浮顶罐和内浮顶罐	$D_t \leqslant 22$	$0.007D_t$
		$22 < D_t \leqslant 30$	$0.006D_t$
		$30 < D_t \leqslant 40$	$0.005D_t$
		$40 < D_t \leqslant 60$	$0.004D_t$
		$60 < D_t \leqslant 80$	$0.0035D_t$
		$80 < D_t \leqslant 100$	$0.003D_t$
	固定顶罐	$D_t \leqslant 22$	$0.015D_t$
		$22 < D_t \leqslant 30$	$0.010D_t$
		$30 < D_t \leqslant 40$	$0.009D_t$
		$40 < D_t \leqslant 60$	$0.008D_t$
非平面倾斜（罐周边不均匀沉降）	顶罐和内浮顶罐		$\Delta s/l \leqslant 0.0025$
	固定顶罐		$\Delta s/l \leqslant 0.0040$
罐基础锥面坡度	$\geqslant 0.008$		

注：Δs 为罐周边相邻测点的沉降差（mm）；l 为罐周边相邻测点的间距（mm）。

四、沉降和位移观测

软土地基上建大型储罐，应选用适宜的方法处理和加固地基，使地基承载力、变形和稳定性满足设计要求。储罐建成后，建议进行分级充水预压试验，并进行沉降和侧向位移等项目的观测工作。

第二节　塔 类 构 筑 物

一、塔类构筑物的特点

塔类构筑物，包括电视塔、发射塔、微波塔、石油化工塔、烟囱、水塔、矿井架等高耸结构。它们的特点是：

1. 高度大、重心高、容易产生倾斜；
2. 荷载大，并且承受较大的水平荷载（如风力、地震作用等）；
3. 基础形式一般采用钢筋混凝土环形基础。

高耸结构的安全等级见表 7-9-8。

烟囱的安全等级见表 7-9-9。

高耸结构的安全等级　　**表 7-9-8**

安 全 等 级	高耸结构类型	结构破坏后果
一级	重要的高耸结构	很严重
二级	一般的高耸结构	严 重

烟囱的安全等级　　**表 7-9-9**

安 全 等级	烟 囱 高度（m）
一级	⩾200
二级	＜200

注：对于高度小于 200m 的电厂烟囱，当单机容量大于或者等于 300MW 时，其安全等级按一级确定。

二、岩土工程勘察

（一）勘察任务

除需满足一般工业建筑的勘察要求外，应特别注意以下几点：

1. 查明地基土的均匀性，尤其是水平方向的均匀性；
2. 查明软弱土层的性质、深度和分布范围；
3. 提供地基压缩层深度范围内各土层的变形性质指标；
4. 确定场地的抗震类别，并测定地基土的卓越周期。

（二）勘探点的布置

1. 烟囱和其他高耸结构的勘探点应布置在基础的中心和边缘。安全等级为一级的烟囱，勘探点数量不应少于 5 个，安全等级为二级的，勘探点数量为 3～5 个。

2. 其他高耸结构的勘探点数量应同时满足下列要求：

（1）勘探点的间距不应超过表 7-9-10 所列的数值。

高耸结构勘探点间距　　**表 7-9-10**

场 地 类 别	简单场地	中等复杂场地	复杂场地
勘探点间距（m）	30～50	15～30	10～15

（2）单个高耸结构的勘探点不应少于 3～5 个。

3. 勘探孔的深度

（1）烟囱的勘探孔深度一般可按表 7-9-11 确定。

烟囱的勘探孔深度　　表 7-9-11

烟囱高度（m）	勘探孔深度（m）	烟囱高度（m）	勘探孔深度（m）
≤80	15～20	200～250	40～50
80～150	20～30	250～300	50～60
150～200	30～40	—	—

（2）其他高耸结构的勘探孔深度可按表 7-9-12 确定。

高耸结构控制性勘探孔深度　　表 7-9-12

地基类型	软土	一般黏性土、粉土和砂土	老堆积土、密实砂土和碎石土
勘探孔深度	（1.5～2.0）D	（1.0～1.5）D	（0.8～1.0）D

注：1. D 为基础外直径。

2. 勘探孔深度从基础底面算起，高耸结构的安全等级为一级的，取大值；为二级的，取小值。

3. 一般性勘探孔可取表列深度的 0.6 倍。

4. 当采用桩基或为基岩地基时，勘探孔深度可适当减少。

三、地基变形分析

烟囱和其他高耸结构的变形分析，包括环形和圆形基础的最终沉降量和倾斜的计算。

1. 基础最终沉降量的计算

基础最终沉降量可按《建筑地基基础设计规范》的分层总和法计算，但平均附加应力系数应按表 7-9-13 采用，并应注意下列几点：

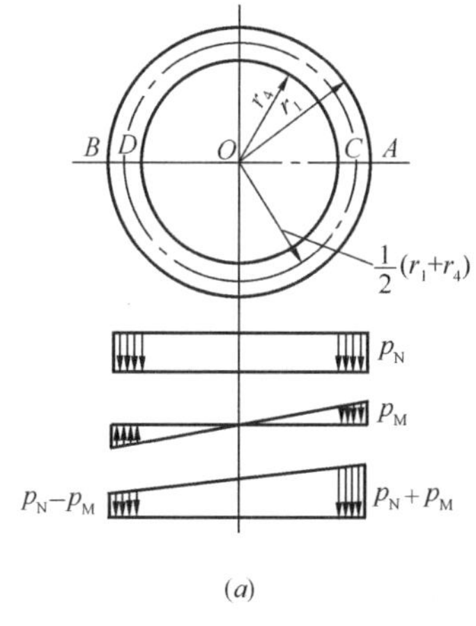

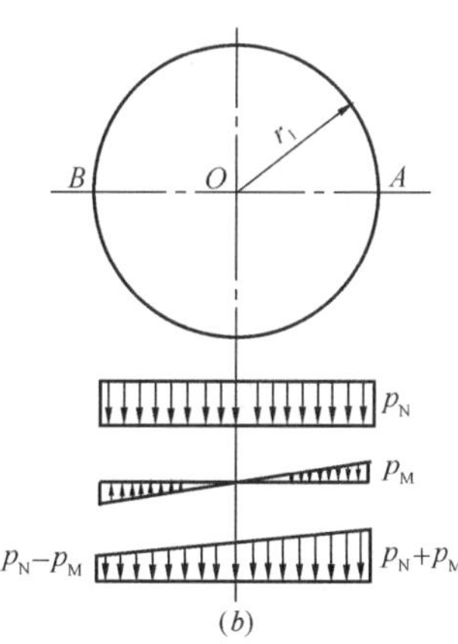

图 7-9-1　板式基础底板下的压力

（a）环形基础；（b）圆形基础

（1）环形基础可计算环宽中点 C、D（图 7-9-1a）的沉降量。

（2）计算环形基础沉降量时，其环宽中点的平均附加应力系数 $\bar{\alpha}$ 值，应分别按大圆和小圆由表 7-9-13 中相应的 Z/R 和 b/R 栏查得的数值相减后采用。

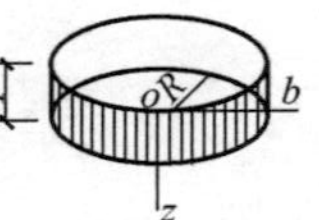

圆形面积上均布荷载作用下土中任意点竖向平均附加应力系数

表 7-9-13

Z/R	b/R																				
	0.000	0.200	0.400	0.600	0.800	1.000	1.200	1.400	1.600	1.800	2.000	2.200	2.400	2.600	2.800	3.000	3.200	3.400	3.600	3.800	4.000
0.00	1.000	1.000	1.000	1.000	1.000	0.500	0.000	0.000	0.000	0.000	0.000	0.000	0.000	0.000	0.000	0.000	0.000	0.000	0.000	0.000	0.000
0.20	0.998	0.997	0.996	0.992	0.964	0.482	0.025	0.004	0.001	0.001	0.000	0.000	0.000	0.000	0.000	0.000	0.000	0.000	0.000	0.000	0.000
0.40	0.986	0.984	0.977	0.955	0.880	0.465	0.079	0.022	0.008	0.003	0.002	0.001	0.001	0.000	0.000	0.000	0.000	0.000	0.000	0.000	0.000
0.60	0.960	0.956	0.941	0.902	0.803	0.447	0.121	0.045	0.019	0.009	0.005	0.003	0.002	0.001	0.000	0.000	0.000	0.000	0.000	0.000	0.000
0.80	0.923	0.917	0.895	0.945	0.739	0.430	0.149	0.066	0.032	0.016	0.009	0.005	0.003	0.002	0.001	0.001	0.001	0.001	0.000	0.000	0.000
1.00	0.878	0.870	0.835	0.790	0.685	0.413	0.167	0.083	0.044	0.024	0.015	0.009	0.006	0.004	0.003	0.002	0.001	0.001	0.001	0.001	0.000
1.20	0.831	0.823	0.795	0.740	0.638	0.396	0.177	0.096	0.054	0.032	0.020	0.013	0.008	0.006	0.004	0.003	0.002	0.001	0.001	0.001	0.001
1.40	0.784	0.776	0.747	0.693	0.597	0.380	0.183	0.105	0.063	0.039	0.025	0.019	0.011	0.008	0.006	0.004	0.003	0.002	0.002	0.001	0.001
1.60	0.739	0.731	0.704	0.649	0.561	0.364	0.186	0.112	0.070	0.045	0.030	0.021	0.014	0.010	0.007	0.005	0.004	0.003	0.002	0.002	0.001
1.80	0.697	0.689	0.662	0.613	0.529	0.350	0.186	0.116	0.076	0.050	0.035	0.024	0.017	0.012	0.009	0.007	0.005	0.004	0.003	0.002	0.002
2.00	0.658	0.650	0.625	0.578	0.500	0.336	0.185	0.119	0.080	0.055	0.038	0.027	0.020	0.015	0.011	0.008	0.006	0.005	0.004	0.003	0.002
2.20	0.623	0.615	0.591	0.546	0.473	0.322	0.183	0.120	0.083	0.058	0.042	0.030	0.022	0.017	0.012	0.010	0.007	0.006	0.005	0.003	0.003
2.40	0.590	0.582	0.560	0.518	0.450	0.309	0.180	0.121	0.085	0.061	0.044	0.033	0.024	0.019	0.014	0.011	0.009	0.007	0.005	0.004	0.003
2.60	0.560	0.553	0.531	0.492	0.428	0.297	0.176	0.121	0.086	0.063	0.046	0.035	0.026	0.020	0.016	0.012	0.010	0.008	0.006	0.004	0.004
2.80	0.532	0.526	0.505	0.468	0.408	0.285	0.173	0.120	0.087	0.064	0.048	0.037	0.028	0.022	0.017	0.013	0.011	0.009	0.007	0.005	0.005
3.00	0.507	0.501	0.483	0.447	0.390	0.274	0.169	0.119	0.087	0.065	0.049	0.038	0.030	0.023	0.018	0.015	0.012	0.009	0.008	0.006	0.005
3.20	0.484	0.478	0.460	0.427	0.373	0.265	0.165	0.117	0.087	0.066	0.050	0.039	0.031	0.024	0.019	0.016	0.013	0.010	0.008	0.006	0.006
3.40	0.463	0.457	0.440	0.408	0.357	0.255	0.160	0.115	0.086	0.066	0.051	0.040	0.032	0.025	0.020	0.017	0.014	0.011	0.009	0.007	0.006
3.60	0.443	0.438	0.421	0.392	0.343	0.246	0.156	0.113	0.085	0.066	0.052	0.041	0.033	0.026	0.021	0.017	0.014	0.012	0.010	0.008	0.007
3.80	0.425	0.420	0.404	0.376	0.330	0.238	0.152	0.112	0.085	0.066	0.052	0.041	0.033	0.027	0.022	0.018	0.015	0.012	0.010	0.008	0.007
4.00	0.409	0.404	0.389	0.361	0.318	0.230	0.149	0.109	0.084	0.065	0.052	0.042	0.034	0.028	0.023	0.019	0.016	0.013	0.011	0.009	0.008
4.20	0.393	0.388	0.374	0.348	0.306	0.223	0.145	0.107	0.082	0.065	0.052	0.042	0.034	0.028	0.023	0.019	0.016	0.014	0.011	0.009	0.008
4.40	0.379	0.374	0.360	0.336	0.295	0.216	0.141	0.105	0.081	0.064	0.052	0.042	0.035	0.029	0.024	0.020	0.017	0.014	0.012	0.010	0.009
4.60	0.365	0.361	0.348	0.324	0.285	0.209	0.137	0.103	0.080	0.064	0.052	0.042	0.035	0.029	0.024	0.020	0.017	0.015	0.012	0.010	0.009
4.80	0.353	0.349	0.336	0.313	0.276	0.203	0.134	0.101	0.079	0.063	0.051	0.042	0.035	0.029	0.024	0.021	0.018	0.015	0.013	0.011	0.009
5.00	0.341	0.337	0.325	0.303	0.267	0.197	0.131	0.099	0.078	0.062	0.051	0.042	0.035	0.029	0.025	0.021	0.018	0.015	0.013	0.011	0.010

（3）圆形基础应计算圆心 O 点（图 7-9-1b）的沉降量。

2. 基础倾斜的计算

（1）分别计算与基础最大压力 p_{max} 和最小压力 p_{min} 相对应的基础外边缘 A、B 两点的沉降量 s_A 和 s_B。基础的倾斜值 m_0 可按式（7-9-9）计算。

$$m_0 = \frac{s_A - s_B}{2r_1} \tag{7-9-9}$$

（2）计算梯形荷载作用下的基础沉降量 s_A 和 s_B 时，可将荷载分为均布荷载和三角形荷载两部分，分别计算其相应的沉降量再进行叠加。

（3）计算环形基础在三角形荷载作用下的倾斜值时，可按半径 r_1 的圆板在三角形荷载作用下，算得的 A、B 两点沉降值，减去半径为 r_4 的圆板在相应的梯形荷载作用下，算得的 A、B 两点沉降值。

3. 高耸结构地基变形允许值如表 7-9-14 所示。

高耸结构的地基变形允许值　　**表 7-9-14**

结构类型			沉降允许值（mm）	倾斜允许值（$\tan\theta$）
电视塔、通信塔等	$H \leqslant 20$		400	$\leqslant 0.008$
	$20 < H \leqslant 50$			$\leqslant 0.006$
	$50 < H \leqslant 100$			$\leqslant 0.005$
	$100 < H \leqslant 150$		300	$\leqslant 0.004$
	$150 < H \leqslant 200$			$\leqslant 0.003$
	$200 < H \leqslant 250$		200	$\leqslant 0.002$
	$250 < H \leqslant 300$			$\leqslant 0.0015$
	$300 < H \leqslant 400$		150	$\leqslant 0.0010$
石油化工塔	一般石油化工塔		200	$\leqslant 0.004$
	分馏类石油化工塔	$d_0 \leqslant 3.2$		$\leqslant 0.004$
		$d_0 > 3.2$		$\leqslant 0.0025$

注：H 为高耸结构的总高度（m）；d_0 为石油化工塔的内直径（m）。

第三节　仓类构筑物和卫星地面站

本节包括仓类构筑物和卫星地面站。

一、仓类构筑物

仓类构筑物，具有体型高、荷重大的特点。煤炭部西安设计研究院为大同云岗矿设计的大型筒仓，直径 40m，高 56m，单仓容量达 30kt。仓类构筑物按其重要性、荷重大小、差异沉降敏感程度分类属一级构筑物。仓类构筑物的勘察工作：

1. 勘探点宜沿仓的轮廓线布置，每个仓一般不应少于 5 个勘探点。

2. 勘探孔深度可按表 7-9-15 确定。

贮煤仓勘探孔深度　表 7-9-15

贮　煤　量（t）	＜5000	5000～10000	＞10000
勘探孔深度（m）	15～20	20～25	25～30

3. 勘察工作的其他内容和地基评价可参照塔类构筑物。

二、卫星地面站

卫星地面站荷重较大，对地基不均匀沉降比较敏感。天线基础不均匀沉降不超过 1～2mm，倾斜不超过 0.001mm。因此要求选择工程地质条件较好的场地作为站址。卫星地面站的勘察工作：

1. 每个天线基座下的勘探点数量不宜少于 5 个。

2. 勘探孔深度要求达到 1.5～2 倍基座直径，且不小于 20m，如基座坐落在基岩上，钻孔要钻入中等风化基岩 4～6m。

3. 要求提供地基土的压缩模量（或变形模量）和弹性模量，以计算在长期荷载和瞬时荷载作用下的地基变形和基底倾斜。

4. 要求用强迫振动法测定土的动力特性参数；在基础施工后天线安装前对各种参数进行复测，天线安装后应配合调试再对动力参数进行复测。

第十章　造　地　工　程

第一节　概　　述

一、造地工程分类

造地工程按造地对象可分为：

1. 填海造地工程（也叫围海造陆、开山填海、陆域吹填工程等）。

2. 填沟造地工程（也叫削峰填谷、平山造地、削峁建塬工程等）。

（一）填海造地工程

1. 填海造地模式

(1) “摊开”式填海

(2) 人工岛式填海

(3) 多突堤式填海

(4) 区块组团式填海

2. 填海造地工程弊端

填海造地作为一种彻底改变海域属性的活动，若论证不充分、管理不严格，将会带来诸多弊端：

(1) 打破了原有海岸线生态平衡，导致局部海域海洋生态系统的退化，对近岸海域渔业资源造成严重影响；

(2) 破坏自然岸线，加剧海洋环境污染；

(3) 改变原有的水文动力环境，破坏原有的泥沙冲淤动态平衡，导致海岸侵蚀加剧或者海岸的不稳定、港口和航道的淤积等，甚至会引发赤潮、洪灾和海啸。

(二) 填沟造地工程

1. 填沟造地模式

(1) 建淤地坝

(2) 修筑梯田

(3) 新型治沟造地（整流域治理）

2. 填沟造地工程的弊端

(1) 施工过程中，会对周围环境造成破坏，造成大面积扬尘污染；

(2) 施工过程中，由于破坏了原有植被，会在一定时期内造成水土流失加剧。

但辩证地来看，由于挖山填沟在一定程度上减缓了原有坡地，合理解决防排水问题和地表植被人工恢复后，填沟造地工程可使水土流失、滑坡等地质灾害发生的可能性变小。

二、造地工程主要岩土工程问题

(一) 主要岩土工程问题

1. 地基处理与填筑技术

由于现在的造陆工程不同于以往的扩展农业用地，多数是作为工业用地，对地基强度和稳定性都有更高的要求，因此，必须进行处理才能满足使用要求，以保证地基和（或）填筑体密实、均匀和稳定为原则。

2. 场地稳定和边坡稳定问题

填沟造地工程一般具有地形起伏较大、地质条件复杂、土石方材料多样且工程量巨大等特点，以及由此带来的场地稳定和高边坡稳定等问题，尤其是填方高边坡稳定问题尤为重要。

3. 场地排水问题

造地工程还应考虑填筑区永久引、排水要求，并宜将永久引、排水与临时引、排水相结合，统一考虑。永久性排水系统布置应以批准的区域总体规划和排水工程专业规划为主要依据，结合造地工程建设需求与可能，从全局出发，综合考虑各种因素，通过全面论证，确保工程安全可靠、经济合理、保护环境、节约土地。

4. 工后沉降及差异沉降问题

填海造地工程通常具有面积大、软弱地基埋藏不均匀，甚至局部存在古深海沟等特点。对造地工程影响最大的因素之一是工后差异沉降，因此设计重点是保障工后沉降的一致性，尤其是考虑不同软弱地基、原地基与填筑体不同厚度之间沉降与差异沉降，以及不同施工阶段之间等引起的差异沉降等。

5. 环境影响问题

造地工程应考虑工程分期或分阶段建设的连续性、渐进性和整体性，并重视工程环境，宜进行环境与工程的相互影响研究，并在设计时采取合理方案，减小工程施工和设施对环境的不良影响。

近年来，我国学者在高填方造地工程的实践中，提出了高填方工程的“三面一体”控制论，认为高填方是一个由“基底面”、“临空面”、“交界面”和“填筑体”四个要素构成的“三面一体”系统工程，整个系统的功能性、可靠性和稳定性受“三面一体”所控制，控制好“三面一体”，即解决了这个系统的主要工程技术问题。黄土高填方工程除了具备一般高填方的共性特点，湿陷性黄土还具有遇水湿陷的特殊性质，工程中对水的控制至关重要。因此，黄土高填方工程应在“三面一体”控制论的基础上，进一步扩展为“三面、两体、两水”控制问题，其中“三面”是指填筑体与原地基体交（搭）接面、填筑体表面、边坡坡面（包括填方边坡及挖方边坡），“两体”是指填筑体和原地基体，“两水”是指地下水和地表水。

（二）造地工程常见的施工方式

大面积的造地工程投资对施工工法的细微变化非常敏感，设计参数应因地制宜，稍有不慎会导致造价剧增。造地工程设计前选择典型区域开展地基处理试验优化设计参数和工艺工法是造地工程设计中必不可少的一个环节。

填海造地是一项系统工程，涉及多方面技术应用，对施工设备、施工工艺、工程材料等都有较高的要求。按施工工艺可以将填海造地技术分为三个部分：围堰形成技术、陆域形成技术、软基处理技术。

1. 围堰形成技术

围堰形成是指在海上通过人工围堰的方式形成一定造陆界限，为后期的吹填、造陆作准备，是围海造陆工程的基础。按其施工方法的不同，可分为：（1）抛石围堰；（2）模袋围堰；（3）复合围堰；（4）临时围堰。

2. 陆域形成技术

陆域形成，即在围堰范围以内填入一定的土石等，从而达到形成陆域的目的。按施工工艺的不同，可以分成吹填、抛填、推填等。目前应用较为广泛的是吹填砂或淤泥、抛填开山（土）石法。

3. 软基处理技术

（1）排水固结法；

（2）振冲挤密法；

（3）真空预压联合强夯快速加固技术。

填沟造地工程一般根据所用填料的不同，多选择强夯、分层碾压等处理技术，对沟底原地基中的淤积土、湿陷性土、填土、坡积土等土层，可选择强夯法、强夯置换法、碎石桩法等。

第二节 造地工程测量

一、控制测量要求

造地工程的测量成果应满足工程建设用地、规划预留区和建设项目的规划、设计及施工要求。控制测量应符合下列要求：

1. 首级平面、高程控制点（网）测量可沿沟谷轴线及其延长线一侧或两侧布置，间距宜为 200～400m；平面控制网的布网精度应符合 1∶500 比例尺地形图测量精度的要求；

2. 控制点应布设在沟谷延长线上，并应埋设作为场地永久性平面、高程控制点的标石（基岩标）。每条延长线上两端各设置 2～3 个永久性标石，宜选择适当的位置建立 2～3 个设在基岩上并应有相应的保护措施的基准标石；

3. 施工控制网精度应满足平面轴线误差不大于 50mm、高程误差不大于 3mm；

4. 网格线点的间距宜为 50m，按一级导线或二级导线精度测设，高程宜采用二等水准精度进行施测。

地形图的基本等高距应符合表 7-10-1 的要求。

地形图的基本等高距（m） **表 7-10-1**

地形倾角（α）	比例尺			
	1∶500	1∶1000	1∶2000	1∶5000 或 1∶10000
$\alpha < 3°$	0.5	0.5	1	2
$3° \leqslant \alpha < 10°$	0.5	1	2	5
$10° \leqslant \alpha < 25°$	1	1	2	5
$\alpha \geqslant 25°$	1	2	2	5

注：一个测区同一比例尺，宜采用一种基本等高距。

二、施工测量要求

施工测量应包括施工区原始地形图或断面图测绘、放样测站点的测设、土石方开挖平面、填筑地基及坡脚轮廓点的放样、竣工地形图及断面图测绘、工程量计算和验收测量等。

放样测站点宜采用交会方法、导线测量方法或 GPS 定位方法进行测设。放样测站点的点位限差应符合表 7-10-2 的要求。

放样测站点的点位限差 **表 7-10-2**

项　　目	点位限差（mm）	
	平　　面	高　　程
混凝土浇筑工程	±15	±15
土石方开挖、填筑工程	±35	±35

土石方开挖工程测量放样应测放出设计开挖轮廓点，点位限差应符合表 7-10-3 的要求，土石方开挖轮廓点和填筑工程区域应采用明显标志加以标记。

开挖轮廓放样点的点位限差 **表 7-10-3**

轮廓放样点位	点位限差（mm）	
	平　　面	高　　程
附属物轮廓点	±100	±100
土、砂、石覆盖面开挖轮廓点	±150	±150

断面图测量的断面间距应根据用途、工程部位和地形复杂程度选择，宜为 5～20m，有特殊要求的部位按设计要求执行，断面宽度应超出工程部位边线 5～10m。

填筑地基的竣工地形图和断面图比例尺宜选用 1∶200，地质缺陷地形图应视面积大小确定比例尺；土石方开挖、填筑工程验收竣工图的比例尺宜为 1∶500 或 1∶200，大范围的验收竣工图的比例尺可选用 1∶1000。

断面测量时测点的精度宜符合表 7-10-4 的要求。

断面测量测点的精度要求　　表 7-10-4

断面类别	点位限差（mm）	
	平面	高程
原始、竣工验收断面	±10	±10
土石方工程竣工断面	±5	±5
附属物竣工断面	±2	±2

施工过程中应定期测算已完成的工程量，并应以 20m×20m 方格网测量验收的工程量计算成果为依据。

竣工测量应随施工的进展逐步采集资料。单项工程完工后，应进行竣工验收测量，施测精度应不低于施工测量放样的精度。

第三节　造地工程勘察

一、勘察阶段及要求

由于造地工程的复杂性和特殊性，项目的总体规划、竖向设计等经常会有调整，在不同勘察阶段，岩土工程勘察前，应收集该阶段场地总体规划平面、竖向设计等资料，确定场地挖方区、填方区以及挖填过渡区等范围，根据建设场地分区情况，确定勘察重点。

造地工程的岩土工程勘察等级应根据场地复杂程度、场地的地基等级按表 7-10-5～表 7-10-7 来确定。

造地工程岩土工程勘察等级划分　　表 7-10-5

岩土工程勘察等级	场地复杂程度	场地地基等级
甲级	一级场地（复杂场地）	一级、二级、三级
乙级	二级场地（一般场地）	二级或三级
	三级场地（简单场地）	二级
丙级	三级场地（简单场地）	三级

场地的复杂程度和等级划分　　表 7-10-6

场地复杂程度	复杂等级	场地条件
复杂场地	一级	抗震设防烈度等于或大于 8 度，分布有地震液化可能性砂土、粉土层地段 不良地质作用强烈发育 地质环境已经或可能受到强烈破坏 地形地貌复杂
一般场地	二级	抗震设防烈度等于 7 度，分布有地震液化可能性砂土、粉土层地段 不良地质作用一般发育 地质环境已经或可能受到一般破坏 地形地貌较复杂
简单场地	三级	抗震设防烈度等于或小于 6 度的场地 不良地质作用不发育 地质环境基本未受破坏 地形地貌简单

场地地基等级划分　　表 7-10-7

场地地基等级	地　基　条　件
一级地基	岩土种类多，性质变化大，地下水对填方工程影响大，且需特殊处理 存在厚度较大的软弱土、湿陷性土、膨胀土、盐渍土、多年冻土等特殊性岩土 其他情况复杂，需作专门处理的地基
二级地基	岩土种类较多，性质变化较大，地下水对填方工程有不利影响 存在除本表一级地基规定以外的特殊性岩土
三级地基	岩土种类单一，性质变化不大，地下水对工程无影响 无特殊性岩土

原场地水文地质勘察应根据水文地质条件和复杂程度查明场区地下水的补给、径流、排泄条件及水位埋深、动态变化及与地表水体的相互联系等水文地质条件，并提出地下水和地表水处理的建议。当场地遇有下列条件之一时，应判为复杂水文地质条件场地：

（1）岩溶发育地区；

（2）含水层多且含水岩组变化大；

（3）地下水补给、迁流、排泄条件复杂或地下水位存在明显异常等；

（4）地质构造复杂，岩体透水性强；

（5）有较高的承压水头和承压含水层分布。

不同的建设场地分区，其勘察的范围、重点和时机可能有所不同，对勘察的要求也会不同。对规划已经明确的功能分区，可根据规划分区确定勘察范围，但还要适当考虑到规划有可能会做调整。当场地附近存在影响工程安全的不良地质作用时，应扩大勘察范围。

初步勘察阶段应注重已有资料的收集和工程地质调查与测绘工作。为了满足地势设计、土石方调配、原场地地基处理、填筑、排水、边坡等初步设计要求，初勘阶段需初步查明岩土的工程特性，软弱地层、特殊岩土、不良地质作用的分布，填料的工程性质与分布、储量等属性，对石质填料的可挖性、各类填料的适宜性等进行分析评价；对场地内环境工程地质条件、地质灾害进行调查、预测与评价，提出有关工程建议。

详细勘察阶段应符合下列要求：

（1）查明填方区域的地层结构、各层岩土的工程特性，特殊土、不良地质作用、软弱地层、岩溶的分布范围与程度，并进行稳定性等评价，对原场地地基处理提出建议；

（2）对挖方区各种填料进行分类和详细评价，并提供各种填料的比例和各种料源分布平面图及相应的工程技术参数；

（3）挖方区挖至设计高程后应进行勘察，查明地面下有无软弱地层、岩溶与土洞和其他不良地质作用，评价其工程影响，提出处理意见和建议；

（4）查明场区地下水的补给、径流、排泄条件及水位埋深、动态变化及与地表水体的相互联系等水文地质条件，并提出地下水和地表水处理的建议；

（5）边坡区应查明岩土层分布及其工程特性，查明影响边坡稳定的工程地质问题，提供边坡稳定分析等所需的物理、力学参数；

(6) 对可能采用的地基处理方案，应提供地基处理设计和施工所需的岩土特性参数和注意事项，分析有关的工程环境问题；

(7) 查明场区内可液化的地层、断裂破碎带的分布情况，进行场地环境工程地质评价和地质灾害预测，提出不良地质作用的防治和监测措施建议。

填海造地工程一般常见的是滨海相、三角洲相、河湖相等沉积环境形成的淤泥质土、淤泥、流泥以及其他成因形成的具有高压缩性、低强度和灵敏度大的软土。对软土的勘察应包括以下内容：

(1) 查明软土的形成年代、成因、土层结构、分布规律、水平向和垂直向的均匀性、夹层和地表硬壳层的分布和厚度、下卧硬土层或基岩的埋深和起伏；

(2) 查明软土的物理力学性质，主要包括渗透、固结和强度特性；

(3) 查明地下水的埋藏条件，水质对建材的腐蚀性和地下水与地面水的补排关系；

(4) 含有浅层气的地层，调查含气带的埋深和厚度等。

采用吹填工艺造地时，应进行吹填土场地勘察。吹填前场区勘察应根据工程的性质、规模、现场地质条件等因素完成下列内容：

(1) 划分地质、地貌单元；

(2) 查明场区岩土层性质、分布规律、形成时代、成因类型、基岩的风化程度及埋藏条件；

(3) 查明与工程有关的地质构造和地震情况；

(4) 查明现场不良地质现象的分布范围、发育程度和形成原因；

(5) 查明透水砂层水平及垂直方向的分布；

(6) 查明地下水类型、埋深条件、含水层性质、化学成分、调查水位变化幅度、补给与排泄；

(7) 进行场区地基沉降计算，提供地基变形计算参数；

(8) 分析场地各区段工程地质条件，分析评价场区围堰及地基的稳定性、均匀性，推荐适宜建设地段。

对地质条件特别复杂的关键地段，当需对异常或可疑地段岩土工程条件进行复查时，可进行施工勘察，施工勘察应根据勘察重点，合理选择勘察手段，有针对性地布置勘察工作量。

二、勘察手段

场地岩土工程勘察应根据工程情况、场地地质条件和勘察阶段要求，针对场地存在的岩土工程问题，选择适合的勘察方法，采用先进勘察技术和多种勘察手段进行，并应符合下列要求：

(1) 填方区、挖方区、边坡区可采用钻探、原位测试和室内土工试验；对地形、地貌较复杂场地，应重视工程地质测绘与调查；

(2) 对覆盖层、基岩风化带、断层、破碎带等地质界线或界面，以及岩溶、土洞和其他不良地质作用的规模和分布，可采用电法、地震波法、电磁法和井中探测法等物探手段，并用钻孔进行验证和追踪；

(3) 对软土宜采用钻探与静力触探结合的手段；在复杂地质条件、湿陷性土、膨胀岩土、风化岩和残积土地区，宜布置适量探井。

三、勘探工作布置

（一）勘探线（点）间距

场地岩土工程勘探线、勘探点的布置应符合以下要求：

（1）勘探线可按工程范围和建设场地分区，沿地形坡向、沟谷走向等布置；

（2）勘探点应沿勘探线布置，在每个地貌单元和不同地貌单元交接部位应布置勘探点；对地质条件复杂的地段应适当加密布置勘探点；

（3）填方区、边坡区的勘探点间距和勘探深度应能满足原场地地基处理、填筑地基的变形计算与边坡稳定性计算的要求；

（4）挖方区填料和料源勘察应按山体坡度陡缓情况和基岩出露情况布置勘探线，并需根据地质条件及物探成果合理布置钻孔；

（5）对场区内每个岩溶漏斗、岩溶洼地和地表塌陷均应布置钻孔，钻孔数量应根据岩溶漏斗、岩溶洼地和地表塌陷的大小确定，以查明充填物及岩溶的发育情况；

（6）对场区内物探所解译的洞体，采用钻探验证和控制，钻孔数量根据洞体规模情况而定；

（7）在勘察过程中，钻探点的布置应充分结合物探成果、现场情况及时调整钻探点间距和深度，对各种不良地质体钻探点应布置在物探勘察有异常的地带，并根据发育程度加密勘探点。

填方区勘探线可按工程范围和建设场地分区，沿地形坡向、沟谷走向等布置，勘探线（点）间距可按表 7-10-8 确定。

勘探线（点）间距 **表 7-10-8**

勘察等级	勘探线（点）间距（m）					
	边坡用地区		边坡稳定影响区		建（构）筑物用地区	场地平整区
	填方区	挖方区	填方区	挖方区		
甲级	10～20	30～50	30～50	50～100	按国家和行业岩土工程勘察标准要求执行	50～100
乙级	20～30	50～80	50～80	100～150		100～150
丙级	30～50	80～100	80～100	150～200		150～200

（二）勘探点深度

各阶段勘探孔深度应符合下列要求：

（1）控制性勘探孔与一般性勘探孔在平面上应大致均匀分布，挖方区勘探孔深度应从该处地势设计高程起算；

（2）勘察等级为甲级、乙级工程控制性勘探孔宜不少于勘探孔总数的 1/4，丙级工程宜不少于 1/6，岩溶突出部位宜不少于 1/3，且每个地貌单元宜有控制性勘探孔；

（3）勘探孔深度应满足查明地基稳定性和控制沉降计算所需的深度，查明地质构造的钻孔深度按实际需要确定。一般场地和地基条件下，控制性勘探孔深度可至中等或微风化基岩内 1～3m；基岩埋藏较深时，至较硬的稳定土层 3～5m 且不小于 15～20m；岩溶场地控制性勘探孔应进入岩溶底板下完整基岩不小于 2m。一般性勘探孔深度可至基岩内1～2m；基岩埋藏较深时，孔深 10～15m。探坑深度根据实际情况确定。特殊岩土的勘探深度应符合国家有关规定。

（三）取样

（1）填方区、边坡区取样进行室内土工试验的数量应满足原场地地基处理、填筑地基的变形计算与边坡稳定性计算的要求；应保证黏性土和相对软弱夹层原状土样、砂性土取扰动土样；

（2）取样孔、井在平面上应均匀布置，数量应不少于勘探点总数的1/6～1/3；

（3）钻孔岩土取样孔深小于10m时，取样间距为1.5m，孔深为10～15m时，取样间距为2.0～2.5m，每一岩土层必须取样；

（4）遇地下水的钻孔宜量测地下水位，并取水样进行化验，确定对混凝土和金属的腐蚀性。

四、室内试验

造地工程勘察室内试验应符合下列要求：

1. 根据岩土类别、工程类型，考虑工程分析计算要求，提供所需的参数；

2. 岩土样应进行常规物理试验和力学试验，对于特殊岩土尚应进行判别指标和强度指标试验；

3. 固结试验应根据地基条件和上覆荷载条件确定最大加压级别；测定黄土湿陷系数的试验压力，应考虑填土荷载的作用；

4. 深厚软土层，应提供次固结系数和固结试验取得的各级压力下相应的 e-p 数值；对厚层软弱土，必要时也应进行次固结试验；

5. 对各类土填料，应进行重型击实试验，每种土类击实试验的组数应不少于3组；对巨粒土密度试验应采用大体积灌水法；

6. 用于填筑地基边坡稳定性分析所用的参数应通过室内相似条件下的密度、抗剪参数以及现场大型密度、剪切等试验确定。

五、水文地质勘察

造地工程的水文地质勘察可与岩土工程勘察合并进行，在进行岩土工程勘察时，布置必要的水文地质钻探、试验工作，查清场地水文地质条件。当场地水文地质条件可能对造地工程的安全、稳定产生影响时，应进行专门的水文地质勘察。在可能发生严重渗漏和大面积浸没的地区、水文地质条件复杂地区应进行专门性水文地质勘察。

水文地质勘察应根据工程特点和场地水文地质条件复杂程度，采取调查与测绘、钻探、物探、原位测试及室内试验等多种手段和方法综合勘察与评价。在收集有关区域水文地质资料的基础上，视水文地质条件的复杂程度，采取必要的调查、测绘和物探手段，进行水文地质钻探、试验等工作。

造地工程往往占地面积非常大，涉及整个流域或横跨多个流域，应着眼大的区域进行水文地质条件的调查与分析评价。区域水文地质调查应在收集已有资料的基础上，通过必要的编图、现场踏勘、简易的勘探手段等进行，造地工程修建后，往往会造成区域水文地质条件的改变，应分析工程修建后区域水文地质条件改变可能引起的环境地质和地质灾害问题，并做出评价。

边坡水文地质勘察的重点是为边坡稳定性分析提供资料，应围绕水文地质条件对边坡稳定性的影响这一中心，查清边坡地下水补给、径流、排泄条件，动态变化规律，分析评价地下水、地表水等对边坡稳定性的影响。

六、料源勘察

近年来，沿海城市经济发展迅速，工程建设项目日益增多，填海工程中理想的填筑材料是中粗型海砂，具有水稳性好、施工便捷等优势，但海砂的供应量也在日益减少，很多工程建设都在寻求替代料源。

填海造地工程料源勘察应满足以下要求：

1. 应提出料源调查要求，包括填料的储量（应为需求量的 2.5 倍以上）、分布、种类、性质、运输方式、开采条件、造价及环境影响等。

2. 应根据场地分区、工期、造价及运输等因素选择填料。近期工程宜优先选用受海水浸泡影响较小且性能稳定的材料，如：海砂、碎石、块石等；远期工程及预留发展区，当采用性质不良填料时应开展专项研究或现场试验。填料的选择应减少对地基处理和后续工程的不利影响。

填海工程填筑材料的选择应考虑：(1) 工程场地周边料源的调查；(2) 工程建（构）筑物的功用要求；(3) 施工场地的施工组织设计和施工技术设计需要，如：施工道路的布置、场地内部分隔堤的平面布置；(4) 填筑材料在施工总工期内的合理调配和充分利用：(5) 技术经济比较结果。

填海工程填筑区水下填筑材料宜优先选择中、粗砂，水上填筑材料可根据料源情况选择中、粗砂或黏性土。砂源首先应满足填海工程对砂的品质要求，包括矿物组成、粒径级配、含水量、天然坡角（度）、相对密实度等。砂源选择在满足砂的品质、环保、交通条件下，应尽量就地取材，缩短运输距离，降低工程造价。

砂源地的选择应符合下列原则：

(1) 贮量相对集中，可开采量应多于工程需用量和施工损耗量之和；

(2) 在不危及回填和其他工程，或不影响附近建筑物、航道、河势、堤防及海岸稳定的情况下，砂源地应尽可能地靠近填筑区；

(3) 砂源地土料的质量、可开采量应满足设计要求，合格土料的开采深度应在挖泥船正常作业深度内；

(4) 砂源地及附近应具有良好的施工条件；砂源地应避开水下障碍物、爆炸物、水产养殖区及环境敏感区；

(5) 砂源地应在有关部门规定的可采范围内，并经有关部门批准。

填海工程填筑量巨大，应在施工场区建设合适屯砂区，宜优先采用大型船只把砂从砂源地运至屯砂区，再沿分隔堤采用陆运或管道吹填至填筑区。根据各砂源区砂质分布以及采用的取砂工艺，在取砂初期进行多种取砂工艺的典型施工，获取不同工艺和不同砂源区的取砂工艺参数、取砂范围和深度，确保取砂质量满足设计要求。

扰动后的淤泥因其工程力学性质极差，处理方式复杂且造价高昂，很难满足建设要求，一般不宜用于对沉降要求敏感的填海工程。在局部地区采用前必须开展专项研究，结合工程的质量、工期、造价等因素论证其使用的经济合理性。

填沟造地工程挖方区填料勘察的勘探孔深度应根据实际地质情况确定，宜进入地势设计高程以下 3m，以判明填料情况为准。

七、造地工程岩土工程评价

大型造地工程挖、填方工程量通常极大，对大面积的土石方工程，地势标高的略微调整也会造成较大的填挖方量变化，借或弃方都会造成经济的浪费和环境破坏。避免或减小借、弃方主要与地势设计有关，但在土石方填筑设计中也应尽量合理使用场内各种填料，使包括清除地表植物土在内的各种填料在场内消纳，这样的设计无疑具有很大的经济、社会和环境效益。

（一）地基处理分析与评价

应对填方地基、软土地基、湿陷性黄土地基进行变形分析与评价。对软土地基，可先进行浅层处理与深层处理的定性对比分析。考虑浅层处理时，对换填法、强夯法等方法进行对比分析；考虑深层处理时，对堆载预压排水固结法、强夯置换法、碎石桩法、搅拌桩法等方法进行对比分析。

对湿陷性黄土地基，可先进行湿陷性部分消除和完全消除的定性对比分析。考虑部分消除湿陷性时，对部分换填法、强夯法、灰土/素土挤密桩法等方法进行对比分析；考虑完全消除湿陷性时，对强夯法、强夯置换法、孔内深层强夯法、灰土/素土挤密桩法等方法进行对比分析。

（二）边坡稳定分析与评价

由于造地工程中的边坡有挖方边坡和填方边坡，边坡稳定问题主要是填方条件下，尤其是高填方、顺坡条件下高边坡的稳定问题，由于地质条件复杂、工程技术问题突出，大多数情况下都需要进行专门的研究。勘察阶段的边坡分析工作，主要是通过分析计算，把握勘察范围、勘察深度和关键的抗剪强度指标，为专门的研究提供可靠的基础资料。

对填方边坡稳定影响区，应根据初步确定的边坡填方设计标高进行不同条件下的边坡稳定分析，通过边坡稳定分析检查勘察范围是否满足边坡稳定分析要求，同时复核边坡勘察中抗剪强度参数建议值的合理性，进而提出有关边坡坡度设计的建议。

第四节　造地工程地基设计

一、原场地地基处理设计

造地工程原场地地基的变形、稳定性不能满足填筑地基和建（构）筑物地基要求时应进行处理。地基处理设计范围应包括场地环境保护、防止水土污染和流失，以及地表土、软弱土和岩溶地基处理等，并应综合考虑场地排水、截水、防洪等，施工中应对周围环境和水土采取保护措施，并进行环境和水质监测。

（一）环境保护要求

1. 造地工程环境保护工程的设计应符合下列要求：

（1）结合区域环境防护现状，因地制宜、合理布局，并与周边环境和景观相协调；

（2）减少破坏原始地貌、天然林、人工林及草地；

（3）采取临时防护措施，减少施工产生的废弃土；

（4）考虑土地资源的合理利用，缩短临时占地使用时间。

2. 防止水土污染和流失的措施应符合下列要求：

（1）排水沟渠排出的水不得直接排放到饮用水源、农田、鱼塘中；

（2）含油污废水和生活污水排放、垃圾掩埋或处理应符合环保管理要求；

（3）当使用工业废渣作为填筑材料时，对其中的可溶性和有害物质，应进行处理。

3. 原场地地表土处理应符合下列要求：

（1）应根据弃土量设定弃土场，并应采取环境和水土保护措施；

（2）清除地表土后地面应进行碾压；

（3）当场地存在污染土时，清除厚度宜根据实际状况确定。

造地工程因开挖、排弃、堆填改变原场地及周边环境条件时，应根据地形、地质、水文条件、施工方式等，采取拦挡、削坡、护坡、截排水等环境和水土保护措施。土方开挖形成的坡面应采取防止雨水径流由坡面或沟头进入填筑地基的措施。

（二）原场地地基处理

1. 处理方法

原场地地基处理设计时，应综合考虑场地条件、填方高度、填方地基使用功能、周边环境等要求进行技术、经济比较，并结合现场试验确定地基处理方法。

（1）土层厚度小于 3m 的软弱土层，可采用换填法，换填材料宜选用块石、碎石等透水性强的材料，填料最大粒径不宜大于 400mm，并应小于分层填筑厚度的 2/3；换填地基可采用压（夯）实法处理；

（2）土层厚度大于 3m、小于 6m 的软弱土层，可采用强夯置换法处理；

（3）土层厚度大于 6m 的软弱土层，可采用强夯置换法或复合地基法处理；

（4）对新近填土、湿陷性土和断裂破碎带的松散岩土宜采用强夯法处理；

（5）对软土、湿陷性土、膨胀土、盐渍土、多年冻土等特殊性岩土地基处理应选择具有代表性场地进行试验或地区工程经验确定处理方法；

（6）建（构）筑物地基主要受力层范围内对基岩面为单向倾斜、岩面坡度大于 10％时，基底下挖填零线开挖深度不小于 3m 后按坡度为 1∶10～1∶8 开挖成斜坡，采取分层回填压（夯）实法处理；

（7）当基底设计标高以下 3m 范围内有石芽、石笋、大块孤石时，应进行破碎摊铺后采用压（夯）实法处理。

2. 交界面及过渡段处理

原始坡面与浅层填筑地基接合处的设计要求：

（1）填方区内原始坡度大于 1∶5 时，应在场地设计标高下 4m 内沿顺坡方向开挖坡度为 1∶2 台阶，台阶高度宜为 0.5～1.0m，宽度宜为 1.0～2.0m，顶面宜向内倾斜，坡度宜为 1％～2％；

（2）台阶部位使用粗粒土料和土夹石混合料分层回填时宜采用强夯法处理，使用细粒土料分层填筑时宜采用振动碾压法处理；接合处处理压（夯）实指标宜符合表 7-10-9 的规定。

接合处处理压（夯）实指标 表 7-10-9

项目 / 填料类别	强夯法夯实地基		振动碾压压实地基	
	分层控制厚度（m）	地基土夯实指标	分层控制厚度（m）	地基土压实指标
细粒土料	3.5～4.0	$\lambda_c \geqslant 0.96$	0.3～0.4	$\lambda_c \geqslant 0.97$
粗粒土料	3.5～4.0	$\rho_d \geqslant 2.0\mathrm{t/m^3}$	0.4～0.5	$\rho_d \geqslant 2.0\mathrm{t/m^3}$

填挖交界面过渡段处理设计要求：

（1）对填挖交界面的挖方界面应设过渡段。建（构）筑物区采用浅基础时，过渡段应按基础设计底标高下在挖方界面 0.6～3.0m 内按 1∶10～1∶8 开挖成斜坡；

（2）过渡段填挖交界面 3.0 ～8.0m 内应按坡度 1∶2 开挖成台阶；

（3）对基础设计底标高下 0.6～8.0m 内的填料和压（夯）实法应与填方区相同；填料为粗粒土料和土夹石混合料时可采用冲击压实法、强夯法处理，填料为土夹石混合料或细粒料时可采用振动碾压法、冲击压实法处理；

（4）填挖交界面过渡段处理的压（夯）实指标应符合表 7-10-9 的要求。

二、填筑地基设计

1. 收集资料

（1）当地的气象、地形、工程地质及水文地质、防洪、建设总体规划和社会经济等基本资料；分期施工或改（扩）建工程，应具备已建填方工程现状及使用情况等资料；

（2）土石方料源勘察资料；

（3）当地经验和施工条件等资料。

填筑材料应因地制宜，宜根据材料来源和建设场地分区按下列要求选择：

2. 设计内容及要求

填筑地基设计应包括地势设计、建设场地分区、土石方填筑和地基压（夯）实，以及质量检验和监测设计等。填筑地基设计应符合下列要求：

（1）填筑地基应满足稳定、密实、均匀，同时应考虑就近取料、挖填平衡、抗冲刷、周边生态、环境保护和水土保持等要求；

（2）建设场地位于抗震设防烈度为 7 度及以上地区的填筑地基，应进行抗震设计；

（3）应进行地基变形和稳定性分析。对抗震设防烈度为 7 度及 7 度以上地区的填筑地基应进行地震工况稳定性验算。

高填方工程应在大面积填筑施工前，选择具有代表性场地进行填筑地基试验，通过试验验证和优化设计指标和参数、施工工艺、检验和监测项目以及相关的技术指标等。

3. 填筑范围

（1）建（构）筑物区填筑范围宜为从建（构）筑物基础底面或建筑物用地边缘外扩不小于 5m 处以一定的坡比放坡所确定；对位于稳定边坡顶面上的建（构）筑物，其基础边缘外扩范围应通过边坡稳定性分析确定，并应符合国家现行有关标准的规定；

（2）边坡区的填筑范围应根据填筑高度、原场地的工程地质和水文地质条件，通过边坡稳定性分析确定；

（3）一般场地平整区和规划预留发展区的填筑范围可根据工程建设项目的规划确定。

4. 填筑施工

分层填筑应采用堆填摊铺施工，严禁抛填施工；巨粒土、粗粒土料及土夹石混合料采用强夯法处理时，其分层厚度、施工参数及夯实指标应根据现场强夯单点夯击试验或地区经验确定。当无试验资料或经验时，可按表 7-10-10 采用。

土夹石或细粒土料采用冲击压实或振动碾压法处理时，其分层厚度、施工参数及压实指标应根据现场试验或地区经验确定。当无试验资料或经验时，可按表 7-10-11 采用。

巨粒土、粗粒土料及土夹石混合料分层厚度、施工参数及地基夯实指标　　表 7-10-10

分层厚度(m)	强夯施工参数						地基土夯实指标
	夯击	单击夯击能(kN·m)	夯点间距(m)	夯点布置	单点夯击数	最后两击平均夯沉量(mm)	
4.0	点夯	3000	4.0	正方形	12～14	≤50	$\rho_d \geq 2.0 t/m^3$
	满夯	1000	锤印搭接	锤印搭接	3～5		
5.0	点夯	4000	4.5	正方形	10～12	≤100	
	满夯	1500	锤印搭接	锤印搭接	3～5		
6.0	点夯	6000	5.0	正方形	10～12	≤150	
	满夯	2000	锤印搭接	锤印搭接	3～5		

注：分层强夯时，上层点夯位置应布置在下层四个夯点中间位置。

土夹石料或细粒土料分层厚度、施工参数及地基压实指标　　表 7-10-11

分层厚度(m)		遍　　数		行驶速度(km/h)		地基土压实指标	
冲击压实	振动碾压	冲击压实	振动碾压	冲击压实	振动碾压	巨粒土、粗粒土料	细粒土料
0.4～0.6	0.3～0.4	8～10	6～8	6～8	1.5～2.0	$\rho_d \geq 2.0 t/m^3$	$\lambda \geq 0.97$
0.6～0.8	0.4～0.6	10～15	8～10	8～12	1.5～2.0		
0.8～1.0		15～20		8～12			
1.0～1.2		20～25		8～12			

相邻施工工作面之间的搭接部位处理应符合下列要求：

(1) 当填筑区域较大，各工作面施工的起始填筑标高不同时，相邻工作面的高差不宜大于施工时的一个填筑层厚度；不同填筑层的搭接面应错开；

(2) 对相邻施工工作面搭接部位应采用强夯补强处理，补强处理宽度不得小于夯点间距的 2 倍和每层填筑层厚度；

(3) 工作面搭接部位强夯法处理分层厚度不宜大于 4m，其强夯施工参数及夯实指标宜符合表 7-10-12 的规定。

工作面搭接处理强夯参数及地基夯实指标　　表 7-10-12

夯点形式	单击夯击能(kN·m)	夯点间距(m)	夯点布置	单点击数	地基土夯实指标	
					粗粒土	细粒土
点 夯	3000	3.5	正方形	10～12	$\rho_d \geq 2.0\ t/m^3$	$\lambda_c \geq 0.97$
满 夯	1000	锤印搭接		3～5		

注：点夯最后两击的平均夯沉量应不大于 50mm。

压（夯）实处理施工，应做好防振动、噪声和扬尘对周围环境、居民、设施设备和工作生产等造成的影响及风险评估，并应制定有效的防护措施，同时还应做好施工期排水。

三、边坡工程设计

造地工程的边坡包括填筑前的原始边坡和因填筑所形成的挖方边坡和填方边坡。边坡稳定性计算所采用的参数应根据室内相似条件下抗剪强度试验和现场剪切试验成果，结合当地工程经验选取。填筑边坡稳定性分析宜根据原场地岩土性质、填筑材料及填方高度等条件，采用下列方法：

（1）当原场地地基均匀或为软土时，宜采用圆弧滑动法分析；

（2）当原场地地基存在高程变化较大的相对软弱层时，宜采用折线滑裂面分析。

（3）对复杂场地除进行工程地质类比法、极限平衡法分析外，尚宜进行三维数值法分析。

填筑边坡稳定性应进行整体抗滑稳定、局部抗滑稳定和抗倾覆稳定分析，并应符合下列要求：

（1）初步计算时应根据与填方相似条件下试验获得的岩土参数、原始地表形态、边界条件等进行；

（2）核算时应根据地基处理后的岩土参数、地表形态、边界条件等进行；

（3）抗震设防区，应分析地震作用对边坡稳定性的影响。

边坡底部存在软弱土时，应根据场地地形、地基岩土性质、地下水条件、处理深度、稳定性要求等选用换填、碎石桩、强夯置换、反压以及组合等方法进行处理，处理范围可结合表 7-10-13 和图 7-10-1 确定。

边坡影响区划分表 **表 7-10-13**

坡高 H（m）	部位	影响区范围	备 注
$H \geqslant 20$	填筑地基	整个边坡区	B 为边坡坡顶至坡脚的水平距离；B_1 为原场地地基处理范围坡脚外需外延的距离，根据计算分析所得，且 B_1 不得小于 5
	原场地地基	$2B/3+B_1$	
$H<20$	填筑地基	整个边坡区	
	原场地地基	$B/2+B_1$	

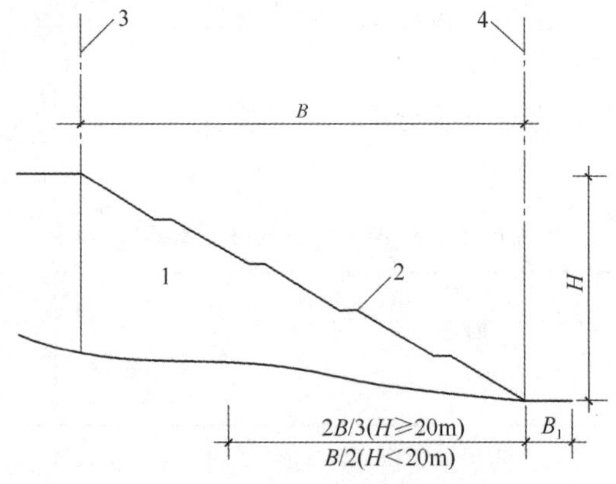

图 7-10-1 边坡稳定影响区划分示意

1—边坡区；2—马道；3—坡顶线；4—坡脚线

填筑边坡稳定计算安全系数不应小于表 7-10-14 的要求。

填筑边坡稳定安全系数 **表 7-10-14**

边坡类别	天 然 工 况	暴 雨 工 况	暴雨+地震工况
圆弧法	1.30	1.15	1.05
平面滑动法和折线法	1.35	1.20	1.10

填筑地基边坡形式设计应符合下列要求：

1. 边坡形式应在稳定分析的基础上进行不同形式的比较，优选出适合拟建场地不同填筑边坡的形式，并应采用变坡形式优化土石方量；

2. 边坡形式和坡比应根据填料的物理力学性质、边坡高度、荷载及工程地质条件等确定。边坡形式和坡比可按表 7-10-15 和表 7-10-16 采用，并应采用上陡下缓形式。

边坡形式和坡比 **表 7-10-15**

综合坡比	边坡设计参数			
	单级边坡坡高（m）	单级边坡坡比	马道宽度（m）	马道坡度（%）
1∶1.75～1∶3.0	10～15	1∶1.5～1∶2.5	2.0～3.0	1～2

临时边坡形式和坡比 **表 7-10-16**

综合坡比	边坡设计参数			
	单级边坡坡高（m）	单级边坡坡比	马道宽度（m）	马道坡度（%）
1∶1.5～1∶2.5	15～20	1∶1.5～1∶2.0	1.5～2.0	1～2

注：土料填筑的边坡和高度大的边坡坡比、坡高取小值，马道宽度取大值。

填方边坡坡面防护应根据当地气象条件、水文条件、边坡的岩土性质、水文地质条件、边坡坡比与高度、环境保护、水土保持要求等，选用适宜的防护措施。护坡的覆盖范围应包括边坡坡面和边坡稳定影响区。

四、排水工程设计

（一）设计内容及要求

（1）排水工程设计内容应包括场内排水和场外排水；

（2）应充分利用场地地形和天然排水系统，结合总平面规划，形成场内排水与场外排水完整的排水系统；

（3）根据场地地形地貌、地区气候条件、场地工程地质和水文地质条件、地下水的类型和补给来源、地下水的活动规律、工程排水范围、汇水面积和流量等资料综合考虑；

（4）应对排水系统各主、支排水沟控制段的汇水面积进行分段水力计算，并根据设计降雨强度和校核标准分别计算各主、支沟排水段汇流量和输水量，确定排水沟断面或校核已有排水沟的过水流量能力。汇水面积计算可采用积仪法、方格法、称重法、梯形计算法或经验公式法；

（5）应与坡面防护工程综合考虑；同时应重视环境和水土保持，防止坡面岩土遭受冲刷和失稳。

（二）场外排水设计

场外排（截）水沟宜沿工程场地周边设置，并充分利用天然地形和水系，离填方坡脚的距离不宜小于5m，当排（截）水沟距离填方边坡较近时应进行防渗和冲刷处理。

排水沟和截洪沟的断面尺寸、坡度和长度应根据场内排水流量及毗邻地带的地表水流入量确定。排水沟与截洪沟的连接应根据线形、地形、地质条件等因素确定。

（1）跌水和陡坡进出口段，应设导流翼墙与上、下游沟渠边墙连接；矩形断面与梯形断面连接宜采用渐变曲面形式；

（2）陡坡和缓坡连接剖面曲线应设置消能防冲措施。当跌水高差小于等于10m时，宜采用单级跌水；大于10m时，宜采用多级跌水；

（3）陡坡与缓坡排水沟底及边墙应设伸缩缝，间距不宜小于10m，伸缩缝内应设止水措施；

（4）排水沟宜采用浆砌片（块）石砌筑；对于松软地段，宜采用毛石混凝土或素混凝土修筑。对坚硬片块石砌筑的排水沟，可用比砌筑砂浆高一级的砂浆进行勾缝；

（5）外围截（排）水沟应设置在填筑地基外缘5m以外的稳定斜坡面上，根据外围坡体结构，截水沟迎水面应设置泄水孔，尺寸不宜小于100mm×100mm；

（6）当排水沟通过填挖方交界时，应设置土工合成材料或钢筋混凝土预制板制成的沟槽。

（三）场内地表排水设计

地面临时排水设施，应满足地表水（含临时暴雨）、地下水和施工用水等的排放要求，并宜与地面工程的永久性排水措施相结合。

（1）纵向排水沟间距宜为100～300m，其纵向坡降不应小于0.2%；

（2）场内地表排水设施位置、数量和断面尺寸，应根据地形、降雨强度、历时、分区汇水面积、地面径流量、渗水量等确定。排水沟宜预留0.2m超高值，在转弯半径较小的坡段，凹向侧超高宜适当增加。排水沟断面宜为梯形、矩形、复合型或U形；

（3）开裂变形的坡体或填筑交界面处，应及时用黏土或水泥浆填实裂缝，整平积水坑、洼地，迅速排除雨水；

（4）排水沟进出口平面布置，宜采用喇叭口或八字形导流翼墙。导流翼墙长度可取设计水深的3倍～4倍。当排水沟断面变化时，应采用渐变衔接，过渡长度可取水面宽度之差的5倍～20倍；

（5）在排水沟纵坡变化处宜改变沟道宽度，避免上游产生壅水，防止水位壅高的安全超高，不宜小于0.3m；

（6）排水沟的纵坡应根据排水沟的线形、地形、地质以及与排洪沟连接条件等确定，并进行抗冲刷计算，当自然纵坡大于30°或局部高差较大时，可设置跌水；

（7）往场外排放的地表水水质应符合环境保护的要求，严禁把污水直接往场外排放。

（四）场内地下排水设计

1. 场内地下排水系统设计

（1）结合地形地貌、水文地质条件、地下水的类型、地下水的活动规律、补给及排泄规律综合考虑地下排水；

（2）防止排水设施堵塞、水位壅高、溢流、渗漏、淤积、冲刷和冻结；

（3）根据地形、含水层与隔水层结构及地下水特征，选用管、涵、隧洞、钻孔、盲沟等排水方案。

（4）排水盲沟线路宜根据场地原有地形和水系流向设置。当填筑地基表层有积水湿地和泉水露头时，宜将排水沟上端做成伸进湿地内的渗水盲沟。

2. 场内填方区排水盲沟

（1）排水支盲沟之间的距离宜小于 40m，泉眼和渗流点宜增设支盲沟；

（2）盲沟的平面布置及断面尺寸应根据冲沟周边的汇水面积和流量大小确定；

（3）排水盲沟的施工宜在地基处理施工后完成；

（4）次盲沟应与主盲沟相连接；支盲沟应与主盲沟或次盲沟相连接；

（5）场内主盲沟出水口应引入场外排水系统；

（6）主盲沟、次盲沟和支盲沟的纵向坡度应大于 0.5%；

（7）分段施工时，当下游盲沟尚未建成时，不宜与上游盲沟接通；应设临时排水系统，防止淤阻。

填方区域底部宜设置级配块石、碎石排水垫层。排水垫层与周边的纵向集水沟和排水管等组成基层排水系统。

（五）填筑地基内排水设计

1. 填筑地基有下列情况时，应设置排水：

（1）防止填筑地基渗流逸出处的渗透破坏；

（2）降低填筑地基浸润线及孔隙压力，改变渗流方向，增强填筑地基稳定；

（3）保护填筑坡面，防止其冻胀破坏。

2. 填筑地基顶面排水工程应与建（构）筑物和市政工程排水及场外排水系统相结合。排水沟宜采用混凝土现场浇筑或浆砌石砌筑，当用混凝土预制件拼装时，应使接缝牢固、成一整体。

堆石或干砌石护坡可不设表面排水；填筑边坡连接处均应设排水沟。填筑地基有马道时，纵向排水沟宜与马道一致，并设于马道内侧。横向排水沟的间距宜为 50～100m。

3. 填筑地基排水可选择下列形式：

（1）竖式排水：直立排水、上昂式排水、下昂式排水等；

（2）水平排水：不同高程的水平排水层、褥垫层式排水、网状排水带、排水管等；

（3）两种或多种形式组成的综合型排水。

对采用均质和用弱透水材料的填筑地基，其底部宜采用水平排水体将渗水引出填筑地基外。

第五节　造地工程检测与监测

一、质量检测

（一）原地基处理工程

原场地地基处理质量检验应采用钻探取样、动力触探、静力触探及载荷试验等原位测试方法和室内土工试验进行。

（二）填筑地基工程

填筑地基质量检验项目、范围及频数见表 7-10-17 的要求。

质量检验项目、范围及频数 表 7-10-17

项目＼应用范围	检测频数		
	建（构）筑物用地区和边坡区	场地平整区	规划预留发展区
层厚检验	每 500m^2 至少有 1 点	每 500m^2 至少有 1 点	每 2000m^2 至少有 1 点
压（夯）层面沉降量	10m×10m 方格网测量	20m×20m 方格网测量	50m×50m 方格网测量
地基土压（夯）实指标	每 500m^2 至少有 1 点	每 1000m^2 至少有 1 点	每 2000m^2 至少有 1 点
土的物理力学指标	每 500m^2 至少有 1 点	每 1000m^2 至少有 1 点	每 2000m^2 至少有 1 点
重型动力触探	每 500m^2 至少有 1 点	每 1000m^2 至少有 1 点	每 2000m^2 至少有 1 点
载荷试验	每 1000m^2 至少有 1 点	—	—

注：建（构）筑物区、边坡区，处理面积小于 2000m^{2}时，各检测项目每处不得少于 3 个点。

（三）边坡工程

边坡工程质量检测项目包括坡比、压实度、物理和力学性质指标等。

（四）排水工程

排水设施的质量检测宜包括下列内容：

1. 排水设施的断面尺寸、高程、坡度；
2. 排水设施材料规格、强度及其他指标；
3. 填筑边坡排水设施的渗透性。

二、工程监测

1. 地基监测

填筑地基可根据工程特点和需要按表 7-10-18 选择监测项目和装置。

地基监测项目及监测装置 表 7-10-18

监测项目			监测装置
变形	表面变形	地表沉降	沉降板、沉降标、水准仪、全站仪
		水平位移	位移观测标、全站仪
	内部变形	分层沉降	分层沉降标、分层沉降仪、单点沉降计
		水平位移	测斜仪
	地表裂缝		观测标、直尺、裂缝仪
应力	孔隙水压力		孔压计
	土压力		土压力计
其他	地下水位		观测孔、水位计
	盲沟出水量		水量计、流速仪、围堰等

2. 边坡监测

边坡工程监测项目应根据边坡重要性、安全等级、支护结构变形控制要求、地质条件和边坡结构特点等按表 7-10-19 确定。

边坡监测项目及监测装置 **表 7-10-19**

监测项目			监测装置
变形	地表变形监测	水平位移监测	全站仪、光电测距仪、水准仪、观测标
		垂直变形监测	观测标、直尺、裂缝仪
		裂缝监测	
	内部变形监测		测斜仪、分层沉降计
应力	孔隙水压力监测		孔压计
	土压力监测		土压力计
其他	雨量监测		雨量计
	地表水监测		流量计、流速仪、围堰等
	地下水监测		水位观测孔、水位计、流量计等
	支挡结构变形和内力		观测标、测斜仪、应力计等

3. 环保监测

(1) 生态环境变化监测

(2) 环境防护动态监测

(3) 环境保护措施防治效果监测

(4) 震（振）动监测

(5) 噪声监测

环境保护监测应采取定位监测与实地调查、巡查监测相结合的方法，大型建设项目可同时采用遥感监测方法。

第六节 变形计算及工后沉降预测

为解决造地工程设计中的重、难点问题，可开展室内（外）物理力学试验、模型试验、数值模拟等专项研究。专项研究主要结合工程建设的质量、工期及造价等条件，综合考虑造地工程中各项影响因素拟定多种方案进行综合比较，尤其对复杂地质条件下地基处理方法的效果及其施工方法、工艺、工序，施工组织条件及保障等内容开展进行，并选择典型地质条件下的试验区对不同地基处理方案进行验证，获取经验及优化设计指标和参数用以指导后续设计及施工。

一、地基变形分析

造地工程的地基变形一般由包括软弱土层在内的原地基土体所发生的变形和由人工填筑体压缩引起的变形两部分构成。通常，由附加应力引起的土基沉降，可由分层总和法来计算压缩层范围内的总沉降量，用太沙基固结理论来计算不同时间的沉降量。但是，对于填筑体的自身瞬时压缩变形和不同时间的压缩变形计算，目前还没有通行的方法。

在土填方地基的沉降量计算中，根据土力学相关概念，认为土体的沉降变形主要是土体内部孔隙水或孔隙气体的排出及水和气相互作用、土体颗粒发生破坏的弹塑性或黏弹塑性变形；根据土体的饱和程度大体可分为饱和土的固结理论和非饱和土的固结理论，对于饱和土固结理论来讲，目前已经取得了较为丰富的研究成果，在工程中也得到了较为广泛的应用，但对于非饱和土的固结理论目前尚未取得实质性进展，仍处在理论研究中，往往难以用于实际工程中。

在施工期及结束后，原地基和填筑体都将发生沉降，按沉降发展的顺序可分为：瞬时沉降、固结沉降和次固结或蠕变沉降。通常，瞬时沉降可由弹性理论和有限元方法来计算；主固结沉降可由分层总和法、太沙基一维固结理论或比奥三维固结理论来进行计算；而次固结沉降，需要采用蠕变理论来进行计算，大部分填土高度较薄的工程将工后长期蠕变沉降忽略，但当填筑体较高时，次固结沉降则不能被忽略。

实际上，对于诸多工程中设计施工人员广泛关注的是工后的长期沉降、不均匀沉降和长期稳定性问题，大量研究表明，对于填方地基，大部分主固结沉降基本在施工期已经完成，竣工后的沉降主要表现为，施工过程中土体内部分水分未完全排出而产生的缓慢排水固结沉降和土体颗粒在自重作用下发生结构性恢复、滑移、破坏等缓慢的蠕变或次固结过程。

二、工后沉降预测

在造地工程建设中，沉降是工程建设者关注的重要课题，如何减少填筑体和原地基的沉降和不均匀沉降，以及如何准确预测沉降量的大小，对工程建设都会产生深刻影响，并对日后的安全稳定性有着至关重要的意义。

由于理论计算方法的缺陷，迫切需要一种简捷的方法来预测地基工后沉降，长期以来，人们根据现场实测资料的沉降规律研究提出了地基最终沉降量估算的各种不同方法。

1. 回归分析法

目前，常用的沉降预测回归分析方法主要有双曲线法、抛物线法、星野法、Asaoka法、指数曲线法、Verhulst 曲线法、二次多项式法、泊松曲线法（皮尔曲线或 logistic 曲线)、Gompertz 曲线法、时间序列分析、灰色理论预测、人工神经网络模型预测以及反分析法等。实际工程中影响沉降的因素较为复杂，结合工程实测数据，采用多种预测方法进行比较分析，选择合适的方法进行地基沉降预测，方可达到预测效果。

常用沉降回归分析方法　　**表 7-10-20**

名　称	沉降量回归方法	极限沉降量	分　析　方　法
双曲线法	$s_t=s_0+\dfrac{t-t_0}{\alpha+\beta(t-t_0)}$	$s_\infty=s_0+\dfrac{1}{\beta}$	s_0、t_0 为实测沉降的初始时间和沉降值；s_t、t 为任意时刻的沉降值和时间；α、β 为拟合曲线参数
新野法	$s_t=s_i+\dfrac{AK\sqrt{t-t_0}}{\sqrt{1+K^2(t-t_0)}}$	$s_\infty=s_i+A$	s_i 为瞬时加载产生的沉降量；K 为沉降速率因子；A 为最终沉降系数
指数曲线法	$s_t=s_\infty(1-\alpha e^{-\beta t})$	$s_\infty=\dfrac{s_3(s_2-s_1)-s_2(s_3-s_1)}{(s_2-s_1)(s_3-s_2)}$	α、β 为拟合曲线参数；s_1、s_2、s_3 分别为 t_1、t_2、t_3 对应的沉降量，且 $t_2-t_1=t_3-t_2$
Verhulst 曲线法	$s_t=\dfrac{\alpha}{1+e^{(b+\alpha^d)}}$	—	a、b、c、d 为拟合曲线参数
二次多项式法	$s_t=A_0+A_1t+A_2t^2$	—	A_0、A_1、A_2 为拟合曲线参数

续表

名　称	沉降量回归方法	极限沉降量	分　析　方　法
泊松曲线法（皮尔曲线或 logistic 曲线）	$s_t=\dfrac{K}{1+ae^{-bt}}$	$s_\infty=K$	a、b、K 为拟合曲线参数
抛物线法	$s_t=a(\lg t)^2+b\lg t+c$	—	a、b、c 为拟合曲线参数
Gompertz 曲线法	$s_t=e^{K+A\cdot B^t}$	—	A、B、K 为拟合曲线参数

地基沉降受多种因素的影响和制约，其变化的自然规律很难用一个显式的数学公式予以表示，由于各种理论计算方法本身的局限性使得完全依靠理论计算有时是不可能的或不精确的，而基于场区原位监测所得到的沉降观测值是全面反映场区工程地质、地形、水文以及施工情况等各种因素后的结果，所以根据有限的实测沉降数据来预测地基丢失的变形及最终趋于稳定后变形量的方法是相对合理可行的，但由于各种预测公式在推导时的假定条件各不相同，或因地基土的物理力学性质或工程地质特征各不相同，所以对不同地区、不同工程的适用程度也各不相同，找到一种合理的符合填方场区沉降变形的预测方法是个工程难题，仍需要不断深入研究。

2. 数值计算反演分析法

数值计算反演分析是指，在设计阶段先利用室内外试验的参数值按一定方法计算并设计；然后，利用施工第一阶段的观测结果反分析所得基本参数修改原计算并作第二阶段的设计，以此类推，利用过程观测结果，反分析或推算预测最终结果的方法。

反演分析法最关键的问题是合理地选择计算模型和优化算法。

3. 工程类比法

类比法在岩土工程中起着重要作用，许多重要的岩土工程正是采用了工程类比等方法设计成功的。

在沉降预测方面，也可选择具有可比性的工程，在考虑工程类型和规模、地质条件复杂性、填料性质、填筑工艺、原地基地层结构及其工程性质、地下水条件、边界条件等因素的前提下，进行类比分析，为工程提供相应的预测资料。当然，类比法也存在某些局限性，需要与其他方法结合使用。

主 要 参 考 文 献

1. 建设部综合勘察研究设计院 . GB 50021—2001（2009 年版）岩土工程勘察规范［S］. 北京：中国建筑工业出版社，2009

2. 中交第二航务工程勘察设计院有限公司 . JTS 133—2013 水运工程岩土勘察规范［S］·北京：人民交通出版社，2013

3. 中交天津港湾工程研究院有限公司 . JTS 147—1—2010 港口工程地基规范［S］. 北京：人民交通出版社，2010

4. 中船第九设计研究院工程有限公司 . CB/T 8524—2011 干船坞设计规范［S］. 北京：中国船舶工业综合技术经济研究院，2011

5. 赵焕庭 . 南沙群岛自然地理［M］. 北京：科学出版社，1996

6. 崔永圣．珊瑚岛礁岩土工程特性研究［J］．工程勘察，2014，(9)：40-44
7. 白晓宇．钙质岩土工程性质研究［C］．山东：2010
8. 袁征等．珊瑚礁岩土的工程地质特性研究进展［J］．热带地理，2016，36（1)：87-93
9. Coop M. R. Themechanics of uncemented carbonate sands［J］. Geotechnique，1990. 40（4)：607-626
10. 虞海珍，汪稔．钙质砂动强度试验研究［J］．岩土力学，1999，20（4)：6-11
11. 唐国艺，等．东帝汶帝力市珊瑚砂地基的工程性质［J］．岩土工程技术，2013，27（5)：248-251
12. 汪稔，宋朝景，赵焕庭，等．南沙群岛珊瑚礁工程地质［M］．北京：科学出版社，1997
13. 王新志．南沙群岛珊瑚礁工程地质特性及大型工程建设可行性研究［C］．湖北：2008
14. 梁文成．苏丹珊瑚礁灰岩地区地质勘察总结［J］．水运工程，2009，(7)：151-153，164
15. 唐国艺，等．东南亚礁灰岩的工程特性［J］．工程勘察，2015，(6)：6-10
16. 刘志伟，等．珊瑚礁礁灰岩工程特性测试研究［J］．工程勘察，2012，40（9)：17-21
17. 崔永圣，等．珊瑚岛礁工程地球物理方法初探［J］．岩土力学，2014，(S2)：683-689
18. 段志刚，等．水域浅层地震反射波在珊瑚岛礁地层勘察中的应用［J］．岩土工程技术，2016，30（3)：113-117
19. 白晓宇，等．珊瑚礁地基的工程性状研究［J］．工程勘察，2010，38（11)：21-25
20. 崔永圣．珊瑚砂岩土力学特性分析［J］．岩土工程技术，2014，28（5)：232-236
21. 余东华．强夯联合振动碾压加固珊瑚礁回填料地基［J］．中国水运，2015，15（2)：283-285
22. 贺迎喜，等．沙特 RSGT 码头项目吹填珊瑚礁地基加固处理［J］．水运工程，2010，446（10)：100-104
23. 王建平，等．珊瑚碎屑地基加固方法现场对比试验［J］．工业建筑，2016. 46（5)：119-123
24. 严与平．浅谈珊瑚礁工程地质特性及地基处理［J］．资源环境与工程，2008，22（12)：47-49
25. 单华刚，等．钙质砂中的桩基工程研究进展述评［J］．岩土力学，2000，21（3)：299-304
26. 中国建筑科学研究院．JGJ 123—2012 既有建筑地基基础加固技术规范［S］．北京：中国建筑工业出版社，2012
27. 中国建筑科学研究院．GB 50007—2011 建筑地基基础设计规范［S］·北京：中国建筑工业出版社，2012
28. 《工程地质手册》编委会．工程地质手册［M］．第四版．北京：中国建筑工业出版社，2007
29. 中国石化工程建设公司．SH/T 3068—2007 石油化工企业钢储罐地基与基础设计规范［S］．北京：中国石油石化出版社，2008
30. 中国石油天然气管道勘察设计院．SY/T 0053－97 输油气管道岩土工程勘察规范［S］．北京：石油工业出版社，1997
31. 贾庆山．储罐基础工程手册［M］．北京：中国石化出版社，2002
32. 中冶东方工程技术有限公司，大连理工大学．GB 50051—2013 烟囱设计规范[S]．北京：中国计划出版社，2003
33. 同济大学．GBJ 135—2006 高耸结构设计规范［S］．北京：中国建筑工业出版社，1990
34. 徐至钧，等．大型储罐基础设计与地基处理［M］．北京：中国石化出版社，1999
35. 《简明工程地质手册》编写委员会．简明工程地质手册［M］．北京：中国建筑工业出版社，1998
36. 机械工业部设计研究院．GB 50040—96 动力机器基础设计规范［S］．北京：中国计划出版社，1996
37. 徐建，等．建筑振动工程手册［M］．北京：中国建筑工业出版社，2002
38. 中国民航机场建设集团公司．MH/T 5025—2011 民用机场勘测规范［S］．北京：中国民用航空局，2010
39. 中国建筑科学研究院．GB 51254—2017 高填方地基技术规范［S］．北京：中国建筑工业出版社，2017

40. 河海大学 . GB/T 51064—2015 吹填土地基处理规范［S］. 北京：中国计划出版社，2015
41. 刘宏等 . 山区机场高填方地基变形与稳定性系统研究［J］. 地球科学进展，2014，(1)：324-328
42. 董志良，等 . 大面积围海造陆创新技术及工程实践［J］. 水运工程，2010 (10)：54-67
43. 徐明，宋二祥 . 高填方长期工后沉降研究的综述［J］. 清华大学学报（自然科学版)，2009，49 (6)：786-789
44. 谢春庆等 . 山区机场高填方夯实地基处理方法的研究［J］. 勘察科学技术，2001 (5)：11-15
45. 机械工业勘察设计研究院有限公司 . JGJ/T 72—2017 高层建筑岩土工程勘察标准［S］. 北京：中国建筑工业出版社，2017

第八篇　基础工程与地基处理

第一章　浅　基　础

第一节　地基及基础的主要类型

一、地基的主要类型

（一）按地基土层的组成

1. 一般性土地基：如黏性土地基、砂土地基、碎石土地基和岩石地基等。

2. 特殊性土地基：如湿陷性黄土地基、红黏土地基、膨胀土地基、冻土地基、填土地基、软土地基、盐渍土地基、污染土地基、混合土地基等。

（二）按地基土层的压缩性

1. 高压缩性地基：地基土层的压缩系数 $a_{1\text{-}2} \geqslant 0.5\text{MPa}^{-1}$。

2. 中压缩性地基：地基土层的压缩系数 $0.1\text{MPa}^{-1} \leqslant a_{1\text{-}2} < 0.5\text{MPa}^{-1}$。

3. 低压缩性地基：地基土层的压缩系数 $a_{1\text{-}2} < 0.1\text{MPa}^{-1}$。

（三）按地基土层均匀性

1. 均匀地基。

2. 非均匀地基。

（四）按地基土层的构成

1. 单层土地基：地基由一层土构成。

2. 双层土地基：地基由二层土构成。

3. 多层土地基：地基由三层及三层以上土构成。

（五）按地基处理与否

1. 天然地基：由自然成因的地层构成。

2. 人工地基：经过人工处理或改良过的地基。

（六）其他类型

如岩溶地基、采空区地基等。

二、基础的主要类型

（一）按基础材料分

砖基础、毛石基础、灰土基础（石灰∶黏性土的体积比为3∶7～2∶8)、三合土基础(石灰∶砂∶骨料1∶2∶4或1∶3∶6)、混凝土和毛石混凝土基础、钢筋混凝土基础、木基础等。

（二）按基础构造和形式分

1. 条形基础：条形基础的长度远大于宽度，基础窄而长。一般指墙下条形基础。

2. 单独（独立）基础：单独（独立）基础有柱下独立基础和墙下独立基础两种。单独（独立）基础是柱基础的主要形式。根据其构造形式又可分为：

（1）壳体（薄壳）基础：按壳的形状又可分为正圆锥壳、内倒球壳、内倒锥壳以及M型组合壳、内球外锥组合壳等。

（2）墩式基础：埋深一般不大于3m，采用人工挖孔，然后原孔浇注毛石混凝土，为单独（独立）无筋扩展基础的一种形式。

按墩的形状可分为垂直式、斜坡式、阶梯式和扩底式等。

（3）杯口基础：为便于立柱子，在基础上面留下有洞口，该类基础称为杯口基础，多用于装配式钢筋混凝土柱基。

3. 联合基础：按其形式不同可分为：

（1）柱下条形基础：同一排上若干柱子的基础联合在一起所构成的基础。

（2）柱下十字交叉条形基础：将柱子的基础沿纵、横柱列线方向均连接起来所构成的格状（网状）基础。

（3）筏形基础（片筏基础）：筏形基础是柱下或墙下连续的平板式或梁板式钢筋混凝土基础。筏形基础在构造上犹如倒置的钢筋混凝土楼盖，可分为梁板式和平板式两种类型。

（4）箱形基础：由底板、顶板、侧墙及一定数量内隔墙构成的整体刚度较好的单层或多层钢筋混凝土基础。

4. 实体基础：整个建筑物的基础为一个整体块状实体的基础。

（三）按基础的特殊作用和特殊施工方法分

1. 补偿性基础：由于建筑物荷重较大或地基承载力较低，常采用加深基坑深度、用深基坑挖出土的自重来补偿建筑物荷重。这种类型的基础称为补偿性基础。

2. 锚杆基础：多用于直接建造在岩石地基上的独立基础，是利用锚杆将基座与岩石连成整体的基础。

（四）按基础受力性能分

1. 无筋扩展基础（刚性基础）：由砖、毛石、混凝土或毛石混凝土、灰土、三合土等材料组成，且不需配置钢筋的墙下条形基础或柱下独立基础。基础本身仅具有一定的抗压强度，能承受一定的上部结构竖向荷载，但其抗拉、抗剪强度低，不能承受挠曲变形而产生的拉应力及剪应力，因而又称为刚性基础。

2. 扩展基础（柔性基础）：扩展基础系指柱下钢筋混凝土独立基础和墙下钢筋混凝土条形基础。基础本身不仅具有一定的抗压强度，能承受上部结构的竖向荷载，而且具有一定的抗拉、抗剪强度，又能承受挠曲变形及其所产生的拉应力和剪应力，因而又称为柔性基础。

第二节　各类浅基础的适用条件及建筑物浅基础类型选择

一、各类浅基础的适用条件

基础的作用是将上部建筑物的荷载传递给地基，并尽量将荷载均匀地传递到地基上，使所传递的荷载不超过地基的承载力，地基不产生剪切破坏，且有一定的安全储备，同时地基变形不超过建筑物变形的允许值，因此，每种类型的基础各自适用于一定的上部结构类型和地基条件。

（一）无筋扩展基础（刚性基础）

该类型的基础虽有一定的抗压强度，但抗拉、抗弯强度较低，当上部结构荷载分布不均，或地基土层软硬不一，易产生不均匀沉降，无筋扩展基础易断裂，加之无筋扩展基础受刚性角的限制，基础尺寸宜窄而深埋，不宜宽而浅埋，因此，无筋扩展基础适用于上部结构荷载不大且分布均匀、地基土层的承载力较高的均质地基。如灰土基础可用于 6 层及 6 层以下的民用建筑物，三合土基础用于不超过 4 层的房屋。

（二）扩展基础（柔性基础）

该类型的基础不仅具有一定的抗压强度，而且具有一定的抗拉、抗弯强度，因而能抵抗一定的不均匀沉降，扩展基础不受刚性角的限制，可以宽而浅埋。当上部结构荷载较大、地基承载力较低时，可以采用扩展基础加大基础宽度，减少基底的单位面积荷载，或地基土层上部较硬而下部较软，需要充分利用上部硬层时，可采用扩展基础。但基础面积大，影响深度也大，有软弱下卧层时需注意。

（三）条形基础

条形基础一般指墙下条形基础，因其窄而长，一般用作墙基。适用于荷载分布较均匀、地基土层承载力较大的均质地基，刚性条形基础更应如此。柔性条形基础能抵抗一定的不均匀沉降及不受刚性角的限制，可适用于上部结构荷载稍大、地基承载力稍低的地基。

（四）单独（独立）基础

该类型基础多用于荷载较大的柱基，要求地基条件为承载力较大的均质地基。当地基土层承载力较低，可加大基底面积以减小单位面积荷载或充分利用上部硬壳层。基础需浅埋时，应用扩展基础，以免受刚性角的限制。当上部荷载分布不均匀、地基土层局部较软时，可调整相应地段单独基础的底面积及埋深，以调整基底压力，使地基受力和基础沉降均匀。

单独基础中的墩式基础，埋置深度相对较深，用于上部地基土层较软、下部土层较硬的双层土地基或多层土地基上荷载大而集中的建筑物。

（五）联合基础

该类基础具有调整地基不均匀变形的能力，从而减少地基变形对上部结构产生的不利影响，如结构次应力、上部结构间的相对位移，并可将上部不均匀的荷载较均匀地传递到地基上。因此，当上部结构荷载大，地基承载力低，地基的均匀性差，差异沉降超过建筑物的允许值，采用单独基础不能满足要求时，常采用联合基础。

1. 柱下条形基础：当上部结构荷载大，地基承载力低或地基土层不均匀，采用单独柱基不能满足承载力或地基变形要求，加大、加深基础受限制时，可采用柱下条形基础。这样既加大了基底面积，又加强了基础的刚度；既减小了基底压力，又可调整一定的不均匀变形。

2. 柱下十字交叉基础：当上部结构荷载大，地基承载力低或地基土层不均匀，采用柱下条形基础仍不能满足要求时，可采用柱下十字交叉基础，基底面积和整体刚度均大于柱下条形基础。

3. 筏形基础（片筏基础）：如果地基特别软弱，而荷载又很大（特别是带有地下室的房屋)，十字交叉条形基础的底面积还不能满足要求时，可采用筏形基础。

4. 箱形基础：箱形基础的整体刚度远大于上述各种类型的基础，可大大减少建筑物的相对弯曲，一般不会出现不均匀沉降，只能产生倾斜，能调整地基和基底压力的不均匀，甚至可跨越地基中不大的洞穴。适用于软弱不均匀地基上面积小、平面形状简单、荷载大的重型建筑物以及对不均匀沉降要求严格的建筑物或设备基础。箱形基础内部的空间，减少了大量的回填土，卸除了基底下原有土层的自重，可以对上部结构荷重进行补偿，实际上减少了基底附加压力，相应地增大了地基的承载力，多用于地基承载力不高和非均质地基上的高层建筑物或高耸构筑物以及具有多层地下室的建筑物等。

（六）实体基础

上部结构荷载较大且分布不均匀，或地基土软弱和非均质地基。采用条形基础或单独基础不能满足要求时，可采用实体基础。实体基础多用于底面积较小的高耸构筑物，如烟囱、水塔等。

二、建筑物基础类型的选择

建筑物基础类型选择时，除要考虑上部结构荷载和地基条件外，还需考虑建筑物的使用要求、上部结构特点及材料和施工条件，进行技术经济比较和综合分析，在保证建筑物安全和正常使用的前提下，尽可能降低基础造价和考虑施工方便，减少施工过程对环境造成的不利影响。不同类型的建筑物浅基础类型的选择见表 8-1-1。

浅基础类型选择 **表 8-1-1**

结构类型	岩土性质与荷载条件	基础选型
多层砌体结构	土质均匀，承载力较高，无软弱下卧层，地下水位以上，荷载不大（五层以下建筑物）	无筋扩展基础
	土质均匀性较差，承载力较低，有软弱下卧层，基础需浅埋时	墙下钢筋混凝土条基或墙下十字交叉钢筋混凝土条基
	土质均匀性差，承载力低，荷载较大，采用条基面积超过建筑物投影面积 50%时	墙下筏形基础
框架结构（无地下室）	土质较均匀，承载力较高，荷载相对较小，柱网分布均匀	柱下钢筋混凝土独立基础
	土质均匀性较差，承载力较低，荷载较大，采用独立基础不能满足要求	柱下钢筋混凝土条基或柱下十字交叉钢筋混凝土条基
	土质不均匀，承载力低，荷载大，柱网分布不均，采用条基面积超过建筑物投影面积 50%	柱下筏形基础

续表

结构类型	岩土性质与荷载条件	基础选型
全剪力墙结构	地基土层较好，荷载分布均匀	墙下钢筋混凝土条基
	当上述条件不能满足时	墙下筏形基础或箱基
高层框架、框架-剪力墙结构（有地下室）	可采用天然地基时	筏形基础或箱形基础

第三节　浅基础设计

一、设计步骤

1. 选择基础构造类型、基础材料；

2. 根据建筑物要求和地基土构成，确定基础的埋深；

3. 确定地基土的承载力；

4. 按照地基土的承载力初步确定基础的底面尺寸；

5. 当压缩层范围内有软弱土层时，应对下卧层的强度进行验算，对需进行地基变形验算的建筑物，应验算地基的变形；

6. 建筑在斜坡上或有水平荷载作用的建筑物，应验算地基的稳定性；

7. 对需作抗震验算的建筑物，应进行地基基础的抗震验算；

8. 最后确定基础平面尺寸、基础剖面尺寸，如为钢筋混凝土基础应进行抗弯、抗冲切、抗剪强度验算；

9. 绘制基础施工图，编制施工说明。

二、无筋扩展基础（刚性基础）的设计

（一）条形基础底面宽度计算（轴心荷载）

1. 基础应尽量采用对称形式，使基础底面形心与结构竖向永久荷载的重心重合，可避免基础发生倾斜。

2. 设 F_k 为相应于作用的标准组合时，为上部结构传到基础顶面的竖向力值（取 1 延米长为计算单位，kN/m）。

3. 设 G_k 为每延米基础自重和基础台阶上土的自重（kN/m），如设基础及其台阶上土的平均重度为 γ_G（一般可假定 $\gamma_G=20\text{kN/m}^3$），设基础宽度为 B，基底埋深为 D，则 $G_k=\gamma_G \text{BD}$。地下水位以下部分应采用浮重度。

4. 当按地基承载力计算时，应满足下式要求：

$$p_k \leqslant f_a \tag{8-1-1}$$

式中　p_k——相应于作用的标准组合时，基础底面处的平均压力值（kPa）；

f_a——修正后的地基承载力特征值（kPa）。

$$p_k=\frac{F_k+G_k}{B}=\frac{F_k+\gamma_G BD}{B} \tag{8-1-2}$$

5. 将式（8-1-2）代入式（8-1-1），即得基础底面宽度 B。

$$B \geqslant \frac{F_k}{f_a - \gamma_G \cdot D} \tag{8-1-3}$$

（二）单独基础底面尺寸的计算（轴心荷载）

1. 设 F_k 为相应于作用的标准组合时，上部结构传到基础顶面的竖向力值（kN）；

2. 设 G_k 为基础自重和基础台阶上土的自重（kN），如设基础及其台阶上土的平均重度为 γ_G，$G_k = \gamma_G ABD$（A、B、D 分别为基础的长、宽及埋深）；

3. 按地基承载力计算地基时，应满足 $p_k \leqslant f_a$ 的要求，即：

$$p_k = \frac{F_k + G_k}{AB} = \frac{F_k + \gamma_G ABD}{AB} \leqslant f_a \tag{8-1-4}$$

当为方形基础时，则基础宽度为：

$$B \geqslant \sqrt{\frac{F_k}{f_a - \gamma_G D}} \tag{8-1-5}$$

当为矩形基础时，则基础长宽 $A \times B$ 为：

$$AB \geqslant \frac{F_k}{f_a - \gamma_G D} \tag{8-1-6}$$

（三）偏心荷载作用下单独基础底面尺寸的确定

偏心荷载作用下，基础底面的压力分布一般假定为梯形（或三角形）直线，其边缘压力为：

$$p_{kmax} = \frac{F_k + G_k}{AB} + \frac{M_k}{W} = \frac{F_k + G_k}{AB}\left(1 + \frac{6e_0}{A}\right) \tag{8-1-7}$$

$$p_{kmin} = \frac{F_k + G_k}{AB} - \frac{M_k}{W} = \frac{F_k + G_k}{AB}\left(1 - \frac{6e_0}{A}\right) \tag{8-1-8}$$

式中　M_k——相应于作用的标准组合时，沿基础长边方向作用于基础底面的力矩值（kN·m）；

$$M_k = (F_k + G_k)e_0$$

e_0——偏心距（m）；

W——基础底面与偏心距方向一致的抵抗矩（m^3）；

$$W = \frac{A^2 B}{6}$$

p_{kmax}、p_{kmin}——分别为相应于作用的标准组合时，作用于基础底面边缘的最大、最小压力值（kPa）；

其余符号的意义同前。

在偏心荷载作用下，基础底面尺寸的确定，可采用试算法，即先用轴心荷载作用下的公式初步估算基础底面的尺寸，然后按估算的基底尺寸进行基底承压力的校核，如不符合要求时，再重新修改，直至符合要求为止。具体步骤如下（以矩形基础为例）：

1. 先按轴心荷载情况用式（8-1-6）估算基础底面积 F_1。

2. 考虑是偏心荷载，假定将基础底面积 F_1 增加 10%～40%，即 $F=$（1.1～

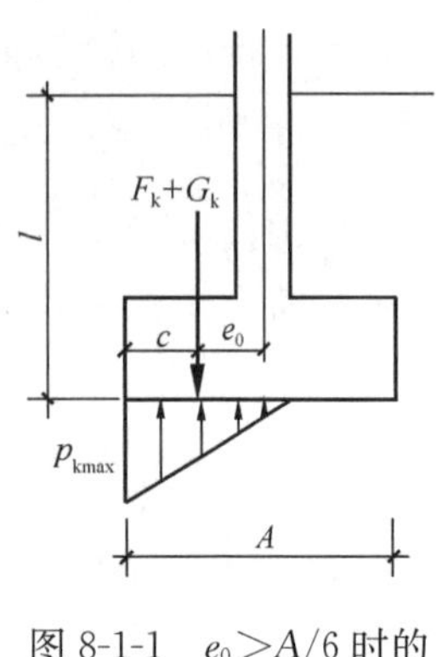

图 8-1-1　$e_0>A/6$ 时的基底边缘最大压力

1.4）F_1。

3. 按增加后的基础底面积 F 进行基底最大和最小边缘压力校核。边缘压力一般规定如下：最大压力：$p_{kmax}\leqslant 1.2f_a$，最小压力：$p_{kmin}\geqslant 0$，平均压力：$p_k\leqslant f_a$。

当偏心距 $e_0>A/6$ 时基底与地基之间将有一部分脱开，基底出现部分零应力区，见图 8-1-1。基底压力呈三角形分布，基底边缘最大压力按式（8-1-9）计算：

$$p_{kmax}=\frac{2(F_k+G_k)}{3BC} \tag{8-1-9a}$$

$$C=\frac{A}{2}-e_0 \tag{8-1-9b}$$

式中　A——沿力矩作用方向的基础底面边长（m）；

B——垂直力矩作用方向的基础底面边长（m）；

C——合力作用点至基础底面最大压力边缘的距离（m）。

注：基底是否允许出现零应力区及零应力区的大小，应根据工程实际情况确定。

（四）基础构造尺寸的确定

基础底面尺寸确定后，就要确定基础的构造尺寸，因无筋扩展基础（刚性基础）抗压性能好，抗拉、抗弯性能差，为适应这种特点刚性基础要求一定的构造形式。如图 8-1-2 所示，要求 α 角不大于刚性角，即 b/H 不大于允许值，否则基础外伸长度较大时，由于基础材料抗弯强度不足而断裂。b/H 的允许值根据基础材料和基底压力大小而定，详见表 8-1-2。按刚性角要求，基础底面宽度 B 应满足下式要求：

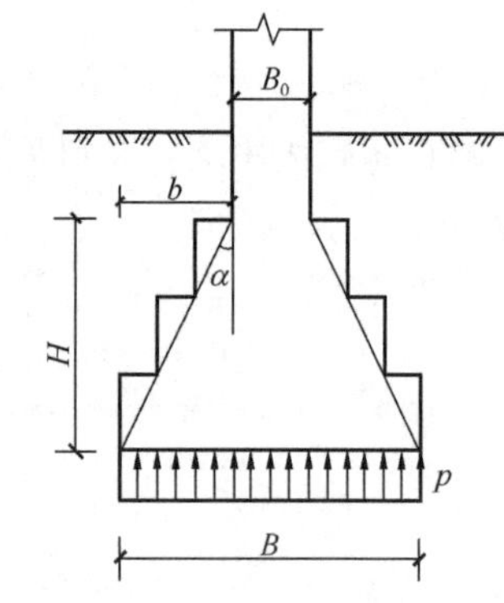

图 8-1-2　无筋扩展基础构造示意

$$B\leqslant B_0+2H\tan\alpha_{max} \tag{8-1-10}$$

式中　$\tan\alpha_{max}$——表 8-1-2 中所列 b/H 的最大允许值；

其余符号见图 8-1-2。

无筋扩展基础台阶宽高比的允许值　　**表 8-1-2**

基础材料	质量要求	台阶宽高比的允许值		
		$p_k\leqslant 100$	$100<p_k\leqslant 200$	$200<p_k\leqslant 300$
混凝土基础	C15 混凝土	1∶1.00	1∶1.00	1∶1.25
毛石混凝土基础	C15 混凝土	1∶1.00	1∶1.25	1∶1.50
砖基础	砖不低于 MU10、砂浆不低于 M5	1∶1.50	1∶1.50	1∶1.50
毛石基础	砂浆不低于 M5	1∶1.25	1∶1.50	—

续表

基础材料	质量要求	台阶宽高比的允许值		
		$p_k \leqslant 100$	$100 < p_k \leqslant 200$	$200 < p_k \leqslant 300$
灰土基础	体积比为3∶7或2∶8的灰土，其最小干密度： 粉土15.5kN/m³ 粉质黏土15.0 kN /m³ 黏土14.5 kN /m³	1∶1.25	1∶1.50	—
三合土基础	体积比1∶2∶4～1∶3∶6（石灰：砂：骨料），每层约虚铺220mm，夯至150mm	1∶1.50	1∶2.00	—

注：1. p_k 为作用的标准组合时基础底面处的平均压力值（kPa）；

2. 阶梯形毛石基础的每阶伸出宽度，不宜大于200mm；

3. 当基础由不同材料叠合组成时，应对接触部分作抗压验算；

4. 混凝土基础单侧扩展范围内基础底面处的平均压力值超过300kPa的，尚应按下式对墙（柱）边缘或变阶处进行抗剪验算；

$$V_s \leqslant 0.366 f_t A$$

式中 V_s——相应于作用的基本组合时的地基土平均净反力产生的沿墙（柱）边缘或变阶处的剪力设计值（kN）；

f_t——混凝土轴心抗拉强度设计值（kPa）；

A——沿墙（柱）边缘或变阶处基础的垂直截面面积（m^2）。

5. 对基底反力集中于立柱附近的岩石地基，应进行局部受压承载力验算。

三、扩展基础的设计

（一）基础面积确定

轴心荷载下、偏心荷载下，扩展基础的面积计算同无筋扩展基础。

（二）内力计算原则

基底压力的分布按直线分布计算。

（三）强度验算

1. 对于矩形截面柱下的单独矩形基础，应验算柱与基础交接处及基础变阶处的受冲切承载力；

2. 基础底板的配筋，按抗弯计算确定；

3. 当基础的混凝土强度等级小于柱的混凝土强度等级时，应验算柱下基础顶面的局部受压承载力。

（四）扩展基础的构造要求

1. 锥形基础的边缘高度不宜小于200mm，且两个方向的坡度不宜大于1∶3；阶梯形基础的每阶高度宜为300～500mm；

2. 基础下垫层的厚度不宜小于70mm；垫层混凝土强度等级不宜低于C10；

3. 基础混凝土强度等级不应低于C20；

4. 扩展基础受力钢筋最小配筋率不应小于0.15%，底板受力钢筋的最小直径不应小于 10mm；间距不应大于 200mm，也不应小于 100mm。墙下钢筋混凝土条形基础纵向分布钢筋的直径不应小于 8mm；间距不应大于 300mm；每延米分布钢筋的面积应不小于受力钢筋面积的 15%；当有垫层时，钢筋保护层的厚度不应小于 40mm；无垫层时不应小于 70mm。

四、柱下条形基础、柱下十字交叉条形基础的设计

（一）基础面积确定

同无筋扩展基础，条形基础相交处，不应重复计入基础面积。

（二）内力计算原则

1. 在比较均匀的地基上，上部结构刚度较好，荷载分布较均匀，且条形基础梁的高度不小于 1/6 柱距时，地基反力可按直线分布，条形基础梁的内力可按连续梁（即：倒梁法）计算，边跨跨中弯矩及第一内支座的弯矩值宜乘以 1.2 的系数；

2. 不满足上述条件的，宜按弹性地基梁进行计算；

3. 对十字交叉条形基础，交点上的柱荷载，可按静力平衡条件及变形协调条件，进行分配，然后分别按上述规定进行内力计算。

（三）强度验算

1. 应验算柱边缘处基础梁的受剪承载力；

2. 当存在扭矩时，应作抗扭计算；

3. 当条形基础的混凝土强度等级小于柱的混凝土强度等级时，尚应验算柱下条形基础梁顶面的局部受压承载力。

（四）柱下条形基础、柱下十字交叉基础的构造要求

1. 柱下条形基础梁的高度宜为柱距的 1/8～1/4。翼板厚度不应小于 200mm。当翼板厚度大于 250mm 时，宜采用变厚度翼板，其顶面坡度宜小于或等于 1∶3；

2. 条形基础的端部宜向外伸出，其长度宜为第一跨距的 0.25 倍；

3. 柱下条形基础的混凝土强度等级，不应低于 C20；

4. 现浇柱与条形基础梁的交接处，基础梁的平面尺寸应大于柱的平面尺寸，且柱的边缘至基础梁边缘的距离不得小于 50mm；

5. 条形基础梁顶部和底部的纵向受力钢筋除满足计算要求外，顶部钢筋按计算配筋全部贯通，底部通长钢筋不应少于底部受力钢筋截面总面积的 1/3；

6. 其他构造要求同扩展基础。

五、筏形基础与箱形基础

（一）基础平面尺寸的确定

1. 筏形基础与箱形基础的平面尺寸，应根据工程地质条件、上部结构的布置、地下结构底层平面以及荷载分布等因素确定，当为满足地基承载力的要求而扩大底板面积时，扩大部位宜设在建筑物的宽度方向；

2. 对单幢建筑物，在地基土比较均匀的条件下，基底平面形心宜与结构竖向永久荷载的重心重合。当不能重合时，在作用的准永久组合下，偏心距 e 宜符合下式要求：

$$e \leqslant 0.1W/A \tag{8-1-11}$$

式中 W——与偏心距方向一致的基础底面边缘抵抗矩；

A——基础底面积。

（二）基础埋深的确定

当筏形基础或箱形基础用于高层建筑，在确定其埋深时，应考虑建筑物的高度、体型、地基土质、抗震设防烈度等因素，并应满足抗倾覆和抗滑移的要求。抗震设防区除岩石地基外，天然地基、复合地基上的筏形基础和箱形基础，其埋深不宜小于建筑物高度的1/15。

（三）内力计算原则

1. 筏形基础

（1）当地基土比较均匀、地基压缩层范围内无软弱土层或可液化土层、上部结构刚度较好、柱网和荷载较均匀、相邻柱荷载及柱间距的变化不超过20%，且梁板式筏基梁的高跨比或平板式筏基板的厚跨比不小于1/6时，筏形基础可仅考虑底板局部弯曲作用。筏形基础的内力按倒楼盖法进行计算，基底反力按直线分布进行计算，计算基底反力应扣除底板及其上填土的自重。对于梁板式筏基，其基础梁的内力可按连续梁分析，边跨跨中及第一内支座弯矩值宜乘以1.2的系数。

（2）当不满足上述有关条件时，筏基内力应按弹性地基梁板方法进行分析计算。

2. 箱形基础

（1）当地基压缩层深度范围内的土层在竖向和水平向较均匀且上部结构为平、立面布置较规则的剪力墙、框架、框架-剪力墙体系时，箱形基础的顶、底板可仅按局部弯曲计算，计算时地基反力应扣除板的自重；

（2）不符合上述条件的箱形基础，应同时考虑局部弯曲及整体弯曲的作用。可采用基底反力系数法，计算方法详见《高层建筑箱形与筏形基础技术规范》JGJ 6—2011。

（四）强度验算

1. 底板除应满足抗弯要求外，其厚度还应满足抗冲切、抗剪切承载力的要求；

2. 若上部结构与基础的混凝土强度等级不一致时，验算底层柱下基础顶面的局部受压承载力。

（五）构造要求

1. 筏形基础

（1）筏形基础的混凝土强度等级不应低于C30；

（2）梁板式筏基底板的厚度应符合受弯、受冲切和受剪承载力的要求，且不应小于400mm，其底板厚度与最大双向板格的短边净跨之比尚不应小于1/14，梁板式筏基梁的高跨比不宜小于1/6；

（3）梁板式筏基的底板和基础梁内的配筋除满足计算要求外，基础梁和底板的顶部跨中钢筋按实际配筋全部贯通，纵横方向的底部支座钢筋尚应有不少于1/3贯通全跨，底板上下贯通钢筋的配筋率不应小于0.15%。按基底反力直线分布计算的平板式筏基，可按柱下板带和跨中板带分别进行内力分析，平板式筏基柱下板带中，柱宽及其两侧各0.5倍板厚且不大于1/4板跨的有效范围内，其钢筋配置量不应小于柱下板带钢筋数量的一半，且能承受部分不平衡弯矩，柱下板带和跨中板带的底部钢筋应有1/3贯通全跨，顶部钢筋按实际配筋全部连通，上下贯通钢筋的配筋率不应小于0.15%。当筏板厚度大于2000mm时，宜在板厚中间部位设置直径不小于12mm、间距不大于300mm的双向钢筋。

2. 箱形基础

（1）箱形基础混凝土强度等级不应低于 C25；

（2）箱形基础的内、外墙应沿上部结构柱网和剪力墙纵横均匀布置，当上部结构为框架或框剪结构时，墙体水平截面总面积不宜小于箱形基础水平投影面积的 1/12。当基础平面长宽比大于 4 时，纵墙水平截面面积不宜小于箱形基础水平投影面积的 1/18；

（3）箱形基础的高度应满足结构承载力和刚度的要求，不宜小于箱形基础长度（不包括底板悬挑部分）的 1/20，且不宜小于 3m；

（4）箱形基础的底板厚度应根据实际受力情况、整体刚度及防水要求确定，底板厚度不应小于 400mm，且底板厚度与最大双向板格的短边净跨之比不应小于 1/14；

（5）箱形基础的墙身厚度应根据实际受力情况、整体刚度及防水要求确定。外墙厚度不应小于 250mm，内墙厚度不宜小于 200mm。墙体内应设置双面钢筋，竖向和水平钢筋的直径均不应小于 10mm，间距不应大于 200mm。除上部为剪力墙外，内、外墙的墙顶处宜配置两根直径不小于 20mm 的通长构造钢筋；

（6）顶、底板钢筋配置除满足局部弯曲的计算要求外，跨中钢筋应按实际配筋全部连通，支座钢筋应有 1/4 贯通全跨，底板上下贯通钢筋的配筋率均不应小于 0.15%。

六、岩石锚杆基础的设计

（一）基础底面尺寸的确定

1. 若基岩的强度高，饱和单轴抗压强度大于 30MPa，整体性好，无显著的风化特征，且上部结构荷载较小，无偏心或偏心很小，对于预制柱承重的建筑物，可在岩面作一钢筋混凝土杯口，并将杯口用锚杆锚固在基岩上，基础的尺寸比柱截面稍大即可。对于现浇的钢筋混凝土柱，可将柱子的钢筋直接插入基岩做成锚杆基础，基础的尺寸就是柱子的截面尺寸。

2. 如基岩的强度较低时，上部结构传来的荷载较大，偏心也较大时，根据岩石地基的承载力确定基础底面尺寸，基础尺寸比柱截面大得较多，可将柱底放大做成放大角，以便布置较多的锚杆。

（二）内力计算

岩石锚杆基础中，主要计算单根锚杆所承受的拔力，其大小可按下式计算：

$$N_{ti} = \frac{F_k + G_k}{n} - \frac{M_{xk} y_i}{\Sigma y_i^2} - \frac{M_{yk} x_i}{\Sigma x_i^2} \tag{8-1-12}$$

式中　F_k——相应于作用的标准组合时，作用在基础顶面上的竖向力；

G_k——基础自重及其上的土自重；

M_{xk}、M_{yk}——按作用的标准组合计算作用在基础底面形心的力矩值；

x_i、y_i——第 i 根锚杆至基础底面形心的 y、x 轴线的距离；

N_{ti}——相应于作用的标准组合时，第 i 根锚杆所承受的拔力值。

（三）强度验算

1. 单根锚杆所承受的最大拔力值，应小于单根锚杆抗拔承载力特征值

$$N_{tmax} \leqslant R_t \tag{8-1-13}$$

式中　R_t——单根锚杆抗拔承载力特征值。

2. 单根锚杆抗拔承载力特征值的确定

（1）对地基基础设计等级为甲级的建筑物，应通过现场试验确定。

（2）对地基基础设计等级为乙级、丙级的建筑物按下式确定：

$$R_t \leqslant 0.8\pi d_1 l f \tag{8-1-14}$$

式中 l——锚杆的有效锚固长度（m）；

f——砂浆与岩石间的粘结强度特征值（MPa），可按表 8-1-3 选用；

d_1——锚杆直径（m）。

砂浆与岩石间的粘结强度特征值　　表 8-1-3

岩石坚硬程度	软岩	较软岩	硬质岩
粘结强度特征值（MPa）	<0.2	0.2～0.4	0.4～0.6

注：水泥砂浆强度为 30MPa 或细石混凝土强度等级为 C30。

（3）锚杆本身的强度

单根锚杆抗拔承载力应小于由锚杆钢筋抗拉强度所确定的值。

（四）构造要求

1. 锚杆孔直径，宜取锚杆筋体直径的 3 倍，但不应小于一倍锚杆筋体直径加 50mm。锚杆基础的构造要求，可按图 8-1-3 采用；

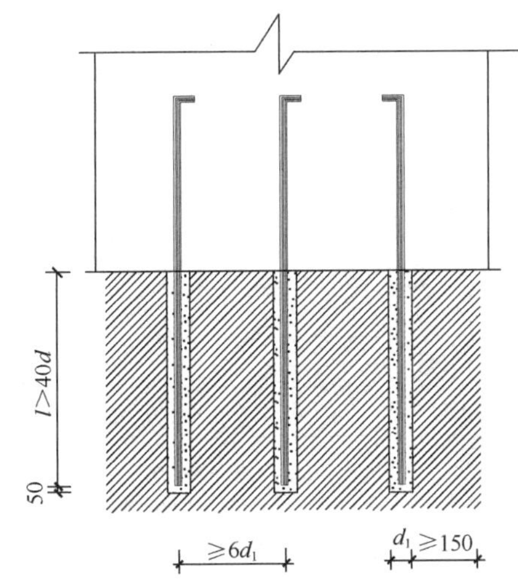

图 8-1-3 岩石锚杆基础示意图

d_1—锚杆直径；l—锚杆的有效锚固长度；d—锚杆筋体直径

2. 锚杆筋体插入上部结构的长度，应符合钢筋的锚固长度要求；

3. 锚杆筋体宜采用热轧带肋钢筋，水泥砂浆强度不宜低于 30MPa，细石混凝土强度不宜低于 C30。灌浆前，应将锚杆孔清理干净。

第二章　深　基　础

第一节　深基础的分类

一、深基础的类型

深基础具有将荷载传递到深部土层上的功能，包括桩基础和沉井两大类。

二、桩的分类

桩的分类可参照表 8-2-1。

桩的分类　　表 8-2-1

划分依据	桩的名称		说明
按承载性状分	摩擦型桩	摩擦桩	在极限承载力状态下，桩顶荷载由桩侧阻力承受
		端承摩擦桩	在极限承载力状态下，桩顶荷载主要由桩侧阻力承受
	端承型桩	端承桩	在极限承载力状态下，桩顶荷载由桩端阻力承受
		摩擦端承桩	在极限承载力状态下，桩顶荷载主要由桩端阻力承受
按使用功能分	竖向抗压桩（抗压桩）		主要承受竖向荷载
	竖向抗拔桩（抗拔桩）		主要承受上拔力
	水平受荷桩		主要承受水平荷载
	复合受荷桩		承受竖向荷载和水平荷载
按桩身材料分	混凝土桩	灌注桩	就地浇注成桩
		预制桩	在工场预先浇注成桩
	钢桩		
	组合材料桩		
按成桩方法分	非挤土桩		干作业法、泥浆护壁法、套管护壁法
	部分挤土桩		冲孔灌注桩、钻孔挤扩灌注桩、搅拌劲芯桩、预钻孔打入式预制桩、打入式敞口桩、敞口预应力混凝土空心桩和 H 型钢桩
	挤土桩		沉管灌注桩、沉管夯（挤）扩灌注桩、打入（静压）预制桩、闭口预应力混凝土空心桩和闭口钢管桩
按桩径大小分	小直径桩		$d \leqslant 250\text{mm}$
	中等直径桩		$250\text{mm} < d < 800\text{mm}$
	大直径桩		$d \geqslant 800\text{mm}$

三、桩型选择

应根据建筑结构类型、荷载性质、桩的使用功能、穿越土层、桩端持力层土类、地下水位、施工设备、施工环境、施工经验、制桩材料供应条件等，选择经济合理、安全适用的桩型和成桩工艺。选择时可参考表 8-2-2。

成桩工艺选择 表 8-2-2

桩类			桩径		最大桩长（m）	穿越土层											桩端进入持力层				地下水位		对环境影响		孔底有无挤密
			桩身（mm）	扩底端（mm）		一般黏性土及其填土	淤泥和淤泥质土	粉土	砂土	碎石土	季节性冻土膨胀土	黄土 非自重湿陷性黄土	黄土 自重湿陷性黄土	中间有硬夹层	中间有砂夹层	中间有砾石夹层	硬黏性土	密实砂土	碎石土	软质岩石和风化岩石	以上	以下	振动和噪声	排浆	
非挤土成桩法	干作业法	长螺旋钻孔灌注桩	300～800	—	28	○	×	○	△	×	○	○	△	×	△	×	○	○	△	△	○	×	无	无	无
		短螺旋钻孔灌注桩	300～800	—	20	○	×	○	△	×	○	○	×	×	△	×	○	○	×	×	○	×	无	无	无
		钻孔扩底灌注桩	300～600	800～1200	30	○	×	○	×	×	○	○	△	×	△	×	○	○	△	△	○	×	无	无	无
		机动洛阳铲成孔灌注桩	300～500	—	20	○	×	△	×	×	○	○	△	△	×	△	○	○	×	×	○	×	无	无	无
		人工挖孔扩底灌注桩	800～4400	1600～4800	53	○	×	△	△	△	○	○	○	○	△	△	○	△	△	○	○	△	无	无	无
	泥浆护壁法	潜水钻成孔灌注桩	500～800	—	50	○	○	○	△	×	△	△	×	×	△	×	○	○	△	×	○	○	无	有	无
		反循环钻成孔灌注桩	600～4000	—	104	○	○	○	△	△	△	○	○	○	○	△	○	○	△	○	○	○	无	有	无
		正循环钻成孔灌注桩	600～4000	—	104	○	○	○	△	△	△	○	○	○	○	△	○	○	△	○	○	○	无	有	无
		旋挖成桩灌注桩	600～1200	—	60	○	△	○	△	△	△	○	○	○	△	△	○	○	○	○	○	○	无	有	无
		钻孔扩底灌注桩	600～1200	1000～1600	30	○	○	○	△	△	△	○	○	○	○	△	○	△	△	△	○	○	无	有	无
	套管护壁法	贝诺托灌注桩	800～1600	—	50	○	○	○	○	○	○	△	○	△	○	○	○	○	○	○	○	○	无	无	无
		短螺旋钻孔灌注桩	300～800	—	20	○	○	○	○	×	○	△	△	△	△	○	○	△	△	△	○	○	无	无	无

续表

桩类			桩径		最大桩长（m）	穿越土层											桩端进入持力层				地下水位		对环境影响		孔底有无挤密
			桩身（mm）	扩底端（mm）		一般黏性土及其填土	淤泥和淤泥质土	粉土	砂土	碎石土	季节性冻土膨胀土	黄土：非自重湿陷性黄土	黄土：自重湿陷性黄土	中间有硬夹层	中间有砂夹层	中间有砾石夹层	硬黏性土	密实砂土	碎石土	软质岩石和风化岩石	以上	以下	振动和噪声	排浆	
部分挤土成桩法	灌注桩	冲击成孔灌注桩	600～1200	—	50	○	△	△	△	○	△	×	×	○	○	○	○	○	○	○	○	○	有	有	无
部分挤土成桩法	灌注桩	长螺旋钻成孔压灌桩	300～800	—	25	○	△	○	○	△	○	○	○	△	△	△	○	○	△	△	○	△	无	无	无
部分挤土成桩法	灌注桩	钻孔挤扩多支盘桩	700～900	1200～1600	40	○	○	○	△	△	△	○	○	○	○	△	○	○	△	×	○	○	无	有	无
部分挤土成桩法	预制桩	预钻孔打入式预制桩	500	—	50	○	○	○	△	×	○	○	○	○	○	△	○	○	△	△	○	○	有	无	无
部分挤土成桩法	预制桩	静压混凝土（预应力混凝土）敞口管桩	800	—	60	○	○	○	△	×	○	○	○	△	△	○	○	○	○	△	○	○	有	无	有
部分挤土成桩法	预制桩	H型钢桩	规格	—	80	○	○	○	○	○	△	△	△	○	○	○	○	○	○	○	○	○	有	无	有
部分挤土成桩法	预制桩	敞口钢管桩	600～1200	—	83	○	○	○	○	△	△	○	○	○	○	○	○	○	○	○	○	○	有	无	有
挤土成桩法	灌注桩	内夯沉管灌注桩	325，377	460～700	25	○	○	○	△	△	○	○	○	×	△	×	○	△	△	×	○	○	有	无	有
挤土成桩法	预制桩	打入式混凝土预制桩闭口钢管桩、混凝土管桩	500×500 1200	—	65	○	○	○	△	△	△	○	○	○	○	○	○	○	△	△	○	○	有	无	有
挤土成桩法	预制桩	静压桩	1000	—	60	○	○	△	△	△	△	○	△	△	△	×	○	○	△	×	○	○	无	无	有

注：表中符号○表示比较合适；△表示有可能采用；×表示不宜采用。

第二节　桩基勘察要点

一、勘察基本要求

1. 查明场地各层岩土的类型、深度、分布、工程特性和变化规律；

2. 当采用基岩作为桩的持力层时，应查明基岩的岩性、构造、岩面变化、风化程度，确定其坚硬程度、完整程度和基本质量等级，判定有无洞穴、临空面、破碎岩体或软弱岩层；

3. 查明水文地质条件，评价地下水对桩基设计和施工的影响，判定水质对建筑材料的腐蚀性；

4. 查明不良地质作用，可液化土层和特殊性岩土的分布及其对桩基的危害程度，并提出防治措施的建议；

5. 评价成桩可能性，论证桩的施工条件及其对环境的影响。

二、勘察工作的布置原则

（一）勘探孔平面布置

勘探孔的平面布置和孔深应根据勘察工作所执行规范中的规定确定，一般情况如下：

1. 初勘阶段可根据拟建场地形状按网格状或梅花形布置勘探孔，对高架道路、桥梁等线形工程可沿拟选轴线布置勘探孔。勘探孔间距随场地复杂程度而定，一般为30～200m。

2. 详勘阶段应根据建（构）筑物的平面形状，在建（构）筑物（高架道路、桥梁等架空工程的桩基承台）中心、角点或周边上布置勘探孔。勘探孔间距如下：

（1）对端承桩（含嵌岩桩）宜为12～24m，主要根据桩端持力层顶面坡度决定。相邻勘探孔揭露的持力层层面高差宜控制在1～2m以内，当层面坡度大于10%或持力层起伏较大、地层分布复杂时，应根据具体工程条件适当加密勘探点；

（2）对摩擦桩宜为20～35m，当遇到土层的性质或状态在水平方向分布变化较大，或存在可能影响成桩的土层时，应适当加密；

（3）复杂地质条件下的柱下单桩基础应按柱列线布置勘探点，并宜每桩设一勘探点；

（4）单栋高层建筑以及跨径＞150m的特大桥（多孔跨径总长＞1000m）主墩承台，或面积大于400m^2的承台，勘探孔不应少于4个。

（二）勘探孔深度

1. 一般性勘探孔的深度应达到预计桩端以下3～5倍桩径，且不得小于3m；对大直径桩，不得小于5m；

2. 控制性勘探孔深度应满足下卧层验算要求；对需验算沉降的桩基，应超过地基变形计算深度；控制性勘探孔宜占勘探孔总数的1/3～1/2；对高层建筑，每栋至少应有1个控制性勘探孔；对甲级的建筑桩基，场地至少应布置3个控制性勘探孔，对乙级的建筑桩基，场地至少应布置2个控制性勘探孔；

3. 钻至预计深度遇软弱层时，应予加深；在预计勘探孔深度内遇稳定坚实岩土时，可适当减小；

4. 对嵌岩桩，控制性钻孔应深入预计嵌岩面以下不少于3～5倍桩径，一般性钻孔应深入预计桩端平面以下1～3倍桩径。当持力层较薄时，应有部分钻孔钻穿持力岩层。在岩溶、断层破裂带地区，应查明溶洞、溶沟、溶槽、石笋等的分布情况，钻孔应穿过溶洞或断层破碎带，到达稳定地层，进入深度应满足上述控制性钻孔和一般性钻孔的要求；

5. 对可能有多种桩长方案时，应根据最长桩方案确定。

三、勘察方法的选择

1. 除常规的钻探、取样之外，应有静力触探和标贯等原位测试相配合，遇砂土、粉土、混合土和残积土时应进行标贯试验并利用其采取的扰动土样测定土的颗粒组成。

2. 当需估算桩的侧阻力、端阻力和验算下卧层强度时，宜进行三轴剪切试验或无侧限抗压强度试验；三轴剪切试验的受力条件应模拟工程的实际情况；对需估算沉降的桩基工程，应进行压缩试验，试验最大压力应大于上覆自重压力与附加压力之和；

3. 当桩端持力层为基岩时，应采取岩样进行饱和单轴抗压强度试验，必要时尚应进行软化试验；对软岩和极软岩，可进行天然湿度的单轴抗压强度试验。对无法取样的破碎和极破碎的岩石，宜进行原位测试。

四、勘察评价

桩基工程特有的勘察评价内容如下：

1. 提供可选的桩基类型和桩端持力层；提出桩长、桩径方案的建议。

2. 提出估算的有关岩土的基桩侧阻力和端阻力。必要时提出估算的竖向、水平承载力和抗拔承载力。对地基基础设计等级为甲级的建筑物和缺乏经验的地区，应建议做单桩竖向静载荷试验。试验数量不宜少于工程桩数的1%，且每个场地不少于3个。对承受较大水平荷载的桩，应建议进行桩的水平载荷试验；对承受上拔力的桩，应建议进行抗拔试验。

3. 对需要进行沉降计算的桩基工程，应提供计算所需的相应土层的变形参数，如有委托要求，且条件许可时，可进行沉降估算。

4. 当有软弱下卧层时，需提供桩基稳定性验算所需的软弱下卧层强度指标。

5. 对欠固结土和有大面积堆载的工程，应分析桩侧产生负摩阻力的可能性及其对桩基承载力的影响，并提供负摩阻力系数和减少负摩阻力措施的建议。

6. 分析成桩的可能性，成桩和挤土效应的影响，并提出防护措施的建议。

7. 持力层为倾斜地层，基岩面凹凸不平或岩土中有洞穴时，应评价桩的稳定性，并提出处理措施的建议。

第三节 单桩承载力的确定

一、单桩竖向抗压承载力

单桩竖向承载力一般宜采用现场单桩静载试验并结合其他原位测试成果或经验参数估算等方法综合确定。积累有工程经验的地区，对一般性建（构）筑物也可按静力触探、标准贯入等原位测试成果或经验参数采用经验公式估算确定单桩竖向承载力。

不同行业、不同地区所采用的单桩竖向承载力代表值不完全一致，但计算方法及取值原则大同小异。

（一）经验参数估算法

1.《建筑地基基础设计规范》GB 50007—2011

（1）初步设计时单桩承载力按下式估算

$$R_a = q_{pa}A_p + u_p \sum q_{sia}l_i \tag{8-2-1}$$

式中 R_a——单桩竖向承载力特征值（kN）；

q_{pa}、q_{sia}——桩端阻力特征值和第 i 层的桩周侧阻力特征值（kPa），由当地静载荷试验结果统计分析算得；

A_p——桩底端横截面积（m^2）；

u_p——桩身周边长度（m）；

l_i——桩周第 i 层岩土的厚度（m）。

（2）当桩端嵌入完整及较完整的硬质岩中时，当桩长较短且入岩较浅时，可按下式估算单桩竖向承载力特征值：

$$R_a = q_{pa}A_p \tag{8-2-2}$$

式中 q_{pa}——桩端岩石承载力特征值（kPa），当桩端以下 3 倍桩径且不小于 5m 范围内无软弱夹层、破碎带和洞穴，桩底应力扩散范围内无岩体临空面，且桩端无沉渣时，可根据岩石饱和单轴抗压强度标准值进行折减取值。折减系数可根据岩石的完整程度，结构面间距、宽度、产状组合，结合地区经验确定，如无经验，完整岩体取 0.5，较完整岩体取 0.2～0.5 倍，较破碎岩体取 0.1～0.2 倍。

2.《建筑桩基技术规范》JGJ 94—2008

（1）混凝土预制桩和灌注桩

$$Q_{uk} = Q_{sk} + Q_{pk} = u \sum q_{sik}l_i + q_{pk}A_p \tag{8-2-3}$$

式中 Q_{uk}——单桩竖向极限承载力标准值（kN）；

q_{sik}——桩侧第 i 层土的极限侧阻力标准值（kPa），如无地经验值时，可按表 8-2-3 取值；

q_{pk}——极限端阻力标准值，如无当地经验值时可按表 8-2-4 取值。

桩的极限侧阻力标准值 q_{sik}（kPa） **表 8-2-3**

土的名称	土的状态	混凝土预制桩	泥浆护壁钻（冲）孔桩	干作业钻孔桩
填　土		22～30	20～28	20～28
淤　泥		14～20	12～18	12～18
淤泥质土		22～30	20～28	20～28
黏性土	$I_L>1$	24～40	21～38	21～38
	$0.75<I_L\leqslant1$	40～55	38～53	38～53
	$0.50<I_L\leqslant0.75$	55～70	53～68	53～66
	$0.25<I_L\leqslant0.5$	70～86	68～84	66～82
	$0<I_L\leqslant0.25$	86～98	84～96	82～94
	$I_L\leqslant0$	98～105	96～102	94～104
红黏土	$0.7<\alpha_w\leqslant1$	13～32	12～30	12～30
	$0.5<\alpha_w\leqslant0.7$	32～74	30～70	30～70

续表

土的名称	土的状态		混凝土预制桩	泥浆护壁钻（冲）孔桩	干作业钻孔桩
粉 土	稍 密	$e>0.9$	26～46	24～42	24～42
	中 密	$0.75<e\leqslant 0.9$	46～66	42～62	42～62
	密 实	$e<0.75$	66～88	62～82	62～82
粉细砂	稍 密	$10<N\leqslant 15$	24～48	22～46	22～46
	中 密	$15<N\leqslant 30$	48～66	46～64	46～64
	密 实	$N>30$	66～88	64～86	64～86
中 砂	中 密	$15<N\leqslant 30$	54～74	53～72	53～72
	密 实	$N>30$	74～95	72～94	72～94
粗 砂	中 密	$15<N\leqslant 30$	74～95	74～95	76～98
	密 实	$N>30$	95～116	95～116	98～120
砾 砂	稍 密	$5<N_{63.5}\leqslant 15$	70～110	50～90	60～100
	中密（密实）	$N_{63.5}>15$	116～138	116～135	120～130
圆砾、角砾	中密、密实	$N_{63.5}>10$	160～200	135～150	135～150
碎石、卵石	中密、密实	$N_{63.5}>10$	200～300	140～170	150～170
全风化软质岩		$30<N\leqslant 50$	100～120	80～100	80～100
全风化硬质岩		$30<N\leqslant 50$	140～160	140～200	120～150
强风化软质岩		$N_{63.5}>10$	160～240	140～200	140～220
强风化硬质岩		$N_{63.5}>10$	220～300	160～240	160～260

注：1. 对于尚未完成自重固结的填土和以生活垃圾为主的杂填土，不计算其侧阻力；

2. α_w为含水比，$\alpha_w=w/w_L$，w为土的天然含水量，w_L为土的液限；

3. N为标准贯入击数；$N_{63.5}$为重型圆锥动力触探击数；

4. 全风化、强风化软质岩和全风化、强风化硬质岩系指其母岩分别为$f_{rk}\leqslant 15$MPa、$f_{rk}>30$MPa的岩石。

桩的极限端阻力标准值 q_{pk}（kPa） **表 8-2-4**

土的名称	桩型 / 土的状态		混凝土预制桩桩长 l（m）				泥浆护壁钻（冲）孔桩桩长 l（m）			
			$l\leqslant 9$	$9<l\leqslant 16$	$16<l\leqslant 30$	$l>30$	$5\leqslant l<10$	$10\leqslant l<15$	$15\leqslant l<30$	$l\geqslant 30$
黏性土	软塑	$0.75<I_L\leqslant 1$	210～850	650～1400	1200～1800	1300～1900	150～250	250～300	300～450	300～450
	可塑	$0.50<I_L\leqslant 0.75$	850～1700	1400～2200	1900～2800	2300～3600	350～450	450～600	600～750	750～800
	硬可塑	$0.25<I_L\leqslant 0.5$	1500～2300	2300～3300	2700～3600	3600～4400	800～900	900～1000	1000～1200	1200～1400
	硬塑	$0<I_L\leqslant 0.25$	2500～3800	3800～5500	5500～6000	6000～6800	1100～1200	1200～1400	1400～1600	1600～1800

续表

土的名称	桩型 土的状态		混凝土预制桩桩长 l（m）				泥浆护壁钻（冲）孔桩桩长 l（m）			
			$l\leqslant 9$	$9<l\leqslant 16$	$16<l\leqslant 30$	$l>30$	$5\leqslant l<10$	$10\leqslant l<15$	$15\leqslant l<30$	$l\geqslant 30$
粉土	中密	$0.75<e\leqslant 0.9$	950～1700	1400～2100	1900～2700	2500～3400	300～500	500～650	650～750	750～850
	密实	$e<0.75$	1500～2600	2100～3000	2700～3600	3600～4400	650～900	750～950	900～1100	1100～1200
粉砂	稍 密	$10<N\leqslant 15$	1000～1600	1500～2300	1900～2700	2100～3000	350～500	450～600	600～700	650～750
	中密、密实	$N>15$	1400～2200	2100～3000	3000～4500	3800～5500	600～750	750～900	900～1100	1100～1200
细砂	中密、密实	$N>15$	2500～4000	3600～5000	4400～6000	5300～7000	650～850	900～1200	1200～1500	1500～1800
中砂			4000～6000	5500～7000	6500～8000	7500～9000	850～1050	1100～1500	1500～1900	1900～2100
粗砂			5700～7500	7500～8500	8500～10000	9500～11000	1500～1800	2100～2400	2400～2600	2600～2800
砾砂	中密、密实	$N>15$	6000～9500		9000～10500		1400～2000		2000～3200	
角砾、圆砾		$N_{63.5}>10$	7000～10000		9500～11500		1800～2200		2200～3600	
砾砂、卵石		$N_{63.5}>10$	8000～11000		10500～13000		2000～3000		3000～4000	
软质岩	全风化	$30<N\leqslant 50$	4000～6000				1000～1600			
	强风化	$N_{63.5}>10$	6000～9000				1400～2200			
硬质岩	全风化	$30<N\leqslant 50$	5000～8000				1200～2000			
	强风化	$N_{63.5}>10$	7000～11000				1800～2800			

土的名称	桩型 土的状态		干作业钻孔桩桩长（m）		
			$5\leqslant l<10$	$10\leqslant l<15$	$15\leqslant l$
黏性土	软塑	$0.75<I_L\leqslant 1$	200～400	400～700	700～950
	可塑	$0.50<I_L\leqslant 0.75$	500～700	800～1100	1000～1600
	硬可塑	$0.25<I_L\leqslant 0.5$	850～1100	1500～1700	1700～1900
	硬塑	$0<I_L\leqslant 0.25$	1600～1800	2200～2400	2600～2800
粉　土	中密	$0.75<e\leqslant 0.9$	800～1200	1200～1400	1400～1600
	密实	$e<0.75$	1200～1700	1400～1900	1600～2100

续表

土的名称	土的状态＼桩型		干作业钻孔桩桩长（m）		
			$5 \leqslant l < 10$	$10 \leqslant l < 15$	$15 \leqslant l$
粉　砂	稍　密	$10 < N \leqslant 15$	500～950	1300～1600	1500～1700
	中密、密实	$N > 15$	900～1000	1700～1900	1700～1900
细　砂	中密、密实	$N > 15$	1200～1600	2000～2400	2400～2700
中　砂			1800～2400	2800～3800	3600～4400
粗　砂			2900～3600	4000～4600	4600～5200
砾砂	中密、密实	$N > 15$	3500～5000		
角砾、圆砾		$N_{63.5} > 10$	4000～5500		
砾砂、卵石		$N_{63.5} > 10$	4500～6500		
软质岩	全风化	$30 < N \leqslant 50$	1200～2000		
	强风化	$N_{63.5} > 10$	1600～2600		
硬质岩	全风化	$30 < N \leqslant 50$	1400～2400		
	强风化	$N_{63.5} > 10$	2000～3000		

注：1. 砂土和碎石类土中桩的极限端阻力取值，要综合考虑土的密实度，桩端进入持力层的深度比 h_b/d。土愈密实，h_b/d 愈大，取值愈高。

2. 预制桩的岩石极限端阻力指桩端支撑于中、微风化基岩表面或进入强风化岩、软质岩一定深度条件下极限端阻力。

3. 全风化、强风化软质岩和全风化、强风化硬质岩指其母岩分别为 $f_{rk} \leqslant 15$MPa、$f_{rk} > 30$MPa 的岩石。

（2）桩径≥800mm 的大直径桩

$$Q_{uk} = Q_{sk} + Q_{pk} = u \sum \psi_{si} q_{sik} l_i + \psi_p q_{pk} A_p \tag{8-2-4}$$

式中　q_{sik}——同上，对于扩底桩斜面及变截面以上 $2d$ 长度范围不计侧阻力；

q_{pk}——同上，桩径为 800mm 的极限端阻力标准值，对于干作业挖孔（清底干净）可采用深层载荷板试验确定；当不能进行深层载荷板试验时，可按表 8-2-5 取值；

ψ_{si}、ψ_p——大直径桩侧阻力、端阻力尺寸效应系数，按表 8-2-6 取值。

u——桩身周长，当人工挖孔桩桩周护壁为振捣密实的混凝土时，桩身周长可按护壁外直径计算。

干作业挖孔桩（清底干净，D=800mm）极限端阻力标准值 q_{pk}（kPa）　　**表 8-2-5**

土 的 名 称	土 的 状 态		
黏 性 土	$0.25 < I_L \leqslant 0.75$	$0 < I_L \leqslant 0.25$	$I_L \leqslant 0$
	800～1800	1800～2400	2400～3000
粉　土	—	$0.75 \leqslant e \leqslant 0.9$	$e < 0.75$
	—	1000～1500	1500～2000

续表

土的名称		土的状态		
		稍密	中密	密实
砂土、碎石类土	粉砂	500～700	800～1100	1200～2000
	细砂	700～1100	1200～1800	2000～2500
	中砂	1000～2000	2200～3200	3500～5000
	粗砂	1200～2200	2500～3500	4000～5500
	砾砂	1400～2400	2600～4000	5000～7000
	圆砾、角砾	1600～3000	3200～5000	6000～9000
	卵石、碎石	2000～3000	3300～5000	7000～11000

注：1. q_{pk}取值宜考虑桩端持力层土的状态及桩进入持力层的深度效应，当进入持力层深度 h_b为：$h_b \leqslant D$，$D < h_b \leqslant 4D$，$h_b > 4D$；q_{pk}可分别取低值、中值、高值。

2. 砂土密实度可根据标贯击数 N 判定，$N \leqslant 10$ 为松散，$10 < N \leqslant 15$ 为稍密，$15 < N \leqslant 30$ 为中密，$N > 30$ 为密实。

3. 当桩的长径比 $l/d \leqslant 8$ 时，q_{pk}宜取较低值。

4. 当对沉降要求不严时，q_{pk}可取高值。

尺寸效应系数 ψ_{si}、ψ_p 值　　**表 8-2-6**

土的类别	黏性土、粉土	砂土、碎石类土	土的类别	黏性土、粉土	砂土、碎石类土
ψ_{si}	$\left(\frac{0.8}{d}\right)^{1/5}$	$\left(\frac{0.8}{d}\right)^{1/3}$	ψ_p	$\left(\frac{0.8}{D}\right)^{1/4}$	$\left(\frac{0.8}{D}\right)^{1/3}$

注：表中 D 为桩端直径，d 为桩身直径，当为等直径桩时，表中 $D=d$。

（3）钢管桩

$$Q_{uk} = Q_{sk} + Q_{pk} = u\sum q_{sik} l_i + \lambda_p q_{pk} A_p \tag{8-2-5}$$

式中　λ_p——桩端闭塞效应系数，对于闭口钢管桩 $\lambda_p=1$，对于敞口钢管桩 λ_p按下式取值；

当 $h_b/d<5$ 时，$\lambda_p=0.16h_b/d$

当 $h_b/d \geqslant 5$ 时，$\lambda_p=0.80$

h_b——桩端进入持力层深度（m）；

d——钢管桩外径（m）。

对于带隔板的半敞口钢管桩，应以等效直径 d_e代替 d 确定 λ_p；$d_e=d/\sqrt{n}$，其中 n 为桩端隔板分割数。

（4）混凝土空心桩

$$Q_{uk} = Q_{sk} + Q_{pk} = u\sum q_{sik} l_i + q_{pk}(A_j + \lambda_p A_{p1}) \tag{8-2-6}$$

式中　λ_p——桩端土塞效应系数，对于混凝土空心桩 λ_p按下式取值；

当 $h_b/d_1<5$ 时，$\lambda_p=0.16h_b/d_1$

当 $h_b/d_1 \geqslant 5$ 时，$\lambda_p=0.80$

h_b——桩端入持力层深度；

A_j——空心桩桩端净面积：

管桩：$A_j = \frac{\pi}{4}(d^2 - d_1^2)$；

空心方桩：$A_j = b^2 - \frac{\pi}{4}d_1^2$；

A_{p1}——空心桩敞口面积：$A_{p1} = \frac{\pi}{4}d_1^2$；

d、b——空心桩外径、边长；

d_1——空心桩内径。

（5）嵌岩桩

$$Q_{uk} = Q_{sk} + Q_{rk} = u\sum q_{sik}l_i + \zeta_r f_{rk}A_p \tag{8-2-7}$$

式中　f_{rk}——岩石饱和单轴抗压强度标准值（kPa），对于黏土岩取天然湿度单轴抗压强度标准值；

ζ_r——桩嵌岩段侧阻和端阻综合系数，与嵌岩深径比 h_r/d、岩石软硬程度和成桩工艺有关，按表 8-2-7 取值。表中数值适用于泥浆护壁成桩，对于干作业成桩（清底干净）和泥浆护壁成桩后注浆，ζ_r应取表 8-2-7 数值的 1.20 倍。

嵌岩段侧阻与端阻综合系数 ζ_r　　**表 8-2-7**

嵌岩深径比 h_r/d	0	0.5	1.0	2.0	3.0	4.0	5.0	6.0	7.0	8.0
极软岩、软岩	0.60	0.80	0.95	1.18	1.35	1.48	1.57	1.63	1.66	1.70
较硬岩、坚硬岩	0.45	0.65	0.81	0.90	1.00	1.04				

注：1. 极软岩、软岩指 $f_{rk} \leqslant 15$MPa，较硬岩、坚硬岩指 $f_{rk} > 30$MPa，介于两者之间可内插取值。

2. h_r为桩身嵌岩深度（m），当岩面倾斜时，以坡下方的嵌岩深度为准；当 h_r/d 为非表列值时，ζ_r可内插取值。

（6）后注浆灌注桩

单桩极限承载力标准值按下式计算：

$$Q_{uk} = Q_{sk} + Q_{gsk} + Q_{gpk} = u\sum q_{sjk}l_j + u\sum \beta_{si}q_{sik}l_{gi} + \beta_p q_{pk}A_p \tag{8-2-8}$$

式中　Q_{sk}——后注浆非竖向增强段的总极限侧阻力标准值；

Q_{gsk}——后注浆竖向增强段的总极限侧阻力标准值；

Q_{gpk}——后注浆总极限端阻力标准值；

l_j——后注浆非竖向增强段第 j 层土厚度；

l_{gi}——后注浆竖向增强段第 i 层土厚度：对于泥浆护壁成孔灌注桩，当为单一桩端后注浆时，竖向增强段为桩端以上 12m；当为桩端、桩侧复式注浆时，竖向增强段为桩端以上 12m 及各桩侧注浆断面以上 12m，重叠部分应扣除；对于干作业灌注桩，竖向增强段为桩端以上、桩侧注浆断面上下各 6m。

q_{sik}、q_{sjk}、q_{pk}——分别为后注浆竖向增强段第 i 土层初始极限侧阻力标准值、非竖向增强段第 j 土层初始极限侧阻力标准值、初始极限端阻力标准值；根据表 8-2-3、8-2-4 确定。

β_{si}、β_p——分别为后注浆侧阻力、端阻力增强系数，无当地经验时，按表 8-2-8 采用。对于桩径大于 800mm 的桩，应按表 8-2-6 进行侧阻和端阻尺寸效应修正。

后压浆侧阻力增强系数 β_{si}、端阻力增强系数 β_p **表 8-2-8**

土层名称	淤泥 淤泥质土	黏性土 粉土	粉砂 细砂	中砂	粗砂 砾砂	砾石 卵石	全风化岩 强风化岩
β_{si}	1.2～1.3	1.4～1.8	1.6～2.0	1.7～2.1	2.0～2.5	2.4～3.0	1.4～1.8
β_p		2.2～2.5	2.4～2.8	2.6～3.0	3.0～3.5	3.0～4.0	2.0～2.4

注：干作业钻、挖孔桩，β_p按表列值乘以小于 1.0 的折减系数，当桩端持力层为黏性土或粉土时，折减系数取 0.6；为砂土或碎石土时，取 0.8。

3.《港口工程桩基规范》JTS 167—4—2012

（1）桩身实心或桩端封闭的打入桩

$$Q_d = \frac{1}{\gamma_R}(U \sum q_{fi} l_i + q_R A) \tag{8-2-9}$$

式中 Q_d——单桩轴向承载力设计值（kN）；

γ_R——单桩轴向承载力分项系数，按表 8-2-9 取值；

U——桩身截面周长（m）；

q_{fi}——单桩第 i 层土的单位面积极限桩侧摩阻力标准值（kPa），当无当地经验时，可按表 8-2-10 取值。

l_i——桩身穿过第 i 层土的长度（m）；

q_R——单桩单位面积极限桩端阻力标准值（kPa），当无当地经验时，可按表8-2-11 取值。

A——桩身截面面积（m^2）。

单桩轴向承载力抗力分项系数 **表 8-2-9**

桩的类型		静载试验法 γ_R	经验参数法		
打入桩		1.30～1.40	γ_R 取 1.45～1.55		
灌注桩		1.50～1.60	γ_R 取 1.55～1.65		
嵌岩桩	抗压	1.60～1.70	覆盖层 γ_{cs}	预制型	1.45～1.55
				灌注型	1.55～1.65
			嵌岩桩 γ_{cR}	1.70～1.80	

打入桩单位面积极限侧摩阻力标准值 q_f（kPa） **表 8-2-10**

土的名称	土的状态	土层深度（m）							
		0～2	2～4	4～6	6～8	8～10	10～13	13～16	16～19
淤 泥	$I_L>1.0$ $1.5<e\leqslant2.4$	2～4	4～6	6～8	8～10	10～12	12～14	14～16	16～18
黏 土 $I_p>17$	$I_L>1.0$	4～7	6～9	9～12	11～14	13～16	15～18	17～20	18～21
	$0.75<I_L\leqslant1.0$	11～14	14～17	18～21	21～24	23～26	26～29	30～33	33～36
	$0.50<I_L\leqslant0.75$	26～34	30～38	33～41	36～44	40～48	43～51	47～55	51～59
	$0.25<I_L\leqslant0.5$	30～39	34～43	38～47	41～50	45～54	48～57	53～62	57～66
	$0<I_L\leqslant0.25$	42～51	46～55	50～59	54～63	58～67	61～70	66～75	71～80

续表

土的名称	土的状态	土层深度（m）							
		0～2	2～4	4～6	6～8	8～10	10～13	13～16	16～19
粉质黏土 $10<I_P\leqslant17$	$I_L>1$	10～12	13～15	16～18	19～21	21～23	23～25	26～28	28～30
	$0.75<I_L\leqslant1.0$	22～25	25～28	28～31	31～34	33～36	36～39	39～42	41～44
	$0.50<I_L\leqslant0.75$	30～37	34～41	37～44	40～47	43～50	46～53	50～57	54～61
	$0.25<I_L\leqslant5.0$	40～48	44～52	47～55	51～59	54～62	57～65	62～70	66～74
	$0<I_L\leqslant0.25$	47～55	51～59	55～63	59～67	62～70	66～74	71～79	75～83
粉　土 $I_P\leqslant10$	$0.75<I_L\leqslant1.0$	21～27	24～30	27～33	30～36	33～39	35～41	39～45	43～49
	$0.50<I_L\leqslant0.75$	25～33	28～36	31～39	34～42	36～44	39～47	41～49	44～52
	$0.25<I_L\leqslant5.0$	34～42	37～45	41～49	44～52	46～54	49～57	52～60	55～63
	$0<I_L\leqslant0.25$	43～51	47～55	50～58	54～62	57～65	60～68	64～72	68～76
细砂、粉砂	稍　密	25～33	28～36	31～39	34～42	36～44	39～47	41～49	44～52
	中　密	34～42	37～45	41～49	44～52	46～54	49～57	52～60	55～63
	密　实	43～51	47～55	50～58	54～62	57～65	60～68	64～72	68～76
中粗砂	$N>30$	55～65	60～70	64～74	68～78	72～82	76～86	82～92	87～97

土的名称	土的状态	土层深度（m）							
		19～22	22～26	26～30	30～35	35～40	40～45	45～50	50以上
淤　泥	$I_L>1.0$ $1.5<e\leqslant2.4$	18～20	18～20	18～20	18～20	18～20	18～20	18～20	18～20
黏　土 $I_P>17$	$I_L>1.0$	20～23	20～23	20～23	20～23	20～23	20～23	20～23	20～23
	$0.75<I_L\leqslant1.0$	34～36	38～41	39～42	43～46	43～46	43～46	43～46	43～46
	$0.50<I_L\leqslant0.75$	44～47	56～64	58～66	62～70	64～71	64～71	64～71	64～71
	$0.25<I_L\leqslant0.5$	59～63	63～72	65～74	69～78	73～81	73～81	73～81	73～81
	$0<I_L\leqslant0.25$	75～84	77～86	79～88	84～93	88～97	88～97	88～97	88～97
粉质黏土 $10<I_P\leqslant17$	$I_L>1.0$	30～32	30～32	30～32	30～32	30～32	30～32	30～32	30～32
	$0.75<I_L\leqslant1.0$	43～46	43～46	43～46	43～46	43～46	43～46	43～46	43～46
	$0.50<I_L\leqslant0.75$	58～65	59～66	61～68	64～71	64～71	64～71	64～71	64～71
	$0.25<I_L\leqslant5.0$	69～77	71～79	73～81	73～81	73～81	73～81	73～81	73～81
	$0<I_L\leqslant0.25$	79～87	81～89	83～91	88～96	92～100	92～100	92～100	92～100
粉土 $I_P\leqslant10$	$0.75<I_L\leqslant1.0$	45～52	45～53	45～53	45～53	45～53	45～53	45～53	45～53
	$0.50<I_L\leqslant0.75$	46～54	46～54	46～54	46～54	46～54	46～54	46～54	46～54
	$0.25<I_L\leqslant5.0$	57～65	58～66	59～67	61～69	61～69	61～69	61～69	61～69
	$0<I_L\leqslant0.25$	72～80	73～81	75～83	79～87	82～90	85～93	85～93	85～93
粉砂、细砂	稍　密	46～54	46～54	46～54	46～54	46～54	46～54	46～54	46～54
	中　密	57～65	58～66	59～67	61～69	61～69	61～69	61～69	61～69
	密　实	72～80	73～81	75～83	79～87	82～90	85～93	85～93	85～93
中粗砂	$N>30$	92～102	94～104	97～107	103～113	108～118	113～123	118～128	118～128

注：1. I_P—土的塑性指数；I_L—土的液性指数；N—标准贯入击数；e—土的天然孔隙比。

2. 本表适用于以侧摩阻力为主的摩擦桩，对于端阻力为主的端承桩应另行确定。

3. 有当地工程经验时宜按当地经验取值。

打入桩单位面积极限桩端阻力标准值 q_R（kPa） **表 8-2-11**

土的名称	土的状态	土层深度（m）					
		5～10	10～15	15～20	20～25	25～30	30～35
黏土 $I_P>17$	$1.0<I_L\leqslant1.4$	50～150	150～250	250～350	350～450	450～550	550～600
	$0.75<I_L\leqslant1.0$	100～300	300～500	500～700	700～900	900～1100	1100～1200
	$0.50<I_L\leqslant0.75$	300～500	500～700	700～950	950～1200	1200～1400	1400～1500
	$0.25<I_L\leqslant0.5$	500～700	700～950	950～1200	1200～1430	1430～1650	1650～1800
	$0<I_L\leqslant0.25$	700～970	970～1250	1250～1500	1500～1750	1750～2000	2000～2200
粉质黏土 $10<I_P\leqslant17$	$1.0<I_L\leqslant1.4$	100～250	250～395	395～500	500～600	600～725	725～800
	$0.75<I_L\leqslant1.0$	200～500	500～790	790～1000	1000～1200	1200～1450	1450～1600
	$0.50<I_L\leqslant0.75$	400～700	700～1050	1050～1400	1400～1750	1750～2050	2050～2200
	$0.25<I_L\leqslant5.0$	600～1000	1000～1300	1300～1600	1600～1900	1900～2200	2500
	$0<I_L\leqslant0.25$	800～1300	1300～1800	1800～2200	2200～2500	2500～2800	2800～3100
粉土 $I_P\leqslant10$	$0.75<I_L\leqslant1.0$	600～1000	1000～1400	1400～1800	1800～2150	2150～2400	2400～2650
	$0.50<I_L\leqslant0.75$	720～1170	1170～1620	1620～2070	2070～2385	2385～2700	2700～2880
	$0.25<I_L\leqslant5.0$	800～1360	1360～1840	1840～2320	2320～2680	2680～3000	3000～3200
	$0<I_L\leqslant0.25$	1200～1840	1840～2400	2400～2880	2880～3280	3280～3600	3600～3840
粉砂 细砂	稍密	900～1530	1530～2070	2070～2430	2430～2790	2790～3060	3060
	中密	1350～2070	2070～2700	2700～3060	3060～3420	3420～3690	3690
	密实	1800～2700	2700～3510	3510～3960	3960～4320	4320～4590	4590
中粗砂	$N>30$	2160～3420	3420～4680	4680～5625	5625～6480	6480～7200	7200～7785

土的名称	土的状态	土层深度（m）				
		35～40	40～45	45～50	50～55	大于 55
黏土 $I_P>17$	$1.0<I_L\leqslant1.4$	600～650	650～700	700～750	750～755	755
	$0.75<I_L\leqslant1.0$	1200～1300	1300～1400	1400～1500	1500～1550	1550
	$0.50<I_L\leqslant0.75$	1500～1600	1600～1750	1750～1850	1850～1900	1900
	$0.25<I_L\leqslant0.5$	1800～1950	1950～2100	2100～2250	2250～2350	2350
	$0<I_L\leqslant0.25$	2200～2300	2300～2450	2450～2600	2600～2700	2700
粉质黏土 $10<I_P\leqslant17$	$1.0<I_L\leqslant1.4$	800～875	875～950	950	950	950
	$0.75<I_L\leqslant1.0$	1600～1750	1750～1900	1900	1900	1900
	$0.50<I_L\leqslant0.75$	2200	2200	2200	2200	2200
	$0.25<I_L\leqslant5.0$	2500	2500	2500	2500	2500
	$0<I_L\leqslant0.25$	3100	3100	3100	3100	3100
粉土 $I_P\leqslant10$	$0.75<I_L\leqslant1.0$	2650	2650	2650	2650	2650
	$0.50<I_L\leqslant0.75$	2880	2880	2880	2880	2880
	$0.25<I_L\leqslant5.0$	3200	3200	3200	3200	3200
	$0<I_L\leqslant0.25$	3840	3840	3840	3840	3840
粉砂、细砂	稍密	3060	3060	3060	3060	3060
	中密	3690	3690	3690	3690	3690
	密实	4590	4590	4590	4590	4590
中粗砂	$N>30$	7785～8000	8000～8200	8200～8550	8550	8550

注：1. I_P—土的塑性指数；I_L—土的液性指数；N—标准贯入击数；e—土的天然孔隙比。
2. 未经充分论证并采取适当措施，$I_L>1.0$ 的土层不宜作为永久结构的持力层。
3. 本表适用于以侧摩阻力为主的摩擦桩，对于端阻力为主的端承桩应另行确定。
4. 有当地工程经验时宜按当地经验取值。

（2）钢管桩和预制混凝土管桩

$$Q_d = \frac{1}{\gamma_R}(U\sum q_{fi}l_i + \eta q_R A) \tag{8-2-10}$$

式中　Q_d——单桩轴向承载力设计值（kN）；

γ_R——单桩轴向承载力分项系数，可按表 8-2-9 取值；

U——桩身截面周长（m）；

q_{fi}——单桩第 i 层土的单位面积极限桩侧摩阻力标准值（kPa），无当地经验时，可按表 8-2-10 取值。

l_i——桩身穿过第 i 层土的长度（m）；

η——承载力折减系数，可按地区经验取值，无当地经验时，可按表 8-2-12 取值。

q_R——单桩单位面积极限桩端阻力标准值（kPa），当无当地经验时，可按表8-2-11 取值。

A——桩端外周面积（m^2）。

桩端承载力折减系数 η　　**表 8-2-12**

桩　型	桩的外径（m）	η	取值说明
敞口钢管桩	$d<0.60$	入土深度大于 $20d$，且桩端进入持力层的深度大于 $5d$ 时，取 1.00～0.80	根据桩径、入土深度和持力层特性综合分析；入土深度较大，进入持力层深度较大，桩径较小时取大值，反之取小值
	$0.60 \leqslant d \leqslant 0.80$	入土深度大于或等于 $20d$ 时取 0.85～0.45	
	$0.80 < d \leqslant 1.20$	入土深度大于 20m 或 $20d$ 时取 0.50～0.30	
	$1.20 < d \leqslant 1.50$	入土深度大于 25m 取 0.35～0.20	
	$d>1.50$	入土深度小于 25m 取 0； 入土深度大于或等于 25m 取 0.25～0	
半敞口钢管桩	—	参照同条件下的敞口钢管桩酌情增大	持力层为黏性土时增大值不宜大于敞口时的 20%；较密实砂性土增大值可适当增加
混凝土管桩	$d<0.80$	入土深度大于 $20d$ 时取 1.00	根据桩径、入土深度和持力层特性综合分析；入土深度较大，进入持力层深度较大，桩径较小时取大值，反之取小值
	$0.80 \leqslant d < 1.20$	入土深度大于 $20d$ 或 20m 时取 1.00～0.80	
	$d=1.20$	入土深度大于 $20d$ 时取 0.85～0.75	

注：1. 表中 d 为桩的外径；

2. 表层为淤泥时，入土深度应适当折减；

3. 有经验时可适当增减；

4. 若入土深度大于 $30d$ 或 30m，进入持力层深度大于 $5d$，可分别认为入土深度较大和进入持力层深度较大；

5. 本表不适用于持力层为全风化和强风化岩层的情况，不适用于直径大于 2m 的桩。

（3）灌注桩

$$Q_d = \frac{1}{\gamma_R}(U\sum \psi_{si}q_{fi}l_i + \psi_p q_R A) \tag{8-2-11}$$

式中　Q_d——单桩轴向承载力设计值（kN）；

γ_R——单桩轴向承载力分项系数，可按表 8-2-9 取值；

U——桩身截面周长（m）；

ψ_{si}、ψ_p——桩侧阻力、端阻力尺寸效应系数，当桩径不大于 0.8m 时，均取 1.0，当桩径大于 0.8m 时，可按表 8-2-13 取值；

q_{fi}——单桩第 i 层土的单位面积极限桩侧摩阻力标准值（kPa），当无当地经验时，对可按表 8-2-14 取值；

l_i——桩身穿过第 i 层土的长度（m）；

q_R——单桩单位面积极限桩端阻力标准值（kPa），当无当地经验时，对可按表 8-2-15 取值。

A——桩身截面面积（m^2）。

桩侧阻力尺寸效应系数 ψ_{si}、端阻力尺寸效应系数 ψ_p　　**表 8-2-13**

土 类 型	黏性土、粉土	砂土、碎石类土
ψ_{si}	$\left(\frac{0.8}{d}\right)^{\frac{1}{5}}$	$\left(\frac{0.8}{d}\right)^{\frac{1}{3}}$
ψ_p	$\left(\frac{0.8}{d}\right)^{\frac{1}{4}}$	$\left(\frac{0.8}{d}\right)^{\frac{1}{3}}$

注：1. d 为桩的直径；
2. 有经验时可适当增大。

灌注桩极限单位面积侧摩阻力标准值 q_f（kPa）　　**表 8-2-14**

土的名称	土的状态	推荐值	备　注
淤 泥	$I_L>1.0$ $1.5<e\leqslant2.4$	8～18	土层深度 0～2 倍桩径或边长范围内的侧摩阻力不计
淤泥质土	$I_L>1.0$ $1.0<e\leqslant1.5$	12～23	土层深度 0～2 倍桩径或边长范围内的侧摩阻力不计
黏性土 $I_p>10$	$I_L>1.0$ $e\leqslant1.0$	18～28	土层深度 0～2 倍桩径或边长范围内的侧摩阻力不计
	$0.75<I_L\leqslant1.0$	28～50	
	$0.50<I_L\leqslant0.75$	50～65	
	$0.25<I_L\leqslant0.5$	60～80	
	$0<I_L\leqslant0.25$	65～95	
	$I_L\leqslant0$	90～105	
粉　土 $I_p\leqslant10$	$e>0.9$	20～40	
	$0.75\leqslant e\leqslant0.9$	30～60	
	$e<0.75$	55～80	
粉砂、细砂	$10<N\leqslant15$	20～40	
	$15<N\leqslant30$	40～60	
	$N>30$	55～80	
中 砂	$15<N\leqslant30$	50～70	
	$N>30$	70～94	
粗 砂	$15<N\leqslant30$	70～98	
	$N>30$	98～120	

续表

土的名称	土的状态	推荐值	备　注
砾 砂	$5<N_{63.5}\leqslant 15$	60～100	
	$N_{63.5}>15$	112～130	
圆砾、角砾	$N_{63.5}>10$	130～150	
卵石、碎石	$N_{63.5}>10$	150～170	
全风化软质岩	$30<N\leqslant 50$	80～100	
全风化硬质岩	$30<N\leqslant 50$	120～140	
强风化软质岩	$N_{63.5}>10$	140～200	
强风化硬质岩	$N_{63.5}>10$	160～240	

注：1. N—标准贯入击数；$N_{63.5}$—重型圆锥动力触探击数；I_P—土的塑性指数；I_L—土的液性指数；e—土的天然孔隙比。

2. 全风化、强风化软质岩和全风化、强风化硬质岩系指其母岩分别为饱和单轴抗压强度标准值 $f_{rk}\leqslant 30$MPa 和 $f_{rk}>30$MPa 的岩石。

3. 有经验时可适当增减。

灌注桩极限单位面积桩端阻力标准值 q_R（kPa）　　**表 8-2-15**

土名称	桩型 / 土的状态	泥浆护壁钻（冲）孔桩桩长（m）				干作业钻孔桩桩长（m）		
		$5\leqslant l<10$	$10\leqslant l<15$	$15\leqslant l<30$	$l\geqslant 30$	$5\leqslant l<10$	$10\leqslant l<15$	$l\geqslant 15$
黏性土	$0.75<I_L\leqslant 1$	150～250	250～300	300～450	300～450	200～400	400～700	700～950
	$0.50<I_L\leqslant 0.75$	350～450	450～600	600～750	750～800	500～700	800～1100	1000～1600
	$0.25<I_L\leqslant 0.50$	800～900	900～1000	1000～1200	1200～1400	850～1100	1500～1700	1700～1900
	$0<I_L\leqslant 0.25$	1100～1200	1200～1400	1400～1600	1600～1800	1600～1800	2200～2400	2600～2800
粉　土	$0.75<e\leqslant 0.9$	300～500	500～650	650～750	750～850	800～1200	1200～1400	1400～1600
	$e<0.75$	650～900	750～950	900～1100	1100～1200	1200～1700	1400～1900	1600～2100
粉　砂	$10<N\leqslant 15$	350～500	450～600	600～700	650～750	500～950	1300～1600	1500～1700
	$N>15$	600～750	750～900	900～1100	1100～1200	900～1000	1700～1900	1700～1900
细　砂	$N>15$	650～850	900～1200	1200～1500	1500～1800	1200～1600	2000～2400	2400～2700
中　砂		850～1050	1100～1500	1500～1900	1900～2100	1800～2400	2800～3800	3600～4400
粗　砂		1500～1800	2100～2400	2400～2600	2600～2800	2900～3600	4000～4600	4600～5200
砾　砂	$N>15$	1400～2000		2000～3200		3500～5000		
角砾、圆砾	$N_{63.5}>10$	1800～2200		2200～3600		4000～5500		
砾砂、卵石	$N_{63.5}>10$	2000～3000		3000～4000		4500～6500		
全风化软质岩	$30<N\leqslant 50$	1000～1600				1200～2000		
全风化硬质岩	$30<N\leqslant 50$	1200～2000				1400～2400		
强风化软质岩	$N_{63.5}>10$	1400～2200				1600～2600		

续表

土名称	桩型 土的状态	泥浆护壁钻（冲）孔桩桩长（m）				干作业钻孔桩桩长（m）		
		$5\leqslant l<10$	$10\leqslant l<15$	$15\leqslant l<30$	$l\geqslant 30$	$5\leqslant l<10$	$10\leqslant l<15$	$l\geqslant 15$
强风化硬质岩	$N_{63.5}>10$	1800～2800				2000～3000		

注：1. N—标准贯入击数；$N_{63.5}$—重型圆锥动力触探击数；I_P—土的塑性指数；I_L—土的液性指数；e—土的天然孔隙比。

2. 砂土和碎石类土中桩的极限端阻力取值，宜综合考虑土的密实度，桩端进入持力层的深径比，土愈密实，深径比愈大，取值可愈高；

3. 全风化、强风化软质岩和全风化、强风化硬质岩系指母岩分别为饱和单轴抗压强度标准值 $f_{rk}\leqslant 30$MPa 和 $f_{rk}>30$MPa 的岩石。

4. 有经验时可适当增减。

（4）嵌岩桩

$$Q_{cd}=\frac{U_1\sum\xi_{fi}q_{fi}l_i}{r_{cs}}+\frac{U_2\xi_s f_{rk}h_r+\xi_p f_{rk}A}{r_{cR}} \tag{8-2-12}$$

式中　Q_{cd}——嵌岩桩单桩轴向抗压承载力设计值（kN）；

U_1、U_2——分别为覆盖层桩身周长（m）和嵌岩段桩身周长（m）；

ξ_{fi}——桩周第 i 层土的侧阻力计算系数，$D\leqslant 1.0$m 时，岩面以上 10D 范围内的覆盖层取 0.5～0.7，10D 以上覆盖层取 1.0；$D>1.0$m 时，岩面以上 10m 范围内的覆盖层取 0.5～0.7，10m 以上覆盖层取 1.0；D 为覆盖层中桩的外径；

q_{fi}——桩周第 i 层土的单位面积极限侧阻力标准值（kPa），打入的预制型嵌岩桩按表 8-2-10 取值，灌注型嵌岩桩按表 8-2-14 取值；

l_i——桩穿过第 i 层土的长度（m）；

r_{cs}——覆盖层单桩轴向受压承载力分项系数，按表 8-2-9 取值；

ξ_s、ξ_p——分别为嵌岩段侧阻力和端阻力计算系数，与嵌岩深径比 h_r/d 有关，可按表 8-2-16 取值；

f_{rk}——岩石饱和单轴抗压强度标准值（kPa），应根据工程勘察报告提供的数据并结合工程经验确定；黏土质岩石取天然湿度单轴抗压强度标准值；f_{rk} 值大于桩身混凝土轴心抗压强度 f_{rc} 时，取 f_{rc} 值；遇水软化岩层或 f_{rk} 小于 10MPa 的岩层，桩的承载力宜按灌注桩计算；

h_r——桩身嵌入基岩的长度，当 $h_r>5D'$ 时取 $5D'$，当岩层表面倾斜时，应以岩面最低处计算嵌岩深度，D' 为嵌岩段桩径；

A——嵌岩段桩端面积（m^2）；

r_{cR}——嵌岩段单桩轴向受压承载力分项系数，可按表 8-2-9 取值。

嵌岩段侧阻力和端阻力计算系数　　**表 8-2-16**

嵌岩深径比 h_r/d	1.0	2.0	3.0	4.0	5.0
ξ_s	0.070	0.096	0.093	0.083	0.070
ξ_p	0.72	0.54	0.36	0.18	0.12

（5）后注浆灌注桩

$$Q_d = \frac{1}{r_R}(U\Sigma\beta_{si}\psi_{si}q_{fi}l_i + \beta_p\psi_p q_R A) \tag{8-2-13}$$

式中　Q_d——单桩轴向承载力设计值（kN）；

r_R——单桩轴向承载力分项系数，可按表 8-2-9 取值；

U——桩身截面周长（m）；

β_{si}——第 i 层土的侧阻力增强系数，可按表 8-2-17 取值，在饱和土层中压浆时，仅对桩端以上 8.0～12.0m 范围内的桩侧阻力进行增强修正；在非饱和土层中压浆时，仅对桩端以上 4.0～5.0m 范围内的桩侧阻力进行增强修正；对于非增强影响范围，$\beta_{si}=1.0$；

ψ_{si}、ψ_p——桩侧阻力、端阻力尺寸效应系数，当桩径不大于 0.8m 时，均取 1.0，当桩径大于 0.8m 时，可按表 8-2-13 取值；

q_{fi}——单桩第 i 层土的单位面积极限侧阻力标准值（kPa），无当地经验时，可按表 8-2-14 取值；

l_i——桩身穿过第 i 层土的长度（m）；

β_p——端阻力增强系数，可按表 8-2-17 取值；

q_R——单桩单位面积极限桩端阻力标准值（kPa），当无当地经验时，若孔底沉渣厚度指标符合要求时，可按表 8-2-15 取值；

A——嵌岩段桩端面积（m^2）。

后注浆侧阻力增强系数 β_{si}、端阻力增强系数 β_p　　　表 8-2-17

土层名称	黏性土、粉土	粉砂	细砂	中砂	粗砂	砾砂	碎石土
β_{si}	1.3～1.4	1.5～1.6	1.5～1.7	1.6～1.8	1.5～1.8	1.6～2.0	1.5～1.6
β_p	1.5～1.8	1.8～2.0	1.8～2.1	2.0～2.3	2.2～2.4	2.2～2.4	2.2～2.5

注：当地质条件比较复杂或持力层为软弱土层时，增强系数应作适当折减。

4.《铁路桥涵地基和基础设计规范》TB 10093—2017

（1）摩擦桩轴向受压的容许承载力

1）打入、振动下沉和桩尖爆扩桩（摩擦桩）的容许承载力

$$[P] = \frac{1}{2}(U\Sigma\alpha_i f_i l_i + \lambda A R\alpha) \tag{8-2-14}$$

式中　$[P]$——桩的容许承载力（kN）；

U——桩身截面周长（m）；

l_i——各土层厚度（m）；

A——桩底支承面积（m^2）；

α_i、α——振动沉桩对各土层桩周摩阻力和桩底承压力的影响系数，按表 8-2-18 取值，对打入桩取 1.0；

λ——系数，按表 8-2-19 取值；

f_i、R——桩周土的极限摩阻力和桩尖土的极限承载力（kPa），按表 8-2-20 和表 8-2-21 取值，或采用静力触探试验按下式计算：

$$f_i = \beta_i \overline{f}_{si} \quad 和 \quad R = \beta \overline{q_c}$$

$\overline{f}_{si}$——桩侧第 i 层土平均侧摩阻力（kPa），当 $\overline{f}_{si}<5$kPa 时，可采用 5kPa。

$\overline{q_c}$——桩尖（不包括桩靴）高程以上和以下各 4 倍桩径（或边长）范围内静力触探平均端阻力 $\overline{q_{c1}}$ 和 $\overline{q_{c2}}$（kPa）的平均值。但当 $\overline{q_{c1}}>\overline{q_{c2}}$ 时，取 $\overline{q_{c2}}$ 值。

β_i、β——侧摩阻和端阻的综合修正系数（不适用于以城市杂填土为主的短桩，用于黄土地区时应做试桩校核），当该层土平均锥头阻力大于 2000kPa，且摩阻比 $R_f\leqslant0.014$ 时，按式（8-2-15）取值，否则按式（8-2-16）取值；当桩底以下 4 倍桩径（或边长）范围内土的静力触探平均端阻力大于 2000kPa，且对应土层摩阻比 $R_f\leqslant0.014$ 时，按式（8-2-17）取值，否则按式（8-2-18）取值。

$$\beta_i = 5.067(\overline{f_{si}})^{-0.45} \tag{8-2-15}$$

$$\beta_i = 10.045(\overline{f_{si}})^{-0.55} \tag{8-2-16}$$

$$\beta = 3.975(\overline{q_c})^{-0.25} \tag{8-2-17}$$

$$\beta = 12.064(\overline{q_c})^{-0.35} \tag{8-2-18}$$

震动下沉桩系数 α_i、α 值　　　**表 8-2-18**

桩径或边宽	砂类土	粉土	粉质黏土	黏土
$d\leqslant0.8$m	1.1	0.9	0.7	0.6
$0.8\text{m}<d\leqslant2.0$m	1.0	0.9	0.7	0.6
$d>2.0$m	0.9	0.7	0.6	0.5

系　数　λ　　　**表 8-2-19**

桩尖爆扩体处土的种类 / D_p/d	砂类土	粉土	粉质黏土 $I_L=0.5$	黏土 $I_L=0.5$
1.0	1.0	1.0	1.0	1.0
1.5	0.95	0.85	0.75	0.70
2.0	0.90	0.80	0.65	0.50
2.5	0.85	0.75	0.50	0.40
3.0	0.80	0.60	0.40	0.30

注：d 为桩身直径，D_p 为爆扩桩的爆扩体直径。

桩周土的极限摩阻力 f_i（kPa）　　　**表 8-2-20**

土类	状态	极限摩阻力 f_i
黏性土	$1\leqslant I_L\leqslant1.5$	15～30
	$0.75\leqslant I_L<1$	30～45
	$0.5\leqslant I_L<0.75$	45～60
	$0.25\leqslant I_L<0.50$	60～75
	$0\leqslant I_L<0.25$	75～85
	$I_L<0$	85～95

续表

土 类	状 态	极限摩阻力 f_i
粉 土	稍 密	20～35
	中 密	35～65
	密 实	65～80
粉、细砂	松 散	20～35
	稍、中密	35～65
	密 实	65～80
中 砂	稍、中密	55～75
	密 实	75～90
粗 砂	稍、中密	70～90
	密 实	90～105

桩尖土的极限承载力 *R*（kPa） **表 8-2-21**

土 类	状 态	桩尖极限承载力		
黏性土	$1\leqslant I_L$	1000		
	$0.65\leqslant I_L<1$	1600		
	$0.35\leqslant I_L<0.65$	2200		
	$I_L<0.35$	3000		
		桩尖进入持力层的相对深度		
		$\frac{h'}{d}<1$	$1\leqslant\frac{h'}{d}<4$	$4\leqslant\frac{h'}{d}$
粉土	中密	1700	2000	2300
	密实	2500	3000	3500
粉砂	中密	2500	3000	3500
	密实	5000	6000	7000
细砂	中密	3000	3500	4000
	密实	5500	6500	7500
中、粗砂	中密	3500	4000	4500
	密实	6000	7000	8000
圆砾土	中密	4000	4500	5000
	密实	7000	8000	9000

注：表中 h' 为桩尖进入持力层的深度（不包括桩靴），d 为桩的直径或边长。

2）钻（挖）孔灌注桩的容许承载力

$$[P]=\frac{1}{2}U\Sigma f_i l_i+m_0 A[\sigma] \qquad (8\text{-}2\text{-}19)$$

式中　$[P]$——桩的容许承载力（kN）；

U——桩身截面周长（m），按设计桩径计算；

f_i——各土层的极限摩阻力（kPa），按表 8-2-22 取值；

l_i——各土层的厚度（m）；

A——桩底支承面积（m^2），按设计桩径计算；

$[\sigma]$——桩底地基土的容许承载力（kPa），按表 8-2-23 中所列方法计算；

m_0——桩底支承力折减系数，钻孔灌注桩桩底支承力折减系数可按表 8-2-25 取值；挖孔灌注桩桩底支承力折减系数可根据具体情况确定，一般可取 $m_0=1.0$。

钻孔灌注桩极限摩阻力 f_i（kPa）　　表 8-2-22

土的名称	土性状态	极限摩阻力
软　土		12～22
黏性土	流塑	20～35
	软塑	35～55
	硬塑	55～75
粉　土	中密	30～55
	密实	55～70
粉砂、细砂	中密	30～55
	密实	55～70
中　砂	中密	45～70
	密实	70～90
粗砂、砾砂	中密	70～90
	密实	90～150
圆砾土、角砾土	中密	90～150
	密实	150～220
碎石土、卵石土	中密	150～220
	密实	220～420

注：漂石土、块石土极限摩阻力可采用 400～600kPa。

桩底地基土容许承载力　　表 8-2-23

埋深情况	计算方法
$h\leqslant 4d$	$[\sigma]=\sigma_0+k_2\gamma_2(h-3)$
$4d<h\leqslant 10d$	$[\sigma]=\sigma_0+k_2\gamma_2(4d-3)+k'_2\gamma_2(h-4d)$
$h>10d$	$[\sigma]=\sigma_0+k_2\gamma_2(4d-3)+k'_2\gamma_2(6d)$

注：σ_0 为桩底土层的基本承载力（kPa）；γ_2 为桩底以上土的天然重度平均值（kN/m^3），地下水水位以下透水层取浮重度，不透水层取饱和重度；k_2、k'_2 为深度修正系数，可按表 8-2-24 取值。

桩底地基土容许承载力深度修正系数 **表 8-2-24**

土的类别	黏性土				粉土	黄土		砂类土								碎石类土			
	Q_4的冲、洪积土		Q_3及其以前的冲、洪积土	残积土		新黄土	老黄土	粉砂		细砂		中砂		砾砂 粗砂		碎石 圆砾 角砾		卵石	
	$I_L \geqslant 0.5$	$I_L < 0.5$						稍、中密	密实	稍、中密	密实	稍、中密	密实	稍、中密	密实	稍、中密	密实	稍、中密	密实
k_2	1.5	2.5	2.5	1.5	1.5	1.5		2	2.5	3	4	4	5.5	5	6	5	6	6	10
k'_2	1	1	1	1	0.75	1		1	1.25	1.5	2	2	2.75	2.5	3	2.5	3	3	5

注：1. 节理不发育或较发育的岩石不作深宽修正，节理发育或很发育的岩石，k_2可按碎石类土的系数采用，但对已风化成砂、土状者，则按砂类土、黏性土的系数采用；

2. 稍松状态的砂类土和松散状态的碎石类土，k_2值可采用表列稍密、中密值的50%；

3. 冻土的K_2值取零。

钻孔灌注桩桩底支承力折减系数 m_0 **表 8-2-25**

土质及清底情况	m_0		
	$5d < h \leqslant 10d$	$10d < h \leqslant 25d$	$25d < h \leqslant 50d$
土质较好，不易坍塌，清底良好	0.9～0.7	0.7～0.5	0.5～0.4
土质较差，易坍塌，清底稍差	0.7～0.5	0.5～0.4	0.4～0.3
土质差，难以清底	0.5～0.4	0.4～0.3	0.3～0.1

注：h为地面线或局部冲刷线以下桩长，d为桩的直径，均以m计。

（2）柱桩轴向受压的容许承载力

1）支承于岩石层上的打入桩、振动下沉桩（包括管柱）的容许承载力

$$[P] = CRA \tag{8-2-20}$$

式中 $[P]$——桩的容许承载力（kN）；

R——岩石单轴抗压强度（kPa）；

C——系数，匀质无裂缝岩石层取0.45，有严重裂缝的、风化或易软化岩层取0.30；

A——桩底面积（m^2）。

2）支承于岩石层上与嵌入岩石层内的钻（挖）孔灌注桩及管桩的容许承载力：

$$[P] = R(C_1 A + C_2 U h) \tag{8-2-21}$$

式中 $[P]$——桩及管柱的容许承载力（kN）；

U——嵌入岩石内的桩及管柱的钻孔周长（m）；

h——自新鲜岩石面（平均高程）算起的嵌入深度（m）；

C_1、C_2——系数，根据岩石层破碎程度和清底情况决定，按表8-2-26取值。

系数 C_1 和 C_2 **表 8-2-26**

岩层及清底情况	C_1	C_2
良好	0.5	0.04
一般	0.4	0.03
较差	0.3	0.02

注：当$h \leqslant 0.5$m时，C_1乘以0.7，C_2取0。

(3) 摩擦桩轴向受拉的容许承载力

$$[P'] = 0.3U\sum a_i l_i f_i \tag{8-2-22}$$

式中符号意义同前。

(二) 用原位测试参数估算法

1. 根据静力触探试验确定混凝土预制桩单桩竖向极限承载力标准值，计算公式见第三篇第四章静力触探。

2. 根据标准贯入试验结果换算单桩竖向极限承载力计算参数的有关经验公式

(1) Meyerhof 公式：

1) 桩端极限阻力

不同土类的桩端极限阻力由式 (8-2-23) ～式 (8-2-25) 求得：

粉土：

$$q_{pu} = 0.3N \tag{8-2-23}$$

砂土：

$$q_{pu} = 0.4N \tag{8-2-24}$$

砾土：

$$q_{pu} = 0.6N \tag{8-2-25}$$

式中　N——桩端处标准贯入试验击数；

q_{pu}——桩端极限阻力。

2) 桩侧极限摩阻力

不同桩型的桩侧极限摩阻力由式 (8-2-26) ～式 (8-2-27) 求得：

打入桩：

$$q_{su} = 0.002\overline{N} \tag{8-2-26}$$

灌注桩：

$$q_{su} = 0.006\overline{N} \tag{8-2-27}$$

式中　$\overline{N}$——相应于计算桩侧土层的标准贯入平均击数；

q_{su}——桩侧极限摩阻力。

上述 N 值需按式 (8-2-28) ～式 (8-2-31) 进行修正：

杆长修正：

$$N = N'\left(1 - \frac{1}{200x}\right) \tag{8-2-28}$$

式中　N——修正后的标准贯入击数；

N'——标准贯入试验的实测击数；

x——杆长。

土质修正：

地下水位以下的极细砂或粉质砂：

$$N = N' \qquad \text{当 } N \leqslant 15 \tag{8-2-29}$$

$$N = 15 + 0.5(N' - 15) \qquad \text{当 } N > 15 \tag{8-2-30}$$

桩端地基土 N 值修正：

$$N = \frac{1}{2}(N_1 + \overline{N_2}) \tag{8-2-31}$$

式中　N_1——桩端处实测值，当桩端以下 N 随深度减少时，取桩端以下 $2B$（B 为桩截面边宽）范围内的平均值；

$\overline{N_2}$——桩端以上 3.75 倍范围内击数的平均值。

（2）《日本建筑基础构造设计规准》中对于大直径钻孔灌注桩（直径≥1m）的桩端极限承载力按下式取值；

$$q_{pk}=150N \tag{8-2-32}$$

式中　q_{pk}——极限端阻力标准值（kPa），适用于孔底经后压浆或其他方法对持力层进行修复处理的情况；

N——经杆长修正后的标贯击数，即杆长 $L\leqslant 20$m 时，取实测击数，$L>20$m 时，修正系数取（$1.06-0.003L$）。$N>50$ 时取 50。

日本道桥规范中规定当 $N\geqslant 30$ 时，q_{pk}取 3000kPa。

（三）液化土层对单桩竖向极限承载力的影响（《建筑桩基技术规范》JGJ 94—2008）

对于桩身周围有液化土层的低承台桩基，当承台底面上、下分别有厚度不小于 1.5m、1.0m 的非液化土或非软弱土层时，液化土层的极限侧阻力标准值应乘以土层液化影响折减系数后再计算单桩极限承载力标准值。土层的液化影响折减系数 ψ_l 可按表 8-2-27 取值。

土层液化影响折减系数 ψ_l　　**表 8-2-27**

液化强度比 λ_N（N/N_{cr}）	自地面算起的液化土层深度 d_L（m）	折减系数 ψ_l
$\lambda_N\leqslant 0.6$	$d_L\leqslant 10$	0
	$10<d_L\leqslant 20$	1/3
$0.6<\lambda_N\leqslant 0.8$	$d_L\leqslant 10$	1/3
	$10<d_L\leqslant 20$	2/3
$0.8<\lambda_N\leqslant 1.0$	$d_L\leqslant 10$	2/3
	$10<d_L\leqslant 20$	1.0

注：1. N 为饱和土标贯击数实测值；N_{cr}为液化判别标贯击数临界值；

2. 对挤土桩当桩距不大于 $4d$ 且桩的排数不少于 5 排、总桩数不少于 25 根时，土层液化影响折减系数可按表列值提高一档取值；桩间土标贯击数达到 N_{cr}时，取 $\psi_l=1$。

当承台底面上下非液化土层厚度小于以上规定时，土层液化影响折减系数 ψ_l取 0。

二、桩基水平承载力

单桩的水平承载力和水平抗力系数的比例系数应通过单桩水平静载试验确定。当缺少单桩水平静载试验资料时，可按下列方法估算。

1. 桩身配筋率小于 0.65%的灌注桩：

$$R_{ha}=\frac{0.75\alpha\gamma_m f_t W_0}{\nu_M}(1.25+22\rho_g)\left(1\pm\frac{\zeta_N N_k}{\gamma_m f_t A_n}\right) \tag{8-2-33}$$

式中　R_{ha}——单桩水平承载力特征值（kN），±号根据桩顶竖向力性质确定，压力取“+”，拉力取“－”；

α——桩的水平变形系数（m^{-1}），按式（8-2-38）取值；

γ_m——桩截面模量塑性系数，圆形截面 $\gamma_m=2$，矩形截面 $\gamma_m=1.75$；

f_t——桩身混凝土抗拉强度设计值（kPa）；

W_0——桩身换算截面受拉边缘的截面模量（kPa），圆形截面为：

$$W_0=\frac{\pi d}{32}[d^2+2(\alpha_E-1)\rho_g d_0^2] \quad (8\text{-}2\text{-}34)$$

方形截面为：

$$W_0=\frac{b}{6}[b^2+2(\alpha_E-1)\rho_g b_0^2] \quad (8\text{-}2\text{-}35)$$

其中 d 为桩直径（m），d_0 为扣除保护层厚度的桩直径（m）；b 为方形截面边长（m），b_0 为扣除保护层厚度的桩截面边长（m）；α_E 为钢筋弹性模量与混凝土弹性模量的比值；

ν_M——桩身最大弯矩系数，按表 8-2-28 取值，单桩基础和单排桩基纵向轴线与水平力方向相垂直的情况，按桩顶铰接考虑；

ρ_g——桩身配筋率；

A_n——桩身换算截面积（m^2），圆形截面为：$A_n=\frac{\pi d^2}{4}[1+(\alpha_E-1)\rho_g]$

方形截面为：$A_n=b^2[1+(\alpha_E-1)\rho_g]$　　(8-2-36)

ζ_N——桩顶竖向力影响系数，竖向压力取 $\zeta_N=0.5$；竖向拉力取 $\zeta_N=1.0$；

N_k——在荷载效应标准组合下桩顶的竖向力。

注：对于混凝土护壁挖孔桩，计算单桩水平承载力时，其设计桩径取护壁内直径。

2. 预制桩、钢桩及桩身配筋率不小于 0.65%的灌注桩：

$$R_{ha}=0.75\frac{\alpha^3 EI}{\nu_X}\chi_{0a} \quad (8\text{-}2\text{-}37)$$

式中　EI——桩身抗弯刚度，对于钢筋混凝土桩，$EI=0.85E_c I_0$；其中 E_c 为混凝土弹性模量，I_0 为桩身换算截面惯性矩（m^4）；圆形截面为 $I_0=W_0 d_0/2$，矩形截面为 $I_0=W_0 b_0/2$；

χ_{0a}——桩顶允许水平位移（mm）；

ν_X——桩顶水平位移系数，按表 8-2-28 取值，取值方法同 ν_M。

桩顶（身）最大弯矩系数 ν_M 和桩顶水平位移系数 ν_X　　**表 8-2-28**

桩顶约束情况	桩的换算埋深（αh）	ν_M	ν_X
铰接、自由	4.0	0.768	2.441
	3.5	0.750	2.502
	3.0	0.703	2.727
	2.8	0.675	2.905
	2.6	0.639	3.163
	2.4	0.601	3.526
固　接	4.0	0.926	0.940
	3.5	0.934	0.970
	3.0	0.967	1.028
	2.8	0.990	1.055
	2.6	1.018	1.079
	2.4	1.045	1.095

注：1. 铰接（自由）的 ν_M 系桩身的最大弯矩系数，固接 ν_M 系桩顶的最大弯矩系数；

2. 当 $\alpha h>4$ 时，取 $\alpha h=4.0$。

桩的水平变形系数 α，可按式（8-2-38）确定：

$$\alpha=\sqrt[5]{\frac{mb_0}{EI}} \tag{8-2-38}$$

式中　b_0——桩身的计算宽度（m）；

圆形桩：当直径 $d\leqslant 1\text{m}$ 时，$b_0=0.9(1.5d+0.5)$；

当直径 $d>1\text{m}$ 时，$b_0=0.9(d+1)$；

方形桩：当边宽 $b\leqslant 1\text{m}$ 时，$b_0=1.5b+0.5$；

当边宽 $b>1\text{m}$ 时，$b_0=b+1$；

m——桩侧土水平抗力系数的比例系数（kN/m^4），可按表 8-2-29 取值。

地基土水平抗力系数的比例系数 m 值　　**表 8-2-29**

序号	地基土类别	预制桩、钢桩		灌注桩	
		m（MN/m^4）	相应单桩在地面处水平位移（mm）	m（MN/m^4）	相应单桩在地面处水平位移（mm）
1	淤泥；淤泥质土；饱和湿陷性黄土	2～4.5	10	2.5～6	6～12
2	流塑（$I_L>1$）、软塑（$0.75<I_L\leqslant 1$）状黏性土；$e>0.9$ 粉土；松散粉细砂；松散、稍密填土	4.5～6	10	6～14	4～8
3	可塑（$0.25<I_L\leqslant 0.75$）状黏性土、湿陷性黄土；$e=0.75\sim0.9$ 粉土；中密填土；稍密细砂	6～10	10	14～35	3～6
4	硬塑（$0<I_L\leqslant 0.25$）、坚硬（$I_L\leqslant 0$）状黏性土、湿陷性黄土；$e<0.75$ 粉土；中密的中粗砂，密实老填土	10～22	10	35～100	2～5
5	中密、密实的砾砂、碎石类土	—	—	100～300	1.5～3

注：1. 当桩顶水平位移大于表列数值或灌注桩配筋率较高（≥0.65%）时，m 值应适当降低；当预制桩的水平向位移小于 10mm 时，m 值可适当提高。

2. 当水平荷载为长期或经常出现的荷载时，应将表列数值乘以 0.4 降低采用。

3. 当地基为可液化土层时，应将表列数值乘以表 8-2-27 系数 ψ_l。

3. 验算地震作用桩基的水平承载力时，应将上述方法确定的单桩水平承载力设计值乘以调整系数 1.25。

三、桩的抗拔承载力

基桩的抗拔极限承载力标准值应通过单桩上拔静载试验确定，对一般性工程桩基，群桩基础及基桩的抗拔极限承载力标准值可按下列规定计算：

1. 群桩呈非整体破坏时，基桩的抗拔极限承载力标准值可按下式计算：

$$T_{uk}=\sum\lambda_i q_{sik}u_i l_i \tag{8-2-39}$$

式中　T_{uk}——基桩抗拔极限承载力标准值（kN）

u_i——桩身周长（m），对于等直径桩取 $u=\pi d$；对于扩底桩按表 8-2-30 取值；

q_{sik}——桩侧表面第 i 层土的抗压极限侧阻力标准值（kPa），可按表 8-2-3 取值；

λ_i——抗拔系数，按表 8-2-31 取值。

扩底桩破坏表面周长 u_i 值　　表 8-2-30

自桩底起算的长度 l_i	≤（4～10）d	＞（4～10）d
u_i	πD	πd

注：D 为扩底直径，d 为桩身直径。l_i 对于软土取低值，对于卵石、砾石取高值；l_i 取值按内摩擦角增大而增加。

抗拔系数 λ 值　　表 8-2-31

土　　类	砂　土	黏性土、粉土
λ	0.5～0.7	0.7～0.8

注：桩长 l 与桩径 d 之比小于 20 时，λ 取小值。

2. 群桩呈整体破坏时，基桩的抗拔极限承载力标准值可按下式计算：

$$T_{gk}=(1/n)\ u_l \sum \lambda_i q_{sik} l_i \tag{8-2-40}$$

式中　u_l——桩群外围周长（m）；

n——桩数。

3. 季节性冻土上轻型建筑的短桩基础，应按下式验算其抗冻拔稳定性：

$$\eta_f q_f u z_0 \leqslant T_{gk}/2+N_G+G_{gp} \tag{8-2-41}$$

$$\eta_f q_f u z_0 \leqslant T_{uk}/2+N_G+G_p \tag{8-2-42}$$

式中　η_f——冻深影响系数，按表 8-2-32 采用；

q_f——切向冻胀力（kPa），按表 8-2-33 采用；

z_0——季节性冻土的标准冻深（m）；

T_{gk}——标准冻深线以下群桩呈整体破坏时基桩抗拔极限承载力标准值（kN），按式（8-2-40）确定；

T_{uk}——标准冻深线以下单桩抗拔极限承载力标准值（kN），按式（8-2-39）确定；

N_G——基桩承受的桩承台底面以上建筑物自重、承台及其土重标准值；

G_{gp}——群桩基础所包围体积的桩土总自重除以总桩数，地下水位以下取浮重度；

G_p——基桩自重，地下水位以下取浮重度，对于扩底桩应按表 8-2-30 确定桩、土柱体周长，计算桩、土自重。

冻深影响系数 η_f 值　　表 8-2-32

标准冻深（m）	$z_0\leqslant 2.0$	$2.0<z_0\leqslant 3.0$	$z_0>3.0$
η_f	1.0	0.9	0.8

q_f（kPa）值　　表 8-2-33

冻胀性分类 / 土　类	弱冻胀	冻 胀	强冻胀	特强冻胀
黏性土、粉土	30～60	60～80	80～120	120～150
砂土、砾（碎）石（黏、粉粒含量＞15%）	＜10	20～30	40～80	90～200

注：1. 表面粗糙的灌注桩，表中数值应乘以系数 1.1～1.3；

2. 本表不适用于含盐量大于 0.5%的冻土。

4. 膨胀土上轻型建筑的短桩基础，应按下式验算群桩基础呈整体破坏和非整体破坏的抗拔稳定性。

$$u\sum q_{ei}l_{ei} \leqslant T_{gk}/2 + N_G + G_{gp} \tag{8-2-43}$$

$$u\sum q_{ei}l_{ei} \leqslant T_{uk}/2 + N_G + G_p \tag{8-2-44}$$

式中 T_{gk}、T_{uk}——群桩基础分别呈整体破坏和非整体破坏时，大气影响急剧层下稳定土层中桩的抗拔极限承载力标准值（kN）；

q_{ei}——大气影响急剧层中第 i 层土的极限胀切力（kPa），由现场浸水试验确定；

l_{ei}——大气影响急剧层中第 i 层土的厚度（m）。

四、桩的负摩阻力

当桩穿过软弱土层、松散的厚层填土、自重湿陷性黄土、欠固结土、液化土等，桩周土层因自重而产生固结沉降时，或在大面积地面堆载、地下水被大量抽降的场地，桩周土层因有效应力增大而产生压缩沉降时，桩身上部在桩身下沉量（包括桩身下沉和桩身压缩量之和）小于桩周土层下沉量的部分产生负摩擦力；桩身下部仍为正摩擦力。正负摩擦力分界的位置（即摩擦力等于 0 的部位）叫中性点。

1. 中性点以上单桩桩周第 i 层土负摩阻力标准值可按下列公式计算：

$$q_{si}^{n} = \xi_{ni}\sigma'_i \tag{8-2-45}$$

当填土、自重湿陷性黄土湿陷、欠固结土层产生固结和地下水降低时：

$$\sigma'_i = \sigma'_{ri} \tag{8-2-46}$$

当地面分布大面积荷载时：$\sigma'_i = p + \sigma'_{ri}$ (8-2-47)

$$\sigma'_{ri} = \sum_{e=1}^{i-1}\gamma_e\Delta z_e + \frac{1}{2}\gamma_i\Delta z_i$$

式中 q_{si}^{n}——第 i 层土桩侧负摩阻力标准值（kPa），当计算值大于正摩阻力标准值时，取正摩阻力标准值进行设计；

ζ_{ni}——桩周第 i 层土负摩阻力系数，可按表 8-2-34 取值；

σ'_{ri}——由土自重引起的桩周第 i 层土平均竖向有效应力；桩群外围桩自地面算起，桩群内部桩自承台底算起；

σ'_i——桩周第 i 层土平均竖向有效应力（kPa）；

γ_i、γ_e——分别为第 i 计算土层和其上第 e 土层的重度，地下水位以下取浮重度（kN/m^3）；

Δz_i、Δz_e——第 i 层土、第 e 层土的厚度（m）；

p——地面均布荷载（kPa）。

负摩阻力系数 ζ_n **表 8-2-34**

土　类	ζ_n	土　类	ζ_n
饱和软土	0.15～0.25	砂 土	0.35～0.50
黏性土、粉土	0.25～0.40	自重湿陷性黄土	0.20～0.35

注：1. 在同一类土中，对于挤土桩，取表中较大值，对于非挤土桩，取表中较小值；

2. 填土按其组成取表中同类土的较大值。

2. 中性点深度 l_n应按桩周土层沉降与桩沉降相等的条件计算确定，也可参照表 8-2-35 确定。

中性点深度 l_n　　　　表 8-2-35

持力层性质	黏性土、粉土	中密以上砂	砾石、卵石	基岩
中性点深度比 l_n/l_0	0.5～0.6	0.7～0.8	0.9	1.0

注：1. l_n、l_0分别为自桩顶算起的中性点深度和桩周软弱土层下限深度；
2. 桩穿越自重湿陷性黄土层时，l_n按表列值增大 10%（持力层为基岩除外）；
3. 当桩周土层固结与桩基沉降同时完成时，取 $l_n=0$；
4. 当桩周土沉降量小于 20mm 时，l_n应按表中数值乘以 0.4～0.8 折减。

3. 最大下拉力的计算：群桩中任一基桩的下拉荷载标准值可按下式计算：

$$Q_g^n = \eta_n \times u \sum_{i=1}^{n} q_{si}^n l_i \tag{8-2-48}$$

$$\eta_n = s_{ax} \times s_{ay} / \left[\pi d \left(\frac{q_s^n}{\gamma_m} + \frac{d}{4} \right) \right] \tag{8-2-49}$$

式中　η_n——负摩阻力群桩效应系数；
n——中性点以上土层数；
l_i——中性点以上第 i 土层的厚度（m）；
s_{ax}、s_{ay}——分别为纵横向桩的中心距（m）；
q_s^n——中性点以上桩周土层厚度加权平均负摩阻力标准值（kPa）；
γ_m——中性点以上桩周土层厚度加权平均重度，地下水位以下取浮重度（kN/m^3）。

注：对于单桩基础或按式（8-2-49）计算群桩基础的 $\eta_n>1$ 时，取 $\eta_n=1$。

第四节　桩基沉降计算

一、桩基沉降验算要求

1.《建筑地基基础设计规范》GB 50007—2011 规定，对以下建筑物的桩基应进行沉降验算：

（1）地基基础设计等级为甲级的建筑物桩基；

（2）体型复杂、荷载不均匀或桩端以下存在软弱土层的设计等级为乙级的建筑物桩基；

（3）摩擦型桩基。

2. 桩基础的沉降不得超过建筑物的沉降允许值（包括沉降量、沉降差、整体倾斜和局部倾斜等）。

二、桩基沉降计算方法

计算附加压力时采用荷载效应的准永久组合，不计入风荷载和地震作用。计算最终沉降量宜采用单向压缩分层总和法。

地基内的应力分布宜采用各向同性均质线性变形体理论，按下列方法计算：

1. 实体深基础方法。适用于桩距不大于 6 倍桩径的排列密集的桩基。计算公式同本手册第四篇第四章公式（4-4-4）。具体方法如下：

（1）附加压力应为桩底平面处的附加压力，可根据桩周土层情况考虑或不考虑沿桩身的应力扩散；

（2）采用地基土在自重应力至自重应力加附加应力时的压缩模量；

（3）沉降计算经验系数 ψ 应根据地区桩基础沉降观测资料及经验统计确定。据《建筑桩基技术规范》JGJ 94—2008，当无可靠当地经验时，沉降计算经验系数 ψ 可按表 8-2-36 选用。对于采用后注浆施工工艺的灌注桩，桩基沉降计算经验系数应根据桩端持力土层类别，乘以 0.7（砂、砾、卵石）～0.8（黏性土、粉土）折减系数；饱和土中采用预制桩（不含复打、复压、引孔沉桩）时，应根据桩距、土质、沉桩速率和顺序等因素，乘以 1.3～1.8 挤土效应系数，土的渗透性低、桩距小、桩数多、沉桩速度快时取大值。

实体深基础计算桩基沉降经验系数 ψ　　**表 8-2-36**

$\overline{E}_S$（MPa）	≤10	15	20	35	≥50
ψ	1.2	0.9	0.65	0.50	0.40

注：1. $\overline{E}_s$ 为沉降计算深度范围内压缩模量的当量值，可按下式计算：$\overline{E}_s=\sum A_i/\sum\frac{A_i}{E_{si}}$，

式中 A_i 为第 i 层土附加压力系数沿土层厚度的积分值，可近似按分块面积计算；

2. ψ 可根据 $\overline{E}_s$ 内插取值。

2. 明德林应力公式方法。具体方法如下：

（1）计算地基中某点的竖向附加应力值时，将各根桩在该点所产生的附加应力，逐根叠加计算；

（2）附加荷载由桩端阻力和桩侧摩阻力共同承担。桩端阻力假定为集中力，桩侧摩阻力假定为沿桩身均匀分布和沿桩身线性增长分布两种形式组成。具体计算公式见本手册第四篇第三章式（4-3-31）和式（4-3-32）。

（3）附加荷载的桩端阻力比和桩基沉降计算经验系数 ψ_P 根据当地工程的实测资料统计确定。

第五节　成桩可能性和成桩施工对环境的影响

一、预制桩

（一）预制桩沉桩可能性

预制桩沉桩可能性取决于沉桩方式、沉桩设备及沉桩阻力，影响沉桩阻力的主要因素有：地基土层性质及分布状况、桩型、桩径、桩长、沉桩过程中的间歇时间以及土层因先期沉桩被挤密程度等。

1. 锤击法沉桩

锤击法沉桩锤重可参考表 8-2-37 选用。

2. 静压法沉桩

静压法沉桩一般适用于软土地基，当桩需穿越或进入中密或密实的厚层砂土或砂质粉土层时，采用静压法沉桩将十分困难。一般情况下，静压力为 800～2500kN 的压桩机适用于桩径或边长小于等于 400mm、桩长小于等于 30m 的桩基工程；静压力为 3500～6000kN 的压桩机适用于桩径或边长小于等于 500mm、桩长小于等于 40m 的桩基工程。

锤击沉桩锤重选用参考　　**表 8-2-37**

锤　型			柴油锤（t）						
			D25	D35	D45	D60	D72	D80	D100
锤的动力性能		冲击部分质量（t）	2.5	3.5	4.5	6.0	7.2	8.0	10.0
		总质量（t）	6.5	7.2	9.6	15.0	18.0	17.0	20.0
		冲击力（kN）	2000～2500	2500～4000	4000～5000	5000～7000	7000～10000	>10000	>12000
		常用冲程（m）	1.8～2.3						
适用的桩规格		预制方桩、预应力管桩的边长或直径（mm）	350～400	400～450	450～500	500～550	550～600	600 以上	600 以上
		钢管桩直径（mm）	400		600	900	900～1000	900 以上	900 以上
持力层	黏性土粉土	一般进入深度（m）	1.5～2.5	2.0～3.0	2.5～3.5	3.0～4.0	3.0～5.0		
		静力触探比贯入阻力 p_s 平均值（MPa）	4	5	>5	>5	>5		
	砂土	一般进入深度（m）	0.5～1.5	1.0～2.0	1.5～2.5	2.0～3.0	2.5～3.5	4.0～5.0	5.0～6.0
		标准贯入击数 $N_{63.5}$ 值（未修正）	20～30	30～40	40～45	45～50	50	>50	>50
锤的常用控制贯入度（cm/10 击）			2～3		3～5	4～8		5～10	7～12
设计单桩极限承载力（kN）			800～1600	2500～4000	3000～5000	5000～7000	7000～10000	>10000	>10000

注：1. 本表仅供选锤参考，不能作为设计确定贯入度和承载力的依据。

2. 本表适用于桩端进入硬土层一定深度的长度为 20～60m 的钢筋混凝土预制桩及长度为 40～60m 的钢管桩。

沉桩过程中，桩身下部的桩侧摩阻力约占沉桩摩阻力的 50%～80%，沉桩过程中因接桩施工或其他原因而暂停沉桩将会明显增大后续沉桩阻力，桩侧摩阻力的增大值与间歇时间长短成正比，并与地基土层性质有关，应避免将桩尖停留在硬土层或砂性较重的土层中进行接桩施工，并应尽可能减少接桩时间。

3. 辅助沉桩法

为减少沉桩阻力或减轻对周围环境影响，在上述基本沉桩施工方法基础上，可选用下列一种或多种辅助沉桩法：

（1）预钻孔辅助沉桩法；

（2）冲水辅助沉桩法；

（3）振动辅助沉桩法；

（4）掘削辅助沉桩法；

（5）爆破辅助沉桩法。

（二）预制桩施工对环境的影响

1. 噪声与振动：主要指锤击法或振动法沉桩施工。

2. 挤土：对挤土桩，在一般黏性土和密实砂土地基中土体的侧向位移和隆起在沉桩区及邻近10～15倍桩径范围内常达到较大值，并随距离增大而逐渐减小，影响范围约为1倍桩长。对软土地基影响范围可达50m以外；在松散和中密的砂土中，较大的沉降影响区为沉桩区及邻近4～5倍桩径范围。

为减少挤土对周围环境的影响，可根据情况选择以下措施：

（1）合理选择桩型，采用空心管桩、长桩等，减少桩的挤土率；

（2）采用掘削、水冲、预钻孔等辅助沉桩法，减少排土量；

（3）合理安排沉桩施工顺序、进度；

（4）采用先开挖基坑后沉桩工艺；

（5）采用降低地下水位或改善地基土排水特性，减小和加快消散沉桩引起的超静孔隙水压力；

（6）采用防渗防挤壁；

（7）设置防挤土槽或防挤孔。

二、灌注桩

（一）灌注桩的适用条件

各类灌注桩的适用条件及对环境影响见表8-2-2。

（二）影响灌注桩成桩的主要地质因素

1. 地下障碍物、孤石等，钻进困难；

2. 松散砂、石地层，易塌孔；

3. 软土地层，易缩径、塌孔；

4. 承压水，易塌孔；

5. 浅层气，易塌孔，喷气时，危及安全；

6. 其他不良地质条件，如卵石层、破碎带、基岩裂隙、洞穴等。

第六节　单桩静载荷试验

一、单桩竖向抗压静载试验

（一）试验目的

1. 确定单桩竖向抗压承载力，可作为设计依据。

2. 对工程桩的承载力进行抽样检验和评价。

3. 当埋设有桩底反力和桩身应力、应变测量元件时，可直接测定桩周各土层的侧阻力和端阻力或桩身截面的位移量以及桩端的残余变形等参数，进而探讨桩的设置方式、地层剖面、土的类别等因素对单桩荷载传递规律的影响以及桩端阻力的相互作用。

（二）试验要求

1. 试桩制作

（1）试桩顶部一般应予加强，可在桩顶配置加密钢筋网2～3层，以薄钢板圆筒做成加劲箍与桩顶混凝土浇成一体，用高标号砂浆将桩抹平。桩头混凝土强度等级宜比桩身混凝土提高 1～2 级，且不得低于 C30。对于预制桩，若桩顶未破损可不另做处理。

（2）为安置沉降测点和仪表，试桩顶部露出试坑地面的高度不宜小于 600mm，试坑地面宜与桩承台底设计标高一致。

（3）试桩的成桩工艺和质量控制标准应与工程桩一致。

2. 从成桩到开始试验的休止时间，在桩身强度达到设计要求的前提下，应满足表 8-2-38 的规定。

从成桩到开始试验的休止时间　　表 8-2-38

土的类别	休止时间不应少于（d）	土的类别	休止时间不应少于（d）
砂土	7	非饱和黏性土	15
粉土	10	饱和黏性土	25

注：对于泥浆护壁灌注桩，宜适当延长休止时间。

3. 试桩、锚桩和基准桩之间的中心距离应符合表 8-2-39 的规定。

试桩、锚桩（或压重平台支墩边）和基准桩之间的中心距离　　表 8-2-39

反力装置 ＼ 距离	试桩中心与锚桩中心（或压重平台支墩边）	试桩中心与基准桩中心	基准桩中心与锚桩中心（或压重平台支墩边）
锚桩横梁	≥4（3）D 且>2.0m	≥4（3）D 且>2.0m	≥4（3）D 且>2.0m
压重平台	≥4D 且>2.0m	≥4（3）D 且>2.0m	≥4D 且>2.0m
地锚装置	≥4D 且>2.0m	≥4（3）D 且>2.0m	≥4D 且>2.0m

注：1. D 为试桩、锚桩或地锚的设计直径或边宽，取其较大者。
2. 如试桩或锚桩为扩底桩或多支盘桩时，试桩与锚桩的中心距尚不应小于 2 倍扩大端直径。
3. 括号内数值可用于工程桩验收检测时多排桩设计桩中心距离小于 4D 的情况。
4. 软土场地堆载重量较大时，宜增加支墩边与基准桩中心和试桩中心之间的距离，并在试验过程中观测基准桩的竖向位移。

（三）试验设备

1. 加载装置

一般采用油压千斤顶加载，千斤顶平放于试桩中心，当采用 2 个以上千斤顶加载时应将千斤顶并联同步工作，并使千斤顶的合力通过试桩中心。

千斤顶的加载反力装置可根据现场实际条件取下列三种形式之一：

（1）锚桩横梁反力装置：见图 8-2-1。

锚桩、反力梁装置能提供的反力应不小于预估最大试验荷载的 1.2 倍，并应对加载反力装置的全部构件进行强度和变形验算。采用工程桩作锚桩时，锚桩数量不得少于 4 根，并应对试验过程锚桩上拔量进行监测。

（2）压重平台反力装置：见图 8-2-2。

压重量不得少于预估最大试验荷载的 1.2 倍；压重应在试验开始前一次加足，并均匀稳固地放置于平台上，压重施加于地基的压应力不宜大于地基承载力特征值的 1.5 倍。

（3）锚桩压重联合反力装置：当试桩最大加载量超过锚桩的抗拔能力时，可在横梁上放置或悬挂一定重物，由锚桩和重物共同承受千斤顶加载反力。

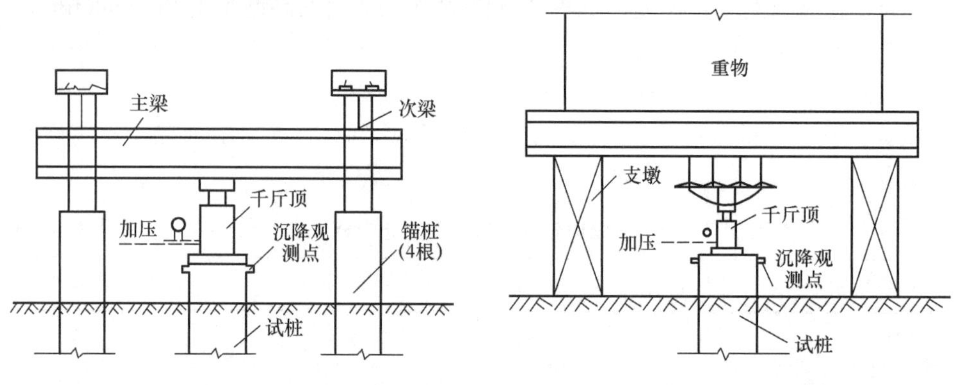

图 8-2-1　锚桩横梁反力装置示意图　　图 8-2-2　压重平台反力装置示意图

2. 荷载与沉降的量测仪表：荷载可用放置于千斤顶上的荷重传感器直接测定，或采用联于千斤顶油路的压力表或压力传感器测定油压，根据千斤顶率定曲线换算荷载。

试桩沉降一般采用大量程百分表或位移传感器量测。对于直径或边宽大于 500mm 的桩应在其 2 个正交直径方向对称安置 4 个位移测试仪表，直径或边宽小于等于 500mm 的桩可安置 2 个位移测试仪表。沉降测定平面宜在桩顶 200mm 以下位置，固定和支撑位移测试仪表的夹具和基准梁在构造上应确保不受气温、振动及其他外界影响而发生竖向变位。

（四）现场试验

1. 试验加载方式

（1）采用慢速维持荷载法，即逐级加载，每级荷载达到相对稳定后加下一级荷载，直到试桩破坏，然后分级卸载到零。

（2）当考虑结合实际工作桩的荷载特征可采用多循环加、卸载法，每级荷载达到相对稳定后卸载到零。

（3）当考虑缩短试验时间，对于工程桩的检测验收，当有成熟的地区经验时，可采用快速维持荷载法，即一般每隔一小时加一级荷载。

2. 加载与沉降观测

（1）加载分级：加荷分级不宜小于 10 级，采用逐级等量加载，每级加载为最大加载量或预估极限承载力的 1/10，其中第一级可按 2 倍分级荷载加荷。

（2）沉降观测：每级加载后，按第 5min、15min、30min、45min、60min 测读桩顶沉降量，以后每隔 30min 测读一次。

（3）沉降相对稳定标准：每 1h 的沉降不超过 0.1mm，并连续出现两次（由 1.5h 内连续三次观测值计算），即视为稳定，可加下一级荷载。

3. 终止加载条件：当出现下列情况之一时，即可终止加载：

（1）某级荷载作用下，桩顶沉降量大于前一级荷载作用下沉降量的 5 倍，且桩顶总沉降量超过 40mm。

（2）某级荷载作用下，桩顶沉降量大于前一级荷载作用下沉降量的 2 倍、且经 24h 尚未达到稳定。

（3）当荷载-沉降曲线呈缓变型时，可加载至桩顶总沉降量 60～80mm；在特殊条件下，可根据具体要求加载至桩顶总沉降量大于 80mm。

（4）已达到设计要求的最大加载量。

（5）已达到锚桩或压重平台反力装置所能提供的最大反力时。

4. 卸载与卸载沉降观测：每级卸载值为每级加载值的 2 倍。每级卸载后隔 15min 测读一次残余沉降，读两次后，隔 30min 再读一次，即可卸下一级荷载，全部卸载后，应测读桩顶残余沉降量，维持时间为 3h，测读时间为第 15、30min，以后每隔 30min 测读一次。

（五）资料整理

1. 把桩的构造、尺寸、地层剖面，土的物理力学性质指标等整理成表，并对成桩和试桩过程中出现的异常现象作补充说明。

2. 绘制荷载与沉降量关系曲线（Q-s 曲线、s-lg$Q$ 曲线、lg$s$-lg$Q$ 曲线）和沉降量与时间关系曲线（s-lg$t$ 曲线）。

当进行桩身应力、应变和桩底反力测定时，应整理出有关数据的记录表和绘制桩身轴向力分布、侧阻力分布，桩端阻力—荷载，桩端阻力—沉降关系等曲线。

3. 确定极限承载力

单桩竖向抗压极限承载力可按下列方法综合分析确定：

（1）根据沉降随荷载的变化特征确定：对于陡降型 Q-s 曲线，取其发生明显陡降的起始点对应的荷载值。

（2）当出现在某级荷载作用下，桩的沉降量大于前一级荷载作用下沉降量的 2 倍，且经 24h 尚未达到稳定的情况时，取前一级荷载值。

（3）根据沉降量确定极限承载力：对于缓变型 Q-s 曲线，一般可取 s=40mm 对应的荷载值，当桩长大于 40m 时，宜考虑桩身的弹性压缩量。对直径大于或等于 800mm 的桩，可取 s=0.05D（D 为桩端直径）对应的荷载值。

（4）根据沉降随时间的变化特征确定：取 s-lg$t$ 曲线尾部出现明显向下弯曲的前一级荷载值。

（5）当按上述四种方法判定桩的竖向抗压承载力未达到极限时，桩的竖向抗压极限承载力应取最大试验荷载值。

4. 确定单桩竖向抗压承载力特征值

参加统计的试桩，当满足其极差不超过平均值的 30%时，可取其平均值为单桩竖向抗压极限承载力。极差超过平均值的 30%时，宜增加试桩数量并分析极差过大的原因，结合工程具体情况确定极限承载力。对桩数为 3 根或 3 根以下的柱下承台，或工程桩抽检数量少于 3 根时，应取低值。将单桩竖向抗压极限承载力除以安全系数 2，为单桩竖向抗压承载力特征值。

（六）滑动测微计方法

1. 技术特点：通过在试桩的桩身埋设测试元件，并与桩的静载荷试验同步进行的桩身荷载传递性状的测试，是充分了解桩周土层侧阻力和桩底端阻力发挥特征的主要手段。

2. 仪器设备

滑动测微计是一种高精度的连续线应变测量仪器。瑞士 Solexperts 公司生产的滑动测微计（Sliding Micrometer）是一种便携式高精度应变计测试仪，其设备主要包括带球面测头的探头、SDC 数据控制器、导杆、电缆线盘及预埋在桩身中的套管和设在套管中的锥面测标等组成。

3. 工作原理

测试时探头在预埋于桩身的套管中向下滑动至某深度时，使探头在两个相邻测标间张紧，触发探头中的线位移传感器（LVDT）。测试数据（测标间距）经电缆线传输到 SDC 数据控制器读出。

桩在各级荷载作用下各测段（一般为 1000mm）的滑动测微计测试值与相应段的初始读数之差为该桩段桩身在相应荷载下的压缩量。压缩量除以测段长度即为该测段的应变值。

4. 资料整理

（1）桩身轴力计算

根据桩身某一深度 z 处的应变 ε_i（z）（以 $\mu\varepsilon$ 计）和混凝土弹性模量 E_i（MPa），可按下式计算桩身相应深度处的轴力 Q（z）（kN）：

$$Q(z) = \frac{\pi D_i^2}{4} E_i \varepsilon_i(z) \tag{8-2-50}$$

式中　D_i——深度 z 处的桩身直径（m）。

然后绘制桩在各级荷载下的桩身轴力沿桩身深度的分布曲线。

（2）桩的侧阻力和端阻力计算

桩侧阻力 q_s（z）和端阻力 q_p 可根据式（8-2-50）得出的轴力分布曲线，按下式计算：

$$q_s(z) = \frac{1}{\pi D} \cdot \frac{dQ(z)}{dz} \tag{8-2-51}$$

$$q_p = \frac{Q_p}{\pi (D_p/2)^2} \tag{8-2-52}$$

式中　Q_p——实测端承力（kN）；

D_p——实测桩端直径（m）；

其余符号意义同前。

（3）资料分析

根据计算结果，可绘制以下曲线：

1）不同桩顶荷载作用下桩侧阻力沿桩身深度的发挥曲线；

2）不同桩顶荷载作用下端承力的发挥曲线。

从这些曲线可以进一步研究分析桩侧阻力和桩端承力的发挥特征和传递函数。

（七）光纤应变测试

1. 基本原理及应变测试结果

（1）BOTDR 测试原理

布里渊散射同时受应变和温度的影响，当光纤沿线的温度发生变化或者存在轴向应变时，光纤中的背向布里渊散射光的频率将发生漂移，频率的漂移量与光纤应变和温度的变化呈良好的线性关系，因此通过测量光纤中的背向自然布里渊散射光的频率漂移量（ν_B）就可以得到光纤沿线温度和应变的分布信息。BOTDR 的应变测量原理如图 8-2-3 所示。

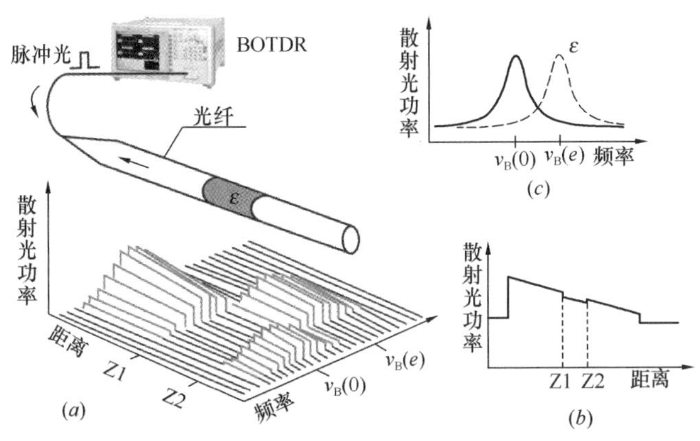

图 8-2-3 BOTDR 的应变测量原理图

如上所述，为了得到光纤沿线的应变分布，BOTDR 需要得到光纤沿线的布里渊散射光谱，也就是要得到光纤沿线的 ν_B 分布。BOTDR 的测量原理与 OTDR（Optical Time-Domain Reflectometer）技术很相似，脉冲光以一定的频率自光纤的一端入射，入射的脉冲光与光纤中的声学声子发生相互作用后产生布里渊散射，其中的背向布里渊散射光沿光纤原路返回到脉冲光的入射端，进入 BOTDR 的受光部和信号处理单元，经过一系列复杂的信号处理可以得到光纤沿线的布里渊背散光的功率分布，如图 8-2-3 中（b）所示。发生散射的位置至脉冲光的入射端，即至 BOTDR 的距离 Z 可以通过式（8-2-53）计算得到。之后按照上述的方法按一定间隔改变入射光的频率反复测量，就可以获得光纤上每个采样点的布里渊散射光的频谱图，如图 8-2-3 中（c）所示，理论上布里渊背散光谱为洛仑兹形，其峰值功率所对应的频率即是布里渊频移 ν_B。

$$Z = \frac{cT}{2n} \tag{8-2-53}$$

式中 c——真空中的光速；

n——光纤的折射率；

T——发出的脉冲光与接收到的散射光的时间间隔。

（2）光纤应变的计算

图 8-2-4 是布里渊频移与光纤应变之间的线性关系，线性关系的斜率取决于探测光的波长和所采用的光纤的类型，试验前需要对其进行标定，即要确定式（8-2-54）中的 ν_B（0）和 c 值。

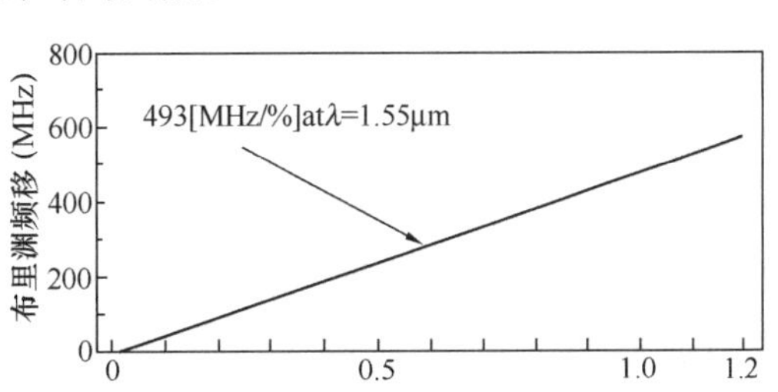

图 8-2-4 布里渊频移与应变的线性关系

光纤的应变量与布里渊频移可用下式

表示：

$$\nu_B(\varepsilon)=\nu_B(0)+\frac{d\nu_B(\varepsilon)}{d\varepsilon}\varepsilon \tag{8-2-54}$$

式中　$\nu_B(\varepsilon)$——应变为 ε 时的布里渊频率的漂移量；

$\nu_B(0)$——应变为 0 时的布里渊频率的漂移量；

$\frac{d\nu_B(\varepsilon)}{d\varepsilon}$——比例系数，约为 493MHz（% strain）；

ε——光纤的应变量。

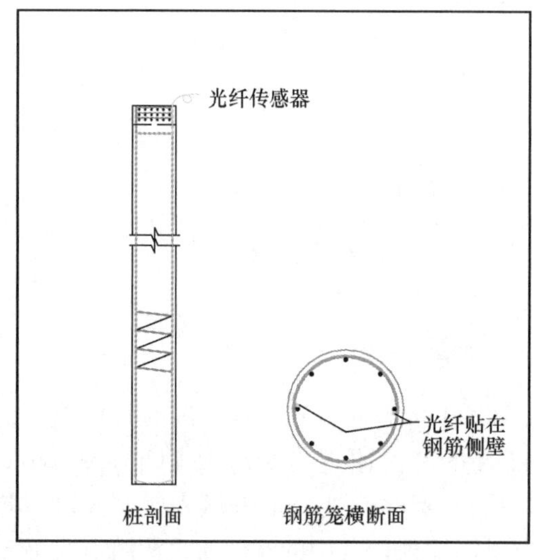

图 8-2-5　光纤铺设工艺

(3) 光纤铺设工艺

测试中对灌注桩光纤的铺设以钢筋笼主筋为载体，捆绑于其上，捆绑与下笼同步。为防止在浇灌混凝土过程中混凝土对光纤的直接冲撞，从而沿着主筋的侧边进行铺设，铺设过程中尽量让光纤保持挺直。见图 8-2-5。对预制桩、管桩等其他桩型可以在桩的周边刻槽，埋设光纤。

为了对桩身在扩径及偏心荷载条件下同一水平不同侧面产生的差异应变进行识别与修正，因此沿着钢筋笼中心对称的两根相对主筋铺设两段光纤传感器，中间相连段沿着底部加强筋平滑过渡，形成“U”字形回路，两端都可进行测试，起到对比和备份作用。光纤在出孔口段用金属波纹管保护出口，防止桩头制作及后期埋土过程中折断，波纹管利用设定的标志定位。

(4) 桩身光纤应变测试

利用光纤传感器测试桩身在每级荷载下桩身轴向的压应变分布。利用 BOTDR 仪器对试桩加载前测值作为初始值，通过加卸某一级荷载产生的应变与初始应变的差值作为该荷载作用下产生的应变值。每级荷载下测试时间选在位移观测判断稳定前十分钟，采集结束后方可加（卸）下一级荷载。

2. 光纤应变模式下桩身轴力与侧摩阻力计算

(1) 计算原理

测试仪器测试得到的是光纤的轴向压应变 $\varepsilon(z)$，由于光纤固定在桩身混凝土内，在静载压力下，光纤轴向变形与桩身混凝土一致，因此桩身混凝土的压应变也为 $\varepsilon(z)$，则桩身压应力 $\sigma(z)$ 为：

$$\sigma(z)=\varepsilon(z)\cdot E_c \tag{8-2-55}$$

式中　E——桩身混凝土的弹性模量。

则桩身轴力 $Q(z)$ 为：

$$Q(z)=\sigma(z)\cdot A \tag{8-2-56}$$

式中　A——桩身截面面积。

桩的荷载传递基本微分方程为：

$$q_s(z)=-\frac{1}{U}\frac{\mathrm{d}Q(z)}{\mathrm{d}z} \tag{8-2-57}$$

式中　q_s（z）——桩侧分布摩阻力；

Q（z）——桩身轴向力；

U——桩身周长。

上式可以简化为：

$$q_s(z)=-\frac{1}{U}\frac{\Delta Q(z)}{\Delta z} \tag{8-2-58}$$

式中　ΔQ（z）——某土层内桩身两截面间轴力变化量；

Δz——该土层内桩身两截面间深度差。

将式（8-2-55）和式（8-2-56）上述公式得到：

$$q_s(z)=-\frac{1}{U}\frac{\Delta Q(z)}{\Delta z}=-\frac{1}{U}\frac{\Delta\sigma\cdot A}{\Delta z}=-\frac{A}{U}\cdot\frac{\Delta\varepsilon\cdot E}{\Delta z}=-\frac{A\cdot E}{U}\frac{\Delta\varepsilon}{\Delta z} \tag{8-2-59}$$

式中　$\Delta\varepsilon$——某土层内桩身两截面间轴向应变变化量。

根据仪器测试光纤应变分布结果，根据式（8-2-55）、式（8-2-56）和式（8-2-59）就可得所有测试结果。

对实际测试工程，其中首先有两个重要参数要确定：桩身截面面积 A 和桩身混凝土的弹性模量 E。桩身截面面积由桩直径来确定。弹性模量 E 可以根据混凝土的标号或实测确定。

（2）测试数据分析

1）桩身轴力计算

将测得的各荷载级别下的光纤应变与光纤初始应变之差得出桩身的各级荷载下附加应变值，再与通过上述方法得到的桩身混凝土弹性模量相乘，得到桩身各截面的应力值（如公式 8-2-55），再乘以桩身截面积得到轴力分布（公式 8-2-56）。

2）桩身侧摩阻力计算

得到桩身轴力分布曲线后，通过公式（8-2-57），可以得到各桩在各荷载级别下桩身侧摩阻力值。

通过上述方法得到桩身侧摩阻力值后，做图得到桩在各级荷载作用下分段侧摩阻力的连续分布图。

二、单桩水平静载试验

（一）试验目的

1. 确定单桩水平承载力，推定地基土抗力系数的比例系数。

2. 当埋设有桩身应力量测元件时，可测定桩身应力变化，并求出桩身的弯矩分布。

（二）试验设备

1. 施加水平力的设备：采用高压油泵驱动的水平向千斤顶施加水平力。水平力作用线应通过地面标高处（地面标高应与实际桩基承台底面标高一致），在千斤顶与试桩接触处应安置一球形铰座，以保证千斤顶作用力能水平地通过桩身轴线。

2. 量测水平位移的设备：宜采用大量程百分表或位移传感器量测桩的水平位移。每一试桩在力的作用水平面上和在该平面以上 50cm 左右各安设 1 或 2 只位移传感仪表量测桩顶水平位移，下表量测桩身地面处的水平位移，根据上、下两表的位移差与两表的距离的比值，计算地面以上桩身的转角。若桩身露出地面较短，可仅在力的作用水平面上安设位移传感仪表量测水平位移。

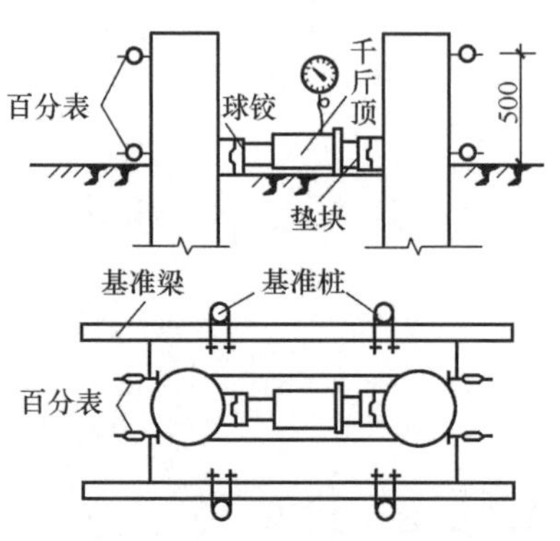

图 8-2-6　水平静载试验装置示意图

3. 固定位移传感仪表的基准桩宜打设在试桩侧面靠位移的反方向，与试桩的净距不小于 1 倍试桩直径。

水平静载试验装置如图 8-2-6 所示。

（三）现场试验

1. 试验加载方法：一般采用单向多循环加载法，对于受长期水平荷载的桩基也可采用慢速维持荷载法。

2. 单向多循环加载试验可采用下列规定进行加卸载和位移观测：

（1）加载分级：取预估水平极限承载力或最大试验荷载的 1/10 作为每级荷载的加载增量。

（2）加载程序和位移观测：每级荷载施加后，恒载 4min 后测读水平位移，然后卸载至零，停 2min 测读残余水平位移，至此完成一个加卸载循环。如此循环 5 次便完成一级荷载的试验。加载时间应尽量缩短，量测位移的时间间隔应严格准确，试验不得中途停顿。

（3）试验终止条件：当出现下列情况之一时即可终止加载：

1）试桩折断；

2）水平位移超过 30～40mm（软土取 40mm）；

3）水平位移达到设计要求的水平位移允许值。

（四）资料整理和成果应用

1. 绘制水平力-时间-位移（H_0-t-x_0）、水平力—位移梯度$\left(H_0\text{-}\dfrac{\Delta\chi_0}{\Delta H_0}\right)$、力作用点位移—时间对数（$x_0$-lg$t$）或水平力—位移双对数（lg$H_0$-lg$x_0$）曲线，当测量桩身应力时，尚应绘制应力沿桩身分布和水平力—最大弯矩截面钢筋应力（H_0-σ_g）等曲线。

2. 单桩水平临界荷载按下列方法综合确定：

（1）取 H_0-t-x_0 曲线出现突变（相同荷载增量的条件下，出现比前一级明显增大的位移增量）点的前一级荷载为水平临界荷载（图 8-2-7）。

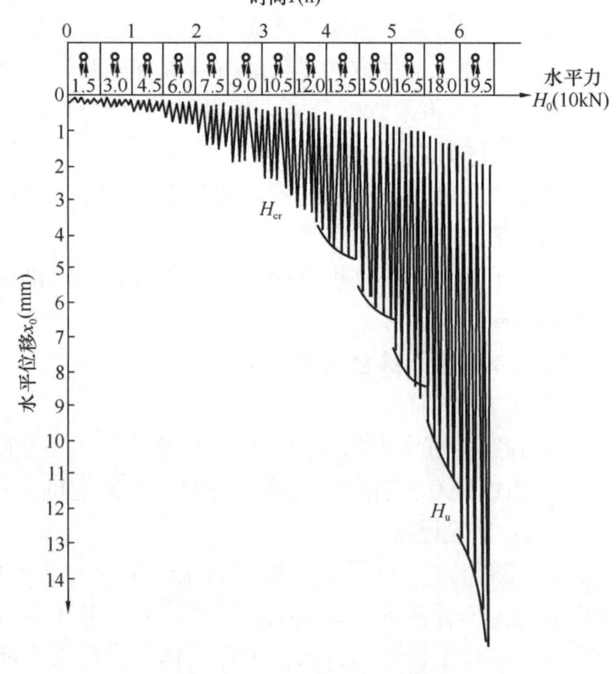

图 8-2-7　H_0-t-x_0 曲线

（2）取 H_0-$\frac{\Delta\chi_0}{\Delta H_0}$曲线（图 8-2-8）或 $\lg H_0$-$\lg x_0$ 曲线第一拐点所对应的荷载为水平临界荷载。

（3）当有钢筋应力测试数据时，取 H_0-σ_g第一拐点对应的荷载为水平临界荷载（图 8-2-9）。

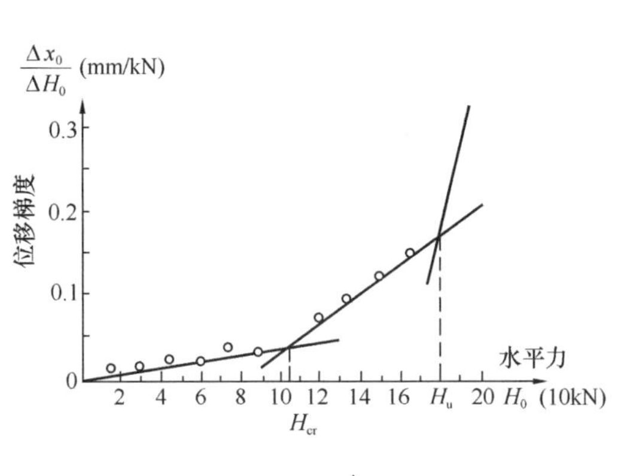

图 8-2-8　H_0-$\frac{\Delta\chi_0}{\Delta H_0}$曲线

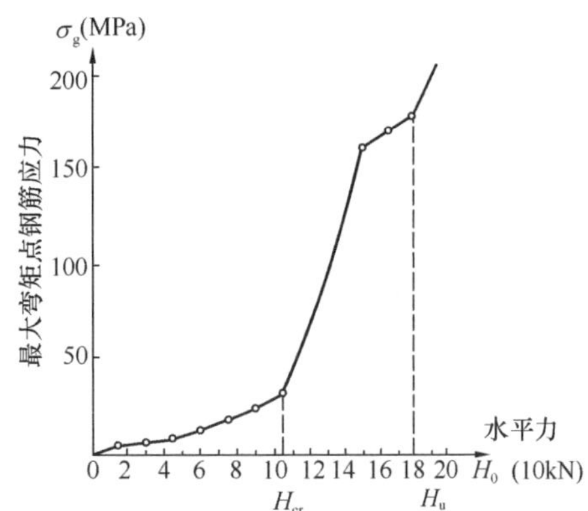

图 8-2-9　H_0-σ_g曲线

3. 单桩水平极限承载力可根据下列方法综合确定。

（1）取 H_0-t-x_0 曲线明显陡降的前一级荷载值（图 8-2-7 中的 H_u）。

（2）取 H_0-$\frac{\Delta\chi_0}{\Delta H_0}$ 曲线或 $\lg H_0$-$\lg x_0$ 曲线第二拐点对应的水平荷载值（图 8-2-8 中的 H_u）。

（3）取桩身折断或受拉钢筋屈服时的前一级水平荷载值。

4. 地基土水平抗力系数的比例系数 m 可根据试验结果按下列公式确定：

$$m=\frac{\left[\frac{H_{cr}}{\chi_{cr}}\nu_x\right]^{5/3}}{b_0\ (EI)^{2/3}} \tag{8-2-60}$$

式中　m——地基土水平抗力系数的比例系数（MN/m^4），该数值为地面以下 2（$d+1$）深度内各土层的综合值；

H_{cr}——单桩水平临界荷载（kN）；

χ_{cr}——单桩水平临界荷载对应的位移（mm）；

ν_x——桩顶水平位移系数，按表 8-2-28 取值，当 $\alpha h \geqslant 4$ 时（h 为桩的入土深度），$\nu_x=2.441$。

三、单桩竖向抗拔静载试验

（一）试验目的

高耸建（构）筑物往往承受较大的水平力，导致部分桩承受上拔力，多层地下室的底板也会承受较大的水浮力，而抗拔桩是重要的措施。现场原位抗拔试验的目的是确定单桩竖向抗拔承载力。

（二）试验设备

1. 加载装置

单桩竖向抗拔承载力试验装置如图 8-2-10 所示，一般采用千斤顶加载，其反力装置

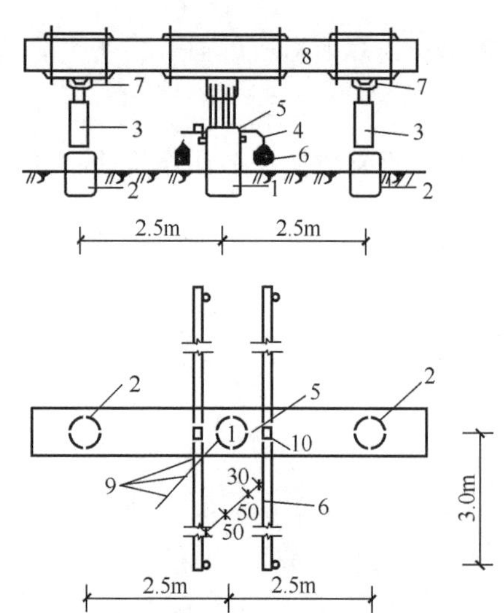

图 8-2-10 单桩竖向抗拔承载力试验示意图
1—试桩；2—锚桩；3—液压千斤顶；4—表座；5—测量表；6—基准；7—球铰；8—反力架；9—地面变形测点；10—10cm×10cm 薄铁板

由两根锚桩和承载梁组成，试桩和承载梁用拉杆连接，将千斤顶置于两根锚桩之上，顶推承载梁，引起试桩上拔。应尽量利用工程桩为反力锚桩，若灌注桩作锚桩，宜沿桩身通长配筋，以免出现桩身的破损。试桩与锚桩间距与单桩抗压静载试验的要求相同。

2. 量测仪表

荷载可用并联于千斤顶的高精度压力表测定油压，并根据率定曲线核算荷载。也可用放置在千斤顶上的应力环、压力传感器直接测定。上拔量可用百分表或位移传感器量测，其布置方法与单桩抗压试验相同。桩身量测元件与单桩抗压试验相同。

（三）试验方法

1. 试验要求

试桩应按最大加载力计算桩身钢筋，且钢筋应沿桩身通长布置。从成桩到开始试验的间隔：在桩身强度达到设计要求的前提下，对砂土，不应少于7d；对于粉土和黏性土，不应少于15d；对于饱和软黏土，不应少于25d。

2. 加载和卸载方式

抗拔试验一般采用慢速维持荷载法。施加的上拔力必须作用于桩的中轴线。加载应均匀、无冲击。每级加载为预计最大荷载的1/10，达到相对稳定后加下一级荷载，直到试桩破坏，然后逐级卸荷到零。亦可结合工程实际受荷情况采用多循环加载法，即每级荷载上拔量达到相对稳定后卸载到零，然后再加下一级荷载。

3. 变形观测

进行单桩竖向抗拔静载试验时，除了要对试桩的上拔量进行观测外，尚应对桩周地面土的变形情况以及桩身外露部分开裂情况进行观测记录。

试桩的上拔量观测，应在每级加载后间隔5、15、30、45、60min各测读一次，以后每隔30min测读一次。

4. 上拔稳定标准

单桩竖向抗拔静载试验上拔量相对稳定标准应以1h内的变形量不超过0.1mm，并连续出现两次为准。从分级荷载施加后第30min开始，按1.5h连续三次每30min的沉降测值计算。

5. 终止加载条件

试验过程中，当出现下列情况之一时，即可终止加载：

（1）桩顶上拔荷载达到钢筋强度标准值的0.9倍。

（2）某级荷载作用下，桩顶上拔位移量为前一级荷载作用下上拔量的5倍。

（3）按桩顶上拔量控制，建筑部门试桩的累计上拔量超过100mm，桥桩则规定累计上拔量超过25mm时。

（4）已达到设计要求的最大上拔荷载值。

（四）资料整理

单桩竖向抗拔静载试验的资料整理应包括以下一些内容：

1. 绘制单桩竖向抗拔静载试验上拔荷载（U）和桩顶上拔量（δ）之间的 U-δ 曲线以及 δ-lg$t$ 曲线。

2. 当进行桩身应力、应变量测时，尚应根据量测结果整理出有关表格，绘制桩身应力、桩侧阻力随桩顶上拔荷载的变化曲线。

3. 确定单桩竖向抗拔极限承载力

（1）对于陡变形 U-δ 曲线，取陡升起始点荷载为极限承载力。

（2）取 δ-lg$t$ 曲线斜率明显变陡或曲线尾部明显弯曲的前一级荷载值为极限承载力。

（3）当在某级荷载下抗拔钢筋断裂时，取其前一级荷载值为极限承载力。

四、自平衡法静载试验

（一）基本原理

1. 自平衡法静载试验是接近于竖向抗压（拔）桩的实际工作条件的试验方法。把一种特制的加载装置（荷载箱）预先放置在桩身指定位置，将荷载箱的高压油管和位移杆引到地面（或平台）。由高压油泵在地面（或平台）向荷载箱充油加载，荷载箱将力传递到桩身，其上部桩侧极限摩阻力及自重与下部桩侧极限摩阻力及极限桩端阻力相平衡来维持荷载，从而得到试桩的极限承载力。

2. 当埋设钢筋应力计时，可以直接测定桩周各土层的侧阻力和桩端阻力。

（二）试验设备和传感器

1. 试验设备

（1）荷载箱

荷载箱的生产和标定应遵守以下规定：

1）组成荷载箱的千斤顶应该经过法定检测单位标定。荷载箱出厂前应试压，试压值不得小于额定加载值，且应维持 2h 以上。

2）荷载箱额定加载值对应的油压值不宜大于 45MPa，最大单向加载值对应的油压值不宜大于 55MPa。

3）荷载箱在工厂试压和现场试验应采用同一型号的油压表。

4）荷载采用联于荷载箱的油压表测定油压，根据荷载箱率定曲线换算荷载。

5）油压表应经过法定计量部门标定，且在规定的有效期内使用。

（2）数据采集系统

数据采集系统包含数据采集仪、计算机、稳压电源、不间断电源等。

2. 位移传感器

1）位移传感器一般采用电子百分表或电子千分表，分辨率优于或等于 0.01mm。

2）每根试验桩应布置两组（每组两个，对称布置）位移传感器，分别用于测定荷载箱处的向上、向下位移。

3）每根试验桩桩顶应布置一组位移传感器，用来测定桩顶位移。

4）固定和支撑位移传感器的夹具和基准量在构造上应确保不受气温、振动及其他外界因素的影响，以防止发生竖向变位。

5）位移传感器应经法定计量部门标定，且在规定的有效期内使用。

（三）现场安装

1. 荷载箱的安装

（1）荷载箱的埋设位置

1）极限桩端阻力小于桩侧极限摩阻力时，荷载箱埋设于平衡点处，使上段和下段的极限承载力基本相等，以维持加载。

2）极限桩端阻力大于桩侧极限摩阻力时，荷载箱置于桩端，根据桩的长径比、地质情况采取以下措施：

(a) 桩顶提供一定量的配重。

(b) 用小直径桩模拟，先测定出极限桩端承载力，再根据实际尺寸换算总的桩端阻力值。

3）有特殊需要时，可采用双荷载箱或多荷载箱，以分别测试桩的极限桩端阻力和各段桩的极限侧摩阻力。荷载箱的埋设位置则根据特殊需要确定。

（2）荷载箱的连接

1）荷载箱应平放于桩的中心，其位移方向与桩身轴线夹角不应大于5°。

2）对于灌注桩，荷载箱的上下板分别与上下钢筋笼的钢筋焊接。钢筋笼之间设置喇叭筋，喇叭筋的一端与主筋焊接，一端焊接在环形荷载箱板内圆边缘处，其数量和直径同主筋。喇叭筋与荷载箱的夹角应大于60°。

3）对于管桩，将荷载箱与上、下段桩焊接。

2. 位移杆和护套管的安装

1）位移杆把荷载箱处的位移传递到地面（平台），应具有一定的刚度。桩长不大于40m时，可用直径25～30mm的钢管作为位移杆；桩长大于40m时，则宜采用位移钢丝代替位移杆。

2）保护位移杆的护套管，应与荷载箱顶盖焊接，焊缝应该满足强度要求，并确保护套管不渗漏水泥浆。

3）在保证位移传递达到足够精度的前提下，也可采用其他形式的位移传递系统。

3. 基准桩和基准梁

1）基准桩与试验桩之间的中心距离应大于或等于3倍试验桩直径或不小于4.0m；基准桩应具有充分的稳定性，打入地面或者河（海）床面以下足够的深度，陆上一般不小于1m。

2）基准桩和基准梁都应有一定的刚度。基准梁的截面高度不应小于其跨度的1/40，基准桩的线刚度不应小于基准梁线刚度的3倍。

3）基准梁的一端应固定在基准桩上，另一端应简支在基准桩上（能沿其轴线方向自由移动）。

（四）现场试验

1. 加载卸载

1）加载应分级进行。每级加载量为预估最大加载量的1/10～1/15。当桩端为巨粒土、粗粒土或坚硬黏质土时，第一级可按两倍分级荷载加载。

2）卸载也应分级进行。每级卸载量为2～3个加载级的荷载值。

3）加卸载应均匀连续，每级荷载在维持过程中的变化幅度不得超过分级荷载的 10%。

2. 位移观测和稳定标准

1）采用慢速维持荷载法。每级加（卸）载后第 1h 内应在第 5min、10min、15min、30min、45min、60min 测读位移，以后每隔 30min 测读一次，达到相对稳定后方可加（卸）下一级荷载。卸载到零后应至少观测 2h，测读时间间隔同加载。

2）每级加（卸）载的向上、向下位移量在下列时间内均不大于 0.1mm：

（a）桩端为巨粒土、粗粒土或坚硬黏质土，最后 30min。

（b）桩端为半坚硬黏质土或细粒土，最后 1h。

3. 终止加载条件及极限加载值

1）向上、向下两个方向应分别判定和取值，平衡状态下两个方向都应达到终止加载条件后再终止。

2）每个方向的加载终止条件和相应的极限加载值的取值按照以下规定：

（a）总位移量大于或等于 40mm，且本级荷载的位移量大于或等于前一级荷载的位移量的 5 倍时，加载即可终止。取终止荷载的前一级荷载为极限荷载。

（b）总位移量大于或等于 40mm，且本级荷载加上 24h 后未达稳定，加载即可终止。取终止荷载前一级的荷载为极限荷载。

（c）巨粒土、密实砂类土以及坚硬的黏质土中，总位移量小于 40mm，但荷载已经大于或等于设计荷载乘以设计规定的安全系数，加载即可终止，取此时的荷载为极限荷载。

（d）施工过程中的检验性试验，一般应加载到桩两倍的设计荷载为止。如果桩的总位移量不超过 40mm，以及最后一级加载引起的位移不超过前一级加载引起的位移的 5 倍，则该桩认为可通过检验。

（e）极限荷载难以确定时，应绘制荷载-位移曲线（Q-s 曲线）、位移-时间曲线（s-t 曲线）确定，必要时还应绘制 s-lg$t$、s-lg$Q$ 等曲线综合比较，确定比较合理的极限荷载值。

（五）资料整理

1. 把桩的尺寸、地层剖面和各层土的物理力学性质指标等整理成表，把实测的静载试验原始数据编制成表，表中包含详细设计和施工信息，荷载箱上下位移、桩顶位移等随时间的变化。

2. 绘制 Q-s、s-lg$t$、s-lg$Q$ 等曲线。

3. 将自平衡法测得的上下两段 Q-s 曲线，等效转换为常规方法桩顶加载的一条 P-s 曲线，以确定桩顶位移，见图 8-2-11。转换方法可参见《基桩静载试验—自平衡法》JT/T 738—2009 相关规定。

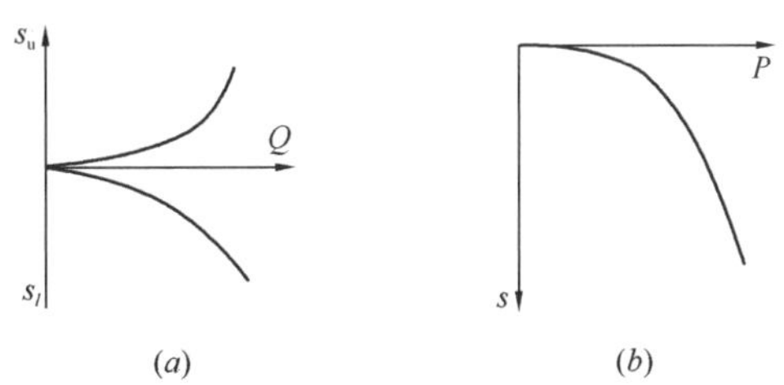

图 8-2-11 自平衡法结果转换示意图

（a）自平衡法曲线；（b）等效转换曲线

4. 当进行分层摩阻力测试时，还应绘制各级荷载下桩身轴力变化曲线及各岩土层相应的侧摩阻力图。

5. 确定试桩的极限承载力

1）极限承载力确定

根据试桩的加载极限值，可按下式确定试桩 i 的极限承载力：

（a）抗压

$$P_{\mathrm{u}i}=\frac{Q_{\mathrm{uu}i}-W_i}{\gamma_i}+Q_{l\mathrm{u}i} \tag{8-2-61}$$

（b）抗拔

$$P_{\mathrm{u}i}=Q_{\mathrm{uu}i} \tag{8-2-62}$$

式中　$P_{\mathrm{u}i}$——试桩 i 的单桩极限承载力（kN）；

$Q_{\mathrm{uu}i}$——试桩 i 上段桩的加载极限值（kN）；

$Q_{l\mathrm{u}i}$——试桩 i 下段桩的加载极限值（kN）；

W_i——试桩 i 荷载箱上部桩自重，单位为 kN，若荷载箱处于透水层，取浮自重；

γ_i——试桩 i 的修正系数，根据荷载箱上部土的类型确定：黏性土、粉土 $\gamma_i=0.8$，砂土 $\gamma_i=0.7$，岩石 $\gamma_i=1$，若上部有不同类型的土层，γ_i 取加权平均值。

2）计算步骤

单桩竖向极限承载力标准值应根据试桩位置、实际地质条件、施工情况等综合确定。当各试桩条件基本相同时，单桩竖向极限承载力标准值可按下列步骤与方法确定：

（a）计算试桩极限承载力平均值

$$P_{\mathrm{um}}=\frac{1}{n}\sum_{i=1}^{n}P_{\mathrm{u}i} \tag{8-2-63}$$

（b）计算试桩 i 的极限承载力与平均值之比

$$\alpha_i=P_{\mathrm{u}i}/P_{\mathrm{um}} \tag{8-2-64}$$

下标 i 根据 $Q_{\mathrm{u}i}$ 值由小到大的顺序确定。

（c）计算 α_i 的标准差 S_{n}

$$S_{\mathrm{n}}=\sqrt{\sum_{i=1}^{n}(\alpha_i-1)^2/(n-1)} \tag{8-2-65}$$

（d）确定单桩竖向极限承载力标准值 P_{uk}

当 $S_{\mathrm{n}}\leqslant 0.15$ 时，$P_{\mathrm{uk}}=P_{\mathrm{um}}$；

当 $S_{\mathrm{n}}>0.15$ 时，$P_{\mathrm{uk}}=\lambda P_{\mathrm{um}}$。

3）折减系数 λ

（a）试桩数 $n=2$ 时，λ 按表 8-2-40 确定。

折减系数 λ（$n=2$）　　表 8-2-40

$\alpha_2-\alpha_1$	0.21	0.24	0.27	0.3	0.33	0.36	0.39	0.42	0.45	0.48	0.51
λ	1	0.99	0.97	0.96	0.94	0.93	0.91	0.9	0.88	0.87	0.85

（b）试桩数 $n=3$ 时，λ 按表 8-2-41 确定。

折减系数 λ (n=3)　　表 8-2-41

α_2	$\alpha_3-\alpha_1$							
	0.30	0.33	0.36	0.39	0.42	0.45	0.48	0.51
0.84	—	—	—	—	—	—	0.93	0.92
0.92	0.99	0.98	0.98	0.97	0.96	0.95	0.94	0.93
1.00	1.00	0.99	0.98	0.97	0.96	0.95	0.93	0.92
1.08	0.98	0.97	0.95	0.94	0.93	0.91	0.90	0.88
1.16	—	—	—	—	—	—	0.86	0.84

(c) 试桩数 $n\geqslant4$ 时，按下式计算：

$$A_0+A_1\lambda+A_2\lambda^2+A_3\lambda^3+A_4\lambda^4=0 \tag{8-2-66}$$

其中：

$$A_0=\sum_{i=1}^{n-m}\alpha_i^2+\frac{1}{m}\left(\sum_{i=1}^{n-m}\alpha_i\right)^2 \tag{8-2-67}$$

$$A_1=-\frac{2n}{m}\sum_{i=1}^{n-m}\alpha_i \tag{8-2-68}$$

$$A_2=0.127-1.127n+\frac{n^2}{m} \tag{8-2-69}$$

$$A_3=0.147\times(n-1) \tag{8-2-70}$$

$$A_4=0.042\times(n-1) \tag{8-2-71}$$

取 $m=1$，$2\cdots n$，满足式（8-2-66）的 λ 值即为所求。

4）单桩竖向承载力容许值（单桩竖向承载力特征值）

$$[P_k]=P_{uk}/2 \tag{8-2-72}$$

第七节　基　桩　检　测

基桩检测可分为施工前为设计提供依据的试验桩检测和施工后为验收提供依据的工程桩检测。基桩检测应根据检测目的、检测方法的适宜性、桩基的设计条件、成桩工艺等，合理选择检测方法。基桩检测包括承载力检测和桩身完整性检测，承载力检测方法主要包括单桩静载荷试验法和高应变法，桩身完整性检测方法主要包括低应变反射波法、高应变法、声波透射法、钻芯法等。

一、低应变反射波法

（一）基本原理

把桩视为一维弹性杆，当桩顶作用一脉冲力后，应力波将沿桩身传播，遇到波阻抗变化处将产生反射和透射。根据应力波反射波形特征可以判断桩身介质波阻抗的变化情况，从而判定桩身的完整性。

（二）仪器设备

1. 传感器：可选用宽频带的速度传感器（灵敏度应优于 300mV/cm/s）或加速度传感器（灵敏度应优于 100mV/g）。

2. 检测仪：包括 A/D 转换器和专门的分析软件。

3. 激振设备：应有不同材质、不同重量之分，以改变激振的频谱和能量供选用。一般可采用手锤或力棒。

（三）检测方法

1. 桩头处理

（1）桩头应凿去浮浆，露出密实的混凝土。这一点非常重要，因为不密实的浮浆层，与下部正常混凝土粘结不良，会形成一个不连续的界面。敲击桩头产生的应力波在这一界面上多次反射，影响应力波向下传播，这种杂波幅值大，与正常信号叠加后，会掩盖桩下部的信息。

（2）激振点及传感器安装位置应凿成大小合适的平面，平面应平整并基本与桩身轴线垂直。

（3）激振点及传感器安装位置应远离钢筋笼的主筋，目的是减少外露主筋对测试信号产生干扰。

2. 传感器安装及激振

（1）实心桩的激振点宜选择在桩头中心部位，传感器应粘贴在距桩中心约 $2R/3$（R 为桩身半径）处，因为敲击产生的应力波除向下传播外，也沿径向向周边传播，从周边反射回来的波与由圆心外散的波会发生叠加。理论和实践表明，$2R/3$ 处波的干扰最小。空心桩的激振点及传感器安装位置应选择在桩壁厚的 1/2 处且应在同一水平面上，与桩中心连线形成的夹角宜为 90°

（2）桩径较大时，若桩身存在局部缺陷，则在不同测点（传感器安装位置）获得的速度波形有差异。因此，应视桩径大小，选择 2～4 个测点，测点按圆周均匀分布。一般桩径大于 0.8m 时，不少于 2 个测点；桩径大于 1.2m 时，不少于 3 个测点；桩径大于 2.0m 时，不少于 4 个测点。

（3）传感器的粘合剂可采用橡皮泥、黄油等，必要时可采用冲击钻打孔安装传感器。传感器应粘贴牢固，保证有足够的粘结强度。

3. 现场检测要点

（1）反射波法测桩时，应准备几种锤头和垫片，依据不同检测目的而选用。桩越长，应选择越软、越重、直径越大的锤；桩越短，应选择越硬、越轻、直径越小的锤。在检测同一根桩的过程中，为了测出桩底反射，应选择质量重、质地软的锤，而为了检测浅部缺陷，可选用较硬的锤。开始检测的头几根桩应多花一些时间进行试敲，设定信号采集参数，确定合适的激振源，对该场地桩的施工质量情况有了大概了解后，再大量敲击试验，可收到事半功倍的效果。

（2）敲击时应尽量使力垂直作用于桩头，有利于抑制质点横向振动；应避免二次冲击，防止后续波的干扰。一般使用较短锤柄的手锤或力棒敲击。短锤柄的手锤容易使作用力垂直于桩顶，但每一锤用力的大小不易掌握，造成波形重复性较差；使用力棒以一定高度自由下落，可使作用力垂直且均匀，得到的信号重复性较好，但容易出现二次冲击。

（3）桩基检测中经常会发现在入射脉冲首波后紧跟着一个反相很大的波形，称为反向过冲，可能是由于接收器未安装牢固或距锤击位置太近所致。因此要避免传感器安装不紧、安装位置距锤击点太近等人为因素，才能将真正由桩身缺陷导致的反冲辨别出来。

（4）现场测试时必须对各种可疑的桩身缺陷及时分析，反复检测，获得比较准确的第一手资料。一般要求获得 3 条重复性较好的测试曲线。大直径桩若存在局部缺陷，则在不同部位接收到的波形会有差异，应在现场弄清波形差异到底是测试造成还是由于局部缺陷引起。

（四）检测结果分析

1. 波速

反射波法检测桩身质量时，桩身混凝土的波速是一个重要的判断依据。在一维杆件的应力波理论中，应力波传播速度即相速度固定不变，即：

$$c_h = \sqrt{E/\rho} \tag{8-2-73}$$

式中 c_h——应力波传播的相速度（m/s）；

E——桩身混凝土弹性模量（MPa）；

ρ——桩身混凝土密度（kg/m^3）。

由于桩基检测只能近似满足一维应力波理论，实测速度与式（8-2-73）相比，有一定差别，一般受到下列因素的影响。

（1）桩身材料黏弹性作用。

（2）桩身几何尺寸。

（3）土体阻力。

（4）桩身应变幅度。

实际测量中，若已知桩身长度，可按下式计算波速：

$$c = 2L/\Delta T \tag{8-2-74}$$

式中 c——纵波在桩身混凝土中的传播波速（m/s）；

L——测点下桩长（m）；

ΔT——速度波第一峰与桩底反射波峰间的时间差（s）。

计算的 c 值准确与否取决于波形曲线中桩底信号的正确判别、ΔT 的正确读取，以及现场提供的施工桩长的准确性。

2. 桩长及缺陷位置计算

桩长 L 按式（8-2-75）计算，缺陷距桩顶的距离按式（8-2-76）计算：

$$L = c\Delta T/2 \tag{8-2-75}$$

$$L' = c\Delta t/2 \tag{8-2-76}$$

式中 L'——缺陷距桩顶的距离（m）；

Δt——速度波第一峰与缺陷反射波峰间的时间差（s）。

其余符号意义同前。

波速 c 一般采用同一工地内多根已测完整桩桩身纵波速度的平均值 c_m。当桩长已知、桩底反射信号明确时，在地质条件、设计桩型、成桩工艺相同的基桩中，选取不少于 5 根完整桩的波速 c_i 按下式计算 c_m：

$$c_m = \frac{1}{n}\sum_{i=1}^{n} c_i \tag{8-2-77}$$

$$c_i = 2L/\Delta T \tag{8-2-78}$$

式中 c_m——桩身波速的平均值（m/s）；

c_i——第 i 根受检桩的桩身波速值（m/s），且 $\frac{|C_i - C_m|}{C_m|} \leqslant 5\%$；

n——参加波速平均值计算的基桩数量（$n \geqslant 5$）；

其余符号意义同前。

3. 桩身完整性判断

桩身完整性类别应结合缺陷出现的深度、测试信号衰减特性以及设计桩型、成桩工艺、地质条件、施工情况，按表 8-2-42 实测时域或幅频信号特征进行综合分析判定。

桩身完整性判定　　**表 8-2-42**

类别	时域信号特征	幅频信号特征
Ⅰ	$2L/c$ 时刻前无缺陷反射波，有桩底反射波	桩底谐振峰排列基本等间距，其相邻频差 $\Delta f \approx c/2L$
Ⅱ	$2L/c$ 时刻前出现轻微缺陷反射波，有桩底反射波	桩底谐振峰排列基本等间距，其相邻频差 $\Delta f \approx c/2L$，轻微缺陷产生的谐振峰与桩底谐振峰之间的频差 $\Delta f' > c/2L$
Ⅲ	有明显缺陷反射波，其他特征介于Ⅱ类和Ⅳ类之间	
Ⅳ	$2L/c$ 时刻前出现严重缺陷反射波或周期性反射波，无桩底反射波，无桩底反射波；或因桩身浅部严重缺陷使波形呈现低频大振幅衰减振动，无桩底反射波	缺陷谐振峰排列基本等间距，相邻频差 $\Delta f' > c/2L$，无桩底谐振峰；或因桩身浅部严重缺陷只出现单一谐振峰，无桩底谐振峰

注：对同一场地、地基条件相近、桩型和成桩工艺相同的基桩，因桩端部分桩身阻抗与持力层阻抗相匹配导致实测信号无桩底反射波时，可按本场地同条件下有桩底反射波的其他桩实测信号判定桩身完整性类别

4. 各类缺陷（或桩底）的波形特征

灌注桩、预制桩常见的几种缺陷和不同支承条件下桩底的反射波相位及波形特征列于表 8-2-43。由于激振条件、接收条件、桩身材料的不均匀性以及桩身存在多处缺陷等因素的影响，实际的波形更复杂。分析判断时必须在基本理论基础上，综合场地地质条件、桩型、施工记录和波形特征，反复对比求证。

反射波法桩基检测判别依据　　**表 8-2-43**

类型	桩身缺陷及桩底支承情况	反射波相位特征	反射波波形特征	备注
灌注桩	断裂（夹层）	同相	多次反射，间隔时间相等，第一反射脉冲幅值较高，前沿比较陡峭，难见下部较大缺陷及桩底信号	
	缩颈	同相	反射波形比较规则；可能有多次反射，一般可见桩底信号	
	离析	同相	反射波形不规则，后续信号杂乱，波速偏小；一般可见以下部位较大缺陷及桩底信号	
	扩颈	反相	反射波形比较规则；可能有多次反射，一般可见桩底信号	

续表

类型	桩身缺陷及桩底支承情况	反射波相位特征	反射波波形特征	备注
预制桩	裂缝、裂隙、碎裂	同相	一次或多次反射，能否看到桩底信号视缺陷严重程度	细小的不贯穿裂缝会漏判
	脱焊、虚焊等不良焊接	同相	在接头处出现同相反射波，严重时难见以下部位较大缺陷及桩底信号	适用于焊接接桩
桩底支承条件	摩擦桩	同相	在有效测试深度内桩底信号一般清晰	
	嵌岩桩	见右	会出现 3 种情形，桩底反射不清晰；反相；先反相后同相，尾部反射波形较复杂	反相反射有时是基岩面
	桩底沉渣过厚	同相	一般较清晰，注意与同场地的其他桩比较	适用于端承桩

各类缺陷和桩底产生的反射波，究其原因是由于桩身截面积（A）或材质（ρ、c）的差异引起的，但桩周土阻力对速度波形的影响也不容忽视。例如一根平放在地上的预制桩，速度波形曲线可以看到多次桩底反射信号，而当桩打入土中以后，由于桩周土阻力的影响，能看到的桩底反射次数将明显减少。

桩周土阻力对波形曲线的影响表现在以下三个方向：①导致应力波迅速衰减，使有效测试深度减小；②影响缺陷反射波幅值，造成利用幅值进行缺陷定量分析的误差增大；③在软硬土层交界附近产生土阻力波，干扰桩身反射信号。例如，若桩周土某一段为较弱土层，而上、下层土质均较硬，则会产生类似缩颈的假缺陷信号，该位置桩身恰恰也容易出现质量问题，土阻力反射波与桩身缺陷反射波容易混淆，造成误判。与桩阻抗变化引起的突变信号相比，土阻力引起的反射信号一般是渐变的，可通过对同一场地、同一桩型的检测结果进行综合比较，并认真分析工程地质资料来区分。

二、高应变法

（一）基本原理

高应变动测就是在桩顶作用一个高能量荷载，使桩和桩周土之间产生相对位移，从而激发出桩侧土的阻力。通过离桩顶适当距离处安装的加速度传感器和应力传感器，获得桩的动力响应曲线，根据一定的假设条件，从获得的动力响应曲线中，可以确定或估计桩身的承载力、桩侧土阻力分布、桩身的完整性等。

（二）试验仪器和设备

1. 试验仪器

（1）传感器：检测桩身速度，常用的是压电式加速度计，最大加速度选用 $5000g$。检测桩身应变，普遍采用特制的工具式应变传感器。

（2）检测仪器：目前使用的检测仪器，都是高集成度的数字式仪器，有两种基本结构；

1）具有计算机的全部功能，能够兼作计算机使用。其中有的厂家把信号采集部分和特制的计算机部分组合在一起，成为专用的仪器；多数厂家则利用现有的便携式计算机，外加该厂配制的信号采集单元。采集单元和便携机之间的联系，有的设计通过总线，有的则通过标准的串行口。

2）只具备简单的数字化功能，只能用来采集数据和完成简单的显示、存储和传输。

2. 锤击设备

打入桩一般可以使用打桩机，为了避免和打桩过程的矛盾，也可以使用专门的落锤设备。

灌注桩则一般必须另外配备锤击设备。落锤设备主要包括以下几个部件：锤体、导架和脱钩器。

常用的锤击设备一般采用自由落锤，依靠锤体本身的质量在一定的落高下所产生的动能获得试验所需的锤击力。锤体多数采用铸钢或铸铁，小型的锤也有在焊接的钢板箱体中填充混凝土的做法。落锤的体形多数为棱柱体，截面形状不限而高径（宽）比选择在 1.0～1.5 之间。当进行承载力检测时，锤的重量应不小于预估单桩极限承载力的 2.0%，混凝土桩的桩径大于 600mm 或桩长大于 30m 时取高值，应进一步提高检测用锤的重量。

锤体的提升通常要使用吊车。在不可能使用吊车的场合中，也可以使用卷扬机或电动葫芦。

（三）试验方法

检测截面选择在离开桩顶不远处，为了消除锤击偏心的影响，每种传感器都应成对配置。因此，标准的做法是一次安装四个传感器：其中包括力传感器和加速度计各两个。所有的传感器必须安装在桩身同一截面上，在桩身的一侧并排安装力传感器和加速度计各一个，然后在其对称面再安装另外一组，以保证两者的平均值能消除任何方向的偏心弯矩而真正代表桩身的轴向响应值。

在试验过程中，一般难以调节锤重。因此，试验必须事先根据试验所要求激发的承载力选择足够的锤重。规范规定，锤的重量应大于预估单桩极限承载力的 2.0%。在现场，一般可在适当的范围内调节落高，以取得满意的试验结果。

对于混凝土桩的动力试验，还必须配置适当的桩垫。桩垫的作用有二：一是起缓冲作用，使锤击力的峰值不致过高。同时使锤击力的持续时间适当；二是有助于对中，并使桩顶的受力比较均匀。常用的桩垫材料是胶合板、干的软木板、特制的布垫或纸垫，在缺乏适当的材料时，还可使用潮湿的砂。橡胶类的材料在锤击下会产生较大的侧向膨胀，容易造成桩头的开裂，一般不宜使用。桩垫的厚度，必须适当，试验者可事先用波动方程的分析程序进行验算，也可根据经验大致选用，然后在现场根据实测数据的具体情况加以调整。桩垫的面积可以略小于桩顶，有利于锤击的对中。为了保证试验的顺利进行，试桩的桩头必须能够承受预期的动力作用，在其相应的部位，又应具备良好的表面以获得可靠的实测数据。一般说来，预制桩的桩头在承受锤击试验时应该没有问题，但是灌注桩的桩头却必须经过处理。

（四）测试成果及分析

高应变法测试桩的承载力就是根据安装在离桩顶适当位置的加速度和应力传感器获得的动力响应时域曲线，通过较为简单的土阻力模型假设，直接建立桩的承载力公式；或通过较为复杂的土阻力模型，借助于对实测曲线的拟合，从而确定土阻力分布和桩身承载力。

1. Case 法的近似假定和承载力计算

Case 法采用了以下近似假定：

（1）桩身阻抗恒定，即除了截面不变外，桩身材质均匀且无明显缺陷。

（2）动阻力只与桩底质点运动速度成正比，即全部动阻力集中于桩端。

(3) 土阻力在时刻 $t_2=t_1+2L/c$（符号意义见式 8-2-79）已充分发挥。

Case 法承载力计算公式（式 8-2-79）即基于上述三个假定推导。

采用 Case 法判定中、小直径桩的承载力，应符合下列规定：

(1) 桩身材质、截面应基本均匀。

(2) 阻尼系数 J_c 宜根据同条件下静载试验结果校核，或应在已取得相近条件下可靠对比资料后，采用实测曲线拟合法确定 J_c 值，拟合计算的桩数不应少于检测总桩数的 30%，且不应少于 3 根。

(3) 在同一场地、地基条件相近和桩型及其截面积相同的情况下，J_c 值的极差不宜大于平均值的 30%。

(4) 单桩承载力应按下列 Case 法公式计算：

$$R_c=\frac{1}{2}(1-J_C)\cdot[F(t_1)+Z\cdot V(t_1)]+\frac{1}{2}(1+J_C)\cdot\left[F\left(t_1+\frac{2L}{c}\right)-Z\cdot V\left(t_1+\frac{2L}{c}\right)\right] \tag{8-2-79}$$

$$Z=\frac{E\cdot A}{c} \tag{8-2-80}$$

式中　R_c——Case 法单桩承载力计算值（kN）；

J_c——Case 法阻尼系数；

t_1——速度第一峰对应的时刻；

$F(t_1)$——t_1 时刻锤击力（kN）；

$V(t_1)$——t_1 时刻质点运动速动（m/s）；

Z——桩身截面力学阻抗（kN·s/m）；

A——桩身截面面积（m^2）；

L——测点下桩长（m）。

(5) 对于 t_1+2L/c 时刻桩侧和桩端土阻力均已充分发挥的摩擦型桩，单桩竖向抗压承载力检测值可采用式（8-2-79）的计算值。

(6) 对于土阻力滞后于 t_1+2L/c 时刻明显发挥或先于 t_1+2L/c 时刻发挥并产生桩中上部强烈反弹这两种情况，宜分别采用下列方法对式（8-2-79）的计算值进行提高修正，得到单桩竖向抗压承载力检测值：

1) 将 t_1 延时，确定 R_c 的最大值；

2) 计入卸载回弹的土阻力，对 R_c 值进行修正。

2. 实测曲线拟合法

实测曲线拟合分析的基本过程是：

(1) 把实测的两根曲线之一（速度或力，也可以采用从两者计算得到的下行波）作为计算中的已知数，而把第二根曲线（速度或力，也可以采用从两者计算得到的上行波）作为检验计算结果的依据。

(2) 对桩身阻抗、土阻力及其他所有桩土参量做出设定，换句话说，对桩身模型和土模型做出设定，假定桩和土都是已知的。

(3) 进行一次波动计算求得第二根曲线的计算值。

(4) 把这个计算值和实测值进行对比，即用第二根曲线的实测值来检验其计算值的正确性；对比包括两个基本方面：(a) 曲线的差别，即用一定的加权公式计算实测和计算曲线两者之间的差，其定量的指标称为拟合质量系数，用 MQ 表示；(b) 贯入度的差别。

(5) 如果对比结果表明两者的差别不大，符合某个预先制订的标准，则认为关于桩和土的设定基本符合实际情况。那么，全部的设定值就是检测的结果。如果两者差别显著，达不到预订的标准，则认为设定值不符合实际，需要修改。

(6) 重复上述步骤 (2) ～ (5)，直到拟合结果达到要求为止。

3. 高应变法桩身的完整性判定

高应变法检测桩身完整性具有锤击能量大、可对缺陷程度定量计算、连续锤击可观察缺陷的扩大和逐步闭合情况等优点。但和低应变一样，检测的仍是桩身阻抗的变化，一般不宜判定缺陷性质。在桩身情况复杂或存在多处阻抗变化时，可优先考虑用实测曲线拟合法判定桩身完整性。

等截面桩且缺陷深度 x 以上部位的土阻力 R_x 中未出现卸载回弹时，桩身完整性系数 β 和桩身缺陷位置 x 应分别按下列公式计算，桩身完整性可按表 8-2-44 并结合经验判定。

$$\beta=\frac{F(t_1)+F(t_x)+Z\cdot[V(t_1)-V(t_x)]-2R_x}{F(t_1)-F(t_x)+Z\cdot[V(t_1)+V(t_x)]} \tag{8-2-81}$$

$$x=c\cdot\frac{t_x-t_1}{2000} \tag{8-2-82}$$

式中　t_x——缺陷反射峰对应的时刻 (ms)；

x——桩身缺陷至传感器安装点的距离 (m)；

R_x——缺陷以上部位土阻力的估计值，等于缺陷反射波起始点的力与速度乘以桩身截面力学阻抗之差值 (图 8-2-12)；

β——桩身完整性系数，其值等于缺陷 x 处桩身截面阻抗与 x 以上桩身截面阻抗的比值。

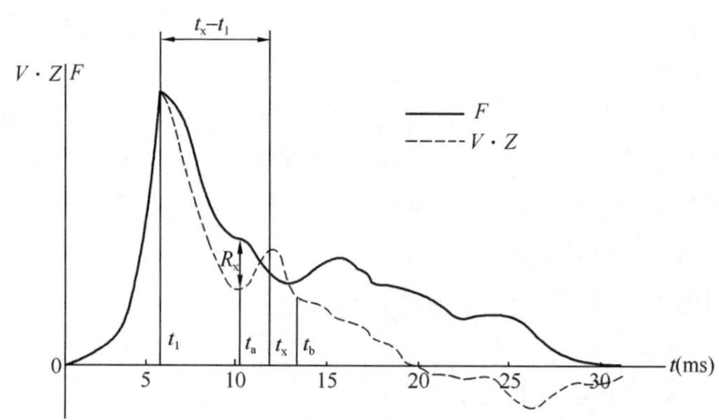

图 8-2-12　桩身完整性系数计算

桩身完整性判定　　**表 8-2-44**

类　别	β值	类　别	β值
Ⅰ	$\beta=1.0$	Ⅲ	$0.6\leqslant\beta<0.8$
Ⅱ	$0.8\leqslant\beta<1.0$	Ⅳ	$\beta<0.6$

三、声波透射法

（一）基本原理

声波透射法是在桩顶内预埋若干根平行于桩的纵轴的声测管道，将声波发射和接受换能器通过声测管直接伸入桩身混凝土内部进行逐点、逐段检测。其基本原理就是通过分析实测声波在混凝土介质中传播的声学参数（声时、频率和波幅衰减）的相对变化，评价桩身完整性。

（二）试验仪器和设备

声波透射法试验仪器设备主要由声波检测仪、声波发射和接收径向换能器、深度记录轮以及三角架组成。主要试验设备的规格见表 8-2-45。

声波透射法主要设备规格　　表 8-2-45

声波检测仪	1. 实时显示和记录接收信号时程曲线以及频率测量或频谱分析； 2. 最小采样时间间隔应小于等于 0.5μs，系统频带宽度应为 1～200kHz，声波幅值测量相对误差应小于 5%，系统最大动态范围不得小于 100dB； 3. 声波发射脉冲应为阶跃或矩形脉冲，电压幅值应为 200～1000V； 4. 首波实时显示； 5. 自动记录声波发射与接收换能器位置
径向换能器	1. 圆柱状径向换能器沿径向振动应无指向性； 2. 外径应小于声测管内径，有效工作段长度不得大于 150mm； 3. 谐振频率应为 30～60kHz； 4. 水密性应满足 1MPa 水压不渗水

（三）试验方法

1. 试验前的准备工作：

（1）受检桩在安装制作钢筋笼的过程中要在其内侧呈对称形状布置声测管，其埋设数量应符合表 8-2-46 要求。

声测管埋设数量　　表 8-2-46

桩径（m）	声测管埋设数量（个）
桩径≤0.80	≥2
0.80<桩径≤1.60	≥3
桩径≥1.60	≥4

（2）将各声测管内注满清水，检查声测管畅通及密封情况；换能器应能在声测管范围内正常升降。

（3）在桩顶测量各声测管外壁间净距离。

2. 现场测试

现场测试方法主要有平测，斜测及扇形测试三种形式。

（1）平测时，声波发射与接收声波换能器应始终保持相同深度（图 8-2-13*a*）；斜测时，声波发射与接收换能器应始终保持固定高差（图 8-2-13*b*），且两个换能器中点连线的水平夹角不应大于 30°；扇形扫测（图 8-2-13*c*）一般在桩身质量可疑的声测线附近采用该

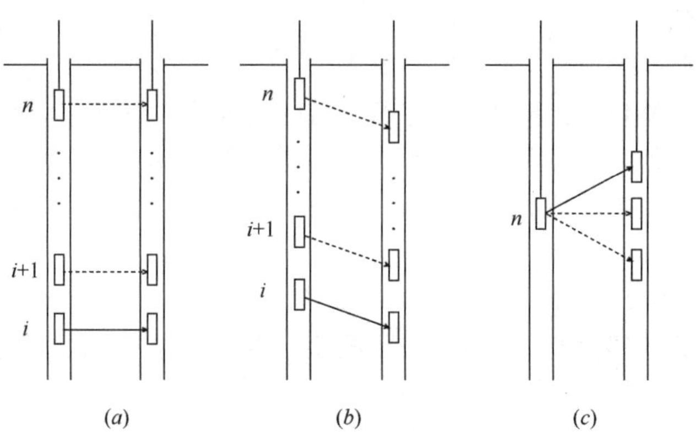

图 8-2-13　平测、斜测、扇形扫测示意图

(a) 平测法；(b) 斜测法；(c) 扇形扫测法

方法进行加密测试，确定缺陷的位置和空间分布范围，排除因声测管耦合不良等非桩身缺陷因素导致的异常声测线。采用扇形扫测时，两个换能器中点连线的水平夹角不应大于 40°。

(2) 声波发射与接收换能器应从桩底向上同步提升，提升过程中，应校核换能器的深度和校正换能器的高差，并确保测试波形的稳定性，提升速度不宜大于 0.5m/s。

(3) 应实时显示、记录每条声测线的信号时程曲线，并读取首波声时、幅值；当需要采用信号主频值作为异常声测线辅助判据时，尚应读取信号的主频值；保存检测数据的同时，应保存波列图信息。

(4) 同一检测剖面的声测线间距、声波发射电压和仪器设置参数应保持不变。

(四) 测试成果及分析

1. 当因声测管倾斜导致声速数据有规律地偏高或偏低变化时，应先对管距进行合理修正，然后对数据进行统计分析。当实测数据明显偏离正常值而又无法进行合理修正时，检测数据不得作为评价桩身完整性的依据。

2. 平测时各声测线的声时、声速、波幅及主频，应根据现场检测数据分别计算，并绘制声速—深度曲线和波幅—深度曲线，也可绘制辅助的主频—深度曲线以及能量—深度曲线。

3. 受检桩的声速异常判断临界值，确定方法如下：

(1) 应根据本地区经验，结合预留同条件混凝土试件或钻芯法获取的芯样试件的抗压强度与声速对比试验，分别确定桩身混凝土声速低限值 ν_L 和混凝土试件的声速平均值 ν_p。

(2) 当 ν_0 (j) 大于 ν_L 且小于 ν_P 时，

$$\nu_c(j) = \nu_0(j) \tag{8-2-83}$$

式中　ν_c (j) ——第 j 检测剖面的声速异常判断临界值；

ν_0 (j) ——第 j 检测剖面的声速异常判断概率统计值。

(3) 当 ν_0 (j) 小于或等于 ν_L 或 ν_0 (j) 大于等于 ν_P 时，应分析原因；

第 j 检测剖面的声速异常判断临界值可根据下列情况的声速异常判断临界值综合确定：

1) 同一根桩的其他检测剖面的声速异常判断临界值；

2）与受检桩属同一工程、相同桩型混凝土质量较稳定的其他桩的声速异常判断临界值。

(4）对只有单个检测剖面的桩，其声速异常判断临界值等于检测剖面声速异常判断临界值；对具有三个及三个以上检测剖面的桩，应取各个检测剖面声速异常判断临界值的算术平均值，作为该桩各声测线的声速异常判断临界值。

4. 声速 ν_i（j）异常应按下式判定：

$$\nu_i(j) \leqslant \nu_c \tag{8-2-84}$$

5. 波幅异常判断的临界值，应按下列公式计算：

$$A_m(j) = \frac{1}{n}\sum_{j=1}^{n} A_{pi}(j) \tag{8-2-85}$$

$$A_c(j) = A_m(j) - 6 \tag{8-2-86}$$

波幅 A_{pi}（j）异常应按下式判定：

$$A_{pi}(j) < A_c(j) \tag{8-2-87}$$

式中　A_m（j）——第 j 检测剖面各声测线的波幅平均值（dB）；

A_{pi}（j）——第 j 检测剖面第 i 声测线的波幅值（dB）；

A_c（j）——第 j 检测剖面波幅异常判断的临界值（dB）；

n——第 j 检测剖面的声测线总数。

6. 当采用信号主频值作为辅助异常声测线判据时，主频—深度曲线上主频值明显降低的声测线可判定为异常。

7. 当采用接收信号的能量作为辅助异常声测线判据时，能量—深度曲线上接收信号能量明显降低可判定为异常。

8. 采用斜率法作为辅助异常声测线判据时，声时—深度曲线上相邻两点的斜率与声时差的乘积 PSD 值应按下式计算。当 PSD 值在某深度处突变时，宜结合波幅变化情况进行异常声测线判定。

$$PSD(j,i) = \frac{[t_{ci}(j) - t_{ci-1}(j)]^2}{z_i - z_{i-1}} \tag{8-2-88}$$

式中　PSD——声时—深度曲线上相邻两点连线的斜率与声时差的乘积（$\mu s^2/m$）；

t_{ci}（j）——第 j 检测剖面第 i 声测线的声时（μs）；

z_{ci-1}（j）——第 j 检测剖面第 $i-1$ 声测线的声时（μs）；

z_i——第 i 声测线深度（m）；

z_{i-1}——第 $i-1$ 声测线深度（m）。

9. 桩身缺陷的空间分布范围，可根据以下情况判定：

(1）桩身同一深度上各检测剖面桩身缺陷的分布；

(2）复测和加密测试的结果。

10. 桩身完整性类别应结合桩身缺陷处声测线的声学特征、缺陷的空间分布范围，按表 8-2-47 所列特征进行综合判定。

声波透射法桩身完整性判定特征表　　表 8-2-47

类别	特　征
Ⅰ	所有声测线声学参数无异常，接收波形正常； 存在声学参数轻微异常、波形轻微畸变的异常声测线，异常声测线在任一检测剖面的任一区段内纵向不连续分布，且在任一深度横向分布的数量小于检测剖面数量的 50%
Ⅱ	存在声学参数轻微异常、波形轻微畸变的异常声测线，异常声测线在一个或多个检测剖面的一个或多个区段内纵向连续分布，或在一个或多个深度横向分布的数量大于或等于检测剖面数量的 50%； 存在声学参数明显异常、波形明显畸变的异常声测线，异常声测线在任一检测剖面的任一区段内纵向不连续分布，且在任一深度横向分布的数量小于检测剖面数量的 50%
Ⅲ	存在声学参数明显异常、波形明显畸变的异常声测线，异常声测线在一个或多个检测剖面的一个或多个区段内纵向连续分布，但在任一深度横向分布的数量小于检测剖面数量的 50%； 存在声学参数明显异常、波形明显畸变的异常声测线，异常声测线在任一检测剖面的任一区段内纵向不连续分布，但在一个或多个深度横向分布的数量大于或等于检测剖面数量的 50%； 存在声学参数严重异常、波形严重畸变或声速低于低限值的异常声测线，异常声测线在任一检测剖面的任一区段内纵向不连续分布，且在任一深度横向分布的数量小于 0 测剖面数量的 50%
Ⅳ	存在声学参数明显异常、波形明显畸变的异常声测线，异常声测线在一个或多个检测剖面的一个或多个区段内纵向连续分布，且在一个或多个深度横向分布的数量大于或等于检测剖面数量的 50%； 存在声学参数严重异常、波形严重畸变或声速低于低限值的异常声测线，异常声测线在一个或多个检测剖面的一个或多个区段内纵向连续分布，或在一个或多个深度横向分布的数量大于或等于检测剖面数量的 50%

注：1. 完整性类别由Ⅳ类往Ⅰ类依次判定。

2. 对于只有一个检测剖面的受检桩，桩身完整性判定应按该检测剖面代表桩全部横截面的情况对待。

四、钻芯法

（一）基本原理

采用金刚石岩芯钻探技术和操作工艺，对现浇混凝土灌注桩桩身和持力层钻取芯样，根据芯样表观质量和芯样试件抗压强度试验结果来综合评定桩身质量。

（二）试验仪器和设备

钻芯法的试验设备主要包括：钻机、钻具、钻头、锯切机、补平器、磨平机以及芯样的测量设备和压力机等。主要试验设备的规格见表 8-2-48。

钻芯法主要设备规格　　表 8-2-48

钻机	1. 额定最高钻速不低于 790r/min； 2. 转速调节范围不少于 4 档； 3. 额定配用压力不低于 1.5MPa
钻具	单动双管钻具
钻头	根据混凝土设计强度等级选用合适粒度、浓度、胎体硬度的金刚石钻头，且外径不宜小于 100mm

（三）试验方法

1. 当受检桩的混凝土龄期达到 28d，或受检桩同条件养护试件强度达到设计强度要求时，方可进行钻芯检测。

2. 每根受检桩的钻芯孔数和位置要求见表 8-2-49。

钻芯孔数和位置要求 **表 8-2-49**

桩径 D（m）	钻芯孔数（个）	钻孔位置
D<1.20	1～2	距桩中心 10～15cm
1.20≤D≤1.60	2	在距桩中心（0.15～0.25）D 范围内均匀对称布置
D≥1.60	3	

注：对桩身质量、桩底沉渣、桩端持力层进行验证检测时，受检桩的钻芯孔数可为 1 孔。

3. 现场检测

（1）钻机设备安装必须周正、稳固、底座水平。钻机在钻芯过程中不得发生倾斜、移位，钻芯孔垂直度偏差不得大于 0.5%。

（2）每回次钻孔进尺宜控制在 1.5m 内；钻至桩底时，宜采取减压、慢速钻进、干钻等适宜的方法和工艺，钻取沉渣并测定沉渣厚度；对桩底强风化岩层或土层，可采用标准贯入试验、圆锥动力触探等方法对桩端持力层的岩土性状进行鉴别。

（3）钻取的芯样应按回次顺序放进芯样箱中；钻机操作人员应记录钻进情况和钻进异常情况，对芯样质量进行初步描述；检测人员应按表 8-2-50 的格式对芯样混凝土、桩底沉渣以及桩端持力层详细编录。

（4）钻芯结束后，应对芯样和钻探标示牌的全貌进行拍照。

（5）当单桩质量评价满足设计要求时，应从钻芯孔孔底往上用水泥浆回灌封闭；当单桩质量评价不满足设计要求时，应封存钻芯孔，留待处理。

钻芯法检测编录重点 **表 8-2-50**

项目	编 录 重 点
桩身混凝土	混凝土钻进深度，芯样连续性、完整性、胶结情况、表面光滑情况、断口吻合程度、混凝土芯是否为柱状、骨料大小分布情况，以及气孔、空洞、蜂窝麻面、沟槽、破碎、夹泥、松散的情况
桩底沉渣	桩端混凝土与持力层接触情况、沉渣厚度
持力层	持力层钻进深度，岩土名称、芯样颜色、结构构造、裂隙发育程度、坚硬及风化程度； 分层岩层应分层描述。强风化或土层时的动力触探或标贯结果

4. 芯样试件截取与加工

（1）混凝土抗压强度芯样试件应按下列要求进行截取：

1）当桩长小于 10m 时，每孔应截取 2 组芯样；当桩长为 10～30m 时，每孔应截取 3 组芯样，当桩长大于 30m 时，每孔应截取芯样不少于 4 组；

2）上部芯样位置距桩顶设计标高不宜大于 1 倍桩径或超过 2m，下部芯样位置距桩底不宜大于 1 倍桩径或超过 2m，中间芯样宜等间距截取；

3）缺陷位置能取样时，应截取 1 组芯样进行混凝土抗压试验；

4）同一基桩的钻芯孔数大于 1 个，且某一孔在某深度存在缺陷时，应在其他孔的该深度处，截取 1 组芯样进行混凝土抗压强度试验。

（2）当桩端持力层为中、微风化岩层且岩芯可制作成试件时，应在接近桩底部位 1m 内截取岩石芯样；遇分层岩性时，宜在各分层岩面取样。

（3）每组混凝土芯样应制作 3 个抗压试件。

（四）测试成果及分析

1. 芯样试件抗压强度试验

（1）混凝土芯样试件的抗压强度试验应按现行国家标准《普通混凝土力学性能试验方法标准》GB/T 50081 执行。

（2）在混凝土芯样试件抗压强度试验中，当发现试件内混凝土粗骨料最大粒径大于 0.5 倍芯样试件平均直径，且强度值异常时，该试件的强度值不得参与统计平均。

（3）混凝土芯样试件抗压强度应按下式计算：

$$F_{cor} = \frac{4P}{\pi d^2} \tag{8-2-89}$$

式中　f_{cor}——混凝土芯样试件抗压强度（MPa），精确至 0.1MPa；

P——芯样试件抗压试验测得的破坏荷载（N）；

d——芯样试件的平均直径（mm）。

（4）混凝土芯样试件抗压强度可根据本地区的强度折算系数进行修正。

（5）桩底岩芯单轴抗压强度试验以及岩石单轴抗压强度标准值的确定，宜按现行国家标准《建筑地基基础设计规范》GB 50007 执行。

2. 每根受检桩混凝土芯样试件抗压强度的确定方法：

（1）取一组 3 块试件强度值的平均值，作为该组混凝土芯样试件抗压强度检测值；

（2）同一受检桩同一深度部位有两组或两组以上混凝土芯样试件抗压强度检测值时，取其平均值作为该桩该深度处混凝土芯样试件抗压强度检测值；

（3）取同一受检桩不同深度位置的混凝土芯样试件抗压强度检测值中的最小值，作为该桩混凝土芯样试件抗压强度检测值。

3. 桩端持力层性状应根据持力层芯样特征，并结合岩石芯样单轴抗压强度检测值、动力触探或标准贯入试验结果，进行综合判定或鉴别。

4. 桩身完整性类别应结合钻芯孔数、现场混凝土芯样特征、芯样试件抗压强度试验结果，按表 8-2-51 所列特征进行综合判定。

当混凝土出现分层现象时，宜截取分层部位的芯样进行抗压强度试验。当混凝土抗压强度满足设计要求时，可判为Ⅱ类；当混凝土抗压强度不满足设计要求或不能制作成芯样试件时，应判为Ⅳ类。

5. 成桩质量评价应按单根受检桩进行。当出现下列情况之一时，应判定该受检桩不满足设计要求：

（1）混凝土芯样试件抗压强度检测值小于混凝土设计强度等级；

（2）桩长、桩底沉渣厚度不满足设计要求；

（3）桩底持力层岩土性状（强度）或厚度不满足设计要求。当桩基设计资料未作具体规定时，应按国家现行标准判定成桩质量。

钻芯法桩身完整性判定特征表　　　　**表 8-2-51**

<table>
<tr><td rowspan="2">类别</td><td colspan="3">特　　征</td></tr>
<tr><td>单　　孔</td><td>两　　孔</td><td>三　　孔</td></tr>
<tr><td rowspan="2">Ⅰ</td><td colspan="3">混凝土芯样连续、完整、胶结好，芯样侧表面光滑、骨料分布均匀，芯样呈长柱状、断口吻合</td></tr>
<tr><td>芯样侧表面仅见少量气孔</td><td>局部芯样侧表面有少量气孔、蜂窝麻面、沟槽，但在另一孔同一深度部位的芯样中未出现，否则应判为Ⅱ类</td><td>局部芯样侧表面有少量气孔、蜂窝麻面、沟槽，但在三孔同一深度部位的芯样中未同时出现，否则应判为Ⅱ类</td></tr>
<tr><td rowspan="2">Ⅱ</td><td colspan="3">混凝土芯样连续、完整、胶结较好，芯样侧表面较光滑、骨料分布基本均匀，芯样呈柱状、断口基本吻合。有下列情况之一：</td></tr>
<tr><td>1　局部芯样侧表面有蜂窝麻面、沟槽或较多气孔；
2　芯样侧表面蜂窝麻面严重、沟槽连续或局部芯样骨料分布极不均匀，但对应部位的混凝土芯样试件抗压强度检测值满足设计要求，否则应判为Ⅲ类</td><td>1　芯样侧表面有较多气孔、严重蜂窝麻面、连续沟槽或局部混凝土芯样骨料分布不均匀，但在两孔同一深度部位的芯样中未同时出现；
2　芯样侧表面有较多气孔、严重蜂窝麻面、连续沟槽或局部混凝土芯样骨料分布不均匀，且在另一孔同一深度部位的芯样中同时出现，但该深度部位的混凝土芯样试件抗压强度检测值满足设计要求，否则应判为Ⅲ类；
3　任一孔局部混凝土芯样破碎段长度不大于 10cm，且在另一孔同一深度部位的局部混凝土芯样的外观判定完整性类别为Ⅰ类或Ⅱ类，否则应判为Ⅲ类或Ⅳ类</td><td>1　芯样侧表面有较多气孔、严重蜂窝麻面、连续沟槽或局部混凝土芯样骨料分布不均匀，但在三孔同一深度部位的芯样中未同时出现；
2　芯样侧表面有较多气孔、严重蜂窝麻面、连续沟槽或局部混凝土芯样骨料分布不均匀，且在任两孔或三孔同一深度部位的芯样中同时出现，但该深度部位的混凝土芯样试件抗压强度检测值满足设计要求，否则应判为Ⅲ类；
3　任一孔局部混凝土；样破碎段长度不大于 10cm，且在另两孔同一深度部位的局部混凝土芯样的外观判定完整性类别为Ⅰ类或Ⅱ类，否则应判为Ⅲ类或Ⅳ类</td></tr>
<tr><td rowspan="2">Ⅲ</td><td colspan="2">大部分混凝土芯样胶结较好，无松散、夹泥现象。有下列情况之一：</td><td>大部分混凝土芯样胶结较好。有下列情况之一：</td></tr>
<tr><td>1　芯样不连续、多呈短柱状或块状；
2　局部混凝土芯样破碎段长度不大于 10cm</td><td>1　芯样不连续、多呈短柱状或块状；
2　任一孔局部混凝土芯样破碎长度大于 10cm 但不大于 20cm，且在另一孔同一深度部位的局部混凝土芯样的外观判定完整性类别为Ⅰ类或Ⅱ类，否则应判为Ⅳ类</td><td>1　芯样不连续、多呈短柱状或块状；
2　任一孔局部混凝土芯样破碎段长度大于 10cm 但不大于 30cm，且在另两孔同一深度部位的局部混凝土芯样的外观判定完整性类别为Ⅰ类或Ⅱ类，否则应判为Ⅳ类；
3　任一孔局部混凝土芯松散段长度不大于 10cm，且在另两孔同一深度部位的局部混凝土．芯样的外观判定完整性类别为Ⅰ类或Ⅱ类，否则应判为Ⅳ类</td></tr>
<tr><td rowspan="2">Ⅳ</td><td colspan="3">有下列情况之一：</td></tr>
<tr><td>1　因混凝土胶结质量差而难以钻进；
2　混凝土芯样任一段松散或夹泥；
3　局部混凝土芯样破碎长度大于 10cm</td><td>1　任一孔因混凝土胶结质量差而难以钻进；
2　混凝土芯样任一段松散或夹泥；
3　任一孔局部混凝土芯样破碎长度大于 20cm；
4　两孔同一深度部位的混凝土芯样破碎</td><td>1　任一孔因混凝土胶结质量差而难以钻进；
2　混凝土芯样任一段松散或夹泥段长度大于 10cm；
3　任一孔局部混凝土芯样破碎长度大于 30cm；
4　其中两孔在同一深度部位的混凝土芯样破碎、松散或夹泥</td></tr>
</table>

注：当上一缺陷的底部位置标高与下一缺陷的顶部位置标高的高差小于 30cm 时，可认定两缺陷处于同一深度部位。

第八节　沉　　井

一、沉井勘察要点

（一）勘察基本要点

1. 查明沉井影响深度范围内各层岩土的类型、深度、分布、工程特性和变化规律。

2. 查明沉井下沉深度范围内有无地下障碍物及其埋藏情况。

3. 查明水文地质条件、潜水及承压水的埋藏情况及其对沉井施工可能造成的影响，判定水质对建筑材料的腐蚀性。

4. 查明不良地质作用、可液化土层和特殊岩土的分布及其对沉井的危害程度，并提出防治措施的建议。

5. 评价沉井施工可能性，论证沉井施工条件及其对环境的影响。

6. 对位于江河等水域内的沉井，应调查、分析可能产生的冲刷情况。

7. 提供沉井设计、施工和沉井基础稳定性验算的相关岩土参数。

（二）勘察工作的布置原则

1. 勘探孔平面布置

（1）勘探孔应布置在沉井周边或角点的外侧，距沉井外壁的距离不宜大于 2m。

（2）面积在 $200m^2$ 以下的沉井，不得少于 1 个勘探孔；面积在 $200m^2$ 以上的沉井，应在四角（圆形为相互垂直两直径与圆周的交点）外侧各布 1 个勘探孔；面积在 $1000m^2$ 以上的特大型沉井，应增加勘探孔数量，勘探孔间距不宜大于 35m。

2. 勘探孔深度

勘探孔深度应按下式确定：

$$D \geqslant H + (0.5 \sim 1.0)b \tag{8-2-90}$$

式中　D——勘探孔深度（m）；

H——沉井深度（m）；

b——沉井井宽或井径（m）。

按式（8-2-90）计算时，D 不得小于沉井刃脚以下 5m 的深度，且应同时满足不同基础类型及施工工法对孔深的要求。

（三）勘察方法选择

1. 除常规的钻探、取样外，应有静力触探和标贯等原位测试相配合。对特大型沉井宜进行旁压试验、扁铲侧胀试验，对软黏性土地基宜进行十字板剪切试验，对粉性土、砂土地基宜进行现场抽（注）水试验。

2. 室内试验除应进行常规的岩土物理力学性质指标测定外，当沉井作为整体基础需作稳定性验算时，宜进行三轴不固结不排水剪切试验、无侧限抗压强度试验；对需估算沉降的沉井基础应进行压缩试验，试验最大压力应大于上覆土层自重压力与附加压力之和；当沉井底部为岩石地基时，应采取岩样进行饱和单轴抗压强度试验。

二、沉井下沉验算和沉井基础稳定性验算

（一）沉井下沉验算

为使沉井能平稳下沉至设计标高并便于封底，应根据土层性质、施工方法和下沉深度等因素，选取适当的下沉系数。

沉井的下沉系数应按下式计算：

$$K=\frac{G_k-F_k}{F_{fk}} \tag{8-2-91}$$

式中　K——下沉系数；

G_k——沉井自重（包括外加助沉重量的标准值）（kN）；

F_k——下沉过程中水的浮托力标准值（kN）；

F_{fk}——井壁总阻力值（kN），可按式（8-2-92）计算：

$$F_{fk}=\sum f_i h_i u \tag{8-2-92}$$

f_i——沉井穿过第 i 土层对井壁单位面积作用的摩阻力（kPa），应根据实践资料确定，如缺乏资料时可按表 8-2-52 取值。

沉井外壁与土体间的单位摩阻力　　表 8-2-52

土质类型	沉井外壁与土体间的单位摩阻力（kPa）	土质类型	沉井外壁与土体间的单位摩阻力（kPa）
可塑黏性土、粉土	25～50	砂卵石	18～30
可塑、软塑黏性土、粉土	12～15	砂砾石	15～20
软土	10～12	砂土	12～25

注：1. 本表适用于深度不超过 30m 的沉井；
2. 采用泥浆助沉时，单位摩阻力取 3～5kPa；
3. 井壁外侧为阶梯式且灌砂助沉时，灌砂段的摩擦力可取 7～10kPa；
4. 沉井外壁的单位摩阻力分布，在 0～5m 深度范围内，单位面积的摩阻力从零按直线增加，大于 5m 时取常值；当沉井深度内存在有多种类型的土时，单位摩阻力可按各土层厚度取加权平均值。

一般情况下，下沉系数宜控制在 1.15～1.25 之间，但当沉井在软土层中下沉时，如下沉系数过大，有可能发生突沉，故下沉系数宜控制在 1.05 左右。

（二）沉井下沉稳定性验算

当下沉系数较大，或在下沉过程中遇有软弱土层时，应根据实际情况进行沉井的下沉稳定验算，并符合式（8-2-93）的要求：

$$K_{sts}=0.8\sim0.9 \tag{8-2-93}$$

$$K_{sts}=\frac{G_k-F'_{fwk}}{F'_{fk}+R_b} \tag{8-2-94}$$

式中　K_{sts}——下沉稳定系数；

F'_{fwk}——验算状态下水的浮托力标准值（kN）；

F'_{fk}——验算状态下井壁总摩阻力标准值（kN）；

R_b——沉井刃脚、隔墙和底梁下地基土的极限承载力之和（kN），参照表 8-2-53 选用。

地基土的极限承载力　　表 8-2-53

土的种类	极限承载力（kPa）	土的种类	极限承载力（kPa）
淤泥	100～200	软塑、可塑状态粉质黏土	200～300
淤泥质黏性土	200～300	坚硬、硬塑状态粉质黏上	300～400
细砂	200～400	软塑、可塑状态黏性土	200～400
中砂	300～500	坚硬、硬塑状态黏性土	300～500
粗砂	400～600		

位于江（河、湖、水库、海）岸的沉井，若前后两面水平作用相差较大，应进行沉井的滑移和倾覆稳定性验算。

靠近江、河、海岸边的沉井，应进行土体边坡在沉井荷重作用下整体滑动稳定性的验算。

水中浮运的沉井在浮运过程中（沉入河床前），必须验算横向稳定性。沉井浮体在浮运阶段的稳定倾斜角 ϕ 不得大于 6°。

三、沉井施工可能性及其对环境的影响

（一）影响沉井施工的常见不利地质条件及防治措施，见表 8-2-54。

不利地质条件对沉井施工的影响及防治措施　　表 8-2-54

不利地质条件	可能产生的不良后果	防治措施
地下障碍物，例如：钢渣、树根、废桩、管道、旧基础、块石等	难于或无法下沉、损坏沉井刃脚	事先清除或移位避让
软土	突然下沉或失控下沉、超沉	沉井平面布置分孔（档）；遇软土层前必须进行下沉力分析，控制下沉系数在 1.05 左右
水下或地下水位以下的砂土、粉土	涌砂、冒水，导致沉井位移、倾斜	井内灌水，采用不排水法施工
沉井两侧土体性质差异明显	沉井两侧下沉阻力不均，引起倾斜	阻力较大一侧采取减阻措施或保留阻力较小一侧刃脚处土堤高度
承压水	涌砂、冒水，导致沉井倾斜	深层降水或不排水法施工

（二）沉井施工对环境可能造成的影响及施工监测要求

1. 沉井下沉时，周围土体破坏体的大小与沉井面积、深度、形状、施工方法以及地基土层情况有关。如发生流砂、涌水、涌土事故时，则井壁外侧土体也将发生塌陷、开裂，影响范围将进一步扩大。

2. 沉井施工时，应对沉井附近的建筑物进行沉降观测。

3. 沉井下沉过程中，每 8 小时至少测量 2 次；当下沉速度较快时或改变施工方式时，应加强观测，如发现偏斜及位移时，应及时纠正。初沉和终沉时，或发生和处理事故时要增加观测次数。

第三章　基　坑　工　程

第一节　概　　述

一、基坑开挖的分类、工作内容和程序

基坑工程根据基坑开挖深度、场地岩土工程条件、周边环境、施工与开挖方法，可以分为无支护（放坡）开挖与有支护开挖，如图8-3-1所示。

基坑开挖与支护工程的工作内容和程序如图 8-3-2 所示。

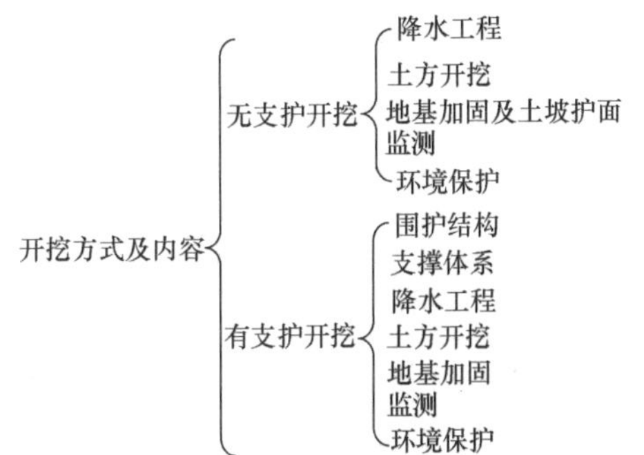

图 8-3-1　基坑开挖方式和内容

二、基坑工程基本要求

（一）基坑工程设计

基坑工程的极限状态：基坑工程的极限状态分为两类。

1. 承载能力极限状态

（1）土体失稳；

（2）支护结构破坏；

（3）内支撑或锚固系统失效。

2. 正常使用极限状态

基坑变形不能影响基坑正常施工、相邻地上、地下建（构）筑物和市政设施等的正常使用。出现下列状态之一时，即认为超过了正常使用极限状态：

（1）影响正常使用或外观的变形；

（2）影响正常使用或耐久性能的局部损坏（包括裂缝）；

（3）影响正常使用的振动；

（4）影响正常使用的其他特定状态。

（二）基坑安全等级和重要性系数

基坑工程按破坏后果的严重程度分为三个安全等级，支护结构设计中根据不同的安全等级选用重要性系数（γ_0）：一级 $\gamma_0=1.10$；二级 $\gamma_0=1.00$；三级 $\gamma_0=0.90$。

由于各地岩土工程条件不同，在安全等级的具体划分上，如何准确界定不易掌握，现将部分规范划分的具体规定介绍如下。

1. 行业标准《建筑基坑支护技术规程》JGJ 120—2012

基坑支护结构的安全等级及重要性系数应按表 8-3-1 的规定选用。

2. 行业标准《建筑基坑工程技术规范》YB 9258—97

基坑工程应根据结构破坏可能产生的后果（危及人的生命、造成经济损失、产生社会影响的严重性等；对邻近建筑物、地下市政设施、地铁等影响），采用不同的安全等级（表 8-3-2）。

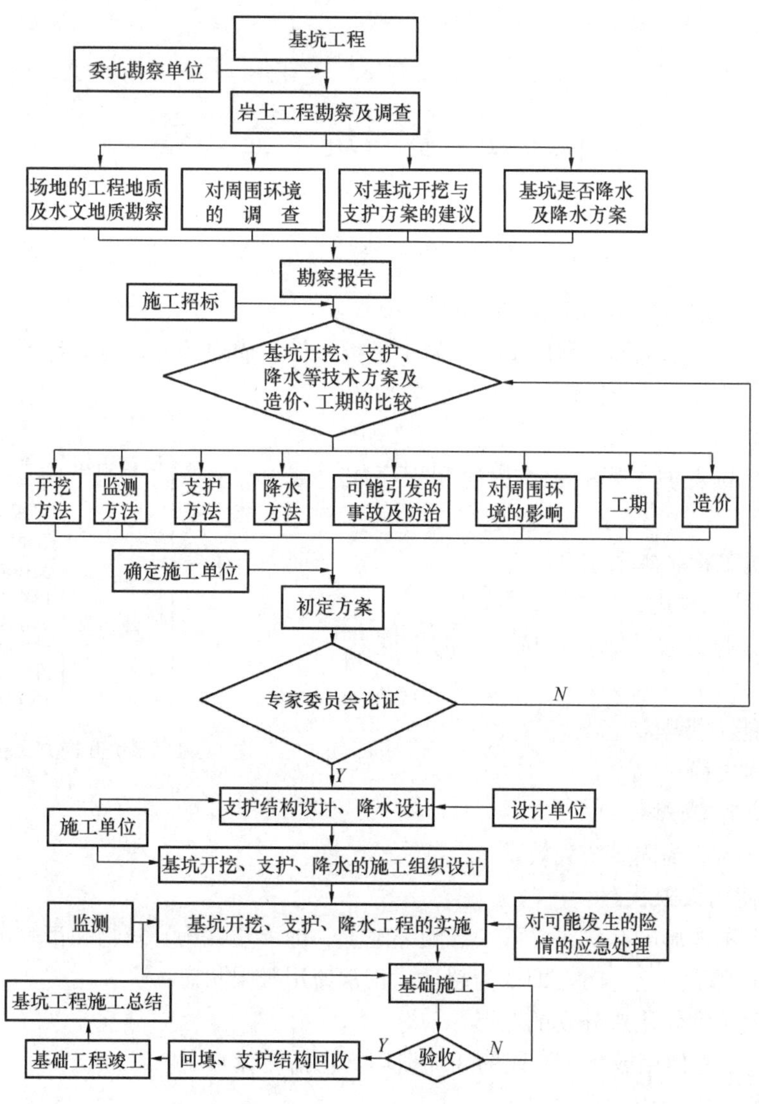

图 8-3-2　基坑工程的内容和程序

基坑结构的安全等级及重要性系数　　表 8-3-1

安全等级	破坏后果	γ_0
一　级	支护结构失效、土体过大变形对基坑周边环境或主体结构施工安全的影响很严重	1.10
二　级	支护结构失效、土体过大变形对基坑周边环境或主体结构施工安全的影响严重	1.00
三　级	支护结构失效、土体过大变形对基坑周边环境或主体结构施工安全的影响不严重	0.90

注：对同一基坑的不同部位，可采用不同的安全等级。

安　全　等　级　　表 8-3-2

安全等级	破坏后果	安全等级	破坏后果	安全等级	破坏后果
一	很严重	二	严　重	三	不严重

基坑工程还应根据工程地质、水文地质条件，基坑开挖深度及规模，结合当地经验划分复杂、中等和简单三个等级。

3. 上海市工程建设规范《基坑工程设计规程》DG/TJ 08—61—2010

根据基坑的开挖深度等因素，基坑工程安全等级应分为以下三级：

（1）基坑开挖深度大于、等于 12m 或基坑采用支护结构与主体结构相结合时，属一级安全等级基坑工程；

（2）基坑开挖深度小于 7m 时，属三级安全等级基坑工程；

（3）除一级和三级以外的基坑均属二级安全等级基坑工程。

根据基坑周围环境的重要性程度及其与基坑的距离，基坑工程环境保护等级应分为三级（表 8-3-3）。

基坑工程的环境保护等级　　**表 8-3-3**

<table>
<tr><th>环境保护对象</th><th>保护对象与基坑的距离关系</th><th>基坑工程的环境保护等级</th></tr>
<tr><td rowspan="3">优秀历史建筑、有精密仪器与设备的厂房、其他采用天然地基或短桩基础的重要建筑物、轨道交通设施、隧道、防汛墙、原水管、自来水总管、煤气总管、共同沟等重要建（构）筑物或设施</td><td>$s\leqslant H$</td><td>一级</td></tr>
<tr><td>$H<s\leqslant 2H$</td><td>二级</td></tr>
<tr><td>$2H<s\leqslant 4H$</td><td>三级</td></tr>
<tr><td rowspan="2">较重要的自来水管、煤气管、污水管等市政管线、采用天然地基或短桩基础的建筑物等</td><td>$s\leqslant H$</td><td>二级</td></tr>
<tr><td>$H<s\leqslant 2H$</td><td>三级</td></tr>
</table>

4. 湖北省地方标准《基坑工程技术规程》DB42/T 159—2012

基坑工程重要性按表 8-3-4 划分为三个等级。

基坑工程重要性等级划分　　**表 8-3-4**

<table>
<tr><th rowspan="3">开挖深度
H（m）</th><th colspan="9">环境条件与工程地质、水文地质条件</th></tr>
<tr><th colspan="3">$a<H$</th><th colspan="3">$H\leqslant a\leqslant 2H$</th><th colspan="3">$a>2H$</th></tr>
<tr><th>Ⅰ</th><th>Ⅱ</th><th>Ⅲ</th><th>Ⅰ</th><th>Ⅱ</th><th>Ⅲ</th><th>Ⅰ</th><th>Ⅱ</th><th>Ⅲ</th></tr>
<tr><td>$H>15$</td><td colspan="3">一</td><td colspan="3">一</td><td colspan="3">一</td></tr>
<tr><td>$10<H\leqslant 15$</td><td colspan="3">一</td><td colspan="2">一</td><td>二</td><td>一</td><td colspan="2">二</td></tr>
<tr><td>$6<H\leqslant 10$</td><td colspan="2">一</td><td>二</td><td>一</td><td colspan="2">二</td><td>一</td><td>二</td><td>三</td></tr>
<tr><td>$H\leqslant 6$</td><td>一</td><td colspan="2">二</td><td>一</td><td>二</td><td>三</td><td>二</td><td colspan="2">三</td></tr>
</table>

注：1. H——基坑计算开挖深度。

2. a——主干道、生命线工程及邻近建（构）筑物基础边缘离坑口内壁的距离。

3. 工程地质、水文地质条件分类：

Ⅰ、复杂——有深厚淤泥、淤泥质土或承压力特征值低于 80kPa 的饱和黏性土层；或承压水埋藏浅，对基坑工程有重大影响；

Ⅱ、较复杂——土质较差；或浅部有易于流失的粉土、粉砂层，地下水对基坑工程有一定影响；

Ⅲ、简单——土质好，且地下水对基坑工程影响轻微。

坑壁为互层土时可经过分析按不利情况考虑。

4. 邻近建（构）筑物指采用天然地基浅基础的永久性建筑物。管线指重要干线、生命线工程或一旦破坏危及公共安全的管线。如邻近建（构）筑物为价值不高的、待拆除的或临时性的，管线为非重要干线，一旦破坏没有危险易于修复的，则重要性等级可按 $2a>H$ 确定。如邻近建筑物为桩基，虽然 $a<H$，也可根据具体情况按 $H\leqslant a\leqslant 2H$ 或 $a>2H$ 确定安全等级。

5. 同一基坑周边条件不同时，可分别划分为不同的重要性等级，但采用内支撑时应考虑各边的相互影响。

6. 坑内外有工程桩需要保护时，重要性等级不应低于二级。

7. 距离基坑边开挖深度 1 倍（对软土为 1.5 倍）范围内存在历史文物或优秀建筑时，重要性等级应为一级。

8. 周边场地开阔具备放坡或分阶放坡条件，不需采用桩、墙支护的基坑工程，可确定为二级或三级。

5. 北京市地方标准《建筑基坑支护技术规程》DB 11/489—2016

基坑侧壁安全等级的划分按表 8-3-5 划分为三个等级。

基坑侧壁安全等级的划分　　表 8-3-5

<table>
<tr><th rowspan="3">开挖深度
H（m）</th><th colspan="9">环境条件与工程地质、水文地质条件</th></tr>
<tr><th colspan="3">$a<0.5$</th><th colspan="3">$0.5\leqslant a\leqslant 1.0$</th><th colspan="3">$a>1.0$</th></tr>
<tr><th>Ⅰ</th><th>Ⅱ</th><th>Ⅲ</th><th>Ⅰ</th><th>Ⅱ</th><th>Ⅲ</th><th>Ⅰ</th><th>Ⅱ</th><th>Ⅲ</th></tr>
<tr><td>$H>15$</td><td colspan="3">一级</td><td colspan="3">一级</td><td colspan="3">一级</td></tr>
<tr><td>$10<H\leqslant 15$</td><td colspan="3">一级</td><td colspan="2">一级</td><td>二级</td><td>一级</td><td colspan="2">二级</td></tr>
<tr><td>$6<H\leqslant 10$</td><td colspan="2">一级</td><td>二级</td><td>二级</td><td colspan="2">三级</td><td>二级</td><td colspan="2">三级</td></tr>
</table>

注：1. H——基坑开挖深度。

2. α——相对距离比 $\alpha=X/h_a$。X 为管线、邻近建（构）筑物基础边缘（桩基础桩端）离坑口内壁的水平距离，h_a为基础底面距基坑底垂直距离。

3. 工程地质、水文地质条件分类：

Ⅰ　复杂——土质差、地下水对基坑工程有重大影响；

Ⅱ　较复杂——土质较差，基坑侧壁有易于流失的粉土、粉砂层，地下水对基坑工程有一定影响；

Ⅲ　简单——土质好，且地下水对基坑工程影响轻微。

坑壁为多层土时可经过分析按不利情况确定工程地质、水文地质条件类别。

4. 如邻近建（构）筑物为价值不高、待拆除或临时性的，管线为非重要干线，一旦破坏没有危险且易于修复，则 α 值可增大一个范围值；当周边环境为变形特别敏感的邻近建（构）筑物或重点保护的古建筑物等有特殊要求的建（构）筑物，当基坑侧壁安全等级为二级或三级时，安全等级应提高一级；当既有基础（或桩基础桩端）埋深大于基坑深度时，应根据基础距基坑底的相对距离、基底附加应力、桩基础形式以及上部结构对变形的敏感程度等因素，综合确定 α 值范围及安全等级。

5. 同一基坑周边条件不同可分别划分为不同的基坑侧壁安全等级。

6. 当基坑支护结构作为地下建筑结构的一部分时，基坑侧壁安全等级应为一级。

6. 深圳市标准《深圳市基坑支护技术规范》SJG 05—2011

基坑支护安全等级应按表 8-3-6 选定，同一基坑的不同部位可根据其周边环境、地质条件等选择不同的等级。

基坑支护安全等级　　表 8-3-6

判定标准 / 基坑支护安全等级	一级	二级	三级
工程条件 / 破坏后果	很严重	严重	不严重
基坑深度（m）	>12.0	8.0～12.0	<8.0
1.3h 范围内软弱土层总厚度（m）	>5.0	3.0～5.0	<3.0
基坑边缘与邻近浅基础或桩端埋置深度<1.3h 摩擦桩基础的建筑物的净距或与重要管线的净距（m）	<1.0h	1.0h～2.0h	>2.0h

注：1. 工程条件栏中，从一级开始，有两项（含两项）以上，最先符合该级标准者，即可划分为该等级；

2. h 为基坑深度；

3. 重要管线系指其破坏后果严重或很严重的管线，如燃气、供水、重要通信或高压电力电缆等，

4. 软弱土层指淤泥、淤泥质土、松散粉、细砂层或新近堆填的松散土

5. 当基坑边线距离 50m 以内有地铁时，应分析基坑开挖对地铁的影响，必要时基坑支护安全等级可提高一级。

7. 天津市工程建设标准《建筑基坑工程技术规程》DB 29—202—2010

基坑支护设计等级按表 8-3-7 划分为甲、乙、丙三级。

基坑支护设计等级　　表 8-3-7

设计等级	划 分 标 准
甲级	基坑开挖深度大于 14.0m，在基坑影响范围内有必须保护的建筑物、道路、立交桥、地铁、煤气或天然气管道、大型压力水管、大型重力流管线或有压管线等建（构）筑物及管线，破坏后果很严重
乙级	除甲级和丙级外的基坑
丙级	基坑深度小于 5.0m，周围环境无特别保护要求，破坏后果不严重的基坑

8. 行业标准《湿陷性黄土地区建筑基坑工程安全技术规程》JGJ 167—2009

基坑工程侧壁安全等级按表 8-3-8 划分为三个等级。

基坑工程重要性等级划分　　表 8-3-8

开挖深度 H（m）	环境条件与工程地质、水文地质条件								
	$a<0.5$			$0.5\leqslant a\leqslant 1.0$			$a>1.0$		
	Ⅰ	Ⅱ	Ⅲ	Ⅰ	Ⅱ	Ⅲ	Ⅰ	Ⅱ	Ⅲ
$H>12$	一级			一级			一级		
$6<H\leqslant 12$	一级			一级		二级	一级	二级	
$H\leqslant 6$	一级	二级		二级			二级	三级	

注：1. H——基坑开挖深度。

2. α——相对距离比 $\alpha=X/h'$。为邻近建（构）筑物基础外边缘（或管线最外边缘）距基坑侧壁的水平距离与基础（管线）底面距基坑底垂直距离的比值。

3. 环境条件、工程地质、水文地质条件分类：

Ⅰ——复杂。具有下列情况之时，可视为复杂：（1）基坑侧壁受水浸湿可能性大；（2）基坑工程降水深度大于 6m，降水对周边环境有较大影响；（3）坑壁土多为填土或软弱黄土层。

Ⅱ——较复杂。具有下列情况之一时，可视为较复杂：（1）基坑侧壁受水浸湿可能性较大；（2）基坑工程降水深度介于 3～6m，降水对周边环境有一定的影响；（3）坑壁土局部为填土层或软弱黄土层。

Ⅲ——简单。具有下述全部条件时，可视为简单：（1）基坑侧壁受水浸湿可能性不大；（2）基坑工程降水深度小于 3m，降水对周边环境影响轻微；（3）坑壁土很少有填土层或软弱黄土层。

4. 同一基坑依周边条件不同，可划分为不同的侧壁安全等级。

（三）设计前的准备工作

基坑工程设计之前，应取得下列资料：

1. 工程用地红线图、场区地形图及地下工程结构施工图（含桩位图、承台图等）；

2. 场地的岩土工程勘察报告，当地下水对基坑工程有影响时应提供水文地质勘察报告；

3. 基坑周边环境状况的资料；

4. 土建设计和施工对基坑支护结构的要求；

5. 有关深基坑施工条件的资料，如可供选择的施工技术、设备性能、类似条件或邻近地段的施工经验等。

（四）基坑工程设计的内容

基坑工程设计一般包括以下内容：

1. 支护体系的方案比较和选型；

2. 支护结构的强度和变形计算；

3. 基坑稳定性验算；

4. 基坑降水、隔水的设计；

5. 地下水控制方案；

6. 支护结构施工及挖土方案；

7. 监测方案与环境保护要求；

8. 应急措施；

9. 基坑工程施工图。

三、支护结构的类型与适用条件

由于各地岩土工程条件、施工经验及其他条件的差异，对支护结构的类型及其适用条件要求也存在一定的差异。

（一）行业标准《建筑基坑支护技术规程》JGJ 120—2012

支护结构选型时，应综合考虑下列因素：基坑深度；土的性状及地下水条件；基坑周边环境对基坑变形的承受能力及支护结构失效的后果；主体地下结构和基础形式及其施工方法、基坑平面尺寸及形状；支护结构施工工艺的可行性；施工场地条件及施工季节；经济指标、环保性能和施工工期。支护结构应按表 8-3-9 选型。

各类支护结构的适用条件 **表 8-3-9**

<table>
<tr><th colspan="2" rowspan="2">结构类型</th><th colspan="3">适用条件</th></tr>
<tr><th>安全等级</th><th colspan="2">基坑深度、环境条件、土类和地下水条件</th></tr>
<tr><td rowspan="5">支挡式结构</td><td>锚拉式结构</td><td rowspan="5">一级
二级
三级</td><td>适用于较深的基坑</td><td rowspan="5">1. 排桩适用于可采用降水或截水帷幕的基坑
2. 地下连续墙宜同时用作主体地下结构外墙，可同时用于截水
3. 锚杆不宜用在软土层和高水位的碎石土、砂土层中
4. 当邻近基坑有建筑物地下室、地下构筑物等，锚杆的有效锚固长度不足时，不应采用锚杆
5. 当锚杆施工会造成基坑周边建（构）筑物的损害或违反城市地下空间规划等规定时，不应采用锚杆</td></tr>
<tr><td>支撑式结构</td><td>适用于较深的基坑</td></tr>
<tr><td>悬臂式结构</td><td>适用于较浅的基坑</td></tr>
<tr><td>双排桩</td><td>当锚拉式、支撑式和悬臂式结构不适用时，可考虑采用双排桩</td></tr>
<tr><td>支护结构与土体结构结合的逆作法</td><td>适用于基坑周边环境条件很复杂的深基坑</td></tr>
<tr><td rowspan="4">土钉墙</td><td>单一土钉墙</td><td rowspan="4">二级
三级</td><td>适用于地下水位以上或降水的非软土基坑，且基坑深度不宜大于 12m</td><td rowspan="4">当基坑潜在滑动面内有建筑物、重要地下管线时，不宜采用土钉墙</td></tr>
<tr><td>预应力锚杆复合土钉墙</td><td>适用于地下水位以上或降水的非软土基坑，且基坑深度不宜大于 15m</td></tr>
<tr><td>水泥土桩复合土钉墙</td><td>用于非软土基坑时，基坑深度不宜大于 12m；用于淤泥质土基坑时，基坑深度不宜大于 6m；不宜用在高水位的碎石土、砂土层中</td></tr>
<tr><td>微型桩复合土钉墙</td><td>适用于地下水位以上或降水的基坑，用于非软土基坑时，基坑深度不宜大于 12m；用于淤泥质土基坑时，基坑深度不宜大于 6m</td></tr>
</table>

续表

结 构 类 型	适 用 条 件	
	安全等级	基坑深度、环境条件、土类和地下水条件
重力式水泥土墙	二级 三级	适用于淤泥质土、淤泥基坑，且基坑深度不宜大于7m
放坡	三级	1　施工场地满足放坡条件 2　放坡与上述支护结构形式结合

注：1. 当基坑不同部位的周边环境、土层性状、基坑深度等不同时，可在不同部位分别采用不同的支护形式；
2. 支护结构可采用上、下部以不同结构类型组合的形式。

（二）行业标准《建筑基坑工程技术规范》YB 9258—97

基坑支护结构选择的适用条件和注意事项见表8-3-10。

基坑支护结构选择情况　　表8-3-10

序号	拟选择的支护结构	适用条件和注意事项
1	放坡开挖	基坑周围场地允许 邻近基坑边无重要建筑物或地下管线 开挖深度超过4～5m时，宜采用分级放坡 地下水位较高或单一放坡不满足基坑稳定性要求时，宜采用深层搅拌桩、高压喷射注浆墙等措施进行截水或挡土 对基坑边土体水平位移控制要求较高，或软塑至流塑状土质不宜采用此法开挖
2	水泥土重力式挡墙	基坑周围不具备放坡条件，但具备重力式挡墙的施工宽度 邻近基坑边无重要建筑物或地下管线 土层较差且厚度较大时，特别是软塑至流塑土层，可选择水泥土重力式挡土结构 设计与施工时应确保重力式挡土结构的整体性 对基坑边土体水平位移控制要求较高时不应采用此法 一般开挖深度小于6m 要注意整体稳定性的验算
3	悬臂式排桩支护结构	基坑周围不具备放坡或施工重力式挡墙的宽度 开挖深度不大，或邻近基坑边无建筑物及地下管线，可选用此结构；采用的桩型包括人工挖孔桩、灌注桩、钢筋混凝土板桩和钢板桩等 变形较大的坑边可选用双排桩 土质好时，可加大开挖深度，要注意对地下水的控制 对基坑边土体水平位移控制要求较高时，不宜采用此法
4	支撑（锚）式排桩式挡土结构	基坑周围施工场地狭小，邻近基坑边有建筑物或地下管线需要保护 基坑平面尺寸较小，或邻近基坑边有深基础建筑物，或基坑用地红线以外不允许占用地下空间，可选择基坑内支撑排桩式支护形式 基坑周边土层较好，且邻近基坑边无深基础建筑物或基坑用地红线以外允许占用地下空间，可选择拉锚排桩式支护形式 内支撑的构件常用钢筋混凝土或组合型钢，对于平面尺寸较大、形状比较复杂和环境保护要求较严格的基坑，宜采用现浇混凝土支撑结构 在软土地质条件下，优先考虑内支撑 注意做好桩间水的控制工作

续表

序号	拟选择的支护结构	适用条件和注意事项
5	墙式挡土结构（有撑、锚）	基坑周围施工场地狭小，邻近基坑边有建筑物或地下管线需要保护 地下连续墙宜考虑兼作地下室外墙永久结构的全部或一部分使用 地下连续墙可结合逆作法或半逆作法进行施工 可广泛用于开挖深度大、土体变形控制要求严格的基坑工程 在岩溶溶洞条件下，应慎重对待
6	喷锚支护结构	基坑外的地下空间允许锚杆占用，适用于无流沙、含水量不高、不是淤泥等流塑土层的基坑支护，开挖深度不大于18m 在城市内，或基坑周围有需保护建筑物，对周边变形控制较严格的基坑，应慎用喷锚支护结构
7	土钉支护	土层内富含地下水或可塑以下软弱土层不宜采用土钉支护 土钉支护不宜用于对基坑边土体变形有严格要求的基坑支护工程 应特别注意相邻建筑物及地下管线因变形可能引起不良后果的 注意验算整体稳定性 遇到较深软弱土夹层时，可将预应力锚杆与土钉混合使用
8	结合式支护结构	单一支护结构形式难以满足工程或经济要求时，可考虑组合式支护结构 组合式支护结构形式应根据具体工程条件与要求，确定能充分发挥所选结构单元特长的最佳组合形式 组合式支护结构应考虑各结构单元之间的变形协调问题，采取有效的构造措施保证支护结构的整体性 边坡类型选择（见注2）
9	大型内支撑（包括环形等）桩墙结构	基坑周边相邻有重要建（构）筑物 地下水较高时，应设止水结构 基坑尺寸较大，基坑平面尺寸规则 地基土质较软弱
10	基坑工程逆作法	可按施工程序不同分为全逆作法、半逆作法或部分逆作法 较深基坑或对周边变形有严格要求的基坑 逆作法为立体交叉作业，应预先做好施工组织方案 以地下室的梁板作支撑，自上而下施工，挡土结构变形小，节省临时支护结构，节点处处理较困难
11	支护结构与坑内土质加固的复合式支挡	邻近有重要建筑物或地下结构需要保护 被动区土质差，或可能发生管涌、滑动等失稳 土体加固可用注浆法、喷射注浆、深层搅拌法，根据施工条件选择合适方法 加固区深度与宽度应通过计算分析比较后确定，可进行坑内或坑外土体加固
12	地面拉结与支护桩结构	施工方便，造价较低，但不宜于基坑周边变形控制较严或有重要建筑物的场地 可与混凝土灌注桩或H型工字钢桩配合，周边有拉结条件的场地 采用锚桩等地面拉结固定方式，固定点应设置在基坑边土体移动范围外的稳定土层中

续表

序号	拟选择的支护结构	适用条件和注意事项
13	拱圈支护结构	基坑周围施工场地适合拱圈布置；邻近基坑边无重要建筑物 拱圈的布置与构造应符合圆环受力的特点 开挖方案应考虑土体自主性能及不影响拱圈受力的均匀性 基坑平面尺寸近方形或圆形 拱脚的稳定性至关重要，设计与施工中应予足够重视，有可靠的保护措施

注：1. 支护结构的选择，需结合场地工程地质、水文地质条件、基坑条件、施工条件、工程经验综合分析确定。
2. 边坡类型：

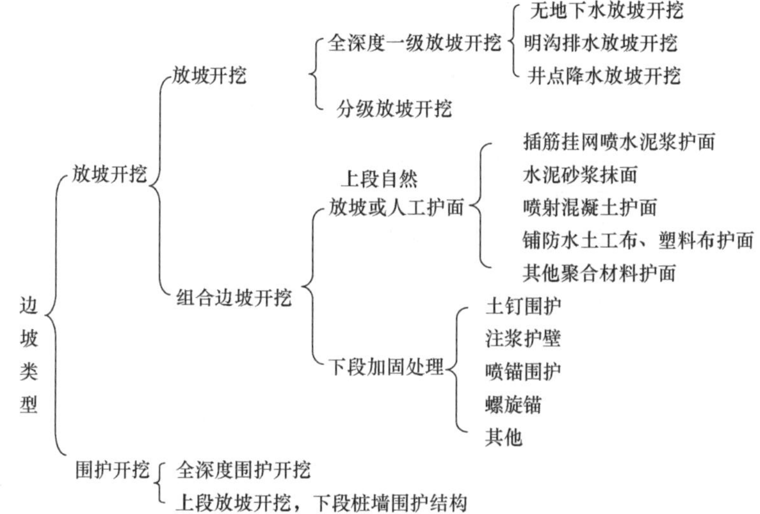

（三）湖北省标准《基坑工程技术规定》DB42/T 159—2012

基坑边坡支护分类及适用条件 **表 8-3-11**

类型	支护方式或结构	支挡构件或护坡方法	适用条件
放坡	自稳边坡	根据土质按一定坡率放坡（单一坡面或分阶坡），土工膜覆盖坡面，挂网喷保护坡面；袋装砂、土包反压坡脚、坡面	基坑周边开阔，相邻建（构）筑物距离较远，无地下管线或地下管线不重要，可以迁移改道 基坑土质软弱时，为防止坑底隆起破坏可通过分阶放坡卸载
坡体加固	加筋土重力式挡墙	土钉、螺旋锚、锚杆灌（注）浆等加筋土挡墙	适用于除淤泥、淤泥质土外的多种土质，支护深度不宜超过 6m；坑底没有软土 可用于二级或二级以下基坑
	水泥土重力式挡墙	旋喷、深层搅拌水泥土挡墙（实体式、格栅式）。 必要时可在墙身插入钢管、型钢等竖向构件，增强墙身的整体强度	适用于包括软弱土层在内的多种土质、支护深度不宜超过 6m（加扶壁可加大支护深度），可兼作隔水帷幕； 墙底无软土； 基坑周边需有一定的施工场地

续表

类型	支护方式或结构	支挡构件或护坡方法	适用条件
坡体加固	土钉支护	钢筋网喷射混凝土面层，锚杆	适用于填土、黏性土及岩质边坡，支护深度不宜超过6m（岩质边坡除外），坡底有软弱土层影响整体稳定时慎用； 可用于二级或二级以下基坑（岩质边坡除外） 不适用于深厚淤泥、淤泥质土层、流塑状软黏土和地下水位以下的粉土、粉砂层
	复合土钉支护	钢筋网喷射混凝土面层，锚杆，另加水泥土桩、微型钢管桩或其他支护桩，解决坑底抗隆起稳定问题和深部整体滑动稳定问题	坑底以下有一定厚度的软弱土层，单纯喷锚支护不能满足要求时可考虑采用复合喷锚支护，可兼作隔渗帷幕； 支护深度不宜超过6m，坑底软土厚度超过4m时慎用。不宜用于一级基坑
排桩	悬臂式	钻孔灌注桩、人工挖孔桩、预制桩，板桩（钢板桩组合，异型钢组合，预制钢筋混凝土板组合），型钢水泥土搅拌墙；冠梁	悬臂高度不宜超过6m。坑底以下软土层厚度很大时不宜采用，但对被动区软土层进行加固处理经计算满足要求后可以采用； 嵌入岩层、老黏性土、密实卵砾石、碎石层中的刚度较大的悬臂桩的悬臂高度可以超过6m
	双排桩	两排钢筋混凝土桩，顶部钢筋混凝土横梁连接，必要时对桩间土进行加固处理	可在一定程度上弥补单排悬臂桩变形大支护深度有限的缺点，适宜的开挖深度应视变形控制要求经计算确定；当设置锚杆和内支撑有困难时可考虑双排桩； 坑底以下有厚层软土，不具备嵌固条件时应与被动区加固相配合
	锚固式（单层或多层）	上列桩型加预应力或非预应力灌浆锚杆、扩大头锚杆、玻璃纤维锚杆、螺旋锚或灌浆螺旋锚、锚定板（或桩）；冠梁；围檩	可用于不同深度的基坑，支护体系不占用基坑范围内空间，但锚杆需伸入邻地，有障碍时不能设置，也不宜锚入毗邻建筑物地基内；锚杆的锚固段不宜设在灵敏度高的淤泥层内；在软土中也要慎用；在含承压水的粉土、粉细砂层中应采用跟管钻进施工锚杆或一次性锚杆
	内支撑式（单层或多层）	上列桩型加型钢或钢筋混凝土支撑，包括各种水平撑（对顶撑、角撑、桁架式支撑），竖向斜撑；能承受支撑点集中力的冠梁或围檩；能限制水平撑变位的立柱	可用于不同深度的基坑和不同土质条件，变形控制要求严格时宜选用； 支护体系需占用基坑范围内空间，其布置应考虑后续施工的方便
地下连续墙	悬臂式或撑锚式	钢筋混凝土地下连续墙、型钢水泥土搅拌墙、钻孔灌注咬合桩	可用于多层地下室基坑，宜配合逆作法施工使用，利用地下室梁板柱作为内支撑
围筒	圆形、椭圆形、拱形、复合形	上列各类桩排、地下连续墙；环形撑梁	基坑形状接近圆形或椭圆形，或局部有弧形拱段，可充分利用结构受力特点，径向位移小，筒壁弯矩小

注：同一基坑或边坡可采用几种不同支护方式形成复合支护结构，如上阶放坡土钉支护，下阶排桩支护等

（四）北京市地方标准建筑基坑支护技术规程 DB 11/489—2016

各类支护结构的适用条件　　表 8-3-12

<table>
<tr><th colspan="2" rowspan="2">结构类型</th><th colspan="3">适用条件</th></tr>
<tr><th>安全等级</th><th colspan="2">基坑深度、环境条件、土类和地下水条件</th></tr>
<tr><td rowspan="5">支挡式结构</td><td>锚拉式结构</td><td rowspan="5">一级
二级</td><td>适用于深基坑</td><td rowspan="5">1. 排桩适用于地下水位以上、可降水或结合截水帷幕的基坑
2. 地下连续墙宜同时用作主体地下结构外墙，可同时用于截水
3. 锚杆不宜用在软弱土层和含有高水头地下水的碎石土、砂土层中
4. 当邻近基坑有建筑物地下室、地下构筑物等，锚杆的有效锚固长度不足时，不应采用锚杆
5. 当锚杆施工会造成基坑周边建（构）筑物的损害或违反城市地下空间规划等规定时，不应采用锚杆</td></tr>
<tr><td>支撑式结构</td><td>适用于深基坑</td></tr>
<tr><td>悬臂式结构</td><td>适用于浅基坑</td></tr>
<tr><td>双排桩</td><td>当锚拉式、支撑式、悬臂式结构不适用时，可考虑采用双排桩</td></tr>
<tr><td>逆作法</td><td>适用于主体结构地上、地下同步施工的场合</td></tr>
<tr><td rowspan="4">土钉墙</td><td>单一土钉墙</td><td rowspan="4">二级
三级</td><td>适用于地下水位以上或可实施降水的基坑，但基坑深度不宜大于 10m</td><td rowspan="4">当基坑潜在滑动面内有建筑物、重要地下管线时，不宜采用土钉墙</td></tr>
<tr><td>预应力锚杆复合土钉墙</td><td>适用于地下水位以上或可实施降水的基坑，但基坑深度不宜大于 15m</td></tr>
<tr><td>水泥土桩垂直复合土钉墙</td><td>基坑深度不宜大于 10m 且不宜用在含有高水头地下水的碎石土、砂土、粉土层中</td></tr>
<tr><td>微型桩垂直复合土钉墙</td><td>适用于地下水位以上或可实施降水的基坑，基坑深度不宜大于 10m</td></tr>
<tr><td colspan="2">放坡</td><td>三级</td><td colspan="2">1. 具有放坡的场地条件
2. 可与上述支护结构形式结合</td></tr>
</table>

注：1. 当基坑不同部位的周边环境条件、土层性状、基坑深度等不同时，可在不同部位分别采用不同的支护形式；
2. 支护结构可采用上、下部以不同结构类型组合的支护形式，其设计应按基坑侧壁的安全等级进行总体控制。

（五）深圳市标准《深圳市基坑支护技术规范》SJG 05—2011

各类支护结构的适用条件　　表 8-3-13

<table>
<tr><th>支护结构形式</th><th>适用条件</th></tr>
<tr><td>排桩或地下连续墙加内支撑</td><td>1. 适用于一级或二级基坑；
2. 基坑周边环境复杂，周边环境保护的要求很严格时（如邻近地铁或重要的天然地基建筑物等），宜采用地下连续墙加内支撑或逆作法；
3. 对需要截水的基坑，可采用桩间加旋喷或桩外侧加搅拌桩的方式形成帷幕，对地下水控制的要求很严格时，宜采用地下连续墙或咬合桩的支护形式；
4. 周边环境条件允许或地质条件较好且有成熟工程经验时，宜采用排桩支护</td></tr>
</table>

续表

支护结构形式	适 用 条 件
排桩加锚杆（索）	1. 适用于各级基坑的支护形式，但对于深厚软土地层或邻近有地下障碍物等锚杆（索）不宜使用时除外； 2. 对需要截水的基坑，可采用桩间加旋喷或桩外侧加搅拌桩的方式形成帷幕；对局部地段地下水控制的要求严格时，可在排桩外侧再增加一排旋喷桩墙
悬臂式排桩或双排桩	1. 适用于二级或三级基坑，对于地质条件较好、周边环境较宽松的一级基坑，也可采用双排桩； 2. 悬臂式排桩可用于地质条件较好、周边环境较宽松且基坑深度小于 8.0m 的较浅基坑，不宜用于对变形要求严格或存在较厚软土地层的基坑； 3. 双排桩宜用于基坑中不适合采用锚杆和支撑的局部地段，对于基坑深度大于 15.0m 或存在较厚软土地层的基坑不宜采用
土钉墙支护或复合土钉墙	1. 适用于二级或三级基坑，对于地质条件较好、周边环境较宽松的一级基坑，也可采用复合土钉墙； 2. 地质条件较好、周边环境较宽松且基坑深度小于 12.0m 的基坑可优先选用土钉墙，对变形要求严格或存在较厚软土地层的基坑不宜采用土钉墙； 3. 复合土钉墙可用于深度小于 15.0m，需要截水或对变形有限制的基坑，基坑开挖范围内存在薄层软土层时，应设置微型桩
钢板桩支护	1. 适用于开挖深度小于 7.0m 的长距离箱涵、管沟的基坑支护； 2. 邻近有重要建（构）筑物基础或重要地下管线、存在密实砾砂、碎石土等坚硬的地层时，不宜采用钢板桩支护
水泥土挡墙支护	1. 适用于开挖深度不大于 6m 的淤泥和淤泥质土等土层； 2. 不宜用于对变形要求严格的基坑
坡率法	1. 基坑周边环境宽松、具有放坡可能的场地，且岩土质较好，地下水位较深，应优先采用坡率法； 2. 当基坑较深时，可采用上部放坡、下部桩锚或其他支护方案相结合

（六）行业标准《湿陷性黄土地区建筑基坑工程安全技术规程》JGJ 167—2009

支护结构的选型　　**表 8-3-14**

支护结构类型	适 用 条 件
锚、撑式排桩	1. 基坑侧壁安全等级为一、二、三级； 2. 当地下水位高于基坑底面时，应采取降水或排桩加截水帷幕措施； 3. 基坑外地下空间允许占用时，可采用锚拉式支护；基坑边土体为软弱黄土且坑外空间不允许占用时，可采用内撑式支护
悬臂式排桩	1. 基坑侧壁安全等级为二、三级； 2. 基坑采取降水或采取截水帷幕措施时； 3. 基坑外地下空间不允许占用时
土钉墙	1. 基坑侧壁安全等级为二、三级，且基坑坡体为非饱和黄土； 2. 单一土墙支护深度不宜超过 12m，当与预应力锚杆、排桩等组合使用时，可超过此限； 3. 当地下水位高于基坑底面时，应采取排水措施； 4. 不适于淤泥、淤泥质上、饱和软黄土

续表

支护结构类型	适　用　条　件
水泥土墙	1. 基坑侧壁安全等级宜为三级； 2. 一般支护深度不宜大于 6m； 3. 水泥土墙施工范围内地基承载力宜大于 150kPa
放坡	1. 基坑侧壁安全等级宜为二、三级； 2. 场地应满足放坡条件； 3. 地下水位高于坡脚时，应采取降水措施； 4. 可独立或与上述其他结构结合使用

注：对于基坑上部采用放坡或土钉墙，下部采用排桩的组合支护形式时，上部放坡或土钉墙高度不宜大于基坑总深度的 1/2，且应严格控制排桩顶部水平位移。

四、信息化施工法和监理

基坑工程应采用信息化施工法。设计、施工及管理人员应深入现场调查研究，了解施工过程，掌握监测信息，根据实际情况修改、补充、完善设计。事先对可能出现的险情进行预测，定出预警信息指标，作好应急的各种准备（组织、措施、人力、器材）。

基坑工程的整个施工过程均应在严格的监理之下进行。

第二节　基坑工程岩土工程勘察

一、勘察准备阶段

基坑工程勘察之前的工作主要是搜集相关资料，了解基坑工程的要求及设计意图，并依据这些资料结合相关规程、规范编制勘察纲要。具体应搜集的资料有：

1. 建筑物总平面布置图，其中应附有场地的地形和标高，拟建建筑物位置与建筑红线的关系，附近已有建筑物和各种管线位置等；

2. 基坑的平面尺寸、设计深度，拟建建筑物结构类型、基础形式；

3. 场地及其附近地区已有的勘察资料、建筑经验及周边环境条件等资料。

二、勘察应解决的主要问题

1. 查明场地的地形地貌、地层结构与成因类型、分布规律及其在水平和垂直方向的变化；尤其需查明软土和粉土夹层或交互层的分布与特征；

2. 提供各有关岩土层的物理力学性质指标及基坑支护设计施工所需的有关参数；查明岩土层的膨胀性、软化性、崩解性、触变性等对基坑工程的影响；

3. 查明地下水的类型、埋藏条件、水位、赋水性、补给来源、动态变化、径流条件及土层的渗流情况，提供基坑地下水治理设计所需的有关资料；

4. 查明基坑周边的建筑物、地下管线、道路、地下障碍的现状及地下空间可占用与否等环境条件资料。

三、勘察工作布置

1. 勘察范围：勘探点除了沿基坑周边布置外；并应根据开挖深度及场地的岩土工程条件在开挖边界外按开挖深度的 1～2 倍范围内布置勘探点，当开挖边界外无法布置勘探点时，应通过调查取得相应资料。对于深厚软土区勘察范围尚宜扩大；对面积较大的基坑，尚应按重要性等级要求在坑内布置勘探孔。

2. 勘探点间距：一、二级的基坑工程勘探孔间距为 15～25m，三级为 25～35m，地层变化较大，以及暗沟、暗塘或岩溶等异常地段，应加密勘探点，查明分布规律；

3. 勘探深度应满足基坑工程的坑底抗隆起和支护结构稳定性计算的要求，应不小于基坑深度的 2～2.5 倍；当存在有较厚软土层、粉土夹层或因降水、隔渗需要时，勘探深度应适当加深，且应穿透软土层、粉土夹层；在此深度内遇有厚层坚硬黏性土、碎石土及岩层时，可适当减小勘探深度。对岩质基坑应穿过潜在滑动面进入稳定岩体 3～5m；

4. 勘探手段宜采用钻探及静力触探试验、标准贯入试验和十字板剪切试验等原位测试方法，钻孔应分层采取土试样进行试验，每一主要土层的各种原位测试或室内试验的数量不少于 6 个。

5. 取样和原位测试应符合下列要求：

(1) 取样间距应按地基土分布情况及土的性质确定，自地面至坑底以下 2 倍基坑深度范围内为 1.0～1.5m；每一主要土层的原状土试样或原位测试的数据不应少于 6 组，如采用静力触探或动力触探，孔数不少于 6 个

(2) 对厚度大于 2m 的填土及厚度大于 0.5m 的软弱夹层或透镜体，应取土试样或进行原位测试。

四、室内试验项目

除了进行常规试验项目外，尚应进行以下试验：

1. 土的抗剪强度试验：对黏性土宜采用直剪和三轴剪（UU 法和 CU 法）试验；对砂土、碎石土测定水上水下天然休止角；

2. 对于饱和软土应测定土的灵敏度，对老黏性土及膨胀岩土应测定其膨胀性指标；

3. 必要时宜提供土的静止土压力系数；

4. 一般黏性土及粉土的垂直及水平渗透系数。

五、水文地质勘察

场地水文地质勘察应达到以下要求：

1. 查明开挖范围内及邻近场地地下水含水层和隔水层的层位、埋深、厚度和分布情况（包括一些隔水层中的粉土、粉细砂夹层）；查明各含水层（包括上层滞水、潜水、承压水）的补给条件和水力联系；

2. 观测各含水层的水位及其变幅，尤其对易引起基坑管涌和突涌的承压水，对年变幅较大的地区要特别注意观测基坑开挖期间的水位；

3. 提供各含水层的渗透系数，其中砂土可直接通过抽水试验测定，并求得降水影响半径，黏性土可采用注水试验或室内渗透试验测定；

4. 需回灌压水的也应进行现场试验，并求得含水层回灌渗透系数、影响半径和单位回灌量及其变化规律；

5. 对位于基坑侧壁或坑底以下的黏性土与粉土、粉砂交互层，在岩土工程勘察时应重点加以研究，以评价其渗透性和渗透稳定性。

六、周边环境调查内容

1. 查明基坑影响范围内建（构）筑物的分布，结构类型、层数、基础类型、埋深、基础荷载大小及上部结构现状；

2. 查明基坑周边的各类地下设施，包括上下水、电缆、煤气、污水、雨水、热力等

管线或管道及地下人防工程等的分布和现状；

3. 查明雨期时场地周围和邻近地区地表水汇流、排泄情况，地下水管渗漏情况以及对基坑开挖的影响；

4. 查明基坑与四周道路的距离宽度及车辆载重情况。

七、勘察报告内容

一般情况下的岩土工程勘察报告书中已包括了基坑工程勘察的内容，并有专门章节对基坑工程进行论述评价，这些章节应包括以下几方面内容：

1. 分析场地的地层结构和岩土的物理力学性质，提供支护结构设计与基坑稳定性计算所需的参数；

2. 基坑周边环境勘察调查结果；

3. 地下水控制设计所需的参数；

4. 对基坑支护设计与施工提出建议，包括推荐合理可行的支护方案与地下水治理方案，基坑施工开挖过程中应注意的问题以及对施工监测工作的要求等。

第三节 基 本 计 算

一、作用于支护结构的荷载

作用于支护结构的荷载主要有：土压力、水压力、影响区范围内建（构）筑物荷载、施工荷载（如汽车、吊车及场地堆载等）、温度影响和混凝土收缩引起的附加荷载。地震力一般情况下不予考虑，但若支护结构兼作为主体结构的一部分时则应予考虑。

二、土压力

作用于支护结构与土体界面上的压力称土压力。土压力的大小及其分布规律与支护结构的水平位移方向和大小、土的性质、支护结构物的刚度及高度等因素有关。土压力根据承受土压力的支护结构的水平位移方向不同，可以划分为静止土压力、主动土压力和被动土压力。

产生主动与被动土压力所需的支护结构顶部位移值参见表 8-3-15。

产生主动和被动土压力所需的墙顶位移 **表 8-3-15**

土 类	应 力 状 态	移 动 类 型	所 需 位 移
砂土	主 动	平移	$0.001H$
	主 动	转动	$0.001H$
	被 动	平移	$0.05H$
	被 动	转动	$>0.1H$
黏性土	主 动	平移	$0.004H$
	主 动	转动	$0.004H$

注：表中 H 为支护结构高度。

土压力的计算可采用库仑理论或朗肯理论。地下水位以上采用水土合算的方法计算主、被动土压力；地下水位以下土层的水、土压力可采用水土合算或水土分算两种计算方法，对于黏性土和粉土宜水土合算，对砂土宜水土分算。

（一）静止土压力

静止土压力强度，可按下式计算：

$$p_0 = K_0(\Sigma \gamma_i h_i + q) \tag{8-3-1}$$

式中　P_0——静止土压力强度（kPa）；

γ_i——第 i 层土的重度（kN/m^3）；

h_i——第 i 层土的厚度（m）；

q——地面均布荷载（kPa）；

K_0——静止土压力系数。

静止土压力系数 K_0 宜由试验确定，当无试验条件时也可按下式估算：

正常固结土：
$$K_0 = 1 - \sin\varphi' \tag{8-3-2}$$

超固结土：
$$K_0 = (1 - \sin\varphi')^{1/2} \tag{8-3-3}$$

式中　φ'——土的有效内摩擦角。

表 8-3-16 给出了静止土压力系数的一些经验值。

静止土压力系数　　**表 8-3-16**

（根据 Bishop，1957；1958，Bernatzik，1947；Simons，1958）

土　的　类　别	w_L	I_p	K_0
饱和的松砂	—	—	0.46
饱和的密砂	—	—	0.36
干的密砂（e=0.6）	—	—	0.49
干的松砂（e=0.8）	—	—	0.64
压实的残积黏土	—	9	0.42
压实的残积黏土	—	31	0.66
原状的有机质淤泥质黏土	74	5	0.57
原状的高岭土	61	23	0.64～0.70
原状的海相黏土（Oslo）	37	16	0.48
灵敏黏土	34	10	0.52

（二）主动与被动土压力

1. 朗肯土压力理论

假设条件：

① 挡墙墙背垂直；

② 墙后土表面水平；

③ 墙背面光滑，即不考虑墙与土间的摩擦力。

朗肯土压力理论计算主动与被动土压力强度按下式计算：

$$P_a = (q + \Sigma \gamma_i h_i)K_a - 2c\sqrt{K_a} \tag{8-3-4}$$

$$P_p = (q + \Sigma \gamma_i h_i)K_p + 2c\sqrt{K_p} \tag{8-3-5}$$

式中　P_a、P_p——朗肯主动与被动土压力强度（kPa）；

q——地面均布荷载（kPa）；

γ_i——第 i 层土的重度（kN/m^3）；

h_i——第 i 层土的厚度（m）；

K_a、K_p——朗肯主动与被动土压力系数；

c、φ——计算点土的抗剪强度指标（kPa、°）。

主动土压力系数：
$$K_a = \tan^2(45° - \varphi/2) \tag{8-3-6}$$

被动土压力系数：
$$K_p = \tan^2(45° + \varphi/2) \tag{8-3-7}$$

当主动土压力出现负值时取零。

2. 库仑土压力理论（计算简图见图 8-3-3）

假设条件：

① 墙背俯斜，倾角为 α，墙为刚性；

② 墙后填土为砂土（$c \approx 0$），填土表面坡角为 β；

③ 墙背粗糙，墙土间的摩擦角为 δ。

库仑土压力理论计算主动与被动土压力按下式计算：

$$E_a = \frac{1}{2}\gamma H^2 K_a \tag{8-3-8}$$

$$E_p = \frac{1}{2}\gamma t^2 K_p \tag{8-3-9}$$

式中　E_a、E_p——库仑主动与被动土压力（kN/m）；

γ——基础开挖深度内土层的平均重度（kN/m^3）；

H——基坑开挖深度（m）；

t——支护结构入土深度（m）；

K_a、K_p——库仑主动与被动土压力系数。

（1）主动土压力系数

$$K_a = \frac{\sin(\alpha+\beta)}{\sin^2\alpha \sin^2(\alpha+\beta-\varphi-\delta)}$$

$$\left\{\begin{matrix} k_q[\sin(\alpha+\beta)\sin(\alpha-\delta)+\sin(\varphi+\delta)\sin(\varphi-\beta)]+2\eta\sin\alpha\cos\varphi\cos(\alpha+\beta-\varphi-\delta)- \\ 2\left[(k_q\sin(\alpha+\beta)\sin(\varphi-\beta)+\eta\sin\alpha\cos\varphi)(k_q\sin(\alpha-\delta)\sin(\varphi+\delta)+\eta\sin\alpha\cos\varphi)\right]^{1/2} \end{matrix}\right\} \tag{8-3-10}$$

$$k_q = 1+\frac{2q\sin\alpha\cos\beta}{\gamma h\sin(\alpha+\beta)} \tag{8-3-11}$$

$$\eta = \frac{2c}{\gamma h} \tag{8-3-12}$$

式中　q——地表均布荷载（以单位水平投影面上的荷载强度计算）（kPa）；

δ——土与基坑支护结构外侧的摩擦角，根据土与支护结构的结合程度，取 $\delta = (1/2 \sim 2/3)\varphi$。

（2）被动土压力系数

$$K_p = \frac{\sin(\alpha+\beta)}{\sin^2\alpha \sin^2(\alpha+\beta+\varphi+\delta)}$$

$$\left\{\begin{matrix} k_q[\sin(\varphi+\delta)\sin(\varphi+\beta)+\sin(\alpha+\beta)\sin(\alpha+\delta)]-2\eta\sin\alpha\cos\varphi \\ \cos(\alpha+\beta+\varphi+\delta)+2\begin{bmatrix}(k_q\sin(\alpha+\beta)\sin(\varphi+\beta)+\eta\sin\alpha\cos\varphi)(k_q\sin(\alpha+\delta) \\ \sin(\varphi+\delta)+\eta\sin\alpha\cos\varphi\end{bmatrix}^{1/2} \end{matrix}\right\} \tag{8-3-13}$$

3. 土压力系数调整

悬臂式当支护结构的水平位移不符合主动、被动极限平衡状态条件时，主动和被动土压力系数 K_a、K_p应按下式进行调整：

$$K_{ma} = \frac{1}{2}(K_0 + K_a) \tag{8-3-14}$$

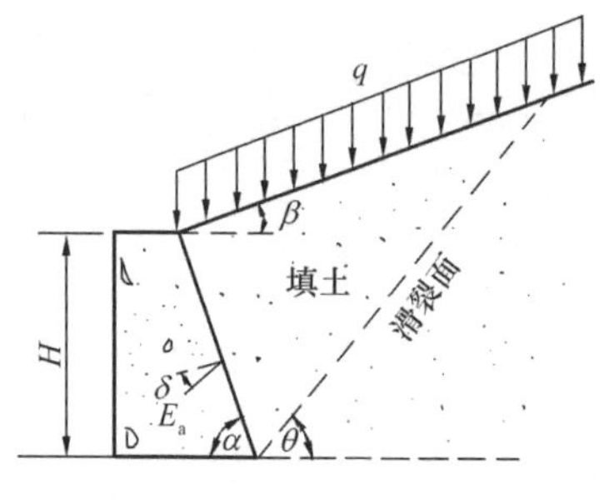

图 8-3-3　计算简图

$$K_{mp}=(0.5\sim0.7)K_p \tag{8-3-15}$$

式中　K_{ma}、K_{mp}——调整后的主动和被动土压力系数。

（三）地下水对土压力的影响

1. 水土合算

黏性土和粉土土压力采用水土合算时，地下水位以下取饱和重度（γ_{sat}）和总应力固结不排水抗剪强度指标（c_{cu}、φ_{cu}）计算。

2. 水土分算

砂土土压力采用水土分算时，作用于支护结构上的侧压力为有效土压力和水压力之和。有效土压力按土的浮重度（γ'）及有效抗剪强度指标（c'、φ'）计算。水压力的计算依据渗流条件分别考虑：

（1）基坑内外无渗流条件时，支护结构上作用的静水压力按基坑内外的静地下水位计算；

（2）基坑内外地下水有稳态渗流时，支护结构的主动土压力侧（基坑外侧）水压力，处于基坑开挖面以上按静水压力计算，基坑开挖面至支护结构底，取支护结构底的静水压力降为零的倒三角形分布。

（四）土强度指标的选用

土压力计算时，土的抗剪强度指标的选用应根据土体的实际固结情况和排水条件而定。室内试验土层的抗剪强度指标（c、φ）值宜采用直剪和三轴剪两种方法（不固结不排水和固结不排水）进行试验；对砂土的 c、φ 值若无条件实测时可采用静力触探试验或标准贯入试验的经验资料确定。

国内行业和地方规范对抗剪指标（c、φ）值选用有不同的规定，简述如下：

1. 行业标准《建筑基坑支护技术规程》JGJ 120—2012

土压力及水压力计算、土的各类稳定性验算时，土、水压力的分、合算方法及相应的土的抗剪强度指标类别应符合下列规定：

（1）对地下水位以上的黏性土、黏质粉土，土的抗剪强度指标应采用三轴固结不排水抗剪强度指标 c_{CU}、φ_{CU} 或直剪固结快剪强度指标 c_{Cq}、φ_{Cq}，对地下水位以上的砂质粉土、砂土、碎石土，土的抗剪强度指标应采用有效应力强度指标 c'、φ'；

（2）对地下水位以下的黏性土、黏质粉土，可采用土压力、水压力合算方法；此时，对正常固结和超固结土，土的抗剪强度指标应采用三轴固结不排水抗剪强度指标 c_{CU}、φ_{CU} 或直剪固结快剪强度指标 c_{Cq}、φ_{Cq}，对欠固结土，宜采用有效自重压力下预固结的三轴不固结不排水抗剪强度指标 c_{uu}、φ_{uu}；

（3）对地下水位以下的砂质粉土、砂土和碎石土，应采用土压力、水压力分算方法；此时，土的抗剪强度指标应采用有效应力强度指标 c'、φ'，对砂质粉土，缺少有效应力强度指标时，也可采用三轴固结不排水抗剪强度指标 c_{CU}、φ_{CU} 或直剪固结快剪强度指标 c_{Cq}、φ_{Cq} 代替，对砂土和碎石土，有效应力强度指标 φ' 可根据标准贯入试验实测击数和水下休止角等物理力学指标取值；土压力、水压力采用分算方法时，水压力可按静水压力计算；当地下水渗流时，宜按渗流理论计算水压力和土的竖向有效应力；当存在多个含水层时，应分别计算各含水层的水压力；

（4）有可靠的地方经验时，土的抗剪强度指标尚可根据室内、原位试验得到的其他物理力学指标，按经验方法确定。

2. 行业标准《建筑基坑工程技术规范》YB 9258—97

（1）计算地下水位以下的有效土压力时，取浮重度和有效应力抗剪强度指标（c'、φ'）计算；

（2）黏性土无条件取得有效抗剪强度指标（c'、φ'）时，可用总应力固结不排水强度指标（c_{CU}、φ_{CU}），并可按地区经验作必要的调整。

（3）当具有地区工程实践经验时，对黏性土作用在支护结构上的侧压力也可按水土合算原则计算，地下水位以下取饱和重度和总应力固结不排水强度指标（c_{CU}、φ_{CU}）计算。

3. 上海市标准《基坑工程设计规程》DG/TJ 08—61—2010

按三轴固结不排水剪切试验测定的峰值强度指标 c_{CU}、φ_{CU}或直剪固结快剪试验峰值强度 c_{Cq}、φ_{Cq}取用。

4. 湖北省标准《基坑工程技术规定》DB42/T 159—2012

土层抗剪强度指标可取直剪快剪值，c、φ 均应根据土水合算或分算分别取总应力值或有效应力值。对黏性土和粉土可采用直接快剪试验或自重压力下预固结的三轴不固结不排水剪试验（UU）。一般情况下要求测定总应力指标，必要时要求测定有效应力指标。

5. 北京市地方标准建筑基坑支护技术规程 DB 11/489—2016

与行业标准《建筑基坑支护技术规程》JGJ 120—2012 一致。

6. 天津市工程建设标准《建筑基坑工程技术规程》DB 29—202—2010

剪切试验的方法应与分析计算的方法配套，应进行直剪快剪试验与直剪固结试验，必要时做静止土压力试验，对于有特殊要求的基坑工程，尚应提供三轴不固结不排水（UU）强度指标和三轴固结不排水（CU）强度指标。

7. 深圳市标准《深圳市基坑支护技术规范》SJG 05—2011

土压力、水压力强度的计算和其计算参数的取值应符合以下规定：

（1）地下水位以上的土体应采用天然重度、总应力强度参数计算；

（2）地下水位以下的黏土和粉质黏土宜采用土压力、水压力强度合算，用饱和重度、总应力强度参数；

（3）地下水位以下的砂土和碎石土宜采用土压力、水压力强度分算，土压力强度应用有效重度之有效应力强度参数计算，水压力强度应按静水压力计算，当截水帷幕未穿透含水层、有可能产生渗流时，宜考虑渗流效应对静水压力的影响。

抗剪强度参数试验方法的选取应符合以下规定：

（1）进行主动土压力和被动土压力计算以及抗倾覆稳定性的计算时，对黏土和粉质黏土（包括淤泥、淤泥质土），宜采用直剪固结快剪或三轴固结不排水（CU）试验参数，但对饱和海相淤泥土，由三轴 CU 所得 c、φ 值宜乘以 0.75 的折减系数；对饱和粉土、砂土和碎石土可根据水下休止角试验和标准贯入试验的实测击数，按经验估算其有效内摩擦角；

（2）抗隆起稳定性计算，应采用直剪快剪试验或三轴不固结不排水（UU）试验，或十字板剪切试验的不排水强度 c_u 值；

（3）整体稳定、局部稳定以及抗滑稳定性计算，当最危险滑动面所穿过的土体为一般黏性土时，宜采用固结快剪或三轴固结不排水（CU）试验所求得的强度参数，当为砂土和碎石土时宜采用有效强度参数；当为饱和软黏性土时，宜采用直剪快剪或三轴不固结不排水（UU）试验，或十字板剪切试验的不排水强度 c_u 值。

8. 行业标准《湿陷性黄土地区建筑基坑工程安全技术规程》JGJ 167—2009

基坑工程不同支护体系的计算模式应与所采用的坑壁土体土性指标、采用的土工试验方法以及设计安全系数相适应。

当进行基坑降水使土体产生固结，或因基坑内有工程桩基等对基坑支护结构的工作状态有利时，计算相应的土压力所采用的抗剪强度指标一般不予调整。

当基坑主动、被动区有加固体时，对加固体强度指标应根据试验或当地经验确定。

基坑工程设计时，应考虑由于地质条件和环境因素不同，在施工过程中对土的强度产生的各种影响因素，并宜按地区经验对土的强度指标作必要的调整：

（1）对非饱和土应考虑基坑施工过程中，土层含水量变化对土的强度的影响；

（2）对硬黏土及泥岩、页岩应注意基坑开挖暴露后，可能发生的软化、崩解；

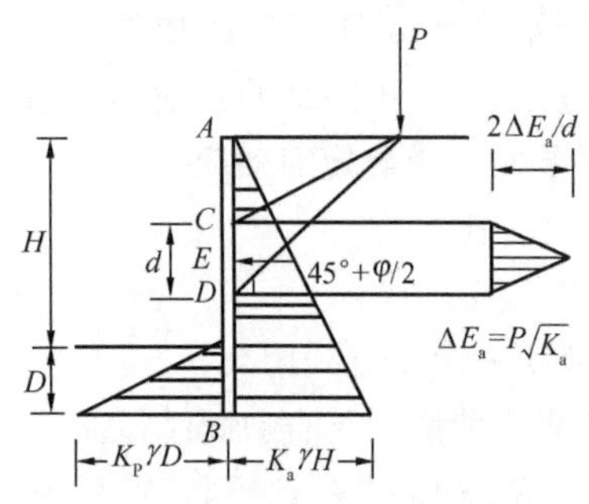

图 8-3-4 集中荷载作用下的主动土压力

（3）在软土地区，暴露时间较长的基坑，应考虑软土强度随时间的变化；

（4）膨胀岩土中的基坑应注意膨胀性产生的附加土压力对基坑的不利影响。

（五）在附加荷载作用下的土压力计算

在附加荷载（邻近建筑物、设备基础及施工荷载等）作用下，在支护结构上产生的土压力，可按以下简化方法计算：

1. 集中荷载：集中荷载作用下在支护结构上产生的土压力，可按图 8-3-4 的方法计算。

2. 均布荷载与局部荷载：均布荷载和局部均布荷载作用下在支护结构上产生的主动土压力，可按图 8-3-5 的方法计算。

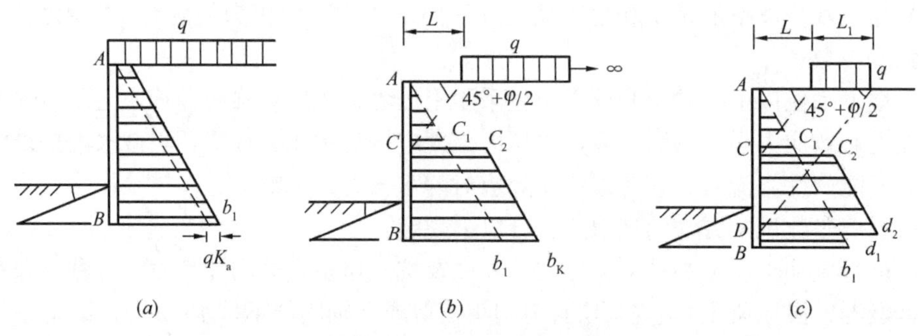

图 8-3-5 均布和局部均布荷载作用下的主动土压力

3. 当地面为不规则情况时，支护结构上的主动土压力，可按图 8-3-6 及下列规定进行计算。

（1）图 8-3-6（a）情况

支护结构上的主动土压力

$$p_{a}=\gamma z\cos\beta\frac{\cos\beta-\sqrt{\cos^{2}\beta-\cos^{2}\varphi}}{\cos\beta+\sqrt{\cos^{2}\beta-\cos^{2}\varphi}} \tag{8-3-16}$$

$$p'_{a}=K_{a}\cdot\gamma(z+h')-2c\sqrt{K_{a}} \tag{8-3-17}$$

式中　β——地表斜坡面与水平面的夹角（°）；

z——取用的计算深度（m）；

h'——地表水平面与地表斜坡和支护结构相交点的距离。

（2）图 8-3-6（b）的情况，支护结构上的主动土压力计算时，可将斜面延长达 c 点时计算，则 $BADFB$ 为主动土压力的近似分布图形。

（3）图 8-3-6（c）的情形，可按图 8-3-6（a）及图 8-3-6（b）的方法叠加计算。

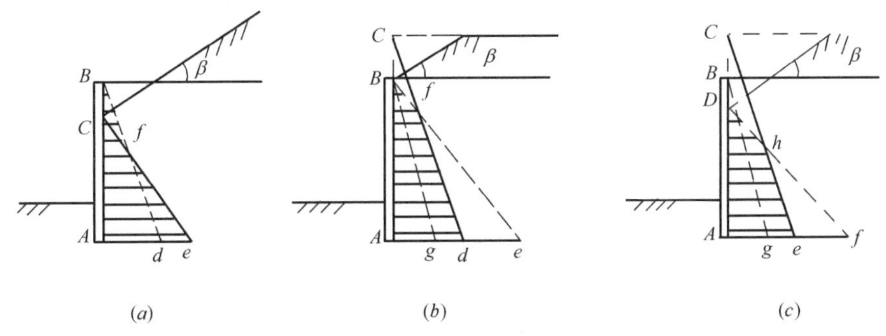

图 8-3-6　地面非水平时，支护结构上主动土压力的近似计算

三、基坑稳定性

（一）基坑稳定性验算内容及要求

1. 对于桩、墙式围护结构的基坑，其稳定性验算应包括以下内容：

（1）支护桩入土深度；

（2）基坑底隆起稳定性；

（3）坑底渗流稳定性；

（4）基坑边坡整体稳定性。

对于放坡或浅部支护的基坑边坡应进行整体稳定性验算，方法可采用圆弧滑动面法。

软土地区基坑稳定性分析时应考虑因基坑暴露时间对土体强度的影响。

2. 基坑各项稳定性验算所用的土的抗剪强度指标应根据土质条件与工程实际确定，并与稳定性分析时所选用的抗力分项系数取值配套。各地如有成熟经验或规定应按当地经验或规定执行。

3. 对于基坑的整体稳定计算，按平面问题考虑，并采用圆弧滑动面计算；有软弱夹层、倾斜基岩面等情况时，宜用非圆弧滑动面计算，且危险滑弧必须满足下式要求

$$\gamma_{R}\leqslant\frac{M_{R}}{M_{S}} \tag{8-3-18}$$

式中　M_{S}、M_{R}——作用于危险滑弧上的总滑动力矩（kN・m）设计值和抗滑力矩（kN・m）标准值；

γ_{R}—— 抗力分项系数。

（二）支护结构入土深度的验算

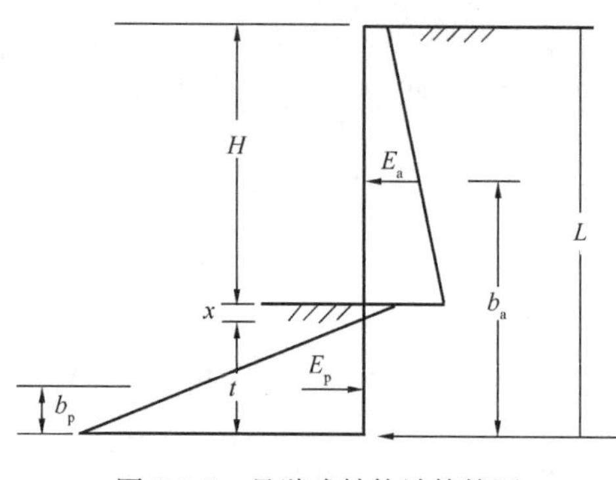

图 8-3-7　悬臂式结构计算简图

1. 悬臂式支护结构计算要点

（1）最小嵌固深度计算

悬臂式围护结构的最小嵌固深度 t 可按顶端自由、嵌固段下端简支的静定结构计算，如图 8-3-7 所示，由式（8-3-19）试算确定：

$$E_p \cdot b_p - E_a \cdot b_a = 0 \tag{8-3-19}$$

式中　E_p、b_p——被动侧土压力的合力及合力对围护结构底端的力臂；

E_a、b_a——主动侧土压力的合力及合力对围护结构底端的力臂。

（2）围护结构的设计长度 L

$$L = H + x + K \cdot t \tag{8-3-20}$$

式中　H——基坑深度；

x——基坑面至墙上土压力为零之点的距离；

K——与土层和环境条件等有关的经验嵌固系数，对安全等级为一、二、三级的基坑、板桩，可分别取 2.10、2.00、1.90；排桩取 1.40、1.30、1.20；

t——土压力零点至墙脚的距离。

（3）最大弯矩点及最大弯矩值计算

围护结构的最大弯矩位置在基坑面以下，可根据剪力 $Q=0$ 条件按常规方法确定。

2. 锚撑式围护结构计算要点

（1）计算规定：锚撑式围护结构的计算应符合以下规定：

1）应逐层计算基坑开挖过程中每层支撑设置前围护结构的内力，达到最终挖土深度后，应验算围护结构抗倾覆稳定性；当基坑回筑过程需要拆除或替换支撑时，尚应计算相应状态下围护结构的稳定性及内力。

2）应根据围护结构嵌固段端点的支承条件合理选定计算方法。一般情况下视为简支，按等值梁法计算；当嵌固段土体特别软弱或入土较浅时，可视为自由端，按静力平衡法计算。

3）假定支撑为不动支点，且下层支撑设置后，上层支撑力保持不变。

（2）等值梁法计算要点

等值梁法的计算要点如图 8-3-8 所示。

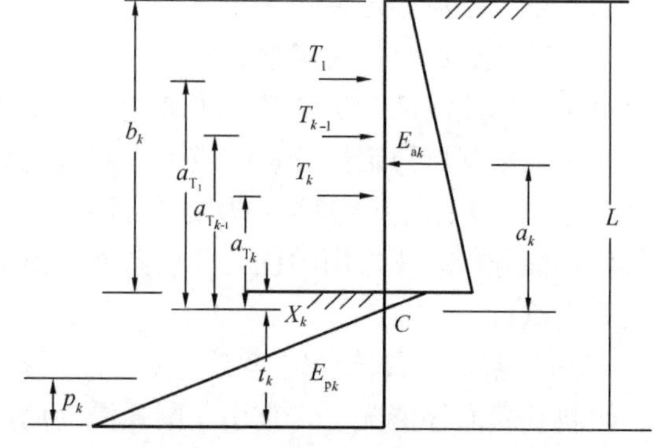

图 8-3-8　锚撑式结构等值梁法计算图

1）基坑面以下围护结构的反弯点取在土压力为零的 c 点，并视为等值梁的一个铰支点。

2）第一层支撑设置后的围护结构计算，基坑深度 h_1 取第二层支撑设置时的开挖深度；按下式计算第一层支撑的支撑力 T_1：

$$T_1 = E_{a1} \cdot a_1 / a_{T1} \tag{8-3-21}$$

式中　E_{a1}——基坑开挖至 h_1 深度时，主动侧土压力的合力；

a_1——E_{a1} 对反弯点的力臂；

a_{T1}——第一层支撑的支撑力对反弯点的力臂。

3）第 k 层支撑设置后的围护结构计算，基坑深度 h_k 取第 $k+1$ 层支撑设置时的开挖深度，第一层至第 $k-1$ 层支撑的支撑力为已知；第 k 层支撑的支撑力 T_k 按下式计算：

$$T_k = (E_{ak}.a_k - \Sigma T_i \cdot a_{Tk})/a_{Ti} \tag{8-3-22}$$

式中　E_{ak}——基坑开挖至 h_k 深度时，主动侧土压力的合力；

a_k——E_{ak} 对反弯点的力臂；

T_i——第一层至第 $k-1$ 层支撑的支撑力；

a_{Ti}——第一层至 $k-1$ 层支撑的支撑力反对弯点的力臂；

a_{Tk}——第 k 层支撑的支撑力反弯点的力臂。

4）第 k 层支撑设置后，基坑开挖至 h_k 深度时支护结构的嵌固深度 t_k 应满足下式：

$$t_k \geqslant E_{pk} \cdot b_k / Q_k \tag{8-3-23}$$

式中　E_{pk}——基坑开挖至 h_k 深度时，被动侧土压力的合力，板桩墙和地下连续墙的被动土压力宜根据地区经验进行修正；

b_k——E_{pk} 对支护结构下端的力臂；

Q_k——反弯点处支护结构单位宽度的剪力，按下式计算：

$$Q_k = E_{ak} - \Sigma T_A \tag{8-3-24}$$

5）围护结构的设计长度按式（8-3-20）计算，其中 t 与 χ 分别为对最下一层支撑计算所得的支护结构入土深度及坑底至反弯点的距离。经验嵌固系数 K 对安全等级为一、二、三级的基坑可分别取 1.40、1.30、1.20。

6）各施工阶段围护结构的内力可根据支撑力和作用在围护结构上的土压力按常规方法求得。

（3）静力平衡法计算要点：静力平衡法的计算要点如图 8-3-9 所示。

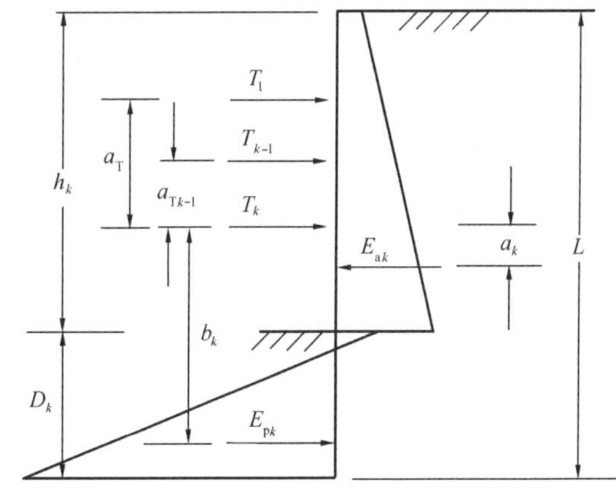

图 8-3-9　锚撑式结构静力平衡法计算简图

1）第一层支撑设置后的围护结构计算，基坑深度 h_1 取第二层支撑设置时的开挖深度；按下式计算第一层支撑的支撑力 T_1：

$$T_1 = E_{a1} - E_{p1} \tag{8-3-25}$$

式中　E_{a1}——基坑开挖至 h_1 深度时，主动侧土压力的合力；

E_{p1}——基坑开挖至 h_1 深度时，被动侧土压力的合力。

2）第 k 层支撑设置后的围护结构计算，基坑深度 h_k 取第 $k+1$ 层支撑设置时的开挖深度，第一层至 $k-1$ 层支撑的支撑力为已知；第 k 层支撑的支撑 T_k 按下式计算：

$$T_k = E_{ak} - E_{pk} - \Sigma T_i \tag{8-3-26}$$

式中　E_{ak}——基坑开挖至 h_k 深度时，主动侧土压力的合力；

E_{pk}——基坑开挖至 h_k 深度时，被动侧土压力的合力，板桩墙和地下连续墙的被动土压力宜根据地区经验进行修正；

T_i——第一层至第 $k-1$ 层支撑的支撑力。

第 k 层支撑设置后围护结构的入土深度 D_k 应满足式（8-3-27）要求：

$$E_{pk}\cdot b_k-E_{ak}\cdot a_k-\sum T_i\cdot a_{Ti}=0 \tag{8-3-27}$$

式中　b_k——基坑开挖至 h_k 深度时，E_{pk} 对第 k 层支撑点的力臂；

a_k——基坑开挖至 h_k 深度时，E_{ak} 对第 k 层支撑点的力臂；

a_{Ti}——第一层至第 $k-1$ 层支撑的支撑力对第 k 层支撑点的力臂。

3）支护结构的设计长度 L 按式（8-3-28）计算：

$$L=H+K\cdot D \tag{8-3-28}$$

式中　H——基坑深度；

D——对最下一层支撑计算所得的围护结构的入土深度；

K——入土深度的增大系数，对安全等级为一、二、三级的基坑分别取 1.4、1.3 和 1.2。

4）各施工阶段围护结构的内力可根据支撑力和作用在围护结构上的土压力按常规方法求得。

（三）基坑底抗隆起稳定性验算

1. 湖北省地方标准《基坑工程技术规程》DB 42/T 159—2012

支护桩（墙）的底部仍有软弱土层或夹层时（图 8-3-10），应按式（8-3-29）进行桩（墙）底抗隆起稳定性验算及通过桩、墙底以下土层的圆弧或非圆弧滑动面整体稳定性验算。

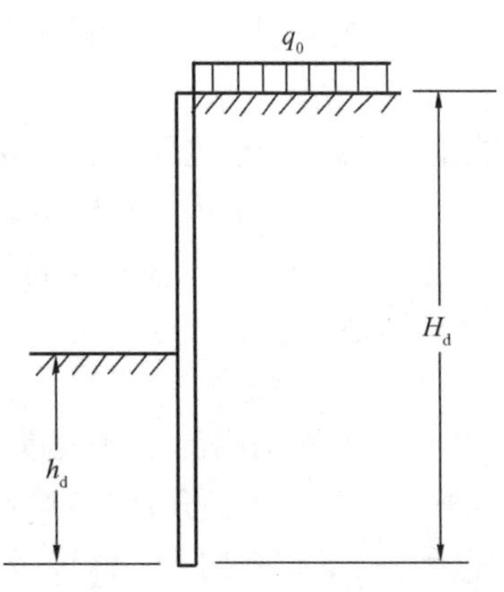

图 8-3-10　桩、墙底隆起稳定性验算

$$\gamma_a H_d+q_0\leqslant[\gamma_p h_d\cdot N_q+c_k(N_q-1)\cot\varphi_k]\frac{1}{k_{lq}} \tag{8-3-29}$$

式中　k_{lq}——坑底抗隆起安全系数，不应小于 1.8；

γ_a、γ_p——分别为主动侧、被动侧土层的加权平均重度；

c_k、φ_k——桩（墙）底部土层的抗剪强度指标标准值；

N_q——承载力系数。

$$N_q=K_p e^{\pi\tan\varphi_k}$$

$$K_p=\tan^2(45°+\varphi_k/2)$$

2. 中华人民共和国行业标准《建筑基坑支护技术规程》JGJ 120—2012

（1）锚拉式支挡结构和支撑式支挡结构的嵌固深度应符合下列规定（图 8-3-11）：

$$\frac{\gamma_{m2}l_d N_q+cN_c}{\gamma_{m1}(h+l_d)+q_0}\geqslant K_b \tag{8-3-30}$$

$$N_q=\tan^2\left(45°+\frac{\varphi}{2}\right)e^{\pi\tan\varphi} \tag{8-3-31}$$

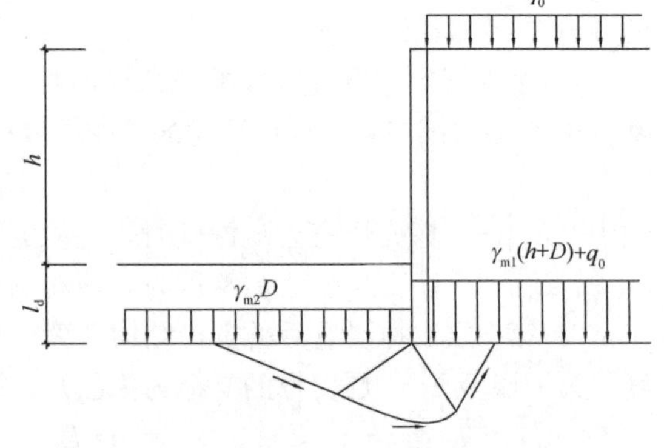

图 8-3-11　挡土构件底端平面下土的抗隆起稳定性验算

$$N_c = (N_q - 1)/\tan\varphi \tag{8-3-32}$$

式中 K_b——抗隆起安全系数；安全等级为一级、二级、三级的支护结构，K_b分别不应小于1.8、1.6、1.4；

γ_{m1}、γ_{m2}——分别为基坑外、基坑内挡土构件底面以上土的天然重度（kN/m^3）；对多层土，取各层土按厚度加权的平均重度；

l_d——挡土构件的嵌固深度（m）；

h——基坑深度（m）；

q_0——地面均布荷载（kPa）；

N_c、N_q——承载力系数；

c、φ——分别为挡土构件底面以下土的黏聚力（kPa）、内摩擦角（°）。

（2）当挡土构件底面以下有软弱下卧层时，坑底隆起稳定性的验算部位尚应包括软弱下卧层。软弱下卧层的隆起稳定性可按公式（8-3-30）验算，但式中的 γ_{m1}、γ_{m2} 应取软弱下卧层顶面以上土的重度（图8-3-12），l_d应以D代替。

注：D为基坑底面至软弱下卧层顶面的土层厚度（m）。

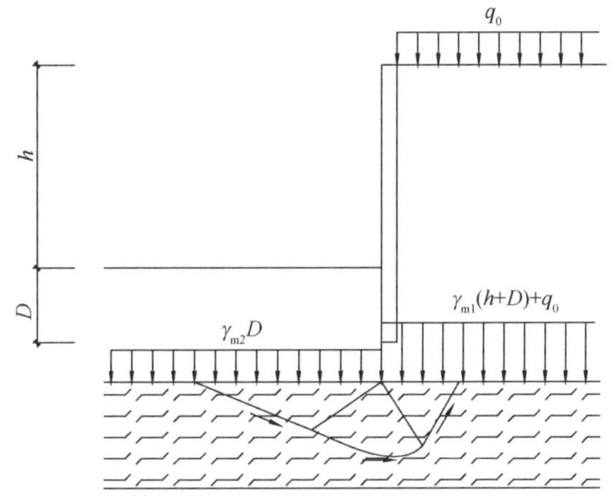

图 8-3-12 软弱下卧层的抗隆起稳定性验算

（3）悬臂式支挡结构可不进行抗隆起稳定性验算。

3. 上海市工程建设规范《基坑工程技术规范》DG/TJ 08—61—2010

板式支护和水泥土重力式围护基坑，按墙底地基承载力模式验算坑底抗隆起稳定性时，应符合下列公式要求，计算图示见图8-3-13。

$$\gamma_s[\gamma_{01}(H+D)+q_k] \leqslant \frac{1}{\gamma_{RL}}(\gamma_{02}DN_q + c_K N_c) \tag{8-3-33}$$

$$N_q = e^{\pi\tan\varphi_k}\tan^2\left(45° + \frac{\varphi_k}{2}\right) \tag{8-3-34}$$

$$N_c = (N_q - 1)/\tan\varphi_k \tag{8-3-35}$$

γ_{01}——坑外地表至基坑围护墙底各土层天然重度的加权平均值（kN/m^3）；

γ_{02}——坑内开挖面至围护墙底各土层天然重度的加权平均值（kN/m^3）；

H——基坑开挖深度（m）；

D——围护墙在基坑开挖面以下的入土深度（m）；

q_k——坑外地面超载标准值（kPa）；

N_c、N_q——地基土的承载力系数，根据围护墙底的地基土特性计算；

c_k、φ_k——分别为围护墙底地基土黏聚力标准值（kPa）和内摩擦角标准值（°）。

γ_{RL}——抗隆起分项系数；对板式支护体系，一级安全等级基坑工程取2.5，二级安全等级基坑工程取2.0，三级安全等级基坑工程取1.7；对水泥土重力式围护基坑，取1.5。

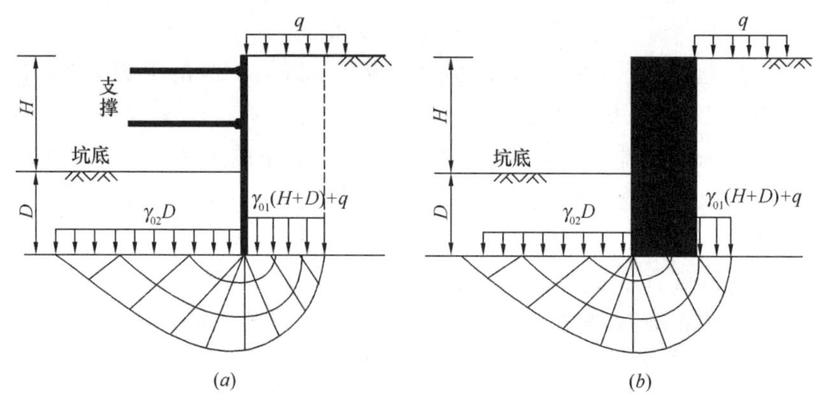

图 8-3-13　坑底抗隆起的地基承载力模式验算图式

(a) 板式支护体系；(b) 水泥土重力式围护墙

（四）基坑底抗渗流稳定性验算

1. 当基坑底之下某深度处有承压含水层时，应按式（8-3-36）验算抗承压水突涌稳定性（图 8-3-14）

$$H_w \cdot \gamma_w \leqslant \frac{1}{K_{ty}} \cdot D \cdot \gamma \tag{8-3-36}$$

式中　K_{ty}——坑底突涌抗力分项系数，对于大面积普遍开挖的基坑，不应小于 1.20；对于承台可分别开挖且平面尺寸较小的基坑，不应小于 1.05；

D——基坑底至承压含水层顶板的距离（m）；

γ——D 范围内土的平均天然重度（kN/m^3）；

H_w——承压水水头高度（m）；

γ_w——水的重度，取 $10kN/m^3$。

当按式（8-3-36）验算不满足要求时，应采取降水等措施。

2. 当基坑侧壁有粉土、粉砂层时应按式（8-3-37）进行抗侧壁接触管涌验算（图 8-3-15）

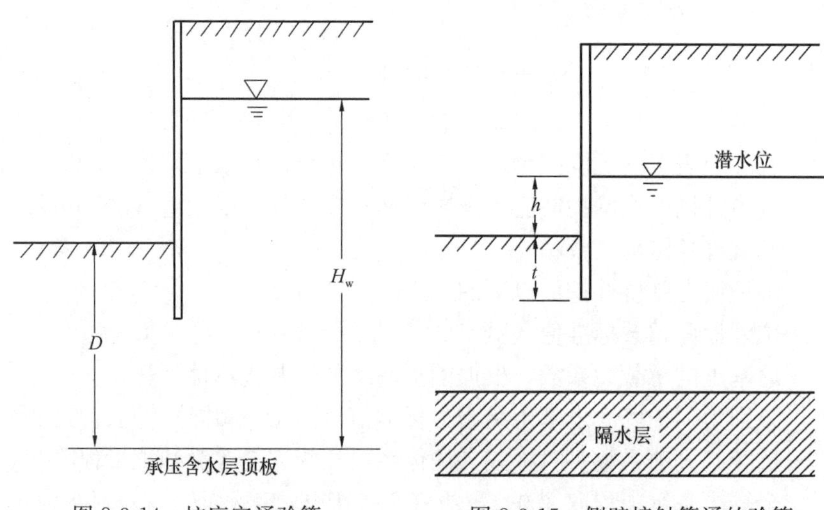

图 8-3-14　坑底突涌验算　　　图 8-3-15　侧壁接触管涌的验算

$$H_w \cdot \gamma_w \leqslant \frac{1}{\gamma_{gy}}(2t+h) \cdot \gamma' \tag{8-3-37}$$

式中　γ_{gy}——侧壁接触管涌抗力分项系数，不应小于1.50；

t——隔水帷幕或连续桩、墙插入基坑底以下的深度（m）；

h——侧壁含水层水面至基坑底的高差（m）；

H_w——侧壁含水层水面至隔水帷幕底端的距离（m）；

γ'——土的平均浮重度（kN/m^3）；

γ_w——水的重度（kN/m^3），取$10kN/m^3$。

3. 悬挂式截水帷幕底端位于碎石土、砂土或粉土含水层时，对均质含水层，地下水渗流的流土稳定性应符合式（8-3-38）规定（图8-3-16），对渗透系数不同的非均质含水层，宜采用数值方法进行渗流稳定性分析。

$$\frac{(2D+0.8D_1)\gamma'}{\Delta h \gamma_w} \geqslant K_f \tag{8-3-38}$$

式中　K_f——流土稳定性安全系数；安全等级为一、二、三级的支护结构，K_f分别不应小于1.6、1.5、1.4；

D——截水帷幕在坑底以下的插入深度（m）；

D_1——潜水面或承压水含水层顶面至基坑底面的土层厚度（m）；

γ——土的浮重度（kN/m^3）；

Δh——基坑内外的水头差（m）；

γ_w——水的重度（kN/m^3）。

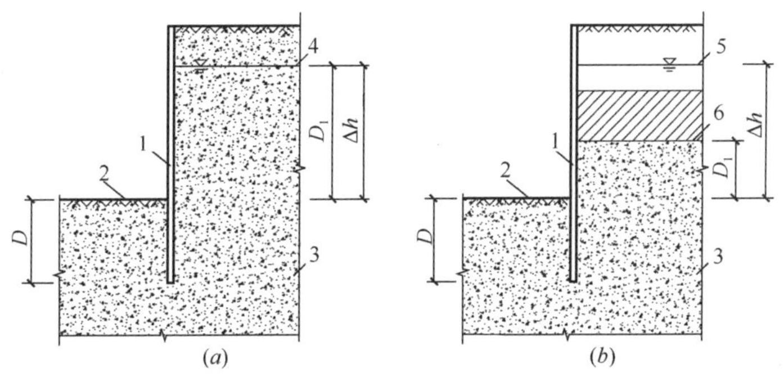

图8-3-16　采用悬挂式帷幕截水时的流土稳定性验算

（a）潜水；（b）承压水

1—截水帷幕；2—基坑底面；3—含水层；4—潜水水位；5—承压水测管水位；6—承压含水层顶面

（五）基坑整体稳定性计算

整体稳定性验算方法采用条分法，按式（8-3-39）和式（8-3-40）验算。

当无地下水时：

$$\gamma_{RS} = \frac{\Sigma(q+\gamma h)b\cos\alpha_i\tan\varphi + \Sigma cL + M_p/R}{\Sigma(q+\gamma h)b\sin\alpha_i} \tag{8-3-39}$$

式中　γ_{RS}——基坑整体稳定性抗力分项系数，$\gamma_{RS} \geqslant 1.25 \sim 1.35$；

M_p——每延米中的桩产生的抗滑力矩；

γ——土的天然重度（kN/m³）；

h——土条高度（m）；

α_i——土条底面中心至圆心连线与垂线的夹角（°）；

φ、c——土的固结快剪峰值抗剪强度指标，（°、kPa）；

L——每一土条弧面的长度；

q——地面超载（kPa）；

b——土条宽度（m）。

当坑内外有地下水位差时（图 8-3-17）：

$$\gamma_{\rm RS}=\frac{\Sigma(q+\gamma_1h_1+\gamma'_2h_2+\gamma'_3h_3)b\cos\alpha_i\tan\varphi+cL+M_{\rm p}/R}{\Sigma(q+\gamma_1h_1+\gamma_2h_2+\gamma_3h_3)b\sin\alpha_i} \tag{8-3-40}$$

式中　h_1—— 每一土条浸润线（地下水位渗流线）以上的高度（m）；

γ_1——与 h_1 相对应的天然重度（kN/m³）；

h_2—— 浸润线以下坑内水位以上土条高度（m）；

γ'_2、γ_2—— 与 h_2 相应的土的浮重度和饱和重度（kN/m³）；

h'_3——坑内水位以下土条高度（m）；

γ'_3—— 与 h_3 相对应的土的浮重度（kN/m³）；

R——滑动圆弧的半径（m）。

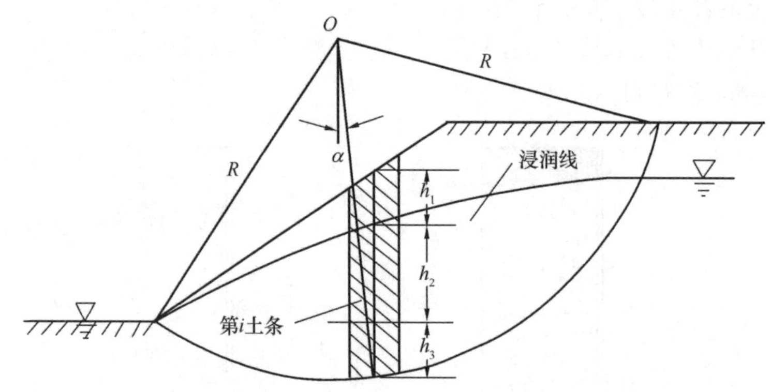

图 8-3-17　整体稳定性验算

对于黏性土，计算中不计渗流力作用时，应满足基坑整体稳定抗力分项系数 $\gamma_{\rm RS}\geqslant1.40$。

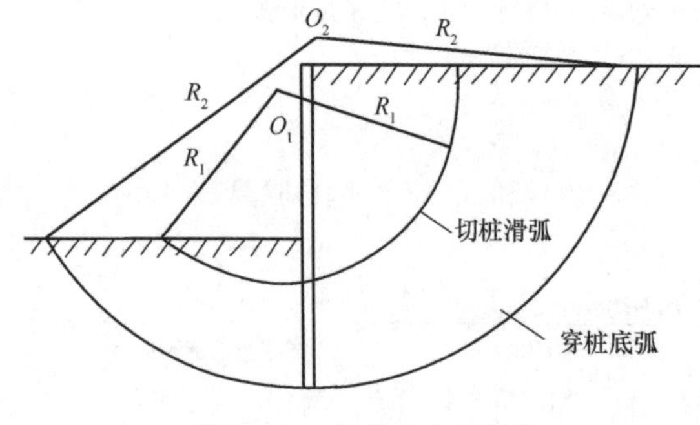

图 8-3-18　桩抗力力矩计算

当基坑底面以下存在透水层时，稳定计算中应考虑透水层的不利作用。

对于支护桩边坡，需计算圆弧切桩与圆弧通过桩尖时的基坑整体稳定性，圆弧切桩时需考虑切桩阻力产生的抗滑作用，即每延米中桩产生的抗滑力矩 $M_{\rm p}$。

桩抗力力矩 $M_{\rm p}$ 由式（8-3-41）和图（8-3-18）计算确定。

$$M_{\mathrm{p}}=R\cos\alpha_i\sqrt{\frac{2M_{\mathrm{c}}\gamma h(K_{\mathrm{p}}+K_{\mathrm{a}})}{d+\Delta d}} \tag{8-3-41}$$

式中　M_{p}——每延米中的桩产生的抗滑力矩（kN·m/m）；

α_i——桩、圆弧切点和圆心连线与垂线的夹角；

M_{c}——每根桩身的抗弯弯矩（kN·m/单桩）；

h_i——切桩滑弧面至坡面的高度（m）；

γ——h_i范围内土的重度（$\mathrm{kN/m^3}$）；

K_{p}、K_{a}——土的被动土压力、主动土压力系数；

d——桩径（m）；

Δd——两桩间的净距（m）；对于地连墙支护 $d+\Delta d=1\mathrm{m}$。

对于单支点桩墙式支护结构，还应计算圆心在支撑点处的最小基坑整体稳定性抗力分项系数，其值 $\gamma_{\mathrm{RS}}\geqslant1.4$。当滑动弧面切于锚杆时，应计入弧外锚杆抗拉力对圆心产生的抗滑力矩。

第四节　支护结构设计

一、放坡开挖、坡面保护与坡体加固

（一）放坡开挖

当场地地层条件、水文地质条件及周边环境条件许可时，基坑施工可采用放坡开挖的方法，湖北省地方标准《基坑工程技术规程》DB42/T 159—2012 规定符合表 8-3-17 和表 8-3-18 所列条件的边坡可视为“自稳边坡”。当有条件或必要时亦可采用圆弧滑动面法分析验算，进行调整。

土质边坡坡率允许值　　**表 8-3-17**

岩土类别	状态或风化程度	坡高	容许坡度值	说　明
杂填土	中密至密实，成分以建筑垃圾为主	5m 以内	1∶0.75～1∶1.00	1. 有经验的地区应根据经验确定稳定坡度值 2. 在土质不均、有软弱夹层或边坡岩体构造节理发育的情况下，对边坡稳定性应另做专门研究
黏性土	坚硬 硬塑 可塑	5m 以内	1∶0.75～1∶1.00 1∶1.00～1∶1.25 1∶1.25～1∶1.50	
粉土	稍湿（地下水位以上）	5m 以内	1∶1.00～1∶1.25	
碎石土	密实 中密 稍密	5m 以内	1∶0.35～1∶0.50 1∶0.50～1∶0.75 1∶0.75～1∶1.00	
软质岩石	微风化 中等风化 强风化	8m 以内	1∶0.35～1∶0.50 1∶0.50～1∶0.75 1∶0.75～1∶1.00	
硬质岩石	微风化 中等风化 强风化	8m 以内	1∶0.10～1∶0.20 1∶0.20～1∶0.50 1∶0.50～1∶0.75	

注：1. 采取坡面保护措施或破坏后果不严重时可取较大坡率值。

岩质边坡坡率允许值　　**表 8-3-18**

边坡岩体类型	风化程度	坡率允许值（高宽比）		
		H<8m	8m≤H<15m	15m≤H<25m
Ⅰ	微风化	1∶0.00～1∶0.10	1∶0.10～1∶0.15	1∶0.15～1∶0.25
	中等风化	1∶0.10～1∶0.15	1∶0.15～1∶0.25	1∶0.25～1∶0.35
Ⅱ	微风化	1∶0.10～1∶0.15	1∶0.15～1∶0.25	1∶0.25～1∶0.35
	中等风化	1∶0.15～1∶0.25	1∶0.25～1∶0.35	1∶0.35～1∶0.50
Ⅲ	微风化	1∶0.25～1∶0.35	1∶0.35～1∶0.50	—
	中等风化	1∶0.35～1∶0.50	1∶0.50～1∶0.75	—
Ⅳ	中等风化	1∶050～1∶0.75	1∶0.75～1∶1.00	—
	强风化	1∶0.75～1∶1.0	—	—

注：1. 表中 H 为边坡高度；

2. Ⅳ类强风化包括各类风化程度的极软岩；

3. 采取坡面保护措施或破坏后果不严重时可取较大坡率值；

4. 本表不适合于由外倾软弱结构面控制的边坡和倾倒崩塌型破坏的边坡。

当基坑深度超过 5m 采用放坡开挖时，应分级放坡开挖，分级处设过渡平台，平台宽度一般为 1～1.5m。岩质边坡的分级平台宽度一般不小于 0.5m。

深圳市标准《深圳市基坑支护技术规范》SJG 05—2011 给出岩质边坡按表 8-3-19 确定坡率值，土质边坡按 8-3-20 确定坡率值。

岩质边坡允许坡率值　　**表 8-3-19**

岩　石　类　型	风　化　程　度	坡率允许值（高∶宽）	
		坡高 8m 以内	坡高 8～15m
硬质岩石	微风化 中等风化 强风化	1∶0.10～1∶0.20 1∶0.20～1∶0.35 1∶0.35～1∶0.50	1∶0.20～1∶0.35 1∶0.35～1∶0.50 1∶0.50～1∶0.75
软质岩石	微风化 中等风化 强风化	1∶0.35～1∶0.50 1∶0.50～1∶0.75 1∶0.75～1∶1.00	1∶0.50～1∶0.75 1∶0.75～1∶1.00 1∶1.00～1∶1.25

注：1. 硬质岩石：饱和单轴抗压强度大于 30MPa，深圳地区主要指花岗岩、片麻岩；

2. 软质岩石：饱和单轴抗压强度小于 30MPa，深圳地区主要指泥岩、页岩；

3. 岩石坚硬程度分类参照现行国家标准《工程岩体分级标准》GB 50218；

4. 本表适用于无外倾软弱结构面的边坡。

土质边坡允许坡率值　　表 8-3-20

土质类型	状态	坡率允许值（高：宽）	
		坡高 5m 以内	坡高 5～10m
碎石土	密实	1：0.35～1：0.50	1：0.50～1：0.75
	中实	1：0.50～1：0.75	1：0.75～1：1.00
	稍实	1：0.75～1：1.00	1：1.00～1：1.25
黏性土	坚硬	1：0.75～1：1.00	1：1.00～1：1.25
	硬塑	1：1.00～1：1.25	1：1.25～1：1.50
残积黏性土	硬塑	1：0.75～1：0.85	1：0.85～1：1.00
	可塑	1：0.85～1：1.00	1：1.00～1：1.15
全风化黏性土	坚硬	1：0.50～1：0.75	1：0.75～1：0.85
	硬塑	1：0.75～1：0.85	1：0.85～1：1.00

注：1. 表中碎石土的充填物若为黏性土，应为坚硬或硬塑黏性土；

2. 对砂土或充填物为砂土的碎石土，边坡坡率允许值宜按自然休止角确定；

3. 表中残积黏性土主要指花岗岩残积黏性土，全风化黏性土主要指花岗岩全风化黏性土。

行业标准《湿陷性黄土地区建筑基坑工程安全技术规程》JGJ 167—2009 给出土质基坑侧壁放坡坡度允许值按 8-3-21 确定。

土质基坑侧壁放坡坡度允许值（高宽比）　　表 8-3-21

岩土条件	岩土性状	坑深 5m 以内	坑深 5～10m
杂填土	中密—密实	1：0.75～1：1.00	
黄土	黄土状土（Q_4）	1：0.50～1：0.75	1：0.75～1：1.00
	马兰黄土（Q_3）	1：0.30～1：0.50	1：0.50～1：0.75
	离石黄土（Q_2）	1：0.20～1：0.30	1：0.30～1：0.50
	午城黄土（Q_1）	1：0.10～1：0.20	1：0.20～1：0.30
粉土	稍湿	1：1.00～1：1.25	1：1.25～1：1.50
黏性土	坚硬	1：0.75～1：1.00	1：1.00～1：1.25
	硬塑	1：1.00～1：1.25	1：1.25～1：1.50
	可塑	1：1.25～1：1.50	1：1.50～1：1.75
砂土	—	自然休止角（内摩擦角）	
碎石土（充填物为坚硬、硬塑状态的黏性土、粉土）	密实	1：0.35～1：0.50	1：0.50～1：0.75
	中密	1：0.50～1：0.75	1：0.75～1：1.00
	稍密	1：0.75～1：1.00	1：1.00～1：1.25
碎石土（充填物为砂土）	密实	1：0.75	
	中密	1：1.00	
	稍密	1：1.25	

（二）坡面保护与坡体加固

对放坡坡面及坡顶一定宽度范围宜采用土工薄膜覆盖、砂（土）包反压、抹面、挂网（钢丝或铁丝网）喷浆等措施保护。对老黏性土边坡和软质岩石边坡坡面的保护必须及时进行，尽可能减少暴露时间，防止土、岩体风化、软化。

对于经稳定性分析，不能自稳或稳定性稍差的边坡，应求出潜在滑动面及不平衡力，然后采取适当的补强加固措施，如土钉、螺旋锚等。

二、土钉支护

当场地土质条件许可，地下水位较低或具备降水条件，基坑周围不具备放坡条件，但邻近无重要建筑或地下管线，基坑外地下空间允许土钉占用时，可采用土钉支护结构围护基坑边坡。

场地土质较好且均匀，基坑开挖深度在5～15m范围内时，可采用土钉加固土体构成土钉支护。

土钉支护结构系被动受力支护结构，当基坑变形要求较严时，可增设预应力锚杆；局部有软弱夹层时，可采用超前锚管或局部补强办法；在一级阶地基坑壁有层间水分布时，可采用水泥土搅拌桩做隔水帷幕。

（一）土钉支护

1. 适用条件：土钉支护是以较密排列的插筋作为土体主要补强手段，通过插筋锚体与土体和喷射混凝土面层共同工作，形成补强复合土体，达到稳定边坡的目的。适用于加固基坑底以上土体。该支护适用于地下水位以上或人工降水后的黏性土、粉土、杂填土及非松散砂土、卵石土等，不宜用于淤泥质土、饱和软土及未经降水处理地下水位以下的土层。

2. 土钉置入方式：土钉材料的置入可分为钻孔置入、打入或射入置入方式。常用钻孔注浆型土钉。

3. 土钉支护的设计

（1）设计前应查明场地周围已有建筑物、埋设物、道路交通、工程范围内的土层分布、土性指标及地下水变化等情况，判断土钉支护护坡的适用性。

（2）土钉支护工程设计包括下列内容：

1）确定加固边坡的平面、剖面尺寸及分段施工高度；

2）设计土钉锚体的直径、间距、长度、倾角，土钉布置及插筋直径；

3）设计面层及注浆参数；

4）稳定性验算和土钉抗拔力验算；

5）构造设计；

6）提出质量控制标准及施工与监测要求。

（3）初步选定土钉支护各组成部分尺寸及参数：

1）锚固体孔径：D=8～15cm；

2）土钉长度：一般非饱和土，土钉长度L与开挖深度H之比为0.6～1.5范围内，密实及干硬黏性土取小值；

3）土钉钢筋直径：一般为20～35mm，不小于ϕ16HRB335钢筋；

4）注浆材料：水泥砂浆或水泥素浆，水泥采用普通硅酸盐水泥，强度等级不小于

32.5，水灰比 1∶0.4～1∶0.55；

5）墙面倾角：垂直方向倾角 0°～25°，土钉水平方向倾角一般为 5°～20°，利用重力向孔中注浆时倾角不宜小于 15°；

6）间距：水平间距为（10～15）D，一般为 1.0～2.0m，垂直间距根据土层性质计算确定，一般为 1.0～2.0m。上下层土钉交错排列。遇局部软弱土层间距可小于 0.8m。

（4）土钉的抗拔力和锚固长度计算

1）土钉设计内力或最大拉力 N

$$N=\frac{1}{\cos\theta}PS_{v}S_{h} \tag{8-3-42}$$

式中　θ——土钉倾角；

S_v、S_h——土钉垂直和水平间距；

P——S_v 和 S_h 范围的土压力。

2）土钉锚固长度 l_a

$$l_a\geqslant\frac{\gamma\cdot N}{\pi\cdot D\cdot q_s} \tag{8-3-43}$$

式中　D——土钉锚固体直径；

γ——抗力分项系数，取 1.2～1.4，基坑深度大取大值，深度小取小值；

q_s——土体与锚固体间粘结强度值，见表 8-3-22。

土钉的极限粘结强度标准值　　**表 8-3-22**

土的名称	土的状态	q_{sik}（kPa）	
		成孔注浆土钉	打入钢管土钉
素填土		15～30	20～35
淤泥质土		10～20	15～25
黏性土	$0.75<I_L\leqslant1$	20～30	20～40
	$0.25<I_L\leqslant0.75$	30～45	40～55
	$0<I_L\leqslant0.25$	45～60	55～70
	$I_L\leqslant0$	60～70	70～80
粉土		40～80	50～90
砂土	松散	35～50	50～65
	稍密	50～65	65～80
	中密	65～80	80～100
	密实	80～100	100～120

（5）土钉支护内部稳定分析计算

1）土钉强度 R 计算

$$R=1.1\pi d^{2}f_{yk}/4 \tag{8-3-44}$$

式中　d——土钉钢筋直径（m）；

f_{yk}——钢筋抗拉强度标准值（kN/m²）。

2）土钉锚固力计算

$$R=\pi D l_a q_s \tag{8-3-45}$$

3）土钉从破坏面内侧失稳土体中拔出的能力

$$R=\pi D l_0 q_s+R_0 \tag{8-3-46}$$

式中　l_0——混凝土面层至破坏面之间土钉长度；

R_0——土钉端部与混凝土面层连接处的极限抗拔力。

土钉的极限抗拉力取上述三者中的最小一个 R。

土钉支护内部稳定性安全系数为

$$F_s=\frac{\Sigma[(W_i+q_i)\cos\alpha_i\tan\varphi_j+(R_k/S_{hk})\sin\beta_k\tan\varphi_j+c_j(\Delta_i/\cos\alpha_i)+(R_k/S_{hk})\cos\beta_k]}{\Sigma[(W_i+q_i)\sin\alpha_i]} \tag{8-3-47}$$

式中　W_i，q_i——作用于土条 i 的土体自重和地面荷载（kN/m）；

α_i——第 i 条土圆弧滑裂面切线与水平面之间夹角（°）；

Δ_i——第 i 条土的宽度（m）；

φ_j——第 i 条土圆弧破坏面所处第 j 层土的内摩擦角（°）；

c_j——第 i 条土圆弧破坏面所处第 j 层土的内黏聚力（kPa）；

R_k——破坏面上第 k 排土钉的最大拉力，按式（8-3-44）～式（8-3-46）取用；

β_k——第 k 排土钉轴与该处破坏面切线之间的夹角；

S_{hk}——第 k 排土钉的水平间距；

F_s——内部稳定安全系数按表 8-3-23 取用。

支护内部整体稳定性安全系数　　**表 8-3-23**

基坑深度（m）	≤6	6～12	≥12
最小安全系数	1.2	1.3	1.4

注：1. 当支护变形较大会造成严重环境安全问题时，表中的安全系数值应增加 0.1～0.3；
2. 表中的安全系数不适用于软塑—流塑黏性土。

（6）进行外部稳定分析验算，可将土钉支护视为复合土体的重力式挡土结构，按作用其后部的土体压力和上部荷载，进行下列三个方面验算：

1）抗滑移验算如图 8-3-19 所示：

$$\gamma_1=\frac{(qB+W+E_a\sin\delta)f}{E_a\cos\delta} \tag{8-3-48}$$

式中　γ_1——抗滑移抗力分项系数，取 $\gamma_1\geqslant 1.3$；

q——地面均布荷载；

W——土钉支护沿基坑单位长度自重；

f——土钉支护与基坑底间的摩擦系数，可取基底土体的抗剪强度 τ；

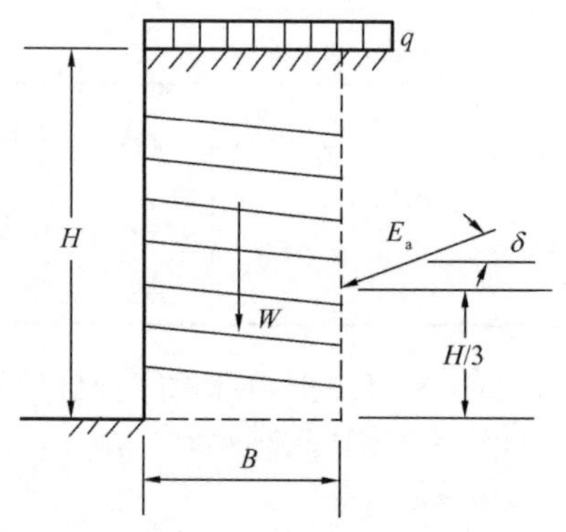

图 8-3-19　抗滑移和抗倾覆验算

δ——土钉支护与土体间的摩擦角，无试验资料时，可取 $\delta=\varphi/3\sim\varphi/2$。

2）抗倾覆验算如图 8-3-19 所示：

$$\gamma_{\mathrm{t}}=\frac{3B(qB+W+2E_{\mathrm{a}}\sin\delta)}{2HE_{\mathrm{a}}\cos\delta} \tag{8-3-49}$$

式中　γ_{t}——抗倾覆抗力系数，取 $\gamma_{\mathrm{t}}\geqslant1.3$。

3）基坑底抗隆起验算及整体稳定验算。

（7）钢筋网喷射混凝土面层可按下列构造要求设计：

1）钢筋网可用 ϕ6～ϕ10HPB300 钢筋，网眼宜为 150～250mm，必要时可在土钉头之间设 2ϕ16HRB335 加强钢筋；

2）喷射面层的混凝土等级不宜低于 C20，喷射面层厚度宜取 80～120mm（土质差时取大值，反之取小值）。

（8）如遇有软弱土层，可增设加强锚杆，土钉与锚杆合用。

（9）土钉头与钢筋网连接。当土钉头之间有加强钢筋通过时，应与土钉头焊接；当土钉头之间无加强钢筋通过时，可用不小于 4ϕ16、长度为 200～300mm 的钢筋在土钉头处呈井字架与土钉头焊接，井字架钢筋应位于钢筋网之外，以代替混凝土锚板，加强筋与土钉之间应设锚筋固定，锚筋与土钉纵向焊接，为了加强连接，也可设置型钢围檩，如图 8-3-20 所示。

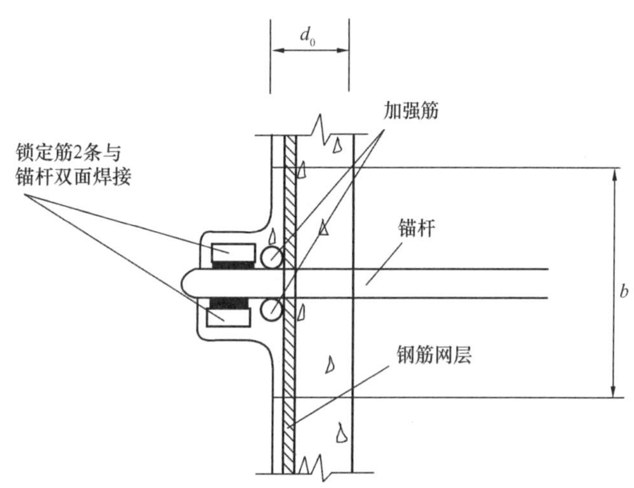

图 8-3-20　土钉与钢筋网和加强筋的连接

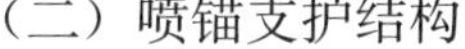

（二）喷锚支护结构

喷射混凝土护面支护的设计：

1. 风化岩石的混凝土面层厚度不低于 60mm，一般土层取 100～200mm，软土层取大值，硬土层取小值，混凝土等级不应低于 C20。

2. 混凝土面层的钢筋网除按计算配筋外，一般不宜小于 ϕ6@200mm×200mm 的网眼。

3. 钢筋网喷射混凝土面层应向上翻过边坡顶部 1～1.5m，以形成护坡顶，向下伸至基坑底以下不小于 0.2m，以形成护脚，在坡顶和坡脚应做好防水。

4. 位于土钉支护面顶部的预应力锚杆的锚固段，宜加长 0.1～0.2H（H 为基坑开挖深度），软土取大值。

5. 钢筋网、喷射混凝土面层按下列方法设计：

（1）钢筋网、喷射混凝土板上的荷载按式（8-3-50）计算：

$$q=P_0/(Lh) \tag{8-3-50}$$

式中　q——板上均布荷载（kPa）；

P_0——锚杆锚头对喷射混凝土板实际施加的轴向力（kN）；

L——混凝土板的计算宽度（m）；

h——混凝土板的计算高度（m）。

（2）锚座处的加强筋设计：

1）加强筋宽度取 $b=3d$。

2）加强筋上荷载取值

有纵横向暗梁时：
$$q_{A0}=\lambda P_0/(L+h) \tag{8-3-51}$$

仅有横向暗梁时：
$$q_{A0}=\lambda P_0/L \tag{8-3-52}$$

式中　q_{A0}——作用于暗梁上的均布压力（kPa）；

λ——折减系数，如无实测资料可取 $\lambda=0.5\sim0.7$；

P_0——锚头对喷射混凝土板施加的轴向力（kN）；

P——锚杆抗拔设计荷载最大轴力（kN）；

L——混凝土板的计算宽度（m）；

h——混凝土板的计算高度（m）。

当加强钢筋在锚杆头纵横布设时，按双向板计算，当仅有水平加强筋时，按单向板计算。由于钢筋网一般只设一层，所以，板的嵌固条件可近似按双向四边简支和单向两端简支计算。

（3）对于软弱土层，可根据场地条件设置竖向锚管，以增加喷锚面层的整体性和承受喷锚混凝土面层的重量。

6. 喷锚支护结构应验算不同施工阶段和使用阶段的整体稳定性、内部稳定性和抗隆起稳定性。

（三）喷锚支护结构施工技术要求

1. 喷锚支护的施工包括以下内容：基坑开挖、修坡、挂网（对于不稳定土层应先喷层砂浆后挂网，对基本稳定土层可先挂网后喷第一层混凝土，对稳定土层可先成孔后挂网）、成孔、安放锚杆、注浆、焊锚、喷射混凝土（对基本稳定土层为二次喷射）、养护、预应力张拉等。

2. 基坑应按设计要求分层分段进行开挖施工。作业面分层，一次开挖高度宜为 0.5～2m，并应满足式（8-3-53）的要求。分段长度应视土质情况确定，宜为 5～15m。

$$h_0\leqslant\frac{2c}{\gamma}\tan(45^\circ+\varphi/2) \tag{8-3-53}$$

式中　h_0——分层一次开挖高度。

3. 用机械挖掘作业面时，应辅以人工配合修整坡面，尽量减少边坡超挖和扰动边坡土体，尽可能使边坡平整并符合设计要求的坡角。

4. 开挖下一层边坡土方的时间，应为当前层锚杆孔内锚固体强度达到设计强度的 70%以上，且不宜少于 3d。

5. 锚杆钻孔应垂直基坑周边按设计倾角和孔深进行。当钻孔遇到障碍时，允许改变钻孔方向；当上层为软土时，允许加大倾角，将锚杆插入有利的土层；当钻孔深度不能满足时也可终孔，但必须在该孔的左、右或下方按锚杆抗拔等同的原则进行补强。

6. 钻孔结束后，应将孔内松土、泥浆等清除干净，方可送入锚杆。当锚杆抗拔力不能满足设计要求时，可采用高压空气吹孔，或加大锚固体孔径，或加长锚固段长度。

7. 钻孔过程中，要及时掌握孔中出土的特征，如与设计不符，要及时调整锚杆长度。

8. 锚杆注浆按有关规范进行。

9. 钢筋网喷射混凝土面层施工应按下列要求进行：

1）钢筋网的接头宜采用搭接加点焊，搭接长度为一个网格边长；

2）喷射混凝土的粗骨料最大粒径不宜大于 15mm，水灰比不宜大于 0.45，通过外加减水剂和速凝剂来调节所需工作进度和早强时间；

3）喷射混凝土的喷头距作业面的射距宜在 0.8～1.5m 之间，并应尽量垂直作业面进行喷射，喷射顺序应从底部逐步向上喷射；

4）喷射混凝土施工的其他要求可参照《锚杆喷射混凝土支护技术规范》GB 50086—2001 和《喷射混凝土施工技术规程》YBJ 226—91 进行。

10. 喷锚结构施工中应有可靠的排水措施，并满足下列要求：

1）喷锚结构施工，应在排除基坑内积水的情况下进行，以避免土体处于饱和状态，造成塌方；

2）有地下水情况下，可在支护层后设置排水管（管壁留泄水孔），管周围用滤水材料包裹，管长：对黏性土（弱透水层）为 40～60cm，对砂土层宜为 200～300cm；

3）当地下水较丰富，不能进行开挖和喷射混凝土作业时，应先做好止水帷幕再进行喷锚结构施工；

4）为了排除基坑内的积水，应在基坑底部设置排水沟和集水井。排水沟应尽量远离边壁，一般不宜小于 500mm，排水沟和集水井宜用砖砌并用水泥砂浆抹面；

5）边坡顶部排水应做截水沟，以防地表水流入基坑内，在边坡护顶以外一定范围内（只要条件允许在 3～5m 内）应做防水砂浆抹面，防止地表水侵入边坡土体内。

11. 锚杆现场测试。

12. 喷锚结构工程所使用的原材料（钢筋、水泥、砂石料）应符合有关要求，进场应按有关标准进行检验。

13. 喷射混凝土的抗压强度试验应符合下列要求：

1）每 500m^2 喷射混凝土面积取试块一组，每组试块不应少于 3 个，对于小于 500m^2 的独立工程，取样不应少于一组；

2）喷射混凝土试块制作宜采用现场喷射混凝土大板方法制作。当不具备条件时，亦可直接向边长 150mm 或 100mm 的无底试模内喷射混凝土制取试块，其抗压强度换算系数可通过试验确定；

3）喷层厚度检查合格的条件是：全部检查厚度的平均值应大于设计值，最小厚度不应小于设计厚度的 80%，且不小于 50mm。

三、水泥土重力式挡土结构

（一）一般规定

1. 水泥土重力式挡土结构适用于淤泥、淤泥质土、黏土、粉质黏土、粉土，具有薄夹砂层的土，素填土等地基承载力特征值不大于 140kPa 的土层。作为基坑截水及较浅基坑（不大于 6m）的支挡。

2. 水泥土挡墙断面应采用连续型或格构式，当采用格构式布置时，水泥土的置换率，

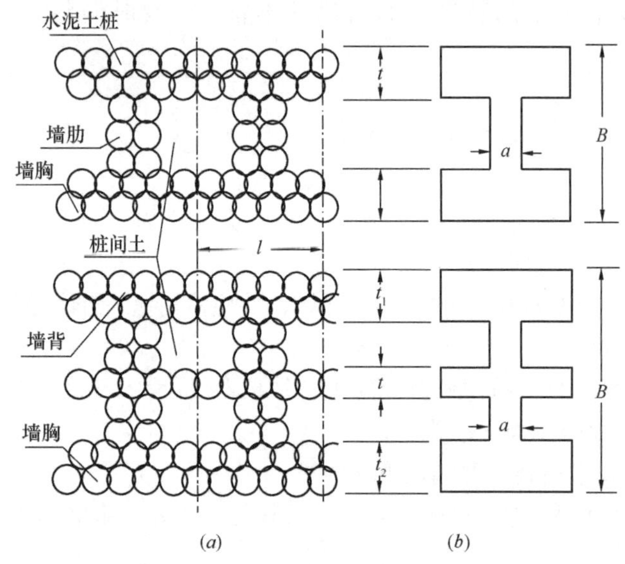

图 8-3-21　格构式水泥土挡墙

(a) 桩墙实际平面图；(b) 经概化的单元墙

对淤泥和淤泥质土不应小于 0.8，对一般黏性土及砂土等其他类土不宜小于 0.7，纵向墙肋之净距不宜大于 1.3m，横向墙肋净距不宜大于 1.8m（图 8-3-21）。

3. 水泥土中的水泥掺量不宜小于 15%，水泥强度等级不低于 PSA32.5，当采用高压旋喷桩时，水泥掺入比不宜小于 30%。水泥土 28d 龄期时的无侧限抗压强度不宜小于 1MPa。

4. 水泥土挡墙顶部宜设置厚度为 0.2m、宽度与墙身一致的钢筋混凝土顶部压板，并与挡墙用插筋连接，插筋深度不少于 1m，直径不小于 ϕ12mm。

（二）设计

1. 墙宽 B_Q 应根据土质情况取墙高的 H_Q 的 0.6～0.9 倍（土质好取低值，反之取高值）。跨于主、被动区之间的变截面水泥土挡墙尚应满足以下要求：

（1）主动区墙宽 B_{Q1} 应为坑底以上墙高 H_{Q1} 的 0.6～0.9 倍（土质好取低值，反之取高值），否则应插筋加强（图 8-3-22）；

（2）被动区墙宽 B_{Q2} 不应大于被动区墙高 H_{Q2} 的二分之一。

2. 稳定性分析

水泥土挡墙整体稳定包括抗倾覆、抗水平滑动、抗圆弧滑动、抗基底隆起和抗渗稳定。

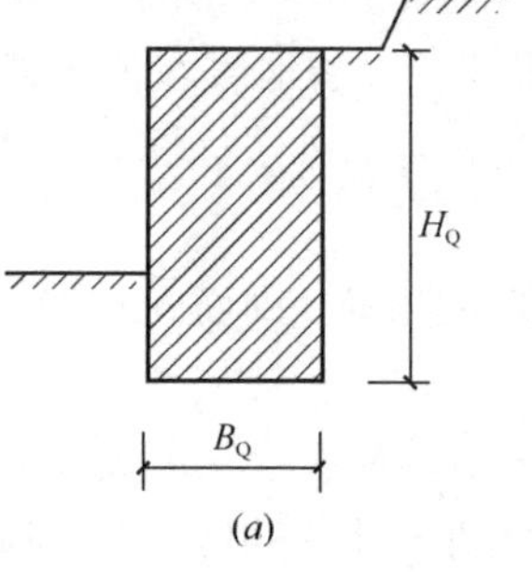

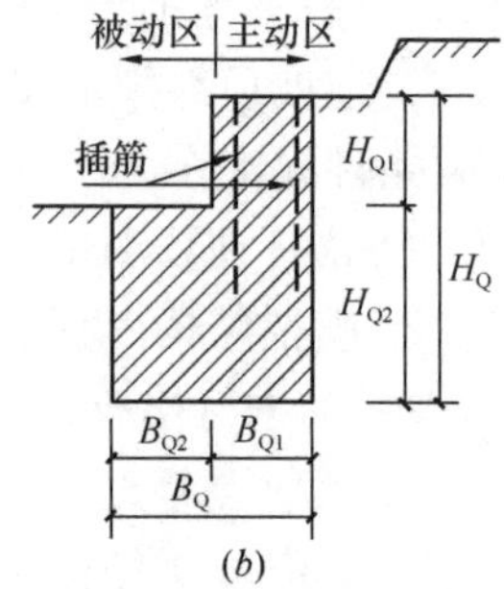

图 8-3-22　水泥土挡墙竖向截面

(a) 等截面水泥土挡墙；(b) 变截面水泥土挡墙

（1）抗倾覆稳定抗力分项系数按式（8-3-54）确定。

$$\gamma_t = \frac{\sum M_{Ep} + G\dfrac{B}{2} - Ul_w}{\sum M_{Ea} + \sum M_w} \tag{8-3-54}$$

式中　$\sum M_{Ep}$、$\sum M_{Ea}$—— 被动土压力与主动土压力绕墙前趾 O 点的力矩和（kN·m）；

$\sum M_w$——墙前与墙后水压力对 O 点的力矩之和（kN·m）；

G—— 墙身所受的重力（kN）；

B—— 墙身宽度（m）；

U—— 作用于墙底面上的水浮力（kN）；

$$U = \frac{\gamma_w(h_{wa} + h_{wp})B}{2}$$

h_{wa}——主动侧地下水位至墙底的距离（m）；

h_{wp}——被动侧地下水位至墙底的距离（m）；

l_w——U 的合力作用点距 O 点的距离（m）；

γ_t——倾覆稳定抗力分项系数，其值见表 8-3-24。

（2）水平滑动稳定抗力分项系数按式（8-3-55）计算确定。

$$\gamma_1 = \frac{\sum E_p + (G-U)\tan\varphi_{cu} + c_{cu}B}{\sum E_a + \sum E_w} \tag{8-3-55}$$

式中 $\sum E_p$、$\sum E_a$——分别为被动土压力和主动土压力的合力（kN）；

$\sum E_w$——作用于墙前墙后水压力的合力（kN）；

φ_{cu}——墙底处土的固结快剪摩擦角（°）；

c_{cu}——墙底处土的固结快剪黏聚力（kPa）；

γ_1——水平滑动稳定抗力分项系数。

（3）圆弧滑动简单条分法稳定抗力分项系数按式（8-3-56）计算确定。

$$\gamma_s = \frac{\sum c_i l_i + \sum(q + \gamma_1 h_1 + \gamma_2 h_2 + \gamma'_3 h_3) b\cos\alpha_i \tan\varphi_i}{\sum(q + \gamma_1 h_1 + \gamma_{2m} h_2 + \gamma_3 h_3) b\sin\alpha_i} \tag{8-3-56}$$

式中 q——地面荷载（kN/m^2）；

h_1、h_2、h_3——分别为计算土条坑外水位以上，坑内水位与坑外水位之间和坑内水位以下土条高度（m）；

γ_1、γ_2、γ_3——相对于 h_1、h_2、h_3 的土的重度（kN/m^3），带“′”者为浮重度，下角标 m 表示饱和重度；其余为天然重度；

α_i——每一分条滑弧中点至圆心连线与垂线的夹角（°）；

b——每分条宽度（m）；

γ_s——圆弧滑动稳定抗力系数。

（4）墙前后土压力宜用库仑公式计算，当用朗肯公式计算时得到的稳定抗力分项系数需乘以增大系数。对于倾覆稳定抗力分项系数的增大系数可取 1.2～1.4，对于水平滑动稳定抗力分项系数的增大系数可取 1.15～1.3，软土取低值，硬土取高值。

（5）计算砂土及粉土土压力采用水土分算。即水下土取浮重度，土压力与水压力共同作用于水泥土挡墙上。

（6）稳定抗力分项系数应大于表 8-3-24 的规定。

稳定抗力分项系数 **表 8-3-24**

项　目	抗力分项系数
倾覆稳定 γ_t	1.0～1.1
水平滑动稳定 γ_1	1.1～1.2
圆弧滑动稳定 γ_s	1.2～1.3

（7）对于黏性土，采用水土合算土压力时，倾覆稳定抗力分项系数 γ_t 应大于 1.5，水平滑动稳定抗力分项系数 γ_1 应大于 1.4。

3. 水泥土墙的强度核算

（1）墙下端和墙身应力由式（8-3-57）确定。

$$\frac{\sigma_{max}}{\sigma_{min}} = \gamma \cdot z + q \pm \frac{M_y x}{I_y} \tag{8-3-57}$$

式中　σ_{max}、σ_{min}——计算断面水泥土壁应力（kPa）；

γ——土与水泥土壁的平均重度（kN/m^3）；

z——自墙顶算起的计算断面深度（m）；

q——墙顶的超载（kPa）；

M_y——计算断面墙身力矩（kN·m/m）；

I_y——计算断面的惯性矩（m^4）；

x——由计算断面形心起算的最大水平距（m）。

$$\sigma_{max} < 1.2 f_a$$

$$\sigma_{min} > 0 \tag{8-3-58}$$

式中　f_a——墙底端处修正后的地基承载力特征值（kPa）。

（2）桩身应力必须满足式（8-3-59）～式（8-3-61）的要求。

$$\sigma_{max} \leqslant q_u \tag{8-3-59}$$

$$当\ \sigma_{min} < 0\ 时\quad |\sigma_{min}| \leqslant q_L \tag{8-3-60}$$

$$\tau \leqslant q_j \tag{8-3-61}$$

式中　q_u——水泥土抗压强度设计值（kPa）；

q_L——水泥土抗拉强度设计值（kPa）；

q_j——水泥土抗剪强度设计值（kPa）。

4. 基坑底部土的隆起稳定及抗渗稳定按本章第3节规定验算。

（三）施工

1. 施工机具应优先选用喷浆型双轴型深层搅拌机械。

2. 深层搅拌机械就位时应对中，最大偏差不得大于2cm，并且调平机械的垂直度，偏差不得大于1%桩长。当搅拌头下沉到设计深度时，应再次检查并调整机械的垂直度。

3. 深层搅拌单桩的施工应采用搅拌头上下各二次的搅拌工艺。喷浆时的提升速度不宜大于0.8m/min。

4. 水泥浆的水灰比不宜大于0.5，泵送压力宜大于0.3MPa，泵送流量应恒定。

5. 相邻桩的搭接长度不宜小于20cm。相邻桩喷浆工艺的施工时间间隔不宜大于10h。

6. 水泥土挡墙应有28d以上的龄期，达到设计强度要求时，方能进行基坑开挖。

四、桩墙支护结构

（一）桩墙支护分类

1. 桩墙支护按结构形式分类（图8-3-23）

桩墙支护按结构形式可概括为如下几种：

（1）柱列式排桩支护：对边坡土质较好、地下水位较低的场地，可利用土拱作用以稀疏的钻孔灌注桩或人工挖孔桩支挡土坡。

（2）连续桩墙支护：在软土中难以形成拱时，支护桩应该采取密排，其主要方法有桩与桩互相搭接，两桩之间夹小桩或用高压注浆充填，锁扣钢板桩，带榫头的钢筋混凝土板桩，地下连续墙等。

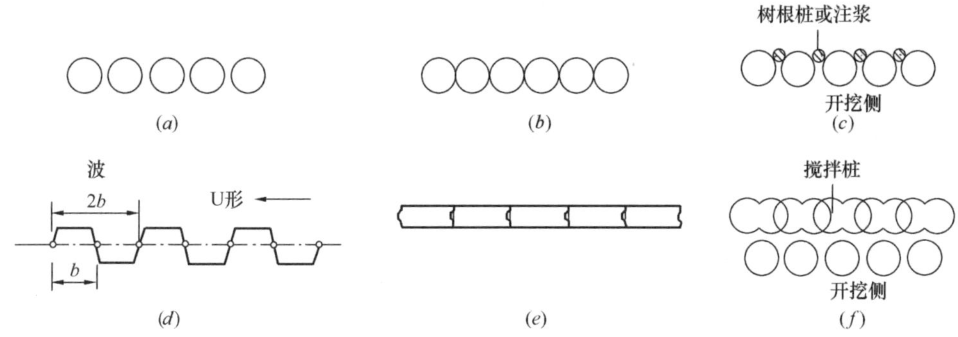

图 8-3-23　桩排围护的类型

（3）组合式支护：在地下水位较高基坑侧壁有层间承压水的软土场地，可采用钻孔灌注桩排桩与水泥土桩防渗墙组合的形式。

2. 按支护结构受力分类

按支护结构的受力情况，桩墙支护结构可分为：悬臂支护结构、单层撑锚支护结构和多道撑锚支护结构。

（二）悬臂式支护结构

1. 设计计算方法：

悬臂式排桩支护结构插入基坑底面以下的深度、内力分布、支护桩的设计长度及弯矩可参照本章第三节中介绍的有关方法计算。

2. 支护构件选择

钢筋混凝土悬臂支护结构体系的各构件应按具体工程条件选定。

（1）钢筋混凝土桩的直径宜采用 ϕ500～1200mm。采用高强预应力管桩时，桩的直径不宜小于 ϕ500mm。

（2）钢筋混凝土冠梁竖向厚度一般为 400～500mm，平面上外包桩体并突出 50～100mm，条件许可时，宜沿基坑周边形成封闭圈。桩身混凝土应伸入冠梁底面以上 50～100mm，桩内钢筋伸入冠梁不少于 300～500mm。桩的其他配筋要求参见混凝土结构设计规范。

（3）桩与桩之间是否封闭可视土质情况而定，如需要可采用砖拱、喷射混凝土、水泥土桩等封闭措施，防止管涌和流土，并采取有效措施疏导地下水，减轻支护桩承受的水压力。

3. 双排桩设计要求

当单排悬臂桩刚度不足、变位过大时，在场地许可的条件下可采用双排桩。双排桩的设计应符合下列要求：

（1）除纵向冠梁之外，尚应在前、后排之间设置足够刚度横梁，组成门式钢架。双排桩支护横向冠梁应有足够的刚度，与前、后桩刚性连接，形成门式刚架。

（2）双排桩之间的中心间距宜取 2.5d～5d（d 为桩径或桩宽）。但此间距也不宜超过墙背主动朗肯区宽度的二分之一。

（3）刚架横梁的宽度不应小于 d，高度不宜小于 0.8d，刚架横梁的高度与双排桩排距的比值宜取 1/6～1/3。

(4) 双排桩结构的嵌入深度应根据被动区抗力安全系数确定。对于多支点的双排桩结构，被动区抗力安全系数应不小于1.05；其他双排桩结构的被动区抗力安全系数应不小于1.20。

悬臂双排桩的嵌固深度应满足以下构造要求：

对一般黏性土、砂土，不宜小于0.5H（H为基坑深度）；

对于淤泥、淤泥质土及承载力小于80kPa的软土，应对被动区进行加固。当桩底以下仍存在软弱土时尚应进行整体稳定性验算。

(5) 当周边环境条件对双排桩变形控制有较高要求时，应对桩间软土进行加固处理。加固工艺可采用水泥土搅拌桩或高压旋喷桩。当采用水泥土搅拌桩时，为保证加固土体与支护桩良好接触，宜先施工水泥土搅拌桩，后施工排桩。

(6) 门式刚架计算中，视支撑深度范围内的土、水压力为荷载，刚架柱弹性嵌固于基坑底面以下的地基中。对此弹性刚架，可采用平面刚架结构模型进行计算。

(三) 排桩撑锚支护结构

1. 设计计算方法

排桩撑锚支护结构的有关设计计算方法可参见本章第三节有关内容。

2. 支护构件的选择

排桩撑锚支护结构的各构件应按具体工程条件选定。

(1) 排桩撑锚支护结构体系中的排桩的桩型选择与悬臂支护结构基本相同。

(2) 根据支护深度和土质条件，支撑（或锚杆）可以设置一层或多层，如果采用锚杆，其锚固段宜避开淤泥、淤泥质土，而置于较好的黏性土、粉土或粉细砂层中，并应注意避开基坑周边的地下设施。锚杆类型可根据土质和施工条件选用灌浆锚杆、螺旋锚杆、旋喷锚索。在粉土、粉细砂层中有承压水时，宜采用不拔管的一次性锚杆。根据变形控制要求，可分别选用预应力锚杆、非预应力锚杆。

(3) 如果冠梁与顶撑、角撑、拉锚等传力构件连接，则应按受力构件设计，否则只需按构造要求配筋，其构造同悬臂支护结构。

(4) 围檩以及锚头中的各部件应根据设计锚固力制作或选用型钢或标准件。围檩与排桩之间宜设置混凝土垫块。

(四) 地下连续墙

1. 常见的地下连续墙支护方式

地下连续墙用作基坑支护结构常采用以下几种方式：

(1) 悬臂式

1) 直线等厚悬臂式：适用于土质较好、开挖深度较浅的基坑支护。其顶部宜作圈梁，以承担部分水平力。

2) 组合断面悬臂式：将地下连续墙做成T形、Π形或工字形，可用于较深的基坑。

(2) 内支撑式

1) 单层水平支撑式：在地下连续墙顶部或接近顶部设一道水平内支撑，下端弹性嵌固于天然岩、土层或加固土层中，可用于开挖深度较深的基坑。

2) 水平多层支撑式：可用于开挖深度很深的基坑。

3) 斜撑式：利用建筑物基础底板、靠近边缘的承台或另外设置专门的支撑承台（含水平抗力桩）作为支点设置斜撑，可代替单层支撑。采用此种支撑时应与土方开挖和基础施工密切配合，在支撑生效之前保留边缘土体不挖除，以保证施工过程中墙体的稳定并控制其位移。

4）周边水平撑式：先施工中部的地下室，然后在中部地下室结构构件与地下连续墙之间设水平支撑，再挖除边缘土，施工边缘的地下室外墙。

5）逆作式：自上至下施工地下室梁板，以各层地下室梁板支撑地下连续墙，某层支撑生效后再挖除该层梁板以下至下一层梁板施工深度之间的土方。

（3）锚拉式：采用类似桩锚支护结构的方法，边开挖边设置锚杆，或设置顶部拉锚（锚碇板或锚碇块）。

有条件时宜优先选用逆作式施工法。

2. 临时支护设计要求

仅作为临时支护结构的地下连续墙设计应符合下列要求：

（1）土、水侧压力可按规定计算，但应考虑位移限制对主、被动两侧土压力分布的影响，对设有撑、锚的地下连续墙宜根据经验对土压力计算结果给以必要的调整。

（2）悬臂式地下连续墙可按本章第三节的方法计算入土深度和内力。

（3）有撑、锚的地下连续墙可按本章第三节的方法计算入土深度、内力和撑锚力。

（4）对坐落于软土层中的地下连续墙尚应进行抗坑底隆起验算及整体稳定性验算。

3. 永久结构设计要求

地下连续墙作为地下室外墙或作为地下室外墙的一部分时（“两墙合一”），应将其作为永久性结构纳入主体结构设计范畴，满足作为地下室外墙结构在施工期和使用期的内力、变形挠度控制、裂缝控制等要求。

五、围筒式支护结构

（一）应用条件和基本形式

当基坑的外轮廓为圆形、椭圆形或可概化为圆形或椭圆形时，可采用围筒式支护结构，利用弧形、拱形结构的特点将径向力转化为环向力，一般可不再设内支撑。

围筒式支护结构所采用的基本形式有：圆形、椭圆形、抛物线形或多圆心连拱，以及由这些基本形式（含直线）组合而成的复合型封闭结构（图 8-3-24）。围筒轴线的矢跨比不宜小于 1/8。应注意保持筒壁或冠梁等传力构件的连续性，且保证围筒曲线形状符合设计要求。

（二）支护结构构件选择

1. 围筒支护结构构件可选择钢板桩、钢筋混凝土连锁桩、灌注桩加冠梁、SMW 连续墙、钢筋混凝土连续墙。

2. 采用复合型围筒时，在直线段可以加设内支撑或锚杆。对通过冠梁传力的结构可以分层设置腰梁。

3. 在土质较好的情况下，围筒结构的筒壁也可边挖边构筑，分层设置。在分层处或适宜部位设腰梁或做成台阶式断面。

（三）设计计算

1. 土、水压力计算

作用于围筒的土、水压力可按本章第 3 节规定计算。对于围筒结构应特别注意侧向压力的非均匀性。

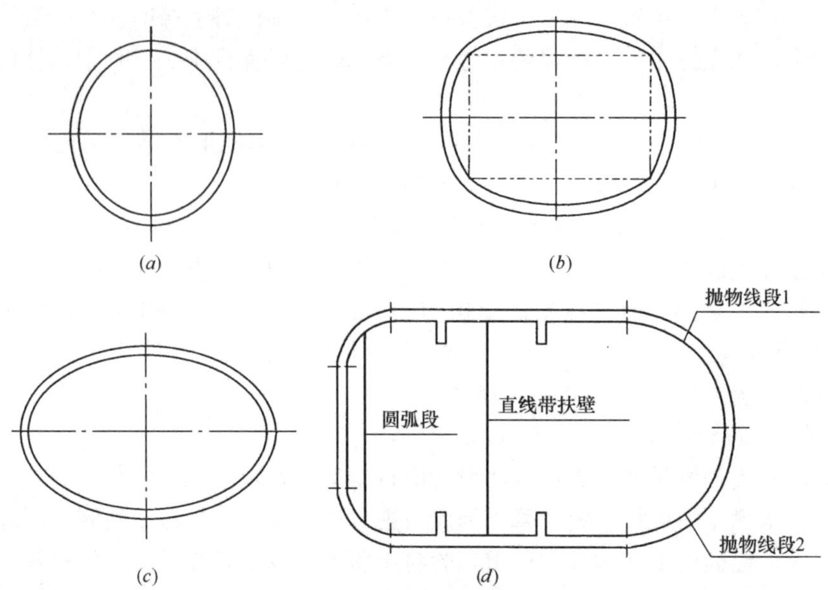

图 8-3-24　围筒结构的各种形式

(*a*) 圆形；(*b*) 抛物线或多心圆连拱；(*c*) 椭圆形；(*d*) 复合形

2. 围筒作用力计算

圆形围筒在均布外力作用下，内力只有环向压力，其标准值 $N_{\theta k}$ 可按式 (8-3-62) 计算

$$N_{\theta k} = R \cdot P \tag{8-3-62}$$

式中　$N_{\theta k}$——圆形围筒环向压力标准值 (kN)；

R—— 圆形围筒外圈半径 (m)；

P——作用于围筒的均布土压力标准值 (kN/m)。

3. 复合拱计算

在均匀荷载或非均匀荷载作用下的椭圆形、抛物线形或多心圆连拱及复合型围筒，可简化为若干个两铰拱，视各支座为围筒变形和弯矩方向转换点 (图 8-3-25)，利用支座反力平衡条件 $V_1 = H_2$、$V_2 = H_1$，求出协调后的各拱土压力 E'_a，然后以 E'_a 为荷载，分别计算各两铰拱的内力。

为抵抗推向土体的拱座合力，设计时应考虑在拱脚附近一定范围内将拱壁加厚。

4. 稳定性验算

在深厚软土中采用围筒结构时，围筒入土深度应根据基底抗隆起及整体稳定性确定。

5. 结构设计

钢筋混凝土围筒的混凝土强度等级不宜低于 C25，应按《混凝土结构设计规范》GB 50010 有关规定进行设计。

六、锚杆

(一) 锚杆的构造及类型

1. 锚杆的构造

锚杆支护体系由挡土结构物与锚杆系统组成。如图 8-3-26 所示灌浆锚杆系统由锚杆(索)、自由段、锚固段及锚头、垫块等组成。

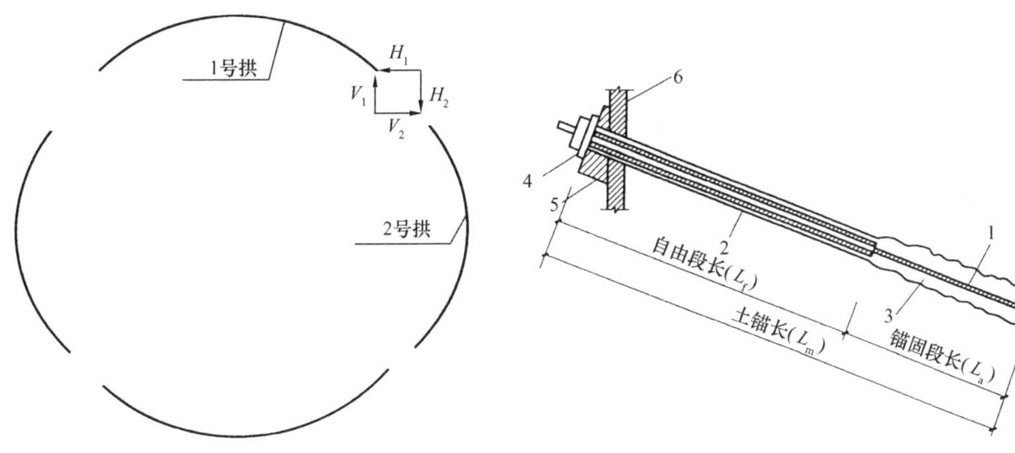

图 8-3-25　椭圆形围筒离散为四个两铰拱

图 8-3-26　灌浆土层锚杆系统的构造示意
1—锚杆（索）；2—自由段；3—锚固段；4—锚头；
5—垫块；6—挡土结构

2. 锚杆的类型

锚杆按锚固段的形式不同可分为圆柱形、扩大端型及连续球型，如图 8-3-27 所示。近年来因城市建设所需还出现了抽芯锚杆，即临时性支护锚杆待应力解除后将锚索抽出。

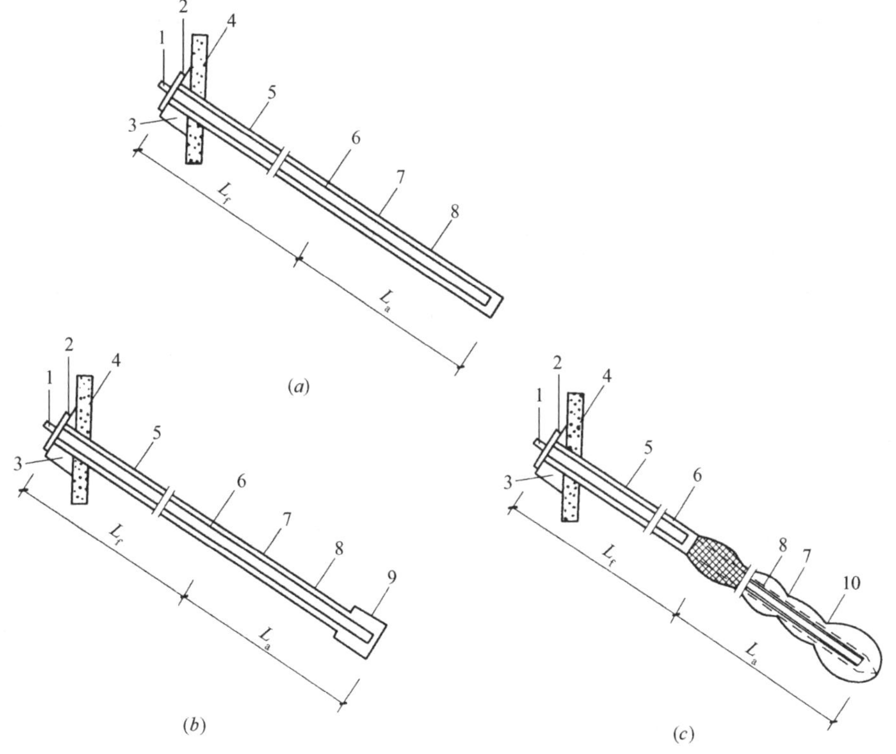

图 8-3-27　锚杆锚固段的形式
(*a*) 圆柱形；(*b*) 扩大端部型；(*c*) 连续球型
1—锚具；2—承压板；3—台座；4—围护结构；5—钻孔；6—注浆防腐处理；7—预应力筋；
8—圆柱形锚固体；9—端部扩大头；10—连续球体；
L_f—自由段长度；L_a—锚固段长度

（二）锚杆设计内容

锚杆设计包括以下内容

1. 调查研究，掌握设计资料，做出可行性判断：

（1）设计前必须调查与锚固工程有关的工程地质、地形、场地、周边已有建（构）筑物、地下设施、道路交通和气象等事宜；

（2）对有机质土层、液限 $w_L>50\%$的土层、相对密实度 $D_r<0.3$ 的土层、淤泥和淤泥质土层，未经处理不宜作为土层锚杆锚固段；

2. 确定锚杆设计轴向力、锚杆的抗力分项系数及极限承载力；

3. 确定锚杆布置和安设角度；

4. 确定锚杆施工工艺并进行锚固体设计（长度、直径、形状等），确定锚杆结构和杆体断面；

5. 计算自由段长度和锚固段长度；

6. 外锚头及腰梁设计，确定锚杆锁定荷载值、张拉荷载值；

7. 必要时应进行整体稳定性验算；

8. 浆体强度设计并提出施工技术要求；

9. 对试验和监测的要求。

（三）锚杆设计的一般要求

1. 锚杆锚固体上下排间距不宜小于 2.0m，水平向间距不宜小于 1.5m。锚杆锚固体上覆土层厚度不宜小于 4m。锚杆的倾角以 15°～35°为宜；

2. 锚杆抗力分项系数 γ_s值按表 8-3-25 选取；

3. 锚杆杆体材料宜选用钢绞线或精轧螺纹钢筋，当锚杆极限承载力小于 500kN 时，可采用Ⅱ级或Ⅲ级钢筋。

锚杆抗力分项系数　　表 8-3-25

基坑安全等级	抗力分项系数
一　级	1.8
二　级	1.6
三　级	1.4

（四）锚杆设计

1. 锚杆截面计算

锚杆预应力筋的截面面积按锚杆的张拉荷载不超过钢筋强度标准值的 0.65 倍和下式确定：

$$A \geqslant \frac{\gamma_s \cdot N_t}{f_{ptk}} \tag{8-3-63}$$

式中　N_t——锚杆设计轴向拉力值；

γ_s——抗力分项系数，按表 8-3-25 选取；

f_{ptk}——钢筋、钢绞线强度标准值。

2. 锚固长度计算

（1）土层锚杆

土层锚杆锚固段长度 L_a应按基本试验确定，初步设计时也可按下式估算：

$$L_a \geqslant \frac{\gamma_s \cdot N_t}{\pi \cdot D \cdot q_s} \tag{8-3-64}$$

式中　D——锚固体直径；

γ_s——抗力分项系数，按表 8-3-25 选取；

q_s——土体与锚固体间粘结强度值见表 8-3-26。

锚杆的极限粘结强度标准值　　**表 8-3-26**

土的名称	土的状态或密实度	q_{sik}（kPa）	
		一次常压注浆	二次压力注浆
填土		16～30	30～45
淤泥质土		16～20	20～30
黏性土	$I_L>1$	18～30	25～45
	$0.75<I_L\leqslant1$	30～40	45～60
	$0.50<I_L\leqslant0.75$	40～53	60～70
	$0.25<I_L\leqslant0.50$	53～65	70～85
	$0<I_L\leqslant0.25$	65～73	85～100
	$I_L\leqslant0$	73～90	100～130
粉土	$e>0.90$	22～44	40～60
	$0.75\leqslant e\leqslant0.90$	44～64	60～90
	$e<0.75$	64～100	80～130
粉细砂	稍密	22～42	40～70
	中密	42～63	75～110
	密实	63～85	90～130
中砂	稍密	54～74	70～100
	中密	74～90	100～130
	密实	90～120	130～170
粗砂	稍密	80～130	100～140
	中密	130～170	170～220
	密实	170～220	220～250
砾砂	中密、密实	190～260	240～290
风化岩	全风化	80～100	120～150
	强风化	150～200	200～260

注：1. 采用泥浆护壁成孔工艺时，应按表取低值后再根据具体情况适当折减；

2. 采用套管护壁成孔工艺时，可取表中的高值；

3. 采用扩孔工艺时，可在表中数值基础上适当提高；

4. 采用二次压力分段劈裂注浆工艺时，可在表中二次压力注浆数值基础上适当提高；

5. 当砂土中的细粒含量超过总质量的 30%时，按表取值后应乘以 0.75；

6. 对有机质含量为 5%～10%的有机质土，应按表取值后适当折减；

7. 当锚杆锚固段长度大于 16m 时，应对表中数值适当折减。

（2）岩石锚杆

岩石锚杆锚固段长度应按基本试验确定，初步设计时可按下列两式估算，取其中较大值；

$$L_a \geqslant \frac{\gamma_s N_t}{\pi \cdot d \cdot q_{ss}} \tag{8-3-65}$$

$$L_a \geqslant \frac{\gamma_s \cdot N_t}{\pi \cdot d \cdot q_{sR}} \tag{8-3-66}$$

式中　γ_s——抗力分项系数，按表 8-3-25 选取；

N_t——锚杆设计轴向拉力值；

d——锚杆杆体直径，一根钢筋组成的锚杆取 1 倍钢筋直径，二根钢筋组成的锚杆取 1.6 倍钢筋直径，三根钢筋组成的锚杆取 2 倍钢筋直径；

q_{ss}——钢筋与浆体之间的粘结强度标准值，应由试验确定，缺乏试验数据时，可按表 8-3-27 取值；

q_{SR}——浆体与岩体间的粘结强度，应由试验确定，缺乏试验数据时，可按表 8-3-28 取值。

钢筋与砂浆之间的粘结强度标准值的推荐值（MPa）　**表 8-3-27**

类　型	水泥砂浆强度等级				
	M15	M20	M25	M30	M35
螺纹钢筋与砂浆之间	1.68	2.25	2.45	2.8	3.15

浆体与岩体间粘结强度标准值的推荐值　**表 8-3-28**

岩石种类	岩石单轴饱和抗压强度（MPa）	q_{SR}（MPa）
硬　岩	60	1.5～2.5
中硬岩	30～60	1.0～1.5
软　岩	＜30	0.3～1.0

3. 锚头和隔离架

锚头由锚具、承压板、斜支撑、台座（包括横梁）组成，其技术性能和设计计算应遵守相应规范的要求。

锚杆隔离架（定位支架）沿锚杆轴线方向每隔 1～2m 设置一个，锚杆杆体的保护层厚度不得少于 20mm。

4. 浆体、锁定和孔径

（1）锚杆浆体宜采用水泥砂浆或纯水泥浆，浆体设计强度不宜低于 20MPa，有经验时可加入外加剂；

（2）锚杆锁定拉力根据地层及使用要求确定，一般可取设计轴向拉力的 0.7～0.85 倍；

（3）土层锚杆钻孔直径不宜小于 100mm，岩石锚杆钻孔直径不宜小于 60mm。

（五）锚杆施工

1. 当锚杆穿过的地层附近存在既有地下管线、地下构筑物时，应在调查或探明其位置、尺寸、走向、类型、使用状况等情况后再进行锚杆施工。

2. 锚杆的成孔应符合下列规定：

(1) 应根据土层性状和地下水条件选择套管护壁、干成孔或泥浆护壁成孔工艺，成孔工艺应满足孔壁稳定性要求；

(2) 对松散和稍密的砂土、粉土、碎石土、填土、有机质土、高液性指数的饱和黏性土宜采用套管护壁成孔护壁工艺；

(3) 在地下水位以下时，不宜采用干成孔工艺；

(4) 在高塑性指数的饱和黏性土层成孔时，不宜采用泥浆护壁成孔工艺；

(5) 当成孔过程中遇不明障碍物时，在查明其性质前不得钻进。

3. 钢绞线锚杆和钢筋锚杆杆体的制作安装应符合下列规定：

(1) 钢绞线锚杆杆体绑扎时，钢绞线应平行、间距均匀；杆体插入孔内时，应避免钢绞线在孔内弯曲或扭转；

(2) 当锚杆杆体采用 HRB400、HRB500 级钢筋时，其连接宜采用机械连接、双面搭接焊、双面帮条焊；采用双面焊时，焊缝长度不应小于杆体直径的 5 倍；

(3) 杆体制作和安放时应除锈、除油污，避免杆体弯曲；

(4) 采用套管护壁工艺成孔时，应在拔出套管前将杆体插入孔内；采用非套管护壁成孔时，杆体应匀速推送至孔内；

(5) 成孔后应及时插入杆体及注浆。

4. 钢绞线锚杆和钢筋锚杆的注浆应符合下列规定：

(1) 注浆液采用水泥浆时，水灰比宜取 0.5～0.55；采用水泥砂浆时，水灰比宜取 0.4～0.45，灰砂比宜取 0.5～1.0，拌和用砂宜选用中粗砂；

(2) 水泥浆或水泥砂浆内可掺入能提高注浆固结体早期强度或微膨胀的外加剂，其掺入量宜按室内试验确定；

(3) 注浆管端部至孔底的距离不宜大于 200mm；注浆及拔管过程中，注浆管口应始终埋入注浆液面内，应在水泥浆液从孔口溢出后停止注浆；注浆后浆液面下降时，应进行孔口补浆；

(4) 采用二次压力注浆工艺时，注浆管应在锚杆末端 $l_a/4$～$l_a/3$ 范围内设置注浆孔，孔间距宜取 500～800mm，每个注浆截面的注浆孔宜取 2 个；二次压力注浆液宜采用水灰比 0.5～0.55 的水泥浆；二次注浆管应固定在杆体上，注浆管的出浆口应有逆止构造；二次压力注浆应在水泥浆初凝后，终止注浆的压力不应小于 1.5MPa；

注：l_a 为锚杆的锚固段长度。

(5) 采用二次压力分段劈裂注浆工艺时，注浆宜在固结体强度达到 5MPa 后进行，注浆管的出浆孔宜沿锚固段全长设置，注浆应由内向外分段依次进行；

(6) 基坑采用截水帷幕时，地下水位以下的锚杆注浆应采取孔口封堵措施；

(7) 寒冷地区在冬期施工时，应对注浆液采取保温措施，浆液温度应保持在 5 °C 以上。

5. 锚杆的施工偏差应符合下列要求：

(1) 钻孔孔位的允许偏差应为 50mm；

(2) 钻孔倾角的允许偏差应为 3 °；

(3) 杆体长度不应小于设计长度；

（4）自由段的套管长度允许偏差应为±50mm。

6. 组合型钢锚杆腰梁、钢台座的施工应符合现行国家标准《钢结构工程施工质量验收规范》GB 50205 的有关规定；混凝土锚杆腰梁、混凝土台座的施工应符合现行国家标准《混凝土结构工程施工质量验收规范》GB 50204 的有关规定。

7. 预应力锚杆张拉锁定时应符合下列要求：

（1）当锚杆固结体的强度达到 15MPa 或设计强度的 75%后，方可进行锚杆的张拉锁定；

（2）拉力型钢绞线锚杆宜采用钢绞线束整体张拉锁定的方法；

（3）锚杆锁定前，应按表 8-3-29 的检测值进行锚杆预张拉；锚杆张拉应平缓加载，加载速率不宜大于 $0.1N_k$/min；在张拉值下的锚杆位移和压力表压力应能保持稳定，当锚头位移不稳定时，应判定此根锚杆不合格；

（4）锁定时的锚杆拉力应考虑锁定过程的预应力损失量；预应力损失量宜通过对锁定前、后锚杆拉力的测试确定；缺少测试数据时，锁定时的锚杆拉力可取锁定值的 1.1 倍～1.15 倍；

（5）锚杆锁定应考虑相邻锚杆张拉锁定引起的预应力损失，当锚杆预应力损失严重时，应进行再次锁定；锚杆出现锚头松弛、脱落、锚具失效等情况时，应及时进行修复并对其进行再次锁定；

（6）当锚杆需要再次张拉锁定时，锚具外杆体的长度和完好程度应满足张拉要求。

8. 锚杆抗拔承载力的检测应符合下列规定：

（1）检测数量不应少于锚杆总数的 5%，且同一土层中的锚杆检测数量不应少于 3 根；

（2）检测试验应在锚固段注浆固结体强度达到 15MPa 或达到设计强度的 75%后进行；

（3）检测锚杆应采用随机抽样的方法选取；

（4）抗拔承载力检测值应按表 8-3-29 取值；

锚杆的抗拔承载力检测值　　**表 8-3-29**

支护结构的安全等级	抗拔承载力检测值与轴向拉力标准值的比值
一级	≥1.4
二级	≥1.3
三级	≥1.2

（5）当检测的锚杆不合格时，应扩大检测数量。

七、内支撑

（一）一般要求

1. 内支撑体系适用于由钢或钢筋混凝土材料组成的墙式围护结构和桩式围护结构。

2. 内支撑结构必须采用稳定的结构体系和可靠的连接构造，支撑体系应具有足够的刚度。除了应满足承载力要求外，尚应满足变形的要求。

3. 根据不同的条件内支撑可选用斜支撑或水平支撑。斜支撑一般为单层，至多不超过两层；水平支撑可以是单层，也可以是多层。水平支撑一般不考虑施工机械运行和材料堆放等作用，否则必须进行专门的设计。

4. 内支撑结构各构件可采用钢结构或钢筋混凝土结构，也可采用混合结构：

（1）采用钢支撑时，宜用 Q235 钢或其他焊接性较好的低合金钢。钢支撑安装连接可采用电弧焊接或经过特殊设计的螺栓连接装配式构件，有条件时宜在重要受力杆件上安装可调装置，改善构件受力条件。钢支撑中的受压构件，应选择两个方向刚度相近的截面，可采用钢管、型钢或型钢与钢管组成的组合式构件。

（2）钢筋混凝土内支撑的混凝土强度等级不应低于 C25，宜采用矩形截面，纵向钢筋宜用Ⅱ级钢筋。支撑宜与冠梁或围檩采用同一强度等级混凝土，并与之一次浇灌。

（3）立柱可用桩或插入桩中的钢管、型钢组合柱，立柱桩可以利用工程桩代替，也可以专门设置。混凝土立柱桩强度等级不应低于 C25。

5. 内支撑设置的层数、间距应经计算确定。布置立柱构件应避开地下主体结构的柱、梁板和其他重要部位，还应方便后续施工和拆除。内支撑构件穿越地下室底板、外墙板时必须做好防水构造处理。对于基坑平面中凸出的阳角，应对其两个方向设置较为均衡的支撑；阳角处存在软土时，宜采取局部加固措施。

（二）内支撑布置

常见的内支撑布置有以下基本形式，如图 8-3-28 所示。

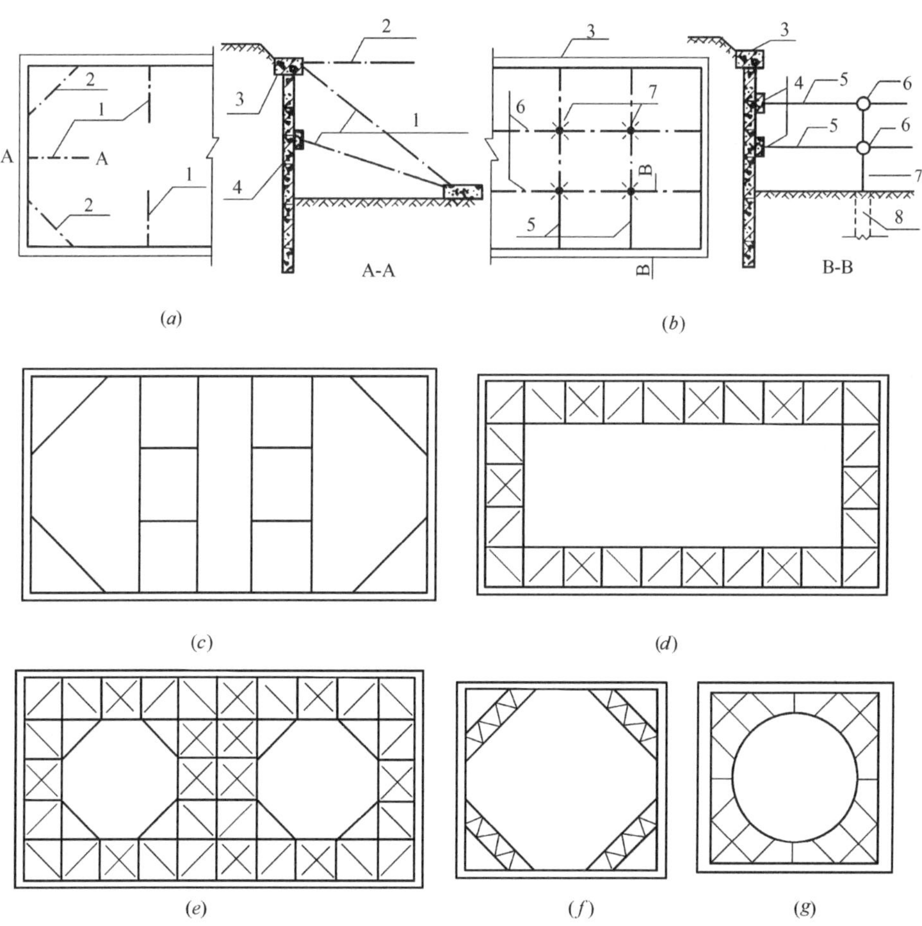

图 8-3-28 内支撑布置的基本形式

（*a*）斜支撑及角撑；（*b*）水平对顶式支撑；（*c*）长边对顶加角撑式；（*d*）加强围图式；（*e*）格构式支撑；（*f*）加强角撑式；（*g*）环梁式

（三）结构内力计算要点

1. 沿基坑周边内支撑设置深度处每延米的撑力参照本章第三节锚撑式围护结构计算要点进行计算，且应计算正工况和逆工况各层支撑的支撑力的变化。

2. 格构式、桁架式、环梁式支撑的内力及变形宜按杆件有限元法进行计算，计算中节点按刚性连接考虑。某一支撑的轴向支撑力按式（8-3-67）计算。

$$N_h = \gamma_0 \cdot \xi \cdot N'_{hk} \tag{8-3-67}$$

式中　N_h—— 支撑杆件轴向支撑力设计值（kN）；

γ_0—— 重要性系数，见本章第一节规定；

ξ——内力分布不均匀及温度影响分项系数；当支撑长度大于 20m 时可取 1.10～1.20，支撑两端主动区土质好时取高值，反之取低值；当支撑长度小于 20m 的支撑可取 1.00；当支撑体系不规则、受力复杂时可取 1.20。

N'_{hk}—— 支撑杆件内力标准值（kN）。

3. 对顶式支撑、角撑及竖直面上的斜撑构件的轴向支撑力设计值按式（8-3-68）计算

$$N_h = \gamma_0 \cdot \xi \cdot N'_{hk} \cdot L/\cos\alpha \tag{8-3-68}$$

式中　N_h——轴向支撑力设计值（kN）；

γ_0——重要性系数，见本章第一节规定

ξ—— 内分布不均匀及温度影响分项系数；

L——所计算支撑与两边相邻支撑水平间距之和的 1/2（m）；

N'_{hk}——根据本章第三节锚撑式围护结构计算要点确定的每延米支撑力标准值（kN/m）支撑两端支撑力不等时取大值；

α—— 支撑轴线与 N'_{hk}作用方向的夹角（°）。

4. 支撑杆件宜按压（拉）弯杆件进行计算。支撑杆件弯矩标准值可取安装偏心产生的弯矩（对于钢支撑，偏心矩可取 $e=L_0/500$ 或 40mm 两者较大值，l_0 为杆件计算长度；对于混凝土支撑，偏心距应取 20mm 和偏心方向截面最大尺寸的 1/30 两者中的较大值）时，支撑的平面外（即竖直平面）弯矩标准值还应加上杆件重量（包括与之相连结杆件的部分重量）及施工荷载产生的弯矩标准值。

杆件弯矩设计值 M_h按式（8-3-69）计算。

$$M_h = \gamma_0 \cdot \xi \cdot M_k \tag{8-3-69}$$

式中　γ_0——重要性系数，见本章第一节规定；

ξ——分项系数，取 1.25；

M_k——杆件弯矩标准值（kN·m）。

5. 对支撑结构中的杆件必须进行承载能力（包括抗压、抗拉、抗剪及局部抗压）验算，对受压杆件还必须分别进行支撑平面内外稳定验算。对钢支撑尚应进行局部稳定验算。计算方法参见《混凝土结构设计规范》及《钢结构设计规范》的有关条文。

6. 内支撑结构中的立柱设计应符合以下要求。

（1）立柱间距应满足支撑杆件强度和稳定性要求，应使支撑在自重应力作用下不产生过大弯矩，支撑杆件细长比不超过要求。钢筋混凝土支撑的立柱间距不宜大于 15m，钢支撑的立柱间距不宜大于 20m。立柱应尽可能设置在节点之下。在不影响土方开挖的情况下立柱与水平支撑之间或立柱之间可设必要的连接如剪刀撑等，以加强其抗弯刚度和整体稳

定性。

(2) 支撑立柱可按轴心受压（受拉）柱计算，长细比不宜大于25，应同时满足抗压和抗拔承载力的要求，荷载组合应按施工过程中的最不利工况取值。如开挖过程中立柱承受土压力，尚应考虑土压力的影响。

(3) 立柱的计算长度应根据受支撑杆约束情况确定。立柱下端按固接，固接点为开挖面以下5倍立柱直径（边长）；立柱与内支撑连接节点模式可按结构构造的实际情况确定。

(4) 立柱轴力标准值 N_{zk}按抗压计算时按式（8-3-70-a）计算，按抗拔计算时按式（8-3-70-b）计算。

$$N_{zk} = N_{z1} \tag{8-3-70-a}$$

$$N_{zk} = N_{z1} - N_{z2} \tag{8-3-70-b}$$

$$N_{z2} = \Sigma \eta N_i \tag{8-3-71}$$

式中 N_{z1}——水平支撑及立柱自重产生的轴力标准值（kN）；

N_{z2}——附加轴力标准值（kN）；

N——第 i 层支撑汇交于立柱的最大受力杆件的轴力标准值（kN）；

n——内支撑层数；

η——附加轴力系数。一层内支撑时 η 取0.10，超过一层内支撑时 η 取0.05.

(5) 立柱轴力设计值 N_z 式（8-3-72）计算。

$$N_z = \gamma_0 \cdot \xi \cdot N_{zk} \tag{8-3-72}$$

式中 γ_0——重要性系数，见本章第一节规定；

ξ——分项系数，取1.25；

N_{zk}——立柱轴力标准值（kN）。

7. 冠梁或围檩按以支撑点为支座的多跨连续梁计算，或采用有限元法进行计算，荷载分项系数取1.25，并应计入重要性系数。对冠梁或围檩应进行抗弯、抗剪及局部抗压的验算。

(四) 构造要求

1. 支撑构件的长细比应不大于75，连系构件的长细比应不大于120，立柱的长细比应不大于25。

2. 各类支撑构件的构造除应符合本节的有关规定外，尚应符合国家现行《钢结构设计规范》或《混凝土结构设计规范》的有关规定。

3. 钢结构支撑构件长度的拼接宜采用高强度螺栓连接或焊接，拼接点的强度不应低于构件的截面强度。对于格构式组合构件，不应采用钢筋作为缀条连接。

4. 钢腰梁的构造应符合下列规定：

(1) 钢腰梁的截面宽度应大于300mm，可以采用H钢、工字钢或槽钢以及它们的组合截面；

(2) 钢腰梁的现场拼装点位置应尽量设置在支撑点附近，并不应超过腰梁计算跨度的三分点。腰梁的分段预制长度不应小于支撑间距的二倍，现场拼装节点的强度应不低于构件的截面强度；

(3) 钢腰梁与混凝土围护之间应留设宽度不小于60mm的水平向通长空隙，其间用强等级不低于 C30 的细石混凝土填嵌；

（4）支撑与腰梁斜交时，在腰梁与围护墙之间应设置经过验算的剪力传递构造；

（5）在基坑平面转角处，当纵横向腰梁不在同一平面上相交时，其节点构造应满足两个方向腰梁端部的相互支承的要求。

5. 钢支撑的构造应符合下列规定：

（1）钢支撑的截面形式可以采用 H 钢、钢管、工字钢或槽钢及其组合截面；

（2）水平支撑的现场安装节点应尽量设置在纵横向支撑的交汇点附近，相邻横向（或纵向）水平支撑之间的纵向（或横向）支撑的安装节点数不宜多于两个，节点强度不应低于构件的截面强度；

（3）纵向和横向支撑的交汇点宜在同一标高上连接，当纵横向支撑采用重叠连接时，其连接构造及连接件的强度应满足支撑在平面内的稳定要求。

6. 钢支撑与钢腰梁的连接可采用焊接或螺栓连接。节点处支撑与腰梁的翼缘和腹板连接应加焊劲板，加劲板的厚度不小于 10mm，焊缝高度不小于 6mm。

7. 现浇混凝土支撑和腰梁的构造应符合下列规定：

（1）混凝土支撑体系应在同一平面内整浇。基坑平面转角处的纵横向腰梁应按刚节点处理；

（2）支撑的截面高度（竖向尺寸）不应小于其竖向平面计算跨度的 1/20；腰梁的截面高度（水平向尺寸）不应小于其水平方向计算跨度的 1/10；腰梁的截面宽度不应小于支撑的截面高度；

（3）支撑和腰梁内的纵向钢筋直径不宜小于 16mm，沿截面四周纵向钢筋的最大间距应小于 200mm。箍筋直径不应小于 8mm，间距不大于 250mm。支撑的纵向钢筋在腰梁内的锚固长度不宜小于 30 倍的钢筋直径；

（4）混凝土腰梁与围护墙之间不留水平间隙；

（5）对于地下连续墙，当墙体与腰梁之间需要传递剪力时，可在墙体上沿腰梁上长度方向预留按计算确定的剪力或受剪钢筋。

8. 立柱的构造应符合下列规定：

（1）基坑开挖面以上的立柱宜采用格构式钢柱，也可采用钢管或 H 钢柱子；

（2）基坑开挖面以下的立柱宜采用直径不小于 600mm 的灌注桩（可以利用工程桩），或与开挖面以上立柱截面相同的钢管或 H 钢桩。当为灌注桩时，其上部钢柱在桩内的埋入长度应不小于钢柱边长的 4 倍，并与桩内钢筋焊接；

（3）立柱在基坑开挖面以下的埋入长度除应满足支撑结构对立柱承载力和变形要求外，在软土地区宜大于基础开挖深度的 2 倍，并穿过淤泥或淤泥质土层；

（4）立柱与水平支撑连接可采取铰接构造，但铰接件在竖向和水平方向的连接强度应大于支撑轴向力的 1/50。当采用钢牛腿连接时，钢牛腿的强度和稳定应由计算确定。

第五节　基　坑　监　测

深基坑工程监测是实现深基坑工程信息化施工的手段。深基坑工程监测的主要内容可归纳为三个方面，即支护结构、土体与周边环境的变形监测、支护结构的应力监测和地下水动态监测。

监测方法和仪器见本篇第六章现场检验与检测。

第六节　基坑变形与防治措施

一、基坑变形控制与报警值

（一）基坑变形控制

根据基坑工程设计对正常使用极限状态的要求，基坑变形控制应从基坑正常施工需要对变形控制的要求和基坑周边环境对变形控制的要求两个方面考虑。

1. 基坑正常施工需要对变形控制的要求

（1）围护体系向坑内位移不得影响地下室底板的平面尺寸和形状；

（2）围护体系向坑内位移不得影响工程桩的使用条件。

2. 坑外围边环境控制要求：

（1）基坑周边地面沉降不得影响相邻建筑物、构筑物的正常使用或差异沉降不大于允许值；

（2）基坑周边土体变位不得影响相邻各类管线的正常使用或变形曲率允许值；

（3）当有共同沟、合流污水管道、地铁等重要设施存在时，土体位移不得造成结构开裂、发生渗漏或影响地铁正常运行。

（二）监测项目的报警值

确定监测项目的报警值（即监控值）非常重要，一般应根据支护结构计算时的设计（容许）值和周围环境情况，事先确定相应监测项目的报警值。如支护结构的位移变形或受力情况、周围环境的沉降位移在报警值允许范围以内，可以认为支护结构和周围环境是安全的，工程施工可照常进行，否则应调整施工组织设计，采取施工措施和相应的加固措施以确保基坑工程施工的安全。报警值的确定需要在安全和经济之间找到一个平衡，如报警值控制太严会给施工带来不便，施工技术措施要加强，经济投入要增加；反之如报警值控制太宽，会对支护结构和周围环境的安全带来威胁。一般情况下，基坑工程监测报警值应由监测项目的累积变化量和变化速率值共同控制。

1. 报警值确定的原则

（1）根据支护结构设计计算，使报警值小于设计值；

（2）对需保护的地下管线等市政设施应满足保护对象的主管部门提出的要求；

（3）对需保护的建筑物应根据各类建筑物对变形的承受能力，确定控制标准；

（4）满足现行规范、规程的相应要求。

2. 报警值的确定

（1）湖北省标准《基坑工程技术规程》DB 42/159—2012

1）基坑支护工程监测项目的报警值应由基坑设计方确定，可参考表 8-3-30。

2）基坑周边环境监测项目的报警值应根据基坑周边对附加变形的承受能力由基坑设计方确定，并满足相关规范和管线等主管部门的规定要求。当主管部门无具体规定时，可参考表 8-3-31。

（2）上海市工程建设规范《基坑工程技术规范》DG/TJ 08—61—2010

1）基坑支护体系监测项目的报警值应满足设计要求，当无明确要求时，可参考表 8-3-32 采用。

基坑支护工程监测报警值 表 8-3-30

基坑工程重要性 / 监测项目	一级						二级		三级
	$a<H$ 时		$H\leqslant a\leqslant 2H$ 时		$a>2H$ 时				
支护桩（墙）侧向最大位移	连续三天变化速率（mm/d）	累计值（mm）	连续三天变化速率（mm/d）	累计值（mm）	连续三天变化速率（mm/d）	累计值（mm）	连续三天变化速率（mm/d）	累计值（mm）	变形不能导致坑边土体开裂或影响支护结构正常使用
	2	24	2	32	2	40	3	64	
土压力、孔隙水压力、支撑轴力、支护桩（墙）应力、立柱内力、锚杆拉力	设计控制值的 80%								

注：H 为基坑开挖深度（m）；a 为保护对象距基坑边沿的距离，报警值可按基坑各边情况分别确定。

基坑工程周边环境报警值 表 8-3-31

监测项目			报警值
管线位移	刚性管道	压力	连续三天变化速率（mm/d）：2，累计值（mm）：20
		非压力	连续三天变化速率（mm/d）：3，累计值（mm）：30
	柔性管道		连续三天变化速率（mm/d）：4，累计值（mm）：40
邻近建筑物位移及沉降			连续三天变化速率（mm/d）：2，累计值（mm）：30
地下水位			连续三天变化速率（mm/d）：300，累计值（mm）：1000

根据基坑工程安全等级确定报警值 表 8-3-32

基坑工程安全等级 / 监测项目	一级		二级		三级	
	变化速率（mm/ d）	累计值（mm）	变化速率（mm/ d）	累计值（mm）	变化速率（mm/ d）	累计值（mm）
围护墙侧向最大位移	2～4	0.4%H	3～5	0.5%H	3～5	0.8%H
支撑轴力	设计控制值的 80%					
锚杆拉力						

注：1. H 为基坑开挖深度（m）；

2. 报警值可按基坑各边情况分别确定。

2）周边环境监测项目的报警值应根据基坑周边环境对附加变形的承受能力确定。当无明确要求时，围护墙侧向最大位移、地面最大沉降、地下水位变化可参考表 8-3-33 采用；轨道交通设施、隧道、城市生命线工程、优秀历史建筑、有特殊使用要求的仪器设备厂房、市政管线等，应按相关管理部门的要求确定。

（3）《建筑基坑工程监测技术规范》GB 50497—2009

1）基坑及支护结构监测报警值应根据土质特征、设计结果及当地经验等因素确定；当无当地经验时，可根据土质特征、设计结果及表 8-3-34 确定。

根据基坑工程环境保护等级确定报警值 **表 8-3-33**

监测项目 \ 基坑工程环境保护等级	一级		二级		三级	
	变化速率（mm/天）	累计值（mm）	变化速率（mm/天）	累计值（mm）	变化速率（mm/天）	累计值（mm）
围护墙侧向最大位移	2～3	0.18%H	3～5	0.3%H	5	0.7%H
地面最大沉降		0.15%H		0.25%H		0.55%H
地下水水位变化	变化速率（mm/天）：300，累计值（mm）：1000					

注：1. H 为基坑开挖深度（m）；

2. 报警值可按基坑各边情况分别确定；

3. 当同一监测项目按以上规定取值不同时，取较小值。

基坑及支护结构监测报警值 **表 8-3-34**

序号	监测项目	支护结构类型	基坑类别								
			一级			二级			三级		
			累计值		变化速率（mm/d）	累计值		变化速率（mm/d）	累计值		变化速率（mm/d）
			绝对值（mm）	相对基坑深度（h）控制值		绝对值（mm）	相对基坑深度（h）控制值		绝对值（mm）	相对基坑深度（h）控制值	
1	围护墙（边坡）顶部水平位移	放坡、土钉墙、喷锚支护、水泥土墙	30～35	0.3%～0.4%	5～10	50～60	0.6%～0.8%	10～15	70～80	0.8%～1.0%	15～20
		钢板桩、灌注桩、型钢水泥土墙、地下连续墙	25～30	0.2%～0.3%	2～3	40～50	0.5%～0.7%	4～6	60～70	0.6%～0.8%	8～10
2	围护墙（边坡）顶部竖向位移	放坡、土钉墙、喷锚支护、水泥土墙	20～40	0.3%～0.4%	3～5	50～60	0.6%～0.8%	5～8	70～80	0.8%～1.0%	8～10
		钢板桩、灌注桩、型钢水泥土墙、地下连续墙	10～20	0.1%～0.2%	2～3	25～30	0.3%～0.5%	3～4	35～40	0.5%～0.6%	4～5
3	深层水平位移	水泥土墙	30～35	0.3%～0.4%	5～10	50～60	0.6%～0.8%	10～15	70～80	0.8%～1.0%	15～20
		钢板桩	50～60	0.6%～0.7%	2～3	80～85	0.7%～0.8%	4～6	90～100	0.9%～1.0%	8～10
		型钢水泥土墙	50～55	0.5%～0.6%		75～80	0.7%～0.8%		80～90	0.9%～1.0%	
		灌注桩	45～50	0.4%～0.5%		70～75	0.6%～0.7%		70～80	0.8%～0.9%	
		地下连续墙	40～50	0.4%～0.5%		70～75	0.7%～0.8%		80～90	0.9%～1.0%	
4	立柱竖向位移		25～35	—	2～3	35～45	—	4～6	55～65	—	8～10

续表

序号	监测项目	支护结构类型	基坑类别								
			一级			二级			三级		
			累计值		变化速率(mm/d)	累计值		变化速率(mm/d)	累计值		变化速率(mm/d)
			绝对值(mm)	相对基坑深度(h)控制值		绝对值(mm)	相对基坑深度(h)控制值		绝对值(mm)	相对基坑深度(h)控制值	
5	基坑周边地表竖向位移		25～35	—	2～3	50～60	—	4～6	60～80	—	8～10
6	坑底隆起（回弹）		25～35	—	2～3	50～60	—	4～6	60～80	—	8～10
7	土压力		(60%～70%)f_1		—	(70%～80%)f_1		—	(70%～80%) f_1		—
8	孔隙水压力										
9	支撑内力		(60%～70%) f_2		—	(70%～80%) f_2		—	(70%～80%) f_2		—
10	围护墙内力										
11	立柱内力										
12	锚杆内力										

注：1. h 为基坑设计开挖深度；f_1 为荷载设计值；f_2 为构件承载能力设计值；

2. 累计值取绝对值和相对基坑深度（h）控制值两者的小值；

3. 当监测项目的变化速率达到表中规定值或连续 3d 超过该值的 70%，应报警；

4. 嵌岩的灌注桩或地下连续墙报警值宜按上表数值的 50%取用。

2）基坑周边环境监测报警值应根据主管部门的要求确定，如主管部门无具体规定，可按表 8-3-35 采用。

建筑基坑工程周边环境监测报警值　　　　表 8-3-35

监测对象＼项目				累计值(mm)	变化速率(mm/d)	备注
1	地下水位变化			1000	500	—
2	管线位移	刚性管道	压力	10～30	1～3	直接观察点数据
			非压力	10～40	3～5	
		柔性管线		10～40	3～5	—
3	邻近建筑位移			10～60	1～3	—
4	裂缝宽度		建筑	1.5～3	持续发展	—
			地表	10～15	持续发展	—

注：建筑整体倾斜度累计值达到 2/1000 或倾斜速度连续 3d 大于 $0.0001H/d$（H 为建筑承重结构高度）时报警。

二、对基坑变形控制的不利因素

对基坑变形控制的不利因素归结起来有如下几个方面：

1. 工程地质和水文地质条件方面：

(1) 深厚的软土分布；

(2) 饱和粉土、粉砂的存在；

(3) 高地下水位；

(4) 膨胀性岩土层分布；

(5) 岩土质边坡的临空外倾软弱结构面存在。

2. 环境因素

(1) 基坑边离已有天然地基浅基础建（构）筑物较近；

(2) 基坑邻近生命线工程或市区主干道；

(3) 基坑边有煤气、上下水管通过。

3. 基坑开挖深度较大，形状不规则阳角较多。

三、基坑变形控制的技术措施

1. 支护体系的平面形状设置要合理，在阳角部位应采取加强措施；

2. 对变形控制严格的支护结构应采取预应力锚（撑）措施；

3. 位于深厚软弱土层中的基坑边坡，当变形控制无法满足设计要求时应采取坡顶卸荷和支护结构被动区土体加固的处理措施。

4. 对造成边坡变形增大的张开型岩石裂隙和软弱层面可采用注浆加固；

5. 基坑工程对相邻建（构）筑物可能引发较大变形或危害时，应加强监测，采取设计和施工措施，并应对建（构）筑物及其他地基基础进行预加固处理；

6. 基坑边坡设计应按最不利工况进行边坡稳定和变形验算；

7. 基坑工程施工必须以缩短基坑暴露时间为原则，减小基坑的后期变形；

8. 基坑开挖施工及运行期间，严格控制基坑周边的超载，控制坡顶堆放弃物或其他荷载。在载重车辆频繁通过的地段应铺设走道板或进行地基加固；

9. 基坑周边防止地表水渗入，当地面有裂缝出现时，必须及时用黏土或水泥砂浆封堵；

10. 采用分层有序开挖的基础，每层开挖厚度应遵循设计要求，不得超挖。

四、应急措施

1. 当基坑变形过大，或环境条件不允许等危险情况出现时，可采取下列措施：

(1) 底板分块施工；

(2) 增设斜支撑。

2. 基坑周边环境允许时，可采用墙后卸土。

3. 基坑周边环境不允许时，可在坑底脚被动区用草袋土、填砂或填土压重。

4. 当流沙严重、情况紧急时，可采用坑内充水。

第四章　边　坡　工　程

第一节　概　　述

一、边坡工程分类

(一) 按成因分类：可分为人工边坡和自然边坡

1. 人工边坡：由人工开挖或填筑施工所形成的斜坡。

2. 自然边坡：由自然地质作用形成的斜坡，形成时间一般较长。

（二）按地层岩性分类：可分为土质边坡和岩质边坡

1. 土质边坡：由土体构成的边坡。土层结构决定边坡的稳定性，边坡破坏形式主要为圆弧滑动和直线滑动。按边坡组成土的类型不同可分为：黏性土边坡、碎石土边坡、黄土边坡等类型。

2. 岩质边坡：边坡主要由岩石构成，其稳定性决定于岩体主要结构面与边坡倾向的相对关系、岩层或土岩界面的倾角等，破坏形式主要为滑移型、倾倒型和崩塌型。岩质边坡可进一步划分：

（1）按岩层结构分为：

a. 层状结构边坡：由层状结构岩体，如沉积岩或区域变质岩构成的边坡，层理面或板、片理面控制边坡的滑移破坏；

b. 块状结构边坡：由块状结构岩体构成的边坡，倾向坡外的一组结构面或两组产状不同的结构面组合而成楔形面控制边坡的滑移破坏；

c. 碎裂结构边坡：结构面密集的岩体构成的边坡。

（2）按岩层倾向与坡向的关系分为

a. 顺向边坡：岩层倾向与坡向一致的边坡；

b. 反向边坡：岩层倾向与坡向相反的边坡；

c. 斜向边坡：岩层倾向与坡向斜交的边坡；

d. 直立岩层边坡：岩层产状直立的边坡。

（三）按使用年限分类：可分为永久性边坡和临时性边坡

1. 永久性边坡：使用年限超过 2 年。

2. 临时性边坡：使用年限不超过 2 年。

二、边坡工程安全等级

边坡工程按其损坏后可能造成的破坏后果（危及人的生命、造成经济损失、产生社会不良影响）的严重性、边坡类型和坡高等因素，根据表 8-4-1 确定安全等级，其中岩体分类标准见表 8-4-2，岩体完整程度划分见表 8-4-3。

边坡工程安全等级　　**表 8-4-1**

边坡类型		边坡高度 H（m）	破坏后果	安全等级
岩质边坡	岩体类型为Ⅰ或Ⅱ类	$H\leqslant30$	很严重	一级
			严重	二级
			不严重	三级
	岩体类型为Ⅲ或Ⅳ类	$15<H\leqslant30$	很严重	一级
			严重	二级
		$H\leqslant15$	很严重	一级
			严重	二级
			不严重	三级

续表

边坡类型	边坡高度 H（m）	破坏后果	安全等级
土质边坡	$10<H\leqslant15$	很严重	一级
		严重	二级
	$H\leqslant10$	很严重	一级
		严重	二级
		不严重	三级

注：1. 一个边坡工程的各段，可根据实际情况采用不同的安全等级。

2. 对危害性极严重、环境和地质条件复杂的特殊边坡工程，其安全等级应根据工程情况适当提高。

3. 很严重：造成重大人员伤亡或财产损失；严重：可能造成人员伤亡或财产损失；不严重：可能造成财产损失。

岩质边坡的岩体分类　　表 8-4-2

边坡岩体类型	判定条件			
	岩体完整程度	结构面结合程度	结构面产状	直立边坡自稳能力
Ⅰ	完整	结构面结合良好或一般	外倾结构面或外倾不同结构面的组合线倾角>75°或<27°	30m高的边坡长期稳定，偶有掉块
Ⅱ	完整	结构面结合良好或一般	外倾结构面或外倾不同结构面的组合线倾角27°～75°	15m高的边坡稳定，15～30m高的边坡欠稳定
	完整	结构面结合差	外倾结构面或外倾不同结构面的组合线倾角>75°或<27°	15m高的边坡稳定，15～30m高的边坡欠稳定
	较完整	结构面结合良好或一般	外倾结构面或外倾不同结构面的组合线倾角>75°或<27°	边坡出现局部落块
Ⅲ	完整	结构面结合差	外倾结构面或外倾不同结构面的组合线倾角27°～75°	8m高的边坡稳定，15m高的边坡欠稳定
	较完整	结构面结合良好或一般	外倾结构面或外倾不同结构面的组合线倾角27°～75°	8m高的边坡稳定，15m高的边坡欠稳定
	较完整	结构面结合差	外倾结构面或外倾不同结构面的组合线倾角>75°或<27°	8m高的边坡稳定，15m高的边坡欠稳定
	较破碎	结构面结合良好或一般	外倾结构面或外倾不同结构面的组合线倾角>75°或<27°	8m高的边坡稳定，15m高的边坡欠稳定
	较破碎（碎裂镶嵌）	结构面结合良好或一般	结构面无明显规律	8m高的边坡稳定，15m高的边坡欠稳定

续表

边坡岩体类型	判定条件			
	岩　体完整程度	结构面结合程度	结构面产状	直立边坡自稳能力
Ⅳ	较完整	结构面结合差或很差	外倾结构面以层面为主，倾角多为27°～75°	8m高的边坡不稳定
	较破碎	结构面结合一般或差	外倾结构面或外倾不同结构面的组合线倾角27°～75°	8m高的边坡不稳定
	破碎或极破碎	碎块间结合很差	结构面无明显规律	8m高的边坡不稳定

注：1. 表中结构面指原生结构面和构造结构面，不包括风化裂隙；

2. 外倾结构面系指倾向与坡向的夹角小于30°的结构面；

3. 不包括全风化基岩；全风化基岩可视为土体；

4. Ⅰ类岩体为软岩时，应降为Ⅱ类岩体；Ⅰ类岩体为较软岩且边坡高度大于15m时，可降为Ⅱ类；

5. 当地下水发育时，Ⅱ、Ⅲ类岩体可根据具体情况降低一档；

6. 强风化岩应划为Ⅳ类；完整的极软岩可划为Ⅲ类或Ⅳ类；

7. 当边坡岩体较完整、结构面结合差或很差、外倾结构面或外倾不同结构面的组合线倾角27°～75°，结构面贯通性差时，可划为Ⅲ类；

8. 当有贯通性较好的外倾结构面时应验算沿该结构面破坏的稳定性。

岩体完整程度划分　　表8-4-3

岩体完整程度	结构面发育程度		结构类型	完整性系数 K_v	岩体体积结构面数
	组　数	平均间距（m）			
完　整	1～2	＞1.0	整体状	＞0.75	＜3
较完整－较破碎	2～3	1.0～0.3	厚层状结构、块状结构、层状结构和镶嵌碎裂结构	0.75～0.35	3～20
破碎－极破碎	＞3	＜0.3	裂隙块状结构、碎裂结构、散体结构	＜0.35	＞20

注：1. 完整性系数 $K_v=(V_R/V_P)^2$，V_R为弹性纵波在岩体中的传播速度，V_P为弹性纵波在岩块中的传播速度；

2. 结构类型的划分应符合现行国家标准《岩土工程勘察规范》GB 50021 的规定；镶嵌碎裂结构为碎裂结构中碎块 体积内的结构面数目（条/m^3）。

三、边坡力学参数取值

（一）土质边坡力学参数取值

1. 边坡稳定性计算：应根据不同的工况选择相应的抗剪强度指标。土质边坡按水土合算原则计算时，地下水位以下宜采用土的饱和自重固结不排水抗剪强度指标；按水土分算原则计算时，地下水位以下宜采用土的有效抗剪强度指标。

2. 填土边坡的力学参数：宜根据试验并结合当地经验确定。试验方法应根据工程要求、填料的性质和施工质量等确定，试验条件应尽可能接近实际。

3. 土质边坡抗剪强度试验方法的选择：

（1）根据坡体内的含水状态选择天然或饱和状态的抗剪强度试验方法；

（2）对于土质边坡，在计算土压力和抗倾覆计算时，对黏土、粉质黏土宜选择直剪固结快剪或三轴固结不排水剪，对粉土、砂土和碎石土宜选择有效强度指标；

（3）用于土质边坡计算整体稳定、局部稳定和抗滑稳定性时，对一般的黏性土、砂土和碎石土，按第（2）条的试验方法，但对饱和软黏性土，宜选择直剪快剪或三轴不固结不排水试验或十字板剪切试验。

（二）岩体边坡力学参数取值

1. 岩体结构面的抗剪强度指标的确定：试验应符合国家现行标准《工程岩体试验方法标准》GB/T 50266 的规定。当无条件进行试验时，结构面的抗剪强度指标标准值在初步设计时可按表 8-4-4 并结合相似工程经验确定。

结构面抗剪强度指标标准值　　**表 8-4-4**

结构面类型		结构面结合程度	内摩擦角 φ（°）	黏聚力 c（MPa）
硬性结构面	1	结合好	＞35	＞0.13
	2	结合一般	35～27	0.13～0.09
	3	结合差	27～18	0.09～0.05
软弱结构面	4	结合很差	18～12	0.05～0.02
	5	结合极差（泥化层）	＜12	＜0.02

注：1. 除第 1 项和第 5 项外，结构面两壁岩性为极软岩、软岩时取较低值；
2. 取值时应考虑结构面的贯通程度；
3. 结构面浸水时取较低值；
4. 临时性边坡可取高值；
5. 已考虑结构面的时间效应；
6. 未考虑结构面参数在施工期和运行期受其他因素影响发生的变化，当判定为不利因素时，可进行适当折减。

岩体结构面的结合程度可按表 8-4-5 确定。

岩体结构面的结合程度　　**表 8-4-5**

结合程度	结合状况	起伏粗糙程度	结构面张开度 mm	充填状况	岩体状况
结合良好	铁硅钙质胶结	起伏粗糙	≤3	胶结	硬岩或较软岩
结合一般	铁硅钙质胶结	起伏粗糙	3～5	胶结	硬岩或较软岩
	铁硅钙质胶结	起伏粗糙	≤3	胶结	软岩
	分离	起伏粗糙	≤3（无充填时）	无充填或岩块、岩屑充填	硬岩或较软岩
结合差	分离	起伏粗糙	≤3	干净无充填	软岩
	分离	平直光滑	≤3（无充填时）	无充填或岩块、岩屑充填	各种岩层
	分离	平直光滑		岩块、岩屑夹泥或附泥膜	各种岩层
结合很差	分离	平直光滑、略有起伏		泥质或泥夹岩屑充填	各种岩层
	分离	平直很光滑	≤3	无充填	各种岩层
结合极差	结合极差	—	—	泥化夹层	各种岩层

注：1. 起伏度：当 $R_A \leqslant 1\%$，平直；$1\% < R_A \leqslant 2\%$时，略有起伏；$2\% < R_A$时为起伏，其中 $R_A = A/L$，A 为连续结构面起伏幅度（cm），L 为连续结构面取样长度（cm），测量范围 L 一般为（1.0～3.0）m；
2. 粗糙度：很光滑，感觉非常细腻如镜面；光滑，感觉比较细腻，无颗粒感觉；较粗糙，可以感觉到一定的颗粒状；粗糙，明显感觉到的颗粒状。

2. 天然状态或饱和状态岩体内摩擦角标准值的确定：当无试验资料和当地经验时，可根据天然状态或饱和状态岩块的内摩擦角标准值结合边坡岩体完整程度按表 8-4-6 中系数折减确定。

边坡岩体内摩擦角的折减系数　　**表 8-4-6**

边坡岩体完整程度	内摩擦角的折减系数	边坡岩体完整程度	内摩擦角的折减系数	边坡岩体完整程度	内摩擦角的折减系数
完整	0.95～0.90	较完整	0.90～0.85	较破碎	0.85～0.80

注：1. 全风化层可按成分相同的土层考虑；
2. 强风化基岩可根据地方经验进行适当折减。

3. 边坡岩体等效内摩擦角的确定：宜按当地经验确定。当无当地经验时，可按表 8-4-7 取值。

边坡岩体等效内摩擦角标准值　　**表 8-4-7**

边坡岩体类型	Ⅰ	Ⅱ	Ⅲ	Ⅳ
等效内摩擦角 φ_e（°）	$\varphi_e>72$	$72\geqslant\varphi_e>62$	$62\geqslant\varphi_e>52$	$52\geqslant\varphi_e>42$

注：1. 表中数据适用于高度不大于 30m 的边坡，当高度大于 30m 时，应做专门研究；
2. 边坡高度较大时宜取较小值；高度较小时宜取较大值；当边坡岩体变化较大时，应按同等高度段分别取值；
3. 表中数据已考虑时间效应，对于Ⅱ、Ⅲ、Ⅳ类岩质临时边坡可取表中上限值，Ⅰ类岩质临时边坡可根据岩体强度及完整程度取大于 72°的数值；
4. 表中数值适用于完整、较完整的岩体；破碎、较破碎的岩体可根据地方经验在表中数值的基础上适当折减。

第二节　边坡工程的稳定性分析

一、边坡稳定的影响因素分析

边坡的稳定性受多种因素的影响，可分为内部因素和外部因素。内部因素包括岩土性质、地质构造、岩土结构、水的作用、地震作用、地应力和残余应力等，外部因素包括工程荷载条件、振动、斜坡形态以及风化作用、临空条件、气候条件和地表植被发育等。评价一个边坡的稳定性，应根据其地形地貌、形态特征、地层条件、地下水活动和出露位置等各种因素综合确定。

（一）影响边坡稳定性的因素

1. 岩土的性质：包括岩土的坚硬（密实）程度，抗风化和抗软化能力，抗剪强度，颗粒大小、形状以及透水性能等。

2. 岩层结构及构造：包括层理、节理、劈理、裂隙的发育程度及分布规律，结构面胶结情况以及软弱面，破碎带的分布与斜坡的相互关系，岩土界面的形态及与坡向、坡度的空间关系等。

3. 水文地质条件：地下水埋藏条件，流动、潜蚀情况以及动态变化等。

4. 风化作用：风化作用使岩土的强度降低，裂隙增加，影响边坡的形状和坡度，使地表水易于渗入。

5. 气候作用：岩土风化速度、风化层厚度以及岩石风化后的机械变化和化学变化(矿物成分的改变)，均与气候有关。

6. 地震作用：地震作用除使岩土体受到地震加速度的作用而增加下滑力外，还会因岩土中的孔隙水压力增加和岩土体强度降低对边坡的稳定不利。

7. 地貌因素：边坡的高度、坡度和形态是影响斜坡稳定性的重要因素。

8. 人为因素：边坡不合理的设计、施工，大量外来水的渗入及爆破等都可能造成边坡失稳。

（二）边坡稳定性因素的分析

1. 黏性土类边坡：均一黏性土类边坡的稳定性，主要取决于黏性土的性质（含水状态、抗剪强度）。当为双层或多层结构时，还取决于层面的性质和软弱夹层的分布情况。当有裂隙存在时，裂隙的分布规律和发育程度，对边坡稳定也有影响。

2. 碎石类边坡：其稳定性取决于碎石粒径大小和形状，胶结情况和密实程度。在山区，碎石类土一般均含有黏性土或黏性土夹层，其稳定性主要取决于黏性土性质与地下水活动情况。

当黏性土或碎石土覆盖于基岩之上构成边坡时，其稳定性取决于接触面的形状、坡度的大小、地下水在接触面的活动以及基岩面的风化情况。

3. 黄土类边坡：其稳定性取决于土层的密实程度和地层年代、成因、不同时期黄土的接触情况，地形地貌和水文地质条件，黄土本身陷穴、裂隙发育程度，主要力学指标的变化幅度，气候条件、地震影响以及河流冲刷等因素。

4. 岩石类边坡：其稳定性主要取决于控制性结构面的性质及其与边坡临空面的空间组合关系。分析岩石类边坡的稳定性时，应注意结构面的下列问题：

(1) 软弱结构面：有些结构面物质软弱破碎，含泥质及水理性质不良的黏土矿物，在水的作用下，抗剪强度降低，对岩体稳定性影响显著，应予充分重视，对其矿物组成应进行分析。

(2) 当结构面延展性较强，且与边坡倾向相同，结构面倾角大于其表面摩擦角而小于坡角时，易导致边坡失稳。而当结构面短小、互相不连贯、岩体强度仍受岩石强度控制时，则边坡稳定性较好。

(3) 结构面的密集程度、平直程度及光滑度或起伏差，都会影响边坡岩体的力学特性，应进行适当研究，为确定强度参数提供依据。

二、边坡破坏的基本形式

对于土质边坡，黏性土的破坏面基本上为圆弧形，无黏性土的破坏面基本上为直线形。

对于岩质边坡，多沿软弱结构面发生滑移，破坏面可分为直线形、折线形、楔形。对于较大规模的碎裂结构岩质边坡，破坏面为圆弧形。如岩土界面与边坡倾向一致时，则可能发生沿界面的滑移，如图 8-4-1～图 8-4-4 所示。

另外，还有岩土复合型滑动、岩石崩落等。

三、边坡稳定性分析计算

边坡稳定性分析目的在于根据工程地质条件确定合理的边坡容许坡度和坡高，或验算拟定的边坡是否稳定。边坡稳定性分析应遵循以定性分析为基础、以定量计算为重要辅助

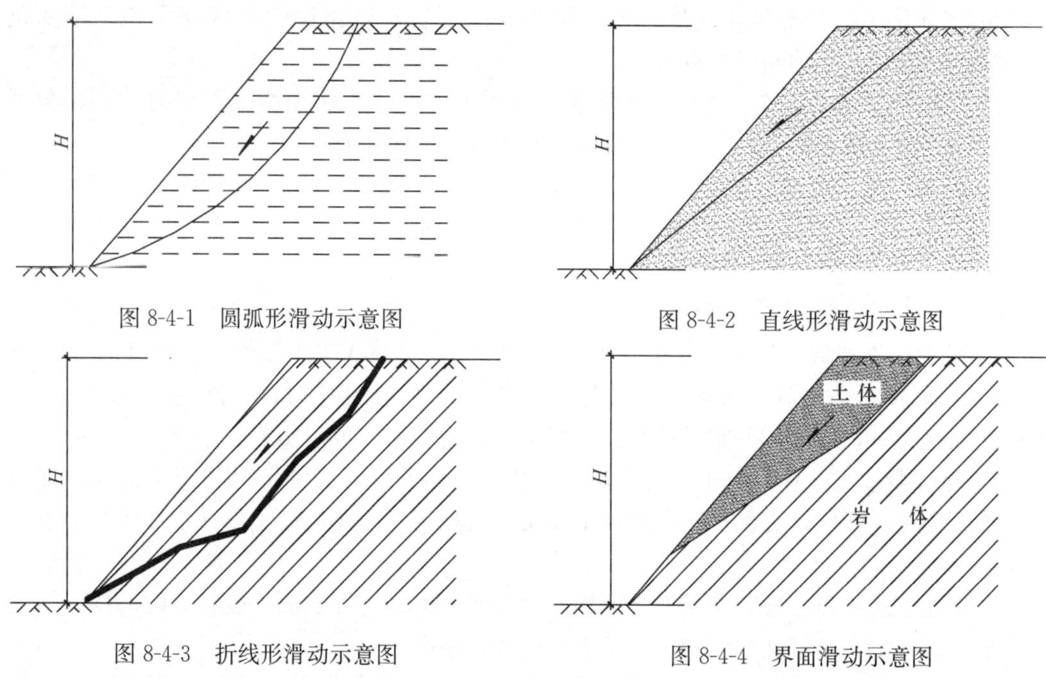

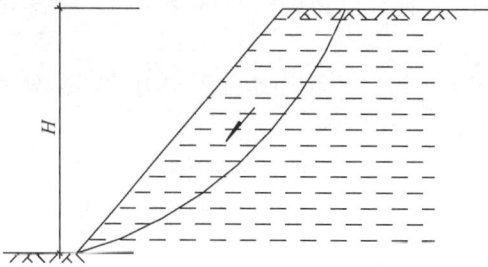

图 8-4-1　圆弧形滑动示意图　　图 8-4-2　直线形滑动示意图

图 8-4-3　折线形滑动示意图　　图 8-4-4　界面滑动示意图

手段，进行综合评价的原则。因此，应根据边坡地质结构、可能的破坏模式以及已经出现的变形破坏迹象对边坡的稳定状态做出定性判断，并对其稳定性趋势做出估计，是边坡稳定性分析的重要内容。

边坡稳定性评价应包括下列内容：边坡稳定性状态的定性判断；边坡稳定性计算；边坡稳定性综合评价；边坡稳定性发展趋势分析。边坡稳定分析常采用下列方法。

（一）工程地质类比分析

工程地质类比方法主要是依据工程经验和工程地质学分析方法，按照坡体介质结构及相关条件，与已有的类似边坡进行类比，进行边坡破坏类型及稳定性状态的定性判断。

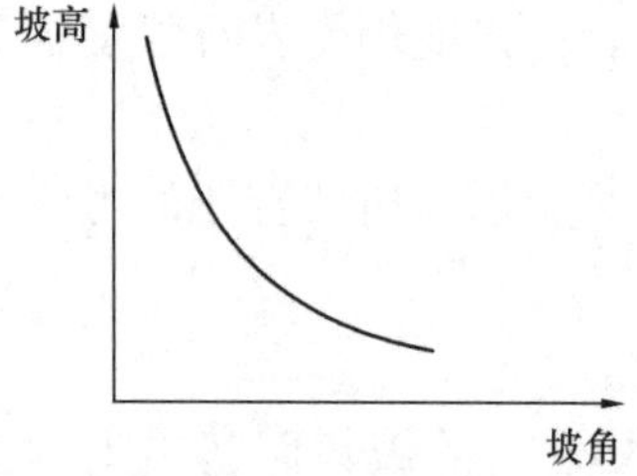

图 8-4-5　坡高与坡角的关系

自然斜坡类比法

1）方法原理

（1）自然斜坡的外形受地质结构、岩性、气候条件、地下水赋存状况、坡向等多因素影响。由于重力因素的作用，通常稳定的高坡要比稳定的低坡平缓。

（2）影响斜坡的重力，岩性、岩体的结构构造，气候条件，坡向相同时，人工边坡较自然斜坡可维持较陡的坡度（图 8-4-5）。

（3）研究表明，稳定的自然斜坡高度和坡面投影长度依循下列关系

$$H = aL^{b} \tag{8-4-1}$$

式中　H——自然斜坡高度；

L——自然斜坡坡面投影长度；

a、b——常数。

（4）将同一种斜坡调查所得的 H、L 绘于双对数坐标纸上，可得到一条斜率为 b 的直

线。对于不同边坡调查的结果所绘制的各直线有会聚的趋势。据经验该会聚点坐标为 $H=3050\text{m}$，$L=22800\text{m}$（图 8-4-6）。

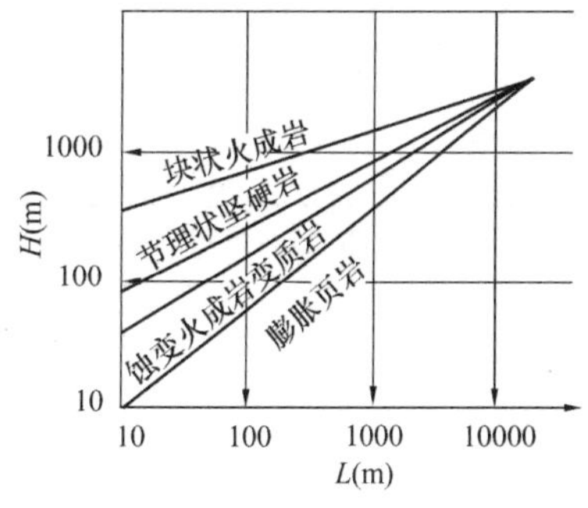

图 8-4-6　坡高与坡面长度的会聚点

2）调查统计方法

（1）在详细踏勘的基础上，从地形图上选取与设计的边坡在坡向、岩性、构造以及地下水赋存状态等条件相同或相近的天然斜坡。

（2）将选出的天然斜坡划分成若干档次，在各段坡高的较陡区段量取其相应的坡面水平投影长，进行筛选，找出该档次坡高的最小坡面投影长度。此坡高与其相应的最小坡面水平投影长度即为所获取的一对数据。如此进行，可获得对应不同档次坡高的一系列数对。

（3）将这些数对标在双对数坐标纸上，绘出曲线（常为直线），参照和利用前述经验会聚点的位置，由最高数据点附近曲线上的一点到经验会聚点连线的外插结果，可用以估计更高的自然坡的稳定坡度。

（二）查表法（坡率法）

在实际边坡设计中，经常应用工程类比法确定边坡坡度。我国许多建设部门在边坡设计治理过程中积累了很多经验，本节列出一些边坡坡度经验值，在没有试验资料进行稳定性计算时，可供参考应用。

1. 岩、土（包括黄土、填土）边坡允许坡度值可按表 8-4-8～表 8-4-12 采用。

土质边坡坡率允许值　　**表 8-4-8**

土 的 类 别	密实度或状态	边坡高度（m）	
		5m 以下	5～10m
碎石土	密实	1∶0.35～1∶0.50	1∶0.50～1∶0.75
	中密	1∶0.50～1∶0.75	1∶0.75～1∶1.00
	稍密	1∶0.75～1∶1.00	1∶1.00～1∶1.25
粉　土	稍湿	1∶1.00～1∶1.25	1∶1.25～1∶1.5
老黏性土	坚硬	1∶0.35～1∶1.50	1∶0.50～1∶0.75
	硬塑	1∶0.50～1∶0.75	1∶0.75～1∶1.00
一般的黏性土	坚硬	1∶0.75～1∶1.00	1∶1.00～1∶1.25
	硬塑	1∶1.00～1∶1.25	1∶1.25～1∶1.50

注：1. 本表中的碎石土，其充填物为坚硬或硬塑状的黏性土；
2. 砂土或碎石土的充填物为砂土时，其边坡允许坡度值按自然休止角确定。

碎石土边坡坡率参考数值　　**表 8-4-9**

土体综合密实度	边坡高度（m）		
	10m 以内	20m 以内	20～30m
胶结的	1∶0.30	1∶0.30～1∶0.50	1∶0.5
密实的	1∶0.50	1∶0.50～1∶0.75	1；0.75～1∶1.00

续表

土体综合密实度	边坡高度（m）		
	10m以内	20m以内	20～30m
中等密实的	1∶0.75～1∶1.00	1∶1	1∶1.25～1∶1.5
大多数块径大于40cm 多数块径大于25cm 块径一般小于25cm	1∶0.50 1∶0.75 1∶1.25	1∶0.75 1∶1.00 1∶1.5	1∶0.75～1∶1.00 1∶1～1∶1.25 1∶1.5～1∶1.75

注：1. 含土多时还需按土质边坡进行验算；

2. 含碎石多且松散时，可视具体情况挖成折线形坡或台阶形；

3. 如大块石中有较多黏性土时，边坡一般为1∶1～1∶1.50。

岩质边坡坡率允许值　　表8-4-10

边坡岩体类型	风化程度	边坡允许值（高宽比）		
		$H<8$m	8m$\leqslant H<$15m	15m$\leqslant H<$25m
Ⅰ类	微风化	1∶0.00～1∶0.10	1∶0.10～1∶0.15	1∶0.15～1∶0.25
	中等风化	1∶0.10～1∶0.15	1∶0.15～1∶0.25	1∶0.25～1∶0.35
Ⅱ类	微风化	1∶0.10～1∶0.15	1∶0.15～1∶0.25	1∶0.25～1∶0.35
	中等风化	1∶0.15～1∶0.25	1∶0.25～1∶0.35	1∶0.35～1∶0.50
Ⅲ类	微风化	1∶0.25～1∶0.35	1∶0.35～1∶0.50	—
	中等风化	1∶0.35～1∶0.50	1∶0.50～1∶0.75	—
Ⅳ类	中等风化	1∶0.50～1∶0.75	1∶0.75～1∶1.00	—
	强风化	1∶0.75～1∶1.0	—	—

注：1. 表中H为边坡高度；

2. Ⅳ类强风化包括各类风化程度的极软岩；

3. 全风化岩体可按土质边坡坡率取值。

砂砾石边坡参考数值　　表8-4-11

中细砂、砾卵石、碎石		细　砂		粉　细　砂	
坡高（m）	坡度	坡高（m）	坡度	坡高（m）	坡度
0～10 10～20 20～30 30～40	1∶1.5 1∶1.75 1∶2.0 1∶2.25	0～10 6～18	1∶1.75 1∶2.0	0～6 6～12 12～18	1∶1.75 1∶2.0 1∶2.5

黄土路堑边坡参考数值　　**表 8-4-12**

工程分区	工程分类		边坡坡度 边坡高度 ≤6m	6～12m	12～20m	20～30m	30～40m
Ⅰ东南地区	新黄土（马兰黄土）$Q_{\mathrm{III}}-Q_{\mathrm{IV}}$	坡　积	1∶0.5	1∶0.5～ 1∶0.75	1∶0.75～ 1∶1.0		
		洪、冲积	1∶0.2～ 1∶0.3	1∶0.3～ 1∶0.5	1∶0.5～ 1∶0.75	1∶0.75～ 1∶1.0	
	新黄土（马兰黄土）Q_{III}		1∶0.3～ 1∶0.4	1∶0.4～ 1∶0.6	1∶0.6～ 1∶0.75	1∶0.75～ 1∶1.0	1；1.0～ 1∶1.25
	老黄土（离石黄土）Q_{II}		1∶0.1～ 1∶0.3	1∶0.2～ 1∶0.4	1∶0.3～ 1∶0.5	1∶0.5～ 1∶0.75	1∶0.75～ 1∶1.0
Ⅱ中部地区	新黄土（马兰黄土）$Q_{\mathrm{III}}-Q_{\mathrm{IV}}$	坡积	1∶0.5	1∶0.5～ 1∶0.75	1∶0.75～ 1∶1.00		
		冲、洪积	1∶0.2～ 1∶0.3	1∶0.3～ 1∶0.5	1∶0.5～ 1∶0.75	1∶0.75～ 1∶1.0	
	新黄土（马兰黄土）Q_{III}		1∶0.3～ 1∶0.4	1∶0.4～ 1∶0.5	1∶0.5～ 1∶0.75	1∶0.75～ 1∶1.0	1∶1.0～ 1∶1.25
	老黄土（离石黄土）Q_{II}		1∶0.1～ 1∶0.3	1∶0.2～ 1∶0.4	1∶0.3～ 1∶0.5	1∶0.5～ 1∶0.75	1∶0 75～ 1∶1.0
	红色黄土（午城黄土）Q_{I}		1∶0.1～ 1∶0.2	1∶0.2～ 1∶0 3	1∶0 3～ 1∶0.4	1∶0.4～ 1∶0.6	1∶0 6～ 1∶0.75
Ⅲ西中地区	新黄土（马兰黄土）$Q_{\mathrm{III}}-Q_{\mathrm{IV}}$	坡　积	1∶0.5～1∶0.75 1∶0.75～1∶1.0		1∶1.0～ 1∶1.25		
		洪积、冲积	1∶0.2～1∶0.4 1∶0.4～1∶0.6		1∶0.6～ 1∶0.75	1∶0.75～ 1∶1.0	
	新黄土（马兰黄土）Q_{III}		1∶0.4～ 1∶0.5	1∶0.5～ 1∶0.75	1∶0.75～ 1∶1.0	1∶1.0～ 1∶1.25	1∶1.25
	老黄土（离石黄土）Q_{II}		1∶0.1～ 1∶0.3	1∶0. 2～ 1∶0.4	1∶0.3～ 1∶0.5	1∶0.5～ 1∶0.75	1∶0.75～ 1∶1.0
Ⅳ北部地区	新黄土（马兰黄土）$Q_{\mathrm{III}}-Q_{\mathrm{IV}}$	坡　积	1∶0.5～ 1∶0.75	1∶0.75～ 1∶1.0	1∶1.0～ 1∶1.25		
		洪积、冲积	1∶0 .2～ 1∶0.4	1∶0.4～ 1∶0.6	1∶0.6～ 1∶0.75	1∶0.75～ 1∶1. 0	
	新黄土（马兰黄土）Q_{III}		1；0.3～ 1∶0.5	1∶0.5～ 1；0.6	1∶0.6～ 1∶0.75	1∶0.75～ 1∶1.0	1∶1.25
	老黄土（离石黄土上部）Q_{II}^{2}		1∶0.1～ 1∶0.3	1∶0.2～ 1∶0.4	1∶0.3～ 1∶0.5	1∶0.5～ 1∶0.75	1∶0 75～ 1∶1.0
	老黄土（离石黄土下部）Q_{II}^{1}		1∶0.1～ 1∶0.2	1∶0.2～ 1∶0.3	1∶0.3～ 1∶0.4	1∶0.4～ 1∶0.6	1∶0.6～ 1∶0.75

注：1. 本表所列数值系由公路科研、生产等单位的调查研究成果，并参照铁路、水利等有关部门的资料，经分析、汇总整理而成；

2. 当边坡高度 H>20m 时，宜考虑进行力学验算；

3. 本表所提供的参考数值，系指一般均质土，并无不良水文地质及工程地质现象的坡度值。

2. 岩石的人工边坡设计

岩石人工边坡设计，还可根据岩石的种类、特征、风化破碎程度以及边坡高度等因素参照表 8-4-13 设计。

岩质边坡坡度与高度参考数值 **表 8-4-13**

岩石种类及特征	岩石风化程度	岩石破碎程度	边坡坡度与高度值		
			高 15m 以内	高 30m 以内	高 40m 以内
酸中性侵入岩类坚固的花岗岩、正长岩、闪长岩及其过渡型岩石，全结晶细粒至中粒单一或同时出现或无岩脉侵入	微风化至中等风化	节理很少，至节理较多	1∶0.1～1∶0.2	1∶0.1～1∶0.3	1∶0.2～1∶0.4
		节理发育	1∶0.2～1∶0.3	1∶0.2～1∶0.5	1∶0.5～1∶0.75
		节理极发育	1∶0.3～1∶0.5	1∶0.5～1∶0.75	
	强风化	节理很少，至节理较多	1∶0.3	1∶0.3～1∶0.5	1∶0.75～1∶1
		节理发育	1∶0.5	1∶0.7	
		节理极发育	1∶0.75	1∶0.75～1∶1	
基性侵入岩类，单一或多种，同时出现一次或多次侵入，辉长岩、辉岩、辉绿岩，块状坚硬	微风化至中等风化	节理很少，至节理较多	1∶0.2～1∶0.3	1∶0.3～1∶0.5	1∶0.5
		节理发育	1∶0.3～1∶0.5	1∶0.5	1∶0.5
		节理极发育	1∶0.5	1∶0.75	
	强风化	节理很少，至节理较多	1∶0.3	1∶0.5	1∶0.75～1∶1
		节理发育	1∶0.5	1∶0.75	
		节理极发育	1∶0.75	1∶1	
喷出火山岩类，流纹岩、安山岩、玄武岩、凝灰岩	微风化至中等风化	节理很少，至节理较多	1∶0.2～1∶0.3	1∶0.3～1∶0.5	1∶0.5
		节理发育	1∶0.3～1∶0. 5		1∶0.75
		节理极发育	1∶0.5	1：0.75	
	强风化	节理很少，至节理较多	1∶0 .2～1∶0.3	1∶0.3～1∶0.5	1∶0.75～1∶1
		节理发育	1∶0.5	1∶0.75	
		节理极发育	1∶0.5	1∶1	
砂岩、砾岩、厚层块状钙铁硅质胶结，结构致密	微风化至中等风化	节理很少，至节理较多	1∶0.1～1∶0.2	1∶0.2～1∶0.3	1∶0.3～1∶0.5
		节理发育	1∶0. 2～1∶0.4	1∶0. 3～1∶0.5	1∶0.5
		节理极发育	1∶0.4～1∶0.5	1∶0.5	
	强风化	节理很少，至节理较多	1∶0.3～1∶0.4	1∶0.5	1∶0.75
		节理发育	1∶0.4～1∶0.5	1；0.75	
		节理极发育	1∶0. 5～1∶0.75	1∶0.75～1∶1	

续表

岩石种类及特征	岩石风化程度	岩石破碎程度	边坡坡度与高度值		
			高15m以内	高30m以内	高40m以内
砂岩、砾岩、中薄层泥质、钙质胶结不完整，结构不密实	微风化至中等风化	节理很少，至节理较多	1∶0.3～1∶0.5	1∶0.5	1∶0.5～1∶0.75
		节理发育	1∶0.5	1∶0.5～1∶0.75	1∶0.75～1∶1
		节理极发育	1∶0.5～1∶0.75	1∶0.75～1∶1	
	强风化	节理很少，至节理较多	1∶0.5	1∶0.5～1∶0.75	1∶0.75～1∶1
		节理发育	1∶0.75		
		节理极发育	1∶0.75～1∶1	1∶1～1∶1.25	
薄层砂岩、页岩、砾岩互层，或页岩含泥质，炭质及黄铁矿等有害矿物者	微风化至中等风化	节理很少，至节理较多	1∶0.5	1∶0.5～1∶0.75	1∶0.75
		节理发育	1∶0.5～1∶0.75	1∶0.75～1∶1	1∶1
		节理极发育	1∶0.75～1∶1	1∶1～1∶1.25	
	强风化	节理较多	1∶0.5～1∶0.75	1∶0.75	1∶1
		节理发育	1∶0.75～1∶1	1∶1	
		节理极发育	1∶1	1∶1.25～1∶1.5	
中薄层砂质页岩或其与砂岩、砾岩的互层（无夹层者）	微风化至中等风化	节理较多	1∶0.5	1∶0.5～1∶0.75	1∶0.75
		节理发育	1∶0.5～1∶0.75	1∶0.75	1∶0.75～1∶1
		节理极发育	1∶0.75	1∶0.75～1∶1	
	强风化	节理较多	1∶0.5～1∶0.75	1∶0.75	1∶0.75～1∶1
		节理发育	1∶0.75	1∶0.75～1∶1	
		节理极发育	1∶0.75～1∶1	1∶1～1∶1.5	
石灰岩厚层，块状致密坚硬	微风化至中等风化强风化	节理很少，至节理较多	1∶0.1～1∶0.2	1∶0.2～1∶0.3	1∶0.3～1∶0.5
		节理发育	1∶0.2～1∶0.3	1∶0.3～1∶0.5	1∶0.5～1∶0.75
		节理极发育	1∶0.3～1∶0.5	1∶0.5	
		节理很少，至节理较多	1∶0.2～1∶0.4	1∶0.5	1∶0.75
		节理发育	1∶0.4～1∶0.5		
		节理极发育	1∶0～1∶0.75	1∶0.75～1∶1	
白云岩、燧质、硅质、泥质、铁质石灰岩、磷灰岩或互层薄层，中层致密	微风化至中等风化	节理很少，至较多	1∶0.2～1∶0.3	1∶0.3～1∶0.4	1∶0.4～1∶0.5
		节理发育	1∶0.3～1∶0.4	1∶0.4～1∶0.6	1∶0.5～1∶0.75
		节理极发育	1∶0.4～1∶0.5	1∶0.6	
	强风化	节理很少，至节理较多	1∶0.3～1∶0.5	1∶0.5	1∶0.75
		节理发育	1∶0.5	1∶0.75	
		节理极发育	1∶0.75	1∶1	

续表

岩石种类及特征	岩石风化程度	岩石破碎程度	边坡坡度与高度值		
			高 15m 以内	高 30m 以内	高 40m 以内
角砾岩及凝灰角砾岩胶结不完整	微风化至中等风化	节理较多	1∶0.3～1∶0.4	1∶0.4～1∶0.5	1∶0.5
		节理发育	1∶0.4～1∶0.5	1∶0.5～1∶0.75	1∶0.75～1∶1
		节理极发育	1∶0.5	1∶0.75	
	强风化	节理较多	1∶0.5	1∶0.5～1∶0.75	1∶0.75～1∶1
		节理发育	1∶0.5～1∶0.75	1∶0.75～1∶1	
		节理极发育	1∶0.75～1∶1	1∶1～1∶1.25	

注：1. 本表系岩石边坡调查资料汇编，尚不够充分，由于影响岩石边坡的因素甚多，如气象、地震、水文地质条件以及建筑物的重要程度等，应对所在地区具体情况综合研究确定。

2. 构造破碎带或残积风化带的各种岩石，一般节理极发育，在边坡高度小于 20m 时，一般可采用 1∶1 或 1∶1～1∶1.5 的边坡，个别的可采用 1∶0.75 的边坡。

3. 边坡数值栏有空白者相应岩石边坡高度加以限制，避免发生变形。

（三）计算法

1. 边坡稳定性计算的原则

边坡稳定性计算方法，根据边坡类型和可能的破坏形式，可按下列原则确定：

（1）土质边坡、极软岩边坡、破碎或极破碎岩质边坡宜采用圆弧形滑面法进行计算。

（2）沿结构面滑动的边坡，应根据结构面形态采用平面或折线形滑面法进行计算。

（3）对结构复杂的岩质边坡，可结合采用极射赤平投影法和实体比例投影法进行计算。

（4）对边坡破坏机制复杂的边坡，可采用数值极限分析法。

（5）对存在地下水渗流作用的边坡，稳定性分析应按下列方法考虑地下水的作用：

1）水下部分岩土体重度取浮重度；

2）计算第 i 条块岩土体所受的总渗透力 P_{wi}（kN/m）按下式计算：

$$P_{wi}=\gamma_w V_i \sin\frac{1}{2}(\alpha_i+\theta_i) \tag{8-4-2}$$

式中　γ_w——水的重度（kN/m³）；

V_i——第 i 计算条块单位宽度岩土体的水下体积（m³/m）；

θ_i，α_i——第 i 计算条块底面倾角和地下水位面倾角（°）。

3）总渗透力作用的角度为计算条块底面和地下水位面倾角的平均值，指向低水头方向。

（6）对存在多个滑动面的边坡，应分别对各种可能的滑动面组合进行稳定性计算分析，并取最小稳定性系数作为边坡稳定性系数。对多级滑动面的边坡，应分别对各级滑动面进行稳定性计算分析。

2. 一般的计算与分析

（1）当边坡为砂、砾或碎石土时（c 值不计），从图 8-4-7 可知，当 A 点处于极限平衡时，即 $\tan\beta=\tan\varphi$，$\beta=\varphi$ 故边坡角 β 小于土的内摩擦角 φ 时则稳定。

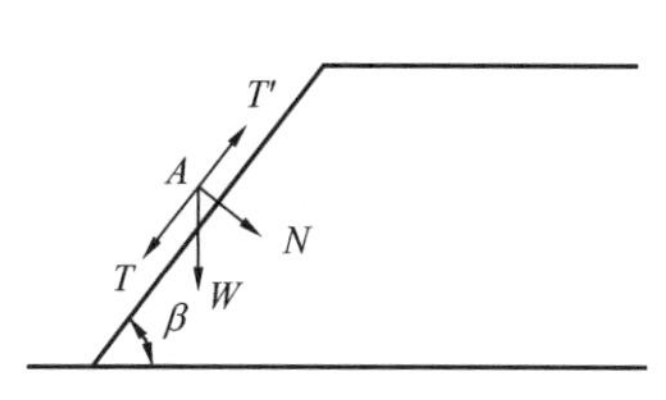

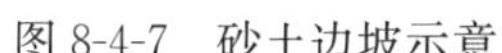
图 8-4-7　砂土边坡示意

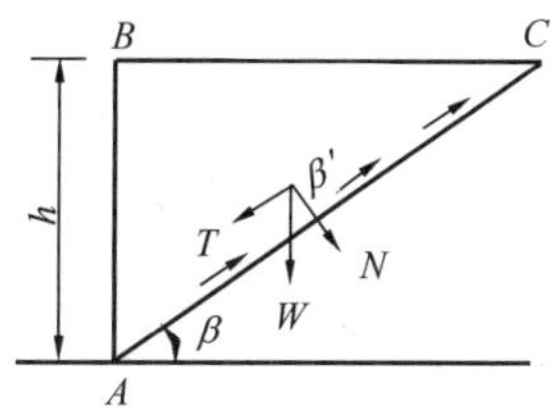

图 8-4-8　黏性土边坡示意

（2）当直立边坡为黏性土时（φ 值不计），从图 8-4-8 可得

$$c=\frac{\gamma h}{4}\sin 2\beta \tag{8-4-3}$$

式中　c—— 土的黏聚力；

γ——土的重度；

H—— 直立边坡的高度；

B—— 滑动面与水平面的夹角。

当 $\beta=45°$时，处于极限平衡，故

直立边坡的极限高度　$$h_u=\frac{4c}{\gamma} \tag{8-4-4}$$

按经验公式：　$$h_u=3.84\frac{c}{\gamma}$$

（3）当斜坡土质 $c\neq 0$，$\varphi\neq 0$ 时，如图 8-4-9 所示，土处于极限平衡状态，则

$$h=\frac{2c\sin\beta\cos\varphi}{\gamma\sin^2\left(\frac{\beta-\varphi}{2}\right)} \tag{8-4-5}$$

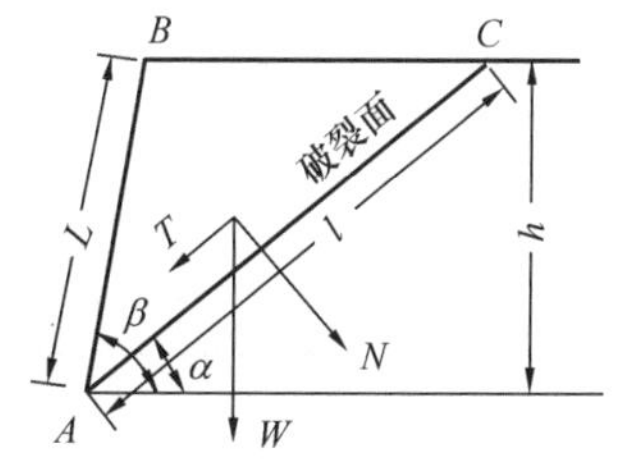

图 8-4-9　有黏聚力土坡的破坏

1）当 $\beta=\varphi$ 时，$h=\infty$，即边坡的坡角等于内摩擦角时，则边坡的高度达到无限大，仍处于平衡状态。

2）当 $\beta>\varphi$ 时，即为陡坡，则 c 值愈大，边坡高度愈高，即边坡高度随黏聚力的大小而增减。

3）当 $\beta>\varphi$，$c=0$ 时，则 $h=0$，说明无黏聚力的土体；边坡的坡角大于内摩擦角时，则边坡的任何高度，都不是稳定的。

4）当 $c>0$ 时，将 $\beta=\frac{\pi}{2}$代入式（8-4-5），即可求得垂直边坡的最大高度

$$h_{90}=\frac{2c\cos\varphi}{\gamma\sin^2\left(45°-\frac{\varphi}{2}\right)} \tag{8-4-6}$$

由式（8-4-5）可知，当坡度（β）愈大时，则边坡坡高（h）愈小；反之坡度（β）愈小，则边坡高也愈大。由此分层计算，可得出凹形边坡（图 8-4-10）。

3. 黏土边坡整体圆弧滑动法（$\varphi=0$ 分析）

黏土边坡刚形成时，体内孔隙水压力还来不及消散，黏土强度指标取不排水剪或快剪试验或十字板剪切试验结果。对于正常固结软黏土，此时内摩擦角 $\varphi=0$，仅有黏聚力 c_u，因而又称 $\varphi=0$ 分析。滑动面形状假定为圆弧，如图 8-4-11 所示。

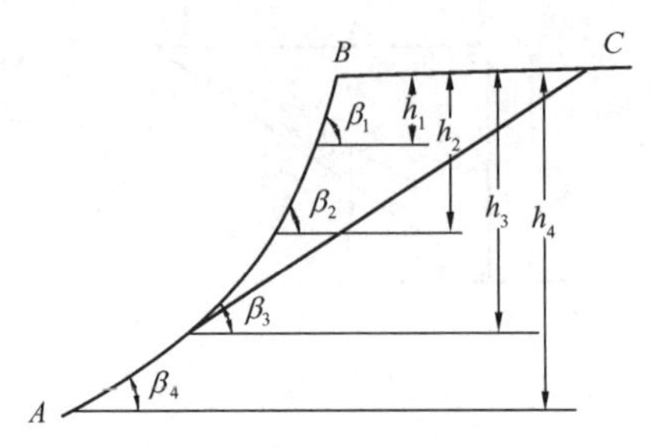

图 8-4-10　边坡坡角随坡高变化图

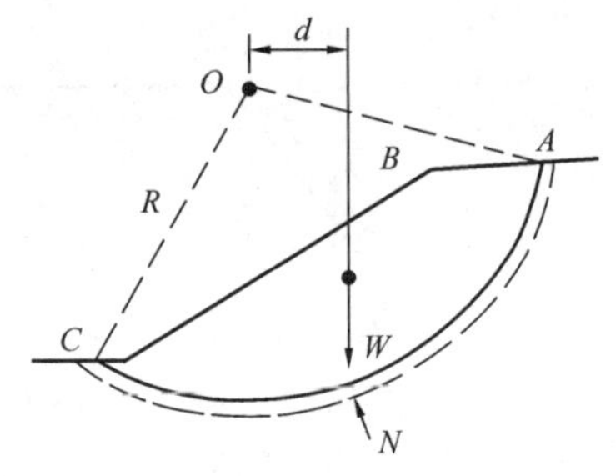

图 8-4-11　整体滑动圆

设 R 为滑弧半径，L 为滑弧弧长，W 为滑体自重；d 为滑弧体重心距滑弧圆心的水平距离。边坡安全系数为抗滑力矩与滑动力矩之比：

$$K_{s}=\frac{c_{u}LR}{Wd} \tag{8-4-7}$$

4. 楔体滑动分析

楔体滑动也是岩石边坡常见的破坏形式。当两组不连续面产状组合达到一定条件时，它们与坡顶和坡面组成的楔体沿两组不连续面交线滑动。如图 8-4-12 所示，垂直边坡由两组节理面切割成一个四面体 $ABCD$。设四面体 $ABCD$ 的质量为 Q，滑面$\triangle ABD$ 及$\triangle DBC$ 相交的倾斜线 BD 的倾角为 α。滑面$\triangle ABD$ 命名为 F_1 滑面，具有抗剪强度指标 c_1 及 φ_1。滑面$\triangle BDC$ 命名为 F_2 滑面，具有抗剪强度指标 c_2 及 φ_2。

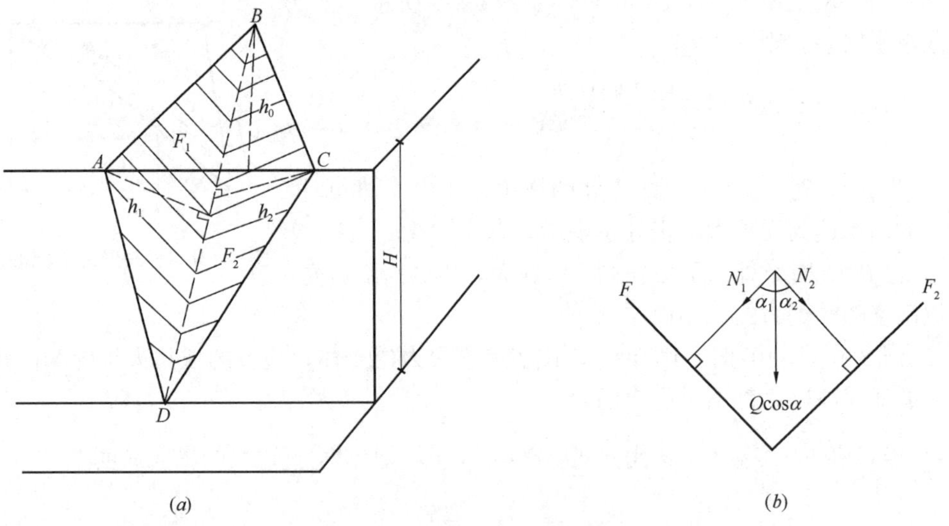

图 8-4-12　两组节理面相交切割的楔体的稳定计算

四面体的体积为

$$V_{\mathrm{ABCD}}=\frac{1}{3}\triangle ABCH;\triangle ABC=\frac{1}{2}\overline{AC}h$$

四面体的质量为

$$Q=\frac{\gamma H}{6}\overline{AC}h_{0}$$

两个节理面的面积为

$$\triangle ABD=\frac{1}{2}\overline{BD}h_1;\quad \triangle ACD=\frac{1}{2}\overline{BD}h_2$$

令$\overline{BD}=l$，则此四面体的稳定系数为

$$K=N_1=\frac{\gamma H\overline{AC}h_0\cos\alpha(\sin\alpha_2\tan\varphi_1+\sin\alpha_1\tan\varphi_2)+3l(c_1h_1+c_2h_2)\sin(\alpha_1+\alpha_2)}{\gamma H\overline{AC}h_0\sin\alpha\sin(\alpha_1+\alpha_2)} \tag{8-4-8}$$

式中　α_1——两滑面交线的法线与F_1滑面法线之夹角；

α_2——两滑面交线的法线与F_2滑面法线之夹角。

楔体滑体稳定性分析常需借助赤平投影法，也可用矢量分析法，前者直观简单，有利于分析方法的理解：后者数学复杂但利于编程。

5. 坡脚应力与坡脚岩土强度对比法

（1）当较坚实岩土的边坡下伏软弱土层或松散破碎岩层时，可先计算软弱岩土在坡脚附近不同位置和深度的应力分布，并绘出最大剪应力等值线图，然后按地层分层取样的试验资料绘出坡脚相应部位岩土的等强度系数图，对比两图即可找出岩土强度小于应力值的地区，分析其发展便可判断当前山坡的稳定程度。

（2）对破碎岩层组成的高陡边坡，可先求出坡脚的垂直压应力与坡脚岩土强度的对比，估计山坡变形的可能性，然后将坡脚附近部分岩体视为“挡土墙”，验算其在上部山坡推力作用下的稳定性。

【例】图 8-4-13 所示为一错动过的边坡，判断能否转化为滑坡。已知 BC 面上的综合摩擦系数 $f_{BC}=0.3$，错落岩体的重度$=25kN/m^3$。视 ABE 为假想的“挡墙”，验算它在 $EBCD$ 破碎岩体推动下 A 和 B 点所产生的应力及判断其稳定性。

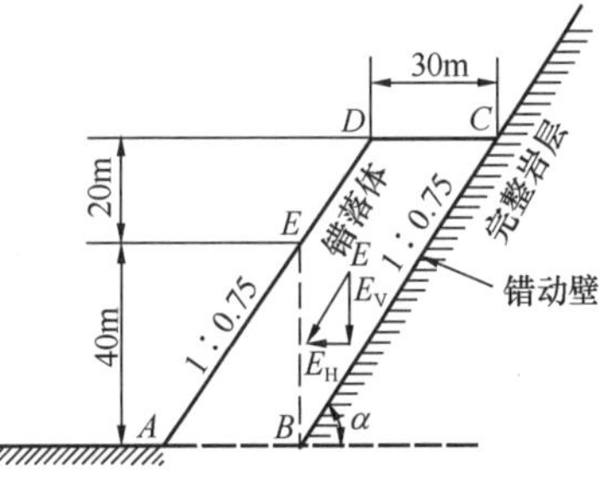

图 8-4-13　错落体稳定性验算

经计算得：整个错落体（$ABCD$）重

$$W=25\times60\times30=45000\text{kN}$$

$\triangle ABE$ 重：

$$W_1=1/2\times25\times30\times40=15000\text{kN}$$

梯形 $EBCD$ 重：

$$W_2=W-W_1=30000\text{kN}$$

错动面 BC 的倾斜角　$\alpha=\tan^{-1}\left(\frac{4}{3}\right)$。

作用于假想墙背 BE 上的推力（方向平行于错动面 BC，并假定作用于 BE 面的中点）为：

$$E=W_2\sin\alpha-W_2\cos\alpha\times f_{BC}=18600\text{kN}$$

E 的垂直分力：

$$E_V=18600\times\frac{4}{5}=14880\text{kN}$$

E 的水平分力：

$$E_H = 18600 \times \frac{3}{4} = 11160\text{kN}$$

由推力所产生的作用于 AB 面上的斜向压应力为：18600/30=620kPa，而垂直压应力为：14880/30=496kPa。

由假想挡墙 ABE 自重所产生的作用于 AB 面上的垂直压应力系按三角形分布，在 A 点之值为 0，在 B 点之值为 1000kPa。故在 A 点和 B 点的垂直压应力总和分别为 496kPa，1496kPa。为保持错动体滑动平衡所需要的 AB 面上的摩擦系数 $f_{AB}=11160/(14880+15000)=0.373$，即 AB 面附近岩体的内摩擦角应不小于 20.5°。

据上列计算结果推得：坡脚正点的应力为 496～620kPa，对于坡脚渗水浸湿的破碎岩层来说是危险的，B 点的应力为 1496kPa，由于压力大，它总先于 A 点变形，因 BC 面较完整，不易调整应力，而 AB 段为松散岩石，故将因 B 点对 A 点产生侧向推力而滑动。

6. 赤平极射投影法

赤平极射投影法是岩质边坡稳定性分析中的一个重要的方法，它既可以确定边坡上的结构面和边坡临空面的空间组合关系，确定边坡上可能不稳定楔形结构体的几何形态、规模大小，以及它们的空间位置和分布，也可以确定不稳定结构体的可能变形位移方向，直观、初步做出边坡稳定性状态评价。

(1) 一组结构面的分析

分布有一组结构面的边坡稳定性分析比较简单，基本上包括三种情况：

1) 当结构面走向与边坡的走向一致而倾向相反（图 8-4-14*a*），边坡 M 与结构面 J_1 投影弧相对，属于稳定结构。

2) 当结构面与边坡的走向、倾向均相同，但其倾角小于坡角（图 8-4-14*b*），结构面 J_2 的投影弧位于边坡 M 的投影弧之外，属于不稳定结构。

3) 当结构面与边坡的走向、倾向均相同，但其倾角大于坡角（图 8-4-14*c*），结构面 J_3 的投影弧位于边坡 M 的投影弧之内，属于稳定结构。

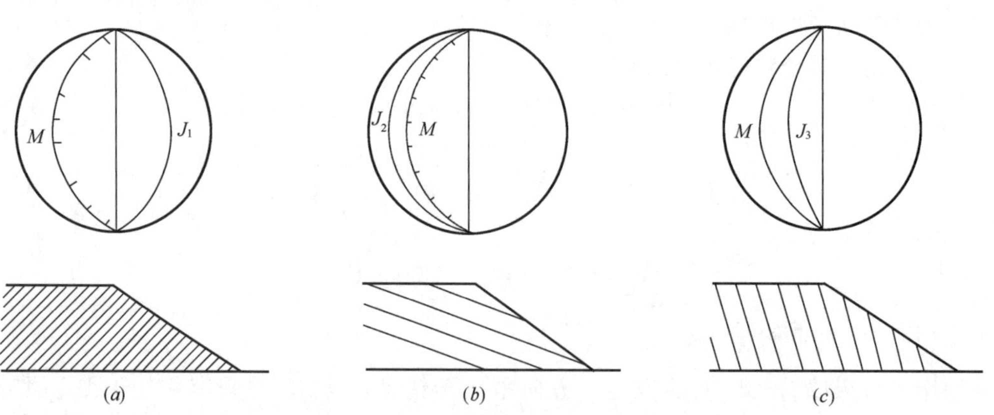

图 8-4-14　一组结构面赤平极射投影图

(2) 两组结构面的分析

由两组结构面控制的边坡的稳定性，主要结构面组合交线与边坡的关系进行分析，一般有以下五种情况：

1）两结构面 J_1、J_2 的交点 M 位于边坡投影弧 cs（人工边坡）及 ns（天然边坡）的对侧（图 8-4-15a），说明组合交线的倾向与边坡倾向相反，所以没有发生顺层滑动的可能性，属于最稳定结构。

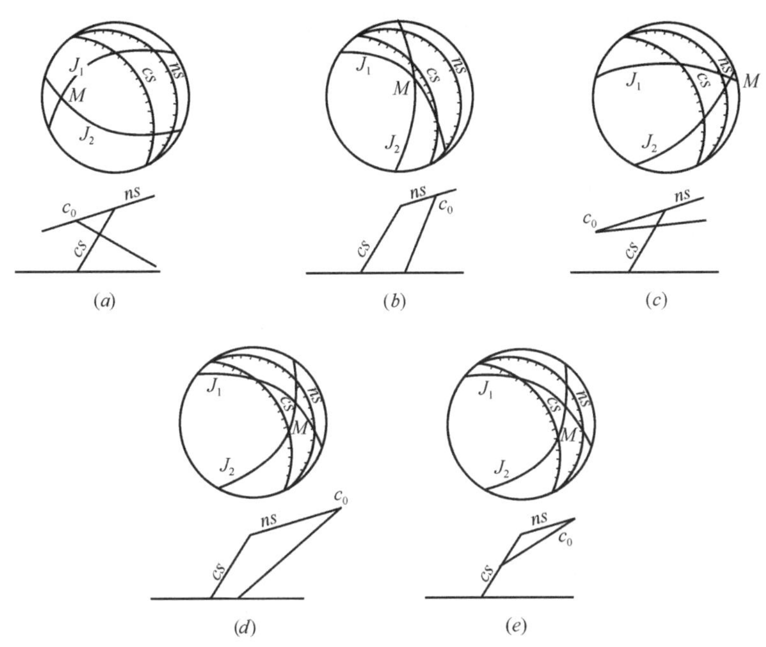

图 8-4-15　两组结构面赤平极射投影图

2）两结构面 J_1、J_2 的交点 M 与边坡投影弧在同一侧，但在 cs（人工边坡）的内侧（图 8-4-15b），说明结构面组合交线的倾向与坡面倾向一致，倾角大于坡角，属于稳定结构。

3）两结构面 J_1、J_2 的交点 M 与边坡投影弧在同一侧，但在 ns（天然边坡）的外侧（图 8-4-15c），说明结构面组合交线的倾向与坡面倾向一致，但倾角小于天然坡角，在坡顶无出露点，属于较稳定结构。

4）两结构面 J_1、J_2 的交点 M 与边坡投影弧在同一侧，但在 ns（天然边坡）和 cs（人工边坡）之间（图 8-4-15d），说明结构面组合交线的倾向与坡面倾向一致，但倾角小于开挖坡角而大于天然坡角，在坡顶有出露点，但出露点 c_0 距离开挖坡面较远，结构面交线在开挖坡面上没有出露，而插于坡角以下，对结构体具有一定的支撑作用，属于较不稳定结构。

5）与图 8-4-15（d）类似，结构面组合交线的倾向与坡面倾向一致，但倾角小于开挖坡角而大于天然坡角，结构面交线在两种坡面都有出露（图 8-4-15e），属于不稳定结构。

7. 数值分析法

（1）数值分析主要方法

1）有限元分析法：适用土质、岩质和土质岩质混合边坡。是目前边坡数值分析的主要方法和手段。

2）离散元分析法：适用于节理岩体倾覆破坏的边坡。

（2）有限元数值分析主要步骤和注意事项

1）模型的概化

由于考虑到边界对数值计算结果的影响，在充分考虑其所处地质环境的情况下，边坡数值计算模型的边界应该选取得足够大。如果边坡中存在较薄的软弱夹层、滑动面，应将其设为摩擦单元，其他地层设为实体单元。

2）参数的选取

边坡数值计算参数的取值，应在现场试验及室内试验成果的基础上，并参考相似边坡数值计算的经验，最终调整该边坡的数值计算参数。在必要的情况下，数值计算参数需要多次重复试算，才能得到比较合理的边坡数值计算参数。

3）网格的划分

边坡数值模型网格的划分要遵循"有疏有密"的划分原则，即在网格大小对数值计算成果影响不大的地方，采取网格粗分，如厚大的同一岩土层；在网格大小对数值计算成果影响较大的地方或计算者比较关注的地方，采取网格细分，如软弱夹层、滑动面等，依据此原则划分网格，既节约计算资源又不影响计算成果所反映的一般规律。

4）边界的约束

边坡数值模型的约束应在充分考虑边坡数值模型的边界范围及其与周边地质体的相互关系后最终确定。按约束方向可将边界约束分为水平方向约束、垂直方向约束、任意方向约束等。按约束性质可将边界约束分为力的约束和位移约束等。

5）初始应力

由于边坡处在一定的地质环境当中，尤其是高大的岩石边坡中的地应力对边坡的影响不容忽视，因此在边坡计算模型中应考虑地应力。如果存在其他对边坡产生影响的外部荷载，也应在边坡计算模型中作为初始应力加以考虑。

6）求解

根据对数值计算成果的不同要求，可采用单步求解或多步求解的方式进行，也可根据模型单元和参数的不同采用线性或非线性求解器进行求解。

7）后处理

求解完成后，运用后处理工具，可以对边坡数值计算成果中的应力应变、位移变形等数据进行等值线或矢量处理，可以得到清晰明了的边坡数值计算成果。

边坡稳定性计算方法还有圆弧滑动条分法、平面滑动法和折线滑动法等，请详见本手册第六篇第二章"滑坡稳定性验算"一节。

四、地震工况下边坡稳定性校核

边坡稳定性计算时，对基本烈度为7度及7度以上地区的永久性边坡应进行地震工况下边坡稳定性校核。

对塌滑区内无重要建（构）筑物的边坡采用刚体极限平衡法和静力数值计算法计算稳定性时，滑体、条块或单元的地震作用可简化为一个作用于滑体、条块或单元重心处、指向坡外（滑动方向）的水平静力，其值应按下式计算：

$$Q_e = \alpha_w G \tag{8-4-9}$$

$$Q_{ei} = \alpha_w G_i$$

式中　Q_e、Q_{ei}——滑体、第 i 计算条块或单元单位宽度地震力（kN/m）；

G、G_i——滑体、第 i 计算条块或单元单位宽度自重（含坡顶建（构）筑物作用）（kN/m）；

α_w——边坡综合水平地震系数，由所在地区综合水平地震系数按表 8-4-14 确定。

水平地震系数　表 8-4-14

地震基本烈度	7 度		8 度		9 度
地震峰值加速度	0.10g	0.15g	0.20g	0.30g	0.40g
综合水平地震系数 α_w	0.025	0.038	0.050	0.075	0.100

五、边坡稳定性评价标准

1. 边坡稳定安全系数

边坡稳定安全系数因所采用的计算方法不同，计算结果存在一定差别，通常圆弧法计算结果较平面滑动法和折线滑动法偏低。在依据计算稳定安全系数评价边坡稳定状态时，其稳定系数应不小于表 8-4-15 规定的稳定安全系数的要求，否则应对边坡进行处理。

边坡稳定安全系数 F_{st}　表 8-4-15

边坡类型 \ 稳定安全系数 \ 边坡工程安全等级		一级	二级	三级
永久边坡	一般工况	1.35	1.30	1.25
	地震工况	1.15	1.10	1.05
临时边坡		1.25	1.20	1.15

注：1. 地震工况时，安全系数仅适用于塌滑区内无重要建（构）筑物的边坡；

2. 对地质条件很复杂或破坏后果极严重的边坡工程，其稳定安全系数应适当提高。

除校核工况外，边坡稳定性状态应分为稳定、基本稳定、欠稳定和不稳定四种，可根据边坡稳定性系数按表 8-4-16 确定。

边坡稳定性状态划分　表 8-4-16

边坡稳定性系数 F_s	$F_s<1.00$	$1.00\leqslant F_s<1.05$	$1.05\leqslant F_s<F_{st}$	$F_s\geqslant F_{st}$
边坡稳定性状态	不稳定	欠稳定	基本稳定	稳定

注：F_{st} 为边坡工程稳定安全系数。

2. 稳定性计算

位于稳定土坡坡顶上的建筑物，当垂直于坡顶边缘线的基础底面边长小于或等于 3m 时，其基础底面外边线至坡顶水平距离（图 8-4-16）应符合下式要求，但不得小于 2.5m。

条形基础　$$a\geqslant 3.5b-\frac{d}{\tan\beta} \tag{8-4-10}$$

矩形基础　$$a\geqslant 2.5b-\frac{d}{\tan\beta} \tag{8-4-11}$$

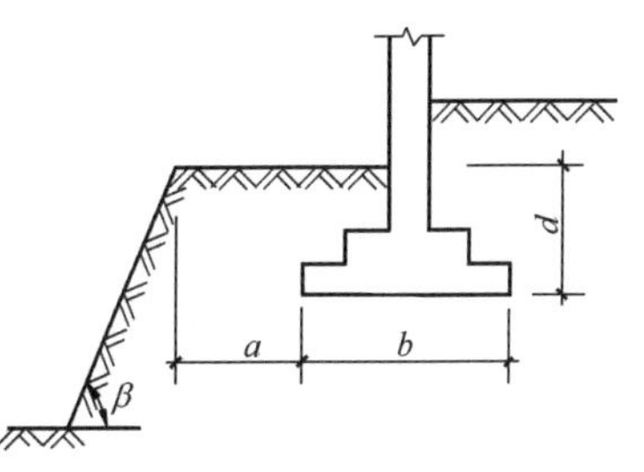

图 8-4-16　基础底面外边缘线至水坡顶的水平距离示意

式中　a——基础底面外边线至坡顶水平距离（m）；

b——垂直于坡顶边缘线的基础底面边长（m）；

d——基础埋置深度（m）；

β——边坡坡角。

当边坡坡角大于45°、坡高大于8m时，尚应进行坡体稳定性验算。当基础底面外边缘线至坡顶的平距离不满足式（8-4-10）、式（8-4-11）的要求时，可根据基底平均压力采用圆弧滑动面法进行地基稳定性验算，以确定基础距坡顶边缘的距离和基础埋深。

3. 边坡形式的选择

（1）直线型（即一坡到底）：运用于垂直高度小于10m的一般均质土坡及小于15m的黄土边坡，岩石边坡一般亦采用直线形。

（2）折线形：适用于边坡较高，且上、下土层稳定性有差别的土质边坡。

（a）当上部土质较好、下部较差时；采用上陡下缓形，此种形式对黄土边坡不适宜。

（b）当上部土层较差、下部较好时，采用上缓下陡形。

（3）台阶形：当边坡较高或地层不均，应根据降雨量大小或土石分界处，分段设置平台，形成台阶形边坡。平台宽度为1.5～3m。平台上一般设置排水明沟。

第三节　边坡支护结构上的侧向岩土压力计算

侧向岩土压力分为静止岩土压力、主动岩土压力和被动岩土压力，根据支护结构的变形条件分别采用不同的计算模型，并结合实际情况和工程经验等进行修正。

一、侧向土压力计算

有关静止土压力、主动土压力和被动土压力的计算公式见本篇第三章有关内容。

二、侧向岩石压力计算

1. 静止岩石压力标准值按式（8-3-1）计算，静止岩石侧压力系数按下式计算：

$$K_o=\frac{\nu}{1-\nu} \tag{8-4-12}$$

式中　ν——岩石的泊松比，宜采用实测数据或根据当地经验确定，无条件时可参照本手册第三篇第一章表3-1-45确定。

2. 主动岩石压力合力的标准值计算

（1）沿外倾结构面滑动的边坡，其主动岩石压力的合力标准值按式（8-3-8）计算，主动岩石压力系数按下式计算：

$$K_a=\frac{\sin(\alpha+\beta)}{\sin\alpha^2\sin(\alpha-\delta+\theta-\varphi_s)\sin(\theta-\beta)}\times[K_q\sin(\alpha+\theta)\sin(\theta-\varphi_s)-\eta\sin\alpha\cos\varphi_s] \tag{8-4-13}$$

$$\eta=\frac{2c_s}{\gamma H}$$

式中　θ——外倾结构面倾角（°）；

c_s——外倾结构面黏聚力（kPa）；

φ_s——外倾结构面内摩擦角（°）；

K_q——系数，按式（8-3-11）计算；

δ——岩石与挡墙墙背的摩擦角（°），取（0.33～0.50）φ。

当有多组外倾结构面时，岩石侧向压力应计算各组结构面的主动岩石压力并取其大值。

(2) 沿缓倾的外倾软弱结构面滑动的边坡（图 8-4-17），其主动岩石压力的合力标准值按下式计算：

$$E_a = G\tan(\theta - \varphi_s) - \frac{c_s L\cos\varphi_s}{\cos(\theta - \varphi_s)} \quad (8\text{-}4\text{-}14)$$

式中 θ——缓倾的外倾软弱结构面倾角（°）；

c_s——外倾软弱结构面黏聚力（kPa）；

φ_s——外倾软弱结构面内摩擦角（°）；

G——四边形滑裂体的自重（kN/m）；

L——滑裂面长度（m）。

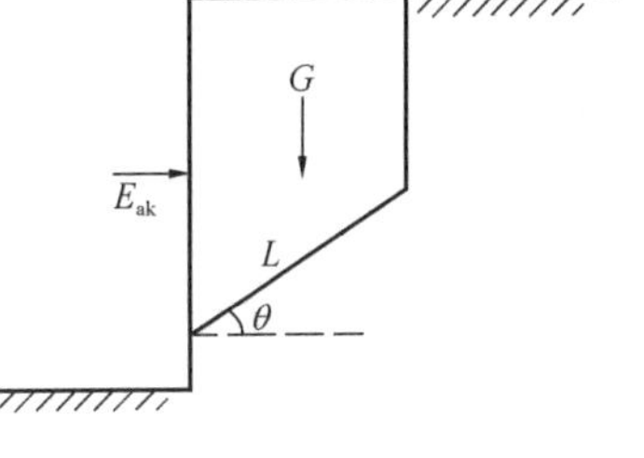

图 8-4-17 岩质边坡四边形滑裂时主动土压力计算

3. 地震主动岩石压力计算

考虑地震作用时，作用于支护结构上的地震主动岩石压力应按式（8-3-8）计算，其主动岩石压力系数应按下式计算：

$$K_a = \frac{\sin(\alpha+\beta)}{\cos\rho\sin^2\alpha\sin(\alpha-\delta+\theta-\varphi_s)\sin(\theta-\beta)} [K_q\sin(\alpha+\theta)\sin(\theta-\varphi_s-\rho) - \eta\sin\alpha\cos\varphi_s\cos\rho] \quad (8\text{-}4\text{-}15)$$

式中 ρ——地震角，可按表 8-4-17 取值。

地震角 ρ **表 8-4-17**

类 别	7 度		8 度		
	0.10g	0.15g	0.20g	0.30g	0.40g
水上	1.5°	2.3°	3.0°	4.5°	6.0°
水下	2.5°	3.8°	5.0°	7.5°	10.0°

4. 侧向岩石压力和破裂角的确定

(1) 对无外倾结构面的岩质边坡，应以岩体等效内摩擦角按侧向土压力方法计算侧向岩石压力；当坡顶无建筑荷载的永久性边坡和坡顶有建筑荷载时的临时性边坡和基坑边坡，破裂角按（45°+φ/2）确定，Ⅰ类岩体边坡可取 75°左右；坡顶无建筑荷载的临时性边坡和基坑边坡的破裂角，Ⅰ类岩体边坡取 82°；Ⅱ类岩体边坡取 72°；Ⅲ类岩体边坡取 62°；Ⅳ类岩体边坡取（45°+φ/2）；

(2) 当有外倾硬性结构面时，应分别以外倾硬性结构面的抗剪强度参数按式（8-4-13）和以岩体等效内摩擦角按侧向土压力方法计算，取两种结果的较大值；破裂角取本条第（1）款和外倾结构面倾角两者中的较小值；

(3) 当边坡沿外倾软弱结构面破坏时，侧向岩石压力按式（8-4-13）和式（8-4-14）计算，破裂角取该外倾结构面的倾角，同时应按（1）款进行验算。

三、岩土边坡坡顶有重要建（构）筑物侧向岩土压力计算

(一) 无外倾结构面的岩土质边坡坡顶有重要建（构）筑物时侧向岩土压力计算

无外倾结构面的岩土质边坡坡顶有重要建（构）筑物时，可按表 8-4-18 确定支护结构上的侧向岩土压力。

侧向岩土压力取值　　**表 8-4-18**

坡顶重要建（构）筑物基础位置		侧向岩土压力修正方法
土质边坡	$a<0.5H$	E_0
	$0.5H\leqslant a\leqslant 1.0H$	$E'_0=\frac{1}{2}(E_0+E_a)$
	$a>1.0H$	E_a
岩质边坡	$a<0.5H$	$E'_a=\beta_1 E_a$
	$a\geqslant 0.5H$	E_a

注：1. E_a—主动岩土压力合力，E'_a—修正主动岩土压力合力，E_0—静止土压力合力；

2. β_1—主动岩石压力修正系数；

3. a 为坡脚线到坡顶重要建（构）筑物基础外边缘的水平距离；

4. 对多层建筑物，当基础浅埋时 H 取边坡高度；当基础埋深较大时，若基础周边与岩土间设置摩擦小的软性材料隔离层，能使基础垂直荷载传至边坡破裂面以下足够深度的稳定岩土层内且其水平荷载对边坡不造成较大影响，则 H 可从隔离层下端算至坡底，否则，H 仍取边坡高度；

5. 对高层建筑物设置钢筋混凝土地下室，并在地下室侧墙临边坡一侧设置摩擦小的软性材料隔离层，使建筑物基础的水平荷载不传给支护结构，并应将建筑物垂直荷载传至边坡破裂面以下足够深度的稳定岩土层内时，H 可从地下室底标高算至坡底；否则 H 仍取边坡高度。

岩质边坡主动岩石压力修正系数 β_1，可根据边坡岩体类别按表 8-4-19 确定。

主动岩石压力修正系数 β_1　　**表 8-4-19**

边坡岩体类型	Ⅰ	Ⅱ	Ⅲ	Ⅳ
主动岩石压力修正系数 β_1	1.30		1.30～1.45	1.45～1.55

注：1. 当裂隙发育时取大值，裂隙不发育时取小值；

2. 坡顶有重要既有建（构）筑物对边坡变形控制要求较高时取大值；

3. 对临时性边坡及基坑边坡取小值。

（二）有外倾结构面的坡顶有重要建（构）筑物的岩土质边坡侧向岩土压力计算

有外倾结构面的坡顶有重要建（构）筑物的岩土质边坡，侧向岩土压力应进行修正，应符合下列规定：

(1) 对有外倾结构面的土质边坡，其侧压力修正值按表 8-4-19 计算后乘以 1.3 的增大系数，应按表 8-4-18 分别计算并取两个计算结果的最大值；

(2) 对有外倾结构面的岩质边坡，其侧压力修正值按式（8-3-8）、式（8-4-13）和式（8-4-14）计算并乘以 1.15 的增大系数，应按表 8-4-18 分别计算并取两个计算结果的最大值；

当采用锚杆挡墙的岩土质边坡侧压力设计值时，应按本章规定计算的岩土侧压力修正值和按公式（8-4-28）计算的岩土侧压力修正值两者中的大值确定。对支护结构变形控制有较高要求时，可按表 8-4-18、表 8-4-19 以及本节（二）有外倾结构面的坡顶有重要建（构）筑物的岩土质边坡侧向岩土压力计算确定边坡侧压力修正值。

第四节　边 坡 支 护 设 计

当边坡的稳定性计算不能满足要求时，就需要采取工程措施来进行边坡加固。边坡加固的本质在于改变滑动体滑面上的平衡条件，提高抗滑能力。边坡加固形式可分为直接加固和间接加固，直接加固如挡墙、抗滑桩、锚杆、锚喷护面等，间接加固如削坡卸载、排水降压、地面防渗、麻面爆破等。

边坡支护结构常用形式见表 8-4-20。

边坡支护结构常用形式　　表 8-4-20

支护结构＼条件	边坡环境条件	边坡高度 H（m）	边坡工程安全等级	备　注
重力式挡墙	场地允许，坡顶无重要建（构）筑物	土质边坡，$H \leqslant 10$ 岩质边坡，$H \leqslant 12$	一、二、三级	不利于控制边坡变形，土方开挖后边坡稳定较差时不应采用
悬臂式挡墙、扶壁式挡墙	填方区	悬臂式挡墙，$H \leqslant 6$ 扶壁式挡墙，$H \leqslant 10$	一、二、三级	适用于土质边坡
桩板式挡墙		悬臂式 $H \leqslant 15$ 锚拉式 $H \leqslant 25$	一、二、三级	桩嵌固段土质较差时不宜采用，当对挡墙变形要求较高时宜采用锚拉式桩板挡墙
板肋式或格构式锚杆挡墙		土质边坡 $H \leqslant 15$ 岩质边坡 $H \leqslant 30$	一、二、三级	边坡高度较大或稳定性较差时宜采用逆作法施工。对挡墙变形有较高要求的边坡，宜采用预应力锚杆
排桩式锚杆挡墙	坡顶建（构）筑物需要保护，场地狭窄	土质边坡 $H \leqslant 15$ 岩质边坡 $H \leqslant 30$	一、二级、三级	有利于对边坡变形控制，适用于稳定性较差的土质边坡、有外倾软弱结构面的岩质边坡、垂直开挖施工尚不能保证稳定的边坡
岩石锚喷		Ⅰ类岩质边坡，$H \leqslant 30$	一、二、三级	适用于岩质边坡
		Ⅱ类岩质边坡，$H \leqslant 30$	二、三级	
		Ⅲ类岩质边坡，$H \leqslant 15$	二、三级	
坡率法	坡顶无重要建（构）筑物，场地有放坡条件	土质边坡，$H \leqslant 10$ 岩质边坡，$H \leqslant 25$	一、二、三级	不良地质段，地下水发育区、软塑及流塑状土时不应采用

一、重力式挡墙

根据墙背倾斜情况，重力式挡墙可分为俯斜式挡墙、仰斜式挡墙、直立式挡墙和衡重式挡墙等类型。采用重力式挡墙时，土质边坡高度不宜大于 10m，岩质边坡高度不宜大于 12m。

根据《建筑边坡工程技术规范》GB 50330—2013 中规定，当土质边坡采用重力式挡墙高度不小于 5m 时，主动土压力宜按本手册第八篇第三章计算的主动土压力值乘以增大系数确定，挡土墙高度 5～8m 时增大系数宜取 1.1，挡土墙高度大于 8m 时宜取 1.2。

重力式挡墙的设计计算包括抗倾覆验算、抗滑移验算和地基承载力验算，此外还应进行地基整体稳定性验算和强度计算。

（一）抗倾覆验算与抗滑移验算

抗倾覆验算（图 8-4-18）：

$$F_t = \frac{Gx_0 + E_{az}x_f}{E_{ax}z_f} \geqslant 1.6 \tag{8-4-16}$$

$$E_{ax} = E_a\sin(\alpha - \delta)$$

$$E_{az} = E_a\cos(\alpha - \delta)$$

$$x_f = b - z\cot\alpha$$

$$z_f = z - b\tan\alpha_0$$

式中　F_t——挡墙抗倾覆稳定系数；

b——挡墙底面水平投影宽度（m）；

x_0——挡墙中心到墙趾的水平距离（m）；

z——岩土压力作用点到墙踵的竖直距离（m）。

抗滑移稳定性验算（图 8-4-19）

$$F_s = \frac{(G_n + E_{an})\mu}{E_{at} - G_t} \geqslant 1.3 \tag{8-4-17}$$

$$G_n = G\cos\alpha_0$$

$$G_t = G\sin\alpha_0$$

$$E_{at} = E_a\sin(\alpha - \alpha_0 - \delta)$$

$$E_{an} = E_a\cos(\alpha - \alpha_0 - \delta)$$

式中　E_a——每延米主动岩土压力合力（kN/m）；

F_s——挡墙抗滑移稳定系数；

G——挡墙每延米自重（kN/m）；

α——墙背与墙底水平投影的夹角（°）；

α_0——挡墙底面倾角（°）；

δ——墙背与岩土的摩擦角（°），可按表 8-4-21 选用；

μ——挡墙底与地基岩土体的摩擦系数，宜由试验确定，也可按表 8-4-22 选用。

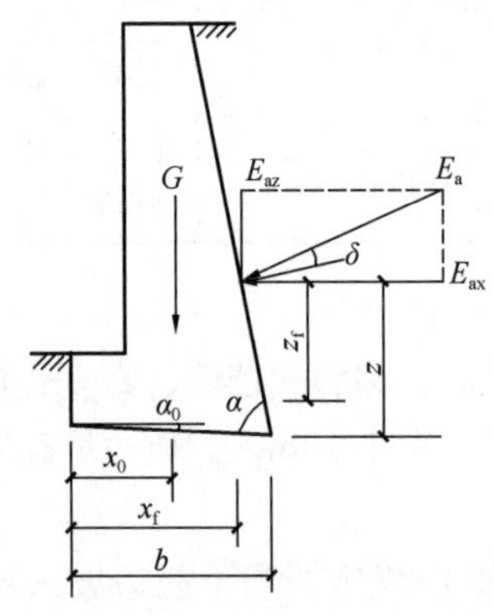

图 8-4-18　挡墙抗倾覆稳定性验算

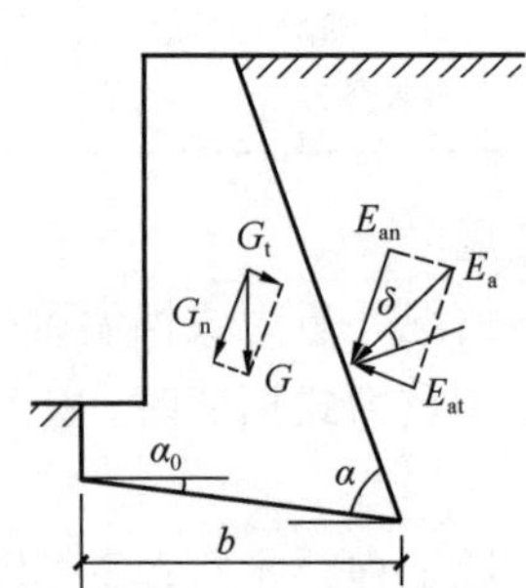

图 8-4-19　挡墙抗滑移稳定性验算

土对挡土墙墙背的摩擦角 δ　　表 8-4-21

挡土墙情况	摩擦角 δ	挡土墙情况	摩擦角 δ
墙背平滑，排水不良	$(0.00\sim0.33)\varphi$	墙背很粗糙，排水良好	$(0.50\sim0.67)\varphi$
墙背粗糙，排水良好	$(0.33\sim0.50)\varphi$	墙背与填土间不可能滑动	$(0.67\sim1.00)\varphi$

岩土对挡土墙基底的摩擦系数 μ　　表 8-4-22

土的类别		摩擦系数 μ	土的类别	摩擦系数 μ
黏性土	可　塑	0.20～0.25	中砂、粗砂、砾砂	0.35～0.40
	硬　塑	0.25～0.30	碎石土	0.40～0.50
	坚　硬	0.30～0.40	极软岩、软岩、较软岩	0.40～0.60
粉土		0.25～0.35	表面粗糙的坚硬岩、较硬岩	0.65～0.75

注：1. 对于易风化的软质岩石和塑性指数 I_p 大于 22 的黏性土，基底摩擦系数应通过试验确定。
2. 对于碎石土，可根据其密实度、填充物状况、风化程度等确定。

地震工况时，重力式挡土墙的抗倾覆稳定性不应小于 1.30，抗滑移稳定系数不应小于 1.10。

（二）地基承载力验算（图 8-4-20）

当基底抗力的合力偏心距 $e<B'/6$ 时，按下式计算

$$P_{\min}^{\max}=\frac{G_n+E_{an}}{B'}\left(1\pm\frac{6e}{B'}\right)\leqslant1.2R \tag{8-4-18}$$

当基底抗力的合力偏心距 $e>B'/6$ 时，墙踵处的最大应力为

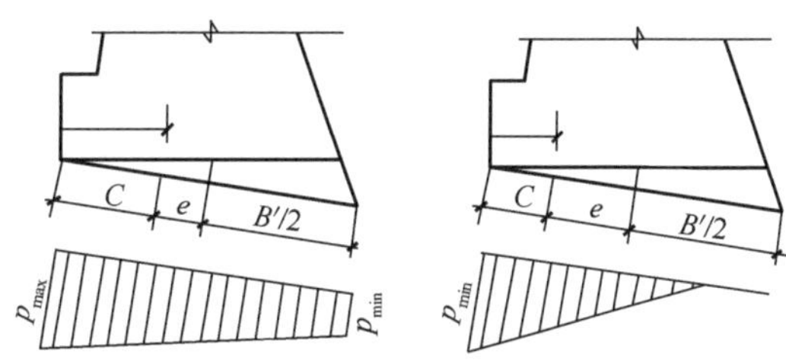

图 8-4-20　地基承载力验算

$$P_{\max}=\frac{2(G_n+E_{an})}{3C}\leqslant1.2R \tag{8-4-19}$$

式中　B'——挡土墙基底宽度（m）；

R——地基土的容许承载力（kPa），当基底倾斜时，R 应乘以 0.8 的折减系数；

e——偏心距（m）。

$$e=\frac{B'}{2}-\frac{Gx_0+E_{az}x_f-E_{ax}z_f}{G_n+E_{an}}=\frac{B'}{2}-C \tag{8-4-20}$$

当基底下有软弱夹层时，应验算下卧层的承载力和稳定性。

地基整体稳定性验算可根据岩土条件采用圆弧滑动法或平面滑动法，结构强度一般应符合构造要求的规定，必要时进行结构计算。

二、悬臂式挡墙和扶壁式挡墙

悬臂式挡墙和扶壁式挡墙适用于地基承载力较低的填方边坡，悬臂式挡墙适用高度不宜超过 6m，扶壁式挡墙适用高度不宜超过 10m。均应采用现浇钢筋混凝土结构，其基础应置于稳定的岩土层内，其埋置深度应符合相关规定。

悬臂式挡墙和扶壁式挡墙的侧向主动土压力宜按第二破裂面法进行计算。当不能形成第二破裂面时，可用墙踵下缘与墙顶内缘的连线或通过墙踵的竖向面作为假想墙背计算，取其中不利状态的侧向压力作为设计控制值。

扶壁式挡墙是通过静重提供侧向约束和增加正应力提高岩体抗滑力，其设计计算与重力式挡墙相同，包括抗倾覆验算、抗滑移验算和地基承载力验算等，此外还应进行结构内力计算和配筋设计。

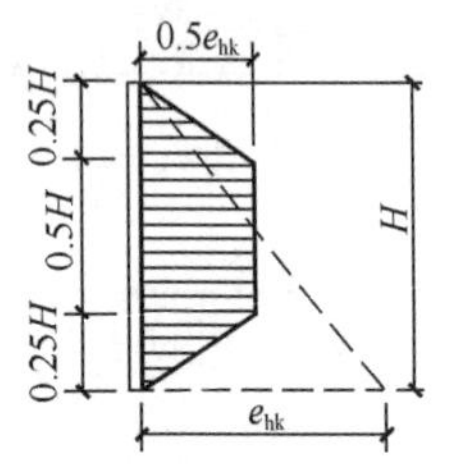

图 8-4-21　扶壁式挡墙侧压力分布图

扶壁式挡墙侧向岩土压力计算可根据当地经验确定，或参考图8-4-21，侧压力计算，根据其受力特点可按下列简化模型进行内力计算：

1. 立板和墙踵板可根据边界约束条件按三边固定、一边自由的板或以扶壁为支点的连续板计算；

2. 墙趾底板可简化为固定在立板上的悬臂板进行计算；

3. 扶壁可简化为悬臂的 T 形梁进行计算，其中立板为梁的翼，扶壁为梁的腹板。

三、锚杆（索）

当抗滑桩、重力式挡墙等支护形式不能满足规范抗倾覆要求，特别是在边坡变形控制要求严格，以及边坡整体稳定性很差时，就需要用锚杆（索）进行拉结。关于锚杆挡墙的具体设计计算参见本篇第三章“基坑工程”中的相关部分。

1. 锚杆（索）的轴向拉力标准值应按下式计算：

$$N_{ak}=\frac{H_{tk}}{\cos\alpha} \tag{8-4-21}$$

式中　N_{ak}——锚杆相应于作用的标准组合时锚杆所受轴向拉力（kN）；

H_{tk}——锚杆所受水平拉力标准值（kN）；

α——锚杆倾角（°）。

2. 锚杆（索）钢筋截面面积计算：

普通钢筋锚杆：

$$A_s\geqslant\frac{K_bN_{ak}}{f_y} \tag{8-4-22}$$

预应力锚索锚杆：

$$A_s\geqslant\frac{K_bN_{ak}}{f_{py}} \tag{8-4-23}$$

式中　A_s——锚杆钢筋或预应力锚索截面面积（m^2）；

f_y，f_{py}——普通钢筋或预应力钢绞线抗拉强度设计值（kPa）；

K_b——锚杆杆体抗拉安全系数，按表 8-4-23 取值。

锚杆杆体抗拉安全系数　　表 8-4-23

边坡工程安全等级	最小安全系数	
	临时性锚杆	永久性锚杆
一级	1.8	2.2
二级	1.6	2.0
三级	1.4	1.8

3. 锚杆（索）锚固体与岩土层间的长度计算：

$$l_a \geqslant \frac{KN_{ak}}{\pi \cdot D \cdot f_{rbki}} \tag{8-4-24}$$

式中　K——锚杆锚固体抗拔安全系数，按表 8-4-24 取值；

l_a——锚杆锚固段长度（m），根据《建筑边坡工程技术规范》GB 50330—2013 尚应满足表 8-4-24 要求；

f_{rbki}——第 i 层岩土层锚固段范围内岩土层与锚固体极限粘结强度标准值（kPa），应通过试验确定，当无试验资料时可按表 8-4-25 和表 8-4-26 取值；

D——锚杆锚固段钻孔直径（mm）。

岩土锚杆锚固体抗拔安全系数　　表 8-4-24

边坡工程安全等级	最小安全系数	
	临时性锚杆	永久性锚杆
一级	2.0	2.6
二级	1.8	2.4
三级	1.6	2.2

岩石与锚固体极限粘结强度标准值　　表 8-4-25

岩石类别	f_{rbk}值（kPa）
极软岩	270～360
软　岩	360～760
较软岩	760～1200
较硬岩	1200～1800
坚硬岩	1800～2600

注：1. 表中数据适用于注浆强度等级为 M30；
2. 表中数据仅适用于初步设计，施工时应通过试验检验；
3. 岩体结构面发育时，取表中下限值；
4. 表中岩石类别根据天然单轴抗压强度 f_r 划分：$f_r<5$MPa 为极软岩，5MPa$\leqslant f_r<15$MPa 为软岩，15MPa$\leqslant f_r<30$MPa 为较软岩，30MPa$\leqslant f_r<60$MPa 为较硬岩，$f_r\geqslant60$MPa 为坚硬岩。

土体与锚固体极限粘结强度标准值　　表 8-4-26

土层种类	土的状态	f_{rbk}值（kPa）
黏性土	坚硬	65～100
	硬塑	50～65
	可塑	40～50
	软塑	20～40
砂土	松散	60～100
	稍密	100～140
	中密	140～200
	密实	200～280
碎石土	稍密	120～160
	中密	160～220
	密实	220～300

注：1. 表中数据适用于注浆强度等级为 M30；
2. 表中数据仅适用于初步设计，施工时应通过试验检验。

4. 锚杆（索）杆体与锚固砂浆间的锚固长度计算：

$$l_a \geqslant \frac{KN_a}{n\pi d f_b} \tag{8-4-25}$$

式中　l_a——锚筋与砂浆间的锚固长度（m）；

d——锚筋直径（m）；

n——杆体（钢筋、钢绞线）根数（根）；

f_b——钢筋与锚固砂浆间的粘结强度设计值（kPa），应由试验确定，当缺乏试验资料时可按表 8-4-27 取值。

钢筋、钢绞线与砂浆之间的粘结强度设计值 f_b　　**表 8-4-27**

锚杆类型	水泥浆或水泥砂浆强度等级		
	M25	M30	M35
水泥砂浆与螺纹钢筋间 f_b	2.10	2.40	2.70
水泥砂浆与钢绞线、高强钢丝间 f_b	2.75	2.95	3.40

注：1. 当采用二根钢筋点焊成束的作法时，粘结强度应乘 0.85 折减系数；
2. 当采用三根钢筋点焊成束的作法时，粘结强度应乘 0.7 折减系数；
3. 成束钢筋的根数不应超过三根，钢筋截面总面积不应超过锚孔面积的 20%。当锚固段钢筋和注浆材料采用特殊设计，并经试验验证锚固效果良好时，可适当增加锚筋用量。

永久性锚杆抗震验算时，其安全系数应按 0.8 折减。

5. 锚杆（索）的弹性变形和水平刚度系数的确定：

锚杆（索）的弹性变形和水平刚度系数应由锚杆试验确定。当无试验资料时，自由段无粘结的岩石锚杆水平刚度系数 K_h 及自由段无粘结的土层锚杆水平刚度系数 K_t 可按式（8-4-26）和式（8-4-27）进行估算：

$$K_h = \frac{AE_s}{l_f}\cos^2\alpha \tag{8-4-26}$$

$$K_t = \frac{3AE_sE_cA_c}{3l_fE_cA_c + E_sAl_a}\cos^2\alpha \tag{8-4-27}$$

式中　K_h——自由段无粘结的岩石锚杆水平刚度系数（kN/m）；

K_t——自由段无粘结的土层锚杆水平刚度系数（kN/m）；

l_f——锚杆无粘结自由段长度（m）；

l_a——锚杆锚固段长度，特指锚杆杆体与锚固体粘结的长度（m）；

E_s——杆体弹性模量（kN/m²）；

E_c——锚固体组合弹性模量，$E_c = \dfrac{AE_s + (A_c - A)E_m}{A_c}$；

E_m——注浆体弹性模量（kN/m²）；

A——杆体截面面积（m²）；

A_c——锚固体截面面积（m²）；

α——锚杆倾角（°）。

四、锚杆（索）挡墙

1. 锚杆挡墙支护结构的形式及选取

锚杆挡墙按照挡墙的结构形式可分为板肋式锚杆挡墙、格构式锚杆挡墙和排桩式锚杆挡墙；按照锚杆的类型可分为非预应力锚杆挡墙和预应力锚杆（索）挡墙。

下列边坡宜采用排桩式锚杆挡墙支护：

位于滑坡区或切坡后可能引发滑坡的边坡；

切坡后可能沿外倾软弱结构面滑动、破坏后果严重的边坡；

高度较大、稳定性较差的土质边坡；

边坡塌滑区内有重要建筑物基础的Ⅳ类岩质边坡和土质边坡。

在施工期稳定性较好的边坡，可采用板肋式或格构式锚杆挡墙。

对填方锚杆挡墙，在设计和施工时应采取有效措施防止新填方土体沉降造成的锚杆附加拉应力过大。高度较大的新填方边坡不宜采用锚杆挡墙方案。

2. 锚杆挡墙支护结构计算

对于坡顶无建（构）筑物且不需进行边坡变形控制的锚杆挡墙，其侧向岩土压力合力可按式（8-4-28）计算：

$$E'_{ah} = E_{ah}\beta_2 \tag{8-4-28}$$

式中　E'_{ah}——相应于作用的标准组合时，每延米侧向岩土压力合力水平分力修正值（kN）；

E_{ah}——相应于作用的标准组合时，每延米侧向主动岩土压力合力水平分力（kN）；

β_2——锚杆挡墙侧向岩土压力修正系数，应根据岩土类别和锚杆类型按表 8-4-28 确定。

锚杆挡墙侧向岩土压力修正系数 β_2　　**表 8-4-28**

锚杆类型 岩土类别	非预应力锚杆			预应力锚杆	
	土层锚杆	自由段为土层的岩石锚杆	自由段为岩层的岩石锚杆	自由段为土层时	自由段为岩层时
β_2	1.1～1.2	1.1～1.2	1.0	1.2～1.3	1.1

注：当锚杆变形计算值较小时取大值，较大时取小值。

当确定岩土自重产生的锚杆挡墙侧压力分布时，应考虑锚杆层数、挡墙位移大小、支护结构刚度和施工方法等因素，可简化为三角形、梯形或当地经验图形。填方锚杆挡墙和单排锚杆的土层锚杆挡墙的侧压力，可近似按库仑理论取为三角形分布。对岩质边坡以及坚硬、硬塑状黏性土和密实、中密砂土类边坡，当采用逆作法施工的柔性结构的多层锚杆挡墙时，侧压力分布可近似按图 8-4-22 确定，图中 e'_{hk} 按式（8-4-29）、式（8-4-30）计算：

对岩质边坡：

$$e'_{ah} = \frac{E'_{ah}}{0.9H} \tag{8-4-29}$$

对土质边坡：

$$e'_{ah} = \frac{E'_{ah}}{0.875H} \tag{8-4-30}$$

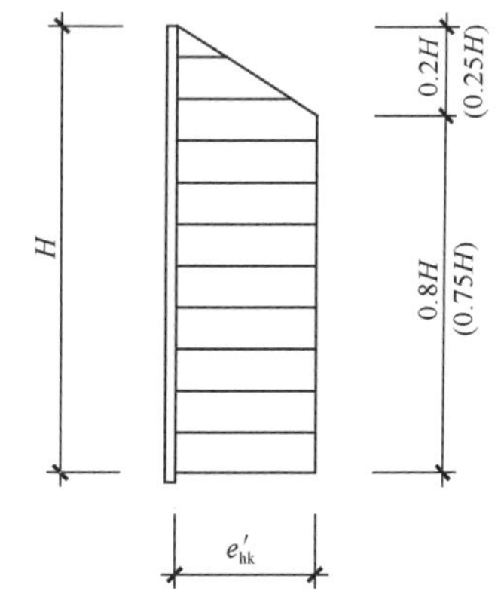

图 8-4-22　锚杆挡墙侧压力分布图
（括号内数值适用于土质边坡）

式中　e'_{ah}——相应于作用的标准组合时侧向岩土压力水平分力修正值（kN/m^2）；

H——挡墙高度（m）。

对板肋式和排桩式锚杆挡墙，立柱荷载设计值取立柱受荷范围内的最不利荷载组合值。

五、岩石锚喷护面

本部分仅涉及岩质边坡的锚喷支护，对于土质边坡可参见基坑工程中土钉墙支护部分。

对边坡工程锚喷护面设计，应充分掌握工程的地质勘察资料，先判别整体稳定性，再根据不同的失稳破坏类型，采用不同的计算模型和加固形式。锚杆可以加强岩体的整体性，提高滑面上的法向压力，是一种主动积极的加固方法。护面可固结破碎岩体的表层，使其免受雨水、阳光和冰冻作用而遭受破坏，也可防止边坡表面松散岩石坍塌和滚落。

对永久性岩质边坡（基坑边坡）进行整体稳定性支护时，Ⅰ类岩质边坡可采用混凝土锚喷支护；Ⅱ类岩质边坡宜采用钢筋混凝土锚喷支护；Ⅲ类岩质边坡应采用钢筋网混凝土锚喷支护，且边坡高度不宜大于15m。对临时性岩质边坡（基坑边坡）进行整体稳定性支护时，Ⅰ、Ⅱ类岩质边坡可采用混凝土锚喷支护；Ⅲ类岩质边坡宜采用钢筋混凝土锚喷支护，且边坡高度不应大于25m。对边坡局部不稳定的岩石块体，可采用锚喷支护进行局部加固。

1. 岩石压力水平分力标准值计算

岩石侧压力可视为均匀分布，其水平分力标准值可按式（8-4-29）计算。

2. 锚杆轴向水平拉力标准值计算

$$N_{ak}=e'_{ah}S_{xj}S_{yj}/\cos\alpha \tag{8-4-31}$$

式中　N_{ak}——锚杆所受水平拉力标准值（kN）；

S_{xj}——锚杆的水平间距（m）；

S_{yj}——锚杆的垂直间距（m）；

α——锚杆倾角（°）。

锚杆的具体设计按前述式（8-4-22）～式（8-4-25）进行计算。

3. 锚杆加固不稳定岩石块体设计计算

采用局部锚杆加固不稳定岩石块体时，锚杆承载力应符合下式要求：

$$K_b(G_t-fG_n-cA)\leqslant\Sigma N_{akti}+f\Sigma N_{akni} \tag{8-4-32}$$

式中　G_t、G_n——分别为不稳定块体自重在平行和垂直于滑面方向的分力（kN）；

N_{akti}，N_{akni}——单根锚杆轴向拉力标准值在抗滑方向和垂直于滑动面方向上的分值（kN）；

c——滑移面的黏聚力（kPa）；

f——滑动面上的摩擦系数；

A——滑动面面积（m^2）；

K_b——锚杆钢筋抗拉安全系数，按表8-4-23规定取值。

六、加筋土挡墙

1. 加筋条设计

抗拉安全系数

$$F=\frac{\sigma A_s}{K\gamma zSx} \tag{8-4-33}$$

式中　σ——加筋条允许拉应力（kPa）；

A_s——加筋条断面积（m^2）；

S——加筋条水平间距（m）；

x——加筋条垂直间距（m）；

γ——填土重度（kN/m^3）；

z——加筋条埋深（m）；

K——土的侧压力系数，一般在主动土压力与静止土压力系数之间。

2. 加筋条的粘着强度

摩擦力安全系数

$$F_s=\frac{2L'b\tan\delta}{KSx} \tag{8-4-34}$$

式中　L'——加筋条在“稳定”区内的长度；

b——加筋条宽度；

δ——最大摩擦角。

当 $z<6$m 时

$$\tan\delta=\tan\delta_0\left(1-\frac{Z}{6}\right)+\frac{Z}{6}\tan\varphi \tag{8-4-35}$$

对于光滑的加筋条，$\tan\delta_0=0.4$。

当 $z>6$m 时

对于光滑的加筋条，$\tan\delta=0.4$。

对于砂和条带间的摩擦系数，可参考表 8-4-29。

砂和条带间的摩擦系数（根据 Mevellec 试验）　表 8-4-29

砂的干密度（t/m^3）	$\tan\varphi$（φ）	f（剪切盒）	f^*（最大时）	ε（%）（最大时）	f^*（残留时）	ε（%）（残留时）
1.56	0.5（26°）	0.30	0.30	0.2	0.17	10.0
1.66	0.7（35°）	0.38	0.54	0.6	0.30	11.0
1.76	1.07（47°）	0.51	2.50	18.0	2.36	24.0

注：φ—砂的内摩擦角；f—由剪切盒试验得到的摩擦系数；f^*—由拉拔试验得到的表观摩擦系数。

3. 加筋条长度

加筋土挡墙的潜在破坏面宽度可取 $0.3H$（H 为墙高），因而加筋条总长度为：

$$L=0.3H+L'=0.3H+\frac{F_sKSx}{2b\tan\delta} \tag{8-4-36}$$

一般做法，加筋条的长度在整个墙高的范围内并不变化。

七、抗滑桩

抗滑桩是利用桩埋入稳固的岩体内，使其承受滑体的部分下滑力，并将其传递到下部稳固岩体中，以起到稳固滑体的作用。抗滑桩抗滑能力强，能克服挡土墙在滑面较深时难以抵挡的困难；桩位灵活，可设置在抗滑的最佳部位；可单独设置，也可与其他治理工程配合使用，安全可靠；依据弯矩大小合理配筋，根据滑坡推力大小和滑面深度变化设计桩的截面尺寸和桩长。

按刚度大小，抗滑桩可分为刚性桩和弹性桩：$\alpha h \leqslant 2.5$ 为刚性桩，$\alpha h > 2.5$ 为弹性桩。其中 h 为桩在滑动面以下的埋深，α 为桩的变形系数。

$$\alpha = \sqrt[5]{\frac{mb_{\mathrm{p}}}{EI}} \tag{8-4-37}$$

式中　m——桩侧向地基系数随深度变化的比例系数，可由试验得出，或参考表 8-4-30 确定；

b_{p}——桩的计算宽度；对于矩形桩，$b_{\mathrm{p}}=b+1$，b 为桩截面宽度；对于圆形桩，$b_{\mathrm{p}}=0.9\ (d+1)$，$d$ 为桩径，b、d 均需大于 1m；

E、I——分别为桩的弹性模量和截面惯性矩。

地基土层的 *m* 值　　**表 8-4-30**

土 的 名 称	m（$\mathrm{kN/m^4}$）
流塑黏性土（$I_{\mathrm{L}} \geqslant 1$），淤泥	3000～5000
软塑黏性土（$1 > I_{\mathrm{L}} \geqslant 0.5$），粉砂	5000～10000
硬塑黏性土（$0.5 > I_{\mathrm{L}} > 0$），细砂、中砂	10000～20000
半干硬的黏性土，粗砂	20000～30000
砾砂，角砾砂，砾石，碎石	30000～80000
块石，漂石	8000～120000

根据其受力特点，抗滑桩设计可做以下简化计算：

1. 侧向地基弹性抗力系数 C

假定 C 随深度 y 呈直线规律变化

$$C = my \tag{8-4-38}$$

对于岩石，C 为常数，一般 $C=(0.6\sim0.8)\ C_0$，C_0 为竖向地基弹性抗力系数。当岩石为厚层或块状而整体性较好时，$C=C_0$。

2. 当桩埋深在两层或两层以上的不同土层内时，各层土的 m_i 可换算成一个 $\overline{m}$ 值：

对于两层土
$$\overline{m} = \frac{m_1 h_1^2 + m_2 h_2 (2h_1 + h_2)}{h_{\mathrm{m}}^2} \tag{8-4-39}$$

对于三层土
$$\overline{m} = \frac{m_1 h_1^2 + m_2 h_2 (2h_1 + h_2) + m_3 h_3 (2h_1 + 2h_2 + h_3)}{h_{\mathrm{m}}^2} \tag{8-4-40}$$

式中　h_i——第 i 层土的厚度（m）；

h_{m}——换算深度（m）；对于刚性桩，$h_{\mathrm{m}}=h$；对于弹性桩，$h_{\mathrm{m}}=(2d+1)$。

3. 滑动面以上地层对桩的作用力按外力考虑，在滑动面处换算为剪力 Q_0 和弯矩 M_0。滑动面以上的作用力，有滑坡推力及桩前被动土压力或剩余抗滑力，后者为抗力，取二者中较小者。滑坡推力及剩余抗滑力，可沿桩身按矩形分布。若桩前土体不稳定，则无抗力作用，按悬臂桩计算。

4. 桩侧应力不大于地基土的侧向抗力，即被动、主动土压力之差，可表示为

$$\sigma_{\mathrm{y}} \leqslant \Delta p_{\mathrm{y}} = \frac{4}{\cos\varphi} \gamma y \tan\varphi \tag{8-4-41}$$

式中　σ_y——桩侧应力（kPa）；

Δp_y——地基土的侧向抗力（kPa）；

φ——土的内摩擦角（°）；

γ——土的重度（kN/m^3）；

y——地面下深度。

5. 地基的横向承载力特征值的确定

桩埋入岩土层的深度应根据地基的横向承载力特征值确定

（1）地基为岩层时，桩的最大横向压应力σ_{max}应小于或等于地基的横向承载力特征值f_H。桩为矩形截面时，地基的横向承载力特征值可按式（8-4-42）计算：

$$f_H = K_H \eta f_{rk} \tag{8-4-42}$$

式中　f_H——地基的横向承载力特征值（kPa）；

K_H——在水平方向的换算系数，根据岩层构造可取0.5～1.0；

η——折减系数，根据岩层的裂缝、风化及软化程度可取0.30～0.45；

f_{rk}——岩石天然单轴极限抗压强度标准值（kPa）。

（2）地基为土层或风化成土、砂砾状岩层时，滑动面以下或桩嵌入稳定岩土层内深度为$h_2/3$和h_2（滑动面以下或嵌入稳定岩土层内桩长）处的横向压应力应不大于地基横向承载力特征值。悬臂抗滑桩（图8-4-23）地基横向承载力特征值可按下列公式计算：

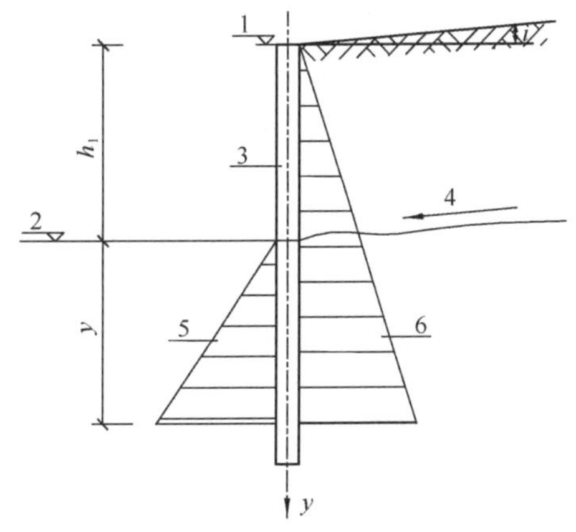

图8-4-23　悬臂抗滑桩土质地基横向承载力特征值计算简图

1—桩顶地面；2—滑面；3—抗滑桩；4—滑动方向；5—被动土压力分布图；6—主动土压力分布图

1）当设桩处沿滑动方向地面坡度小于8°时，地基y点的横向承载力特征值可按式（8-4-43）计算：

$$f_H = 4\gamma_2 y \frac{\tan\varphi_0}{\cos\varphi_0} - \gamma_1 h_1 \frac{1-\sin\varphi_0}{1+\sin\varphi_0} \tag{8-4-43}$$

式中　f_H——地基的横向承载力特征值（kPa）；

γ_1——滑动面以上土体的重度（kN/m^3）；

γ_2——滑动面以下土体的重度（kN/m^3）；

φ_0——滑动面以下土体的等效内摩擦角（°）；

h_1——设桩处滑动面至地面的距离（m）；

y——滑动面至计算点的距离（m）。

2）当设桩处沿滑动方向地面坡度$i \geqslant 8°$且$i \leqslant \varphi_0$时，地基y点的横向承载力特征值可按式（8-4-44）计算：

$$f_H = 4\gamma_2 y \frac{\cos^2 i\sqrt{\cos^2 i - \cos^2\varphi}}{\cos^2\varphi} - \gamma_1 h_1 \cos i \frac{\cos i - \sqrt{\cos^2 i - \cos^2\varphi}}{\cos i + \sqrt{\cos^2 i - \cos^2\varphi}}^2 \tag{8-4-44}$$

式中　φ——滑动面以下土体的内摩擦角（°）。

桩基埋入段地面处的水平位移不宜大于10mm。当地基强度或位移不能满足要求时，应通过调整桩的埋深、截面尺寸或间距等措施进行处理。

6. 桩的内力计算

(1) 刚性桩

边界条件：桩底 $Q_h=0$，$M_h=0$。

按桩埋入的地层不同，分以下四种情况：

1) 桩埋入稳定的土层内（图 8-4-24）

剪力： $$Q_y = Q_0 - \frac{1}{2}b_p A\Delta\varphi(2y_0 - y)y - \frac{1}{6}b_p m\Delta\varphi y^2(3y_0 - 2y) \tag{8-4-45}$$

弯矩： $$M_y = M_0 + Q_0 y - \frac{1}{6}b_p A\Delta\varphi y^2(3y_0 - y) - \frac{1}{12}b_p m\Delta\varphi y^3(2y_0 - y) \tag{8-4-46}$$

根据边界条件解得

$$y_0 = \frac{h[2A(3M_0 + 2Q_0 h) + mh(4M_0 + 3Q_0 h)]}{2[3A(2M_0 + Q_0 h) + mh(3M_0 + 2Q_0 h)]} \tag{8-4-47}$$

$$\Delta\varphi = \frac{12[3A(2M_0 + Q_0 h) + mh(3M_0 + 2Q_0 h)]}{b_p h^3[6A(A + mh) + m^2 h^2]} \tag{8-4-48}$$

将 y_0、$\Delta\varphi$ 代入式（8-4-45）、式（8-4-46）即可求得桩内力。

式中 A——滑动面处的地基弹性抗力系数（kN/m^3）；

Q_0、M_0——滑动面处的剪力和弯矩（kN，kN·m）；

h——桩体深入到滑动面以下的总长度（m）；

y——桩体位于滑动面以下的深度（m）；

y_0——桩体旋转的中心点位于滑动面以下的深度（m）；

$\Delta\varphi$——旋转角（rad）。

2) 桩埋入均质的岩层内（图 8-4-25）

在式（8-4-45）、式（8-4-46）中，取 $m=0$，即可得到相应的计算公式。

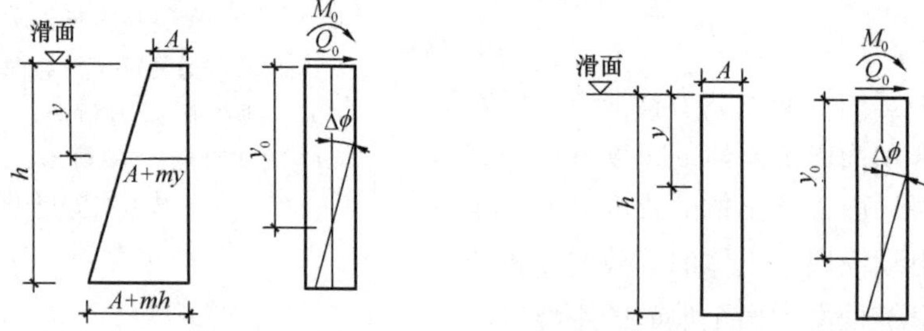

图 8-4-24 桩的内力计算（桩在土层内） 图 8-4-25 桩的内力计算（桩在岩层内）

3) 桩埋入稳定的土层（上部）及岩层（下部）内（图 8-4-26）

(a) 当旋转中心点位于土层中时（图 8-4-26a）

在土层内，y 由 $0\sim h_1$，计算公式同式（8-4-45）、式（8-4-46）。

在岩层内，y 由 $h_1\sim h$

剪力： $$Q_y = Q_{h1} - \frac{1}{2}b_p\Delta\varphi C(y - h_1)\cdot(2y_0 - y - h_1) \tag{8-4-49}$$

$$弯矩：M_y = M_0 + Q_0 y - \frac{1}{6}b_p A\Delta\varphi(2h_1^3 - 3h_1^2 y_0 + 6y_0 h_1 y - 3h_1^2 y) - \frac{1}{12}b_p m\Delta\varphi h_1^2 \cdot [2y(3y_0 - 2h_1) - h_1(4y_0 - 3h_1)] + \frac{1}{6}b_p C\Delta\varphi(y - h_1)^2 (y + 2h_1 - 3y_0) \quad (8\text{-}4\text{-}50)$$

根据边界条件解得 y_0、$\Delta\varphi$ 代入上式求得内力。

（b）当旋转中心点位于岩层中时（图 8-4-26*b*）

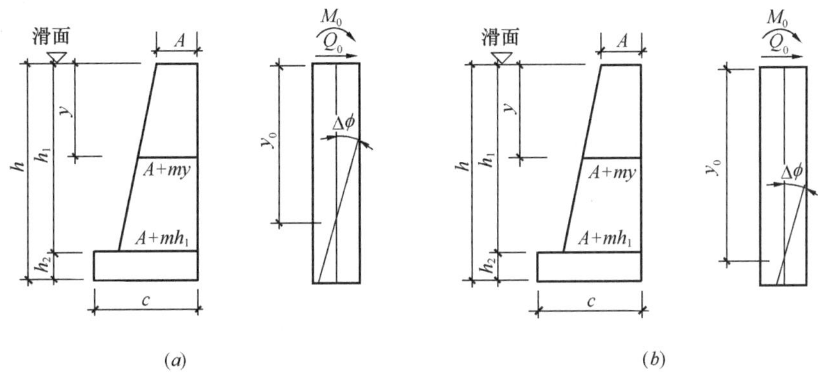

图 8-4-26　桩位于不同地层内的内力计算

（*a*）旋转中心点位于土层；（*b*）旋转中心点位于岩层

在土层内，y 由 $0 \sim h_1$，计算公式同式（8-4-45）、式（8-4-46）。

在岩层内，y 由 $h_1 \sim y_0$

$$剪力：\quad Q_y = Q_{h1} - \frac{1}{2}b_p\Delta\varphi C(y - h_1)\cdot(2y_0 - h - h_1) \quad (8\text{-}4\text{-}51)$$

$$弯矩：M_y = M_0 + Q_0 y + \frac{1}{6}b_p A\Delta\varphi(2h_1^3 - 3h_1^2 y_0 + 6y_0 h_1 y - 3h_1^2 y) - \frac{1}{12}b_p m\Delta\varphi h_1^2 \cdot [2y(3y_0 - 2h_1) - h_1(4y_0 - 3h_1)] + \frac{1}{6}b_p C\Delta\varphi(y - h_1)^2 (y + 2h_1 - 3y_0) \quad (8\text{-}4\text{-}52)$$

在岩层内，y 由 $y_0 \sim h$

$$剪力：\quad Q_y = Q_{h1} - \frac{1}{2}b_p\Delta\varphi C(y - h_1)\cdot(2y_0 - y - h_1) \quad (8\text{-}4\text{-}53)$$

$$弯矩：M_y = M_0 + Q_0 y + \frac{1}{6}b_p A\Delta\varphi h_1[h_1(3y_0 - 2h_1) - 3h(2y_0 - h_1)] + \frac{1}{12}b_p m\Delta\varphi h_1^2[h_1(4y_0 + 3h_1) - 2y(3y_0 - 2y_1)] - \frac{1}{6}b_p C\Delta\varphi\cdot(y_0 - h_1)^2(3y - y_0 - 2h_1) - \frac{1}{6}b_p C\Delta\varphi\cdot(y_0 - y)^3 \quad (8\text{-}4\text{-}54)$$

4）桩埋入两种不同的岩层内（图 8-4-27）

利用以上桩埋入稳定的土层（上部）及岩层（下部）中的相应公式，令 $m=0$，可得相应的计算公式。

（2）弹性桩

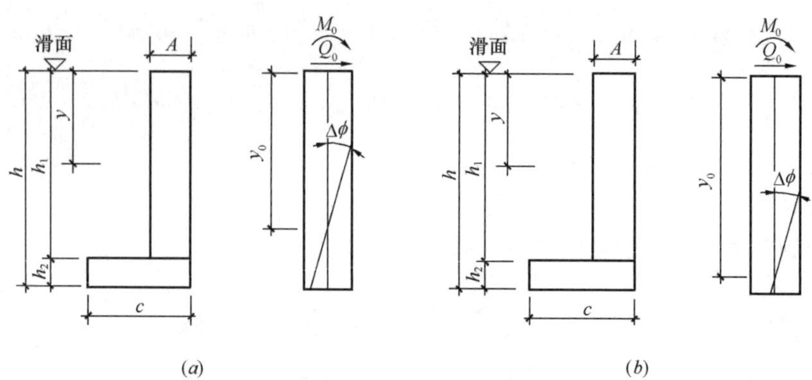

图 8-4-27　桩位于两种岩层内的内力计算

（a）旋转中心点位于上层；（b）旋转中心点位于下层

将桩视作弹性地基上的竖向弹性梁，桩在水平外力作用下的挠曲微分方程为（图 8-4-28）：

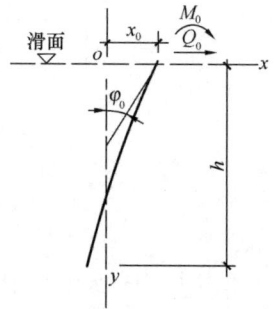

$$EI\frac{\mathrm{d}^4x}{\mathrm{d}y^4}=-p=-myxp_{\mathrm{p}} \tag{8-4-55}$$

式中　p——土作用在桩上的水平反力（kN）；

x——桩在滑动面下 y 点处的水平位移（m）。

图 8-4-28　弹性桩

通过对上式求解，得以下计算式：

$$x_{\mathrm{y}}=x_0A_1+\frac{\varphi_0}{\alpha}B_1+\frac{M_0}{\alpha^2EI}C_1+\frac{Q_0}{\alpha^3EI}D_1 \tag{8-4-56}$$

$$\varphi_{\mathrm{y}}=\alpha\left(x_0A_2+\frac{\varphi_0}{\alpha}B_2+\frac{M_0}{\alpha^2EI}C_2+\frac{Q_0}{\alpha^3EI}D_2\right) \tag{8-4-57}$$

$$M_{\mathrm{y}}=\alpha^2EI\left(x_0A_3+\frac{\varphi_0}{\alpha}B_3+\frac{M_0}{\alpha^2EI}C_3+\frac{Q_0}{\alpha^3EI}D_3\right) \tag{8-4-58}$$

$$Q_{\mathrm{y}}=\alpha^3EI\left(x_0A_4+\frac{\varphi_0}{\alpha}B_4+\frac{M_0}{\alpha^2EI}C_4+\frac{Q_0}{\alpha^3EI}D_4\right) \tag{8-4-59}$$

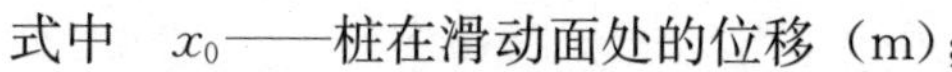

式中　x_0——桩在滑动面处的位移（m）；

φ_0——桩在滑动面处的旋转角（rad）；

M_0——桩在滑动面处的弯矩（kN·m）；

Q_0——桩在滑动面处的剪力（kN）。

A_i、B_i、C_i、D_i为系数，可查表 8-4-31 和表 8-4-32

在已知 M_0、Q_0的情况下，先求解 x_0、φ_0，此时需根据桩底的边界条件来确定。

1）当桩嵌入坚硬岩石，桩底可视为固定端时，边界条件 $x_{\mathrm{h}}=0$，$\varphi_{\mathrm{h}}=0$。

解得

$$x_0=\frac{M_0}{\alpha^2EI}\frac{B_1C_2-C_1B_2}{A_1B_2-B_1A_2}+\frac{Q_0}{\alpha^3EI}\frac{B_1D_2-D_1B_2}{A_1B_2-B_1A_2} \tag{8-4-60}$$

$$\varphi_0=\frac{M_0}{\alpha EI}\frac{A_2C_1-A_1C_2}{A_1B_2-B_1A_2}+\frac{Q_0}{\alpha^2EI}\frac{A_2D_1-D_2A_1}{A_1B_2-B_1A_2} \tag{8-4-61}$$

2）当桩支撑于岩石层面上，桩底可视为铰接端时，边界条件 $x_{\mathrm{h}}=0$，$M_{\mathrm{h}}=0$。

解得

$$x_0=\frac{M_0}{\alpha^2EI}\frac{C_1B_3-B_1C_3}{B_1A_3-A_1B_3}+\frac{Q_0}{\alpha^3EI}\frac{D_1B_3-B_1D_3}{B_1A_3-A_1B_3} \tag{8-4-62}$$

$$\varphi_0 = \frac{M_0}{\alpha EI}\frac{A_1C_3 - C_1A_3}{B_1A_3 - A_1B_3} + \frac{Q_0}{\alpha^3 EI}\frac{A_1D_3 - D_1A_3}{B_1A_3 - A_1B_3} \tag{8-4-63}$$

3）当桩埋于土层或风化破碎岩层内，桩底可视为自由端时，边界条件 $Q_h=0$，$M_h=0$。

解得

$$x_0 = \frac{M_1}{\alpha^3 EI}\frac{B_3C_4 - C_3B_4}{A_3B_4 - B_3A_4} + \frac{Q_0}{\alpha^3 EI}\frac{B_3D_4 - D_3B_4}{A_3B_4 - B_3A_4} \tag{8-4-64}$$

$$\varphi_0 = \frac{M_0}{\alpha EI}\frac{C_3A_4 - A_3C_4}{A_3B_4 - B_3A_4} + \frac{Q_0}{\alpha^2 EI}\frac{D_3A_4 - A_3D_4}{A_3B_4 - B_3A_4} \tag{8-4-65}$$

以上计算可查表 8-4-33 和表 8-4-34。

弹性桩计算系数（一） **表 8-4-31**

换算深度 $\bar{h}=\alpha y$	A_1	B_1	C_1	D_1	A_2	B_2	C_2	D_2
0	1.00000	0.00000	0.00000	0.00000	0.00000	1.00000	0.00000	0.00000
0.1	1.00000	0.10000	0.00500	0.00017	−0.00000	1.00000	0.10000	0.00500
0.2	1.00000	0.20000	0.02000	0.00133	−0.00007	1.00000	0.20000	0.02000
0.3	0.99998	0.30000	0.04500	0.00450	−0.00034	0.99996	0.30000	0.04500
0.4	0.99991	0.39999	0.08000	0.01067	−0.00107	0.99983	0.39998	0.08000
0.5	0.99974	0.49996	0.12500	0.02083	−0.00260	0.99948	0.49994	0.12499
0.6	0.99935	0.59987	0.17998	0.03600	−0.00540	0.99870	0.59081	0.17998
0.7	0.99986	0.69967	0.24495	0.05716	−0.01000	0.99720	0.69951	0.24494
0.8	0.99727	0.79927	0.31988	0.08532	−0.01707	0.99454	0.79891	0.31983
0.9	0.99508	0.89852	0.40472	0.12146	−0.02733	0.99016	0.89779	0.40462
1.0	0.99167	0.99722	0.49941	0.16657	−0.04167	0.98333	0.99583	0.49921
1.1	0.98658	1.09508	0.60384	0.22163	−0.06096	0.97317	1.09262	0.60346
1.2	0.97927	1.19171	0.71787	0.28758	−0.08632	0.95855	1.18756	0.71710
1.3	0.96908	1.28660	0.84127	0.36536	−0.11883	0.93817	1.27990	0.84002
1.4	0.95523	1.37910	0.97373	0.45588	−0.15973	0.91047	1.36865	0.97163
1.5	0.93681	1.46839	1.11484	0.55997	−0.21030	0.87365	1.45259	1.11145
1.6	0.91280	1.55346	1.26403	0.67842	−0.27194	0.82565	1.53020	1.25872
1.7	0.88201	1.63307	1.42061	0.81193	−0.34604	0.76413	1.59963	1.41247
1.8	0.84313	1.70575	1.58362	0.96109	−0.43412	0.68645	1.65867	1.57150
1.9	0.79467	1.76972	1.75190	1.12637	−0.53768	0.58967	1.70468	1.73422
2.0	0.73502	1.82294	1.92402	1.30801	−0.65822	0.47061	1.73457	1.89872
2.2	0.57491	1.88709	2.27217	1.72042	−0.95616	0.15127	1.73110	2.22299
2.4	0.34691	1.87450	2.60882	2.19535	−1.33889	−0.30273	1.61286	2.51874
2.6	0.03315	1.75473	2.90670	2.72365	−1.81479	−0.92602	1.33485	2.74972
2.8	−0.38548	1.49037	3.12843	3.28769	−2.38756	−1.75483	0.84177	2.86653
3.0	−0.92809	1.03679	3.22471	3.85838	−3.05319	−2.82410	0.06887	2.80406
3.5	−2.92799	−1.27172	2.46304	4.97982	−4.98062	−6.70806	−3.58647	1.27018
4.0	−5.85333	−5.94097	−0.92677	4.54780	−6.53316	−12.15810	−10.60840	−3.76647

弹性桩计算系数（二）　　表 8-4-32

换算深度 $\bar{h}=\alpha y$	A_3	B_3	C_3	D_3	A_4	B_4	C_4	D_4
0	0.00000	0.00000	1.00000	0.00000	0.00000	0.00000	0.00000	1.00000
0.1	-0.00017	-0.00001	0.10000	0.10000	-0.00500	-0.00033	-0.00001	1.00000
0.2	-0.00133	-0.00013	0.99999	0.20000	-0.02000	-0.00267	-0.00020	0.99999
0.3	-0.00450	-0.00067	0.99994	0.30000	-0.04500	-0.00900	-0.00101	0.99992
0.4	-0.01067	-0.00213	0.99974	0.39998	-0.08000	-0.02133	-0.00320	0.99966
0.5	-0.02083	-0.00521	0.99922	0.49991	-0.12499	-0.04167	-0.00781	0.99896
0.6	-0.03600	-0.01080	0.99806	0.59974	-0.17997	-0.07199	-0.01620	0.99741
0.7	-0.05716	-0.02001	0.99580	0.69935	-0.24490	-0.11433	-0.03001	0.99440
0.8	-0.08532	-0.03412	0.99181	0.79854	-0.31975	-0.17060	-0.05120	0.98908
0.9	-0.12144	-0.05466	0.98524	0.89705	-0.40443	-0.24284	-0.08198	0.98032
1.0	-0.16652	-0.08329	0.97501	0.99445	-0.49881	-0.33298	-0.12493	0.96667
1.1	-0.22152	-0.12192	0.95975	1.09016	-0.60268	-0.44292	-0.18285	0.94634
1.2	-0.28737	-0.17260	0.93783	1.18342	-0.71573	-0.57450	-0.25886	0.91712
1.3	-0.36496	-0.23760	0.90727	1.27320	-0.83753	-0.72950	-0.35631	0.87638
1.4	-0.45515	-0.31933	0.86573	1.35821	-0.96746	-0.90954	-0.47883	0.82102
1.5	-0.55870	-0.42039	0.81054	1.43680	-1.10468	-1.11609	-0.63027	0.74745
1.6	-0.67629	-0.54348	0.73859	1.50695	-1.24808	-1.35042	-0.81466	0.65156
1.7	-0.80848	-0.69144	0.64637	1.56621	-1.39623	-1.61346	-1.03616	0.52871
1.8	-0.95564	-0.86715	0.52997	1.61162	-1.54728	-1.90577	-1.29909	0.37368
1.9	-1.11796	-1.07357	0.38503	1.63969	-1.69889	-2.22745	-1.60770	0.18071
2.0	-1.29535	-1.31361	0.20276	1.64628	-1.84818	-2.57798	-1.96620	-0.05652
2.2	-1.69334	-1.90567	-0.27087	1.57538	-2.12481	-3.35952	-2.84858	-0.69158
2.4	-2.14117	-2.66329	-0.94885	1.35201	-2.33901	-4.22811	-3.97323	-1.59151
2.6	-2.62126	-3.59987	-1.87734	0.91679	-2.43695	-5.14023	-5.35541	-2.82106
2.8	-3.10341	-4.71748	-3.10791	0.19729	-2.34558	-6.02299	-6.99007	-4.44491
3.0	-3.54058	-5.99979	-4.68788	-0.89126	-1.96928	-6.76460	-8.84029	-6.51972
3.5	-3.91921	-9.54367	-10.34040	-5.85402	1.07408	-6.78895	-13.69240	-13.82610
4.0	-1.61428	-11.73070	-17.91860	-15.07550	9.24368	0.35762	-15.61050	-23.14040

弹性桩计算系数（三）　　表 8-4-33

换算深度 $\bar{h}=\alpha y$	$B_3D_4-B_4D_3$	$A_3B_4-A_4B_3$	$B_2D_4-B_4D_2$	$A_2B_4-A_4B_2$	$A_3D_4-A_4D_3$	$A_2D_4-A_4D_2$	$A_3C_4-A_4C_3$
0	0.00000	0.00000	1.00000	0.00000	0.00000	0.00000	0.00000
0.1	0.00002	0.00000	1.00000	0.00500	0.00033	0.00003	0.00500
0.2	0.00040	0.00000	1.00004	0.02000	0.00267	0.00033	0.02000
0.3	0.00203	0.00001	1.00029	0.04500	0.00900	0.00169	0.04500
0.4	0.00640	0.00006	1.00120	0.07999	0.02133	0.00533	0.08001
0.5	0.01563	0.00022	1.00365	0.12504	0.04167	0.01303	0.12505
0.6	0.03240	0.00065	1.00917	0.18013	0.07263	0.02701	0.18020
0.7	0.06006	0.00163	1.01962	0.24535	0.11443	0.05004	0.24559
0.8	0.10248	0.00365	1.03824	0.32091	0.17094	0.08539	0.32150
0.9	0.16426	0.00738	1.06893	0.40709	0.24374	0.13685	0.40842
1.0	0.25062	0.01390	1.11679	0.50436	0.33507	0.20873	0.50714
1.1	0.36747	0.02464	1.18823	0.61351	0.44739	0.30600	0.61893
1.2	0.52158	0.04156	1.29111	0.73565	0.58346	0.43412	0.74562
1.3	0.72059	0.06724	1.43498	0.87244	0.74650	0.59940	0.88991
1.4	0.97317	0.10504	1.63125	1.02612	0.94032	0.80887	1.05550
1.5	1.28938	0.15916	1.89349	1.19981	1.16960	1.07061	1.24752
1.6	1.68091	0.23497	2.23776	1.39771	1.44015	1.39379	1.47277
1.7	2.16145	0.33904	2.68296	1.62522	1.75934	1.78918	1.74019
1.8	2.74734	0.47951	3.25143	1.88946	2.13653	2.26933	2.06147
1.9	3.45833	0.66632	3.96945	2.19944	2.58362	2.84909	2.45147
2.0	4.31831	0.91158	4.86824	2.56664	3.11583	3.54638	2.92905
2.2	6.61044	1.63962	7.36356	3.53366	4.51846	5.38469	4.24806
2.4	9.95510	2.82366	11.13130	4.95288	6.57004	8.02219	6.28800
2.6	14.86800	4.70118	16.74660	7.07178	9.62890	11.82060	9.46294
2.8	22.15710	7.62658	25.06510	10.26420	14.25710	17.33620	14.40320
3.0	33.08790	12.13530	137.38070	15.09220	21.32850	25.42750	22.06800
3.5	92.20900	36.85800	10136900	41.01820	60.47600	67.49820	64.76960
4.0	266.06100	109.01200	279.99600	114.72200	176.70900	185.99600	190.83400

弹性桩计算系数（四）　表 8-4-34

换算深度 $\bar{h}=\alpha y$	$A_2C_4-A_4C_2$	$\frac{B_3D_4-B_4D_3}{A_3B_4-A_4B_3}$	$\frac{A_3D_4-A_4D_3}{A_3B_4-A_4B_3}=\frac{B_3C_4-B_4C_3}{A_3B_4-B_4C_3}$	$\frac{A_3C_4-A_4C_3}{A_3B_4-A_4B_3}$	$\frac{B_3D_4-B_4D_3}{A_3B_4-A_4B_3}$	$\frac{B_2C_1-B_1C_2}{A_2B_1-A_1B_2}=\frac{A_2D_1-A_1D_2}{A_2B_1-A_1B_2}$	$\frac{A_2C_1-A_1C_2}{A_2B_1-A_1B_2}$
0	0.00000	∞	∞	∞	0.00000	0.00000	0.00000
0.1	0.00050	3770.490	54098.4	819672.0	0.00033	0.00500	0.10000
0.2	0.00400	424.771	2807.280	21028.6	0.00269	0.02000	0.20000
0.3	0.01350	196.135	869.565	4347.97	0.00900	0.04500	0.30000
0.4	0.03200	111.936	372.930	1399.07	0.02133	0.07999	0.39996
0.5	0.06251	72.102	192.214	576.825	0.04165	0.12495	0.49988
0.6	0.10804	50.012	111.179	278.134	0.07192	0.17983	0.59962
0.7	0.17161	36.740	70.001	150.236	0.11406	0.24448	0.69902
0.8	0.25632	28.108	46.884	88.179	0.16985	0.31867	0.79783
0.9	0.36533	22.245	33.009	55.312	0.24092	0.40199	0.89562
1.0	0.50194	18.028	24.102	36.480	0.32855	0.49374	0.99172
1.1	0.66965	14.915	18.160	25.122	0.43351	0.59294	1.08560
1.2	0.87232	12.550	14.039	17.940	0.55589	0.69811	1.17605
1.3	1.11429	10.716	11.102	13.235	0.69488	0.80737	1.26199
1.4	1.40059	9.265	8.952	10.049	0.84855	0.91831	1.34213
1.5	1.73720	8.101	7.349	7.838	1.01382	1.02816	1.41516
1.6	2.13135	7.154	6.129	6.268	1.18632	1.13380	1.47990
1.7	2.59200	6.375	5.189	5.133	1.36088	1.23219	1.53540
1.8	3.13039	5.730	4.456	4.300	1.53179	1.32058	1.58115
1.9	3.76049	5.190	3.878	3.680	1.69843	1.39688	1.61718
2.0	4.49999	4.737	3.418	3.213	1.84091	1.45979	1.64405
2.2	6.40196	4.032	2.756	2.591	2.08041	1.54549	1.67790
2.4	9.09220	3.526	2.327	2.227	2.23974	1.58566	1.68520
2.6	12.97190	3.161	2.048	2.013	2.32965	1.59617	1.68665
2.8	18.66360	2.905	1.869	1.889	2.37119	1.59262	1.68717
3.0	27.12570	2.727	1.758	1.818	2.38548	1.58606	1.69051
3.5	72.04850	2.502	1.641	1.757	2.38891	1.58435	1.71100
4.0	100.0470	2.441	1.625	1.751	2.40074	1.59979	1.73218

八、边坡工程设计中应注意的问题

在边坡工程设计中，排水系统、伸缩缝设置、支护结构的防腐处理等均是非常重要的一环，往往决定工程的成败，因而应引起特别重视。

（一）排水系统

排水设施有泄水洞、排水孔、支撑渗沟、截水暗沟、渗沟、截水墙等。有地下水时墙背填土后将有静水压力作用在墙背上，孔隙水压力将增大土压力，若能采取有效措施消除或减小孔隙水压力，如设置泄水孔（在墙后做滤水层和排水盲沟）等，会使挡土墙的设计更为经济。在墙顶地面宜铺设防水层，不允许地表径流无节制地漫坡流动，边坡应进行绿化。当墙后有山坡时还应在坡下设置截水沟。

通过排除地表水和地下水，降低水压荷载提高边坡的抗滑力。经验表明，地下水位每降低 0.3m，边坡安全系数可提高 1%。

墙后填土一般应选择透水性好的填料，当选用黏性土时，宜适当混以块石；在季节性冻土地区宜选择非冻胀性填料（如炉渣、碎石、粗砂等）。填土应分层夯实。

（二）伸缩缝

现浇混凝土锚杆挡墙、扶壁式挡墙的伸缩缝间距为 20～25m，喷射混凝土面板沿边坡纵向设置竖向伸缩缝间距为 20～25m。重力式挡墙的伸缩缝间距，对条石、块石挡墙应采用 20～25m，对素混凝土挡墙采用 10～15m。

（三）锚杆的防腐处理

1. 非预应力锚杆的自由段位于土层中时，可采用除锈、刷沥青船底漆、沥青玻纤布缠裹，其层数不少于二层。

2. 对于预应力锚杆，其自由段按上述措施处理后装入套管中，套管两端 100～200mm 长度范围内用黄油充填，外绕扎工程胶布固定。

3. 对位于无腐蚀性岩土层内的锚杆，锚固段应除锈，砂浆保护层厚度应不小于 25mm；对位于腐蚀性岩土层内的锚杆，锚固段和非锚固段应采取特殊的防腐处理措施。

4. 防腐处理后，非预应力锚杆的自由段外端应埋入钢筋混凝土构件内 50mm 以上；对预应力锚杆，其锚头的锚具经除锈、涂防腐漆三度后应采用钢筋网罩、现浇混凝土封闭，混凝土强度等级不低于 C30，厚度不小于 100mm，混凝土保护层厚度不小于 50mm。

5. 对于临时性锚杆，自由段可采用除锈后刷沥青防锈漆处理，外锚头可采用外涂防腐材料或外包混凝土处理。

第五节　边坡变形的控制与工程监测

一、边坡变形的控制

边坡变形控制应采取设计、施工及监测等综合措施，并根据当地工程经验采用类比法实施。

（一）对边坡变形控制的要求

1. 工程行为引发的边坡变形和地下水的变化不应造成坡顶建（构）筑物开裂及其基础沉降差超过允许值；

2. 支护结构基础置于土层地基时，地基变形不应造成邻近建（构）筑物开裂和影响其基础结构的正常使用；

3. 应考虑施工因素对支护结构变形的影响，变形产生的附加应力不得危及支护结构安全。

4. 对边坡变形有较高要求时，应根据边坡周边环境的重要性、对变形的适应能力和岩土性状等因素，按当地经验确定边坡支护结构的变形允许值。

（二）控制边坡变形的技术措施

1. 需控制变形的边坡工程，应采取预应力锚杆（索）等受力后变形量较小的支护结构形式。

2. 位于较软弱土质地基上的边坡工程，当支护结构地基变形不能满足设计要求时，应采取卸载，对地基和支护结构被动土压力区加固等处理措施。

3. 存在临空的外倾软弱结构面的岩质边坡和土质边坡，支护结构的基础必须置于软弱面以下稳定的地层内。

4. 当施工期边坡垂直变形较大时，应采用设置竖向支撑的支护结构方案。

5. 对造成边坡变形增大的张开型岩石裂隙和软弱层面，可采用注浆加固。

6. 边坡工程行为对相邻建（构）筑物可能引发较大变形或危害时，应加强监测，采取设计和施工措施，并应对建（构）筑物及其地基基础进行预加固处理。

7. 稳定性较差的边坡开挖方案应按不利工况进行边坡稳定和变形验算，必要时采取措施增强施工期边坡稳定性。

8. 锚杆施工应避免对相邻建（构）筑物地基基础造成损害。当水钻成孔可能诱发边坡和周边环境变形过大时，应采用无水成孔法。

二、边坡工程监测

（一）边坡监测项目

对于边坡塌滑区有重要建（构）筑物的一级边坡工程施工时应进行工程监测。应由设计提出监测项目和要求，由业主委托有资质的监测单位编制监测方案，监测方案应包括监测项目、监测目的、监测方法、测点布置、监测项目报警值、信息反馈制度等内容，经设计、监理和业主等共同认可后实施。

边坡工程可根据其安全等级、地质环境、边坡类型、支护结构类型和变形控制要求，按表 8-4-35 选择监测项目。

边坡工程监测项目表 **表 8-4-35**

测试项目	测点布置位置	边坡工程安全等级		
		一级	二级	三级
坡顶水平位移和垂直位移	支护结构顶部或预估支护结构变形最大处	应测	应测	应测
地表裂缝	墙顶背后 1.0H（岩质）～1.5H（土质）范围内	应测	应测	选测
坡顶建（构）筑物变形	边坡坡顶建筑物基础、墙面	应测	应测	选测
降雨、洪水与时间关系		应测	应测	选测
锚杆（索）拉力	外锚头或锚杆主筋	应测	选测	可不测
支护结构变形	主要受力构件	应测	选测	可不测
支护结构应力	应力最大处	选测	选测	可不测
地下水、渗水与降雨关系	出水点	应测	选测	可不测

注：1. 在边坡塌滑区内有重要建（构）筑物，破坏后果严重时，应加强对支护结构的应力监测；

2. H 为边坡高度。

（二）边坡工程监测要求

1. 坡顶位移观测，应在每一典型边坡段的支护结构顶部设置不应少于 3 个观测点的观测网，观测位移量、移动速度和移动方向；

2. 锚杆拉力和预应力损失监测，应选择有代表性的锚杆（索），测定锚杆（索）应力和预应力损失；

3. 非预应力锚杆的应力监测根数不宜少于锚杆总数的3%，预应力锚索的应力监测根数不宜少于锚索总数的5%，且均不应少于3根；

4. 监测工作可根据设计要求、边坡稳定性、周边环境和施工进程等因素进行动态调整；

5. 边坡工程施工初期，监测宜每天一次，且应根据地质环境复杂程度、周边建（构）筑物、管线对边坡变形敏感程度、气候条件和监测数据调整监测时间及频率，当出现险情时应加强监测；

6. 一级永久性边坡工程竣工后的监测时间不宜少于两年。

第五章 地 基 处 理

地基处理方法分类及适用范围见表8-5-1。也可根据地基结构类型按表8-5-2选用。

地基处理方法分类及其适用范围　　表8-5-1

类别	方 法	简要原理	适用范围
置换	换土垫层法	将软弱土或不良土开挖至一定深度，回填抗剪强度较大、压缩性较小的土，如砂、砾、石渣、灰土等，并分层夯实，形成双层地基。垫层能有效扩散基底压力，提高地基承载力、减少沉降	各种软弱土地基
	挤淤置换法	通过抛石或夯击回填碎石置换淤泥达到加固地基的目的	厚度较小的淤泥地基
	褥垫法	当建（构）筑物的地基一部分压缩性很小，而另一部分压缩性较大时，为了避免不均匀沉降，在压缩性很小的部分，通过换填法铺设一定厚度可压缩性的土料形成褥垫，以减少沉降差	建（构）筑物部分坐落在基岩上，部分坐落在土上，以及类似情况
	振冲置换法	利用振冲器在高压水流作用下边振边冲在地基中成孔，在孔内填入碎石，卵石等粗粒料且振密成碎石桩。碎石桩与桩间土形成复合地基，以提高承载力，减小沉降	不排水抗剪强度不小于20kPa的黏性土、粉土、饱和黄土和人工填土等地基
	强夯置换法	采用边填碎石边强夯的强夯置换法在地基中形成碎石墩体，由碎石墩，墩间土以及碎石垫层形成复合地基，以提高承载力，减小沉降	人工填土、砂土、黏性土和黄土、淤泥和淤泥质土地基
	砂石桩（置换）法	在软黏土地基中采用沉管法或其他方法设置密实的砂桩或碎石桩，置换同体积的黏性土形成砂石桩复合地基，以提高地基承载力。同时砂石桩还可以同砂井一样起排水作用，以加速地基土固结	软黏土地基
	石灰桩法	通过机械或人工成孔，在软弱地基中填入生石灰块或生石灰块加其他掺合料，通过石灰的吸水膨胀、放热以及离子交换作用改善桩周土的物理力学性质，并形成石灰桩复合地基，可提高地基承载力，减少沉降	杂填土、软黏土地基

续表

类别	方　法	简要原理	适用范围
置换	CFG 桩法	通过机械或人工成孔，通过振动、泵送、人工灌注等方式在地基中形成 CFG 桩体，桩与桩间土、垫层形成 CFG 桩复合地基，可提高地基承载力，减少沉降	杂填土、素填土、砂土、粉土、黏性土地基
	EPS 超轻质料填土法	发泡聚苯乙烯（EPS）密度只有土的 1/50～1/100，并具有较好的强度和压缩性能，用于填土料，可有效减少沉降	软弱地基上的填方工程
排水固结	加载预压法	在建造建（构）筑物以前，天然地基在预压荷载作用下，压密、固结，地基产生变形，地基土强度提高，卸去预压荷载后再建造建（构）筑物，完工后沉降小，地基承载力也得到提高，堆载预压有时也利用建筑物自重进行。当天然地基土体渗透性较小时，为了缩短土体排水距离，加速土体固结，在地基中设置竖向排水通道，常用形式有：普通砂井、袋装砂井、塑料排水带等 当采用竖向排水通道时，也有人将其分别称为砂井法、袋装砂井法或塑料排水带法等	软黏土、粉土、杂填土、冲填土、泥炭土地基等
	超载预压法	基本上与堆载预压法相同，不同之处是预压荷载大于建（构）筑物的实际荷载。超载预压不仅可减少建（构）筑物完工后固结沉降，还可消除部分完工后次固结沉降	同上
	真空预压法	在饱和软黏土地基中设置竖向排水通道（砂井或塑料排水带等）和砂垫层，在其上覆盖不透气密封膜，通过埋设于砂垫层的抽水管进行长时间不断抽气和水，使砂垫层和砂井中造成负气压，而使软黏土层排水固结．负气压形成的当量预压荷载一般可达 85kPa	同上
	真空预压与堆载联合作用法	当真空预压达不到要求的预压荷载时，可与堆载预压联合使用，其堆载预压荷载和真空预压荷载可叠加计算	同上
	降低地下水位法	通过降低地下水位，改变地基土受力状态，其效果如堆载预压，使地基土固结。在基坑开挖围护设计中可减小作用在围护结构上的土压力	砂土或渗水性较好的软黏土层
	电渗法	在地基中设置阴极、阳极，通以直流电，形成电场。土中水流向阴极。采用抽水设备将水抽走，达到地基土体排水固结效果	软黏土地基
灌入固化物	深层搅拌法	利用深层搅拌机将水泥或石灰和地基土原位搅拌形成圆柱状，格栅状或连续墙水泥土增强体，形成复合地基以提高地基承载力，减小沉降。深层搅拌法分喷浆搅拌法和喷粉搅拌法两种。也用它形成防渗帷幕	淤泥、淤泥质土和含水量较高地基承载力标准值不大于 120kPa 的黏性土、粉土等软土地基。用于处理泥炭土或地下水具有腐蚀性时宜通过试验确定其适用性

续表

类别	方　法	简要原理	适用范围
灌入固化物	高压喷射注浆法	利用钻机将带有喷嘴的注浆管钻进预定位置，然后用20MPa左右的浆液或水的高压流冲切土体，用浆液置换部分土体，形成水泥土增强体。高压喷射注浆法有单管法、二重管法、三重管法。在喷射浆液的同时通过旋转，提升可形成定喷、摆喷和旋喷。高压喷射注浆法可形成复合地基以提高承载力，减少沉降。也常用它形成防渗帷幕	淤泥、淤泥质土、黏性土、粉土、黄土、砂土、人工填土和碎石土等地基。当土中含有较多的大块石，或有机质含量较高时应通过试验确定其适用性
	渗入性灌浆法	在灌浆压力作用下，将浆液灌入土中原有孔隙，改善土体的物理力学性质	中砂、粗砂，砾石地基
	劈裂灌浆法	在灌浆压力作用下，浆液克服地基土中初始应力和抗拉强度，使地基中原有的孔隙或裂隙扩张，或形成新的裂缝和孔隙，用浆液填充，改善土体的物理力学性质。与渗入性灌浆相比，其所需灌浆压力较高	岩基或砂、砂砾石、黏性土地基。形成劈裂需要一定条件
	压密灌浆法	通过钻孔向土层中压入浓浆液，随着土体压密将在压浆点周围形成浆泡。通过压密和置换改善地基性能。在灌浆过程中因浆液的挤压作用可产生辐射状上抬力，可引起地面局部隆起。利用这一原理可以纠正建筑物不均匀沉降和建筑物纠偏	常用于中砂地基，排水条件较好的黏性土地基
	电动化学灌浆法	当在黏性土中插入金属电极并通以直流电后，在土中引起电渗、电泳和离子交换等作用，在通电区含水量降低，从而在土中形成浆液"通道"。若在通电同时向土中灌注化学浆液，就能达到改善土体物理力学性质的目的	黏性土地基
振密、挤密	表层原位压实法	采用人工或机械夯实、碾压或振动，使土密实。但密实范围较浅	杂填土、疏松无黏性土、非饱和黏性土、湿陷性黄土等地基的浅层处理
	强夯法	采用质量为100～400kN的夯锤从高处自由落下，地基土在强夯的冲击力和振动力作用下密实，可提高承载力，减少沉降	碎石土、砂土、低饱和度的粉土和黏性土，湿陷性黄土、杂填土和素填土等地基
	振冲密实法	依靠振冲器的强力振动使饱和砂层发生液化，砂颗粒重新排列，孔隙减小，另一方面依靠振冲器的水平振动力，加回填料使砂层挤密，从而达到提高地基承载力，减小沉降，并提高地基土体抗液化能力	黏粒含量少于10%的疏松砂土地基
	挤密砂石桩法	采用沉管法或其他方法在地基中设置砂桩、碎石桩，在成桩过程中对周围土层产生挤密，被挤密的桩间土和砂石桩形成复合地基，达到提高地基承载力和减小沉降的目的	疏松砂土、杂填土、非饱和黏性土地基、黄土地基

续表

类别	方 法	简要原理	适用范围
振密、挤密	土桩、灰土桩法	采用沉管法、爆扩法和冲击法在地基中设置土桩或灰土桩，在成桩过程中挤密桩间土，由挤密的桩间土和密实的土桩或灰土桩形成复合地基	地下水位以上的湿陷性黄土、杂填土、素填土等地基
	夯实水泥土桩法	通过人工成孔或其他成孔方法成孔，回填水泥和土拌和料，分层夯实，形成水泥土桩并挤密桩间土，形成复合地基，可提高承载力和减小沉降	地下水位以上各种软弱地基
	CFG 桩法	通过振动沉管成孔，灌注水泥、粉煤灰、碎石、中粗砂混合料，形成 CFG 桩，振动沉管对桩间土有挤密作用，桩与桩间土、垫层形成 CFG 桩复合地基，可提高地基承载力，减少沉降	杂填土、素填土、砂土、粉土、黏性土地基
	柱锤冲扩桩法	通过人工成孔或螺旋钻成孔或振动沉管成孔或柱锤冲击成孔，填入碎石，或矿渣，或灰土，或水泥加土，或渣土或 CFG 料等，分层夯击，夯扩桩体，挤密桩间土，形成复合地基以提高地基承载力和减小沉降	杂填土、素填土、砂土、粉土、黏性土地基因地制宜采用适当的成孔工艺、回填料和夯扩工艺

地基处理方法 **表 8-5-2**

土的种类	方法名称	适用条件	方法要点	作用及效果
岩石	褥垫法	基底局部基岩突出地段	将基岩凿去 5～50cm，换填压缩性较高土层	减少差异沉降
	灌浆法	裂隙性基岩，溶洞	利用压力灌入水泥，沥青或黏土泥浆等	防渗及加强地基
砂土	硅化法	渗透系数为 2～80m/d	注入硅酸钠和氯化钠溶液	防渗及加强地基
	振动法，振冲法，砂桩法，强夯法	饱和与非饱和松散砂层	浅层用振动法，深层用振冲法，强夯法及砂桩法	使地基密实，提高地基强度及抗液化能力
湿陷性黄土	换土垫层法	黄土	换去一定厚度的湿陷性土	提高地基强度、减少湿陷性
	重锤夯实法，强夯法	湿陷性黄土	重锤吊起一定高度自由落下	消除或减少湿陷性，提高强度
	挤密土桩法	湿陷性黄土	桩管成孔，内填夯实素土或灰土	消除湿陷性，提高强度
	灰土井柱法	下有非湿陷性密实土层	挖井或钻探成孔，填以夯实灰土	消除湿陷性，提高强度
	硅化法 碱液加固法 热加固法	湿陷性黄土	向土中灌注化学溶液或加热	消除湿陷性，提高地基强度

续表

土的种类	方法名称	适用条件	方法要点	作用及效果
软弱黏性土，淤泥质土	砂石垫层法	饱和和非饱和土	换掉一定深度的软土	提高地基强度，减少地基变形
	砂桩法	饱和和非饱和土	桩管成孔，孔内夯填砂砾	
	电动硅化法	饱和黏性土	电渗排水，硅化加固	
	旋喷注浆加固法	饱和软黏性土，松散砂土	强力将浆液与土搅拌混合经凝固在土中形成固结体	增加地基强度，防渗、防液化，防基底隆起
	砂井排水法	饱和软黏性土	加速排水，缩短地基固结时间	提高地基强度，减少地基变形
	堆载预压法	软土地基	加速地基固结时间	提高地基强度，减少地基变形
杂填土	机械压实法	非饱和土	用机械方法进行压实	使地基密实，提高地基强度
	换土垫层法	饱和或非饱和土	挖去杂填土，换夯素土，灰土或砂砾	
	土桩，砂桩法，灰土桩，夯实水泥土	饱和或非饱和土	桩管成孔，换填土、灰土或砂砾	
膨胀土	换土法	地基内有膨胀性土	挖去膨胀性土，换填非膨胀性土	消除膨胀性的危害
	封闭处理法	地基内有膨胀性土	防止地面水渗入，防止地基内水分散失	
各类土层	冻结法	地下水位以下地层	将冷气循环送入钻孔内	降低透水性，提高土的暂时强度
杂填土 素填土 新近沉积土	水泥土桩法 灰土桩法夯实水泥土桩、CFG桩等	非饱和土	人工或机械成孔，填入水泥土、灰土、CFG料	提高地基强度减少地基变形
	碎石桩法	饱和或非饱和土	机械成孔，填入碎石	

地基处理应做到安全适用、技术先进、经济合理、确保质量、保护环境。

地基处理对岩土工程勘察的要求：

进行勘察前应充分搜集已有的岩土工程勘察资料，该地区经常采用的地基处理方法，根据建筑物的类型，基础埋深，对地基承载力和变形的要求，分析可能采用的地基处理类型，编制勘察纲要时要做到有的放矢，兼顾可能采用的地基处理方案。

勘探点的布置可按天然地基勘察要求布设，孔深应考虑地基处理类型及建（构）筑物对地基承载力的要求确定，勘察应查明地基土层在水平方向和垂直方向上的变化，提供地基土层的分布特征，地基土的物理力学性质指标、判别饱和粉土、粉细砂的液化可能性，地下水的腐蚀性，对复合地基施工时可能产生的问题提出处理建议，对复合地基的检测和监测提出建议。

在地基处理施工完成后，对地基处理效果进行检测，检测包括加固地基的承载力和加固体在水平方向和垂直方向的变化特征，采用的手段根据地基处理方法不同而有所选择，常采用的方法有载荷试验、标准贯入试验、动力触探试验、静力触探试验、十字板剪切试验、土工试验等，其选用方法见表 8-5-3。

地基处理效果检测方法　　**表 8-5-3**

地基处理方法	承载力检测	其他方法
换填垫层法	载荷试验	环刀法、贯入仪、标准贯入试验、动力触探试验、静力触探试验
预压法	载荷试验	十字板剪切试验、土工试验
强夯法	载荷试验	标准贯入试验、动力触探试验、静力触探试验、土工试验、波速测试
振冲法	载荷试验	标准贯入试验、动力触探试验
砂石桩法	载荷试验	标准贯入试验、动力触探试验、静力触探试验
CFG 桩法	载荷试验	低应变动力试验
夯实水泥土桩法	载荷试验	轻型动力触探试验
水泥土搅拌法	载荷试验	轻型动力触探试验、钻孔取芯
高压喷射注浆法	载荷试验	标准贯入试验、钻孔取芯
灰土挤密桩法和土挤密桩法	载荷试验	轻型动力触探试验、土工试验
柱锤冲扩桩法	载荷试验	标准贯入试验、动力触探试验
单液硅化法和碱液法	动力触探试验	土工试验、沉降观测

地基处理设计施工程序框图如图 8-5-1 所示。

处理后地基承载力特征值的修正

经处理后的地基，当按地基承载力确定基础底面积及埋深而需要对其地基承载力特征值进行修正时，应符合下列规定：

1. 大面积压实填土地基，基础宽度的地基承载力修正系数应取零；基础埋深的地基承载力修正系数，对于压实系数大于 0.95、黏粒含量 $\rho_c \geqslant 10\%$ 的粉土，可取 1.5，对于干

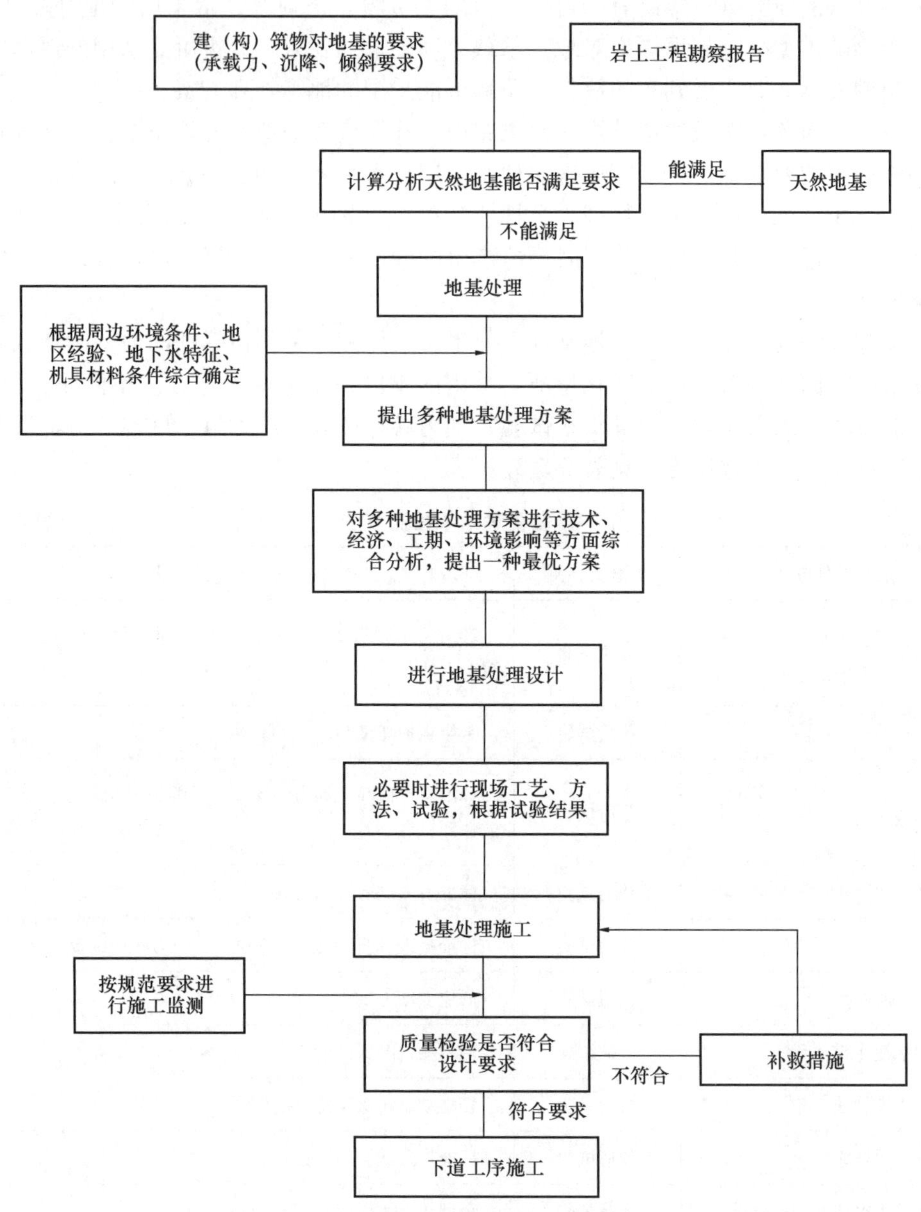

图 8-5-1　地基处理设计施工框图

密度大于 2.1t/m^{3}的级配砂石可取 2.0；

2. 其他处理地基，基础宽度的地基承载力修正系数应取零，基础埋深的地基承载力修正系数应取 1.0。

第一节　换 填 垫 层 法

一、原理及适用范围

当软弱土地基的承载力和变形满足不了建筑物的要求，而软弱土层的厚度又不很大时，采用换填垫层法能取得较好的效果。

目前，在软弱土地区经常采用的是换土垫层，简称垫层法或换土法，如砂垫层、砂卵石垫层、碎石垫层、灰土或素土垫层、煤渣垫层、矿渣垫层、土工合成材料加筋垫层以及用其他性能稳定、无腐蚀性的材料做的垫层等。虽然材料不同的垫层，其应力分布有所差异，但从试验结果分析，其极限承载力还是比较接近，通过沉降观测资料，发现不同材料垫层上的建筑物沉降的特点也基本相似，所以各种材料的垫层都可近似地按砂垫层的方法进行计算。不同材料的垫层，其主要作用也与砂垫层相同。换填作用表现在以下几个方面：

（一）提高地基承载力

浅基础的地基承载力与基础下土层的抗剪强度有关。如果以抗剪强度较高的砂或其他填筑材料代替软弱的土，可提高地基的承载力，避免地基破坏。

（二）减少沉降量

一般地基浅层部分的沉降量在总沉降量中所占的比例是比较大的。以条形基础为例，在相当于基础宽度的深度范围内的沉降量约占总沉降量的 50%左右。如以密实砂或其他填筑材料代替上部软弱土层，就可以减少这部分的沉降量。由于砂垫层或其他垫层对应力的扩散作用，使作用在下卧层土上的压力减小，这样也相应减少下卧层土的沉降量。但如果垫层的重度大于被换填土层的重度时，会增大下卧层的附加压力，以致沉降量反而增大。

（三）加速软弱土层的排水固结

建筑物的不透水基础直接与软弱土层相接触时，在荷载的作用下，软弱土地基中的水被迫绕基础两侧排出，因而使基底下的软弱土不易固结，形成较大的孔隙水压力，还可能导致由于地基强度降低而产生塑性破坏的危险。砂垫层和砂石垫层等垫层材料透水性大，软弱土层受压后，垫层可作为良好的排水面，可以使基础下面的孔隙水压力迅速消散，加速垫层下软弱土层的固结，提高其强度，避免地基土塑性破坏。

（四）防止冻胀

因为粗颗粒的垫层材料孔隙大，不易产生毛细管现象，因此可以防止寒冷地区土结冻所造成的冻胀。这时，砂垫层的底面应满足当地冻结深度的要求。

（五）换土垫层法的适用范围

换土垫层法适用于淤泥、淤泥质土层，湿陷性黄土、杂填土地基及暗沟、暗浜（塘）以及山区不良地基等的浅层处理。对于较深厚的软弱土层，当仅用垫层局部置换上层软弱土时，下卧软弱土层在荷载下的长期变形可能依然很大。例如，对较深厚的淤泥或淤泥质土类软弱地基，采用垫层仅置换上层软土后，通常可提高持力层的承载力，但不能解决由于深层土质软弱而造成地基变形量大对上部建筑物产生的有害影响，因此这种情况不应采用浅层局部置换的处理方法。

二、设计计算

垫层的设计不但要求满足建筑物对地基变形及稳定的要求，而且也应符合经济合理的原则。

垫层设计的主要内容是确定断面的合理厚度和宽度。对于垫层，既要求有足够的厚度来置换可能被剪切破坏的软弱土层，又要有足够的宽度以防止垫层向两侧挤出。

（一）垫层厚度的确定

垫层的厚度一般根据需置换软弱土的深度或下卧土层的承载力确定，如图 8-5-2 所示，并符合式（8-5-1）的要求：

$$p_z + p_{cz} \leqslant f_{az} \tag{8-5-1}$$

式中　p_{cz}——垫层底面处土的自重压力值（kPa）；

p_z——相应于荷载效应标准组合时，垫层底面处的附加压力值（kPa）；

f_{az}——垫层底面处经深度修正后的地基承载力特征值（kPa）。

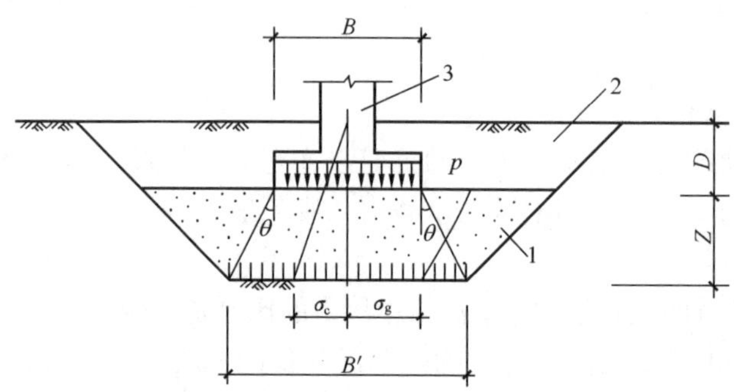

图 8-5-2　垫层内压力的分布

1—垫层；2—回填土；3—基础

垫层底面处的附加压力，可分别按式（8-5-2a）和式（8-5-2b）简化计算：

条形基础

$$p_z = \frac{b(p_k - p_c)}{b + 2z\tan\theta} \tag{8-5-2a}$$

矩形基础

$$p_z = \frac{bl(p_k - p_c)}{(b + 2z\tan\theta)(l + 2z\tan\theta)} \tag{8-5-2b}$$

式中　p_k——相应于荷载效应标准组合时，基础底面处的平均压力值；

p_c——基础底面处土的自重压力值（kPa）；

l、b——基础底面的长度和宽度（m）；

z——基础底面下垫层的厚度（m）；

θ——垫层的压力扩散角，宜通过试验确定，当无试验资料时，可按表 8-5-4 采用。

压力扩散角 θ（°）　　**表 8-5-4**

换填材料 / z/b	中砂、粗砂、砾砂、圆砾、角砾、卵石、碎石、矿渣	粉质黏土、粉煤灰	灰土
0.25	20	6	28
≥0.50	30	23	

注：1. 当 $z/b<0.25$ 时，除灰土仍取 $\theta=28°$ 外，其他材料均取 $\theta=0°$，必要时宜由试验确定；

2. 当 $0.25<z/b<0.50$ 时，θ 值可内插求得；

3. 土工合成材料加筋垫层其压力扩散角宜由现场静载荷试验确定。

通常根据土层的情况确定需要换填的深度，对于浅层软土厚度不大的工程，应置换掉全部软土。对需换填的软弱土层，首先应根据垫层的承载力确定基础的宽度和基底压力，再根据垫层下卧层的承载力，设计垫层的厚度，经式（8-5-1）复核，最后确定垫层厚度。一般换填垫层的厚度不宜小于 0.5m，也不宜大于 3m。

（二）垫层宽度的确定

垫层的宽度应满足基础底面应力扩散的要求，可按式（8-5-3）计算或根据当地经验确定。

$$b' \geqslant b + 2z\tan\theta \tag{8-5-3}$$

式中　b'——垫层底面宽度；

θ——垫层的压力扩散角，可按表 8-5-4 采用。当 $z/b<0.25$ 时，仍按表中 $z/b=0.25$ 取值。

整片垫层的宽度可根据施工的要求适当加宽。

垫层顶面每边宜超出基础底边不小于 300mm 或从垫层底面两侧向上按当地开挖基础经验的要求放坡。

三、质量检验

1. 垫层质量检验包括：分层施工质量检查和工程质量检测验收，验收采用表 8-5-5 的标准。

灰土、砂、砂石地基质量检验标准　　表 8-5-5

项	序	检查项目	允许偏差或允许值		检查方法
			单位	数值	
主控项目	1	地基承载力	设计要求		按规定的办法
	2	配合比	设计要求		按拌合时的体积比
	3	压实系数	设计要求		现场实测
一般项目	1	石灰粒径	mm	≤5	筛分法
		石料粒径		≤100	
	2	土、砂石料有机质含量	%	≤5	焙烧法
	3	砂石料含泥量	mm	≤5	水洗法
	4	灰土地基土颗粒粒径	mm	≤15	筛分法
	5	含水量（最优含水量）	%	±2	烘干法
	6	分层厚度偏差（与设计要求比较）	mm	±50	水准仪

2. 分层施工的质量应使垫层达到设计要求的密实度或压实系数，对粉质黏土、灰土、粉煤灰和砂石垫层的施工质量检验可采用环刀法、贯入仪、静力触探、轻型动力触探或标准贯入试验等方法；对砂石、矿渣垫层可采用重型动力触探检验。并均应通过现场试验的设计压实系数所对应的贯入度为标准，以检验垫层的施工质量。压实系数也可采用灌砂法、灌水法等方法检验。

3. 测点布置：采用环刀法检验垫层的施工质量时，取样点应位于每层厚度的 2/3 深度处。检验点数量，对大基坑每 50～100m^2 不应少于 1 个检验点；对条形基础下垫层每 10～20m 不应少于 1 个点；每个独立柱基不应少于 1 个点。采用标准贯入试验或动力触探检验垫层的施工质量时，每分层检验点的间距应不大于 4m。

4. 换填结束后，可按工程的要求进行垫层的工程质量检验验收，验收方式可通过载荷试验进行，每个单体工程不宜少于 3 点。在有充分试验论据时，也可采用标准贯入试验或静力触探试验。

第二节　预　压　法

一、原理及适用范围

预压法包括堆载预压法、真空预压法、真空和堆载联合预压法，它是在建（构）筑物、飞机场道、路堤等未建造前，预先进行加载预压，使土体固结预先基本完成，从而提高地基土承载力，减少地基沉降的一种方法。它常用于处理淤泥质土、淤泥和冲填土等饱和黏性土地基。对塑性指数大于 25 且含水量大于 85%的淤泥，应通过现场试验确定其适用性。加固土层上覆盖有厚度大于 5m 以上的回填土或承载力较高的黏性土层时，不宜采用真空预压加固。

预压排水固结包括加压系统和排水系统，其组成见表 8-5-6。

排水固结系统构成　　**表 8-5-6**

排水系统	水平排水、砂垫层
	竖向排水、砂井、袋装砂井、塑料排水带
加压系统	直接堆载、真空预压、降水预压、电渗排水

排水系统主要是改变地基土的排水条件，加快软土中的孔隙水快速排出，加压系统是对地基土预先施加荷载，在荷载作用下，软土中的孔隙水排出，有效应力增加，土体产生固结。

预压法要求岩土工程勘察查明：①土层在水平和垂直方向的分布规律；②透水层的位置、地下水类型及补给方式；③提供土层的先期固结压力、孔隙比与固结压力的关系、渗透系数、固结系数、三轴抗剪强度指标以及十字板抗剪强度指标等。

对重要工程应选择代表性地段进行预压试验，通过试验获得荷载-变形-时间的关系曲线，孔隙水压力与时间的关系曲线，利用这些曲线推算土的固结系数以及在预压荷载下地基的最终变形量，预压不同时间的固结度等参数，为卸荷时间的确定，预压效果的评价以及指导全场的设计与施工提供主要的依据。

二、设计计算

（一）堆载预压

堆载预压处理地基设计包括以下内容：①确定是否采用竖向排水，如需要设置选择砂井或塑料排水带，确定其断面尺寸、间距、排列方式和深度；②确定预压区的范围、预压荷载、大小、分级情况、加荷速率、预压时间；③计算地基土的固结度、强度增长、抗剪稳定性和变形。

1. 竖向排水方法的选取

软土厚度小于 4m，可采用天然预压法处理；软土厚度大于 4m，可采用堆载预压与竖向排水相结合的方法。竖向排水可选用砂井、袋装砂井及塑料排水带，普通砂井直径可取 300～500mm，袋装砂井直径可取 70～120mm。用塑料排水带代替砂井或袋装砂井时，按式（8-5-4）计算排水带当量换算直径

$$d_{\mathrm{p}} = 2\frac{b+\delta}{\pi} \tag{8-5-4}$$

式中 d_p——塑料排水带当量换算直径（mm）；

b——塑料排水带宽度（mm）；

δ——塑料排水带厚度（mm）。

2. 竖向排水

（1）排水竖井的布置

平面布置可采用等边三角形或正方形排列，竖井的等效直径 d_e与间距 L 的关系为

等边三角形排列 $$d_e = 1.05L \tag{8-5-5}$$

正方形排列 $$d_e = 1.13L \tag{8-5-6}$$

（2）排水竖井的深度

根据加固体对地基的稳定性、变形要求和工期确定。对以变形控制的建筑，竖井深度应根据在限定的预压时间内需完成的变形量确定，一般宜穿透受压土层。对以地基抗滑稳定性控制的工程，竖井深度至少应超过最危险滑动面 2m，一般情况下，如压缩层厚度不大时，竖井深度应穿透压缩层，如压缩层厚度内有砂层或砂层透镜体时，竖井深度穿透砂层或透镜体，如无砂层时，按压缩层深度考虑，一般情况下竖向排水深度为 10～25m。

（3）井径比

竖井间距可按井径比 $n = d_e/d_w$（d_e 为等效直径，d_w 为井径，对塑料排水带可取 $d_w = d_p$）按表 8-5-7 确定。

井径比的选取 **表 8-5-7**

内　　容	n
塑料排水带	15～22
袋装砂井	15～22
普通砂井	6～8

（4）布置范围

排水竖井的布置范围一般比基础外轮廓线向外扩大 2～4m 或更大，在竖向排水井顶面铺设厚度 0.5～1m 的砂垫层。

3. 地基固结度的计算

地基固结度计算包括瞬时加荷条件和逐级加荷条件，对瞬时加荷条件下的固结度计算值进行实际修正后，可得到平均点固结度。

（1）瞬时加荷条件下

竖向固结度： $$\overline{U}_z = 1 - \frac{8}{\pi^2} \cdot e^{-\frac{\pi^2}{4}T_V} \tag{8-5-7}$$

$$T_v = \frac{C_v \cdot t}{H^2} \tag{8-5-8}$$

$$C_v = \frac{k_v(1+e_0)}{a\gamma_w} \tag{8-5-9}$$

径向固结度：

$$\overline{U}_{r}=1-e^{\left(-\frac{8}{F_{n}}T_{h}\right)} \tag{8-5-10}$$

$$T_{h}=\frac{C_{h}}{d_{e}^{2}}\cdot t \tag{8-5-11}$$

$$F_{n}=\frac{n^{2}}{n^{2}-1}\ln(n)-\frac{3n^{2}-1}{4n^{2}} \tag{8-5-12}$$

平均总固结度：

$$\overline{U}_{rz}=1-(1-\overline{U}_{z})(1-\overline{U}_{r}) \tag{8-5-13}$$

砂井未打穿压缩土层：

$$\overline{U}=QU_{rz}+(1-Q)\,\overline{U}_{z} \tag{8-5-14}$$

$$Q=\frac{A_{1}}{A_{1}+A_{2}}=\frac{H_{1}}{H_{1}+H_{2}} \tag{8-5-15}$$

式中　T_{v}——竖向固结的时间因素；

C_{v}——竖向固结系数（m^2/s）；

H——单面排水土层厚度或双面排水土层厚度之半；

k_{v}——竖向渗透系数（m/s）；

a——土的压缩系数（kPa^{-1}）；

t——固结时间（s）；

T_{h}——径向固结时间因素；

γ_{w}——水的重度（kN/m^3）；

C_{h}——水平固结系数（m^2/s）；

n——井径比；

d_{e}——砂井有效影响范围的直径；

$\overline{U}$——每级荷载在临时加荷条件下的平均固结度；

$\overline{U}_{r}$、$\overline{U}_{z}$——分别为径向和竖向固结度；

$\overline{U}_{t}$——多级等速加荷 t 时间修正后的平均固结度；

Q——砂井打入深度（H_1）和整个压缩层厚度比；

A_1、A_2——分别为砂井部分和砂井下压缩层面积；

H_1、H_2——分别为砂井部分和砂井下压缩层厚度。

（2）逐级加荷条件下

《建筑地基处理技术规范》JGJ 79—2012 采用改进的高木俊介公式，其总荷载作用下地基的平均固结度可按式（8-5-16）计算：

$$\overline{U}_{t}=\sum_{i=1}^{n}\frac{\dot{q}_{i}}{\sum\Delta p}\left[(T_{i}-T_{i-1})-\frac{\alpha}{\beta}e^{-\beta t}(e^{\beta T_{i}}-e^{\beta T_{i-1}})\right] \tag{8-5-16}$$

式中　$\overline{U}_{t}$——t 时间地基的平均固结度；

$\dot{q}_{i}$——第 i 级荷载的加载速率（kPa/d）；

$\sum\Delta p$——各级荷载的累加值（kPa）；

T_{i-1}、T_{i}——分别为第 i 级荷载加载的起始和终止时间（从零点起算）（d），当计算第 i 级荷载加载过程中某时间 t 的固结度时，T_{i} 改为 t；

α、β——参数，根据地基土排水固结条件按表 8-5-8 取值，对竖井地基，表中所列 β 为不考虑涂沫和井阻影响的参数值。

α、β值 **表 8-5-8**

参数	竖向排水固结 $\overline{U}_z>30\%$	径向排水固结	竖向和向内径向排水固结（竖直穿透压土层）	砂井未贯穿受压土层的固结（近似式）	说明
α	$\frac{8}{\pi^2}$	1	$\frac{8}{\pi^2}$	$\frac{8}{\pi^2}Q$	$F_n=\frac{n^2}{n^2-1}\ln(n)-\frac{3n^2-1}{4n^2}$ C_h——土的径向排水固结数（cm^2/s）； C_v——土的竖向排水固结系数（cm^2/s）； H——土层竖向排水距离（cm）； $\overline{U}_2$——双面排水土层或固结应力均匀分布的单面排水土层平均固结度
β	$\frac{\pi^2 C_v}{4H^2}$	$\frac{8C_h}{F_n d_e^2}$	$\frac{8C_h}{F_n d_e^2}+\frac{\pi^2 C_v}{4H^2}$	$\frac{8C_h}{F_n d_e^2}$	

改进的太沙基法：

$$\overline{U}_t=\sum_{i=1}^{n}\overline{U}\left(t-\frac{t_i+t_{i-1}}{2}\right)\cdot\frac{p_n}{\Sigma p} \tag{8-5-17}$$

（3）涂抹和井阻的影响

在排水竖井采用挤土方式施工时，应考虑涂抹对土体固结的影响，图 8-5-3 为涂抹对土层固结速率的影响，图中 T_{h90}（s）为不考虑井阻仅考虑涂抹影响时，土层径向排水平均固结度 $U_r=0.9$ 时固结时间因子；n 为井径比；k_h 为天然土层的水平向渗透系数；k_s 为涂抹区的水平向渗透系数，从图 8-5-3 中可以看出涂抹对固结速率影响显著。

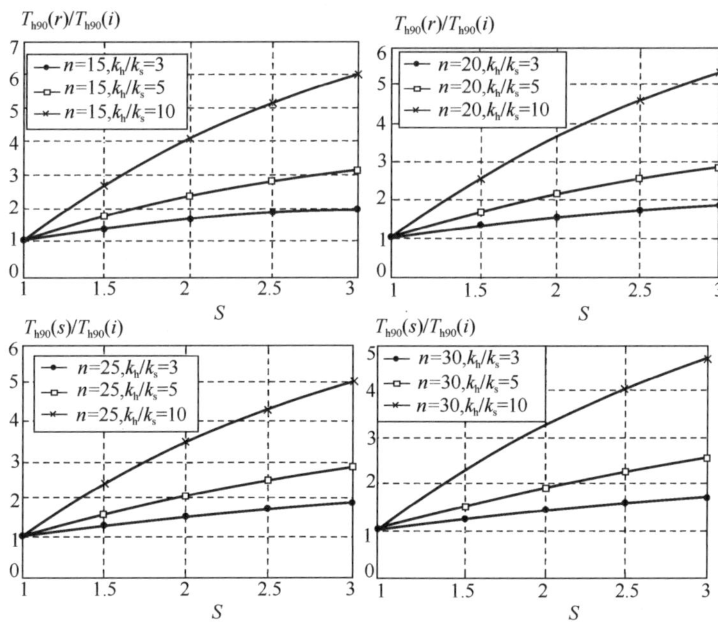

图 8-5-3 涂抹对土层固结速率的影响

（引自《建筑地基处理技术规范》JGJ 79—2012）

当竖井的纵向通水量 q_w 与天然土层水平向渗透系数 k_h 的比值较小，且长度又较长时，应考虑井阻的影响，图 8-5-4 为井阻对土层固结速率的影响，图中 T_{h90}（s）为理想井条件下固结时间因子，T_{h90}（i）为考虑井阻影响时固结时间因子，从图中看出井阻对土的固结速率有一定的影响。

表 8-5-9 为井径比为 $n=20$，袋装砂井 $d_w=70$mm 和 $d_w=100$ 两种情况；土层渗透系数 $k_h=1\times10^{-6}$cm/s、5×10^{-7}cm/s、1×10^{-7}cm/s、1×10^{-8}cm/s，考虑井阻时的时间因子 T_{h90}（r）与理想井时间因子 T_{h90}（i）之比，表 8-5-10 为相应的 q_w/k_h 之比，从表中可以看出，对袋装砂井，宜选用较大的直径和选用较高渗透系数的砂料。

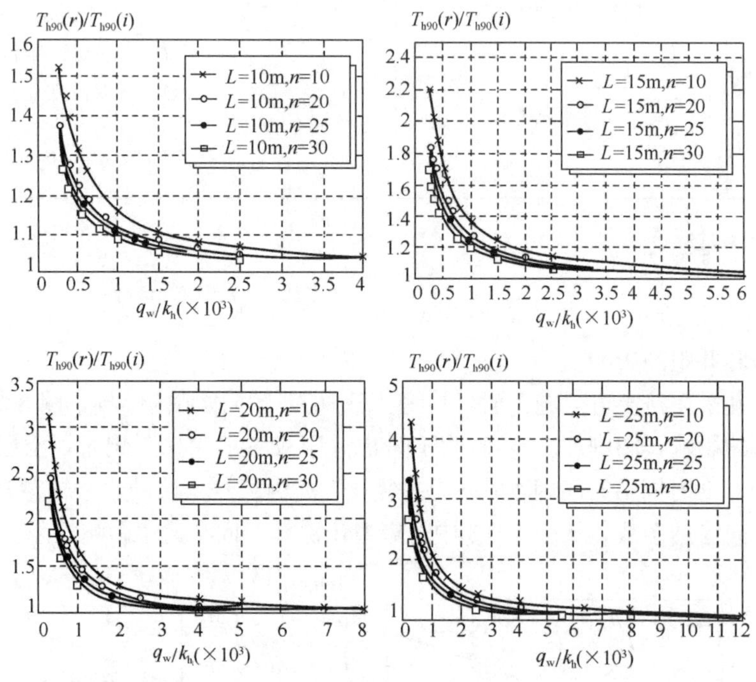

图 8-5-4　井阻对土层固结速率的影响

（引自《建筑地基处理技术规范》JGJ 79—2012

瞬时加载条件下，考虑涂抹和井阻影响时，竖井地基径向排水固结度按下式计算

$$\overline{U}_r = 1 - e^{\frac{-8c_h}{Fd_e^2}t} \tag{8-5-18}$$

$$F = F_n + F_s + F_r \tag{8-5-19}$$

$$F_n = \ln(n) - \frac{3}{4} \quad n \geqslant 15 \tag{8-5-20}$$

$$F_s = \left[\frac{k_h}{k_s} - 1\right]\ln s \tag{8-5-21}$$

$$F_r = \frac{\pi^2 L^2}{4} \cdot \frac{k_h}{q_w} \tag{8-5-22}$$

式中　$\overline{U}_r$——固结时间 t 时竖井地基径向排水平均固结度；

k_h——天然土层水平向渗透系数（cm/s）；

k_s——涂抹区土的水平向渗透系数，可取 $k_s = \left(\frac{1}{5} \sim \frac{1}{3}\right)k_h$（cm/s）；

s——涂抹区直径 d_s 与竖井直径 d_w 的比值，可取 $s=2.0 \sim 3.0$，对中等灵敏黏性土取低值，对高灵敏黏性土取高值；

L——竖井深度（cm）；

q_w——竖井纵向通水量，为单位水力梯度下单位时间的排水量（cm^3/s）。

一级或多级等速加荷条件下，考虑涂抹和井阻影响时竖井穿透受压土层地基之平均固结度可按式（8-5-16）计算，其中 $\alpha = \frac{8}{\pi^2}$，$\beta = \frac{8C_h}{Fd_e^2} + \frac{\pi^2 C_v}{4H^2}$。

井阻时间因子 T_{h90}（r）与理想井时间因子 T_{h90}（i）之比值　　表 8-5-9

砂井砂料渗透系数（cm/s）	土层渗透系数（cm/s） \ 袋装砂井直径（mm）	70		100	
	砂井深度（m）	10	20	10	20
1×10^{-2}	1×10^{-6}	3.85	12.41	2.40	6.60
	5×10^{-7}	2.43	6.71	1.70	3.80
	1×10^{-7}	1.29	2.14	1.14	1.56
	1×10^{-8}	1.03	1.11	1.10	1.06
5×10^{-2}	1×10^{-6}	1.57	3.29	1.28	2.12
	5×10^{-7}	1.29	2.14	1.14	1.56
	1×10^{-7}	1.06	1.23	1.03	1.11
	1×10^{-8}	1.01	1.02	1.00	1.01

q_w/k_h（m^2）　　表 8-5-10

砂井砂料渗透系数（cm/s）	土层渗透系数（cm/s） \ 袋装砂井直径（mm）	70	100
1×10^{-2}	1×10^{-6}	38.5	78.5
	5×10^{-7}	77.0	157.0
	1×10^{-7}	385.0	785.0
	1×10^{-8}	3850.0	7850.0
5×10^{-2}	1×10^{-6}	192.3	392.5
	5×10^{-7}	384.6	785.0
	1×10^{-7}	1923.0	3925.0
	1×10^{-8}	19230.0	39250.0

4. 预压荷载

预压荷载大小应根据设计要求确定。对于沉降有严格限制的建筑，应采用超载预压法。超载量大小应根据预压时间内要求完成的变形量通过计算确定，并宜使预压荷载下受压土层各点的有效竖向应力大于建筑物荷载引起的相应点的附加应力。

预压荷载顶面的范围应等于或大于建筑物基础外缘所包围的范围。

加载速率应根据地基土的强度确定。当天然地基土的强度满足预压荷载下地基的稳定性要求时，可一次性加载，否则应分级逐次加载，待前期预压荷载下地基土的强度增长满足下一级荷载下地基的稳定性要求时方可加载。

5. 抗剪强度值

对正常固结土，《建筑地基处理技术规范》JGJ 79—2012 给出如下计算公式

$$\tau_{ft} = \tau_{f0} + \Delta\sigma_z \cdot U_t \tan\varphi_{cu} \tag{8-5-23}$$

式中　τ_{ft}——t 时刻该点土的抗剪强度；

τ_{f0}——地基土的天然抗剪强度，由十字板剪切试验测定或由土的自重应力和 c_{cu}，φ_{cu} 计算确定；

$\Delta\sigma_z$——预压荷载引起的该点的附加竖向应力；

U_t——该点土的固结度；

φ_{cu}——三轴固结不排水压缩试验求得土的内摩擦角。

按有效应力法土的抗剪强度值为

$$\tau_f = \eta[\tau_{f0} + kU_t\Delta\sigma_1] = \eta[\tau_{f0} + k(\Delta\sigma_1 - \Delta u)] \tag{8-5-24}$$

式中　k——系数，$k=\sin\varphi' \cdot \cos\varphi'/(1+\sin\varphi')$；

Δu——荷载引起的地基土中某一点的孔隙水压力增量，由现场实测；

$\Delta\sigma_1$——荷载所引起的地基土中某一点的最大主应力增量；

U_t——地基中某点的固结度，可用平均固结度代替；

η——系数，取 0.75～0.90，剪应力越大，剪切蠕变效应越明显，η 取低值，反之取高值。

6. 沉降计算

预压固结沉降量包括瞬时沉降、固结沉降和次固结沉降量，建筑物的总沉降量为：

$$s = s_d + s_f + s_s \tag{8-5-25}$$

式中　s——总沉降量；

s_d——瞬时沉降量；

s_f——固结沉降量；

s_s——次固结沉降量。

瞬时沉降 s_d 是在荷载施加后立即产生的沉降量，它由剪切变形引起，当软土很厚时，加荷较大，加荷速率快时，该值比较大，可按弹性理论公式计算。

固结沉降 s_f 是由于在荷载作用下，地基土固结排水所引起的沉降量，按分层总和法计算。主固结变形工程上通常采用单向压缩分层总和法计算，只有当荷载面积的宽度或直径大于受压土层的厚度时才符合计算条件，否则应对变形计算值进行修正以考虑三向压缩的效应，但研究结果表明，对于正常固结或稍超固结土地基，三向修正是不重要的，仍可按单向压缩计算：

$$s_f = \xi \sum_{i=1}^{n} \frac{e_{0i} - e_{1i}}{1 + e_{0i}} h_i \tag{8-5-26}$$

式中　s_f——固结引起的沉降量（mm）；

e_{0i}——第 i 层中点土自重应力所对应的孔隙比，由室内固结试验 e-p 曲线查得；

e_{1i}——第 i 层中点土自重应力与附加应力之和所对应的孔隙比，由室内固结试验 e-p 曲线查得；

h_i——第 i 层土层厚度（mm）；

ξ——经验系数，对正常固结饱和黏性土地基可取 $\xi=1.1\sim1.4$，荷载较大，地基土较软时取大值，否则取小值。

变形计算深度应至附加应力与自重应力的比值为10%的深度作为受压土层的计算深度。

次固结沉降量指土在持续荷载作用下，发生蠕变而引起的沉降，它与土的性质有关，如泥炭土、有机质土或高塑性黏土，沉固结沉降量较大，次固结沉降可按式（8-5-27）计算。

$$s_s=\sum_{i=1}^{n}\frac{h_i}{1+e_{0i}}C_{ai}\lg\frac{t}{t_1} \tag{8-5-27}$$

式中　s_s——次固结沉降量；

h_i——第 i 层土层的厚度；

e_{0i}——土层的初始孔隙比；

C_{ai}——e-lg$t$ 曲线后端的斜率，称次固结系数，$C_a\approx0.018w$，w 为天然含水量；

t_1——相当于次固结度为100%的时间，由次压缩曲线上延而得，可根据 e-lg$t$ 曲线确定；

t——所求次固结沉降的时间（$t>t_1$）。

7. 垫层

在排水竖井顶部应铺设厚度不小于500mm的中粗砂垫层，中粗砂的黏粒含量不宜大于3%，砂料中可混有少量粒径小于50mm的砾石，砂垫层的干密度应大于1.5g/cm^3，其渗透系数宜大于1×10^{-2}cm/s。在预压区边缘应设置排水沟，在预压区内宜设置与砂垫层相连的排水盲沟。

（二）真空预压

真空预压必须设置排水竖井，如果不采用排水竖井，真空预压效果极差。

1. 排水竖井间距

同堆载预压，砂井的砂料应选用中粗砂，其渗透系数大于1×10^{-2}cm/s。

2. 加固范围

加固范围应大于建筑物基础轮廓线，每边增加量不小于3m，每块预压面积宜尽可能大且呈方形。竖向排水通道深度宜穿透软土层，但不应进入下卧透水层。软土层厚度较大且以地基抗滑稳定性控制的工程，竖向排水通道的深度至少应超过最危险滑动面2.0m。对以变形控制的工程，竖井深度应根据在限定的预压时间内需完成的变形量确定，且宜穿透主要受压土层。

3. 膜下真空度

真空预压膜下真空度应稳定保持在86.7kPa（650mmHg）以上，且分布均匀，竖井深度范围内土层的平均固结度应大于90%。

4. 沉降计算

按式（8-5-26）计算，ξ可按当地经验取值，无当地经验时，ξ可取1.0～1.3。

5. 注意事项

（1）采用真空预压时，地层中有砂层时砂井应避免砂井与砂层相连，影响抽真空效果；

（2）表层有良好的透气层或在处理范围内有充足水源补给的透水层时，应采取有效措施隔断透气层或透水层；

（3）真空预压加固面积较大时，宜采取分区加固，分区面积宜为 20000～40000m^2；

（4）真空预压所需抽真空设备的数量，可按加固面积的大小和形状、土层结构特点，以一套设备可抽真空的面积为 1000～1500m^2确定。

（三）真空堆载联合预压

在建筑荷载超过真空预压的压力时，且建筑物对地基变形有严格要求时，可采用真空和堆载联合预压法，其加固效果比单一的真空预压或堆载预压效果好。

当设计地基预压荷载大于 80kPa 时，且进行真空预压处理地基不能满足设计要求时，可采用真空与堆载联合预压地基处理。其堆载体的坡肩线宜与真空预压边线一致。

对于一般软黏土，上部堆载施工宜在真空预压膜下真空度稳定地达到 86.7kPa（650mmHg）且抽真空时间不少于 10 天后进行。对于高含水量的淤泥类土，上部堆载施工宜在真空预压膜下真空度稳定地达到 86.7kPa（650mmHg）且抽真空时间不少于 20d～30d 后进行。

当堆载较大时，真空和堆载联合预压应采用分级加载，分级数应根据地基土稳定性计算确定。分级加载时，应待前期预压荷载下地基土的承载力增长满足下一级荷载下地基的稳定性要求时，方可增加堆载。

真空和堆载联合预压地基固结度和强度增长的计算可按式（8-5-16）、式（8-5-18）以及式（8-5-23）计算。

真空和堆载联合预压最终竖向变形可按式（8-5-26）计算，ξ 可按当地经验取值，当无经验时，ξ 可取 1.0～1.3。

三、质量检验

1. 检验标准

预压地基和塑料排水带质量检验标准应符合表 8-5-11 规定。

预压地基和塑料排水带质量检验标准　　表 8-5-11

项	序	检查项目	允许偏差或允许值		检查方法
			单位	数值	
主控项目	1	预压荷载	%	≤2	水准仪
	2	固结度（与设计要求比）	%	≤2	根据设计要求采用不同的方法
	3	承载力或其他性能指标	设计要求		按规定方法
一般项目	1	沉降速率（与控制值比）	%	±10	水准仪
	2	砂井或塑料排水带位置	mm	±100	用钢尺量
	3	砂井或塑料排水带插入深度	mm	±200	插入时用经纬仪检查
	4	插入塑料水带时的回带长度	mm	≤500	用钢尺量
	5	塑料排水带或砂井高出砂垫层距离	mm	≥200	用钢尺量
	6	插入塑料排水带的回带根数	%	<5	目测

注：如真空预压，主控项目中预压载荷的检查为真空度降低值<2%。

2. 施工过程中质量检验和监测的内容

(1) 对塑料排水带在现场随机抽样送试验室进行性能指标的测试，包括纵向通水量，复合体抗拉强度，滤膜抗拉强度，滤膜渗透系数和等效孔径等；

(2) 对砂井和砂垫层的砂料送试验室检验，以确定其颗粒级配，定名和渗透性；

(3) 对于以抗滑稳定控制的重要工程，应在预留区选择有代表性地点预留孔位，在加载不同阶段进行十字板剪切试验和取土进行室内土工试验；

(4) 对预压工程，应进行地基竖向变形、侧向位移和孔隙水压力等项目的监测，可利用竖向变形与时间，孔隙水压力与时间的关系曲线，推算地基的最终竖向变形，不同固结度，分析地基处理效果，为确定卸荷时间提供依据。

$$s_{\mathrm{f}}=\frac{s_3(s_2-s_1)-s_2(s_3-s_2)}{(s_2-s_1)-(s_3-s_2)} \tag{8-5-28}$$

$$\beta=\frac{1}{t_2-t_1}\ln\frac{s_2-s_1}{s_3-s_2} \tag{8-5-29}$$

式中，s_1、s_2、s_3为加荷停止后时间t_1、t_2、t_3相应的竖向变形量，并取$t_2-t_1=t_3-t_2$。

利用计算出的β值可以计算出受压土层的平均固结系数，可计算出任意点时间的固结度。利用加载停歇的u-t 曲线，按式（8-5-30）计算β值

$$\frac{u_1}{u_2}=\mathrm{e}^{\beta(t_2-t_1)} \tag{8-5-30}$$

式中，u_1、u_2分别为t_1、t_2时实测的孔隙水压力值，β值反映了孔隙水压力测点附近土体的固结速率。

(5) 真空预压工程，除了以上监测外尚应进行膜下真空度和地下水位的量测。

3. 竣工验收

(1) 排水竖井处理深度范围内和竖井底面以下受压土层，经预压所完成的竖向变形和平均固结度应满足设计要求。

(2) 应对预压的地基土进行原位试验和室内土工试验。

原位试验可采用十字剪切试验或静力触探，检验深度不应小于设计处理深度。原位试验和室内土工试验，应在卸载 3～5d 后进行。检验数量按每个处理分区不应少于 6 点进行检测，对于堆载斜坡处应增加检验数量。预压处理后的地基承载力检验数量按每个处理分区不应少于 3 点进行检测。

第三节 夯 实 地 基

夯实地基是指采用强夯法和强夯置换法处理的地基。

一、原理及适用范围

强夯法处理地基是 20 世纪 60 年代由法国 Menard 公司首创的，该方法利用夯锤自由下落产生的冲击能和振动反复夯击地基土，从而提高地基土的承载力，降低地基土的压缩性，消除湿陷性土的湿陷性和砂土的液化。

强夯法适用于处理碎石土、砂土、低饱和度的粉土和黏性土、湿陷性黄土、素填土、杂填土地基，当其用于饱和软黏土地基处理时尽可能采用低能量强夯或与其他排水方法相结合的方案进行强夯地基处理。

强夯置换法适用于高饱和度的粉土和软塑—流塑的黏性土等地基上对变形控制要求不严的工程，强夯置换法在设计前必须通过现场计算确定其适用性和处理效果，对某些场地在采用强夯或强夯置换法时，应在施工前选择有代表性的地段进行试夯试验，试验区数量应根据建筑场地复杂程度、建筑规模及建筑类型确定，并通过试验检测结果，以选定工艺或夯击能量的适用性，来确定工艺或夯击能量。

二、设计计算

（一）强夯设计

1. 加固影响深度的确定

强夯加固影响深度可根据锤重和落距大小按式（8-5-31）确定或按表 8-5-13 确定

$$Z = \alpha\sqrt{0.1Mh} \tag{8-5-31}$$

式中　Z——加固有效深度（m）；

M——锤重（kN）

h——落距（m）

α——修正系数可按表 8-5-12 采用。

部分学者建议的修正系数 α　　**表 8-5-12**

作者	土的种类	修正系数 α
Leonards	砂、砾	0.5
Lukas	杂填土、建筑垃圾	0.65～0.80
Charles	软黏土—不均匀的黏性土	0.30～0.40
BjφLgerud 和 Hang	填石	1.0
Kamoh	砂、碎石、垃圾	0.4～0.7
范维桓等	黄土及新近堆积黄土	达到 $\rho_d \geqslant 15g/cm^3$　0.34～0.36 达到 $\delta_s \leqslant 0.015$　0.40～0.50
叶书麟	软土	0.5
	黏性土	0.5
	砂土	0.7
	黄土	0.35～0.5
裘以惠	饱和粉土	0.4

注：引自刘景政等人著《地基处理与实例分析》（P108）。

强夯的有效加固深度（m）　　**表 8-5-13**

击夯击能（kN·m）	碎石土、砂土等粗颗粒土	粉土、黏性土、湿陷性黄土等细粒土	击夯击能（kN·m）	碎石土、砂土等粗颗粒土	粉土、黏性土、湿陷性黄土等细粒土
1000	4.0～5.0	3.0～4.0	6000	8.5～9.0	7.5～8.0
2000	5.0～6.0	4.0～5.0	8000	9.0～9.5	8.0～8.5
3000	6.0～7.0	5.0～6.0	10000	9.5～10.0	8.5～9.0
4000	7.0～8.0	6.0～7.0	12000	10.0～11.0	9.5～10.0
5000	8.0～8.5	7.0～7.5			

注：强夯法的有效加固深度应从最初起夯面算起；单击夯击能 E 大于 12000kN·m 时，强夯的有效加固速度应通过试验确定。

2. 最佳夯击能

理论上能使地基中出现的孔隙水压力达到土的自重应力的夯击能称为最佳夯击能。对黏性土地基，孔隙水压力消散慢，在夯击能增加时，孔隙水压力相应叠加，可根据孔隙水压力的叠加值来确定最佳夯击能，对于砂土地基，孔隙水压力消散快，孔隙水压力不随夯击能增加而叠加，因而可绘制孔隙水压力增量与夯击次数的关系曲线。从曲线上确定最佳夯击能。当孔隙水压力的增量值随夯击次数增加而逐步趋于稳定时，可以确定此时的夯击能量为最佳夯击能。

3. 夯点间距

宜按建筑物结构类型、地基土、地下水情况共同确定。夯击点位置可根据基础底面形状，采用等边三角形、等腰三角形或正方形布置。第一遍夯击点间距可取夯锤直径的(2.5～3.5)倍，第二遍夯击点位于第一遍夯击点之间。以后各遍夯击点间距可适当减小。对于处理深度较深或单击夯击能较大、土质情况较差的工程，第一遍夯击点间距宜适当增大。当夯击能量较大土质情况较差时，夯点间距可适当加大。

4. 夯点的夯击次数

夯点的夯击次数可按照现场试夯得到的夯击次数与夯沉量关系曲线确定，应同时满足下列条件：①最后两击的平均夯沉量符合下列要求：当单击夯击能小于 4000kN・m 时为 50mm；当单击夯击能为 4000～6000kN・m 时为 100mm；当单击夯击能 6000～8000kN・m 时为 150mm；当单击夯击能 8000～12000kN・m 时为 200mm；②夯坑周围地面不应发生过大隆起；③不因夯坑过深而发生提锤困难。

5. 夯击遍数

夯击遍数应根据地基土的性质和建筑物的使用要求确定，一般情况下为 2～4 遍，对于渗透性较差的细粒土，必要时夯击遍数可适当增加。最后再以低能量满夯 2 遍，满夯可采用轻锤或低落距锤多次夯击，锤印搭接。

6. 间歇时间

两遍之间应有一定的间歇时间，间歇时间的长短取决于土中超孔隙水压力的消散时间，当缺少实测资料时，可根据地基土的渗透性确定，对渗透性差的黏性土地基，间隔时间不少于 2～3 周；对渗透性好的地基可连续夯击，为了提高地基的渗透性可根据土质情况选用碎石桩，砂桩或塑料排水板提高地基的渗透性。

7. 加固范围

加固范围应大于建筑物基础范围，每边超出基础外缘的宽度宜为基底下设计处理深度的 1/2～2/3，并不宜小于 3m。对可液化地基，基础边缘的处理宽度，不应小于 5m；对湿陷性黄土地基，应符合现行国家标准《湿陷性黄土地区建筑地基规范》GB 50025 有关规定。

8. 试夯方案

根据以上确定的强夯参数，在拟处理场地范围内选择试验区域进行强夯方案试验，在强夯试夯结束至数周后采用静力触探、标准贯入试验、载荷试验等方法进行检测，并与夯前测试数据进行对比，确定强夯各项参数及试验效果。

（二）强夯置换法设计

1. 墩位布置

采用等边三角形或正方形布置，对独立基础或条形基础可根据基础形状与宽度相应布置。

2. 夯点次数

强夯置换墩的深度由土质条件决定，除厚层饱和粉土外，应穿透软土层，到达较硬土层上，深度不宜超过10m。

夯点的夯击次数应根据现场试夯确定，且应满足下列条件：①墩底穿透软弱土层，且达到的设计墩长；②累计夯沉量为设计墩长的1.5～2倍；③最后两击的平均夯沉量符合下列要求：①最后两击的平均夯沉量不宜大于下列数值：当单击夯击能小于4000kN·m时为50mm；当单击夯击能为4000～6000kN·m时为100mm；当单击夯击能6000～8000kN·m时为150mm；当单击夯击能8000～12000kN·m时为200mm；②夯坑周围地面不应发生过大隆起；③不因夯坑过深而发生提锤困难。

3. 墩间距

墩间距应根据天然土承载力的大小和建筑荷载的要求确定，当满堂布置时可取夯锤直径的（2～3）倍，对独立基础或条形基础可取夯锤直径的（1.5～2）倍。墩的计算直径可取夯锤直径的（1.1～1.2）倍。

4. 垫层材料

墩顶应铺设一层厚度不应小于500mm的压实垫层，垫层材料宜与墩体相同，粒径不大于100mm。

5. 加固范围

同强夯处理范围。

6. 试验方案

试验方案与强夯试验方案基本一致，检测项目除了现场载荷试验和变形模量外还应采用超重型或重型动力触探试验等方法，检查置换墩着底情况及承载力与密度随深度的变化。对软黏土确定置换墩地基承载力特征值时，不考虑墩间土的作用，其承载力应通过现场单墩载荷试验确定，对饱和粉土地基，当处理后形成2.0m以上厚度的硬层时，其承载力可通过现场单墩复合地基载荷试验确定。

三、质量检验

1. 标准：根据国家标准《建筑地基基础工程施工质量验收规范》GB 50202—2002，强夯地基质量检验应符合表8-5-14的标准。

强夯地基质量检验标准　　表8-5-14

项	序	检查项目	允许偏差或允许值		检查方法
			单位	数值	
主控项目	1	地基变形	设计要求		按规定方法
	2	地基承载力	设计要求		按规定方法
一般项目	1	夯锤落距	mm	±300	钢索设标志
	2	锤重	kg	±300	称重
	3	夯击遍数及顺序	设计要求		计数法
	4	夯点间距	mm	±500	用钢尺量
	5	夯击范围	设计要求		用钢尺量
	6	前后两遍间歇时间	设计要求		—

2. 强夯检测时间：强夯处理后的地基竣工验收承载力检测，应在施工结束后间隔一定时间内进行，对于碎石土和砂土地基，其间隔时间可取 7～14d，对粉土和黏性土地基可取 14～28d，强夯置换地基间隔时间可取 28d。

3. 检测方法。

（1）地基均匀性检验，可采用动力触探试验或标准贯入试验、静力触探试验等原位测试，以及室内土工试验，检验点的数量，可根据场地复杂程度和建筑物的重要性确定，对于简单场地上的一般建筑物，按每 $400m^2$ 不少于 1 个检测点，且不少于 3 点；对于复杂场地或重要建筑物地基，按每 $300m^2$ 不少于 1 个检测点，且不少于 3 点。强夯置换墩着底情况及承载力与密度随深度的变化，检验数量不应少于墩点数的 3%，且不少于 3 点。

动力触探试验，适用于杂填土地基的强夯检测及查明强夯置换墩着底情况及承载力与密度随深度的变化关系。

标准贯入试验、静力触探试验适用于一般黏性土、粉土地基或素填土地基强夯后的地基检测，也适合于判别强夯后地基土（砂土、粉土）液化的可能性。

波速测试，可采用瑞利波对夯前、夯后地基土 v_s 值的变化进行检测，可判别强夯后那个位置 v_s 值较低，以确定夯击效果差的位置，也有文献报道利用 v_s 值确定强夯后地基承载力标准值，但应注意 v_R 与强夯地基承载力标准值之间的曲线关系具有一定的适用范围。

（2）强夯地基承载力检验的数量，应根据场地复杂程度和建筑物的重要性确定，对于简单场地上的一般建筑物，按每栋建筑地基的载荷试验检测点不少于 3 点；对于复杂场地或重要建筑地基应增加检验点数。检验结果的评价，应考虑夯点和夯间位置的差异。强夯置换地基单墩载荷试验数量不应少于墩点数的 1%，且不应少于 3 点；对饱和粉土地基，当处理后墩间土能形成 2.0m 以上厚度的硬土层时，其地基承载力可通过现场单墩复合地基载荷试验确定，检验数量不应于墩点数的 1%，且每个建筑载荷试验检验数量不应少于 3 点。

应当注意，由于载荷板面积较小，荷载影响深度为 3～4 倍载荷板的直径，因而在确定强夯效果或强夯置换墩的着底情况，可采用载荷试验与其他原位试验（标准贯入试验、动力触探试验、静力触探试验、波速测试）相结合，综合判定强夯地基或强夯置换墩承载力及有效加固深度。

第四节 振 冲 法

一、原理及适用范围

振冲法适用于处理砂土、粉土、粉质黏土、素填土和杂填土等地基，以及用于处理可液化地基。该方法对不同性质的土层分别具有置换、挤密和振动密实作用；对中细砂和粉土除有置换作用外，还有振实挤密作用，对黏性土地基具有置换作用，在中细砂、粉土、素填土和杂填土中施工都要在振冲孔内加碎石（卵石等）回填料，用振冲器振实形成振冲桩，桩间土受到不同程度的振密，桩与桩间土形成复合地基。在中粗砂层中振冲时，由于周围砂料塌孔，也可采用不加填料进行原地振冲加密的方法，这种方法适用于较纯净的中粗砂。

对于处理不排水抗剪强度小于 20kPa 的饱和黏性土和黄土地基，应在施工前通过试验确定其适用性。

二、设计计算

振冲桩设计时应考虑如下参数：

1. 直径

振冲桩直径可选取 0.8～1.2m。

2. 桩位布置及桩间距

对筏形和箱形基础宜采用等边三角形布置，对单独基础或条形基础，宜采用正方形、矩形或等腰三角形布置。振冲桩间距根据上部荷载和振冲器功率按表 8-5-15 确定。

振冲桩间距　　**表 8-5-15**

振冲器功率（kW）	桩间距（m）	备　注
30	1.3～2	荷载大或黏性土取小值，荷载小或砂土取大值
55	1.4～2.5	
75	1.5～3	

3. 桩长

按建筑物地基变形允许值要求采用变形控制设计的方法确定桩长，如在加固区范围内存在相对硬层时应尽量按相对硬层埋深确定桩长，如处理可液化土层时，桩长应根据建筑物抗震设防类别及液化层的埋深来综合确定，一般桩长应大于处理液化深度的下限，并确保桩间土标准贯入试验锤击数大于标准贯入试验锤击数临界值。

4. 桩体材料

桩体材料可选用碎石、卵石、矿渣或其他性能稳定的硬质材料等，要求含泥量小于5%，桩体材料不能选用风化易碎的石料，填料粒径：30kW 振冲器为 20～80mm；55kW 振冲器为 30～100mm，75kW 振冲器为 40～150mm。

5. 处理范围

应根据建筑物的重要性和场地条件确定，当用于多层建筑和高层建筑时，宜在基础外缘扩大 1～3 排桩，当要求消除地基液化时，在基础外缘扩大宽度 A 按下式确定，且不应小于 5m。

$$A \geqslant 0.5h \tag{8-5-32}$$

式中　A——基础外缘扩大宽度（m）；

h——基础下可液化土层厚度（m）。

6. 复合地基承载力计算

振冲碎石桩属于散体材料增强体复合地基，可按照《建筑地基处理技术规范》JGJ 79—2012 规定，初步设计时可按式（8-5-33）计算复合地基的承载力。

$$f_{spk} = mf_{pk} + (1-m)f_{sk} \tag{8-5-33}$$

$$m = d^2/d_e^2$$

式中　f_{spk}——振冲桩复合地基承载力特征值（kPa）；

f_{pk}——桩体承载力特征值（kPa），宜通过单桩载荷试验确定；

f_{sk}——处理后桩间土承载力特征值（kPa），宜按当地经验取值，如无经验时，可取天然地基承载力特征值；

m——桩土面积置换率；

d——桩平均直径（m）；

d_e——一根桩分担的处理地基面积的等效圆直径

等边三角形布桩 $d_e = 1.05S$

正方形布桩 $d_e = 1.13S$

矩形布桩 $d_e = 1.13\sqrt{S_1 S_2}$

S、S_1、S_2分别为桩间距、纵向间距和横向间距。

对于小型工程黏性土地基的处理如无现场载荷试验资料，初步设计时复合地基承载力特征值按下式估算。

$$f_{spk} = [1 + m(n-1)]f_{sk} \tag{8-5-34}$$

式中 n——桩土应力比，无实测资料时，可取 2～4，原土强度低取大值，原土强度高时取小值。

钱征（1990）建议，桩土应力比在天然地基承载力特征值小于 100kPa 时，按表 8-5-16 取值，李杰等建议按天然地基承载力大小分别取桩土应力比值（表 8-5-17）。

桩土应力比（据钱征） **表 8-5-16**

平均使用应力（kPa）	100～120	120～140	140～160	160～180	180～200
n	2.70	2.80	3.10	3.20	3.40

桩土应力比（据李杰） **表 8-5-17**

天然地基承载力特征值（kPa）	＜50	50～70	70～100	＞100
n	3.5～3.20	3.2～3.0	3.0～2.0	2.0～1.5

对碎石桩的单桩承载力，不同学者进行了研究，提出以下公式：

（1）休斯（Hughes）和怀特（Withers，1974）提出的公式：

$$P_{pf} = 6C_u \tan^2(45° + 0.5\varphi_p) \tag{8-5-35}$$

式中 P_{pf}——碎石桩的极限承载力；

φ_p——碎石桩的内摩擦角。

休斯（Hughes）和怀特（Withers）建议将 P_{pf}除以 3 作为单桩允许承载力（我们称为单桩承载力特征值）。

（2）布朗（Braurs，1978）提出的公式：

$$P_{pf} = 20.8C_u \tag{8-5-36}$$

式中 C_u——桩间土不排水抗剪强度。

（3）叶书麟等提出的公式：

$$P_{pf} = 20C_u \tag{8-5-37}$$

7. 复合地基的变形计算

变形计算应符合现行国家标准《建筑地基基础设计规范》GB 50007—2012 中有关规定，复合土层的压缩模量按下式计算：

$$E_{sp} = [1 + m(n-1)]E_s \tag{8-5-38}$$

式中　E_{sp}——复合土层的压缩模量（MPa）；

E_s——桩间土的压缩模量（MPa），宜按当地经验取值，如无经验时，可取土天然地基的压缩模量；

n——桩土应力比，无实测资料时，对黏性土取 2～4，对粉土和砂土取 1.5～3.0，原土承载力低取大值，原土承载力高取小值。

8. 垫层材料

垫层选用碎石垫层厚度 300～500mm，垫层应压实。

9. 现场试验

对某些土层（如抗剪强度小于 20kPa 的土、饱和黄土）或大型、重要的场地或地层结构复杂的地基土，应在正式施工前在场地内选择试验区进行成桩工艺试验及有关检测，以确定地基处理的效果及施工工艺参数是否满足设计要求。

10. 不加填料的振冲桩设计

（1）现场试验：在初步设计阶段进行现场工艺试验，确定不加填料的可能性、孔距、振密电

流值、振冲水压力、振后砂层的物理力学指标；

（2）加固深度：用 30kW 的振冲器加固深度不超过 7m，75kW 振冲器不宜超过 15m；

（3）桩间距：宜采用等边三角形布孔，30kW 的振冲器孔间距 1.8～2.5m，75kW 的振冲器，孔间距为 2.5～3.5m；

（4）复合地基承载力：应通过现场载荷试验确定。

三、质量检验

1. 地基质量检测标准

《建筑地基基础工程施工质量验收规范》GB 50202—2002 给出的振冲地基质量检测标准见表 8-5-18。

振冲地基质量检验标准　　**表 8-5-18**

项	序	检查项目	允许偏差或允许值		检查方法
			单位	数值	
主控项目	1	填料粒径	设计要求		抽样检查
	2	密实电流（黏性土） 密实电流（砂性土或粉土） （以上为功率 30kW 振冲器） 密实电流（其他类型冲器）	A A A	50～55 40～50 (1.5～2)A_0	电流表读数 电流表读数 A_0为空振电流
	3	地基承载力	设计要求		按规定方法
一般项目	1	填料含泥量	%	<5	抽样检查
	2	振冲器喷水中心与孔径中心偏差	mm	≤50	用钢尺量
	3	成孔中心与设计孔位中心偏差	mm	≤100	用钢尺量
	4	桩体直径	mm	<50	用钢尺量
	5	孔深	mm	±200	量钻杆或重锤测

2. 检测时间

振冲施工结束后，检测时间间隔为粉质黏土地基 21～28d，粉土地基 14～21d，砂土和杂填土地基不少于 7d。

3. 振冲桩施工检测项目见表 8-5-19。

振冲桩检测项目　表 8-5-19

项目	内容	数量
单桩	单桩载荷试验	桩数的 1%，且不少于 3 根
桩体	重型动力触探试验	随机抽检
桩间土	标准贯入试验、静力触探试验	随机抽检

4. 振冲桩竣工验收检测

采用复合地基载荷试验作为振冲桩竣工验收项目，复合地基载荷试验的数量不应少于总桩数的 1%，每个单体工程不应少于 3 点。

5. 不加填料振冲砂土地基检验

不加填料振冲砂土地基竣工验收的承载力检测，应采用标准贯入试验、动力触探试验、载荷试验等方法确定。检测点应选择在地基土质较差或有代表性的地段，并位于振冲点围成的单元形成处及振冲点中心处，检测数量为振冲点数量的 1%，总数不应少于 5 点。

第五节　砂　石　桩　法

一、原理及适用范围

碎石桩、砂桩和砂石桩统称为砂石桩，是指采用振动、冲击或水冲等方式在软弱地基中成孔后，再将砂或碎石挤压入已成的孔中，形成由砂石构成的密实桩体。砂石桩用于松散砂土、粉土、黏性土、素填土及杂填土等的地基处理。饱和黏土地基上对变形控制要求不严的工程也可采用砂石桩置换处理，砂石桩法也用于液化地基的处理。

砂石桩用于松散砂土、粉土、黏性土、素填土及杂填土地基，主要是依靠桩的挤密和振动，使桩周土的密实度增加，从而降低土的压缩性，提高地基承载力。对于软土地基的处理，砂石桩很难发挥其挤密效应，主要是通过置换作用与软土形成复合地基，砂石桩为软土的固结排水提供了排水通道，加速了软土的固结，从而使软土地基承载力提高。

采用砂石桩地基处理时，应调查砂石料的储量、材料性能、运距，并应了解施工所用的设备和施工方法。对黏性土地基，应有地基土的不排水抗剪强度指标，对砂土和粉土地基应有地基土的天然孔隙比、相对密实度或标准贯入试验锤击数资料。

二、设计计算

1. 布桩形式

砂石桩可采用等边三角形或正方形布置；对砂土地基，采用等边三角形可使砂土地基挤密较为均匀。对于软黏土地基，由于砂石桩主要作为置换，可采用等边三角形或正方形布桩。

2. 直径

砂石桩的直径取决于成桩所选用的施工设备、成桩方法以及确定的置换率，一般桩径为 300～800mm，可根据上部结构、荷载及施工机械等综合确定成桩直径。

3. 桩长

砂石桩桩长应根据建筑物对地基变形的要求、地层情况、液化土层的埋深等因素综合确定，其桩长在 8～20m 之间，桩长一般应满足下列条件。

（1）如软土较厚时，按变形控制进行桩长设计，并满足软弱下卧层承载力验算要求，对采用砂石桩处理地基稳定问题时，桩长应穿过最危险滑动面不少于 2.0m；

（2）软土层厚度较小，应穿透软土层；

（3）应穿透可液化土层，消除液化土层的液化性；

（4）桩长不小于 4m。

4. 处理范围

处理宽度宜在基础外缘布置 1～3 排桩，如处理可液化地基，在基础外缘扩大宽度不应小于可液化土层厚度的 1/2，且不少于 5.0m。

5. 桩体材料

桩体材料可采用碎石、卵石、角砾、圆砾、砾砂、粗砂、中砂或石屑等硬质材料，含泥量不应大于 5%，最大粒径不宜大于 50mm。

6. 填料量

砂石桩的填料量应通过现场试验确定，计算时可按设计桩孔体积乘以 1.2～1.4 的充盈系数，如施工中地面有下沉或隆起现象，则填料量应根据现场情况予以增减。

7. 桩间距

砂石桩桩间距对粉土地基，不宜大于砂石桩直径的 4.5 倍，对黏性土地基不宜大于砂石桩直径的 3 倍，初步设计时，砂石桩间距按下列公式计算。

（1）松散粉土和砂土地基可根据挤密后的孔隙比 e_1 确定

等边三角形布置
$$S = 0.95\xi d\sqrt{\frac{1+e_0}{e_0-e_1}} \tag{8-5-39}$$

正方形布置
$$S = 0.89\xi d\sqrt{\frac{1+e_0}{e_0-e_1}} \tag{8-5-40}$$

$$e_1 = e_{max} - D_{r1}(e_{max} - e_{min}) \tag{8-5-41}$$

式中　S——砂石桩间距（m）；

d——砂石桩直径（m）；

ξ——修正系数，当考虑振动下沉密实作用时，可取 1.1～1.2；不考虑振动下沉密实作用时，可取 1.0；

e_0——地基处理前砂土的孔隙比，可按原状土样试验确定，也可根据标准贯入试验或静力触探试验等对比试验确定；

e_1——地基挤密后要求达到的孔隙比；

e_{max}、e_{min}——砂土的最大、最小孔隙比，可按现行国家标准《土工试验方法标准》GB/T 50123 的有关规定确定；

D_{r1}——地基挤密后要求砂土达到的相对密实度，可取 0.70～0.85。

（2）黏性土地基

等边三角形布置
$$S = 1.08\sqrt{A_e} \tag{8-5-42}$$

正方形布置
$$S = \sqrt{A_e} \tag{8-5-43}$$

式中　A_e——1 根砂石桩承担的处理面积（m^2）；

$$A_e = \frac{A_p}{m} \tag{8-5-44}$$

式中 A_p——砂石桩的截面积（m^2）；

m——面积置换率。

8. 复合地基的承载力

（1）对于砂石桩处理的复合地基承载力可按式（8-5-33）和式（8-5-34）计算；

（2）对砂石桩处理的砂土地基，采用标准贯入试验，静力触探试验等原位测试手段确定。

9. 地基变形计算

对砂石桩与桩间土形成复合地基的变形计算，应按式（8-5-38）计算出复合土层的压缩模量，按《建筑地基基础设计规范》GB 50007 规定进行地基变形计算。下卧层的变形计算按《建筑地基基础设计规范》GB 50007 有关规定进行。对砂桩处理的砂土地基，应按现行国家标准《建筑地基基础设计规范》GB 50007 中有关规定进行。

10. 垫层：在砂石桩顶部应铺设 300～500mm 的压密砂石垫层。

11. 稳定性分析

当砂石桩用于处理堆载地基时，应进行稳定性分析计算。按《建筑地基基础设计规范》GB 50007 规定，最危险的滑动面上诸力对滑动中心所产生的抗滑力矩与滑动力矩应满足。

$$M_R/M_s \geqslant 1.2 \quad (8\text{-}5\text{-}45)$$

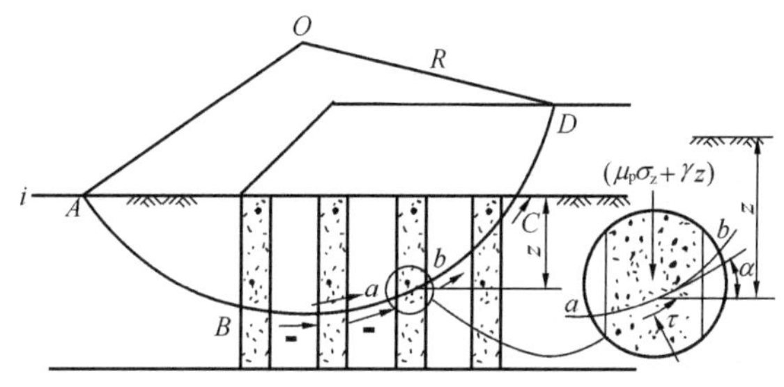

图 8-5-5 砂石桩土坡的稳定性分析

（引自《地基处理与实例分析》P327）

当沿 $ABCD$ 滑动面（图 8-5-5）滑动时，计算 BC 段的抗剪强度 τ_{sp}，Aboshi（1979）提出按平面面积加权分担的计算方法进行计算。

$$\tau_{sp} = (1-m)c_u + m(\gamma'_p z + \mu_p\sigma_z)\tan\varphi_p \times \cos^2\alpha \quad (8\text{-}5\text{-}46)$$

式中 τ_{sp}——沿滑动面的复合土体的抗剪强度；

γ'_p——碎石的有效重度；

z——桩顶至滑弧上计算点的垂直距离；

μ_p——应力集中系数，$\mu_p = \dfrac{n}{1+(n-1)m}$；

σ_z——桩顶平面上作用荷载引起的附加应力；

φ_p——碎石材料的内摩擦角，一般可取 38°；

α——滑弧切线与水平线的夹角见图 8-5-5；

n——桩土应力比；

m——桩土置换率。

三、质量检验

1. 验收标准

根据《建筑地基基础工程施工质量验收规范》GB 50202—2002 砂石桩的质量检验标准按表 8-5-20 执行。

砂石地基的质量检验标准　　表 8-5-20

项	序	检查项目	允许偏差或允许值		检查方法
			单位	数值	
主控项目	1	灌砂量	%	≥95	实际用砂量与计算体积比
	2	地基强度	设计要求		按规定方法
	3	地基承载力	设计要求		按规定方法
一般项目	1	砂料的含泥量	%	≤3	试验室测定
	2	砂料的有机质含量	%	≤5	焙烧法
	3	桩位	mm	≤50	用钢尺量
	4	砂桩标高	mm	±150	水准仪
	5	垂直度	%	≤1.5	经纬仪检查桩管垂直度

2. 检验时间

检测时间间隔为粉质黏土地基 21～28d，粉土地基 14～21d，砂土和杂填土地基不少于 7d。

3. 施工质量检测

桩的承载力和变形采用单桩载荷试验检测，桩体采用重型动力触探试验检测，桩间土采用标准贯入试验，静力触探试验、动力触探试验或其他原位试验方法进行检测。桩间土质量的检测位置应在等边三角形或正方形的中心，检测数量不应少于桩孔总数的 2%。

4. 砂石桩地基竣工验收检验

采用复合地基载荷试验，试验数量不应少于总桩数的 1%，且每个单体建筑不应少于 3 点。

第六节　水泥粉煤灰碎石桩

一、原理及适用范围

水泥粉煤灰碎石桩是由水泥、粉煤灰、碎石、石屑或砂加水拌和形成的高粘结强度桩（简称 CFG 桩），桩体强度 C5～C25，桩、桩间土与褥垫层共同构成复合地基。

水泥粉煤灰与素混凝土桩除了桩体材料上有所不同，其受力和变形特性没有什么区别。

CFG 桩适应于处理自重固结已完成的素填土、黏性土、粉土、砂土等强度或变形不能满足建筑荷载要求的地基土层加固处理，对于处理淤泥质土应根据地区经验或现场试验来确定其适用性。

CFG 桩具有单桩承载力高，可大幅度地提高地基土承载力，CFG 桩复合地基具有变形小、适用范围广的特点，对基础而言，既适用于条基、独立基础，也适用于箱基、筏基，处理的建（构）筑物有工业厂房，民用建筑（高层、多层），目前国内已将其应用于 35 层高层建筑的地基处理，桩长最长可达 23.5m，复合地基承载力标准值可达到 900kPa，对于超过 30 层的高层建筑地基处理，应慎重研究后采用。

二、设计计算

CFG 桩设计应依据岩土工程勘察报告，建筑场地的环境条件，建筑物平面布置图，设计对地基承载力、变形的要求及有关现有的施工机械型号、性能和施工经验。

1. CFG 桩复合地基的设计原则

（1）满足建筑物荷载对复合地基承载力的要求；

（2）变形满足规范对建筑物地基变形的要求或满足设计对建筑物变形的特殊要求；

（3）满足桩、桩间土变形协调的要求；

（4）满足环境条件对地基处理的要求。

2. 施工工艺的选择

根据建筑物荷载及对地基变形的要求及地基土条件，地下水条件，周边环境条件共同确定 CFG 桩的施工工艺。目前 CFG 桩施工工艺有洛阳铲成孔，人工灌注 CFG 桩工艺；长螺旋成孔，人工灌注 CFG 桩工艺；长螺旋成孔，管内泵压混合料 CFG 桩工艺；振动泥管 CFG 桩工艺；夯扩成孔 CFG 桩施工工艺；泥浆护壁钻孔成桩工艺；钢筋混凝土预制桩等。

（1）洛阳铲成孔，人工灌注 CFG 桩工艺

该工艺属于非挤土桩，采用人工洛阳铲成孔，孔深一般小于 6m，桩端位于地下水位以上，在灌注 CFG 混合料前应采用重锤夯实孔底，消除孔底虚土，该工艺施工速度快，造价低，适应于 6m 范围内有良好的桩端持力层（砂、卵石）且建筑荷载对地基承载力及变形要求不高的建筑物。

（2）长螺旋成孔，人工灌注 CFG 桩工艺

该工艺属于非挤土桩，采用长螺旋成孔，桩端位于地下水位以上时，在灌注 CFG 混合料前采用重锤夯实孔底消除虚土，该工艺施工速度较快，适用于在一定范围内有良好的桩端持力层的地基。

（3）长螺旋成孔泵压混合料 CFG 桩工艺

该工艺也属非挤土桩，采用长螺旋成孔，适合于地层范围广且不受地下水位的影响，成孔后，泵送混凝土成孔，该工艺最大优点是噪声小，施工速度较快，可穿透砂层等相对较硬的地层；缺点：造价相对较高。

（4）振动沉管 CFG 桩施工工艺

该工艺属挤土工艺，采用振动沉管成孔，灌注 CFG 桩混合料，边拔管成桩，该工艺适合于有良好的桩端持力层的地基，不受地下水位影响；缺点：噪声大，很难穿过密实的砂层，有可能造成地面隆起。

（5）夯扩成孔 CFG 桩施工工艺

该工艺属挤土工艺，采用重锤夯扩成孔，孔内灌注干硬性 CFG 桩混合料，夯击干硬性混合料成桩，或边拔管，边夯击干硬性混合料成桩。该工艺优点是单桩承载力较高，对桩间土有一定的挤密；缺点：成孔较浅（小于 10m），有可能造成地面隆起。

（6）泥浆护壁钻孔成桩工艺

采用泥浆护壁钻孔成桩，施工工艺同钻孔灌注桩。优点是桩径大，单桩承载力高，适用于对地基承载力大、变形要求高的高层建筑。

（7）钢筋混凝土预制桩工艺

采用静压或打入的方式将钢筋混凝土预制桩压入（打入）地基中，桩与桩间土形成复

合地基，但应防止桩间土的隆起，造成桩间土的扰动。

3. 桩径

根据施工工艺，桩径可选择 350～1000mm。长螺旋中心压灌、干成孔和振动沉管成桩宜为 350～600mm，泥浆护壁钻孔成桩宜为 600～1000mm，钢筋混凝土预制桩宜为 300～600mm。

4. 桩长

桩长的确定应根据建筑荷载和对地基变形的要求及有无良好的桩端持力层而定，一般情况下，桩端应选择承载力较高、压缩模量较高的土层作为桩端持力层，如果设计对地基变形要求严格，桩长应尽可能控制主要变形，如在基础下部＜10m 范围内有良好的桩端持力层，也可采用长短 CFG 桩。

5. 桩间距

桩间距根据设计对复合地基承载力要求，土的性质，施工所采用的工艺确定，一般为（3～5）倍桩径，桩的排列可按等边三角形、正方形等方式布置。

6. 垫层

垫层可选取中砂、粗砂、砾砂、级配砂石、石屑、碎石等，最大粒径不超过 30mm，垫层厚度宜为桩径的 40％～60％，，夯填度不大于 0.9。垫层具有调整桩土应力比，保证桩土协调，根据研究，在相同条件下，垫层越薄，桩土应力比越大；垫层越厚，桩土应力比越小。桩土应比与垫层质量有关，随着垫层颗粒加大（中砂—粗砂—砾砂—碎石）桩土应力比相应减小。

7. 单桩承载力

单桩承载力可采用单桩载荷试验资料，将竖向极限承载力除以 2 的系数作为单桩承载力特征值，如无载荷试验资料，可按下式计算：

$$R_a = u_p \sum_{i=1}^{n} q_{si} l_i + \alpha_p q_p A_p \tag{8-5-47}$$

式中　u_p——桩的周长（m）；

n——桩长范围内所划分的土层数；

α_p——桩端端阻力发挥系数，可取 1.0；

q_{si}、q_p——桩周第 i 层土的侧阻力、桩端端阻力特征值（kPa），可按现行国家标准《建筑地基基础设计规范》GB 50007 有关规定确定；

l_i——第 i 层土的厚度（m）。

桩体试块抗压强度平均值应满足下式要求：

$$f_{cu} \geqslant 4\frac{\lambda R_a}{A_p} \tag{8-5-48}$$

$$f_{cu} \geqslant 4\frac{\lambda R_a}{A_p}\left[1 + \frac{\gamma_m(d-0.5)}{f_{spa}}\right]$$

式中　f_{cu}——桩体混合料试块（边长 150mm 立方体）标准养护 28d 立方体挤压强度平均值（kPa）；

λ——单桩承载力发挥系数，可按地区经验取值，无经验时可取 0.8～0.9；

γ_m——基础底面以上土的加权平均重度（kN/m^3），地下水位以下取有效重度；

d——基础埋置深度（m）；

f_{spa}——深度修正后的复合地基承载力特征值（kPa）。

8. 复合地基的承载力

复合地基的承载力按下式计算

$$f_{spk} = \lambda m \frac{R_a}{A_p} + \beta(1-m) f_{sk} \tag{8-5-49}$$

式中　f_{spk}——复合地基承载力特征值（kPa）；

m——面积置换率；

R_a——单桩竖向承载力特征值（kN）；

A_p——桩的截面积（m^2）；

β——桩间土承载力折减系数，宜按地区经验取值，如无经验时取 0.9～1.0；

f_{sk}——处理后桩间土承载力特征值（kPa），对非挤土成桩工艺，可取天然地基承载力特征值；对挤土成桩工艺，一般黏性土可取天然地基承载力特征值；松散砂土、粉土可取天然地基承载力特征值的 1.2～1.5 倍，原土强度低的取大值。

9. 地基变形计算

处理后的 CFG 桩复合地基变形包括三部分，垫层变形，加固区复合地基变形，下卧层变形。垫层变形较小，可以忽略不计，《建筑地基技术处理规范》JGJ 79—2012 规定加固区（复合地基）变形计算时把各天然土层地基压缩模量乘以系数 ξ。ξ 值按下式确定：

$$\xi = f_{spk}/f_{ak} \tag{8-5-50}$$

式中　f_{ak}——基础底面下天然地基承载力特征值（kPa）。

沉降计算经验系数 ψ_s 根据当地沉降观测资料及经验确定，如无沉降观测资料时，也可采用表 8-5-21 数值。

沉降计算经验系数 ψ_s　　**表 8-5-21**

$\overline{E}$（MPa）	4	7	15	20	35.0
ψ_s	1	0.7	0.4	0.25	0.2

注：$\overline{E}$ 为变形计算深度范围内压缩模量的当量值，应按下式计算：

$$\overline{E} = \frac{\sum A_i}{\sum \frac{A_i}{E_{si}}} \tag{8-5-51}$$

式中　A_i——第 i 层土附加应力系数沿土层厚度的积分值；

E_{si}——基础底面下第 i 层土的压缩模量值（MPa），桩长范围内的复合土层按复合土层的压缩模量取值。

下卧层的计算按《建筑地基基础设计规范》GB 50007 中地基变形计算要求执行。

三、质量检验

1. 质量检验标准

《建筑地基基础工程施工质量验收规范》CB 50202—2002 规定对 CFG 桩质量检验应符合表 8-5-22 的规定。

水泥粉煤灰碎石桩复合地基质量检验标准　表 8-5-22

项	序	检查项目	允许偏差或允许值		检查方法
			单位	数值	
主控项目	1	原材料	设计要求		查产品合格证书或抽样送检员
	2	桩径	mm	−20	用钢尺量或计算填料量
	3	桩身强度	设计要求		查 28d 试块强度
	4	地基承载力	设计要求		按规定的办法
一般项目	1	桩身完整性	按桩基检测技术规范		按桩基检测技术规范
	2	桩位偏差		满堂布桩≤0.4D 条基布桩≤0.25D	用钢尺量，D 为桩径
	3	桩垂直度	%	≤1.5	用经纬仪测桩管
	4	桩长	mm	+100	测桩管长度或垂球测孔深
	5	褥垫层夯填度	≤0.9		用钢尺量

注：1. 夯填度是指夯实后的褥垫层厚度与虚体厚度的比值。
2. 桩径允许偏差负值是指个别断面。

2. 检测方法

CFG 桩的检测包括桩的完整性检测和复合地基承载力检测，桩的完整性检测在桩头凿完后即可进行，抽检数量不少于总桩数的 10%，CFG 桩复合地基载荷试验宜在施工结束 28 天后进行，对于洛阳铲成孔，人工灌注工艺、长螺旋成孔，人工灌注工艺和长螺旋成孔，泵压 CFG 桩混合料工艺的 CFG 桩复合地基，由于桩体主要起置换作用，对桩间土振动小，可在 14 天后进行复合地基载荷试验，复合地基静载荷试验和单桩静载荷试验的数量不应少于总桩数的 1%，且每个单体工程的复合地基静载荷试验数量不应小于 3 点。

第七节　夯 实 水 泥 土 桩

一、原理及适用范围

夯实水泥土桩法适用于处理地下水位以上的素填土、杂填土、粉土、黏性土等地基，处理深度不超过 15m。

采用夯实水泥土桩处理地基后，夯实水泥土桩、桩间土和垫层构成复合地基，共同承担建筑荷载，夯实水泥土桩地基处理对桩间土主要是置换作用，也有一定的挤密作用。

夯实水泥土桩适用于处理多层建筑、高层建筑地基土，据已有资料，其复合地基承载力可达 240kPa，目前北京已将其应用于 18 层的高层建筑地基处理。当夯实水泥土桩应用于重要建筑，高层建筑地基处理时，应对建筑物进行沉降观测。

二、设计计算

1. 工艺选择

夯实水泥土桩施工可采用洛阳铲成孔，螺旋成孔或采用沉管、冲击方法成孔，用机械夯实水泥土拌和料成桩。可根据场地地基土、地下水、成孔直径情况来选择成孔方式。

2. 土料

土料选用粉土、黏质粉土，有机质含量<5%，不得含有冻土或膨胀土，所有土应过

2cm 的网眼筛，土料中含水量应控制在最优含水量，如土体过湿应晾晒，土体过干在搅拌过程中应加水，拌和料（水泥和土）应控制在 $w_{op}\pm2\%$，现场控制标准为“手握成团，落地开花”。

桩孔内的填料，应根据工程要求进行配比试验，并符合式（8-5-48）要求；水泥与土的体积配合比宜为 1∶5～1∶8。孔内填料应分层回填夯实，填料的平均压实系数 $\overline{\lambda_c}$ 值不应低于 0.97，压实系数最小值不应低于 0.93。

3. 孔径

根据施工机械和地基土情况，一般孔径为 300～600mm。

4. 桩间距及桩长

桩可按等边三角形或正方形布置，桩间距为 2～4 倍的桩径，基础边缘距离最外一排桩中心的距离不宜小于 1.0 倍的桩径。桩长应按建筑物的变形要求进行确定，如相对硬层埋深不大时，应按硬层埋深确定，要求桩端进入硬层不少于 0.30m。

5. 单桩承载力

单桩承载力应由单桩载荷试验确定或根据已有的工程经验进行取值，初步设计时可按下式计算。

$$R_a = u_p \sum_{i=1}^{n} q_{si} l_i + \alpha_p q_p A_p \tag{8-5-52}$$

式中 u_p——桩的周长（m）；

n——桩长范围内所划分的土层数；

α_p——桩端端阻力发挥系数，可取 1.0；

q_{si}、q_p——桩周第 i 层土的侧阻力、桩端端阻力特征值（kPa），可按现行国家标准《建筑桩基技术规范》JGJ 94 有关规定确定，或根据地区经验取值；

l_i——第 i 层土的厚度（m）。

桩体试块抗压强度平均值应满足式（8-5-48）要求。

6. 复合地基承载力

$$f_{spk} = \lambda m \frac{R_a}{A_p} + \beta(1-m) f_{sk} \tag{8-5-53}$$

式中 f_{spk}——复合地基承载力特征值（kPa）；

m——桩土置换率；

A_p——单桩截面积（m^2）；

λ——单桩承载力发挥系数取 1.0；

β——桩间土承载力折减系数取 0.9～1.0；

f_{sk}——处理后桩间土承载力特征值，宜按当地经验取值，如无经验时，可取天然地基的承载力特征值。

7. 地基的变形计算

对加固区的地基变形按国家标准《建筑地基基础设计规范》GB 50007 中有关规定执行，复合土层的压缩模量按等于该层天然地基压缩模量的 ξ 倍，ξ 值按下式确定：

$$\xi = \frac{f_{spk}}{f_{ak}} \tag{8-5-54}$$

式中　f_{ak}——基础底面下天然地基承载力特征值。

8. 垫层

垫层宜选用中砂、粗砂或碎石，最大粒径不宜大于20mm，垫层厚度在100～300mm之间，夯填度不大于0.9。

三、质量检验

1. 检验标准

根据《建筑地基基础工程施工质量验收规范》GB 50201—2002验收标准按表8-5-23确定。

夯实水泥土桩复合地基质量检验标准　　表8-5-23

项	序	检查项目	允许偏差或允许值		检查方法
			单位	数值	
主控项目	1	桩径	mm	−20	用钢尺量
	2	桩长	mm	+500	测桩孔深度
	3	桩体干密度	设计要求		现场取样检查
	4	地基承载力	设计要求		按规定的方法
一般项目	1	土料有机质含量	%	≤5	焙烧法
	2	含水量与最优含水量比	%	±2	烘干法
	3	土料粒径	mm	≤20	筛分法
	4	水泥质量	设计要求		查产品质量合格证书或抽样送检
	5	桩位偏差		≤0.25D	用钢尺量，D为桩径
	6	桩孔垂直度	%	≤1.5	用经纬仪测桩管
	7	褥垫层夯填度	≤0.9		用钢尺量

2. 施工检测

成桩后，应对夯填桩体的干密度质量进行随机抽检，抽检的数量不应小于总桩数的2%。由于水泥土桩夯实后干密度比较难取，现场常采用轻型动力触探试验N_{10}进行检测桩的夯实程度，由于锥角为60°的锥头侧阻力较大，根据有关经验采用50°的锥头进行轻型动力触探试验，在成桩1小时内进行检测，N_{10}的击数不小于25击为合格桩，N_{10}小于25击为不合格桩。

3. 复合地基竣工检验

应采用单桩复合地基静载荷试验和单桩静载荷试验作为复合地基竣工检验承载力能否满足设计要求，检验数量不应少于总桩数的1%，且每项单体工程的复合地基静载荷试验数量不应小于3点；对重要或大型工程，尚应进行多桩复合地基载荷试验。

第八节　水泥土搅拌法

一、原理及适用范围

水泥土搅拌法分为深层搅拌法（以下简称湿法）和粉体喷搅法（以下简称干法）。水泥土搅拌法适用于处理正常固结的淤泥与淤泥质土、素填土、黏性土（软塑、可塑）、粉土（稍密、中密）、粉细砂（松散、中密）、中粗砂（松散、稍密）、饱和黄土等土层。不适用于含大孤石或障碍物较多且不易清除的杂填土、欠固结的淤泥和淤泥质土、硬塑及坚硬的黏性土、密实的砂类土，以及地下水渗流影响成桩质量的土层。当地基土的天然含水量小于30%（黄土含水量小于25%）时不宜采用粉体搅拌桩。冬期施工时，应注意负温对处理效果的影响。

当水泥土搅拌法用于处理泥炭土、有机质土、pH值小于4的酸性土、塑性指数大于25的黏土，或在腐蚀性环境中以及无工程经验的地区使用时，必须通过现场和室内试验确定其适用性。

水泥土搅拌法形成的水泥土加固体，可作为竖向承载的复合地基；基坑工程围护挡墙、被动应力区加固、防渗帷幕；大体积水泥稳定土等。加固体形状可分为柱状、壁状、格栅状或块状等。

二、设计计算

设计前应分析研究场地的岩土工程勘察报告，对报告中填土的成分、厚度，水平、垂直向的分布，和软土的分布范围、分层、厚度、地下水的pH值、腐蚀性，以及土的含水量、塑性指数、有机质含量、地下障碍物等应进行分析研究以确定水泥土搅拌法的适用性及采用必要的处理措施。

1. 桩径

水泥土搅拌桩的直径不小于500mm。

2. 桩长

桩长应根据建筑物对地基承载力和变形的要求来确定，若在压缩层范围内有相对承载力较高的土层时，桩长应穿透软土层，桩端达到承载力相对较高的土层，若是为处理抗滑稳定而设置搅拌桩，其桩长应超过危险滑动面以下2.0m。湿法的加固深度不宜大于20m，干法的加固深度不宜大于15m。

3. 固化剂

选用强度等级32.5级以上的普通硅酸盐水泥，水泥掺入比块状加固为7%～12%，其他形式加固时水泥掺入量宜为12%～20%，湿法的水泥浆水灰比可取0.5～0.6。根据有关研究，当水泥掺入比为15%～20%，水泥土的相对密度比软土增加约4%，如水泥掺入比低于5%时，水泥与土反应弱，水泥土固化强度低，起不到应有的加固作用。

水泥土的强度随水泥标号提高而提高，水泥标号增加1号时，水泥土的强度增加20%～30%。

外掺剂选择应避免环境污染，根据工程目的、土质情况可选用早强、缓凝、减水的材料。木质素磺酸钙对水泥土强度增长影响不大，主要起减水作用，石膏、三乙醇胺对水泥土的强度有增强作用，而其增强效果对不同土质和不同水泥掺入比有所不同。

4. 水泥土试块强度

设计前应对拟处理的土进行室内配比，选择合适的固化剂、外掺剂，确定固化剂、外掺剂量，并进行室内各龄期各种配比的强度试验。

水泥土的强度随龄期的增长而增长，在龄期超过28d后，强度仍在增加，为了降低造价，对竖向承载的水泥土强度取90d试块的立方体抗压强度平均值；对承受水平荷载的水泥土强度宜取28d龄期试块立方体强度，在其他条件一致时，水泥土抗压强度具有以下关系。

$$f_{cu7} = (0.47 \sim 0.63) f_{cu28} \tag{8-5-55}$$

$$f_{cu14} = (0.62 \sim 0.80) f_{cu28} \tag{8-5-56}$$

$$f_{cu60} = (1.15 \sim 1.46) f_{cu28} \tag{8-5-57}$$

$$f_{cu90} = (1.43 \sim 1.80) f_{cu28} \tag{8-5-58}$$

$$f_{cu90} = (2.37 \sim 3.73) f_{cu7} \tag{8-5-59}$$

$$f_{cu90} = (1.73 \sim 2.82) f_{cu14} \tag{8-5-60}$$

式中：f_{cu7}、f_{cu14}、f_{cu28}、f_{cu60}、f_{cu90}分别为 7d、14d、28d、60d、90d 龄期的水泥强度。

当龄期超过三个月后，水泥土强度增长缓慢，180d 的水泥土强度为 90d 的 1.25 倍，而 180d 后的水泥土强度增长仍未终止。

根据现有的检验资料，对于不同的土质、不同的水泥掺量时的搅拌桩桩身 N_{10} 击数与成桩 7d 内水泥土强度有对应关系见表 8-5-24。

搅拌桩桩身 N_{10} 击数与成桩 7d 内水泥土强度对应关系　　　**表 8-5-24**

N_{10}（击）	15	20～25	30～35	＞40
q_u（kPa）	200	300	400	＞500

5. 加固范围

在基础范围内布置深层搅拌桩，在基础外围不布置，对独立基础下桩数不宜小于 4 根。

6. 单桩承载力

初步设计时按下式计算：

$$R_a = u_p \sum_{i=1}^{n} q_{si} l_i + \alpha_p q_p A_p \tag{8-5-61}$$

$$R_a = \eta f_{cu} A_p \tag{8-5-62}$$

式中　f_{cu}——与搅拌桩桩身水泥土配比相同的室内加固土试块（边长 70.7mm 立方体）在标准养护条件下 90d 龄期的立方体抗压强度平均值（kPa）；

η——桩身强度折减系数，干法取 0.20～0.25；湿法取 0.25；

u_p——桩的周长（m）；

n——桩长范围内所划分的土层数；

q_{si}——桩周第 i 层土的侧阻力特征值，按表 8-5-25 取值；

l_i——桩长范围内第 i 层土的厚度；

q_p——桩端阻力特征值（kPa），可取桩端土未经修正的地基承载力特征值；

α_p——桩端端阻力发挥系数，可取 0.4～0.6，承载力高时取低值。

土性与 q_{si} 值　　　**表 8-5-25**

土层名称	淤泥	淤泥质土	软塑黏性土	可塑黏性土	稍密砂类土	中密砂类土
q_{si}（kPa）	4～7	6～12	10～15	12～18	15～20	20～25

7. 复合地基承载力

应通过复合地基载荷试验确定，初步估算时按下式计算

$$f_{\mathrm{spk}} = \lambda m \frac{R_{\mathrm{a}}}{A_{\mathrm{p}}} + \beta(1-m) f_{\mathrm{sk}} \tag{8-5-63}$$

式中　f_{spk}——复合地基承载力特征值（kPa）；

f_{sk}——桩间土承载力特征值，取天然地基承载力特征值（kPa）；

λ——单桩承载力发挥系数，可取 1.0；

β——桩间土承载力发挥系数，对淤泥、淤泥质土和流塑状软土等处理土层，可取 0.1～0.4，固结程度好或设置褥垫层时可取高值；对其他土层可取 0.4～0.8，固结土层强度高或设置褥垫层时可取高值；桩端持力层土层强度高时取低值；当桩端持力层强度高或建筑物对沉降要求严格时可取低值；

m——桩土置换率。

8. 变水泥掺入量设计

竖向承载搅拌桩复合地基中的桩长超过 10m 时，可采用固化剂变掺量设计。在全桩水泥总掺量不变的前提下，桩身上部 1/3 桩长范围内可适当增加水泥掺量及搅拌次数；桩身下部 1/3 桩长范围内可适当减少水泥掺量。

9. 软弱下卧层验算

软弱下卧层验算按国家标准《建筑地基基础设计规范》GB 50007 的有关规定进行下卧层验算。

10. 复合地基变形

复合地基变形包括搅拌桩复合土层的平均压缩量 s_1 和下卧土层的压缩变形量 s_2 及垫层的变形量 s_3。

（1）搅拌桩复合地基的压缩变形 s_1

$$s_1 = \frac{(p_{\mathrm{z}} + p_{\mathrm{z}l})L}{2E_{\mathrm{sp}}} \tag{8-5-64}$$

$$E_{\mathrm{sp}} = mE_{\mathrm{p}} + (1-m)E_{\mathrm{s}} \tag{8-5-65}$$

式中　p_{z}——搅拌桩复合土层顶面的附加压力值（kPa）；

$p_{\mathrm{z}l}$——搅拌桩复合土层底面的附加压力值（kPa）；

E_{sp}——搅拌桩复合土层的压缩模量（kPa）；

E_{p}——搅拌桩的压缩模量可取（100～120）f_{cu}（kPa）对桩较短或桩身强度较低者可低值，反之可以取高值。根据大量水泥土单桩复核地基载荷试验资料表明，在工作荷载下水泥土桩复合地基的复合模量一般为 15～25MPa，而且总是大于由桩的模量和桩间土的模量的面积加权之和；

E_{s}——桩间土的压缩模量。

（2）桩端下未加固土层的变形 s_2

$$s_2 = \psi_{\mathrm{s}} \sum_{i=n_1}^{n_2} \frac{p_{\mathrm{z}1}}{E_{\mathrm{s}i}} (z_i \alpha_i - z_{i-1} \alpha_{i-1}) \tag{8-5-66}$$

式中　s_2——桩端下未加固土层的变形（mm）；

ψ_s——沉降经验系数按《建筑地基基础设计规范》GB 50007 查表确定；

n_1——加固区的土层数；

n_2——加固区以下土层的数量；

E_{si}——加固以下土层的压缩模量；

$\overline{\alpha}_i$、$\overline{\alpha}_{i-1}$——桩端下计算点至第 i 层土，第 $i-1$ 层土底面范围内的平均附加应力系数；

$\overline{z}_i$、$\overline{z}_{i-1}$——桩端下第 i 层土，第 $i-1$ 层土底面的距离（m）。

（3）垫层的变形 s_3

由于垫层厚度为 200～300mm，且施工过程中已压实，变形可忽略不计。

11. 垫层

竖向承载力搅拌桩在基础和桩之间设置褥垫层，垫层可选用中砂、粗砂、级配砂石，最大粒径不大于 20mm，厚度 200～300mm。

三、质量检验

1. 在水泥土搅拌桩施工中，质量检验应跟踪全过程，并应坚持全过程施工监理，施工中检查重点是水泥用量、桩长，搅拌头转数和提升速度、复搅次数和复搅深度、停浆处理方法。

2. 质量检验标准

根据《建筑地基基础工程施工质量验收规范》GB 50202—2002 水泥土搅拌桩质量检验标准见表 8-5-26。

水泥土搅拌桩地基质量检验标准 **表 8-5-26**

项	序	检查项目	允许偏差或允许值		检查方法
			单位	数值	
主控项目	1	水泥及外掺剂质量	设计要求		查产品合格证书或抽样送检
	2	水泥用量	参数指标		查看流量计
	3	桩体强度	设计要求		按规定办法
	4	地基承载力	设计要求		按规定办法
一般项目	1	机头提升速度	m/min	≤0.5	量机头上升距离及时间
	2	桩底标高	mm	±200	测机头深度
	3	桩顶标高	mm	+100 −50	水准仪（最上部 500mm 不计入）
	4	桩位偏差	mm	<50	用钢尺量
	5	桩径		<0.04D	用钢尺量，D 为桩径
	6	垂直度	%	≤1.5	经纬仪
	7	搭接	mm	>200	用钢尺量

3. 施工质量检测时间

施工质量检测可采用①成桩 3d 内，用轻型动力触探（N_{10}）试验检查上部桩身质量的均匀性，深度一般不超过 4m，检验数量为施工总桩数的 1%，且不少于 3 根；②成桩 7d 后开挖浅部桩头（深度宜超过停浆面以下 0.5m），检查搅拌桩的均匀性，量测成桩直径，检查数量不少于总桩数的 5%。

4. 复合地基竣工检验

采用复合地基载荷试验和单桩载荷试验，宜在成桩 28d 后进行，检验数量不少于总桩数的 1%，且每项单体工程不应少于 3 台（多轴搅拌为 3 组）。

经触探和载荷试验检验后对桩身质量有怀疑时，或对变形有严格要求的工程，应在成桩 28d 后，用双管单动取样器钻取芯样作抗压强度试验，检验数量为施工总桩数的 0.5%，且不少于 6 点。

也可根据工程需要，在桩龄期达到 28d 以后采用动测法随机抽检 10%，以确定桩是否出现断裂、夹泥、蜂窝状结构等缺陷。

第九节 高压喷射注浆法

一、原理及适用范围

高压喷射注浆法又称旋喷法，是把注浆管钻入土层后，使用 20～40MPa 的高压射流破坏地基土，注入的浆液将冲下的土置换或部分混合凝成固体，以达到改造土体的目的。本工法欧美国家称为 JetGrouting，日本称高压喷射注浆法或 CCPI 法、JSGI 法。

高压喷射注浆法适用于处理淤泥、淤泥质土、黏性土（流塑、软塑和可塑）、粉土以及砂土、黄土、素填土和碎石土等地基。当土中含有较多的大粒径块石，大量植物根茎或有较高的有机质时，以及地下水流速度过大或已涌水的工程，应根据现场试验结果确定其适用性，目前我国建筑地基高层喷射注浆处理深度已达到 30m 以上，其他地基高压喷射注浆处理深度已达 40m。

高压喷射注浆法可用于既有建筑和新建建筑地基加固，深基坑、地铁等工程的土层加固或防水帷幕。

高压喷射注浆法分旋喷、定喷和摆喷三种类别。根据工程需要和土质条件，可分别采用单管法、双管法和三管法。加固形状可分为柱状、壁状、条状和块状。

单管法：喷射高压水泥浆液一种介质；

双管法：喷射高压水泥浆液和压缩空气两种介质；

三管法：喷射高压水流、压缩空气和水泥浆液等三种介质；

三种工法中以三管法有效处理深度最深，双管法次之，单管法最短，实践表明：旋喷桩可采用单管法、双管法、三管法中的任何一种，定喷和和摆喷注浆常用双管法和三管法。

在制定高压旋喷注浆方案时应搜集和掌握已有的资料，包括：岩土工程勘察报告（地基土层、物理力学性质指标、地下水条件等）建筑物受力特性资料；周边环境资料（地下管线、地下建（构）筑物）。

高压喷射注浆主要应用于①提高地基土层的承载力，减少地基土的变形；②作为防渗帷幕；③增大土的黏聚力和内摩擦角，防止小型塌方、滑坡、锚固基础；④挡土围堰及地下建（构）物、地下管道的保护，防止基坑隆起等。

二、设计计算

1. 桩径

高压旋喷桩的直径与地层，选定的注浆管类型、喷射压力、提升速度、旋转速度有关，浅层桩径可根据开挖确定，深层桩直径难以判断，设计时根据经验确定，其设计直径按表 8-5-27 选用，定喷及摆喷的有效直径约为旋喷桩直径的 1.0～1.5 倍。

旋喷桩直径　　表 8-5-27

土类	方法	单管法	双管法	三管法
黏性土	$0<N<5$	0.5～0.8	0.8～1.2	1.2～1.8
	$6<N<10$	0.4～0.7	0.7～1.1	1.0～1.6
砂土	$0<N<10$	0.6～1.0	1.0～1.4	1.5～2.0
	$11<N<20$	0.5～0.9	0.9～1.3	1.2～1.8
	$21<N<30$	0.4～0.8	0.8～1.2	0.9～1.5

注：N 为标准贯入试验击数。

单管法的桩径可用下式近似计算：

黏性土：
$$D = 0.5 - 0.005N^2 \tag{8-5-67}$$

砂性土：
$$D = 0.001(350 + 10N - N^2) \quad 5 \leqslant N < 15 \tag{8-5-68}$$

式中　D——高压旋喷桩的直径（cm）；

N——标准贯入试验击数。

2. 加固体的强度

加固体的强度取决于地基土质、喷射压力和置换程度，一般黏性土和黄土中固体单轴抗压强度可达 5～10MPa，砂土和砂砾土中的固结体强度可达到 8～20MPa。

3. 单桩承载力

单桩竖向承载力特征值可通过现场单桩载荷试验确定，也可按式（8-5-69）估算。

$$R_a = u_p \sum_{i=1}^{n} q_{si} l_i + \alpha_p q_p A_p \tag{8-5-69}$$

式中　u_p——桩的周长（m）；

n——桩长范围内所划分的土层数；

q_{si}——桩周第 i 层土的侧阻力特征值（kPa），可按现行国家标准《建筑桩基技术规范》JGJ 94 有关规定确定，或地区经验取值；

l_i——桩长范围内第 i 层土的厚度；

q_p——桩端阻力特征值（kPa），应取桩端土未经修正的桩端地基承载力特征值；

α_p——桩端端阻力发挥系数，可取 1.0。

桩体试块抗压强度平均值应满足式（8-5-48）要求。

4. 复合地基承载力

竖向承载旋喷桩复合地基承载力特征值应通过现场复合地基载荷试验确定，初步设计时按下式计算。

$$f_{spk} = \lambda m \frac{R_a}{A_p} + \beta(1-m) f_{sk} \tag{8-5-70}$$

式中　f_{spk}——复合地基承载力特征值（kPa）；

m——桩土置换率；

A_p——单桩截面积（m^2）；

λ——单桩承载力发挥系数，该值与桩间土承载力发挥系数有关；可按地区经验取值，无经验时可取 0.8～1.0；

β——桩间土承载力发挥系数，该值与单桩承载力发挥系数有关；根据试验或类似土质条件工程经验确定，当无试验资料或经验时可取 0.8～1.0；初步设计时单桩承载力发挥系数取高值时桩间土承载力发挥系数应取低值，反之单桩承载力发挥系数取低值时桩间土承载力发挥系数应取高值。

f_{sk}——处理后桩间土承载力特征值，宜按当地经验取值，如无经验时，可取天然地基的承载力特征值。

5. 软弱下卧层验算

当旋喷桩处理范围以下存在软弱下卧层时，应按《建筑地基基础设计规范》GB 50007 的有关规定进行下卧层承载力验算。

6. 复合地基变形计算

桩长范围内复合土层以及下卧层地基变形值应按《建筑地基基础设计规范》GB 50007 有关规定计算，其中复合土层的压缩模量可根据地区经验确定。

7. 桩位布置

根据工程性质和加固目的确定，用于地基加固时，可选用等边三角形、三角形，分散群桩等对独立基础下布置桩不少于 4 根，用于防水帷幕或基坑防水时宜选用交联式三角形或交联式排列，相邻桩搭接不宜小于 300mm，高压喷射注浆法常与其他桩（灌注桩、钢板桩、预制桩等）组合在一起构成防水帷幕。

8. 垫层

在基础和桩顶之间设置褥垫层，厚度取 150～300mm，垫层材料可选用中砂、粗砂、级配砂石，最大粒径不大于 20mm，夯填度不应大于 0.9。

三、质量检验

1. 检验标准

根据《建筑地基基础工程施工质量验收规范》GB 50202—2002 高压喷射注浆法的质量验收标准见表 8-5-28。

高压喷射注浆地基质量检验标准　　**表 8-5-28**

项	序	检查项目	允许偏差或允许值		检查方法
			单位	数值	
主控项目	1	水泥及外掺剂质量	符合出厂要求		查产品合格证书或抽样送检
	2	水泥用量	设计要求		查看流量表及水泥浆木灰比
	3	桩体强度或完整性检验	设计要求		按规定方法
	4	地基承载力	设计要求		按规定方法
一般项目	1	钻孔位置	mm	≤50	用钢尺量
	2	钻孔垂直度	%	≤1.5	经纬仪测钻杆或实测
	3	孔深	mm	±200	用钢尺量
	4	注浆压力	按设定参数指标		查看压力表
	5	桩体搭接	mm	>100	用钢尺量
	6	桩体直径	mm	≤50	开挖后用钢尺量
	7	桩身中心允许偏差		≤0.2D	开挖后桩顶下 500mm 处用钢尺量，D 为桩径

2. 质量检验方法

可采用开挖检查、取芯（常规取芯或软取芯）、标准贯入试验、动力触探和载荷试验或围井注水等方法进行检验。

检验点应布置在①有代表性的桩位；②施工中出现异常的部位；③地基情况复杂，可能对高压喷射注浆产生影响的部位。

3. 检验时间及检验点的数量

成桩质量检验点的数量不应少于施工孔数的 2%，且不少于 6 点，承载力检验宜在高压喷射注浆成桩 28 天后进行。

4. 复合地基竣工验收

应采用复合地基载荷试验和单桩载荷试验值作为复合地基竣工验收的值，载荷试验宜在成桩 28 天后进行，检验数量不少于总桩数的 1%，且每项单体工程复合地基静载试验的数量不得少于 3 台。

第十节　灰土挤密桩法和土挤密桩法

一、原理及适用范围

土挤密桩（以下简称土桩）和灰土挤密桩（以下简称灰土桩）法是利用成孔时的侧向挤压作用，使柱间土得以挤密；然后将桩孔用素土或灰土分层夯填密实，其共同点是对土的侧向深层挤密加固。土桩或灰土桩挤密地基均属人工复合地基，其上部荷载由桩体和桩间挤密土共同承担。土桩或灰土桩具有原位处理、深层挤密和以土治土的特点，用于处理厚度较大的湿陷性黄土或填土地基时，可获得显著的技术经济效益。

土桩和灰土桩法适用于处理地下水位以上的粉土、黏性土、素填土或杂填土、湿陷性黄土等地基。处理深度宜为 3～15m。当以消除地基的湿陷性为主要目的时，宜选用土挤密桩；当以提高地基的承载力或增强其水稳性为主要目的时，宜选用灰土挤密桩。

经验表明，当土的含水量大于 24%及饱和度超过 65%时，不仅桩间土的挤密效果差，桩孔也因回浆缩径而难以成形，往往无法夯填成桩。在这种情况下，已不宜选用土挤密桩或灰土挤密桩，则应另选其他地基处理方案。在缺乏经验的地区或对重要的工程项目，施工前应进行现场试验，确定合理可行的设计及工艺参数，避免盲目性。

二、设计计算

（一）一般原则

设计时应首先根据场地工程地质条件和建筑结构的类型和要求，明确地基处理的主要目的，并依此确定采用土桩或灰土桩。地基处理的主要目的一般分为下列几种：

1. 一般湿陷性黄土场地：对单层或多层建筑，当以消除湿陷性为主要目的时，宜采用土挤密桩：对高层建筑或地基浸水可能性较大的重要建筑物，当以提高承载力或增强其水稳定性为主要目的时，宜采用灰土挤密桩。

2. 新近堆积黄土场地：除要求消除其湿陷性外，一般需要以降低其压缩性并提高承载力为主要目的，可根据建筑类型确定采用土挤密桩或灰土挤密桩。

3. 杂填土或素填土场地：以提高承载力为主要目的，一般多采用灰土挤密桩。

桩孔直径以 300～600mm 为宜，设计时可根据成孔机械、工艺和场地土质相适应的原则确定桩径的大小。桩孔布置以等边三角形为宜，桩孔呈等间距排列，以使桩间土的挤密效果趋于均匀。

桩孔内的填料，应根据工程要求或地基处理的目的确定，并应以平均压实系数控制夯实的质量，当桩孔内用灰土或素土分层回填、分层夯实时，桩体内的平均压实系数$\bar{\lambda}_c$值，不应小于0.97，其中压实系数最小值不应低于0.93。灰土中石灰与土的体积配合比宜为2∶8或3∶7。

（二）桩孔间距

为消除黄土的湿陷性，桩间土挤密后的平均挤密系数$\bar{\eta}_c$不应小于0.93，桩孔之间的中心距离即按这一要求来确定，可为桩孔直径的（2.0～3.0）倍。已知地基土的原始干密度（$\bar{\rho}_d$），并通过室内击实试验求得其最大干密度（ρ_{dmax}），当按等边三角形布置桩孔时，其间距可按下式计算：

$$S = 0.95d\sqrt{\frac{\bar{\eta}_c\rho_{dmax}}{\bar{\eta}_c\rho_{dmax} - \bar{\rho}_d}} \tag{8-5-71}$$

式中　S——桩孔之间的中心距离（m）；

d——桩孔直径（m）；

$\bar{\eta}_c$——地基挤密后，桩间土的平均挤密系数，宜取0.93；

ρ_{dmax}——桩间土的最大干密度（t/m^3）；挤密前土的平均干密度宜按主要持力层内各土层干密度的加权平均值确定，以保证基底下主要湿陷性土层能得到充分挤密。

挤密后桩间土的平均干密度$\bar{\rho}_{d1}=\bar{\eta}_c\rho_{dmax}$

如设$\alpha = 0.95\sqrt{\frac{\bar{\rho}_{d1}}{\bar{\rho}_{d1} - \bar{\rho}_d}}$，则$S=\alpha d$或$\alpha=S/d$

α即所谓“桩距系数”，其值可由表8-5-29直接查得。

桩距系数 α 值　　**表 8-5-29**

（引自陕西省标准DBJ 24—85，1985）

$\bar{\rho}_d$（t/m^3） $\bar{\rho}_{d1}$（t/m^3）	1.15	1.2	1.25	1.3	1.35	1.4
1.55	1.87	2.00	2.16	2.37	2.65	3.06
1.60	1.80	1.90	2.03	2.20	2.41	2.70
1.65	1.74	1.82	1.94	2.07	2.23	2.45

注：1. $\bar{\rho}_{d1}=\bar{\eta}_c\ \bar{\rho}_{dmax}$，即挤密后桩间土的平均干密度；

2. 正方形布桩时表中α值乘以0.93。

处理填土地基时，鉴于其干密度值变动较大，一般不宜按式（8-5-71）计算桩孔间距，为此，可根据挤密前地基土的承载力特征值f_{sk}和挤密后处理地基要求达到的承载力特征值f_{spk}，利用下式计算桩孔间距

$$S = 0.95d\sqrt{\frac{f_{pk} - f_{sk}}{f_{spk} - f_{sk}}} \tag{8-5-72}$$

式中　f_{pk}——灰土桩体承载力特征值（kPa），取值不宜大于500kPa；

f_{sk}——挤密前，填土地基的承载力特征值（kPa），应通过现场测试确定；

f_{spk}——处理后要求的地基承载力特征值（kPa），见表 8-5-30。

其次，还可利用已有的试验资料和工程经验，由表 8-5-29 查出需要的桩距系数 α，则桩距可定为 $S=\alpha d$。

灰土桩挤密的人工填土地基承载力特征值 f_{spk}（kPa） **表 8-5-30**

f_{sk}（kPa）	桩距系数 α						
	3.0	2.8	2.6	2.4	2.2	2.0	1.8
60	—	—	—	—	140	150	170
80	—	—	140	150	160	180	200
100	140	150	160	170	180	200	220
120	160	170	180	190	200	220	250

对重要工程或缺乏经验的地区，应通过现场成孔挤密试验，按照不同桩距时的实测挤密效果确定桩孔间距。

（三）处理范围

处理范围包括处理地基的宽度和深度两个方面。

1. 处理宽度

灰土挤密桩和土挤密桩处理地基的面积应大于基础或建筑物底层平面的面积。并应符合下面的规定：

（1）当采用局部处理时，超出基础底面的宽度，对非自重湿陷性黄土、素填土和杂填土等地基，每边不应小于基底宽度的 0.25 倍，并不应小于 0.5m；对自重湿陷性黄土地基，每边不应小于基底宽度的 0.75 倍，并不应小于 1m。

（2）当采用整片处理时，超出建筑物外墙基础底面外缘的宽度，每边不宜小于处理土层厚度的 1/2，并不应小于 2m。

2. 处理深度

应根据建筑场地的土质情况、工程要求和成孔及夯实设备等综合因素确定。对湿陷性黄土地基，应按国家标准《湿陷性黄土地区建筑规范》GB 50025 规定的原则和消除全部或部分湿陷量的不同要求确定土挤密桩或灰土桩挤密地基的深度。

消除地基全部湿陷量，适用于甲类建筑，其处理厚度应符合下列要求：

（1）在自重湿陷性黄土场地，应处理基础底面以下的全部湿陷性黄土层。

（2）在非自重湿陷性黄土场地，应将基础以下附加压力与上覆土的饱和自重压力之和大于湿陷起始压力的所有土层进行处理，或处理至地基压缩层的深度止。

消除地基部分湿陷量，适用于乙类建筑，其最小处理厚度应符合下列要求：

（1）在自重湿陷性黄土场地，不应小于湿陷性土层厚度的 2/3，且下部未处理湿陷性黄土层的剩余湿陷量不应大于 150mm。

（2）在非自重湿陷性黄土场地，不应小于地基压缩层深度的 2/3，且下部未处理湿陷性黄土层的湿陷起始压力值不应小于 100kPa。

（3）如基础宽度大或湿陷性黄土层厚度大，处理地基压缩层深度 2/3 或全部湿陷性黄土层深度的 2/3 确有困难时，在建筑物范围内应采用整片处理。其处理厚度：在非自重湿陷性黄土场地不应小于 4m，且下部未处理湿陷性黄土层的湿陷起始压力值不宜小于

100kPa；在自重湿陷性黄土场地不应小于 6m，且下部未处理湿陷性黄土层的剩余湿陷量不宜大于 150mm。

当以提高地基承载力为主要目的时，对基底下持力层范围内的低承载力和高压缩性（$a_{1-2} \geqslant 0.5\text{MPa}^{-1}$）土层应进行处理，并应通过下卧层承载力验算来确定地基的处理深度。验算时可按下式进行：

$$p_z + p_{cz} \leqslant f_z \tag{8-5-73}$$

或

$$p_z = 0.25 p_{cz} \tag{8-5-74}$$

式中　p_z——相应于载荷效应标准组合，下卧层顶面处的附加压力（kPa）；

p_{cz}——地基处理后，下卧层顶面处覆土的自重压力值（kPa）；

f_z——地基处理后，下卧层顶面土层经深度修正后的承载力特征值（kPa）。

土挤密桩和灰土挤密桩施工后，宜挖去表面松动层，并在桩顶面上设置厚度 300～600mm 的 2∶8 或 3∶7 灰土、水泥土褥垫层，其压实系数不应小于 0.95。

（四）承载力

土桩、灰土桩挤密复合地基承载力特征值，应通过现场载荷试验或其他测试手段，并结合当地工程经验确定。也可以根据《建筑地基处理技术规范》JGJ 79—2012 中的规定，依据式（8-5-34）进行估算处理后的复合地基承载力特征值（其中，桩体承载力特征值 f_{pk}，对土桩取值不宜大于 250kPa，对灰土桩体取值不宜大于 500kPa）。当无试验资料和条件时，对湿陷性黄土场地：土挤密桩复合地基承载力特征值，可按 1.4 倍的天然地基承载力特征值确定，并不应大于 180kPa；对灰土挤密桩复合地基，可按 2 倍的天然地基承载力特征值确定，并不应大于 250kPa。对填土场地：可参考表 8-5-30 取值或适当降低上述标准。

三、质量检验

1. 土和灰土桩挤密桩地基质量检验应符合 8-5-31 的标准。

土和灰土桩挤密桩地基质量检验标准　　**表 8-5-31**

项	序	检查项目	允许偏差或允许值		检查方法
			单位	数值	
主控项目	1	桩体及桩间土干密度	设计要求		现场取样检查
	2	桩长	mm	+500	测桩管长度或垂球测孔深
	3	桩径	mm	−20	用钢尺量
	4	地基承载力	设计要求		按规定的方法
一般项目	1	土料有机质含量	%	≤5	焙烧法
	2	石灰粒径	mm	≤5	筛分法
	3	桩位偏差		满堂布桩≤0.40*D* 条基布桩≤0.25*D*	用钢尺量，*D* 为桩径
	4	桩孔垂直度	%	≤1.5	用经纬仪测桩管

2. 挤密效果检验

挤密效果检验主要是通过对桩身填料的压实系数和桩间土挤密系数进行现场检测，即应随机抽样检测夯后桩长范围内灰土或土填料的平均压实系数 $\bar{\lambda}_c$ 值，抽检的数量不应小少于总桩数的 1%，且不得少于 9 根；同时应抽样检验处理深度内桩间土的平均挤密系数 $\bar{\eta}_c$，检测探井数不应少于总桩数的 0.3%，且每项单体工程不得少于 3 个。

3. 消除湿陷性效果检验

检验湿陷性消除的效果，可利用探井分层开挖取样，然后送试验室测定桩间土和桩孔夯实素土或灰土的湿陷系数 δ_s 值（也可一并测试其他物理力学性质指标），如 $\delta_s<0.015$，则可认为土的湿陷性已经消除；如 $\delta_s \geqslant 0.015$，则可与天然地基土的湿陷系数进行对比，从中了解湿陷性消除的程度。其次也可通过现场浸水载荷试验，观测在一定压力下浸水后处理地基的湿陷量（浸水下沉量）s_w 或相对湿陷量 s_w/b（b 为压板直径或宽度）。

4. 地基加固效果的综合检验

综合检验是通过现场载荷试验、浸水载荷试验对地基的加固效果进行检测和评价。检验应在 14～28d 后进行，数量不应少于总桩数的 1%，且每项单体工程不应少于 3 点。

第十一节　柱 锤 冲 扩 桩 法

一、原理及适用范围

柱锤冲扩桩法适应用处理杂填土、粉土、黏性土、素填土和黄土地基，对地下水位以下饱和松软土层，应通过现场试验确定其适用性。柱锤冲扩桩处理地基的深度不宜超过 10m，复合地基承载力特征值有的工程已超过 500kPa。

由于柱锤冲扩法目前还处于半经验状态，成孔和成桩工艺及地基加固效果受地基土条件、地下水条件影响大，因而正式进行成桩前应在有代表性的场地上进行试验，现场试验内容包括：①成孔及成桩试验；②桩间土挤密效果试验；③复合地基承载力及对比试验（载荷试验、动力触探试验或标准贯入试验）。

柱锤冲扩对地基土具有：①挤密作用；②动力固结作用；③置换作用；④部分填料具有化学置换作用（如生石灰的水化和胶凝作用）。

二、设计计算

1. 加固范围

对一般地基，应在基础外围布置 1～3 排桩，且不应小于基底下处理土层厚度的 1/2；对可液化地基及湿陷性黄土地基，处理范围可适当加宽，不应小于基底下可液化土层厚度的 1/2，且不应小于 5.0m；对于湿陷性黄土地基，处理范围应按国家标准《湿陷性黄土地区建筑规范》GB 50025 规定进行。

2. 桩的布置

可按正方形、矩形、三角形布置，桩距根据地基土质情况及夯锤质量大小确定，《建筑地基处理技术规范》JGJ 79—2012 建议常用桩距为 1.2～2.5m，或取桩径的（2～3）倍。

桩径可取 500～800mm，根据地基土层性质，孔内填料量及实际试桩情况确定。

3. 加固深度

加固深度一般根据建筑物地基允许变形值和相对硬层的埋藏深度来确定，对可液化土层应处理至液化层深度以下。对相对硬层埋深较浅的土层，应深至相对硬土层。

4. 桩体材料

根据当地材料状况及建筑物对地基承载力和变形的要求确定，可选用碎砖三合土、级配砂石、矿渣、灰土、水泥混合土、干硬性 CFG 等材料。

5. 垫层

在桩顶应铺设 300～600mm 厚的压密砂石垫层，夯填度不大于 0.9；对于湿陷性黄土，在桩顶应铺设 500mm 的灰土压实垫层，其压实系数不应小于 0.95。

6. 复合地基承载力特征值

复合地基承载力特征值应通过复合地基的载荷试验确定，初步设计时《建筑地基处理技术规范》JGJ 79—2012 建议按下式计算。

$$f_{spk}=[1+m(n-1)]f_{sk} \tag{8-5-75}$$

式中　f_{spk}——为桩锤冲扩桩复合地基承载力特征值（kPa）；

m——桩土置换率可取 0.2～0.5；

n——桩土应力比无实测资料时取 2～4，桩间土承载力低时取大值；

f_{sk}——为处理后桩间土承载力特征值，宜按当地经验取值，如无经验时，可取天然地基承载力特征值。

黄志仑等人经研究建议按下式计算

$$f_{spk}=m\frac{R_a}{A_p}+(1-m)f_{sk} \tag{8-5-76}$$

式中　f_{sk}——为处理后的地基承载力特征值，根据原位测试或取土进行试验确定。

7. 复合地基的压缩模量

$$E_{sp}=[1+(n-1)]E_s \tag{8-5-77}$$

式中　E_{sp}——复合土层的压缩模量；

E_s——加固后的桩间土压缩模量。

8. 复合地基的变形计算

按《建筑地基基础设计规范》GB 50007 的规定进行计算，复合土层压缩模量采用式（8-5-77）计算值。

9. 软弱下卧层的验算

软弱下卧层的验算，执行《建筑地基基础设计规范》GB 50007 中的有关规定。

三、质量检验

1. 质量检验的内容

质量检验包括三个方面：①填加材料的检验；②成桩的检验；③地基承载力的检验。

（1）检查材料的配合比，材料最大粒径是否满足要求，如固结材料采用水泥、粉煤灰、白灰应检查其用量是否满足设计要求。

（2）成桩的检验

桩位偏差是否满足小于 $0.5d$，桩径负偏差<100mm，桩的垂直度是否小于 1.5%，孔深是否满足设计要求，填料量是否满足设计要求，最后两锤夯击的沉降差是否满足 3cm 的要求。

（3）复合地基承载力的检验

采用载荷试验确定单桩复合地基的承载力。

2. 施工质量检验

在冲扩桩施工结束 7～14d 内，对单桩及桩间土进行抽样检验，对填料为砖块、碎石、级配砂石及三七灰土拌和土的桩，可采用重型动力触探检验桩身质量，对填料为干硬性

CFG 桩或干硬性混凝土可采用动测法进行桩身质量检验。对桩间土可根据桩间土性质不同采用取土、标准贯入试验、轻型动力触探试验、重型动力触探试验确定其挤密效果及承载力特征值，检测数量为总桩数的 2%，且每一单体工程桩身及桩间土检验点数均不应少于 6 点。

3. 竣工验收

采用复合地基载荷试验确定复合地基承载力特征值，应在成桩 14d 后进行，检测数量为总桩数的 1%，且每一单体工程不少于 3 点。

基槽开挖后，应检查桩位、桩径、桩数、桩顶密实及槽底土质情况，如发现漏桩，桩位偏差过大，桩头及槽底土质松软等质量问题，应及时采取措施处理。

第十二节　单液硅化法和碱液法

一、原理及适用范围

（一）单液硅化法

硅化加固法适用于各种砂土、黄土及一般黏性土。通常用水玻璃（$Na_2O \cdot nSiO_2$）及氯化钙（$CaCl_2$）先后用下部具有细孔的钢管压入土中。两种溶液在土中相遇后起化学反应，形成硅酸凝胶填充在土孔隙中，并胶结土粒，状如砂岩。其化学反应为：

$$Na_2O \cdot nSiO_2 + CaCl_2 + mH_2O \rightarrow nSiO_2(m-1)H_2O + Ca(OH)_2 + 2NaCl \quad (8\text{-}5\text{-}78)$$

式中 $nSiO_2(m-1)H_2O$ 即为硅酸凝胶。

对渗透系数 $k=0.1\sim2$m/d 的黄土与黄土状粉质黏土进行加固时，因土中含有硫酸钙（$CaSO_4$）或碳酸钙（$CaCO_3$），只须用单液硅化法，即仅将水玻璃压入土中。为了加速水玻璃与硫酸钙的反应，通常加些氯化钠（NaCl）溶液作为催化剂，其化学反应为：

$$Na_2O \cdot nSiO_2 + NaCl + CaSO_4 + mH_2O \rightarrow nSiO_2(m-1)H_2O + Na_2SO_4 + NaCl + Ca(OH)_2 \quad (8\text{-}5\text{-}79)$$

（二）碱液加固法

在化学上把氢氧化钠（NaOH 简称烧碱）溶液和二氧化硅（SiO_2）混合煮沸，就生成水玻璃（$Na_2O \cdot nSiO_2$即硅酸钠）。利用这个关系我们把一定质量浓度的高温碱液灌入土中，就能与土中 SiO_2生成部分硅酸钠，其化学反应为：

$$2NaOH + nSiO_2 \rightarrow Na_2O \cdot nSiO_2 + H_2O \quad (8\text{-}5\text{-}80)$$

与此同时 NaOH 还与土中三氧化二铝(Al_2O_3)产生铝酸盐胶膜，其反应式为：

$$2NaOH + mAl_2O_3 \rightarrow Na_2O \cdot mAl_2O_3 + H_2O \quad (8\text{-}5\text{-}81)$$

生成的硅酸钠及铝酸盐($Na_2O \cdot mAl_2O_3$)胶膜均起到加固土粒作用。如方程(8-5-80)中生成的低模数($n=2\sim4$)硅酸钠遇到黄土中的钙质时，即形成硅酸凝胶。土中缺乏钙质时，应加灌 $CaCl_2$溶液，其反应如方程(8-5-78)及(8-5-79)所示硅化加固。

碱液灌入黄土后的另一反应，就是钠离子(Na^+)与土中可溶性的钙离子(Ca^{2+})发生置换作用，使土成为钠离子饱和土，并在土粒表面析出氢氧化钙：

$$2NaOH + Ca^{2+} \rightarrow 2Na^+ + Ca(OH)_2 \downarrow \quad (8\text{-}5\text{-}82)$$

$$2NaOH + Ca^{2+}[土粒] \rightarrow 2Na^+[土粒] + Ca(OH)_2 \downarrow \quad (8\text{-}5\text{-}83)$$

生成的 $Ca(OH)_2$与方程(8-5-11)中生成的硅碱比很高的难溶性钠硅酸盐生成极难溶解的钙硅酸盐($CaO \cdot nSiO_2 \cdot xH_2O$)及石灰-碱-硅($CaO \cdot xCa_2O \cdot ySiO_2$)铬化物

$$Ca_2O \cdot nSiO_2 + 2Ca(OH)_2 + xH_2O \rightarrow CaO \cdot n'SiO_2 \cdot$$

$$(x+2)H_2O+CaO\cdot Ca_2O\cdot(n-n')SiO_2 \tag{8-5-84}$$

上述反应使土粒间获得进一步的加固强度。

对于下列建（构）筑物，可采用单液硅化法或碱液法：

1. 沉降不均匀的既有建（构）筑物和设备基础。

2. 地基受水浸湿引起湿陷，需要立即阻止湿陷继续发展的建（构）筑物或设备基础。

3. 拟建的设备基础和构筑物。

对酸性土和已渗入沥青、油脂及石油化合物的地基土，不宜采用单液硅化法和碱液法。

二、设计计算

（一）单液硅化法

1. 灌注工艺的选择

单液硅化法加固湿陷性黄土地基的灌注工艺有两种。一是压力灌注，二是溶液自渗。

压力灌注需要用加压设备（如空压机）和金属灌注管，成本相对较高，其优点是加固范围较大，不仅可加固基础侧向，而且可加固既有建筑物基础底面以下的部分土层。但由于压力灌注溶液的速度快，扩散范围大，灌注溶液过程中，溶液与土接触初期，尚未产生化学反应，在自重湿陷性严重的场地，采用此法加固既有建筑物地基，可能会有较大的附加沉降。因此，此种工艺可用于加固自重湿陷性黄土场地上拟建的设备基础和构筑物的地基，也可用于加固非自重湿陷性黄土场地上的既有建（构）筑物和设备基础的地基，而不适用于加固自重湿陷性黄土场地上的既有建（构）筑物和设备基础的地基。

溶液自渗的灌注孔可用钻机或洛阳铲成孔，溶液自渗的速度慢，扩散范围小，因此适用于加固自重湿陷性黄土场地上的既有建（构）筑物和设备基础的地基。

2. 溶液的配制

（1）单液硅化法的溶液应由浓度为10%～15%的硅酸钠（$Na_2O\cdot nSiO_2$），掺入2.5%氯化钠组成。其相对密度不得小于1.1，一般宜为1.13～1.15。

（2）加固湿陷性黄土的溶液用量，可按下式估算：

$$Q=Vnd_{N1}\alpha \tag{8-5-85}$$

式中　Q——硅酸钠溶液的用量（m^3）；

V——拟加固湿陷性黄土的体积（m^3）；

n——地基加固前土的平均孔隙率；

d_{N1}——灌注时，硅酸钠溶液的相对密度；

α——溶液填充孔隙的系数，可取0.6～0.8。

（3）水玻璃（即硅酸钠溶液）的模数值

水玻璃的模数值是二氧化硅与氧化钠（百分率）之比，水玻璃的模数值愈大，意味着水玻璃中含SiO_2的成分愈多。因为硅化加固主要是由SiO_2对土的胶结作用，所以水玻璃模数值的大小直接影响着加固土的强度。试验研究表明，模数值$\frac{SiO_2\%}{Na_2O\%}=1$的纯偏硅酸钠溶液加固土的强度很小，完全不适合加固土的要求，模数值超过3.3以上时，随着模数值的增大，加固土的强度反而降低，说明SiO_2过多对土的强度也有不良影响，因此采用单液硅化法加固湿陷性黄土地基，水玻璃的模数值宜为2.5～3.3。

（4）水玻璃原液的稀释

当水玻璃溶液的浓度大于加固湿陷性黄土所要求的浓度时（从工厂购进的水玻璃溶液，其浓度通常大于要求的10％～15％，比重大于1.45），应将其加水稀释，加水量可按下式估算：

$$Q' = \frac{d_{N} - d_{N1}}{d_{N1} - 1} \times q \tag{8-5-86}$$

式中　Q'——拟稀释水玻璃溶液的加水量（t）；

d_{N}——稀释前，水玻璃溶液的相对密度；

q——拟稀释水玻璃溶液的质量（t）。

3. 灌注孔的布置

（1）灌注孔的间距：压力灌注宜为0.8～1.2m；溶液自渗宜为0.4～0.6m。

（2）加固拟建的设备基础和建（构）筑物的地基，应在基础底面下按等边三角形满堂布置，超过基础底面外缘的宽度，每边不得小于1m。

（3）加固既有建（构）筑物和设备基础的地基，应沿基础侧向布置，每侧不宜少于2排。

当基础底面宽度大于3m时，除应在基础每侧布置2排灌注孔外，必要时，可在基础两侧布置斜向基础底面中心以下的灌注孔或在其台阶上布置穿透基础的灌注孔，以加固基础底面下的土层。

（二）碱液法

1. 溶液

当100g干土中可溶性和交换性钙镁离子含量大于10mg·eq时，可采用单液法，即只灌注氢氧化钠一种溶液加固；否则，应采用双液法，即需采用氢氧化钠溶液和氯化钙溶液轮番灌注加固。

由于黄土中钙、镁离子含量一般都较高，故一般采用单液加固即可。有时为了提高碱液加固黄土的早期强度，也可适当注入一定量的氯化钙溶液。

2. 碱液加固地基的深度

碱液加固地基的深度可根据场地的湿陷类型、地基湿陷等级和湿陷性黄土层厚度，并结合建筑物类别与湿陷事故的严重程度等综合因素确定。加固深度宜为2～5m。

对非自重湿陷性黄土地基，加固深度可为基础宽度的（1.5～2）倍。

对Ⅱ级自重湿陷性黄土地基，加固深度可为基础宽度的（2～3）倍。

3. 碱液加固土层的厚度

碱液加固土层的厚度h，可按下式估算：

$$h = l + r \tag{8-5-87}$$

式中　l——灌注孔长度，从注液管底部到灌注孔底部的距离（m）；

r——有效加固半径（m），一般可取0.4～0.5m。

4. 每孔碱液灌注量

每孔碱液灌注量可按下式计算：

$$V = \alpha\beta r^{2}(l + r)n \tag{8-5-88}$$

式中　V——每孔碱液灌注量（L）；

α——碱液充填系数，可取 0.6～0.8；

β——工作条件系数，考虑碱液流失影响，可取 1.1；

n——拟加固土的天然孔隙率。

5. 灌注孔的平面布置

当采用碱液加固既有建（构）筑物的地基时，灌注孔的平面布置，可沿条形基础两侧或单独基础周边各布置一排。当地基湿陷较严重时，孔距可取 0.7～0.9m，当地基湿陷较轻时，孔距可适当加大至 1.2～2.5m。

三、质量检验

（一）单液硅化法

1. 硅酸钠溶液灌注完毕，应在 7～10d 后，对加固的地基土进行检验。

2. 单液硅化法处理后的地基竣工验收时，承载力及其均匀性应采用动力触探或其他原位测试检验。工程设计对土的压缩性和湿陷性有要求时，尚应在加固土的全部深度内，每隔 1m 取土样进行室内试验，测定其压缩性和湿陷性。检测数量不应少于注浆孔数的 2%～5%。处理后地基的承载力应进行静载荷试验检验，每个单体建筑的检验数量不应少于 3 点。

3. 地基加固结束后，尚应对已加固地基的建（构）筑物或设备基础进行沉降观测，直至沉降稳定，观测时间不应少于半年。

（二）碱液法

1. 碱液加固施工应作好施工记录，检查碱液浓度及每孔注入量是否符合设计要求。施工中每隔 1～3d，应对既有建筑物的附加沉降进行观测。

2. 碱液加固地基的竣工验收，应在加固施工完毕 28d 后进行。可通过开挖或钻孔取样，对加固土体进行无侧限抗压强度试验和水稳性试验。取样部位应在加固土体中部，试块数不少于 3 个，28d 龄期的无侧限抗压强度平均值不得低于设计值的 90%。将试块浸泡在自来水中，无崩解。当需要查明加固土体的外形和整体性时，可对有代表性加固土体进行开挖，量测其有效加固半径和加固深度。检测数量不应少于注浆孔数的 2%～5%。处理后地基的承载力应进行静载荷试验检验，每个单体建筑的检验数量不应少于 3 点。

3. 地基经碱液加固后应继续进行沉降观测，观测时间不得少于半年，按加固前后沉降观测结果或用触探法检测加固前后土中阻力的变化，确定加固质量。

第十三节　石　灰　桩　法

一、原理及适用范围

石灰桩是指采用机械或人工方式成孔，在孔内填入（夯实）生石灰或生石灰与其他掺和料（粉煤灰、火山灰、工业废料）的拌和料，经夯实（或振密）后形成桩体。石灰桩与桩间土形成复合地基。

石灰桩加固包括桩的置换作用，生石灰的物理作用（膨胀作用）、化学作用（离子、胶凝）使桩间土的强度提高。

石灰桩适用于饱和黏性土、淤泥、淤泥质土、素填土和杂填土地基，不适用于地下水位以下的砂土。当用于地下水位以上的土层时，宜增加掺合料的含水量，并减少生石灰的用量，或采取土层浸水等措施。

对无经验地区，应进行材料配比试验，配比试验宜在现场地基土中进行。

二、设计计算

1. 桩径：根据所选用的施工方法确定，常用300～400mm，可选用人工成孔或振动沉管等方式进行施工。

2. 布桩及桩间距：可按等边三角形或矩形布桩，桩中心距可取（2～3）倍成孔直径；石灰桩可仅布置在基础底面下，当土的承载力特征小于70kPa时，宜在基础外围布置（1～2）排围护桩。

3. 桩长：根据所处理土层情况确定，对需满足变形要求的建筑物宜穿过压缩层，对用于处理地基稳定时，桩长应穿过可能的滑动面；对一般建筑物应满足下卧层验算的要求。一般情况下，洛阳铲成孔，桩长不超过6m，机械成孔管外投料时，桩长不宜超过8m，螺旋钻成孔及管内投料时可适当加长。

4. 复合地基的承载力

石灰桩复合地基承载力初步设计时按下式确定：

$$f_{spk}=mf_{pk}+(1-m)f_{sk} \tag{8-5-89}$$

式中　f_{spk}——石灰桩复合地基的承载力特征值（kPa）

f_{pk}——石灰桩桩身抗压强度的比例界限值，初步设计时取350～500kPa，土质较弱时取低值；

f_{sk}——桩间土承载力特征值，可取天然地基承载力特征值的（1.05～1.2）倍，土质较弱或置换率大时取高值；

m——面积置换率，桩面积可按（1.1～1.2）倍成孔直径计算，土质较弱时宜取高值。

5. 复合地基的变形计算

石灰桩复合地基的压缩模宜通过桩身及桩间土压缩试验确定，初步设计时可按下式估算：

$$E_{sp}=\alpha[1+m(n-1)]E_s \tag{8-5-90}$$

式中　E_{sp}——复合土层的压缩模量（MPa）；

α——系数，可取1.1～1.3，成孔对桩周土挤密效应好或置换率大时取高值；

n——桩土应力比，可取3～4，长桩取大值；

E_s——天然土的压缩模量（MPa）。

沉降计算按《建筑地基基础设计规范》GB 50007中的有关规定进行。

6. 垫层：石灰桩属可压缩性桩，一般情况下桩顶可不设垫层。当地基需要排水通道时，可在桩顶做200～300mm厚的砂石垫层。

三、质量检验

1. 石灰桩施工检测宜在施工7～10d后进行，竣工验收检测宜在施工28d后进行。

2. 施工检测可采用静力触探、动力触探或标准贯入试验。采用静力触探时，应考虑温度对触探头的影响，检测部位为桩中心及桩间土，每两点为一组，检测组数不少于总桩数的1%。

3. 采用载荷试验确定复合地基的承载力，载荷试验可采用单桩或多桩复合地基，每一单体工程不应少于3点。

第十四节　组合型地基处理

组合型地基处理是指采用两种或两种以上类型的地基处理方法进行地基处理，可达到比单一工法节省造价，缩短工期，提高地基承载力，减少复合地基的变形或消除地基液化、地基土湿陷性等问题，目前国内已发表了较多的文章，进行了一些建筑物的地基处理，且取得了较好的社会效益和经济效益。

一、地基处理方法的选用

组合型地基处理方法的选用应根据建筑物对地基承载力、变形的要求，地基土质情况、周边环境及桩体材料等综合确定，现根据有关文献介绍几种组合方式。

1. 长短桩 CFG 桩组合

根据建筑物对地基承载力的要求，采用短桩满足不了建筑物对地基的变形要求，如采用长桩，可能浅部地基土存在湿陷性或成桩费用偏高，且地基土浅部存在有好的桩端持力层，可以充分发挥短桩优势提高复合地基承载力，长短桩控制压缩层变形的组合方法。

2. 夯扩挤密水泥土桩与中心压灌 CFG 桩组合

采用短桩处理填土，消除其湿陷性，提高桩间土承载力，长桩采用中心压灌 CFG，控制压缩层地基变形。

3. 砂石桩与 CFG 桩组合

采用砂石桩挤密桩间土，消除地基土液化，考虑砂石桩的渗水性强，加速了地基土的固结，采用 CFG 桩不仅增加了对碎石桩的侧限约束，减少了散体桩顶部的压胀变形，而且提高了复合地基的承载力，减少了复合地基的变形。

4. 夯扩挤密渣土桩加灌注 CFG 桩

充分利用现场的材料灰渣土和天然级配的砂石，做夯扩挤密渣土桩，挤密桩间土（回填土），消除回填土的湿陷性，提高桩间土承载力，减少复合地基的沉降，灌注 CFG 桩下部 4m 采用夯扩素混凝土，上部 4～5m 采用人工灌注 CFG 成桩。

5. 石灰桩与深层搅拌桩

采用石灰桩对桩间土挤密，提高浅部桩间土的承载力和压缩模量，减少复合地基的变形，采用深层搅拌桩处理软土层，提高复合地基承载力。

6. 塑料排水板加强夯

采用塑料排水板排除饱和黏土、淤泥土中的孔隙水，为强夯时土体排水增加了垂直的排水通道，采用强夯加固地基土，在夯击动能作用下，土体中的孔隙水压力增加，孔隙水沿塑料排水板（或砂井）排出，防止了强夯振动产生液化。

7. 静动联合排水固结加固软土

深圳西部通道工程采用静动联合排水固结加固软土地基的现场试验成果，在堆载预压排水固结时，辅以从小能量到大能量的强夯，使地基土层的超孔隙水压力在强夯作用下，沿地基土中的竖向排水通道快速排出，从而达到地基加固的目的。

二、组合型复合地基的设计

组合型复合地基的设计应根据建筑物对地基承载力，变形的要求以及地基土的特点选用何种方式的组合型复合地基，应当指出复合型地基的组合并不是一种模式，由于设计人的思路不同，对同一种类型地基处理也许有多种组合方式，但只有一种是最优的组合模式。

1. 桩径

一般情况下，中心压灌 CFG 和振动沉管 CFG 选用 $\phi400$ 的桩径，夯扩桩选用 500～550mm 的桩径，夯实水泥土桩选用 350～400mm 桩径，深层搅拌桩选用 $\phi500$ 的桩径。

2. 桩长

桩长的确定应以变形控制设计为依据，对短桩尽可能选择好的桩端持力层，如以消除液化或消除地基土的湿陷性为目的，短桩应穿过液化层或湿陷性土层。长桩根据变形要求，一般选用承载力高，变形小的中心压灌 CFG 桩或夯扩 CFG 桩。

3. 复合地基承载力

复合地基的承载力应由载荷试验结束来确定，在初步设计时可根据已有的工程经验按下式计算。

（1）对具有粘结强度的两种桩组合形成的多桩型复合地基承载力特征值：

$$f_{spk}=m_1\frac{\lambda_1 R_{a1}}{A_{p1}}+m_2\frac{\lambda_2 R_{a2}}{A_{p2}}+\beta(1-m_1-m_2)f_{sk} \tag{8-5-91}$$

式中 f_{spk}——组合型复合地基承载力特征值；

m_1、m_2——分别为桩 1 和桩 2 的桩土置换率；

λ_1、λ_2——分别为桩 1 和桩 2 的单桩承载力发挥系数；应由单桩复合地基试验按等变形准则或多桩复合地基静载荷试验确定，有地区经验时也可按地区经验确定；

f_{sk}——桩间土承载力；

R_{a1}、R_{a2}——分别为桩 1、桩 2 的单桩承载力特征值；

A_{p1}、A_{p2}——分别为桩 1、桩 2 的单桩承载面积；

β——桩间土发挥系数，无经验时可取 0.9～1.0。

（2）对具有粘结强度的桩与散体材料桩组合形成复合地基承载力特征值：

$$f_{spk}=m_1\frac{\lambda_1 R_{a1}}{A_{p1}}+\beta[1-m_1-m_2(n-1)]f_{sk} \tag{8-5-92}$$

式中 n——仅由散体材料桩加固处理形成的复合地基的桩土应力比；

β——仅由散体材料桩加固处理形成的复合地基承载力发挥系数；

f_{sk}——仅由散体材料桩加固处理后桩间土承载力特征值（kPa）。

4. 组合型复合地基的变形

对于刚性桩，半刚性桩复合地基的变形，建议按下式进行计算：

$$s=\varphi\Big[\sum_{i=1}^{n_1}\frac{p_0}{\xi_1 E_{si}}(z\overline{\alpha}_i-z_{i-1}\overline{\alpha}_{i-1})+\sum_{i=n_1+1}^{n_2}\frac{p_{01}}{\xi_1 E_{si}}(z_i\overline{\alpha}_i-z_{i-1}\overline{\alpha}_{i-1})$$

$$+\sum_{i=n_2+1}^{n_3}\frac{p_{02}}{\xi_2 E_{si}}(z_i\overline{\alpha}_i-z_{i-1}\overline{\alpha}_{i-1}) \tag{8-5-93}$$

式中 s——复合地基的变形；

p_0，p_{01}、p_{02}——分别为基底的附加应力，加固区 2 顶部的附加应力，加固区以下地基土的附加应力；

n_1、n_2、n_3——分别为加固区 1，加固区 2 及下卧层的土层数目；

ξ_1、ξ_2——加固区模量提高系数。

三、组合型复合地基的检验

竣工验收时，多桩型复合地基承载力检验，应采用多桩复合地基静载荷试验和单桩静载试验，检验数量不得少于总桩数的 1%；多桩复合载荷板静载荷试验，对每个单体工程检验数量不得少于 3 点；增强体施工质量检测，对散体材料增强体的检验数量不应少于总桩数的 2%，对具有粘结强度的增强体，完整性检测不应少于其总桩数的 10%。

第十五节　桩网复合地基

一、原理及适用范围

桩网复合地基适用于处理黏性土、粉土、砂土、淤泥、淤泥质土地基，也可用于处理新近填土、湿陷性土和欠固结淤泥等地基。桩网复合地基由刚性桩、桩帽、加筋层和垫层构成，可用于填土路堤、柔性面层堆场和机场跑道等构筑物的地基加固与处理，国内外已有很多的成果案例。

二、设计计算

1. 桩型的选取

桩型可采用预制桩、就地灌注素混凝土桩、套管灌注桩，根据施工可行性、经济性等因素综合比较确定桩型。

2. 桩径

桩径宜取 200～500mm，加固土层厚、软土性质差时宜取较大值。

3. 桩位布置及桩间距

宜按正方形布桩，桩间距应根据设计荷载、单桩竖向抗压承载力计算确定，方案设计时可取桩径或边长的 5～8 倍。

4. 单桩竖向抗压承载力

应通过试桩确定，在方案设计和初步设计阶段，单桩的竖向抗压承载力特征值应按现行行业标准《建筑桩基技术规范》JGJ 94 的有关规定计算。

当桩需要穿过松散填土层、欠固结软土层、自重湿陷性土层时，设计计算应计及负摩阻力的影响；单桩竖向抗压承载力特征值、桩体强度验算应符合下列规定：

(1) 对于摩擦型桩，可取中性点以上侧阻力为零，可按下式验算桩的抗压承载力特征值：

$$R_a \geqslant Ap_k \tag{8-5-94}$$

式中　R_a——单桩竖向抗压承载力特征值（(kN)，只记中性点以下部分侧阻值及端阻值；

p_k——相应于荷载效应标准组合时，作用在地基上的平均压力值 (kPa)；

A——单桩承担的地基处理面积 (m^2)。

(2) 对于端承型桩，应计及负摩擦引起基桩的下拉荷载 Q_n^g，并可按下式验算桩的竖向抗压承载力特征值：

$$R_a \geqslant Ap_k + Q_n^g \tag{8-5-95}$$

式中　Q_n^g——桩侧负摩阻力引起的下拉荷载标准值 (kN)，按现行行业标准《建筑桩基技术规范》JGJ 94 的有关规定计算。

（3）桩身强度按下式计算：

$$R_a = \eta f_{cu} A_p \tag{8-5-96}$$

式中　f_{cu}——应为桩体材料试块抗压强度平均值；

η——可取 0.33～0.36，灌注桩或长桩时应用低值，预制桩应取高值。

5. 复合地基承载力特征值

应通过复合地基竖向抗压载荷试验或综合桩体竖向抗压载荷试验和桩间土地基竖向抗压载荷试验，并应结合工程实践经验综合确定。当处理松散填土层、欠固结软土层、自重湿陷性土等有明显工后沉降的地基时，应根据单桩竖向抗压载荷试验结果，计及负摩阻力影响，确定复合地基承载力特征值。

当采用公式（8-5-96）确定复合地基承载力特征值时：

$$f_{spk} = \beta_p m \frac{R_a}{A_p} + \beta_s(1-m) f_{sk} \tag{8-5-97}$$

其中 β_p 可取 1.0；当加固桩属于端承型桩时，β_s 可取 0.1～0.4，当加固桩属于摩擦型桩时，β_s 可取 0.5～0.9，当处理对象为松散填土层、欠固结软土层、自重湿陷性土等有明显工后沉降的地基时，β_s 可取 0。

6. 桩帽

正方形布桩时，可采用正方形桩帽，桩帽上边缘应设 20mm 宽的 45°倒角。采用钢筋混凝土桩帽时，其强度等级不应低于 C25，桩帽的尺寸和强度应符合下列规定：

（1）桩帽面积与单桩处理面积之比宜取 15%～25%。

（2）桩帽以上填土高度，应根据垫层厚度、土拱计算高度确定。

（3）在荷载基本组合条件下，桩帽的截面承载力应满足抗弯和抗冲剪强度要求。

（4）钢筋净保护层厚度宜取 50mm。

采用正方形布桩和正方形桩帽时，桩帽之间的土拱高度可按下式计算：

$$h = 0.707(S-a)/\tan\varphi \tag{8-5-98}$$

式中　h——土拱高度（m）；

S——桩间距（m）；

a——桩帽边长（m）；

φ——填土的摩擦角，黏性土取综合摩擦角（°）。

桩帽以上的最小填土设计高度应按下式计算：

$$h_2 = 1.2(h-h_1) \tag{8-5-99}$$

式中　h_2——垫层之上最小填土设计高度（m）；

h_1——垫层厚度（m）。

7. 加筋层

加筋层设置在桩帽顶部，加筋的经纬方向宜分别平行于布桩的纵横方向，应选用双向抗拉同强、低蠕变性、耐老化型的土工格栅类材料。

当桩与地基土共同作用形成复合地基时，桩帽上部加筋体性能应按边坡稳定需要确定。当处理松散填土层、欠固结软土层、自重湿陷性土等有明显工后沉降的地基时，加筋体的性能应符合下列规定：

（1）加筋体的抗拉强度设计值 T 可按下式计算：

$$T \geqslant \frac{1.35\gamma_{cm}h(S^2-a^2)\sqrt{(S-a)^2+4\Delta^2}}{32\Delta a} \tag{8-5-100}$$

式中　T——加筋体抗拉强度设计值（kN/m）；

γ_{cm}——桩帽之上填土的平均重度（kN/m³）；

Δ——加筋体的下垂高度（m），可取桩间距的 1/10，最大不宜超过 0.2m。

（2）加筋体的强度和对应的应变率应与允许下垂高度值相匹配，宜选取加筋体设计抗拉强度对应应变率为 4%～6%，蠕变应变率应小于 2%。

（3）当需要铺设双层加筋体时，两层加筋应选同种材料，铺设竖向间距宜取 0.1～0.2m，两层加筋体之间应铺设垫层同种材料，两层加筋体的抗拉强度宜按下式计算：

$$T = T_1 + 0.6T_2 \tag{8-5-101}$$

式中　T——加筋体抗拉强度设计值（kN/m）；

T_1——桩帽之上第一层加筋体的抗拉强度设计值（kN/m）；

T_2——第二层加筋体的抗拉强度设计值（kN/m）。

8. 垫层

垫层应铺设在加筋体之上，应选用碎石、卵石、砾石，最小粒径应大于加筋体的孔径，最大粒径应小于 50mm；垫层厚度 h_1 宜取 200～300mm。

垫层之上的填土材料可选用碎石、无黏性土、砂土等，不得采用塑性指数大于 17 的黏性土、垃圾土、混有有机质或淤泥的土类。

9. 复合地基的沉降计算

桩网复合地基沉降 s 应由加固区复合土层压缩变形量 s_1、加固区下卧土层压缩变形量 s_2，以及桩帽以上垫层和土层的压缩量变形量 s_3 组成，宜按下式计算

$$s = s_1 + s_2 + s_3 \tag{8-5-102}$$

各沉降分量可按下列规定取值：

（1）加固区复合土层压缩变形量 s_1，可按公式（8-5-102）计算，当采用刚性桩时可忽略不计。

散体材料桩复合地基和柔性桩复合地基，可按下列公式计算

$$s_1 = \psi_{s1}\sum_{i=1}^{n}\frac{\Delta p_i}{E_{spi}}l_i \tag{8-5-103}$$

$$E_{spi} = mE_{pi} + (1-m)E_s \tag{8-5-104}$$

式中　Δp_i——第 i 层土的平均附加应力增量（kPa）；

l_i——第 i 层土的厚度（mm）；

m——复合地基置换率；

φ_{s1}——复合地基加固区复合土层压缩变形量计算经验系数，根据复合地基类型、地区实测资料及经验确定；

E_{spi}——第 i 层复合土体的压缩模量（kPa）；

E_{pi}——第 i 层桩体压缩模量（kPa）；

E_{si}——第 i 层桩间土压缩模量（kPa），宜按当地经验取值，如无经验，可取天然地基压缩模量。

（2）加固区下卧土层压缩变形量 s_2，可按本规范公式（8-5-103）计算，需计及桩侧负摩阻力时，桩底土层沉降计算荷载应计入下拉荷载 Q_n^g。

$$s_2 = \psi_{s2}\sum_{i=1}^{n}\frac{\Delta p_i}{E_{spi}}l_i \tag{8-5-105}$$

式中　Δp_i——第 i 层土的平均附加应力增量（kPa）；

l_i——第 i 层土的厚度（mm）；

m——复合地基置换率；

ψ_{s2}——复合地基加固区复合土层压缩变形量计算经验系数，根据复合地基类型、地区实测资料及经验确定；

E_{si}——基础底面下第 i 层桩间土压缩模量（kPa）。

（3）桩土共同作用形成复合地基时，桩帽以上垫层和填土层的变形应在施工期完成，在计算工后沉降时可忽略不计。

（4）处理松散填土层、欠固结软土层、自重湿陷性土等有明显工后沉降的地基时，桩帽以上的垫层和土层的压缩变形量 s_3，可按下式计算：

$$s_3 = \Delta(s-a)(s+2a)/(2s^2) \tag{8-5-106}$$

三、质量检验

1. 桩的质量检验，应符合下列规定：

（1）就地灌注桩应在成桩 28d 后进行质量检验，预制桩宜在施工 7d 后检验；

（2）应挖出所有桩头检验桩数，并应随机选取 5%的桩检验桩位、桩距和桩径；

（3）应随机选取总桩数的 10%进行低应变试验，并应检验桩体完整性和桩长；

（4）应随机选取总桩数的 0.2%，且每个单体工程不应少于 3 根桩进行静载试验；

（5）对灌注桩的质量存疑时，应进行抽芯检验，并应检查完整性、桩长和混凝土的强度。

2. 桩的质量标准应符合下列规定：

（1）桩位和桩距的允许偏差为 50mm，桩径允许偏差为±5%；

（2）低应变检测Ⅱ类或好于Ⅱ类桩应超过被检验数的 70%；

（3）桩长的允许偏差为±200mm；

（4）静载试验单桩竖向抗压承载力极限值不应小于设计单桩竖向抗压承载力特征值的 2 倍；

（5）抽芯试验的抗压强度不应小于设计混凝土强度的 70%。

3. 加筋体的检测与检验应包括下列内容：

（1）各向抗拉强度，以及与抗拉强度设计值对应的材料应变率；

（2）材料的单位面积重量、幅宽、厚度、孔径尺寸等；

（3）抗老化性能；

（4）对于不了解性能的新材料，应测试在拉力等于 70%设计抗拉强度条件下的蠕变性能。

第六章　现场检验与监测

第一节　概　　述

一、现场检验的目的与内容

（一）检验目的

现场检验是指在施工阶段根据施工直接或间接揭露的地质情况，对工程勘察成果与评价建议等进行的检查校核，一方面检查施工揭露的情况是否与勘察成果相符，另一方面校核结论和建议是否符合实际，当发现与勘察成果有出入时，应进行补充修正，对施工中出现的问题，应提出处理意见和措施建议，必要时，尚应进行施工阶段的勘察工作。现场检验还包括提供技术要求和对施工质量的控制及检验。现场检验的目的，是使设计施工符合岩土工程实际条件，以确保工程质量，并总结勘察经验，提高勘察水平。

（二）检验内容

1. 基槽（坑）开挖后基槽（坑）的检验；

2. 地基改良与加固处理过程中及处理后对处理质量、方法、设备、材料及处理效果的检验；

3. 桩（墩）基础质量及承载能力的检验。

二、现场监测的目的与内容

（一）监测目的

现场监测是对自然或人为作用引起岩土性状、周围环境条件（包括工程地质条件、水文地质条件）及相邻结构、设施等发生变化进行的各种观测工作。现场监测的目的，是了解、掌握自然或人为作用的影响程度，监视其变化规律和发展趋势，以便及时采取相应的防治措施，反馈信息，积累经验。

（二）监测内容

现场监测的内容主要有：

1. 对岩土所受到的施工作用、各类荷载的大小，以及在这些荷载作用下岩土反应性状的检测。如土与结构物之间接触压力的量测，岩土体中的应力量测，岩土体表面及其内部变形与位移的监测；

2. 对建设或运营中结构物的监测，如对建筑物的沉降观测、基坑开挖中支护结构的监测；

3. 监测岩土工程在施工及运营过程中对周围环境的影响，包括基坑开挖和人工降水对邻近结构与设施的影响，施工造成的振动、噪声、污染等因素对环境的影响等方面的问题；

4. 地下水的监测，包括地下水的水位、水量、水质、水压、水温及流速、流向等在自然或人为因素影响下随时间或空间的变化规律的监测；

5. 不良地质作用和地质灾害的监测，如对岩溶与土洞、滑坡与崩塌、泥石流、采空区、地面沉降与地裂缝的监测，特殊土地基上建筑物与地基的监测，地震作用下建筑物与地基的地震反应。

三、现场检验与监测方法

现场检验一般采用现场直观检验，或配以简单可行的仪器测定，必要时可用较复杂的设备进行检测。现场监测一般根据监测的内容不同，需采用专门的仪器或有关设备，甚至有的内容需用精密的、较为复杂的仪器设备。由于检验和监测的内容不同，具体方法亦不同，本章仅介绍下列各节的检验和监测方法。

第二节　基槽（坑）检验

一、基槽检验的一般要求

（一）基槽检验的任务

基槽开挖后，应经检验后方能进行基础施工，以防基底下隐藏与勘察报告不相符合或异常的地质情况，给建筑物留下安全隐患。基槽检验的任务是：

1. 检验勘察报告中所提各项地质条件及结论建议是否正确，是否与基槽开挖后的地质情况相符合；

2. 根据挖槽后出现的异常地质情况，提出处理措施；

3. 解决勘察报告中未能解决的遗留问题。

（二）基槽检验的主要内容和步骤

1. 核对基槽位置、平面尺寸和槽底标高是否符合勘察、设计文件。

2. 逐段或按每个建筑物单元详细检查槽底土质是否与勘察报告相符，在城市中应特别注意基底有无杂填土及其分布情况，对于轻型动力触探试验异常部位应特别仔细查验，找到原因，同时核对地下水情况。

3. 基底为干硬或稍湿的黏性土层，验槽时可采用铁碳拍底检查古井、墓穴及虚土等。

4. 对于地基土，应由施工单位全面进行轻型动力触探试验，以了解基底土层的均匀性，基底浅部是否有软弱下卧层及基底下是否有古井、坑穴、古墓、菜窖等存在。轻型动力触探试验深度及间距在无特殊要求时，可按表 8-6-1 确定。

轻型动力触探试验点间距和测试深度（m）　**表 8-6-1**

基槽宽度（m）	排列方式	试验深度（m）	试验间距（m）
<0.8	中心一排	1.2	1～1.5，视地层复杂情况定
0.8～2	两排错开	1.5	
>2	梅花形	2.1	

5. 审阅施工单位的轻型动力触探试验记录，查明试验异常点的分布范围及规律，分析其异常的原因，必要时用其他勘探手段进行验证。

6. 在进行直接观察时可用袖珍贯入仪作为辅助手段。

7. 根据基槽检验结果，填写验槽记录或检验报告，提出对勘察成果的修正意见，对设计和施工处理提出建议。在必要时，应进行补充勘察。

（三）基槽检验的注意事项

1. 检查槽底土质时，应仔细观察刚开挖的、结构未被破坏的原状土，检验人员应亲自挖土观察，冬季时应注意槽底土是否有冰冻现象。

2. 为了保持土的天然状态，不容许基槽内积水，如发现积水，应立即淘除并检验淹没处土的湿度变化，湿度变化大时，应采取处理措施。

3. 审阅施工单位的轻型动力触探试验记录时，应详细了解轻型动力触探试验设备的规格及试验情况，以便排除人为的异常现象。

4. 当基槽不深处有承压水层触探可造成冒水涌砂时，或者持力层为砾石层或卵石层且其厚度符合设计要求时，可不进行轻型动力触探试验。

5. 采用桩基础或进行地基处理的工程，在基槽开挖后，应先检验槽底土质是否与勘察报告相符，然后再进行桩基础、地基处理的施工。

二、基槽的防护处理

1. 在基槽内如采用较大型机械挖土时，应先挖至设计基底标高以上 30～50cm，然后用人工挖掘方法挖至设计标高，以防地基土遭受破坏。

2. 如地基土湿度较大，则不得夯拍槽底，施工运料不应从槽顶将砖石等抛入槽内，应沿斜板滑下，以免扰动基槽地基土质。

3. 若槽底土被践踏而受到扰动时，基础施工前应将扰动部分清除至硬底为止，如不能完全清除或槽底位于地下水位以下土的湿度较大、土质较软时，应先铺一层砂石垫层，将浮土挤紧，然后再施工基础。

4. 干砂地基，在基础施工前应适当洒水夯实。

5. 基槽开挖后应防止水浸和受冻。

三、基槽的局部处理措施

1. 墓坑、古井、菜窖及小型洞穴的处理

(1) 将其中虚土全部挖除，然后按保持均匀沉降的原则进行回填，即采用与天然土压缩性近似的土回填，分层夯实至基底设计标高。如：天然土为砂土时，可用砂石回填，分层洒水夯实；天然土为密实的黏性土时，可用 3∶7 灰土回填；天然土为中等密实可塑的黏性土时，可用 2∶8 灰土回填。回填的坑、井侧壁在槽内部分，应先挖成 1∶2 的踏步与天然土衔接后再回填。

(2) 坑井较深挖除全部虚土有困难时，可部分挖除，挖除的深度一般为坑井宽的 2 倍，如剩余的虚土为软土时，可先用块石夯实挤紧后再回填。

(3) 坑井范围超出槽宽、槽壁仍为虚土时，槽壁部分应放坡。用砂石或黏性土回填时，坡度为 1∶1；用灰土回填时，为 1∶0.5；用 3∶7 灰土回填且基础刚度又较大时，可不放坡。

(4) 对独立柱基，如坑井范围大于基槽的 1/2 时，应尽量挖除虚土将基底落实，但两相邻柱基的基底高差在黏性土中，不得大于相邻基底的净距；在砂土中不得大于相邻净距的 1/2。

(5) 如挖除全部虚土有困难时，亦可采用加强基础刚度，或用梁板形式跨越，或改变基础类型，或采用桩基等方法进行处理。

2. 局部坚硬地基包括压实的路面、旧房基、老灰土、大石块及基岩等，其处理方法可将局部坚硬地段的上部挖除，然后填以与其余地段土层性质近似的较软弱的垫层，挖除厚度视其余地段地基土层性质而定，一般为 1m 左右。根据上部结构情况，可加强垫层与天然土接触处的基础刚度，避免不均匀沉降使基础断裂。

第三节　沉　降　观　测

一、建筑沉降观测

建筑沉降观测的目的是测定建筑物地基的沉降量、沉降差及沉降速率并计算基础倾斜、局部倾斜、相对弯曲及构件倾斜。

1. 沉降观测的要求

下列工程应进行沉降观测：

（1）地基基础设计等级为甲级的建筑物；

（2）复合地基、不均匀地基或软弱地基上的乙级建筑物；

（3）加层、接建，邻近开挖、堆载等，使地基应力发生显著变化的工程；

（4）因抽水等原因，地下水位发生急剧变化的工程；

（5）其他有关规范规定需要作沉降观测的工程。

2. 基准点的布置和埋设

沉降观测通常采用几何水准法或液体静力水准法进行观测。基准点（固定水准点）的位置，应根据总平面图上建筑物的分布及工程地质条件而定，但必须保证基准点在整个观测期间坚固不移，具体布置如下：

（1）当设置基准点处有基岩出露时，可用水泥砂浆直接将基准点的金属支座嵌在基岩中；

（2）当设置基准点处为黏性土或砂土时，应采用深埋基准点。当表层土软弱而不深处有紧密土层时，可将金属管或钢筋混凝土桩打入或用钻孔埋入紧密土层中，深埋基准点需用钻孔埋入或在钻孔内灌注混凝土桩，将基准点的金属支座安在管或桩的上端中心部位，孔口地表砌砖盒，上加盖保护；

（3）基准点的数量在每一测区内不少于2个，区域面积较大或对多幢建筑物进行观测时，应适当增加，并使所有基准点构成水准网；

（4）基准点应布设在建筑物变形区域外、位置稳定、易于长期保存的地方，一般距建筑物不少于25m，距高层建筑物不少于30m，距有振动影响的建筑物则应更远，但一般不大于100m。

3. 沉降观测点的布置

沉降观测点的布置，以能全面反映建筑物地基变形特征并结合地质情况及建筑结构特点确定。点位宜选设在下列位置：

（1）建筑物的四角、大转角处及沿外墙每10～15m处或每隔2～3根柱基上；

（2）高低层建筑物、新旧建筑物、纵横墙等交接处的两侧；

（3）建筑物裂缝和沉降缝两侧、基础埋深相差悬殊处、人工地基与天然地基接壤处、不同结构的分界处及填挖方分界处；

（4）宽度大于等于15m或小于15m而地质复杂以及膨胀土地区的建筑物，在承重内隔墙中部设内墙点，在室内地面中心及四周设地面点；

（5）邻近堆置重物处、受振动有显著影响的部位及基础下的暗浜（沟）处；

（6）框架结构建筑物的每个或部分柱基上或沿纵横轴线设点；

（7）片筏基础、箱形基础底板或接近基础的结构部分之四角处及其中部位置；

（8）重型设备基础和动力设备基础的四角、基础形式或埋深改变处以及地质条件变化处两侧；

（9）电视塔、烟囱、水塔、油罐、炼油塔、高炉高耸建筑物，沿周边在与基础轴线相交的对称位置上布点，点数不少于 4 个。

4. 沉降观测标志的埋设

沉降观测的标志，可根据不同的建筑结构类型和建筑材料，采用墙（柱）标志、基础标志和隐蔽式标志等形式，并符合下列规定：

（1）各类标志的立尺部位应加工成半球形或有明显的突出点，并涂上防腐剂；

（2）标志的埋设位置应避开如雨水管、窗台线、暖气片、暖水管、电气开关等有碍设标与观测的障碍物，并应视立尺需要离开墙（柱）面和地面一定距离；

（3）隐蔽式沉降观测点标志的形式，可按有关规程的规定执行；

（4）当应用静力水准测量方法进行沉降观测时，观测标志的形式及其埋设，应根据采用的静力水准仪的型号、结构、读书方式及现场条件确定。标志的规格尺寸设计，应符合仪器安置的要求。

5. 观测工作

（1）建筑施工阶段的观测应符合下列规定：

1）普通建筑可在基础完工后或地下室砌完后开始观测，大型、高层建筑可在基础垫层或基础底部完成后开始观测；

2）观测次数与间隔时间应视地基与加荷情况而定。民用高层建筑可每加高 1～5 层观测一次，工业建筑可按回填基坑、安装柱子和屋架、砌筑墙体、设备安装等不同施工阶段分别进行观测。若建筑施工均匀增高，应至少在增加荷载 25％、50％、75％和 100％时各测一次；

3）施工过程中若暂停施工，在停工时及重新开工时应各观测一次。停工期间可每隔 2～3 个月观测一次。

（2）建筑物使用阶段的观测次数，应视地基土类型和沉降速度大小而定。除有特殊要求者外，一般情况下，可在第一年观测 3～4 次，第二年观测 2～3 次，第三年后每年 1 次，直至稳定为止。

（3）在观测过程中，如有基础附近地面荷载突然增减、基础四周大量积水、长时间连续降雨等情况，均应及时增加观测次数。当建筑物突然发生大量沉降、不均匀沉降或严重裂缝时，应立即进行逐日或 2～3d 一次的连续观测。

（4）沉降是否进入稳定阶段，应由沉降量与时间关系曲线判定。当最后 100d 的沉降速率小于 0.01～0.04mm/d 时可认为已进入稳定阶段，具体取值宜根据各地区地基土的压缩性能确定。

（5）沉降观测点的施测精度，应按有关规程的规定确定。未包括在水准线路上的观测点，应以所选定的测站高差中误差作为精度要求施测。

6. 沉降观测点的观测方法和技术要求，除按有关规程的规定执行外，还应符合下列要求：

（1）对特级、一级沉降观测，应按有关规程的规定执行。

（2）对二级、三级观测点，除建筑物转角点、交接点、分界点等主要变形特征点外，可允许使用间视法进行观测，但视线长度不得大于相应等级规定的长度。

（3）观测时，仪器应避免安置有空压机、搅拌机、卷扬机等振动影响的范围内，塔式起重机等施工机械附近也不宜设站。

（4）每次观测应记载施工进度、增加荷载量、仓库进货吨位、建筑物倾斜裂缝等各种影响沉降变化和异常的情况。

7. 资料整理

每周期观测后，应及时对观测资料进行整理，计算观测点的沉降量、沉降差以及本周期平均沉降量和沉降速率。如需要可按下列公式计算变形特征值：

（1）基础倾斜 α

$$\alpha=(s_A—s_B)/L \tag{8-6-1}$$

式中　s_A——基础或构件倾斜方向上 A 的沉降量（mm）；

s_B——基础或构件倾斜方向上 B 点的沉降量（mm）；

L——A、B 两点间的距离（mm）。

（2）基础相对弯曲 f_c

$$f_c=[2s_0-(s_1+s_2)]/L \tag{8-6-2}$$

式中　s_0——基础中点的沉降量（mm）；

s_1、s_2——基础两个端点的沉降量（mm）；

L——基础两个端点间的距离（mm）。

注：弯曲量以向上凸起为正，反之为负。

8. 提交成果

观测工作结束后，应提交下列成果：

（1）工程平面位置图及基准点分布图

（2）沉降观测点位分布图

（3）沉降观测成果表

（4）时间-荷载-沉降量曲线图

（5）等沉降曲线图

二、基坑回弹观测

1. 基坑回弹观测，应测定基础在基坑开挖后，由于卸除地基土自重而引起的基坑内外影响范围内相对于开挖前的回弹量。

2. 回弹观测点位的布置，应按基坑形状、大小、深度及地质条件确定，用适当的点数测出所需纵横断面的回弹量。可利用回弹变形的近似对称特性，按下列要求布点：

（1）对于矩形基坑，应在基坑中央及纵（长边）横（短边）轴线上布设，纵向每 8～10m 布一点，横向每 3～4m 布一点。对于其他形状不规则的基坑，可与设计人员商定。

（2）对基坑外的观测点，应埋设常用的普通水准点标石。观测点应在所选坑内方向线的延长线上距基坑深度 1.5～2.0 倍距离内布置。当所选点位遇到地下管道或其他物体时，可将观测点移至与之对应方向线的空位置上。

（3）应在基坑外相对稳定且不受施工影响的地点，选设工作基点及为寻找标志用的定位点。

3. 回弹标志应埋入基坑底面以下20～30cm，根据开挖深度和地层土质情况，可采用钻孔法或探井法埋设。根据埋设与观测方法，可采用辅助杆压入式、钻杆送入式或直埋式标志。回弹标志的埋设可按有关规定执行。

4. 回弹观测精度可按有关规程的规定以给定或预估的最大回弹量为变形允许值进行估算后确定，但最弱观测点相对邻近工作基点的高差中误差不得大于±1.0mm。

5. 回弹观测不应少于3次，其中第一次在基坑开挖之前，第二次应在基坑挖好之后，第三次应在浇灌基础混凝土之前。当基坑挖完至基础施工的间隔时间较长时，亦应适当增加观测次数。

6. 基坑开挖前的回弹观测，宜采用水准测量配以铅垂钢尺读数的钢尺法。较浅基坑的观测，可采用水准测量配辅助杆垫高水准尺读数的辅助杆法。观测结束后，应在观测孔底充填厚度约为1m的白灰。

7. 观测设备与作业，应符合下列要求：

（1）钢尺在地面的一端，应用三脚架、滑轮和重锤牵拉。在孔内的一端，应配以能在读数时准确接触回弹标志头的装置。观测时可配挂磁锤。当基坑较深、地质条件复杂时，可用电磁探头装置观测。当基坑较浅时，可用挂钩法，此时标志顶端应加工成弯钩状。

（2）辅助杆宜用空心两头封口的金属管制成，顶部应加工成半球状，并于顶部侧面安置圆水准器，杆长以放入孔内后露出地面20～40cm为宜。

（3）测前与测后应对钢尺和辅助杆的长度进行检定。长度检定中误差不应大于回弹观测站高差中误差的1/2。

（4）每一测站的观测可按先后视水准点上标尺面、再前视孔内尺面的顺序进行，每组读数3次，反复进行两组作为一测回。每站不应少于两测回，并应同时测记孔内温度。观测结果应加入尺长和温度的修正。

8. 基坑开挖后的回弹观测，应利用传递到坑底的临时工作点，按所需观测精度，用水准测量方法及时测出每一观测点的标高。当全部点挖见后，再统一观测一次。

9. 基坑回弹观测应提交的主要图表为：

（1）回弹观测点位布置平面图；

（2）回弹观测成果表；

（3）回弹纵、横断面图。

三、地基土分层沉降观测

1. 分层沉降观测，应测定建筑地基内部各分层土的沉降量、沉降速率以及有效压缩层的厚度。

2. 分层沉降观测点，应在建筑物地基中心附近2m×2m或各点间距不大于50cm的范围内，沿铅垂线方向上的各层土内布置。点位数量与深度，应根据分层土的分布情况确定，每一土层应设一点，最浅的点位应在基础底面下不小于50cm处，最深的点位应在超过压缩层厚度处，或设在压缩性低的砾石或岩石层上。

3. 分层沉降观测标志的埋设应采用钻孔法，埋设要求可按有关规定执行。

4. 分层沉降观测精度可按分层沉降观测点相对于邻近工作基点或基准点的高差中误差不大于±1.0mm的要求设计确定。

5. 分层沉降观测应按周期用精密水准仪或自动分层沉降仪测出各标顶的高程，计算出沉降量。

6. 分层沉降观测，应从基坑开挖后基础施工前开始，直至建筑物竣工后沉降稳定时为止。观测周期可参照建筑物沉降观测的规定确定。首次观测应至少在标志埋好 5d 后进行。

7. 地基土分层沉降观测应提交下列图表：

（1）地基土分层标点位置图；

（2）地基土分层沉降观测成果表；

（3）各土层荷载-沉降-深度曲线图。

四、建筑场地沉降观测

1. 建筑场地沉降观测，应测定建筑及地基的沉降量、沉降差及沉降速度，并根据需要计算基础倾斜、局部倾斜、相对弯曲及构件倾斜。

2. 沉降观测点的布设应能全面反映建筑及地基变形特征，并顾及地质情况及建筑结构特点。点位宜选设在下列位置：

（1）建筑的四角、核心筒四角、大转角处及沿外墙每 10～20m 处或每隔 2～3 根柱基上；

（2）高低层建筑、新旧建筑、纵横墙等交接处的两侧；

（3）建筑裂缝、后浇带和沉降缝两侧、基础埋深相差悬殊处、人工地基与天然地基接壤处、不同结构的分界处及填挖方分界处；

（4）对于宽度大于等于 15m 或小于 15m 而地质复杂以及膨胀土地区的建筑，应在承重内隔墙中部设内墙点，并在室内地面中心及四周设地面点；

（5）邻近堆置重物处、受振动有显著影响的部位及基础下的暗浜（沟）处；

（6）框架结构建筑的每个或部分柱基上或沿纵横轴线上；

（7）筏形基础、箱形基础底板或接近基础的结构部分之四角处及其中部位置；

（8）重型设备基础和动力设备基础的四角、基础形式或埋深改变处以及地质条件变化处两侧；

（9）对于电视塔、烟囱、水塔、油罐、炼油塔、高炉等高耸建筑，应设在沿周边与基础轴线相交的对称位置上，点数不少于 4 个。

3. 沉降观测的标志可根据不同的建筑结构类型和建筑材料，采用墙（柱）标志、基础标志和隐蔽式标志等形式，并符合下列规定：

（1）各类标志的立尺部位应加工成半球形或有明显的突出点，并涂上防腐剂；

（2）标志的埋设位置应避开雨水管、窗台线、散热器、暖水管、电气开关等有碍设标与观测的障碍物，并应视立尺需要离开墙（柱）面和地面一定距离；

（3）隐蔽式沉降观测点标志的形式可按有关规范的规定执行；

（4）当应用静力水准测量方法进行沉降观测时，观测标志的形式及其埋设，应根据采用的静力水准仪的型号、结构、读数方式以及现场条件确定。标志的规格尺寸设计，应符合仪器安置的要求。

4. 沉降观测点的施测精度应按有关规定执行。

5. 沉降观测的周期和观测时间应按下列要求并结合实际情况确定：

（1）建筑施工阶段的观测应符合下列规定：

1）普通建筑可在基础完工后或地下室砌完后开始观测，大型、高层建筑可在基础垫层或基础底部完成后开始观测；

2）观测次数与间隔时间应视地基与加荷情况而定。民用高层建筑可每加高1～5层观测一次，工业建筑可按回填基坑、安装柱子和屋架、砌筑墙体、设备安装等不同施工阶段分别进行观测。若建筑施工均匀增高，应至少在增加荷载的25%、50%、75%和100%时各测一次；

3）施工过程中若暂停工，在停工时及重新开工时应各观测一次。停工期间可每隔2～3个月观测一次。

（2）建筑使用阶段的观测次数，应视地基土类型和沉降速率大小而定。除有特殊要求外，可在第一年观测3～4次，第二年观测2～3次，第三年后每年观测1次，直至稳定为止；

（3）在观测过程中，若有基础附近地面荷载突然增减、基础口周大量积水、长时间连续降雨等情况，均应及时增加观测次数。当建筑突然发生大量沉降、不均匀沉降或严重裂缝时，应立即进行逐日或2～3d一次的连续观测；

（4）建筑沉降是否进入稳定阶段，应由沉降量与时间关系曲线判定。当最后100d的沉降速率小于0.01～0.04mm/d时可认为已进入稳定阶段。具体取值宜根据各地区地基土的压缩性能确定。

6. 沉降观测的作业方法和技术要求应符合下列规定：

（1）对特级、一级沉降观测，应按有关规定执行；

（2）对二级、三级沉降观测，除建筑转角点、交接点、分界点等主要变形特征点外，允许使用间视法进行观测，但视线长度不得大于相应等级规定的长度；

（3）观测时，仪器应避免安置在有空压机、搅拌机、卷扬机、起重机等振动影响的范围内；

（4）每次观测应记载施工进度、荷载量变动、建筑倾斜裂缝等各种影响沉降变化和异常的情况。

7. 每周期观测后，应及时对观测资料进行整理，计算观测点的沉降量、沉降差以及本周期平均沉降量、沉降速率和累计沉降量。根据需要，可按式（8-6-1）、式（8-6-2）计算基础或构件的倾斜或弯曲量。

8. 沉降观测应提交下列图表：

（1）工程平面位置图及基准点分布图；

（2）沉降观测点位分布图；

（3）沉降观测成果表；

（4）时间-荷载-沉降量曲线图；

（5）等沉降曲线图。

第四节　位　移　观　测

一、建筑物主体倾斜观测

1. 建筑物主体倾斜观测，应测定建筑物顶部相对于底部或上层相对于下层观测点倾斜度、倾斜方向和倾斜速率。刚性建筑物的整体倾斜，可通过测量顶面或基础的差异沉降间接确定。

2. 主体倾斜观测点和测站点的布设应符合下列要求：

（1）当从建筑外部观测时，测站点的点位应选在与倾斜方向成正交的方向线上距照准目标1.5～2.0倍目标高度的固定位置。当利用建筑内部竖向通道观测时，可将通道底部中心点作为测站点。

（2）对于整体倾斜，观测点及底部固定点应沿着对应测站点的建筑主体竖直线，在顶部和底部上下对应布设；对于分层倾斜，应按分层部位上下对应布设。

（3）按前方交会法布设的测站点，基线端点的选设应顾及测距或长度丈量的要求。按方向线水平角法布设的测站点，应设置好定向点。

3. 主体倾斜观测点位的标志设置，应符合下列要求：

（1）建筑物顶部和墙体上的观测点标志，可采用埋入式照准标志。有特殊要求时，应专门设计。

（2）不便埋设标志的塔形、圆形建筑物以及竖直构件，可以照准视线所切同高边缘认定的位置或用高度角控制的位置作为观测点位。

（3）位于地面的测站点和定向点，可根据不同的观测要求，采用带有强制对中设备的观测墩或混凝土标石。

（4）对于一次性倾斜观测项目，观测点标志可采用标记形式或直接利用符合位置与照准要求的建筑物特征部位，测站点可采用小标石或临时性标志。

4. 主体倾斜观测的精度可根据给定的倾斜量允许值，按有关规定确定。当由基础倾斜间接确定建筑整体倾斜时，基础差异沉降的观测精度应按有关规定确定。

5. 主体倾斜观测的周期可视倾斜速度每1～3个月观测一次。当基础附近因大量堆载或卸载、场地降雨长期积水等而导致倾斜速度加快时，应及时增加观测次数。施工期间的观测周期，可根据要求按有关规定确定。倾斜观测应避开强日照和风荷载影响大的时间段。

6. 当从建筑物或构件的外部观测主体倾斜时，宜选用下列经纬仪观测法：

（1）投点法。观测时，应在底部观测点位置安置水平读数尺等量测设施。在每测站安置经纬仪投影时，应按正倒镜法测出每对上下观测点标志间的水平位移分量，按矢量相加法求得水平位移值（倾斜量）和位移方向（倾斜方向）。

（2）测水平角法。对塔形、圆形建筑物或构件，每测站的观测，应以定向点作为零方向，以所测各观测点的方向值和至底部中心的距离，计算顶部中心相对底部中心的水平位移分量。对矩形建筑物，可在每测站直接观测顶部观测点与底部观测点之间的夹角或上层观测点与下层观测点之间的夹角，以所测角值与距离值计算整体的或分层的水平位移分量和位移方向。

（3）前方交会法。所选基线应与观测点组成最佳构形，交会角宜在60°～120°之间。水平位移计算，可采用直接由两周期观测方向值之差解算坐标变化量的方向差交会法，亦可采用按每周期计算观测点坐标值，再以坐标差计算水平位移的方法。

7. 当利用建筑物或构件的顶部与底部之间的竖向通视条件进行主体倾斜观测时，宜选用下列观测方法：

（1）激光铅直仪观测法。应在顶部适当位置安置接收靶，在其垂线下的地面或地板上安置激光铅直仪或激光经纬仪，按一定周期观测，在接收靶上直接读取或量出顶部的水平位移量和位移方向。作业中仪器应严格置平、对中，应旋转 180°观测两次取其中数。对超高层建筑，当仪器设在楼体内部时，应考虑大气湍流影响；

（2）激光位移计自动测记法。位移计宜安置在建筑物底层或地下室地板上，接收装置可设在顶层或需要观测的楼层，激光通道可利用未使用的电梯井或楼梯间隔，测试室宜选在靠近顶部的楼层内。当位移计发射激光时，从测试室的光线示波器上可直接获取位移图像及有关参数，并自动记录成果；

（3）正、倒垂线法。垂线宜选用直径 0.6～1.2mm 的不锈钢丝或因瓦丝，并采用无缝钢管保护。采用正垂线法时，垂线上端可锚固在通道顶部或需要高度处所设的支点上。采用倒垂线法时，垂线下端可固定在锚块上，上端设浮筒。用来稳定重锤、浮子的油箱中应装有阻尼液。观测时，由观测墩上安置的坐标仪、光学垂线仪、电感式垂线仪等测量设备，按一定周期测出各测点的水平位移量；

（4）吊垂球法。应在顶部或需要的高度处观测点位置上，直接或支出一点悬挂适当重量的垂球，在垂线下的底部固定毫米格网读数板等读数设备，直接读取或量出上部观测点相对底部观测点的水平位移量和位移方向。

8. 当利用相对沉降量间接确定建筑物整体倾斜时，可选用下列方法：

（1）倾斜仪测记法。可采用水管式倾斜仪、水平摆倾斜仪、气泡倾斜仪或电子倾斜仪进行观测。倾斜仪应具有连续读数、自动记录和数字传输的功能。监测建筑物上部层面倾斜时，仪器可安置在建筑物顶层或需要观测的楼层的楼板上。监测基础倾斜时，仪器可安置在基础面上，以所测楼层或基础面的水平角变化值反映和分析建筑物倾斜的变化程度。

（2）测定基础沉降差法。可按上节中建筑沉降观测的有关规定，在基础上选设观测点，采用水准测量方法，以所测各周期的基础沉降差换算求得建筑物整体倾斜度及倾斜方向。

9. 当建筑物立面上观测点数量较多或倾斜变形量大时，可采用激光扫描或数字近景摄影测量方法，具体技术要求应另行设计。

10. 倾斜观测工作结束后，应提交下列成果：

（1）倾斜观测点位布置图；

（2）倾斜观测成果表；

（3）主体倾斜曲线图。

二、建筑物水平位移观测

1. 建筑水平位移观测点的位置应选在墙角、柱基及裂缝两边等处。标志可采用墙上标志，具体形式及其埋设应根据点位条件和观测要求确定。

2. 水平位移观测的精度可根据有关规定确定。

3. 水平位移观测的周期，对于不良地基土地区的观测，可与一并进行的沉降观测协调确定；对于受基础施工影响的有关观测，应按施工进度的需要确定，可逐日或隔 2～3d 观测一次，直至施工结束。

4. 当测量地面观测点在特定方向的位移时，可使用视准线、激光准直、测边角等方法。

5. 当采用视准线法测定位移时，应符合下列规定：

（1）在视准线两端各自向外的延长线上，宜埋设检核点。在观测成果的处理中，应顾及视准线端点的偏差改正。

（2）采用活动觇牌法进行视准线测量时，观测点偏离视准线的距离不应超过活动觇牌读数尺的读数范围。应在视准线一端安置经纬仪或视准仪，瞄准安置在另一端的固定觇牌进行定向，待活动觇牌的照准标志正好移至方向线上时读数。每个观测点应按确定的测回数进行往测与返测。

（3）采用小角法进行视准线测量时，视准线应按平行于待测建筑边线布置，观测点偏离视准线的偏角不应超过 30″。偏离值 d（图 8-6-1）可按下式计算：

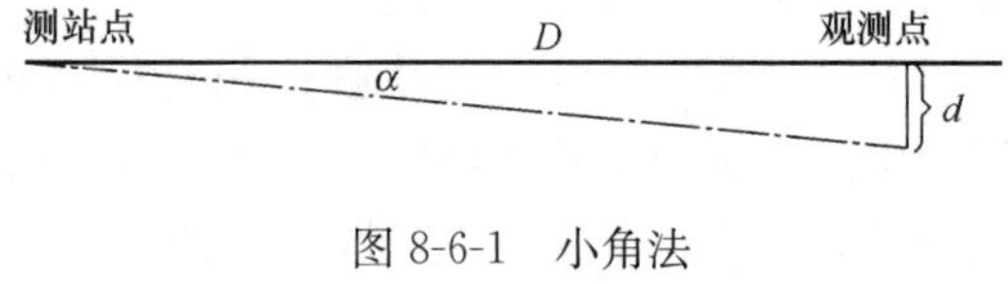

图 8-6-1　小角法

$$d = \alpha/\rho \cdot D \qquad (8\text{-}6\text{-}3)$$

式中　α——偏角（″）；

D——从观测端点到观测点的距离（m）；

ρ——常数，其值为 206265。

6. 当从建筑或构件的外部观测主体倾斜时，宜选用下列经纬仪观测法：

（1）投点法。观测时，应在底部观测点位置安置水平读数尺等量测设施。在每测站安置经纬仪投影时，应按正倒镜法测出每对上下观测点标志间的水平位移分量，再按矢量相加法求得水平位移值（倾斜量）和位移方向（倾斜方向）；

（2）测水平角法。对塔形、圆形建筑或构件，每测站的观测应以定向点作为零方向，测出各观测点的方向值和至底部中心的距离，计算顶部中心相对底部中心的水平位移分量。对矩形建筑，可在每测站直接观测顶部观测点与底部观测点之间的夹角或上层观测点与下层观测点之间的夹角，以所测角值与距离值计算整体的或分层的水平位移分量和位移方向；

（3）前方交会法。所选基线应与观测点组成最佳构形，交会角宜在 60°～120°之间。水平位移计算，可采用直接由两周期观测方向值之差解算坐标变化量的方向差交会法，亦可采用按每周期计算观测点坐标值，再以坐标差计算水平位移的方法。

7. 当利用建筑或构件的顶部与底部之间的竖向通视条件进行主体倾斜观测时，宜选用下列观测方法：

（1）激光铅直仪观测法。应在顶部适当位置安置接收靶，在其垂线下的地面或地板上安置激光铅直仪或激光经纬仪，按一定周期观测，在接收靶上直接读取或量出顶部的水平位移量和位移方向。作业中仪器应严格置平、对中，应旋转 180°观测两次取其中数。对超高层建筑，当仪器设在楼体内部时，应考虑大气湍流影响。

（2）激光位移计自动记录法。位移计宜安置在建筑底层或地下室地板上，接收装置可设在顶层或需要观测的楼层，激光通道可利用未使用的电梯井或楼梯间隔，测试室宜选在靠近顶部的楼层内。当位移计发射激光时，从测试室的光线示波器上可直接获取位移图像及有关参数，并自动记录成果。

（3）正、倒垂线法。垂线宜选用直径 0.6～1.2mm 的不锈钢丝或因瓦丝，并采用无缝钢管保护。采用正垂线法时，垂线上端可锚固在通道顶部或所需高度处设置的支点上。采用倒垂线法时，垂线下端可固定在锚块上，上端设浮筒。用来稳定重锤、浮子的油箱中应装有阻尼液。观测时，由观测墩上安置的坐标仪、光学垂线仪、电感式垂线仪等量测设备，按一定周期测出各测点的水平位移量。

（4）吊垂球法。应在顶部或所需高度处的观测点位置上，直接或支出一点悬挂适当重量的垂球，在垂线下的底部固定毫米格网读数板等读数设备，直接读取或量出上部观测点相对底部观测点的水平位移量和位移方向。

8. 当利用相对沉降量间接确定建筑整体倾斜时，可选用下列方法：

（1）倾斜仪测记法。可采用水管式倾斜仪、水平摆倾斜仪、气泡倾斜仪或电子倾斜仪进行观测。倾斜仪应具有连续读数、自动记录和数字传输的功能。监测建筑上部层面倾斜时，仪器可安置在建筑顶层或需要观测的楼层的楼板上。监测基础倾斜时，仪器可安置在基础面上，以所测楼层或基础面的水平倾角变化值反映和分析建筑倾斜的变化程度。

（2）测定基础沉降差法。可按上节中建筑沉降观测的有关规定，在基础上选设观测点，采用水准测量方法，以所测各周期基础的沉降差换算求得建筑整体倾斜度及倾斜方向。

9. 当建筑立面上观测点数量多或倾斜变形量大时，可采用激光扫描或数字近景摄影测量方法，具体技术要求应另行设计。

10. 倾斜观测应提交下列图表：

（1）倾斜观测点位布置图；

（2）倾斜观测成果表；

（3）主体倾斜曲线图。

三、建筑物裂缝观测

1. 裂缝观测应测定建筑物上的裂缝分布位置，裂缝的走向、长度、宽度及其变化程度。观测的裂缝数量视需要而定，主要的或变化大的裂缝应进行观测。

2. 对需要观测的裂缝应统一进行编号。每条裂缝至少应布设两组观测标志，一组在裂缝最宽处，另一组在裂缝末端。每组标志由裂缝两侧各一个标志组成。

3. 裂缝观测标志，应具有可供量测的明晰端面或中心。观测期较长时，可采用镶嵌或埋入墙面的金属标志、金属杆标志或楔形板标志；观测期较短或要求不高时可采用油漆平行线标志或用建筑胶粘贴的金属片标志。要求较高、需要测出裂缝纵横向变化值时，可采用坐标方格网板标志。使用专用仪器设备观测的标志，可按具体要求另行设计。

4. 对于数量不多，易于量测的裂缝，可视标志形式不同，用比例尺、小钢尺和游标卡尺等工具定期量出标志间距离求得裂缝变位值，或用方格网板定期读取“坐标差”计算裂缝变化值；对于较大面积且不便于人工量测的众多裂缝宜采用近景摄影测量方法；当需连续监测裂缝变化时，还可采用测缝计或传感器自动测记方法观测。

5. 裂缝观测的周期应视其裂缝变化速度而定。通常可半月测一次，以后一月左右测一次。当发现裂缝加大时，应增加观测次数，直至几天或逐日一次的连续观测。

6. 裂缝观测中，裂缝宽度数据应量取至 0.1mm，每次观测应绘出裂缝的位置、形态和尺寸，注明日期，附必要的照片资料。

7. 观测结束后，应提交下列成果：

（1）裂缝分布位置图；

（2）裂缝观测成果表；

（3）观测成果分析说明资料；

（4）当建筑物裂缝和基础沉降同时观测时，可选择典型剖面绘制两者的关系曲线。

四、建筑场地滑坡观测

1. 建筑场地滑坡观测，应测定滑坡的周界、面积、滑动量、滑移方向、主滑线以及滑动速度，并视需要进行滑坡预报。

2. 滑坡观测点位的布设应符合下列要求：

（1）滑坡面上的观测点应均匀布设。滑动量较大和滑动速度较快的部位，应适当多布点。

（2）滑坡周界外稳定的部位和周界内比较稳定的部位，均应布设观测点。

（3）主滑方向和滑动范围已明确时，可根据滑坡规模选取十字形或格网形平面布点方式；主滑方向和滑动范围不明确时，可根据现场条件，采用放射形平面布点方式。

（4）需要测定滑坡体深部位移时，应将观测点钻孔位置布设在主滑轴线上，并可对滑坡体上局部滑动和可能具有的多层滑动面进行观测。

（5）对已加固的滑坡，应在其支挡锚固结构的主要受力构件上布设应力计和观测点。

（6）采用GPS观测滑坡位移时，观测点的布设还应符合有关规范的要求。

3. 滑坡观测点位的标石、标志及其埋设，应符合下列要求：

（1）土体上的观测点，可埋设预制混凝土标石。根据观测精度要求，顶部的标志可采用具有强制对中装置的活动标志或嵌入加工成半球状的钢筋标志。标石埋深不宜小于1m，在冻土地区，应埋至标准冻土线以下0.5m。标石顶部需露出地面20～30cm。

（2）岩体上的观测点，可采用砂浆现场浇筑的钢筋标志。凿孔深度不宜少于10cm，埋好后，标志顶部需露出岩体面约5cm。

（3）必要的临时性或过渡性观测点以及观测周期不长、次数不多的小型滑坡观测点，可埋设硬质大木桩，但顶部需安置照准标志，底部需埋至标准冻土线以下。

（4）滑坡体深部位移观测钻孔应穿过潜在滑动面进入稳定的基岩面以下不小于1m。观测钻孔应铅直，孔径应不小于110mm。测斜管与孔壁之间的孔隙应按有关规定回填。

4. 滑坡观测点的测定精度可根据有关规范选择精度。有特殊要求的，应另行确定。

5. 滑坡观测的周期应视滑坡的活跃程度及季节变化等情况而定，并应符合下列规定：

（1）在雨季，宜每半月或一月测一次；干旱季节，可每季度测一次；

（2）当发现滑速增快，或遇暴雨、地震、解冻等情况时，应增加观测次数；

（3）当发现有大的滑动可能或有其他异常时，应在做好观测本身安全的同时，及时增加观测次数，并立即将观测结果报告委托方。

6. 滑坡观测点的位移观测方法，可根据现场条件，按下列要求选用：

（1）当建筑物较多、地形复杂时，宜采用以三方向交会为主的测角前方交会法，交会角宜在50°～110°之间，长短边不宜悬殊。也可采用测距交会法、测距导线法以及极坐标法。

（2）对视野开阔的场地，当面积小时，可采用放射线观测网法，从两个测站点上按放射状布设交汇角在30°～150°之间的若干条观测线，两条观测线的交点即为观测点。每次观测时，以解析法或图解法测出观测点偏离两测线交点的位移量。当场地面积较大时，采用任意方格网法，其布设与观测方法与放射线观测网相同，但需增加测站点与定向点。

（3）对带状滑坡，当通视较好时，可采用测线支距法，在与滑动轴线的垂直方向，布设若干条测线，沿测线选定测站点、定向点与观测点。每次观测时，按支距法测出观测点的位移量与位移方向。当滑坡体窄而长时，可采用十字交叉观测网法。

（4）对于抗滑墙（桩）和要求较高的单独测线，可选用本节建筑物水平位移观测中的各种基准线法。

（5）对于可能有较大滑动的滑坡，除采用测角前方交会等方法外，亦可采用多摄站近景摄影测量方法同时测定观测点的水平和垂直位移。

（6）滑坡体内测点的位移观测，可采用测斜仪观测方法，作业要求可按本节建筑物水平位移观测中有关规定执行。

（7）当符合 GPS 观测条件和满足观测精度要求时，可采用单机多天线 GPS 观测方法观测。

7. 滑坡观测点的高程测量，可采用水准测量法，对困难点位可采用电磁波测距三角高程测量法。观测路线均应组成闭合或附合网形。

8. 滑坡预报应采用现场严密监视和资料综合分析相结合的方法进行。每次观测后，应及时整理绘制出各观测点的滑动曲线。当利用回归方程发现有异常观测值，或利用位移对数和时间关系曲线判断有拐点时，应在加强观测的同时，密切注意观察滑前征兆，并结合工程地质、水文地质、地震和气象等方面资料，全面分析，做出滑坡预报，及时报警以采取应急措施。

9. 观测工作结束后应提交下列图表：

（1）滑坡观测点位布置图；

（2）观测成果表；

（3）观测点位移与沉降综合曲线图。

第五节 土中孔隙水压力观测

一、观测设备

目前观测土中孔隙水压力的设备，常用的有孔隙水压力计。孔隙水压力计的形式有三种，即液压式、气压式和电感式。

1. 液压式孔隙水压力计：分双管式和单管式两种，常用的为封闭双管式。它是由测头、传压导管和量测系统组成。其工作原理是：当测头埋入土体中，土体中孔隙水压力通过透水石及传压导管传至零位指示器，使水银面发生变化，用活塞调压筒调节压力，使水银面回到起始位置，此时压力表上所示的压力值，经计算后即得土体中孔隙水压力。计算公式见式（8-6-4）。

$$u = p + \gamma_w h \tag{8-6-4}$$

式中 u——土中孔隙水压力（kPa）；

p——压力表读数（kPa）；

h——测点至压力表基准面高度（m）；

γ_w——水的重度（kN/m^3）。

2. 气压式孔隙水压力计：目前常用的为气压平衡孔隙水压力计。其工作原理是：土中孔隙水压力通过透水石作用于薄膜上，薄膜向上变形与接触钮接触，于是电路接通，灯泡亮（或用电位计指示），然后从进气口通入空气压回薄膜，使薄膜上的压力与土的孔隙水压力平衡，灯泡熄灭，此时压力表指示的压力乘以有关标定常数后，即为土中孔隙水压力。计算公式如式（8-6-5）。

$$u = c + ap_{a} \tag{8-6-5}$$

式中　u——土中孔隙水压力（kPa）；

c、a——压力表标定常数；

p_{a}——压力表读数（kPa）。

3. 电感式孔隙水压力计：电感式又分为：钢弦式、电阻应变片式和差动电阻式三种：

（1）钢弦式：其工作原理是：土体中的孔隙水，通过装在测头上的透水石，传到压力薄膜上，压力薄膜受力产生挠曲变形，引起装在薄膜上的钢弦变形，随之引起振弦自振频率的改变，用频率计测定频率变化的大小，经过换算即可得孔隙水压力。换算公式如式（8-6-6）。

$$u = k(f_{0}^{2} - f^{2}) \tag{8-6-6}$$

式中　u——土中孔隙水压力（kPa）；

k——测头的灵敏度系数（kPa/Hz^{2}）；

f_{0}——测头零压时的频率（Hz）；

f——测头受压后的频率（Hz）。

（2）电阻应变片式：其工作原理是：土中孔隙水压力通过装在测头顶盖上的透水石，施加压力于贴有电阻应变片的压力传感器的弹性薄膜片上，薄膜片的变形引起贴在其上的箔式电阻应变片四个桥臂的电阻变化，用恒流供电的接收仪表，读出与孔隙水压力成正比的输出电压，用式（8-6-7）换算出作用在薄膜片上的孔隙水压力。

$$u = k(\varepsilon_{i} - \varepsilon_{0}) \tag{8-6-7}$$

式中　u——土中孔隙水压力（kPa）；

k——测头的灵敏度系数（$kPa/\mu\varepsilon$）；

ε_{i}——受力后的测读数（$\mu\varepsilon$）；

ε_{0}——未受力前的初读数（$\mu\varepsilon$）。

（3）差动电阻式：主要由测头和指示器两部分组成。其工作原理与电阻应变片式基本相同，所不同的是：压力传感器不是电阻应变片，而是差动电阻。

二、埋设方法

1. 钻孔埋设法：在埋设地点用钻机成孔达到要求深度后，先向孔底填入部分干净砂，将测头放入孔内，再在测头周围填砂，然后用膨胀性黏土将钻孔全部封严即可。钻孔埋设法的缺点是：用钻机成孔后，土体原有孔隙水压力降低为零，同时测头周围填砂，不可能达到原有土的密度，势必影响孔隙水压力的量测精度。

2. 压入埋设法：若地基土质较软，可将测头缓缓压入土中的要求深度，或先成孔到要求深度以上 1m 左右，再将测头压入，然后将钻孔用黏土全部严密封好即可。采用压入法埋设，土体的局部仍有扰动，引起的超孔隙水压力较大，也影响了需测的孔隙水压力值的精度。

3. 填土埋设法：用于填土工程中，在填土夯实过程中随时将测头埋入。

4. 利用旁压试验或静力触探试验同时测定土的孔隙水压力。将孔隙水压力计，经过改装后，安装在旁压器的测头上或静力触探的触探头上，随旁压试验测头或静探的触探头一起埋入土体的要求深度，在进行旁压试验或静力触探试验的同时，测定相应深度土的孔隙水压力。

三、观测资料的整理和利用

1. 绘制孔隙水压力与荷载的关系曲线

以孔隙水压力为纵坐标，荷载为横坐标绘制孔隙水压力与荷载的关系曲线。根据曲线可判定施工期间土体中孔隙水压力的变化，以便控制施工加荷的大小。孔隙水压力开始一般随土体上部荷载的增加而逐渐增大，当荷载达到某一限度时，孔隙水压力突然增加，曲线上形成突变点，此时表明土体产生了剪切破坏，荷载已超过土体强度。

2. 绘制孔隙水压力随时间的变化曲线

以孔隙水压力为纵坐标，时间为横坐标绘制孔隙水压力与时间的关系曲线。根据曲线可控制加荷速率，并可反算土的固结系数，推算土体在加荷过程中不同时间的固结度。

第六节　深基坑工程监测

一、监测内容、对象与方法

深基坑工程各种监测的具体对象与方法详见表 8-6-2。各种监测技术工作必须符合有关专业的规范、规程的规定。

监测内容、对象与方法　表 8-6-2

内容	对　象	方　法
变形	地面、边坡、坑底土体、支护结构（桩、锚、内支撑、连续墙等） 建（构）筑物、地下设施	目测巡检，对倾斜、开裂、鼓凸等迹象进行丈量、记录、绘制图形或摄影 精密光学仪器、导线或收敛计测量水平和垂直位移，经纬仪投影测量倾斜 埋设测斜管、分层沉降仪测量深层土体变形
应力	支护结构中的受力构件、土体内应力	预埋应力传感器、钢筋应力计、电阻应变片等测量元件 埋设土压力盒或应力铲测压仪
地下水动态	地下水位、水压、抽（排）水量、含砂量	设置地下水观测孔 埋设孔隙水压力计或钻孔测压仪 对抽水流量、含砂量定期观测、记录

二、监测范围与监测项目的选择

（一）监测范围

深基坑工程监测的空间范围：水平方向应从基坑边缘向外 30～50m 内的建（构）筑物、地下设施和土体包括基坑本身；垂直方向应从地表建（构）筑物到地下一定深度范围（基坑影响深度内）的土、水、地下设施、支护结构等。

（二）监测项目的选择

安全等级为一级、二级的支护结构，在基坑开挖过程与支护结构使用期内，必须进行支护结构的水平位移监测和基坑开挖影响范围内建（构）筑物、地面的沉降监测。其他监测项目可根据基坑的安全等级不同进行选择，具体可参照表 8-6-3 选择。

监测项目的选择　　**表 8-6-3**

监测项目	支护结构的安全等级		
	一级	二级	三级
支护结构顶部水平位移	△	△	△
基坑周边建（构）筑物、地下管线、道路沉降	△	△	△
坑边地面沉降	△	△	□
支护结构深部水平位移	△	△	×
锚杆拉力	△	△	×
支撑轴力	△	△	×
挡土构件内力	△	□	×
支撑立柱沉降	△	□	×
挡土构件、水泥土墙沉降	△	□	×
地下水位	△	△	×
土压力	□	×	×
孔隙水压力	□	×	×

注：△—应进行的项目，□—有条件宜进行的项目，×—选择进行的项目。

三、监测工作的要求

（一）监测点的布置

1. 支挡式结构顶部水平位移监测点的间距不宜大于 20m，土钉墙、重力式挡墙顶部水平位移监测点的间距不宜大于 15m，且基坑各边的监测点不应少于 3 个。基坑周边有建筑物的部位、基坑各边中部及地质条件较差的部位应设置监测点。

2. 基坑周边建筑物沉降监测点应设置在建筑物的结构墙、柱上，并应分别沿平行、垂直于坑边的方向上不设。在建筑物邻基坑一侧，平行于坑边方向上的测点间距不宜大于 15m。垂直于坑边方向上的测点，宜设置在柱、隔墙与结构缝部位。垂直于坑边方向上的布点范围应能反映建筑物基础的沉降差。必要时，可在建筑物内部布设测点。

3. 地下管线沉降监测，当采用测量地面沉降的间接方法时，其测点应布设在管线正上方。当管线上方为刚性路面时，宜将测点设置于刚性路面下。对直埋的刚性管线，应在管线节点、竖井及其两侧等易破裂处设置测点。测点水平间距不宜大于 20m。

4. 道路沉降监测点的间距不宜大于 30m，且每条道路的监测点不应少于 3 个。必要时，沿道路宽度方向可布设多个测点。

5. 对坑边地面沉降、支护结构深部水平位移、锚杆拉力、支撑轴力、立柱沉降、挡土构件沉降、水泥土墙沉降、挡土构件内力、地下水位、土压力、空隙水压力进行监测时，监测点应布设在邻近建筑物、基坑各边中部及地质条件较差的部位，监测点或监测面不宜少于 3 个。

6. 坑边地面沉降监测点应设置在支护结构外侧的土层表面或柔性地面上。与支护结构的水平距离宜在基坑深度的 0.2 倍范围以内。有条件时，宜沿基坑垂直方向在基坑深度的（1～2）倍范围内设置多个测点，每个监测面的测点不宜少于 5 个。

7. 当采用测斜管监测支护结构深部水平位移时，对现浇混凝土挡土构件，测斜管应设置在挡土构件内，测斜管深度不应小于挡土构件的深度；对土钉墙、重力式挡墙，测斜管应设置在紧邻支护结构的土体内，测斜管深度不宜小于基坑深度的 1.5 倍。测斜管顶部应设置水平位移监测点。

8. 锚杆拉力监测宜采用测量锚杆杆体总拉力的锚头压力传感器。对多层锚杆支挡式结构，宜在同一剖面的每层锚杆上设置测点。

9. 支撑轴力监测点宜设置在主要支撑构件、受力复杂和影响支撑结构整体稳定性的支撑构件上。对多层支撑支挡式结构，宜在同一剖面的每层支撑上设置测点。

10. 挡土构件内力监测点应设置在最大弯矩截面处的纵向受拉钢筋上。当挡土构件采用沿竖向分段配置钢筋时，应在钢筋截面面积减小且弯矩较大部位的纵向受拉钢筋上设置测点。

11. 支撑立柱沉降监测点宜设置在基坑中部、支撑交汇处及地质条件较差的立柱上。

12. 当挡土构件下部为软弱持力土层，或采用大倾角锚杆时，宜在挡土构件顶部设置沉降监测点。

13. 当监测地下水位下降对基坑周边建筑物、道路、地面等沉降的影响时，地下水位监测点应设置在降水井或截水帷幕外侧且宜尽量靠近被保护对象。基坑内地下水位的监测点可设置在基坑内或相邻降水井之间。当有回灌井时，地下水位监测点应设置在回灌井外侧。水位观测管的滤管应设置在所测含水层内。

14. 各类水平位移观测、沉降观测的基准点应设置在变形影响范围外，且基准点数量不应少于 2 个。

（二）量测精度

1. 基坑各监测项目采用的监测仪器的精度、分辨率及测量精度应能反映监测对象的实际状况。

2. 各监测项目应在基坑开挖前或测点安装后测得稳定的初始值，且次数不应少于 2 次。

（三）监测频度

支护结构顶部水平位移的监测频次应符合下列要求：

1. 基坑向下开挖期间，监测不应少于每天一次，直至开挖停止后连续三天的监测数值稳定；

2. 当地面、支护结构或周边建筑物出现裂缝、沉降，遇到降雨、降雪、气温骤变，基坑出现异常的渗水或漏水，坑外地面荷载增加等各种环境条件变化或异常情况时，应立即进行连续监测，直到连续三天的监测数值稳定；

3. 当位移速率大于前次监测的位移速率时，则应进行连续监测；

4. 在监测数值稳定期间，应根据水平位移稳定值的大小及工程实际情况定期进行监测。

支护结构顶部水平位移之外的其他监测项目，除应根据支护结构施工和基坑开挖情况进行定期监测外，尚应在出现下列情况时进行监测，直至连续三天的监测数值稳定。

1. 出现上条第 2、3 款的情况时；

2. 锚杆、土钉或挡土结构施工时，或降水井抽水等引起地下水位下降时，应进行相邻建筑物、地下管线、道路的沉降观测。

对基坑监测有特殊要求时，各监测项目的测点布置、量测精度、监测频度等应根据实际情况确定。

（四）监测巡视

在支护结构施工、基坑开挖期间以及支护结构使用期内，应对支护结构和周边环境的状况随时进行巡查，现场巡查时应检查有无下列现象及其发展情况：

1. 基坑外地面和道路开裂、沉陷；
2. 基坑周边建（构）筑物、围墙开裂、倾斜；
3. 基坑周边水管漏水、破裂，燃气管漏气；
4. 挡土结构表面开裂；
5. 锚杆锚头松动，锚具夹片滑动，腰梁及支座变形，连接破损等；
6. 支撑构件变形、开裂；
7. 土钉墙土钉滑脱，土钉墙面层开裂和错动；
8. 基坑侧壁和截水帷幕渗水、漏水、流砂等；
9. 降水井抽水异常，基坑排水不通畅。

（五）信息反馈

基坑监测数据、现场巡查结果应及时整理和反馈。当出现下列危险征兆时应立即报警：

1. 支护结构位移达到设计规定的位移限值；
2. 支护结构位移速率增长且不收敛；
3. 支护结构构件的内力超过其设计值；
4. 基坑周边建（构）筑物、道路、地面的沉降达到设计规定的沉降、倾斜限值；基坑周边建（构）筑物、道路、地面开裂；
5. 支护结构出现影响整体结构安全性的损坏；
6. 基坑出现局部坍塌；
7. 开挖面出现隆起现象；
8. 基坑出现流土、管涌现象。

主 要 参 考 文 献

1. 中国建筑科学研究院．GB 50007—2011 建筑地基基础设计规范［S］. 北京：中国建筑工业出版社，2012
2. 中国建筑科学研究院．JGJ 6—2011 高层建筑箱形与筏形基础技术规范［S］．北京：中国建筑工业出版社，2011
3. 中国建筑科学研究院．JGJ 94—2008 建筑桩基技术规范［S］．北京：中国建筑工业出版社，2008
4. 建设部综合勘察研究设计院．GB 50021—2001（2009 年版）岩土工程勘察规范［S］．北京：中国建筑工业出版社，2009
5. 中交第三航务工程勘察设计院有限公司．JTS 167—4—2012 港口工程桩基规范［S］．北京：人民交通出版社，2012

6. 铁道部第三勘察设计院．TB 10093—2017 铁路桥涵地基和基础设计规范［S］．北京：中国铁道出版社，2017
7. 北京市勘察设计研究院有限公司．CJJ 56—2012 市政工程勘察规范［S］．北京：中国建筑工业出版社，2012
8. 史佩栋．桩基工程手册［M］．北京：人民交通出版社，2008
9. 中国建筑科学研究院．JGJ 106—2014 建筑基桩检测技术规范［S］．北京：中国建筑工业出版社，2014
10. 上海市建筑科学研究院．DGJ 08—218—2003 建筑基桩检测技术规程［S］．上海：2003
11. 东南大学土木工程学院，南京东大自平衡桩基检测有限公司．JT/T 738—2009 基桩静载试验-自平衡法［S］．北京：人民交通出版社，2009
12. 东南大学土木工程学院．DB 33/T 1087—2012 基桩承载力自平衡检测技术规程［S］．浙江：浙江工商大学出版社，2012
13. 铁道部大桥工程局．TB 10218—2008 铁路工程基桩检测技术规程［S］．北京：中国铁道出版社，2008
14. 电力规划设计总院．DL/T 5493—2014 电力工程基桩检测技术规程［S］．北京：中国计划出版社，2015
15. 《工程地质手册》编委会．工程地质手册［M］．第四版．北京：中国建筑工业出版社，2007
16. 冶金建筑研究总院．YB 9258—1997 建筑基坑工程技术规范［S］．北京：冶金出版社，1997
17. 中国建筑科学研究院．JGJ 120—2012 建筑基坑支护技术规程［S］．北京：中国建筑工业出版社，2012
18. 重庆市设计院，中国建筑技术集团有限公司．GB 50330—2013 建筑边坡工程技术规范［S］．北京：中国建筑工业出版社，2013
19. 中南勘察设计院有限公司．DB 42/T 159—2012 基坑工程技术规程［S］．武汉：2012
20. 中冶建筑研究总院有限公司．GB 50086—2015 岩土锚杆与喷射混凝土支护工程技术规范［S］．北京：中国计划出版社，2015
21. 高大钊．深基坑工程［M］．北京：机械工业出版社，2002
22. 刘国彬，王卫东．基坑工程手册［M］．第二版. 北京：中国建筑工业出版社，2009
23. 上海市勘察设计行业协会．DG/TJ 08—61—2010 基坑工程技术规范［S］．北京：中国标准出版社，2010
24. 济南大学，莱西市建筑总公司，山东省工程建设标准造价协会．GB 50497—2009 建筑基坑工程监测技术规范［S］．北京：中国计划出版社，2009
25. 中国建筑科学研究院．DB 11/489—2016 建筑基坑支护技术规程［S］．北京：北京城建科技促进会，2016
26. 深圳市勘察研究院，深圳市岩土工程公司．SJG 05—2011 深圳市基坑支护技术规范［S］．北京：中国建筑工业出版社，2011
27. 中国有色金属工业先勘察设计研究院．JGJ 167—2009 湿陷性黄土地区建筑基坑工程安全技术规程［S］．北京：中国建筑工业出版社，2009
28. 天津市勘察院．DB 29—202—2010 建筑基坑工程技术规程［S］．天津：2010
29. 中国建筑科学研究院．JGJ 79—2012 建筑地基处理技术规范［S］．北京：中国建筑工业出版社，2012
30. 上海市基础工程公司．GB 50202—2002 建筑地基基础工程施工质量验收规范［S］．北京：中国计划出版社，2002
31. 刘景政，等．地基处理与实例分析［M］．北京：中国建筑工业出版社，1998

32. 林宗元．岩土工程治理手册［M］．沈阳：辽宁科学技术出版社，1993
33. 陕西省建筑科学研究设计院．GB 50025—2004 湿陷性黄土地区建筑规范［S］．北京：中国建筑工业出版社，2004
34. 龚晓南．第四届地基处理学术讨论会论文集［C］．杭州：浙江大学出版社，1995
35. 龚晓南，等．第五届地基处理学术讨论会论文集［C］．北京：中国建筑工业出版社，1997
36. 赵京文，化建新．北京纺织厂高层住宅楼地基处理方案对比分析［J］．岩土工程技术，1999（2）：12-6
37. 赵杰伟，化建新．某住宅楼长短 CFG 桩复合地基的处理与实践［J］．第六届全国岩土工程勘察交流会．北京：兵器工业出版社，2004：345-49
38. 王丽媛，温立新．望京 A4 区Ⅲ-2＃楼岩土工程勘察［J］．第五届全国岩土工程勘察交流会．北京：兵器工业出版社，2000：463-466
39. 王步云，赵秀芹．砂石桩与低强度混凝土桩组合型复合地基面积土地基中的应用（一）［J］岩土工程技术，1977，1：8-14；
40. 王步云，赵秀芹．砂石桩与低强度混凝土桩组合型复合地基面积土地基中的应用（二）［J］岩土工程技术，1977，2：3-5
41. 张志军，王应严．多元桩复合地基在高层建筑地基处理中的应用［J］．岩土工程技术，2004，18（5）：248-251
42. 郑俊杰，等．石灰桩与深层搅拌桩联合加固深厚软土［J］．岩土工程技术，1998（2）：33-34
43. 刘宏伟、谢永亮等．强夯-塑料板排水灌软基加固技术及应用［J］．岩土工程技术，2002，1（1）：33-35.
44. 孙艳林．长短桩复合地基设计计算的探讨［J］．岩土工程技术，2004（5）：252-254
45. 浙江大学、浙江中南建设集团有限公司．GB/T 50783—2012 复合地基技术规范［S］．北京：中国计划出版社，2012

第九篇　地　下　水

第一章　地下水的类型及其特征

一、水在岩土中的赋存形式

自然界岩土孔隙中赋存着各种形式的水，按其存在形态分为液态水、气态水、固态水。

（一）液态水

根据水分子受力状况可分为结合水、重力水、毛细管水。

1. 结合水：岩土颗粒表面均带有电荷，水分子又是偶极体，由于静电引力作用，固相（岩土颗粒）表面便具有吸附水分子的能力。受到固相表面的吸引力大于其自身重力的那部分水称为结合水。由于固相表面对水分子的吸引力自内向外逐渐减弱，因此结合水的物理性质也随之发生变化。最接近固相表面的结合水称为强结合水（又称吸着水），其外层称弱结合水（又称薄膜水）。

（1）强结合水：其所受引力高达一万个大气压，该水的密度比普通水大一倍左右，可以抗剪切，但不传递静水压力，－78℃时仍不结冰。在外界土压力作用下，强结合水（吸着水）不能移动，但在105℃下将土烤干保持恒温时，可将其排除。强结合水不能被植物根吸收。黏性土仅含强结合水时呈现为固体状态。砂土也可含有极微量的强结合水。

（2）弱结合水：其厚度大于强结合水的厚度，抗剪强度较小，在外界土压力下可以变形，可以由膜相对厚处向薄处移动。弱结合水溶解盐类的能力较低（相对于重力水），因蒸发可由土中逸出地表，其外层可被植物根吸收。

黏性土的一系列物理力学性质都与弱结合水（薄膜水）有关。砂土由于颗粒的比表面积较小以及其他原因，弱结合水含量甚微，可忽略不计。

2. 重力水：在重力作用下能在岩土孔隙中运动的水称为重力水，即常称的地下水。它不受分子力的影响（或所受分子引力远小于其所受的重力），可以传递静水压力。

3. 毛细管水：由于毛细管力支持充填在岩土细小孔隙中的水称为毛细管水，又称毛细水。它同时受毛细管力和重力的作用，当毛细管力大于水的重力时，毛细管水就上升。因此，地下水面以上普遍形成一层毛细管水带。毛细管水能垂直上下运动，能传递静水压力。根据毛细管力作用情况不同可分为支持毛细管水、悬着毛细管水、孔角毛细管水。

毛细管水和重力水又称为自由水，均不能抗剪切，但可传递静水压力，密度在$1g/cm^3$左右。

（二）气态水

呈气态和空气一起充填在非饱和的岩土孔隙中的水称为气态水。它可随空气的流动而运移，即使空气不流动，也能由湿度相对大的地方向小的地方移动。在一定温度、压力条件下可与液态水相互转化，两者之间保持动态平衡。当岩土空隙内水气增多达到饱和或周围温度降低到露点时，气态水便凝结成液态水。

（三）固态水

指常压下当岩土体温度低于零度时，岩土孔隙中的液态水（甚至气态水）凝结成冰（冰夹层、冰锥、冰晶体等）称为固态水。固态水在土中起到胶结作用，形成冻土，提高其强度。但解冻后土的强度往往低于冻结前的强度。因为岩土孔隙中的液态水转变为固态水时其体积膨胀，使土的孔隙增大，结构变得松散，故解冻后的土压缩性增大，其强度降低。

二、地下水的类型及其特征

地下水的分类方法很多，根据地下水的埋藏条件，地下水可分为包气带水、潜水和承压水三大主要类型。每一类又可根据地下水的赋存介质和分布范围再分类。地下水的主要类型及其特征见表 9-1-1。

1. 包气带水：又称非饱和带水，泛指贮存在地面以下潜水位以上、未饱和的岩土层中的水，包括气态水、结合水、毛细管水、和流经的重力渗入水。包气带中汇集在局部隔水层（或弱透水层）之上的属于重力水状态的水，称为上层滞水。工程分析中通常根据实际需要考虑包气带水的不同赋存形式。

2. 潜水：指地面以下、饱和带中第一个较稳定隔水层（或弱透水层）之上具有稳定自由水面的水（重力水）。

3. 承压水：指饱和带中充满于两稳定的隔水层（或弱透水层）间的含水层中承受水压力的地下水。

实际工程中，若上层滞水水量及分布范围相对较大，在工程相关范围内有连续稳定的自由水面，则该上层滞水在工程分析中可作为潜水对待，称之为局部潜水。

对于具有多个含水层的场地区域，当地下水位大幅下降后（短期或永久下降），会形成多个非饱和的含水层，各含水层均具有稳定自由水面，原来的承压水（即层间有压水）会转化成层间无压水，称之为层间潜水。

地下水的类型及其特征　　**表 9-1-1**

类型		分布	水力特点	补给与分布区的关系	动态特征	含水层状态	水量	污染情况	成因	图示
包气带水	孔隙水	松散层	无压	一致	受当地气候影响很大，一般为暂时性水	层状	水量不大，但随季节变化很大	易受污染	主要为渗入成因，局部为凝结成因	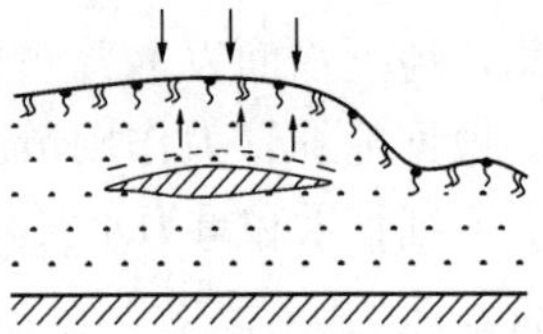
	裂隙水	裂隙黏土、基岩裂隙风化区				脉状或带状				
	岩溶水	可溶岩垂直渗入区				脉状或局部含水				
	多年冻土带水	融冻层				不规则				
	火山水	火山活动区				不规则				

续表

类型		分布	水力特点	补给与分布区的关系	动态特征	含水层状态	水量	污染情况	成因	图示
潜水	孔隙水	松散层	无压，局部低压	一致	受当地气象因素影响而敏感变化	层状	受颗粒级配影响	较易受污染	主要为渗入成因局部可能是凝结成因	
	构造裂隙水	基岩裂隙破碎带				带状层状	一般水量较小			
	岩溶水	碳酸岩溶蚀区				层状脉状	一般水量较大			
	多年冻土带水	冻结层上或层间				不规则	水量不大			
	含气温热水	火山活动区				不规则				
承压水	孔隙水	松散层	承压	不一致	受当地气象因素的影响不显著，水位升降决定于水压传递	层状	受颗粒级配影响	不易受污染	渗入和构造成因	补给区　承压区　自流区　排泄区
	构造裂隙水	基岩构造盆地、向斜、单斜、断裂				脉状带状	一般水量不大			
	岩溶水	向斜、单斜、岩溶层或构造盆地岩溶				层状脉状	一般水量较大			
	多年冻土带水	冻层下部				层状	水量不大			
	热矿水	深断裂或侵入体接触带				带状层状	不规则			

三、泉的类型及其特征

泉是地下水的天然露头，泉的分类方法很多，按补给来源和出露条件，泉的类型及其特征见表 9-1-2。

泉的主要类型及其特征 表 9-1-2

类型		图示	出露条件	动态特征
下降泉	悬挂泉	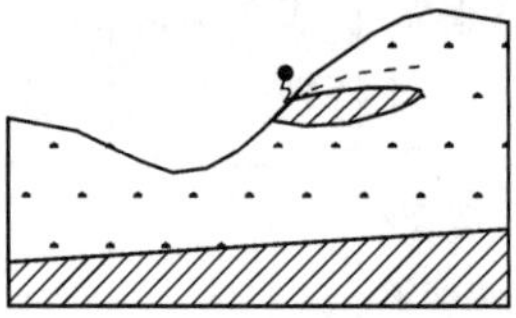	上层滞水受切割出露	随季节变化很大，旱季有时消失
	侵蚀泉	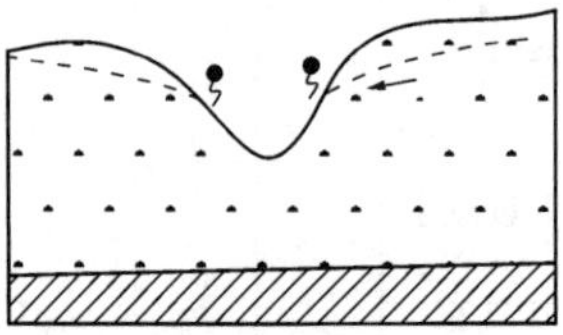	沟谷侵蚀下切至潜水面而形成，多分布在沟坡或坡脚处	受气象、水文因素影响较大，随季节而异
	接触泉	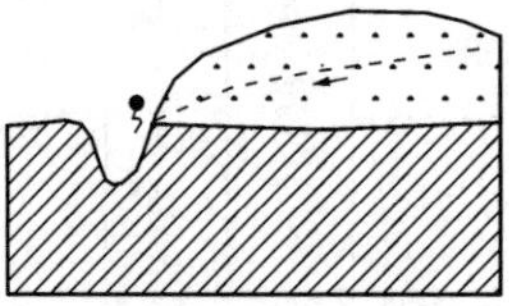	隔水底板被切割而成，多分布在不同透水性岩层的接触带上	受气象、水文因素影响较大，随季节而异
	溢出泉	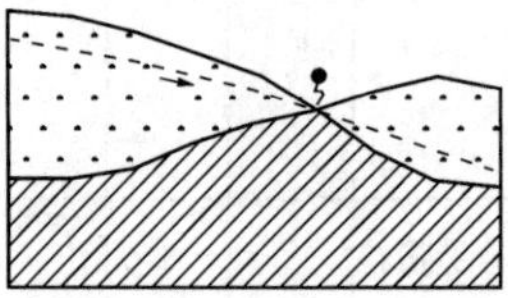	隔水底板隆起（或含水层厚度突变），或受相对隔水层的阻挡，使潜水面抬高出地表而形成	受气象、水文因素影响较大，随季节而异
上升泉	自流斜地泉	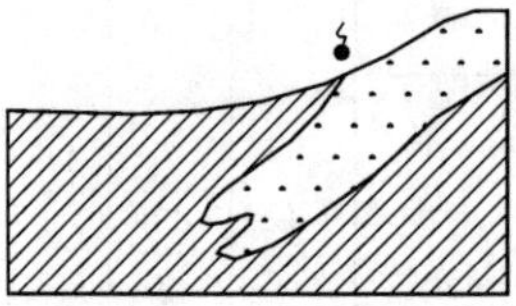	常见于山前，这里常发育有单斜构造，或者由于相变，含水层向前方尖灭	较稳定，随季节变化较小
	自流盆地泉	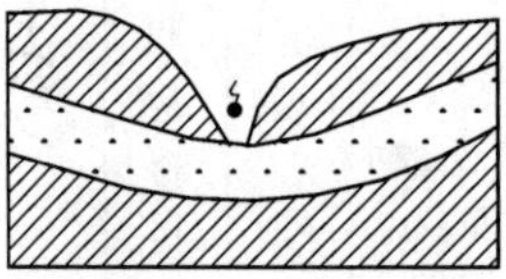	承压盆地中承压含水层被切割，使承压水涌出地表而形成	较稳定，随季节变化较小
	断层泉	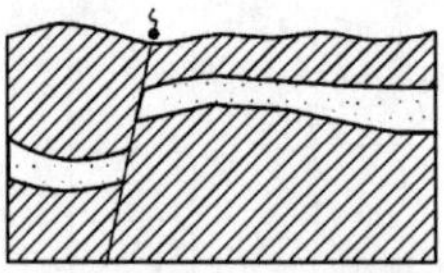	承压含水层被断层所切，地下水沿断层上升涌出地表而成。多呈线状出露于断层带上	较稳定，随季节变化较小
	接触上升泉	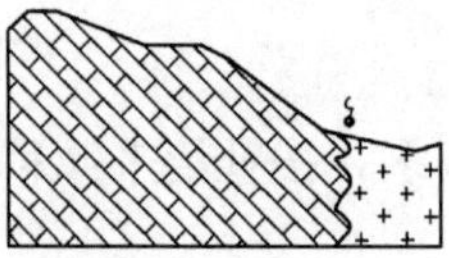	承压水受岩脉或侵入体的阻挡，沿接触带的断裂上升涌出地表，呈线状分布于接触带	较稳定，随季节变化较小

第二章　地下水的性质及分析评价

第一节　地 下 水 的 性 质

一、地下水的物理性质

地下水的物理性质，主要包括颜色、气味、口味、透明度或浑浊度、温度、密度、导电性和放射性等。

（一）颜色：一般地下水是无色的。但由于水中化学成分及悬浮杂质含量不同，地下水可呈不同的颜色，见表 9-2-1。

水中存在物质与颜色的关系　　表 9-2-1

存在物质	硬水	黏土	低价铁	高价铁	硫化氢	锰化合物	腐殖酸盐	硫细菌
颜色	浅蓝	淡黄	浅绿灰	黄褐或铁锈色	翠绿	暗红	暗黄或灰黑	红色

（二）气味：一般地下水是无气味的。当地下水含有某些化学成分时，则有特殊气味，如水中含硫化氢时，有臭蛋味；含亚铁盐很多时具铁腥味；含腐蚀性细菌时，有鱼腥味或霉臭味等。气味的强弱与温度有关，一般在低温下不易判别，而温度在 40℃左右时气味最显著。

（三）口味（味道）：纯水是无味的，地下水的味道取决于其溶解的化学成分。如水中含氧化亚铁时有墨水味；含氧化铁时有锈味；含大量有机质时有甜味；含 NaCl 时有咸味；含 Na_2SO_4 有涩味；含 $MgCl_2$ 或 $MgSO_4$ 时有苦味等。地下水的口味在 20～30℃时最为显著。

（四）透明度或浑浊度：决定于水中固体和胶体悬浮物的含量。地下水透明度分级见表 9-2-2。

（五）温度：地下水按温度分类见表 9-2-3。

（六）密度：质量密度的大小，决定于水中所溶解的盐分和其他物质的含量。水中溶解盐分越多，密度越大。

（七）导电性：地下水导电性主要决定于水中含有电解质的性质和含量。离子含量越多，离子价越高，水的导电性越强。水温对导电性也有影响。导电性通常以电导率 K 表示，一般地下淡水的 K 值为 $33\times10^{-5}\sim33\times10^{-3}$S/cm。其中 S 为西门子。

地下水透明度分级　　表 9-2-2

分级	鉴 定 特 征
透明的	无悬浮物及胶体，60cm 水深可见 3mm 粗线
微浊的	有少量悬浮物，大于 30cm 水深可见 3mm 粗线
浑浊的	有较多的悬浮物，半透明状，小于 30cm 水深可见 3mm 粗线
极浊的	有大量悬浮物或胶体，似乳状，水很浅也不能清楚看见 3mm 粗线

地下水按温度分类　表 9-2-3

类别	非常冷的水	极冷的水	冷水	温水	热水	极热的水	沸腾的水
温度（℃）	<0	0～4	4～20	20～37	37～42	42～100	>100

（八）放射性：地下水放射性决定于水中放射性物质含量。地下水中常见的放射性物质有镭、铀、锶、氡及氢、氧同位素。一般地下淡水^{226}Ra 的含量<3.7×10^{-2}Bq/L，矿泉水和深井水^{226}Ra 的含量为 3.7×10^{-2}～3.7×10^{-1}Bq/L，其中 Bq 为贝可。

二、地下水的化学性质

地下水是一种复杂的天然溶液，就目前所知，存在于地壳中的 87 种稳定元素，在地下水中已发现 70 多种。地下水化学成分包括多种气体成分，各种离子，有机化合物，有机和无机络合物，微生物，胶体及放射性元素、同位素等。上述物质溶解或活动于地下水中，详见表 9-2-4。

地下水的化学成分　表 9-2-4

组	化学元素
1. 气体成分	HCl，HF，H_2S，H_2，CH_4，NH_3，S，CH_4，重碳氢化合物，N_2，Ar，Ne，He，Xe，Kr，Rn，Th，N_2O，O_2，O_3，B（OH）$_3$，SO_2，SO_3，Cl_2，CO，CO_2等
2. 主要离子和分子成分微量元素成分（含量<10^{-3}%即10mg/L）	Cl^-，SO_4^{2-}，HCO_3^-，NO_3^{2-}，NO_3^-，Na^+，K^+，Ca^{2+}，Mg^{2+}，H^+，NH_4^+，H_3SiO_4，Fe^{2+}，Fe^{3+}，Al^{3+}及有机物质等
	Li，Be，B，F，Ti，V，Cr，Mn，Co，Ni，Cu，Zn，Ge，As，Se，Br，Rb，Sr，Zr，Nb，Mo，Ag，Cd，Sn，Sb，I，Cr，Ba，W，Au，Hg，Pb，Bi，Tb，U，Ra 等
3. 胶体成分	Fe（OH）$_3$，Al（OH）$_3$，Cd（OH）$_3$，Cr（OH）$_3$，Ti（OH）$_4$，Zr（OH）$_4$，Ce（OH）
	黏性胶体，腐殖质，SiO_2，MnO_2，SnO_2，V_2O_5，Sb_2S_3、PbS、As_2S_3等硫化物胶体
4. 有机质成分（细菌）	高分子有机化合物，腐殖酸（雷酸 C：44%；H：53%；O：40%；N：15%）藻类介质，细菌，腐殖物质，地沥青，酚，酞，脂肪酸，环烷酸

地下水中的化学元素，按其含量组分进行分组，可分为常量元素，微量元素，超微量元素及放射性元素。见表 9-2-5。

地下水化学元素按组分分类　表 9-2-5

元素组分名称	元素含量（质量%）	举例元素
常（宏）量元素	>10^{-2}	Na，Ca，Mg，Cl^-，SO_4^{2-}，HCO_3^-
微量元素	10^{-2}～10^{-5}	Br，Sr，B，F，Li，As，Rb
超微量元素	<10^{-5}	Cu，Au，Bi，Te，Cd，Se
放射性元素	—	U，Th，Ra，Rn

第二节　地下水水质分析

一、水质分析种类

水质分析因目的不同，可分为简分析、全分析、特殊分析和专门分析。工程地质勘察中的水质分析通常为简分析，主要目的是进行环境水对建筑材料的腐蚀性评价，需要时也开展针对建筑场地地下水污染调查的专门分析。地下水资源勘察中的水质分析主要目的在于评价地下水资源的质量品味，作为资源开发利用的基础和依据。根据不同用途（如饮用水、矿泉水、地热水等）按有关的国家或行业标准进行特殊分析或专门分析。

二、水质分析表示方法

水质分析结果用各种形式的指标值及化学表达式来表示。具体的表示方法有：

（一）离子含量指标

溶解于地下水中的盐类，以各种形式的阴、阳离子存在，如 Na^+，Ca^{2+}，Cl^-，SO_4^{2-}，其含量一般以单位 mmol/L（毫摩尔/升），mg/L（毫克/升），me/L（毫克当量/升）表示。海水中的主要离子以单位 mol/L（摩尔/升），g/L（克/升）表示。超微量元素的离子，其单位以 μg/L（微克/升）表示。

（二）分子含量指标

溶解于地下水的气体和胶体物质，如 O_2，H_2S，CO_2，SiO_2，其含量一般用单位 mmol/L，mg/L 表示。

（三）综合指标

氢离子浓度（pH 值）、酸碱度、硬度和矿化度四项综合指标，集中地表示了地下水的化学性质。

1. pH 值：$pH=-\lg[H^+]$。pH 值反映了地下水的酸碱性，由酸、碱和盐的水解因素所决定。pH 值与电极电位存在一定关系，影响地下水化学元素的迁移强度，是进行水化学平衡计算和审核水分析结果的重要参数。地下水按 pH 值分类见表 9-2-6。

地下水按 pH 值分类 **表 9-2-6**

类别	强酸性水	酸性水	弱酸性水	中性水	弱碱性水	碱性水	强碱性水
pH 值	<4.0	4.0～5.0	5.0～6.0	6.0～7.5	7.5～9.0	9.0～10.0	>10.0

2. 酸度和碱度：酸度是指强碱滴定水样中的酸至一定 pH 值的碱量。地下水中酸度的形成主要是未结合的 CO_2、无机酸、强酸弱碱盐及有机酸。

用指示剂酚酞滴定当量终点，测得的酸度称为酚酞酸度（总酸度）；用指示剂甲基橙滴定当量终点，测定的酸度称为甲基橙酸度。

碱度是指强酸滴定水样中的碱至一定 pH 值的酸量。地下水碱度的形成主要是氢氧化物、硫化物、氨、硝酸盐、无机和有机弱酸盐以及有机碱。

用指示剂甲基橙滴定当量终点，测定的碱度称为甲基橙碱度（总碱度）；用指示剂酚酞滴定当量终点，测定的碱度称为酚酞碱度。

酸碱度一般以单位 mmol/L、me/L 表示。

3. 硬度：水的硬度是指除碱金属以外的全部金属离子浓度的总和，但硬度主要由钙、镁构成，所以水的硬度常指钙、镁离子浓度的总和。

总硬度：地下水中钙镁的重碳酸盐、氯化物、硫酸盐、硝酸盐的总含量。

暂时硬度（碳酸盐硬度）：水煮沸后，呈碳酸盐形态的析出量。

永久硬度（非碳酸盐硬度）：水煮沸后，留于水中的钙盐和镁盐的含量。

负硬度（钠钾硬度）：地下水中碱金属钾钠的碳酸盐、重碳酸盐和氢氧化物的含量。

总硬度＝暂时硬度＋永久硬度＝碳酸盐硬度＋非碳酸盐硬度

负硬度（钠钾硬度）＝总碱度—总硬度（总碱度＞总硬度时）

硬度一般以单位 mmol/L，mg/L，me/L，H°（德国度）表示。

地下水按硬度分类见表 9-2-7。

地下水按硬度分类　**表 9-2-7**

水的类别	极软水	软水	微硬水	硬水	极硬水
德国度（H°）	＜4.2	4.2～8.4	8.4～16.8	16.8～25.2	＞25.2
毫克当量/升（me/L）	＜1.5	1.5～3.0	3.0～6.0	6.0～9.0	＞9.0
毫克/升（mg/L）	＜42	42～84	84～168	168～252	＞252

注："mg/L" 是以 CaO 计。1H°（德国度）＝0.35663me/L 或 1me/L＝2.804H°

硬度单位换算系数见表 9-2-8。

硬度单位换算系数　**表 9-2-8**

	mg/L	H°	me/L
mg/L	1	2.8/E	1/E
H°	E/2.8	1	1/2.8
me/L	E	2.8	1

注：E 表示欲换算物质的当量。

4. 矿化度：地下水含离子、分子与化合物的总量称为矿化度，或称总矿化度。矿化度包括了全部的溶解组分和胶体物质，但不包括游离气体。通常以可滤性蒸发残渣（溶解性固体）来表示，也可按水分析所得的全部阴阳离子含量的总和（计算时 HCO_3^- 含量只取半数）表示理论上的可滤性蒸发残渣量。用离子交换法测定矿化度。矿化度单位一般以 g/L，mg/L 表示。

地下水按矿化度分类见表 9-2-9。

地下水按矿化度分类　**表 9-2-9**

类别	淡水	低矿化水（微咸水）	中矿化水（咸水）	高矿化水（盐水）	卤水
矿化度（g/L）	＜1	1～3	3～10	10～50	＞50

5. 库尔洛夫式（Курлов 式）：按阴阳离子毫克当量百分数表示水化学类型，其表达式如下：

$$\text{微量元素(g/L)气体成分(g/L)矿化度(g/L)}\cdot\frac{\text{阴离子(me\%>10 者列入)}}{\text{阳离子(me\%>10 者列入)}}\cdot\text{温度(℃)}$$

"毫克当量百分数"是一种离子毫克当量百分浓度的表示方法，即

$$\text{离子毫克当量百分数(\%)}=\frac{\text{该离子毫克当量数}}{\text{阴(或阳)离子毫克当量总数}}\times 100\%$$

以离子含量(me/L%)＞25%作为水化学类型定名界限值。

例如天津塘沽某地下水

$$F0.005M1.04\frac{HCO_3 53.4Cl39.6}{Na95.16}T15℃$$

该地下水化学类型为"HCO_3—Cl—Na 型水"，即重碳酸氯化钠型水。

三、水质分析审核

水质分析质量审核，由水质分析的要求和精度不同，审核内容的侧重可以有所不同。岩土工程勘察中的水分析审核，对于技术人员仅提出两项，即最基本项——"离子平衡"审核和专门项审核——"侵蚀性 CO_2"审核。

（一）离子平衡审核

当水样的 K^+、Na^+ 为直接测定时，总阴离子毫克当量浓度$\sum A$（me/L）与总阳离子毫克当量浓度$\sum C$（me/L），两者在理论上是相等的。实际上由于分析中存在着各方面的误差，两者往往不相等。按公式（9-2-1）计算，其误差不得超过±2%。

$$x\% = \frac{\sum C - \sum A}{\sum C + \sum A} \times 100\% \tag{9-2-1}$$

当水样未测定 K^+、Na^+ 时，其$\sum A$ 一般应大于$\sum C$（除 K^+、Na^+ 外），否则不得超过表 9-2-10 所列出的界限值。

水分析允许误差界限　　表 9-2-10

阴、阳离子总量（mg/L）	允许误差界限（占阴、阳离子∑ me/L）
＞300	3%
＜300	5%

（二）侵蚀性 CO_2 审核

对于一般天然水，由侵蚀性 CO_2 所形成的溶蚀 $CaCO_3$ 容量的实测值与理论计算值两者应接近。

理论值按公式（9-2-2）计算：

$$[HCO_3^-]^3 + (2[Ca^{2+}]_0 - [HCO_3^-]_0)[HCO_3^-]^2 + \frac{1}{Kf}[HCO_3^-] - \frac{1}{Kf}(2[CO_2]_0 + [HCO_3^-]_0) = 0 \tag{9-2-2}$$

式中　$[Ca^{2+}]_0$、$[HCO_3^-]_0$、$[CO_2]_0$——分别为水中 Ca^{2+}、HCO_3^-、游离 CO_2 的实测浓度(mmol/L)；

$[HCO_3^-]$——水样加入 $CaCO_3$ 后，达到平衡时 HCO_3^- 的浓度(mmol/L)；

K——平衡常数，查表 9-2-11；

f——活度系数，查表 9-2-12。

不同温度下的平衡常数 K 值　　表 9-2-11

温度（℃）	0	5	10	15	20	25	30
K	0.0160	0.0152	0.0171	0.0189	0.0222	0.0260	0.0328

不同离子强度（μ）下的活度系数 f 值　　表 9-2-12

μ	f	μ	f	μ	f	μ	f
0.001	0.809	0.012	0.522	0.032	0.381	0.055	0.307
0.002	0.745	0.014	0.499	0.034	0.372	0.060	0.297

续表

μ	f	μ	f	μ	f	μ	f
0.003	0.703	0.016	0.480	0.036	0.364	0.065	0.286
0.004	0.668	0.018	0.463	0.038	0.357	0.070	0.277
0.005	0.641	0.020	0.449	0.040	0.350	0.075	0.269
0.006	0.616	0.022	0.434	0.042	0.343	0.080	0.261
0.007	0.597	0.024	0.421	0.044	0.337	0.085	0.254
0.008	0.579	0.026	0.410	0.046	0.331	0.090	0.247
0.009	0.562	0.028	0.400	0.048	0.325	0.095	0.241
0.010	0.547	0.030	0.390	0.050	0.320	0.100	0.235

注：$\mu=\frac{1}{2}\sum C_i\cdot Z_i^2$。式中 C_i——离子浓度，Z_i——离子电荷数。

四、取水试样要求

（一）水试样采集的基本原则

采取的地下水试样必须代表天然条件下的客观水质情况。采集钻孔、观测孔、生产井和民井、探井（坑）中刚从含水层进来的新鲜水。泉水应在泉口处取样。

（二）水试样采集的一般要求

1. 盛水容器一般应采用带磨口的玻璃瓶或塑料瓶（桶）。取样前容器必须洗净，并经蒸馏水清洗。取样时先用所取的水冲洗瓶塞和容器三次以上，然后缓缓地将取得的水注入容器。容器顶应留出高为 10～20mm 空间。及时用石蜡或火漆封口，并做好采样记录，贴好水试样标签，填写水试样送检单，尽快送化验室。

采样记录表参阅表 9-2-13。

地下水采样记录 **表 9-2-13**

项目名称： 年 月 日

井孔编号	取样编号	水位（m）	取样深度（m）	气温（℃）	水温（℃）	pH 值	电导率	其他说明（如加入稳定剂情况）

采样人： 填表人：

2. 采样过程中应尽量避免或减轻样品与大气发生接触，以防止样品发生变化。取不稳定成分的水样时，应及时加入稳定剂，并严防杂物混入。具体方法可参阅表 9-2-14。

3. 井孔中采样时动作要轻，避免搅动井水和底部沉积物；水试样送验过程中，要防震、防冻、防晒，按规定采取存放措施，并不得超过水试样最大保存期限。清洁水放置时间不宜超过 72h，稍受污染的水不宜超过 48h，受污染的水不宜超过 12h。

4. 水试样采集数量

进行简分析时，每件试样 500～1000mL，进行全分析时，每件试样 2000～3000mL，专门（特殊）分析，则应根据分析项目确定，具体可参阅表 9-2-14。通常还应考虑所需水量的体积超过各项水试样体积（规定数量）的 20%～30%。岩土工程勘察中每个场地每层水不应少于 2 件，对建筑群每层水不宜少于 3 件。当存在对工程有影响的多层地下水时，应分层采取水样。水文地质单元不同、地下水受污染或水质变化较大时，应分区、分层各采取水样，采样数量应满足分区、分层评价的要求。

含某些不稳定成分的水试样采集方法　表 9-2-14

需专门测定的不稳定成分	取样数量(L)	处置方法及加入稳定剂数量	注意事项
侵蚀性 CO_2	0.25～0.30	加 2～3g 大理石粉	同时取简（全）分析样
总硫化物	0.30～0.5	加 10mL1：3 醋酸镉溶液或加 2～3mL25%的醋酸锌溶液和 1mL4%的氢氧化钠溶液	称水样（带瓶子）的质量
铜、铅、锌	1.0	加 5mL1：1 盐酸溶液	所用盐酸不应含有欲测的金属离子，严格防止砂颗粒混入
铁	0.5	淡水加 15～25mL 醋酸一醋酸盐缓冲液(pH=4)；矾水及酸性水加 5mL1：1 硫酸溶液及 0.5～1.0g 硫酸铵	如水样浑浊、需迅速过滤，再按左列手续进行
溶解氧	0.3	加 1～3mL 碱性碘化钾溶液，然后加 3mL 氯化锰，摇匀密封。当水样含有大量有机物及还原物质时，首先加入 0.5mL 溴水（或高锰酸钾溶液），摇匀放置 24h，然后放入 0.5mL 水杨酸溶液，再按上述手续进行	事先称取样瓶的容量，取样时注意瓶内不应留有空气并记录加入试剂总体积和水温
氰化物	0.5	每升水中加 2g 氢氧化钠固体	保持冷凉，尽快运送分析
酚化物	0.5	每升水中加 2g 氢氧化钠固体	保持冷凉，尽快运送分析
氨	1.0	加 0.7mL 浓硫酸酸化	保持冷凉，尽快运送分析
镭	2～3	加 4～6mL 浓盐酸酸化	
铀	0.5～1.0（荧光法）	盐酸酸化	比色法需取 2～3L
氡	0.1	用预先抽成真空的玻璃扩散器取样，无扩散器时，可用干净的带磨口玻璃塞的玻璃瓶	样瓶内不应留有空气，详细记录取样时间，避免搅动水样

5. 地下水作为水资源或地热资源进行勘查时，其水样采集需满足《天然矿泉水地质勘探规范》GB/T 13727 或《地热资源地质勘查规范》GB/T 11615 等相关规范要求。

6. 进行专门的地下水污染调查时，其水样采集要求请参阅本章第四节关于样品采集的有关内容。

第三节　环境水对建筑材料的腐蚀性评价

一、环境水对建筑材料腐蚀的环境因素

（一）场地地质及地球化学因素

场地地层层厚、岩性特征（包括地层的含盐量）及地球化学特征；环境水的物理性质和化学组分；地下水的流向、流速、渗透性、承压性、补给与排泄及其水位（水头）变化。

（二）冰冻因素

场地冰冻区类别根据当地一月份平均温度确定，场地冰冻段类别根据场地标准冻深和地面下温度确定。详见表 9-2-15。

冰冻区和冰冻段的分类　　表 9-2-15

温度（℃）	>0	0～−4	<−4
冰冻区类别	不冻区	微冻区	冰冻区
冰冻段类别	不冻段	微冻段	冰冻段

（三）人类活动因素

场地（包括地基土和地下水）受工业、农业、居民生活及其他的环境污染情况，工业废渣场、城市垃圾掩埋场、堆煤场、工业废水及其他污染途径和污染方式。

（四）场地附近已有建筑物及其基础、地下埋设的各类管道被腐蚀的情况、腐蚀特征和腐蚀程度。

二、环境水对建筑材料腐蚀的评价

（一）环境水的化学分析项目

环境水腐蚀性分析项目，包括 pH、Eh、电导率、溶解氧、酸度、碱度、硬度、矿化度、游离 CO_2、侵蚀性 CO_2、Na^+、K^+、Ca^{2+}、Mg^{2+}、NH_4^+、Fe^{2+}、Fe^{3+}、Cl^-、SO_4^{2-}、HCO_3^-、CO_3^{2-}、NO_3^- 及有机质等。

（二）环境水试样的采集

请参阅本章第二节之四取水试样要求的有关内容。

（三）环境水对建筑材料腐蚀的评价方法和判定标准

详见本手册第三篇第十三章土、水腐蚀性测试和环境水质量测试的有关内容。

第四节　地 下 水 污 染

一、地下水污染的概念

在人类活动影响下，某些污染物质、微生物或热能以各种形式通过各种途径进入地下水体，使水质恶化，影响其在国民经济建设与人民生活中的正常利用，危害人民健康，破坏生态平衡，损害优美环境的现象，统称为“地下水污染”。

引起地下水污染的各种物质或能量，称为“污染物”。

各种污染的来源，或者该来源的发源地，称为“污染源”。

污染物从污染源进入开采（或被研究）的地下水中所经历的路线或者方式，称为“污染途径”或“污染方式”。

二、污染源与污染物

（一）污染源：地下水污染源通常可归纳为以下四类：

1. 生活污染源：主要是城市生活污水和生活垃圾。

2. 工业污染源：主要是工业污水和工业垃圾、废渣、腐物，其次是工业废气、放射性物质。

3. 农业污染源：主要是农药、化肥、杀虫剂、污水灌溉的返水及动物废物。

4. 环境污染源：主要是天然咸水含水层、海水，其次是矿区疏干地层中的易溶物质。

（二）污染物：地下水污染物大致可分为下列三大类：

1. 无机污染物：常量组分中，最普通的污染物有 NO_3^-、Cl^-、硬度和可溶固形物总量等。微量非金属组分主要有砷、磷酸盐、氟化物等。微量金属组分主要有铬、汞、镉、锌、铁、锰铜等。

2. 有机污染物：目前在地下水中已检出的有酚类化合物，氰化物及农药等。

3. 病原体污染物：目前在已污染的地下水中经常检出的是非致病的大肠杆菌，还有致病的伤寒沙门氏杆菌，呼吸道病的吉贺杆菌和肝炎菌 A 等。

地下水污染源及污染物主要类型特征见表 9-2-16。

地下水污染源及污染物主要类型特征　　**表 9-2-16**

产生地下水污染的活动类型			污染负荷的特征		
			分布类型	污染物主要类型	污染指标
城市区		无下水设施的任意排污（a）	u/r P-D	nfos	NO_2^-，NH_4^+，Fc（s）
		河道渗漏（a）	u P-L	ofns	NO_3^-，NH_4^+，Fc（s）
		生活污水氧化塘渗漏（a）	u/r P	nfos	NO_3^-，DOC，Cl，Fc（s）
		生活污水直接排向地面（a）	u/r P-D	niofs	NO_3^-，Cl，DOC
		废弃物处置不当引起渗漏	u/r P	oihs	NO_3^-，NH_4^+，DOC，Cl，B，VOC
		燃料储蓄罐泄漏	u/r P-D	o	Hc，DOC
		高速公路旁的排水沟渗漏	u/r P-D	iso	Cl，VOC
工业区		储罐或管道的渗漏（b）	u P-D	osh	变化较广（Hc，VOC，DOC）
		事故性泄漏	u P-D	osh	变化较广（Hc，VOC，DOC）
		废水处理池泄漏	u P	oshi	变化较广（VOC，DOC，Cl^-）
		废水的地面排放	u P-L	oshi	变化较广（DOC，Cl^-）
		排向入渗河流	u P-L	oshi	变化较广（DOC）
		渣堆积场的下渗	u/r P	osih	变化较广（DOC，VOC，Cl^-）
		排水沟的下渗	u/r P	osh	变化较广（DOC，Hc）
		大气降落物	u/r D	sio	SO_4^{2-}
农业污染区	土地耕植	使用农用化学品并具有灌溉设施	r D	nos	NO_3^-，Cl^-
		使用垃圾/淤泥耕植	r D	nois	NO_3^-，Cl^-
		用污水灌溉	r D	noifs	NO_3^-，Cl^-，Fc（s）
	家禽喂养污水等	排入氧化塘	r P	fon	DOC，NO_3^-，Cl^-
		排向地面	r P-L	niof	DOC，NO_3^-，Cl^-
		排入入渗河	r P-L	onf	DOC
采选矿区		污水直接排向地面	u/r P-D	hi	变化较广
		污水/淤泥处理氧化塘下渗	u/r P	hi	变化较广
		残渣堆积场的下渗	u/r P	ih	变化较广

注：（a）可能包括有工业活动的成分；
（b）在非工业区也可能出现；
u/r—城市/乡村；
P、L、D—点源、线源、扩散源；
DOC—可溶性有机碳；
B—苯；
Hc—烃类；
Fc（s）—大肠杆菌（粪链球菌）；
n—营养性化合物；
VOC—挥发性有机碳；
f—粪病菌源；
o—微量有机物；
i—无机物；
s—盐度；
h—重金属；

主要工业部门废水中的污染物见表 9-2-17。

主要工业部门废水中的污染物　表 9-2-17

部门	工　业	主要污染物
冶金工业	黑色冶金（选矿、烧结、炼焦、炼钢、轧钢）	悬浮物、酸度、酚、氰化物、油类、化学需氧物质、生化需氧物质、色度、硫化物、多环芳烃
	有色冶金（选矿、烧结、冶炼、电解、精炼）	悬浮物、铜、锌、铅、汞、银、砷、镉、氟化物、化学需氧物质、酸度
化学工业	基础化学工业（酸、碱、无机和有机原料）	汞、砷、铬、酚、氰、硫化物、苯、醛、醇类、油类、悬浮物、氟化物、酸、碱、化学需氧物质
	肥料工业（合成氨、氮肥、磷肥）	悬浮物、化学需氧物质、砷、酸、碱、氟化物、氨、总磷
	化学纤维工业	化学需氧物质、溶解性固体、总有机碳、生化需氧物质、酸、碱、悬浮物、锌、铜、二硫化碳
	合成橡胶工业	苯胺、烯类、总有机碳、化学需氧物质、生化需氧物质、油类、铜、锌、铬、酸、碱、多环芳烃
	塑料工业	化学需氧物质、汞、有机氯、砷、酸、碱、铅、多环芳烃
	农药、制药、油漆工业	有机氯、有机磷、氯苯、氯醛、次氯酸钠、酸度、化学需氧物质、生化需氧物质、悬浮物、油类、多环芳烃
轻工业	造纸工业	悬浮物、碱、生化需氧物质、化学需氧物质、氯、酚、硫化物、汞、木质素
	纺织印染工业	酸、碱、硫化物、悬浮物、化学需氧物质、生化需氧物质、总有机磷
	食品工业	化学需氧物质、生化需氧物质、悬浮物、酸、碱、大肠杆菌、总细菌
	皮革工业	酸、碱、铬、硫化物、生化需氧物质、化学需氧物质、总有机碳、悬浮物、硝酸盐
机械工业	电子工业	酸、铬、镉、锌、铜、汞、悬浮物
	农机、通用机械、机械加工	酸、碱、氰化物、铬、镉、铜、锌、镍、油类、悬浮物
石油化工	炼油、蒸馏、裂解	生化需氧物质、化学需氧物质、油类、酚、氰化物、苯、多环芳烃、醛、醇、悬浮物
建材工业	水泥、石棉、玻璃工业	悬浮物、酸、碱、酚、氰
采矿工业	采煤、有色金属矿和黑色金属矿开采	酸、碱、悬浮物、重金属、放射性物质

三、地下水的污染途径

地下水污染途径是复杂多样的，大致可分为四大类，即间歇入渗型、连续入渗型、越流型和径流型。具体内容见表 9-2-18。

地下水污染途径分类 表 9-2-18

污染类型	污染途径	污染源	被污染的含水层
间歇渗入型	降水对固体废物堆的淋滤	工业的和生活的固体废物填坑	潜水
	降水对矿区疏干地带的淋滤	疏干地带的易溶矿物	潜水
	灌溉水及降水对农田的淋滤	农田表层土壤残留的农药、化肥及易溶盐类	潜水
连续渗入型	废水积聚地段的渗漏贮存库化学液体的流失	各种废水和化学液体	潜水
	受污染地表水的渗漏	受污染的地表水	潜水
	地下排污管道的渗漏	各种污水	潜水
越流型	地下水开采引起的层间越流	受污染的潜水及天然咸水	潜水或承压水
	水文地质窗的越流	受污染的潜水及天然咸水	潜水或承压水
	经井管的层间越流	被污染的潜水及天然咸水	潜水或承压水
地下径流型	通过岩溶发育渠道的地下径流	各种污水及被污染的地表水	主要是潜水
	通过废水处理井的地下径流	各种污水	潜水或承压水
	海水入侵	海水	潜水或承压水

地下水在复杂多样的污染途径中，具体污染方式可以归纳为直接污染和间接污染两种方式：

1. 直接污染——地下水的污染物直接来源于污染源，污染物在污染过程中，其性质没有改变。这是地下水污染的主要方式，比较容易发现污染来源及污染途径。

2. 间接污染——地下水污染物在污染源中含量并不高或不存在，它是污染过程中的产物。这种污染方式是一个复杂的渐变过程。由于人为活动引起地下水硬度升高即属此类。

四、地下水污染的调查和监测

为了查明地下水受污染的可能性和已受污染的地下水危害程度（包括对建筑物及其地下设施），常常进行地下水的污染调查和监测，为环境评价和治理提供依据。

（一）地下水污染调查

1. 调查范围及评价对象

地下水污染地质调查评价范围应根据国民经济建设的战略布局和需要，结合地区水文地质条件与研究程度确定，优先考虑地下水污染形势严重的地区，调查层位以潜水含水层和用于供水目的承压含水层为主。调查评价对象为地下水水质和污染状况，突出地下水有机污染调查评价。一般工程建设项目中涉及的（通常是局部范围的）地下水污染调查应根据项目的具体要求确定调查范围和评价对象。

2. 调查分类及精度

地下水污染地质调查分为区域调查和重点区调查。区域调查主要是调查评价区域地下水质量和污染的总体状况，其调查精度为1∶250000。重点调查主要部署在重要城市和城市密集区、地下水集中开发利用区、重要污染源分布区等，其调查精度为1∶50000。一般工程建设项目中涉及的地下水污染调查，相当于重点区调查精度（也可以更高）。不同比例尺调查应至少有30%的水文地质调查点需进行包气带岩性描述。

3. 调查评价阶段及任务

地下水调查评价主要分三个阶段，基础调查阶段、采样测试阶段和评价区划阶段。调查评价也应按上述阶段先后开展工作。基础调查阶段需要基本查明区域水文地质条件、水点类型与分布、污染源和土地利用状况，为制定地下水质量和污染采样计划提供依据。采样测试阶段则制定地下水质量和污染采样计划，核查采样点、完成规范的采样与测试。评价区划阶段主要根据调查和测试结果评价地下水质量和污染状况，编制地下水污染防治区划。

4. 基础调查的内容及方法

基础调查主要包括土地利用调查、污染源调查和水文地质调查。重点调查人类活动对地下水质量影响。

（1）土地利用调查：按照国家土地利用分类，结合调查区土地利用特点，调查土地利用现状及其变化情况，包括城市、农用地、林地、工矿用地、草地等现状及变化。

（2）地下水污染调查：在土地利用状况调查的基础上，以收集、整理调查区污染源资料为主，对重要污染源或重要潜在污染源应进行补充野外调查。调查污染源的类型、空间分布特征。主要包括对工业污染源、生活污染源、农业污染源、地表污染水体和海（咸）水入侵等的调查。

（3）水文地质调查：以已有调查研究成果为基础，基本查明重点地区包气带岩性、厚度及其区域分布；重点查明区域地下水补给、径流和排泄条件变化及影响变化的自然因素及贡献，建立、完善地下水系统结构模式或模型；查清重要的人类活动（例如土地利用、水资源开发等）情况，重点是地下水开发利用状况，集中开采水源地分布及其开采量等。

（4）调查方法：以地面调查为主，根据任务需要，结合调查精度、工作目的等，可有选择地采用遥感技术、地球物理勘探、水文测井、地面物探、水文地质钻探、环境同位素与示踪技术等。

（二）样品采集

1. 一般要求

区域调查采样点的布设应综合考虑区域水文地质条件和土地利用等情况，选择能反映调查区地下水质量和污染总体状况的代表性水点。重点调查区采样点的布设应结合污染源分布特点，有针对性地调查污染状况。在项目执行周期内，应在采样点中选择监测点对主要开采区（层）、地下水污染区开展地下水污染监测。

在进行采集过程中，应观察记录采样点周围水文地质特征（或地表水体底部地层特征）及采样点周围的环境。地下水样品采集前，应对采样井进行全孔清洗或微扰清洗，使全孔或采样部位的存储水排出。全孔清洗应采用大流量潜水泵或离心泵，微扰清洗宜使用可调潜水泵采集指定深度水样。地表水样品应采用敞口定深采样器、闭合定深采样器或惯性泵等设备进行采集。

2. 采样点选择

(1) 采样点根据调查目的在调查点中优选。区域调查采样点应在区域控制的基础上，优先选择重要地下水水源地、国家级、省级地下水监测孔、大泉（泉群）、有系列分析资料的农用井、大型工矿企业自备井、矿山排水、油田供水井、重要污染源附近的监测井等井孔或水点。

(2) 重点区调查采样点应重点考虑污染源、含水层分布、地下水流向，并结合污染物的扩散形式来确定。当现有井（泉）点不能满足采样密度时，应采用人工揭露方法采集地下水样品。

(3) 地表水采样点主要选在污染地下水采样点附近，土壤采样点宜与地下水采样点相对应。河流采样断面的位置应在混合区或污染带之外，以了解河段的平均水质并能客观反映水质特征。最好选在水文监测站（点）。采样点位一般应在水面 0.5m 以下、河床 0.5m 以上。水深不足 1m 时，采样点设在实际水深的 1/2 处。湖泊、水库采样点位应远离岸边、河流入口和排污口。一般应在水面 0.5m 以下、距湖（库）底 0.5m 以上。水深不足 1m 时，采样点设在实际水深的 1/2 处。

3. 采样点密度和采样时间

地下水污染调查的采样密度和采样时间详见表 9-2-19。

4. 样品采集

(1) 编制采样计划：在采样前由项目负责人与送检实验室协商编制。采样计划应包括采样时间、采样人员、采样点位置与数量、采样行程与进度安排、检测项目、采样容器种类与数量、采样试剂种类与用量、现场检测项目与仪器、采样设备、采样器材种类与数量、现场质控样品种类与数量、样品送检数和时间等。

地下水污染调查的采样密度和采样时间　　表 9-2-19

调查分类	采样点密度	采样时间	备　注
区域调查	1. 山区和丘陵区按 1 组/（100～200）km^2采集； 2. 平原地区按（3～4）组/100km^2采集； 3. 地下河发育的岩溶区以地下河系统为单元布设采样点。地下河系统小于等于 200km^2时，按（1～2）组/100km^2采集；地下河系统大于 200km^2时减半	主要在平水期采集	对主要水源地分析异常点进行检查采样，并采集相应的地表水样品
重点区调查	1. 按（10～20）组/100km^2采集； 2. 污染异常区适当加密，特别是超过饮用水标准的地区，原则上按 10%～20%比例增加	分丰水期、枯水期两期采集	同时采集相应土壤和地表水样，加强相应异常指标分析

(2) 选择采样设备：根据分析项目、钻孔类型选择采样设备。所选采样设备应同时与表 9-2-20 和表 9-2-21 给出的适用范围相符合。做好现场用检测仪器的校准。

采样设备对不同分析项目的适用性　　表 9-2-20

采样设备	地下水分析项目												
	a	b	c	d	e	f	g	h	i	j	k	l	m
敞口定深采样器	√		√		√	√	√		√				√

续表

采样设备	地下水分析项目												
	a	b	c	d	e	f	g	h	i	j	k	l	m
闭合定深采样器	√	√	√	√	√	√	√	√	√	√	√	√	√
惯性泵	√	√	√		√	√	√		√				√
气囊泵	√	√	√	√	√	√	√	√	√	√	√	√	√
气提泵	√				√	√	√		√				
潜水泵	√	√	☑	☑	√	√	√	☑	√	☑	☑	☑	√
吸程泵	√	☑	√	☑	√	√	√	☑	√	☑	☑	☑	√

注：1. 地下水分析项目（√—适合，☑—在一定条件下适用）

a—电导率（k） f—痕量金属 k—TOC（总有机碳）

b—pH g—硝酸盐等阴离子 l—TOX（总有机卤）

c—碱度 h—溶解气体 m—微生物指标

d—氧化还原电位（Eh） i—非挥发性有机化合物

e—宏量离子 j—VOCs 和 SVOCs（挥发性和半挥发性有机化合物）

2. 摘自《区域地下水污染调查评价规范》DZ/T 0288—2015，格式有改动。

采样设备对不同类型钻孔的适用性 **表 9-2-21**

采样设备	井孔类型					
	大口井（潜水）	水文孔		地质观测孔		测压管
		上部含水层	下部含水层	上部含水层	下部含水层	
敞口定深采样器	√	√		√		☑
闭合定深采样器	√	√	√	√	√	☑
惯性泵			√		√	√
气囊泵	√	√	☑	√	☑	√
气提泵	√	√	☑	√	☑	√
潜水泵	√	√	√	√	√	√
离心泵	√	√	☑	√	☑	√

注：1. √—适合，☑—在一定条件下适用

2. 本表摘自《区域地下水污染调查评价规范》DZ/T 0288—2015。

（3）采样方法：地下水样品采集时，应在泵的出水口前通过一小直径支管分流出一部分排水，将支管的末端插入采样瓶底部，使水发生溢流，缓慢上移出水支管并移出采样瓶。根据不同的检测项目直接或加入相应的保护剂后迅速旋紧瓶盖。地表水样品采用适用的设备在规定位置直接采取。现场即时填写采样记录表和采样标签。

5. 样品保存与防护

（1）样品保存：所有野外采集的样品，须按照规定的方法进行保存，具体保存方法见表 9-2-22。

各种检测项目样品的保存方法　表 9-2-22

测定项目	最小采样量(ml)	容器	保存方法	允许保存时间(d)	备　注
Eh	100	G，P			现场测定
NO_2^-	100	G，P	原样保存	1/3	最好现场测定或开瓶后立即测定
pH，NH_4^+	100	G，P	原样保存	3	pH 的检测最好现场测定
K^+，Na^+，Ca^{2+}，Mg^{2+}，$SO_4{}^{2+}$，Cl^-，$HCO_3{}^-$，CO_3^{2-}，F^-	500	G，P	原样保存	30	对矿化度高的重碳酸型水，HCO_3^-，Ca^{2+}，Mg^{2+}，游离 CO_2，应在现场测定
Fe^{3+}，Fe^{2+}	250	G，P	加入硫酸-硫酸铵	30	现场固定
侵蚀性 CO_2	250	G，P	加入碳酸钙	30	现场固定
磷酸盐	100	G	加硝酸酸化，使 pH≤2	10	现场固定
可溶性硅酸	100	P	含量＜100mg/L，原样保存；＞100mg/L，酸化，使 pH≤2	20	现场固定
NO_3^-	100	G，P	原样或 pH≤2	20	
总铬	100	G，P	加硝酸酸化，使 pH≤2	30	现场固定
六价铬	100	G，P	原样保存	30	
Mo，Se，As	100	G，P	原样或加酸，使 pH≤2	15	
Li，Rb，Cs，Ba，Sr	200	G，P	原样或加酸，使 pH≤2	30	
金属组分	1000	G，P	加硝酸，使 pH≤2	7	现场固定
硫化物	500	G	加醋酸锌	7	现场固定
溴	100	G	原样保存	10	
碘	100	G	原样保存	10	
耗氧量（COD）	100	G，P	原样或 4℃保存	3	
硼	100	P	原样保存	30	
挥发性酚，氰化物	1000	G	加 NaOH 使 pH≥12，或 4℃保存	1	现场固定
有机农药残留量	5000	G	加硫酸，使 pH≤2	7	现场固定
铀，镭，钍	1000	G，P	加硝酸，使 pH≤2	7	现场固定
氡	100	G	原样保存	1	
${}_1^2H$，${}^{18}O$	100	G	原样保存		
${}_1^3H$	1000	G	原样保存		
VOCs	40	专用瓶	浓盐酸为保存剂，4℃保存	14	取两瓶样
S-VOCs	1000	专用瓶	4℃保存	7	7d 内萃取，40d 内分析

注：1. G—玻璃瓶；P—塑料瓶；

2. 本表摘自《区域地下水污染调查评价规范》DZ/T 0288—2015，文字略有改动。

（2）样品运输防护。按采样计划在规定的时间内将样品送到指定的实验室。运输前应逐件核对样品记录表和样品瓶标签，分类装箱。需在4℃保存的样品放在专用冷藏箱内运输。运输过程应采取防震措施，避免阳光照射。分析VOCs、S-VOCs及气体组分的样品瓶应按要求运输。冬季运输应采取防冻措施。

（三）样品测试指标

1. 区域调查水样测试指标

区域调查水样现场测试、无机物测试以及有机物测试指标见表9-2-23。

区域调查水样测试指标　　表9-2-23

<table>
<tr><th colspan="2">指标类型</th><th>指　标　名　称</th><th>指标数</th></tr>
<tr><td colspan="2">现场</td><td>气温、水温、pH值、电导率、氧化还原电位、溶解氧、浊度</td><td>7</td></tr>
<tr><td colspan="2">无机组分</td><td>溶解性总固体、总硬度、高锰酸盐指数、偏硅酸、硝酸盐、亚硝酸盐、氨氮、硫酸盐、碳酸盐、重碳酸盐、氯离子、氟离子、碘离子、钠、钾、钙、镁、铁、锰、铅、锌、铜、镉、六价铬、汞、砷、硒、铝</td><td>27</td></tr>
<tr><td rowspan="4">有机组分</td><td>卤代烃</td><td>三氯甲烷、四氯化碳、1，1，1-三氯乙烷、三氯乙烯、四氯乙烯、二氯甲烷、1，2-二氯乙烷、1，1，2-三氯乙烷、1，2-二氯丙烷、溴二氯甲烷、一氯二溴甲烷、三溴甲烷、氯乙烯、1，1-二氯乙烯、1，2-二氯乙烯</td><td rowspan="4">36</td></tr>
<tr><td>氯代苯类</td><td>氯苯、邻二氯苯、间二氯苯、对二氯苯、1，2，4三氯苯</td></tr>
<tr><td>单环芳烃</td><td>苯、甲苯、乙苯、二甲苯（总量）、苯乙烯</td></tr>
<tr><td>有机氯农药</td><td>六六六（总量）、α-六六六、β-六六六、γ-六六六、δ-六六六、滴滴涕、p，p′-滴滴伊、p，p′-滴滴滴、o，p-滴滴涕、p，p′-滴滴涕、六氯苯</td></tr>
</table>

注：本表摘自《区域地下水污染地质调查评价规范》DZ/T 0288—2015。

2. 重点区调查水样测试指标

重点区调查水样现场测试、无机物测试以及有机物测试指标见表9-2-24。

重点区调查水样现场测试、无机物测试以及有机物测试指标　　表9-2-24

<table>
<tr><th colspan="2">指标类型</th><th>指　标　名　称</th><th>指标数</th></tr>
<tr><td colspan="2">现场</td><td>气温、水温、pH值、电导率、氧化还原电位、溶解氧、浊度</td><td>7</td></tr>
<tr><td rowspan="2">无机组分</td><td>必测</td><td>溶解性总固体、总硬度、高锰酸盐指数、偏硅酸、硝酸盐、亚硝酸盐、氨氮、硫酸盐、碳酸盐、重碳酸盐、氯离子、氟离子、碘离子、钠、钾、钙、镁、铁、锰、铅、锌、铜、镉、六价铬、汞、砷、硒、铝</td><td>28</td></tr>
<tr><td>选测</td><td>挥发性酚、氰化物、阴离子合成洗涤剂（水源地必测）、硫化物（特殊地区必测）、总磷、溴、总铬、铜、钡、铍、钼、镍、硼、锑、银、铊、可按总样量的10%～20%的比例增加总α放射线和总β放射性、总大肠菌群和细菌总数、高氯酸盐的检测比例</td><td>19</td></tr>
</table>

续表

指标类型			指标名称	指标数
有机组分	必测	卤代烃	三氯甲烷、四氯化碳、1，1，1-三氯乙烷、三氯乙烯、四氯乙烯、二氯甲烷、1，2-二氯乙烷、1，1，2-三氯乙烷、1，2-二氯丙烷、溴二氯甲烷、一氯二溴甲烷、三溴甲烷、氯乙烯、1，1-二氯乙烯、1，2-二氯乙烯	37
		氯代苯类	氯苯、邻二氯苯、间二氯苯、对二氯苯、1，2，4三氯苯	
		单环芳烃	苯、甲苯、乙苯、二甲苯（总量）、苯乙烯	
		有机氯农药	六六六（总量），α-六六六、β-六六六、γ-六六六、δ-六六六、滴滴涕、p，p′-滴滴伊、p，p′-滴滴滴、o，p-滴滴涕、p，p′-滴滴涕、六氯苯	
		多环芳烃	苯并（a）芘	
	选测	综合指标	总挥发性有机碳、总有机碳、总石油烃	51
		氯化苯类	1，2，3三氯苯、1，3，5三氯苯	
		汽油添加剂	甲基叔丁基醚（MTBE）	
		有机氯农药	七氯、七氯环氧、艾氏剂、狄氏剂、异狄氏剂、氯丹	
		有机磷农药	敌敌畏、甲基对硫磷、马拉硫磷、乐果、甲拌磷	
		其他农药	阿特拉津、克百威、涕灭威	
		酚类	五氯酚、2，4，6-三氯酚、2，4-二氯酚、间甲酚、苯酚、对硝基酚	
		酯类	二-（2-乙基己基）邻苯二甲酸酯、二（2-乙基己基）己二酸酯、二（2-乙基己基）磷酸酯	
		多环芳烃	多环芳烃总量、萘、苊、二氢苊、芴、菲、蒽、荧蒽、芘、苯并（a）蒽、䓛、苯并（b）荧蒽、苯并（K）荧蒽、茚并（1，2，3）芘、二苯并（a，h）蒽、苯并（g，h，i）苝	
		多氯联苯类	多氯联苯（总量）	
		其他	二氯乙酸、三氯乙酸、三氯乙醛、硝基苯、苯胺	

注：1. 多氯联苯（总量）为209种多氯联苯同系物异构体加和；
2. 本表摘自《区域地下水污染调查评价规范》DZ/T 0288—2015。

（四）地下水污染的动态监测

1. 地下水污染监测网点布设原则

（1）区域地下水污染监测点应重点部署在已发现污染区或有污染源分布区。监测点数宜控制在地下水污染调查采样点总数的1%。

（2）重点区及地下水污染严重区，地下水污染监测点应在区域地下水污染监测网点基础上加密布设，重点监测地下水污染严重区、大中型地下水水源地保护区、重要农业区等地段。监测点数应根据地下水污染程度、污染范围和污染物种类等具体确定。

（3）特殊地下水污染组分监测点布设根据需要确定。

（4）岩溶区监测网点要控制地下河干流或岩溶主径流带及其水质突变点。

2. 地下水污染监测频率

区域地下水污染监测点监测频率，一般每年9月到10月监测一次。重点区地下水污染监测点监测频率，一般每年丰、枯水期各监测一次。特殊地下水污染组分监测，一般每季度或每月监测一次。岩溶泉和地下河的监测应结合地下水动态变化特点确定。专用监测井按设置目的与要求确定。

3. 地下水污染监测项目

区域地下水污染监测项目根据地下水污染调查结果确定典型污染指标。重点区地下水污染监测项目，除应包括地下水污染调查确定的污染指标外，还应根据情况对可能污染的指标进行监测。特殊地下水污染组分的监测，根据特殊组分变化特点确定。

第三章　水文地质测试

第一节　地下水流向流速的测定

一、地下水流向的测定

地下水的流向可用三点法测定。沿等边三角形（或近似的等边三角形）的顶点布置钻孔，以其水位高程编绘等水位线图。垂直等水位线并向水位降低的方向为地下水流向。三点间孔距一般取 50～150m。钻孔布置见图 9-3-1。

地下水流向的测定，也可用人工放射性同位素单井法来测定（图 9-3-3）。其原理是用放射性示踪溶液标记井孔水柱，让井中的水流入含水层，然后用一个定向探测器测定钻孔各方向含水层中示踪剂的分布，在一个井中确定地下水流向。这种测定可在用同位素单井法测定流速的井孔内完成。

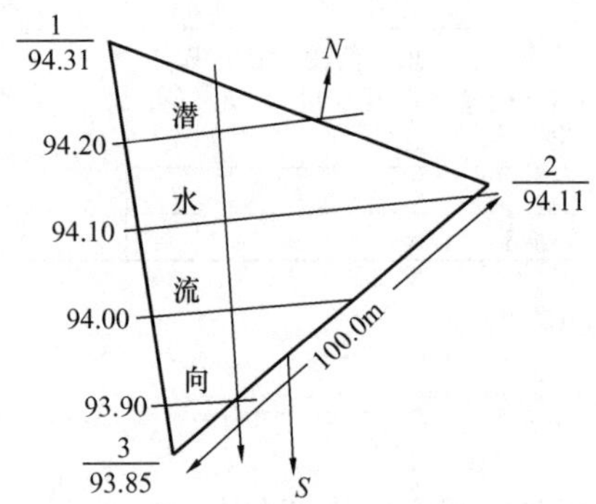

图 9-3-1　测定地下水流向的钻孔布置略图

94.20—地下水位等值线，$\frac{1}{94.31}$—$\frac{\text{孔号}}{\text{水位标高}}$

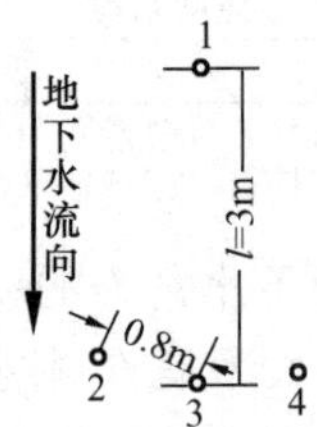

图 9-3-2　测定地下水流速的钻孔布置略图

1—投剂孔；2、4—辅助观测孔；3—主要观测孔

二、地下水流速的测定

（一）利用水力坡度求地下水流速：

在等水位线图的地下水流向上，求出相邻两等水位间的水力坡度，然后利用公式 9-3-1计算地下水流速。

$$v = kI \tag{9-3-1}$$

式中　v——地下水的渗透速度（m/d）；

k——渗透系数（m/d）；

I——水力坡度。

（二）利用指示剂或示踪剂，测定地下水的流速：

利用指示剂或示踪剂来现场测定流速，要求被测量的钻孔能代表所要查明的含水层，钻孔附近的地下水流为稳定流，呈层流运动。

根据已有等水位线图或三点孔资料，确定地下水流动方向后，在上、下游设置投剂孔和观测孔来实测地下水流速。为了防止指示剂（示踪剂）绕过观测孔，可在其两侧 0.5～1.0m 各布一辅助观测孔。投剂孔与观测孔的间距决定于岩石（土）的透水性。具体方法和孔位布置见图 9-3-2、表 9-3-1。

投剂孔与观测孔间距　　表 9-3-1

岩石性质	投剂孔与观测孔的间距（m）	岩石性质	投剂孔与观测孔的间距（m）
细粒砂	2～5	透水性好的裂隙岩石	10～15
含砾粗砂	5～15	岩溶发育的石灰岩	>50

根据试验观测资料绘制观测孔内指示剂随时间的变化曲线，并选指示剂浓度高峰值出现时间（或选用指示剂浓度中间值对应时间）来计算地下水流速：

$$\nu' = \frac{l}{t} \tag{9-3-2}$$

式中　ν'——地下水实际流速（平均）（m/h）；

l——投剂孔与观测孔距离（m）；

t——观测孔内浓度峰值出现所需时间（h）。

渗透速度 v 可按 $v=n\nu'$ 公式换算得到，其中 n 为孔隙度。

地下水实际流速测定方法　　表 9-3-2

<table>
<tr><th rowspan="2">方法</th><th rowspan="2">原理</th><th colspan="5">指示剂</th><th rowspan="2">基本操作方法</th><th rowspan="2">鉴　别</th><th rowspan="2">备　注</th></tr>
<tr><th colspan="2">名称</th><th>投放孔与观测孔间距</th><th colspan="2">投放数量</th></tr>
<tr><td rowspan="5">化学方法</td><td rowspan="5">通过化学分析确定盐分在观测孔出现的时间及其浓度的变化</td><td colspan="2">氯化钠</td><td>>5m</td><td colspan="2">10～15kg</td><td rowspan="8">投放指示剂的方法有二：(1) 将装有指示剂溶液的圆筒（底部带锥形活门）放至预定深度，松开底部活门，使溶液溢入孔内；(2) 将带两个孔的圆筒（筒上部小孔接有胶管通地面）放入预定深度，沿胶管将溶液注入井内。然后用不大于 50cm³ 的取样器从观测孔中取水样</td><td rowspan="3">用滴定法确定含氯量至水样变成棕红色，经摇晃颜色不褪为止。</td><td rowspan="8">1. 所列各种方法中以硝酸盐类作为指示剂比较好。其主要优点是：灵敏度高，干扰较少，试验简单，操作方便。重现性也较好，价格便宜，容易购买。但亚硝酸钠不太稳定，具一定毒性。硝酸钠毒性低，灵敏度稍低，需作 NO_3^- 本底含量校正。</td></tr>
<tr><td colspan="2">氯化钙</td><td>3～5m</td><td colspan="2">5～10kg</td></tr>
<tr><td colspan="2">氯化铵</td><td><3m</td><td colspan="2">3～5kg</td></tr>
<tr><td colspan="2">亚硝酸钠</td><td>>5m</td><td colspan="2">使水中含 NO_2^- <1mg/L</td><td rowspan="2">检验 NO_2^- 含量方法：配制固体试粉，用 0.5g 试粉放入 50mL 的水样中与标准溶液比色，检验 NO_2^- 含量，方法同上，但为 NO_3^-、NO_2^- 总量，须减除 NO_3^- 含量，即为 NO_2^- 含量</td></tr>
<tr><td colspan="2">硝酸钠</td><td>>5m</td><td colspan="2">使水中含 NO_3^- <50mg/L</td></tr>
<tr><td rowspan="3">比色法</td><td rowspan="3">利用着色浓度的变化确定通过两孔的时间</td><td rowspan="2">碱性水</td><td rowspan="2">荧光红、荧光黄、伊红</td><td rowspan="3"></td><td rowspan="3">每5m路径</td><td>松散岩层 1～5g</td><td rowspan="3">用荧光比色器确定染料的存在及其浓度，或自配不同浓度的溶液装入比色管，定时取样比色，以确定染料的存在及其浓度</td></tr>
<tr><td>岩溶裂隙岩层 1～10g</td></tr>
<tr><td>弱酸性水</td><td>刚果红、亚甲基兰、苯胺兰</td><td>10～30g
10～40g</td></tr>
</table>

续表

方法	原理	指示剂			基本操作方法	鉴　别	备　注
		名称	投放孔与观测孔间距	投放数量			
电解法	利用专门电测设备确定钻孔间电解质的运动及其在观测孔内出现的情况	氯化铵			投放指示剂的方法同前。观测孔内设有专门电极（与管子绝缘），电路从电极处经电池、安培计和调节变阻器，最后到投放孔的套管上	在不同时间内测定电路内的电流强度．以电流强度的变化确定指示剂的存在及其浓度	2. 检验NO_2^-、NO_3^-固体试粉的制配：分别研细100g硫酸钡（烘干）、75g柠檬酸。4g对氨基苯磺酸，2gα一萘胺，混
充电法	利用溶化的食盐，沿地下水流向扩散，使投放孔附近电场发生变化	食盐			食盐放入孔中的含水层位置，将A电极置于井中，B极插在离钻孔20*H*（*H*为含水层埋深）处，并使MN＝2～4H（N极设在水流上游）	地表观测到的等电位线由圆形渐变为似椭圆形，其长轴方向即为地下水流向	合均匀，存放棕色瓶中保持干燥。检验NO_3^-时，需再混合10g硅酸锰4g锌粉。比色标准溶液配制成NO_2^-或NO_3^-的浓度为0.001mg/L；
放射性示踪原子法	利用仪器确定示踪剂通过观测孔的时间	氚（H^3） 碘（I^{131}） 镍（Br^{82}） 钠（Na^{24}） 硫（S^{35}）等	流速为10^{-2}～10^{-6}cm/s时，间距为50～100m	一般应使放射源强度达到10～15mc（毫居里）	将示踪剂投入中心孔，然后在观测孔中用由一组Cr-M计数管作为探头和定标器（或计数率计）组成的探测设备，定期将放射性计数记录下来	以放射源强度随时间变化曲线最高值在时间坐标上的投影为示踪剂通过观测孔的时间	3. 用硝酸盐类作指示剂的方法，在试验前，须预先取一瓶观测点的水样，便于在试验中出现异常或有怀疑时进行对比

此外，地下水流速的测定，尚可用人工放射性同位素单井稀释法于现场测定。水文地质示踪常用的人工放射性同位素有^3H、^{51}Cr、^{60}Co、^{82}Br、^{131}I、^{137}Cs等。流速的测定是根据示踪剂投剂孔内不同时间的浓度变化曲线，用公式（9-3-3）计算可得到平均的实际流速v（近似值）。

$$v=\frac{V}{st}\ln\left(\frac{C_0}{C}\right) \tag{9-3-3}$$

式中　C_0、C——分别为时间$T=0$和$T=t$的浓度（μg/L）；

t——观测时间（h）；

s——水流通过隔绝段中心的垂向横截面面积（m^2）；

V——隔绝段井孔水柱的体积（m^3）。

单井法试验具体方法见示意图 9-3-3。

地下水实际流速测定方法请参考表 9-3-2。

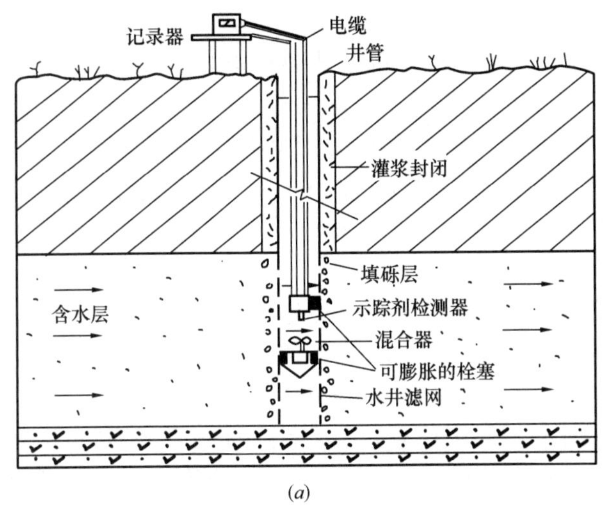

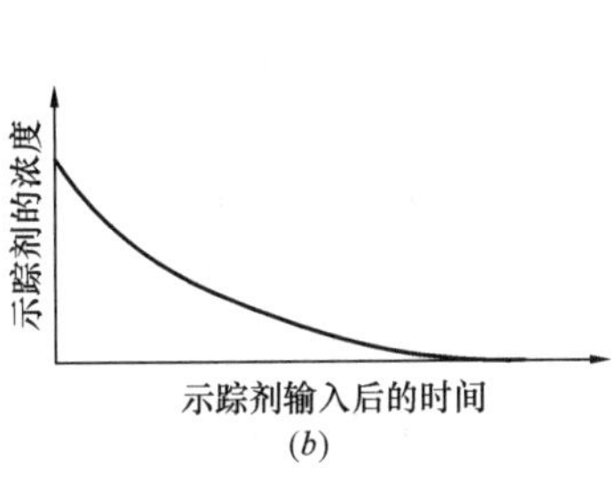

图 9-3-3　单井法试验方法

（a）单井稀释法试验示意图；（b）示踪剂随时间的冲淡曲线

第二节　抽水试验

一、抽水试验的目的、方法和要求

（一）抽水试验的目的

岩土工程勘察中抽水试验的目的，通常为查明建筑场地的地层渗透性和富水性，测定有关水文地质参数，为建筑设计提供水文地质资料。往往用单孔（或有一个观测孔）的稳定流抽水试验。

因为现场条件限制，也常在探井、钻孔或民井中，用水桶或抽筒进行简易抽水试验。

抽水试验方法可按表 9-3-3 选用

抽水试验方法和应用范围　　表 9-3-3

试验方法	应用范围
钻孔或探井简易抽水	粗略估算弱透水层的渗透系数
不带观测孔抽水	初步测定含水层的渗透性参数
带观测孔抽水	较准确测定含水层的各种参数

（二）抽水试验的方法和要求

1. 抽水孔：钻孔适宜半径 $r \geqslant 0.01M$（M 为含水层厚度）。或者利用适宜半径的工程地质钻孔。

抽水孔深度的确定与试验目的有关。若以试验段长度与含水层厚度两者关系而言，有完整孔与非完整孔两种情况。

为获得较为准确、合理的渗透系数 k，以进行小流量、小降深的抽水试验为宜。

2. 观测孔：观测孔的布置，决定于地下水的流向、坡度和含水层的均一性。一般布置在与地下水流向垂直的方向上，与抽水孔的距离以1～2倍含水层厚度为宜。孔深一般要求进入抽水孔试验段厚度之半。

3. 技术要求：

（1）水位下降（降深）：正式抽水试验一般进行三个降深，每次降深的差值宜大于1m。

（2）稳定延续时间和稳定标准：岩土工程勘察中稳定延续时间一般为8～24h。稳定延续时间是指某一降深下，相应的流量和动水位趋于稳定后的延续时间。

稳定标准：在稳定时间段内，涌水量波动值不超过正常流量的5%，主孔水位波动值不超过水位降低值的1%，观测孔水位波动值不超过2～3cm。若抽水孔、观测孔动水位与区域水位变化幅度趋于一致，则为稳定。

（3）稳定水位观测：试验前对自然水位要进行观测。一般地区每小时测定一次，三次所测水位值相同，或4h内水位差不超过2cm者，即为稳定水位。

（4）水温和气温的观测：一般每2～4小时同时观测水温和气温一次。

（5）恢复水位观测：一般地区在抽水试验结束后或中途因故停抽时，均应进行恢复水位观测，通常以1、3、5、10、15、30min……按顺序观测，直至完全恢复为止。观测精度要求同稳定水位的观测。水位渐趋恢复后，观测时间间隔可适当延长。

（6）动水位和涌水量的观测：动水位和涌水量同时观测，主孔和观测孔同时观测。开泵后每5～10min观测一次，然后视稳定趋势改为15min或30min观测一次。

（三）注意事项

1. 为测定水文地质参数（渗透系数，给水度等）的抽水试验，应在单一含水层中进行，并应采取措施，避免其他含水层的干扰。试验地点和层位应有代表性，地质条件应与计算分析方法一致。

2. 单孔抽水试验时，宜在主孔过滤器外设置水位观测管，不设置观测管时，应估计过滤器阻力的影响。

3. 承压水完整井抽水试验时，主孔降深不宜超过含水层顶板，超过顶板时，计算渗透系数应采用相应的公式。

4. 潜水完整井抽水试验时，主孔降深不宜过大，不得超过含水层厚度的三分之一。

5. 降落漏斗水平投影应近似圆形，对椭圆形漏斗宜同时在长轴方向和短轴方向上布置观测孔；对傍河抽水试验和有不透水边界的抽水实验，应选择适宜的公式计算。

6. 正规抽水试验宜三次降深，最大降深宜接近设计动水位。

7. 非完整井的抽水试验应采用相应的计算公式。

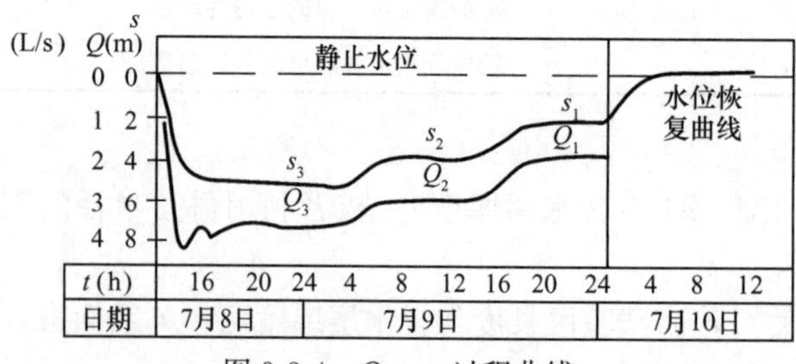

图9-3-4 Q、s-t过程曲线

注：有观测孔时，应绘制主孔与观测孔水位下降历时曲线

二、抽水试验资料整理

（一）现场整理

抽水试验进行过程中，需要在现场整理，编制有关曲线图表，指导并检查试验情况，为室内整理做好基础工作。具体内容见图9-3-4～图9-3-6。

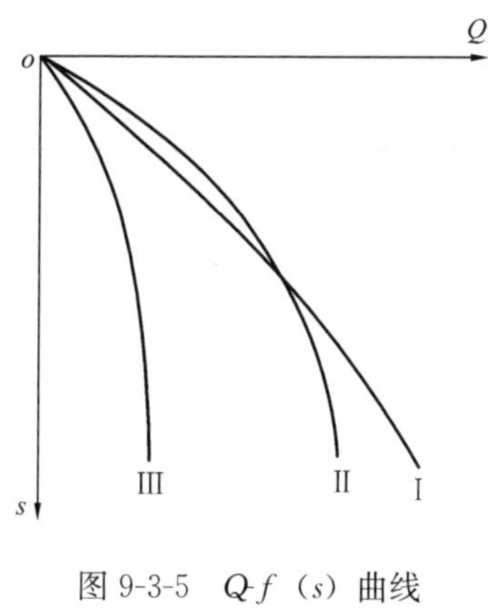

图 9-3-5　Q-f（s）曲线

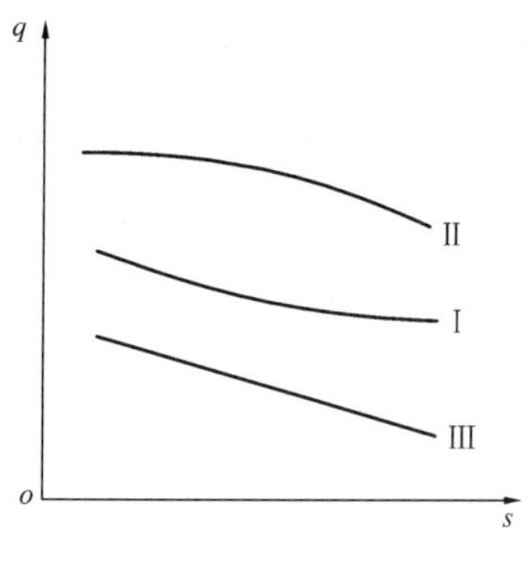

图 9-3-6　q-f（s）曲线

图 9-3-5、图 9-3-6 中，曲线Ⅰ代表含水层的渗透性、补给条件好，出水量大的抽水试验曲线；曲线Ⅱ代表含水层的渗透性、补给条件较好，出水量较大的抽水试验曲线；曲线Ⅲ代表含水层分布范围较小，含水层渗透性和地下水补给条件差的抽水试验曲线。

（二）室内整理

1. 绘制水文地质综合图表，内容包括（1）试验地段平面图；（2）水位，流量与时间过程曲线图；（3）Q-f（s），q-f（s）曲线图；（4）水位恢复曲线（过程）图；（5）主孔、观测孔结构图（包括工艺、技术措施说明）。

2. 计算岩土工程勘察所要求的水文地质参数。在选用计算公式时，应充分考虑适用条件。具体内容见本节水文地质参数计算的内容。

3. 编写抽水试验报告，其内容有：（1）试验的目的、方法和要求，（2）试验的成果和结论。

三、水文地质参数计算

（一）渗透系数 k

计算公式见表 9-3-4～表 9-3-6。

（二）影响半径 R

根据计算公式确定影响半径，目前大多数只能给出近似值。常用公式见表 9-3-7。

四、水文地质参数经验值

（一）渗透系数 k 经验值（表 9-3-8，表 9-3-9）

（二）给水度 μ 经验值（表 9-3-10）

（三）影响半径 R 经验值（表 9-3-11，表 9-3-12）

潜水非完整井（非淹没过滤器井壁进水）　　**表 9-3-4**

图　形	计　算　公　式	适　用　条　件
R，s_w，l，H，h，$2r_w$，$l<0.3H$	$k=\dfrac{0.73Q}{s_w\left[\dfrac{l+s_w}{\lg\dfrac{R}{r_w}}+\dfrac{l}{\lg\dfrac{0.66l}{r_w}}\right]}$	1. 过滤器安置在含水层上部 2. $l<0.3H$ 3. 含水层厚度很大

续表

图形	计算公式	适用条件
$s<0.3H$ $l<0.3H$ $r_1<0.3H$	$k=\frac{0.16Q}{l'(s_w-s_1)}\left(2.3\lg\frac{1.6l'}{r_w}-\mathrm{arsh}\frac{l'}{r_1}\right)$ 式中：$l'=l_0-0.5(s_w+s_1)$	1. 过滤器安置在含水层上部 2. $l<0.3H$ 3. $s_w<0.3l_0$ 4. 一个观测孔 $r_1<0.3H_r$
$l>0.3H$	$k=\frac{0.73Q}{s_w\left[\frac{l+s_w}{\lg\frac{R}{r_w}}+\frac{2m}{\frac{1}{2\alpha}\left(2\lg\frac{4m}{r_w}-A\right)-\lg\frac{4m}{R}}\right]}$ 式中 m——抽水时过滤器（进水部分）长度的中点至含水层底的距离 A——取决于 $\alpha=\frac{l}{m}$，由图 9-3-7 确定。	1. 过滤器安置在含水层上部 2. $l>0.3H$ 3. 单孔
	$k=\frac{0.366Q(\lg R-\lg r_w)}{H_1 s_w}$ 式中 H_1—至过滤器底部的含水层深度。	单孔
$H_1<\frac{H}{2}$	$k=\frac{0.366Q}{ls_w}\lg\frac{0.66l}{r_w}$	1. 河床下抽水 2. 过滤器安置在含水层上部或中部 3. $c>\frac{l}{\ln\frac{l}{r_w}}$（一般 $c<2\sim3$m） 4. $H_1<0.5H$

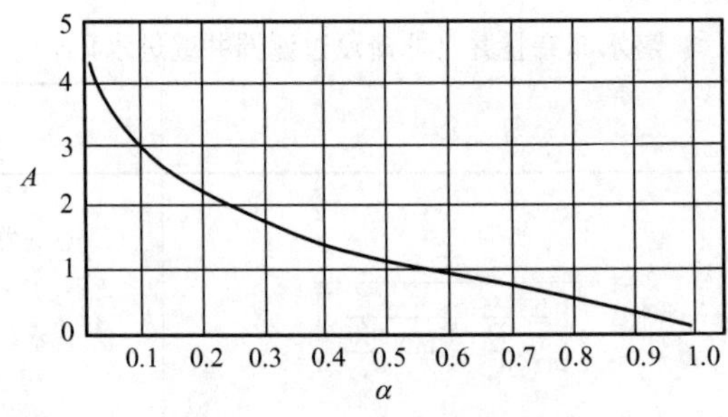

图 9-3-7 系数 A-α 曲线图

潜水非完整井（淹没过滤器井壁进水）　　**表 9-3-5**

图　形	计 算 公 式	适 用 条 件	说明
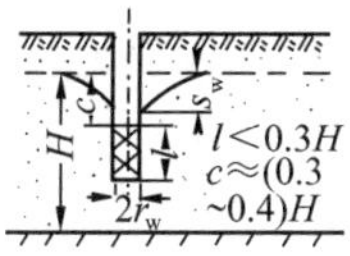	$k=\frac{0.366Q}{ls_{\mathrm{w}}}\lg\frac{0.66l}{r_{\mathrm{w}}}$	1. 过滤器安置在含水层中部 2. $l<0.3H$ 3. $c\approx(0.3\sim0.4)H$ 4. 单孔	
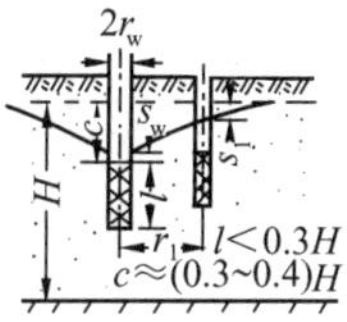	$k=\frac{0.16Q}{l(s_{\mathrm{w}}-s_1)}\left(2.3\lg\frac{0.66l}{r_{\mathrm{w}}}-\operatorname{arsh}\frac{l}{2r_1}\right)$	1. 2. 3. 条件同上 4. 有一个观测孔	
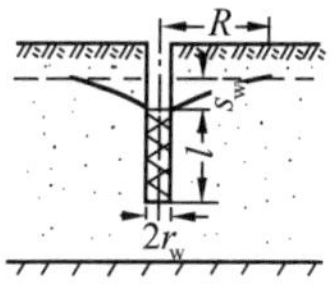	$k=\frac{0.336Q(\lg R-\lg r_{\mathrm{w}})}{(s_{\mathrm{w}}+l)s}$	1. 过滤器位于含水层中部 2. 单孔	
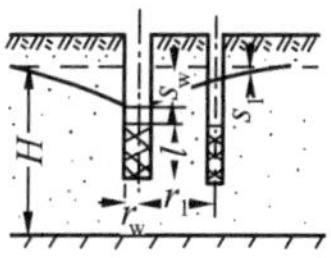	$k=\frac{0.336Q(\lg r_1-\lg r_{\mathrm{w}})}{(s_{\mathrm{w}}-s_1)(s-s_1+l)}$	1. 条件同上 2. 一个观测孔	
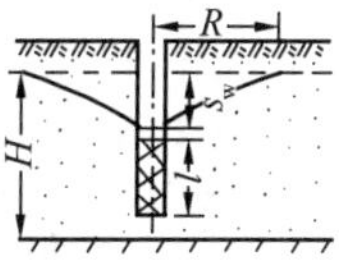	$k=\frac{0.73Q(\lg R-\lg r_{\mathrm{w}})}{s_{\mathrm{w}}(H+l)}$	1. 过滤器位于含水层下部 2. 单孔	

根据水位恢复速度计算渗透系数　　　表 9-3-6

图形	计算公式	适用条件	说明
	$k=\dfrac{1.57r_w(h_2-h_1)}{t(s_1+s_2)}$	1. 承压水层 2. 大口径平底井（或试坑）	求得一系列与水位恢复时间有关的数值 k 后，则可作 $k=f(t)$ 曲线，根据此曲线，可确定近于常数的渗透系数值，如下图 左列公式均作近似计算用
	$k=\dfrac{r_w(h_2-h_1)}{t(s_1+s_2)}$	1. 条件同上 2. 大口径半球状井底（试坑）	
	$k=\dfrac{3.5r_w^2}{(H+2r_w)t}\ln\dfrac{s_1}{s_2}$	潜水完整井	
	$k=\dfrac{\pi r_w}{4t}\ln\dfrac{H-h_1}{H-h_2}$	1. 潜水非完整井 2. 大口径井底进水井壁不进水	

影响半径（R）计算公式　　　表 9-3-7

计算公式		适用条件	备注
潜水	承压水		
$\lg R=\dfrac{s_w(2H-s_w)\lg r_1-s'(2H-s_1)\lg r_w}{(s_w-s_1)(2H-s_w-s_1)}$	$\lg R=\dfrac{s_w\lg r_1-s_1\lg r_w}{s_w-s_1}$	有一个观测孔完整井抽水时	精度较差，一般偏大
$\lg R=\dfrac{1.336k(2H-s_w)s_w}{Q}+\lg r_w$	$\lg R=\dfrac{2.73kms_w}{Q}+\lg r_w$	无观测孔完整井抽水时	
$R=2d$		近地表水体单孔抽水时	
$R=2s\sqrt{Hk}$		计算松散含水层井群或基坑矿山巷道抽水初期的 R 值	对直径很大的井群和单井算出的 R 值过大；计算矿坑基坑 R 值偏小
	$R=10s\sqrt{k}$	计算承压水抽水初期的 R 值	得出的 R 值为概略值
$R=\sqrt{\dfrac{k}{W}(H^2-h_0^2)}$		计算泄水沟和排水渠的影响宽度	要考虑大气降水补给潜水最强时期的 W 值为依据

续表

计算公式		适用条件	备注
潜　水	承压水		
$R=1.73\sqrt{\frac{kHt}{\mu}}$		含水层没有补给时，确定排水渠的影响宽度	得出近似的影响宽度值
$R=H\sqrt{\frac{k}{2W}\left[1-\exp\left(-\frac{6Wt}{\mu H}\right)\right]}$		含水层有大气降水补给时；确定排水渠的影响宽度	
	$R=a\sqrt{at}$ $a=1.1\sim1.7$	确定承压含水层中狭长坑道的影响宽度	a 为系数，取决于抽水状态

黄淮海平原地区渗透系数经验数值　　表 9-3-8

岩性	渗透系数（m/d）	岩性	渗透系数（m/d）
砂卵石	80	粉细砂	5～8
砂砾石	45～50	粉砂	2～3
粗砂	20～30	砂质粉土	0.2
中粗砂	22	砂质粉土-粉质黏土	0.1
中砂	20	粉质黏土	0.02
中细砂	17	黏土	0.001
细砂	6～8		

注：此表系根据冀、豫、鲁、苏北、淮北、北京等省市平原地区部分野外试验资料综合。

砾石渗透系数　　表 9-3-9

平均粒径 d_{50}（mm，按重量）	35	21	14	10	5.8	3	2.9
不等粒系数 $\eta=\frac{d_{60}}{d_{10}}$	2.7	2.0	2.0	6.3	5.9	2.5	2.7
渗透系数（cm/s，t=10℃）	20.0	20.0	10.0	5.0	3.3	3.3	0.8

注：根据原五机部勘测公司。

给水度经验　　表 9-3-10

岩性	给水度	岩性	给水度
粉砂与黏土	0.1～0.15	粗砂及砾石砂	0.25～0.35
细砂与泥质砂	0.15～0.20	黏土胶结的砂岩	0.02～0.03
中砂	0.20～0.25	裂隙矿岩	0.008～0.1

影响半径经验值　　表 9-3-11

岩性	主要颗粒粒径（mm）	影响半径（m）	岩性	主要颗粒粒径（mm）	影响半径（m）
粉砂	0.05～0.1	25～50	极粗砂	1.0～2.0	400～500
细砂	0.1～0.25	50～100	小砾	2.0～3.0	500～600
中砂	0.25～0.5	100～200	中砾	3.0～5.0	600～1500
粗砂	0.5～1.0	300～400	大砾	5.0～10.0	1500～3000

注：《水利水电工程地质手册》认为，粗砂，粒径 0.5～2.0mm 时，R 为 100～150m

根据单位出水量及单位水位下降确定影响半径 R 经验值 **表 9-3-12**

单位出水量（L/s·m）	单位水位降低（m/L·s）	影响半径 R（m）
>2	≤0.5	300～500
2～1	1～0.5	100～300
1～0.5	2～1	60～100
0.5～0.33	3～2	25～50
0.33～0.2	5～3	10～25
<0.2	>5	<10

五、抽水试验的设备仪器

抽水试验的设备仪器，是根据抽水试验的目的、方法和精度来选择的，同时还要考虑所要研究的地下水流和含水层特征。岩土工程勘察中稳定流抽水试验或简易抽水试验，其设备仪器有：

1. 抽水设备：水桶，抽筒，水泵（离心泵，射流泵，潜水泵，深井泵），空压机（电动式空压机，柴油动力式空压机）。

2. 过滤器：砾石过滤器，缠丝（包网）过滤器、骨架过滤器。从材质上区分有混凝土过滤器，尼龙塑料类过滤器，铸铁过滤器，钢及不锈钢过滤器。

3. 水位计：测钟，电测水位计（浮漂式、灯显式、音响式，仪表式等），浮子式自动水位仪，测量水头用的套管架接水头测量仪，压力表（计）水头测量仪。

4. 流量计：三角堰，梯形堰，矩形堰，量筒，流量箱，缩径管流量计，孔板流量计。

5. 水温计：温度表，带温度表的测钟，热敏电阻测温仪、水温仪。

第三节 压 水 试 验

一、压水试验的目的

岩土工程勘察中的压水试验，主要是为了探查天然岩（土）层的裂隙性和渗透性，为评价岩体的渗透特性和设计渗控措施提供基本资料。

二、压水试验的方法和类型

1. 按试验段划分为分段压水试验、综合压水试验和全孔压水试验。

2. 按压力点，又称流量—压力关系点，划分为一点压水试验、三点压水试验和多点压水试验。

3. 按试验压力划分为低压压水试验和高压压水试验。

4. 按加压的动力源划分为水柱压水法、自流式压水法和机械法压水试验。参见示意图 9-3-8～图 9-3-10。

三、压水试验的主要参数

（一）稳定流量，（即压入耗水量）Q

压入耗水量就是在一定的地质条件下和某一个确定压力作用下，压入水量呈稳定状态的流量。

稳定流量的确定：根据《水利水电工程钻孔压水试验规程》SL 31—2003 规定，控制某一设计压力值呈稳定后，每隔 1～2min 测读一次流量，当流量无持续增大趋势，且连续5次读数，其最大值与最小值之差小于最终值的10%，或最大值与最小值之差小于1L/min，本阶段试验期可结束，取最终值作为压入耗水量Q。

若进行简易压水试验，其稳定流量标准可低于上述标准。

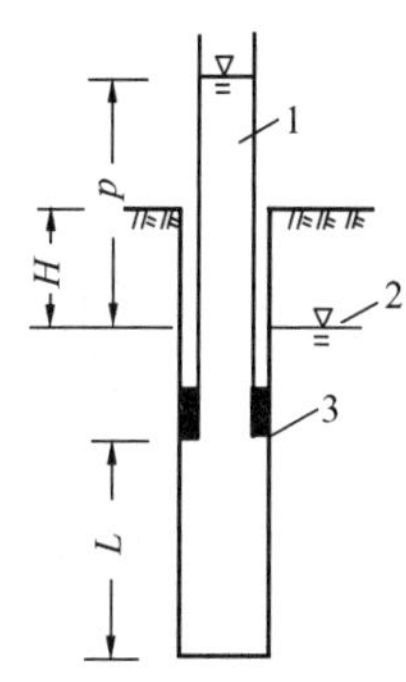

图9-3-8 水柱压水法示意图

1—水柱；2—静止水位；3—柱塞；p—压力；H—地下水埋深；L—试水段长

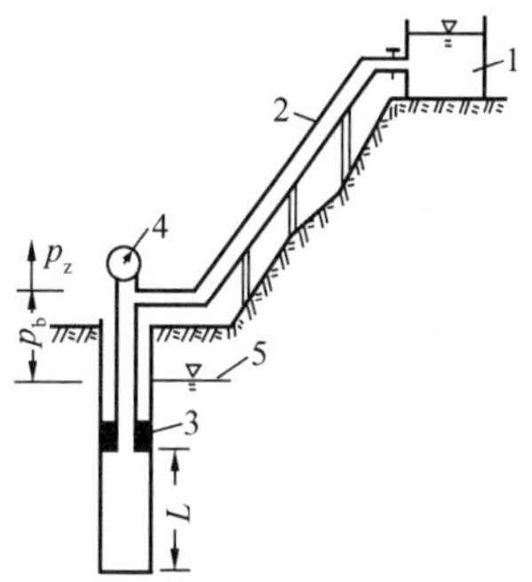

图9-3-9 自流式压水布置示意图

1—量水箱；2—管路；3—栓塞；4—压力表；5—地下水位；p_z—水柱压水；p_b—压力表指示压力；L—试验段长

（二）压力阶段和压力值

1. 压水试验应按三级压力、五个阶段［即P1—P2—P3—P4（＝P2）—P5（＝Pl），P1＜P2＜P3］，P1、P2、P3三级压力宜分别为0.3MPa、0.6MPa和1MPa。当试验段埋深较浅时，宜适当降低试验段压力。压水试验的总压力是指用于试验段的实际平均压力。其单位习惯上均以水柱高度m计算，即1m水柱压力=9.8kPa，近似于1N/cm²。

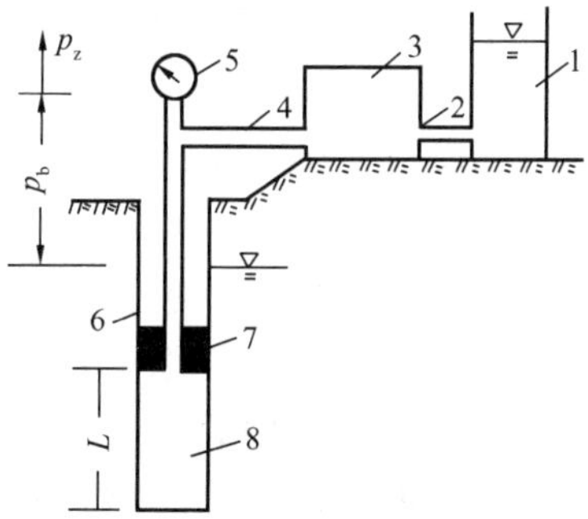

（1）当用安设在与试验段连通的测压管上的压力计测压时，试验段压力按式（9-3-4）计算：

$$p = p_P + p_z \tag{9-3-4}$$

式中 p——试段压力（MPa）；

p_P——压力计指示压力（MPa）；

p_z——压力计中心至压力计算零线的水柱压力（MPa）。

图9-3-10 机械压水法布置示意图

1—量水箱；2、4—管路；3—加压泵；5—压力表；6—试验孔；7—栓塞；8—试验段；p_Z—水柱压力；p_b—压力表指示压力；L—试验段长

（2）当用安设在进水管上的压力计测压时，试段压力按式（9-3-5）计算：

$$p = p_P + p_z - p_s \tag{9-3-5}$$

式中 p_s——管路压力损失（MPa）；其余符号同式（9-3-4）。

2. 压力计算零线$(0-0)p_z$值

自压力表中心至压力计算零线的铅直距离的水柱压力。因此应首先确定压力计算零线。压力计算零线（0—0）按以下三种情况确定：

（1）地下水位位于试验段以下时，以通过试验段1/2处的水平线作为压力计算零线，见图9-3-11。

（2）地下水位位于试验段之内时，以通过地下水位以上试验段 1/2 处的水平线作为压力计算线，见图 9-3-12。

（3）地下水位位于试验段之上时，且试验段在该含水层中，以地下水位线作为压力计算零线，见图 9-3-13。

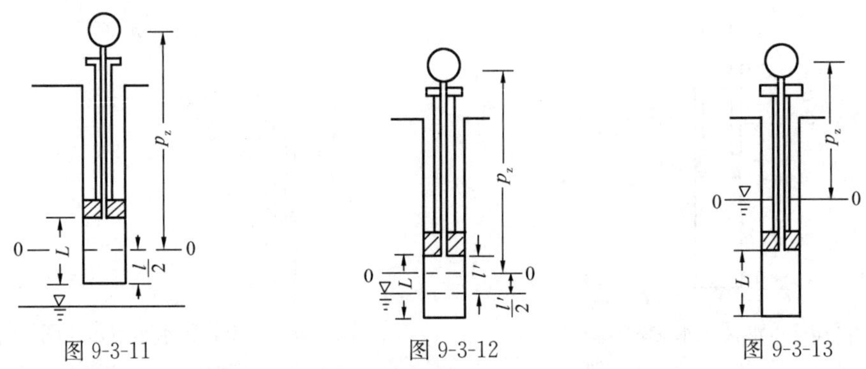

图 9-3-11　　图 9-3-12　　图 9-3-13

p_z—水柱压力（自压力表中心至压力计算零线的铅直距离）；

L—试验段长度；l'—地下水位以上试验段长度

对于压水试验，压力值是从地下水位起算的，故在试验前，应观测地下水位。地下水位达到稳定的标准规定如下：

确知原地下水稳定水位未受外界和人为影响，或变化很小的情况下，观测 2～3 次地下水位即可认定。

若地下水位发生了变化，应进行稳定水位观测。观测初期，观测水位的时距可稍短些，其后每隔 10min 观测一次。当水位不再发生变化，或当水位连续三次读数，其变化速率小于 1cm/min 时，即认为达到稳定，以最后一次测得的水位作为稳定水位。

钻孔动水位高于稳定水位的情况下，水位逐渐下降而趋于稳定，见图 9-3-14。其稳定标准定为：$H_2-H_1\leqslant10\text{cm}$ 和 $H_3-H_2\leqslant10\text{cm}$，水位下降速度小于 1cm/min。

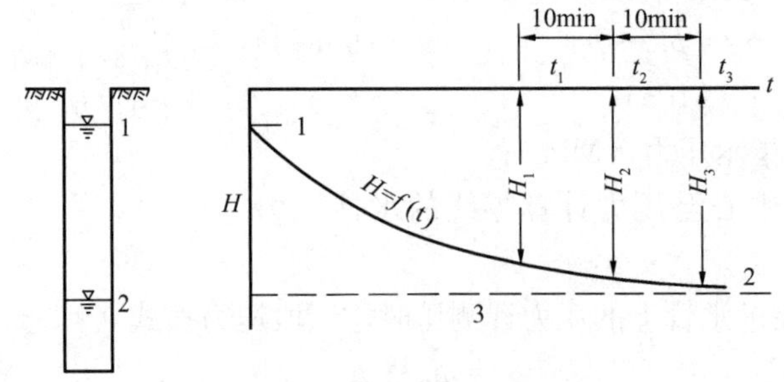

图 9-3-14　水位下降历时曲线

1—初观测时的最高动水位；2—计算用的稳定水位；3—实际的稳定水位

钻孔动水位低于稳定水位的情况下，水位逐渐上升而趋于稳定，见图 9-3-15。其稳定标准定为：$H_1-H_2\leqslant10\text{cm}$ 和 $H_2-H_3\leqslant10\text{cm}$，水位上升速度小于 1cm/min。

3. 压力损耗值 p_s

（1）当工作管内径一致，且内壁粗糙度变化不大时，管路压力损失可按式（9-3-6）

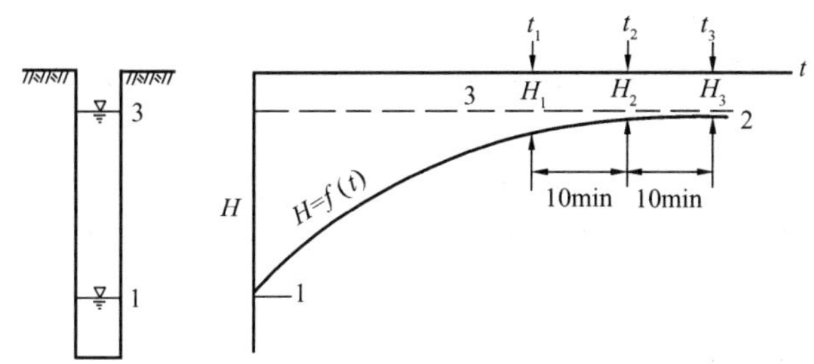

图 9-3-15　水位上升历时曲线

1—初观测时的最低水位，2—计算用的稳定水位，3—实际的稳定水位

计算：

$$p_s = \lambda \frac{L_p}{d} \frac{v^2}{2g} \tag{9-3-6}$$

式中　λ——摩阻系数，$\lambda=2\times10^{-4}$MPa/m～4×10^{-4}MPa/m；

L_p——工作管长度（m）；

d——工作管内径（m）；

v——管内流速（m/s）；

g——重力加速度，$g=9.8\text{m/s}^2$。

（2）当工作管内径不一致时，按《水利水电工程钻孔压水试验规程》SL 31—2003 管路压力损失应根据实测资料确定。

实测管路压力损失，按下列规定和过程进行：

1）测定压力损失所用的钻杆和接头应与实际使用的规格一致。

2）测试管路为两套，每套管路总长度不少于 40m，第一套与第二套的长度相差不大于 0.2m，但接头数相差 3 副以上。

3）管路应平置于地面，末端高于首端，两端安装压力表，末端安装流量计，流量计后的出水口应抬高 1～2m，实测两端压力表的高差。

4）将不同流量的水输入管路，流量范围 10～100L/min，测点不少于 15 个，管路两端的压力差即为该流量下的管路压力损失。

5）每套管路的实测工作应进行 2 次，取其平均值。

6）绘制两套管路的压力损失与流量关系曲线，量得各流量值相应的压力损失差 Δp_s。（图 9-3-16）。

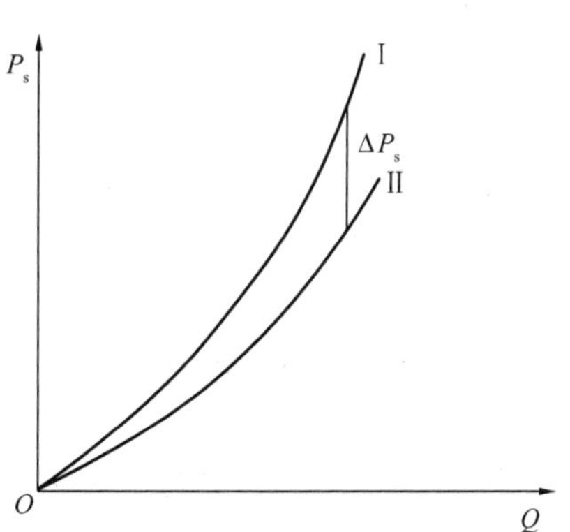

图 9-3-16　压力损失与流量关系曲线

7）各种流量下每副接头的压力损失按式（9-3-7）计算，

$$p_{sj} = \frac{Dp_s}{n} \tag{9-3-7}$$

式中　P_{sj}——某流量下每副接头的压力损失（MPa）；

Δp_s——该流量下两套管路的压力损失差（MPa）；

n——两套管路接头数之差。

8）从各种流量下的管路压力损失中减去接头的压力损失，计算出各种流量下每米钻杆的压力损失值。

9）编制出各种流量下每米钻杆及每副接头的压力损失图或表。

(3) 但对“突大”或“突小”两种情况，也可分别按公式 (9-3-8) 和式 (9-3-9) 计算：

1）管径断面突然扩大时的压力损失：

$$p_s = \frac{(v_1 - v_2)^2}{2g} \tag{9-3-8}$$

式中　p_s——管径断面突然扩大时的压力损失 (MPa)；

v_1——水在小管径的管内流速 (m/s)；

v_2——水在大管径的管内流速 (m/s)。

2）管径断面突然缩小时的压力损失：

$$p_s = \alpha \frac{v_1^2}{2g} \tag{9-3-9}$$

式中　v_1——水在小管径的管内流速 (m/s)；

α——阻力系数，见表 9-3-13。

阻　力　系　数　　　　**表 9-3-13**

d_2/d_1	0.1	0.2	0.4	0.6	0.8
α	0.5	0.42	0.33	0.25	0.15

注：d_1 为大管内径，d_2 为小管内径。压力损失值的确定尚可查有关图表或实验确定。

压力点的选择：工程勘察钻孔一般仅做一个压力点的试验，压力值通常采用 0.3MPa。

4. 试验段长度

试验段按规程规定一般为 5m。若岩芯完好 (q<10Lu) 时，可适当加长试验段，但不宜大于 10m。对于透水性较强的构造破碎带、岩溶、砂卵石层等，可根据具体情况确定试验段长度。孔底岩芯若不超过 20cm 者，可计入试验段长度。倾斜钻孔的试验段，按实际倾斜长度计算。

四、钻孔压水试验现场试验

1. 试验程序

现场试验工作应包括洗孔、设置栓塞隔离试验段、水位测量、仪表安装、压力和流量观测等步骤。试验开始时，应对各种设备、仪表的性能和工作状态进行检查，发现问题立即处理。

2. 洗孔

(1) 洗孔应采用压水法，洗孔时钻具应下到孔底，流量应达到水泵的最大出水量。

(2) 洗孔应洗至孔口回水清洁，肉眼观察无岩粉时方可结束。当孔口无回水时，洗孔时间不得少于 15min。

3. 试验段隔离

（1）下栓塞前应对压水试验工作管进行检查，不得有破裂、弯曲、堵塞等现象。接头处应采取严格的止水措施。

（2）采用气压式或水压式栓塞时，充气（水）压力应比最大试验段压力 P_3 大 0.2～0.3MPa，在试验过程中充气（水）压力应保持不变。

（3）栓塞应安设在岩石较完整的部位，定位应准确。

（4）当栓塞隔离无效时，应分析原因，采取移动栓塞、更换栓塞或灌制混凝土塞位等措施。移动栓塞时只能向上移，其范围不应超过上一次试验的塞位。

4. 水位观测

（1）下栓塞前应首先观测 1 次孔内水位，试验段隔离后，再观测工作管内水位。

（2）工作管内水位观测应每隔 5min 进行 1 次。当水位下降速度连续 2 次均小于 5cm/min 时，观测工作即可结束，用最后的观测结果确定压力计算零线。

（3）在工作管内水位观测过程中如发现承压水时，应观测承压水位。当承压水位高出管时，应进行压力和漏水量观测。

5. 压力和流量观测

（1）在向试验段送水前，应打开排气阀，待排气阀连续出水后，再将其关闭。

（2）流量观测前应调整调节阀，使试验段压力达到预定值并保持稳定。

（3）流量观测工作应每隔 1～2min 进行 1 次。当流量无持续增大趋势，且 5 次流量读数中最大值与最小值之差小于最终值的 10%，或最大值与最小值之差小于 1L/min 时，本阶段试验即可结束，取最终值作为计算值。

（4）将试验段压力调整到新的预定值，重复上述试验过程，直到完成该试验段的试验。

（5）在降压阶段，如出现水由岩体向孔内回流现象，应记录回流情况待回流停止，流量达到规定的标准后方可结束本阶段试验。

（6）在试验过程中，应对附近受影响的泉水、井水、钻孔水位进行观测。

（7）在压水试验结束前，应检查原始记录是否齐全、正确，发现问题必须及时纠正。

五、压水试验成果整理

1. 压水试验资料可靠性判断：一个压力点的压水试验成果，要依靠钻孔钻进和压水工艺质量来控制，只有上述质量可靠，才能有试验成果的可靠性。从以下工作程序中来保证成果的可靠性，即“试验段清水钻进→冲孔→下卡栓塞→观测稳定水位→正式压水（控制 P 读取 Q）→正误判断→松塞提管”。

试验资料整理应包括校核原始记录、绘制 P-Q 曲线，确定 P-Q 曲线类型，计算试验段透水率、渗透系数等。

（1）绘制 P-Q 曲线时，应采用统一比例尺，即纵坐标（P 轴）1mm 代表 0.01MPa，横坐标（Q 轴）1mm 代表 1L/min。曲线图上各点应标明序号，并依次用直线相连，升压阶段用实线，降压阶段用虚线。

（2）试验段的 P-Q 曲线类型应根据升压阶段 P-Q 曲线的形状以及降压阶段 P-Q 曲线与升压阶段 P-Q 曲线之间的关系确定。

（3）当 P-Q 曲线中第 4 点与第 2 点、第 5 点与第 1 点的流量值绝对差不大于 1L/min 或相对差不大于 5%时，可认为基本重合。

P-Q 曲线类型及曲线特点表　　**表 9-3-14**

类型名称	A 型（层流）	B 型（紊流）	C 型（扩张）	D 型（冲蚀）	E 型（充填）
P-Q 曲线					
曲线特点	升压曲线为通过原点的直线，降压曲线与升压曲线基本重合	升压曲线凸向 Q 轴，降压曲线与升压曲线基本重合	升压曲线凸向 P 轴，降压曲线与升压曲线基本重合	升压曲线凸向 P 轴，降压曲线与升压曲线不重合，呈顺时针环状	升压曲线凸向 Q 轴，降压曲线与升压曲线不重合，呈逆时针环状

2. 压水试验成果应用及其计算

（1）透水率：当试验段压力为 1MPa 时每米试验段的压入水流量（L/min）。试验段透水率采用第三阶段的压力值（p_3）和流量值（Q_3）按式（9-3-10）计算：

$$q=\frac{Q_3}{Lp_3} \tag{9-3-10}$$

式中　q——试验段的透水率（Lu），取两位有效数字；

L——试验段长度（m）；

Q_3——第三阶段的计算流量（L/min）；

p_3——第三阶段的试验段压力（MPa）。

一个压力点试验求出的值，往往低于实际的值，对工程设计而言是偏于不安全的。

（2）渗透系数 k

当试验段位于地下水位以下，透水性较小（$q<10$Lu）、P-Q 曲线为 A（层流）型时，可按式（9-3-11）计算岩体渗透系数；

$$k=\frac{Q}{2\pi HL}\ln\frac{L}{r_0} \tag{9-3-11}$$

式中　k——岩体渗透系数（m/d）；

Q——压入流量（m^3/d）；

H——试验水头（m）；

r_0——钻孔半径（m）。

当试段位于地下水位以下，透水性较小，P-Q 曲线为 B 型（紊流）时，可用第一阶段的压力 P_1（换算成水头值，以 m 计）和流量 Q_1 代入式（9-3-11）近似地计算渗透系数。

（3）透水率与岩石裂隙性的关系

透水率的单位为吕荣（Lu），是在 1MPa 压力时每米试验段的压入水流量（L/m）。单位吸水量是在 0.01MPa 压力时每米试验段的压入水流量（L/m）。透水率与岩石裂隙系数见表 9-3-15。

单位吸水量与裂隙系数关系　　表 9-3-15

透水率（Lu）	裂隙系数	岩体评价
＜0.1	＜0.2	最完整
0.1～1	0.2～0.4	完整
1～10	0.4～0.6	节理较发育
10～50	0.6～0.8	节理裂隙发育
＞50	＞0.8	破碎岩体

六、压水试验设备及要求

测量压力的压力表、压力传感器、流量计、水位计等量测设备应符合下列要求：

1. 压力表应反应灵敏，卸压后指针回零，量测范围应控制在极限压力值的 1/3～3/4。

2. 压力传感器的压力范围应大于试验压力。

3. 流量计应能在 1.5MPa 压力下正常工作，量测范围应与水泵的出力相匹配，并能测定正向和反向流量。

4. 宜使用能测量压力和流量的自动记录仪进行压水试验。

5. 水位计应灵敏可靠，不受孔壁附着水或孔内滴水的影响。水位计的导线应经常检测。

6. 试验用的仪表应专门保管，不应与钻进共用，并定期进行检定。

第四节　注水（渗水）试验

一、钻孔注水试验

钻孔注水（渗水）试验是野外测定岩（土）层渗透性的一种比较简单的方法，其原理与抽水试验相似，仅以注水代替抽水。

钻孔注水试验通常用于：1. 地下水位埋藏较深，而不便于进行抽水试验；2. 在干的透水岩（土）层，常使用注水试验获得渗透性资料。

钻孔注水试验包括常水头法渗透试验和变水头法渗透试验，常水头法适用于砂、砾石、卵石等强透水地层；变水头法适用于粉砂、粉土、黏性土等弱透水地层。变水头法又可分为升水头法和降水头法。

注水试验装置参见示意图 9-3-17。

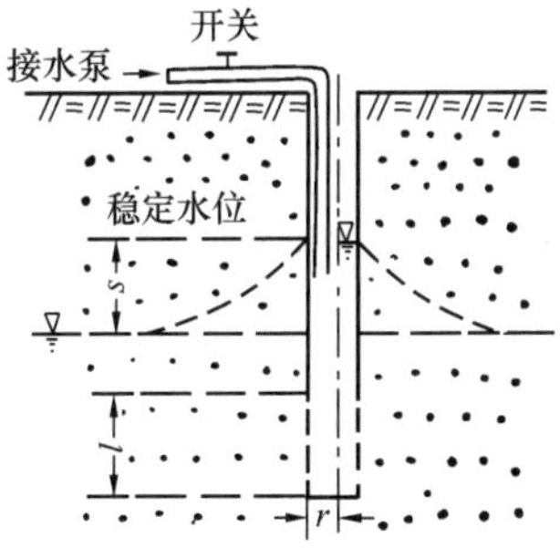

图 9-3-17　钻孔注水试验装置示意

（一）钻孔常水头注水试验

钻孔常水头注水试验是在钻孔内进行的，在试验过程中水头保持不变。根据试验的边界条件，分为孔底进水和孔壁与孔底同时进水两种。

1. 试验步骤

（1）造孔与试验段隔离：用钻机造孔，按预定深度下套管，如遇地下水位时，应采取清水钻进，孔底沉淀物厚度不得大于 5cm，同时要防止试验土层被扰动。钻至预定深度后，采用栓塞或套管塞进行试段隔离，确保套管下部与孔壁之间不漏水，以保证试验的准确性。对孔底进水的试段，用套管塞进行隔离，对孔壁孔底同时进水的试段，除采用栓塞隔离试验段外，还要根据试验土层种类，决定是否下入护壁花管，以防孔壁坍塌；

（2）流量观测及结束标准：试验段隔离以后，用带流量计的注水管或量筒向套管内注入清水，使管中水位高出地下水位一定高度（或至管口）并保持固定，测定试验水头值。保持试验水头不变，观测注入流量。开始按 1min、2min、2min、5min、5min，以后均按 5min 间隔记录一次流量，并绘制 Q-t 曲线。直到最终的测读流量与最后两个小时内的平均流量之差不大于 10%时，即可结束试验。

2. 资料整理

假定试验土层是均质的。渗流为层流，根据常水头条件，由达西定律得出，试验土层渗透系数计算公式：

$$k=\frac{Q}{FH} \tag{9-3-12}$$

式中　k——试验土层的渗透系数（cm/min）；

Q——注入流量（cm^3/min）；

H——试验水头（cm）；

F——形状系数（cm），由钻孔和水流边界条件确定，按表 9-3-16 选用。

形状系数 F　　**表 9-3-16**

试验条件	简　图	形状系数值	备　注
试验段位于地下水位以下，钻孔套管下至孔底，孔底进水	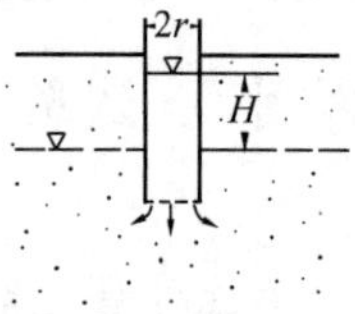 2r; H	$F=5.5r$	
试验段位于地下水位以下，钻孔套管下至孔底，孔底进水，试验土层顶板为不透水层	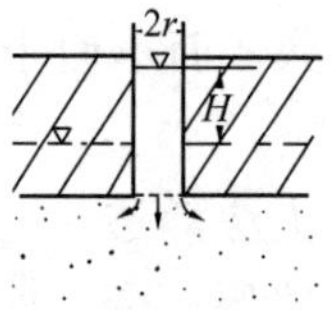 2r; H	$F=4r$	
试验段位于地下水位以下，孔内不下套管或部分下套管，试验段裸露或下花管，孔壁与孔底进水	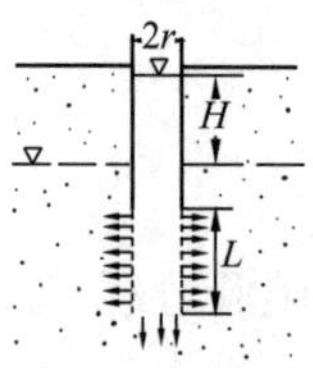 2r; H; L	$F=\dfrac{2\pi l}{\ln\dfrac{ml}{r}}$	$\dfrac{ml}{r}>10$ $m=\sqrt{k_h/k_v}$ 其中 k_h、k_v 分别为试验土层的水平、垂直渗透系数，无资料时，m 值根据土层情况估计
试验段位于地下水位以下，孔内不下套管成部分下套管，试验段裸露或下花管，孔壁与孔底进水，试验土层顶部为不透水层	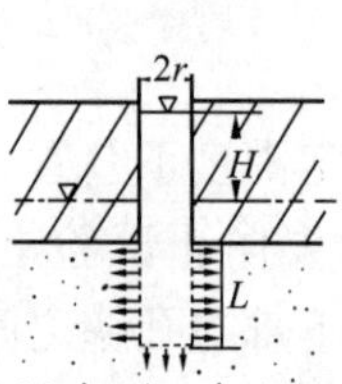 2r; H; L	$F=\dfrac{2\pi l}{\ln\dfrac{2ml}{r}}$	$\dfrac{2ml}{r}>10$ $m=\sqrt{k_h/k_v}$ 其中 k_h、k_v 分别为试验土层的水平、垂直渗透系数，无资料时，m 值根据土层情况估计

（二）饱和带钻孔降水头注水试验

钻孔降水头与钻孔常水头注水试验的主要区别是，在试验过程中，试验水头逐渐下降，最后趋近于零。根据套管内试验水头下降速度与时间的关系，计算试验土层的渗透系数。它主要适用于渗透系数比较小的黏性土层。

1. 试验步骤

其试验设备、钻孔要求与钻孔常水头方法相同。

流量观测及结束标准：试段隔离后，向套管内注入清水，使管中水位高出地下水位一定高度（或至套管顶部）后，停止供水，开始记录管内水头高度随时间的变化，直至水位基本稳定。间隔时间按地层渗透性确定，一般按 1min、2min、2min、5min、5min，以后均按 5min 间隔记录一次，并绘制流量 ln$H$ 与时间 t 关系曲线。最后根据水头下降速度，一般可按 30～60min 间隔进行，对较强透水层，观测时间可适当缩短。在现场，采用半对数坐标纸绘制水头下降比与时间的关系曲线，当水与时间关系呈直线时说明试验正确，即可结束试验。

2. 资料整理

（1）绘制水头比 H/H_0 与时间 t 的关系图（图 9-3-18）。

（2）确定滞后时间。滞后时间 T 是指孔中注满水后，出现初始水头 H_0 并以初始流量进行渗透，随时间水头 H 逐渐消散，当水头 H 消散为零时所需的时间。滞后时间的确定，可用（1∶0.37）时所对应的时间，也可用图解法或计算法确定。

1）图解法。在 ln(H/H_0)—t 关系图上，最佳拟合直线与 1∶0.37 横线相交点所对应的时间即为滞后时间（图 9-3-18）。

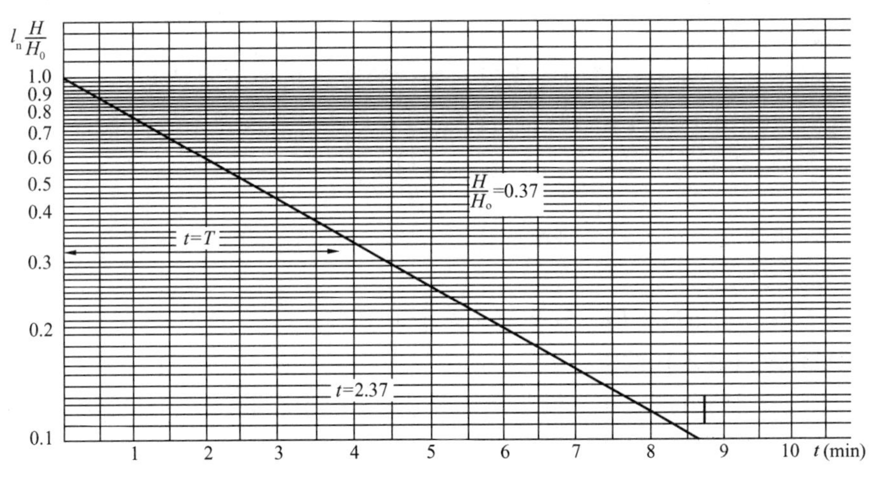

图 9-3-18　滞后时间 T 的图解

2）计算法。按式 9-3-13 计算：

$$T=\frac{t_1-t_2}{\ln\left(\dfrac{H_1}{H_2}\right)} \tag{9-3-13}$$

（3）计算渗透系数：假定渗流符合达西定律，渗入土层的水等于钻孔套管内的水位下降后减少的水体积，由式（9-3-14）计算渗透系数：

$$k=\frac{A}{FT} \tag{9-3-14}$$

式中　A——注水管内径截面积（cm^2）；

H_1——在时间 t_1 时的试验水头（cm）；

H_2——在时间 t_2 时的试验水头（cm）；

F——同式（9-3-12）。

（三）根据水工建筑部门的经验，在巨厚且水平分布宽的含水层中作常量注水试验时，可按式（9-3-15）和式（9-3-16）计算渗透系数 k。

当 $l/r \leqslant 4$ 时，

$$k=\frac{0.08Q}{rs\sqrt{\frac{l}{2r}+\frac{1}{4}}} \tag{9-3-15}$$

当 $l/r>4$ 时

$$k=\frac{0.366Q}{ls}\lg\frac{2l}{r} \tag{9-3-16}$$

式中　l——试验段或过滤器长度（m）；

Q——稳定注水量（m^3/d）；

s——孔中水头高度（m）；

r——钻孔或过滤器半径（m）。

用式（9-3-15）和式（9-3-16）求得的 k 值比用抽水试验求得的 k 值一般小 15%～20%

若含水层具双层结构，用两次试验可确定每层的渗透系数。一次单层试验得 k_1，另一次混合试验得 k，而 $kl=k_1l_1+k_2l_2$ 故 $k_2=(kl-k_1l_1)/l_2$。

在不含水的干燥岩（土）层中注水时，如试验段高出地下水位很多，介质均匀，且 $50<h/r<200$，孔中水柱高 $h \leqslant l$ 时，可按式（9-3-17）计算渗透系数 k 值。

$$k=0.423\frac{Q}{h^2}\lg\frac{2l}{r} \tag{9-3-17}$$

式中　h——注水造成的水头高度（m）；

其余符号意义同前。

由式（9-3-17）求得的 k 值，其相对误差小于 10%。

二、试坑注水（渗水）试验

试坑渗水试验是野外测定包气带非饱和岩（土）层渗透系数的简易方法。最常用的是试坑法、单环法和双环法。具体见表 9-3-17。

渗水试验方法　　**表 9-3-17**

试验方法	装置示意图	优缺点	备　注
试坑法	开关 试验层 10cm	1. 装置简单； 2. 受侧向渗透的影响较大，试验成果精度差	当圆形坑底的坑壁四周有防渗措施时， $F=\pi\times r^2$， 当坑壁无防渗措施时，$F=\pi\times r(r+2z)$ 式中　r 为试坑底的半径，z 为试坑中水层厚度

试验方法	装置示意图	优缺点	备　注
单环法	10cm；35.75cm	1. 装置简单； 2. 没有考虑侧向渗透的影响，试验成果精度稍差	当圆形坑底的坑壁四周有防渗措施时， $F=\pi\times r^2$， 当坑壁无防渗措施时，$F=\pi\times r(r+2z)$ 式中　r 为试坑底的半径，z 为试坑中水层厚度
双环法	10cm；内环；外环	1. 装置较复杂； 2. 基本排除了侧向渗透的影响，试验成果精度较高	

（一）试验方法

1. 试坑法

试坑法是在表层土中挖一试坑进行试验。坑深 30～50cm，坑底面积 30cm 见方（或直径为 37.75cm 的圆形），坑底离潜水位 3～5m。坑底铺设 2cm 厚的砂砾石层。试验开始时，控制流量连续均衡，并保持坑中水层厚（z）为常数值（厚 10cm）。当注入水量达到稳定并延续 2～4h，试验即可结束。

当试验岩层为粗砂、砂砾或卵石层，控制坑内水层厚度 2～5cm 时，且 $(H_K+Z+l)/l\approx 1$，则 $k=\dfrac{Q}{F}=v$，可近似测定岩石的渗透系数 k。H_K为毛细压力水头，单位：m。H_K值请参阅表 9-3-18。l 为试验结束时水的渗入深度，单位：m。l 值可在试验后开挖确定，或取样分析土中含水量确定。详见示意图 9-3-19。

不同岩性毛细压力水头 H_K　　**表 9-3-18**

岩石名称	H_K（m）	岩石名称	H_K（m）
重亚黏土（粉质黏土）	≈1.0	细粒黏土质砂	0.3
轻亚黏土（粉质黏土）	0.8	粉砂	0.2
重亚砂土（黏质粉土）	0.6	细砂	0.1
轻亚砂土（砂质粉土）	0.4	中砂	0.05

注：表中给出的 H_K值往往偏小。

此法通常用于测定毛细压力影响不大的砂土的渗透系数，测定黏性土的渗透系数一般偏高。

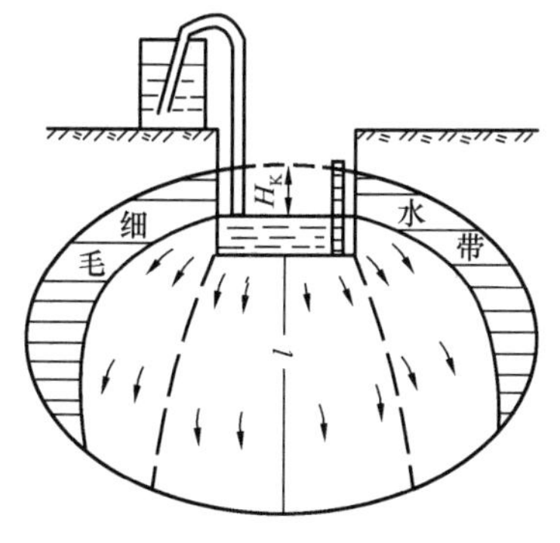

图 9-3-19　黏性土中渗水土体浸润部分示意图

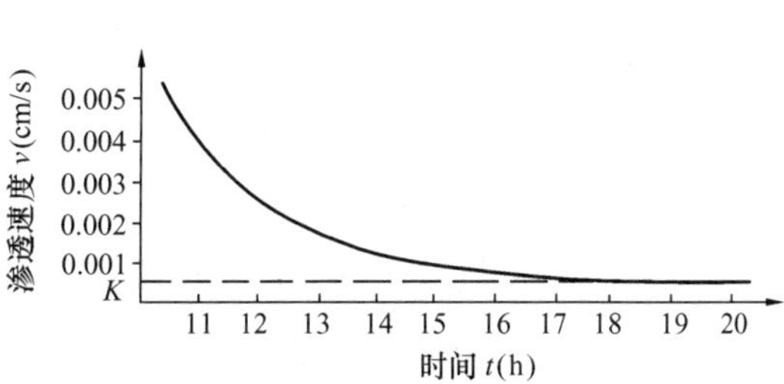

图 9-3-20　渗水试验中渗透速度历时曲线图

2. 单环法

单环法是在试坑底嵌入一高为 20cm，直径为 37.75cm 的铁环，该铁环圈定的面积为 1000cm。在试验开始时，用 Mariotte 瓶控制环内水柱，保持在 10cm 高度上。试验一直进行到渗入水量 Q 固定不变时为止，就可按式（9-3-18）计算此时的渗透速度 v。

$$v=\frac{Q}{F}=k \tag{9-3-18}$$

所得的渗透速度 v 即为该岩（土）层的渗透系数 k。

此外，尚可通过系统地记录一定时间段（如 30min）内的渗水量，求得各时间段内的平均渗透速度，据此编绘渗透速度历时曲线图。具体方法可参见图 9-3-20。

渗透速度随时间延长而逐渐减小，并趋向于常数（呈水平线），此时的渗透速度即为所求的渗透系数 k 值。

3. 双环法

双环法系在试坑底嵌入两个铁环，外环直径采用 0.5m，内环直径采用 0.25m。试验时往铁环内注水，用 Mariotte 瓶控制外环和内环的水柱都保持在同一高度（如 10cm）。根据内环所取得的资料按上述方法确定岩（土）层的渗透系数。由于内环中水只产生垂向渗入，排除了侧向渗流带的误差，因此该法获得的成果精度比试坑法和单环法高。

（二）根据渗水试验资料计算岩（土）层渗透系数

当渗水试验进行到渗入水量趋于稳定时，可按式（9-3-19）较好地计算渗透系数（cm/min）（已考虑了毛细压力的附加影响）：

$$k=\frac{Ql}{F(H_K+Z+l)} \tag{9-3-19}$$

式中　Q——稳定渗入水量（cm^3/min）；

F——试坑（内环）渗水面积（cm^2）；

Z——试坑（内环）中水层高度（cm）；

H_K——毛细压力水头（cm）；

l——试验结束时水的渗入深度（cm）。

当渗水试验进行相当长时间后渗入量仍未达到稳定时，k 按以下变量公式（9-3-20）计算：

$$k=\frac{V_1}{Ft_1\alpha_1}[\alpha_1+\ln(1+\alpha_1)] \tag{9-3-20}$$

$$\alpha_1=\frac{\ln(1+\alpha_1)-\frac{t_1}{t_2}\ln\left(1-\frac{\alpha_1V_2}{V_1}\right)}{1-\frac{t_1V_2}{t_2V_1}} \tag{9-3-21}$$

式中　V_1、V_2——分别为经过 t_1 和 t_2 时间的总渗入量，即总给水量（m^3）；

t_1、t_2——累积时间（d）；

F——试坑（内环）渗水面积（m^2）；

α_1——代用系数，由试算法求出。

（三）试坑渗水试验成果资料整理

1. 试坑平面位置图；

2. 水文地质剖面图和试验装置示意图；
3. 渗透速度历时曲线；
4. 渗透系数计算；
5. 原始记录表格等。

第四章　地下水的不良作用

第一节　渗透变形及其防治

渗透变形有两种主要形式，一是流土，二是管涌，还有接触冲刷和接触流失等其他形式。

流土和管涌主要出现在单一土层地基中。接触冲刷和接触流失多出现在多层结构地基中。除分散性黏性土外，黏性土的渗透变形形式主要是流土。土的渗透变形的判别应包括下列内容：

1. 土的渗透变形类型的判别；
2. 流土和管涌的临界水力比降的确定；
3. 土的允许水力比降的确定。

一、流土（砂）

流土（砂）是指在向上渗流作用下局部土体表面的隆起、顶穿或粗颗粒群同时浮动而流失的现象。前者多发生于表层由黏性土与其他细粒土组成的土体或较均匀的粉细砂层中；后者多发生在不均匀的砂土层中。流土（砂）多发生在颗粒级配均匀而细的粉、细砂中，有时在粉土中亦会发生，其表现形式是所有颗粒同时从一近似于管状通道被渗透水流冲走，流土（砂）发展结果是使基础发生滑移或不均匀下沉，基坑坍塌，基础悬浮等，见图 9-4-1。流土（砂）通常是由于工程活动而引起的。但是，在有地下水出露的斜坡、岸边或有地下水溢出的地表面也会发生。流土（砂）破坏一般是突然发生的，对岩土工程危害很大。

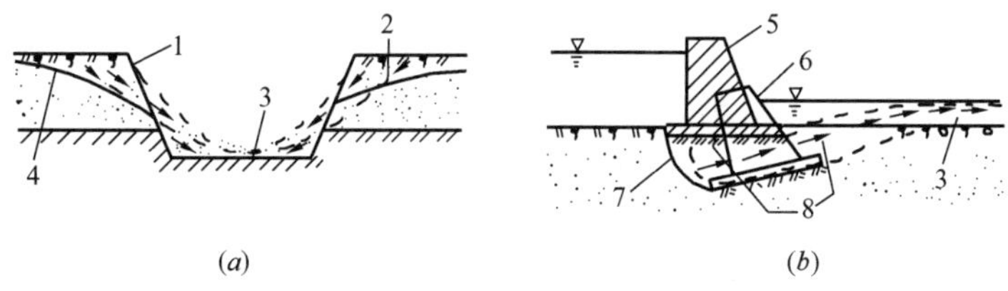

图 9-4-1　流砂破坏示意图

（a）斜坡条件时；（b）地基条件时

1—原坡面；2—流砂后坡面；3—流砂堆积物；4—地下水位；5—建筑物原位置；6—流砂后建筑物位置；7—滑动面；8—流砂发生区

（一）流土（砂）形成的条件

1. 岩性：土层由粒径均匀的细颗粒组成（一般粒径在 0.01mm 以下的颗粒含量在

30%～35%以上），土中含有较多的片状、针状矿物（如云母，绿泥石等）和附有亲水胶体矿物颗粒，从而增加了岩土的吸水膨胀性，降低了土粒重量。因此，在不大的水流冲力下，细小土颗粒发生悬浮流动。

2. 水动力条件：水力梯度较大，流速增大，当沿渗流方向的渗透力大于土的有效重度时，就能使土颗粒悬浮流动形成流土，可以用公式判断。

（二）流土（砂）的判别

1. 按《水利水电工程地质勘察规范》GB 50487—2008，流土根据土的细粒含量进行判别：

（1）级配不连续的土：颗粒大小分布曲线上至少有一个以上的粒径组的颗粒含量小于或等于3%的土，称为级配不连续的土。以上述粒组在颗粒大小分布曲线上形成的平缓段的最大粒径和最小粒径的平均值或最小粒径作为粗、细颗粒的分区粒径 d，相应于该粒径的颗粒含量为细粒含量 P。

（2）连续级配的土，粗、细颗粒的区分粒径可按下式计算：

$$d=\sqrt{d_{70}d_{10}} \tag{9-4-1}$$

式中　d——粗细粒的区分粒径（mm）；

d_{70}——小于该粒径的含量占总土重70%的颗粒粒径（mm）；

d_{10}——小于该粒径的含量占总土重10%的颗粒粒径（mm）。

（3）不均匀系数小于等于5的土可判为流土。对于不均匀系数大于5的不连续级配土可采用下列方法判别流土

$$P\geqslant 35\% \tag{9-4-2}$$

对于流土和管涌过渡型取决于土的密度、粒级、形状；

$$25\%\leqslant P<35\% \tag{9-4-3}$$

2. 按水力条件判别

判别基坑坡脚或基坑四角的坡脚及其附近，土体是否处于“稳定”。一般用流土临界水力比降 J_{cr}，除以安全系数 F_s（$F_s=1.2\sim2.0$，对于特别重要的工程也可取2.5）得到允许水力比降 $J_{允许}$，与该处土体渗流作用下的实际水力比降 J 比较，若

$$J\leqslant J_{允许} \tag{9-4-4}$$

则不产生流土。

流土的临界水力比降 J_{cr} 计算公式为：

$$J_{cr}=\frac{\gamma'}{\gamma_w}=(d_s-1)(1-n) \tag{9-4-5}$$

式中　J_{cr}——土的临界水力比降；

d_s——土的颗粒密度与水的密度之比；

n——土的孔隙率（%）；

γ'、γ_w——土体本身的有效重度和水的重度。

3.《水利电力工程地质手册》中关于临界水力梯度的计算公式为：

（1）斜坡表面由里向外水平方向，渗流作用时流砂破坏的临界水力梯度为：

无黏性土（按单位土体计算）：

$$J_{cr} = G_w(\cos\theta\tan\varphi - \sin\theta)\frac{1}{\gamma_w} \tag{9-4-6}$$

黏性土（按单位土体计算）：

$$J_{cr} = [G_w(\cos\theta\tan\varphi - \sin\theta) + c]\frac{1}{\gamma_w} \tag{9-4-7}$$

式中　G_w——岩土的浮重（即土的浮重度乘以土的体积）；

γ_w——水的重度（kN/m）；

φ——土的内摩擦角（°）；

c——土的黏聚力（kPa）；

θ——斜坡坡度（°）。

（2）地基表面土层受自下而上的渗流作用时流砂破坏的临界水力梯度为：

$$J_{cr} = \frac{\gamma_d}{\gamma_w} - (1-n) \tag{9-4-8}$$

或

无黏性土：

$$J_{cr} = \frac{\gamma_d}{\gamma_w} - (1-n) + 0.5n \tag{9-4-9}$$

黏性土：

$$J_{cr} = \frac{\gamma_d}{\gamma_w} - (1-n) + \frac{c}{\gamma_w} \tag{9-4-10}$$

式中　γ_d——土的干重度（kN/m³）；

γ_w——水的重度（kN/m³）；

n——土的孔隙度；

c——土的黏聚力（kPa）。

4. 土的渗透系数（k）愈小，排水条件不通畅时，易形成流砂。

5. 砂土孔隙度（n）愈大，愈易形成流砂。

二、管涌

管涌（如图 9-4-2）是指在渗流作用下土体中的细颗粒在粗颗粒形成的孔隙中发生移动并被带出，逐渐形成管形通道，从而掏空地基或坝体，使地基或斜坡产生变形、失稳的现象。管涌通常是由于工程活动而引起的，但在有地下水出露的斜坡、岸边或有地下水溢出的地带也有发生。

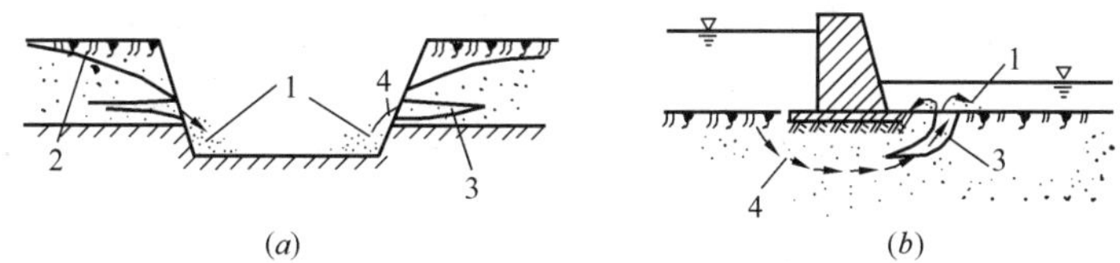

图 9-4-2　管涌破坏示意图

（a）斜坡条件时；（b）地基条件时

1—管涌堆积颗粒；2—地下水位；3—管涌通道；4—渗流方向

（一）管涌产生的条件

管涌多发生在非黏性土中，其特征是：颗粒大小比值差别较大，往往缺少某种粒径，磨圆度较好，孔隙直径大而互相连通，细粒含量较少，不能全部充满孔隙。颗粒多由比重较小的矿物构成，易随水流移动，有较大的和良好的渗透水流出路径等。

（二）管涌的判别

1. 根据土的细粒含量：（按《水利水电工程地质勘察规范》GB 50487—2008）

2. 对于不均匀系数大于 5 的无黏性土可采用下列方法（中国水利水电科学研究院）

（1）级配不连续 $P_c<25\%$

（2）级配连续

1）孔隙直径法：$D_0>d_5$　　管涌型，

$D_0<d_3$　　流土型，

$D_0=d_3\sim d_5$　　过渡型。

2）细料含量法（%）：$P<0.9P_{op}$　　管涌型，

$P>1.1P_{op}$　　流土型，

$P=0.9P_{op}\sim1.1P_{op}$　　过渡型。

式中　d_3、d_5、d_{70}——较细一层土的颗粒粒径（mm），小于该粒径的含量占总土重 3%、5%、70%的颗粒粒径（mm）；

D_0——土孔隙的平均直径，按 $D_0=0.63nd_{20}$ 估算；d_{20} 为等效粒径，小于该粒径的土重占总土重的 20%；

P_{op}——最优细粒含量；$P_{op}=(0.3-n+3n^2)/(1-n)$，$n$ 为土的孔隙率；

其中 P 含义及求法同前。

3. 土为粗颗粒（粒径为 D）和细颗粒（粒径为 d）组成，其 $D/d>10$；

4. 土的不均匀系数 $d_{60}/d_{10}>10$；

5. 两种互相接触土层渗透系数之比 $k_1/k_2>2\sim3$；

6. 渗透水流的水力比降（J）大于土的临界水力比降（J_{cr}）时。

（三）临界水力比降（J_{cr}）的确定方法

1. 根据土中细粒含量确定

管涌破坏的临界水力比降与土中细颗粒含量关系如图 9-4-3 所示。

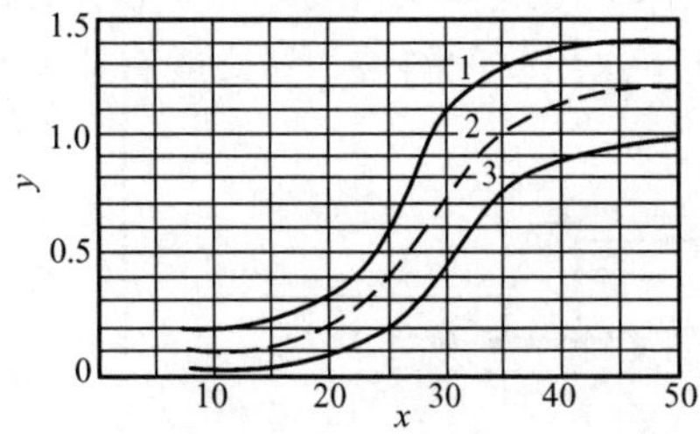

图 9-4-3　临界水力比降与细粒含量关系

x—细粒含量（%）；y—临界水力梯度

1—上限；2—中值；3—下限

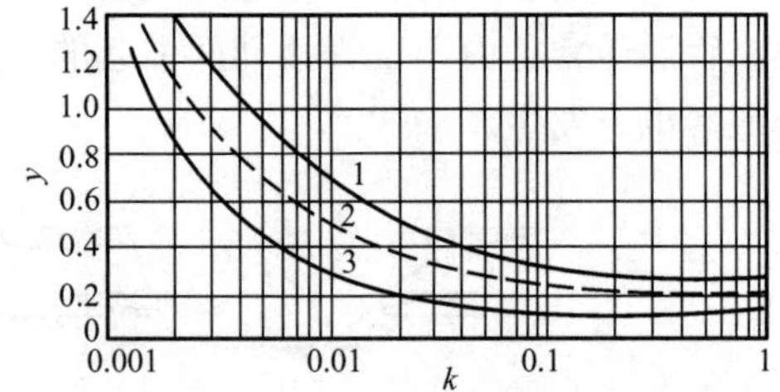

图 9-4-4　临界水力比降与渗透系数关系

k—渗透系数（cm/s）；y—渗透破坏临界梯度

1—上限；2—中值；3—下限

应用图 9-4-3 时需注意：当土中细粒含量大于 35%时，由于趋向于流土破坏，应同时进行流土可能性的破坏评价。

2. 根据土的渗透系数确定

管涌破坏的临界水力比降与土的渗透系数关系见图 9-4-4。

3. 根据公式计算确定

管涌型或过渡型宜采用下式计算：

$$J_{cr} = 2.2(G_s - 1)(1 - n)^2 \frac{d_5}{d_{20}} \tag{9-4-11}$$

式中 d_5、d_{20}——小于该粒径的含量占总土重的5%和20%的土粒粒径（mm）。

管涌型也可采用下式计算：

$$J_{cr} = \frac{42d_3}{\sqrt{\frac{k}{n^3}}} \tag{9-4-12}$$

式中 d_3——小于该粒径的含量占总土重3%的土粒粒径（mm）；

k——土的渗透系数（cm/s）；土的渗透系数应通过渗透试验测定。若无渗透系数试验资料，可根据下式计算近似值：

$$k = 6.3C_u^{-3/8}d_{20}^2 \tag{9-4-13}$$

4. 工程类比法确定

应用已有成功的工程资料，对比试验成果和相似条件，提供其临界梯度参考值。

应用上述方法确定的临界水力比降在进行地基渗流管涌稳定性计算评价时，应考虑采用一定的安全系数。对于管涌安全系数可取1.5～2.0修正后的水力比降称为允许水力比降。允许水力比降$J_{允许}$，其经验值见表9-4-1。

允许水力比降$J_{允许}$经验值 **表9-4-1**

土的渗透系数（cm/s）	允许水力比降$J_{允许}$	土的渗透系数（cm/s）	允许水力比降$J_{允许}$
≥0.5	0.1	0.025～0.005	0.2～0.5
0.5～0.025	0.1～0.2	≤0.005	≥0.5

注：本表摘自《水利水电工程地质手册》。

无试验资料时，也可根据表9-4-2选用经验值。

无黏性土允许水力比降 **表9-4-2**

允许水力比降	渗透变形形式					
	流土型			过渡型	管涌型	
	$C_u \leqslant 3$	$3 < C_u \leqslant 5$	$C_u \geqslant 5$		级配连续	级配不连续
$J_{允许}$	0.25～0.35	0.35～0.50	0.50～0.80	0.25～0.40	0.15～0.25	0.10～0.20

注：本表不适用于渗流出口有反滤层情况（摘自《水利水电工程地质勘察规范》GB 50487—2008）。

三、接触冲刷和接触流失

1. 接触冲刷宜采用下列方法判别：

对双层结构的地基，当两层土的不均匀系数均等于或小于10，且符合下式规定的条件时，不会发生接触冲刷。

$$\frac{D_{10}}{d_{10}} \leqslant 10 \tag{9-4-14}$$

式中 D_{10}，d_{10}——分别代表较粗和较细一层土的颗粒粒径（mm），小于该粒径的土重占总土重的10%。

2. 接触流土宜采用下列方法判别：

对于渗流向上的情况，符合下列条件将不会发生接触流失。

（1）不均匀系数等于或小于 5 的土层：

$$\frac{D_{15}}{d_{85}} \leqslant 5 \tag{9-4-15}$$

式中　D_{15}——较粗一层土的颗粒粒径（mm），小于该粒径的土重占总土重的 15%；

d_{85}——较细一层土的颗粒粒径（mm），小于该粒径的土重占总土重的 85%。

（2）不均匀系数等于或小于 10 的土层：

$$\frac{D_{20}}{d_{70}} \leqslant 7 \tag{9-4-16}$$

式中　D_{20}——较粗一层土的颗粒粒径（mm），小于该粒径的土重占总土重的 20%；

d_{70}——较细一层土的颗粒粒径（mm），小于该粒径的土重占总土重的 70%。

四、渗透变形的防治

土的渗透变形是堤坝、基坑和边坡失稳的主要原因之一，设计时应予以足够的重视。防止渗透变形的措施包括：采用不透水材料或者完全阻断土中的渗流路径，或者增加渗透路径，减少水力坡降；也可在渗流出溢处布置减压、压重或反滤层防止流土和管涌的发生。所以基本措施是“上游挡、下游排”。

1. 堤坝及其地基的渗透变形防治

（1）垂直防渗

垂直防渗可用黏土、混凝土、塑性混凝土、自凝灰浆和土工膜等材料。它既可以作为坝体和堤身的防渗体，也可作为透水地基的防渗体。最常用的是混凝土和塑性混凝土连续墙。小浪底土石坝的地基防渗和三峡二期围堰的堰体和地基防渗都使用塑性混凝土垂直防渗墙。达到了理想的防渗效果。

（2）水平铺盖

水平铺盖防渗层一般使用黏土铺筑，要求土料的渗透系数 $k<(10^{-5})$ cm/s，铺盖厚度 0.5～1.0m，允许垂直水力坡降为 4～6。也可用土工膜作水平防渗铺盖。

（3）下游压重

在图 9-4-5 所示的堤防中，上游设置水平铺盖，下游铺设压渗盖重（即压重）。压重采用透水堆石，压重后的堤基应满足下式

$$[J] \geqslant \frac{h}{x_1 + L + x_2} \tag{9-4-17}$$

式中，［J］为最大允许坡降，它与堤基材料有关，可参见表 9-4-3。

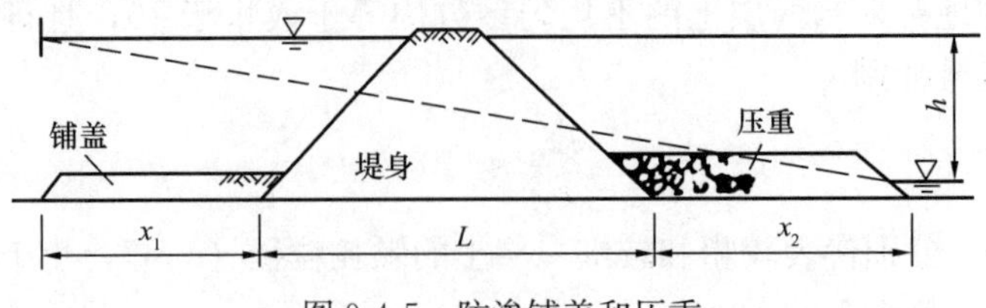

图 9-4-5　防渗铺盖和压重

允许水力坡降［J］　　表 9-4-3

堤基材料	［J］	堤基材料	［J］
极细砂、粉土	0.056	粗砂	0.083
中、细砂	0.067	砂砾石	0.111

（4）排水减压井

对于双层地基，即上层相对不透水，下层透水。为防止堤坝背水坡脚处上层土下部受较大的向上水力坡降而发生流土，可用透水材料做成减压井，通过反滤层使下层中水安全排出，降低土的水力坡降。

（5）下游排水体

为避免堤坝的背水坡渗流出溢处发生渗透变形，可采用棱柱式排水、褥垫式排水或贴坡式排水（图 9-4-6），可使出溢点降低，避免沿坡渗流引起的冲刷。

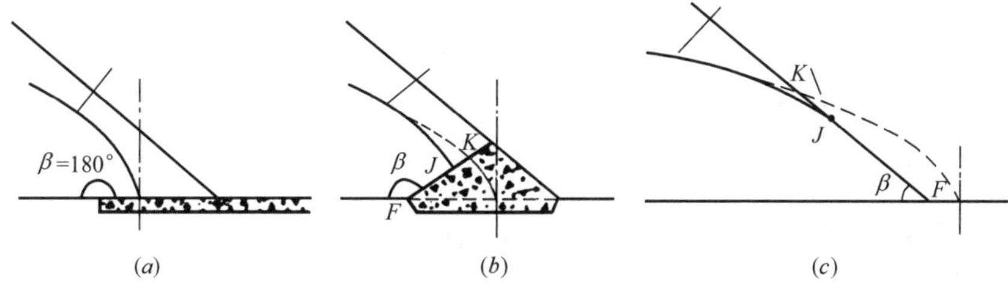

图 9-4-6　土坝出流溢处浸润线

（a）褥垫式排水；（b）棱柱式排水；（c）贴坡式排水

2. 基坑渗透破坏的防治

基坑渗透变形的防治措施与堤坝相似。当透水层厚度不大时可以将垂直防渗体插入下面不透水层，完全阻断地下水。当透水层厚度较大时，也可以做成悬挂式垂直防渗，减少基底的溢出水力坡降。也可采用高压喷射注浆法形成水平隔渗层防止地下水引起基底流土，参见图 9-4-7。

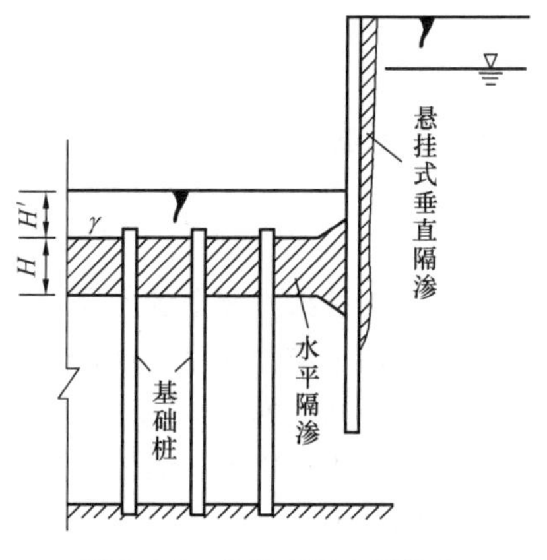

图 9-4-7　悬挂式竖向隔渗和水平封底隔渗

用透水材料，例如砂砾石，铺设在坑底形成压渗盖重，也可有效地防止坑底的流土破坏。压渗盖重是由一层或几层不同粒径的材料组成的滤层，一方面要求渗透水不会在滤层产生过大的水头损失；另一方面，能保护坑底土，不使细颗粒流失或堵塞在滤层孔隙中。

五、基坑突涌

当基坑下有承压水存在，开挖基坑减小了含水层上覆不透水层的厚度，在厚度减小到一定程度时，承压水的水头压力能顶裂或冲毁基坑底板，造成突涌现象。基坑突涌将会破坏地基强度，并给施工带来很大困难。

（一）基坑突涌的形式

1. 基底顶裂，出现网状或树枝状裂缝，地下水从裂缝中涌出来并带出下部土颗粒。

2. 基坑底发生流砂现象，从而造成边坡失稳和整个地基悬浮流动。

3. 基底发生类似于“沸腾”的喷水冒砂现象，使基坑积水，地基土扰动。

（二）基坑突涌产生条件

需验算基坑底不透水层厚度与承压水水头压力，按平衡式（9-4-18）进行计算：

$$\gamma H = \gamma_w h \tag{9-4-18}$$

要求基坑开挖后不透水层的厚度按式（9-4-19）计算：

$$H \geqslant (\gamma_w/\gamma)h \tag{9-4-19}$$

当：$H \geqslant (\gamma_w/\gamma)h$ 基坑不产生突涌。

$H < (\gamma_w/\gamma)h$ 基坑产生突涌。

式中　H——基坑开挖后不透水层的厚度；

γ——土的重度；

γ_w——水的重度；

h——承压水头高于含水层顶板的高度（m）。

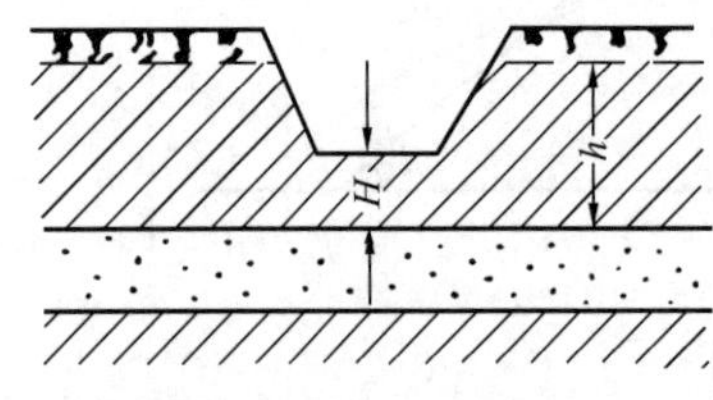

图 9-4-8　基坑底部最小不透水层的厚度

以上式子中当 $H = (\gamma_w/\gamma)h$ 时处在极限平衡状态，工程实践中，应有一定的安全度，但多少为宜，应根据实际工程经验确定。

（三）基坑突涌的防止

首先应查明基坑范围内不透水层的厚度、岩性、强度及其承压水水头的高度，承压水含水层顶板的埋深等。然后按式（9-4-19）验算基坑开挖到预计深度时基底能否发生突涌。若能发生突涌，应在基坑位置的外围先设置抽水孔（或井），采用人工方法局部降低承压水水位，直到把承压水位降低到基坑底以下某一许可值，方可动工开挖基坑，这样就能防止产生基坑突涌现象。

第二节　地下水对边坡和基坑工程的影响

一、对支护结构物上的土压力和水压力的影响

在进行挡土结构的设计时，首先须计算作用在结构上的土压力和水压力。力的大小主要取决于挡土结构的高度、土的性质和地下水性质。例如基坑支护结构，墙后土体常常是饱和的，存在静水压力、渗流和超静孔隙水压力的影响，经典的土压力理论常常不能给出符合实际的结果。

（一）《建筑边坡工程技术规范》GB 50330—2013

1. 土中有地下水但未形成渗流时，作用于支护结构上的侧压力可按下列规定计算：

（1）对砂土和粉土按水土分算原则计算；

（2）对黏性土宜根据工程经验按水土分算或水土合算原则计算；

（3）按水土分算原则计算时，作用在支护结构上的侧压力等于土压力和静止水压力之和，地下水位以下的土压力采用浮重度和有效应力抗剪强度指标计算；

（4）按水土合算原则计算时，地下水位以下的土压力采用饱和重度 γ_{sat} 和总应力抗剪强度指标计算。

2. 土中有地下水形成渗流时，作用于支护结构上的侧压力，除按上面计算外，尚应

按下列要求计算渗流压力。

(1) 水下部分岩土体重度取浮重度；

(2) 第 i 计算条块岩土体所受的总渗透力 P_{wi} (kN/m) 按下式计算：

$$P_{wi}=\gamma_w V_i \sin\frac{1}{2}(\alpha_i+\theta_i) \tag{9-4-20}$$

式中　γ_w——水的重度 (kN/m³)；

V_i——第 i 计算条块单位宽度岩土体的水下体积 (m³/m)；

θ_i、α_i——第 i 计算条块底面倾角和地下水位面倾角 (°)。

(3) 总渗透力作用的角度为计算条块底面和地下水位面倾角的平均值，指向低水头方向。

(二) 静水压力作用下的水土压力

根据有效应力原理，$\sigma_z=\sigma'_z+u$ 其中 u 可以是静水压力、渗流情况下的水压力和超静水压力。首先考虑静水压力作用下，挡土结构上土压力和水压力的计算。

1. 水土分算

水土分算是指水压力和土压力分开计算，即竖向有效自重应力 σ'_z 将在挡土结构上产生横向土压力，而孔隙水压力 u 是各向等压的，故直接作用在挡土结构上。但由于实际工程中较难确定施工中的超静水压力和有效应力强度指标，往往采用一般形式的水土分算，可采用固结不排水或不固结不排水强度指标。具体见第八篇。

2. 水土合算

水土合算计算土压力时考虑土体自重的总应力 σ_z，例如只有自重应力作用的情况，$\sigma_z=\gamma_{sat}z$，而不再计任何水压力影响。水土合算采用固结不排水或不固结不排水的总应力强度指标。水土合算一般用于黏性土，这一算法为我国一些基坑规程所采用。如《建筑基坑支护技术规程》JGJ 120—2012。

比较水土分算与水土合算，可见两者对于水压力部分的计算方法不同。在水土合算中，由于将静水压力部分也乘以主动土压力系数（计算荷载时）或被动土压力系数（计算抗力时），故而缺乏理论基础。由于两种算法采用的自重应力和抗剪强度指标不同，其结果是不会相同的。即使对于软黏土，取 $c_u=\tau_f$ 和 $\varphi_u=0$，使 $K_a=K_p=K_w=1$，两种算法得到的总水土压力的分布和大小也是不同的。关于在黏土中采用水土合算是否有理论根据尚有待研究。但实际工程情况比较复杂，很少是静水压情况，所以考虑渗流及超静水压分布的水土分算能更合理反映水土的作用。

(三) 不同渗流情况下的水土压力

在基坑开挖的支护结构设计时，会遇到许多复杂的地基中的水土关系，只有清楚地分析水与土的相互作用，才能得到合理的荷载与抗力。

1. 有上层滞水的情况

在很多情况下，基坑开挖遇到的地下水是上层的滞水，稳定的地下水（潜水）有时位于很深的透水层中，如图 9-4-9 所示。对于图 (a) 情况，由于水是垂直下渗，$J\approx0$ 时板桩上的水压力为零，考虑到向下的渗透力，主动土压力 $p_a=K_a\gamma_{sat}z$。在这种情况下，计算结果与水土合算结果一致。对于图 (b) 情况，滞水下渗，各层渗透系数不同，其水、土压力和总压力的分布应逐层根据水流连续性条件计算。应当注意到水的渗透力 p_w 对于

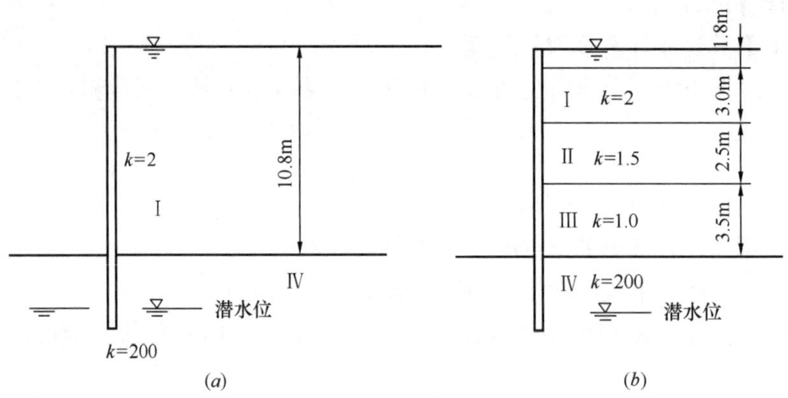

图 9-4-9　有上层滞水时的情况（k 为相对值）

（a）单层弱透水层；（b）多层弱透水层

土压力的影响，这时它产生附加土压力 $\Delta p_a = K_a p_w z$。

2. 有承压水的情况

图 9-4-10 表示基坑下有一层相对不透水土层，由于基坑内排水，使这一土层下存在承压水。在土层Ⅰ中，板桩作用的水压力接近静水压力；在土层Ⅱ中，除水压力外，还有由于向下的渗透力，在板桩后产生的很大的主动土压力。

在板桩前，由于下部承压水向上渗流，可能发生流土，应验算 J 是否小于 J_{cr}。即使不发生流土，因为竖向有效应力值被动土压力大大减小，也可能导致板桩失稳。

3. 均匀土中基坑内排水情况

对于图 9-4-11 的坑内排水情况，如果设板桩后作用主动土压力，桩前为被动土压力。一种简化的计算方法是假设水头沿板桩的外轮廓线均匀损失，则桩后为向下渗透力，桩前为向上渗透力，$J = H/(H+2d)$，主动土压力增加，被动土压力减少，水压力也不同于静水压力，这种情况可用朗肯土压力理论进行近似计算。

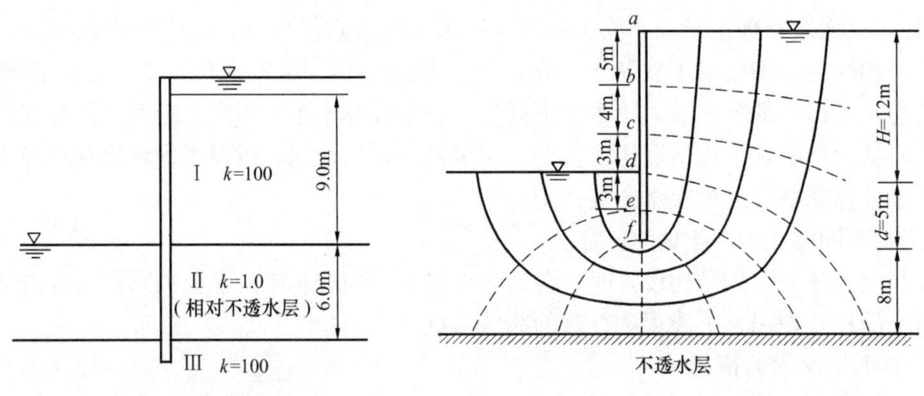

图 9-4-10　有承压水的情况

图 9-4-11　板桩墙剖面图

实际上这是一个二维渗流问题，需要绘制流网才能进行较准确的计算。在绘制了流网后，由于土应力场是一维情况，无法同时达到朗肯的极限平衡应力状态。这时应根据库仑土压力理论，通过假设滑裂面的计算方法计算。计算表明这时主动土压力一侧的滑裂面与

桩夹角大于 $45°-\varphi/2$，由于存在水平渗透力，计算的水土压力之和也比简化计算大一些。如果在基坑外降水，由于有向外的渗透力，则主动水土压力降低，被动土压力一侧水土压力增加。

4. 超静孔隙水压力对水土压力的影响

在黏性填土施工时，可能在挡土构造物后的土中产生正的孔隙水压力，在黏性土中开挖则可能在支护构造物后的地基土中产生负的超静孔压。在渗流固结中，孔压消散，相应的挡土构造物上压力不断变化。有效应力的分析可以清楚地反映这一情况，采用总应力分析时，则应合理地选用强度指标。

图 9-4-12 表示的是上部有超载的挡土构造物后土中正负超静孔压的情况及对应的主动土压力。假设墙面是排水的，墙后土体是饱和度 $S_r=90\%$的非饱和土。图（a）是由于填土及荷载引起的正超静孔压等孔压线分布。图（b）是由于基坑开挖引起的负超静孔压等孔压线分布。用库仑土压力理论的图解法分析，发现正孔压时，滑裂面与墙夹角大于 $45°-\varphi/2$。负孔压时，滑裂面倾角小于 $45°-\varphi/2$。图（c）表示的正孔压情况下的主动土压力。图（d）为负孔压情况下的主动土压力。其中，p_{a2}是表示由有效自重应力 σ'_z引起的主动土压力；p_{a1}是滑裂面上的超静孔压的水平分量，实质上是水平方向的渗透力，表现为作用在墙上的主动土压力增量。p_{a1} 和 p_{a2}之和 p_a 为墙上总的主动土压力。可见有正孔压时主动土压力增加，有负孔压时主动土压力明显减少。

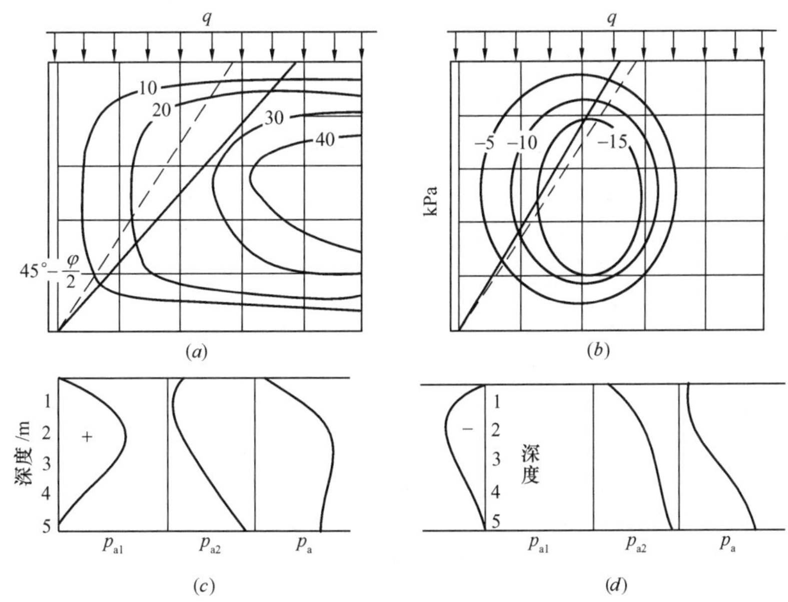

图 9-4-12　超静孔压引起的土压力

（a）墙后正超静孔压；（b）墙后负超静孔压；（c）正孔压；（d）负孔压

通过上述分析可以看出，所谓的水土合算只是一种经验算法，它无法反映各种水、土各种不同分布情况下的复杂的水土压力大小与分布的情况。在实际工程问题中，还应作具体的分析，而有效应力原理是基本的理论基础。

二、地下水对支护体系中整体稳定性的影响

主要表现在：

1. 地下水对岩土体的软化作用，降低岩土体抗剪强度指标；

2. 地下水可能引起锚杆或土钉与周围土体之间握裹力的降低，从而降低抗拔力；

3. 地下水的存在可能造成施工的困难，常常会使支护结构在嵌固深度不足等类“先天不足”的条件下工作；

4. 地下水控制不当可能造成基槽侧壁土体的流失——造成潜蚀，严重时造成体积很大的“空洞”，威胁体系的整体稳定性；

5. 对于槽底土质为粉土或砂土时，可能造成基底的管涌或基底抗隆起失效；

6. 可能由于施工降水不当，造成基坑侧面地面变形过大，引起邻近建筑、道路或地下设施的破坏。

第三节 地下水对结构的上浮作用

一、抗浮设计基本原则

地下水对基础的浮力作用，是最明显的一种力学作用。

(一)《岩土工程勘察规范》GB 50021—2001 (2009 年版)

1. 对地基基础、地下结构应考虑在最不利组合情况下，地下水对结构物的上浮作用，原则上应按设计水位计算浮力；对节理不发育的岩石和黏土且有地方经验或实测数据时，可根据经验确定；

2. 有渗流时，地下水的水头和作用宜通过渗流计算进行分析评价。

(二)《高层建筑岩土工程勘察规程》JGJ/T 72—2017

1. 抗浮设防水位的综合确定宜符合下列规定：

(1) 抗浮设防水位宜取地下室自施工期间到全使用寿命期间可能遇到的最高水位。该水位应根据场地所在地貌单元、地层结构、地下水类型、各层地下水水位及其变化幅度和地下水补给、径流、排泄条件等因素综合确定；当有地下水长期水位观测资料时，应根据实测最高水位以及地下室使用期间的水位变化，并按当地经验修正后确定；

(2) 施工期间的抗浮设防水位可按勘察时实测的场地最高水位，并考虑季节变化导致地下水位可能升高的因素；同时应充分考虑结构自重和上覆土重尚未施加时，浮力对地下结构的不利影响；

(3) 场地具多种类型地下水，各类地下水虽然具有各自的独立水位，但若相对隔水层已属饱和状态、各类地下水有水力联系时，宜按各层水的混合最高水位确定；

(4) 当地下结构邻近江、湖、河、海等大型地表水体，且与本场地地下水有水力联系时，可参照地表水体百年一遇高水位及其波浪壅高，结合地下排水管网等情况，并根据当地经验综合确定抗浮设防水位；

(5) 对于城市中的低洼地区，应考虑特大暴雨期间可能形成街道被淹的情况，在南方地下水位较高、地基土处于饱和状态的地区，抗浮设防水位可取室外地坪高程。

2. 当建设场地处于斜坡地带且高差较大或者地下水赋存条件复杂、变化幅度大、地下室使用期间区域性补给、径流和排泄条件可能有较大改变或工程需要时，应进行专门论证，提供抗浮设防水位的专项咨询报告。

3. 对位于斜坡地段的地下室或其他可能产生明显水头差的场地上的地下室，进行抗浮设计时，应考虑地下水渗流在地下室底板产生的非均布荷载对地下室结构的影响。

4. 地下室在稳定地下水位作用下的浮力应按静水压力计算。对临时高水位作用下所受的浮力，在黏性土地层中可根据当地经验适当折减。

（三）部分地方规范

目前，新修订的地方地基规范都十分注意地下水对基础的浮力作用，对其抗浮设计都有原则性的规定。如《广东建筑地基基础设计规范》DBJ 11—31 规定：在计算地下水的浮托力时，不宜考虑地下室侧壁及底板结构与岩土接触面的摩擦作用和黏滞作用，除有可靠的长期控制地下水位的措施外，不应对地下水水头进行折减；结构基底面承受的水压力应按全水头计算；地下室侧壁所受的水土压力宜按水压力与土压力分算的原则计算。《北京地区建筑地基基础勘察设计规范》DBJ 11—501—2009 规定：考虑地下水对建筑物的上浮作用时，应按设计水位计算浮力。有渗流时，地下水的水头和作用宜通过渗流计算进行分析评价。

二、抗浮设防水位的确定

从抗浮设计的原则——地下水对基础的浮力作用应考虑最不利组合看，地下水对基础的浮力主要取决以下两方面因素：建筑抗浮设防水位和基础埋置深度及其地质条件。

抗浮设防水位是指基础砌置深度内起主导作用地下水层在建筑物运营期间的最高水位，主要通过预测来确定。

一般说，要进行某场地或区域的最高水位预测，需要掌握以下资料：

1. 区域的气象资料、工程地质和水文地质背景；

2. 地下水的补给与排泄关系、赋存状态与渗流规律；

3. 地下水位的长期观测资料；

4. 从长期观测资料与地下水补给、排泄关系分析得到的影响地下水位的主要因素。

（一）地下水位的影响因素

地下水位的影响因素主要有：

1. 需预测的地下含水层的水位与大气降水入渗的关系；

2. 城市规划中地下水的开采量变化对该地下水的影响；

3. 建筑物周围的环境与周围水系的联系；

4. 其他各层地下水与其补给排泄的影响。

（二）地下水抗浮设防水位的确定：

一般情况地下水抗浮设防水位的综合确定宜符合下列规定：

1. 当有长期水位观测资料时，抗浮设防水位可根据该层地下水实测最高水位和建筑物运营期间地下水的变化来确定；无长期水位观测资料或资料缺乏时，按勘察期间实测最高稳定水位并结合场地地形地貌、地下水补给、排泄条件等因素综合确定；在南方滨海和滨江地区，抗浮设防水位可取室外地坪标高。

2. 场地有承压水且与潜水有水力联系时，应实测承压水水位并考虑其对抗浮设防水位的影响；

3. 只考虑施工期间的抗浮设防时，抗浮设防水位可按一个水文年的最高水位确定。

沈小克等人在《地下水与结构抗浮》（2013）中介绍了北京市勘察设计研究院有限公司的第一代抗浮分析方法——“场域渗流模型综合分析法”（场域法），该方法为：在充分利用区域工程地质、水文地质背景和地下水水位长期观测资料的基础上，分析工程场区及其附近区域的水文地质条件、场地地下水与区域地下水之间的关系、各层地下水的水位动态特征以及相邻含水层之间的水力联系，确定影响场区地下水水位变化的各种因素及影响程度，预测场区地下水远期最高水位，并经渗流分析、计算，最终提出建筑抗浮水位建议值。第二代抗浮分析方法——“区域三维瞬态流模型分析法”（区域法），该方法为：利用地下水三维渗流模型进行抗浮水位分析计算，在充分利用北勘 50 多年以来积累的大量地质资料和地下水长期动态资料及其研究成果的基础上，根据地下水动力学基本原理，建立了北京市中心区域（1040km^2）地下水三维瞬态流分析模型和方法，该方法的重要特点是能根据不断更新和完善的输入条件（如最新的地下水监测数据或地下水水位观测结果），计算预测模型范围内任意位置各层地下水的远期最高水位及其变化过程，并结合场地水文地质条件和建筑基底位置综合确定抗浮水位设计参数。

三、地下水对基础浮力的确定

（一）静水环境

浮力可以用阿基米德原理计算。一般认为，在透水性较好的土层或节理发育的岩石地基中，计算结果即等于作用在基底的浮力；对于渗透系数很低的黏土来说，上述原理在原则上也应该是适用的，但是有实测资料表明，由于渗透过程的复杂性，黏土中基础所受到的浮托力往往小于水柱高度。但工程设计中，只有具有当地经验或实测数据时，方可进行一定折减。

（二）渗流条件下

地下水赋存于地层中，始终在运动，并受多种因素影响，并不是所谓的静水环境。由于地下建筑物的存在，改变了拟建场地原有地下水的运动边界条件，即使在基础埋深范围内仅存在一层地下水，在地下水赋存体系比较复杂的情况下，上层水与下部含水层之间也存在一定的水力联系，在各含水层之间有非饱和带时更是如此。基底的水压力并不完全取决于水位的高低，而必须由渗流分析来确定。用地下水动力学的方法确定的水压力与过去仅仅将水压力按静水环境确定的做法，存在很大的差别。而后者往往对基底的水压力估计过高，造成浪费。

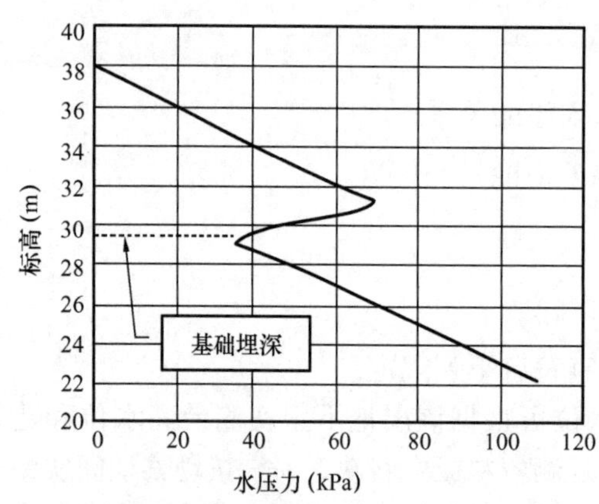

图 9-4-13　某工程通过渗流分析得到的水压力分布曲线（据张在明，2001）

图 9-4-13 为某工程通过渗流分析，得到的水压力沿竖向的分布图。从图中可见，基础处的水压力为 36kPa，即设计中考虑的浮力的数据，比在静水环境中按抗浮设防水位 38.00m 计算的浮力 92kPa 要小。

表 9-4-4 为某水库大坝黏土墙下实测孔隙水压力与按实际浸润线位置计算得到的静水压力与实测的孔隙水压力的比较，均不同程度地低于静止水压力。

在工程设计中，应根据工程重要性和具体的水文地质条件，结合当地经验或实测数据，科学分析慎重对待。

某水库大坝实测孔隙水压力与计算静水压力对比　表 9-4-4

测试日期	对比项目	测点位置				
		208 号点	222 号点	237 号点	239 号点	242 号点
2002/06/07	实测孔隙水压力	56.4	60.5	57.6	—	29.6
	计算静水压力	74.1	74.1	73.5	61.7	46.1
	比值	0.76	0.82	0.78	—	0.64
2002/07/30	实测孔隙水压力	55.5	58.9	55.2	—	26.5
	计算静水压力	63.7	63.7	62.7	57.4	41.2
	比值	0.87	0.92	0.88	—	0.64

注：据张彬，深基坑水土压力共同作用试验研究与机理分析，博士论文，2004。

第五章　地下水控制

第一节　概　　述

地下工程施工过程及使用期间有时会因地下水的影响而无法正常运作，此时就必须进行地下水控制，措施之一就是进行工程降水和隔渗。工程降水工作一般可分为六个基本阶段，即准备阶段、工程勘察阶段、工程降水设计阶段、工程降水施工阶段、工程降水监测与维护阶段和技术成果资料整理阶段。本章内容主要介绍工程降水的设计与施工。

第二节　工程降水设计

一、工程降水设计的一般规定

（一）降水设计应符合下列规定：

1. 应明确设计任务和依据；

2. 应根据工程地质、水文地质条件、基坑开挖工况、工程环境条件进行多方案对比分析后制定降水技术方案；

3. 应确定降水井的结构、平面布置及剖面图，以及不同工况条件下的出水量和水位降深；

4. 应提出对周边工程环境监测要求，明确预警值、控制值和控制措施；

5. 应提出降水运行维护的要求，提出地下水综合利用方案；

6. 应提出降水施工质量要求，明确质量控制指标；

7. 应预测可能存在的施工缺陷，制定针对性的修复预案。

（二）基岩裂隙地区降水设计尚应符合下列规定：

1. 设计井位应能控制风化层厚度和构造裂隙带；

2. 应根据裂隙水的性质，采用相关公式计算涌水量、水位变化，并经抽水试验验证；

3. 应根据与区域构造和含水层沟通情况，确定预防突涌措施，并应制定观测方案。

（三）岩溶地区降水设计尚应符合下列规定：

1. 设计井位应能控制岩溶构造裂隙和主要岩溶发育带；

2. 应进行涌水量、水位预测，并经现场试验验证；

3. 应提出防止成井后突水现象发生的辅助措施；

4. 应对相邻地区泉水衰减、地面沉降、地面塌陷进行预测和观测；

5. 应根据岩溶水的特点，采取以排为主、排堵结合的处理措施。

（四）水下工程的降水设计尚应符合下列规定：

1. 应选择可靠的围堰、筑岛、栈桥等方法排除地表水；

2. 应采取防止地表水与地下水连通措施；

3. 选择堵截工程措施时应加强试验和观测。

二、工程降水方法设计与施工

（一）各种降水方法的适用范围

降水方法应根据场地地质条件、降水目的、降水技术要求、降水工程可能涉及的工程环境保护等因素按表 9-5-1 选用，并符合下列规定：

1. 地下水控制水位应满足基础施工要求，基坑范围内地下水水位应降至基础垫层以下不小于 0.5m，对基底以下承压水应降至不产生坑底突涌的水位以下，对局部加深部位（电梯井、集水坑、泵房等）宜采取局部控制措施；

2. 降水过程中应采取防止土颗粒流失的措施；

3. 应减少对地下水资源的影响；

4. 对工程环境的影响应在可控范围之内；

5. 应能充分利用抽排的地下水资源。

工程降水方法及适用条件　　表 9-5-1

降水方法 \ 适用条件		土质类别	渗透系数 (m/d)	降水深度 (m)
集水明排		填土、黏性土、粉土、砂土、碎石土	—	—
降水井	真空井点	粉质黏土、粉土、砂土	0.01～20.0	单级≤6，多级≤12
	喷射井点	粉土、砂土	0.1～20.0	≤20
	管井	粉土、砂土、碎石土、岩石	>1	不限
	渗井	粉质黏土、粉土、砂土、碎石土	>0.1	由下伏含水层的埋藏和水头条件确定
	辐射井	黏性土、粉土、砂土、碎石土	>0.1	4～20
	电渗井	黏性土、淤泥、淤泥质黏土	≤0.1	≤6
	潜埋井	粉土、砂土、碎石土	>0.1	≤2

（二）降水系统平面布置

降水系统平面布置应根据工程的平面形状、场地条件及建筑条件确定，并应符合下列规定：

1. 面状降水工程降水井点宜沿降水区域周边呈封闭状均匀布置，距开挖上口边线不宜小于 1m；

2. 线状、条状降水工程降水井宜采用单排或双排布置，两端应外延条状或线状降水井点围合区域宽度的（1～2）倍布置降水井；

3. 降水井点围合区域宽度大于单井降水影响半径或采用隔水帷幕的工程，应在围合区域内增设降水井或疏干井；

4. 在运土通道出口两侧应增设降水井；

5. 当降水区域远离补给边界，地下水流速较小时，降水井点宜等间距布置，当邻近补给边界，地下水流速较大时，在地下水补给方向降水井点间距可适当减小；

6. 对于多层含水层降水宜分层布置降水井点，当确定上层含水层地下水不会造成下层含水层地下水污染时，可利用一个井点降低多层地下水水位；

7. 降水井点、排水系统布设应考虑与场地工程施工的相互影响。

（三）集水明排

用排水沟、集水井、泄水管、输水管等组成的排水系统将地表水、渗漏水排泄至基坑外的方法。

1. 集水明排应符合下列规定：

（1）对地表汇水、降水井抽出的地下水可采用明沟或管道排水；

（2）对坑底汇水可采用明沟或盲沟排水；

（3）对坡面渗水宜采用渗水部位插打导水管引至排水沟的方式排水；

（4）必要时可设置临时性明沟和集水井，临时明沟和集水井随土方开挖过程适时调整。

排水沟、集水井的截面应根据设计流量确定，设计排水流量应符合下式规定：

$$Q \leqslant V/1.5 \tag{9-5-1}$$

式中　Q——基坑涌水量（m^3/d）；

V——排水沟、集水井的排水量（m^3/d）。

2. 沿排水沟宜每隔 30～50m 设置一口集水井。集水井、排水管沟不应影响地下工程施工。

3. 排水沟深度和宽度应根据基坑排水量确定，坡度宜为 0.1%～0.5%；集水井尺寸和数量应根据汇水量确定，深度应大于排水沟深度 1.0m；排水管道的直径应根据排水量确定，排水管的坡度不宜小于 0.5%。

4. 集水明排施工应符合下列规定：

（1）排水管沟与明排可随基坑（槽）的开挖水平和涵洞施工长度同步进行，见图 9-5-1 和图 9-5-2；

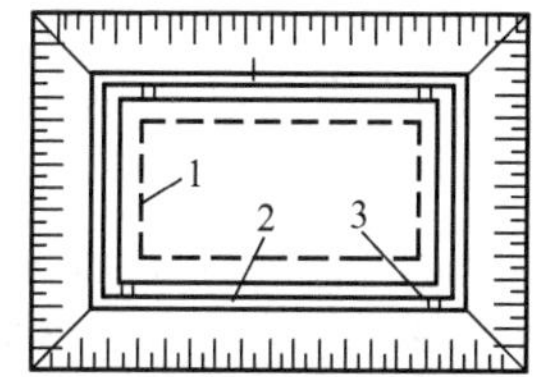

图 9-5-1　基坑内明沟排水

1—基坑内线；2—排水沟；3—集水井

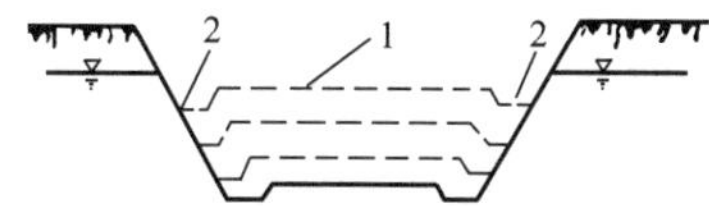

图 9-5-2　分层开挖排水沟

1—挖土面；2—排水沟

（2）采用明沟排水时，沟底应采取防渗措施；采用盲沟排水时，盲沟内宜采用级配碎石充填，并应满足主体结构对地基的要求；

（3）集水井（坑）壁应有防护结构，并应采用碎石滤水层、泵头包纱网等措施；

（4）当基坑侧壁出现渗水时，应针对性地设置导水管，将水引入排水沟；

（5）水泵的选型可根据排水量大小及基坑深度确定；

（6）排水管道上宜设置清淤孔，清淤孔的间距不宜大于 10m；

（7）明沟、集水井、排水管、沉淀池使用时应随时清理淤积物，保持排水通畅。

（四）真空井点

1. 真空井点布设除应符合降水系统平面布置的原则外，尚应符合下列规定：

（1）当真空井点孔口至设计降水水位的深度不超过 6.0m 时，宜采用单级真空井点；当大于 6.0m 且场地条件允许时，可采用多级真空井点降水，多级井点上下级高差宜取 4.0～5.0m；如图 9-5-3 和图 9-5-4 所示。

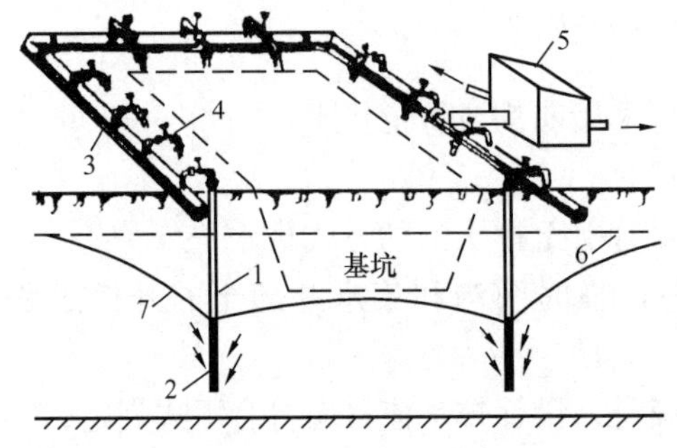

图 9-5-3 真空井点法降低地下水全貌图

1—井点管；2—滤管；3—总管；4—弯联管；5—水泵房；6—地下水位线；7—降低后地下水位降落曲线；

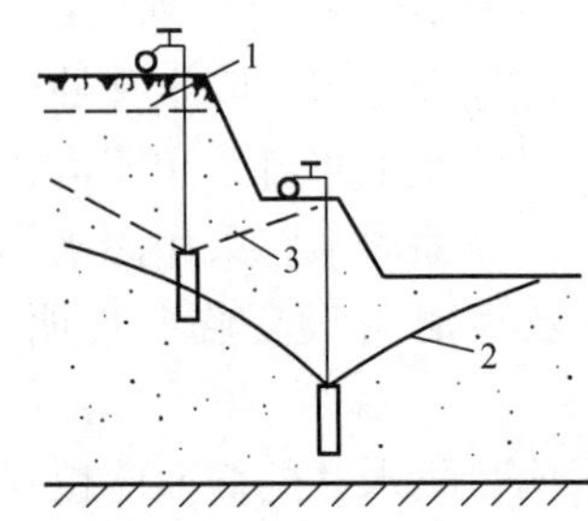

图 9-5-4 二级真空井点系统的布置

1—地下水静止水位；2—从第二级抽水时地下水位的；3—从第一级抽水时地下水位的降落曲线

（2）井点系统的平面布置应根据降水区域平面形状、降水深度、地下水的流向以及土的性质确定，可布置成环形、U 形和线形（单排、双排）；

（3）井点间距宜为 0.8～2.0m，距开挖上口线的距离不应小于 1.0m；集水总管宜沿抽水水流方向布设，坡度宜为 0.25%～0.5%；

（4）降水区域四角位置井点宜加密；

（5）降水区域场地狭小或在涵洞、地下暗挖工程、水下降水工程，可布设水平、倾斜井点。

2. 真空井点的构造应符合下列规定：

（1）井点管宜采用金属管或 U-PVC 管，直径应根据单井设计出水量确定，宜为 38～110mm；

（2）过滤器管径应与井点管直径一致，滤水段管长度应大于 1.0m；管壁上应布置渗水孔，直径宜为 12～18mm；渗水孔宜呈梅花形布置，孔隙率应大于 15%；滤水段之下应设置沉淀管，沉淀管长度不宜小于 0.5m；

（3）管壁外应根据地层土粒径设置滤水网；滤水网宜设置两层，内层滤网宜采用60～80 目尼龙网或金属网，外层滤网宜采用 3～10 目尼龙网或金属网，管壁与滤网间应采用金属丝绕成螺旋形隔开，滤网外应再绕一层粗金属丝；

（4）孔壁与井管之间的滤料宜采用中粗砂，滤料上方应用黏土封堵，封堵至地面的厚度应大于1.0m；

（5）集水总管宜采用ϕ89～ϕ127mm的钢管，每节长度宜为4m，其上应安装与井点管相连接的接头；

（6）井点泵应用密封胶管或金属管连接各井，每个泵可带动（30～50）个真空井点。

3. 真空井点的成孔应符合下列规定：

（1）垂直井点：对易产生塌孔、缩孔的松软地层，成孔施工宜采用泥浆钻进、高压水套管冲击钻进；对于不易产生塌孔缩孔的地层，可采用长螺旋钻进、清水或稀泥浆钻进；

（2）水平井点：钻探成孔后，将滤水管水平顶入，通过射流喷砂器将滤砂送至滤管周围；对容易塌孔地层可采用套管钻进；

（3）倾斜井点：宜按水平井点施工要求进行，并应根据设计条件调整角度，穿过多层含水层时，井管应倾向基坑外侧；

（4）成孔直径应满足填充滤料的要求，且不宜大于300mm；

（5）成孔深度不应小于降水井设计深度。

4. 真空井点施工安装应符合下列规定：

（1）井点管的成孔应符合成孔规定；

（2）达到设计孔深后，应加大泵量、冲洗钻孔、稀释泥浆，返清水3～5min后，方可向孔内安放井点管；

（3）井点管安装到位后，应向孔内投放滤料，滤料粒径宜为0.4～0.6mm。孔内投入的滤料数量，宜大于计算值5%～15%，滤料填至地面以下1～2m后应用黏土填满压实；

（4）井点管、集水总管应与水泵连接安装，抽水系统不应漏水、漏气；

（5）形成完整的真空井点抽水系统后，应进行试运行。

（五）喷射井点

1. 喷射井点布设除应符合降水系统平面布置的原则外，尚应符合下列规定：

（1）当降水区域宽度小于10m时宜单排布置，当降水区域宽度大于10m时宜双排布置，面状降水工程宜环形布置；

（2）喷射井点间距宜为1.5～3.0m，井点深度应比设计开挖深度大3.0～5.0m；

（3）每组喷射井点系统的井点数不宜超过30个，总管直径不宜小于150mm，总长不宜超过60m，每组井点应自成系统。

2. 喷射井点的构造应符合下列规定：

（1）井点的外管直径宜为73～108mm，内管直径宜为50～73mm；

（2）过滤器管径应与井点管径一致，滤水段管长度应大于1.0m；管壁上应布置渗水孔，直径宜为12～18mm；渗水孔宜呈梅花形布置，孔隙率应大于15%；滤水段之下应设置沉淀管，沉淀管长度不宜小于0.5m；

（3）管壁外应根据地层土粒径设置滤水网；滤水网宜设置两层，内层滤网宜采用60～80目尼龙网或金属网，外层滤网宜采用3～10目尼龙网或金属网，管壁与滤网间应采用金属丝绕成螺旋形隔开，滤网外应再绕一层粗金属丝；

（4）井孔成孔直径不宜大于600mm，成孔深度应比滤管底深1m以上；

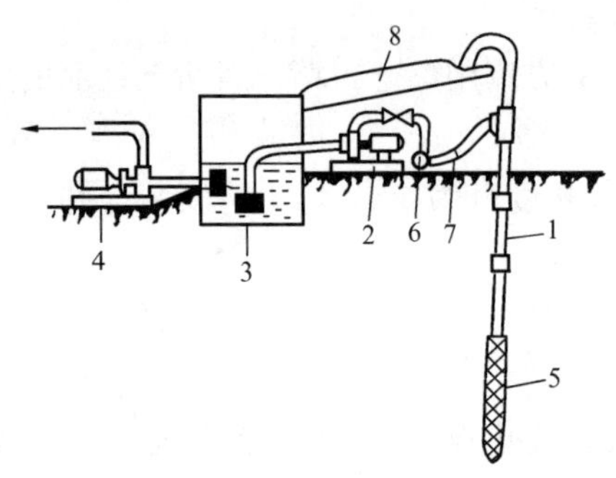

图 9-5-5 喷射井点布置图
1—井点管；2—高压水泵；3——循环水槽；
4—低压水泵；5—滤管；6—导水总管；
7—连接饮管；8—排水槽

（5）喷射井点的喷射器应由喷嘴、联管、混合室、负压室组成，喷射器应连接在井管的下端；喷射器混合室直径宜为 14mm，喷嘴直径宜为 6.5mm，工作水箱不应小于 10m^3；

（6）工作水泵可采用多级泵，水泵压力应大于 2MPa，喷射井点布置见图 9-5-5。

3. 喷射井点施工安装应符合下列规定：

（1）喷射井点施工方法、滤料回填同真空井点；

（2）井管沉设前应对喷射器进行检验，每个喷射井点施工完成后，应及时进行单井试抽，排出的浑浊水不得回流循环管路系统，试抽时间应持续到水清砂净为止；

（3）每组喷射井点系统安装完成后，应进行试运行，不应有漏气、翻砂、冒水现象；

（4）循环水箱内的水应保持清洁。

（六）管井

1. 管井的布设除应符合降水系统平面布置的原则外，尚应符合下列规定：

（1）管井位置应避开支护结构、工程桩、立柱、加固区及坑内布设的监测点；

（2）临时设置的降水管井和观测孔孔口高度可随工程开挖进行调整；

（3）工程采用逆作法施工时应考虑各层楼板预留管井洞口；

（4）当管井间地下分水岭的水位未达到设计降水深度时，应根据抽水试验的浸润曲线反算管井间距和数量并进行调整。

2. 管井的构造和设备应符合下列规定：

（1）管井井管直径应根据含水层的富水性及水泵性能选取，井管外径不宜小于 200mm，井管内径应大于水泵外径 50mm；

（2）管井成孔直径宜为 400～800mm；

（3）沉砂管长度宜为 1.0～3.0m；

（4）抽水设备出水量应大于单井设计出水量的 30%；

3. 管井施工应符合下列规定：

（1）管井施工可根据地层条件选用冲击钻、螺旋钻、回转钻或反循环等方法钻进成孔，施工过程中应做好成孔施工记录；

（2）吊放井管时应平稳、垂直，并保持井管在井孔中心，严禁猛蹾，井管宜高出地表 200mm 以上；

（3）下管方法应根据管材强度、下置深度和起重设备能力等因素选定，并宜符合下列规定：

1）提吊下管法，宜用于井管自重（或浮重）小于井管允许抗拉力和起重的安全负荷；

2）托盘（或浮板）下管法，宜用于井管自重（或浮重）超过井管允许抗拉力和起重的安全负荷；

3）多级下管法，宜用于结构复杂和下置深度过大的井管。

（4）单井完成后应及时进行洗井，洗井后应安装水泵进行单井试抽；抽水时应做好工作压力、水位、抽水量的记录，当抽水量及水位降值与设计不符时，应及时调整降水方案；

（5）单井、排水管网安装完成后应及时进行联网试运行，试运行合格后方可投入正式降水运行。

（6）管井过滤器

1）过滤器或滤水管类型和适用范围可按表 9-5-2 选择。

过滤器类型及适用范围　　**表 9-5-2**

过滤器种类		骨架材料	孔隙率（%）	适用范围
圆孔过滤器		钢管	30～35	不稳定裂隙岩层，松散碎石，卵石层
		铸铁管	20～25	
条形过滤器		钢管、塑料管	10～30	中粗砂砾石层
缠丝过滤器	钢筋骨架过滤器	圆钢	50～70	中粗砂砾石层
	钢制过滤器	钢圆孔管	35	
	铸铁过滤器	铸铁圆孔管	25	
	钢筋混凝土过滤器	钢筋混凝土穿孔管	15～20	
包网过滤器		网孔条孔过滤器	10～35	中细砂层
填砾过滤器		缠丝包网过滤器	10～75	细中粗砂和砾石层
砾石水泥过滤器		无砂混凝土管	20	同上
无缠丝过滤器		金属管	20～25	粉、细、中、粗砂，砾石，卵石层
		水泥管	16～20	
贴砾过滤器		钢管外加铁丝罩网	20	同上
聚丙烯过滤器		聚丙烯管		同上
模压孔过滤器		钢板冲压后卷焊	桥形孔 10～30mm 帽檐孔 8～19mm	同上

2）抽水孔过滤器骨架管孔隙率，不宜小于 15%；

3）非填砾过滤器的包网网眼、缠丝缝隙尺寸，宜按表 9-5-3 确定；

非填砾过滤器进水缝隙尺寸　　**表 9-5-3**

过滤器类型	网眼、缝隙尺寸（mm）	
	含水层不均匀系数 $\eta_1 \leqslant 2$	含水层不均匀系数 $\eta_1 > 2$
缠丝过滤器	（1.25～1.5）d_{50}	（1.5～2.0）d_{50}
包网过滤器	（1.5～2.0）d_{50}	（2.0～2.5）d_{50}

注：1. 细砂取较小值，粗砂取较大值。

2. d_{50}为含水层筛分颗粒组成中，过筛质量累计为 50%时的最大颗粒直径。

4）填砾过滤器的滤料规格和缠丝间隙，可按下列规定确定：

① 当砂土类含水层的 η_1 小于10时，填砾过滤器的滤料规格，宜采用下式计算：

$$D_{50} = (6 \sim 8)d_{50} \tag{9-5-2}$$

② 当碎石土类含水层 d_{50} 小于2mm时，填砾过滤器的滤料规格，宜采用下式计算：

$$D_{50} = (6 \sim 8)d_{20} \tag{9-5-3}$$

③ 当碎石土类含水层的 d_{20} 大于或等于2mm时，应充填料径10～20mm的滤料；

④ 填砾过滤器滤料的 η_2 值应小于或等于2；

⑤ 填砾过滤器的缠丝间隙和非缠丝过滤器的孔隙尺寸，可采用 D_{10}；

注：1. η_1 为砂土类含水层的不均匀系数，即 $\eta_1 = d_{60}/d_{10}$；η_2 为填砾过滤器滤料的不均匀系数，即 $\eta_2 = D_{60}/D_{20}$。

2. d_{10}、d_{20}、d_{60} 为含水层土试样筛分中能通过网眼的颗粒，其累计质量占试样总质量分别为10%、20%、60%时的最大颗粒直径。

3. D_{10}、D_{20}、D_{60} 为滤料试样筛分中能通过网眼的颗粒，其累计质量占试样总质量分别为10%、20%、60%时的最大颗粒直径。

5）填砾过滤器的滤料厚度，粗砂以上含水层应为75mm，中砂、细砂和粉砂含水层应为100mm。

（七）渗井

1. 渗井的布设除应符合降水系统平面布置的原则外，尚应符合下列规定：

（1）渗井间距应根据引渗试验确定，宜为2.0～10.0m；

（2）渗井深度应根据下伏透水层的性质和埋置深度确定，宜揭穿被渗层，当被渗层厚度较大时，进入被渗层厚度不宜小于2.0m；

（3）渗井可单独采用，也可作为管井的补充。

2. 渗井的构造和设备应符合下列规定：

（1）裸井渗井成孔直径宜为200～500mm，填入的砂、砾或砂砾混合滤料含泥量应小于0.5%；

（2）管井渗井成孔后应置入无砂混凝土滤水管、钢筋笼或金属滤水管，井周围应填充滤料。

3. 渗井施工应符合下列规定：

（1）可采用螺旋钻进、回转钻进或人工成井，对易缩孔、塌孔地层应采用套管法成孔；

（2）采用人工成井时应制定专项安全措施。

（八）辐射井

1. 辐射井布设除应符合降水系统平面布置的原则外，尚应符合下列规定：

（1）辐射管的长度和分布应能有效控制降水范围，宜呈扇形布置；

（2）当含水层较薄时，可在含水层中设置单层辐射管，辐射管的根数宜为每层（6～8）根；含水层较厚或多层时，宜设多层辐射管或倾斜辐射管，含水层底板界面应布设一层辐射管；

（3）最下层辐射管至辐射井底的距离应大于2.0m。

2. 辐射井的构造应符合下列规定：

(1) 集水井直径应满足井内辐射管施工；

(2) 辐射管规格应根据地层、进水量、施工长度确定；

(3) 集水井应根据相应含水层在不同高程设置辐射管，并应设置施工辐射管用的钢筋混凝土圈梁；

(4) 集水井深度可根据含水层位置、基坑深度综合确定，底部应进行封底处理。

(5) 辐射管规格可根据地层、进水量、施工长度，按表 9-5-4 和表 9-5-5 选用。

D=50～75mm 的辐射管规格　　**表 9-5-4**

辐射管管径(mm)	进水孔直径(mm)	每周小孔数(个)	小孔间距(mm)	每管孔数(个)	孔隙率(%)	适用地层
50	6	16	12.0	1328	20	中砂，粗砂
	10	10	26.6	370	15	粗砂夹砾石
	12	8	38.7	232	14	粗砂夹砾石
	12	6	40.0	150	9	粗砂夹砾石
75	6	21	12.0	1750	20	中砂，粗砂
	10	14	28.0	490	10	粗砂夹砾石
	12	10	30.0	330	31	粗砂夹砾石
	13	10	21.1	410	21	粗砂夹砾石

3. 辐射井施工应符合下列规定：

(1) 集水井宜采用钢筋混凝土结构；采用沉井法和倒挂井壁逆作法时，壁厚宜为 250～350mm，采用钻机成孔和漂浮下管法时，壁厚宜为 150～200mm，每节管的接头部位应作防渗漏处理；

(2) 辐射管施工工艺宜根据地层岩性确定，可采用顶管钻进、回转钻进、潜孔锤钻进、人工成孔；

(3) 辐射管与集水井壁间应封堵严密；

(4) 配备的抽水设备的出水量、扬程应大于设计参数；

(5) 集水井口应采取安全防护措施。

D=100～160mm 的辐射管规格　　**表 9-5-5**

管外径(mm)	壁厚(mm)	每周小孔数(个)	每延长米行数(个)	每延长米孔数(个)	孔隙率(%)	适用地层
108	6	34	9	206	14.4	中砂
		22		198	14.1	中砂，粗砂
		19		171	16.1	中砂，粗砂
		13		117	16.5	粗砂夹砾石
		10		90	17.0	粗砂夹砾石

续表

管外径（mm）	壁厚（mm）	每周小孔数（个）	每延长米行数（个）	每延长米孔数（个）	孔隙率（%）	适用地层
140	6	44	9	396	14.4	中砂
		29		261	14.2	中砂，粗砂
		24		216	15.7	中砂，粗砂
		17		153	16.7	粗砂夹砾石
		13		117	17.0	粗砂夹砾石
159	6	33	9	297	14.2	中砂，粗砂
		25		225	18.0	粗砂夹砾石
		26		144	16.1	粗砂夹砾石
		12		108	15.6	粗砂夹砾石

（九）电渗井

1. 电渗井布设除应符合降水系统平面布置的原则外，尚应符合下列规定：

（1）井点管（阴极）应布设在基坑外侧，金属管（棒）（阳极）应布设在基坑内侧，井点管与金属管（棒）应并行交错排列，间距宜为 0.8～1.0m；

（2）井点管与金属管（棒）数量应一致。

2. 电渗井的构造及设备应符合下列规定：

（1）电渗井的设备应包括水泵、发电机、井点管、金属管（棒）、电线（缆）等；

（2）井点管的直径、深度应满足抽水能力和水泵要求，金属管直径宜为 50～75mm，金属棒直径宜为 10～20mm，金属管（棒）宜高出地面 200～400mm，入土深度应比井点管深 0.5m，电渗井点布置见图 9-5-6。

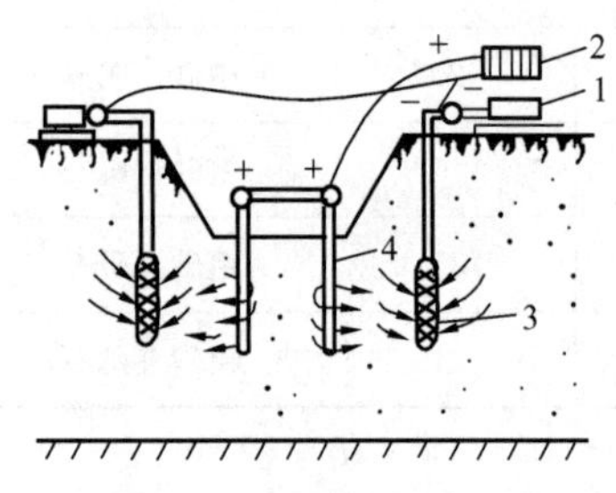

图 9-5-6 电渗井点布置图
1—水泵；2—发电机；3—井点管；4—金属棒

3. 电渗井施工应符合下列规定：

（1）电渗降水时宜采取间歇通电，每通电 24h 后宜停电 2～3h；

（2）应采取连续抽水；

（3）雷雨时工作人员应远离两极地带，维修电极时应停电。

（十）潜埋井

1. 潜埋井布设除应符合降水系统平面布置的原则外，尚应符合下列规定：

（1）井点宜布置在排降残存水方便、对结构施工影响小且便于封底的部位；

（2）井点应布置在不影响后续工序施工的位置。

2. 潜埋井的构造及设备安装应符合下列规定：

（1）潜埋井应由集水、抽水、排水和电力设施组成；

（2）抽水设施应埋至设计降水深度以下。

3. 潜埋井施工应符合下列规定：

（1）潜埋井封底应在周边基础结构施工完成后方可进行；

（2）封底时应预留出水管口，停抽后应及时堵塞封闭出水管口。

（十一）补救辅助措施

各种技术方法不能完全把地下水位降低到设计降水深度或给施工带来不便时，可选择下列工程措施：

1. 基坑侧壁少量渗水时，可浅插小孔径滤水管排水；
2. 连续桩护坡桩间渗漏水，可采用喷护混凝土，桩间加孔灌注混凝土、黏土封堵；
3. 局部地段集中渗漏水严重，可采用基坑外加降水井、井排；
4. 基坑底部或拱顶、侧壁见水时，可采用速凝混凝土灌、喷护；
5. 地表水底铺设黏土、塑膜等增加渗透路径；
6. 当工程降水可能影响基坑稳定和地面沉降时，可采用人工回灌地下水；
7. 基坑底部隆起时，可采用压重法、降水法。

三、降水设计计算

（一）降水设计计算宜包括以下主要内容：

1. 基坑涌水量；
2. 设计单井出水量；
3. 降水井的数量、深度、滤水管长度；
4. 承压水降水基坑开挖底板稳定性计算；
5. 降水区内地下水位的预测计算；
6. 降水引起的周边地面沉降计算。

（二）降水井数量

1. 降水井的数量可根据基坑涌水量和设计单井出水量按下式计算：

$$n = \lambda Q/q \tag{9-5-4}$$

式中　n——降水井数量；

Q——基坑涌水量（m^3/d）；

q——单井出水量（m^3/d）；

λ——调整系数，一级安全等级取 1.2，二级安全等级取 1.1，三级安全等级取 1.0。

2. 对于承压水降水工程，尚应符合下列规定：

（1）承压水降水应设置备用井，备用井数量应为计算降水井数量的 20%；

（2）承压水降水基坑开挖底板突涌稳定性计算应按下列公式进行：

$$\frac{h_s r_s}{p_w} \geqslant 1.1 \tag{9-5-5}$$

式中　r_s——基坑开挖面至承压水层顶板之间土体的天然重度（kN/m^3）；

h_s——基坑开挖面至承压水层顶板之间的距离（m）；

p_w——承压含水层顶板处的水头压力值（kPa）。

3. 降水井深度

降水井的深度可根据基底深度、降水深度、含水层的埋藏分布、地下水类型、降水井的设备条件以及降水期间的地下水位动态等因素按下式确定：

$$H_w = H_{w1} + H_{w2} + H_{w3} + H_{w4} + H_{w5} + H_{w6} \tag{9-5-6}$$

式中　H_w——降水井点深度（m）；

H_{w1}——基底深度（m）；

H_{w2}——降水水位距离基坑底要求的深度（m）；

H_{w3}——可按 $i \cdot r_0$，i 为水力坡度，在降水井分布范围内宜为 1/10～1/15；r_0 降水井分布范围的等效半径或降水井排间距的 1/2（m）；

H_{w4}——降水期间的地下水位变幅（m）；

H_{w5}——降水井过滤器工作长度（m）；

H_{w6}——沉砂管长度（m），宜为 1～3m。

4. 过滤器类型及长度

过滤器类型及长度应符合下列规定：

（1）过滤器类型及孔隙率可根据工程条件按表 9-5-2 选择；

（2）对真空井点和喷射井点，过滤器的长度不宜小于含水层厚度的 1/3；

（3）管井过滤器长度宜与含水层厚度一致。当含水层较厚时，过滤器的长度可按下式计算确定：

$$l = \frac{q}{\pi \cdot d \cdot n_e \cdot v} \tag{9-5-7}$$

式中　q——单井出水量（m^3/s）；

n_e——滤水管的有效孔隙率，宜为滤水管进水表面孔隙率的 50%；

d——滤水管的外径（m）；

v——滤水管进水流速（m/s），可由经验公式 $v=\sqrt{k}/15$ 求得，k 为土的渗透系数（m/s）。

（三）降水观测孔布置

地下水水位观测孔布置应符合下列规定：

1. 地下水控制区域外侧应布设水位观测孔，单项工程水位观测孔总数不宜少于 3 个，观测孔间距宜为 20～50m。降水工程水位观测孔宜沿降水井点外轮廓线、被保护对象周边或降水井点与被保护对象之间布置，相邻建筑、重要的管线或管线密集区应布置水位观测点；隔水帷幕水位观测孔宜布置在隔水帷幕的外侧约 2m 处；回灌工程水位观测孔宜布置在回灌井点与被保护对象之间；

2. 地下水控制区域内可设置水位观测孔；当采用管井、渗井降水时，水位观测孔应布置在控制区域中央和两相邻降水井点中间部位；当采用真空井点、喷射井点降水时，水位观测孔应布置在控制区域中央和周边拐角处；

3. 有地表水补给的一侧，可适当加密观测孔间距；

4. 分层降水时应分层布置观测孔。

四、降水出水量估算

降水出水量估算包括基坑出水量和单个降水井的出水量。

（一）基坑出水量

1. 群井按大井简化时，均质含水层潜水完整井的基坑降水总涌水量可按下列公式计算（图 9-5-7）：

$$Q = \pi k \frac{(2H_0 - s_0)s_0}{\ln\left(1 + \frac{R}{r_0}\right)} \tag{9-5-8}$$

式中　Q——基坑降水总涌水量（m^3/d）；

k——渗透系数（m/d）；

H_0——潜水含水层厚度（m）；

s_0——基坑地下水位的设计降深（m）；

R——降水影响半径（m）；

r_0——基坑等效半径（m），可按 $r_0=\sqrt{A/\pi}$ 计算；

A——基坑面积。

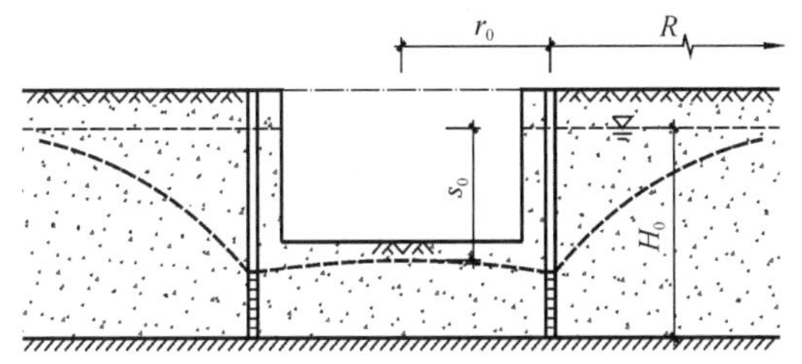

图 9-5-7　均质含水层潜水完整井简化的基坑涌水量计算

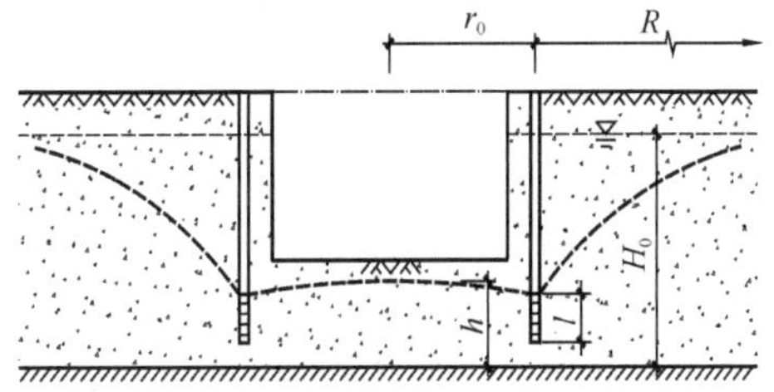

图 9-5-8　均质含水层潜水非完整井简化的基坑涌水量计算

2. 群井按大井简化时，均质含水层潜水非完整井的基坑降水总涌水量可按下列公式计算（图 9-5-8）：

$$Q=\pi k\frac{H_0^2-h^2}{\ln\left(1+\dfrac{R}{r_0}\right)+\dfrac{h_m-l}{l}\ln\left(1+0.2\dfrac{h_m}{r_0}\right)} \tag{9-5-9}$$

$$h_m=\frac{H_0+h}{2} \tag{9-5-10}$$

式中　h——降水后基坑内的水位高度（m）；

l——过滤器进水部分的长度（m）。

3. 群井按大井简化时，均质含水层承压水完整井的基坑降水总涌水量可按下列公式计算（图 9-5-9）：

$$Q=2\pi k\frac{Ms_0}{\ln\left(1+\dfrac{R}{r_0}\right)} \tag{9-5-11}$$

式中　M——承压含水层厚度（m）。

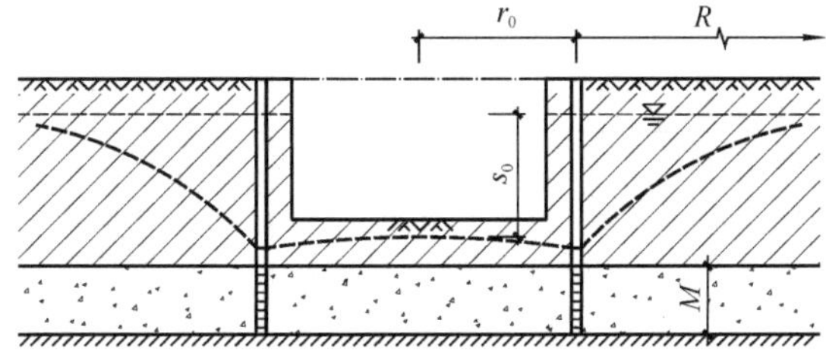

图 9-5-9　均质含水层承压水完整井简化的基坑涌水量计算

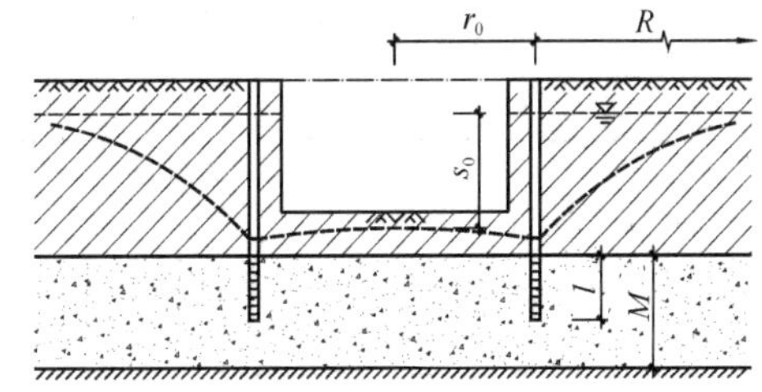

图 9-5-10　均质含水层承压水非完整井简化的基坑涌水量计算

4. 群井按大井简化时，均质含水层承压水非完整井的基坑降水总涌水量可按下式计算（图 9-5-10）：

$$Q = 2\pi k \frac{Ms_0}{\ln\left(1+\frac{R}{r_0}\right)+\frac{M-l}{l}\ln\left(1+0.2\frac{M}{r_0}\right)} \tag{9-5-12}$$

5. 群井按大井简化时，均质含水层承压水—潜水完整井的基坑降水总涌水量可按下式计算（图 9-5-11）：

$$Q = \pi k \frac{(2H_0 - M)M - h^2}{\ln\left(1+\frac{R}{r_0}\right)} \tag{9-5-13}$$

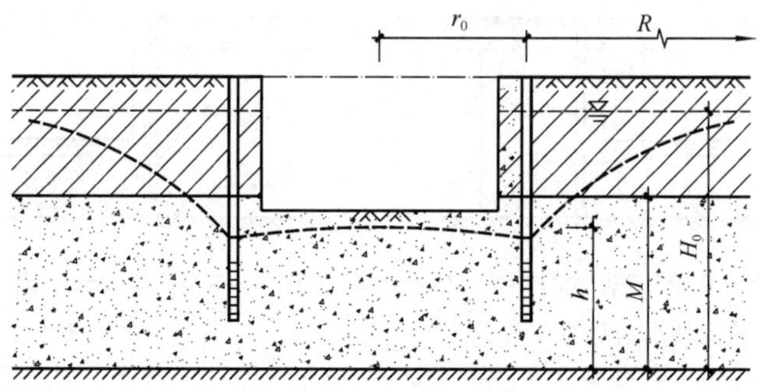

图 9-5-11　均质含水层承压—潜水完整井简化的基坑涌水量计算

（二）单井出水量估算：

在降水设计中，单井出水量应小于单井出水能力。单井出水能力可按下列数值和方法确定：

1. 真空井点出水能力可取 36～60m^3/d 选用；

2. 喷射井点的出水能力可按表 9-5-6 选用。

3. 降水管井的单井出水能力应选择群井抽水中水位干扰影响最大的井，按公式(9-5-14)确定：

$$q' = 120\pi rl\sqrt[3]{k} \tag{9-5-14}$$

式中　q'——单井出水能力（m^3/d）；

r——过滤器半径（m）；

k——含水层渗透系数（m/d）；

l——过滤器进水部分长度（m）。

喷射井点出水量　　**表 9-5-6**

型号	外管直径（mm）	喷射管		工作水压力（MPa）	工作水流量（m^3/d）	设计单井出水流量（m^3/d）	适用含水层渗透系数（m/d）
		喷嘴直径（mm）	混合室直径（mm）				
1.5 型并列式	38	7	14	0.6～0.8	112.8～163.2	100.8～138.2	0.1～5.0
2.5 型圆心式	68	7	14	0.6～0.8	110.4～148.8	103.2～138.2	0.1～5.0
5.0 型圆心式	100	10	20	0.6～0.8	230.4	259.2～388.8	5.0～10.0
6.0 型圆心式	162	19	40	0.6～0.8	720	600～720	10.0～20.0

4. 含水层的经验系数 k'值，可按表 9-5-7 确定。

经验系数 k'值　　表 9-5-7

含水层渗透系数 k' (m/d)	α'	
	含水层厚度≥20m	含水层厚度<20m
2～5	100	130
5～15	70	100
15～30	50	70
30～70	30	50

五、降水水位预测

（一）管井

1. 当含水层为粉土、砂土或碎石土时，潜水完整井的地下水位降深可按下式计算（图 9-5-12、图 9-5-13）。

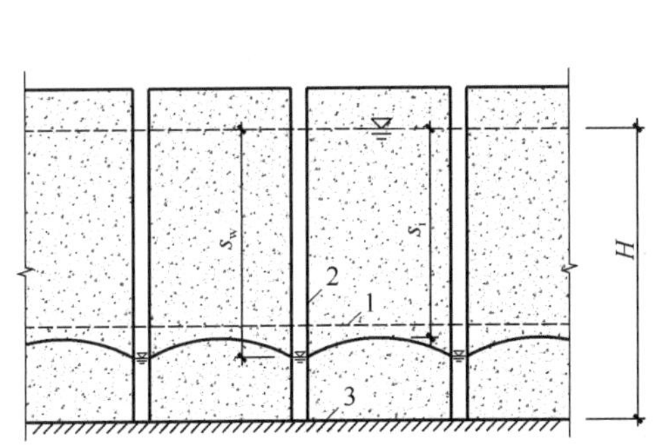

图 9-5-12　潜水完整井地下水位降深计算
1—基坑面；2—降水井；
3—潜水含水层底板

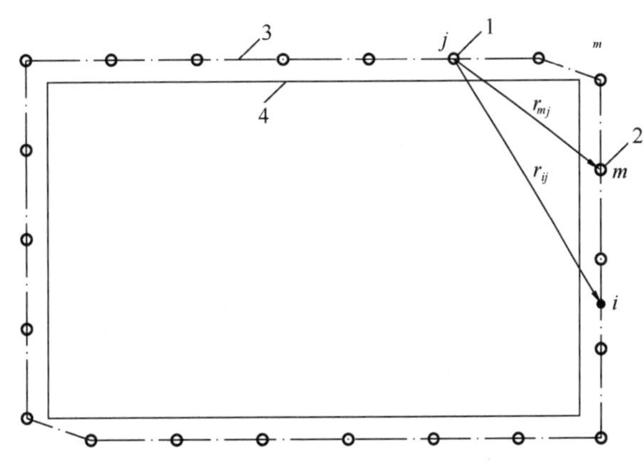

图 9-5-13　计算点与降水井的关系
1—第 j 口井；2—第 m 口井；
3—降水井所围面积的边线；4—基坑边线

$$s_i = H - \sqrt{H^2 - \sum_{j=1}^{n} \frac{q_j}{\pi k} \ln \frac{R}{r_{ij}}} \tag{9-5-15}$$

式中　s_i——基坑内任一点的地下水位降深（m），基坑内各点中最小的地下水位降深可取各个相邻降水井连线上地下水位降深的最小值，当各降水井的间距和降深相同时，可取任一相邻降水井连线中点的地下水位降深；

H——潜水含水层厚度（m）；

q_j——按干扰井群计算的第 j 口降水井的单井流量（m^3/d）；

k——含水层的渗透系数（m/d）；

R——影响半径（m），应按现场抽水试验确定；缺少试验时，也可按公式（9-5-17）、公式（9-5-18）计算并结合当地工程经验确定；

r_{ij}——第 j 口井中心至地下水位降深计算点的距离；当 $r_{ij}>R$ 时，取 $r_{ij}=R$；

n——降水井数量。

2. 对潜水完整井，按干扰井群计算的第 j 个降水井的单井流量可通过求解下列 n 维线性方程组计算：

$$s_{w,m}=H-\sqrt{H^2-\sum_{j=1}^{n}\frac{q_j}{\pi k}\ln\frac{R}{r_{jm}}}\quad(m=1,\cdots,n)\tag{9-5-16}$$

式中 $s_{w,m}$——第 m 口井的井水位设计降深（m）；

r_{jm}——第 j 口井中心至第 m 口井中心的距离（m）；当 $j=m$ 时，应取降水井半径 r_w；当 $r_{jm}>R$ 时，取 $r_{jm}=R$。

3. 当含水层为粉土、砂土或碎石土，各降水井所围平面形状近似圆形或正方形且各降水井的间距、降深相同时，潜水完整井的地下水位降深也可按下列公式计算：

$$s_i=H-\sqrt{H^2-\frac{q}{\pi k}\sum_{j=1}^{n}\ln\frac{R}{2r_0\sin\frac{(2j-1)\pi}{2n}}}\tag{9-5-17}$$

$$q=\frac{\pi k(2H-s_w)s_w}{\ln\frac{R}{r_w}+\sum_{j=1}^{n-1}\ln\frac{R}{2r_0\sin\frac{j\pi}{n}}}\tag{9-5-18}$$

式中 q——按干扰井群计算的降水井单井流量（m^3/d）；

r_0——井群的等效半径（m）；井群的等效半径应按各降水井所围多边形与等效圆的周长相等确定，取 $r_0=u/(2\pi)$；当 $r_0>R/[2\sin((2j-1)\pi/2n)]$ 时，公式（9-5-17）中应取 $r_0=R/[2\sin((2j-1)\pi/2n)]$；当 $r_0>R/(2\sin(j\pi/n))$ 时，公式（9-5-18）中应取 $r_0=R/(2\sin(j\pi/n))$

j——第 j 口降水井；

s_w——井水位的设计降深（m）；

r_w——降水井半径（m）；

u——各降水井所围多边形的周长（m）。

4. 当含水层为粉土、砂土或碎石土时，承压完整井的地下水位降深可按下式计算（图 9-5-14）：

$$s_i=\sum_{j=1}^{n}\frac{q_j}{2\pi Mk}\ln\frac{R}{r_{ij}}\tag{9-5-19}$$

式中 M——承压水含水层厚度（m）。

5. 对承压完整井，按干扰井群计算的第 j 个降水井的单井流量可通过求解下列 n 维线性方程组计算：

$$s_{w,m}=\sum_{j=1}^{n}\frac{q_j}{2\pi Mk}\ln\frac{R}{r_{jm}}\quad(m=1,\cdots,n)\tag{9-5-20}$$

6. 当含水层为粉土、砂土或碎石土时，各降水井所围平面形状近似圆形或正方形且各降水井的间距、降深相同时，承压完整井的地下水位降深也可按下列公式计算：

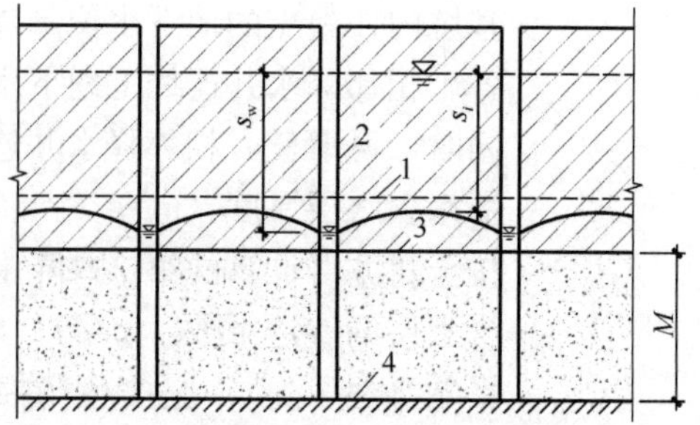

图 9-5-14 承压水完整井地下水位降深计算
1—基坑面；2—降水井；3—承压水含水层顶板；4—承压水含水层底板

$$s_i = \frac{q}{2\pi Mk}\sum_{j=1}^{n}\ln\frac{R}{2r_0\sin\frac{(2j-1)\pi}{2n}} \tag{9-5-21}$$

$$q = \frac{2\pi Mks_w}{\ln\frac{R}{r_w}+\sum_{j=1}^{n-1}\ln\frac{R}{2r_0\sin\frac{j\pi}{n}}} \tag{9-5-22}$$

式中 r_0——井群的等效半径（m）；井群的等效半径应按各降水井所围多边形与等效圆的周长相等确定，取 $r_0=u/(2\pi)$；当 $r_0>R/[2\sin((2j-1)\pi/2n)]$ 时，公式（9-5-21）中应取 $r_0=R/\{2\sin[(2j-1)\pi/2n]\}$；当 $r_0>R/[2\sin(j\pi/n)]$ 时，公式（9-5-22）中应取 $r_0=R/[2\sin(j\pi/n)]$。

7. 含水层的影响半径宜通过试验确定。缺少试验时，可按下列公式计算并结合当地经验取值：

1）潜水含水层

$$R = 2s_w\sqrt{kH} \tag{9-5-23}$$

2）承压水含水层

$$R = 10s_w\sqrt{k} \tag{9-5-24}$$

式中 R——影响半径（m）；

s_w——井水位降深（m）；当井水位降深小于 10m 时，取 s_w=10m；

k——含水层的渗透系数（m/d）；

H——潜水含水层厚度（m）。

第三节 止 水 帷 幕

一、止水帷幕设计的原则、依据和主要内容

当基坑底面深度大于地下水位埋深时，如果采用没有止水防渗功能的排桩，则需要考虑设置止水帷幕，止水帷幕的深度应满足如下要求：

当地下水有渗流作用时，地下水的作用应通过渗流计算确定。

1. 开挖深度以上或坑底以下接近坑底部分分布有丰富的上层滞水、潜水或分布有粉土、粉砂，有可能产生流土、流砂时；

2. 临近基坑有地表水体（湖塘、渠道、河流），与基坑之间没有可靠隔水层时；

3. 有承压水突涌可能，且无降水措施或降水措施不能完全消除突涌可能时。

根据基坑开挖深度、周边环境条件及场地水文地质条件，合理选择止水帷幕类型及深度，预估止水帷幕内外的水压力差和坑底浮托力，以此作为止水帷幕厚度及隔渗体强度的验算依据。

一般而言，止水帷幕要求插入到坑底以下渗透性相对较低的土层中，满足坑内降水后的渗流稳定，并防止坑外地下水位出现有害性下降。目前，国内常规单轴和双轴搅拌机施工的水泥土搅拌桩止水帷幕的深度大致可达 15～18m，三轴搅拌机施工止水帷幕深度可达 35m 左右，而如 TRD 工法等则可达到 60m 左右。

北京市地方标准《城市建设工程地下水控制技术规范》DB 11/1115—2014 中建议同一工程可根据地层特点、支护形式、周边环境条件等，按表 9-5-8 在不同部位选用不同的隔水帷幕形式。

隔水帷幕形式选型表　　表 9-5-8

帷幕结构类型＼适用条件	施工及场地条件	土层条件
地下连续墙	适用于含水层厚度大、周边环境条件对基坑变形要求严格，有适合连续墙设备作业场地条件	各种地层条件
旋喷桩	钻孔作业难度不大、垂直度有保证、有适合旋喷桩设备作业场地条件	除碎石土地层之外的各种土层条件
搅拌桩	有适合搅拌桩设备作业场地条件	黏性土、粉土、砂类地层条件
旋喷搅拌桩	适用于“先软后硬”的护坡桩间做隔水帷幕	除碎石土地层之外的各种土层条件
冲击旋喷桩	适用于“先硬后软”的护坡桩间做隔水帷幕	各种地层条件
重力式挡墙	适用于地基土承载力不大于 150kPa，场地满足水泥土墙的施工宽度，周围变形要求不严格	淤泥、淤泥质土、黏性土、粉土
土钉墙＋搅拌桩	基坑周围有放坡条件，临近基坑无对位移控制严格的建筑物和管线等	黏性土、粉土等非软土场地，不宜用于砂、卵石等地层
钻孔咬合桩	适用于含水层厚度大、周边环境条件对基坑变形要求严格，有适合咬合桩设备作业场地条件	各种地层条件
TRD 墙	有适合 TRD 墙设备作业场地条件	各种地层条件
冷冻墙	适用于地下工程水平隔水帷幕	黏性土、粉土、砂、卵石等各种地层，砾石层中效果不好
注浆	适用于地下工程水平隔水帷幕、深基坑坑内桩间隔水帷幕、基坑封底帷幕	各种地层条件

二、止水帷幕的设计与施工

最常见的止水帷幕是采用水泥搅拌桩（单轴、双轴或多轴）相互搭接、咬合形成一排或多排连续的水泥土搅拌桩墙，由于搅拌均匀的水泥土渗透系数很小，可作为基坑施工期间的止水帷幕。止水帷幕应设置在排桩围护体背后，如图所示 9-5-15（*a*）所示。当因场地狭窄等原因，无法同时设置排桩和止水帷幕时，除可采用咬合式排桩围护体外，也可采用图 9-5-15（*b*）所示的方式，在两根桩体之间设置旋喷桩，将两桩间土体加固，形成止水的加固体。但该方法常因桩距大小不一致和旋喷桩沿深度方向因土层特性的变化导致的旋喷桩体直径不一而导致渗漏水。此时，也可采用图 9-5-15（*c*）、（*d*）所示的咬合型止水，其中图 9-5-15（*c*）中，先施工水泥土搅拌桩，在其硬结之前，在每两组搅拌桩之间施工钻孔灌注桩，因灌注桩直径大于相邻两组搅拌桩之间净距，因此可实现灌注桩与搅拌桩之间的咬合，达到止水的效果；而在图 9-5-15（*d*）中，则是利用先后施工的灌注桩的混凝土咬合，达到止水的目的。当采用双排桩时，视场地条件，可在双排桩之间或之后设置水泥搅拌桩止水帷幕，分别如图 9-5-15（*e*）、（*f*）所示。

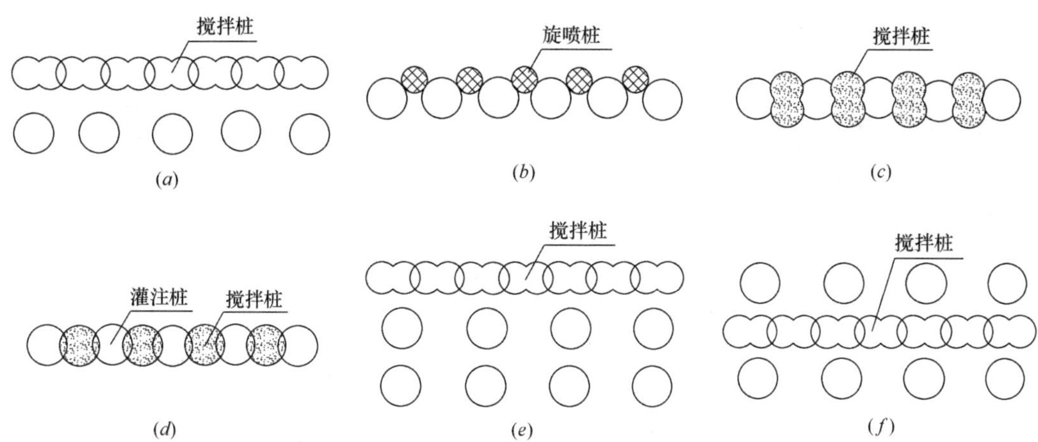

图 9-5-15　排桩围护体的止水措施

(a) 连续型止水；(b) 分离式止水；(c) 咬合型止水形式 1；
(d) 咬合型止水形式 2；(e) 双排桩止水帷幕形式 1；(f) 双排桩止水帷幕形式 2

图 9-5-15 中搅拌桩可采用常规双轴水泥搅拌桩机、SMW 工法三轴搅拌机施工。近年来，国际上还在强度较高的土中采用双轮铣槽机施工的连续水泥土墙，或采用 TRD 工法施工连续型的水泥土墙。此外，为解决常规 SMW 工法三轴搅拌机施工深度上的局限性，日本还发展了可接钻杆的 SMW 三轴搅拌机。TRD 工法及可接钻杆的 SMW 三轴搅拌机的施工最大深度已可达 60m，且 TRD 工法可适应标准贯入击数达 50 以上的砂土中施工。

（一）水泥土搅拌桩是用水泥作为固化剂的主剂，利用搅拌桩机将水泥喷入土体并充分搅拌，使水泥与土发生一系列物理化学反应，通过搅拌桩的咬合，形成整体的水泥搅拌桩止水帷幕。常用的水泥土搅拌桩直径有 600mm、850mm、1000mm 等。其适用于处理正常固结的淤泥、淤泥质土、素填土、黏性土（软塑、可塑）、粉土（稍密、中密）、粉细砂（松散、中密）、中粗砂（松散、稍密）、饱和黄土等土层。不适用于含大孤石或障碍物较多且不易清除的杂填土、欠固结的淤泥和淤泥质土、硬塑及坚硬的黏性土、密实的砂类土，以及地下水渗流影响成桩质量的土层。当地基土的天然含水量小于 30%（黄土含水量小于 25%）时不宜采用粉体搅拌法。冬季施工时，应考虑负温对处理地基效果的影响。

水泥土搅拌桩的施工工艺分为浆液搅拌法（简称湿法）和粉体搅拌法（简称干法）。湿法以水泥浆为主，搅拌均匀，易于复搅，水泥土硬化时间较长；干法以水泥干粉为主，水泥土硬化时间较短，但搅拌均匀性欠佳，很难全程复搅。按主要使用的施工方法分为单轴、双轴和多轴搅拌或连续成槽搅拌形成柱状、壁状、格栅状或块状水泥土加固体。水泥土搅拌桩作为隔水帷幕时，应采用套孔方法施工。其抗渗性能应满足墙体自防水的要求，在砂性土中搅拌桩施工宜外加膨润土。当搅拌桩穿越贯标击数大于 30 击的硬土层时，应采用预引孔的方法施工。

1. 水泥土搅拌桩施工工艺

双轴水泥土搅拌桩（喷浆）施工顺序如图 9-5-16，施工工艺流程见图 9-5-17。

(1) 桩机（安装、调试）就位。

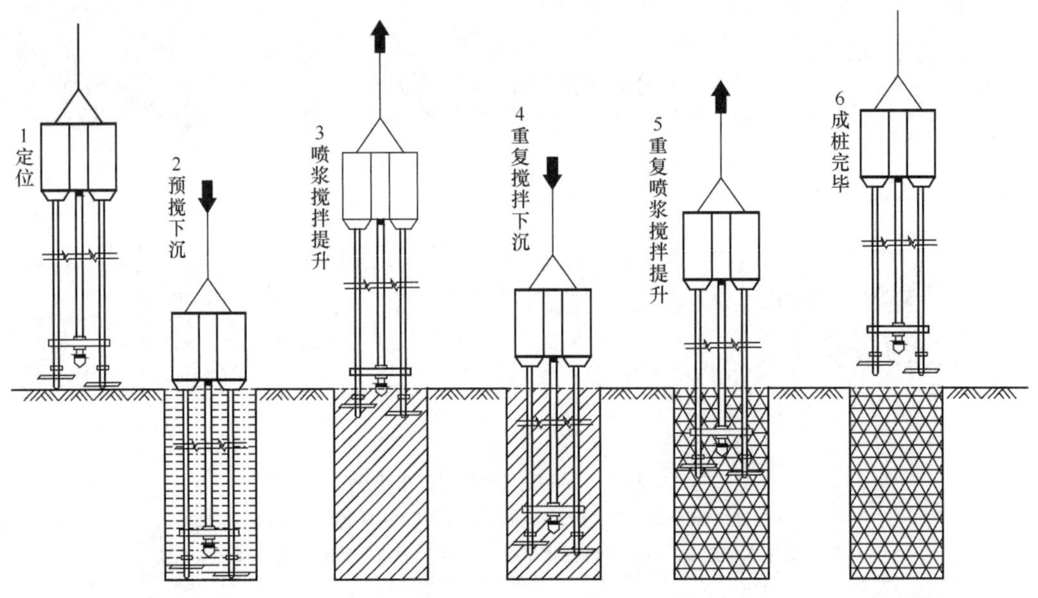

图 9-5-16 双轴水泥土搅拌桩（喷浆）施工顺序

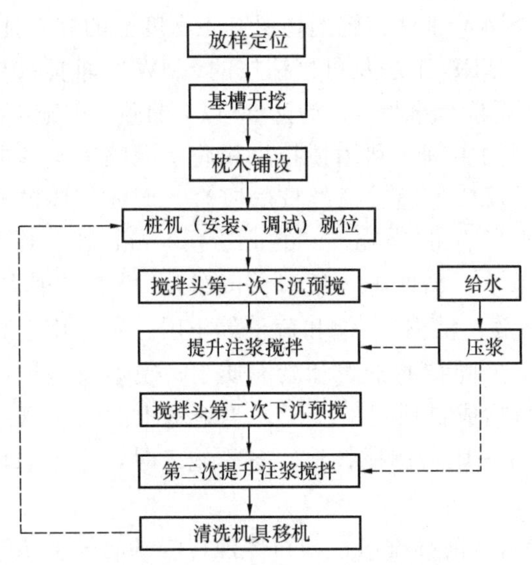

图 9-5-17 双轴搅拌桩施工工艺流程图

（2）预搅下沉。待搅拌机及相关设备运行正常后，启动搅拌机电机，放松桩机钢丝绳，使搅拌机旋转切土下沉，钻进速度≤1.0m/min。

（3）制备水泥浆。当桩机下降到一定深度时，即开始按设计及实验确定的配合比拌制水泥浆。水泥浆采用普通硅酸盐水泥，标号 PO42.5 级，严禁使用快硬型水泥。制浆时，水泥浆拌和时间不得少于 5～10min，制备好的水泥浆不得离析、沉淀，每个存浆池必须配备专门的搅拌机具进行搅拌，以防水泥浆离析、沉淀，已配制好的水泥浆在倒入存浆池时，应加箍过滤，以免浆内结块。水泥浆存放时间不得超过 2h，否则应予以废弃。注浆压力控制在 0.5～1.0MPa，流量控制在 30～50L/min，单桩水泥用量严格按设计计算量，浆液配比为水泥：清水＝1：0.45～0.55，制好水泥浆，通过控制注浆压力和浆量，使水泥浆均匀地喷搅在桩体中。

（4）提升喷浆搅拌。当搅拌机下降到设计标高，打开送浆阀门，喷送水泥浆。确认水泥浆已到桩底后，边提升边搅拌，确保喷浆均匀性，同时严格按照设计确定的提升速度提升搅拌机。平均提升速度≤0.5m/min，确保喷浆量，以满足桩身强度达到设计要求。在水泥土搅拌桩成桩过程中，如遇到故障停止喷浆时，应在 12 小时内采取补喷措施，补喷重叠长度不小于 1.0m。

（5）重复搅拌下沉和喷浆提升。当搅拌头提升至设计桩顶标高后，再次重复搅拌至桩底，第二次喷浆搅拌提升至地面停机，复搅时下钻速度≤1m/min，提升速度≤0.5m/min。

（6）移位。钻机移位，重复以上步骤，进行下一根桩的施工。相邻桩施工时间间隔保持在16小时内，若超过16小时，在搭接部位采取加桩防渗措施。

（7）清洗。当施工告一段落后，向集料斗中注入适量清水，开启灰浆泵，清洗全部管路中的残存的水泥浆，并将粘附在搅拌头上的软土清洗干净。

（二）三轴水泥土搅拌墙，通常称为SMW工法（Soil Mixed Wall），是连续套接的三轴水泥土搅拌桩形成的挡土截水结构，即利用三轴搅拌桩钻机在原地层中切削土体，同时钻机前端低压注入水泥浆液，与切碎土体充分搅拌形成截水性较高的水泥土柱列式挡墙。SMW工法适用范围广，从黏性土到砂性土，从软弱的淤泥和淤泥质土到较硬、较密实的砂性土，甚至在含有砂卵石的地层中经过适当的处理都能够进行施工。

1. 水泥土搅拌墙施工顺序

三轴水泥土搅拌桩应采用套接孔施工，为保证搅拌桩质量，在土性较差或者周边环境较复杂的工程，搅拌桩底部采用复搅施工。

搅拌桩的施工顺序一般分为以下三种：

（1）跳槽式双孔全套打复搅式连接方式

跳槽式双孔全套打复搅式连接是常规情况下采用的连续方式，一般适用于N值50以下的土层。施工时先施工第一单元，然后施工第二单元。第三单元的A轴及C轴分别插入到第一单元的C轴孔及第二单元的A轴孔中，完全套接施工。依次类推，施工第四单元和套接的第五单元，形成连续的水泥土搅拌墙体，如图9-5-18（*a*）所示。

（2）单侧挤压式连接方式

单侧挤压式连接方式适用于N值50以下的土层，一般在施工受限制时采用，如：在围护墙体转角处，密插型钢或施工间断的情况下。施工顺序如图9-5-18（*b*）所示，先施

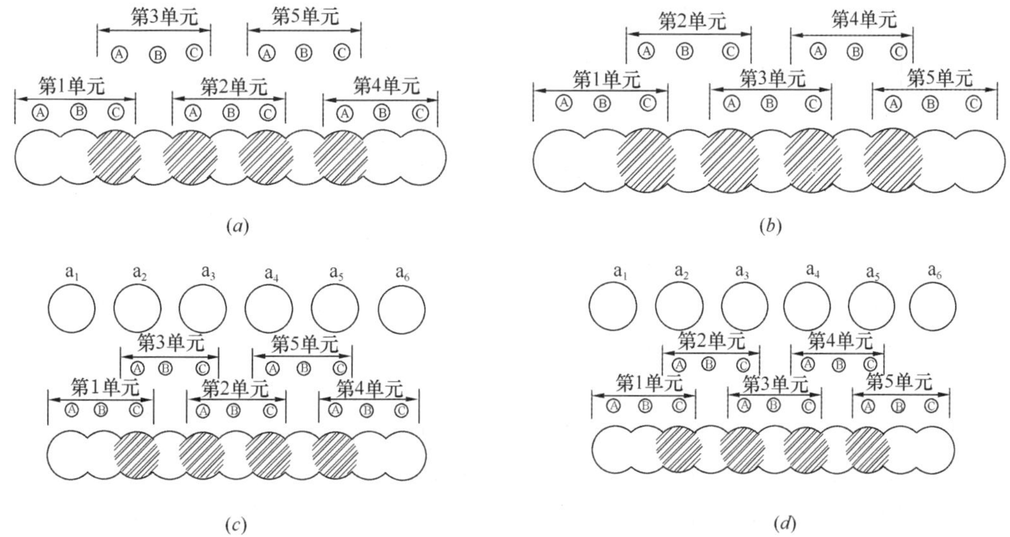

图9-5-18 水泥土搅拌墙施工顺序

工第一单元，第二单元的A轴插入第一单元的C轴中，边孔套接施工，依次类推施工完成水泥土搅拌墙体。

（3）先行钻孔套打方式

先行钻孔套打方式适用于N值50以上非常密实的土层，以及N值50以下但混有ϕ100mm以上的卵石块的砂卵砾石层或软岩。施工时，用装备有大功率减速机的螺旋钻孔机，先行施工如图9-5-18（c）、9-5-18（d）所示a1、a2、a3……等孔，局部疏松和捣碎地层，然后用三轴水泥土搅拌机用跳槽式双孔全套打复搅连接方式或单侧挤压式连接方式施工完水泥土搅拌墙体。

2. 水泥土搅拌墙施工工艺流程

水泥土搅拌墙的施工工艺是由三轴钻孔搅拌机，将一定深度范围内的地基土和由钻头处喷出的水泥浆液、压缩空气进行原位均匀搅拌，在各施工单元间采取套接一孔法施工，形成一道连续完整的地下连续墙挡土截水结构。施工工艺流程如图9-5-19所示。

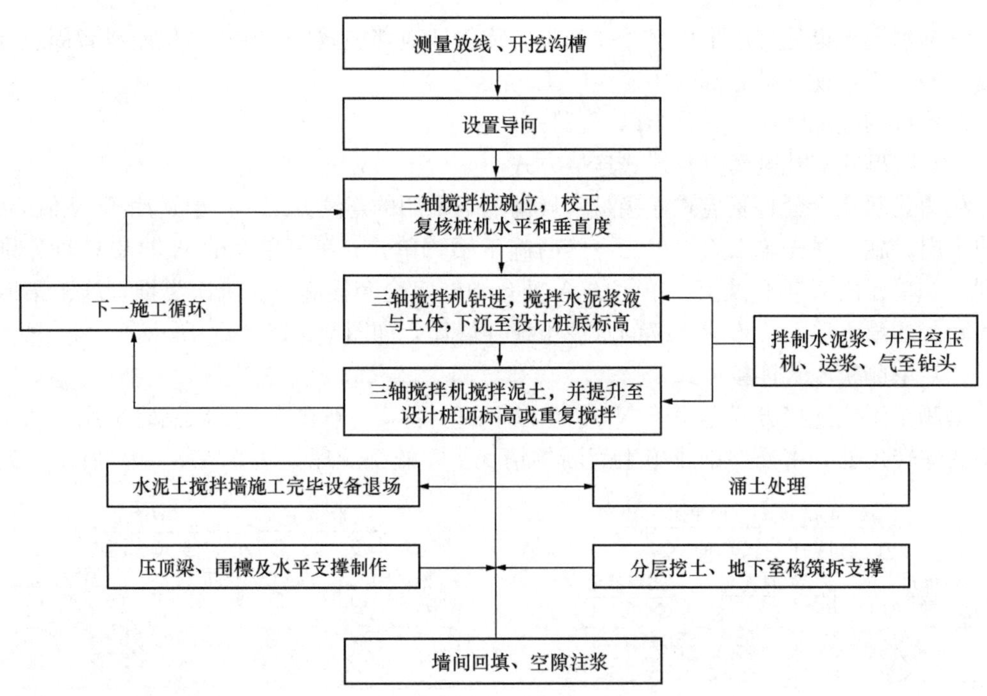

图9-5-19　水泥土搅拌墙施工工艺流程图

（三）高压旋喷桩是以高压旋转的喷嘴将水泥浆喷入土层与土体混合，形成连续搭接的水泥加固体。其施工占地少、振动小、噪声较低，但容易污染环境，成本较高。适用于处理淤泥、淤泥质土、黏性土（流塑、软塑和可塑）、粉土、砂土、黄土、素填土和碎石土等地层。对土中含有较多的大直径块石，大量植物根茎和高含量的有机质，以及地下水流速较大的工程，应根据现场试验结果确定其适应性。

高压喷射注浆法按喷管结构有单管喷射水泥浆，二重管喷射浆液与空气，三重管喷射水、空气与浆液之分，单管法加固直径为400～600mm，三重管法可达800～2000mm。按钻杆运动方式分为旋喷、定喷、摆喷。

1. 加固原理

喷射注浆法加固地基通常分成两个阶段。第一阶段为成孔阶段，即采用普通的（或专用的）钻机预成孔或者驱动密封良好的喷射杆和带有一个或两个横向喷嘴的特制喷射头进行成孔。成孔时采用钻孔的方法，使喷射头达到预定的深度。第二阶段为喷射加固阶段，即用高压水泥浆（或其他硬化剂），通常 15MPa 以上的压力，通过喷射管由喷射头上的直径约为 2mm 的横向喷嘴向土中喷射。与此同时，钻杆一边旋转，一边向上提升。由于高压细喷射流有强大切削能力，因此喷射的水泥浆一边切削四周土体，一边与之搅拌混合，形成圆柱状的水泥与土混合的加固体，即是目前通常所说的“旋喷桩”（图 9-5-20）。

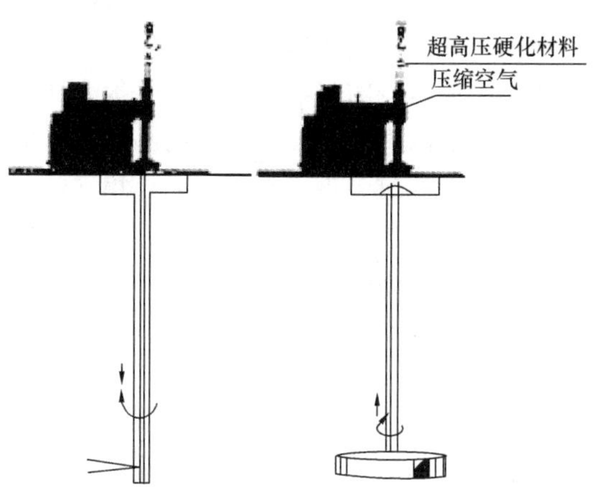

图 9-5-20　旋喷桩施工方法

2. 加固方法

（1）单管法、二管法和三管法

单管法、二管法和三管法是目前使用最多的方法。其加固原理基本是一致的，施工工艺流程概括如图 9-5-21 所示。单管法和二管法中的喷射管较细，因此，当第一阶段贯入土中时，可借助喷射管本身喷射，只是在必要时，才在地基中预先成孔（孔径为 ϕ6～10cm），然后放入喷射管进行喷射加固。采用三管法时，喷射管直径通常是 7～9cm，结构复杂，因此有时需要预先钻一个直径为 15cm 的孔，然后置入三喷射管进行加固。成孔可以采用一般钻探机械，也可采用振动机。

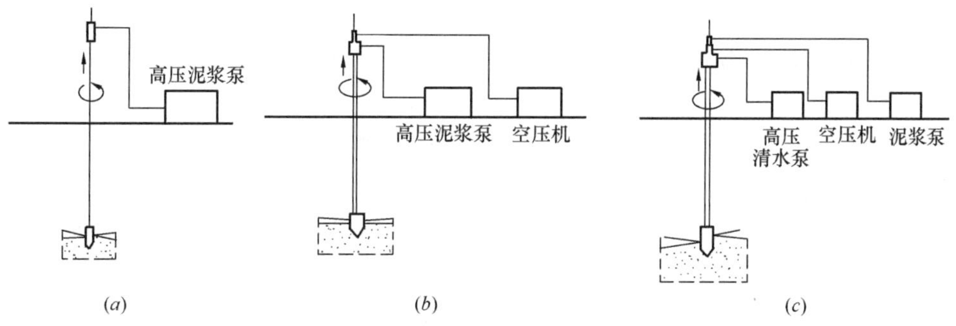

图 9-5-21　喷射注浆法施工工艺流程

（*a*）单管法；（*b*）二管法；（*c*）三管法

（2）RJP 工法

RJP 工法全称为 Rodin Jet Pile 工法，是在三管工法基础上开发出来的。它仍使用三管，分别输送水、气、浆，与原三管工法不同的地方是，水泥浆用高压喷射，并在其外围环绕空气流，进行第二次冲击切削土体。RJP 工法固结体直径大于三管工法。

（3）SSS-MAN 工法

SSS-MAN 工法需要先打入一个导孔置入多重管，利用压力大于或等于 40MPa 的高压水射流，旋转运动切削破坏土体，被冲下来的土、砂和砾石等，立即用真空泵从管中抽出到地面，如此反复冲切土体和抽泥，并以自身的泥浆护壁，便在土中冲出一个较大的空洞，依靠土中自身的泥浆的重力和喷射余压使空洞不坍塌。装在喷头上的超声波传感器已及时测出空洞的直径和形状，由电脑绘出空洞图形。当空洞的形状、大小和高低符合设计要求后，立即通过多重管充填穴洞。填充的材料根据工程需要随意选用，水泥浆、水泥砂浆、混凝土等均可。本工法提升速度很慢，固结体的直径大，在砂层中可达 ϕ4.0m，并做到信息化管理，施工人员可掌握固结体的直径和质量。

（4）MJS 工法

MJS 工法是一种多孔管的工法，以高压水泥浆加四周环绕空气流的复合喷射流，冲击切削破坏土体，并从管中抽出泥浆，固结体的直径较大。浆液凝固时间的长短可通过速凝剂喷嘴注入速凝液量调控，最短凝固时间可做到瞬时凝固。施工时根据地压的变化，调整喷射压力、喷射量、空气压力和空气量，就可增大固结效果和减小对周边的影响。固结体的形状不但可做成圆形，还可做成半圆形。

（四）TRD 工法（Trench cutting Re-mixing Deep wall method），是将满足设计深度的附有切割链条以及刀头的切割箱插入地下，在进行纵向切割横向推进成槽的同时，向地基内部注入水泥浆以达到与原状地基的充分混合搅拌在地下形成等厚度连续墙的一种施工工艺。TRD 工法由日本 20 世纪 90 年代初开发研制，是能在各类土层和砂砾石层中连续成墙的成套设备和施工方法。其基本原理是利用链锯式刀具箱竖直插入地层中，然后作水平横向运动，同时由链条带动刀具作上下的回转运动，搅拌原状土并灌入水泥浆，形成一定厚度的无搭接接头的水泥土搅拌墙。其主要特点是成墙连续、表面平整、厚度一致、墙体均匀性好。

TRD 工法的施工流程如下（图 9-5-22）：

（1）设备就位，连接第一段切削箱至主机；用挖土机开挖用于放置第二段切削箱的连接槽；

（2）第一段切削箱切削搅拌下沉，直至达到一段切削箱的切削搅拌深度。吊放第二段切削箱至连接槽中备用。

（3）移动主机与第一段接头箱脱开，移位至连接槽，与第二段切削箱连接，提升第二段切削箱至地面以上。

（4）移动主机并将第二段切削箱与第一段接头箱连接，切削、搅拌下沉。同时，吊放第二段切削箱至连接槽中备用。

由于设备较为庞大，因此，TRD 工法较适于土层较坚硬、且转角较少的水泥搅拌墙体。

（五）CSM 工法是采用双轮铣深搅设备的一种成墙工艺技术。2003 年，德国宝峨公司成功研发了深层搅拌技术——双轮铣深搅（简称 CSM）。其深搅设备主要由双轮铣深搅主机、供浆泵、搅拌罐、泥浆搅拌站等组成（图 9-5-23）。

采用 CSM 工法，一次可形成类似地下连续墙一个槽段的水泥土墙，墙厚 500mm～1200mm，槽段长度 2200mm、2400mm 和 2800mm 三种规格。采用钻杆与切削搅拌头连接时，最大施工深度 35m，当采用缆绳悬挂切削搅拌头施工时，最大施工深度可达 70m。

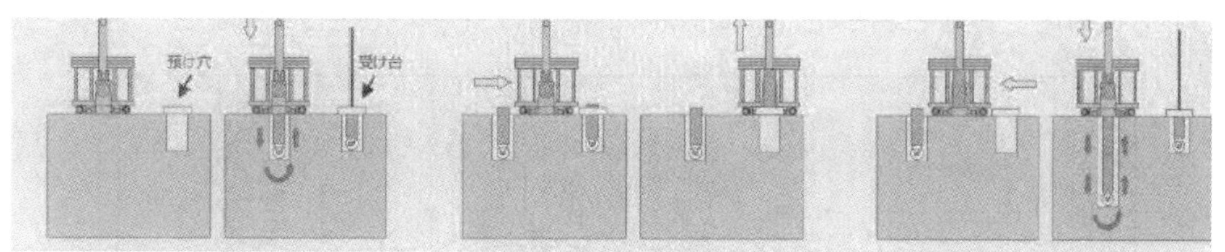

①设备就位，开挖备用槽。第一段切削箱向下切削，第二段切削箱在连接槽就位

②移动主机与第一段接头箱脱开，移位至连接槽，与第二段切削箱连接，提升第二段切削箱至地面以上

③移动主机并将第二段切削箱与第一段接头箱连接，切削、搅拌下沉

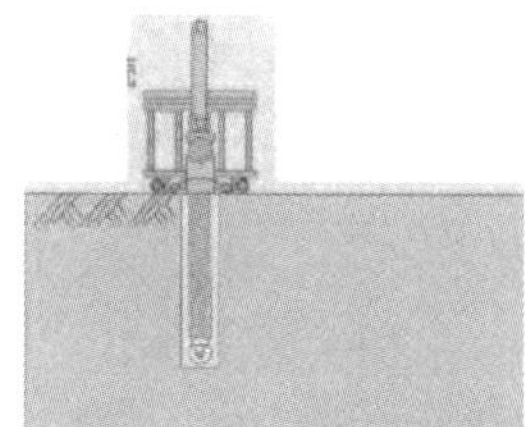

④重复②、③步骤，直至达到设计深度

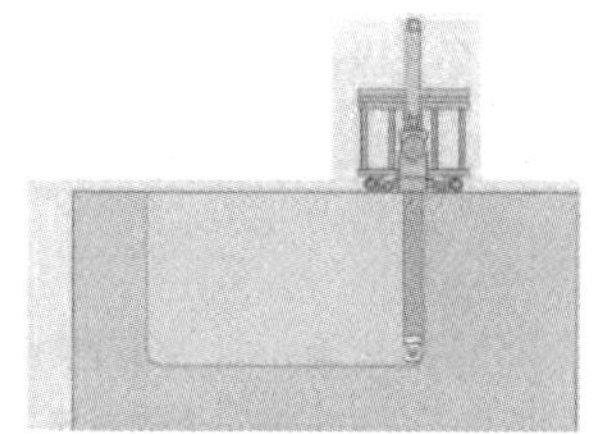

⑤主机横向缓慢移动，实现水泥土搅拌墙施工

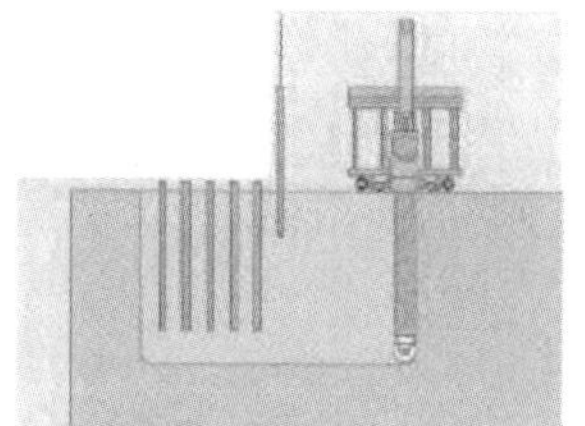

⑥如需要，可逐根沉入型钢

图 9-5-22　TRD 工法施工

（5）重复（3）、（4）步骤，直至达到设计施工深度。

（6）横向移动主机切削、搅拌土体，形成水泥搅拌墙墙体。

图 9-5-24 为一段施工完成的并被挖除的墙体，可见其搅拌质量良好。

图 9-5-23　CSM 工法施工设备

图 9-5-24　CSM 工法施工形成墙体

与一般单轴、双轴水泥搅拌机相比，CSM 工法一次可施工长度 2m 以上的墙体，使接头数量显著减少，从而减少了帷幕渗漏的可能性；CSM 工法对地层的适应性更高，可以切削坚硬地层（卵砾石地层、岩层）。

采用 CSM 工法还有一个优点，即可在直径不是很大的管线下施工，可实现在管线下方帷幕的封闭。其施工方法如图 9-5-25 所示。

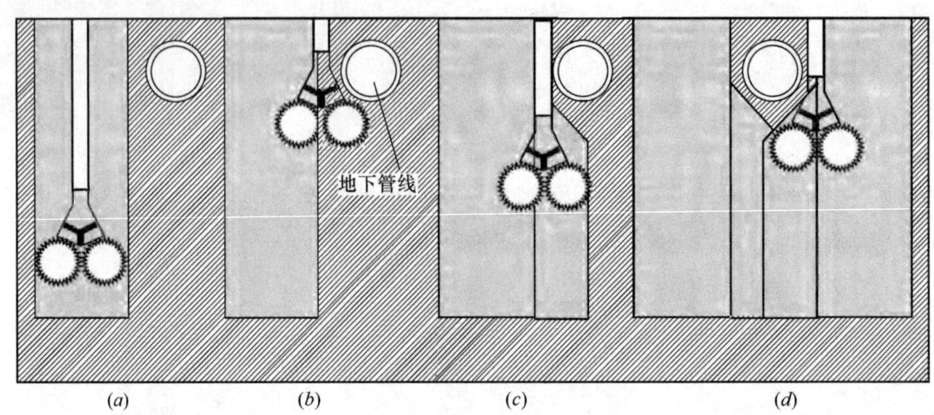

图 9-5-25　CSM 工法施工管线下止水帷幕

(a) 施工左侧墙体；(b) 施工左下侧墙体；(c) 完成左下侧墙体；(d) 施工右侧及右下侧墙体

第四节　降水对环境的影响与防治

一、降水影响范围与地面沉降

(一) 降水影响范围

降水的影响范围就是降水漏斗的平面半径。即井点降水的影响半径，可按式 (9-5-23) 和式 (9-5-24) 经验公式进行估算。

潜水含水层：
$$R = 2s\sqrt{kH} \tag{9-5-23}$$

承压水含水层：
$$R = 10s\sqrt{kH} \tag{9-5-24}$$

式中　R——影响半径 (m)；

s——井水位降深 (m)，当井水位降深小于 10m 时，取 $s=10$m；

K——含水层渗透系数 (m/d)；

H——潜水含水层厚度 (m)。

(二) 降水引起的地面沉降

降水引起的地面沉降除了地基土的固结沉降之外还有抽水时由于土层中细颗粒同地下水一起被抽出使地基产生的沉降。降水引起的地层变形量可按下列方法计算：

1. 有效应力法

$$s = \psi_w \sum_{i=1}^{n} \frac{\Delta\sigma'_{zi}\Delta h_i}{E_{si}} \tag{9-5-25}$$

式中　s——计算剖面的地层压缩变形量 (m)；

ψ_w——沉降计算经验系数，应根据地区工程经验取值，无经验时，宜取 $\psi_w=1$；

$\Delta\sigma'_{zi}$——降水引起的地面下第 i 土层平均附加有效应力 (kPa)；对黏性土，应取降水结束时土的固结度下的附加有效应力；

Δh_i——第 i 层土的厚度 (m)；土层的总计算厚度应按渗流分析或实际土层分布情况

确定；

E_{si}——第 i 层土的压缩模量（kPa）；应取土的自重应力至自重应力与附加有效应力之和的压力段的压缩模量。

井点降水引起周围地面的最终沉降量可按下式计算：

$$s=\sum_{i=1}^{n}\frac{\alpha_i}{1+e_{oi}}\Delta P_i\Delta h_i \tag{9-5-26}$$

式中 s——地面最终沉降量；

α_i——第 i 层土的压缩系数；

e_{oi}——第 i 层土的原始孔隙比；

ΔP_i——第 i 层土因降水产生的附加应力；

Δh——第 i 层土的厚度。

停止降水时间宜根据工程实际要求及地下结构施工情况确定。

确定土的压缩模量时，应考虑土的超固结比对压缩模量的影响。

二、防止降水不利影响的措施

1. 降水应结合当地经验，选择恰当的降水方法；
2. 井点降水时应减缓降水速度，均匀出水，减少地下水对含水层的潜能作用；
3. 井点应连续运转，尽量避免间歇和反复抽水，以减少在降水期间引起的地面沉降量；
4. 降水场地外侧设置隔水帷幕，减少降水影响范围；
5. 设置回灌水系统，保护邻近建筑物和地下管线。

三、水土资源保护

1. 对滨海地区的工程降水，应注意防止海水入侵，防止淡水资源遭受污染；
2. 采用引渗井降水时，要求上部含水层的水质应符合下部含水层水质标准，以保护地下水资源；
3. 降水施工期间洗井抽出的浑水，应在现场基本澄清后排放，并应防止淤塞市政管网或污染地表水体；
4. 降水施工的水和泥浆，不应任意排放，防止污染城市环境或影响土地功能。

主 要 参 考 文 献

1. 建设部综合勘察研究设计院．GB 50021—2001（2009 年版）岩土工程勘察规范［S］．北京：中国建筑工业出版社，2009
2. 中南勘察设计院．JGJ/T 87—2012 建筑工程地质勘探与取样技术规程［S］．北京：中国建筑工业出版社，2012
3. 国土资源部储量司，中国矿业联合会地热开发管理专业委员会．GB/T 11615—2010 地热资源地质勘查规范［S］．北京：中国标准出版社，2011
4. 中国地质环境监测院；中国地质科学院水文地质环境地质研究所，中国矿业联合会天然矿泉水专业委员会．GB/T 13727—2016 天然矿泉水资源地质勘探规范［S］．北京：中国标准出版社，2016
5. 建设综合勘察研究设计院有限公司．CJJ 76—2012 城市地下水动态观测规程［S］．北京：中国建筑工业出版社，2012

6. 中国地质调查局等 . DZ/T 0288—2015 区域地下水污染调查评价规范［S］. 北京：地质出版社，2015
7.《工程地质手册》编委会 . 工程地质手册［M］. 第四版 . 北京：中国建筑工业出版社，2007
8. 张元禧，施鑫源 . 地下水水文学［M］. 北京：中国水利水电出版社，1998
9. 松辽流域水环境监测中心 . SL 187—96 水质采样技术规程［S］. 北京：中国水利水电出版社，1997
10. 长江流域水环境监测中心 . SL 219—2013 水环境监测规范［S］. 北京：中国水利水电出版社，2014
11. 刘国彬，王卫东 . 基坑工程手册［M］. 第二版 . 北京：中国建筑工业出版社，2009
12. 建设综合勘察研究设计院有限公司 . JGJ 111—2016 建筑与市政工程地下水控制技术规范［S］. 北京：中国建筑工业出版社，2016
13. 中国冶金建设集团武汉勘察研究总院 . GB 50027—2001 供水水文地质勘察规范［S］. 北京：中国建筑工业出版社，2001
14. 中南勘察设计院有限公司 . DB42/T 159—2012 基坑工程技术规程［S］. 武汉：2012
15. 高大钊 . 深基坑工程［M］. 第二版 . 北京：机械工业出版社，2002
16. 李广信 . 高等土力学［M］. 北京：清华大学出版社，2004
17. 张在明 . 地下水与建筑基础工程［M］. 北京：中国建筑工业出版社，2001
18. 水利部水利水电规划设计总院，长江水利委员会长江勘测规划设计研究院 . GB 50487—2008 水利水电工程地质勘察规范［S］· 北京：中国计划出版社，2009
19. 机械工业勘察设计研究院有限公司 . JGJ/T 72—2017 高层建筑岩土工程勘察标准［S］. 北京：中国建筑工业出版社，2018
20. 重庆市城乡建设委员会. GB 50330—2013 建筑边坡工程技术规范［S］. 北京：中国建筑工业出版社，2013
21. 中国建筑科学研究院 . GB 50007—2011 建筑地基基础设计规范［S］. 北京：中国建筑工业出版社，2012
22. 中国建筑科学研究院 . JGJ 120—2012 建筑基坑支护技术规程［S］. 北京：中国建筑工业出版社，2012
23. 东北勘测设计院 . SL 31—2003 水利水电工程钻孔压水试验规程［S］. 北京：中国水利水电出版社，2003
24. 有色长沙勘察院 . YS 5214—2000 注水试验规程［S］. 北京：中国计划出版社，2000
25. 有色长沙勘察院 . YS 5215—2000 抽水试验规程［S］. 北京：中国计划出版社，2000
26. 北京市勘察设计研究院有限公司 . DB 11/1115—2014 城市建设工程地下水控制技术规范［S］. 北京：2014

附　　录

附录Ⅰ　地　层　符　号

1. 地层与地质年代表

附表 1-1

<table>
<tr><th colspan="2">界(代)</th><th colspan="2">系(纪)</th><th colspan="2">统(世)</th><th>构造运动</th><th>距今年龄*
(亿年)</th></tr>
<tr><td colspan="2" rowspan="9">新生界(代)
K_z</td><td colspan="2" rowspan="4">第四系(纪)Q</td><td colspan="2">全新统(世)Q_4 或 Q_h</td><td rowspan="8">喜马拉雅期</td><td rowspan="4">0.02～0.03</td></tr>
<tr><td rowspan="3">更新统
(世)
Q_p</td><td>上(晚)更新统(世)Q_3</td></tr>
<tr><td>中更新统(世)Q_2</td></tr>
<tr><td>下(早)更新统(世)Q_1</td></tr>
<tr><td rowspan="5">第三系(纪)
R</td><td rowspan="2">上(晚)第三系(纪)N</td><td colspan="2">上新统(世)N_2</td><td>0.12</td></tr>
<tr><td colspan="2">中新统(世)N_1</td><td>0.12～0.25</td></tr>
<tr><td rowspan="3">下(早)第三系(纪)E</td><td colspan="2">渐新统(世)E_3</td><td>0.25～0.40</td></tr>
<tr><td colspan="2">始新统(世)E_2</td><td>0.40～0.60</td></tr>
<tr><td colspan="2">古新统(世)E_1</td><td rowspan="6">燕 山 期</td><td>0.60～0.80</td></tr>
<tr><td colspan="2" rowspan="8">中生界(代)
M_z</td><td colspan="2" rowspan="2">白垩系(纪)K</td><td colspan="2">上(晚)白垩统(世)K_2</td><td rowspan="2">0.80～1.40</td></tr>
<tr><td colspan="2">下(早)白垩统(世)K_1</td></tr>
<tr><td colspan="2" rowspan="3">侏罗系(纪)J</td><td colspan="2">上(晚)侏罗统(世)J_3</td><td rowspan="3">1.40～1.95</td></tr>
<tr><td colspan="2">中侏罗统(世)J_2</td></tr>
<tr><td colspan="2">下(早)侏罗统(世)J_1</td></tr>
<tr><td colspan="2" rowspan="3">三叠系(纪)T</td><td colspan="2">上(晚)三叠统(世)T_3</td><td rowspan="3">印 支 期</td><td rowspan="3">1.95～2.30</td></tr>
<tr><td colspan="2">中三叠统(世)T_2</td></tr>
<tr><td colspan="2">下(早)三叠统(世)T_1</td></tr>
<tr><td rowspan="8">古生界(代)
P_z</td><td rowspan="8">上古生界
(晚古生代)
P_{z2}</td><td colspan="2" rowspan="2">二叠系(纪)P</td><td colspan="2">上(晚)二叠统(世)P_2</td><td rowspan="8">华力西期</td><td rowspan="2">2.30～2.80</td></tr>
<tr><td colspan="2">下(早)二叠统(世)P_1</td></tr>
<tr><td colspan="2" rowspan="3">石炭系(纪)C</td><td colspan="2">上(晚)石炭统(世)C_3</td><td rowspan="3">2.80～3.50</td></tr>
<tr><td colspan="2">中石炭统(世)C_2</td></tr>
<tr><td colspan="2">下(早)石炭统(世)C_1</td></tr>
<tr><td colspan="2" rowspan="3">泥盆系(纪)D</td><td colspan="2">上(晚)泥盆统(世)D_3</td><td rowspan="3">3.50～4.10</td></tr>
<tr><td colspan="2">中泥盆统(世)D_2</td></tr>
<tr><td colspan="2">下(早)泥盆统(世)D_1</td></tr>
</table>

续表

界(代)		系(纪)	统(世)	构造运动	距今年龄*（亿年）
古生界(代) P_z	下古生界（早古生代）P_{z1}	志留系(纪)S	上(晚)志留统(世)S_3	加里东期	4.10～4.40
			中志留统(世)S_2		
			下(早)志留统(世)S_1		
		奥陶系(纪)O	上(晚)奥陶统(世)O_3		4.40～5.00
			中奥陶统(世)O_2		
			下(早)奥陶统(世)O_1		
		寒武系(纪)$\in$	上(晚)寒武统(世)$\in_3$		5.00～6.00
			中寒武统(世)$\in_2$		
			下(早)寒武统(世)$\in_1$		
元古界(代) P_t	上元古界（晚元古代）P_{t2}	震旦系(纪)Z	上(晚)震旦统(世)Z_3 或 Z_h	蓟　县	6.00～17.00
			中震旦统(世)Z_2		
			下（早)震旦统(世)Z_1 或 Z_a		
	下(早)元古界(代)P_{t1}			吕　梁	17.00～25.00
太古界(代)A_r				五台，泰山	25.00～35.00
远太古界(代)					＞35.00

*综合国内外年表的控制数据。

2. 第四纪地层的成因类型符号

附表 1-2

地层名称	符　号	地层名称	符　号	地层名称	符　号	地层名称	符　号
人工填土	Q^{ml}	残 积 层	Q^{el}	海陆交互相沉积层	Q^{mc}	滑坡堆积层	Q^{del}
植 物 层	Q^{pd}	风 积 层	Q^{eol}	冰 积 层	Q^{gl}	泥石流堆积层	Q^{set}
冲 积 层	Q^{al}	湖 积 层	Q^{l}	冰水沉积层	Q^{fgl}	生物堆积层	Q^{o}
洪 积 层	Q^{pl}	沼泽沉积层	Q^{h}	火山堆积层	Q^{b}	化学堆积层	Q^{ch}
坡 积 层	Q^{dl}	海相沉积层	Q^{m}	崩 积 层	Q^{col}	成因不明的沉积层	Q^{pr}

注：1. 两种成因混合而成的沉（堆）积层，可采用混合符号，例如：冲积和洪积混合层，可用 Q^{al+pl}表示。

2. 地层与成因的符号可以合起来使用，例如：由冲积形成的第四系上更新统，可用 Q_3^{al} 表示。

附录Ⅱ　岩 层 倾 角 换 算 表

1. 剖面方向与岩层走向不一致时的倾角换算表

附表 2-1

直倾角	岩层走向与剖面间夹角								
	80°	75°	70°	65°	60°	55°	50°	45°	40°
10°	9°51′	9°40′	9°24′	9°5′	8°41′	8°13′	7°41′	7°6′	6°25′
15°	14°47′	14°31′	14°8′	13°39′	13°34′	12°28′	11°36′	10°4′	9°46′

续表

直倾角	岩层走向与剖面间夹角								
	80°	75°	70°	65°	60°	55°	50°	45°	40°
20°	19°43′	19°23′	18°53′	18°15′	17°30′	16°36′	15°35′	14°25′	13°10′
25°	24°48′	24°15′	23°39′	22°56′	22°0′	20°54′	19°39′	18°15′	16°41′
30°	29°37′	29°9′	28°29′	27°37′	26°34′	25°18′	23°51′	22°12′	20°21′
35°	34°36′	34°4′	33°21′	32°24′	31°13′	29°50′	28°12′	26°20′	24°14′
40°	39°34′	39°2′	38°15′	37°15′	36°0′	34°30′	32°44′	30°41′	28°20′
45°	44°34′	44°1′	43°13′	42°11′	40°54′	39°19′	37°27′	35°16′	32°44′
50°	49°34′	49°1′	48°14′	47°12′	45°54′	44°17′	42°23′	40°7′	37°27′
55°	54°35′	54°4′	53°19′	52°18′	51°3′	49°29′	47°35′	45°17′	42°33′
60°	59°37′	59°8′	58°26′	57°30′	56°19′	54°49′	53°0′	50°46′	48°4′
65°	64°40′	64°14′	63°36′	62°46′	61°42′	60°21′	58°40′	56°36′	54°2′
70°	69°43′	69°21′	68°49′	68°7′	67°12′	66°8′	64°35′	62°42′	60°29′
75°	74°47′	74°30′	74°5′	73°32′	72°48′	71°53′	70°43′	69°14′	67°22′
80°	79°51′	79°39′	79°22′	78°59′	78°29′	77°51′	77°2′	76°0′	74°40′
85°	84°56′	84°50′	84°41′	84°29′	84°14′	83°54′	83°29′	82°57′	82°15′
89°	88°59′	88°58′	88°56′	88°54′	88°51′	88°47′	88°42′	88°35′	88°27′

直倾角	岩层走向与剖面间夹角							
	35°	30°	25°	20°	15°	10°	5°	1°
10°	5°46′	5°2′	4°15′	3°27′	2°31′	1°45′	0°59′	0°10′
15°	8°44′	7°38′	6°28′	5°14′	3°33′	2°40′	1°20′	0°16′
20°	11°48′	10°19′	8°45′	7°6′	5°23′	3°37′	1°49′	0°22′
25°	14°58′	13°7′	11°9′	9°3′	6°53′	4°37′	2°20′	0°28′
30°	18°19′	16°6′	13°43′	11°10′	8°30′	5°44′	2°53′	0°35′
35°	21°55′	19°18′	16°29′	13°28′	10°16′	6°56′	3°30′	0°42′
40°	25°42′	22°45′	19°31′	16°0′	12°15′	8°17′	4°11′	0°50′
45°	29°50′	26°33′	22°55′	18°53′	14°30′	9°51′	4°59′	1°0′
50°	34°21′	30°47′	26°44′	22°11′	17°9′	11°41′	5°56′	1°11′
55°	39°20′	35°32′	31°7′	26°2′	20°17′	13°55′	7°6′	1°26′
60°	44°47′	40°54′	36°14′	30°29′	24°8′	16°44′	8°35′	1°44′
65°	50°53′	46°59′	42°11′	36°15′	29°2′	20°25′	10°35′	2°9′
70°	57°36′	53°57′	49°16′	43°13′	35°25′	25°30′	13°28′	2°45′
75°	64°58′	61°49′	57°31′	51°55′	44°1′	32°57′	18°1′	3°44′
80°	72°15′	70°34′	67°21′	62°43′	55°44′	44°33′	26°18′	5°31′
85°	81°20′	80°5′	78°19′	75°39′	71°20′	43°15′	44°54′	11°17′
89°	88°15′	88°0′	87°38′	87°5′	86°9′	84°15′	78°41′	44°15′

2. 纵横比例尺不同时的倾角换算表

附表 2-2

m \ α	5°	10°	15°	20°	25°	30°	35°	40°	45°
2	9°55′	19°26′	28°11′	36°03′	43°0′	49°06′	54°28′	59°13′	63°26′
3	14°42′	27°53′	38°48′	47°31′	54°27′	60°0′	64°33′	68°20′	71°34′
4	19°17′	35°12′	46°59′	55°31′	61°48′	66°35′	70°21′	73°25′	75°58′
5	23°38′	41°24′	53°16′	61°13′	66°47′	70°54′	74°04′	76°36′	78°41′
6	27°42′	46°37′	58°07′	65°24′	70°20′	73°54′	76°37′	78°46′	80°32′

续表

m＼α	5°	10°	15°	20°	25°	30°	35°	40°	45°
7	31°29′	50°59′	61°56′	68°34′	72°58′	76°06′	78°28′	80°20′	81°05′
8	34°59′	54°40′	64°59′	71°03′	74°59′	77°47′	79°53′	81°32′	82°53′
10	42°11′	60°26′	69°32′	74°38′	77°54′	80°10′	81°52′	83°12′	84°17′
15	52°42′	69°17′	76°02′	79°37′	81°52′	83°25′	84°34′	85°27′	86°11′
20	60°15′	74°10′	79°26′	82°11′	83°53′	85°03′	85°55′	86°35′	87°08′

m＼α	50°	55°	60°	65°	70°	75°	80°	85°
2	67°14′	70°42′	73°54′	76°53′	79°41′	82°22′	84°58′	87°30′
3	74°22′	76°52′	79°06′	81°10′	83°05′	84°54′	86°38′	88°20′
4	78°09′	80°04′	81°47′	83°21′	84°48′	86°10′	87°29′	88°45′
5	80°28′	82°02′	83°25′	84°40′	85°50′	86°56′	87°59′	89°0′
6	82°02′	83°21′	84°30′	85°33′	86°32′	87°27′	88°19′	89°10′
7	83°10′	84°17′	85°17′	86°11′	87°02′	87°49′	88°33′	89°17′
8	84°01′	85°0′	85°52′	86°40′	87°24′	88°05′	88°44′	89°22′
10	85°12′	86°0′	86°42′	87°20′	87°55′	88°28′	88°59′	89°30′
15	86°48′	87°20′	87°48′	88°13′	88°37′	88°59′	89°20′	89°40′
20	87°36′	88°0′	88°21′	88°40′	88°57′	89°14′	89°30′	89°45′

注：1. α—岩层直倾角；

2. m—垂直比例尺和水平比例尺之比值(垂直比例尺放大的倍数)。

附录Ⅲ　法定计量单位及其换算

1. 我国的法定计量单位

我国的法定计量单位(以下简称法定单位)包括：

(1) 国际单位制的基本单位(见附表 3-1)；

(2) 国际单位制的辅助单位(见附表 3-2)；

(3) 国际单位制中具有专门名称的导出单位(见附表 3-3)；

(4) 国家选定的非国际单位制单位(见附表 3-4)；

(5) 由以上单位构成的组合形式的单位；

(6) 由词头和以上单位所构成的十进倍数和分数单位的词头(见附表 3-5)。

国际单位制的基本单位　　附表 3-1

量的名称	单位名称	单位符号	量的名称	单位名称	单位符号
长　度	米	m	热力学温度	开[尔文]	K
质　量	千克(公斤)	kg	物质的量	摩[尔]	mol
时　间	秒	s	发光强度	坎[德拉]	cd
电　流	安[培]	A			

国际单位制的辅助单位 **附表 3-2**

量的名称	单位名称	单位符号
平面角	弧度	rad
立体角	球面度	sr

国际单位制中具有专门名称的导出单位 **附表 3-3**

量的名称	单位名称	单位符号	其他表示式例	量的名称	单位名称	单位符号	其他表示式例
频率	赫[兹]	Hz	s^{-1}	磁通量	韦[伯]	Wb	V·s
力；重力	牛[顿]	N	$kg\cdot m/s^2$	磁通量密度，磁感应强度	特[斯拉]	T	Wb/m^2
压力，压强；应力	帕[斯卡]	Pa	N/m^2	电感	亨[利]	H	Wb/A
能量；功；热	焦[耳]	J	N·m	摄氏温度	摄氏度	℃	
功率；辐射通量	瓦[特]	W	J/s	光通量	流[明]	lm	cd·sr
电荷量	库[仑]	C	A·s	光照度	勒[克斯]	lx	lm/m^2
电位；电压；电动势	伏[特]	V	W/A	放射性活度	贝可[勒尔]	Bq	s^{-1}
电容	法[拉]	F	C/V	吸收剂量	戈[瑞]	Gy	J/kg
电阻	欧[姆]	Ω	V/A	剂量当量	希[沃特]	Sv	J/kg
电导	西[门子]	S	A/V				

国家选定的非国际单位制单位 **附表 3-4**

量的名称	单位名称	单位符号	换算关系和说明
时间	分 [小]时 天(日)	min h d	1min=60s 1h=60min=3600s 1d=24h=86400s
平面角	[角]秒 [角]分 度	(″) (′) (°)	1″=(π/648000)rad(π为圆周率) 1′=60″(π/10800)rad 1°=60′=(π/180)rad
旋转速度	转每分钟	r/min	$1r/min=(1/60)s^{-1}$
长度	海里	n mile	1n mile=1852m(只用于航程)
速度	节	kn	1kn=1n mile/h=(1852/3600)m/s (只用于航行)
质量	吨 原子质量单位	t u	$1t=10^3kg$ $1u\approx1.6605655\times10^{-27}kg$
体积	升	L，(l)	$1L=1dm^3=10^{-3}m^3$
能	电子伏	eV	$1eV\approx1.6021892\times10^{-19}J$
级差	分贝	dB	
线密度	特[克斯]	tex	1tex=1g/km

用于构成十进倍数和分数单位的词头 附表 3-5

所表示的因数	词头名称	词头符号	所表示的因数	词头名称	词头符号
10^{18}	艾[可萨]	E	10^{-1}	分	d
10^{15}	拍[它]	P	10^{-2}	厘	c
10^{12}	太[拉]	T	10^{-3}	毫	m
10^{9}	吉[咖]	G	10^{-6}	微	μ
10^{6}	兆	M	10^{-9}	纳[诺]	n
10^{3}	千	k	10^{-12}	皮[可]	p
10^{2}	百	h	10^{-15}	飞[母托]	f
10^{1}	十	da	10^{-18}	阿[托]	a

注：1. 周、月、年(年的符号为 a)，为一般常用时间单位。
2. [ ]内的字，是在不致混淆的情况下，可以省略的字。
3. ( )内的字为前者的同义语。
4. 角度单位度分秒的符号不处于数字后时，用括弧。
5. 升的符号中，小写字母 l 为备用符号。
6. r 为“转”的符号。
7. 人民生活和贸易中，质量习惯称为重量。
8. 分里为千米的俗称，符号为 km。
9. 10^4称为万，10^8称为亿，10^{12}称为万亿，这类数词的使用不受词头名称的影响，但不应与词头混淆。

2. 常用法定计量单位与非法定计量单位的换算

常用法定计量单位与非法定计量单位换算 附表 3-6

量的名称(符号)[量纲]	法定计量单位名称	法定计量单位符号		计量单位的换算系数	备 注
		外 文	中 文		
长 度 (L，l) [L]	米 千米(公里) 厘米 毫米 微米 海里	m km cm mm μm nmile	米 千米，公里 厘米 毫米 微米 海里	(英寸) 1in=2.54×10^{-2}m (英尺) 1ft=0.3048m (码) 1yd=0.9144m (英里) 1mile=1.6093km (埃) 1Å=10^{-10}m 1nmile=1.852km	SI 基本单位公里为千米的俗称只用于航行
面 积 (A，S) (L^2)	平方米 平方厘米 平方公里	m^2 cm^2 km^2	米^2 厘米^2 (公里^2)	1 [市] 亩=666.6m^2 (公亩) 1a=10^2m^2 (公顷) 1ha=10^4m^2 (英亩) 1acre=4047m^2	
体 积 (V) [L^3]	立方米 立方厘米 升 毫升	m^3 cm^3 L，l ml	米^3 厘米^3 升 毫升	(英品脱) 1UK_{pt}=0.56826L (英加仑) 1UK_{gal}=4.54609L (美加仑) 1US_{gal}=3.78541L 1L=10^3ml=1dm^3=$10^{-3}m^3$	l 为升的备用符号
平面角 (α、β、γ、θ、φ) [1]	弧度 [角] 秒 [角] 分 度	rad (″) (′) (°)	弧度 秒 分 度	1″=(π/648000) rad 1′=60″=(π/10800) rad 1°=60′=(π/180) rad	SI 辅助单位角度单位度、分、秒的外文符号不处于数字之后时应加括号
立体角 (Ω) [1]	球面度	Sr	球面度		SI 辅助单位

续表

量的名称（符号） [量纲]	法定计量单位 名称	法定计量单位符号		计量单位的换算系数	备 注
		外 文	中 文		
质 量 (m) [M]	千克（公斤） 克 吨 原子质量单位	kg g t u	千克，公斤 克 吨 （u）	1t=10^{3}kg=1Mg 1u≈1.6605655×10^{-27}kg （磅）1lb=0.45359237kg （英吨）1UKton=1016.05kg （美吨）1USton=907.185kg	SI 基本单位质量在我国人民生活和贸易中习称重量
时 间 (t) [T]	秒 分 小时 天，日 周 月 年	s min h d a	秒 分 [小] 时 天，日 周 月 年	1min=60s 1h=60min=3600s 1d=24h=86400s 1a=31.5576×10^{6}s	SI 基本单位 [ ] 内的字在不致混淆时可以省略，余同。 周、月、年为一般常用时间单位
速 度 (u，v，w，c) [LT^{-1}]	米每秒 千米每时 节	m/s (m·s^{-1}) km/h kn	米/秒 千米/时 节	1m/min=0.166667m/s 1km/h=0.277778m/s 1kn =1nmile/h =0.514444m/s 1mile/h=0.44704m/s 1ft/min=0.00508m/s	
旋转速度 (n)	转每分种	r/min	转/分	1r/min = (1/60) /s^{-1} =0.104720rad/s	r 为“转”的单位符号
角速度 (w) [L^{-1}]	弧度每秒	rad/s	弧度/秒		
加速度 (a) [LT^{-2}]	米每二次方秒	m/s^{2}	米/$秒^{2}$	1g=9.80665m/s^{2} （伽）1Cal=10^{-2}m/s^{2} 1ft/s^{2}=0.3048m/s^{2}	g 为标准重力加速度
频 率 (f) [T^{-1}]	赫兹	Hz (s^{-1})	赫		SI 导出单位* 括号中的单位符号为其他表示式例，余同
力 (F) 重力 (G，P，W) 荷载 (N) 总阻力 (Q) [MLT^{-2}]	牛顿 千牛顿 兆牛顿	N (kg·m·s^{-2}) kN MN	牛 千牛 兆牛	1N=1kg·m/s^{2} （克力）1gf=9.80665×10^{-3}N （千克力，公斤力）1kgf=9.80665N （吨力）1tf=9.80665kN （达因）1dyn=10^{-5}N=1g·cm/s^{2} （磅力）1lbf=4.44822N	SI 导出单位 过去常将力的单位与质量的单位相混淆，如将非法定单位“kgf”写成“kg”等 重力不应称为重量
力 矩 弯 矩 (J) [F·L]	牛顿米	N·m	牛·米	1kgf·m=9.80665N·m	与功的单位相同

续表

量的名称（符号）[量纲]	法定计量单位名称	法定计量单位符号		计量单位的换算系数	备注
		外文	中文		
压力，压强（p） 应力（σ） （弹性，压缩，变形）模量（E） 剪切模量（G） 体积模量（K） 黏聚力（c） 承载力（R） 抗剪强度（τ，c） 摩擦力（f） 贯入阻力（p，q） [$ML^{-1}T^{-2}$]	帕斯卡 千帕斯卡 兆帕斯卡	Pa（Nm^{-2}） kPa MPa	帕 千帕 兆帕	1Pa=1N/m^2 1MPa=1N/mm^2 10kPa=1N/cm^2 1kgf/mm^2 9.80665MPa ≈10MPa 1kgf/cm^2=98.0665kPa ≈100kPa 1kgf/m^2 = 9.80665Pa =1mmH_2O 1tf/m^2=9.80665kPa≈10kPa （巴）1bar=10^5Pa=100kPa （毫米水柱）1mmH_2O=9.80665Pa （毫米汞柱）1mmHg=133.322Pa （标准大气压）1atm=101.325kPa （工程大气压）1at=98.0665kPa=1kgf/cm^2 （托）1Torr=（101325/760）Pa=133.224Pa=1mmHg 1dyn/cm^2=0.1Pa 1atm=760mmHg =1.0336kgf/cm^2 1lbf/in^2 =6.89476kPa 1lbf/ft^2=47.8803Pa	SI导出单位 过去常将压力、模量的非法定单位kgf/cm^2、tf/m^{2}误写成kg/cm^2、t/m^2… "巴"为流体压力的旧单位
能量（E） 功（W） 热（Q） [$ML^2\cdot T^{-2}$]	焦耳 电子伏	J （N·m） eV	焦	1J=1N·m （热化学卡）1cal$_{th}$=4.184J （国际蒸发卡）1cal$_{IT}$=4.1868J （尔格）1erg=10^{-7}J=1dyn·cm 1lbf·ft=1.35582J 1kgf·m=9.80665J 1eV=1.602189×10^{-19}J	SI导出单位 电能法定单位为千瓦时（kWh），不得用度代替
功率 辐射通量 [L^2MT^{-3}]	瓦特 千瓦特	W （J/s） kW （kJ/s）	瓦 千瓦	（马力）1马力（米制）=735.49875W 1HP（英制）=745.7W （伏安）1VA=1W （乏）1Var=1W	SI导出单位 我国所用米制马力无符号，HP是英制马力符号。伏安、乏在电工领域暂时仍可使用

续表

量的名称（符号）[量纲]	法定计量单位名称	法定计量单位符号		计量单位的换算系数	备 注
		外 文	中 文		
电 流 [I]	安培	A	安		SI 基本单位
电荷量 [I]	库仑	C（A·s）	库		SI 导出单位
电位、电压电动势 [$L^2MT^{-3}J^{-1}$]	伏特	V (W/A)	伏		SI 导出单位
电 容 [IT]	法拉 微法拉	F μF	法 微法		SI 导出单位
电 阻（R）[$L^2MT^{-3}I^{-2}$]	欧姆 千欧姆	Ω（V/A） kΩ	欧 千欧		SI 导出单位
电 阻 率（ρ）[$L^3MT^{-3}I^{-2}$]	欧姆米	Ω·m	欧姆米		
电 导 [$L^{-2}M^{-1}T^3I^2$]	西门子	S (A/V)	西		SI 导出单位
磁通量 [$L^2MT^{-2}J^{-1}$]	韦伯	Wb (V·S)	韦	（麦克斯韦）$1Mx=10^{-8}Wb$	SI 导出单位
磁通密度 磁感强度 [$MT^{-2}J^{-1}$]	特斯拉	T (Wb/m^3)	特	（高斯）$1Gs=10^{-4}T$	SI 导出单位
电 感 [$L^2MT^{-2}J^{-2}$]	亨利	H (Wb/A)	亨		SI 导出单位
热力学温度（T）[Ⓗ]	开尔文	K	开	（兰氏度）1°R=（519）K	SI 基本单位
摄 氏 度（t，θ）[Ⓗ]	摄氏度	℃	℃（特例）	T（K）=t（℃）+273.5 t(℃)=(5/9)[t(°F)−32]	SI 导出单位°F 为华氏度
物质的量（n）[N]	摩尔	mol	摩	（磅摩尔每克）1lb·mol/g=453.59237mol	SI 基本单位
发光强度（1）[J]	坎德拉	cd	坎		SI 基本单位
光 通 量（Φ）[J]	流明	lm (cd·sr)	流		SI 导出单位
光 照 度（E）[$L^{-2}J$]	勒克斯	lx (lm/m^2)	勒	（幅透）$lph=10^4lx$	SI 导出单位

续表

量的名称（符号）[量纲]	法定计量单位名称	法定计量单位符号		计量单位的换算系数	备 注
		外 文	中 文		
放射性活度 (A) $[T^{-1}]$	贝可尔勒	Bq (S^{-1})	贝可	（居里）$1Ci=3.7\times10^{10}Bq$	SI 导出单位
吸收计量 (D) $[L^2T^{-2}]$	戈瑞	Gy (J/kg)	戈		SI 导出单位
剂量当量 (H) $[L^2T^{-2}]$	希沃特	SV (J/kg)	希		SI 导出单位
级差 (1)	分贝	dB	分贝		
线密度 (P_1) $[L^{-1}M]$	特克斯	tex	特	1tex=1g/km	
渗透系数 (k) $[LT^{-1}]$	米每秒 厘米每秒	m/s cm/s	米/秒 厘米/秒	（达西）$1Darcy=9.675\times10^{-4}$ cm/s 1ft/min=0.508cm/s 1ft/s=30.48cm/s	
绝对渗透系数 (K) $[L^2]$	平方微米 平方毫米	μm^2 mm^2	微米^2 毫米^2	（达西）$1Darcy=9.869\times10^{-7}mm^2$ k=1cm/s 相当于 $K=1.020\times10^{-2}mm^2$	
体积流率流量 (Q、q) $[L^3T^{-1}]$	立方米每秒	m^3/s	米^3/秒	$1ft^3/s=0.0283168m^3/s$ 1UKgal/min=7.57682 $\times10^{-5}m^3/s$ $1USgal/min=6.308\times10^{-5}m^3/s$	
密度，质量密度 (ρ) $[ML^{-3}]$	克每立方厘米 千克每立方米 吨每立方米 千克每升	g/cm^3 kg/m^3 t/m^2 kg/L	克/厘米^3 千克/米^3 吨/米^3 千克/升	$1lb/in^3=27679.9kg/m^3$ $1lb/ft^3=16.0185kg/m^3$	
重度（重力密度）(γ) $[ML^{-2}T^{-2}]$	牛顿每立方米 千牛顿每立方米	N/m^3 kN/m^3	牛/米^3 千牛/米^3	$1gf/cm^3=1tf/m^3$ $=9.80665kN/m^3$ $1lbf/in^3=0.2715MN/m^3$ $1lbf/ft^3=0.1571kN/m^3$	$\gamma=\rho g$，但过去常将重度的非法定单位“$gfcm^3$”误写成“g/cm^3”
压缩系数 (α) 体积压缩系数 (m_c) $[M^{-1}LT^2]$	每帕斯卡 每千帕斯卡 平方米每兆牛顿	Pa^{-1} kPa^{-1} m^2/MN	帕$^{-1}$ 千帕$^{-1}$ 米^2/兆牛	$1cm^2/kgf=10.1972MPa^{-1}$ $1m^2/tf=101.9716MPa^{-1}$ $1in^2/lbf=0.145038kPa^{-1}$ $1ft^2/UKtonf=9.32384MPa^{-1}$ $1ft^2/UStonf=10.4427MPa^{-1}$	过去常将压缩系数的非法定单位“cm^2/kgf”误写成“cm^2/kg”
团结系数 (C_0) $[L_2T^{-1}]$	平方厘米每秒 平方米每年	cm^2/s m^2/a	厘米^2/秒 米^2/年	$1m^2/a=3.169\times10^{-4}cm^2/s$ $1in^2/s=6.4516cm^2/s$ $1in^2/a=0.2044\times10^{-6}cm^2/s$ $1ft^2/a=2.9440\times10^{-5}cm^2/s$	
体膨胀系数 (γ) [Ⓗ$^{-1}$]	每开尔文 每摄氏度	K^{-1} ℃$^{-1}$	开$^{-1}$ ℃$^{-1}$		

续表

量的名称（符号）[量纲]	法定计量单位名称	法定计量单位符号		计量单位的换算系数	备 注
		外 文	中 文		
比热容（c）[$L^2T^{-2}Ⓗ^{-1}$]	焦耳每千克开尔文	J/kg·K	焦/千克·开	1cal/g（℃）=4.1868kJ/kg·K 1kcal/kg（℃）=4.1868kJ/kg·K 1cal/g·K=4.1868kJ/kg·K	cal 为国际蒸汽表卡
热导率导热系数（λ）[$MLT^{-3}Ⓗ^{-1}$]	瓦特每米开尔文 瓦特每米摄氏度	W/m·K W/m·℃	瓦/米·开 瓦/米·℃	1cal/s·cm·K=418.68W/m·K 1cal/s·cm·（℃）=418.68 W/m·K	cal 为国际蒸汽表卡
动力黏度 动力黏滞系数 （η，μ） [$ML^{-1}T^{-1}$]	帕斯卡秒 毫帕斯卡秒 牛顿秒每平方米	Pa·s mPa·s N·s/m²	帕·秒 毫帕·秒 牛·秒/米²	1kgf·s/m²=9.80665Pa·s 1lbf·s/ft²=47·8803Pa·s 1lbf·h/ft²=1.72369×10^5Pa·s 1lbf·s/in²=6894.76Pa·s （泊肃叶）1P=1dyn·s/cm²=10^{-1}Pa·s	
运动黏度 运动黏滞系数 （ν）[L^2T^{-1}]	二次方米每秒 二次方毫米每秒	m²/s mm²/s	米²/秒 毫米²/秒	斯托克斯（st） 1st=100cst=1cm²/s=10^{-4}m²/s 1cst=1mm²/s=10^{-6}m²/s lin²/s=6.4516×10^{-4}m²/s 1ft²/s=9.2903×10^{-2}m²/s lin²/h=1.79211×10^{-7}m²/s 1ft²/h=2.58064×10^{-5}m²/s	$\nu=\eta/\rho$

说明：1. 法定单位是指今后必须采用的计量单位，非法定单位是指今后不应该采用的计量单位。

2. 书写时，须注意量和单位字母的大小写及斜正体。

3. 换算关系中黑体字为法定单位之间的换算式。

4. 国际单位制（SI）采用长度、质量、时间、电流、热力学温度、物质的量及发光强度为基本量，其相应的量纲符号分别为 L、M、T、I、Ⓗ、N、J。

5. “SI 导出单位”系指有专门名称的 SI 导出单位。

6. 目前出版的技术规范中，换算时均采用近似的方法，如 1kgf/cm²=10tf/m²=98.0665kPa=100kPa 等。

附录Ⅳ 国内外岩土工程及工程地质主要相关技术标准目录

1. 国家标准

标准规范编号	标准规范名称	批准部门	主编单位	施行日期	条文说明	出版发行单位	备 注
GB/T 50001—2010	房屋建筑制图统一标准	住房和城乡建设部	中国建筑标准设计研究院	2011.3.1	附后	中国计划出版社	
GB 50007—2011	建筑地基基础设计规范	住房和城乡建设部	中国建筑科学研究院	2012.8.1	附后	中国建筑工业出版社	

续表

标准规范编号	标准规范名称	批准部门	主编单位	施行日期	条文说明	出版发行单位	备注
GB 50009—2012	建筑结构荷载规范	住房和城乡建设部	中国建筑科学研究院	2012.10.1	附后	中国建筑工业出版社	
GB 50011—2010	建筑抗震设计规范（2016 年版）	住房和城乡建设部	中国建筑科学研究院	2016.8.1	附后	中国建筑工业出版社	
GB 50021—2001	岩土工程勘察规范（2009 年版）	住房和城乡建设部	建设综合勘察研究设计院	2009.7.1	附后	中国建筑工业出版社	
GB 50023—2009	建筑抗震鉴定标准	住房和城乡建设部	中国建筑科学研究院	2009.7.1	附后	中国建筑工业出版社	
GB 50025—2004	湿陷性黄土地区建筑规范	建设部	陕西省建筑科学研究设计院	2004.8.1	附后	中国建筑工业出版社	
GB 50026—2007	工程测量规范	建设部	中国有色金属工业西安勘察设计研究院	2008.5.1	附后	中国建筑工业出版社	
GB 50027—2001	供水水文地质勘察规范	建设部	中国冶金建设集团武汉勘察研究总院	2001.10.1	附后	中国计划出版社	
GB 50032—2003	室外给水排水和燃气热力工程抗震设计规范	建设部	北京市市政工程设计研究总院	2003.9.1	附后	中国建筑工业出版社	
GB 50040—96	动力机器基础设计规范	建设部	机械部设计研究院	1997.1.1	附后	中国计划出版社	
GB 50046—2008	工业建筑防腐蚀设计规范	建设部	中国寰球工程公司	2008.8.1	附后	中国计划出版社	
GB 50068—2001	建筑结构可靠度设计统一标准	建设部	中国建筑科学研究院	2002.3.1	附后	中国建筑工业出版社	
GB/T 50083—2014	工程结构设计基本术语标准	住房和城乡建设部	中国建筑科学研究院	2015.5.1	附后	中国建筑工业出版社	
GB 50086—2015	锚杆喷射混凝土支护技术规范	住房和城乡建设部	冶金建筑科学研究总院	2016.2.1	附后	中国计划出版社	
GB/T 50095—2014	水文基本术语和符号标准	住房和城乡建设部	水利部水文局	2015.8.1	附后	中国计划出版社	

续表

标准规范编号	标准规范名称	批准部门	主编单位	施行日期	条文说明	出版发行单位	备 注
GB 50108—2008	地下工程防水技术规范	住房和城乡建设部	国家人防办公室	2009.4.1	附后	中国计划出版社	
GB 50111—2006	铁路抗震设计规范（2009年版）	建设部	铁道部第一勘测设计院	2006.12.1	附后	中国铁道出版社	
GB 50112—2013	膨胀土地区建筑技术规范	住房和城乡建设部	中国建筑科学研究院	2013.5.1	附后	中国计划出版社	
GBJ 124—88	道路工程术语标准	国家计划委员会	交通部公路规划设计院	1988.3.1		中国计划出版社	
GB 50117—2014	构筑物抗震鉴定标准	住房和城乡建设部	冶金建筑科学研究总院	2015.2.1	附后	中国计划出版社	
GB/T 50123—1999	土工试验方法标准	住房和城乡建设部	南京水利科学研究院	1999.10.1	附后	中国计划出版社	
GB/T 50125—2010	给水排水工程基本术语标准	住房和城乡建设部	上海市政工程设计研究总院，腾达建设集团股份有限公司	2010.5.1	附后	中国计划出版社	
GB 50127—2007	架空索道工程技术规范	建设部	中国有色金属工业总公司	2007.12.1	附后	中国计划出版社	
GB/T 50132—2014	工程结构设计通用符号标准	住房和城乡建设部	中国建筑科学研究院	2015.5.1	附后	中国计划出版社	
GB 50137—2011	城市用地分类与规划建设用地标准	住房和城乡建设部	中国城市规划设计研究院	2012.1.1	附后	中国建筑工业出版社	
GB/T 50138—2010	水位观测标准	住房和城乡建设部	水利部长江水利委员会水文局	2010.12.1	附后	中国计划出版社	
GB/T 50145—2007	土的工程分类标准	建设部	南京水利科学研究院	2008.6.1	附后	中国计划出版社	
GB 50157—2013	地铁设计规范	住房和城乡建设部	北京城建设计研究总院	2014.3.1	附后	中国计划出版社	

续表

标准规范编号	标准规范名称	批准部门	主编单位	施行日期	条文说明	出版发行单位	备　注
GB 50167—2014	工程摄影测量规范	住房和城乡建设部	中国有色金属工业西安勘察设计研究院	2015.5.1	附后	中国计划出版社	
GB 50181—93	蓄滞洪区建筑工程技术规范	建设部	中国建筑科学研究院	1994.2.1	附后	中国计划出版社	
GB 50191—2012	构筑物抗震设计规范	住房和城乡建设部	中冶建筑研究总院有限公司	2012.10.1	附后	中国计划出版社	
GB 50201—2012	土方与爆破工程施工及验收规范	住房和城乡建设部	中国华西企业股份有限公司、四川省建筑机械化工程公司	2012.8.1	附后	中国计划出版社	
GB 50201—2014	防洪标准	住房和城乡建设部	长江勘测规划设计研究院；黄河勘测规划设计有限公司	2015.5.1	附后	中国计划出版社	
GB 50202—2002	建筑地基基础工程施工质量验收规范	住房和城乡建设部	上海市基础工程公司	2002.5.1	附后	中国计划出版社	
GB 50208—2011	地下防水工程质量验收规范	住房和城乡建设部	山西建筑工程总公司	2012.10.1	附后	中国建筑工业出版社	
GB 50212—2014	建筑防腐蚀工程施工规范	住房和城乡建设部	中国石油和化工勘察设计协会、全国化工施工标准化管理中心站	2015.1.1	附后	中国计划出版社	
GB/T 50218—2014	工程岩体分级标准	住房和城乡建设部	长江水利委员会长江科学院	2015.5.1	附后	中国计划出版社	
GB 50223—2008	建筑抗震设防分类标准	住房和城乡建设部	中国建筑科学研究院	2008.7.30	附后	中国建筑工业出版社	
GB/T 50228—2011	工程测量基本术语标准	住房和城乡建设部	中国有色金属工业西安勘察设计研究院	2012.6.1	附后	中国建筑工业出版社	

续表

标准规范编号	标准规范名称	批准部门	主编单位	施行日期	条文说明	出版发行单位	备 注
GB 50260—2013	电力设施抗震设计规范	住房和城乡建设部	中国电力工程顾问集团西北电力设计院	2013.9.1	附后	中国计划出版社	
GB/T 50262—2013	铁路工程基本术语标准	住房和城乡建设部	铁道第三勘察设计院集团有限公司	2014.7.1	附后	中国计划出版社	
GB/T 50266—2013	工程岩体试验方法标准	住房和城乡建设部	中国水电顾问集团成都勘测设计研究院、水电水利规划设计总院、中国电力企业联合会	2013.9.1	附后	中国计划出版社	
GB 50267—97	核电厂抗震设计规范	住房和城乡建设部	水电水利规划设计总院	1999.5.1	附后	中国计划出版社	
GB/T 50269—2015	地基动力特性测试规范	住房和城乡建设部	机械工业勘察设计研究院有限公司	2016.5.1	附后	中国计划出版社	
GB/T 50279—2014	岩土工程基本术语标准	住房和城乡建设部	水利部水利水电规划设计总院，南京水利科学研究院	2015.8.1	附后	中国计划出版社	
GB 50287—2016	水力发电工程地质勘察规范	住房和城乡建设部	水利水电规划设计总院	2017.4.1	附后	中国计划出版社	
GB 50290—2014	土工合成材料应用技术规范	住房和城乡建设部	水利水电规划设计总院	2015.8.1	附后	中国计划出版社	
GB 50296—2014	供水管井技术规范	住房和城乡建设部	中冶集团武汉勘察研究院有限公司	2015.4.1	附后	中国计划出版社	
GB 50299—1999	地下铁道工程施工及验收规范（2003年版）	住房和城乡建设部	北京城建集团有限责任公司	2003.12.1	附后	中国计划出版社	

续表

标准规范编号	标准规范名称	批准部门	主编单位	施行日期	条文说明	出版发行单位	备　注
GB 50307—2012	城市轨道交通岩土工程勘察规范	住房和城乡建设部	北京城建勘测设计研究院有限责任公司	2012.8.1	附后	中国计划出版社	
GB/T 50308—2017	城市轨道交通工程测量规范	住房和城乡建设部	北京城建勘测设计研究院有限公司	2018.1.1	附后	中国计划出版社	
GB/T 50319—2013	建设工程监理规范	住房和城乡建设部	中国建设监理协会	2014.3.1	附后	中国建筑工业划出版社	
GB 50324—2014	冻土工程地质勘察规范	住房和城乡建设部	内蒙古林业工程勘察设计有限公司，中国科学院寒区旱区环境与工程研究所	2015.8.1	附后	中国计划出版社	
GB 50325—2010	民用建筑工程室内环境污染控制规范（2013年版）	住房和城乡建设部	河南省建筑科学研究院有限公司、泰宏建设发展有限公司	2014.6.24	附后	中国计划出版社	
GB/T 50328—2014	建设工程文件归档规范	住房和城乡建设部	住房和城乡建设部城建档案工作办公室、住房和城乡建设部科技与产业化发展中心	2015.5.1	附后	中国建筑工业出版社	
GB 50330—2013	建筑边坡工程技术规范	住房和城乡建设部	重庆市设计院、中国建筑技术集团有限公司	2014.6.1	附后	中国建筑工业出版社	
GB/T 50379—2006	工程建设勘察企业质量管理规范	住房和城乡建设部	北京市勘察设计研究院	2007.4.1	附后	中国计划出版社	
GB 50453—2008	石油化工建（构）筑物抗震设防分类标准	住房和城乡建设部	中国石化工程建设公司	2009.1.1	附后	中国计划出版社	

续表

标准规范编号	标准规范名称	批准部门	主编单位	施行日期	条文说明	出版发行单位	备　注
GB 50470—2008	油气输送管道线路工程抗震技术规范	住房和城乡建设部	中国石油天然气管道局	2009.7.1	附后	中国计划出版社	
GB 50473—2008	钢制储罐地基基础设计规范	住房和城乡建设部	中国石化工程建设公司	2009.8.1	附后	中国计划出版社	
GB 50478—2008	地热电站岩土工程勘察规范	住房和城乡建设部	中国电力工程顾问集团西南电力设计院	2009.8.1	附后	中国计划出版社	
GB/T 50480—2008	冶金工业岩土勘察原位测试规范	住房和城乡建设部	中冶沈勘工程技术有限公司	2009.4.1	附后	中国计划出版社	
GB 50487—2008	水利水电工程地质勘察规范	住房和城乡建设部	水利部水利水电规划设计总院，长江水利委员会长江勘测规划设计研究院	2009.8.1	附后	中国计划出版社	
GB 50497—2009	建筑基坑工程监测技术规范	住房和城乡建设部	济南大学，莱西市建筑总公司，山东省工程建设标准造价协会	2009.9.1	附后	中国计划出版社	
GB 50547—2010	尾矿堆积坝岩土工程技术规范	住房和城乡建设部	中国有色金属工业西安勘察设计研究院	2010.7.1	附后	中国计划出版社	
GB 50548—2010	330kV～750kV 架空输电线路勘测规范	住房和城乡建设部	中国电力工程顾问集团中南电力设计院	2010.12.1	附后	中国计划出版社	
GB 50556—2010	工业企业电气设备抗震设计规范	住房和城乡建设部	中国石化工程建设公司	2010.12.1	附后	中国计划出版社	
GB 50568—2010	油气田及管道岩土工程勘察规范	住房和城乡建设部	中国石油天然气管道工程有限公司	2010.12.1	附后	中国计划出版社	

续表

标准规范编号	标准规范名称	批准部门	主编单位	施行日期	条文说明	出版发行单位	备 注
GB/T 50572—2010	核电厂工程地震调查与评价规范	住房和城乡建设部	电力规划设计总院	2010.12.1	附后	中国计划出版社	
GB 50585—2010	岩土工程勘察安全规范	住房和城乡建设部	福建省建筑设计研究院，福建省九龙建设集团有限公司	2010.12.1	附后	中国计划出版社	
GB/T 50590—2010	乙烯基酯树脂防腐蚀工程技术规范	住房和城乡建设部	全国化工施工标准化管理中心站	2010.12.1	附后	中国计划出版社	
GB/T 50600—2010	渠道防渗工程技术规范	住建部	中国灌溉排水发展中心	2011.2.1	附后	中国计划版社	
GB 50615—2010	冶金工业水文地质勘察规范	住房和城乡建设部	中冶集团武汉勘察研究院有限公司	2011.6.1	附后	中国计划出版社	
GB 50618—2011	房屋建筑和市政基础设施工程质量检测技术管理规范	住房和城乡建设部	中国建筑业协会工程建设质量监督分会福建省九龙建设集团有限公司	2012.10.1	附后	中国计划出版社	
GB 50663—2010	核电厂工程测量技术规范	住房和城乡建设部	广东省电力设计研究院 电力规划设计总院	2011.10.1	附后	中国计划出版社	
GB/T 50663—2011	核电厂工程水文技术规范	住房和城乡建设部	电力规划设计总院	2012.3.1	附后	中国计划出版社	
GB 50696—2011	钢铁企业冶金设备基础设计规范	住房和城乡建设部	中冶赛迪工程技术股份有限公司	2012.5.1	附后	中国计划出版社	
GB 50699—2011	液压振动台基础技术规范	住房和城乡建设部	五洲工程设计研究院（中国五洲工程设计有限公司）	2012.5.1	附后	中国计划出版社	

续表

标准规范编号	标准规范名称	批准部门	主编单位	施行日期	条文说明	出版发行单位	备 注
GB 50734—2012	冶金工业建设钻探技术规范	住房和城乡建设部	中勘冶金勘察设计研究院有限责任公司	2012.8.1	附后	中国计划出版社	
GB 50739—2011	复合土钉墙基坑支护技术规范	住房和城乡建设部	济南大学江苏省第一建筑安装有限公司	2012.5.1	附后	中国计划出版社	
GB 50741—2012	1000kV架空输电线路勘测规范	住房和城乡建设部	中国电力工程顾问集团公司	2013.1.1	附后	中国计划出版社	
GB 50749—2012	冶金工业建设岩土工程勘察规范	住房和城乡建设部	中勘冶金勘察设计研究院有限责任公司	2012.8.1	附后	中国计划出版社	
GB/T 50756—2012	钢制储罐地基处理技术规范	住房和城乡建设部	中国石化集团洛阳石油化工工程公司	2012.8.1	附后	中国计划出版社	
GB 50761—2012	石油化工钢制设备抗震设计规范	住房和城乡建设部	中国石化工程建设有限公司	2012.10.1	附后	中国计划出版社	
GB 50778—2012	露天煤矿岩土工程勘察规范	住房和城乡建设部	中煤国际工程集团沈阳设计研究院	2012.12.1	附后	中国计划出版社	
GB/T 50783—2012	复合地基技术规范	住房和城乡建设部	浙江大学、浙江中南建设集团有限公司	2012.12.1	附后	中国计划出版社	
GB/T 50818—2013	石油天然气管道工程全自动超声波检测技术规范	住房和城乡建设部	中国石油天然气管道局、中国石油天然气股份有限公司规划总院	2013.5.1	附后	中国计划出版社	
GB/T 50831—2012	城市规划基础资料搜集规范	住房和城乡建设部	江苏省城市规划设计研究院	2012.12.1	附后	中国计划出版社	

续表

标准规范编号	标准规范名称	批准部门	主编单位	施行日期	条文说明	出版发行单位	备注
GB/T 50841—2013	建设工程分类标准	住房和城乡建设部	同济大学、中天建设集团	2013.5.1	附后	中国建筑工业出版社	
GB 50843—2013	建筑边坡工程鉴定与加固技术规范	住房和城乡建设部	重庆一建建设集团有限公司、重庆市设计院	2013.5.1	附后	中国建筑工业出版社	
GB 50869—2013	生活垃圾卫生填埋处理技术规范	住房和城乡建设部	华中科技大学	2014.3.1	附后	中国计划出版社	
GB 50909—2014	城市轨道交通结构抗震设计规范	住房和城乡建设部	同济大学、天津市地下铁道集团有限公司	2014.12.1	附后	中国计划出版社	
GB 50911—2013	城市轨道交通工程监测技术规范	住房和城乡建设部	北京城建勘测设计研究院有限责任公司	2014.12.1	附后	中国计划出版社	
GB 50914—2013	化学工业建（构）筑物抗震设防分类标准	住房和城乡建设部	中国石油和化工勘察设计协会、中国寰球工程公司	2014.5.1	附后	中国计划出版社	
GB/T 50941—2014	建筑地基基础术语标准	住房和城乡建设部	中国建筑科学研究院、浙江宝业建设集团有限公司	2014.12.1	附后	中国计划出版社	
GB/T 50942—2014	盐渍土地区建筑技术规范	住房和城乡建设部	合肥工业大学	2015.2.1	附后	中国计划出版社	
GB 50955—2013	石灰石矿山工程勘察技术规范	住房和城乡建设部	西安建材地质工程勘察院、中材地质工程勘查研究院	2014.7.1	附后	中国计划出版社	
GB 50981—2014	建筑机电工程抗震设计规范	住房和城乡建设部	中国建筑设计研究院	2015.8.1	附后	中国计划出版社	

续表

标准规范编号	标准规范名称	批准部门	主编单位	施行日期	条文说明	出版发行单位	备 注
GB/T 50983—2014	低、中水平放射性废物处置场岩土工程勘察规范	住房和城乡建设部	中国电力企业联合会、中国能源建设集团广东省电力设计研究院	2014.12.1	附后	中国计划出版社	
GB 50992—2014	石油化工工程地震破坏鉴定标准	住房和城乡建设部	中国石化工程建设公司	2015.2.1	附后	中国计划出版社	
GB 50994—2014	工业企业电气设备抗震鉴定标准	住房和城乡建设部	中国石化工程建设公司	2015.3.1	附后	中国计划出版社	
GB 50995—2014	冶金工程测量规范	住房和城乡建设部	中冶武汉勘察设计研究院	2015.2.1	附后	中国计划出版社	
GB 51014—2014	水泥工厂岩土工程勘察规范	住房和城乡建设部	建材广州地质工程勘察院，建材桂林地质工程勘察院	2015.5.1	附后	中国计划出版社	
GB/T 51015—2014	海堤工程设计规范	住房和城乡建设部	水利部水利水电规划设计总院，广东省水利水电科学研究院，浙江省水利水电勘测设计院	2015.5.1	附后	中国计划出版社	
GB 51016—2014	非煤露天矿边坡工程技术规范	住房和城乡建设部	中勘冶金勘察设计研究院有限责任公司	2015.5.1	附后	中国计划出版社	
GB 51018—2014	水土保持工程设计规范	住房和城乡建设部	水利部黄河水利委员会勘测规划设计研究院	2015.8.1	附后	中国计划出版社	
GB/T 51031—2014	火力发电厂岩土工程勘察规范	住房和城乡建设部	中国电力企业联合会，北京国电华北电力工程有限公司	2015.5.1	附后	中国计划出版社	

续表

标准规范编号	标准规范名称	批准部门	主编单位	施行日期	条文说明	出版发行单位	备　注
GB 51144—2015	煤炭工业矿井建设岩土工程勘察规范	住房和城乡建设部	中煤邯郸设计工程有限责任公司	2016.8.1	附后	中国计划出版社	
GB 51180—2016	煤矿采空区建（构）筑物地基处理技术规范	住房和城乡建设部	煤炭工业太原设计研究院	2017.4.1	附后	中国计划出版社	
GB 51185—2016	煤矿工业矿井抗震设计规范	住房和城乡建设部	中国煤炭建设勘察设计委员会，中煤邯郸设计工程有限责任公司	2017.4.1	附后	中国计划出版社	
GB/T 51040—2014	地下水监测工程技术规范	住房和城乡建设部	水利部水文局（水利信息中心）	2015.8.1	附后	中国计划出版社	
GB 51041—2014	核电厂岩土工程勘察规范	住房和城乡建设部	核工业第二研究设计院	2015.8.1	附后	中国计划出版社	
GB 51044—2014	煤矿采空区岩土工程勘察规范	住房和城乡建设部	中煤科工集团武汉设计研究院	2015.8.1	附后	中国计划出版社	
GB 51060—2014	有色金属矿山水文地质勘探规范	住房和城乡建设部	中国有色工程有限公司，华北有色工程勘察院有限公司	2015.8.1	附后	中国计划出版社	
GB 51099—2015	有色金属工业岩土工程勘察规范	住房和城乡建设部	中国有色工程有限公司，中国有色金属工业西安勘察设计研究院	2015.12.1	附后	中国计划出版社	
GB 18306—2015	中国地震动参数区划图	国家质量技术监督局	中国地震局地球物理研究所	2016.6.1	无	中国标准出版社	
GB/T 51064—2015	吹填土地基处理技术规范	住房和城乡建设部	河海大学，上海港湾基础建设（集团）有限公司	2015.11.1	附后	中国计划出版社	

2. 建筑工程行业标准

标准规范编号	标准规范名称	批准部门	主编单位	施行日期	条文说明	出版发行单位	备 注
JGJ 6—2011	高层建筑箱形与筏形基础技术规程	住房和城乡建设部	中国建筑科学研究院	2011.12.1	附后	中国建筑工业出版社	
JGJ 8—2016	建筑变形测量规程	住房和城乡建设部	建设综合勘察研究设计院	2016.12.1	附后	中国建筑工业出版社	
JGJ 46—2005	施工现场临时用电安全技术规范	建设部	沈阳建筑大学	2005.7.1	附后	中国建筑工业出版社	
JGJ 69—90	PY 型预钻式旁压试验规程	建设部	常州建筑设计院	1990.12.1	附后	中国计划出版社	
JGJ/T 72—2017	高层建筑岩土工程勘察标准	住房和城乡建设部	机械工业勘察设计研究院有限公司	2018.2.1	附后	中国建筑工业出版社	
JGJ 79—2012	建筑地基处理技术规范	住房和城乡建设部	中国建筑科学研究院	2013.6.1	附后	中国建筑工业出版社	
JGJ 83—2011	软土地区岩土工程勘察规程	住房和城乡建设部	中国建筑科学研究院	2012.1.1	附后	中国建筑工业出版社	
JGJ/T 84—2015	岩土工程勘察术语标准	住房和城乡建设部	建设综合勘察研究院	2015.9.1	附后	中国建筑工业出版社	
JGJ/T 87—2012	建筑工程地质勘探与取样技术规程	住房和城乡建设部	中南勘察设计院	2012.5.1	附后	中国建筑工业出版社	
JGJ 94—2008	建筑桩基技术规范	住房和城乡建设部	中国建筑科学研究院	2008.10.1	附后	中国建筑工业出版社	
JGJ/T 401—2017	锚杆检测与监测技术规程	住房和城乡建设部	广东省建筑科学研究院	2017.9.1	附后	中国建筑工业出版社	
JGJ/T 402—2017	现浇 X 形桩复合地基技术规程	住房和城乡建设部	重庆大学，中交一公司第三工程有限公司	2017.9.1	附后	中国建筑工业出版社	
JGJ/T 403—2017	建筑基桩自平衡静载试验技术规程	住房和城乡建设部	东南大学 江西中联建设集团有限公司	2017.9.1	附后	中国建筑工业出版社	

续表

标准规范编号	标准规范名称	批准部门	主编单位	施行日期	条文说明	出版发行单位	备注
JGJ/T 97—2011	工程抗震术语标准	住房和城乡建设部	中国建筑科学研究院	2011.8.1	附后	中国建筑工业出版社	
JGJ 106—2014	建筑基桩检测技术规范	住房和城乡建设部	中国建筑科学研究院	2014.10.1	附后	中国建筑工业出版社	
JGJ/T 111—2016	建筑与市政工程地下水控制技术规范	住房和城乡建设部	建设综合勘察研究设计院有限公司	2017.3.1	附后	中国建筑工业出版社	
JGJ 116—2009	建筑抗震加固技术规程	住房和城乡建设部	中国建筑科学研究院	2009.8.1	附后	中国建筑工业出版社	
JGJ 117—98	民用建筑修缮工程查勘与设计规程	建设部	上海市房屋土地管理局	1999.3.1	附后	中国建筑工业出版社	
JGJ 118—2011	冻土地区建筑地基基础设计规范	住房和城乡建设部	黑龙江省寒地建筑科学研究院大连阿尔滨集团有限公司	2012.3.1	附后	中国建筑工业出版社	
JGJ 120—2012	建筑基坑支护技术规程	住房和城乡建设部	中国建筑科学研究院	2012.10.1	附后	中国建筑工业出版社	
JGJ 123—2012	既有建筑地基基础加固技术规范	住房和城乡建设部	中国建筑科学研究院	2013.6.1	附后	中国建筑工业出版社	
JGJ 135—2007	载体桩设计规程	建设部	北京波森特岩土工程公司	2007.10.1	附后	中国建筑工业出版社	
JGJ/T 143—2017	多道瞬态面波勘察技术规程	住房和城乡建设部	北京市水电物探研究所	2017.9.1	附后	中国建筑工业出版社	
JGJ 161—2008	镇（乡）村建筑抗震技术规程	住房和城乡建设部	中国建筑科学研究院	2008.10.1	附后	中国建筑工业出版社	
JGJ 167—2009	湿陷性黄土地区建筑基坑工程安全技术规程	住房和城乡建设部	陕西省建设工程质量安全监督总站	2009.7.1	附后	中国建筑工业出版社	
JGJ 171—2009	三岔双向挤扩灌注桩设计规程	住房和城乡建设部	北京中阔地基基础技术有限公司	2009.10.1	附后	中国建筑工业出版社	

续表

标准规范编号	标准规范名称	批准部门	主编单位	施行日期	条文说明	出版发行单位	备 注
JGJ/T 186—2009	逆作复合桩基技术规程	住房和城乡建设部	江苏南通六建建设集团有限公司，江苏江中集团有限公司	2010.7.1	附后	中国建筑工业出版社	
JGJ/T 210—2010	刚—柔性桩复合地基技术规程	住房和城乡建设部	温州东瓯建设集团有限公司	2010.9.1	附后	中国建筑工业出版社	
JGJ/T 211—2010	建筑工程水泥—水玻璃双液注浆技术规程	住房和城乡建设部	湖南省建筑工程集团总公司，湖南省第六工程有限公司	2010.9.1	附后	中国建筑工业出版社	
JGJ/T 212—2010	地下工程渗漏治理技术规程	住房和城乡建设部	中国建筑科学研究院，浙江国泰建设集团有限公司	2011.1.1	附后	中国建筑工业出版社	
JGJ 180—2009	建筑施工土石方工程安全技术规范	住房和城乡建设部	中国建筑技术集团有限公司 江西省华建建设股份有限公司	2009.12.1	附后	中国建筑工业出版社	
JGJ/T 394—2017	静压桩施工技术规程	住房和城乡建设部	上海岩土工程勘察设计研究院有限公司，上海强劲地基工程股份有限公司	2017.9.1	附后	中国建筑工业出版社	
JGJ/T 213—2010	现浇混凝土大直径管桩复合地基技术规程	住房和城乡建设部	河海大学，江苏弘盛建设工程集团有限公司	2011.3.1	附后	中国建筑工业出版社	
JGJ/T 225—2010	大直径扩底灌注桩技术规程	住房和城乡建设部	合肥工业大学，浙江省东阳第三建筑工程有限公司	2011.8.1	附后	中国建筑工业出版社	
JGJ/T 251—2011	建筑钢结构防腐蚀技术规程	住房和城乡建设部	河南省第一建筑工程集团有限责任公司	2012.3.1	附后	中国建筑工业出版社	

续表

标准规范编号	标准规范名称	批准部门	主编单位	施行日期	条文说明	出版发行单位	备注
JGJ 270—2012	建筑物倾斜纠偏技术规程	住房和城乡建设部	中国建筑第六工程局有限公司、中国建筑第四工程局有限公司	2012.12.1	附后	中国建筑工业出版社	
JGJ/T 290—2012	组合锤法地基处理技术规程	住房和城乡建设部	江西中恒建设集团有限公司、江西中煤建设集团有限公司	2013.1.1	附后	中国建筑工业出版社	
JGJ 311—2013	建筑深基坑工程施工安全技术规范	住房和城乡建设部	上海星宇建设集团有限公司、郑州大学	2014.4.1	附后	中国建筑工业出版社	
JGJ/T 327—2014	劲性复合桩技术规程	住房和城乡建设部	万通建设集团有限公司、昆明二建建设（集团）有限公司	2014.10.1	附后	中国建筑工业出版社	
JGJ/T 330—2014	水泥土复合管桩基础技术规程	住房和城乡建设部	山东省建筑科学研究院、中建八局第一建设有限公司	2014.10.1	附后	中国建筑工业出版社	
JGJ/T 335—2014	城市地下空间利用基本术语标准	住房和城乡建设部	上海市政工程设计研究总院	2015.4.1	附后	中国建筑工业出版社	
JGJ 340—2015	建筑地基监测技术规范	住房和城乡建设部	福建省建筑科学研究院 福建建工（集团）总公司	2015.12.1	附后	中国建筑工业出版社	
JGJ/T 344—2014	随钻跟管桩技术规程	住房和城乡建设部	广州市建筑科学研究院有限公司，广州市建筑集团有限公司	2015.8.1	附后	中国建筑工业出版社	

续表

标准规范编号	标准规范名称	批准部门	主编单位	施行日期	条文说明	出版发行单位	备注
JGJ/T 384—2016	钻芯法检测混凝土强度技术规程	住房和城乡建设部	中国建筑科学研究院 江苏兴邦建工集团有限公司	2016.12.1	附后	中国建筑工业出版社	

3. 城市建设行业标准

标准规范编号	标准规范名称	批准部门	主编单位	施行日期	条文说明	出版发行单位	备注
CJJ 7—2007	城市工程地球物理探测规范	建设部	山东正元地理信息工程有限责任公司	2008.3.1	附后	中国建筑工业出版社	
CJJ/T 8—2011	城市测量规范	住房和城乡建设部	北京市测绘设计研究院	2012.6.1	附后	中国建筑工业出版社	
CJJ 11—2011	城市桥梁设计规范	住房和城乡建设部	上海市政工程设计研究总院	2012.4.1	附后	中国建筑工业出版社	
CJJ/T 13—2013	供水水文地质钻探与管井施工操作规程	住房和城乡建设部	中国市政工程中南设计研究总院有限公司	2013.12.1	附后	中国建筑工业出版社	
CJJ 37—2012	城市道路设计规范（2016年版）	住房和城乡建设部	北京市市政工程设计研究总院	2016.8.1	附后	中国建筑工业出版社	
CJJ 56—2012	市政工程勘察规范	住房和城乡建设部	北京市勘察设计研究院有限公司	2013.5.1	附后	中国计划出版社	
CJJ 57—2012	城乡规划工程地质勘察规范	住房和城乡建设部	北京市勘察设计研究院有限公司	2013.3.1	附后	中国计划出版社	
CJJ 61—2003	城市地下管线探测技术规程	住房和城乡建设部	北京市测绘设计研究院	2003.10.1	附后	中国建筑工业出版社	
CJJ 76—2012	城市地下水动态观察规程	住房和城乡建设部	建设综合勘察研究设计院有限公司	2012.5.1	附后	中国建筑工业出版社	
CJJ 95—2013	城镇燃气埋地钢质管道腐蚀控制技术规程	住房和城乡建设部	北京市燃气集团有限责任公司	2014.6.1	附后	中国建筑工业出版社	

续表

标准规范编号	标准规范名称	批准部门	主编单位	施行日期	条文说明	出版发行单位	备　注
CJJ/T 102—2004	城市生活垃圾分类及其评价标准	住房和城乡建设部	广州市市容环境卫生局	2004.12.1	附后	中国建筑工业出版社	
CJJ 113—2007	生活垃圾卫生填埋场防渗系统工程技术规范	住房和城乡建设部	城市建设研究院	2007.6.1	附后	中国建筑工业出版社	
CJJ 150—2010	生活垃圾渗沥液处理技术规范	住房和城乡建设部	城市建设研究院，上海环境卫生工程设计院	2011.1.1	附后	中国建筑工业出版社	
CJJ 166—2011	城市桥梁抗震设计规范	住房和城乡建设部	同济大学	2012.3.1	附后	中国建筑工业出版社	
CJJ 176—2012	生活垃圾卫生填埋场岩土工程技术规范	住房和城乡建设部	浙江大学	2012.6.1	附后	中国建筑工业出版社	
CJJ 194—2013	城市道路路基设计规范	住房和城乡建设部	同济大学	2013.12.1	附后	中国建筑工业出版社	
CJJ/T 204—2013	生活垃圾土土工试验技术规程	住房和城乡建设部	中国科学院武汉岩土力学研究所	2014.3.1	附后	中国建筑工业出版社	

4. 电力工程行业标准

标准规范编号	标准规范名称	批准部门	主编单位	施行日期	条文说明	出版发行单位	备　注
DL/T 5074—2006	火电发电厂岩土工程勘测技术规程	国家发展和改革委员会	北京国电华北电力工程有限公司	2006.10.1	附后	中国电力出版社	
DL/T 5093—1999	火电发电厂岩土工程勘测资料编整技术规定	国家经贸委	中南电力设计院	1999.10.1	附后	中国电力出版社	附图册
DL/T 5096—2008	电力工程地质钻探技术规定	国家发展和改革委员会	东北电力设计院	2008.11.1	附后	中国电力出版社	
DL/T 5097—1999	火力发电厂贮灰场岩土工程勘测技术规程	国家经贸委	西南电力设计院	1999.10.1	附后	中国电力出版社	
DL/T 5101—1999	火电发电厂振冲法地基处理技术规范	国家经贸委	河北电力设计院	1999.10.1	附后	中国电力出版社	

续表

标准规范编号	标准规范名称	批准部门	主编单位	施行日期	条文说明	出版发行单位	备注
DL/T 5104—1999	火电发电厂工程地质测绘技术规定	国家经贸委	西南电力设计院	2000.7.1	附后	中国电力出版社	
DL/T 5122—2000	500kV 架空送电线路勘测技术规程	国家经贸委	中南、东北、华东电力设计院	2001.1.1	附后	中国电力出版社	
DL/T 5156.2—2002	电力工程勘测制图第 2 部分岩土工程	国家经贸委	华北电力设计院	2002.9.1	无	中国电力出版社	五部分合订本
DL/T 5156.5—2002	电力工程勘测制图第 5 部分物探	国家经贸委	华北电力设计院	2002.9.1	无	中国电力出版社	五部分合订本
DL/T 5159—2012	电力工程物探技术规程	国家经贸委	电力规划设计总院	2012.12.1	无	中国电力出版社	
DL/T 5160—2002	火力发电厂岩土工程勘测描述技术规程	国家经贸委	西北电力设计院	2002.9.1	附后	中国电力出版社	
DL/T 5170—2015	变电所岩土工程勘测技术规程	国家经贸委	华北电力设计院	2015.9.1	附后	中国电力出版社	
DL/T 5188—2004	火力发电辅助机器基础隔震设计规程	国家经贸委	电力建设研究所	2004.6.1	附后	中国电力出版社	

5. 水利电力工程行业标准

标准规范编号	标准规范名称	批准部门	主编单位	施行日期	条文说明	出版发行单位	备注
SL 31—2003	水利水电工程钻孔压水试验规程	水利部	东北勘测设计院	2003.10.1	附后	中国水利电力出版社	
SL/T 5389—2007	水工建筑物岩石基础开挖工程施工技术规范	国家发展和改革委员会	长江水利委员会长江科学院	2007.12.1	附后	中国水利电力出版社	
SL 55—2005	中小型水利水电工程地质勘察规范	水利部	湖南省水利水电勘测设计研究总院	2005.7.1	附后	中国水利电力出版社	正在修订

续表

标准规范编号	标准规范名称	批准部门	主编单位	施行日期	条文说明	出版发行单位	备　注
SL/T 183—2005	地下水监测规范	水利部	吉林省水文水资源局	2006.3.1	附后	中国水利电力出版社	
SL 188—2005	堤防工程地质勘察规程	水利部	长江勘测规划设计研究院	2005.7.1	附后	中国水利电力出版社	
SL 190—2007	土壤侵蚀分类分级标准	水利部	水利部水土保持司司	2008.4.4	附后	中国水利电力出版社	
SL/T 225—98	水利水电工程土工合成材料应用技术规范	水利部	华北水利水电学院研究生部	1998.6.5	附后	中国水利电力出版社	
SL/T 235—2012	土工合成材料试验规程	水利部	南京水利科学研究院中国土工合成材料工程协会	2012.8.16	附后	中国水利电力出版社	
SL 237—1999	土工试验规程	水利部	南京水科院	1999.4.15	附后	中国水利电力出版社	包括原位试验和化学性试验
SL 245—2013	水利水电工程地质观测规程	水利部	长江空间信息技术工程有限公司（武汉）长江三峡勘测研究院有限公司（武汉）	2013.4.29	附后	中国水利电力出版社	
SL 264—2001	水利水电工程岩石试验规程	水利部	长办长江科学院	2001.4.1	附后	中国水利电力出版社	
SL 291—2003	水利水电工程钻探规程	水利部	东北勘测设计院	2004.1.1	附后	中国水利电力出版社	
SL 345—2007	水利水电工程注水试验规程	水利部	水利部水利规划设计研究总院	2008.2.26	附后	中国水利电力出版社	
SL 373—2007	水利水电工程水文地质勘察规范	水利部	黄河勘测设计有限公司	2007.8.11	附后	中国水利电力出版社	
SL 419—2007	水土保持试验规范	水利部	水利部水土保持监测中心黄河水利委员会水土保持局	2004.4.4	附后	中国水利电力出版社	

续表

标准规范编号	标准规范名称	批准部门	主编单位	施行日期	条文说明	出版发行单位	备　注
SL 379—2007	水工挡土墙设计规范	水利部	江苏省水利勘测设计研究院有限公司	2007.8.1	附后	中国水利电力出版社	
SL 383—2007	河道演变勘测调查规范	水利部	长江水利委员会水文局	2007.10.14	附后	中国水利电力出版社	
SL 436—2008	堤防隐患探测规程	水利部	黄河水利委员会黄河水利科学研究院	2009.1.6	附后	中国水利电力出版社	
SL 389—2008	滩涂治理工程技术规范	水利部	中国水利学会滩涂湿地保护与利用专业委员会	2009.2.10	附后	中国水利电力出版社	
DL/T 5006—2007	水电水利工程岩体观测规程	国家发展和改革委员会	成都勘测设计院研究院	2007.12.1	附后	中国水利电力出版社	
DL/T 5010—2005 SL 326—2005	水利水电工程物探规程	国家发展和改革委员会	长江水利委员会长江勘测规划设计研究院	2005.11.1	附后	中国水利电力出版社	
SL 166—2010	水利水电工程坑探规程	水利部	成都勘测设计院	2011.1.11	附后	中国水利电力出版社	
DL/T 5076—2008	220kV 及以下架空送电线路勘测技术规程	国家发展和改革委员会	中国电力顾问集团东北勘测设计研究院	2008.11.1	附后	中国水利电力出版社	
DL/T 5084—2012	电力工程水文技术规程	国家能源局	中国电力工程顾问集团华东电力设计院	2012.12.1	附后	中国水利电力出版社	
SL 203—97	水工建筑物抗震设计规范	水利部	中国水利水电科学研究院	1997.10.1	附后	中国水利电力出版社	
DL/T 5096—2008	电力工程钻探技术规程	国家发展和改革委员会	东北电力设计院	2008.11.1	附后	中国水利电力出版社	
DL/T 5009—2004 SL 313—2004	水利水电工程施工地质勘察规程	水利部	长江勘测规划设计研究院	2005.3.1	附后	中国水利电力出版社	

续表

标准规范编号	标准规范名称	批准部门	主编单位	施行日期	条文说明	出版发行单位	备注
DL/T 5135—2013	水电水利工程爆破施工技术规范	国家能源局	中国电力企业联合会	2014.4.1	附后	中国水利电力出版社	
DL/T 5159—2012	电力工程物探技术规程	国家能源局	电力规划设计总院	2012.12.1	附后	中国水利电力出版社	
SL 377—2007	水利水电工程锚喷支护施工规范	水利部	松辽水利委员会	2008.6.1	附后	中国水利电力出版社	
DL/T 5185—2004 SL 299—2004	水利水电工程地质测绘规程	国家发改委	昆明勘测设计院	2004.6.1	附后	中国水利电力出版社	
DL/T 5194—2004	水利水电工程地质勘察水质分析规程	国家发改委	华东勘测设计研究院	2004.6.1	附后	中国水利电力出版社	
SL 454—2010	地下水资源勘察规范	水利部	水利部国科司	2010.6.1	附后	中国水利电力出版社	备案号 J 1283—2011
SL 279—2016	水工隧洞设计规范	国家发改委	中水东北勘测设计研究有限责任公司	2016.7.26	附后	中国水利电力出版社	
DL/T 5213—2005 SL 320—2005	水利水电工程钻孔抽水试验规程	国家发改委	成都勘测设计研究院	2005.6.1	附后	中国水利电力出版社	
DL/T 5238—2010	土坝灌浆技术规范	国家能源局	中国水电基础局有限公司	2010.10.1	附后	中国水利电力出版社	
DL/T 5267—2012	水电水利工程覆盖层灌浆技术规范	国家能源局	中国水电基础局有限公司	2012.3.1	附后	中国水利电力出版社	
DL 5270—2012	核子法密度及含水量测试规程	国家能源局	中国葛洲坝集团股份有限公司葛洲坝集团试验检测有限公司	2012.3.1	附后	中国水利电力出版社	
DL/T 5351—2006	水电水利工程地质制图标准	国家发展和改革委员会	水利水电规划研究总院北京勘测设计研究院	2007.3.1	附后	中国水利电力出版社	

续表

标准规范编号	标准规范名称	批准部门	主编单位	施行日期	条文说明	出版发行单位	备注
DL/T 5353—2006	水电水利工程边坡设计规范	国家发展和改革委员会	中国水电顾问集团西北勘测设计研究院	2007.3.1	附后	中国水利电力出版社	
DL/T 5354—2006	水电水利工程钻孔土工试验规程	国家发展和改革委员会	中国水电顾问集团贵阳勘测设计研究院	2007.5.1	附后	中国水利电力出版社	
DL/T 5356—2006	水电水利工程粗粒土试验规程	国家发展和改革委员会	中国水电顾问集团成都勘测设计研究院	2007.5.1	附后	中国水利电力出版社	
DL/T 5357—2006	水电水利工程岩土化学分析试验规程	国家发展和改革委员会	中国水电顾问集团昆明勘测设计研究院	2007.5.1	附后	中国水利电力出版社	
DL/T 5368—2007	水电水利工程岩石试验规程	国家发展和改革委员会	中国水电顾问集团成都勘测设计研究院	2007.12.1	附后	中国水利电力出版社	
DL/T 5388—2007	水电水利工程天然建筑材料勘察规程	国家发展和改革委员会	水电水利规划设计研究总院	2007.12.1	附后	中国水利电力出版社	
DL/T 5409.1—2009	核电厂工程勘测技术规程 第1部分：地震地质	国家能源局	广东省电力设计研究院华东电力设计院	2010.10.1	附后	中国水利电力出版社	
DL/T 5409.2—2010	核电厂工程勘测技术规程 第2部分：岩土工程	国家能源局	广东省电力设计研究院华东电力设计院	2010.10.1	附后	中国水利电力出版社	
DL/T 5409.3—2010	核电厂工程勘测技术规程 第3部分：水文气象	国家能源局	广东省电力设计研究院华东电力设计院	2010.10.1	附后	中国水利电力出版社	

续表

标准规范编号	标准规范名称	批准部门	主编单位	施行日期	条文说明	出版发行单位	备注
DL/T 5409.4—2010	核电厂工程勘测技术规程 第4部分：测量	国家能源局	广东省电力设计研究院华东电力设计院	2010.10.1	附后	中国水利电力出版社	
DL/T 5481—2013	电力岩土工程监理规程	国家能源局	电力规划设计研究总院	2014.4.1	附后	中国水利电力出版社	
SL 564—2014	土坝灌浆技术规范	水利部	山东省水利科学研究院	2014.10.3	附后	中国水利水电出版社	
NB/T 35039—2014	水电工程地质观测规程	国家能源局	中国电建集团华东勘测设计研究院有限公司	2015.3.1	附后	中国电力出版社	
NB/T 35028—2014	水电工程勘探验收规程	国家能源局	水电水利规划设计研究总院	2014.11.1	附后	中国电力出版社	
NB/T 35029—2014	水电工程测量规范	国家能源局	水电水利规划设计研究总院	2014.11.1	附后	中国电力出版社	

6. 冶金、有色冶金行业标准

标准规范编号	标准规范名称	批准部门	主编单位	施行日期	条文说明	出版发行单位	备注
YS 5202—2004	岩土工程勘察技术规范	国家发展改革委员会	中国有色工业西安勘察设计研究院	2005.4.1	附后	计划出版社	
YB/T 9009—98	岩土工程勘察成果检查、验收和质量评定标准	冶金工业部	冶金武汉勘察院	1998.7.1	附后	冶金出版社	
YB 9010—1998	岩土工程验收和质量评定标准	冶金工业部	冶金沈阳勘察院	1998.7.1	附后	冶金出版社	
YB 9258—1997	建筑基坑工程技术规范	冶金工业部	冶金建筑研究总院	1998.5.1	附后	冶金出版社	
YS 5203—2000	岩土工程勘察报告书编制规程	有色工业协会	有色西安勘察院	2001.7.1	附后	标准出版社	17本规程汇编本

续表

标准规范编号	标准规范名称	批准部门	主编单位	施行日期	条文说明	出版发行单位	备 注
YS 5204—2000	岩土工程勘察图式图例规程	有色工业协会	有色西安勘察院	2001.7.1	附后	标准出版社	17本规程汇编本
YS 5205—2000	岩土工程现场描述规程	有色工业协会	有色西安勘察院	2001.7.1	附后	标准出版社	17本规程汇编本
YS 5206—2000	工程地质测绘规程	有色工业协会	有色西安勘察院	2001.7.1	附后	标准出版社	17本规程汇编本
YS 5207—2000	天然建筑材料勘探规程	有色工业协会	有色西安勘察院	2001.7.1	附后	标准出版社	17本规程汇编本
YS 5208—2000	钻探、井、槽探操作规程	有色工业协会	有色西安勘察院	2001.7.1	附后	标准出版社	17本规程汇编本
YS 5213—2000	标准贯入试验规程	有色工业协会	有色西安勘察院	2001.7.1	附后	标准出版社	17本规程汇编本
YS 5214—2000	注水试验规程	有色工业协会	有色长沙勘察院	2001.7.1	附后	标准出版社	17本规程汇编本
YS 5215—2000	抽水试验规程	有色工业协会	有色长沙勘察院	2001.7.1	附后	标准出版社	17本规程汇编本
YS 5216—2000	压水试验规程	有色工业协会	有色长沙勘察院	2001.7.1	附后	标准出版社	17本规程汇编本
YS 5218—2000	岩土静载荷试验规程	有色工业协会	有色西安勘察院	2001.7.1	附后	标准出版社	17本规程汇编本
YS 5219—2000	圆锥动力触探试验规程	有色工业协会	有色昆明勘察院	2001.7.1	附后	标准出版社	17本规程汇编本
YS 5220—2000	电测十字板剪切试验规程	有色工业协会	有色昆明勘察院	2001.7.1	附后	标准出版社	17本规程汇编本

续表

标准规范编号	标准规范名称	批准部门	主编单位	施行日期	条文说明	出版发行单位	备注
YS 5221—2000	现场直剪试验规程	有色工业协会	有色昆明勘察院	2001.7.1	附后	标准出版社	17本规程汇编本
YS 5222—2000	动力机械基础地基特性测试规程	有色工业协会	有色西安勘察院	2001.7.1	附后	标准出版社	17本规程汇编本
YS 5223—2000	静力触探试验规程	有色工业协会	有色昆明勘察院	2001.7.1	附后	标准出版社	17本规程汇编本
YS 5224—2000	旁压试验规程	有色工业协会	有色长沙勘察院	2001.7.1	附后	标准出版社	17本规程汇编本

7. 铁道行业标准

标准规范编号	标准规范名称	批准部门	主编单位	施行日期	条文说明	出版发行单位	备注
TB 10001—2016	铁路路基设计规范	铁道部	铁道部第一勘察设计院	2017.4.1	附后	中国铁道出版社	
TB 10093—2017	铁路桥涵地基与基础设计规范	铁道部	铁道部第三勘察设计院	2017.5.1	附后	中国铁道出版社	
TB 10003—2016	铁路隧道设计规范	铁道部	中铁二院工程集团有限责任公司	2017.1.25	附后	中国铁道出版社	
TB 10012—2007	铁路工程地质勘察规范	铁道部	铁道部第一勘察设计院	2007.8.31	附后	中国铁道出版社	
TB 10013—2010	铁路工程物理勘探规范	铁道部	铁道部第四勘察设计院	2010.8.16	附后	中国铁道出版社	
TB 10014—2012	铁路工程地质钻探规程	铁道部	铁道部第二勘察设计院	2012.6.1	附后	中国铁道出版社	
TB 10017—99	铁路工程水文勘测设计规范	铁道部	铁道部第三勘察设计院	1999.9.1	附后	中国铁道出版社	

续表

标准规范编号	标准规范名称	批准部门	主编单位	施行日期	条文说明	出版发行单位	备 注
TB 10018—2003	铁路工程地质原位测试规程	铁道部	铁道部第四勘察设计院	2003.6.1	附后	中国铁道出版社	
TB 10025—2006	铁路路基支挡结构物设计规范(2009年局部修订)	铁道部	铁道部第二勘察设计院	2006.6.25	附后	中国铁道出版社	
TB 10027—2012	铁路工程不良地质勘察规程	铁道部	铁道部第二勘察设计院	2012.6.1	附后	中国铁道出版社	
TB 10035—2006	铁路特殊土路基设计规范	铁道部	铁道部第四勘察设计院	2006.6.25	附后	中国铁道出版社	
TB 10038—2012	铁路工程特殊岩土勘察规程	铁道部	铁道部第一勘察设计院	2012.6.1	附后	中国铁道出版社	
TB 10041—2003	铁路工程地质遥感技术规程	铁道部	铁道部第三勘察设计院	2003.6.1	附后	铁道出版社	
TB 10084—2007	铁路天然建筑材料工程地质勘察规程	铁道部	铁道部第一勘察设计院	2007.8.9	附后	中国铁道出版社	
TB/T 10059—98	铁路工程制图图形符号标准	铁道部	铁道部第一勘察设计院	1998.7.1	无	中国铁道出版社	
TB/T 10058—2015	铁路工程制图标准	国家铁路局	铁道部第一勘察设计院	2015.12.1	无	中国铁道出版社	
TB 10077—2001	铁路工程岩土分类标准	铁道部	铁道部第一勘察设计院	2001.12.1	附后	中国铁道出版社	
TB 10101—2009	铁路工程测量规范	铁道部		2009.10.31			
TB 10102—2010	铁路工程土工试验规程	铁道部	铁道部第一勘察设计院	2010.11.21	附后	中国铁道出版社	

续表

标准规范编号	标准规范名称	批准部门	主编单位	施行日期	条文说明	出版发行单位	备注
TB 10103—2008	铁路工程岩土化学分析规程	铁道部	中铁二院工程集团有限责任公司	2009.7.1	附后	中国铁道出版社	
TB 10104—2003	铁路工程水质分析规程	铁道部	铁道部第二勘察设计院	2003.6.1	附后	中国铁道出版社	
TB 10115—2014	铁路工程岩石试验规程	国家铁路局	中铁第一勘察设计院集团有限公司	2015.2.1	附后	中国铁道出版社	
TB 10218—2008	铁路工程基桩检测技术规程	铁道部	铁道部大桥工程局	2008.7.1	附后	中国铁道出版社	
TB/T 10403—2004	铁路工程地质勘察监理规程	铁道部	铁道部第一勘察设计院	2005.1.5	附后	中国铁道出版社	
TB 10414—2003	铁路路基工程施工质量验收标准	铁道部	中铁二局	2004.1.1	附后	中国铁道出版社	
TB 10751—2010	高速铁路路基工程施工质量验收标准	铁道部	中铁二局	2010.12.8	附后	中国铁道出版社	
TB 10501—2016	铁路工程环境保护设计规范	国家铁路局	铁道部第四勘察设计院	2016.10.1	附后	中国铁道出版社	

8. 交通（公路）行业标准

标准规范编号	标准规范名称	批准部门	主编单位	施行日期	条文说明	出版发行单位	备注
JTG B02—2013	公路工程抗震规范	交通部	交通部公路规划设计院	2014.2.1	有单行本	人民交通出版社	
JTG/T B02—01—2008	公路桥梁抗震设计细则	交通运输部	重庆交通科研设计院	2008.10.1	附后	人民交通出版社	
JTG 030—2015	公路路基设计规范	交通部	第二公路勘察设计院	2015.5.1	附后	人民交通出版社	
JTG D63—2007	公路桥涵地基与基础设计规范	交通运输部	中交公路规划设计院有限公司	2007.12.1	附后	人民交通出版社	

续表

标准规范编号	标准规范名称	批准部门	主编单位	施行日期	条文说明	出版发行单位	备注
JTG D70/2—2014	公路隧道设计规范	交通运输部	重庆交通设计院	2014.8.1	附后	人民交通出版社	
JTJ F10—2006	公路路基施工技术规范	交通部	中交第一公路局有限公司	2007.1.1	附后	人民交通出版社	
JTJ 042—94	公路隧道施工技术规程	交通部	重庆公路研究所	1995.7.1	附后	人民交通出版社	
JTG E40—2007	公路土工试验规程	交通部	公路科学研究院	2007.10.1	附后	人民交通出版社	
JTG C20—2011	公路工程地质勘察规范	交通运输部	中交公路规划设计院有限公司	2011.12.1	附后	人民交通出版社	
JTG/T C21.01—2005	公路工程地质遥感勘察规范	交通部	第二公路勘察设计院	2005.6.1	附后	人民交通出版社	
JTG E41—2005	公路工程岩石试验规程	交通部	第二公路勘察设计院	2005.8.1	附后	人民交通出版社	

9. 交通（水运）行业标准

标准规范编号	标准规范名称	批准部门	主编单位	施行日期	条文说明	出版发行单位	备注
JTS 146—2012	水运工程抗震设计规范	交通运输部	中交水运规划设计院第一航务工程勘察设计院	2012.3.1	附后	人民交通出版社	
JTS 133—2013	水运工程岩土勘察规范	交通运输部	中交第二航务工程勘察设计院有限公司	2014.1.1	附后	人民交通出版社	
JTS 147—1—2010	港口工程地基规范	交通运输部	中交天津港湾工程研究院有限公司	2010.9.1	附后	人民交通出版社	
JTS 167—4—2012	港口工程桩基规范	交通运输部	中交第三航务工程勘察设计院有限公司	2012.9.1	附后	人民交通出版社	

10. 煤炭行业标准

标准规范编号	标准规范名称	批准部门	主编单位	施行日期	条文说明	出版发行单位	备 注
安监总煤装【2017】66号	建筑物、水体、铁路及主要井巷煤柱留设与压煤开采规范	国家安全监管总局等		2017.5.17	无		

11. 石油行业标准

标准规范编号	标准规范名称	批准部门	主编单位	施行日期	条文说明	出版发行单位	备 注
SYJ 26—1999	水腐蚀性测试方法	国家石油和化学工业局	江汉石油管理局勘察设计研究院	1999.12.1	附后	中国石油工业出版社	
SY/T 0317—2012	盐渍土地区建筑规范	国家能源局	中国石油集团工程设计有限公司华北分公司	2013.12.1	附后	中国石油工业出版社	

12. 石化行业标准

标准规范编号	标准规范名称	批准部门	主编单位	施行日期	条文说明	出版发行单位	备 注
SH 3528—2005	石油化工钢储罐地基与基础工程施工及验收规范	中国石油化工总公司	中国石化集团第四建筑公司	2006.7.1	附后		
SH/T 3131—2002	石油化工电气设备抗震设计规范	国家经贸委	中国石化工程建设公司	2003.5.1	附后	中国石化出版社	
SH/T 3159—2009	石油化工岩土工程勘察规范	工业和信息化部	北京东方新星石化工程股份有限公司	2010.6.1	附后	中国石化出版社	

13. 化工行业标准

标准规范编号	标准规范名称	批准部门	主编单位	施行日期	条文说明	出版发行单位	备 注
HG/T 20643—2012	化工设备基础设计规定	工业和信息化部	中国寰球化工工程公司湖南省化工设计院	2012.11.1	附后		
HG/T 20691—2006	高压喷射注浆施工操作技术规程	国家发展和改革委员会	湖南化工地质勘察院	2007.4.1	附后	中国计划出版社	

续表

标准规范编号	标准规范名称	批准部门	主编单位	施行日期	条文说明	出版发行单位	备 注
HG/T 20693—2006	岩土体现场直剪试验规程设计规定	国家发展和改革委员会		2007.4.1	附后	中国计划出版社	
HG/T 20694—2006	振动沉管灌注低强度混凝土桩施工技术规程	国家发展和改革委员会	山西华晋岩土工程勘察有限公司	2007.4.1	附后	中国计划出版社	
HG/T 20707—2014	化工行业岩土工程勘察成果质量检查与评定标准	工业和信息化部	福州地质工程勘察院	2014.10.1	附后	化工出版社	

14. 其他行业标准

行业名称	标准规范编号	标准规范名称	批准部门	主编单位	施行日期	条文说明	出版发行单位	备注
地矿	DZ/T 0017—91	工程地质钻探规程	地质矿产部	中国水文地质工程地质勘查院	1992.7.1	无	地质出版社	
地矿	DZ/T 0133—1994	地下水动态监测规程	地质矿产部	河北省地质矿产局暨地质环境监测总站	1995.7.1	无		
林业	LYJ 105—1986	林区公路工程勘察规范	林业部	林业部黑龙江林业设计研究院	1986.7.1			
林业	LYJ 106—1990	林区公路桥涵设计规范	林业部	林业部黑龙江林业设计研究院	1991.4.1			
林业	LYJ 114—1992	林区公路路基设计规范	林业部	林业部西南林业设计研究院	1993.7.1			
核工	EJ/T 833—94	铀矿冶建设岩土工程勘察规范	中国核工业总公司	核工业第四设计研究院	1994.12.1			
核工	EJ/T 299—1998	铀矿水文地质勘探规范	中国核工业总公司	核工业中南地质局	1998.9.1			
民航	MH 5014—2002	民用机场飞行区土（石）方与道面基础施工技术规范	中国民用航空总局	中国民用航空总局机场司	2003.3.1	—	—	—
民航	MH/T 5025—2011	民用机场勘测规范	中国民用航空	中国民航机场建设集团公司	2011.5.1	附后		

15. 中国工程建设标准化协会标准

标准规范编号	标准规范名称	批准部门	主编单位	施行日期	条文说明	出版发行单位	备注
CECS 04：88	静力触探技术标准	中国工程建设标准化委员会	综合勘察院同济大学	1998.12.8	附后	中国计划出版社	
CECS 22：2005	岩土锚杆（索）技术规程	中国工程建设标准化协会	中冶建筑研究总院	2005.8.1	附后	中国计划出版社	
CECS 35：91	锤击贯入试桩法规程	中国工程建设标准化委员会	建筑科学研究院	1991.12.27	附后	中国建筑工业出版社	
CECS 54：93	袖珍贯入仪试验规程	中国工程建设标准化委员会	中南勘察设计院纺织设计院	1993.12.20	附后		
CECS 55：93	孔隙水压力测试规程	中国工程建设标准化委员会	上海岩土工程勘察设计研究院	1993.12	附后	中国计划出版社	
CECS 74：95	场地微振动测试技术规程	中国工程建设标准化委员会	综合勘察研究设计院	1995.6.15	附后	中国计划出版社	
CECS 96：97	基坑土钉支护技术规程	中国工程建设标准化委员会	清华大学土木系总参工程兵科研三所	1997.12.16	附后	—	
CECS 99：98	岩土工程勘察报告编制标准	中国工程建设标准化委员会	综合勘察研究设计院	1998.4.22	附后	—	
CECS 147：2004	加筋水泥土桩锚支护技术规程	中国工程建设标准化委员会	北京交通大学隧道与岩土工程研究所	2004.8.1	附后	中国计划出版社	
CECS 197：2006	孔内深层强夯技术规程	中国工程建设标准化协会	北京交通大学隧道与岩土工程研究所	2006.4.1	附后	中国计划出版社	
CECS 192：2005	挤扩支盘灌注桩技术规程	中国工程建设标准化协会	北京交通大学	2006.3.1	附后	中国计划出版社	
CECS 225：2007	建筑物移位纠倾增层改造技术规范	中国工程建设标准化协会	北京交通大学	2008.5.1	附后	中国计划出版社	

续表

标准规范编号	标准规范名称	批准部门	主编单位	施行日期	条文说明	出版发行单位	备　注
CECS 238：2008	工程地质测绘标准	中国工程建设标准化协会	建设综合勘察研究设计院	2008.9.1	附后	中国计划出版社	
CECS 239：2008	岩石与岩体鉴定和描述标准	中国工程建设标准化协会	建设综合勘察研究设计院	2008.9.1	附后	中国计划出版社	
CECS 240：2008	工程地质钻探标准	中国工程建设标准化协会	建设综合勘察研究设计院	2008.9.1	附后	中国计划出版社	
CECS 241：2008	工程建设水文地质勘察标准	中国工程建设标准化协会	建设综合勘察研究设计院	2008.9.1	附后	中国计划出版社	
CECS 279：2010	强夯地基处理技术规程	中国工程建设标准化协会	山西省机械施工公司山西建筑工程（集团）总公司	中国计划出版社	附后	中国计划出版社	
CECS 369：2014	滑动测微测试规程	中国工程建设标准化协会	机械工业勘察设计研究院	2014.7.1	附后	中国计划出版社	

16. 我国地方标准

地方名称	标准规范编号	标准规范名称	批准部门	主编单位	施行日期	条文说明	出版发行单位	备注
北京市	DBJ 01—501—2009（2016年版）	北京地区建筑地基基础勘察设计规范	北京市城乡规划委员会	北京市勘察设计研究院北京市建筑设计院	2009.8.1	附后	北京市勘察设计管理处	
北京市	DBJ 01—502—99	北京地区大直径灌注桩技术规程	北京市城乡规划委员会	北京市建筑设计院 北京市勘察设计研究院	1999.10.1	附后	北京市勘察设计协会工程勘察部	
北京市	DB 11/1444—2017	城市轨道交通隧道工程注浆技术规程	北京市住房和城乡建设委员会	北京城建科技促进会等	2017.10.1	附后	北京市住房和城乡建设委员会	

续表

地方名称	标准规范编号	标准规范名称	批准部门	主编单位	施行日期	条文说明	出版发行单位	备注
北京市	DB11/T 582—2008	长螺旋钻孔压灌混凝土后插钢筋笼灌注桩施工技术规程	北京市建设委员会	北京城建科技促进会	2008.11.1	附后		
北京市	DB11/T 689—2009	建筑抗震鉴定与加固技术规程	北京市规划委员会	北京市建筑设计研究院	2010.4.1	附后		
北京市	DB11/ 940—2012	基坑工程内支撑技术规程	北京市质量技术监督局北京市住房和城乡建设委员会	北京城建科技促进会	2013.7.1	附后		
北京市	DB11/1115—2014	城市建设工程地下水控制技术规范	北京市规划委员会、北京市质量技术监督局	北京市勘察设计研究院有限公司	2015.3.1	附后		
天津市	DB/T 29—247—2016	天津市岩土工程勘察规范	天津市城乡建设委员会	天津市勘察院 天津大学	2017.7.1	附后		
天津市	DB/T 29—20—2017	天津市岩土工程技术规范	天津市城乡建设委员会	天津大学 天津市建筑设计院		附后		
天津市	DB/T 29—191—2009	天津市地基土层序划分技术规程	天津市建设管理委员会	天津大学	2009.7.1	附后		
天津市	DB 29—103—2010	钢筋混凝土地下连续墙施工技术规程	天津市城乡建设和交通委员会	天津市地质工程勘察院	2010.11.1	附后		
天津市	DB 29—202—2010	建筑基坑工程技术规程	天津市城乡建设和交通委员会	天津市勘察院	2010.11.1	附后		
天津市	DB/T 29—112—2010	钻孔灌注桩成孔、地下连续墙成槽检测技术规程	天津市城乡建设和交通委员会	天津市地质工程勘察院	2010.11.1	附后		

续表

地方名称	标准规范编号	标准规范名称	批准部门	主编单位	施行日期	条文说明	出版发行单位	备注
天津市	DB 29—143—2010	天津市地下铁道基坑工程施工技术规程	天津市城乡建设和交通委员会	天津市地下铁道集团有限公司	2010.12.1	附后		
天津市	DB/T 29—178—2010	天津市地埋管地源热泵系统应用技术规程	天津市城乡建设和交通委员会	天津大学机械工程学院	2011.2.1	附后		
天津市	DB 29—65—2011	挤扩灌注桩技术规程	天津市城乡建设和交通委员会	天津市勘察院	2011.2.28	附后		
天津市	DB 29—223—2014	建筑地基氡浓度/氡析出率检测技术规程	天津市城乡建设和交通委员会	天津市勘察院	2014.4.1	附后		
天津市	DB/T 29—229—2014	建筑基坑降水工程技术规程	天津市城乡建设委员会	天津市津勘岩土工程股份有限公司	2015.3.2	附后		
上海市	DGJ 08—9—2013	建筑抗震设计规范	上海市城乡建设和交通委员会	同济大学	2013.11.1	附后		
上海市	DGJ 08—11—2010	地基基础设计规范	上海市城乡建设和交通委员会	上海现代设计（集团）有限公司	2010.6.1	附后		
上海市	DGJ 08—37—2012	岩土工程勘察规范	上海市建设和管理委员会	上海市岩土工程勘察设计研究院	2012.5.1	附后	上海市工程建设标准化办公室	附分布图4张
上海市	DG/T 08—40—2010	地基处理技术规范	上海市城乡建设和交通委员会	同济大学地下建筑与工程系	2010.6.1	附后		
上海市	DG/T J08—72—2012	岩土工程勘察文件编制深度规定	上海市城乡建设和交通委员会	上海市勘察设计协会	2012.12.1	附后	上海市勘察设计协会	
上海市	DG/T J08—202—2007	钻孔灌注桩施工规程	上海市建设和交通委员会	上海建工（集团）总公司	2007.11.1	附后		

续表

地方名称	标准规范编号	标准规范名称	批准部门	主编单位	施行日期	条文说明	出版发行单位	备注
上海市	DGJ 08—218—2003	建筑基桩检测技术规程	上海市建设和管理委员会	上海市建筑科学研究院	2003.12.1	附后		
上海市	DG/T J08—2001—2006	基坑工程施工监测规程	上海市建设和交通委员会	上海市岩土工程勘察设计研究院	2006.12.1	附后		
上海市	DGJ 08—2007—2016	地质灾害危险性评估技术规程	上海市住房和城乡建设管理委员会	上海市规划和国土资源管理局	2016.6.1	附后		
上海市	DG/T J08—2051—2008	地面沉降监测与防治技术规程	上海市城乡建设和交通委员会	上海市地质调查研究院	2009.4.1			
上海市	DG/T J08—61—2010	基坑工程技术规范	上海市城乡建设和交通委员会	上海市勘察设计协会	2010.4.1			
上海市	DG/T J08—85—2010	地下管线测绘规范	上海市城乡建设和交通委员会	上海市测绘院	2011.1.1			
上海市	DG/T J08—2084—2011	沉井与气压沉箱施工技术规程	上海市城乡建设和交通委员会	上海市基础工程有限公司	2011.8.1			
上海市	DGJ 08—2097—2012	地下管线探测技术规程	上海市城乡建设和交通委员会	上海市地质调查研究院	2012.5.1			
上海市	DG/T J08—2119—2013	地源热泵系统工程技术规程	上海市城乡建设和管理委员	上海市地矿工程勘察院	2013.5.1			
上海市	DG/T J08—2121—2013	卫星定位测量技术规范	上海市城乡建设和管理委员	上海市测绘院	2013.7.1			
上海市	DG/T J08—2155—2014	全螺纹压灌桩技术规程	上海市城乡建设和管理委员会	上海现代建筑设计集团工程建设咨询有限公司	2015.4.1	附后		

续表

地方名称	标准规范编号	标准规范名称	批准部门	主编单位	施行日期	条文说明	出版发行单位	备注
上海市	DGJ 08—81—2015	现有建筑抗震鉴定与加固规程	上海市城乡建设和管理委员会	同济大学	2015.9.1	附后		
重庆市	DB 50/139—2016	地质灾害危险性评估技术规范	重庆市质量技术监督局	重庆市地质环境监测总站	2016.8.1	附后		内部发行
重庆市	DBJ 50—047—2016	重庆市建筑地基基础设计规范	重庆市城乡建设委员会	中冶赛迪工程技术股份有限公司	2016.5.1	附后		
重庆市	DBJ50/T—043—2016	工程地质勘察规范	重庆市城乡建设委员会	重庆市都安工程勘察技术咨询有限公司	2017.2.1	附后		
重庆市	DB 50/5018—2000	建筑边坡支护技术规范	重庆市建设委员会重庆市技术监督局	重庆市设计院	2001.7.1	附后		内部发行
重庆市	DB 50/143—2003	地质灾害防治工程勘察规范	重庆市质量技术监督局	重庆市地质环境监测总站	2003.12.1	附后		内部发行
重庆市	DB 50/5029—2004	地质灾害防治工程设计规范	重庆市建设委员会重庆市国土资源和房屋管理局	重庆市地质环境监测总站	2004.2.11	附后		内部发行
重庆市	DBJ50/T—136—2012	建筑地基基础检测技术规范	重庆市城乡建设委员会	重庆市建筑科学研究院	2012.3.1	附后		
重庆市	DBJ50/T—137—2012	建筑边坡工程检测技术规范	重庆市城乡建设委员会	重庆市建筑科学研究院	2012.3.1			
重庆市	DBJ 50—156—2012	旋挖成孔灌注桩工程技术规程	重庆市城乡建设委员会	重庆市建设工程质量监督总站	2013.3.1	附后		
重庆市	DBJ 50—170—2013	建筑边坡工程安全性鉴定规范	重庆市城乡建设委员会	重庆市建筑科学研究院	2014.2.1	附后		J 12460—2013

续表

地方名称	标准规范编号	标准规范名称	批准部门	主编单位	施行日期	条文说明	出版发行单位	备注
重庆市	DBJ 50—174—2014	市政工程地质勘察规范	重庆市城乡建设委员会	重庆市涪陵区建筑勘察设计质量审查中心	2014.5.1	附后		J12493—2013
重庆市	DBJ50/T—207—2014	旋转挤压灌注桩技术规程	重庆市城乡建设委员会	重庆建工集团股份有限公司	2015.3.1	附后		备案号J12841—2014
重庆市	DBJ 50—200—2014	建筑桩基础设计与施工验收规范	重庆市城乡建设委员会	重庆市设计院	2014.11.1	附后		J12720—2014
重庆市	DBJ 50—199—2014	地埋管地源热泵系统技术规程	重庆市城乡建设委员会	重庆大学	2014.11.1	附后		J12719—2014
河北省	DB 13（J）39—2003	夯实水泥土桩复合地基技术规程	河北省建设厅	河北省建筑科学研究院	2003.6.1	附后	河北省工程建设标准化办公室	内部发行
河北省	DB 13(J)32—2002	低强度混凝土桩复合地基技术规程	河北省建设厅	河北省建设勘察研究院	2002.2.1	附后	河北省工程建设标准化办公室	内部发行
河北省	DB 13(J)37—2002	DX挤扩灌注桩技术规程	河北省建设厅	北京中阔地基基础公司河北省第三基础公司	2003.1.1	附后	河北省工程建设标准化办公室	内部发行
河北省	DB 13(J)/T 48—2005	河北省建筑地基承载力技术规程(试行)	河北省建设厅	河北省建设勘察研究院	2005.5.1	附后		
河北省	DB 13(J) 70—2007	刚性芯夯实水泥土桩复合地基技术规程	河北省建设厅	河北省建筑科研院	2008.2.1	附后		
河北省	DB 13(J) 71—2007	静载试验组合拉锚内支撑技术规程	河北省建设厅	河北省建筑科学研究院	2008.2.1	附后		
河北省	DB 13(J)/T 115—2011	柱锤冲扩水泥粒料桩复合地基技术规程	河北省住房和城乡建设厅	河北工业大学	2011.5.1	附后		

续表

地方名称	标准规范编号	标准规范名称	批准部门	主编单位	施行日期	条文说明	出版发行单位	备注
河北省	DB 13(J)/T 123—2011	长螺旋钻孔泵压混凝土桩复合地基技术规程	河北省住房和城乡建设厅	河北大地建设科技有限公司	2011.9.1	附后		
河北省	DB 13(J) 133—2012	建筑基坑工程技术规程	河北省住房和城乡建设厅	河北省建筑科学研究院	2012.6.1	附后		
河北省	DB 13(J)/T 134—2012	沿海地区造地土地整理工程施工质量检测验收标准	河北省住房和城乡建设厅	河北省建筑科学研究院	2012.6.1	附后		
河北省	DB 13(J)/T 136—2012	基桩自平衡静载试验法检测技术规程	河北省住房和城乡建设厅	河北大地建设科技有限公司	2012.7.1	附后		
河北省	DB 13(J)/T 137—2012	塑料排水检查井应用技术规程	河北省住房和城乡建设厅	河北建筑设计研究院有限责任公司	2012.9.1	附后		
河北省	DB 13(J)/T 138—2012	湿陷性黄土地区夯扩挤密桩技术规程	河北省住房和城乡建设厅	河北建设勘察研究院有限公司	2012.9.1	附后		
河北省	DB 13(J)/T 139—2012	旋挖钻机施工操作技术规程	河北省住房和城乡建设厅	河北建设勘察研究院有限公司	2012.9.1	附后		
河北省	DB 13(J)/T 141—2012	柱锤夯实扩底灌注桩技术规程	河北省住房和城乡建设厅	河北工业大学	2012.9.1	附后		
河北省	DB 13(J) 148—2012	建筑地基基础检测技术规程	河北省住房和城乡建设厅	河北省建筑科学研究院	2013.4.1	附后		
河北省	DB 13(J)/T 152—2013	岩土工程勘察地层描述技术规程	河北省住房和城乡建设厅	中国兵器工业北方勘察设计研究院	2013.11.1	附后		
河北省	DB 13(J)/T 165—2014	建筑基坑支护施工图文件编制深度及制图标准	河北省住房和城乡建设厅	河北省建筑科学研究院	2014.11.1	附后		

续表

地方名称	标准规范编号	标准规范名称	批准部门	主编单位	施行日期	条文说明	出版发行单位	备注
河北省	DB 13（J）/T 166—2014	倒锥台阶型桩复合地基设计规程	河北省住房和城乡建设厅	河北省建筑科学研究院	2014.12.1	附后		
黑龙江省	DBJ 07—005—90	黑龙江省钻孔扩底灌注桩基础设计与施工技术规定	黑龙江省建设委员会	哈尔滨市建筑工程技术研究所	1991.2.20	无	黑龙江省建设委员会	内部发行
黑龙江省	DB 23/497—99	黑龙江省岩土工程勘察技术规程	黑龙江省技术监督局	黑龙江省勘察设计协会	1999.9.1	附后		
黑龙江省	DB 23/T 1389—2010	钻孔压灌超流态混凝土桩基础技术规程	黑龙江省住房和城乡建设厅	黑龙江龙华岩土工程有限公司	2010.4.3	附后		
黑龙江省	DB 23/T 1491—2012	地下水源热泵技术规程	黑龙江省住房和城乡建设厅	黑龙江省寒地建筑科学研究院	2013.1.11	附后		
黑龙江省	DB 23/T 1493—2012	污水源热泵技术规程	黑龙江省住房和城乡建设厅	黑龙江省寒地建筑科学研究院	2013.1.11	附后		
吉林省	DB 22/JT 153—2016	建筑工程勘察文件编制标准	吉林省住房和城乡建设厅		2016.7.1	附后		
吉林省	DB 22/T 1548—2012	岩土工程勘察原位测试规程	吉林省住房和城乡建设厅	吉林建工学院勘测公司	2012.5.1	附后		
吉林省	DB 22/T 112—2012	灌注桩基础技术规程	吉林省住房和城乡建设厅	吉林省建筑设计院有限责任公司	2012.9.1	附后		
吉林省	DB 22/T 1051—2011	建筑基坑支护技术规程	吉林省住房和城乡建设厅	吉林省中鼎建筑设计有限公司	2012.5.4	附后		
辽宁省	DB 21/T 1564.1～14—2007	岩土工程勘察技术规程	辽宁省建设厅	辽宁有色勘察研究院	2008.1.12	附后		
辽宁省	DB 21/T 1643—2008	地源热泵系统工程技术规程	辽宁省建设厅	沈阳建筑大学建筑设计研究院	2008.12.19	附后		

续表

地方名称	标准规范编号	标准规范名称	批准部门	主编单位	施行日期	条文说明	出版发行单位	备注
辽宁省	DB 21/T 1795—2010	污水源热泵系统工程技术规程	辽宁省住房和城乡建设厅 辽宁省质量技术监督局	大连理工大学	2010.4.19	附后		
辽宁省	DB 21/907—2015	建筑地基基础技术规范	辽宁省住房和城乡建设厅	辽宁省建筑设计研究院	2015.3.23	附后	辽宁科学技术出版社	
辽宁省	DB 21/T 1565—2015	预应力混凝土管桩基础技术规程	辽宁省住房和城乡建设厅	辽宁省建筑设计研究院	2015.6.29	附后	辽宁科学技术出版社	
辽宁省	DB 21/T 1450—2015	建筑基桩及复合地基检测技术规程	辽宁省建设厅	辽宁省建设科学研究院	2015.4.6	附后	辽宁科学技术出版社	
沈阳市	DB 2101.j011—2012	城市地下空间工程建设技术管理规范	沈阳市城乡建设委员会	辽宁省建筑设计研究院	2013.1.1	附后	辽宁科学技术出版社	
江苏省	DGJ 32/J 12—2005	南京地区建筑地基基础设计规范	江苏省建设厅	南京市建设委员会	2005.10.20	附后		
江苏省	DGJ 32/T J77—2009	基桩自平衡法静载试验技术规程	江苏省建设厅	东南大学土木工程学院	2009.3.1	附后		
江苏省	DGJ 32/T J89—2009	地源热泵系统工程技术规程	江苏省建设厅	南京市建筑设计院有限责任公司	2010.1.1	附后		
江苏省	DGJ 32/J 68—2010	CM三维高强复合地基技术规程	江苏省住房和城乡建设厅	江苏省住房和城乡建设厅科技发展中心	2010.9.1	附后		
江苏省	DGJ 32/T J117—2011	钻孔灌注桩成孔、地下连续墙成槽质量检测技术规程	江苏省住房和城乡建设厅	江苏省建设科学研究院有限公司	2011.6.1	附后		
江苏省	DGJ 32/T J142—2012	建筑地基基础检测规程	江苏省住房和城乡建设厅	江苏省建设工程质量监督总站	2013.1.1	附后		

续表

地方名称	标准规范编号	标准规范名称	批准部门	主编单位	施行日期	条文说明	出版发行单位	备注
江苏省	DGJ32/T J156—2013	中小学校舍抗震加固工程施工质量验收规程	江苏省住房和城乡建设厅	江苏省住房和城乡建设厅	2013.12.1	附后		
江苏省	DGJ32/T J154—2013	水泥土试验方法	江苏省住房和城乡建设厅	苏州市建设工程质量检测中心有限公司	2013.12.1	附后		
江苏省	DGJ32/T J155—2013	中小学校舍抗震鉴定与加固技术规程	江苏省住房和城乡建设厅		2013.12.1	附后		
江苏省	DGJ32/T J158—2013	地源热泵系统工程勘察规程	江苏省住房和城乡建设厅	江苏省地质环境院	2014.2.1	附后		
江苏省	DGJ32/T J151—2013	劲性复合桩技术规程	江苏省住房和城乡建设厅	江苏兴鹏基础工程有限公司	2013.5.1	附后		
江苏省	DGJ32/J 180—2014	生活垃圾卫生填埋场岩土工程勘察规程	江苏省住房和城乡建设厅		2015.3.1	附后		
江苏省	DB32/T 2978—2016	现浇X形桩复合地基技术规程	江苏省质量技术监督局	河海大学	2016.11.20	附后		
浙江省	DB33/1001—2003	建筑地基基础设计规范	浙江省建设厅	浙江省建筑设计研究院	2003.10.1	附后		
浙江省	DB33/T 1127—2016	基桩完整性检测技术规程	浙江省住房和城乡建设厅	浙江省建筑设计研究院	2017.1.1	附后		
浙江省	DBJ 10—5—98	岩土工程勘察文件编制标准	浙江省建设厅	杭州市勘察测绘院	1999.1.1	无	浙江省标准设计站	
浙江省	DB/T 1012—2003	挤扩支盘混凝土灌注桩技术规程	浙江省建设厅	浙江工业大学建筑工程学院	2003.9.1	附后		
浙江省	DB33/T 1051—2008	复合地基技术规程	浙江省建设厅	浙江大学土木工程学系	2008.8.1	附后		
浙江省	DB33/T 1052—2008	土壤固化剂加固道路路基应用技术规程	浙江省建设厅	杭州广播电视大学城市建设系	2008.8.1	附后		

续表

地方名称	标准规范编号	标准规范名称	批准部门	主编单位	施行日期	条文说明	出版发行单位	备注
浙江省	DB33/1065—2009	工程建设岩土工程勘察规范	浙江省住房和城乡建设厅	浙江大学建筑设计研究院	2010.1.1	附后		
浙江省	DB33/T 1048—2010	刚一柔性复合桩基技术规程	浙江省住房和城乡建设厅	温州市建筑设计研究院	2010.11.1	附后		
浙江省	DB33/T 1087—2012	基柱承载力自平衡测试技术规程	浙江省住房和城乡建设厅	浙江大合建设工程检测有限公司	2012.8.1	附后		
浙江省	DB33/T 1094—2013	基桩钢筋笼长度磁测井法探测技术规程	浙江省住房和城乡建设厅	浙江有色地球物理技术应用研究院	2014.1.1	附后		
浙江省	DB33/T 1096—2014	建筑基坑工程技术规程	浙江省住房和城乡建设厅	浙江省建筑设计研究院	2014.4.1	附后		
浙江省	DB33/T 881—2012	地质灾害危险性评估规范	浙江省质量技术监督局	浙江省工程勘察院	2012.1.28	无		
福建省	DBJ 13—07—2006	建筑地基基础技术规范	福建省建设厅	福建省建筑科学研究院、福建省建筑设计研究院	2006.11.1	附后		
福建省	DBJ/T 13—146—2012	建筑地基检测技术规程	福建省住房和城乡建设厅	福建省建筑科学研究院	2012.4.1	附后		
福建省	DBJ 13—84—2006	岩土工程勘察规范	福建省建设厅	福建省建筑设计研究院	2006.11.1	附后		
福建省	DBJ/T 13—128—2010	水泥粉煤灰碎石桩复合地基技术规程	福建省住房和城乡建设厅	厦门市建设工程质量安全监督站	2011.2.1	附后		
福建省	DBJ/T 13—156—2012	福建省地源热泵系统应用技术规程	福建省住房和城乡建设厅	福建省建筑科学研究院	2012.10.1	附后		
福建省	DBJ/T 13—183—2014	基桩竖向承载力自平衡法静载试验技术规程	福建省住房和城乡建设厅	福建省建筑科学研究院	2014.3.1	附后		

续表

地方名称	标准规范编号	标准规范名称	批准部门	主编单位	施行日期	条文说明	出版发行单位	备注
福建省	DBJ/T 13—200—2014	桩基础与地下结构防腐蚀技术规程	福建省住房和城乡建设厅	厦门理工学院	2014.12.30	附后		
福建省	DBJ/T 13—204—2014	福建省城市地下管线探测及信息化技术规程	福建省住房和城乡建设厅	厦门市城市建设档案馆	2015.3.1	附后		
福建省	DBJ/T 13—205—2014	福建省城市地下管线信息数据库建库规范	福建省住房和城乡建设厅	厦门市城市建设档案馆	2015.3.1	附后		
山东省	DBJ 14—019—2002	挤扩灌注桩技术规程	山东省建设厅	山东省建筑设计研究院	2002.12.1	附后		
山东省	DBJ 14—020—2002	建筑桩基检测技术规范	山东省建设厅	山东省建筑科学研究院	2003.3.1	附后		
山东省	DBJ 14—047—2007	复合土钉墙施工及验收规范	山东省工程建设标准定额站	中国建筑第八工程局第一建筑公司	2007.6.1	附后		
山东省	DBJ/T 14—055—2009	基桩承载力自平衡检测技术规程	山东省建设厅	山东省建筑科学研究院	2009.3.1	附后		
山东省	DBJ 14—068—2010	地源热泵系统工程技术规程	山东省住房和城乡建设厅	山东省建设发展研究院	2010.10.1	附后		
山东省	DBJ/T 14—083—2012	建筑地基安全性鉴定技术规程	山东省住房和城乡建设厅	山东省建筑科学研究院	2012.3.1	附后		
山东省	DBJ/T 14—092—2012	建筑基桩竖向抗压承载力快速检测技术规程	山东省住房和城乡建设厅	山东省建筑科学研究院	2013.11	附后		
山东省	DBJ 14—091—2012	螺旋挤土灌注桩技术规程	山东省住房和城乡建设厅	威海建设集团股份有限公司	2013.2.1	附后		

续表

地方名称	标准规范编号	标准规范名称	批准部门	主编单位	施行日期	条文说明	出版发行单位	备注
山东省	DBJ/T 14—094—2012	工程勘察岩土层序列划分方法标准	山东省住房和城乡建设厅	青岛市勘察测绘研究院	2013.3.1	附后		
山西省	DBJ 04—258—2008	建筑地基基础勘察设计规范	山西省建设厅		2008.5.1			
山西省	DBJ04/T 248—2014	建筑工程勘察文件编制标准	山西省住房和城乡建设厅	山西省勘察设计研究院	2014.12.1			
山西省	DBJ 04—273—2009	预应力混凝土管桩建筑桩基技术规程	山西省建设厅	山西建筑工程（集团）总公司	2009.6.1			
山西省	DBJ04/T 306—2014	建筑基坑工程技术规范	山西省住房和城乡建设厅	山西建筑工程（集团）总公司	2014.10.1	附后		
湖北省	DB42/T 159—2012	基坑工程技术规程	湖北省建设厅湖北省质量技术监督局	中南勘察设计院有限公司	2013.1.1	附后		
湖北省	DB42/169—2003	岩土工程勘察工作规程	湖北省建设厅湖北省质量技术监督局	武汉市勘测设计研究院	2004.1.1	附后		
湖北省	DB 42/242—2014	建筑地基基础技术规范	湖北省建设厅	湖北省建筑科学研究设计院	2015.1.1	附后		
湖北省	DB 42/831—2012	钻孔灌注桩施工技术规程	湖北省住房和城乡建设厅		2012.7.1	附后		
湖北省	DB42/T 830—2012	基坑管井降水工程技术规范	湖北省住房和城乡建设厅	中冶集团武汉勘察研究院有限公司	2012.7.1	附后		
湖北省	DB42/T 875—2013	湖北省城镇地下管线探测技术规程	湖北省住房和城乡建设厅		2013.5.1	附后		
湖北省	DB42/T 914—2013	地下连续墙施工技术规程	湖北省住房和城乡建设厅		2014.1.1	附后		

续表

地方名称	标准规范编号	标准规范名称	批准部门	主编单位	施行日期	条文说明	出版发行单位	备注
三峡库区		湖北省三峡库区滑坡防治地质勘察与治理工程技术规定	湖北省三峡库区地质灾害防治工作领导小组办公室	湖北省三峡库区地质灾害防治工作领导小组办公室	2003.1.1	无		内部发行
广西壮族自治区	DB45/J 001—91	挖孔桩勘察、设计、施工及验收暂行规定	广西建设委员会广西技术监督站	广西电力工业勘察设计院	1991.7.1	无	广西电力工业勘察设计院	内部发行
广西壮族自治区	DB45/T 396—2007	广西膨胀土地区建筑勘察设计施工技术规程	广西壮族自治区质量技术监督局	广西华蓝岩土工程有限公司	2017.12.8	附后		
广西壮族自治区	DBJ/T 45—002—2011	广西壮族自治区岩土工程勘察规范	广西壮族自治区住房和城乡建设	广西华蓝岩土工程有限公司	2011.9.1	附后		
广西壮族自治区	DBJ 45/003—2015	广西建筑地基基础设计规范	广西壮族自治区住房和城乡建设厅	华蓝设计（集团）有限公司 广西华蓝岩土工程有限公司	2016.6.1	附后		
广西壮族自治区	DBJ 45/024—2016	岩溶地区建筑地基基础技术规范	广西壮族自治区住房和城乡建设厅	广西华蓝岩土工程有限公司	2017.2.1	附后		
广西壮族自治区	DBJ/T 45—004—2013	污水源热泵系统工程技术规范	广西壮族自治区住房和城乡建设厅	广西瑞宝利热能科技有限公司	2013.10.30	附后		
四川省	DB51/T 5206—2001	成都地区建筑地基基础设计规范	四川省建设厅	成都市建筑设计研究院	2001.8.1	附后		内部发行
四川省	DB 51/5059—2015	四川省建筑抗震鉴定与加固技术规程	四川省建设厅	西南交通大学	2016.1.1	附后		
四川省	DB 51/93—2013	振动（冲击）沉管灌注桩施工及验收规程	四川省住房和城乡建设厅	四川省建筑科学研究院	2014.1.1	附后		

续表

地方名称	标准规范编号	标准规范名称	批准部门	主编单位	施行日期	条文说明	出版发行单位	备注
四川省	DB 51/5070—2010	先张法预应力高强混凝土管桩基础技术规程	四川省住房和城乡建设厅	成都市建设工程质量监督站	2010.12.1	附后		
四川省	DB51/T 5048—2007	地基与基础工程施工工艺规程	四川省建设厅	四川建筑职业技术学院	2007.12.1	附后		
四川省	DB51/T 5072—2011	成都地区基坑工程安全技术规范	四川省住房和城乡建设厅	中国建筑西南勘察设计研究院有限公司	2012.3.1	附后		
四川省	DBJ51/T 014—2013	四川省建筑地基基础检测技术规程	四川省住房和城乡建设厅	四川省建设工程质量安全监督总站	2013.10.1	无		
四川省	DBJ51/T 022—2013	旋挖成孔灌注桩施工安全技术规程	四川省住房和城乡建设厅	成都市建设工程施工安全监督站	2014.3.1	附后		
四川省	DBJ 51/012—2012	成都市地源热泵系统设计技术规程	四川省住房和城乡建设厅	中国建筑西南设计研究院有限公司	2013.6.1	附后		J12204—2012
四川省	DBJ51/T 045—2015	四川省基桩承载力自平衡法测试技术规程	四川省住房和城乡建设厅	四川省建筑科学研究院	2015.12.1	附后		
四川省	DBJ51/T 061—2016	四川省大直径素混凝土桩复合地基技术规程	四川省住房和城乡建设厅	中国建筑西南勘察设计研究院有限公司	2017.1.1	附后		
四川省	DBJ51/T 044—2015	建筑边坡工程施工质量验收规范	四川省住房和城乡建设厅	四川省建筑科学研究院	2015.11.1	附后		
四川省	DBJ51/T 062—2016	四川省旋挖钻孔灌注桩基技术规程	四川省住房和城乡建设厅	中国建筑西南勘察设计研究院有限公司	2017.1.1	附后		
陕西省	DBJ 24—3—87	灰土井桩设计施工规程				有单行本		
陕西省	DJB 61—2—2006	挤密桩法处理地基技术规范	陕西省住房和城乡建设厅	陕西省建筑科学研究院				

续表

地方名称	标准规范编号	标准规范名称	批准部门	主编单位	施行日期	条文说明	出版发行单位	备注
陕西省	DBJ 61—6—2006	西安地裂缝场地勘察与工程设计规程	陕西省建设厅	机械工业勘察设计研究院，西北建筑设计院	2006.9.1	附后	陕西省建筑标准设计办公室	
陕西省	DBJ 61—9—2008	强夯法处理湿陷性黄土地基技术规程	陕西省建设厅	陕西省建筑科学研究院	2008.8.1	附后		
陕西省	DBJ 61—57—2010	建筑场地墓坑探查与处理技术规程	陕西省住房和城乡建设厅	陕西建工集团总公司	2010.12.1	附后		
陕西省	DBJ 61—98—2015	西安城市轨道交通工程监测技术规范	陕西省住房和城乡建设厅	机械工业勘察设计研究院有限公司	2015.7.1	附后		省标办发行
陕西省	DBJ 61—101—2015	预应力混凝土管桩基础技术规程	陕西省住房和城乡建设厅	中国有色金属工业西安勘察设计研究院	2015.8.24			
陕西省	DBJ 61—102—2015	沉管夯扩桩技术规程	陕西省住房和城乡建设厅	中国有色金属工业西安勘察设计研究院	2015.8.24			
陕西省	DBJ 61—105—2015	建筑基坑支护技术与安全规程	陕西省住房和城乡建设厅	西安市建设工程质量安全监督站，陕西省建设工程质量安全监督总站	2016.2.27			
陕西省	DBJ 61/T131—2017	黄土地基病害勘察与治理技术规范	陕西省住房和城乡建设厅	西北综合勘察设计院	2017.8.1	附后		
陕西省	DBJ 61/T134—2017	湿陷性黄土地区土工试验规程	陕西省住房和城乡建设厅	中国有色金属工业西安勘察设计研究院	2017.9.1	附后		
陕西省	DBJ61/T 132—2017	湿陷性黄土地区变形监测规范	陕西省住房和城乡建设厅	中国有色金属工业西安勘察设计研究院	2017.8.1	附后		
陕西省	DBJ/T 61—68—2012	既有村镇住宅抗震加固技术规程	陕西省住房和城乡建设厅	长安大学	2012.6.1	附后		

续表

地方名称	标准规范编号	标准规范名称	批准部门	主编单位	施行日期	条文说明	出版发行单位	备注
新疆维吾尔自治区	XJJB 28—91	人工成孔扩底墩设计施工规程	新疆计划委员会	新疆建筑勘察设计院	1991.4.1	无	新疆建筑勘察设计院	内部发行
新疆维吾尔自治区	XJJB 29—91	强夯处理地基设计施工规程	新疆计划委员会	新疆建筑勘察设计院	1991.4.1	无	新疆建筑勘察设计院	内部发行，与上项规程合订
新疆维吾尔自治区	XJJ 050—2012	地下水水源热泵工程技术规程	新疆维吾尔自治区住房和城乡建设厅	新疆建筑设计研究院	2013.2.1			
新疆维吾尔自治区	XJJ 064—2014	建设项目规划选址论证报告编制导则	新疆维吾尔自治区住房和城乡建设厅	自治区城乡规划服务中心	2014.9.1			
云南省	无编号	云南省膨胀土地区建筑技术规定（试行）	云南省城乡建设委员会	云南省设计院	1989.3.1	无	云南省城乡建设委员会	内部发行
广东省	DBJ 15—31—2016	建筑地基基础设计规范	广东省住房和城乡建设厅	广州市建筑科学研究院有限公司	2016.12.1	附后		
广东省	DBJ/T 15—17—96	大直径锤击沉管混凝土灌注桩技术规程						
广东省	DBJ/T 15—20—97	建筑基坑支护工程技术规程	广东省建设委员会	广东省工程建设标准化协会	1998.1.1	附后		
广东省	DBJ/T 15—22—2008	锤击式预应力混凝土管桩基础技术规程	广东省建设厅	广东省建筑设计研究院	2009.3.1	附后		
广东省	DBJ/T 15—70—2009	土钉支护技术规程	广东省建设厅	广州市建设科学技术委员会办公室	2010.1.1	附后		
广东省	DBJ 15—38—2005	建筑地基处理技术规范	广东省建设厅	广州市建筑科学研究院	2005.5.1	附后		

续表

地方名称	标准规范编号	标准规范名称	批准部门	主编单位	施行日期	条文说明	出版发行单位	备注
广东省	DBJ/T 15—79—2011	刚性-亚刚性桩三维高强复合地基技术规	广东省住房和城乡建设厅	建研地基基础工程有限责任公司广东分公司	2011.8.1	附后		
广东省	DBJ/T 15—103—2014	基桩自平衡法静载试验技术规程	广东省住房和城乡建设厅	广州市建筑科学研究院有限公司	2014.12.1	附后		
深圳市	SJG 01—2010	地基基础勘察设计规范	深圳市住房和建设局	深圳市勘察研究院有限公司	2010.9.1	附后		
深圳市	SJG 03—96	深圳地区夯扩桩技术规定	深圳市建设局	深圳市建筑设计总院	1996.7.1	附后	深圳市勘察设计协会	内部发行
深圳市	SJG 04—2015	深圳地区地基处理技术规范	深圳市住房和建设局	深圳市勘察研究院	2015.4.8	附后		
深圳市	SJG 05—2011	深圳地区建筑深基坑支护技术规范	深圳市住房和建设局	深圳市勘察研究院深圳市岩土工程公司	2011.7.1	附后		
安徽省	DB 34/1800—2012	安徽省地源热泵系统工程技术规程	安徽省住房和城乡建设厅	安徽省住房和城乡建设厅	2013.3.1	附后		
安徽省	DB 34/5005—2014	先张法预应力混凝土管桩基础技术规程	安徽省住房和城乡建设厅、安徽省质监局	安徽省建筑科学研究设计院、合肥工业大学设计院	2014.7.1	附后	安徽省工程建设标准化办公室	
安徽省	DB34/T 1787—2012	长螺旋钻孔压灌混凝土桩基础技术规程	安徽省住房和城乡建设厅	合肥工业大学设计院	2013.3.1	附后	安徽省工程建设标准化办公室	
安徽省	DB34/T 1789—2012	给排水工程顶管技术规程	安徽省住房和城乡建设厅	合肥市重点工程建设管理局中国地质大学（武汉）	2013.3.1	附后		
安徽省	DB34/T 5014—2015	先张法预应力混凝土方桩基础技术规程	安徽省住房和城乡建设厅	安徽省金田建筑设计咨询有限公司	2015年7月1日	附后	安徽省工程建设标准化办公室	

续表

地方名称	标准规范编号	标准规范名称	批准部门	主编单位	施行日期	条文说明	出版发行单位	备注
安徽省	DB34/T 5010—2014	螺杆桩基础技术规程	安徽省住房和城乡建设厅	安徽省金田建筑设计咨询公司	2015年3月1日	附后	安徽省工程建设标准化办公室	
安徽省	DB34/T 5014—2015	先张法预应力混凝土竹节桩基础技术规程	安徽省住房和城乡建设厅	安徽省金田建筑设计咨询公司、安徽省建筑科学研究设计院	2015年9月1日	附后	安徽省工程建设标准化办公室	
安徽省	DB34/T 5003—2014	工程勘察现场作业人员职业标准	安徽省住房和城乡建设厅	安徽省工程勘察设计协会	2014.7.1	附后	安徽省工程建设标准化办公室	
安徽省	DB 34/5008—2014	安徽省工程建设场地抗震性能评价标准	安徽省住房和城乡建设厅	安徽省城建设计研究院	2014.12.1	附后	安徽省工程建设标准化办公室	
安徽省	DB34/T 5018—2015	双向螺旋挤土灌注桩技术规程	安徽省住房和城乡建设厅	安徽省建筑科学研究设计院等	2015年	附后	安徽省工程建设标准化办公室	
安徽省	DB34/T 5008—2014	建设工程勘察技术资料归档管理规范	安徽省住房和城乡建设厅	安徽省城建设计研究院	2014.12.1	附后	安徽省工程建设标准化办公室	
甘肃省	DB 62/25—3055—2011	建筑抗震设计规程	甘肃省住房和城乡建设厅、甘肃省质量技术监督局	甘肃建设科技专家委员会	2012.7.1	附后		
甘肃省	DB62/T 25—3060—2012	大厚度湿陷性黄土场地工程处理技术规程	甘肃省住房和城乡建设厅、甘肃省质量技术监督局	甘肃省土木建筑学会	2012.12.1	附后		
甘肃省	DB62/T 25—3063—2012	岩土工程勘察规范	甘肃省住房和城乡建设厅、甘肃省质量技术监督局		2013.5.1			
甘肃省	DB62/T 25—3065—2013	基桩承载力自平衡检测技术规程	甘肃省住房和城乡建设厅、甘肃省质量技术监督局		2013.8.1			

续表

地方名称	标准规范编号	标准规范名称	批准部门	主编单位	施行日期	条文说明	出版发行单位	备注
甘肃省	DB62/T 25—3071—2013	地源热泵系统工程技术规程	甘肃省住房和城乡建设厅、甘肃省质量技术监督局		2013.9.1			
甘肃省	DB62/T 25—3111—2016	建筑基坑工程技术规程	甘肃省住房和城乡建设厅、甘肃省质量技术监督局		2016.7.1			
甘肃省	DB62/T 25—3104—2015	建筑边坡工程技术规程	甘肃省住房和城乡建设厅、甘肃省质量技术监督局		2016.5.1			
甘肃省	DB62/T 25—3084—2014	湿陷性黄土地区建筑灌注桩基技术规程	甘肃省住房和城乡建设厅、甘肃省质量技术监督局		2015.4.1			
甘肃省	DB62/T 25—3099—2015	预应力混凝土管桩基础技术规程	甘肃省住房和城乡建设厅、甘肃省质量技术监督局	甘肃省土木工程科学研究院	2016.2.1	附后		
甘肃省	DB62/T 25—3075—2013	公路隧道地质雷达检测技术规程	甘肃省住房和城乡建设厅、甘肃省质量技术监督局	甘肃省公路科学研究有限公司	2014.5.1	附后		
河南省	DBJ41/T 119—2013	河南省地源热泵建筑应用检测及验收技术规程	河南省住房和城乡建设厅		2013.3.18			
河南省	DBJ41/T 121—2013	污水源热泵系统应用技术规程	河南省住房和城乡建设厅		2013.6.1			
河南省	DBJ41/T 132—2014	双向螺旋挤土灌注桩技术规程	河南省住房和城乡建设厅	河南省有色工程勘察有限公司	2014.5.1	附后		
河南省	DBJ41/T 137—2014	防渗墙质量无损检测技术规程	河南省住房和城乡建设厅	黄科院河南黄科工程技术检测有限公司	2014.9.1	附后		

续表

地方名称	标准规范编号	标准规范名称	批准部门	主编单位	施行日期	条文说明	出版发行单位	备注
河南省	DBJ 41/139—2014	河南省基坑工程技术规范	河南省住房和城乡建设厅	郑州大学综合设计研究院有限公司	2014.10.1	附后		备案号J12755—2014
河南省	DBJ 41/138—2014	河南省建筑地基基础勘察设计规范	河南省住房和城乡建设厅	河南省建筑设计研究院有限公司	2014.10.1	附后		备案号J12756—2014
海南省	DBJ 46—026—2013	螺杆灌注桩技术规程	海南省住房和城乡建设厅		2013.5.1			
贵州省	DBJ 52—56—2009	喀斯特地区灌木护坡施工技术规范	贵州省住房和城乡建设厅	贵州科农生态环保科技有限责任公司	2010.3.1			
青海省	DB63/T 885—2010	裹体碎石桩法处理地基技术规程	青海省住房和城乡建设厅、青海省质量技术监督局	陕西长嘉实业发展有限公司	2010.6.15			

17. 国外岩土工程技术标准（部分）

美国标准 ASTM

1. D420-98（2003）Standard Guide to Site Characterization for Engineering, Design, and Construction Purposes
2. D421-85（2007）Standard Practice for Dry Preparation of Soil Samples for Particle-Size Analysis and Determination of Soil
3. D422-63（2007）Standard Test Method for Particle-Size Analysis of Soils
4. D425-88（2008）Standard Test Method for Centrifuge Moisture Equivalent of Soils
5. D427-98 Test Method for Shrinkage Factors of Soils by the Mercury Method
6. D511-03 Standard Test Methods for Calcium and Magnesium in Water
7. D512-89（1999）Standard Test Methods for Chloride Ion in Water
8. D513-02 Standard Test Methods for Total and Dissolved Carbon Dioxide in Water
9. D596-01 Standard Guide for Reporting Results of Analysis of Water
10. D653-02 Standard Terminology Relating to Soil, Rock, and Contained Fluids
11. D698-00a Standard Test Methods for laboratory Compaction Characteristics of Soil Using Standard Effort [12, 400 ft-lbf/ft^3 (600kN-m/m^3)]
12. D854-02 Standard Test Methods for Specific Gravity of Soil Solids by Water Pycnome-

ter

13. D1067-02 Standard Test Methods for Acidity or Alkalinity of Water
14. D1126-02 Standard Test Method for Hardness in Water
15. D1140-00 (2006) Standard Test Methods for Amount of Material in Soils Finer than No. 200 (75-μm) Sieve
16. D1194-94 Standard Test Method for Bearing Capacity of Soil for Static Load and Spread Footings
17. D1195-93 (2004) Standard Test Method for Repetitive Static Plate Load Tests of Soils and Flexible Pavement Components, for Use in Evaluation and Design of Airport and Highway Pavements
18. D1293-99 Standard Test Method for PH of Water
19. D1557-02 Standard Test Methods for laboratory Compaction Characteristics of Soil Using Modified Effort [56, 000ft-lbf/ft (2, 700kN-m/m^3)]
20. D1586-99 Standard Test Method for Penetration Test and Split-Barrel Sampling of Soils
21. D1587-00 Standard Practice for Thin-Walled Tube Sampling of Soils for Geotechnical Purposes
22. D1883-99 Standard Test Method for CBR (California Bearing Ratio) of laboratory Compacted Soils
23. D1997-91 (2008) e1 Standard Test Method for Laboratory Determination of the Fiber Content of Peat Samples by Dry Mass
24. D2113-99 Standard Core Drilling and Sampling of Rock for Site Investigation
25. D2166-00 Standard Test Method for Unconfined Compressive Strength of Cohesive Soil
26. D2216-98 Standard Test Method for Laboratory Determination of Water (Moisture) Content of Soil and Rock by Mass
27. D2217-85 (1998) Standard Practice for Wet Preparation of Soil Samples for Particle Size Analysis and Determination of Soil Constants
28. D2434-68 (2000) Standard Test Method for Permeability of Granular Soils (Constant Head)
29. D2435-02 Standard Test Method for one-Dimensional Consolidation Properties of Soils Using Incremental Loading
30. D2487-00 Standard Classification of Soils for Engineering Purposes (Unified Soil Classification System)
31. D2488-00 Standard Practice for Description and Identification of Soils (Visual-Manual Procedure)
32. D2573-01 Standard Test Method for Field Vane Shear Test in Cohesive Soil
33. D2664-95a Standard Test Method for Triaxial Compressive Strength of Undrained Rock Core Specimens without Pore Pressure Measurements

34. D2850-03a (2007) Standard Test Method for Unconsolidated-Undrained Triaxial Compression Test on Cohesive Soils
35. D2937-00 Standard Test Method for Density of Soil in Place by the Drive-Cylinder Method
36. D2944-71 (2008) Standard Test Method of Sampling Processed Peat Materials
37. D2973-71 (1998) Standard Test Method for Total Nitrogen in Peat Materials
38. D2974-00 Standard Test Methods for Moisture, Ash, and Organic Matter of Peat and Other Organic Soils
39. D3080-98 Standard Test Method for Direct Shear Test of Soils Under Consolidated Drained Conditions
40. D3282-93 (1997) e1 Standard Classification of Soils and Soil-Aggregate Mixtures for Highway Construction Purposes
41. D3385-03 Standard Test Method for Infiltration Rate of Soils in Field Using Double-Ring Infiltrometer
42. D3441-98 Standard Test Method for Mechanical cone Penetration Tests of Soil
43. D3867-99 Standard Test Method for Nitrite-Nitrate in Water
44. D4186-89 (1998) e1 Standard Test Method for One-Dimensional Consolidation Properties of Soils Using Controlled-Strain Loading
45. D4220-95 (2000) Standard Practice for Preserving and Transporting Soil Samples
46. D4253-00 (2006) Standard Test Methods for Maximum Index Density and Unit Weight of Soils Using a Vibratory Table
47. D4254-00 (2006) e1 Standard Test Methods for Minimum Index Density and Unit Weight of Soils and Calculation of Relative Density
48. D4318-00 Standard Test Methods for Liquid Limit, Plastic Limit, and Plasticity Index of Soils
49. D4373-02 Standard Test Methods for Rapid of Carbonate Content of Soils
50. D4394-84 (1998) Standard Test Method for Determining the In Situ Modulus of Deformation of Rock Mass Using the Rigid Plate Loading Method
51. D4428/D4428M-07 Standard Test Methods for Crosshole Seismic Testing
52. D4429-04 Standard Test Method for CBR (California Bearing Ratio) of Soil in Place
53. D4546-03 Standard Test Methods for One-Dimensional Swell or Settlement Potential of Cohesive Soils
54. D4643-00 Standard Test Method for Determination of Water (Moisture) Content of Soil by the Microwave Oven Method
55. D4658-03 Standard Test Method for Sulfide Ion in Water
56. D4719-00 Standard Test Method for Prehored Pressuremeter Testing in Soils
57. D4750-87 (2001) Standard Test Method for Determining Subsurface Liquid Levels in a Borehole or Monitoring Well (Observation Well)
58. D4753-02 Standard Guide for Evaluating, Selecting, and Specifying Balance and

Standard Masses for Use in Soil, Rock, and Construction Materials Testing

59. D4767-02 Standard Test Method for Consolidated Undrained Triaxial Compression Test for Cohesive Soils
60. D4829-03 Standard Test Method for Expansion Index of Soils
61. D4959-00 Standard Test Method for Determination of Water (Moisture) Content of Soilby Direct Heating
62. D4972-01 Standard Test Method for PH of Soils
63. D5079-02 Standard Practice for Preserving and Transporting Rock Core Samples
64. D5092-04 Standard Practice for Design and Installation of Ground Water Monitoring Wells
65. D5093-02 Standard Test Method for Field Measurement of Infiltration Rate Using a Double-Ring Infiltrometer with a Sealed-Inner Ring
66. D5519-94 (2001) Standard Test Method for Particle Size Analysis of Natural and Man-Made Riprap Materials
67. D5333-03 Standard Test Method for Measurement of Collapse Potential of Soils
68. D5550-00 Standard Test Method for Specific Gravity of Soil Solid by Gas Pycnometer
69. D5607-02 Standard Test Method for Performing laboratory Direct Shear Strength Tests of Rock Specimens under Constant Normal Force
70. D5731-02 Standard Test Method for Determination of the Point Load Strength Index of Rock
71. D6032-02 Standard Test Method for Determining Rock Quality Designation (RQD) of Rock Core
72. D6431-99 Standard Guide for Using the Direct Current Resistivity Method for Subsurface Investigation

德国标准 DIN

1. DIN4094-1 Felduntersuchungen Teil1: Drucksondierungen
2. DIN4094-3 Felduntersuchungen Teil3: Rammsondierungen
3. DIN4094-4 Felduntersuchungen Teil4: Flugelscherversuche
4. DIN4094-5 Felduntersuchungen Teil5: Bohrlochaufweitungsversuche
5. DIN18134 Determining the Deformation and Strength Characteristics of Soil by the Plate Loading Test

欧洲标准 Eurocode7 、BS EN 、BS EN ISO

1. Eurocode7: 1997-1: 1995- Geotechnical design-part1: General rule
2. Eurocode7: 1997-2: 2000- Geotechnical design-part2: Design assisted by laboratory testing
3. Eurocode7: 1997-3: 2000- Geotechnical design-part3: Design assisted by field testing
4. Eurocode8: 1998-5: 2004- Design of structures for earthquake resistance-Part 5: Foundations, retaining structures and geotechnical aspects
5. BS-EN1536-2010+A1: 2015 Execution of special geotechnical works-Bored piles

6. BS-EN1527：2013 Execution of special geotechnical works-Ground anchors
7. BS-EN1538-2010+A1：2015 Execution of special geotechnical works-Diaphragm walls
8. BS-EN12063：1999 Execution of special geotechnical works-Sheet pile walls
9. BS-EN12699：2015 Execution of special geotechnical works-Displacement piles
10. BS-EN12794：2005 Precast concrete products-Foundation piles
11. BS-EN14199：2015 Execution of special geotechnical works-Micropiles
12. BS-EN14475：2006 Execution of special geotechnical works-Reinforced fill
13. BS-EN14679：2005 Execution of special geotechnical works-Deep mixing
14. BS-EN15258：2008 Precast concrete products-Retaining wall elements
15. BS-EN-ISO11074：2015 Soil quality-Vocabulary
16. BS-EN-ISO14688-1：2002+A1：2013 Geotechnical Investigation and Testing Identification and Classification of Soil-Part 1 Identification and description
17. BS-EN-ISO14688-2：2004 Geotechnical Investigation and Testing Identification and Classification of Soil-Part 2 Principles for a Classification
18. BS-EN-ISO14689-1：2003 Geotechnical Investigation and Testing-Identification and classification of rock
19. BS-EN-ISO18674-1：2015 Geotechnical Investigation and Testing-Geotechnical monitoring by field instrumentation
20. BS-EN-ISO 22282-1：2012 Geotechnical Investigation and Testing-Geohydraulic testing-Part 1：General rules
21. BS-EN-ISO 22282-2：2012 Geotechnical Investigation and Testing-Part 2：water permeability tests in a borehole using open systems
22. BS-EN-ISO22282-3：2012 Geotechnical Investigation and Testing-Geohydraulic testing- Part 3：Water pressure tests in rock
23. BS-EN-ISO 22282-4：2012 Geotechnical Investigation and Testing-Geohydraulic testing- Part 4：Pumping tests
24. BS-EN-ISO 22282-5：2012 Geotechnical Investigation and Testing-Geohydraulic testing- Part 5：Infiltrometer tests
25. BS-EN-ISO 22282-6：2012 Geotechnical Investigation and Testing-Geohydraulic testing- Part 6：Water permeability tests in a borehole using closed systems
26. BS-EN-ISO 22475-1：2006 Geotechnical Investigation and Testing-Sampling methods and groundwater measurements-Part 1：technical principles for execution
27. BS-EN-ISO 22476-1：2012 Geotechnical Investigation and Testing-Field testing-Part 1：Electrical cone and piezocone penetration test
28. BS-EN-ISO 22476-2：2005 + A1：2011Geotechnical Investigation and Testing-Field testing-Part 2：Dynamic probing
29. BS-EN-ISO 22476-3：2005 + A1：2011 Geotechnical Investigation and Testing-Field testing-Part 3：Standard penetration test
30. BS-EN-ISO 22476-4：2005 + A1：2011 Geofechnical Investigation and Testing-Field

testing-Part 4：Menard Pressuremeter Test
31. BS-EN-ISO 22476-5：2012 Geotechnical Investigation and Testing-Field testing-Part 5：Flexible dilatometer test
32. BS-EN-ISO 22476-6：2012 Self-boring pressuremeter test
33. BS-EN-ISO 22476-7：2012 Borehole jack test
34. BS-EN-ISO 22476-8：2012 Full displacement pressuremeter test
35. BS-EN-ISO 22476-9：2012 Filed vane test
36. BS-EN-ISO 22476-10：2012 Weight sounding test
37. BS-EN-ISO 22476-11：2015 Geotechnical Investigation and Testing-Field testing-Part11：Flat dilatometer test
38. BS-EN-ISO 22476-12：2012 Mechanical cone penetration test
39. BS-EN-ISO 22476-13：2012 Plate loading test

英国标准 BS

1. BS1377 Part 1：1990 Method of Test for Soils for Civil Engineering Purposes Part1. General Requirements and Sample Preparation
2. BS1377 Part 2：1990 Method of Test for Soils for Civil Engineering Purposes Part2. Classification Test
3. BS1377 Part 3：1990 Method of Test for Soils for Civil Engineering Purposes Part3. Chemical and Electro-Chemical Tests
4. BS1377 Part 4：1990 Method of Test for Soils for Civil Engineering Purposes Part4. Compaction-Related Tests
5. BS1377 Part 5：1990 Method of Test for Soils for Civil Engineering Purposes Part5. Compressibility，Permeability and Durability Tests
6. BS1377 Part 6：1990 Method of Test for Soils for Civil Engineering Purposes Part6. Consolidation and Permeability Tests in Hydraulic Cells and with Pore Pressure Measurement
7. BS1377 Part 7：1990 Method of Test for Soils for Civil Engineering Purposes Part7. Shear Strength Tests (Total Stress)
8. BS1377 Part 8：1990 Method of Test for Soils for Civil Engineering Purposes Part8. Shear Strength Tests (Effective Stress)
9. BS1377 Part 9：1990 Method of Test for Soils for Civil Engineering Purposes Part9. In-Situ Tests
10. BS5930：2015 Code of Practice for Site Investigations
11. BS8004：2015 Code of Practice for Foundations
12. BS8002：2015 Code of practice for earthretaining structures
13. BS8006-1：2010 Code of practice for strengthened/reinforced soils and other fills
14. BS8006-2：2011 Code of practice for strengthened/reinforced soils-part 2：Soil nail design
15. BS6031：2009 Code of practice for earthworks

16. BS8081：2015 Code of practice for grouted anchors
17. BS8102：2009 Code of practice for protection of below ground structures against water from the ground
18. BS8574：2014 Code of practice for the management of geotechnical data for ground engineering projects
19. BS8550：2010 Guide for the auditing of water quality sampling
20. BS10175-2011＋A1：2013 Investigation of potentially contaminated sites-Code of practice
21. BS8576：2013 Guidance on investigations for ground gas-permanent gases and Volatile Organic Compounds（VOCs）

俄国和苏联标准 СНиП/СН/ГОСТ

1. СНиП 22-01-95 "Геофизика Опасных природных Воздействий".
2. ★ СНиП 11-02-96 " Инженерные Изыскания для Строительства. Основные Положения".
3. СНиП 2. 01. 15-90 "Инженерная Зашита Территорий，Зданий и Сооружений от Опасных Геологических Процессов. Основные Положения Проектирования".
4. ★СНиП2. 02. 04-88 "Основания И Фундаменты на Вечномерзлых Грунтах".
5. СНиП 3. 02. 01-87 "Земляные Сооружения，Основания И Фундаменты".
6. СН 484-76 $ Инструкция по Инженерным изысканиям в Горных Выработках，Предназначенных для Размещения Объектов Народного хозяйства".
7. ГОСТ 1030-81 " Вода Хозяйственно-Питьевого Назначения. Подевые Методы Анализа".
8. ГОСТ 2874-82 " Вода Питьевая. Гигиенические Требования и Контроль за Качеством".
9. ГОСТ 3351-74 "Вода Питьевая. Методы Определения Вкуса，Запаха，Цветности и Мутности".
10. ГОСТ 4011-72 "Вада Питьевая. Метод Определения Общего Железа".
11. ГОСТ 4151-72 "Вода Питьевая. Метод Определения Общей Жесткости".
12. ГОСТ 4192-82 " Вода Питьевая. Метод Определения Минеральных Азотсодержащих Веществ".
13. ГОСТ 4245-72 "Вода Питьевая. Метод Определения Содержания Хлоридов".
14. ГОСТ 4386-89 "Вода Питьевая . Методы Определения Массовой Концентрации Фторид ов".
15. ГОСТ 4389-72 "Вода Питьевая. Методы Определения Содержания Сульфатов".
16. ГОСТ 4979-49 "Вода Хозяйственно-Питъевого и Промышленного Водоснабжения. Методы химического анализа. Отбор，Хранение и Транспортирование Проб"（Переиздание 1997г.）.
17. ГОСТ 25100-95 "Грунты. Классификация".
18. ГОСТ 5180-84 " Грунты. Методы Лабораторного Определения Физических Характеристик".
19. ГОСТ 12071-84 "Грунты . Отбор，Упаковка，Транспортирование и Хранение Образцов".
20. ГОСТ 12536-79 "Грунты. Методы Лабораторного Определения Гранулометрического（Зернового）и Микроагрегатного Состава".

21. ГОСТ 18164-72 "Вода Питьевая. Метод Определения Сухого Остатка".
22. ГОСТ 18826-73. "Вода Питьевая. Метод Определения Содержания Нитратов".
23. ГОСТ 19912-81 " Грунты. Метод Полевого Испытания Динамическим Зондированием".
24. ГОСТ 20069-81 " Грунты. Метод Полевого испытания Статическим Зондированием".
25. ГОСТ 20522-96 " Грунты. Методы Статистической Обработки Результатов Испытаний".
26. ГОСТ 21. 302-96 " Система Проектной Документации для Строительства. Условные Графические Обозначения в Документации по Инженерно-Геологическим Изысканиям".
27. ГОСТ 30416-96 "Грунты. Лабораторные Испытания. Общие Положения".
28. ГОСТ 23253-78 "Грунты. Методы Полевых испытаний Мерзлых Грунтов".
29. ГОСТ 24546-81 "Сваи. Методы Полевых испытаний в Вечномерзлых Грунтах".
30. ГОСТ 24847-81 "Грунты. Методы Определения Глубины Сезонного Промерзания".
31. ГОСТ 25358-82 "Грунты. Методы Полевого определения Температуры".
32. ГОСТ 25493-82 " Метод Определения Удельной Теплоемкости и Коэффициента Температуропрово дности".
33. ГОСТ 26262-84 " Грунты. Метод Полевого определения Глубины Сезонного Оттаивания".
34. ГОСТ 26263-84 " Грунты. Метод Лабораторного Определения Теплопроводности Мерзлых Грунтов".
35. ГОСТ 27217-87 "Грунты. Метод Полевого определения Удельньх Касательных Сил Морозного Пучения".
36. ГОСТ 28622-90 " Грунты. Метод Лабораторного Определения Степени Пучинистости".
37. ГОСТ 12248-96 " Грунты. Метод Лабораторного Определения Характеристик Прочности и Деформируемости Мерзлых Грунтов".
38. ГОСТ 27751-88. (Надежность Строителъньх Конструкций и Оснований. Основные Положения по Расчету". Изменение N01.
39. ГОСТ 8.002-86 " ГСИ. Государственный Надзор и Ведомственный Контроль за Средствами измерений. Основные Положения".
40. ГОСТ 8.326-78 "ГСИ. Метрологическое обеспечение Разработки, Изготовления и Эксплуатации Нестаидартизированных Средств Измерений. Основные Положения".
41. ГОСТ 12.0.001-82 * "ССБТ. Система Стандартов по Безопасности Труда. Основные Положения".
42. СП 11-101-95 " Порядок Разработки, Согласования, Утверждения и Состав Обюснований инвестиций в Строительство Предприятий. Зданий и Сооружений".
43. СП 11-102-97 "Инженерно-Геологические изыскания для Строительства".
44. СП 11-105-97 "Инженерно-Геологические изыскания для Строительства" (Часть 1. Общие правила Производства Работ).
45. "Инструкция о Государственной Регистрации Работ по Геологическому Изучению Недр" (МПР России. — М.: ФГУНПП Росгеолфонд. 1999).

索　引

D

K

W

Z